FINAL

Professional Engineer Building Mechanical Facilities / Air-con

건축기계설비
공조냉동기계
기술사 해설

김회률 건축기계설비 기술사
공조냉동기계 기술사

PROFESSIONAL
ENGINEER

예문사

　　기계기술분야는 국가산업의 기간기술의 하나로서 냉난방 및 위생, 방화, 수송 자동제어 등 건축기계설비와 클린룸, 바이오클린룸, 항온항습실, 환경시험실 등의 산업환경설비, 또한 프로세스에서 필요로 하는 공기조화, 냉동, 열유체 응용기술 및 에너지 이용 관련시설(열병합발전, 지역냉난방, 태양열, 풍력이용 등)을 통괄하고 있으며 전산업의 대외 경쟁력 제고를 위해서 필수적으로 갖추어야 할 핵심 기술이다. 또한 시스템적 성격이 강한 기술이기 때문에 인력자원이 풍부한 우리나라로서는 세계 최고가 될 수 있는 가능성이 매우 높은 산업이기도 하다.

　　그러나 그동안은 다른 산업분야와 마찬가지로 외국의 선진기술을 모방, 습득하는 단계에 머물러 왔다. 그러나 이제부터 도입된 기술을 충분히 소화개량하고 나아가서는 고유의 기술을 창출하여 세계 일류로 도약하기 위해 중지를 모으고 각고의 노력을 다져가야 할 것이다. 이를 위해서는 무엇보다도 우리 기술의 현재 수준과 업계의 실정에 대한 자기성찰이 선행되어야 할 것이며, 기술보급의 활성화에 따른 기술인력의 저변확대, 기술본위의 공정한 경쟁관행의 확립, 기초애로 기술의 공동타개를 위한 협력체제를 구축, 선진해외 기술정보의 신속한 유통 등 기술발전을 위한 효율적 체제를 갖추는 일이 시급하다고 생각된다.

　　그러함에도 기계설비법이라는 모법이 없어 기계설비 관련 기술자들의 발전을 저하해 왔으나 2018년 4월 16일 기계설비법이 제정됨으로 인해 앞으로 기계설비 산업이 발전하는데 크게 기여할 것이며 이러한 법 제정에 노력하신 대한기계설비단체총연합회(대한설비건설협회, (사)대한설비공학회, (사)한국설비기술협회, (사)한국설비기술사설계협회, (사)한국냉동공조협회 5개 단체와 (사)한국기계설비기술사회, 전국 대학 설비분야 교수협의회, 한국종합건설기계설비협의회) 임원 및 회원 모두에게 감사드린다.

　　또한 본서 발간에 많은 도움이 된 대한기계설비단체총연합회 산하 단체에서 월간지에 기고하고, 논문을 발표하신 회원님과 기계설비 관련 책자를 발간하신 여러 선배님께 감사드리며 앞으로 더욱 노력하여 수험생 여러분의 좋은 길잡이가 될 것을 약속드리면서 기계설비분야에 종사하시는 여러분의 건승을 기원한다.

김 회 률

Contents

제1장 수원

제2장 급수설비

제3장 급탕설비

제4장 배수설비

가스기사 필기 "인터넷 강좌"

본 강좌는 한솔아카데미 발행 교재를 가지고 혼자서 공부하시는 수험생분들께 학습의 방향을 제시해드리고자 하는 종합강좌입니다. 인터넷강좌는 거리 또는 시간에 제한을 받지않고 반복수강이 가능합니다.

■ 한솔아카데미 동영상강좌 특징

① 한솔아카데미 저자 100% 직강
② 시원하게 넓어진 16:9 와이드 화면구성
③ 최신경향을 반영한 새로운 문제 추가
④ 출제빈도에 따른 중요도 표시
⑤ 실력을 체크할 수 있는 모의고사 프로그램
⑥ 모바일 강의 서비스 제공 (스마트폰을 이용해 시청가능)

Step 01 ▶ 각 단원별 핵심이론/핵심문제   **Step 02 ▶** 단원별 모의고사 실시   **Step 03 ▶** 전용게시판 질의응답

• 신청 후 필기강의 6개월 5회씩 반복수강
• 할인혜택 : 동일강좌 재수강시 50% 할인, 다른 강좌 수강시 10% 할인

■ 가스기사 필기 : 교수소개 및 강의시간

구 분	과 목	담당강사	강의시간	동영상	교 재
필 기	안전관리	홍경표	약 11시간		
	가스설비	홍경표	약 12시간		
	연소공학	홍경표	약 8시간		
	계측기기	홍경표	약 8시간		
	유체역학	한영동	약 15시간		

자격증 취득을 위한 전문강좌! 한솔아카데미와 함께 하십시오.

출판·통신 문의 : 02-575-6144   인터넷강좌 : www.inup.co.kr   인터넷서점 : www.bestbook.co.kr
인터넷강의 문의 : 1670-6144   평가사강좌 : www.inup.co.kr   BIM운용자격 : www.bimkorea.or.kr

동영상 무료강의 수강방법
(무료동영상 30일 제공)

■ 교재 인증번호등록 및 강의 수강방법 안내

 ▶

01 사이트 접속

인터넷 주소창에 **www.inup.co.kr**을 입력하여 한솔아카데미 홈페이지에 접속합니다.

02 회원가입 로그인

홈페이지 우측 상단에 있는 회원가입 메뉴를 통해 **회원가입** 후, 강의를 듣고자 하는 아이디로 **로그인**을 합니다.

03 마이 페이지

로그인 후 상단에 있는 **마이페이지**로 접속하여 왼쪽 메뉴에 있는 **[쿠폰/포인트관리]-[쿠폰등록/내역]**을 클릭합니다.

04 쿠폰 등록

도서에 기입된 **인증번호 12자리** 입력(-표시 제외)이 완료되면 **[나의강의실]**에서 무료강의를 수강하실 수 있습니다.

■ 모바일 동영상 수강방법 안내

❶ QR코드 이미지를 모바일로 촬영합니다.
❷ 회원가입 및 로그인 후, 쿠폰 인증번호를 입력합니다.
❸ 인증번호 입력이 완료되면 [나의강의실]에서 강의 수강이 가능합니다.

※ QR코드를 찍을 수 있는 어플을 다운받으신 후 진행하시길 바랍니다.

Engineer Gas

꿈·은·이·루·어·진·다

PREFACE

세계화 흐름 속에 첨단산업 및 중화학공업의 발전, 특히 에너지 산업분야에서의 급격한 발전은 가스분야의 유능한 기술인력이 많이 필요로 하게 되었습니다. 이에 본서는 가스기사 자격증을 취득하기 위한 수험생들을 위하여 수십년간 강의 경험과 실무지식을 바탕으로 기출문제 및 출제기준을 철저히 분석하여 수험생들의 빠른 시간 안에 자격증취득을 할 수 있도록 하였고 독학생이나 시간적 여유가 없는 수험생들도 최대한의 효과를 얻을 수 있도록 한 철저한 수험생 위주의 지침서입니다.

본서의 특징

첫째   과년도출제문제를 각 단원의 핵심문제에서 다루게 하여 문제의 중요성을 알게 하고 학습방향을 제시하였다.

둘째   매 단원의 학습 Point에 의한 중요 Point를 기술함으로서 학습효과를 극대화 하였다.

셋째   철저한 출제경향분석으로 중요출제예상문제를 반복적으로 학습하게 하여 자동암기 및 이해도를 높여 반복학습효과를 최대화 시켰다.

넷째   과년도출제문제 및 예상출제문제의 자세한 해설로 수험생의 이해도를 높였다.

다섯째   안전성평가는 연소공학 출제기준인데 안전관리 문제로 많이 나와서 수험생의 이해도를 높이기 위해 안전관리 과목에 수록하였다.

여섯째   각 과목의 매장마다 과년도 문제 출제분석표를 작성하여 학습시 중요단원을 미리 알게 하여 시간과 학습효과를 높였다.

오랜 시간 동안 저자로서 최선을 다해 집필 하였고 나름대로 완벽을 기한다고 했지만 부족한 부분이 있으면 많은 조언과 질책을 부탁드립니다.

끝으로 본서는 오직 수험생들의 가스기사 자격증 취득을 위한 지침서로, 본서로 가스기사 자격시험을 준비하는 수험생들의 합격을 기원합니다.

그리고 본서의 출판을 위해 많은 노력을 해주신 ㈜한솔아카데미 편집부 및 임직원 여러분께 감사드립니다.

가스기사 출제기준

시험검정방법 | 객관식   **문제수** | 100문항   **시험시간** | 2시간 30분

시험 과목명	출제 문제수	주요항목	세부항목
가스유체역학	20	1. 유체의 정의 및 특성	• 용어의 정의 및 개념의 이해
		2. 유체 정역학	• 비압축성 유체
		3. 유체 동역학	• 압축성 유체 • 유체의 수송
연소공학	20	1. 연소이론	• 연소기초 • 연소계산
		2. 연소설비	• 연소장치의 개요 • 연소장치 설계
		3. 가스폭발/방지대책	• 가스폭발 이론 • 가스폭발 위험성 평가 • 가스화재 및 폭발방지대책
가스설비	20	1. 가스설비의 종류 및 특성	• 고압가스 설비 • 액화석유가스 설비 • 도시가스 설비 • 펌프 및 압축기 • 저온장치 • 고압장치 • 설비의 재료와 방식
		2. 가스용 기기	• 가스용 기기
가스안전관리	20	1. 가스제조에 대한 안전	• 가스제조 및 충전에 관한 안전 • 가스저장 및 사용에 관한 안전 • 용기, 냉동기 가스용품, 특정설비 등의 제조 및 수리에 관한 안전
		2. 가스취급에 대한 안전	• 가스운반 취급에 관한 안전 • 가스의 일반적인 성질에 관한 안전 • 가스안전사고의 원인조사 분석 및 대책
가스계측	20	1. 계측기기	• 계측기기의 개요 • 가스계측기기
		2. 가스분석	• 가스분석
		3. 가스미터	• 가스미터의 기능
		4. 가스시설의 원격 감시	• 원격감시장치

C O N T E N T S

Engineer
Gas

제 **3** 과목　**연소공학**

제 **4** 과목　**계측기기**

제 **5** 과목 **유체역학**

Engineer
Gas

제 **6** 과목 **6개년 과년도출제문제**

제 **1** 과목

안전관리

• 출제경향분석

고압가스안전관리는 액화석유가스 안전관리 및 도시가스 안전관리와 중복되어 출제 되는 경향이 있고 실무적인 문제와 법규고시에 관한 문제가 자주 출제 되고 있다.

• 단원별 경향분석

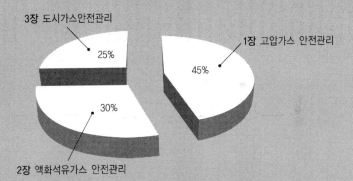

3장 도시가스안전관리 25%

1장 고압가스 안전관리 45%

30%

2장 액화석유가스 안전관리

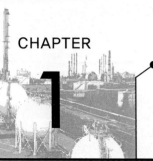

고압가스 안전관리

학습방향 고압가스 안전관리법에 따른 일반제조시설, 특정제조시설, 냉동제조시설의 시설 기준 및 기술기준을 배운다.

01 고압가스의 분류

(1) 상태에 따른 분류

① **압축가스** : 용기 내에 가스 상태로 충전되어 취급되는 고압가스이며 비등점이 극히 낮거나 임계온도가 낮아 상온에서 압축하여도 용이하게 액화하지 않은 가스

　예 수소, 질소, 산소, 일산화탄소, 메탄, 아르곤, 네온, 헬륨 등

• 압축가스 : 비점이 낮은 가스

② **액화가스** : 용기 내부에 액체 상태로 충전되어 취급되는 고압가스로 상온에서 비교적 낮은 압력으로 쉽게 액화할 수 있는 가스

　예 프로판, 부탄, 염소, 암모니아, 이산화탄소, 시안화수소 등

　※ 가스를 액화하는 방법 : 임계온도 이하(냉각), 임계압력 이상(가압)

　㉠ 임계압력 : 가스를 액화시킬 수 있는 최저의 압력

　㉡ 임계온도 : 가스를 액화시킬 수 있는 최고의 온도

• 액화가스 : 비점이 높은 가스

③ **용해가스** : 용제에 가스를 용해시켜 충전 취급되는 고압가스

　예 아세틸렌

　※ 아세틸렌은 흡열 화합물이므로 압축하면 분해폭발 할 우려가 있다.

　$C_2H_2 \rightarrow 2C + H_2 + 54.2kcal$

• 용해가스 : C_2H_2

(2) 가연성에 의한 분류

① **가연성가스** : 폭발하한이 10[%] 이하인 가스 또는 상한과 하한의 차가 20[%] 이상인 것으로 연소가 가능한 가스

　예 수소, 일산화탄소, 아세틸렌, 프로판, 부탄, 메탄

• 가연성가스의 정의
① 폭발하한 10% 이하
② 상한과 하한의 차 20% 이상

㉮ 혼합가스의 폭발범위

혼합가스 연소한계의 산출 : 2종 이상의 가연성 가스 혼합물의 연소한계(L)

$$\frac{100}{L} = \frac{V_1}{L_1} + \frac{V_2}{L_2} + \frac{V_3}{L_3} + \cdots$$

여기서, L : 혼합가스의 연소한계

$L_1, L_2, L_3 \cdots$: 혼합가스 중의 각 가연성가스의 연소한계

$V_1, V_2, V_3 \cdots$: 혼합가스 중의 각 가연성가스의 용적

㉯ 위험도(H)

폭발범위를 폭발 하한계로 나눈 값으로 폭발성 혼합가스(가연성가스 또는 증기)의 위험성을 나타내는 척도, H가 클수록 위험성이 높다.

$$H = \frac{U - L}{L}$$ 여기서, U : 폭발상한 L : 폭발하한

② 지연성가스(조연성가스) : 자신은 타지 않으나 다른 가연성가스의 연소를 도와주는 가스

예 공기, O_2, O_3, Cl_2, F_2, NO, NO_2 등

■ **주요 가스의 공기 중 폭발 한계(1atm 상온)**

가 스	하한계	상한계	가 스	하한계	상한계
수 소	4.0	75.0	벤 젠	1.4	7.1
일산화탄소(습)	12.5	74.0	톨 루 엔	1.4	6.7
시안화수소	6.0	41.0	시클로프로판	2.4	10.4
메 탄	5.0	15.0	시클로헥사	1.3	8.0
에 탄	3.0	12.4	메틸알코올	7.3	36.0
프 로 판	2.1	9.5	에틸알코올	4.3	19.0
부 탄	1.8	8.4	이소프로필알코올	2.0	12.0
펜 탄	1.4	7.8	아세트알데히드	4.1	57.0
헥 산	1.2	7.4	에테르(제틸)	1.9	48.0
에 틸 렌	2.7	36.0	아 세 톤	3.0	13.0
프로필렌	2.4	11.0	산화에틸렌	3.0	80.0
부텐-1	1.7	9.7	산화프로필렌	2.0	22.0
이소부틸렌	1.8	9.6	염화비닐	4.0	22.0
1.3 부타티엔	2.0	12.0	암모니아	15.0	28.0
4 불화에틸렌	10.0	42.0	이황화탄소	1.2	44.0
아세틸렌	2.5	81.0	황화수소	4.3	45.0

POINT

• 혼합가스의 폭발범위

문 부피비로 메탄 35%, 수소 20%, 암모니아 45%인 혼합가스의 공기 중에서의 폭발범위는?

① 하한

$$\frac{100}{L_1} = \frac{35}{5} + \frac{20}{4} + \frac{45}{15}$$

$L_1 = 6.7\%$

② 상한

$$\frac{100}{L_2} = \frac{35}{15} + \frac{20}{75} + \frac{45}{28}$$

$L_2 = 24\%$

∴ 폭발범위 : 6.7~24%

• 위험도

문 메탄의 폭발범위는 5~15% 이다. 위험도는 얼마인가?

$$H = \frac{U - L}{L} = \frac{15 - 5}{5} = 2$$

③ 불연성가스 : 자신이 연소하지도 않고 다른 물질을 연소 시키지도 않는 가스

예 N_2, CO_2, Ar, Ne, He 등

(3) 독성에 의한 분류

① 독성가스 : 아크릴로니트릴, 아크릴알데히드, 아황산가스, 암모니아, 일산화탄소, 이황화탄소, 불소, 염소, 브롬화메탄, 염화메탄, 염화프렌, 산화에틸렌, 시안화수소, 황화수소, 모노메틸아민, 디메틸아민, 트리메틸아민, 벤젠, 포스겐, 요오드화수소, 브롬화수소, 염화수소, 불화수소, 겨자가스, 알진, 모노실란, 디실란, 디보레인, 셀렌화수소, 포스핀, 모노게르만 및 그 밖에 공기 중에 일정량 이상 존재하는 경우 인체에 유해한 독성을 가진 가스로서 허용농도(해당 가스를 성숙한 흰쥐 집단에게 대기 중에서 1시간 동안 계속하여 노출시킨 경우 14일 이내에 그 흰쥐의 2분의 1 이상이 죽게 되는 가스의 농도를 말한다.)가 100만분의 5,000 이하인 것을 말한다. ⇨ LC50(치사농도[致死濃度] 50 : Lethal concentration 50)으로 표시

■ 주요 독성가스 종류별 허용농도

독성가스 명칭	허용농도(ppm)		독성가스 명칭	허용농도(ppm)	
	TLV-TWA	LC50		TLV-TWA	LC50
알진(AsH_3)	0.05	20	황화수소(H_2S)	10	444
니켈카르보닐	0.05		메틸아민(CH_3NH_2)	10	
디보레인(B_2H_6)	0.1		디메틸아민($(CH_3)_2NH$)	10	
포스겐($COCl_2$)	0.1	5	에틸아민	10	
브롬(Br_2)	0.1		벤젠(C_6H_6)	10	
불소(F_2)	0.1	185	트리메틸아민($(CH_3)_3N$)	10	
오존(O_3)	0.1		브롬화메틸(CH_3Br)	20	850
인화수소(PH_3)	0.3	20	이황화탄소(CS_2)	20	
모노실란	0.5		아크릴로니트릴(CH_2CHCN)	20	666
염소(Cl_2)	1	293	암모니아(NH_3)	25	
불화수소(HF)	3	966	산화질소(NO)	25	
염화수소(HCl)	5	3,124	일산화탄소(CO)	50	3,760
아황산가스(SO_2)	2	2,520	산화에틸렌(C_2H_4O)	50	2,900
브롬알데히드	5		염화메탄(CH_3Cl)	50	
염화비닐(C_2H_3Cl)	5		아세트알데히드	200	
시안화수소(HCN)	10	140	이산화탄소(CO_2)	5,000	

② 비독성 가스 : 허용농도가 5,000ppm 이상 되는 가스

POINT

• 독성의 정의 : 허용농도가 5000ppm 이하인 가스

문 다음 가스 중 독성이 강한 순서는? (NH_3, HCN, SO_2, Cl_2)
Cl_2(1ppm) 〉 SO_2(2ppm) 〉 HCN(10ppm) 〉 NH_3(25ppm)

참고 <u>가연성 가스이면서 독성 가스</u> : 암모니아, 일산화탄소, 벤젠, 산화에틸렌, 석탄가스, 염화메탄, 브롬화메탄, 시안화수소, 황화수소, 모노메틸아민, 트리메틸아민, 아크릴로니트릴, 이황화탄소, 디메틸아민, 아크릴알데히드

POINT

• 독성 가스이면서 가연성 가스는 자주 출제되는 문제이므로 꼭 암기하세요.

02 고압가스 적용범위(고압가스의 정의)

(1) 압축가스

상용온도 또는 35℃에서 1MPa(g) 이상인 것

(2) 아세틸렌

상용온도에서 0MPa(g) 이상인 것

(3) 액화가스

상용온도 또는 35℃에서 0.2MPa(g) 이상인 것

(4) 액화가스 중 HCN, C_2H_4O, CH_3Br

상용온도에서 0MPa(g) 이상인 것

• 압력구분

구분	압축가스	액화가스
고압	1MPa 이상	0.2MPa 이상
중압	0.1MPa 이상 1MPa 미만	0.01MPa 이상 0.2MPa 미만
저압	0.1MPa 미만	0.01MPa 미만

※ $1kgf/cm^2 = 0.1MPa$

핵 심 문 제

01 가연성가스란 연소범위 중 하한농도가 몇 % 이하이거나, 상한과 하한의 차이가 몇 % 이상인 가스를 말하는가?

㉮ 20, 10   ㉯ 10, 20

㉰ 30, 10   ㉱ 20, 30

02 다음 가스가 공기 중에 누출되고 있다고 할 경우 가장 빨리 폭발할 수 있는 가스는? (단, 점화원 및 주위환경 등 모든 조건은 동일하다고 가정한다.)

㉮ H_2 ㉯ CH_4

㉰ C_3H_8 ㉱ C_4H_{10}

03 수소 : 20%, 메탄 : 50%, 에탄 : 30%의 혼합가스가 공기 중에 있을 경우 폭발하한값은 얼마인가? (단, 폭발한계는 수소 : 4~75%, 메탄 : 5~15%, 에탄 : 3~12.5%이다.)

㉮ 2.2%   ㉯ 3.6%

㉰ 4%   ㉱ 5.2%

04 아세틸렌의 폭발 범위는 2.5~81%이다. 이때 위험도는 얼마인가?

㉮ 12.5   ㉯ 16.7

㉰ 25.6   ㉱ 31.4

05 독성가스는 인체 허용농도 얼마 이하인 가스를 뜻하는가?

㉮ $\dfrac{10}{1,000,000}$ ㉯ $\dfrac{100}{1,000,000}$

㉰ $\dfrac{5,000}{1,000,000}$ ㉱ $\dfrac{500}{1,000,000}$

해 설

[해설] 02

증기비중이 가장 큰 것이 바닥에 빨리 체류하므로 폭발할 수가 있다.

$$증기비중 = \frac{분자량}{29}$$

① 수소(H_2) = 2/29 = 0.07
② 메탄(CH_4) = 16/29 = 0.55
③ 프로판(C_3H_8) = 44/29 = 1.517
④ 부탄(C_4H_{10}) = 58/29 = 2.0

[해설] 03

혼합가스의 폭발한계값

$$\frac{100}{L_m} = \frac{V_1}{L_1} + \frac{V_2}{L_2} + \frac{V_3}{L_3} + \cdots \frac{V_n}{L_n}$$

L_m : 혼합가스의 폭발한계
V_1, V_2, V_3, V_n : 가연성가스의 용량(vol%)
L_1, L_2, L_3, L_n : 가연성가스의 하한값 또는 상한값(용량%)
∴ 혼합가스의 하한값

$$L_m = \frac{1}{\frac{V_1}{L_1} + \frac{V_2}{L_2} + \frac{V_3}{L_3}} \times 100$$

$$= \frac{1}{\frac{20}{4.0} + \frac{50}{5.0} + \frac{30}{3}} \times 100$$

$$= 4.0\%$$

[해설] 04

$$H = \frac{U - L}{L}$$

$$= \frac{81 - 2.5}{2.5} = 31.4$$

[해설] 05

독성가스
허용농도가 5,000ppm
($\frac{5,000}{1,000,000}$, 0.5%) 이하인 가스

01. ㉯   02. ㉱   03. ㉰
04. ㉱   05. ㉰

정답

06 고압가스 안전관리법에서 정한 가스에 대한 설명으로 옳은 것은?

㉮ 트리메탈아민은 가연성가스이지만 독성가스는 아니다.

㉯ 독성가스 분류기준은 허용농도가 백만분의 2,000 이하인 것을 말한다.

㉰ 가압·냉각 등의 방법에 의하여 액체 상태로 되어 있는 것으로서 대기압에서의 비점이 섭씨 40도 이하 또는 상용의 온도 이하인 것을 가연성가스라 한다.

㉱ 일정한 압력에 의하여 압축되어 있는 가스를 압축가스라 한다.

07 다음 가연성가스이면서 독성가스인 것은?

㉮ 염소 ㉯ 불소

㉰ 프로판 ㉱ 산화에틸렌

해 설

해설 06

㉮ 트리메틸아민은 가연성가스 및 독성가스이다.

㉯ 독성가스는 공기 중에 가진 가스로서 허용 농도가 100만분의 5000 이하인 것을 말한다.

㉰ 액화가스는 가압·냉각 등의 방법에 의하여 액체 상태로 되어 있는 것으로서 대기압에서의 비점이 섭씨 40도 이하 또는 상용의 온도 이하인 것을 말한다.

해설 07

독성이면서 가연성가스
① 아크릴노니트릴
② 일산화탄소
③ 벤젠
④ 산화에틸렌
⑤ 모노메틸아민
⑥ 염화메탄
⑦ 브롬화메탄
⑧ 이황화탄소
⑨ 황화수소
⑩ 암모니아
⑪ 석탄가스
⑫ 시안화수소
⑬ 트리메틸아민

정답 06. ㉱ 07. ㉱

03 방호벽

(1) 규격

종류 구 분	철근 콘크리트	콘크리트 블럭	박강판	후강판
높 이	2(m)	2(m)	2(m)	2(m)
두 께	12(cm)	15(cm)	3.2(mm)	6(mm)

※ 철근 콘크리트제 방호벽의 기초
- 일체로 된 철근 콘크리트 기초일 것
- 높이는 350mm 이상, 되메우기 깊이는 300mm 이상일 것
- 기초의 두께는 방호벽 최하부 두께의 120% 이상일 것

(2) 방호벽 적용시설

① 액화석유가스 : 저장탱크와 가스 충전장소와의 사이
② 일반 고압가스
    ㉮ 압축기와 아세틸렌가스를 용기에 충전하는 장소 또는 그 충전용기 보관 장소와의 거리
    ㉯ 압축기와 10 MPa(g) 이상의 압축가스를 용기에 충전하는 장소 또는 그 충전용기 보관 장소와의 사이
③ 고압가스 저장시설 중 저장탱크와 사업소 내의 보호시설과의 사이
④ 고압가스 판매시설의 고압가스용기 보관실의 벽
⑤ 특정 고압가스 사용시설의 액화가스 저장능력이 300kg(압축가스는 60m³) 이상인 용기 보관실벽

POINT

- 방호벽의 설치목적
  ① 파편 비산을 방지
  ② 충격파 저지
  ③ 폭풍을 방지

- 방호벽 설치장소
  ① 압축기와 그 충전장소 사이
  ② 압축기와 그 충전용기 보관 장소 사이
  ③ 충전장소와 그 가스 충전용기 보관장소 사이
  ④ 충전장소와 그 충전용 주관 밸브 조작밸브 사이

04 방류둑

(1) 방류둑 설치 적용 대상

① 특정제조시설 및 일반제조시설

구 분 \ 종 류	독성가스	가연성가스	산 소
특정제조시설	5(t) 이상	500(t) 이상	1,000(t) 이상
일반제조시설	5(t) 이상	1,000(t) 이상	1,000(t) 이상

② LPG 시설 : 1,000ton 이상

③ 도시가스(LNG) 시설 : 500ton 이상

④ 냉매설비의 수액기 용량 : 10,000 ℓ 이상

(2) 방류둑의 설치 기준

① 방류둑 내면과 그 외면 10m 이내에는 당해 저장탱크 부속설비 이외의 것은 설치금지

② 방류둑의 정상부 폭은 30cm 이상, 기울기는 45° 이하, 계단은 50m마다 설치하며 주위둘레가 50m 미만 시는 2개 이상 분산 설치할 것

(3) 방류둑의 용량

① 저장탱크의 저장능력에 상당하는 용적(저장능력 상당용적) 이상의 용적일 것

② 액화산소 저장탱크 : 저장능력 상당 용적의 60% 이상

05 방폭구조

(1) 내압 방폭구조

방폭전기기기의 용기내부에서 가연성가스의 폭발이 발생할 경우 그 용기가 폭발 압력에 견디고 접합면, 개구부 등을 통하여 외부의 가연성가스에 인화되지 아니 하도록 한 구조를 말한다.

※ 내압 방폭구조는 안전 간극을 고려해 설계해야 한다.

(2) 압력 방폭구조

용기 내부에 보호가스(신선한 공기 또는 불활성가스)를 압입하여 내부 압력을 유지함으로써 가연성가스가 용기내부로 유입되지 아니하도록 한 구조를 말한다.

(3) 유입 방폭구조

용기내부에 기름을 주입하여 불꽃, 아크 또는 고온발생 부분이 기름 속에 잠기게 함으로써 기름면 위에 존재하는 가연성가스에 인화되지 아니하도록 한 구조를 말한다.

(4) 안전증 방폭구조

정상운전 중에 가연성가스의 점화원이 될 전기불꽃, 아크 또는 고온부분 등의 발생을 방지하기 위하여 기계적, 전기적, 구조상 또는 온도상승에 대하여 특히 안전도를 증가시킨 구조를 말한다.

(5) 본질안전 방폭구조

정상시 및 사고(단선, 단락, 지락 등) 시에 발생하는 전기불꽃, 아크 또는 고온부에 의하여 가연성가스가 점화되지 아니하는 것이 점화시험, 기타 방법에 의하여 확인된 구조를 말한다.

문 가연성가스의 제조설비 중 전기설비 방폭성능구조를 갖추지 아니하여도 되는 가연성가스는?
▶ 암모니아, 브롬화메탄, 자기발화성가스

문 안전간극을 고려해서 설계를 해야 하는 방폭구조는?
▶ 내압 방폭구조

(6) 특수 방폭구조

(1) 내지 (5)에서 규정한 구조 이외의 방폭구조로서 가연성 가스에 점화를 방지할 수 있다는 것이 시험, 기타 방법에 의하여 확인된 구조를 말한다.

■ **방폭 전기기기의 구조별 표시방법 및 종류**

방폭 전기기기의 구조	표시방법
내압 방폭구조	d
유입 방폭구조	o
압력 방폭구조	p
안전증 방폭구조	e
본질안전 방폭구조	ia 또는 ib
특수 방폭구조	s

POINT

• 특수 방폭구조의 종류
① E(비점화형)
② Exg(충전형)
③ Exm(몰드형)

🔐 방폭전기기기의 구조별 표시방법 중 'e'의 표시는?
▶ 안전증 방폭구조

06 위험장소

(1) 0종 장소

상용 상태에서 가연성가스의 농도가 연속해서 폭발하한계 이상으로 되는 장소

(2) 1종 장소

① 상용상태에서 가연성가스가 체류하여 위험하게 될 우려가 있는 장소
② 정비, 보수 또는 누출 등으로 인하여 종종 가연성가스가 체류하여 위험하게 될 우려가 있는 장소

(3) 2종 장소

① 밀폐된 용기 또는 설비 내에 밀봉된 가연성가스가 그 용기 또는 설비의 사고로 인해 파손 되거나 오조작의 경우에만 누출할 위험이 있는 장소
② 확실한 기계적 환기조치에 의하여 가연성가스가 체류하지 않도록 되어있으나 환기 장치에 이상이나 사고가 발생한 경우에는 가연성가스가 체류하여 위험하게 될 우려가 있는 장소
③ 1종 장소의 주변 또는 인접한 실내에서 위험한 농도의 가연성가스가 종종 침입할 우려가 있는 장소

POINT

• 위험장소에 따른 방폭구조의 종류
　① 0종 장소 : ia
　② 1종 장소 : ia, d, p, o
　③ 2종 장소 : ia, d, p, o, e

문 위험장소 구분에 따른 방폭기기 선정시 0종, 1종, 2종의 구분 없이 모두에 설치 가능한 방폭구조의 종류는?
▸ 본질안전 방폭구조

핵 심 문 제

01 다음 빈칸에 들어갈 알맞은 수치는?

> "철근콘크리트제 방호벽 설치시 방호벽은 직경 ( )mm 이상의 철근을 가로, 세로 ( )mm 이하의 간격으로 배근하여야 한다."

㉮ 5,300
㉯ 5,400
㉰ 9,300
㉱ 9,400

02 철근 콘크리트제 방호벽의 설치 기준에 대한 설명 중 틀린 것은?

㉮ 기초는 일체로 된 철근 콘크리트 기초일 것
㉯ 기초의 높이는 350mm 이상으로 할 것
㉰ 기초의 두께는 방호벽 최하부 두께의 120% 이상일 것
㉱ 방호벽의 두께는 200mm 이상, 높이 1,800mm 이상으로 할 것

해설 **02**
높이 2,000mm 이상

03 고압가스를 안전관리하기 위해서는 각종 시설에 방호벽을 설치하여야 한다. 다음 중 적용시설에 해당하지 않는 것은?

㉮ 판매 시설 중 용기 보관실의 벽
㉯ 압축기와 아세틸렌 충전 장소 또는 그 충전용기 보관 장소
㉰ 고압가스의 저장량이 100kg 이상인 용기 보관실의 벽
㉱ 저장 시설 중 기화 설비의 주의

해설 **03**
고압가스 저장량
300kg 이상

04 다음 중 방류둑의 기준을 옳지 않은 것은?

㉮ 성토는 수평에 대하여 45° 이하의 기울기로 한다.
㉯ 방류둑의 재료는 철근 콘크리트, 철골, 금속, 흙 또는 이들을 혼합하여야 한다.
㉰ 방류둑은 액밀한 것이어야 한다.
㉱ 방류둑 성토 윗부분의 폭은 50cm 이상으로 한다.

해설 **04**
성토 윗부분의 폭
30cm 이상

정답
01. ㉱   02. ㉱   03. ㉰
04. ㉱

05 액화 산소 저장 탱크의 저장 능력이 2,000m³일 때 방류둑의 용량은?

㉮ 1,200m³ 이상 ㉯ 1,400m³ 이상

㉰ 1,800m³ 이상 ㉱ 2,000m³ 이상

06 방폭 전기기기 설비의 부품이나 정선 박스(junction box), 풀 박스(pull box)는 어떤 방폭구조로 하여야 하는가?

㉮ 압력 방폭구조(p) ㉯ 내압 방폭구조(p)

㉰ 유입 방폭구조(p) ㉱ 특수 방폭구조(p)

07 고압가스 충전설비 및 저장설비 중 전기설비를 방폭구조로 하지 않아도 되는 고압가스는?

㉮ 암모니아 ㉯ 수소

㉰ 아세틸렌 ㉱ 염소

08 LPG저장탱크의 설치위치에 따른 위험장소 분류 및 방폭구조에 대한 설명으로 옳은 것은?

㉮ 0종 위험장소란 가연성가스의 농도가 연속해서 폭발하한계 이상으로 되는 장소를 말하며, 원칙적으로 특수 방폭구조를 사용해야 한다.

㉯ 1종 장소란 사고가 발생한 경우에 가연성가스가 체류하여 위험하게 될 우려가 있는 장소를 말하며 주로 내압 방폭구조를 많이 사용한다.

㉰ 2종 장소는 밀폐된 용기 또는 설비 내에 밀봉된 가연성가스가 설비의 오조작시 누출할 위험이 있는 장소로서 안전증 방폭구조를 많이 사용한다.

㉱ 1종 장소에 주로 사용하는 내압 방폭구조는 내부 등에 보호가스를 압입하여 내부압력이 유지됨으로서 가연성가스가 내부로 유입되지 못하도록 하는 구조이다.

해 설

[해설] 05
액화 산소 저장 탱크의 방류둑 용량은 저장능력 상당 용적의 60% 이상이므로
∴ 2,000m³×0.6
= 1,200m³ 이상

[해설] 06
전선관용 부속품 방폭구조
내압 방폭구조

[해설] 07
암모니아와 브롬화메탄은 방폭구조로 하지 않아도 된다.

[해설] 08
① 0종 장소 : 상용의 상태에서 가연성가스의 농도가 연속해서 폭발하한계 이상으로 되는 장소
② 1종 장소
  ㉠ 상용상태에서 가연성가스가 체류하여 위험하게 될 우려가 있는 장소
  ㉡ 정비보수 또는 누설 등으로 인하여 종종 가연성가스가 체류하여 위험하게 될 우려가 있는 장소

05. ㉮ 06. ㉯ 07. ㉮
08. ㉰

정답

07 저장탱크

(1) 저장탱크실 설치기준

지하에 묻는 경우	저장탱크실에 설치하는 경우
• 저장탱크의 외면에는 부식방지 코팅 • 저장탱크의 주위에는 마른 모래를 채운다. • 2기 이상의 저장탱크 간에는 1m 이상 이격	• 지하에 설치된 저장탱크 및 그 부속시설에는 부식방지 도장 • 저장탱크실과 처리설비실은 각각 구분설치 및 강제 통풍시설 • 저장탱크를 2개 이상 지하에 설치 시 저장탱크실은 각각 구분설치 • 가연성 또는 독성가스의 저장탱크실과 처리설비에는 가스누설 검지 경보 장치 • 저장탱크실과 처리설비실의 출입문은 각각 설치하고 자물쇠 채움 등의 조치

• 천정, 벽, 바닥은 방수처리가 된 두께 30cm 이상의 철근 콘크리트
• 저장탱크 정상부와 저장탱크실의 천장과 거리는 60cm 이상 이격
• 저장탱크의 안전밸브는 지상 5m 이상의 높이에 방출구가 있는 가스방출관을 설치
• 지하 저장탱크 및 처리설비실 설치주위에는 경계표시

가스방출관은 지상에서 5m 이상

가스방출관

지상경계 표시

탱크의 정상부와 지면은 60cm 이상

저장탱크는 부식방지 코팅

주위에는 마른모래를 채운다.

천장, 벽, 바닥의 두께는 30cm 이상의 방수조치된 철근콘크리트의 저장 탱크실

안접실치시 1m 이상 이격

지하에 저장탱크를 매설하는 방법

(2) 가연성가스는 저장탱크 외부를 은백색으로 도색, 가스 명칭은 적색으로 표시하고 전기 설비는 방폭설비로 할 것(단, 암모니아와 브롬화메탄은 제외)

(3) 저장설비 경계책의 설치높이 : 1.5m

(4) 저장탱크 상호간의 거리

① **지상설치** : 1m 이상 또는 두 탱크의 최대직경을 합산한 길이의 1/4m 이상 중 큰 길이로 한다(단, 물분무장치 설치시는 제외).

② **지하설치** : 1m 이상

(5) 저장실 주위 2m 이내에는 화기, 인화성, 발화성 물질을 두지 말 것(가연성 및 산소 저장실은 우회거리 8m 이상)

(6) 우회거리

가연성가스 설비 외면과 화기는 8m 이상의 우회거리(단, LPG 가정용 시설과 가스미터는 화기와 우회거리 2m 이상)

(7) 액화가스 1ton (압축가스 100m³) 이상의 기초

부동침하방지. 지주는 동일 기초위에 상호간을 긴밀히 연결한다(단, LPG는 3톤 이상).

(8) 저장탱크 주위의 온도상승방지 조치기준

① 방류둑을 설치한 가연성가스 저장탱크 : 방류둑 외면 10m 이내
② 방류둑을 설치하지 아니한 가연성가스 저장탱크 : 저장탱크 외면 20m 이내
③ 가연성 물질을 취급하는 설비 : 외면 20m 이내

(9) 저장탱크는 가스가 누출하지 아니하는 구조로 하고 저장능력이 5m³ 이상인 경우에는 가스방출장치를 설치한다.

(10) 가연성, 산소 : 소화 및 소화설비

일반 고압가스 화재 사고시는 중탄산 분말 소화기를 사용

01 LPG 저장탱크를 지하에 설치하는 기준으로 틀린 것은?

㉮ 저장탱크는 지하 저장탱크실에 설치한다.

㉯ 저장탱크실은 방수조치를 한다.

㉰ 저장탱크실의 바닥은 침입한 물이 고이지 않도록 편평한 구조로 한다.

㉱ 저장탱크를 2개 이상 인접하여 설치하는 경우에는 상호간에 1m 이상의 거리를 유지한다.

02 고압가스 일반제조시설의 저장탱크 및 처리설비를 실내에 설치하는 경우의 기준으로 옳은 것은?

㉮ 저장탱크실과 처리설비시설은 각각 구분하여 설치하고 구분하지 않을 경우는 강제통풍구조로 하여야 한다.

㉯ 저장탱크실과 처리설비시설은 천장, 벽, 바닥의 두께는 20cm 이상이 되도록 한다.

㉰ 가연성가스 또는 독성가스의 저장탱크와 처리시설에는 가스누출 자동차단 장치를 설치하여야 한다.

㉱ 저장탱크의 정상부와 저장탱크실의 천장과의 거리는 60cm 이상으로 한다.

03 직경이 각각 4m와 8m인 2개의 LP가스 저장탱크가 상호 유지하여야 할 안전거리는?

㉮ 1m 이상   ㉯ 2m 이상

㉰ 3m 이상   ㉱ 6m 이상

04 저장탱크에 가스를 충전할 때 저장탱크 내용적의 90%를 넘지 않도록 충전해야 하는 이유는?

㉮ 액의 요동을 방지하기 위하여

㉯ 충격을 흡수하기 위하여

㉰ 온도에 따른 액팽창이 현저히 크므로 안전공간을 유지하기 위하여

㉱ 추가로 충전할 때를 대비하기 위하여

해 설

해설 01

저장탱크 주위에 물의 침입 및 동결에 대비하여 배수구를 설치하고 바닥은 물이 잘 빠지도록 적절한 구배를 두어야 한다.

해설 02

① 천정, 벽, 바닥의 두께 : 30cm

② 가연성가스, 독성가스 : 가스누출검지 경보장치설치

③ 독성가스 : 중화설비, 흡수설비

해설 03

$\dfrac{4+8}{4} = 3m$

해설 04

저장탱크에 가스를 충전할 경우 온도에 의한 액팽창으로 저장탱크가 파손될 우려가 있으므로 내용적의 90%를 초과하지 않도록 해야 한다.

정답

01. ㉰   02. ㉱   03. ㉰

04. ㉰

05 일반고압가스의 시설 및 제조기술상 안전관리 측면에서 정한 기준을 틀린 것은?

㉮ 가연성 가스는 저장탱크의 출구에서 1일 1회 이상 채취하여 분석하여야 한다.

㉯ 1시간의 공기압축량이 1,000m³을 초과하는 공기 액화분리기 내에 설치된 액화산소통내의 액화산소는 1일 1회 이상 분석하여야 한다.

㉰ 저장탱크는 가스가 누출되지 아니하는 구조로 하고 50m³ 이상의 가스를 저장하는 곳에는 가스방출장치를 설치하여야 한다.

㉱ 산소 등의 충전에 있어 밀폐형의 물전해조에는 액면계와 자동 급수장치를 하여야 한다.

06 고압가스 저온 저장탱크의 내부 압력이 외부 압력 보다 낮아져 저장탱크가 파괴되는 것을 방지하기 위한 조치로 설치하여야 할 설비로 가장 거리가 먼 것은?

㉮ 압력계 ㉯ 압력경보설비

㉰ 진공안전밸브 ㉱ 역류방지밸브

07 저장소라 함은 일정량 이상의 고압가스를 용기 또는 저장탱크에 의하여 저장하는 일정한 장소를 말한다. 다음의 액화가스가 2톤의 저장탱크에 각각 저장되었을 경우 고압가스 안전관리법에 의한 저장소에 해당되지 않는 것은?

㉮ 암모니아(NH_3)

㉯ 시안화수소(HCN)

㉰ 산화에틸렌(C_2H_4O)

㉱ 아세트알데히드(CH_3CHO)

해 설

해설 **05**
가스방출장치 설치 : 5m³ 이상의 가스를 저장하는 곳

해설 **07**
저장소
산업자원부령이 정하는 일정량이상의 고압가스를 용기 또는 저장탱크에 의하여 저장하는 일정한 장소를 말한다.

산업자원부령이 정하는 일정량
① 액화가스 5ton 　㉮ 독성가스인 액화가스 : 1ton 　㉯ 허용농도가 100만분의 1 미만인 독성가스 : 100kg ② 압축가스 : 5,000m³ 　㉮ 독성가스인 액화가스 : 100m³ 　㉯ 허용농도가 100만분의 1 미만인 독성가스 : 10m³

∴ 아세트알데히드는 액화가스이므로 5ton이 안되므로 저장소에 해당되지 않는다. 아세트알데히드는 제4류 위험물의 특수인화물로서 고압가스 안전관리법에 적용되지 않는다.

05. ㉰ 06. ㉱ 07. ㉱ 정답

08 용 기

(1) 용기 재료

스테인리스강, 알루미늄 합금 또는 탄소강

원 소 / 종 류	탄소(C)	인(P)	황(S)
용접용기	0.33% 이하	0.04% 이하	0.05% 이하
이음매 없는 용기	0.55% 이하		

(2) 용기의 두께

① 용접용기 : 용기동판의 최대두께와 최소두께와의 차이는 평균 두께의 10%이하

② 이음매 없는 용기 : 용기동체의 최대두께와 최소두께와의 차이는 평균 두께의 20%이하

(3) 용기는 다음 식에 의해 얻은 두께 이상일 것

① 용접용기 동판 $t = \dfrac{PD}{2S\eta - 1.2P} + C$

■ 부식에 대한 여유 수치

가스 종류	내용적	부식에 대한 여유 수치
암모니아	1,000 ℓ 이하	1mm
	1,000 ℓ 초과	2mm
염 소	1,000 ℓ 이하	3mm
	1,000 ℓ 초과	5mm

② 염소용기의 두께

$$t = \dfrac{PD}{2S}$$

t : 두께(mm) P : 최고충전압력(MPa)

D : 용기직경(mm) S : 인장강도(N/mm^2)

POINT

• 용기 재료
① 탄소 : 탄소량이 증가하면 강의 인장강도, 항복점은 증가하고 충격치는 감소한다.
② 인 : 상온 취성의 원인이 된다.
③ 황 : 적열 취성의 원인이 된다.

• 동판의 두께
$t = \dfrac{PD}{200S\eta - 1.2P} + C$
　여기서, P=kgf/cm^2
　　　　　S=kgf/mm^2
$t = \dfrac{PD}{2S\eta - 1.2P} + C$
　여기서, P=MPa
　　　　　S=N/mm^2
※ 허용강도(S)=인장강도$\times \dfrac{1}{4}$

③ 산소용기의 두께(t)

$$t = \frac{PD}{2S \times 안전율}$$

t : 두께(mm)　　　　　P : 최고충전압력(MPa)

D : 바깥지름(mm)　　　S : 인장강도(N/mm^2)

④ 프로판용기의 두께 (t)

$$t = \frac{PD}{0.5S\eta - P} + C$$

t : 두께(mm)　　　　　P : 최고충전압력(MPa)

D : 안지름(mm)　　　　S : 허용인장강도(N/mm^2)

η : 용접부의 효율　　　C : 부식여유수치(mm)

⑤ 구형탱크의 두께(t)

$$t = \frac{PD}{4S\eta - 0.4P} + C$$

t : 두께(mm)　　　　　P : 최고충전압력(MPa)

D : 안지름(mm)　　　　S : 허용강도(N/mm^2)

η : 용접부의 효율　　　C : 부식여유수치(mm)

POINT

중요한 문제만 **독**하게 푼다!!

問 최고충전압력 5MPa 용기안지름 65cm인 용접제 원통형 용기의 동판의 두께는 최소한 얼마이여야 하는가? (단, 재료의 인장강도는 588N/mm^{2}이고 용접효율은 0.75, 부식여유는 1mm이다.)

▶ $t = \dfrac{PD}{2S\eta - 1.2P} + C$

$t = \dfrac{5 \times 650}{2 \times \left(588 \times \frac{1}{4}\right) \times 0.75 - 1.2 \times 5} + 1$

$= 15.84$mm

問 프로판의 압력이 1.8MPa이고 용기의 지름이 305mm, 인장강도가 402N/mm^2, 부식여유수치가 0이고 용접효율이 0.85인 프로판용기의 두께는?

▶ $t = \dfrac{PD}{0.5S\eta - P} + C$

$t = \dfrac{1.8 \times 305}{0.5 \times 402 \times 0.85 - 1.8} + 0$

$= 3.25$mm

※ 압력과 허용 인장강도의 단위에 따라 식이 달라지므로 주의해야 한다.

(4) 용기의 재검사 기간

구 분		경과년수 15년 미만	15년 이상 20년 미만	20년 이상
용접용기	500ℓ 이상	5년	2년	1년
	500ℓ 미만	3년	2년	1년
이음매 없는 용기	500ℓ 이상	5년		
	500ℓ 미만	신규검사 후 경과년수가 10년 이하인 것 5년 신규검사 후 경과년수가 10년 초과인 것 3년		

(5) 20ℓ 이상 125ℓ 미만의 LPG 충전용기는 저부에 스커트 부착

• 스커트의 역할　　　① 저부 부식 방지

② 충격 완화

③ 전도, 전락 방지

(6) 용기 밸브 보호

프로텍터 또는 캡 설치

(7) C_2H_2 용기의 다공도는 75% 이상 92% 미만의 다공질물을 고루 채운다.

(용기 벽을 따라 직경의 1/200 또는 3mm를 넘는 틈이 없어야 한다.)

(8) 용기 보관 장소의 충전용기 보관기준

① 충전용기와 빈 용기는 구분 설치

② 가연성, 독성 및 산소용기는 각각 구분 설치

③ 작업에 필요한 물건 이외에는 두지 않을 것

④ 주위 2m 이내에는 화기 또는 인화성, 발화성 물질금지

⑤ 40℃ 이하 유지, 직사광선을 피할 것

⑥ 5ℓ를 넘는 충전용기는 전도, 전락 등의 충격 및 밸브 손상방지 등의 조치

⑦ 가연성가스 용기 보관 장소에는 휴대용 손전등 이외의 등화 휴대금지

⑧ 용기 밸브 또는 충전용 지관 가열시 열습포 또는 40℃ 이하의 물 사용

(9) 공기보다 무거운 가연성가스 저장실 : 누설 경보장치

① 지면으로부터 30cm 이하 되는 곳에 설치

② 누설검지에 충분한 수의 검지부를 설치

③ 경보부는 상황전파가 용이하고 항상 사람이 상주하는 곳에 설치

(10) 일반적인 용기의 안전장치

① 액화석유가스 용기 : 스프링식 안전밸브

② 압축가스 용기 : 파열판 또는 스프링식 안전밸브

③ 액화가스 용기 : 가용전식

㉮ 액화암모니아 가용전 용융온도 : 62~65℃

㉯ 액화염소 가용전 용융온도 : 65~68℃

㉰ 아세틸렌 가용전 용융온도 : 105±5℃

(11) 용기수리자격자별 수리범위

수리자격자	수리범위
용기제조자	• 용기몸체의 용접가공 • 아세틸렌용기내의 다공질물교체 • 용기의 스커트, 프로텍터 및 넥크링의 가공 • 용기부속품의 부품교체 및 가공 • 저온 또는 초저온용기의 단열재교체
특정설비제조자	• 특정설비몸체의 용접가공 • 특정설비부속품의 교체 및 가공 • 저온 또는 초저온저장탱크의 단열재교체
냉동기제조자	• 냉동기 용접부분의 용접가공 • 냉동기 부속품의 교체 및 가공 • 냉동기의 단열재교체
고압가스제조자	• 용기밸브의 부품교체(그 용기밸브제조자가 그 밸브의 규격에 적합하게 제조된 부품의 교체에 한하되, 액화석유가스용기용 밸브는 안전에 관계되지 아니하는 핸들 등 경미한 부품만을 교체할 수 있다.) • 특정설비의 부품교체 • 냉동기의 부품교체 • 단열재교체(고압가스특정제조자에 한한다.) • 용접가공(고압가스특정제조자에 한한다.)
검사기관	• 특정설비의 부품교체 및 용접가공 • 냉동설비의 부품교체 및 가공 • 단열재교체
액화석유가스충전사업자	액화석유가스용기용 밸브의 부품교체
자동차관리사업자	자동차의 액화석유가스 용기에 부착된 용기 부속품의 수리

(12) 용접용기의 내압시험

① 수조식 내압시험

㉮ 합격기준 : 영구증가율이 10% 이하

㉯ 영구증가율 $= \dfrac{\text{영구증가량}}{\text{전증가량}} \times 100\%$

POINT

• 수조식 내압시험

문 LPG 20kg 용기의 재검사시 전증가량이 180cc, 영구증가량이 20cc였다면 내압시험의 합격여부의 판정은?

▶ 영구증가율

$= \dfrac{20}{180} \times 100 = 11\%$

∴ 10%를 넘으므로 불합격

② 비수조식 내압시험

㉮ 대형용기나 특수형상 또는 고정 설치되어 수조 속에 넣을 수 없는 경우에 사용 한다.

㉯ 전증가$(\Delta V) = (A - B) - [(A - B) + V]P \cdot \beta_t$

ΔV : 전증가(cc)

A : P기압에서 압입된 모든 물의 양(cc)

B : P기압에서 용기 이외의 압입된 물의 양(cc)

V : 용기의 내용적(cc)

P : 내압시험압력(atm)

β_t : $t℃$에 있어서 물의 압입계수

(13) 용기의 질량 검사 합격기준

① 영구증가율 10% 이하 : 최초의 각인된 질량의 95% 이상일 때

② 영구증가율 6% 이하 : 최초의 각인된 질량의 90% 이상일 때

(14) 음향검사

아세틸렌 이외의 압축가스와 액화암모니아, 탄산가스, 염소를 이음매 없는 용기에 충전시 음향검사 실시(음향 불량시 내부 조명검사)

(15) 초저온용기

① 용접부 충격시험

3개의 시험편으로

㉮ 150℃ 이하에서 최저충격치 : 2kgf · m/cm² 이상

㉯ 평균충격치 : 3kgf · m/cm² 이상일 것

② 단열성능시험의 합격기준

㉮ 1,000 ℓ 이하 : 0.0005kcal/h · ℃ · ℓ 이하의 침입열량

㉯ 1,000 ℓ 초과 : 0.002kcal/h · ℃ · ℓ 이하의 침입열량

POINT

• 비수조식 내압시험

🔠 다음 조건으로 비수조식의 내압시험에서 전증가량은 몇 cc인가?

A : P기압에서 압입된 물의 양 150cc

B : P기압에서 용기 이외의 압입된 물의 양 20cc

V : 용기 내용적 100 ℓ

P : 내압시험 압력 1.5atm

β_t : 압축계수 : 0.21

$\Delta V = (A - B) - [(A - B) + V]P \cdot \beta_t$
$= (150-20) - [(150-20) + 100] \times 1.5 \times 0.21$
$= 57.55cc$

• 단열성능시험

$Q = \dfrac{W \cdot q}{H \cdot \Delta t \cdot V}$

여기서

Q : 침입열량(kcal/h℃ℓ)

W : 기화가스량(kg)

q : 기화잠열(kcal/kg)

H : 측정시간(hr)

V : 내용적(ℓ)

Δt : 외기온도와 시험용 가스의 비점과의 차(℃)

(16) 용접용기의 용착금속 인장시험은 연신율 22% 이상

(17) 용기 부속품 검사

① 시험편 인장강도는 3.2MPa 및 연신율은 15% 이상

② 충격시험(초저온 또는 저온용기에 해당)은 5kgf·m/cm² 이상

③ 화학성분 검사(아세틸렌에 해당)는 동함유량 62% 이하

(18) 초저온용기

임계온도 −50℃ 이하인 액화가스를 충전하기 위한 용기로 단열피복

※ 초저온 용기의 재료시험 : 인장시험, 압궤시험, 굽힘시험

(19) 저온용기

단열재 피복 또는 냉동설비로 냉가하여 용기 내 가스온도가 상용온도를 초과하지 아니 하도록 조치된 액화가스 충전용기로 초저온 용기 이외의 것

(20) 용기보관실 경계표지

① 출입구가 여러 방향일 때는 그 장소마다 게시

② 가스 성질에 따라

㉮ 가연성가스는 "연"자 표시

㉯ 독성가스는 "독"자 표시

㉰ 독성, 가연성가스는 "독, 연"자 표시

(21) 합격용기의 표시방법

① 가연성가스인 용기 : "연"자를 표시

㉮ 연 : 적색으로 표시하되 수소는 백색

㉯ LPG '연' 자를 표시하지 않음

② 독성가스인 용기 : "독"자를 표시(독성, 가연성 용기는 "연", "독"자를 표시)

③ 고압가스 용기에 표시하는 색상

(22) 용기의 도색

① 공업용(일반용) 용기

청탄 산록에 수주잔을 높이들고 **백암산**을 바라보니 **아황!**
색산 소색   소황   색모   세색
　가　　　　　색　　　　　　　니　　　　　틸
　스　　　　　　　　　　　　　아　　　　　렌

염소는 **갈색**이고 **나머지**는 **회색**이로다.

② 의료용 용기

질흑 같은 **산백산**에서 **아청**이와 **탄회**는
소색   소색   산색   산색
　　　　　　　　　　화　　　가
　　　　　　　　　　질　　　스
　　　　　　　　　　소

에자 때문에 **헤갈**을 하며 **싸주**고 말았다.
틸색   륨색   이황
렌   크색
　　　　　　　　　　　　　　로
　　　　　　　　　　　　　　프
　　　　　　　　　　　　　　로
　　　　　　　　　　　　　　판

(23) 용기종류별 부속품의 기호

① PG : 압축가스를 충전하는 용기의 부속품
② AG : 아세틸렌가스를 충전하는 용기의 부속품
③ LG : 액화석유가스 외의 액화가스를 충전하는 용기의 부속품
④ LPG : 액화석유가스를 충전하는 용기의 부속품
⑤ LT : 초저온용기 및 저온용기의 부속품

핵 심 문 제

01 최고 충전압력 5MPa, 내경 60cm의 용접제 원통형 고압 설비의 동판의 두께는 최소 몇 mm가 되어야 하는가? (단, 재료의 허용응력(S)은 150N/mm², 용접효율은 0.75, 부식여유는 1mm로 한다.)

㉮ 10.6

㉯ 12.4

㉲ 14.7

㉴ 22.7

02 용기 제조에 대한 기준으로 틀린 것은?

㉮ 이음매 없는 용기의 재료로 강을 사용할 경우에는 함유량이 각각 탄소 0.55%

㉯ 스테인리스강, 알루미늄 합금의 경우에는 용기의 재료로 사용할 수 있다.

㉲ 내용적이 125L 미만인 LPG 용기를 강재로 제조하는 경우에는 KSD 3533(고압가스 용기용 강판 및 강대)의 재료 또는 이와 동등 이상의 재료를 사용하여야 한다.

㉴ 용기 동판의 최대 두께와 최소 두께와의 차이는 평균 두께의 10% 이하로 하여야 한다.

03 다음 중에 각인되는 기호와 그 기호가 의미하는 내용을 옳게 나타낸 것은?

㉮ TP : 기밀시험압력

㉯ V : 용기의 합격표시

㉲ FP : 압축가스를 충전하는 용기는 최고충전압력

㉴ TW : 밸브 및 부속품을 포함하지 아니한 용기의 질량

04 신규 용기가 전증가량이 100cc이었다. 이 용기가 검사에 합격하려면 항구 증가량은 몇 cc 이하이어야 하는가?

㉮ 5cc

㉯ 10cc

㉲ 15cc

㉴ 20cc

해 설

해설 01

동판의 두께

$$t = \frac{PD}{2S\eta - 1.2P} + C(\text{mm})$$
$$= \frac{5 \times 600}{2 \times 150 \times 0.75 - 1.2 \times 5} + 1$$
$$= 14.7\text{mm}$$

해설 02

20% 이하

해설 03

각인기호 설명
① 내용적 : V(ℓ)
② 밸브 및 부속품을 포함한 용기의 질량 : TW(kg)
③ 내압시험압력 : TP(MPa)

해설 04

항구증가율(%)
$$= \frac{\text{항구증가량}}{\text{전증가량}} \times 100$$
내압시험 시 검사에 합격하려면 항구 증가율이 10% 이하가 되어야 하므로
항구증가량=전증가량
$$\times \text{항구증가율}(10\%)$$
$$= 100 \times 0.1 = 10\text{cc}$$

01. ㉲ 02. ㉴ 03. ㉲
04. ㉯

정답

05 용적 100L의 초저온용기에 200kg의 산소를 넣고 외기온도 25℃인 곳에서 10 시간 방치한 결과 180kg의 산소가 남아있다. 이 용기의 열침입량(kcal/h·℃· L)의 값과, 단열성능시험에의 합격여부로서 옳은 것은? (단, 액화산소의 비점은 −183℃, 기화잠열은 51kcal/kg이다.)

㉮ 0.02, 불합격　　　　　　　　㉯ 0.05, 합격
㉰ 0.005, 불합격　　　　　　　㉱ 0.008, 합격

06 다음 (　) 안에 들어갈 알맞은 수치는?

> "초저온용기의 충격시험은 3개의 시험편 온도를 섭씨(　)℃ 이하로 하
> 여 그 충격치의 최저가(　)J/cm² 이상이고 평균 (　)J/cm² 이상의 경
> 우를 합격으로 한다."

㉮ 100, 30, 20　　　　　　　　㉯ −100, 20, 30
㉰ 150, 30, 20　　　　　　　　㉱ −150, 20, 30

07 가스의 종류와 용기 도색의 구분이 잘못된 것은?

㉮ 액화암모니아 : 백색　　　　　㉯ 액화염소 : 갈색
㉰ 헬륨(의료용) : 자색　　　　　㉱ 질소(의료용) : 흑색

08 다음 중 용접용기의 신규검사항목이 아닌 것은? (단, 용기는 강재로 제조한 것 이다.)

㉮ 인장시험　　　　　　　　　　㉯ 압궤시험
㉰ 기밀시험　　　　　　　　　　㉱ 파열시험

09 이음매 없는 강제용기의 신규검사시 시행하여야 하는 시험항목이 아닌 것은?

㉮ 외관검사　　　　　　　　　　㉯ 인장시험
㉰ 압궤시험　　　　　　　　　　㉱ 고압가압 시험

해 설

[해설] 05

$$Q = \frac{W \cdot q}{H \cdot \Delta t \cdot V}$$
$$= \frac{(200-180) \times 51}{10 \times [25-(-183)] \times 100}$$
$$= 0.00490$$

용기내용적
① 1,000 ℓ 이하
　0.0005kcal/h℃ ℓ 이하 합격
② 1,000 ℓ 초과
　0.002kcal/h℃ ℓ 이하 합격
∴ 불합격

[해설] 07

헬륨(의료용) : 갈색

[해설] 08

용접용기의 신규검사시 파열시험은 하지 않는다.

[해설] 09

이음매 없는 강제용기 신규검사 항목
외관검사, 인장시험, 충격시험, 파열시험, 내압시험, 기밀시험, 압궤시험

---

05. ㉰　06. ㉱　07. ㉰
08. ㉱　09. ㉱

정답

10 액화석유가스 충전용기 내에 수분이 존재할 때 용기밸브 및 배관에 미치는 영향에 대한 설명으로 가장 옳은 것은?

㉮ 액화석유가스의 발열량이 높아진다.

㉯ 사용 중 증발잠열로 수분이 얼어 밸브나 배관을 막는다.

㉰ 사용 중 수분의 혼입으로 폭발의 위험성이 생긴다.

㉱ 수분의 혼입에 의해 배관 및 밸브에 균열이 생긴다.

11 공급자의 안전 점검기준의 항목에 해당되지 않는 것은?

㉮ 다공질물 교체여부

㉯ 충전용기의 설치위치

㉰ 충전용기와 화기와의 거리

㉱ 충전용기 및 배관의 설치상태

해 설

[해설] 10

LP가스에 수분이 존재하면 사용 중 증발잠열로 인하여 밸브나 배관이 동결되어 막힐 수 있다.

[해설] 11

공급자의 안전점검기준

① 충전용기의 설치위치

② 충전용기와 화기와의 거리

③ 충전용기 및 배관의 설치상태

④ 충전용기, 충전용기로부터 압력조정기, 호스 및 가스사용기기에 이르는 각 접속부와 배관 또는 호스에서의 누출여부

⑤ 독성가스의 경우 흡수장치, 제해장치 및 보호구 등에 대한 적합여부

정답 10. ㉯ 11. ㉮

09 통풍장치

(1) 자연통풍장치

① 가연성, 독성의 위험시설은 양호한 통풍구조(지하는 강제통풍시설)로 한다.

② 통풍구의 크기 : 바닥면적의 3% 이상(바닥면적 $1m^2$당 $300cm^2$ 이상)으로 한다.

③ 환기구는 2 방향 이상으로 분산설치(1개소의 통풍구의 면적 : $2,400cm^2$ 이하)

(2) 강제통풍장치

① 가연성, 독성가스로서 공기보다 무거운 가스나 지하시설은 강제통풍장치로 한다.

② 통풍능력(환기능력) : 바닥면적 $1m^2$당 $0.5m^3$/분 이상

(3) 냉동시설(가연성, 독성인 냉매설비)

① 자연통풍 : 냉동능력 1RT당 $0.05m^2$ 이상의 개구부

② 강제통풍 : 냉동능력 1RT당 $2m^3$/min 이상의 통풍능력

10 고압설비의 강도

고압가스 설비는 상용압력의 2배 이상에서 항복하지 않는 두께

11　비열처리재료

오스테나이트계 스테인리스강, 내식 알루미늄 합금판, 내식 알루미늄합금 단조품

12　기밀시험 및 내압시험

(1) 고압설비

① 기밀시험압력 : 상용압력 이상의 압력으로 질소, 탄소가스, 공기 등으로 실시(단, 산소는 사용금지)
② 내압시험압력 : 상용압력×1.5배 이상

(2) 도시가스 설비

① 기밀시험압력 : 최고사용압력×1.1배 이상
② 내압시험압력 : 최고사용압력×1.5배 이상

(3) 용 기

① 기밀시험압력 : 최고충전압력 이상(단, 초저온용기 : 최고충전압력×1.1배 이상, 아세틸렌용기 : 최고충전압력×1.8배 이상)
② 내압시험압력 : 최고충전압력×$\frac{5}{3}$배 이상(단, 아세틸렌용기 : 최고충전압력×3배 이상)

POINT

• 비열처리재료

문 용기재료에 사용되는 비열처리 재료는?

▶ 오스테나이트계 스테인리스강, 내식 알루미늄합금판, 내식 알루미늄 합금단조품 등과 같이 열처리가 필요없는 재료

• 용기의 AP와 TP

문 최고충전압력(FP)이 14.7MPa인 압축가스 충전용기의 기밀시험 압력(AP)과 내압시험압력(TP)은 각각 얼마인가?

▶ ① AP=FP 이상
　　　=14.7MPa 이상
② TP=FP×$\frac{5}{3}$이상
　　　=$14.7×\frac{5}{3}$
　　　=24.5MPa 이상

13 안전밸브

(1) 안전밸브의 작동압력

내압시험압력×8/10배 이하(단, 액화산소 저장탱크는 상용압력×1.5배 이하)

(2) 안전밸브나 파열판에는 가스 방출관(가연성, 독성) 설치

① 가연성 : 지상 5m 또는 저장탱크 정상부로부터 2m 높이 중 큰 위치로 주위에서 착화원이 없는 안전한 위치(단, 지하인 경우는 지상으로부터 5m 이상)

② 독성 : 중화를 위한 설비 내

③ 기타 : 인근 건축물이나 시설물 높이 이상으로 주위에 착화원이 없는 안전한 위치

(3) 안전밸브 중 압축기 최종단에 설치된 것은 1년에 1회 이상 그 밖의 안전밸브는 2년에 1회 이상 작동점검

14 압력계

(1) 압력계의 최고눈금범위 : 상용압력의 1.5배 이상 2배 이하

(2) 처리용적이 1일에 100m³ 이상인 사업소는 2개 이상의 표준이 되는 압력계 설치

(3) 충전용 주관의 압력계는 매월 1회 이상, 기타 압력계는 3월에 1회 이상 표준이 되는 압력계로 그 기능을 검사

15 액면계

(1) 가연성, 독성의 액화가스 저장탱크 액면계가 유리제일 때 그 파손방지장치 및 상·하배관에는 자동·수동식의 스톱밸브 설치
(2) 액화가스 저장탱크에는 환형유리관을 제외한 액면계를 설치
(3) 인화 중독의 우려가 없는 곳에 설치하는 액면계의 종류 : 고정튜브식, 회전튜브식, 슬립튜브식 액면계
(4) LPG 탱크의 액면계 : 크린카식 액면계

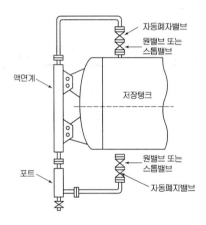

액면계의 구조

16 긴급차단장치

(1) 5,000ℓ 이상의 가연성, 독성 저장탱크의 가스이입, 이충전 배관(단, 액상의 가스를 이입하기 위한 배관에는 역류방지 밸브로 갈음할 수 있다.)
(2) 5m 이상에서 조작, 배관 외면온도 110℃ 이상시 자동 작동
(3) 동력원 : 유압식, 기압식, 전기식, 스프링식
(4) 작동레버 : 3곳 이상(사무실, 충전소, 탱크로리 충전장)

17 인터록기구

가연성 또는 독성가스의 제조설비가 오조작 되거나 정상적인 제조를 할 수 없을 경우에 자동적으로 원재료의 공급을 차단 시켜 주는 장치

18 벤트스택

독성가스인 경우에는 중화조치를 한 후 방출하고 가연성가스인 경우에는 방출된 가스가 지상에서 폭발하한계에 도달하지 아니하도록 할 것
※ 벤트스택이란 가스를 연소시키지 않고 대기 중에 방출시키는 파이프 또는 탑을 말한다. 또한 확산을 촉진시키기 위하여 150(m/sec) 이상의 속도가 되도록 파이프 경을 결정한다.

19 플레어스택

플레어스택의 설치 위치 및 높이는 플레어스택 바로 밑의 지표면에 미치는 복사열 4,000kcal/m^2 · h 이하가 되도록 할 것

20 역화방지장치와 역류방지 밸브

(1) 역화방지장치

① 수소화염 또는 산소, 아세틸렌 화염 사용시설
② 가연성가스를 압축하는 압축기와 오토클레이브 사이

③ 아세틸렌의 고압건조기와 충전용 교체밸브사이 배관

④ 아세틸렌 충전용 지관

　　※ 역화방지장치에는 물, 모래, 자갈, 페로실리콘 등이 사용

(2) 역류방지 밸브

① 가연성가스 압축기와 충전용 주관 사이

② 아세틸렌 압축기의 유분리기와 고압건조기와의 사이 또는 충전호스

③ 암모니아, 메탄올의 합성탑이나 정제탑과 압축기와의 사이

④ 액화암모니아, 염소의 감압설비와 당해가스 반응설비 사이

POINT

📖 역류방지 밸브의 설치기준이다. 괄호를 채우시오.
① C₂H₂ 압축기의 (㉮)와 (㉯)와의 사이
② NH₃, 메탄올의 합성탑이나 (㉰)과 (㉱)와의 사이
▸ ㉮ : 유분리기
　 ㉯ : 고압건조기
　 ㉰ : 정제탑
　 ㉱ : 압축기

21　공기액화 분리기

(1) 원료 공기의 취입구는 공기 맑은 곳일 것

(2) 액화공기 탱크와 액화산소 증발기와의 여과기 설치

(3) 액화산소통 내의 액화산소는 1일에 1회 이상 분석

(4) 액화산소 5ℓ 중 C_2H_2의 질량 5mg, 또는 탄화수소의 탄소질량이 500mg을 넘을 때에는 운전정지 후 액화산소 방출

(5) 공기액화 분리장치의 폭발 원인

① 공기 취입구로부터 아세틸렌의 혼입

② 내부 윤활제의 분해에 따른 탄화수소의 생성

③ 액체공기 중 오존의 혼입

④ 공기 중 질소산화물의 혼입

📖 액화산소 5ℓ 중 CH₄ 2000 mg, C₂H₆ 500mg이 포함되어 있을 때 계속 운전여부를 판정하라.
▸ $\frac{4}{16} \times 2000 + \frac{24}{30} \times 500$
$=900mg$
∴ 500mg을 초과하므로 계속 운전이 불가능하다.

22 압축기 종류에 따른 윤활유

(1) 산소 압축기

물 또는 10% 이하의 묽은 글리세린수용액

(2) 공기 압축기

양질의 광유, 디젤엔진유

(3) 수소 압축기

양질의 광유

(4) C₂H₂ 압축기

양질의 광유

(5) 염소 압축기

진한 황산(농황산)

(6) LP가스 압축기

식물성유

(7) 염화메탄 압축기

화이트유

(8) 아황산가스 압축기

화이트유, 정제된 용제터빈유

※ 공기압축기는 양질의 광유를 윤활제로 이용 : 잔류탄소의 질량이 전질량의 1% 이하 인화점 200℃ 이상으로서 170℃에서 8시간 이상 교반해도 분해되지 않을 것. 또한 잔류탄소 질량이 1% 초과 1.5% 이하, 인화점이 230℃ 이상으로서 170℃에서 12시간 이상 교반해도 분해되지 않는 것으로 사용

POINT

🔲 산소압축기에 사용되는 윤활유는?
▶ 물 또는 10% 이하의 묽은 글리세린 수
▶ 석유류, 유지류 또는 글리세린은 발화의 원인이 되기 때문에 사용금지

🔲 염소압축기의 내부 윤활제는?
▶ 농황산
▶ 염소의 윤활제 및 건조제로 농황산이 사용된다.

🔲 공기압축기의 내부 윤활유는 잔류탄소의 질량이 전질량의 1% 이하이며 인화점이 (①)℃ 이상으로서 170℃에서 (②)시간 이상 교반하여 분해되지 않을 것
▶ ① 200
  ② 8

핵 심 문 제

01 액화석유가스의 저장실 통풍구조에 대한 설명으로 옳지 않은 것은?

㉮ 강제 통풍장치 배기가스 방출구는 지면에서 3m 이상 높이에 설치해야 한다.

㉯ 강제 통풍장치 흡입구는 바닥 면 가까이에 설치해야 한다.

㉰ 환기구의 가능 통풍면적은 바닥면적 $1m^2$ 당 $300cm^2$ 이상이어야 한다.

㉱ 저장실을 방호벽으로 설치할 경우 환기구는 2개 방향 이상으로 설치해야 한다.

02 독성가스 냉매를 사용하는 압축기 설치장소에는 냉매누출 시 체류하지 않도록 통풍구를 설치하여야 한다. 냉동능력 1톤당 통풍구 설치 기준은?

㉮ $0.05m^2$ 이상의 통풍구 설치

㉯ $0.1m^2$ 이상의 통풍구 설치

㉰ $0.15m^2$ 이상의 통풍구 설치

㉱ $0.2m^2$ 이상의 통풍구 설치

03 고압가스 설비와 관련된 압력 중 동일 고압가스 설비의 경우 높은 것에서 낮은 순서로 옳은 것은?

① 기밀시험압력	② 상용압력	③ 내압시험압력

㉮ ① → ② → ③   ㉯ ② → ③ → ①

㉰ ② → ① → ③   ㉱ ③ → ① → ②

04 고압가스 설비의 고압배관이 상용압력 0.5MPa일 때 기밀시험 압력의 기준은?

㉮ 0.5MPa 이상   ㉯ 0.7MPa 이상

㉰ 0.75MPa 이상   ㉱ 1.0MPa 이상

해설 01

액화석유가스의 저장실 통풍구조

① 바닥 면에 접하고 또한 외기에 면하여 설치된 환기구의 통풍 가능면적의 합계가 바닥면적 $1m^2$당 $300cm^2$(철망 등을 부착할 때에는 철망이 차지하는 면적을 뺀 면적으로 한다)의 비율로 계산한 면적 이상(1개소 환기구의 면적은 $2,400cm^2$ 이하로 한다)일 것. 이 경우 사방을 방호벽 등으로 설치할 경우에는 환기구를 2방향 이상으로 분산 설치하여야 한다.

② ①의 규정에 의한 통풍구조를 설치할 수 없는 경우에는 다음 각목의 기준에 적합한 강제통풍장치를 설치하여야 한다.

㉮ 통풍능력이 바닥면적 $1m^2$마다 $0.5m^3$/분 이상으로 할 것

㉯ 흡입구는 바닥 면 가까이에 설치할 것

㉰ 배기가스 방출구를 지면에서 5m 이상의 높이에 설치할 것

해설 02

냉동제조시설 환기능력

① 통풍구 크기 : 냉동능력 1톤당 $0.05m^2$ 이상

② 기계통풍장치 : 냉동능력 1톤당 $2m^3$/분 이상

해설 03

압력의 순서 : 내압시험압력>기밀시험압력>상용압력

해설 04

기밀시험은 상용압력 이상으로 한다.

01. ㉮   02. ㉮   03. ㉱
04. ㉮

정답

05 액화석유가스의 저장탱크에 설치한 안전밸브는 지면으로부터 몇 m 이상의 높이 또는 그 저장탱크의 정상부로부터 2m 이상의 높이 중 더 높은 위치에 방출구가 있는 가스방출관을 설치하여야 하는가?

㉮ 2 　　　　　　　　㉯ 3

㉰ 4 　　　　　　　　㉱ 5

06 다음 중 일정압력 이하로 내려가면 가스 분출이 정지되는 구조의 안전밸브는?

㉮ 가용전식 　　　　　㉯ 파열식

㉰ 스프링식 　　　　　㉱ 박판식

07 고압가스 안전밸브 설치위치에 대한 설명 중 옳지 않은 것은?

㉮ 압력용기의 기상부 또는 상부

㉯ 다단압축기 등 압력을 상승시키는 기기의 경우 압축기의 최후단

㉰ 조정기 등 감압을 하는 설비는 조정기 전·후단(상·하류)

㉱ 밸브 등으로 차단되는 부분으로 가열·반등 등에 의하여 압력상승이 예상되는 부분

08 어떤 고압장치가 상용압력이 30.0MPa일 때 안전밸브의 작동압력은 몇 MPa인가?

㉮ 30 　　　　　　　　㉯ 33

㉰ 36 　　　　　　　　㉱ 45

09 내용적이 30L인 용기에 부착된 안전밸브의 소요분출량(m³/h)을 구하면? (단, 용기 내용적(V)은 30L, 취출량 결정압력(P)은 3MPa임)

㉮ 103.2 　　　　　　㉯ 125.1

㉰ 152.8 　　　　　　㉱ 195.7

해설

해설 **05**
가스 방출관 설치
가연성가스의 저장탱크에 설치하는 것은 지면으로부터 5m의 높이 또는 저장탱크의 정상부로부터 2m의 높이 중 높은 위치에 설치

해설 **08**
안전밸브 작동압력
$=내압시험압력 \times \dfrac{8}{10}$
$=상용압력 \times 1.5 \times \dfrac{8}{10}$
$=30.0 \times 1.5 \times \dfrac{8}{10} = 36 MPa$

해설 **09**
$Q = 0.0283 PV\ \mathrm{m^3/min}$
$= 0.0283 \times 3 \times 30 \times 60$
$= 152.8\ \mathrm{m^3/h}$

05. ㉱　06. ㉰　07. ㉯
08. ㉰　09. ㉰

정답

10 액화산소탱크에 설치할 안전밸브의 작동압력으로 옳은 것은?

㉮ 상용압력×0.8배 이하
㉯ 내압시험압력×0.8배 이하
㉰ 상용압력×1.5배 이하
㉱ 내압시험압력×1.5배 이하

11 독성가스 저장설비에 사용하는 긴급용 벤트스택에 대한 설명으로 옳은 것은?

㉮ 벤트스택의 높이는 방출된 가스의 착지농도(着地濃度)가 폭발상한계 값 미만이 되도록 충분한 높이로 설치한다.
㉯ 독성가스의 경우는 제독조치를 한 후 허용농도값 미만이 되도록 충분한 높이로 설치한 벤트스택에서 방출한다.
㉰ 액화가스가 함께 방출되거나 급냉 될 우려가 있는 벤트스택에는 그 벤트스택과 연결된 가스공급시설의 가까운 곳에 건조기를 설치한다.
㉱ 벤트스택 방출구의 위치는 작업원이 정상작업을 하는데 필요한 장소 및 작업원이 항시 통행하는 장소로부터 8m 이상 떨어진 곳에 설치한다.

12 고압가스 제조시설의 플레어스택에서 처리 가스의 액체 성분을 제거하기 위한 설비는?

㉮ 녹아웃 드럼(knock-out drum)
㉯ 실 드럼(sea drum)
㉰ 플레임 어레스터(flame arrestor)
㉱ 파일럿 버너(pilot burner)

13 도시가스 제조시설의 역화 및 공기 등과의 혼합 폭발을 방지하기 위하여 설치하는 플레어스택의 구조로서 틀린 것은?

㉮ Liquid Seal의 설치
㉯ Flame Arrestor의 설치
㉰ Vapor Seal의 설치
㉱ 조연성 가스(O_2)의 지속적인 주입

해 설

[해설] **13**
플레어스택의 구조(㉮, ㉯, ㉰ 이외)
① 퍼지가스(N_2, Off Gas 등)의 지속적인 주입
② Molecular Seal의 설치

10. ㉰ 11. ㉯ 12. ㉮
13. ㉱

정 답

14 고압가스 설비 중 플레어스택의 설치 위치 및 높이는 플레어스택 바로 밑의 지표면에 미치는 복사열을 얼마 이하로 하여야 하는가?

㉮ 2,000kcal/ $m^2 \cdot h$ ㉯ 3,000kcal/ $m^2 \cdot h$
㉰ 4,000kcal/ $m^2 \cdot h$ ㉱ 5,000kcal/ $m^2 \cdot h$

15 다음 고압가스 일반제조의 시설기준 중 역류방지 밸브를 반드시 설치하지 않아도 되는 곳은?

㉮ 아세틸렌의 고압건조기와 충전용 교체 밸브 사이의 배관
㉯ 아세틸렌의 압축하는 압축기의 유분리기와 고압건조기와의 사이
㉰ 가연성가스를 압축하는 압축기와 충전용 주관 사이
㉱ 암모니아 또는 메탄올의 합성탑 및 정제탑과 압축기와의 사이의 배관

16 공기액화 분리기에 설치된 액화산소통 내의 액화산소 5L 중 탄화수소의 탄소질량이 몇 mg을 넘을 때 공기액화 분리기의 운전을 중지하고, 액화산소를 방출하여야 하는지 그 기준값으로 옳은 것은?

㉮ 5 ㉯ 10
㉰ 100 ㉱ 500

23 각종가스의 기술기준

(1) 아세틸렌(C_2H_2)

① 62% 이하의 동합금 사용 : 동, 수은, 은 등과 폭발성 물질 생성
② 충전용 지관에는 탄소함유량 0.1% 이하의 강
③ 충전용 교체밸브는 충전장소에서 격리하여 설치
④ 용기 충전장소 및 충전용기 보관 장소에는 살수장치(화재시 용기 파열 방지)
⑤ 미리 용기에 다공질물(75% 이상 92% 미만)을 채운 후 아세톤 또는 디멜틸 포름아미드를 고루 침윤 시킨 후 충전
⑥ 충전시 온도에 불구하고 2.5MPa 이하로 하며, 이때에는 질소, 일산화탄소, 메탄 또는 에틸렌을 희석제로 첨가한다.
⑦ 충전 후 15℃에서 1.55MPa가 될 때까지 정치(24시간)
⑧ 습식 아세틸렌가스 발생기의 표면 유지온도 : 70℃ 이하
⑨ 아세틸렌가스의 폭발 : 산화폭발, 분해폭발, 치환폭발(화합폭발)
⑩ 다공질물
　㉮ 아세톤, D.M.F 또는 아세틸렌에 의해 침식되지 않는 성분일 것
　　※ 용기 벽을 따라 용기 지름의 1/200 또는 3mm 이하의 틈일 것
　㉯ 다공질물의 다공도 측정방법
　　㉠ 용기에 다공질물을 충전한 상태에서 온도 20℃에서 아세톤, D.M.F 또는 물의 흡수량으로 측정한다.
　　㉡ 다공질물의 구비조건 : 규조토, 석면, 석회석, 목탄, 산화철, 탄산마그네슘, 다공성플라스틱 등을 사용하여 반죽해 넣고 200℃에서 건조고화 시킨 것을 다공질물이라 한다.
　　　• 화학적으로 안전할 것
　　　• 고다공도일 것
　　　• 기계적 강도가 있을 것
　　　• 안정성이 있을 것
　　　• 가스충전이 쉬울 것
　　　• 경제적이고 구입이 쉬울 것

ⓒ 다공도(%)를 구하는 공식

$$다공도 = \frac{(V-E)}{V} \times 100\%$$

V : 다공질물의 용적 $\qquad$ E : 아세톤의 침윤 잔용적

(2) 산화에틸렌(C₂H₄O)

① 질소, 탄산가스를 치환하고, 항상 5℃ 이하로 유지

② 용기에 충전시 그 내부를 질소, 탄산가스로 바꾼 후 충전

③ 충전용기는 45℃에서 0.4MPa 이상 되도록 질소, 탄산가스를 충전

④ 산화에틸렌가스의 폭발 : 분해, 중합 폭발(안정제 : CO₂, N₂)

(3) 시안화수소(HCN)

① 충전시 순도가 98% 이상이고, 아황산가스, 황산 등의 안정제 첨가

② 충전 후 24시간 정치 후 누설검사 및 충전 연월일을 명기한 표지 부착

③ 용기에 충전된 시안화수소는 60일이 경과되기 전에 다른 용기에 충전
   (단, 순도 98% 이상으로 착색되지 않는 것은 제외)

④ 저장시 1일 1회 이상 질산구리벤젠지로 누설검사

⑤ 시안화수소 가스의 폭발 : 중합폭발(수분 2% 이상 함유시 폭발)

(4) 산소(O₂)

① 산소압축기 내부 윤활제는 물 또는 묽은 글리세린을 사용

② 산소 압력계는 금유라고 명기된 전용의 압력계를 사용
   ※ 산소가스와 유지류의 접촉시 발화의 원인

③ 산소 저장설비 5m 이내 : 화기 취급금지(산소 이외 : 2m 이내 취급금지)
   ※ 산소설비와 가연성 설비의 이격거리 : 10m 이상
   가연성 설비와 가연성 설비의 이격거리 : 5m 이상

(5) 에어졸

① 에어졸 용기의 내용적 : 1ℓ 이하

② 금속제의 용기는 그 두께가 0.125mm 이상

POINT

• 다공도

문 다공질물의 용적이 150m³이며 아세톤의 잔용적이 20m³일 때 다공도는?

▶ 다공도 $= \frac{V-E}{V} \times 100$

$= \frac{150-20}{150} = 86.7\%$

• 분해폭발 : C₂H₂, C₂H₄O, N₂H₄

• 중합폭발 : C₂H₄O, HCN

• 폭발

문 C₂H₄O는 무슨 폭발을 일으키는가?

▶ 산화폭발, 중합폭발, 분해폭발

문 HCN에 수분이 2% 이상 함유되었을 때 일어나는 폭발은?

▶ 중합폭발

• 산소

문 산소 압축기의 내부 윤활제는?

▶ 물 또는 10% 이하의 묽은 글리세린 수

③ 용기는 50℃에서 용기 안의 가스압력의 1.5배의 압력을 가할 때에 변형되지 아니하고 50℃에서 용기 안의 가스압력의 1.8배의 압력을 가할 때에 파열되지 아니할 것

④ 내용적이 30cm³ 이상인 용기는 에어졸의 제조에 재사용하지 아니할 것

⑤ 에어졸 제조설비 및 에어졸 충전용기 저장소는 화기 또는 인화성 물질과 8m 이상의 우회거리를 유지할 것

⑥ 에어졸은 35℃에서 그 용기의 내압이 0.8MPa 이하이어야 하고 에어졸의 용량이 그 용기 내용적의 90% 이하일 것

⑦ 온수시험 탱크를 갖추고 46℃ 이상~50℃ 미만에서 누설검사를 할 것

(6) 특정고압가스

수소, 산소, 아세틸렌, 액화암모니아, 액화염소, 압축모노실란, 액화알진, 포스핀, 셀렌화수소, 게르만 디실란, 오불화비소, 오불화인, 삼불화인, 삼불화질소, 삼불화붕소, 사불화유황, 사불화규소

24 품질검사

(1) 대상 : 산소, 수소, 아세틸렌
(2) 매일 1회 이상 가스 제조장에서 실시
(3) 안전관리 책임자가 실시
(4) 검사결과는 안전관리 총괄자와 안전관리 책임자가 함께 확인하고 서명 날인할 것

① 산 소
  ㉮ 동, 암모니아시약의 오르자트법
  ㉯ 순도 99.5% 이상
  ㉰ 35℃에서 12MPa 이상일 것(충전압력)

② 수 소
  ㉮ 피로카롤 또는 하이드로 썰파이드시약의 오르자트법
  ㉯ 순도 98.5% 이상

ⓔ 35℃에서 12MPa 이상일 것(충전압력)

③ 아세틸렌
㉮ 발연황산에 의한 오르자트법 또는 브롬시약에 의한 뷰렛법
㉯ 순도 98% 이상
㉰ 가스 충전량은 3kg 이상
㉱ 질산은시약의 정성시험에 합격할 것

POINT

🔎 아세틸렌가스의 순도검사 시 충전량은 얼마인가?
▸ 3kg 이상

25 혼합압축금지

(1) 가연성가스 중의 산소 또는 산소 중의 가연성가스가 4% 이상 시
(2) 수소, 에틸렌, 아세틸렌 중의 산소 또는 산소 중의 수소, 에틸렌, 아세틸렌이 2% 이상 시

• 혼합압축금지
🔎 산소와 2% 이상 혼합압축을 하면 안 되는 가스는?
▸ 수소, 에틸렌, 아세틸렌

26 독성가스의 식별표지 및 위험표지

(1) 식별표지

| 독성가스(염소) 제조시설 | 독성가스(암모니아) 제조시설 |

① 백색바탕에 흑색 글씨(가스의 명칭은 적색)로 기재
② 문자의 크기는 가로 및 세로가 각 10cm 이상으로 하고 30m 이상의 거리에 서도 식별할 수 있을 것

(2) 위험표지(가스의 누설우려 부분에 표시)

| 독성가스 누설(주의) 부분 |

① 백색바탕에 흑색 글씨(주의는 적색)로 기재

• 위험표지
🔎 독성가스 제조시설의 위험표지 문자의 크기는?
▸ 가로, 세로 5cm 이상

② 문자의 크기는 가로 및 세로가 각 5cm 이상으로 하고 10m 이상의 위치에서도 식별이 가능할 것

27 정전기의 제거기준

(1) 적용시설

① 가연성가스 제조시설
② LPG 제조시설

(2) 기준 및 내용

① 각 설비는 단독접지(탑, 저장탱크, 회전기계, 열교환기, 벤트스택 등)할 것
② 접지선의 단면적 : 5.5mm² 이상(단선은 제외)일 것
③ 접지 저항값은 총합 100Ω (피뢰설비 설치시 10Ω) 이하일 것

(3) 기능검사

① 지상에서 접지 저항치의 값
② 지상에서의 접속부의 접속사항
③ 지상에서의 단선 기타 손상부분의 유무

01 아세틸렌은 폭발위험성이 커 저장에 특별히 주의하여야 한다. 아세틸렌의 폭발성과 관계없는 것은?

㉮ 분해폭발　　　　　　　㉯ 중합폭발

㉰ 화합폭발　　　　　　　㉣ 산화폭발

02 아세틸렌을 2.5MPa로 압축 시 희석제로 적당하지 않은 것은?

㉮ 질소　　　　　　　　㉯ 수소

㉰ 메탄　　　　　　　　㉣ 일산화탄소

03 시안화수소(HCN)를 용기에 충전할 경우에 대한 설명으로 옳지 않은 것은?

㉮ HCN의 순도는 98% 이상이어야 한다.

㉯ HCN은 아황산가스 또는 황산 등의 안정제를 첨가한 것이어야 한다.

㉰ HCN을 충전한 용기는 충전 후 12시간 이상 정치하여야 한다.

㉣ HCN을 일정시간 정치한 후 1일 1회 이상 질산구리벤젠 등의 시험지로 가스의 누출검사를 하여야 한다.

04 동암모니아 시약을 사용한 오르자트법에서 산소의 순도는 몇 % 이상이어야 하는가?

㉮ 95%　　　　　　　　㉯ 98.5%

㉰ 99%　　　　　　　　㉣ 99.5%

05 고압가스를 제조하는 경우 다음 가스 중 압축해서는 안 되는 것은?

㉮ 수소 중 산소 용량이 전용량의 2%인 것

㉯ 산소 중 프로판가스 용량이 전용량의 2%인 것

㉰ 수소 중 프로판가스 용량이 전용량의 2%인 것

㉣ 프로판가스 중 산소 용량이 전용량의 2%인 것

해 설

해설 01

아세틸렌(C_2H_2)의 폭발성

① 산화폭발 : 산소와 혼합하여 점화시 폭발
$$C_2H_2 + 2.5O_2 \rightarrow 2CO_2 + H_2O$$

② 분해폭발 : 가압, 충격에 의하여 탄소와 수소로 분해되면서 폭발
$$C_2H_2 \rightarrow 2C + H_2 + 54.2kcal$$

③ 화합폭발 : 동, 은, 수은과 화합시 아세틸라이드 생성
$$C_2H_2 + 2Cu \rightarrow Cu_2C_2 + H_2$$

해설 02

아세틸렌의 희석제

질소, 메탄, 일산화탄소, 에틸렌

해설 03

시안화수소의 충전

① 순도 : 98% 이상

② 안전제 : 아황산가스, 황산

③ 충전 후 정치 시간 : 24시간

④ 누출검사 : 1일 1회 이상 질산구리벤젠 등의 시험지

⑤ 다른 용기에 재충전 : 60일 경과 전에 다른 용기에 재충전

해설 04

순도

① 산소 : 99.5% 이상

② 아세틸렌 : 98% 이상

③ 수소 : 98.5% 이상

해설 05

압축금지

① 가연성가스 중 산소 용량이 전용량의 4% 이상(단, 아세틸렌, 에틸렌, 수소 제외)

② 산소 중 가연성가스의 용량이 전용량의 4% 이상(단, 아세틸렌, 에틸렌, 수소 제외)

③ 아세틸렌, 에틸렌, 수소 중 산소 용량이 전용량의 2% 이상

④ 산소 중 아세틸렌, 에틸렌 수소의 용량 합계가 전용량의 2% 이상

정답

01. ㉯　02. ㉯　03. ㉰

04. ㉣　05. ㉮

06 액화석유가스를 용기 저장탱크 또는 제조설비에 이·충전시 정전기제거 조치에 관한 내용 중 틀린 것은?

㉮ 접지저항 총합이 100Ω 이하의 것은 정전기제거 조치를 하지 않아도 된다.

㉯ 피뢰설비가 설치된 것의 접지 저항값이 50Ω 이하의 것은 정전기 제거조치를 하지 않아도 된다.

㉰ 접지접속선 단면적은 5.5m² 이상의 것을 사용해야 한다.

㉱ 탱크로리 및 충전에 사용하는 배관은 반드시 충전 전에 접지해야 한다.

07 정전기 제거설비를 정상상태로 유지하기 위한 검사항목이 아닌 것은?

㉮ 지상에서 접지저항치

㉯ 지상에서의 접속부의 접속 상태

㉰ 지상에서의 접지접속선의 절연여부

㉱ 지상에서의 절선 그밖에 손상부분의 유무

08 정전기 대책을 설명한 것 중 틀린 것은?

㉮ 접지에 의한 방법

㉯ 공기를 이온화하는 방법

㉰ 작업실 내 습도를 75% 이상 유지하는 방법

㉱ 접촉 전위차가 큰 물질을 사용하는 방법

09 다음 중 고압가스의 분출에 의한 정전기가 발생하기 가장 쉬운 경우는?

㉮ 가스의 분자량이 적은 경우

㉯ 가스가 충분히 건조되어 있는 경우

㉰ 가스의 온도가 높은 경우

㉱ 가스 속에 액체나 고체의 미립자가 있을 경우

10 정전기의 발생에 영향을 주는 요인에 대한 설명으로 옳지 않은 것은?

㉮ 물질의 표면상태가 원활하면 발생이 적어진다.

㉯ 물질표면이 기름 등에 의해 오염되었을 때는 산화, 부식에 의해 정전기가 크게 발생한다.

㉰ 정전기의 발생은 처음 접촉, 분리가 일어났을 때 최대가 된다.

㉱ 분리속도가 빠를수록 정전기의 발생량은 적어진다.

해 설

해설 07
정전기 제거설비를 정상상태로 유지하기 위한 검사항목
① 지상에서의 접속부의 접속 상태
② 지상에서의 접지 저항치
③ 지상에서의 절선 그 밖의 손상부분의 유무

해설 08
정전기 방지대책
① 접지에 의한 방법
② 공기를 이온화하는 방법
③ 상대습도를 70% 이상 유지하는 방법

06. ㉯ 07. ㉰ 08. ㉱
09. ㉱ 10. ㉱

정답

28 배관의 설치기준

(1) 지상설치

① 지면과의 거리는 30cm 이상 유지
② 가스배관 지상 설치시 공지의 폭

상용압력	공지의 폭
0.2MPa 미만	5m
0.2MPa 이상~1MPa 미만	9m
1MPa 이상	15m

※ 공지의 폭을 배관의 외면으로부터 유지하여야 할 폭으로서 산업통상자원부 장관이 정하여 고시하는 지역에 설치하는 경우에는 위 표에서 정한 1/3로 할 수 있다.

(2) 지하매설

① 가스배관 지하매설시 수평거리

고압가스의 종류	시설물	수평거리
독성가스	건축물(지하 건축물 제외)	1.5m
	지하가 및 터널	10m
	수도시설로서 독성가스가 혼입 우려가 있는 것	300m
독성가스 외 고압가스	건축물(지하 건축물 제외)	1.5m
	지하가 및 터널	10m

② 배관외면으로부터 다른 시설물과 0.3m 이상 이격
③ 배관외면과 지면과의 거리는 산이나 들에서는 1m 이상, 그 밖의 지역은 1.2m 이상 이격(단, 방호구조물 설치시 제외)

POINT

• 공지의 폭
[문] 상용압력이 8kgf/cm² 인 배관의 공지의 폭은? (단 배관은 지식경제부장관이 고시하는 지역에 설치)
▶ 9m × $\frac{1}{3}$ = 3m 이상

• 지하매설
[문] 고압가스 특정제조시설에서 지표면으로부터 배관의 외면까지 매설 깊이는 산이나 들에서 몇 m 이상 유지해야 하는가?
▶ 1m 이상

(3) 가스배관 철도부지 매설

① 배관외면과 궤도중심과 4m 이상 이격, 철도부지 경계와 수평거리로 1m 이상 이격
② 철도 등의 횡단부 지하에는 지면으로부터 1.2m 이상인 곳에 매설하고 또한 강제의 케이싱 등을 사용하여 보호할 것
③ 지하철도(전철) 등을 횡단하여 매설할 경우 전기방식조치를 강구할 것
④ 철도부지 밑 매설시 거리를 유지하지 않아도 되는 경우
　　㉮ 열차하중을 고려한 경우
　　㉯ 방호구조물로 방호한 경우
　　㉰ 열차하중의 영향을 받지 않는 경우

(4) 2중 배관의 규격 및 대상가스의 종류

① 2중관의 규격 : 외층관 내경은 내층관 외경의 1.2배 이상
② 종 류 : 아황산가스, 산화에틸렌, 암모니아, 염화메탄, 시안화수소, 염소, 포스겐, 황화수소

(5) 하천 등 횡단설치의 방법

① 2중관 대상 독성가스 : 염소, 포스겐, 불소, 아크릴알데히드, 아황산가스, 시안화수소, 황화수소
② 방호구조물 내에 설치 대상가스 : 2중관 대상 외의 독성가스 또는 가연성가스

(6) 도관

① 건물 내부 또는 기초 밑에 설치하지 말 것
② **지상설치** : 지면으로부터 이격설치 및 표지판 설치
③ **지하설치** : 지면으로부터 1m 깊이 매설 및 표지판 설치
④ **수중설치** : 선박, 파도의 영향이 없게 깊은 곳에 설치
⑤ 도관은 40℃ 이하로 유지
⑥ **압축가스 도관** : 압력계,　**액화가스 도관** : 압력계, 온도계 설치
⑦ 안전밸브 및 온도 변화시 길이 변화에 대비하여 완충장치 설치

(7) 독성가스 배관 접합기준

① 용접을 원칙으로 해야 할 부분

압력계, 액면계, 온도계, 기타 계기류를 부착하기 위한 지관과 시료가스 채취용 배관(단, 호칭지름 25mm 이하의 것은 제외)

② 용접이 부적당하여 플랜지로 접합을 해야 할 부분

㉮ 수시 분해하여 청소, 점검을 하여야 하는 부분을 접합하는 곳

㉯ 특히 부식이 우려되어 수시점검 또는 교환할 필요가 있는 부분

㉰ 정기적으로 분해하여 청소, 점검, 수리를 하여야 하는 반응기, 탑, 저장탱크, 열교환기 또는 회전 기계와 접합하는 곳

㉱ 수리 청소시 맹판 설치 필요부분이나 신축이음매의 접합부

29 독성가스 저장 : 흡수장치, 중화장치 설치

(1) 염소

가성소다 수용액, 탄산소다 수용액, 소석회

(2) 포스겐

가성소다 수용액, 소석회

(3) 황화수소

가성소다 수용액, 탄산소다 수용액

(4) 시안화수소

가성소다 수용액

(5) 아황산가스

가성소다 수용액, 탄산소다 수용액, 물

(6) 암모니아 · 산화에틸렌 · 염화메탄 : 물

POINT

• 용접접합 : 압력계, 온도계, 액면계를 부착하기 위한 지관

• 플랜지접합 : 분해, 점검, 교환이 필요한 부분

• 흡수장치 및 중화장치

문 염소가스의 흡수제 3가지를 써라.
▶ ① 가성소다 수용액
② 탄산소다 수용액
③ 소석회

문 물을 제해재로 쓰이는 가스 3가지를 써라.
▶ ① 암모니아
② 산화에틸렌
③ 염화메탄

30 가스 누설검지 시험지 및 색변

암모니아	리트머스시험지	청색
염 소	KI전분지	청색
시안화수소	질산(초산)구리벤젠지	청색
황화수소	연당지	흑색
일산화탄소	염화팔라듐지	흑색
아세틸렌	염화제1동착염지	적색
포스겐	하리슨시약	심등색

31 가스누출검지 경보장치 : 독성, 가연성 제조시설에 설치

(1) 종 류

① 접촉연소 방식 : 가연성 가스   ② 격막갈바니 전지 방식 : 산소
③ 반도체 방식 : 가연성, 독성가스

(2) 경보농도

① 가연성 가스 : 폭발하한계의 1/4 이하
② 독성가스 : 허용농도 이하
③ 암모니아를 실내에서 사용하는 경우 : 50ppm

(3) 경보기의 정밀도(경보농도 설정값에 대하여)

① 가연성 가스 : ±25% 이하   ② 독성가스 : ±30% 이하

(4) 검지경보장치의 검지에서 발신까지 걸리는 시간

① 경보농도의 1.6배 농도에서 30초 이내
② 암모니아, 일산화탄소 또는 이와 유사한 가스 : 1분 이내

POINT

• 누설검지지
問 황화수소 누설검지지 및 색변 상태는?
▶ 검지지 : 연당지(초산납)
  색변 : 흑색

• 가스누설 경보장치
問 수소가스의 경보농도는?
▶ 폭발하한 $\times \frac{1}{4} = 4 \times \frac{1}{4} = 1\%$
※ 수소의 폭발 범위는 4~75%이다.

問 일산화탄소의 경우 가스누출검지경보장치의 검지에서 발신까지 걸리는 시간은 경보농도의 1.6배 농도에서 몇 초 이내이어야 하는가?
▶ 60초 이내

(5) 전원의 전압 변동이 ±10% 정도일 때에도 경보 정밀도가 저하되지 않을 것

(6) 지시계의 눈금범위

① 가연성가스 : 0~폭발하한계 값

② 독성가스 : 0~허용농도의 3배 값

③ 암모니아를 실내에서 사용하는 경우 : 150ppm

(7) 경보를 발신한 후 가스농도가 변하여도 계속 경보를 울릴 것

(8) 가스누출 검지경보장치의 설치 수

① 건축물 내(압축기, 펌프, 반응설비, 저장탱크 등)에 설치시 : 바닥 면 둘레 10m 마다 1개씩

② 건축물 밖 설치시 : 바닥 면 둘레 20m마다 1개씩

③ 특수 반응설비 주위 : 바닥 면 둘레 10m마다 1개씩

④ 가열로 발화원이 있는 제조 설비주위 : 바닥 면 둘레 20m마다 1개씩

32 통신시설

통보범위	사업소 내 전체	사무소와 사무소 간	종업원 상호간
통보설비	• 페이징 설비 • 구내 방송설비 • 휴대용 확성기 • 사이렌 • 메가폰(사업소내의 면적 1,500m² 이하인 경우만 해당)	• 페이징 설비 • 구내 방송설비 • 구내전화 • 인터폰	• 페이징 설비 • 휴대용 확성기 • 트렌시버(계기 등에 영향이 없을 경우만) • 메가폰(사업소내의 면적 1500m² 이하인 경우만 해당)

핵 심 문 제

01 고압가스 지하 배관 설치 시 타 매설물 등과의 최저 이격거리를 바르게 나타낸 것은?

㉮ 배관은 그 외면으로부터 지하의 다른 시설물과 0.5m 이상
㉯ 독성가스의 배관은 수도시설로부터 100m 이상
㉰ 터널과는 5m 이상
㉱ 건축물과는 1.5m 이상

02 다음 중 2중관으로 하여야 하는 가스의 대상은?

㉮ 염소   ㉯ 수소
㉰ 아세틸렌   ㉱ 산소

03 염소가스에 의해 재해가 발생하였을 때 염소가스를 흡수하는 가장 적절한 것은?

㉮ 암모니아용액   ㉯ 염화제2철용액
㉰ 소석회수용액   ㉱ 금속산화물

04 가스와 그 가스의 검지방법이 바르게 짝지어진 것은?

㉮ 암모니아 : 요오드화칼륨 전분지
㉯ 염소 : 초산벤젠 검지기
㉰ 아세틸렌 : 염화제1동착염지
㉱ 황화수소 : 하리슨씨 시약지

05 다음 가스누출검지경보장치의 성능기준에 대한 설명 중 틀린 것은?

㉮ 가연성가스의 경보농도는 폭발 하한계의 1/4 이하로 할 것
㉯ 독성가스의 경보농도는 허용농도 이하로 할 것
㉰ 경보기의 정밀도는 경보농도 설정치에 대하여 가연성가스용에 있어서는 ±25% 이하로 할 것
㉱ 지시계의 눈금은 독성가스는 0부터 허용농도의 5배 값을 눈금범위에 명확하게 지시하는 것일 것

해 설

해설 04

유독가스 검지기 및 반응

대상 가스	시험지	반응 (변색)
암모니아	적색 리트머스지	청색
염소	KI 전분지	청색
포스겐	하리슨 시험지	유자색
시안화 수소	초산벤젠지	청색
일산화 탄소	염화 팔라듐지	흑색
황화 수소	연당지	갈색
아세 틸렌	염화제1동 착염지	적색

해설 05

지시계의 눈금은 독성가스는 0~허용농도의 3배 값

정답
01. ㉱ 02. ㉮ 03. ㉰
04. ㉰ 05. ㉱

06 제조설비에 설치하는 가스누출 검지경보장치의 설치기준에 대한 설명 중 틀린 것은?

㉮ 독성가스의 충전용 접속구 군의 주위에 2배 이상 설치

㉯ 특수반응설비는 그 바닥 면 둘레 10m에 대하여 1개 이상의 비율로 설치

㉰ 방류둑 내에 설치된 저장탱크의 경우에는 당해 저장 탱크마다 1개 이상 설치

㉱ 건출물 내에 설치된 압축기, 펌프, 반응설비, 저장탱크 등이 설치되어 있는 장소 주위에는 바닥 면 둘레 10m에 대하여 1개 이상의 비율로 설치

07 안전관리자가 상주하는 사업소와 현장사무소와의 사이 또는 현장사무소 상호간에 설치하는 통신설비가 아닌 것은?

㉮ 휴대용 확성기   ㉯ 구내전화

㉰ 구내 방송설비   ㉱ 페이징 설비

33 저장능력 산정기준

(1) 압축가스

$$Q = (P+1)V$$
$$Q = (10P_0 + 1)V$$

P_0 : 최고충전압력 MPa V : 내용적 m^3

P : 최고충전압력 kgf/cm^2 Q : 저장능력 m^3

(2) 액화가스

① $W_1 = 0.9dV$

W_1 : 저장탱크의 저장능력(kgf) d : 가스비중(kgf/ℓ)

V : 내용적(ℓ)

② $W_2 = \dfrac{V}{C}$

W_2 : 용기 및 차량에 고정된 탱크의 저장능력(kgf)

V : 내용적 (ℓ) C : 가스의 정수

34 냉동능력

(1) 1RT(냉동톤)

순수한 물 0℃의 1ton을 24시간동안 0℃의 얼음으로 만드는데 제거해야 할 열량
(1RT : 3,320kcal/h)

(2) 원심식 냉동기

1RT : 원동기의 정격출력 1.2kW

• 저장능력

문 저장탱크의 내용적이 10,000 ℓ인 것에 액화산소를 저장하고자 한다. 저장능력은? (단, 액화산소의 비중은 1.1이다.)

▶ $W_1 = 0.9dV$
$= 0.9 \times 1.1 \times 10,000$
$= 9,900$kg

문 내용적이 60ℓ인 용기에 충전지수가 1.4인 가스를 50kg 채웠다면 이 용기의 상태는?

▶ $w_2 = \dfrac{V}{C} = \dfrac{60}{1.4} = 42.86$kg

∴ 과충전상태이다.

• 냉동능력

문 원심압축기의 구동능력이 240 kW일 때 법적냉동능력은 얼마인가?

▶ 냉동능력
$= \dfrac{240\text{kW}}{1.2\text{kW/RT}}$
$= 200$RT (냉동톤)

(3) 흡수식 냉동기

1RT : 발생기의 시간당 입열량 : 6,640kcal/h

POINT

문 흡수식 냉동기의 입열량이 3320kcal/h일 때 냉동능력은 몇 톤인가?

▶ $\dfrac{3320\text{kcal/h}}{6640\text{kcal/hRT}} = 0.5\text{RT}$

35 안전거리기준

고압가스설비 중 저장설비 및 처리설비는 그 외면으로부터 제1종 보호시설 및 제2종 보호시설까지 다음 표에 정한 안전거리를 유지하도록 한다.

산 소		
처리능력 및 저장능력	제1종 보호시설	제2종 보호시설
1만 이하	12m	8m
1만 초과 2만 이하	14m	9m
2만 초과 3만 이하	16m	11m
3만 초과 4만 이하	18m	13m
4만 초과	20m	14m
독성가스 또는 가연성 가스		
처리능력 및 저장능력	제1종 보호시설	제2종 보호시설
1만 이하	17m	12m
1만 초과 2만 이하	21m	14m
2만 초과 3만 이하	24m	16m
3만 초과 4만 이하	27m	18m
4만 초과 5만 이하	30m	20m
5만 초과 99만 이하	30m (가연성 저온저장탱크는 $\dfrac{3}{25}\sqrt{X+10000}\,\text{m}$)	20m (가연성 저온저장탱크는 $\dfrac{2}{25}\sqrt{X+10000}\,\text{m}$)
99만 초과	30m (가연성 저온저장탱크는 120m)	20m (가연성 저온저장탱크는 80m)

그 밖의 가스		
처리능력 및 저장능력	제1종 보호시설	제2종 보호시설
1만 이하	8m	5m
1만 초과 2만 이하	9m	7m
2만 초과 3만 이하	11m	8m
3만 초과 4만 이하	13m	9m
4만 초과	14m	10m

(비고)

1. 처리능력 및 저장능력란의 단위 및 X는 1일간 처리능력 또는 저장능력으로서 압축가스의 경우에는 m^3, 액화가스의 경우에는 kg으로 한다.
2. 동일사업소 내에 2개 이상의 시설이 있는 경우에는 그 처리능력별 또는 저장능력별로 각각 안전거리를 유지하여야 한다.

※ 지하에 설치시 위 안전거리의 1/2로 한다.

36 보호시설

(1) 제1종 보호시설

① 학교, 유치원, 어린이집, 놀이방, 어린이놀이터, 청소년수련시설, 경로당, 학원, 병원(의원 포함), 도서관, 시장, 공중목욕탕, 호텔, 여관, 극장, 교회 및 공회당
② 사람을 수용하는 건축물로서 연면적이 $1,000m^2$ 이상인 독립된 건축물
③ 예식장, 장례식장 및 전시장 등 수용인원이 300인 이상인 건축물
④ 아동복지시설 또는 장애인 복지시설로서 수용인원이 20인 이상인 건축물
⑤ 지정문화재로 지정된 건축물

(2) 제2종 보호시설

① 주택
② 사람을 수용하는 건축물로서 연면적이 $100m^2$ 이상 $1000m^2$ 미만인 독립된 건축물

01 액화프로판 300kg을 내용적 30L이 용기에 충전하려 할 때 필요한 용기 수는?

㉮ 15개　　　　　　　　　　㉯ 18개

㉰ 21개　　　　　　　　　　㉱ 24개

02 초저온 저장탱크 내용적이 20000L일 때 충전할 수 있는 액체산소량은 약 몇 kg인가? (단, 액체산소의 비중은 1.14이다.)

㉮ 17,540　　　　　　　　　㉯ 19,230

㉰ 20,520　　　　　　　　　㉱ 228,000

03 다음 중 압축가스의 저장탱크 및 용기 저장능력의 산정식을 옳게 나타낸 것은? (단, Q : 설비저장능력(m^3), P : 35℃에서의 최고충전압력(MPa), V_1 : 설비의 내용적(m^3)이다.)

㉮ $Q = \dfrac{(10P-1)}{V_1}$　　　　㉯ $Q = 1.5PV_1$

㉰ $Q = (1-P)V_1$　　　　㉱ $Q = (10P+1)V_1$

04 원심식 압축기를 사용하는 냉동설비는 그 압축기의 원동기 정격출력 몇 kW를 1일의 냉동능력 1톤으로 하는가?

㉮ 0.5　　　　　　　　　　㉯ 1.2

㉰ 2.5　　　　　　　　　　㉱ 3.2

05 1일간 저장능력이 35,000m^3인 일산화탄소 저장설비의 외면과 학교와는 몇 m 이상의 안전거리를 유지하여야 하는가?

㉮ 17　　　　　　　　　　㉯ 18

㉰ 24　　　　　　　　　　㉱ 27

해 설

해설 01

$G = \dfrac{V}{C} = \dfrac{30}{2.35} = 12.77$

$\therefore$ 용기수 $= \dfrac{300}{12.77}$

$= 23.49 ≒ 24$개

해설 02

$W = 0.9 \cdot d \cdot V$

$= 0.9 \times 1.14 \times 20,000$

$= 20,520 kg$

해설 04

냉동능력

① 원심식 압축기 : 원동기 정격 출력 1.2kW

② 흡수식 냉동설비 : 6,640kcal/h

③ 증기압축식 냉동설비
　$R = V/C(RT)$

해설 05

독성 및 가연성가스 안전거리

저장 능력	1종 보호시설	2종 보호시설
1만 이하	17m	12m
2만 이하	21m	14m
3만 이하	24m	16m
4만 이하	27m	18m
4만 초과	30m	20m

01. ㉱　02. ㉰　03. ㉱

04. ㉯　05. ㉱

37 고압가스 운반기준

(1) 차량의 경계표지

① 차량 전후에서 명료하게 볼 수 있도록 표시하고 적색 삼각기를 운전석 외부에 보기 쉽도록 계양(RTC 경우는 좌우)

② 경계표 크기(KSM 5334 적색 발광도료 사용)

㉮ 가로치수 : 차체 폭의 30% 이상

㉯ 세로치수 : 가로치수의 20% 이상의 직사각형으로 표시

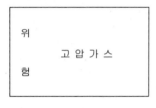
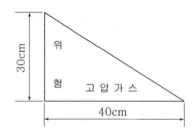

표지의 예

(2) 운반책임자 동승(운전자가 당해 자격시는 운반책임자 이외의 자 가능)

고압가스의 종류		운반기준	
압축가스	가연성 가스	300m³ 이상	
	조연성 가스	600m³ 이상	
	독성가스(허용농도 200ppm 초과 5,000ppm 이하)	100m³ 이상	
	독성가스(허용농도 200ppm 이하)	10m³ 이상	
액화가스	가연성 가스	3,000kg 이상 (납붙임용기, 접합용기의 경우는 2,000kg 이상)	
	조연성 가스	6,000kg 이상	
	독성가스(허용농도 200ppm 초과 5,000ppm 이하)	1,000kg 이상	
	독성가스(허용농도 200ppm 이하)	100kg 이상	

① 가스명칭, 성질 및 이동중의 주의사항 기재서면을 휴대

② 납붙임용기 또는 접합용기에 고압가스를 충전하여 차량에 적재한 때에는 용기의 이탈을 막을 수 있도록 보호망을 적재함 위에 씌울 것

POINT

• 차량의 경계표지의 크기
① 직사각형 : 가로치수는 차체 폭의 30% 이상, 세로치수는 가로치수의 20% 이상
② 정사각형 : 면적 600cm² 이상

• 고압가스 운반책임자
① 한국가스공사에서 운반에 관한 소정의 교육을 이수한 자
② 안전관리원
③ 안전관리 책임자

• 운반책임자 동승 기준

문 포스겐의 운반책임자를 동승하여야 하는 운반용량은?
▶ 포스겐의 허용농도는 0.1ppm 이다. 허용농도 200ppm 이하이기 때문에 100kg 이상이다.

문 접합 또는 납붙임용기의 용기 이탈을 방지하기 위한 조치는?
▶ 보호망을 적재함 위에 씌운다.

(3) 독성가스(염소, 염화수소, 포스겐, 아황산가스) 운반 시 휴대해야 할 소석회

① 1,000kg 미만 : 20kg 이상
② 1,000kg 이상 : 40kg 이상

(4) 혼합적재금지

① 염소와 아세틸렌, 암모니아, 수소는 동일 차량에 적재 운반하지 않는다.
② 가연성가스와 산소를 동일 차량에 적재 운반시는 충전용기의 밸브가 서로 마주보지 않게 한다.
③ 충전용기와 소방법이 정하는 위험물과는 동일차량에 적재 운반하지 않는다.

(5) 밸브 돌출용기

고정식 프로텍터 또는 캡 부착으로 밸브 손상방지

(6) 와이어, 로프 등으로 결속

전락, 전도 등의 충격방지

(7) 고무판, 가마니 등 휴대

상, 하차시 충격방지

(8) 운반용기는 40℃ 이하로 유지

(9) 자전거, 오토바이 적재금지

차량통행이 어려운 지역에는 오토바이 20kg 이하 용기 2개 적재가능

POINT

• 소석회 휴대
문 액화 독성가스 800kg 운반 시 휴대하여야 하는 소석회는 몇 kg 인가?
▸ 20kg 이상

• 혼합적재금지
문 염소와 (㉮), (㉯) 수소는 동일차량에 적재 운반하지 않는다.
▸ ㉮ : 아세틸렌
　㉯ : 암모니아

38 차량에 고정된 탱크의 운반기준

(1) 2개 이상의 저장탱크 동일차량에 고정 운반시

① 저장탱크마다 주밸브 설치
② 저장탱크 상호간 또는 저장탱크 차량과는 견고하게 부착할 것
③ 충전관에는 안전밸브, 압력계 및 긴급탈압밸브 설치

(2) 방파판 설치

① 액화가스가 충전된 저장탱크는 액면요동방지를 위해 설치
② 방파판의 설치 개수 : 탱크 내용적 5m³ 이하마다 1개씩 설치

(3) 높이 측정기구 설치

차량 정상부보다 높은 저장탱크

(4) 폭발방지장치

① 액화석유가스 저장탱크 또는 차량에 고정된 저장탱크(이하 "탱크"라 한다)의 외벽이 화염에 의하여 국부적으로 가열될 경우 그 탱크벽면의 열을 신속히 흡수·분산시킴으로써 탱크 내벽에 국부적인 온도 상승에 의한 탱크의 파열을 방지하기 위하여 탱크 내벽에 설치하는 다공성 벌집형 알루미늄 합금박판에 대하여 적용한다.
② 폭발방지장치를 설치한 탱크 외부의 가스명 밑에는 가스명 크기의 1/2 이상이 되도록 폭발방지장치를 설치하였음을 표시할 것

(5) 가스를 충전, 이송하는 차량은 지상저장탱크의 외면과 3m 이상 떨어져 정차할 것(단, 차량과 탱크사이에 방지책 설치시는 제외)

POINT

• 차량에 고정된 탱크

問 2개 이상의 저장탱크를 동일차량에 운반 시 충전관에 설치해야 하는 것 3가지를 써라.
▸ 압력계, 안전밸브, 긴급탈압밸브

問 저장탱크 내부에 액면요동을 방지하기 위하여 설치하는 장치는?
▸ 방파판

問 차량은 지상저장탱크의 외면과 몇 m 이상 떨어져 정차하는가?
▸ 3m 이상

(6) 내용적 제한(철도차량에 고정된 저장탱크는 제외)

① 가연성, 산소 탱크 내용적(LPG 제외) : 18,000ℓ 초과금지
② 독성가스의 탱크 내용적(암모니아 제외) : 12,000ℓ 초과금지

(7) 차량 정지목 설치

2,000ℓ 이상의 차량에 고정된 탱크(단, LPG는 5,000ℓ 이상의 차량에 고정된 탱크)

(8) 후 범퍼(뒤 범퍼) 와의 수평거리

① 후부 취출식 : 주밸브와 후 범퍼는 40cm 이상
② 측부 취출식 : 저장탱크 후면과 후 범퍼는 30cm 이상
③ 주밸브가 조작상자 내에 설치시는 조작상자와 후 범퍼는 20cm 이상

POINT

• 내용적 제한
문 차량에 고정된 탱크에 염소가스는 얼마나 적재할 수 있는가?
▶ 12,000ℓ 이하

• 후 범퍼와의 수평거리
문 후부 취출식 탱크에서 탱크 주밸브 및 긴급차단장치에 속하는 밸브와 차량의 뒤 범퍼와의 수평거리는?
▶ 40cm 이상

핵 심 문 제

01 고압가스를 운반하는 차량의 경계표지에 대한 기준 중 옳지 않은 것은?

㉮ 경계지표는 차량의 앞뒤에서 명확하게 볼 수 있도록 "위험고압가스"라 표시한다.

㉯ 삼각기는 운전석 외부의 보기 쉬운 곳에 게시한다. 다만, RTC의 경우는 좌우에서 볼 수 있도록 하여야 한다.

㉰ 경계표지 크기의 가로치수는 차체 폭의 20% 이상, 세로치수는 가로치수의 30% 이상으로 된 직사각형으로 한다.

㉱ 경계표지에 사용되는 문자는 KSM 5334(발광도료) 또는 KSA 3507(보안용 반사시트 및 테이프)에 따라 사용한다.

02 납붙임용기 또는 접합용기에 고압가스를 충전하여 차량에 적재할 때에는 용기의 이탈을 막을 수 있도록 어떠한 조치를 취하여야 하는가?

㉮ 용기에 고무링을 씌운다.

㉯ 목재칸막이를 한다.

㉰ 보호망을 적재함 위에 씌운다.

㉱ 용기 사이에 패킹을 한다.

03 고압가스를 운반하는 운반책임자 또는 운전자에게 교부하고 휴대시키지 않아도 되는 것은?

㉮ 고압가스의 명칭   ㉯ 고압가스의 성질

㉰ 운반지를 표시한 지도   ㉱ 재해방지를 위한 주의사항

04 차량이 통행하기 곤란한 지역에서 액화석유가스 충전용기를 오토바이에 적재·운반시의 기준으로 틀린 것은?

㉮ 오토바이에는 용기운반전용 적재함이 장착되어 있어야 한다.

㉯ 적재하는 충전용기는 충전량이 20kg 이하이어야 한다.

㉰ 적재하는 충전용기의 적재수는 2개를 초과하지 않아야 한다.

㉱ 적재하는 충전용기의 충전량이 10kg 이하인 경우에는 적재수를 4개까지 할 수 있다.

05 염소와 동일차량에 적재하여 운반이 가능한 가스는?

㉮ 산소　　　　　　　　㉯ 암모니아
㉰ 수소　　　　　　　　㉱ 아세틸렌

06 아황산가스 500kg을 차량에 적재하여 운반할 때 휴대하여야 하는 소석회의 양은 몇 kg 이상으로 규정되어 있는가?

㉮ 5　　　　　　　　　㉯ 10
㉰ 15　　　　　　　　　㉱ 20

07 충전용기 등을 차량에 적재하여 운행할 때 운반책임자를 동승하는 차량의 운행에 있어서 현저하게 우회하는 도로란 이동거리가 몇 배 이상인 경우를 말하는가?

㉮ 1　　　　　　　　　㉯ 1.5
㉰ 2　　　　　　　　　㉱ 2.5

08 압축가스 100m³ 충전용기를 차량에 적재하여 운반할 때 휴대하여야 할 소화설비의 기준으로 옳은 것은?

㉮ BC용, B-10 이상 분말소화제를 2개 이상 비치
㉯ B용, B-8 이상 분말소화제를 2개 이상 비치
㉰ ABC용, B-10 이상 포말소화제를 1개 이상 비치
㉱ ABC용, B-8 이상 포말소화제를 1개 이상 비치

09 독성가스 중 충전용기를 차량에 적재하여 운반하는 때에 용기 승하차용 리프트와 밀폐된 구조의 적재함이 부착된 전용차량으로 운반하여야 하는 것은?

㉮ 암모니아　　　　　　㉯ 산화에틸렌
㉰ 포스겐　　　　　　　㉱ 산화질소

10 2개 이상의 탱크를 동일 차량에 고정할 때의 기준으로 틀린 것은?

㉮ 탱크의 주밸브는 1개만 설치한다.

㉯ 충전관에는 긴급탈압밸브를 설치한다.

㉰ 충전관에는 안전밸브, 압력계를 설치한다.

㉱ 탱크와 차량과의 사이를 단단하게 부착하는 조치를 한다.

11 고압가스 운반용 차량에 고정된 탱크의 내용적은 독성가스(암모니아 제외)의 경우 몇 L를 초과하지 않아야 하는가?

㉮ 10,000 ㉯ 12,000

㉰ 15,000 ㉱ 18,000

12 차량에 고정된 탱크에는 차량의 진행방향과 직각이 되도록 방파판을 설치하여야 한다. 방파판의 면적은 탱크 횡단면적의 몇 % 이상이 되어야 하는가?

㉮ 30 ㉯ 40

㉰ 50 ㉱ 60

13 200km를 초과하는 거리까지 차량에 고정된 탱크에 의하여 고압가스 운반시 운반책임자를 동승시키지 않아도 되는 경우는? (단, 독성가스는 허용 농도가 100만분의 1 이상이다.)

㉮ 액화가스 중 질량이 500kg인 독성가스

㉯ 액화가스 중 질량이 6,000kg인 독성가스

㉰ 압축가스 중 용적이 500m^3인 독성가스

㉱ 압축가스 중 용적이 1,000m^3인 산소

14 가스를 송출하는 데 사용되는 밸브를 후면에 설치한 탱크에는 탱크 주밸브 및 긴급차단장치에 속하는 밸브와 차량의 뒤 범퍼와의 수평거리는 몇 cm 이상 떨어져 있어야 하는가?

㉮ 20cm ㉯ 30cm

㉰ 40cm ㉱ 50cm

해 설

해설 10
탱크마다 탱크의 주밸브를 설치할 것

해설 11
차량에 고정된 탱크에 고압가스를 운반할 경우 내용적 기준
① 산소, 가연성가스
 : 18,000L 이하
② 독성가스(암모니아 제외)
 : 12,000L 이하

해설 12
방파판(防波板)의 설치 기준
① 면적 : 탱크 횡단면적의 40% 이상
② 부착 위치 : 상부 원호부 면적이 탱크 횡단면의 20% 이하가 되는 위치
③ 두께 : 3.2mm 이상
④ 설치수 : 탱크 내용적 5m^3 이하마다 1개씩

해설 13
운반 책임자 동승기준

가스의 종류		기준
압축가스	가연성가스	300m^3 이상
	조연성가스	600m^3 이상
	독성가스	100m^3 이상
액화가스	가연성가스	3,000kg 이상
	조연성가스	6,000kg 이상
	독성가스	1,000kg 이상

해설 14
뒤 범퍼와의 수평 거리 기준
① 후부 취출식 탱크 : 40cm 이상
② 후부 취출식 탱크 외의 탱크 : 30cm 이상
③ 조작상자 : 20cm 이상

10. ㉮ 11. ㉯ 12. ㉯
13. ㉮ 14. ㉰

정답

15 차량에 고정된 탱크에 의하여 고압가스를 운반할 때 설치하여야 하는 소화 설비의 기준 중 틀린 것은?

㉮ 가연성가스는 분말소화제 사용

㉯ 용접하는 부분의 탄소강은 탄소 함유량이 1.0% 미만이어야 한다.

㉰ 탱크에는 지름 375mm 이상의 원형 맨홀 또는 긴지름 375mm 이상, 짧은지름 275mm 이상의 타원형 맨홀 1개 이상 설치하여야 한다.

㉱ 초저온 탱크의 원주 이음에 있어서 맞대기 양면 용접이 곤란한 경우에는 맞대기 한면 용접을 할 수 있다.

16 차량에 고정된 탱크에 의하여 고압가스를 운반할 때 설치하여야 하는 소화설비의 기준 중 틀린 것은?

㉮ 가연성가스는 분말소화제 사용

㉯ 산소는 분말소화제 사용

㉰ 가연성가스의 소화기 능력단위는 BC용, B-10 이상

㉱ 산소의 소화기 능력단위는 ABC용, B-12 이상

[해설] 소화 설비 기준

가스의 구분	소화기의 종류		비치 개수
	소화약제의 종류	소화기의 능력단위	
가연성가스	분말소화제	BC용, B-10 이상 또는 ABC용, B-12 이상	차량 좌우에 각각 1개 이상
산 소	분말소화제	BC용, B-8 이상 또는 ABC용, B-10 이상	차량 좌우에 각각 1개 이상

17 액화석유가스용 차량에 고정된 탱크의 폭발을 방지하기 위하여 탱크 내벽에 설치하는 장치로서 적절한 것은?

㉮ 다공성 벌집형 알루미늄합금박판

㉯ 다공성 벌집형 아연합금박판

㉰ 다공성 봉형 알루미늄합금박판

㉱ 다공성 봉형 아연합금박판

[해설] **15**
탄소 함유량 : 0.35% 미만

15. ㉯   16. ㉱   17. ㉮   정답

39 가스설비의 수리 및 청소요령

(1) 각 설비의 작업할 수 있는 허용농도

① 가연성가스 : 폭발하한계의 1/4 이하(산소농도 18~22%)

② 독성가스 : 허용농도 이하(산소농도 18~22%)

③ 산소가스 : 18~22% 이하(산소농도 18~22%)

(2) 가스 설비 내의 대기압 이하의 가스치환을 생략할 경우

① 당해가스 설비의 내용적이 $1m^3$ 이하인 것

② 출입구의 밸브가 확실히 폐지되어 있으며 또한 내용적이 $5m^3$ 이상의 가스 설비에 이르는 사이에 2개 이상의 밸브를 설치한 것

③ 사람이 그 설비 밖에서 작업하는 것

④ 화기를 사용하지 아니하는 작업인 것

⑤ 설비의 간단한 청소 또는 가스켓의 교환, 기타 이들에 준하는 경미한 작업인 것

40 고압가스 특정제조시설

(1) 허가대상시설

① 석유정제업자의 석유정제시설 또는 그 부대시설에서 고압가스를 제조하는 것으로서 그 저장능력이 100톤 이상인 것

② 석유화학공업자(석유화학공업 관련사업자를 포함한다)의 석유화학공업시설(석유화학관련시설을 포함한다)또는 그 부대시설에서 고압가스를 제조하는 것으로서 그 저장능력이 100톤 이상이거나 처리능력이 1만세제곱미터 이상인 것

③ 철강공업자의 철강공업시설 또는 그 부대시설에서 고압가스를 제조하는 것으로서 그 저장능력이 10만세제곱미터 이상인 것

POINT

• 설비내부의 가스치환 방법
① 가스를 방출시킨다.
② 불활성가스로 치환
③ 공기로 재치환
④ 가스분석
⑤ 수리 및 청소

• 특정제조시설
① 석유정제시설 : 100톤 이상
② 석유화학공업시설 : 100톤 이상($1만m^3$ 이상)
③ 철강공업시설 : $10만m^3$ 이상
④ 비료제조시설 : 100톤 이상($10만m^3$ 이상)

④ 비료생산업자의 비료제조시설 또는 그 부대시설에서 고압가스를 제조하는 것으로서 그 저장능력이 100톤 이상이거나 처리능력이 10만세제곱미터 이상인 것

(2) 특정제조시설의 내부반응 감시장치

① 온도감시장치
② 압력감시장치
③ 유량감시장치
④ 가스의 밀도, 조성감시장치

(3) 고압가스 특정제조시설의 제조설비와 당해 제조소 경계와 유지거리는 40m 이상 유지

(4) 배관의 표시

① 표지판 설치
지하 500m 간격, 지상 1,000m 간격(도시가스배관 : 500m)

② 표지판 색상
바탕색(황색), 글자색(흑색)

(5) 누출된 가연성가스의 유동방지시설

① 높이 2m 이상의 내화성의 벽
② 가스설비와 화기취급장소 : 수평 우회거리 8m 이상
③ 건축물 개구부는 방화문 또는 망입유리를 사용한다.

POINT

• 내부반응 감시장치
[문] 특정제조시설의 내부 감시장치 종류 3가지를 써라.
▶ ① 온도감시장치
② 압력감시장치
③ 유량감시장치

• 표지판에는 고압가스의 종류 또는 명칭, 연락처, 전화번호 등을 기재한다.

(6) 특정제조시설 사업소 배관의 지상설치 기준

시 설	가연성가스(m)	독성가스(m)
철도(화물 수송용으로 쓰이는 것 제외)	25	40
도로(전용공업지역 내에 있는 도로 제외)	25	40
학교, 유치원, 새마을유아원, 사설강습소	45	72
아동, 심신장애 복지시설 20인 이상 건축물	45	72
병원(의원포함)	45	72
공공공지, 도시공원	45	72
극장, 교회, 공회당(수용인원 300인 이상)	45	72
백화점, 목욕탕, 호텔(연면적 $1,000m^2$ 이상)	45	72
문화재	65	100
수도시설(독성가스 혼합 우려의 경우)		300
주 택	25	40

01 가연성가스의 가스설비 수리를 위해 작업원이 가스설비 내에 들어갈 때 적정 산소농도로서 법규에 명시된 농도는?

㉮ 14~16%
㉯ 16~18%
㉰ 18~20%
㉱ 18~22%

02 저장설비 또는 가스설비의 수리 또는 청소 시 안전확보와 관련된 사항 중 가장 거리가 먼 것은?

㉮ 안전관리자 중에서 작업책임자를 선정하여 작업책임자의 감독에 따라 실시한다.

㉯ 탱크 내부의 가스를 그 가스와 반응하지 아니하는 불활성 액체로 치환한다.

㉰ 치환에 사용된 가스 또는 액체를 공기로 재치환하고 산소 농도는 폭발방지를 위하여 18% 이하이어야 한다.

㉱ 작업 후 그 설비가 정상으로 작동하는가 확인 후 충전작업을 한다.

03 가연성가스 설비 내부에서 수리 또는 청소작업을 할 때에는 설비 내부의 가스농도가 폭발하한계의 몇 % 이하가 되도록 하여야 하는가?

㉮ 25%
㉯ 50%
㉰ 75%
㉱ 100%

04 고압가스 특정제조허가의 대상 시설로서 옳은 것은?

㉮ 석유정제업자의 석유정제시설 또는 그 부대시설에서 고압가스를 제조하는 것으로서 그 저장능력이 10톤 이상인 것

㉯ 석유화학공업자의 석유화학공업시설 또는 그 부대시설에서 고압가스를 제조하는 것으로서 그 저장능력이 10톤 이상인 것

㉰ 석유화학공업자의 석유화학공업시설 또는 그 부대시설에서 고압가스를 제조하는 것으로서 그 처리능력이 1천세제곱미터 이상인 것

㉱ 철강공업자의 철강공업시설 또는 그 부대시설에서 고압가스를 제조하는 것으로서 그 처리능력이 10만세제곱미터 이상인 것

해 설

해설 **03**
설비 내부의 가연성가스의 농도는 폭발하한계의 1/4 이하이므로 폭발하한계의 25% 이하가 되어야 한다.

정답
01. ㉱ 02. ㉰ 03. ㉮
04. ㉱

05 고압가스특정제조시설의 내부반응 감시장치에 속하지 않는 것은?

㉮ 온도감시장치 ㉯ 압력감시장치
㉰ 유량감시장치 ㉱ 농도감시장치

06 누출된 가연성가스의 유동을 방지하기 위한 시설에 대한 설명으로 옳지 않은 것은?

㉮ 높이 2m 이상의 내화성 벽을 만든다.
㉯ 화기를 취급하는 장소로 우회 수평거리 8m 이상으로 한다.
㉰ 건축물 개구부는 방화문 또는 망입유리를 사용한다.
㉱ 사람이 출입하는 문은 방화문으로 한다.

해 설

해설 **05**
고압가스특정제조시설의 내부반응 감시장치
① 온도감시장치
② 압력감시장치
③ 유량감시장치
④ 가스의 밀도·조성감시장치

05. ㉱ 06. ㉱ 정답

01. 고압가스를 상태에 따라 분류한 것이 아닌 것은?

㉮ 압축가스 ㉯ 액화가스
㉰ 용해가스 ㉱ 지연성가스

[해설] 고압가스의 분류
① 상태에 따른 분류 : 압축가스, 액화가스, 용해가스
② 연소성에 따른 분류 : 가연성가스, 지연성가스, 불연성가스
③ 독성에 의한 분류 : 독성가스, 비독성가스

02. 다음 중 압축가스가 아닌 것은?

㉮ 산소 ㉯ 메탄
㉰ 염소 ㉱ 일산화탄소

[해설] 압축가스의 종류
헬륨, 수소, 네온, 질소, 공기, 일산화탄소, 불소, 아르곤, 산소, 산화질소, 메탄

03. 다음 중 액화의 조건은?

㉮ 저온, 고압 ㉯ 고온, 고압
㉰ 고온, 저압 ㉱ 저온, 저압

[해설] ① 액화의 조건(임계온도 이하, 임계압력 이상) : 온도는 내리고 압력은 올림
② 임계온도 : 가스를 액화할 수 있는 최고온도
③ 임계압력 : 가스를 액화할 수 있는 최저압력

04. 액화가스를 충전할 경우 충전량의 측정방법은?

㉮ 압력 ㉯ 부피
㉰ 중량 ㉱ 온도

[해설] 액화가스 충전량 : 중량측정

05. 액화가스를 충전시 안전공간을 두는 이유는?

㉮ 안전밸브 작동시 액을 분출시키려고
㉯ 액체는 비압축성이므로 액팽창에 의한 파괴를 방지하려고
㉰ 액 충만시 외부 충격으로 파괴의 우려가 있으므로
㉱ 온도상승시 액체에 의하여 화재의 우려가 있으므로

[해설] 용기, 저장탱크 내용적의 10% 이상의 안전공간을 둔다.

06. 다음 기체 중 헨리의 법칙에 적용되지 않는 것은 어느 것인가?

㉮ CO_2 ㉯ O_2
㉰ H_2 ㉱ NH_3

[해설] 헨리의 법칙
물에 약간 녹는 기체(O_2, H_2, N_2, CO_2) 등에만 적용되며 NH_3와 같이 물에 다량으로 녹는 기체는 적용되지 않는다(NH_3는 물에 약 800배 용해).

07. 가연성가스의 정의로서 적합한 것은?

㉮ 폭발한계의 상한과 하한의 차가 20% 이하의 것
㉯ 폭발한계의 하한이 10% 이상의 것
㉰ 폭발한계의 하한이 10% 이하의 것과 폭발한계의 상한과 하한의 차가 20% 이상의 것
㉱ 허용농도가 100만 분의 200 이하의 것

[해설] ① 가연성가스
  ㉮ 폭발한계 하한이 10% 이하
  ㉯ 폭발한계 상한-하한이 20% 이상
② 독성가스 : 허용농도 5000ppm 이하, 허용농도 $\frac{5000}{100만}$ 이하

08. 가연성가스 중에서 가장 위험한 것은?

㉮ 아세틸렌 ㉯ 수소
㉰ LP가스 ㉱ 산화에틸렌

[해설] 폭발범위가 넓고, 폭발하한이 낮은 가스가 위험하다.

정답　01. ㉱　02. ㉰　03. ㉮　04. ㉰　05. ㉯　06. ㉱　07. ㉰　08. ㉮

09. 가연성가스가 공기 또는 산소에 혼합되었을 때 폭발위험은?

㉮ 공기보다 산소에 혼합했을 때 폭발범위가 넓어진다.

㉯ 공기보다 산소에 혼합했을 때 폭발범위가 좁아진다.

㉰ 공기와 산소에 관계없이 일정하다.

㉱ 가스의 종류에 따라 그 범위가 넓어지는 경우도 있고, 좁아지는 경우도 있다.

[해설] 산소 중에서의 폭발범위는 공기중에서보다 폭발상한 쪽으로 넓어진다.

10. 다음 가스의 폭발범위를 설명한 것 중 틀린 것은? (단, 공기중)

㉮ 수소 : 4~75%

㉯ 산화에틸렌 : 3~70%

㉰ 일산화탄소 : 12.5~74%

㉱ 암모니아 15~28%

[해설] 산화에틸렌 : 3~80%

11. 다음 가스 중 공기와 혼합된 가스가 압력이 높아지면 폭발범위가 좁아지는 것은 어느 것인가?

㉮ 메탄   ㉯ 프로판

㉰ 일산화탄소   ㉱ 아세틸렌

[해설] 압력이 증가하면 폭발범위가 넓어지지만 일산화탄소(CO)는 좁아진다.

12. 가연성가스의 위험성에 대한 설명 중 틀린 것은?

㉮ 온도나 압력이 높을수록 위험성이 커진다.

㉯ 폭발한계가 좁고 하한이 낮을수록 위험이 적다.

㉰ 폭발한계 밖에서는 폭발의 위험성이 적다.

㉱ 폭발한계가 넓을수록 위험하다.

[해설] ① 위험성 : 폭발하한이 낮을수록, 폭발범위가 넓을수록 위험성이 크다.

② 위험도 : $\dfrac{\text{폭발상한} - \text{폭발하한}}{\text{폭발하한}}$

위험도가 클수록 위험하다.

13. 다음 가스 중 공기보다 무겁고 가연성가스인 것은?

㉮ 메탄   ㉯ 염소

㉰ 부탄   ㉱ 헬륨

[해설] 부탄(C_4H_{10})가스의 비중과 폭발범위

① 비중 = $\dfrac{M}{29} = \dfrac{58}{29} = 2$ (공기보다 2배가 무겁다.)

② 폭발범위 : 1.8~8.4%

14. 다음 중 지연성가스는?

㉮ 염소   ㉯ 황화수소

㉰ 암모니아   ㉱ 벤젠

[해설] 지연성가스의 종류

공기, 산소, 염소, 불소, 일산화이질소, 이산화질소

15. 다음 가스 중 불연성가스가 아닌 것은?

㉮ 아르곤   ㉯ 탄산가스

㉰ 질소   ㉱ 일산화탄소

[해설] 일산화탄소(CO) : 독성 및 가연성가스이다.

① 독성 : 허용농도 50ppm

② 가연성 : 폭발범위 12.5~74%

16. 다음 중 불연재료에 포함되지 않는 것은?

㉮ 유리섬유, 목재, 모르타르

㉯ 알루미늄, 기와, 슬레이트

㉰ 철재, 모르타르, 슬레이트

㉱ 콘크리트, 기와, 벽돌

17. 건강한 성인이 1일 작업장에서 8시간 일을 하였을 때 인체에 아무런 해를 끼치지 않는 독성가스의 농도를 무엇이라 하는가?

㉮ 한계농도 ㉯ 안전농도
㉰ 위험농도 ㉱ 허용농도

[해설] 허용농도
성인이 1일 8시간 작업하였을 때 인체에 아무런 해가 없는 가스의 농도

18. 다음 가스 중 독성이 강한 순서로 나열된 것은 어느 것인가?

보기
① NH_3 ② HCN
③ $COCl_2$ ④ Cl_2

㉮ ②-④-③-① ㉯ ②-①-③-④
㉰ ③-④-②-① ㉱ ④-③-②-①

[해설] ① NH_3 : 25ppm ② HCN : 10ppm
③ $COCl_2$: 0.1ppm ④ Cl_2 : 1ppm

19. 독가스를 마셨을 때 응급치료에 사용할 수 있는 약품은 어느 것인가?

㉮ 에틸에테르 ㉯ 클로로벤젠
㉰ 에틸에스테르 ㉱ 에틸알코올

[해설] 응급치료 약품 : 에틸알코올(C_2H_5OH)

20. 다음 독성가스의 허용농도가 틀린 것은?

㉮ 일산화탄소 : 50ppm
㉯ 시안화수소 : 20ppm
㉰ 브롬화메탄 : 20ppm
㉱ 암모니아 : 25ppm

[해설] 시안화수소(HCN) : 10ppm

21. 다음은 독성가스에 대한 성질을 기술한 것이다. 올바르게 기술한 것은?

㉮ 일산화탄소는 상온의 공기 중에서 자연발화하여 이산화탄소로 된다.
㉯ 염소는 물과 작용하여 염산을 만들며, 화학적으로 활성이 강한 가스이다.
㉰ 염화수소는 독성이 강하며, 공기 중에서 폭발성 혼합기체를 형성한다.
㉱ 포스겐은 상온 건조상태에서 금속을 부식시킨다.

[해설] 염소는 물과 반응하여 염산을 만든다.
$Cl_2+H_2O \rightarrow HCl+HClO$
$HClO \rightarrow HCl+[O]\uparrow$

22. 독성가스의 설비배관 중 2중관으로 해야 하는 가스만으로 된 것은?

㉮ 염소, 암모니아, 염화메탄, 포스겐
㉯ 산화에틸렌, 아세틸렌, 염화메탄, 아황산가스
㉰ 황화수소, 아황산가스, 에틸벤젠, 브롬화메탄
㉱ 염소, 포스겐, 시안화수소, 아세톤, 아세트알데히드

[해설] 2중관 설치가스
염소(Cl_2), 암모니아(NH_3), 염화메탄(CH_3Cl), 포스겐($COCl_2$), 산화에틸렌(C_2H_4O), 시안화수소(HCN), 황화수소(H_2S), 아황산가스(SO_2)

23. 독성가스 배관 중 2중관의 외층관 안지름은 내층관 바깥지름의 몇 배로 하는 것이 표준으로 적당한가?

㉮ 1.2배 이상 ㉯ 1.5배 이상
㉰ 2.0배 이상 ㉱ 2.5배 이상

[해설] 2중관의 규격
외층관의 내경은 내층관의 외경의 1.2배 이상이어야 한다.

[정답] 17. ㉱ 18. ㉰ 19. ㉱ 20. ㉯ 21. ㉯ 22. ㉮ 23. ㉮

24. 독성가스의 제독작업에 필요한 보호구의 장착훈련은?

㉮ 1개월마다 1회 이상

㉯ 2개월마다 1회 이상

㉰ 3개월마다 1회 이상

㉱ 4개월마다 1회 이상

25. 다음의 가스 중 가연성이면서 독성이 아닌 것은?

㉮ NH_3 ㉯ CO

㉰ HCN   ㉱ CH_4

해설 가연성가스이면서 독성가스인 것
아크릴로니트릴, 일산화탄소, 벤젠, 산화에틸렌, 모노메틸아민, 염화메탄, 브롬화메탄, 이황화탄소, 황화수소, 암모니아, 석탄가스, 시안화수소, 트리메틸아민

26. 다음 특수한 독성가스 중 분해폭발의 우려가 있는 것을 모두 고르시오.

① 디보란(B_2H_6)   ② 액화알진(AsH_3)   ③ 포스핀(PH_3)   ④ 모노실란(SiH_4)

㉮ ①, ②   ㉯ ②, ③

㉰ ③, ④   ㉱ ②, ④

해설 ① 디보란(B_2H_6) : 산화폭발
② 액화알진(AsH_2) : 분해폭발(흡열화합물)
③ 포스핀(PH_3) : 산화폭발
④ 모노실란(SiH_4) : 분해폭발(자연발화성)

27. 고압가스의 용어로서 다음 중 설명이 잘못된 것은?

㉮ 액화가스란 가압, 냉각 등의 방법에 의하여 액체상태로 되어있는 것으로서 대기압에서의 비점이 40℃ 이하 또는 상용의 온도 이하인 것을 말한다.

㉯ 독성가스란 공기 중에 일정량이 존재하는 경우 인체에 유해한 독성이 가진 가스로서 허용농도가 100만분의 2,000 이하인 가스를 말한다.

㉰ 초저온 저장탱크라 함은 −50℃ 이하의 액화가스를 저장하기 위한 저장탱크로서 단열재로 피복하거나 냉동설비로 냉각하는 등의 방법으로 저장탱크 내의 가스온도가 상용의 온도를 초과하지 아니하도록 한 것을 말한다.

㉱ 가연성가스라 함은 공기 중에서 연소하는 가스로서 폭발한계인 하한이 10% 이하인 것과 폭발한계의 상한과 하한의 차가 20% 이상인 것을 말한다.

해설 독성가스의 허용농도는 5000ppm 이하(0.5% 이하)이다.

28. 다음 설명 중 법규상 고압가스라고 할 수 없는 것은 어느 것인가?

㉮ 35℃에서 10kgf/cm^2의 이상의 압축가스

㉯ 15℃에서 0kgf/cm^2의 아세틸렌

㉰ 15℃에서 1kgf/cm^2의 아르곤

㉱ 35℃에서 0kgf/cm^2의 액화브롬화메탄

해설 고압가스 안전관리법 시행령 2조의 규정에 의한 고압가스의 정의
① 상용의 온도, 35℃에서 10kgf/cm^2의 이상의 압축가스
② 15℃ 온도에서 압력이 0kgf/cm^2 이상 되는 아세틸렌
③ 상용의 온도에서 압력이 2kgf/cm^2 이상 되는 액화가스, 압력이 2kgf/cm^2이 되는 경우의 온도가 35℃ 이하인 액화가스
④ 35℃의 온도에서 압력이 0kgf/cm^2가 넘는 액화가스 중 액화시안화수소(HCN), 액화브롬화메탄(CH_3Br), 액화산화에틸렌(C_2H_4O)

29. 방호벽에 관한 설명 중 옳지 않은 것은?

㉮ 철근 콘크리트 방호벽은 지름 7mm 이상, 철근을 종횡 40cm 이상으로 배관

㉯ 철근 콘크리트 방호벽은 두께 12cm 이상, 높이 2m 이상의 규격이다.

---

24. ㉰   25. ㉱   26. ㉱   27. ㉯   28. ㉰   29. ㉮   정답

㉰ 콘크리트 블록제 방호벽은 15cm 이상, 높이 2m 이상의 규격이다.

㉱ 콘크리트 블록제 방호벽은 블록의 공동구에 모르타르를 채워야 한다.

해설 방호벽
① 철근콘크리트 방호벽은 두께 12cm 이상, 높이 2m 이상이어야 한다.
② 콘크리트 블록제 방호벽은 15cm 이상, 높이 2m 이상이어야 한다.
③ 콘크리트 블록제 방호벽은 블록의 공동구에 모르타르를 채워야 한다.

30. 아세틸렌가스 또는 압력이 9.8MPa 이상의 압축가스를 충전하는데 있어서 압축기와 충전장소 사이 및 압축기와 당해가스 충전용기 보관 장소 사이에는 다음 중 어느 것을 설치하여야 하는가?

㉮ 가스방출   ㉯ 방호벽
㉰ 파열판   ㉱ 안전밸브

해설 방호벽의 설치장소
① 압축기의 그 충전 장소 사이
② 압축기와 그 가스 충전용기 보관 장소 사이
③ 충전장소와 그 가스 충전용기 보관 장소 사이
④ 충전장소와 그 충전용 주관밸브 조작 밸브 사이

31. 고압가스 특정제조 시설내의 LPG 탱크와 가스 충전장소 사이에 몇 m 이상 거리 유지시에는 방호벽을 설치하지 않아도 되는가?

㉮ 10m   ㉯ 20m
㉰ 30m   ㉱ 40m

해설 안전거리 유지시 방호벽 설치 제외

32. 방호벽의 설치목적으로 가장 관계가 적은 것은?

㉮ 파편 비산을 방지하기 위함
㉯ 충격파를 저지하기 위함
㉰ 폭풍을 방지하기 위함
㉱ 차량 등의 접근을 방지하기 위함

33. 특정고압가스 용기보관실의 방호벽 설치기준은? (단, 액화가스인 경우이다.)

㉮ 100kg   ㉯ 300kg
㉰ 500kg   ㉱ 1,000kg

해설 액화가스 : 300kg 이상, 압축가스 : 60m³ 이상인 용기보관실은 방호벽을 설치하여야 한다.

34. 방폭구조의 종류가 아닌 것은?

㉮ 유입방폭구조   ㉯ 접지방폭구조
㉰ 내압방폭구조   ㉱ 압력방폭구조

해설 방폭구조의 종류
① 내압방폭구조 : 전폐구조로서 용기 내부에서 폭발성 가스가 폭발했을 경우 그 압력에 견디고 또한 내부의 폭발화염이 외부의 폭발성 가스로 전해지지 않도록 한 구조
② 유입방폭구조 : 전기기의 불꽃 또는 아크가 발생하는 부분을 절연유에 격납함으로써 폭발가스에 점화되지 않도록 한 구조
③ 압력방폭구조 : 용기 내부에 공기 또는 질소 등의 보호기체를 압입하여 내압을 갖도록 하여 폭발성 가스가 침입하지 못하도록 한 구조
④ 안전증방폭구조 : 운전 중에 불꽃, 아크 또는 과열이 발생하면 아니되는 부분에 이들이 발생하지 않도록 구조상 또는 온도상승에 대하여 특히 안전성을 높인 구조
⑤ 본질안전방폭구조 : 운전 중이나 사고시(단락, 지락, 단선 등)에 발생하는 불꽃, 아크 또는 열에 의하여 폭발성 가스에 점화될 우려가 없음이 점화시험 등으로 확인된 구조

35. 가연성가스의 제조설비 중 전기설비 방폭성능 구조를 갖추지 아니하여도 되는 가연성가스는?

㉮ 자기발화성가스
㉯ 아세틸렌
㉰ 염화메탄
㉱ 아크릴알데히드

해설 가연성가스의 제조설비 또는 저장설비 중 전기설비는 방폭성능을 가진 구조일 것 (단, 암모니아(NH_3), 브롬화메탄(CH_3Br), 자기발화성가스는 제외)

정답   30. ㉯   31. ㉯   32. ㉱   33. ㉯   34. ㉯   35. ㉮

36. 방폭 전기기기의 구조별 표시방법 중 "e"의 표시는?

㉮ 안전증 방폭구조
㉯ 내압 방폭구조
㉰ 유입 방폭구조
㉱ 압력 방폭구조

해설 방폭 전기기기의 구조별 표시방법
① 내압 방폭구조 : d ② 유입 방폭구조 : o
③ 압력 방폭구조 : p ④ 안전증 방폭구조 : e
⑤ 본질안전 방폭구조 : ia 또는 ib ⑥ 특수 방폭구조 : s

37. 방폭구조의 종류 중 특수방폭구조(Exs)의 종류에 해당되지 않는 것은?

㉮ Exn ㉯ Exg
㉰ Exm ㉱ Exd

해설 특수방폭구조의 종류에는 Exn(비점화형), Exg(충전형), Exm(몰드형) 등이 있다.

38. 가연성가스가 폭발할 위험이 있는 장소에 전기설비를 할 경우 위험의 정도에 따른 분류가 아닌 것은?

㉮ 0종 장소 ㉯ 1종 장소
㉰ 2종 장소 ㉱ 3종 장소

해설 위험장소는 0종 장소, 1종 장소, 2종장소로 분류된다.

39. 위험장소 구분에 따른 방폭기기 선정시 0종, 1종, 2종의 구분 없이 모두에 설치 가능한 방폭구조의 종류는?

㉮ 본질안전 방폭구조
㉯ 내압 방폭구조
㉰ 유입 방폭구조
㉱ 안전증 방폭구조

해설 위험장소에 따른 방폭구조의 종류
0종 : (ia, ib), 1종 : (ia, ib, d, p, o), 2종 : (ia, ib, d, p, o, e)
※ 안전증 방폭구조는 2종 장소에만 해당됨

40. 액화석유가스 충전사업의 저장설비실 및 가스설비실에 설치하는 통풍구조 및 강제통풍시설 중 기준에 적합하지 않은 것은?

㉮ 환기구의 통풍가능면적은 바닥면적 $1m^2$당 $300cm^2$의 비율로 계산된 면적 이상이어야 한다.
㉯ 환기구 1개소 면적은 $2,400cm^2$ 이하로 한다.
㉰ 사방을 방호벽으로 설치하는 경우 한방향으로 2개소의 환기구를 설치한다.
㉱ 환기구에 철망 등을 부착한 경우에는 철망이 차지하는 면적을 뺀 면적으로 계산한다.

해설 사방을 방호벽으로 설치할 경우에는 환기구를 2방향 이상으로 분산 설치하여야 한다.

41. 압축천연가스 충전시설의 처리설비 및 압축가스설비는 충분한 환기를 유지하도록 하여야 한다. 이때 환기구 면적은?

㉮ 바닥면적 $1m^2$당 $100cm^2$ 이상
㉯ 바닥면적 $1m^2$당 $200cm^2$ 이상
㉰ 바닥면적 $1m^2$당 $300cm^2$ 이상
㉱ 바닥면적 $1m^2$당 $400cm^2$ 이상

해설 ① 환기구 면적 : 바닥면적 $1m^2$당 $300cm^2$ 이상
② 기계환기설비 통풍능력 : 바닥면적 $1m^2$당 $0.5m^3$/min 이상

42. 액화석유가스의 저장설비에서 통풍구조를 설치할 수 없는 경우에는 강제 통풍시설을 설치하여야 한다. 다음 중 그 기준에 적합한 것은?

㉮ 배기가스 방출구를 지면에서 0.2m 이상의 높이에 설치
㉯ 배기가스 방출구를 지면에서 0.5m 이상의 높이에 설치
㉰ 통풍능력이 바닥면적 $1m^2$마다 $0.8m^3$/min 시간 이상
㉱ 통풍능력이 바닥면적 $1m^2$마다 $0.5m^3$/min 이상

해설 ① 강제 통풍장치 : 바닥면적 $1m^2$마다 $0.5m^3$/min 이상
② 자연 통풍장치 : 바닥면적 $1m^2$마다 $300cm^3/m^2$ 이상(바닥면적의 3% 이상)

36. ㉮ 37. ㉱ 38. ㉱ 39. ㉮ 40. ㉰ 41. ㉰ 42. ㉱ 정답

43. LP가스의 용기보관실 바닥면적이 $30m^2$라면 통풍구의 크기는 얼마로 하여야 하는가?

㉮ $12,000cm^2$ ㉯ $9,000cm^2$
㉰ $6,000cm^2$ ㉱ $3,000cm^2$

해설 $1m^2=10,000cm^2$ 이므로 $30cm^2=300,000cm^2$
∴ $300,000 \times 0.03 = 9,000cm^2$

44. 역류방지 밸브의 설치장소로 옳지 않은 것은?

㉮ C_2H_2 고압건조기와 충전용 교체밸브 사이
㉯ 가연성가스압축기와 충전용 주관 사이
㉰ C_2H_2를 압축하는 압축기의 유분리기와 고압건조기 사이
㉱ NH_3, CH_3OH 합성탑 또는 정제탑과 압축기 사이

해설 ㉮항은 역화방지장치의 설치장소

45. 다음 역화방지장치를 설치할 수 없는 곳은?

㉮ 압축기와 오토클레이브 사이의 배관
㉯ 아세틸렌 고압건조기와 충전용 교체밸브 사이의 배관
㉰ 가연성가스를 압축하는 압축기와 충전용 주관과의 사이
㉱ 수소화염, 산소, 아세틸렌화염을 사용하는 시설의 분기되는 곳

해설 역화방지장치 설치장소
① 압축기와 오토클레이브 사이의 배관
② 아세틸렌의 고압건조기와 충전용 교체밸브 사이의 배관 및 아세틸렌 충전용 지관
③ ㉰는 역류방지장치의 설치장소이다.

46. 특정고압가스 사용시설 중 역화방지장치를 설치하여야 할 시설은?

㉮ 이산화탄소화염 사용시설
㉯ 염화수소염 사용시설
㉰ 질산화염 사용시설
㉱ 수소화염 사용시설

해설 역화방지장치
아세틸렌, 수소 및 가연성가스의 제조 및 사용설비에 설치

47. 방류둑의 기능에 대한 설명으로 가장 적합한 것은?

㉮ 저장탱크의 부동침하를 방지하기 위한 것이다.
㉯ 태풍으로부터 저장탱크를 보호하기 위한 것이다.
㉰ 액체 상태로 누출되었을 때 액화가스의 유출을 방지하기 위한 것이다.
㉱ 홍수가 났을 경우 저장탱크의 침수를 방지하기 위한 것이다.

48. 방류둑의 구조 기준으로 적합하지 않은 것은?

㉮ 배관 관통부의 틈새로부터 누출 방지, 부식 방지를 위한 조치를 하여야 한다.
㉯ 금속은 당해가스에 침식되지 않는 것 또는 부식 방지, 녹 방지 조치를 하여야 한다.
㉰ 집합 방류둑 내에는 가연성가스와 독성가스의 저장 탱크는 혼합하여 배치할 수 있다.
㉱ 방류둑은 액밀한 구조이어야 한다.

해설 집합 방류둑 내에는 가연성가스와 조연성가스, 가연성가스와 독성가스의 저장 탱크를 혼합하여 배치하지 않아야 한다.

정답 43. ㉯ 44. ㉮ 45. ㉰ 46. ㉱ 47. ㉰ 48. ㉰

49. 고압가스 특정제조시설에서 방류둑의 내측 및 그 외면으로부터 몇 m 이내에는 그 저장탱크의 부속설비 또는 시설로서 안전상 지장을 주지 않아야 하는가?

㉮ 20m   ㉯ 8m

㉰ 10m   ㉱ 15m

[해설] 방류둑 내측 및 외면으로부터 10m 이내에는(1,000톤 미만의 가연성은 8m) 부속설비 등을 설치하지 않는다.

50. 다음은 방류둑의 구조를 설명한 것이다. 옳지 않은 것은?

㉮ 방류둑의 재료는 철근 콘크리트, 철골, 흙 또는 이들을 조합한 것

㉯ 철근 콘크리트는 수밀성 콘크리트를 사용한다.

㉰ 성토는 수평에 대하여 50° 이하의 기울기로 하며 다져 넣는다.

㉱ 방류둑의 높이는 당해 가스의 액두압에 견디어야 한다.

[해설] 성토는 수평에 대하여 45° 이하로 하고 성토 윗부분의 폭은 30cm 이상으로 한다.

51. 액화 석유가스 안전관리법 기준 중 방류둑의 내측 및 외면으로부터 10m 이내에는 안전상 필요한 시설물 이외에 설치할 수 없다. 다음 보기 중 방류둑 외부에는 설치할 수 없는 설비는?

> **보기**
> ① 당해저장탱크에 속하는 송액설비
> ② 불활성 저장탱크
> ③ 가스누출검지 경보설비
> ④ 물분무, 살수정치
> ⑤ 재해조명설비

㉮ ①   ㉯ ②, ③

㉰ ④   ㉱ ⑤

52. 냉동제조에서 독성가스를 냉매가스로 하는 냉매설비 중 수액기 내용적이 얼마 이상이면 액상의 가스 유출을 방지할 수 있는 방류둑을 설치해야 하는가?

㉮ 1,000L 이상   ㉯ 5,000L 이상

㉰ 10,000L 이상   ㉱ 20,000L 이상

53. 고압가스 특정제조의 시설기준에서 액화가스 저장탱크의 주위에는 액상의 가스가 경우 유출을 방지할 수 있는 방류둑의 시설기준에 적합하지 않은 것은?

㉮ 기타는 저장능력이 500톤 이상

㉯ 가연성가스는 저장능력이 500톤 이상

㉰ 독성가스는 5톤 이상

㉱ 산소는 저장능력이 1,000톤 이상

[해설] 방류둑 설치기준
① 고압가스 특정제조 : 독성 5톤 이상, 가연성 500톤 이상, 산소 1,000톤 이상
② 고압가스 일반제조 : 독성 5톤 이상, 가연성 1,000톤 이상, 산소 1,000톤 이상
③ LPG : 1,000톤 이상
④ 냉동제조시설 : 수액기 내용적 10,000 ℓ 이상
⑤ 일반 도시가스사업 : 1,000톤 이상
⑥ 가스도매사업 : 500톤 이상

54. 방류둑에는 승강을 위한 계단 사다리를 출입구 둘레 몇 m마다 1개 이상 두어야 하는가?

㉮ 60   ㉯ 50

㉰ 40   ㉱ 30

[해설] 계단, 사다리 설치 기준
① 방류둑 둘레 50m 미만인 경우 : 2개 이상 분산 설치
② 방류둑 둘레 50m 이상인 경우 : 50m마다 1개 이상 설치

55. 액화산소의 저장탱크 방류둑은 저장능력 상당 용적의 몇 % 이상으로 하는가?

㉮ 100%   ㉯ 80%

㉰ 60%   ㉱ 40%

[해설] 방류둑의 용량
① 저장 탱크의 저장능력에 상당한 용적(저장능력 상당용적) 이상의 용적일 것
② 액화산소 저장탱크 : 저장능력 상당용적의 60% 이상일 것

56. 다음 저장탱크를 지하에 묻는 경우 시설기준에 틀린 것은?

㉮ 저장탱크를 매설한 곳의 주위에는 지상에 경계표지를 할 것

㉯ 저장탱크를 2개 이상 인접하여 설치하는 경우에는 상호 간에 90cm 이상의 거리를 유지할 것

㉰ 지면으로부터 저장탱크의 정상부까지의 깊이는 60cm 이상으로 할 것

㉱ 저장탱크 주위에 모래를 채울 것

해설 저장탱크 설치기준(지하)
① 저장탱크를 외면에는 부식방지코팅과 부식방지를 위한 조치를 하고, 저장탱크는 천장, 벽 및 바닥의 두께가 각각 30cm 이상인 방수조치를 한 철근 콘크리트로 만든 곳(이하 '저장탱크실이라 한다')에 설치할 것
② 저장탱크의 주위에 마른 모래를 채울 것
③ 지면으로부터 저장탱크의 정상부까지의 깊이는 60cm 이상으로 할 것
④ 저장탱크를 2개 이상 인접하여 설치하는 경우에는 상호 간에 1m 이상의 거리를 유지할 것
⑤ 저장탱크를 매설한 곳의 주위에는 지상에 경계표지를 할 것
⑥ 저장탱크에 설치한 안전밸브에는 지면에서 5m 이상의 높이에 배출구가 있는 가스방출관을 설치할 것

57. 고압가스 저장시설 기준을 설명한 것 중 틀린 것은?

㉮ 가연성가스 저장실과 조연성가스 저장실은 각각 구분하여 설치할 것

㉯ 공기보다 무거운 가연성가스 및 독성가스의 저장설비에는 가스누설검지 경보장치를 설치할 것

㉰ 저장실 주위 10m 이내에는 화기 또는 인화성 물질이나 발화성 물질을 두지 아니할 것

㉱ 저장탱크에는 그 가스용량이 저장탱크 상용온도에서 내용적의 90%를 초과하지 아니할 것

해설 저장실 주위 2m 이내에는 화기 또는 인화성물질이나 발화성 물질을 두지 아니하여야 한다.

58. 가스를 저장하는 두 탱크가 있는데, 한 탱크의 직경은 5m이고 다른 것은 6m를 둘 때, 두 탱크는 얼마만큼의 간격을 유지해야 하는가?(단, 탱크의 저장능력은 300m³ 이상이다.)

㉮ 1.15m   ㉯ 2.75m

㉰ 3.25m   ㉱ 4.25m

해설 탱크의 간격 $S = (5+6) \times \frac{1}{4} = 2.75\text{m}$

59. 고압가스 저장설비, 처리설비 또는 감압설비 주위에 설치하는 경계책의 높이는 얼마 이상이어야 하는가?

㉮ 0.5m   ㉯ 1.0m

㉰ 1.5m   ㉱ 2.0m

해설 경계책의 높이 : 1.5m 이상

60. 저장탱크간의 상호 이격거리를 틀리게 설명한 것은?

㉮ 저장능력이 압축가스는 300cm³, 액화가스 3톤 이상의 것에 한해 이격한다.

㉯ 저장탱크 상호간에 물분무장치를 설치한 후 규정된 상호 이격거리를 유지한다.

㉰ 두 저장탱크의 최대 직경이 각각 4m, 6m일 때에는 2.5m 이상을 이격한다.

㉱ 두 저장탱크의 최대 직경이 각각 0.5m, 1.5m일 때에는 1m를 이격한다.

해설 두 저장 탱크의 최대지름을 합산한 길이의 1/4 이상(1/4이 1m 미만일 때는 1m 이상)의 이격거리를 유지할 것(단, 물분무장치 설치한 때에는 예외)

61. 가스방출장치를 설치해야 하는 가스 저장탱크의 규모는?

㉮ 6m³ 이상   ㉯ 5m³ 이상

㉰ 4m³ 이상   ㉱ 3m³ 이상

정답 56. ㉯ 57. ㉰ 58. ㉯ 59. ㉰ 60. ㉯ 61. ㉯

해설 저장탱크 등의 구조
저장탱크 및 가스홀더는 가스가 누출하지 아니하는 구조로 하고, $5m^3$ 이상의 가스를 저장하는 것에는 가스방출장치를 설치할 것

62. 저온저장탱크에는 그 저장탱크의 내부압력이 외부압력보다 저하함에 따라 그 저장탱크가 파괴되는 것을 방지할 수 있는 조치를 강구하여야 한다. 다음 중 옳지 아니한 것은?

㉮ 진공 안전밸브
㉯ 다른 저장탱크 또는 시설로부터의 가스도입 배관 (균압관)
㉰ 압력과 연동하는 긴급차단장치를 설치한 송액설비
㉱ 안전밸브

해설 부압을 방지하는 조치에 갖추어야 할 설비
① 압력계
② 입력경보설비
③ 그 밖의 것(다음 중 어느 한 개 이상의 설비)
　㉮ 진공 안전밸브
　㉯ 다른 저장 탱크 또는 시설로부터의 가스도입배관(균압관)
　㉰ 압력과 연동하는 긴급차단장치를 설치한 냉동제어설비
　㉱ 압력과 연동하는 긴급차단장치를 설치한 송액설비

63. 국가 보안목표 시설로 지정된 것 이외의 고압가스 저장탱크 외부 표면에 도색하여야 할 색깔은 어느 것인가?

㉮ 은백색　　　　㉯ 검정색
㉰ 흰색　　　　　㉱ 파란색

해설 가연성 고압가스 저장탱크의 색상
① 외부 표면 : 은백색 도표
② 가스 명칭 : 붉은 글씨

64. 가연성가스 저온저장탱크는 기상부 상용압력이 얼마 이하의(MPa) 액체 상태로 저장하여야 하는가?

㉮ 0.1　　　　　㉯ 0.2
㉰ 0.3　　　　　㉱ 0.4

해설 가연성가스 저온저장탱크
비점 0℃ 이하인 가연성가스를 0℃, 0.1MPa 이하 액체 상태로 저장하기 위한 탱크

65. 저장실 주위 몇 m 이내에는 화기 및 인화성 물질이나 발화성 물질을 두지 않아야 하는가?

㉮ 1m　　　　　㉯ 2m
㉰ 5m　　　　　㉱ 8m

해설 저장실 주위 2m 이내에는 화기 또는 인화성 물질이나 발화성 물질을 두지 않아야 한다.

66. 고압가스 일반제조에서 독성가스의 저장탱크에는 과충전 방지장치를 설치하여야 한다. 틀린 것은?

㉮ 가스의 용량이 내용적의 95%를 초과하면 자동적으로 검지하여야 한다.
㉯ 검지방법은 액면 또는 액두압을 검지하는 것이어야 한다.
㉰ 용량이 검지되었을 때는 지체없이 경보를 울리는 것이어야 한다.
㉱ 경보는 충전작업 관계자가 상주하는 장소 및 작업장소에서 명확하게 들을 수 있어야 한다.

해설 독성가스 저장탱크 내용적의 90%를 초과하면 자동적으로 검지하여야 한다.

67. 가연성가스 저장탱크를 실내에서 설치할 경우 설치하여야 할 안전장치는 다음 중 어느 것인가?

㉮ 가스누출 검지경보장치
㉯ 방류둑
㉰ 인터록 기구
㉱ 플레어스택

해설 가연성가스 또는 독성가스를 실내에 설치된 경우에는 가스누출 검지경보장치를 설치하여야 한다.

68. 저장탱크에 액화가스를 충전할 때에는 액화가스의 용량이 상용의 온도에서 저장탱크 내용적의 몇 %를 초과하지 않도록 해야 하는가?

㉮ 65%　　　　　㉯ 80%
㉰ 90%　　　　　㉱ 95%

62. ㉱　63. ㉮　64. ㉮　65. ㉯　66. ㉮　67. ㉮　68. ㉰　정답

69. 고압가스 특정제조시설에 설치되어 있는 저장탱크의 침하상태 측정에 대해 잘못 설명한 것은?

㉮ 벤치마크는 당해 사업소 내의 면적 5만 m² 당 1개소 이상 설치한다.

㉯ 저장 탱크의 침하상태 측정은 1년에 1회 이상 측정한다.

㉰ 당해 저장 탱크로부터 2km 이내에 국립지리원의 일등 수준점에 있는 경우에는 벤치마크를 설정하지 않아도 된다.

㉱ 당해 저장탱크의 기초를 관측하기 쉬운 곳에서 레벨차를 측정할 수 있도록 레벨측정기를 설치한다.

[해설] 벤치마크는 당해 사업소 내의 면적 50만 m²당 1개소 이상씩 설치한다.

70. 고압가스 특정제조의 기술기준 및 시설기준으로 시설의 위치 중 설비 사이의 거리를 맞게 설명한 것은?

㉮ 가연성가스 또는 독성가스의 고압가스 설비는 통로, 공지 등으로 구분된 안전구역 안에 설치하지 아니하여도 된다.

㉯ 안전구역 안에 있는 고압가스설비는 다른 안전구역 안에 있는 고압가스설비의 외면까지 60m 이상의 거리를 유지하여야 한다.

㉰ 가연성가스의 저장탱크는 그 외면으로부터 처리능력 20만m³ 이상인 압축까지 60m 이상의 거리를 유지하여야 한다.

㉱ 가연성가스의 저장탱크와 다른 가연성가스 또는 산소의 저장탱크의 사이에는 두 저장 탱크의 최대지름을 합산한 길이의 1/4 이상에 해당하는 거리를 유지하여야 한다.

[해설] ㉮ 안전구역 안에 설치하여야 한다.
㉯ 30m 이상 거리 유지
㉰ 30m 이상의 거리 유지

71. 가스의 탈수 필요성 중 틀린 것은?

㉮ 응축수에 의한 배관의 막힘

㉯ 공급능력의 저하

㉰ 구형 가스홀더 및 배관의 부식 촉진

㉱ 취수시의 무취

[해설] 가스의 탈수 필요성
① 응축수에 의한 배관의 막힘
② 공급능력의 저하
③ 구형 가스홀더 및 배관의 부식 촉진
④ 동결시 밸브의 작동불량

72. 고압가스 일반제조의 저장탱크 기준으로 틀린 것은?

㉮ 액상의 가연성가스 또는 독성가스를 이입하기 위하여 설치된 배관에는 역류방지밸브와 긴급차단장치를 반드시 설치할 것

㉯ 독성가스의 액화가스 저장탱크로서 내용적이 5,000ℓ 이상의 것에 설치한 배관에는 저장탱크 외면으로부터 5m 이상 떨어진 위치에서 조작할 수 있는 긴급차단장치를 설치할 것

㉰ 저장능력이 1,000톤 미만인 가연성가스의 액화가스 저장탱크는 방류둑의 내측 및 그 외면으로부터 8m 이내에는 안전상 지장 없는 것 외에는 설치하지 아니할 것

㉱ 가연성가스 저장탱크 저장능력이 1,000톤 이상 주위에는 유출을 방지할 수 있는 방류둑 또는 이와 동등 이상의 효과가 있는 시설을 설치할 것

[해설] 고압가스 일반제조의 긴급차단장치 설치 기준
가연성가스 또는 독성가스의 저장탱크(내용적 5,000ℓ 미만의 것을 제외한다)에 부착된 배관(액상의 가스를 송출 또는 이입하는 것에 한하며, 저장탱크와 배관과의 접속부분을 포함한다)에는 그 저장탱크의 외면으로부터 5m 이상 떨어진 위치에서 조작할 수 있는 긴급차단장치를 설치할 것. 다만, 액상의 가연성가스 또는 독성가스를 이입하기 위하여 설치된 배관에는 역류방지밸브로 갈음할 수 있다.

73. 방류둑을 설치하지 않은 가연성가스의 저장탱크에 있어서 당해 저장탱크 외면으로부터 몇 m 이내에 온도상승 방지조치를 해야 하는가?

㉮ 20m ㉯ 15m
㉰ 10m ㉱ 5m

[해설] 저장탱크 주위의 온도상승 방지 조치기준
① 방류둑을 설치한 가연성 저장탱크 : 방류둑 외면 10m 이내
② 방류둑을 설치하지 아니한 가연성 저장탱크 : 저장탱크 외면 20m 이내
③ 가연성 물질을 취급하는 설비 : 설비 외면 20m 이내

74. 이음매 없는 용기 제조시 탄소함유량은 얼마 이하여야 하는가?

㉮ 0.04% ㉯ 0.05%
㉰ 0.33% ㉱ 0.55%

[해설] 용기의 성분

용기 성분	탄소(C)량	황(S)량	인(P)량
이음매 없는 용기	0.55% 이하	0.05% 이하	0.04% 이하
이음매 있는 용기	0.33% 이하	0.05% 이하	0.04% 이하

75. 이음매 없는 용기의 재료가 탄소강(탄소의 함유량이 0.35% 초과)일 때 인장강도와 연신율이 얼마일 때 합격할 수 있는가?

㉮ $539N/mm^2$ 이상, 18% 이상
㉯ $520N/mm^2$ 이상, 32% 이상
㉰ $420N/mm^2$ 이상, 20% 이상
㉱ $380N/mm^2$ 이상, 30% 이상

[해설] 이음매 없는 용기의 탄소강 함유율에 따른 인장강도와 연산율

탄소함유율	인장강도	연신율
0.35% 초과	$539N/mm^2$ 이상	18% 이상
0.28~0.35% 이하	$412N/mm^2$ 이상	20% 이상
0.28% 이하	$372N/mm^2$ 이상	30% 이상

76. 고압가스 용기재료로 사용되는 재료에 탄소, 인, 함유량을 제한하고 있는 이유로 옳지 않은 것은?

㉮ 탄소(C)량이 많으면 취성의 원인이 된다.
㉯ 인(P)이 많으면 상온취성의 원인이 된다.
㉰ 황(S)은 적열취성의 원인이 된다.
㉱ 탄소량이 증가하면 인장강도와 충격치가 증가된다.

[해설] 탄소량이 증가하면 강의 인장강도, 항복점은 증가하고, 신장, 충격치는 감소하여 취성의 원인이 된다.

77. 고압가스용기의 동체 두께가 20mm 이하인 경우 용기의 길이 이음매 및 원주 이음매에 대한 방사선검사 실시부위는?

㉮ 길이의 1/5 이상
㉯ 길이의 1/4 이상
㉰ 길이의 1/3 이상
㉱ 길이의 1/2 이상

[해설] 방사선 검사 실시부위
① 20mm 초과 : 용기의 길이 이음매, 원주 이음매의 1/2 이상
② 20mm 이하 : 용기의 길이 이음매, 원주 이음매의 1/4 이상

78. 용기제조의 기술기준에서 용기동판의 최대두께와 최소두께와의 차이는 평균두께의 몇 % 이하로 하여야 하는가?

㉮ 5% 이하 ㉯ 10% 이하
㉰ 15% 이하 ㉱ 20% 이하

79. 최고충전압력 5MPa, 용기 안지름 65cm인 용접제, 원통형 용기의 동판 두께는 최소한 얼마이여야 하는가?(단, 재료의 인장강도는 $588N/mm^2$이고, 용접효율은 0.75, 부식 여유는 1mm로 한다.)

㉮ 10mm ㉯ 13mm
㉰ 15.8mm ㉱ 18mm

73. ㉮ 74. ㉱ 75. ㉮ 76. ㉱ 77. ㉯ 78. ㉱ 79. ㉰ 정답

[해설] 원통형 용기의 두께(t)

$$t = \frac{PD}{2S \cdot \eta - 1.2P} + C$$

$$= \frac{5 \times 650}{2 \times (588 \times \frac{1}{4}) \times 0.75 - 1.2 \times 5} + 1 = 15.84mm$$

여기서, P : 최고충전압력(MPa)

D : 내경(mm)

S : 허용응력(인장강도×1/4) (N/mm²)

η : 용접효율

C : 부식여유(mm)

80. 프로판의 압력이 1.8MPa이고 용기의 바깥지름이 305mm, 인장강도가 402N/mm² 부식여유 수치가 0이고 용접효율이 0.85인 프로판용기의 두께는 얼마인가?

㉮ 2.79mm

㉯ 2.52mm

㉰ 3.25mm

㉱ 4.51mm

[해설] 프로판용기의 두께(t)

$$t = \frac{PD}{0.5S \cdot \eta - P} + C$$

$$= \frac{1.8MPa \times 305mm}{(0.5 \times 402N/mm^2 \times 0.85) - 1.8} + 0 = 3.25mm$$

여기서, P : 최고충전압력(MPa)

D : 내경(mm)

S : 인장강도(N/mm²)

η : 용접효율

C : 부식여유(mm)

81. 내용적 100ℓ인 염소용기 제조시 부식여유는 몇 mm 이상 주어야 하는가?

㉮ 1

㉯ 2

㉰ 3

㉱ 5

[해설] 부식여유

가스	용량(ℓ)	부식여유(mm)
암모니아	1,000 이하	1
	1,000 초과	2
염소	1,000 이하	3
	1,000 초과	5

82. 염소 온도가 30℃일 때 증기압력이 11.5kgf/cm² 이고, D=226mm, S=38kgf/cm²일 경우 염소용기의 두께는?

㉮ 4.3mm

㉯ 0.43mm

㉰ 3.4mm

㉱ 0.34mm

[해설] $t = \dfrac{PD}{200S} = \dfrac{11.5 \times 226}{200 \times 38} = 0.34mm$

83. 다음은 용기부속품의 종류별, 기호를 표시한 것이다. 이 중 압축가스를 충전하는 용기의 부속품을 나타낸 기호는?

㉮ LG

㉯ PG

㉰ LT

㉱ AG

[해설] 용기별 부속품의 기호

기호	부속품
LG	액화석유가스 외의 액화가스를 충전하는 용기의 부속품
PG	압축가스를 충전하는 용기의 부속품
LT	초저온용기 및 저온용기의 부속품
AG	아세틸렌가스를 충전하는 용기의 부속품
LPG	액화석유가스를 충전하는 용기의 부속품

84. 고압가스설비 중 상용압력이 98MPa 미만은 원통형 저장탱크의 경우 접시형의 경판두께 계산공식은 다음 중 어느 것인가? (단, P는 상용압력, D는 내경, W 및 V는 계수, f는 인장 강도의 수치, η는 이음매의 효율, C는 부식여유의 두께)

㉮ $\dfrac{PDW}{f\eta - P} + C$

㉯ $\dfrac{D}{2}\sqrt{\left(\dfrac{0.25f\eta + P}{0.25f\eta - P}\right) - 1} + C$

㉰ $\dfrac{PD}{50} + \eta - f + C$

㉱ $\dfrac{PDV}{100}f\eta - P + C$

해설 ① 원통형의 것

고압가스 설비의 부분	공체 내경과 외경의 비가 1.2 미만인 것	동체 내경과 외경의 비가 1.2 이상인 것
동 판	$t=\dfrac{PD}{0.5f\eta-C}+C$	$t=\dfrac{D}{2}\sqrt{\dfrac{0.25f\eta+P}{0.25f\eta-P}}-1+C$
경판접시형의 경우	$t=\dfrac{PDW}{f\eta-P}+C$	
반타원체의 경우	$t=\dfrac{PDV}{f\eta-P}+C$	
원추형의 경우	$t=\dfrac{PD}{0.5f\eta\cos a-P}+C$	
기타의 경우	$t=D\sqrt{\dfrac{KP}{0.25f}\eta}+C$	

② 구형의 것 : $t=\dfrac{PD}{f\eta-P}+C$

85. 특정설비의 검사기준에서 기계시험의 종류에 해당하지 않은 것은?

㉮ 파열시험

㉯ 표면굽힘시험

㉰ 충격시험

㉱ 이음매 인장시험

해설 특정설비의 기계시험의 종류는 이외에도 측면굽힘시험, 이면굽힘시험, 충격시험

86. 이음매 없는 용기 제조시 압력시험을 하였을 때 항복을 일으키지 않아야 하는 두께 이상이어야 한다. 시험 압력으로 옳은 것은?

㉮ 최고충전압력의 1.5배 이상

㉯ 최고충전압력의 1.7배 이상

㉰ 내압시험압력의 1.5배 이상

㉱ 내압시험압력의 1.7배 이상

해설 이음매 없는 용기는 최고충전압력에 1.7(알루미늄합금으로 제조한 용기는 1.5 또는 내력비(내력과 인장강도의 비를 말한다. 이하 같다.)의 5배의 수치를 내력비에 1을 더한 수치로 나누어 얻은 수치 중 큰 것) 이상을 곱한 수의 압력을 가할 때에 항복을 일으키지 아니하는 두께 이상일 것

87. 두께 8mm 미만의 판에 펀칭가공으로 구멍을 뚫은 경우에는 그 가장자리를 몇 mm 이상 깎아야 하는가?

㉮ 2mm

㉯ 1.5mm

㉰ 0.9mm

㉱ 0.7mm

해설 고압가스 일반제조의 특정 설비제조의 기술기준
※ 재료의 절단·성형 및 다듬질은 다음의 기준에 적합하도록 할 것
① 동판 또는 경판에 사용하는 판의 재료의 기계적 성질을 부당하게 손상하지 아니하도록 성형하고, 동체와의 접속부에 있어서의 경판 안지름의 공차는 동체 안지름의 1.2% 이하로 할 것
② 두께 8mm 이상의 판에 구멍을 뚫을 경우에는 펀칭가공으로 하지 아니할 것
③ 두께 8mm 미만의 판에 펀칭가공으로 구멍을 뚫은 경우에는 그 가장자리를 1.5mm 이상 깎아 낼 것
④ 가스로 구멍을 뚫은 경우에는 그 가장자리를 3mm 이상 깎아낼 것. 다만, 뚫은 자리를 용접하는 경우에는 그러하지 아니하다.

88. 다음 중 용기제조에 사용되는 비열처리재료에 해당하지 않는 것은?

㉮ 내식 합금단조품

㉯ 내식 알루미늄 합금단조품

㉰ 내식 알루미늄 합금판

㉱ 오스테나이트계 스테인리스강

해설 비열처리재료
오스테나이트계 스테인리스강, 내식 알루미늄 합금판, 내식 알루미늄 합금단조품 등과 같이 열처리가 필요 없는 것

89. 초저온용기 제조에 사용되는 재료로 적합한 것은?

㉮ 오스테나이트계 스테인리스강

㉯ 탄소강

㉰ 동합금강

㉱ 내식합금 단조품

해설 초저온용기의 재료
오스테나이트계 스테인리스강, 알루미늄합금

85. ㉮   86. ㉯   87. ㉯   88. ㉮   89. ㉮   정답

90. 특정설비 검사기준에서 이음매 인장시험은 시험판의 양끝에서부터 수직으로 어느 정도의 폭만큼 잘라낸 나머지 부분에 채취한 것으로 하는가?

㉮ 50mm ㉯ 30mm
㉰ 20mm ㉱ 10mm

[해설] 특정설비기계시험 중 이음매 인장시험
시험판의 양끝에서부터 용접선에 수직으로 50mm 폭만큼을 잘라낸 나머지 부분에서 채취한 것

91. 확관에 의하여 관을 부착하는 관판의 관 부착부 두께는 몇 mm인가?

㉮ 30mm ㉯ 20mm
㉰ 15mm ㉱ 10mm

[해설] 고압가스 일반제조의 특정 설비제조의 기술수준
※ 관 부착 방법 : 열교환기 그 밖에 이와 유사한 것의 관판에 관을 부착하는 경우에는 다음의 기준에 의할 것
① 확관에 의하여 관을 부착하는 관판의 관 구멍 중심 간의 거리는 관 바깥지름의 1.25배 이상으로 할 것
② 확관에 의하여 관을 부착하는 관판의 관 부착부 두께는 10mm 이상으로 할 것

92. 용기제조의 시설 및 기술기준에서 아세틸렌용기의 제조시설 기준에 적합하지 않은 것은?

㉮ 원료 혼합기 ㉯ 건조로
㉰ 원료 충전기 ㉱ 표면처리설비

[해설] 아세틸렌용기 제조시설 기준
이음매 없는 용기 및 용접용기 제조시설 외에
① 원료혼합기   ② 건조로   ③ 원료충전기
④ 자동부식 방지 도장설비
⑤ 아세톤 또는 디메틸포름아미드 충전설비
⑥ 그 밖에 제조에 필요한 설비 및 기구

93. 용기제조의 시설기준 및 기술기준에서 이음매 없는 용기의 제조 시설기준으로 틀린 것은?

㉮ 단조설비 또는 성형설비
㉯ 아래 부분 접합설비

㉰ 쇼트블라스팅 및 도장설비
㉱ 네크링 가공설비

[해설] 이음매 없는 용기
① 단조설비 또는 성형설비
② 아래 부분 접합설비
③ 열처리로 및 그 노내의 온도를 측정하여 자동으로 기록하는 장치
④ 세척설비
⑤ 쇼트블라스팅 및 도장설비
⑥ 자동 밸브탈착기
⑦ 용기 내부 건조설비 및 진공 흡입설비(대기압 이하)
⑧ 그 밖에 제조에 필요한 설비 및 기구
※ 용접용기 제조 시설로는 네크링 가공설비와 용접설비가 이음매 없는 용기 시설에 추가된다.

94. 다음 용어 해설 중 올바르지 않은 것은?

㉮ 용접용기는 동판 경판을 일체형으로 성형 용접한 용기

㉯ 납붙임 접합용기는 내용적 1ℓ 이하인 1회용 용기이다.

㉰ 납붙임 접합용기에는 에어졸 제조용, 라이터 충전용 용기가 있다.

㉱ 이음매 없는 용기는 동판, 경판을 일체로 이음매 없이 제조한 용기이다.

[해설] 용접용기
동판, 경판을 각각 성형하여 용접한 용기

95. 특정설비의 내압시험에서 구조상 물을 사용하기 적당하지 않은 경우 설계압력의 몇 배의 시험압력으로 질소, 공기 등을 사용하여 합격해야 하는가?

㉮ 1.5배 ㉯ 1.25배
㉰ 1.1배 ㉱ 3배

96. 강재로 제조한 용접용기의 신규검사 항목으로 옳지 않은 것은?

㉮ 외관검사 ㉯ 인장시험
㉰ 충격시험 ㉱ 파열시험

정답 90. ㉮ 91. ㉱ 92. ㉱ 93. ㉱ 94. ㉮ 95. ㉯ 96. ㉱

[해설] 용기의 신규검사 항목
① 이음매 없는 용기
　㉮ 강으로 제조한 용기 : 외관검사, 인장시험, 충격시험, 파열시험, 내압시험, 기밀시험, 압궤시험
　㉯ 알루미늄으로 제조한 용기 : 외관검사, 인장시험, 내압시험 기밀시험, 압궤시험
② 용접용기
　㉮ 강으로 제조한 용기 : 외관검사, 인장시험, 충격시험, 용접검사, 내압시험, 기밀시험, 압궤시험
　㉯ 알루미늄으로 제조한 용기 : 외관검사, 인장시험, 용접시험, 내압시험, 기밀시험, 압궤시험
　㉰ 초저온 용기 : 외관검사, 인장시험, 용접시험, 내압시험, 압궤시험, 단열성능시험
　㉱ 납붙임 또는 접합용기 : 외관검사, 기밀시험, 고압가압시험

97. 다음은 용기의 각인순서에 관한 것이다. 순서가 옳은 것은?

㉮ 제조자 명칭-용기기호-내용적-가스 명칭
㉯ 제조자 명칭-내용적-용기기호-가스 명칭
㉰ 제조자 명칭-용기기호-가스 명칭-내용적
㉱ 제조자 명칭-가스 명칭-용기기호-내용적

[해설] 용기의 각인순서
① 용기 제조업자의 명칭 또는 약호
② 충전하는 가스의 명칭
③ 용기의 번호
④ 내용적(기호 : V, 단위 : ℓ)
⑤ 밸브 및 부속품을 포함하지 아니한 용기 질량 W(kg)
⑥ C_2H_2 용기 질량 Tw(kg)
⑦ 내압시험압력 Tp(MPa)
⑧ 최고충전압력 Fp(MPa 압축가스에 한함)
⑨ 동판두께 t(mm)(500ℓ 이상에 한함)

98. 고압가스 용기에 각인되어 있는 내용적의 기호는?

㉮ V
㉯ FP
㉰ TP
㉱ W

[해설] 용기의 각인
① 용기제조업자의 명칭 또는 약호
② 충전하는 가스의 명칭
③ 용기의 번호
④ 내용적(기호 : V, 단위 : L)
⑤ 초저온용기 외의 용기는 밸브 및 부속품(분리할 수 있는 것에 한한다.)을 포함하지 아니한 용기의 질량(기호 : W, 단위 : kg)
⑥ 아세틸렌가스 충전용기는 ⑤의 질량에 용기의 다공질물·용제 및 밸브의 질량을 합한 질량(기호 : TW, 단위 : kg)

⑦ 내압시험에 합격한 연월
⑧ 내압시험압력(기호 : TP, 단위 : MPa)
⑨ 압축가스를 충전하는 용기는 최고충전압력(기호 : FP, 단위 : MPa)
⑩ 내용적이 500L를 초과하는 용기에는 동판의 두께(기호 : t, 단위 : mm)
⑪ 충전량(g) (납붙임 또는 접합용기에 한다.)

99. 신규검사 또는 재검사를 받은 고압가스용기는 다음 항목의 전처리를 실시한다.

① 탈지, 피막화성처리　② 산세척
③ 쇼트브라스팅　④ 애칭 프라이머

이 항목 중 특히 내용적 10ℓ 이상 125ℓ 미만 LPG용기 검사에서 반드시 실시하여야 하는 전처리 검사항목은?

㉮ ①
㉯ ②
㉰ ③
㉱ ④

100. 용기 등을 검사시는 용기의 안전을 위하여 용기별 검사기준에 합격하여야 한다. 용접용기의 검사기준과 관계가 없는 것은? (단, 신규검사를 받아야 할 용기)

㉮ 인장시험
㉯ 충격시험
㉰ 압궤시험
㉱ 파열시험

[해설] 용접용기의 검사기준
인장시험, 충격시험, 압궤시험, 비파괴시험 등

101. 초저온용기 부속품의 기호를 나타내는 것은?

㉮ LG
㉯ PG
㉰ LT
㉱ LP

[해설] 용기종류별 부속품의 기호
① 아세틸렌가스를 충전하는 용기의 부속품 : AG
② 압축가스를 충전하는 용기의 부속품 : PG
③ 액화석유가스 외의 액화가스를 충전하는 용기의 부속품 : LG
④ 액화석유가스를 충전하는 용기의 부속품 : LPG
⑤ 초저온용기 및 저온용기의 부속품 : LT

102. 다음은 C_2H_2 용기의 진동시험에 관한 내용이다. ( )에 적당한 것은?

구분	시험바닥	높이	합격기준
다공도 80% 이상	콘크리트 바닥에 높은 강괴	7.5cm	1,000회 반복낙하 세로절단 후 침하 공동 갈라짐 없을 것
다공도 80% 이하	평면나무 토막	5.0cm	1,000회 반복낙하 세로절단 후 공동이 없고 침하량이 ( )mm 이하

㉮ 1 ㉯ 2
㉰ 3 ㉱ 4

103. C_2H_2 용기검사 중 다공도 시험은 15℃ 1.5MPa로 충전한 용기 100개 중 시험용을 몇 개를 시험하는가?

㉮ 2개 ㉯ 3개
㉰ 5개 ㉱ 10개

104. 고압가스 용기의 재검사시 행하는 시험이 아닌 것은?

㉮ 외관검사 ㉯ 내압시험
㉰ 방사선검사 ㉱ 질량검사

[해설] 재검사시 행하는 시험 : 외관검사, 내압시험, 질량검사

105. 압축가스를 충전하는 용기의 최고충전압력이란?

㉮ 35℃의 온도에서 용기에 충전할 수 있는 최고압력
㉯ 15℃의 온도에서 용기에 충전할 수 있는 최고압력
㉰ 상용압력 중 최고 압력
㉱ 내압시험 압력의 3/5배의 압력

[해설] 최고충전압력(FP)
① 압축가스 : 35℃에서 용기에 충전할 수 있는 최고압력(FP : 150kg/cm²)
② 아세틸렌 : 15℃에서 용기에 충전할 수 있는 최고압력(FP : 15.5kg/cm²)

106. 용기의 기밀시험압력에 관한 설명 중 맞는 것은?

㉮ 초저온용기 및 저온용기에 있어서는 최고충전압력의 1.8배의 압력
㉯ 초저온용기 및 저온용기에 있어서는 최고충전압력의 2배
㉰ 초저온용기 및 저온용기에 있어서는 최고충전압력의 1.1배의 압력
㉱ 아세틸렌 가스용기에 있어서는 최고충전압력의 1.1배의 압력

[해설] 기밀시험압력(AP)
① 일반용기 : FP 이상
② 아세틸렌용기 : FP×1.8배 이상
③ 저온 및 초저온용기 : FP×1.1배 이상

107. 최고충전압력이 14.7MPa인 압축가스 충전용기의 기밀시험압력(AP)과 내압시험압력(TP)은 각각 얼마인가?

㉮ AP=14.7MPa, TP=24.5MPa
㉯ AP=11.8MPa, TP=24.5MPa
㉰ AP=11.8MPa, TP=14.7MPa
㉱ AP=14.7MPa, TP=14.7MPa

[해설] ① 기밀시험압력(AP)=최고충전압력 이상(14.7MPa)
② 내압시험압력(TP)=최고충전압력×$\frac{5}{3}$

$$=14.7\times\frac{5}{3}=24.5\text{MPa}$$

정답 102. ㉱ 103. ㉱ 104. ㉰ 105. ㉮ 106. ㉰ 107. ㉮

108. 아세틸렌가스 용기의 내압시험압력으로 옳은 것은?

㉮ 최고충전압력의 3배

㉯ 최고충전압력의 3/5배

㉰ 최고충전압력의 1.8배

㉱ 최고충전압력의 4/5배

해설 용기 내압시험압력
① 아세틸렌 : 최고충전압력의 3배
② 아세틸렌 외의 압축가스 : 최고충전압력의 5/3배
③ 재충전 금지용기에 충전하는 압축가스 : 최고충전압력의 5/4배
④ 초저온용기 및 저온용기 : 최고충전압력의 5/3배
⑤ 액화가스용기 : 액화가스 종류에 따른 압력

109. 납붙임 접합용기의 고압 가압시험은 최고충전 압력의 몇 배인가?

㉮ 5배   ㉯ 4배

㉰ 3.6배   ㉱ 5.6배

해설 고압가압시험(접합 또는 납붙임용기에 한함)
FP×4배 이상

110. 고압가스설비의 내압시험과 기밀시험에 대한 설명 중 맞는 것은?

㉮ 내압시험 : 상용압력 이상,
   기밀시험 : 상용압력의 1.5배 이상

㉯ 내압시험 : 상용압력의 1.5배 이상,
   기밀시험 : 상용압력 이상

㉰ 내압시험 : 상용압력의 2배 이상,
   기밀시험 : 사용압력의 1.5배 이상

㉱ 내압시험 : 상용압력의 1.5배 이상,
   기밀시험 : 상용압력

111. 특정설비 중 저장탱크 및 압력용기의 내압시험은 다음의 압력으로 실시한다. 잘못된 것은?

㉮ 주철제에 대해서는 설계압력이 0.1MPa 이상인 것은 설계압력의 2배 이하의 압력

㉯ 주철제에 대해서는 설계압력이 0.1MPa 이하인 것은 0.15MPa

㉰ 설계압력이 20.6MPa를 초과하는 것은 설계압력의 1.25배의 압력

㉱ 설계압력이 20.6MPa 이하인 것은 설계압력의 1.3배의 압력

해설 특정설비 중 저장탱크 압력용기의 내압시험 : 저장탱크 및 압력용기는 다음의 방법으로 실시한 내압시험에서 국부적인 팽창 또는 누출 등의 이상이 생기지 아니할 것
① 내압시험은 물을 사용하는 것을 원칙으로 하고, 사용하는 물의 온도는 그 저장탱크 또는 압력용기가 취성파괴를 일으킬 우려가 없는 온도로 할 것
② 내압시험은 다음의 압력으로 실시할 것
   ㉮ 설계압력이 20.6MPa 이하인 것은 설계압력의 1.3배의 압력, 설계압력이 20.6MPa를 초과하는 것은 설계압력의 1.25배의 압력
   ㉯ 주철제에 대해서는 설계압력이 0.1MPa 이하의 것은 0.2MPa, 그 밖의 것은 실계압력의 2배의 압력

112. 각종 용기의 검사방법에 대한 설명으로 옳은 것은?

㉮ 아세틸렌 용기의 내압시험압력은 최고충전압력의 1.5배이다.

㉯ 수조식 내압시험의 항구증가율이 10% 이하이어야 합격한 것이다.

㉰ 초저온 및 저온용기의 기밀시험 압력은 최고충전압력의 1.8배이다.

㉱ 고압가스설비의 내압시험압력은 최고충전압력의 1.1배이다.

해설 ㉮ 아세틸렌 용기의 내압시험압력 : 최고충전압력의 3배
㉰ 초저온 및 저온용기의 기말시험압력 : 최고충전압력의 1.1배
㉱ 고압가스설비 내압시험압력 : 상용압력의 1.5배

108. ㉮   109. ㉯   110. ㉯   111. ㉯   112. ㉯   정답

113. 신규 및 재검사에서 불합격된 용기 및 특정설비의 파기방법으로 적합하지 않은 것은?

㉮ 절단 등의 방법으로 파기하여 원형으로 가공할 수 없도록 한다.

㉯ 잔가스를 제거한 후 절단할 것

㉰ 검사신청인에게 파기의 사유, 일시, 장소 및 인수시한을 통지하고 파기한다.

㉱ 파기하는 때에는 검사원 입회하에 용기 및 특정설비의 제조자 및 사용자로 하여금 실시하게 한다.

[해설] 파기하는 때에는 검사장소에서 검사원으로 하여금 직접실시하거나 검사원 입회하에 용기 및 특정설비의 사용자로 하여금 실시하게 한다.

114. 용기의 내압시험 방법 중 내용적의 전증가는 규정압력(내압시험압력)을 가하여 용기가 완전히 팽창한 후 얼마 이상의 시간동안 그 압력을 유지한 후 측정하는가?

㉮ 30초   ㉯ 60초

㉰ 2분   ㉱ 5분

[해설] 내압시험에서 내용적의 전증가는 규정압력(내압시험압력)을 가하여 용기가 완전히 팽창한 후 30초 동안 그 압력을 유지하여야 한다.

115. 용기재검사기준 중 내용적이 500ℓ 이하인 용기로서 내압시험에서 영구팽창률이 6% 이하인 것은 질량검사 몇 % 이상인 것을 합격으로 규정하고 있는가?

㉮ 98%   ㉯ 95%

㉰ 90%   ㉱ 86%

[해설] 용기의 내압시험의 합격기준
① 신규검사 : 영구증가율 10% 이하가 합격
② 재검사 : 영구증가율 10% 이하가 합격(질량검사가 95% 이상시) 단, 질량검사가 90% 미만시에는 영구증가율 6% 이하가 합격이다.

116. 수조식 내압시험의 특징으로 옳지 않은 것은?

㉮ 보통 소형용기에 행한다.

㉯ 용기를 수조에 넣고 수압으로 가압하여 시험을 행한다.

㉰ 내압시험 압력까지 팽창이 정확히 측정된다.

㉱ 비수조식에 비해 측정결과에 대한 신뢰성이 낮다.

[해설] 수조식은 비수조식에 비해 신뢰성이 크다.

117. 액화석유가스 20kg 용기의 재검사시 전증가량이 200cc, 영구증가량이 20cc이었다면 영구증가율은 몇 %인가? (단, 수조식 내압시험일 때를 뜻한다.)

㉮ 10%   ㉯ 20%

㉰ 30%   ㉱ 12.2%

[해설] 영구증가율(%) $= \dfrac{\text{영구증가량}}{\text{전증가량}} \times 100$

$= \dfrac{20}{200} \times 100 = 10\%$

118. 초저온용기의 단열성능 시험용 저온 액화가스가 아닌 것은?

㉮ 액화질소   ㉯ 액화산소

㉰ 액화공기   ㉱ 액화아르곤

[해설] 단열성능 시험용 가스기준

시험용 가스	비 점	증발잠열
액화질소	−196℃	48kcal/kg
액화산소	−183℃	51kcal/kg
액화아르곤	−186℃	38kcal/kg

119. 초저온용기의 단열성능 시험시 침입열량의 기준은 얼마인가?(단, 내용적 1,000L 미만의 용기이다.)

㉮ 0.005kcal/h·℃·L

㉯ 0.0005kcal/h·℃·L

㉰ 0.002kcal/h·℃·L

㉱ 0.0002kcal/h·℃·L

정답 113. ㉱ 114. ㉮ 115. ㉰ 116. ㉱ 117. ㉮ 118. ㉰ 119. ㉯

해설 단열성능시험시 침입열량의 기준
① 내용적 1,000L 미만 용기 : 0.0005kcal/h·℃·L
② 내용적 1,000L 이상 용기 : 0.002kcal/h·℃·L

120. 액화가스를 이음매 없는 용기에 충전할 때에는 그 용기에 대하여 음향검사를 실시하고 음향이 불량한 용기는 내부 조명검사를 하여 내부에 부식, 이물질 등이 있을 때에는 사용할 수 없다. 이때 액화가스 중 내부 조명검사를 하지 않아도 되는 가스는?

㉮ LPG ㉯ 액화염소
㉰ 액화탄산가스 ㉱ 액화암모니아

해설 고압가스 일반제조 중 음향검사 및 조명검사
압축가스(아세틸렌을 제외한다) 및 액화가스(액화암모니아, 액화탄산가스 및 액화염소에 한한다)를 이음매 없는 용기에 충전하는 때에는 그 용기에 대하여 음향검사를 실시하고 음향이 불량한 용기는 내부 조명검사를 하여야 하며, 내부에 부식, 이물질 등이 있을 때에는 그 용기를 사용하지 아니한다.

121. 다음은 용접한 부분에 대한 시험법을 적은 것이다. 틀리는 것은?

㉮ X선 투과시험 ㉯ 자기탐상시험
㉰ 내열시험 ㉱ 초음파 탐상시험

해설 X선 투과시험, 자기탐상시험, 초음파 탐상시험

122. 용기 등의 수리자격자별 수리범위에서 용기제조자의 수리범위에 해당되지 않는 것은?

㉮ 특정설비의 부속품 교체 및 가공
㉯ 아세틸렌용기 내의 다공질물 교체
㉰ 용기의 스커트, 프로텍터 및 네크링의 교체 및 가공
㉱ 저온 또는 초저온용기의 단열재 교체

해설 용기제조자의 수리범위
① 아세틸렌용기 내의 다공질물 교체

② 용기의 스커트·프로텍터 및 네크링의 교체 및 가공
③ 용기부속품의 부품 교체
④ 저온 또는 초전온용기의 단열재 교체

123. 고압가스 제조자가 수리할 수 있는 것은 어느 것인가?

㉮ 냉동기의 부품교체
㉯ 용기의 스커트, 네크링의 가공
㉰ 저온 및 초저온용기의 단열재 교체
㉱ 특정설비의 부품교체 및 가공

해설 고압가스 제조자는 냉동기의 부품교체를 할 수 있다.

124. 고압가스 용기보관장소에 충전용기를 보관할 때의 기준으로 적합하지 않은 것은?

㉮ 가연성가스 용기보관장소에는 휴대용 손전등 외의 등화를 휴대하고 들어가지 아니할 것
㉯ 충진용기는 항상 40℃ 이하의 온도를 유지하고, 직사광선을 받지 않도록 조치할 것
㉰ 용기보관장소의 주위 8m 이내에는 화기 또는 인화성 물질이나 발화성 물질을 두지 아니할 것
㉱ 충전용기나 잔가스용기는 각각 구분하여 용기보관장소에 놓을 것

해설 용기보관장소 기준
① 충전용기와 잔가스용기는 각각 구분하여 용기보관장소에 놓을 것
② 가연성가스·독성가스 및 산소의 용기는 각각 구분하여 용기보관장소에 놓을 것
③ 용기보관장소에는 계량기 등 작업에 필요한 물건 외에는 두지 아니할 것
④ 용기보관장소의 주위 2m 이내에는 화기 또는 인화성 물질이나 발화성 물질을 두지 아니할 것
⑤ 충전용기는 항상 40℃ 이하의 온도를 유지하고, 직사광선을 받지 아니하도록 조치할 것
⑥ 충전용기(내용적이 5ℓ 이하의 것을 제외한다)에는 넘어짐 등에 의한 충격 및 밸브의 손상을 방지하는 등의 조치를 하고 난폭한 취급을 하지 아니할 것
⑦ 가연성가스 용기보관장소에는 방폭형 휴대용 손전등 외의 등화를 휴대하고 들어가지 아니할 것

125. 고압가스 저장에 관한 기술기준으로 적합하지 않은 것은?

㉮ 충전용기에는 넘어짐 및 충격을 방지하는 조치를 할 것

㉯ 충전용기는 항상 50℃ 이하의 온도를 유지할 것

㉰ 시안화수소를 저장할 때는 1일 1회 이상 질산 구리벤젠 등의 시험지로 충전용기의 가스누출을 검사할 것

㉱ 시안화수소의 저장은 용기에 충전한 후 60일을 초과하지 않아야 한다.(단, 순도가 98% 이상으로서 착색되지 않는 것은 예외)

해설 충전용기는 항상 40℃ 이하의 온도로 유지하고 직사광선을 받지 아니하도록 조치.

126. 고압가스 판매 및 수입업소시설의 시설기준 및 기술기준이다. 잘못된 것은?

㉮ 판매시설에는 고압가스 용기보관실을 설치하고 그 보관실의 벽은 방호벽으로 할 것

㉯ 가연성가스의 충전용기 보관실의 전기설비는 방폭성능을 가진 것일 것

㉰ 판매시설 및 고압가스 수입업소시설에는 압력계 및 계량기를 갖출 것

㉱ 공기보다 가벼운 가연성가스의 보관실에는 가스누출 검지경보장치를 설치할 것

해설 공기보다 무거운 독·가연성가스 용기보관실에 가스누출 검지경보장치를 설치한다.

127. 잔가스용기라 함은 충전질량 또는 충전압력이 얼마인 용기를 말하는가?

㉮ 1/2 이상   ㉯ 1/2 미만

㉰ 1/4 이상   ㉱ 1/4 미만

해설 ① 충전용기 : 충전질량 또는 충전압력이 1/2 이상 충전되어 있는 상태의 용기
② 잔가스용기 : 충전질량 또는 충전압력이 1/2 미만 충전되어 있는 상태의 용기

128. 충전용기를 용기보관장소에 보관하는 경우 넘어짐 등으로 인한 충격 및 밸브의 손상을 방지하기 위한 조치를 하지 않아도 되는 용기의 내용적은?

㉮ 5L 이하   ㉯ 10L 이하

㉰ 15L 이하   ㉱ 20L 이하

129. 가연성의 고압가스 충전용기 보관실에 등화용으로 휴대할 수 있는 것은?

㉮ 가스라이타

㉯ 휴대용 손전등

㉰ 촛불

㉱ 카바이트 등

해설 가연성가스의 용기보관장소에는 방폭형 손전등 외의 등화를 휴대하고 들어가지 않아야 한다.

130. 납붙임용기 또는 접합용기에 가스를 충전할 때 가스의 압력은 35℃에서 얼마인가?

㉮ 0.2MPa   ㉯ 0.4MPa

㉰ 0.6MPa   ㉱ 0.8MPa

해설 납붙임용기 또는 접합용기에 가스 충전할 때 35℃에서 $4kg/cm^2$(0.4MPa)로 충전

131. 다음은 고압가스 판매소에 관한 내용이다. ( )에 적합한 단어는?

> 판매업소의 사무실면적은 $9m^2$이다. 용기 보관실의 면적은 산소 독성 가연성의 고압가스 별로 각각 몇( )m^2 이상이어야 하는가?

㉮ $10m^2$ ㉯ $12m^2$

㉰ $13m^2$ ㉱ $15m^2$

해설 고압가스 판매업소의 주차장면적은 $11.5m^2$

정답 125. ㉯ 126. ㉱ 127. ㉯ 128. ㉮ 129. ㉯ 130. ㉯ 131. ㉮

132. 고압가스 용기용 밸브의 핸들을 열고 충전구를 막은 상태에서 밸브의 그랜드너트와 스핀들 사이로 가스가 누설되었다면 이 누설은?

㉮ 패킹 누설

㉯ 시트 누설

㉰ 밸브 본체의 누설

㉱ 안전밸브의 누설

[해설] 밸브의 그랜드너트와 스핀들 사이로 가스누설은 밸브 본체의 누설이다.

133. 충전된 수소용기가 운반 도중 파열사고가 일어났다. 사고 원인 가능성을 예시한 것으로 관계가 가장 적은 것은?

㉮ 과충전에 의하여 파열되었다.

㉯ 용기가 수소취성을 일으켰다.

㉰ 용기에 균열이 있었는데 확인하지 않고 충전하였다.

㉱ 용기 취급 부주의로 충격에 의하여 일어났다.

[해설] 수소취성의 발생조건은 고온·고압의 상태이므로 운반 중 파열사고와는 관계가 없다.

134. 용기에 충전된 수소의 압력이 20℃에서 15MPa이었다. 이 때 용기가 직사광선을 받아 온도가 50℃로 상승하였다면 압력은 얼마로 변화하였겠는가? (단, 절대압력으로 계산한다.)

㉮ 1.5MPa

㉯ 16.5MPa

㉰ 17MPa

㉱ 18.6MPa

[해설] $\dfrac{P_1}{T_1} = \dfrac{P_2}{T_2}$ 식에서

$P_2 = \dfrac{P_1 \times T_2}{T_1} = 15MPa \times \dfrac{(273+50)°K}{(273+20)°K} = 16.5MPa$

135. 가연성 독성가스 용기 도색 후 그 표기 방법이 틀린 것은?

㉮ 가연성가스는 "연"자를 표시한다.

㉯ 독성가스는 "독"자를 표시한다.

㉰ 내용적 2L 미만의 용기는 그 제조자가 정한 바에 의한다.

㉱ 액화석유가스는 "연"자를 표시하고 부탄가스를 충전하는 용기는 부탄가스임을 표시한다.

[해설] 가연성가스에 표시하는 "연"자는 액화석유가스는 제외한다.

136. 암모니아 용기에 표시하는 것으로 옳은 것은?

㉮ 독성가스   ㉯ 독, 연

㉰ 연   ㉱ 독

[해설] 독성가스에는 "독"을 가연성에는 "연"을 표시하고 독성·가연성가스에는 "독, 연"을 표시한다.

137. 다음 공업용 가스의 용기 도색이 잘못된 것은?

㉮ 산소 – 백색   ㉯ 아세틸렌 – 황색

㉰ 수소 – 주황색   ㉱ 액화염소 – 갈색

[해설] 주요가스 용기의 도색

가스 종류	몸체 도색		글자 색상	
	공업용	의료용	공업용	의료용
산소	녹색	백색	백색	녹색
수소	주황색	–	백색	–
액화탄산	청색	회색	백색	백색
아세틸렌	황색	–	흑색	–
암모니아	백색	–	흑색	–
염소	갈색	–	백색	–
질소	회색	흑색	백색	백색
아산화질소	회색	청색	백색	백색
헬륨	회색	갈색	백색	백색
에틸렌	회색	자색	백색	백색
사이크로프로판	회색	주황색	백색	백색
LPG	회색	–	적색	–

138. 다음 의료용 가스용기의 가스 종류에 따른 도색 표시가 옳은 것은?

㉮ 질소 – 흑색 ㉯ 산소 – 청색

㉰ 헬륨 – 백색 ㉱ 에틸렌 – 갈색

139. 스테이를 부착하지 않는 판의 두께는?

㉮ 15mm 미만 ㉯ 13mm 미만

㉰ 10mm 미만 ㉱ 8mm 미만

해설 고압가스 일반제조의 특정설비제조의 기술기준
스테이 부착 : 두께 8mm 미만인 판에는 스테이를 부착하지 아니할 것. 다만, 봉스테이로서 스테이의 피치가 500mm(스테이의 길이가 200mm 이하인 경우에는 200mm) 이하인 것을 용접하여 부착하는 경우에는 그러하지 아니하다.

140. 특정고압가스 사용시설기준 및 기술상 기준으로 옳은 것은?

㉮ 산소의 저장설비 주위 5m 이내에서는 화기취급을 하지 말 것

㉯ 사용시설은 당해 설비의 작동상황을 1월마다 1회 이상 점검할 것

㉰ 액화염소의 감압설비와 당해 가스의 반응설비 간의 배관에는 역화방지장치를 할 것

㉱ 액화가스 저장량이 200kg 이상인 용기보관실은 방호벽으로 하고 또한 보호거리를 유지할 것

해설 ㉯항 : 설비의 작동사항은 1일 1회 점검
㉰항 : 액화염소의 감압설비와 당해 가스의 반응설비간의 배관 – 역류방지 밸브설치
㉱항 : 액화가스의 저장량이 300kg 이상(압축가스는 60m³)은 방호벽으로 하며 방호벽 설치시 안전거리유지 의무는 없다.

141. 가스용기에 안전밸브를 설치하는 이유로 맞는 것은?

㉮ 가스출구가 막혔을 때 가스출구로 사용하기 위하여

㉯ 분사용 가스를 채취하기 위하여

㉰ 용기내부 압력의 이상 상승시 그 압력을 정상화하기 위하여

㉱ 규정량 이상의 가스를 충전하였을 때 여분의 가스를 분출시키기 위하여

해설 안전밸브의 작동압력=내압시험압력$\times\frac{8}{10}$배 이하

142. 고압가스 설비내의 압력이 허용압력을 초과할 경우 즉시 이를 허용압력 이하로 되돌릴 수 있는 장치가 아닌 것은?

㉮ 역류방지밸브 ㉯ 안전밸브

㉰ 릴리이프밸브 ㉱ 파열판

해설 고압가스설비내의 압력이 허용압력을 초과하는 경우에 즉시 그 압력을 허용압력 이하로 되돌릴 수 있는 안전장치를 설치하여야 한다.
※ 안전장치 : 안전밸브, 릴리프밸브, 파열판

143. 특정고압가스 사용시설 중 액화가스의 저장능력이 300kg 이상인 것은 무엇을 설치하여 압력 상승시 위험을 방지할 수 있도록 해야 되는가?

㉮ 압력계 ㉯ 안전밸브

㉰ 스톱밸브 ㉱ 긴급차단밸브

해설 안전밸브설치 기준
① 특정고압가스 사용시설 : 300kg 이상
② 액화석유가스 : 250kg 이상

144. 고압가스 설비 안전밸브(액화산소 저장탱크는 안전장치) 중 압축기의 최종단에 설치한 것의 점검(조정) 기간은?

㉮ 3월에 1회 이상 ㉯ 6월에 1회 이상

㉰ 1년에 1회 이상 ㉱ 2년에 1회 이상

해설 안전밸브(액화산소저장 탱크는 안전장치) 중 압축기의 최종단에 설치한 것은 1년에 1회 이상, 그 밖의 안전밸브는 2년에 1회 이상 조정을 하여 내압시험압력의 10분의 8(액화산소 탱크의 경우에는 상용압력의 1.5배)이하의 압력에서 작동이 되도록 할 것

정답 138. ㉮ 139. ㉱ 140. ㉮ 141. ㉰ 142. ㉮ 143. ㉯ 144. ㉰

145. 용기의 안전밸브 성능시험 압력은 안전상 얼마이어야 하는가?

㉮ 용기의 내압시험압력의 8/10 이하

㉯ 용기의 내압시험압력의 1.1배

㉰ 용기의 최고충전압력의 8/10 이하

㉱ 용기의 최고충전압력의 1.1배

[해설] 용기의 안전밸브 작동압력

=내압시험압력의 8/10 이하=최고충전압력$\times\frac{5}{3}\times\frac{8}{10}$배 이하

146. 액화산소 탱크에 설치하여야 할 안전밸브의 작동압력은 어느 것인가?

㉮ 내압시험압력×1.5배 이하

㉯ 상용압력×0.8배 이하

㉰ 내압시험압력×0.8배 이하

㉱ 상용압력×1.5배 이하

[해설] 안전밸브의 작동압력은 내압시험압력의 10분의 8 이하의 압력에서 작동되어야 하나 액화산소 탱크의 경우에는 상용압력의 1.5배 이하에서 작동되어야 한다.

147. 가스이송 배관에 설치되는 안전밸브의 분출면적은 안전기준상 얼마 이상이어야 하는가?

㉮ 배관 최대 단면적의 $\frac{8}{10}$

㉯ 배관 최대 단면적의 $\frac{1}{8}$

㉰ 배관 최대 단면적의 $\frac{1}{5}$

㉱ 배관 최대 단면적의 $\frac{1}{10}$

[해설] 안전밸브의 분출면적

배관(도관)의 최대지름부 단면적의 $\frac{1}{10}$ 이상

148. 안전밸브의 분출부의 유효면적은 다음 식의 ( ) 이상이어야 한다. 이 식 중 P는 규정된 분출량을 내는 압력인데 설정된 분출개시 압력의 얼마 이하이어야 하는가?

$$a = \frac{W}{2,345P\sqrt{\dfrac{M}{T}}}$$

㉮ 120%   ㉯ 100%

㉰ 90%   ㉱ 80%

[해설] 안전밸브의 분출부의 유효면적

$$a = \frac{W}{2,345P\sqrt{\dfrac{M}{T}}}$$

여기서, a : 분출부의 유효면적(cm^2)

W : 1시간에 분출하여야 할 가스량(kg/hr)

P : 규정된 분출량을 내는 압력(MPa, abs)
(설정된 분출개시압력의 120% 이하)

M : 가스분자량

T : 압력 P에 있어서 가스의 절대온도(°K)

P(kg/cm^2)이면 $a = \dfrac{W}{230P\sqrt{\dfrac{M}{T}}}$이다.

149. 다음 중 안전밸브의 설치장소가 아닌 것은?

㉮ 감압밸브 뒤의 배관

㉯ 펌프의 흡입측

㉰ 압축기의 토출측

㉱ 저장탱크의 기상부

[해설] 안전밸브 설치장소

① 저장탱크 정상부　② 감압밸브 뒤 배관

③ 압축기 토출측　　④ 압축기 최종단

⑤ 반응관　　　　　⑥ 수소도관

150. LPG 용기밸브의 안전밸브로서 가장 널리 사용되고 있는 형식은?

㉮ 파열판식   ㉯ 스프링식

㉰ 중추식   ㉱ 완전 수동식

151. 안전밸브 작동시험에서 검사하는 항목에 들지 않는 것은?

㉮ 안전밸브작동 압력

㉯ 안전밸브작동 개시압력

㉰ 안전밸브작동 정지압력

㉱ 안전밸브 기밀시험 압력

[해설] 작동시험가스는 공기, 질소 등의 불활성가스를 사용한다.

152. 가스용기의 안전장치에 구리판을 사용하였다. 작동압력을 측정하는 경우 측정온도는?

㉮ 50±5℃   ㉯ 60±5℃

㉰ 70±5℃   ㉱ 40±5℃

[해설] ① 파열판으로 동판을 사용한 것 : 온도 60±5℃
② 그 밖의 것 : 온도 40±5℃

153. 고압가스 제조시설에 안전밸브를 설치하려면 안전밸브의 최소구경을 몇 mm로 하여야 하는가? (단, 도관의 외경은 90mm, 내경은 50mm이다.)

㉮ 635mm   ㉯ 28.46mm

㉰ 63.6mm   ㉱ 284.6mm

[해설] 안전밸브 최소분출면적(A)

=배관최대지름부의 단면적(A_0)$\times \dfrac{1}{10}$

$$A = \frac{\pi D_0^{\,2}}{4} \times \frac{1}{10} = \frac{\pi \times 90^2}{4} \times \frac{1}{10} = 635.85\,\text{mm}$$

$$A = \frac{\pi D^2}{4} \text{ 식에서 } D = \sqrt{\frac{4A}{\pi}} = \sqrt{\frac{4 \times 635.85}{3.14}} = 28.46\,\text{mm}$$

154. 초저온 용기 외조의 경우 외조를 보호할 수 있는 압력방출장치를 설치하여야 한다. 그 압력방출장치에 해당하는 항목은?

㉮ 플러그, 파열판

㉯ 스프링식 안전밸브, 가용전 합금

㉰ 압력경보설비, 파열판

㉱ 과압방출장치, 안전밸브

155. 다음 안전밸브 분출구의 유효면적을 구하는 공식으로 분출구의 면적을 구하여라. (단, 가스 : 산소, 분출량 : 388kg/hr, 분출압력 : 5kgf/cm², 분출당시 온도 7℃)

㉮ 2.3cm²   ㉯ 1.2cm²

㉰ 1cm²   ㉱ 3.7cm²

[해설] 안전밸브의 분출구면적

$$A = \frac{W}{230P\sqrt{\dfrac{M}{T}}}$$

$$= \frac{388}{230 \times 5 \times \sqrt{\dfrac{32}{(273+7)}}} = 0.998\,\text{cm}^2 = 1\,\text{cm}^2$$

여기서, W : 분출가스의 양(kg/hr)
P : 분출압력(kg/cm², abs)
M : 가스분자량
T : 절대온도(°K)

156. 분출압력 98N/cm²으로 대기 중에 분출하는 스프링식 안전변이 있다. 구경이 4cm일 때 스프링힘은 대략 얼마나 되겠는가?

㉮ 1230N   ㉯ 1568N

㉰ 1960N   ㉱ 2205N

[해설] 힘 $F = PA = P \times \dfrac{\pi}{4}D^2$

$$= 98\,\text{N/cm}^2 \times \frac{\pi}{4}(4\text{cm})^2 = 125.6\,\text{kg}$$

157. 최고충전압력이 150atm인 용기에 산소가 35℃에서 150atm으로 충전되었다. 이 용기가 화재로 온도가 상승하여 안전밸브가 작동했다면 이 때 산소의 온도는?

㉮ 104℃   ㉯ 120℃

㉰ 162℃   ㉱ 138℃

[해설] $\dfrac{P_1}{T_1} = \dfrac{P_2}{T_2}$ 식에서

$$T_2 = T_1 \times \frac{P_2}{P_1} = (273+35) \times \frac{200}{150} = 410.7K$$

$$\therefore 410.7 - 273 = 137.67℃$$

여기서, P_2(안전밸브작동압력)

$$= TP \times \frac{8}{10}\,\text{배} = FP \times \frac{5}{3} \times \frac{8}{10} = 150 \times \frac{5}{3} \times \frac{8}{10} = 200\,\text{atm}$$

정답 151. ㉱ 152. ㉯ 153. ㉯ 154. ㉮ 155. ㉰ 156. ㉮ 157. ㉱

158. 고압가스 일반 제조시설의 충전용 주관압력계는 매월 ( )회 이상, 기타의 압력계는 3월에 ( )회 이상 표준압력계로 그 기능을 검사하여야 한다. ( ) 안에 들어갈 올바른 것은?

㉮ 1, 1 ㉯ 1, 3
㉰ 2, 6 ㉣ 1, 2

해설 충전용 주관의 압력계는 매월 1회 이상, 그 밖의 압력계는 3월에 1회 이상 표준이 되는 압력계로 그 기능을 검사할 것

159. 다음은 고압가스 특정제조에 관한 내용이다. ( )에 적합한 단어를 기입하시오.

> 압축, 액화 그 밖의 방법으로 처리할 수 있는 가스용적이 1일 ( )m³ 이상의 사업소는 ( )법에 의한 검증을 받은 압력계를 2개 이상 비치할 것

㉮ 100, 국가표준기본
㉯ 200, 국가표준기본
㉰ 100, 계량
㉣ 200, 계량

160. 압축, 액화 그 밖의 방법으로 처리할 수 있는 가스의 용적이 1일 100m³ 이상인 사업소에는 표준이 되는 압력계를 몇 개 이상 비치해야 하는가?

㉮ 1개 ㉯ 2개
㉰ 3개 ㉣ 4개

해설 계량에 관한 법률에 의한 교정검사를 받고 표준교정검사주기를 경과하지 아니한 압력계를 2개 이상 비치하여야 한다.

161. 고압설비에 장치하는 압력계의 최고눈금은 어느 것이 가장 적당한가?

㉮ 내압시험압력의 2배 이상 3배 이하
㉯ 상용압력의 1.5배 이상 2배 이하

㉰ 내압시험압력의 1배 이상 2배 이하
㉣ 상용압력의 2배 이상 3배 이하

해설 고압가스설비의 압력계의 최고눈금
상용압력이 1.5배 이상 2배 이하

162. 고압가스설비에 압력계를 설치하려고 한다. 상용압력이 20MPa라면 게이지의 최고눈금은 다음의 어떤 것이 가장 좋은가?

㉮ 70~80MPa ㉯ 45~65MPa
㉰ 30~40MPa ㉣ 20~25MPa

해설 $20 \times 1.5 \sim 20 \times 2 = 30 \sim 40$MPa

163. 고압가스 일반제조의 액화가스 저장탱크에 설치하는 액면계로 적당하지 않은 것은?(단, 산소 또는 불활성가스의 초저온 저장탱크의 경우는 제외)

㉮ 평형반사식 액면계
㉯ 환형유리제 액면계
㉰ 평형투사식 액면계
㉣ 차압식 액면계

해설 환형유리제 액면계는 산소 또는 불활성가스의 초저온저장탱크의 경우에 한하여 설치가 가능하며, ㉮, ㉰, ㉣항 외에 플로트식, 정전용량식, 편위식, 고정튜브식, 회전튜브식, 슬립튜브식 액면계를 사용할 수 있다.

164. 튜브게이지 액면표시장치에 설치해야 하는 것은?

㉮ 플레어스택 ㉯ 스톱밸브
㉰ 방충망 ㉣ 프로텍터

해설 액면계
액화가스의 저장탱크에는 액면계(산소 또는 불활성 가스의 초저온 저장탱크의 경우에 한하여 환형유리제 액면계도 가능)를 설치하여야 하며, 그 액면계가 유리제일 때에는 그 파손을 방지하는 장치를 설치하고, 저장탱크(가연성가스 및 독성가스에 한한다)와 유리제 게이지를 접속하는 상하 배관에는 자동식 및 수동식의 스톱밸브를 설치할 것

165. 액면계로부터 가스가 방출되었을 때 인화 또는 중독의 우려가 없는 가스의 경우에 사용할 수 있는 것이 아닌 것은?

㉮ 슬립튜브식 액면계

㉯ 회전튜브식 액면계

㉰ 평형튜브식 액면계

㉱ 고정튜브식 액면계

166. 다음은 긴급차단장치에 관한 설명이다. 이 중 옳지 않은 것은?

㉮ 긴급차단장치는 당해 저장탱크로부터 5m 이상 떨어진 곳에서 조작할 수 있어야 한다.

㉯ 긴급차단장치의 동력원은 그 구조에 따라 액압, 기압 또는 스프링 등으로 할 수 있다.

㉰ 긴급차단장치는 저장탱크의 주밸브와 겸용할 수 있다.

㉱ 긴급차단장치는 저장탱크 주밸브의 외측으로서 가능한 한 저장탱크의 가까운 위치에 설치해야 한다.

해설

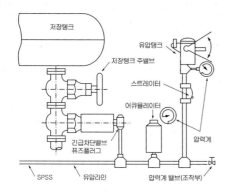

① 긴급차단장치의 적용시설
  ㉮ 액화석유가스 저장탱크(내용적 5,000ℓ 이상)의 액상의 가스를 이입, 이충전하는 배관
  ㉯ 가연성가스, 독성가스, 산소(내용적 5,000ℓ 이상)의 액상의 가스를 이입, 이충하는 배관, 다만, 액상의 가스를 이입하기 위한 배관은 역류방지밸브로 갈음할 수 있다.
② 긴급차단장치 또는 역류방지밸브의 부착위치 : 저장탱크 주밸브(main valve)의 외측으로서 저장탱크에 가까운 위치 또는는

저장탱크 내부에 설치하되 저장탱크의 주밸브와 겸용하여서는 안 된다.
③ 차단조작기구(mechanism)
  ㉮ 동력원 : 액압, 기압 또는 스프링
  ㉯ 조작위치 : 당해 저장탱크로부터 5m 이상 떨어진 곳, 방류둑을 설치한 곳에는 그 외측
  ※ 작동레버는 3곳 이상(사무실, 충전소, 탱크로리 충전장)에 설치해야 하며, 작동온도는 110℃이고 재료로는 Bi, Cd, Pb, Sn, Hg 등이 사용된다.
④ 제조자 또는 수리자가 긴급차단장치를 제조 또는 수리하였을 경우에는 KSB 2304에 정한 수압시험방법으로 누설검사를 할 것
⑤ 긴급차단장치의 작동검사 : 매년 1회 이상

167. 고압가스설비에 사용하는 긴급차단장치를 제조하는 제조자 또는 긴급차단장치를 수리하는 수리자가 긴급차단장치를 제조 또는 수리할 때의 수압시험방법은?

㉮ KSB 0014   ㉯ KSB 2108

㉰ KSB 0004   ㉱ KSB 2304

168. 긴급차단장치의 작동검사 주기는?

㉮ 매년 3회 이상   ㉯ 6월 이상

㉰ 매년 1회 이상   ㉱ 3월 이상

169. 긴급차단장치의 동력원으로 적당하지 않은 것은?

㉮ 액압   ㉯ 기압

㉰ 전기   ㉱ 증기압

170. 긴급차단장치의 성능시험을 할 때 긴급차단장치의 부속품이 장치 또는 용기 및 배관 외면의 온도가 몇 ℃가 될 때 자동적으로 작동될 수 있어야 하는가?

㉮ 110   ㉯ 105

㉰ 100   ㉱ 80

해설 긴급차단장치의 원격(자동)작동온도 : 110℃

정답 165. ㉰   166. ㉰   167. ㉱   168. ㉰   169. ㉱   170. ㉮

171. 긴급차단장치의 재료에 해당되지 않는 것은?

㉮ Cd ㉯ Zn
㉰ Bi ㉱ Pb

172. 고압가스 특정제조시설에서 가연성 또는 독성가스의 액화가스 저장탱크는 그 저장탱크의 외면으로부터 몇 m 이상 떨어진 위치에서 조작할 수 있는 긴급차단밸브를 설치하는가?

㉮ 20 ㉯ 15
㉰ 10 ㉱ 5

해설 긴급차단밸브의 작동조작위치(탱크 외면으로부터)
① 고압가스 특정제조 : 10m
② 고압가스 일반제조 : 5m
③ 액화석유가스사업법 : 5m
④ 일반 도시가스 사업 : 5m
⑤ 가스 도매사업 : 10m

173. 가연성가스, 독성가스 제조설비에 계기를 장치하는 회로에 안전 확보를 위한 주요 부분에 설비가 잘못 조작되거나 정상적인 제조를 할 수 없는 경우 자동으로 원재료의 공급을 차단하는 장치는?

㉮ 벤트스택 ㉯ 긴급차단장치
㉰ 인터로크기구 ㉱ 긴급이송설비

해설 인터로크기구
가연성가스 또는 독성가스의 제조설비, 이들 제조설비에 계기를 장치하는 회로에는 제조하는 고압가스의 종류·온도 및 압력과 제조설비의 상황에 따라 안전 확보를 위한 주요 부분에 설비가 잘못 조작되거나 정상적인 제조를 할 수 없는 경우에 자동으로 원재료의 공급을 차단시키는 등 제조설비 안의 제조를 제어할 수 있는 장치를 설치하는 것

174. 가연성가스의 경우 작업원이 정상작업을 하는데 필요한 장소 및 작업원이 항시 통행하는 장소로부터 긴급용 벤트스택 방출구의 위치는 몇 m 이상 떨어진 곳에 설치하는가?

㉮ 10m ㉯ 20m
㉰ 5m ㉱ 15m

해설 • 긴급용 벤트스택 : 10m
• 일반 벤트스택 : 5m
벤트스택(Vent stack) : 가스를 연소시키지 아니하고 대기 중에 방출시키는 파이프 또는 탑을 말한다. 또한 확산을 촉진시키기 위하여 150m/sec 이상의 속도가 되도록 파이프경을 결정한다.
① 긴급용 벤트스택
  ㉮ 벤트스택 방출구 높이(가연성: 폭발 하한계값 미만, 독성: 허용농도 미만이 되는 위치)
  ㉯ 가연성 벤트스택 : 정전기, 낙뢰 등에 의한 착화 방지조치 착화시 소화할 수 있는 조치를 할 것
  ㉰ 응축기의 고임을 방지하는 조치
  ㉱ 기액분리기 설치
② 기타 벤트스택 : 긴급용 벤트스택과 ㉮, ㉯, ㉰ 동일, 그 외에 액화가스가 급랭될 우려가 있는 곳에 액화가스가 방출되지 않는 조치를 할 것(방출구의 위치는 5m)

175. 고압가스 제조장치로부터 가스를 대기 중에 방출할 때 독성가스는 중화조치 후에, 가연성가스는 방출된 가스가 지상에서 폭발한계에 도달하지 않도록 하기 위해 설치하는 것의 명칭은?

㉮ 긴급차단장치 ㉯ 벤트스택
㉰ 긴급이송설비 ㉱ 플레어스택

해설 ① 벤트스택 : 가연성가스 또는 독성가스의 설비에서 이상상태가 발생한 경우 당해 설비 내의 내용물을 설비 밖으로 긴급하고 안전하게 이송하는 파이프를 일컫는다.
② 플레어스택 : 가연성가스를 연소에 의하여 처리하는 파이프 또는 탑을 일컫는다.

176. 벤트스택에서 방출되는 독성가스 또는 가연성가스의 확산을 방지하기 위하여 가스의 방출속도는 얼마 이상이 되도록 관지름을 결정하여야 하는가?

㉮ 100m/s ㉯ 150m/s
㉰ 200m/s ㉱ 250m/s

177. 액화가스가 함께 방출되거나 또는 급랭될 우려가 있는 긴급용 벤트스택에는 벤트스택과 연결된 고압가스설비의 가장 가까운 곳에 어느 것을 설치해야 하는가?

㉮ 역류방지밸브 ㉯ 드레인장치
㉰ 역화방지기 ㉱ 기액분리기

171. ㉯ 172. ㉰ 173. ㉰ 174. ㉮ 175. ㉯ 176. ㉯ 177. ㉱ 정답

178. 긴급이송설비에 부속된 처리설비가 이송되는 설비 내의 내용물을 처리하는 방법 중 옳지 않은 것은?

㉮ 플레어스택에서 안전하게 연소시켜야한다.

㉯ 안전한 장소에 설치된 저장탱크에 임시 이송한다.

㉰ 벤트스택에서 안전하게 방출시킬 수 있어야 한다.

㉱ 독성가스는 대기 중으로 허용농도에 도달하지 않도록 방출한다.

[해설] 독성가스는 제독조치 후 안전하게 폐기하여야 한다(고압가스 제조시설에 한함).

179. 고압가스 제조장치로부터 가연성가스를 대기 중에 방출할 때 이 가연성가스와 대기와 혼합하여 폭발성 혼합기체를 형성하지 않도록 하기 위해 설치하는 것은?

㉮ 플레어스택　　　㉯ 긴급이송설비
㉰ 긴급차단장치　　　㉱ 벤트스택

[해설] 플레어스택(Flare stack)
가연성가스를 연소에 의하여 처리하는 파이프 또는 탑을 말한다. 플레어스택의 설치위치 및 높이는 플레어스택 바로 밑의 지표면에 미치는 복사열이 4,000kcal/m²h 이하가 되도록 할 것

180. 고압가스 설비 중 플레어스택의 설치 높이는 플레어스택 바로 밑의 지표면에 미치는 복사열을 얼마 이하로 하여야 하는가?

㉮ $2,000kcal/m^2 \cdot hr$

㉯ $3,000kcal/m^2 \cdot hr$

㉰ $4,000kcal/m^2 \cdot hr$

㉱ $5,000kcal/m^2 \cdot hr$

181. 고압가스 특정제조의 시설기준 중 플레어스택의 기준에 관한 내용에서 잘못 설명된 것은?

㉮ 긴급이송설비에 의하여 이송되는 가스를 안전하게 연소시킬 수 있는 것일 것

㉯ 플레어스택에서 발생하는 복사열이 다른 제조시설에 나쁜 영향을 미치지 아니하도록 안전한 높이 및 위치에 설치할 것

㉰ 플레어스택에서 발색하는 최대열량에 장시간 견딜 수 있는 재료 및 구조로 되어 있을 것

㉱ 파일럿 버너는 평상시에는 꺼진 상태를 유지하다 가스 방출시에 점화한다.

[해설] 파일럿 버너는 항상 점화하여 두어야 한다.

182. 다음 중 플레어스택 용량 산정시 가장 큰 영향을 주는 것은?

㉮ 인터록 기구
㉯ 긴급차단장치
㉰ 내부반응 감시장치
㉱ 긴급이송설비

[해설] 플레어스택은 긴급이송설비에 의하여 이송되는 가스를 안전하게 연소시키는 장치이다.

183. 고압가스설비 내의 가스를 대기 중으로 폐기하는 방법에 관한 설명 중 올바른 것은 어느 것인가?

㉮ 통상 플레어스택에는 긴급시에 사용하는 것과 평상시에 사용하는 것 등의 2종류가 있다.

㉯ 플레어스택에는 파일럿 버너 등을 설치하여 가연성가스를 연소시킬 필요가 있다.

㉰ 독성가스를 대기 중으로 벤트스택을 통하여 방출할 때에는 재해조치는 필요없다.

㉱ 가연성가스용의 벤트스택에는 자동점화장치를 설치할 필요가 있다.

정답　178. ㉱　179. ㉮　180. ㉰　181. ㉱　182. ㉱　183. ㉯

184. 공기액화 분리에 의한 산소와 질소 제조시설에 아세틸렌가스가 소량 혼입되었다. 이 때 발생 가능한 현상 중 가장 중요한 것을 옳게 표현한 것은?

㉮ 산소에 아세틸렌이 혼합되어 순도가 감소한다.

㉯ 아세틸렌이 동결되어 파이프를 막고 밸브를 고장낸다.

㉰ 질소와 산소 분리시 비점 차이의 변화로 분리를 방해한다.

㉱ 응고되어 이동하다가 구리와 접촉하여 산소 중에서 폭발할 가능성이 있다.

[해설] ① 산소에 아세틸렌이 혼합되어 산화폭발의 가능성이 있다.
② 동과 접촉하여 폭발성 동아세틸라이드가 생성되어 폭발 가능성이 있다.

185. 공기를 액화분리하여 질소를 제조할 때 주로 사용되는 방법은?

㉮ 팽창, 가열, 증발법

㉯ 팽창, 냉각, 증발법

㉰ 압축, 가열, 증발법

㉱ 압축, 냉각, 증발법

[해설] 액화 : 고압(압축), 저온(냉각), 증발

186. 공기분리장치의 폭발은 액체 산소 중에 다음 중 무엇이 축적되어 일어나는가?

㉮ 질소　　　　　　㉯ 탄화수소

㉰ 탄산가스　　　　㉱ 아르곤

[해설] 액화공기분리장치에서 액체산소 중에 탄화수소가 존재하면 폭발의 우려가 있다.

187. 다음 중 공기액화분리기의 운전을 중지하고 액화산소를 방출하여야 하는 경우는?

㉮ 액화산소 5L 중 아세틸렌이 0.5mg이 넘는 경우

㉯ 액화산소 5L 중 아세틸렌이 0.05mg이 넘는 경우

㉰ 액화산소 5L 중 탄화수소의 탄소 질량이 500mg이 넘는 경우

㉱ 액화산소 5L 중 탄화수소의 탄소 질량이 50mg이 넘는 경우

188. 공기액화장치의 안전에 관한 보기의 설명 중 옳은 것을 모두 고르시오.

보기

① 원료 공기 중에 포함된 미량의 가연성가스가 장치의 폭발원인이 되는 경우가 많다.
② 공기압축기의 윤활유는 비점이 낮은 것일수록 좋다.
③ 정기적으로 장치 내부를 불연성 세제로 세척할 필요가 있다.

㉮ ①, ③　　　　　　㉯ ①, ②, ③

㉰ ①, ②　　　　　　㉱ ②, ③

189. 공기액화분리기의 액화공기탱크와 액화산소 증발기와의 사이에는 석유류, 그 밖의 탄화수소를 여과, 분리하기 위한 여과기를 설치해야 한다. 이에 해당하지 않는 것은?

㉮ 공기압축량이 1,500m³/hr 초과

㉯ 공기압축량이 1,500m³/hr 이하

㉰ 공기압축량이 1,000m³/hr 초과

㉱ 공기압축량이 1,000m³/hr 이하

[해설] 여과기
공기액화분리기(1시간의 공기압축량이 1,000m³ 이하인 것을 제외한다)의 액화공기탱크와 액화산소증발기와의 사이에는 석유류·유지류 그 밖의 탄화수소를 여과·분리하기 위한 여과기를 설치할 것

190. 습식 아세틸렌 가스발생기의 표면유지 온도는?

㉮ 60℃ 이하　　　　㉯ 70℃ 이하

㉰ 80℃ 이하　　　　㉱ 90℃ 이하

[해설] 습식아세틸렌 발생기의 표면온도
70℃ 이하(적정온도 50~60℃)

184. ㉱　185. ㉱　186. ㉯　187. ㉰　188. ㉮　189. ㉱　190. ㉯　**정답**

191. 아세틸렌가스를 온도에 불구하고 2.5MPa의 압력으로 압축할 때 희석제로 틀린 것은?

㉮ 질소 ㉯ 메탄
㉰ 일산화탄소 ㉱ 산소

[해설] 아세틸렌 희석제의 종류
질소, 메탄, 일산화탄소, 에틸렌

192. 아세틸렌가스의 충전용기 보관장소에는 화재 등에 의한 파열을 방지하기 위해 설치해야 하는 장치의 종류는?

㉮ 방호벽 ㉯ 경보장치
㉰ 살수장치 ㉱ 비상조명장치

[해설] 아세틸렌 충전용기 보관장소에는 살수장치를 설치하여 화재 등에 의한 파열을 방지하여야 한다.

193. 아세틸렌 용기에 불이 붙었을 때 하여야 할 조치 중 가장 좋지 않은 것은?

㉮ 젖은 거적으로 용기를 덮는다.
㉯ 소화기로 신속히 소화한다.
㉰ 밸브를 닫는다.
㉱ 용기를 옥외로 내 놓는다.

[해설] ㉮항 : 질식소화
㉯항 : 분말소화기사용
㉰항 : 제거소화

194. 소비 중에는 물론 이동, 저장 중에도 아세틸렌 용기를 세워 두는 이유는?

㉮ 아세틸렌이 공기보다 가볍기 때문에
㉯ 아세톤의 누출을 막기 위해
㉰ 아세틸렌이 쉽게 나오게 하기 위하여
㉱ 정전기를 방지하기 위하여

195. 아세틸렌용기의 제조시설기준에 필요치 않은 것은?

㉮ 자동부식방지 도장설비
㉯ 공작기계설비
㉰ 건조로
㉱ 원료충전기

[해설] 고압가스 일반제조 중 C_2H_2 용기 제조시설기준
① 원료혼합기
② 건조로
③ 원료충전기
④ 자동부식방지 도장설비
⑤ 아세톤 DMF의 충전설비 등

196. 다공질물의 용적이 150m^{3}이며 아세톤 침윤 잔용적이 30m^{3}일 때 다공도는 몇 %인가?

㉮ 30 ㉯ 40
㉰ 80 ㉱ 120

[해설] 다공도$= \frac{V-E}{V} \times 100(\%)$

$= \frac{150-30}{150} \times 100 = 80\%$

197. 아세틸렌 용기의 내용적이 10ℓ 이하이고, 다공질물의 다공도가 82%일 때 디메틸포름아미드의 최대충전량은 얼마인가?

㉮ 43.5% 이하
㉯ 41.1% 이하
㉰ 38.7% 이하
㉱ 36.3% 이하

[해설] 디메틸포름아미드의 최대충전량

용기구분 / 다공도	내용적 10ℓ 이하	내용적 10ℓ 초과
90 이상 92 이하	43.5% 이하	43.7% 이하
85 이상 90 이하	41.4% 이하	42.8% 이하
80 이상 85 이하	38.7% 이하	40.3% 이하
75 이상 80 이하	36.3% 이하	37.8% 이하

[정답] 191. ㉱ 192. ㉰ 193. ㉱ 194. ㉯ 195. ㉯ 196. ㉰ 197. ㉰

198. 아세틸렌용기의 내용적이 10 ℓ 초과이고, 다공질물의 다공도가 88%일 때 아세톤의 최대충전량은 얼마인가?

㉮ 36.3% 이하　　　　㉯ 40.0% 이하

㉰ 42.0% 이하　　　　㉱ 43.4% 이하

[해설] 아세톤의 최대충전량

다공도 ＼ 용기구분	내용적 10 ℓ 이하	내용적 10 ℓ 초과
90 이상 92 미만	41.8% 이하	43.4% 이하
85 이상 90 미만	–	42.0% 이하
83 이상 90 미만	38.5% 이하	–
80 이상 83 미만	37.1% 이하	–
75 이상 87 미만	–	40.0% 이하
75 이상 80 미만	34.8% 이하	–

199. 고압가스를 다음과 같이 취급하였을 때 위험한 상태는?

㉮ 아세틸렌가스를 2.5MPa 이상으로 충전할 때 에틸렌 희석제로 가했다.

㉯ 수분을 함유한 염소를 진한 황산으로 세척하여 고압용기에 충전하였다.

㉰ 산소를 3% 함유한 메탄가스를 4MPa까지 압축하였다.

㉱ 시안화수소를 고압가스 용기에 충전하는 경우에 수분을 안정제로 첨가했다.

[해설] 시안화수소에 수분 2% 이상 함유시 중합폭발이 일어난다. (순도 98% 이상 유지)

200. 산화에틸렌의 설명 중 틀린 것은?

㉮ 산화에틸렌 저장탱크는 질소가스 또는 탄산가스로 치환하고 5℃ 이하로 유지한다.

㉯ 산화에틸렌 용기에 충전시에는 질소 또는 탄산가스로 치환한 후 산 또는 알칼리를 함유하지 않는 상태로 충전한다.

㉰ 산화에틸렌 저장탱크는 45℃에 내부압력이 4kgf/cm² 이상이 되도록 질소 또는 탄산가스를 충전한다.

㉱ 산화에틸렌을 충전한 용기는 충전 후 24시간 정치하고 용기에 충전 연월일을 명기한 표지를 붙인다.

[해설] 산화에틸렌의 충전
① 산화에틸렌의 저장탱크는 그 내부의 질소가스·탄산가스 및 산화에틸렌가스의 분위기가스를 질소가스 또는 탄산가스로 치환하고 5℃ 이하로 유지할 것
② 산화에틸렌을 저장탱크 또는 용기에 충전하는 때에는 미리 그 내부가스를 질소가스 또는 탄산가스로 바꾼 후에 산 또는 알칼리를 함유하지 아니하는 상태로 충전할 것
③ 산화에틸렌의 저장탱크 및 충전용기에는 45℃에서 그 내부가스의 압력이 0.4MPa 이상이 되도록 질소가스 또는 탄산가스를 충전할 것

201. 산화에틸렌의 저장탱크 및 충전용기에는 45℃에서 그 내부 가스의 압력이 몇 MPa 이상이 되도록 질소가스 또는 탄산가스를 충전하여야 하는가?

㉮ 0.2MPa　　　　㉯ 0.3MPa

㉰ 0.4MPa　　　　㉱ 0.5MPa

[해설] 산화에틸렌의 저장탱크
압력이 0.4MPa 이상이 되도록 질소 또는 탄산가스로 충전

202. 시안화수소의 충전시 주의사항으로 옳은 것은?

㉮ 용기에 충전하는 시안화수소는 순도가 99.9% 이상이어야 한다.

㉯ 용기에 충전하는 시안화수소의 안정제로 아황산가스 또는 염산 등의 안정제를 첨가한다.

㉰ 시안화수소를 충전하는 용기는 충전 후 12시간 정치하여야 한다.

㉱ 시안화수소를 충전한 용기는 1일 1회 이상 질산구리벤젠 시험지로 가스누출 검사를 실시한다.

[해설] 시안화수소의 충전
① 용기에 충전하는 시안화수소는 순도가 98% 이상이고 아황산 가스 또는 황산 등의 안정제를 첨가한 것일 것
② 시안화수소를 충전한 용기는 충전 후 24시간 정치하고, 그 후 1일 1회 이상 질산구리벤젠 등의 시험지로 가스의 누출검사를 하여야 하며, 용기에 충전 연월일을 명기한 표지를 붙이고 충전한 후 60일이 경과되기 전에 다른 용기에 옮겨 충전할 것. 다만, 순도가 98% 이상으로 착색되지 아니한 것은 다른 용기에 옮겨 충전하지 아니할 수 있다.

203. 시안화수소를 용기에 충전할 때 안정제로서 무엇을 첨가하는가?

㉮ 탄산가스 또는 일산화탄소

㉯ 에탄 또는 에틸렌

㉰ 질소

㉱ 아황산가스 또는 황산

[해설] 시안화수소(HCN)의 중합방지 안정제
① 무기산(황산), 동망, 염화칼슘, 인산, 오산화인, 아황산가스
② 알칼리성 물질(암모니아, 소다)을 함유하면 중합이 촉진된다.

204. 시안화수소(HCN) 가스의 취급시 주의사항으로서 관계가 없는 것은?

㉮ 누설 주의   ㉯ 금속부식 주의

㉰ 중독 주의   ㉱ 중합폭발 주의

[해설] 시안화수소 부식의 주의를 취급시 주의사항이 아니다.

205. 고압가스 일반제조의 기술기준이다. 에어졸 제조기준에 맞지 않는 것은?

㉮ 에어졸을 충전하기 위한 충전용기를 가열할 때는 열습포 또는 40℃ 이하의 더운 물을 사용할 것

㉯ 에어졸 제조설비의 주위 4m 이내에는 인화성 물질을 두지 말 것

㉰ 에어졸 제조는 35℃에서 그 용기의 내압을 0.8MPa 이하로 할 것

㉱ 에어졸의 분사제는 독성 가스를 사용하지 말 것

[해설] ㉯항 : 직선거리(이내) : 2m, 우회거리 : 8m

206. 에어졸의 제조는 다음의 기준에 적합한 용기를 사용하여야 한다. 틀린 것은?

㉮ 용기 내용적이 $100cm^3$를 초과하는 용기의 재료는 강 또는 경금속을 사용한다.

㉯ 내용적이 $80cm^3$를 초과하는 용기는 그 용기의 제조자의 명칭이 명시되어 있을 것

㉰ 내용적이 $30cm^3$ 이상인 용기는 에어졸의 충전에 재사용하지 아니할 것

㉱ 금속제의 용기는 그 두께가 0.125mm 이상이고 내용물에 의한 부식을 방지할 수 있는 조치를 할 것

[해설] 내용적이 $100cm^3$를 초과하는 용기는 그 용기의 제조자의 명칭 또는 기호가 표시되어 있을 것

207. 에어졸 제조시설에서 갖추어야 할 온수시험 탱크에서의 온도조절범위는?

㉮ 40℃ 이상 45℃ 미만

㉯ 40℃ 이상 50℃ 미만

㉰ 46℃ 이상 50℃ 미만

㉱ 46℃ 이상 55℃ 미만

[해설] 에어졸 제조시설에서 온수시험탱크의 온도조절범위
46℃ 이상 50℃ 미만

208. 에어졸 용기에 기재하여야 할 사항의 표시방법이 아닌 것은?

㉮ 대표자의 명칭

㉯ 사용가스의 명칭

㉰ 주의사항의 표시

㉱ 연소성의 표시

[해설] 에어졸 용기에 기재하여야 할 사항의 표시방법
① 연소성의 표시   ② 주의사항의 표시   ③ 사용가스의 명칭

정답   203. ㉱   204. ㉯   205. ㉯   206. ㉯   207. ㉰   208. ㉮

209. 인체용 에어졸 제품의 용기에 기재할 사항 중 틀린 것은?

㉮ 사용 후 불 속에 버리지 말 것

㉯ 온도 40℃ 이상의 장소에 보관하지 말 것

㉰ 가능한 한 인체에서 30cm 이상 떨어져서 사용할 것

㉱ 특정 부위에 계속하여 장시간 사용하지 말 것

[해설] 인체용 에어졸 제품의 용기에는 '인체용'이라는 표시와 다음의 주의사항을 표시할 것
① 특정 부위에 계속하여 장시간 사용하지 말 것
② 가능한 인체에서 20cm 이상 떨어져서 사용할 것
③ 온도 40℃ 이상의 장소에 보관하지 말 것
④ 사용 후 불 속에 버리지 말 것

210. 다음은 산소를 취급할 때의 주의사항이다. 틀린 것은?

㉮ 가연성가스 충전용기와 함께 저장하지 말 것

㉯ 밸브의 나사부분에는 그리스(Grease)를 사용하여 윤활시킬 것

㉰ 액체 충전시에는 불연성 재료를 밑에 깔 것

㉱ 고압가스설비의 기밀시험용으로 사용하지 말 것

[해설] 산소와 유지류(그리스 등)와 접촉시 발화의 원인이 됨

211. 다음 설비 중 산소가스와 관련이 있는 것은?

㉮ 고온 고압에서 사용하는 강관 내면이 동라이닝이 되어 있다.

㉯ 압축기에 달린 압력계에 금유라고 기입되어 있다.

㉰ 제품 탱크와 압력계의 부르동관은 강제였다.

㉱ 관련이 있는 것은 없다.

[해설] 산소압력계는 반드시 금유라고 명기된 전용의 산소압력계를 사용한다.

212. 산소 저장설비에서 화기를 취급할 수 없는 거리는?

㉮ 3m 이내

㉯ 5m 이내

㉰ 8m 이내

㉱ 10m 이내

213. 산소의 농도가 인체에 미치는 영향으로 호흡정지, 사망에 이르는 산소의 농도는 몇 %인가?

㉮ 4%　　　　㉯ 6%

㉰ 8%　　　　㉱ 10%

[해설] 산소가스에 의한 사망에 이르는 농도
6% 이하 60% 이상(12시간 내에 폐에 충열을 일으켜 사망)

214. 산소를 제조하는 설비에서 산소배관과 이에 접촉하는 압축기 사이에는 안전상 무엇을 설치해야 하는가?

㉮ 체크밸브와 역화방지장치

㉯ 압력계와 유량계

㉰ 마노미터

㉱ 드레인 세퍼레이터

[해설] 산소배관과 압축기 사이에는 드레인 세퍼레이터를 설치하여야 한다.

215. 다음 특정고압가스에 해당되지 않는 것은?

㉮ 액화염소

㉯ 질소

㉰ 수소

㉱ 아세틸렌

[해설] 특정고압가스의 종류
수소, 산소, 액화암모니아, 아세틸렌, 액화염소, 천연가스, 압축모노실란, 압축디보란, 액화알진, 그 밖에 대통령령이 정하는 고압가스

---

209. ㉰　210. ㉯　211. ㉯　212. ㉰　213. ㉯　214. ㉱　215. ㉯ 정답

216. 특정고압가스 사용시설의 시설기준에서 저장 능력이 얼마 이상인 액화염소 사용시설의 저장설비는 그 외면으로부터 보호시설까지 규정된 안전거리를 유지해야 하는가?

㉮ 100kg   ㉯ 200kg

㉰ 300kg   ㉱ 500kg

217. 특정고압가스 사용시설의 시설기준 및 기술기준 틀린 것은?

㉮ 사용시설에는 그 주위에 보기 쉽게 경계표시를 할 것

㉯ 사용설비는 습기 등으로 인한 부식을 방지할 것

㉰ 독성가스의 감압설비와 당해 가스의 반응설비 간의 배관에는 역류방지장치를 할 것

㉱ 액화가스 저장량이 300kg 이상인 용기보관실의 벽은 방호벽으로 할 것

[해설] ㉮항은 사용시설이 아니라 저장시설

218. 특정설비에 해당하지 않는 설비는?

㉮ 안전밸브

㉯ 긴급차단장치

㉰ 역류방지 밸브

㉱ 독성가스 배관용 밸브

[해설] 특정 설비의 종류
① 안전 밸브, 긴급차단장치, 역화 방지기
② 기화장치
③ 압력용기
④ 자동차용 가스주입장치
⑤ 독성가스 배관용 밸브
⑥ 냉동설비를 구성하는 압축기, 응축기, 증발기 또는 압력용기 (냉동용 특정설비라 한다.)
⑦ 특정고압가스용 실린더 캐비닛

219. 고압가스 특정제조시설 기준 및 기술기준에서 설비와 설비 사이의 거리가 옳은 것은?

㉮ 가연성가스의 저장탱크는 그 외면으로부터 처리능력이 20만m³ 이상인 압축기까지 20m 거리를 유지할 것

㉯ 다른 저장탱크와의 사이에 두 저장탱크의 외경지름을 합한 길이의 1/4이 1m 이상인 경우 1m 이하로 유지할 것

㉰ 안전구역 내의 고압가스설비(배관을 제외한다)는 그 외면으로부터 다른 안전구역 안에 있는 고압가스설비의 외면까지 30m 이상의 거리를 유지할 것

㉱ 제조설비는 그 외면으로부터 그 제조소의 경계까지 15m 유지할 것

[해설] ㉮항 : 30m 이상
㉯항 : 1m 이상
㉱항 : 20m 이상

220. 특정설비에 설치하는 플랜지 이음매는 그 설비에 적절한 규격이어야 하며 이 경우 측정 설비의 설계 압력이 몇 MPa를 초과하는 것이어야 하는가?

㉮ 1MPa   ㉯ 2MPa

㉰ 3MPa   ㉱ 4MPa

[해설] 특정설비에 설치하는 플랜지 이음매는 그 설비에 적합한 규격일 것. 이 경우 특정설비의 설계압력이 2.0MPa를 초과하는 것이어야 한다.

221. 고압가스 특정제조시설에서 내부반응 감시장치의 특수반응설비에 해당되지 않는 것은?

㉮ 수소화 분해반응기

㉯ 수소화 접촉반응기

㉰ 암모니아 2차 개질로, 에틸렌 제조시설의 아세틸렌 수첨탑

㉱ 산화에틸렌 제조시설의 에틸렌과 산소 또는 공기와의 반응기

[해설] 내부반응 감시장치

고압가스설비 중 반응기 또는 이와 유사한 설비로서 현저한 발열반응 또는 부차적으로 발생하는 2차 반응에 의하여 폭발 등의 위해가 발생할 가능성이 큰 반응설비(암모니아 2차 개질로, 에틸렌 제조시설의 아세틸렌수첨탑, 산화에틸렌 제조시설의 에틸렌과 산소 또는 공기와의 반응기, 사이크로헥산 제조시설의 벤젠수첨반응기, 석유정제에 있어서 중유직접 수첨탈황반응기 및 수소화분해반응기, 저밀도 폴리에틸렌중합기 또는 메탄올합성반응탑을 말한다. 이하 '특수반응설비'라 한다.)

222. 특수반응설비에서 이상상태가 발생하였을 때 조치사항이 아닌 것은?

㉮ 원재료 공급 차단

㉯ 불활성 가스 주입

㉰ 냉각수 공급

㉱ 산소 가스 주입

[해설] 이상 상태 발생시 조치 사항
① 원재료의 공급 차단   ② 긴급방출장치
③ 불활성 가스 주입   ④ 냉각수 주입

223. 고압 반응탑의 플랜지에서 가연성가스가 누출되었다. 이 경우 일반적으로 취할 사항이 아닌 것은?

㉮ 폭발성 혼합가스가 될 위험이 있으므로 충분히 주의한다.

㉯ 반응탑에 연결되어 있는 압축기 등의 운전을 정지시킨다.

㉰ 먼저 플랜지 볼트를 조금 더 조여 본다.

㉱ 착화에 주의하면서 플랜지볼트를 조금 더 조여보고 효과가 없으면 가스를 방출한다.

224. 운전 중 고압반응기의 플랜지부분에서 가연성 가스가 누설되기 시작했을 때에 취해야 할 일반대책이 될 수 없는 것은?

㉮ 가스공급의 즉시 정지

㉯ 장치내를 불활성 가스로 치환

㉰ 화기 사용 금지

㉱ 일상 점검의 철저

[해설] 가스 누설시 일반대책
① 가스공급중단
② 장치내를 불활성가스(질소, 이산화탄소)로 치환
③ 화기 사용금지

225. 고압가스 설비의 나사로 조립시 나사게이지로 검사하는 규정의 상용압력을 몇 MPa 이상인가?

㉮ 10   ㉯ 15.5

㉰ 18   ㉱ 19.6

226. 가스를 사용하려 하는데 밸브에 얼음이 붙었다. 어떻게 조치를 하면 되겠는가?

㉮ 40℃ 이하의 물수건을 도포

㉯ 80℃의 램프로 조치

㉰ 100℃의 뜨거운 물로 도포

㉱ 성냥불로 조치

[해설] 밸브 또는 충전용 지관을 가열하여 때에는 열습포 또는 40℃ 이하의 물을 사용할 것

227. 과류방지 밸브가 설치되어야 할 곳으로 적당한 것은?

㉮ 저장탱크의 액입구관

㉯ 반응기의 입구관

㉰ 탱크롤리차의 액분출관

㉱ 냉각살수관

[해설] 탱크롤리차의 액분출관 : 과류방지밸브 설치

---

222. ㉱   223. ㉱   224. ㉱   225. ㉱   226. ㉮   227. ㉰   **정답**

228. 고압가스를 제조시 특정제조 허가 대상에 해당하는 항목이 아닌 것은?

㉮ 석유정제 시설 석유화학공업자 시설에서 저장능력 100톤 이상인 것

㉯ 석유화학 공업자 시설에서 처리능력 1만 m^3 이상인 것

㉰ 철강공업자 시설에서 처리능력 1만 m^3 이상인 것

㉱ 비료생산업자 시설에서 저장능력 100톤 이상인 것

해설 특정제조허가 대상
① 석유정제 석유화학공업 비료생산 시설에서 저장능력 100톤 이상
② 석유화학공업자시설 처리능력 1만 m^3 이상
③ 철강공업자 비료생산업자 시설에서 처리능력 10만 m^3 이상

229. 아세틸렌의 품질검사에서 순도 기준으로 맞는 것은? (단, 발열황산 시약으로 사용한 오르사트법이다.)

㉮ 99.5% 이상   ㉯ 99% 이상

㉰ 98% 이상   ㉱ 98.5% 이상

해설 품질검사 기준
① 산소 : 99.5% 이상(동, 암모니아 시약을 사용한 오르사트법)
② 수소 : 98.5% 이상(피로갈롤 또는 하이드로설파이드 시약을 사용한 오르사트법)
③ 아세틸렌 : 98% 이상(발연황산 시약을 사용한 오르사트법 또는 브롬 시약을 사용한 뷰렛법, 질산은 시약을 사용한 정성시험에서 합격)

230. 아세틸렌의 정성시험에 사용되는 시약은?

㉮ 동·암모니아 시약   ㉯ 발연황산 시약

㉰ 질산은 시약   ㉱ 발연황산 시약

231. 품질검사기준 중 산소의 순도 측정에 사용되는 시약은?

㉮ 하이드로설파이드 시약

㉯ 피로카롤 시약

㉰ 발연황산 시약

㉱ 동·암모니아 시약

232. 고압가스를 압축하는 경우 가스를 압축해서는 안 되는 경우는?

㉮ 가연성가스 중 산소의 용량이 전용량의 10% 이상인 것

㉯ 산소중의 가연성가스 용량이 전용량의 10% 이상인 것

㉰ 아세틸렌, 에틸렌 또는 수소중의 산소 용량이 전용량의 2% 이상인 것

㉱ 산소중의 아세틸렌, 에틸렌 또는 수소의 용량 합계가 전용량의 10% 이상인 것

해설 고압가스 제조시 압축금지
① 가연성가스 중 : 산소용량이 전용량의 4% 이상인 것(단, 아세틸렌, 에틸렌, 수소 제외)
② 산소 중 : 가연성가스의 용량이 전용량의 4% 이상인 것(단, 아세틸렌, 에틸렌, 수소 제외)
③ 아세틸렌, 에틸렌 또는 수소 중 : 산소용량이 전용량의 2% 이상
④ 산소 중 : 아세틸렌, 에틸렌 및 수소의 용량 합계가 전용량의 2% 이상

233. 다음의 가스를 혼합시 위험한 것은?

㉮ 염소, 아세틸렌

㉯ 염소, 질소

㉰ 염소, 산소

㉱ 염소, 이산화탄소

해설 혼합적재금지 : 염소와 수소, 아세틸렌, 암모니아

234. 독성가스의 식별표지의 바탕색은?

㉮ 백색   ㉯ 청색

㉰ 노란색   ㉱ 흑색

해설 독성가스의 표지

표지의 종류 \ 항목	바탕색	글자색	적색으로 표시하는 것	글자크기 (가로×세로)	식별거리
식별표지	백색	흑색	가스명칭	10×10cm	30m
위험표지	백색	흑색	주의	5×5cm	10m

정답 228. ㉱ 229. ㉰ 230. ㉰ 231. ㉱ 232. ㉰ 233. ㉮ 234. ㉮

235. 독성가스 충전시설을 다른 제조시설과 구분하여 외부로부터 충전시설임을 쉽게 식별할 수 있게 하는 설치 조치는?

㉮ 충전표지   ㉯ 경계표지

㉰ 위험표지   ㉱ 안전표지

해설 위험표지
① 문자크기 : 가로, 세로 5cm 이상
② 식별거리 : 10m 이상
③ 바탕색 : 백색, 글씨 : 흑색("주의"는 적색)

236. 독성가스 제조시설의 위험표지 문자크기는?

㉮ 가로·세로 15cm 이상

㉯ 가로·세로 10cm 이상

㉰ 가로·세로 8cm 이상

㉱ 가로·세로 5cm 이상

해설 독성가스의 위험표지
① 문자크기 : 가로·세로 5cm 이상, 10m 이상에서 식별 가능
② 바탕색 : 백색, 글씨 : 흑색("주의" : 적색)

237. 다음 사항 중 맞지 않는 것은?

㉮ 가연성가스의 제조설비 또는 충전설비에 정전기를 제거하는 조치를 할 것

㉯ 접지 저항치의 총합이 100Ω인 것은 정전기 제거조치를 하지 않아도 된다.

㉰ 긴급차단장치는 저장탱크와 배관 사이에는 저장탱크로부터 10m 이상 떨어진 곳에 설치하여야 한다.

㉱ 배기가스 방출구의 위치는 지상으로부터 5m 이상에 설치할 것

해설 긴급차단장치는 가연성가스 또는 독성가스의 저장탱크에 부착된 배관에는 그 저장탱크의 외면으로부터 5m 이상 떨어진 곳에 설치하여야 한다.

238. 정전기 제거 조치사항으로 적합하지 않은 것은?

㉮ 본딩용 접속선 및 접지접속선의 단면적은 5.5mm^2 이상인 것을 사용한다.

㉯ 접지 저항의 총합은 100Ω 이하로 하여야 한다.

㉰ 저장 탱크, 열교환기 등은 가능한 한 단독으로 되어 있어야 한다.

㉱ 피뢰설비를 설치한 접지저항치의 총합은 50Ω 이하로 하여야 한다.

해설 접지 저항치는 총합 100Ω(피뢰설비를 설치한 것은 총합 10Ω) 이하로 하여야 한다.

239. 다음 정전기 제거 또는 발생 방지조치에 관한 설명이다. 관계가 먼 것은?

㉮ 대상물을 접지시킨다.

㉯ 상대습도를 높인다.

㉰ 공기를 이온화시킨다.

㉱ 진기저항을 증가시킨다.

240. 액화가스가 통하는 가스공급시설 등에서 발생하는 정전기 제거조치로 접지하지 않아도 되는 것은?

㉮ 저장탱크   ㉯ 이젝터 노즐

㉰ 열교환기   ㉱ 회전기계

241. 고압가스 특정제조시설에서 배관을 지상에 설치하는 경우에는 불활성 가스 이외의 가스배관 양측에 상용압력 구분에 따른 폭 이상의 공지를 유지하는 경우 중 틀린 것은?

㉮ 지식경제부장관이 정하여 고시하는 지역에 설치하는 경우에는 규정폭의 1/3로 할 것

㉯ 상용압력 1MPa 이상 : 15m

㉰ 상용압력 0.2~1MPa 미만 : 10m

㉱ 상용압력 0.2MPa 미만 : 5m

---

235. ㉰   236. ㉱   237. ㉰   238. ㉱   239. ㉱   240. ㉯   241. ㉰   정답

해설

상용압력	공지폭	비 고
0.2MPa 미만 0.2~1MPa 미만 1MPa 이상	5m 9m 15m	공지의 폭은 배관 양쪽의 외면으로부터 계산하되 지식경제부장관이 정하여 고시하는 지역에 설치하는 경우에는 위 표에서 정한 폭의 1/3로 할 수 있다

242. 고압가스 특정제조시설에서 배관을 지하에 매설하는 경우의 기준 중 잘못된 것은?

㉮ 배관은 건축물과 1.5m 이상의 거리를 유지

㉯ 지하가 및 터널과는 10m 이상의 거리를 유지

㉰ 독성가스 배관은 그 가스가 혼입될 우려가 있는 수도시설과는 100m 이상의 거리를 유지

㉱ 배관은 그 외면으로부터 지하의 다른 시설물과 0.3m 이상의 거리를 유지

해설 독성가스 배관과 수도시설과는 300m 이상 유지하며 위 기준은 지하에 매설하는 경우에 모두 공통으로 해당되는 사항임

243. 고압가스 특정제조에서 지표면으로부터 배관의 외면까지 매설 깊이는 산이나 들에서 몇 m 이상 유지해야 하는가?

㉮ 1.5m
㉯ 1.2m
㉰ 1m
㉱ 0.3m

244. 특정가스 사용시설 중 차량이 통행하는 폭 8m 이상의 도로에 배관을 매설할 경우 그 깊이는 얼마로 하는가?

㉮ 60cm 이상
㉯ 1m 이상
㉰ 1.2m 이상
㉱ 1.5m 이상

해설 ① 도로폭 8m 이상 : 1.2m 이상
② 도로폭 8m 미만 : 1m 이상

245. 일반 고압가스 제조시설 중 도관을 지하에 매설할 경우 기술상 기준의 설명으로 틀린 것은?

㉮ 도관에는 온도변화에 의한 길이 변화에 대비한 완충장치를 설치한다.

㉯ 이상을 발견한 경우 연락을 부탁하는 표지판을 설치한다.

㉰ 고압가스 도관을 매설하였을 잘 보이는 곳에 표시한다.

㉱ 지면으로부터 30cm 이하에 매설한다.

해설 ㉱항 : 1m 이상

246. 고압가스 특정제조시설 기준 중 도로 밑에 매설하는 배관에 대하여 기술한 것이다. 옳지 않은 것은 어느 것인가?

㉮ 배관은 그 외면으로부터 다른 시설물과 30cm 이상의 거리를 유지한다.

㉯ 배관은 자동차 하중의 영향이 적은 곳에 매설한다.

㉰ 배관은 외면으로부터 도로의 경계까지 60cm 이상의 수평거리를 유지한다.

㉱ 배관의 접합은 원칙적으로 용접한다.

해설 도로 밑 매설
① 원칙적으로 자동차 등 하중의 영향이 적은 곳에 매설할 것
② 배관의 외면으로부터 도로의 경계까지 1m 이상의 수평거리를 유지할 것
③ 배관(방호구조물 안에 설치하는 경우에는 그 방호구조물을 말한다)은 그 외면으로부터 도로 밑의 다른 시설물과 0.3m 이상의 거리를 유지할 것

247. 고압가스 특정제조시설 중 철도부지 밑에 매설하는 배관에 대하여 설명한 것이다. 옳지 않은 것은?

㉮ 배관의 외면으로부터 그 철도부지의 경계까지는 1m 이상 유지한다.

㉯ 배관의 외면으로부터 궤도 중심까지 4m 이상 유지한다.

정답 242. ㉱ 243. ㉰ 244. ㉰ 245. ㉱ 246. ㉰ 247. ㉰

㉣ 배관의 외면과 지면과의 거리는 1m 이상으로 한다.

㉤ 배관은 그 외면으로부터 다른 시설물과 30cm 이상의 거리를 유지한다.

[해설] ㉤항 : 1.2m 이상

248. 고압가스 특정제조시설 기준 중 시가지의 도로 노면 밑에 매설하는 경우에는 노면으로부터 배관의 외면까지의 깊이를 몇 m 이상으로 하는가?

㉮ 2m ㉯ 1.5m
㉣ 1.2m ㉤ 1m

[해설] 시가지의 도로 노면 밑에 매설하는 경우에는 노면으로부터 배관의 외면까지 깊이를 1.5m 이상으로 할 것, 다만, 방호구조물 안에 설치하는 경우에는 노면으로부터 그 방호구조물의 외면까지의 깊이를 1.2m 이상으로 할 수 있다. 시가지 외의 도로 노면 밑에 매설하는 경우에는 노면으로부터 배관의 외면(방호구조물 안에 설치하는 경우에는 그 방호구조물의 외면을 말한다)까지의 깊이를 1.2m 이상으로 할 것

249. 자동차 하중을 받을 우려가 있는 차도에 고압가스 배관을 매설시 배관의 바닥부분에서 배관 정상부의 위쪽으로 몇 cm까지 모래로 되메우기를 하는가?

㉮ 10cm ㉯ 20cm
㉣ 30cm ㉤ 40cm

[해설] 굴착 및 되메우기 작업
① 배관 외면으로부터 굴착부 측벽 : 15cm 이상
② 굴착구의 바닥면 : 모래 또는 사질토 20cm 이상(열차하중, 자동차 하중을 받을 우려가 없는 곳 : 10cm 이상)
③ 도로의 차도에 매설 : 바닥에서 배관 위쪽으로 모래 또는 사질토로 30cm 이상(열차하중, 자동차 하중 없는 곳 : 20cm)

250. 고압가스 특정제조에서 배관의 외면으로부터 굴착구의 측벽에 대해 몇 cm 이상의 거리를 유지하도록 시공하는가?

㉮ 30cm ㉯ 20cm
㉣ 15cm ㉤ 10cm

[해설] 굴착 및 되메우기의 안전 확보를 위한 방법
① 배관의 외면으로부터 굴착구의 측벽에 대해 15cm 이상의 거리를 유지하도록 시공할 것
② 굴착구의 바닥면 모래 또는 사토질을 20cm(열차 하중 또는 자동차 하중을 받을 우려가 없는 경우는 10cm) 이상의 두께로 깔거나 모래주머니를 10cm 이상의 두께로 깔아서 평탄하게 할 것

251. 고압가스 특정제조의 배관을 도로 밑에 매설하는 규정에서 시가지의 도록 밑에 배관을 매설시 보호판을 설치시 보호판은 배관정상부로부터 몇 cm 떨어진 배관의 직상부에 설치하는가?

㉮ 10cm ㉯ 20cm
㉣ 30cm ㉤ 40cm

252. 독성 가스배관 중 2중관의 규격으로 옳은 것은?

㉮ 외층관 외경은 내층관 외경의 1.2배 이상
㉯ 외층관 외경은 내층관 내경의 1.2배 이상
㉣ 외층관 내경은 내층관 외경의 1.2배 이상
㉤ 외층관 내경은 내층관 내경의 1.2배 이상

[해설] 외층관내경=내층관외경×1.2배 이상

253. 독성가스 배관시 2중 배관을 필요로 하는 가스가 아닌 것은?

㉮ 암모니아
㉯ 염화메탄
㉣ 시안화수소
㉤ 에틸렌

[해설] 2중관으로 하여야 할 독성가스 종류
포스겐, 황화수소, 시안화수소, 아황산가스, 산화에틸렌, 암모니아, 염소, 염화메탄

254. 고압가스 특정제조시설에서 배관을 해면 위에 설치하는 경우 다음 기준에 적합지 않는 것은?

㉮ 배관은 다른 시설물과 배관의 유지관리에 필요한 거리를 유지할 것

㉯ 선박의 충돌 등에 의하여 배관 또는 그 지지물이 손상을 받을 우려가 있는 경우에는 방호설비를 설치할 것

㉰ 배관은 선박에 의하여 손상을 받지 아니하도록 해면과의 사이에 필요한 공간을 두지 아니할 것

㉱ 배관은 지진, 풍압, 파도압 등에 대하여 안전한 구조의 지지물로 지지할 것

해설 해상설치기준
① 배관은 지진, 풍압, 파도압 등에 대하여 안전한 구조의 지지물로 지지할 것
② 배관은 선박에 의하여 손상을 받지 아니하도록 해면과의 사이에 필요한 공간을 확보하여 설치할 것
③ 선박의 충돌 등에 의하여 배관 또는 그 지지물이 손상을 받을 우려가 있는 경우에는 방호설비를 설치할 것
④ 배관은 다른 시설물(그 배관의 지지물은 제외한다)과 배관의 유지관리에 필요한 거리를 유지할 것

255. 고압가스 특정제조의 배관은 하천 등에 병행 매설시 유지하는 심도는 몇 m인가?

㉮ 1m
㉯ 1.5m
㉰ 2m
㉱ 2.5m

해설 배관은 하천 등에 병행매설시 기준
① 설치지역은 해상이 아닐 것
② 방호구조물 안에 설치할 것
③ 매설심도는 2.5m 이상 유지할 것
④ 위급상황발생 시 신속히 차단할 수 있는 장치를 설치할 것(단, 30분 이내 방출 가능한 벤트, 플레어스택을 설치한 경우 그러하지 아니하다.)

256. 하천 또는 수로를 횡단하여 배관을 매설할 경우에 방호구조물 내에 설치하여야 하는 고압가스는?

㉮ 염화메탄
㉯ 포스겐
㉰ 불소
㉱ 황화수소

해설 ① 하천수로 횡단시 이중관으로 해야 할 고압가스의 종류 : 염소, 포스겐, 불소, 아크릴알데히드, 아황산가스, 시안화가스, 황화수소
② 하천수를 횡단시 방호구조물 내에 설치해야 할 고압가스의 종류 : ①이 외의 독성가스 또는 가연성가스

257. 고압가스 특정제조시설에서 시가지, 하천상, 터널상, 도로상 중에 배관을 설치하는 경우 누출확산 방지조치를 할 가스의 종류는 이중 배관으로 해야 한다. 다음 중 해당하지 않는 것은?

㉮ 일산화탄소
㉯ 시안화수소
㉰ 포스겐
㉱ 염소

해설 배관을 이중관으로 해야 하는 곳은 고압가스가 통과하는 부분으로서 가스의 종류에 따라 주위의 상황이 다음과 같다.

가스의 종류	주위의 상황	
	지상설치(하천 위 또는 수로 위를 포함한다)	지하 설치
염소, 포스겐, 불소, 아크릴알데히드 (아크롤레인)	주택 등의 시설에 대한 지상배관의 수평거리 등에 정한 수평거리의 2배(500m를 초과하는 경우는 500m로 한다) 미만의 거리에 배관을 설치하는 구간	
아황산가스, 시안화수소, 황화수소	주택 등의 시설에 대한 지상배관의 수평거리 등에 정한 수평거리의 1.5배 미만의 거리에 배관을 설치하는 구간	

258. 배관을 해저에 설치하는 경우 다음 기준에 적합하지 않은 것은?

㉮ 배관의 입상부에는 방호시설물을 설치할 것

㉯ 배관은 원칙적으로 다른 배관과 20m 이상의 수평거리를 유지할 것

㉰ 배관은 원칙적으로 다른 배관과 교차하지 아니할 것

㉱ 배관은 해저면 밑에 매설할 것

해설 해저설치 기준
① 배관은 해저면 밑에 매설할 것(단, 닻 내림 등에 의한 배관 손상의 우려가 없거나 그 밖에 부득이한 경우에는 그러하지 아니하다.)
② 배관은 원칙적으로 다른 배관과 교차하지 아니할 것

정답 254. ㉰ 255. ㉱ 256. ㉮ 257. ㉮ 258. ㉯

③ 배관은 원칙적으로 다른 배관과 30m 이상의 수평거리를 유지할 것
④ 두 개 이상의 배관을 동시에 설치하는 경우에는 배관이 서로 접촉하지 아니하도록 필요한 조치를 할 것
⑤ 배관의 입상부에는 방호시설물을 설치할 것

259. 압축 산소가스를 배관에 의하여 수송할 경우 그 배관에 설치해야 할 설비는?

㉮ 안전밸브, 압력계

㉯ 온도계, 유량계

㉰ 안전밸브, 온도계

㉱ 온도계, 압력계

[해설] 배관에 설치할 설비
① 압축가스 배관 : 압력계
② 액화가스 배관 : 압력계 및 온도계(초저온, 저온배관의 경우 온도계 생략할 수 있음)
③ 배관 내의 압력이 상용압력을 초과하는 경우에 즉시 상용압력 이하로 되돌릴 수 있는 조치를 할 것 → 안전 밸브 설치

260. 산소가스를 수송하기위한 배관에 접속하는 압축기와의 사이에 설치해야 할 것은? (단, 압축기의 윤활유는 물을 사용한다.)

㉮ 정지장치   ㉯ 증발기

㉰ 드레인 세퍼레이터   ㉱ 유분리기

[해설] 산소 및 천연메탄을 수송하기 위한 배관에는 수취기(drain separator)를 설치한다.

261. 배관을 온도의 변화에 의한 길이의 변화에 대비하여 설치하는 장치는?

㉮ 신축흡수장치   ㉯ 자동제어장치

㉰ 역화방지장치   ㉱ 역류방지장치

262. 배관의 입상부, 지반급변부 등 지지 조건이 급변하는 곳에 필요한 조치 중 옳은 것은?

㉮ 곡관의 삽입   ㉯ 지반을 복토

㉰ 구조물의 설치   ㉱ 2중관 설치

[해설] 곡관의 삽입, 지반의 개량 그 밖에 필요한 조치를 하여야 한다.

263. 산소배관 내에서 스스로 발화 연소하는 것을 설명한 것 중 틀리는 것은?

㉮ 발화원은 배관벽과 스케일의 마찰열이다.

㉯ 배관내의 존재하는 소량의 윤활유 등에 착화된다.

㉰ 배관의 연소는 산소기류 방향과 반대방향으로 전파되어 간다.

㉱ 습한 산소배관이 건조한 산소배관보다 발화하기 쉽다.

[해설] 배관의 연소는 산소기류 방향과 같은 방향으로 전파되어 간다.

264. 배관이 지하에 설치된 경우 인구밀집지역 외에 지역에 있어 도로를 따라 배관이 설치되어 있을 경우 표지판의 설치간격으로 옳은 것은?

㉮ 500m 간격   ㉯ 1,000m 간격

㉰ 1,500m 간격   ㉱ 2,000m 간격

[해설] 지하에 설치된 배관의 위치표시와 표지판
① 인구밀집지역을 통과하는 경유 : 일반인이 보기 쉬운 장소에 배관 매설 표시
② 인구밀집지역 외의 지역 : 1,000m 간격
③ 표지에는 고압가스의 종류 또는 명칭, 연락처, 전화번호 등을 명확히 기재

265. 배관을 지하에 매설하는 경우 전기부식방지조치 중 희생양극법에 의한 전위 측정용 터미널은 몇 m 이내의 간격으로 설치하는가?

㉮ 200m   ㉯ 300m

㉰ 500m   ㉱ 600m

[해설] 전위측정용 터미널 설치간격
① 희생양극법, 배류법 : 300m
② 외부전원법 : 500m

266. 독성가스 사용시설 중 배관, 플랜지 및 밸브의 접합에 관한 내용으로 맞는 것은?

㉮ 접합은 반드시 가용접에 의하여야 함.

㉯ 용접을 원칙으로 하되 안전상 필요한 강도를 가진 플랜지 접합으로 할 수 있다.

㉰ 반드시 필요한 인장강도를 가진 플랜지를 사용한다.

㉱ 내산성 재료에 필요한 강도를 가지는 플랜지를 원칙적으로 한다.

267. LP가스 배관을 용접시공한 후 용접부위를 비파괴시험을 하여야 하는 항목은?

㉮ 호칭 50A 이상 배관

㉯ 압력 0.1MPa 이상이 통하는 배관

㉰ 호칭 80A 이상 배관

㉱ 압력 0.01MPa 이상배관

[해설] 용접부 비파괴 시험 규정
① 압력 0.1MPa 이상의 중압배관
② 호칭지를 80A이상 저압배관으로 압력이 0.01MPa 이상

268. 고압가스 특정제조시설 중 배관장치에 설치하는 피뢰설비 규격은?

㉮ KSC 9609　　㉯ KSC 8006

㉰ KSC 9806　　㉱ KSC 8076

[해설] 피뢰설비
배관장치에는 필요에 따라 KSC 9609(피뢰침)에 정하는 규격의 피뢰설비를 설치할 것

269. 피뢰기의 접지장소에 근접하여 배관을 매설하는 경우 절연을 위하여 필요한 조치를 하여야 하는 방법 중 잘못된 것은?

㉮ 피뢰기와 배관 사이의 거리 및 흙의 전기저항을 고려하여 배관을 설치한다.

㉯ 배관의 피복, 절연재의 설치 등으로 절연조치를 한다.

㉰ 피뢰기의 낙뢰전류가 배관에 흐를 우려가 있는 경우 절연 이물질을 설치한다.

㉱ 절연을 위한 조치를 보호하기 위하여 필요한 경우에는 지지 구조물 등을 설치한다.

[해설] 절연을 위한 조치를 보호하기 위하여 스파크 간극을 설치한다.

270. 고압가스 특정제조에서 시가지, 하천, 터널, 도로, 수로 및 사질토 등의 특수성 지반 중에 배관을 설치하는 경우에 취할 조치 중 틀린 것은?

㉮ 누출 확산 방지조치

㉯ 배관을 이중관으로 설치

㉰ 가스누출검지 경보장치 설치

㉱ 긴급차단장치 설치

[해설] 긴급차단장치는 저장탱크에 설치하는 장치이다.

271. 가연성가스 또는 독성 가스 배관설치기준이 잘못된 것은?

㉮ 환기가 양호한 곳에 설치

㉯ 건축물 내에 배관을 노출하여 설치

㉰ 건축물 내의 배관은 단독 피트 내에 설치

㉱ 건축물의 기초의 밑 등을 이용하여 배관을 설치

[해설] 배관은 건축물의 내부 또는 기초의 밑에 설치하지 말 것. 다만, 그 건축물에 가스를 공급하기 위한 배관은 건축물의 내부에 설치할 수 있다.

272. 배관장치에는 압력 또는 유량의 이상변동 등 이상상태가 발생한 경우 그 상황을 경보하는 장치를 설치하여야 하는 경우에 맞지 않는 것은

㉮ 배관 내의 압력이 상용압력의 1.05배를 초과할 때

㉯ 배관 내의 압력이 정상운전시의 압력보다 15% 이상 강하한 경우

정답　266. ㉯　267. ㉯　268. ㉮　269. ㉱　270. ㉱　271. ㉱　272. ㉱

㉰ 배관 내의 유량이 정상운전시의 유량보다 7% 이상 변동한 경우

㉱ 가스누출경보기가 작동되었을 때

해설 배관장치의 경보장치가 울리는 경우
① ㉮항 중 상용압력이 40kgf/cm² 이상인 경우에는 상용압력에 2kgf/cm²를 더한 압력
② 긴급차단 밸브의 조작회로가 고장난 경우 또는 긴급차단 밸브가 폐쇄된 경우

273. 고압가스설비와 배관의 공기내압 시험시 상용압력의 일정 압력 이상 승압 후 단계적으로 승압시킬 때 몇 %씩 증가시키는가?

㉮ 상용압력의 5%씩

㉯ 상용압력의 10%씩

㉰ 상용압력의 15%씩

㉱ 상용압력의 20%씩

해설 기체를 사용하는 내압시험
상용압력의 1/2 압력까지 압력을 올리고 그 후 상용압력의 1/10의 압력마나 단계직으로 입력올 올려 시험압력에 도달한 후 다시 상용압력까지 내린 경우에 국부적인 팽창 또는 누출 등의 이상이 없을 때 합격으로 한다.

274. 고압가스 특정제조시설에서 배관장치의 안전을 위한 설비에 해당하지 않는 것은?

㉮ 경계표지

㉯ 가스누출 검지경보설비

㉰ 제독설비

㉱ 안전제어장치

해설 배관장치의 안전을 위한 설비
① 운전상태 감시장치
② 안전제어장치
③ 가스누설 검지경보설비
④ 제독설비
⑤ 통신시설
⑥ 비상조명설비
⑦ 기타 안전상 중요하다고 인정되는 설비

275. 고압설비의 내압시험 압력 중 지식경제부장관이 정하는 초고압의 압력을 받는 금속부의 온도와 압력은?

㉮ 50℃ 이상 350℃ 이하인 고압가스 설비의 상용압력이 10MPa를 말한다.

㉯ −50℃ 이상 350℃ 이하인 고압가스 설비의 상용압력이 10MPa를 말한다.

㉰ −50℃ 이상 350℃ 이하인 고압가스 설비의 상용압력이 1000MPa를 말한다.

㉱ −50℃ 이상 250℃ 이하인 고압가스 설비의 상용압력이 100MPa를 말한다.

276. 좌측은 독성가스이고 우측은 당해 가스의 제독제를 연결하였다. 틀린 것은?

㉮ 염화메탄−물   ㉯ 포스겐−물

㉰ 산화에틸렌−물   ㉱ 암모니아−물

해설 포스겐 : 가성소다, 탄산소다

277. 염소 저장실에는 염소가스 누설시 제독제로서 적당치 않는 것은?

㉮ 가성소다   ㉯ 소석회

㉰ 탄산소다 수용액   ㉱ 물

해설 염소(산성)제독제 : 가성소다($NaOH$), 소석회($Ca(OH)_2$), 탄산소다(Na_2CO_3) 등

278. 독성가스의 제독작업에 필요한 보호구의 장착훈련은?

㉮ 6개월마다 1회 이상

㉯ 3개월마다 1회 이상

㉰ 2개월마다 1회 이상

㉱ 1개월마다 1회 이상

해설 보호구의 장착훈련
작업원에게는 3개월마다 1회 이상 사용훈련 실시

273. ㉯   274. ㉮   275. ㉰   276. ㉯   277. ㉱   278. ㉯   **정답**

279. 일산화탄소를 제거하기 위하여 방독마스크에 사용되는 흡수제는?

㉮ 홉칼라이트 ㉯ 염화칼슘

㉰ 활성탄 ㉱ 큐폴라마이트

[해설] 방독마스크에 사용되는 흡수제
① 일산화탄소 : 홉칼라이트
② 암모니아 : 큐폴라마이트
③ 이황화탄소 : 활성탄

280. 독성가스의 제독조치로 적절하지 않은 것은?

㉮ 흡수제에 의한 흡수

㉯ 중화제에 의한 중화

㉰ 국소배기장치에 의한 포집

㉱ 연소설비에 의한 연소

[해설] 독성가스의 제독조치
① 물 또는 흡수제나 중화제에 의하여 흡수 또는 중화하는 조치
② 흡착제에 의하여 흡착 제거하는 조치
③ 저장탱크 주위에 설치된 유도구에 의하여 집액구, 피트 등으로 고인 액화가스를 펌프 등의 이송설비로 안전하게 제조설비로 반송하는 조치
④ 연소설비(플레어스택, 보일러 등)에서 안전하게 연소시키는 조치

281. 독성가스의 제해설비 중 충전설비에 적합한 기준이 아닌 것은?

㉮ 누출된 가스의 확산을 적절히 방지할 것

㉯ 독성가스의 흡입설비는 적절할 것

㉰ 방독마스크 및 보호구는 항상 사용할 수 있는 상태로 유지할 것

㉱ 누출된 가스가 체류하지 않도록 강제통풍 시설을 할 것

[해설] 방호벽 또는 국소배기장치 등에 의하여 가스가 주변으로 확산되지 아니하도록 조치한다.

282. 독성가스 제독작업에 갖추지 않아도 되는 보호구는?

㉮ 공기 호흡기

㉯ 격리식 방독마스크

㉰ 고무장화, 비닐장갑

㉱ 보호용 면수건

[해설] 독성가스 제독작업에 필요한 보호구
① 공기호흡기 또는 송기식 마스크(전면형)
② 격리식 방독마스크(고, 중, 저농도형)
③ 보호장갑 및 보호장화(고무 또는 비닐제품)
④ 보호복(고무 또는 비닐제품)

283. 다음은 염소가스의 제독제와 보유량을 나타낸 것이다. 옳지 않은 것은?

㉮ 물 : 다량

㉯ 소석회 : 620kg

㉰ 탄산소다 수용액 : 870kg

㉱ 가성소다 수용액 : 670kg

[해설] 독성가스의 종류와 제독제

가스 종류	제독제	보유량(kg)
염소(Cl_2)	가성소다 수용액	670
	탄산소다 수용액	870
	소석회	620
포스겐($COCl_2$)	가성소다 수용액	390
	탄산소다 수용액	360
황화수소(H_2S)	가성소다 수용액	1,140
	탄산소다 수용액	1,500
시안화수소(HCN)	가성소다 수용액	250
아황산가스(SO_2)	가성소다 수용액	530
	탄산소다 수용액	700
	물	다량
암모니아(NH_3) 산화에틸렌(C_2H_4O) 염화메탄(CH_3Cl)	물	다량

284. 가연성가스 저장실에는 소화기를 설치하게 되어 있는데, 이때 사용되는 소화제는?

㉮ 중탄산　　　　　㉯ 질산나트륨
㉰ 모래　　　　　　㉱ 물

[해설] 가연성가스, 산소가스 운반차량에 구비하여야 하는 소화제는 중탄산 분말소화제를 사용한다.

285. 안전관리자가 상주하는 사무소와 현장사무소 사이에 긴급사태가 발생하였을 경우 신속히 전파할 수 있도록 갖추어야 할 설비에 해당하지 않는 것은?

㉮ 구내 방송설비　　㉯ 인터폰
㉰ 사이렌　　　　　㉱ 구내전화

[해설]

통신시설의 통신범위	설치하여야 할 통신설비 (다음에 기술한 것의 1 또는 2 이상)
당해 사업소의 안전관리사 등이 상주하는 사업소와 현장사무소(제조시설을 운전 또는 관리하는 사무소를 말한다. 이하 같다)와의 사이 (양 사무소가 동일한 경우는 제외한다)	• 페이징 설비 • 구내전화 • 구내 방송설비 • 인터폰
사업소 내 전체	• 페이징설비 • 구내 방송설비 • 사이렌 • 휴대용 확성기 • 메가폰(당해 사업소 내의 면적이 1,500m² 이하인 경우에 한한다)
사업소 내 임의의 장소에 있어서 작업원 상호간	• 휴대용 확성기 • 트랜시버(계기 등에 대하여 영향이 없는 경우에 한한다) • 메가폰(1,500m² 이하)

286. 사업소 내에서 긴급사태 발생시 종업원 상호간 연락을 신속히 할 수 있는 통신시설 중 해당 없는 것은?

㉮ 구내전화　　　　㉯ 메가폰
㉰ 휴대용 확성기　　㉱ 페이징설비

287. 사업소 내에서 긴급사태 발생시 필요한 연락을 신속히 할 수 있도록 구비하여야 할 통신시설 중 메가폰은 당해 사업소 내 면적이 몇 m² 이하인 경우에 한하는가?

㉮ 2,000m² 이하　　㉯ 1,500m² 이하
㉰ 1,200m² 이하　　㉱ 1,000m² 이하

288. 고압가스 저장능력 산출계산식이다. 잘못된 것은?

[보기]

V_1 : 내용적(m^3)　　　V_2 : 내용적(ℓ)
Q : 저장능력(m^3)　　W : 저장능력(kg)
d : 상용온도에서 액화가스비중(kg/ℓ)
P : 35℃에서의 최고충전압력(MPa)
C : 가스 정수

㉮ 압축가스의 저장탱크 $Q = (10P+1)/V_1$
㉯ 압축가스의 저장탱크 및 용기
　　$V_1 = Q/(10P+1)$
㉰ 액화가스의 용기 및 차량에 고정된 탱크
　　$W = V_2/C$
㉱ 액화가스의 저장탱크 $W = 0.9dV_2$

[해설] 저장능력
① 압축가스(Q) = $(10P+1)V_1$
② 액화가스
　㉮ 용기 및 차량에 고정된 탱크(W_1) = $\dfrac{V_2}{C}$
　㉯ 저장탱크(W_2) = $0.9dV_2$

289. 저장탱크의 내용적이 10,000 ℓ 인 것에 액화산소를 저장하고자 한다. 저장능력은? (단, 액화산소의 비중은 1.1이다.)

㉮ 9,900kg　　　　㉯ 8,800kg
㉰ 11,000kg　　　　㉱ 99,000kg

[해설] $W = 0.9dV = 0.9 \times 1.1 \times 10,000 = 9,900$kg

---

284. ㉮　285. ㉰　286. ㉮　287. ㉯　288. ㉮　289. ㉮　**정답**

290. 내용적이 60ℓ인 용기에 충전지수가 1.4인 가스를 50kg 채웠다면 이 용기의 상태는?

㉮ 과충전 상태
㉯ 추가로 충전할 여유가 있음
㉰ 허용 최대 충전 상태
㉱ 허용 최소 충전 상태

해설 충전량 $W = \dfrac{V}{C} = \dfrac{60}{1.4} = 42.86[\text{kg}]$

∴충전량이 42.86kg인데 50kg 채웠으면 과충전 상태이다.

291. 대기압 35℃에서 산소가스 16m³를 50ℓ의 용기에 150 기압으로 충전하고자 하면 몇 개의 용기가 필요한가?

㉮ 1개   ㉯ 2개
㉰ 3개   ㉱ 4개

해설 $Q = M \cdot P = 0.05 \times 150 = 7.5\,\text{m}^3$
∴용기수=16/7.5=2.13개 즉 3개
여기서, M : 내용적(m³)
P : 충전절대압력(atm)

292. 다음은 냉동제조의 시설 및 기술기준에 관한 사항이다. 틀린 것은?

㉮ 안전밸브 또는 방출밸브에 설치된 스톱밸브는 항상 열어 놓을 것
㉯ 압축기 최종단에 설치한 안전장치는 6월에 1회 이상, 그 밖의 안전장치는 1년에 1회 이상 압력시험을 할 것
㉰ 공기보다 무거운 가연성가스의 제조시설, 저장설비에는 가스누설검지 경보장치를 설치할 것
㉱ 독성가스를 제조하는 시설에는 독성가스를 흡수 또는 중화하는 설비를 갖출 것

해설 안전장치의 점검
압축기 최종단에 설치한 안전장치는 1년에 1회 이상, 그 밖의 안전장치는 2년에 1회 이상 점검을 실시하여 설계압력 이상 내압시험 압력의 10분의 8 이하의 압력에서 작동하도록 조정할 것

293. 냉동제조의 기술기준에 대한 설명으로 옳지 않은 것은?

㉮ 재료, 구조 및 안전장치의 규격은 그 냉동기에 위해 방지상 지장이 없도록 안전성이 있는 것일 것
㉯ 냉동기의 재료는 냉매가스 또는 윤활유 등으로 인한 화학작용에 의하여 약화되어도 상관없는 것일 것
㉰ 두께가 50mm 이상인 탄소강은 초음파 탐상시험에 합격한 것일 것
㉱ 냉동기의 냉매설비는 설계압력 이상의 압력으로 실시하는 기밀시험 및 설계압력의 1.5배 이상의 압력으로 하는 내압시험에 각각 합격한 것일 것

해설 냉동기의 재료는 냉매가스, 윤활유의 화학작용에 영향을 받지 않아야 한다.

294. 냉동제조의 시설기준으로 안전장치를 설치해야 할 경우 내용이 틀린 것은?

㉮ 암모니아 및 브롬화메탄을 저장하는 저장소에 방폭구조로 할 것
㉯ 냉매가스의 압력이 설계압력 이상인 경우 즉시 상용의 압력 이하로 되돌릴 수 있는 안전장치를 설치할 것
㉰ 가연성가스 냉매설비에 설치하는 경우에는 지상으로부터 5m 이상의 높이로 설치할 것
㉱ 지하에 설치하는 냉매설비에는 역류되지 않도록 배기덕트에 방출구를 연결할 것

해설 가연성가스의 제조설비 또는 저장설비 중 전기설비는 방폭성능을 가지고 구조일 것(암모니아 및 브롬화메탄 제외)

295. 냉동기 제조설비자가 반드시 갖추어야 할 설비가 아닌 것은?

㉮ 세척설비   ㉯ 제관설비
㉰ 용접설비   ㉱ 프레스설비

정답 290. ㉮   291. ㉰   292. ㉯   293. ㉯   294. ㉮   295. ㉮

[해설] 냉동기 제조설비자의 구비설비
① 제관설비　　　　② 용접설비
③ 프레스설비　　　④ 조립설비
⑤ 압력용기제조설비　⑥ 건조설비
⑦ 전처리설비 및 부식방지도장설비

296. 냉매설비에서 기밀시험은 얼마 이상이어야 하는가?

㉮ 설계압력의 1.5배 이상

㉯ 상용압력의 1.5배 이상

㉰ 설계압력 이상

㉱ 상용압력 이상

[해설] ① 내압시험압력=설계압력×1.5배 이상
② 기밀시험압력=설계압력 이상

297. 20RT의 독성냉매 가스용 압축기가 있는 건축물에 냉매가스가 설치하여야 할 통풍구 면적으로 맞는 것은?

㉮ $1m^2$　　　　　㉯ $1.5m^2$

㉰ $2.0m^2$　　　　㉱ $2.5m^2$

[해설] 가연성가스 및 독성가스인 냉매설비
① 자연통풍 : 냉동능력 1RT당 $0.05m^2$ 이상의 개구부
② 강제통풍 : 냉동능력 1RT당 $2m^3/min$ 이상의 통풍능력
∴ 통풍구 : $20×0.05m^2=1m^2$

298. 독성인 냉매가스 설비에서 기계 통풍장치 설치시 냉동능력 1t당 환기능력은 얼마인가?

㉮ $0.5m^3$/분 이상

㉯ $1m^3$/분 이상

㉰ $2m^3$/분 이상

㉱ $2.5m^3$/분 이상

[해설] 냉동제조시설 환기능력(가연성, 독성가스 사용)
① 통풍구 : 냉동능력 1t당 $0.05m^2$ 이상
② 기계통풍장치 : 냉동능력 1t당 $2m^3$/분 이상

299. 원심압축기의 구동능력이 240kW라고 하면, 이 냉동장치의 법정 냉동능력은 얼마인가?

㉮ 250냉동톤　　　㉯ 100냉동톤

㉰ 150냉동톤　　　㉱ 200냉동톤

[해설] 원심식압축기
1일 냉동능력 1톤=정격출력 1.2kW
∴ 냉동능력=$\dfrac{240kW}{1.2kW/냉동톤}$=200냉동톤

300. 흡수식 냉동설비에서 발생기를 가열하는 1시간의 입열량이 몇 kcal를 1일의 냉동능력 1톤으로 보는가?

㉮ 6,640　　　　　㉯ 3,320

㉰ 8,840　　　　　㉱ 7,740

[해설] 1일 냉동능력 1톤
① 원심식 압축기 : 원동기정격출력 1.2kW
② 흡수식 냉동기 : 발생기의 입열량 6640kcal/h

301. 냉매가스로 염화메탄을 사용하는 냉동기에 사용해서는 안 되는 재료는?

㉮ 탄소강재　　　　㉯ 주강품

㉰ 구리　　　　　　㉱ 알루미늄 합금

[해설] 냉매가스 종류에 따른 사용재료 제한
① 암모니아(NH_3) : 동 및 동합금
② 프레온 : 마그네슘(Mg)을 2% 이상 함유한 알루미늄합금
③ 염화메탄(CH_3Cl) : 알루미늄 및 알루미늄합금
④ 항상 물에 접촉되는 부분 : 순도 99.7% 미만의 알루미늄 사용을 금지

302. 냉동설비 수액기의 방류둑 용량을 결정하는데 있어서 수액기 내의 압력이 0.7~2.1MPa일 경우 내용적은?

㉮ 방류둑 설치된 수액기 내용적의 90%

㉯ 방류둑 설치된 수액기 내용적의 80%

㉰ 방류둑 설치된 수액기 내용적의 70%

㉱ 방류둑 설치된 수액기 내용적의 60%

해설 냉동설비 수액기의 방류둑 용량

수액기 내의 압력(MPa)	0.7~2.1 미만	2.1 이상
압력에 따른 비율(%)	90	80

303. 독성가스를 냉매가스로 하는 냉매설비 중 수액기의 내용적이 얼마 이상일 때 가스유출을 방지할 수 있는 방류둑을 설치해야 하는가?

㉮ 1,000ℓ ㉯ 2,000ℓ
㉰ 5,000ℓ ㉱ 10,000ℓ

해설 냉동설비의 방류둑 설치기준 : 수액기의 용량 10,000ℓ

304. 고압가스 안전관리법에서 처리능력의 기준이 되는 상태는?

㉮ 0℃, 0kg/cm^2·abs
㉯ 0℃, 0kg/cm^2·g
㉰ 4℃, 15kg/cm^2·abs
㉱ 4℃, 15kg/cm^2·g

해설 처리능력
처리설비 또는 감압설비에 의하여 압축·액화 그 밖의 방법으로 1일 처리할 수 있는 가스의 양(기준 : 0℃, 0kg/cm^2·g 상태)

305. 가연성가스 제조시설의 고압가스설비는 그 외면으로부터 산소 제조시설의 고압가스설비에 대하여 ( ) 이상의 거리를 유지한다. ( ) 안에 맞는 것은?

㉮ 3m ㉯ 5m
㉰ 8m ㉱ 10m

해설 ① 가연성 제조설비와 산소 설비 : 10m 이상
② 가연성 제조설비와 가연성 설비 : 5m 이상

306. 가연성가스의 가스설비는 그 외면으로부터 화기를 취급하는 장소까지 몇 m 이상의 우회거리를 두어야 하는가?

㉮ 10 ㉯ 8
㉰ 5 ㉱ 2

해설 화기와의 우회거리
8m 이상(단, 가스계량기와 화기와의 우회거리 : 2m 이상)

307. A업소에서 Cl$_2$ 가스를 1일 35,000kg을 처리하고자 할 때 1종 보호시설과의 안전거리는 몇 m 이상이어야 하는가? (단, 시, 도지사가 별도로 인정하지 않은 지역이다.)

㉮ 27m ㉯ 24m
㉰ 21m ㉱ 17m

해설 안전거리
염소는 독성가스이므로 35,000kg, 1종 27m, 2종 18m이다.

구분처리 및 저장능력 (m^3 또는 kg) (압축 : m^3, 액화 : kg)	독성·가연성	산소		기타	
	1종	2종 (1종)	2종 (1종)	2종	
1만 이하(m^3/kg)	17m	12m	8m	5m	
1만~2만 이하(m^3/kg)	21m	14m	9m	7m	
2만~3만 이하(m^3/kg)	24m	16m	11m	8m	
3만~4만 이하(m^3/kg)	27m	18m	13m	9m	
4만 초과(m^3/kg)	30m	20m	14m	10m	

308. 산소처리능력 및 저장능력이 30,000m^3 초과 40,000m^3 이하인 저장설비에 있어서 제1종 보호시설과의 안전거리는?

㉮ 18m ㉯ 30m
㉰ 20m ㉱ 27m

309. 비중이 0.5인 액화석유가스가 내용적 20m^{3}인 저장탱크 3기에 저장되어 있다. 인근에 있는 300인 이상 수용하는 장애인시설의 안전거리는 몇 m인가?

㉮ 21m ㉯ 24m
㉰ 27m ㉱ 30m

정답 303. ㉱ 304. ㉯ 305. ㉱ 306. ㉯ 307. ㉮ 308. ㉮ 309. ㉯

해설 액화가스 저장탱크의 저장량

$W(\text{kg}) = 0.9dV_2$

여기서, d : 액화가스의 비중(kg/ℓ)

V_2 : 탱크의 내용적(ℓ)

$\therefore W = 0.9 \times 0.5 \times 20,000 \times 3 = 27,000\text{kg}$

장애인시설(제1종 보호시설)로서 저장량이 27,000kg일 때

구 분	저장능력 (kg 또는 m³)	제1종 보호시설	제2종 보호시설
독성가스 또는 가연성가스의 저장설비	2만 초과 3만 이하	24m	16m

310. 다음 중 제2종 보호시설인 것은?

㉮ 호텔
㉯ 학원
㉰ 학교
㉡ 주택

해설 ① 제1종 보호시설
　㉮ 학교, 유치원, 새마을유아원, 학원, 병원(의원을 포함한다), 도서관, 시장, 공중목욕탕, 호텔 및 여관
　㉯ 사람을 수용하는 건축물(가설건축물을 제외한다)로서 사실상 독립된 부분의 연면적이 1,000m² 이상인 것
　㉰ 극장, 교회 및 공회당 그 밖에 이와 유사한 시설로서 수용능력이 300인 이상인 건축물
　㉡ 아동복지시설 또는 장애인복지시설로서 수용능력이 20인 이상인 건축물
　㉢ 문화재보호법에 의하여 지정문화재로 지정된 건축물
② 제2종 보호시설
　㉮ 주택
　㉯ 사람을 수용하는 건축물(가설건축물을 제외한다)로서 사실상 독립된 부분의 연면적이 100m² 이상 1,000m² 미만인 것

311. 다음 제1종 보호시설에 해당되지 않는 것은?

㉮ 수용능력이 300명 이상인 교회, 공회당, 공연장
㉯ 수용능력이 20인 이상의 아동복지시설 및 유아시설
㉰ 독립된 단일 건물의 연면적이 1,000m² 이상
㉡ 문화재 보호법에 의하여 지정된 문화재로 박물관을 제외한 무형문화재

해설 박물관은 제1종 보호시설에 해당되나 무형문화재는 해당되지 않는다.

312. 산소압축기에 사용되는 윤활유로 옳은 것은?

㉮ 물
㉯ 글리세린
㉰ 석유류
㉡ 양질의 광유

해설 각종 압축기에 사용되는 내부윤활유
① 공기압축기 : 양질의 광유(디젤 엔진유)
② 산소압축기 : 물 또는 10% 이하의 묽은 글리세린수
③ 아세틸렌압축기 : 양질의 광유
④ 염소압축기 : 진한 황산
⑤ 수소압축기 : 양질의 광유
⑥ LP가스압축기 : 식물성유
⑦ 염화메탄(메틸클로라이드)압축기 : 화이트유
※ 석유류, 유지류 또는 글리세린은 산소압축기의 내부윤활제로 사용할 수 없다.

313. 다음 ( ) 안에 옳은 것은?

"공기압축기의 내부윤활유는 재생유가 아닌 것으로서 잔류탄소의 질량이 전질량이 1% 이하이며 인화점이 ( )℃ 이상으로서 170℃에서 ( )시간 이상 교반하여 분해되지 아니할 것"

㉮ 200℃, 12시간
㉯ 200℃, 8시간
㉰ 230℃, 12시간
㉡ 230℃, 8시간

해설 공기압축기의 내부윤활유는 재생유가 아닌 것으로서 잔류탄소의 질량이 전질량의 1% 이하이며 인화점이 200℃ 이상으로서 170℃에서 8시간 이상 교반하여 분해되지 아니하거나, 잔류탄소의 질량이 1% 초과 1.5% 이하이며 인화점이 230℃ 이상으로서 170℃에서 12시간 이상 교반하여 분해되지 아니하는 것을 사용해야 한다.

314. 고압가스를 운반하는 차량의 경계 표지의 기준에 적합하지 않은 것은?

㉮ "위험고압가스"라는 경계표지는 차량의 앞에서 명확하게 볼 수 있도록 한다.
㉯ 운전석 외부에 적색삼각기를 게시한다.
㉰ 경계표지의 가로치수는 차체 폭의 30% 이상, 세로치수는 가로치수의 20% 이상의 직사각형으로 한다.
㉡ 차량구조상 정사각형으로 표시하여야 할 경우는 그 면적을 600cm² 이상으로 한다.

---

310. ㉡　311. ㉡　312. ㉮　313. ㉯　314. ㉮　정답

315. 고압가스를 운반하는 차량의 경계표지 크기의 가로치수는 차체 폭의 몇 % 이상으로 하는가?

㉮ 5%
㉯ 10%
㉰ 20%
㉱ 30%

해설 차량의 경계표지 크기
① 가로치수 : 차체 폭의 30% 이상
② 세로치수 : 가로치수의 20% 이상의 직사각형
③ 차량구조상 정사각형으로 할 경우 : 600cm² 이상

316. 고압가스 운반책임자가 될 수 없는 자는?

㉮ 안전관리원
㉯ 안전관리 책임자
㉰ 안전관리 총괄자
㉱ 한국가스공사에서 운반에 관한 소정의 교육을 이수한 자

해설 운반책임자 동승기준
① 고압가스
 ㉮ 압축가스
 • 가연성가스 : 300m³ 이상
 • 조연성가스 : 600m³ 이상
 ㉯ 액화가스
 • 가연성가스 : 3,000kg 이상
 (납붙임용기 및 접합용기의 경우는 2,000kg 이상)
 • 조연성가스 : 6,000kg 이상
② 독성가스
 ㉮ 압축가스
 • 허용농도가 1ppm 이상 : 100m³ 이상
 • 허용농도가 1ppm 미만 : 10m³ 이상
 ㉯ 액화가스
 • 허용농도가 1ppm 이상 : 1,000kg 이상
 • 허용농도가 1ppm 미만 : 10kg 이상

317. 포스겐은 운전 시 운반책임자를 동승하여야 하는 운반용량은?

㉮ 10kg
㉯ 100kg
㉰ 1,000kg
㉱ 10,000kg

해설 법규상 1ppm 미만은 독성은 10m³, 100kg 이상 운반시 운반책임자를 동승하여야 한다.

318. 다음에서 열거하는 내용은 고압가스 운반자의 등록 대상 범위에 관계되는 내용이다. (   )에 적당한 보기는?

> 보기
> • 허용농도가 (①)분의 1미만인 독성가스를 운반하는 차량
> • 차량에 고정된 탱크에 의하여 고압가스를 운반하는 차량
> • 차량에 고정된 2개 이상을 상호 연결한 (②) 용기에 의하여 고압가스를 운반하는 차량

㉮ 100만, 이음매 없는
㉯ 10만, 용접
㉰ 100만, 용접
㉱ 10만, 이음매 없는

319. 일반적으로 압축가스용기 운반시 눕혀서 적재하지만 액화가스 충전용기 운반시는 원칙적으로 세워서 적재하는 이유는?

㉮ 용기의 밸브가 타 용기보다 크기 때문
㉯ 이상 압력이 발생할 수 있기 때문
㉰ 세워서 운반하기 좋은 구조이기 때문
㉱ 햇빛에 노출되는 면적이 작아지기 때문

해설 액화가스는 온도가 상승하면 이상 압력이 발생하기 때문에 세워서 적재한다.

320. 운반차량의 적재방법 중 세워서 적재하기 곤란할 때 눕혀서 적재할 수 있는 것은?

㉮ 아세틸렌 용기
㉯ 액화석유가스 용기
㉰ 압축산소 용기
㉱ 액화염소 용기

해설 ① 압축가스 용기 : 눕혀서 적재 가능
② 액화가스 용기 : 세워서 적재
③ C₂H₂ 용기 : 세워서 적재

정답 315. ㉱ 316. ㉰ 317. ㉯ 318. ㉮ 319. ㉯ 320. ㉰

321. 납붙임용기 또는 접합용기에 고압가스를 충전하여 차량에 적재할 때에는 용기의 이탈을 막을 수 있도록 어떠한 조치를 취하여야 하는가?

㉮ 용기에 고무링을 씌운다.

㉯ 목재 칸막이를 한다.

㉰ 보호망을 적재함 위에 씌운다.

㉱ 용기 사이에 패킹을 한다.

해설 납붙임용기 또는 접합용기를 차량에 적재할 때에는 보호망을 적재함 위에 씌운다.

322. 고압가스 운반기준에 대한 설명으로 옳지 않은 것은?

㉮ 가연성가스와 산소는 동일차량에 적재해도 무방하다.

㉯ 충전량이 25kg 이하인 용기는 오토바이로 운반이 가능하다.

㉰ 운반 중 충전용기는 항상 40℃ 이하를 유지해야 한다.

㉱ 고압가스 충전용기와 휘발유는 동일차량에 적재해서는 안 된다.

해설 오토바이에 적재하여 운반할 수 있는 경우
① 넘어질 경우 용기에 손상이 가지 아니하도록 제작된 용기운반 전용 적재함이 장착된 경우
② 적재하는 충전용기의 충전량이 20kg 이하이고, 적재수가 2개를 초과하지 아니한 경우

323. 충전용기를 차량에 적재하여 운반하는 도중에 주차하고자 할 때 주의사항으로 옳지 않은 것은?

㉮ 충전용기를 싣거나 내릴 때를 제외하고는 제1종 보호시설의 부근 및 제2종 보호시설이 밀집된 지역을 피한다.

㉯ 주차시는 엔진을 정지시킨 후 사이드브레이크를 걸어 놓는다.

㉰ 주차를 하고자 하는 주위의 교통상황, 주위의 지형조건, 주위의 화기 등을 고려하여 안전한 장소를 택하여 주차한다.

㉱ 주차시에는 긴급한 사태를 대비하여 바퀴 고정목을 사용하지 않는다.

324. 다음 보기 중 고압가스 운반개시 전 점검 확인 사항이 아닌 항목은?

㉮ 충전용기 탱크 점검

㉯ 보호구 제독제 점검

㉰ 가스누출 유무확인

㉱ 주차시 주의사항 점검

해설 ㉱항은 운반 중 주의사항

325. 고압가스를 운반하는 때에는 운반 중 재해방지를 위하여 주요사항을 기재한 서면을 휴대하여야 하는 내용과 관계가 없는 것은? (단, 법적 기준이다.)

㉮ 고압가스의 압력

㉯ 고압가스의 명칭

㉰ 고압가스의 성질

㉱ 고압가스의 주의사항

해설 휴대할 서면에 기재할 내용
① 가스의 명칭
② 가스의 특징(온도와 압력관계, 비중, 색깔)
③ 화재, 폭발의 위험성 유무
④ 인체에 대한 독성 유무
⑤ 운반 중의 주의사항

326. 충전용기 등을 적재하여 운반하는 경우는 번화가를 피하도록 하고 있는데 "번화가"란?

㉮ 차량의 너비에 2.5m를 더한 너비 이하인 통로 주위

㉯ 차량의 길에 3.5m를 더한 너비 이하인 통로 주위

㉰ 차량의 너비에 3.5m를 더한 너비 이하인 통로 주위

㉱ 차량의 길이에 3m를 더한 너비 이하인 통로 주위

327. 고압가스 운반기준 중 충전용기를 적재한 차량은 1종 보호시설에서 몇 m 이상 떨어져야 하는가?

㉮ 10m ㉯ 15m
㉰ 20m ㉱ 25m

328. 독성가스를 운반할 때 휴대하는 자재 중 로프는 길이 몇 m 이상의 것이어야 하는가?

㉮ 20m ㉯ 15m
㉰ 10m ㉱ 7m

[해설] 독성가스의 운반시에 휴대하는 자재

품 명	규 격
적색기	빨간색 포로 한 변의 길이가 40cm 이상의 정방향으로 하고 길이 1.5m 이상의 깃대일 것
휴대용 손전등	-
메가폰 또는 휴대용 확성기	-
로프	길이 15m 이상의 것
명석 도는 주트포	-
물통	-
누설검지액	비눗물 및 적용하는 가스에 따라 10% 암모니아수 또는 5% 염산
차바퀴 고정목	2개 이상

329. 독성가스 충전용기를 차량에 적재하여 운반할 때 전용차량으로 운반하여야 하는 독성가스의 허용농도 범위는?

㉮ 10ppm 미만 ㉯ 1ppm 미만
㉰ 3ppm 미만 ㉱ 5ppm 미만

[해설] 허용농도가 100만분의 1미만인 독성가스 충전용기를 차량에 적재하여 운반하는 때에는 용기 승하차용 리프트와 밀폐된 구조의 적재함이 부착된 전용차량으로 운반할 것.
다만, 내용적이 1,000L 이상인 충전용기를 운반하는 경우에는 그러하지 아니하다.

330. 액화 독성가스 1,000kg 운반시 휴대하여야 하는 소석회는 몇 kg인가?

㉮ 10 ㉯ 20
㉰ 30 ㉱ 40

[해설] 1,000kg 미만시 휴대하는 소석회는 20kg 이상임

331. 독성가스 운반시 누출검지액으로 사용하지 않은 것은?

㉮ 비눗물 ㉯ 10% 암모니아수
㉰ 5% 염산 ㉱ 붕산수

[해설] 독성가스를 운반할 때 휴대하여야 할 자재 중 누출검지액 비눗물 및 적용하는 가스에 따라 10% 암모니아수 또는 5% 염산

332. 소화설비 및 재해발생 방지를 위한 자재 및 공구를 휴대하여야 할 차량은?

㉮ 산소 운반차량
㉯ 암모니아 운반차량
㉰ 염소 운반차량
㉱ 이황화탄소 운반차량

[해설] ① 산소, 자연성 : 소화설비
② 독성가스 : 방독마스크, 장갑, 보호구, 제독제

333. 압축가스 100m³ 액화가스 1,000kg 이상의 고압가스를 운반시 비치하는 소화약제의 종류와 비치 개수는?

㉮ 분말소화제(2개)
㉯ 분말소화제(1개)
㉰ 포말소화제(2개)
㉱ 포말소화제(1개)

[해설] ① 1,000kg(100m³) 미만 : 분말소화제 1개 이상 비치
② 1,000kg(100m³) 이상 : BC용, ABC용 등 분말소화제 2개 이상 비치

정답 327. ㉯ 328. ㉯ 329. ㉯ 330. ㉱ 331. ㉱ 332. ㉮ 333. ㉮

334. 고압가스 충전용기를 운반시 혼합적재가 가능한 것은?

㉮ 염소와 아세틸렌
㉯ 아세틸렌과 암모니아
㉰ 염소와 암모니아
㉱ 충전용기와 소방법이 정하는 위험물

해설 혼합적재 금지
① 염소와 아세틸렌, 암모니아 또는 수소는 동일차량에 적재하여 운반하지 아니할 것
② 가연성가스와 산소를 동일차량에 적재하여 운반하는 때에는 그 충전용기의 밸브가 서로 마주보지 아니하도록 적재하면 된다.
③ 충전용기와 소방법이 정하는 위험물과는 동일차량에 적재하여 운반하지 아니할 것

335. 고압가스 운반기준 중 틀린 것은?

㉮ 가연성가스와 산소는 동일차량에 적재해서는 안 된다.
㉯ 납붙임용기에 고압가스를 충전하여 운반시에는 포장상자에 넣어서 운반해야 한다.
㉰ 충전용기와 휘발유는 동일차량에 적재해서는 안 된다.
㉱ 운반 중 충전용기는 항상 40℃ 이하를 유지해야 한다.

해설 가연성가스와 산소를 동일차량에 적재하여 운반하는 때에는 그 충전용기의 밸브가 서로 마주보지 아니하도록 적재하면 된다.

336. 충전용기 등을 적재하여 운반책임자를 동승하는 차량의 운행거리가 3km일 때 현저하게 우회하는 도로의 경우 이동거리는?

㉮ 12km 이상 ㉯ 9km 이상
㉰ 6km 이상 ㉱ 3km 이상

해설 현저하게 우회하는 도로는 이동거리의 2배, 3km×2=6km
차량운행 기준
① 현저하게 우회하는 도로인 경우 및 부득이한 경우를 제외하고 번화가 또는 사람이 붐비는 장소는 피할 것
 ㉮ 현저하게 우회하는 도로는 이동거리가 2배 이상이 되는 경우

 ㉯ 번화가란 도시의 중심부 또는 번화한 상점을 말하며 차량의 너비에 3.5m를 더한 너비 이하인 통로의 주위를 말한다.
② 200km 거리 초과시 충분한 휴식
③ 운반계획서에 기재된 도로를 따라 운행할 것

337. 충전용기 등을 적재하여 운반책임자를 동승하는 차량의 운행에 있어 몇 km 거리 초과시마다 충분한 휴식을 취하는가?

㉮ 300km ㉯ 250km
㉰ 200km ㉱ 100km

338. 차량에 고정된 탱크를 운행할 경우에 휴대하여야 할 안전운행 서류철에 포함사항이 아닌 것은?

㉮ 탱크 테이블
㉯ 안전성 향상계획서
㉰ 차량등록증
㉱ 고압가스 이동계획서

해설 안전운행 서류철에 포함할 사항
① 고압가스 이동 계획서
② 고압가스 관련 자격증(양성교육 및 정기교육 이수증)
③ 운전면허증
④ 탱크 테이블(용량 환산표)
⑤ 차량 운행일지
⑥ 차량등록증
⑦ 그 밖에 필요한 서류

339. 다음은 차량에 고정된 저장탱크의 운반기준에 관한 사항이다. 옳지 않은 것은?

㉮ 충전저장 탱크의 온도는 항상 40℃ 이하로 유지해야 한다.
㉯ 액화가스를 충전하는 저장탱크는 그 내부에 액면 요동을 방지하기 위한 방파판을 설치한다.
㉰ 저장탱크의 정상부의 높이가 차량 정상부의 높이보다 높을 경우에는 방풍벽을 설치해야한다.
㉱ 산소저장탱크의 내용적은 18,000ℓ를 초과하지 아니한다.

334. ㉯ 335. ㉮ 336. ㉰ 337. ㉰ 338. ㉯ 339. ㉰ **정답**

해설 차량에 고정된 저장탱크의 운반기준
① 충전저장 탱크의 온도는 항상 40℃ 이하로 유지할 것
② 액화가스를 충전하는 저장탱크의 내부에 액면 요동을 방지하기 위한 방파판을 설치할 것
③ 탱크의 정상부의 높이가 차량 정상부의 높이보다 높을 경우에는 높이를 측정하는 기구를 설치할 것
④ 가연성가스 및 산소탱크의 내용적은 18,000ℓ, 독성가스 탱크의 내용적은 12,000ℓ를 초과하지 아니할 것

340. 차량에 고정된 탱크에서 소형저장 탱크에 액화석유가스를 충전할 때의 기준으로 옳지 않은 것은?

㉮ 소형저장 탱크의 검사 여부를 확인하고 공급할 것

㉯ 소형저장 탱크 내의 잔량을 확인한 후 충전할 것

㉲ 충전작업은 수요자가 채용한 경험이 많은 사람의 입회하에 할 것

㉴ 작업 중의 위해방지를 위한 조치를 할 것

해설 충전작업은 수요자가 채용한 안전관리자의 입회하에 할 것

341. 차량에 고정된 2개 이상을 상호 연결한 이음매 없는 용기에 운반시 충전관에 설치하는 것이 아닌 것은?

㉮ 긴급 탈압밸브   ㉯ 압력계

㉲ 안전밸브   ㉴ 온도계

해설 차량에 고정된 탱크의 2개 이상의 탱크의 설치
2개 이상의 탱크를 동일한 차량에 고정하여 운반하는 경우에는 다음 기준에 적합해야 한다.
① 탱크마다 탱크의 주밸브를 설치할 것
② 탱크상호간 또는 탱크와 차량의 사이를 단단하게 부착하는 조치를 할 것
③ 충전관에는 안전밸브, 압력계 및 긴급 탈압밸브를 설치할 것

342. 액화가스를 충전하는 용기의 내부에 액면 요동을 방지하기 위하여 설치하는 장치는?

㉮ 방호벽   ㉯ 방파판

㉲ 방해판   ㉴ 방지판

해설 방파판
① 액면요동을 방지하기 위해 설치
② 탱크 내용적 5m³ 이하마다 1개씩 설치

343. 차량에 고정된 고압가스 탱크에 설치하는 방파판은 탱크 내용적 얼마 이하마다 1개씩 설치하여야 하는가?

㉮ 2m³   ㉯ 3m³

㉲ 4m³   ㉴ 5m³

해설 차량탱크의 방파판
탱크 내용적 5m³ 이하마다 1개씩 설치

344. 고압가스 일반제조의 기술기준에서 차량에 고정된 탱크에 고압가스를 충전하거나 가스를 이입받을 때에는 차량이 고정되도록 그 차량에 차량정지목을 설치하여 고정시키는가?

㉮ 4,000ℓ 이상   ㉯ 3,000ℓ 이상

㉲ 2,000ℓ 이상   ㉴ 1,000ℓ 이상

해설 ① 고압가스 일반제조 중 차량에 고정된 탱크와 차량정지목 설치기준 : 2,000ℓ 이상
② 액화석유가스 사업법의 차량에 고정된 탱크와 차량정지목 설치기준 : 5,000ℓ 이상

345. 이동식 CNG 자동차충전시설기준에서 차량에 고정된 탱크로부터 LNG를 이입하는 경우 몇 ℓ 이상의 차량고정탱크에 차량정지목을 설치하여야 하는가?

㉮ 2,000ℓ   ㉯ 3,000ℓ

㉲ 4,000ℓ   ㉴ 5,000ℓ

346. 차량에 고정된 탱크에 독성가스는 얼마나 적재할 수 있는가?

㉮ 16,000ℓ 이하   ㉯ 15,000ℓ 이하

㉲ 18,000ℓ 이하   ㉴ 12,000ℓ 이하

정답 340. ㉲ 341. ㉴ 342. ㉯ 343. ㉴ 344. ㉲ 345. ㉴ 346. ㉴

[해설] 탱크의 내용적
가연성가스(액화석유가스를 제외한다) 및 산소탱크의 내용적은 18,000 ℓ, 독성가스(액화암모니아를 제외한다)의 탱크의 내용적은 12,000 ℓ 를 초과하지 아니할 것 다만, 철도차량 또는 견인되어 운반되는 차량에 고정하여 운반하는 탱크를 제외한다.

347. 후부취출식 탱크에서 탱크 주 밸브 및 긴급차단장치에 속하는 밸브와 차량의 뒷범퍼와의 수평거리는 규정상 얼마나 되는가?

㉮ 20cm 이상   ㉯ 30cm 이상

㉰ 40cm 이상   ㉱ 60cm 이상

[해설] 뒷범퍼와의 거리
① 후부취출식 탱크 : 40cm 이상
② 후부취출식 탱크 외 : 30cm 이상
③ 조작상자 : 20cm 이상

348. 다음 중 용기 또는 차량에 고정된 탱크로 고압가스를 운반시 운반 책임자를 동승하여야 하는 경우는?

㉮ 폭발방지장치가 있는 500kg 이상 LPG 탱크로리로 운반시

㉯ 충전능력 5톤 LPG 차량고정 탱크가 소형저장탱크에 공급시

㉰ 허용농도 1ppm 이상 독성 액화가스 용기 800kg 운반시

㉱ 저장능력 300kg 이상 포스겐 용기 운반시

[해설] 운반책임자 동승기준
① 용기

가스종류		기 준	비 고
압축가스	독성	100m³ 이상	※ 허용농도 1ppm 미만 독성가스는 10m³, 100kg 이상은 운반책임자 동승기준 ※ 독성가스 중 가연성과 조연성가스는 혼합적재 금지
	가연성	300m³ 이상	
	조연성	600m³ 이상	
액화가스	독성	1,000kg 이상	
	가연성	3,000kg 이상	
	조연성	6,000kg 이상	

② 차량고정탱크 또는 차량에 고정된 2개 이상 상호연결 이음매 없는 용기 등을 200km 초과 거리 운반시

가스종류		기 준	비 고
압축가스	독성	100m³ 이상	※ 운반책임자가 필요 없는 경우 ① 200km 이하로 운행시 ② LPG 탱크로리의 경우 폭발방지장치가 설치되어 있을 경우 ③ 충전능력 5톤 이하 LPG 차량고정탱크로서 소형저장탱크 공급시
	가연성	300m³ 이상	
	조연성	600m³ 이상	
액화가스	독성	1,000kg 이상	
	가연성	3,000kg 이상	
	조연성	6,000kg 이상	

349. 다음의 차량에 고정된 탱크 중 폭발방지장치를 설치해야 하는 것은?

㉮ 액화석유가스용 차량에 고정된 탱크

㉯ 액화질소용 차량에 고정된 탱크

㉰ 액화산소용 차량에 고정된 탱크

㉱ 액화탄산가스용 차량에 고정된 탱크

350. 차량에 고정된 탱크에 의하여 가연성가스를 운반할 때에 비치해야 하는 소화기가 아닌 것은?

㉮ A용   ㉯ BC용

㉰ B-10용   ㉱ ABC용

[해설] 소화설비 기준
① 가연성가스
  ㉮ 소화약제 : 분말소화제(능력단위별 : BC용, B-10 이상 또는 ABC용, B-12 이상)
  ㉯ 비치개수 : 차량 좌우에 각각 1개 이상
② 산소
  ㉮ 소화약제 : 분말소화제(능력단위별 : BC용, B-8 이상 또는 ABC용, B-10 이상)
  ㉯ 비치개수 : 차량 좌우에 각각 1개 이상

351. 다음 중 다중이용시설이 아닌 것은?

㉮ 항공법에 의한 공항의 여객청사

㉯ 도로교통법에 의한 고속도로 휴게소

㉰ 문화재 보호법에 의한 지정문화재 건축물

㉱ 의료법에 의한 종합병원

해설 다중이용시설(별표 1의 2)
① 유통산업발전법에 의한 대형점·백화점·쇼핑센터 및 도매센터
② 항공법에 의한 공항의 여객청사
③ 여객자동차터미널법에 의한 여객자동차 터미널
④ 국유철도의 운영에 관한 특례법에 의한 철도역사
⑤ 도로교통법에 의한 고속도로의 휴게소
⑥ 도로교통법에 의한 관광호텔·관광객 이용시설 및 종합유원시설 중 전문·종합휴양업으로 등록한 시설
⑦ 한국마사회법에 의한 경마장
⑧ 청소년기본법에 의한 청소년수련시설
⑨ 의료법에 의한 종합병원
⑩ 항만법에 의한 종합여객시설
⑪ 기타 시·도지사가 안전관리상 필요하다고 지정하는 시설

352. 고압가스 제조설비를 검사, 수리하기 위하여 작업원이 들어가서 작업을 실시해도 좋은 것은?

㉮ 염소 : 1ppm, 산소 : 21%
㉯ 황화수소 : 15ppm, 메탄 : 0.7%
㉰ 프로판 : 0.7%, 산소 :19%
㉱ 암모니아 : 15ppm, 수소 : 1.5%

해설 가스의 치환 결과(농도)
① 가연성가스 설비 : 폭발하한계의 1/4 이하
② 독성가스 설비 : 허용농도 이하
③ 산소가스 설비 : 22% 이하
④ 산소의 농도 : 18~22%

353. 다음에 열거된 것 중 고압가스 제조장치 운전을 정지하고 장치내부에 작업원이 들어가 수리할 경우 가스의 치환방법에 관하여 올바른 것은?

㉮ 아황산가스의 경우는 공기로 치환할 필요 없이 작업한다.
㉯ 암모니아의 경우는 불활성가스로 치환한 후 공기로 치환하면서 작업한다.
㉰ 수소의 경우는 불활성가스로 치환함과 즉시 작업한다.
㉱ 질소의 경우는 치환할 경우도 없이 작업한다.

해설 가연성(독성)가스방출 → 불활성가스치환 → 공기로 재치환 → 가스분석 → 수리

354. 다음 중 가연성가스 설비를 수리할 때 가스설비 내를 대기압 이하까지 가스치환을 생략하여도 좋은 것은?

> ① 가스설비의 내용적이 1m³ 이하인 경우
> ② 사람이 그 설비의 밖에서 작업하는 경우
> ③ 화기를 사용하지 아니하는 작업인 경우

㉮ ① ㉯ ②
㉰ ②, ③ ㉱ ①, ②, ③

해설 가스설비 내를 대기압 이하까지 가스치환을 생략할 수 있는 경우는 다음과 같다.
① 당해 가스설비의 내용적이 1m³ 이하인 것
② 출입구의 밸브가 확실히 폐지되어 있고 내용적이 5m³ 이상의 가스설비에 이르는 사이에 2개 이상의 밸브를 설치할 것
③ 사람이 그 설비의 밖에서 작업하는 경우
④ 화기를 사용하지 아니하는 작업인 것
⑤ 설비의 간단한 청소 또는 개스킷의 교환 그 밖에 이들에 준하는 경미한 작업인 것

355. 배관시설에 검지경보장치의 검출부를 설치하여야 하는 장소로 부적당한 곳은?

㉮ 누출된 가스가 체류하기 쉬운 구조인 배관의 부분
㉯ 슬리브관, 이중관 등에 의하여 밀폐되어 설치된 배관의 부분
㉰ 긴급차단장치의 부분
㉱ 방호구조물 등에 의하여 개방되어 설치된 배관의 부분

해설 검출부는 누설된 가스가 체류하기 쉬운 장소에 설치한다.

356. 가스누출 검지경보장치의 설치에 관한 다음 상항 중 틀린 것은?

㉮ 가스의 누출을 검지하여 그 농도를 지시함과 동시에 경보를 울릴 것
㉯ 경보를 울린 후에 주위의 농도가 변화되면 경보가 자동적으로 정지할 것

정답 352. ㉮ 353. ㉯ 354. ㉱ 355. ㉱ 356. ㉯

㉰ 암모니아의 경우 검지에서 발신까지의 시간은 1분 이내일 것

㉲ 지시계의 눈금은 가연성가스용은 0~폭발하한 계값일 것

[해설] 경보를 발신한 후에는 원칙적으로 분위기 중 가스농도가 변하여도 계속 경보를 울리고, 그 확인 또는 대책을 강구함에 따라 경보 정지가 되어야 한다.

357. 다음 가스 누설 자동차단장치에서 연소 감시 안전장치 중 연소화염을 검출하여 신호를 전달하는 기능을 가진 기구를 무엇이라 하는가?

㉮ 화염검출기　　㉯ 화염제어기
㉰ 화염방사기　　㉲ 화염측정기

[해설] 화염검출기에는 플레임로드 방식과 자외선 화염검출방식이 있다.

358. 가스누출 검지경보기가 갖추어야 할 성능 중 틀린 것은?

㉮ 검지경보장치의 검지에서 발신까지 걸리는 시간은 암모니아인 경우 1분 이내로 한다.

㉯ 지시계의 눈금은 가연성가스는 0~폭발하한계값의 눈금범위일 것

㉰ 전원 전압변동이 ±10%일 때에도 경보기의 성능에 영향이 없어야 한다.

㉲ 경보기의 정밀도는 경보농도 설정치에 대하여 가연성가스용은 ±30% 이하로 한다.

[해설] ① 경보기의 정밀도-가연성 : ±25% 이하,
　　　　　　　　　　-독성가스 : ±30% 이하
② 검지경보장치의 검지에서 발신까지 걸리는 시간
　-경보농도의 1.6배에서 보통 30초 이내,
　-NH₃, CO 또는 이와 유사한 가스는 1분 이내
③ 전원의 전압변동 : ±10% 정도
④ 지시계의 눈금-가연성가스 : 0~폭발하한계값,
　　　　　　　　-독성가스 : 0~허용농도의 3배값,
　　　　　　　　-NH₃를 실내에서 사용하는 경우 : 150ppm

359. 일산화탄소의 경우 가스누출 검지경보장치의 검지에서 발신까지 걸리는 시간은 경보농도의 1.6배 농도에서 몇 초 이내이어야 하는가?

㉮ 10　　㉯ 20
㉰ 30　　㉲ 60

[해설] 검지에서 발신까지 걸리는 시간
① 경보농도의 1.6배 농도에서 보통 30초 이내일 것
② 암모니아, 일산화탄소 또는 이와 유사한 가스 : 1분 이내

360. 가스누출 검지경보장치로 실내 사용 암모니아 검출지시계 눈금범위로 옳은 것은?

㉮ 25ppm　　㉯ 50ppm
㉰ 100ppm　　㉲ 150ppm

[해설] 지시계의 눈금범위
① 가연성가스 : 0~폭발하한계값
② 독성가스 : 0~허용농도의 3배값
③ 암모니아를 실내에서 사용시 : 150ppm

361. 다음과 같은 가스를 저장할 때 가스의 누출을 경보하는 장치를 설치해야 하는가?

㉮ 수소가스　　㉯ 질소가스
㉰ 아세틸렌가스　　㉲ 염소가스

[해설] 독성가스 및 공기보다 무거운 가연성가스의 제조시설에는 가스누출검지 경보장치를 설치하여야 한다.

362. 고압가스 제조설비에 설치할 가스누설 검지경보설비에 대하여 틀리게 설명한 것은?

㉮ 계기실 내부에도 1개 이상 설치한다.

㉯ 수소의 경우 경보 설정치를 1% 이하로 한다.

㉰ 정보부는 붉은 램프가 점멸함과 동시에 경보가 울리는 방식으로 한다.

㉲ 가연성가스의 제조설비에 격막갈바니 전지방식의 것을 설치한다.

해설 가스누설 검지경보장치별 사용가스
① 접촉연소방식 : 가연성가스
② 격막갈바니 전자방식 : 산소
③ 반도체 방식 : 가연성, 독성

363. 고압가스 특정제조시설에 설치되는 가스누설 검지 경보장치에 대한 설명으로 옳은 것은?

㉮ 경보농도는 가연성가스의 경우 폭발한계의 1/2 이하로 하여야 한다.

㉯ 특수반응 설비주위의 가스가 체류하기 쉬운 장소에는 그 바닥면 둘레 20m마다 1개 이상의 경보기를 설치하여야 한다.

㉰ 경보기의 정밀도는 경보농도 설정치에 대하여 가연성가스용은 ±25% 이하여야 한다.

㉱ 가열로 등 발화원이 있는 설비 주위의 가스가 체류하기 쉬운 장소에는 그 바닥면 둘레 10m마다 1개 이상의 경보기를 설치하여야 한다.

해설 ㉮항 : 폭발하한계의 1/4 이하(독성가스 : 허용농도 이하, 단 암모니아를 실내에서 사용시 : 50ppm)
㉯항 : 10m마다 1개 이상
㉱항 : 20m마다 1개 이상

364. 다음은 가스누출경보기의 설치 개수에 관한 내용이다. ( )에 알맞은 수치를 고르시오.

> 보기
> ① 설비가 건축물내에 설치된 경우 설비군의 바닥면 둘레( )m마다 1개 이상
> ② 설비가 용기보관장소, 용기저장실 지하에 설치된 전용저장탱크실 등 건축물 밖에 설치된 경우 바닥면 둘레( )m마다 1개 이상

㉮ 10, 10   ㉯ 10, 15
㉰ 10, 20   ㉱ 10, 25

365. 배관장치에는 압력 또는 유량의 이상상태가 발생한 경우 그 상황을 경보하는 장치를 설치해야 하는 경우 틀린 것은?

㉮ 긴급 차단밸브의 조작회로가 고장난 경우

㉯ 배관 내의 유량이 정상운전시의 유량보다 7% 이상 변동한 경우

㉰ 배관 내의 압력이 정상운전시의 압력보다 10% 이상 강하한 경우

㉱ 배관 내의 압력이 상용압력이 1.05배를 초과한 경우

해설 경보장치는 다음의 경우에 경보가 울리는 것
① 배관 내의 압력이 상용압력의 1.05배(상용압력이 40kg/cm² 이상인 경우에는 상용압력에 2kg/cm²를 더한 압력)를 초과한 때
② 배관 내의 압력이 정상운전시의 압력보다 15% 이상 강하한 경우
③ 배관 내의 유량이 정상운전시의 유량보다 7% 이상 변동한 경우
④ 긴급 차단밸브의 조직회로가 고장난 경우 또는 긴급 차단밸브가 폐쇄된 경우

366. 공급자의 안전점검기준에서 가연성가스를 점검하고자 할 때 갖추어야 할 점검장비로 적합하지 않은 것은?

㉮ 가스누출검지기   ㉯ 가스누출시험지
㉰ 가스누출검지액   ㉱ 점검에 필요한 기구

해설 점검장비별 적용가스
① 가스누출검지기 : 가연성가스
② 가스누출시험지 : 독성가스
③ 가스누출검지액 : 산소, 불연성가스, 가연성가스, 독성가스
④ 점검에 필요한 시설 및 기구 : 산소, 불연성가스, 가연성가스, 독성가스

367. 고압가스 제조설비에 설치된 밸브로서 자주 빈번하게 사용되지 않는 밸브의 취급사항으로 잘못된 것은?

㉮ 자물쇠를 잠가 둔다.

㉯ 조작에 지장이 없는 방법으로 핸들을 분리해 둔다.

㉰ 핸들과 밸브 몸체를 와이어 줄로 묶어 둔다.

㉱ 개도계를 설치하여 둔다.

정답 363. ㉱   364. ㉱   365. ㉰   366. ㉯   367. ㉱

[해설] 제조설비의 밸브
① 밸브 등에는 개폐방향이 표시되도록 한다.
② 밸브 등이 설치된 배관에는 유체의 종류 및 방향이 표시되도록 한다.
③ 조작함으로써 제조설비에 중대한 영향을 미치는 밸브 중에서 항상 사용되지 아니하는 것에는 자물쇠채움 또는 봉인하는 등의 조치를 한다.
④ 밸브 등을 조작하는 장소에는 필요한 발판과 조명도를 확보한다. → 150lux 이상

368. 프로판 제조시설에서 계기실의 입구 바닥면의 위치가 지상에서 몇 m 이하이거나 그 밖에 누출된 가스가 침입할 우려가 있는 경우에 그 출입문을 이중문으로 해야 하는가?

㉮ 2.5 　　　　㉯ 2
㉰ 1.5 　　　　㉱ 1

[해설] 아세트알데히드, 이소프렌, 에틸렌, 염화비닐, 산화에틸렌, 산화프로필렌, 프로판, 프로필렌, 부탄, 부틸렌, 부타디엔의 제조시설로서 계기실의 입구 바닥면의 위치가 지상에서 2.5m 이하이거나 그 밖에 누출된 가스가 침입할 우려가 있는 계기실에는 외부로부터의 가스침입을 막기 위하여 필요한 압력을 유지하고 출입문을 이중문으로 할 것

369. 고압가스 특정제조시설에서 계기실의 출입문을 이중문으로 해야만 되는 가스가 아닌 것은?

㉮ 프로판 　　　　㉯ 염소
㉰ 에틸렌 　　　　㉱ 부탄

370. 고압가스 일반제조의 기술기준이다. 잘못된 것은?

㉮ 석유류, 유지류 또는 글리세린 산소압축기의 내부 윤활제로 사용하지 말 것
㉯ 습식 아세틸렌가스 발생기의 표면은 100℃ 이하의 온도를 유지할 것
㉰ 용기에 충전하는 시안화수소는 순도가 98% 이상이고, 아황산가스 등의 안정제를 첨가한 것일 것
㉱ 충전용 주관의 압력계는 매월 1회 이상 표준이 되는 압력계로 그 기능을 검사할 것

[해설] 습식 C_2H_2 발생기의 표면온도 70℃ 이하(최적온도 50~60℃)

371. 고압가스설비의 안전을 확보하기 위한 필요 조치로서 다음 중 잘못 기술된 것은?

㉮ 정전기 방지를 위하여 액화탄산가스 저장탱크를 접지하였다.
㉯ 밸브류의 조작상 유의할 사항을 작업기준을 정하여 작업원에게 주지시킨다.
㉰ 계기판에 부착한 가연성가스 저장탱크의 긴급차단 밸브의 조작용 버튼을 마그네틱 커버를 설치하였다.
㉱ 밸브에는 각각 명칭 또는 공장 흐름도에 따른 기호, 번호 등을 표시하고 또한 개폐방향도 표시한다.

[해설] 액화탄산가스(CO_2)는 불연성가스이므로 접지할 필요가 없다.

372. 고압가스 제조설비 등의 사용 개시 전 점검사항이 아닌 것은?

㉮ 제조설비 등에 있는 내용물의 상황
㉯ 개방하는 제조설비와 다른 제조설비 등과의 차단 상황
㉰ 제조설비 등 당해 설비의 전반적인 누설 유무
㉱ 가연성가스 및 독성가스가 체류하기 쉬운 곳의 당해 가스 농도

[해설] 제조설비 등의 사용개시 전 점검사항
① 제조설비 등에 있는 내용물의 상황
② 제조설비 등 당해 설비의 전반적인 누설유무
③ 가연성가스 및 독성가스가 체류하기 쉬운 곳의 당해 가스농도
④ 계기류의 기능(인터록, 시퀀스, 경보 및 자동제어장치의 기능)
⑤ 긴급차단 및 긴급방출장치, 통신설비, 제어설비 등 안전설비의 기능

373. 가스폭발 사고의 근본적인 원인이 아닌 것은?

㉮ 화학반응열 또는 잠열의 축적
㉯ 내용물의 누출 및 확산
㉰ 착화원 또는 고온물의 생성
㉱ 경보장치의 미비

[해설] 경보장치의 미비는 폭발사고의 근본적인 원인이 될 수 없다.

374. 고압장치의 가스배관 플랜지부분에서 수소가스가 누출되기 시작했다. 다음 중 누출원인이 아닌 것은?

㉮ 재료부품이 적당치 못했다.
㉯ 수소취성에 의한 균열이 발생했다.
㉰ 플랜지 부분의 가스켓이 불량하다.
㉱ 온도상승으로 이상 압력이 되었다.

[해설] 가스배관의 가스누출원인
① 재료부품 부적당
② 수소취성에 의한 균열 발생
③ 가스켓 불량

375. 고압가스 제조장치에서 가스가 누출되어 화재가 발생했을 때 그 대책으로서 적당하지 않은 것은?

㉮ 펌프, 압축기를 정지시킨다.
㉯ 소정의 방법으로 경보기를 작동시킨다.
㉰ 즉시 장치의 냉각수를 차단시키고 그 물을 소화용으로 한다.
㉱ 현장 가까이 출입을 금지시킨다.

[해설] 분말소화약제를 사용

376. 가스탱크 화재시 냉각을 위해 물을 살수하는 살수장치는 배관을 구멍을 천공하여 살수하도록 되어 있다. 이 때 배관에 천공하는 직경은 몇 mm 이상이어야 하는가?

㉮ 1   ㉯ 2
㉰ 3   ㉱ 4

[해설] 살수장치는 4mm 이상 구멍을 천공 살수노즐을 부착하여 가스탱크 표면에 물을 뿌리는 장치. 물 분무장치는 물을 안개식으로 분무, 수막을 형성하는 노즐을 사용하여 물을 미세한 입자로 분산시키는 장치.

377. 초저온 액화가스 취급 중 일어날 수 있는 직접적인사고의 원인과 관계가 가장 먼 것은?

㉮ 기체의 급격한 증발에 의한 이상 압력상승
㉯ 저온에 의하여 생기는 물리적 변화
㉰ 화상
㉱ 질식

[해설] ㉮, ㉯, ㉱항 이외의 동상사고 등의 우려가 있다.

378. 다음은 밀폐된 실내에서 연소기구를 사용할 경우 시간 경과에 따라 일산화탄소(CO)의 농도변화를 나타낸 표이다. 이 중 올바른 것은?

㉮ ①
㉯ ②
㉰ ③
㉱ ④

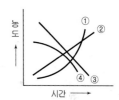

[해설] 실내에 연소기구를 사용하면 그림 ①과 같이 일산화탄소는 서서히 증가하고 산소의 농도는 감소한다.

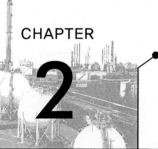

액화석유가스 안전관리

학습방향 LPG사업법에 따른 판매시설, 사용시설, 충전시설 및 집단공급시설의 기술기준 및 시설기준을 배운다.

01 LPG용기 충전시설

(1) LPG 충전시설 중 저장설비와 사업소 경계와의 거리

저장능력	사업소 경계와의 거리
10톤 이하	24m
10톤 초과 20톤 이하	27m
20톤 초과 30톤 이하	30m
30톤 초과 40톤 이하	33m
40톤 초과 200톤 이하	36m
200톤 초과	39m

(2) LPG 충전시설 중 충전설비와 사업소 경계와의 거리

24m 이상 유지

(3) LPG 용기보관실

① 영업소의 용기보관실의 면적 : 19m² 이상, 사무실 : 9m² 이상(단, 판매사업의 용기보관실 면적 : 12m² 이상), 각 고압가스별 용기보관 시 : 10m² 이상

② 용기 보관실에서 누출된 가스가 사무실로 유입되지 않는 구조

③ 가스누출경보기 : 판매사업의 용기보관실에 분리형 경보기 설치

④ 조명등 및 전기설비 : 방폭등 및 방폭구조로 설치

⑤ 용기보관실 내의 온도는 40℃ 이하로 유지

⑥ 전기스위치는 용기보관실 외부에 설치

⑦ 판매 사업소는 11.5m² 이상의 주차장 확보할 것

POINT

• 충전시설과 사업소 경계의 거리
문 LPG충전시설 중 저장 능력이 50톤이 저장설비의 외면으로부터 사업소 경계와의 거리는?
▶ 36m

• 용기보관실의 면적
문 영업소와 판매사업의 용기보관실의 면적은 각각 얼마인가?
▶ 19m² 이상, 12m² 이상

02 LPG 저장탱크 및 통풍장치

구 분	내 용
지상의 실	• 통풍구는 바닥면에 접하고 외기에 면할 것 • 실의 바닥면적 $1m^2$당 $300cm^2$ 또는 3% 이상의 통풍구 면적 • 사방이 둘러싸인 실은 2방향 이상 분산된 통풍구 • 1개 환기구의 면적은 $2,400cm^2$ 이하
지하실 또는 충분한 통풍구를 갖지 못하는 실 (강제통풍장치)	• 실의 바닥면적 $1m^2$당 $0.5m^3$/분 이상일 것 • 흡입구는 바닥면 가까이 설치(공기보다 무거우므로) • 배기가스 방출구는 지상 5m 이상의 안전한 위치 ※ 배기가스 중 당해 농도 0.5% 정도 이상일 경우 가스누설 장소를 정밀 조사하여 즉시 보수할 것

(1) 내열성구조

지상에 설치하는 저장탱크 및 그 지주

(2) 저장탱크 파괴 방지조치

부압을 방지하는 조치를 할 것

(3) 저장탱크 외부도색

은백색(단, 가스의 명칭은 적색)

(4) 지하에 설치하는 저장탱크에는 과충전 경보장치를 설치할 것

(5) 탱크 상호간의 거리

① 지하에 설치한 탱크 : 1m 이상
② 지상에 설치한 탱크 : 1m 이상 또는 두 탱크의 최대지름을 합산한 길이의 4분의 1 이상 중 큰 길이로 한다(단, 물분무장치를 설치한 경우 제외).

(6) 저장탱크에 가스를 충전하는 때에는 저장탱크 내용적의 90%(단, 소형 저장탱크의 경우는 85%)를 넘지 않도록 충전할 것

• 통풍장치

문 LPG저장 탱크실의 바닥면적이 $20m^2$일 때 자연통풍장치의 통풍구의 면적과 강제통풍장치의 환기능력을 구하라.
▶ ① 자연통풍장치
$20m^2 \times 300cm^2/m^2$
$=6,000cm^2$ 이상
② 강제통풍장치
$20m^2 \times 0.5m^3/m^2 \cdot min$
$=10m^3/min$

• 탱크상호간의 거리

문 지름이 각각 1m와 2m인 2개의 LPG 저장 탱크가 인접해 있을 경우 탱크 상호간의 거리는?
▶ $(1+2) \times \frac{1}{4} = 0.75m$
∴ 1m보다 작으므로 탱크 상호간의 거리는 1m 이상으로 한다.

03 소형저장탱크

① 소형저장탱크에 설치하는 가스방출관은 지면에서 2.5m 이상, 탱크정상부에서 1m 이상 중 높은 위치에 설치한다.
② 동일장소에 설치하는 소형저장탱크수는 6기가 이하로 하고 충전질량 합계는 5,000kg 미만
③ 소형저장탱크는 바닥이 지면 5cm 이상 높은 콘크리트 바닥위에 설치
④ 1,000kg 소형저장탱크는 높이 1m 이상 경계책 설치
⑤ 소형저장탱크와 기화장치 출구측 압력은 1MPa 미만 되도록 사용할 것
⑥ 소형저장탱크와 기화장치는 3m 이상 우회거리를 유지
⑦ 1,000kg 이상 소형저장탱크 부근에 ABC용 B-12 이상 분말소화기 2개 이상 비치
⑧ 소형저장탱크는 기화장치 5m 이내 화기사용금지

04 냉각살수장치 및 물분무장치의 설치기준

(1) 냉각살수장치(5m 이상 떨어진 위치에서 조작)

① 저장탱크의 표면적 $1m^2$ 당 5ℓ/분 이상의 비율로 계산된 수량(단, 준내화 저장탱크는 표면적 $1m^2$ 당 2.5ℓ/분 이상의 비율로 계산된 수량)
② 방수능력 : 350ℓ/분 이상
③ 호스끝 수압 : 0.25MPa 이상

(2) 물분무장치(당해 저장탱크의 외면에서 15m 이상에서 조작)

① 표면적 $1m^2$ 당 8ℓ/분을 표준으로 하여 계산한 수량
② 방수능력 : 400ℓ/분 이상
③ 호스끝 수압 : 0.35MPa 이상

POINT

• 가스방출관 높이
① 소형저장탱크 : 지면에서 2.5m 이상, 탱크정상부에서 1m 이상 중 높은 위치
② 저장탱크 : 지면에서 5m 이상, 탱크정상부에서 2m 이상 중 높은 위치

• 경계책 높이
① 소형저장탱크 : 1m 이상
② 저장탱크 : 1.5m 이상

• 조작위치
① 냉각살수장치 : 5m 이상
② 물분무장치 : 15m 이상

05 액면계

(1) 지상에 설치한 저장탱크

크린카식 액면계

(2) 지하에 설치한 저장탱크

슬립튜브식 액면계(단, 액면계 상하 배관에는 수동 및 자동스톱밸브를 설치한다.)

06 폭발방지장치 설치

주거지역, 상업지역에 설치하는 10톤 이상의 저장탱크

07 가스누출 경보기

(1) 가스누출 경보기의 기능

① 가스의 누출을 검지하여 그 농도를 지시함과 동시에 경보를 울리는 것
② 설정된 가스농도(폭발한계의 1/4 이하)에서 자동적으로 경보를 울리는 것
③ 경보가 울린 후에는 가스농도가 변화되어도 계속 경보를 울리며 확인 또는 대책을 강구함에 따라 경보가 정지
④ 담배 연기 등 잡가스에는 경보를 울리지 아니하는 것

(2) 가스누출 경보기의 구조

① 충분한 강도를 가지며, 취급과 정비가 용이한 것(특히 엘리먼트의 교체가 용이할 것)

② 경보기의 경보부와 검지부는 분리하여 설치할 수 있는 것

③ 검지부가 다점식인 경우는 경보부에서 가스의 검지장소를 알 수 있는 구조

④ 경보는 램프의 점등 또는 점멸과 동시에 경보를 울리는 것

(3) 가스누출 경보기의 구성

① **검지부** : 누출된 가스를 검지하여 제어부로 신호를 보내는 기능

　㉮ 검지부의 설치 수

　　㉠ 공기보다 무거운 가스(LPG) : 연소기 버너의 수평거리 4m 이내에 검지부 1개 이상

　　㉡ 공기보다 가벼운 가스(LNG) : 연소기 버너의 수평거리 8m 이내에 검지부 1개 이상

　㉯ 검지부 설치높이

　　㉠ 공기보다 무거운 가스(LPG) : 바닥면으로부터 30cm 이내

　　㉡ 공기보다 가벼운 가스(LNG) : 천정으로부터 30cm 이내

② **차단부** : 제어부로부터 보내진 신호에 따라 가스의 유로를 개폐하는 기능

　※ 차단부의 설치기준

　㉮ 동일 건축물 내에 있는 전체 가스사용시설의 주배관

　㉯ 동일건축물 내로서 구분 밀폐된 2개 이상의 층에서 가스를 사용하는 경우 : 층별 주배관

　㉰ 동일건축물의 동일층 내에서 2 이상의 자가 가스를 사용하는 경우 사용자별 : 주배관

③ **제어부** : 차단부에 자동차단신호를 보내는 기능 또는 차단부를 원격 개폐할 수 있는 기능 및 경보기능을 가진 것

　※ 제어부의 설치는 가스사용실의 연소기 주위로서 조작하기 쉬운 위치에 설치

POINT

• 가스누출 경보장치

[문] 가스누출 차단장치의 주요구성 부분 3가지?
▶ 검지부, 차단부, 제어부

[문] LPG의 가스누출 경보기의 검지부의 설치높이는 바닥면으로부터 검지부 상단까지 얼마 이하이어야 하는가?
▶ 30cm

08 부취제

(1) 액화석유가스를 일반용으로 사용시(단, 에어졸, 라이타 기타 공업용 제외) 공기 중의 혼합비율이 1/1,000의 상태에서 감지할 수 있도록 향료를 혼합하여 용기에 충전

(2) 부취재의 종류

① T.H.T : 석탄가스 냄새

② T.B.M : 양파 썩는 냄새

③ D.M.S : 마늘 냄새

(3) 냄새 측정 방법

① 오더(odor) 미터법(냄새측정기법)　　② 주사기법

③ 냄새주머니법　　④ 무취실법

09 배 관

(1) 배관표시

① 지상배관 : 황색

② 지하배관 : 적색(중압배관 이상) 또는 황색(저압배관)

(2) 배관은 벽과 고정, 부착하는 조치

① 관경 13mm 미만 : 1m마다

② 관경 13mm 이상 ~ 33mm 미만 : 2m마다

③ 관경 33mm 이상 : 3m마다

POINT

• 부취제

❓ LPG가 공기 중에서 누설 시 그 농도가 몇 %일 때 감지할 수 있도록 부취제를 섞는가?

▸ 공기 중 $\dfrac{1}{1,000}$ 상태 → 0.1%

▸ 0.1%

• 배관

❓ LPG 집단공급시설에서 지상 배관의 색상은?

▸ 황색

❓ LPG 사용시설 중 배관을 움직이지 아니하도록 고정 부착하는 조치로 1m마다 고정장치를 하여야 하는 관지름은?

▸ 13mm 미만

(3) 집단공급시설의 배관이음부(용접이음은 제외)와의 이격거리

① 절연조치를 한 전선 : 10cm 이상

② 굴뚝(단열조치를 한 경우 제외), 전기점멸기, 전기접속기 및 절연조치를 하지 아니한 전선 : 30cm 이상

③ 전기개폐기 및 전기계량기 : 60cm 이상

(4) 사용시설의 배관 이음부(용접이음은 제외), 또는 가스계량기와의 이격거리

① 전기계량기, 전기개폐기 : 60cm 이상

② 굴뚝(단열조치를 한 경우 제외), 전기점멸기, 전기접속기 : 15cm(가스계량기 30cm) 이상

③ 절연조치를 하지 아니한 전선 : 15cm 이상

(5) 입상관에 설치된 밸브의 설치높이

바닥으로부터 1.6m 이상 2m 이내

(6) 배관의 접합은 용접접합을 원칙으로 하며 다음의 경우는 비파괴시험을 할 것

① 압력 0.1MPa 이상인 액화석유가스가 통하는 배관의 용접부

② 압력 0.1MPa 미만인 호칭지름 80A 이상의 용접부(건축물 외부에 노출 설치된 사용압력 0.01MPa 미만인 용접부 제외)

(7) 배관의 매설기준

① 공동주택의 부지 내 : 0.6m 이상

② 차량이 통행하는 도로 : 1.2m 이상

③ ①, ② 해당하지 아니한 곳 : 1m 이상

④ ③에 해당하는 곳으로서 협소한 도로에 장애물이 많아 1m 이상의 매설깊이를 유지하기가 곤란한 경우에는 0.6m 이상

POINT

• 이격거리
집단공급시설의 배관이음 부분과 다음의 이격거리의 기준은?
① 전기계량기, 전기개폐기 : (가)cm
② 굴뚝 : (나)cm
③ 절연조치를 하지 않은 전선 : (다)cm
④ 절연조치를 한 전선 : (라)cm
▶ 가 : 60, 나 : 30
다 : 30, 라 : 10

• 입상관에 설치된 밸브의 설치높이와 가스계량기의 설치높이는 바닥으로부터 1.6m 이상 2m 이내

핵 심 문 제

01 액화석유가스 충전시설 중 저장설비는 그 외면으로부터 사업소 경계와의 거리 이상을 유지하여야 한다. 저장능력과 사업소경계와의 거리를 바르게 연결한 것은?

㉮ 10톤 이하 – 20m

㉯ 10톤 초과 20톤 이하 – 22m

㉰ 20톤 초과 30톤 이하 – 30m

㉱ 30톤 초과 40톤 이하 – 32m

02 액화 석유 가스 충전소의 용기 보관 장소에 충전 용기를 보관하는 때의 기준으로 옳지 않는 것은?

㉮ 용기 보관 장소의 주위 8m 이내에는 석유, 휘발유를 보관하여서는 아니 된다.

㉯ 충전 용기는 항상 40℃ 이하를 유지하여야 한다.

㉰ 용기가 너무 냉각되지 않도록 겨울철에는 직사광선을 받도록 조치하여야 한다.

㉱ 충전 용기와 잔가스 용기는 각각 구분하여 놓아야 한다.

03 액화석유가스를 용기에 의하여 가스소비자에게 공급할 때의 기준으로 옳지 않은 것은?

㉮ 용기 가스소비자에게 액화석유가스를 공급하고자 하는 가스공급자는 당해 용기 가스소비자와 안전 공급 계약을 체결한 후 공급하여야 한다.

㉯ 다른 가스공급자와 안전 공급 계약이 체결된 용기 가스소비자에게는 액화 서유 가스를 공급할 수 없다.

㉰ 안전 공급 계약을 체결한 가스공급자는 용기 가스소비자에게 지체 없이 소비설비 안전 점검표 및 소비자 보장책임 보험가입확인서를 교부하여야 한다.

㉱ 동일 건축물 내 다수의 용기 가스소비자에게 하나의 공급 설비로 액화석유가스를 공급하는 가스공급자는 그 용기 가스소비자의 대표자와 안전 공급 계약을 체결할 수 있다.

해 설

해설 03

가스공급자는 용기 가스소비자가 액화석유가스 공급을 요청한 경우에는 다른 가스공급자와 안전 공급 계약이 체결되었는지 여부와 당해 계약의 해지 여부를 확인한 후 안전 공급 계약을 체결하여야 한다.

정답 01. ㉰ 02. ㉰ 03. ㉯

04 액화석유가스 용기에 대한 기밀시험 기준 중 틀린 것은?

㉮ 기밀시험은 샘플링검사를 한다.
㉯ 기밀시험가스는 공기 또는 질소 등의 불연성가스를 이용한다.
㉰ 용기 1개에 1분 이상에 걸쳐서 시험한다.
㉱ 내용적이 50L 미만인 용기는 30초 이상의 시간이 걸려서 한다.

05 소형 저장탱크에 액화석유가스를 충전하는 때에는 액화가스의 용량이 상용온도에서 그 저장탱크 내용적의 몇 %를 넘지 않아야 하는가?

㉮ 75%
㉯ 80%
㉰ 85%
㉱ 90%

06 용기 또는 소형 저장탱크에서 압력조절기 입구까지의 배관에 이상 압력 상승시 압력을 방출 할 수 있는 안전장치를 설치해야 하는 것은 저장능력이 얼마 이상일 때인가?

㉮ 200kg
㉯ 250kg
㉰ 300kg
㉱ 500kg

07 물분무장치는 당해 저장탱크의 외면에서 몇 m 이상 떨어진 안전한 위치에서 조작할 수 있어야 하는가?

㉮ 5
㉯ 10
㉰ 15
㉱ 20

해 설

[해설] **04**
기밀시험은 전수에 대하여 실시한다.

[해설] **07**
물분무장치의 위치조작 : 15m

---

10 가스용품

(1) 압력조정기

① 압력조정기의 종류에 따른 입구압력, 조정압력

종 류	입구압력(MPa)	조정압력(kPa)
1단 감압식 저압조정기	0.07MPa~1.56MPa	2.3kPa~3.3kPa
1단 감압식 준저압조정기	0.1MPa~1.56MPa	5kPa~30kPa
2단 감압식 1차용 조정기 (용량 100kg/h 이하)	0.1MPa~1.56MPa	0.057MPa~0.083MPa
2단 감압식 2차용 저압조정기	0.01MPa~0.1MPa 또는 0.025MPa~0.1MPa	2.3kPa~3.3kPa
자동절체식 일체형 저압조정기	0.1MPa~1.56MPa	2.55kPa~3.3kPa
자동절체식 분리형 조정기	0.1MPa~1.56MPa	0.032MPa~0.083MPa
자동절체식 일체형 준저압조정기	0.1MPa~1.56MPa	5kPa~30kPa
그 밖의 압력조정기	조정압력 이상 ~1.56MPa	제조자가 표시한 사양에 따르되, 조정압력이 0.005MPa 초과인 것에 한한다.

② 조정압력이 3.3kPa 이하인 조정기의 안전장치의 작동압력
- ㉮ 작동표준압력 : 7kPa
- ㉯ 작동개시압력 : 5.6kPa~8.4kPa
- ㉰ 작동정지압력 : 5.04kPa~8.4kPa

(2) 고압호스

① 종류 : 고압고무호스(투윈호스, 축도관, 자동차용 고압고무호스), 자동차용비금속호스
② 투윈호스, 축도관 안지름 : 4.8mm 또는 6.3mm
③ 길이 : 투윈호스(900mm 또는 1,200mm), 축도관(600mm 또는 1,000mm)
④ 허용차 : +20mm, −10mm

⑤ 내압시험압력 : 3MPa 이상

⑥ 기밀시험압력 : 1.8MPa 이상

(3) 저압호스

① 종류 : 염화비닐호스, 금속플렉시블호스, 고무호스 및 수지호스

② 1종 : 안지름 6.3mm, 2종 : 9.5mm, 3종 : 12.7mm

③ 허용차 : ±0.7mm

④ 내압시험압력 : 3MPa 이상

⑤ 파열시험압력 : 4MPa 이상

⑥ 기밀시험압력 : 0.2MPa 이상

(4) 배관용 밸브

① 개폐용 핸들 휠 : 열림 방향이 시계바늘 반대방향

② 볼 밸브 볼 표면 : 5μ 이상의 공업용 크롬도금

③ 볼 밸브 개폐 : 294.2N 이하의 힘을 가하여 90° 회전할 때 완전히 개폐

④ 볼 밸브는 완전히 열렸을 때 핸들방향과 유로의 방향이 평행

(5) 콕

① 종류 : 퓨즈콕, 상자콕, 주물연소기용 노즐콕

② 퓨즈콕 : 과류차단 안전기구 부착

③ 상자콕 : 커플러 연결시 핸들 작동

④ 콕을 연 상태로 120±2℃, 30분간 방치 후 기밀시험

⑤ 콕의 개폐 : 핸들을 90° 또는 180° 회전에 의해 완전개폐

⑥ 열림방향 : 시계바늘의 반대방향

⑦ 가스사용시설에는 퓨즈콕 설치(단, 연소기가 배관에 연결된 경우 또는 소비량 19,400kcal/h를 초과 또는 3.3kPa 초과하는 연소기가 연결된 배관에는 호스콕 또는 배관용 밸브를 설치할 수 있다.)

(6) 가스누설 자동차단기

전기충전부 비충전금속부 절연저항 1MΩ 이상

11 중간밸브의 설치기준

연소기가 설치된 곳의 배관용 밸브 설치방법은 다음과 같을 것

① 연소기 각각에 대하여 퓨즈콕, 상자콕을 설치할 것

② 배관이 분기되는 경우는 주배관에 배관용 밸브 설치

③ 2개 이상의 실로 분기되는 경우는 각 실의 주배관마다 배관용 밸브 설치

12 가스보일러의 설치기준

(1) 반밀폐식 보일러의 급·배기설비 설치기준

① 단독배기통 방식

㉮ 배기통의 높이(역풍방지장치 개구부의 하단으로부터 배기통 끝의 개구부 높이를 말한다. 이하 같다)는 다음 식에서 계산한 수치 이상일 것

$$h = \frac{0.5 + 0.4n + 0.1\,\ell}{\left(\dfrac{1.000Av}{6Q}\right)^2}$$

위의 식에서 h, n, ℓ, Av 및 Q는 각각 다음 수치를 표시한다.

h : 배기통의 높이(m)

n : 배기통의 굴곡수

ℓ : 역풍방지장치 개구부 하단으로부터 배기통 끝의 개구부까지의 전길이(m)

Av : 배기통의 유효단면적(cm²)

Q : 가스소비량(kcal/hr)

㉯ 배기통의 굴곡수는 4개 이하로 할 것

㉰ 배기통의 입상높이는 원칙적으로 10m 이하로 할 것. 다만, 부득이하여 입상높이가 10m를 초과하는 경우에는 보온조치를 할 것

㉱ 배기통의 끝은 옥외로 뽑아낼 것

㉲ 배기통의 가로 길이는 5m 이하로서 될 수 있는 한 짧고 물고임이나 배기통 앞쪽 끝의 기울기가 없도록 할 것

POINT

• 배관용 밸브

문 ① 배관이 분기되는 경우는 (㉮)에 배관용 밸브설치

② 2개 이상의 실로 분기 되는 경우는 (㉯)의 주배관마다 배관용 밸브설치

③ 연소기 각각에 대하여 (㉰), (㉱)을 설치

▶ ㉮ : 주 배관
㉯ : 각실
㉰ : 퓨즈콕
㉱ : 상자콕

• 반밀폐식 보일러의 급배기 설치기준

① 배기통의 굴곡 수 : 4개 이하
② 배기통 입상 높이 : 10m 이하
③ 배기통 가로 길이 : 5m 이하

② 공동배기방식

공동배기구의 유효단면적은 다음 계산식에 의한 면적 이상일 것

$$A = Q \times 0.6 \times K \times F + P$$

위의 식에서 A, Q, K, F, P는 각각 다음과 같다.

A : 공동배기구의 유효단면적(mm^2)

Q : 보일러의 가스소비량 합계(kcal/h)

K : 형상계수

내부면이 원형일 때 1.0

내부면이 정사각형일 때 1.3

내부면이 직사각형일 때 1.4

F : 보일러의 동시사용률

P : 배기통의 수평부 연면적(mm^2)

(2) 밀폐식 보일러의 급배기 설치기준

① 자연급배기 중 챔버식 배기통의 수직입상높이

㉮ 바닥설치형 : 700mm 이상

㉯ 벽걸이형 : 200mm 이상

② 자연급배기식 중 U닥터식

배기닥터의 가로세로의 비율(1 : 1.4 이하)

(3) 가스보일러는 전용보일러실에 설치할 것. 다만 다음 사항은 그러하지 아니하다

① 밀폐식 보일러

② 가스보일러를 옥외에 설치한 경우

③ 전용급기통을 부착시키는 구조로 검사에 합격한 강제배기식 보일러

(4) 연소기 설치기준

① 가스온수기나 가스보일러는 목욕탕 또는 환기가 잘되지 아니하는 곳에 설치하지 아니할 것

② 개방형 연소기를 설치한 실에는 환풍기 또는 환기구를 설치할 것

POINT

- 공동배기방식

📖 강제 배기방식 가스보일러를 공동배기 방식으로 설치할 경우 공동배기구의 최소유효 단면적(mm^2)을 구하시오. (단, 보일러 가스 소비량 합계 : 160,000 kcal/h, 공동배기구의 형상계수 : 1, 보일러 동시사용률 : 0.81, 배기통 수평부연면적 : 24,000 mm^2이다.)

▸ $A = Q \times 0.6 \times K \times F + P$
$= 160,000 \times 0.6 \times 1 \times 0.81 + 24,000$
$= 101,760 mm^2$

③ 반밀폐형 연소기는 급기구 및 배기통을 설치할 것

④ 배기통의 재료는 금속, 석면 그 밖의 불연성재료일 것

⑤ 배기통이 가연성 물질로 된 벽 또는 천장 등을 통과하는 때는 금속 외의 불연성 재료로 단열조치를 할 것

⑥ 자연배기식 반밀폐형 및 밀폐형 연소기의 배기통 끝은 배기가 방해되지 아니하는 구조이고 장애물 또는 외기의 흐름에 의해 배기가 방해받지 아니하는 위치에 설치할 것

⑦ 밀폐형 연소기는 급기구, 배기통과 벽과의 사이에 배기가스가 실내로 들어올 수 없도록 밀폐할 것

⑧ 배기팬이 있는 밀폐형 또는 반밀폐형의 연소기를 설치한 경우에는 그 배기팬의 배기가스와 접촉하는 부분의 재료를 불연성 재료로 할 것

POINT

• 연소기 설치기준
① 개방형 연소기 : 환풍기, 환기구
② 반밀폐형 연소기 : 급기구, 배기통
③ 배기통의 재료 : 금속, 석면

13 LPG배관의 내압시험압력과 기밀시험압력

(1) 내압시험압력

① 고압배관 : 용기 또는 소형저장탱크의 내압시험압력 이상의 압력

② 저압배관 : 0.8MPa 이상의 압력

(2) 기밀시험압력

① 고압배관 : 사용압력 이상의 압력

② 저압배관(압력조정기 출구에서 연소기 입구까지의 배관 및 호스) : 8.4kPa 이상 10kPa 이내의 압력(단, 압력이 3.3kPa 이상 30kPa 이내인 것은 35kPa 이상의 압력)

• 내압시험압력과 기밀시험압력

문 LP가스 사용시설의 저압부분의 배관은 몇 MPa 이상의 내압시험에 합격한 것을 사용해야 하는가?
▶ 0.8MPa 이상

문 LP가스 저압부 배관의 기밀시험압력은?
▶ 8.4kPa~10kPa

14 안전장치설치

저장능력이 250kg 이상의 사용시설의 용기보관실

• 안전장치설치

문 LPG 사용시설 기준 중 안전장치를 설치하는 저장능력은 몇 kg 이상인가?
▶ 250kg 이상

15 화기와의 우회거리

(1) 충전시설, 집단공급시설 : 8m 이상

(2) 판매시설 : 2m 이상

(3) 사용시설

저장능력	우회거리
1톤 미만	2m 이상
1톤 이상~3톤 미만	5m 이상
3톤 이상	8m 이상

POINT

• 우회거리

문 LPG 판매시설과 화기와의 우회거리는?
▶ 2m 이상

01 액화석유가스 사용시설에 설치되는 조정압력 3.3kPa 이하인 조정기의 안전장치의 작동정지압력 기준은?

㉮ 70kPa

㉯ 5.6kPa~8.4kPa

㉰ 5.04kPa~8.4kPa

㉱ 9.9kPa

02 다음 그림과 같은 합격표시 검사필증을 부착하는 가스용품에 해당하지 않는 것은?

㉮ 배관용 밸브

㉯ 압력 조정기

㉰ 콕

㉱ 가스누출 자동 차단장치

크기 : 15mm×15mm
은백색 바탕에 흑색 문자

03 가스용품의 자체검사에 대한 설명 중 옳지 않은 것은?

㉮ 가스용품에 제조자의 자체검사표시를 하고 검사기록을 5년간 보존하여야 한다.

㉯ 가스용품의 종류마다 1개씩 연 1회 이상 정밀검사 항목의 적합 여부에 대하여 검사한다.

㉰ 모든 가스용품에 대하여 제품검사 항목의 적합 여부에 대하여 감사한다.

㉱ 자체검사결과 부적합사항이 있을 경우 즉시 개선 조치하여야 한다.

04 고압고무호스로 분류되는 투원호스에는 체크밸브가 부착되어 있다. 정상 작동 차압의 기준은 얼마인가?

㉮ 50kPa 이하

㉯ 60kPa 이하

㉰ 70kPa 이하

㉱ 80kPa 이하

해 설

해설 01

조정기의 안전장치

① 작동정지압력
  : 5.04kPa~8.4kPa

② 작동개시압력
  : 5.6kPa~8.4kPa

③ 작동표준압력 : 7kPa

해설 02

가스용품의 합격 표시

① 배관용 밸브 : 각인('검' 바깥지름 : 5mm)

② 압력 조정기, 가스누출 자동 차단장치, 콕, 전기절연 이음관, 전기융착 폴리에틸렌 이음관, 이형질 이음관, 퀵카플러 : 15mm×15mm 검사필증 부착

해설 03

자체검사기록은 3년간 보존하여야 한다.

해설 04

투원호스는 차입 70kPa 이하에서 정상적으로 작동하는 체크밸크를 부착할 것

정답 01. ㉰ 02. ㉮ 03. ㉮ 04. ㉰

05 다음 [보기]에서 가스용 퀵카플러에 대한 설명으로 옳은 것으로만 나열된 것은?

> **보기**
> ① 퀵카플러는 사용형태에 따라 호스접속형과 호스엔드접속형으로 구분한다.
> ② 4.2kPa 이상의 압력으로 기밀시험을 하였을 때 가스누출이 없어야 한다.
> ③ 탈착조작은 분당 10~20회의 속도로 6,000회 실시한 후 작동시험에서 이상이 없어야 한다.

㉮ ①

㉯ ①, ②

㉰ ②, ③

㉱ ①, ②, ③

06 가스밸브와 연소기기(가스레인지 등)사이에서 호스가 끊어지거나 빠진 경우 가스가 계속 누출되는 것을 차단하기 위한 안전장치는?

㉮ 열전대

㉯ 퓨즈콕

㉰ 압력조정기

㉱ 가스누출검지기

해설 **06**
퓨즈콕은 연소기에서 호스가 빠졌을 경우 가스의 누출을 막아 폭발 및 가스중독사고를 사전에 방지할 목적으로 사용된다.

07 콕 제조 기술기준에 대한 설명으로 틀린 것은?

㉮ 1개의 핸들로 1개의 유로를 개폐하는 구조로 한다.

㉯ 완전히 열었을 때 핸들의 방향은 유로의 방향과 직각인 것으로 한다.

㉰ 닫힌 상태에서 예비적 동작이 없이는 열리지 아니하는 구조로 한다.

㉱ 핸들은 90°나 180° 회전하여 개폐되는 구조로 한다.

해설 **07**
콕은 핸들의 방향이 유로의 방향과 일치할 때 완전히 열려 있는 상태이다.

08 가스용품 중 배관용 밸브 제조 시 기술 기준으로 옳지 않은 것은?

㉮ 각 부분은 개폐동작이 원활히 작동하고 O-링과 패킹 등에 마모 등 이상이 없는 것일 것

㉯ 배관용 밸브의 핸들을 고정시키는 너트의 재료는 내식성 재료 또는 표면에 내식 처리를 한 것일 것

㉰ 개폐용 핸드휠은 열림 방향이 시계 방향일 것

㉱ 볼밸브는 완전히 열렸을 때 핸들 방향과 유로 방향이 평행일 것

해설 **08**
① 열림 방향은 시계반대방향
② 핸들이 배관과 평행일 때 열린 상태이다.

09 LPG 사용시설 중 저장설비와 연소기 입구 사이에 설치되어 있는 것은?

㉮ 역류방지장치 ㉯ 폭발방지장치
㉰ 중간밸브 ㉱ 기화기

10 다음 중 명판에 열효율을 기재하여야 하는 가스 연소기는?

㉮ 업무용 대형연소기 ㉯ 가스레인지
㉰ 가스그릴 ㉱ 가스오븐

11 가스사용 시설 설치방법으로 가장 적당한 것은?

㉮ 개방형 연소기를 설치한 곳에는 배기통을 설치할 것
㉯ 반밀폐형 연소기는 환풍기 또는 환기구를 설치할 것
㉰ 배기통의 재료는 금속, 석면을 사용치 말 것
㉱ 가스온수기는 목욕탕이나 환기가 잘 되지 아니하는 곳에 설치하지 말 것

12 배기가스의 실내 누출로 인하여 질식 사고가 발생하는 것을 방지하기 위해 반드시 전용 보일러실에 설치하여야 하는 가스보일러는?

㉮ 강제급·배기식(FF) 가스보일러
㉯ 반밀폐식 가스보일러
㉰ 옥외에 설치한 가스보일러
㉱ 전용 급기통을 부착시키는 구조로 검사에 합격한 강제 배기식 가스보일러

13 가스 난방기에서 구비하지 않아도 되는 안전장치는? (단, 납붙임용기 또는 접합용기를 부착하여 사용하는 난방기의 경우에는 그러지 아니하다.)

㉮ 불완전연소방지장치 ㉯ 전도안전장치
㉰ 과열방지장치 ㉱ 소화안전장치

해 설

[해설] **13**
가스 난방기의 안전장치
① 불완전연소방지장치 또는 산소결핍안전장치(가스소비량이 10,000kcal/h 이하인 가정용 및 업무용의 개방형 난방기에 한함)
② 전도안전장치(고정설치형은 제외)
③ 소화안전장치

정답
09. ㉰ 10. ㉯ 11. ㉱
12. ㉯ 13. ㉰

16 자동차용기 충전시설

(1) 충전 중 엔진정지

황색바탕에 흑색 글씨

(2) 화기엄금

백색바탕에 붉은 글씨

(3) 충전호스

① 충전호스길이 : 5m 이내(우회거리는 8m 이상), 정전기 제거장치 설치
② 세프티커플러 설치 : 과도한 인장력이 작용할 때 충전기와 가스주입기가 분리가 되는 안전장치
③ 가스주입기는 원터치형일 것

(4) 충전기의 보호대

① 보호대의 규격
　㉮ 재질 : 철근콘크리트 또는 강관제
　㉯ 높이 : 45cm 이상
　㉰ 두께 : 철근콘크리트구조(12cm 이상), 강관제(80A 이상)

② 보호대의 기초 : 철근콘크리트 구조로 설치높이는 약 1/2 정도

(5) 충전기와 주정차선은 1m 이상 이격 되도록 표시

(6) 사이폰 용기

기화기가 설치되어 있는 시설에 사용

(7) 고속도로 휴게소에 설치되는 소형저장탱크

LPG 저장능력이 500kg 초과

17 LPG공급자의 안전점검기준

구 분	안전점검자	자 격	인 원
LPG 충전사업자	충전원	안전관리책임자로부터 10시간 이상의 안전교육을 받은 자	충전소요인력
	수요자시설점검원		가스배달소요인력
LPG 집단공급사업자	수요자시설점검원		수요가 3,000개소마다 1인
LPG 판매사업자	수요자시설점검원		가스배달소요인력

(비고) 안전관리 책임자 또는 안전관리원이 직접 점검을 행한 때에는 이를 안전점검자로 본다.

18 소화설비

(1) 충전질량 1,000kg 이상

BC용, B-10 이상 또는 ABC용 분말소화기 B-12 이상 2개 이상 보유할 것

(2) 충전질량 150kg 초과 1,000kg 미만

BC용, B-10 이상 또는 ABC용 분말소화기 B-12 이상 1개 이상 보유할 것

(3) 충전질량 150kg 이하

B-3 이상 소화기 1개 이상

01 압축 천연가스 자동차연료용 이음매 없는 용기의 최고충전압력으로 맞는 것은?

㉮ 36MPa 이하   ㉯ 26MPa 이하

㉰ 16MPa 이하   ㉱ 6MPa 이하

02 압축천연가스 충전시설에서 자동차가 충전호스와 연결된 상태로 출발할 경우 가스의 흐름이 차단될 수 있도록 하는 장치를 긴급분리장치라고 한다. 긴급분리장치에 대한 설명 중 틀린 것은?

㉮ 긴급분리장치는 고정설치해서는 안 된다.

㉯ 긴급분리장치는 각 충전설비마다 설치한다.

㉰ 긴급분리장치는 수평방향으로 당길 때 666.4N 미만의 힘에 의하여 분리되어야 한다.

㉱ 긴급분리장치와 충전설비 사이에는 충전자가 접근하기 쉬운 위치에 90° 회전의 수동밸브를 설치하여야 한다.

03 자동차용기충전시설에서 충전기의 시설기준에 대한 설명으로 옳은 것은?

㉮ 충전기 상부에는 닫집모양으로 차양을 설치하여야 하며, 그 면적은 공지면적의 2분의 1 이하로 할 것

㉯ 배관이 닫집모양의 차양내부를 통과하는 경우에는 2개 이상의 점검구를 설치할 것

㉰ 닫집모양의 차양내부에 있는 배관으로서 점검이 곤란한 장소에 설치하는 배관은 안전상 필요한 강도를 가지는 플랜지접합으로 할 것

㉱ 충전기 주위에는 가스누출 자동차단장치를 설치할 것

04 액화석유가스 자동차 용기의 충전시설에서 충전기의 충전호스는 몇 m 이내로 하여야 하는가?

㉮ 5   ㉯ 7

㉰ 8   ㉱ 10

해 설

해설 01

압축 천연가스 자동차 연료용 이음매 없는 용기의 최고충전압력 : 26MPa 이하

해설 02

㉮ : 자동차가 충전호스와 연결된 상태로 출발할 경우 가스의 흐름이 차단될 수 있도록 긴급분리장치를 지면 또는 지지대에 고정 설치할 것

해설 04

충전기의 충전호스 : 5m 이내

정답

01. ㉯   02. ㉮   03. ㉮

04. ㉮

05 액화석유가스의 적절한 품질을 확보하기 위하여 정해진 품질기준에 맞도록 품질을 유지하여야 하는 자에 해당하지 않는 것은?

㉮ 액화석유가스충전사업자
㉯ 액화석유가스특정사업자
㉰ 액화석유가스판매사업자
㉱ 액화석유가스집단공급사업자

06 액화석유가스 충전사업자는 거래상황 기록부를 작성하여 한국가스안전공사에게 보고하여야 한다. 보고기한의 기준으로 옳은 것은?

㉮ 매달 다음달 10일
㉯ 매분기 다음달 15일
㉰ 매반기 다음달 15일
㉱ 매년 1월 15일

07 충전질량 1,000kg 이상인 LPG 소형 저장탱크 부근에 설치하여야 하는 소화기의 능력단위와 개수로 옳은 것은?

㉮ ABC용 B-5 분말소화기 2개
㉯ ABC용 B-12 분말소화기 2개
㉰ ABC용 B-12 분말소화기 1개
㉱ ABC용 B-20 분말소화기 1개

해설 **07**
① 액화가스 1,000kg 이상 : BC용 B-10 이상 또는 ABC용 B-12 이상 소화기 2개 이상
② 액화가스 150kg 초과 1,000kg 미만 : BC용 B-10 이상 또는 ABC용 B-12 이상 소화기 1개 이상
③ 액화가스 150kg 이하 : B-3 이상 소화기 1개 이상

05. ㉯ 06. ㉯ 07. ㉯ 정답

기출문제 및 예상문제

01. 액화석유가스 충전시설은 연간 몇 톤 이상의 액화석유가스를 처리할 수 있는 규모인가?

㉮ 4만톤 이상   ㉯ 3만톤 이상

㉰ 2만톤 이상   ㉱ 1만톤 이상

02. 액화석유가스 충전 시설 중 저장설비는 그 외면으로부터 사업소 경계와의 거리 이상을 유지하여야 한다. 저장능력과 사업소경계와의 거리를 바르게 연결한 것은?

㉮ 10t 이하−20m

㉯ 10t 초과 20t 이하−22m

㉰ 20t 초과 30t 이하−30m

㉱ 30t 초과 40t 이하−32m

해설 액회석유가스 충전시설 중 저장설비 안전거리

저장능력	사업소 경계와의 거리
10t 이하	24m
10t 초과 20t 이하	27m
20t 초과 30t 이하	30m
30t 초과 40t 이하	33m
40t 초과 200t 이하	36m
200t 초과	39m

03. 액화석유가스 영업소의 용기보관실 및 사무실은 동일부지 내에 구분하여 설치하되, 용기보관의 면적은 얼마 이상인가?

㉮ 19m^2 ㉯ 15m^2

㉰ 9m^2 ㉱ 10m^2

해설 용기보관실 및 사무실은 동일부지 내에 구분하여 설치하되 용기보관실의 면적은 19m^2, 사무실의 면적은 9m^2, 주차장의 면적은 11.5m^2 이상

04. 다음 보기 중 LP가스 충전소 내 설치 가능한 건축물이 아닌 항목은?

㉮ 충전사업자가 운영하는 용기재검사시설

㉯ 충전소 종사자가 이용하는 연면적 500m^2 이하 식당

㉰ 공구보관장소로서 연면적 100m^2 이하

㉱ 기타 안전 관리상 지장이 없는 건축물

해설 ㉯항 : 연면적 100m^2 이하 식당 설치 가능

05. 액화석유가스 충전설비가 갖추어야 할 사항에 해당되지 않는 것은?

㉮ 자동계량기

㉯ 잔량측정기

㉰ 충전기

㉱ 강제통풍 장치

해설 액화석유가스 충전사업 중 충전설비에는 충전기, 잔량측정기, 자동계량기를 구비하여야 한다.

06. 다음 에어졸 충전시설에 관한 내용 중 ( )에 올바른 단어를 기입하시오.

> 에어졸 시설은 정량을 충전할 수 있는 ( )설치 인체, 가정에 사용하는 에어졸 충전시설에는 용기의 ( )장치 불꽃길이 시험 장치를 구비할 것

㉮ 자동계량기, 자동충전

㉯ 자동충전기, 폭발성 시험

㉰ 자동계량기, 폭발성시험

㉱ 폭발성시험, 자동계량

정답   01. ㉱   02. ㉰   03. ㉮   04. ㉯   05. ㉱   06. ㉯

07. 액화석유가스가 과충전 된 경우 초과량을 회수하기 위하여 설치하는 것은?

㉮ 잔가스 제어장치

㉯ 가스누출 경보 장치

㉰ 가스 회수장치

㉱ 내부반응 감시장치

[해설] 가스회수장치

액화석유가스가 과충전 된 경우 초과량을 회수하는 장치

08. LPG 충전시설의 잔가스 연소장치는 가스 배출설비와 유지해야 할 거리는? (단, 방출량은 30g/분 이상이다.)

㉮ 4m 이상

㉯ 8m 이상

㉰ 10m 이상

㉱ 12m 이상

[해설] 잔가스 연소장치는 잔가스를 회수 배출하는 설비와 8m 이상의 거리를 유지한다.

09. 액화석유가스 충전사업의 시설기준에서 지상에 설치된 저장탱크와 가스 충전장소 사이에 어느 것을 설치해야 하는가?

㉮ 물분무장치

㉯ 안전거리

㉰ 방호벽

㉱ 경계표시

[해설] 방호벽

지상에 설치된 저장탱크와 가스 충전장소 사이에 방호벽을 설치할 것 다만, 방호벽 설치로 인하여 조업이 불가능할 정도로 특별한 사정이 있다고 시·도지사가 인정하거나 그 저장탱크와 가스 충전장소 사이에 사업소 경계와의 거리와 같은 거리가 유지된 경우에는 방호벽을 설치하지 아니할 수 있다.

10. 액화석유가스 충전사업소의 자체검사 기록은 얼마인가?

㉮ 6개월

㉯ 2년

㉰ 1년

㉱ 3년

[해설] 자체검사 기록보존 : 2년간

11. 액화석유가스와 충전에 관한 설명으로 틀린 것은?

㉮ 납붙임 또는 접합 용기에 액화석유가스를 충전할 때는 자동계량 충전기로 충전할 것

㉯ 납붙임 또는 접합용기를 제외한 충전용기의 전체에 대하여 누출을 시험할 수 있는 수조식 장치 등의 시설을 갖출 것

㉰ 충전능력에 적합한 수량의 가스 전용운반 차량을 확보할 것

㉱ 액화석유가스가 충전된 납붙임 또는 접합용기에 40℃ 이하의 온도에서 가스 누출시험을 할 수 있는 누출시험 장치를 설치할 것

[해설] 46℃ 이상 50℃ 미만

12. 액화석유가스의 안전 및 사업관리법에 관하여 다음 중 옳은 것은? (단, 액화석유 가스 충전사업의 시설기준 관련된 것)

㉮ 가스설비는 그 외면으로부터 화기취급 장소 (그 설비 내의 것 제외)까지 8m 이상의 직선 거리를 두어야 할 것

㉯ 가스설비에 장착하는 압력계는 최고눈금이 상용압력의 1.5배 이상 2배 이하인 것

㉰ 가스설비는 상용압력의 1.5배 압력으로서 항복을 일으키지 않는 두께이어야 한다.

㉱ 가스설비는 상용압력의 1.4배 압력으로 실시하는 기밀시험에 합격한 것

[해설] ㉮항 : 화기와 직선거리 2m(우회거리 8m)

㉰항 : 상용압력의 2배

㉱항 : 기밀시험 압력=상용압력 이상

13. 액화석유가스를 가정용 연료로 판매할 경우 다음 사용할 시설의 기준 중 틀린 것은?

㉮ 충전용기는 부식방지와 직사광선을 차단하기 위해 밀폐된 장소에 보관한다.

㉯ 충전용기의 밸브 또는 배관을 가열할 때에는 열습포나 40℃ 이하의 더운물을 사용할 것

㉰ 충전용기는 넘어짐 등으로 인한 충격을 방지하도록 할 것

㉱ 충전용기는 항상 40℃ 이하의 온도를 유지한다.

[해설] 가연성가스의 저장실은 폭발을 방지하기 위하여 통풍이 양호한 장소에 보관한다.

14. 액화석유가스의 실량 표시 증지에 기재 할 사항이 아닌 것은?

㉮ 빈 용기 무게   ㉯ 가스의 무게

㉰ 발행기관   ㉱ 충전 연월일

[해설] 실량 표시 증지(고시)
① 빈용기 무게   ② 가스의 무게
③ 발행기관   ④ 충전소명
⑤ 총 무게

15. LPG용기의 각인 사항이 다음과 같을 때 틀린 것은?

$$V = 30, TP = 3$$

㉮ 이 용기의 기밀시험압력은 1.8MPa이다.

㉯ 내압시험압력이 3MPa, 내용적이 30L이다.

㉰ 용기도색은 백색이고, 충전가스명 표시색은 적색이다.

㉱ 안전밸브에서 가스가 누출시 비눗물을 사용하여 검사한다.

[해설] 용기도색은 회색이다.
$TP = 3\text{MPa}$
$FP = AP = 3 \times \frac{3}{5} = 1.8\text{MPa}$

16. 액화석유가스 판매업소 용기저장소의 시설기준 중 틀린 것은?

㉮ 용기저장실의 전기시설은 방폭구조인 것이어야 하며, 전기 스위치는 용기저장실 외부에 설치한다.

㉯ 용기저장실 내에는 분리형 가스누설경보기를 설치한다.

㉰ 용기저장실 주위의 5m(우회거리) 이내에 화기취급을 하지 아니한다.

㉱ 용기저장실 설치하고 보기 쉬운 곳에 경계표시를 설치한다.

[해설] ① 화기와 우회거리 : 8m(직선거리 : 2m) 이상
② 화기와 가스계량기와의 우회거리 : 2m 이상

17. LPG의 판매사업자시설 중 용기보관실에 설치하여야 할 설비로서 적합한 것은?

㉮ 공업용 가스누출경보기

㉯ 가스누출 자동차단기

㉰ 분리형 가스누출경보기

㉱ 일체형 가스누출경보기

18. 액화석유가스의 저장 탱크를 지하에 설치할 경우의 시설기준에 어긋난 것은?

㉮ 철근콘크리트의 두께는 30cm 이상으로 한다.

㉯ 저장 탱크 주위에 마른 모래를 채워야 한다.

㉰ 저장 탱크를 2개 이상 인접하여 설치하는 경우에는 두 저장 탱크의 최대지름을 합산한 길이의 1/4 이상을 이격하여야 한다.

㉱ 저장 탱크를 묻은 곳 주위 지상에는 경계표지를 한다.

[해설] 저장 탱크를 지하에 설치하는 경우의 시설 기준
① 지하에 묻은 저장 탱크의 외면에는 부식 방지코팅 및 전기부식 방지조치를 하고, 저장 탱크는 천장·벽 및 바닥의 두께가 각각 30cm 이상의 방수 조치를 한 철근콘크리트로 만든 곳(이하 "저장 탱크실"이라 한다.)에 설치할 것
② 저장 탱크의 주위에 마른 모래를 채울 것
③ 지면으로부터 저장 탱크의 정상부까지의 깊이는 60cm 이상으로 할 것

④ 저장 탱크를 2개 이상 인접하여 설치하는 경우에는 상호 간에 1m 이상의 거리를 유지할 것
⑤ 저장 탱크를 묻는 곳의 주위에는 지상에 경계표지를 할 것
⑥ 저장 탱크에 설치한 안전밸브에는 지면으로부터 5m 이상의 높이에 방출구가 있는 가스방출관을 설치 할 것

19. LPG 저장탱크 외부에는 도료를 바르고 주위에서 보기 쉽도록 "액화석유가스" 또는 "LPG"라고 주서로 표시하여야 하는데 이 저장탱크의 외부도료 색깔은?

㉮ 은백색　　　　㉯ 황색
㉰ 청색　　　　㉱ 녹색

해설 LPG 저장탱크
① 외부도색 : 은백색
② 가스명칭 : 적색

20. 지름이 각각 4m와 8m인 2개의 액화석유가스 저장 탱크가 인접해 있을 경우 두 저장 탱크 간에 유지하여야 할 거리는?

㉮ 1m 이상　　　㉯ 2m 이상
㉰ 3m 이상　　　㉱ 4m 이상

해설 탱크상호간의 거리
1m 이상 또는 두 탱크의 최대 직경을 합산한 길이의 1/4m 이상 중 큰 길이로 한다.
여기서, $(4+8)\times\frac{1}{4}=3m$
∴ 1m보다 크므로 3m 이상으로 한다.

21. 액화석유가스의 안전 및 사업관리법에서 액화석유가스 저장소란 내용적 1L 미만의 용기에 충전된 액화석유가스를 저장할 경우 총량이 몇 kg 이상 저장하는 장소를 말하는가?

㉮ 100kg　　　　㉯ 150kg
㉰ 200kg　　　　㉱ 250kg

해설 ① 내용적 1L 미만의 용기에 충전하는 액화석유가스의 경우에는 250kg
② ①호 외의 저장설비의 경우 : 저장능력 5t

22. 다음 중 충전소의 액화석유가스 저장탱크에 반드시 설치하여야 하는 장치에 해당하지 아니하는 것은?

㉮ 안전밸브　　　㉯ 액면계
㉰ 온도계　　　　㉱ 긴급차단장치

해설 액화석유가스 저장탱크
안전밸브, 액면계, 긴급차단장치, 압력계

23. LPG 탱크에 안전상 없어도 되는 장치는?

㉮ 안전밸브　　　㉯ 긴급차단장치
㉰ 살수장치　　　㉱ 분석장치

24. "저장탱크에 액화석유가스를 충전할 때에는 정전기를 제거한 후 저장 탱크 내용적의 (①)%를 넘지 않도록 충전하고 소형 저장 탱크는 그 내용적의 (②)를 초과하지 않도록 할 것"에서 ( ) 안에 맞는 것은?

㉮ ① 90%, ② 85%
㉯ ① 90%, ② 90%
㉰ ① 85%, ② 90%
㉱ ① 85%, ② 85%

25. 액화석유가스 저장소의 시설기준으로서 틀린 것은?

㉮ 저장설비에는 정전기를 제거하는 시설을 갖출 것
㉯ 저장설비는 용기접합식으로 하지 않을 것
㉰ 저장설비 주의 2m(우회거리) 내에는 화기를 취급하거나 인화성 물질 또는 가연성 물질을 두지 않을 것
㉱ 기화장치의 주위에는 경계책을 설치할 것

해설 액화석유가스(가연성) 저장설비 우회거리 : 8m

정답 19. ㉮　20. ㉰　21. ㉱　22. ㉰　23. ㉱　24. ㉮　25. ㉰

26. 액화석유가스 제조시설기준 중 고압가스설비의 기초는 지반침하로 당해 고압가스설비에 유해한 영향을 끼치지 않도록 해야 하는데 이 경우 저장탱크의 저장능력이 몇 톤 이상일 때를 말하는가?

㉮ 4톤 이상   ㉯ 3톤 이상
㉰ 2톤 이상   ㉱ 1톤 이상

해설 지반침하 방지기준
① 고압가스 일반제조기준 : 1톤 이상, $100m^3$ 이상
② 액화석유가스 충전사업기준 : 3톤 이상

27. LP가스 저장탱크 침하에 따른 조치 중 벤치마크는 당해 사업소면적 몇 m^2 당 1개소 이상 설치하여야 하는가?

㉮ 10만   ㉯ 20만
㉰ 30만   ㉱ 50만

28. 액화석유가스 공급시설의 경계책 높이로 옳은 것은?

㉮ 1m 이상   ㉯ 1.2m 이상
㉰ 1.5m 이상   ㉱ 2m 이상

29. LPG 저장탱크의 용착 금속부 열영향부에 응력부식 균열이 발생하는 경유가 있는데 그 원인이라고 생각되는 것은?

㉮ H_2O 등 황화합물의 영향
㉯ 수분의 영향
㉰ NO_2 등 질소 화합물의 영향
㉱ 탄소의 영향

해설 응력부식 균열이 발생원인
수분에 의하여 응력부식

30. 부피가 25,000 ℓ LPG 저장탱크의 저장능력은 몇 kg인가? (단, LPG의 비중은 0.520이다)

㉮ 10,400   ㉯ 13,000
㉰ 11,700   ㉱ 12,000

해설 $W = 0.9dv = 0.9 \times 0.52 \times 25,000 = 11,700kg$

31. LPG 저장탱크($48m^3$의 내용적)에 부탄 18톤을 충전한다면 저장탱크내의 액상인 부탄의 용적은 상용온도에서 저장탱크 내용적의 약 몇 %가 되겠는가? (단, 저장탱크의 상용온도에 있어서의 부탄의 액비중은 0.55로 한다.)

㉮ 90%   ㉯ 86%
㉰ 77%   ㉱ 68%

해설 부탄의 용적 $= \dfrac{무게(kg)}{액비중(kg/\ell)}$

$= \dfrac{18 \times 10^3}{0.55} = 32.73 \times 10^3 \ell = 32.73m^3$

$\therefore \dfrac{32.73m^3}{48m^3} \times 100 = 68.1\%$

32. 액화 석유가스의 저장능력이 몇 톤 이상인 경우 방류둑을 설치해야 하는가?

㉮ 1,000ton   ㉯ 1,200ton
㉰ 1,500ton   ㉱ 2,000ton

해설 ① 액화석유가스 방류둑 : 저장능력 1,000ton 이상일 때 설치
② 도시가스(LNG) 방류둑 : 저장능력 500ton 이상일 때 설치

33. 액화석유가스를 저장하는 시설의 강제통풍구조에 관한 내용이다. 설명이 잘못된 것은?

㉮ 통풍능력이 바닥면적 $1m^2$마다 $0.5m^3$/분 이상으로 한다.
㉯ 흡입구는 바닥면 가까이에 설치한다.
㉰ 배기가스 방출구를 지면에서 5m 이상의 높이에 설치한다.
㉱ 배기구는 천장면에서 30cm 이내에 설치하여야 한다.

26. ㉯   27. ㉱   28. ㉰   29. ㉯   30. ㉰   31. ㉱   32. ㉮   33. ㉱   정답

[해설] 액화석유가스는 공기보다 무거우므로 배기구는 바닥면에 접하도록 설치한다(바닥면에서 30cm 이내).

34. LP가스의 용기보관실 바닥 면적이 3m²이라면 통풍구의 크기는 얼마로 하여야 하는가?

㉮ 300cm²   ㉯ 600cm²
㉰ 900cm²   ㉱ 1200cm²

[해설] 통풍구의 크기
① 바닥면적의 3% 이상
② 바닥면적 1m²당 300cm² 이상
∴ 3m²×300cm²/m²=900cm² 이상

35. 다음은 LPG의 소형저장탱크에 대한 내용이다. 알맞은 단어 숫자를 고르시오.

> ① 소형저장탱크와 토지경계와 안전거리는 탱크 외면에서 ( )m 이상 안전공지를 유지한다.
> ② 충전 질량의 100kg 이상 소형저장탱크의 경우 안전거리 유지할 수 없는 경우 설치하는 방호벽의 높이는 소형 저장탱크 정상부보다 ( )cm 높게 한다.

㉮ 0.5, 50   ㉯ 1, 50
㉰ 0.5, 100   ㉱ 0.5, 200

[해설] 상기 항목 이외에 소형 저장탱크에 관한 규정
① 소형저장탱크에 설치하는 가스방출관은 지면에서 2.5m 이상 탱크정상부에서 1m 이상 높은 위치에 설치한다.
② 동일 장소에 설치하는 소형저장탱크 수는 6기 이하로 하고 충전질량 합계는 5,000kg 미만
③ 소형저장탱크는 바닥이 지면 5cm 이상 높은 콘크리트 바닥위에 설치
④ 1,000kg 소형저장탱크는 높이 1m 이상 경계책 실시
⑤ 소형저장탱크 기화장치 출구 측 압력은 1MPa 미만 되도록 사용할 것
⑥ 소형저장탱크와 기화장치는 3m 이상 우회거리를 유지
⑦ 1,000kg 이상 소형저장탱크 부근에 ABC용 B-12 이상 분말 소화기 2개 이상 비치
⑧ 소형저장탱크 기화장치 5m 이내 화기 사용금지

36. 다음 중 액화석유가스 소형 저장탱크에 속하는 것은?

㉮ 저장능력이 3.5t인 저장 탱크
㉯ 저장능력이 4.5t인 저장 탱크
㉰ 저장능력이 5t 이하인 저장 탱크
㉱ 저장능력이 3t 미만인 저장 탱크

37. 액화석유가스 사용시설의 저장능력이 얼마 이상인 경우 저장 탱크 또는 소형 저장 탱크를 설치하여야 하는가?

㉮ 100kg 초과   ㉯ 200kg 초과
㉰ 500kg 초과   ㉱ 1000kg 초과

38. 소형 저장탱크와 기화장치의 우회거리는 몇 m 이상인가?

㉮ 1m   ㉯ 2m
㉰ 3m   ㉱ 4m

[해설] 우회거리
① 일반저장탱크 : 8m 이상
② 소형저장탱크 : 3m 이상

39. 다음은 액화석유가스 집단공급사업의 소형저장탱크 설치 기준이다. 이 중 잘못 설명된 것은?

㉮ 동일 장소에 설치하는 소형저장 탱크의 수는 6기가 이하로 하고 충전질량의 합계는 5000kg 미만이 되도록 할 것
㉯ 소형저장 탱크에는 정전기 제거조치를 할 것
㉰ 충전질량 1000kg 이상인 소형저장 탱크로써 제3자가 쉽게 접근할 수 있는 것에는 높이 1.5m 이상의 경계책을 만들고 출입구를 설치할 것
㉱ 소형저장 탱크 및 가스설비에는 "가스누출경보기의 설치기준"에 적합하게 가스누출경보기를 설치할 것

[정답] 34. ㉰ 35. ㉮ 36. ㉱ 37. ㉰ 38. ㉰ 39. ㉰

[해설] 경계책 높이
① 일반 저장탱크 : 1.5m 이상
② 소형 저장탱크 : 1m 이상

40. 차량에 고정된 탱크로 소형 저장탱크에 액화석유가스를 충전할 경우 기준에 적합하지 않은 것은?

㉮ 충전작업이 완료되면 세이프티카플링으로부터의 가수누설이 없는가를 확인할 것

㉯ 충전 중에는 액면계의 움직임, 펌프 등의 작동을 주의·감시하여 과충전 방지 등 작업 중의 위해방지를 위한 조치를 할 것

㉰ 충전작업은 수요자가 채용한 검사원의 입회하에 할 것

㉱ 액화석유가스를 충전하는 때에는 소형저장탱크 내의 잔량을 확인한 후 충전할 것

[해설] LPG 충전사업 기술기준 중 차량에 고정된 탱크로 소형저장탱크에 액화석유가스를 충진하는 때에는 다음 기준에 의할 것
① 수요자가 받아야 하는 허가 또는 액화석유가스 사용신고 여부와 소형저장탱크의 검사여부를 확인하고 공급 할 것
② 액화석유가스를 충전하는 때에는 그 소형저장탱크 내의 잔량을 확인한 후 충전할 것
③ 충전작업은 수요자가 채용한 안전관리자의 입회하에 할 것
④ 충전 중에는 액면계의 움직임·펌프 등의 작동을 주의·감시하여 과충전 방지 등 작업 중의 위해방지를 위한 조치를 할 것
⑤ 충전작업이 완료되면 세이프티카플링으로부터의 가스누출이 없는지를 확인할 것

41. 액화석유가스 저장능력이 몇 kg 이상인 고속도로 휴게소에는 소형 저장 탱크를 설치해야 하는가?

㉮ 500kg
㉯ 1,000kg
㉰ 1,500kg
㉱ 2,000kg

42. 저장 탱크간의 간격이 유지된 가연성가스 저장탱크가 상호 인접한 경우 저장 탱크 전 표면적에 대하여 표면적 $1m^2$ 당의 물분무장치의 방수량은 얼마인가?

㉮ 4L/분
㉯ 4.5L/분
㉰ 7L/분
㉱ 8L/분

[해설] 저장 탱크간 규정거리가 유지된 경우 방수량
① 저장 탱크 전표면 : $8L/min \cdot m^2$ 이상
② 내화구조 : $4L/min \cdot m^2$ 이상
③ 준내화구조 : $6.5L/min \cdot m^2$ 이상

43. 가연성가스의 내화구조 저장 탱크가 상호 인접하여 규정거리를 유지하지 못했을 경우 물분무장치의 방사 능력은?

㉮ $8L/min \cdot m^2$
㉯ $6L/min \cdot m^2$
㉰ $4L/min \cdot m^2$
㉱ $2L/min \cdot m^2$

[해설] 저장탱크간 규정거리를 유지하지 못했을 경우 방수량
① 저장 탱크 전표면 : $7L/min \cdot m^2$ 이상
② 내화구조 : $2L/min \cdot m^2$ 이상
③ 준내화구조 : $4.5L/min \cdot m^2$ 이상

44. 물분무장치를 설치할 때 동시에 방사할 수 있는 최대 수량은 몇 시간 이상 연속하여 방사할 수 있는 수원에 접속되어 있어야 하는가?

㉮ 30분 이상
㉯ 2시간 이상
㉰ 1시간 이상
㉱ 1시간 20분 이상

45. 지상에 액화석유가스(LPG) 저장탱크를 설치하는 경우 냉각용 살수장치는 그 외면으로부터 몇 m 이상 떨어진 곳에서 조작할 수 있어야 하는가?

㉮ 2
㉯ 3
㉰ 5
㉱ 7

[해설] 저장탱크 및 그 지주에는 외면으로부터 5m 이상 떨어진 위치에 냉각살수장치 그 밖에 필요한 냉각장치를 설치하여야 한다.

40. ㉰ 41. ㉮ 42. ㉱ 43. ㉱ 44. ㉮ 45. ㉰ **정답**

46. 액화석유가스 용기보관 장소에 충전용기를 보관할 때 기준에 적합하지 않은 것은?

㉮ 용기보관장소에는 충전용기와 잔가스용기를 구분하여 놓을 것
㉯ 용기보관장소에는 휴대용 손전등 외의 등화를 휴대하지 않을 것
㉰ 용기보관장소의 주위 2m(우회거리) 이내에는 화기 또는 인화성 물질이나 발화성 물질을 두지 않을 것
㉱ 용기보관장소에는 계량기 등 작업에 필요한 물건 외의 물건을 두지 않을 것

[해설] ㉰항 : 8m(우회거리)

47. 액화석유가스 용기보관소에 관한 설명 중 잘못된 것은?

㉮ 용기보관소에는 보기 쉬운 곳에 경계표지를 할 것
㉯ 용기보관소는 양호한 통풍구조로 할 것
㉰ 용기보관소의 지붕은 불연성, 난연성 재료를 사용할 것
㉱ 용기보관소에는 화재경보기를 설치할 것

[해설] 용기보관소에는 가스누출경보기(분리형)를 설치하여야 한다.

48. 다음과 같은 LPG 용기보관소 경계표시 (연)자 표시의 색상은?

LPG 용기 저장실(연)

㉮ 흰색   ㉯ 노란색
㉰ 적색   ㉱ 흑색

[해설] 독성 가스에 표시하는 (독), 가연성가스에 표시하는 (연)은 모두 적색으로 표시한다.

49. LPG 사용시 주의하지 않아도 되는 것은?

㉮ 완전 연소되도록 공기 조절기를 조절한다.
㉯ 화력 조절은 가스레인지 콕으로 한다.
㉰ 사용시 조정기 압력은 적당히 조절한다.
㉱ 중간 밸브 개폐는 천천히 한다.

[해설] 조정기의 압력
가스유출압력을 조정하여 연소시 최적의 압력 유지

50. 다음 중 액화석유가스를 사용할 때의 시설기준 및 기술기준에 적합한 것은?

㉮ 기화장치는 직화식 구조일 것
㉯ 가스사용시설의 저압부분의 배관은 0.8MPa 이상 내압시험에 합격할 것
㉰ 반밀폐형 연소기는 급기구 및 환기통을 설치할 것
㉱ 소형저장탱크와 충전용기는 35℃ 이하를 유지할 것

[해설] ㉮항 : 기화장치는 직화식 가열구조가 아닐 것
㉰항 : 반밀폐형 연소기는 급기구 배기통을 설치
㉱항 : 소형저장탱크와 충전용기는 40℃ 이하 유지

51. 액화가스 기화장치에 대한 설명 중 옳지 않은 것은?

㉮ 온수 가열방식은 그 온수의 온도가 80℃이어야 한다.
㉯ 가연성가스를 기록장치의 접지 저항치는 100Ω 이하이어야 한다.
㉰ 안전장치는 내압시험 압력의 10분의 8 이하에서 작동해야 한다.
㉱ 증기 가열방식은 그 증기의 온도가 120℃ 이하이어야 한다.

[해설] 가연성가스의 접지저항치
10Ω 이하

정답 46. ㉰ 47. ㉱ 48. ㉰ 49. ㉰ 50. ㉯ 51. ㉯

52. 액화석유가스를 가정에 연료용으로 판매할 경우에는 사용시설에 대하여 법정기준에 적합한가를 점검 확인한 후에 충전용기를 사용할 시설의 내관에 접속해야 하는데 그 법정 기준에 틀린 것은? (단, 내용적 20ℓ 미만의 용기 및 옥외를 이동하며 사용하는 자에게 인도하는 경우를 제외한다.)

㉮ 연소기, 조정기, 콕 및 밸브 등 사용기기의 검사품 여부 및 그 작동상황을 점검 확인 할 것

㉯ 내용적 5ℓ 미만의 충전용기에도 전도, 전락 등에 의한 충격 및 밸브의 손상을 방지하는 조치를 할 것

㉰ 충전용기로부터 2m 이내에 있는 화기와는 차단조치를 할 것

㉱ 충전용기는 옥외에 설치할 것

해설 밸브 손상을 방지하는 조치를 하는 용량 5ℓ 미만은 제외한다.

53. 액화석유가스저장소의 시설기준 중 경계책과 용기보관장소 사이에는 몇 m 이상 거리를 유지하는가?

㉮ 30m   ㉯ 20m

㉰ 10m   ㉱ 5m

해설 경계책
실외저장소 주위에는 경계책을 설치하고, 경계책과 용기보관장소 사이에는 20m 이상의 거리를 유지할 것(경계책의 높이 : 1.5m 이상)

54. 액화석유가스 충전용기를 옥외로 이동하면서 사용할 때에는 용기운반 전용장비(핸드카)에 견고하게 묶어 사용하여야 하는 내용적은 몇 ℓ 이상이어야 하는가?

㉮ 20ℓ   ㉯ 100ℓ

㉰ 500ℓ   ㉱ 1,000ℓ

해설 LPG 충전용기 옥외로 이동하면서 사용할 때에는 내용적이 20ℓ 이상은 용기운반전용장비에 견고하게 묶어서 사용하여야 한다.

55. 다음 중 LPG 용기보관소에 설치해야 하는 것은?

㉮ 역화방지장치   ㉯ 자동차단밸브

㉰ 가스누설경보기   ㉱ 긴급차단장치

56. 액화석유가스 저장소의 시설기준에서 충전용기와 잔가스 용기의 보관 장소는 몇 m 이상의 간격을 두어 구분하는가?

㉮ 2.5m 이상   ㉯ 1m 이상

㉰ 2m 이상   ㉱ 1.5m 이상

해설 구분보관
충전용기와 잔가스용기의 보관장소는 1.5m 이상의 간격을 두어 구분할 것

57. 가스공급자가 일반수요자에게 액화석유가스를 공급할 때에는 체적판매에 의하여 공급할 수 있다. 해당 되지 않는 것은?

㉮ 단독주택에서 액화석유가스를 사용하는 자

㉯ 이동하면서 액화석유가스를 사용한 자

㉰ 3월 이내의 기간 동안 액화석유가스를 사용하는 자

㉱ 체적판매방법에 의한 공급이 곤란하다고 인정하여 지식경제부장관이 고시하는 자에게 공급하는 경우

해설 6개월 이내의 기간

58. 가정용 액화석유가스 사용할 때의 시설기준에 있어서 적용하지 않아도 무방한 것은 어느 것인가?

㉮ 용기의 충격방지조치

㉯ 용기의 실내설치

㉰ 반밀폐형 연소기의 급기구 및 배기통 설치

㉱ 호스의 길이 3m 이내

해설 용기는 옥외 설치

59. LP가스용기를 옥외에 두는 것이 좋다. 그 이유는?

㉮ 옥외쪽이 가스가 누설되어도 확산이 빨라 사고를 방지할 수 있다.

㉯ 옥내에는 수분이 있어서 용기의 부식이 빠르다.

㉰ 옥외쪽이 햇볕이 많아 가스방출이 쉽다.

㉱ 법에 정해져 있기 때문이다.

[해설] LP가스는 공기보다 약 1.5배~2배가 무거워서 누설시 실내에서는 확산이 어려우므로 옥외에 설치한다.

60. LPG 설비를 수리할 때 안전상 주의해야 할 사항이 아닌 것은?

㉮ 내압의 방출은 세심한 주의를 하면서 서서히 한다.

㉯ 화기를 사용하는 경우에는 내부가스 치환을 하고 연소 하한계 이하로 한다.

㉰ 정기검사를 확실히 하면 수리후의 기밀시험은 생략할 수 있다.

㉱ 통풍이 양호하게 하여 타격 등에 의한 발화가 생기지 않도록 처리한다.

[해설] LPG 설비는 사용압력이상의 압력으로 기밀시험을 실시하여 누출이 없어야 한다.

61. LP가스의 저장설비나 가스설비를 수리 또는 청소할 때 내부의 LP가스를 질소 또는 물 등으로 치환하고, 치환에 사용된 가스나 액체를 공기로 재치환하여야 하는데, 이때 공기에 의한 재치환 결과가 산소농도 측정기로 측정하여 산소의 농도가 얼마의 범위 내에 있을 때까지 공기로 치환하여야 하는가?

㉮ 18~22%   ㉯ 12~16%

㉰ 7~11%   ㉱ 4~6%

[해설] ① 각 설비의 작업을 할 수 있는 허용 농도

㉮ 가연성가스 : 폭발하한계의 1/4 이하(산소농도 18~22%)

㉯ 독성 가스 : 허용농도 이하(산소농도 18~22%)

㉰ 산소가스 : 18~22% 이하(산소농도 18~22%)

② 산소(O_2)결핍의 위험성

㉮ 21% : 정상 공기농도

㉯ 18% : 안전한계

㉰ 16% : 호흡곤란, 두통 및 구토

㉱ 12% : 현기증, 창백, 기력 저하

㉮ 10% : 안면 창백, 의식불명

㉯ 8% : 혼수상태(8분 후 사망)

㉰ 6% : 호흡정지(사망)

62. LP가스가 누출될 때 손쉬운 검지방법은?

㉮ 불을 가까이 해본다.

㉯ 검지기로 검사 한다.

㉰ 리트머스시험지를 물에 적셔 사용해 본다.

㉱ 비눗물로 칠해 기포발생 여부를 본다.

63. 액화석유가스 옥외설비 화재의 진화 매개체로 가장 좋은 것은?

㉮ 폼(Foam)

㉯ 이산화탄소

㉰ 분말 소화약제

㉱ 할론(Halon)소화약제

[해설] LPG 화재의 소화약제 : 분말소화약제

64. 액화석유가스 설비 기준 중 적합하지 않는 것은?

㉮ 가스설비에는 그 설비에서 발생하는 정전기를 제거하는 조치를 할 것

㉯ 가스설비는 사용압력이 1.5배 이상의 압력에서 항복을 일으키지 않는 두께를 가질 것

㉰ 가스설비에 장치하는 압력계는 최고 눈금이 상용압력의 1.5배 이상, 2배 이하인 것일 것

㉱ 가스설비는 상용압력의 1.5배 이상의 내압시험에 합격한 것일 것

[해설] 상용압력의 2배 이상의 압력에서 항복을 일으키지 않는 두께를 가질 것

65. 정전기에 관한 설명 중 틀린 것은?

㉮ 습도가 적은 겨울은 정전기가 축적되기 어렵다.

㉯ 면으로 된 작업복은 화학섬유로 된 작업복보다 대전하기 어렵다.

㉰ 액화프로판의 충전설비, 배관, 탱크 등은 정전기를 제거하기 위하여 접지한다.

㉱ 액화프로판은 전기절연성이 높고 유동에 의해 정전기를 일으키기 쉽다.

[해설] 습도가 적은 겨울을 정전기 축적이 쉽다.

66. LPG를 저장용기로부터 대량 소비하는 경우용기 표면에 서리가 끼게 되는데 그 이유로서 가장 타당한 것은?

㉮ LPG가 급속히 빠져나가 용기 내에 공동이 생기기 때문에

㉯ LPG 배출시 주위 공기온도가 용기 표면보다 상대적으로 높아지기 때문에

㉰ LPG 증발시 기화잠열에 의해 외부공기 중 수분이 응결하기 때문에

㉱ LPG 중에 포함된 수분이 표면에 응결하기 때문에

67. 납붙임 또는 접합용기(이동식 부탄가스용기)에 주입하는 흡입을 방지하는 물질의 구비조건으로 틀린 것은?

㉮ 인체에 독성 및 발암성이 없을 것

㉯ 특유의 냄새가 있을 것

㉰ 상온, 상압에서 화학적으로 안정할 것

㉱ 액화석유가스와 균일하게 혼합될 것

[해설] 흡입을 방지하는 물질의 구비조건
① 인체에 독성 및 발암성이 없을 것
② 냄새가 나지 않을 것
③ 상온, 상압에서 화학적으로 안정할 것
④ 액화석유가스에 첨가되는 냄새가 나는 물질 및 용기와 반응성 또는 흡착성이 없을 것

⑤ 액화석유가스와 균일하게 혼합될 것
⑥ 완전연소가 되어야 하고, 연소시 발생하는 유해물질의 농도가 허용농도 이하로서 인체에 해롭지 않을 것
⑦ 연소효율 및 연소기 성능에 영향을 주지 않을 것
⑧ 휘발성 강한 액체 또는 액화 가능한 기체로서 액화석유가스 기화시에 함께 섞여 기화될 것

68. 납붙임 접합용기에 LPG를 충전시 충전하는 가스압력은 35℃에서 몇 MPa 미만이 되어야 하는가?

㉮ 0.4 ㉯ 0.5

㉰ 0.7 ㉱ 1

69. LP가스가 충전된 납붙임 용기 또는 접합용기는 몇 도의 온도에서 가스누설시험을 할 수 있는 온수시험탱크를 갖추어야 하는가?

㉮ 52~60℃ ㉯ 46~50℃

㉰ 35~45℃ ㉱ 20~32℃

[해설] 누설시험 온도 : 46~50℃

70. LPG 저장 탱크와 저장능력이 몇 t 이상일 때 폭발방지장치를 설치하는가?

㉮ 2 ㉯ 10

㉰ 20 ㉱ 100

[해설] 폭발방지장치 : 주거지역 또는 상업지역에 설치하는 저장능력 10t 이상의 저장탱크에는 폭발방지장치를 설치할 것. 다만, 지식경제부장관이 정하는 조치를 한 저장 탱크의 경우 및 지하에 매몰하여 설치한 저장 탱크의 경우에는 그러하지 아니하다.

71. LPG 탱크에 설치하는 폭발방지장치의 탱크 외부의 가스명 밑에는 장치를 설치하였음을 표시하도록 되어 있다. 그 크기는?

㉮ 가스명 크기의 1/2 이상

㉯ 가스명 크기의 1/3 이상

㉰ 가스명 크기의 1/4 이상

㉱ 가스명 크기의 1/5 이상

[해설] 폭발방지장치의 탱크 외부 표시의 크기
가스명의 크기 1/2 이상

---

65. ㉮ 66. ㉰ 67. ㉯ 68. ㉯ 69. ㉯ 70. ㉯ 71. ㉮ **정답**

72. 다음 식은 LP가스탱크의 폭발방지제의 후프링과 동체 접촉압력에 대한 공식이다. 여기서 C는 안전율로서 그 수치는 얼마인가?

$$P = \frac{0.01\,Wh}{D \times b} \times C$$

㉮ 1　　　　　　　㉯ 2

㉰ 2　　　　　　　㉱ 4

해설 P : 접촉압력(MPa)
Wh : 폭발방지제 중량+지지봉 중량+후프링 자중(N)
D : 동체의 안지름(cm)
b : 후프링 접촉폭(cm)
C : 안전율
여기서, 폭발방지제 두께는 114mm

73. 액화석유가스 저장설비 및 가스설비실에 설치하는 가스누출경보기의 구조에 대한 설명 중 잘못된 것은?

㉮ 충분한 강도를 가지며 취급과 정비가 용이할 것

㉯ 경보기의 경보부와 검지부는 일체형으로 설치할 수 있는 것일 것

㉰ 검지부가 다점식인 경우 경보가 울릴 때 검지장소를 알 수 있는 구조일 것

㉱ 경보는 램프의 점등 또는 점멸과 동시에 경보를 울리는 것일 것

해설 경보기의 경보부와 검지부는 분리하여 설치할 수 있는 것일 것

74. 가스누출차단장치의 주요 구성부분이 아닌 것은?

㉮ 검지부　　　　　㉯ 차단부

㉰ 경보부　　　　　㉱ 제어부

75. 액화 석유가스의 가스 누설 경보기 검지부의 설치 높이는 바닥면으로부터 검지부 상단까지 얼마 이하이어야 하는가?

㉮ 10cm　　　　　㉯ 30cm

㉰ 50cm　　　　　㉱ 70cm

해설 ① 공기보다 무거운 가스(LPG)의 검지부의 설치 높이 : 바닥으로부터 30cm 이내
② 공기보다 가벼운 가스(도시가스)의 검지부의 설치 높이 : 천정으로부터 30cm 이내

76. 액화석유가스가 공기 중에서 누설시 그 농도가 몇 %일 때 감지할 수 있도록 부취제를 섞는가?

㉮ 2%　　　　　　㉯ 1%

㉰ 0.5%　　　　　㉱ 0.1%

해설 부취제
공기 중의 1/1,000 산태(0.1%)에서 감지할 수 있도록 섞는다.

77. 연료용 가스에 주입하는 부취제(냄새가 나는 물질)의 측정방법으로 볼 수 없는 것은?

㉮ 오더(odor) 미터법

㉯ 주사위법

㉰ 무취실법

㉱ 시험가스 주입법

해설 냄새측정방법
① 오더(odor) 미터법(냄새측정기법)
② 주사기법
③ 냄새주머니법
④ 무취실법

78. 냄새가 나는 물질이 첨가된 도시가스는 매월 1회 이상 최종 소비장소에서 채취한 시료를 측정, 기록하여야 한다. 기록의 보존기간은?

㉮ 1년　　　　　　㉯ 2년

㉰ 3년　　　　　　㉱ 4년

정답 72. ㉱　73. ㉯　74. ㉰　75. ㉯　76. ㉱　77. ㉱　78. ㉯

79. 액화석유가스의 냄새 측정에서 사용용어 중 패널(Panel)의 뜻은?

㉮ 미리 선정한 정상적인 후각을 가진 사람으로서 냄새를 판정하는 자

㉯ 시험가스를 청정한 공기를 희석한 판정용 기체

㉰ 냄새를 측정할 수 있도록 액화석유가스를 기화시킨 가스

㉱ 냄새농도 측정에 있어서 희석조작을 하여 냄새농도를 측정하는 자

[해설] 액화석유가스의 냄새측정기준의 용어 정의
① 패널(Panel) : 미리 선정한 정상적인 후각을 가진 사람으로서 냄새를 판정하는 자
② 시험자 : 냄새농도 측정에 있어서 희석조작을 하여 냄새농도를 측정하는 자
③ 시험가스 : 냄새를 측정할 수 있도록 액화석유가스를 기화시킨 가스
④ 시료기체 : 시험가스 청정한 공기로 희석한 판정용 기체
⑤ 희석배수 : 시료기체의 양을 시험가스의 양으로 나눈 값

80. 액화석유가스 충전시설의 배관의 설치방법에 대한 설명 중 틀린 것은?

㉮ 배관을 지하에 매설하는 경우 지면으로부터 1.5m 이상의 깊이에 매설한다.

㉯ 지상에 설치하는 배관에는 신축흡수장치를 설치한다.

㉰ 배관에는 온도를 항상 40℃ 이하로 유지할 수 있는 조치를 한다.

㉱ 배관의 적당한 곳에 압력계, 온도계 및 안전밸브를 설치한다.

[해설] 지하매설깊이 : 1m 이상

81. LPG 사용시설 중 배관 설치방법이 옳지 않은 것은 어느 것인가?

㉮ 건축물을 기초 밑에 설치한다.

㉯ 단독 피트 내에 설치한다.

㉰ 지하매몰 배관의 표면 색상을 적색으로 한다.

㉱ 환기가 잘 통하는 곳에 설치한다.

[해설] LPG 배관은 건축물의 내부 또는 기초의 밑에 설치하지 아니할 것

82. 다음은 특정 가스사용시설 외의 가스사용시설을 할 때 배관의 재료 및 부식방지 조치기준이다. 잘못된 항목은?

㉮ 건축물 내의 매몰배관은 동관, 또는 스테인리스강관 등 내식성 재료를 사용

㉯ 지하매몰 배관은 청색으로 표시할 것

㉰ 지상배관은 황색으로 표시할 것

㉱ 배관은 그 외부에 사용 가스명, 최고사용압력 및 가스흐름 방향을 표시할 것

[해설] 지상배관 : 황색
매몰배관 : 적색 또는 황색

83. 액화석유가스 집단공급시설에서 지상배관의 색상으로 적합한 것은?

㉮ 황색　　　　　㉯ 녹색
㉰ 적색　　　　　㉱ 회색

[해설] 지상배관은 방청도장 후 황색, 지하매몰배관은 적색 또는 황색으로 표시할 것. 다만, 지상배관의 경우 건물의 내·외벽에 노출된 것으로서 바닥(2층 이상의 건물의 경우에는 각층의 바닥을 말한다.)에서 1m의 높이에 폭 3cm의 황색띠를 2중으로 표시한 경우에는 황색으로 표시하지 아니할 수 있다.

84. 액화석유가스 집단공급사업의 시설기준 중 배관의 외면과 지면 또는 노면 사이에서 협소한 도로에 장애물이 많아 1m 이상의 매설 깊이를 유지하기가 곤란한 경우 매설 깊이는?

㉮ 0.3m 이상　　　　㉯ 0.6m 이상
㉰ 1.5m 이상　　　　㉱ 1.2m 이상

[해설] 액화석유가스 집단공급사업 시설기준 중 배관의 외면과 지면 또는 노면 사이에는 다음 기준에 의한 매설 깊이를 유지할 것
① 공동주택의 부지 내에서는 0.6m 이상
② 차량이 통행하는 도로에서는 1.2m 이상
③ ①및 ②에 해당하지 아니하는 곳에서는 1m 이상
④ ③에 해당하는 곳으로서 협소한 도로에 장애물이 많아 1m 이상의 매설 깊이를 유지하기가 곤란한 경우에는 0.6m 이상

85. 액화석유가스 사용시설 중 배관을 움직이지 아니하도록 고정, 부착하는 조치로 1m마다 고정장치를 하여야 하는 관지름은?

㉮ 관지름 13mm 이상 33mm 미만의 것

㉯ 관지름 13mm 미만의 것

㉲ 관지름 33mm 미만의 것

㉺ 관지름 33mm 이상의 것

해설 배관의 고정
① 관지름 13mm 미만 : 1m마다
② 관지름 13mm 이상, 33mm 미만 : 2m마다
③ 관지름 33mm 이상 : 3m마다

86. 액화석유가스 집단공급시설의 배관 이음부와 이격거리가 바르지 못한 것은?

㉮ 전기계량기 및 전기개폐기와는 60cm 이상

㉯ 단열조치를 한 굴뚝과는 30cm 이상

㉲ 전기점멸기, 전기접속기, 절연조치를 하지 아니한 전선과는 30cm 이상

㉺ 절연조치를 한 전선과는 10cm 이상

해설 단열조치를 한 굴뚝의 경우는 이격거리의 제한이 없다(단열조치를 하지 아니한 굴뚝 : 30cm 이상).

87. LP가스, 배관 연장 몇 m 이상을 교체 설치 시 변경 후 완성검사를 받아야하는가?

㉮ 10m ㉯ 20m

㉲ 30m ㉺ 40m

88. 가스용 폴리에틸렌관의 설치에 따른 안전관리방법이 잘못 설명된 것은?

㉮ 관은 매몰하여 시공하여야 한다.

㉯ 관의 굴곡 허용반지름은 바깥지름의 30배 이상으로 한다.

㉲ 관의 매설위치를 지상에서 탐지할 수 있는 로케팅 와이어 등을 설치한다.

㉺ 관은 40℃ 이상이 되는 장소에 설치하지 않아야 한다.

해설 관의 굴곡 허용반지름은 바깥지름의 20배 이상으로 한다 (20배 미만일 경우 엘보를 사용).

89. 가스계량기는 영업장의 면적이 몇 m² 이상인 가스시설 및 주거용 가스시설에는 액화석유가스 사용에 적합한 가스계량기를 설치하는가?

㉮ 150 ㉯ 100

㉲ 50 ㉺ 10

해설 가스계량기
① 영업장의 면적이 100m² 이상인 가스시설 및 주거용 가스시설에는 액화석유가스 사용에 적합한 가스계량기를 설치할 것
② 가스계량기의 설치장소는 다음 각호의 기준에 적합할 것
　㉮ 가스계량기는 화기(당해 시설 안에서 사용하는 자체 화기를 제외한다)와 2m 이상의 우회거리를 유지하는 곳으로서 수시로 환기가 가능한 장소에 설치할 것
　㉯ 가스계량기의 설치높이는 바닥으로부터 1.6m 이상 2m 이내의 수직·수평으로 설치하고, 밴드, 보호가대 등 고정 장치로 고정시킬 것. 다만, 격납상자 내에 설치하는 경우에는 설치높이를 제한하지 않는다.
　㉲ 가스계량기와 전기계량기 및 전기개폐기와의 거리는 60cm 이상, 굴뚝(단열조치를 하지 아니한 경우에 한한다). 전기점멸기 및 전기접속기와의 거리는 30cm 이상. 절연조치를 하지 아니한 전선과의 거리는 15cm 이상의 거리를 유지할 것

90. 액화석유가스 사용시설 중 가스계량기와 전기개폐기와의 거리는 얼마 이상이어야 하는가?

㉮ 60cm 이상

㉯ 50cm 이상

㉲ 30cm 이상

㉺ 15cm 이상

해설 액화석유가스 사용시설과 전기기기와의 거리
① 가스계량기와 전기계량기 및 전기개폐기와의 거리 : 60cm 이상
② 굴뚝, 전기점멸기 및 전기접속기와의 거리 : 15cm 이상
③ 절연조치를 하지 아니한 전선과의 거리 : 15cm 이상

정답 85. ㉯ 86. ㉯ 87. ㉯ 88. ㉯ 89. ㉯ 90. ㉮

91. 액화석유가스 사용시설에 설치하는 계량기의 설치 기준 중 적합하지 않은 것은?

㉮ 액화석유가스에 적합한 것일 것

㉯ 화기와 2m 이상의 우회거리를 유지하고 수시로 환기가 가능한 장소일 것

㉰ 계량기는 격납상자에 바닥으로부터 1.6m 이상 2m 이내에 수평, 수직으로 설치한다.

㉱ 계량기는 밴드, 보호가대 등 고정 장치로 고정시킬 것

해설 격납상자에 설치 시 설치높이 제한이 없음

92. 액화석유가스를 사용하기 위한 허가 대상 가스용품이 아닌 것은?

㉮ 세이프티 커플링

㉯ 연소기부품용 압력조정기

㉰ 강제혼합식 가스버너

㉱ 로딩암

해설 허가대상 가스용품의 범위
① 압력 조정기(연소기의 부품으로 사용하는 것을 제외한다.) 및 가스누출 자동 차단장치
  ㉮ 정압기용 압력 조정기 및 정압기용 필터(정압기에 내장된 것을 제외한다.)
  ㉯ 매몰형 정압기
② 호스
  ㉮ 고압고무 호스   ㉯ 염화비닐호스
  ㉰ 금속 플렉시블호스   ㉱ 로딩암
  ㉲ 세이프티 커플링
③ 배관용 밸브(볼 밸브 및 글로브 밸브에 한한다.) 및 콕
④ 배관이음관으로서 다음 각목의 것
  ㉮ 전기절연이음관
  ㉯ 전기용착 폴리에틸렌이음관
  ㉰ 이형질이음관(금속관과 폴리에틸렌관을 연결하기 위한 것)
  ㉱ 퀵카플러
  ㉲ 세이프티 커플링
⑤ 강제혼합식 가스버너(제6호에 의한 온수보일러 및 냉난방기에 부착하는 것을 제외한다.)
⑥ 연소기(연소장치 중 가스버너를 사용할 수 있는 구조의 것으로서 시간당 가스소비량이 20만 kcal 이하인 것에 한하되 산업자원부장관이 정하는 것을 제외한다.)
⑦ 다기능 가스안전계량기(가스계량기에 가스누출 차단장치 등 가스안전기능을 수행하는 가스안전장치가 부착된 가스용품을 말한다.)
⑧ 로딩암

93. 허가대상 가스용품 중 배관이음관에 해당하지 않는 것은?

㉮ 퀵카플러

㉯ 이형질이음관(PVC 관과 폴리에틸렌을 연결하기 위한 것)

㉰ 전기용착 폴리에틸렌이음관

㉱ 전기절연이음관

해설 이형질이음관(금속관과 폴리에틸렌관을 연결하기 위한 것)

94. 가스사용시설에 대한 설명 중 가장 올바른 것은?

㉮ 개방형 연소기를 설치한 곳에는 배기통을 설치할 것

㉯ 반밀폐형 연소기는 환풍기 또는 환기구를 설치할 것

㉰ 배기통의 재료는 금속, 석면을 사용하지 말 것

㉱ 가스온수기는 목욕탕이나 환기가 잘되지 아니하는 곳에 설치하지 말 것

해설 연소기의 설치 방법
① 가스온수기나 가스보일러는 목욕탕 또는 환기가 잘되지 아니하는 곳에 설치하지 아니할 것
② 개방형 연소기를 설치한 실에는 환풍기 또는 환기구를 설치할 것
③ 반밀폐형 연소기는 급기구 및 배기통을 설치할 것
④ 배기통의 재료는 금속·석면 그 밖의 불연성재료일 것

95. 급배기방식에 따른 연소기구 중 실내에서 연소공기를 흡입하여 폐가스를 옥외로 배출하는 형식은?

㉮ 밀폐형   ㉯ 반밀폐형

㉰ 개방형   ㉱ 반개방형

해설 ① 개방형 : 실내의 공기를 흡입하여 연소를 지속하고 연소폐가스를 실내에 배출한다.
② 반밀폐 : 연소용 공기를 실내에서 취하며 연소폐가스는 옥외로 방출한다.
③ 밀폐형 : 연소용 공기를 옥외에서 취하고 폐가스도 옥외로 배출한다.

91. ㉰ 92. ㉯ 93. ㉯ 94. ㉱ 95. ㉯ 정답

96. 액화석유가스의 안전 및 사업관리법 시행규칙에 있어서 가스용품의 합격표시로 연소기 및 온수기의 검사필증은 은백색 바탕에 흑색 문자로 표시한다. 크기는 얼마로 하는가?

㉮ 30mm×30mm ㉯ 20mm×16mm

㉰ 20mm×20mm ㉲ 15mm×15mm

[해설] 가스용품의 합격표시
검사에 합격된 가스용품은 다음의 각인 또는 검사필증을 붙여야 한다. 다만, 가스용품이 일반 공정에 의하여 제조되는 경우에는 제조공정 중에 그 합격표시를 하게 할 수 있다.
① 배관용 밸브의 합격표시는 각인으로 한다. : 검 바깥지름 : 5mm
② 압력조정기·가스누출자동차단장치·콕·전기절연이음관·전기융착폴리에틸렌이음관·이형질이음관 퀵카플러는 ㉮의 검사필증, 강제혼합식 가스버너·연소기는 ㉯의 검사필증, 고압고무호스·염화비닐호스·금속플렉시블호스는 ㉰의 검사필증을 부착한다.
  ㉮ 15×15mm 크기 : 은백색 바탕에 흑색문자
  ㉯ 30×30mm 크기 : 다만, 이동식 부탄연소기의 경우에는 20×20mm로 한다. 은백색 바탕에 흑색문자. 다만, 업무용 대형 연소기·온수기·온수보일러·난방기·오븐렌지 및 가스보일러용 버너는 황색 바탕에 흑색문자로 한다.
  ㉰ 20×16mm 크기 : 황색바탕에 흑색문자. 다만, 호스제조공정 중 합격표시를 하는 경우에는 크기 및 바탕색을 그 호스 규격에 적합하게 할 수 있다.

97. LPG 연소기와 연료전지의 등의 기구가 허가대상에 해당하기 위하여 발열량을 몇 kcal 이하이어야 하는가?

㉮ 10만(kcal) ㉯ 20만(kcal)

㉰ 30만(kcal) ㉲ 40만(kcal)

[해설] 연소장치 중 가스버너를 사용할 수 있는 구조의 것으로 시간당 가스소비량이 20만 kcal 이하의 연소기

98. 액화석유가스의 용기에 부착되어 있는 조정기는 어떤 기능을 가지고 있는가?

㉮ 유속을 조정한다.

㉯ 유량을 조정한다.

㉰ 유출압력을 조정한다.

㉲ 화재가 일어나면 자동적으로 가스의 유출을 막는다.

[해설] ① 조정기의 역할 : 유출압력을 조정하여 안정된 연소를 시킨다.
② 고장시 영향 : 누설 및 불완전연소를 일으킨다.

99. ( ) 안에 알맞은 것은?

> 용기밸브에 연결하는 조정기의 나사는 ( )나사로서 길이는 ( ) 이상이어야 한다.

㉮ 왼나사, 10mm ㉯ 바른나사, 15mm

㉰ 왼나사, 12mm ㉲ 바른나사, 17mm

[해설] 용기밸브에 연결하는 조정기
① 나사 : 왼나사
② 길이 : 12mm

100. 조정압력이 3.3kPa 이하인 조정기 안전장치의 작동압력에 접합하지 않은 것은?

㉮ 작동개시 후 압력은 5.7~9.8kPa

㉯ 작동정지 압력은 5.04~8.4kPa

㉰ 작동개시 압력은 5.6~8.4kPa

㉲ 작동표준 압력은 7kPa

[해설] 조정압력이 3.3kPa 이하인 조정기의 안전장치의 작동압력은 다음에 적합할 것
① 작동표준압력은 7kPa
② 작동개시압력은 5.6~8.4kPa
③ 작동정지압력은 50.4~8.4kPa

101. 압력조정기의 입구압력이 규정한 상한의 압력일 때 최대폐쇄압력으로 틀린 것은?

㉮ 1단 감압식 준저압 조정기 : 조정압력의 1.25배 이하

㉯ 2단 감압식 1차용 조정기 : 0.095MPa 이하

㉰ 자동정체식 일체형 조정기 : 5.5kPa 이하

㉲ 1단 감압식 저압조정기 : 3.5kPa

[해설] 압력조정기의 최대폐쇄압력
① 1단 감압식 저압조정기, 2단 감압식 2차용 조정기 및 자동절체식 일체형 조정기는 3.5kPa 이하
② 2단 감압식 1차용 조정기 및 자동절체식 분리형 조정기는 0.095MPa 이하
③ 1단 감압식 준저압 조정기는 조정압력의 1.25배 이하

정답 96. ㉮   97. ㉯   98. ㉰   99. ㉰   100. ㉮   101. ㉰

102. 일반 소비자의 가정용 이외의 용도(음식점 등)로 공급하는 고압가스조정기의 조정압력이 5kPa 이상 30kPa까지인 조정기는?

㉮ 단단 감압식 저압조정기

㉯ 2단 감압식 1차 조정기

㉲ 단단 감압식 준저압조정기

㉰ 2단 감압식 2차 조정기

해설 단단감압식 준저압조정기
① 입구압력 : 0.1MPa~1.56MPa
② 조정압력 : 5kPa~30kPa

103. 단단 감압식 저압조정기의 성능에서 조정기 입구 측 기밀시험압력은?

㉮ 14.6kg/cm^2 이상

㉯ 15.6kg/cm^2 이상

㉲ 16.6kg/cm^2 이상

㉰ 17.6kg/cm^2 이상

해설 단단 감압식 저압조정기 성능
① 내압시험
  입구 : 30kg/cm^2 이상, 출구 : 3kg/cm^2 이상
② 기밀시험
  입구 : 15.6kg/cm^2 이상, 출구 : 550mmH$_2$O 이상

104. 다음 압력조정기의 내압시험압력이 틀린 것은?

㉮ 2단 감압식 1차용 조정기의 출구 측 시험압력 : 0.3MPa 이상

㉯ 자동절체식 분리형 조정기의 출구 측 시험압력 : 0.8MPa 이상

㉲ 1단 감압식 저압조정기의 입구 측 시험압력 : 3MPa 이상

㉰ 2단 감압식 2차용 조정기의 입구 측 시험압력 : 0.8MPa 이상

해설 ㉮항 : 2단 감압식 1차용 조정기 및 자동절체식 분리형 조정기 출구 측 내압시험압력은 : 0.8MPa

105. 액화석유가스의 설비에 사용되는 콕의 종류가 아닌 것은?

㉮ 볼콕

㉯ 상자콕

㉲ 퓨즈콕

㉰ 호스콕

해설 LPG 가스용품 제조기술기준
콕은 호스콕, 퓨즈콕, 상자콕 및 주물연소기용 노즐콕으로 구분한다.

106. 과류차단 안전기구가 부착된 것으로 배관과 호스 또는 배관과 커플러를 연결하는 구조의 콕은?

㉮ 호스콕

㉯ 퓨즈콕

㉲ 상자콕

㉰ 노즐콕

해설 퓨즈콕은 가스유로를 볼로 개폐하고, 과류차단 안전기구가 부착된 것으로서 배관과 호스, 호스와 호스, 배관과 배관 또는 배관과 커플러를 연결하는 구조이며, 상자콕은 커플러 안전기구 및 과류차단 안전기구가 부착된 것으로서 배관과 커플러를 연결하는 구조이고, 주물 연소기용 노즐콕은 주물연소기 부품으로 사용하는 것으로서 볼로 개폐하는 구조일 것

107. LPG가스 사용시설의 연소기에는 퓨즈콕, 상자콕의 안전장치를 설치한다. 안전장치 대신 배관용 밸브를 설치할 수 있는 가스소비량 ( )kcal/hr과 연소기 사용압력 ( )kPa의 한계초과수치는 각각 얼마인가?

㉮ 14400, 3.3

㉯ 19400, 3.3

㉲ 14400, 5.5

㉰ 19400, 5.5

108. 가스를 사용하는 일반 가정이나 음식점 등에서 호스가 절단 또는 파손으로 다량의 가스 누출 시 사고 예방을 위해 신속하게 자동으로 가스 누출을 차단하기 위해 설치하는 제품은?

㉮ 중간 밸브

㉯ 체크 밸브

㉲ 나사콕

㉰ 퓨즈콕

109. 가스용품 중 배관용 밸브 제조시 기술기준으로 옳지 않은 것은?

㉮ 각 부분은 개폐동작이 원활히 작동하고 O-링과 패킹 등에 마모 등 이상이 없는 것일 것

㉯ 배관용 밸브의 핸들을 고정시키는 너트의 재료는 내식성 재료 또는 표면에 내식처리를 한 것일 것

㉰ 개폐용 핸들휠은 열림 방향이 시계방향일 것

㉱ 볼 밸브는 완전히 열렸을 때 핸들 방향과 유로 방향이 평행일 것

해설 개폐용 핸들휠은 열림 방향이 시계바늘 반대방향일 것

110. 액화석유가스용품 제조사업의 기술기준에서 가스누출 자동차단장치의 고압부 몸통의 재료는?

㉮ 알루미늄합금 다이캐스팅

㉯ 경강봉

㉰ 단조용 황동봉

㉱ 아연합금 다이캐이팅

해설 가스누출 자동차단장치 기술 기준
① 규정된 유량보다 많은 양의 가스가 통과할 때 가스를 자동차단하는 성능(이하 '과류차단 성능'이라 한다)과 누출 여부를 점검 할 수 있는 성능(이하 '누출점검 성능'이라 한다)을 가진 구조일 것
② 고압부 몸통의 재료는 KS D 5001(동 및 동합금봉)의 단조용 황동봉을 사용할 것
③ 저압부 몸통의 재료는 KS D 6005(아연합금 다이캐스팅) 또는 KS D 6006(알루미늄합금 다이캐스팅)을 사용하고, 그 밖의 부분의 재료는 내식성 재료 또는 표면에 내식처리를 한 재료를 사용할 것)
④ 고압부는 3MPa 이상, 저압부는 0.3MPa 이상의 압력으로 실시하는 내압시험에서 이상이 없을 것
⑤ 고압부는 1.8MPa 이상, 저압부는 8.4kPa 이상 10kPa 이하의 압력으로 실시하는 기밀시험에서 누출이 없을 것
⑥ 전기충전부와 비충전금속부와의 절연저항은 1MΩ 이상일 것 (전기적으로 개폐라는 것에 한한다)
⑦ 500V의 전압을 1분간 가하였을 때 이상이 없을 것(전기적으로 개폐하는 것에 한한다)
⑧ 6,000회의 개폐조작 반복 후에 기밀시험, 과류차단성능 및 누출점검 성능에 이상이 없을 것(전기적으로 개폐하는 것에 한한다)

111. LP가스 용품제조의 기술기준 중 가스누출자동차단기가 가져야할 성능 2가지는?

㉮ 긴급차단 성능, 누출점검성능

㉯ 과류차단 성능, 누출점검성능

㉰ 안전장치 자동성능, 긴급차단성능

㉱ 과류차단 성능, 긴급차단성능

112. 가스용품 중 가스누출 자동차단장치의 전기충전부와 비충전 금속부와의 절연저항은?

㉮ 2.5MΩ 이상   ㉯ 2MΩ 이상

㉰ 1MΩ 이상   ㉱ 0.5MΩ 이상

113. 액화석유가스용품 중 염화비닐 호스에 대한 설명으로 틀린 것은?

㉮ 호스의 구조는 안층, 보강층, 바깥층으로 되어 있고, 안지름과 두께가 균일할 것

㉯ 3MPa 이상의 압력으로 실시하는 내압시험에 이상이 없고 4MPa 이상의 압력으로 파열되지 않을 것

㉰ 안층은 -20℃의 액화석유가스액에 25시간 방치한 후 이상이 없을 것

㉱ 2MPa 이하의 압력에서 실시하는 기밀시험에서 누출이 없을 것

해설 ㉱항 : 염화비닐호스의 기밀시험 압력 : 0.2MPa 이하

114. 액화석유가스용품 제조사업의 기술기준에서 트윈호스 및 측도관의 안지름 규격은?

㉮ 10.8mm 또는 12.3mm

㉯ 6.8mm 또는 12.3mm

㉰ 8.8mm 또는 10.3mm

㉱ 4.8mm 또는 6.3mm

해설 트윈호스 및 측도관의 안지름은 4.8mm 또는 6.3mm로 하되, 허용차는 ±0.5mm, -0.3mm로 할 것

정답 109. ㉰   110. ㉰   111. ㉯   112. ㉰   113. ㉱   114. ㉱

115. 염화비닐호스의 안지름 3종이라 함은 몇 mm 인가?

㉮ 6.3　　　　　　㉯ 9.5
㉰ 11.5　　　　　　㉱ 12.7

해설 염화비닐호스의 종류(안지름)
① 1종 : 6.3mm
② 2종 : 9.5mm
③ 3종 : 12.7mm

116. 가스용품 제조사업의 염화비닐호스의 기술기준이다. 잘못된 것은?

㉮ 0.2MPa 이하의 압력에서 실시하는 기밀시험에서 누설이 없을 것
㉯ 1.8MPa 이상의 압력에서 실시하는 내압시험에서 이상이 없을 것
㉰ 안층의 인장강도 73.6N/5mm 폭 이상일 것
㉱ 안층의 재료는 염화비닐을 사용할 것

해설 염화비닐호스(내압시험 3MPa, 기밀시험 0.2MPa, 파열시험 4MPa)

117. 다음 중 액화석유가스 사용할 때 시설의 기밀시험 압력으로 옳은 것은 어느 것인가?

㉮ 10.8kPa　　　　㉯ 8.4~10kPa
㉰ 4.2~8.4kPa　　 ㉱ 4.2kPa

해설 기밀시험
① 고압배관은 사용압력 이상의 압력으로 기밀시험(정기 검사시에는 사용압력 이상의 압력으로 실시하는 누출검사)을 실시하여 누출이 없을 것
② 압력조정기 출구에서 연소기 입구까지의 배관 및 호스는 8.4kPa 이상 10kPa 이내의 압력(압력이 3.3kPa 이상 30kPa 이내인 것은 35kPa 이상의 압력)으로 기밀시험(정기검사시에는 사용압력 이상의 압력으로 실시하는 누출검사)을 실시

118. LP가스 사용할 때의 시설에서 저압부분의 배관은 몇 MPa 이상의 내압시험에 합격한 것을 사용해야 하는가?

㉮ 0.8MPa 이상　　㉯ 0.5MPa 이상
㉰ 0.4MPa 이상　　㉱ 0.2MPa 이상

해설 내압시험
고압배관은 연결된 용기 또는 소형저장탱크의 내압시험압력 이상의 압력, 저압배관은 0.8MPa 이상의 압력으로 실시하는 내압시험에서 이상이 없는 것일 것

119. 액화석유가스설비의 내압시험압력으로 옳은 것은? (단, 물을 사용하는 내압 시험이다.)

㉮ 사용압력의 1.25배 이상
㉯ 사용압력의 1.5배 이상
㉰ 사용압력 이상
㉱ 설계압력의 1.25배 이상

해설 ① 내압시험압력 : 상용압력의 1.5배 이상(공기, 질소 등에 의한 내압시험시 : 상용압력의 1.25배 이상)
② 기밀시험압력 : 상용압력 이상

120. 액화석유가스 용기의 내압시험 방법 중 팽창측정시험의 경우 용기가 완전히 팽창한 후 적어도 얼마 이상의 시간을 유지해야 하는가?

㉮ 30초　　　　　　㉯ 40초
㉰ 1분　　　　　　 ㉱ 5분

해설 팽창 측정시험
용기가 완전히 팽창한 후 적어도 30초 이상의 사간을 유지할 것

121. 액화석유가스 설비의 가스안전사고 방지를 위하여 기밀시험을 하고자 한다. 이때 사용할 수 없는 가스는?

㉮ 공기　　　　　　㉯ 탄산가스
㉰ 질소　　　　　　㉱ 산소

해설 기밀시험 사용가스
공기, 질소, 탄산가스 등

122. LPG 사용시설 기준 중 이상 압력 상승 시 압력을 방출할 수 있는 안전장치를 설치하여야 하는 저장능력은 몇 kg 이상인가? (단, 자동절체기를 사용한 용기집합시설이다.)

㉮ 250kg ㉯ 300kg
㉰ 400kg ㉱ 500kg

해설 자동절체기를 사용하지 않은 경우는 250kg 이상 안전장치를 설치한다.

123. LP가스 충전사업시설의 배관에는 적당한 곳에 안전밸브를 설치하여야 하는데, 안전밸브의 분출면적은 배관의 최대지름부의 단면적에 얼마 이상으로 하여야 하는가?

㉮ 1/10 이상 ㉯ 1/8 이상
㉰ 1/4 이상 ㉱ 1/2 이상

해설 안전밸브의 분출면적

배관의 최대 지름부의 단면적 $\times \frac{1}{10}$ 이상

124. 상용압력이 10MPa인 고압설비의 안전 밸브 작동압력은 얼마인가?

㉮ 10MPa ㉯ 12MPa
㉰ 15MPa ㉱ 20MPa

해설 안전밸브 작동압력 : 내압시험압력 $\times \frac{8}{10}$

= 상용압력 $\times 1.5$배 $\times \frac{8}{10} = 10 \times 1.5 \times \frac{8}{10} = 12$MPa

※ 내압시험압력=상용압력 $\times 1.5$배

125. 액화석유가스 충전사업의 기술기준에서 안전밸브는 얼마 마다 당해 설비 내압시험의 8/10 이하의 압력에서 작동하도록 조정하는가?

㉮ 3월에 1회 이상
㉯ 2년에 1회 이상
㉰ 1년에 1회 이상
㉱ 6월에 1회 이상

해설 고압가스 일반제조 기술기준 중
① 압축기 최종단 안전밸브 1년 1회, 기타 안전밸브 2년 1회 작동 상황 점검
② LPG 충전사업 기술기준 중 안전밸브의 성능 : 안전밸브는 1년에 1회 이상 당해 설비의 설계압력 이상 내압시험 압력의 8/10 이하의 압력에서 작동하도록 조정할 것(압축기 최종단 안전밸브의 규정은 없음)

126. LPG 제조시설에 정전 등의 사고로 인해 당해 설비의 기능이 상실되지 않도록 안전관리상 보안 전력을 보유하지 않아도 되는 설비는?

㉮ 살수장치 ㉯ 방·소화설비
㉰ 통신설비 ㉱ 비상조명설비

해설 방화·소화설비는 정전 등의 사고에 대비할 필요가 없다.

127. 액화석유가스 저장탱크에 부착된 배관에는 저장탱크의 외면으로부터 몇 m 이상 떨어진 위치에서 조작할 수 있는 긴급차단장치를 설치하는가?

㉮ 20m ㉯ 15m
㉰ 10m ㉱ 5m

해설 긴급차단장치 조치 위치
① LPG저장탱크 : 5m 이상
② 도시가스(LNG)탱크 : 10m 이상

128. LPG 저장탱크에 장치된 긴급차단 장치의 작동온도로 옳은 것은?

㉮ 90℃ ㉯ 100℃
㉰ 110℃ ㉱ 150℃

해설 LPG 저장탱크 긴급차단장치의 작동온도 : 110℃

정답 122. ㉱ 123. ㉮ 124. ㉯ 125. ㉰ 126. ㉯ 127. ㉱ 128. ㉰

129. 액화석유가스 사용시설의 설치기준으로 맞는 것은?

㉮ 용기저장량이 250kg을 초과하는 경우에는 보관실을 설치해야 한다.

㉯ 건축물 내 가스배관은 화기와 10m 이상 유지해야 한다.

㉰ 저장능력이 250kg 이상인 경우 압력을 방출할 수 있는 안전장치를 설치해야 한다.

㉱ 저장량이 300kg 초과시에는 저장 탱크 또는 소형 저장 탱크를 설치해야 한다.

[해설] ㉮항 : 100kg 초과
㉯항 : 8m(주거용시설은 2m)
㉰항 : 500kg 초과

130. 다음은 액화석유가스 사용시설에 관한 저장능력에 따른 화기 취급 장소의 이격거리에 대한 규정이다. 빈칸에 올바른 항목은?

저장능력	화기와 우회거리
1톤 미만	2m
1톤 이상 3톤 미만	( )m
3톤 이상	( )m

㉮ 3m, 5m 　㉯ 3m, 6m
㉰ 5m, 7m 　㉱ 5m, 8m

131. LPG 저장탱크와 산소제조시설의 고압설비간에 유지하여야 할 거리는 얼마인가?

㉮ 3m 　㉯ 5m
㉰ 10m 　㉱ 20m

[해설] LPG 저장탱크와 고압설비간의 유지거리
① 가연성가스와 산소제조시설의 고압설비간의 거리 : 10m 이상
② 가연성가스와 가연성가스간의 거리 : 5m 이상

132. 압축천연가스 충전시설의 처리설비, 압축가스설비 및 충전설비가 고압전선과 유지하여야 할 수평거리로 옳은 것은?

㉮ 1m 이상 　㉯ 3m 이상
㉰ 5m 이상 　㉱ 8m 이상

[해설] 처리설비·압축가스설비 및 충전설비는 지상에 설치하는 것을 원칙으로 하고, 고압 전선까지 수평거리 5m, 저압전선까지 1m 이상을 유지할 것
① 고압전선 → 직류 : 750V를 초과하는 전선
　　　　　　　교류 : 600V를 초과하는 전선
② 저압전선 → 직류 : 750V를 이하의 전선
　　　　　　　교류 : 600V를 이하의 전선

133. 액화석유가스의 자동차 용기 충전 시설 기준으로 옳지 않은 것은?

㉮ 가스주입기는 투터치형으로 할 것

㉯ 충전기의 충전호스의 길이는 5m 이내로 할 것

㉰ 충전호스에 과도한 인장력이 가해졌을 때 충전기와 가스 주입기가 분리될 수 있는 안전장치를 설치할 것

㉱ 정전기를 유효하게 제거할 수 있는 정전기 제거장치를 설치할 것

[해설] 충전호스에 부착하는 가스주입기는 원터치형으로 할 것

134. 자동차 충전용 호스의 길이는 몇 m이며 어떠한 장치를 설치하는가?

㉮ 7m 이내, 인터록장치

㉯ 5m 이내, 정전기 제거장치

㉰ 3m 이내, 인터록장치

㉱ 1m 이내, 정전기 제거장치

[해설] ① 배관 중 호스길이 : 3m 이내
② 충전기 호스길이 : 5m 이내, 가연성가스인 경우 정전기 제거조치를 한다.

135. LPG를 충전받는 자동차는 지상에 설치된 LPG 저장탱크의 외면으로부터 몇 m 이상 떨어져 정지하여야 하는가?

㉮ 1m
㉯ 2m
㉰ 3m
㉱ 4m

해설 자동차에 고정된 LPG 탱크는 저장탱크의 외면으로부터 정지거리 : 3m 이상

136. 액화석유가스 충전시설 중 충전설비는 그 외면으로부터 사업소 경계까지 몇 m 이상을 유지 하여야 하는가?

㉮ 10m 이상
㉯ 15m 이상
㉰ 20m 이상
㉱ 24m 이상

해설 액화석유가스 충전설비 중 사업소 경계까지의 거리
① 충전설비 : 24m 이상
② 탱크로리 이입·충전장소 : 24m 이상

137. 액화석유가스의 자동차용기 충전시설 내에 설치할 수 없는 시설은?

㉮ 충전을 하기 위한 작업장
㉯ 충전소의 관계자가 근무하는 대기실
㉰ 자동차의 정비를 하기 위한 정비소
㉱ 자동차의 세정을 위한 자동세차실

해설 충전소 내에 설치 가능한 시설
① 충전을 하기 위한 작업장
② 충전소의 업무를 행하기 위한 사무실 및 회의실
③ 충전소의 관계자가 근무하는 대기실
④ 자동차의 세정을 위한 자동세차시설
⑤ 충전소에 출입하는 사람을 대상으로 한 자동판매기 및 현금자동지급기
⑥ 그 밖의 충전사업을 위하여 필요한 건축물 또는 시설로서 산업자원부장관이 정하여 고시하는 것

138. LPG 자동차에 고정된 탱크의 충전시설에서 저장탱크의 저장능력은 몇 톤 이상인가?

㉮ 10톤
㉯ 20톤
㉰ 30톤
㉱ 40톤

139. LPG 충전소에는 시설의 안전확보상 "충전 중 엔진정지"라고 표시한 표지판을 주위의 보기 쉬운 곳에 설치해야 한다. 이 표지판은?

㉮ 흑색바탕에 백색글씨
㉯ 흑색바탕에 황색글씨
㉰ 백색바탕에 흑색글씨
㉱ 황색바탕에 흑색글씨

해설 자동차 용기 충전시설 게시판
① 충전중 엔진 정지 : 황색바탕에 흑색글씨
② 화기엄금 : 백색바탕에 붉은글씨

140. 다음 설명 중 LP가스 충전시 디스펜서(Dispen-ser)란?

㉮ LP가스 충전소에서 청소하는데 사용하는 기기
㉯ LP가스 대형 저장탱크에 역류방지용으로 사용하는 기기
㉰ LP가스 자동차 충전소에서 LP가스 자동차의 용기에 용적을 계량하여 충전하는 충전기기
㉱ LP가스 압축기 이송장치의 충전기기 중 소량 충전하는 기기

정답 135. ㉰ 136. ㉱ 137. ㉰ 138. ㉱ 139. ㉱ 140. ㉰

141. LPG를 연료로 하는 차량에 LPG를 충전하기 위한 용적계량으로 디스펜서를 사용하고 있다. 액온율을 조정환산하기 위하여 디스펜서에 내장되어 있는 자동온도 보정장치의 기준온도는 몇 도인가?

㉮ 5℃
㉯ 15℃
㉰ 25℃
㉱ 35℃

[해설] 디스펜서의 자동온도보정장치의 기준온도 : 15℃

142. 액화석유가스의 자동차 충전시설 충전기 보호대 규격에 대한 내용 중 틀린 것은?

㉮ 보호대는 철근콘크리트 또는 강관제를 사용한다.
㉯ 보호대의 높이는 30cm 이상으로 한다.
㉰ 철근콘크리트 구조의 경우 두께는 12cm 이상으로 한다.
㉱ 강관제를 사용할 경우 80A 이상으로 한다.

[해설] 보호대의 높이는 45cm 이상(차량의 범퍼 높이 이상)

143. LP가스 집단 공급 시설 중 저장능력이 15,000kg 이하의 저장설비가 주택과 유지하여야 할 안전거리는?

㉮ 12m
㉯ 14m
㉰ 16m
㉱ 17m

[해설] 고압가스 일반제조와 동일, 주택은 2종

LPG(가연성) 저장능력	안전거리	
	1종(m)	2종(m)
10톤 이하(10,000kg 이하)	17	12
10톤 초과 20톤 이하(20,000kg 이하)	21	14
20톤 초과 30톤 이하(30,000kg 이하)	24	16
30톤 초과 40톤 이하(40,000kg 이하)	27	18
40톤 초과 50톤 이하(50,000kg 이하)	30	20

144. 액화천연가스 저장설비의 안전거리 계산식은? (단, L : 유지거리, C : 상수, W : 저장능력 제곱근 또는 질량)

㉮ $L = C^3\sqrt{143,000\,W}$
㉯ $L = W^2\sqrt{143,000\,C}$
㉰ $L = C^2\sqrt{143,000\,W}$
㉱ $L = W^3\sqrt{143,000\,C}$

145. 액화석유가스 집단공급사업자는 안전점검을 위해 수요가 몇 개소마다 1인 이상 안전점검자를 채용하는가?

㉮ 4,000가구
㉯ 3,000가구
㉰ 2,000가구
㉱ 1,500가구

[해설] LPG 공급자의 안전점검기준 중 안전점검자의 자격 및 인원

구 분	안전점검자	자 격	인 원
액화석유가스 충전사업자	충전원	안전관리 책임자로부터 10시간 이상의 안전교육을 받은 자	충전소요인력
	수요자시설 점검원		가스배달 소요인력
액화석유가스 집단공급사업자	수요자시설 점검원		수요가 3,000 개소마다 1인
액화석유가스 판매사업자	수요자시설 점검원		가스배달 소요인력

(비고) 안전관리 책임자 또는 안전관리원이 직접 점검을 행한 때에는 이를 안전점검자로 본다.

146. LP가스 공급자가 안전점검시 갖추지 않아도 되는 점검장비는?

㉮ 가스누출검지기
㉯ 자기압력 기록계
㉰ 누출시험지
㉱ 점검에 필요한 시설기구

147. LPG 용기의 안전점검기준에서 가스공급시마다 실시하는 점검에 해당하지 않는 것은?

㉮ 완성검사 도래 여부를 확인할 것
㉯ 충전용기 및 배관의 설치상태
㉰ 충전용기와 화기와의 거리
㉱ 충전용기의 설치위치

[해설] LPG 안전점검 기준 중
① 가스공급시마다 실시하는 점검(다만, 자동차용기에 충전하는 경우를 제외한다.)
　㉮ 충전용기의 설치위치
　㉯ 충전용기의 화기와의 거리
　㉰ 충전용기 및 배관의 설치상태
　㉱ 충전용기부터 압력조정기·가스계량기·호스 및 연소기에 이르는 각 접속부 배관 또는 호스의 누출 여부
　㉲ 가스용품의 관리 및 작동 상태
② 자동차용기에 가스를 충전하는 자가 실시하는 점검
　㉮ 용기의 고정상태 및 용기에서의 가스누출 여부
　㉯ 액면표시장치 및 과충전 방지장치의 작동 여부
③ 정기 안전점검
　㉮ 가스사용시설에 대한 기밀시험을 실시하고, 그 이상 유무를 확인할 것
　㉯ 연소기의 입구압력을 측정하고 그 이상 유무를 확인할 것
　㉰ 입력조정기의 조정압력 및 폐쇄압력을 측정하고 그 이상 유무를 확인할 것
　㉱ 밀폐형 연소기 및 반밀폐형 연소기 등은 당해 급배기 시설의 상태를 점검하고 급개 구부의 유효면적 및 배기통의 길이·높이를 확인할 것
　㉲ 가스용품의 관리 및 작동상태의 정상 여부를 확인할 것
　㉳ ①의 ㉮ 내지 ㉰에 규정된 사항을 점검할 것
　㉴ 그 밖의 신고 및 법정검사의 이행 및 시설기준에서의 적합여부를 확인할 것

148. 안전진단을 위해 LPG 저장 탱크 내부를 정기 점검을 하려고 한다. 준비작업 순서로 옳은 것은?

> ① 기체상태의 LPG를 방출 폐기한다.
> ② 물로 치환 한다.
> ③ 액체상태의 LPG를 다른 저장 탱크로 이송한다.
> ④ 맨홀을 연다.

㉮ ②-①-④-③　　㉯ ③-①-④-②
㉰ ①-④-③-②　　㉱ ①-②-④-③

149. 저장설비 몇 kg 이상 LPG 저장설비는 액화석유가스 특정사용자로서 관련 기관에 검사를 받아야 하는가?

㉮ 100　　　　㉯ 200
㉰ 250　　　　㉱ 300

[해설] 자동절체기는 사용 용기를 집합한 경우는 500kg 이상일 때 시장 군수 구청장의 검사를 받아야 한다(자동절체기를 사용하지 않은 경우는 250kg 관련기관 검사).

도시가스 안전관리

학습방향 도시가스사업법에 따른 일반 도시가스 및 가스도매사업의 공급시설과 사용시설의 기술기준과 시설기준을 배우고 위험성평가 기법 등을 알아본다.

01 도시가스배관

(1) 배관종류 : 본관, 공급관, 내관

① 본관 : 도시가스제조 사업소의 부지경계에서 정압기까지 이르는 배관

② 공급관

㉮ 공동주택, 오피스텔, 콘도미니엄 그밖에 안전관리를 위하여 산업자원부장관이 필요하다고 인정하여 정하는 건축물에 가스를 공급하는 경우에는 정압기에서 가스 사용지가 구분하여 소유하거나 점유하는 건축물의외벽에 설치하는 계량기의 전단 밸브(계량기가 건축물의 내부에 설치된 경우에는 건축물의 외벽)까지에 이르는 배관

㉯ 공동주택 등 이외의 건축물 등에 가스를 공급하는 경우에는 정압기에서 가스사용자가 소유하거나 점유하고 있는 토지의 경계까지에 이르는 배관

㉰ 가스도매사업의 경우에는 정압기에서 일반도시가스사업자의 가스공급시설이나 대량수요자의 가스사용시설까지에 이르는 배관

※ 사용자공급관 : ② ㉮의 규정에 의한 공급관 중 가스사용자가 소유하거나 점유하고 있는 토지의 경계에서 가스사용자가 구분하여 소유하거나 점유하는 건축물 외에 설치된 계량기의 전단 밸브(계량기가 건축물의 내부에 설치된 경우에는 그 건축물의 외벽)까지에 이르는 배관

③ 내관 : 가스사용자가 소유하거나 점유하고 있는 토지의 경계(공동주택 등으로서 가스 사용자가 구분하여 소유하거나 점유하는 건축물의 외벽에 계량기가 설치된 경우에는 그 계량기의 전단 밸브, 계량기가 건축물의 내부에 설치된 경우에는 건축물의 외벽)에서 연소기까지 이르는 배관

POINT

• 도시가스 배관

① 본관 : 제조사업소의 부지경계에서 정압기까지

② 공급관

　㉠ 공동주택 : 정압기에서 계량기 전단 밸브까지

　㉡ 공동주택 외의 건축물 : 정압기에서 가스사용자의 토지경계까지

　㉢ 가스도매사업

　　－성압기에서 일반도시 가스사업자의 공급시설까지

　　－정압기에서 대량 수요자의 가스사용시설까지

③ 내관 : 가스사용자의 토지경계에서 연소기까지

(2) 압력에 의한 분류 : 고압관, 중압관, 저압관

① 고압관 : 1MPa 이상

② 중압관 : 0.1MPa 이상~1MPa 미만

③ 저압관 : 0.1MPa 미만

(3) 배관의 설치기준

① 지하매설 깊이

㉮ 공동주택 등의 부지 내 : 0.6m 이상

㉯ 도로 폭 8m 이상 : 1.2m 이상(저압배관이 횡으로 분기하여 수요자에게 직접 연결되는 경우는 1m 이상)

㉰ 도로 폭 4m 이상 8m 미만 : 1m 이상(저압배관이 횡으로 분기하여 수요자에게 직접 연결되는 경우는 0.8m 이상)

㉱ 보호관 및 방호구조물의 설치

㉠ 보호관 또는 보호판의 외면과 지면 또는 노면과는 0.3m 이상의 깊이를 유지

㉡ 보호관의 안지름은 가스관 바깥지름의 1.2배 이상으로 할 것

② 배관의 기밀시험압력

㉮ 가스공급시설 : 최고사용압력의 1.1배

㉯ 사용시설 : 8.4~10kPa

③ 사용시설배관의 기밀시험 유지시간

내용적	유지시간
10ℓ 이하	5분
10~50ℓ 이하	10분
50ℓ 초과	24분

④ 폴리에틸렌관 기밀시험 실시시기의 기준

㉮ 가스용 폴리에틸렌관 : 설치 후 15년이 되는 해 및 그 이후 5년마다

㉯ 폴리에틸렌 피복강관

㉠ 1993년 6월 26일 이후 설치 : 설치 후 15년이 되는 해 및 그 이후 5년마다

ⓒ 1993년 6월 25일 이전 설치 : 설치 후 15년이 되는 해 및 그 이후 1년마다

㉣ 그 밖의 배관 : 설치 후 15년이 되는 해 및 그 이후 1년마다

㉤ 공동주택 등 부지 내에 설치된 배관 : 3년마다

⑤ 배관에 표시하는 사항

㉮ 가스의 흐름방향

㉯ 사용가스명

㉰ 최고사용압력

⑥ 보호포

㉮ 보호포의 재질과 규격

㉠ 재질 : 폴리 에틸렌수지, 폴리프로필렌수지 등

㉡ 두께 : 0.2mm 이상

㉢ 폭 : 15cm~35cm

㉣ 바탕색 : 저압관(황색), 중압관 이상(적색)

㉤ 표시사항 : 가스명, 사용압력, 공급자명

㉯ 설치기준

㉠ 보호포는 배관 폭에 10cm를 더한 폭으로 설치하고 2열 이상으로 설치할 경우 보호포간의 간격은 보호포 넓이 이내로 한다.

㉡ 최고사용압력이 저압인 배관 : 배관의 정상부로부터 60cm 이상

㉢ 최고사용압력이 중압 이상인 배관 : 보호판 상부로부터 30cm 이상

㉣ 공동주택 등의 부지 내에 설치하는 배관 : 배관의 정상부로부터 40cm 이상 떨어진 곳에 설치

⑦ 라인마크

㉮ 도로 및 공동주택 등의 부지 내 도로에 도시가스배관을 매설하는 경우에 설치

㉯ 배관길이 50m마다 1개 이상 설치(단, 주요 분기점, 구부러진 지점 및 그 주위 50m 이내 설치)

⑧ 표지판

㉮ 설치 : 시가지 외의 도로, 산지, 농지 또는 철도부지 내에 매설하는 경우

㉯ 설치간격 : 배관을 따라 200m 간격으로 1개 이상(LPG 배관은 50m마다)

POINT

• 배관에 표시하는 사항

문 도시가스 배관 외부에 표시하는 사항 3가지는?

▶ ① 사용가스명
② 최고사용압력
③ 가스의 흐름방향

• 보호포

문 중압관 이상의 보호포 색상은?

▶ 적색

문 보호포에 표시하는 사항은 무엇인가?

▶ 가스명, 사용압력, 공급자명

• 라인마크

문 도시가스 배관을 매설하는 경우 라인마크는 배관길이 몇 m 마다 설치하는가?

▶ 50m

• 표지판

문 도시가스 배관을 시가지 외의 도로 산지, 농지에 매설하는 경우 몇 m간격으로 표지판을 설치하는가?

▶ 200m

㉣ 크기 : 가로치수 200mm, 세로치수 150mm 이상의 직사각형, 황색 바탕에 검정색 글씨

⑨ 줄파기 공사방법
  ㉮ 가스배관 2m 이내에서 줄파기를 할 때 안전관리 담당자를 입회 시킨다.
  ㉯ 줄파기 심도 : 1.5m 이상으로 한다.
  ㉰ 줄파기 공사 후 1m 이내 파일 설치시 유도관(Guide Pipe) 설치 후 되메우기를 실시한다.

⑩ 노출된 가스배관 길이 15m 이상인 경우 점검통로 조명시설 설치기준
  ㉮ 도로 폭 80cm 이상
  ㉯ 가드레일 90cm 이상
  ㉰ 점검통로 : 배관과 수평거리 1m 이내
  ㉱ 통로의 조명도 : 70Lux

⑪ 노출된 가스배관길이 20m마다 가스누출 경보기 설치

⑫ 강재배관의 전위측정용 터미널(T/B) 설치기준
  ㉮ 희생양극법, 배류법에 의한 배관에는 300m 이내의 간격으로 설치
  ㉯ 직류전철 횡단부 주위에 설치
  ㉰ 지중에 매설되어 있는 배관절연부의 양측에 설치
  ㉱ 타 금속구조물과 근접교차부분에 설치
  ㉲ 밸브스테이션에 설치

POINT

• 줄파기 공사
문 도시가스 배관과 수평거리 몇 m 이내에서 파일박기를 할 때 도시가스사업자의 입회하에 배관위치를 파악하는가?
▶ 2m

• 가스누출 경보기 설치
문 노출된 가스배관의 길이 ( )m 마다 가스누출 경보기를 설치하는가?
▶ 20

• 전위측정 터미널(T/B) 설치 기준
문 희생양극법, 배류법에 의한 배관에는 몇 m 이내의 간격으로 터미널박스를 설치하는가?
▶ 300m

핵 심 문 제

01 도시가스배관에 대한 설명으로 옳지 않은 것은?

㉮ 도시가스제조사업소의 부지경계에서 정압기까지에 이르는 배관을 본관이라 한다.

㉯ 정압기에서 가스사용자가 소유하거나 점유하고 있는 토지의 경계까지의 배관을 사용자 공급관이라 한다.

㉰ 가스도매사업자의 정압기에서 일반도시가스사업자의 가스공급시설까지의 배관을 공급관이라 한다.

㉱ 가스사용자가 소유하거나 점유하고 있는 토지의 경계에서 연소기까지에 이르는 배관을 내관이라 한다.

02 도시가스를 제조하는 고압 또는 중압의 가스공급설비에 대한 내압시험 및 기밀시험 압력의 기준으로 옳은 것은?

㉮ 내압시험 : 최고사용압력의 1.5배 이상
　기밀시험 : 최고사용압력의 1.1배 이상

㉯ 내압시험 : 사용압력의 1.5배 이상
　기밀시험 : 사용압력의 1.1배 이상

㉰ 내압시험 : 최고사용압력의 1.1배 이상
　기밀시험 : 최고사용압력의 1.5배 이상

㉱ 내압시험 : 사용압력의 1.1배 이상
　기밀시험 : 사용압력의 1.5배 이상

03 도시가스 공급관을 새로 설치하고, 공급관의 용적을 계산하였더니 8m³이었다. 전기식 다이어프램형 압력계로 기밀시험을 할 경우 최소유지시간은 얼마인가?

㉮ 1분 이상　　　　　　　㉯ 2분 이상
㉰ 3분 이상　　　　　　　㉱ 5분 이상

해설 전기식 다이어프램형 압력계 기밀유지시간

최고사용압력	용적	기밀유지시간
저압	1m³ 미만	4분
	1m³ 이상 10m³ 미만	40분
	10m³ 이상 300m³ 미만	4×V분 (240분 초과시 240분으로 할 수 있다.)

V : 피시험 부분 용적(m³)
※ 시험시간은 위와 같이 규정되어있으나 실제 현장에서는 5분 이상으로 하고 있음

해 설

해설 **01**
사용자공급관
공급관 중 가스사용자가 소유하거나 점유하고 있는 토지의 경계에서 가스사용자가 구분하여 소유하거나 점유하는 건축물의 외벽에 설치된 계량기의 전단밸브까지에 이르는 배관

01. ㉯　02. ㉮　03. ㉱ **정답**

04 지중에 설치하는 강재배관의 전위측정용 터미널(T/B)의 설치기준으로 틀린 것은?

㉮ 희생양극법은 300m 이내 간격으로 설치한다.
㉯ 직류전철 횡단부 주위에는 설치할 필요가 없다.
㉰ 지중에 매설되어 있는 배관절연부 양측에 설치한다.
㉱ 타 금속구조물과 근접교차부분에 설치한다.

05 도시가스용 폴리에틸렌 배관이 도로에 매설되어 있다. 기밀시험 실시시기의 기준으로 옳은 것은?

㉮ 설치 후 15년이 된 해 및 그 이후 5년마다
㉯ 설치 후 15년이 된 해 및 그 이후 3년마다
㉰ 설치 후 15년이 된 해 및 그 이후 1년마다
㉱ 설치 후 10년마다

06 도시가스 매설배관의 전기방식 기준으로 옳지 않은 것은?

㉮ 방식전위는 상한 값은 포화 황산구리 전극기준으로 −0.85V 이하이어야 한다.
㉯ 외부 전원법에 의한 전기방식에서는 직류 전원장치가 필요하다.
㉰ 배관과 강제보호관 사이에는 절연조치를 해야 한다.
㉱ 폴리에틸렌 배관은 희생양극법에 의한 전기방식조치를 한다.

해 설

해설 04
전위측정용 터미널 설치 기준
① 희생양극법, 배류법에 의한 배관에는 300m 이내 간격으로 설치
② 직류전철 횡단부 주위에는 설치
③ 지중에 매설되어 있는 배관절연부의 양측
④ 타 금속구조물과 근접교차부분에 설치
⑤ 밸브스테이션

해설 05
기밀시험 실시시기
① 가스용 폴리에틸렌관 : 설치 후 15년이 된 해 및 그 이후 5년마다
② 폴리에틸렌 피복강관
  ㉠ 1993년 6월 26일 이후 설치 : 설치 후 15년이 되는 해 및 그 이후 5년 마다
  ㉡ 1993년 6월 25일 이후 설치 : 설치 후 15년이 되는 해 및 그 이후 1년 마다
③ 그 밖의 배관 : 설치 후 15년이 되는 해 및 그 이후 1년마다
④ 공동주택 등 부지 내에 설치된 배관 : 3년마다

04. ㉯ 05. ㉮ 06. ㉱ **정답**

02 안전거리

(1) 액화천연가스의 저장설비 및 처리설비는 다음의 산식에 의하여 얻은 거리 이상을 유지 할 것(단, 50m 미만인 경우에는 50m 이상으로 할 것)

$$L = C\sqrt[3]{143,000\,W}$$

L : 유지거리 m

C : 상수

W : 저장능력 ton의 제곱근

(2) 제조소의 안전거리

① 안전구역 내의 고압가스설비를 다른 안전구역 내의 고압가스설비와 30m 이상 거리를 유지한다.

② 제조설비는 그 외면으로부터 인접한 제조소와 20m 이상 거리를 유지한다.

③ 가연성가스의 저장탱크는 그 외면으로부터 처리능력이 20만 m^3 이상인 압축기와 30m 이상 거리를 유지한다.

(3) 제조소 및 공급소의 안전설비의 안전거리(당해 설비와 사업장의 경계까지의 거리)

① 가스발생기 및 가스홀더

㉮ 최고사용압력이 고압 : 20m 이상

㉯ 최고사용압력이 중압 : 10m 이상

㉰ 최고사용압력이 저압 : 5m 이상

② 가스혼합기, 가스정제설비, 배송기, 압송기, 가스공급시설의 부대설비(배관제외)는 3m 이상, 다만, 최고사용압력이 고압인 것은 20m 이상, 제1종 보호시설(사업소 안에 있는 시설 제외)는 30m 이상

• 안전거리

문 LNG의 저장설비, 처리설비는 그 외면으로부터 사업소 경계까지의 안전거리를 두어야 하는 식은? (단, C : 저압지하식탱크는 0.240 그 밖은 0.576, W : 저장능력(톤)

▶ $L = C\sqrt[3]{143000\,W}$

문 제조설비는 그 외면으로부터 인접한 제조소와 ( ) 이상 거리를 유지

▶ 20m

문 배송기, 압송기 등 공급시설의 부대설비는 그 외면으로부터 ( ) 이상이 되어야 하는가?

▶ 3m 이상

03 통풍구조

(1) 자연통풍장치

① 공기보다 무거운 가스 : 바닥면으로부터 30cm 이내에 설치

② 공기보다 가벼운 가스 : 천장으로부터 30cm 이내에 설치

③ 통풍구의 면적 : 바닥면적의 3% 이상(1개 환기구의 면적은 2,400cm^2 이하)

(2) 강제통풍장치(기계환기설비)

① 통풍능력 : 바닥면적 1m^2 당 0.5m^3/분 이상

② 방출구의 높이

㉮ 공기보다 가벼운 가스 : 3m 이상

㉯ 정압기실에 설치되는 안전밸브의 방출구 : 5m 이상

(3) 지하에 설치된 공급시설의 통풍구조(공기 보다 가벼운 가스의 경우)

① 배기구 : 천장면으로부터 30cm 이내에 설치

② 배기관의 방출구 : 지면에서 3m 이상의 높이에 설치

③ 환기구 : 2 방향 이상 분산 설치

④ 흡입구 및 배기구 관지름 : 100mm 이상

04 가스누출 자동차단장치

(1) 설치장소

① 식품접객업소로서 영업장의 면적이 100m^2 이상인 가스 사용시설

② 지하에 있는 가스 사용시설(단, 가정용 가스사용시설은 제외)

(2) 설치 제외 장소

① 월사용 예정량 2,000m^3 미만으로서 연소기가 연결된 각 배관에 퓨즈콕, 상자콕이 설치되어 있고 각 연소기에 소화안전장치가 부착되어 있는 경우

POINT

• 통풍구조

[문] 도시가스와 LPG의 자연통풍장치의 통풍구의 위치는?

▶ ① 도시가스 : 천장으로부터 30cm 이내

② LPG : 바닥면으로부터 30cm 이내

[문] 강제통풍장치의 배기가스 방출구의 높이의 기준은?

▶ ① 공기보다 가벼운 가스 : 지면으로부터 3m 이상

② 공기보다 무거운 가스 : 지면으로부터 5m 이상

• 가스누출 자동차단장치

[문] 일반도시가스 사용시설 중 가스누출 자동차단장치를 설치하지 않아도 되는 가스사용량의 한계는 월 몇 m^3 미만인가?

▶ 2000m^3

② 가스의 공급이 불시에 차단될 경우 재해 및 손실이 막대하게 발생될 우려가 있는 가스 사용시설

(3) 검지부 설치

① 검지부 설치수

㉮ 공기보다 가벼운 가스 : 연소기버너 중심으로부터 수평거리 8m 이내에 1개 이상

㉯ 공기보다 무거운 가스 : 연소기버너 중심으로부터 수평거리 4m 이내에 1개 이상

② 위 치

㉮ 공기보다 가벼운 가스 : 천장으로부터 30cm 이내

㉯ 공기보다 무거운 가스 : 바닥면으로부터 30cm 이내

③ 검지부 설치 제외 장소

㉮ 출입구 부근 등으로 외부 기류가 통하는 곳

㉯ 환기구 등 공기가 들어오는 곳으로부터 1.5m 이내

㉰ 연소기 폐가스가 접촉하기 쉬운 곳

05 비상공급시설

(1) 중, 고압의 비상공급시설의 내압시험압력 및 기밀시험압력

① 내압시험압력 : 최고사용압력×1.5배 이상

② 기밀시험압력 : 최고사용압력×1.1배 이상

(2) 안전거리

① 1종 보호시설 : 15m 이상

② 2종 보호시설 : 10m 이상

(3) 비상공급시설에는 정전기 제거조치를 한다.

01 도시가스제조소 및 공급소의 안전설비의 안전거리기준으로 옳은 것은?

㉮ 가스발생기 및 가스홀더는 및 외면으로부터 사업장의 경계까지의 거리는 최고사용압력이 고압인 것은 30m 이상이 되도록 한다.

㉯ 가스발생기 및 가스홀더는 그 외면으로부터 사업장의 경계까지의 거리는 최고사용 압력이 중압인 것은 20m 이상이 되도록 한다.

㉰ 가스발생기 및 가스홀더는 그 외면으로부터 사업장의 경계까지의 거리는 최고사용 압력이 저압인 것은 10m 이상이 되도록 한다.

㉱ 가스정제설비는 그 외면으로부터 사업장의경계까지의 거리는 최고사용압력이 고압인 것은 20m 이상이 되도록 한다.

02 도시가스도매사업의 저장설비 중 저장능력 100ton인 저장탱크의 외면과 사업소 경계까지 유지하여야 하는 안전거리는 몇 m 이상으로 하여야 하는가? (단, 유지하여야 하는 안전거리 계산시 적용하는 상수 C는 0.576으로 한다.) [0

㉮ 60 　　　　　　　　㉯ 120

㉰ 140 　　　　　　　　㉱ 160

03 가연성가스 저장탱크는 그 외면으로부터 처리능력이 20만m³ 이상인 압축기와 몇 m 이상의 거리를 유지해야 하는가?

㉮ 10 　　　　　　　　㉯ 20

㉰ 30 　　　　　　　　㉱ 40

04 일정 규정 이상의 도시가스 특정 사용 시설에는 가스 누출 자동 차단 장치를 설치하여야 한다. 가스 누출 자동차단 장치의 설치 기준에 대한 설명 중 틀린 것은?

㉮ 공기보다 가벼운 경우에는 검지부의 설치 위치는 천장으로부터 검지부 하단까지의 거리가 30cm 이하가 되도록 한다.

㉯ 공기보다 무거운 경우에는 검지부 상단이 바닥면으로부터 30cm 이하가 되도록 한다.

㉰ 제어부는 가능한 한 연소기로부터 멀리 떨어진 위치로서 실외에서 조작하기가 용이한 위치로 한다.

㉱ 연소기의 폐가스에 접촉하기 쉬운 곳에는 검지부를 설치할 수 없다.

해 설

[해설] 01

일반도시가스의 안전거리
① 가스발생기 및 가스홀더는 그 외면으로부터 사업장의 경계까지의 거리가 최고사용압력이 고압인 것은 20m 이상, 최고사용압력이 중압인 것은 10m 이상, 최고사용 압력이 저압인 것은 5m, 이상이 되도록 할 것
② 가스혼합기, 가스정제설비, 배송기, 압축기 그 밖에 가스공급시설의 부대설비는 그 외면으로부터 사업장의 경계까지의 거리가 3m 이상이 되도록 할 것. 단, 최고사용압력이 고압인 것은 그 외면으로부터 사업장의 경계까지의 거리가 20m 이상, 제1종 보호시설까지의 거리가 30m 이상이 되도록 할 것

[해설] 02

$$L = C^3 \sqrt{143000\,W}$$
$$= 0.576^3 \sqrt{143000 \times 100}$$
$$= 139.80\text{m}$$

[해설] 03

가연성가스 저장탱크와의 유지거리
① 고압가스설비와의 거리 : 30m 이상
② 처리능력의 20만m³ 이상인 압축기와의 거리 : 30m 이상

[해설] 04

제어부는 가스 사용실의 연소기 주위로서 조작하기 쉬운 위치 또는 안전 관리원이 상주하는 장소에 설치한다.

01. ㉱　02. ㉰　03. ㉰
04. ㉰

정답

05 지하 정압기실의 바닥면 둘레가 35m 일 때 가스누출 경보기 검지부의 설치개수는?

㉮ 1개 ㉯ 2개
㉰ 3개 ㉱ 4개

06 고압가스제조설비의 비상전력을 반드시 갖추어야 할 설비가 아닌 것은?

㉮ 물분무장치 ㉯ 자동제어장치
㉰ 벤트스택 ㉱ 긴급차단장치

해 설

해설 **05**

가스누출경보기의 검지부는 바닥면 둘레 20m 마다 1개 이상 설치해야 하므로 2개를 설치해야 한다.

해설 **06**

비상전력을 반드시 갖추어야 할 설비
① 자동제어장치
② 긴급차단 장치
③ 살수장치
④ 소화설비
⑤ 냉각수 펌프
⑥ 물분무장치
⑦ 비상조명설비
⑧ 가스누설검지경보설비
⑨ 통신설비

05. ㉯ 06. ㉰

정답

06 정압기

(1) 정압기실

① 조명도 : 150Lux 이상

② 경계책 설치높이 : 1.5m 이상

③ 통풍시설 : 공기보다 무거운 가스는 강제통풍시설을 설치

④ 지하정압기실 : 침수방지 및 동결방지 조치

(2) 가스차단장치

정압기의 입구 및 출구에 설치

(3) 불순물 제거장치

정압기의 입구에는 수분 및 불순물 제거장치 설치

(4) 압력기록장치

정압기의 출구에는 가스의 압력을 측정, 기록할 수 있는 장치를 설치

(5) 정압기출구에는 안전장치 및 경보장치를 설치

(6) 감시장치설치

① 경보장치 : 출구 가스압력이 상승한 경우 안전관리자가 상주하는 곳에 통보

② 가스누출검지 통보설비 : 누출가스를 검지하여 안전관리자가 상주하는 곳에 통보

㉮ 경보기의 설치개수 : 검지부는 바닥면 둘레 20m에 대하여 1개 이상

㉯ 작동상황점검 : 1주일에 1회 이상 작동상황 점검

POINT

• 정압기

문 정압기실의 조명도는?
▶ 150Lux 이상

문 정압기출구에 반드시 설치해야 할 장치는?
▶ ① 가스차단장치
  ② 압력이상 상승 방지장치
  ③ 압력측정기록 장치

문 경보장치의 검지부는 바닥면 둘레 ( )에 대하여 1개 이상 설치한다.
▶ 20m

③ 출입문 개폐통보장치 : 정압기실 출입문 개폐여부 및 긴급차단 밸브 개폐여부를 안전관리자가 상주하는 곳에 통보할 수 있는 경보설비 설치

(7) 안전밸브 설치

① 방출관 높이 : 지면으로부터 5m 이상

② 안전밸브 분출부 크기

정압기의 입구 압력	분출구경
0.5MPa 이상	50A 이상
0.5MPa 미만	설계유량 1000Nm³/h 이상 : 50A 이상 설계유량 1000Nm³/h 미만 : 25A 이상

(8) 정압기의 기밀시험압력

① 정압기의 입구측

최고사용압력×1.1배

② 정압기의 출구측

최고사용압력×1.1배 또는 8.4kPa 중 높은 압력 이상

(9) 정압기의 분해점검

① 정압기

2년에 1회 이상

② 필터

가스공급 개시 후 1개월 이내 및 가스공급개시 후 매년에 1회 이상

(단, 단독사용자 정압기 및 필터는 3년에 1회 이상)

POINT

🔒 정압기 기밀시험압력은 입구측은 최고사용압력의 몇 배에서 실시하여 이상이 없어야 하는가?
▶ 1.1배

🔒 일반도시가스사업의 정압기 분해 시기는?
▶ 2년에 1회 이상

07 내진설계

(1) 내진설계의 적용범위

① 가연성, 독성 : 압축가스 500m³, 액화가스 5ton(단, 비가연, 비독성 가스는 1,000m³, 10ton) 이상의 저장탱크

② 동체높이 5m 이상의 압력용기

③ 세로방향 동체길이 5m 이상 응축기, 5,000ℓ 이상 수액기

(2) 내진등급

① 내진 특등급 : 최고사용압력 6.9MPa 이상인 배관으로 가스공사 인수기지에서 최초 차단밸브 까지

② 내진 1등급 : 최고사용압력 0.5MPa 이상인 배관으로서 일반도시가스 사업자가 소유한 배관

③ 내진 2등급 : 내진 특등급, 내진 1등급 이외의 배관

08 도시가스 압력, 연소성, 열량, 유해성분 측정

(1) 도시가스 압력측정

자기압력계로 100mmH₂O 이상 250mmH₂O 이내

(2) 도시가스 연소성측정

웨버지수가 표준 웨버지수의 ±4.5% 이내를 유지

① $WI = \dfrac{H}{\sqrt{d}}$

WI : 웨버지수

H : 도시가스의 총발열량(kcal/m³)

d : 도시가스의 공기에 대한 비중

② 연소속도(C_V)

$$C_V = K \frac{1.0 H_2 + 0.6 (CO + C_m H_n) + 0.3 CH_4}{\sqrt{d}}$$

C_V : 연소속도(cm/sec)

H_2 : 도시가스 중의 수소의 함유율(용량%)

CO : 도시가스 중의 일산화탄소의 함유량(용량%)

$C_m H_n$: 도시가스 중의 메탄외의 탄화수소 함유율(용량%)

CH_4 : 도시가스 중의 메탄의 함유율(용량%)

d : 도시가스의 공기에 대한 비중

K : 산소함유율에 따른 정수

(3) 도시가스 유해성분 측정(매주 1회 이상, 가스홀더 출구에서 측정)

0℃, 1.01325bar의 압력에서 건조한 도시가스 1m³ 당

① 황전량 30mg

② 황화수소 1mg 이하

③ 할로겐 10mg 이하

④ 실록산 10mg 이하

⑤ NH_3(암모니아) 검출되지 말 것

POINT

문 도시가스 유해성분을 측정해야 하는 대상가스는?
▶ 황, 황화수소, 암모니아

09 특정가스 사용시설의 월 사용예정량

$$Q = \frac{A \times 240 + B \times 90}{11,000}$$

Q : 월 사용예정량(m³)

A : 산업용 가스소비량 합계(kcal/h)

B : 산업용이 아닌 가스소비량의 합계(kcal/h)

• 월사용예정량

문 산업용으로 사용하는 연소기의 도시가스 소비량 합계가 6000kcal/h일 때 월 사용 예정량은?

▶ $Q = \dfrac{A \times 240 + B \times 90}{11000}$

$= \dfrac{6000 \times 240 + 0 \times 90}{11000}$

$= 130.9 \text{m}^3$

10 압축천연가스(CNG) 자동차 충전시설

(1) 고정식 자동차 충전소 시설기준

① 저장, 처리, 압축, 충전 설비와 사업소 경계까지 안전거리는 10m 이상 유지

② 처리, 압축가스설비로부터 30m 이내 보호시설이 있는 경우 방호벽 설치

③ 충전설비는 도로경계에서 5m 이상 유지

④ 저장, 처리, 압축, 충전설비는 철도에서부터 수평거리 30m 이상 유지

⑤ 저장, 처리, 압축, 충전설비는 지상에 설치하고 고압전선까지 수평거리 5m
   이상 유지(저압전선까지는 1m 이상을 유지)

⑥ 저장, 처리, 압축, 충전설비 외면과 화기 8m 이상 우회거리

⑦ 사업소 및 각 설비에는 경계표지, 경계책을 설치(단, 방호벽설치 시, 밀폐
   구조물, 액확산 방지시설 내에 설치되어 있는 경우 경계표지, 경계책을
   설치하지 않아도 된다.)

⑧ 압축가스설비의 모든 밸브, 배관 부속품 주위에는 1m 이상 공간 확보

⑨ 충전설비 주위에 충전기를 보호하기 위하여 높이 30cm 두께 12cm 이상 철
   근콘크리트 또는 동등 이상의 강도를 가지는 구조물을 설치할 것

(2) CNG 자동차 충전시설 중 고정식 충전설비규정

① 압축가스 설비에는 수동조작 밸브를 설치

② 압축가스 설비 인입배관에서 호스 등의 파손에 대비 역류방지 밸브를
   설치

③ 충전설비로부터 5m 이상 떨어진 장소에 수동긴급차단장치를 설치. 이 장
   치가 작동시 압축기, 펌프 충전설비에 공급되는 전원이 자동차단 될 것

④ 충전설비에 긴급분리장치는 수평방향으로 당길 때 666.4N 미만에서 분리
   되는 것

(3) CNG 자동차 충전시설중 이동식 충전설비규정

① 사업소 경계의 안전거리 10m 이상

② 50m 이내에 보호시설이 있는 경우 방호벽을 설치

③ 충전설비는 도로경계로부터 5m 이상 거리를 유지(단, 철도는 15m 이상)

④ 충전소 내 이동 충전차량 수는 3대 이하일 것

⑤ 이동충전차량에 적재 : 용기 길이 8.5m 이하, 적재 용기수 10개 이하로 할 것

⑥ 이동충전차량 설치밸브 설계온도 : −50℃

⑦ 이동충전차량과 가스이입배관 연결호스는 5m 이내일 것

⑧ 가스 배관구 주위 높이 30cm 이상, 두께 12cm 이상 철근콘크리트의 강도를 갖는 구조물 설치

⑨ 충전설비 5m 이상 떨어진 장소에 수동긴급차단장치 설치

(4) CNG 충전시설 소화기

20-BC 소화기

POINT

문 CNG 충전시설 주변에 비치하는 소화기는?
▶ 20-BC소화기

01 도시가스 사용자 시설에 설치되는 단독사용자 정압기의 분해점검 주기는?

㉮ 6개월에 1회 이상　　　　㉯ 1년에 1회 이상
㉰ 2년에 1회 이상　　　　㉱ 3년에 1회 이상

02 도시가스 정압기에 설치되는 압력조정기를 출구압력에 따라 구분할 경우의 기준으로 틀린 것은?

㉮ 고압 : 1MPa 이상
㉯ 중압 : 0.1~1MPa 미만
㉰ 준저압 : 4~100kPa 미만
㉱ 저압 : 1~4Pa 미만

03 가스관련법에 의한 내진설계 대상이 아닌 시설물은?

㉮ 지하에 매설하는 가연성가스용 10톤 저장 탱크
㉯ 지상에 설치되는 독성가스용 5톤 저장탱크
㉰ 증류탑으로서 동체부의 높이가 5m 이상인 압력용기
㉱ 내용적 5,000L 이상인 수액기

04 발열량이 11,400kcal/m³이고 가스비중이 0.7, 공급압력이 200mmH₂O인 나프타가스의 웨버지수는 약 얼마인가?

㉮ 10,700　　　　㉯ 11,360
㉰ 12,950　　　　㉱ 13,630

해 설

[해설] 01
일반 정압기 분해 점검주기는 2년에 1회 이상이며, 단독사용자 정압기는 3년에 1회 이상 분해점검 한다. 필터 점검주기는 가스 공급 개시 후 1월 이내 및 가스 공급 후 매년 1회 이상이며 작동상황 점검은 1주일에 1회 이상

[해설] 03
지하에 설치되는 시설이나 저장 능력이 3ton 미만인 가스홀더 및 저장탱크는 내진설계 대상에서 제외한다.

[해설] 04
웨버지수(WI)
$$WI = \frac{Hg}{\sqrt{d}}$$
$$= \frac{11,400}{\sqrt{0.7}} = 13,625.6$$

01. ㉱　02. ㉮　03. ㉮
04. ㉱

정답

05 0℃ 101.325kPa의 압력에서 건조한 도시가스 1m³당 황화수소는 몇 g을 초과할 수 없는가?

㉮ 0.02g ㉯ 0.1g
㉰ 0.2g ㉱ 0.5g

06 실제 사용하는 도시가스의 열량이 9,500kcal/m³이고 가스사용 시설의 법적 사용량은 5,200m³일 때 도시가스 사용량은 약 몇 m³인가? (단, 도시가스의 월 사용예정량을 구할 때의 열량을 기준으로 한다.)

㉮ 4,490 ㉯ 6,020
㉰ 7,020 ㉱ 8,020

해 설

해설 05
도시가스의 유해성분

유해성분	기 준
S(황)	0.5g
H_2S (황화수소)	0.02g
NH_3 (암모니아)	0.2g

해설 06
도시가스사용량(m^3)
$$= \frac{5,200 \times 9,500}{11,000}$$
$$= 4490.9 m^3$$

05. ㉮ 06. ㉮

11 위험성 평가 기법

(1) 정성적 평가 기법

① 체크리스트(checklist)기법

공정 및 설비의 오류 결함상태, 위험상황 등을 목록화한형태로 작성하여 경험적으로 비교함으로써 위험성을 파악하는 것이다

② 사고예상질문 분석(WHAT-IF)기법

공정에 잠재하고 있으면서 원하지 않은 나쁜 결과를 초래할 수 있는 사고에 대하여 예상 질문을 통해 사전에 확인함으로써 그 위험과 결과 및 위험을 줄이는 방법을 제시하는 것이다

③ 위험과 운전분석(hazard and operability studies : HAZOP)기법

공정에 존재하는 위험요소들과 공정의 효율을 떨어뜨릴 수 있는 운전상의 문제점을 찾아내어 그 원인을 제거하는 것이다

(2) 정량적 평가 기법

① 작업자 실수 분석(HEA)기법

설비의 운전원, 정비보수원, 기술자 등의 작업에 영향을 미칠만한 요소를 평가하여 그 실수의 원인을 파악하고 추적하여 실수의 상대적 순위를 결정하는 것이다.

② 결함수 분석(FTA)기법

사고를 일으키는 장치의 이상이나 운전자 실수의 조합을 연역적으로 분석하는 것이다.

③ 사건수 분석(ETA)기법

초기사건으로 알려진 특정한 장치의 이상이나 운전자의 실수로부터 발생되는 잠재적인 사고결과를 평가하는 것이다.

④ 원인결과 분석(CCA)기법

잠재된 사고의 결과와 이러한 사고의 근본적인 원인을 찾아내고 사고 결과와 원인의 상호관계를 예측, 평가하는 것이다.

(3) 기 타

① 상대위험순위 결정(DMI)기법

　설비에 존재하는 위험에 대하여 수치적으로 상대위험 순위를 지표화하여 그 피해정도를 나타내는 상대적 위험 순위를 정하는 것이다.

② 이상위험도 분석(FMECA)기법

　공정 및 설비의 고장의 형태 및 영향, 고장형태별 위험도 순위를 결정하는 것이다.

01 위험성 평가의 기법으로 정량적 평가방법인 것은?

㉮ 체크 리스트(check list)법

㉯ PHA 법

㉰ FTA 법

㉱ HAZOP 법

02 공정에 존재하는 위험요소들과 공정의 효율을 떨어뜨릴 수 있는 운전상의 문제점을 찾아낼 수 있는 정성적인 위험평가 기법으로 산업체(화학공장)에서 일반적으로 사용되는 것은?

㉮ Check list 법   ㉯ FTA 법

㉰ ETA 법   ㉱ HAZOP 법

03 가스안전관리전문기관이 가스사고를 방지하기 위하여 장비와 기술을 이용하여 가스공급시설의 잠재된 위험요소와 원인을 찾아내는 것을 무엇이라 하는가?

㉮ 정밀안전진단   ㉯ 위해방지조사

㉰ 가스안전영향평가   ㉱ 안전성평가

04 다음 [보기]에서 설명하는 가스폭발 위험성 평가기법은?

> **보기**
> • 사상의 안전도를 사용하여 시스템의 안전도를 나타내는 모델이다.
> • 귀납적이기는 하나 정량적분석기법이다.
> • 재해의 확대요인의 분석에 적합하다.

㉮ FHA(Fault Hazard Analysis)

㉯ JSA(Job Safety Analysis)

㉰ EVP(Extreme Value Projection)

㉱ ETA(Event Tree Analysis)

해 설

해설 01

① 정성적 평가기법 : 체크리스트 기법, 사고 예상 질문 분석(WHAT-IF)기법, 위험과 운전 분석(HAZOP)기법

② 정량적 평가 기법 : 작업자 실수 분석(HEA)기법, 결함수 분석(FTA) 기법, 사건수 분석(ETA) 기법, 원인 결과 분석(CCA) 기법

해설 02

① Check list 법 : 공정 및 설비의 오류, 결함상태, 위험 상황 등을 목록화한 형태로 작성하여 경험적으로 비교함으로서 위험성을 정성적으로 파악하는 안전성 평가

② 결함수 분석(FTA)법 : 사고를 일으키는 장치의 이상이나 운전자 실수의 조합을 연역적으로 분석하는 정량적 안전성 평가

③ 위험과 운전분석(HAZOP) : 공정에 존재하는 위험 요소들과 공정의 효율을 떨어뜨릴 수 있는 운전상의 문제점을 찾아내어 그 원인을 제거하는 정성적인 안전성 평가

해설 04

사건수 분석기법(ETA)은 현재 설계 또는 공정의 개발단계나 시스템의 시운전 단계에 적용하며, 설계 또는 운전단계에서 위험성 평가를 실시할 때 사고의 종류와 발생빈도 및 예상되는 사고를 도출하는데 적용할 수 있다.

01. ㉰   02. ㉱   03. ㉮
04. ㉱
정답

05 위험물을 취급하고 있는 사업장에서의 사고는 화재, 폭발, 위험물 누출 등 대형 사고로 이어질 수 있고 이로 인한 인적·물적 피해가 크다. 따라서 위험물을 취급하고 있는 사업장에서는 비상사태 발생시 피해를 최소화 시킬 수 있는 비상조치 계획을 수립하여 운용하여야 한다. 비상조치 계획에 포함될 사항이 아닌 것은?

㉮ 위험성 및 재해의 파악과 분석

㉯ 비상대피 계획

㉰ 감사팀의 구성

㉱ 운전정지 절차

06 가스 시설과 관련하여 사람이 사망한 사고 발생 시 규정상 도시가스 사업자는 한국가스안전공사에 사고 발생 후 얼마 이내에 서면으로 통보하여야 하는가?

㉮ 즉시

㉯ 7일 이내

㉰ 10일 이내

㉱ 20일 이내

07 도시가스시설에서 가스사고가 발생한 경우 사고의 종류별 통보방법과 통보기한의 기준으로 틀린 것은?

㉮ 사람이 사망한 사고 : 속보(즉시), 상보(사고발생 후 20일 이내)

㉯ 사람이 부상당하거나 중독된 사고 : 속보(즉시), 상보(사고발생 후 15일 이내)

㉰ 가스누출에 의한 폭발 또는 화재사고(사람이 사망·부상·중독된 사고 제외) : 속보(즉시)

㉱ LNG 인수기지의 LNG 저장탱크에서 가스가 누출된 사고(사람이 사망·부상·중독되거나 폭발·화재 사고 제외) : 속보(즉시)

08 도시가스사업자의 안전관리책임자, 안전관리원, 안전점검원의 신규종사 후 받아야 할 교육 시기는?

㉮ 신규종사 후 1개월 이내

㉯ 신규종사 후 3개월 이내

㉰ 신규종사 후 6개월 이내

㉱ 신규종사 후 12개월 이내

01. 도시가스사업법상 배관 구분시 사용되지 않는 용어는?

㉮ 본관   ㉯ 사용자 공급관

㉰ 가정관   ㉱ 공급관

[해설] 도시가스배관 : 본관·공급관·내관

02. 도시가스 사용시설 중 배관에 있어서 부식방지 조치에 의한 지상과 지하매몰 배관의 색깔로 맞는 것은 어느 것인가?

㉮ 지상 : 황색, 지하 : 흑색 또는 적색

㉯ 지상 : 적색, 지하 : 흑색 또는 황색

㉰ 지상 : 적색, 지하 : 황색 또는 녹색

㉱ 지상 : 황색, 지하 : 적색 또는 황색

[해설] 가스배관의 표면색상은 지상배관은 황색으로, 매설배관은 최고사용압력이 저압인 배관은 황색, 중압인 배관은 적색으로 할 것. 다만, 지상배관 중 건축물의 내·외벽에 노출된 것으로서 바닥(2층 이상 건물의 경우에는 각 층의 바닥을 말한다)으로부터 1m의 높이에 폭 3cm의 황색 띠를 이중으로 표시한 경우에는 표면색상을 황색으로 하지 않을 수 있다.

03. 도시가스 배관의 외부에 표시하는 사항으로 옳지 않은 것은

㉮ 사용가스명

㉯ 최고사용압력

㉰ 가스의 흐름 방향

㉱ 내압시험압력

04. 가스도매사업자의 가스공급시설인 배관을 지상에 설치하는 경우 배관의 양측에는 사용압력 구분에 따른 공지 폭을 유지하여야 한다. 옳은 것은?

㉮ 압력 0.2MPa 이상 0.5MPa 미만의 경우 공지 폭 7m

㉯ 압력 0.2MPa 이상 1MPa 미만의 경우 공지 폭 8m

㉰ 압력 10kg/cm² 이상인 경우 공지 폭 10m

㉱ 압력 0.2MPa 미만의 경우 공지 폭 5m

[해설] 배관의 양측에는 다음 표에 의한 상용입력 구분에 따른 폭을 유지할 것. 다만, 안전을 위하여 필요한 경우에 공지의 폭을 초과하여 공지를 유지할 수 있으며 안전상 필요한 조치를 한 경우에는 공지의 폭 이하로 할 수 있다.

상용압력	공지의 폭
0.2MPa 미만	5m
0.2MPa 이상 1MPa 미만	9m
1MPa 이상	15m

(비고) 공지의 폭은 배관 양쪽의 외면으로부터 계산하되 지식경제부장관이 정하여 고시하는 지역에 설치하는 경우에는 위 표에서 정한 폭의 1/3로 할 수 있다.

05. 가스 도매사업의 시설기준 중 배관을 지하에 매설하는 경우에 맞지 않는 것은?

㉮ 배관은 외면으로부터 수평거리로 건축물까지 1.5m 이상을 유지하여야 한다.

㉯ 지표면으로부터 배관의 외면까지의 매설깊이는 산이나 들에서는 1m 이상으로 하여야 한다.

㉰ 산이나 들 이외의 지역에서는 매설깊이는 1.5m 이상으로 하여야 한다.

㉱ 배관은 지반의 동결에 의하여 손상을 받지 아니하는 깊이로 매설하여야 한다.

[해설] 지하배관의 매설기준

① 배관은 그 외면으로부터 건축물까지 수평거리 : 1.5m 이상

② 배관은 그 외면으로부터 지하의 다른 시설물과 유지거리 : 0.3m 이상

③ 지표면으로부터 배관의 외면까지의 매설 깊이
  ㉮ 산이나 들 : 1m 이상
  ㉯ 그 밖의 지역 : 1.2m 이상

④ 배관은 지반의 동결에 의하여 손상을 받지 아니하는 깊이로 매설할 것

정답   01. ㉰   02. ㉱   03. ㉱   04. ㉱   05. ㉰

06. 일반 도시가스 공급시설의 매설용 배관으로서 차량이 통행하는 폭 8m 이상의 도로에 매설할 배관의 깊이는 몇 m 이상으로 하여야 하는가?

㉮ 2
㉯ 1.2
㉰ 1
㉱ 0.4

해설 배관의 매설깊이
① 도로 폭 4m 이상 8m 미만 : 1m 이상
② 도로 폭 8m : 1.2m 이상

07. 도시가스의 배관장치를 해저에 설치하는 아래의 기준 중에서 적합하지 않은 것은?

㉮ 배관은 원칙적으로 다른 배관과 교차하지 않을 것
㉯ 배관의 입상부에는 방호 시설물을 설치할 것
㉰ 배관은 원칙적으로 다른 배관과 20m의 수평거리를 유지할 것
㉱ 배관을 매설하지 않고 설치하는 경우에는 해저면을 고르게 하여 배관이 해저면에 닿도록 할 것

해설 도시가스배관을 해저에 설치하는 경우
① 배관은 원칙적으로 다른 배관과 교차하지 않을 것
② 배관의 입상부에는 방호 시설물을 설치할 것
③ 배관은 원칙적으로 다른 배관과 30m 이상의 수평거리를 유지할 것
④ 배관을 매설하지 않고 설치하는 경우에는 해저면을 고르게 하여 배관이 해저면에 닿도록 할 것

08. 가스도매사업자의 가스공급시설인 배관을 도로 밑에 매설하는 경우 기준에 적합하지 않은 것은?

㉮ 시가지 외의 도로 노면 밑에 매설하는 경우에는 그 노면으로부터 배관의 외면까지의 깊이를 1m 이상으로 한다.
㉯ 시가지의 도로 밑에 매설하는 경우에는 노면으로부터 배관의 외면까지의 깊이를 1.5m 이상으로 한다.

㉰ 배관은 그 외면으로부터 도로 밑의 다른 시설물과의 거리를 0.3m 이상 유지한다.
㉱ 배관의 외면으로부터 도로의 경계와 1m 이상의 수평거리를 유지한다.

해설 시가지외 도로 노면 밑에 매설시 1.2m 깊이의 매설

09. 도시가스 배관을 시가지 외의 도로, 산지, 농지에 매설하는 경우 표지판을 설치하여야 하는 기준으로 옳지 않은 것은?

㉮ 표지판은 배관을 따라 1,000m 간격으로 1개 이상으로 설치한다.
㉯ 표지판의 치수는 200×150(가로×세로, 단위 : mm) 이상의 직사각형으로 한다.
㉰ 표지판은 황색 바탕에 검정색 글씨로 도시가스 배관임을 알리는 뜻과 연락처 등을 표기 한다.
㉱ 교통 등의 장애가 없는 장소를 선택하여 일반인이 쉽게 볼 수 있도록 설치한다.

해설 표지판은 배관을 따라 500m 간격으로 설치(단, 철도부지 내 매설시 50m 간격)

10. 가스도매사업의 규정에 의한 배관을 철도부지 내 매설하는 경우 표지판의 설치간격은 몇 m인가?

㉮ 10m
㉯ 30m
㉰ 50m
㉱ 100m

11. 도시가스 배관의 접합부분은 용접하는 것을 원칙으로 한다. 저압배관의 경우 모든 용접부에 대하여 비파괴시험을 실시하여야 하는 배관의 관 지름은?

㉮ 관 지름 50mm 이상
㉯ 관 지름 80mm 이상
㉰ 관 지름 100mm 이상
㉱ 관 지름 125mm 이상

[해설] 배관의 접합부분은 용접하는 것을 원칙으로 한다. 이 경우 모든 용접부(가스용 폴리에틸렌관, 저압으로서 노출된 사용자 공급관 및 관지름 80mm 미만의 저압의 매설배관을 제외한다.)에 대하여 비파괴시험을 실시하여 이상이 없을 것

12. 지하구조물, 암반 그 밖의 특수한 사정으로 매설 깊이를 확보할 수 없는 곳에 배관에는 보호관 또는 보호판으로 매설 깊이가 유지되지 아니하는 부분을 보호해야 한다. 이 경우 보호관 또는 외면과 지면 또는 노면 사이에는 얼마 이상의 거리를 유지하는가?

㉮ 1m ㉯ 0.3m
㉰ 0.9m ㉱ 0.6m

[해설] ① 지하구조물·암반 그 밖에 특수한 사정으로 매설 깊이를 확보할 수 없는 곳의 배관에는 당해배관과 동등 이상의 강도를 갖는 보호관 또는 보호판(폭이 배관직경의 1.5배 이상이고 두께가 4mm 이상인 철판)으로 매설 깊이가 유지되지 아니하는 부분을 보호할 것. 이 경우 보호관 또는 보호판의 외면과 지면 또는 노면 사이에는 0.3m 이상의 거리를 유지할 것
② 배관을 지하에 매설하는 경우에는 전기부식방지 조치를 할 것

13. 다음은 도시가스 사용시설의 입상관 설치 방법이다. 설명이 잘못된 것은?

㉮ 입상관은 화기(그 시설에 사용되는 자체화기를 제외한다.)와 2m 이상의 우회 거리를 유지하여야 한다.
㉯ 입상관의 밸브는 분리가 가능한 것으로 설치하여야 한다.
㉰ 입상관의 밸브 높이는 건축 구조상 1.7m 높이에 설치가 가능하나 어린이들이 조작의 우려가 있으므로 2m 이상의 높이에 설치하여야 한다.
㉱ 입상관은 환기가 양호한 곳에 설치하여야 한다.

[해설] 입상관의 밸브
밸브는 분리 가능한 것으로서 바닥으로부터 1.6m 이상, 2m 이내에 설치한다.

14. 도시가스사용시설에서 입상관은 화기와 몇 m 이상의 우회거리를 유지하고, 환기가 양호한 장소에 설치하는가?

㉮ 8m ㉯ 1.5m
㉰ 2m ㉱ 1m

[해설] 일반도시가스사업의 가스사용 시설 기준
입상관의 설치 : 입상관은 화기(그 시설 안에서 사용되는 자체 화기를 제외한다)와 2m 이상의 우회거리를 유지하고 환기가 양호한 장소에 설치하여야 하며 입상관의 밸브는 분리가 가능한 것으로서 바닥으로부터 1.6m 이상 2m 이내에 설치할 것. 다만, 건축물 구조상 그 위치에 밸브의 설치가 곤란하다고 인정되는 경우에는 그렇지 않다.

15. 도시가스배관 중 배관경이 20mm일 때 고정장치는 몇 m마다 설치하여야 하는가?

㉮ 1m ㉯ 2m
㉰ 3m ㉱ 5m

[해설] 배관의 고정장치 설치

배관경	13mm 미만	13mm 이상 33mm 미만	33mm 이상
설치기준	1m마다	2m마다	3m마다

16. 일반 도시가스사업자의 배관 중 도로에 매몰되어 있는 배관으로서 최고사용압력이 고압인 것의 누출검사 실시주기는?

㉮ 매몰한 날 이후 5년에 1회 이상
㉯ 매몰한 날 이후 4년에 1회 이상
㉰ 매몰한 날 이후 2년에 1회 이상
㉱ 매몰한 날 이후 1년에 1회 이상

[해설] ① 최고사용압력이 고압 : 1년에 1회 이상
② 기타 : 3년에 1회 이상

17. 가스용 폴리에틸렌관을 지하에 매설시 매설위치를 지상에서 탐지할 수 있는 로케팅와이어의 면적은 몇 mm² 이상인가?

㉮ 2 ㉯ 4
㉰ 6 ㉱ 8

정답 12. ㉯ 13. ㉰ 14. ㉰ 15. ㉯ 16. ㉱ 17. ㉱

18. 가스도매사업 공급시설의 시설기준에서 절토한 경사면 부근에 배관을 매설할 경우, 미끄럼면의 안전율은 얼마 이상 확보하여야 하는가?

㉮ 0.8 ㉯ 0.1
㉰ 1.3 ㉱ 1.5

19. 도시가스 배관에 보호판을 설치 시 보호판에는 구멍을 뚫어 누출된 가스가 지면으로 확산 되도록 하여야 한다. 몇 m 간격으로 구멍을 뚫어야 하는가?

㉮ 1 ㉯ 2
㉰ 3 ㉱ 4

[해설] 보호판은 배관정상부에서 30cm 이상 높이에 설치하고 누설가스 확산을 위해 3m 간격 구멍을 뚫어야 한다.

20. 도시가스배관의 압력이 중압 배관일 경우 보호판의 두께(mm)는?

㉮ 3 ㉯ 4
㉰ 5 ㉱ 6

[해설] 배관의 보호판 규격
① 보호판에는 직경 30mm 이상 50mm 이하의 구멍을 3m 이하의 간격으로 뚫어 누출된 가스가 지면으로 확산되도록 한다.
② 보호판은 배관의 정상부에서 30cm 이상의 높이에 설치한다.
③ 보호판은 도막두께가 80um 이상 되도록 에폭시타입 도료를 2회 이상 코팅한다.
④ 보호판의 두께
   ㉮ 중압배관 : 4mm 이상
   ㉯ 고압배관 : 6mm 이상

21. 도시가스 배관을 지하에 매설하는 경우배관의 직상부에 보호포를 설치하여야 한다. 기준에 적합하지 않은 것은?

㉮ 보호포는 일반형 보호포와 탐지형 보호포로 구분한다.
㉯ 보호포의 폭은 15~35cm로 한다.
㉰ 보호포의 바탕색은 저압배관은 황색, 중압 이상인 배관은 적색으로 한다.

㉱ 보호포는 배관정상부로부터 50cm 이상 떨어진 곳에 설치한다.

[해설] 보호포 설치기준
① 저압 배관 : 배관 정상부로부터 60cm 이상
② 중압 이상 배관 : 보호판의 상부로부터 30cm 이상
③ 공동주택 등의 부지 내에 설치하는 배관 : 배관의 정상부로부터 40cm 이상 떨어진 곳에 설치한다(다만, 매설깊이를 확보할 수 없어 보호판 등을 사용한 경우에는 그 직상부에 설치하고 철도 밑 등 부득이한 경우에는 설치하지 아니할 수 있다.).

22. 도시가스 배관과 수평거리에 몇 m 이내에서 파일박기를 할 때 도시가스사업자의 입회하에 배관 위치를 파악하는가?

㉮ 1m ㉯ 2m
㉰ 3m ㉱ 4m

[해설] 가스배관손상 방지를 위한 작업 기준
① 가스배관과 수평거리 30cm 이내에는 파일박기를 하지 말 것
② 파일박기는 가스배관과 수평거리 2m 이상 위치에 설치할 것

23. 도시가스 배관 내의 상용압력이 4.2MPa이다. 배관 내의 압력이 이상 상승하여 경보장치의 경보가 울리기 시작하는 압력은?

㉮ 2.2MPa 초과 시
㉯ 3.4MPa 초과 시
㉰ 3.15MPa 초과 시
㉱ 4.4MPa 초과 시

[해설] 경보장치가 울리는 경우
① 배관 내의 압력이 상용압력의 1.05배(상용압력이 4MPa 이상인 경우에는 상용압력에 0.2MPa를 더한 압력)를 초과한 때
② 배관 내의 압력이 정상운전시의 압력보다 15% 이상 강하한 경우 이를 검지한 때
③ 긴급차단 밸브의 조작회로가 고장난 때 또는 긴급차단 밸브가 폐쇄된 때
∴ 상용압력이 4MPa을 초과하므로 4.2+0.2=4.4MPa이다.

18. ㉰ 19. ㉰ 20. ㉯ 21. ㉱ 22. ㉯ 23. ㉱ 정답

24. 도시가스사업의 가스도매사업에 있어 액화천연가스 저장설비 및 처리설비는 그 외면으로부터 사업소 경계 및 연못에 인접되어 있는 경우까지 몇 m 이상의 거리를 유지하는가?

㉮ 50m
㉯ 40m
㉰ 30m
㉱ 20m

해설 가스도매사업의 가스공급시설
① 제조소의 안전거리
㉮ 액화천연가스(기화된 천연가스를 포함한다)의 저장설비 및 처리설비(1일 처리능력이 52.500m³ 이하인 펌프·압축기·응축기 및 기화장치를 제외한다)는 그 외면으로부터 사업소 경계(사업소 경계가 바다·호수·하천(하천법에 의한 하천을 말한다. 이하 같다), 그 밖에 지식경제부장관이 정하여 고시하는 연못 등의 경우에는 이들의 반대편 끝을 경계로 본다)까지 다음의 산식에 의하여 얻은 거리(그 거리가 50m 미만의 경우에는 50m) 이상을 유지할 것
$$L = C^3\sqrt{143,000\,W}$$
　　L : 유지하여야 하는 거리(단위 : m)
　　C : 저압지하식 저장탱크는 0.240, 그 밖의 가스저장설비 및 처리설비는 0.576
　　W : 저장탱크는 저장능력(단위 : 톤)의 제곱근, 그 밖의 것은 그 시설내의 액화천연가스의 질량(단위 : 톤)
㉯ 액화석유가스의 저장 설비 및 처리설비는 그 외면으로부터 보호시설까지 30m 이상의 거리를 유지할 것. 다만, 지식경제부장관이 필요하다고 인정하는 지역의 경우에는 이 기준 외에 따로 거리를 더하여 정할 수 있다.

25. 액화천연가스의 저장설비, 처리설비는 그 외면으로부터 사업소 경계까지의 안전거리를 두어야 하는 식으로 맞는 것은?(단, C : 저압지하식 저장탱크는 0.24, 그 밖은 0.576, W : 저장능력(톤)의 제곱근 또는 액화천연가스의 질량이다.)

㉮ $L = C^3\sqrt{12,500\,W}$
㉯ $L = C^3\sqrt{125,000\,W}$
㉰ $L = C^3\sqrt{14,300\,W}$
㉱ $L = C^3\sqrt{143,000\,W}$

해설 안전거리 공식
$$L = C^3\sqrt{143,000\,W}$$
여기서, L : 유지하여야 할 거리(m)
　　C : 저압지하식 저장탱크는 0.240, 그 밖의 가스 저장설비 및 처리설비는 0.576
　　W : 저장탱크 저장능력(톤)의 제곱근, 그 밖의 것은 그 시설대의 액화천연가스의 질량(톤)

26. 가스도매업의 가스공급시설에서 제조소의 위치에 대한 기준으로 틀린 것은?

㉮ 액화천연가스의 저장탱크는 그 외면으로부터 처리능력이 200,000m³ 이상인 압축기와 30m 이상의 거리를 유지할 것
㉯ 가스공급시설은 그 외면으로부터 그 제조소의 경계와 30m 이상의 거리를 유지할 것
㉰ 안전구역 내의 고압인 가스공급시설은 그 외면으로부터 다른 안전구역에 있는 고압가스공급시설의 외면까지 30m 이상의 거리를 유지할 것
㉱ 액화석유가스의 저장설비 및 처리설비는 그 외면으로부터 보호시설까지 30m 이상의 거리를 유지할 것

해설 고압가스 안전관리의 특정 제조의 규정과 동일
① 처리능력의 200,000m³ 압축기와 30m
② 제조소 경계 : 20m
③ 가스공급시설과 다른 가스공급시설과 거리 30m
④ 액화석유가스 저장·처리설비는 보호시설까지 30m

27. 고압인 도시가스공급시설은 통로, 공지 등으로 구획된 안전구역 안에 설치하여야 하는데 이때 안전구역의 면적(m²)은 얼마 미만이어야 하는가?

㉮ 5,000
㉯ 10,000
㉰ 15,000
㉱ 20,000

해설 고압인 도시가스공급시설의 안전구역의 면적 : 20,000m²

28. 일반도시가스사업의 공급시설에 대한 안전거리의 기술기준으로 맞는 것은?

㉮ 가스발생기, 가스 홀더는 그 외면으로부터의 경계는 3m 이상이 되도록 한다.
㉯ 가스홀더, 가스발생기는 그 외면으로부터 사업장의 경계까지 거리가 최고사용압력이 고압인 것은 20m 이상이 되도록 한다.

정답 24. ㉮　25. ㉱　26. ㉯　27. ㉱　28. ㉯

ⓣ 가스혼합기, 가스정제설비는 그 외면으로부터 13m 이상이 되도록 한다.

ⓤ 배송기, 압송기 등 공급시설의 부대설비는 그 외면으로부터 2m 이상이 되도록 한다.

[해설] 안전거리
① 가스발생기, 가스홀더 → 고압 : 20m 이상, 중압 : 10m 이상, 저압 : 5m 이상
② 가스혼합기, 가스정제설비, 배송기, 압송기, 부대설비 → 3m 이상(다만, 고압 : 20m 이상, 제1종 보호시설 : 30m 이상)

29. 도시가스 공급시설 중 도로와 평행하여 매몰되어 있는 배관으로부터 가스의 사용자가 소유 또는 점유하고 있는 토지에 이르는 배관으로서 내경이 얼마 이상인 배관에 차단장치를 설치하여야 하는가?

㉮ 300mm 이상   ㉯ 150mm 이상
㉰ 100mm 이상   ㉱ 65mm 이상

[해설] 일반도시가스사업 시설기준 및 기술기준의 배관의 설치기준 중 가스차단 장치
① 고압 또는 중압배관에서 분기되는 배관에는 그 분기점 부근, 그 밖에 배관의 유지관리에 필요한 곳에는 위급한 때에 가스를 신속히 차단할 수 있는 장치를 설치할 것
② 도로와 평행하여 매설되어 있는 배관으로부터 가스의 사용자가 소유 또는 점유한 토지에 이르는 배관으로서 관경이 65mm 이상의 것에는 위급한 때에 가스를 신속히 차단시킬 수 있는 장치를 할 것
③ 지하실·지하도 그 밖의 지하에 가스가 체류될 우려가 있는 장소(이하 '지하실 등' 이라 한다)에 가스를 공급하는 배관에는 그 지하실 등의 부근에 위급한 때에 그 지하실 등에서 분기되는 배관에는 가스가 누출된 때에 이를 차단할 수 있는 장치를 설치할 것

30. 도시가스 사업법의 가스도매사업의 기준 중 굴착으로 노출된 고압배관의 양 끝에 차단장치를 설치하는 배관 연장은 몇 m 이상인가?

㉮ 10m   ㉯ 100m
㉰ 150m   ㉱ 200m

[해설] 가스도매사업의 시설 기준
① 굴착으로 노출된 차단장치를 설치하여야하는 고압배관길이 100m
② 굴착으로 노출된 고압배관에 가스누출 경보기를 설치하는 배관 간격 20m마다

③ 비상공급시설은 그 외면으로부터 1종 보호시설까지 15m 이상 2종 보호시설까지 10m 이상 유지할 것

31. 일반 도시가스 사용시설 중 가스누출 자동차단 장치를 설치하지 않아도 되는 가스사용량의 한계는 월 몇 m³ 미만인가?

㉮ 1,000m³   ㉯ 2,000m³
㉰ 3,000m³   ㉱ 4,000m³

[해설] 월 사용예정량 2,000m³ 미만으로서 연소기가 연결된 각 배관에 퓨즈콕·상자콕 또는 이와 동등 이상의 성능을 가지는 안전장치(이하 '퓨즈콕 등' 이라 한다.)가 설치되어 있고, 각 연소기에 소화안전장치가 부착되어 있는 경우

32. 가스도매사업의 액화가스 저장탱크로서 내용적이 5,000 ℓ 이상의 것에 설치한 배관에는 그 저장탱크의 외면으로부터 몇 m 이상 떨어진 위치에서 조작 할 수 있는 긴급차단장치를 설치하는가?

㉮ 20m   ㉯ 15m
㉰ 10m   ㉱ 5m

[해설] 긴급차단 밸브 조작 위치
① 고압가스 일반제조시설 : 5m 이상
② 고압가스 특정제조시설 : 10m 이상
③ 일반도시가스사업 : 5m 이상
④ 가스도매사업 : 10m 이상
⑤ LPG사업 : 5m 이상

33. 도시가스 가스도매사업의 배관이 주요하천, 호수 등을 횡단할 때 횡단부의 양끝으로부터 가까운 곳에 긴급차단장치를 설치하여야 하는 횡단거리는?

㉮ 500m 이상

㉯ 1,000m 이상

㉰ 1,500m 이상

㉱ 2,000m 이상

[해설] 횡단거리가 500m 이상으로서, 교량에 설치되는 배관에 긴급차단장치를 설치

29. ㉱   30. ㉯   31. ㉯   32. ㉰   33. ㉮   [정답]

34. 최고사용압력이 고압 또는 중압인 가스홀더의 기준에 적합한 것은?

㉮ 원활히 작동하는 것일 것

㉯ 응축액을 외부로 뽑을 수 있는 장치를 설치할 것

㉰ 피스톤이 원활히 작동되도록 설치할 것

㉱ 가스방출장치를 설치할 것

해설 ① 고압 또는 중압의 가스 홀더
㉮ 관의 입구 및 출구에는 온도 또는 압력의 변화에 의한 신축을 흡수하는 조치를 할 것
㉯ 응축액을 외부로 뽑을 수 있는 장치를 설치할 것
㉰ 응축액의 동결을 방지하는 조치를 할 것
㉱ 맨홀 또는 검사구를 설치할 것
㉲ 고압가스안전관리법의 규정에 의한 검사를 받은 것일 것
㉳ 저장능력이 300m³ 이상의 가스홀더와 다른 가스홀더와의 사이에는 두 가스홀더의 최대지름을 합산한 길이의 4분의 1 이상에 해당하는 거리(두 가스홀더의 최대 지름을 합산한 길이의 4분의 1이 1m 미만인 경우 1m 이상의 거리)를 유지할 것
② 저압시 가스 홀더
㉮ 유수식 가스 홀더
  • 원활히 작동하는 것일 것
  • 가스방출장치를 설치한 것일 것
  • 수조에 물공급관과 물이 넘쳐 빠지는 구멍을 설치한 것일 것
  • 봉수의 동결방지조치를 한 것일 것
㉯ 무수식 가스 홀더
  • 피스톤이 원활히 작동되도록 설치한 것일 것
  • 봉액을 사용하는 것은 봉액공급용 예비 펌프를 설치한 것일 것

35. 최고사용압력이 저압인 유수식 가스홀더는 다음 기준에 적합해야 한다. 잘못된 것은?

㉮ 피스톤이 원활히 작동하도록 설치한 것일 것

㉯ 수조에 물공급관과 물이 넘쳐 빠지는 구멍을 설치한 것일 것

㉰ 가스방출장치를 설치한 것일 것

㉱ 원활히 작동하는 것일 것

해설 ① 유수식 가스홀더
㉮ 원활히 작동하는 것일 것
㉯ 가스방출장치를 설치한 것일 것
㉰ 수조에 물공급관과 물이 넘쳐 빠지는 구멍을 설치한 것일 것
㉱ 봉수의 동결방지조치를 한 것일 것
② 무수식 가스홀더
㉮ 피스톤이 원활히 작동되도록 설치한 것일 것
㉯ 봉액을 사용하는 것은 봉액공급용 예비펌프를 설치한 것일 것

36. 도시가스 제조소에 설치하는 강제 통풍구조에 관한 사항 중 옳은 것은?

㉮ 통풍능력은 바닥면적 1m²마다 0.3m³/분 이상으로 한다.

㉯ 배기가스 방출구는 지면에서 3m 이상의 높이에 설치한다.

㉰ 공기보다 비중이 가벼운 경우에는 배기가스 방출구를 3m 이상의 높이에 설치한다.

㉱ 공기보다 가벼운 가스인 경우 배기구는 바닥면 가까이 설치한다.

해설 강제통풍구조
① 통풍능력 : 바닥면적 1m²마다 0.5m³/분 이상
② 배기가스 방출구 높이 : 지면에서 5m 이상(단, 공기보다 가벼운 가스인 경우 : 3m 이상)

37. 도시가스 저장탱크 외부에는 그 주위에서 보기 쉽도록 가스의 명칭을 표시해야 하는데 무슨 색으로 표시해야 하는가?

㉮ 은백색　　　　㉯ 백색

㉰ 흑색　　　　㉱ 적색

해설 ① 저장탱크 외부에 표시하는 가스의 명칭색 : 적색
② 저장탱크 외부도색 : 은백색

38. 일반 도시가스사업의 액화석유가스 저장탱크는 그 외면으로부터 가스홀더와 상호간의 거리는?

㉮ 가스홀더 최대 직경의 1/2 이상의 거리

㉯ 저장탱크 최대 직경의 1/2 이상의 거리

㉰ 가스홀더 최대 직경의 1/4 이상의 거리

㉱ 저장탱크 1/4 이상의 거리

해설 저장탱크와 가스홀더의 상호간의 거리
저장탱크 최대 직경의 1/2(지하에 설치시는 1/4) 이상의 거리

정답　34. ㉯　35. ㉮　36. ㉰　37. ㉱　38. ㉯

39. 도시가스 누설을 초기에 발견하기 위하여 첨가하는 부취제로 주로 사용하는 것은?

㉮ 메르캅탄(mercaptane) 등 유기황화합물
㉯ NO 등 질소화합물
㉰ SO_2 등 무기화합물
㉱ 피리딘 등 유기질소화합물

해설 부취제
TBM(Tertiary Butyl Mercaptan)과 같이 메르캅탄의 유기황화합물

40. 가스가 누출될 경우 쉽게 알 수 있도록 도시가스에 첨가하는 부취제의 조건으로 옳지 않은 것은?

㉮ 독성이 없어야 한다.
㉯ 부식성이 없어야 한다.
㉰ 토양에 대한 투과성이 좋아야 한다.
㉱ 물에 잘 녹아야 한다.

해설 물에 잘 녹지 않아야 한다.

41. 도시가스 도매사업의 저장 탱크 설치기준에 대하여 적합하지 않은 것은?

㉮ 액화가스의 저장 탱크의 저장능력이 500t 이상인 것의 주위에는 방류둑을 설치할 것
㉯ 방류둑 내측 및 외면으로부터 10m 이내에는 부속설비 및 배관 이외 것을 설치하지 아니할 것
㉰ 내용적 5000L 이상의 저장탱크에는 5m 이상 떨어진 위치에서 조작할 수 있는 긴급차단장치를 설치할 것
㉱ 액화석유가스 저장 탱크에는 폭발방지 장치를 설치할 것

해설 긴급차단장치 조작위치
10m 이상

42. 일반 도시가스 공급시설의 안전조작에 필요한 장소의 조도는 몇 Lux 이상 확보해야 하는가?

㉮ 750Lux
㉯ 300Lux
㉰ 150Lux
㉱ 75Lux

해설 가스공급시설의 안전조작에 필요한 장소의 조도는 150Lux 이상 확보할 것

43. 일반 도시가스사업의 가스공급시설 중에는 수봉기를 설치하여야 한다. 수봉기를 설치하여야 할 설비는 다음 중 어느 것인가?

㉮ 부대설비
㉯ 저압가스 정제설비
㉰ 가스발생설비
㉱ 일반 안전설비

해설 수봉기
최고사용압력이 저압인 가스정제설비에는 압력의 이상 상승을 방지하기 위한 수봉기를 설치할 것

44. 일반 도시가스 공급시설 기준 중 적합하지 아니한 것은?

㉮ 가스공급시설을 설치하는 곳(제조소 및 공급소 내에 설치한 것에 한함)은 양호한 통풍 구조로 한다.
㉯ 제조소 또는 공급소에 설치한 가스가 통하는 가스공급 시설이 부근에 설치하는 전기설비는 방폭 성능을 가져야 한다.
㉰ 액화가스가 통하는 가스공급시설에는 당해 가스공급시설에서 발생하는 정전기를 제거하는 조치를 한다.
㉱ 가스공급시설의 내압시험 및 액화가스가 통하는 부분을 최고사용압력의 1.1배 이상의 압력으로 설치하는 내압시험에 합격해야 한다.

해설 고압 또는 중압의 도시가스 공급시설의 내압시험은 최고사용압력의 1.5배 이상에서 이상이 없어야 한다(기밀시험 : 최고사용압력의 1.1배 이상).

39. ㉮ 40. ㉱ 41. ㉰ 42. ㉰ 43. ㉯ 44. ㉱ **정답**

45. 일반 도시가스사업의 가스공급시설에서 가스혼합기, 가스정제설비, 배송기, 압송기 그 밖의 가스공급시설의 부대설비는 그 외면으로부터 사업장의 경계까지의 거리가 몇 m 이상이 되도록 하는가?

㉮ 5m
㉯ 3m
㉰ 2m
㉱ 1m

해설 가스혼합기·가스정제설비·배송기·압송기 그 밖에 가스공급시설의 부대설비(배관은 제외한다)는 그 외면으로부터 사업장의 경계까지의 거리가 3m 이상이 되도록 할 것. 다만, 최고사용압력이 고압인 것은 그 외면으로부터 사업장의 경계까지의 거리가 20m 이상, 제1종 보호시설(사업소 안에 있는 시설을 제외한다)까지의 거리가 30m 이상이 되도록 할 것

46. 일반 도시가스 사업의 공급시설에 대한 안전거리의 기술기준으로 맞는 것은?

㉮ 가스발생기, 가스홀더는 그 외면으로부터의 경계는 3m 이상이 되도록 한다.
㉯ 가스발생기, 가스홀더는 그 외면으로부터의 사업장의 경계까지 거리가 최고 사용압력의 고압인 것은 20m 이상이 되도록 한다.
㉰ 가스혼합기, 가스정제설비는 그 외면으로부터 13m 이상이 되도록 한다.
㉱ 배송기, 압송기 등 공급시설의 부대설비는 그 외면으로부터 2m 이상이 되도록 한다.

해설 일반 도시가스 사업의 공급시설의 안전거리
① 가스발생기, 가스홀더는 그 외면으로부터 사업장의 경계까지의 거리

사용 압력	고 압	중 압	저 압
거리	20m 이상	10m 이상	5m 이상

② 가스혼합기, 가스정제설비, 배송기, 압송기 등 가스공급시설의 부대설비 : 3m 이상

47. 일반도시가스사업의 가스발생설비에는 압력상승을 방지하기 위한 장치를 설치한다. 압력상승 방지장치에 속하지 않는 것은?

㉮ 폭발구
㉯ 파열판
㉰ 안전밸브
㉱ 가용전

해설 가용전은 액화가스에 사용되는 안전장치이다.

48. 일반도시가스사업의 가스공급시설은 기화장치에서 액화가스가 넘쳐흐름을 방지하는 장치는?

㉮ 수봉기
㉯ 일류방지장치
㉰ 억류방지밸브
㉱ 역화방지장치

해설 액유출방지장치
기화장치에는 액화가스의 넘쳐흐름을 방지하는 일류방지장치를 설치할 것. 다만, 기화장치 외의 가스발생설비와 병용되는 것은 그렇지 않다.

49. 도시가스 공급시설 중 가스가 통하는 부분의 기밀시험은 얼마인가?

㉮ 최고사용압력의 1배 이상
㉯ 최고사용압력의 1.1배 이상
㉰ 최고사용압력의 1.2배 이상
㉱ 최고사용압력의 1.5배 이상

해설 도시가스사업에 있어서 고압가스설비의 내압시험은 최고사용압력의 1.5배 이상, 기밀시험은 최고사용압력의 1.1배 이상의 압력에서 이상이 없어야 한다.

50. 도시가스 사용시설에 실시하는 기밀시험은 얼마인가?

㉮ 최고사용압력의 3배 또는 10kPa
㉯ 최고사용압력의 1.8배 또는 8.4kPa
㉰ 최고사용압력의 1.5배 또는 10kPa
㉱ 최고사용압력의 1.1배 또는 8.4kPa

해설 가스사용시설(연소실 제외한다)은 최고사용압력의 1.1배 또는 8.4kPa 중 높은 압력 이상의 압력으로 기밀시험(완성검사를 받은 후의 자체 검사시에는 사용압력 이상의 압력으로 실시하는 누출검사)을 실시하여 이상이 없을 것

정답 45. ㉯ 46. ㉯ 47. ㉱ 48. ㉯ 49. ㉯ 50. ㉱

51. 다음 설명 중 옳은 것은?

㉮ 도시가스 계량기는 전기계량기와 30cm 이상 의 거리를 유지하여야 한다.

㉯ 도시가스 계량기는 전기개폐기와 15cm 이상 의 거리를 유지하여야 한다.

㉰ 도시가스 계량기는 절연조치를 하지 아니한 전 선과 15cm 이상의 거리를 유지하여야 한다.

㉱ 도시가스 계량기는 전기점멸기와 50cm 이상 의 거리를 유지하여야 한다.

[해설] 가스계량기 설치기준
① 계량기 설치 높이 : 바닥으로부터 1.6~2m(다만, 격납상자 내 에 설치시 설치높이 제한을 받지 않음.)
② 전기 계량기, 전기 개폐기 : 60cm 이상
③ 굴뚝(단열조치를 하지 아니한 경우에 한한다.), 전기점멸기, 전 기접속기 : 30cm 이상
④ 절연조치를 하지 아니한 전선 : 15cm 이상
⑤ 화기 : 2m 이상의 우회거리 유지

52. 제조소의 긴급이송설비에 부속된 처리설비는 이 송되는 설비 내의 내용물을 다음과 같은 방법으로 처 리할 수 있어야 한다. 옳지 않은 것은?

㉮ 플레어스택에서 안전하게 연소시켜야 한다.

㉯ 안전한 장소에 설치된 저장 탱크 등에 임시 이송할 수 있어야 한다.

㉰ 벤트스택에서 안전하게 방출시킬 수 있어야 한다.

㉱ 대기 중으로 서서히 방출시킨다.

53. 일반 도시가스사업의 가스발생설비, 정제설비, 가스홀더 등에 안전밸브를 설치하는 데 안전밸브가 2 개인 경우 1개는 최고사용압력 이하에 준하는 압력이 고, 다른 한 개는 당해 설치부분의 최고사용압력의 몇 배 이상의 압력으로 하는가?

㉮ 1.03배   ㉯ 1.8배
㉰ 1.5배   ㉱ 1.1배

[해설] 안전밸브의 분출압력
① 안전밸브가 1개인 경우 : 최고사용압력 이하의 압력
② 안전밸브가 2개인 경우 : 1개는 최고사용압력 이하에 준하는 압력이고 다른 한 개는 당해 설치부분의 최고사용압력의 1.03 배 이상의 압력

54. 일반 도시가스사업의 고압 또는 중압의 가스공 급시설에서 안전밸브의 분출량을 결정하는 압력은?

㉮ 최고사용압력의 1.8배 이상

㉯ 최고사용압력의 1.5배 이상

㉰ 최고사용압력의 1.2배 이상

㉱ 최고사용압력의 1.1배 이상

[해설] 안전밸브의 분출량을 결정하는 압력
① 고압 또는 중압의 가스공급시설 : 최고사용압력의 1.1배 이상 의 압력
② 액화가스가 통하는 가스공급시설 : 최고사용압력의 1.2배 이상 의 압력

55. 일반 도시가스사업에서 비상공급시설의 기준에 적합하지 않은 것은?

㉮ 비상공급시설 중 가스가 통하는 부분은 최고 사용압력의 1.1배 이상의 압력으로 기밀시험 또는 누출검사를 실시하는 때에 누출되지 않 을 것

㉯ 고압 또는 중압의 비상공급시설을 최고사용압 력의 1.2배 이상의 압력으로 실시하는 내압시 험에 합격한 것일 것

㉰ 비상공급시설에는 접근함을 금지하는 내용의 경계표지를 할 것

㉱ 비상공급시설의 주위는 인화성, 발화성 물질을 저장, 취급하는 장소가 아닐 것

[해설] 비상공급시설 기준
① 비상공급시설의 주위는 인화성 · 발화성 물질을 저장 · 취급하 는 장소가 아닐 것
② 비상공급시설에는 접근함을 금지하는 내용의 경계표지를 할 것
③ 고압 또는 중압의 비상공급시설은 최고사용압력의 1.5배 이상 의 압력으로 실시하는 내압시험에 합격한 것일 것

---

51. ㉰   52. ㉱   53. ㉮   54. ㉱   55. ㉯   정답

④ 비상공급시설 중 가스가 통하는 부분은 최고사용압력의 1.1배 이상의 압력으로 기밀시험 또는 누출검사를 실시하여 이상이 없을 것

⑤ 비상공급시설은 그 외면으로부터 제1종 보호시설까지의 거리가 15m 이상, 제2종 보호시설까지의 거리가 10m 이상이 되도록 할 것

⑥ 비상공급시설의 원동기에는 불씨가 방출되지 않도록 하는 조치를 할 것

⑦ 비상공급시설에는 그 설비에서 발생하는 정전기를 제거하는 조치를 할 것

56. 일반도시가스사업에서 비상공급시설의 기준에 적합하지 않은 것은?

㉮ 비상공급시설 주위는 인화성, 발화성 물질을 저장, 취급하는 장소가 아닐 것

㉯ 비상공급시설에는 접근함을 금지하는 내용의 경계표지를 할 것

㉰ 비상공급시설은 제1종 보호시설까지의 거리가 17m 이상, 제2종 보호시설까지의 거리가 12m 이상이 되도록 할 것

㉱ 비상공급시설에는 소화설비 및 재해발생 방지를 위한 응급조치에 필요한 자재 및 용구 등을 비치할 것

해설 ① 제1종 보호시설 : 15m 이상
② 제2종 보호시설 : 10m 이상의 거리 유지

57. 일반도시가스사업의 정압기 설치기준에 적합하지 않은 것은?

㉮ 정압기실에는 가스공급시설 이외의 시설물을 설치하지 아니할 것

㉯ 침수 위험이 있는 지하에 설치하는 정압기에는 침수 방지조치를 할 것

㉰ 정압기실에는 강제통풍시설을 갖출 것

㉱ 정압기실에 설치하는 전기설비는 방폭성능기준에 적합할 것

해설 통풍이 잘되지 아니하는 정압기실의 경우에는 통풍시설을 갖추되 공기보다 무거운 가스의 경우에는 강제통풍시설을 갖출 것

58. 도시가스 가스도매사업의 정압기지설치에 관한 내용 중 적합하지 않은 것은?

㉮ 정압기지 주위에는 높이 1.5m 이상의 경계책 등을 설치한다.

㉯ 지하에 설치하는 정압기실은 천장, 바닥 및 벽의 두께가 각각 30cm 이상의 방수조치를 한 콘크리트구조로 한다.

㉰ 정압기실은 누출된 가스가 체류하지 아니하도록 통풍시설을 설치한다.

㉱ 정압기지에는 시설의 조작을 안전하고 확실하게 하기 위하여 조명도가 100lux 이상이 되도록 한다.

해설 조명도 : 150lux 이상

59. 도시가스설비의 정압기의 기밀시험은 입구측은 최고 사용압력의 몇 배에서 실시하여 이상이 없어야 하는가?

㉮ 1.0배   ㉯ 1.1배
㉰ 1.2배   ㉱ 1.5배

해설 도시가스설비의 정압기의 기밀시험
① 정압기의 입구 측 : 최고 사용압력의 1.1배
② 출구 측 : 최고 사용압력의 1.1배 또는 8.4kPa 중 높은 압력 이상

60. 일반도시가스 공급시설 중 정압기 출구에 반드시 설치하여야 하는 장치로서 틀린 것은 어느 것인가?

㉮ 가스차단장치
㉯ 압력이상 상승방지장치
㉰ 압력측정기록장치
㉱ 수분 및 불순물제거장치

해설 ① 정압기 입구에 설치 : 가스차단장치, 수분 및 불순물제거장치
② 정압기 출구에 설치 : 가스차단장치, 압력상승방지장치, 압력측정기록장치

정답 56. ㉰ 57. ㉰ 58. ㉱ 59. ㉯ 60. ㉱

61. 일반도시가스사업의 정압기 분해점검 시기는?

㉮ 1년에 1회 이상

㉯ 2년에 1회 이상

㉰ 3년에 1회 이상

㉱ 5년에 1회 이상

[해설] ① 정압기 : 2년에 1회 이상 분해점검
② 필터 : 가스공급 개시 후 1월 이내 및 매년 1회 이상
③ 단독사용자 정압기 및 필터 : 3년에 1회 이상

62. 도시가스 설비에 설치하는 정압기지 주위에는 높이 몇 m 이상의 경계책을 설치하여야 하는가?

㉮ 1.0m ㉯ 1.5m

㉰ 2.0m ㉱ 3.0m

[해설] 정압기지 주위에 설치하는 경계책의 높이 : 1.5m

63. 일반도시가스사업에서 공동주택 등에 압력 조정기를 설치하는 경우에 해당되는 것은?

㉮ 가스압력이 중압 이상으로서 전체 세대수가 150세대 이상인 경우

㉯ 가스압력이 중압 이상으로서 전체 세대수가 250세대 미만인 경우

㉰ 가스압력이 저압으로서 전체 세대수가 250세대 미만인 경우

㉱ 가스압력이 저압으로서 전체 세대수가 250세대 이상인 경우

[해설] 공동주택 등에 압력 조정기를 설치하는 경우
① 공동주택 등에 공급되는 가스압력이 중압이상으로서 전체 세대수가 150세대 미만인 경우
② 공동주택 등에 공급되는 가스압력이 저압으로서 전체 세대수가 250세대 미만인 경우
③ 설치 높이 : 지면에서 1.6~2m 이내

64. 도시가스 제조소 및 정압기실에 설치하는 통풍시설에 관한 사항 중 적합하지 않은 것은?

㉮ 공기보다 무거운 가스인 경우 환기구는 바닥면에 접하도록 설치한다.

㉯ 공기보다 가벼운 가스인 경우 환기구는 천장 또는 벽면 상부에서 30cm 이내에 설치한다.

㉰ 환기구의 통풍 가능면적은 바닥면적 $1m^2$당 $300cm^2$의 비율로 계산한 면적 이상이 되어야 한다.

㉱ 1개 환기구 면적은 $3,000cm^2$ 이하로 한다.

[해설] 1개 환기구 면적은 $2,400cm^2$ 이하로 한다.

65. 도시가스설비장치의 정압기실에 사용되는 장치로서 현장의 계측기와 시스템 접속을 위한 터미널로서 정압기의 이상사태를 원격감시 기능을 하는 장치의 명칭은?

㉮ RTU ㉯ MS

㉰ OCU ㉱ Hot-line

[해설] RTU의 기능
① 정전시 정압기실 내 전원공급기능(UPS)
② 정압기실 가스누설시 누설검지기능
③ 근무자 이외의 타인이 정압실 출입문 강제 개방시 출입문 개폐통보기능 등이 있음

66. 다음 중 내진설계를 하지 않아도 되는 설비는?

㉮ 저장능력이 $500m^3$인 수소저장 탱크

㉯ 저장능력이 3t 인 수소저장 탱크

㉰ 반응탑으로서 동체부의높이가 6m인 압력용기

㉱ 저장능력이 5t 인 액화암모니아 저장 탱크

[해설] 가스설비의 내진구조

구 분	비가연성, 비독성	가연성, 독성	탑류
압축가스	$1,000m^3$	$500m^3$	동체부 높이 5m 이상
액화가스	10,000kg	5,000kg	

67. 가스누설차단기는 지진 발생시 자동차단이 된다. 진도 몇 도 이상의 지진의 경우 차단되는가?

㉮ 1도 ㉯ 2도

㉰ 3도 ㉱ 5도

[해설] 가스누설차단기의 자동차단 진도 : 5도 이상

68. LPG 도시가스설비의 내진설계기준 중 지반 SA~SF 까지 분류할 수 있다. 여기서 SA가 뜻하는 지반의 호칭은 무엇인가?

㉮ 경암지반

㉯ 보통 암지반

㉰ 단단한 토사지반

㉱ 연약한 토사지반

[해설] SB : 보통암지반
SC : 매우 조밀한 토사지반(연암지반)
SD : 단단한 토사지반
SE : 연약한 토사지반
SF : 부지고유 특성평가가 요구되는 지반

69. 다음은 도시가스가 안전하게 공급하기 위한 조건이며, 이 중 틀린 것은?

㉮ 공급하는 가스에 공기와의혼합비율의 용량이 1/1,000 상태에서 감지할 수 있는 냄새를 첨가해야 한다.

㉯ 정압기 출구에서 측정한 가스 압력은 150mm H$_2$O(1.5kPa) 이상 250mmH$_2$O(2.5kPa) 이내를 유지해야 한다.

㉰ 웨버지수는 표준 웨버지수의 4.5% 이내로 유지해야 한다.

㉱ 표준상태에서 건조한 도시가스 1m^{3}당 황전량은 0.5g 이하를 유지해야 한다.

[해설] 정압기 출구의 압력
100~250mmH$_2$O(1kPa~2.5kPa) 이내를 유지

70. 도시가스 사업자가 측정해야 할 항목에 해당하지 않는 것은?

㉮ 비중 ㉯ 연소성

㉰ 압력 ㉱ 유해성분

[해설] 도시가스 사업자가 측정해야 할 항목
유해성분, 열량, 압력, 연소성

71. 도시가스 사업자가 공급하는 도시가스의 유해성분, 열량, 압력 및 연소성은 측정하여야 하는데 그 중 열량을 측정하는 시간 및 압력측정위치가 옳게 짝지어진 것은 어느 것인가?

㉮ 6시 30분부터 9시 사이, 가스공급시설의 끝부분

㉯ 매 2시간마다, 가스홀더 출구

㉰ 6시 30분부터 20시간 30분 사이, 정압기 출구

㉱ 17시부터 20시 30분 사이, 배송기 출구

[해설] 열량측정시간과 압력측정위치
① 열량측정 시간 : 6시 30분~9시 사이, 17시~20시 30분 사이
② 압력 측정위치 : 가스홀더의 출구, 정압기 출구, 가스공급시설의 끝부분

72. 도시가스 중 웨버지수의 식으로 맞는 것은? (단, WI : 웨버지수, Hg : 도시가스의 총발열량(kcal/m^3), d : 도시가스의 공기에 대한 비중)

㉮ $WI = \dfrac{Hg}{\sqrt{d}}$

㉯ $WI = \dfrac{\sqrt{Hg}}{d}$

㉰ $WI = \dfrac{Hg}{\sqrt{d}} - 1$

㉱ $WI = \dfrac{Hg}{\sqrt{d}} + 1$

[해설] 웨버지수 $WI = \dfrac{Hg}{\sqrt{d}}$

정답 67. ㉱ 68. ㉮ 69. ㉯ 70. ㉮ 71. ㉮ 72. ㉮

73. 도시가스의 유해성분을 측정할 때 측정하지 않아도 되는 성분은?

㉮ 황
㉯ 황화수소
㉰ 이산화탄소
㉱ 암모니아

해설 황(0.5g), 황화수소(0.02g), 암모니아(0.2g) 초과 금지

74. 산업용으로 사용하는 도시가스 사용량이 6,000 kcal/h인 경우 월 사용예정량은 얼마인가?

㉮ 3,900m³
㉯ 3,630m³
㉰ 3,300m³
㉱ 3,000m³

해설 $Q = \dfrac{A \times 240 + B \times 90}{11,000}$

$\quad = \dfrac{6,000 \times 240}{11,000} = 130.9m^3$

여기서, Q : 월 사용예정량(m^3)
$\quad A$: 산업용으로 사용하는 연소기의 명판에 기재된 가스 소비량의 합계 (kcal/hr)
$\quad B$: 산업용이 아닌 연소기의 명판에 기재된 가스소비량의 합계(kcal/hr)

75. 다음 보기 중 도시가스 사업법의 특정가스 사용시설에 해당되지 않는 항목은?

㉮ 월 사용예정량 2,000m³ 이상 가스사용시설
㉯ 1종 보호시설 내에 있는 월사용예정량 1,000m³ 이상 가스 사용시설
㉰ 월사용예정량 2000m³ 미만 가스사용 시설 중 다중이용시설
㉱ 에너지이용 합리화법에 의한 월사용예정량 2,000m³ 이상 검사대상기기

해설 전기사업법에 의한 발전용 전기설비내의 가스 사용시설 에너지 이용합리화법에 의한 검사 대상 기기는 제외

76. 도시가스기구에서 in put이란 무엇인가?

㉮ 연소기구에 유효하게 주어진 열량
㉯ 연소기구에 분출되는 총열량
㉰ 목적물에 주어진 열량
㉱ 연소기구에서 주어진 총발열량을 가스량으로 나눈 값

해설 in put : 연소기구에서 분출되는 총발열량
out put : 목적물에 유효하게 주어진 열량

$\eta(열효율) = \dfrac{out\,put}{input} \times 100(\%)$

77. 도시가스의 발열량은 몇 kcal/Nm³ 인가?

㉮ 5,000
㉯ 7,000~11,000
㉰ 20,000
㉱ 32,000

해설 도시가스의 발열량 : 7,000~11.000kcal/Nm³

78. 도시가스 열량 측정은 총발열량이 몇 kcal/m³을 초과하는 가스에서 행하는가?

㉮ 5,000
㉯ 11,000
㉰ 21,000
㉱ 24,000

해설 $A = Q \times \dfrac{11000(\text{kcal/m}^3)}{X}$

여기서, Q : 도시가스 사용량(m^3)
$\quad X$: 실제 도시가스 사용량(m^3)

79. 도시가스의 압력 측정 장소 부분이 아닌 것은?

㉮ 압송기 출구
㉯ 정압기 출구
㉰ 가스공급시설 끝부분
㉱ 가스홀더 출구

해설 도시가스 정압기의 압송기 출구, 정압기 출구, 가스공급시설의 끝부분 압력이 1~2.5kPa이어야 된다.

80. 다음 중 연소속도지수를 계산하는 공식으로 옳은 것은?

㉮ $C_v = k \dfrac{1.0H_2 + 0.6(CO + C_mH_n) + 0.3CH_4}{\sqrt{d}}$

㉯ $WI = \dfrac{Q}{\sqrt{d}}$

㉰ $I = 0.011 \cdot D^2 \cdot K \cdot WI \cdot \sqrt{P}$

㉱ $\dfrac{D_2}{D_1} = \dfrac{\sqrt{WI_1 \sqrt{P_1}}}{\sqrt{WI_2 \sqrt{P_2}}}$

[해설] ㉮항 : 연소속도 지수 계산식
㉯항 : 웨버지수 계산식
㉰항 : 노즐에서 분출 가스량
㉱항 : 노즐 변경률

81. 고압가스 공급자의 안전점검기준에서 독성 가스 시설을 점검하고자 할 때 갖추지 않아도 되는 점검장비는?

㉮ 점검에 필요한 시설 및 기구
㉯ 가스누출검지액
㉰ 가스누출시험지
㉱ 가스누출검지기

[해설] 고압가스 안전관리법 중 공급자의 안전점검기준의 점검장비

점검장비	산소	불연성 가스	가연성 가스	독성가스
가스누출검지기			○	
가스누출시험지				○
가스누출검지액	○	○	○	○
그 밖에 점검에 필요한 시설 및 기구	○	○	○	○

82. 공급자의 안전점검 항목에 해당되지 않는 것은?

㉮ 충전용기의 설치위치
㉯ 충전용기와 화기와의 거리
㉰ 충전용기와 검사기간 도래 여부 확인
㉱ 독성가스 경우 흡수장치, 제해장치 적합 여부

[해설] 공급자의 안전점검 기준
① 점검기준
  ㉮ 충전용기의 설치기준
  ㉯ 충전용기와 화기와의 거리
  ㉰ 충전용기 및 배관의 설치상태
  ㉱ 충전용기, 충전용기로부터 압력조정기·호스 및 가스사용기기에 이르는 각 접속부와 배관 또는 호스에서의 누출 여부 및 그 가스의 적합 여부
  ㉲ 독성가스의 경우 흡수장치·제해장치 및 보호구 등에 대한 적합 여부
  ㉳ 시설기준에의 적합 여부(정기점검에 한한다.)
② 점검방법
  ㉮ 가스공급시마다 점검 실시
  ㉯ 2년에 1회 이상 정기점검 실시
③ 점검기록의 작성·보존 : 정기점검 실시 기록을 작성하여 2년간 보존

83. 고압가스 공급자의 안전점검방법 중 맞지 않는 것은?

㉮ 시설기준의적합 여부
㉯ 정기점검의 실시기록을 작성하여 2년간 보존
㉰ 2년에 1회 이상 정기점검
㉱ 가스 공급시마다 점검

[해설] ① 점검방법
  ㉮ 가스 공급시마다 점검 실시
  ㉯ 2년에 1회 이상 정기점검 실시
② 점검기록의 작성·보존 : 정기점검 실시기록을 작성하여 2년간 보존

84. 정기안전점검을 실시하는 자는 다음의 장비를 보유하여야 한다. 보유할 장비가 아닌 것은?

㉮ 액면표시장치
㉯ 그 밖의 점검에 필요한 시설 및 기구
㉰ 자기압력 기록계
㉱ 가스누출 검지기

정답 80. ㉮   81. ㉱   82. ㉰   83. ㉮   84. ㉮

85. 한국가스안전공사는 교육신청이 있을 때 교육 며칠 전까지 교육대상자에게 교육장소와 일시를 통보하는가?

㉮ 30일 전　　㉯ 15일 전
㉰ 10일 전　　㉱ 3일 전

[해설] 안전교육실시 방법 중 한국가스안전공사는 제2호의 규정에 의하여 교육 신청이 있을 때 교육일 10일 전까지 교육대상자에게 교육장소와 교육일시를 통보하여야 한다.

86. 내용적 $5m^3$의 LNG 저장탱크 5기가 설치되 있는 액화천연가스 자동차 충전 시설의 저장 설비는 그 외면에서 사업소 경계까지 안전거리를 몇 m 이격 하여야 하는가? (단, 액비중은 0.42이다.)

㉮ 10m　　㉯ 15m
㉰ 20m　　㉱ 25m

[해설] $W=0.9dv \times Z$
$=0.9 \times 0.42 \times 5 \times 10^3 \times 5 = 94.5 \times 10^3 kg = 94.5$톤
LNG 저장설비와 사업소경계와의 안전거리

저장설비의 저장능력(W)	사업소경계와의 안전거리
25톤 이하	10m
25톤 초과 50톤 이하	15m
50톤 초과 100톤 이하	25m
100톤 초과	40m

87. 압축천연가스 자동차의 충전시설 기준 중 고정식 자동차에 충전식 압축장치입구에 설치하는 밸브 출구 측에 설치하는 기기는?

㉮ 입구(역류방지밸브), 출구(유분리기 필터)
㉯ 입구(역류방지밸브), 출구(자동차제어장치 유분리기)
㉰ 입구(역류방지밸브), 출구(이상압력 상승방지장치)
㉱ 입구(역류방지밸브), 출구(유분리기 과압방지장치)

[해설] 고정식 자동차에 충전하는 압축천연가스의 충전시설 기술기준 중
① 저장설비 완충 탱크 처리설비 압축장치 중의 출구에 안전밸브 릴리프 밸브 등의 안전장치 설치
② 저장설비 완충 탱크 안전장치의 방출관 지상 5m 탱크 정상부 2m 중 높은 위치 방출관 설치
③ 처리 압축가스 설비는 지상에서 5m 이상 높이에 방출관 설치
④ 압력 조정기 안전율 4 이상 압력계 지시눈금 설계압력 150% 이상

88. 이동식 CNG 자동차 충전시설기준에서 자동충전기의 충전호스 길이는 몇 m 이내인가?

㉮ 2m　　㉯ 4m
㉰ 6m　　㉱ 8m

89. 고정식 CNG 충전설비의 가스누출검지 경보장치의 설치장소 중 적합하지 않은 장소는?

㉮ 압축설비, 압축가스설비 주변
㉯ 개별 충전설비 본체 내부
㉰ 피트 내부에 설치된 용접 접속배관 밀폐형
㉱ 펌프 주변

[해설] 용접접속 배관은 가스누출 검지경보설치장소 제외

90. 압축천연가스 충전시설에 호스를 사용 또는 설치해서는 안 되는 장소는?

㉮ 자동차 주입호스
㉯ 압축장치 인입 접속부
㉰ 압축장치 후단에 설치하는 배관
㉱ 배관길이 1m를 초과하지 않는 유연성이 요구되는 장소

[해설] 호스는 다음의 용도 또는 장소 외에는 사용 또는 설치하지 아니한다.
① 자동차 주입호스(길이가 8m 이하인 것에 한한다.)
② 압축장치 인입 접속부
③ 배관의 길이가 1m를 초과하지 아니하는 곳으로 유연성이 요구되는 장소

85. ㉰　86. ㉱　87. ㉮　88. ㉱　89. ㉰　90. ㉰ 정답

91. 고정식 CNG 기화장치에 대한 내용이다. 틀린 항목은?

㉮ 기화장치 등에 설치된 릴리프 밸브의 설계온도는 −162℃ 이하일 것

㉯ 강제기화장치에 설치된 열원차단장치는 기화장치로부터 10m 이상 떨어진 위치에서 원격 자동 될 것

㉰ 여러 대의 기화장치가 조화된 경우 기화장치 입출구 측에 밸브를 설치할 것

㉱ 대기식 강제 기화장치가 LNG 저장탱크로부터 15m 이내 설치시 기화장치로부터 3m 이상 떨어진 액체 배관에 자동차단 밸브를 설치 할 것

[해설] 15m 떨어진 장소에 원격작동 기능

92. 고정식 CNG 자동차 충전시설 기준 중 충전설비로부터 몇 m 떨어진 장소에 수동식 긴급차단장치를 설치하는가?

㉮ 1m ㉯ 2m

㉰ 3m ㉱ 5m

[해설] CNG 자동차 충전시설 중 고정식 충전설비 규정
① 압축가스 설비에는 수동조작 밸브를 설치
② 압축가스 설비인입배관에서 호스 등의 파손에 대비 역류방지 밸브를 설치
③ 충전설비로부터 5m 떨어진 장소에 수동긴급차단장치를 설치 이 장치가 작동시 압축기 펌프 충전설비에 공급되는 전원이 자동차단 될 것. 충전설비에 긴급분리 장치는 수평방향으로 당길 때 666.4N 미만에서 분리되는 것일 것

93. 고정식 CNG 충전시설에는 액확산 방지시설이 없어도 되는 경우가 아닌 것은?

㉮ 저장탱크에 방류둑시설이 되어 있을 때

㉯ 저장탱크가 이중방호구조로 되어 있을 때

㉰ 저장탱크가 완전방호구조로 되어 있을 때

㉱ 저장탱크가 멤브레인(Membrane)구조로 되어 있을 때

[해설] CNG 충전시설에서 액확산 방지시설의 특징
① 액밀한 구조
② 수용용량 100% 이상

③ 고인 물은 외부로 배출가능조치
④ 방지시설 내부에는 압축 강제기화 장치 압축가스설비를 설치하지 말 것 등이 있다

94. 압축천연가스 충전시설에는 압축장치의 토출압력, 압축가스설비의 저장압력, 충전설비의 충전압력을 지시하기 위한 압력계를 각각 설치한다. 이때 압력계의 지시눈금의 범위는?

㉮ 최고사용 압력의 1.2배 이상 2배 이하

㉯ 최고사용 압력의 1.5배 이상 2배 이하

㉰ 설계압력의 최소 1.5배까지

㉱ 설계압력의 최소 2배까지

[해설] 압력계의 지시눈금은 압력계가 부착되는 설계압력의 최소 150% 지시하는 것일 것

95. 압축천연가스 충전시설의 압축기의 인입구에는 자동 밸브를 설치하여 압축기에 가스의 공급을 차단시켜야 한다. 이에 해당되지 않는 것은?

㉮ 긴급차단장치가 작동된 경우

㉯ 전원공급장치가 고장난 경우

㉰ 압축기로 공급되는 전원이 차단된 경우

㉱ 압축기의 토출구의 압력이 설정압력 이상으로 올라간 경우

[해설] ㉮, ㉯, ㉰항 외에 압축기 인입구의 압력이 설정압력 이하로 떨어진 경우이다.

96. 압축천연가스 충전설비 주위에 자동차의 충돌로부터 충전기를 보호하기 위하여 설치하는 구조물의 규격은?

㉮ 두께 10cm 이상, 높이 30cm 이상 철근콘크리트

㉯ 두께 10cm 이상, 높이 50cm 이상 철근콘크리트

㉰ 두께 12cm 이상, 높이 30cm 이상 철근콘크리트

㉱ 두께 12cm 이상, 높이 50cm 이상 철근콘크리트

[해설] 충전설비 주위에는 자동차의 충돌로부터 충전기를 보호하기 위하여 높이 30cm 이상, 두께가 12cm 이상인 철근콘크리트 또는 이와 동등 이상의 강도를 갖는 구조물을 설치할 것

정답 | 91. ㉯ 92. ㉱ 93. ㉮ 94. ㉰ 95. ㉱ 96. ㉰

97. CNG 충전시설주변에 비치하는 소화기는?

㉮ BC 분말 소화기   ㉯ AB급 포말소화기

㉰ 20-BC 소화기   ㉱ 탄산가스 소화기

98. 아래의 가스폭발 위험성 평가기법 설명은 어느 기법인가?

> ① 사상의 안전도를 사용 시스템의 안전도 나타내는 모델이다.
> ② 귀납적이기 하나 정량분석기법이다.
> ③ 재해의 확대요인의 분석에 적합하다.

㉮ FAN(Fault Hazard Analysis)

㉯ JSA(Job Safety Analysis)

㉰ EVP(Extreme Value Projection)

㉱ ETA(Event Tree Analysis)

99. 다음 보기의 위험성평가 기법 중 정량적 평가 방법(Hazard Assessment Methods)을 모두 고르시오.

> **보기**
>
> ① Checklist
> ② Dow And Mond Indices
> ③ Human Error Analysis(HEA)
> ④ WHAT-IF
> ⑤ Hazard And Operability Studies(HAZOP)
> ⑥ EMECA   ⑦ FTA
> ⑧ ETA   ⑨ CCA

㉮ ①, ②, ③, ④, ⑤

㉯ ⑦, ⑧, ⑨

㉰ ②, ③, ④, ⑤

㉱ ⑤, ⑥, ⑦, ⑧

[해설] 정량적 평가기법
① 작업자실수 분석(HEA)기법
② 결함수 분석(FTA)기법

③ 사건수 분석(ETA)기법
④ 원인결과 분석(CCA)기법

100. HAZOP팀이 필요한 자료를 수집하는 경우 적절하지 않은 것은?

㉮ 공정설명도

㉯ 공장배치도

㉰ 유해 위험설비 목록

㉱ 안전과 훈련교본

[해설] HAZOP
화학공정 위험성을 평가하는 기법으로 리더, 서기 등 4~5명으로 팀을 구성하며 필요한 자료로는 공정설명서, 공장배치도, 유해 위험설비 목록이 있다.

101. SPM상 HAZOP 팀의 핵심 구성원의 필수 요건에 해당되는 않는 사람은?

㉮ 설계 전문가

㉯ 운전 경험이 많이 사람

㉰ 산업안전보건법에 의한 안전관리자

㉱ 정비 보수경험이 많은 사람

102. 다음 중 HAZOP의 접근 방법이 아닌 것은?

㉮ 인위적 접근   ㉯ 자발적 접근

㉰ 점진적 접근   ㉱ 교육적 접근

[해설] 상기항목 이외에 급진적 접근이 있다.

103. 안정성 평가 기법 중 (가스)화재예방에 주로 사용하는 기법에 해당하지 않는 항목은?

㉮ FTA   ㉯ ETA

㉰ CCA   ㉱ check list

[해설] 화재예방에 주로 사용되는 안정성 평가기법에는 FTA(결함수분석법), ETA(사건수분석법), CCA(원인결과분석법)등의 정량적 평가가법이 사용된다.

97. ㉰	98. ㉱	99. ㉯	100. ㉱	101. ㉰	102. ㉮	103. ㉱	**정답**

104. 위험평가 요소 중 Risk(리스크) Hazard(하자드)가 있다. 이 부분을 정성적 개념 정량적 개념으로 구분 시 올바른 것은?

㉮ Risk(정성), Hazard(정성)

㉯ Risk(정량), Hazard(정량)

㉰ Risk(정성), Hazard(정량)

㉱ Risk(정량), Hazard(정성)

해설 ① Risk(리스크) : 위험부담요소(특정기간동안 위험이 발생할 수 있는 빈도)
② Hazard(하자드) : 위험을 일으킬 수 있는 잠재요소(독성, 폭발성 물질)

105. 안전성 향상 계획서를 제출한 사업장이 안전성평가를 실시하는 기간은?

㉮ 1년

㉯ 3년

㉰ 5년

㉱ 7년

106 안전관리규정 준수 여부의 확인 평가기간을 몇 년마다 실시하는가?

㉮ 1년

㉯ 2년

㉰ 3년

㉱ 4년

해설 안전관리 규정평가기간 안전성 평가 기간 : 4년

107. 안전성 향상 평가기준의 안전관리에 관한 정보 기술 중 인적 요소에서 사업자가 특히 원인 분석을 하여야 할 사항은 무엇인가?

㉮ 종사자의 업무변경

㉯ Human Error

㉰ 종사자의 인사관리

㉱ 안전관리 종사자의 인간관계

해설 Human Error(인적오류)

108. 안전성 향상계획 작성 요령 중 비상조치계획에 포함되는 사항이 아닌 항목은?

㉮ 비상조치를 위한 장비 인력 보유현황

㉯ 사고발생시 비상연락체계

㉰ 비상조치계획에 따른 교육계획

㉱ 사고 후 책임소재에 관한 사항

해설 비상조치계획에 포함되는 사항으로서 상기항목 이외에
① 비상조치를 위한 조기의 임무수행절차
② 주민홍보계획
③ 비상사태의 등급 보고체계 등을 문서화하여 시행하여야 함

109. 안전성향상계획서의 작성기준 중 설비교체를 위해 변경되는 생산설비는 당해 전기정격용량 합계가 몇 kW 이상이 주요 부분 변경에 해당되는가?

㉮ 100kW

㉯ 200kW

㉰ 300kW

㉱ 400kW

110. 다음은 LP가스 시설공사 중 안정성 확인을 받아야 하는 공사의 공정에 속하지 않는 것은?

㉮ 저장탱크를 지하에 매설하기 직전의 공정

㉯ 공사가 지정하는 배관의 한 부분을 피복하기 전 공정

㉰ 배관을 지하에 설치하는 경우로서 공사가 지정하는 부분을 매몰하기 직전의 공정

㉱ 공사가 지정하는 부분의 비파괴시험을 하는 공정

해설 상기항목 이외에 방호벽 또는 지상형 저장탱크의 기초 설치 공정

111. 공정안전보고(PSM) 상의 유해위험설비에 속하지 않는 것은?

㉮ 원유정제처리업

㉯ LPG충전저장, 도시가스공급시설

㉰ 질소질 비료제조업

㉱ 농약제조업

정답 104. ㉱ 105. ㉰ 106. ㉱ 107. ㉯ 108. ㉱ 109. ㉰ 110. ㉯ 111. ㉯

해설 유해위험설비 ㉮, ㉰, ㉱ 이외에 석유정제분해물재처리업, 석유화학계 유기화합물 합성수지 제조업, 복합비료제조업 등이 있다.

112. PSM상 유해위험물질 규정 수량으로 틀린 것은?

㉮ 포스겐 700kg

㉯ 아크릴로니트릴 20,000kg

㉱ 암모니아 200,000kg

㉲ 염소 20,000kg

해설 포스겐 750kg 이상

113. 공정안전보고(PSM)상의 안전밸브의 설정압력 값은 설정압력의 몇 % 이내인가?

㉮ ±1

㉯ ±2

㉱ ±3

㉲ ±4

해설 파열판인 경우 : 설정 압력비 ±5% 이내

114. 다음에서 설명하는 용어의 정의는?

> 대형가스 사고를 방지하기 위하여 노후 된 고압가스 제조시설의 가동을 중지한 상태에서 가스 안전관리 전문기관이 정기적으로 첨단장비와 기술을 이용하여 잠재된 위험요소와 원인을 찾아내고 그 제거방법을 제시함

㉮ 정밀 장전점검

㉯ 정밀 안전가스점검

㉱ 정밀 안전검진

㉲ 정밀 안전사고예방

115. 사고원인을 정확히 분석해야 하는 이유 중 가장 타당한 것은?

㉮ 사고의 책임소재

㉯ 사고에 대한 정확한 예방책 수립

㉱ 부당한 보상금을 지급하게 된다.

㉲ 산재보험금 처리

해설 사고원인 분석은 재발을 방지하기 위하여 사고에 대한 정확한 예방책을 수립하여야 한다.

116. 안전교육을 반복해야 하는 이유가 아닌 것은?

㉮ 불안전한 행동을 안전한 행동으로 바꾸기 위해

㉯ 인간의 모든 습관을 유지하기 위해

㉱ 가르친 사항이 실제로 올바르게 이행되는가를 확인하기 위해

㉲ 교육의 미비점을 보완하여 목적을 달성하기 위해

해설 안전교육이 인간의 습관을 유지하는 것과는 별개의 내용이다.

117. 다음은 가스안전 사고로 인한 재해의 대책으로 적합하지 않는 것은?

㉮ 기술적 대책

㉯ 역사적 대책

㉱ 구조재료의 부적당

㉲ 훈련 미숙

해설 가스안전사고 재해 대책
① 기술적 대책(구조재료의 부적당)
② 교육적 (훈련 미숙)
③ 관리적 대책

118. 다음 재해의 간접 원인 중 기술적 원인에 포함되지 않는 항목은?

㉮ 기계장치의 설치 불량

㉯ 조작기준의 부적당

㉱ 구조재료의 부적당

㉲ 훈련 미숙

해설 훈련미숙 : 관리적인 요인

memo

제 2 과목

가스설비

• 출제경향분석

각 단원 별로 자주 출제되는 항목

1장 각종가스의 성질 및 제법 ⇨ 가스의 성질

2장 LP가스설비 ⇨ 기화기의 이점 및 LPG이송 방법

3장 도시가스 설비 ⇨ 제조공정

4장 압축기 ⇨ 압축비계산

5장 펌프 ⇨ 동력계산 및 이상현상

6장 가스배관 ⇨ 부식 및 방식재료

7장 고압장치 ⇨ 금속재료

8장 저온장치 ⇨ 주울톰슨의 효과 및 성적계수 계산

※ 가스의 성질, LPG, 도시가스, 가스 배관은 가스안전관리문제와 중복되어 출제
   되는 경향이 있기 때문에 좀 더 세심하게 공부할 필요가 있다.

• 단원별 경향분석

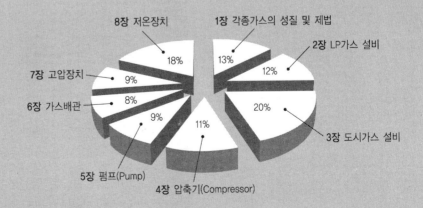

CHAPTER

1

각종가스의 성질 및 제법

학습방향 각종가스의 성질 및 특성과 사용용도, 제조법을 배우며 각 가스의 허용농도와
폭발한계, 부식성 및 방식재료를 배운다.

01 수소(H₂)

(1) 일반적인 성질

① 물리적 성질

㉮ 상온에서 기체이며, 기체 중에서 가장 가볍다.

㉯ 무색, 무미, 무취의 가연성 가스이다.

㉰ 기체 중에 가장 확산속도가 크고(1.8km/sec) 최소 밀도를 가진다.

㉱ 고온에서는 쉽게 금속재료를 투과한다.

㉲ 열전도가 대단히 크고 열에 대하여 안정하다.

② 화학적 성질

㉮ 수소는 산소 또는 공기 중에서 연소하여 물을 생성한다.

수소의 폭명기 : $2H_2+O_2 \rightarrow 2H_2O+136.6kcal$

㉯ 할로겐 원소(F_2, Cl_2, Br_2, I_2)와 격렬히 반응하여 폭발이 일어난다.

$H_2+F_2 \rightarrow 2HF+128kcal$

염소의 폭명기 : $H_2+Cl_2 \rightarrow 2HCl+44kcal$

③ 연소에 관한 성질

㉮ 폭발한계 : 공기 중 4~75%, 산소 중 4~94.0%

㉯ 연소속도 : 공기 중 2.7m/sec

(2) 부식성

① 수소취성 : 수소는 고온고압하에서 탄소와 반응하여 취성을 일으킨다. 즉,
탈탄작용에 의한 수소취성이 일어난다.

$Fe_3C+2H_2 \rightarrow CH_4+3Fe$

POINT

• 확산속도비(그레이엄의 법칙)

$$\frac{V_2}{V_1}=\sqrt{\frac{M_1}{M_2}}=\sqrt{\frac{\rho_1}{\rho_2}}$$

• 최소밀도를 갖고 열에 대해 안
정성을 크다.

• 수소의 폭명기
$2H_2+O_2 \rightarrow 2H_2O$
(수소와 산소의 비 2 : 1)

• 염소의 폭명기
$Cl_2+H_2 \rightarrow 2HCl$

• 수소취성

수소+탄소 $\xrightarrow{고온고압}$ 탈탄작용
(수소취하)

② 내수소성원소 : Cr, Mo, W, Ti, V

(3) 제조법

① 수전해법(물을 전기분해)

② 수성가스법(코크스의 가스화법)

③ 일산화탄소 전화법(코크스의 가스화법)

④ 석탄완전가스화법(갈탄이나 역청탄을 사용)

⑤ 석유분해법(탈황된 나프타를 사용)

⑥ 천연가스분해법(천연가스 주원료인 메탄을 사용)

⑦ 암모니아분해법

(4) 용도

① 산소, 수소염으로 2,000℃ 이상의 고온도를 얻을 수 있으므로 인조보석제조, 금속의 용접, 절단 등에 쓰인다.

② 기구풍선, 로켓 연료용으로 쓰인다.

02 산소(O₂)

(1) 일반적인 성질

① 물리적 성질

㉮ 무색, 무미, 무취의 기체이며 물에는 약간 녹는다.

㉯ 산소는 공기 중에 약 21%(부피) 존재하며 지연성 가스이다.

㉰ 액화산소는 담청색을 나타낸다.

② 화학적 성질

㉮ 화학적으로 활발한 원소로 할로겐원소, 백금, 금 등의 귀금속 이외의 모든 원소와 직접 화합하여 산화물을 생성한다.

㉯ 순 산소 중에서는 공기 중에서 보다도 심하게 반응한다(유황, 인, 마그네슘).

POINT

- 수성가스
  $C + H_2O \rightarrow CO + H_2$

- 수전해법
  $2H_2O \rightarrow 2H_2 + O_2$

- 암모니아 분해법
  $2NH_3 \rightarrow N_2 + 3H_2$

- 공기 중 산소의 농도
  ① 체적 : 21%
  ② 중량 : 23.2%

㉲ 산소-수소염은 2,000~2,500℃, 산소-아세틸렌은 3,500~3,800℃에 달한다.

㉳ 산소 또는 공기 중에서 무성방전을 행하면 오존(O_3)이 된다.

③ 연소에 관한 성질

㉮ 물질의 연소성은 산소농도가 증가함에 따라 현저하게 증대된다.

㉠ 연소속도에 급격한 증가

㉡ 발화온도의 저하

㉢ 화염온도의 상승

㉣ 화염길이의 증가

㉯ 폭발범위 및 폭굉범위는 산소 중에서 현저하게 넓고 점화에너지도 저하하여 폭발의 위험성이 증대된다.

㉰ 고압산소를 사용하는 경우 유기물(유지류)이 부착되어 있으면 사염화탄소로 세정해야 한다.

④ 부식성

고온의 순 산소 중에서는 철재 등의 일부에 착화하면 연소를 계속할 위험이 있으므로 내산화성인 강재, 주로 Cr강 등을 사용한다.

(2) 제조법

① 물의 전기분해법 : $2H_2O \rightarrow 2H_2 + O_2$

② 공기의 액화분리기법

㉮ 액체공기의 비점(−194.2℃)에서 정류하며 질소는 정류탑의 탑고에서 산소는 탑저에서 얻는다(산소의 비점 −183℃, 질소의 비점 −195.8℃).

㉯ 현재 주로 사용되는 분리방법

㉠ 전저압식 공기분리장치

㉡ 중압식 공기 액화 분리장치

㉢ 전저압식 액산 plant

㉰ 린데식 공기분리장치 중요계통

㉠ CO_2 흡수기

• 저온장치에서 CO_2가 존재하게 되면 드라이아이스가 되어 장치가 파손 되거나 배관의 흐름을 차단하여 위험하게 된다.

- CO_2 흡수제 : NaOH

ⓛ 건조기

- 소다 건조기

* 건조제 : NaOH(작은 양의 CO_2를 제거한다.)

- 겔 건조기

* 건조제 : SiO_2(실리카겔), Al_2O_3(산화알루미늄), 소바비이드

㉣ 공기액화 분리장치의 폭발원인

㉠ 공기 취입구로부터 C_2H_2 혼입

㉡ 압축기용 윤활유 분해에 의한 탄화수소 발생

㉢ 공기 중에 함유된 NO, NO_2 등 질소화합물 혼입

㉣ 액체 공기 중에 O_3 혼입

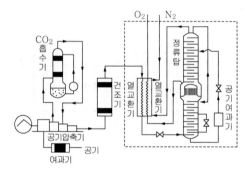

린데식 공기분리장치

(3) 용도

① 제철용

② 용접 또는 절단용(산소-아세틸렌염, 산소-프로판염, 산소-수소염)

③ 의료용

④ 로켓추진용 또는 액체산소 폭약 등

(4) 산소의 취급

① 공기액화 분리기내에 설치된 액화산소통 내의 액화산소는 1일 1회 이상 분석하고 액화산소 5ℓ 중 아세틸렌 질량이 5mg 또는 탄화수소의 탄소질량이 500mg을 넘을 때에는 당해 액화 분리기의 운전을 중지하고 액화산소를 방출해야 한다.

POINT

- **수분 및 탄산가스의 영향**
저온장치에서 수분은 얼음으로 되고 탄산가스는 드라이아이스가 되어 배관을 폐쇄하거나 장치를 파손시킬 수 있기 때문에 탄산가스는 CO_2 흡수기에서 수분은 건조기에서 제거한다.

🔲 액화산소통 속에 액화산소 30ℓ 중 CH_4 2g, C_2H_6 1000mg이 함유 되었을 때 운전여부를 판정해라.

▶ $\left(\dfrac{12}{16} \times 2000 + \dfrac{24}{30} \times 1000\right) \times \dfrac{5}{30}$

$= 383.3 \text{mg}$

∴ 500mg를 넘지 않으므로 계속 운전이 가능하다.

② 산소 압축기의 내부 윤활제는 물 또는 10% 이하의 묽은 글리세린 수용액을 사용한다.

③ 산소압력계는 반드시 금유라고 명기된 전용의 산소압력계를 사용한다.

03 질소(N_2)

(1) 일반적인 성질

① 물리적 성질

㉮ 무색, 무미, 무취의 기체로 물에 잘 녹지 않는다.

㉯ 공기 중에 약 78%를 함유되어 있다.

㉰ 상온에서는 안정된 불연성가스이다.

㉱ 질소의 양이 많으면 연소를 방해하는 질식작용을 한다.

② 화학적 성질

㉮ 고온, 고압하에서는 수소와 반응하여 NH_3가 생성된다.

㉯ 산소와 반응하여 NO_x가 된다.

(2) 제조법

공기분리에 의해 산소와 함께 제조된다.

(3) 용 도

① 암모니아 합성용

② 가연성가스를 취급하는 장치의 퍼지(Purge)용

③ 액체질소는 식품 등의 급속냉동 등에 사용

④ 금속공업의 산화방지용

⑤ 전구에 넣어 필라멘트의 보호제로 쓰인다.

핵 심 문 제

01 다음 중 수소의 공업적 제법이 아닌 것은?

㉮ 수성 가스법

㉯ 석유 분해법

㉰ 천연가스 분해법

㉱ 하버 보시법

02 고압가스저장설비에서 수소와 산소가 동일한 조건에서 대기 중에 누출되었다면 확산속도는 어떻게 되겠는가?

㉮ 수소가 산소보다 2배 빠르다.

㉯ 수소가 산소보다 4배 빠르다.

㉰ 수소가 산소보다 8배 빠르다.

㉱ 수소가 산소보다 16배 빠르다.

03 다음 중 수소를 얻을 수 없는 반응은?

㉮ Al + NaOH + H_2O

㉯ Hg + HCl

㉰ Na + H_2O

㉱ Zn + H_2SO_4

04 물 27kg을 전기분해하여 수소가스를 제조하여 내용적 40L의 용기에다 0℃, 150kg/cm² 로 충전한다면 필요한 용기는 최소 몇 개인가?

㉮ 3개

㉯ 6개

㉰ 9개

㉱ 12개

[해설] 물 전기분해시 수소의 발생량

$$H_2O \rightarrow H_2 + \frac{1}{2}O_2$$

$$18kg : 22.4m^3 = 27kg : x\,m^3$$

$$\therefore x = \frac{27 \times 22.4}{18} = 33.6m^3$$

용기 1개당 충전량 m^3

$$Q = (P+1) \times V$$

$$= (150+1) \times 0.04 = 6.04m^3$$

용기 개수 $\frac{33.6}{6.04} = 5.56 = 6$개가 필요하다.

해 설

[해설] **01**

수소의 공업적제법

① 물의 전기분해법

② 천연가스분해법

③ 석유분해법

④ 일산화탄소진화법

⑤ 수성가스법

[해설] **02**

그레이엄의 확산속도

$$\frac{U_B}{U_A} = \sqrt{\frac{M_A}{M_B}} = \sqrt{\frac{\rho_A}{\rho_B}}$$

$$\frac{U_{H_2O}}{U_{O_2}} = \sqrt{\frac{32}{2}} = 4$$

$$\therefore U_{H_2O} = 4\,U_{O_2}$$

[해설] **03**

수소의 제조법

① $Zn + H_2SO_4$
   $\rightarrow ZnSo_4 + H_2 \uparrow$

② $Fe + 2HCl$
   $\rightarrow FeCl_2 + H_2 \uparrow$

③ $Zn + 2NaOH$
   $\rightarrow Na_2ZnO_2 + H_2 \uparrow$

④ $2Na + 2H_2O$
   $\rightarrow 2NaHO + H_2 \uparrow$

정답

01. ㉱   02. ㉯   03. ㉯

04. ㉯

05 수소 또는 수소를 포함하는 가스를 취급하는 반응장치의 재료로 탄소강을 사용할 때 예상될 수 있는 문제점에 대한 해결방안을 제시하였다. 다음 설명 중 가장 거리가 먼 내용은?

㉮ 수소 조장 균열의 방지법은 용접재료를 잘 건조시키고, 용접 후 서냉 및 후열을 통한용접금속 중의 수소를 제거하는 탈수소 처리를 한다.

㉯ 수소 침식방지를 위해 내수소침식용 강인 Cr이나 Mo을 첨가한 강 중 탄소를 안정화시킨 강인 KSD 3543(보일러 및 압력용기용 Cr, Mo 강판)을 사용된다.

㉰ 수소취성 균열을 방지하기 위해서는 18-8 오스테나이트스테인리스를 사용하고 탄소강의 경도를 높이기 위해 경도가 높은 용접봉을 선택하고 용접 후 열처리를 한다.

㉱ 수소 유기 균열을 방지하는 방법은 강 중의 유황분이 적게 되도록 칼슘을 첨가하여 황을 구상화시키며, 근본적으로는 황화합물이 많은 환경은 라이닝 등으로 설비를 보호한다.

06 산소제조 장치에서 수분제거용 건조제가 아닌 것은?

㉮ SiO_2
㉯ Al_2O_3
㉰ $NaOH$
㉱ Na_2CO_3

07 다음의 성질을 가지고 있는 가스는?

- 공기보다 무겁다.
- 지연성 가스이다.
- 염소산칼륨을 이산화망간 촉매하에 가열하면 실험적으로 얻을 수 있다.

㉮ 산소
㉯ 질소
㉰ 염소
㉱ 수소

08 다음 중 산소 가스의 용도가 아닌 것은?

㉮ 가스용접 및 가스절단용
㉯ 유리 제조 및 수성가스 제조용
㉰ 아세틸렌 가스청정제
㉱ 로켓분사장치 추진용

해 설

[해설] **05**
수소취소 방지원소
W(텅스텐), V(바나듐), Ti(티탄), Cr(크롬) 등을 첨가한다.

[해설] **06**
건조제
실리카겔(SiO_2)
활성알루미나(Al_2O_3)
소바비드, 가성소다($NaOH$)

[해설] **07**
산소의 실험적 제조법
$2KClO_3 \rightarrow 2KCl+3O_2$
(염소산칼륨) (염화칼륨)
→ 촉매 : 이산화망간 사용

[해설] **08**
산소가스용도
① 가스용접 및 가스절단용
② 유리 제조 및 수성가스 제조용
③ 로켓 추진용
④ 산소호흡에 의한 의약용
⑤ 제철, 열처리용
⑥ 합성원료가스 제조에서 탄화수소 부분 산화용

정답
05. ㉰   06. ㉱   07. ㉮
08. ㉰

04 희가스(Rare gas)

(1) 일반적인 성질

① 주기율표 0족에 속하는 원소로 거의 화합을 하지 않는 불활성 가스이다.
② 상온에서 무색, 무미, 무취의 기체이다.
③ 헬륨(He)은 가장 중요한 기체로써 모든 물질 중 가장 낮은 끓는점을 가진다 (1atm, 4.2K).
④ 아르곤(Ar)은 용접과 야금과정에서도 산화를 방지하는 역할을 한다.

■ 희가스의 주요한 물리적 성질

원소명	기 호	분자량	공기 중 존재비율 (체적, %)	융 점 (℃)	비 점 (℃)	임계온도 (℃)	임계압력 (atm)
아르곤	Ar	39.94	0.93	−189.2	−185.87	−122.0	40
네온	Ne	20.18	0.0018	−248.67	−245.9	−228.3	26.9
헬륨	He	4.003	0.0005	−272.2	−268.9	−267.9	2.26
크립톤	Kr	83.7	0.00011	−157.2	−152.9	−63	54.3
크세논	Xe	131.3	0.000009	−111.8	−108.1	16.6	58.2
라돈	Rn	222	−	−71	−62	104.0	66

(2) 제조법

희가스 중에서 공업적으로 실용가치가 있는 Ar, Ne, He의 3종이며 이들은 대부분 액체공기분류에 의한 부산물로 얻어진다.

(3) 용 도

① 네온사인용
② 형광등의 방전관용
③ 가스분석용 캐리어 가스로서도 사용
④ 금속의 제련 및 열처리 등에서 공기와의 접촉을 방지하기 위한 보호가스용

※희가스를 충전한 방전관의 발광색

He : 황백색　　Ne : 주황색　　Ar : 적색

Kr : 록자색　　Xe : 청자색　　Rn : 청록색

05 암모니아(NH_3)

(1) 일반적인 성질

① 강한 자극성 냄새가 나는 무색의 기체이다.

② 물에 잘 용해된다(상온에서 물 1cc에 대하여 기체 암모니아 800cc 용해).

③ 증발잠열이 크다(0℃에서 301.8kcal/kg).

(2) 폭발성

NH_3는 그 자신은 연소하기 어려우나 착화원에 계속적으로 접촉하고 있으면 연소하는 경우가 있다. 또한 강산과 접촉하면 심하게 폭발 비산하는 경우도 있다.

(3) 부식성

Cu, Cu 합금, Al 합금에 대해 심한 부식성이 있어 철과 철 합금 사용, 고온·고압하에서 보통강은 질화 및 수소 취화작용을 나타낸다.

(4) 유해성

액화 NH_3는 피부점막에 접촉되면 염증 동상이 생기고 고농도의 NH_3 가스를 흡입하면 사망하는 경우도 있다(허용농도 25ppm).

(5) 제조법

① 하버-보시법(Harber-Bosch Process)

　　㉮ 암모니아 합성공정은 다음 3가지로 대별한다.

　　　　㉠ 합성원료 가스제조

　　　　㉡ 가스정제 공정

　　　　㉢ 암모니아 합성공정

　　㉯ 수소와 질소를 체적비로 3 : 1로 반응시킨다.

　　　$3H_2 + N_2 \rightarrow 2NH_3 + 23kcal$

　　　압력은 300atm 이상, 촉매는 정촉매(Fe_3O_4), 부촉매(Al_2O_3, CaO, K_2O)이

　　　고, 온도는 500~600℃이다.

　　　※ 암모니아 합성공정

　　　　• 고압법(60~100MPa 이상) : 클로우드법, 카자레법

　　　　• 중압합성(30MPa 전후) : IC법, 뉴파우더법, 케미크법, JCI법, 동공

　　　　　시법 등

　　　　• 저압합성(15MPa 전후) : 구우데법, 케로그법

② 석회 질소법

$$CaCO_2 \xrightarrow{1,000℃} CaO + CO_2$$

$$CaO + 3C \xrightarrow{전기로} CaCO_2 + C$$

$$CaCO_2 + N_2 \rightarrow CaCN_2 + C$$

$$CaCN_2 + 3H_2O \rightarrow CaCO_3 + 2NH_3$$

(6) 용도

① 요소, 질소비료 제조용(최대로 많이 사용)

$$2NH_3 + CO_2 \xrightarrow[150~200atm]{160~200℃} NH_4COONH_2$$

$$NH_4COONH_2 \xrightarrow{탈수} (NH_2)_2CO + H_2O$$

　　※ 제조종류

　　　• 혼합가스 순환법　　　• 오일슬러리 순환법

　　　• 가스 분리법　　　　　• 용액 순환법

② 드라이 아이스제조용

③ 대형 냉매에 사용

(7) 취급

① 액화가스로 취급되며 용접용기로 재질은 탄소강을 사용한다.

② 밸브는 강제이나 스핀들은 스테인리스강을 사용한다.

③ 가연성 가스로 폭발범위는 15~28%이다.

④ 안전밸브는 파열판식, 가용전식을 병행한다(가용전 온도 62℃ 이하에서 작동).

⑤ 독성가스로 허용농도는 25ppm이다.

⑥ 상온이나 저온에서는 강재를 침식하지 않으나 고온고압이 되면 수소취성과 질화작용을 동시에 일으키기 때문에 18-8 스테인리스강을 사용한다.

⑦ NH_3 건조제는 CaO이나 소다석회 등을 사용한다.

(8) NH_3 누설시 검출

① 냄새로 알 수 있다.

② 적색 리트머스 시험지를 청색으로 변화시킨다.

③ 진한염산, 유황 등을 접촉시 흰 연기가 난다.

④ 네슬러시약을 투입시 황색이 되고, NH_3가 많으면 적갈색이 된다.

POINT

• NH_3의 비점(-33.3℃)이 낮기 때문에 액화가스로 취급된다.

• NH_3 누설시 검출
① 취기 → 자극성 냄새
② 리트머스지 → 청색
③ 염산, 아황산가스 → 백연
④ 네슬러시약 → 소량(황색) 다량(적갈색)

• 염소
황녹색의 자극성 냄새

• 염소의 비점(-34℃) 액화가스로 취급

06 염소(Cl_2)

(1) 일반적인 성질

① 일반적인 성질

㉮ 황녹색의 자극성 냄새가 나는 기체이며 공기보다 2.5배 무겁다(독성 1ppm).

㉯ -34℃ 이하 6~8atm 이하에서 액화하며 이것을 액화염소라 하며 물의 살균에 이용된다.

㈐ 20℃로 물 100cc에 0.59g(230cc)이 용해하며 발생기산소에 의해 살균작용, 표백작용, 산화작용을 갖는다.
$Cl_2+H_2O \rightarrow HCl+HClO$-차아염소산
㈑ 자신은 타지 않고 다른 물질이 타는 것을 돕는 조연성 가스이다.
㈒ 수분을 함유한 철 등과의 금속과 반응 부식시키며 완전히 건조한 염소는 상온에서 철과 반응하지 않으므로 철강의 고압용기에 넣는다.
$Cl_2+H_2O \rightarrow HCl+HClO$　　$Fe+2HCl \rightarrow FeCl_2+H_2$

② 화학적 성질
㈎ 활성이 강하고 희가스, 탄소, 산소 이외의 원소와 직접 화합한다.
㈏ Cl_2와 H_2의 혼합물은 냉암소에서는 반응하지 않으나 가열, 일광, 자외선 등에 의해 폭발하여 HCl가 된다.
(염소폭명 : $H_2+Cl_2 \rightarrow 2HCl+44kcal$)
㈐ 물의 존재하에서는 표백작용을 한다.

(2) 제조법

① 소금의 전기분해(수은법, 격막법)
② 염산의 전기분해

(3) 용 도

① 염화수소, 염화비닐, 염화메틸, 포스겐 제조에 사용된다.
② 종이, 펄프공업, 알루미늄공업 등에 사용된다.
③ 수돗물의 살균작용에 사용된다.

(4) 취 급

① 밸브의 본체는 황동, 스핀들은 18-8 스테인리스강이다.
② 가용전(66℃~68℃에서 용해)을 안전밸브로 사용하며 패킹재료는 석면이나 납, 수지제의 성형패킹을 이용한다.
③ 압축기의 윤활제 및 건조제로는 진한 황산이 이용된다.
④ 자극성인 냄새가 있으며 독성이 강하다(1ppm)
⑤ 재해제로는 가성소다수용액, 탄산소다수용액, 소석회 등이 있다.

POINT

- 건조한 염소는 상온에서 부식이 일어나지 않으므로 염소용기는 탄소강을 사용한다.
- 액화가스의 안전밸브는 주로 가용전식을 사용한다(단, LPG는 스프링식).
- 염소압축기의 윤활제와 건조제는 농황산을 사용

01 전구용 봉입가스, 금속의 제련 및 열처리의 경우 공기 외의 접촉 방지를 위한 보호가스로 주로 사용되는 가스의 방전관 발광색은?

㉮ 황백색　　　　　　　　㉯ 녹자색

㉰ 주황색　　　　　　　　㉱ 적색

02 암모니아의 검출확인 방법으로 틀린 것은?

㉮ 자극성 냄새로 알 수 있다.

㉯ 붉은 리트머스시험지를 푸르게 변화시킨다.

㉰ 진한 염산을 접촉시키면 흰 연기가 난다.

㉱ 네슬러시약에 흰색이 검출된다.

03 암모니아의 취급에 대한 설명 중 틀린 것은?

㉮ 암모니아의 건조제로 진한 황산이 사용된다.

㉯ 진한염산과 접촉시키면 연기가 나므로 암모니아 누출을 검출할 수 있다.

㉰ 고온, 고압이 되면 질화작용과 수소취성을 동시에 일으킨다.

㉱ Cu 및 Al합금과는 부식성을 가짐으로 철 합금을 사용한다.

04 암모니아에 이용되는 합성법의 종류가 아닌 것은?

㉮ IG법

㉯ 뉴파우더법

㉰ 케로그법

㉱ 레페 반응법

해 설

[해설] 01

Ar(적색), Ne(주황색)
He(황백색)

[해설] 02

암모니아 검출 확인
① 냄새로 확인
② 적색 리트머스 시험지를 사용하면 청색으로 변한다.
③ 유황초나 염산을 사용하면 흰 연기가 발생한다.
④ 네슬러시약을 사용하면 소량 누설 시 황색, 다량 누설 시 자색으로 변한다.

[해설] 03

암모니아 건조제
생석회(CaO)

[해설] 04

합성법
① 고압 : 클로우드법, 카자레법
② 중압 : IG법, 뉴파우더법, 뉴우데법, 케미그법, JIC법, 동공시법
③ 저압 : 구우데법, 케로그법

정답

01. ㉱　02. ㉱　03. ㉮
04. ㉱

05 염소가 폭명기로 작용할 수 있는 가스의 조성은?

㉮ 염소와 수소가 같은 물비로 혼합되었을 때
㉯ 염소와 산소가 같은 물비로 혼합되었을 때
㉰ 염소와 산소가 1 : 2의 물비로 혼합되었을 때
㉱ 염소와 수소가 1 : 2의 물비로 혼합되었을 때

06 염화수소(HCl)에 대한 설명으로 틀린 것은?

㉮ 폐가스는 대량의 물로 처리해야 한다.
㉯ 누출된 가스는 암모니아수로 알 수 있다.
㉰ 회색의 자극성 냄새를 갖는 가연성 기체이다.
㉱ 건조 상태에서는 금속을 거의 부식시키지 않는다.

해 설

해설 **05**
염소폭명기
$H_2 + Cl_2 \rightarrow 2HCl + 44kcal$

해설 **06**
염화수소 자체는 폭발성이나 연소성이 없다.

05. ㉮　06. ㉰

 정답

07 아세틸렌(C$_2$H$_2$)

(1) 일반적인 성질

① 물리적 성질

㉮ 무색의 기체, 순수한 것은 에테르(ether)와 같은 향기가 있으나 보통 공존하는 불순물로 인해 특유의 냄새가 난다.

㉯ 액체 아세틸렌은 불안정하나 고체 아세틸렌은 안정하다.

㉰ 15℃ 상태의 물 1ℓ에 1.1ℓ 아세톤 25ℓ가 용해된다.

㉱ 폭발범위 : 공기 중 2.5~81%, 산소 중 2.5~93%

② 화학적 성질

㉮ 산소 : 아세틸렌 불꽃은 3,000℃ 이상의 고온을 얻을 수 있어 절단용에 사용된다(C$_2$H$_2$ → 2C+H$_2$+54.2[kcal]).

㉯ 아세틸렌은 흡열 화합물이므로 압축하면 분해폭발을 일으킬 염려가 있나. 따라서 압축하여 용기에 충전하지 않고 다공성질물을 넣고 이것에 아세톤, DMF(디메틸포롬아미드) 등의 용제를 스며들게 한 다음 아세틸렌을 용해 충전시킨다.

㉰ 구리(Cu), 은(Ag), 수은(Hg) 등의 금속과도 직접 반응하여 폭발성 아세틸라이드를 생성한다.

C$_2$H$_2$+2Cu → Cu$_2$C$_2$+H$_2$(동 아세틸라이드)

C$_2$H$_2$+2Ag → Ag$_2$C$_2$+H$_2$(은 아세틸라이드)

C$_2$H$_2$+2Hg → Hg$_2$C$_2$+H$_2$(수은 아세틸라이드)

(2) 아세틸렌의 제조공정도

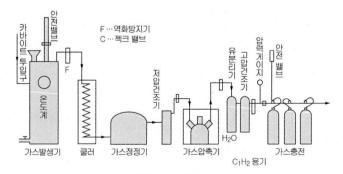

아세틸렌 제조공정도

POINT

• C$_2$H$_2$(흡열화합물)

C$_2$H$_2$ $\xrightarrow{\text{가압}}$ 2C+H$_2$(분해폭발)

• 용해가스

C$_2$H$_2$은 분해폭발 우려가 있기 때문에 아세톤, DMF 등의 용제에 용해시켜 사용

• 화합폭발(치환폭발)

구리, 은, 수은과 접촉시 폭발성 물질인 금속 아세틸라이드를 생성하여 폭발한다.

① 카바이드에서의 제조

$$CaC_2 + 2H_2O \rightarrow C_2H_2 + Ca(OH)_2$$

② 가스발생기

㉮ 사용압력에 따라 저압식 0.007MPa 미만, 중압식 0.007~0.13MPa, 고압식 0.13MPa 이상

㉯ 발생방법에 따라

㉠ 투입식 : 물에 카바이드를 넣는 방법

- 대량생산에 적당하며 공업용으로 널리 쓰인다.
- 카바이드가 물에 잠겨 있으므로 온도상승이 작다.
- 카바이드 투입량을 조절함에 따라 발생량도 조절이 가능하다.
- 불순가스 발생이 적다.

㉡ 주수식 : 카바이드에 물을 넣는 방법

- 물의 양을 조절함에 따라 가스 발생량을 조절할 수 있다.
- 물의 접촉량이 적기 때문에 온도상승 우려가 있다.
- 드럼통 내의 카바이드 교체시 공기 혼입의 우려가 있다.
- 불순가스 발생이 많다.

㉢ 침지식 : 접촉방법으로 물과 카바이드를 소량씩 접촉시킨다.

- 발생기 내의 온도상승이 쉽다.
- 가스발생량은 자동조절이 용이하다.
- 불순물이 혼입되어 유출된다.
- 드럼통 내의 카바이드 교체시 공기혼입 우려가 있다.

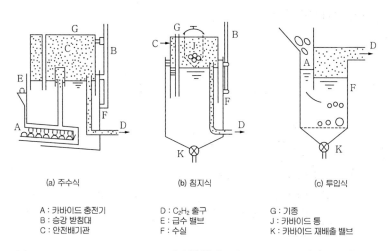

| (a) 주수식 | (b) 침지식 | (c) 투입식 |

A : 카바이드 충전기   D : C₂H₂ 출구   G : 기종
B : 승강 받침대   E : 급수 밸브   J : 카바이드 통
C : 안전배기관   F : 수실   K : 카바이드 재배출 밸브

가스발생기

POINT

- 가장 많이 사용되고 있는 발생기는 투입식 발생기이다.

- 습식발생기의 표면 유지온도 70℃ 이하

③ 쿨러

카바이드에서 발생된 가스를 냉각하여 수분이나 NH₃를 제거한다.

④ 청정기

C_2H_2 중에 함유되어 있는 불순물을 제거한다.

㉮ 불순물 : PH_3(인화수소), H_2S(황화수소), NH_3(암모니아), CH_4(메탄), CO(일산화탄소), N_2(질소), O_2(산소) 등이 있다.

㉯ 불순물이 존재하면 아세틸렌의 순도저하 및 충전시 아세톤에 용해되는 것이 저해되고 악취가 발생한다.

㉰ 청정제의 종류

㉠ 에퓨렌(Epurene)

㉡ 카다리솔(catalysol)

㉢ 리카솔(Rigasol)

⑤ 건조기

㉮ 압축기에서의 압축 전 수분제거(액 해머현상 방지)

㉯ 건조제 : $CaCl_2$(염화킬슘)

㉰ 건조기 설치위치 : 고압측과 저압측에 설치한다.

⑥ C_2H_2 압축기

㉮ 왕복동 압축기로 용량은 $15\sim60m^3/hr$을 사용하며, 회전수는 100rpm 전후의 2~3단을 사용할 것

㉯ 압축기 윤활유로는 양질의 광유를 사용할 것

㉰ C_2H_2을 압축할 때는 희석제를 사용할 것

⑦ 유분리기

압축기 실린더 내부의 윤활유가 압축 중 유출한 가스와 혼입을 방지하기 위하여 설치한다.

⑧ 역화방지기

역화방지제 로는 페로실리콘, 물 또는 모래 등이 이용된다.

(3) 충전용기 내 다공질물 충전

① 충전목적

㉮ 용기 안을 세밀하게 구분하여 C_2H_2 일부가 분해하여도 전체 용기에는 파급 되는 것을 방지한다.

㉯ C_2H_2와 아세톤, DMF(용제)와의 접촉면적을 크게 하여 가스의 용해를 용이하게 한다.

㉰ 아세틸렌 용해열을 흡수하며 국부적인 이상과열을 방지한다.

㉱ 용제를 유지하고 용기 밖으로 유출을 방지한다.

② 다공도 : 75~92% 미만

③ 다공질물 종류

규조토, 목탄, 석회석, 탄산마그네슘, 다공성 플라스틱 등

④ 다공도 계산식

$$다공도(\%) = \frac{V-E}{V} \times 100(\%)$$

V : 다공질물의 용적 E : 아세톤의 침윤 잔용적

⑤ 다공질물의 구비조건

㉮ 고다공도일 것

㉯ 가스충전이 쉬울 것

㉰ 화학적으로 안정할 것

㉱ 기계적으로 강도가 클 것

---

08 일산화탄소(Carbon Oxide : CO)

(1) 일반적인 성질

① 물리적 성질

㉮ 무색, 무미, 무취의 기체이며 공기의 질량과 거의 비슷하다.

㉯ 물에 잘 녹지 않아 수상치환으로 포집한다.

POINT

- 다공질물의 충전목적
  ① 분해폭발 시 전체용기로 파급 방지
  ② 접촉면적 크게 하여 용해도 증가
  ③ 국부적인 이상과열 방지
  ④ 용제유출방지

- 다공도
  $\frac{V-E}{V}$=75% 이상 92% 미만

- 다공도 계산
  문 다음 물질의 부피가 150m^{3}이고 침윤 잔부피가 120m^{3}라면 다공도는 몇 %인가?
  ▶ 다공도= $\frac{V-E}{V} \times 100(\%)$
  $= \frac{150-120}{150} \times 100$
  $= 20\%$

㉳ 연료로서 중요하나 메타놀합성 이외에는 대량으로 사용치 않는다.

㉴ 가연성, 독성이 강하고 연료의 불완전 연소에 중독사고 원인이 되며 자동차 배기 중 일산화탄소는 공해의 원인이 된다.

㉵ 극히 유독한 가스이며 호흡하면 헤모글로빈과 결합하여 생명을 잃게 된다.

■ 일산화탄소의 물리적 성질

분자량	g	28.01
밀 도	g/l	1.977
비중(공기=1)	−	0.814
융점	℃	−205.0
비점	℃	−192
임계온도	℃	−139.0
입계압력	atm	35
융 해 열	cal/g	7.14
증 발 열	cal/g	51.55
공기 중의 확산계수(25℃)	cm^2/sec	0.183

② 화학적 성질

㉮ 환원성이 강한 가스이며 금속의 산화물을 환원시킨다.
따라서 금속의 야금법에 사용
$CuO+CO \rightarrow CO_2+Cu$

㉯ 고온, 고압에서 철족의 금속과 반응하여 금속 카르보닐을 생성한다.
$Fe+5CO \xrightarrow{150℃} Fe(CO)_5$

$Ni+4CO \xrightarrow{100℃} Ni(CO)_4$

㉰ 공기 중에서 잘 연소한다.
$2CO+O_2 \rightarrow 2CO_2+135.4[kcal]$

㉱ 상온에서 염소와 반응하여 포스겐을 생성한다.
$CO+Cl_2 \rightarrow COCl_2$

㉲ 독성이 강하여 0.1%의 일산화탄소를 함유한 공기 중에서 사람이 쉽게 사망한다(허용농도 50ppm).

09 이산화탄소(CO_2)

(1) 일반적인 성질

① 물리적 성질

㉮ 승화온도는 −78.5℃

㉯ 액체 상태로 이음매 없는 용기에 저장 한다(증기압이 40∼50기압).

㉰ 유기물의 연소 및 부패, 발효, 동물의 호흡에 의하여 발생 한다.

② 화학적인 성질

㉮ 허용농도가 5000ppm으로 독성은 없으나 농도가 88% 이상이면 생명이 위험하다.

㉯ 수분을 함유하면 강재를 부식 시킨다.

㉰ 석회수(석탄수)에 혼입되면 탄산칼슘의 백색 침전이 생긴다.

(2) 제조법

① 석회석의 연소에 의해 생성

② 알코올 발효의 부생물에서 얻는다.

③ 수소 제조시 부생물로 회수

(3) 용 도

① 물에 녹여 만든 액화탄산은 청량음료에 사용

② 액화탄산가스는 소화제로 사용

③ 요소제조 및 소다회 제조용으로 가장 사용

④ 드라이아이스는 냉각제로 사용

POINT

• 액화탄산가스는 다른 액화가스보다 증기압(40∼50atm)이 높기 때문에 이음매 없는 용기에 충전한다.

• CO_2는 독성가스는 아니지만 허용농도 5000ppm 암기할 것

10 시안화수소(HCN)

(1) 일반적인 성질

① 물리적 성질
- ㉮ 비점이 25.7℃로서 액화가 용이하다.
- ㉯ 무색투명하고 복숭아 냄새가 난다.
- ㉰ 독성(10ppm), 가연성(6~41%) 가스이다.

(2) 화학적 성질

① 물에 잘 용해된다.
② 알칼리성 물질(암모니아, 소다)을 함유하면 중합이 촉진된다.
③ 중합폭발을 일으킬 염려가 있다.
④ 중합폭발을 방지하기 위해 안정제를 사용한다.
  ※ 안정제 : 무기산(황산), 동망, 인, 아황산가스, 인산, 오산화인, 염화칼슘 등

- 중합폭발 : HCN, C_2H_4O

- 분해폭발 : C_2H_2, C_2H_4O, N_2H_4(히드라진)

- HCN는 중합폭발 때문에 순도가 98% 이상이고, 용기에 충전 후 60일이 경과되기 전에 다른 용기에 재충전 할 것

(3) 제조법

① 포름아미드법
  일산화탄소와 암모니아에서 포름아미드를 거쳐 시안화수소를 얻는 방법

② 앤드루소우법
  암모니아, 메탄에 공기를 가하고 10%의 로듐을 함유한 백금 촉매상을 1,000~1,100℃로 통하면 시안화수소를 함유한 가스를 얻어 이것을 분리, 정제 한다.

(4) 용 도

① 메타크릴산메틸(MMA)의 제조
② 아크릴로니트릴의 제조
③ 염화시아놀의 제조
④ 황산, 시안화칼륨, 시안화나트륨, 시안화칼슘의 제조에 사용

11 포스겐(COCl₂)

(1) 일반적인 성질

① 물리적인 성질

㉮ 허용농도가 0.1ppm인 맹독성가스이며 자극성냄새가 난다.

㉯ 사염화탄소(CCl_4)에 잘 용해된다.

㉰ 염화카르보닐이라고도 한다.

㉱ 무색의 액체이고 시판중인 가스는 담황록색이다.

② 화학적인 성질

㉮ 50ppm 이상 존재하는 공기를 흡입하면 30분 이내에 사망 한다.

㉯ 건조한 상태에서는 금속이 부식이 없으나 수분이 존재하면 가수분해 하여 생성된 염산이 금속을 부식 시킨다.

㉰ 가수분해하여 이산화탄소와 염산이 생성된다.

(2) 제조법

일산화탄소와 염소를 활성탄을 촉매로 하여 제조한다.

$CO + Cl_2 \rightarrow COCl_2$

(3) 용 도

① 의약, 농약, 가스제를 제조한다.

② 질식 작용제로 사용한다(산소결핍증, 호흡곤란 등).

12 산화에틸렌(C_2H_4O)

(1) 일반적인 성질

① 물리적인 성질
  ㉮ 물, 알코올, 에테르에 용해된다.
  ㉯ 독성(50ppm), 가연성(3.0~80%)가스 이다.

② 화학적 성질
  ㉮ 중합폭발과 분해폭발이 일어난다.
  ㉯ 안정제로 질소, 탄산가스를 사용한다.
  ㉰ 산, 알칼리, 산화철, 알루미늄 등에 의해 중합하여 발열 한다.

(2) 제조법

① 에틸렌을 직접 산화하는 공업적 제조법
② 에틸렌클로로히드린을 경유하는 방법

(3) 용 도

① 합성수지 표면활성제, 합성섬유 등에 사용
② 에탄올아민, 글리콜류 등 각종 화학공업 합성원료로 사용

13 황화수소(H_2S)

(1) 일반적인 성질

① 물리적인 성질 : 무색이며 특유의 계란 썩는 냄새가 난다.
② 화학적 성질
  ㉮ 수분을 함유하면 모든 금속과 황화물을 만들어 심하게 부식 시킨다.
  ㉯ 황화물방지원소 : 크롬(Cr), 알루미늄(Al), 규소(Si)

POINT

• C_2H_4O
 ① 중합폭발, 분해폭발
 ② 안정제 : N_2, CO_2, H_2O

• H_2S
 ① 독성가스 : 허용농도 10ppm

 ② 황화수소+금속 $\xrightarrow{\text{수분}}$ 황화물 생성 (부식)

(2) 제조법

① 황화철에 묽은 황산이나 묽은 염산을 가해 얻는 방법

② 합성가스 제조시 정제공정 중의 탈황장치에서 회수 하는 방법

(3) 용 도

① 금속 분석용이나 형광물질의 원료 등에 사용

② 의약품이나 공업약품 제조 원료로 사용

POINT

01 아세틸렌 제조설비에서 제조공정 순서로서 옳은 것은?

㉮ 가스청정기 → 수분제거기 → 유분제거기 → 저장탱크 → 충전장치
㉯ 가스발생로 → 쿨러 → 가스청정기 → 압축기 → 충전장치
㉰ 가스발생로 → 압축기 → 쿨러 → 건조기 → 충전장치 → 역화방지기
㉱ 가시반응로 → 압축기 → 가스청정기 → 역화방지기 → 충전장치

02 아세틸렌(C_2H_2)에 대한 설명으로 옳지 않은 것은?

㉮ 동과 직접 접촉하여 폭발성의 아세틸라이드를 만든다.
㉯ 비점과 융점이 비슷하여 고체 아세틸렌은 융해한다.
㉰ 아세틸렌가스의 충전제로 규조토, 목탄 등의 다공성 물질을 사용한다.
㉱ 흡열 화합물이므로 압축하면 분해 폭발 할 수 있다.

03 레페(Reppe) 반응장치 내에서 아세틸렌을 압축할 때 폭발의 위험을 최소화하기 위해 첨가하는 물질로 옳은 것은?

㉮ N_2 : 49% 또는 CO_2 : 42%
㉯ N_2 : 22% 또는 CO_2 : 29%
㉰ O_2 : 49% 또는 CO_2 : 42%
㉱ O_2 : 22% 또는 CO_2 : 29%

04 아세틸렌(C_2H_2)가스의 분해 폭발을 방지하기 위한 희석제의 종류가 아닌 것은?

㉮ CO
㉯ C_2H_4
㉰ H_2S
㉱ N_2

05 아세틸렌 용기 충전 시 사용하는 다공물질의 구비조건이 아닌 것은?

㉮ 화학적으로 안정하여야 한다.
㉯ 기계적 강도가 있어야 한다.
㉰ 안전성이 있어야 한다.
㉱ 저다공도 이어야 한다.

01. 수소의 성질을 설명한 것 중 틀린 것은?

㉮ 고온에서 금속 산화물을 환원시킨다.

㉯ 불완전 연소하면 일산화탄소가 발생한다.

㉰ 고온, 고압에서 철에 대한 탈탄작용을 한다.

㉱ 염소와의 혼합기체에 일광(日光)을 비추면 폭발적으로 반응한다.

해설 ① 고온 고압에서 강중의 탄소와 화합하여 메탄을 생성하며 수소취성을 일으킨다. $Fe_3C + 2H_2 \rightarrow 3Fe + CH_4$
② 염소폭명기 : 수소와 염소의 혼합 가스는 빛과 접촉하면 심하게 반응한다. $H_2 + Cl_2 \rightarrow 2HCl + 44kcal$

02. 수소와 산소는 600℃ 이상에서 폭발적으로 반응한다. 이때의 반응식은?

㉮ $H_2 + O \rightarrow H_2O + 136.6kcal$

㉯ $H_2 + O \rightarrow H_2O + 83.3kcal$

㉰ $2H_2 + O_2 \rightarrow 2H_2O + 136.6kcal$

㉱ $H_2 + O \rightarrow \frac{1}{2}H_2O + 83.3kcal$

해설 수소의 폭명기
$2H_2 + O_2 \rightarrow 2H_2O + 136.6kcal$

03. 순도가 가장 높은 수소를 공업적으로 만드는 방법은?

㉮ 수성가스법

㉯ 물의 전기분해법

㉰ 석유의 분해

㉱ 천연가스의 분해

해설 수소가스의 제법
① 물의 전기분해($2H_2O \rightarrow 2H_2 + O_2$)
② 소금물의 전기분해($2NaCl + 2H_2O \rightarrow 2NaOH + Cl_2 + H_2$)
③ 천연가스 분해, 수성가스법($C + H_2O \rightarrow CO + H_2$)
④ 석유분해, 일산화탄소 전화법($CO + H_2O \rightarrow CO_2 + H_2$)
이 중 순도가 높은 제조법은 물의 전기분해이나 비경제적인 단점이 있다.

04. 50ml의 수소가 가는 구멍을 빠져 나오는 데 10분 걸렸다면 같은 조건에서 산소 50ml가 빠져나오는 데는 몇 분 걸리겠는가?

㉮ 40min   ㉯ 30min

㉰ 20min   ㉱ 10min

해설 $\dfrac{t_2}{t_1} = \sqrt{\dfrac{M_2}{M_1}} = \dfrac{V_1}{V_2}$
여기서, t(시간) : 10분, M(분자량) : 수소(H_2)의 분자량 : 2, 산소(O_2)의 분자량 : 32
$t_2 = t_1 \times \sqrt{\dfrac{M_2}{M_1}} = 10분 \times \sqrt{\dfrac{32}{2}} = 40분$

05. 가스회수장치에 의해 제일 먼저 발생되는 가스는?

㉮ 수소   ㉯ 산소

㉰ 프로판   ㉱ 부탄

해설 비점이 낮은 가스일수록 먼저 회수(기화)된다.
① 수소 : -252.5℃   ② 산소 : -183℃
③ 프로판 : -42℃   ④ 부탄 : -0.5℃

06. 다음 중 수소를 제조하는 방법이 아닌 것은?

㉮ 1,000℃로 가열된 코크스에 수증기를 통과시킨다.

㉯ 물을 전기분해한다.

㉰ 양쪽성 원소에 강알칼리를 작용시킨다.

㉱ 이온화 경향이 작은 금속에 산을 가하여 얻는다.

해설 이온화 경향이 큰 금속(K, Ca, Na)은 찬물과 격렬하게 반응하여 수소를 발생한다.
$2Na + 2H_2O \rightarrow 2NaOH + Cl_2 + H_2 \uparrow$

07. 수소의 재해발생 원인이다. 틀린 것은?

㉮ 확산속도가 가장 크다

㉯ 구리와 반응하여 폭발한다.

㉰ 가장 가벼운 가스이다.

㉱ 가연성 가스이다.

정답 01. ㉯   02. ㉰   03. ㉯   04. ㉮   05. ㉮   06. ㉱   07. ㉯

08. 물 18톤을 전기분해하여 수소와 산소를 얻었다. 이 중 산소를 20ℓ 들이 용기에 150atm으로 충전시켰다. 용기 몇 개가 필요한가? (단, 표준상태에서 충전이다.)

㉮ 9,956개 ㉯ 6,356개

㉰ 3,734개 ㉱ 3,225개

해설 $2H_2O \rightarrow 2H_2 + O_2$

$36kg : 22.4m^3 = 18 \times 10^3 kg : xm^3$

$x = \dfrac{22.4 \times 18 \times 10^3}{36} m^3 = 11.200m^3$

(용기 1개의 충전량 $M = PV = 15 \times 20 = 3,000 \ell = 3m^3$

∴ $\dfrac{11,200m^3}{3m^3} = 3,733.3$개

09. 산소에 관한 설명 중 옳은 것은?

㉮ 물질을 잘 태우는 가연성 가스다.

㉯ 유지류에 접촉하면 발화한다.

㉰ 가스로서 용기에 충전할 때는 25MPa 로 충전한다.

㉱ 폭발범위가 비교적 큰 가스이다.

해설 ① 산소는 가연성의 연소를 돕는 조연성 가스이며 Fp=15MPa이다.
② 산소는 녹, 이물질, 석유류, 유지류 등과 화합시 연소폭발이 일어나므로 유지류 혼입에 주의해야 하고 기름 묻은 장갑으로 취급하지 않아야 한다.
③ 압력계는 금유라고 명시된 산소전용의 것을 사용하며 윤활제는 물 또는 10% 이하의 글리세린수를 사용한다.

10. 산소 조정기가 발화할 때는 다음 중 어느 것인가?

㉮ 불똥이 조정기에 튀었을 때

㉯ 산소가 새는 곳에 기름이 묻어 있을 때

㉰ 일광직사를 받을 때

㉱ 급격히 용기 밸브를 열었을 때

해설 산소용기, 기구류 등 산소 취급장소나 기기에 기름, 그리스 등의 유지류를 사용해서는 안 된다(발화원인).

11. 산소 분압이 높아짐에 따라 물질의 연소성은 증대하는데 연소속도와 발화온도는 어떻게 되는가?

㉮ 증가되고 저하된다.

㉯ 증가되고 상승된다.

㉰ 감소되고 저하된다.

㉱ 감소되고 상승된다.

해설 산소의 농도가 높아짐에 따라 발화온도, 점화에너지, 인화온도는 감소하고 다른 사항은 모두 증가한다.

12. 산소제조장치의 건조제로 사용되는 것이 아닌 것은?

㉮ Al_2O_3 ㉯ NaOH

㉰ 사염화탄소 ㉱ SiO_2

해설 건조제로는 가성소다, 실리카겔, 알루미나, 소바비드 등이 있다.

13. 다음 설비 중 산소가스와 관련이 있는 것은?

㉮ 고온고압에서 사용하는 강관 내면이 동라이닝되어 있다.

㉯ 압축기에 달린 압력계에 금유라고 기입되어 있다.

㉰ 제품탱크의 압력계의 부르돈관은 강제였다.

㉱ 관련이 있는 것은 없다.

해설 ㉮항 : CO, ㉯항 : O_2, ㉰항 : C_2H_2, NH_3

14. 다음 가스장치의 사용재료로서 구리 및 구리합금을 사용하면 위험이 발생하지 않는 것은?

㉮ 산소 ㉯ 황화수소

㉰ 암모니아 ㉱ 아세틸렌

해설 ① 황화수소 : 습기를 함유한 공기 중에서는 금, 백금 이외의 모든 금속과 작용하여 황화합물을 만든다.
② 암모니아 : 금속이온[구리(Cu), 아연(Zn), 은(Ag), 코발트(Co)]과 반응하여 착이온을 만든다.
③ 아세틸렌 : 동(Cu), 은(Ag), 수은(Hg) 등의 금속과 접촉 반응하여 폭발성의 아세틸라이드를 만들기 때문에 동 함유량이 62% 미만인 것을 사용하여야 한다.

15. 질소가스 용도가 아닌 것은?

㉮ 고온용 냉동기의 냉매

㉯ 가스설비의 기밀시험용

㉰ 금속의 산화방지용

㉱ 암모니아 석회질소의 비료원료

[해설] 질소가스의 용도
① 식품의 급속 냉각용(저온용 냉동기의 냉매)
② 기밀시험용가스(치환용가스)
③ 암모니아, 석회질소, 비료의 원료

16. 극저온용 냉동기의 급속동결냉매로 사용되는 것은?

㉮ 프레온

㉯ 암모니아

㉰ 질소

㉱ 탄산가스

[해설] 질소는 인체에 해를 끼치지 않고 비점이 낮기 때문에 식품 급속동결용 냉매로 사용된다.

17. 질소의 설질 중 틀린 것은?

㉮ 임계압력 33.5atm, 임계온도 −147℃, 비등점 195.8℃

㉯ 독성은 없지만 질식의 위험이 있는 불활성 가스이다.

㉰ 상온에서 대단히 안정된 기체로 각 설비의 치환용 가스로 사용된다.

㉱ 고온 고압에서 수소와 작용하여 암모니아를 생성한다.

[해설] 질소가스는 상온에서 대단히 안정된 불연성 가스이다.

18. 다음 중 0족(불활성 가스) 원소 중 공기 중에 가장 많이 포함된 것은 어느 것인가?

㉮ He

㉯ Ar

㉰ Xe

㉱ Rn

[해설] 희가스의 공기 중 조성(체적%)
• 아르곤(Ar) : 0.93%
• 네온(Ne) : 0.008%
• 헬륨(He) : 0.0005%
• 라돈(Rn) : 0%
• 크립톤(Kr) : 0.00011%
• 크세논(Xe) : 9×10^{-5}%

19. 전구에 넣어서 산화방지와 증발을 막는 불활성 기체는?

㉮ Ar

㉯ Ne

㉰ He

㉱ Kr

[해설] 희가스의 용도
① 네온사인용 : Ne
② 전구봉입용 또는 형광등의 방전관용 : Ar
③ 캐리어가스 : Ar, He

20. 다음 비활성 기체를 방전관에 넣어 방전시키면 특유한 색상을 타나낸다. 적색을 나타내는 것의 가스 명칭은?

㉮ Ar

㉯ Ne

㉰ He

㉱ Kr

[해설] • 헬륨(He) : 황백색
• 네온(Ne) : 주황색
• 아르곤(Ar) : 적색
• 크립톤(Kr) : 녹자색
• 크세논(Xe) : 청자색
• 라돈(Rn) : 청록색

21. 다음 설명 중 아르곤(Ar)에 대하여 옳은 것은?

㉮ Ar은 공기 중에 0.9%(용량) 포함되어 있다.

㉯ Ar은 N_2보다 화학적으로 안정되지 못하다.

㉰ Ar의 끓는점은 산소와 질소의 끓는점에 비교하여 매우 낮다.

㉱ Ar은 천연가스에서 공업적으로 제조된다.

[해설] Ar은 불활성 기체로서 대단히 안정하며, 비점은 −186℃로 액체공기의 액화분류에서 제조된다.

정답 15. ㉮ 16. ㉰ 17. ㉯ 18. ㉯ 19. ㉮ 20. ㉮ 21. ㉮

22. 보기의 성질을 만족하는 기체는 다음 중 어느 것인가?

> **보기**
> ① 독성이 매우 강한 기체이다.
> ② 연소시키면 잘 탄다.
> ③ 물에 매우 잘 녹는다.

㉮ HCl   ㉯ NH_3

㉰ CO   ㉱ C_2H_2

해설 NH_3(암모니아)
① 분자량 17g, 독성 25ppm, 가연성 15~28%
② 물 1ℓ에 NH_3를 800배 용해하므로 중화제로는 물을 사용한다.
③ 동, 은, 수은 등과 화합 시 착이온 생성으로 부식을 일으키므로 동 함류량 62% 미만이어야 한다.

23. 암모니아 합성공정에서 고압합성법에 해당하는 경우는?

㉮ 클로드법

㉯ 뉴파우더법

㉰ IG법

㉱ 켈로그법

해설 암모니아 합성공정의 분류 : 반응압력에 따른 분류 및 종류
① 고압 합성(600~1,000kgf/cm^2) : 클로드법, 카자레법
② 중압 합성(300kgf/cm^2 전 후) : 뉴파우더법, IG법, 케미크법, 뉴데법
③ 저압 합성(150kgf/cm^2 전 후) : 켈로그법, 구데법

24. 암모니아가스의 저장용 탱크로 적합한 재질은 다음 중 어느 것인가?

㉮ 동합금

㉯ 순수 구리

㉰ 알루미늄합금

㉱ 철합금

해설 상온이나 저온에서는 강재를 침식하지 않으나 고온고압이 되면 수소취성과 질화작용을 동시에 일으키기 때문에 18-8 스테인리스강을 사용한다.

25. 암모니아 합성법에서 질소(원자량 : 14) 168g과 수소(원자량 : 1) 30g을 반응시켰을 때 암모니아 몇 g을 얻을 수 있는가?

㉮ 153   ㉯ 170

㉰ 187   ㉱ 196

해설 $N_2+3H_2 \rightarrow 2NH_3$
$3\times2g : 2\times17g=30g : xg$
$x = \dfrac{2\times17\times30}{3\times2} = 170g$

26. 암모니아 제조법으로 맞는 것은?

㉮ 격막법   ㉯ 수은법

㉰ 석회질소법   ㉱ 액분리법

해설 암모니아 제법
① 하버보시법 $N_2+3H_2 \rightarrow 2NH_3$
② 석회질소법 $CaCN_2+3H_2O \rightarrow 2NH_3+CaCO_3$

27. 암모니아의 취급에 대한 설명으로 옳지 않은 것은?

㉮ 암모니아의 건조제로 진한 황산을 사용한다.

㉯ 진한 염산과 접촉시키면 흰 연기가 나므로 암모니아 누출을 검출할 수 있다.

㉰ 고온, 고압이 되면 질화작용과 수소취성을 동시에 일으킨다.

㉱ Cu 및 Al 합금과는 부식성을 가지므로 철합금의 장치를 사용한다.

해설 암모니아 건조제 : 생석회(CaO) 사용

28. 다음 염소에 대한 설명으로 옳지 않은 것은?

㉮ 염소 자체는 폭발성이나 인화성이 없다.

㉯ 조연성이 있어 다른 물질의 연소를 도와준다.

㉰ 부식성이 매우 강하다.

㉱ 상온에서 무색, 무취의 가스이다.

해설 상온에서 황록색의 심한 자극성이 있다.

---

22. ㉯   23. ㉮   24. ㉱   25. ㉯   26. ㉰   27. ㉮   28. ㉱   정답

29. 염소가스에 대한 보기의 설명은 모두 잘못되었다. 옳게 고쳐진 것은?

보기

① 건조제 : 진한 질산
② 압축기용 윤활유 : 진한 질산
③ 용기의 안전밸브 종류 : 스프링식
④ 용기의 도색 : 흰색

㉮ ① 진한 염산
㉯ ② 묽은 황산
㉰ ③ 가용전식
㉱ ④ 녹색

[해설] ① 건조제, 윤활유 : 농황산(진한 황산)
② 용기안전밸브 : 가용전식
③ 용기 도색 : 갈색

30. 염소가스 재해 설비에서 흡수탑의 흡수효율은?

㉮ 10% 이내 ㉯ 20~20%
㉰ 90% 이내 ㉱ 90% 이상

[해설] 염소가스 흡수탑의 흡수효율 : 90% 이상

31. 염소의 제법을 공업적인 방법으로 설명한 것이다. 틀린 것은?

㉮ 격막법에 의한 소금의 전기분해
㉯ 황산의 전해
㉰ 수은법에 의한 소금의 전기분해
㉱ 염산의 전해

[해설] ① 소금물 전기분해법(수은법, 격막법) :
$2NaCl + 2H_2O \rightarrow 2NaOH + H_2 + Cl_2$
② 염산의 전해 : $2HCl \rightarrow H_2 + Cl_2$

32. 염소의 성질과 고압장치에 대한 부식성에 관한 설명으로 틀린 것은?

㉮ 고온에서 염소가스는 철과 직접 심하게 작용한다.
㉯ 염소는 압축가스 상태일 때 건조한 경우에는 심한 부식성을 나타낸다.
㉰ 염소는 습기를 띠면 강재에 대하여 심한 부식성을 가지고 용기밸브 등이 침해 된다.
㉱ 염소는 물과 작용하여 염산을 발생시키기 때문에 장치 재료로는 내산도기, 유리, 염화비닐이 가장 우수하다.

[해설] 건조한 염소가스는 부식성이 없기 때문에 염소용기의 재질로 탄소강이 사용된다.

33. 염소의 강재에 대한 영향으로 옳지 않은 것은?

㉮ 습기나 물과 접촉하면 염산(HCl)을 생성하여 강재를 부식한다.
㉯ 용기나 저장탱크의 재료에는 탄소강을 사용할 수 없다.
㉰ 염화비닐, 유리, 내산도기 등은 염산에 견디기 좋은 재료이다.
㉱ 밸브의 재질은 황동을 사용한다.

[해설] 습기나 물을 함유하지 않은 건조한 염소 가스는 금속에 대한 부식성이 없다. 그러므로 용기나 저장탱크의 재료는 탄소강을 사용한다.

34. 염소가스의 누출을 감지하는 데 필요한 것은?

㉮ 암모니아수 ㉯ 양잿물
㉰ 식염수 ㉱ 비눗물

[해설] 염소와 암모니아가 접촉하면 염화암모늄의 백색 연기가 발생한다. $8NH_3 + 3Cl_2 \rightarrow 6NH_4Cl + N_2$

정답 29. ㉰ 30. ㉱ 31. ㉯ 32. ㉯ 33. ㉯ 34. ㉮

35. 염소저장실에는 염소가스 누설시 제독제로서 적당하지 않은 것은?

㉮ 가성소다   ㉯ 소석회

㉰ 탄산소다 수용액   ㉱ 물

해설 ① 독성가스 : 1ppm
② 제독제 : 가성소다수용액, 탄산소다 수용액, 소석회

36. 아세틸렌에 대한 설명에서 잘못 설명된 것은?

㉮ 폭발범위가 2.5~81%로 비교적 넓으나 아세틸렌이 100%에서는 폭발이 일어나지 않는다.

㉯ 탄산칼슘(CaC_2)에 물을 가하면 아세틸렌가스가 발생한다.

㉰ 15℃에서 아세톤[$(CH_3)_2CO$]에 25배 녹는다.

㉱ 무색, 무취의 기체로 불순물이 있을 경우 악취가 난다.

해설 아세틸렌은 폭발범위를 벗어나 100%인 상태에서도 폭발을 일으킨다.(분해폭발)

37. 1kg의 카바이드(CaC_2)로 얻을 수 있는 아세틸렌의 체적은 표준상태에서 약 몇 ℓ가 되겠는가? (단, 카바이드의 순도는 85%이고, CaC_2의 분자량은 64이다.)

㉮ 180 ℓ ㉯ 300 ℓ

㉰ 380 ℓ ㉱ 440 ℓ

해설 64g : 22.4 ℓ = 1 × 0.85kg : x m^3

$x = \dfrac{1 \times 0.85 \times 22.4}{64} = 0.2975 m^3 = 297.5\ell \fallingdotseq 300\ell$

38. 다음 반응식 중 아세틸렌의 산화폭발에 해당하는 반응식은?

㉮ $C_2H_2 \rightarrow 2C + H_2$

㉯ $C_2H_2 + 2.5O_2 \rightarrow 2CO_2 + H_2O$

㉰ $C_2H_2 + 2Cu \rightarrow Cu_2C_2 + H_2$

㉱ $C_2H_2 + 2Ag \rightarrow Ag_2C_2 + H_2$

해설 아세틸렌의 폭발
① 산화폭발 : $C_2H_2 + 2.5O_2 \rightarrow 2CO_2 + H_2O$
② 분해폭발 : $C_2H_2 \rightarrow 2C + H_2 + 54.2kcal$
③ 화합폭발
  ㉮ $C_2H_2 + 2Cu \rightarrow Cu_2C_2 + H_2$
  ㉯ $C_2H_2 + 2Ag \rightarrow Ag_2C_2 + H_2$
  ㉰ $C_2H_2 + 2Hg \rightarrow Hg_2C_2 + H_2$

39. 아세틸렌 가스를 취급하는 계통에 몇 % 이하의 동합금은 사용할 수 없는가?

㉮ 26%   ㉯ 62%

㉰ 75%   ㉱ 92%

해설 동(Cu), 은(Ag), 수은(Hg) 등의 금속과 화합시 폭발성의 아세틸라이드를 생성하므로 동함류량 62% 미만의 금속을 사용하여야 한다.

40. 아세틸렌 압축시 분해폭발의 위험을 최소한 줄이기 위하여 고안된 반응장치는?

㉮ 접촉 반응장치

㉯ IG 반응장치

㉰ 켈로그 반응장치

㉱ 레페 반응장치

41. 아세틸렌가스가 공기 중에서 완전 연소하기 위해서는 약 몇 배의 공기가 필요한가? (단, 공기는 질소가 80%, 산소가 20%이다)

㉮ 2.5배   ㉯ 5.5배

㉰ 10.5배   ㉱ 12.5배

해설 $C_2H_2 + 2.5O_2 \rightarrow 2CO_2 + H_2O$

공기량 = 산소량 × $\dfrac{100}{20}$ = 2.5 × $\dfrac{100}{20}$ = 12.5배

35. ㉱　36. ㉮　37. ㉯　38. ㉯　39. ㉯　40. ㉱　41. ㉱　정답

42. 아세틸렌 제조 공정도에서 순서가 바르게 나열된 것은?

㉮ 가스청정기 → 가스발생로 → 저압건조기 → 압축기 → 유분리기 → 쿨러 → 고압건조기 → 충전장치

㉯ 압축기 → 건조기 → 가스발생로 → 유분리기 → 쿨러 → 가스청정기 → 충전장치

㉰ 가스발생로 → 쿨러 → 가스청정기 → 저압건조기 → 압축기 → 유분리기 → 고압건조기 → 충전장치

㉱ 쿨러 → 가스발생로 → 가스청정기 → 유분리기 → 저압건조기 → 압축기 → 고압건조기 → 충전장치

43. 카바이드에 물을 작용하거나 메탄 나프타를 열분해함으로써 얻어지는 가스는?

㉮ 산화에틸렌
㉯ 시안화수소
㉰ 아세틸렌
㉱ 포스겐

해설 $CaC_2 + 2H_2O \rightarrow C_2H_2 + Ca(OH)_2$

44. 아세틸렌은 충전 중의 압력은 온도여하에 불구하고 $25kgf/cm^3$ 이상의 압력으로 압축하지 않아야 하나 희석제를 첨가할 때는 가능하다. 이때 첨가하는 희석제가 아닌 것은?

㉮ 질소, 메탄
㉯ 일산화탄소, 메탄
㉰ 이산화질소, 이산화탄소
㉱ 질소, 에틸렌

해설 희석제의 종류
질소(N_2), 메탄(CH_4), 일산화탄소(CO), 에틸렌(C_2H_4)

45. 다음 중 다공질물이 아닌 것은?

㉮ 규조토   ㉯ 석면
㉰ 석회석   ㉱ 마그네슘

해설 다공질물의 종류
목탄, 석면, 규조토, 석회석, 산화철, 탄산마그네슘, 다공성플라스틱

46. 아세틸렌 용기에 다공질물을 충전할 때 다공도의 기준은?

㉮ 75~92%   ㉯ 65~75%
㉰ 75~98%   ㉱ 62% 미만

해설 ① 다공도 $= \dfrac{V-E}{V} \times 100(\%)$

여기서, V : 다공질물의 용적
E : 아세톤의 침윤 잔용적

② 다공도 : 75% 이상 92% 미만

47. 아세틸렌에 관한 다음 설명 중 틀린 것은?

㉮ 염화 제1동과 염화암모늄의 산성용액 중에 65~80℃로 급속히 통하게 되면 아세틸렌의 2분자 중합반응이 일어나 비닐아세틸렌을 얻을 수 있다.

㉯ 흡열 혼합물이므로 압축하면 분해폭발을 일으킬 염려가 있다.

㉰ 메탄 또는 나프타를 고온으로 열분해 함으로서 얻을 수 있다.

㉱ 산소와 혼합 연소시키면 1,500℃의 불꽃을 얻을 수 있어 용접에 이용되며 임계온도는 26℃ 정도이다.

해설 ① 염화구리(Cu_2Cl_2)를 촉매제로 하여 2분자를 중합시키면 합성고무의 원료인 비닐아세틸렌을 얻는다.
② 산화폭발 : 산소와 연소시키면 3,000℃의 고온을 얻을 수 있다. 임계온도는 36℃이다.
$2C_2H_2 + 5O_2 \rightarrow 4CO_2 + 2H_2O + 2 \times 312.4kcal$
③ 분해폭발 : 가압에 의해 분해폭발을 일으킨다.
$C_2H_2 \rightarrow 2C + H_2$
④ 메탄 또는 나프타를 고온으로 열분해
$C_3H_8 \rightarrow C_2H_2 + CH_4 + H_2$

정답 42. ㉰   43. ㉰   44. ㉰   45. ㉱   46. ㉮   47. ㉱

48. 발생된 아세틸렌가스 중에 함유된 불순물이 아닌 것은?

㉮ PH_3 ㉯ H_2S
㉰ NH_3 ㉱ CO_2

해설 아세틸렌 중의 불순물
인화수소(PH_3), 황화수소(H_2S), 질소(N_2), 산소(O_2), 암모니아(NH_3) 수소(H_2), 일산화탄소(CO), 메탄(CH_4)

49. 아세틸렌 압축기에 대한 설명으로 잘못된 것은?

㉮ 100rpm 전후의 저속 압축기를 사용한다.
㉯ 압축기는 대기 중에서 작동시킨다.
㉰ 충전 시 온도 여하에 불구하고 2.5MPa의 압력을 가하지 않는다.
㉱ 압축기 내부윤활유는 양질의 광유를 사용한다.

해설 아세틸렌 압축기
① 2~3단의 왕복동 압축기
② 100rpm 전후의 저속 압축기
③ 수중에서 작동(수온 20℃ 이하)
④ 내부윤활제 : 양질의 광유

50. 습식 아세틸렌가스 발생기의 표면유지 온도는?

㉮ 110℃ 이하 ㉯ 100℃ 이하
㉰ 90℃ 이하 ㉱ 70℃ 이하

해설 습식 C_2H_2 발생기의 표면온도는 70℃ 이하이며, 최적온도는 50~60℃

51. 아세틸렌 제조 공정 중 압축기 1차 측과 2차 측에 설치하여 발생 가스 중 수분을 제거하는 기기 명칭은?

㉮ 역화 방지기 ㉯ 쿨러
㉰ 건조기 ㉱ 유수 분리기

해설 ① 1차측 : 저압건조기
② 2차측 : 고압건조기
③ 건조제 : 염화칼슘

52. 아세틸렌 제조설비에 관한 사항 중 틀린 것은?

㉮ 아세틸렌 충전용 지관에는 탄소 함유량 0.1% 이하의 강을 사용한다.
㉯ 아세틸렌에 접촉하는 부분에는 동 함유량이 60% 이상, 70% 이하의 것이 허용된다.
㉰ 아세틸렌 충전용 교체밸브는 충전장소와 격리하여 설치한다.
㉱ 압축기와 충전장소 사이에는 보안벽을 설치한다.

해설 ① C_2H_2 충전용 지관은 탄소 함유량 0.1% 이하의 강을 사용한다.
② 동 함유량은 62% 미만 허용

53. 아세틸렌 충전작업시 사용하는 용제의 종류 중 옳은 것은?

㉮ $(CH_3)_2CO$ ㉯ $CaCl_2$
㉰ Catalysol ㉱ Rigasol

해설 아세톤[$(CH_3)_2CO$] 외에 DMF(디메틸포름아미드)가 있다.

54. 아세틸렌(C_2H_2)가스의 주원료는?

㉮ C ㉯ CO_2
㉰ CaC_2 ㉱ H_2

해설 $CaC_2 + 2H_2O \rightarrow Ca(OH)_2 + C_2H_2$

55. 아세틸렌(C_2H_2)의 용도를 설명한 것 중에서 틀린 것은?

㉮ 아세톤의 제조
㉯ 초산비닐의 제조
㉰ 폴리비닐에테르의 제조
㉱ 폴리부타디엔고무 제조

48. ㉱ 49. ㉯ 50. ㉱ 51. ㉰ 52. ㉯ 53. ㉮ 54. ㉰ 55. ㉱ 정답

56. 습식 아세틸렌 발생기 중 발생압력에 따라 분류할 때 잘못된 것은?

㉮ 저압식 : 0.007MPa 미만
㉯ 중압식 : 0.007~0.13MPa
㉰ 중압식 : 0.007~0.1MPa
㉱ 고압식 : 0.13MPa 이상

해설 발생 압력에 의한 가스 발생기 분류
① 저압식 : 0.007MPa 미만
② 중압식 : 0.007~0.13MPa 미만
③ 고압식 : 0.13MPa 이상

57. 카바이드를 이용하여 제조하는 아세틸렌의 제조법에서 습식 발생기의 종류가 아닌 것은?

㉮ 주수식   ㉯ 침지식
㉰ 주입식   ㉱ 투입식

해설 아세틸렌가스 발생기의 종류 : 발생 방법
① 주수식 : 카바이드(CaC_2)에 물을 주입하는 방법으로 불순가스 발생량이 많다.
② 침지식 : 물과 카바이드(CaC_2)를 소량씩 접촉시키는 방법으로 위험성이 크다.
③ 투입식 : 물에 카바이드(CaC_2)를 넣는 방법으로 공업적 대량 생산에 적합하다.

58. 아세틸렌을 용기에 압축하지 못하고 용해하여 사용하는 이유는?

㉮ 연소범위가 넓기 때문이다.
㉯ 공기와 중합하기 때문이다.
㉰ 기화하기 쉬워 아세톤에 용해하여 사용할 필요가 있어서이다.
㉱ 2기압 이상의 압력에 의해 탄소와 수소로 분해되며 이때 생긴 열로 인해 폭발을 일으키기 때문이다.

해설 아세틸렌은 흡열 화합물이므로 압축하면 분해폭발을 일으킨다.
$C_2H_2 \rightarrow 2C+H_2+54.2kcal$
이 때문에 아세틸렌은 압축하여 용기에 충전할 수 없기 때문에 고압용기에 다공물질을 채우고 이것에 아세톤, DMF 등을 넣고 아세틸렌을 용해 충전한다.

59. 일산화탄소(CO)의 설질을 설명한 것 중 틀린 것은?

㉮ 무색, 무취의 기체로 독성이 강하다.
㉯ 물에 잘 녹으며 물에 녹아 산성을 나타낸다.
㉰ 환원성이 강해 금속산화물을 환원시킨다.
㉱ 불완전 연소에 의한 중독사고의 우려가 있다.

해설 일산화탄소는 물에 잘 녹지 않으며 중성이다.

60. 다음은 CO 가스의 부식성에 대한 내용이다. 틀린 것은?

㉮ 고온에서 강재를 침탄 시킨다.
㉯ 부식을 일으키는 금속은 Fe, Ni 등이다.
㉰ 고온, 고압에서 탄소강 사용이 가능하다.
㉱ Cr은 부식을 방지하는 금속이다.

해설 CO 부식명 : 카르보닐(침탄)이며
$Fe+5CO \rightarrow Fe(CO)_5$ 철카르보닐
$Ni+4CO \rightarrow Ni(CO)_4$ 니켈카르보닐
카르보닐(침탄)은 고온고압에서 현저하며 고온고압에서 CO를 사용시 탄소강의 사용은 불가능하며 Ni-Cr계 STS를 사용하거나 장치 내면을 Cu, Al 등으로 라이닝 한다.

61. 일산화탄소는 상온에서 염소와 반응하여 무엇을 생성하는가?

㉮ 포스겐   ㉯ 카르보닐
㉰ 카복실산   ㉱ 사염화탄소

해설 $CO+Cl_2 \rightarrow COCl_2$

62. 수성가스란 주로 어떤 것이 혼합되어 있는가?

㉮ CO와 H_2 ㉯ CO와 O_2
㉰ CO_2와 H_2 ㉱ CO_2와 H_2O

해설 ① 수성가스 : 고온으로 가열된 고체연료(코크스)에 수증기를 작용시켜 얻은 가스이다.
② 반응식 : $C+H_2O \rightarrow CO+H_2-31.4kcal$

정답 56. ㉰   57. ㉰   58. ㉱   59. ㉯   60. ㉰   61. ㉮   62. ㉮

63. 가정용 가스보일러에서 발생하는 중독사고의 원인으로 배기가스의 어떤 성분에 의하여 발생되는 것인가?

㉮ CH_4
㉯ CO_2
㉰ CO
㉱ C_3H_8

64. CO_2의 용도에 대한 설명으로 잘못 된 것은?

㉮ 청량음료 제조에 사용된다.
㉯ 드라이아이스제조에 사용된다.
㉰ 이산화탄소 소화설비에 사용한다.
㉱ 포스겐($COCl_2$) 제조원료에 사용된다.

[해설] 포스겐($COCl_2$)의 제조 원료는 CO와 Cl_2이다.
$CO + Cl_2 \rightarrow COCl_2$

65. 가스 분석시 이산화탄소 흡수제로 가장 많이 사용되는 것은?

㉮ KCl
㉯ $Ca(OH)_2$
㉰ KOH
㉱ NaCl

[해설] ① 가스분석시 CO_2 흡수제 : KOH
② 공기 중 CO_2 흡수제 : NaOH

66. CO_2의 성질에 대한 설명 중 맞지 않는 것은?

㉮ 무색 무취의 기체로 공기보다 무겁고 불연성이다.
㉯ 독성 가스로 허용농도는 5,000ppm이다.
㉰ 탄소의 연소 유기물의 부패발효에 의해 생성된다.
㉱ 드라이아이스 제조에 쓰인다.

[해설] 탄산가스(CO_2)
허용농도 5,000ppm은 맞으나 독성가스(200ppm 이하)는 아니다.

67. 고형 탄산에 대한 설명 중 틀린 것은?

㉮ 드라이아이스라 한다.
㉯ 대기 중에서 승화한다.
㉰ 승화온도는 −78.5℃이다.
㉱ 냉동기 냉매로 사용된다.

[해설] 물품 냉각에 사용된다.

68. HCN의 순도가 98%이고 착색이 되어 있지 않을 때는 며칠 이상 용기에 충전할 수 있는가?

㉮ 7일
㉯ 30일
㉰ 50일
㉱ 60일

[해설] 충전한 후 60일이 경과되기 전에 다른 용기에 옮겨 충전할 것. 단, 순도가 98% 이상으로 착색이 되지 아니한 것은 그러하지 아니하다.

69. 시안화수소를 용기에 충전하고 정치할 때 정치시간은 얼마로 하여야 하는가?

㉮ 5시간
㉯ 20시간
㉰ 14시간
㉱ 24시간

70. 시안화수소(HCN) 제법 중 앤드류소오(Andrussow)법에서 사용되는 주원료는?

㉮ 일산화탄소와 암모니아
㉯ 포름아미드와 물
㉰ 에틸렌과 암모니아
㉱ 암모니아와 메탄

[해설] 앤드류소오법
암모니아, 메탄에 공기를 가하고 10%의 로듐을 함유한 백금 촉매상을 1,000~1,100℃로 통하면 시안화수소를 함유한 가스를 얻어 이것을 분리정제한다.

63. ㉰	64. ㉱	65. ㉰	66. ㉯	67. ㉱	68. ㉱	69. ㉱	70. ㉱

정답

71. 시안화수소(HCN) 가스의 취급시 주의사항으로 가장 관계가 없는 것은?

㉮ 누설주의 ㉯ 금속부식주의
㉰ 중독주의 ㉱ 중합폭발주의

해설 HCN은 금속에 대한 부식성이 거의 없다.

72. 시안화수소를 저장할 때는 1일 1회 이상 충전용기의 가스누설검사를 해야 하는데 이 때 쓰이는 시험지명은?

㉮ 질산구리벤젠 ㉯ 발연황산
㉰ 질산은 ㉱ 브롬

해설 HCN-질산구리벤젠지-청색

73. 다음 중 산화에틸렌에 관한 설명으로 옳지 않은 것은?

㉮ 무색의 가연성 가스이다.
㉯ 허용농도가 50ppm으로 독성가스이며 자극성의 냄새가 있다.
㉰ 산, 알칼리, 산화철, 산화알루미늄 등에 의해 중합하여 발열한다.
㉱ 가장 간단한 올레핀계 탄화수소 가스이다.

해설 ㉱ 에틸렌(C_2H_4)에 대한 설명이다.

74. 다음은 포스겐의 성질을 설명한 것이다. 잘못 설명된 것은?

㉮ 일명 염화카르보닐이라 한다.
㉯ 허용농도 1ppm으로 맹독성 가스이다.
㉰ 무색의 액체이나, 시판중인 제품은 담황록색이다.
㉱ 사염화탄소에 잘 녹는다.

해설 포스겐($COCl_2$)의 허용농도 : 0.1ppm

75. 다음 중 황화수소의 부식을 방지하는 금속이 아닌 것은?

㉮ Cr ㉯ Fe
㉰ Al ㉱ Si

해설 H_2S의 부식명은 황화이며 이것을 방지하는 금속은 Cr, Al, Si이나 Cr은 40% 이상이면 오히려 부식을 촉진시킨다.

76. 포스겐의 제해재로 올바른 것은?

㉮ 암모니아 ㉯ 염화칼슘
㉰ 소석회 ㉱ 진한 황산

해설 소석회[$Ca(OH)_2$], 가성소다($NaOH$) 등이 사용된다.

77. 다음 중 산화에틸렌(C_2H_4O) 중화제로 쓰이는 것은?

㉮ 물 ㉯ 가성소다
㉰ 알칼리수용액 ㉱ 암모니아수

해설 C_2H_4O 중화제 : CO_2, N_2, H_2O

78. 산화에틸렌을 금속염화물과 반응시 예견되는 위험은?

㉮ 분해폭발 ㉯ 중합폭발
㉰ 축합폭발 ㉱ 산화폭발

해설 분해폭발 및 중합폭발을 동시에 가지고 있으며 산화에틸렌이 금속염화물과 반응시 일어나는 폭발은 중합폭발이다.

CHAPTER 2

LP가스 설비

학습방향 액화석유가스의 성질 및 특성을 배우며 LPG의 기화설비의 종류와 각 연소조건에 따른 조정기를 배운다.

---

01 LP가스의 성질

(1) LP가스의 성질

① 공기보다 무겁다.

예 가스비중(0℃, 1기압)=프로판 : 1.52, 부탄 : 2

기체상태의 LP가스의 비중은 공기비중 1보다 크므로 누설시 낮은 곳에 체류하기 쉽다.

② 액체상태의 가스는 물보다(액비중=C_3H_8 : 0.51, C_4H_{10} : 0.58) 가볍다.

③ 액화나 기화가 쉽다(비점=프로판 : −42.1℃, 부탄 : −0.5℃).

④ 발열량이 크다.

프로판 : 12,000kcal/kg, 부탄 : 12,000kcal/kg

⑤ 연소시 다량의 공기가 필요하다.

$C_3H_8 + 5O_2 \rightarrow 3CO_2 + 4H_2O + 530kcal/mol$

$C_4H_{10} + 6.5O_2 \rightarrow 4CO_2 + 5H_2O + 700kcal/mol$

연소시 공기량은 프로판일 경우 $24m^3$, 부탄인 경우 $31m^3$가 필요하다.

⑥ 폭발한계가 좁다.

C_3H_8 : 2.1~9.5%, C_4H_{10} : 1.8~8.4%

⑦ 연소속도가 늦다.

C_3H_8 : 4.45m/sec, CH_4 : 6.65m/sec

⑧ 착화온도가 높다. : 가열시 점화원이 없어도 스스로 연소하는 최저 온도

C_3H_8 : 460~520℃, C_4H_{10} : 430~510℃, CH_4 : 615~682℃

POINT

• 가스비중

$= \dfrac{\text{가스분자량}}{\text{공기평균분자량}} = \dfrac{M}{29}$

• 탄화수소의 완전연소식

$C_mH_n + \left(\dfrac{n}{4} + m\right) O_2$

$\rightarrow mCO_2 + \dfrac{n}{2} H_2O$

• 분자구조가 복잡할수록 착화온도가 낮아진다.

⑨ 무색, 무취, 무독하며 융해성이 있다(패킹제는 페로실리콘을 사용).

⑩ 기화하면 체적이 커진다.

액체상태의 LP가스가 기화하면 프로판은 250배, 부탄은 230배로 각각 체적이 늘어난다. 따라서 액체 누설시 위험성이 크다.

(2) 도시가스와 비교시 장단점

① 장 점

㉮ 발열량이 크다.

㉯ 열용량이 커서 동일용량에 대해 관지름이 작다.

㉰ 공급가스압력을 자유로이 설정이 가능하다.

㉱ 입지적 제한이 없다.

② 단 점

㉮ 연소시 다량의 공기가 필요하다.

㉯ 부탄의 경우 재액화 방지를 고려해야 한다.

㉰ 저장탱크 또는 용기의 집합장치가 필요하다.

㉱ 예비용기 확보가 필요하다.

POINT

• 가스공급방법
① LPG : 배관 및 용기
② 도시가스 : 배관

02 LP가스의 제법

(1) 천연가스로부터 LPG를 회수하는 방법

① 냉각수 회수법 ② 흡착법

③ 냉동법 ④ 유회수법

(2) 천연가스로부터 LNG를 얻는 방법

① 냉동액화법 ② 압축냉각법

(3) 습성천연가스 및 원유에서 액화가스를 회수하는 방법

① 액화냉각법

② 흡수유(경유)에 의한 흡수법

③ 활성탄에 의한 흡착법

(4) 나프타 분해 생성물에서 얻는 방법

① 저온분류법

② 흡수법

③ 흡착법

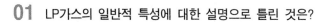

핵 심 문 제

01 LP가스의 일반적 특성에 대한 설명으로 틀린 것은?

㉮ 증발잠열의 크다

㉯ 물에 대한 용해성이 크다.

㉰ LP 가스는 공기보다 무겁다.

㉱ 액상의 LP 가스는 물보다 가볍다.

02 겨울철 LPG 용기에 서릿발이 생겨 가스가 잘 나오지 않을 때 가스를 사용하기 위한 조치로 옳은 것은?

㉮ 용기를 힘차게 흔든다.

㉯ 연탄불로 쪼인다.

㉰ 40℃ 이하의 열습포로 녹인다.

㉱ 90℃ 정도의 물을 용기에 붓는다.

03 LP가스 사용시의 특징에 대한 설명으로 틀린 것은?

㉮ 연소기는 LP가스에 맞는 구조이어야 한다.

㉯ 발열량이 커서 단시간에 온도 상승이 가능하다.

㉰ 배관이 거의 필요 없어 입지적 제약을 받지 않는다.

㉱ 예비용기는 필요 없지만 특별한 가압장치가 필요하다.

04 LPG(액체) 1kg이 기화했을 때 표준상태에서의 체적은 약 몇 ℓ 인가? (단, LPG 의 조성을 프로판 80wt%, 부탄 20wt%이다.)

㉮ 387

㉯ 485

㉰ 584

㉱ 783

05 천연가스로부터 LP 가스를 회수하는 방법으로 옳지 않은 것은?

㉮ 냉각수 회수법

㉯ 냉동법

㉰ 흡착법

㉱ 흡수법

해 설

해설 01

LPG 가스는 물에는 잘 녹지 않으나 알코올, 에테르, 석유류에 잘 용해한다.

해설 02

LPG 용기가 얼어 가스가 잘 나오지 않으면 40℃ 이하의 열습포로 녹이는 것이 가장 안전하다.

해설 03

LP 가스는 증기압이 있으므로 특별한 가압장치가 필요 없다.

해설 04

LPG 1kg 중에 C_3H_8 0.8kg, C_4H_{10}은 0.2kg이다.

$$\therefore \frac{800 \times 22.4}{44} + \frac{200 \times 22.4}{58}$$

$$= 484.51\ell$$

해설 05

천연가스로부터 LPG 회수법
① 압축냉각법 : 농후한 가스에 응용된다.
② 유회수법 : 경유 사용
③ 흡착법 : 활성탄 사용(희박한 가스에 응용)

01. ㉯ 02. ㉰ 03. ㉱
04. ㉯ 05. ㉱

정답

03 LP가스 이충전 방법

(1) 두 탱크의 압력차에 의한 방법

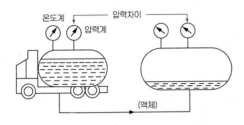

압력차를 이용한 액이송설비

(2) 액펌프에 의한 방법

LP가스 이충전시 펌프를 이용했을 때의 장·단점

① 장 점
 ㉮ 재액화가 되지 않는다.
 ㉯ 드레인 현상이 없다.

② 단 점
 ㉮ 충전시간이 많이 소요된다.
 ㉯ 잔류가스 회수가 어렵다.
 ㉰ 베이퍼록 현상 우려가 있다.

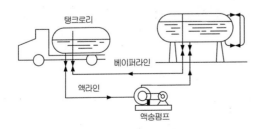

액송펌프를 사용하는 수입방법

POINT

- LP가스 이충전 방법
 ① 두 탱크의 압력차에 의한 방법
 ② 펌프에 의한 방법
 ③ 압축기에 의한 방법

- 액펌프에 의한 방법의 장·단점은 압축기에 의한 방법의 장·단점과 반대이다.

(3) 압축기를 이용하는 방법

압축기를 이용했을 때의 장점과 단점

① 장 점

　㉮ 펌프를 이용했을 때에 비해 충전시간이 짧다.

　㉯ 잔류가스회수가 가능하다.

　㉰ 베이퍼록 현상 우려가 없다.

② 단 점

　㉮ C_4H_{10}의 경우 낮은 온도에서 재액화 현상이 일어난다.

　㉯ 압축기 오일로 인한 드레인 현상 우려가 있다.

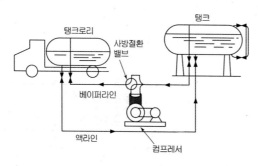

압축기를 사용하는 수입방법

※ LP가스 탱크로리에 가스 이충전할 때 작업을 중단해야 되는 경우
- 과충전된 경우(저장탱크 용량의 90%를 넘지 않아야 한다.)
- 탱크로리와 저장탱크에 연결된 호스 또는 커플링 등의 접속부가 이완되었거나 누설우려가 있는 경우
- 압축기를 이용하여 액이송시 액해머 현상이 발생될 때
- 펌프를 이용하여 액이송시 베이퍼록 현상이 발생될 때

(4) 수입기지

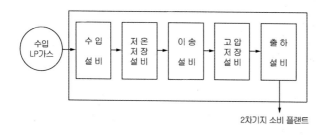

• 이충전 작업 중단 경우
① 과충전
② 접속부에서 누설
③ 액해머 발생(압축기)
④ 베이퍼록발생(펌프)

• 수입 LP가스에서 2차기지까지 순서대로 암기할 것

POINT

04 LP가스의 공급방식

(1) 자연 기화공급방식

용기내 LP가스가 대기 중의 열을 흡수하여 기화된 후 공급되는 방식, 비교적 소량소비에 적당하다. 가스 조성 및 발열량의 변화가 크다.

① 용기 설치장소를 용이하게 확보할 수 있을 경우

② 비교적 부하변동이 적을 경우

③ 연간 기온에 큰 차이가 없을 경우

(2) 강제 기화공급방식

부탄가스를 대량 소비하는 곳에서 용기 또는 탱크내의 액체 LP가스를 기화장치를 통하여 기화하여 공급하는 방식이다.

① 특 징

㉮ 용기 설치장소를 확보하지 못할 경우

㉯ 부하변동이 심할 경우

㉰ 한랭지 등과 같이 자연기화가 어려운 경우

② 강제 기화공급방식의 종류

㉮ 생가스 공급방식 : 생가스는 기화기(베이퍼라이저 : vaporizer)에 의해서 기화된 그대로의 가스를 말한다. 부탄의 경우 온도가 0℃ 이하가 되면 재액화현상이 일어나기 때문에 항상 배관부분은 글라스울 등으로 보온해야 한다.

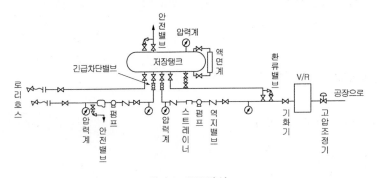

생가스 공급방식

• LP가스 공급방식
① C_3H_8 : 비점(-42.1℃)이 낮기 때문에 자연기화 방식 채택
② C_4H_{10} : 비점(-0.5℃)이 높기 때문에 강제기화방식 채택

• 생가스공급방식
C_4H_{10}의 경우 빙점 이하(0℃ 이하)에서 재액화 우려

ⓝ 공기혼합가스 공급방식(air dilute gas : 에어 딜류트 가스공급) : 공기혼합 목적은 재액화 방지나 발열량의 조정에 있으며 부탄의 경우 대량으로 소비하는 경우에 좋은 방법이다.

※ 공기 희석의 목적

- 재액화 방지
- 연소효율 증대
- 누설시 손실량 감소
- 발열량 조절

ⓓ 변성가스공급 : 부탄을 고온화에서 촉매로 분해하여 CH_4, H_2, CO 등의 경질가스로 변성하여 공급하는 방식으로서 재액화방지 및 특수한 용도로 사용하기 위하여 채택된다.

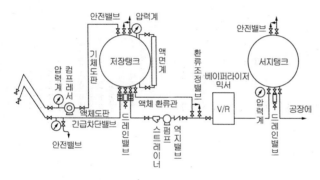

공기혼합가스 공급방식(부탄)

• 강제기화 공급방식의 종류
① 생가스 공급방식
② 공기 혼합가스 공급방식
③ 변성가스 공급방식

• 발열량 조절문제

🔲 발열량 $30000kcal/m^3$인 부탄가스를 공기로 희석하여 발열량이 $7500kcal/m^3$로 조절하려고 한다. 얼마의 공기로 희석해야 하는가?

▶ $\left(\dfrac{30000kcal}{1m^3+xm^3}\right) = 7500kcal/m^3$

$x = 3m^3$

05 LPG 기화장치(Vaporizer)

(1) 기화기 사용시 이점

① LP가스의 종류에 관계없이 한냉시에도 충분히 기화 시킬 수 있다.
② 공급가스의 조성이 일정하다.
③ 설치면적이 적어도 되고 기화량을 가감할 수 있다.
④ 설비비 및 인건비가 절감된다.

(2) 기화장치의 구조

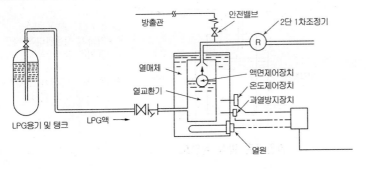

기화장치의 구조도

POINT

• 기화장치의 구조도의 명칭을 암기할 것

① **기화부(열교환기)** : 액체상태의 LP가스를 열교환기에 의해 가스화 시키는 부분

② **열매온도 제어장치** : 열매온도를 일정범위 내에 보존하기 위한 장치

③ **열매과열 방지장치** : 열매가 이상하게 과열되었을 경우 열매로의 입열을 정지시키는 장치

④ **액면 제어장치** : LP가스가 액체상태로 열교환기 밖으로 유출되는 것을 방지하는 장치

⑤ **압력조정기** : 기화부에서 나온 가스를 소비 목적에 따라 일정한 압력으로 조정하는 부분

⑥ **안전변** : 기화장치의 내압이 이상 상승했을 때 장치 내의 가스를 외부로 방출하는 장치

(3) 작동원리에 따른 분류

① **가온감압방식** : 열교환기에 액상의 LP가스를 흘려보내어 온도를 높이고 여기서 기화된 가스를 조정기에 의해서 감압시켜 공급하는 형식으로 일반적으로 많이 사용되고 있는 방식이다.

② **감압가온방식** : 액상의 LP가스를 조정기나 감압밸브를 통해 감압시키고 이것을 열 교환기에 흘려보내어 대기나 온수 등으로 가열하여 기화시키는 방식이다.

• 기화의 조건
고온, 저압

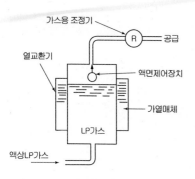

가온감압 방식설명도

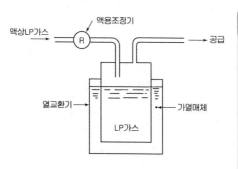

감압가온 방식 설명도

• 기화기 작동원리에 따른 분류
  ① 가온 감압방식 : 온수로 가열
     → 조정기로 감압
  ② 감압 가온방식 : 조정기로 감압
     → 온수로 가열

(4) 장치의 구성형식에 따른 분류

① 단관식   ② 다관식
③ 사관식   ④ 열판식

(5) 증발형식에 따른 분류

① 순간 증발식 : 미리 가열되어 있는 열교환기에 LP가스를 공급하여 순간적
   으로 기화시키는 방식으로 재액화방지, 드레인 배출이 용이하다.
② 유입 증발식 : 액상의 LP가스를 기화기에 넣고 가스를 소비함에 따라 내압
   이 저하되면 액면에서 LP가스가 기화되는 형식으로 다량의 가스를 기화시
   킬 수는 있으나 재액화의 우려가 있다.

(6) 가열 방식에 따른 분류

① 온수가스 가열식   ② 온수전기 가열식
③ 온수스팀 가열식   ④ 대기온 이용식

• 기화장치의 가열방식
  ① 온수가열 방식 : 80℃
  ② 증기가열 방식 : 120℃
  ③ 가연성가스용 기화장치 접지
     저항치 : 10Ω

(7) 액을 기화장치에 송입하는 방법

① 사이폰 용기를 사용하는 경우
② 액위차로 액을 송입하는 경우
③ 펌프를 사용하는 경우

01 LPG를 탱크로리에서 충전소 저장 탱크까지 이송하는 방법이 아닌 것은?

㉮ 펌프를 이용하는 방법

㉯ 압축기를 이용하는 방법

㉰ 차압을 이용하는 방법

㉱ 파이프 라인을 이용하는 방법

02 LP 가스 충전설비 중 압축기를 이용하는 방법의 특징이 아닌 것은?

㉮ 잔류가스 회수가 가능하다.

㉯ 베이퍼록 현상 우려가 있다.

㉰ 펌프에 비해 충전시간이 짧다.

㉱ 압축기 오일이 탱크에 들어가 드레인의 원인이 된다.

03 액화석유가스 이송 시 베이퍼 로크(vapor lock)현상을 방지하기 위한 방법으로 가장 적절한 것은?

㉮ 흡입 배관을 크게 한다.　　㉯ 토출 배관을 크게 한다.

㉰ 펌프의 회전수를 크게 한다.　㉱ 펌프의 설치 위치를 높인다.

04 대량의 LPG 공급을 위하여 강제 기화기를 사용할 경우의 특징에 대한 설명 중 옳지 않은 것은?

㉮ 한랭 시에도 충분히 기화된다.

㉯ 공급가스의 조성이 일정하다.

㉰ 기화량의 가감이 가능하다.

㉱ 가스의 발열량을 높일 수 있다.

05 기화기를 구성하는 주요 설비가 아닌 것은?

㉮ 열교환기　　　　　㉯ 액 유출 방지장치

㉰ 열매 이송장치　　　㉱ 열매온도 제어장치

해 설

해설 02

액송펌프를 이용하는 방법의 특징
① 드레인 현상이 없다.
② 베이퍼록 현상이 발생한다.
③ 충전시간이 길다.

해설 03

베이퍼 로크 현상 방지법
① 실린더 라이더의 외부를 냉각 시킨다.
② 흡입 배관을 크게 하고 단열 처리한다.
③ 펌프의 설치 위치를 낮춘다.
④ 흡입 관로를 청소한다.

해설 04

㉮, ㉯, ㉰ 외 다음의 특징이 있다.
① 설치면적이 작아진다.
② 설비비, 인건비가 절약된다.

해설 05

기화기의 구성장치
열교환기, 열매온도제어장치, 열매과열방지장치, 액유출방지장치, 압력조정기, 안전밸브

정답
01. ㉱　02. ㉯　03. ㉮
04. ㉱　05. ㉰

06 기화장치의 검사에 대한 설명 중 옳지 않은 것은?

㉮ 압력계의 최고 눈금은 상용압력의 1.5배 내지 2배 이하일 것

㉯ 안전장치는 내압시험 $\frac{8}{10}$ 이하의 압력에서 작동할 것

㉰ 기밀시험은 상용압력 이상의 압력으로 행하여 누출이 없을 것

㉱ 내압시험은 물을 사용하여 상용압력의 3배 이상으로 행할 것

07 LPG 공급 방식 중 공기 혼합 방식의 목적에 해당하지 않는 것은?

㉮ 발열량 조절
㉯ 누설 시의 손실 감소
㉰ 연소 효율의 증대
㉱ 재액화 현상 촉진

08 프로판 1m³에 공기 2m³을 희석하여 도시가스를 제조하는 경우 다음 중 옳은 것은? (단, 프로판가스의 열량은 24,000kcal/m³이다.)

㉮ 혼합가스의 열량은 8,000kcal/m³이며, 폭발 범위 밖으로 혼합이 가능하다.

㉯ 혼합가스의 열량은 12,000kcal/m³이며, 폭발 범위 밖으로 혼합이 가능하다.

㉰ 혼합가스의 열량은 8,000kcal/m³이며, 폭발 범위 내에 들어가므로 혼합이 불가능하다.

㉱ 혼합가스의 열량은 12,000kcal/m³이며, 폭발 범위 내에 들어가므로 혼합이불가능하다.

해설

해설 07
공기 혼합 가스공급 목적
㉮, ㉯, ㉰항 외 재액화 방지

해설 08
① 혼합가스 열량
$\frac{24,000}{1+2}=8,000kcal$
② 프로판의 완전연소식
$C_3H_8+5O_2 \rightarrow 3CO_2+4H_2O$
22.4m³ : 5×22.4m³
1m³ : x
$x=\frac{5\times22.4}{22.4}=5m^3$
따라서, 프로판 1m³에 산소가 5m³가 혼합되어야 완전연소가 되므로 폭발범위 밖으로 존재하므로 혼합이 가능하다.

06. ㉱ 07. ㉱ 08. ㉮

06 조정기

(1) 조정기의 역할

① 용기로부터 유출되는 공급가스의 압력을 연소기구에 알맞은 압력(통상 일반 연소기구는 2~3.3kPa 정도)까지 감압시킨다.

② 용기 내 가스를 소비하는 동안 공급가스 압력을 일정하게 유지하고 소비가 중단 되었을 때는 가스를 차단시킨다.

(2) 조정기의 사용목적

용기내의 가스유출 압력(공급압력)을 조정하여 연소기에서 연소시키는데 필요한 최적의 압력을 유지시킴으로서 안정된 연소를 도모하기 위해 사용된다.

(3) 조정기의 종류

① 1단(단단) 감압식 저압 조정기 : 일반 소비용(가정용)으로 LP가스를 공급하는 경우에 사용되며 현재 가장 많이 사용되고 있는 조정기이다.

② 1단 감압용 준저압 조정기 : 조정기의 조정압력이 수주 5~3.3kPa이며 가정용 및 음식점 등에서 중압연소기를 사용할 때 쓰이는 조정기이다.

③ 자동절체식 분리형 조정기

④ 자동절체식 일체형 조정기

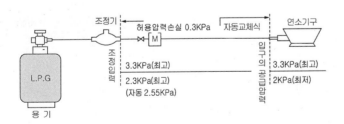

POINT

• 조정기의 사용목적
  유출 압력을 조정

• 1단 감압식 조정기
① 저압 조정기
  조정압력 2.8±5kPa
  (가정용)
② 준저압 조정기
  조정압력 5~30kPa
  (음식점)

(4) 압력조정기의 종류에 따른 입구압력과 조정압력 범위

종 류	입구압력(MPa)	조정압력(kPa)
1단 감압식 저압 조정기	0.07~1.56MPa	2.3~3.3kPa
1단 감압식 준저압조정기	0.1~1.56MPa	5~30kPa
2단 감압식 1차용 조정기 (용량 100 kg/h 이하)	0.1~1.56MPa	0.057~0.083MPa
2단 감압식 2차용 저압조정기	0.025~0.35MPa	2.3~3.3kPa
자동절체식 일체형 조정기	0.1~1.56MPa	2.55~3.3kPa
자동절체식 분리형 조정기	0.1~1.56MPa	0.032~0.083MPa

(5) 조정기의 감압방식

① 1단 감압방식 : 용기 내의 가스압력을 한번에 사용압력까지 낮추는 방식이다.

　㉮ 장 점

　　㉠ 조작이 간단하다.

　　㉡ 장치가 간단하다.

　㉯ 단 점

　　㉠ 최종 공급압력의 정확을 기하기 힘들다.

　　㉡ 배관의 굵기가 비교적 굵어진다.

② 2단 감압방식 : 용기내의 가스압력을 소비압력보다 약간 높은 상태로 감압하고 다음 단계에서 소비압력까지 낮추는 방식이다.

　㉮ 장 점

　　㉠ 공급압력이 안정하다.

　　㉡ 중간배관이 가늘어도 된다.

　　㉢ 배관입상에 의한 압력손실을 보정할 수 있다.

　　㉣ 각 연소기구에 알맞은 압력으로 공급이 가능하다.

　㉯ 단 점

　　㉠ 설비가 복잡하다.

　　㉡ 조정기가 많이 소요된다.

　　㉢ 검사방법이 복잡하다.

　　㉣ 재액화의 문제가 있다.

• 1단 감압방식

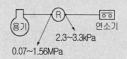

• 2단 감압방식

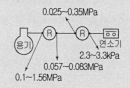

③ 자동 교체식 조정기 사용시의 이점

㉮ 용기 교환주기의 폭을 넓힐 수 있다.

㉯ 잔액이 거의 없어질 때까지 소비된다.

㉰ 전체용기 수량이 수동교체식의 경우보다 작아도 된다.

㉱ 자동절체식 분리형을 사용할 경우 1단 감압식의 경우에 비해 도관의 압력손실을 크게 해도 된다.

(6) 저압조정기의 성능

① 조정압력은 항상 2.3~3.3kPa 범위일 것

② 조정기의 최대 폐쇄압력은 3.5kPa 이하일 것

③ 저압조정기 안전장치 작동개시 압력은 7±1.4kPa 일 것

(7) 조정기에 표시되는 사항

① 품명 및 제조자명

② 약호 및 제조번호, 롯드번호

③ 품질 보증 기간

④ 입구압력 및 조정압력

⑤ 용량

⑥ 가스의 흐름방향(화살표)

⑦ 핸들의 조임 및 풀림 방향

(8) 조정기의 설치시 주의사항

① 조정기와 용기의 탈착작업은 판매자가 할 것

② 조정기의 규격용량은 사용 연소기구 총가스 소비량의 150% 이상일 것

③ 용기 및 조정기는 통풍이 양호한 곳에 설치할 것

④ 용기 및 조정기 부근에 연소되기 쉬운 물질을 두지 말 것

⑤ 조정기에 부착된 압력나사는 건드리지 말 것

⑥ 조정기 부착시 접속구를 청소하고, 나사는 정확하고 바르게 접속 후 너무 조이지 말 것

(9) 조정기의 동결 현상 방지 조치

① 용기와 조정기의 온도차를 줄인다.

② 배관과 고무호스는 느슨하지 않도록 하고 경사지게 해 둔다.

③ 배관도중 가스미터보다 낮은 위치에 드레인 장치를 한다.

④ 조정기는 용기밸브에 직결하고 배관은 단열조치 한다.

07 LP가스의 소비설비

(1) 용기설치 대수의 결정 조건

① 최대 소비수량

② 용기의 종류(크기)

③ 용기로부터의 가스증발량(가스발생능력)

(2) 용기의 가스 발생능력

① 용기의 크기

② 용기내의 LP가스 조성

③ 용기내의 잔류가스량

④ 연속 소비시간

⑤ 용기의 주위 분위기 온도

⑥ 용기의 주위 통풍 상황

(3) LP가스 공급, 소비설비의 압력손실 요인

① 배관의 직관부에서 일어나는 압력손실

② 관의 입상에 의한 압력손실

③ 엘보, 티, 밸브 등에 의한 압력손실

④ 가스미터, 콕크 등에 의한 압력손실

※ 입상관에 의한 압력손실

h_ℓ : $1.293(S-1)H$

h_ℓ : 입상관에 의한 압력손실(mmH$_2$O)

S : 가스의 비중

H : 입상관의 높이(m)

(4) 배관을 시공할 때 고려할 사항

① 배관 내의 압력손실(허용압력 강하)

② 가스소비량의 결정(최대가스유량)

③ 배관 경로의 결정(배관의 길이)

④ 관경의 결정(파이프치수)

⑤ 용기의 크기 및 필요본수 결정

⑥ 감압방식의 결정 및 조정기의 선정

(5) 저압배관 설계 4요소

① 배관 내의 압력손실

② 가스 소비량(유량)의 결정

③ 배관길이의 결정

④ 관경의 결정

(6) 가스배관 경로 선정 4요소

① 최단거리로 할 것

② 구부러지거나 오르내림을 적게 할 것

③ 은폐하거나 매설을 피할 것

④ 가능한 한 옥외에 설치할 것

(7) 가스소비량의 결정

가스소비량은 전체 기구를 통해 사용하는 총가스소비량과 사용할 기구를 감안해야 한다.

① 기구의 안내문(카탈로그)에 의해 연소기구별 최대 소비량 합산

② 가스기구의 종류로부터 산출

③ 가스기구의 노즐 크기에 의한 산출

※ 노즐에 의한 LP가스 분출량 계산식

$$Q = 0.009D^2\sqrt{\frac{P}{d}}$$

단, 유량계수가 있을 때 $Q = 0.011D^2 K\sqrt{\dfrac{P}{d}}$

Q : 분출가스량(m^3/h)

D : 노즐 직경(mm)

P : 노즐 직전의 가스압력(mmH_2O)

d : 가스비중

K : 유량계수

(8) 유량산출식

① 저압배관 유량

$$Q = K\sqrt{\frac{D^5 h}{SL}}$$

Q : 가스유량(m^3/h)

K : 유량계수(폴의 정수 : 0.707)

D : 파이프의 내경(cm) h : 허용압력손실(mmH_2O)

S : 가스비중 L : 파이프의 길이(m)

② 중·고압 배관의 유량

$$Q = K\sqrt{\frac{D^5 (P_1^2 - P_2^2)}{SL}}$$

Q : 가스유량(m^3/h)

K : 유량계수(콕스의 정수 : 52.31)

D : 파이프의 내경(cm)

P_1 : 초압($kgf/cm^2 a$) P_2 : 종압($kgf/cm^2 a$)

S : 가스비중 L : 파이프의 길이(m)

POINT

문 연소기구에 접속된 고무관이 노후되어 0.6mm의 구멍이 뚫려 수주 280mm의 압력으로 LP가스가 4시간 유출하였을 경우 가스분출량은 몇 ℓ인가? (단, LP가스의 비중은 1.7이다.)

▶ $Q = 0.009D^2\sqrt{\dfrac{P}{d}}$

$Q = 0.009 \times 0.6^2 \sqrt{\dfrac{280}{1.7}}$

$\quad = 0.0416 m^3/h$

$\quad = 0.0416 \times 10^3 \ell/h$

$\therefore \ 41.6 \ell/h \times 4h$

$\quad = 166.4 \ell$

• 저압배관의 설계 4요소

Q : 최대가스 소비량

D : 안지름

L : 배관 길이

h : 허용 압력 손실

(9) 노즐변경률 계산

$$\frac{D_2}{D_1} = \frac{\sqrt{WI_1\sqrt{P_1}}}{\sqrt{WI_2\sqrt{P_2}}}$$

D_1 : 변경 전 노즐 구경(mm)

D_2 : 변경 후 노즐 구경(mm)

WI_1 : 변경 전 가스의 웨버지수

WI_2 : 변경 후 가스의 웨버지수

P_1 : 변경 전 가스의 압력(mmH$_2$O)

P_2 : 변경 후 가스의 압력(mmH$_2$O)

$$WI = \frac{H_g}{\sqrt{d}}$$

WI : 웨버지수

H_g : 가스발열량(kcal/m^3)

d : 가스의 비중

(10) 열효율 계산

발열량(H)×연료소비량(G)×열효율(η)=흡열량(Q)

$$\eta(\%) = \frac{Q}{H \times G} = \frac{G_w C(t_2 - t_1)}{H \times G}$$

H : kcal/kg $\qquad G$: kg/h

Q : kcal/h

POINT

문 발열량이 5000kcal/Nm^3 비중이 0.61 공급압력이 100mm H$_2$O인 가스에서 발열량 11000 kcal/Nm^3 비중이 0.66 공급표준 압력이 200mmH$_2$O인 LNG로 가스를 변경할 겨우 노즐변경률은 얼마인가?

▶ $\dfrac{P_2}{D_1} = \dfrac{\sqrt{WI_1\sqrt{P_1}}}{\sqrt{WI_2\sqrt{P_2}}}$

$= \dfrac{\sqrt{\dfrac{5000}{\sqrt{0.61}} \times \sqrt{100}}}{\sqrt{\dfrac{11000}{\sqrt{0.66}} \times \sqrt{200}}} = 0.578$

문 비열이 0.6인 액체 7,000kg 을 30℃에서 80℃까지 상승 시 몇 kg의 프로판이 소비되는가? (단, 열효율은 90% 발열량은 12,000kcal/kg이다.)

▶ $G = \dfrac{G_w C(t_2 - t_1)}{H \times \eta}$

$= \dfrac{7000 \times 0.6(80 - 30)}{12000 \times 0.9}$

$= 19.4$kg

01 다음 그림은 가정용 LP가스 소비시설이다. R_1에 사용되는 조정기의 종류는?

㉮ 1단 감압식 저압조정기
㉯ 1단 감압식 중조정기
㉰ 1단 감압식 고조정기
㉱ 2단 감압식 저압조정기

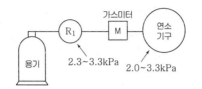

해설 01
1단 감압식 저압조정기의 조정압력은 2.80±0.5kPa이고, 폐쇄 압력은 3.5kPa 이하이다.

02 2단 감압방식 조정기의 특징에 대한 설명 중 틀린 것은?

㉮ 장치가 복잡하고 조작이 어렵다.
㉯ 재액화가 발생할 우려가 있다.
㉰ 공급압력이 안정하다.
㉱ 배관의 지름이 커야 한다.

해설 02
중간배관이 가늘어도 된다.

03 액화석유가스 사용시설에 대한 설명 중 가장 거리가 먼 내용은?

㉮ 저장설비로부터 중간밸브까지의 배관은 강관·동관 또는 금속 플렉시블 호스로 해야 한다.
㉯ 건축물 내의 배관은 매입해야 한다.
㉰ 저장설비는 화기를 취급하는 장소를 피하여 옥외에 두어야 한다.
㉱ 호스의 길이는 연소기까지 3m 이내로 해야 한다.

해설 03
건축물 내의 배관은 원칙적으로 노출하여 시공할 것

04 가스배관 내의 압력손실을 작게 하는 방법으로 옳지 않은 것은?

㉮ 유체의 양을 많게 한다.
㉯ 배관 내면의 거칠기를 줄인다.
㉰ 배관 관지름을 크게 한다.
㉱ 유속을 느리게 한다.

해설 04
가스배관 내 압력손실을 작게 하는 방법
$H = \dfrac{Q^2 S L}{K^2 D^5}$ 에서
① 유량(Q)을 적게 한다.
② 배관길이(L)를 짧게 한다.
③ 배관 관지름(D)을 크게 한다.
④ 유속(V)을 느리게 한다.
⑤ 배관 내면의 거칠기를 줄인다.

01. ㉮ 02. ㉱ 03. ㉯
04. ㉮

정답

05 도시가스 공급 설비에서 저압 배관부분의 압력 손실을 구하는 식은? (단, H : 기점과 종점과의 압력차(mmH₂O), Q : 가스유량(m³/h), D : 안지름(cm), S : 가스비중, L : 배관길이(m), K : 유량계수이다.)

㉮ $H = \left(\dfrac{Q}{K}\right)^2 \cdot \dfrac{SL}{D^5}$ ㉯ $H = \left(\dfrac{Q}{K^2}\right) \cdot \dfrac{D^5}{SL}$

㉰ $H = \left(\dfrac{Q}{K}\right) \cdot \dfrac{SL}{D^2}$ ㉱ $H = \left(\dfrac{Q}{K}\right) \cdot \dfrac{D^5}{SL}$

06 웨버지수(WI)에 대한 설명을 옳은 것은?

㉮ 가스온도와 가스비중과의 관계를 나타낸다.
㉯ 가스온도와 가스압력과의 관계를 나타낸다.
㉰ 가스발열량과 가스비중과의 관계를 나타낸다.
㉱ 가스발열량과 가스압력과의 관계를 나타낸다.

07 발열량이 5,000kcal/Nm³, 비중이 0.61, 공급 표준 압력이 100mmH₂O인 가스에서 발열량 11,000kcal/Nm³, 비중 0.66 공급 표준 압력이 200mmH₂O인 LNG로 가스를 변경할 경우 노즐변경률은 얼마인가?

㉮ 0.49 ㉯ 0.58
㉰ 0.71 ㉱ 0.82

08 가스레인지의 열효율을 측정하기 위하여 냄비에 물 1,000g을 넣고 10분간 가열한 결과 처음 15℃인 물의 온도가 65℃가 되었다. 이 가스레인지의 열효율을 약 몇 %인가? (단, 물의 비열은 1kcal/kg·℃, 가스사용량은 0.008m³, 가스 발열량은 13,000kcal/m³이며, 온도 및 압력에 대한 보정치는 고려하지 않는다.)

㉮ 42 ㉯ 45
㉰ 48 ㉱ 52

해설 $\eta = \dfrac{1\text{kg} \times 1\text{kcal/kg℃} \times (65 - 15)\text{℃}}{0.008\text{m}^3 \times 13,000\text{kcal/m}^3} \times 100 = 48.0\%$

09 액화산소용기에 액화산소가 50kg이 충전되어 있다. 이때 용기 외부에서 액화산소에 대하여 5kcal/h의 열량이 주어진다면 액화산소가 증발하여 그 양이 반으로 감소되는데 걸리는 시간은? (단, 산소의 증발 잠열은 1.6kcal/mol이다.)

㉮ 2.5시간 ㉯ 25시간
㉰ 125시간 ㉱ 250시간

해설 06

$WI = \dfrac{H}{\sqrt{d}}$

H : 가스발열량(kcal/m³)
d : 가스비중

해설 07

$\dfrac{D^2}{D^1} = \dfrac{\sqrt{WI_1\sqrt{P_1}}}{\sqrt{WI_2\sqrt{P_2}}}$

$= \dfrac{\sqrt{\dfrac{5000}{\sqrt{0.61}} \times \sqrt{100}}}{\sqrt{\dfrac{11,000}{\sqrt{0.66}} \times \sqrt{200}}}$

$= 0.578$

해설 09

산소의 증발잠열을 [kcal/kg]으로 계산

증발잠열 $= \dfrac{1,600\text{cal/mol}}{32\text{g/mol}}$

$= 50\text{cal/g}$

$= 50\text{kcal/kg}$

∴ 시간 $= \dfrac{\text{필요열량}}{\text{시간당 공급열량}}$

$= \dfrac{50 \times \dfrac{1}{2} \times 50}{5}$

$= 250$시간

01. 다음은 LPG의 특징에 관한 설명으로 잘못된 것은?

㉮ 무색투명하고 냄새가 없다.

㉯ 가스 상태에서는 공기보다, 액체 상태에서는 물보다 무겁다.

㉰ 액화, 기화가 쉬우며 기화하면 체적이 커진다.

㉱ 기화열(증발잠열)이 크다.

[해설] LPG가스는 공기보다 무겁다.
① LP 가스는 공기보다 무겁다.
② 액상의 LP가스는 물보다 가볍다.
③ 액화, 기화가 쉽다.
④ 기화하면 체적이 커진다.
⑤ 기화열(증발잠열)이 크다.

02. 다음 중 C_3H_8의 기체비중과 액비중이 맞는 것은?

㉮ 1, 0.5 ㉯ 1.5, 0.5

㉰ 2, 0.5 ㉱ 2.5, 0.5

[해설] ① 기체비중$(d) = \dfrac{M}{29} = \dfrac{44}{29} = 1.52$ (공기보다 무겁다.)

② 액비중 : 0.51(물보다 가볍다.)

03. 표준상태에서 $1m^3$의 LP가스는 용적 %로 프로판 70%, 부탄 30%일 경우 질량은 몇 kg인가?

㉮ 1.5kg ㉯ 1.8kg

㉰ 2.2kg ㉱ 2.6kg

[해설] STP상태(0℃, 1기압)

$V = \dfrac{W}{M} \times 22.4$ 식에서

$W = \dfrac{V}{22.4} \times M = \dfrac{1}{22.4} \times 48.2 = 2.15kg$

여기서, $M = (0.7 \times 44) + (0.3 \times 58) = 48.2$

04. 다음 LP가스 제조시설 중 프로판 유분과 부탄 유분을 분리하는 타워(tower)는 어느 것인가?

㉮ 가솔린 스타빌라이쟈

㉯ 압소바

㉰ 디-프로파나이쟈

㉱ 세퍼레이타

[해설] 디-프로파나이쟈
프로판 유분과 부탄 유분을 분리하는 타워

05. 액화석유가스가 누출된 상태를 설명한 것으로 틀린 것은?

㉮ 대량 누출이 되었을 때도 순식간에 기화하므로 대기압 하에서는 액체로 존재하는 일이 없다.

㉯ 빛의 굴절률이 공비와 다르므로 아지랑이와 같은 현상이 나타나므로 발견될 수 있다.

㉰ 누출된 부분의 온도가 급격히 내려가므로 서리가 생겨 누출 개소가 발견될 수 있다.

㉱ 공기보다 무거우므로 바닥에 고이기 쉽다.

[해설] LPG 대량누설시 기화잠열에 의한 주변의 온도가 낮아져 액체로 존재하는 경우가 있다.

06. LP가스 수송관의 연결부에 사용되는 패킹으로 적당한 것은?

㉮ 종이 ㉯ 구리

㉰ 합성고무 ㉱ 실리콘고무

[해설] 천연고무는 용해하므로 페로실리콘을 사용한다.

07. 천연가스에서 액화석유가스(LPG)를 회수하는 방법이 아닌 것은?

㉮ 흡수법 ㉯ 흡착법

㉰ 냉각법 ㉱ 접촉법

정답 01. ㉯ 02. ㉯ 03. ㉰ 04. ㉰ 05. ㉮ 06. ㉱ 07. ㉱

08. 다음 설명 중 LP가스 충전시 디스펜서(dispen-ser)란?

㉮ LP가스 압축기 이송장치의 충전기기 중 소량에 충전하는 기기

㉯ LP가스 자동차 충전소에서 LP가스 자동차의 용기에 용적을 계량하여 충전하는 충전기기

㉰ LP가스 대형 저장탱크에 역류방지용으로 사용하는 기기

㉱ LP가스 충전소에서 청소하는데 사용하는 기기

해설 디스펜서(dispenser)
LP 자동차 충전소에서 LPG가스 자동차의 용기에 용적을 계량하여 충전하는 충전기로서 자동차용 용기충전은 용량으로서 충전량을 측정한다(15℃에서의 용량).

11. LPG와 도시가스를 비교했을 때 LP가스의 장점이 아닌 것은?

㉮ 특별한 가압장치가 필요 없다.

㉯ 어디서나 사용이 가능하다.

㉰ 연소시 다량의 공기가 필요하다.

㉱ 작은 관경으로 많은 양의 공급이 가능하다.

해설 도시가스와 비교한 LP가스의 특성
① 장점
  ㉮ 열량이 높기 때문에 작은 관경으로 공급이 가능하다.
  ㉯ LP가스 특유의 증기압을 이용하므로 특별한 가압장치가 필요없다.
  ㉰ 발열량이 높기에 최소의 연소장치로 단시간 온도상승이 가능하다.
② 단점
  ㉮ 저장탱크용기의 집합장치가 필요하다.
  ㉯ 부탄의 경우 재액화 방지가 필요하다.
  ㉰ 연소시 다량의 공기가 필요하다(C_3H_8 24배, C_4H_{10} 31배)
  ㉱ 공급을 중단시키지 않기 위해 예비용기 확보가 필요하다.

09. LPG란 액화석유가스의 약자로서 석유계 저급 탄화수소의 혼합물이다. 이의 주성분으로서 틀린 것은?

㉮ 프로필렌   ㉯ 에탄

㉰ 부탄   ㉱ 부틸렌

해설 LPG 주성분
프로판, 부탄, 프로필렌, 부틸렌 등 저급탄화수소

12. 다음은 LPG를 도시가스로 공급하는 방식을 설명한 것이다. 틀린 것은?

㉮ LPG를 질소 가스로 희석시켜서 공급한다.

㉯ LPG를 기화시켜 직접 공급한다.

㉰ LPG를 도시가스에 혼합시켜 공급한다.

㉱ LPG를 개질시켜서 공급한다.

해설 LPG를 도시가스로 공급하는 방식
① LPG를 기화시켜 직접 공급
② LPG를 도시가스에 혼합시켜 공급
③ LPG를 개질시켜서 공급
④ LPG를 직접 공급하는 방법

10. 파라핀계 LP가스의 연소특성에 대한 설명으로 옳지 않은 것은?

㉮ 연소범위(%)는 탄소수가 증가할수록 하한이 낮아진다.

㉯ 연소속도(m/s)는 탄소수가 증가할수록 늦어진다.

㉰ 발화온도(℃)는 탄소수가 증가할수록 높아진다.

㉱ 발열량(kcal/m³)은 탄소수가 증가할수록 커진다.

13. 다음 중 프로판 가스에 대한 성질이 아닌 것은?

㉮ 완전 연소에 필요한 공기량은 프로판 1몰에 대해 산소 5몰이 필요하다.

㉯ 1kg의 발열량은 약 12,000[kcal]이다

㉰ 1m³의 발열량은 약 12,000[kcal]이다

㉱ 연소속도가 늦다.

해설 프로판가스의 성질
① 완전연소시 프로판 1[mol]에 대해 산소 5[mol]이 필요하다.
② $C_3H_8 + 5O_2 \rightarrow 3CO_2 + 4H_2O + 530.6$[kcal]
$22.4\ell : 530.6$kcal$= 1,000\ell : x$
$x = \dfrac{1,000\ell \times 530.6\text{kcal}}{22.4\ell} = 23687.5$ [kcal/m³]
③ 프로판은 연소속도(4.45m/sec)가 느리다.

14. 겨울 한랭시에 프로판 용기로부터 가스가 나오지 않으나 용기 속에는 액체가 남아 있는 것이 확인되었다면 남아 있는 액체는 무엇인가?

㉮ 프로판   ㉯ 부탄

㉰ 에틸렌   ㉱ 메탄

해설 프로판용기에는 프로판, 부탄이 충전되어 있는데 비점이 높은 부탄(−0.5℃)은 기화하기가 어렵다.

15. 가스의 연소속도는 조건에 따라 달라지는 데 동일한 성분의 LP가스에서 다음 조건 중 연소속도가 가장 빠른 조건은?

㉮ 저온 저압   ㉯ 저온 고압

㉰ 고온 저압   ㉱ 고온 고압

해설 가스의 연소속도 : 고온, 고압일 때 빨라진다.

16. LPG 사용 중 관이 막혔다면 그 원인이 될 수 있는 것은?

㉮ 수분 존재   ㉯ 에틸렌가스 존재

㉰ 질소가스 존재   ㉱ LPG의 과잉 충전

해설 LPG 배관은 수분이 존재하면 부식이 되어 막힐 우려가 있다.

17. C_3H_8=75%, C_4H_{10}=25%인 혼합가스의 밀도는 얼마인가?

㉮ 3.21kg/m³   ㉯ 2.12kg/m³

㉰ 2.21kg/m³   ㉱ 4.21kg/m³

해설 밀도 $= \dfrac{44g}{22.4\ell} \times 0.75 + \dfrac{58g}{22.4\ell} \times 0.25$
$= 2.12$g/$\ell = 2.12$kg/m³

18. 프로판의 탄소, 수소 중량비(C/H)는 얼마인가?

㉮ 0.375   ㉯ 2.670

㉰ 4.50   ㉱ 6.40

해설 C_3H_8의 C/H $= \dfrac{12 \times 3}{1 \times 8} = 4.5$

19. LP가스(C_3/C_4mol비=1)의 폭발하한이 공기 중에서 1.8vol%라면 높이가 2m이고 면적이 9m²인 부엌(20℃로 유지)에 몇 g 이상의 가스가 유출되면 폭발할 가능성이 있는가?(단, 이상기체로 가정)

㉮ 782   ㉯ 688

㉰ 593   ㉱ 405

해설 $PV = \dfrac{W}{M}RT$ 식에서
$W = \dfrac{PVM}{RT} = \dfrac{1 \times 0.324 \times 51}{0.082(273+20)} = 0.6877$kg $= 688$g
여기서, 폭발가능성체적(V) $= 9 \times 2 \times 0.018 = 0.324$m³
$M = 0.5 \times 44 + 0.5 \times 58 = 51$g

20. 용기에 충전된 액화석유가스(LPG)의 압력에 대하여 틀린 것은?

㉮ 가스량이 반이 되면 압력도 반이 된다.

㉯ 온도가 높아지면 압력도 높아진다.

㉰ 압력은 온도에 관계없이 가스충전량에 비례한다.

㉱ 압력은 규정량을 충전했을 때 가장 높다.

해설 가스량이 반일 때 압력이 반이 되는 것은 압축가스에 해당되며 액화가스와는 다르다.

정답 13. ㉰   14. ㉯   15. ㉱   16. ㉮   17. ㉯   18. ㉰   19. ㉯   20. ㉮

21. LPG를 용기에 충전하는 경우 용기에 LPG를 충만 시키지 않고 안전공간을 두는 이유는?

㉮ 액체는 압축성이 극히 적기 때문에 액체 팽창에 의해 파괴되기 쉽기 때문이다.

㉯ 안전밸브가 작동했을 때 액이 분출될 염려가 있기 때문이다.

㉰ 온도의 상승에 의해 용기 내의 증기압이 상승하여 위험하기 때문이다.

㉱ 액체가 충만되어 있으면 외부로부터의 충격으로 용기가 파괴되기 쉽기 때문이다.

[해설] LPG 등 액화가스 용기 및 저장탱크는 안전공간 10% 이상 둔다.

22. 내용적 50 ℓ 의 LPG용기에 상온에서 액화프로판 20kg을 충전시킬 때 이 용기내의 공간은 약 몇 %인가? (단, 액화프로판의 비중은 0.50이다)

㉮ 10%   ㉯ 20%

㉰ 30%   ㉱ 40%

[해설] 공간용적 (%) $= \dfrac{\text{전체부피} - \text{액부피}}{\text{전체부피}} \times 100(\%)$

$= \dfrac{50 - 40}{50} \times 100 = 20\%$

여기서, 액부피 $= \dfrac{\text{무게}}{\text{액비중}} = \dfrac{20}{0.5} = 40\ell$

23. 다음 중 LP가스 수송방법이 아닌 것은?

㉮ 압축기에 의한 방법

㉯ 용기에 의한 방법

㉰ 탱크로리에 의한 방법

㉱ 유조선에 의한 방법

[해설] 수송방법
용기, 탱크로리, 철도차량, 유조선(탱커), 파이프라인에 의한 방법

24. 탱크로리에서 저장탱크로 LPG를 이송하는 방법이 아닌 것은?

㉮ 차압에 의한 방법

㉯ 압축기에 의한 방법

㉰ 압축가스용기에 의한 방법

㉱ 펌프에 의한 방법

25. 액화석유가스를 주입하는 방법에는 압축기를 사용하는 경우와 액송펌프를 사용하는 경우가 있다. 액송펌프를 사용하는 경우에 대한 단점이 아닌 것은?

㉮ 작업시간이 길다.

㉯ 탱크로리 내의 잔가스 회수가 불가능하다.

㉰ 베이퍼록 등의 이상이 있다.

㉱ 저온에서 부탄 증기가 재액화 될 수 있다.

[해설] 액화석유가스를 주입하는 방법

구분/방법	펌프 이용방법	압축기 이용방법
장점	• 재액화현상이 발생하지 않는다. • 드레인 현상이 없다.	• 잔가스 회수가 가능하다. • 충전시간이 짧다. • 베이퍼록 현상이 발생하지 않는다.
단점	• 잔가스 회수가 불가능하다. • 충전(작업)시간이 길다. • 베이퍼록 현상이 발생한다.	• 재액화현상이 일어난다. • 드레인 현상이 있다.

26. LPG를 이송시키는 펌프에 베이퍼로크가 생기는 것을 방지하기 위한 조치 사항으로 옳은 것은?

㉮ 펌프의 회전속도를 빠르게 한다.

㉯ 탱크를 냉각시킨다.

㉰ 흡입배관의 관 지름을 크게 한다.

㉱ 펌프의 설치위치를 높인다.

[해설] 베이퍼 로크(vapor lock) 현상
저비점 액체 등을 이송시 펌프의 입구에서 발생하는 현상으로 액의 끓음에 의한 동요를 말한다.
① 발생원인
  ㉮ 흡입관지름이 작을 때
  ㉯ 펌프의 설치위치가 높을 때
  ㉰ 외부에서 열량 침투시
  ㉱ 배관 내 온도 상승시

21. ㉰   22. ㉯   23. ㉮   24. ㉰   25. ㉱   26. ㉰   정답

② 발생 방지법
  ㉮ 실린더 라이너의 외부를 냉각시킨다.
  ㉯ 흡입배관을 크게 하고 단열처리한다.
  ㉰ 펌프의 설치위치를 낮춘다.
  ㉱ 흡입관로를 청소한다.

27. LP가스 충전소에 LP가스 압축기를 수리한 후 운전을 재개하고자 할 때 옳은 순서는?

> ① 바이패스밸브를 모두 개방한다.
> ② 흡입 주밸브를 모두 열고 전동기 스위치를 넣는다.
> ③ 나사, 볼트, 너트 등의 부착, 고정상태 등을 점검한다.
> ④ 수동으로 2~3회전 돌려보고 압축기 내부에 이상이 없는지 확인한다.
> ⑤ 바이패스 밸브를 닫고 동시에 토출측 주밸브를 개방한다.

㉮ ③-①-④-②-⑤
㉯ ③-④-①-②-⑤
㉰ ④-①-③-②-⑤
㉱ ④-③-①-⑤-②

해설 LP가스 압축기를 수리한 후 운전을 재개
① 외관점검(부착 및 고정상태 점검)
② 수동으로 작동하여 압축기 내부에 확인한다.
③ 바이패스밸브를 모두 개방
④ 흡입 주밸브를 모두 열고 스위치 작동
⑤ 바이패스 밸브를 닫고 동시에 토출 측 주밸브를 개방한다.

28. LP가스 탱크로리에서 하역작업 종료 후 처리할 작업 순서로 올바른 것은?

> ① 호스를 제거한다.
> ② 밸브에 캡을 부착한다.
> ③ 어스선을 제거한다.
> ④ 차량 및 설비의 각 밸브를 잠근다.

㉮ ④-①-②-③　　㉯ ④-③-①-②
㉰ ①-②-③-④　　㉱ ③-①-②-④

해설 LPG 탱크로리에서 하역작업 후 처리순서
차량 및 설비의 밸브폐쇄 → 호스제거 → 밸브에 캡 부착 → 접지선제거

29. LPG를 탱크로리에서 저장 탱크로 이송 시 작업을 중단해야 되는 경우가 아닌 것은?

㉮ 과충전이 되는 경우
㉯ 충전 작업 중 주위에서 화재발생시
㉰ 연결호스 등에서 누설이 발생되는 경우
㉱ 펌프사용 시 워터해머가 발생하는 경우

해설 ㉮, ㉯, ㉰항 외의 압축기 사용시 워터해머 발생, 펌프 사용시 베이퍼로크 현상이 심한 경우 등이다.

30. 자연기화에 있어서 특정가스 발생설비의 가스발생 능력에 관한 설명이 올바른 것은?

㉮ 용기 중에 액량이 많을수록 가스발생 능력이 저하된다.
㉯ 최고사용 시간대(피크시)가 길수록 가스발생 능력은 증가한다.
㉰ 기온이 높을수록 가스발생 능력은 증가한다.
㉱ LP가스 중에 부탄의 함유량이 많을수록 가스발생 능력은 증가한다.

해설 온도가 높을수록 가스발생능력은 증가한다.

31. 부탄을 고온의 촉매로서 분해하여 메탄, 수소 등의 가스로 변성시켜 공급하는 강제기화 방식의 종류는?

㉮ 생가스 공급방식　　㉯ 직접 공급방식
㉰ 변성가스 공급방식　　㉱ 공기혼합 공급방식

해설 변성가스 공급방식
부탄을 고온의 촉매로서 분해하여 메탄, 수소, 일산화탄소 등의 연질가스로 변성시켜 공급하는 방식으로 금속의 열처리나 특수제품의 가열 등 특수용도에 사용하기 위해 이용되는 방식이다.

정답 27. ㉯　28. ㉮　29. ㉱　30. ㉰　31. ㉰

32. LPG를 공급하는 곳의 파이프가 보온되어 있다. 다음 어떤 가스를 공급하는 곳인가?

㉮ 생가스 공급 ㉯ 공기혼합가스 공급
㉰ 변성가스 공급 ㉱ 개질가스 공급

[해설] 생가스 공급방식
액상의 LPG를 기화시켜 일정한 압력으로 조절하여 수용자에게 보내는 간단한 방법이다. 설비기구, 구조가 간단하고 설비비가 저렴하고 유지관리도 용이하다.

33. 기화기, 혼합기에 의해서 기화한 부탄에 공기를 혼합하는 방식으로 부탄의 대량소비처에 사용되는 공급방식은?

㉮ 변성가스 공급방식
㉯ 생가스 공급방식
㉰ 직접 혼입가스 공급방식
㉱ 공기 혼합가스 공급방식

[해설] 부탄의 대량 소비처에서 부탄의 재액화의 우려가 있기 때문에 재액화의 방지를 위해 공기 혼합가스 공급을 채택한다.

34. 액화석유가스의 자연 기화방식에 대한 설명 중 틀린 것은?

㉮ 가스 조성 변화와 발열량 변화가 없다.
㉯ 비교적 소량 소비처에 사용하는 방식이다.
㉰ 기화 능력의 한계가 있다.
㉱ 대기 중의 열을 흡수해 기화하는 방식이다.

[해설] 기화능력에 한계가 있어 가스 조성 변화와 발열량 변화가 심하다.

35. LP가스 공급방식 중 공기 혼합가스의 공급목적으로 옳지 않은 것은?

㉮ 발열량 조절 ㉯ 누설시 손실 감소
㉰ 가스의 재액화 ㉱ 연소효율 증대

[해설] 공기 혼합가스의 공급 목적
① 재액화 방지   ② 발열량 조절
③ 누설시 손실 감소 ④ 연소효율 증대

36. 발열량이 30,000kcal/Nm³인 부탄(C_4H_{10})가스에 공기를 3배 희석하였다면 발열량은 얼마로 변경되겠는가?

㉮ 7,500kcal/Nm³
㉯ 8,000kcal/Nm³
㉰ 8,500kcal/Nm³
㉱ 9,000kcal/Nm³

[해설] $Q_2 = Q_1 \times \dfrac{1}{1+ 희석\ 배수}$
$= 30,000 \times \dfrac{1}{1+3} = 7,500 kcal/Nm^3$

37. LPG 기화장치에 대한 다음 설명 중 잘못된 것은?

㉮ 기화장치의 형식을 작동원리에 따라 분류하면 가온-가압 방식과 감압-가온 방식으로 나눈다.
㉯ 가열방식에 따라 직접 가열방식과 간접가열방식으로 분류한다.
㉰ 간접 가열방식에는 온수를 매개체로 하는 것과 기타의 것을 매체로 하는 것이 있다.
㉱ 온수를 매체로 하는 것에는 전기가열, 가스가열, 증기가열이 있다.

[해설] 가열방식에 따른 분류
① 온수가스가열식   ② 온수전기가열식
③ 온수스팀가열식   ④ 대기온이용식

38. 다음 중 기화기의 구성요소에 해당되지 않는 것은?

㉮ 안전밸브 ㉯ 과열방지장치
㉰ 긴급차단장치 ㉱ 온도제어장치

[해설] ① 기화부(열교환기) : 액체상태의 LP가스를 열교환기에 의해 가스화시키는 부분
② 열매온도 제어장치 : 열매온도를 일정 범위내에 보존하기 위한 장치
③ 열매과열 방지장치 : 열매가 이상하게 과열되었을 경우 열매로의 입열을 정지시키는 장치
④ 액면제어장치 : LP가스가 액체 상태로 열교환기 밖으로 유출되는 것을 방지하는 장치
⑤ 압력조정기 : 기화부에서 나온 가스를 소비목적에 따라 일정한 압력으로 조정하는 부분
⑥ 안전변 : 기화장치의 내압이 이상 상승했을 때 장치 내의 가스를 외부로 방출하는 장치

39. 기화기를 장치구성상 분류한 것 중 잘못된 것은?

㉮ 다관식 기화기　　㉯ 단관식 기화기

㉰ 쌍관식 기화기　　㉱ 열판식 기화기

[해설] 장치 구성형식에 의한 분류
① 다관식 기화기　　② 단관식 기화기
③ 사관식 기화기　　④ 열판식 기화기

40. LP가스 이송설비 중 펌프에 의한 방식은 충전시간이 많이 소요되는 단점이 있는데 이것을 보완하기 위해 설치하는 것은 무엇인가?

㉮ 안전밸브　　㉯ 역지밸브

㉰ 기화기　　㉱ 균압관

[해설] 균압관은 저장탱크의 상부압력을 탱크로리로 보냄으로써 충전시간을 단축할 수 있는 장점이 있다.

41. LP가스 소비설비에서 기화기를 사용할 경우의 장점이 아닌 것은?

㉮ 한냉시에도 연속적으로 가스를 공급할 수 있다.

㉯ 설비 면적이 적어진다.

㉰ 기화량을 가감할 수 있다.

㉱ 공급가스의 압력을 일정하게 유지할 수 있다.

[해설] 기화기를 사용할 경우의 장점
① 한냉시에도 연속적으로 가스를 공급할 수 있다.
② 설비 면적이 적어진다.
③ 기화량을 가감할 수 있다.
④ 공급가스의 조성이 일정하다.
⑤ 설비비 및 인건비가 절감된다.

42. 다음은 기화장치의 가열방식에 대하여 물음에 답하시오.

---

① 온수가열방식의 온수 온도는 (　　)℃

② 증기가열방식의 온수 온도는 (　　)℃

③ 가연성가스용 기화장치 접지 저항치는 (　　)Ω 이다.

㉮ 80, 100, 10　　㉯ 80, 120, 10

㉰ 80, 100, 20　　㉱ 80, 80, 10

43. LPG수입기지 플랜트를 기능적으로 구별할 설비시스템에서 저온저장설비에 해당하는 것은?

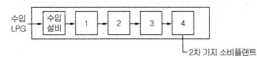

수입 LPG → 수입 설비 → 1 → 2 → 3 → 4
└─ 2차 기지 소비플랜트

㉮ 1　　㉯ 2

㉰ 3　　㉱ 4

[해설]

수입 LPG	①	②	③	④	⑤	⑥

① 수입설비 : 언로딩암, 가스리턴설비
② 저온저장설비 : 저온탱크 질소가스홀더, 냉동사이클, 샷손드럼, 가스컴프레서, 콘덴서, 리시버, 플레어시스템, 가스퍼저, 플레어스택
③ 이송설비 : 저온 펌프시스템, 가스래지진드럼, 저온펌프, 히터
④ 혼합설비(프랜다)
⑤ 고압저장설비 : 구형탱크, 원통형탱크
⑥ 출하설비 : 고압펌프 시스템, 가스래지진드럼, 고압펌프, 출하량 측정설비, 로딩암, 로리화차

44. LP가스 사용시설에서 조정기의 사용목적은?

㉮ 유출압력 조절　　㉯ 유량 조절

㉰ 유출압력 상승　　㉱ 발열량 조절

[해설] 조정기의 사용목적 : 유출압력 조절, 안정된 연소

45. 가정용 액화석유가스의 압력조정은 다음 중 어느 것을 주로 사용하는가?

㉮ 단단식 감압용 저압조정기

㉯ 2단 감압식 1차용 조정기

㉰ 2단 감압식 2차용 조정기

㉱ 자동 교체식 조정기

[해설] ① 단단감압식 저압조정기 : 가정용
② 단단감압식 준저압조정기 : 음식점

정답　39. ㉰　40. ㉱　41. ㉱　42. ㉯　43. ㉮　44. ㉮　45. ㉮

46. 자동 절환식 조정기 설치에 있어서 사용측과 예비측 용기의 밸브 개폐에 관한 사항 중 옳은 것은?

㉮ 사용측 밸브는 열고 예비측 밸브는 닫음

㉯ 사용측 밸브는 닫고 예비측 밸브는 열음

㉰ 사용측 예비측 밸브 전부 닫음

㉱ 사용측 예비측 밸브 전부 열음

[해설] ① 자동절환식 조정기-사용측 : 열음, 예비측 : 열음
② 수동절환식 조정기-사용측 : 열음, 예비측 : 닫음

47. 다단식 감압용 저압 조정기에서 가스 조정의 압력은 kPa로 얼마인가?

㉮ 2.0±0.5kPa ㉯ 2.5±0.5kPa

㉰ 2.8±0.5kPa ㉱ 3±0.5kPa

[해설] 조정기의 압력

조정기의 종류	조정기	
	입구압력	조정압력
1단(단단) 감압식 저압조정기	0.07~1.56MPa	2.8±0.5kPa
1단감압식 준저압조정기	0.1~1.56MPa	5~30kPa
2단감압식 1차용조정기	0.1~1.56MPa	0.057~0.08MPa
2단감압식 2차용조정기	0.01~0.01MPa 또는 0.025~0.1MPa	2.8±0.5kPa
자동절제식 분리형 조정기	0.1~1.56MPa	0.032~0.083MPa
자동절제식 일체형 저압조정기	0.1~1.56MPa	2.55~3.3kPa

48. 다음 중 1단 감압식의 특징이 아닌 것은?

㉮ 압력 조정이 정확하다.

㉯ 장치가 간단하다.

㉰ 조작이 간단하다.

㉱ 배관이 굵어진다.

[해설] 압력손실이 커서 2단 감압식보다 압력 조정이 부정확하다.

49. 2단 감압 조정기의 장점이 아닌 것은?

㉮ 공급압력이 일정하다.

㉯ 중간배관이 가늘어도 된다.

㉰ 장치가 간단하다.

㉱ 각 연소기구에 알맞은 압력으로 가스공급이 가능하다.

[해설] 2단 감압식 조정기의 특징

장 점	단 점
① 공급압력이 일정하다.	① 설치비가 고가이다
② 중간배관이 가늘어도 된다.	② 조정기가 많이 사용된다.
③ 연소기구에 맞는 압력으로 가스 공급	③ 장치가 복잡하다.
④ 수분 등에 의한 영향을 받기 어렵다.	④ 재액화의 우려가 있다.

50. 자동절체식 조정기를 사용할 때의 장점에 속하지 않는 것은?

㉮ 잔류액이 거의 없어질 때까지 가스를 소비할 수 있다.

㉯ 전체 용기의 개수가 수동 절체식보다 적게 소요된다.

㉰ 용기 교환주기의 폭을 넓힐 수 있다.

㉱ 일체형이면 단단 감압식보다 배관의 압력 손실을 크게 해도 된다.

[해설] 분리형을 사용하면 단단 감압식 조정기보다 배관의 압력 손실을 크게 해도 된다.

51. LPG 조정기의 규격용량은 총 가스 소비량의 몇 % 이상의 규격용량을 가져야 하는가?

㉮ 110% ㉯ 120%

㉰ 130% ㉱ 150%

[해설] ① LPG 조정기의 규격용량은 총 가스소비량 : 150%
② 가스계량기의 규격용량은 총 가스소비량 : 120%

52. 1단 감압식 준저압 조정기의 조정압력이 25kPa일 때, 최대 폐쇄압력은? (단, 입구압력은 0.1~1.56MPa)

㉮ 20.75kPa 이하

㉯ 27.5kPa 이하

㉰ 31.25kPa 이하

㉱ 37.5kPa 이하

[해설] 최대폐쇄압력＝조정압력×1.25 이하
＝25kPa×1.25＝31.25kPa

53. 조정압력이 330mmH₂O 이하의 조정기의 안전 장치의 작동정지압력은 어느 것인가?

㉮ 280±50mmH$_2$O

㉯ 700mmH$_2$O

㉰ 504~840mmH$_2$O

㉱ 560~1,000mmH$_2$O

[해설] 조정압력이 330mmH$_2$O 이하의 안전장치
① 작동표준압력 : 700mmH$_2$O
② 작동개시압력 : 560~840mmH$_2$O
③ 작동정지압력 : 504~840mmH$_2$O
[참고] 압력을 kPa 단위로 변경하면 330mmH$_2$O(3.3kPa) 이하의 안전장치의 경우
• 작동표준압력 : 700mmH$_2$O → 7kPa
• 작동개시압력 : 560~840mmH$_2$O → 5.6~8.4kPa
• 작동정지압력 : 504~840mmH$_2$O → 5.04~8.4kPa로 된다.

54. 가스의 시간당 사용량이 다음과 같을 때 조정기 능력은? (단, 가스레인지 0.5kg/hr, 가스스토브 0.35kg/hr, 욕조통 0.9kg/hr)

㉮ 1.775kg/hr

㉯ 1.85kg/hr

㉰ 2.625kg/hr

㉱ 3.2kg/hr

[해설] 조정기 능력은 총가스사용량의 1.5배이므로
(0.5+0.35+0.9)×1.5=2.625kg/hr

55. 가정용 LP가스 용기에 부착되는 압력 조정기에 있어서 유입압력(가스용기쪽)에 관계없이 출구(연소기쪽)의 압력을 일정하게 유지시켜 주는 장치는?

㉮ 다이아프램

㉯ 노즐

㉰ 안전밸브

㉱ 통기구

[해설] 다이아프램
출구(연소기쪽)의 압력을 일정하게 유지시켜 주는 장치

56. LP가스배관의 압력손실 요인에 대한 설명으로 틀린 것은?

㉮ 배관의 수직하향에 의한 압력 손실

㉯ 배관의 수직상향에 의한 압력 손실

㉰ 배관의 이음류에 의한 압력 손실

㉱ 마찰저항에 의한 압력 손실

[해설] LPG는 공기보다 무겁기 때문에 입상관(수직상향)에 의한 압력손실이 생긴다.

57. 프로판의 비중을 1.5라 하면 입상 50m 지점에서 압력 손실은 몇 mm 수주인가?

㉮ 12.9mm 수주

㉯ 19.4mm 수주

㉰ 32.3mm 수주

㉱ 75.2mm 수주

[해설] 입상배관에 의한 손실
$H=1.293(S-1)h$
$=1.293×(1.5-1)×50=32.325$mm 수주

58. 시간당 10m³의 LP가스를 길이 100m 떨어진 곳에 저압으로 공급하고자 한다. 압력 손실이 30mmH₂O이면 필요한 최소 배관의 관지름은? (단, pole 상수는 0.7, 가스비중 1.50이다.)

㉮ 30mm

㉯ 40mm

㉰ 50mm

㉱ 60mm

[해설] 저압 배관의 지름 결정식에서
$$D = \sqrt[5]{\frac{Q^2 \cdot S \cdot L}{K^2 \cdot H}} = \sqrt[5]{\frac{10^2 \times 1.5 \times 100}{0.7^2 \times 30}} = 40\text{cm} = 40\text{mm}$$

59. LP가스 공급시설 설치계획 1가구당 1일 평균가스 소비량으로 적당한 것은?

㉮ 1.3~1.6kg/day

㉯ 2.3~3.6kg/day

㉰ 50.~5.5kg/day

㉱ 7.5~8.0kg/day

[해설] 1가구당 1일 평균가스 소비량 : 1.3~1.6kg/day

60. 어느 식당에서 가스레인지 1개의 가스소비량이 0.4kg/h이고, 하루 5시간 계속 사용하고, 가스레인지가 8대였다면 용기수량을 최저 몇 개로 하여야 하는가? (단, 잔량 20%에서 교환하고, 최저 0℃에서 용기 1개의 가스 발생 능력의 850g/h로 한다.)

㉮ 7개 　　　㉯ 5개

㉰ 4개 　　　㉱ 2개

[해설] 용기수 = $\dfrac{\text{최대 소비수량(kg/h)}}{\text{용기가스 발생능력(kg/h)}}$

$= \dfrac{0.4 \times 8}{0.85} = 3.75 ≒ 4개$

61. 어느 식당에서 가스 소비량이 0.5kg/hr이며 5시간 계속 사용하고 테이블 수가 8대일 때 용기교환주기는 며칠인가? (단, 잔액이 20%일 때 교환하고, 용기 1개당 가스 발생능력은 850g/hr이며 용기는 20kg이다.)

㉮ 1일 　　　㉯ 2일

㉰ 3일 　　　㉱ 4일

[해설] 용기수 = $\dfrac{0.5 \times 8}{0.85} = 4.705 = 5개$

용기교환주기 = $\dfrac{\text{사용가스량}}{\text{1일 사용량}} = \dfrac{20 \times 5 \times 0.8}{0.5 \times 8 \times 5} = 4일$

62. 연소기구 접속된 고무관이 노후 되어 0.6mm의 구멍이 뚫려 수주 280mm의 압력으로 LP가스가 4시간 유출하였을 경우 가스분출량은 몇 ℓ 인가? (단, LP가스의 분출압력 280mmH$_2$O에서 비중은 1.7이다)

㉮ 152.32 　　　㉯ 166.32

㉰ 173.35 　　　㉱ 182.35

[해설] $Q = 0.009 D^2 \sqrt{\dfrac{h}{d}}$ (m^3/h)

$Q(\text{m}^3/\text{hr}) = 0.009 \times (0.6\text{mm})^2 \times \sqrt{\dfrac{280}{1.7}} \times 10^3 \ell/\text{hr} \times 4\text{hr}$

$= 166.32\ell$

63. 어느 집단 공급 아파트에서 1일 1호당 평균 가스 소비량이 1.33kg/day, 가구수가 60이며 피크시 평균 가스 소비율이 80%일 때 평균가스 소비량은 몇 kg/hr인가?

㉮ 40.24 　　　㉯ 50.84

㉰ 55.80 　　　㉱ 63.84

[해설] $Q = q \times N \times n = 1.33 \times 60 \times 0.8 = 63.84$kg/hr

Q : 피크시 평균가스 소비량 (kg/hr)

q : 1일 1호당 평균가스 소비량 (kg/hr)

N : 세대수

n : 소비율

※ 용기수량 설계

① 최대 소비수량
  : 평균가스 소비량×소비자 호수 ×평균가스 소비율

② 피크시의 평균가스 소비량(kg/h) : 1호당의 평균가스 소비량 ×호수×피크시의 가스평균 소비율

③ 필요 최저용기 개수 = $\dfrac{\text{피크시 평균가스 소비량(kg/h)}}{\text{피크시 용기 1개당 발생능력(kg/h)}}$

④ 2일분의 용기 개수
  = $\dfrac{\text{1호당 1일의 평균가스 소비량(kg/day)×2일×호수}}{\text{용기의 질량(크기)}}$

⑤ 표준용기 설치 개수 = 필요 최저용기 개수 + 2일분 충당용기 개수

⑥ 2열의 합계용기 개수 = 표준용기 설치개수×2

64. 1분당 5L의 출탕능력을 갖는 8호 순간온수기를 사용하여 욕조에 온수를 채웠을 때 열효율(%)은 얼마인가? (단, in-put은 9,000kcal/h이고, 8호 온수기는 온수를 25℃ 상승시킬 수 있는 능력을 갖는다.)

㉮ 75%   ㉯ 78%

㉰ 83%   ㉱ 88%

해설 $\eta(\%) = \dfrac{out\ put}{in\ put} \times 100 = \dfrac{5 \times 25 \times 60}{9000} \times 100 = 83.33\%$

65. 비열이 0.6인 액체 7,000kg을 30℃에서 80℃까지 상승시 몇 m^3의 C_3H_8이 소비되는가? (단, 열효율은 90%, 발열량은 24,000kcal/m^3이다)

㉮ 5.6m^3 ㉯ 6.6m^3

㉰ 8.7m^3 ㉱ 9.7m^3

해설 연료소비량 = $\dfrac{흡열량}{발열량 \times 열효율}$

$= \dfrac{7,000 \times 0.6 \times 50 \times 1}{24,000 \times 0.9} = 9.7m^3$

66. 프로판이 공기와 혼합하여 완전연소 할 수 있는 프로판의 최소농도는 약 몇 %인가?

㉮ 3   ㉯ 4

㉰ 5   ㉱ 6

해설 $C_3H_8 + 5O_2 \rightarrow 3CO_2 + 4H_2O$

C_3H_8농도$(\%) = \dfrac{C_3H_8}{C_3H_8량 + 공기량} \times 100$

$= \dfrac{1}{1 + 5\dfrac{100}{21}} \times 100 ≒ 4\%$

67. LP가스 저장탱크에서 반드시 부착하지 않아도 되는 부속품은?

㉮ 긴급차단밸브   ㉯ 온도계

㉰ 안전밸브   ㉱ 액면계

해설 LPG 저장탱크의 부속품
안전밸브, 긴급차단밸브, 액면계, 압력계

68. 다음 그림은 액화석유가스 50kg 용기 2개를 설치하고 가스보일러는 사용하는 어떤 가정의 공급설비 구성도이다. ①, ②, ③, ④의 명칭을 바르게 나타낸 것은?

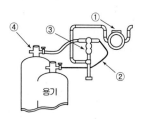

㉮ ① 중간밸브   ② 축도관
　 ③ 압력조정기   ④ 용기밸브

㉯ ① 글로브밸브   ② 고압호스
　 ③ 압력조정기   ④ 용기밸브

㉰ ① 용기밸브   ② 축도관
　 ③ 압력조정기   ④ 중간밸브

㉱ ① 중간밸브   ② 고압호스
　 ③ 압력조정기   ④ 용기밸브

69. 다음 중 LP가스 연소기구가 갖추어야 할 구비조건이 아닌 것은?

㉮ 취급이 간단하고 안정성이 높아야 한다.

㉯ 잔가스 소비량은 표시치의 ±5% 이내이어야 한다.

㉰ 열을 유효하게 이용할 수 있어야 한다.

㉱ 가스를 완전연소 시킬 수 있어야 한다.

해설 잔가스 소비량 ±10% 이내이어야 한다.

정답　64. ㉰　65. ㉱　66. ㉯　67. ㉯　68. ㉱　69. ㉯

70. LPG 배관공사 후 행하는 기밀시험으로 맞는 것은?

㉮ 가스 압력은 언제나 100mmHg 이하로 한다.

㉯ 조정기와 연소기 사이의 배관은 100mmHg의 기밀시험을 행한다.

㉰ 접합부는 비눗물을 사용하여 누설 여부를 점검한다.

㉱ 접합부에는 라이터 불을 이용하여 점검한다.

해설 ① 소규모 사용설비 배관의 기밀시험
㉮ 목적 : 가스 누설 유무를 검사하는 시험이다.
㉯ 시험방법 : 공기 또는 질소 등 불활성 가스를 이용한다.
㉰ 시험압력 : 840mmAq 이상 1,000mmAq 이하로 한다.
㉱ 유지시간 : 당해 배관의 총용량 별로 행한다.
　• 10L 이하 : 5분
　• 10L 초과 50L 이하 : 10분
　• 50L 초과 : 24분
② 중규모의 사용설비 배관의 기밀시험
㉮ 중압배관의 기밀시험
　• 질소가스, 공기, 탄산가스 등 불연성 가스로 한다.
　• 기밀시험 유지시간 : 배관용적에 따라 시간을 유지한다.
　　－ 배관용적 50L 초과 1m^3 미만 : 24분
　　－ 배관용적 1m^3 초과 10m^3 미만 : 240분
㉯ 저압배관의 기밀시험 : 소규모 설비의 시험에 준한다.

71. LP가스를 자동차 연료로 사용시 장점이 아닌 것은?

㉮ 엔진 수명이 연장된다.

㉯ 공해가 적다.

㉰ 급속한 가속이 가능하다.

㉱ 완전연소 된다.

해설 LP 가스를 자동차용으로 사용시 특징
① 장점
㉮ 발열량이 높고 기체로 되기 때문에 완전연소 한다.
㉯ 완전연소에 의해 탄소의 퇴적이 적어 점화전(Spark plug) 및 엔진의 수명이 연장된다.
㉰ 공해가 적다.
㉱ 경제적이다.
㉲ 열효율이 높다.
② 단점
㉮ 용기의 무게와 장소가 필요하다.
㉯ 급속한 가속은 곤란하다.
㉰ 누설가스가 차 내에 오지 않도록 밀폐시켜야 한다.
③ LP가스 자동차의 연료공급과정
　LPG → 탱크필터 → 전자밸브 → 기화기 → 카브레터 → 엔진

70. ㉰　71. ㉰　정답

도시가스 설비

도시가스의 제조공정 및 기화장치의 종류와 특징, 누설 시 감지할 수 있는 부취제의 종류와 공급압력에 따른 정압기를 배운다.

01 도시가스 원료의 종류

POINT

- 고체 연료 : 석탄, 코크스
- 액체 연료 : 납사, LPG, LNG
- 기체 연료 : 천연가스, 오프가스(off gas)

(1) 천연가스(Natural Gas : NG)

① 도시가스로서 사용할 경우
- ㉮ 천연가스를 그대로 공급한다($9,000 \sim 9,500 \text{kcal/N} \cdot \text{m}^3$).
- ㉯ 천연가스를 공기로 희석하여 공급한다($4,500 \sim 6,000 \text{kcal/N} \cdot \text{m}^3$).
- ㉰ 종래의 도시가스에 혼합하여 공급한다.
- ㉱ 종래의 도시가스와 유사한 성질의 가스로 개질하여 공급한다.

② 정제면 : H_2S 등의 불순물이 적다.
③ 공해면 : H_2S, 매연 등으로 환경오염이 없다.

- 천연가스(CNG)와 액화천연가스(LNG)의 주성분 메탄(CH_4)

- 천연가스(CNG), 액화천연가스(LNG), 액화석유가스(LPG) 정제장치가 필요 없다.

- 납사
정제장치가 필요하다.

(2) LNG(Liquefied Natural Gas)

천연가스를 -162℃까지 냉각 액화한 것으로 액화 전에 CO_2, H_2S, 중질 탄화수소 등이 정제 제거되었기 때문에 기화한 LNG는 불순물이 없다.

① LNG 제조 : LNG는 천연가스를 액화하기 전에 제진, 탈황, 탈탄소, 탈수, 탈습 등의 전처리를 한다.
   ※ LNG 제조법
   - 캐스케이드법
   - 단열팽창법

가스 → 아민세척 (슬피놀법) → 냉각탈수 → 탈습 (몰리큘러시브) → 중질분 분리 (저온처리) → 액화

↓   ↓   ↓   ↓

CO_2, H_2S H_2O 벤젠 증류탑   LNG

② 정제면 : LNG를 제조하기 전에 CO_2, H_2S 등의 불순물이 제거된 상태이기 때문에 탈황 등의 정제장치는 필요 없다.

③ 저장면 : LNG는 비점 $-162℃$ 초저온이므로 저장설비가 필요하다.

    ㉮ 설비의 재료 : 9% Ni강, 오스테나이트 스테인리스강, 알루미늄 합금강 등이 쓰인다.

    ㉯ 저온 저장설비이므로 단열재를 사용해야 한다.

(3) 나프타(naphtha) (납사)

① 납사의 성상

    ㉮ 파라핀 탄화수소가 많을 것

    ㉯ 유황분이 적은 것

    ㉰ carbon의 석출이 적은 것

    ㉱ 촉매의 활성에 영향이 없을 것

    ㉲ EP(유출 온도 종점)가 높지 않을 것

② PONA

    ㉮ P(파라핀계 탄화수소) : 수증기 개질을 하기 쉬우며 가스화 효율도 높다.

    ㉯ O(오리핀계 탄화수소) : 카본, 중합물의 생성이 많다.

    ㉰ N(나프텐계 탄화수소)

    ㉱ A(방향족 탄화수소) : 나프탈렌 등의 생성을 일으키기 쉽다.

(4) LPG(Liquefied Petroleum Gas)

프로판, 부탄, 부틸렌을 주성분으로 하는 탄화수소이고 에탄, 에틸렌, 펜탄 등도 소량 함유되어 있다.

POINT

• 파라핀계 탄화수소가 많을수록 가스화가 용이하고 카본 색출이 적다.

※ 도시가스로서의 공급방법

- LP 가스에 공기를 희석하여 공급
- LP 가스를 직접 공급하는 방법
- 종래의 도시가스에 직접 혼입하여 공급하는 방법
- 개질시켜 공급하는 방법

02 도시가스의 정제공정

(1) 탈황법

① 건식 탈황법

㉮ 원리 : 산화철($Fe_2O_3 \cdot 3H_2O$)을 사용하여 H_2S를 제거하는 방법

$Fe_2O_3 \cdot 3H_2O + 3H_2S \rightarrow Fe_2S_3 + 6H_2O$(중성, 염기성)

$Fe_2O_3 \cdot 3H_2O + 3H_2S \rightarrow 2FeS + S + 6H_2O$(산성)

㉯ 조건

㉠ 기내의 온도 : 30℃ 전후

㉡ 수분 : 10% 이하

㉢ 가스속도 : 0.4m/min

② 습식 탈황법

㉮ 원리 : 산성인 황화수소를 알카리성인 흡수액을 사용하여 흡수 제거하는 방법

㉯ 탈황법의 종류

㉠ 흡수법   ㉡ 산화법   ㉢ 평형법

㉰ 습식 탈황법의 흡수액 : 암모니아수(NH_3OH), 탄산나트륨(Na_2CO_3)

(2) 나프탈렌 제거

① 세정법 : 냉각작용, 충격작용에 의하여 나프탈렌, 타르, 먼지 등 불순물 제거
② 흡수법(오일세정기) : 세정유를 이용하여 나프탈렌을 흡수 제거

03 도시가스 제조방식(Process)

(1) 열분해 공정

분자량이 큰 원료(나프타, 원유 등)를 800~900℃로 분해하여 고열량 ($10{,}000kcal/Nm^3$)의 가스를 제조하는 방법으로 단계는 다음과 같다

① 개시반응
② 연쇄전환반응
③ 정지반응

(2) 접촉분해(수증기 개질)공정

① 원 리

탄화수소와 수증기를 400~800℃에서 반응시켜 메탄, 에탄, 에틸렌, 프로필렌, 수소, 일산화탄소, 이산화탄소 등 저급 탄화수소로 변화시키는 반응

$$CO + H_2O \rightarrow CO_2 + H_2 \uparrow$$
$$CO + 3H_2 \rightarrow CH_4 \uparrow + H_2O$$

② 접촉분해법의 여러 현상

㉮ 700℃ 이상일 때 수소와 일산화탄소는 증가하고 메탄과 이산화탄소는 감소한다.
㉯ 수증기의 탄화수소비가 클 때는 수소와 이산화탄소는 증가하고 메탄과 일산화탄소는 감소한다.
㉰ 저온일 때 메탄과 이산화탄소가 증가한다.
㉱ 고압 때 메탄과 이산화탄소는 증가하고 수소와 일산화탄소는 감소한다.
㉲ 카본생성방지방법 : 고온, 저압, 고수증기

• 접촉분해법의 열의 여러 현상

구 분	H_2, CO	CH_4, CO_2
700℃ 이상	증가	감소
고압	감소	증가
저온	감소	증가

③ 접촉분해법의 종류

㉮ 저온수증기 개질법 : 메탄분이 많은 열량 $6{,}500kcal/Nm^3$ 전후의 가스를 제조하는 방법
㉯ 고온수증기 개질법 : 연소속도가 빠른 열량 $3{,}000kcal/Nm^3$ 전후의 수소 성분이 많은 가스를 제조하는 방법

㉤ Cyclic식 접촉분해법 : 석출탄소를 가열기에 연소시킬 수 있어 수증기와 탄소비를 줄일 수 있는 방법으로 천연가스에서 원유에 이르는 넓은 범위의 원료가 사용될 수 있다.

(3) 부분연소 공정

고온, 고압에서 탄화수소를 원료로 산소, 공기, 수증기를 이용하여 탄산가스, 일산화탄소, 메탄, 수소 등을 제조하는 방법

(4) 수소화 분해 공정

니켈 등의 수소화 촉매를 사용하여 나프타 등 C/H가 낮은 탄화수소를 메탄으로 변화시키는 방법

(5) 대체 천연가스 공정

나프타, 원유, 중질유, LPG, 석탄 등으로 제조되며 대체천연가스 또는 합성천연가스라 한다.

04 원료 송입방법에 의한 분류

(1) 연속식

원료는 연속적으로 송입되며 가스의 발생도 연속으로 된다.

(2) 배치식

원료를 일정량의 가스화실에 넣어 가스화하는 방식이다.

(3) 사이클릭식(Cyclic식)

연속식과 배치식의 중간 방식이다.

05 가열방식에 의한 분류

(1) 외열식

원료가 들어 있는 용기를 외부에서 가열하는 방식

(2) 축열식(내열식)

반응기 내에서 연료를 연소시켜 충분히 가열한 후 원료를 송입하여 가스화의 열원으로 한다.

(3) 부분연소식

원료에 소량의 공기와 산소를 혼합하여 가스 발생의 반응기에 넣어 원료의 일부를 연소시켜 그 열을 이용하여 원료를 가스화 열원으로 한다.

(4) 자열식

가스화에 필요한 열을 발열반응에 의해 가스를 발생시키는 방식이다.

핵 심 문 제

01 액화 천연가스를 도시가스 원료로 사용할 때 액화 천연가스의 특징을 옳게 설명한 것은?

㉮ 천연가스의 C/H비가 3이고 기화 설비가 필요하다.
㉯ 천연가스의 C/H비가 4이고 기화 설비가 필요 없다.
㉰ 천연가스의 C/H비가 3이고 가스 제조 및 정제 설비가 필요하다.
㉱ 천연가스의 C/H비가 4이고 개질 설비가 필요하다.

02 다음 중 원료 천연가스 중의 수분을 최종적으로 제거할 때 주로 사용하는 것은?

㉮ 실리카겔
㉯ 황산
㉰ 가성소다
㉱ Molecular-sieve

03 도시가스 원료로 사용되는 LNG의 특징에 대한 설명으로 가장 거리가 먼 것은?

㉮ 기화설비만으로 도시가스를 쉽게 만들 수 있다.
㉯ 냉열 이용이 가능하다.
㉰ 대기 및 수질 오염 등 환경문제가 없다.
㉱ 상온에서 쉽게 저장할 수 있다.

04 도시가스 제조공정에서 원료 중에 함유되어 있는 황은 가스 중에 불순물로서 혼입된다. 혼입된 황 성분을 제거하는 방법인 습식 탈황법에서 사용하는 흡수제는?

㉮ 실리카겔
㉯ 산화철($Fe_2O_4 \cdot 3H_2O$)
㉰ 암모니아수(NH_3OH)
㉱ 염화칼슘($CaCl_2$)

05 가스용 납사(Naphtha) 성분의 구비 조건으로 옳지 않은 것은?

㉮ 유황분이 적을 것
㉯ 나프텐계 탄화수소가 많을 것
㉰ 카본석출이 적을 것
㉱ 유출온도 종점이 높지 않을 것

해 설

해설 01
액화천연가스 주성분 : CH_4
CH_4의 C/H비 : $\dfrac{12}{1 \times 4} = 3$

해설 03
비점이 약 −162℃로 초저온액체이므로 저온 저장 설비가 필요하고 설비 재료의 선택과 취급에 주의를 요한다.

해설 05
① 파라핀계 탄화수소가 많을 것
② 촉매의 활성에 악영향을 미치지 않을 것

01. ㉮ 02. ㉱ 03. ㉱
04. ㉰ 05. ㉯

정답

06 원유, 등유, 나프타 등 분자량이 큰 탄화수소 원료를 고온(800~900℃)으로 분해하여 10000kcal/m³ 정도의 고열량가스를 제조하는 방법은?

㉮ 열분해공정

㉯ 접촉분해공정

㉰ 부분연소공정

㉱ 대체천연가스공정

07 도시가스 제조설비 중 나프타의 접촉분해(수증기 개질)법에서 생성가스 중 메탄 성분을 많게 하는 조건은?

㉮ 반응속도를 저하시키고 압력을 상승시키면 생성가스 중 메탄(CH_4)이 많아진다.

㉯ 반응온도 및 압력을 상승시키면 생성가스 중 메탄이 많아진다.

㉰ 반응온도의 저하와 압력을 감소시키면 생성가스 중 메탄이 많아진다.

㉱ 반응온도의 상승과 압력을 감소시키면 생성가스 중 메탄이 많아진다.

해설 나프타의 접촉분해(수증기 개질)법에서

구 분	CH_4와 CO_2	H와 CO
압력 상승 시	증가	감소
압력 하강 시	감소	증가
온도 상승 시	감소	증가
온도 하강 시	증가	감소

08 촉매를 사용하여 반응온도 400~800℃로 탄화수소와 수증기를 반응시켜 CH_4, H_2, CO, CO_2로 변환하는 프로세스는?

㉮ 열분해 프로세스

㉯ 접촉분해 프로세스

㉰ 수소화 분해프로세스

㉱ 대체 천연가스 프로세스

해설 **08**

접촉분해프로세스

① 온도가 700℃ 이상일 때 : H_2와 CO 증가, CH_4과 CO_2 감소

② 수증기의 탄화수소비가 클 때 : H_2와 CO 증가, CH_4과 CO_2 감소

③ 저온일 때 : CH_4과 CO_2 증가

④ 고압일 때 : H_2와 CO 감소, CH_4과 CO_2 증가

09 접촉분해(수증기 개질)에서 카본생성을 방지하는 방법으로 알맞은 것은?

㉮ 고온, 고압, 고수증기

㉯ 고온, 저압, 고수증기

㉰ 저온, 고압, 고수증기

㉱ 저온, 저압, 고수증기

10 가스화 프로세스에서 발생하는 일산화탄소의 함량을 줄이기 위한 CO 변성반응을 옳게 나타낸 것은?

㉮ $CO+3H_2 \rightarrow CH_4+H_2O$

㉯ $CO+H_2O \leftrightarrows CO_2+H_2$

㉰ $2CO \rightarrow CO_2+C$

㉱ $2CO +2H_2 \leftrightarrows CH_4+CO_2$

11 도시가스 제조법 중 수첨분해법으로 조업할 때의 조건을 옳지 않은 것은?

㉮ 원료는 나프타를 사용하지만 LPG도 가능하다.

㉯ 반응 온도는 750℃정도이며 압력은 20~30kgf/cm²이다.

㉰ 수소비는 원료 1kg당 1,000m³ 정도이다.

㉱ 반응기 내에서 순환하고 있는 가스양과 원료 송입량과의 비는 1 : 5 이다.

12 원유에서의 대체천연가스(SNG) 프로세스 중 유동식 수첨분해법에 해당하는 것은?

㉮ 원유를 750℃에서 산소와 수소와 반응시켜 메탄성분을 많게 하는 방법이다.

㉯ 원유를 750℃에서 산소와 수증기를 반응시켜 메탄성분을 많게 하는 방법이다.

㉰ 원유를 450℃에서 수소 및 수증기를 반응시켜 메탄성분을 많게 하는 방법이다.

㉱ 원유를 부분 연소시켜 메탄성분을 많게 하는 방법이다.

13 가스 제조 공정에서 원료의 송입법에 의한 분류에 해당되지 않는 것은?

㉮ 외열식   ㉯ 연속식

㉰ 배치식   ㉱ cyclic식

해설 **13**
① 원료 송입법에 의한 분류 : 연속식, 배치식(batch type), 사이클릭식(cyclic type)
② 가열 방식에 의한 분류 : 외열식, 축열실, 부분 연소식, 자열식

해 설

11. ㉱   12. ㉮   13. ㉮   정답

06 수송압력에 따른 공급방식

(1) 저압 공급방식

가스제조소에서 수요가의 사용압력으로 공급하는 방식으로 일반적으로 가스홀더(gas holder)의 압력을 이용하여 정압기를 통하여 송출한다.

① 가스압력 : 0.1MPa 미만의 압력으로 공급한다.

② 용도 : 공급량이 적고 공급구역이 좁은 소규모의 가스 사업소에 적용된다.

(2) 중압 공급방식

가스제조소에서 중압으로 송출하여 공급구역 내에 설치된 지역 정압기에 의해 저압으로 하여 가스 수요가에 공급하는 방식이다.

① 가스압력 : 중압 B(0.1MPa 이상~0.3MPa 미만), 중압 A(0.3MPa 이상~1MPa 미만)

② 용도 : 공급량이 많고 공급처까지 거리가 멀 때 사용한다.

(3) 고압 공급방식

가스제조소에서 고압으로 송출하여 고압 정압기(A)에 의해 중압(B)로 다시 지역 정압기에 의해 저압으로 정압하여 수용가에 공급하는 방식

① 가스압력 : 1MPa 이상의 압력으로 공급한다.

② 용도 : 공급구역이 넓고 다량의 가스를 원거리 송출할 경우 사용된다.

POINT

• 도시가스
① 저압 : 0.1MPa 미만
② 중압 : 0.1MPa 이상
1MPa 미만
③ 고압 : 1MPa 이상

• LPG
① 저압 : 0.01MPa 미만
② 중압 : 0.01MPa 이상
0.2MPa 미만
③ 고압 : 0.2MPa 이상

07 가스홀더(gas holder)

(1) 가스홀더의 기능

① 가스 수요의 시간적 변화에 따라 일정한 제조가스량을 안정하게 공급하고 저장을 확보한다.

② 정전, 도관공사 등의 제조 및 공급설비의 일시적 중단 될 때 어느 정도의 공급을 확보 한다.

③ 조성이 변동하는 제조가스를 혼합하고 공급가스의 성분, 열량, 연소성 등의 성질을 균일화 한다.

④ 소비지역 가까이에 설치하여 피크시 도관 수송량을 경감시킨다.

(2) 가스홀더의 종류

① **유수식 가스홀더** : 물탱크에 가스를 띄우고 그 위에 가스탱크를 씌워 가스의 출입에 따라 가스탱크가 상하로 움직인다.

　㉮ 저압인 제조설비에 사용된다.

　㉯ 대량의 물이 필요하다.

　㉰ 구형 홀더에 비해 유효 가동량이 크다.

　㉱ 한랭지에는 물의 동결방지가 필요하다.

　㉲ 압력이 가스조의 수에 따라 변동한다.

② **무수식 가스홀더** : 저부의 가스실과 상부의 공기실이 자유 피스톤에 의해 나누어지고 가스출입에 따라 피스톤이 상하로 움직인다.

　㉮ 기체 상태로 가스를 저장할 수 있다.

　㉯ 구형 가스홀더에 비해서 유효 가동량이 크다.

　㉰ 유수식 가스홀더에 비해서 작동 중 가스압이 거의 일정하다.

　㉱ 수조가 필요 없으므로 기초가 간단하고 설비가 경제적이다.

③ **구형 가스홀더**

　㉮ 고압 저장탱크로서 건설비가 싸다.

　㉯ 기초 및 구조가 단순하며 공사가 용이하다.

　㉰ 보존면에서 유리하고 누설이 완전 방지된다.

　㉱ 동일량의 가스 또는 액체를 저장하는 경우 표면적이 적고 강도가 높다.

　㉲ 형태가 아름답다.

• 가스홀더의 분류
① 저압 가스홀더 : 유수식 가스홀더, 무수식 가스홀더
② 중, 고압 가스홀더 : 원통형 가스홀더, 구형 가스홀더

• 가스홀더의 용량

🔑 가스제조 공장에서 17~20시의 공급이 40%로 가스홀더의 활동량이 1일 공급량이 15%일 때 하루 최대 공급량이 500m³이라면 필요한 제조능력은 몇 m³/h인가?

▶ $M = (s \times a - \Delta H) \times \dfrac{24}{t}$

$= (500 \times 0.4 - 500 \times 0.15)$

$\times \dfrac{24}{3} = 1000 \text{m}^3/\text{day}$

$= 41.67 \text{m}^3/\text{h}$

(3) 가스홀더의 용량

$$s \times a = \frac{t}{24} \times M + \triangle H$$

M : 최대 제조 능력(m³/day)

S : 최대 공급량(m³/day) t : 공급시간

a : t시간 동안의 공급률

$\triangle H$: 가스홀더의 가동용량(m³/day)

※ $\triangle H$는 가스홀더의 가동용량이며 공칭용량 H는 일반적으로 가동용량보다도 20~30% 큰 용량을 필요로 한다.

(4) 구형 가스홀더의 두께 계산

$$t = \frac{PD}{4S\eta - 0.4P} + C$$

t : 구형 가스홀더의 두께(mm) D : 홀더의 내경(mm)

S : 허용응력(N/mm²) η : 용접효율

P : 상한압력(MPa) C : 부식여유수치(mm)

POINT

• 허용응력=인장강도× $\frac{1}{4}$

---

08 정압기(governor)

(1) 정압기의 개요

정압기는 가스가 통과하는 배관의 도중에 삽입해서 2차 압력을 신호원 1차 압력 또는 2차 압력을 구동력원으로 해서 작동하는 자력식 압력조절밸브로서 1차 압력 및 부하유량의 변동에 관계없이 2차 압력을 일정한 압력으로 유지하는 기능을 가지고 있다.

• 정압기
1차측 압력에 관계없이 2차측 압력을 일정한 압력으로 유지

(2) 정압기의 원리

정압기에는 직동식과 pilot 식이 있고 pilot식에는 구동압력이 증가하면 개도(開度)가 감소하는 형식(unloading형)과 구동압력이 증가하면 개도도 증가하는 형식(loading형)이 있다.

(3) 기본구조

정압기의 기본 구조는 나타내는 것 같이 다이어프램, 스프링(또는 추) 및 메인밸브(조정밸브)로 구성되어 있는데 각각의 역학은 다음과 같다.

① 다이어프램(diaphragm) : 2차 압력을 감지하고 이 2차 압력의 변동을 메인밸브에 전달하는 부분
② 스프링(또는 추)(spring) : 조정할 압력(2차 압력)을 설정하는 부분
③ 메인밸브(조정밸브)(main valve) : 가스의 유량을 그의 개도에 따라서 직접 조정하는 부분

(4) 정압기의 종류와 특징

종 류	특 징	사용압력
fisher 식	• loading 형 • 정특성, 동특성이 모두 좋다. • 비교적 간단하다.	• 고압 → 중압 A • 중압 A → 중압 A, 중압 B • 중압 A, 중압 B → 저압
axial flow 식	• 변칙 unloading 형 • 정특성, 동특성이 모두 좋다 • 고차압이 될 수록 특성이 좋다. • 극히 간단하다.	
Reynolds 식	• unloading 형 • 정특성은 극히 좋으나 안전성이 나쁘다. • 다른 것에 비해서 크다.	• 중압 B → 저압 • 저압 → 저압
KRF 식	• Reynolds식과 같다.	

(5) 정압기의 특성

① 정압기의 특성 : 정압기를 선정하는 데는 다음의 각 특성이 대상이 된다.
  ㉮ 정특성(off set, lock up 및 shift) : 정상상태에 있어서의 유량과 2차 압력과의 관계를 말한다.
    ㉠ lock up : 설정압력과 유량이 0일 때 끝맺는 압력과의 차
    ㉡ off set : 유량변화로 Ps와의 압력차
    ㉢ shift : 1차 압력 변화에 따라 정압곡선이 전체적으로 어긋나는 차

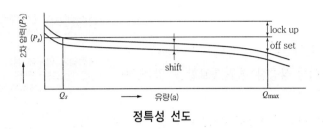

정특성 선도

ⓝ 동특성 : 동특성은 부하변화가 큰 곳에 사용되는 정압기에 대하여 중요한 특성인데 부하변화에 대한 응답의 신속성과 안전성이 요구된다.

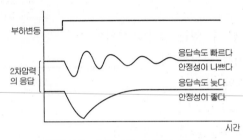

부하변동에 대한 2차 압력의 응답 예

ⓒ 유량특성 : 정압기의 유량특성은 메인밸브의 열림과 유량의 관계를 말한다.
  ㉠ 직선형 : 메인밸브의 개구부 모양이 장방향의 슬릿(slit)으로 되어 있으며 열림으로부터 유량을 파악하는데 편리하다
  ㉡ 2차형 : 개구부의 모양이 삼각형(V자형)의 메인밸브로 되어 있으며 천천히 유량을 증가하는 형식으로 안정적이다
  ㉢ 평방근형 : 접시형의 메인밸브로 신속하게 열(開)필요가 있을 경우에 사용하며 다른 것에 비하여 안정성이 좋지 않다
ⓡ 사용최대차압 : 1차 압력과 2차 압력의 차압이 작용하여 정압 성능에 영향을 주나 이것이 실용적으로 사용할 수 있는 범위에서 최대로 되었을 때 차압
ⓜ 작동최소차압 : 정압기가 작동할 수 있는 최소차압

(6) 정압기의 설치 기준

① 입구 및 출구에는 가스차단장치를 설치한다.

② 정압기 출구 배관에는 가스 압력이 이상 상승할 경우 통보할 수 있는 경보 장치를 설치할 것

③ 침수 위험이 있는 지하에 설치하는 정압기는 침수방지조치를 할 것

④ 가스 중 수분의 동결에 의해 정압기능을 저해할 우려가 있을 경우에는 동결방지 조치를 할 것

⑤ 정압기는 2년 1회 분해점검 필터는 1년 1회(공급개시 후 1월 이내 점검)
　　㉮ 단독사용자에게 가스를 공급시 정압기 필터는 3년 1회 이상 분해 점검
　　㉯ 작동 상황 점검 : 1주 1회

⑥ 정압기 출구에는 가스의 압력을 측정기록 할 수 있는 장치를 설치할 것

⑦ 정압기 입구에는 수분 및 불순물 제거장치를 설치할 것

⑧ 정압기실에 설치하는 전기설비는 방폭구조일 것

⑨ 정압기의 분해점검 및 고장에 대비하여 예비정압기를 설치할 것

⑩ 정압기실은 통풍이 잘되지 않을 시는 강제통풍장치를 설치할 것

⑪ 정압기에는 안전밸브 및 가스방출관을 설치하고 가스방출관의 방출구는 주위에 불등이 없는 안전한 위치로서 지면으로부터 5m 이상의 높이에 설치할 것(단, 전기시설물과의 접촉 등으로 사고의 우려가 있는 장소에서는 3m 이상으로 할 수 있다.)

⑫ 지하에 설치하는 지역정압기의 조명도는 150lux를 확보할 것

(7) 정압기 용량

사용조건에 의하게 되나 일반적으로 최저 1차 압력의 정압기 최대 용량의 60~80% 정도의 부하가 되도록 정압기 용량을 선정하면 좋다.

(8) 2차 압력 이상 상승

종 류	원 인	조치사항
피셔식	• 메인 밸브에 먼지류가 끼어들어 cut-off 불량 • 메인 밸브의 밸브 폐쇄 불량 • polot supply valve에서의 누설 • center 스템과 메인 밸브의 접속 불량 • 바이패스 밸브류의 누설 • 가스 중 수분의 동결	• 필터의 설치 • 밸브의 교환 • 밸브의 교환 • 분해 정비 • 밸브의 교환 • 동결방지 조치

종 류	원 인	조치사항
레이놀즈식	• 메인 밸브에 먼지류가 끼어들어 cut-off 불량 • 저압 보조정압기의 cut-off 불량 • 메인 밸브 시트의 조립 불량 • 중, 저압 보조 정압기의 다이어프램 누설 • 바이패스 밸브류의 누설 • 2차압 조절관 파손 • oxalic valve 내에 물이 침입하였을 때 • 가스 중 수분의 동결	• 필터의 설치 • 분해 정비 • 분해 정비 • 다이어프램 교환 • 밸브의 교환 • 조절관의 교체 • 침수방지 조치 • 동결방지 조치
액시얼 - 플로식	• 고무 슬리브, 게이지 사이에 먼지류가 끼어들어 cut-off 불량 • 파일럿의 cut-off 불량 • 파일럿계 필터, 조리개에 먼지 막힘 • 고무 슬리브 하류측의 파손 • 2차압 조절관 파손 • 바이패스 밸브류의 누설 • 파일럿 대기측 다이어프램 파손	• 필터의 설치 • 분해 정비 • 분해 정비 • 고무슬리브 교환 • 조절관 교환 • 밸브 교환 • 다이어프램 교환

(9) 2차압 이상 저하

종 류	원 인	조치사항
피셔식	• 정압기 능력 부족 • 필터의 먼지류의 막힘 • 파일럿의 오리피스의 녹 막힘 • center stem의 작동 불량 • stroke 조정 불량 • 주 다이어프램의 파손	• 적절한 정압기로 교환 • 필터의 교환 • 필터 교환과 분해 정비 • 분해 정비 • 분해 정비 • 다이어프램의 교환
레이놀즈식	• 정압기 능력 부족 • 필터의 먼지류의 막힘 • center stem의 조립 불량 • 저압 보조 정압기의 열림 정도 부족 • 주 보조 weight의 부족 • 니들 밸브의 열림 정도 over • 동결	• 적절한 정압기로 교환 • 필터의 교환 • 분해 정비 • 분해 정비 • weight 조정 • 분해 정비 • 동결 방지 조치
액시얼 - 플로식	• 정압기 능력 부족 • 필터의 먼지류의 막힘 • 조리개 열림 정도 over • 고무 슬리브 상류측 파손 • 파일럿 2차 측 다이어프램 파손	• 적절한 정압기로 교환 • 필터의 교환 • 열림 정도 교환 조정 • 고무 슬리브 교환 • 다이어프램 교환

POINT

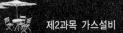
01 도시가스 홀더(gas holder)의 기능에 대한 설명으로 가장 거리가 먼 것은?

㉮ 가스 수요의 시간적 변화에 대한 안정적인 공급이 가능하다.

㉯ 조성이 다른 가스를 혼합하여 가스의 성분, 열량, 연소성을 균일화한다.

㉰ 가스 홀더를 설치함으로 도시가스 폭발을 방지할 수 있다.

㉱ 가스 홀더를 소비지역 가까이 둠으로써 가스의 최대 사용시 제조소에서 배관 수송량을 안정하게 할 수 있다.

02 원통형 또는 다각형의 외통과 그 내벽을 상하로 미끄러져 움직이는 편판상의 피스톤 및 바닥판, 지붕판으로 구성된 가스홀더(holder)는?

㉮ 고압식 가스홀더   ㉯ 무수식 가스홀더

㉰ 유수식 가스홀더   ㉱ 구형 가스홀더

03 1차 압력 및 부하 유량의 변동에 관계없이 2차 압력을 일정한 압력으로 유지하는 기능의 가스공급 설비는?

㉮ 가스홀더   ㉯ 압송기

㉰ 정압기   ㉱ 안전장치

04 정압기에서 유량특성은 메인밸브의 열림과 유량과의 관계를 말한다. 다음 중 유량특성의 종류가 아닌 것은?

㉮ 직선형   ㉯ 2차형

㉰ 3차형   ㉱ 평방근형

05 부하변화가 큰 곳에 사용되는 정압기의 중요한 특성으로 부하변동에 대한 신속성과 안전성이 요구되는 특성은?

㉮ 정특성   ㉯ 유량특성

㉰ 동특성   ㉱ 사용최대차압

해 설

해설 01

㉮, ㉯, ㉱ 외에 공급설비의 일시적 중단에 대하여 어느 정도 공급량을 확보한다.

해설 04

유량특성 : 메인밸브의 열림과 유량의 관계

① 직선형 : 메인밸브의 개구부 모양이 장방향의 슬릿(slit)으로 되어 있으며 열림으로부터 유량을 파악하는데 편리하다.

② 2차형 : 개구부의 모양이 삼각형(V자형)의 메인밸브로 되어 있으며 천천히 유량을 증가하는 형식으로 안정적이다.

③ 평방근형 : 접시형의 메인밸브로 신속하게 열(開) 필요가 있을 경우에 사용하며 다른 것에 비하여 안정성이 좋지 않다.

해설 05

정압기의 특성

① 정특성 : 유량과 2차압력과의 관계

② 동특성 : 부하변화가 큰 곳에 사용되는 정압기는 부하변동에 대한 응답의 신속성과 안전성

③ 유량특성 : 메인밸브의 열림과 유량과의 관계

01. ㉰   02. ㉯   03. ㉰
04. ㉰   05. ㉰

정답

06 정압기 특성 중 유량과 2차 압력과의 관계를 나타내는 것은?

㉮ 정특성
㉯ 유량특성
㉰ 동특성
㉱ 작동 최소 압력

07 다음 [보기]는 파일럿 직동식 정압기의 특성에 대한 것이다. 직동식 정압기의 특성을 모두 고른 것은?

> **보기**
> ㉠ 웨이트 제어식인 것은 안정성이 부족하다.
> ㉡ 2차 압력을 마감 압력으로서 이용하므로 로크업은 크게 된다.
> ㉢ 높은 압력의 제어 정도가 요구되는 경우에 적합하다.
> ㉣ 신호 계통이 단순하므로 응답 속도가 빠르다.

㉮ ㉠, ㉡
㉯ ㉡, ㉢
㉰ ㉡, ㉣
㉱ ㉢, ㉣

08 피셔(fisher)식 정압기의 2차 압력의 이상저하 원인으로 가장 거리가 먼 것은?

㉮ 정압기 능력 부족
㉯ 필터 먼지류의 막힘
㉰ 파일럿 오리피스의 녹 막힘
㉱ 가스 중 수분의 동결

09 도시가스 공급설비인 정압기(governor)전단에 설치된 gas heater의 설치 목적이 아닌 것은?

㉮ 공급온도 적정유지
㉯ 설비 동결 방지
㉰ 계량 수율 증대
㉱ 사전 가스온도 보상

09 가스미터(gas meter)

■ 가스미터의 종류와 특징

구 분	막식 가스식	습식 가스식	루츠식
장 점	• 값이 싸다. • 설치 후의 유지관리에 노력이 들지 않는다.	• 계량이 정확하다. • 사용 중에 기차의 변동이 거의 없다.	• 대유량 가스의 측정에 적당하다. • 중압가스의 계량을 할 수 있다.
단 점	대용량에서는 설치공간이 크게 된다.	• 사용 중에 수위조정 등의 관리가 필요하다. • 설치공간이 크다.	• 스트레이너의 설치 및 설치 후의 유지관리가 필요하다. • 소유량(0.5m³/h 이하)에서는 부동의 염려가 있다.
일반적인 용도	일반 수요가	기준기, 실험실용	대량 수요가
용량 범위	1.5~200m³/h	0.2~3,000m³/h	100~5,000m³/h

10 가스의 부취

(1) 부취의 목적

도시가스가 누설한 경우 중독 및 폭발사고를 미연에 방지하기 위하여 위험 농도 이하에서 충분한 냄새를 느끼게 하여 공기 중의 1/1,000 상태에서 감지할 수 있도록 공급가스에 부취해야 한다.

(2) 부취제의 종류

① T H T(Tetra Hydro Thiophen) : 석탄가스 냄새

② T B M(Tertiary Butyl Mercaptan) : 양파 썩는 냄새

③ D M S(Di Methyl Sulfide) : 마늘 냄새

　※ Impact (충격) : 순간적으로 냄새를 판단하는 취질

　　• Impact의 순서 : THT > TBM > DMS

　　• 취기의 강도 : TBM > THT > DMS

POINT

• 가스미터의 종류
① 실측식
　㉠ 건식–막식, 회전자식
　㉡ 습식
② 추량식
　㉠ 벤튜리식
　㉡ 오리피스식
　㉢ 날개차식
　㉣ 와류식

• 부취제(냄새나는 물질)
공기 중 $\dfrac{1}{1000}$ 상태(0.1%)에서 감지해야 한다.

(3) 부취제의 구비조건

① 독성이 없을 것

② 일반적으로 존재하는 냄새와 명료하게 식별될 것

③ 극히 낮은 농도에서도 냄새가 날 것

④ 가스관이나 가스미터에 흡착되지 않을 것

⑤ 완전 연소하고 연소 후에는 유해한 또는 냄새가 있는 물질을 남기지 말 것

⑥ 도관 내에 응축되지 않을 것

⑦ 도관을 부식시키지 않을 것

⑧ 물에 용해되지 않을 것

⑨ 화학적으로 안정할 것

⑩ 토양에 대한 투과성이 클 것

(4) 부취제의 주입 설비

① 액체주입 : 가스 흐름에 부취제를 액체상태 그대로 직접 주입하여 가스 중에서 기화 확산시키는 방식이다.

㉮ 펌프 주입방식 : 부취제를 소용량의 다이어프램 펌프 등으로 직접 주입시키는 방식으로 비교적 규모가 큰 부취설비에 적합하다.

㉯ 적하 주입방식 : 부취제 주입용기를 가스압력으로 균형을 유지시켜 중력에 의해 부취제를 가스 흐름 중으로 떨어지게 하는 가장 간단한 액체 주입 방식이며, 주로 유량변동이 작은 소규모 부취설비에 적합하다.

㉰ 미터 연결 바이패스방식 : 가스배관에 설치되어 있는 오리피스의 차압으로 바이패스라인과 가스라인의 유량을 변화시켜 가스미터에 부착된 부취제 첨가 장치를 구동시켜 부취제를 가스 흐름 중에 주입하는 방식으로 대규모 설비에는 적합하지 않다.

② 증발식 부취 설비 : 가스 흐름에 부취제의 증기를 직접 혼합시키는 방식으로 동력을 필요로 하지 않고 설비비가 싸다는 장점이 있다.

㉮ 바이패스 증발식 : 부취제가 들어 있는 용기에 가스를 저속으로 흐르게 하면 가스는 부취제 증발로 인해 거의 포화상태가 된다. 이때 가스 배관에 설치된 오리피스로 부취제 용기에서 흐르는 유량을 조절하면 가스 유량에 상당하는 부취제 포화가스가 가스배관으로 흘러 들어가 일정비

율로 부취하는 방식으로 증발식 부취 설비의 대표적인 형태이다.

㉯ 위크 증발식 : 아스베스토스(석면)심을 통하여 부취제가 상승하고 여기에 가스가 접촉하는데 따라 부취제가 증발되어 부취가 되는 것으로 부취제 첨가량의 조절이 어렵고 소규모 부취설비에 사용되는 방식이다.

(5) 부취제 누설시 냄새 감소법

① 활성탄에 의한 흡착
② 화학적 산화처리
③ 연소법

11 LNG 기화장치(Vaporizer)

(1) LNG 수입기지의 기화설비의 구비조건

① 수요에 적응할 수 있는 확실한 운전성
② 장기 사용에 대한 내구성
③ 안정성

　※ LNG의 물리적 성질에 대한 구비조건
　　• 저온강도를 가진 재료의 필요 부분에 사용
　　• 기화기의 열원측 전열면에서의 동결 방지에 대한 고려
　　• LNG의 비등 또는 그것에 기인한 저온액에 의한 수분이 가스 내 잔존 가능성에 대한 고려가 공통적인 기술 요건으로서 존재한다.

(2) LNG 기화장치의 종류

베이스 로드(base load)용과 피크 세이빙(peak saving)용으로 구별되고 베이스 로드용의 대표적인 예는 오픈래크 베이퍼라이저(open rack vaporizer), 피크세이빙의 경우는 서브머지드 베이퍼라이저(submerged vaporizer)이다.

① 오픈래크 베이퍼라이저(open rack vaporizer)
　㉮ 해수를 가열원으로 대량의 해수를 용이하게 입수할 수 있는 입지조건, 즉 해상수송형의 수입기지에 적합하다.

POINT

• LNG의 주성분이 메탄(CH_4)이고 비점(−162℃)이 낮기 때문에 저온강도를 가진 재료를 사용한다.

• 저온장치의 재료
18−8 스테인리스 강, 9%니켈강, 알루미늄 합금강

ⓝ 이기화기는 여러 개의 휜 튜브로 이루어진 패널과 양 외측면에 해수를
필름상으로 흘러내리는 것을 목적으로 한 통로와 그것 등을 지지하는
기둥, 해수 집수유 및 LNG 배수를 위한 필요 배관이 구성된다. 열원
유체인 해수, 특히 폐통로는 설치하지 않고 패널면에 흘러내리게 된다.

② 서브머지드(combustion : 연소) 베이퍼라이저

㉮ 가스를 연료로 하는 액중 버너의 연소가스는 수조 내에 설치된 열교환
기의 하부에 고속으로 분출한다.

㉯ 열교환기의 주위는 웨어(weir)에 의해 둘러싸여져 있고 상승하는
도중에 LNG에 열을 준 물은 웨어를 뛰어넘어 그 밖의 수조 중에
낙하한다.

㉰ 이같이 하여 자동적으로 순환수가 형성되지만 연소에너지를 그대로 이
용하여 펌프 등의 다른 에너지를 전혀 필요로 하지 않고 열교환에 필
요한 순환수를 얻고 있는 점도 이형식의 특징이다. 또 기포의 존재와
에어 리프트(air lift) 효과의 격렬함에 의해 튜브 외측의 격막 전열계
수는 상당히 높고 튜브 외벽에 얼음이 생성하는 것은 거의 없다.

③ 중간 매체식 기화기(베이스 로드용) : 해수와 LNG의 사이에 열매체를 개입
해 열교환 하도록 하는 것으로 중간 매체로서 $C_{2\sim3}$의 탄화수소가 쓰이지만
프로판을 중간매체로 이용하는 것도 있다

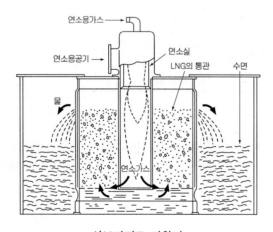

서브머지드 기화기

POINT

• LNG 기화장치의 종류
① 오픈래크 베이퍼라이저 : 해
수를 가열원으로 사용
② 서브머지드 베이퍼라이저 :
피크시의 피크로드용이나 예
비용으로 적합
③ 중간 매체식 기화기 : 중간매
체 $C_{2\sim3}$의 탄화수소, 프로판

01 부취제 구비조건이 아닌 것은?

㉮ 독성이 없을 것

㉯ 부식성이 없고 화학적으로 안정할 것

㉰ 완전연소 후 유해가스를 발생시키지 말고, 응축되지 않을 것

㉱ 물에 녹고 토양에 대해 투과성이 있을 것

02 액화 석유 가스에 첨가하는 냄새가 나는 물질의 측정 방법이 아닌 것은?

㉮ 오더미터법   ㉯ 에지법

㉰ 주사기법   ㉱ 냄새주머니법

03 도시가스의 누설시 감지할 수 있도록 첨가하는 냄새가 나는 물질(부취제)에 대한 설명으로 옳은 것은?

㉮ THT는 TBM에 비해 취기 강도가 크다.

㉯ THT는 TBM에 비해 화학적으로 안정하다.

㉰ THT는 TBM에 비해 토양 투과성이 좋다.

㉱ THT는 경구투여시에는 독성이 강하다.

해설 부취제의 특징

종 류	냄 새	안정도	특 징
TBM	양파썩는 냄새	비교적 안정	냄새가 가장 강함
THT	석탄가스 냄새	안정	냄새가 중간정도
DMS	마늘 냄새	안정	다른 부취제와 혼합 사용

04 다음 중 일반적인 냄새가 나는 물질(부취제)의 주입방법이 아닌 것은?

㉮ 적하식   ㉯ 증기주입식

㉰ 고압분사식   ㉱ 회전식

05 LNG 기화장치에 대한 설명으로 옳은 것은?

㉮ Open Rack Vaporizer는 수평형 이중관 구조로서 내부에는 LNG가 외부에는 해수가 병류로 흐르며 열 공급원은 해수이다.

㉯ Submerged Combustion Vaporizer는 기동, 정지가 복잡한 반면, 천연가스 연소열을 이용하므로 운전비가 저렴하다.

㉰ 중간매체식기화기는 Base Load용으로 개발되었으며 해수와 LNG 사이에 프로판과 같은 중간 열매체가 순환한다.

㉱ 전기가열식기화기는 가스제조공장에서 적용하는 대규모적이며 일반적인 LNG 기화장치이다.

06 바닷물과 LNG를 열교환하여 LNG를 기화하는 방식의 기화기로서 해수를 열원으로 하기 때문에 운전비용이 저렴하여 기저부하용으로 주로 사용하는 기화기는?

㉮ 오픈래크 기화기　　㉯ 서브머지드 기화기

㉰ 중간매체식 기화기　　㉱ 간접가열식 기화기

해 설

해설 06

㉯ 서브머지드 기화기(잠수형 기화기) : 물탱크 내에 LNG 튜브와 수중버너를 배치하고, 메탄가스를 연소시켜 물의 온도를 높이고 이때 발생한 작은 기포가 수중에서 상승하여 물을 대류 시켜 수온을 균일하게 하면서 튜브 내를 통과하는 LNG와 온수가 열교환하여 기화하는 방식이다. 일반적으로 서브머지드 방식은 최초 설비비는 적게 들지만 연료를 소비하므로 운전비가 많이 들어 연속사용하지 않고 피크시의 피크로드용이나 예비용으로 적합하다.

㉮ 중간매체식 기화기 : 이것은 물이나 화염 등에 의하여 열매체를 가열하고 이 가열된 열매체가 LNG와 열교환하여 재가스화하는 방법이다. 이때의 열매체는 프로판, 펜탄 등의 유체를 이용한다.(열매체로 물을 직접 쓸 수 없는 이유는 LNG는 −162℃ 정도 되는 초저온이므로 물이 열매체가 되면 동결 파괴되게 된다.)

05. ㉰　06. ㉮ 정답

01. 다음 도시가스 원료 중 액체 원료가 아닌 것은?

㉮ LNG   ㉯ LPG

㉰ 코크스   ㉱ 납사

[해설] 도시가스의 원료
① 기체원료 : 천연가스, 정류(off) 가스
② 액체원료 : LNG, LPG, 납사(나프타)
③ 고체원료 : 석탄, 코크스

02. 다음 중 LNG의 주성분은 어느 것인가?

㉮ 메탄(CH_4)   ㉯ 에탄(C_2H_6)

㉰ 프로판(C_3H_8)   ㉱ 부탄(C_4H_{10})

03. 도시가스 원료로 LNG가 사용되는 데 다음 LNG의 특징이 아닌 것은?

㉮ 기화 설비만으로 도시가스를 쉽게 만들 수 있다.
㉯ 냉열 이용이 가능하다.
㉰ 대기 및 수질 오염 등 환경문제가 없다.
㉱ 상온에서 쉽게 저장할 수 있다.

[해설] LNG는 −161.5℃ 이하일 때 액화가 되므로 상온에서는 저장하기가 어렵다.

04. 가스화의 용이함을 나타내는 지수로서 C/H비가 이용된다. 다음 중 C/H비가 가장 낮은 것은? (단, C/H는 탄소 : 수소의 중량비이다.)

㉮ Propane   ㉯ Naphtha

㉰ Methane   ㉱ LPgas

[해설] 원료비의 C/H비
① Propane(C_3H_8)의 C/H=$\frac{12 \times 3}{1 \times 8}$ = 4.5
② Naphtha의 C/H=5.0~5.8
③ Methane(CH_4)의 C/H = $\frac{12}{1 \times 4}$ = 3

④ LP Gas
㉠ 프로판의(C_3H_8) C/H =4.5
㉡ 부탄의(C_4H_{10}) C/H=$\frac{12 \times 4}{1 \times 10}$ = 4.8

05. 메탄이 액체로 될 때 체적은 몇 배가 되는가?

㉮ $\frac{1}{300}$ ㉯ $\frac{1}{400}$

㉰ $\frac{1}{600}$ ㉱ $\frac{1}{1000}$

[해설] ① 메탄이 기체에서 액체로 될 때 체적은 1/600으로 된다.
② 프로판(C_3H_8)이 액체로 될 때 체적은 1/250 배가 된다.

06. 정유가스(off gas)의 조성에 대한 설명으로 옳은 것은?

㉮ 대부분이 수성가스로 구성된 석유정제의 부산물이다.
㉯ 대부분이 프로판으로 구성된 석유화학의 부산물이다.
㉰ 대부분 메탄과 수소로 구성된 석유정제 및 석유화학의 부산물이다.
㉱ 대부분이 수성가스로 구성된 석탄 건류가스이다.

[해설] ① 석유정제 오프가스 : 상압증류, 감압증류 및 가솔린 생산을 위한 접촉 개질공정 등에서 발생하는 가스이다.
② 석유화학 오프가스 : 나프타 분해에 의한 에틸렌 제조공정에서 발생하는 가스이다.

07. 도시가스 원료 중 일반적으로 정제장치를 필요로 하는 것은?

㉮ 액화천연가스   ㉯ 액화석유가스

㉰ 천연가스   ㉱ 나프타

[해설] 나프타(Naphtha)는 황을 함유하고 있어 정제장치(탈황)가 필요하다.

정답   01. ㉰   02. ㉮   03. ㉱   04. ㉰   05. ㉰   06. ㉰   07. ㉱

08. 다음 중 LNG(액화천연가스)의 유출시에 대한 설명으로 가장 옳은 것은?

㉮ 메탄가스의 비중은 공기보다 크므로 증발된 가스는 항상 땅 위에 체류된다.

㉯ 메탄가스의 비중은 공기보다 작으므로 증발된 가스는 위쪽으로 확산되어 땅 위에 체류하는 일이 없다.

㉰ 메탄가스의 비중은 상온에서는 공기보다 작지만 온도가 낮으면 공기보다 크게 되어 땅위에 체류된다.

㉱ 메탄가스의 비중은 상온에서는 공기보다 크지만 온도가 낮게 되면 공기보다 가볍게 되어 땅위에 체류되는 일은 없다.

[해설] LNG의 주성분인 메탄(CH_4)는 공기보다 0.55배(16/29=0.55) 가벼워서 대기로 분산되는데 온도가 낮으면 지면의 낮은 곳에 체류한다.

09. PONA값에 대한 설명 중 잘못된 것은?

㉮ 파라핀계 탄화수소(P)의 함유량이 많은 것은 수증기 개질을 하기 쉽고 가스화 효율도 높다.

㉯ 올레핀계 탄화수소(O)의 함유량이 많은 것은 카본의 석출, 나프탈렌의 생성 등을 일으키기 쉽다.

㉰ 방향족 탄화수소(A)의 함유량이 많은 것은 가스화 효율 저하 및 촉매의 노화 등을 일으키기 쉽다.

㉱ 메탄, 프로판 등 라이트 나프타는 가스화하기 어렵다.

[해설] 파라핀계 탄화수소(CH_4, C_3H_8, C_4H_{10})는 분해가 쉽고 가스화 효율이 높다.

10. 다음 고옥탄가 가솔린으로 개질하는 장치에서 발생하는 가스를 무엇이라고 하는가?

㉮ off 가스　　　　㉯ cracking

㉰ reforming　　　㉱ topping

[해설] 정유가스(오프가스)

석유정제 또는 석유화학 계열공장에서 부산물로 생산되는 가스로서 수소(H_2), 메탄(CH_4)을 주성분으로 한 가스이다(발열량 9,800kcal/m³)

11. 도시가스 연료 중 발열량이 가장 높은 것은?

㉮ 천연가스　　　　㉯ 나프타

㉰ 석탄가스　　　　㉱ 정류가스

[해설] 발열량

원료명	발열량(kcal/Nm³)
천연가스	2,300~14,400
나 프 타	6,500
석탄가스	5,500~7,500
정유가스	6,700~9,800

12. 다음 중 석유계 탄화수소를 열분해 할 때 열분해를 받기 쉬운 순서로 된 것은?

㉮ 파라핀계 탄화수소-나프텐계 탄화수소-방향족계 탄화수소

㉯ 나프텐계 탄화수소-파라핀계 탄화수소-방향족계 탄화수소

㉰ 파라핀계 탄화수소-방향족계 탄화수소-나프텐계 탄화수소

㉱ 방향족계 탄화수소-나프텐계 탄화수소-파라핀계 탄화수소

[해설] 가스화 효율이 크면 열분해가 잘되기 때문에 파라핀계 탄화수소가 가스화 효율이 가장 크다

13. 가스용 나프타의 성상 중 PONA값이 있다. 다음 중 틀린 것은?

㉮ P : 파라핀계 탄화수소

㉯ O : 올레핀계 탄화수소

㉰ N : 나프텐계 탄화수소

㉱ A : 알칸족 탄화수소

[해설] A : 방향족계 탄화수소

14. 다음 중 메탄의 제조방법이 아닌 것은?

㉮ 천연가스에서 직접 얻는다.
㉯ 석유정제의 분해가스에서 얻는다.
㉰ 석탄의 고압건류에 의하여 얻는다.
㉱ 코크스를 수증기 개질하여 얻는다.

해설 ㉱항 : 수성가스 제조방법($C+H_2O \rightarrow CO+H_2$)

15. 다음 가스 제조 기지의 선택시 유의점이 아닌 것은?

㉮ 원료선택 및 수요변동
㉯ 환경규제 및 조업성
㉰ 경제성
㉱ 연소공기의 과열

해설 가스제조기지의 선택시 유의사항
① 원료선택 및 수요변동
② 환경규제 및 조업성
③ 경제성

16. 도시가스 제조공정 중 발열량이 가장 많은 제조 공정은?

㉮ 열분해공정   ㉯ 접촉분해공정
㉰ 수첨분해공정   ㉱ 부분연소공정

해설 열분해공정
원유, 중유, 나프타 등의 분자량이 큰 탄화수소 원료를 고온 800~900℃으로 분해하여 10,000kcal/Nm³ 정도의 고열량의 가스를 제조하는 방식이다.

17. 고온 수증기 개질 프로세스(I.C.I)법의 공정이 아닌 것은?

㉮ 원료의 탈황   ㉯ 가스의 제조
㉰ CO의 변성   ㉱ CH_4 의 개질

해설 고온 수증기 재질법의 공정
연소속도가 빠른 열량 3,000kcal/Nm³ 전후의 수소 성분이 많은 가스를 제조하는 방법
① 원료의 탈황   ② 가스제조   ③ CO의 변성

18. 도시가스 제조 설비에서 저온 수증기 개질법의 특징에 옳은 것은?

㉮ 메탄분이 많은 열량 6,500kcal/Nm³ 전후의 가스를 제조하는 것이다.
㉯ 수소분이 많고 연소속도가 빠른 열량 3,000 kcal/Nm³ 전후의 가스를 제조하는 것이다.
㉰ 메탄분의 적은 열량 6,500kcal/Nm³ 전후의 가스를 제조하는 것이다.
㉱ 수소가 적고 연소 속도가 느린 열량 6,500 kcal/Nm³ 전후의 가스를 제조하는 것이다.

해설 저온수증기개질법
메탄분이 많은 열량 6,500kcal/Nm³ 전후의 가스를 제조하는 방법

19. 나프타에 수증기를 사용하여 수소와 일산화탄소의 제조시 다음 반응식에서 수소의 몰수는?

$$CnHm+nH_2O \rightleftarrows nCO+(\quad)H_2$$

㉮ $m+n$ ㉯ $\dfrac{m}{2}+n$

㉰ $2m+n$ ㉱ $m+\dfrac{n}{2}$

20. 다음 접촉분해 프로세스 중 카본생성을 방지하는 방법은?

$$CH_4 \rightleftarrows 2H_2+C$$

㉮ 반응온도 : 높게, 반응압력 : 높게
㉯ 반응온도 : 낮게, 반응압력 : 낮게
㉰ 반응온도 : 높게, 반응압력 : 낮게
㉱ 반응온도 : 낮게, 반응압력 : 높게

해설 반응이 진행방향에서 압력을 올리면 몰수가 적은 쪽으로, 진행압력을 낮추면 몰수가 많은 쪽으로 진행(단, 고체는 몰수계산에서 제외)
• 온도를 올리면 흡열(−Q) 방향으로 진행
• 온도를 낮추면 발열(+Q) 방향으로 진행
결국 카본생성을 방지하기 위하여 반응이 CH_4 쪽으로 진행되어야 하므로 $C+CH_4+Q$이면 CH_4 쪽이 몰수가 적으므로 압력은 올리고 CH_4 쪽의 열량이 +Q이므로 반응온도는 낮추어야 한다.

정답 14. ㉱   15. ㉱   16. ㉮   17. ㉱   18. ㉮   19. ㉯   20. ㉱

21. 도시가스 원료의 가스화에 접촉분해식(수증기 개질법)을 사용할 경우 수증기의 탄화수소비가 커질 때 일어나는 현상은?

㉮ CH_4가 약간 증가　　㉯ H_2가 증가

㉰ CO가 약간 증가　　㉱ CO_2가 감소

[해설] 접촉분해법(수증기개질법)
① 온도가 700℃ 이상 : 수소(H_2)와 일산화탄소(CO)는 증가, 메탄(CH_4)과 탄산가스(CO_2)는 감소
② 저온일 때 : 메탄, 탄산가스 증가
③ 고압일 때 : 메탄과 탄산가스 증가, 수소와 일산화탄소는 감소
④ 수증기의 탄화수소비가 클 때: 수소와 탄산가스는 증가하고 메탄과 일산화탄소는 감소

22. 접촉분해 프로세스를 온도에 관하여 틀린 것은?

㉮ 반응온도를 낮게 하면 고열량의 가스 생성

㉯ 반응온도를 낮게 하면 CH_4, CO_2가 많이 생성

㉰ 반응온도 상승시 CH_4, CO_2가 많이 생성

㉱ 반응온도 상승시 CO, H_2가 많이 생성

[해설] 저온일 때 : CH_4과 CO_2가 증가
고압일 때 : CH_4과 CO_2가 증가 H_2와 CO 감소

23. 접촉분해 프로세스 중 압력에 관하여 바르게 설명된 것은?

㉮ 압력상승시 H_2, CO 증가

㉯ 압력상승시 CH_4, CO_2감소

㉰ 압력내리면 CH_4, CO_2 감소

㉱ 압력내리면 H_2, CO 감소

24. 흔히 도시가스로 불리 우는 것의 설명 중 알맞은 것은?

㉮ 전혀 다른 방법으로 얻는다.

㉯ 나프타를 분해하여 얻는다.

㉰ LPG와 같다.

㉱ 프로판가스와 같다.

[해설] 도시가스에 사용되는 원료에는 석탄가스, 천연가스, LNG, 정유(off)가스, 나프타 분해가스가 있다.

25. 도시가스 제조공정 중에서 접촉분해방식이란 무엇인가?

㉮ 중질탄화수소에 가열하여 수소를 얻는다.

㉯ 탄화수소에 산소를 접촉시킨다.

㉰ 탄화수소에 수증기를 접촉시킨다.

㉱ 나프타를 고온으로 가열한다.

[해설] 도시가스에 사용되는 접촉분해 반응은 탄화수소와 수증기를 반응시킨 수소, 일산화탄소, 탄산가스, 메탄, 에틸렌, 에탄 및 프로필렌 등의 저급 탄화수소로 변화하는 반응을 말한다.

26. SNG에 대한 내용 중 맞지 않는 것은?

㉮ 합성 또는 대체 천연가스이다.

㉯ 주성분은 CH_4이다.

㉰ 발열량은 $9,000kcal/m^3$

㉱ 제조법은 수소와 탄소를 첨가하는 방법이 있다.

[해설] SNG 제조 공정
석탄 → 석탄 전처리 → 석탄의 가스화 → 정제 → CH_4 합성 → 탈탄산 → SNG제조
　　　　　　　　　　　　　　　↑
　　　　　　　　　　　수소, 산소첨가

27. 액화천연가스(LNG) 제조설비 중 보일오프가스(Boil Off Gas)의 처리설비가 아닌 것은?

㉮ 가스반송기　　　　㉯ BOG 압축기

㉰ 벤트스택　　　　　㉱ 플레어스택

28. 도시가스 제조 방법에서 원료의 송입법에 의한 방법이 아닌 것은?

㉮ 연속식　　　　　　㉯ 배치식

㉰ 부분연소식　　　　㉱ 사이클링식

[해설] 원료의 송입법에 의한 분류
① 연속식 : 원료는 연속으로 송입되며 가스의 발생도 연속으로 된다.
② 배치식 : 원료를 일정량 가스화 실에 넣어 가스화하는 방식이다.
③ 사이클링식 : 연속식과 배치식의 중간 방식이다.

---

21. ㉯　22. ㉰　23. ㉰　24. ㉯　25. ㉰　26. ㉱　27. ㉰　28. ㉰　정답

29. 도시가스 제조공정 중 가열방식에 의한 분류로 원료에 소량의공기와 산소를 혼합하여 가스 발생의 반응기에 넣어 원료의 일부를 연소시켜 그 열을 열원으로 이용하는 방식은?

㉮ 자열식　　　　㉯ 부분연소식

㉰ 축열식　　　　㉱ 외열식

해설 가열방식에 의한 분류
① 외열식 : 원료가 들어있는 용기를 외부에서 가열한다.
② 축열식 : 반응기 내에서 연료를 연소시켜 충분히 가열한 후 원료를 송입하여 가스화의 열원으로 한다.
③ 부분연소식 : 원료에 소량의 공기와 산소를 혼합하여 가스 발생의 반응기에 넣어 원료의 일부를 연소시켜 그 열을 이용하여 원료를 가스화 열원으로 한다.
④ 자열식 : 가스화에 필요한 열을 발열반응에 의해 가스를 발생시키는 방식이다.

30. -162℃의 LNG(액비중 0.52, CH_4 : 80%, C_2H_6 : 20%)를 10℃에서 기화시키면 부피는 얼마인가?(단, CH_4의 분자량은 16, C_2H_6의 분자량은 30이다.)

㉮ 642.3m^3　　　　㉯ 64.23m^3

㉰ 276.6m^3　　　　㉱ 27.66m^3

해설 혼합가스의 평균 분자량
$= (16 \times 0.8) + (30 \times 0.2) = 18.8$
$\therefore \dfrac{520 \times 22.4}{18.8} \times \dfrac{(273+10)}{(273+0)} = 642.26 m^3$

31. 도시가스 부취제 중 D.M.S의 냄새는?

㉮ 마늘냄새

㉯ 석탄가스냄새

㉰ 계란 썩는 냄새

㉱ 양파 썩는 냄새

해설 부취제 냄새
① DMS : 마늘냄새
② THT : 석탄가스냄새
③ TBM : 양파 썩는 냄새

32. 부취제에 요구되는 성질 중 틀린 것은?

㉮ 토양에 대한 투과성이 클 것

㉯ 도관을 부식하지 않을 것

㉰ 낮은 농도에서도 냄새를 알 수 있을 것

㉱ 연소 후에도 냄새가 있을 것

해설 부취제의 구비조건
① 토양에 대한 투과성이 클 것
② 도관을 부식하지 않을 것
③ 낮은 농도에서도 냄새를 알 수 있을 것
④ 연소 후에도 냄새가 없을 것
⑤ 물에 용해되지 아니할 것
⑥ 가격이 저렴하고 독성이 없을 것

33. 다음 부취제의 주입방식 중 액체 주입식이 아닌 것은?

㉮ 펌프 주입방식

㉯ 바이패스 증발식

㉰ 적하 주입방식

㉱ 미터연결 바이패스방식

해설 부취제 주입방식
① 액체 주입식 : 부취제를 액체상태 그대로 직접 가스흐름에 주입하는 방식이다.
　㉠ 펌프 주입방식 : 소용량의 다이어프램 펌프 등으로 부취제를 직접 가스 중에 주입하는 방식이다.
　㉡ 적하 주입방식 : 부취제 주입용기를 사용해 중력에 의해 부취재를 가스흐름 중에 떨어뜨리는 방식이다.
　㉢ 미터 연결 바이패스방식 : 가스미터에 연결된 부취제 첨가장치를 구동해서 가스 중에 주입하는 방식이다.
② 증발식 : 부취제의 증기를 가스흐름에 직접 혼합하는 방식이다
　종류 : 바이패스 증발식, 위크 증발식 등이 있다.

34. 다음 중 증발식 부취설비의 특징이 아닌 것은?

㉮ 동력을 필요치 않는다.

㉯ 부취제 첨가물을 일정하게 유지하기가 어렵다.

㉰ 온도 변동을 피하기 위하여 지중에 매설하는 것이 좋다.

㉱ 관내가스 유속이 작은 곳에 바람직하다.

[해설] 증발식 부취설비의 특징
① 온도, 압력의 변동이 적은 장소에 설치할 것.
② 관내가스 유속이 큰 곳에 바람직하다.
③ 동력을 필요로 하지 않는다.
④ 온도변동을 피하기 위하여 지중에 매설하는 것이 좋다
⑤ 부취제 첨가물을 일정하게 유지하기가 어렵다

35. 부취제 주입시 가스배관에 오리피스를 설치하는 방법은?

㉮ 펌프 주입방식
㉯ 적하 주입방식
㉰ 미터연결 바이패스방식
㉱ 위크 증발식

[해설] 미터연결 바이패스방식
부취제를 주입시 가스배관에 오리피스를 설치하는 방식

36. 도시가스 공급압력에서 고압 공급일 때의 특징이 아닌 것은?

㉮ 고압홀더가 있을 때 정전 등에 대하여 공급이 안정성이 높다.
㉯ 압송기, 정압기의 유지관리가 어렵다.
㉰ 적은 관경으로 많은 양의 공급이 가능하다.
㉱ 공급가스는 고압으로 수분 제거가 어렵다.

37. 도시가스 배관에서 중압 A의 압력 범위는?

㉮ 0.1MPa 미만
㉯ 0.3~1MPa
㉰ 01.~0.3MPa
㉱ 1MPa

[해설] ① 고압 : 1MPa 이상
② 중압A : 0.3~1MPa
③ 중압B : 0.1~0.3MPa
④ 저압 : 0.1MPa 미만

38. 도시가스 공급설비 중 배관공사에서 도로가 평탄할 경우 배관의 경사도에 옳은 것은?

㉮ 가스가 약간 수분을 함유할 때는 저압관에서는 1/200~1/300, 중고압에서는 1/500 정도의 경사를 만든다.
㉯ 가스 중 약간의 수분을 함유할 때는 저압관에서는 1/500, 중고압관에서는 1/200~1/300 범위의 경사를 만든다.
㉰ 가스 중 약간의 수분을 함유할 때는 저압관에서는 1/500, 중고압에서는 1/200~1/700 정도의 경사를 만든다.
㉱ 가스 수분함유량에 관계없이 경사에 관계하지 않고 배관을 설치한다.

[해설] 공급시설의 배관경사도

배 관	저압관	중·고압관
경사도	1/500	1/200~1/300

39. 압송기의 종류가 아닌 것은?

㉮ 나사압송기
㉯ 터보압송기
㉰ 회전압송기
㉱ 왕복압송기

40. 다음 도시가스설비에서 사용하는 압송기의 용도로 부적당한 것은?

㉮ 가스홀더의 압력으로 가스 수송이 불가능시
㉯ 원거리 수송시
㉰ 재승압 필요시
㉱ 압력 조정시

[해설] 압력 조정시에는 정압기 또는 조정기가 사용된다.

41. 도시가스 공급순서에 관한 시설이 옳은 것은?

㉮ 도시가스공장-고압배관-탱크-공급소-중압-가정

㉯ 탱크-가스미터-긴급차단장치-스트레이너-가정

㉱ 공장-공급소-고압배관-중압정압기-탱크-소비시설-압력조정기-가스버너

㉲ 탱크-정압기-저압배관-사용처

42. 다음 중 도시가스 공급설비에 들지 않는 것은?

㉮ 보일러　　　　㉯ 가스홀더

㉱ 배관　　　　　㉲ 밸브

해설 도시가스의 공급설비
가스홀더, 배관 및 밸브, 정압기, 압송기, 계량기 등

43. 원거리지역에 대량의 가스를 공급시 사용되는 방법은?

㉮ 초고압 공급방식

㉯ 고압 공급방식

㉱ 중압 공급방식

㉲ 저압 공급방식

해설 고압공급방식
공급구역이 넓고 다량의 가스를 원거리 송출할 경우에 사용

44. 다음 중 압력이 2kg/cm²인 도시가스 공급시설의 배관 재료로 적당치 않은 것은?

㉮ 배관용 탄소강관

㉯ 배관용 합금강 강관

㉱ 이음매 없는 단동관

㉲ 보일러 및 열교환기용 탄소강관

해설 관경이 크고 높은 압력이 작용하는 곳에는 이음매 없는 단동관은 부적당하다. 또한 가격이 비싸기 때문에 도시가스 공급관으로는 사용하지 않는다.

45. 가스제조공장 공급지역이 가깝거나 공급면적이 좁을 때 적당한 공급방법은?

㉮ 저압공급　　　　㉯ 중압공급

㉱ 고압공급　　　　㉲ 초고압공급

해설 저압공급
공급량이 적고 공급구역이 좁은 소규모의 가스 사업소에 적용된다.

46. 도시가스 홀더(gas holder)의 기능을 설명한 것이다. 틀린 것은?

㉮ 가스 수요의 시간적 변화에 대해 안정적인 공급이 가능하다.

㉯ 조성이 다른 가스를 혼합하여 가스의 성분, 열량, 연소성을 균일화 한다.

㉱ 가스 홀더를 설치함으로서 도시가스 폭발을 방지할 수 있다.

㉲ 가스홀더를 소비지역 가까이 둠으로 가스의 최대 사용시 공장에서 도관 수송량을 줄일 수 있다.

해설 가스홀더는 가스의 품질을 일정하게 유지하기 위하여 가스의 일시저장량과 수요량을 조절하는 저장탱크로서 가스 폭발방지와는 무관하다.

47. 다음 중 구형 저장탱크의 특징이 아닌 것은?

㉮ 표면적이 다른 탱크보다 작으며 강도가 높다.

㉯ 기초구조가 간단하여 공사가 쉽다.

㉱ 동일용량, 동일압력의 경우 원통형 탱크보다 두께가 두꺼워야 한다.

㉲ 모양이 아름답다.

해설 구형 저장탱크의 특징
① 표면적이 다른 탱크보다 작으며 강도가 높다.
② 기초 구조가 간단하여 공사가 쉽다.
③ 모양이 아름답다.
④ 고압가스 저장탱크이다.
⑤ 보존면에서 유리하고 누설이 완전 방지된다.

정답　41. ㉱　42. ㉮　43. ㉯　44. ㉱　45. ㉮　46. ㉱　47. ㉱

48. 가스 홀더 유효가동량이 1일 송출량의 15%이고 송출량이 제조량보다 많아지는 17시~23시의 송출비율이 45%일 때 제조능력(1일 환산)을 구하는 식은? (단, S : 가스 송출량이다.)

㉮ 1.2(S) ㉯ 1.5(S)
㉰ 1.8(S) ㉱ 2.1(S)

해설 $S \times a = \frac{t}{24} \times M + \Delta H$

$\therefore M = \frac{24}{t} \times (S \times a - \Delta H) = \frac{24}{6} \times (0.45S - 0.15S) = 1.2S$

49. 도시가스의 저장능력이 500m³이고 직경이 3.5m인 2개의 가스 홀더가 상호 유지하여야 하는 거리는?

㉮ 1.75m 이상 ㉯ 1m 이상
㉰ 0.5m 이상 ㉱ 1.5m 이상

해설 두 개의 탱크직경을 합한 것에 $\frac{1}{4}$을 곱하여 계산하여 계산값으로 하고 만약 1m 미만일 때는 1m 한다.

가스홀더상호간의 거리 $= (D_1 + D_2) \times \frac{1}{4}$

$= (3.5 + 3.5) \times \frac{1}{4} = 1.75m$

50. 최고사용압력이 고압 또는 중압인 가스 홀더에 대한 설명으로 옳지 않은 것은?

㉮ 응축액을 외부로 뽑을 수 있는 장치를 설치할 것
㉯ 압송기, 배송기에는 냉각수의 흐름을 확인할 수 있는 장치를 설치할 것
㉰ 관의 입구 및 출구에는 신축을 흡수할 조치를 할 것
㉱ 응축액의 동결을 방지하는 조치를 할 것

해설 압송기, 배송기는 가스홀더와 구별되는 가스발생 설비이다.

51. 사용 상한압력이 9kg/cm²g 사용 하한압력 4kg/cm²g 가스홀더의 활동량이 60,000m³일 때 가스홀더의 안지름을 구하시오.

㉮ 1.42m ㉯ 2.84m
㉰ 14.2m ㉱ 28.4m

해설 $\Delta H = (P_1 - P_2)\frac{\pi D^3}{6}$ 식에서

$D = 3\sqrt{\frac{6 \times \Delta H}{\pi(P_1 - P_2)}} = 3\sqrt{\frac{6 \times 6,000}{\pi(9-4)}} = 28.4m$

52. 가스공급설비 중 유수식 가스홀더의 특징은?

㉮ 동절기 동결방지 조치가 필요하다.
㉯ 유효가동량이 구형 가스홀더에 비해 작다.
㉰ 제조설비가 고압인 경우 사용된다.
㉱ 압력이 가스탱크의 양에 따라 거의 일정하다.

해설 유수 가스홀더의 특징
① 저압인 제조설비에 사용
② 대량의 물이 필요하다.
③ 한랭지에는 물의 동결방지가 필요하다.
④ 구형 홀더에 비해 유효 가동량이 크다
⑤ 압력이 가스조의 수에 따라 변동한다.

53. 다음 중 무수식 가스홀더의 특징이 아닌 것은?

㉮ 설치비가 저렴하다.
㉯ 가스 중에 수분이 포함되어 있다.
㉰ 압력변동이 적다.
㉱ 물탱크가 필요 없다.

해설 무수식 가스홀더의 특징
㉠ 물탱크가 없어 기초가 간단하며 설치비가 절감된다.
㉡ 건조한 상태로 가스가 저장된다.
㉢ 유수식에 비해 작업 중 가스의 압력변동이 적다.

48. ㉮ 49. ㉮ 50. ㉯ 51. ㉱ 52. ㉮ 53. ㉯ 정답

54. 정압기를 사용 압력별로 분류한 것이 아닌 것은?

㉮ 저압 정압기　　　㉯ 중압 정압기
㉰ 고압 정압기　　　㉱ 상압 정압기

해설 ① 고압 정압기 : 제조소에 압송된 고압을 중압으로 낮추는
　　　감압설비
② 중압 정압기 : 중압을 저압으로 낮추는 감압설비
③ 저압 정압기 : 가스홀더의 압력을 소요압력으로 조정하는 감압
　　　설비

55. 다음 용도별로 분류한 정압기의 종류가 아닌
것은?

㉮ 수요자 전용 정압기
㉯ 기정압기
㉰ 지구 정압기
㉱ 공급자 전용 정압기

56. 파일럿 정압기에서 2차 압력을 감지하여 그 압
력의 변동을 메인밸브에 전달하는 장치는?

㉮ 스프링　　　　　㉯ 조절밸브
㉰ 다이어프램　　　㉱ 주밸브

해설 ① 다이어프램 : 2차 압력을 감지하여 그 2차의 변동을 메인
　　　밸브로 전달하는 부분
② 스프링 : 조정압력(2차 압력)을 설정하는 부분
③ 조정밸브(메인밸브) : 가스의 유량을 그의 개도에 따라서 직접
　　　조정하는 부분

57. 도시가스설비에 사용되는 정압기 중 가장 기본
이 되는 정압기는?

㉮ 파일럿 정압기
㉯ 직동식 정압기
㉰ 레이놀즈식 정압기
㉱ 피셔식 정압기

해설 ① 레이놀즈식 정압기 : 기능이 가장 우수한 정압기
② 직동식 정압기 : 작동상 가장 기본이 되는 정압기

58. 정압기 중에서 구조기능이 가장 우수하여 많이
사용되며, 증압관내 압력의 변동이 있어도 자동 작동
하여 저압측의 공급압력을 일정하게 유지시키는 정압
기의 명칭은?

㉮ 레이놀즈식 정압기
㉯ 엠코 정압기
㉰ 피셔식 정압기
㉱ 파일럿식 정압기

59. 정압기실(기지)에는 조작을 안전하고 확실하게
하기 위하여 조명도를 어느 정도 유지하여야 하는가?

㉮ 80Lux 이상　　　㉯ 100Lux 이상
㉰ 150Lux 이상　　　㉱ 200Lux 이상

60. 정압기 설치시 분해점검 등에 의해 공급을 중지
시키지 않기 위해 설치하는 것은?

㉮ 안전밸브　　　　　㉯ 스톱밸브
㉰ 긴급차단밸브　　　㉱ 바이패스 밸브

해설 바이패스관에 의한 공급

61. 다음 정압기에 대한 설명 중 잘못 된 것은?

㉮ 정압기 입구에만 가스차단장치를 설치할 것
㉯ 정압기 출구에는 가스의 압력을 측정, 기록할
　　수 있는 장치를 설치할 것
㉰ 정압기 입구에는 수분 및 불순물 제거 장치를
　　설치할 것
㉱ 정압기는 설치 후 2년에 1회 이상 분해 점검
　　을 실시할 것

해설 정압기 입구 및 출구에는 가스차단장치를 설치한다.

정답　54. ㉱　55. ㉱　56. ㉰　57. ㉯　58. ㉮　59. ㉰　60. ㉱　61. ㉮

62. 정압기의 승압을 방지하기 위하여 설치하는 장치 중 맞지 않는 것은?

㉮ 저압 Holder로 되돌림

㉯ 2차측 압력 감시 장치

㉰ 파열판 설치

㉱ 저압배관의 loop화

해설 정압기의 승압방지 조치 사항
① 저압 Holder로 되돌림
② 2차측 압력 감시 장치
③ 저압 배관의 loop화
④ 안전밸브 설치

63. 정압기의 이상 감압에 대처할 수 있는 방법이 아닌 것은?

㉮ 저압배관의 loop화

㉯ 2차측 압력 감시 장치

㉰ 정압기 2계열 설치

㉱ 필터의 설치

해설 필터는 정압기 입구에 설치하여 이물질을 제거한다.

참고 정압기의 이상 승압 방지
① 2차압 압력 감시장치 설치
② 저압배관의 loop화
③ 저압 홀더로 되돌림
④ 안전밸브 설치 등

64. 레이놀즈식 정압기의 2차압 이상 저하의 원인으로 옳지 않은 것은?

㉮ 정압기의 능력 부족

㉯ 필터의 먼지류의 막힘

㉰ 2차압 조절관 파손

㉱ 니들 밸브의 열림 정도 부족

해설 ① 레이놀즈식 정압기 2차압 이상 상승 원인
㉠ 메인 밸브에 먼지류가 끼어들어 cut-off 불량
㉡ 저압 보조정압기의 cut-off 불량
㉢ 메인 밸브 시트의 조절 불량
㉣ 중, 저압 보조 정압기의 다이어프램 누설
㉤ 바이패스 밸브류의 누설
㉥ 2차압 조절관 파손

㉠ oxalic valve 내의 물이 침입하였을 때
㉦ 가스 중 수분의 동결
② 2차압 이상 저하 원인
㉠ 정압기의 능력 부족
㉡ 필터의 먼지류의 막힘
㉢ center stem 의 조절 불량
㉣ 저압 보조 정압기의 열림 정도 부족
㉤ 주 보조 weight의 부족
㉥ needle valve의 열림 정도 over
㉦ 동결

65. 피셔식 정압기에서 2차 측 설정압력 이상 상승의 원인으로 틀린 것은?

㉮ 메인 밸브에 먼지류가 끼어 cut-off 불량

㉯ 바이패스 밸브류의 누설

㉰ 가스 중 수분의 동결

㉱ 주 다이어프램의 파손

해설 ① 피셔식 정압기 2차압 이상 상승 원인
㉠ 메인 밸브에 먼지류가 끼어들이 cut-off 불량
㉡ 메인 밸브의 밸브 폐쇄 무
㉢ pilot supply valve에서의 누설
㉣ center 스템과 메인 밸브의 접속 불량
㉤ 바이패스 밸브류의 누설
㉥ 가스 중 수분의 동결
② 2차압 이상 저하의 원인
㉠ 정압기 능력 부족
㉡ 필터의 먼지류의 막힘
㉢ 파일럿의 오리피스의 녹 막힘
㉣ center stem의 작동 불량
㉤ stroke 조정 불량
㉥ 주 다이어프램의 파손

66. 언로딩형 정압기에 대한 설명 중 틀린 것은?

㉮ 2차 압력이 저하하면 유체 흐름의 양은 증가한다.

㉯ 구동압력이 상승하면 유체 흐름의 양은 증가한다.

㉰ 2차 압력이 상승하면 구동압력은 저하된다.

㉱ 구동압력이 저하하면 메인 밸브는 열린다.

해설 ① 파일럿 로딩형 : 2차 압력이 상승하면 구동압력 저하
② 파일럿 언로딩형 : 2차 압력이 상승하면 구동압력 상승

---

62. ㉰ 63. ㉱ 64. ㉰ 65. ㉱ 66. ㉰ 정답

67. 정압기의 특성 중 유량과 2차 압력의 관계를 말하는 특성은 어느 것인가?

㉮ 사용 최대차압 및 작동 최소차압

㉯ 유량 특성

㉰ 동특성

㉱ 정특성

[해설] 정압기 특성
정압기를 평가 선정할 경우 다음의 각 특성을 고려해야 한다.
① 정특성(靜特性) : 유량과 2차 압력과의 관계
② 동특성(動特性) : 부하변화가 큰 곳에 사용되는 정압기이며 부하변동에 대한 응답의 신속성과 안정성
③ 유량 특성 : 메인밸브의 열림과 유량과의 관계
④ 사용최대차압 : 1차 압력과 2차 압력의 차압이 작용하여 정압성능에 영향을 주나 이것이 실용적으로 사용할 수 있는 범위에서 최대로 되었을 때 차압
⑤ 작동 최소차압 : 정압기가 작동할 수 있는 최소 차압

68. 액화천연가스(LNG)를 기화시키기 위한 방법으로 맞지 않은 것은?

㉮ 증발잠열 이용법

㉯ open rake 기화법

㉰ 중간 매체법

㉱ 수중 버너법

[해설] LNG 기화장치의 종류
① open rake 기화법 : 베이스 로드용으로 해수를 가열원으로 사용한다.
② 중간 매체법 : 베이스 로드용으로 중간 매체로는 $C_2 \sim C_3$의 탄화수소가 사용된다.
③ 서브 머지드법 : 피크 로드용으로 액중 연소 버너의 연소가스는 수조 내에 설치된 열교환기의 하부에 고속으로 분출된다.

69. LNG기화(재가스화)설비 중 중간 매체법으로 옳은 것은?

㉮ LNG는 관 내부로 흐르게 하고 외부에 물을 흐르게 하여 LNG를 재가스화 하는 법이다.

㉯ 물 또는 직화에 의하여 열매체를 가열하여 열매체와 LNG와의 열교환에 의하여 재가스화하는 방법으로 열매체를 프로판, 메탄 등을 사용한다.

㉰ 수조(물탱크)내의 파이프 주위에 코일(Coil)상으로 만들어 버너설치, LNG를 파이프 내 연료를 연소한 후 배기가스를 통하여 파이프와 코일 및 열교환으로 재가스화 하는 법이다.

㉱ LNG를 직화하는 법이다.

[해설] 중간매체법
물 또는 직화에 의하여 열매체(프로판, 메탄)를 가열하여 열매체와 LNG와의 열교환에 의하여 재가스화 하는 방법

70. LNG 기화기의 기화열을 모두 해수를 이용하여 기화시키는 방법은?

㉮ open rack 기화기

㉯ 중간매체식 기화기

㉰ submerged 기화기

㉱ 작동식 기화기

[해설] open rack 기화기
베이스로드용으로 해수를 가열원으로 사용한다.

71. 다음 중 가스미터로서의 필요구비 조건이 아닌 것은?

㉮ 소형으로 용량이 작을 것

㉯ 기차의 조정이 용이할 것

㉰ 감도가 예민할 것

㉱ 구조가 간단할 것

[해설] 가스미터의 구비조건
① 기차(器差)의 조정이 용이할 것
② 감도가 예민할 것
③ 구조가 간단하고 취급이 용이할 것
④ 정확한 계량을 할 것
⑤ 소형이고 용량이 클 것
⑥ 수리가 용이할 것

72. 여과기의 설치가 필요한 가스미터는?

㉮ 습식 가스미터　　㉯ 가스홀더

㉰ 루츠 가스미터　　㉱ 건식 가스미터

정답　67. ㉱　68. ㉮　69. ㉯　70. ㉮　71. ㉮　72. ㉰

73. 다음은 가스미터의 검정에 있어 검정공차와 사용공차에 대한 설명이다. 옳지 않은 것은?

㉮ 검정공차라 함은 검정 받을 때의 허용기차를 말한다.

㉯ 최대유량의 5~20%인 유량의 검정공차는 ±2.5% 이다.

㉰ 최대유량의 20~80%인 유량의 검정공차는 ±1.5% 이다.

㉱ 사용공차는 수요가에 설치되어 사용 중인 가스미터의 허용기차로 ±2%로 규정되어 있다.

[해설] 사용공차 : ±4%로 규정

74. 계량이 비교적 정확하고 기차변동이 크지 않아 기준기용 또는 실험실용으로 사용되는 가스미터는?

㉮ 피토우식 가스미터

㉯ 루츠 가스미터

㉰ 습식 가스미터

㉱ 막식 가스미터

75. 루츠가스미터로 측정한 유량이 5m³/hr이다. 기준용 가스미터로 측정한 유량이 4.75m³/hr라면 이 가스미터의 기차는 몇 %인가?

㉮ +5.26%

㉯ −5.26%

㉰ +5.00%

㉱ −5.00%

[해설] 기차

$$E = \frac{I-Q}{I} \times 100[\%]$$

여기서, I : 피시험미터의 지시량

Q : 기준기의 지시량

$$\therefore E = \frac{5-4.75}{5} \times 100 = +5\%$$

76. 대량의 가스유량측정에 사용되는 가스미터는?

㉮ 막식 가스미터

㉯ 습식 가스미터

㉰ 루츠미터

㉱ 로터미터

[해설] ① 막식 가스미터 : 1.5~200m³/h(가정용)

② 습식 가스미터 : 0.2~3,000m³/h(실험용)

③ 루츠미터 : 100~5,000m³/h(대량수요가)

77. 회전드럼이 4실로 나누어진 습식가스미터에서 각 실의 체적이 2ℓ 이다. 드럼이 12회전 하였다면 가스의 유량은 몇 ℓ인가?

㉮ 12ℓ

㉯ 24ℓ

㉰ 48ℓ

㉱ 96ℓ

[해설] 4실×2ℓ×12회전=96ℓ

78. 일반 가정용 가스미터에서 감도유량은 막식 가스미터가 작동하기 시작하는 최소 유량이다. 그 수치값으로 맞는 것은?

㉮ 3ℓ/hr

㉯ 1.5ℓ/hr

㉰ 2ℓ/hr

㉱ 2.5ℓ/hr

[해설] 감도유량

가스미터가 작동하는 최소유량을 말하며 계량법에서 일반가정용 미터는 15ℓ/hr 막식 가스미터 감도는 3ℓ/hr 이하이다.

79. 다음 중 습식 가스미터의 계량원리를 설명한 것은?

㉮ 가스의 압력차 측정

㉯ 원통의 회전수 측정

㉰ 기류의 냉각효과

㉱ 가스의 농도측정

[해설] 습식 가스미터(드럼형 가스미터)
드럼의 회전수로 용적을 측정

80. 가스미터의 검정검사에 해당되지 않은 것은?

㉮ 외관검사

㉯ 구조검사

㉰ 기차검사

㉱ 내구성검사

---

73. ㉱   74. ㉰   75. ㉰   76. ㉰   77. ㉱   78. ㉮   79. ㉯   80. ㉱   정답

81. 가스미터의 고장을 미연에 방지하기 위한 설치 조건이다. 틀린 것은?

㉮ 습도가 낮을 것
㉯ 수직평판으로 1.6~2.0m 이내로 설치할 것
㉰ 진동이 적은 곳에 설치할 것
㉱ 전선 가까이 설치할 것

해설 가스미터와 전선과는 15cm 이상 이격

82. 가스미터에 공기가 통과시 유량이 100m³/hr라면 프로판가스를 통과하면 유량은 몇 kg/hr로 환산되겠는가? (단, 프로판의 비중은 1.52, 밀도는 1.86kg/m³이다.)

㉮ 186
㉯ 150.
㉰ 100.1
㉱ 80.7

해설 유량
$100m^3/hr \times 1.86kg/m^3 = 186kg/hr$

83. 다음 가스미터 중 추량식 가스미터가 아닌 것은?

㉮ Delta(델타형)
㉯ Turbine(터빈형)
㉰ Diaphragm(막식형)
㉱ Venturi(벤투리형)

해설 막식형 : 실측식의 건식 가스미터

84. 다음은 가스미터의 종류별 장점을 열거한 것이다. 바르게 연결되지 않은 것은?

㉮ 습식 가스미터 : 유량 측정이 정확하다.
㉯ 막식 가스미터 : 소용량의 계량에 적합하고 가격이 저렴하다.
㉰ 루츠 미터 : 대용량의 가스 측정에 쓰인다.
㉱ 오리피스 미터 : 유량 측정이 정확하고, 압력 손실이 없으며 내구성이 좋다.

해설 오리피스 미터는 정확한 유량 측정이 어렵고 압력 손실이 크며 내구성이 떨어진다.

85. 막식 가스미터에서 일어날 수 있는 고장에 대한 설명이다. 옳지 않은 것은?

㉮ 누출 : 가스가 미터를 통과할 수 없는 고장
㉯ 부동 : 가스가 미터를 통과하지만, 미터의 지침이 움직이지 않는 고장
㉰ 떨림 : 미터출구 측의 압력변동이 심하여 가스의 연소상태를 불안정하게 하는 고장
㉱ 감도불량 : 미터에 감도유량을 통과시킬 때, 미터의 지침 지시도에 변화가 나타나지 않는 고장

해설 부통 : 가스가 가스미터를 통과할 수 없는 고장

86. 가스미터의 고장에 부동이라는 말을 옳게 나타낸 것은?

㉮ 가스가 크랭크축이 녹슬거나 밸브와 밸브시트가 타르(tar)접착 등으로 통과하지 않는다.
㉯ 가스의 누설로 통과하나 정상적으로 미터가 작동할 때 부정확한 양만 측정 가능하다.
㉰ 가스가 미터는 통과하나 계량막의 파손 밸브의 미터지침이 작동하지 않는 것이다.
㉱ 날개가 조절기에 고장이 생겨 회전 장치에 고장이 생긴다.

해설 부동(不動)
가스는 미터를 통과하지만 가스미터의 지침이 움직이지 않는 고장

정답 81. ㉱ 82. ㉮ 83. ㉰ 84. ㉱ 85. ㉮ 86. ㉰

CHAPTER 4

압축기(Compressor)

학습방향 압축기의 종류에 따른 특성 및 실린더 과열 등 이상현상에 영향을 미치는 압축비 계산과 체적효율에 따른 계산법을 배운다.

01 압축기의 분류

(1) 압축방식에 의한 분류

체적 압축식
(용적식)
- 왕복동식 : 횡형, 입형, 고속다기통형
- 회전식 : 고정익형, 회전익형
- 스크류식

원심식
(터보식)
- 원심식
  - 터보형 : 임펠러의 출구각이 90°보다 작을 때
  - 레이디얼형 : 임펠러의 출구각이 90°일 때
  - 다익형 : 임펠러의 출구각이 90°보다 클 때
- 축류식
- 혼류식

(2) 작동압력에 따른 분류

① 팬(fan) : 토출압력이 10kPa 미만

② 송풍기(blower) : 토출압력이 10kPa 이상 0.1MPa 미만

③ 압축기(compressor) : 토출압력이 0.1MPa 이상

02 각 압축기의 종류 및 특성

(1) 왕복동 압축기

회전하는 크랭크축에 연결된 커넥팅로드에 의해 피스톤을 왕복운동시켜 압축한다.

POINT

• 작동압력에 따른 분류

종류	토출압력
팬	10kPa 미만
송풍기	10kPa~0.1Mpa
압축기	0.1Mpa 이상

※ 100mmAg=약 1kPa
　 1kgf/cm^2=약 0.1Mpa

① 특 징

㉮ 용적형으로 일정량의 가스가 압축된다.

㉯ 운전이 단속적으로 맥동이 있다.

㉰ 저속이며 단단으로 고압을 얻을 수 있다.

㉱ 흡입 및 토출밸브가 필요하고 작동부분이 많으므로 진동, 소음 및 밸브의 고장 우려가 있다.

㉲ 중량이 무겁고 설치 면적을 많이 차지하며 견고한 기초를 필요로 한다.

㉳ 전반적으로 효율이 높으며 용량 조절의 폭이 넓고(0~100%), 용량 제어가 용이하다.

㉴ 토출압력에 의한 용량변화가 적고 기체의 비중에 관계없이 쉽게 고압이 얻어진다.

㉵ 피스톤이 운동을 할 때 기밀과 마찰저항을 줄이기 위해 오일이 공급되므로 토출가스 중에 혼입될 우려가 있다.

② 밸브의 구비조건

㉮ 밸브의 동작이 경쾌하고 확실히 작동할 것

㉯ 마모와 파손에 강하고 변형이 적을 것

㉰ 충분한 통과면적을 가지고 유체 저항이 적을 것

㉱ 운전 중 분해하는 경우가 없을 것

③ 압축기의 안전장치

㉮ 안전두(safety head) : 압축기 실린더 상부에 스프링을 지지시켜 실린더 내에 액이나 이물질이 들어와 압축될 때 두압이 상승하여 스프링을 밀어 올려 압축기가 파손되는 것을 방지한다.

　　※ 작동압력=정상고압+0.3MPa

㉯ 안전밸브(safety valve) : 압축기의 압축압력이 일정 이상으로 높아지면 작동하여 가스를 대기나 저압측 으로 되돌려 보냄 으로써 압축기 파열에 의한 위해를 방지한다.

　　※ 작동압력=정상고압+0.5MPa, 또는 내압시험압력의 8/10배 이하

④ 용량제어장치

㉮ 용량제어의 목적

　㉠ 부하변동에 대응한 용량제어로 경제적인 운전이 가능하다.

　㉡ 기동시 경부하 기동으로 운전을 용이하게 한다.

ⓒ 압축기를 보호할 수 있고 기계적인 수명이 연장된다.

ⓝ 용량제어방법

　㉠ 연속적으로 조절하는 방법

　　• 흡입 주밸브를 폐쇄시키는 방법

　　• 바이패스 밸브에 의해 압축가스를 흡입측으로 되돌려 주는 방법

　　• 타임드 밸브에 의한 방법

　　• 회전수를 가감하는 방법

　㉡ 단계별로 조절하는 방법

　　• 언로드 장치에 의해 흡입밸브를 개방하는 방법

　　• 클리어런스 포켓을 설치하여 클리어런스를 증대시키는 방법

⑤ **왕복 압축기 이론**

　㉮ 통경(D) : 실린더 지름

　㉯ 행정(S) : 실린더 내에서 피스톤의 이동거리

　㉰ 상사점(TDC) : 실린더 체적이 최소일 때 피스톤의 위치(top dead center)

　㉱ 하사점(BDC) : 실린더 체적이 최대일 때 피스톤의 위치(bottom dead center)

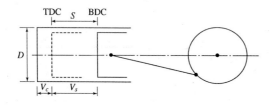

피스톤의 행정

　㉲ 통극(clearance) 체적(V_c) : 피스톤이 상사점에 있을 때 가스가 차지하는 체적(실린더 최소 체적)

　㉳ 간극(통극)비 = $\dfrac{\text{간극체적}}{\text{행정체적}}\left(\lambda = \dfrac{V_C}{V_S}\right)$

POINT

• 행정(S)
상사점과 하사점과의 거리

• 행정체적(Vs)
$\dfrac{\pi D^2}{4} \cdot S\,[\text{m}^3]$

⑥ 왕복동 압축기의 계산

㉮ 피스톤의 압출량

㉠ 이론적인 피스톤 압출량(V)

$$V = \frac{\pi}{4}D^2LNR \times 60 \,(\text{m}^3/\text{h})$$

V : 피스톤의 압출량(m^3/h) D : 피스톤의 직경(m)

L : 행정거리(m) N : 기통수

R : 분당 회전수(rpm)

㉡ 실제적인 피스톤의 압출량(V_a)

$$V_a = \frac{\pi}{4}D^2LNR \times 60 \times \eta_V$$

η_V : 체적효율

㉯ 압축기의 효율

㉠ 체적효율

$$\eta_v = \frac{\text{실제적인 피스톤의 압출량}}{\text{이론적인 피스톤의 압출량}} \times 100 \,(\%)$$

㉡ 압축효율

$$\eta_c = \frac{\text{이론적가스의 압축소요동력(이론적동력)}}{\text{실제적가스의 압축소요동력(지시동력)}} \times 100 \,(\%)$$

㉢ 기계효율

$$\eta_m = \frac{\text{실제적가스의 압축소요동력}}{\text{축동력}} \times 100 \,(\%)$$

㉰ 압축비

㉠ 단단압축기의 경우

$$i = \frac{P_2}{P_1}$$

i : 압축비

P_1 : 흡입절대압력(MPa)

P_2 : 토출절대압력(MPa)

㉡ 다단압축기의 경우

$$i = \sqrt[z]{\frac{P_2}{P_1}} \qquad Z : \text{단수}$$

POINT

• 체적효율 (η_v)

🔢 피스톤 행정량 0.00248m^3 회전수 163rpm으로 시간당 토출량이 90kg/h이며 토출가스 1kg의 체적이 0.189m^3일 때 체적효율은 몇 %인가?

▶ $\eta_v = \dfrac{\text{실제적인피스톤의압출량}}{\text{이론적인 피스톤의압출량}}$

$= \dfrac{90 \times 0.189}{0.00248 \times 163 \times 60} \times 100\,(\%)$

$= 70.13\%$

• 압축비

🔢 흡입압력이 대기압과 같으며 토출압력이 $26\text{kg/cm}^2 \cdot \text{g}$인 3단 압축기의 압축비는? (단, 대기압은 1kg/cm^2이다.)

▶ $i = \sqrt[z]{\dfrac{P_2}{P_1}}$

$= \sqrt[3]{\dfrac{26+1}{1}} = 3$

⑦ 압축비가 클 때 장치에 미치는 영향

　㉮ 토출가스 온도 상승으로 인한 실린더 과열

　㉯ 윤활유 열화 및 탄화

　㉰ 체적 효율 감소

　㉱ 소요동력 및 축수 하중 증대

　㉲ 압축기 능력 감퇴

⑧ 간극체적이 있는 1단 압축기의 체적효율(η_V)

$$\eta_v = 1 - \lambda \left[\left(\frac{P_2}{P_1} \right)^{\frac{1}{K}} - 1 \right]$$

　　　　　λ : 간극비　　　K : 비열비

⑨ 가스 압축 방식

　㉮ 등온압축

　　㉠ $PV = C,\ P_1 V_1 = P_2 V_2$

　　㉡ 등온압축에 필요한 일량(W) $= 2.3 P_1 V_1 \times \log \frac{V_1}{V_2}$

　㉯ 단열압축 : 압축 중에 압축열이 방출되지도 않고 외부에서 침입되지도 않는 열이 완전히 차단된 상태의 이론적인 변화로서 압축 중 열량 및 온도상승이 가장 크다.

　　　$PV^k =$ 일정에서 $P_1 V_1^{\,k} = P_2 V_2^{\,k}$

　　　　　k : 비열비

　　㉠ 단열압축에 소요되는 일량

$$W = \frac{R T_1}{K-1} \left[\left(\frac{V_1}{V_2} \right)^{k-1} - 1 \right]$$

$$= \frac{R T_1}{K-1} \left[\left(\frac{P_2}{P_1} \right)^{\frac{k-1}{k}} - 1 \right]$$

$$= \frac{R T_1}{K-1} \left(\frac{T_2}{T_1} - 1 \right) = \frac{R}{K-1} (T_2 - T_1)$$

　　㉡ 단열압축 후의 온도

$$\frac{T_2}{T_1} = \left(\frac{V_1}{V_2} \right)^{K-1} = \left(\frac{P_2}{P_1} \right)^{\frac{K-1}{K}}$$

POINT

• 간극체적이 있는 체적효율

【문】 행정체적이 20 ℓ, 간극비가 5%인 1단 공기 압축기로 1ata, 15℃ 공기를 $PV^{1.35} = C$ 상태로 압축하였더니 10ata로 되었다. 이때 체적효율은 몇 %인가?

▶ $\eta_V = 1 - \lambda \left[\left(\frac{P_2}{P_1} \right)^{\frac{1}{k}} - 1 \right]$

$\eta_V = 1 - 0.05 \left[\left(\frac{10}{1} \right)^{\frac{1}{1.35}} - 1 \right]$

$= 0.775 \quad \therefore 77.5\%$

ⓑ 폴리트로픽 압축 : 압축 중에 가해지는 열량은 일부는 외부로 방출되고 또 일부는 가스에 주어지는 실제적인 압축방식이며 등온압축과 단열압축의 중간 형태를 나타낸다.

    ㉠ $PV^n =$ 일정에서 $P_1 V_1^n = P_2 V_2^n$

$$n : 폴리트로픽\ 지수$$

    ㉡ 폴리트로픽 압축에 필요한 일량

$$W = \frac{n}{n-1} P_1 V_1 \left[\left(\frac{P_2}{P_1} \right)^{\frac{n-1}{n}} - 1 \right]$$

$$= \frac{n}{n-1} R T_1 \left[\left(\frac{P_2}{P_1} \right)^{\frac{n-1}{n}} - 1 \right]$$

POINT

• 압축일량
단열압축>플리트로픽 압축>등온압축
※ 압축일량이 크면 토출가스 온도도 높아진다.

⑩ **다단압축**

  ㉮ 다단압축의 목적

    ㉠ 1단 단열압축과 비교한 소요 일량이 절약된다.

    ㉡ 이용효율이 증가한다.

    ㉢ 힘의 평형이 양호해진다.

    ㉣ 가스의 온도상승을 방지할 수 있다.

  ㉯ 단수 결정시 고려할 사항

    ㉠ 최종토출 압력

    ㉡ 연속운전의 여부

    ㉢ 취급 가스량과 취급가스의 종류

    ㉣ 동력 및 제작의 경제성

■ **단수의 표**

압력(kgf/cm²a)	10	60	300	1,000
단 수	1~2	3~4	5~6	7~9

(2) 회전식 압축기

피스톤의 왕복운동 대신에 로터의 회전운동에 의해 압축하는 방식이며 로터리 압축기라고도 한다.

① 특 징

㉮ 용적형(부피형) 압축기이다.

㉯ 기름용량방식으로서 소용량이며 널리 쓰인다.

㉰ 왕복 압축기에 비해 부품수가 적고 구조가 간단하다.

㉱ 압축이 연속적이고 고진공을 얻을 수 있어 진공펌프로 널리 사용된다.

㉲ 진동 및 소음이 적고 체적효율이 양호하다

㉳ 활동부분의 정밀도와 내마모성이 요구된다.

② 이론적인 피스톤 압출량

$$V = \frac{\pi}{4}(D^2 - d^2)\, t\, R \times 60$$

V : 피스톤의 압출량(m³/h)

D : 실린더의 내경(m)

d : 피스톤의 외경(m)

t : 회전로터의 가스압축부분의 두께(m)

R : 분당 회전수(rpm)

(3) 터보형 압축기

기계적 에너지를 회전에 의해 압력과 속도에너지로서 전하고 압력을 높이는 압축기이다.

① 터보 압축기의 종류

㉮ 원심식 : 케이싱 내에 모인 임펠러가 회전하면 기체가 원심력의 작용에 의해 임펠러의 중심에 흡입되어 외주부에 토출되고, 그 때 압력과 속도에너지를 얻음으로써 압력 상승을 도모하는 것

㉠ 임펠러의 출구각이 90° 보다 클 때 : 다익형

㉡ 임펠러의 출구각이 90° 일 때 : 레이디얼형

㉢ 임펠러의 출구각이 90° 보다 작을 때 : 터보형

㉯ 축류식 : 선박 또는 항공기의 프로펠러에 외통을 장치한 구조를 하고, 임펠러가 회전하면 기체는 축방향으로 토출한다.

㉰ 혼류식 : 원심식과 축류식의 혼형으로 경사진 방향으로 가스를 흡입·토출한다.

• 터보압축기
연속송출이 가능하고 맥동현상이 없으며 대용량에 적합하다.

② 터보 압축기의 특징

㉮ 원심식 압축기 또는 터보식 압축기라고 하며, 무급유식 압축기이다.

㉯ 고속 회전하며 기초 설치면적이 좁다.

㉰ 경량이고 대용량에 적당하며 효율이 나쁘다.

㉱ 토출압력 변화에 의한 용량변화가 크다.

㉲ 서징현상의 우려가 있다.

㉳ 고속 터보 압축기에서는 축실부에 대한 고도의 기술을 요한다.

㉴ 기체의 맥동이 없고 연속적으로 토출한다.

㉵ 용량 조정은 가능하지만 비교적 어렵고 범위가 좁다(70~100%).

㉶ 무급유 압축기이기 때문에 기름의 혼입 우려가 없다.

㉷ 압력은 속도비의 제곱, 동력은 3제곱에 비례한다.

③ 터보 압축기의 용량 제어방법

㉮ 토출밸브에 의한 조정 : 토출관에 설치한 밸브의 개도 조정

㉯ 흡입밸브에 의한 조정 : 흡입관에 설치한 밸브의 개도 조정

㉰ 베인컨트롤에 의한 조정 : 임펠러 입구에 방사선상으로 놓인 베인의 각도를 조절함으로써 임펠러의 유입각도를 변경하는 방법

㉱ 바이패스(by-pass)에 의한 조정 : 토출 관로의 도중에 바이패스 관로를 설치하고, 토출량 일부를 흡입측에 복귀시키거나 대기에 방출한다.

㉲ 속도제어에 의한 방법 : 회전수를 변경하여 용량을 제어한다.

03 윤활유

(1) 윤활의 목적

① 활동부에 유막을 형성하여 마찰저항을 줄이고, 운전을 원활하게 한다.

② 유막을 형성하여 가스의 누설을 방지한다.

③ 활동부의 마찰열을 제거하여 기계효율을 높인다.

④ 과열압축을 방지하고 기계수명을 연장시킨다.

⑤ 방청효과를 지닌다.

• 상사의 법칙

① $\dfrac{Q_2}{Q_1} = \left(\dfrac{n_2}{n_1}\right)$

② $\dfrac{P_2}{P_1} = \left(\dfrac{n_2}{n_1}\right)^2$

③ $\dfrac{L_2}{L_1} = \left(\dfrac{n_2}{n_1}\right)^3$

n = 회전수(속도)
P = 압력
L = 동력

(2) 윤활유의 구비조건

① 화학적으로 안정하여 사용가스와 반응하지 않을 것
② 인화점이 높고 응고점이 낮을 것
③ 점도가 적당하고 항유화성이 클 것
④ 수분 및 산 등의 불순물이 적을 것
⑤ 열안정성이 좋아 쉽게 열분해하지 않을 것
⑥ 정제도가 높아 잔류탄소가 적을 것

(3) 각 압축기의 내부 윤활유

① 공기 압축기 : 양질의 광유(고급디젤 엔진유)
　공기 압축기의 내부 윤활유로 재생유 이외의 것으로서 잔류탄소의 질량
이 전 질량의 1% 이하로 인화점이 200℃ 이상이고 170℃의 온도에서 8시
간 이상 교반해도 분해하지 않는 것, 또는 잔류탄소의 질량이 전 질량의
1%를 초과하고 1.5% 이하로 인화점이 230℃ 이상 되고 170℃의 온도에
서 12시간 이상 교반해도 분해하지 않는 것이어야 한다.
② 산소 압축기 : 물 또는 10% 이하의 묽은 글리세린수
③ 염소 압축기 : 진한 황산류(건조제로도 사용)
④ 아세틸렌 압축기 : 양질의 광유로서 항유화성이 높은 것을 사용
⑤ 수소 압축기 : 양질의 광유로서 점도가 높은 것을 사용
⑥ 아황산가스 압축기 : 화이트유나 정제된 용제 터빈유
⑦ 염화메탄 압축기 : 화이트유
⑧ LP가스 압축기 : 식물성유

POINT

• 공기압축기 : 양질의 광유

잔류 탄소질량	인화점	교반 온도	교반 시간
1% 이하	200℃ 이상	170℃	8시간
1%~1.5% 이하	230℃ 이상	170℃	12시간

① 위 조건에서 분해되지 않을 것
② 잔류탄소의 전 질량의 1.5%
　이하 일 것
③ 잔류탄소의 질량이 많으면 발
　화점이 낮아진다.

01 왕복형 압축기의 특징에 대한 설명으로 옳은 것은?

㉮ 쉽게 고압이 얻어진다.
㉯ 압축효율이 낮다.
㉰ 접촉부가 적어 보수가 쉽다.
㉱ 기초 설치 면적이 작다.

02 왕복식 압축기의 연속적인 용량제어 방법으로 가장 거리가 먼 것은?

㉮ 바이패스 밸브에 의한 조정
㉯ 회전수를 변경하는 방법
㉰ 흡입 밸브를 폐쇄하는 방법
㉱ 베인 컨트롤에 의한 방법

03 압축기에 관한 용어 중 틀리게 설명 한 것은?

㉮ 간극용적 : 피스톤이 상사점과 하사점의 사이를 왕복할 때의 가스의 체적
㉯ 행정 : 실린더 내에서 피스톤이 이동하는 거리
㉰ 상사점 : 실린더 체적이 최소가 되는 점
㉱ 압축기 : 실린더 체적과 간극 체적과의 비

04 다단 압축을 하는 주된 목적으로 옳은 것은?

㉮ 압축일과 체적효율의 증가
㉯ 압축일 증가와 체적효율의 감소
㉰ 압축일 감소와 체적효율 증가
㉱ 압축일과 체적효율의 감소

해 설

[해설] 01
왕복형 압축기의 특징
① 용적형으로 고압이 쉽게 형성된다.
② 급유식(윤활유식)또는 무급유식이다.
③ 배출가스 중 오일이 혼입된 우려가 있다.
④ 압축이 단속적으로 진동이 크고 소음이 크다.
⑤ 형태가 크고 설치면적이 크다.
⑥ 접촉부가 많아서 고장 시 수리가 어렵다.
⑦ 용량 조정범위가 넓고(0~100) 압축효율이 높다.
⑧ 반드시 흡입, 토출밸브가 필요하다.

[해설] 02
① 연속적 용량제어 방법
㉮, ㉯, ㉱ 외에 타임드 밸브에 의한 방법
② 단계적 용량제어 방법
㉮ 언로드 장치에 의한 방법
㉯ 클리어런스 포켓에 의한 방법

[해설] 03
간극용적 : 톱 클리어런스, 사이드 클리어런스
㉮ : 피스톤 압축량 설명(행정체적)

[해설] 04
다단압축의 목적
① 1단 단열압축과 비교한 일량의 절약
② 이용효율의 증가
③ 힘의 평형이 양호해진다.
④ 가스의 온도상승을 피할 수 있다.

정답
01. ㉮ 02. ㉱ 03. ㉮
04. ㉰

05 흡입밸브 압력이 0.8MPa·G인 3단 압축기의 최종단의 토출압력은 약 몇 MPa·G 인가? (단, 압축비는 3이며, 1MPa은 10kgf/cm²로 한다.)

㉮ 16.1
㉯ 21.6
㉰ 24.2
㉱ 28.7

06 피스톤 행정용량 0.00248m³, 회전수 175rpm의 압축기로 1시간 토출구로 92kg/h의 가스가 통과하고 있을 때 가스 토출효율은 약 몇 %인가? (단, 토출가 스 1kg을 흡입한 상태로 환산한 체적은 0.189m³ 이다.)

㉮ 66.8
㉯ 70.2
㉰ 76.8
㉱ 82.2

07 실린더 안지름이 20cm, 피스톤행정 15cm, 매분회전수 300, 효율이 80%인 수평 1단 단동압축기가 있다. 지시평균유효압력을 0.2MPa로 하면 압축기에 필 요한 전동기의 마력은 약 몇 PS인가? (단, 1MPa은 10kgf/cm²로 한다.)

㉮ 5.0
㉯ 7.8
㉰ 9.7
㉱ 13.2

08 압축기와 펌프에서 공통으로 일어날 수 있는 현상으로 가장 옳은 것은?

㉮ 캐비테이션
㉯ 서징
㉰ 워터해머링
㉱ 베이퍼록

09 터보형 압축기에 대한 설명으로 옳지 않은 것은?

㉮ 연속 토출로 맥동현상이 적다.
㉯ 설치면적이 크고, 효율이 높다.
㉰ 운전 중 서징현장에 주의해야 한다.
㉱ 윤활유가 필요 없어 기체에 기름이 혼입이 적다.

해 설

해설 05

$a = \sqrt[n]{\dfrac{P_2}{P_1}} = \left(\dfrac{P_2}{P_1}\right)^{\frac{1}{n}}$ 에서

$\therefore P_2 = a^n \times P_1$

$= 3^3 \times (0.8 + 0.1)$

$= 24.3 \text{MPa·a} - 0.1$

$= 24.2 \text{MPa·g}$

해설 06

토출효율 $= \dfrac{Q \times V}{L \times N} \times 100$

$= \dfrac{92 \times 0.189}{0.00248 \times 175 \times 60} \times 100$

$= 66.77\%$

해설 07

$V = \dfrac{\pi}{4} D^2 L N R$

$= \dfrac{\pi}{4} \times 0.2^2 \times 0.15 \times 1 \times 300$

$= 1.414 \text{m}^3/\text{min}$

$PS = \dfrac{P \cdot V}{75 \cdot \eta}$

$= \dfrac{0.2 \times 10 \times 10^4 \times 1.414}{75 \times 0.8 \times 60}$

$= 7.78 \text{PS}$

해설 09

터보형 입축기의 특징
① 효율이 낮다.
② 무급유식이며 원심형이다.
③ 서징현상 있으므로 운전 중 주의
④ 기체의 맥동이 없고 연속적이다.
⑤ 고속회전이므로 형태가 적고 경량이다.
⑥ 용량조절이 가능하나 비교적 어렵고 범위도 좁다.
⑦ 대용량 적당하고 설치면적 적다.

10 터보압축기에서의 서징(surging)방지책에 해당되지 않는 것은?

㉮ 회전수 가감에 의한 방법
㉯ 가이드 베인 컨트롤에 의한 방법
㉰ 방출밸브에 의한 방법
㉱ 클리어런스 밸브에 의한 방법

11 압축기의 윤활유에 대한 설명 중 옳지 않은 것은?

㉮ 산소 압축기에는 묽은 글리세린 수용액을 사용한다.
㉯ 염소가스 압축기에는 진한 황산을 사용한다.
㉰ 엘피지 압축기에는 식물성 기름을 사용한다.
㉱ 공기 압축기에는 물이나 식물성 기름을 사용한다.

12 산소압축기의 내부 윤활제로 적합한 것은?

㉮ 진한 황산
㉯ 식물성유
㉰ 물 또는 10% 이하의 묽은 글리세린 수용액
㉱ 진한 염산

해 설

해설 **10**
서징 현상 방지법
① 우상(右上)이 없는 특성으로 하는 방법
② 방출밸브에 의한 방법
③ 베인 컨트롤에 의한 방법
④ 회전수를 변화시켜는 방법
⑤ 교축밸브를 기계에 가까이 설치하는 방법

해설 **11**
공기 압축기 : 양질의 광유

10. ㉱ 11. ㉱ 12. ㉰

정답

기출문제 및 예상문제

01. 다음 압축기 중 분류방법이 다른 압축기는?

㉮ 왕복식 ㉯ 회전식

㉰ 나사식 ㉱ 원심식

[해설] 압축방식에 따른 분류
① 용적형
  ㉠ 왕복식 : 피스톤의 왕복운동으로 압축하는 방식
  ㉡ 나사식 : 한 쌍의 나사가 돌아가면서 압축
  ㉢ 회전식 : 임펠라 회전운동으로 압축
② 터보형
  ㉠ 원심식 : 원심력에 의해 가스를 압축하는 방식
  ㉡ 축류식 : 축방향으로 흡입, 토출하는 방식
  ㉢ 사류(혼류) : 축방향으로 흡입, 경사지게 토출하는 방식

02. 압축기를 작동압력에 따라 분류시 송풍기의 압력에 해당하는 것은?

㉮ 0.1MPa 이상

㉯ 10kPa 이상~0.1MPa 미만

㉰ 10kPa 미만

㉱ 10kPa 이상

[해설] 압축기의 작동압력에 따른 분류
① 압축기 : 토출압력 0.1MPa 이상
② 송풍기 : 토출압력 10kPa이상~0.1MPa 미만
③ 통풍기 : 토출압력 10kPa 미만

03. 왕복동 압축기의 특징이 아닌 것은?

㉮ 용량조절이 용이하고 범위가 넓다.

㉯ 기계적 접촉 부분이 많다.

㉰ 토출압력 변화에 의한 용량의 변화가 적고 고압을 얻을 수 있다.

㉱ 압축기의 효율이 낮다.

[해설] 왕복동 압축기의 특징
① 무급유방식 또는 오일 윤활방식
② 압축 효율이 비교적 높다.
③ 토출압력에 의한 용량변화가 적고 쉽게 고압이 얻어진다.
④ 용량조절이 용이하고 0~100%로 용량범위가 넓다.

⑤ 기계적 접촉 부분이 많다.
⑥ 설치면적이 크고 설치비가 비싸다.
⑦ 압축하면 맥동현상이 발생하기 쉽다.

04. 왕복압축기의 부속기기가 아닌 것은?

㉮ 크랭크 샤프트

㉯ 압력계

㉰ 실린더

㉱ 커넥팅로드

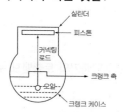

05. 다음은 선도 중 압축일량에 해당하는 것은?

㉮ 4-1-5-7

㉯ 1-2-6-7

㉰ 2-3-5-6

㉱ 1-2-3-4

[해설] 흡입일량(4-1-5-7), 압축일량(1-2-6-7), 토출일량(2-3-5-6), 정미소요일량(1-2-3-4)

06. 압축기에 관한 용어 중 틀리게 설명한 것은?

㉮ 간극용적 : 피스톤이 상사점과 하사점 사이를 왕복할 때의 가스의 체적

㉯ 행정 : 실린더 내에서 피스톤의 이동하는 거리

㉰ 상사점 : 실린더 체적이 최소가 되는 점

㉱ 압축비 : 흡입압력과 토출압력과의 비

[해설] 간극용적
피스톤이 상사점에 있을 때 실린더 내의 가스가 차지하는 체적

---

01. ㉱ 02. ㉯ 03. ㉱ 04. ㉯ 05. ㉯ 06. ㉮ **정답**

07. 왕복압축기에서 피스톤링이 마모시 일어나는 현상이 아닌 것은?

㉮ 압축기 능력이 저하한다.

㉯ 실린더 내 압력이 증가한다.

㉰ 윤활기능이 저하한다.

㉱ 체적효율이 일정하다.

[해설] ㉮, ㉯, ㉰항 외에 체적효율 감소, 소요일량 증가, 기계수명 단축, 윤활유 과다 소비

08. 왕복압축기의 토출밸브 누설시 일어나는 현상은?

㉮ 압축기 능력 향상

㉯ 소요동력 증대

㉰ 토출가스온도 저하

㉱ 체적효율 증대

[해설] 가스 누설시 압축비가 증대하며 동시에 소요동력이 증대한다.

09. 왕복시 압축기에서 실린더를 냉각시켜 얻을 수 있는 냉각효과가 아닌 것은?

㉮ 체적효율의 증가

㉯ 압축효율의 증가(동력감소)

㉰ 윤활기능의 유지 향상

㉱ 윤활유의 질화 방지

[해설] 실린더 냉각효과(워터재킷, 중간냉각기 설치)
① 체적효율 증가　　② 압축효율 증가
③ 소요동력 감소　　④ 윤활기능 향상
⑤ 윤활유 탄화 방지

10. 압축기에서 다단 압축을 하는 목적은?

㉮ 압축일과 체적효율의 증가

㉯ 압축일과 체적효율의 감소

㉰ 압축일 증가와 체적효율 감소

㉱ 압축일 감소와 체적효율 증가

[해설] 다단 압축의 목적
① 1단 단열압축과 비교한 일량의 절약
② 이용효율의 증가
③ 힘의 평형이 좋아진다.
④ 가스의 온도 상승을 피할 수 있다.

11. 2단압축기에 있어서 가스의 압축에 소요되는 일을 최소로 하기 위한 각 단의 압축비 관계는?

㉮ 1단 > 2단

㉯ 1단 = 2단

㉰ 1단 < 2단

㉱ 각 단의 압축비와는 상관없음

[해설] 다단압축기
소요일량을 최소로 하기 위해 각단의 압축비를 같게 한다.

12. 다단압축시 중간냉각기를 사용하는 목적은?

㉮ 터빈의 냉각

㉯ 압축일의 감소

㉰ 재열기의 냉각

㉱ 압축기의 냉각

[해설] 다단압축의 목적
압축일 감소와 체적 효율 증가

13. 압축기의 단수 결정 시 고려 사항이 아닌 것은?

㉮ 최종의 토출압력

㉯ 취급 가스량

㉰ 단속 운전의 여부

㉱ 취급가스의 종류 및 제작의 경제성

[해설] 단수 결정시 고려사항
① 최종의 토출 압력
② 취급가스량
③ 취급 가스의 종류
④ 연속운전의 여부
⑤ 동력 및 제작의 경제성

정답　07. ㉱　08. ㉯　09. ㉱　10. ㉱　11. ㉯　12. ㉯　13. ㉰

14. 단별 최대 압축비를 가질 수 있는 압축기는 어떤 종류인가?

㉮ 원심식(centrifugal)
㉯ 왕복식(reciprocating)
㉰ 축류식(axial)
㉱ 회전식(rotary)

15. 고속다기통 압축기의 장점이다. 이 중 옳지 않은 것은?

㉮ 고속이므로 소형으로 되고 따라서 설치 면적이 적게 든다.
㉯ 기통수가 많으므로 실린더 지름이 작아도 되고 가볍다.
㉰ 기동시 무부하로 기동이 가능하며 또는 자동 운전이 가능하다.
㉱ 체적효율이 좋으며 각 부품의 교환이 간단하다.

해설 고속다기통 압축기의 특징
① 고속이므로 소형으로 제작된다.
② 설치면적이 적다.
③ 기통수가 많으므로 실린더의 지름이 작아도 되고 가볍다.
④ 무부하 기동이 가능하며 자동운전이 가능하다.
⑤ 체적효율이 낮으며 부품 교환이 간단하다.
⑥ 용량 제어가 용이하다.

16. 왕복동식 압축기에서 토출온도 상승 원인이 아닌 것은?

㉮ 토출밸브 불량에 의한 역류
㉯ 흡입밸브 불량에 의한 고온가스 흡입
㉰ 압축비 감소
㉱ 전단냉각기 불량에 의한 고온가스 흡입

해설 ㉰ 압축비 증가

17. 압축기 운전 중 온도, 압력이 저하했을 때 우선적으로 점검해야 되는 사항은?

㉮ 크로스헤드
㉯ 실린더
㉰ 피스톤링
㉱ 흡입토출밸브

해설 온도 압력 이상시 점검해야 되는 곳 : 흡입토출밸브

18. 왕복동 압축기 정지시의 주의사항이다. 정지시의 주의사항을 순서대로 나열시킨 것은?

① 흡입 밸브를 닫는다.
② 냉각수 밸브를 잠근다.
③ 전동기 스위치를 끊는다.
④ 드레인 밸브를 개방시킨다.
⑤ 압축기 회전이 완전 정지되면 토출 밸브를 닫는다.

㉮ ①-③-⑤-②-④
㉯ ①-②-③-④-⑤
㉰ ①-⑤-③-②-④
㉱ ③-⑤-①-④-②

19. 왕복동 압축기의 흡입·토출 밸브의 구비 조건 중 아닌 것은?

㉮ 개폐 지연이 없고 작동이 양호한 것일 것
㉯ 파손이 적을 것
㉰ 충분한 통과면적을 가지고 유체의 저항이 클 것
㉱ 운전 중 분해하는 경우가 없을 것

해설 흡입·토출 밸브의 구비조건
① 개폐가 확실하고 작동이 양호할 것
② 충분한 통과 단면을 갖고 유체 저항이 적을 것
③ 누설이 없고 마모 및 파손에 강할 것
④ 운전 중에 분해하는 경우가 없을 것

20. PVⁿ=일정일 때 이 압축은 무엇에 해당하는가? (단, 1<n<k)

PV^n=일정일 때 이 압축은 무엇에 해당하는가? (단, $1<n<k$)

㉮ 등적압축　　　　㉯ 등온압축
㉰ 폴리트로픽압축　㉱ 단열압축

[해설] ① 등온압축 : $n=1$
② 단열압축 : $n=k$
③ 폴리트로픽압축 : $1<n<k$

21. 다음 중 일량이 가장 큰 압축방식은?

㉮ 등온압축　　　　㉯ 폴리트로픽압축
㉰ 다단압축　　　　㉱ 단열압축

[해설] 일량의 대소 : 단열압축>폴리트로픽 압축>등온압축

22. Oilless Compressor(무급유 압축기)의 용도가 아닌 것은?

㉮ 양조공업　　　　㉯ 식품공업
㉰ 산소압축　　　　㉱ 수소압축

[해설] ① 무급유 압축기란 오일 대신 물을 윤활제로 쓰거나 아무 것도 윤활제로 쓰지 않는 압축기 양조공업, 식품공업, 산소압축기의 윤활유
② 수소 압축기의 윤활유 : 양질의 광유

23. 압축기에 다량의 물 또는 기름이 들어갔을 때 일어나는 현상을 설명하였다. 틀린 것은?

㉮ 워터해머(water hammer)를 일으켜 실린더 파손의 원인이 된다.
㉯ 압축공기를 쓰는 기계에는 취급이 좋지 않다.
㉰ 공기 분리기에 기름이 들어가면 폭발의 위험이 있다.
㉱ 용기 중의 아세톤에 용해시켜 저장할 경우 수분으로 아세틸렌의 용해도가 높아진다.

[해설] 아세틸렌은 아세톤에 약 25배가 용해되고 수분 존재 시 용해도는 저하된다.

24. 압축기 운전 중 용량 조정의 목적은 어느 것인가?

㉮ 소요동력 증대
㉯ 회전수 증가
㉰ 토출량 증가
㉱ 무부하 운전

[해설] 용량조정의 목적
경부하 운전(경제적 운전), 기계수명 연장, 소요동력 절감, 압축기 보호

25. 왕복형 압축기의 용량 제어법으로 부적당한 것은?

㉮ 흡입 메인 밸브의 조절
㉯ 회전수의 조절
㉰ 바이패스 밸브를 이용하여 압축가스를 흡입측이 되도록 하는 방법
㉱ 토출밸브의 조절

[해설] 왕복형 압축기의 용량제어 방법
① 흡입메인 밸브 조절(폐쇄)
② 회전수 조절방법
③ 바이패스 밸브를 이용하여 압축가스를 흡입측이 되도록 하는 방법
④ 타임 밸브 조절

26. 가연성 압축기 운전 정지시 최종적으로 하는 일은?

㉮ 냉각수를 배출한다.
㉯ 드레인 밸브를 개방한다.
㉰ 각 단의 압력을 0으로 한다.
㉱ 윤활유를 배출한다.

[해설] 가연성 압축기 정지 시 주의 사항
① 전동기 스위치를 내린다.
② 최종스톱 밸브를 닫는다.
③ 드레인을 개방한다.
④ 각 단의 압력저하를 확인 후 흡입밸브를 닫는다.
⑤ 냉각수를 배출한다.

정답　20. ㉰　21. ㉱　22. ㉱　23. ㉱　24. ㉱　25. ㉱　26. ㉮

27. 압축기 운전 중 과열현상의 원인은 다음 중 어느 것인가?

㉮ 윤활유의 과충전

㉯ 수온의 저하

㉰ 냉매 순환량 부족

㉱ 냉각수 유출과다

해설 압축기의 과열 원인
① 윤활유 부족　　② 수온상승
③ 냉매순환량 부족　④ 압축비 증대
⑤ 가스량 부족

28. 다음은 압축기 관리상 주의 사항이다. 맞지 않는 것은?

㉮ 정지시에도 1번 정도 운전하여 본다.

㉯ 장기 정지시 깨끗이 청소, 점검을 한다.

㉰ 밸브, 압력계 등의 부품을 점검하여 고장 시 새 것으로 교환한다.

㉱ 냉각사관은 무게를 재어 20% 이상 감소 시 교환한다.

해설 ㉱ 10% 감소시 교환하여야 된다.

29. 다음 중 왕복압축기의 체적효율을 바르게 나타낸 것은?

㉮ 이론적인 가스 흡입량에 대한 실제적인 가스 흡입량의 비

㉯ 실제가스 압축소요동력에 대한 이론상 가스 압축소요 동력비

㉰ 축동력에 대한 실제가스압축 소요동력의 비

㉱ 이론상 가스 압축소요동력에 대한 실제적인 가스 흡입량의 비

해설 체적효율 $= \dfrac{\text{실제적인 가스흡입량}}{\text{이론적인 가스흡입량}} \times 100$

30. 공기압축기에서 초압 0.2MPa의 공기를 0.8MPa 까지 압축하는 공기의 잔류 가스 팽창이 등온 팽창시의 체적 효율은 몇 % 인가? 9단, 실린더 간극비 ε =0.06, 공기의 단열지수 r=1.4로 한다.)

㉮ 82%　　　　　　㉯ 40%

㉰ 24%　　　　　　㉱ 48%

해설 $\eta = 1 - \varepsilon \left(\dfrac{P_2}{P_1} - 1 \right)$

$= 1 - 0.06 \left(\dfrac{0.8}{0.2} - 1 \right) = 0.82 = 82\%$

31. 실린더 단면적 50cm², 행정 10cm, 회전수 200rpm, 효율이 80%인 왕복압축기의 피스톤 압출량은 몇 ℓ/min 인가?

㉮ 50 ℓ/min　　　　㉯ 60 ℓ/min

㉰ 70 ℓ/min　　　　㉱ 80 ℓ/min

해설 $Q = \dfrac{\pi}{4} d^2 \times L \times N \times \eta_v$

$= 50cm^2 \times 10cm \times 200 \times 0.8$

$= 80,000cm^3/min = 80\ell/min$

32. 지름 100mm, 행정 150mm, 회전수 600rpm, 체적효율이 0.8인 2기통 왕복압축기의 송출량(m³/min)은?

㉮ 0.565m³/min　　㉯ 0.842m³/min

㉰ 1.131m³/min　　㉱ 1.540m³/min

해설 $Q = \dfrac{\pi d^2}{4} \times L \times N \times R \times \eta_v$

$= \dfrac{\pi \times (0.1)^2}{4} \times 0.15 \times 2 \times 600 \times 0.8 = 1.13m^3/min$

33. 피스톤 행정량 0.00248m³, 회전수 163rpm으로 시간당 토출량이 90kg/hr이며 토출가스 1kg의 체적이 0.189m³일 때 토출효율은 몇 %인가?

㉮ 70.13%　　　　　㉯ 71.7%

㉰ 7.17%　　　　　㉱ 65.2%

해설 토출효율 $= \dfrac{\text{실제가스 흡입량}}{\text{이론가스 흡입량}} \times 100$

$= \dfrac{90 \times 0.189}{0.00248 \times 163 \times 60} \times 100 = 70.13\%$

| 27. ㉰ | 28. ㉱ | 29. ㉮ | 30. ㉮ | 31. ㉱ | 32. ㉰ | 33. ㉮ | 정답 |

34. 압축기의 압축비에 대한 설명 중 옳은 것은?

㉮ 압축비는 고압측 압력계의 압력을 저압측 압력계의 압력으로 나눈 값이다.

㉯ 압축비가 작을수록 체적효율을 작아진다.

㉰ 흡입압력, 흡입온도가 같으면 압축비가 크게 될 때 토출가스의 온도가 높게 된다.

㉱ 압축비는 토출가스의 온도에는 영향을 주지 않는다.

해설 ① 압축비 $= \dfrac{\text{토출절대압력}}{\text{흡입절대압력}}$

② 압축비증가 → 체적효율 감소

③ 압축비증가 → 토출가스온도 상승

④ 압축비는 토출가스 온도에 영향을 준다.

35. 흡입압력이 대기압과 같으며 토출압력이 2.6MPa·g인 3단 압축기의 압축비는? (단, 대기압은 0.1MPa로 한다.)

㉮ 1   ㉯ 2

㉰ 3   ㉱ 4

해설 $i = z\sqrt{\dfrac{P_2}{P_1}} = 3\sqrt{\dfrac{(2.6+0.1)}{0.1}} = 3$

36. 실린더의 내경이 220mm, 피스톤행정 150mm, rpm이 360인 수평1단 단동식 압축기를 설치하여 지시평균 유효압력을 측정하였더니 $P_m = 2\text{kg/cm}^2$이었다. 이 압축기를 구동하는데 필요한 전동기의 소요마력은 얼마인가? (단, 이 압축기의 기계효율 : 88%)

㉮ 10.35PS   ㉯ 12.20PS

㉰ 13.05PS   ㉱ 14.05PS

해설 $W(PS) = \dfrac{10^4 \times P \times V}{75 \times 60 \times E} = \dfrac{10^4 \times 2 \times 2.05}{75 \times 60 \times 0.88} = 10.35 PS$

여기서, P : 지시평균유효압력(2kg/cm^2)

E : 효율(0.88)

V : 피스톤 압출량(m^3/min)

$V = \dfrac{\pi}{4}D^2 \times L \times N \times R$

$= \dfrac{\pi}{4}(0.22\text{m})^2 \times 0.15\text{m} \times 1 \times 360 = 2.05\text{m}^3/\text{min}$

여기서, D : 피스톤의 직경(m)

L : 행정거리(m)

N : 기통수

R : 분당회전수(rpm)

37. 2단 압축 시 압축일을 가장 적게 하는 중간 압력은?

㉮ $\dfrac{P_1 + P_2}{2}$ ㉯ $\dfrac{P_2}{P_1}$

㉰ $P_1 \cdot P_2$ ㉱ $\sqrt{P_1 \cdot P_2}$

해설 중간압력$(P_m) = \sqrt{P_1 \times P_2}$

38. 고압가스 압축기의 이론적 동력이 20kW, 등온효율 80%, 압축효율 및 기계효율이 각각 90%일 때 축동력은 얼마인가?

㉮ 14.69kW   ㉯ 24.69kW

㉰ 34.69kW   ㉱ 44.69kW

해설 축동력(Nia) $= \dfrac{\text{이론동력}(N)}{\text{압축효율}(\eta_c) \times \text{기계효율}(\eta_m)}$

$= \dfrac{20}{0.9 \times 0.9} = 24.69\text{kW}$

39. 다음 중 회전식 압축기(rotary compressor)의 특징이 아닌 것은?

㉮ 용적형이 무급유식이다.

㉯ 흡입 밸브가 없고 크랭크 케이스 내는 고압이다.

㉰ 압축이 연속적이고 고진공을 얻을 수 있다.

㉱ 진동이 적으며 고압축비를 얻을 수 있다.

해설 ① 회전식 압축기의 특징

㉠ 고정익형과 회전익형이 있다.

㉡ 용적형이며, 기름 윤활방식으로 소용량으로 쓰인다.

㉢ 왕복 압축기와 비교하여 구조가 간단하다(부품의 수가 적고 흡입 밸브가 없다)

㉣ 압축기 연속적으로 이루어져 고진공을 얻을 수 있다.

㉤ 베인의 회전에 의하여 압축하며, 동작이 단순하다.

㉥ 직결구동이 용이하고, 고압축비를 얻을 수 있다.

② 회전식 압축기의 종류

㉠ 고정형의 압축기

㉡ 회전익형 압축기

③ 회전 압축기 피스톤 압출량 계산식

$Q = 0.785 \times (D^2 - d^2) \times t \times N \times 60$

여기서, Q : 피스톤 압출량(m^3/h)

D : 실린더 안지름(m)

d : 회전자 바깥지름(m)

t : 회전자의 두께(m)

N : 회전자 회전수(rpm)

정답 34. ㉰   35. ㉰   36. ㉮   37. ㉱   38. ㉯   39. ㉮

40. 용적형 압축기의 일종으로 흡입, 압축, 토출의 3행정이며 대용량에 적합한 압축기는?

㉮ 왕복   ㉯ 원심

㉰ 회전   ㉱ 나사

[해설] 나사 압축기
암수 나사가 맞물려 돌면서 연속적인 압축을 행하는 방식으로 무급유 또는 급유식이다.

41. 나사 압축기의 특징이라고 볼 수 없는 것은?

㉮ 용적형이다.

㉯ 무급유식 또는 급유식이다.

㉰ 기체에는 맥동이 없고 연속적으로 압축한다.

㉱ 용량조절이 쉽다.

[해설] ㉮, ㉯, ㉰항 외에
① 설치면적이 적다.
② 흡입, 압축, 토출 3행정이며 대용량에 적합하다.
③ 용량 조정이 곤란하고 용량 조절 폭이 좁다(70~100%)
④ 소음 방지대책을 필요로 하며 일반적으로 효율이 낮다.

42. 원심 압축기의 특징이 아닌 것은?

㉮ 기체에는 맥동이 없고 연속적으로 송출된다.

㉯ 기초, 설치면적 등이 작다.

㉰ 감속장치가 불필요하다.

㉱ 일반적으로 효율이 높다.

[해설] 원심압축기의 특징
① 무급유식이다.
② 압축비가 적어 효율이 낮고, 70~100%로 용량범위가 좁다.
③ 기초 및 설치면적이 적다.
④ 맥동이 없어 연속적으로 송출된다.
⑤ 기계접촉부가 적어 마모나 마찰손실이 적다.
⑥ 고속회전으로 증속장치가 필요하다.
⑦ 감속장치가 필요 없다.

43. 터보 압축기 정지 시의 주의사항이다. 정지시의 작업 순서가 올바르게 된 것은?

> ① 토출 밸브를 서서히 닫는다.
> ② 전동기의 스위치를 끊는다.
> ③ 흡입 밸브를 서서히 닫는다.
> ④ 드레인 밸브를 개방시켜 내부의 액을 빼낸다.

㉮ ①-②-③-④   ㉯ ②-①-③-④

㉰ ①-②-④-③   ㉱ ②-①-④-③

44. 압축기에서 토출측 저항이 커지면 풍량이 감소하여 관로에 심한 공기의 맥동과 진동을 발생하여 불안전 운전이 되는 현상은?

㉮ 베이퍼 로크(vapor lock) 현상

㉯ 서징(surging) 현상

㉰ 캐비테이션(cavitation) 현상

㉱ 워터해머링(water hammering)

[해설] ① 서징(surging) 현상 : 토출 측 저항이 커지면 유량이 감소하고 맥동과 진동이 발생하며 불안전운전이 되는 현상
② 서징 현상 방지법
　㉮ 우상(右上)이 없는 특성으로 하는 방법
　㉯ 방출 밸브에 의한 방법
　㉰ 베인 컨트롤에 의한 방법
　㉱ 회전수를 변화시키는 방법
　㉲ 교축 밸브를 기계에 가까이 설치하는 방법

45. 터보 압축기에서의 서징 방지책에 해당되지 않는 것은?

㉮ 회전수 가감에 의한 방법

㉯ 베인콘트롤에 의한 방법

㉰ 방출밸브에 의한 방법

㉱ 클리어런스 밸브에 의한 방법

[해설] 서징(맥동) 방지책
① 회전수 가감에 의한 방법
② 방출밸브에 의한 방법
③ 베인콘트롤에 의한 방법
④ 배관의 경사를 완만하게 하는 방법

---

40. ㉱   41. ㉱   42. ㉱   43. ㉮   44. ㉯   45. ㉱   **정답**

46. 실린더 내경이 200mm, 피스톤 외경이 150mm, 두께가 100mm인 회전베인형 압축기의 회전수가 200rpm일 때 피스톤 압출량은 몇 m³/hr인가?

㉮ 15.49   ㉯ 16.49

㉰ 18.23   ㉱ 20.10

해설 회전 베인형 압축기의 피스톤 압출량

$$Q = \frac{\pi}{4}(D^2 - d^2) \times t \times N \times 60$$
$$= \frac{\pi}{4}(0.2^2 - 0.15^2) \times 0.1 \times 200 \times 60 = 16.49 \text{m}^3/\text{hr}$$

47. 원심 압축기에서 임펠러깃 각도에 따른 분류에 해당되지 않는 것은?

㉮ 드러스트형   ㉯ 다익형

㉰ 레디얼형   ㉱ 터보형

해설 임펠러깃 각도에 따른 분류
① 다익형 : 90° 보다 클 때
② 레디얼형 : 90° 일 때
③ 터보형 : 90° 보다 작을 때

48. 원심 압축기의 장점을 왕복동형 압축기에 비교하여 설명한 다음 사항들 중에서 틀린 것을 고르시오.

㉮ 왕복동형 압축기에 비하여 마모나 마찰 손실이 적다.

㉯ 왕복동형 압축기에 비하여 회전속도가 빨라 감속장치가 필요 없다.

㉰ 왕복동형 압축기에 비하여 효율이 높고, 1단당 압력비가 높다.

㉱ 왕복동형 압축기에 비하여 크기가 작고, 진동도 작다.

해설 ① 원심압축기는 압축비가 적어 효율이 낮고, 70~100%로 용량범위가 좁다
② 왕복동압축기 : 단별 최대 압축비를 얻을 수 있다.

49. 터보 압축기의 용량조정법에 해당되지 않는 것은?

㉮ 클리어런스 밸브에 의한 방법

㉯ 바이패스법

㉰ 속도제어에 의한 방법

㉱ 안내깃 각도 조정법

해설 원심(터보)압축기 용량조정방법
① 속도제어(회전수 가감)에 의한 방법 : 회전수를 변경하여 용량을 제어하는 방법
② 바이패스법 : 토출관 중에 바이패스관을 설치하여 토출량을 흡입측으로 복귀시킴으로써 용량을 제어하는 방법
③ 안내깃 각도(베인 컨트롤) 조정법 : 안내깃의 각도를 조정함으로써 흡입량을 조절하여 용량을 조정하는 방법.
④ 흡입밸브 조정법 : 흡입밸브의 개도를 조정하는 방법.
⑤ 토출밸브 조정법 : 토출관 밸브의 개도를 조정하는 방법.

50. 원심식 압축기의 회전속도를 1.2배로 증가시키면 몇 배의 동력이 필요한가?

㉮ 1.2배   ㉯ 1.4배

㉰ 1.7배   ㉱ 2.0배

해설 상사의 법칙
① 토출량 : $\dfrac{Q_2}{Q_1} = \dfrac{n_2}{n_1}$

② 압력 : $\dfrac{P_2}{P_1} = \left(\dfrac{n_2}{n_1}\right)^2$

③ 동력 : $\dfrac{L_2}{L_1} = \left(\dfrac{n_2}{n_1}\right)^3$

여기서, $L_2 = L_1 \times \left(\dfrac{n_2}{n_1}\right)^3 = L_1 \times \left(\dfrac{1.2n_1}{n_1}\right)^3 = 1.73 L_1$

51. 압축기 윤활유 선택시 유의사항으로 옳지 않은 것은?

㉮ 열 안정성이 커야 한다.

㉯ 화학반응성이 작아야 한다.

㉰ 항유화성(抗油化性)이 커야 한다.

㉱ 인화점과 응고점이 높아야 한다.

해설 윤활유 선택 시 주의 사항
① 화학반응을 일으키지 않을 것
② 인화점이 높을 것
③ 점도가 적당하고 항유화성이 클 것

정답   46. ㉯   47. ㉮   48. ㉰   49. ㉮   50. ㉰   51. ㉱

④ 불순물이 적을 것
⑤ 잔류탄소의 양이 적을 것
⑥ 열에 대한 안전성이 있을 것

52. 윤활유 선택 시 유의할 점에 대한 다음의 설명 중 틀린 것은?

㉮ 사용기체와 화학반응을 일으키지 않을 것
㉯ 점도가 적당할 것
㉰ 인화점이 낮을 것
㉱ 전기 절연 내력이 클 것

해설 윤활유 선택 시 유의사항
① 사용가스와 화학반응을 일으키지 않을 것
② 점도가 적당할 것
③ 인화점이 높을 것
④ 전기절연 내력이 클 것

53. 다음 중 가스와 압축기 윤활유와의 관계가 서로 알맞게 짝지어지지 않은 것은?

㉮ 염소가스 : 황산
㉯ 이산화황 : 물
㉰ 산소 : 10% 이하의 글리세린 수
㉱ 수소 : 광유

해설 압축기의 윤활유

종 류	윤활유
공기 압축기	양질의 광유(고급 디젤엔진유)
LPG 압축기	식물성기름
아세틸렌 압축기	양질의 광유(고 황유화성)
아황산가스 압축기	화이트유, 정제된 용제터빈유
염소 압축기	진한 황산
수소 압축기	양질의 광유(고점도)
산소 압축기	물 또는 묽은(10%) 글리세린 수용액

54. 다음 ( )에 알맞은 수치 또는 단어를 기입하시오.

> 공기압축기 내부 윤활유는 재생유 이외의 것으로 잔류탄소의 질량이 전 질량의 1% 이하인 것은 인화점( )℃ 이상으로 170℃에서 ( )시간 교반하여 분해되지 않아야 한다.

㉮ 200℃, 8시간   ㉯ 230℃, 12시간
㉰ 250℃, 15시간   ㉱ 300℃, 18시간

해설 지식경제부 고시에 규정된 공기압축기 내부 윤활유 규격 : 재생유 이외의 윤활유로서 잔류 탄소질량이 전 질량의 1% 이하이며, 인화점이 200℃ 이상으로 170℃에서 8시간 이상 교반하여 분해 되지 않을 것. 또는 잔류 탄소질량이 1%를 초과하고 1.5% 이하이며 인화점이 230℃ 이상으로써 170℃에서 12시간 이상 교반하여 분해 되지 않을 것.

55. 압축기의 유압저하 원인에 해당되지 않는 것은?

㉮ 윤활유가 부족하다.
㉯ 냉매액이 크랭크내의 윤활유와 과도하게 혼합
㉰ 흡입 압력이 너무 높아졌다.
㉱ 유압 조절변을 너무 과다하게 개방

해설 압축기의 유압저하원인
① 윤활유가 부족
② 크랭크내의 윤활유에 냉매액이 과도하게 혼합
③ 릴리프 밸브의 작동상태 불량
④ 유체의 온도가 고온일 때
⑤ 유압 조절변을 너무 과다하게 개방

펌프(Pump)

학습방향 펌프의 종류와 특징을 배우며 펌프의 송수량과 동력계산 및 펌프의 이상현상의 종류와 방지법을 배운다.

01 펌프의 분류

```
                    ┌─ 원심식 ──┬─ 벌류트 펌프
                    │          └─ 터빈 펌프
         ┌─ 터보형 ─┼─ 사류식 : 사류 펌프
         │          └─ 축류식 : 축류 펌프
         │
         │          ┌─ 왕복식 ──┬─ 피스톤 펌프
         │          │          ├─ 플런저 펌프
         │          │          └─ 다이어프램 펌프
    펌프 ─┼─ 용적형 ─┤
         │          │          ┌─ 기어 펌프
         │          └─ 회전식 ──┼─ 나사 펌프
         │                     └─ 베인펌프
         │
         │          ┌─ 마찰 펌프
         └─ 특수형 ─┼─ 제트 펌프
                    ├─ 기포 펌프
                    └─ 수격 펌프
```

원심펌프의 계통도

(송출면, 송출관, 게이트밸브, 물받이콕, 흡입관, 흡수면, 푸트밸브, 스트레이너)

02 각 펌프에 대한 특성

(1) 터보형 펌프

① 종류와 특성

㉮ 원심펌프(센트리퓨걸 펌프) : 복류펌프라고도 하며 임펠러에 흡입된 물은 축과 직각의 복류방향으로 토출된다. 이 물은 그 외주에 설치된 벌류트 케이싱에 유도하고 버어텍스 체임버에서 운동에너지를 압력 에

너지로 가급적 수력 손실이 없도록 변환시켜 토출하는 형식의 펌프이다. 비교적 고양정에 적합하여 비속도 범위는 $100 \sim 600 \text{m}^3/\text{min} \cdot \text{m} \cdot \text{rpm}$에 해당 된다.

㉠ 벌류트 펌프 : 임펠러에서 나온 물을 직접 벌류트 케이싱에 유도하는 형식

㉡ 터빈(디퓨져) 펌프 : 안내 베인을 통한 다음 벌류트 케이싱에 유도하는 형식

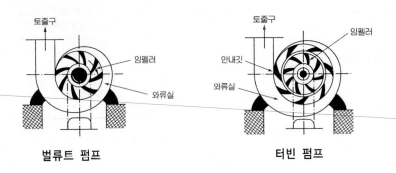

벌류트 펌프　　　　　　　**터빈 펌프**

※ 안내 베인(깃)을 설치하는 이유 : 고양정 펌프의 경우에 임펠러에서 나온 유속이 빠른 물을 안내 베인을 통한 다음 벌류트 케이싱에 유도함으로서 효율적으로 압력 에너지로 변화시킬 수 있도록 한다.

㉣ 사류펌프 : 임펠러에서 나온 물의 흐름이 축에 대하여 비스듬히 나온다. 임펠러에서 나온 물을 안내베인에 유도하여 그 회전방향을 축방향으로 바꾸어 토출하는 형과 센트리퓨걸 펌프와 같이 벌류케이싱에 유도하는 형식이 있다.

※ 비속도 범위는 $500 \sim 1,300 \text{m}^3/\text{min} \cdot \text{m} \cdot \text{rpm}$ 이다.

㉤ 축류펌프 : 임펠러에서 나오는 유체의 흐름이 축방향으로 나온다. 사류펌프와 같이 임펠러에서 물을 안내베인에 유도하여 그 회전방향을 축방향으로 고쳐 이것으로 인한 수력손실을 적게 하여 축방향으로 토출한다.

㉠ 축류펌프의 특징

• 동일유량을 내는 다른 형의 펌프에 비하여 형태가 작기 때문에 값이 싸고 설치면적이 적게 들며, 그 기초공사가 용이하다.

• 비속도가 크기 때문에($1,200 \sim 2,000 \text{m}^3/\text{min} \cdot \text{m} \cdot \text{rpm}$) 저양정에 대해서도 회전속도를 크게 할 수 있어서 원동기와 직결이 가능하다.

- 양정의 변화에 대해서 유량의 변화가 적고 효율의 저하도 적다.
- 구조가 간단하고 유로가 짧으며 원심펌프에서와 같은 흐름의 굴곡이 적다.
- 가동날개로 하면 넓은 범위의 양정에서 넓은 효율을 얻을 수 있고, 양정여하에 관계없이 축동력을 일정하게 하여 원동기의 효율이 좋은 점에서 넓은 유량범위로 사용할 수 있다.
- 날개수가 증가하면 유량은 일정하고 양정은 증가한다.
  ㉡ 터보형 펌프의 양정범위
    - 터빈 펌프 : 20~30m
    - 벌류트 펌프 : 10~12m
    - 사류 펌프 : 5~8m
    - 축류 펌프 : 1~5m

② 원심펌프의 특성곡선

H~Q : 양정곡선
L~Q : 축동력곡선
η ~Q : 효율곡선

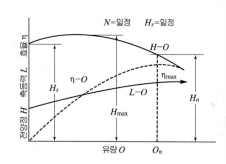

③ 원심펌프의 운전

㉮ 직렬운전 : 유량일정, 양정증가
㉯ 병렬운전 : 유량증가, 양정일정

④ 원심 펌프의 계산

㉮ 실양정(H_a)

$$H_a = H_s + H_d$$

H_s : 흡입 실양정　　　H_d : 토출 실양정

㉯ 전양정(H)

$$H = H_a + H_d + H_s + h_o$$

H_a : 실양정　　　H_d : 토출관계의 손실수두
H_s : 흡입관계의 손실수두
h_o(잔류속도 수두) : $\left(\dfrac{V^2}{2g}\right)$

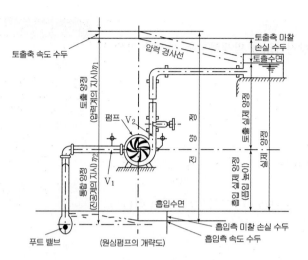

원심펌프의 개략도

㉯ 펌프의 수동력 : 펌프에 의해 유체에 주어지는 동력

$$L_w = \frac{rHQ}{75 \times 60}(Ps) = \frac{rHQ}{102 \times 60}(Kw)$$

r : 액체의 비중량(kg$_f$/m^3)　　H : 전양정(m)
Q : 유량(m^3/min)

㉰ 펌프의 축동력 : 원동기에 의해 펌프를 운전하는데 실제로 소요되는 동력

$$L = \frac{L_w}{\eta}$$　　　η : 펌프의 효율　　　L_w : 수동력

따라서 펌프의 효율은 $\eta = \dfrac{L_w}{L}$가 된다.

㉱ 펌프의 회전수

$$N = n\left(1 - \frac{S}{100}\right) = \frac{120f}{P}\left(1 - \frac{S}{100}\right)$$

n : 등기속도(rpm)

S : 펌프를 운전할 때 부하(load) 때문에 생기는 미끄럼률(%)

※ 펌프의 회전수(n)

$$n = \frac{120f}{P}\,\text{(rpm)}$$

P : 전동기의 극수　　　　　f : 전원의 주파수

• 전양정(H)
실양정(H_a)+손실양정($h\ell$)

• 전효율(η)
기계효율(η_m)×체적효율(η_v)×수력효율(η_h)

•펌프의 동력

문 전양정 27[m], 유량 1.2[m^3/min], 펌프의 효율 80[%]인 경우 펌프의 축동력은 몇 Ps인가? (단, 액체의 비중량은 1000[kgf/m^3]이다.)

▶ $L = \dfrac{rHQ}{75 \times 60 \times \eta}$
$= \dfrac{1000 \times 27 \times 1.2}{75 \times 60 \times 0.8}$
$= 9[Ps]$

ⓑ 펌프의 비례측(상사의 법칙)

   ⊙ 비속도 : 토출량 1m³/min, 양정 1m가 발생하도록 설계한 경우의
임펠러 매분 회전수(rpm)

$$\text{비속도}(N_S) = \dfrac{N\sqrt{Q}}{\left(\dfrac{H}{Z}\right)^{\frac{3}{4}}}$$

        N : 회전수(rpm) Q : 토출량(m³/min)
        H : 양정(m) Z : 단수

   ⓛ 회전속도에 의한 비례측 : 토출량(Q), 양정(H), 축동력(P)

    • $Q_2 = Q_1 \left(\dfrac{N_2}{N_1}\right)\left(\dfrac{D_2}{D_1}\right)^3$

    • $H_2 = H_1 \left(\dfrac{N_2}{N_1}\right)^2\left(\dfrac{D_2}{D_1}\right)^2$

    • $L_2 = L_1 \left(\dfrac{N_2}{N_1}\right)^3\left(\dfrac{D_2}{D_1}\right)^5$

        N_1 : 변화 전의 회전수 N_2 : 변화 후의 회전수
        Q_1 : 변화 전의 유량 Q_2 : 변화 후의 유량
        H_1 : 변화 전의 양정 H_2 : 변화 후의 양정
        L_1 : 변화 전의 동력 L_2 : 변화 후의 동력
        D_1 : 변화 전의 직경 D_2 : 변화 후의 직경

(2) 왕복펌프

① 고압, 고점도의 소유량에 적당하다.

② 토출량이 일정하므로 정량토출 할 수 있다.

③ 회전수가 변화하여도 토출압력 변화는 적다.

④ 송수량의 가감이 가능하며 흡입양정이 크다.

⑤ 밸브의 그랜드(gland)부가 고장나기 쉽다.

⑥ 단속적이므로 맥동이 일어나기 쉽다.

⑦ 고압으로 액의 성질이 변하는 수가 있다.

⑧ 진동이 있고 설치면적이 크다.

(3) 회전펌프

① 특 징

㉮ 흡입 토출밸브가 없고 연속회전 하므로 토출액의 맥동이 적다.

㉯ 점성이 있는 액체에 좋다.

㉰ 고압유압펌프로 사용

② 회전펌프의 종류

㉮ 기어펌프 : 2개의 같은 크기와 모양을 갖는 기어를 원통 속에서 물리게 하고 케이싱 속에서 회전시켜 이와 이 사이의 공간에 있는 액체를 송출하는 펌프이다.

$$Q = 2\pi ZM^2 B \frac{n}{60 \times 100} \eta_V$$

Q : 기어펌프송출량(cm³/s)
Z : 잇수
M : 모듈
n : 매분회전수(rpm)
B : 이폭(cm)
η_V : 체적효율(%)

㉯ 베인펌프(편심펌프) : 원통형 케이싱 안에 편심회전자가 있고 그 홈 속에 판상의 깃(베인)이 들어있다. 베인의 원심력 또는 스프링의 장력에 의하여 벽에 밀착되면서 회전하여 액을 압송하는 펌프이다.

$$Q(\text{m}^3/\text{S}) = 2\pi D_i e b n$$

D_i : 실린더 안지름(m) e : 편심량
b : 회전자의 폭(m) n : 회전수(rpm)

㉰ 나사펌프

㉠ 고점도 액의 이송에 적합하다.

㉡ 고압에 적합하고 토출압력이 변하여도 토출량은 크게 변하지 않는다.

㉢ 구조가 간단하고 청소, 분해도 용이하다.

POINT

• 베인펌프의 이론 토출량
① 편심형 베인펌프 토출량
$Q = 2\pi D i e b n$
② 평형 베인 펌프 토출량
$Q = 4\pi D i e b n$

03 펌프에 발생되는 여러 가지 현상

(1) 캐비테이션(Cavitation)

유수 중에 어느 부분의 정압이 그때 물의 온도에 해당하는 증기압 이하로 되어 물이 증발을 일으키고 수중에 용입되어 있던 공기가 낮은 압력으로 인하여 기포가 발생하는 현상으로 공동현상이라고도 한다.

① 영 향
    ㉮ 소음과 진동발생
    ㉯ 깃에 대한 침식
    ㉰ 양정곡선과 효율곡선의 저하

② 발생조건
    ㉮ 흡입 양정이 지나치게 길 때
    ㉯ 과속으로 유량이 증대될 때
    ㉰ 흡입관 입구 등에서 마찰저항 증가 시
    ㉱ 관로 내의 온도가 상승될 때

③ 방지대책
    ㉮ 양 흡입 펌프를 사용한다.
    ㉯ 수직축 펌프를 사용하고 회전차를 수중에 잠기게 한다.
    ㉰ 펌프를 두 대 이상 설치한다.
    ㉱ 펌프의 회전수를 낮춘다.
    ㉲ 펌프의 설치위치를 낮추어 흡입양정을 짧게 한다.
    ㉳ 관경을 크게 하고 흡입측의 저항을 최소로 줄인다.

④ 유효흡입양정(NPSH : Net Positive Suction Head) : 캐비테이션을 일으키지 않을 한도의 최대흡입양정
    ㉮ 정상운전 할 수 있는 NPSH : 펌프 그 자체의 흡입양정 ≧ 그 액의 증기압력
    ㉯ 캐비테이션이 일어날 때 NPSH : 펌프 그 자체의 흡입양정 ≦ 그 액의 증기압력
    ㉰ 유효흡입양정(NPSH) : 흡입부전체두 − 증기압두

POINT

• 캐비테이션 현상
정압이 그 수온에 해당하는 증기압 이하로 되면 부분적으로 증기가 발생되는 현상

• 캐비테이션 발생 조건
① 회전수증가
② 흡입관경이 작을 때
③ 흡입양정이 클 때
※ 흡입관로에서 압력 손실이 생길 때 발생

(2) 수격작용(Water hammering)

펌프에서 물을 압송하고 있을 때 정전 등으로 급히 펌프가 멈추거나 수량조절 밸브를 급히 폐쇄할 때 관내 유속이 급속히 변화하면 물에 의한 심한 압력의 변화가 생겨 관 벽을 치는 현상을 수격작용이라고 한다.

※ 수격작용 방지책

- 완폐 체크 밸브를 토출구에 설치하고 밸브를 적당히 제어한다.
- 관경을 크게 하고 관내 유속을 느리게 한다.
- 관로에 조압수조(surge tank)를 설치한다.
- 플라이휠을 설치하여 펌프속도의 급변을 막는다.

(3) 서징(Surging)

펌프를 운전할 때 송출압력과 송출유량이 주기적으로 변동하여 펌프입구 및 출구에 설치된 진공계, 압력계의 지침이 흔들리는 현상을 말한다.

① 서징현상 발생원인

㉮ 펌프의 양정곡선이 산형이고 이 곡선이 산고상승부에서 운전할 때
㉯ 수량조절 밸브가 저장탱크 뒤쪽에 있을 때
㉰ 배관 중에 공기탱크나 물탱크가 있을 때

② 서징현상 방지책

㉮ 방출 밸브 등을 사용하여 펌프 속 양수량을 서징 할 때의 양수량 이상으로 증가시킨다.
㉯ 임펠러나 가이드 베인의 형상과 치수를 바꾸어 그 특성을 변화시킨다.
㉰ 관로에 불필요한 잔류공기를 제거하고 관로의 단면적 및 유속 등을 변화시킨다.

(4) 베이퍼록(vapor lock)

저비등점 액체 등을 이송할 때 펌프의 입구 쪽에서 발생하는 현상으로 일종의 액체의 끓는 현상에 의한 동요라고 한다. 액체를 이송하는 펌프는 기체 이송이 불가능하며 캐비테이션이나 펌프 입구에서 공기를 흡입할 때 펌프에 소음진동이 생기고, 심한 경우 송액불능이 되듯이 베이퍼록이 생겨도 그 영향은 유사하다.

① 베이퍼록 발생원인

㉮ 액 자체 또는 흡입배관 외부의 온도가 상승할 때

㉯ 펌프 냉각기가 정상 작동하지 않거나 설치되지 않는 경우

㉰ 흡입관 지름이 적거나 펌프의 설치위치가 적당하지 않을 때

㉱ 흡입관로 막힘, 스케일 부착 등에 의해 저항이 증대하였을 때

② 베이퍼록 방지법

㉮ 실린더 라이너의 외부를 냉각한다(자켓 이용).

㉯ 흡입관 지름을 크게 하거나 되도록 펌프의 설치위치를 낮춘다.

㉰ 흡입배관을 단열한다.

㉱ 흡입관로를 청소한다.

04 펌프의 축봉장치

형 식	구 분	특 성
사이드형식	인사이드형	고정환이 펌프측에 있는 것으로 일반적으로 사용된다.
	아웃사이드형 (외장형)	• 구조재, 스프링재가 액의 내식성에 문제가 있을 때 • 점성계수가 100CP를 초과하는 고점도액일 때 • 저응고점액일 때 • 스터핑박스내가 고진공일 때
면압밸런스 형식	언밸런스실	일반적으로 사용(제품에 의해 차이가 있으나 윤활성이좋은 액으로 약 0.7MPa 이하, 나쁜 액으로 약 0.25MPa 이하에 사용한다)
	밸런스실	• 내압 0.4~0.5MPa 이상일 때 • LPG, 액화가스와 같이 저비점 액체일 때 • 하이드로 카본일 때
실형식	싱글실형	일반적으로 사용된다.
	더블실형	• 유독액 또는 인화성이 강한 액일 때 • 보냉, 보온이 필요할 때 • 누설되면 응고되는 액일 때 • 내부가 고진공일 때 • 기체를 실할 때

• 축봉장치
축봉부로부터 누설을 방지하는 장치

01 동력원이 다른 펌프는?

㉮ 원심 펌프 ㉯ 축류 펌프
㉰ 회전 펌프 ㉱ 제트 펌프

02 터빈 펌프에서 속도 에너지를 압력 에너지로 변환하는 역할을 하는 것은?

㉮ 와실(whirl pool chamber)
㉯ 안내깃(guide vane)
㉰ 와류실(volute casing)
㉱ 회전차(impeller)

03 펌프를 운전할 때 펌프내에 액이 충만하지 않으면 공회전하여 펌핑이 이루어지지 않는다. 이러한 현상을 방지하기 위하여 펌프 내에 액을 충만시키는 것을 무엇이라 하는가?

㉮ 맥동 ㉯ 프라이밍
㉰ 캐비테이션 ㉱ 서징

04 원심펌프 병렬로 연결시켜 운전하면 어떻게 되는가?

㉮ 양정이 증가한다. ㉯ 양정이 감소한다.
㉰ 유량이 증가한다. ㉱ 유량이 감소한다.

05 저비점 액체용 펌프에 대한 설명으로 틀린 것은?

㉮ 저비점 액체는 기화할 경우 흡입 효율이 저하 된다.
㉯ 저온 취성이 생기지 않는 스테인리스강, 합금 등이 사용된다.
㉰ 플렌저식 펌프는 대용량에 주로 사용된다.
㉱ 축시일은 거의 메카니컬 시일을 채택하고 있다.

해 설

해설 01
제트 펌프
특수 펌프로 동력원이 필요 없다
(고압의 물이나 증기 사용).

해설 03
프라이밍
펌프를 운전하기 전에 케이싱 내부에 액을 채우는 작업

해설 04
펌프의 설치방법
① 병렬로 설치 : 유량이 증가
② 직렬로 설치 : 양정이 증가

해설 05
플렌저식 펌프는 플렌저의 왕복운동에 의해 급수하는 펌프로서 소유량, 고양정 펌프에 적합하다.

01. ㉱ 02. ㉯ 03. ㉯
04. ㉰ 05. ㉰

정답

06 회전 펌프의 특징에 대한 설명 중 틀린 것은?

㉮ 액의 이송에 적합하다.
㉯ 구조가 간단하다.
㉰ 토출 압력에 따라 토출량이 크게 변한다.
㉱ 청소 및 분해가 용이하다.

07 펌프에서 발생하는 캐비테이션이나 수격작용을 방지하는 방법에 대한 설명 중 옳지 않은 것은?

㉮ 캐비테이션을 방지하기 위해서는 펌프의 흡입양정을 작게 한다.
㉯ 캐비테이션을 방지하기 위해서는 펌프의 설치 위치를 낮춘다.
㉰ 수격 작용을 방지하기 위해서는 관내의 유속을 느리게 한다.
㉱ 수격 작용을 방지하기 위해서는 관지름을 작게 한다.

08 펌프의 이상 현상에 대한 설명 중 틀린 것은?

㉮ 수격작용이란 유속이 급변하여 심한 압력변화를 갖게 되는 작용이다.
㉯ 서징(surging)의 방지법으로 유량조정밸브를 펌프 송출 측 직후에 배치시킨다.
㉰ 캐비테이션 방지법으로 관경과 유속을 모두 크게 한다.
㉱ 베이퍼록은 저비점 액체를 이송시킬 때 입구 쪽에서 발생되는 액체 비등 이다.

09 펌프에서 발생되는 베이퍼록의 방지 방법이 아닌 것은?

㉮ 회전수를 줄인다.
㉯ 펌프의 설치위치를 낮춘다.
㉰ 흡입관의 지름을 크게 한다.
㉱ 실린더 라이너의 외부를 가열한다.

해 설

해설 **07**
• 캐비테이션의 방지법
① 펌프의 위치를 낮춘다(흡입양정을 짧게 한다.).
② 수직축 펌프를 사용한다.
③ 회전차를 수중에 완전히 잠기게 한다.
④ 펌프의 회전수를 낮춘다.
⑤ 양흡입 펌프를 사용한다.
⑥ 두 대 이상의 펌프를 사용한다.
• 수격작용 방지법
① 관내 유속을 낮게 한다.
② 압력조절용 탱크를 설치한다.
③ 펌프에 플라이휠(flywheel)을 설치한다.
④ 밸브를 펌프 토출구 가까이 설치하고 적당히 제어한다.

해설 **09**
베이퍼록 현상은 저비점 등의 액체를 이송할 경우 펌프의 입구에서 발생하는 현상으로 액의 끓음에 의한 동요를 말한다.
• 방지책
① 흡입배관을 크게 하고 단열처리 한다.
② 펌프의 설치위치를 낮춘다.
③ 실린더 라이너의 외부를 냉각시킨다.

정답 06. ㉰ 07. ㉱ 08. ㉰ 09. ㉱

10 펌프의 유량 Q(m³/min), 전양정 H(m), 액체의 비중량이 r(kg/m³)일 때 펌프의 수동력 Lw[PS]를 구하는 식은?

㉮ $Lw = \dfrac{rHQ}{75 \times 60}$ ㉯ $Lw = \dfrac{rHQ}{75}$

㉲ $Lw = \dfrac{rHQ}{102}$ ㉳ $Lw = \dfrac{rHQ}{102 \times 60}$

11 송출 유량(Q)이 0.3m³/min, 양정(H)이 16m, 비교회전도(Ns)가 110일 때 펌프의 회전속도(N)는 약 몇 rpm인가?

㉮ 1507 ㉯ 1607

㉲ 1707 ㉳ 1807

12 전 양정이 14m인 펌프의 회전수를 1,100rpm에서 1650rpm으로 변화시킨 경우 펌프의 전 양정은 몇 m가 되는가?

㉮ 21.5m ㉯ 25.5m

㉲ 31.5m ㉳ 36.5m

[해설] **10**

펌프의 수동력

① $Lw = \dfrac{rHQ}{75 \times 60}$ (PS)

② $Lw = \dfrac{rHQ}{102 \times 60}$ (kW)

[해설] **11**

비속도 $Ns = N \times \dfrac{\sqrt{Q}}{H^{\frac{3}{4}}}$ 에서

$N = \dfrac{Ns \times H^{\frac{3}{4}}}{\sqrt{Q}} = \dfrac{110 \times 16^{\frac{3}{4}}}{\sqrt{0.3}}$

$= 1606.65$

[해설] **12**

$H_2 = H_1 \times \left(\dfrac{N_2}{N_1}\right)^2$

$= 14 \times \left(\dfrac{1,650}{1,100}\right)^2$

$= 31.5 \, \text{m}$

정답 10. ㉮ 11. ㉯ 12. ㉲

01. 다음 중 펌프의 구비 조건이 아닌 것은?

㉮ 저속회전에 안전 할 것
㉯ 작동이 확실하고 조작이 간단할 것
㉰ 부하 변동에 대응할 수 있을 것
㉱ 고온, 고압에 견딜 것

해설 펌프의 구비조건
① 고온, 고압에 견딜 것
② 작동이 확실하고 조작이 간단할 것
③ 고속 회전에 안전할 것
④ 급격한 부하 변동에 대응할 수 있을 것
⑤ 저부하에서도 효율이 좋을 것
⑥ 병렬운전에 지장이 없을 것

02. 터보식 펌프가 아닌 것은?

㉮ 원심식 펌프   ㉯ 사류식 펌프
㉰ 축류식 펌프   ㉱ 회전식 펌프

해설 터보식 펌프의 종류
① 원심식 펌프, ② 사류식 펌프, ③ 축류식 펌프

03. 원심펌프의 특성에 해당되지 않는 것은?

㉮ 소형이고 맥동이 없다
㉯ 설치면적이 크고 대용량이 적합하다.
㉰ 프라이밍이 필요하다.
㉱ 임펠러의 원심력으로 이송된다.

해설 동일용량에 대해 형상이 작아 설치면적이 작고 대용량에 적합

04. 비교적 고양정에 적합하고, 운동에너지를 압력에너지로 변환시켜 토출하는 형식의 펌프는?

㉮ 축류식 펌프   ㉯ 왕복식 펌프
㉰ 원심식 펌프   ㉱ 회전식 펌프

해설 원심식 펌프(센츄리퓨걸 펌프)
운동에너지를 압력에너지로 가급적 수력손실이 없도록 변환시켜 토출하는 형식의 펌프이다.

05. 회전차 둘레에 고정 안내깃이 있는 펌프는?

㉮ 벌류트 펌프
㉯ 프로펠러 펌프
㉰ 터빈 펌프
㉱ 축류 펌프

해설 원심펌프의 종류
① 벌류트 펌프 : 회전차 주위에 안내깃이 없고, 양정이 낮고, 양수량이 많은 곳에 적합한 펌프
② 터빈 펌프 : 회전차 둘레에 안내깃이 있고, 양정이 높고 방출이 높은 곳에 적합한 펌프

06. 다음의 터보 펌프의 정지순서로 알맞은 것은?

| Ⓐ : 모터 정지 | Ⓑ : 토출밸브 닫음 |
| Ⓒ : 흡입밸브 닫음 | Ⓓ : 드레인 빼기 |

㉮ Ⓐ-Ⓓ-Ⓒ-Ⓑ   ㉯ Ⓑ-Ⓐ-Ⓒ-Ⓓ
㉰ Ⓓ-Ⓒ-Ⓐ-Ⓑ   ㉱ Ⓑ-Ⓓ-Ⓒ-Ⓐ

해설 터보 펌프의 정지순서
토출밸브 폐쇄 → 모터 정지 → 흡입밸브 폐쇄 → 드레인 빼기

07. 원심 펌프의 적용범위와 비속도 범위가 옳게 표시된 것은? (단, 단위는 $m^3/min \cdot m \cdot rpm$이다.)

㉮ 고양정 100~600
㉯ 중양정 500~1,300
㉰ 저양정 1,200~2,000
㉱ 전양정 500~1,800

해설

펌프의 종류	양정	비속도($m^3/min \cdot m \cdot rpm$)
원심펌프	고양정	100~600
사류펌프	중양정	500~1,300
축류펌프	저양정	1,200~2,000

정답 01. ㉮   02. ㉱   03. ㉯   04. ㉰   05. ㉰   06. ㉯   07. ㉮

08. 축류펌프에 대한 설명 중 틀린 것은?

㉮ 유량변화가 많은 곳에 적합하다.

㉯ 양정의 변화에 대하여 효율의 저하가 적다.

㉰ 구조는 간단하나 유로가 긴 편이다.

㉱ 저양정에 대해 회전속도를 크게 할 수 있다.

해설 축류펌프의 특징
① 양정변화에 대하여 유량변화가 적고 효율의 저하도 적다.
② 구조가 간단하고 유로가 짧으며 원심 펌프에서와 같은 흐름의 굴곡이 적다.
③ 비속도가 크기 때문에 저양정에 대해서도 회전속도를 크게 할 수 있어서 원동기와 직결이 가능하다.

09. 축류펌프의 날개는 그 수가 증가할 때 펌프 성능에 어떤 영향을 주는가?

㉮ 양정이 일정하고 유량이 증가

㉯ 유량과 양정이 모두 증가

㉰ 양정이 감소하고 유량이 증가

㉱ 유량이 일정하고 양정이 증가

해설 축류펌프의 날개수가 증가하면 유량이 일정하고 양정이 증가한다.

10. 축류펌프에 있어서 공동현상은 날개의 어느 점에서 발생하는가?

㉮ 날개의 후단 하면

㉯ 날개의 선단 상면

㉰ 날개의 후단 상면

㉱ 날개의 두께가 가장 두꺼운 상면 부분

해설 축류펌프의 공동현상은 날개의 선단상면에서 발생한다.

11. 펌프의 비속도 값의 크기 배열이 가장 적합한 것은?

㉮ 터빈 펌프>벌류트 펌프>사류 펌프>축류 펌프

㉯ 터빈 펌프>벌류트 펌프>축류 펌프

㉰ 축류 펌프>벌류트 펌프>터빈 펌프

㉱ 사류 펌프>터빈 펌프>축류 펌프

해설 펌프의 속도

펌프	축류 펌프	벌류트 펌프	터빈 펌프
비속도	800~2500	250~500	80~100

12. 펌프의 종류 및 용적형 펌프가 아닌 것은?

㉮ 피스톤 펌프   ㉯ 터보 펌프

㉰ 베인 펌프   ㉱ 격막 펌프

해설 용적형 펌프의 분류
① 왕복식 : 피스톤펌프, 플런저펌프, 격막펌프
② 회전식 : 기어펌프, 베인펌프, 나사펌프

13. 다음 설명 중 플런저 펌프의 원리에 옳은 것은?

㉮ 피스톤과 로드는 같은 직경이며 흡입, 토출밸브의 작동으로 피스톤이 왕복하는 1행정으로 액의 흡입, 토출 가능한 형식이다.

㉯ 회전하는 치차와 펌프, 케이스와의 사이에서 송액하는 펌프이다.

㉰ 고무관이나 수지제판을 물러나게 하거나 눌러서 흡입, 토출하며 약액용으로 쓰이며 소요량, 소양정에 적합하다.

㉱ 피스톤의 전후에서 흡입, 토출이 이루어지는 복동형으로 로드의 직경이 큰 펌프이다.

해설 플렌지 펌프
피스톤과 로드는 같은 직경이며 흡입, 토출밸브의 작동으로 피스톤이 왕복하는 행정으로 액의 흡입, 토출 가능한 형식

14. 압력을 2.1MPa 이상에서 운전하여야 할 경우 어떤 펌프를 선정하면 좋은가?

㉮ 기어 펌프   ㉯ 플런저 펌프

㉰ 나사 펌프   ㉱ 베인 펌프

해설 왕복 펌프(피스톤 펌프, 플런저 펌프) : 고압펌프로 사용

15. 왕복펌프가 다른 형의 펌프보다 특징이 되는 것은?

㉮ 펌프 효율이 우수하다.

㉯ 고압을 얻을 수 있는 수송량 가감이 가능하다.

㉰ 동일 유량에 대하여 펌프 체적이 적다.

㉱ 저속 운전이므로 공동현상이 다른 펌프에 비해 발생하지 않는다.

해설 왕복펌프는 고압, 고점도의 소유량에 적당하고 송수량의 가감이 가능하며 흡입양정이 크다.

16. 다음 중 왕복 펌프의 밸브로서 구비하여야 할 조건인 것은?

㉮ 누출물을 막기 위하여 밸브의 중량이 클 것

㉯ 내구성이 있되 가급적 무거울 것

㉰ 밸브의 개폐가 정확해야 할 것

㉱ 물이 밸브를 지날 때의 저항을 최대한으로 할 것

해설 ㉮항 : 중량이 클 것 → 중량이 작을 것
㉯항 : 무거울 것 → 가벼울 것
㉱항 : 최대한 → 최소한

17. 용적형 펌프 중 회전펌프의 특징으로 틀린 것은?

㉮ 고점도액에도 사용이 가능하다.

㉯ 토출압력이 높다.

㉰ 흡입양정이 크다.

㉱ 소음이 크다.

해설 회전펌프의 특징
① 송출량의 변동과 소음이 적다.
② 효율이 낮고 흡입양정이 크다.
③ 윤활성이 있는 액체수송에 적합하다.

18. 다음 펌프 중 충격이나 맥동 없이 액체를 균일한 압력으로 수송할 수 있으며, 그 뒤에 있어 제한을 받으므로 비교적 낮은 압력에서 사용되는 펌프는?

㉮ 회전 펌프　　　㉯ 피스톤 펌프

㉰ 플런저 펌프　　㉱ 원심 펌프

해설 회전 펌프
연속송출로 맥동현상이 없고 비교적 낮은 압력에 사용

19. 다음 중 회전속도 범위가 가장 넓고, 효율이 가장 높은 펌프는 어느 것인가?

㉮ 베인 펌프

㉯ 반지름 방향 피스톤 펌프

㉰ 축방향과 피스톤 펌프

㉱ 내접기어 펌프

해설 베인 펌프
회전속도 범위가 가장 넓고, 효율이 가장 높은 펌프

20. 다음 펌프 중 진공펌프로 사용하기에 적당한 것은?

㉮ 회전 펌프　　　㉯ 왕복 펌프

㉰ 원심 펌프　　　㉱ 나사 펌프

해설 회전 펌프
송출이 연속적이고 고진공을 얻을 수 있어 진공펌프로 널리 사용

21. 다음은 펌프에 대한 설명이다. 올바르게 나타낸 것으로만 구성된 것은?

> ① 치차펌프는 높은 점도의 유체수송에 적합하다.
> ② 플런저 펌프는 대용량, 고양정의 수송에 적합하다.
> ③ 터빈펌프는 대용량, 고양정의 수송에 적합하다.

㉮ ①　　　　　　㉯ ②

㉰ ②, ③　　　　㉱ ①, ③

정답　15. ㉯　16. ㉰　17. ㉱　18. ㉮　19. ㉮　20. ㉮　21. ㉱

[해설] ① 치차(gear)펌프 : 고속으로 운전하므로 점도가 높은 액체 수송에 적합하다.
② 플런저 펌프 : 소용량, 고양정의 수송에 적합하다.
③ 터빈펌프 : 대용량, 고양정의 수송에 적합하다.

22. 액체 수송에 사용되는 기계의 분류 중 옳은 것은?

㉮ 플런저 펌프(planger pump), 격막 펌프(diag-hram pump) 및 기어 펌프(gear pump)

㉯ 왕복(reciprocating) 펌프, 기어 펌프, 회전 펌프(rotary pump)

㉰ 양편위(positive displacement) 펌프, 회전 펌프

㉱ 양편위(positive displacement) 펌프, 원심 펌프

23. 유독성 기체를 수송하는 데 적합한 펌프는 다음 중 어느 것인가?

㉮ 터보압축기

㉯ 펜

㉰ lobe 펌프

㉱ nash 펌프

[해설] nash 펌프는 물이나 다른 액체를 넣은 타원형 용기를 회전시켜 그 용적변화를 이용하며 유독성 유체수송에 적당하다.

24. 물 또는 다른 액체를 넣은 타원형 용기를 회전하여 기체를 수송하는 장치로 유독성 기체를 수송하는데 사용하는 펌프는?

㉮ 내쉬 펌프(nash pump)

㉯ 로브 펌프(lobe pump)

㉰ 에이 리프트 펌프(air lift pump)

㉱ 애시드 에그 펌프(acid egg pump)

25. 다음 그림은 원심 펌프의 회전수 및 흡입양정이 일정할 때의 특성곡선이다. ①의 곡선이 나타내는 것은? (단, H : 전양정, L : 축동력, η : 효율, Q : 유량이다.)

㉮ 효율곡선

㉯ 양정곡선

㉰ 유량곡선

㉱ 축동력곡선

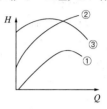

[해설] ① : 효율곡선
② : 축동력곡선
③ : 양정곡선

26. 펌프의 회전수를 변화시킬 때 변화되지 않는 것은?

㉮ 토출량   ㉯ 양정

㉰ 소요동력   ㉱ 효율

[해설] 펌프의 회전수를 변화시키면 토출량, 양정, 동력은 변하지만 효율은 변하지 않는다.

27. 다음 그림과 같이 펌프와 관로의 특성곡선을 나타낼 때 다음 질문에 답하시오. 펌프 1대가 운전할 때의 운전점과 2대 운전할 때의 운전점은?

㉮ a, b

㉯ b, c

㉰ c, d

㉱ a, c

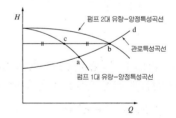

28. 원심펌프를 병렬로 연결시켜 운전하면 무엇이 증가하는가?

㉮ 양정   ㉯ 동력

㉰ 유량   ㉱ 효율

[해설] 원심 펌프
① 직렬연결 : 유량일정, 양정증가
② 병렬연결 : 양정일정, 유량증가

---

22. ㉱   23. ㉱   24. ㉮   25. ㉮   26. ㉱   27. ㉮   28. ㉰   정답

29. 다음 중 원심펌프의 수력손실에 해당되지 않는 것은?

㉮ 회전날개 출구의 충돌손실
㉯ 펌프의 마찰 손실
㉰ 펌프 관로의 누수손실
㉱ 미소손실

30. 원심펌프가 높은 능력으로 운전되는 경우 임펠러 흡입부의 압력이 유체의 증기압보다 낮아지면 흡입부의 유체는 증발하게 되며 이 증기는 임펠러의 고압부로 이동하여 갑자기 응축하게 된다. 이러한 현상은 무엇인가?

㉮ 케비테이션(cavitation)
㉯ 펌핑(pumping)
㉰ 디퓨젼링(diffusion ring)
㉱ 에어 바인딩(air binding)

[해설] 공동현상의 발생원인
① 펌프의 흡입측 수두(흡힙양정), 회전속도(임펠러속도), 마찰손실이 클 때
② 펌프의 흡입관경이 적을 때
③ 펌프의 설치위치가 수원보다 높을 때
④ 펌프의 흡입압력이 유체의 증기압보다 낮을 때
⑤ 필요 NPSH가 유효 NPSH보다 클 때
⑥ 비교 회전도가 클 때

31. 펌프의 공동현상(cavitation) 발생에 따른 여러 가지 현상에 관한 설명으로 잘못된 것은?

㉮ 소음(noise)와 진동(vibration)이 생긴다.
㉯ 임펠러에 대해 침식을 일으킨다.
㉰ 효율곡선의 증가를 가져온다.
㉱ 양정곡선의 저하를 가져온다.

[해설] 캐비테이션 발생에 따라 일어나는 현상
㉮항 소음과 진동이 발생
㉯항 깃(임펠러)의 침식
㉰항 특성곡선, 양정곡선의 저하
㉱항 양수 불능

32. 펌프의 운전 중 공동현상(Cavitation)을 방지하는 방법으로 맞지 않는 것은?

㉮ 펌프의 회전수를 낮춘다.
㉯ 흡입양정을 크게 한다.
㉰ 양흡입 펌프 또는 두 대 이상의 펌프를 사용한다.
㉱ 손실수두를 적게 한다.

[해설] 공동현상 방지법
① 펌프의 회전수, 비회전도를 작게한다.
② 흡입구경을 크게 한다.
③ 흡입양정을 작게 한다.
④ 양흡입 펌프 또는 2대 이상의 펌프를 사용한다.
⑤ 펌프의 설치위치를 낮춘다.

33. 다음 중 원심펌프의 유효양정두(N.P.S.H)를 나타낸 것은?

㉮ 배출부전체두-흡입부전체두
㉯ 흡입부전체두-배출부전체두
㉰ 흡입부전체두-증기압두
㉱ 흡입부전체두+배출부전체두

[해설] 유효흡입수두(N.P.S.H, Net positive suction head)
① 캐비테이션을 일으키지 않을 한도의 최대 흡입양정
② 흡입부전체두-증기압두

34. 유체수송이 있어서 흡입관 또는 펌프 속에 캐비테이션이 일어날 수 있는 충분한 조건이 못되는 것은?

㉮ 흡입압력이 대기압보다 낮을 때
㉯ 흡입압력이 증기압보다 낮을 때
㉰ 흡입압력과 증기압의 차가 유효흡입수두보다 낮을 때
㉱ 흡입압력이 증기압과 유효흡입수두의 합계보다 낮을 때

[해설] ① 정상운전 할 수 있는 NPSH : 흡입양정≥그 액의 증기압력
② 공동현상이 일어날 때 NPSH : 흡입양정≤그 액의 증기압력
③ 유효흡입양정(NPSH) : 흡입부전체두-증기압두

정답　29. ㉱　30. ㉮　31. ㉰　32. ㉯　33. ㉰　34. ㉰

35. 펌프의 공동현상(cavitaiton)에 대한 설명 중 옳은 것은 어느 것인가?

㉮ 펌프의 토출구 및 흡입구에서 압력계의 바늘이 흔들리는 동시에 유량이 감소되는 현상

㉯ 유수 중에그 수온의 증기압력보다 낮은 부분이 생기면 물이 증발을 일으키고 수중에 용해하고 있는 증기가 토출하여 작은 기포를 발생하는 현상

㉰ 펌프에서 물을 압송하고 있을 때에 정전 등으로 급히 펌프가 멈춘 경우 또는 수량 조절 밸브를 급히 개폐한 경우 관내의 유속이 급변하면 물에 심한 압력 변화가 생기는 현상

㉱ 저비점 액체를 이송할 때 펌프의 입구 쪽에서 액체에 증발현상이 나티니는 현상

해설 ㉮항 : 서징현상
㉰항 : 수격작용
㉱항 : 베이퍼로크 현상

36. 원심펌프에서 공동현상이 일어나는 곳은 어디인가?

㉮ 회전차 날개의 표면에서 일어난다.

㉯ 회전차 날개의 입구를 조금 지난 날개의 이면에서 일어난다.

㉰ 펌프의 토출측은 토출밸브 입구에서 일어난다.

㉱ 펌프의 흡입측은 푸트밸브에서 일어난다.

37. 저비등점의 액체를 이송시 펌프 입구에서 발생하는 현상으로 액의 끓음에 의한 동요를 무엇이라 하는가?

㉮ 캐비테이션   ㉯ 수격현상
㉰ 서징현상   ㉱ 베이퍼록 현상

해설 베이퍼록 현상
저비점의 액화가스펌프에서 발생(LPG 등)

38. 펌프의 베이퍼록(Vapor rock)의 발생원인이 아닌 것은?

㉮ 흡입관의 지름을 크게 한다.

㉯ 펌프의 설치 위치가 높다.

㉰ 액자체의 온도가 상승되었다.

㉱ 펌프냉각기가 정상으로 작동하지 않는다.

해설 Vapor rock의 발생원인
① 흡입구경이 너무 작을 때
② 펌프의 설치위치가 너무 높을 때
③ 펌프의 회전수(임펠러 속도)가 빠를 때
④ 펌프의 냉각기가 정상 작동되지 않을 때
⑤ 액체자체 또는 흡입배관 외부의 온도가 상승 될 때
⑥ 스케일 부착으로 저항이 증가하였을 때
⑦ 흡입배관의 막혔을 때

39. LPG를 이송하는 펌프는 Vapor-rock에 생기는 것을 방지하기 위한 방법으로 옳은 것은?

㉮ 펌프의 설치 위치를 높인다.

㉯ 흡입배관의 관경을 크게 한다.

㉰ 실린더 라이너의 외부를 단열시킨다.

㉱ 펌프의 회전속도를 빠르게 한다.

해설 Vapor-rock 방지법
① 흡입배관의 구경을 크게 할 것
② 펌프의 설치 위치를 낮게 할 것
③ 펌프의 회전수를 줄일 것
④ 실린더라이너 외부를 냉각시킬 것
⑤ 흡입배관을 청소하고 단열처리 할 것

40. 저비점 액체용 펌프 사용 시 주의사항 중 잘못 설명된 것은?

㉮ 펌프는 가급적 저장 탱크 가까이 설치한다.

㉯ 흡입, 토출관에는 스톱 밸브를 설치한다.

㉰ 밸브와 펌프 사이에 기화가스를 방출할 수 있는 안전 밸브를 설치한다.

㉱ 운전 개시 전 펌프를 청정, 건조한 다음 충분히 여냉한다.

[해설] 저비점 액체용 펌프의 사용상 주의사항
① 펌프는 가급적 저장 탱크 가까이 설치한다.
② 흡입, 토출관에는 신축 조인트를 설치한다.
③ 밸브와 펌프 사이에 기화가스를 방출할 수 있는 안전 밸브를 설치한다.
④ 운전 개시 전 펌프를 청정하여 건조한 다음 펌프를 충분히 여냉한다.

41. 관내를 흐르는 액체의 유속을 급격히 변화시키면 일어날 수 있는 현상은?

㉠ 수격현상　　　　㉡ 서징 현상
㉢ 공동 현상　　　　㉣ 펌프효율 감소

[해설] 수격작용
관내의 유속이 급속히 변화하면 물에 의한 심한 압력의 변화가 생겨 관벽을 치는 현상

42. 펌프에서 발생되는 수격현상의 방지법으로 옳지 않은 것은?

㉠ 유속을 낮게 한다.
㉡ 압력조절용 탱크를 설치한다.
㉢ 밸브를 펌프 토출구 가까이 설치한다.
㉣ 밸브의 개폐는 신속히 한다.

[해설] 방지법
① 관내 유속을 낮게 한다.
② 압력조절용 탱크를 설치한다.
③ 펌프에 플라이 휠(flywheel)을 설치한다.
④ 밸브를 펌프 토출구 가까이 설치하고 적당히 제어한다.

43. 펌프의 토출구 및 흡입구에서 압력계의 바늘이 흔들리는 동시에 유량이 감소되는 현상을 무엇이라 하는가?

㉠ 수격작용　　　　㉡ 맥동현상
㉢ 공동현상　　　　㉣ 진동현상

[해설] 서징(surging) 현상
펌프를 운전 중 주기적으로 운동, 양정, 토출량이 규칙 바르게 변동하는 현상을 말한다.

44. 다음 중 펌프에서 서징현상의 발생조건이 아닌 것은?

㉠ 펌프의 양정곡선이 산고곡선일 때
㉡ 배관 중에 물탱크나 공기탱크가 있을 때
㉢ 유량조절밸브가 탱크 앞쪽에 있을 때
㉣ 유량조절밸브가 탱크 뒤쪽에 있을 때

[해설] 서징현상의 발생조건
① 펌프의 양정곡선이 산고곡선이고 곡선의 산고 상승부에 운전했을 때
② 배관 중에 물탱크나 공기탱크가 있을 때
③ 유량조절밸브가 탱크 뒤쪽에 있을 때

45. 압축기와 펌프에서 공통으로 일어날 수 있는 현상은 무엇인가?

㉠ 캐비테이션 현상　　㉡ 서징 현상
㉢ 워터 해머링 현상　　㉣ 베이퍼 로크 현상

[해설] ① 압축기의 서징 현상 : 토출 측 저항이 커지면 유량이 감소하고 맥동과 진동이 발생하며 불안전운전이 되는 현상
② 펌프의 서징현상 : 펌프를 운전 중 주기적으로 운동, 양정, 토출량이 규칙 바르게 변동하는 현상을 말한다.

46. 펌프의 운전 중 펌프의 소음 및 진동의 발생원인이라고 볼 수 없는 것은?

㉠ 흡입관로가 막혀 있을 때
㉡ 캐비테이션의 발생
㉢ 액비중의 증가
㉣ 임펠러에 이물질의 혼입시

[해설] 펌프의 진동 및 소음 발생 원인
① 공동현상 또는 맥동현상이 발생하였을 때
② 공기나 이물질 혼입하였을 때
③ 흡입배관의 막혔을 때
④ 펌프의 구동속도가 빠를 때
⑤ 베어링의 마모 및 파손되었을 때

정답　41. ㉠　42. ㉣　43. ㉡　44. ㉢　45. ㉡　46. ㉢

47. 펌프를 운전할 때 펌프 내에 액이 충만되지 않으면 공회전하여 펌프작업이 이루어지지 않는 현상을 방지하기 위해 펌프 내에 액을 충만시키는 것을 무엇이라 하는가?

㉮ 베이퍼 로크(vapor lock) 현상
㉯ 프라이밍(priming) 현상
㉰ 캐비테이션(cavitation) 현상
㉱ 서징(surging)

[해설] 프라이밍 : 원심 펌프에 해당

48. 왕복펌프의 유량변동을 평균화하기 위하여 설치하는 것이 있는데 다음 중 어느 것인가?

㉮ 공기실
㉯ 안전밸브
㉰ 스트레이너
㉱ 체크 밸브

[해설] 왕복펌프에는 유량변동을 평균화하기 위하여 공기실을 실린더 바로 뒤에 설치한다.

49. 관내 유체의 급격한 압력강하에 따라 수중으로부터 기포가 분리되는 현상은?

㉮ 공기 바인딩
㉯ 감압화
㉰ 에어리프트
㉱ 캐비테이션

50. 펌프 축봉장치의 메커니컬실의 장점이 아닌 것은?

㉮ 위험한 액의 실에 사용된다.
㉯ 완전 누설이 방지된다.
㉰ 균열이 없으므로 진동이 많은 부분의 실에 사용된다.
㉱ 마찰저항이 적어 효율이 높고 실의 마모가 적다.

[해설] 메커니컬실의 특징
① 누설을 거의 완전하게 방지할 수 있다.
② 위험성이 있거나 특수한 액 등에 사용할 수 있다.
③ 마찰저항 및 동력손실이 적으며 효율이 좋다.
④ 구조가 복잡하여 교환이나 조립이 힘들다.

⑤ 다듬질에 초정밀도가 요구되며 가격이 비싸다.
⑥ 이물질이 혼입되지 않도록 주의가 요구된다.

51. 내압이 0.4~0.5MPa이며 LPG와 같이 저비점일 때 사용되는 메커니컬실의 종류는?

㉮ 밸런스실
㉯ 언밸런스실
㉰ 카본실
㉱ 오일필름실

[해설] 밸런스실의 특징
① 내압이 0.4~0.5MPa 이상일 때
② LPG, 액화가스와 같이 저비점 액체일 때
③ 하이드로 카본일 때

52. 펌프의 축봉장치에서 매커니컬 시일 중 더블시일형이 요구되는 특징으로 옳지 않은 것은?

㉮ 유독액 또는 인화성이 강한 액일 때
㉯ 보온, 보냉이 필요할 때
㉰ 내부가 고진공일 때
㉱ 누설되면 응고하지 않는 액일 때

[해설] 더블시일의 특징
① 유독액 또는 인화성이 강한 액일 때
③ 온, 보냉이 필요할 때
③ 내부가 고진공일 때

53. 다음 중 메커니컬실의 냉각방법에 해당되지 않는 것은?

㉮ 플래싱
㉯ 풀림
㉰ 퀜칭
㉱ 쿨링

[해설] 매커니컬실의 냉각
① 플래싱 : 냉각제를 고압측 액이 있는 곳에 주입하여 윤활을 좋도록 한 방식
② 퀜칭 : 냉각제를 고압측이 아닌 곳의 실 단면에 주입시키는 방식
③ 쿨링 : 실의 단면이 아닌 곳에 냉각제를 접하도록 주입하는 방식

47. ㉯   48. ㉮   49. ㉰   50. ㉰   51. ㉮   52. ㉱   53. ㉯   **정답**

54. 원심압축기에서 누설이 자주 일어나는 부분이 아닌 것은?

㉮ 흡입토출밸브
㉯ 축이 케이싱을 관통하는 부분
㉰ 밸런스 피스톤 부분
㉱ 임펠러 입구부분

해설 ㉯, ㉰, ㉱항 이외의 다이어프램 부시가 있다.

55. 어느 펌프의 정격 운전 중 압력계의 눈금이 수두로 20[m], 진공계의 눈금이 수두로 2.5[m]이었다. 이를 양계기 사이의 수직 거리가 30[cm]였다면 이 펌프의 전양정은? (단, 흡입관과 송출관의 지름은 같다.)

㉮ 20.5[m]
㉯ 22.8[m]
㉰ 30.0[m]
㉱ 35.5[m]

해설 전두수(H)=20+2.5+0.3=22.8[m]

56. 관경 10cm인 관에 어떤 유체가 3m/s로 흐를 때 100m 지점의 손실수두는 얼마인가? (단, 손실계수는 0.030이다.)

㉮ 1.1m
㉯ 1.2m
㉰ 1.3m
㉱ 13.7m

해설 $h_f = \lambda \dfrac{\ell}{d} \times \dfrac{V}{2g}$

$= 0.03 \times \dfrac{100}{0.1} \times \dfrac{3^2}{2 \times 9.8} = 13.7$

57. 물의 유속이 5m/s일 때 속도수두는 몇 m인가?

㉮ 5.5m
㉯ 3.5m
㉰ 1.3m
㉱ 0.3m

해설 속도수두

$\dfrac{V^2}{2g} = \dfrac{5^2}{2 \times 9.8} = 1.275\text{m} ≒ 1.3\text{m}$

58. 회전수가 500rpm, 외경이 800mm인 축류펌프가 있다. 이 회전차의 입구 및 출구에서 유체가 갖는 회전방향에 대한 속도 성분을 각각 0m/sec, 2.08m/sec라 할 때 펌프의 이론 양정은?

㉮ 2.22m
㉯ 4.45m
㉰ 6.45m
㉱ 8.88m

해설 $V = \dfrac{\pi DN}{60} = \dfrac{3.14 \times 0.8 \times 500 \,\mathrm{rpm}}{60} = 20.93\text{m/sec}$

∴ 이론양정 $= \dfrac{20.93\text{m/sec} \times (2.08 - 0)\text{m/sec}}{2 \times 9.8\text{m/sec}^2} = 2.22\text{m}$

59. 대기압을 받는 펌프의 임펠리 흡입 측 유속이 8m/s이고 손실수도가 0.9[m] 20[℃] 포화증기압이 0.02[kg/cm²]이면 공동현상이 발생하지 않는 최대 배관 높이는 몇 [m]인가?

㉮ 2.54[m]
㉯ 3.50[m]
㉰ 4.75[m]
㉱ 5.96[m]

해설 $H = \dfrac{P_1 - P_2}{r} - \dfrac{V}{2g} - h\ell$

$= \dfrac{(1.033 - 0.02) \times 10^4}{10^3} - \dfrac{8^2}{2 \times 9.8} - 0.9 = 5.96[\text{m}]$

60. 펌프의 운전 중 최고압력이 20.5MPa, 최소압력이 19.5MPa이라 할 때 송출평균압력은 얼마인가? (단, 펌프공기실의 압력변동은 β=0.05이다)

㉮ 20.4MPa
㉯ 20.2MPa
㉰ 20MPa
㉱ 19.8MPa

해설 $\beta = \dfrac{P_1 - P_2}{Pm}$ 식에서

$Pm = \dfrac{P_1 - P_2}{\beta} = \dfrac{20.5 - 19.5}{0.05} = 20\text{MPa}$

61. 크기가 다른 두 왕복식 펌프가 2대 있다. A펌프의 펌프는 피스톤지름(impeller diameter)은 B펌프의 피스톤 지름보다 2배 크고, 반대로 피스톤의 왕복속도는 반이다. A펌프의 유량이 0.012[m³/s]일 때 B펌프의 유량은 어느 것인가?

정답 54. ㉮   55 ㉯   56. ㉱   57. ㉰   58. ㉮   59. ㉱   60. ㉰   61. ㉯

㉮ $0.024\,[\mathrm{m^3/s}]$ ㉯ $0.006\,[\mathrm{m^3/s}]$

㉰ $0.072\,[\mathrm{m^3/s}]$ ㉱ $0.048\,[\mathrm{m^3/s}]$

해설 $Q_1 = \dfrac{\pi}{4} \times (2d)^2 \times \dfrac{V}{2}$

$Q_2 = \dfrac{\pi}{4} \times (d)^2 \times V$

$\dfrac{Q_1}{Q_2} = \dfrac{4 \times \frac{1}{2}}{1}$

$\therefore Q_2 = \dfrac{1}{2} Q_1 = \dfrac{1}{2} \times 0.012 = 0.006\,[\mathrm{m^3/s}]$

62. 기계효율을 η_m, 체적효율을 η_v, 수력효율을 η_h 라 할 때 펌프의 전효율 η를 구하는 식으로 맞는 것은?

㉮ $\eta = \eta_m \cdot \eta_v / \eta_h$

㉯ $\eta = \eta_m \cdot \eta_h / \eta_v$

㉰ $\eta = \eta_m \cdot \eta_v \cdot \eta_h$

㉱ $\eta = \eta_v \cdot \eta_h / \eta_m$

해설 펌프의 전효율
$= \eta_m(\text{기계효율}) \times \eta_v(\text{체적효율}) \times \eta_h(\text{수력효율})$

63. 전양정 30m, 유량 $1.5\mathrm{m^3/min}$, 펌프의 효율이 80%인 경우 펌프의 축동력 L(PS), 소요전력 W(kW)은? (단, r=1,000kgf/m³)

㉮ $L = 10.3,\ W = 7.4$

㉯ $L = 12.5,\ W = 9.2$

㉰ $L = 15.3,\ W = 11.3$

㉱ $L = 18.7,\ W = 15.2$

해설 ① $L(PS) = \dfrac{r \times Q \times H}{75 \times \eta}$

$= \dfrac{1,000\mathrm{kg/m^3} \times 1.5\mathrm{m^3}/60\sec \times 30m}{75 \times 0.8} = 12.5 PS$

② $L(KW) = \dfrac{r \times Q \times H}{102 \times \eta}$

$= \dfrac{1,000\mathrm{kg/m^3} \times 1.5\mathrm{m^3}/60\sec \times 30m}{102 \times 0.8} = 9.19 kW$

64. 송수량 12,000 ℓ/min, 전양정 45m인 벌류트 펌프의 회전수를 1,000rpm에서 1,100rpm으로 변화시킨 경우펌프의 축동력은? (단, 펌프의 효율은 80%이다.)

㉮ 159.72PS ㉯ 199.65PS

㉰ 9,583.2PS ㉱ 11,979PS

해설 $PS = \dfrac{\gamma \times Q \times H}{75 \times \eta}$

$= \dfrac{1,000\mathrm{kg/m^3} \times 12\mathrm{m^3}/60\sec \times 45m}{75 \times 0.8} = 150 PS$

펌프의 상사법칙에서 축동력과 회전수와 관계는

$\therefore P_2 = P_1 \times \left(\dfrac{N_2}{N_1}\right)^3 = 150 \times \left(\dfrac{1,100}{1,000}\right)^3 = 199.65 PS$

65. 펌프 내에서 회전수 변경시 양정과 회전수의 관계가 옳은 것은?

㉮ 회전수 1승에 비례한다.

㉯ 회전수 2승에 비례한다.

㉰ 회전수 3승에 비례한다.

㉱ 회전수 4승에 비례한다.

해설 $Q_2(\text{유량}) = Q_1 \times \left(\dfrac{N_2}{N_1}\right)$

$H_2(\text{양정}) = H_1 \times \left(\dfrac{N_2}{N_1}\right)^2$

$P_2(\text{동력}) = P_1 \times \left(\dfrac{N_2}{N_1}\right)^3$

66. 동일한 펌프로 회전수를 변경시킬 경우 일정을 변화시켜 상사조건이 되려면 회전수와 유량과는 어떤 관계가 있는가?

㉮ 유량은 회전수에 반비례한다.

㉯ 유량은 회전수의 제곱에 비례한다.

㉰ 유량은 회전수의 제곱에 반비례한다.

㉱ 유량은 회전수에 비례한다.

해설 회전수와 유량의 관계
$Q_2 = Q_1 \times \left(\dfrac{N_2}{N_1}\right)$ 유량은 회전수에 비례한다.

참고 상사의 법칙 : 유량은 회전수에 비례하고, 양정은 회전수의 제곱에 비례하며, 동력은 회전수의 세제곱에 비례한다.

62. ㉰ 63. ㉯ 64. ㉯ 65. ㉯ 66. ㉱ 정답

67. 송수량 5m³/min, 전양정 100m, 축동력이 200kW일 때 이 펌프의 회전수를 30% 증가시 변한 축동력은 처음 몇 배인가?

㉮ 1.1배   ㉯ 2.2배

㉲ 3.3배   ㉱ 4.5배

해설 $P_2 = P_1 \times \left(\dfrac{n_2}{n_1}\right)^3 = P_1 \times 1.3^3 = 2.19 P_1$

68. 송수량 6,000 ℓ/min, 전양정 50m, 축동력 100ps일 때 이 펌프의 회전수를 1,000rpm에서 1,100rpm으로 변경시 변경된 송수량은 몇 m³/min인가?

㉮ 3.6   ㉯ 4.6

㉲ 5.6   ㉱ 6.6

해설 $Q_2 = Q_1 \times \left(\dfrac{n_2}{n_1}\right)$

$\qquad = 6\text{m}^3/\text{min} \times \left(\dfrac{1,100}{1,000}\right)^1 = 6.6\text{m}^3/\text{min}$

69. 크기가 다른 원심펌프 2대가 있다. A펌프의 펌프 날개 직경(impeller diameter)은 B펌프의 날개 직경보다 2배 크고 반대로 날개의 회전속도는 반이다. A펌프의 유속이 0.012m³/sec일 때 B펌프의 유속은 어느 것인가?

㉮ 0.024m³/sec   ㉯ 0.006m³/sec

㉲ 0.072m³/sec   ㉱ 0.048m³/sec

해설 $Q_2 = Q_1 \times \left(\dfrac{D_2}{D_1}\right)^2 \times \dfrac{V_2}{V_1}$

$\qquad = 0.012\text{m}^3/\text{sec} \times \dfrac{1}{2} = 0.006\text{m}^3/\text{sec}$

70. 전동기 직렬시 원심펌프에서 모터극수가 4극이고 주파수가 60Hz일 때 모터의 분당 회전수를 구하여라. (단, 미끄럼률은 0이다.)

㉮ 1,000rpm   ㉯ 1,500rpm

㉲ 1,800rpm   ㉱ 2,000rpm

해설 $N = \dfrac{120f}{P}\left(1 - \dfrac{S}{100}\right) = \dfrac{120 \times 60}{4}\left(1 - \dfrac{0}{100}\right) = 1,800\text{rpm}$

71. 펌프에서 유량을 Q(m³/min), 양정을 H(m), 회전수 N(rpm)이라 할 때 비교회전도 N_S을 구하는 식은?

㉮ $N_S = \dfrac{Q\sqrt{N}}{H^{\frac{3}{4}}}$ ㉯ $N_S = \dfrac{N\sqrt{Q}}{H^{\frac{3}{4}}}$

㉲ $N_S = \dfrac{N\sqrt{Q}}{H^{\frac{4}{3}}}$ ㉱ $N_S = \dfrac{Q\sqrt{N}}{H^{\frac{4}{3}}}$

해설 비교회전도 $N_S = \dfrac{N \cdot Q^{\frac{1}{2}}}{H^{\frac{3}{4}}} = \dfrac{N \cdot \sqrt{Q}}{H^{\frac{3}{4}}}$

72. 전양정 16[m], 송출유량 0.3[m³/min], 비교회전도 110[m³/min · m · rpm]일 때 펌프의 회전수는?

㉮ 1,700   ㉯ 1,800

㉲ 1,600   ㉱ 1,500

해설 $N_S = \dfrac{N\sqrt{Q}}{\left(\dfrac{H}{Z}\right)^{\frac{3}{4}}}$

$N = \dfrac{N_S \times \left(\dfrac{H}{Z}\right)^{\frac{3}{4}}}{\sqrt{Q}} = \dfrac{110 \times (16)^{\frac{3}{4}}}{0.3^{\frac{1}{2}}} = 1,600$

73. 다단펌프에서 회전차의 수를 Z개라 하면 회전차 1개당 비속도는 펌프 전 비속도의 몇 배가 되는가?

㉮ $Z^{\frac{1}{2}}$ 배   ㉯ $Z^{0.75}$ 배

㉲ $Z^{1.25}$ 배   ㉱ 같다.

해설 펌프의 단수가 Z단일 때 비속도(비교회전도)

비교회전도 $n_s = \dfrac{N \cdot \sqrt{Q}}{\left(\dfrac{H}{Z}\right)^{\frac{3}{4}}}$

$\qquad$ 여기서, N : 회전수(RPM) Q : 유량(m³/min)

$\qquad\qquad\quad H$: 양정(m) Z : 펌프의 단수

∴ 비속도는 회전차 $Z^{\frac{3}{4}}$ 에 비례한다.

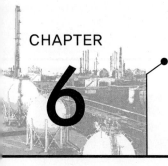

가스배관

학습방향 가스배관의 종류에 따른 이음법 및 각종 가스에 해당하는 부식성의 종류와 방식 재료를 배우며, 신축이음쇠 및 밸브종류와 특징을 배운다.

01 가스배관의 구비조건

• 내부의 가스압력과 외부하중에 견딜 수 있는 충분한 강도를 가질 것
• 토양, 지하수 등에 대해서 내식성이 있을 것
• 관의 접합이 용이하고 가스의 누설이 없을 것
• 절단 가공이 용이할 것
• 경제적이며, 유지 관리가 용이할 것

02 배관의 분류

(1) 강관(Steel pipe)

강관은 일반적으로 건축물, 공장, 선박, 가스배관, 광산 등 가장 광범위하게 사용되면 특수고압의 유압배관 보일러의 수관이나 연관 등에 널리 사용된다.

• 강관은 인장강도가 크기 때문에 고압장치 배관에 사용되지만 주철관에 비해 부식성이 크므로 사용연한이 비교적 짧다.

① 특 징

㉮ 연관, 주철관에 비해 가볍고 인장강도가 크다.
㉯ 내충격성, 굴요성이 크다.
㉰ 관의 접합 작업이 용이하다.
㉱ 연관, 주철관 보다 가격이 저렴하다.

② 종 류

　㉮ 제조방법에 의한 분류

　　㉠ 이음매 있는 관

　　　• 전기저항 용접관　　　• 단접관　　　• 전기 용접관

　　㉡ 이음매 없는 관 : 유체의 압력이 30MPa 이상인 고압에 사용

　㉯ 재질에 의한 분류

　　㉠ 배관용 탄소강관(SPP)

　　　• 일명 가스관이라고도 한다.

　　　• 350℃ 이하에서 1MPa 이하의 증기, 가스, 공기, 기름 등의 유체 수송에 적당하다.

　　　• 배관이음에는 관용 나사이음·용접이음을 할 수 있다.

　　㉡ 압력배관용 탄소강관(SPPS)

　　　• 350℃ 이하의 온도, 1~10MPa까지의 압력 배관용으로 쓰인다.

　　　• 이음매 없는 관, 전기저항 용접관으로 제조된다.

　　　• 두께는 스케줄 번호로 표시하여 나타낸다.

$$\text{스케줄 번호(SCH)} = 10 \times \frac{P}{S}$$

P : 상용압력(kgf/cm^2),　S : 허용응력(kgf/mm^2)

$S : \dfrac{\text{인장강도}}{\text{안전율}}$

　　㉢ 고압배관용 탄소강관(SPPH)

　　　• 350℃ 이하로 10MPa 이상인 화학공업의 고압 유체수송용

　　　• 킬드 강괴에 의한 이음매 없는 관으로 제조된다.

　　㉣ 고온배관용 탄소강관(SPHT) : 크리프 강도가 문제되는 350℃ 이상에도 사용이 가능하다.

　　㉤ 저온배관용 탄소강관(SPLT)

　　　• 각종 화학공업, LPG용 배관이나 각종 냉동기의 저온용으로 이용된다.

　　　• 제1종은 −50℃까지, 제2종은 −100℃까지 사용이 가능하며, −100℃ 이하의 초저온용 배관에는 스테인리스(STS×T)관을 사용한다.

• SPP, SPPS, SPPH
크리프 현상 때문에 350℃ 이하에서 사용

• 스케줄 번호(SCH)

【문】 최고사용압력이 80kg/cm^2, 관지름 50A, SPPS 42kgf/mm^{2}를 사용할 때 SCH No를 구하여라. (단, 안전율은 4이다)

▶ $S = \dfrac{42}{4} = 10.5 \, kgf/mm^2$

$SCH = 10 \times \dfrac{80}{10.5} = 76.19$

∴ $SCH\ No : 80\#$

※ 스케줄번호가 클수록 파이프의 두께가 두꺼워 진다.

ⓗ 배관용 아크 용접 탄소강관(SPW·SPPY)
  • 가스관으로 적합하다.
  • 1.5MPa까지의 물 수송이나 1MPa 이하의 도시가스관으로 이용된다.
ⓢ 배관용 합금강 강관(SPA)
  • 고압배관, 석유정제시 고온 고압배관 등에 사용된다.
  • 제1종은 –50℃까지, 제2종은 –100℃까지 사용이 가능하다.

③ 강관의 표시방법

　　KS 규격에는 배관을 표시할 때 제조회사 상표, 공업규격 표시, 관 종류, 제조 방법, 호칭 방법, 제조 연월일 및 스케줄 번호 등으로 표시하며 배관용 탄소강관은 백관은 녹색, 흑관은 녹색으로 표시하며 압력(고압) 강관은 적색으로 표시한다.

　㉮ 배관용 탄소강관

　㉯ 수도용 아연도금가관

　㉰ 압력 배관용 탄소강관

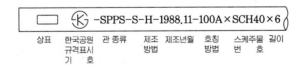

■ 강관의 제조방법 표시

–E	전기 저항 용접관	–E–C	냉간완성 전기저항 용접관
–B	단접관	–B–C	냉간완성 단접관
–A	아크 용접관	–A–C	냉간완성 아크 용접관
–S–H	열간가공 이음매 없는 관	–S–C	냉간완성 이음매 없는 관

④ 강관이음

㉮ 나사이음

⊙ 관용 평형나사와 관용 테이퍼나사가 있으며, 나사산의 각도는 55°, 테이퍼는 1/16이다.

⊙ 나사이음의 사용처별 분류

• 니플 : 관과 관의 접합에 이용되며, 수나사로 되어 있다.

• 소켓 : 관과 관의 접합에 이용되며, 암나사로 되어 있다.

• 엘보 : 관의 굴곡에 이용된다.

• 벤드 : 관의 완만한 굴곡에 이용된다.

• 유니언 : 관과 관의 접합에 이용되며, 분해가 용이하다(50mm 이하의 작은 관에 사용)

• 부싱 : 관지름이 다른 접속부에 이용된다.

• 티 : 유체가 두 방향으로 분기시 이용된다.

• 크로스 : 유체가 세 방향으로 분기시 이용된다.

• 캡 : 암나사로 되어 있으며, 관의 말단부 차단에 이용된다.

• 플러그 : 수나사로 되어 있으며, 관의 말단부 차단에 이용된다.

㉯ 용접이음 : 용접이음은 맞대기 용접을 원칙으로 하며 사용압력이 비교적 낮은 증기, 물, 기름, 가스, 공기 등 일반 배관접합으로 사용된다.

⊙ 용접이음의 특징

• 유체 누설이 되지 않는다.

• 배관의 내·외면이 깨끗하고 유체 이동시 저항이 적다.

• 이음쇠나 플랜지 등을 사용하지 않으므로 중량이 가볍다.

• 용접부 강도가 강하므로 지반이 약한 곳이나 부등침하가 우려되는 곳에 적합하다.

⊙ 용접부의 결함

명 칭	상 태
오버랩 (over-lap)	용융금속이 모재와 융합되어 모재 위에 겹쳐지는 상태
슬래그 섞임 (slag inclusion)	녹은 피복제가 용착 금속표면에 떠있거나 용착금속 속에 남아 있는 현상

POINT

• $\frac{1}{16}$의 테이퍼를 주는 이유
기밀유지를 위해

• 나사이음
① 지름이 다른 관을 직선으로 연결 : 부싱, 레듀샤
② 관을 분기 할 때 : 티이, 크로스
③ 관 끝을 막을 때 : 캡, 플러그
④ 분해, 조립할 때 : 유니언

명 칭	상 태	
기공 (blow hole)		용착금속 속에 남아 있는 가스로 인한 구멍(가스의 집)
언더컷 (under-cut)		용접선 끝에 생기는 작은 홈
피트 (pit)		용접비드 표면층에 스패터로 인한 흠집
스패터 (spatter)		용접중 비산하는 용융금속의 부착
용입 불량		완전히 깊은 용착이 되지 않은 상태

㉰ 플랜지이음 : 배관중간이나 펌프, 열교환기, 밸브 등의 접속 및 보수, 점검을 하기 위해 관의 분해, 교환 등을 요하는 곳에 사용

(2) 주철관 접합

① 기계적 접합(mechanical joint)

㉮ 지진, 기타 외압에 대한 가요성이 풍부하여 다소의 굴곡에도 누수 되지 않는다.

㉯ 작업이 간단하며, 수중작업에도 용이하다.

② 빅토릭 접합(victoric joint)

㉮ 빅토리형 주철관을 고무링과 누름판을 사용하여 접합한다.

㉯ 압력이 증가할 때마다 고무링이 더 관벽에 밀착하여 누수를 방지하게 된다.

㉰ 금속제 칼라는 관지름 350mm 이하이면 2분하여 볼트를 조이고, 400mm 이상이면 4분하여 볼트로 죈다.

㉱ 가스배관용으로 우수하다.

③ 플랜지 접합 : 관을 증설 하거나 분해, 청소, 수리 등을 할 때 주로 사용 한다.

POINT

• 용접이음과 플랜지이음
① 용접이음 : 영구적이음(분해가 되지 않는다)
② 플랜지이음 : 분해, 교환이 가능

• 주철관 접합의 종류
① 기계적 접합
② 빅토리 접합
③ 플랜지 접합

• 기계적 접합
굴곡 시 누수방지 작업간단, 수중작업 용이

• 빅토리 접합
내압이 증가하면 고무링이 관벽에 밀착되어 누수방지

• 플랜지 접합
관의 증설, 분해 및 교환

(3) 가스용 폴리에틸렌관

① 이 점

㉮ 부식되지 않는 재료이다.

㉯ 부동침하 지진 등에 유효하다.

㉰ 융착접합을 할 수 있기 때문에 공사가 빠르고 경제적이다.

㉱ 내한성이 우수하다.

㉲ 선명한 황색으로 지중에서도 식별이 쉽다.

② 주의해야 할 점

㉮ 타 공사 대책이 필요하다.

㉯ 일광 열에 약하다.

㉰ 배관자재 보관에 주의해야 한다.

㉱ 부도체이기 때문에 로케이팅 와이어가 필요하다.

㉲ 지중매설의 전용재료이다.

③ 접합방법

㉮ 맞대기융착 : 공칭외경 90mm 이상의 직관과 이음관 연결에 적용

㉯ 소켓융착

㉰ 새들융착

④ 폴리에틸렌관의 융착 포인트(3요소)

㉮ 융착온도

㉯ 융착시간

㉰ 융착압력 : 0.1~015MPa

⑤ 압력범위에 따른 배관의 두께

SDR	압 력
11 이하	0.4MPa 이하
17 이하	0.25MPa 이하
21 이하	0.2MPa 이하

※ SDR=D(바깥지름)/t(최소두께)

⑥ 배관탐지형 전선 : 로케이팅와이어($6mm^2$ 이상의 동선을 사용)

핵 심 문 제

01 가스배관 경로의 선정시 고려해야 할 요소와 관계없는 것은?

㉮ 가능한 옥외에 설치한다.

㉯ 최단 거리로 한다.

㉰ 매설을 가급적 피한다.

㉱ 풍우에 대비 은폐시켜 설치한다.

02 다음 중 도시 가스 지하매설 배관으로 사용되는 배관은?

㉮ 폴리에틸렌 피복강관 ㉯ 압력배관용 탄소강관

㉰ 연료가스 배관용 탄소강관 ㉱ 배관용 아크용접 탄소강관

03 도시가스배관의 접합시공방법 중 원칙적으로 규정된 접합 시공방법은?

㉮ 기계적 접합 ㉯ 용접 접합

㉰ 나사 접합 ㉱ 플랜지 접합

04 가스 공급 설비 설치를 위하여 지반조사 시 최대 토크 또는 모멘트를 구하기 위한 시험은?

㉮ 표준 관입 시험 ㉯ 표준 허용 시험

㉰ 베인 시험 ㉱ 토질 시험

05 그림에서 보여주고 고압 조인트(joint)의 명칭은?

㉮ 영구 조인트

㉯ 분해 조인트

㉰ 다방 조인트

㉱ 신축 조인트

06 다음 그림에서 보여주는 관이음쇠의 명칭은?

㉮ 소켓

㉯ 니플

㉰ 부싱

㉱ 캡

03 신축이음

관속을 흐르는 유체는 관에 접하는 외기의 온도 변화에 따라 관에 팽창과 수축이 일어난다. 철의 선팽창 계수는 0.000012이므로 온도 1℃ 변화에 따라 1m에 0.012mm 만큼 신축하게 된다. 이런 팽창에 의해 배관에 지장을 일으킨 다든가 기기에 손상을부여하는 것을 막기 위해 신축이음을 설치하는 경우에는 고정철물을 가지고 관을 견고히 고정해 두지 않으면 그 효과가 없고 관이음 에서 누설이 생기므로 주의해야 한다.

(1) 열팽창 및 열응력

① 열팽창량

$$\lambda = \ell \cdot \alpha \cdot \Delta t$$

α : 열팽창률(선팽창계수) ℓ : 전 길이(mm)
λ : 변한 길이(mm) Δt : 온도차(℃)

㉮ 각종 재료의 열팽창률(선팽창계수)
- 연강 : 11.2~11.6×10^{-6}, Cu : 1.65×10^{-6}
- 경강 : 10.7~10.9×10^{-6}, 7.3황동 : 19×10^{-6}, Al : 23×10^{-6}

㉯ 열팽창량이 큰 금속 : Al > 황동 > 연강 > 구리
열팽창량이 큰 금속일수록, 길이가 길수록, 온도차가 높을수록 신축량이 커진다.

② 열응력(σ)

$$\sigma = E \cdot \alpha \cdot \Delta t$$

σ : 응력(MPa)
E : 영률(세로탄성 한계)(MPa)
α : 선팽창계수(1/℃)
Δt : 온도차(℃)

(2) 신축이음의 종류

① 상온 스프링(Cold spring) : 열의 팽창을 받아 배관이 자유팽창 하게끔 미리 계산해놓고 시공하기 전 미리 배관의 길이를 짧게 한다. 절단 길이는 계산에서 얻은 자유팽창량의 1/2 정도

- 철의 신축량 계산
(길이 1m, 온도 1℃의 변화)
$\lambda = \alpha \Delta t \ell$
$= 0.000012 \times 1 \times 1000$
$= 0.012\text{mm}$

- 상온스프링(콜드스프링)
$\alpha \Delta t \ell \times \dfrac{1}{2} = \lambda \times \dfrac{1}{2}$

② **루프형(만곡관형)(Loop type joint)** : 강관 또는 동관을 루프 모양으로 구부려서 그 구부림을 이용하거나 관 자체의 가용성을 이용해서 배관의 신축을 흡수시키는 것으로써 부피가 커서 장소를 많이 차지하는 것이 결점이며 특히 조인트의 곡률반경을 관 지름의 6배 이상으로 하는 것이 좋다. 특징으로는 다음과 같다.

㉮ 설치 장소를 넓게 차지한다.

㉯ 고압에도 잘 견디고 고장도 적으므로 고온·고압 증기의 옥외배관에 많이 사용한다.

㉰ 신축의 흡수에 따른 응력이 생긴다.

③ **벨로우즈형(Bellows type joint)** : 온도변화에 따른 관의 신축을 벨로우즈 변형에 의해 흡수시키는 구조로서 팩리스(packless) 신축이음쇠라고도 한다. 벨로우즈는 청동 또는 스테인리스강을 파형으로 주름잡아 사용하며 신축 길이는 보통 6~30mm이며 단식의 경우 최대 35mm 이상이다. 진공상태의 관 또는 80℃ 이하에서 압력이 적을 경우는 고무를 사용하며 신축크기는 12~25mm 정도이다. 특징으로는 다음과 같다.

㉮ 설치 장소를 넓게 차지하지 않는다.

㉯ 응력이 생기지 않고 누설이 없다.

㉰ 고압의 배관에는 부적당하다.

㉱ 벨로우즈의 주름에 응축수가 괴어 부식되기 쉽다.

㉲ 트랩과 같이 사용한다.

④ **스위블형 신축이음(Swivel type joint)** : 지블이음 또는 지웰이음이라 하며 주로 온수나 증기, 난방 등의 분기점에 사용하며 2개 이상의 엘보를 사용하여 이음부의나사 회전을 이용해서 배관의 신축을 이 부분에서 흡수시킨다.

㉮ 굴곡부에 압력강하가 있어 압력손실이 있다.

㉯ 신축량이 너무 큰 배관은 나사 이음부가 헐거워져 누설의 우려가 있다.

㉰ 설치비가 적고 손쉽게 제작 조립하여 사용할 수 있다.

⑤ **슬리브형(Slip type joint)** : 물 또는 압력 0.8MPa 이하의 포화증기, 가스, 기름 등의 배관에 사용하며 과열증기 배관에는 적합지 않다. 구조는 본체와 슬리브 관으로 되어 있으며 관의 팽창과 수축을 본체 속에서 미끄럼하는 슬리이브관에 흡수시킨다.

POINT

• 설치면적
 ① 루프형 : 크다.
 ② 벨로우즈형, 슬리브형 : 작다.

• 응력
 ① 루프형 : 생긴다.
 ② 벨로우즈형, 슬리브형 : 안 생긴다.

---

⑦ 특 징
　　① 설치 공간이 특별히 필요치 않다.
　　ⓒ 관을 일직선으로 이음할 수 있다.
　　ⓒ 신축의 흡수에 따른 이음쇠 자체의 응력이 생기지 않는다.
　　ⓔ 배관에 곡선부분이 있으면 신축이음쇠에 비틀림으로 파손된다.
　　ⓜ 장시간 사용하면 packing 마모로 누설이 생긴다.
㉯ 종 류
　　① 단식 : 슬리브가 한쪽에만 있어 간단하나 신축조절량이 적다.
　　ⓒ 복식 : 슬리브가 양쪽에 있어 신축조절량이 크다.
　　※ 신축이음의 허용길이 순서 : 루프형 > 슬리이브형 > 벨로스형

04 밸브(valve)

(1) 글로브밸브(globe valve or stop valve)

① 글로브밸브
　⑦ 유체의 저항이 크다.
　㉯ 유량조절용으로 사용된다.
　㉰ 유체의 흐름방향과 평행하게 밸브가 개폐된다.
② 앵글밸브(angle valve) : 관이 직각으로 굽어지는 장소에 사용된다.
③ 니들밸브(needle valve) : 유량이 작거나 고압일 때 유량조절을 누설 없이 정확히 행할 목적으로 사용된다.

(2) 슬루스밸브(sluice valve or gate valve)

① 유체의 흐름방향과 직각으로 개폐한다.
② 관 지름이 크고 자주 밸브를 개폐할 필요가 없을 때 사용한다.
③ 유체 흐름에 따른 관내 마찰저항 손실이 작다.

(3) 체크밸브(check valve)

① 기 능 : 유체의 흐름 방향을 한 방향으로 흐르게 하고 역류를 방지하는 목적으로 사용된다.

② 종 류

㉮ 리프트식 : 수평배관에 이용된다.

㉯ 스윙식 : 수직, 수평배관에 이용된다.

※ 푸트밸브(foot valve) : 펌프의 흡입관 하부에 설치하여 여과기능과 체크기능을 한다.

(4) 콕크(cook)

① 개폐시간이 빠르다(1/4회전 시 완전개폐).

② 기밀유지가 어렵고 고압이나 대용량에는 사용할 수 없다.

(5) 버터플라이 밸브(butterfly valve)

원통형의 몸체 속에 밸브 봉을 축으로 하여 평판이 회전함으로써 개폐된다.

① 주로 저압용의 죔 밸브로 사용된다.

② 완전폐쇄가 어렵다.

③ 유량조절이 편리하여 와류나 저항을 피하고자 하는 곳에 적당한 밸브

05 배관 보온재

(1) 보온재의 구비조건

보온능력이 크고 열전도율이 작을 것

① 비중이 작을 것

② 장시간 사용온도에 견디며 변질이 되지 않을 것

③ 다공질이며 기공이 균일할 것

④ 시공이 용이하고 확실하게 사용할 수 있을 것

⑤ 흡습·흡수성이 적을 것

POINT

• 체크밸브(역지밸브)
역류방지용 밸브

• 푸트밸브
체크기능+여과기능

• 콕크
밸브 중 개폐시간이 가장 빠르다.

• 버터플라이 밸브(나비 밸브)
저압의 유량조절용으로 사용

• 보온재
① 열전도율이 작을 것
② 밀도(비중)이 작을 것
③ 다공질이며 기공 균일할 것
④ 내흡습, 내흡수성이 클 것

(2) 안전사용 온도에 따라

① 저온용 : 우모펠트, 양모, 닭털, 쌀겨, 톱밥, 탄화코르크
② 상온용 : 탄산마그네슘, 유리솜, 규조토, 암면, 광재면
③ 고온용 : 펄라이트, 규산칼슘, 세라믹 파이어

(3) 진공 단열법

① 고진공 단열법

공기에 의한 전열은 어느 압력까지 내려가면 급히 압력에 비례하여 적어지는 성질을 이용하여 $10^{-3} \sim 10^{-4}$ Torr 이하로 고진공을 한 단열법이다.

② 분말진공 단열법

미세한 분말을 충진하면 상압에서도 열전도율이 공기보다 약간 작아지는데 여기에 다시 압력을 낮추어 진공 단열효과를 얻는 방법으로 10^{-2} Torr를 유지한다.

③ 다층진공 단열법

복사 방지용 실드(shield)판으로 알루미늄박과 스페이서(spacer)로 글라스울을 서로 다수 포개어 고진공에 둔 단열법이다.

(4) 상압단열법

분말, 섬유 등의 단열재를 충전(암면, 펄라이트, 글라스울 등)

POINT

• 진공단열법의 종류
① 고진공 단열법
② 분말진공 단열법
③ 다층진공 단열법

06 배관제도

유체의 흐름 방향 표시 → 화살표로 표시

(1) 관의 접속상태 표시

접속상태	실제모양	도시기호
접속하지 않을 때		
접속하고 있을 때		
분기하고 있을 때		

(2) 관의 입체적 표시

굽은상태	실제모양	도시기호
파이프 A가 앞쪽으로 수직하게 구부러질 때	본다 A	A
파이프 B가 수직하게 구부러질 때	본다 B	B
파이프 C가 뒤쪽으로 구부러져서 D에 접속될 때	C 본다	C D

(3) 관의 이음의 표시

이음종류	연결방법	도시기호	예
관이음	나사형		
	용접형		
	플랜지형		
	턱걸이형		
	납땜형		
신축이음	루프형		
	슬리브형		
	벨로우즈형		
	스위블형		

POINT

• 입체적 표시와 이음표시
① ─┼─◉ : 오는 엘보 나사
　　이음
② ◯─┼┼ : 가는 엘보 플랜지
　　이음

핵 심 문 제

01 관의 신축량에 대한 설명으로 옳은 것은?

㉮ 신축량은 관의 길이, 열팽창 계수, 온도차에 비례한다.

㉯ 신축량은 관의 열팽창 계수에 비례하고 길이와 온도차에 반비례한다.

㉰ 신축량은 관의 길이, 열팽창 계수, 온도차에 반비례한다.

㉱ 신축량은 관의 열팽창 계수에는 반비례하고 길이와 온도차에 비례한다.

02 가스의 흐름을 차단하는 용도로 쓰이지 않는 밸브는?

㉮ glove valve   ㉯ sluice valve

㉰ relief valve   ㉱ butterfly valve

03 차단성능이 좋고 유량조정이 용이하나 압력손실이 커서 고압의 대구경 밸브에는 부적당한 밸브는?

㉮ 플러그 밸브   ㉯ 게이트 밸브

㉰ 글로브 밸브   ㉱ 버터플라이 밸브

04 저온단열법으로 공기의 열전도율보다 낮은 값을 얻기 위하여 단열공간을 진공으로 하여 공기에 의한 전열을 제거하는 진공단열법이 아닌 것은?

㉮ 분자열전도도 단열법   ㉯ 고진공 단열법

㉰ 분말진공 단열법   ㉱ 다층진공 단열법

해 설

해설 01

$\Delta l = l \cdot a \cdot \Delta t$

Δl : 신축길이(mm)

l : 배관 길이(mm)

a : 선팽창 계수

Δt : 온도차(℃)

해설 02

relief valve(릴리프 밸브)
액체 배관에 설치하는 안전장치
(안전밸브)

해설 03

① 글로브 밸브 : 유량조절용

② 게이트 밸브 : 유체흐름 차단용

---

01. ㉮   02. ㉰   03. ㉰

04. ㉮

정답

07 부식 및 방식

(1) 부식

금속이 부식되기 위해서는 수분과 공기 중의 산소와 반응되어 산화됨으로써 금속의 화학적 및 전기 화학적 반응에 의해 표면에서 소모되는 현상을 말한다.

① 부식의 원인
   ㉮ 다른 종류의 금속간의 접속에 의한 부식
   ㉯ 국부전지에 의한 부식
   ㉰ 농염전지 작용에 의한 부식
   ㉱ 미주전류에 의한 부식
   ㉲ 박테리아에 의한 부식

② 부식의 형태
   ㉮ 전면부식 : 전면이 대략 균일하게 부식되는 양식이며, 부식량은 크나 전면에 파급 되므로 그 피해는 적고 비교적 처리하기 쉽다.
   ㉯ 국부부식 : 부식이 특정한 부분에 집중되는 양식이며, 부식속도가 비교적 크므로 위험성은 높고 장치에 중대한 손상을 끼친다.
   ㉰ 선택부식 : 합금중의 특정 성분만이 선택적으로 용출하거나 일단 전체가 용출한 다음 특정 성분만이 재석출함으로써 기계강도가 적은 다공질의 침식층을 형성하는 양식이며, 주철의 흑연화부식, 황동의 탈아연부식, 알루미늄 청동의 탈알루미늄부식 등이 있다.
   ㉱ 입계부식 : 결정입자가 선택적으로 부식되는 양식으로, 스테인리스강 등에서 450~900℃ 열에 의하여 재료 중에 고용되었던 탄소가 결정입계로 이동되어 탄화크롬(Cr_4C)의 탄화물이 석출됨으로써 Cr량이 감소되어 내식성의 저하로 생기는 부식이다.
   ㉲ 응력부식 : 인장응력 하에서 부식 환경이 되면 금속의 연성재료에 나타나지 않는 취성파괴가 일어나는 현상으로 특히 연강으로 제작한 가성소오다 저장탱크에서 발생되기 쉬운 현상이다.
   ㉳ 에로숀 : 배관 및 밴드부분, 펌프의 회전차 등 유속이 큰 부분은 부식성 환경에서는 마모가 현저하며 이러한 현상을 에로숀이라 하고 황산의 이송배관에서 일어나는 부식현상이다.

ⓐ 바나듐어택 : 중유나 연료유의 회분 중에 있는 산화바나듐(V_2O_5)이 고온에서 용융될 때 발생하는 다량의 산소가 금속표면을 산화시켜 일어나는 부식현상이다.

③ **부식속도에 영향을 끼치는 인자**

㉮ 내부인자 : 금속재료의 조성, 조직, 구조, 전기화학적 특성, 표면상태, 응력상태, 온도 등

㉯ 외부인자 : 부식액의 조성, pH(수소이온 농도), 용존가스 농도, 온도, 유동상태 등

④ **건식부식** : 고온가스와 금속이 접촉될 경우 양자간의 화학적 친화력이 크면 금속의 산화, 황화, 질화, 할로겐화 등의 반응이 일어나 금속조직 내에 부식이 발생한다.

㉮ 수소(수소취성 발생) : 금속재료가 탄소를 함유하고 있을 때 고온, 고압하에서 강에 침투하여 탄소와 결합하여 메탄가스(CH_4)를 형성시켜 탈탄작용을 일으킨다.

$Fe_3C + 2H_2 \rightarrow CH_4 + 3Fe$

※ 탈탄방지 첨가원소 : W, Cr, Ti, Mo, V

㉯ 산소(산화촉진) : 수분이 존재할 때 고온뿐만 아니라 상온에서도 산화피막(스케일)을 형성하여 부식되며, 따라서 재료를 선택할 때는 내산화성 강재가 요구된다.

※ 내산화성 원소 : Al, Cr, Si, Ni

㉰ 질소(질화촉진) : 고온상태에서 질소와 친화력이 큰 Cr, Al, Mo, Ti 등과 반응하여 질화성이 커져 부식

※ 내 질화성 원소 : Ni

㉱ 일산화탄소(침탄 및 카르보닐화 촉진) : 고온, 고압하에서 강자성체 금속인 Fe, Ni, Co 등의 금속과 반응하여 휘발성 화합물인 금속카르보닐을 생성하고 또한 탄소(C)가 침투하여 침탄이 일어나며 그것이 심하면 취화된다.

$Ni + 4CO \rightarrow Ni(CO)_4$ ····· 니켈카르보닐화

$Fe + 5CO \rightarrow Fe(CO)_5$ ····· 철 카르보닐화

※ 내 침탄성원소 : Al, Si, Ti, V

㉲ 암모니아(탈탄방응 및 질화촉진) : 저온이나 상온에서는 강재에 영향을 끼치지 않으나 고온, 고압 하에서 강재에 탈탄방응과 질화작용을 동시

POINT

• 고온부식과 내식재료
① 수소 : 탈탄작용에 의한 수소취성(W, Cr, Ti, Mo, V)
② 산소 : 산화작용에 의한 산화부식(Cr, Al, Si, Ni)
③ 질소 : 질화작용에 의한 질화부식(Ni)
④ 일산화탄소 : 침탄작용과 카르보닐화(Al, Si, Ti, V)
⑤ 암모니아 : 탈탄작용과 질화작용(18-8 스테인리스강)
⑥ 황화수소 및 아황산가스 : 황화현상과 삼산화황에 의한 황산생성(Al, Cr, Si)

에 발생시키며, 특히 Cu 및 Cu합금은 침식시키므로 사용되지 않는다.

㉺ 염소(염화 촉진) : 건조한 상태에서는 수분을 함유하면 수분과 염소가 작용하여 염산(HCl)을 생성하여 부식을 촉진시킨다.

$$Cl_2+H_2O \rightarrow HCl \rightarrow HClO$$

$$Fe+2HCl \rightarrow FeCl_2+H_2$$

㉻ 아황산가스 및 황화수소(황화촉진) : 황(S)을 함유한 황화수소(H_2S)는 고온에서 거의 모든 금속과 작용하여 황화 현상을 일으키며 특히 철(Fe)과 니켈(Ni)을 심하게 부식시킨다. 또 아황산가스(SO_2)는 온도의 저하와 더불어 삼산화황(SO_3)이 노점에 도달하여 황산(H_2SO_4)이 생성되어 부식을 촉진시킨다.

$$SO_2+H_2O \rightarrow H_2SO_3$$

$$H_2SO_3+1/2\,O_2 \rightarrow H_2SO_4$$

※ 내 황화성 원소 : Al, Cr, Si

(2) 방식

① 부식환경의 처리에 의한 방식법
② 부식억제제(인히비터)에 의한 방식법
③ 피복에 의한 방식법
④ 전기적인 방식법

■ **전기방식법의 개요**

전기방식법	개 요
유전양극법 (희생양극법)	• 비속한 금속(땅속에서는 Mg이 잘 사용된다)을 접속하는 것에 의하여 방식하고자 하는 것으로 애노드(유전양극 또는 희생양극)는 부식하는 한편 귀한 금속의 캐소드로 되어 방식된다. • 비교적 간단하며 값이 싸다. • 전위치가 일정하고 비교적 적기 때문에 전위경사가 적은 장소에 적합하다. • 발생하는 전류가 적기 때문에 도복장의 저항이 큰 대상에 적합하다.

• 유전양극법
① 과방식의 우려가 없다.
② 다른 매설, 금속체로의 장애가 없다.
③ 시공이 간편하다.
④ 전류조절이 어렵다.
⑤ 효과 범위가 비교적 좁다.
⑥ 강한 전식에는 효과가 없다.

전기방식법	개 요
외부전원법	• 땅속에 매설한 애노드에 강제전압을 가하여 피방식 금속체를 캐노드로 하여 방식한다. 전원에는 일반의 교류를 정류(직류로 변환)하여 사용한다. • 고가(전원장치의 비교적 깊게 매설하는 애노드가 필요하다.) 이다. • 전압이 임의로 설정되며(단 60V 이하), 대전류의 방출이 가능하므로 전위 격차가 큰 장소, 도복장의 저항이 낮은 구조물과 방식 대상면적이 큰 구조물에도 적용이 가능하다. • 전류·전압이 클 때 다른 금속구조물에 대한 간섭을 고려할 필요가 있다.
선택배류법	• 땅속의 금속과 전철의 레일과의 전선으로 접속한 것으로 정류기가 설치되어 있다. • 전식을 방지하는데 사용한다. 레일의 전위는 시시각각으로 변화하므로 방식 효과가 항상 얻어진다고는 할 수 없다. • 전류의 제어가 곤란하며, 간섭 및 과방식에 대한 배려가 필요하다. • 값이 싸다.
강제배류법	• 외부전원법과 선택배류법을 종합한 방식으로 외부전원법의 애노드를 레일에 치환한 방법이라 할 수 있다. 선택배류법에서는 레일의 전위가 높으면 방식전류는 흐르지 않으나 강제배류법에서는 별도로 전원을 가지고 있기 때문에 강제적으로 전류를 흐르게 할 수 있다. • 선택배류법에는 전식의 피해를 방지할 수 없을 때에 채용하게 된다. • 비교적 고가(선택배류법보다 고가이나, 대용량의 외부 전원법 보다는 염가)이다.

• 외부전원법
 ① 효과범위가 넓다.
 ② 전압, 전류의 조성이 일정하다.
 ③ 전위 격차가 큰 장소에 적당
 ④ 다른 금속 구조물에 대한 간섭을 고려해야 한다.
 ⑤ 고가이다.

• 배류법
매설 배관의 전위가 주위의 타금속 구조물보다 높은 장소에서 매설배관과 주위의 타금속 구조물(전철의 레일 등)을 전기적으로 접속시켜 매설배관에 유입된 누출 전류를 복귀시킴으로서 전기적 부식을 방지하는 방법

08 비파괴검사

(1) 비파괴검사

재료를 파괴하지 않고 결함의 유무를 검사하여 판정하는 기술로서 압연재, 단조품, 용접 구조물 등의 검사에 널리 사용되고 있다.

(2) 비파괴검사의 종류

① **음향검사** : 테스트 해머를 사용하여 가볍게 물건을 두들기고 음향에 의해 결함 유무를 판단하는 방법이며, 맑고 여운이 있는 소리가 나는 것이 합격이며, 용기의 경우둔탁한 소리가 나는 것은 내부 조명검사를 해야 한다.

　㉮ 장점 : 검사방법이 손쉽고 간단한 공구를 사용할 수 있다.

　㉯ 단점 : 검사결과를 기록 보존하기가 어렵고, 숙련을 요한다.

② **침투검사** : 표면에 개구된 미세한 균열, 작은 구멍, 슬러그 등을 검출하는 방법이다.

　㉮ 장점 : 표면에 생긴 미세한 결함을 검출한다.

　㉯ 단점 : 내부결함을 알기 어렵고, 즉시 결과를 알기 어렵다

③ **자분검사(자기검사)** : 피검사물의 자화한 상태에서 표면 또는 표면에 가까운 손상에 의해 생기는 누설 자속을 사용하여 검출하는 방법이다.

　㉮ 장점 : 육안으로 검지할 수 없는 미세한 표면 및 파괴나 취성 파괴에 적당하다.

　㉯ 단점 : 비자성체에는 적용이 어렵고 전원이 필요하며, 종료 후의 탈지처리가 필요하다.

④ **방사선 투과검사** : X선이나 r선으로 투과하여 결함의 유무를 살피는 방법이며, 널리 사용되고 있는 비파괴검사법이다.

　㉮ 장점 : 내부의 결함을 검출하여 사진으로 찍을 수 있다.

　㉯ 단점 : 장치가 크므로 가격이 비싸며, 취급상 방호의 주의가 필요하다.

⑤ **초음파검사** : 초음파(보통 0.5~15MC)를 피검사물의 내부에 침입시켜 반사파를 이용하여 내부의 결함과 불균일층의 존재 여부를 검사하는 방법이다.

　㉮ 장점 : 용입 부족 및 용입부의 결함을 검출할 수 있으며, 내부 결함과 불균일 층의 검사를 할 수 있다. 검사비용이 싸다.

　㉯ 단점 : 결함의 형태가 부적당하며, 결과의 보존성이 없다.

POINT

• 비파괴검사
① 음향검사 : 검사가 간단하고 숙련을 요한다.
② 침투검사 : 표면의 미세한 결함 검사(외부결함검사)
③ 자분검사 : 자성체에만 적용되고, 취성파괴검사에 적당(외부결함검사)
④ 방사선 투과검사 : 취급상 방호 필요(내부 결함검사)
⑤ 초음파검사 : 투과법, 반사법, 공진법이 있다(내부, 외부 결함 검사).

01 다음 부식방지법 중 옳지 않은 것은?

㉮ 이종의 금속을 접촉시킨다.

㉯ 금속을 피복한다.

㉰ 금속 표면의 불균일을 없앤다.

㉱ 선택배류기를 접속시킨다.

02 도시가스 설비의 전기 방식(防蝕)의 방법이 아닌 것은?

㉮ 희생 양극법　　　　㉯ 외부 전원법

㉰ 배류법　　　　㉱ 압착법

03 배관의 전기방식 중 유전양극법에서 저전위 금속으로 주로 사용되는 것은?

㉮ 철　　　　㉯ 구리

㉰ 칼슘　　　　㉱ 마그네슘

04 외부전원법으로 전기방식 시공시 직류전원 장치인 +극 및 -극에는 각각 무엇을 연결해야 하는가?

㉮ +극 : 불용성 양극, -극 : 가스배관

㉯ +극 : 가스배관, -극 : 불용성 양극

㉰ +극 : 전철레일, -극 : 가스배관

㉱ +극 : 가스배관, -극 : 전철레일

해 설

해설 01

부식의 원인

① 이종금속의 접속에 의한 부식

② 국부전지에 의한 부식

③ 농염전지작용에 의한 부식

④ 미주전류에 의한 부식

⑤ 박테리아에 의한 부식

해설 02

전기방식의 종류

① 희생양극법

② 외부전원법

③ 선택배류법

④ 강제배류법

해설 04

외부전원법은 땅속에 불용성 전극(+극)을 설치하고 가스배관에 (-)극을 접속해 외부전원으로로부터 방식 전류를 공급하는 방식이다.

정답

01. ㉮　02. ㉱　03. ㉱
04. ㉮

해 설

05 다음 ( ) 안에 들어갈 적당한 용어는?

> "직류전철이 주행할 때에 누출전류에 의해서 지하 매몰 배관에는 전류의 유입지역과 유출지역이 생기며, 이 때 (①)은(는) 부식이 된다. 이러한 지역은 전철의 운행상태에 따라 계속 변할 수 있으므로 이에 대응하기 위하여 (②)의 전기방식을 선정한다."

㉮ ① : 유출지역, ② : 배류법
㉯ ① : 유입지역, ② : 배류법
㉰ ① : 유출지역, ② : 외부전원법
㉱ ① : 유입지역, ② : 외부전원법

06 구리(Cu) 또는 구리합금을 재료로 한 장치를 사용할 경우 심한 부식성을 나타내는 가스는?

㉮ 암모니아
㉯ 염소
㉰ 일산화탄소
㉱ 메탄

해설 **06**
암모니아는 구리(Cu) 또는 구리합금을 장치에 사용시 부식성가스를 발생한다.

05. ㉮ 06. ㉮ 정답

01. 다음 중 배관재료의 구비조건이 아닌 것은?

㉮ 관내 가스유통이 원활할 것

㉯ 토양, 지하수에 내식성이 있을 것

㉰ 절단가공이 용이할 것

㉲ 연소폭발성이 없을 것

[해설] ㉮, ㉯, ㉰ 외에
① 내부 가스압과 외부로부터의 하중 및 충격하중에 견디는 강도를 가질 것
② 관의 접합이 용이할 것
③ 누설이 방지될 것 등이 있다.

02. 고온·고압에서 사용되는 배관이 가지고 있어야 할 성질 중 맞지 않는 것은?

㉮ 경도가 높고 신축성이 클 것

㉯ 내식성이 높을 것

㉰ 조직이 안정할 것

㉲ 크리프강도가 높을 것

[해설] 배관의 구비조건
① 내식성과 크리프강도가 높을 것
② 내구력과 가공성이 좋을 것
③ 구입하기 쉽고 가격이 저렴할 것
④ 조직이 안정할 것

03. 지반 침하가 예상되는 지역에서 배관을 설치하는 경우 침하의 영향을 경감시키는 방법이 아닌 것은?

㉮ 이음매의 결합에 의해 가용성이 생기게 한다.

㉯ 신축이음을 사용한다.

㉰ 가용성 튜브를 사용한다.

㉲ 링이음을 사용한다.

[해설] 링이음
고압패킹(누설 방지)

04. 다음 LPG 가스배관에 이용되는 저온취성에 대하여 우수하고 가공성 및 용접성이 좋은 저온배관용 강관의 기호로 옳은 것은?

㉮ STPG   ㉯ STPT

㉰ STPA   ㉲ STPL

[해설] ① 배관용 탄소강 강관 : SPP(SGP)
② 압력 배관용 탄소강 강관 : SPPS(STPG)
③ 고온 배관용 탄소강 강관 : SPPH(STS)
④ 고온 배관용 탄소강 강관 : SPHT(STPT)
⑤ 저온 배관용 강관 : SPLT

05. 가스용배관에 사용되는 강관 중 저온재료로 0~30℃ 정도의 사용범위를 갖는 금속재료는?

㉮ 킬드강

㉯ 니켈강

㉰ 일반탄소강

㉲ 18-8스테인리스강

[해설] 킬드강 : 저온재료로 0~30℃에 사용하는 금속재료

06. 클리프 현상이 발생되는 온도는 몇 ℃ 이상인가?

㉮ 100℃   ㉯ 200℃

㉰ 350℃   ㉲ 450℃

[해설] 클리프 현상 : 350℃ 이상에서 재료에 하중을 가하면 시간과 더불어 변형이 증대되는 현상

07. 강관의 호칭 중에서 Schedule No는 무엇을 의미하는가?

㉮ 관의 두께   ㉯ 관의 내경

㉰ 관의 길이   ㉲ 관의 외경

[해설] 스케줄 번호가 클수록 관의 두께가 두꺼워진다.

정답   01. ㉲   02. ㉮   03. ㉲   04. ㉲   05. ㉮   06. ㉰   07. ㉮

08. 파이프의 스케줄번호에 관하여 맞는 말은 어느 것인가?

㉮ 같은 파이프에서 스케줄번호가 커질수록 내부 직경은 커진다.

㉯ 스케줄번호가 커지면 내부직경은 같더라도 외경이 커진다.

㉰ 스케줄번호가 커지면 파이프가 견딜 수 있는 내부 압력은 커진다.

㉱ 스케줄번호가 커지면 사용한 재질이 내산성이 강하다.

해설 스케줄번호가 커지면 파이프가 견딜 수 있는 내부압력은 커진다. 파이프의 두께가 두꺼워지므로 높은 압력에 견딘다.

스케줄번호(SCH) $= 10 \times \dfrac{P}{S}$

여기서, P : 상용압력(kgf/cm²)
S : 허용응력(kgf/mm²)

09. 다음은 유체수송용 철관(Steel pipe)의 규격들이다. 이 중 벽 두께가 가장 두꺼운 것은?

㉮ 1/4 〃 Schedule No. 40

㉯ 1/8 〃 Schedule No. 40

㉰ 1/4 〃 Schedule No. 80

㉱ 1/8 〃 Schedule No. 80

해설 스케줄 No가 클수록 배관이 두껍다.

10. 배관재료의 허용응력 8.4kgf/mm²이고, 스케줄번호가 80일 때 최고 사용압력 P(kgf/cm²)는?

㉮ 67.2

㉯ 105

㉰ 210

㉱ 650

해설 스케줄 No $= \dfrac{최고사용압력\,(kg/cm^2)}{허용응력\,(kg/mm^2)} \times 10$

최고 사용압력 $= \dfrac{스케줄\,No \times 허용응력}{10}$

$= \dfrac{80 \times 8.4}{10} = 67.2 \,kg/cm^2$

11. 다음 배관이음 중 분해할 수 있는 이음이 아닌 것은?

㉮ 나사이음

㉯ 플랜지이음

㉰ 용접이음

㉱ 유니언

해설 용접이음 : 반영구적이음

12. 강관의 이음 방법이 아닌 것은?

㉮ 나사 이음

㉯ 용접 이음

㉰ 플랜지 이음

㉱ 소켓 이음

해설 강관 이음
① 나사 이음
② 용접 이음(전기 용접, 아이크 용접, 가스 용접)
③ 플랜지 이음

13. 용접이음의 장점이 아닌 것은?

㉮ 자재절감

㉯ 응력의 발생

㉰ 기밀 수밀유지

㉱ 보온시공

해설 용접이음의 장점
① 자재절감 ② 기밀 수밀유지 ③ 보온시공
응력발생은 용접이음의 단점이고, 용접부의 응력제거를 위해 피이닝 가공을 한다.

14. 구리관의 접합법 중 복사난방에서 바닥에 매립하는 온수관, 의료용 마취 가스배관 접합에 사용하는 접합법은?

㉮ 납땜 접합

㉯ 플레어 접합

㉰ 용접 접합

㉱ 분기관 접합

15. LPG 저장 탱크 배관에서 이음부의 패킹재료로 가장 적당한 것은?

㉮ 천연고무

㉯ 석면

㉰ 실리콘 고무

㉱ 납

정답 08. ㉰ 09. ㉰ 10. ㉮ 11. ㉰ 12. ㉱ 13. ㉯ 14. ㉮ 15. ㉰

[해설] LPG는 고무, 페인트, 그리스, 윤활유 등을 용해하는 성질이 있으므로 내유성 자재를 선택하여야 하며, 이음부 패킹재는 합성고무, 실리콘 고무 등이 적당하다.

16. 액화석유가스 배관의 최소 두께 계산시 고려하지 않아도 되는 것은 다음 중 어느 것인가?

㉮ 내압(耐壓)

㉯ 관의 바깥지름(외경)

㉰ 관의 안지름(내경)

㉱ 관 재료의 허용 응력

[해설] LPG 배관의 최고 두께 계산할 때 배관의 외경은 관계없다.

17. 다음 중 배관 내 압력손실의 원인에 해당되지 않는 것은?

㉮ 직선배관에 의한 압력손실

㉯ 입상배관에 의한 압력손실

㉰ 안전밸브에 의한 압력손실

㉱ 사주배관에 의한 압력손실

[해설] 압력손실 요인은 ㉮, ㉯, ㉱항 이외에 가스미터, 콕에 의한 압력손실이 있다.

18. 배관 내의 압력 손실과 관계없는 것은?

㉮ 유량의 2승에 비례한다.

㉯ 관의 길이에 비례한다.

㉰ 관 안지름의 5승에 반비례한다.

㉱ 관 내벽의 상태와는 관계없다.

[해설] 마찰저항에 의한 배관 내 압력 손실
① 유속의 2승에 비례한다(유속이 2배 이면 압력 손실은 4배이다).
② 관의 길이에 비례한다(길이가 2배 이면 압력 손실도 2배이다).
③ 관 안지름의 5승에 반비례한다(관 지름이 1/2 배이면 압력 손실은 32배 이다).
④ 관 내벽의 상태에 관련 있다(내면에 요철부가 있으면 압력 손실도 크다).
⑤ 유체의 점도에 관련 있다(유체의 점성이 크면 압력 손실이 커진다).

19. 다음 중 저압배관설계의 4요소에 해당되지 않는 것은?

㉮ 가스유량

㉯ 압력손실

㉰ 가스비중

㉱ 관 길이

[해설] ① 저압배관유량 산출식 $Q = K\sqrt{\dfrac{D^5 H}{SL}}$

여기서, Q : 가스유량(m^3/h)
K : 폴의 정수(0.707)
D : 관의 내경(cm)
H : 허용압력손실(mmH_2O)
S : 가스비중 L : 관 길이(m)

② 저압배관 설계 4요소–가스유량, 압력손실, 관내경, 관 길이

20. 다음 중 가스배관 경로 선정 4요소가 아닌 것은?

㉮ 최단거리로 할 것

㉯ 구부러지거나 오르내림이 적을 것

㉰ 가능한 옥내에 설치할 것

㉱ 은폐 매설을 피할 것

[해설] 가스배관 경로 선정 4요소
① 최단거리로 할 것(최단)
② 구부러지거나 오르내림이 적을 것(직선)
③ 가능한 옥외에 설치할 것(옥외)
④ 은폐 매설을 피할 것(노출)

21. 고압가스 배관의 기밀시험에 대한 설명 중 옳은 것은?

㉮ 기밀시험에는 공기 또는 질소를 쓴다.

㉯ 두께와 재료가 같을 때는 가늘수록 약하다.

㉰ 기밀시험에는 CO_2 또는 SO_2를 쓴다.

㉱ 파열할 때는 일반적으로 길이 방향부터 원주 방향으로 파열된다.

[해설] 기밀시험 할 때 질소 또는 공기, 이산화탄소를 사용할 수 있다.
㉯항 : 가늘수록(관경이 작을수록)강하다.
㉱항 : 원주방향부터 길이 방향

22. 가단주철제 관 이음쇠의 종류가 아닌 것은?

㉮ 소켓　　　　　　㉯ 니플

㉰ 티　　　　　　　㉱ 개스킷

해설 개스킷은 이음쇠가 아니라 누설을 방지하는 일종의 패킹이다.

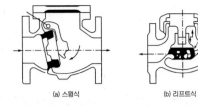

(a) 스윙식　　　　　　(b) 리프트식

23. 배관에서 지름이 서로 다른 관을 연결하는 데 사용하는 것은 어느 것인가?

㉮ T(Tee)

㉯ 레듀사(Reducer)

㉰ 플랜지(Flange)

㉱ 엘보(Elbow)

해설 관경이 다를 때 : 레듀사(Reducer), 부싱(Bushing)

24. 고압가스 배관의 이상에 대비하여 쉽게 분해할 수 있도록 사용되는 이음의 종류는?

㉮ 신축이음　　　　㉯ 링 이음

㉰ 영구 이음　　　　㉱ 플랜지 이음

해설 분해가능 : 플랜지, 유니언

25. 유로 저항이 가장 적은 것은?

㉮ 볼 밸브　　　　　㉯ 글로브 밸브

㉰ 콕　　　　　　　㉱ 앵글 밸브

해설 유로의 저항
글로브 밸브>앵글 밸브>볼 밸브>콕

26. 유체를 한 방향으로 흐르게 하며 역류를 방지하는 밸브로서 스윙식, 리프트식이 있는 밸브는?

㉮ 스톱 밸브　　　　㉯ 앵글밸브

㉰ 역지 밸브　　　　㉱ 안전밸브

해설 역지 밸브(체크밸브)
① 리프트형 : 수평배관에 사용
② 스윙형 : 수직·수평배관에 사용

27. 다음 중 수증기를 뜻하는 배관도시기호는?

㉮ A　　　　　　　㉯ W

㉰ O　　　　　　　㉱ S

해설 ㉮ 공기　　　　　㉯ 물
㉰ 오일　　　　　㉱ 수증기 이외에 V(증기)

28. 도시가스 배관공사시 사용되는 밸브에서 전개시 유동 저항이 적고 서서히 개폐가 가능하므로 충격을 일으키는 것이 적으나 유체 중 불순물이 있는 경우 밸브에 고이기 쉬우므로 차단능력이 저하되는 밸브는?

㉮ 볼 밸브

㉯ 플러그 밸브

㉰ 게이트 밸브

㉱ 버터플라이 밸브

해설 게이트 밸브(슬루스 밸브)의 특징
① 유체의 흐름 방향에 직각으로 개폐되는 밸브
② 관 지름이 크고 자주밸브를 개폐할 필요가 없을 때 사용
③ 유체 흐름에 따른 관내 마찰 저항 손실이 작다.

29. 다음 밸브 중 유량조절에 주로 사용되고 있는 것은?

㉮ 글로브 밸브

㉯ 게이트 밸브

㉰ 플러그 밸브

㉱ 버터플라이 밸브

해설 글로브 밸브의 특징
① 유체의 저항이 크다.
② 유량 조절용으로 사용
③ 유체의 흐름방향과 평행하게 밸브가 개폐된다.

정답　22. ㉱　23. ㉯　24. ㉱　25. ㉰　26. ㉰　27. ㉱　28. ㉰　29. ㉮

30. 고압 밸브에 대한 설명으로 옳지 않은 것은?

㉮ 밸브시트는 내식성과 경도가 높은 재료를 사용한다.

㉯ 밸브가 단조품보다 주조품이 더욱 안전하다.

㉰ 글로브 밸브는 슬루스 밸브보다 기밀도가 크다.

㉱ 밸브의 패킹재료는 흑연, 석면, 테플론 등이 사용된다.

[해설] 고압밸브로서 단조품을 사용한다.

31. 다음 중 밸브구조의 종류가 아닌 것은?

㉮ 패킹식   ㉯ O링식

㉰ 백시트식   ㉱ 카본식

[해설] 카본식 대신에 다이어프램식으로 하여야 한다.

32. 다음 그림의 고압 조인트(joint) 명칭은?

㉮ 영구 조인트

㉯ 분해 조인트

㉰ 다방 조인트

㉱ 신축 조인트

33. 고압가스 용기밸브의 그랜드 너트에 V자형으로 각인되어 있는 것은 무엇을 뜻하는가?

㉮ 그랜드 너트 개폐방향 왼나사

㉯ 충전구 개폐방향

㉰ 충전구나사 왼나사

㉱ 액화가스용기

[해설] 그랜드 너트의 개폐방향에는 왼나사, 오른나사가 있으며 왼나사인 것은 V형 홈을 각인한다.

34. 다음 중 밸브 누설의 종류가 아닌 것은?

㉮ 패킹 누설   ㉯ 시트누설

㉰ 밸브 본체 누설   ㉱ 충전구 누설

[해설] 밸브의 누설 종류
① 패킹 누설 : 핸들을 열고 충전구를 막은 상태에서 그랜드 너트와 스핀들 사이로 누설
② 시트 누설 : 핸들을 잠근 상태에서 시트로부터 충전구로 누설
③ 밸브 본체의 누설 : 밸브 본체의 홈이나 갈라짐으로 인한 누설

35. 밸브의 점검으로써 일상 점검 사항이 아닌 것은?

㉮ 플랜지, 볼트 등에서 가스의 누설검지

㉯ 그랜드 너트의 누설, 밸브 내의 이상음의 발생

㉰ 내압, 기밀시험 등의 실시

㉱ 조작빈도가 많은 밸브는 정기적인 작동시험

[해설] 내압 기밀시험은 정기검사

36. 가스 액화 분리장치용 밸브의 열손실을 줄이기 위한 방법 중 틀린 것은?

㉮ 장축 밸브로 하여 열의 전도를 가급적 방지한다.

㉯ 밸브 본체의 열용량을 가급적 적게 하여 가동 시의 열손실을 적게 한다.

㉰ 열전도율이 큰 밸브를 사용한다.

㉱ 외부에 대한 유체의 누설은 열손실의 하나 일 뿐만 아니라 가스에 따라서는 위험하다.

[해설] 열전도율이 큰 밸브는 열손실이 크다. 그러므로 열전도율이 작은 재료를 사용하여 열손실을 줄인다.

37. 다음 중 산소용기밸브의 제조로서 가장 적당한 것은?

㉮ SKH   ㉯ SWS

㉰ BSEF   ㉱ BSDF

[해설] 용기밸브 재질은 단조황동이며 C_2H_2, NH_3, 용기밸브 재질은 동 함유량 62% 미만의 단조황동 또는 단조강을 사용한다.

30. ㉯ 31. ㉱ 32. ㉰ 33. ㉮ 34. ㉱ 35. ㉰ 36. ㉰ 37. ㉰ 정답

38. 다음 중 밸브의 재료가 잘못 연결된 것은?

㉮ NH_3 : 강재

㉯ Cl_2 : 황동

㉰ LPG : 단조황동

㉱ C_2H_2 : 동

해설 C_2H_2는 동 함유량이 62% 미만이어야 한다.

39. 온도변화가 심한 가스가 흐르거나 긴 배관에는 특수한 장치가 필요한 데 다음 중 그 장치가 아닌 것은?

㉮ 밴드 부착　　　㉯ 팽창 접합

㉰ 유니온　　　㉱ U자관

해설 유니온(Union)
관 부속품으로서 두 개의 관을 연결하거나 분해할 때 사용.

40. 최고 사용온도가 100℃, 길이 l =10m인 배관을 상온(15℃)에서 설치하였다면 최고온도 사용 시 팽창으로 늘어나는 길이는 몇 mm인가? (단, 선팽창계수 a=12×10^{-6}m/m·℃)

㉮ 5.1mm　　　㉯ 10.2mm

㉰ 102mm　　　㉱ 204mm

해설 $\Delta l = l \cdot a \cdot \Delta t$
$= 10 \times 12 \times 10^{-6} \times (100-15) \times 1,000 = 10.2 mm$

41. 대기 중 6m 배관을 상온 스프링으로 연결 시 온도 차가 50℃일 때 절단 길이는 몇 mm인가? (단, a=1.2×10^{-5}/℃이다.)

㉮ 1.2mm　　　㉯ 1.5mm

㉰ 1.8mm　　　㉱ 2mm

해설 $\lambda = l \, \alpha \Delta t = 6,000 mm \times 1.2 \times 10^{-5}/℃ \times 50℃ = 3.6 mm$
절단 길이는 자유팽창량의 $\frac{1}{2}$이므로 $3.6 \times \frac{1}{2} = 1.8 mm$

42. 다음 배관에서 열응력을 흡수하는 장치가 아닌 것은?

㉮ 루프형　　　㉯ 슬리브형

㉰ 콜드 스프링　　　㉱ 팩리스형

해설 신축이음의 종류
루프형, 슬리브형, 벨로스형, 스위블 이음, 콜드 스프링 등이 있다.

43. LP가스 배관에서 응력의 원인이 아닌 것은?

㉮ 열팽창에의 의한 응력

㉯ 내압에 의한 응력

㉰ 관의 굴곡에 의해 생기는 응력

㉱ 용접에 의한 응력

해설 배관에서의 응력 및 진동
① 응력의 원인
　㉮ 열팽창에 의한 응력
　㉯ 내압에 의한 응력
　㉰ 냉간가공에 의한 응력
　㉱ 용접에 의한 응력
　㉲ 배관 재료의 무게에 의한 응력
　㉳ 배관 부속물, 밸브, 플랜지 등에 의한 응력
② 진동의 원인
　㉮ 펌프, 압축기에 의한 영향
　㉯ 관내를 흐르는 유체의 압력 변화에 의한 영향
　㉰ 관의 굴곡에 의해 생기는 힘의 영향
　㉱ 안전밸브 작동에 의한 영향
　㉲ 바람, 지진 등에 의한 영향

44. 보온재로서 갖추어져야 할 성질 중 잘못된 것은?

㉮ 열전도율이 작아야 한다.

㉯ 비중이 커야 한다.

㉰ 기계적 강도가 있어야 한다.

㉱ 시공이 쉽고, 확실해야 한다.

해설 보온재의 구비조건
① 열전도율이 작을 것
② 흡습성, 흡수성이 작을 것
③ 적당한 기계적 강도를 가질 것
④ 시공성이 좋을 것
⑤ 부피, 비중(밀도)이 작을 것
⑥ 경제적일 것

정답　38. ㉱　39. ㉰　40. ㉯　41. ㉰　42. ㉱　43. ㉰　44. ㉯

45. 액화질소, 액화산소, LNG 등을 저장하는 탱크에 사용되는 단열재 선정 시 주의사항이 아닌 것은?

㉮ 경량이어야 한다.

㉯ 안전 사용온도 범위가 넓어야 한다.

㉰ 질소일 경우는 불연성이 아니어도 된다.

㉱ 수분 및 가스를 흡수하지 말아야 한다.

[해설] 산소, 액화질소 및 공기의 액화온도 이하 장치에는 불연성 단열재를 사용하여야 한다.

46. 다음 중 저온 액화가스 용기의 열침입 원인이 아닌 것은?

㉮ 단열재를 충전한 공간에 남는 가스와 가스의 분자 열 전도

㉯ 내면으로부터 열 복사

㉰ 연결되는 파이프를 따라오는 열 전도

㉱ 지지 요크에서의 열 전도

47. 다음 중 저온장치에 사용되는 진공 단열법의 종류가 아닌 것은?

㉮ 고진공 단열법

㉯ 다층 진공 단열법

㉰ 분말 진공 단열법

㉱ 다공 단층 진공 단열법

48. 저온 장치의 단열법 중 분말 진공 단열법에서 충전용 분말로서 부적당한 것은?

㉮ 펄라이트   ㉯ 규조토

㉰ 유리솜   ㉱ 알루미늄

49. 배관의 부식과 그 방지에 관하여 다음 중 올바르게 기술된 것은?

㉮ 매설되어 있는 배관에 있어서 일반적으로 강관이 주철관보다 내식성이 좋다.

㉯ 구상흑연 주철관의 인장강도는 강관과 거의 같지만 내식성은 강관보다도 나쁘다.

㉰ 전식이란 땅속으로 흐르는 전류가 배관으로 흘러 들어간 부분에 일어나는 전기적 부식을 한다.

㉱ 전식은 일반적으로 천공성 부식이 많다.

[해설] 전식
땅속에 흐르는 전류가 배관을 통하여 들어간 부분에 일어나는 전기적 부식

50. 배관 설치시 방식대책으로 옳지 않은 것은?

㉮ 철근콘크리트 벽을 관통할 때는 슬리브 등을 설치한다.

㉯ 점토질 토양에서는 배관이 접촉되도록 한다.

㉰ 철근콘크리트 주변의 배관에는 전기적 절연 이음쇠를 사용한다.

㉱ 매설관에서 지반면상으로 올라오는 관의 지중 부분에는 방식조치를 하여야 한다.

51. 지하매몰 배관에 있어서 배관의 부식에 영향을 주는 요인이 되지 못하는 것은?

㉮ 배관 주위의 지하전선

㉯ 토양의 전기 전도성

㉰ pH

㉱ 가스의 폭발성

[해설] 부식의 영향요인
① 배관 주위의 지하전선   ② 토양의 전기전도성
③ pH   ④ 유속

---

45. ㉰   46. ㉯   47. ㉱   48. ㉰   49. ㉰   50. ㉯   51. ㉱   정답

52. 다음 중 고압장치의 부식속도에 영향을 주는 인자가 아닌 것은?

㉮ 유량 ㉯ 유속
㉰ 액온 ㉱ pH

[해설] 부식속도에 영향을 끼치는 인자
① 부식액의 조성 ② pH(수소이온농도)
③ 용존가스 농도 ④ 온도
⑤ 유동상태

53. 고압장치 중 금속재료의 부식 억제 방법이 아닌 것은?

㉮ 전기적인 방식
㉯ 부식 억제제에 의한 방식
㉰ 유해물질 제거 및 pH를 높이는 방식
㉱ 도금, 라이닝, 표면처리에 의한 방식

[해설] 방식
① 부식환경처리에 의한 방식법
② 부식 억제제(인히비터)에 의한 방식법
③ 피복에 의한 방식법
④ 전기적인 방식법

54. 토양 중에 매설된 가스 배관이 가스압력 전기 화학적 요인으로 인하여 배관의 다른 부분사이에 부식전지가 형성되어 일어나는 전형적인 가스배관에 매우 잘 일어나는 부식을 무엇이라 하는가?

㉮ 전식
㉯ 마크로 셀 (Macro Cell)
㉰ 농담전지부식
㉱ 바나듐어택

[해설] 마크로 셀(Macro Cell) 부식의 예
① 토질(토양의 산소농도차가 원인)
② 콘크리트(콘크리트 내 철근과 배관접촉으로 인한 부식)
③ 이종금속(철과 다른 금속의 전 위치에 의한 부식)

55. 금속재료의 부식 중 특정부분에 집중적으로 일어나는 부식의 형태를 무엇이라 하는가?

㉮ 전면부식 ㉯ 국부부식
㉰ 선택부식 ㉱ 입계부식

[해설] 부식의 형태
① 전면부식 : 전면이 균일하게 부식되어 부식량은 크나 전면에 파급되므로 큰 해는 없고 대처하기 쉽다.
② 국부부식 : 부식이 특정한 부분에 집중되는 형식으로 부식속도가 빠르고 위험성이 높으며 장치에 중대한 손상을 입힌다.
③ 입계부식 : 결정입계가 선택적으로 부식되는 양상으로 스테인리스강의 열 영향을 받아 크롬탄화물이 석출되는 현상
④ 선택부식 : 합금 중에서 특정 성분만이 선택적으로 부식하므로 기계적 강도가 적은 다공질의 침식층을 형성하는 현상(예 : 주철의 흑연화, 황동의 탈아연화 부식)
⑤ 응력부식 : 인장응력이 작용할 때 부식환경에 있는 금속이 연성재료임에도 불구하고 취성 파괴를 일으키는 현상(예 : 연강으로 제작한 NaOH 탱크에서 많이 발생한다.)

56. 다음 물질을 취급하는 장치의 재료로서 구리 및 구리합금을 사용해도 좋은 것은?

㉮ 황화수소 ㉯ 아르곤
㉰ 아세틸렌 ㉱ 암모니아

[해설] 구리를 사용해서는 안 되는 가스는 H_2S, C_2H_2, NH_3, SO_2 등이며, 특히 구리와 반응이 심한 분말을 만드는 가스는 H_2S, SO_2 등이다.

57. 강의 표면에 타금속을 침투시켜 표면을 경화시키고 내식, 내산화성을 높이는 금속침투방법의 종류에 해당되지 않는 것은?

㉮ 실리코나이징법 ㉯ 세다나이징법
㉰ 칼로라이징법 ㉱ 이코노나이징법

[해설] 실리코나이징법(Si침투)
세다나이징법(Zn침투)
칼로라이징법(Al침투)
크로마이징법(Cr침투) 등이 있다.

58. 가스에 의한 고온부식의 원인을 나타내었다. 관계가 적은 것은?

㉮ 산화작용 ㉯ 황화작용

㉰ 질화작용 ㉱ 크리프 현상

[해설] 가스에 의한 고온부식의 종류
① 산화 : 산소 및 탄산가스
② 황화 : 황화수소(H_2S)
③ 질화 : 암모니아(NH_3)
④ 침탄 및 카르보닐화 : 일산화탄소(CO)
⑤ 바나듐 어택 : 오산화 바나듐(V_2C_5)
⑥ 탈탄 작용 : 수소가스

59. 다음은 고압가스와 금속 및 금속 반응 물질이다. 옳지 않은 것은?

㉮ 수소-강-탈탄작용

㉯ 일산화탄소-니켈-카르보닐

㉰ 암모니아-동-부식작용

㉱ 아세틸렌가스-강-메탄 발생

[해설] ㉱항 : 아세틸렌-동-동아세틸라이드

60. 수분이 존재할 때에 강재에 부식을 일으키는 가스가 아닌 것은?

㉮ 염소 ㉯ 암모니아

㉰ 탄산가스 ㉱ 이산화황

[해설] 암모니아
① 물에 약 800배 용해(흡수제)
② 동 및 동합금 침식작용(부식)

61. 고온 고압에서 일산화탄소를 사용하는 장치에는 강재를 사용할 수 없다. 이유는 무엇 때문인가?

㉮ 철족의 금속과 반응하여 금속 카르보닐을 만든다.

㉯ 탈탄을 일으킨다.

㉰ 일산화탄소가 분해하여 폭발한다.

㉱ 부식을 일으킨다.

[해설] 철족의 금속과 반응하여 금속 카르보닐을 생성, 침식하기 때문이다.
$Fe+5CO → Fe(CO)_5$
(미분상의 니켈과는 100℃ 이상에서 니켈카르보닐을 만든다.)
$Ni+4CO → Ni(CO)_4$

62. 다음 원소 중 고온부식의 원인물질은?

㉮ C ㉯ S

㉰ H_2 ㉱ V

[해설] 저온부식 : S(황), 고온부식 : V(바나듐)

63. 다음 중 전기방식법의 종류가 아닌 것은?

㉮ 유전양극법 ㉯ 외부전원법

㉰ 선택배류법 ㉱ 인히비터법

[해설] 전기방식법의 종류
① 유전양극법 ② 외부전원법
③ 선택배류법 ④ 강제배류법

64. 전기방식 중 희생양극법의 특징으로 틀린 것은?

㉮ 과방식의 염려가 없다.

㉯ 다른 매설금속에 대한 간섭이 거의 없다.

㉰ 간편하다.

㉱ 양극의 소모가 거의 없다.

[해설] 양극의 소모가 거의 없다(외부전원법)
※ 유전양극법(희생양극법)의 특징
① 장점
 ㉮ 시공이 간단하다
 ㉯ 단거리의 파이프라인에는 경제적이다.
 ㉰ 다른 매설금속체에 장해(간섭)가 거의 없다.
 ㉱ 과방식의 염려가 없다.
② 단점
 ㉮ 방식효과의 범위가 좁다.
 ㉯ 장거리의 파이프라인에는 고가이다.
 ㉰ 양극이 소모되기 때문에 일정 시기마다 보충할 필요가 있다.
 ㉱ 전류의 조절이 곤란하다.
 ㉲ 관리점검 개소가 많아진다.
 ㉳ 강한 전식에는 효과가 없다.

58. ㉱ 59. ㉱ 60. ㉯ 61. ㉮ 62. ㉱ 63. ㉱ 64. ㉱ **정답**

65. 다음 보기의 양극금속 중 희생양극법에 주로 사용되는 금속이 아닌 보기는?

㉮ Pt
㉯ Mg
㉰ Zn
㉱ Al

66. 전기방식 중 외부전원법의 전극설치조건으로 적합하지 않은 것은 다음 중 어느 것인가?

㉮ 비저항이 적고 방식전류가 흐를 것
㉯ 교류전원의 인입이 용이할 것
㉰ 다른 매설물로의 간섭을 주지 않을 것
㉱ 전철궤도의 사용이 용이할 것

해설 전철궤도의 사용이 용이한 전기방식
① 선택배류법　　② 강제배류법

67. 전기방식법 중 효과범위가 넓고 전압, 전류의 조정이 쉬우며, 장거리 배관시에는 수가 적어지는 장점이 있고, 초기 투자가 많은 단점이 있는 방법은?

㉮ 전류양극법
㉯ 외부전원법
㉰ 선택배류법
㉱ 강제배류법

해설 외부전원법의 특징
① 효과범위가 넓고 전압전류조정이 쉽다.
② 장거리 배관시에는 전원 장치수를 적게 할 수 있다.
③ 초기 시공비가 많이 든다.

68. 전기방식의 개념 중 방식전위의 내림이 과하여 강의 표면에 수소가스가 발생 강의 조직 속에 확산하여 도복장등이 벗겨지는 현상을 무엇이라 정의하는가?

㉮ 절연
㉯ 접지
㉰ 과방식
㉱ 본딩

69. 다음의 조건을 가지고 유전(희생) 양극법에 의한 마그네슘의 개수를 설계하여라. (단, 완전방식되어 있을 때 전위를 -850mV로, 마그네슘 접지저항은 55Ω으로 간주한다.)

가전극에서 흐른 전류	25mA
가전극방식 전위	-700mV
구조물의 자연전위	-600mV
철과 마그네슘 전위차	0.8V

㉮ 3개
㉯ 4개
㉰ 5개
㉱ 7개

해설 완전방식에 대한 전위 변화 850-600=250mV
전위 변화는 700-600=100mV
$\therefore 25 \times \frac{250}{100} = 62.5$ mA
피복의 저항값 $\frac{250}{62.5} = 4\,\Omega$
마그네슘의 발생전류 $i = \frac{A}{R} = \frac{(0.8)(V)}{(4+55)(\Omega)}$
　　　　$= 0.0135A = 13.599$ mA
$\therefore$ 마그네슘 개수 $= \frac{62.5}{13.559} = 4.6 = 5$개

70. 전기방식시설의 유지관리를 위한 전위측정용 터미널(T/B)에 대한 내용이다.

① 희생양극, 배류법의 경우 몇 m의 간격으로 설치하는가
② 외부전원법에 의한 배관에는 몇 m의 간격으로 설치하는가

㉮ 100, 200
㉯ 200, 300
㉰ 300, 400
㉱ 300, 500

CHAPTER 7 · 고압장치

학습방향 용기, 저장탱크, 반응기 등의 고압장치의 재질 및 제조방법, 사용용도 등을 배우며 각 재료의 기계적 성질을 개선하기 위한 열처리의 종류와 특징을 배운다.

01 고압가스 용기

(1) 용기의 종류

① 무계목 용기

㉮ 화학성분 : 탄소(C)량 0.55% 이하, 인(P)량 0.04% 이하, 황(S)량은 0.05% 이하로써 구성

㉯ 제조법 : 만네스만식, 에르하르트식, 딥드로우잉식

㉰ 무계목 용기의 장점

㉠ 이음매가 없으므로 고압에 잘 견딜 수 있다.

㉡ 내압에 의한 응력분포가 균일하다.

② 계목용기(용접용기)

㉮ 재료 : 탄소강을 주로 사용

㉯ 화학성분 : 탄소(C)량 0.33% 이하, 인(P)량 0.04% 이하, 황(S)량 0.05% 이하의 것을 사용

㉰ 제조법

㉠ 심교용기(원주방향 이음용기) : 강판을 컵형으로 2개를 만들어 주위를 용접한 용기로 10kg의 LPG, 아세틸렌 등의 보통용기

㉡ 종계용기(길이방향 이음용기) : 강판을 롤러에 감아 동판부를 만들고 양단의 경판을 용접하여 만든 용기로 대형의 탱크, 탱크로리, 탱크카 등의 제작에 사용

㉱ 계목용기의 장점

㉠ 저렴한 강판을 사용하므로 경제적이다.

㉡ 재료가 판재이므로 용기의 형태 및 치수가 자유로이 선택된다.

㉢ 두께 공차가 적다.

POINT

• C, P, S 비

용기 종류	C	P	S
무계목	0.55% 이하	0.04% 이하	0.05% 이하
계목	0.33% 이하		

• 용기의 제조법
① 무계목용기 : 만네스만식, 에르하르트식, 딥드로우잉식
② 계목용기 : 심교용기, 종계용기

※ 용접용기(초저온용기포함)

용기의 최대 두께와 최소 두께의 차이는 평균 두께의 10% 이하로 규정되어 있다.

※ 이음매없는 용기

최대두께와 최소두께의 차이는 평균두께의 20% 이하

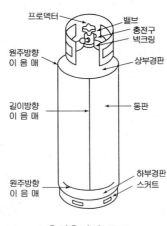

용접용기의 구조

(2) 고압가스 용기의 구비조건

① 가볍고 충분한 강도를 가질 것

② 저온 및 사용온도에 견디는 연성, 점성 강도를 가질 것

③ 내식성 및 내마모성을 가질 것

④ 가공성, 용접성이 좋고 가공 중 결함이 생기지 않을 것

(3) 용기의 재료

① 탄소강 : 염소 및 암모니아 등의 저압 이음매 없는 용기

② 망간강 : 산소, 수소, 탄산가스 등 고압 이음매 없는 용기

③ 알루미늄합금 : 산소, 질소, 탄산가스, 프로판의 저온가스 용기

④ 오스테나이트계 스테인리스강(Cr 18%-Ni 8%인 STS) : 초저온 가스의 용기

02 저장탱크

(1) 구형 저장탱크

① **구형탱크의 부속품** : 상하 맨홀, 유체의 출입구, 안전밸브, 압력계, 온도계 등이 있다.

② **구형탱크의 장점**

㉮ 건설비가 싸고 표면적이 가장 적으며 강도가 높다.

㉯ 기초 구조가 간단하며 공사가 쉽다.

㉰ 모양이 아름답다.

• 구형탱크의 내용적
$$V = \frac{\pi D^3}{6} [\text{m}^3]$$

(2) 구면 지붕형(돔 루프 : dome roof) 저장탱크

산소, 질소 또는 LPG나 LNG와 같은 액화가스를 대량으로 저장하기 위한 탱크로서 탱크가 저온이므로 지반면의 동결방지, 탱크의 동파·부상 등을 방지할 수 있는 구조로 되어야 한다.

① **단각식 구면 지붕형 저조** : 암모니아, LPG 등 비교적 액화하기 쉬운 액화가스의 탱크로 사용된다.

② **2중 각식** : 산소, 질소, LNG 등 특히 저온을 필요로 하는 것의 탱크로 사용된다.

※ 저온장치의 재료 : 9%의 니켈강, 18-8스테인리스강, 알루미늄합금강, 동 및 동합금등

• 돔 루프형 탱크
비점이 낮은 액화가스를 대량으로 저장하기 위한 탱크

• 비점이 낮은 가스
LNG(-162℃), 산소(-183℃), 질소(-196℃)

03 고압가스 반응기

고압가스 반응기는 비교적 소형일 경우에는 합성관, 촉매 사용시는 촉매관이라 하고 대형일 경우에는 합성탑, 합성로, 전화로라고 한다.

(1) 암모니아 합성탑

내압 용기에 촉매를 유지하고 반응과 열교환을 행하기 위한 내부 구조물로 형성되어 있으며, 촉매로는 보통 산화철에 Al_2O_3 및 K_2O를 첨가한 것이나, CaO 또는 NgO 등을 첨가한 것도 사용된다. 촉매는 5~15mm 정도의 입도를 갖는 파쇄체형상 그대로 촉매관에 충전된다.

① 고압합성(60~100MPa) : 클로드법, 캬자레법
② 중압합성(30MPa 전후) : IG법, 신파우서법, 뉴파우더법, 뉴우데법, 케미크법, JCI법, 동공시법
③ 저압합성(15MPa 전후) : 구우데법, 켈로그법

POINT

• NH_3 합성법
① 고압합성 : 60~100MPa
② 중압합성 : 30MPa 전후
③ 저압합성 : 15MP 전후

(2) 메탄올 합성탑

① 메탄올의 촉매 : 아연-크롬계 촉매(Zn-Cr계), 구리-아연계 촉매(CuO-ZnO 계), 아연-크롬-구리계의 촉매(Zn-Cr-Cu계)
② 합성온도 : 300~350℃
③ 압력 : 150~300atm에서 CO와 H_2로 직접 합성

(3) 석유화학장치

석유화학장치는 여러 가지의 단위 기기가 조합되어 있으나 이를 크게 나누면 반응장치, 전열장치, 분리장치, 저장 및 수송 기기가 있으나 이중 반응장치가 가장 중요하다.

① 반응장치
㉠ 탱크식(조식) 반응기 : 아크릴클로라이드의 합성, 디클로로에탄의 합성
㉡ 탑식 반응기 : 에틸벤젠의 제조, 벤졸의 염소화
㉢ 관식 반응기 : 에틸렌의 제조, 염화비닐의 제조
㉣ 내부연소식 반응기 : 아세틸렌의 제조, 합성용 가스의 제조
㉤ 축열식 반응기 : 아세틸렌의 제조, 합성용 가스의 제조
㉥ 고정촉매 사용기체상 촉매반응기 : 석유의 접촉개질, 에틸알코올의 제조
㉦ 유동층식 접촉반응기 : 석유개질
㉧ 이동상식 접촉반응기 : 에틸렌의 제조

② 전열장치 및 분리장치

혼합물의 분리를 위하여 정밀증류, 흡착장치, 초저온 분리장치 등 특수한 것이 많이 있으며 간접적으로 온도를 조절하기 위해서는 열 매체유, HTS(Heat transfer salt), 수은 등이 사용된다.

③ 나프타(Naphtha) 접촉 개질 장치

접촉 개질법에 사용되는 촉매는 백금–알루미나계와 금속산화물–알루미나계의 2종류 로 나누는데 보통 백금–알루미나계가 사용되며 촉매의 크기는 1.6~5mm 정도이고, 온도 450~530℃, 압력 1.5~3.5MPa의 범위에서 운전된다.

　㉮ 나프텐의 탈수소반응
　㉯ 파라핀의 환화(環化) 탈수소반응
　㉰ 파라핀·나프텐의 이성화반응
　㉱ 각종 탄화수소의 수소화 분해반응
　㉲ 불순물의 수소화 정제반응

(4) 오토클레이브(Autoclave)

액체를 가열하면 온도의 상승과 함께 증기압도 상승한다. 이 때 액상을 유지하며 어떤 반응을 일으킬 때 필요한 일종의 고압 반응가마를 말한다.

※ 종 류

- 교반형 : 전자코일을 이용하거나 모터에 연결 베인을 회전하는 형식
- 진탕형 : 수평이나 전후운동을 함으로써 내용물을 교반시키는 형식
- 회전형 : 오토클레이브 자체를 회전시키는 형식
- 가스교반형 : 가늘고 긴 수직형 반응기로서 유체가 순환되어 교반되는 형식으로 화학공장 등에서 이용

• 오토클레이브의 종류
고온고압하에서 화학적인 합성이나 반응을 하기 위한 고압 반응 가마솥
① 교반형
② 진탕형
③ 회전형
④ 가스교반형

01 고압가스 용기의 재료로 사용되는 강의 성분 중 탄소, 인, 유황의 함유량이 제한되고 있다. 그 이유로서 다음 중 옳은 번호로만 나열된 것은?

> ① 탄소의 양이 많아지면 수소 취성을 일으킨다.
> ② 인의 양이 많아지면 연신율이 증가하고, 고온 취성을 일으킨다.
> ③ 유황은 적열 취성의 원인이 된다.
> ④ 탄소량이 증가하면 인장 강도 및 충격치가 증가한다.

㉮ ①, ②   ㉯ ②, ③
㉰ ③, ④   ㉱ ①, ③

02 LPG 저장용기에 대한 설명으로 틀린 것은?

㉮ 용기의 색은 회색을 사용한다.
㉯ 안전밸브는 스프링식을 주로 사용한다.
㉰ 용기의 재질은 탄소강을 주로 사용한다.
㉱ 내압시험 압력은 사용압력 이상으로 한다.

03 이음매 없는 용기의 제조법 중 이음새 없는 강관을 사용하는 방식은?

㉮ 웰딩식   ㉯ 딥드로잉식
㉰ 에르하르트식   ㉱ 만네스만식

04 고압장치에 사용되는 밸브의 특징에 대한 설명 중 틀린 것은?

㉮ 단조품보다 주조품을 깎아서 만든다.
㉯ 기밀유지를 위해 스핀들에 패킹이 사용된다.
㉰ 밸브 시트는 교체할 수 있도록 되어 있는 것이 대부분이다.
㉱ 밸브 시트는 내식성과 강도가 높은 재료를 많이 사용한다.

해 설

[해설] **03**
이음매 없는 용기 제조방법
① 만네스만식 : 이음매 없는 강관을 재료로 사용
② 에르하르트식 : 사각 강편을 재료로 사용
③ 딥드로잉식 : 강판을 재료로 사용

[해설] **04**
단조품을 절삭하여 만든다.

정답
01. ㉱   02. ㉱   03. ㉱
04. ㉮

05 다음 그림에 표시한 LPG 가스 저장탱크의 드레인 밸브(drain valve) 조작 순서로서 가장 옳은 것은? (단, A와 C 밸브는 조작 전에 닫혀 있다.)

> ① C를 단속적으로 열고 드레인을 배출한다.
> ② A를 닫는다.
> ③ C를 닫는다.
> ④ A를 열고 B로 드레인을 유입한다.

㉮ ① → ④ → ③ → ②
㉯ ④ → ① → ③ → ②
㉰ ④ → ① → ② → ③
㉱ ④ → ② → ① → ③

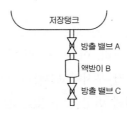

저장탱크
방출 밸브 A
액받이 B
방출 밸브 C

06 LNG 저장탱크에서 사용되는 잠액식 펌프의 윤활 및 냉각을 위해 주로 사용되는 것은?

㉮ 물
㉯ 그리스
㉰ LNG
㉱ 황산

07 내용적이 48m³인 LPG저장탱크에 부탄 18톤을 충전한다면 저장탱크 내의 액체 부탄의 용적은 상용의 온도에서 저장탱크 내용적의 약 몇%가 되겠는가? (단, 저장탱크의 상용온도에 있어서의 액체 부탄의 비중은 0.55로 한다.)

㉮ 68
㉯ 77
㉰ 86
㉱ 90

08 다음 제품을 공업적으로 제조할 때 반응압력이 가장 높은 것은?

㉮ 암모니아
㉯ 저농도 폴리에틸렌
㉰ 이산화탄소(드라이아이스)
㉱ 메탄올

09 안쪽 반지름 55cm, 바깥 반지름 90cm인 구형 고압 반응 용기(λ=41.87W/m·℃), 내외의 표면온도가 각각 551K, 543K일 때 열손실은 약 몇 kW인가?

㉮ 6
㉯ 11
㉰ 18
㉱ 20

04 금속재료

POINT

(1) 금속의 성질

① 인성 : 외력에 저항하는 성질 즉 끈기가 있고 질긴 성질을 말한다.

② 연성 : 늘어나는 성질로 그 순서는 금, 은, 알루미늄, 구리, 백금, 납, 아연, 철, 니켈 순이다.

③ 전성 : 타격, 압연작업에 의하여 얇은 판으로 넓게 펴질 수 있는 성질로서 금, 은, 백금, 알루미늄, 철, 니켈, 구리, 아연 순이다.

④ 취성 : 인성의 반대되는 성질로서 잘 부서지고 깨지는 성질이다.

⑤ 가단성 : 단조, 압연, 인발 등에 의해 변형할 수 있는 성질이다.

⑥ 가주성 : 가열했을 때 유동성을 증가시켜 주물로 할 수 있는 성질이다.

⑦ 강도 : 외력에 대해서 재료단면에 작용하는 최대 저항력을 말하며(kgf/cm^2)로 나타낸다.

⑧ 경도 : 재료의 단단한 정도를 나타내는 것으로 내마멸성을 알 수 있다.

⑨ 피로 : 재료에 인장과 압축하중을 연속적으로 반복하여 작용시켰을 대 파괴되는 현상

⑩ 크리프 : 재료가 어느 온도(보통 350℃) 이상에서 일정한 응력이 작용할 때 시간이 경과함에 따라 변형이 증대되고 때로는 파괴되는 현상을 말한다.

• 금속의 성질
① 인성 : 질긴 성질
② 연성 : 늘어나는 성질
③ 전성 : 퍼지는 성질
④ 취성 : 깨지는 성질
⑤ 강도 : $\dfrac{하중}{단면적}$

■ 특수강에 원소가 미치는 영향

원 소	특 징
Ni	인성증가, 저온에서 충격 저항증가
Cr	내마모성, 내식성, 내열성, 담금질증가
Mn	점성이 크고, 고온가공을 쉽게 한다. 고온도 에서 결정이 거칠어지는 것을 막는다. 강도·경도, 인성이 증가한다. 연성이 약간 감소된다.
Mo	뜨임취성방지, 고온에서의 인장강도증가, 탄화물을 만들고 경도증가
W	고온에서 인장강도, 경도 증가
S	절삭성이 좋아진다. 인장강도, 연신율, 충격치 등을 매우 저하시킨다. 적열취성의 원인이 된다.
Cu	대기 중 내산화성의 증가
Si	자기 특성, 내열성 증가
V, Ti, Zn	결정입도의 조절

(2) 동 및 동합금

① 동(Cu) : 동은 연하고 전성 및 연성이 풍부하고 가공성이 우수하며 내식성도 좋으므로 고압장치의 재료로서 널리 사용되고 있으나 암모니아 및 아세틸렌의 가스에는 침식 및 폭발의 위험성이 있으므로 사용상 주의를 요한다.

② 동합금
　㉮ 황동 : 동과 아연의 합금이며 놋쇠라고도 불리 우고 내식성은 동보다 우수하나 비교적 높은 온도에서 항상 해수에 접촉하는 경우에는 침식되기 쉬우며 고압장치의 밸브나, 콕크, 계기류 등에 널리 사용된다.
　㉯ 청동 : 동에 주석을 합금한 것으로 강도가 크고 내마멸성, 주조성이 우수하며 주석의 함유량이 13% 이상의 청동은 내식성, 내마모성이 커서 축수재료 및 베어링 재료로 사용된다.

(3) 알루미늄과 그 합금

① 알루미늄(Al) : 비중이 적은 경금속으로 유동성이 불량하고 수축률이 좋으므로 주조하기가 어려운 관계로 일반적으로 구리 및 아연 등을 합금하여 사용한다.

② 알루미늄합금 : 알루미늄에 여러 가지 금속을 합금시켜 기계적 성질 및 경도를 증가시켜 주고 있으며 가볍고 단단하여 실린더 헤드, 크랭크 케이스, 피스톤 등의 압축기 재료로서 많이 사용된다.

(4) 고온, 고압장치와 저온장치의 금속재료 구비조건

① 고온, 고압장치의 조건
　㉮ 조직의 균일화로 점성강도가 클 것
　㉯ 고온강도 및 점성강도가 클 것
　㉰ 크리프 강도가 클 것
　㉱ 장시간 가열해도 조직이 안정하고 내구성이 클 것

② 저온장치의 조건
　㉮ 저온에서도 기계적 성질이 우수할 것
　㉯ 내식성이 클 것
　㉰ 저온에서도 취성이 없을 것

POINT

• 동 및 동합금 사용 금지 가스
C_2H_2, NH_3, H_2S
(단, 동함유량이 62% 미만의 동합금은 사용가능)

• 동합금
① 황동 : 구리+아연
② 청동 : 구리+주석

• 알루미늄
유동성이 불량하고 수축률이 좋다.

05 열처리

(1) 풀림(소둔) (annealing)

금속을 가열하고 이를 노중에서 서서히 냉각시키는 것으로 잔류응력제거 또는 냉간가공을 용이 하게 한다.

(2) 담금질(소입) (quenching)

강의 경도나 강도를 증가시키기 위해 적당히 가열 후 급랭시킨다.

(3) 뜨임(소려) (tempering)

담금질 된 금속은 강도가 증가된 반면 취성이 있으므로 인성을 증가시키기 위해 담금질 온도보다 조금 낮게 가열한 후 공기 중에서 서냉 시킨다.

(4) 불림(소준) (normalizing)

소성가공 등으로 거칠어진 조직을 정상상태로 하거나 조직을 미세화하기 위한 것으로 가열 후 공랭하면 연신율이 증가된다.

06 응력(stress)

재료에 하중이 작용하였을 때 하중과 같은 크기의 반대방향으로 저항력이 발생하고, 하중의 크기에 따라 같이 변형하는데 이 저항력을 내력(內力)이라 하며, 단위 면적당의 내력의 크기를 응력이라 한다.

$$응력 = \frac{하중}{단면적}$$

① 인장 응력 : $\sigma_1 = \dfrac{W_1}{A}$ (N/m²)

W_1 : 인장하중(N)

② 압축 응력 : $\sigma_2 = \dfrac{W_2}{A}$ (N/m²)

W_2 : 압축하중(N)

③ 전단 응력 : $\tau = \dfrac{W_3}{A}$ (N/m²)

W_3 : 전단하중(N)
A : 재료 단면적(m²)

POINT

• 안전율 = $\dfrac{\text{인장응력}}{\text{허용응력}}$

07 변형률(strain)

물체에 하중이 작용하면 그 내부에는 응력이 발생함과 동시에 변형을 일으킨다. 이 변형량을 본래의 길이로 나눈, 즉 본래의 크기에 대한 단위 길이당의 변형량을 변형률 또는 변형도라 한다.

(1) 연신율

$$\frac{\text{변형량}}{\text{본래의 크기(길이)}} = \frac{l_0 - l}{l} = \frac{\lambda}{l}$$

l : 재료의 원래 길이(cm)
l_o : 재료의 늘어난 길이(cm)
λ : 변형된 길이(cm)

(2) 단면 감소율(단면 수축률)

$$\text{단면 수축률} = \frac{A_1 - A_2}{A_1} = \frac{d_1^2 - d_2^2}{d_1^2}$$

A_1, d_1 : 재료의 원래 단면적과 지름
A_2, d_2 : 재료의 수축된 지름

• 가공도

$= \dfrac{A_2}{A_1} \times 100(\%)$

$= \dfrac{d_2^2}{d_1^2} \times 100(\%)$

(3) 응력과 변형률과의 관계

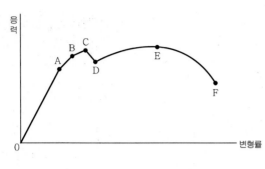

A: 비례한도
B: 탄성한도
C: 상항복점
D: 하항복점
E: 최대인장강도
F: 파괴점

응력과 변형률

POINT

• 각 지점의 명칭을 암기할 것

01 고온(高溫)에서의 강(鋼)의 내산화성(耐酸化性)을 증대시키는 원소가 아닌 것은?

㉮ 황 ㉯ 알루미늄

㉰ 크롬 ㉱ 규소

02 저온장치용 금속재료에 있어서 일반적으로 온도가 낮을수록 감소하는 기계적 성질은?

㉮ 항복점 ㉯ 충격값

㉰ 인장강도 ㉱ 경도

03 금속 재료에 관한 일반적인 설명으로 옳지 않은 것은?

㉮ 황동은 구리와 아연의 합금이다.

㉯ 저온뜨임의 주목적은 내부응력 제거이다.

㉰ 탄소함유량이 0.3% 이하인 강을 지탄소강이라 한다.

㉱ 청동은 내식성은 좋으나 강도가 약한다.

04 고압가스설비의 배관재료로서 내압부분에 사용해서는 안 되는 재료의 탄소 함량의 기준은?

㉮ 0.35% 이상 ㉯ 0.35% 미만

㉰ 0.5% 이상 ㉱ 0.5% 미만

05 스테인리스강을 조직학적으로 구분하였을 때 이에 속하지 않는 것은?

㉮ 오스테나이트계 ㉯ 보크사이트계

㉰ 페라이트계 ㉱ 마텐자이트계

해 설

해설 **03**
청동(bronze)
Cu와 Sn의 합금으로 주조성, 내마모성이우수하고 강도가 크다.

해설 **04**
탄소함유량이 0.35% 이상의 탄소강재 및 저합 금강 강재로서 용접구조에 사용되는 재료는 사용제한이 있다.

해설 **05**
스테인리스강의 조직
① 오스테나이트계
② 페라이트계
③ 마텐자이트계

정답
01. ㉮ 02. ㉯ 03. ㉱
04. ㉮ 05. ㉯

06 결정 조직이 거칠은 것을 미세화하여 조직을 균일하게 하고 조직의 변형을 제거하기 위하여 균일하게 가열한 후 공기 중에서 냉각하는 열처리 방법은?

㉮ 퀜칭
㉯ 노멀라이징
㉰ 어닐링
㉱ 템퍼링

07 탄소의 함유량이 일정량(0.9%까지)까지 증가함에 따라 탄소강의 성질에 미치는 요인을 가장 잘 설명한 것은?

㉮ 인장강도, 경도 및 신율이 모두 증가한다.
㉯ 인장강도, 경도, 신율이 모두 감소한다.
㉰ 인장강도와 신율은 증가하되 경도는 감소한다.
㉱ 인장강도와 경도는 증가하되 신율은 감소한다.

08 "응력(stress)과 스트레인(strain)은 변형이 적은 범위에서는 비례관계에 있다." 는 법칙은?

㉮ Euler의 법칙
㉯ Wein의 법칙
㉰ Hooke의 법칙
㉱ Triuton의 법칙

09 재료의 허용응력(σ_a) 재료의 기준강도(σ_e) 및 안전율(S)의 관계를 옳게 나타낸 식은?

㉮ $\sigma_a = \dfrac{S}{\sigma_e}$

㉯ $\sigma_a = \dfrac{\sigma_e}{S}$

㉰ $\sigma_a = 1 - \dfrac{S}{\sigma_e}$

㉱ $\sigma_a = 1 - \dfrac{\sigma_e}{S}$

해 설

해설 06
열처리의 종류 및 목적
① 담금질(quenching) : 강도, 경도 증가
② 불림(normalizing) : 결정조직 미세화
③ 풀림(annealing) : 내부응력 제거, 조직의 연화
④ 뜨임(tempering) : 연성, 인장강도 부여, 내부응력 제거

해설 07
탄소함유량이 증가하면 인장강도, 경도, 비열, 항복점은 증가하고 연신율과 충격값은 감소한다.

해설 08
Hooke의 법칙
응력(stress)과 스트레인(strain)은 변형이 적은 범위에서는 비례관계에 있다.

06. ㉯ 07. ㉱ 08. ㉰
09. ㉯

정답

기출문제 및 예상문제

01. 다음 중 용기 재료의 구비조건이 아닌 것은?

㉮ 중량이고 충분한 강도를 가질 것

㉯ 저온, 사용온도에 견디는 연성·점성강도를 가질 것

㉰ 내식성, 내마모성을 가질 것

㉱ 가공성, 용접성이 좋을 것

[해설] 경량이고 충분한 강도를 가질 것

02. 이음매 없는(seamless) 용기에 대한 설명으로 잘못된 것은?

㉮ 초저온 용기의 재료에는 주로 탄소강이 사용된다.

㉯ 고압에 견디기 쉬운 구조이다.

㉰ 내압에 대한 응력 분포가 균일하다.

㉱ 제조법에는 만네스만식이 대표적이다.

[해설] ① 이음매 없는 용기의 재료
　㉮ 고압용기 : 망간강, 크롬강
　㉯ 저압용기 : 탄소강
② 제조방법
　㉮ 만네스만식
　㉯ 에르하르트식
　㉰ 딥드로잉식
③ 장점
　㉮ 고압에 견디기 쉬운 구조이다.
　㉯ 내압에 대한 응력 분포가 균일하다.
④ 초저온 용기는 용접용기이고 재질은 18-8 스테인리스강을 주로 사용

03. 다음 중 용접용기의 장점이 아닌 것은?

㉮ 고압에 견딜 수 있다.

㉯ 경제적이다.

㉰ 두께 공차가 적다.

㉱ 모양, 치수가 자유롭다.

[해설] ① 용접용기의 장점
　㉮ 저렴한 강판을 사용하므로 경제적이다.
　㉯ 용기의 형태, 모양, 치수가 자유롭다.
　㉰ 두께 공차가 적다.
② 무이음용기의 장점
　㉮ 응력분포가 균일하다.
　㉯ 고압에 견딜 수 있다.

04. 다음 용접용기의 제조방법으로 옳은 것은?

㉮ 만네스만식　　㉯ 에르하르트식

㉰ 딥드로잉식　　㉱ 심교용기

[해설] 용접용기의 제조방법
① 심교용기 : 원주방향 이음용기
② 종계용기 : 길이방향 이음용기

05. 압력용기란 함은 설계압력 kgf/cm^{2}과 내용적 m^{3}을 곱한 수치가 얼마인 용기를 말하는가?

㉮ 0.04 초과　　㉯ 0.05 초과

㉰ 0.4 초과　　㉱ 0.5 초과

[해설] 압력용기
설계압력 kgf/cm^{2}과 내용적 m^{3}을 곱한 수치가 0.04 초과한 용기

06. 용기의 제조공정에서 쇼트브라스팅을 실시하는 목적은 다음 중 어느 것인가?

㉮ 방청도장 전 용기에 존재하는 녹이나 이물질을 제거하기 위하여

㉯ 용기의 강도를 증가시키기 위하여

㉰ 용기에 존재하는 잔류응력을 제거하기 위하여

㉱ 용기의 폭발을 방지하기 위하여

[해설] 쇼트브라스팅
용기에 존재하는 녹이나 이물질을 제거하여 방청도장이 용이하도록 하기 위하여

01. ㉮　02. ㉮　03. ㉮　04. ㉱　05. ㉮　06. ㉮　**정답**

07. 무이음용기의 화학성분이 맞는 것은?

㉮ C : 0.22%, P : 0.04%, S : 0.05% 이하
㉯ C : 0.33%, P : 0.04%, S : 0.05% 이하
㉲ C : 0.55%, P : 0.04%, S : 0.05% 이하
㉥ C : 0.66%, P : 0.04%, S : 0.05% 이하

해설

항목 용기구분	C	P	S
용접용기	0.33% 이하	0.04% 이하	0.05% 이하
무이음용기	0.55% 이하	0.04% 이하	0.05% 이하

08. 다음은 용기의 재료에 대한 설명이다. 이중 맞지 않은 것은?

㉮ 18-8 스테인리스강은 저온 취성을 발생하지 않으므로 저온 재료에 적당하다.
㉯ 황화수소에는 동 합금을 사용할 수 있다.
㉲ 일산화탄소에 의한 금속 카르보닐화 억제를 위해 그 장치를 동 또는 알루미늄으로 내장한다.
㉥ 수분이 함유된 산소를 용기에 충전할 때에는 용기의 부식방지를 위하여 산소가스중의 수분을 제거한다.

해설 ① 황화수소(H_2S)는 공기 중에서 동(Cu)과 반응하여 황화합물이 생성되므로 부적합하다.
$4Cu + 2H_2S + O_2 \rightarrow 2Cu_2S + 2H_2O$
② 동 및 동합금 사용 금지 가스 : 아세틸렌, 암모니아, 황화수소

09. 고압가스 용기의 재료에 사용되는 강의 성분 중 탄소, 인, 황의 함유량은 제한되어 있다. 그 이유로서 옳은 것은?

㉮ 황은 적열취성의 원인이 된다.
㉯ 탄소량이 증가하면 인장강도는 감소하나 충격치는 내려간다.
㉲ 탄소량이 많으면 인장강도는 감소하고 충격치는 증가한다.

㉥ 인(P)은 될수록 많은 것이 좋다.

해설 탄소강의 불순물에 의한 영향
① 황(S) : 적열취성의 원인
② 탄소(C) : 인장강도는 증가하고 충격값은 감소
③ 인(P) : 인장강도 증가, 연신율 감소, 상온취성 및 저온취성의 원인

10. 고압가스 저장용기의 재료로서 부적당한 것은 어느 것인가?

㉮ 액체산소-알루미늄
㉯ 수분이 없는 액화염소-보통강
㉲ 암모니아-동
㉥ 상온·고압의 수소-보통강

해설 암모니아(NH_3) : 철합금, 18-8 스테인리스강 적당

11. 다음 중 고압가스의 보관용기로서 가장 부적당한 것은?

㉮ 구(述)형   ㉯ 원통형
㉲ 타원형   ㉥ 삼각형

해설 고압가스 저장용기 : 구형, 원통형, 타원형

12. LPG 용기에 대한 설명 중 잘못된 것은?

㉮ Tp(3MPa)   ㉯ 안전밸브(가용전식)
㉲ 용접용기   ㉥ 충전구(왼나사)

해설 LPG 용기 안전밸브 : 스프링식

13. 고압가스 용기로서 이음매 없는 용기는?

㉮ LPG 탱크로리와 유조차(R.T.C)
㉯ 액체 염소 900kg 용기
㉲ 부탄 아세틸렌 용기
㉥ 탄산가스 및 아르곤 용기

해설 비점이 낮은 압축가스(Ar, O_2, H_2 등)나 증기압이 높은 탄산가스(액화가스)

정답 07. ㉲ 08. ㉯ 09. ㉮ 10. ㉲ 11. ㉥ 12. ㉯ 13. ㉥

14. 용기에 충전된 액화석유가스의 압력에 대한 설명 중 옳은 것은?

㉮ 가스량이 반이 되면 압력도 반이 된다.

㉯ 온도가 높아지면 압력도 높아진다.

㉲ 압력은 온도에 관계없이 가스 충전량에 비례한다.

㉰ 압력은 규정량을 충전했을 때 가장 높다.

[해설] 용해도이 법칙에 의해 온도가 상승하면 용해도가 적어지므로 압력은 상승하며, 압력은 부피와 온도에만 관계하고 무게와는 관계없다.

15. 초저온 용기에 대한 설명으로 옳은 것은?

㉮ 단열제로 피복하여 용기내의 가스온도가 상용의 온도를 초과하도록 조치할 것

㉯ 저온 용기와 동일한 용기

㉲ 고온 용기와 동일한 용기

㉰ 임계온도가 영하 50℃ 이하인 액화가스를 충전하기 위한 용기

[해설] 초저온 용기의 재질 : 오스테나이트계 스테인리스강

16. 초저온 용기의 기밀시험압력은 얼마인가?

㉮ 최고충전압력의 2배

㉯ 최고충전압력의 1.2배

㉲ 최고충전압력의 1.5배

㉰ 최고충전압력의 1.1배

[해설] 초저온·저온 용기

① 내압시험압력(Tp) : 최고충전압력(FP) $\times \frac{5}{3}$ 배

② 기밀시험압력(Ap) : FP×1.1배

17. 큰 고압용기나 탱크 및 라인(line) 등의 퍼지(purge)용으로 쓰이는 기체는?

㉮ 질소 또는 산소

㉯ 산소 또는 수소

㉲ 탄산가스 또는 산화질소

㉰ 질소 또는 탄산가스

[해설] 고압용기의 탱크나 라인의 purge용
질소, 탄산가스 등 불연성가스

18. 초저온 용기 단열성능 시험에 있어서 시험용으로 쓰이는 저온액화가스가 아닌 것은?

㉮ 액화산소   ㉯ 액화질소

㉲ 액화아르곤   ㉰ 액화에틸렌

[해설] 단열 성능시험의 시험용 가스
L-O₂(-183℃), L-N₂(-196℃), L-Ar(-186℃)

19. 다음 중 수조식 내압시험장치의 특징이 아닌 것은?

㉮ 대형 용기에서 행한다.

㉯ 팽창이 정확하게 측정된다.

㉲ 신뢰성이 크다.

㉰ 용기를 수조에 넣고 수압으로 가압한다.

[해설] ① 수조식 : 소형용기
② 비수조식 : 대형용기

20. 내용적 40ℓ 용기에 3MPa 수압을 가하였다. 이때 40.5ℓ가 되었고, 수압을 제거했을 때 40.025ℓ가 되었다. 이때 항구증가율은 몇%인가?

㉮ 5%   ㉯ 3%

㉲ 0.3%   ㉰ 0.5%

[해설] 항구증가율 = $\dfrac{항구증가량}{전증가량} \times 100\%$

$= \dfrac{40.025-40}{40.5-40} = \times 100\% = 5\%$

21. 액체산소탱크에 20℃ 산소가 200kg이 있다. 이 용기 내용적이 100ℓ일 때 10시간 방치시 산소가 100kg 남아 있었다. 이 탱크가 단열성능시험에 합격할 수 있는지 계산으로 판별하시오. (단, 증발잠열은 51kcal/kg이며, 산소의 비점은 −183℃이다.)

㉮ 0.05kcal/hr℃ℓ (합격)

㉯ 0.025kcal/hr℃ℓ (불합격)

㉰ 0.02kcal/hr℃ℓ (합격)

㉱ 0.005kcal/hr℃ℓ (불합격)

해설 $Q = \dfrac{W \cdot q}{H \cdot \Delta t \cdot V}$

$= \dfrac{100kg \times 51kcal/kg}{10 \times (20 + 183) \times 100} = 0.025kcal/hr℃ℓ$

0.0005kcal/hr℃ℓ 초과하므로 불합격

22. 고압용기 뚜껑의 구조는 사용목적에 따라 여러 가지형의 것이 이용된다. 다음 중 분해 가능한 뚜껑의 형식이 아닌 것은?

㉮ 플랜지식   ㉯ 스크류식

㉰ 자긴식   ㉱ 조인트식

23. 용기밸브를 구조에 따라 분류한 것이 아닌 것은?

㉮ O링식   ㉯ 다이어프램식

㉰ △링식   ㉱ 패킹식

해설 ㉮, ㉯, ㉱항 이외에 백 시트식이 있다.

24. 다음 중 가스충전구 형식이 암나사인 것은?

㉮ A형   ㉯ B형

㉰ C형   ㉱ D형

해설

충전구형식	충전구나사
A형	수 나사
B형	암 나사
C형	나사가 없는 형식

25. 가스충전구의 나사방향이 왼나사이어야 하는 것은?

㉮ 암모니아   ㉯ 브롬화메틸

㉰ 산소   ㉱ 아세틸렌

해설 충전구의 나사방향에 의한 분류
① 왼나사 : 가연성 가스(암모니아(NH_3)와 브롬화메탄(CH_3Br)은 제외)
② 오른나사 : 조연성 가스 및 불연성가스, 암모니아, 브롬화메틸

26. 다음 중 구형 탱크의 특징에 해당되지 않는 것은?

㉮ 건설비가 저렴하다.

㉯ 표면적이 크다.

㉰ 강도가 높다.

㉱ 모양이 아름답다.

해설 구형 탱크의 특징
① 모양이 아름답다.
② 동일 용량의 가스 액체를 저장시 표면적이 작고 강도가 높다.
③ 누설이 방지된다.
④ 건설비가 싸다.
⑤ 구조가 단순하고 공사가 용이하다.

27. 고압가스 저장탱크에 설치되는 계기가 아닌 것은?

㉮ 압력계   ㉯ 액면계

㉰ 안전밸브   ㉱ 역지 밸브

해설 고압가스 저장탱크에 설치되는 계기
압력계, 액면계, 안전밸브, 긴급차단장치

28. 원통형 저장탱크의 부속품에 해당되지 않는 것은?

㉮ 드레인 밸브   ㉯ 유량계

㉰ 액면계   ㉱ 안전밸브

해설 원통형 용기의 부속품
안전밸브, 압력계, 온도계, 액면계, 긴급차단밸브, 드레인 밸브

정답   21. ㉯   22. ㉱   23. ㉰   24. ㉯   25. ㉱   26. ㉯   27. ㉱   28. ㉯

29. 프로판에서 액화천연가스의 극저온의 액을 저장할 때 이용되는 저장 탱크는?

㉮ 원통형 1중 탱크

㉯ 원통형 2중 탱크

㉰ 원통형 시즈펜사 데드대커 탱크

㉱ 원통형 콘크리트 외조 탱크

30. 액화천연가스의 대량 저장에 가장 적합하다고 생각되는 것은?

㉮ 구형 저장탱크

㉯ 원통 횡형 저장탱크

㉰ 원통 수직형 저장탱크

㉱ 구면 지붕형(돔 루프) 저장탱크

해설 구면 지붕형 탱크
산소, 질소 또는 LPG, LNG와 같은 액화가스를 대량으로 저장하기 위한 탱크로서 지반면의 동결방지, 탱크의 동파, 부상 등을 방지할 수 있는 구조로 된 탱크

31. 저온용 금속 재료로서 부적당한 금속은 어느 것인가?

㉮ 18-8 스테인리스강

㉯ 9% 니켈강

㉰ 황동

㉱ 탄소강

해설 저온장치의 재료
9% 니켈강, 18-8 스테인리스강, 알루미늄합금강, 동 및 동합금강

32. 직경 7m의 구형 탱크에 18kg/cm²g로 기밀시험을 할 때 800ℓ/min 압축기를 사용시 기밀시험을 완료하는데 몇 시간이 걸리는가?

㉮ 65hr

㉯ 66hr

㉰ 67.3hr

㉱ 68.5hr

해설 $V = \frac{\pi}{6}d^3 = \frac{\pi}{6} \times (7m)^3 = 179.59438 \, m^3$

$M = pv = 18 \times 179.59438 = 3,232.69 \fallingdotseq 3,232.70 \, m^3$

$\therefore 3,232.70 \, m^3 \div 0.8 \, m^3/min = 4,040.87 \, min = 67.34 \, hr$

33. 다음 고압원통 중 코어바아 원통과 와인딩 부분의 재질을 바꿀 수 있고 재료비를 경감할 수 있는 형식에 옳은 것은?

㉮ 수축 원통

㉯ 용접형 원통

㉰ 강대권 원통

㉱ 스파이럴식 다층권 원통

해설 강대권 원통
코어바아 원통과 와인딩 부분의 재질을 바꿀 수 있고 재료비를 경감시킬 수 있는 형식

34. 용량 1,000ℓ인 액산탱크에 액산을 넣어 방출밸브를 개방하여 10시간 방치시 5kg 방출되었다. 증발잠열이 50kcal/kg일 때 시간당 탱크에 침입하는 열량은 얼마인가?

㉮ 20kcal/hr

㉯ 25kcal/hr

㉰ 30kcal/hr

㉱ 40kcal/hr

해설 $\frac{5kg \times 50kcal/kg}{10hr} = 25kcal/hr$

35. 액화산소 용기에 액화산소가 50kg 충전되어 있다. 이 때 용기 외부에서 액화산소에 대하여 5kcal/h의 열량이 주어진다면 액화 산소량이 반으로 감소되는 데 걸리는 시간은? (단, 산소의 증발잠열은 1.6kcal/mol이다.)

㉮ 2.5시간

㉯ 25시간

㉰ 125시간

㉱ 250시간

해설 증발 잠열$= \frac{1600(cal/mol)}{32(g/mol)} = 50cal/g = 50kca/kg$

$\therefore$ 시간 $= \frac{\text{필요열량}}{\text{시간당공급열량}} = \frac{50 \times \frac{1}{2} \times 50}{5} = 250$시간

36. 내용적 117.5L의 LP가스 용기에 상온에서 액화 프로판 50kg을 충전했다. 이 용기 내의 잔여공간은 몇 % 정도인가? (단, 액화프로판의 비중은 상온에서 약 0.5이고 프로판가스 정수는 2.50이다.)

㉮ 5%   ㉯ 8%

㉰ 10%   ㉱ 15%

해설 기상부공간 $= \dfrac{전체부피 - 액부피}{전체부피(내용적)} \times 100\%$

$= \dfrac{117.5 - 100}{117.5} \times 100(\%) = 14.89\%$

여기서, 액부피(V)는 $V = \dfrac{무게(kg)}{액비중(kg/\ell)} = \dfrac{50}{0.5} = 100\,\ell$

37. 다음은 암모니아 합성탑에 관한 사항이다. 옳지 않은 것은?

㉮ 암모니아 합성탑은 내압용기와 내부구조물(촉 매유지 및 열교환)로 되어 있다.

㉯ 암모니아 합성에 사용되는 촉매는 보통 산화 철에 Al_2O_2 및 K_2O를 첨가한 것이 사용된다.

㉰ 합성탑으로 들어가는 가스는 $N_2 : H_2 = 3 : 1$ 의 혼합가스 200~300atm으로 압축되어 들어 간다.

㉱ 보통 촉매는 5단으로 나뉘어 충전되며 최하단 은 촉매를 충전한 열교환기이다.

해설 암모니아 반응식
$N_2 + 3H_2 \rightarrow 2NH_3$(하버–보시법) 반응식에서 보면
$N_2 : H_2 = 1 : 3$이다.

38. 다음 중 석유화학장치에서 사용되는 반응장치 중 아세틸렌, 에틸렌 등에서 사용되는 장치는?

㉮ 탱크식 반응기

㉯ 관식 반응기

㉰ 탑식 반응기

㉱ 축열식 반응기

해설 석유화학 반응장치의 종류
① 탱크식 반응기 : 아크릴로라이드 합성, 디클로로에탄 합성
② 관식 반응기 : 에틸렌의 제조, 염화비닐의 제조

③ 탑식 반응기 : 벤졸의 염소화, 에틸벤젠의 제조
④ 축열식 반응기 : 아세틸렌제조, 에틸렌 제조
⑤ 유동측식 접촉 반응기 : 석유개질
⑥ 내부 연소식 반응기 : 아세틸렌 제조, 합성용 가스의 제조

39. 다음의 가스를 공업적으로 제조할 때 반응압력 이 가장 높은 것은?

㉮ 암모니아

㉯ 저농도 폴리에틸렌

㉰ 이산화탄소(드라이아이스)

㉱ 메탄올

해설 반응압력

가스종류	암모니아	저농도 폴리에탈렌	메탄올
반응 압력	200~1,000atm	2,000atm	150~300atm

40. 어떤 증류탑의 탑효율이 60%이고, 맥카베티일레 법으로 구한 이론 단수가 15일 때 필요한 실제 단수는?

㉮ 9단   ㉯ 40단

㉰ 20단   ㉱ 25단

해설 증류탑의 실제단수 $= \dfrac{이론단수}{탑효율} = \dfrac{15}{0.6} = 25$

41. 교반기에서 사용되는 임펠러 중 축방향 흐름 (axial low)을 유발시키는 것은 다음 중 어느 것인가?

㉮ 프로펠러(propeller)

㉯ 원심 베인(vane)

㉰ 패들(paddle)

㉱ 터빈(Turbine)

해설 프로펠러
축방향의 흐름을 유발

정답 36. ㉱ 37. ㉰ 38. ㉱ 39. ㉯ 40. ㉱ 41. ㉮

42. 고온고압 하에서 화학적인 합성이나 반응을 하기 위한 고압반응 가마솥을 무엇이라 하는가?

㉮ 반응기
㉯ 합성관
㉰ 교반기
㉱ 오토클레이브

해설 오토클레이브(autoclave)의 종류
① 교반형 : 전자코일을 이용하거나 모터에 연결 베인을 회전하는 방식
② 진탕형 : 수평이나 전후운동을 함으로써 내용물을 교반시키는 형식
③ 회전형 : 오토클레이브 자체를 회전시키는 방식
④ 가스교반형 : 가늘고 긴 수직형 반응기로서 유체가 순환되어 교반되는 형식으로 화학공장 등에서 이용

43. 고압장치에서 안전밸브의 기능을 위한 주요 조건이 아닌 것은?

㉮ 작동압력이 상용압력보다 너무 높지 않을 것
㉯ 압축이 규정 이하로 내려가면 신속하게 시트 밸브가 작동해 누설되지 않을 것
㉰ 밸브의 지름을 작게 하고 밸브 시트의 폭을 넓게 할 것
㉱ 안전밸브는 압력이 너무 상승하는 것을 막아준다.

해설 안전밸브의 지름을 크게 하여 분출가스량에 의한 압력 감소율을 크게 한다.

44. 고압 탱크나 반응기 등에는 안전밸브와 같은 용도로 파열판을 사용하는 경우 파열판의 특징이 될 수 없는 것은?

㉮ 구조가 간단하고 취급 점검이 용이하다.
㉯ 부식성 유체에도 사용할 수 있다.
㉰ 압력 상승속도가 급격히 증가할 때 파열이나 폭발 위험이 있는 용기나 반응기에 사용된다.
㉱ 파열판이 작동되면 스프링을 보수하여 재사용한다.

해설 파열판이 작동하고 새로운 박판으로 교체해야 한다.

45. 안전밸브 선택시 고려사항이 아닌 것은?

㉮ 작동압력
㉯ 안전밸브의 재질
㉰ 작동정지압력
㉱ 안전밸브의 구경

해설 안전밸브 선택 시 재질은 고려사항이 아니다.

46. 다음은 고압장치의 내압에 의한 파열사고 방지의 대책을 설명한 것으로 가장 적합한 것은?

㉮ 가스 누출 검지 경보기를 설치하므로 미리 발견할 수 있다.
㉯ 역류 방지 밸브를 부착하고, 잘 정비하여야 한다.
㉰ 안전밸브의 기능을 사전에 점검하고, 잘 정비하여야 한다.
㉱ 부식에 의한 누출 방지는 정기적으로 기밀시험을 하여야 한다.

해설 안전밸브는 정기적으로 기능검사를 해야 한다.
기능검사 : 내압시험압력의 8/10배 이하에서 작동 여부 점검

47. 다음은 고온의 재료가 갖추어야 하는 구비조건을 나열하였다. 틀린 보기를 고르시오.

㉮ 크리프 강도가 클 것
㉯ 경제적이고 가공성이 좋을 것
㉰ 접촉유체의 내식성과 냉각 시 열화에 견딜 것
㉱ 내알칼리성이 있을 것

해설 ㉮, ㉯, ㉰항 이외에 조직의 균일화로 점성 강도가 클 것. 고온강도 및 점성 강도가 클 것

48. 고압가스에 사용되는 금속재료의 구비조건이 아닌 것은?

㉮ 내알칼리성
㉯ 내식성
㉰ 내열성
㉱ 내마모성

해설 금속재료의 구비조건
내식성, 내열성, 내구성, 내마모성

---

42. ㉱   43. ㉰   44. ㉱   45. ㉯   46. ㉰   47. ㉱   48. ㉮   정답

49. 고압가스에 사용되는 금속재료에 있어서 강재의 크리프에 관하여 다음 기술 중에 옳은 것은?

㉮ 일정하중, 일정온도에 있어서 크리프의 속도는 시간에 관계없이 일정하다.

㉯ 강재의 크리프는 사용온도가 상온으로 되면 고려할 필요가 없다.

㉰ 일정하중을 받는 크리프 속도는 온도에 관계없이 일정하다.

㉱ 고온으로 되어도 탄성한계내의 하중을 걸어 놓으면 크리프는 생기지 않는다.

해설 크리프
350℃ 이상의 재료에 일정하중을 받으면서 시간경과에 따라 변형이 증대하여 파괴되는 현상으로서 상온(20℃)에서는 고려할 필요가 없다.

50. 다음은 온도에 따른 취성을 나타낸 것이다. 이들 취성 중에 원소의 영향에 대하여 적은 것이다. 맞지 않는 것은?

㉮ 청열취성 : Ni성분이 있으면 더욱 심하다.

㉯ 저온취성 : P성분이 있으면 더욱 심하다.

㉰ 적열취성 : S성분이 많을수록 심하다.

㉱ 뜨임취성 : Cr성분이 있으면 더욱 심하다.

해설 청열취성, 상온취성, 저온취성 : 인(P)성분이 있으면 더욱 심하다.

51. 금속재료의 용도로 적당하지 못한 것은?

㉮ 상온, 고압수소용기 : 보통강

㉯ 액체 산소탱크 : 알루미늄

㉰ 수분이 없는 염소용기 : 보통강

㉱ 암모니아 : 동

해설 NH_3는 착이온 생성으로 부식을 일으키므로 동 함유량 62% 미만의 동합금을 사용하여야 한다.

52. 황동(Brass)과 청동(Bronze)은 구리와 다른 금속과의 합금이다. 각각 무슨 금속인가?(단, 주성분만을 말한다)

㉮ 주석, 인 ㉯ 알루미늄, 아연

㉰ 아연, 주석 ㉱ 알루미늄, 납

해설 ① 황동 : 동(Cu)+아연(Zn)합금
② 청동 : 동(Cu)+주석(Sn)합금

53. 내식성이 좋으며 인장강도가 크고 고온에서 크리프(creep)가 높은 합금은?

㉮ 텅스텐 합금 ㉯ 구리 합금

㉰ 티타늄 합금 ㉱ 망간 합금

54. 고압장치의 재료로 구리관의 성질과 특징으로 틀린 것은?

㉮ 알칼리에는 내식성이 강하지만 산성에는 심하게 부식된다.

㉯ 내면이 매끈하며 유체 저항이 적다.

㉰ 굴곡성이 좋아 가공이 용이하다.

㉱ 전도 및 전기절연성이 좋다.

해설 구리관(동관)은 알칼리성에는 내식성이 강하나 산성에는 심하게 침식되며 전기전도성 및 열전도율이 좋다.

55. 다음 중 고압가스장치 재료로서 부적당한 것은?

㉮ 초저온 장치에는 스테인리스강 또는 알루미늄 합금이 적당하다.

㉯ LPG 및 아세틸렌 용기재료는 Mn강을 주로 사용한다.

㉰ 산소, 수소용기에는 Mn, Cr강이 적당하다.

㉱ 고압가스 장치에는 스테인리스강 또는 크롬강이 적당하다.

정답 49. ㉯ 50. ㉮ 51. ㉱ 52. ㉰ 53. ㉰ 54. ㉱ 55. ㉯

해설 용기의 재료	
재 질	용 기
탄소강	아세틸렌, 암모니아, 염소, LPG 등 저압용접용기
알루미늄합금강	프로판, 산소, 질소, 탄산가스 등 저온용기
망간강, 크롬강	수소, 산소, 탄산가스 등 고압 무계목용기
스테인리스강, Al합금	초저온가스용기

56. 재료의 저온하에서의 성질에 관한 설명 중 틀린 것은?

㉮ 탄소강은 저온도가 될수록 인장강도는 증가하고 충격값은 저하한다.

㉯ 동은 액화분리장치용 금속재료로서 적당하다.

㉰ 강은 암모니아 냉동기용 재료로서 부적당하다.

㉱ 18-8스테인리스강, 알미늄은 우수한 저온 장치용 재료이다.

해설 암모니아 냉동기용 재료
동 사용금지, 철 또는 철합금, 18-8스테인리스강 사용 적합

57. 저온 가스설비에 사용하는 재료에서 유의해야 할 점은?

㉮ 재료의 연성이 강하지 않도록 한다.

㉯ 경도가 저하하지 않도록 한다.

㉰ 항복강도가 저하하지 않도록 한다.

㉱ 연신율이 증가하지 않도록 한다.

해설 저온가스 재료는 연성이 강하되지 않도록 하여야 저온에서 취성이 생기지 않는다.

58. 저온장치용 금속재료에 있어서 가장 중요시하여야 할 사항은 무엇인가?

㉮ 금속재료의 물리적, 화학적 성질

㉯ 금속재료의 약화

㉰ 저온취성에 의한 취성 파괴

㉱ 저온취성에 의한 충격치 강화

해설 저온장치의 조건
① 저온도에서도 기계적 성질이 우수할 것
② 내식성이 클 것
③ 저온에서도 취성이 없을 것

59. LPG 저장탱크의 금속부 열영향부에 응력부식 균열이 발생하는 경우가 있는데 그 원인이라고 생각되는 것은?

㉮ SO_2 등 황 화합물의 영향

㉯ 수분의 영향

㉰ NO_2 등 질소 화합물의 영향

㉱ 탄소의 영향

해설 응력부식 : 수분의 영향

60. 금속재료에서 탄소량이 많을 때 증가하는 것은?

㉮ 연신율   ㉯ 변형률

㉰ 인장강도   ㉱ 충격치

해설 탄소량이 증가하면 인장강도 항복점은 증가, 연신율 충격치는 감소한다.

61. 고압가스 장치 재료로서 부적당한 것은?

㉮ 초저온 장치에는 스테인리스강 또는 크롬강이 적당하다.

㉯ LPG 및 아세틸렌용 재료는 Mn강을 주로 사용한다.

㉰ 산소, 수소용 재료는 Mn, Cr강이 적당하다.

㉱ 고압가스장치에는 스테인리스강 또는 크롬강이 적당하다.

해설 LPG, C_2H_2의 재료는 탄소강이다.

56. ㉰   57. ㉮   58. ㉰   59. ㉯   60. ㉰   61. ㉯   정답

62. 재료에 일정한 하중을 가하였을 때 재료는 늘어난다. 이와 같이 시간의 경과에 따라 점점 늘어나는 것이 증가하여 파단 되는 현상은?

㉮ 피로(fatigue)　　㉯ 전단(shearing)
㉰ 크리프(creep)　　㉱ 비틀림(torsion)

해설 크리프(creep)
어느 온도(350℃) 이상에서 재료에 일정한 하중을 가하여 그대로 방치하면 시간의 경과와 더불어 변형이 증대되는 현상.

63. 강을 열처리하는 목적은?

㉮ 기계적 성질을 향상시키기 위하여
㉯ 표면에 녹이 생기지 않게 하기 위하여
㉰ 표면에 광택을 내기 위하여
㉱ 사용시간을 연장하기 위하여

해설 열처리의 종류 및 목적
① 담금질 : 강도, 경도 증가
② 불림 : 결정조직의 미세화
③ 풀림 : 내부응력 제거, 조직의 연화
④ 뜨임 : 연성, 인장강도 부여, 내부응력 제거

64. 용기(저탄소강재) 제작의 과정에서 일반적으로 행하여 어닐링(annealing)의 효과에 있어서 틀리게 기술한 것은?

㉮ 재료를 연화시킨다.
㉯ 재료의 결정 조직을 조정한다.
㉰ 잔류 응력을 제거한다.
㉱ 재료의 인장강도를 증가시킨다.

해설 ① 풀림(소둔) (annealing) : 잔류 응력 제거, 재료 연화
② 담금질(소입) (quenching) : 강도, 경도 증가

65. 강의 열처리에 뜨임(tempering)을 하는 목적은?

㉮ 강철의 인성을 증가시키고 어느 정도의 경도와 내부 변형을 제거하기 위하여
㉯ 강의 경도를 증가시키고 연성을 줄이기 위하여

㉰ 내부에서 생긴 응력을 제거하거나 결정조직을 균일하게 하기 위하여
㉱ 강의 비중을 줄이고 전기저항, 전류자기를 증가시키며 연신율을 감소시키기 위하여

해설 뜨임(tempering)의 목적
담금질된 금속은 강도가 증가된 반면 취성이 있으므로 인성을 증가시키기 위해 담금질 온도보다 낮게 가열한 후 공기 중에서 서냉시킨다.

66. 지름 1cm의 원관에 500kg의 하중이 작용할 경우 이 재료에 걸리는 응력은 몇 kg/mm²인가?

㉮ 4.5kg/mm²　　㉯ 5.5kg/mm²
㉰ 6.4kg/mm²　　㉱ 7.5kg/mm²

해설
$$\sigma = \frac{W}{A} = \frac{500\text{kg}}{\frac{\pi}{4} \times (10\text{mm})^2}$$
$$= 6.36\text{kg/mm}^2 \fallingdotseq 6.4\text{kg/mm}^2$$

67. 단면적이 100mm²인 봉을 매달고 100kg 추를 자유단에 달았더니 허용응력이 되었다. 인장강도가 100kg/cm²일 때 안전율은?

㉮ 1　　㉯ 2
㉰ 3　　㉱ 4

해설 안전율 $= \dfrac{\text{인장강도}}{\text{허용응력}} = \dfrac{100\text{kg/cm}^2}{100\text{kg/cm}^2} = 1$

허용응력 $= \dfrac{100\text{kg}}{100\text{mm}^2} = 1\text{kg/mm}^2 = 100\text{kg/cm}^2$

68. 아래와 같은 내압(MPa)과 인장강도(MPa)를 갖는 원통용기 중에서 안전성이 가장 높은 것은?

㉮ 내압 50, 인장강도 45
㉯ 내압 60, 인장강도 50
㉰ 내압 70, 인장강도 60
㉱ 내압 80, 인장강도 70

해설 내압/인장강도의 값이 적을수록 안전성이 높다.

정답　62. ㉰　63. ㉮　64. ㉱　65. ㉮　66. ㉰　67. ㉮　68. ㉮

69. 원통형 용기의 원주방향 응력을 구하는 식은?

㉮ $\sigma = \dfrac{W}{A}$ ㉯ $\sigma_z = \dfrac{PD}{4t}$

㉰ $\sigma_t = \dfrac{PD}{2t}$ ㉱ $P = \dfrac{W}{A}$

[해설] 원통형 용기 원주방향 응력 $\sigma_t = \dfrac{PD}{2t}$

축방향 응력 $\sigma_z = \dfrac{PD}{4t}$

70. 200A의 강관(외경 D=216.3mm, 관경두께 t= 5.5mm)이 내압 9kgf/cm^{2}을 받을 때 관에 생기는 원주방향의 응력은 얼마인가?

㉮ 125kgf/cm^2 ㉯ 138kgf/cm^2

㉰ 155kgf/cm^2 ㉱ 168kgf/cm^2

[해설] $\sigma = \dfrac{9\text{kg/cm}^2 \times (21.63\text{cm} - 0.55\text{cm} \times 2)}{2 \times 0.55\text{cm}} = 168\text{kgf/cm}^2$

71. 어떤 고압용기의 지름을 2배, 재료의 강도를 2배로 하면 용기 두께는 몇 배인가?

㉮ 0.5   ㉯ 1.5

㉰ 3   ㉱ 변화 없다

[해설] $\sigma_t = \dfrac{PD}{2t}$

$\therefore t = \dfrac{PD}{2\sigma_t} = \dfrac{P \times 2D}{2 \times 2\sigma_t} = \dfrac{PD}{2\sigma_t}$ (변화 없음)

72. 같은 강도이고 같은 두께의 원통형 용기의 내압 성능에 대하여 옳은 것은?

㉮ 길이가 짧을수록 강하다.

㉯ 관경이 작을수록 강하다.

㉰ 관경이 클수록 강하다.

㉱ 길이가 같을수록 강하다.

[해설] $\sigma_t = \dfrac{PD}{2t}$ $\therefore P = \dfrac{\sigma_t \times 2 \times t}{D}$

원통형 용기의 내압성능은 관경이 작을수록, 두께가 두꺼울수록 강하다.

73. 지름 16mm 강볼트로 플랜지 접합 시 인장력이 400MPa이다. 지름 12mm 볼트로 같은 수를 사용 시 인장력은 얼마인가?

㉮ 510MPa   ㉯ 610MPa

㉰ 710MPa   ㉱ 810MPa

[해설] $\sigma_1 \times \dfrac{\pi}{4} d_1^2 \times n_1 = \sigma_2 \times \dfrac{\pi}{4} d_2^2 \times n_2 (n_1 = n_2)$

$\therefore \sigma_2 = \dfrac{\frac{\pi}{4} d_1^2}{\frac{\pi}{4} d_2^2} \times \sigma_1 = \dfrac{d_1^2}{d_2^2} \times \sigma_1 = \dfrac{16^2}{12^2} \times 400 \text{(MPa)}$

$\fallingdotseq 710\text{MPa}$

74. 내경 15cm의 파이프를 플랜지 접속 시 40kg/cm^{2}의 압력을 걸었을 때 볼트 1개에 걸리는 힘이 400kg일 때 볼트 수는 몇 개인가?

㉮ 15개   ㉯ 16개

㉰ 17개   ㉱ 18개

[해설] $P = \dfrac{W}{A}$ 식에서 $W = P \cdot A = 40 \times \dfrac{\pi \times 15^2}{4} = 7,065\text{kg}$

$Z = \dfrac{7,065}{400} = 17.6$개 $\therefore 18$개

75. 지름이 10mm, 길이 100mm의 재료를 인장시 105mm일 때 이 재료의 변율은 얼마인가?

㉮ 0.01   ㉯ 0.02

㉰ 0.03   ㉱ 0.05

[해설] 변율 $= \dfrac{\ell' - \ell}{\ell} = \dfrac{\text{변형된 길이}}{\text{처음길이}} = \dfrac{105 - 100}{100} = 0.05$

76. 지름 5mm의 금속재료를 4mm로 축소할 경우 단면수축률 및 가공도는 얼마인가?

㉮ 20%, 50%   ㉯ 39%, 40%

㉰ 30%, 60%   ㉱ 36%, 64%

[해설] 단면수축률 $= \dfrac{A_0 - A}{A_0} \times 100 = \dfrac{\frac{\pi}{4}(5^2 - 4^2)}{\frac{\pi}{4} \times 5^2} \times 100 = 36\%$

가공도 : $\dfrac{A}{A_0} \times 100 = \dfrac{\frac{\pi}{4} \times 4^2}{\frac{\pi}{4} \times 5^2} \times 100 = 64\%$

---

69. ㉰   70. ㉱   71. ㉱   72. ㉯   73. ㉰   74. ㉱   75. ㉱   76. ㉱   정답

77. 다음 중 충격시험을 통하여 알 수 있는 것은?

㉮ 피로도 ㉯ 취성

㉰ 인장도 ㉱ 압축강도

[해설] 충격시험을 통하여 인성과 취성을 판단한다.

78. 다음 그림은 응력과 변형의 선도이다. 파괴점은 어느 것인가?

㉮ A

㉯ B

㉰ C

㉱ F

[해설] A : 비례한도 B : 탄성한도
C : 상항복점 D : 하항복점
E : 인장강도 F : 파괴점

79. 용기의 인장시험의 목적이 아닌 것은?

㉮ 경도 ㉯ 인장강도

㉰ 연신율 ㉱ 항복점

[해설] 인장시험 시 연신율, 인장강도, 항복점, 단면수축률을 알 수 있다.

80. 탄성한계 이내의 안전 하중 일지라도 계속적으로 반복하여 작용시키면 파괴된다. 무슨 파괴인가?

㉮ 반복 파괴 ㉯ 충격 파괴

㉰ 피로 파괴 ㉱ 크리프

81. 다음 보기에서 ( ) 안에 알맞은 단어를 기입하라.

> **보기**
>
> 압궤시험이란 꼭지각 ( )로서 그 끝을 반지름 ( )의 원호로 다듬질된 강재틀을 써서 시험용기의 중앙부에서 원통축에 대하여 직각으로 서서히 눌러 균열이 없는 것을 합격으로 한다.

㉮ 10°, 5mm ㉯ 20°, 10mm

㉰ 30°, 13mm ㉱ 60°, 13mm

[해설] 압궤시험
꼭지각 60°로서 그 끝을 반지름 13mm의 원호로 다듬질한 강재틀을 써서 시험용기의 중앙부에서 원통축에 대하여 직각으로 천천히 눌러서 2개의 꼭지각 끝의 거리가 일정량에 달하여도 균열이 생겨서는 안 된다.

정답 77. ㉯ 78. ㉱ 79. ㉮ 80. ㉰ 81. ㉱

CHAPTER 8

저온장치

저온장치의 종류와 사이클을 통한 각종 계산법과 공기액화분리장치의 계통도와
작동개요를 배운다.

01 저온장치의 정의

비교적 냉각온도가 높은 암모니아, 프레온 등의 냉동기를 포함하여 그 이하
절대온도(−273℃)까지의 공기액화 분리장치, 극저온장치 등이 포함된다.

※ 단열팽창 : 팽창밸브에 의한 방법은 자유팽창 시켜 온도가 강하되는 주울
−톰슨 효과에 의한 방법이다.

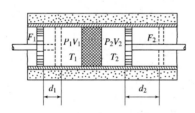

Joule−Thomson의 팽창

02 냉동장치

(1) 냉동능력 표시방법

① 냉동효과 : 냉동능력이라 하며 냉매 1kg이 증발기에서 흡수하는 열량
(kcal/kg)

② 냉동능력 : 단위시간 동안에 증발기에서 흡수하는 열량(kcal/h)

③ 냉동톤 : 0℃ 물 1ton을 하루 동안에 0℃ 얼음으로 만드는 데 제거해야
할 열량을 1냉동톤(1RT)이라 한다.

POINT

• 팽창밸브 = 교축작용 → 단열
팽창 → 온도강하 → 주울−톰
슨의 효과

• 냉동효과 : kcal/kg
• 냉동능력 : kcal/h
• 1냉동톤 : 3320kcal/h

즉, $Q = Gr = 1000\text{kg} \times 79.68\text{kcal/kg}$
$= 79,680\text{kcal/24h} = 3320\text{kcal/h}$

$\therefore$ 1RT = 3,320kcal/h

(2) 증기냉동 사이클

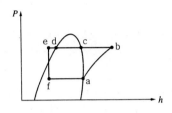

증기냉동 사이클의 P-h 선도

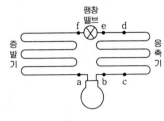

압축기

- 냉동 4대 구성기기
  ① 압축기
  ② 응축기
  ③ 팽창밸브
  ④ 증발기

- 냉동사이클
  응축기 → 팽창밸브 → 증발기 →
  압축기
  ① a~b : 단열압축과정
  ② b~c : 과열증기제거과정
  ③ c~d : 응축과정(기체 → 액체)
  ④ d~f : 단열팽창과정
  ⑤ f~a : 증발과정(액체 → 기체)

① a → b : 압축과정으로서 증발기에서 흡입된 저온저압의 기체냉매를 응축기에서 응축하기 쉽도록 고온고압의 기체냉매로 압력과 온도를 높여주는 과정으로 단열압축이 일어난다.

② b → c : 고온고압의 과열증기를 상온하의 물이나 공기로 과열 제거시키는 과정으로 현열상태이므로 온도만 변화되고 압력은 변화가 없다. 응축과정의 일부분이다.

③ c → d : 응축과정으로 고온고압의 건조 포화증기가 상온하의 물이나 공기로 열을 빼앗겨 포화액으로 되는 과정으로서 잠열이므로 압력, 온도변화는 없다.

④ d → e : 과냉과정으로 팽창밸브 통과시 냉동력을 상실한 플래시 가스(flash gas) 생성을 감소시키기 위해 과냉각도를 준다.

$\therefore$ b → e 과정은 전부 응축기과정으로 나타낸다.

⑤ e → f : 단열팽창과정으로 증발기에서 냉매가 증발하기 쉽도록 온도와 압력을 낮추는 과정이다.

⑥ f → a : 증발과정으로 저온저압의 냉매액이 피냉각 물체와 열교환하여 저온저압의 기체냉매로 변화되는 과정으로서 냉동의 목적이 직접적으로 달성되는 과정이다.

(3) 카르노 사이클

① carnot 사이클을 P-v, T-S 선도 상에 표시하면 다음과 같다.

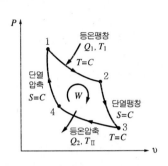
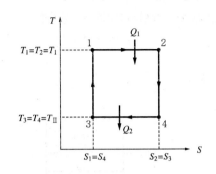

㉮ 1 → 2 : 등온팽창(열량 Q_1을 받으면서 등온 T_1을 유지하면서 팽창하는 과정)

㉯ 2 → 3 : 단열팽창과정

㉰ 3 → 4 : 등온압축(열량 Q_2를 방출하면서 등온 T_2를 유지하면서 압축하는 과정)

㉱ 4 → 1 : 단열압축과정

② 가역사이클인 카르노 사이클의 특징

㉮ 열기관의 이상 사이클이며 최대효율을 갖는다.

㉯ 동작 유체의 온도와 열원의 온도는 같다.

㉰ 같은 두 열원에서 작동하는 모든 가역사이클의 열효율은 항상 카르노사이클의 열효율과 같다.

㉱ 가역사이클의 열효율은 항상 두 열원의 절대온도에만 의존하고 동작유체의 종류에는 무관하다.

㉲ 비가역 사이클의 열효율은 항상 카르노사이클의 열효율보다 작다.

(4) 역카르노 사이클(이론 냉동 사이클)

① 역카르노 사이클 : 2개의 단열과정과 2개의 등온과정으로 구성되는 이상적인 냉동 사이클이다.

② 역카르노 사이클의 P-v, T-s 선도

㉮ 1 → 2 과정 : 단열압축과정(등엔트로픽과정) = 압축기

㉯ 2 → 3 과정 : 등온압축과정= 응축기(열방출과정)

㉰ 3 → 4 과정 : 단열팽창과정(등엔탈피과정) = 팽창밸브

㉱ 4 → 1 과정 : 등온팽창과정 = 증발기(열흡수과정)

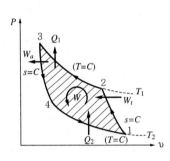 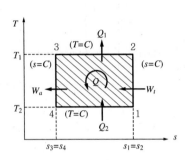

③ 역카르노 사이클의 성적성능계수

㉮ 유효열당량

$$Aq = q_1 - q_2$$
$$= T_1(S_2 - S_1) - T_2(S_2 - S_1)$$
$$= (T_1 - T_2)(S_2 - S_1)$$

㉯ 냉동기 성능계수(COP_R)

$$COP_R = \frac{흡수한\ 열량(냉동효과)}{유효일의\ 열당량}$$
$$= \frac{q_2}{AW} = \frac{q_2}{q_1 - q_2}$$
$$= \frac{T_2(S_2 - S_1)}{(T_1 - T_2)(S_2 - S_1)} = \frac{T_2}{T_1 - T_2}$$

㉰ 히트펌프의 성능계수(COP_H)

$$COP_H = \frac{방출한\ 열량}{유효일의\ 열당량} = \frac{q_1}{AW} = \frac{q_1}{q_1 - q_2}$$
$$= \frac{T_1(S_2 - S_1)}{(T_1 - T_2)(S_2 - S_1)} = \frac{T_1}{T_1 - T_2}$$
$$= COP_R + 1$$

(5) 냉매(refrigerant)

냉매는 냉동기 속에 들어 있으며, 외부에서 공급되는 동력에 의하여 액체 상태에서 증발 또는 팽창하여 상변화를 일으키면서 저온 열원의 열 q_1를 흡수하고 고온열원으로 열량 q_2을 전달하여 냉동효과를 가져다주는 동작 물질(매개체)이다.

① **냉매의 종류** : 냉동기와 히트펌프 및 공조기기용에 사용되는 냉매의 종류는 다음과 같다.

㉮ 할로겐화 탄화수소 : 할로겐 원소인 불소(F), 염소(Cl), 브롬(Br), 취소(I)를 포함하고 있는 탄화수소를 말하며 프레온계인 R-21($CHFCl_2$), R-12(CF_2Cl_2), R-22(CHF_2Cl), R-113($C_2F_3Cl_3$), R-11($CFCl_3$), 염화메틸(CH_3Cl) 등이 있다.

㉯ 탄화수소 : 석유화학 공업 분야에서 냉매로 주로 쓰이며, 메탄(CH_4), 에탄(C_2H_6), 프로판(C_3H_8) 등이 있다.

㉰ 무기화합물 : 냉동효과가 크므로 공업 분야에서 사용하며, 독성이 강하므로 취급에 주의를 해야 한다. 암모니아(NH_3), 탄산가스(CO_2), 물(H_2O) 등이 있다.

② **냉매의 구비조건**

㉮ 물리적 측면

㉠ 단위냉동 효과에 대하여 소요동력이 작을 것

㉡ 응축압력은 낮고 증발압력은 높을 것

㉢ 응고점은 낮고 증발열은 클 것

㉣ 증기의 비열은 크고 비체적은 가능한 한 작을 것

㉤ 냉매의 임계온도는 상온보다 높은 것

㉯ 화학적 측면

㉠ 인체에 대하여 해가 없을 것

㉡ 불활성이고 취급시 안전성이 있을 것

㉢ 장치의 구성요소를 부식시키지 않을 것

㉣ 상변화에 무관하게 점성이 작을 것

핵 심 문 제

01 단열이 한 배관 중에 작은 구멍을 내고 이 관에 압력이 있는 유체를 흐르게 하면 유체가 작은 구멍을 통할 때 유체의 압력이 하강함과 동시에 온도가 변화하는 현상을 무엇이라고 하는가?

㉮ 토리첼리 효과
㉯ 줄−톰슨 효과
㉰ 베르누이 효과
㉱ 도플러 효과

02 1냉동톤은 0℃ 물 1톤을 24시간 동안 0℃ 얼음으로 냉동시키는 능력으로 정의된다. 1냉동톤(RT)을 환산하면 몇 kcal/h가 되겠는가?

㉮ 332
㉯ 3,320
㉰ 2,241
㉱ 22,410

03 증기압축식 냉동기에서 냉매의 순환 경로로 옳은 것은?

㉮ 증발기−응축기−팽창밸브−압축기
㉯ 압축기−증발기−응축기−팽창밸브
㉰ 압축기−응축기−팽창밸브−증발기
㉱ 압축기−응축기−증발기−팽창밸브

04 증기압축 냉동사이클에서 단열 팽창과정은 어느 곳에서 이루어지는가?

㉮ 압축기
㉯ 팽창밸브
㉰ 응축기
㉱ 증발기

05 증기 압축식 냉동기에서 열을 흡수할 수 있는 적정량의 냉매량을 조절하는 것은?

㉮ 압축기
㉯ 응축기
㉰ 팽창 밸브
㉱ 증발기

해 설

해설 01
줄−톰슨효과
압축가스를 단열팽창 시키면 온도와 압력이 내려가는 현상

해설 02
$Q = G \cdot r$
$= 1,000 \times 79.68 \times \dfrac{1}{24}$
$= 3,320\,\text{kcal/h}$

해설 04
증기압축 냉동사이클 해석
① 압축기 : 단열압축(등엔트로피과정)
② 응축기 : 등온압축(열방출과정)
③ 팽창밸브 : 단열팽창(등엔탈피과정)
④ 증발기 : 등온팽창(열흡수과정)

정답
01. ㉯ 02. ㉯ 03. ㉰
04. ㉯ 05. ㉰

06 냉동장치에서 냉매가 갖추어야 할 성질로서 가장 거리가 먼 것은?

㉮ 증발잠열이 적은 것
㉯ 임계온도가 높은 것
㉰ 열전도율이 좋고 점성이 낮은 것
㉱ 압축비가 적고 가스의 비체적이 적은 것

07 흡수식 냉동기의 증발기에서 발생하는 수증기의 흡수제로 주로 사용되는 것은?

㉮ 10% $Ca(OH)_2$
㉯ 피로갈롤용액
㉰ 30% NaOH
㉱ LiBr

08 냉동기의 냉매설비는 진동, 충격, 부식 등으로 냉매가스가 누출되지 않도록 조치하여야 한다. 다음 중 그 조치 방법이 아닌 것은?

㉮ 주름관을 사용한 방진조치
㉯ 냉매설비 중 돌출 부위에 대한 적절한 방호조치
㉰ 냉매가스가 누출될 우려가 있는 부분에 대한 부식방지조치
㉱ 냉매설비 중 냉매가스가 누출될 우려가 있는 곳에 차단밸브 설치

09 냉동기의 냉매 가스와 접하는 부분은 냉매 가스의 종류에 따라 금속 재료의 사용이 제한된다. 다음 중 사용 가능한 가스와 그 금속 재료가 옳게 연결된 것은?

㉮ 암모니아 : 동 및 동합금
㉯ 염화메탄 : 알루미늄 합금
㉰ 프레온 : 2% 초과 마그네슘을 함유한 알루미늄 합금
㉱ 탄산 : 스테인리스강

10 온도 T_2 저온체에서 흡수한 열량을 q_2, 온도 T_1인 고온체에서 버린 열량을 q_1이라할 때 냉동기의 성능 계수는?

㉮ $\dfrac{q_1 - q_2}{q_1}$
㉯ $\dfrac{q_2}{q_1 - q_2}$
㉰ $\dfrac{T_1 - T_2}{T_1}$
㉱ $\dfrac{T_1}{T_1 - T_2}$

해 설

해설 **06**
증발잠열이 클 것

해설 **07**

냉 매	흡수제
물(H_2O)	리듐브로마이드 (LiBr)
암모니아 (NH_3)	물(H_2O)
염화메틸	사염화에탄
톨루엔	파라핀유

해설 **08**
냉매설비 중 진동에 의하여 냉매가스가 누출될 우려가 있는 부분에 대하여 주름관을 사용하는 등의 방법으로 방진조치를 할 것

해설 **09**
㉮, ㉯, ㉰항은 사용이 제한되는 사항이다.

해설 **10**
$COP_R = \dfrac{Q_2}{AW}$
$= \dfrac{Q_2}{Q_1 - Q_2}$
$= \dfrac{T_2}{T_1 - T_2}$

06. ㉮   07. ㉱   08. ㉱
09. ㉱   10. ㉯

정 답

11 카르노사이클이 27℃와 −23℃에서 작동될 때 냉동기의 성적계수(ε_R) 열펌프의 성적계수(ε_H)를 각각 구하면?

㉮ $\varepsilon_R = 5$, $\varepsilon_H = 7$

㉯ $\varepsilon_R = 7$, $\varepsilon_H = 5$

㉰ $\varepsilon_R = 6$, $\varepsilon_H = 5$

㉱ $\varepsilon_R = 5$, $\varepsilon_H = 6$

12 어떤 냉동기에서 0℃의 물로 0℃의 얼음 3톤을 만드는데 100kW/h의 일이 소요되었다면 이 냉동기의 성능계수는? (단, 물의 융해열은 80kcal/kg이다.)

㉮ 1.72

㉯ 2.79

㉰ 3.72

㉱ 4.73

해 설

[해설] 11

① 냉동기 성적계수

$\varepsilon_R = \dfrac{T_L}{T_H - T_L}$

$= \dfrac{273 - 23}{(273 + 27) - (273 - 23)}$

$= 5$

② 열펌프 성적계수

$\varepsilon_H = \dfrac{T_H}{T_H - T_L} = \varepsilon_R + 1$

$= \dfrac{273 + 27}{(273 + 27) - (273 - 23)}$

$= 6$

[해설] 12

① 압축기 소요동력

$P = 100\text{kW/h}$

$= 86{,}000\text{kcal}$

② 냉동능력

$Q_e = 3{,}000 \times 80$

$= 240{,}000\text{kcal}$

③ 성적계수

$COP = \dfrac{Q_e}{P}$

$= \dfrac{240{,}000}{86{,}000} = 2.79$

정답

11. ㉱   12. ㉯

03 가스액화 장치

(1) 가스액화 분리장치 구성

① **한랭 발생장치** : 냉동 사이클, 가스액화 사이클의 응용, 가스액화 분리장치의 열손실을 돕고 액화가스를 채취할 때에 필요한 한랭을 보급한다.

② **정류장치** : 원료가스를 저온에서 분리, 정제하는 장치이다.

③ **불순물 제거장치** : 저온도가 되면 동결하는 원료가스 중의 수분, 탄산가스 등을 제거하며, 또 화재의 원인이 되는 위험한 불순물도 제거한다.

(2) 가스액화 사이클

공기, 질소, 산소 및 헬륨 등과 같이 임계온도가 낮은 기체를 액화할 때에는 일반적으로 액화하는 기체를 냉매로 한 가스액화 사이클이 사용된다.

① **린데의 공기액화 사이클** : 주울 톰슨 효과를 이용한 사이클

② **클로드의 공기액화 사이클(피스톤식 팽창기를 사용)** : 수입기지의 저온설비에서 가스를 압축기에 의해 압축하여 콘덴서에 의해 응축시켜 재액화한 LPG를 다시 저온탱크에 끌어넣어 차압에 의해 증발시켜 그 일부를 저온 액으로 하여 저장하는 냉동사이클이다

③ **카피차의 공기액화 사이클** : 축랭기를 사용하여 냉각과 동시에 수분과 탄산가스를 제거

④ **필립스의 공기액화 사이클** : 수소나 헬륨을 냉매로 한 효율적인 냉동방식

⑤ **캐스케이드 액화 사이클(다원 액화 사이클)** : 비점이 점차 낮은 냉매를 사용하여 저비점의 기체를 액화하는 사이클이다.

• 가스액화 장치의 구성
  ① 불순물제거 장치
  ② 한랭발생 장치
  ③ 정류장치

• 가스액화 사이클
  ① 린데식 : 주울톰슨효과
  ② 클로드식 : 피스톤 팽창기
  ③ 카피차식 : 축랭기
  ④ 필립스식 : 수소, 헬륨 냉매
  ⑤ 캐스케이드 식 : 저비점의 기체

04 공기액화 분리장치

(1) 고압식 액화 산소 분리장치

① 고압식 액화 산소 분리장치의 계통도

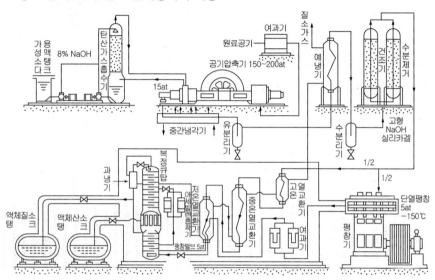

② 작동개요

㉮ 원료 공기는 압축기에 흡입되어 150~200at로 압축되나 약 15at 중간단에서 탄산가스 흡수기에 이송된다.

㉯ 공기 중의 탄산가스는 탄산가스 흡수기에서 약 8%의 가성소다 수용액(NaOH)에 의하여 제거된다.

$$2NaOH + CO_2 \rightarrow Na_2CO_3H_2O$$

㉰ 압축기에서 나온 고압 원료 공기는 열교환기(예랭기)에서 약간 냉각된 후 건조기에서 수분이 제거된다.

㉱ 건조기에는 고형 가성소다 또는 실리카겔 등의 흡착제가 충전되어 있으나 최근에는 흡착제가 많다.

㉲ 건조기에서 탈습된 원료공기 중 약 절반은 피스톤식 팽창기에 이송되어 하부탑의 압력으로 약 5at까지 단열팽창 하여 약 −150℃의 저온이 된다. 이 팽창공기는 여과기에서 유분이 제거된 후 저온 열교환기에서 거의 액화 온도로 되어 복정류답의 하부탑으로 이송된다.

• 탄산가스 흡수기 : CO_2 제거
  흡수제 : 8%의 가성소다.

• 건조기 : 수분제거
  건조제 : 고형가성소다, 실리카겔

POINT

• 아세틸렌 흡착기
  아세틸렌, 탄화수소 제거

• 액체산소통 속에 액체산소 5 ℓ
  중 아세틸렌 질량 5mg, 탄화수
  소의 탄소의 질량이 500mg 초
  과할 때 운전을 중지하고 액화
  산소를 방출한다.

ⓑ 팽창기에 송입 되지 않은 나머지의 약 반 정도의 원료공기는 각 열교
   환기에서 냉각된 후 팽창 밸브에서 약 5at로 팽창하여 하부탑에 들어
   간다. 이때 원료공기의 약 20%는 액화하고 있다.

ⓢ 하부탑에는 다수의 정류판이 있어 약 5at의 압력하에서 공기가 정류
   되고 하부탑상부에서는 액체질소가, 하부에서는 산소에서 순도가 약
   40%의 액체공기가 분리된다.

ⓞ 액체질소와 액체공기는 상부탑에 이송되나 이때 아세틸렌 흡착기에서
   액체공기 중의 아세틸렌과 기타 탄화수소가 흡착 제거된다.

ⓩ 상부탑에서는 약 0.5at의 압력하에서 정제되고 상부탑 하부에 순도
   99.6~99.8%의 액체산소가 분리되어 액체산소 탱크에 저장된다.

ⓒ 하부탑 상부에 분리된 액체질소는 동용 탱크에 채취된다.

(2) 저압식 공기액화 분리장치

① 저압식 공기액화 분리장치의 계통도

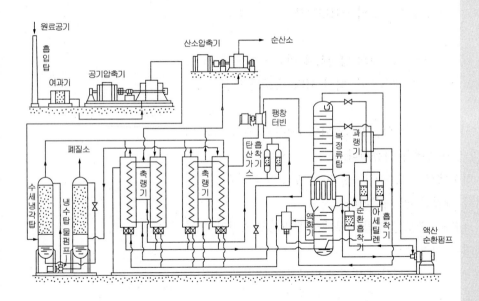

② 작동개요

㉮ 원료 공기는 공기 여과기에서 여과된 후 터보식 공기 압축에서 약 5at
   로 압축된다.

ⓝ 압축기의 공기를 수랭각기에서 냉수에 의해 냉각된 후 2개 1조로 된 축랭기의 각각 1개에 송입 된다. 이때 불순 질소가 나머지 2개의 축랭기 반사 방향에서 흐르고 있다.

ⓓ 일정 주기가 되면 1조의 축랭기에서의 원료공기와 불순 질소류로 교체된다.

ⓡ 순수한 산소는 축랭기 내부에 있는 사관에서 상온이 되어 채취된다.

ⓜ 상온의 약 5at의 공기는 축랭기를 통하는 사이에 냉각되어 불순물인 수분과 탄산가스를 축랭체상에 빙결 분리하여 약 −170℃로 되어 복정류탑의 하부탑에 송입 된다. 또 이때 일부의 원료공기는 축랭기의 중간 −120~−130℃에서 주기된다.

ⓑ 이 때문에 축랭기 하부의 원료 공기량이 감소하므로 교체된 다음의 주기에서 불순질소에 의한 탄산가스의 제거가 완전하게 된다.

ⓢ 주기된 공기에는 공기의 성분량만큼의 탄산가스를 함유하고 있으므로 탄산가스 흡착기로 제거된다.

ⓞ 흡착기를 나온 원료공기는 축랭기 하부에서의 약간의 공기와 혼합되며 −140~150℃가 되어 팽창하고 약 −190℃가 되어 상부탑에 송입된다.

ⓩ 복정류탑에서는 하부탑에서 약 5at의 압력하에 원료공기가 정류되고 동탑 상부에 98% 정도의 액체질소가, 하단 40% 정도의 액체공기가 분리된다.

ⓒ 이 액체질소와 액체공기는 상부탑에 이송되어 터빈에서의 공기와 더불어 약 0.5at의 압력하에서 정류된다.

ⓚ 이 결과 상부탑 하부에서 순도 99.6~99.8%의 산소가 분리되고 축랭기 내의 사관에서 가열된 후 채취된다.

ⓣ 불순질소는 순도 96~98%로 상부탑 상부에서 분리되고 과랭기, 액화기를 거쳐 축랭기에 이른다.

ⓟ 축랭기에서 불순질소는 축냉체상에 빙결된 탄산가스, 수분을 승화 흡수함과 동시에 온도가 상승하여 축랭기를 나온다.

ⓗ 불순 질소는 냉수탑에 이르러 냉각된 후 대기에 방출 된다. 원료공기 중에 함유된 아세틸렌 등의 탄화수소는 아세틸렌 흡착기, 순환 흡착기 등에서 흡착분리 된다.

01 가스액화 분리장치 중 저온에서 원료가스를 분리·정제하는 것을 무엇이라 하는가?

㉮ 한랭발생장치

㉯ 정류장치

㉰ 불순물제거장치

㉱ 접촉분해장치

02 LPG 수입기지의 저온저장설비에 대한 설명으로 옳지 않은 것은?

㉮ 냉동사이클 중 오픈사이클은 재액화한 LPG가 고압탱크에 그대로 보내지는 것이다.

㉯ 클로드 냉동사이클은 재액화한 LPG가 증발할 때 그 일부가 가스화하는 만큼 압축기의 용량이 커지게 되고 설비비가 많이 든다.

㉰ 오픈사이클은 클로드사이클에 비해 보수나 취급이 용이하다.

㉱ 냉동사이클의 압축기는 윤활식이 일반적으로 사용된다. 그러나 최근 화학 공업용 수요가 높아짐에 따라 무윤활식도 채택하는 경향이 높아지고 있다.

03 공기 액화사이클 중 비점이 점차 낮은 냉매를 사용하여 저비점의 기체를 액화하는 사이클은?

㉮ 린데(linde)의 액화사이클

㉯ 카피차(kapitza)의 액화사이클

㉰ 클로드(claude)의 액화사이클

㉱ 캐스케이드(cascade)의 액화사이클

04 가스 액화사이클에 대한 설명으로 틀린 것은?

㉮ 팽창밸브를 통과시켜 저온을 얻는 방식을 주울-톰슨효과에 의한 방식이라 한다.

㉯ 팽창기에 의해 외부 일량을 주지 않고 단열 팽창시키는 방식에 의해서도 저온을 얻을 수 있다.

㉰ 린데식 액화장치는 주울-톰슨효과에 의해 저온을 얻는 방식이다.

㉱ 클로드식 액화장치는 자유팽창효과에 의해 저온을 얻는 방식이다.

해 설

해설 **02**
오픈사이클은 클로드사이클에 비해 형상이 작고 설치면적이 작다.

해설 **04**
클로드식은 원료공기를 압축하고 팽창기에서 대기압까지 단열 팽창하여 저온으로 된 후 열교환기를 거치면서 냉각된 후 팽창밸브에서 단열 팽창하여 저온을 얻는 방식이다.

정답
01. ㉯ 02. ㉰ 03. ㉱
04. ㉱

05 고압식 액체산소 분리장치에 대한 설명으로 틀린 것은?

㉮ 원료공기를 압축기로 흡입하여 150~200atm으로 압축시킨 후 중간 단에 약 15atm의 압력으로 탄산가스를 흡수탑으로 송출한다.

㉯ 탄산가스는 탄산수용액에 흡수시켜 제거한다.

㉰ 공기 압축기의 윤활유는 양질의 광유를 사용한다.

㉱ 건조기 내부에는 고형가성소다, 실리카겔 등의 흡착제를 충전하여 수분을 제거한다.

06 저압식 액화산소 분리장치에 대한 설명이 아닌 것은?

㉮ 공기 중 탄산가스로 가성소다 용액(약8%)

㉯ 충동식 팽창 터어빈을 채택하고 있다.

㉰ 순수한 산소는 축냉기 내부에 있는 사관에서 상온이 되어 채취된다.

㉱ 일정 주기가 되면 1조의 축냉기에서의 원료공기와 불순 질소류는 교체된다.

07 공기액화분리장치에서 복정류탑의 중간에 있는 응축기의 작용은?

㉮ 하부통에 대해서는 분류기(分流器), 상부통에 대해서는 증발기로 작용

㉯ 하부통에 대해서는 증발기, 상부통에 대해서는 분류기(分流器)로 작용

㉰ 상, 하부통에 대해서 모두 증발기로 작용

㉱ 상, 하부통에 대해서 모두 분류기(分流器)로 작용

08 공기액화분리장치 운전 중 반드시 제거해야 할 불순물이 아닌 것은?

㉮ 아세틸렌   ㉯ 탄산가스

㉰ 질소   ㉱ 질소 산화물

09 공기 액화 분리 장치에서 이산화탄소 1kg을 제거하기 위해 필요한 NaOH는 약 몇 kg인가? (단, 반응률은 60%이고, NaOH의 분자량은 40이다.)

㉮ 0.9   ㉯ 1.8

㉰ 2.3   ㉱ 3.0

해 설

[해설] **05**

원료 중에 함유된 탄산가스는 탄산가스 흡수기에서 가성소다용액에 흡수되어 제거된다.

[해설] **06**

㉮항은 고압식 액체산소 분리장치

[해설] **07**

복식정류탑은 상부에는 상부 정류탑, 중간에는 응축기, 하부에는 하부 정류탑과 정류드럼으로 구성되어 있으며 하부탑 상부는 액체질소로 상부탑 하부는 액체산소로 분리한다.

[해설] **09**

$2NaOH + CO_2$
$\rightarrow Na_2CO_3 + H_2O$
$2 \times 40g : 44g = x : 1kg$
$\therefore x = \dfrac{2 \times 40 \times 1}{44 \times 0.6} = 3.03kg$

05. ㉯   06. ㉮   07. ㉮

08. ㉰   09. ㉱

정답

10 공기액화 분리장치의 폭발방지 대책으로 가장 적절한 것은?

㉮ 공기취입구로부터 아세틸렌 및 탄화수소 혼입이 없도록 관리한다.

㉯ 산소 압축기 윤활제로 식물성 기름을 사용한다.

㉰ 장치는 연 1회 정도 내부를 세척하는 것이 좋고, 세정제로 아세톤을 사용한다.

㉱ 액체산소 중에 오존(O_3)혼입은 산소 농도를 증가시키므로 안전하다.

11 클로드식 공기액화 사이클의 주요 구성요소가 아닌 것은?

㉮ 열교환기   ㉯ 축냉기

㉰ 액화기   ㉱ 팽창기

12 공기액화 분리장치에서의 폭발원인에 해당되지 않는 것은?

㉮ 액체 공기 중의 질소 혼입

㉯ 액체 공기 중의 오존 혼입

㉰ 공기 취입구로부터의 아세틸렌혼입

㉱ 압축기용 윤활유의 분해에 따른 탄화수소의 생성

해설

[해설] 10

① 산소 압축기 : 물 또는 10% 이하의 묽은 글리세린수 사용

② 세정제 : 사염화탄소(CCl_4) 사용

③ 공기 중 오존(O_3) 혼입 : 폭발 원인

[해설] 11

공기액화 사이클의 구성요소
원료공기 취입구, 공기압축기, 탄산가스흡수기, 중간냉각기, 유분리기, 예열기, 수분리기, 건조기, 팽창기, 열교환기, 정류탑

[해설] 12

공기액화 분리장치의 폭발원인
① 액체공기 중의 오존의 혼입
② 공기 중의 질소산화물혼입
③ 압축기용 윤활유 분해에 따른 탄화수소 생성
④ 공기 취입구로부터의 아세틸렌의 혼입

정답

10. ㉮　11. ㉯　12. ㉮

01. 가스액화 원리로 가장 기본적인 방법은?

㉮ 단열 팽창 ㉯ 단열 압축
㉰ 등온 팽창 ㉱ 등온 압축

해설 단열 교축 팽창
팽창 밸브에 의한 방법으로 유체를 자유 팽창시켜 온도가 강하되는 줄-톰슨 효과에 의한 방법이다.

02. 증기압축 냉동기에서 등엔트로피 과정은 다음 중 어느 곳에서 이루어지는가?

㉮ 응축기 ㉯ 압축기
㉰ 증발기 ㉱ 팽창밸브

해설 압축기 : 등엔트로픽과정, 팽창밸브 : 등엔탈피과정

03. 다음 T-S선도는 증기냉동 사이클을 표시한다. 1 → 2과정을 무슨 과정이라고 하는가?

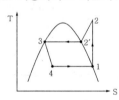

㉮ 등온 압축 ㉯ 등온 팽창
㉰ 단열 팽창 ㉱ 단열 압축

해설 증기냉동 사이클
① 1 → 2 : 단열압축 ② 2′ → 3 : 등온압축
③ 3 → 4 : 단열팽창 ④ 4 → 1 : 등온팽창

04. 냉동의 4대 주기의 순서가 올바르게 된 것은?

㉮ 압축기-증발기-팽창밸브-응축기
㉯ 증발기-압축기-응축기-팽창밸브
㉰ 증발기-응축기-팽창밸브-압축기
㉱ 압축기-응축기-증발기-팽창밸브

해설 냉동사이클
압축기 → 응축기 → 팽창밸브 → 증발기

05. 가스의 액화사이클에서 단열팽창 원리의 설명으로 맞는 것은?

㉮ 압축가스의 팽창과정은 가역변화이며 엔트로피 변화가 있다.
㉯ 압축가스의 팽창과정은 등온변화이며 엔트로피 변화가 없다.
㉰ 압축가스의 팽창과정은 가역변화이며 엔트로피 변화가 없다.
㉱ 압축가스의 팽창과정은 등온변화이며 엔트로피 변화가 있다.

해설 가스 액화사이클에서 팽창과정은 가역변화이며 엔트로피는 변화가 없다.

06. 다음 중 일반 가스를 액화시키는데 필요한 조건은?

㉮ 임계온도 이상, 압력은 낮춘다.
㉯ 임계온도 이하, 압력은 그대로 한다.
㉰ 임계온도 이하, 임계압력 이상
㉱ 임계온도 이상, 고압으로 한다.

해설 액화의 조건
임계온도 이하, 임계압력 이상

07. 증기압축 냉동기에서 냉매의 엔탈피가 일정한 부분은 어느 것인가?

㉮ 증발기 ㉯ 응축기
㉰ 압축기 ㉱ 팽창밸브

해설 팽창밸브
교축작용 → 단열팽창과정 → 등엔탈피과정 → 압력온도강하 → 주울-톰슨의 효과

정답 01. ㉮ 02. ㉯ 03. ㉱ 04. ㉯ 05. ㉰ 06. ㉰ 07. ㉱

08. 다음 그림은 역카르노 냉동사이클을 표시한다. 열을 방출하여 등온압축을 하는 과정은?

㉮ 1~2의 과정
㉯ 2~3의 과정
㉰ 3~4의 과정
㉱ 4~1의 과정

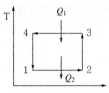

[해설] 역카르노 냉동사이클
① 1~2 : 등온팽창   ② 2~3 : 단열압축
③ 3~4 : 등온압축   ④ 4~1 : 단열팽창

09. 카르노행정에서 어느 과정을 통해 열이 계로 흡수되는가?

㉮ 등온팽창과정   ㉯ 단열압축과정
㉰ 등온압축과정   ㉱ 단열팽창과정

[해설] Carnot cycle
① 등온팽창 : 열 흡수   ② 등온압축 : 열 방출

10. 냉동기의 성적계수란 무엇인가?

㉮ 열기관의 열효율 역수이다.
㉯ 저온체에서 흡수한 열량과 공급된 일과의 비이다.
㉰ 고온체에서 흡수한 열량과 공급된 일과의 비이다.
㉱ 저온체에서 흡수한 열량과 고온체에 방출한 열과의 비이다.

[해설] 성적계수 $= \dfrac{q(냉동효과)}{A W(압축일의\ 열당량)}$

11. 다음 그림과 같은 냉동 사이클의 성적계수(ε_R)는?

㉮ 4.0
㉯ 4.5
㉰ 4.8
㉱ 5.2

[해설] ① 냉동효과 $q_2 = i_3 - i_2 = 397 - 128 = 269$
② 압축일 : $A W = i_4 - i_3 = 453 - 397 = 56$
③ 성적계수 : $\varepsilon_R = \dfrac{q_2}{A W} = \dfrac{269}{56} = 4.8$

12. 어느 carnot-cycle이 37℃와 -3℃에서 작동된다면 냉동기의 성적계수 및 열효율은 얼마인가?

㉮ 성적계수 약 0.15, 열효율 약 0.13
㉯ 성적계수 약 0.4, 열효율 약 0.87
㉰ 성적계수 약 6.75, 열효율 약 0.13
㉱ 성적계수 약 7.75, 열효율 약 0.87

[해설] 카르노사이클의 성적계수와 열효율
① 성적계수 $\varepsilon_R = \dfrac{T_2}{T_1 - T_2}$
$= \dfrac{(273-3)K}{(273+37)°K - (273-3)K} = 6.75$
② 열효율 $\eta_c = 1 - \dfrac{T_2}{T_1}$
$= 1 - \dfrac{(273-3)K}{(273+37)K} ≒ 0.13$

13. 두개의 카르노사이클(Carnot cycle)이 ① 100℃와 200℃ 사이에서 작동할 때와 ② 300℃와 400℃ 사이에서 작동할 때 이를 두 사이클 각각의 경우 열효율은 다음 중 어떤 관계에 있는가?

㉮ ①은 ②보다 열효율이 크다.
㉯ ①은 ②보다 열효율이 작다.
㉰ ①과 ②의 열효율은 같다.
㉱ 정답은 없다.

[해설] 카르노 사이클의 열효율
① 100℃와 200℃에서 작동할 때 효율
$\eta_c = 1 - \dfrac{T_2}{T_1} = 1 - \dfrac{(273+100)K}{(273+200)K} = 0.211$
② 300℃와 400℃에서 작동할 때 효율
$\eta_c = 1 - \dfrac{T_2}{T_1} = 1 - \dfrac{(273+300)K}{(273+400)K} = 0.148$
∴ ①은 ②보다 열효율이 크다.

14. 어떤 냉동기가 20℃의 물을 -10℃의 얼음으로 만드는 데 50PS·h/t의 일이 소요되었다면 이 냉동기의 성능계수는? (단, 얼음의 융해열은 80kcal/kg, 얼음의 비열은 0.5kcal/kg·℃이고, 1PS·h는 632.2kcal)

㉮ 3.98
㉯ 3.32
㉰ 5.67
㉱ 4.57

해설 ① 20℃ 물 → 0℃ 물 : 현열
$Q_1 = G \cdot C \Delta t = 1 \times 1 \times (20-0) = 20 \text{kcal}$
② 0℃ 물 → 0℃ 얼음 : 잠열
$Q_2 = G \cdot \gamma = 1 \times 80 = 80 \text{kcal}$
③ 0℃ 얼음 → -10℃ 얼음 : 현열
$Q_3 = G \cdot C \Delta t = 1 \times 0.5 \times (0+10) = 5 \text{kcal}$
$\therefore Q = Q_1 + Q_2 + Q_3 = 20 + 80 + 5 = 105 \text{kcal}$
1PS·h=632.2kcal 이므로 $COP = \dfrac{Q}{AW} = \dfrac{1,000 \times 105}{50 \times 632.2} = 3.32$

15. 역카르노 사이클로 작동되는 냉동기가 30마력의 열을 받아서 저온체로 20kcal/sec의 열을 흡수한다면 고온체로 방출하는 열량은 kcal/sec인가?

㉮ 25.3
㉯ 30.5
㉰ 42.6
㉱ 55.4

해설 $Q_c = q + AW$
여기서, q : 냉동기 능력
AW : 압축일량
$\therefore Q_c = 20 \text{kcal/sec} + \dfrac{30 \times 632.3}{3,600} \text{kcal/sec} = 25.3 \text{kcal/sec}$

16. 1냉동톤에 대한 정의로 옳은 것은?

㉮ 0℃의 물 1톤을 하루에 0℃의 얼음으로 냉동시키는 능력
㉯ 0℃의 물 1톤을 한 시간에 0℃의 얼음으로 냉동시키는 능력
㉰ 100℃의 물 1톤을 하루에 0℃의 얼음으로 냉동시키는 능력
㉱ 100℃의 물 1톤을 한 시간에 0℃의 얼음으로 냉동시키는 능력

해설 1냉동톤
0℃의 물 1톤을 하루에 0℃의 얼음으로 만드는 냉동능력=3,320kcal/h

17. 다음 중 용어에 대한 설명을 잘못된 것은?

㉮ 냉동능력은 1일간 냉동기가 흡수하는 열량이다.
㉯ 냉동효과는 냉매 1kg이 흡수하는 열량이다.
㉰ 1냉동톤은 0℃의 물 1톤을 1일간 0℃의 얼음으로 냉동시키는 능력이다.
㉱ 냉동기 성적계수는 저온체에서 흡수한 열량을 공급된 일로 나눈 값이다.

해설 냉동능력은 1시간 냉동기가 흡수하는 열량이다.

18. 냉동기를 사용하여 0℃ 물 1t을 0℃ 얼음으로 만드는 데 30시간이 걸렸다면 이 냉동기의 용량은?(단, 1냉동톤=3,320kcal/h)

㉮ 약 0.3 냉동톤
㉯ 약 0.8 냉동톤
㉰ 약 1.3 냉동톤
㉱ 약 1.8 냉동톤

해설 냉동톤 $= \dfrac{G \cdot \gamma}{3,320} = 1,000 \times \dfrac{79.68}{3,320 \times 30} = 0.8 \text{냉동톤}$

19. 냉동능력의 산정기준으로 사용하는 식은?

㉮ $R = V/C$
㉯ $Q = (P+1)V_1$
㉰ $W = 0.9dV_2$
㉱ $W = V_2/C$

해설 냉동능력 산정기준
① 원심식 압축기를 사용하는 냉동설비 : 원동기 정격 출력 1.2kW(1톤)
② 흡수식 냉동설비 : 시간당 6,640kcal/h(1톤)
③ 기타 : $R = \dfrac{V}{C}$
여기서, R : 1일의 냉동능력(톤)
V : 피스톤 압출량(m^3)
C : 냉매가스상수

정답 14. ㉯ 15. ㉮ 16. ㉮ 17. ㉮ 18. ㉯ 19. ㉮

20. 로타직경(D)이 16.5cm, 로타길이(L)가 20cm, 분당 회전수(n)가 3,200인 스크류형 냉동기의 냉동능력(R)은 몇 냉동톤인가? (단, 프레온 22를 사용하며 정수(C)는 8.50이고, 치형의 종류에 따른 계수(k)는 0.476이다.)

㉮ 25.4톤   ㉯ 38.7톤

㉰ 46.9톤   ㉱ 58.5톤

해설 냉동톤 $R = \dfrac{V}{C} = \dfrac{497.63}{8.5} = 58.54$톤

여기서, $V = K \cdot D^2 \cdot Ln \times 60$ (m³/h)

$= 0.476 \times 0.165^2 \times 0.2 \times 3,200 \times 60 = 497.63$ m³/h

21. 다음은 냉동장치의 냉매로서 갖추어야 할 조건을 나열한 것이다. 틀리게 기술된 것은?

㉮ 임계온도가 낮고 응고점이 높을 것

㉯ 압축기가 적고 비체적이 적을 것

㉰ 열전도율이 좋고 점성이 낮을 것

㉱ 인화성, 폭발성이 적고, 냄새가 적으며 인체에 무해할 것

해설 냉매의 구비조건
① 열전도율이 좋을 것
② 압축비와 비체적이 적을 것
③ 임계온도가 높을 것
④ 점성, 응고점이 낮을 것
⑤ 점도, 표면장력, 액체비열이 적을 것
⑥ 전열계수, 전기저항, 증기비열, 증발잠열이 클 것
⑦ 인화성, 폭발성이 적을 것
⑧ 안정성이 있고 부식성이 없을 것
⑨ 인화성, 폭발성이 적고 냄새가 적으며 인체에 무해할 것

22. 원심식 압축기에 사용되는 냉매의 이상적인 구비조건은?

㉮ 활성가스일 것

㉯ 가스의 비열비가 클 것

㉰ 전기적 절연내력이 적을 것

㉱ 가스의 비중이 클 것

해설 원심압축기의 냉매는 가스비중이 클수록 원심력이 크게 작용하여 압축 효율이 좋아진다.

23. 프레온 가스의 특징에 대한 설명 중 틀린 것은?

㉮ 화학적으로 안정하다.

㉯ 불연성이고 폭발성이 없다.

㉰ 무색, 무미, 무취성이다.

㉱ 액화가 쉽고 증발잠열이 적다.

해설 프레온 가스의 특징
① 화학적으로 안정하다.
② 불연성이고 폭발성이 없다.
③ 무색, 무미, 무취성이다.
④ 액화하기가 쉽고 증발잠열(101.8kcal/kg)이 크다.

24. 프레온 냉매가 실수로 눈에 들어갔을 경우 눈 세척에 쓰이는 약품으로 적당한 것은?

㉮ 와세린

㉯ 희붕산용액

㉰ 농피크린산용액

㉱ 유동 파라핀과 점안기

25. 상온의 9기압에서 액화되며 기화할 때 많은 열을 흡수하기 때문에 냉동제로 쓰이는 것은?

㉮ 암모니아   ㉯ 프로판

㉰ 이산화탄소   ㉱ 에틸렌

해설 암모니아의 비점이 −33.3℃로 상온(20℃)에서 약 8~9 기압을 가하면 쉽게 액화되고 기화잠열이 크기 때문에 냉동제로 많이 사용된다.

26. 냉동기에 사용하는 재료는 냉매가스, 흡수용액 및 염화메탄을 사용하는 냉동기의 피냉각물이 접하는 부분에 사용하여서는 안 되는 재료는?

㉮ 탄소강재   ㉯ 주강품

㉰ 구리   ㉱ 알루미늄

해설 금지재료

염화메탄	암모니아	프레온
알루미늄합금	동 및 동합금	2%를 넘는 Mg을 함유한 Al 합금

27. 다음 중 흡수식 냉동기의 기본 사이클에 해당하지 않는 것은?

㉮ 흡수 ㉯ 압축
㉰ 응축 ㉱ 증발

[해설] 흡수식 냉동기의 구성기기 발생기 → 응축기 → 팽창기 → 증발기 → 흡수기

[참고] 흡수식 냉동기의 냉매 및 흡수제

냉 매	흡수제
암모니아(NH_3)	물(H_2O)
물(H_2O)	리튬브로마이드(LiBr)
염화메틸	사염화에탄
톨루엔	파라핀유

28. 다음 중 기체액화 사이클이 아닌 것은?

㉮ 오토사이클
㉯ 클로드식 사이클
㉰ 린데식 사이클
㉱ 필립스식 사이클

[해설] 가스액화사이클의 종류
① 클로드식 사이클
② 린데식 사이클
③ 필립스식 사이클
④ 카피차식 사이클
⑤ 캐스케이드식 사이클

29. 수입기지의 저온 저장설비에서 가스를 압축기에 의해 압축하여 콘덴서에 의해 응축시켜 재액화한 LPG를 다시 저온탱크에 끌어넣어 차압에 의해 증발시켜 그 일부를 저온 액으로 하여 저장하는 냉동사이클은?

㉮ 클로드식 사이클
㉯ 오픈 사이클
㉰ 린데식 사이클
㉱ 카피차식 사이클

30. 공기 액화장치 중 수소, 헬륨을 냉매로 한, 2개의 피스톤이 한 실린더에 설치되어 팽창기와 압축기의 역할을 동시에 하는 형식은?

㉮ 캐스케이드식 액화장치
㉯ 카피차식 액화장치
㉰ 클로드식 액화장치
㉱ 필립스식 액화장치

31. 증기 압축식 냉동 사이클에서 비점이 낮은 냉매를 사용하여 저비점의 기체를 액화하는 사이클을 무엇이라고 하는가?

㉮ 캐스케이드 액화 사이클(다원 액화 사이클)
㉯ 린데의 액화 사이클
㉰ 가역가스 액화 사이클
㉱ 고압 액화 사이클

32. 가스액화 분리장치의 구성요소가 아닌 것은?

㉮ 한랭 발생장치 ㉯ 정류장치
㉰ 불순물 제거장치 ㉱ 액체 증발장치

[해설] 가스액화 분리장치의 구성요소
한랭 발생장치, 정류(분출, 흡수)장치, 불순물 제거장치

33. 공기액화 분리공정을 순서대로 바르게 나열한 것은?

㉮ 압축 → 정제 → 냉각 및 팽창 → 증류 → 제품 저장 및 충전
㉯ 정제 → 냉각 및 팽창 → 압축 → 증류 → 제품 저장 및 충전
㉰ 압축 → 증류 → 정제 → 냉각 및 팽창 → 제품 저장 및 충전
㉱ 냉각 및 팽창 → 정제 → 압축 → 증류 → 제품 저장 및 충전

[해설] 공기액화 분리공정의 순서
압축 → 정제 → 냉각 및 팽창 → 증류 → 제품 저장 및 충전

[정답] 27. ㉯ 28. ㉮ 29. ㉮ 30. ㉱ 31. ㉮ 32. ㉱ 33. ㉮

34. 재래식 공기 액화 분리법에 의한 산소제조 공정 중 맞지 않는 것은?

㉠ 먼지, CO_2가 제거된 공기를 압축기에서 압축한다.

㉯ 원료 공기 중의 이산화탄소를 CO_2의 흡수탑에서 제거한다.

㉱ 원료 공기 중의 먼지를 여과기에 의해 제거한다.

㉢ 압축된 원료 공기 중의 수분은 유분리기에서 제거한다.

해설 원료공기 중의 수분은 건조기에서 제거한다.

35. 공기를 액화시켜 산소와 질소를 분리하는 원리는?

㉠ 액체산소와 액체질소의 비중 차이에 의해 분리한다.

㉯ 액체산소와 액체질소의 비등점 차이에 의해 분리한다.

㉱ 액체산소와 액체질소의 열용량 차이로 분리한다.

㉢ 액체산소와 액체질소의 전기적 성질 차이에 의해 분리한다.

해설 액체공기 질소(비등점 : $-195℃$), 산소(비등점 : $-183℃$)

36. 공기액화 분리장치의 압력에 따른 분류가 아닌 것은?

㉠ 고압식 공기분리장치

㉯ 전저압식 공기분리장치

㉱ 저압식 액산 플랜트

㉢ 중압식 공기분리장치

37. 고압식 공기액화 분리장치의 압축기에서 압축되는 최대압력은?

㉠ 50~100atm ㉯ 100~150atm

㉱ 150~200atm ㉢ 200~250atm

해설 150~200atm

38. 다음 건조기에 대한 설명 중 틀린 것은?

㉠ 겔 건조기는 흡착제로 SiO_2, Al_2O_3, 소바비드 등을 사용한다.

㉯ 수분리기를 거친 원료 공기에 함유되어 있는 수분을 최종적으로 제거한다.

㉱ 겔 건조기는 수분 및 이산화탄소를 제거한다.

㉢ 소다 건조기는 흡착제로 입상의 가성소다($NaOH$)를 사용하여 수분과 이산화탄소를 제거한다.

해설 ① 소다 건조기에는 입상의 $NaOH$를 사용하여 미량의 수분과 CO_2를 제거한다.
② 겔 건조기는 흡착제로 SiO_2, Al_2O_3, 소바비드 등을 사용하여 수분을 제거한다.

39. 산소를 제조하기 위한 공기액화 분리장치에서 수유분리기(授油分離器)의 역할 설명으로 옳지 않은 것은?

㉠ 압축기 파손 우려가 있으므로 물이나 오일을 제거한다.

㉯ 오일이 장치 내에 들어가면 폭발위험이 있으므로 오일을 제거한다.

㉱ 수분이 장치 중에 들어가면 동결하여 밸브 및 배관을 폐쇄하므로 수분을 제거한다.

㉢ 수유분리기에서는 압축된 공기 중의 수분이나 오일을 가스유속을 빠르게 하여 분리시킨다.

해설 수분이나 오일은 가스유속을 느리게 하여 분리한다.

40. 다음 중 이산화탄소 흡수탑의 설명으로 틀린 것은?

㉮ 공기 청정탑이라고도 불린다.

㉯ 원료공기 중에 CO_2가 존재하면 저온장치에 들어가 드라이아이스가 되어 밸브 및 배관을 폐쇄하여 장애를 일으킨다.

㉰ CO_2 흡수탑에서 일반적으로 사용되는 흡수제로는 NaOH 수용액이 쓰인다.

㉱ 1g의 CO_2 제거에 NaOH 2.6g이 필요하다.

[해설] $2NaOH+CO_2 \rightarrow Na_2CO_3+H_2O$에서
$2 \times 40g : 44g = x : 1g$
$\therefore x = \dfrac{2 \times 40 \times 1}{44g} = 1.818g$

41. 공기액화분리장치에서 CO_2와 수분혼입시 미치는 영향이 아닌 것은?

㉮ 드라이아이스 얼음이 된다.

㉯ 배관 및 장치를 동결시킨다.

㉰ 액체 공기의 흐름을 방해한다.

㉱ 질소, 산소 순도가 증가한다.

[해설] 공기액화 분리장치에서 CO_2는 드라이아이스, 수분은 얼음이 되어 장치 내를 폐쇄시키므로 CO_2는 NaOH로, 수분은 건조제($NaOH$, SiO_2, Al_2O, 소바비드)로 제거한다.

42. 고압식 액체 산소 분리장치에서 원료 공기 중의 탄산가스는 어떻게 제거하는가?

㉮ 탄산가스 흡수기에서 8% 정도의 가성소다 용액에 흡수한다.

㉯ 탄산가스 흡착기에서 실리카겔로 흡착하여 제거한다.

㉰ 냉각탑에서 물로 냉각하여 흡수 제거한다.

㉱ 저온으로 냉각하여 고체 드라이아이스로 만들어 제거한다.

43. 공기액화분리장치에서 CO_2 1g 제거에 필요한 가성소다는 몇 g인가?

㉮ 0.82g

㉯ 1.82g

㉰ 2g

㉱ 2.82g

[해설] $2NaOH+CO_2 \rightarrow Na_2CO_3+H_2O$
$2 \times 40g : 44g = x : 1g$
$\therefore x = \dfrac{2 \times 40 \times 1}{44g} = 1.818g$

44. 다음공기의 액화장치 중 $2NaOH+CO_2 \rightarrow Na_2CO_3+H_2O$와 같은 반응이 일어나는 장치는 어느 것이며, 이 장치를 설치하는 목적은 무엇인가?

㉮ 팽창기-온도상승방지

㉯ 이산화탄소흡수탑-배관동결방지

㉰ 냉각기-과열방지

㉱ 정류탑-가스분류

[해설] CO_2 흡수탑
CO_2가 존재하면 드라이아이스가 되어 장치가 파손되거나 배관의 흐름을 차단하여 위험하게 되므로 CO_2 흡수탑에서 NaOH(가성소다)에 의해 제거시킨다.

45. 정류탑의 설명 중 틀린 것은?

㉮ 열교환기에서 냉각된 고압공기는 정류장치에서 산소와 질소의 비등점 차이에 의하여 정류분리된다.

㉯ 정류판에는 다공판식과 포종식이 주로 사용된다.

㉰ 단식 정류장치와 복식 정류장치가 있다.

㉱ 단식 정류장치에만 정류탑이 있다.

46. 다음 중 공기를 압축 냉각하여 액체 공기를 만드는 과정 및 액체 공기를 분별 증류하는 과정으로 옳은 것은?

㉮ 산소가 먼저 액화하고, 기화는 질소가 먼저 한다.

㉯ 질소가 먼저 액화하고, 기화는 산소가 먼저 한다.

㉰ 질소가 액화, 기화 모두 먼저 한다.

㉱ 산소가 액화, 기화 모두 먼저 한다.

해설 ① 액화순서 : 산소(-183℃) → 질소(-196℃)
② 기화순서 : 질소 → 산소

47. 산소 제조시 정류탑의 탑하부에서 얻는 물질은?

㉮ 산소 ㉯ 질소

㉰ 아르곤 ㉱ 이산화탄소

해설 분리된 액체산소는 정류탑 하부로, 액체 질소는 정류탑 상부에 고인다.

48. 복식정류탑에서 얻어지는 질소의 순도는 몇% 이상인가?

㉮ 90~92% ㉯ 93~95%

㉰ 94~98% ㉱ 99~99.8%

49. 공기액화 분리장치에서 폭발의 원인이 아닌 것은?

㉮ 공기 취입구에서 아세틸렌의 혼입

㉯ 윤활유 분해에 의한 탄화수소의 생성

㉰ 산화질소, 과산화질소 혼입

㉱ 공기 중의 산소의 혼입

해설 공기액화 분리장치의 폭발원인
① 장치 내 질소산화물(산화질소, 과산화질소) 혼입
② 액체공기 중의 오존(O_3)혼입
③ 윤활유 분해에 의한 탄화수소의 생성
④ 공기 취입구로부터 아세틸렌의 혼입

50. 공기 액화 분리장치의 폭발 방지를 위한 대책 중 틀린 것은?

㉮ 장치 내에 여과기를 설치한다.

㉯ 아세틸렌이 흡입되지 않는 장소에 공기 취입구를 설치한다.

㉰ 윤활유는 물을 사용한다.

㉱ 1년에 1회 이상 정기적으로 사염화탄소로 세척한다.

해설 양질의 압축기 윤활유를 사용한다.

51. 공기액화 분리장치에 들어가는 공기 중 아세틸렌가스가 혼합되면 안되는 이유는?

㉮ 산소와 반응하여 산소의 증발을 방해한다.

㉯ 응고되어 돌아다니다가 산소 중에서 폭발할 수 있다.

㉰ 파이프 내에서 동결되어 파이프가 막히기 때문이다.

㉱ 질소와 산소의 분리작용을 방해하기 때문이다.

해설 아세틸렌이 공기액화 분리장치에 침입시 산소와 폭발 혼합 농도로 되었을 때 폭발을 일으키는 원인이 된다.

52. 공기액화 분리장치에서 액산 35 ℓ 중 CH_4 2g, C_4H_{10}이 4g 혼합시 5 ℓ 중 탄소의 양은 몇 mg인가?

㉮ 500mg

㉯ 600mg

㉰ 687mg

㉱ 787mg

해설 $\frac{12}{16} \times 2,000(mg) + \frac{48}{58} \times 4,000(mg) = 4,810.3mg$

$\therefore 4,810.3 \times \frac{5}{35} = 687.19mg$

액화산소 5 ℓ 중 C_2H_2의 질량이 5mg 이상이거나 탄화수소 중 탄소의 양이 500mg 이상시 폭발위험이 있으므로 운전을 중지하고 액화산소를 방출하여야 한다.

46. ㉮ 47. ㉮ 48. ㉱ 49. ㉱ 50. ㉰ 51. ㉯ 52. ㉰ **정답**

53. 저온장치에 사용되는 진공단열법의 종류에 속하지 않는 것은?

㉮ 고진공 단열법 ㉯ 저진공 단열법
㉰ 분말진공 단열법 ㉱ 다층진공 단열법

해설 저온장치의 단열법
① 상압 단열법
② 진공 단열법
  ㉠ 고진공 단열법
  ㉡ 분말진공 단열법
  ㉢ 다층진공 단열법

54. 가스액화 분리장치 중 축랭기에 대한 설명이 잘못된 것은?

㉮ 열교환기이다.
㉯ 수분을 제거시킨다.
㉰ 탄산가스를 제거시킨다.
㉱ 내부에는 열용량이 적은 충전물이 들어있다.

해설 축랭기
수분과 탄산가스 제거

55. 수소, 헬륨을 냉매로 한 것이 특징이며, 장치가 소형인 공기액화장치는?

㉮ 린데식 ㉯ 클로드식
㉰ 카피차식 ㉱ 필립스식

해설 필립스식 공기액화사이클
장치는 소형이고 냉매가 수소(H_2), 헬륨(He)이다.

56. 공기액화 분리장치의 내부를 세척하고자 한다. 세정액으로 사용할 수 있는 것은?

㉮ 탄산나트륨(Na_2CO_3)
㉯ 사염화탄소(CCl_4)
㉰ 염산(HCl)
㉱ 가성소다(NaOH)

해설 공기액화 분리장치의 내부세정액
사염화탄소(CCl_4) [1년에 1회 이상 세척]

57. N_2 70%(W), O_2 20%(W), CO_2 10%(W)일 때 질소의 부피(%)는?

㉮ 705 ㉯ 71%
㉰ 73% ㉱ 75%

해설 $N(\%) = \dfrac{\dfrac{0.7}{28}}{\dfrac{0.7}{28} + \dfrac{0.2}{32} + \dfrac{0.1}{44}} \times 100(\%) = 74.576\%$

정답 53. ㉯ 54. ㉱ 55. ㉱ 56. ㉯ 57. ㉱

제 3 과목

연소공학

• 출제경향분석

연소공학의 열역학분야와 가스폭발사고 및 예방과 연소에 따르는 이상현상 및 에너지 절감에 따른 연료의 종류선택, 연소장치와 연소효율에 관한 문제가 많이 출제되고 있다.

• 단원별 경향분석

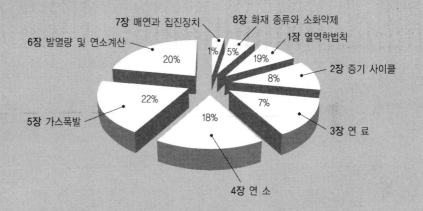

7장 매연과 집진장치 1%
8장 화재 종류와 소화약제 5%
1장 열역학법칙 19%
6장 발열량 및 연소계산 20%
2장 증기 사이클 8%
5장 가스폭발 22%
3장 연료 7%
4장 연소 18%

열역학법칙

학습방향 열역학 기본법칙과 에너지 흐름 및 가역, 비가역 과정의 상태변화를 배운다.

01 열역학 0법칙(열평형의 법칙)

POINT

온도가 서로 다른 물체를 접촉시키면 높은 온도를 지닌 물체의 온도는 내려 가고(열량 방출), 낮은 온도의 물체는 온도가 올라가서(열량 흡수) 결국 두 물체 사이에는 온도차가 없어지며 같은 온도가 된다(열평형상태).

이와 같이 열평형이 된 상태를 열역학 0법칙 또는 열평형의 법칙이라 한다. 즉, 열역학 0법칙은 온도계의 원리를 제시한 법칙이다.

- 열평형상태의 온도(평균온도)
$$= tm$$
$$tm = \frac{G_1 C_1 t_1 + G_2 C_2 t_2}{G_1 C_1 + G_2 C_2}$$

(1) 열용량과 비열

① **열용량(kcal/℃)** : 어떤 물질을 1℃ 높이는데 필요한 열량
② **비열(kcal/kg℃)** : 어떤 물질 1kg을 1℃ 높이는데 필요한 열량
※ 열용량(kcal/℃)=비열(kcal/kg℃)×물질의 무게(kg)

- 열용량(kcal/℃)과 비열(kcal/kg ℃)를 구분해서 알아둘 것

(2) 기체의 비열비(K)

① $K = \dfrac{C_P}{C_V}$ ② $C_P - C_V = AR$

③ $C_P = \dfrac{KAR}{K-1}$, $C_V = \dfrac{AR}{K-1}$

※ $K > 1$, 즉 $C_P > C_V$

- 비열비는 항상 1보다 크다.

여기서, C_P : 정압비열(kcal/kg℃)

C_V : 정적비열(kcal/kg℃)

A : 일의 열당량(kcal/kg·m)

R : 기체상수 : $\dfrac{848}{M}$ (kg·m/kg·kmol·K)

④ 각 원자분자에 따른 비열비

㉮ 1원자 분자인 경우 $k=\dfrac{5}{3}=1.67$

㉯ 2원자 분자인 경우 $k=\dfrac{7}{5}=1.4$

㉰ 3원자 분자인 경우 $k=\dfrac{4}{3}=1.33$

(3) 열량의 단위

① 1kcal(kilocalorie) : 순수한 물 1kg을 표준 대기압하에서 14.5℃에서 15.5℃
까지 1℃ 높이는 데 필요한 열량을 말한다.

② 1Btu(British thermal unit) : 순수한 물 1Lb를 60℉에서 61℉로 높이는 데
필요한 열량을 말하며, 1Btu=0.252kcal이다.

③ 1Chu(Centigrade heat unit) : 1Lb의 순수한 물을 14.5℃에서 15.5℃로 1℃
높이는데 필요한 열량이며, PCU(Pound Celsius Unit)라고도 한다.

※ 1kcal=2.205Chu=3.968Btu

(4) 압력 및 비체적, 비중량, 밀도

① 압력(pressure)

㉮ 표준대기압

$1atm=760mmHg=10,332kgf/m^2=1.0332kgf/cm^2=10.332mAq$
$=101,325N/m^2=101,325Pa=14.7Psi$

㉯ 계기압력(gauge pressure) : 압력계로서 압력을 측정할 때 대기압을
기준으로 하여 측정한 압력($kgf/m^2\cdot g$, atg)

㉰ 절대압력(absolute pressure) : 완전진공을 기준으로 한 압력
(kgf/m^2 abs, ata)

㉱ 계기압과 절대압, 대기압 사이의 관계를 표시하면 다음과 같다.

절대압력 = 대기압력 + 계기압력

= 대기압력 − 계기압력(진공)

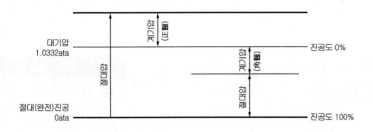

ⓐ 진공도$=\dfrac{진공압력}{대기압력}\times 100(\%)$

② **비체적(비용적)** : 단위 무게당 차지하는 체적

③ **비중량** : 단위체적당 차지하는 중량

④ **밀도** : 단위체적당 차지하는 질량

(5) 일과 에너지 및 동력

① 일

물체의 힘 $F(\text{kgf})$이 작용하여 $S(\text{m})$ 만큼 이동하였을 때, 힘과 힘 방향의 변위 의 곱을 일(work)이라 한다.

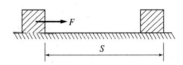

$$W=F\cdot S(\text{kgf}\cdot\text{m})$$

② 에너지

에너지란 일할 수 있는 능력을 말하며, 그 양은 외부에 행한 일로 표시되 고, 단위는 일의 단위와 같으며 특히 기계적 에너지=위치에너지+운동에너지 로 표시된다.

※ 일과 에너지의 상호관계

$1\text{J}=1\text{N}\cdot\text{m}=1\text{kg}\cdot\text{m}^2/\text{s}^2=10^7\text{erg}$

$1\text{kgf}\cdot\text{m}=9.8\text{N}\cdot\text{m}, \ 1\text{erg}=1\text{g}\cdot\text{cm}^2/\text{sec}^2$

③ 동력(공률)

단위시간당 행한 일량

ⓐ $1\text{ps}=75\text{kgf m/sec}=632.3\text{kcal/h}$

ⓑ $1\text{HP}=76\text{kgf m/sec}=641\text{kcal/h}$

ⓒ $1\text{kw}=102\text{kgf m/sec}=860\text{kcal/h}$

01 다음 중 비열에 대한 설명으로 옳지 않은 것은?

㉮ 정압 비열은 정적 비열보다 항상 크다.

㉯ 물질의 비열은 물질의 종류와 온도에 따라 달라진다.

㉰ 정적 비열에 대한 정압 비열의 비(비열비)가 큰 물질일수록 압축 후의 온도가 더 높다.

㉱ 물질의 비열이 크면 그 물질의 온도를 변화시키기 쉽고, 비열이 크면 열용량도 크다.

02 가스의 비열비 $\left\{k=\dfrac{C_p}{C_v}\right\}$의 값은?

㉮ 항상 1보다 크다.   ㉯ 항상 0보다 작다.

㉰ 항상 0이다.   ㉱ 항상 1보다 작다.

03 분자량이 30인 어느 가스 정압 비열이 0.516kJ/kg·K이라고 가정할 때 이 가스의 비열비 k는 약 얼마인가?

㉮ 1.0   ㉯ 1.4

㉰ 1.8   ㉱ 2.2

04 대기압이 760mmHg일 때 진공도 90%의 절대압력은 약 몇 kPa인가?

㉮ 10.13   ㉯ 20.13

㉰ 101.3   ㉱ 203.3

05 1kWh의 열당량은?

㉮ 376kcal   ㉯ 427kcal

㉰ 632kcal   ㉱ 860.4kcal

해 설

해설 01

물질의 비열이 크면 온도를 변화 시키기 어렵다.

해설 02

비열비 $k=\dfrac{C_p}{C_v}>1$이다.

($\because C_p>C_v$ 이므로)

해설 03

$C_P-C_V=AR$

$C_V=C_P-AR$

$=0.516-\dfrac{1}{427}\times\dfrac{848}{30}\times4.2$

$=0.2376\text{kJ/kg·K}$

$\therefore k=\dfrac{C_P}{C_V}=\dfrac{0.516}{0.2376}=2.17$

해설 04

① 대기압 $P=760\text{mmHg}$
  $=101.3\text{kPa}$

② 진공압력 $P_v=101.3\times0.9$
  $=91.17\text{kPa}$

③ 절대압력 $P_a=101.3-91.17$
  $=10.17\text{kPa}$

해설 05

$1\text{kW}-\text{h}=102\text{kg·m/s}$

$\therefore 102\text{kg·m/s}\times\dfrac{1}{427}\text{kcal/}$
  $\text{kg·m}\times3600\text{s/h}$

$=860\text{kcal/h}$

정답

01. ㉱   02. ㉮   03. ㉱
04. ㉮   05. ㉱

02 열역학 제1법칙(에너지보존의 법칙)

(1) 물질의 성질과 상태

① 계(system)

열역학상 대상(對象)이 되는 임의 공간의 범위에서 가장 바깥쪽 테두리를 경계(boundary)라 하고 경계의 안쪽이 계(系)이며 바깥쪽이 주위(surrounding) 또는 외계라 한다.

㉮ 비유동계(밀폐계) : 계의 경계를 통하여 물질의 이동이 없는 계. 즉, 일정한 질량을 갖는 영역이며 계의 경계를 넘어서 에너지 전달만 가능한 계

㉯ 유동계(개방계) : 계의 경계를 통하여 물질의 이동이 있는 계. 즉, 가변질량을 갖는 영역이며 계의 경계를 넘어서 에너지 전달과 질량전달이 모두 가능한 계

㉰ 고립계(절연계) : 주위와 완전히 격리된 영역이며 계의 경계를 넘어서 에너지와 질량 선달이 모두 불가능한 계

② 성질과 상태

㉮ 점함수(상태함수) : 한 상태에서 물질의 각 성질은 특정한 값을 가지며 그 상태에 도달하기 이전의 경로에는 무관하다. 즉, 성질은 경로에는 관계없이 계의 상태에만 관계되는 양(量)으로 상태함수 또는 점함수라 한다.

㉯ 도정함수(道程函數 : path function) : 상태가 변화할 때 그 변화량이 과정의 경로에 따라 변화 하는 상태량을 말한다.

㉰ 상태(state) : 평형상태에서의 압력(P), 비체적(v), 온도(T)와 같은 특성치에 의해서 결정되는 계를 말하며, 물리량의 상태를 표시하는 특성치를 상태량이라 한다.

㉠ 종량성 상태량 : 질량에 비례하는 상태량(무게, 체적, 질량, 엔트로피, 엔탈피, 내부에너지 등)

㉡ 강도성 상태량 : 질량에는 무관한 상태량(절대온도, 압력, 비체적 등)

POINT

• 계
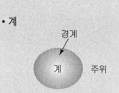

• 밀폐계

• 개방계

• 상태함수 : 경로무관
계의 상태만 관계되는 양

• 도정함수 : 경로에 따라 상태량 변화

(2) 열역학 제1법칙

① 에너지의 한 형태인 열과 일은 본질적으로 서로 같고, 열은 일로, 일은 열로 서로 전환이 가능하며, 이 때 열과 일 사이의 변환에는 일정한 비례관계가 성립한다.

  ※ 에너지 보존의 법칙 : 어떤 밀폐계가 임의의 사이클(cycle)을 이룰 때 열전달의 총합은 이루어진 일의 총합과 같다($Q \leftrightarrows W$).

② 제1종 영구기관 : 에너지 소비 없이 지속적으로 일을 할 수 있는 기관(기계)은 존재 하지 않으며 이것에 위배되는 기관을 제1종 영구기관이라 한다.

(3) 내부에너지(internal energy) : U

① 어떤계(물체)에 대하여 외부에서 열량 Q[kcal]를 가하여 내부 U[kcal]의 열에너지가 저장되고 계 밖으로 W[kgf · m]의 일을 방출할 경우 에너지 보존 법칙에 의하여 가한열량=내부에너지+외부에너지 이다. 즉, 물체가 가지고 있는 총에너지로부터 역학적 에너지(운동에너지와 외력에 의한 위치에너지)와 전기적 에너지를 뺀 것을 내부에너지라 한다.

② 물질의 현재 상태에서만 의해서 결정되는 상태량이다. 즉, 내부에너지는 상태함수 이다.

③ 순수한 물질의 내부에너지는 기체인 경우에는 온도와 비체적 만의 함수이다.

(4) 엔탈피(enthalpy) : h

① 물질이 갖는 열에너지에는 내부에너지와 압력과 체적의 곱에 상당하는 외부에너지가 존재한다. 이들의 합을 엔탈피라고 한다.

  $h = u + pv$ 이것을 미분하면 $dh = du + pdv + vdp = dQ + vdp$

② 엔탈피는 내부에너지와 유동일의 합이고 상태함수이다.

③ 단위질량의 유체에 미소열량 dQ을 가해주면 그 일부는 유체의 체적 변화에 대한 외부 일을 소비되고 나머지는 내부에너지의 증가량으로 저장된다.

  $dQ = du + dw = du + pdv$

④ 순수한 물질의 엔탈피는 압력과 온도만의 함수이다.

POINT

- 열역학 제1법칙
  열과 일은 서로 상호관계가 있다.

- 제1종 영구기관
  열역학 제1법칙에 위배되는 기관

- 열역학 제1법칙식(에너지식)
  $dq = du + dw$(J)
  $dq = du + Adw$(kcal)

- 엔탈피(h)
  =내부에너지+외부에너지

---

(5) 이상기체 및 실제기체 상태방정식

① 이상기체(완전가스) 상태방정식

이상기체란 실제로는 존재할 수 없는 것이며, 분자의 부피나 분자 상호간의 인력도 무시되는 완전 탄성체로 가정할 수 있는 것을 말한다. 또한 실제기체도 압력이 낮고 온도가 높은 상태에선 거의 이상기체에 가까워지며 다음과 같은 성질을 갖는다.

② 이상기체(완전가스)의 성질

㉮ 보일–샤를의 법칙을 만족한다.

㉯ 아보가드로의 법칙에 따른다.

㉰ 내부에너지는 체적에 무관하며 온도에 의해서만 결정된다.

　　즉, 내부에너지는 주울(Joule)의 법칙이 성립된다.

㉱ 비열비 $\left(K = \dfrac{C_P}{C_V}\right)$ 는 온도에 관계없이 일정하다.

㉲ 기체의 분자력과 크기도 무시되며 분자간의 충돌은 완전 탄성체로 이루어진다.

③ 이상기체의 상태방정식

㉮ $PV = nRT = \dfrac{W}{M}RT, \quad n(몰수) : \dfrac{W(질량)}{M(분자량)}$

　　여기서, W : 질량(g)

　　　　　　M : 분자량

　　　　　　P : 압력(atm)

　　　　　　V : 체적(ℓ)

　　　　　　T : 절대온도(K)

　　　　　　R : 기체상수($0.082\,\ell \cdot atm/mol \cdot K$)

㉯ $PV = GRT$

　　여기서, P : 압력($1kgf/cm^2$ abs $\times 10^4 = 1kgf/m^2$ abs)

　　　　　　V : 체적(m^3)

　　　　　　G : 질량(kg)

　　　　　　R : 기체상수($\dfrac{848}{M}kg \cdot m/kg \cdot kmol \cdot K$)

　　　　　　T : 절대온도(K)

POINT

- 실제기체가 이상기체에 가까워지는 조건
고온 저압

- 정압비열(C_p) : $\dfrac{KAR}{K-1}$

- 정적비열(C_V) : $\dfrac{AR}{K-1}$

④ 아보가드로의 법칙

모든 기체 1몰은 표준상태(0℃, 1 atm : STP상태)에서 22.4ℓ 의 체적을 차지하며, 그 속에는 6.02×10^{23}개의 분자수가 들어 있다.

⑤ 보일(Boyle)의 법칙

일정한 온도에서 일정량의 기체의 부피는 압력에 반비례한다.

$$P_1 V_1 = P_2 V_2$$

여기서, P_1 : 변하기 전의 압력(kgf/cm^2a)

P_2 : 변한 후의 압력(kgf/cm^2a)

V_1 : 변하기 전의 체적(ℓ, m^3)

V_2 : 변한 후의 체적(ℓ, m^3)

⑥ 샤를(charle)의 법칙

압력이 일정할 때 일정량의 기체가 차지하는 부피는 절대온도에 비례한다. 즉, 일정한 압력에서 일정량의 기체는 1℃ 변하면 기체의 부피는 0℃에서 차지하는 부피의 1/273 만큼씩 증가 한다.

$$\frac{V_1}{T_1} = \frac{V_2}{T_2}$$

여기서, T_1 : 변하기 전의 절대온도(K)

T_2 : 변한 후의 절대온도(K)

⑦ 보일-샤를의 법칙

기체의 압력과 부피가 동시에 변하는 경우에는 보일의 법칙과 샤를의 법칙을 동시에 적용할 수 있다. 즉, 일정량의 기체가 차지하는 부피는 여기에 가해지는 압력에 반비례하며 절대온도에 비례한다.

$$\frac{P_1 V_1}{T_1} = \frac{P_2 V_2}{T_2}$$

⑧ 실제기체 상태방정식(반데르바알스의 방정식)

실제 존재하는 기체는 높은 압력과 낮은 온도에서 그 분자간의 인력이 존재하므로 보일-샤를법칙이나 이상기체 상태방정식으로 만족될 수 없는데 이와 같은 상태의 기체를 실제 기체라고 한다. 따라서 이상기체의 상태를 실제기체의 상태로 하기 위해서는 분자간의 인력과 부피에 대한 보정이 필요하고 이에 따라 실제기체 상태방정식이 사용된다.

POINT

• 아보가드로의 법칙
① 22.4 ℓ /mol
② 6.02×10^{23} 분자수/mol

• 실제 기체의 조건 : 저온, 고압
• 이상 기체의 조건 : 고온, 저압

㉮ 1mol의 실제기체에 대한 관계식

$$\left(P + \frac{a}{V^2}\right)(V - b) = RT$$

㉯ n mol의 실제기체에 대한 관계식

$$\left(P + \frac{n^2 a}{V^2}\right)(V - nb) = nRT$$

여기서, P : 압력(atm)

V : 체적(ℓ)

a : 기체의 종류에 따른 정수로 반데르바알스 정수 ($\ell^2 \cdot$ atm/mol^2)

b : 기체의 종류에 따른 정수로 반데르바알스 정수 (ℓ/mol)

R : 기체상수($\ell \cdot$ mol/mol $\cdot$ k)

T : 절대온도(K)

$\dfrac{a}{V^2}$: 기체분자간의 인력

b : 기체 자신이 차지하는 부피

(6) 완전가스의 상태변화

완전가스 상태변화에는 가역과 비가역 변화가 있다. 가역변화는 등온, 등압, 등적, 가역 단열변화, 폴리트로우프 변화이고, 비가역변화는 비가역 단열변화 교축가스의 혼합이며, 여기서 거론한 것은 기체의 대표적인 상태변화 5종류이며 이 것을 P-V선도와 T-S 선도에 표시하면 다음과 같다.

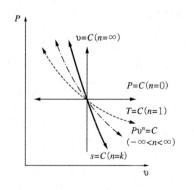
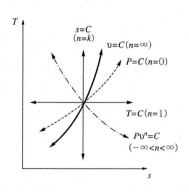

POINT

• 이상기체 방정식
$PV = nRT$

• 실제기체 방정식
$\left(P + \dfrac{n^2 a}{V^2}\right)(V - nb) = nRT$

• 등온변화($T = C$) : $n = 1$

• 등압변화($P = C$) : $n = 0$

• 등적변화($V = C$) : $n = \infty$

• 단열변화($S = C$) : $n = K$

• 폴리트로픽변화($PV^n = C$) : $1 < n < K$

■ 이상기체의 가역변화에 대한 관계식

변 화	등적 변화	등압 변화	등온 변화	단열 변화	폴리트로픽 변화
$P,\ v,\ T$ 관계	$v = C$ $\dfrac{P_1}{T_1} = \dfrac{P_2}{T_2}$	$P = C$ $\dfrac{v_1}{T_1} = \dfrac{v_2}{T_2}$	$P = C$ $Pv = P_1 v_1$ $\quad = P_2 v_2$	$Pv^k = C$ $\dfrac{T_2}{T_1} = \left(\dfrac{v_1}{v_2}\right)^{k-1}$ $\quad = \left(\dfrac{P_2}{P_1}\right)^{\frac{k-1}{k}}$	$Pv^n = C$ $\dfrac{T_2}{T_1} = \left(\dfrac{v_1}{v_2}\right)^{n-1}$ $\quad = \left(\dfrac{P_2}{P_1}\right)^{\frac{n-1}{n}}$
외부에 하는 일(팽창) $W_a = \int P dv$	0	$P(v_2 - v_1)$ $= R(T_2 - T_1)$	$P_1 v_1 \ln \dfrac{v_1}{v_2}$ $= P_1 v_1 \ln \dfrac{P_2}{P_1}$ $= RT \ln \dfrac{v_1}{v_2}$ $= RT \ln \dfrac{P_1}{P_2}$	$\dfrac{1}{k-1}(P_1 v_1 - P_2 v_2)$ $= \dfrac{P_1 v_1}{k-1}\left[1 - \dfrac{T_2}{T_1}\right]$ $= \dfrac{P_1 v_1}{k-1}\left[1 - \left(\dfrac{v_2}{v_1}\right)^{k-1}\right]$ $= \dfrac{P_1 v_1}{k-1}\left[1 - \left(\dfrac{P_2}{P_1}\right)^{\frac{k-1}{k}}\right]$ $= \dfrac{R}{k-1}$ $(T_1 - T_2) = \dfrac{C_v}{A}(T_1 - T_2)$	$\dfrac{1}{n-1}(P_1 v_1 - P_2 v_2)$ $= \dfrac{P_1 v_1}{n-1}\left[1 - \dfrac{T_2}{T_1}\right]$ $= \dfrac{R}{n-1}(T_1 - T_2)$
공업일 (압축일) $W_f = -\int v dP$	$v(P_1 - P_2)$ $= R(T_1 - T_2)$	0	$P_1 v_1 \ln \dfrac{P_1}{P_2}$ $= P_1 v_1 \ln \dfrac{v_2}{v_1}$ $= RT \ln \dfrac{P_1}{P_2}$ $= RT \ln \dfrac{v_1}{v_2}$	$k W_a$	$n W_a$
내부에너지의 변화 $U_2 - U_1$	$C_v(T_2 - T_1)$ $= \dfrac{AR}{k-1}(T_2 - T_1)$ $= \dfrac{A}{k-1}(P_2 - P_1)$	$C_v(T_2 - T_1)$ $= \dfrac{A}{k-1}P(v_2 - v_1)$	0	$C_v(T_2 - T_1)$ $= -A W_a$	$-\dfrac{A(n-1)}{k-1} W_a$
엔탈피의 변화 $H_2 - H_1$	$C_p(T_2 - T_1)$ $= \dfrac{k}{k-1}AR(T_2 - T_1)$ $= \dfrac{k}{k-1}Av(P_2 - P_1)$ $= k(u_2 - u_1)$	$C_p(T_2 - T_1)$ $= \dfrac{k}{k-1}AP(v_2 - v_1)$ $= k(u_2 - u_1)$	0	$C_p(T_2 - T_1)$ $= -A W_t$ $= -kA W_a$	$-A\dfrac{k}{k-1}(n-1) W_a$
외부에서 얻은 열 $_1 Q_2$	$U_2 - U_1$	$H_2 - H_1$	$A_1 W_2 = AW_1$	0	$C_n(T_2 - T_1)$
n	∞	0	1	k	$-\infty \sim +\infty$
비열 C	C_v	C_p	∞	0	$C_n = C_v \dfrac{n-k}{n-1}$
엔트로피의 변화 $S_2 - S_1$	$C_v \ln \dfrac{T_2}{T_1}$ $= C_v \ln \dfrac{P_2}{P_1}$	$C_p \ln \dfrac{T_2}{T_1}$ $= C_p \ln \dfrac{v_2}{v_1}$	$AR \ln \dfrac{v_2}{v_1}$	0	$C_v \ln \dfrac{T_2}{T_1}$ $= C_v(n-k)\ln \dfrac{v_2}{v_1}$ $= C_v \dfrac{n-k}{k} \ln \dfrac{P_2}{P_1}$

(7) 완전가스의 혼합

① 돌턴(Dolton)의 분압법칙

　　화학반응이 일어나지 않는 두 가지 이상의 기체가 한 용기 속에 혼합되어 있을 때의 혼합 기체가 나타내는 전체 압력은 각 성분기체가 같은 온도 같은 압력에서 나타내는 압력(분압)의 합과 같다.

　　즉, 일정한 그릇 안에 들어 있는 기체 혼합물의 전체압력은 각 성분기체의 분압의 합과 같다.

　　즉, $P = P_1 + P_2 + P_3 + \cdots + P_x$

　　　　　　여기서, P : 전체압력

　　　　　　　　P_1, P_2, P_3 : 성분기체의 분압

② 혼합기체에 있어서의 각 성분기체의 분압은 그 기체의 몰분율에 비례한다.

분압 $=$ 전체압력 $\times \dfrac{성분기체의\ 몰수}{혼합기체의\ 몰수}$

　　$=$ 전체압력 $\times \dfrac{성분기체의\ 부피}{혼합기체의\ 부피}$

　　$=$ 전체압력 $\times \dfrac{성분기체의\ 분자수}{혼합기체의\ 분자수}$

③ 기체 A(P_1, V_1)와 기체 B(P_2, V_2)를 섞어 혼합기체(P, V)를 만들었을 때

　　A의 분압 P_1는 $P_1 V_1 = P_A V$　　$\therefore P_A = P_1 \times \dfrac{V_1}{V}$

　　B의 돌턴의 부분압력의 법칙에 의해 $P = P_A + P_B$이므로

$P = P_1 \times \dfrac{V_1}{V} + P_2 \times \dfrac{V_2}{V} = \dfrac{P_1 V_1 + P_2 V_2}{V}$ 가 된다.

$PV = P_1 V_1 + P_2 V_2$

$\therefore P = \dfrac{P_1 V_1 + P_2 V_2}{V}$

④ 혼합가스의 조성

　　두 종류 이상의 가스가 혼합된 상태에서 각 성분가스의 혼합비율의 표시 방법은 다음과 같다.

POINT

• Dolton의 분압법칙
전압은 분압의 합과 같다.

• 각성분 가스의 분압은 그 기체의 몰분율, 부피분율, 분자수분율에 비례한다.

• 혼합기체의 압력(P)
$P = \dfrac{P_1 V_1 + P_2 V_2}{V_2 + V_2}$
$P = \dfrac{P_1 V_1 + P_2 V_2}{V}$

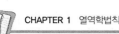

㉮ 몰(%) $=\dfrac{\text{어느 성분기체의 몰수}}{\text{기체전체의 몰수}} \times 100$

㉯ 용량(%) $=\dfrac{\text{어느 성분기체의 용량}}{\text{기체전체의 용량}} \times 100$

㉰ 중량(%) $=\dfrac{\text{어느 성분기체의 중량}}{\text{기체전체의 중량}} \times 100$

⑤ 그레이엄의 확산속도 법칙

두 가지 이상의 기체의 확산속도는 가벼운 기체가 빨리 확산하므로 그 확산속도가 크다. 즉, 기체 분자의 확산속도는 일정한 온도와 일정한 압력하에서 기체의 밀도의 제곱근에 반비례한다.

• 확산속도비
$$\frac{V_2}{V_1} = \sqrt{\frac{M_1}{M_2}} = \sqrt{\frac{\rho_1}{\rho_2}}$$

핵 심 문 제

01 다음 중 열역학 제 1법칙에 대하여 옳게 설명한 것은?

㉮ 열평형에 관한 법칙이다.

㉯ 이상기체에만 적용되는 법칙이다.

㉰ 클라시우스의 표현으로 정의되는 법칙이다.

㉱ 에너지보존법칙 중 열과 일의 관계를 설명한 것이다.

02 제1종 영구기관을 바르게 표현한 것은?

㉮ 외부에서 에너지를 가하지 않고 영구히 에너지를 낼 수 있는 기관

㉯ 공급된 에너지보다 더 많은 에너지를 낼 수 있는 기관

㉰ 지금까지 개발된 기관 중에서 효율이 가장 좋은 기관

㉱ 열역학 제2법칙에 위배되는 기관

03 다음 중 가역단열 과정에 해당하는 것은?

㉮ 정온 과정

㉯ 정적 과정

㉰ 등엔탈피 과정

㉱ 등엔트로피 과정

04 정지하고 있는 물체 1kg에 미소열량(dQ)을 가하면 내부에너지(U) 변화와 외부에 대한 일 사이에는 어떠한 관계가 성립하는가? (단, A : 일의 열당량, P : 압력, V : 체적)

㉮ $dQ = dU + APdV$

㉯ $dQ = dU + APdT$

㉰ $dQ = dU - AVdT$

㉱ $dQ = dU + APV$

05 일정한 압력(P=2,000kPa)에서 기체가 0.1m³에서 0.6m³로 팽창하였다. 이 동안 기체의 내부에너지는 150kJ 증가하였다면 기체에 가해진 열량은 얼마인가?

㉮ 250kJ

㉯ 350kJ

㉰ 775kJ

㉱ 1,150kJ

해 설

해설 01

열역학 법칙
① 0법칙 : 열평형의 법칙
② 1법칙 : 에너지보존법칙
③ 2법칙 : 클라시우스의 표현으로 정의되는 법칙
④ 3법칙 : 절대온도의 법칙

해설 02

제1종 영구기관은 에너지를 공급받지 않고 일을 하거나 공급된 에너지보다 더 많은 일을 할 수 있는 기관이다.

해설 03

① 가역단열 과정 : 등엔트로피 과정
② 비가역단열 과정 : 엔트로피 증가
③ 교축과정 : 등엔탈피 과정

해설 04

엔탈피 변화량
=내부에너지+외부에너지
$\therefore dQ = dU + APdV$

해설 05

열량 $H = du + Pdv$
   $= 150kJ + 2,000kPa$
    $\times (0.6 - 0.1)m^3$
   $= 1,150kJ$
$1J = 1N \cdot m$
$1kJ = 1000J$

01. ㉱ 02. ㉮ 03. ㉱
04. ㉮ 05. ㉱

정답

06 엔탈피에 대한 설명 중 옳지 않은 것은?

㉮ 열량을 일정한 온도로 나눈 값이다.
㉯ 경로에 따라 변화하지 않는 상태함수이다.
㉰ 엔탈피의 측정에는 흐름 열량계를 사용한다.
㉱ 내부에너지와 유동일(흐름일)의 합으로 나타낸다.

07 이상기체에 대한 설명 중 틀린 것은?

㉮ 분자간의 힘은 없으나, 분자의 크기는 있다.
㉯ 저온·고온으로 하여도 액화나 응고하지 않는다.
㉰ 절대온도 0도에서 기체로서의 부피는 0으로 된다.
㉱ 보일-샤를의 법칙이나 이상기체상태방정식을 만족한다.

08 다음 기체 상수에 대한 것 중 옳은 것은?

㉮ R=1.987 m³·atm/kmol·K
㉯ R=1.987 kg·m/kmol·K
㉰ R=1.987 kcal/kmol·K
㉱ R=1.987 J/kmol·K

09 이상기체의 성질에 대한 설명으로 틀린 것은?

㉮ 보일·샤를의 법칙을 만족한다.
㉯ 아보가드로의 법칙을 따른다.
㉰ 비열비는 온도에 관계없이 일정하다.
㉱ 내부에너지는 온도에 무관하며 압력에 의해서만 결정된다.

10 체적이 0.5m³인 용기에 분자량이 24인 이상기체 10kg이 들어있다. 이때의 온도가 25℃라 할 때 압력은 약 몇 kPa인가?

㉮ 1,965   ㉯ 2,065
㉰ 2,165   ㉱ 2,265

[해설] 이상기체 상태방정식 $PV=GRT$

① 기체상수 $R=\dfrac{848}{M}=\dfrac{848}{24}=35.33\text{kgf·m/kg·K}=0.3462\text{kJ/kgk}$

② 압력 $P=\dfrac{GRT}{V}=\dfrac{10\times0.3462\times(273+25)}{0.5}=2063.4\text{kPa}$

[해설] **06**
엔트로피
열량을 일정한 온도로 나눈 값 (kcal/kg·K)
$(S=\dfrac{Q}{T}\text{(kcal/kg·K)}$

[해설] **07**
이상기체는 기체의 분자력과 크기를 무시하며 완전탄성체로 간주한다.

[해설] **08**
기체상수(R)
① 1.987cal/g-mol·K
=1.987kcal/kg-mol·K
② 0.08205 ℓ·atm/g-kmol·K
=0.08205m³·atm/kg-kmol·K

[해설] **09**
① 내부에너지는 온도만의 함수이다.
② 내부에너지 변화
du=Cvdt(kcal/kg)
여기서, Cv : 정적비열
dt : 온도변화

06. ㉮   07. ㉮   08. ㉰
09. ㉱   10. ㉯

정답

11 2.5kg의 이상기체를 0.15MPa, 15℃에서 체적이 0.2m³가 될 때까지 등온압축할 때 압축 후 압력은 몇 MPa인가? (단, 이 기체의 C_p=0.8kJ/kg·K, C_v=0.5kJ/kg·K)

㉮ 1.19　　　　　　　㉯ 1.76

㉰ 1.08　　　　　　　㉱ 1.35

12 완전가스는 온도를 일정하게 유지할 때 그 비체적은 압력에 반비례하여 변화한다라고 하는 법칙은?

㉮ 샤를의 법칙　　　　　㉯ 보일의 법칙

㉰ 아보가드로의 법칙　　㉱ 게이루삭의 법칙

13 일정 압력하에서 −30℃의 이산화탄소 가스의 부피는 10℃에서의 부피의 약 얼마가 되는가?

㉮ 0.75　　　　　　　㉯ 0.86

㉰ 1.16　　　　　　　㉱ 1.33

14 실제기체에서의 상태에 관한 설명 중 가장 거리가 먼 것은?

㉮ 실제기체란 일반적으로 분자 간의 인력이 있고, 차지하는 부피가 있는 기체이다.

㉯ 대응상태의 원리란 같은 환산온도, 환산압력에서는 모든 기체가 동일한 압축인수를 갖는다는 것이다.

㉰ 실제기체에서의 혼합물이 차지하는 전압은 각 기체가 단독으로 같은 부피, 같은 온도에서 나타내는 압력 즉 순성분 압력의 합과 같다.

㉱ 실제기체의 상태 방정식(PV=ZnRT)은 이상기체의 상태식에 보정계수(Z)를 사용하여 나타낼 수 있다.

15 실제 기체가 이상기체의 성질을 근사하게 만족시키는 경우는?

㉮ 압력이 낮고 온도가 높을 때

㉯ 압력이 높고 온도가 낮을 때

㉰ 압력이 온도가 동시에 높을 때

㉱ 압력이 온도가 동시에 낮을 때

해설

해설 11

$P_1 V_1 = P_2 V_2$식에서

$P_2 = \dfrac{P_1 \times V_1}{V_2} = \dfrac{0.15 \times 1.44}{0.2}$

$\quad = 1.08\text{MPa}$

여기서, $R = C_p - C_v$

$\quad = 0.8 - 0.5$

$\quad = 0.3\text{kJ/kg·K}$

$V_1 = \dfrac{GRT_1}{P_1}$

$\quad = \dfrac{2.5 \times 0.3 \times 10^3 \times (273 + 15)}{0.15 \times 10^6}$

$\quad = 1.44\text{m}^3$

해설 12

보일의 법칙
온도를 일정하게 유지할 때 그 비체적은 압력에 반비례하여 변화한다.

해설 13

압력이 일정(P=C)

$\dfrac{V_1}{T_1} = \dfrac{V_2}{T_2}$

부피 $V_1 = \dfrac{T_1}{T_2} V_2$

$\quad = \dfrac{273 - 30}{273 + 10} V_2$

$\quad = 0.859 V_2$

해설 14

달톤의 법칙=전압은 분압의 합과 같다.

해설 15

실체기체 $\overset{\text{고온, 저압}}{\underset{\text{저온, 고압}}{\rightleftarrows}}$ 이상기체

11. ㉰　12. ㉯　13. ㉯
14. ㉰　15. ㉮

16 Van der wasls식 $\left(P+\dfrac{an^2}{V^2}\right)(V-nb)=nRT$에 대한 설명으로 틀린 것은?

㉮ a의 단위는 atm·L^2/mol^{2}이다.

㉯ b의 단위는 L/mol이다.

㉰ a의 값은 기체분자가 서로 어떻게 강하게 끌어당기는가를 나타낸 값이다.

㉱ a는 부피에 대한 보정항의 비례상수이다.

17 1몰의 Cl_2 가스를 0℃에서 2L 용기에 넣었을 때의 압력을 van der Waals 식에 의하여 구하면 약 몇 atm인가? (단, a는 6.49atm·L^2/mol^2, b는 0.0562L/mol 이다.)

㉮ 8.2　　　　　㉯ 9.9

㉰ 11.2　　　　　㉱ 12.5

18 열역학 특성식으로 $P_1V_1^n=P_2V_2^n$이 있다. 이때 n값에 따른 상태 변화를 옳게 나타낸 것은? (단, k는 비열비이다.)

㉮ $n=0$: 등온

㉯ $n=1$: 단열

㉰ $n=\pm\infty$: 정적

㉱ $n=k$: 등압

19 이상기체에 대한 상호 관계식을 나타낸 것 중 옳지 않은 것은? (단, U는 내부에 너지, Q는 열, W는 일, T는 온도, P는 압력, V는 부피, C_v는 정적열용량, C_p는 정압열용량 R은 기체상수이다.)

㉮ 등적과정 : $dU=dQ=C_V dT$

㉯ 등온과정 : $Q=W=RT\ln\dfrac{P_1}{P_2}$

㉰ 단열과정 : $\dfrac{T_2}{T_1}=\left(\dfrac{V_2}{V_1}\right)^k$

㉱ 등압과정 : $C_p dT=C_v dT+RdT$

해 설

해설 16

a는 압력에 대한 보정항의 상수 이다.

해설 17

van der Waals 식(실제기체 1mol 의 경우)

$$\left(P+\frac{a}{V^2}\right)(V-b)=RT$$

압력 $P=\dfrac{RT}{V-b}-\dfrac{a}{V^2}$

$=\dfrac{0.08205\times273}{2-0.0562}-\dfrac{6.49}{2^2}$

$=9.9\text{atm}$

해설 18

① 정압(등압) 변화
② 정적(등적) 변화
③ 정온(등온) 변화
④ 단열 변화
⑤ 폴리트로픽 변화

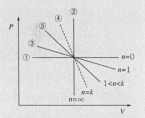

해설 19

단열변화 $\dfrac{T_2}{T_1}=\left(\dfrac{P_2}{P_1}\right)^{\frac{k-1}{k}}$

$=\left(\dfrac{V_2}{V_2}\right)^{k-1}$

(k : 단열지수)

20 15℃의 공기 2ℓ를 2kg/cm²에서 10kg/cm²로 단열 압축시킨다면 1단 압축의 경우 압축 후의 배출가스의 온도는 몇 ℃인가? (단, 공기의 단열지수는 1.40이다.)

⑦ 약 154   ④ 약 183

④ 약 215   ④ 약 246

21 압력 0.2MPa, 온도 333K의 공기 2kg 이상적인 폴리트로픽과정으로 압축되어 압력 2MPa, 온도 523K로 변화하였을 때 이 과정 동안의 일은 약 몇 kJ인가?

⑦ −447   ④ −547

④ −647   ④ −667

[해설] 폴리트로픽과정

① 온도와 압력과의 관계

$$\frac{T_2}{T_1} = \left(\frac{P_2}{P_1}\right)^{\frac{n-1}{n}}$$

$$\frac{523}{333} = \left\{\frac{2}{0.2}\right\}^{\frac{n-1}{n}} \text{에서 폴리트로픽 지수}(n), \quad 1 - \frac{1}{n} = \frac{\ln\left\{\frac{523}{333}\right\}}{\ln\left\{\frac{2}{0.2}\right\}} = 0.196$$

$$\therefore n = 1.244$$

② 일량

$$_1W_2 = \frac{mR}{1-n}(T_2 - T_1)$$

$$_1W_2 = \frac{2 \times 0.287}{1 - 1.244}(523 - 333) = -446.97kJ$$

22 4kg의 공기가 팽창하여 그 체적이 3배가 되었다. 팽창하는 과정 중의 온도는 50℃로 일정하게 유지되었다면 이 시스템이 한 일은 약 몇 kJ인가? (단, 공기의 기체상수는 0.287kJ/kg·K이다.)

⑦ 371   ④ 408

④ 471   ④ 508

23 1kg의 물이 1기압에서 정압과정으로 0℃로부터 100℃로 되었다. 평균 열용량 C_P=1kcal/kg·K이면 엔트로피 변화량은 몇 kcal/K인가?

⑦ 0.133   ④ 0.226

④ 0.312   ④ 0.427

해 설

[해설] **20**

$$\frac{T_2}{T_1} = \left(\frac{P_2}{P_1}\right)^{\frac{k-1}{k}} \text{에서}$$

$$T_2 = T_1 \times \left(\frac{P_2}{P_1}\right)^{\frac{k-1}{k}}$$

$$= (273 + 15) \times \left\{\frac{10}{2}\right\}^{\frac{1.4-1}{1.4}}$$

$$= 456.14K - 273$$

$$= 183.14℃$$

[해설] **22**

등온팽창일(W)

$$W = GRT\ln\frac{V_2}{V_1}(kJ)$$

여기서, G : 질량(kg)

R : 기체상수(kJ/kg·K)

T : 절대온도(K)

V : 체적(m³)

$$W = 4 \times 0.287 \times (273.15 + 50)\ln 3$$

$$= 407.6kJ$$

[해설] **23**

$$\Delta S = GC_p\ln\left(\frac{T_2}{T_1}\right)$$

$$= 1 \times 1 \times \ln\left(\frac{273 + 100}{273}\right)$$

$$= 0.312kcal/K$$

24 압력이 0.1Mpa, 체적이 3m³인 273.15K의 공기가 이상적으로 단열압축되어 그 체적이 1/3로 감소되었다. 엔탈피 변화량은 약 몇 kJ인가? (단, 공기의 기체 상수는 0.28kJ/kg·K, 비열비는 1.40이다.)

㉮ 560   ㉯ 570

㉰ 580   ㉱ 590

[해설] 단열압축시 엔탈피 변화량($\triangle H$)

$$\triangle H = -\frac{k}{k-1}(P_1 V_1 - P_2 V_2)(\text{kJ})$$

$$\frac{T_2}{T_1} = \left(\frac{P_2}{P_1}\right)^{\frac{k}{k-1}} = \left(\frac{V_1}{V_2}\right)^{k-1} \text{에서}$$

$$P_2 = P_1 \times \left\{\frac{V_1}{V_2}\right\}^k = 0.1 \times \left\{\frac{3}{1}\right\}^{1.4} = 0.4656\text{MPa}$$

$$\triangle H = -\frac{1.4}{1.4-1}(0.1 \times 10^3 \times 3 - 0.4656 \times 10^3 \times 1) = 579.6\text{kJ}$$

25 산소 100L가 용기의 구멍을 통해 빠져나오는 데 20분 걸렸다면, 같은 조건에서 이산화탄소 100L가 빠져나오는 데 걸리는 시간은 약 얼마인가?

㉮ 23.5분   ㉯ 33.5분

㉰ 43.5분   ㉱ 55.5분

해 설

[해설] **25**

$$\frac{u_2}{u_1} = \sqrt{\frac{M_1}{M_2}} \text{ 에서}$$

$$\therefore u_2 = \sqrt{\frac{M_1}{M_2}} \times u_1$$

$$= \sqrt{\frac{44}{32}} \times 20 = 23.45$$

정답

24. ㉰   25. ㉮

03 열역학 제2법칙

(1) 열역학 제2법칙

① Clausius의 표현 : 열은 스스로 다른 물체에 아무런 변화도 주지 않고, 저온물체에서 고온물체로 이동하지 않는다(성능계수가 무한정한 냉동기의 제작은 불가능하다.).

② Kelvin-Plank의 표현 : 자연계에 아무런 변화도 남기지 않고 어느 열원의 열을 계속해서 일로 바꿀 수 없다. 즉 고온물체의 열을 계속해서 일로 바꾸려면 저온물체로열을 버려야만 한다. 즉, 효율이 100%인 열기관은 제작이 불가능하다.

③ Ostwald의 표현 : 제2종 영구기관은 존재할 수 없다. 제2종 영구기관의 존재 가능성을 부인한다.

• 열역학 제2법칙(비가역)
제2종 영구기관 부정

(2) 열역학 제2법칙이 성립하게 되는(비가역이 되는)원인

① 마찰
② 온도차로 생기는 열전달
③ 자유팽창
④ 혼합 및 화학반응
⑤ 비탄성변형
⑥ 전기적 저항

(3) 엔트로픽(entropy)

① 엔트로픽은 열을 일로 전환하는 과정의 불안전도(과정의 비가역성을 표시)를 표시하는 상태량

② 엔트로픽은 온도 1K를 상승 시키는데 필요한 열량

※상태변화에 대한 완전가스의 엔트로픽 변화량

㉮ 정적변화

$$\Delta S = G\,C_V\,\ln\left(\frac{T_2}{T_1}\right) = G\,C_V\,\ln\left(\frac{P_2}{P_1}\right)\ (\text{kcal/k})$$

• $\Delta S = \dfrac{\Delta Q}{T}\,(\text{kcal/kgk})$

ⓒ 정압변화

$$\Delta S = G\,C_P \ln\!\left(\frac{T_2}{T_1}\right) = G\,C_P \ln\!\left(\frac{V_2}{V_1}\right)(\text{kcal/k})$$

ⓓ 등온변화

$$\Delta S = A\,GR \ln\!\left(\frac{V_2}{V_1}\right) = A\,GR \ln\!\left(\frac{P_1}{P_2}\right)(\text{kcal/k})$$

ⓔ 단열변화

$$\Delta S = C$$

POINT

• 단열변화에서는 등엔로픽 과정
$$\Delta S = \frac{\Delta Q}{T} = C$$

01 열역학 제2법칙에 대한 설명으로 가장 거리가 먼 것은?

㉮ 고립계에서의 모든 자발적 과정은 엔트로피가 증가하는 방향으로 진행된다.

㉯ 열과 일 사이에 열이동의 방향성을 제시해 주는 법칙이다.

㉰ 반응이 일어나는 속도를 알 수 있다.

㉱ 주의에 어떤 변화를 주지 않고 열을 일로 변환시켜 주기적으로 작동하는 기계를 만들 수 없다.

02 열역학 제2법칙을 잘못 설명한 것은?

㉮ 열은 고온에서 저온으로 흐른다.

㉯ 전체 우주의 엔트로피는 감소하는 법이 없다.

㉰ 일과 열은 전량 상호 변환할 수 있다.

㉱ 외부로부터 일을 받으면 저온에서 고온으로 열을 이동시킬 수 있다.

03 다음 중 열역학 제 2법칙에 대한 설명이 아닌 것은?

㉮ 자발적인 과정이 일어날 때는 전체(계와 주위)의 엔트로피는 감소하지 않는다.

㉯ 계의 엔트로피는 증가할 수도 있고 감소할 수도 있다.

㉰ 계의 엔트로피는 계가 열을 흡수하거나 방출해야만 변화한다.

㉱ 엔트로피는 열의 흐름을 수반한다.

04 비가역 과정을 가장 잘 나타낸 것은?

㉮ carnot 순환계

㉯ 노즐에서의 팽창

㉰ 마찰이 없는 관내의 흐름

㉱ 실린더 내의 기체의 갑작스런 팽창

해 설

해설 01
열역학 제2법칙(비가역과정)
제2종 영구기관은 실현될 수 없다.

해설 02
열역학 제2법칙
① 열은 외부의 일을 받지 아니하고 저온에서 고온으로 이동시킬 수 없다.
② 열을 완전히 일로 바꿀 수 있는 열기관은 만들 수 없다(일과 열은 전량 상호 변환할 수 없다.).

해설 04
비가역과정
① 마찰
② 자유팽창
③ 온도차로 생기는 열전달
④ 혼합 및 화학반응
⑤ 비탄성 변형
⑥ 전기적저항

01. ㉰ 02. ㉰ 03. ㉰
04. ㉱

정
답

05 엔트로피의 증가에 대한 설명으로 옳은 것은?

㉮ 비가역 과정의 경우 계와 외계의 에너지의 총합은 일정하고, 엔트로 피의 총합은 증가한다.

㉯ 비가역 과정의 경우 계와 외계의 에너지의 총합과 엔트로피의 총합이 함께 증가한다.

㉰ 비가역 과정의 경우 물체의 엔트로피와 열원의 엔트로피의 합은 불변이다.

㉱ 비가역 과정의 경우 계와 외계의 에너지의 총합과 엔트로피의 총합은 불변이다.

06 수증기 1mol이 100℃, 1atm에서 물로 가역적으로 응축될 때 엔트로피의 변화는 약 몇 cal/mol·K인가? (단, 물의 증발열은 539cal/g, 수증기는 이상 기체라고 가정한다.)

㉮ 26 　　　　㉯ 540

㉰ 1,700 　　　　㉱ 2,200

해 설

[해설] 05
비가역과정
엔트로피의 총합은 항상 증가한다.

[해설] 06
$$\Delta S = \frac{dQ}{T}$$
$$= \frac{539\text{cal/g} \times 18\text{g/1mol}}{273 + 100}$$
$$= 26.01\text{cal/mol·K}$$

05. ㉮　06. ㉮

정답

(4) 카르노 사이클

① carnot 사이클을 $P-V$, $T-S$ 선도 상에 표시하면 다음과 같다.

㉮ 1 → 2 : 등온팽창(열량 Q_1을 받으면서 등온 T_1을 유지하면서 팽창하는 과정)

㉯ 2 → 3 : 단열팽창과정

㉰ 3 → 4 : 등온압축(열량 Q_2를 방출하면서 등온 T_2를 유지하면서 압축하는 과정

㉱ 4 → 1 : 단열압축과정

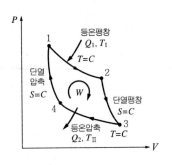
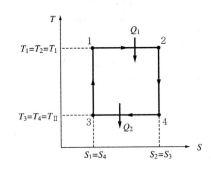

② 가역사이클인 카르노 사이클의 특징

㉮ 열기관의 이상 사이클이며 최대효율을 갖는다.

㉯ 동작 유체의 온도와 열원의 온도는 같다.

㉰ 같은 두열원에서 작동하는 모든 가역사이클의 열효율은 항상 카르노 사이클의 열효율과 같다.

㉱ 가역사이클의 열효율은 항상 두열원의 절대온도에만 의존하고 동작유체의 종류에는 무관하다.

㉲ 비가역 사이클의 열효율은 항상 카르노사이클의 열효율보다 작다.

(5) 역카르노 사이클(이론 냉동 사이클)

① 역카르노 사이클

2개의 단열과정과 2개의 등온과정으로 구성되는 이상적인 냉동 사이클이다.

② 역카르노 사이클의 P–v, T–s 선도

㉮ 1 → 2 과정 : 단열압축과정(등엔트로픽과정)=압축기

㉯ 2 → 3 과정 : 등온압축과정=응축기(열방출과정)

㉰ 3 → 4 과정 : 단열팽창과정(등엔탈피과정)=팽창밸브

㉱ 4 → 1 과정 : 등온팽창과정=증발기(열흡수과정)

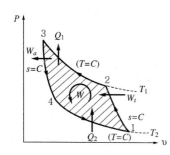 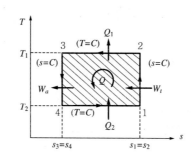

③ 역카르노 사이클의 성적성능계수

㉮ 유효열당량

$$Aq = q_1 - q_2$$
$$= T_1(S_2 - S_1) - T_2(S_2 - S_1)$$
$$= (T_1 - T_2)(S_2 - S_1)$$

㉯ 냉동기 성능계수(COP_R)

$$COP_R = \frac{흡수한\ 열량(냉동효과)}{유효일의\ 열당량}$$
$$= \frac{q_2}{AW} = \frac{q_2}{q_1 - q_2}$$
$$= \frac{T_2(S_2 - S_1)}{(T_1 - T_2)(S_2 - S_1)} = \frac{T_2}{T_1 - T_2}$$

㉰ 히트펌프의 성능계수(COP_H)

$$COP_H = \frac{방출한\ 열량}{유효일의\ 열당량} = \frac{q_1}{AW} = \frac{q_1}{q_1 - q_2}$$
$$= \frac{T_1(S_2 - S_1)}{(T_1 - T_2)(S_2 - S_1)} = \frac{T_1}{T_1 - T_2} = COP_R + 1$$

(6) 증기냉동 사이클

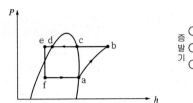 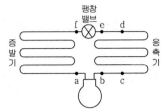

① a → b : 단열압축과정으로서 증발기에서 흡입된 저온저압의 기체냉매를 응축기에서 응축하기 쉽도록 고온고압의 기체냉매로 압력과 온도를 높여주는 과정으로 단열압축이 일어난다.

② b → c : 고온고압의 과열증기를 상온하의 물이나 공기로 과열 제거시키는 과정으로 현열상태이므로 온도만 변화되고 압력은 변화가 없다. 응축과정의 일부분이다.

③ c → d : 응축과정으로 고온고압의 건조 포화증기가 상온하의 물이나 공기로 열을 빼앗겨 포화액으로 되는 과정으로서 잠열이므로 압력, 온도변화는 없다.

④ d → e : 과냉각과정으로 팽창밸브 통과시 냉동력을 상실한 플래시 가스(flash gas) 생성을 감소시키기 위해 과냉각도를 준다.

⑤ e → f : 단열팽창과정으로 증발기에서 냉매가 증발하기 쉽도록 온도와 압력을 낮추는 과정이다.
∴ b → e 과정은 전부 응축과정으로 나타낸다.

⑥ f → a : 증발과정으로 저온저압의 냉매액이 피냉각 물체와 열교환하여 저온저압의 기체냉매로 변화되는 과정으로서 냉동의 목적이 직접적으로 달성되는 과정이다.

POINT

• 증기냉동 사이클
a → b : 압축과정(등엔탈피과정)
b → c : 과열증기제거과정
c → d : 응축과정(기체 → 액체)
d → e : 과냉각과정
e → f : 팽창과정(등엔탈피과정)
f → a : 증발과정(액체 → 기체)

04 열역학 제3법칙

어느 열기관에서 절대온도 0도로 이루게 할 수 없다.

01 다음은 Carnot 사이클의 P-V 도료를 각 단계별로 설명한 것이다. 옳은 것은?

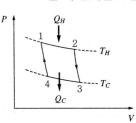

㉮ 1 → 2는 Q_c의 열을 흡수하여 임의의 점 2까지 압축과정이다.

㉯ 2 → 3은 온도가 T_c 감소할 때까지 단열팽창과정이다.

㉰ 3 → 4는 Q_c의 열을 흡수하여 원상태로 정온팽창과정이다.

㉱ 4 → 1은 온도가 T_c로부터 T_H로까지의 정온압축과정이다.

02 다음 그림은 카르노 사이클(Carnot cycle)의 과정을 도식한 것이다. 열효율 η 을 나타내는 식은?

㉮ $\eta = \dfrac{Q_1 - Q_2}{Q_1}$

㉯ $\eta = \dfrac{Q_2 - Q_1}{Q_1}$

㉰ $\eta = \dfrac{T_1}{T_1 - T_2}$

㉱ $\eta = \dfrac{T_2 - T_1}{T_1}$

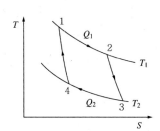

03 600℃의 고열원과 300℃의 저열원 사이에 작동하고 있는 카르노사이클 (carnot cycle)의 최대효율은?

㉮ 34.36% ㉯ 50.00%

㉰ 52.35% ㉱ 74.67%

04 어느 카르노사이클이 77℃와 −23℃에서 작동이 되고 있을 때 열펌프의 성적계수는?

㉮ 2.5
㉯ 5
㉰ 3.5
㉱ 7

[해설] 04

열펌프의 성적계수(ε)

$$\varepsilon = \frac{T_1}{T_1 - T_2}$$

$$= \frac{(273 + 77)}{(273 + 77) - (273 - 23)}$$

$$= 3.5$$

05 다음 그림은 냉매의 P-h 선도이다. 냉매의 증발과정을 표시한 것은?

㉮ A → B
㉯ B → C
㉰ C → D
㉱ D → A

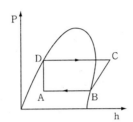

[해설] 05

P-h선도 해석
① 압축과정 : B → C
② 응축과정 : C → D
③ 팽창과정 : D → A
④ 증발과정 : A → B

06 다음은 증기압축냉동 사이클의 T-S 선도를 나타낸 것이다. 3 → 4는 어떤 과정인가?

㉮ 단열압축과정
㉯ 등압과정
㉰ 등온과정
㉱ 등엔탈피과정

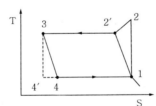

[해설] 06

T-S선도
① 1 → 2 : 단열압축(등엔트로피) 과정
② 2 → 3 : 등압과정
③ 3 → 4 : 단열팽창(등엔탈피) 과정
④ 4 → 1 : 등온, 등압과정

07 임계점에 대한 설명으로 가장 옳은 것은?

㉮ 고체, 액체, 기체가 평형으로 존재하는 상태이다.
㉯ 가열해도 포화온도 이상 올라가지 않는 상태이다.
㉰ 어떤 압력하에서 증발을 시작하는 점과 끝나는 점이 일치하는 곳이다.
㉱ 그 이하의 온도에서는 증기와 액체가 평형으로 존재할 수 없는 상태이다.

[해설] 07

임계점은 포화액과 건조포화증기가 서로 평형을 이루는 압력(온도)으로서 그 이상에서는 증기와 액체가 평형으로 존재할 수 없는 상태이다.

정답
04. ㉰　05. ㉮　06. ㉱
07. ㉰

08 건(조)도가 0이면 다음 중 어디에 해당하는가?

㉮ 포화수   ㉯ 과열증기

㉰ 습증기   ㉱ 건포화증기

09 어느 과열증기의 온도가 450℃일 때 과열도는? (단, 이 증기의 포화온도는 573K이다.)

㉮ 50   ㉯ 123

㉰ 150   ㉱ 273

해 설

해설 08

건조도
습증기 전 질량 중 증기가 차지하는 질량비로 건조도가 0이면 포화수(포화액)이고, 건조도가 1이면 건조 포화 증기가 된다.

해설 09

과열도
=과열증기온도−포화증기온도
=450−(573−273)
=150℃

08. ㉮   09. ㉰

정답

기출문제 및 예상문제

01. 열용량의 설명으로 옳은 것은?

㉮ 단위 물체를 단위 온도로 높이는 열량
㉯ 물체의 비열에 온도를 곱해 얻은 열량
㉰ 물체의 중량에 대한 비열로 표시
㉱ 물체의 온도를 높이는데 소요되는 열량

해설 열용량(kcal/℃)=비열(kcal/kg℃)×중량(kg)

02. 이상기체에서 정적비열(C_v)와 정압비열(C_p)과의 관계가 올바른 것은?

㉮ $C_p - C_v = 2R$ ㉯ $C_p - C_v = R$
㉰ $C_p + C_v = R$ ㉱ $C_p + C_v = 2R$

해설 ① $k = \dfrac{C_p}{C_v}$ ② $C_p - C_v = R$

03. 분자량이 30인 어느 가스의 정압비열이 0.75kJ/kg·K 라고 가정할 때 이 가스의 비열비는 얼마인가?

㉮ 0.277   ㉯ 0.473
㉰ 1.59   ㉱ 2.38

해설 $C_p - C_v = AR$에서

$C_v = C_p - AR = 0.75 - \dfrac{1}{427} \times \dfrac{848}{30} \times 4.2 = 0.472 \,(\text{kJ/kg} \cdot \text{K})$

$K = \dfrac{C_p}{C_v} = \dfrac{0.75}{0.472} = 1.59$

04. 가스의 비열비 $\left[K = \dfrac{C_p}{C_v} \right]$의 값은?

㉮ 언제나 1보다 크다.
㉯ 1보다 크거나 작다.
㉰ 0이다.
㉱ 항상 1보다 작다.

해설 비열비 $K = \dfrac{C_p}{C_v} > 1$이다. 즉 $C_p > C_v$

① 1원자 분자(C, S, Ar, He 등) : 1.66
② 2원자 분자(공기, O_2, N_2, H_2, CO, HCl) : 1.40
③ 3원자 분자(CO_2, SO_2, NO_2 등) : 1.33

05. 다음 중 1kcal/kg℃는 몇 Btu/Lb°F인가?

㉮ 3.968Btu/Lb°F
㉯ 2.205Btu/Lb°F
㉰ 0.252Btu/Lb°F
㉱ 1Btu/Lb°F

해설 1kcal/kg℃=1Btu/Lb°F=1Chu/Lb℃

06. 물질의 상태변화에만 사용되는 열량을 무엇이라 하는가?

㉮ 비열   ㉯ 잠열
㉰ 반응열   ㉱ 현열

해설 ① 잠열 : 온도는 변화하지 않고 상태만이 변화시키는데 필요한 열량
② 현열 : 상태는 변화하지 않고 온도만이 변화시키는데 필요한 열량

07. 밀폐된 그릇 중의 20℃, 5kg의 공기가 들어있다. 이것을 100℃까지 가열하는데 필요한 열량은 몇 kcal 인가? (단, 공기의 평균 부피 비열은 0.171kcal/kg℃)

㉮ 88.4   ㉯ 58.4
㉰ 68.4   ㉱ 78.4

해설 $Q = GC(t_2 - t_1)$
$= 5 \times 0.171 \times (100 - 20) = 68.4 \text{kcal}$

정답 01. ㉰   02. ㉯   03. ㉰   04. ㉮   05. ㉱   06. ㉯   07. ㉰

08. 게이지 압력이란 어떤 압력을 기준으로 한 압력인가?

㉮ 대기압 ㉯ 상용압력
㉰ 절대압력 ㉱ 진공상태

[해설] ① 게이지압력 : 대기압으로부터 시작 되는 압력
② 절대압력 : 완전진공으로부터 시작 되는 압력

09. 1kg중은 몇 N, 몇 dyne인가?

㉮ 9.8N, 9.8×10^4dyne
㉯ 9.8N, 9.8×10^5dyne
㉰ 9.8N, 9.8×10^3dyne
㉱ 9.8N, 9.8×10^2dyne

[해설] 1kg 중=9.8N, 1N=10^5dyne
∴1kg 중=9.8N=9.8×10^5dyne

10. h inHG V를 kg/cm²로 표현하는 식이 맞는 것은?

㉮ $\left\{1 - \dfrac{h}{14.7}\right\} \times 1.0332$

㉯ $\left\{1 - \dfrac{h}{30}\right\} \times 1.0332$

㉰ $\left\{1 - \dfrac{h}{30}\right\} \times 14.7$

㉱ $\left\{1 - \dfrac{h}{76}\right\} \times 1.0332$

[해설] 절대압력=대기압력-진공압력

$= (760 - 25.4 \cdot h) \times \dfrac{1.0332}{760}$

$= (1 - \dfrac{25.4 \cdot h}{760}) \times 1.0332$

$= (1 - \dfrac{h}{30}) \times 1.0332$

11. 게이지 압력으로 10kgf/cm²은 절대압력으로 몇 atm인가?

㉮ 10.51atm ㉯ 11.01atm
㉰ 9.7atm ㉱ 10.67atm

[해설] 절대압력=게이지 압력+대기압

$= \dfrac{10 + 1.0332}{1.0332} = 10.67$atm

절대압력(P_a)=대기압(P_o)+게이지압(P_g)

$P_a = 1 + \dfrac{10}{1.0332} = 10.67$atm

12. 어떤 유체의 무게가 5kg이고 이때의 체적이 2m³일 때 이 액체의 밀도(g/ℓ)는 얼마인가?

㉮ 10g/ℓ ㉯ 5g/ℓ
㉰ 2.5g/ℓ ㉱ 1g/ℓ

[해설] 밀도(ρ) $= \dfrac{m}{v} = \dfrac{5}{2} = 2.5$kg/m³ $= 2.50$g/ℓ

13. 1kW는 몇 kcal/h인가?

㉮ 632.5 ㉯ 641
㉰ 75 ㉱ 860

[해설] 1PS=75kgf·m/sec=632kcal/h
1kW=102kgf·m/sec=860kcal/h

14. 비중이 0.98(60°F/60°F)인 액체연료의 API도는?

㉮ 12.887 ㉯ 11.357
㉰ 11.857 ㉱ 12.857

[해설] API도 $= \dfrac{141.5}{d} - 131.5 = \dfrac{141.5}{0.98} - 131.5 = 12.887$

15. 에너지는 결코 생성될 수도 없어질 수도 없고 단지 형태의 이변이라는 에너지 보존의 법칙은?

㉮ 열역학 제0법칙
㉯ 열역학 제1법칙
㉰ 열역학 제2법칙
㉱ 열역학 제3법칙

정답 08. ㉮ 09. ㉯ 10. ㉯ 11. ㉱ 12. ㉰ 13. ㉱ 14. ㉮ 15. ㉯

해설 열역학 제1법칙

에너지 보존의 법칙이라고도 하며 기계적 일이 열로 변하거나 열이 기계적 일로 변할 때 이들의 비는 일정한 관계가 성립된다.
① 열과 일은 하나의 에너지이다.
② 열은 일로, 일은 열로 전환할 수 있고, 전환시에 열손실은 없다.
③ 에너지는 결코 생성되지 않고 존재가 없어질 수도 있다(제1종 영구기관에 위배 되는 법칙)
④ 한 형태로부터 다른 형태로 바뀌어진다.
⑤ 줄의 법칙이 성립된다.

$Q(kcal) = A \cdot W$, $W(kg \cdot m) = J \cdot Q$

여기서, Q : 열량(kcal)

W : 일량(kg·m)

A : 일의 열당량(1/427kcal/kg·m)

J : 열의 일당량(427kg·m/kcal)

---

16. 순수 물질로 된 계가 가역단열과정 동안 수행한 일의 양은 다음 중 어느 것과 같은가?

㉮ 정압과정에서의 일과 같다.

㉯ 엔탈피 변화량과 같다.

㉰ 내부에너지의 변화량과 같다.

㉱ 일의 양은 "0"이다.

---

17. 이상기체의 엔탈피 불변과정은?

㉮ 가역단열과정 　　㉯ 비가역 단열과정

㉰ 교축과정 　　㉱ 등압과정

해설 교축과정(팽창과정) → 단열팽창과정 → 등엔탈피과정 → 온도강하 → 주울톰슨의 효과

---

18. 다음 중 가역과정으로 볼 수 없는 것은?

㉮ Carnot 순환계

㉯ 노즐에서의 팽창

㉰ 마찰이 없는 관내의 흐름

㉱ 실린더 내의 기체의 갑작스런 팽창

해설 ① 가역과정 : 과정을 여러 번 진행해도 결과가 동일하며 자연계에 아무런 변화도 남기지 않는 것
② 비가역과정 : 계를 통하여 이동할 때 자연계에 변화를 남기는 것(㉱항 : 비가역과정)

---

19. 다음 중 열역학 제1법칙을 정의한 식은? (단, Q : kcal, W : kgf·m, A : 1/427kcal/kg·m, J : 427kg·m/kcal)

㉮ $Q = JW$ 　　㉯ $J = QW$

㉰ $W = JQ$ 　　㉱ $W = AQ$

해설 $Q = AW$, $W = JQ$

여기서, A : 일의 열당량

J : 열의 일당량

---

20. 50kg·m을 열로 환산한 값이 맞는 것은?

㉮ 0.115kcal 　　㉯ 0.117kcal

㉰ 0.3119kcal 　　㉱ 0.210kcal

해설 $Q = AW = \dfrac{1}{427} \times 50 = 0.117kcal$

---

21. 100kcal/kg의 내부에너지를 갖는 20℃의 공기 10kg이 강철탱크 안에 들어있다. 공기의 내부에 에너지가 120kcal/kg으로 증가할 때까지 가열하였을 경우 공기로 이동한 열량은 몇 kcal인가?

㉮ 160 　　㉯ 167

㉰ 200 　　㉱ 240

해설 $Q = 10kg \times (120 - 100)kcal/kg = 200kcal$

---

22. 어떤 용기 중에 들어있는 1kg의 기체를 압축하는데 1,281kg·m의 일이 소요되었으며, 이 도중에 3.7kcal의 열이 용기외부로 방출되었다. 이 기체 1kg당 내부에너지의 변화량(kcal/kg)은?

㉮ −1.4kcal/kg 　　㉯ 0.7kcal/kg

㉰ −0.7kcal/kg 　　㉱ 1.4kcal/kg

해설 $U = h - APV$

$= 1,281kg \cdot m \times \dfrac{1}{427}kcal/kg \cdot m - 3.7kcal$

$= -0.7kcal/kg$

---

16. ㉰　17. ㉰　18. ㉱　19. ㉰　20. ㉯　21. ㉰　22. ㉱ **정답**

23. 절대입력 3.5kg/cm², 비등점 77.8℃에서 액체프로판의 비체적은 0.00177m³/kg이고 엔탈피는 43.1kcal/kg이다. 동일압력 하에서 포화증기의 비체적은 0.104m³/kg이며 엔탈피는 118.1kcal/kg이다. 이 증발과정에서 수반되는 내부에너지의 변화를 구하여라.

㉮ 29,700kg·m/kg ㉯ 26,700kg·m/kg
㉰ 27,700kg·m/kg ㉱ 28.447kg·m/kg

해설 h=u+APV
u=h−APV에서
　= (118.1−43.1)kcal/kg×427kg·m/kcal
　　−3.5×10⁴(kg/m²)×(0.104−0.00177)m³/kg
　=28,446.99kg·m/kg

24. 다음은 완전가스(Perfect Gas)의 성질을 설명한 것이다. 틀린 것은?

㉮ 비열비$\left(K=\dfrac{C_p}{C_v}\right)$는 온도에 비례한다.

㉯ 아보가드로 법칙에 따른다.

㉰ 내부 에너지는 주울의 법칙이 성립한다.

㉱ 분자간의 충돌은 완전탄성체이다.

해설 비열비 $K=\dfrac{C_p}{C_v}$ 는 온도에 관계없이 일정하다.
완전가스(이상기체)의 성질
① 기체분자의 크기는 없다.
② 분자간의 충돌은 완전탄성체이다.
③ 기체분자력은 없다.
④ 0°K에서도 고체로 되지 않고 그 기체의 부피는 0이다.
⑤ 냉각 압축시켜도 액화되지 않는다(실제기체는 액화됨).
⑥ 보일·샤를의 법칙을 만족한다.

25. 완전가스에 대한 설명으로 틀린 것은?

㉮ H_2, CO_2 등은 20℃, 1atm에서는 완전 가스로 보아도 큰 지장이 없다.

㉯ 완전가스는 분자상호간의 인력을 무시한다.

㉰ 완전가스 법칙은 저온고압에서 성립한다.

㉱ 완전가스는 분자 자신이 차지하는 부피를 무시한다.

해설 실제 기체가 이상 기체에 가까워 질수 있는 조건 : 고온, 저압

26. 기체상수 R을 계산한 결과 1.99가 되었다. 이 때 단위는?

㉮ l·atm/mol·K ㉯ cal/mol·K
㉰ erg/mol·K ㉱ Joule/mol·K

해설 $PV=nRT$ 공식에서 기체상수(R)의 값
① $0.08205l$·atm/mol·°K
② 1.987cal/g-mol·°K
③ $8.134×10^7$ erg/g-mol·°K
④ 848.4kg·m/kg-mol·°K

27. 배기가스 분석 결과 N_2=70%, CO_2=15%, O_2=11%, CO=4%의 체적률을 얻었을 때 100kPa, 20℃에서 배기가스 혼합물 0.2m³의 질량은 몇 kg인가?

㉮ 0.37 ㉯ 0.253
㉰ 0.133 ㉱ 0.013

해설 평균분자량
　$= \dfrac{28×70+44×15+32×11+28×4}{70+15+11+4}=30.84g$
$PV=GRT$에서
$G=\dfrac{PV}{RT}=\dfrac{\left(\dfrac{100×10.332}{101.325}\right)×0.2}{\dfrac{848}{30.84}×(273+20)}=0.253kg$

28. 일산화탄소와 수소의 부피비가 3 : 7인 혼합가스의 온도 100℃, 50atm에서의 밀도는 얼마인가? (단, 이상기체로 가정한다.)

㉮ 166g/l ㉯ 16g/l
㉰ 82g/l ㉱ 122g/l

해설 $PV=\dfrac{W}{M}RT$ 에서
밀도$(\rho)=\left(\dfrac{W}{V}\right)g/l=\dfrac{PM}{RT}$
　　$=\dfrac{50×(28×0.3+2×0.7)}{0.082×(273+100)}=16.020g/l$

정답 23. ㉱ 24. ㉮ 25. ㉰ 26. ㉯ 27. ㉯ 28. ㉯

29. 밀폐된 용기 내에 1atm, 27℃로 프로판과 산소가 2 : 8의 비율로 혼합되어 있으며 그것이 연소하여 아래와 같은 반응을 하고 화염온도는 3,000K가 되었다고 한다. 이 용기 내에 발생하는 압력은 얼마인가? (단, 이상기체로 거동한다고 가정함)

$$2C_3H_8+8O_2 \rightarrow 6H_2O+4CO_2+2CO+2H_2$$

㉮ 14atm　　㉯ 40atm
㉰ 25atm　　㉱ 160atm

[해설] $PV=nRT$에서 $V_1=V_2, R_1=R_2$이므로
$\frac{P_2}{P_1}=\frac{n_2T_2}{n_1T_1}$이 된다.
$\therefore P_2=\frac{P_1n_2T_2}{n_1T_1}=\frac{1\times14\times3000}{10\times(273+27)}=14\text{atm}$

30. 일정압력 하에서 기체의 체적은 온도에 비례하며 0℃의 체적 1/273씩 증가한다는 법칙은?

㉮ 보일의 법칙
㉯ 샤를의 법칙
㉰ 보일·샤를의 법칙
㉱ 돌턴의 분압법칙

[해설] 샤를의 법칙
$P=c \quad V=T \quad \frac{V}{T}=C$

31. 일정 압력하에서 -20℃의 탄산가스의 부피는 0℃에서의 몇 배인가?

㉮ 0.63　　㉯ 0.73
㉰ 0.83　　㉱ 0.93

[해설] $\frac{V_1}{T_1}=\frac{V_2}{T_2}$에서
$V_2=\frac{T_2}{T_1}V_1=\frac{(273-20)}{(273+0)}\times V_1=0.93V_1$

32. 36Nm³의 기체가 있다. 압력을 1kgf/cm², 온도를 273℃로 변화시켰을 때 체적 변화는?

㉮ 18.1m³　　㉯ 36.6m³
㉰ 72m³　　㉱ 35.6m³

[해설] $\frac{P_1V_1}{T_1}=\frac{P_2V_2}{T_2}$에서
$V_2=\frac{P_1V_1T_2}{P_2T_1}=\frac{1.0332\times36\times(273+273)}{(1+1.0332)\times273}$
$=36.58\text{m}^3 ≒ 36.6\text{m}^3$

33. 일정한 부피의 용기 속에 10℃, 2atm의 상태에서 50℃로 상승했을 때 압력상승은 얼마인가?

㉮ 2.28atm　　㉯ 0.14atm
㉰ 0.07atm　　㉱ 0.04atm

[해설] $\frac{P_1}{T_1}=\frac{P_2}{T_2}$식에서
$P_2=\frac{T_2}{T_1}\times P_1=\frac{(273+50)}{(273+10)}\times2=2.28\text{atm}$

34. Van der walls식 $(P+a/V^2)(V-b)=RT$에서 각 항을 설명한 것 중 틀린 것은?

㉮ a와 b는 특정기체 특유의 성질이다.
㉯ 상수 a, b는 PV도표에서 임계점에서의 기울기와 곡률을 이용해서 구한다.
㉰ b는 분자의 크기가 이상기체의 부피보다 더 큰 부피로 만들려고 보정하는 것이다.
㉱ a/V^2항은 분자들 사이의 인력의 작용이 이상기체에 의해서 발휘될 압력보다 크게 하려고 더 해준다.

[해설] 실제기체의 상태식
반데르 발스식 $(P+a/V^2)(V-b)=RT$
여기서, a : 기체분자간의 인력
b : 기체 자신이 차지하는 부피

[정답] 29. ㉮　30. ㉯　31. ㉱　32. ㉯　33. ㉮　34. ㉱

35. 증기의 상태방정식이 아닌 것은?

㉮ Van der walls식　　㉯ Lennard Jones식

㉰ Clausius식　　㉱ Berthelot식

[해설] ① Van der walls식 $\left(P+\dfrac{n^2a}{V^2}\right)(V-nb)=nRT$

② Clausius식 $\left(P+\dfrac{C}{T(V+C)^2}\right)(V-b)=RT$

③ Berthelot식 $\left(P+\dfrac{a}{TV^2}\right)(V-b)=RT$

36. CO_2, 1 mol이 48℃로 1.32L의 체적을 차지한 때의 압력을 다음 상태식을 사용해서 각각 계산하면? (단, 이산화탄소의 반데르발스 상수 a=3.60L^2·atm/mol^2, b=4.28×10^{-2}L/ mol이다.)

> ① 이상기체 상태 방정식
> ② 반데르발스의 실제기체 상태방정식

㉮ 19.9atm, 18.5atm

㉯ 20.7atm, 16.3atm

㉰ 25.3atm, 18.9atm

㉱ 15.5atm, 20.6atm

[해설] ① $PV=nRT$에서

$P=\dfrac{RT}{V}=\dfrac{0.082\times(273+48)}{1.32}=19.9\text{atm}$

② $\left(P+\dfrac{n^2a}{V^2}\right)(V-nb)=nRT$에서

$P=\dfrac{RT}{V-nb}-\dfrac{n^2a}{V^2}=\dfrac{0.082\times(273+48)}{1.32-0.0428}-\dfrac{3.60}{1.32^2}$

$=20.61-2.07=18.54\text{atm}$

37. 다음은 기본적인 열역학적 관계식이다. 틀린 것은?

㉮ $\left(\dfrac{\partial H}{\partial T}\right)_P=T\left(\dfrac{\partial S}{\partial T}\right)_P$

㉯ $\left(\dfrac{\partial T}{\partial V}\right)_S=-\left(\dfrac{\partial P}{\partial S}\right)_V$

㉰ $\left(\dfrac{\partial T}{\partial P}\right)_S=\left(\dfrac{\partial V}{\partial S}\right)_P$

㉱ $\left(\dfrac{\partial U}{\partial T}\right)_V=-T\left(\dfrac{\partial S}{\partial T}\right)_V$

[해설] 맥스웰 식 $\left(\dfrac{\partial U}{\partial T}\right)_V=-T\left(\dfrac{\partial S}{\partial T}\right)_V$

38. 플로트로픽 변화(polytropic change)는 $PV^n=C$로 표시되며 n=1일 때 나타내는 열역학적 변화는? (단, P, V는 압력과 체적이며 n, C는 상수이다.)

㉮ 등온 변화　　㉯ 등적 변화

㉰ 등압 변화　　㉱ 단열 변화

[해설] ① 정압(등압) 변화
② 정적(등적) 변화
③ 정온(등온) 변화
④ 단열(등엔트로피) 변화
⑤ 플로트로픽 변화

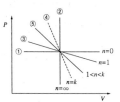

39. 이상 기체의 등온 과정의 설명으로 맞는 것은?

㉮ 열의 출입이 없다.

㉯ 엔트로피 변화가 없다.

㉰ 내부에너지 변화가 없다.

㉱ 부피 변화가 없다.

[해설] ① 등온과정 : 내부에너지는 변화하지 않는다.
② 단열과정 : 열의 출입이 전혀 없는 과정

40. 단열 변화에서 엔트로피 변화량은 어떻게 되는가?

㉮ 일정치 않음　　㉯ 증가

㉰ 감소　　㉱ 불변

[해설] 가역 변화시에는 엔트로피의 변화가 없고 비가역 변화시에는 엔트로피가 반드시 증가한다.

정답　35. ㉯　36. ㉮　37. ㉱　38. ㉮　39. ㉰　40. ㉱

41. 압력이 20kgf/cm², 체적 0.4m³의 기체가 일정한 압력하에서 0.7m³로 되었다. 이 기체가 외부에 한 일은 얼마인가?

㉮ 600kgf·m
㉯ 600,000kgf·m
㉰ 60,000kgf·m
㉱ 6,000kgf·m

[해설] 일량 $W = P \times (V_2 - V_1)$
$$= 20 \times 10^4 (kg/m^2) \times (0.7 - 0.4) m^3 = 60,000 kgf \cdot m$$

42. 20atm의 이산화탄소를 다음과 같은 왕복식 압축기로 압축시키면 몇 atm이 되겠는가? (단, 왕복식 압축기의 공극은 8%이고 공극인자는 0.82, n=1.150이다).

㉮ 약 50.82
㉯ 약 25.85
㉰ 약 32.24
㉱ 약 45.85

[해설] $P = P_1^n + a + e$
$$20^{1.15} + 0.82 + 0.08 = 32.24$$

43. 1atm 25℃ 공기를 0.5atm까지 단열팽창 시키면 그 때 온도는 몇 ℃인가? (단, 공기의 비열비(K=C_p/C_v)는 1.40이다.)

㉮ −8.6℃
㉯ −10.5℃
㉰ −13.8℃
㉱ −28.5℃

[해설] $\dfrac{T_2}{T_1} = \left(\dfrac{P_2}{P_1}\right)^{\frac{k-1}{k}}$ 에서

$$T_2 = T_1 \times \left(\dfrac{P_2}{P_1}\right)^{\frac{k-1}{k}} = (273 + 25) \times \left(\dfrac{0.5}{1}\right)^{\frac{1.4-1}{1.4}}$$
$$= 244.456 K = -28.5℃$$

44. 1mol의 이상기체(C_v=3/2R)가 40℃, 35atm으로부터 1atm까지 단열적으로 팽창하였다. 최종온도는 얼마인가?

㉮ 약 97K
㉯ 약 98K
㉰ 약 75K
㉱ 약 60K

[해설] $C_p - C_v = R$에서 $C_p = \dfrac{5}{2}R$이므로

$$K = \dfrac{C_p}{C_v} = \dfrac{\frac{5}{2}R}{\frac{3}{2}R} = 1.67$$

$$\therefore T_2 = T_1 \times \left(\dfrac{P_2}{P_1}\right)^{\frac{k-1}{k}} = (273 + 40) \times \left(\dfrac{1}{35}\right)^{\frac{1.67-1}{1.67}} = 75.17 K$$

45. 10kgf/cm², 0.1m³의 이상기체를 초기부피의 5배로 등온팽창시킬 때 소요열량(kcal)은?

㉮ 26.7
㉯ 37.6
㉰ 43.4
㉱ 53.7

[해설] $Q = AGRT \ln \dfrac{V_2}{V_1} = APV_1 \ln \dfrac{V_2}{V_1}$

$$= \dfrac{1}{427} \times 10 \times 10^4 \times 0.1 \times \ln\left(\dfrac{5V_1}{V_1}\right) = 37.69 kcal$$

46. 반응기 속에 1kg의 기체가 있고 기체를 반응기 속에 압축시키는데 1500kgf·m의 일을 했다. 이때, 5kcal의 열량이 용기 밖으로 방출되었다면 이 기체 1kg당 내부에너지 변화량은?

㉮ 1.44kcal/kg
㉯ 1.49kcal/kg
㉰ 1.69kcal/kg
㉱ 2.10kcal/kg

[해설] 엔탈피=내부에너지+외부에너지
$(h = u + Apv)$ 에서 $u = h - Apv$
$$= 1500 \times \left(\dfrac{1}{427}\right) - 5 = -1.487 kcal/kg$$

47. 1kg의 물이 1기압에서 정압과정으로 0℃로부터 100℃로 되었다. 평균 열용량 C_p=1kcal/kg·K이면 엔트로피 변화량은 몇 kcal/K인가?

㉮ 0.133
㉯ 0.226
㉰ 0.312
㉱ 0.427

[해설] 정압과정의 엔트로피 변화량(ΔS)는
$$\Delta S = C_p \ln \dfrac{V_2}{V_1} = C_p \ln \dfrac{T_2}{T_1}$$
$$= 1 \times \ln \dfrac{(273 + 100)}{(273 + 0)} = 0.312$$

48. 다음을 설명하는 법칙은?

보기

임의의 화학반응에서 발생(또는 흡수)하는 일은 변화전과 변화후의 상태에 의해서 정해지며 그 경로에는 무관하다.

㉮ Hess의 법칙

㉯ Dalton의 법칙

㉰ Henry의 법칙

㉱ Avogadro의 법칙

해설 ① 헤스(Hess)의 법칙 : 총열량 불변의 법칙
② 달톤(Dalton)의 법칙 : 전압은 분압의 합과 같다.
③ 헨리(Henry)의 법칙 :기체의 용해도는 전압 또는 분압에 비례한다.
④ 아보가드로(Avogadro)의 법칙 : 모든 기체는 1mol이 갖고 있는 체적이 22.4 ℓ이다.

49. 전압은 분압의 합과 같다는 법칙은 누구의 법칙인가?

㉮ Amagat의 법칙

㉯ Henry의 법칙

㉰ Dalton의 법칙

㉱ Lennard-Jones의 법칙

해설 달톤(Dalton) 분압의 법칙
혼합가스의 전압은 각 성분의 분압의 합과 같다.

50. 혼합기체의 특성을 설명한 것 중 틀리는 것은?

㉮ 전압은 분압에 어느 성분의 몰분율을 곱한 것이다.

㉯ 압력비는 몰비와 같다.

㉰ 몰비는 질량비와 같다.

㉱ 전압은 분압에 부피분율을 곱한 값이다.

해설 ① 압력분율=부피분율=몰분율
② 몰비와 질량비는 각 가스의 분자량이 다르기 때문에 같을 수가 없다.

51. 산소 64kg과 질소 14kg의 혼합기체가 나타내는 전압이 10기압이다. 이때 질소의 분압은 얼마인가?

㉮ 2atm

㉯ 8atm

㉰ 10atm

㉱ 18atm

해설 $P_N = \dfrac{\text{전압}\times\text{성분몰수}}{\text{전몰수}} = 10\text{atm} \times \dfrac{\frac{14}{28}}{\frac{64}{32}+\frac{14}{28}} = 2\text{atm}$

52. 5 ℓ의 탱크에는 6atm의 기체가, 10 ℓ의 탱크에는 5atm의 기체가 있다. 이 탱크를 연결했을 때와 20 ℓ의 용기에 담을 때 전압은 얼마인가?

㉮ 2.33atm, 2atm

㉯ 3.33atm, 3atm

㉰ 5.33atm, 4atm

㉱ 6.33atm, 5atm

해설 $P = \dfrac{P_1 V_1 + P_2 V_2}{V_1 + V_2} = \dfrac{6\times 5 + 5\times 10}{5+10} = 5.33\text{atm}$

$P = \dfrac{P_1 V_1 + P_2 V_2}{V} = \dfrac{6\times 5 + 5\times 10}{20} = 4\text{atm}$

53. 1기압 20L의 공기를 4L 용기에 넣었을 때 산소의 분압은? (단, 압축 시 온도 변화는 없고, 공기는 이상기체로 가정하며, 공기 중 산소의 백분율은 20%로 가정한다.)

㉮ 약 1기압

㉯ 약 2기압

㉰ 약 3기압

㉱ 약 4기압

해설 $P_1 V_1 = P_2 V_2$ 식에서
$P_2 = \dfrac{P_1 V_1}{V_2} = \dfrac{1\times 20}{4} = 5\text{기압}$

산소분압 $= \text{전압} \times \dfrac{\text{산소부피}}{\text{전체부피}} = 5 \times \dfrac{4\times 0.2}{4} = 1\text{기압}$

54. 어떤 혼합가스가 산소 10몰, 질소 10몰, 메탄 5몰을 포함하고 있다. 이 혼합가스의 비중은 얼마인가? (단, 공기의 평균 분자량 : 29임)

㉮ 0.52

㉯ 0.62

㉰ 0.72

㉱ 0.94

정답 48. ㉮ 49. ㉰ 50. ㉰ 51. ㉮ 52. ㉰ 53. ㉮ 54. ㉱

해설 혼합가스의 평균 분자량

$$M = \frac{(32 \times 10) + (28 \times 10) + (16 \times 5)}{10 + 10 + 5} = 27.2g$$

$$\therefore 가스비중 = \frac{기체분자량(질량)}{공기의평균분자량(29)}$$

$$= \frac{27.2}{29} = 0.9379 ≒ 0.94$$

55. 가정용 연료가스는 프로판과 부탄가스를 액화한 혼합물이다. 이 액화한 혼합물이 30℃에서 프로판과 부탄의 몰비가 5:1로 되어있다면 이 용기 내의 압력은 약 몇 기압(atm)인가?(단, 30℃에서의 증기압은 프로판 9,000mmHg이고, 부탄이 2,400mmHg이다.)

㉮ 2.6   ㉯ 5.5

㉰ 8.8   ㉱ 10.4

해설 전압(P) = 몰분압(P_1) + 몰분압(P_2)

$$= \frac{9,000 \times \frac{5}{6} + 2,400 \times \frac{1}{6}}{760} = 10.39atm$$

56. 50㎖의 시료가스 CO_2, O_2, CO순으로 흡수시켰을 때 그 때마다 남은 부피가 각각 32.5㎖, 24.2㎖, 17.8㎖였다면 이 가스의 조성 중 N_2의 조성은 몇 %인가?

㉮ 34.2   ㉯ 24.2

㉰ 35.6   ㉱ 27.2

해설 각성분의 조성% = $\frac{각 성분의 부피}{전체부피}$ = $\times 100$

① CO_2의 조성% = $\frac{50 - 32.5}{50} \times 100 = 35\%$

② O_2의 조성% = $\frac{32.5 - 24.2}{50} \times 100 = 16.6\%$

③ CO_2의 조성% = $\frac{24.2 - 17.8}{50} \times 100 = 12.8\%$

질소의 조성 = 100 - ($CO_2 + O_2 + CO$)

∴ 질소의 조성% = 100 - (35 + 16.6 + 12.8) = 35.6(%)

57. 수증기와 CO의 물 혼합물을 반응시켰을 때 반응 가스의 1,000℃ 1기압에서의 평형조성이 CO, H_2O가 28mol%, H_2, CO_2가 22mol%라 하면 정압 평형정수(K_p)는 얼마인가?

㉮ 0.2   ㉯ 0.6

㉰ 0.9   ㉱ 1.3

해설 $CO + H_2O \rightarrow CO_2 + H_2 \uparrow$

$$K_p = \frac{생성물 mol}{반응물 mol} = \frac{22 \times 22}{28 \times 28} = 0.62$$

58. 열역학 제2법칙에 대한 설명 중 틀린 것은?

㉮ 열을 완전히 일로 바꾸는 열기관은 만들 수가 없다.

㉯ 반응과정은 엔트로피가 감소하는 쪽으로 진행된다.

㉰ 제2종 영구기관은 불가능하다.

㉱ 자발적 변화는 엔트로피가 증가한다.

해설 열역학 제2법칙
비가역 과정으로 엔트로픽은 항상 증가한다.

59. 다음 중 비가역과정의 예가 아닌 것은?

㉮ 마찰   ㉯ 혼합

㉰ 자유팽창   ㉱ 열펌프

해설 비가역 과정
① 가스의 혼합   ② 마찰
③ 자유팽창   ④ 비가역 단열변화

60. 열역학 제2법칙과 관련이 있는 물리량은?

㉮ 내부에너지   ㉯ 엔트로피

㉰ 엔탈피   ㉱ 열량

해설 열역학 제2법칙 : 비가역과정(엔트로픽 항상 증가)

61. 어떠한 방법으로든지 100% 효율을 가진 열기관이 없다는 법칙은?

㉮ 열역학 0법칙   ㉯ 열역학 1법칙

㉰ 열역학 2법칙   ㉱ 열역학 3법칙

해설 ① 열역학 제2법칙 : 제2종 영구기관은 실현될 수 없다는 법칙
② 제2종 영구기관 : 열효율이 100%인 열기관

55. ㉱   56. ㉰   57. ㉯   58. ㉯   59. ㉱   60. ㉯   61. ㉰   **정답**

62. 엔트로피 증가에 대한 설명들이다. 이 중 옳게 나타낸 것은?

㉮ 비가역 과정의 경우 계 전체로서 에너지의 총량은 변화하지 않으나 엔트로피의 총합은 증가한다.

㉯ 비가역 과정의 경우 계 전체로서 에너지의 총합과 엔트로피총합이 함께 증가한다.

㉰ 비가역 과정의 경우 물체의 엔트로피와 열원의 엔트로피 합은 불변이다.

㉱ 비가역 과정의 경우 계 전체로서 에너지의 총합과 엔트로피 총합은 불변이다.

해설 엔트로피 $dS = \dfrac{dQ}{T}$ (비가역과정 항상 엔트로픽은 증가한다. $(\Delta S > 0)$)

63. 100℃의 수증기 1kg이 100℃의 물로 응결될 때 수증기 엔트로피 변화량은 몇 kJ/K인가? (단, 물의 증발잠열은 2256.7kJ/K이다.)

㉮ −4.87   ㉯ −6.05

㉰ −7.27   ㉱ −8.67

해설 $dS = \dfrac{dQ}{T} = \dfrac{2256.7}{(273+100)} = 6.05$ (물이 응결되므로 부호를 −로 나타냄)

64. 가역 열기관이 500℃에서 1,000kcal를 흡수하여 일을 생산하고 114℃에서 열을 발생한다. 저열원에서 엔트로피는 얼마인가?

㉮ −1.04kcal/°K

㉯ −1.28kcal/°K

㉰ −1.29kcal/°K

㉱ 1.04kcal/°K

해설 $\dfrac{Q_1}{T_1} = \dfrac{Q_2}{T_2}$

$\therefore Q_2 = \dfrac{T_2}{T_1} \times Q_1 = \dfrac{273+114}{273+500} \times 1,000 = 500.646$

$\therefore \Delta S_2 = \dfrac{Q_2}{T_2} = \dfrac{500.646}{273+114} = 1.280 \text{kcal/°K}$

65. 그림은 카르노(Carnot) 사이클의 P-v선도를 보인 것이다. 설명이 틀린 것은?

㉮ 1 → 2 : 단열압축

㉯ 2 → 3 : 등온팽창

㉰ 3 → 4 : 단열팽창

㉱ 4 → 1 : 등압팽창

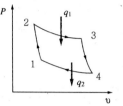

해설 카르노(Carnot) 사이클
① 1 → 2 : 단열압축   ② 2 → 3 : 등온팽창
③ 3 → 4 : 단열팽창   ④ 4 → 1 : 등온압축

66. 다음에서 카르노 사이클의 특징이 아닌 것은?

㉮ 열효율이 고온열원 및 저온열원의 온도만으로 표시된다.

㉯ 가역사이클이다.

㉰ 수열량과 방열량의 비가 수열시의 온도와 방열시의 온도와의 비와 같다.

㉱ P-V선도에서는 직사각형의 사이클이 된다.

해설 T−S선도에서 직사각형의 사이클이 된다.

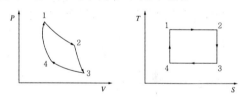

67. 다음 그림은 역카르노 냉동사이클을 표시한다. 열을 방출하여 등온압축을 하는 과정은?

㉮ 1~2의 과정

㉯ 2~3의 과정

㉰ 3~4의 과정

㉱ 4~1의 과정

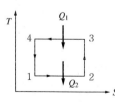

해설 역카르노 냉동사이클
① 1~2 : 등온팽창   ② 2~3 : 단열압축
③ 3~4 : 등온압축   ④ 4~1 : 단열팽창

정답 62. ㉮   63. ㉯   64. ㉯   65. ㉱   66. ㉱   67. ㉰

68. 열기관의 효율을 면적비로 나타낼 수 있는 선도는?

㉮ 온도-체적 선도

㉯ 압력-온도 선도

㉰ 온도-엔트로피 선도

㉱ 엔탈피-엔트로피 선도

[해설] 카르노 사이클의 온도-엔트로피 선도

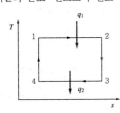

69. 어떤 가역 열기관 300℃에서 500kcal의 열을 흡수하여 일을 하고 50℃에서 열을 방출한다고 한다. 이때 열기관이 한 일은 몇 kcal인가?

㉮ 218   ㉯ 154

㉰ 164   ㉱ 174

[해설] $\eta = \dfrac{AW}{Q_1} = \dfrac{T_1 - T_2}{T_1}$

$AW = Q_1 \left(\dfrac{T_1 - T_2}{T_1} \right) = 500 \left(\dfrac{573 - 323}{273 + 300} \right) = 218 \text{kcal}$

70. Carnot 사이클로 작동하는 가역기관이 800℃의 고열원으로부터 4,000kcal/hr의 열을 받고 100℃의 저열원에 열을 배출할 때 동력은 몇 ps인가?

㉮ 4.13   ㉯ 2.22

㉰ 2.68   ㉱ 3.18

[해설] $\dfrac{Q_1}{T_1} = \dfrac{Q_2}{T_2}$

$\therefore Q_2 = \dfrac{T_2}{T_1} \times Q_1 = \dfrac{273 + 100}{273 + 800} \times 4,000 = 1,390.49 \text{kcal/hr}$

$\therefore 4,000 - 1,390.49 = 2609.51 \text{kcal/hr}$

$L = \dfrac{2609.51 \text{kcal/h}}{632 \text{kcal/h·ps}} = 4.13 \text{Ps}$

71. 다음은 냉동기의 성능계수(ε_R)와 열펌프의 성능계수(ε_H)를 나타낸 것이다. 맞는 것은?

㉮ $\varepsilon_R = \dfrac{T_2}{T_1 - T_2}$, $\varepsilon_H = \dfrac{T_1}{T_1 - T_2}$

㉯ $\varepsilon_R = \dfrac{T_2}{T_1 - T_2}$, $\varepsilon_H = \dfrac{T_2}{T_1 - T_2}$

㉰ $\varepsilon_R = \dfrac{T_1 - T_2}{T_2}$, $\varepsilon_H = \dfrac{T_1 - T_2}{T_1}$

㉱ $\varepsilon_R = \dfrac{T_1 - T_2}{T_1}$, $\varepsilon_H = \dfrac{T_1 - T_2}{T_2}$

[해설] ① 냉동기의 성능계수 $\dfrac{Q_2}{AW} = \dfrac{Q_2}{Q_1 - Q_2} = \dfrac{T_2}{T_1 - T_2}$

② 열 펌프의 성능계수 $\dfrac{Q_1}{AW} = \dfrac{Q_1}{Q_1 - Q_2} = \dfrac{T_1}{T_1 - T_2}$

72. 어느 Carnot-cycle이 37℃와 -3℃에서 작동된다면 냉동기의 성능계수 및 열효율은 얼마인가?

㉮ 성능계수 : 약 7.75, 열효율 : 약 0.87

㉯ 성능계수 : 약 0.15, 열효율 : 약 0.13

㉰ 성능계수 : 약 0.47, 열효율 : 약 0.87

㉱ 성능계수 : 약 6.75, 열효율 : 약 0.13

[해설] 냉동기 성능계수 $\dfrac{T_2}{T_1 - T_2}$

$= \dfrac{(273 - 3)}{(273 + 37) - (273 - 3)} = 6.75$

열효율$(\eta) = \dfrac{T_1 - T_2}{T_1} = \dfrac{(273 + 37) - (273 - 3)}{(273 + 37)} = 0.13$

73. 두 개의 카르노 사이클(Carnot cycle)이 ① 100℃와 200℃ 사이에서 작동할 때와 ② 300℃와 400℃ 사이에서 작동할 때 이들 두 사이클 각각의 경우 열효율은 다음 중 어떤 관계에 있는가?

㉮ ①은 ②보다 열효율이 크다.

㉯ ①은 ②보다 열효율이 작다.

㉰ ①과 ②의 열효율은 같다.

㉱ 정답이 없다.

해설 카르노 사이클의 열효율(η)

$\eta = \dfrac{AW}{Q_1} = \dfrac{Q_1 - Q_2}{Q_1} = \dfrac{T_1 - T_2}{T_1}$ 이므로

$\eta_1 = \dfrac{(273 + 200) - (273 + 100)}{(273) + (200)} = 0.211$

$\eta_2 = \dfrac{(273 + 400) - (273 + 300)}{(273) + (400)} = 0.149$

74. 열 펌프(heat pump)의 성능계수는?

㉮ 역 냉동 사이클의 효율이다.

㉯ 고온체에서 방출한 열량과 기계적 압력과의 비율이다.

㉰ 고온체에서 흡수한 열량과 외부로부터 공급된 에너지의 비율이다.

㉱ 저온체에서 흡수한 열량과 외부로부터 공급된 에너지의 비율이다.

해설 열 펌프의 성능계수

$\dfrac{Q_1}{AW} = \dfrac{Q_1}{Q_1 - Q_2} = \dfrac{T_1}{T_1 - T_2}$

75. 냉매에 대한 성질을 기술한 것으로 적당치 못한 것은?

㉮ 증기의 비열은 크지만 액체의 비열은 작을 것

㉯ 증발열이 작을 것

㉰ 응고점이 낮을 것

㉱ 압축압력이 너무 높지 않을 것

해설 증발열이 클 것

76. 다음은 증기냉동 사이클의 구성을 나타낸 그림이다. 등온팽창 과정이 일어나는 과정은 어떤 곳인가?

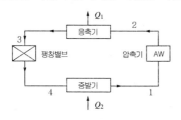

㉮ 1 → 2 과정　　㉯ 2 → 3 과정

㉰ 3 → 4 과정　　㉱ 4 → 1 과정

해설 ① 1 → 2 과정 : 단열압축 과정(증발기에서 증발된 냉매가스를 압축기로 압축하여 고온, 고압으로 되는 과정)
② 2 → 3 과정 : 정압응축 과정(압축기에서 토출된 냉매가스를 응축기에서 냉각하는 과정)
③ 3 → 4 과정 : 단열팽창 과정(냉매가스가 팽창 밸브를 통과하여 온도와 압력이 떨어지는 과정)
④ 4 → 1 과정 : 등온팽창 과정(냉매액이 증발되어 냉동이 이루어지는 과정)

77. 그림은 증기압축 냉동사이클 P-i 선도이다. 팽창 밸브에서의 과정은 다음 중 어느 것인가?

㉮ 4-1

㉯ 1-2

㉰ 2-3

㉱ 3-4

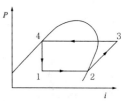

해설 1-2(증발), 2-3(압축), 3-4(응축), 4-1(팽창)

78. 다음 중 Mollier 선도를 옳게 나타낸 것은?

㉮ 압력과 엔탈피와의 관계도표이다.

㉯ 온도와 엔트로피와의 관계도표이다.

㉰ 온도와 엔탈피와의 관계도표이다.

㉱ 엔탈피와 엔트로피와의 관계도표이다.

해설 Mollier 선도
엔탈피와 엔트로피의 관계도표(h-s선도)

79. 어떤 냉매를 팽창밸브를 통과하여 분출시킬 경우 교축 후의 상태 변화가 아닌 것은?

㉮ 엔탈피는 일정불변이다.

㉯ 엔트로피가 감소한다.

㉰ 압력이 강하한다.

㉱ 온도가 떨어진다.

해설 교축 후의 상태 변화
① 엔탈피는 일정불변이다.　　② 압력이 강하한다.
③ 온도가 떨어진다.

정답 74. ㉯　75. ㉯　76. ㉱　77. ㉮　78. ㉱　79. ㉯

80. 다음의 T-S선도는 증기냉동 사이클을 표시한다. 1 → 2 과정을 무슨 과정이라고 하는가?

㉮ 단열압축
㉯ 등온응축
㉰ 등온팽창
㉱ 단열팽창

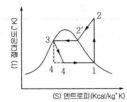

[해설] ① → ② : 단열압축
② → ③ : 등온압축
③ → ④ : 단열팽창
④ → ① : 등온팽창

81. 다음 중 증기 성질에 관한 설명 중 옳지 않은 것은?

㉮ 증기의 압력이 높아지면 엔탈피가 커진다.
㉯ 증기의 압력이 높아지면 현열이 커진다.
㉰ 증기의 압력이 높아지면 포화온도가 높아진다.
㉱ 증기의 압력이 높아지면 증발열이 커진다.

[해설] 증기압력이 높을수록 증발량이 감소하고 증발열이 적어진다.

82. 다음 사항 중 옳지 않은 것은?

㉮ 과열증기는 건포화증기보다 온도가 높다.
㉯ 과열증기는 건포화증기를 가열한 것이다.
㉰ 건포화증기는 포화수와 온도가 같다.
㉱ 습포화증기는 포화수보다 온도가 높다.

[해설] 포화수온도, 습포화증기온도, 건조포화증기의 온도는 같다.

83. 포화수증기를 압축했을 때 나타나는 현상이 아닌 것은?

㉮ 온도 상승
㉯ 일부 수증기 응축
㉰ 부피 증가
㉱ 압력 증가

[해설] 포화수증기를 압축하면
① 온도 상승   ② 일부 수증기 응축
③ 부피 감소   ④ 압력 증가

84. 과열증기의 온도와 포화증기의 온도차를 무엇이라고 하는가?

㉮ 과열도   ㉯ 포화도
㉰ 비습도   ㉱ 건조도

[해설] 과열도=과열증기온도−포화증기온도

85. 과열증기 온도가 400℃일 때 포화증기온도가 600°K이면 과열온도는 얼마인가?

㉮ 73°K   ㉯ 20°K
㉰ 42°K   ㉱ 57°K

[해설] 과열도=과열증기온도−포화증기온도
$= (273+400)-600=73°K$

86. 건조도 0.8의 습증기 10kg이 있다. 이때 포화증기는 몇 kg인가?

㉮ 5kg   ㉯ 6kg
㉰ 7kg   ㉱ 8kg

[해설] 포화증기= $10\times0.8=8kg$, 포화수=$10-8=2kg$

87. 포화수엔탈피 h_1=50kcal/kg 같은 온도에서 포화증기엔탈피 h_2=400kcal/kg 건조도가 0.8일 때 습포화증기의 엔탈피는?

㉮ 330kcal/kg   ㉯ 400kcal/kg
㉰ 530kcal/kg   ㉱ 600kcal/kg

[해설] $h = h_1 + x(h_2 - h_1)$
$h=50+0.8(400-50)=330kcal/kg$

---

80. ㉮   81. ㉱   82. ㉱   83. ㉰   84. ㉮   85. ㉮   86. ㉱   87. ㉮   **정답**

증기 사이클

학습방향 증기 사이클의 열 사이클과 가스동력 사이클의 디젤기관 및 가솔린기관의 기본원리와 사이클의 상태변화를 배운다.

01 증기원동소 사이클

(1) 랭킨 사이클(Rankine Cycle)

① 랭킨 사이클의 계통도

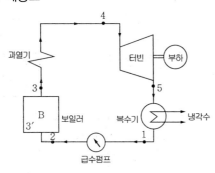

② 랭킨 사이클의 P-V, T-S, h-s 선도

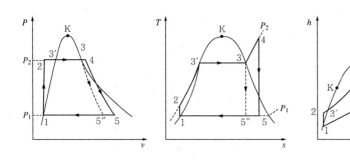

㉮ 1-2 과정 : 급수펌프에서 가역 단열과정(정적 압축과정 : 복수기에서 응축된 포화수 → 압축수)

㉯ 2-3 과정 : 보일러에서 정압가열과정(포화수 → 건포화증기)

㉰ 3-4 과정 : 과열기에서 정압가열과정(건포화증기 → 과열증기)

㉱ 4-5 과정 : 터빈에서 가역 단열팽창과정(과열증기 → 습증기)

POINT

- 랭킨사이클
증기원동소 사이클 중 가장 기본적인 열사이클이다.

- 랭킨 사이클
($P-V$, $T-S$선도)
① 1→2 : 단열압축과정(급수펌프 : 급수가압)
② 2→3′ : 등압, 등적가열과정(보일러 : 물 → 포화수)
③ 3′→3 : 등온팽창과정(보일러 : 포화수 → 건포화증기)
④ 3→4 : 등압과정(과열기 : 건포화증기 → 과열증기)
⑤ 4→5 : 단열팽창과정(터빈 : 외부로 기계적 에너지 전달)
⑥ 5→1 : 등온압축과정(복수기 : 습증기 → 포화수)

⑭ 5-1 과정 : 복수기에서 정압방열과정(습증기 → 포화수)

③ 랭킨 사이클의 열효율

POINT

㉮ $\eta_R = \dfrac{h_4 - h_5}{h_4 - h_1}$

$= \dfrac{\text{터빈입구 엔탈피} - \text{복수기입구 엔탈피}}{\text{터빈입구 엔탈피} - \text{급수펌프입구 엔탈피}}$

• 랭킨 사이클의 효율은 터빈 입구 온도와 압력이 높을수록 보일러 입구 압력이 낮을수록 과열도가 높을수록 증가한다.

㉯ 랭킨 사이클의 열효율은 초온(터빈 입구 온도), 초압(터빈 입구 압력)이 높을수록 배압(보일러 입구 압력)이 낮을수록 증가 한다.

④ 랭킨 사이클의 압력 및 온도의 효과

㉮ 초온(터빈 입구 온도), 초압(터빈 입구 압력)이 높을수록 랭킨 사이클의 열효율은 증가 한다.

㉯ 배압(복수기 입구 압력)이 낮을수록 랭킨 사이클의 열효율은 증가 한다.

㉰ 주어진 압력에서 과열도가 높을수록 출력과 열효율이 증가 한다.

(2) 재열사이클(Reheat Cycle)

재열사이클은 랭킨 사이클의 터빈에서 복수장애를 방지하여 터빈수명을 길게 하고 열효율을 증가 시킬 수 있도록 개량한 사이클이다 즉, 랭킨 사이클에서 고압 및 저압 터빈 사이에 재열기를 설치하여 1차로 팽창한 증기의 건도를 높여 터빈 수명과 열효율개선을 도모한 사이클이다. 재열 사이클에서 터빈은 재열기의 개수보다 하나 더 많다.

• 재열사이클
열사이클 중에서 가장 이상적인 열사이클

(3) 재생 사이클(Regenerative Cycle)

재생 사이클은 랭킨 사이클의 복수기에서 버려지는 열량의 일부를 사이클 내에서 회수하여 재사용함 으로써 열효율을 향상 시킬 수 있도록 하는 사이클 이다.

02 가스동력 사이클

(1) 오토 사이클(Otto Cycle)

① 오토 사이클(otto cycle) : 고속가솔린 기관의 기본 사이클

㉮ 오토 사이클의 상태변화 과정

　㉠ 0-1 : 흡입과정　　㉡ 1-2 : 압축과정

　㉢ 2-3 : 등적가열(폭발)　㉣ 3-4 : 단열팽창

　㉤ 4-1 : 등적방열　　㉥ 1-0 : 배기과정

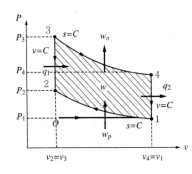 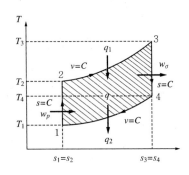

㉯ 오토사이클의 열효율$(\eta_o) = 1 - \left(\dfrac{1}{\varepsilon}\right)^{k-1}$

여기서, ε : 압축비

k : 비열비

㉰ 오토 사이클의 열효율은 작동유체의 종류가 결정되고, 비열비가 일정하면 압축비의 값에 결정된다.

• $\eta_0 = 1 - \left(\dfrac{1}{\varepsilon}\right)^{k-1}$

$\varepsilon = \dfrac{P_2(\text{토출압력})}{P_1(\text{흡입압력})}$

$k = \dfrac{C_P(\text{정압비열})}{C_V(\text{정적비열})}$

(2) 디젤 사이클(Diesel Cycle)

① 디젤 사이클(Diesel Cycle) : 디젤 사이클은 2개의 단열과정과 1개의 정적과정, 1개 의 등압과정으로 구성된 사이클이며 정압 하에서 가열하므로 정압 사이클이라고도 한다, 또한, 저속 디젤기관의 기본 사이클이라 한다.

② 디젤 사이클의 열효율은 압축비와 차단비에 의하여 결정된다.

③ 디젤 사이클의 이론 열효율은 압축비가 클수록 증가하고 차단비가 클수록 감소한다.

• 디젤사이클의 열효율

$\eta = 1 - \left(\dfrac{1}{\varepsilon}\right)^{k-1} \cdot \dfrac{\sigma^k - 1}{k(\sigma - 1)}$

여기서, 열효율(η_d)는 압축비(ε)와 차단비(ε)에 의해 결정된다.

(3) 사바테(복합) 사이클(Sabathe Cycle)

사바테 사이클은 오토 사이클과 디젤 사이클을 합성한 사이클로 정압 및 정적 하에서 연소하므로 정압–정적 사이클이라 한다. 또한, 사바테 사이클은 무기분사 디젤 기본 사이클, 고속 디젤 엔진 기본 사이클 이다.

※ 사이클의 비교
- 압축비와 가열량이 일정할 때 열효율의 크기
  오토 사이클 > 사바테 사이클 > 디젤 사이클
- 최고 압력과 가열량이 일정할 때 열효율의 크기
  디젤 사이클 > 사바테 사이클 > 오토 사이클

(4) 브레이턴 사이클(Brayton Cycle)

브레이턴 사이클은 2개의 단열과정과 2개의 등압과정으로 이루어진 가스 터빈의 이상적인 사이클이다 일명 정압 연소 사이클이라고도 하며 개방형과 밀폐형이 있다 주로항공기, 발전용, 자동차용, 선박용 등에 적용되고 역브레이턴 사이클은 LNG, LPG 가스의 액화용 냉동기의 기본 사이클로 사용된다.

POINT

- 사바테 사이클의 열효율(η_s)

$$\eta_s - 1 - \left(\frac{1}{\varepsilon}\right)^{k-1}$$

$$\cdot \ \frac{(a \cdot \sigma^k - 1)}{(a-1) + k \cdot a(\sigma - 1)}$$

비열비(k)가 일정할 때 사바테사이클효율(η_s)는 압축비(ε)와 압력비(α)가 클수록 차단비(σ)가 작을수록 증가한다.

※ 차단비＝체적비

01 열기관 사이클 중 랭킨 사이클에 대한 설명으로 옳은 것은?

㉮ 정적 사이클이다.

㉯ 냉동 사이클이다.

㉰ 내연기관 사이클이다.

㉱ 증기기관 사이클이다.

02 다음은 간단한 수증기 사이클을 나타낸 그림이다. 여기서 랭킨 사이클(Rankine cycle)의 경로를 옳게 나타낸 것은?

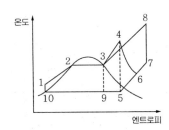

㉮ $1 → 2 → 3 → 4 → 5 → 9 → 10 → 1$

㉯ $1 → 2 → 3 → 9 → 10 → 1$

㉰ $1 → 2 → 3 → 4 → 6 → 5 → 9 → 10 → 1$

㉱ $1 → 2 → 3 → 4 → 8 → 7 → 5 → 6 → 9 → 10 → 1$

03 다음 Otto cycle의 선도에서 열이 공급되는 과정은?

㉮ $1 → 2$

㉯ $2 → 3$

㉰ $3 → 4$

㉱ $4 → 1$

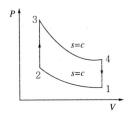

해 설

[해설] 01

랭킨 사이클
증기 사이클 중 가장 기본적인 사이클로서 기준 사이클이라고도 한다. 물은 급수펌프로 단열 압축되어 보일러에 들어가고, 일정한 압력 하에서 가열되어 과열증가 되며, 증기터빈에 공급되어 단열 팽창에 의해서 일을 한다.

[해설] 02

$1 → 2$: 보일러
$4 → 5$: 터빈
$9 → 10$: 복수기
$10 → 1$: 펌프

[해설] 03

Otto cycle의 선도
① $1 → 2$: 단열압축
② $2 → 3$: 등적가열(열공급)
③ $3 → 4$: 단열팽창
④ $4 → 1$: 등적방열(열방출)

01. ㉱   02. ㉮   03. ㉯

정답

04 다음은 Air-standard otto cycle의 P-V diagram이다. 이 cycle의 효율(η)을 옳게 나타낸 것은? (단, 정적열용량은 일정하다.)

㉮ $\eta = 1 - \left(\dfrac{T_B - T_C}{T_A - T_D} \right)$

㉯ $\eta = 1 - \left(\dfrac{T_D - T_C}{T_A - T_B} \right)$

㉰ $\eta = 1 - \left(\dfrac{T_A - T_D}{T_B - T_C} \right)$

㉱ $\eta = 1 - \left(\dfrac{T_A - T_B}{T_D - T_C} \right)$

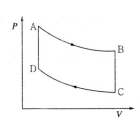

05 오토 사이클에 대한 일반적인 설명 중 옳지 않은 것은?

㉮ 열효율은 압축비에 대한 함수이다.

㉯ 압축비가 커지면 열효율은 작아진다.

㉰ 열효율은 공기 표준 사이클보다 낮다.

㉱ 이상 연소에 의해 열효율은 크게 제한을 받는다.

06 오토 사이클에서 압축비(ε)가 10일 때 열효율은 몇 %인가? (단, 비열비(k)는 1.4이다.)

㉮ 60.2

㉯ 62.5

㉰ 64.2

㉱ 66.5

07 Diesel cycle의 효율에 관한 사항으로서 맞는 것은? (단, 압축비를 ε, 단절비(cut-off ration)를 σ라 한다.)

㉮ σ와 ε이 작을수록 효율이 떨어진다.

㉯ σ와 ε이 작을수록 효율이 좋아진다.

㉰ σ가 증가하고 ε이 작을수록 효율이 떨어진다.

㉱ σ가 증가하고 ε이 작을수록 효율이 좋아진다.

해 설

해설 **04**
오토 사이클의 열효율

$\eta = 1 - \dfrac{Q_{BC}}{Q_{AD}}$

$= 1 - \dfrac{T_B - T_C}{T_A - T_D}$

해설 **05**
압축비가 커지면 열효율도 커진다.

$\eta = 1 - \left(\dfrac{1}{\varepsilon} \right)^{k-1}$

해설 **06**
열효율

$\eta = 1 - \left(\dfrac{1}{\varepsilon} \right)^{k-1}$

$= 1 - \left(\dfrac{1}{10} \right)^{1.4-1}$

$= 0.602 = 60.2\%$

해설 **07**
디젤 사이클의 열효율
① 압축비(ε)증가와 함께 증가한다.
② 단절비(체절비, σ)증가와 함께 감소한다.
※ 단절비(체절비, σ) 증가하고 압축비(ε)가 작을수록 효율이 떨어진다.

04. ㉮ 05. ㉯ 06. ㉮
07. ㉰

정답

08 가스터빈 장치의 이상 사이클을 Brayton 사이클이라고도 한다. 이 사이클의 효율을 증대시킬 수 있는 방법이 아닌 것은?

㉮ 터빈에 다단팽창을 이용한다.

㉯ 기관에 부딪치는 공기와 운동 에너지를 갖게 하므로 압력을 확산기에서 증가시킨다.

㉰ 터빈을 나가는 연소 기체류와 압축기를 나가는 공기류 사이에 열교환기를 설치한다.

㉱ 공기를 압축하는데 필요한 일은 압축과정을 몇 단계로 나누고, 각 단 사이에 중간냉각기를 설치한다.

09 오토(Otto) 사이클의 효율을 η_1, 디젤(Diesel) 사이클의 효율을 η_2, 사바테(Sabathe)사이클의 효율을 η_3이라 할 때 공급열량과 압축비가 같을 경우 효율의 크기는?

㉮ $\eta_1 > \eta_2 > \eta_3$

㉯ $\eta_1 > \eta_3 > \eta_2$

㉰ $\eta_2 > \eta_1 > \eta_3$

㉱ $\eta_2 > \eta_3 > \eta_1$

해 설

해설 **08**

Brayton 사이클은 가스터빈의 공기표준 사이클로서 압축기, 연소기, 터빈으로 구성되어 있으며 배기에너지의 일부를 열교환기에 보내어 연소실로 들어가는 공기를 가열시켜 열효율을 증가시킨다.

해설 **09**

① 압축비와 가열량이 일정할 때
   $\eta_1 > \eta_3 > \eta_2$
② 최고의 압력과 가열량이 일정할 때
   $\eta_2 > \eta_3 > \eta_1$

08. ㉯   09. ㉯

정답

01. 다음 중 랭킨사이클로를 설명하는 내용은?

㉮ 역카르노 사이클과 유사하다.

㉯ 내연기관의 기본사이클이다.

㉰ 증기냉동사이클이다.

㉱ 증기기관의 기본사이클이다.

[해설] 랭킨사이클
동작유체상의 변화가 있으며 증기기관의 기본사이클이다. 단열압축, 정압가열, 단열팽창, 정압냉각의 순서이며 단위질량당 팽창일에 비하여 압축일이 적게 소요된다.

02. 엔탈피 700kcal/kg의 포화증기를 20,000kg/hr으로 열을 발생시 출구 엔탈피가 500 kcal/kg이면 터빈출력은 몇 ps인가?

㉮ 6,324 ㉯ 2,342

㉰ 3,424 ㉱ 5,482

[해설] $h = \dfrac{(700-500)\text{kcal/kg} \times 20{,}000\text{kg/hr}}{632.5\text{kcal/hr (ps)}} = 6{,}324\text{ps}$

03. 다음 그림은 랭킨 사이클의 T-S선도이다. 각 상태의 엔탈피를 h_1, h_2, h_3, h_4라 할 때 이론열효율은?

㉮ $\eta = \dfrac{h_4 - h_1}{h_3 - h_2}$

㉯ $\eta = \dfrac{h_2 - h_1}{h_3 - h_4}$

㉰ $\eta = \dfrac{h_2 - h_3}{h_1 - h_4}$

㉱ $\eta = \dfrac{h_3 - h_4}{h_3 - h_1}$

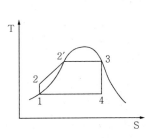

[해설] 랭킨 사이클의 이론열효율 $= \dfrac{\text{사이클중 일로 변화한 열량}}{\text{사이클 중에 가해진 열량}}$

h_1: 포화수엔탈피
h_3: 건조포화 증기엔탈피
h_4: 팽창증기엔탈피

04. 압력 80atm에서 엔탈피 783.3kcal/kg으로부터 압력 0.08kg/cm²까지 등엔트로피가 팽창되는 랭킨 사이클로의 열효율은? (단, 포화수 엔탈피는 26.5kcal/kg이고, 터빈 출구에서의 엔탈피는 400.6kcal/kg이다)

㉮ 0.631 ㉯ 0.367

㉰ 0.429 ㉱ 0.506

[해설] 랭킨 사이클 열효율(η)

$= \dfrac{\text{건조포화증기 엔탈피} - \text{팽창증기 엔탈피}}{\text{건조포화증기 엔탈피} - \text{포화수 엔탈피}}$

$\eta = \dfrac{h_3 - h_4}{h_3 - h_1} = \dfrac{783.3 - 400.6}{783.3 - 26.5} = 0.506$

05. 오토(Otto) 사이클을 온도-엔트로피선도로 표시하면 그림과 같다. 동작 유체가 열을 방출하는 과정은 어느 것인가?

㉮ 4 → 1과정

㉯ 1 → 2과정

㉰ 2 → 3과정

㉱ 3 → 4과정

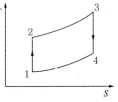

[해설] ① → ② : 단열압축
② → ③ : 열공급
③ → ④ : 단열팽창
④ → ① : 열방출

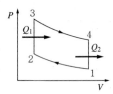

06. 다음은 Air-standard Otto cycle의 P-v diagram이다. 이 사이클의 효율(η)을 바로 나타낸 것은? (단, 정용 열용량은 일정)

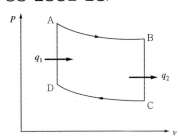

㉮ $\eta = 1 - \dfrac{T_B - T_C}{T_A - T_D}$

㉯ $\eta = 1 - \dfrac{T_D - T_C}{T_A - T_B}$

㉰ $\eta = 1 - \dfrac{T_A - T_D}{T_B - T_C}$

㉱ $\eta = 1 - \dfrac{T_A - T_C}{T_B - T_D}$

[해설] 오토사이클 압축비에 대한 열효율

$\eta = 1 - \left(\dfrac{1}{\varepsilon}\right)^{k-1}$

$\eta = 1 - \dfrac{Q_2}{Q_1} = 1 - \dfrac{T_B - T_C}{T_A - T_D}$

07. 오토사이클에서 압축비(ε)가 10일 때 열효율은 몇 %인가? (단, 비열비 k=1.4)

㉮ 60.2% ㉯ 58.5%

㉰ 56.2% ㉱ 52.5%

[해설] 오토사이클의 열효율

$\eta = 1 - \left(\dfrac{1}{\varepsilon}\right)^{k-1} = 1 - \left(\dfrac{1}{10}\right)^{1.4-1}$

$= 0.6019 \Rightarrow 60.2\%$

08. 디젤 사이클에서 압축비 10, 등압팽창비 1.8일 때 열효율은 약 얼마인가? (단, k=C_p/C_v=1.4)

㉮ 30.3% ㉯ 38.2%

㉰ 54.6% ㉱ 61.7%

[해설] 디젤 사이클의 열효율(η_D)

$\eta_D = 1 - \left(\dfrac{1}{\varepsilon}\right)^{k-1} \dfrac{\sigma^k - 1}{k(\sigma - 1)}$

$= 1 - \left(\dfrac{1}{10}\right)^{1.4-1} \dfrac{(1.8)^{1.4} - 1}{1.4(1.8 - 1)} = 0.546 \Rightarrow 54.6\%$

여기서, ε : 압축비(10)

k : 비열비(1.4)

σ : 등압팽창비(1.8)

09. 다음은 정압연소 사이클의 대표적인 브레이톤 사이클(brayton cycle)의 T-S선도이다. 다음 설명 중 옳지 않은 것은?

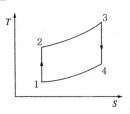

㉮ 4 → 1의 과정은 가역 정압배기과정이다.

㉯ 1 → 2의 과정은 가역 단열압축과정이다.

㉰ 2 → 3의 과정은 가역 정압가열과정이다.

㉱ 3 → 4의 과정은 가역 정압팽창과정이다.

[해설] 브레이톤 사이클

2개의 단열 2개의 정압변화로 이루어진 사이클 3 → 4 : 단열팽창

10. Brayton cycle은 어떤 기관의 cycle인가?

㉮ 디젤기관 ㉯ 가스터빈기관

㉰ 증기기관 ㉱ 가솔린기관

[해설] 2개의 단열과정과 2개의 등압과정으로 이루어진 가스터빈의 이상적인 사이클이다.

11. 오토(Otto) 사이클의 효율을 η_1, 디젤(Diesel) 사이클의 효율을 η_2, 사바테(Sabathe) 사이클의 효율을 η_3라고 할 때 공급 열량과 압축비가 일정하다면 효율의 크기 순은?

㉮ $\eta_2 > \eta_3 > \eta_1$ ㉯ $\eta_1 > \eta_2 > \eta_3$

㉰ $\eta_1 > \eta_3 > \eta_2$ ㉱ $\eta_2 > \eta_1 > \eta_3$

[해설] 공급열량과 압축비 같은 경우 $\eta_1 > \eta_3 > \eta_2$, 공급열량과 최대압력이 같은 경우 $\eta_2 > \eta_3 > \eta_1$

정답 07. ㉮ 08. ㉰ 09. ㉱ 10. ㉯ 11. ㉰

CHAPTER 3 · 연 료

학습방향 연료의 종류에 따른 특징과 연료의 주요성분을 분석함에 따라 연료와 연소장치의
호환성과 연료의 장·단점을 배운다.

01 연료의 특징

(1) 연료의 구비조건

① 공기 중에 쉽게 연소할 수 있을 것
② 인체에 유해하지 않을 것
③ 발열량이 클 것
④ 저장 취급이 용이할 것
⑤ 구입하기 쉽고, 가격이 저렴할 것

(2) 연료사용의 4원칙

① 연료를 완전 연소 시킬 것
② 발생열을 최대한 이용할 것
③ 열의 손실을 줄일 것
④ 잔염, 여열을 최대한 이용할 것

(3) 연료의 특성

① 수분이 함유된 연료
  ㉮ 발열량 감소　　　㉯ 퇴적물 생성
  ㉰ 진동 연소 원인　　㉱ 저온부식 촉진

② 회분이 함유된 연료
  ㉮ 연료의 질 감소
  ㉯ 분지발생
  ㉰ 무기물질 중 바나듐, 나트륨에 의한 고온부식 생성

POINT

• 연료의 정의
공기 중의 산소와 산화반응을 하는 가연물질로서 연소열을 경제적으로 이용한다.

• 연료의 성분
① 주성분 : 탄소(C), 수소(H)
② 불순물 : 산소(O), 질소(N), 황(S), 수분, 무기물(회분)

③ 황분이 함유된 연료

⑦ 연소 후 아황산가스 발생으로 공해 유발

⑭ 발열량이 감소하고 인화점이 상승

⑭ 저온부식($S+O_2 \rightarrow SO_2$)

④ 휘발분이 함유된 연료

점화하기 쉬우나 연소시 검은 연기가 발생한다.

⑤ 고정탄소가 함유된 연료

⑦ 발열량이 증가한다.

⑭ 점화속도가 느리다.

⑥ 연료비 $= \dfrac{\text{고정탄소}(\%)}{\text{휘발분}(\%)}$

(4) 석탄의 비중 3가지

① 겉보기비중 = 석탄내부기공도 포함하여 구한 경우의 비중

② 진비중(참비중) = 내부기공을 제외한 석탄 본질의 비중

③ 부피비중 = 단위체적 내에 들어가는 석탄의 양

석탄의 기공률 $= \dfrac{(\text{참비중} - \text{겉보기비중})}{\text{참비중}} \times 100(\%)$

02 연료의 종류

(1) 고체연료

① 고체연료의 종류

⑦ 천연연료 : 무연탄, 역청탄, 갈탄

⑭ 인공연료 : 코크스, 공탄, 미분탄, 숯(목탄)

POINT

• 연료비 고정탄소(%)와 휘발분 (%)의 비

탄화도가 커짐에 따라 수분, 휘발분이 감소하고 고정탄소의 양이 증가한다.

• 참비중 = 진비중
• 겉보기비중 = 시비중

• 석탄의 분류기준
발열량, 점결성, 입도, 산지별, 연료비, 용도

② 고체연료의 장, 단점

　㉮ 장 점

　　㉠ 저장취급이 간편하다.

　　㉡ 연소장치가 간단하다.

　　㉢ 노천야적이 가능하다.

　　㉣ 구입이 쉽고 경제적이다.

　㉯ 단 점

　　㉠ 연소효율이 낮고 고온을 얻기 어렵다.

　　㉡ 완전연소가 곤란하다.

　　㉢ 연소조절이 어렵다.

　　㉣ 회분이 많고 착화 소화가 어렵다.

(2) 액체연료

① 액체연료의 종류

　정유소로 운반된 연료를 정치법, 가열법에 의해 증류하면 등유, 경유, 중유 등의 유분을 얻어 각종 화학 첨가제를 넣어 석유제품을 만든다.

　※ 원유의 성상

　• C(탄소) : 84~87%　　• H(수소) : 12~15%

　• S(황) : 0.1~0.4%　　• N(질소) : 0.05~0.8%

　• O(산소) : 0~0.3%

② 액체연료의 장, 단점

　㉮ 장 점

　　㉠ 연소효율이 높고 완전연소가 된다.

　　㉡ 저장 취급이 용이하다.

　　㉢ 발열량이 크다.

　　㉣ 회분이 적다.

　　㉤ 고온을 얻을 수 있다.

　　㉥ 파이프라인을 통한 수송이 용이하다.

　㉯ 단 점

　　㉠ 연소온도가 높아 국부가열 위험이 크다.

　　㉡ 황분을 일반적으로 많이 함유하고 있다.

ⓒ 화재 역화 등의 위험이 크다.

ⓓ 연소기에 따라 소음이 발생 한다.

③ 액체연료의 무화연소 방법

　액체연료의 연소는 주로 무화연소방식이 사용되며 작은 분구에서 액체연료입경을 작게 하고 비표면적을 크게 하기 위해 마치 안개와 같이 분사연소 시키는 방식으로 중질유의 연소가 여기에 속한다.

　㉮ 무화의 목적

　　㉠ 단위질량당 표면적을 크게 한다.

　　㉡ 공기와 혼합을 촉진 시킨다.

　　㉢ 연소효율을 향상 시킨다.

　㉯ 무화입자 : 10~500의 범위지만 50μ 이하의 경우 85% 이상이어야 바람직하다.

　㉰ 무화의 종류

　　㉠ 유압 분무식 무화

　　㉡ 이류체 무화

　　㉢ 충돌 무화

　　㉣ 진동 무화

　　㉤ 정전기 무화

　㉱ 액체연료를 미립화 시키는 방법

　　㉠ 연료를 노즐에서 고속으로 분출시키는 방법

　　㉡ 공기나 증기 등의 기체를 분무매체로서 사용하는 방법

　　㉢ 고압의 정전기에 의해 액체를 분열시키는 방법

　　㉣ 초음파에 의하여 액체연료를 촉진시키는 방법

　　㉤ 회전체(원판, 컵 등)가 원심력에 의해 액을 분산시키는 방법

　㉲ 무화의 요소

　　㉠ 액체유동의 운동량

　　㉡ 액체유동시 주위공기와 마찰력

　　㉢ 액체와 기체의 표면장력

④ 액체연료의 1차 공기 : 무화용으로 사용

(3) 기체연료

① 기체연료의 종류

⑦ 천연가스(NG) : 천연으로 발생하는 가스 가운데 탄화수소를 주성분으로 하는 가연성가스

ⓐ 습성가스 : CH_4(메탄), C_3H_8(프로판)이 주요성분

ⓑ 건성가스 : CH_4(메탄)이 주요성분

⑭ 액화석유가스(LPG) : 석유의 탄화수소가스를 말하며, LP가스 또는 프로판가스라 한다.

※ 주요성분 : C_3H_8(프로판), C_4H_{10}(부탄), C_3H_6(프로필렌), C_4H_8(부틸렌)

⑭ 석탄가스 : 석탄을 1,000℃ 내외로 건류할 때 얻어지는 가스로서 메탄가스와 수소를 다량 함유하고 있으며, 발열량도 높고 연소성도 우수하다. 주로 도시가스 제조용이나 화학공업 연료로 사용되며 고온건류(1,000℃ 내외), 저온건류(600℃ 내외) 조작이 있다.

※ 주요성분 : H_2(수소), CH_4(메탄), CO(일산화탄소)

⑭ 고로가스 : 용광로에서 얻어지는 부산물 가스로서 대량의 질소와 일산화탄소로 구성되며, 발열량이 낮아 자가소비용으로 사용된다.

※ 주요성분 : N_2(질소), 일산화탄소(CO), 탄산가스(CO_2)

⑭ 발생로가스 : 적열상태로 가열한 탄소분이 많은 고체연료에 공기나 산소를 공급하여 불완전연소로 얻은 가스로서 많은 질소로 구성되었다.

※ 주요성분 : N_2, CO, H_2

⑭ 수성가스 : 고온의 코크스에 수증기를 작용시켜 발생하는 가스로 H_2와 CO가 대부분이다.

※ 주요성분 : H_2, CO, N_2

⑭ 증열수성가스 : 수성가스를 석유(중유, 타르)로 열분해하여 만든 가스체로서 발생량이 비교적 높다.

※ 주요성분 : H_2, CO, CH_4

⑭ 오일가스 : 석유를 열분해법, 접촉분해법 및 부분연소법 등에 의하여 분해할 때 발생하는 가스의 총칭으로 석탄가스에 비하여 시설비와 원료비가 비싸다.

※ 주요성분 : H_2, 포화탄화수소, CO

㊀ 도시가스 : 수성가스, 증열수성가스, LPG, LNG, 오일가스, 발생로가
　스, 석탄가스등으로부터 제조되며 가정용에 널리 쓰인다.

② 기체연료의 장, 단점

　㉮ 장 점

　　㉠ 적은 공기비로 완전연소한다.

　　㉡ 공해가 거의 없다.

　　㉢ 국부균일 가열이 용이하다.

　　㉣ 저발열량의 연료로 고온을 얻을 수 있다.

　　㉤ 연소 효율이 높고 연소제어가 용이하다.

　　㉥ 회분 황분이 거의 없어 전열면에 손상이 없다.

　㉯ 단 점

　　㉠ 누설시 화재 폭발의 위험성이 있다.

　　㉡ 시설비가 많이 들고 설비가 어렵다.

　　㉢ 저장이나 수송이 어렵다.

핵 심 문 제

01 다음 중 이론공기량(Nm³/h)이 가장 적게 필요한 연료는?

㉮ 역청탄
㉯ 코크스
㉰ 고로가스
㉱ LPG

02 고체연료에서 탄화도가 높은 경우에 대한 설명으로 틀린 것은?

㉮ 수분이 감소한다.
㉯ 발열량이 증가한다.
㉰ 연소속도가 느려진다.
㉱ 착화온도가 낮아진다.

03 다음은 액체연료를 미립화 시키는 방법을 설명한 것이다. 옳은 항은?

① 연료를 노즐에서 빨리 분출시키는 방법
② 고압의 정전기에 의해 액체를 분연시키는 방법
③ 초음파에 의해 액체연료를 촉진시키는 방법

㉮ ①
㉯ ①, ②
㉰ ②, ③
㉱ ①, ②, ③

04 액체 연료에 대한 시험항목 및 그 방법의 연결이 틀린 것은?

㉮ 연료조성분-분젠실링법
㉯ 황함량-석영관 산소법
㉰ 동점도-Redwood viscometer
㉱ 인화점-에벨펜스키 밀폐식시험

05 단위량의 연료를 포함한 이론 혼합기가 완전반응을 하였을 때 발생하는 연소 가스량을 무엇이라 하는가?

㉮ 이론 연소가스량
㉯ 이론 건조가스량
㉰ 이론 습윤가스량
㉱ 이론 건조연소 가스량

해 설

해설 01
고로가스는 기체연료이기 때문에 이론공기량이 적게 든다.

해설 02
탄화도가 높은 경우
① 발열량이 증가한다.
② 연료비가 많아진다.
③ 수분이나 휘발분이 감소한다.

해설 04
분젠실링법은 시료가스와 공기를 작은 구멍으로 유출시켜 시간비로서 가스의 비중을 측정하는 방법이다.

정답

01. ㉰ 02. ㉱ 03. ㉱
04. ㉮ 05. ㉮

06 공기흐름이 난류일 때 가스연료의 연소현상에 대한 설명 중 맞는 것은?

㉮ 연소가 양호하여 화염이 짧아진다.

㉯ 불완전연소에 의한 열효율이 감소한다.

㉰ 화염이 뚜렷하게 나타난다.

㉱ 화염이 길어지면서 완전연소가 일어난다.

07 고온으로 가열된 코크스에 수증기를 작용시켜서 얻는 CO와 H_2와 주성분인 가스는?

㉮ 발생로가스 　　　　㉯ 수성가스

㉰ 오프가스 　　　　㉱ 수소가스

08 다음 중 발열량($kcal/m^3$)이 가장 낮은 기체 연료는?

㉮ 석탄가스 　　　　㉯ 수성가스

㉰ 고로가스 　　　　㉱ 발생로가스

09 다음 기체의 연소 반응 중 가스의 단위 체적당(Nm^3) 발열량이 가장 큰 것은?

㉮ $H_2 + \dfrac{1}{2}O_2 \rightarrow H_2O$

㉯ $C_2H_2 + \dfrac{5}{2}O_2 \rightarrow 2CO_2 + H_2O$

㉰ $C_2H_6 + \dfrac{7}{2}O_2 \rightarrow 2CO_2 + 3H_2O$

㉱ $CO + \dfrac{1}{2}O_2 \rightarrow CO_2$

해 설

해설 **07**

수성가스는 백열상태의 석탄 또는 코크스에 수증기와 공기를 통과시켜 얻은 CO와 H_2와 주성분으로 하는 가스이다.
($C + H_2O \rightarrow CO + H_2$).

해설 **08**

발열량($kcal/Nm^3$)
① 석탄가스
　: $5,000kcal/Nm^3$
② 수성가스
　: $2,700kcal/Nm^3$
③ 고로가스
　: $900kcal/Nm^3$
④ 발생로가스
　: $1,000 \sim 1,600kcal/Nm^3$

해설 **09**

각 가스의 발열량
① 수소(H_2)
　: $6,100kcal/Nm^3$
② 아세틸렌(C_2H_2)
　: $13,500kcal/Nm^3$
③ 에탄(C_2H_6)
　: $16,600kcal/Nm^3$
④ 일산화탄소(CO)
　: $3,000kcal/Nm^3$

06. ㉮　07. ㉯　08. ㉰
09. ㉰

정답

기출문제 및 예상문제

01. 다음 설명 중 연료가 구비해야 될 조건에 해당하지 않은 것은?

㉮ 발열량이 높을 것

㉯ 연소시 유해가스를 발생하지 않을 것

㉰ 조달이 용이하고 자원이 풍부할 것

㉱ 성분 중 이성질체가 많이 포함되어 있을 것

[해설] 연료의 구비조건
① 가격이 저렴하고 자원이 풍부할 것
② 연소가 용이하고 발열량이 클 것
③ 연소시 유해가스가 발생하지 않아야 할 것
④ 연소시 회분 등의 폐기물이 적어야 할 것
⑤ 저장, 운반 및 취급이 용이할 것
[참고] 이성질체 : 분자식은 같고, 구조식이 다른 것

02. 다음 중 연료의 주성분이 아닌 원소는?

㉮ C

㉯ H

㉰ O

㉱ P

[해설] 연료의 주성분
C(탄소), H(수소), O(산소)

03. 증기속에 수분이 많을 때 일어나는 현상은?

㉮ 증기 손실이 적다.

㉯ 증기 엔탈피가 증가된다.

㉰ 증기배관에 수격작용이 방지된다.

㉱ 증기배관 및 장치부식이 발생된다.

[해설] 증기 속 수분의 영향
① 건조도 저하
② 증기 손실 증가
③ 배관 및 장치 부식 초래
④ 증기 엔탈피 감소
⑤ 수격작용 발생
⑥ 증기기관의 효율 감소

04. 다음 중 연료비에 관한 것으로 맞는 것은?

㉮ $\dfrac{고정탄소}{휘발분}$

㉯ $\dfrac{1-고정탄소}{휘발분}$

㉰ $\dfrac{휘발분}{고정탄소}$

㉱ $\dfrac{1-휘발분}{고정탄소}$

[해설] 연료비 = $\dfrac{고정탄소}{휘발분}$, 고정탄소가 클수록 발열량이 높아진다.

05. 고체연료에 있어 탄화도가 클수록 발생하는 성질은?

㉮ 고정탄소가 많아져 발열량이 커진다.

㉯ 휘발분이 증가한다.

㉰ 매연발생이 커진다.

㉱ 연소속도가 증가한다.

[해설] 탄화도 크다 → 고정탄소 많다 → 발열량 커진다 → 연료비 증가 → 휘발분 감소 → 착화온도 높아진다 → 연소 속도 늦어진다 → 비중 과열전도율 증가

06. 연료에 고정탄소가 많이 함유되어 있을 때 발생되는 현상으로 맞는 것은?

㉮ 열손실을 초래한다.

㉯ 매연 발생이 많아진다.

㉰ 발열량이 높아진다.

㉱ 연소효과가 나쁘다.

[해설] 고정탄소=100-(수분+화분+휘발분)이므로 고정탄소가 많을수록 불순물이적어지고 발열량이 높아지나 연소속도는 느려진다.

01. ㉱ 02. ㉱ 03. ㉱ 04. ㉮ 05. ㉮ 06. ㉰ **정답**

07. 고체연료의 공업분석에서 고정탄소를 산출하는 식은?

㉮ 고정탄소(%)=100−[수분(%)+황분(%)+휘발분(%)]

㉯ 고정탄소(%)=100−[수분(%)+회분(%)+황분(%)]

㉰ 고정탄소(%)=100−[수분(%)+회분(%)+질소(%)]

㉱ 고정탄소(%)=100−[수분(%)+회분(%)+휘발분(%)]

해설 고정탄소 증가하면 수분·회분 등의 불순물이 적어지고 발열량이 커진다.

08. 석탄에서 수분과 회분을 제거한 나머지는?

㉮ 고정탄소와 코크스라 한다.

㉯ 휘발분과 고정탄소라 한다.

㉰ 고정탄소라 한다.

㉱ 휘발분이라 한다.

해설 고정탄소
100−(수분+회분+휘발분)

09. 석탄의 기공률을 계산한 식은?

㉮ $1 \times (참비중 − 겉보기비중) \times 100$

㉯ $\left(1 + \dfrac{겉보기비중}{참비중}\right) \times 100$

㉰ $\left(1 - \dfrac{겉보기비중}{참비중}\right) \times 100$

㉱ $\left(1 - \dfrac{참비중}{겉보기비중}\right) \times 100$

해설 ① 겉보기비중 : 석탄 내부 기공도 포함하여 구한 경우의 비중
② 참비중 : 내부기공을 제외한 석탄 본질의 비중

10. 다음 중 공업 분석의 휘발분 정량을 구하는 식 중 옳은 것은?

㉮ 휘발분(%) $= \dfrac{가열감량(g)}{시료(g)} \times 100 − 수분(\%)$

㉯ 휘발분(%) $= \dfrac{가열감량(g) − 시료(g)}{시료(g)} \times 100$

㉰ 휘발분(%) $= \dfrac{가열감량(g)}{시료(g)} \times 100$

㉱ 휘발분(%) $= \dfrac{가열감량(g)}{시료(g)} \times 100 + 수분(\%)$

11. 석탄을 공업분석하여 수분 3.35%, 휘발분 2.65 %, 회분 25.50%임을 알았다. 고정탄소분은 몇 %인가?

㉮ 68.50%　　　㉯ 37.69%

㉰ 49.48%　　　㉱ 59.87%

해설 고정탄소=100−(수분+회분+휘발분)
　　　=100−(3.35+25.50+2.65)=68.50

12. 석탄의 회분 중 $\dfrac{siO_2 + Aℓ_2O_3(\%)}{Fe_2O_3 + CaO + MgO(\%)}$ 의 비는 무엇을 표시하는가?

㉮ 환원율　　　㉯ 산화율

㉰ 알칼리도　　　㉱ 산도

13. 석탄의 원소분석 방법과 관련이 없는 것은?

㉮ 라이드법　　　㉯ 리비히법

㉰ 세필드법　　　㉱ 에쉬카법

해설 석탄의 원소분석(Ultimate Analysis) 항습시료를 사용하여 연료 중 원소를 분석하는 방법으로 리비히법, 에쉬카법, 세필드법 등이 있다.

정답　07. ㉱　08. ㉯　09. ㉰　10. ㉮　11. ㉮　12. ㉯　13. ㉮

14. 석탄의 성질을 결정하는 요인이 아닌 것은?

㉮ 기공도   ㉯ 비열

㉰ 점도   ㉱ 연료비

[해설] 석탄의 성질을 결정하는 용인
① 비중   ② 기공도
③ 열전도율   ④ 비열
⑤ 점결성   ⑥ 연료비
⑦ 탄화도

15. 휘발분이 8% 이하로서 발열량이 높으며 연소속도가 느리고 착화점이 높은 석탄은?

㉮ 무연탄   ㉯ 가스탄

㉰ 코크스탄   ㉱ 반역청탄

[해설] 무연탄의 성상
① 휘발분이 8% 이하
② 발열량과 착화점이 높다.
③ 연소속도가 느리다.

16. 다음은 고체연료의 연소과정 중 화염이동 속도에 대한 설명이다. 이 중 옳은 것은?

㉮ 발열량이 낮을수록 화염이동 속도는 커진다.

㉯ 1차 공기온도가 높을수록 화염이동 속도는 작아진다.

㉰ 입자직경이 작을수록 화염이동 속도는 커진다.

㉱ 석탄화도가 높을수록 화염이동 속도는 커진다.

[해설] 화염이동속도가 커지는 요인
① 발열량이 높을수록
② 1차공기온도가 높을수록
③ 입자의 직경이 작을수록
④ 석탄화도가 낮을수록

17. 고체연료의 성질에 대한 설명 중 틀린 것은?

㉮ 수분이 많으면 통풍불량의 원인이 된다.

㉯ 휘발분이 많으면 점화가 쉽고, 발열량이 높아진다.

㉰ 회분이 많으면 연소를 나쁘게 하여 열효율이 저하된다.

㉱ 착화온도는 산소량이 증가할수록 낮아진다.

[해설] 고체연료의 성질
① 수분이 많아 통풍 불량의 원인이 된다.
② 회분이 많아 연소를 나쁘게 하여 열효율이 저하된다.
③ 연소효율이 낮아 고온을 얻기가 어렵다.
④ 착화온도는 산소량이 증가할수록 낮아진다.

18. 미분탄 연소의 장단점에 관한 다음 중 틀린 것은?

㉮ 미분탄의 자연발화나 점화시의 노내 탄진 폭발 등의 위험이 있다.

㉯ 부하변동에 대한 적응성이 없으며 연소의 조절이 어렵다.

㉰ 수량의 과잉공기로 단시간에 완전 연소가 되므로 연소효율이 좋다.

㉱ 큰 연소실을 필요로 하며 또 노벽 냉각의 특별장치가 필요하다.

[해설]

미분탄연소의 장점	미분탄연소의 단점
• 적은 공기량으로 완전연소가능하다.	• 연소실이 커야 한다.
• 부하변동에 대응하기 쉽다.	• 연소시간이 길다.
• 연소율이 크다.	• 화염길이가 길어진다.

19. 자연 상태의 물질을 어떤 과정(process)을 통해 화학적으로 변형시킨 상태의 연료를 2차 연료라고 한다. 다음 중 2차 연료에 해당하는 것은?

㉮ 석탄   ㉯ 원유

㉰ 천연가스   ㉱ 코크스

[해설] 코크스는 역청탄(1차 연료)을 가공하여 만든 2차 연료이다.

20. 고체연료의 전황분 측정방법에 해당되는 것은?

㉮ 리비히법   ㉯ 에슈카법

㉰ 쉐필드 고온법   ㉱ 중량법

21. 석탄의 코크스화를 나타내는 것은?

㉮ 점결성   ㉯ 밀도

㉰ 인화성   ㉱ 분쇄성

22. 석탄화의 진행순서를 맞게 설명한 것은?

㉮ 저탄-아탄-무연탄-역청탄

㉯ 무연탄-역청탄-아탄-저탄

㉰ 아탄-역청탄-저탄-무연탄

㉱ 저탄-아탄-역청탄-무연탄

23. 액체연료의 장점이 아닌 것은?

㉮ 저장운반이 용이하다.

㉯ 화재, 역화 등의 위험이 작다.

㉰ 과잉 공기량이 적다.

㉱ 연소효율 및 열효율이 크다.

[해설] 고체연료에 비해 화재, 역화 등의 위험이 크다.

24. 중유를 완전연소 시키기 위한 조건으로서 틀린 사항은 어느 것인가?

㉮ 노속은 되도록 고온으로 한다.

㉯ 중유를 완전히 무화시킨다.

㉰ 적당량의 공기를 공급한다.

㉱ 공급공기의 온도는 되도록 낮게 한다.

[해설] 완전 연소시키기 위해 공급 공기를 예열시켜 온도를 높인다.

25. 중유연료에서 A, B, C로 구분하는 기준은 무엇인가?

㉮ 점도   ㉯ 인화점

㉰ 발화점   ㉱ 비등점

26. 액체연료의 인화점 측정방법 중 인화점이 80℃ 이하인 석유제품의 측정에 적용되는 것은?

㉮ 펜스키 마르텐스법

㉯ 타그법

㉰ 애벨펜스키법

㉱ 크리브렌드법

[해설] 인화점 측정방법

측정방법	인화점
애벨펜스키법	인화점이 50℃ 이하
펜스키마르텐스법	인화점이 50℃ 이상
타그법	인화점이 80℃ 이하
크리브렌드법	인화점이 80℃ 이상

27. 액체연료의 비중시험에서 가장 정확한 비중 측정법은?

㉮ 비중병법   ㉯ 치환법

㉰ 영위법   ㉱ 편위법

28. 액체연료의 시험 항목 및 방법을 짝지워 놓은 것이다. 이 중 잘못 짝지어진 것은?

㉮ 동점성-Redwood viscometer

㉯ 연료 조성-Orsat 분석기

㉰ 인화점-펜스키 마르텐스 밀폐식

㉱ 황 함량-석영관 산소법

해설 액체 연료의 시험방법

시험항목	시험방법
동점도측정	레드우드 점도계, 엔그라점도계, 세이볼트 점도계
Orsat분석기	연소상태 확인 분석기
인화점	펜스키 마르텐스법, 크리브렌드법, 에벨펜스키법, 타그법
황함량	연소관식(산소법, 공기법), 램프식(용량법, 중량법), 봄브식

29. 기체연료에서 연료량의 단위를 kg으로 표시하는 연료는?

㉮ 오일가스
㉯ LPG
㉰ 고로가스
㉱ 석탄가스

30. 발생로가스의 주성분은?

㉮ H_2, CH_4
㉯ CO, CO_2
㉰ CO, H_2
㉱ CO, N_2

해설 석탄전환가스의 성분(%)

성분 가스명	H_2	CH_4 (%)	CO (%)	CO_2 (%)	N_2 (%)
코크스로가스	51	32	8	–	–
고로가스	–	–	27	15	57
수성가스	52		38		5.3
발생로가스	12	–	25.4	–	55.8

31. 무연탄이나 코크스 등의 탄소를 함유하는 물질을 가열하고 수증기를 통과시켜 얻는 H_2, CO를 주성분으로 하는 기체 연료는?

㉮ 발생로 가스
㉯ 수성 가스
㉰ 도시 가스
㉱ 수소 가스

해설 수성가스($CO+H_2$)의 반응식 $C+H_2O \rightarrow CO+H_2$

32. 다음은 기체연료 중 천연가스에 관한 사항이다. 옳지 않은 것은?

㉮ 대기압에서도 냉동에 의해 액화가 된다.
㉯ 주성분은 메탄가스로 탄화수소의 혼합가스이다.
㉰ 발열량이 수성가스에 비하여 적다.
㉱ 연소가 용이하다.

해설 천연가스 : $11.500 kcal/m^3$
수성가스 : $28,000 kcal/m^3$

33. 다음은 기체연료의 장점을 나열한 것이다. 이 중 적합하지 않은 것은?

㉮ 연소 효율이 높고 완전 연소를 한다.
㉯ 회분과 매연이 발생하지 않는다.
㉰ 연소 조절 및 점화 소화가 간단하다.
㉱ 고온을 얻기 쉽고 전열효과가 작다.

해설 기체연료의 장점
① 연소효율이 높고 완전연소가 가능하다.
② 회분이나 매연을 발생시키지 않는다.
③ 연료의 조절 및 점화, 소화가 간단하다.
④ 연료의 제어가 용이하며 상치의 자동화기 쉽다.
⑤ 고온을 얻기 쉽고 전열효과가 크다.

34. 다음 설명 중 틀린 것은?

㉮ 기체연료의 경우 고압에서 착화온도가 낮아진다.
㉯ 발열량이 큰 연료일수록 착화온도가 낮아진다.
㉰ 착화온도는 분자구조가 간단한 가스일수록 낮아진다.
㉱ 산소의 농도가 클수록 착화온도는 낮아진다.

해설 발화점이 낮아지는 조건
① 압력이 클 때 ② 발열량이 클 때
③ 열전도율이 작을 때 ④ 산소와 친화력이 클 때
⑤ 산소농도가 클수록 ⑥ 분자구조가 복잡할수록
⑦ 반응활성도가 클수록

35. 다음 사항 중 기체연료를 홀더(holder)에 저장하는 이유로 옳은 것은?

㉮ 누기를 방지하여 인화폭발의 위험성을 줄이기 위하여

㉯ 가스의 온도상승을 미연에 방지하기 위하여

㉰ 연료의 품질과 압력을 일정하게 유지하기위하여

㉱ 취급과 사용이 간편하고 저장을 손쉽게 하기 위하여

36. 기체연료가 다른 연료보다 과잉 공기가 적게 드는 이유는 무엇인가?

㉮ 확산으로 혼합이 용이하다.

㉯ 착화가 용이하다.

㉰ 착화온도가 낮다.

㉱ 열전도도가 크다.

[해설] 기체연료는 공기와의 접촉 면적이 크다.

37. LNG의 유출사고시 메탄가스의 기술에 관한 다음 설명 중 가장 옳은 것은?

㉮ 메탄가스의 비중은 공기보다 크므로 증발된 가스는 지상에 체류한다.

㉯ 메탄가스의 비중은 공기보다 작으므로 증발된 가스는 위로 확산되어 지상에 체류하는 일이 없다.

㉰ 메탄가스의 비중은 상온에서 공기보다 작으나 온도가 낮으면 공기보다 커지기 때문에 지상에 체류한다.

㉱ 메탄가스의 비중은 상온에서는 공기보다 크나 온도가 낮으면 공기보다 작아지기 때문에 지상에 체류하는 일이 없다.

[해설] CH_4 가스는 공기보다 가벼우나 온도가 낮으면 낮을수록 액화가 되는 과정으로 공기보다 비중이 커져서 지상에 체류한다.

38. 기체연료의 관리상 검량시 반드시 측정해야 할 사항은?

㉮ 부피와 습도　　　㉯ 온도와 압력

㉰ 부피와 온도　　　㉱ 압력과 부피

39. 기체 연료 중 수소가 산소와 화합하여 물이 생성되는 경우에 있어 $H_2 : O_2 : H_2O$의 비례관계는?

㉮ 2 : 1 : 2　　　㉯ 1 : 1 : 2

㉰ 1 : 2 : 1　　　㉱ 2 : 2 : 3

[해설] 공기 중 산소와 체적비 2 : 1로 반응하여 물을 생성한다.
$2H_2 + O_2 \rightarrow 2H_2O + 136.6kcal$

40. 다음 가스연료 중에서 발열량($kcal/Nm^3$)이 가장 큰 것은 어떤 것인가?

㉮ 프로판가스　　　㉯ 발생로 가스

㉰ 수성가스　　　　㉱ 메탄가스

[해설] 발생로 가스 : $1,536kcal/Nm^3$
수성가스 : $2,736kcal/Nm^3$
메탄가스 : $9,530kcal/Nm^3$
프로판가스 : $24,000kcal/Nm^3$
탄소와 수소수가 많을수록 발열량($kcal/Nm^3$)이 높다.

41. 다음 중 상온에서 물과 반응하여 가연성 기체를 생성하는 물질로 짝지어진 것은?

① K	② CO
③ NH_3	④ CaC_2

㉮ ①, ③　　　㉯ ①, ④

㉰ ①, ②　　　㉱ ③, ④

[해설] 알칼리금속(Na, K)과 물 반응시 가연성 물질 생성, 카바이드 CaC_2과 물 반응시 C_2H_2 가스 생성

정답　35. ㉰　36. ㉮　37. ㉰　38. ㉯　39. ㉮　40. ㉮　41. ㉯

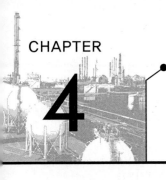

CHAPTER 4 · 연 소

학습방향 연소에 따른 연료의 연소형태 및 연소방법과 이상현상을 배움으로써 효과적인 연소장치를 알게 한다.

01 연소현상

(1) 연소의 정의

가연성물질이 공기 중의 산소와 급격한 산화반응을 일으킴과 동시에 열과 빛을 발하는 현상이다.

(2) 연소의 3요소

가연물(가연성 물질), 산소공급원, 점화원

① 가연성 물질

　㉮ 가연물이 되기 쉬운 물질

　　㉠ 산소와 친화력이 커야 한다.

　　㉡ 열전도율이 적어야 한다.

　　㉢ 활성화 에너지가 적어야 한다.

　　㉣ 발열량이 커야 한다.

　　㉤ 수분이 적게 포함되어 있어야 한다.

　㉯ 가연물이 될 수 없는 조건

　　㉠ 주기율표의 0족 원소

　　㉡ 질소 또는 질소산화물

　　㉢ 이미 산화반응이 완결된 안정된 산화물

② 산소공급원 : 공기와 산화제(F_2, Cl_2, SO_3, O_3) 자기 연소성 물질

③ 점화원 : 화기, 전기불꽃, 정전기, 산화열, 고열물, 마찰 및 충격에 의한 불꽃, 단열압축열

POINT

• 연소의 정의

$$가연물 + 산화제 \xrightarrow{\text{산화반응}} 열과 빛 동반$$

• 연소의 4요소
연소의 3요소 + 연쇄반응

• 가연물질
열전도율이 적어 열의 축적이 용이해야 한다.

(3) 착화온도(착화점)

공기를 충분히 공급하면서 연료를 천천히 가열하여 외부에서 점화하지 않아도 연소를 시작하는 최저의 온도를 착화온도라 한다.

■ 공기중에서의 연료 착화온도

연 료	착화온도(℃)	연 료	착화온도(℃)
휘발유	300~320	수소	약 580
벤젠	520	일산화탄소	약 580
중유	530~580	메탄	약 650
알콜	510	아세틸렌	약 400

① 화학적 조건
   ㉮ 발열량이 높을수록 착화온도가 낮아진다.
   ㉯ 반응활성도가 클수록 착화온도는 낮아진다.
   ㉰ 분자구조가 복잡할수록 착화온도는 낮아진다.

② 물리적 조건
   ㉮ 산소농도가 클수록 또 압력이 클수록 착화온도는 낮아진다.
   ㉯ 가스압력이나 습도가 낮아지면 착화온도는 낮아진다.

(4) 인화온도(인화점)

액체연료를 가열하며 일부분이 증발하여 증기로 되고, 화기를 대면 발화하여 불빛을 내는데 이것을 인화라고 하고, 인화하는 최저의 온도를 인화점이라 한다.

(5) 연소속도

① 화염이 전파할 때 미연소 가스에 상대적인 연소면의 속도를 말한다(0.1~10m/sec).
② 연소속도에 영향을 미치는 인자
   ㉮ 가연성 물질의 종류
   ㉯ 산화제의 종류

POINT

• 착화점
점화원 없이 스스로 연소가 시작되는 최저온도

• 인화점
점화원에 의해 연소가 되는 최저의 온도

• 탄화수소 중 탄소수가 많을수록 착화온도가 낮아진다.

• 정상연소속도
0.1~10m/s

• 폭굉이 전하는 속도(폭속)
1000~3500m/s

ⓒ 가연성 물질과 산화제의 혼합비

ⓐ 미연소가스의 열전도율(열전도율이 크면 연소속도가 크다.)

ⓜ 미연소가스의 밀도(밀도가 작으면 연소속도가 크다.)

ⓑ 미연소가스의 비열(비열이 작으면 연소속도가 크다.)

ⓢ 화염온도(화염온도가 높으면 연소속도가 크다.)

(6) 연소온도(연소점)

연소가 시작되면서 연소열이 발생하면서 온도가 증가되며 방산열량과 발생열량이 평행을 유지하면서 연소가 지속되는 때의 온도를 연소온도 또는 연소점이라 한다.

※ 연소점은 인화점보다 5~10℃ 정도 높다

① 이론연소온도와 실제연소온도

㉮ 이론연소온도 : 연료를 연소시 이론공기량만을 공급하여 완전연소시킬 때의 최고온도를 말한다.

$$H_l = GC_P(t - t_0) \text{에서 } t - t_0 = \frac{H_l}{GC_P}$$

여기서, t : 이론연소온도(℃)

t_0 : 상온에서는 대개 0(℃)로 한다.

H_l : 연료의 저위발열량(kcal)

C_P : 연소가스의 정압비열(kcal/Nm^3℃)

㉯ 실제연소온도 : 연료를 연소시 실제공기량으로 연소할 때의 최고온도를 말한다.

$$t_1 = \frac{H_l + 공기현열 - 손실열량}{G_s \times C_p} + t_2$$

여기서, t_1 : 실제연소온도(℃)

t_2 : 기준온도(℃)

C_p : 연소가스의 정압비열(kcal/Nm^3℃)

G_s : 실제연소가스량(Nm^3/kg)

POINT

• 연소점
방산열량＝발생열량

• 폭발이 되는 조건
방산열량＜발생열량

• 소화가 되는 조건
방산열량＞발생열량

② 연소온도에 영향을 주는 인자
  ㉮ 공기비
  ㉯ 연료의 저위발열량
  ㉰ 산소의 농도
  ㉱ 연소 반응물질의 주위압력

③ 연소온도를 높이는 방법
  ㉮ 발열량이 높은 연료를 사용
  ㉯ 완전연소 시킨다.
  ㉰ 연료 또는 공기를 예열
  ㉱ 과잉공기량이 적게 한다.
  ㉲ 복사 전열 등을 줄이기 위해 연소속도를 빨리할 것

(7) 자연발화

① 개요 및 발생현상
  자연발화는 물질이 서서히 산화되고 발열하여 발생된 열이 비교적 적게 발산하는 상태에서 물질 자체의 온도가 상승하고 발화온도에 도달하여 스스로 화염이 발생하는 현상

② 자연발화 형태
  ㉮ 산화열에 의한 발화(건성유, 원면, 석탄, 고무분말 등) : 고온, 고습에서 서서히 산화되어 산화열의 축적에 의해 산적해 있는 석탄 등이 타는 현상
  ㉯ 분해열에 의한 발화(셀룰로이드, 니트로 셀룰로이드 등) : 고온에서 분해열에 의해 자연 발화 위험이 있어 외부와 차단하기 위해 건축물의 벽이나 지붕에 수관을 설치 온도를 낮추어 발화방지
  ㉰ 흡착열에 의한 발화(활성탄, 목탄분말 등) : 목탄, 활성탄은 고온 가까이에서 방출열을 흡수 자연발화
  ㉱ 미생물에 의한 발화(퇴비, 먼지 등) : 퇴비, 먼지 속 미생물이 단백질 등의 영양소를 섭취하여 일부는 생명유지, 일부는 활성에너지 축적으로 자연발화

POINT

• 연소속도와 연소온도에 영향을 주는 인자를 구분해서 암기할 것

• 점화원
① 인화 : 불꽃
② 발화 : 열

• 자연발화의 형태
① 산화열 : 건성유, 석탄 등
② 분해열 : 셀룰로이드
③ 흡착열 : 활성탄, 목탄분말
④ 미생물 : 퇴비, 먼지

③ 자연 발화조건(영향, 요인)

㉮ 열의 축적 : 물질이 자연발화를 일으키기 위해서는 산화, 분해시에 발생하는 반응열이 상당히 크고 그 열이 축적되기 쉬운 상태에 놓여져야 한다. 열이 물질의 내부에 축적되지 않으면 내부온도가 상승하지 않기 때문에 자연발화는 발생하지 않는다. 따라서 열의 축적은 대단히 중요하며 이와 관련된 사항은 다음과 같다.

㉠ 열전도율

- 작은 쪽이 좋다.
- 보온효과를 좋게 하기 위해서는 열이 축적되기 쉬운 분말상, 섬유상의 물질이 공기를 많이 포함하기 때문에 단열적이 된다.

㉡ 퇴적(집적)방법

- 부피가 큰 형태의 물질은 열의 축적에는 불리하다.
- 얇은 시트상의 물질을 여러 겹 중첩한 상황이나 분말상이 좋다.
- 대량의 집적물의 중심부는 대단히 단열성이 크고, 자연발화에는 아주 호조건의 상황이다.

㉢ 공기의 유통(이동) : 공기의 이동은 열의 확산에 많은 역할을 한다. 통풍이 좋은 장소에서는 자연발화가 발생하는 경우는 극히 드물다.

㉯ 열의 발생속도 : 열의 발생속도는 발열량과 반응속도와의 곱으로서 발열량이 크더라도 반응속도가 적으면 열발생속도는 작게 되며 영향을 주는 인자는 다음과 같다.

㉠ 온도 : 온도가 높으면 반응속도가 빠르기 때문에 열 발생은 증가한다. 이 경우 보통 반응속도 V는 아레니우스형의 온도계수를 가진다.

$$V \propto \exp\left(-\frac{E}{RT}\right)$$

㉡ 수분 : 수분과 자연발화에 관계가 있는 반응의 대부분은 전부 촉매적 반작용을 가지고, 반응속도도 가속된다. 따라서 수분이 존재하면 자연발화하기 쉽지만 수분이 많으면 열의 전도성은 좋다.

㉢ 발열량 : 큰 쪽이 좋다. 발열량이 적으면 열의 축적이 잘되지 않는다.

㉣ 표면적 : 반응계에 고체 또는 액체가 들어있는 경우에 반응속도는 양상(兩相)의 계면(界面), 즉 표면적에 비례하므로 표면적이 클수록 자연발화하기 쉽고, 분말이나 액체가 천(布)이나 종이 등에 부착한 상태가 자연발화하기 쉽다.

ⓜ 촉매작용 : 열을 발하는 반응에서 촉매적 작용을 가진 물질이 존재
　　　　하면 반응은 가속된다.

④ 발화온도 낮은 물질

　　㉮ 황린 발화점 50℃ → 물속에 저장(공기 접촉 방지)

　　㉯ 금속 나트륨, 칼륨은 물과 반응 → 석유 속 저장

핵 심 문 제

01 연소에 대한 설명 중 옳지 않은 것은?

㉮ 연료가 한번 착화하면 고온도로 되어 빠른 속도로 연소한다.

㉯ 환원반응이란 공기의 과잉상태에서 생기는 것으로 이때의 화염을 환원염이라 한다.

㉰ 고체, 액체 연료는 고온의 가스분위기 중에서 먼저 가스화가 일어난다.

㉱ 연소에 있어서는 산화반응뿐만 아니라 열분해반응도 일어난다.

02 다음 중 연소의 3요소를 올바르게 짝지은 것은?

㉮ 가연물, 빛, 열

㉯ 가연물, 질소, 단열압축

㉰ 가연물, 공기, 산소

㉱ 가연물, 산소, 점화원

03 착화 온도에 대한 설명 중 틀린 것은?

㉮ 반응 활성도가 클수록 높아진다.

㉯ 발열량이 클수록 낮아진다.

㉰ 산소량이 증가할수록 낮아진다.

㉱ 압력이 높을수록 낮아진다.

04 기체연료의 연소에서 화염 전파의 속도에 영향을 가장 적게 주는 요인은?

㉮ 가연성가스와 공기와의 혼합비

㉯ 온도

㉰ 압력

㉱ 가스의 점도

05 기체연료의 연소속도에 대한 설명으로 틀린 것은?

㉮ 보통의 탄화수소와 공기의 혼합기체 연소속도는 약 400~500cm/s 정도로 매우 빠른 편이다.

㉯ 연소속도는 가연한계 내에서 혼합기체의 농도에 영향을 크게 받는다.

㉰ 연소속도는 매탄의 경우 당량비 농도 근처에서 최고가 된다.

㉱ 혼합기체의 초기온도가 올라갈수록 연소속도도 빨라진다.

해 설

해설 01

환원염이란 공기량이 부족하여 일산화탄소가 많은 상태로서 화염이 길어진 상태의 화염

해설 03

착환 온도(발화점)가 낮아지는 조건
① 압력이 높을 때
② 발열량이 클 때

해설 04

화염전파속도의 영향
① 가연성 가스와 공기와의 혼합비
② 온도
③ 압력
④ 산소의 농도

해설 05

가스의 정상 연소속도는 3~1,000 cm/s 정도이다.

정답

01. ㉯ 02. ㉱ 03. ㉮
04. ㉱ 05. ㉮

02 연료의 연소형태

(1) 고체 연료의 연소

① 표면연소(surface combustion) : 휘발분이 없는 연료의 연소
  ※ 종류 : 숯, 코크스, 알루미늄박, 마그네슘리본 등

② 증발연소(evaporating combustion) : 비교적 융점이 낮은 고체연료가 연소하기 전에 액상으로 용융되어 액체연료와 같이 증발하여 연소하는 현상
  ※ 종류 : 유황, 나프탈렌, 양초, 파라핀 등

③ 분해연소(decomposing combustion) : 증발온도 보다도 분해온도가 낮은 고체연료가 가열되어 열분해를 일으켜 휘발되기 쉬운 성분이 표면에서 연소하는 현상
  ※ 종류 : 목재, 종이, 석탄 등

(2) 액체 연료의 연소

① 액면연소(pool burning) : 용기에 담겨진 액체연료의 표면에서 연소되는 것으로서 화염에서 복사나 대류로 연료표면에 열이 전파되어 발생된 증기가 공기와 접촉하여 유면의 상부에서 확산 연소를 한다.

② 등심연소(wick combustion) : 연료를 등의 심지로 빨아올려 대류나 복사 작용에 따라 화염에서 등심에 열이 전하여져 그 열에 따라 발생한 연료증기가 등심의 상부나 측면에서 확산연소를 하는 것으로서 석유스토브나 램프가 여기에 속한다.

③ 분무연소(spray combustion) : 액체연료를 분무기로 무수한 미세의 유적을 무화시켜 공기나 산소와 혼합하여 연소시키는 것으로서 공업적으로 많이 사용하고 있다.

④ 증발연소(evaporating combustion) : 액체연료를 증발관으로 증발시켜 기체연료와 같은 양상으로 연소시키는 것으로 가스터빈과 석유스토브의 일부에 응용되고 있다.

• 고체연료의 연소
 ① 표면연소 : 숯, 코크스, 알루미늄 박, 마그네슘 리본
 ② 증발연소 : 유황, 양초, 파라핀, 나프탈렌
 ③ 분해연소 : 목재, 종이, 석탄

• 액체 연료의 연소
 ① 액면연소 : 유면상부에서 확산연소
 ② 등심연소 : 심지연소
 ③ 분무연소 : 입경을 작은 입자상으로 분무하여 연소
 ④ 증발연소 : 증발관으로 증발시켜 기체연료와 같은 확산연소

(3) 기체연료의 연소

① 확산연소(diffusive burning) : 연료와 공기를 인접한 2개의 분출구에서 각각 분출시켜 확산에 의해 양자의 계면에서 연료와 산소가 고온의 화염 면으로 확산됨에 따라 연소되는 것

  ㉮ 연소실 부하율이 작다.

  ㉯ 화염의 안정범위가 넓다.

  ㉰ 조작이 용이하고 역화의 위험성이 없다.

② 예혼합연소(premixing burning) : 연료와 공기를 미리 가연농도의 균일한 조성으로 혼합하며 버너로 분출시켜 연소하는 방법

  ㉮ 연소실 부하율을 높게 얻을 수 있다.

  ㉯ 역화의 위험성이 있다.

  ㉰ 화염온도가 높다.

  ㉱ 불꽃길이가 짧다.

③ 공기의 공급방식에 의한 분류

  ㉮ 적화식 연소법 : 가스를 그대로 대기 중에 분출하여 연소시키는 방법으로서 연소에 필요한 공기는 모두 불꽃의 주변에서 확산에 의해 취한다.

  ㉯ 분젠식 연소법 : 가스 노즐에서 일정한 압력으로 분출하고 그 때의 운동에너지에 의해 공기구멍에서 연소에 필요한 공기의 일부분(1차 공기)을 혼입하여 혼합관 속에서 혼합 되어 염공에서 나오면서 연소한다.

  ㉰ 세미 분젠식법 : 적화식과 분젠식의 중간으로서 1차 공기율이 40% 이하인 내염과 외염의 구별이 분명하게 되지 않는 연소법을 말한다.

  ㉱ 전1차 공기식 연소법 : 연소에 필요한 공기의 전부가 1차 공기만으로 공급되고 이것을 가스와 혼합해서 연소시키는 방법이다.

POINT

• 확산연소
연료와 공기를 따로 따로 분출 확산 혼합하여 연소

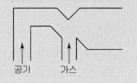

• 공기의 공급방식에 의한 분류
① 적화식 : 2차 공기
② 분젠식 : 1차 공기+2차 공기
③ 전1차 공기식 : 1차 공기

POINT

03 연료의 연소장치

(1) 고체 연료의 연소장치

① 화격자 연소 : 연료의 고정층에 공기를 통하여 연소시키는 것으로 주로 대규모 연소시설에 사용되는 자동연소장치이고 연료와 공기의 공급방법에 따라 상입연소와 하입연소로 구분된다.

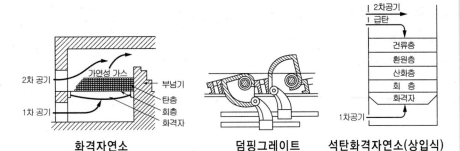

화격자연소　　　　덤핑그레이트　　석탄화격자연소(상입식)

㉮ 상입연소(병류형 연소) : 급탄의 공급방향이 1차 공기의 공급방향과 반대인 연소 방식이다.

  ㉠ 착화가 쉽다.

  ㉡ 저질탄의 연소에 적합하다.

㉯ 하입연소(역류형 연소) : 급탄의 공급방향이 1차공기의 공급방향과 같은 방식이다.

  ㉠ 화염전파에 의해 연소가 유지 된다.

  ㉡ 연소량 조절범위가 좁다.

  ㉢ 1차공기의 유속에 의해 착화면의 전파속도가 결정 된다.

  ㉣ 재나 석탄의 비산이 상입연소에 비해 적다.

  ㉤ 가열은 고온의 산화층으로부터 전도와 복사에 의해 이루어진다.

② 미분탄연소 : 석탄을 150메시(mesh) 이하로 분쇄하여 1차공기와 혼합하여 이것을 버너 공간에 분출 시켜 연소하는 방식

  ㉮ 미분탄연소의 장, 단점

    ㉠ 장 점

      • 적은 공기비로 완전연소 한다.

      • 연소효율이 높고 점화, 소화가 용이 하다.

      • 탄의 질에 영향이 없다.

POINT

• 화격자 연소
① 상입연소 : 급탄과 1차 공기의 공급 방향이 반대
② 하입연소 : 급탄과 1차 공기의 공급 방향이 같다.

• 미분탄 연소
연료의 단위중량 당 표면적을 작게 하여 공기와의 접촉을 양호하게 하고 적은 공기비로 완전연소하게 한다.

- 연소속도가 빠르고 고온을 얻기 쉽다.
- 연소제어가 용이 하다.
- 대용량에 적합하고 액체, 기체 병용으로도 가능하다.

ⓒ 단 점

- 집진장치가 필요하다.
- 연소실이 필요하다.
- 배관 중에 분진폭발 또는 관의 마모가 우려 된다.

⑭ 버너의 종류

㉠ 편평류 버너 : 화염이 길다.
ⓒ 선회류 버너 : 화염이 짧다.

⑮ 연소방식

㉠ U형 연소(천장 버너연소) : 착화하기 어려운 저휘발분탄 연소에 이용되는 연소방식
ⓒ L형 연소(전벽 버너연소) : 선회류 버너를 이용하여 공기와 혼합시켜 연소시키고 노의 전면으로부터 1차 공기와 미분탄 혼합기를 버너를 통하여 연소 시키고 2차 공기를 투입하여 선회 안내깃을 통해 외부로 배출시키는 연소방식
ⓒ 우각연소(코너 버너연소)
ⓔ 슬래그 탭 연소
  - 공기비, 열손실이 적다.
  - 미연소 손실이 적고 고온도의 연소가스를 얻을 수 있다.
  - 비산회가 적고 전열면적의 오손이 적다.
ⓜ 클레이머 연소 : 아탄과 같이 함유수분이 많고 분쇄하기 힘든 연료의 미분탄 연소를 클레이머 연소라 한다.

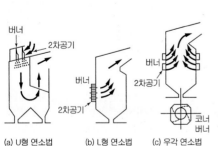

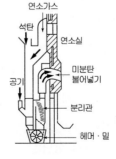

(a) U형 연소법   (b) L형 연소법   (c) 우각 연소법   (d) 슬래그 탭 연소법   (e) 클레이머 연소 장치

ⓑ 사이크론 연소 : 연료로는 미분탄보다 입자가 큰 분쇄탄 5mm 정도
의 거친 입자를 1차 공기와 혼합하여 강한 선회운동을 시켜 연소하
는 장치이다.

③ 유동층연소 : 화격자 연소와 미분탄 연소의 중간 형태로 화격자 하부에서 강
한 공기를 송풍하여 화격자 위의 탄층을 유동층에 가까운 상태로 형성하
면서 700~900℃ 정도의 저온에서 연소시키는 방식

㉮ 화염층이 작아진다.

㉯ 단위 면적당의 열 부하를 크게 할 수 있다.

㉰ 저온연소가 가능하다.

㉱ 질소산화물의 발생량이 감소된다.

㉲ 재나 미연소 입자가 가스와 같이 방출 된다.

㉳ 크랭커 장해 등을 경감할 수 있다.

(2) 액체연료의 연소장치

① 연소방식의 분류

㉮ 포트식 연소(액면연소) : 화염으로부터 복사나 대류에 의해 연료표면
에 열이 전달되어 증발현상이 일어나고 발생한 증기가 공기와 접촉하
여 액면 위에서 확산연소 하는 것으로 연소하는 형태는 포트연소, 경계
층 연소, 전파연소 등이 있다.

㉯ 심지식 연소 : 주로 등유의 연소장치에 쓰이는 것으로 목면이나 유리섬
유 등을 이용하여 모세관 현상으로 액체를 빨아올려 액체연료를 증발
시켜 연소 시킨다.

㉰ 분무연소 : 분무기에 의해 연료입자를 단위체적당 표면적을 감소시키기
위해서 증발표면적을 크게 하여 액체연료의 입자를 수백 μm의 유적으
로 미립화 시켜 연소시킨다.

② 액체연료의 무화

㉮ 무화의 목적

㉠ 단위중량당 표면적을 크게 한다.

㉡ 연소효율을 높인다.

㉢ 공기와 혼합을 잘 되게 한다.

㉣ 연소실을 고부하로 유지한다.

• 연소방식의 분류
① 액면연소 : 유면상부에서 확
산연소
② 심지식연소(등심연소) : 모
세관현상을 이용
③ 분무연소 : 공기와의 접촉면
적을 크게 하기 위해 액체연
료의 입자를 미립화 시킨다.

ⓗ 무화의 방법

　㉠ 유압 무화식

　㉡ 이유체 무화식

　㉢ 회전체 분무화식

　㉣ 충돌 무화식

　㉤ 진동 무화식

　㉥ 초음파 무화식

ⓣ 무화의 요소

　㉠ 액체 유동 운동량

　㉡ 액체 유동에 따른 저항력 마찰력

　㉢ 액체와 기체 사이의 표면장력

- 무화연소
연료의 입경을 작은 입자상으로 분무하여 연소시키는 방법으로 주로 버너를 사용

(3) 기체연료의 연소장치

① **확산연소방식** : 공기와 기체연료를 따로 버너슬롯(slot)에서 연소실에 공급하고 이것들의 경계면에서 난류와 자연확산으로 서로 혼합하여 연소하는 외부혼합방식이나.

　㉮ 연소장치의 종류

　　㉠ 포트형 : 가스와 공기를 고온으로 예열할 수 있고 탄화수소가 적은 발생로가스, 고로가스 등을 연소시키는 장치로 가스를 노즐을 통해 연소실 내로 확산하면서공기와 혼합하여 연소한다.

　　㉡ 버너형 : 안내날개(guid vane)에 의해 가스와 공기를 혼합시켜 연소실로 확산시키는 버너이다.

　　　• 선회버너 : 저발열량 가스의 연소에 사용

　　　• 방사형버너 : 고발열량 가스의 연소에 사용

- 역화의 위험성

확산연소	없다.
예혼합연소	있다.

  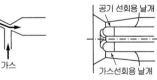 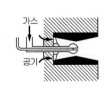

포트형　　　　　　　　　　　　**버너형**

㉴ 특 징

　　　　㉠ 조작범위가 넓으며 역화의 위험성이 없다.

　　　　㉡ 탄화수소가 적은 연료에 적당하다.

　　　　㉢ 가스와 공기를 예열할 수 있고 화염이 안정적이다.

　　　　㉣ 조작이 용이하고 화염이 길다.

　② **예혼합연소방식** : 기체연료와 공기를 버너에서 혼합시킨 후 연소실에 분사하는 방식으로 화염이 짧고 높은 화염온도를 얻을 수 있는 방식

　　㉮ 연소장치의 종류

　　　　㉠ 저압버너 : 주로 가정용으로 사용하며 도시가스 연소시 0.7~1.6kPa 정도의 공기를 흡입하여 연소한다.

　　　　㉡ 고압버너 : LPG, 부탄가스 등과 공기를 혼합하여 사용하는 버너로 가스압력을 0.2MPa 이상으로 한다.

　　　　㉢ 송풍버너 : 연소용 공기를 가압하여 연소하는 형식의 버너로 고압버너와 마찬가지로 공기를 노즐로 분사함과 동시에 가스를 흡입 혼합하여 연소하는 형식

　　㉯ 특 징

　　　　㉠ 화염이 짧으며 고온의 화염으로 얻을 수 있다.

　　　　㉡ 연소부하가 크고 역화의 위험성이 크다.

　　　　㉢ 조작범위가 좁다.

　　　　㉣ 탄화수소가 큰 가스에 적합하다.

■ **예혼합연소와 확산연소의 비교**

구 분	확산연소	예혼합연소
화염 길이	장염	단염
화염의 안정성	안정	불안정
역화의 위험성	없다.	크다.
조작 범위	넓다.	좁다.

• 예혼합연소(저압버너, 고압버너, 송풍버너)
연소 전에 공기 또는 산소와 연소가스를 일정한 혼합비 혼합시켜 연소시키는 버너로서 연소부하가 크고 화염온도가 높고, 불꽃의 길이가 짧고 역화의 위험성이 크다.

핵 심 문 제

01 다음 중 표면연소에 대하여 가장 옳게 설명한 것은?

㉮ 오일이 표면에서 연소하는 상태

㉯ 고체 연료가 화염을 길게 내면서 연소하는 상태

㉰ 화염의 외부 표면에 산소가 접촉하여 연소하는 현상

㉱ 적열된 코크스 또는 숯의 표면에 산소가 접촉하여 연소하는 상태

02 등심연소의 화염의 높이에 대하여 옳게 설명한 것은?

㉮ 공기 유속이 낮을수록 화염이 높이는 커진다.

㉯ 공기 온도가 낮을수록 화염의 높이는 커진다.

㉰ 공기 유속이 낮을수록 화염의 높이는 낮아진다.

㉱ 공기 유속이 높고 공기 온도가 높을수록 화염의 높이는 커진다.

03 다음 중 액체원료의 연소형태가 아닌 것은?

㉮ 등심연소(wick burning)

㉯ 증발연소(vaporizing combustion)

㉰ 분무연소(spray combustion)

㉱ 확산연소(diffusive burning)

04 기체연료의 연소상태는 다음 중 어떤 것인가?

㉮ 확산연소　　　　　㉯ 액면연소

㉰ 증발연소　　　　　㉱ 분무연소

해 설

해설 01

표면연소

코크스나 숯은 보통의 연소온도에서 증발하지 않으므로 산소나 탄산가스 등의 산소화합물 가스의 확산에 이해 표면상에서 연소반응을 일으키는 것이다.

해설 02

공기 유속이 낮을수록, 공기의 온도가 높을수록, 가스의 유속이 높을수록 화염의 높이는 커진다.

해설 03

확산연소 : 기체연료

해설 04

연료의 연소형태

① 고체연료의 연소형태
　㉠ 분해연소
　㉡ 증발연소
　㉢ 표면연소
　㉣ 자기연소

② 액체연료의 연소형태
　㉠ 분무연소
　㉡ 증발연소
　㉢ 액면연소

③ 기체연료의 연소형태
　㉠ 확산연소
　㉡ 예혼합연소

정답
01. ㉱　02. ㉮　03. ㉱
04. ㉮

05 연료와 공기를 미리 혼합시킨 후 연소시키는 것으로 고온의 화염면(반응면)이 형성되어 자력으로 전파되어 일어나는 연소 형태는?

㉮ 확산연소   ㉯ 분무연소
㉰ 예혼합연소   ㉱ 증발연소

06 다음 중 확산연소에 해당되는 것은?

㉮ 코크스나 목탄의 연소
㉯ 대부분의 액체 연료의 연소
㉰ 경계층이 형성된 기체연료의 연소
㉱ 분무기로 유화시킨 액체연료의 연소

해 설

해설 **06**
기체연료의 연소
확산연소, 예혼합연소

05. ㉰   06. ㉰

정답

04 화 염

(1) 공기의 공급방식에 따른 분류

① 확산염(적화염)

양초나 석유가 타는 것과 같이 표면에서 증발하는 가연성 증기가 공기와의 접촉면 또는 가연성가스가 1차 공기가 혼합되지 않고 배관의 출구 등에서 공기 중으로 유출하면서 타는 것과 같이 불꽃으로 길게 퍼지며, 적황색으로 되고 화염의 온도도 비교적 저온(도시가스의 경우 그 최고온도는 900℃)이다.

② 혼합기염(예혼염)

공기와 가연성기체가 이미 혼합되어 있는 곳에 생기는 불꽃이다.

※ 분젠 버너의 혼합 공기량을 감소시키면 내염은 예혼염으로 외염은 확산염으로 된다.

■ 공기의 공급방식에 의한 분류

분 류		분젠식	적화식	세미 분젠식	전1차 공기식
필요공기	1차 공기	60~70%	0%	30~40%	100%
	2차 공기	40~30%	100%	70~60%	0%
불꽃의 색		청록색	약간 적색	청색	세라믹이나 금속망의 표면에서 연소한다.
불꽃길이		짧다.	길다.	약간 길다.	
불꽃온도(℃)		1,300	900	1,000	950

(2) 연료의 분출시 흐름상태에 따른 분류

① 층류염

기체의 연료가 염공에서 분출될 때 유량이 적게 되어 그 흐름이 층류인 경우의 화염으로 형상이 일정하며, 안정되어 있다. 화염의 길이는 유속에 거의 비례하며 길게 된다.

POINT

• 확산염 : 2차 공기

• 예혼염 : 1차 공기와 2차 공기

• 층류염
① 화염 형상 일정
② 화염 안정
③ 화염 길이가 길다.

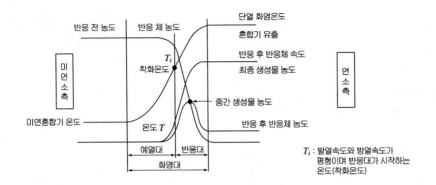

T_i : 발열속도와 방열속도가 평형이며 반응대가 시작하는 온도(착화온도)

⑦ 층류 예혼합연소의 결정요소
　　㉠ 연료와 산화제의 혼합비
　　㉡ 압력
　　㉢ 온도
　　㉣ 혼합기의 물리적 화학적 성질

⑭ 층류 연소속도 측정법
　　㉠ 비누방울(soap bubble)법 : 비누방울이 연소의 진행으로 팽창되면 연소속도를 측정할 수 있다.
　　㉡ 슬롯 버너(slot burner)법 : 노즐에 의해 혼합기 주위에 화염이 둘러싸여 있다.
　　㉢ 평면화염 버너(flat flame burner)법 : 혼합기에 유속을 일정하게 하여 유속으로 연소속도를 측정 한다.
　　㉣ 분젠 버너(bunsen burner)법 : 버너내부의 시간당 화염이 소비되는 체적을 이용하여 연소속도를 측정 한다.

㉒ 층류 연소속도가 빨라지는 경우
　　㉠ 압력이 높을수록
　　㉡ 온도가 높을수록
　　㉢ 열전도율이 클수록
　　㉣ 분자량이 작을수록

② 난류염
　기체의 연료가 염공에서 분출될 때 유량이 많게 되어 그 흐름이 난류인 경우의 화염으로 특유한 소리를 내고, 화염면이 두꺼워짐과 동시에 선단이 둥글고, 짧아지며 흩어지는 것이 증가함에 따라 연소속도는 증가한다.

㉠ 난류 확산염의 길이

$$L_a - L_b = (60 \sim 70)d$$

여기서, L_a : 난류 확산염의 전 길이(cm)

L_b : 염공부근의 층류의 길이(cm)

d : 염공의 지름(cm)

㉯ 난류 예혼합연소의 특징

㉠ 화염의 휘도가 높다.

㉡ 화염면의 두께가 두꺼워진다.

㉢ 연소속도가 층류화염의 수십 배이다.

㉣ 연소시 다량의 미연소분이 잔존한다.

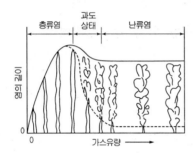

05 연소시 여러 가지 현상

(1) 불완전연소

가스의 연소는 산화반응인데 이 반응이 진행하기 위해서는 충분한 산소와 일반온도가 필요하다. 이러한 반응이 갖추어지지 않아서 탄화수소나 중간 생성물을 발생하는 상태를 불완전연소라 한다.

① 공기와의 접촉 혼합이 불충분할 때

② 가스량이 너무 많을 때

③ 공기 공급이 부족할 때

④ 폐기의 배출이 불량할 때

⑤ 불꽃이 낮은 온도의 물질에 접촉해서 온도가 낮아졌을 때

(2) 역화(back fire)

역화는 불꽃이 염공을 따라 들어가서 버너의 혼합관 내에서 연소하는 현상으로서 1차 공기를 취입하는 분젠식 연소나 전1차 공기 연소에서 주로 발생한다.

① 가스압력이 이상으로 낮아졌을 때(노즐, 가스콕 막힘)
② 1차 공기의 댐퍼가 너무 많이 개폐되었을 때(연소속도 증가)
③ 버너부분이 고온이 되어 이곳을 통과하는 가스의 온도가 높아 연소속도가 빨라졌을 때
④ 버너가 오래되어 부식에 의해서 염공이 크게 되었을 때

(3) 선화(리프팅 : lifting)

리프팅은 역화의 반대로 불꽃이 버너에 부상하여 어떤 거리를 두고 공간에서 연소하는 현상을 말한다.

① 버너 내의 가스압력이 너무 높을 때
② 1차 공기의 댐퍼를 너무 열어서 1차 공기가 과다 흡입했을 때
③ 연소기구 내의 급배기 불량으로 2차 공기가 감소했을 때
④ 염공이 막혀 버너 내압이 높아져서 분출속도가 증가했을 때

(4) 엘로우팁(yellow tip)

불꽃의 끝이 적황색이 되어 연소하는 현상을 말한다.

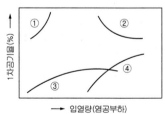

① 역화의 한계곡선
② 리프팅의 한계곡선
③ yellow tip의 한계곡선
④ 불완전연소의 한계곡선

입열량과 1차공기와의 관계

POINT

• 역화 : 분출속도＜연소속도

• 선화 : 분출속도＞연소속도

• 엘로우팁
연소반응의 도중에서 탄화수소가 열분해 되어 탄소입자가 발생해서 미연소인체로 적열되어 적황색으로 빛나는 것이다.

(5) 완전연소의 조건

① 적절한 공기공급과 혼합을 잘 시킬 것

② 연소실 온도를 착화온도 이상으로 유지할 것

③ 연소실에 고온을 유지할 것

④ 연소에 충분한 연소실과 시간을 유지 시킬 것

POINT

• 완전연소 시 생성물
  이산화탄소, 물

01 다음 확산화염의 여러 가지 형태 중 대향분류(對向噴流) 확산화염에 해당하는 것은?

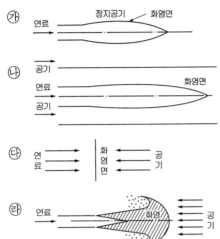

02 확산화염의 연소방식에 대한 설명 중 틀린 것은?

㉮ 연소생성물은 화염면의 양측면으로 확산됨에 따라 없어진다.

㉯ 연료와 산화제의 경계면이 생겨 서로 반대 측면에서 경계면으로 연료와 산화제가 확산해 온다.

㉰ 가스라이터의 연소는 전형적인 기체연료의 확산화염이다.

㉱ 연료와 산화제가 적당 비율로 혼합되어 가연혼합기를 통과할 때 확산화염이 나타난다.

03 그림은 층류 예혼합화염의 구조도이다. 온도곡선의 변곡점인 T_i를 무엇이라 하는가?

㉮ 착화온도

㉯ 반전온도

㉰ 화염평균온도

㉱ 예혼합화염온도

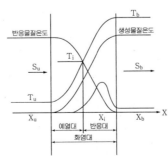

해 설

해설 01

㉮항 자유분류 확산화염

㉯항 동축류 확산화염

㉰항 대향류 확산화염

㉱항 대향분류 확산화염

해설 02

확산연소는 가연성가스와 산소가 서로 확산에 의해 혼합되면서 한계농도가 된 부분에서 불꽃(확산화염)을 형성하여 연소를 계속하는 것이다.

해설 03

T_i
착화온도로서 열이 축적되어 스스로 불이 일어나는 온도이다.

정답 01. ㉱ 02. ㉱ 03. ㉮

04 난류 예혼합화염에 대한 설명 중 옳은 것은?

㉮ 화염의 두께가 얇다.

㉯ 연소 속도가 현저하게 늦다.

㉰ 화염의 배후에 다량의 미연소분이 존재한다.

㉱ 층류 예혼합화염에 비하여 화염의 밝기가 낮다.

05 연료를 완전연소 시키기 위한 조건이 아닌 것은?

㉮ 연료와 공기의 혼합 촉진

㉯ 연료에 충분한 공기를 공급

㉰ 노내 온도를 낮게 유지

㉱ 연료나 공기온도를 높게 유지

06 가스압이 이상 저하한다든지 노즐과 콕크 등이 막혀 가스량이 극히 적게 될 경우 발생하는 현상은?

㉮ 불완전연소   ㉯ 리프팅

㉰ 역화   ㉱ 황염

07 불꽃의 주위, 특히 불꽃의 기저부에 대한 공기의 움직임이 세지면 불꽃이 노즐에 정착하지 않고 떨어지게 되어 꺼지는 현상은?

㉮ 불로우 오프(blow-off)

㉯ 백파이어(back-fire)

㉰ 리프트(lift)

㉱ 불완전연소

해 설

[해설] **04**

난류 예혼합화염의 특징

① 층류 예혼합화염의 연소속도보다 수배내지 수십 배가 빠르다.

② 층류 예혼합화염에 비하여 화염의 밝기가 대단히 높다.

③ 화염의 배후에 다량의 미연소분이 존재한다.

④ 화염의 색상은 백색이다.

[해설] **05**

완전연소의 구비조건

① 적절한 혼합

② 충분한 온도

③ 충분한 연소시간

④ 연소실의 용적

[해설] **06**

역화의 발생원인

① 부식으로 인하여 염공이 커진 경우

② 노즐구경이 너무 적을 경우

③ 콕이 충분히 열리지 않았을 경우

④ 가스 압력이 낮을 경우

04. ㉰   05. ㉰   06. ㉰

07. ㉮

01. 다음은 연소에 관한 설명이다. 가장 바르게 나타낸 것은?

㉮ 가연성 물질이 공기 중에 산소 및 그 외의 산소원의 산소와 작용하여 열과 빛을 수반하는 산화작용이다.

㉯ 연소는 산화반응으로 속도가 빠르고, 산화열로 온도가 높게 된 경우이다.

㉰ 연소는 품질의 열전도율이 클수록 가연성이 되기 쉽다.

㉱ 활성화 에너지가 큰 것으로 일반적으로 발열량이 크므로 가연성이 되기 쉽다.

[해설] 연소
가연성 물질이 공기 중의 산소와 급격한 산화반응을 일으킴과 동시에 열과 빛을 발하는 현상

02. 연소에 관한 다음 설명 중 옳지 않은 것은?

㉮ 연소에 있어서는 소화반응 뿐만 아니라 열분해 및 일부 환원 반응도 일어난다. 환염원은 공기 부족시 생긴다.

㉯ 연료가 한 번 착화하면 고온도로 되어 빠른 속도로 연소한다.

㉰ 환원반응이란 공기의 과잉상태에서 생기는 것으로 이때의 화염을 환원염이라 한다.

㉱ 고체, 액체 연료는 고온의 가스분위기 중에서 먼저 가스화 된다.

[해설] ① 산화염 : 공기의 과잉상태에서 생기는 화염
② 환원염 : 공기의 부족상태에서 생기는 화염

03. 고부하연소 방법 중의 하나인 펄스연소 특성이 아닌 것은?

㉮ 연소조절 범위가 좁다.

㉯ 설비비가 절약된다.

㉰ 다량의 공기가 필요하다.

㉱ 소음발생의 우려가 크다.

04. 다음 중 연소의 정의를 잘못 설명한 것은?

㉮ 분자 내 반응에 의해 열에너지를 발생하는 발열분해 반응도 연소의 범주에 속한다.

㉯ 다량의 열을 동반하는 발열화학반응이다.

㉰ 활성화학 물질에 의해 자발적으로 반응이 계속되는 현상

㉱ 반응에 의해 발생하는 열에너지로 반자발적으로 반응이 계속되는 현상이다.

[해설] 연소반응은 자발적으로 일어남

05. 다음 중 연소반응에 해당하는 것은?

㉮ 금속의 녹 생성

㉯ 석탄의 풍화(風化)

㉰ 금속나트륨이 공기 중에서 산화

㉱ 질소와 산소의 산화반응

[해설] 연소반응=산화반응가연물+산소공급원 → 발열작용에 의한 열과 빛을 수반

정답 01. ㉮ 02. ㉰ 03. ㉰ 04. ㉱ 05. ㉰

06. 다음 중 정상 연소의 의미를 뜻하는 것은?

㉮ (열의 생성속도)^2 > (열의 일산속도)^2

㉯ 열의 일산속도 > 열의 생성속도

㉰ 열의 생성속도 > 열의 일산속도

㉱ 열의 생성속도 = 열의 일산속도

해설 연소란 열이 생기는 속도(생성속도) 불이 붙는(연소가 되는) 일산속도가 같음

07. 연소의 3요소에 해당하지 않은 것은?

㉮ 가연성 물질   ㉯ 산소공급원

㉰ 점화원   ㉱ 고압

해설 연소의 3요소
① 가연성물질
② 산화제(산소공급원)
③ 점화원

08. 다음 중 가연물의 구비조건이 아닌 것은?

㉮ 연소열량이 커야 한다.

㉯ 열전도도가 작아야 한다.

㉰ 활성화에너지가 커야 한다.

㉱ 산소와의 친화력이 좋아야 한다.

해설 가연물의 구비조건
① 산화할 때 발열량이 클 것
② 산소와 친화력이 좋고 표면적이 넓을 것
③ 산화할 때 열전도율이 작을 것
④ 산화할 때 필요한 활성화 에너지가 작을 것

09. 다음 중 산소를 공급할 수 없는 물질은?

㉮ 공기   ㉯ 환원제

㉰ 산화제   ㉱ 자기 연소물

해설 ① 산소 공급원(산화제) : 공기, 산소, 자기연소성 물질, 오존, 염소 등
② 환원제 : 수소, 일산화탄소

10. 가연성 물질을 공기로 연소시키는 경우에 산소 농도를 높이는 경우 다음 중 감소하는 것은?

㉮ 점화에너지   ㉯ 폭발한계

㉰ 화염온도   ㉱ 연소속도

해설 산소농도 증가시 화염온도 상승, 연소속도, 폭발범위가 증가되고 발화온도, 발화에너지는 감소한다.

11. 다음 중 연소의 3요소인 점화원과 관계가 없는 것은?

㉮ 정전기   ㉯ 기화열

㉰ 자연발화   ㉱ 단열압축

해설 점화원의 종류
전기불꽃, 정전기, 단열압축, 마찰 및 충격불꽃 등

12. 혼합기 속에서 전기불꽃 등을 이용하여 화염핵을 형성하여 화염을 전파하는 것은?

㉮ 강제점화   ㉯ 자연점화

㉰ 최소점화   ㉱ 열폭발

해설 강제점화
혼합기 속에서 전기불꽃 등을 이용하여 화염핵을 형성하여 화염을 전파하는 것
① 휴즈점화
② 고온가스나 플라스마에 의한 플라스마점화
③ 전기불꽃에 의한 불꽃점화

13. 전기불꽃에 의한 발화원이라 볼 수 없는 것은?

㉮ 정전기

㉯ 고전압 방전

㉰ 스파크 방전

㉱ 접점 스파크

14. 다음이 설명하는 용어의 정의는?

> 가연물과 조연성 물질이 착화원을 가지고 폭발할 수 있는 최소한의 에너지

㉮ 블래브(BLEVE)
㉯ 최소발화에너지(MIE)
㉰ 역화(Back Fire)
㉱ 선화(Lifting)

15. 다음은 가연성가스의 최소발화에너지와 영향인자와의 관계를 설명한 것이다. 맞는 것은?

㉮ 가스의 전압이 높아지면 최소발화에너지는 커진다.
㉯ 가스를 소염거리 이하로 하면 최소발화에너지는 무한대로 된다.
㉰ 가스의 열전도율이 낮을수록 최소발화에너지는 커진다.
㉱ 가스의 연소속도가 클수록 최소발화에너지는 커진다.

[해설] 최소발화에너지(Minimum Ignition Energy ; MIE)는 소염거리에 비례한다.

16. 다음 설명 중 옳은 것은?

㉮ 최소점화에너지는 유속이 증가할수록 작아진다.
㉯ 최소점화에너지는 혼합기 온도가 상승함에 따라 작아진다.
㉰ 최소점화에너지는 유속 20m/sec까지는 점화에너지가 증가하지 않는다.
㉱ 최소점화에너지의 상승은 혼합기 온도 및 유속과는 무관하다.

[해설] 온도나 압력이 높을수록 최소점화에너지는 낮아져 위험성이 증가한다.

17. 다음 중 자연발화가 아닌 것은?

㉮ 분해열에 의한 발열
㉯ 중합열에 의한 발열
㉰ 촉매열에 의한 발열
㉱ 산화열에 의한 발열

[해설] 자연발화
분해열, 발효열, 산화열, 중합열, 흡착열

18. 다음 중 발화가 생기는 요인이 아닌 것은?

㉮ 온도   ㉯ 농도
㉰ 조성   ㉱ 압력

[해설] ① 발화가 생기는 요인
　㉮ 온도
　㉯ 압력
　㉰ 조성
　㉱ 용기의 크기와 형태
② 발화점에 영향을 주는 인자
　㉮ 가연성 가스와 공기의 혼합비
　㉯ 발화가 생기는 공간의 형태와 크기
　㉰ 가열속도와 지속시간
　㉱ 기벽의 재질과 촉매효과
　㉲ 점화원의 종류와 에너지 투여법

19. 자연발화를 방지하고자 한다. 틀리게 설명한 것은?

㉮ 습도가 높은 것을 피할 것
㉯ 저장실의 온도를 높일 것
㉰ 통풍을 잘 시킬 것
㉱ 열이 쌓이지 않게 퇴적방법에 주의 할 것

[해설] 자연발화방지법
① 습도를 낮게 할 것
② 저장실의 온도를 낮출 것
③ 통풍을 잘 시킬 것
④ 열이 쌓이지 않게 퇴적방법에 주의할 것

정답 14. ㉯   15. ㉯   16. ㉯   17. ㉰   18. ㉯   19. ㉯

20. 반도체 공업에 주로 사용되는 가스 중 자연발화성 가스에 해당되지 않는 것은?

㉮ 실란 ㉯ 디실란
㉰ 포스핀 ㉱ 포스겐

[해설] ① 자연발화 : 상온 이하에서 공기와 접촉시 자연적으로 발화되는 현상. 실란, 디실란, 포스핀 등이 있음
② 자연발화온도(A/T)의 영향인자
  ㉮ 환경적 영향
  ㉯ 증기온도
  ㉰ 발화지연
  ㉱ 압력, 산소량
  ㉲ 가스흐름상태 등

21. 자연 발화성 물질에 관한 설명 중 잘못된 것은?

㉮ 퇴비와 먼지 등은 발효열에 의해 발화될 수 있다.
㉯ 활성탄이나 목탄은 흡착열에 의하여 발화될 수 있다.
㉰ 석탄이나 고무분말은 산화시의 열에 의해 발화가 가능하다.
㉱ 알루미늄가루나 인화칼슘 등은 습기를 흡수했을 때 발화가 가능하다.

[해설] 자연발화의 종류
① 발효열 ② 흡착열
③ 산화열 ④ 분해열
⑤ 중합열
문제에서 ㉮항 : 발효열, ㉯항 : 흡착열, ㉰항 : 산화열 ㉱ 항은 자연발화가 아니라 분진 폭발

22. 연소반응이 완료되지 않아 연소가스 중에 반응의 중간생성물이 들어 있는 현상을 무엇이라고 하는가?

㉮ 연쇄분지반응 ㉯ 열해리
㉰ 순반응 ㉱ 화학현상

[해설] 열해리(Thermal Dissociation)
완전연소시 손실량이 없이 발생되는 온도는 이론연소온도이며 실제연소에 있어서 연소가스 온도가 고온이 될 때 1,500℃ 이상에서 연소가스량 CO_2, H_2O 등이 CO, O_2, OH 등으로 분해하는 현상이며 흡열반응이다.

23. 발화지연에 대한 설명을 맞는 것은?

㉮ 저온, 저압일수록 발화지연은 짧아진다.
㉯ 어느 온도에서 가열하기 시작하여 발화시까지 걸린 시간을 말한다.
㉰ 화염이 색이 적색에서 청색으로 변화하는 데 걸리는 시간을 말한다.
㉱ 가연성 가스와 산소의 혼합비가 완전 산화에 가까울수록 발화지연은 길어진다.

24. 착화열은 무엇을 의미하는가?

㉮ 연료를 착화온도까지 가열하는 데 소모된 열량
㉯ 연료 발화시에 발생되는 열량
㉰ 연료가 완전연소 될 때까지 발생된 총열량
㉱ 발열반응을 일으킬 수 있는 연료물질의 잠재열량

[해설] 착화열
연료의 최초의 온도에서부터 착화가 일어나는 온도(착화온도, 발화온도)까지 가열하는 데 소모된 열량

25. 공기 중에서 가연물을 가열시 점화원이 없이 스스로 연소하는 최저온도를 무엇이라 하는가?

㉮ 인화점 ㉯ 착화점
㉰ 점화점 ㉱ 임계점

[해설] 인화점
가연물을 가열시 점화원을 가지고 가연성 증기가 연소범위하한에 도달하는 최저온도

26. 착화온도가 낮아지는 이유가 아닌 것은?

㉮ 산소농도가 높다.
㉯ 분자구조가 간단하다.
㉰ 압력이 높다.
㉱ 발열량이 많다.

해설 착화온도(발화점)이 낮아지는 이유
① 열전도율, 증기압, 습도가 낮을 때
② 산소와 친화력을 좋을 때(산소농도가 높을 때)
③ 압력, 발열량, 화학적 활성도가 클 때
④ 분자구조가 복잡할 때

27. 가스가 폭발하기 전 발화 또는 착화가 일어날 수 있는 요인과 관계가 없는 것은?

㉮ 습도 ㉯ 온도
㉰ 조성 ㉱ 압력

28. 다음 중 착화점의 측정방법이 아닌 것은?

㉮ 산화에 의한 잔유물 측정
㉯ 산화에 의한 CO_2 생성을 측정
㉰ 산화에 의한 온도상승을 측정
㉱ 산화에 의한 중량 변화를 측정

29. 다음 중 공기 중에서 착화온도가 가장 높은 연료는?

㉮ 에탄올 ㉯ 코크스
㉰ 중유 ㉱ 프로판

해설 착화온도
① 에탄올(C_2H_5OH) : 363℃
② 코크스 : 600℃
③ 중유 : 580℃
④ 프로판(C_3H_8) : 510℃
※ 탄화수소는 탄소수가 적을수록 착화온도는 높아진다.

30. 액체의 인화점에 관한 설명 중 가장 적합한 것은?

㉮ 액체가 뜨거운 물체와 접하여 다량의 증기가 발생될 수 있는 최저 온도
㉯ 액체 표면에서 증기의 분압이 연소하한값의 조성과 같아지는 온도
㉰ 물질이 주위의 열로부터 스스로 점화될 수 있는 최저 온도
㉱ 액체의 증기압이 외부 압력과 같아지는 온도

해설 ① 인화점 : 연소시 점화원을 가지고 스스로 연소하는 최저 온도
② 발화점 : 연소시 점화원이 없이 스스로 연소하는 최저온도
③ 위험성의 척도 : 인화점

31. 다음 인화점에 대한 설명으로 틀린 것은?

㉮ 가연성 액체가 인화하는데 충분한 농도의 증기를 발생하는 최저농도이다.
㉯ 인화점 이하에서는 증기의 가연농도가 존재할 수 없다.
㉰ mist, foam이 존재할 때는 인화점 이하에서는 발화가 가능하다.
㉱ 압력이 증가하면 증기발생이 쉽고 인화점을 높아진다.

해설 압력이 증가하면 인화점이 낮아진다.

32. 가연성 증기를 발생하는 액체 또는 고체가 공기와 기상부(氣相部)에 다른 불꽃이 닿았을 때 연소가 일어난다. 필요한 최저의 액체 또는 고체의 온도를 나타내는 것은?

㉮ 이슬점 ㉯ 인화점
㉰ 발화점 ㉱ 착화점

해설 인화점
필요한 최저의 액체 또는 고체의 온도를 나타내는 연소범위의 하한에 달하는 최저온도

33. 다음 중 가스의 정상 연소속도는?

㉮ 0.5~10m/s ㉯ 0.03~10m/s
㉰ 10~20m/s ㉱ 20~30m/s

해설 가스의 정상 연소속도는 0.03~10m/s
폭굉의 연소속도는 1,000~3,500m/s

정답 27. ㉮ 28. ㉮ 29. ㉯ 30. ㉯ 31. ㉱ 32. ㉯ 33. ㉯

34. 연소속도에 영향을 주는 인자가 아닌 것은?

㉮ 온도   ㉯ 압력
㉰ 가스의 부피   ㉺ 가스의 조성

해설 연소속도에 미치는 인자
① 기체의 확산 및 산소와의 혼합
② 연소용 공기 중 산소의 농도(농도가 클수록 반응속도가 빨라진다.)
③ 연소 반응 물질 주위의 압력(압력이 높을수록 반응속도가 빠르다.)
④ 온도가 상승하면 속도정수가 커지므로 반응속도는 증가한다.
⑤ 촉매

35. 일반적인 정상연소에 있어서 연소 속도를 지배하는 요인은?

㉮ 배기가스중의 N_2의 농도
㉯ 화학반응의 속도
㉰ 공기(산소)의 확산속도
㉺ 연료의 산화온도

36. 다음 중 연소속도를 결정하는 주요인은?

㉮ 환원반응을 일으키는 속도
㉯ 산화반응을 일으키는 속도
㉰ 불완전 환원반응을 일으키는 속도
㉺ 불완전 산화반응을 일으키는 속도

해설 연소속도
가연물과 산소와의 반응속도(분자간의 충돌속도)를 말하는 것으로 그 속도가 급격할 때를 폭발이라 한다.

37. 연소속도가 느릴 경우 이러나는 현상이 아닌 것은?

㉮ 취급상 안전하다.
㉯ 역화하기 어렵다.
㉰ 버너 연료로 집중화염을 얻기 쉽다.
㉺ 불꽃의 최고 온도가 낮다.

해설 연소속도가 빠를 경우에 버너 연료로 집중화염을 얻기 쉽다.

38. 연소속도가 느릴 경우 일어나는 현상이 아닌 것은?

㉮ 불꽃의 최고온도가 낮다.
㉯ 취급상 안전하다.
㉰ 역화하기 쉽다.
㉺ 버너연료로 집중화염을 얻기 어렵다.

해설 ① 역화 : 분출속도＜연소속도
② 산화 : 분출속도＞연소속도

39. 화학 반응속도를 지배하는 요인에 대한 설명이다. 맞는 것은?

㉮ 압력이 증가하면 항상 반응속도가 증가한다.
㉯ 생성물질의 농도가 커지면 반응속도가 증가한다.
㉰ 자신은 변하지 않고 다른 물질의 화학변화를 촉진하는 물질을 부촉매라고 한다.
㉺ 온도가 높을수록 반응속도가 증가한다.

해설 아레니우스 반응속도론에 따라 온도가 10℃ 상승함에 따라 반응속도는 대개 2~3배씩 증가한다(일반적으로 수용액의 경우는 온도가 10℃상승하면 반응속도는 약 2배, 20℃ 상승하면 2^2배, 50℃ 상승하면 2^5배로 되며, 기체의 경우는 그 이상으로 된다.).

40. $C+O_2=CO_2$의 반응속도에 대한 다음 설명 중 맞지 않은 것은?

㉮ 공기 및 생성가스는 확산속도의 영향을 받지 않는다.
㉯ 반응속도는 온도에 영향이 크다.
㉰ 300℃ 이하에서는 거의 생기지 않는다.
㉺ 1,000℃ 이상에서는 순간적으로 이루어진다.

해설 공기 및 생성가스의 온도가 높아지면 확산속도가 빨라진다.

41. 다음연소 중에서 연소 속도가 가장 낮은 경우는 어떤 때인가?

㉮ 표면연소   ㉯ 확산연소
㉰ 증발연소   ㉺ 분해연소

34. ㉰ 35. ㉰ 36. ㉯ 37. ㉰ 38. ㉰ 39. ㉺ 40. ㉮ 41. ㉮ 정답

42. 연소생성물 중 CO_2, N_2 등의 농도가 높아지면 연소속도에는 어떤 영향이 미치는가?

㉮ 연소속도에는 변화가 없다.

㉯ 연소속도가 저하된다.

㉰ 연소속도가 빨라진다.

㉱ 처음에는 저하되나 후에는 빨라진다.

해설 CO_2, N_2 등의 농도가 높아지면 산소(O_2)의 농도가 낮아져 연소속도가 저하된다.

43. 인화점보다 5~10℃ 높은 온도를 무엇이라 하는가?

㉮ 발화점   ㉯ 점화점

㉰ 자연연소점 ㉱ 연소점

해설 연소점
방산열량과 발생열량이 평행을 유지하면서 연소가 지속될 때의 온도

44. 연소온도에 미치는 인자가 아닌 것은?

㉮ 연료저위 발열량   ㉯ 열전도도

㉰ 공기비   ㉱ 산소 농도

해설 연소온도에 영향을 주는 인자
① 공기비
② 연료의 저위 발열량
③ 산소의 농도
④ 연소 반응물질의 주위압력

45. 화염의 온도를 높이려 할 때 해당되지 않는 조작은?

㉮ 공기를 예열하여 사용한다.

㉯ 연료를 완전연소 시키도록 한다.

㉰ 발열량이 높은 연료를 사용한다.

㉱ 과잉공기를 사용한다.

해설 과잉공기 사용시(공기비가 클 때) 화염온도가 낮아진다.

46. 이론연소온도에 영향을 미치는 것에 대한 설명으로 맞는 것은?

㉮ 연료의 저발열량이 커지면 이론연소 온도는 저하한다.

㉯ 공기비가 커지면 이론연소 온도가 상승한다.

㉰ 산소농도가 커지면 이론연소 온도가 커진다.

㉱ 연료의 고발열량이 커지면 이론연소 온도는 상승한다.

해설 이론연소온도의 상승 요인
① 산소농도가 클 때
② 과잉공기량이 적을 때
③ 고발열량이 적을 때
④ 저발열량이 클 때
⑤ 완전연소 될 때

47. 단열 화염온도에 가장 큰 영향을 주는 인자는?

㉮ 연료의 조성

㉯ 연료의 발열량

㉰ 연료의 착화온도

㉱ 공기비

해설 발열량이 클 때 화염온도가 높으므로 연료의 발열량은 단열 화염온도에 큰 영향을 미친다.

48. 다음 중 이론연소온도(화염온도) t℃를 구하는 식은? (단, H_h, H_ℓ : 고저발열량, G : 연소가스, C_p : 비열)

㉮ $t = \dfrac{H_\ell}{GC_p}$ ㉯ $t = \dfrac{H_h}{GC_p}$

㉰ $t = \dfrac{GC_p}{H_\ell}$ ㉱ $t = \dfrac{GC_p}{H_h}$

해설 이론연소온도 $= \dfrac{저위발열량(H_l)}{G(연소가스) \times C_p(비열)}$

정답 42. ㉯   43. ㉱   44. ㉯   45. ㉱   46. ㉰   47. ㉯   48. ㉮

49. 연소 외벽의 온도가 500℃, 연소 실내온도 300℃일 때 연소로 벽체의 열전달률(kcal/hr)을 계산하여라.

㉮ 10.53　　　　㉯ 2057

㉰ 38.49　　　　㉱ 48.65

해설 연소로 벽 방사 열전달률(kcal/hr)

$Q = \dfrac{0.8 \times 4.88}{\Delta t}\left\{\left(\dfrac{T_1}{100}\right)^4 - \left(\dfrac{T_2}{100}\right)^4\right\}$ 에서

$Q = \dfrac{0.8 \times 4.88}{200}\left\{\left(\dfrac{773}{100}\right)^4 - \left(\dfrac{573}{100}\right)^4\right\} = 48.65\,kcal/hr$

Q : 연소로 벽 방사 열전달률(kcal/hr)

ΔT : 외벽 실내온도차(K)

T_1 : 외벽 절대온도(K)

T_2 : 연소실 절대온도(K)

50. 어느 반응물질의 온도가 50℃ 상승시 반응속도는 몇 배 증가되는가?

㉮ 32배　　　　㉯ 10배

㉰ 20배　　　　㉱ 25배

해설 온도 10℃ 상승할 때 마다 반응속도는 2배 증가한다. 그러므로 50℃ 2^5배 상승은 2^5 증가이므로 32배

51. 다음 중 연소시 가장 높은 온도를 나타내는 색깔은?

㉮ 적색　　　　㉯ 백적색

㉰ 황적색　　　　㉱ 회백색

해설 연소온도와 색상

색상	연적색	암적색	황색	황적색	배색	회백색
온도(℃)	500	700	900	1,100	1,300	1,500

52. 다음 중 고체연료의 연소형태는 어느 것인가?

㉮ 확산연소　　　　㉯ 증발연소

㉰ 예혼합연소　　　　㉱ 분무연소

해설 고체연료의 연소 형태
① 표면연소
② 증발연소
③ 분해연소

53. 고체가 액체로 되었다가 기체로 되어 불꽃을 내면서 연소하는 경우를 무슨 연소라 하는가?

㉮ 확산연소　　　　㉯ 자기연소

㉰ 표면연소　　　　㉱ 증발연소

해설 ① 증발연소 : 비교적 융점이 낮은 고체연료가 연소하기 전에 액상으로 용융되어 액체연료와 같이 증발하여 연소하는 현상
② 종류 : 유황, 나프탈렌, 양초, 파라핀 등

54. 고체 가연물을 연소시킬 때 나타나는 연소의 형태를 순서대로 나열한 것은 다음 중 어느 것인가?

㉮ 표면연소–증발연소–분해연소

㉯ 표면연소–분해연소–증발연소

㉰ 증발연소–분해연소–표면연소

㉱ 증발연소–표면연소–분해연소

해설 고체 가연물의 연소 형태
고체가열 → 일부증발(증발연소) → 열분해(분해연소) → 물질자체가 연소(표면연소)

55. 고체연료의 석탄, 장작이 불꽃을 내면서 타는 것에 대한 설명 중 맞는 것은?

㉮ 표면연소　　　　㉯ 확산연소

㉰ 증발연소　　　　㉱ 분해연소

해설 분해연소
목재, 종이, 석탄 등의 연소

56. 표면연소란 다음 중 어느 것을 말하는가?

㉮ 오일 표면에서 연소하는 상태

㉯ 고체연료가 화염을 길게 내면서 연소하는 상태

㉰ 화염의 외부 표면에 산소가 접촉하여 연소하는 현상

㉱ 적열된 코크스 또는 숯의 표면에 산소가 접촉하여 연소하는 상태

해설 표면연소
고체 가연물이 열분해나 증발을 하지 않고 표면에서 산소와 반응하여 연소(목탄, 코크스 등)

57. 다음은 가연물의 연소형태를 나타낸 것이다. 틀린 것은?

㉮ 금속분–표면연소   ㉯ 파라핀–증발연소
㉰ 목재–분해연소   ㉱ 유황–확산연소

[해설] 유황 : 증발연소에 해당

58. 다음 중 액체연료의 연소형태가 아닌 것은?

㉮ 액면연소   ㉯ 분해연소
㉰ 분무연소   ㉱ 등심연소

[해설] 연소형태

연소의 종류	연소형태
고체연소	표면연소, 분해연소, 증발연소, 자기연소
액체연소	액면연소, 등심연소, 증발연소, 분무연소
기체연소	예혼합연소, 확산연소

59. 등심연소시 화염의 높이에 대해 맞게 설명한 것은?

㉮ 공기유속이 높고 공기온도가 높을수록 화염의 높이는 커진다.
㉯ 공기유속이 낮을수록 화염의 높이는 커진다.
㉰ 공기온도가 낮을수록 화염의 높이는 낮아진다.
㉱ 공기온도가 낮을수록 화염의 높이는 커진다.

[해설] 등심연소 또는 심지연소(Wick type combustion)라 하며 공기유속이 낮을수록 공기온도가 높을수록 화염의 높이가 커진다. 또한 복사 대류에 의해 열이 전달되므로 확산 연소방식에 가까우며 석유버너에 사용된다.

60. 공업적으로 액체연료의 연소에 가장 효율적인 연소법은 무엇인가?

㉮ 액적연소   ㉯ 표면연소
㉰ 분해연소   ㉱ 분무연소

[해설] 분무연소는 액체연료를 미세한 유적으로 미립화하고 표면적을 넓게 하여 공기의 혼합을 잘해서 연소시키는 것으로서 액체연료의 연소 방법 중 가장 효율적이다.

61. 다음 중 확산연소로 옳은 것은?

㉮ 코크스나 목탄의 연소
㉯ 대부분의 액체연료의 연소
㉰ 경계층이 형성된 기체연료의 연소
㉱ 고분자 물질인 연료가 가열분해 된 기체의 연소

[해설] 확산(발염)연소
경계층이 형성된 기체연료의 연소

62. 다음 중 화염의 안정범위가 넓고 조작이 용이하며 역화의 위험이 없는 연소는?

㉮ 예혼합연소   ㉯ 분무연소
㉰ 확산연소   ㉱ 분해연소

[해설] ① 기체연료의 연소는 화염이 안전하나 역화의 우려가 있는 연소 : 예혼합연소
② 역화의 우려가 없는 연소 : 확산연소

63. 기체연료의 연소형태에 해당되는 것은?

㉮ premixing burning
㉯ pool burning
㉰ evaporating combustion
㉱ spray combustion

[해설] ㉮항 : premixing burning : 예혼합연소
㉯항 : pool burning : 액면연소
㉰항 : evaporating combustion : 증발연소
㉱항 : spray combustion : 분무연소

64. 다음 기체연료의 연소 중 가장 고부하 연소에 가까운 연소방식은?

㉮ 가스 및 연소장치의 설계에 따라 달라진다.
㉯ 층류확산연소
㉰ 난류확산연소
㉱ 예혼합연소

[해설] 예혼합연소(premixing combustion)
기체연료를 미리 공기와 혼합하는 방식으로 화염이 자력으로 전파가 가능

정답 57. ㉱ 58. ㉯ 59. ㉯ 60. ㉱ 61. ㉰ 62. ㉰ 63. ㉮ 64. ㉱

65. 기체연료의 예혼합연소에 관한 설명 중 옳은 것은?

㉮ 화염의 길이가 길다.

㉯ 화염이 전파하는 성질이 있다.

㉰ 연료와 공기의 경계에서 연소가 일어난다.

㉱ 연료와 공기의 혼합비가 순간적으로 변한다.

해설 예혼합연소의 특징
① 화염의 길이가 짧다.
② 화염면이 자력으로 전파한다.
③ 화염이 온도가 고온이므로 연소실 부하율이 높일 수 있다.
④ 역화의 위험성이 크다.

66. 기체연료의 일반적 특징과 가장 거리가 먼 것은?

㉮ 저발열량의 것으로 고온을 얻을 수 있고 전열효율을 높일 수 있다.

㉯ 연소효율이 높고 검댕이 발생하지 않으나 많은 과잉공기가 소모된다.

㉰ 저장이 곤란하고 다른 연료에 비하여 비싸다.

㉱ 연료 속에 황이 포함되지 않은 것이 많으며 연소의 조절이 용이하다.

해설 기체는 연소효율이 높고 검댕이 발생하지 않으며 적은 과잉공기에서 완전연소가 가능하다.

67. 고체연료의 연소장치가 아닌 것은?

㉮ 수동화격자로

㉯ 경사화격자로

㉰ 확산화격자로

㉱ 계단화격자로

68. 화격자 연소장치를 화격자의 경사에 따라 분류한 것이 아닌 것은?

㉮ 경사화격자   ㉯ 고정화격자

㉰ 수평화격자   ㉱ 단(段)화격자

69. 다음 중 유동층 연소의 이점이 아닌 것은?

㉮ 화염층이 작아진다.

㉯ 클링커 장해를 경감할 수 있다.

㉰ 질소 산화물의 발생량을 크게 얻을 수 있다.

㉱ 화격자 단위면적당의 열부하를 크게 얻을 수 있다.

해설 질소산화물의 발생량이 감소한다.

70. 다음 중 미분탄 연소 형식이 아닌 것은?

㉮ 슬래그형 연소

㉯ L형 연소

㉰ V형 연소

㉱ 코너형 연소

해설 미분탄 연소방식
① U형 : 편평류 버너를 일렬로 나란히 하고 2차공기와 함께 분사연소
② L형 : 선화류버너를 사용하여 공기와 혼합하여 연소
③ 코너형 : 로형을 장방향으로 하고 모퉁이에서 분사연소
④ 슬래그형 : 로를 1, 2차로 구별 1차로가 슬래그탭로이며 재의 80%가 용용되어 배출

71. 중유를 버너로 연소시킬 때 연소상태에 가장 적게 영향을 미치는 성질은?

㉮ 유동점   ㉯ 유황분

㉰ 점도   ㉱ 인화점

해설 점도와 연소는 관계가 없다.

72. 공업용 액체연료의 연소방법으로 사용되는 연소방식은?

㉮ 확산연소법   ㉯ 무화연소법

㉰ 표면연소법   ㉱ 증발연소법

65. ㉯   66. ㉯   67. ㉰   68. ㉯   69. ㉰   70. ㉰   71. ㉰   72. ㉯   정답

73. 공기나 증기 등의 기체를 분무매체로 하여 연료를 무화시키는 방식은?

㉮ 유압분무식   ㉯ 이류체무화식
㉰ 충돌무화식   ㉱ 정전무화식

해설 무화 방법
① 유압 무화식 : 연료 자체에 압력을 주어 무화
② 이류체 무화식 : 증기, 공기를 이용하여 무화
③ 회전 이류체 무화식 : 원심력 이용
④ 충돌 무화식 : 연료끼리 혹은 금속판에 충돌시켜 무화
⑤ 진동 무화식 : 음파에 의하여 무화
⑥ 정전기 무화식 : 고압 정전기 이용

74. 유체분무식 버너에 있어서 분무압이 높아질수록 일반적으로 불꽃의 길이는 어떻게 변하는가?

㉮ 일정하다.   ㉯ 길어진다.
㉰ 짧아진다.   ㉱ 무관하다.

해설 압력이 높을수록 단염이 형성

75. 액체 연료의 연소에 있어서 1차 공기란 무엇인가?

㉮ 착화에 필요한 공기
㉯ 연소에 필요한 계산상 공기
㉰ 실제 공기량에서 이론 공기량을 뺀 것
㉱ 연료의 무화에 필요한 공기

해설 1차 공기
연료의무화(미립화)시키는데 필요한 공기(고체연료 : 점화용, 액체연료 : 무화용)

76. 공기압을 높일수록 무화공기량이 절감되는 버너는?

㉮ 고압기류식 버너
㉯ 저압기류식 버너
㉰ 유입식 버너
㉱ 선회식 버너

해설 저압기류식 버너
무화용 공기량은 이론 공기량의 30~50% 정도로 많이 필요하나 무화용 공기압을 높일수록 공기량을 줄일 수 있다.

77. 기체연료의 연소장치에서 가스포트에 해당되는 사항은 어느 것인가?

㉮ 가스는 고온으로 예열할 수 있으나 공기는 예열이 안 된다.
㉯ 가스와 공기를 고온으로 예열할 수 있다.
㉰ 공기는 고온으로 예열할 수 있으나 가스는 예열이 안 된다.
㉱ 가스와 공기를 고온으로 예열하기가 곤란하다.

해설 혼합실 예열로 가스와 공기를 동시에 고온으로 예열이 가능하다.

78. 다음 보기 중 층류 예혼합연소를 결정하는 항목이 아닌 것은?

㉮ 연소장치의 특성
㉯ 연료와 산화제의 혼합비
㉰ 압력
㉱ 혼합기의 물리화학적 성질

79. 가스연료와 공기의 흐름이 난류일 때 연소상태로서 옳은 것은?

㉮ 화염의 윤곽이 명확하게 된다.
㉯ 층류일 때보다 연소가 어렵다.
㉰ 층류일 때보다 연소가 잘되며 화염이 짧아진다.
㉱ 층류일 때보다 열효율이 저하된다.

해설 난류일 때에는 층류일 때보다 연소가 잘되며 화염이 짧아진다.

정답   73. ㉯   74. ㉰   75. ㉱   76. ㉯   77. ㉯   78. ㉮   79. ㉰

80. 가스연료에 있어서 확산염을 사용할 경우 예혼합염을 사용하는 것에 비해 얻을 수 있는 이점이 아닌 것은?

㉮ 역화의 위험이 없다.

㉯ 가스량의 조절범위가 크다.

㉰ 가스의 고온 예열이 가능하다.

㉱ 개방 대기 중에서도 완전연소가 가능하다.

해설 확산염과 예혼합염의 특징

구 분	예혼합연소	확산연소
조작	어렵다	용이하다
화염	불안정하다	안정하다
역화	크다	없다
화염길이	단염	장염

81. 다음 중 연료에 대한 사출률이 작은 순서대로 나열된 것은?

① 분무화염	② 확산화염
③ 미분탄화염	

㉮ ①-②-③   ㉯ ①-③-②

㉰ ②-①-③   ㉱ ②-③-①

해설 사출률의 순서
미분탄화염(고체연료)>분무화염(액체연료)>확산화염(기체연료)

82. 가스화재로 인하여 발생한 화염 중 대형 석유화학공장에서 일어나는 화염의 종류는 주로 어떤 화염에 분류되는가?

㉮ 층류확산화염   ㉯ 난류확산화염

㉰ 층류분무화염   ㉱ 난류증발화염

해설 가스화재로 인한 연소의 종류는 층류와 난류로 구분되며 대형화재의 경우 대부분 난류에 해당되며 층류에서는 유속이 증대와 더불어 화염길이는 증대 난류에서는 어느 일정값에 머물러 있는 것이 특징이다.

83. 확산계수는 유속이나 버너관 관경에 무관하므로 화염길이 유속에 비례하는 확산화염은?

㉮ Coaxial-Flow Diffusion Flame

㉯ Turbulent-Diffusion Flame

㉰ Opposed-Diffusion Flame

㉱ Laminar Diffusion Flame

해설 층류화염=Laminar Diffusion Flame

84. 다음 중 난류 예혼합화염과 층류 예혼합화염의 특징을 비교한 설명으로 옳지 않은 것은?

㉮ 난류 예혼합화염이 연소속도는 층류 예혼합화염의 연소속도보다 수배 내지 수십배 빠르다.

㉯ 난류 예혼합화염의 휘도는 층류 예혼합 화염에 휘도보다 낮다.

㉰ 난류 예혼합화염은 다량의 미연소분이 잔존한다.

㉱ 난류 예혼합화염의 두께가 층류 예혼합화염의 두께보다 크다.

해설 ① 난류 예혼합연소의 특징
㉮ 화염의 휘도가 높다.
㉯ 화염면의 두께가 두꺼워진다.
㉰ 연소속도가 층류화염의 수십 배이다.
㉱ 연소시 다량의 미연소분이 존재한다.
② 비교

구 분	층류 예혼합연소	난류 예혼합연소
연소속도	느리다.	수십 배 빠르다.
화염이 두께	얇다.	두껍다.
연소 특징	화염이 청색이다 난류보다 휘도가 낮다.	연소 시 다량의 미연소분이 존재한다.

85. 등심 연소시 화염의 높이에 대해 옳게 설명한 것은?

㉮ 공기 유속이 낮을수록 화염이 높이는 커진다.

㉯ 공기 유속이 낮을수록 화염이 높이는 낮아진다.

㉰ 공기 온도가 낮을수록 화염이 높이는 커진다.

㉱ 공기 유속이 높고 공기 온도가 높을수록 화염의 높이는 커진다.

해설 공기의 유속이 낮을수록 공기온도가 높을수록 가스의 유속이 높을수록 화염의 높이가 커진다.

86. 보염장치의 목적에 해당하는 것은?

㉮ 가스의 역화를 방지
㉯ 연소의 안정성 확보
㉰ 화염을 촉진
㉱ 연료의 분무를 촉진

87. 다음 중 보염의 수단으로 쓰이지 않는 것은?

㉮ 화염방지기   ㉯ 보염기
㉰ 선회기   ㉱ 대향분류

해설 ① 보염(Flame Holding) : 화염의 안정화를 위하여 유체흐름 중에 화염을 변동 없이 안정하게 연소 유지시키는 것
② 화염의 안정화 기술 : 다공판 이용법, 대향분류 이용법, 파일럿 화염 이용법, 순환류 이용법(보염기), 예연소실 이용법(분사 노즐과 선회기를 가진 대표적인 분사형 연소기)

88. 다음 중 보염의 방법에 속하지 않는 것은?

㉮ 다공판을 이용하는 방법
㉯ 대향분류를 이용하는 방법
㉰ 경사판을 이용하는 방법
㉱ 순환류를 이용하는 방법

89. 연소가 지속될 수 없는 화염이 소멸하는 현상을 무엇이라 하는가?

㉮ 보염현상   ㉯ 인화현상
㉰ 화염현상   ㉱ 소염현상

90. 다음은 화염방지기(flame arrestor)에 관한 내용이다. 옳지 않은 것은?

㉮ 용도에 따라 차이는 있으나 구멍의 지름이 화염거리 이하로 되어있다.
㉯ 화염방지의 주된 기능은 화염 중의 열을 흡수하는 것이다.
㉰ 화염방지기는 폭굉을 예방하기 위해서는 사용될 수 없다.
㉱ 화염방지기의 형태는 금속철망, 다공성 철판, 주름진 금속리본 등 여러 가지가 있다.

해설 구멍 지름이 화염거리 이하시 화염을 방지할 수 없다.

91. 분젠 버너의 가스유속을 빠르게 했을 때 불꽃이 짧아지는 이유는 무엇인가?

㉮ 가스의 공기의 혼합이 잘 안되기 때문에
㉯ 유속이 빨라서 연소가 원활하지 못하기 때문에
㉰ 층류현상이 생기기 때문에
㉱ 난류현상으로 연소가 빨라지기 때문에

해설 가스유속을 빠르게 하면 단염현상으로 연소가 빨라진다.

92. 일반적으로 고체입자를 포함하지 않은 화염은 불휘염, 고체입자를 포함하는 화염은 휘염이라 불린다. 이들 휘염과 불휘염은 특유의 색을 가지는데 색과 화염의 종류가 옳게 짝지어진 것은?

㉮ 불휘염＝청색, 휘염＝백색
㉯ 불휘염＝청색, 휘염＝황색
㉰ 불휘염＝적색, 휘염＝황색
㉱ 불휘염＝적색, 휘염＝백색

해설 ① 불휘염 : 청색   ② 휘염 : 황색

93. 다음 중 연소시 가장 높은 온도를 나타내는 색깔은?

㉮ 회백색   ㉯ 적색

㉰ 백적색   ㉴ 황적색

[해설] 투명한 색일수록 온도가 높다.

94. 다음 중 층류 연소속도에 대해 옳게 설명한 것은?

㉮ 비열이 클수록 층류 연소속도는 크게 된다.

㉯ 분자량이 클수록 층류 연소속도는 크게 된다.

㉰ 비중이 클수록 층류 연소속도는 크게 된다.

㉴ 열전도율이 클수록 층류 연소속도는 크게 된다.

[해설] 층류 연소속도가 커지는 요인
① 비중, 압력, 비열, 분자량이 적을수록
② 열전도율이 클수록
③ 화염온도가 높을수록

95. 다음 중 층류 연소속도의 측정방법이 아닌 것은?

㉮ Bunsen burner법

㉯ Strobo burner법

㉰ Soap bubble법

㉴ 평면화염 burner법

[해설] 층류의 연소속도 측정법
① Soap bubble(비누방울법)
② Bunsen burner(분젠버너법)
③ Pleat flame burner(평면화염 버너법)
④ Slot nozzle burner(슬롯노즐 버너법)

96. 연소를 잘 일으키는 요인이 아닌 것은?

㉮ 산소와 접촉이 양호할수록 연소는 잘된다.

㉯ 열전도율이 좋을수록 연소는 잘된다.

㉰ 온도가 상승할수록 연소는 잘된다.

㉴ 화학적 친화력이 클수록 연소는 잘된다.

[해설] 열전도율이 작아야 열축적이 용이하여 연소가 잘된다.

97. 다음은 물질을 연소시켜 생긴 화합물이 대한 설명이다. 맞는 것은?

㉮ 탄소가 완전연소 시켰을 때는 일산화탄소(CO)가 된다.

㉯ 수소가 연소했을 때는 물로 된다.

㉰ 유황이 연소했을 때는 유화수소로 된다.

㉴ 탄소가 불완전연소 할 때는 탄산가스로 된다.

[해설] ㉮ 정상연소에서는 $C + O_2 \rightarrow CO_2$
㉯ $H_2 + \frac{1}{2}O_2 \rightarrow H_2O$
㉰ $S + O_2 \rightarrow SO_2$(이산화황)
㉴ 불완전 연소시 $C + \frac{1}{2}O_2 \rightarrow CO$

98. 다음은 완전연소 시키기에 필요한 조건을 가리킨 것이다. 틀린 것은?

㉮ 공기를 예열한다.

㉯ 공기공급을 적당히 하고 가연성가스와 잘 혼합시킨다.

㉰ 연료를 착화온도의 이하로 유지한다.

㉴ 가연성가스는 완전연소하기 이전으로 냉각시키지 않는다.

[해설] 연료를 착화온도 이하로 유지시 불완전연소가 되거나 연소가 되지 않는다.

99. 다음 설명 중 옳은 것은?

㉮ 부탄이 완전연소하면 일산화탄소가스가 생성된다.

㉯ 부탄이 완전연소하면 탄산가스와 물이 생성된다.

㉰ 프로판이 불완전연소하면 탄산가스와 불소가 생성된다.

㉴ 프로판이 불완전연소하면 탄산가스와 규소가 생성된다.

[해설] 탄화수소
완전연소 → CO_2, H_2O 생성
불완전 연소 → CO, H_2 생성

100. 연료의 연소에서 2차 공기란 무엇인가?

㉮ 실제공기량에서 이론공기를 뺀 값

㉯ 연료를 무화시켜 산화반응을 하도록 공급되는 공기이다.

㉰ 연료를 완전연소 시키기 위하여 1차 공기에서 부족한 공기를 보충하는 것

㉱ 이론공기량에서 과잉공기를 보충한 값

101. 2차 연소란 다음 중 무엇을 말하는가?

㉮ 점화할 때 착화가 늦어졌을 경우 재점화에 의해서 연소하는 것

㉯ 공기보다 먼저 연료를 공급했을 경우 1차 2차 반응에 의해서 연소하는 것

㉰ 불완전연소에 의해 발생한 미연소가스가 연도 내에서 다시 연소하는 것

㉱ 완전연소에 의한 연소가스가 2차 공기에 의해서 폭발되는 현상

102. 다음은 공기나 연료의 예열효과를 설명한 것 중 틀린 것은?

㉮ 더 적은 이론공기량으로 연소 가능

㉯ 착화열을 감소시켜 연료를 절약

㉰ 연소실 온도를 높게 유지

㉱ 연소효율 향상과 연소상태의 안정

[해설] 완전연소에 필요한 최저공기량이 이론 공기량이므로 이론공기량보다 더 적은 공기량으로 연소시 불완전 연소가 되어 연소효율이 저하된다.

103. 수소-산소 혼합기가 다음과 같은 반응을 할 때 이 혼합기를 무엇이라 하는가?

$$2H_2 + O_2 = 2H_2O$$

㉮ 과농혼합기 　　　㉯ 회박혼합기

㉰ 회석혼합기 　　　㉱ 양론혼합기

[해설] 화학반응에 의한 혼합을 양론혼합이라 한다.

104. LPG의 불완전 연소 원인이 아닌 것은?

㉮ 공기 공급량 부족

㉯ 연소가 프레임 과열

㉰ 가스 조성이 맞지 않을 때

㉱ 조정기 용량 부적당

[해설] LP가스의 불완전 연소의 원인
① 공기 공급량 부족　　② 프레임의 냉각
③ 배기 불충분　　　　④ 환기 불충분
⑤ 가스 조성의 불량　　⑥ 가스기구의 부적합

105. 가스 연소 시 역화(back fire)가 생기는 원인이 아닌 것은?

㉮ 가스 압력이 낮아질 때

㉯ 노즐의 부식

㉰ 과다한 가스의 공급

㉱ 버너의 과열

[해설] ① 역화 : 가스의 연소속도가 염공의 가스 유출속도보다 크게 됐을 때 또는 연소속도는 일정해도 가스의 유출속도가 작게 됐을 때 불꽃이 염공에서 버너 내부에 침입하여 노즐의 선단에서 연소하는 현상
② 역화의 원인
　㉮ 염공이 크게 되었을 때
　㉯ 노즐의 구멍이 너무 크게 된 경우
　㉰ 콕이 충분히 개방되지 않은 경우
　㉱ 가스의 공급압력이 저하되었을 때
　㉲ 연소기 위에 바닥이 넓은 그릇을 올려서 장시간 사용할 경우 (버너가 과열된 경우)

[정답] 100. ㉰　101. ㉰　102. ㉮　103. ㉱　104. ㉯　105. ㉰

106. LP가스 연소방식 중 연소용 공기를 1차 및 2차 공기로 취하는 방식은?

㉮ 적화식   ㉯ 분젠식

㉰ 세미분젠식   ㉲ 전1차 공기식

해설 ① 분젠식 : 1차 및 2차 공기를 취한다.
② 세미분젠식 : 적화식과 분젠식의 중간 형태이다.
③ 전1차 공기식 : 2차 공기를 취하지 않고 모두 1차 공기로 취한다.
④ 적화식 : 2차 공기만을 취하는 방식

107. 화염의 리프트(lift) 현상의 원인이 아닌 것은?

㉮ 배기 불충분

㉯ 2차 공기량이 과다

㉰ 노즐의 줄어듦

㉲ 가스압이 과다

해설 ① 선화 : 가스의 염공에서 가스가 유출시 가스의 유출속도가 연소속도보다 커서 염공에 접하여 연소하지 않고 염공을 떠나 공간에서 연소하는 것
② 선화의 원인
   ㉮ 버너의 염공에 먼지 등이 부착하여 염공이 작아졌을 경우
   ㉯ 가스의 공급압력이 지나치게 높을 경우
   ㉰ 배기 또는 환기가 불충분할 때
   ㉲ 공기 조절장치를 지나치게 개방하였을 때

108. 불꽃의 주위, 특히 불꽃의 기저부에 대한 공기의 움직임이 세어지면 불꽃이 노즐에 정착하지 않고 떨어지게 되어 꺼져버리는 현상을 무엇이라고 하는가?

㉮ 불완전연소

㉯ 불로우 오프(blow-off)

㉰ 백파이어(back-fire)

㉲ 리프트(lift)

가스폭발

01 가스폭발의 종류와 상태

(1) 폭발의 발생 조건

① 온도
② 조성
③ 압력
④ 용기의 크기와 형태

(2) 폭발이 일어나기 이전의 물질 상태에 따른 분류

① 기체폭발

㉮ 혼합가스폭발 : 가연성가스나 가연성액체의 증기가 조연성가스와 일정한 비율로 혼합된 가스가 발화원에 의해 착화되어 일어나는 폭발 (약 7~10배)

※ 종류 : 프로판가스와 공기, 에테르증기와 공기

㉯ 가스의 분해폭발 : 가스분자의 분해시 발열하는 가스는 단일성분의 가스라도 발화원에 의하여 착화되어 일어나는 폭발

※ 종류 : 아세틸렌($C_2H_2 \rightarrow 2C+H_2$), 이산화염소, 히드라진

산화에틸렌, 에틸렌($C_2H_4 \rightarrow C+CH_4$) 등

㉰ 분진폭발 : 가연성고체의 미분 또는 산화반응열이 큰 금속분말이 어떤 농도 이상으로 조연성가스 중에 분산되어 있을 때 점화원에 의해 착화되어 일어나는 폭발

㉠ 분진입자의 크기와 부유농도 : 100μ (미크론) 이하가 되면 폭발의 위험성이 있고 미립자일수록 폭발되기 쉽다

POINT

• 혼합가스폭발(산화폭발)
가연성+산화제

• 분해폭발
아세틸렌, 산화에틸렌, 히드라진

• 중합폭발
시안화수소, 산화에틸렌

ⓛ 분진이 공기 중에 떠 있게 하는 성질
- 분진상태
- 안개 모양 및 기름방울의 대전성
- 수분의 흡착성

ⓒ 분진폭발을 일으키는 물질
- 폭연성 분진 : 금속분(Mg, Al, Fe분 등)
- 가연성 분진 : 소맥분, 전분, 합성수지류, 황, 코코아, 리그린, 석탄분, 고무분말 등

㉣ 분무폭발 : 가연성 액체무적이 어떤 농도 이상으로 조연성가스 중에 분산되어 있을 때 점화원에 의해 착화되어 일어나는 폭발
※ 종류 : 유압기기의 기름 분출에 의한 유적 폭발

② 응상폭발(액체 및 고체상 폭발)
㉮ 혼합 위험성 물질의 폭발
※ 종류 : 질산암모늄과 유지의 혼합, 액화시안화수소, 3염화에틸렌
㉯ 폭발성 화합물의 폭발
※ 종류 : 니트로글리세린, TNT, 산화반응조에 과산화물이 축적하여 일어나는 폭발
㉰ 증기폭발
※ 종류 : 적열된 응용 카바이드나 용융 철 또는 용해 슬래그가 물과 접촉하여 일어나는 수증기 폭발
㉱ 금속선폭발 : 알루미늄과 같은 금속도선에 큰 전류를 흘릴 때 금속의 급격한 기화에 의해 일어나는 폭발
㉲ 고체상 전이폭발 : 무정형 안티몬이 결정형 안티몬으로 전이할 때와 같은 폭발

(3) 폭발원인에 따른 분류

① 물리적 폭발 : 액상 또는 고상에서 기상으로의 상변화, 온도상승이나 충격에 의해 압력이 이상적으로 상승하여 일어나는 폭발
㉮ 증기폭발　　　　㉯ 금속선폭발
㉰ 고체상 전이폭발　　㉱ 압력폭발

② 화학적 폭발

㉮ 산화폭발 : 가연성물질과 산화제(공기, 산소, 염소)의 혼합물이 점화되어 산화반응에 의하여 일어나는 폭발

※ 종류 : 폭발성 혼합가스의 폭발, 화약의 폭발, 분진·분무폭발

수소와 염소의 반응($H_2+Cl_2 \rightarrow 2HCl$) → 수소, 염소폭명기

아세틸렌과 산소와 반응($2C_2H_2+5O_2 \rightarrow 4CO_2+2H_2O$)

㉯ 분해폭발 : 산소의 농도 없이 단일가스가 분해하여 폭발한 것으로 압력을 증가 시킬 때 C_2H_2, C_2H_4O 등의 분해폭발이 있다.

※ 종류 : 과산화에틸, N_2H_4(히드라진), O_3(오존)

㉰ 중합폭발 : 불포화 탄화수소(화합물) 중에서 특히 중합하기 쉬운 물질이 급격한 중합 반응을 일으키고 그 때의 중합열에 의하여 일어나는 폭발

※ 종류 : HCN, 염화비닐, 산화에틸렌, 부타디엔 등

(4) 기타 폭발

① BLEVE(비등액체팽창 증기폭발)

가연성 액체 저장탱크 주변에서 화재가 발생하여 기상부의 탱크가 국부적으로 가열되면 그 부분이 강도가 약해져 탱크가 파열된다. 이때 내부의 액화가스가 급격히 유출 팽창되어 화구(fire ball)를 형성하여 폭발하는 형태를 말한다.

② 증기운폭발(UVCE)

대기 중에 대량의 가연성 가스나 인화성 액체가 유출시 다량의 증기가 대기 중의 공기와 혼합하여 폭발성의 증기운을 형성하고 이때 착화원에의해 화구(fire ball)를 형성하여 폭발하는 형태를 말한다.

POINT

• 화학적 폭발의 종류와 물리적 폭발의 종류를 구분하여 암기할 것

• 블레비(BLEVE)에 영향을 주는 인자
① 저장물질의 종류와 형태
② 저장용기의 재질
③ 내용물의 물질적 역학상태
④ 주위온도와 압력상태
⑤ 내용물의 인화성 및 독성여부

01 폭발원인에 따른 분류에서 물리적 폭발에 관한 설명으로 옳은 것은?

㉮ 산화, 분해, 중합반응 등의 화학반응에 의하여 일어나는 폭발로 촉매 폭발이 이에 속하다.

㉯ 물리적 폭발에는 열폭발, 중합폭발, 연쇄폭발 순으로 폭발력이 증가한다.

㉰ 발열속도가 방열속도보다 커서 반응열에 의해 반응속도가 증대되어 일어나는 폭발로 분해폭발이 이에 속한다.

㉱ 액상 또는 고상에서 기상으로의 상변화, 온도상승이나 충격에 의해 압력이 이상적으로 상승하여 일어나는 폭발로 증기폭발이 이에 속한다.

02 다음 중 분진폭발의 발생 조건으로 가장 거리가 먼 것은?

㉮ 분진이 가연성이어야 한다.

㉯ 분진농도가 폭발범위 내에서 폭발하지 않는다.

㉰ 분진이 화염을 전파할 수 있는 크기 분포를 가져야 한다.

㉱ 착화원, 가연물, 산소가 있어야 발생한다.

03 증기운폭발의 특징에 대한 설명으로 틀린 것은?

㉮ 증기운의 크기가 클수록 점화될 가능성이 커진다.

㉯ 폭발보다 화재가 많다.

㉰ 연소에너지의 약 20%만 폭풍파로 변한다.

㉱ 점화위치가 방출점에서 가까울수록 폭발 위력이 크다.

04 LNG 저장 탱크에서 상이한 액체 밀도로 인하여 층상화된 액체의 불안정한 상태가 바로잡힐 때 생기는 LNG의 급격한 물질 혼합 현상으로 상당한 양의 증발가스가 발생하는 현상은?

㉮ 롤오버(roll-over) 현상

㉯ 증발(Boil-off) 현상

㉰ BLEVE 현상

㉱ 파이어 볼(fire-ball) 현상

해 설

해설 **01**
물리적 폭발
① 증가폭발
② 금속선폭발
③ 고체상 전이폭발
④ 압력폭발

해설 **02**
분진폭발은 폭발범위 내에서만 폭발한다.

해설 **03**
증기운폭발의 특징
① 증기운의 크기가 클수록 점화확률이 증가된다.
② 방출점과 점화원의 거리가 멀수록 폭발위력이 커진다.
③ 분자의 이동과 난류의 이동에 의해 전파속도가 지배한다.

01. ㉱ 02. ㉯ 03. ㉱
04. ㉮

정
답

05 다음 [보기]에서 비등액체 증기폭발(BLEVE) 발생의 단계를 순서에 맞게 나열한 것은?

> A. 탱크가 파열되고 그 내용물이 폭발적으로 증발한다.
> B. 액체가 들어있는 탱크의 주위에서 화재가 발생한다.
> C. 화재에 의한 열에 의하여 탱크의 벽이 가열된다.
> D. 화염이 열을 제거시킬 액이 없고 증기만 존재하는 탱크의 벽이나 천장(roof)에 도달하면, 화염과 접촉하는 부위의 금속의 온도는 상승하여 탱크의 구조적 강도를 잃게 된다.
> E. 액의 이하의 탱크 벽에 액에 의하여 냉각되나, 액의 온도는 올라가고, 탱크 내의 압력이 증가한다.

㉮ E-D-C-A-B
㉯ E-D-C-B-A
㉰ B-C-E-D-A
㉱ B-C-D-E-A

06 다음 중 폭발방호(Explosion Protection)의 대책이 아닌 것은?

㉮ Venting
㉯ Suppression
㉰ Containment
㉱ Adiabatic compression

해 설

해설 **06**
폭발방호대책
① 폭발방산 (Explosion Venting)
② 봉쇄(Containment)
③ 폭발억제(Explosion Suppression)

05. ㉰ 06. ㉱ 정답

02 폭발범위(연소범위, 폭발한계(농도), 가연한계)

폭발(또는 연소)이 일어나는 데 필요한 가연성 가스의 농도범위, 공기 등의 지연성 기체중의 가연성 기체의 농도에 대해서는 연소하는 데 필요한 하한과 상한을 각각 폭발하한계, 폭발상한계라 하고, 보통 1기압, 상온에서의 측정치를 나타낸다.

POINT

• 폭발범위
폭발이 일어나는 공기 중의 가연성 가스의 농도범위(1기압, 상온)

■ 가연성가스의 공기 중 폭발한계(1atm, 상온, 화염상방전파)

가 스	하한계	상한계	가 스	하한계	상한계
수소	4.0	75.0	톨루엔	1.4	6.7
일산화탄소(습기존재)	12.5	74.0	시클로프로판	2.4	10.4
메탄	5.0	15.0	시클로헥산	1.3	8.0
에탄	3.0	12.4	메틸알코올	7.3	36.0
프로판	2.1	9.5	에틸알코올	4.3	19.0
부탄	1.8	8.4	이소프로필알코올	2.0	12.0
펜탄	1.4	7.8	아세트알데히드	4.1	57.0
헥산	1.2	7.4	에테르(제틸)	1.9	48.0
에틸렌	2.7	36.0	아세톤	3.0	13.0
프로필렌	2.4	11.0	산화에틸렌	3.0	80.0
부렌-1	1.7	9.7	산화프로필렌	2.0	22.0
이소부틸렌	1.8	9.6	염화비닐(모노마)	4.0	22.0
1.3 부타디엔	2.0	12.0	암모니아	15.0	28.0
사불화에틸렌	10.0	42.0	이황화탄소	1.2	43.0
아세틸렌	2.5	81.0	황화수소	4.3	45.0
벤젠	1.4	7.1			

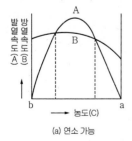

(a) 연소 가능

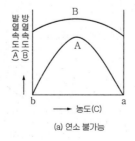

(a) 연소 불가능

가연성 혼합기의 발열속도와 방열속도의 변화관계

① 온도의 영향

온도가 높을 때는 열의 일산속도(방열속도)가 늦어지므로 연소범위는 좌우로 넓어지며 반대로 온도가 낮을 때는 방열속도가 빨라져 연소범위는 좁아진다.

② 압력의 영향

압축하여 압력을 상승시키면 반응의 분자농도가 증대하여 반응속도(발열속도)는 증가하고, 전도 전열은 압력에 거의 영향을 받지 않고 복사전열은 압력에 비례, 대류 및 분자확산은 압력에 반비례하므로 방열속도는 압력에 의해 거의 변화하지 않는다. 이 때문에 압력 상승시 발열속도는 촉진되나 방열속도는 변화하지 않으며, 결국 폭발이 심해지고 폭발범위도 넓어진다.

㉮ 예외사항

㉠ 일산화탄소와 공기의 혼합가스는 압력이 높아짐에 따라 폭발한계가 좁아진다(공기 중의 질소를 헬륨이나 아르곤으로 치환하거나 혼합가스 중에 수증기가 존재하면 연소 범위는 압력과 더불어 증대).

㉡ 수소-공기 혼합가스에서는 10atm까지는 연소범위가 좁아지나 그 이상의 압력에서는 다시 점차 확대된다.

㉯ 한계압 : 폭발성 혼합가스의 압력을 점차 저하해가면 발열속도가 방열속도를 따를 수 없게 되어 폭발이 일어나지 않게 되는 압력을 말한다.

㉰ 저압폭발 : 가스에 따라서는 한계압 이하로 압력을 저하시키면 재차 폭발을 일으키는데 이와 같은 압력에서의 폭발을 말하며, 수소, 메탄, 일산화탄소 등이 있다.

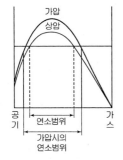

고압에 의한 연소범위의 확대

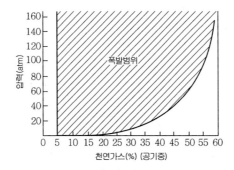

천연가스-공기 혼합가스의 폭발한계에
미친 압력의 영향

③ 불활성 기체의 영향(산소 농도의 영향)

불활성 기체(이산화탄소, 질소 등)를 공기와 혼합하여 산소 농도를 줄여 가면 폭발범위는 점차 좁아지는데 그 이유는 불활성 기체가 지연성가스와 가연성가스의 반응을 방해하고 흡수하기 때문이다.

POINT

• 불활성기체
폭발방지 억제제로 사용

03 혼합가스의 폭발범위

혼합가스 연소한계의 산출 : 2종 이상의 가연성가스 혼합물의 연소한계(L)

$$\frac{100}{L} = \frac{V_1}{L_1} + \frac{V_2}{L_2} + \frac{V_3}{L_3} + \cdots$$

여기서, L : 혼합가스의 연소한계치

$L_1,\ L_2,\ L_3 \cdots$: 혼합가스 중의 각 가연성가스의 연소한계치

$V_1,\ V_2,\ V_3 \cdots$: 혼합가스 중의 각 가연성가스의 용적

• 혼합가스 폭발범위(르샤틀리 공식)는 자주 출제되는 문제이므로 핵심문제 및 예상문제를 반드시 풀어볼 것

04 위험도(H)

폭발범위를 폭발 하한계로 나눈 값으로 폭발성 혼합가스(가연성 가스 또는 증기)의 위험성을 나타내는 척도, H가 클수록 위험성이 높다.

$$H = \frac{U - L}{L}$$

여기서, U : 폭발상한

L : 폭발하한

• 위험도
폭발범위가 넓을수록 폭발하한이 작을수록 커지고 위험성이 크다.

05 폭 굉

(1) 폭굉의 정의

가스 중 음속보다 화염 전파속도가 큰 경우로서 파면 선단에 충격파라고 하는 강한 압력파가 발생하여 격렬한 파괴작용을 일으키는 원인이 된다.

폭속은 폭굉이 전하는 속도로서 가스의 경우 1~3.5km/sec

- 폭속
1000~3500m/sec

- 정상연소속도
0.1~10m/sec

(2) 폭굉한계

폭발한계 내에서도 특히 격렬한 폭굉을 생성하는 조성한계, 폭굉상한계 농도는 폭발상한계 농도와 접근되어 있는 것이 많고 하한계는 많이 떨어져 있다

- 폭발한계＞폭굉한계

(3) 폭굉유도거리

최초의 완만한 연소가 폭굉으로 발전될 때까지의 거리

- 폭굉유도거리가 짧아질수록 위험하다.

※ 폭굉유도거리가 짧아지는 조건
- ㉮ 정상 연소속도가 큰 혼합가스일수록
- ㉯ 관 속에 방해물이 있거나 관 지름이 가늘수록
- ㉰ 공급 압력이 높을수록
- ㉱ 점화원의 에너지가 강할수록

(4) 연소파와 폭굉파의 특성

① 연소파 : 반응 후에 온도는 올라가나 밀도가 내려가서 압력이 일정하게 유지된다.

② 폭굉파 : 반응 후에 온도와 밀도가 모두 올라가서 압력이 증가한다.

구 분	연소파	폭굉파
온도	상승	상승
밀도	감소	상승
압력	일정	상승

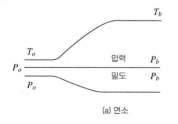

(a) 연소

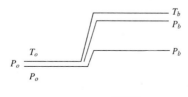

(b) 폭굉

(5) 연소파의 전파와 구조

① 화염의 두께

대기압하에서 $10^{-1}{\sim}10^{-2}$mm 정도

② 온도

T_a로 연소역에 들어가 예열되어 T_i(착화온도, 곡선상에는 변곡점)가 되어 반응개시 후 T_b가 된다.

③ 반응물과 중간 생성물

반응물 농도는 예열역 하류에서 확산에 의해 약간 감소하고, 반응역에서는 반응으로 급격히 줄고, 활성상태의 중간 생성물(원자, 전자, 유리기 및 이온 등)은 상대적으로 증가하였다가 연소 가스온도 T_b에서는 중성분자와의 열평형에 대응하는 값이 된다.

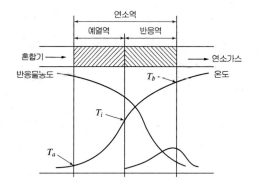

POINT

• 착화온도 T_i
그림의 위치에서 착화온도 위치 암기할 것

01 상온 상압의 공기에서 연소 범위의 폭이 가장 넓은 가스는?

㉮ 메탄
㉯ 벤젠
㉰ 프로판
㉱ n-부탄

02 연소범위에 대한 일반적인 설명으로 틀린 것은?

㉮ 압력이 높아지면 연소범위는 넓어진다.
㉯ 온도가 올라가면 연소범위는 넓어진다.
㉰ 산소농도가 증가하면 연소범위는 넓어진다.
㉱ 불활성가스의 양이 증가하면 연소범위는 넓어진다.

03 가스의 폭발에 대한 설명으로 틀린 것은?

㉮ 압력이 상승하거나 온도가 높아지면 가스의 폭발범위는 일반적으로 넓어진다.
㉯ 가스의 화염전파 속도가 음속보다 큰 경우에 일어나는 충격파를 폭굉이라고 한다.
㉰ 정상 연소속도가 큰 혼합가스일수록 폭굉유도거리는 길어진다.
㉱ 혼합가스의 폭발은 르샤트리에의 법칙에 따른다.

04 0.5atm, 5L의 기체 A, 1atm, 10L의 기체 B와 0.6atm, 5L의 기체 C를 전체부피 20L의 용기에 넣었을 경우 전압은 약 몇 atm인가? (단, 기체 A, B, C는 이상기체로 가정한다.)

㉮ 0.625
㉯ 0.700
㉰ 0.775
㉱ 0.938

05 "혼합가스의 압력은 각 기체가 단독으로 확산할 때의 분압의 합과 같다"라는 것은 누구의 법칙인가?

㉮ Boyle-Charles의 법칙
㉯ Dalton의 법칙
㉰ Graham의 법칙
㉱ Avogadro의 법칙

해 설

[해설] **01**
연소 범위(폭발 범위)
① 메탄(CH_4) : 5~15%
② 벤젠(C_6H_6) : 1.4~7.1%
③ 프로판(C_3H_8) : 2.1~9.5%
④ n-프로판(C_4H_{10})
　　: 1.9~8.5%

[해설] **02**
불활성가스의 양이 많아지면 연소범위는 좁아진다.

[해설] **03**
정상 연소속도가 큰 혼합가스 일수록 폭굉유도거리는 짧아진다.

[해설] **04**
$$P = \frac{P_A V_A + P_B V_B + P_C V_C}{V}$$
$$= \frac{0.5 \times 5 + 1 \times 10 + 0.6 \times 5}{20}$$
$$= 0.775 \text{atm}$$

[해설] **05**
① Dalton의 법칙 : 이상기체의 혼합물의 압력은 각성분의 분압의 합과 같다.
　[참고] 두 가지 이상의 기체가 만난 화학반응을 일으킬 때는 분압의 법칙에 따르지 않는다.
② Avogadro : 1kmol의 가스는 모두 같은 상태에서 동일 체적 내에 있는 모든 분자수는 같다. 즉 1kmol의 가스는 동일 온도, 압력하에서는 동일한 체적을 갖는다.
③ Boyle-Charle의 법칙 : 일정량의 기체의 압력은 체적에 역비례하여, 절대온도에 정비례한다.

01. ㉮　02. ㉱　03. ㉰
04. ㉰　05. ㉯

정답

06 실린더 속에 N_2가 0.5mol, O_2가 0.2mol, H_2가 0.3mol이 혼합되어 있을 때 전체의 압력이 1atm이었다면 이 때 산소의 부분압력은 몇 mmHg인가?

㉮ 152   ㉯ 179

㉰ 182   ㉱ 194

07 부피조성비가 프로판 70%, 부탄 25%, 프로필렌 5%인 혼합가스에 대한 다음 설명 중 옳은 것은?

가스의 종류	폭발범위(부피%)
C_4H_{10}	1.5~8.5
C_3H_6	2.0~11.0
C_3H_8	2.2~9.5

㉮ 폭발하한계는 약 1.62(vol%)이다.

㉯ 폭발하한계는 약 1.97(vol%)이다.

㉰ 폭발상한계는 약 9.29(vol%)이다.

㉱ 폭발상한계는 약 9.78(vol%)이다.

08 폭굉(detonation)에 대한 설명으로 옳지 않은 것은?

㉮ 폭굉파는 음속 이하에서 발생한다.

㉯ 압력 및 화염속도가 최고치를 나타낸 곳에서 일어난다.

㉰ 폭굉유도거리는 혼합기의 종류, 상태, 관의 길이 등에 따라 변화한다.

㉱ 폭굉은 폭약 및 화약류의 폭발, 배관 내에서의 폭발사고 등에서 관찰된다.

09 가연성가스와 공기를 혼합하였을 때 폭굉범위는 일반적으로 어떻게 되는가?

㉮ 폭발범위와 동일한 값을 가진다.

㉯ 가연성가스의 폭발상한계값보다 큰 값을 가진다.

㉰ 가연성가스의 폭발하한계값보다 작은 값을 가진다.

㉱ 가연성가스의 폭발하한계와 상한계값 사이에 존재한다.

해 설

해설 06

$$\text{분압} = \text{전압} \times \frac{\text{성분몰수}}{\text{전체몰수}}$$

$$\text{산소분압} = 1 \times \frac{0.2}{0.5 + 0.2 + 0.3}$$

$$= 0.2\text{atm}$$

$$= 0.2 \times 760\text{mmHg}$$

$$= 152\text{mmHg}$$

해설 07

① 폭발하한값

$$\frac{100}{L_1} = \frac{25}{1.5} + \frac{5}{2.0} + \frac{70}{2.2}$$

$$\therefore L_1 = 1.86\%$$

② 폭발상한값

$$\frac{100}{L_2} = \frac{25}{8.5} + \frac{5}{11.0} + \frac{70}{9.5}$$

$$\therefore L_2 = 9.29\%$$

해설 08

① 폭굉 : 전파속도가 음속보다 빠른 상태

② 폭연 : 전파속도가 음속보다 느린 상태

정답

06. ㉮   07. ㉰   08. ㉮
09. ㉱

10 폭굉(Detonation)에서 유도거리가 짧아질 수 있는 경우가 아닌 것은?

㉮ 관경이 굵을수록

㉯ 관속에 방해물이 있을수록

㉰ 압력이 높을수록

㉱ 점화원의 에너지가 클수록

11 폭발의 위험도(H)를 옳게 표현한 것은? (단, U : 폭발상한값, L : 폭발하한값이다).

㉮ $H = \dfrac{U-L}{L}$

㉯ $H = \dfrac{U}{L}$

㉰ $H = \dfrac{U-L}{U}$

㉱ $H = \dfrac{L}{U}$

해 설

해설 **10**

폭굉(Detonation)에서 유도거리가 짧아지는 요인
① 압력이 높을수록
② 관 속에 방해물이 있거나 관경이 가늘수록
③ 정상 연소속도가 큰 혼합가스일수록
④ 점화원의 에너지가 강할수록

해설 **11**

폭발위험도는 폭발한계를 폭발하한값으로 나눈 값이다.

정답   10. ㉮   11. ㉮

06 안전가격

(1) 안전간격

구형용기 안에서 가스를 발화시켰을 때 중앙부에 설치된 8개의 개구부로부터 화염 외측의 폭발성 혼합가스까지의 전달 여부를 2개의 평행 금속면 틈 사이를 조정하면서 측정한 것으로 화염이 전달되지 않는 한계의 틈 사이를 말한다.

(2) 안전간격의 값은 가스의 최소점화에너지와 깊은 관계가 있고 안전간격이 작은 가스일수록 최소점화에너지도 적고 폭발하기 쉽다.

(3) 안전간격 측정방법

틈 사이는 8개의 블록게이지를(폭 10mm, 길이 30mm, 틈새의 깊이 25mm) 끼워서 조정하여 간극을 변화시키면서 내부의 화염이 틈 사이를 통하여 외부로의 이동 여부를 압력계 등으로 확인하면서 실험한다.

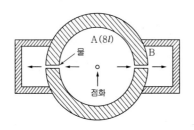

07 폭발등급

(1) 혼합비 및 표준시료

① 혼합비 : 가연성가스와 공기와의 혼합비는 가장 발화하기 쉬운 조성의 경우에 대한 것이다.

POINT

• 안전간격이 작을수록 최소점화에너지가 작아지고 폭발의 위험성이 크다.

② 표준시료 : 폭발 등급3에 대해서는 수소 30%, 폭발 등급2에 대해서는 수소 40%, 폭발 등급1에 대해서는 수소 50%와 공기와의 혼합가스를 말한다.

(2) 폭발등급에 따른 분류

① 폭발 1등급 : 안전간격 0.6mm 이상(메탄, 에탄, 프로판, 벤젠, 아세톤, 일산화탄소 암모니아 등)

② 폭발 2등급 : 안전간격 0.6mm 미만 0.4mm 이상(에틸렌, 석탄가스 등)

③ 폭발 3등급 : 안전간격 0.4mm 미만(수소, 수성가스, 아세틸렌, 이황화탄소 등)

08 최소점화에너지

폭발성 혼합가스 또는 폭발성 분진을 발화시키는데 필요한 최소한의 발화에너지 착화원으로 불꽃방전을 이용하여 $E = \dfrac{1}{2}CV^2$에 의해 계산한다.

여기서, E : 방전에너지(Joule),

C : 방전전극과 병렬 연결한 측전기의 전용량(Farad)

V : 불꽃전압(Volt)

09 폭발성 물질의 감도

(1) 충격감도

질량 5kg 추를 시료 0.05~0.1g의 원형석박에 싸서 놓고 그 위에 낙하시켜 폭발하지 않는 것이 최고 낙하치(불폭치)이다. 이 높이가 작은 것일수록 감도가 높다.

(2) 마찰감도

0.1g의 시료를 자기제 유발에 넣어서 격심하게 마찰하여 폭발 유무를 본다. 감도를 예민하게 하기위하여 가열하거나 모래 또는 유리알을 넣는 경우도 있다.

※ 감도 : 폭발성물질을 기폭시키기 위하여 최초에 가하여야만 하는 충격 또는 마찰 에너지의 최저값, 이 에너지가 작은 것일수록 감도가 높고 감도가 높을수록 위험하다.

POINT

• 마찰감도
마찰에너지의 최저값이 작을수록 감도가 높다.

10 위험장소와 방폭구조

(1) 위험 장소

폭발성 혼합가스가 존재할 우려가 있는 작업 장소

(2) 위험 장소 판정기준

① 취급물질의 물성 : 인화점, 발화점, 폭발한계, 비중
② 발생조건 : 정상, 이상에 따라 가스누설, 유출, 파괴에 따른 유출 등
③ 감쇄조건 : 환기, 기온, 풍향, 풍속 등의 기상조건

(3) 위험장소의 종류

① 제0종 위험장소 : 폭발성 가스의 농도가 연속적이거나 장시간 지속적으로 폭발한계 이상이 되는 장소 또는 지속적으로 위험상태가 생성되거나 생성할 우려가 있는 장소
⑦ 인화성 액체의 용기 또는 탱크 내의 액면 상부 공간부
⑭ 가연성 가스 용기, 탱크의 내부
⑭ 개방된 용기에 있어서 인화성 액체의 액면 부근

• 제0종 위험장소
지속적으로 위험상태가 생성되거나 생성할 우려가 있는 장소

② **제1종 위험장소** : 정상적인 운전이나 조작 및 가스배출, 뚜껑의 개폐, 안전밸브 등의 동작에 있어서 위험 분위기를 생성할 우려가 있는 장소

  ㉮ 가연성 가스 또는 증기가 공기와 혼합되어 위험하게 된 장소

  ㉯ 수리, 보수, 누설 등에 의하여 자주 위험하게 된 장소

  ㉰ 사고시 위험한 가스방출 및 전기기기에도 사고 우려가 있는 장소

③ **제2종 위험장소** : 이상적인 상태 하에서 위험상태가 생성할 우려가 있는 장소

  ㉮ 제1종 위험장소의 주변 및 인접한 실내로서 위험농도의 가스가 침입할 우려가 있는 장소

  ㉯ 밀폐 용기 또는 설비 내에 봉입되어 있어서 사고시에만 누출하여 위험하게 된 장소

  ㉰ 위험한 가스가 정체되지 않도록 환기 설비에 있어서 사고시에만 위험하게 된 장소

(4) 방폭구조의 종류

① **내압 방폭구조(d)** : 전폐구조로 용기 내부에서 폭발성 가스의 폭발이 일어났을 때 용기가 압력에 견디고 또한 외부의 폭발성 가스에 인화할 우려가 없도록 한 구조

② **유입 방폭구조(o)** : 전기기기의 불꽃 또는 아크를 발생하는 부분을 기름 속에 넣어 유면상에 존재하는 폭발성 가스에 인화될 우려가 없도록 한 구조

③ **안전증 방폭구조(e)** : 정상 운전 중에 전기불꽃 및 고온이 생겨서는 안되는 부분(권선, 접속부)에 이들이 생기는 것을 방지하도록 구조상 및 온도상승에 대비하여 특별히 안전도를 증가시키는 구조

④ **압력 방폭구조(p)** : 용기 내부에 공기 또는 불활성 가스를 압입하여 압력을 유지하여 폭발성 가스가 침입하는 것을 방지한 구조

⑤ **본질 안전방폭구조(ia 또는 ib)** : 정상시 및 사고시에 발생하는 전기불꽃 및 고온부로부터 폭발성 가스에 점화되지 않는다는 공적기관에서 점화시험 및 기타 방법에 의해 확인된 구조

⑥ **특수 방폭구조(s)** : ①~⑤ 이외의 구조로 폭발성 가스의 인화를 방지할 수 있는 것을 공적기관 에서의 시험 및 기타 방법에 의하여 확인된 구조

POINT

• 제1종 위험장소
위험분위기를 생성할 우려가 있는 장소

• 제2종 위험장소
이상적인 상태 하에서 위험상태가 생성할 우려가 있는 장소

• 내압방폭구조
안전간극을 고려해서 설계해야 한다.

• 방폭구조의 표시기호
  ① 내압 방폭구조 : d
  ② 유입 방폭구조 : o
  ③ 압력 방폭구조 : p
  ④ 안전증 방폭구조 : e
  ⑤ 본질 안전방폭구조 : ia 또는 ib
  ⑥ 특수 방폭구조 : s

01 가스의 폭발 등급은 안전 가격에 따라 분류한다. 다음 가스 중 안전 간격이 넓은 것부터 옳게 나열된 것은?

㉮ 수소>에틸렌>프로판 ㉯ 에틸렌>수소>프로판

㉰ 수소>프로판>에틸렌 ㉱ 프로판>에틸렌>수소

해설 안전간격

구분 등급	안전간격	대상가스의 종류
폭발 1급	0.6mm 이상	메탄, 에탄, 아세톤, 암모니아, 일산화탄소, 프로판
폭발 2급	0.4mm~0.6mm	에틸렌, 석탄가스
폭발 3급	0.4mm 이하	아세틸렌, 수소, 이황화탄소, 수성가스

02 가연성 기체의 최소착화에너지에 대한 설명으로 옳은 것은?

㉮ 온도가 높아질수록 최소착화에너지는 높아진다.

㉯ 연소속도가 느릴수록 최소착화에너지는 낮아진다.

㉰ 열전도율이 적을수록 최소착화에너지는 낮아진다.

㉱ 압력이 낮을수록 최소 착화에너지는 낮아진다.

03 방폭성능을 가진 전기기기 중 정상시 및 사고(단선, 단락, 지락 등)시에 발생하는 전기불꽃·아크 또는 고온부에 의하여 가연성 가스가 점화되지 아니하는 것이 점화시험, 기타 방법에 의하여 확인된 구조를 무엇이라고 하는가?

㉮ 안전증 방폭구조 ㉯ 본질안전 방폭구조

㉰ 내압 방폭구조 ㉱ 압력 방폭구조

04 내압 방폭구조로 방폭 전기기기를 설계할 때 가장 중요하게 고려해야 할 사항은?

㉮ 가연성가스의 최소점화에너지

㉯ 가연성가스의 안전간극

㉰ 가연성가스의 연소열

㉱ 가연성가스의 발화점

01. ㉱ 02. ㉰ 03. ㉯
04. ㉯ 정답

05 가연성가스가 폭발할 위험이 있는 농도에 도달할 우려가 있는 장소를 위험장소라 한다. 밀폐된 용기 또는 설비 내에 밀봉된 가연성가스나 그 용기 또는 설비의 사고로 인해 파손되거나 오조작의 경우에만 누출할 위험이 있는 장소는 다음 중 어느 장소에 해당하는가?

㉮ 0종 장소   ㉯ 1종 장소
㉰ 2종 장소   ㉱ 3종 장소

해 설

해설 05
위험장소
① 1종 장소 : 가연성가스가 체류하여 위험하게 될 우려가 있는 장소, 정비보수 또는 누출 등으로 인하여 종종 가연성가스가 체류하여 위험하게 될 우려가 있는 장소
② 2종 장소 : 밀폐된 용기 또는 설비 내에 밀봉된 가연성가스가 그 용기 또는 설비의 사고로 인해 파손되거나 오조작의 경우에만 누출할 위험이 있는 장소
③ 0종 장소 : 가연성가스의 농도가 연속해서 폭발하한계 이상으로 되는 장소

05. ㉰
정답

01. 다음의 폭발 종류 중 화학적 폭발에 해당되는 것은?

㉮ 증기 폭발　　　㉯ 기계적 폭발
㉰ 분해 폭발　　　㉱ 압력 폭발

[해설] ① 화학적 폭발 : 산화 폭발, 분해 폭발, 중합 폭발
② 물리적 폭발 : 증기 폭발, 금속선 폭발, 고체상 전이 폭발, 압력 폭발

02. 공기가 없어도 스스로 분해하여 폭발할 수 있는 가스는?

㉮ 히드라진, 사이클로프로판
㉯ 아세틸렌, 수성가스
㉰ 사이클로프로판, 수성가스
㉱ 아세틸렌, 히드라진

[해설] 분해폭발
아세틸렌, 히드라진, 산화에틸렌, 오존 등

03. 다음 중 기상 폭발에 해당되지 않는 것은?

㉮ 고압가스 폭발　　　㉯ 분해 폭발
㉰ 증기 폭발　　　㉱ 분진 폭발

[해설] ① 기체 상태의 폭발 : 분진 폭발, 혼합가스 폭발, 분해 폭발, 분무 폭발
② 액체 및 고체 상태의 폭발 : 고체상 전이 폭발, 혼합 위험성 물질의 폭발, 폭발성 화합물의 폭발

04. 분진폭발을 일으킬 수 있는 물리적 인자가 아닌 것은?

㉮ 입자의 형상　　　㉯ 열전도율
㉰ 연소열　　　㉱ 입자의 응집특성

[해설] ① 물리적 인자 : 입자의 형상, 열전도율, 입자의 응집 특성, 비열, 입도의 분포, 대전성, 입자의 표면상태 등이 있다.
② 화학적 인자 : 연소열, 연소속도, 반응형식 등이 있다.

05. 다음 물질 중 분진폭발과 가장 관계가 깊은 것은?

㉮ 소맥분　　　㉯ 에테르
㉰ 탄산가스　　　㉱ 암모니아

[해설] 분진폭발을 일으키는 물질
금속분(Mg, Al, Fe분 등), 소맥분, 전분, 합성수지류, 황, 코코아, 리그린, 석탄분, 고무분말 등

06. 다음은 분진폭발의 위험성을 방지하기 위한 조작이다. 틀린 것은?

㉮ 환기장치는 가능한 공정별로 단독 집진기를 사용한다.
㉯ 분진의 산란이나 퇴적을 방지하기 위하여 정기적으로 분진제거
㉰ 분진취급 공정을 가능하면 건식법으로 한다.
㉱ 분진이 일어나는 근처에 습식의 스크레버 장치를 설치, 분진제거

[해설] 분진공정을 건식법으로 하면 분진발생이 쉽다.

07. 증기폭발(Vapor explosion)을 바르게 설명한 것은?

㉮ 뜨거운 액체가 차가운 액체와 접촉할 때 찬 액체가 큰 열을 받아 증기가 발생하여 증기의 압력에 의한 폭발현상
㉯ 가연성 액체가 비점이상의 온도에서 발생한 증기가 혼합기체가 되어 증발되는 현상
㉰ 가연성 기체가 상온에서 혼합기체가 되어 발화원에 의하여 폭발하는 현상
㉱ 수증기가 갑자기 응축하여 이로 인한 압력강하로 일어나는 폭발현상

01. ㉰　02. ㉱　03. ㉰　04. ㉰　05. ㉮　06. ㉰　07. ㉯　정답

08. 다음 중 증기폭발 등의 예방대책으로 적당하지 않은 항목은?

㉮ 정상 압력온도를 유지한다.

㉯ 화재 발생시 살수장치를 가동시킨다.

㉰ 용기외벽을 가연성 단열재를 사용하여 단열조치 한다.

㉱ 용기의 내압력을 유지한다.

[해설] 불연성 단열재를 사용하여야 한다.

09. 액체가 급격한 상변화를 하여 증기가 된 후 폭발하는 현상을 무엇이라 하는가?

㉮ 블레비(BLEVE)

㉯ 파이어볼(Fire ball)

㉰ 데토네이션(Detonation)

㉱ 풀 파이어(pool fire)

[해설] 블레비(BLEVE, Boiling Liquid Expanding Vapor Explosion) 액화가스 저장탱크의 액체가 급격한 상변화를 하여 증기가 된 후 폭발하는 현상(비등액체 팽창 증기 폭발)

10. 다음 중 연소실 내의 로속 폭발에 의한 폭풍을 안전하게 외계로 도피시켜 로의 파손을 최소한으로 억제하기 위해 폭풍배기창을 설치해야 하는 구조에 대한 설명 중 틀린 것은?

㉮ 크기와 수량은 회로의 구조와 규모 등에 의해 결정한다.

㉯ 가능한 한 곡절부에 설치한다.

㉰ 폭풍을 안전한 방향으로 도피시킬 수 있는 장소를 택한다.

㉱ 폭풍으로 손쉽게 알리는 구조로 한다.

[해설] 곡절부를 피해서 설치

11. 다음 보기 중 증기운폭발의 특성과 거리가 먼 것은?

㉮ 공기와 증기가 층류 혼합시 폭발력은 수십 배가 된다.

㉯ 증기운 크기 증가시 점화 폭발의 우려가 높다.

㉰ 증기운의 위험성은 폭발보다 화재의 우려가 높다.

㉱ 증기운의 누출시 누출원으로부터 약간 떨어진 거리가 가까운 부분보다 폭발의 충격이 크다.

[해설] 층류 혼합시보다 난류 혼합시 폭발력이 증대 된다.

12. 다음 중 연소한계의 설명이 가장 잘된 것은?

㉮ 착화온도의 상한과 하한값

㉯ 화염온도의 상한과 하한값

㉰ 완전연소가 될 수 있는 산소의 농도한계

㉱ 공기 중 가연성가스의 최저 및 최고 농도

[해설] 연소한계(연소범위)
① 가연성가스가 연소할 수 있는 농도의 범위
② 공기 중 가연성가스의 최저 및 최고 농도

13. 가연성가스의 연소범위(폭발범위)의 설명으로 옳지 않은 것은?

㉮ 일반적으로 압력이 높을수록 폭발범위는 넓어진다.

㉯ 가연성 혼합가스의 폭발범위는 고압에서 있어서 상압에 비해 훨씬 넓어진다.

㉰ 수소와 공기의 혼합가스는 고온에 있어서 폭발범위가 상온에 비해 훨씬 넓어진다.

㉱ 프로판과 공기의 혼합가스에 질소를 첨가하는 경우 폭발범위는 넓어진다.

[해설] 불연성가스(N_2, CO_2)를 첨가하면 산소의 농도가 저하되어 폭발 범위가 좁아진다.

정답 08. ㉰ 09. ㉮ 10. ㉯ 11. ㉮ 12. ㉱ 13. ㉱

14. 폭발한계(폭발범위)에 영향을 주는 요인이 아닌 것은?

㉮ 온도   ㉯ 압력
㉰ 산소량   ㉴ 발화지연시간

15. 상온·상압하에서 가연성가스의 폭발에 대한 일반적인 설명 중 틀린 것은?

㉮ 착화점이 높을수록 안전하다.
㉯ 폭발범위가 클수록 위험하다.
㉰ 인화점이 높을수록 위험하다.
㉴ 연소속도가 클수록 위험하다.

해설 인화점은 점화원을 가지고 연소하는 최저온도로 낮을수록 연소, 폭발이 빠르다(위험하다).

16. 다음 중 폭발의 정의에 가장 적합한 것은?

㉮ 물질을 가열하기 시작하여 발화할 때까지의 시간이 극히 짧은 반응
㉯ 물질이 산소와 반응하여 열과 빛을 발생하는 현상
㉰ 화염의 전파속도가 음속보다 큰 강한 파괴작용을 하는 흡열반응
㉴ 화염이 음속 이하의 속도로 미반응 물질 속으로 전파되어가는 발열반응

해설 폭발 : 음속 이하, 폭굉 : 음속 이상

17. 가연성가스의 농도범위는 무엇에 의해 결정되는가?

㉮ 온도, 압력   ㉯ 온도, 체적
㉰ 체적, 비중   ㉴ 압력, 비중

해설 온도가 높아지면 연소범위가 넓어지고, 압력이 높아지면 상한값이 증가한다.

18. 기체 연료의 폭발한계를 설명한 것 중 옳지 않은 것은?

㉮ 수소, 에탄, 일산화탄소는 비교적 폭발 범위가 넓다.
㉯ 폭발하한보다 낮은 경우는 폭발하지 않는다.
㉰ 프로판, 부탄 등은 폭발범위가 비교적 좁다.
㉴ 연료가스의 부피가 공기 부피보다 많으면 폭발한다.

해설 폭발은 반드시 폭발 범위 안에서만 폭발을 한다.

19. 다음 가연성 기체와 공기 혼합기의 폭발 범위의 크기가 작은 것에서부터 순서대로 나열된 것은?

보기
① 수소   ② 메탄
③ 프로판   ④ 아세틸렌
⑤ 메탄올

㉮ ④, ②, ①, ⑤, ③
㉯ ③, ②, ⑤, ①, ④
㉰ ③, ⑤, ②, ④, ①
㉴ ④, ①, ⑤, ②, ③

해설 수소(4~75%), 메탄(5~15%), 프로판(2.1~9.5%), 아세틸렌(2.5~81%), 메탄올(2.7~36%)

20. 프로판가스가 공기와 적당히 혼합하여 밀폐용기 내나 폐쇄장소에 존재시 순간적으로 연소팽창하여 기물과 건물을 파괴할 경우 압력은?

㉮ 1~2atm   ㉯ 7~8atm
㉰ 10~12atm   ㉴ 15~16atm

해설 밀폐장소가 아닌 경우 : 1atm(대기압)

21. 다음은 밀폐된 용기 내에서 가연성가스의 최대 폭발압력(P_m)에 영향을 주는 요인들이다. 옳지 않은 것은?

㉮ 용기 내의 처음온도가 높을수록 P_m은 상승한다.

㉯ 용기내의 처음압력이 상승할수록 P_m은 상승한다.

㉰ P_m은 용기의 크기와 형상에는 크게 영향을 받지 않는다.

㉱ 여러 개의 격막으로 이루어진 장치에서는 압력의 중첩으로 인하여 P_m은 더욱 상승한다.

해설 최대폭발압력(P_m)은 용기의 크기와 형상에 영향을 받는다.

22. 다음의 가스 중에서 공기 중에 압력을 증가시키면 폭발범위가 좁아지다가 보다 고압으로 되면 반대로 넓어지는 가스는?

㉮ 에틸렌 ㉯ 수소

㉰ 일산화탄소 ㉱ 메탄

해설 수소(H_2)
10atm까지는 폭발 범위가 좁아지다가 그 이상에서는 넓어진다.

23. 다음의 가스 중 고압일수록 공기 중에서의 폭발범위가 좁아지는 것은?

㉮ 일산화탄소 ㉯ 메탄

㉰ 에틸렌 ㉱ 프로판

해설 일반적으로 압력이 증가하면 폭발 범위가 넓어지나 일산화탄소는 압력이 증가하면 좁아진다.

24. 부피비로 메탄 35%, 수소 20%, 암모니아 45%인 혼합가스의 공기 중에서의 폭발범위는? (단, 각 가스의 공기 중에서의 폭발범위는 표에서와 같다.)

가스의 종류	폭발범위(vol%)	
	하한	상한
CH_4	4.9	15.4
H_2	4.0	75.0
NH_3	15.0	28.0

㉮ 4.2~16.8 vol%

㉯ 6.6~24.1 vol%

㉰ 8.2~34.7 vol%

㉱ 8.4~36.5 vol%

해설 ① 하한 : $\dfrac{100}{L} = \dfrac{35}{4.9} + \dfrac{20}{4} + \dfrac{45}{15}$, $L = 6.6\%$

② 상한 : $\dfrac{100}{L} = \dfrac{35}{15.4} + \dfrac{20}{75} + \dfrac{45}{28}$, $L = 24.1\%$

25. 메탄 3.0%, 헥산 5.0%, 공기 92%인 혼합기체의 폭발하한값을 계산하면? (단, 메탄과 헥산의 폭발하한은 5.0%V/V, 1.1%V/V이다.)

㉮ 1.55 ㉯ 1.65

㉰ 2.15 ㉱ 19.4

해설 ① 메탄 $= \dfrac{3}{(3+5)} \times 100 = 37.5\%$

② 헥산 $= \dfrac{5}{(3+5)} \times 100 = 62.5\%$

∴ 하한 : $\dfrac{100}{L} = \dfrac{37.5}{5.0} + \dfrac{62.5}{1.1}$

$L = 1.55\%$

26. 가로, 세로, 높이가 각각 3m, 4m, 3m인 방에 몇 L의 프로판 가스가 누출되면 폭발될 수 있는가? (단, 프로판가스의 폭발범위는 2.2~9.5%이다.)

㉮ 500 ㉯ 600

㉰ 700 ㉱ 800

해설 폭발농도 $= 2.2\% = \dfrac{x}{(3 \times 4 \times 3)} \times 100$

$x = (3 \times 4 \times 3) \times 0.022 = 0.792 m^3 = 792 \ell$

27. 가연성가스의 위험도를 H라 할 때, H에 대한 계산식으로 올바른 것은? (단, U=폭발상한계, L=폭발하한계)

㉮ $H = U - L$

㉯ $H = (U-L)/L$

㉰ $H = (U-L)/U$

㉱ $H = U/L$

해설 위험도 $H = \dfrac{U-L}{L}$

U=폭발상한계, L=폭발하한계

28. C_2H_2의 폭발범위는 2.5~81%이다. C_2H_2의 위험도는?

㉮ 10.2 ㉯ 31.4

㉰ 21.4 ㉱ 40

해설 위험도= $\dfrac{U-L}{L} = \dfrac{81-2.5}{2.5} = 31.4$

29. 폭발억제(explosion suppression)를 가장 바르게 설명한 것은?

㉮ 폭발성 가스가 있는 때에는 불활성 가스를 미리 주입하여 폭발을 미연에 방지함을 뜻한다.

㉯ 폭발 시작단계를 검지하여 원료공급 차단, 소화 등으로 더 큰 폭발을 진압함을 말한다.

㉰ 안전밸브 등을 설치하여 폭발이 발생했을 때 폭발생성물을 외부로 방출하여 큰 피해를 입지 않도록 함을 말한다.

㉱ 폭발성 물질이 있는 곳을 봉쇄하여 폭발을 억제함을 말한다.

해설 폭발억제제
불활성가스(N_2, CO_2 등)

30. 다음 기상폭발 발생을 예방하기 위한 대책으로 적합하지 않은 것은?

㉮ 환기에 의해 가연성 기체의 농도 상승을 억제한다.

㉯ 집진장치 등에서 분진 및 분무의 퇴적을 방지한다.

㉰ 휘발성 액체를 불활성 기체와의 접촉을 피하기 위해 공기로 차단한다.

㉱ 반응에 의해 가연성 기체의 발생 가능성을 검토하고 반응을 억제하거나 또는 발생한 기체를 밀봉한다.

해설 공기로 차단시 연소폭발성이 증대된다.

31. 가스폭발 사고시 조치 순서로 올바른 보기는?

> 폭발차단 - (①) - (②) - 폭발배기

㉮ 폭발억제, 폭발봉쇄

㉯ 폭발예방, 폭발억제

㉰ 폭발예방, 폭발봉쇄

㉱ 폭발봉쇄, 폭발억제

해설 가스폭발 사고시 조치 순서
폭발차단 → 폭발억제 → 폭발봉쇄 → 폭발배기

32. 폭굉(Detonation)이란 가스 속의 (①)보다도 (②)가 큰 것으로 선단의 압력파에 의해 파괴작용을 일으킨다. 빈 칸에 알맞은 말은 다음 중 어느 것인가?

㉮ ① 음속, ② 화염이 전파속도

㉯ ① 연소, ② 화염의 전파속도

㉰ ① 화염온도, ② 충격파

㉱ ① 화염의 전파속도, ② 음속

해설 폭굉은 가스속의 음속보다도 화염의 전파속도가 큰 경우로서 파면선단에 충격파라고 하는 강한 압력파가 발생하여 격렬한 파괴 작용을 일으키는 원인이 된다.

27. ㉯ 28. ㉯ 29. ㉮ 30. ㉰ 31. ㉮ 32. ㉮ 정답

33. 다음 중 폭발의 용어에서 DID에 대한 설명은?

㉮ 폭굉이 전파되는 속도

㉯ 어느 온도에서 가열하기 시작하여 발화에 이를 때까지의 시간

㉰ 폭발등급을 나타낼 때의 안전간격을 나타낼 때의 거리

㉱ 최초의 완만한 연소가 격렬한 폭굉으로 발전할 때까지의 거리

[해설] DID가 짧을수록 위험하다.

34. 다음 중 가연성 물질의 폭굉 유도거리(DID)가 짧아지는 요인에 해당되지 않은 경우는?

㉮ 주위의 압력이 낮을수록

㉯ 점화원의 에너지가 클수록

㉰ 정상 연속속도가 큰 혼합가스일수록

㉱ 관속에 방해물이 있거나 관 지름이 가늘수록

[해설] 압력이 높을수록 폭굉 유도거리가 짧아진다.

35. 다음 폭굉에 대한 설명 중 맞지 않는 것은?

㉮ 폭굉시 화염의 진행 후면에 충격파가 발생한다.

㉯ 폭굉파는 음속 이상이다.

㉰ 관내에서 폭굉으로 전이할 때 요하는 관의 길이는 관의 지름이 증가하면 같이 증가한다.

㉱ 가연성 가스의 조성이 동일할 때 공기보다 산소와의 혼합가스가 폭굉범위가 크다.

[해설] 폭굉시 화염의 파면선단에 충격파가 형성된다.

36. 기체의 연소과정에서 폭발(explosion)과 폭굉(detonation)현상이 나타나는데 이를 비교한 것이다. 맞는 것은?

㉮ 폭발한계는 폭굉한계보다 그 범위가 좁다.

㉯ 폭발한계는 폭굉한계보다 그 범위가 넓다.

㉰ 폭발이나 폭굉한계는 그 범위가 같다.

㉱ 폭발한계와 폭굉한계는 서로 구별할 수 없다.

[해설] ① 폭굉한계 : 폭발한계 내에서도 특히 격렬한 폭굉을 생성하는 조성한계
② 폭발한계 : 폭굉한계보다 그 범위가 넓다.

37. 폭굉에 대한 설명 중 잘못된 것은?

㉮ 폭굉속도는 1~3.5km/s이다.

㉯ 폭굉시 온도는 가스연소시보다 40~50% 상승한다.

㉰ 밀폐된 공간에서 폭굉이 일어나면 7~8배의 압력이 상승한다.

㉱ 폭발 중에 격렬한 폭발을 폭굉이라 한다.

[해설] 폭굉시 온도는 가스의 연소시보다 10~20% 상승한다.

38. 다음은 폭발방호대책 진행방법의 순서를 나타낸 것이다. 그 순서가 옳은 것은?

> ① 폭발방호대상의 결정
> ② 폭발의 위력과 피해정도 예측
> ③ 폭발화염의 전파확대와 압력 상승의 방지
> ④ 폭발에 의한 피해의 확대 방지
> ⑤ 가연성 가스 증기의 위험성 검토

㉮ ①-②-③-④-⑤

㉯ ⑤-①-②-③-④

㉰ ④-⑤-①-②-③

㉱ ③-④-⑤-①-②

정답 33. ㉱ 34. ㉮ 35. ㉮ 36. ㉯ 37. ㉯ 38. ㉯

39. 다음 연소파의 폭굉파에 대한설명으로 옳지 않은 것은?

㉮ 가연조건에 있을 때 기상에서의 연소반응 전파형태이다.

㉯ 연소파와 폭굉파는 연소반응을 일으키는 파이다.

㉰ 폭굉파는 아음속이고, 연소파는 초음속이다.

㉱ 연소파와 폭굉파는 전파속도, 파면의 구조, 발생압력이 크게 다르다.

해설 ① 연소파(아음속) : 음속보다 느린 속도
② 폭굉파(초음속) : 음속보다 빠른 속도

40. 연소파와 폭굉파에 관한 설명 중 옳은 것은?

㉮ 연소파 : 반응 후 온도 감소

㉯ 폭굉파 : 반응 후 온도 상승

㉰ 연소파 : 반응 후 압력 감소

㉱ 폭굉파 : 반응 후 밀도 감소

해설 ① 연소파 : 반응 후에 온도가 상승하기 때문에 밀도는 감소하며 반응 후에도 압력은 일정하다.
② 폭굉파 : 반응 후에 온도, 밀도 모두 상승하며 반응 후에도 압력이 상승하다.

41. 다음은 층류 예혼합화염의 구조도이다. 온도곡선의 변곡점인 T_i를 무엇이라 하는가?

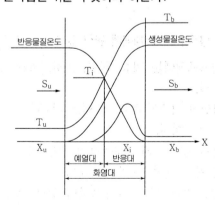

㉮ 착화온도

㉯ 반전온도

㉰ 예혼합화염온도

㉱ 화염평균온도

해설 T_u : 미연혼합기온도
T_b : 단열화염온도
T_i : 발열속도와 방열속도가 평형을 이루는 점(여기서부터 반응대가 시작되므로 착화온도이다.)

42. 다음은 탄화수소와 공기혼합비의 단열화염 온도곡선을 나타낸 것이다. 이 중 아세틸렌~공기혼합기의 단열화염 온도곡선은 어느 점인가?

㉮ ①

㉯ ②

㉰ ③

㉱ ④

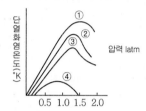

43. 연소가스의 폭발 및 안전에 관한 다음 설명에 적당한 용어는?

> 두 면의 평행판 거리를 좁혀가며 화염이 전파하지 않게 될 때의 면간거리

㉮ 안전간격

㉯ 한계지름

㉰ 화염일주

㉱ 소염거리

해설 안전간격
8L의 구형 용기 안에 폭발성 혼합가스를 채우고 점화시켜 화염이 전파되지 않는 한계의 틈을 말한다.

44. 다음 설명 중 옳은 것은?

㉮ 안전간격이 0.8mm 이상인 가스의 폭발등급은 1이다.

㉯ 안전간격이 0.6mm 미만인 가스의 폭발등급은 2이다.

㉰ 안전간격이 0.4mm 이상인 가스의 폭발등급은 3이다.

㉱ 안전간격이 0.2mm 이상인 가스의 폭발등급은 4이다.

해설 안전간격
① 폭발 1등급 : 안전간격이 0.6mm 이상인 가스 → 일산화탄소, 에탄, 프로판, 암모니아, 아세톤, 에틸에테르, 가솔린, 벤젠 등
② 폭발 2등급 : 안전간격이 0.4mm 이상 0.6mm 미만인 가스 → 석탄가스, 에틸렌 등
③ 폭발 3등급 : 안전간격이 0.4mm 미만인 가스 → 수소, 아세틸렌, 이황화탄소, 수성가스 등

45. 폭발등급 3등급에 속하는 가스는 어느 것인가?

㉮ CH_4

㉯ C_2H_2

㉰ CO

㉱ C_2H_4

해설 폭발 3등급
수소, 아세틸렌, 수성가스, 이황화탄소

46. 분진의 위험성에 대한 수량적 표현을 위하여 폭발지수(S)를 이용한다. 다음 중 폭발지수를 맞게 표현한 것은? (단, I : 발화강도(Ignition sensitivity), E : 폭발강도(Explosion strength))

㉮ $S = IE$

㉯ $S = E + I$

㉰ $S = E/I$

㉱ $S = I/E$

47. 가연성가스 시설에서 방전에너지를 구하는 식은 다음과 같다. $E = \frac{1}{2}CV^2 = \frac{1}{2}QV$ 여기서, Q가 뜻하는 기호는?

㉮ 전기용량(패러데이)

㉯ 전하량(쿨롱)

㉰ 전압(볼트)

㉱ 전류(암페어)

해설 가연성가스 시설에서 정전기 발생으로 가연성가스에 착화되어 폭발이 발생하기 위해서는 방전에너지(E)가 가연물의 최소 착화에너지보다 커야 한다.

48. 위험성 물질의 정도를 나타내는 용어들에 관한 설명이 잘못된 것은?

㉮ 화염일주한계가 작을수록 위험성이 크다.

㉯ 최소 점화에너지가 작을수록 위험성이 크다.

㉰ 위험도는 폭발범위를 폭발하한계로 나눈 값이다.

㉱ 위험도가 특히 큰 물질로는 암모니아와 브롬화메틸이 있다.

해설 ① 위험도 $= \dfrac{폭발상한 - 폭발하한}{폭발하한}$

② $NH_3(15\text{~}28\%)$, $CH_3Br(13.5\text{~}14.5\%)$는 폭발 범위가 좁아 위험도가 작다.

49. 위험 등급의 분류에서 특정 결합의 위험도가 가장 큰 것은?

㉮ 안전(安全)

㉯ 한계성(限界性)

㉰ 위험(危險)

㉱ 파탄(破綻)

50. 다음 중 위험장소의 범위 결정시 고려하지 않아도 되는 것은?

㉮ 위험장소의 작업인원

㉯ 폭발성 가스의 방출속도, 방출입력

㉰ 폭발성 가스의 확산속도

㉱ 폭발성 가스의 비중

51. 방폭구조 및 대책에 관한 설명이 아닌 것은?

㉮ 방폭대책에는 예방, 국한, 소화, 피난 대책이 있다.

㉯ 가연성 가스의 용기 및 탱크 내부는 제2종 위험 장소이다.

㉰ 분진처리장치의 호흡작용이 있는 경우에는 자동 분진 제거장치가 필요하다.

㉱ 내압 방폭구조는 내부폭발에 의한 내용물 손상으로 영향을 미치는 기기에는 부적당하다.

해설 ㉯ : 0종 위험장소

정답 45. ㉯ 46. ㉰ 47. ㉯ 48. ㉱ 49. ㉱ 50. ㉮ 51. ㉯

52. 방폭구조의 종류를 설명한 것이다. 틀린 것은?

㉮ 내압 방폭구조는 용기 외부의 폭발에 견디도 록 용기를 설계한 구조이다.

㉯ 본질안전 방폭구조는 공적기관에서 점화시험 등의 방법으로 확인한 구조이다.

㉰ 안전증 방폭구조는 구조상 및 온도의 상승에 대하여 특별히 안전도를 증가시킨 구조이다.

㉱ 유입 방폭구조는 유면상에 존재하는 폭발성 가스에 인화될 우려가 없도록 한 구조이다.

[해설] 내압(耐壓) 방폭구조
전폐구조로서 용기 내부에서 폭발하여도 그 압력에 견뎌 화염이 외부로 전파되지 않도록 한 구조

53. 내압 방폭구조로 방폭 전기기기를 설계할 때 가 장 중요하게 고려해야 할 것은?

㉮ 가연성가스의 최소점화에너지

㉯ 가연성가스의 안전간극

㉰ 가언성가스의 여소열

㉱ 가연성가스의 발화점

[해설] 가연성가스의 안전간극은 내압 방폭구조를 설계할 때 가장 중요한 요인이다.

54. 본질안전 방폭구조의 폭발등급에 관한 설명 중 옳은 것은?

㉮ 안전간격이 0.8mm 초과인 가스의 폭발등급은 A이다.

㉯ 안전간격이 0.4mm 미만인 가스의 폭발등급은 C이다.

㉰ 안전간격이 0.2mm 이하인 가스의 폭발등급은 D이다.

㉱ 안전간격이 0.8~0.4mm 이상인 가스의 폭발등 급은 B이다.

[해설] 본질안전 방폭구조의 폭발등급
① A등급 : 안전간격 0.8mm 초과
② B등급 : 안전간격 0.45 이상 ~ 0.8mm 이하
③ C등급 : 안전간격 0.45mm 미만

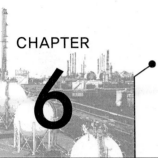

CHAPTER 6

발열량 및 연소계산

학습방향 연료의 종류에 따른 발열량과 이론공기량을 구함으로써 공기비를 산출하고 공기 비의 영향에 따른 연소에 미치는 현상 등을 배운다.

01 발열량

(1) 발열량

연료가 연소할 때 발생하는 연소열을 말하며 고체 및 액체는 1kg, 기체연료는 1Nm³가 완전연소했을 때 발생하는 열량을 가리킨다.

① 총발열량(고위 발열량 : H_h) : 연료를 완전 연소해서 연료중의 수분 및 연소로 생긴 수증기가 액체로 응축했을 때 발열량을 말하며 열량계로 측정한 값이 이에 해당한다.

② 진발열량(저위 발열량 : H_ℓ) : 실제 연소에 있어서 연소가스중의 수증기는 기체상태로 배출되기 때문에 수증기가 가지고 있는 응축잠열 및 응축수의 현열을 이용할 수 없으므로 이것을 뺀 것을 말한다.

(2) 고체,액체연료의 발열량

연료의 분석으로 얻은 연료 1kg 중의 탄소(C), 수소(H), 산소(O), 황(S), 수분(W)의 H_h 및 H_ℓ은 다음 식으로 구한다.

① 고위 발열량 H_h[kcal/kg]

$$H_h = 8,100C + 34,000\left(H - \frac{O}{8}\right) + 2,500S$$

② 저위 발열량 H_l [kcal/kg]

$$H_l = H_h - 600(9H + W)$$

$$H_l = 8,100C + 28,600H - 4,250O + 2,500S - 600W \text{ [kcal/kg]}$$

여기서, 600 : 물 1kg의 증발열, $\left(H - \frac{O}{8}\right)$: 유효수소

POINT

• 기체연료 : kcal/m³

• 고체, 액체연료 : kcal/kg

• 저위발열량
고위발열량-응축잠열

• 저위발열량과 고위발열량의 차이 구분요소
수소, 물

---

(3) 기체연료의 발열량

기체연료 $1Nm^3$ 중에 들어 있는 CO, H_2, C_2H_4, C_2H_6, C_3H_8, C_4H_{10}은 다음 식에 의한다.

$$H_h = 3{,}035\,H_2 + 3{,}050\,CO + 9{,}530\,CH_4 + 15{,}280\,C_2H_4 + 16{,}810\,C_2H_6$$
$$\qquad + 24{,}370\,C_3H_8 + 32{,}010\,C_4H_{10}\,(kcal/Nm^3)$$
$$H_l = H_h - 480\,(H_2 + 2CH_4 + 2C_2H_4 + 3C_2H_6 + 4C_3H_8 + 5C_4H_{10})\,(kcal/Nm^3)$$

POINT

- 기체연료의 발열량은 탄화수소의 분자량이 클수록 많다.

■ **가스의 반응식과 발열량**

종 류	분자식	각 기체 반응식	산소당량 (Nm^3/Nm^3)	발열량 $(kcal/Nm^3)$
일산화탄소	CO	$2CO + O_2 = 2CO_2$	0.5	3050
수 소	H_2	$2H_2 + O_2 = 2H_2O$	0.5	3035
메 탄	CH_4	$CH_4 + 2O_2 = CO_2 + 2H_2O$	2.0	9530
에틸렌	C_2H_4	$C_2H_4 + 3O_2 = 2CO_2 + 2H_2O$	3.0	15280
에 탄	C_2H_6	$2_2H_6 + 7O_2 = 4CO_2 + 6H_2O$	3.5	16810
프로필렌	C_3H_6	$2C_3H_6 + 9O_2 = 6CO_2 + 6H_2O$	4.5	22380
프로판	C_3H_8	$C_3H_8 + 5O_2 = 3CO_2 + 4H_2O$	5.0	24370
부틸렌	C_4H_8	$C_4H_8 + 6O_2 = 4CO_2 + 4H_2O$	6.0	30080
부 탄	C_4H_{10}	$2C_4H_{10} + 13O_2 = 8CO_2 + 10H_2O$	6.5	32010
완전연소식	C_mH_n	$C_mH_n + (m + \frac{n}{4})O_2 \rightarrow mCO_2 + \frac{n}{2}H_2O$	$m + \frac{n}{4}$	

(4) 발열량 측정법

① 열량계에 의한 방법

⑦ 봄브(bomb)열량계 : 고체 또는 고점도 액체연료 측정에 사용되며 단열 식과 비단열식이 있다

⑭ 시그마 열량계, 융커스식 유수형 열량계 : 기체연료 발열량 측정

② 원소분석에 의한 방법

③ 공업분석에 의한 방법 : 석탄 측정에 사용

④ 비중에 의한 계산 : 액체연료(중유)

- 봄브 열량계
  고체, 액체연료 측정

- 시그마 열량계
  기체연료 측정

(5) 헤스(hess)의 법칙(총열량 불변의 법칙)

정압하의 화학반응에서 발생하는 열량은 그 반응이 단번에 일어나든 몇 단계를 거쳐서 일어나든 간에 같다. 즉, 최초의 상태와 최후의 상태만 결정되면 그 도중의 경로에는 무관하다.

POINT

• 헤스의 법칙
경로에 관계없이 총열량은 일정하다.

핵 심 문 제

01 총발열량과 진발열량에 대한 설명으로 옳은 것은?

㉮ 총발열량이란 수중기의 잠열을 포함한 발열량을 말한다.

㉯ 총발열량이란 연료가 연소할 때 생성하는 생성물 중 물의 상태가 기체일 때 내는 열량을 말한다.

㉰ 진발열량이란 액체상태의 연료가 연소할 때 내는 열량을 말한다.

㉱ 총발열량과 진발열량이란 용어는 고체와 액체 연료에서만 사용되는 것이다.

02 10kg 중유의 고위발열량이 40,000kcal일 때 저위발열량은 약 몇 kcal/kg인가? (단, C : 30%, H : 10%, 수분 : 2%이다.)

㉮ 848

㉯ 1048

㉰ 2248

㉱ 3448

03 옥탄(g)의 연소엔탈피는 반응물 중의 수중기가 응축되어 물이 되었을 때 25℃에서 -48,220kJ/kg이다. 이 상태에서 옥탄(g)의 저위발열량은 약 몇 kJ/kg인가? (단, 25℃ 물의 증발엔탈피[hfg]는 2441.8kJ/kg·K이다.)

㉮ 40,750

㉯ 42,320

㉰ 44,750

㉱ 45,778

해 설

해설 01

총발열량

$H_h = H_l + 600(9H + W)$

$$(kcal/kg)$$

따라서, 총(고위)발열량은 진(저위)발열량에 수중기의 증발잠열을 포함한 발열량이다.

해설 02

저위발열량

$H_l = H_h - 600(9H + W)$

$H_l = \dfrac{40,000}{10} - 600$

$\times (9 \times 0.1 + 0.02)$

$= 3,448 kcal/kg$

해설 03

$C_8H_{18} + 12.5O_2$

$\rightarrow 8CO_2 + 9H_2O + Q$

저위발열량(H_l)

=총발열량-물의 증발 잠열

$= 48220 - 2441.8 \times 9 \times \dfrac{18}{114}$

$= 44750.07 kJ/kg$

정답 01. ㉮ 02. ㉱ 03. ㉰

02 연소계산

(1) 고체, 액체의 이론산소량 및 이론공기량

① 이론산소량(O_o) : 단위량의 가연성 물질을 완전연소 시키기 위하여 필요한 산소량을 말한다.

㉮ 무게로 표시한 이론산소량(kg/kg연료)

$$O_o = \frac{32}{12}C + \frac{16}{2}\left(H - \frac{O}{8}\right) + \frac{32}{32}S$$

$$\rightarrow 2.67C + 8\left(H - \frac{O}{8}\right) + 1S$$

㉯ 체적으로 표시한 이론산소량(Nm³/kg 연료)

$$O_o = \frac{22.4}{12}C + \frac{11.2}{2}\left(H - \frac{O}{8}\right) + \frac{22.4}{32}S$$

$$\rightarrow 1.87C + 5.6\left(H - \frac{O}{8}\right) + 0.7S$$

$$= 1.87C + 5.6H - 0.7(O - S)$$

② 이론공기량(A_O) : 연료를 완전연소 시키기 위하여 필요로 하는 최소한의 공기량이다.

㉮ 중량(무게)

$$A_o = \frac{1}{0.232}(2.667C + 8H - O - S)$$

$$= 11.49C + 34.5\left(H - \frac{O}{8}\right) + 4.31S(\text{kg/kg 연료})$$

㉯ 부피(체적)

$$A_o = \frac{1}{0.21}(1.867C + 5.6H - 0.7O - 0.7S)$$

$$= 8.89C + 26.7\left(H - \frac{O}{8}\right) + 3.33S(\text{Nm}^3/\text{kg 연료})$$

(2) 탄화수소의 완전연소식

$$C_mH_n + \left(\frac{n}{4} + m\right)O_2 \rightarrow mCO_2 + \frac{n}{2}H_2O$$

POINT

• 이론산소량(O_0)
① O_0 (kg/kg)
$$2.67C + 8\left(H - \frac{0}{8}\right) + 1S$$
② O_0 (Nm³/kg)
$$1.87C + 5.6H - 0.7(0 - S)$$

• 이론공기량(A_0)
① (A_0) (kg/kg)
$$O_0(\text{kg/kg}) \times \frac{100}{23.2}$$
② (A_0) (Nm³/kg)
$$O_0(\text{Nm}^3/\text{kg}) \times \frac{100}{21}$$

• 탄화수소 완전 연소 시 생성물의 몰수
$$CO_2 \rightarrow m$$
$$H_2O \rightarrow \frac{n}{2}$$

(3) 공기 중의 질소/산소비

구 분	O_2	N_2	비 고
중량비	0.232	0.768	공기 1kg 중의 비
체적비	0.21	0.79	공기 $1Nm^3$의 비

(4) 실제공기량과 공기비

POINT

① 실제공기량(A) : 연료를 완전 연소시키기 위하여 노내에 실제 투입되는 공기량이 이론 공기량보다 항상 많은 양이다.

㉮ 실제공기량(A)=이론공기량(A_0)+과잉공기량(a)

㉯ 실제공기량(A)=공기비(m)×이론공기량(A_0)

• $m = 1$: 중성염
$m > 1$: 산화염
$m < 1$: 환원염(불완전연소)

② 공기비(m) : 이론공기량에 대한 실제 공기량

$$m = \frac{A}{A_O}$$

③ 과잉공기율(%)

$$\left(\frac{a}{A_0}\right) \times 100(\%) = \left(\frac{A - A_0}{A_0}\right) \times 100(\%)$$
$$= (m - 1) \times 100(\%)$$

④ 공기비와 배기가스의 관계식

$$m = \frac{21}{21 - O_2}, \quad m = \frac{N_2}{N_2 - 3.76(O_2 - 0.5CO)} \quad \text{또는}$$

$$m = \frac{CO_{max}}{CO_2}$$

⑤ 공기비가 연소에 미치는 영향

㉮ 공기비가 클 경우

㉠ 연소의 온도저하

㉡ 통풍력이 강하여 배기가스에 의한 열손실 증대

㉢ 연소가스 중에 SO_3의 양이 증대되어 저온 부식 촉진

㉣ 연소가스 중에 NO_2의 발생이 심하여 대기오염 유발

㉯ 공기비가 적을 경우

㉠ 불완전연소에 의한 매연 발생이 심하다.

• 공기비가 너무 크거나 적을 때 연소에 나쁜 영향을 끼친다.

ⓒ 미연소에 의한 열손실 증가

ⓒ 미연소가스에 의한 폭발사고 발생 위험

⑥ 연공비와 공연비

㉮ 연공비 : 혼합기중의 연료와 공기의 질량비로 정의

㉯ 공연비 : 혼합기중의 공기와 연료의 질량비로 정의

㉰ 당량비 : 실제 연공비와 양론 연공비(이론 연공비)의 비로 정의

(5) 연소가스량 계산

① 이론연소가스량 : 이론 공기량으로 완전연소시 발생하는 연소의 가스량

㉮ 이론건배기가스(G_0) : 이론연소의 가스 중 수증기가 존재하지 않는다.

$$G_0 :\ G_1 - 1.244(9H+W)\ (\text{Nm}^3/\text{kg 연료})$$

$$G_0 :\ G_1 - (9H+W)\ (\text{kg/kg 연료})$$

㉯ 이론습배기가스(G_1) : 이론연소의 가스 중에 연소의 가스량이다

$$G_1 :\ 8.89C + 32.3H - 2.63O + 3.33S + 0.8N + 1.244W\,(\text{Nm}^3/\text{kg 연료})$$

$$G_1 :\ 12.49C + 35.5H - 3.31O + 4.31S + N + W\,(\text{kg/kg 연료})$$

여기서, N : 연료 중의 질소량

W : 연료 중에 포함된 수분

② 실제연소가스량 : 실제 공기량으로 연료를 연소할 때 발생되는 연소의 가스량으로 다음식에 의한다.

㉮ 실제건연소가스량(G_D) : 이론건연소가스량+과잉공기량

: 이론건연소가스량+$[(m-1)A_0]$

㉯ 실제 습연소 가스량(G_w) : 이론습연소가스량+과잉공기량

: 이론습연소가스량+$[(m-1)A_0]$

③ 최대탄산가스율(CO_{2max})

㉮ 이론공기량으로 연료를 연소시에 발생되는 건연소가스량에 대한 탄산가스량을 %로 표시한 것

$$CO_{2max} = \frac{CO_2 량}{이론건배기가스량(G_0)} \times 100(\%)$$

• 이론건배기가스
연소가스 중 수증기가 포함되지 않는다.

• 이론습배기가스
연소가스 중 수증기가 포함된다.

• G_D: $G_0 + [(m-1)A_0]$
• G_w: $G_1 + [(m-1)A_0]$

④ 배기가스 조성으로부터

㉠ $CO_{2\,max} = \dfrac{21\,CO_2}{21 - O_2}$

㉡ $CO_{2\,max} = \dfrac{21\,(CO_2 + CO)}{21 - O_2 + 0.395\,CO}$

(6) 가스기구의 발열량 및 열효율

① 가스기구의 인풋(Input) : 노즐로부터 분출하는 가스량과 그 발열량을 곱해서 얻어지는 값으로 가스기구가 단위 시간에 소비하는 열량(kcal/h)

㉮ $I = H \times Q = H \times D^2 K \sqrt{\dfrac{P}{d}}$ [kcal/h]

㉯ $Q = 0.011 D^2 \times K \sqrt{\dfrac{P}{d}}$ [m³/h] (유량계수가 주어질 때)

㉰ $Q = 0.009 \times D^2 \times \sqrt{\dfrac{P}{d}}$ [m³/h] (유량계수가 주어지지 않을 때)

㉱ WI : 웨버지수 $\left(WI = \dfrac{H}{\sqrt{d}}\right)$

㉲ 노즐변경률 $\left(\dfrac{D_2}{D_1}\right) = \sqrt{\dfrac{WI_1 \sqrt{P_1}}{WI_2 \sqrt{P_2}}}$

여기서, H : 가스의 총발열량(kcal/m³)

$\quad d$: 가스비중

$\quad Q$: 가스유량(노즐에서 분출되는 가스량)(m³/h)

$\quad P$: 가스압력(mmH₂O)

$\quad K$: 유량계수

$\quad D$: 노즐구경(mm)

② 가스기구의 아웃풋(output) : 가스기구를 가열하는 목적물에 유효하게 주어진 열량(kcal/h)

③ 열효율$(\eta) = \dfrac{\text{유효하게 사용된 열량(output)}}{\text{전체 소비열량(input)}} \times 100(\%)$

㉮ 연소효율을 높이는 방법

㉠ 연소실 내의 온도를 높인다.

㉡ 연소실 내용적을 넓힌다.

POINT

• 웨버지수(WI)
웨버지수가 표준웨버지수의 ±4.5%
이내를 유지

• $\eta = \dfrac{\text{output}}{\text{input}} \times 100(\%)$
$\quad = \dfrac{\text{흡열량}}{\text{발열량}} \times 100(\%)$

ⓒ 미연소분을 줄인다.

ⓔ 연료와 공기를 예열하여 공급한다.

㉯ 열효율 향상 대책

　ⓐ 손실열을 줄인다.

　ⓑ 장치의 설계조건과 운전조건을 일치 시킨다.

　ⓒ 전열량을 증가시킨다.

　ⓓ 장치를 연속적으로 가동한다.

핵 심 문 제

01 어떤 고체연료의 조성은 탄소 71%, 산소 10%, 수소 3.8%, 황 3%, 수분 3%, 기타성분 9.2%로 되어있다. 이 연료의 고위 발열량(kcal/kg)은 얼마인가?

㉮ 6,698 ㉯ 6,782
㉰ 7,103 ㉱ 7,398

02 어떤 연료를 분석한 결과 중량을 탄소 75%, 수소 15%, 산소 8%, 황 2%이었다. 이 연료의 완전연소에 소용되는 이론산소량은 약 몇 kg-O_2/kg연료인가?

㉮ 1.96 ㉯ 2.45
㉰ 3.14 ㉱ 4.78

03 탄화수소(CmHn) 1Nm^3이 완전연소 될 때 나오는 탄산가스의 양은 얼마인가?

㉮ $\dfrac{1}{2}m$ ㉯ m
㉰ $m + \dfrac{1}{4}n$ ㉱ $\dfrac{1}{4}m$

04 프로판가스 1L를 완전연소하는데 필요한 이론산소량은 약 몇 g인가?

㉮ 3 ㉯ 5
㉰ 7 ㉱ 9

05 프로판가스 1Nm^3을 완전연소 시켰을 때의 건조연소가스량은 약 몇 Nm^3인가?

㉮ 10 ㉯ 16
㉰ 22 ㉱ 30

해 설

해설 01

$8,100 \times 0.71 + 34,000$
$\times \left(0.038 - \dfrac{0.1}{8}\right) + 2,500 \times 0.03$
$= 6698$

해설 02

이론산소량
$O = 2.667C + 8\left(H - \dfrac{O}{8}\right) + S$
$(kgO_2/kg연료)$
$O = 2.667 \times 0.75$
$\quad + 8\left(0.15 - \dfrac{0.08}{8}\right) + 0.02$
$\quad = 3.14 kg_{o_2}/kg연료$

해설 03

연소반응식(프로판)
$C_3H_8 + 5O_2$
$\rightarrow 3CO_2 + 4H_2O$
$C_mH_n + \left(m + \dfrac{n}{4}\right)O_2$
$\rightarrow mCO_2 + \dfrac{n}{2}H_2O$

해설 04

프로판의 완전연소식
$C_3H_8 + 5O_2 \rightarrow 3CO_2 + 4H_2O$
이론산소량
$O = \dfrac{5 \times 32}{22.4} = 7.14g$

해설 05

프로판의 완전연소식
$C_3H_8 + 5O_2 \rightarrow 3CO_2 + 4H_2O$
이론건조연소가스량
$G_o = \left(3 \times 22.4 + 5 \times 22.4 \times \dfrac{79}{21}\right)$
$/22.4 = 21.81 Nm^3$

정답
01. ㉮ 02. ㉰ 03. ㉯
04. ㉰ 05. ㉰

06 에탄 $5Nm^3$을 연소시킬 때 필요한 이론공기량과 연소공기 중 N_2의 양(Nm^3)은 각각 얼마인가?

㉮ 42.5, 35.7

㉯ 68.3, 47.6

㉰ 75.5, 54.7

㉱ 83.3, 65.8

[해설] 에탄(C_2H_6)의 완전연소 반응식

$C_2H_6 + 3.5O_2 \rightarrow 2CO_2 + 3H_2O$

$22.4Nm^3 : 3.5 \times 22.4Nm^3$

$5Nm^3 : x(O_o)[Nm^3]$

$\therefore O_o = \dfrac{5 \times 3.5 \times 22.4}{22.4} = 17.5 Nm^3$

① $A_o = \dfrac{O_o}{0.21} = \dfrac{17.5}{0.21} = 83.33 Nm^3$

② $N_2(Nm^3) = 3.76 \times O_o = 3.76 \times 17.5 = 65.8 Nm^3$

07 무게 조성이 프로판 66%, 탄소 24%, 산소 10%인 연료 100g을 태우는데 필요한 이론산소량은 몇 g인가? (단, C, O, H의 원자량은 각각 12, 16, 1이다.)

㉮ 320

㉯ 304

㉰ 288

㉱ 256

① $C_3H_8 + 5O_2$
$\rightarrow 3CO_2 + 4H_2O$
이론산소량
: $5 \times 32 \times 0.66/44 = 2.4g$

② $C + O_2 \rightarrow CO_2$
이론산소량
: $32 \times 0.24/12 = 0.64g$

$\therefore$ ①+②
$= (2.4 + 0.64) \times 100 = 304g$

08 다음 공기비에 대한 설명 중 옳은 것은?

㉮ 연료 1kg당 완전연소에 필요한 공기량에 대한 실제 혼합된 공기량의 비로 정의된다.

㉯ 연료 1kg당 불완전연소에 필요한 공기량에 대한 실제 혼합된 공기량과 비로 정의된다.

㉰ 기체 $1m^3$당 실제로 혼합된 공기량에 대한 불완전연소에 필요한 공기량의 비로 정이된다.

㉱ 기체 $1m^3$당 실제로 혼합된 공기량에 대한 불완전연소에 필요한 공기량의 비로 정의된다.

09 공기비가 클 경우 연소에 미치는 현상으로 가장 거리가 먼 것은?

㉮ 연소실 내의 연소온도가 내려간다.

㉯ 연소가스 중에 CO_2가 많아져 대기오염을 유발한다.

㉰ 연소가스 중에 SO_3가 많아져 저온 부식이 촉진된다.

㉱ 통풍력이 강하여 배기가스에 의한 열손실이 많아진다.

연소가스 중의 CO_2는 이론공기량으로 연소시켰을 때 최대가 된다.

10 연소에서 공기비가 작을 때의 현상이 아닌 것은?

㉮ 매연의 발생이 심해진다.

㉯ 미연소에 의한 열손실이 증가한다.

㉰ 배출가스 중의 NOx의 발생이 증가한다.

㉱ 미연소 가스에 의한 역화의 위험성이 증가한다.

[해설] **10**
공기비가 클 경우
① 연소실 온도가 저하
② 배기가스량이 많이 열손실이 증가
③ 배출가스 중의 NO, NO_2의 발생이 증가하여 부식이 촉진

11 과잉공기량이 지나치게 많을 때 나타나는 형상으로 틀린 것은?

㉮ 연소실 온도 저하

㉯ 연료 소비량 증가

㉰ 배기가스 온도의 상승

㉱ 배기가스에 의한 열손실 증가

[해설] **11**
공기량이 많을 경우
① 연소실 내의 연소실 온도저하
② 배기가스에 의한 열손실이 증가
③ 저온부식 촉진
④ 연료소비량 증가

12 과잉연소 상태일 때의 공기비(m)는?

㉮ m<1

㉯ m>1

㉰ m=1

㉱ m=0

[해설] **12**
공기비(m)
① 불완전연소 : m<1
② 완전연소 : m=1
③ 과잉연소 : m>1

13 공기와 연료의 혼합기체의 표시에 대한 설명 중 옳은 것은?

㉮ 공기비(excess air ratio)는 연공비의 역수와 같다.

㉯ 연공비(fuel air ratio)라 함은 가연혼합기 중의 공기와 연료의 질량비로 정의된다.

㉰ 공연비(air fuel ratio)라 함은 가연성혼합기중의 연료와 공기의 질량이로 정의된다.

㉱ 당량비(equivalence ratio)는 실제의 연공비와 이론연공비의 비로 정의된다.

[해설] **13**
① 공기비는 실제공기량과 이론공기량의 비로서 당량비의 역수이다.
② 공연비는 공기와 연료의 질량비이다.
③ 연공비는 연료와 공기의 질량비이다.

14 노내의 분위기가 산성 또는 환원성 여부를 확인할 수 있는 방법으로 가장 확실한 것은?

㉮ 화염의 색깔을 분석하다.

㉯ 연소가스 중의 CO 함량을 분석한다.

㉰ 노내의 온도 분포 상태를 점검한다.

㉱ 연소가스 중의 N_2 함량을 분석한다.

[해설] **14**
연소가스 주의 CO 함량으로 노내의 분위기가 산성 또는 환원성 여부를 확인한다.

10. ㉰   11. ㉰   12. ㉯
13. ㉱   14. ㉯

정답

15 액체 연료의 완전 연소 시 배출 가스 분석 결과 CO_2 20%, O_2 5%, N_2 75%이었다. 이 경우 공기비는 약 얼마인가?

[가] 1.3　　[나] 1.5
[다] 1.7　　[라] 1.9

[해설] **15**

$$m = \frac{N_2}{N_2 - 3.76\ O_2} = \frac{75}{75 - 3.76 \times 5} = 1.33$$

16 배기가스를 분석한 결과 N_2=70%, CO_2=15%, O_2=11%, CO=4%의 체적률을 얻었을 때 100kPa, 20℃에서 배기가스 혼합물 0.2m³의 질량은 몇 kg인가?

[가] 0.37　　[나] 0.253
[다] 0.133　　[라] 0.013

[해설] **16**

① 배기가스 평균분자량
=(28×0.7)+(44×0.15)
+(32×0.11)+(28×0.04)
=30.84g

② $$G = \frac{0.2 \times 30.84}{22.4} \times \frac{273}{273+20} \times \frac{100}{101.325} = 0.2532\text{kg}$$

17 $(CO_2)_{max}$ 18.0%, CO_2 14.2%, CO 3.0%일 때 연소가스 중의 O_2는 약 몇 %인가?

[가] 2.12　　[나] 3.12
[다] 4.12　　[라] 5.12

[해설] $(CO_2)_{max}(\%) = \dfrac{21(CO_2 + CO)}{21 - O_2 + 0.395\ CO}$ 에서

$$O_2 = 0.395CO + 21 - \frac{21(CO_2 + CO)}{(CO_2)_{max}}$$
$$= 0.395 \times 3 + 21 - \frac{[21 \times (14.2+3)]}{18} = 2.118\%$$

18 고체 연료를 사용하는 어느 열기관의 출력이 3,000kW이고 연료소비율이 매시간 1,400kg일 때 이 열기관의 열효율은 약 몇 %인가? (단, 이 고체 연료의 저위발열량은 28MJ/kg이다.)

[가] 28　　[나] 32
[다] 36　　[라] 40

[해설] **18**

$$\eta = \frac{\text{유효일량}}{\text{공급열량}} \times 100 = \frac{3000 \times 860}{1{,}400 \times \frac{28 \times 1000}{4.2}} \times 100 = 27.64\%$$

(1kW=860kcal/h, 1kcal=4.2kJ)

[정답] 15. [가]　16. [나]　17. [가]　18. [가]

기출문제 및 예상문제

01. 다음 총발열량 및 진발열량에 관한 설명을 올바르게 표현한 것은?

㉮ 총발열량은 진발열량에 생성된 물의 증발잠열을 합한 것과 같다.

㉯ 진발열량이란 액체 상태의 연료가 연소활 때 생성되는 열량을 말한다.

㉰ 총발열량과 진발열량이란 용어는 고체와 액체 연료에서만 사용되는 말이다.

㉱ 총발열량이란 연료가 연소할 때 생성되는 생성물 중 H_2O의 상태가 기체일 때 내는 열량을 말한다.

해설 $H_h = H_\ell + 600(9H + W)$

02. 총발열량과 진발열량의 차이는 연료 중의 어느 성분 때문에 발생하는가?

㉮ 질소　　　　㉯ 황

㉰ 수소　　　　㉱ 탄소

해설 H_h(고위발열량)$= H_\ell$(저위발열량)$+600(9H+W)$
즉, 총발열량과 진발열량의 차이는 수소와 수분 성분 때문이다.

03. 연료의 성분이 어떠한 경우에 총(고위)발열량과 진(저위)발열량이 같아지는가?

㉮ 일산화탄소와 질소의 경우

㉯ 수소만인 경우

㉰ 수소와 일산화탄소인 경우

㉱ 일산화탄소와 메탄인 경우

해설 $CO + \frac{1}{2}O_2 \rightarrow CO_2$　　　$N_2 + O_2 \rightarrow 2NO$
즉, CO_2, N_2는 연소가스 중 H_2O가 생성되지 않으므로 총발열량=진발열량이다.

04. 탄소의 발열량(kcal/kg)은 얼마인가?

$$C + O_2 \rightarrow CO_2 + 97,600cal$$

㉮ 8,130　　　　㉯ 9,760

㉰ 48,800　　　　㉱ 97,600

해설 C의 분자량은 12kg이므로 $\frac{97,600}{12}=8,133.33$kcal/kg

$C + O_2 \rightarrow CO_2 + 97,600cal$
　$12g : 97,600kcal = 1kg : x\ kcal$
$\therefore x = \frac{1 \times 97,600}{12} = 8,133.33$kcal/kg

05. 다음 황의 연소반응식에서 황 1kg당 발열량은 몇 kcal인가?

㉮ 34,000　　　　㉯ 8,100

㉰ 2,500　　　　㉱ 600

해설 $S + O \rightarrow SO + 80,000kcal$

황 1kg의 발열량$= \frac{80,000kcal}{32kg} = 2,500$ [kcal/kg]

06. 고체연료 및 액체연료는 그 원소분석치로부터 발열량을 다음 식으로 구할 수 있다.

$$H_h = 8,100C + 34,000\left(H - \frac{0}{8}\right) + 2,500S$$

위 식 중 H_h는 고위발열량, C는 탄소량, H는 수소량, O는 산소량 및 S는 유황량이다. 이때$\left(H - \frac{0}{8}\right)$는 무엇을 의미하는가?

㉮ 유황분　　　　㉯ 산소분

㉰ 수소분　　　　㉱ 유효수소

해설 연료 중 산소가 있을 때 산소 8kg에 대하여 수소 1kg은 연소하지 않는다. 이때 연소하지 않는 수소를 무효수소라고 $H - \frac{0}{8}$를 유효수소라 한다.

01. ㉮　02. ㉰　03. ㉮　04. ㉮　05. ㉰　06. ㉱　정답

07. 연소 1kg 속에 수소 0.2kg 수분 0.003kg이 있다. 고위발열량이 15,000kcal/kg일 때 저위발열량은 얼마인가?

㉮ 14,000 ㉯ 10,000
㉰ 11,000 ㉱ 12,000

[해설] $H_\ell = H_h - 600(9H + W)$
$=15{,}000\text{kcal/kg}-600(9\times0.2\times0.003)=13.918.2$

08. 다음 성분을 가진 중유가 있다. 연소효율이 95%라 한다면 중유 1kg당의 참발열량은 얼마인가? (단, C : 86%, H : 12%, O : 0.4%, S : 1.2%, H_2O : 0.4%)

㉮ 9,888kcal/kg
㉯ 9,900kcal/kg
㉰ 9,916kcal/kg
㉱ 9,930kcal/kg

[해설] $H_\ell = H_h - 600(9H + W)$
$= 8{,}100C + 34{,}000\left(H - \frac{0}{8}\right) + 2{,}500S - 600(9H + W)$
$= 8{,}100 \times 0.86 + 34{,}000\left(0.12 - \frac{0.004}{8}\right)$
$+ 2{,}500 \times 0.012 - 600(9 \times 0.12 + 0.004) = 10.408.6$
$\Rightarrow 10{,}408.6 \times 0.95 = 9{,}888\text{kcal/kg}$

09. 메탄의 고위발열량이 9,000kcal/Nm^{3}이라면 저위발열량(kcal/Nm^3)은? (단, 물의 증발잠열은 530 kcal/kg이다.)

㉮ 8,148 ㉯ 9,150
㉰ 1,010 ㉱ 6,400

[해설] $CH_4+2O_2 \rightarrow CO_2+2H_2O$
$H_\ell = H_h$−물의 증발잠열
$= 9{,}000 - \dfrac{530 \times 2}{\frac{1}{18} \times 22.4} = 8{,}148\text{kcal/Nm}^3$

10. 프로판의 완전연소시킬 때 고발열량과 저발열량의 차이는 얼마인가? (단, 물의 증발잠열은 539kcal/kgH_2O)

㉮ 38,808cal/g−mol C_3H_8
㉯ 18,000cal/g−mol C_3H_8
㉰ 22,320cal/g−mol C_3H_8
㉱ 33,120cal/g−mol C_3H_8

[해설] $C_3H_8+5O_2 \rightarrow 3CO_2+4H_2O$ 이므로
(539kcal/kg=539cal/g)
539cal/g×18g/mol×4=38.808cal/g·mol

11. 다음과 같은 조성을 갖고 있는 어떤 석탄의 총발열량이 8570kcal/kg이라 할 때 이 석탄의 진발열량(kcal/kg 석탄)은? (단, 물의 증발열 586kcal/kg)

성분	C	H_2	N_2	유효 S	회분	O_2	계
%	72	4.6	1.6	2.2	6.6	13	100

㉮ 5,330 ㉯ 6,330
㉰ 7,330 ㉱ 8,330

[해설] $H_\ell = H_h - 586(9H + W)$
$= 8570 - 586 \times (9 \times 0.046)$
$= 8327.396$kcal/kg(석탄)

12. 다음의 반응식을 이용하여 메탄(CH_4)의 생성열을 구하면?

① $C+O_2= \rightarrow CO_2$, $\varDelta H$: −97.2kcal/mol
② $H_2+\frac{1}{2}O_2 \rightarrow H_2O$, $\varDelta H$: −57.6kcal/mol
③ $CH+2O_2 \rightarrow CO_2+2H_2O$
$\varDelta H$: −194.4kcal/mol

㉮ $\varDelta H$: −17kcal/mol
㉯ $\varDelta H$: −18kcal/mol
㉰ $\varDelta H$: −19kcal/mol
㉱ $\varDelta H$: −20kcal/mol

[해설] CH_4의 생성열
[(−97.2)+(−57.6×2)]−(−194.4)=−18[kcal/mol]

정답 07. ㉮ 08. ㉮ 09. ㉮ 10. ㉮ 11. ㉱ 12. ㉯

13. 메탄, 이산화탄소 및 수증기의 생성열이 각각 18kcal/mol, 94kcal/mol 및 58kcal/mol일 때 메탄의 완전연소 발열량은 얼마인가?

㉮ 121kcal   ㉯ 142kcal

㉰ 161kcal   ㉱ 192kcal

해설 메탄(CH_4)의 완전연소식

$CH_4 + 2O_2 \rightarrow CO_2 + 2H_2O$

발열량 = 생성물의 합 − 반응물의 합

$= 94 + (2 \times 58) - 18 = 192$kcal

14. 저발열량이 9,800kcal/kg인 중유를 90kg/hr로 연소할 때 연소실의 열발생량은 5×10^5kcal/$m^3 \cdot$hr로 되어있다. 이 연소장치에서 진발열량이 18,000kcal/Nm^3인 가스연료로 연소실의 열발생량을 3.5×10^5kcal/$m^3 \cdot$hr로 유지하기 위해서 매시간당 소비해야 할 가스연료량[Nm^3/hr]은?

㉮ 30.3   ㉯ 34.3

㉰ 38.3   ㉱ 42.3

해설 연소장치의 체적 = $\dfrac{9,800\text{kcal/kg} \times 90\text{kg/hr}}{5 \times 10^5 \text{kcal/}m^3 \cdot \text{hr}} = 1.764 m^3$

∴ 소비 가스연료량

$= \dfrac{1,764 m^3 \times (3.5 \times 10^5 \text{kcal/}m^3 \cdot \text{hr})}{18,000 \text{kcal/}Nm^3} = 34.3 [Nm^3/\text{hr}]$

15. 액체상태의 프로판이 이론 공기연료비로 연소하고 있을 때 저발열량은 몇 kJ/kg인가? (단, 이때 온도는 25℃이고 이 연료의 증발엔탈피는 360kJ/kg이다. 또한 기체상태의 C_3H_8의 형성엔탈피는 −103,909kJ/kmol, 기체상태의 CO_2의 형성엔탈피는 −393,757kJ/kmol, 기체상태의 H_2O의 형성엔탈피는 −241,971kJ/kmol이다.)

㉮ 23,501   ㉯ 46,017

㉰ 50,002   ㉱ 2,149,155

해설 $C_3H_8 + 5O \rightarrow 3CO_2 + 4H_2O + Q$

$Q = \dfrac{(3 \times 393757) + (4 \times 241971) - 103909}{44} - 360$

$= 46122.86$kJ/kg

16. 저위발열량이 10,000kcal/kg인 연료를 3kg 연소시켰을 대 연소가스의 열용량이 15kcal/℃이었다면 이때의 이론 연소온도는?

㉮ 1,000℃   ㉯ 2,000℃

㉰ 3,000℃   ㉱ 4,000℃

해설 이론연소온도 = $\dfrac{10,000 \times 3}{15} = 2,000$℃

17. 연료 1kg에 대한 이론산소량 Nm^3/kg을 구하는 식은?

㉮ 2.67C + 7.6H − (0/8 − S)

㉯ 8.890C + 26.67(H − O/8) + 3.33S

㉰ 11.49C + 34.5(H − O/8) + 4.3S

㉱ 1.87C + 5.6(H − O/8) + 0.7S

해설 고체·액체 연료의 이론산소량

① 체적기준 $O_o = 1.867C + 5.6 \left(H - \dfrac{O}{8} \right) + 0.7S [Nm^3/\text{kg}]$

② 중량기준 $O_o = 2.667C + 8 \left(H - \dfrac{O}{8} \right) + S [\text{kg/kg}]$

18. 어떤 고체 연료 5kg을 공기비 1.1을 써서 완전연소 시켰다면 그 때의 총 사용공기량은 약 몇 Nm^3인가? (단, 연료의 조성비는 아래와 같다.)

탄소 60%	질소 13%
황 0.8%	수분 5%
수소 8.6%	산소 5%
회분 7.6%	

㉮ 75.5   ㉯ 9.6

㉰ 41.2   ㉱ 48

해설 $A_o = 8.89C + 26.67 \left(H - \dfrac{O}{8} \right) + 3.33S$

$A_o = 8.89 \times 0.6 + 26.67$

$\left(0.086 - \dfrac{0.05}{8} \right) + 3.33 \times 0.008 = 7.4875$

$A = mA_o = 1.1 \times 7.487 Nm^3/\text{kg} \times 5\text{kg} = 41.18 Nm^3$

19. 연료 1kg에 대한 이론공기량 Nm³을 구하는 식은 어느 것인가?

㉮ $\dfrac{1}{0.21}(1.867C+5.60H+0.7O+0.8S)$

㉯ $\dfrac{1}{0.21}(1.867C+5.60H+0.7O+0.7S)$

㉰ $\dfrac{1}{0.21}(1.767C+5.60H+0.7O+0.7S)$

㉱ $\dfrac{1}{0.21}(1.867C+5.80H+0.7O+0.7S)$

해설
① $A_o(\mathrm{Nm^3/kg})=\dfrac{1}{0.21}(1.867C+5.6H+0.7O+0.7S)$

② $A_o(\mathrm{kg/kg})=\dfrac{1}{0.232}(2.667C+8H-O+S)$

20. 어떤 연료를 분석해 본 결과 탄소 71%, 산소 10%, 수소 3.8%, 황 3%(각각 중량%)가 함유되어 있다. 이 연료 1kg을 완전연소 시키는 데 소요되는 이론산소량을 kg-O₂/kg연료의 단위로 구하면 얼마인가?

㉮ 0.81   ㉯ 1.21

㉰ 1.97   ㉱ 2.13

해설 고체연료의 이론산소량(중량기준)
$$O_o(\mathrm{kg/kg})=2.667C+8\left(H-\dfrac{O}{8}\right)+S$$
$$=(2.667\times0.71)+8\left(0.038-\dfrac{0.1}{8}\right)+0.03$$
$$=2.127\mathrm{kg/kg}$$

21. 탄소 62%, 수소 20%를 함유한 연료 100kg을 완전연소 시키는 데 필요한 이론공기량은 몇 kg이 필요한가? (단, 공기 평균분자량은 29g이다.)

㉮ 620   ㉯ 1,000

㉰ 1,404   ㉱ 1,724

해설 $O_o=2.67C+8\left(H-\dfrac{O}{8}\right)+S$
$$=\{(2.67\times0.62)+(8\times0.2)\}\times100=325.54\mathrm{kg}$$
$$A_o=\dfrac{O_o}{0.232}=\dfrac{325.54}{0.232}=1403.19\mathrm{kg}$$

22. 다음과 같은 조성으로 형성된 액체 연료의 연소 시 생성되는 이론 건연소가스량은 약 몇 Nm³인가?

탄소=1.20kg	산소=0.2kg
질소=0.17kg	수소=0.31kg
황=0.2kg	

㉮ 29.8   ㉯ 13.5

㉰ 17.0   ㉱ 21.4

해설 이론 건연소가스
$G_{ok}=(1-0.21)A_o+1.867C+0.7S+0.8N$에서
A_o(이론공기량)$=8.89\times1.20+26.67\left(0.31-\dfrac{0.2}{8}\right)+3.33\times0.2$
$\qquad\qquad=18.93\mathrm{Nm^3/kg}$ 이므로
G_{ok}(이론건연소)$=(1-0.21)A_o+1.867C+0.7S+0.8N$에서
$\qquad=(1-0.21)\times18.93+1,867\times1.20+0.7\times0.2+0.8\times0.17$
$\qquad=17.33\mathrm{Nm^3/kg}$

23. 이론공기량을 옳게 설명한 것은?

㉮ 완전연소에 필요한 최소 공기량

㉯ 완전연소에 필요한 1차 공기량

㉰ 완전연소에 필요한 2차 공기량

㉱ 완전연소에 필요한 최대 공기량

24. 연료의 이론적 공기량은 어느 것에 따라 변하는가?

㉮ 연소온도   ㉯ 연료조성

㉰ 과잉공기계수   ㉱ 연소장치 종류

25. CmHn 1Nm³이 연소해서 생기는 H₂O의 양(Nm³)은 얼마인가?

㉮ $\dfrac{n}{4}$ ㉯ $\dfrac{n}{2}$

㉰ n ㉱ $2n$

해설 $\mathrm{CmHn}+\left(m+\dfrac{n}{4}\right)O_2 \rightarrow mCO_2+\dfrac{n}{2}H_2O$

정답   19. ㉯   20. ㉱   21. ㉰   22. ㉰   23. ㉮   24. ㉯   25. ㉯

26. $(CO_2)_{max}$는 어떤 때의 값인가?

㉮ 실제공기량으로 연소시켰을 때
㉯ 이론공기량으로 연소시켰을 때
㉰ 과잉공기량으로 연소시켰을 때
㉱ 부족공기량으로 연소시켰을 때

27. 어떤 고체연료 10kg을 공기비 1.1을 써서 완전 연소시켰다면 이때 총 사용 공기량은 몇 Nm^3인가?

탄소 60%	질소 14%
황 0.5%	수분 3.2%
수소 8.5%	산소 6%
회분 7.8%	

㉮ 41.2
㉯ 58
㉰ 75.7
㉱ 81.6

해설 사용공기량 $A = mA_o$
$=1.1 \times [8.89C + 26.67(H - \frac{O}{8}) + 3.33S] \times 10$
$=1.1 \times [8.89 \times 0.6 + 26.67(0.085 - \frac{0.06}{8}) + 3.33 \times 0.005] \times 10$
$=81.6 \, Nm^3$

28. 부탄 $1Nm^3$을 완전연소 시키는데 최소한 몇 Nm^3의 산소량이 필요한가?

㉮ $6.5 \, Nm^3$
㉯ $3.8 \, Nm^3$
㉰ $4.9 \, Nm^3$
㉱ $5.8 \, Nm^3$

해설 $C_4H_{10} + 6.5O_2 \rightarrow 4CO_2 + 5H_2O$

29. 프로판 가스를 10kg/h 사용하는 보일러의 이론 공기량은 매 시간당 몇 m^3 필요한가?

㉮ $111.4 \, Nm^3/h$
㉯ $121.2 \, Nm^3/h$
㉰ $131.5 \, Nm^3/h$
㉱ $141.4 \, Nm^3/h$

해설 $C_3H_8 + 5O_2 \rightarrow 3CO_2 + 4H_2O$
$44kg : 5 \times 22.4Nm^3 = 10kg : x \, Nm^3$

$\therefore x = \frac{10 \times 5 \times 22.4}{44} = 25.4545 \, Nm^3$

$\therefore A_o = \frac{25.4545}{0.21} = 121.21 \, Nm^3$

30. 에탄 $5Nm^3$을 연소시켰다. 필요한 이론 공기량과 연소 공기중 N_2의 양 Nm^3은 얼마인가?

㉮ 42.5, 35.7
㉯ 63.8, 47.6
㉰ 75.5, 54.7
㉱ 83.3, 65.8

해설 에탄의 연소식
$C_2H_6 + 3.5O_2 \rightarrow 2CO_2 + 3H_2O$
$1Nm^3 : 3.5Nm^3 = 5Nm^3 : x \, Nm^3$
$x = \frac{5 \times 3.5}{1} = 17.5 \, Nm^3$ (이론산소량)
공기의 조성은 산소 21%, 질소 79% 이므로
∴이론공기량$=17.5Nm^3 \div 0.21 = 83.33Nm^3$
  이론질소량$=83.33 \times 0.79 = 65.83Nm^3$

31. 메탄가스를 완전연소 시켰을 때 발생하는 이산 화탄소와 물의 중량비는?

㉮ 11 : 9
㉯ 7 : 5
㉰ 5 : 7
㉱ 9 : 11

해설 $CH_4 + 2O_2 \rightarrow CO_2 + 2H_2O$
$CO_2 + H_2O = 44 : 2 \times 18 = 11 : 9$

32. 에탄 $5Nm^3$을 연소시켰다. 필요한 이론공기량과 연소공기 중 N_2의 양(Nm^3)을 구하면?

㉮ 83.3, 65.8
㉯ 42.5, 35.7
㉰ 68.3, 47.6
㉱ 75.5, 54.7

해설 $C_2H_6 + 3.5O_2 \rightarrow 2CO_2 + 3H_2O$
공기량$= 5 \times 3.5 \times \frac{1}{0.21} = 83.33 \, Nm^3$
질소량$= 83.33 \times 0.79 = 65.88 \, Nm^3$

33. 프로판 1kg을 완전연소 시키면 몇 kg의 CO_2가 생성되는가?

㉮ 2   ㉯ 3

㉰ 4   ㉱ 5

해설 $C_3H_8 + 5O_2 \rightarrow 3CO_2 + 4H_2O$
$44g : 3 \times 44g = 1kg : x\,kg$
$x = \dfrac{3 \times 44 \times 1}{44} = 3kg$

34. 프로판(C_3H_8) 1kg의 이론 배기가스량은 얼마인가?

㉮ $10.14Nm^3$ ㉯ $13.14Nm^3$

㉰ $15.24Nm^3$ ㉱ $17.64Nm^3$

해설 프로판의 연소반응식
$C_3H_8 + 5O_2 \rightarrow 3CO_2 + 4H_2O$
∴ 배기가스량
$= \left[\dfrac{1}{0.21}(1 - 0.21) \times 5\,\text{mol} + (3 + 4\,\text{mol})\right] \times \dfrac{22.4m^3}{44kg}$
$= 13.14Nm^3$

35. 공기를 이용해서 CO를 연소시킬 때 연소가스 중의 CO_2의 최대치는 얼마인가?

㉮ 34.7%   ㉯ 3.47%

㉰ 23.5%   ㉱ 2.35%

해설 $CO + \dfrac{1}{2}O_2 \rightarrow CO_2$
$G_{od} = (22.4 + 11.2 \times \dfrac{79}{21}) \div 22.4 = 2.88Nm^3/Nm^3$
∴ $CO_2\max(\%) = \dfrac{CO_2\text{몰수}}{G_{od}} \times 100 = \dfrac{1}{2.88} \times 100 = 34.72\%$

36. 메탄과 부탄의 부피 조성비가 40 : 60인 혼합가스 $10m^3$을 완전연소 하는 데 필요한 이론 공기량은 몇 m^3인가? (단, 공기의 부피조성비는 산소 : 질소=21 : 79)

㉮ 95.2   ㉯ 181.0

㉰ 223.8   ㉱ 409.5

해설 $10m^3$ 중 메탄(CH_4) : 40%($4m^3$)
부탄(C_4H_{10}) : 60%($6m^3$) 이므로
$CH_4 + 2O_2 \rightarrow CO_2 + 2H_2O$
$C_4H_{10} + 6.5O_2 \rightarrow 4CO_2 + 5H_2O$
$A_o = (2 \times 4 + 6.5 \times 6) \times \dfrac{1}{0.21} = 223.8m^3$

37. 아래와 같은 조성을 가진 기체연료의 이론공기량은? (단, CO_2=5.5%, O_2=0.5%, CO=20.8%, H_2=6.7%, CH_4=10.2%, N_2=56.3%)

㉮ $108Nm^3/Nm^3$

㉯ $1.60Nm^3/Nm^3$

㉰ $1.71Nm^3/Nm^3$

㉱ $1.90Nm^3/Nm^3$

해설 기체연료의 이론공기량(A_o)
$A_o = \dfrac{1}{0.21}(0.5H_2 + 0.5CO + 2CH_4 + 3C_2H_4 + 5C_3H_8$
$\qquad + 6.5C_4H_{10} - O_2)(Nm^3/Nm^3)$
$= \dfrac{1}{0.21}(0.5 \times 0.067 + 0.5 \times 0.208 + 2 \times 0.102 - 0.005)$
$= 1.60Nm^3/Nm^3$

38. 다음 조성의 수성가스를 건조공기를 써서 연소시킬 때의 공기량 Nm^3/Nm^3은 얼마인가? (단, 여기서 공기과잉률은 1.30이다)

CO_2 4.5%	O_2 0.2%
CO 38.0%	H_2 52.0%

㉮ 4.09   ㉯ 1.95

㉰ 2.77   ㉱ 3.67

해설 $CO + \dfrac{1}{2}O_2 \rightarrow CO_2$
$H_2 + \dfrac{1}{2}O_2 \rightarrow H_2O$
$\left(\dfrac{1}{2} \times 0.38 + \dfrac{1}{2} \times 0.52 - 0.002\right) \times \dfrac{1}{0.21} \times 1.30 = 2.773$

정답 33. ㉱   34. ㉯   35. ㉮   36. ㉰   37. ㉯   38. ㉰

39. 메탄가스 1Nm^{3}을 공기과잉률 1.1로 연소시킨다면 공기량은 몇 Nm^{3}인가?

㉮ 약 15 ㉯ 약 7

㉰ 약 9 ㉱ 약 11

[해설] $CH_4 + 2O_2 \rightarrow CO_4 + 2H_4O$에서

$A = mA_o = 1.1 \times 2 \times \dfrac{100}{21} = 10.476Nm^3$

40. 이론습연소가스량 G의 이론건연소가스량 G′의 관계를 옳게 나타낸 식은?

㉮ $G = G′ + (9H + w)$

㉯ $G′ = G + 1.25(9H + w)$

㉰ $G = G′ + 1.25(9H + w)$

㉱ $G = G′ + (9H + w)$

[해설] 습연소 = 건연소 + 수증기

41. 연소가스의 조성에서(O_2)를 옳게 나타낸 것은? (단, A_o: 이론공기량, G′: 실제건연소가스량, m : 공기비)

㉮ $O_2 = \dfrac{0.21(m-1)A_o}{G} \times 100$

㉯ $O_2 = \dfrac{A_o}{G} \times 100$

㉰ $O_2 = \dfrac{0.21A_o}{G} \times 100$

㉱ $O_2 = \dfrac{(m-1)A_o}{G} \times 100$

42. CO_2와 연료 중의 탄소분을 알고 건연소가스량 (G)을 구하는 식은?

㉮ $G = \dfrac{21(CO_2)}{1.867C} \times 100$

㉯ $G = \dfrac{1.867C}{(CO_2)} \times 100$

㉰ $G = \dfrac{(CO_2)}{1.867C} \times 100$

㉱ $G = \dfrac{1.867C}{21(CO_2)} \times 100$

43. 프로판 가스 1Nm^{3}을 공기과잉률 1.1로 완전연소 시켰을 때의 건연소가스량은 몇 Nm^{3}인가?

㉮ 29.4 ㉯ 14.9

㉰ 18.6 ㉱ 24.2

[해설] $C_3H_8 + 5O_2 \rightarrow 3CO_2 + 4H_2O$에서 건연소가스량 = $N_2 + 3CO_2$ 이므로

$= 5 \times \dfrac{1.1 - 0.21}{0.21} + 3Nm^3 = 24.19Nm^3$

44. CH_4 1Nm^{3}을 이론산소량으로 완전연소 시켰을 때의 습연소가스의 부피는 몇 Nm^{3}인가?

㉮ 4 ㉯ 1

㉰ 2 ㉱ 3

[해설] $CH_4 + 2O_2 \rightarrow CO_2 + 2H_2O$에서
습연소가스부피 = $CO_2 + H_2O = 1 + 2 = 3Nm^3$

45. (CO_2)$_{max}$ = 18.0%, (CO_2) = 14.2%, (CO) = 3.0%에서 연소가스 중의 (O_2)는 몇 %인가?

㉮ 5.43 ㉯ 2.13

㉰ 3.23 ㉱ 4.33

[해설] $(CO_2)max = \dfrac{21(CO_2 + CO)}{21 - O_2 + 0.395CO}$

$18.0 = \dfrac{21(14.2 + 3.0)}{21 - O_2 + 0.395 \times 3}$

$\therefore 21 - O_2 + 0.395 \times 3 = \dfrac{21(14.2 + 3.0)}{18.0}$

$O_2 = 21 + 0.395 \times 3 - \dfrac{21(14.2 + 3.0)}{18.0} = 2.12\%$

39. ㉱ 40. ㉰ 41. ㉮ 42. ㉯ 43. ㉱ 44. ㉱ 45. ㉯ 정답

46. 다음과 같은 부피조성의 연소가스가 있다. 산소의 mole 분율은 얼마인가?

CO₂(13.1%)	O₂(7.7%)
N₂(79.2%)	

㉮ 0.792
㉯ 7.7
㉰ 0.77
㉱ 0.077

해설 $O_2(\%) = \dfrac{7.7}{13.1+7.7+79.2} = 0.077$

47. 프로판을 공기와 혼합하여 완전연소 시킬 때 혼합기체 중 프로판의 최대농도는?

㉮ 3.1vol%
㉯ 4.0vol%
㉰ 5.7vol%
㉱ 6.0vol%

해설 $C_3H_8+5O_2 \rightarrow 3CO_2+4H_2O$에서

$$농도(\%) = \frac{프로판체적}{혼합기체체적} \times 100$$
$$= \frac{22.4}{22.4+\left(\dfrac{5 \times 22.4}{0.21}\right)} \times 100 = 4.03\%$$

48. 탄소 1kg이 불완전연소 할 경우, 발생되는 열량을 나타낸 식은?

㉮ $C+O_2 \rightarrow CO_2 \ -8,100kcal/kg$

㉯ $C+\dfrac{1}{2}O_2 \rightarrow CO \ +2,430kcal/kg$

㉰ $C+\dfrac{1}{2}O_2 \rightarrow CO \ -2,430kcal/kg$

㉱ $C+O_2 \rightarrow CO_2+8,100kcal/kg$

49. 다음 식에서 옳은 것을 고르시오.

㉮ $(CO_2)_{max} = \dfrac{21CO_2}{21-O_2}$

㉯ $(CO_2)_{max} = \dfrac{21(O_2)}{(CO_2)-21}$

㉰ $(CO_2)_{max} = \dfrac{21(O_2)}{21-(CO_2)}$

㉱ $(CO_2)_{max} = \dfrac{21(CO_2)}{(O_2)-21}$

50. 배기가스의 평균온도 200℃, 외기온도 20℃, 대기의 비중량 r_1=1.29kg/m³, 가스의 비중량 r_2=1.354kg/m³일 때 연료의 통풍력이 Z=53.73mm H₂O이라고 한다면 이때 연돌의 높이는 몇 m인가?

㉮ 281
㉯ 60
㉰ 128
㉱ 250

해설 $Z = 273H\left(\dfrac{r_1}{273+t_1} - \dfrac{r_2}{273+t_2}\right)$에서

$$\therefore H = \frac{53.73}{273\left(\dfrac{1.29}{273+20} - \dfrac{1.354}{273+200}\right)} = 127.78m$$

51. 연소가스의 노점에 가장 큰 영향을 주는 요소는?

㉮ 배기가스의 열회수율
㉯ 연소가스중의 수분함량
㉰ 연료의 연소온도
㉱ 과잉공기 계수

52. 노내의 분위기가 산성 또는 환원성 여부를 확인하는 방법으로 가장 확실한 것은?

㉮ 연소가스 중의 CO 함량을 분석한다.
㉯ 연소가스 중의 N₂ 함량을 분석한다.
㉰ 화염의 색깔을 분석한다.
㉱ 노내의 온도 분포상태를 점검한다.

해설 ① 연소가스 중 CO 분석 : 노내의 분위기 산성 또는 환원성 여부 확인
② CO₂ 분석 : 공기비조절, 연소효율 증대

정답 46. ㉱ 47. ㉯ 48. ㉯ 49. ㉮ 50. ㉰ 51. ㉱ 52. ㉮

53. 연소 폐가스 중 CO_2, N_2 등의 농도가 증가할 때 연소속도에 나타나는 현상은?

㉮ CO_2, N_2 등의 농도에 무관하게 연소속도가 일정하다.

㉯ CO_2, N_2 등의 농도가 증가할 때 연소속도가 증가한다.

㉰ CO_2, N_2 등의 농도가 증가하면 연소속도가 감소하다.

㉱ CO_2, N_2 등의 농도가 증가하면 연소속도는 감소하다 증가한다.

[해설] 연소 폐가스 중 이산화탄소(CO_2), 질소(N_2)의 농도가 증가하면 산소의 농도가 감소하므로 연소속도도 감소한다.

54. 연소시 실제공기량 A와 이론공기량 A_o사이에 $A=mA_o$의 등식이 성립될 때 m은 무엇이라 하는가?

㉮ 연소효율
㉯ 과잉공기계수
㉰ 압력계수
㉱ 열전도율

[해설] $A = mA_o$
여기서, A : 실제공기량
m : 공기비(과잉공기계수)
A_o : 이론공기량

55. 어떤 가스가 완전연소할 때 이론상 필요한 공기량을 $A_o[m^3]$, 실제로 사용한 공기량을 $A[m^3]$라 하면 과잉공기 백분율을 올바르게 표시한 식은?

㉮ $\dfrac{A-A_o}{A}\times 100$

㉯ $\dfrac{A-A_o}{A_o}\times 100$

㉰ $\dfrac{A}{A_o}\times 100$

㉱ $\dfrac{A_o}{A}\times 100$

[해설] 과잉공기 백분율 $= \dfrac{\text{실제공기량}-\text{이론공기량}}{\text{이론공기량}}\times 100$

$= \dfrac{A-A_o}{A_o}\times 100$

56. 불완전한 연소상태에서 공기비(m)는?

㉮ m=1
㉯ m>1
㉰ m<1
㉱ m=0

[해설] 공기비의 연소관계

공기비	m<1	m=1	m>1
연소상태	불완전 연소	완전연소	완전연소

57. $(CO_2)_{max}$는 연료가 연소되어 생성될 수 있는 최대의 이산화탄소를 나타낸다. 그러면 $(CO_2)_{max}(\%)$는 공기비(m)가 어떤 때를 기준으로 하는가?

㉮ m=0
㉯ m=1
㉰ m=2
㉱ 아무 관계가 없다.

[해설] 공기비 $(m) = \dfrac{CO_2 max\,(\%)}{CO_2(\%)}$

이때 $(CO_2)_{max}(\%)$는 공기비(m)기 1일 때 기준으로 한 것이다.

58. 공기비에 대한 설명 중 옳은 것은?

㉮ 연료 1kg딩 완전연소에 필요한 공기량에 대한 실제 혼합된 공기량의 비로 정의된다.

㉯ 연료 1kg당 불완전연소에 필요한 공기량에 대한 실제 혼합된 공기량의 비로 정의된다.

㉰ 기체 $1m^3$당 실제로 혼합된 공기량에 대한 완전연소에 필요한 공기량의 비로 정의된다.

㉱ 기체 $1m^3$당 실제로 혼합된 공기량에 대한 불완전연소에 필요한 공기량의 비로 정의된다.

[해설] 공기비 $= \dfrac{\text{실제공기량}}{\text{이론공기량}}$

59. 연소시 공기비가 적을 경우 미치는 영향은?

㉮ 연소실 내의 연소온도를 저하시킨다.

㉯ 연소가스 중에 NO_2의 발생으로 저온부식 촉진시킨다.

㉰ 연소 가스 중 SO_2의 함유량이 많다.

㉱ 매연 발생이 심하다.

53. ㉰ 54. ㉯ 55. ㉯ 56. ㉰ 57. ㉯ 58. ㉮ 59. ㉱ **정답**

해설 공기비에 따른 현상

구 분	현상
공기비가 클 경우	• 연소실 내의 연소온도가 저하하고 CO_2는 감소한다. • 통풍력이 강하여 배기가스에 의한 열손실이 많아진다. • 연소가스 중의 SO_2나 NO_2의 함유량이 많아져 부식을 촉진 또는 대기오염을 유발한다.
공기비가 적을 경우	• 불완전 연소가 되어 매연발생이 심하다. • 미연소가스에 의하여 열손실이 증가한다. • 미연소가스로 인한 폭발의 위험이 있다.

60. 과잉공기량이 지나치게 많으면 나타나는 현상 중 틀린 것은?

㉮ 배기가스에 의한 열손실

㉯ 배기가스 온도의 상승

㉰ 연료소비량 증가

㉱ 연소실 온도 저하

해설 연소시 공기량이 많아지면
① 연소가스량 증가
② 연소실 온도 저하
③ 질소로 인한 배기가스 온도 저하
④ 배기가스 열손실
⑤ 질소산화물 발생

61. 다음의 연료 중 과잉공기계수가 가장 적은 것은?

㉮ 갈탄   ㉯ 역청탄

㉰ 코크스   ㉱ 미분탄

해설 미분탄은 고체연료 중 연소성이 가장 우수하며 연소성이 좋은 연료는 적은 공기량으로 완전연소가 가능하다.

62. 어떤 연료가 완전연소시 과잉공기계수값으로 옳은 것은?

㉮ $\dfrac{0.76(O_2)}{0.79(O_2) - 0.21(N_2)}$

㉯ $\dfrac{(N_2)}{(N_2) - 3.76(O_2)}$

㉰ $\dfrac{(O_2)}{0.21(N_2)}$

㉱ $\dfrac{0.21(N_2)}{0.79(O_2) - 0.5(CO)}$

63. 어떤 연도가스의 조성이 아래와 같다면 과잉공기의 백분율은 얼마인가? (단, 공기 중 질소와 산소의 부피비는 79 : 21이다.)

CO_2 : 11.9%	CO : 1.6%
O_2 : 4.1%	N_2 : 82.4%

㉮ 17.7%   ㉯ 21.9%

㉰ 33.5%   ㉱ 46.0%

해설 $m = \dfrac{N_2}{N_2 - 3.76(O_2 - 0.5CO)}$

$= \dfrac{82.4}{82.4 - 3.76 \times (4.1 - 0.5 \times 1.6)} = 1.177$

$\therefore (m-1) \times 100 = (1.177 - 1) \times 100 = 17.7\%$

64. 다음 조성의 수성가스 연소시 필요한 공기량은 약 몇 Nm^3/Nm^3인가? (단, 공기율은 1.25이고, 사용공기는 건조하다.)

조성비	CO_2=4.5%	CO=45%
	N_2=11.37%	O_2=0.8%
	H_2=38%	

㉮ 3.07   ㉯ 0.21

㉰ 0.97   ㉱ 2.42

해설 $CO + \dfrac{1}{2}O_2 \rightarrow CO_2$ $H_2 + \dfrac{1}{2}O_2 \rightarrow H_2O$

$A = mA_o = m \times 이론산소량 \times \dfrac{1}{0.21}$

$= 1.25 \left[\left(\dfrac{1}{2} \times 0.45 + \dfrac{1}{2} \times 0.38 \right) - 0.008 \right] \times \dfrac{1}{0.21}$

$= 2.42\, Nm^3/Nm^3$

65. 프로판 1몰을 연소시키기 위하여 공기 812g을 붙어 넣어 주었다. 과잉 공기 %를 계산한 값은?

㉮ 56.3% ㉯ 32.2%

㉰ 17.6% ㉱ 9.8%

해설 $C_3H_8 + 5CO_2 \rightarrow 3CO_2 + 4H_2O$

이론공기량 = $5mol \div 0.21 \times 29g/mol = 690.48g$

과잉공기율 $= \dfrac{실제공기량 - 이론공기량}{이론공기량} \times 100\%$

$\therefore$ 과잉공기% $= \dfrac{812g - 690.48g}{690.48g} \times 100 = 17.6\%$

66. 다음 설명 중 옳은 것은?

㉮ 공기비(excess air ratio)는 연공비의 역수와 같다.

㉯ 연공비(fuel air ratio)라 함은 가연 혼합기 중의 공기와 연료의 질량비로 정의한다.

㉰ 공연비(air fuel ratio)라 함은 가연 혼합기 중의 연료와 공기의 질량비로 정의한다.

㉱ 당량비(equivalence)는 실제의 연공비와 이론 연공비의 비로 정의된다.

해설 용어 설명
① 공기비 : 당량비의 역수
② 연공비 : 공연비의 역수
③ 공연비 : 공급되는 공기와 연료의 질량비
④ 당량비 : 실제연공비와 이론 연공비의 비

67. 휘발유를 사용하는 자동차에 있어서 공연비(Air-Fuel Ratio)는 대기 오염물질 배출과 매우 밀접한 관계가 있다. 공연비에 따른 배출가스의 특성에 관한 설명 중 맞는 것은?

㉮ 이론공연비보다 낮아질수록 질소산화물의 배출이 증가한다.

㉯ 이론공연비보다 낮아질수록 일산화탄소 및 탄화수소 배출이 증가한다.

㉰ 이론공연비보다 높아질수록 이산화탄소 및 탄화수소 배출이 증가한다.

㉱ 이론공연비보다 높아질수록 황산화물의 배출이 증가한다.

해설 공연비가 이론공연비보다 낮아질수록 일산화탄소 및 탄화수소 배출이 증가한다.

68. 부탄가스를 완전연소하기 위한 공기 연료비(Air-Fuel Ratio)는?

㉮ 4.76 ㉯ 9.52

㉰ 23.80 ㉱ 30.95

해설 $C_4H_{10} + 6.5O_2 \rightarrow 4CO_2 + 5H_2O$

공기연료비(체적기준)

$AFR = \dfrac{산소몰수 \times \frac{1}{0.21}}{연료몰수} = \dfrac{6.5 \times \frac{1}{0.21}}{1} = 30.95$

69. 다음 중 연소계산에 있는 공기성분의 질량비는?

㉮ O_2 0.768 ~ N_2 0.232

㉯ O_2 0.210 ~ N_2 0.790

㉰ O_2 0.790 ~ N_2 0.210

㉱ O_2 0.232 ~ N_2 0.768

70. 연소관리에 있어서 배기가스를 분석하는 가장 직접적인 목적은?

㉮ 노내압 조절 ㉯ 공기비 계산

㉰ 연소열량 계산 ㉱ 매연농도 산출

해설 배기가스 중 CO_2 분석목적 : 공기비조절 → 연소효율증대

71. 연료의 연소에서 발생하는 열손실 중 극소화시키기 가장 어려운 열손실은 어느 것인가?

㉮ 노입구를 통한 열손실

㉯ 불완전연소에 의한 열손실

㉰ 노벽을 통한 열손실

㉱ 배기가스에 의한 열손실

해설 가장 많이 발생하는 열손실은 배기가스에 의한 열손실이다.

65. ㉰ 66. ㉱ 67. ㉯ 68. ㉱ 69. ㉱ 70. ㉯ 71. ㉱ 정답

72. 연소율에 대한 설명 중 맞는 것은?

㉮ 연소실의 단위용적으로 1시간당 연소하는 연료의 중량이다.

㉯ 1일 석탄소비량에 의해 발생되는 최대증발량이다.

㉰ 단위화상의 면적량에 대한 최대증발량이다.

㉱ 화상의 단위면적에 있어 단위시간에 연소하는 연료의 중량이다.

해설 연소율 : kg/m^2hr

73. 프로판가스의 연소 과정에서 발생한 열량이 12,000kcal/kg 연소할 때 발생된 수증기의 잠열이 2,000kcal/kg이면 프로판가스의 연소 효율은 얼마인가? (단, 프로판가스의 진발열량은 11,000kcal/kg이다.)

㉮ 79　　　　　㉯ 91

㉰ 110　　　　　㉱ 127

해설 $\eta = \dfrac{실제적진발열량}{이론적진발열량} \times 100(\%)$

$= \dfrac{12,000 - 2,000}{11,000} \times 100(\%) = 90.9\%$

74. 연료의 저발열량이 10,000kcal/kg의 중유를 사용하여 연료소비율은 300g/psh로서 운전하는 터빈엔진의 열효율은 얼마인가?

㉮ 46.51%　　　　　㉯ 30.11%

㉰ 32.55%　　　　　㉱ 21.08%

해설 1psh=632.5kcal

$\eta = \dfrac{흡열량}{발열량} \times 100(\%)$

$= \dfrac{632.5kcal/psh}{0.3kg/psh \times 10,000kcal/kg} \times 100 = 21.08\%$

75. 출력 150ps의 가솔린 엔진이 시간당 30kg의 가솔린을 소비할 때 이 엔진의 열효율은? (단, 발열량은 : 11,000kcal/kg)

㉮ 14.4%　　　　　㉯ 28.7%

㉰ 57.4%　　　　　㉱ 43.1%

해설 $\eta = \dfrac{Q}{G \times H\ell} \times 100(\%)$

$= \dfrac{150ps \times 632.5kcal/hps}{11,000kcal/kg \times 30kg/h} \times 100(\%) = 28.7\%$

76. 어느 가스기구에서 발열량이 6,000kcal/kg인 연료를 1.2ton 연소시켰다. 발생가스량으로부터 가스기구에 흡수된 열량을 계산하였더니 5,860,000kcal이다. 이 가스기구의 효율은 얼마인가?

㉮ 82%　　　　　㉯ 70%

㉰ 75%　　　　　㉱ 80%

해설 $\eta = \dfrac{흡수량}{발열량} \times 100$

$= \dfrac{5,860,000}{6,000 \times 1,200} \times 100 = 81.38\%$

77. 연소실내온도 150℃의 기온도 20℃에 의한 연소실면적 10m²일 때 강제 대류에 의한 열전달량(kcal/hr)는? (단, 열전달계수 λ=0.0013kcal/m²h℃이다.)

㉮ 1.4　　　　　㉯ 1.69

㉰ 1.75　　　　　㉱ 2.5

해설 $Q = \lambda A(t_1 - t_2)$

$0.0013 \times 10 \times (150 - 20) = 1.69kcal/hr$

여기서, Q : 열전달량(kcal/hr)

λ : 열전달계수(kcal/m²h℃)

A : 전열면적(m²)

t_1 : 고온(℃)

t_2 : 저온(℃)

정답 72. ㉱　73. ㉯　74. ㉱　75. ㉯　76. ㉮　77. ㉯

78. 연소온도(t_1)를 구하는 식으로 옳은 것은?(단, H_ℓ : 저발열량, Q : 보유열, G : 연소가스량, C_p : 가스비열, η : 연소효율, t_2: 기준온도)

㉮ $\dfrac{H_\ell - Q}{GC_p} + t_2$

㉯ $\dfrac{H_\ell + \eta Q}{GC_p} + t_2$

㉰ $\dfrac{H_\ell + Q}{GC_p} + t_2$

㉱ $\dfrac{H_\ell - \eta Q}{GC_p} + t_2$

79. 이론연소온도 2,100℃, 이론공기량 10.0 Nm^3/kg 및 이론연소가스량 12.0Nm^3/kg의 연료가 있다. 이 연료를 과잉공기율 0.3로 완전연소 시킬 때의 최고연소가스온도는? (단, 이론연소가스 및 공기의 평균비열은 각각 0.4kcal/Nm^3℃ 및 0.36kcal/Nm^3℃이며, 기준온도는 0℃이다.)

㉮ 1,700℃   ㉯ 1,714℃
㉰ 1,829℃   ㉱ 1,832℃

해설 $Q(H_\eta) = 12.0Nm^3/kg \times 0.4kcal/Nm^3℃ \times 2,100℃$
$\qquad = 10,080kcal/kg$

연소가스온도
$= \dfrac{10,080kcal/kg}{(12 \times 0.4 + 0.3 \times 10 \times 0.36)kcal/kg℃} + 0℃ = 1714.28℃$

매연과 집진장치

학습방향 매연의 발생원인에 따른 방지법과 매연의 종류에 따른 집진장치의 원리와 특징을 배운다.

01 매 연

POINT

(1) 매 연

매연이란 연료연소에 의한 검댕, 일산화탄소, 회분, 분진, 황산화물 등을 총칭해서 매연이라 한다. 일반적으로, 매연 발생은 불완전연소나 매진(황화물, 질소산화물)등에 의하여 발생하므로 이러한 매연은 인체, 동식물이나 열설비에 큰 영향을 준다.

① 매연 발생원인

㉮ 불완전연소

㉯ 황분 함량이 많은 연료

㉰ 회분이 많은 연료

㉱ 과잉 공기량이 과다

② 매연발생의 방지

㉮ 적절한 운전조작

㉯ 적절한 공기비 유지

㉰ 부하변동을 적게 하고 경부하 운동

㉱ 적시, 적절한 손질

㉲ 바륨염 계통의 중유 첨가제 사용 등으로 매연 발생량을 대폭 감소시킬 것

• 매연
불완전연소나 매진에 의해 발생

• 매연발생 방지대책
적절한 공기비유지와 바륨염계통의 중유첨가제 사용

(2) 매연의 종류

① 황화물 : 황화물(SO_X)은 아황산(SO_2)가스, 무수황산(SO_3) 등을 총괄하여 말하는 것으로 황화물의 피해를 줄이기 위하여 저유황 중유를 사용하며 연돌의 높이를 높게 하여 확산 시킨다.

② **매진** : 매진은 배기가스 중에 함유된 분진으로 그 주성분은 비산회분의 그을음이다. 비산회분은 연료 중의 회분이 미연소 되어 배기가스 중에 함유된 것으로 연료의 종류, 연소장치의 종류, 연소방식 등에 의하여 그 양이 지배된다.

③ **발생원인**
  ㉮ 공기량이 부족할 때
  ㉯ 공기와 연료의 혼합 상태가 불량일 때
  ㉰ 무리한 연소, 버너조작 불량에 의한 화염이 노벽과 충돌할 때
  ㉱ 연소장치가 연소실에 부적합할 때
  ㉲ 연소실 온도가 낮을 때
  ㉳ 연료와 연소장치가 부적합할 때
  ㉴ 연료 중에 수분, 슬러지분이 혼입될 때
  ㉵ 연소기술이 미숙할 때

④ **질소 산화물** : 연료 연소시 공기 중의 질소와 산소가 반응하여 생성된다. 연소온도가 높고 과잉공기량이 많으면 발생량이 증가 한다
  ㉮ 질소 산화물
    ㉠ 일산화질소(NO) : 70~80(%)
    ㉡ 이산화질소(NO_2) : 10~30(%)
  ㉯ 이산화질소의 피해 : 자극성취기, 호흡기, 뇌, 심장 기능장애, 광학적 스모그 발생
  ㉰ 질소산화물을 경감시키는 방법
    ㉠ 연소 온도를 낮게 유지
    ㉡ 노내압을 강하
    ㉢ 연소가스 중 산소 농도를 저하
    ㉣ 노내 가스의 잔유 시간을 감소
    ㉤ 과잉 공기량을 감소

POINT

• 비산회분의 양의 지배요인 연료의 종류, 연소장치의 종류 연소방식

• 질소산화물의 발생요인 공기비가 증가할 때(과잉공기량이 많을 때)

02 집진장치

매진을 포함한 배기가스 중에 유해물질의 제거를 위하여 설치한다. 즉 카본, 검댕, 플라이애시(fly ash : 비산회) 등을 제거하기 위하여 설치하며 공해방지 설비로 많이 설치되고 있다.

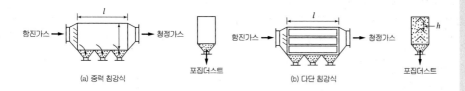

(a) 중력 침강식   포집더스트   (b) 다단 침강식   포집더스트

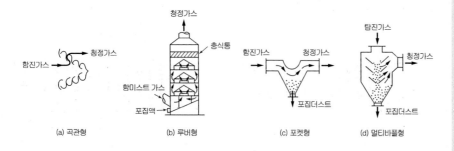

(a) 곡관형   (b) 루버형   (c) 포켓형   (d) 멀티바풀형

■ 각종 집진 장치의 원리 및 특성

O+ −분류	형식	원리 및 특징	취급입도	집진율 (%)
중력침강식 집진장치	침강식	집진실 내에 함진가스를 도입하고 매진 자체 중력에 의해 자연침강시켜 분리, 큰 입자 포집에 적당하다.	1,000~50	40~60
관성적 집진장치	루버형	기류에 급격한 변화를 줄 때에 매진이 관성력에 의하여 기류에서 떨어져 나가는 현상을 이용한다. 구조가 간단하며 집진효율이 낮다.	100~10	50~70
원심력 집진장치	사이클론형	함진가스를 선회운동시켜 매진의 원심력을 이용하여 분리한다. 소형일수록 성능이 향상되며 원동의 마모가 쉽다.	100~3	85~90

• 침강식
큰 입자 포집에 적당

• 루버형
구조가 간단하고 집진효율이 낮다.

• 사이클론형
소형일 때 성능향상

O+ -분류	형식	원리 및 특징	취급입도	집진율 (%)
세정 집진장치	벤투리 스크러버	함진가스를 액방울이나 액막에 충돌시키거나 접촉시켜 매진을 세 정수 중에 포착 분리하는 방법으로 이러한 장치를 스크러버라 한다. 유수식과 가압식이 있으며, 가압식은 가압한 물을 분산시켜 충돌확산에 의한 포집을 하는것으로서 벤투리 스크러버, 제트 스크러버, 사이크론, 세정탑(충진탑)등이 있다.	100~0.1	80~95
여과 집진장치	펄스에어식 백필터	백 필터 상부에 벤투리와 고압공기분 사용 노즐이 설치되어 노즐에서 전자밸브 또는 캠에 의하여 고압공기가 일정시간에 순차적으로 분사되어 부착분진을 청소하는 완전자동 백 필터이다. (적용범위) 용광로, 제철공장 비료, 제약, 제분 화학약품, 시멘트공장 등에 적용된다.	20~0.1	90~99
전기 집진장치		집진극(양극)과 침상방전극(음극)사이에 코로나 방전이 일어나게 하고 함진가스를 통과시켜 매진에 전화를 주어 대전된 매진을 전기적으로 분리하는 장치로 전기영동 현상을 이용하며, 코트렐이 있다. • 집진효율이 높다. • 압력손실이 적다. • 미립자 등에도 대용량 처리가 가능하다.	20~0.05	80~ 99.9
음파 집진장치		음파를 이용하여 배기가스 중의 분진입자를 포집한다.	100~0.1	80~95

POINT

• 세정집진장치
벤투리스크러버, 제트스크러버
사이클론, 충진탑

• 펄스에어식 백필터
용광로, 시멘트 공장 등에 적용

• 전기집진장치
집진효율이 높고 압력손실이 적다.

01. 다음 중 매연발생 원인에 대한 설명으로 맞지 않은 것은?

㉮ 일반적으로 과잉공기가 과대할 때는 특히 매연의 발생이 많다.

㉯ 연료에 대한 공기량이 불충분한 경우 연료 속에 탄화수소를 불완전연소 하여 매연을 발생한다.

㉰ 연소실 체적 구조가 불완전하기 때문에 가연가스의 공기의 혼합이 안 되었을 때 매연을 발생한다.

㉱ 사용연료가 연소장치에 대해서 부적당하여 연소가 완전히 행하여지지 않을 대 매연을 발생한다.

[해설] 과잉공기 과대할 때 연소는 잘되므로 매연은 발생하지 않는다.

02. 다음 중 매연 발생으로 일어나는 피해 중 해당되지 않는 것은 어느 것인가?

㉮ 열 손실

㉯ 환경오염

㉰ 연소기 과열

㉱ 연소기 수명단축

[해설] 불완전연소시 매연이 발생하므로 열손실, 환경오염, 연소기 수명단축 등 문제가 있다.

03. 연소시 배기가스 중의 질소산화물(NO_x)의 함량을 줄이는 방법 중 적당하지 않은 것은?

㉮ 굴뚝을 높게 한다.

㉯ 연소온도를 낮게 한다.

㉰ 질소함량이 적은 연료를 사용한다.

㉱ 연소가스가 고온으로 유지되는 시간을 짧게 한다.

[해설] 질소산화물을 경감하는 방법
① 연소온도를 낮게 유지한다.
② 노내압을 강하시킨다.
③ 연소가스 중 산소농도를 저하시킨다.
④ 노내 가스의 잔류시간을 감소시킨다.
⑤ 과잉공기량을 감소시킨다.

04. 폐가스를 방출하는 방법으로 올바르지 못한 것은?

㉮ 가연성 폐가스는 플레어 스택을 이용 연소 후 대기로 방출한다.

㉯ 독성 폐가스는 물을 이용농도를 낮춘 후 하천에 방류시킨다.

㉰ 노내에 집진장치가 있는 경우 집진장치를 이용하여 분리처리한다.

㉱ 독성 폐가스는 가능한 중화액을 이용하여 처리한다.

05. 매연의 발생과 가장 관련이 적은 것은?

㉮ 스모그   ㉯ 연료의 종류

㉰ 공기량   ㉱ 연소방법

06. 건식 집진장치가 아닌 것은?

㉮ 멀티클론

㉯ 사이클론

㉰ 사이클론 스크러버

㉱ 백 필터

[해설] ① 건식 집진장치 : 사이클론, 백 필터, 멀티클론
② 습식 집진장치 : 사이클론 스크러버, 벤투리 스크러버, 충진탑

정답 01. ㉮   02. ㉰   03. ㉮   04. ㉯   05. ㉮   06. ㉰

07. 사이크론식 집진장치는 어떤 원리를 이용한 집진장치인가?

㉮ 점성력
㉯ 중력
㉰ 원심력
㉱ 관성력

08. 다음에 열거한 집진장치 중에서 미립자 집진에 적합한 집진장치는?

㉮ 중력집진
㉯ 전기집진
㉰ 관성력집진
㉱ 원심력집진

09. 다음 집진장치 중 가장 집진효율이 높은 것은?

㉮ 전기집진
㉯ 원심력집진
㉰ 여과집진
㉱ 세정집진

10. 다음 집진장치 중 가장 압력손실이 큰 것은?

㉮ 중력집진장치
㉯ 원심력집진장치
㉰ 전기집진장치
㉱ 벤투리스크러버

11. 검댕이에 관한 서술로서 틀리는 것은?

㉮ 연료의 C/H의 비가 클수록 검댕이가 발생하기 쉽다.
㉯ –C–C–의 탄소결합을 절단하기보다는 탈수소가 쉬운 연료일수록 검댕이가 쉽게 발생한다.
㉰ 분해, 산화하기 쉬운 탄화수소는 검댕이가 많이 발생한다.
㉱ 탈수소, 중합 등 반응이 일어나기 쉬운 탄화수소일수록 검댕이가 쉽게 발생한다.

[해설] 산화–분해되기 쉬운 탄화수소는 검댕이 적게 발생한다.

12. 다음 중 검댕이가 발생하기 어려운 조건은 어느 것인가?

㉮ 중유 연소에 있어서 분무유적의 지름이 크다.
㉯ 중유 연소에 있어서 연소실 열발생률이 크다.
㉰ 중유 연소에 있어서 과잉공기율이 적다.
㉱ 미분탄 연소에 있어서 미분탄의 입경이 적다.

[해설] 미분탄연소의 입자($100\,\mu m$)이하로 미세하기 때문에 검댕이가 발생하지 않는다.

13. 중유 연소과정에서 발생하는 그을음의 원인은 무엇인가?

㉮ 중유 중의 파라핀 성분
㉯ 연료 중의 불순물의 연소
㉰ 연소 중의 미립탄소가 불완전연소
㉱ 연료 중의 회분과 수분이 중합

14. 다음 중 연소시 검은 연기를 내지 않는 것은?

㉮ 중유
㉯ 등유
㉰ 석유
㉱ 메틸알코올

8

화재 종류와 소화약제

화재의 종류에 따른 소화방법과 억제법을 배우며 소화법상 위험물의 분류에 따른
분류를 배운다.

---

01 화재의 종류

(1) A급 화재(일반화재 : 백색)

일반적인 가연물 화재로 목재나 종이처럼 연소 후에 재를 남기는 화재로서
물, 수용액, 포말, 산, 알칼리 등을 소화제로 이용한다.

(2) B급 화재(유류화재 : 황색)

유류 및 가스연소처럼 재를 남기지 않는 화재로서 포말 탄산가스 등이 소화제로
이용되나 물은 사용이 곤란하다.

(3) C급 화재(전기화재 : 청색)

전기누전 등의 전기화재로서 유기소화액이나 불연성기체가 소화제로 쓰인다.

(4) D급 화재(금속화재 : 무색)

마그네슘 등의 금속화재로서 건조한 모래를 소화제로 이용한다.

(5) E급 화재(가스화재 : 황색)

일반가스, LPG, LNG 등의 화재로서 분말, 탄산가스, 할론 등을 소화제로
이용한다.

POINT

- A급 화재 : 일반화재
- B급 화재 : 유류화재
- C급 화재 : 전기화재
- D급 화재 : 금속화재
- E급 화재 : 가스화재

- 마른 모래
금속화재 진주암, 팽창질석

02 소화약제의 종류

(1) 물 소화약제

경제적이고 다른 소화약제에 비해 비열과 증발잠열이 크므로 일반화재에 주로 쓰인다.

(2) 포말 소화약제

기포 안정제와 소화약제(중탄산나트륨, 황산알루미늄)를 첨가한 것으로 거품을 발생시켜 질식, 냉각효과를 얻는다.

(3) CO_2 소화약제

불연성의 이산화탄소를 이용하여 질식, 냉각효과를 얻는다.

(4) 분말 소화약제

분말 소화약제인 중탄산나트륨을 가스압에 의하여 연소물에 방출하여 질식, 냉각, 부촉매 효과를 얻는다.

(5) 할론 소화약제

연쇄반응을 억제하는 효과 즉 부촉매효과를 이용한 것이다.

- 물소화약제 : 냉각효과

- 포말소화약제 : 질식효과

- CO_2 소화약제 : 질식효과

- 분말소화약제 : 질식 부촉매효과(연쇄반응억제제)

- 할론소화약제 : 부촉매효과

03 소화방법

소화방법에는 제거소화법, 냉각소화법, 억제소화법, 질식소화법의 4가지 방법이 있다.

(1) 제거소화법

연소중인 가연물질과 그 주위의 가연물질을 제거시킴으로써 연소를 중지 시켜 소화하는 방법이다.

(2) 냉각소화법

연소중인 가연물질에서 열을 흡수하여 연소물체를 인화점 및 발화점 이하로 저하시켜 냉각소화 하는 방법이다.

(3) 억제소화법

연속적인 산화반응을 약하게 하여 계속적인 연소를 불가능하게 소화하는 방법

(4) 질식소화법

가연물질에 공기를 차단함으로써 소화하는 방법(공기 중 산소의 농도를 15(%) 이하로 유지)

(5) 희석소화법

수용성 가연물질인 알코올, 에테르의 화재시 다량의 물을 살포하여 가연물질의 농도를 낮게 하여 화재를 소화시키는 방법

(6) 유화소화법

제4류, 제3석유류인 중유에 소화약제인 물을 고압으로 분무하여 유화층을 형성시켜 화재를 소화시키는 방법

04 가스폭발의 예방

(1) 최소산소농도(MOC)

공기와 가연성 물질 중의 산소체적 %로 화재나 폭발시 가연성물질의 농도와 관계없이 산소의 농도를 감소시켜 화재나 폭발을 방지하는 것이다

$$MOC = \left(\frac{\text{연료몰수}}{\text{연료몰수} + \text{공기몰수}}\right) \times \left(\frac{\text{산소몰수}}{\text{연료몰수}}\right)$$

$$= \text{폭발하한치} \times \left(\frac{\text{산소몰수}}{\text{연료몰수}}\right)$$

최소산소농도(MOC) 이하가 됐을 때 화재나 폭발이 방지된다.

(2) 비활성화(퍼지법)

가연성 혼합가스에 불활성가스(아르곤, 질소 등) 등을 주입하여 산소의 농도를 최소산소농도(MOC) 이하로 낮추는 작업이다.

① 진공 퍼지(vacuum purge) : 용기를 진공시킨 후 불활성가스를 주입시켜 원하는 최소산소농도(MOC)에 이를 때까지 실시한다.

② 압력 퍼지(pressure purge) : 불활성가스로 용기를 가압한 후 대기 중으로 방출하는 작업을 반복하여 원하는 최소산소농도(MOC)에 이를 때까지 실시한다.

③ 스위프 퍼지(sweep-through purge) : 한쪽으로 불활성가스를 주입하고 반대쪽에서는 가스를 방출하는 작업을 반복하는 것으로 저장탱크 등에 사용된다.

④ 사이펀 퍼지(siphon purge) : 용기에 물을 충만시킨 다음 용기로부터 물을 배출시킴과 동시에 불활성가스를 주입하여 원하는 최소산소농도(MOC)를 만드는 작업으로 퍼지경비를 최소화 할 수 있다.

(3) 정전기 재해예방

① 정전기의 발생원인

㉮ 물질의 특성

㉯ 물질의 표면상태 : 표면이 오염되면 정전기 발생이 많아진다.

㉰ 물질의 이력 : 최초 발생이 최대이며 이후 발생량이 감소한다.

• 정전기의 발생원인
① 물질의 특성
② 물질의 표면상태
③ 물질의 이력
④ 접촉면적과 압력
⑤ 분리속도

㉣ 접촉면적과 압력 : 접촉 면적이 클수록, 접촉압력이 증가할수록 정전기
발생량은 증가한다.

㉤ 분리속도 : 분리속도가 빠를수록 정전기 발생량은 많아진다.

② 정전기의 재해의 종류

㉮ 생산재해

㉯ 전기충격

㉰ 화재 및 폭발

③ 정전기 재해 예방대책

㉮ 정전기 발생 억제대책

㉠ 유속을 1m/s 이하로 유지

㉡ 분진 및 먼지 등의 이물질을 제거

㉢ 액체 및 기체의 분출 방지

㉯ 정전기의 발생 완화대책

㉠ 접지와 본딩 실시

㉡ 절연체에 도전성을 갖게 한다.

㉢ 상대습도를 70% 이상 유지

㉣ 정전의복, 정전화를 착용하여 대전 방지

㉤ 폭발성 혼합가스 생성 방지

POINT

• 정전기 제거
① 접지시킨다.
② 상대습도를 70% 유지
③ 공기를 이온화 시킨다.

• 정전기 접지선의 기준
① 각 설비는 단독접지(탑, 저장탱크, 회전기계, 열교환기, 벤트스택 등)
② 접지선의 단면적 : $5.5mm^2$ 이상(단선은 제외)
③ 접지저항 값 : 총합 100Ω 이하(단, 피뢰설비 : 10Ω 이하)

---

05 소화법상 위험물의 분류

(1) 제1류 위험물

강산화성 물질, 상온에서는 거의 고체이지만 일부 액체인 것도 있다. 단독 또는 산과의 공존시 강한 산화력을 나타내고 가열, 충격, 마찰 등으로 쉽게 분해되어 산소를 방출한다.

예 염소산염, 과염소산염, 질산염, 과망간산염, 과산화물

(2) 제2류 위험물

환원성 물질 또는 이연성 물질, 상온에서 고체, 산화되기 쉽게 또 반응속도가 대단히 빠르며 발화되기 쉬운(발화점이 낮은) 물질이다.

例 황린, 적린, 유황, 황화인, 금속분

(3) 제3류 위험물

금수성 물질, 고체, 흡습, 또는 물과의 접촉으로 발열 또는 발화하는 물질이나 가연성 가스를 발생하는 물질이다.

例 금속나트륨, 금속칼슘, 탄화칼슘, 인화칼슘, 생석회

(4) 제4류 위험물

가연성 액체, 비점이 낮고 다른 물질을 잘 녹이는 성질이 있는 물질이다.

例 제1, 2, 3, 4 석유류, 이황화탄소, 에스테르류, 케톤류, 동식물유류

(5) 제5류 위험물

폭발성 물질, 분자 내에 환원성 부분과 산소공급원이 공존하고 있어 일단 연소를 시작하면 억제하기 힘든 물질로 화약, 폭약의 원료로 쓰이는 것이 많다.

例 질산 에스테르류, 셀룰로이드류, 니트로화합물

(6) 제6류 위험물

강산류, 강한 산화력이 있고 물과 접촉하여 현저하게 발열하거나 금속과 심하게 반응하여 부식성을 나타내는 물질로 크롬산무수물, 황산무수물을 제외하고는 전부 액체이다.

例 발열질산, 농질산, 발연황산, 농황산, 무수황산, 클로로술폰산, 무수클롬산

핵 심 문 제

01 가스화재 시 밸브 및 코크를 잠그는 경우 어떤 소화 효과를 기대할 수 있는가?

㉮ 질식소화

㉯ 제거소화

㉰ 냉각소화

㉱ 억제소화

02 소화약제로서 물이 가지는 성질에 대한 설명 중 옳지 않은 것은?

㉮ 기화잠열이 작다.

㉯ 비열이 크다.

㉰ 물은 극성공유결합을 하고 있다.

㉱ 가장 주된 소화효과는 냉각소화이다.

03 다음 [보기]는 가스의 화재 중 어떤 화재에 해당하는가?

> • 누출 후 액상으로 남아 있는 LPG에 점화되면 일어난다.
> • 고농도의 LPG가 연소되는 것으로 주위의 공기부족으로 인하여 검은 연기를 유발한다.

㉮ 풀 화재(pool fire)

㉯ 제트 화재(jet fire)

㉰ 플래시 화재(flash fire)

㉱ 드래프트 화재(draft fire)

04 가연성 혼합가스에 불활성 가스를 주입하여 산소의 농도를 최소산소농도(MOC) 이하로 낮게 하는 공정은?

㉮ 릴리프(relief)

㉯ 벤트(vent)

㉰ 이너팅(inerting)

㉱ 리프팅(lifting)

해 설

[해설] **02**
물은 비열과 기화잠열(증발잠열)이 크기 때문에 소화약제로 이용한다.

[해설] **03**
① 풀 화재 : 용기 내에 발생한 화염으로부터 열이 액면에 전달되어 액온이 상승하고 동시에 증기를 발생하고 이것이 공기와 혼합하여 확산연소가 일어나는 화재
② 플래시 화재 : LPG는 누출 즉시 기화하게 되며 점화원에 의해 기화된 증기가 연소되어 화재가 발생된 현상
③ 제트 화재 : 고압의 LPG가 누출시 주위의 점화원에 의하여 점화되어 불기둥을 이루어 연소하는 화재

[해설] **04**
이너팅
산소농도를 안전한 농도로 낮추기 위하여 불활성 가스를 용기에 주입하는 공정

정답

01. ㉯ 02. ㉮ 03. ㉮

04. ㉰

05 불활성화 방법 중 용기의 한 개구부로 불활성가스를 주입하고 다른 개구부로부터 대기 또는 스크러버로 혼합가스를 축출하는 퍼지방법은?

㉮ 진공 퍼지
㉯ 압력 퍼지
㉰ 스위프 퍼지
㉱ 사이폰 퍼지

06 프로판가스에 대한 최소산소농도값(MOC)를 추산하면 얼마인가? (단, C_3H_8의 폭발하한치는 2.1V%이다.)

㉮ 8.55
㉯ 9.5%
㉰ 10.5%
㉱ 11.5%

07 불활성(Inerting)란 가연성 혼합가스에 불활성 가스를 주입하여 산소의 농도를 연소를 위한 최소산소농도(MOC) 이하로 하는 공정을 말한다. 다음 중 이너트 가스로 사용하지 않는 것은?

㉮ 질소
㉯ 이산화탄소
㉰ 수증기
㉱ 일산화탄소

해 설

해설 **05**
퍼지방법의 종류 및 특징
① 진공 퍼지 : 용기를 진공으로 하고 불활성가스를 주입하여 대기 압력과 같게 한다.
② 압력 퍼지 : 용기를 불활성가스를 주입하여 가압한 후 가압된 불활성가스가 용기 내에서 충분히 확산된 후 그것을 대기 중으로 방출한다.
③ 스위프 퍼지 : 용기의 한 개구부로부터 불활성가스를 가하고, 다른 개구부로부터 대기로 혼합가스를 용기에서 배출시킨다.
④ 사이폰 퍼지 : 용기에 액체(물)을 채운 후 액체가 용기로부터 드레인 될 때 불활성가스를 용기에 증기공간에 주입한다.

해설 **06**
최소산소농도값(MOC)
MOC=폭발하한치
$\times \dfrac{\text{산소의몰수}}{\text{연료의몰수}}$
① 프로판의 완전연소식
$C_3H_8 + 5O_2 \rightarrow 3CO_2 + 4H_2O$
② MOC=$2.1 \times \dfrac{5}{1}$=10.5%

해설 **07**
폭발을 방지하기 위하여 불활성가스인 이너트 가스를 주입하며 가연성가스인 일산화탄소는 주입하면 안된다.

05. ㉰ 06. ㉰ 07. ㉱

정답

01. 다음은 소화의 원리에 대한 설명이다. 틀린 것은?

㉮ 연소 중에 있는 물질의 표면을 불활성 가스로 덮어 씌워 가연성 물질과 공기를 분리시킨다.

㉯ 연소 중에 있는 물질에 물이나 특수 냉각제를 뿌려 온도를 낮춘다.

㉰ 연소 중에 있는 물질에 공기를 많이 공급하여 혼합기체의 농도를 높게 한다.

㉱ 가연성 가스나 가연성 증기의 공급을 차단시킨다.

[해설] ㉮항 질식소화, ㉯항 냉각소화, ㉱항 제거소화

02. 유류화재를 B급 화재라 한다. 이때 소화약제로 쓰이는 것은?

㉮ 건조사, CO가스

㉯ 불연성 기체, 유기소화제

㉰ CO_2, 포, 분말약제

㉱ 봉상주수, 산, 알칼리

[해설] 화재의 종류
① A급 화재
  ㉮ 일반 가연물의 화재이며 목재, 종이 등
  ㉯ 소화제는 물 또는 수용액이 사용된다.
  ㉰ 백색으로 표시한다.
② B급 화재
  ㉮ 인화성 물질, 즉 유류화재를 말한다.
  ㉯ 소화제는 포말, 할로겐화합물, CO_2, 분말소화제를 사용한다.
  ㉰ 황색으로 표시한다.
③ C급 화재
  ㉮ 전기합선에 의한 전기화재이다.
  ㉯ 소화제는 불연성 기체인, CO_2, 분말소화제를 사용한다.
  ㉰ 청색으로 표시된다.
④ D급 화재
  ㉮ 금속 화재이며 마그네슘(Mg), 알루미늄(Al)분말 화재이다 (위험물관리법상 제3류 위험물과 제2류 위험물 중 금속분 해당).
  ㉯ 소화제는 건조사를 사용한다.

03. 다음 중 소화방법에 속하지 않는 것은?

㉮ 질식소화   ㉯ 산화소화
㉰ 제거소화   ㉱ 냉각소화

[해설] 소화방법
질식소화, 냉각소화, 제거소화, 억제소화, 희석소화 등

04. 소화제로 물을 사용하는 이유는?

㉮ 기화잠열이 크기 때문이다.
㉯ 산소를 잘 흡수하기 때문이다.
㉰ 연소하지 않기 때문이다.
㉱ 취급이 간단하기 때문이다.

[해설] 물을 소화제로 사용하는 경우
기화잠열(증발잠열)과 비열이 크기 때문

05. 가스화재시 밸브 및 콕을 잠그는 경우의 소화방법은?

㉮ 질식소화   ㉯ 제거소화
㉰ 냉각소화   ㉱ 억제소화

[해설] 제거소화
가연물의 공급을 차단시켜 소화하는 방법

06. 공기를 차단하여 화염에서 나오는 복사열을 차단시키는 효과가 있고 발생기수소나 수산화기와 결합하여 화염의 연쇄전파 반응을 중단시키는 소화제는?

㉮ 물

㉯ 탄산가스

㉰ 드라이케미컬 분말

㉱ 할론

[해설] ㉰ : 분말소화기

07. 고압가스 저장탱크 부근에서 화재가 발생하여 저장탱크가 화염을 받아 가열되고 있는 경우 긴급처리 방법은?

㉮ 탱크에 포말 소화기를 뿌린다.

㉯ 살수장치를 작동시켜 탱크에 물을 뿌려 냉각 시킨다.

㉰ 탱크에 분말소화기를 뿌린다.

㉱ 탱크에 살수장치를 작동시켜 탱크가 온도 상승 하는 것을 방지하고 포말소화기를 뿌린다.

[해설] 고압가스탱크부근에 화재가 발생하였으므로 살수하여 탱크의 온도 상승을 방지하고 포말소화기 등 적합한 소화약제를 방사한다.

08. 다음은 연소를 위한 최소산소량(Minimum Oxygen for combustion, MOC)에 관한 사항이다. 옳은 것은?

㉮ 가연성 가스의 종류가 같으면 함께 존재하는 불연성 가스의 종류에 따라 MOC 값이 다르다.

㉯ MOC를 추산하는 방법 중에는 가연성 물질의 연소상한계값(H)에 가연성 1몰이 완전연소 할 때 필요한 과잉 산소의 양론계수값을 곱하여 얻는 방법도 있다.

㉰ 계 내에 산소가 MOC 이상으로 존재하도록 하기 위한 방법으로 불활성 기체를 주입하여 계의 압력을 상승시키는 방법이 있다.

㉱ 가연성 물질의 종류가 같으면 MOC값도 다르다.

09. 산소농도를 어떤 농도 이하로 유지하여 폭발의 발생을 방지하는 한계산소농도를 뜻하는 용어는?

㉮ BOC   ㉯ NOC

㉰ FOC   ㉱ MOC

[해설] 한계산소농도(MOC)=산소몰수×폭발하한값

10. 가스사고 중 가장 큰 원인이 되는 것은?

㉮ 불량 제품   ㉯ 취급 부주의

㉰ 불법, 고의   ㉱ 시설 미비

[해설] 통계적으로 가스사고 중 취급부주의가 가장 큰 비중을 차지한다.

11. 다음은 화재 및 폭발시의 피난대책을 기술한 것이다. 잘못 기술된 것은?

㉮ 폭발시에는 급히 복도나 계단에 있는 방화문을 부수어 내부 압력을 소멸시켜 주어야 한다.

㉯ 옥외의 피난 계단은 방의 창문에서 나오는 화염을 받지 않는 위치에 놓아야 한다.

㉰ 필요시에는 완강대를 설치, 운영해야한다.

㉱ 피난통로나 유도등을 설치해야 한다.

12. 위험한 증기가 있는 곳의 장치에 정전기를 해소시키기 위한 방법이 아닌 것은?

㉮ 접속 및 접지   ㉯ 이온화

㉰ 증습   ㉱ 가압

[해설] 정전기의 발생 완화대책
① 접지와 본딩 실시
② 절연체에 도전성을 갖게 한다.
③ 상대습도를 70% 이상 유지
④ 정전의 정전화를 착용하여 대전 방지
⑤ 폭발성 혼합가스 생성 방지

13. 정전기 발생에 대한 위험성을 감소시키기 위하여 유지하는 상대습도는 몇 % 이상인가?

㉮ 20   ㉯ 30

㉰ 45   ㉱ 70

[해설] 정전기 제거조치
① 접지시킨다.
② 상대습도를 높인다(70% 이상).
③ 공기를 이온화시킨다.

07. ㉱   08. ㉮   09. ㉱   10. ㉯   11. ㉮   12. ㉱   13. ㉱   **정답**

14. 다음 위험성을 나타내는 성질에 관한 설명으로 옳지 않은 것은?

㉮ 비등점이 낮으면 인화의 위험성인 높아진다.

㉯ 유지, 파라핀, 나프탈렌 등 가연성 고체는 화재시 가연성 액체로 되어 화재를 확대한다.

㉰ 물과 혼합되기 쉬운 가연성 액체는 물과의 혼합에 의해 증기압이 높아져 인화점이 낮아진다.

㉱ 전기 전도도가 낮은 인화성 액체는 유동이나 여과시 정전기를 발생하기 쉽다.

[해설] 물은 인화성이 없는 액체로서 물과 가연성 액체가 혼합하면 인화하기가 어렵다.

15. 다음 중 수분을 흡수 또는 접촉하면 발화를 일으킬 위험이 있는 것은?

㉮ 아세틸렌   ㉯ 인화칼슘

㉰ 암모니아   ㉱ 부틸알코올

[해설] $Ca_3P_2 + 6H_2O \rightarrow 2PH_3\uparrow + 3Ca(OH) + Q$

16. 다음 물질 중 공기 중의 습기를 흡수하거나 수분에 접촉되면 발열을 일으키는 것은?

㉮ 질화면   ㉯ 건성유

㉰ 활성탄   ㉱ 금속나트륨

[해설] 칼륨(K)과 나트륨(Na)은 수분과 반응하면 가연성 가스인 수소가스를 발생하고 발열한다.
$2K + 2H_2O \rightarrow 2KOH + H_2\uparrow$, $2Na + 2H_2O \rightarrow 2NaOH + H_2\uparrow$

17. 아세톤, 톨루엔, 벤젠 등 제4류 위험물이 위험물로서 분류된 이유는 무엇인가?

㉮ 물과 접촉하여 많은 열을 방출하여 연소를 촉진시킨다.

㉯ 분해시에 산소를 발생하여 연소를 돕는다.

㉰ 니트로기를 함유한 폭발성 물질이다.

㉱ 공기보다 밀도가 큰 가연성 증기를 발생시키기 때문이다.

18. 다음 중 자기 연소성 물질에 해당되지 않는 것은?

㉮ $C_6H_2(OH)(NO_2)_3$

㉯ $C_6H_7O_2(ONO_2)_3$

㉰ $C_3H_5(ONO_2)_3$

㉱ $C_6H_2(CH_3)(NO_2)_3$

19. 아지화납, TNT 등은 다음 위험물의 분류 중 어느 분류에 속하겠는가?

㉮ 폭발성 물질   ㉯ 가연성 물질

㉰ 이연성 물질   ㉱ 자연발화성 물질

[해설] 폭발성 물질=제5류 위험물

정답   14. ㉰   15. ㉯   16. ㉱   17. ㉱   18. ㉯   19. ㉮

제 **4** 과목

계측기기

• 출제경향분석

2장 계측기기의 종류와 특성에서 온도계, 유량계, 압력계, 가스미터 등이 많이 출제되는 경향이 있고, 특히 가스미터에 관한 문제는 안전관리와 가스설비 과목에도 중복되어 출제 되고 있다. 그리고 가스크로마토그래피와 자동제어에 관한 문제도 매번 2~4문제씩 출제되고 있다.

• 단원별 경향분석

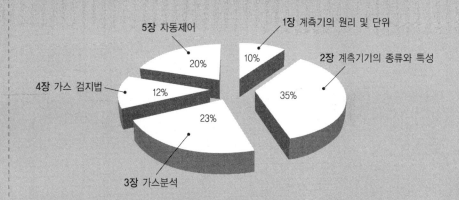

5장 자동제어 20%
1장 계측기의 원리 및 단위 10%
2장 계측기기의 종류와 특성 35%
4장 가스 검지법 12%
3장 가스분석 23%

계측기의 원리 및 단위

학습방향 계측의 기본이 되는 측정방법과 오차를 배우고, 단위와 차원을 이해함으로써 각 공식의 효율적인 학습효과를 높인다.

01 계측의 개요

(1) 계측의 목적

① 작업조건의 안정화를 꾀할 수 있다.

② 장치의 안정운전과 효율화를 증대시킨다.

③ 작업인원을 절감시킨다.

④ 작업자의 안전위생 관리를 한다.

⑤ 원료비, 인건비, 열원비 등의 변동비를 절약한다.

⑥ 내용 연수의 연장에 의한 고정비를 감소시킨다.

⑦ 조업도 및 제품의 품질을 향상시켜 생산량을 증가시킨다.

(2) 계측의 대상

① 역학량(길이, 질량, 시간) ② 전자기량

③ 열량 ④ 물질량

⑤ 광학량

(3) 계측의 구비조건

① 설치장소의 주위 조건에 대하여 내구성을 가질 것

② 견고하고 신뢰성이 높을 것

③ 구조가 간단하고 보수가 용이할 것

④ 연속측정 및 원격지시가 가능할 것

⑤ 경제적일 것

POINT

• 계측의 목적

📖 계측기의 설치 및 제어의 목적에 대해 4가지를 쓰시오.
▶ ① 안전 위생 관리
② 조업조건의 안정화
③ 조업조건의 고효율화
④ 노동력의 절감

• 계측의 구비조건

📖 계측 기기의 구비조건 3가지를 쓰시오.
▶ ① 연속측정이 가능할 것
② 구조가 간단할 것
③ 설치장소의 내구성이 있을 것

(4) 계측기의 선택

① 측정범위

② 정도

③ 측정대상 및 사용조건

④ 설치장소의 주위여건

(5) 계측기의 특성

① **정특성** : 측정량의 시간적인 변화가 없을 때 측정량의 크기와 계측기의 지시와의 대응관계를 말한다.

② **동특성** : 측정량의 변동에 대하여 계측기의 지시가 어떻게 변화하는지의 대응관계를 말한다.

POINT

• 계측기의 특성
① 정특성 : 측정량의 시간적 변화가 없을 때
② 동특성 : 측정량이 시간에 따라 변동하고 있을 때

02 계측기의 측정방법 및 구성

(1) 계측기의 측정방법

① **편위법** : **부르동관** 압력계와 같이 측정량과 관계있는 다른 양으로 변화시켜 측정하는 방법으로 정도는 낮지만 측정이 간단하다.

㉮ 용수철의 변형을 이용하여 물체의 무게를 측정하는 방법

㉯ 압력을 부르동관의 변형 상태를 이용하여 측정하는 방법

㉰ 정밀도는 낮지만 조작(측정)이 간단하다.

② **영위법** : 기준량과 측정하고자 하는 상태량을 비교 평형시켜 측정하는 방법

㉮ 천칭을 이용하여 물체의 질량을 측정한다.

㉯ 편위법 보다 정밀도가 높다.

③ **치환법** : 지시량과 미리 알고 있는 양으로부터 측정량을 나타내는 방법

㉮ 다이얼게이지를 이용하여 두께를 측정한다.

㉯ 천칭을 이용하여 물체의 질량을 측정한다.

• 계측기의 측정방법
🔒 스프링저울, 전류계, 부르동관 압력계 등에 이용되는 측정방법은?
▶ 편위법

🔒 계측기의 측정법 중 블록게이지에 이용되는 측정법은?
▶ 영위법

④ 보상법 : 측정량과 크기가 거의 같은 미리 알고 있는 양을 준비하여 측정량 과 그 미리 알고 있는 양의 차이로서 측정량을 알아내는 방법이다.

(2) 계측기의 구성

① **검출부** : 정보원으로부터 정보를 전달부나 수신부에 전달하기 위한 신호로 변화하는 부분

② **전달부** : 검출부에서 입력신호를 수신부에 전달하는 신호로 변환하거나 크기를 바꾸는 역할을 하는 부분

③ **수신부** : 검출부나 전달부의 출력신호를 받아 지시, 기록, 경보를 하는 부분

POINT

• 계측기의 구성
 ① 검출부 : 수신부에 전달하기 위한 신호
 ② 전달부 : 수신부에 전달하는 신호
 ③ 수신부 : 출력신호를 받는 부분

03 오차와 보정

(1) 오 차

① 절대오차와 상대오차

㉮ 절대오차(오차) : 측정값-참값

㉯ 상대오차 : 참값 또는 측정값에 대한 오차의 비율

$$\frac{오차}{참값(측정값)} \times 100(\%)$$

② 오차의 종류

㉮ 과오에 의한 오차 : 측정자의 부주의 과실로 생기는 오차

㉯ 우연의 오차 : 불가피한 어떤 원인에 따른 불규칙한 측정으로 나타나는 오차

㉠ 측정기 상태 불량

㉡ 측정상태의 환경

㉢ 온도, 습도, 진동수반에 따른 오차

㉣ 측정자에 따른 오차와 시차

• 오차
📖 계량기 자체 및 외부요인에서 오는 오차는?
▶ 계량기 오차

📖 평균치와 진실치의 차로 원인을 알 수 있는 오차는?
▶ 계통적 오차

📖 측정자의 과실에서 오는 오차는?
▶ 과오에 의한 오차

📖 원인을 알 수 없는 오차는?
▶ 우연 오차

㉳ 계통적 오차 : 평균측정치와 진실치와의 오차 즉 측정결과의 치우침 요인에 의한 오차

 ㉠ 측정기(계기)의 오차 : 계량기 자체 및 외부 요인에서 오는 오차

 ㉡ 환경오차 : 온도, 압력, 습도 등에 의한 오차

 ㉢ 개인오차 : 개인의 버릇으로 오는 오차

 ㉣ 이론오차 : 사용하는 공식, 계산 등으로 생기는 오차

③ 오차를 줄이는 방법

 ㉮ 측정온도 20℃, 7.6kPa 압력, 습도 58% 공업계측 표준조건으로 유지한다.

 ㉯ 정확한 측정을 위해 진동, 충격을 줄인다.

 ㉰ 측정기의 자체 정밀도를 유지해야 한다.

(2) 보정

측정값이 참값에 가깝도록 행하는 조작으로 오차와의 크기는 같으나 부호가 반대이다.

 ※ 보정=참값−측정값

04   기차와 공차

(1) 기 차

계측기가 가지고 있는 고유의 오차이며, 제작 당시에서 어쩔 수 없이 가지고 있는 계통적인 오차를 기차라 한다.

(2) 공 차

계량기가 가지고 있는 기차의 최대허용한도를 관습 또는 규정에 의하여 정한 것을 공차라 한다.

① **검정공차** : 계량기의 제작, 수리, 수입시에 정확한 계량기의 공급을 위해 국가에서 행하는 검사 중 기차검사에 있어서 계량법으로 정한 범위 내 최대 한도의 공차가 검정공차이다.

② **사용공차** : 계량기의 사용시 계량법에서 허용하는 오차의 최대한도가 사용 공차이다. 즉, 수용가에 부착되어 있는 사용 중인 가스미터의 허용기차로 보통 ±4% 이내로 규정하고 있다(가스미터의 공차는 검정공차의 1.5배 이다.).

※ 검정검사에는 외관검사, 구조검사, 기차검사가 있다.

05 정도와 감도

(1) 정 도

계측기의 측정 결과에 대한 신뢰도를 수량적으로 표시한 척도

(2) 감 도

계측기가 측정량의 변화에 민감한 정도를 나타내는 값

① 감도가 좋으면 측정시간이 길어지고 측정범위는 좁아진다.

② 감도 $= \dfrac{\text{지시량의 변화}}{\text{측정량의 변화}}$

즉, 측정량의 변화에 대한 계측기가 받는 지시량의 변화

06 계측기기의 단위 및 차원

(1) 단위(unit)

측정의 기준이 되는 양을 정의하고 그 양을 정량적으로 나타내기 위한 척도를 말한다.

POINT

• 감도
[문] 감도가 좋아지면 측정시간과 측정범위는 어떻게 되는가?
▶ ① 측정시간 : 길어진다.
② 측정범위 : 좁아진다.

① 단위의 분류

㉮ 기본단위 : 물리량을 나타내는 기본적인 단위를 말한다.

길이	질량	시간	전류	물질량	온도	광도
m	kg	sec	A	mol	K	cd

㉯ 유도단위 : 기본단위를 기준으로 하여 물리적 법칙 정의에 의해서 파생 유도된 단위를 말한다.

넓이	체적	가속도	일	열량	유량
m^2	m^3	m/sec^2	$kgf \cdot m$	kcal	m^3/sec

㉰ 보조단위 : 기본단위 및 유도단위의 배량 또는 분량을 표시하는 단위이다 1m의 1,000배가 되는 것은 1km, 또는 100분의 1은 1cm라고 하는 것을 보조단위라 한다.

㉱ 특수단위 : 특수한 계량의 용도에 쓰이는 단위로서 점도, 경도, 충격치, 인장강도, 압축강도, 입도, 습도, 비중, 내화도, 굴절도 등이 있다

② 단위계의 종류

㉮ 절대단위계

㉠ CGS 단위계 : 길이, 질량, 시간의 기본단위를 cm, g, sec로 하여 물리량의 단위를 유도하는 단위계

㉡ MKS 단위계 : 길이, 질량, 시간의 기본단위를 m, kg, sec로 하여 물리량의 단위를 유도하는 단위계

㉯ 중력단위계(공학단위계) : 길이, 힘, 시간의 기본단위를 m, kgf, sec로 하여 물리량의 단위를 유도한다.

㉰ 국제단위계(SI단위) : 힘을 N(Newton)으로 정의한다.

(2) 차원(dimensions)

차원은 모든 물질의 물리량을 표시하는 방법으로 질량, 중량, 시간을 기본차원이라고 하며 기본차원에서 유도되는 차원을 유도차원이라 한다.

① 절대단위계 기본차원 : 질량(M), 길이(L), 시간(T)

② 중력단위계 기본차원 : 힘(F), 길이(L), 시간(T)

■ 물리량의 단위와 차원

단 위	양	차원	MKS 단위계	FPS 단위계
기본단위	힘·무게	F	Kgf	Lbf
	질량	M	Kg	Lb
	길이	L	m·cm	in·ft
	시간	T	sec·hr	sec·hr
유도단위	밀도	ML^{-3}	Kg/m^3	Lbf/ft^3
	압력	FL^{-2}	Kgf/cm^2, Kgf/m^2	Lbf/ft^2, Lbf/in^2
	일	FL	Kgf·m	Lbf·ft
	점도	$ML^{-1}T^{-1}$	Kg/m·sec	Lb/ft·sec
	동력	FLT^{-1}	kgf·m/sec	Lbf·ft/sec

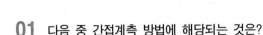
01 다음 중 간접계측 방법에 해당되는 것은?

㉮ 압력은 분동식 압력계로 측정
㉯ 질량을 천칭으로 측정
㉰ 길이를 줄자로 측정
㉱ 압력을 부르동관 압력계를 측정

02 스프링식 저울로 무게를 측정할 경우 다음 중 어떤 방법에 속하는가?

㉮ 치환법
㉯ 보상법
㉰ 영위법
㉱ 편위법

03 감도(sensitivity)에 대한 설명으로 틀린 것은?

㉮ 감도가 좋으면 측정 시간이 길어진다.
㉯ 감도가 좋으면 측정 범위가 좁아진다.
㉰ 정밀한 측정을 위해서는 감도가 좋은 측정기를 사용해야 한다.
㉱ 측정량의 변화를 지시량의 변화로 나누어 준 값이다.

04 계측기 고유 오차의 최대 허용 한도를 무엇이라고 하는가?

㉮ 오차
㉯ 공차
㉰ 기차
㉱ 편차

05 강(Steel)으로 만들어진 자(Rule)로 길이를 잴 때 자가 온도의 영향을 받아 팽창, 수축함으로서 발생하는 오차로 측정 중 온도가 높으면 길이가 짧게 측정되며 온도가 낮으면 길이가 길게 측정되는 오차를 무슨 오차라 하는가?

㉮ 과오에 의한 오차
㉯ 측정자의 부주의로 생기는 오차
㉰ 우연오차
㉱ 계통적 오차

해 설

[해설] 01
간접 측정
다른 양을 측정하여 그 양으로 측정값을 구하는 방식(예로서 공의 지름을 측정하여 공의 부피 계산이나 압력을 부르동관 압력계를 측정 등)

[해설] 02
편위법
스프링식 저울로 무게를 측정할 경우와 같이 측정할 양을 변화기 등에 따라 지시계의 값으로 고쳐 읽어내는 방법

[해설] 03
감도=지시량의 변화/측정량의 변화

[해설] 05
계통적 오차
측정값에 어떤 영향(온도, 압력)을 주는 원인에 의하여 발생하는 오차

정답
01. ㉱　02. ㉱　03. ㉱
04. ㉯　05. ㉱

06 점도의 차원은? (단, 차원기호는 M : 질량, L : 길이, T : 시간이다.)

㉮ MLT^{-1}

㉯ $ML^{-1} T^{-1}$

㉰ $M^1 LT^{-1}$

㉱ $M^1 L^{-1} T$

07 국제단위계(SI단위계)(The International System of Unit)의 기본단위가 아닌 것은?

㉮ 길이[m]

㉯ 압력[Pa]

㉰ 시간[s]

㉱ 광도[cd]

08 다음 중 SI계의 기본단위에 해당하지 않은 것은?

㉮ 광도(cd)

㉯ 열량(kcal)

㉰ 전류(A)

㉱ 물질량(mol)

해 설

[해설] **06**

점도 $= \dfrac{M}{LT}$ $(kg/m \cdot s)$

[해설] **07**

SI단위계에서 기본단위$(m \cdot kg \cdot sec)$와 유도단위$(N,\ Pa,\ W,\ Hz)$가 있다.

[해설] **08**

유도단위 : 열량(kcal)

06. ㉯   07. ㉯   08. ㉯   **정답**

01. 계측기의 설치 및 제어의 목적에 해당되지 않는 것은?

㉮ 안전위생관리

㉯ 조업조건의 단순화

㉰ 조업조건의 안정화

㉱ 조업조건의 고효율화

[해설] 계측기의 설치 및 제어의 목적
① 안전위생관리
② 조업조건의 안정화
③ 조업조건의 고효율화
④ 노동력의 절감 등

02. 다음 중 계측기의 구비조건에 해당되지 않는 것은?

㉮ 견고하고 신뢰성이 있어야 한다.

㉯ 경제성이 있어야 한다.

㉰ 정도가 높아야 한다.

㉱ 연속측정과는 무관하다.

[해설] 계측기기의 구비조건
① 연속측정이 가능할 것
② 구조가 간단할 것
③ 설치장소의 내구성이 있을 것

03. 측정량이 시간에 따라 변동하고 있을 때 계기의 지시값은 그 변동에 따를 수 없는 것이 일반적이며 시간적으로 처짐과 오차가 생기는데, 이 측정량의 변동에 대하여 계측기의 지시가 어떻게 변하는지 대응관계를 나타내는 계측기의 특성을 의미하는 것은?

㉮ 정특성

㉯ 동특성

㉰ 계기특성

㉱ 고유특성

[해설] ① 정특성 : 측정량이 시간적인 변화가 없을 때 측정량의 크기와 계측기의 지시와의 대응관계를 말한다.
② 동특성 : 측정량의 변동에 대하여 계측기의 지시가 어떻게 변하는지의 대응관계를 말한다.

04. 계측기의 특성이 시간적 변화가 작은 정도를 나타내는 용어는?

㉮ 안정성

㉯ 내산성

㉰ 내구성

㉱ 신뢰도

05. 다음 계량기 중에서 검정계량기가 아닌 것은?

㉮ 저울

㉯ 순간식 유량계

㉰ 가솔린 미터

㉱ 탱크로리

[해설] 순간 유량을 측정하는 유량계는 법정계량기에 속하지 않는다.

06. 다음에서 계측기 측정의 특징에 대한 설명으로 옳은 것으로만 나열된 것은?

① 편위법 : 정밀도는 낮지만 조작이 간단하다.
② 영위법 : 천칭을 이용하여 질량을 측정한다.
③ 치환법 : 지시량과 미리 알고 있는 양으로부터 측정량을 알아낸다.
④ 보상법 : 스프링식 저울로 무게를 단다.

㉮ ①, ②

㉯ ①, ③, ④

㉰ ②, ③

㉱ ①, ②, ③

[해설] 측정방법
① 편위법 : 부르동관 압력계와 같이 측정량과 관계있는 다른 양으로 변환시켜 측정하는 방법으로 정도는 낮지만 측정이 간단하다.
② 영위법 : 기준량과 측정하고자 하는 상태량을 비교 평형시켜 측정
③ 치환법 : 지시량과 미리 알고 있는 양으로부터 측정량을 나타내는 방법
④ 보상법 : 측정량과 크기가 거의 같은, 미리 알고 있는 양을 준비하여 측정량과 그 미리 알고 있는 양의 차이로써 측정량을 알아내는 방법

정답 01. ㉯ 02. ㉱ 03. ㉯ 04. ㉮ 05. ㉯ 06. ㉱

07. 편위법에 의한 계측기가 아닌 것은?

⑦ 스프링 저울
㉯ 부르동관 압력계
㉰ 전류계
㉬ 화학천칭

해설 편위법
측정할 양을 변환기 등에 따라 지시계의 값으로 고쳐 읽어내는 방법
① 직접적이고 간편하다.
② 고정도 측정에는 적합하지 않다.
③ 스프링저울, 부르동관 압력계, 전류계의 계측기

08. 계측기의 측정법 중 블록게이지에 이용되는 측정법은?

⑦ 보상법　　　　㉯ 편위법
㉰ 영위법　　　　㉬ 치환법

해설 영위법
기준량과 측정하고자 하는 상태량을 비교 평형시켜 측정하는 방법
① 편위법보다 정밀도가 높다.
② 블록게이지(무눈금게이지)에 이용

09. 측정 방법 중 간접 측정에 해당하는 것은?

⑦ 저울로 물체의 무게를 측정
㉯ 시간과 부피로서 유량을 측정
㉰ 블록 게이지로 작은 길이를 측정
㉬ 천평칭과 분동으로서 질량을 측정

해설 계측 방법에는 직접 계측 방법과 간접 계측 방법이 있으며 또 영위법, 편위법, 치환법, 보상법으로 계측하는 방법이 있다.

10. 계량법상 공차의 종류 중 대표적인 것은 어느 것인가?

⑦ 일반계량기의 검정공차와 기준기 검정 공차
㉯ 상품공차와 사용공차
㉰ 검정공차와 상품공차
㉬ 검정공차와 사용공차

해설 공차(公差)
계측기 고유오차의 최대 허용한도를 사회규범, 규정에 정한 것
① 검정공차 : 정확한 계량기의 공급을 위해 국가기관에서 행하는 검정을 받을 때의 허용기차
② 사용공차 : 계량기 사용시 계량법에서 허용하는 오차의 최대한도이다(가스미터의 공차는 ±4%이다).

11. 계량기 자체가 가지고 있는 오차 정도를 무엇이라 하는가?

⑦ 사용공차　　　　㉯ 측정공차
㉰ 검정공차　　　　㉬ 간접공차

12. 계량계측기의 교정을 나타내는 말은?

⑦ 지시값과 참값을 일치하도록 수정하는 것
㉯ 지시값과 오차값의 차이를 계산하는 것
㉰ 지시값과 참값의 차이를 계산하는 것
㉬ 지시값과 표준기의 지시값 차이를 계산하는 것

13. 최대 유량이 1/5 이상, 4/5 미만시 검정공차는 몇 %인가?

⑦ ±1.5%　　　　㉯ ±2%
㉰ ±2.5%　　　　㉬ ±3%

해설

유량	검정공차
최대 유량의 1/5 미만(20% 미만)	±2.5%
최대 유량의 1/5~4/5(20~80%)	±1.5%
최대 유량의 4/5 이상(80% 이상)	±2.5%

14. 다음 중 히스테리 오차라고 생각되어지는 것은?

⑦ 주위의 압력과 유량
㉯ 주위의 온도
㉰ 주위의 습도
㉬ 측정자 눈의 높이

15. 다음 중 고유오차에 해당되는 것은?

㉮ 기차(器差)　　　㉯ 히스테리시스차

㉰ 이론오차　　　　㉱ 개인오차

[해설] ㉮항 기차(器差) : 측정기의 표시값에서 참값을 끌어낸 값으로 주로 고유오차이다(instrumental error)
㉯항 히스테리시스차(hysteresis) : 시차(示差) 또는 반복오차이다.
㉰항 이론오차 : 블록게이지의 열팽창에 의한 오차
㉱항 개인오차(personal error) : 측정자의 품성(버릇)으로 생기는 오차

16. 다음 오차의 종류 중 원인을 알 수 있는 오차에 해당되지 않은 것은?

㉮ 과오에 의한 오차

㉯ 계량기 오차

㉰ 계통오차

㉱ 우연오차

[해설] 오차의 종류
① 계량기 오차 : 계량기 자체 및 외부 요인에서 오는 오차
② 계통적인 오차 : 평균치와 진실치의 차로 원인을 알 수 있는 오차
③ 과오에 의한 오차 : 측정자의 부주의와 과실에 의한 오차
④ 우연오차 : 원인을 알 수 없는 오차

17. 발생원인을 알고 있는 오차로서 보정에 의하여 측정값을 바르게 할 수 있는 것은?

㉮ 오차율　　　　㉯ 계통적인 오차

㉰ 우연오차　　　㉱ 착오

[해설] ① 계통적인 오차 : 평균값과 진실값의 차가 편위로 원인을 알 수 있고 이를 제거할 수 있다(개인오차, 환경오차, 이론(방법)오차, 계기오차 등).
② 착오(mistake) : 측정자가 상태, 기본 등으로 눈금을 잘못 읽거나 기록을 잘못하는 경우에 발생하는 것이다.

18. 다음 중 계통오차가 아닌 것은?

㉮ 계기오차　　　㉯ 환경오차

㉰ 우연오차　　　㉱ 이론오차

[해설] 계통오차
계기오차, 환경오차, 이론오차, 개인오차

19. 계측기의 정밀도를 합리적으로 나타내는 방법은?

㉮ 산술적 평균치

㉯ 표준편차

㉰ 잔차

㉱ 편차의 절대적 크기

[해설] 정밀도(精密度)는 동일시료를 동일 계기로서 몇 번을 측정하여도 측정값이 일정하지 않다. 이 일치하지 않는 작은 정도(程度)를 정밀도라 하며 산술적 평균치로 나타낸다.

20. 감도(Sensitivity)에 대한 설명으로 틀린 것은?

㉮ 감도가 좋으면 측정 시간이 길어진다.

㉯ 감도가 좋으면 측정 범위가 좁아진다.

㉰ 일정한 지시량의 변화를 주는 측정 대상량의 변화이다.

㉱ 측정량의 변화를 지시량의 변화로 나누어 준 값이다.

[해설] ① 감도가 좋으면 측정시간이 길어지고 측정범위가 좁아진다.
② 감도 = $\dfrac{\text{지시량의 변화}}{\text{측정량의 변화}}$

21. 다음 감도를 표시한 것 중 옳지 않은 것은?

㉮ $\dfrac{\text{측정량 변화}}{\text{지시량의 변화}}$

㉯ $\dfrac{\text{지시량의 변화}}{\text{측정량의 변화}}$

㉰ 감도가 좋으면 측정시간이 길어지고 측정범위는 좁아진다.

㉱ 계측기의 한 눈금에 대한 측정량의 변화를 감도로 표시한다.

22. 다음 보기 중 기본단위에 속하지 않는 것은?

㉮ 광도(Cd) 　　　㉯ 시간(sec)

㉰ 부피(m^3) 　　　㉱ 전류(A)

해설 ① 기본단위 : 길이(m), 질량(kg), 온도(K), 시간(sec), 전류(A), 광도(Cd), 물질량(mol)
② 부피(m^3)＝유도단위

23. 다음 중 온도의 기본단위와 물의 삼중점 온도가 알맞게 표현된 것은?

㉮ ℃, 273.15°K

㉯ °K, 273.16°K

㉰ °R, 460°R

㉱ °F, 273.15°R

해설 온도의 기본단위는 °K, 물의 삼중점은 273.16°K

24. 다음 설명에 부합되는 단위의 종류는?

보기

물리학에 기준한 법칙에 의거하여 만들어진 단위이며, 기본단위가 기준값이 되는 단위

㉮ 보조단위 　　　㉯ 기본단위

㉰ 특수단위 　　　㉱ 유도단위

25. 다음 중 특수단위에 속하지 않는 것은?

㉮ 속도 　　　㉯ 인장강도

㉰ 습도 　　　㉱ 내화도

해설 ① 특수단위 : 습도, 인장강도, 내화도, 입도
② 속도(m/s)는 유도단위

계측기기의 종류와 특성

학습방향 각 계측기기의 종류에 따른 측정방법과 원리 및 특징을 배운다.

01 온도계

(1) 온도 측정

계량법에 의한 국제 실용 눈금의 정의 정점

분 류	정의 정점	섭씨 0(℃)	켈빈(K)
기준정점	물의 3중점	0.01	273.16
1atm	수증기의 응축 온도	100	373.15

(2) 온도의 측정방법

온도의 측정방법으로는 접촉방법과 비접촉 방법으로 분류한다.

① **접촉 방식** : 온도를 측정하고자 하는 물체에 온도계를 접촉시켜 물리적인 변화를 가지고 온도를 측정한다.

㉮ 열팽창을 이용하는 방법

　㉠ 고체 팽창 이용 : 금속막대, 금속코일, 바이메탈 등을 사용한다.

　㉡ 액체 팽창 이용 : 알코올, 톨루엔, 펜탄 등을 사용한다.

　㉢ 기체 팽창 이용 : 정압식과 정용식을 이용한다.

㉯ 전기 저항 변화를 이용하는 방법

　㉠ 금속 저항 변화 이용 : 금속 저항 온도계(백금, 구리, 니켈 온도계)

　㉡ 반도체 저항 변화 이용 : 서미스터 저항계

㉰ 열기전력을 이용하는 방법

　• 금속 열전대 : 백금-로듐 온도계, 철-콘스탄탄 온도계, 동-콘스탄탄 온도계

㉱ 물질의 상태 변화를 이용하는 방법 : 용융점, 비등점, 증기압을 이용한다.

POINT

• 온도의 측정방법

📖 바이메탈 온도계의 측정방법은?
▶ 열팽창을 이용

📖 서미스터 온도계의 측정법은?
▶ 전기저항변화를 이용

📖 열전대온도계의 측정법은?
▶ 열기전력을 이용

📖 제게르 콘의 측정법은?
▶ 물질의 상태변화를 이용

② 비접촉 방식 : 측정하고자 하는 물체에 온도계를 직접 접촉시키지 않고 물체에서 방사하는 열복사의 강도를 측정하여 온도를 측정하는 방법으로 주로 고온의 측정에 이용된다.

  ㉮ 완전 방사를 이용하는 방법
    ㉠ 전방사 에너지 이용 : 방사온도계
    ㉡ 특정파장을 이용 : 광전광식 온도계
    ㉢ 단일파장을 이용 : 광고온도계
  ㉯ 착색물체를 이용하는 방법 : 색온도계, 서머 컬러 온도계 등이 있다.

■ 측정 방법에 따른 분류

분 류	측정원리	종 류
접촉식온도계	열팽창을 이용	유리제봉상온도계, 바이메탈온도계, 압력식 온도계
	열기전력을 이용	열전대온도계
	저항변화이용	저항온도계, 서미스터
	상태변화이용	제게르 콘, 서모컬러
비접촉식온도계	전방사 에너지이용	방사온도계
	단파장 에너지이용	광고온도계, 광전관온도계, 색온도계

(3) 온도계의 종류와 특징

① 접촉식 온도계
  ㉮ 유리 온도계 : 액체의 온도에 따른 팽창을 이용한 온도계로서 수은을 봉입한 것과 유기성 액체를 봉입 한 것이 있으며 구조나 취급도 간단하다.
    ㉠ 수은 온도계
      • 측정범위 : −60~350℃
      • 모세관 현상이 작다(표면장력이 크다).
      • 정밀도가 좋다.
    ㉡ 알코올 온도계
      • 측정범위 : −100~100℃
      • 표면장력이 적어 모세관현상이 크다.

POINT

• 비접촉식 온도계

문 비접촉식 온도계의 종류 4가지를 써라.
▶ 방사온도계, 광고온도계, 광전 광식온도계, 색온도계

• 유리온도계

문 유리온도계 중 저온 측정에 많이 쓰이는 온도계는?
▶ 알코올 온도계

문 모세관 현상이 작아 정밀도가 좋은 온도계는?
▶ 수은 온도계

- 수은온도계보다 정밀도가 나쁘다.
- 저온측정에 많이 쓰인다.

㉯ 베크만 온도계

　㉠ 작은 범위의 온도차를 정밀하게 측정하는 온도계로 통상 한 눈금의 간격은 0.01℃~0.05℃ 정도이다.

　㉡ 실험용 온도계로 150℃까지 측정

㉰ 압력식 온도계(아네로이드형 온도계) : 액체, 가스, 증기 등이 온도계에 의하여 체적이 팽창하며 압력이 증가한다. 이러한 압력의 변화를 이용하여 온도를 측정한다.

　㉠ 압력식 온도계의 득징

- 진동이나 충격에 강하다
- 고온용에는 좋지 않고 낮은 온도(-40℃ 정도) 측정이 좋다.
- 연속기록, 자동제어 등이 가능하며 연속사용이 가능하다.
- 금속의 피로에 의한 이상변형과 유도관이 파열될 우려가 있다.
- 원격 온도 측정은 가능하나 외기온도에 의한 영향으로 온도지시가 느리다.

　㉡ 압력식 온도계의 종류

- 액체 팽창식 온도계
  - 원격측정(50m 정도)용으로 감도가 좋다.
  - 읽기가 쉬우며 자동제어와 연결하여 사용할 수 있으나 지시오차가 커지므로 6~15m 정도가 좋다.
  - 감온부와 계기 위치에 따른 영향이 있다
  - 사용액체 : 수은(-30~600℃), 알코올(200℃), 아닐린(400℃ 이하)
- 기체 팽창식 온도계
  - 원격측정이(50~90m) 가능하다.
  - 고온에서 모세관에 가스가 침투한다.
  - 모세관 주위온도에 영향을 받으며 감도가 약간 나쁘다.
  - 감압부 위치와 계기의 위치에 영향이 없다.
  - 사용물질 : 불활성기체(He 사용)
  - 측정온도범위 : -130~430℃ (최고 500℃)

POINT

문 초정밀 측정용으로 사용되는 온도계는?
▶ 베크만 온도계

• 압력식 온도계
문 기체 팽창식 온도계의 사용물질은?
▶ 불활성기체(He)

- 증기팽창식 온도계
  - 감온부 내부에 1/2 정도는 증기로 충만 시키고 온도 변화에 따라 포화 압력변화를 검출한다.
  - 사용액체 : 프레온(비점 −30~70℃), 에틸에테르(비점 34.6℃), 톨루렌(비점 118.8℃), 아닐린(비점 183.4℃)

④ 바이메탈 온도계
  ㉠ 선팽창 계수가 다른 2종류의 금속편을 맞붙여서 온도변화에 의한 금속편의 변형을 이용하여 측정한다.
  ㉡ 열에 의해 바이메탈이 신축작용을 할 때 온도가 지시되는 온도계이다.
  ㉢ 바이메탈의 재질은 황동과 인바강을 사용한다.
  ㉣ 측정범위 : −50~500℃
  ㉤ 정도 : ±0.5~1%이다.
  ㉥ 특징
    - 유리온도계보다 견고하다.
    - 구조가 간단하고 보수가 용이하다.
    - 사용기간이 오래되어도 변화가 적다.
    - 히스테리시스 오차가 발생되기 쉽다.
    - 보호관을 내압구조로 하면 150기압 압력용기 내의 온도를 측정할 수 있다.

⑤ 열전대 온도계 : 2종류의 금속선 양단을 고정시켜 양 접점에 온도차를 주면 이 온도차에 따른 열기전력이 발생한다(제벡효과). 이 열기전력을 직류 밀리볼트계나 전위차계에 지시시켜 온도를 측정한다.

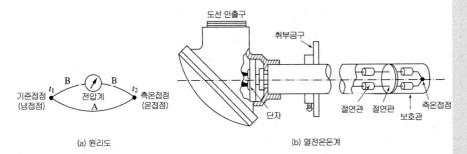

열전대의 구조

㉠ 열전대 온도계의 특징

- 정확한 온도측정
- 높은 온도, 원격측정, 연속기록, 경보 및 자동제어가 가능하다.
- 전기냉동기에 이용된다.
- 전원이 필요 없다.
- 열전대 온도계의 원리는 제백(seeback)효과를 이용한 온도계이다.
- 측정온도 : 500℃ 이상

㉡ 열전대의 구비조건

- 열기전력 특성이 안정되고 장시간 사용해도 변화가 적을 것
- 재생도가 높고 가공이 쉬워야 한다.
- 내열성이 크고 고온 가스에 대한 내식성이 있을 것
- 열전기력이 크고 온도 상승에 따라 연속적으로 상승할 것
- 전기 저항 및 온도계수, 열전도율이 작을 것

㉢ 열전대 온도계의 종류 및 특징

종 류	연속사용 온도(℃)	온도 범위 (℃)	특 징
백금-백금 로듐 PR(R형)	1,400	0~1,600	• 고온측정에 적합하다. • 내열도가 높다. • 열기전력이 적다. • 산화 분위기에 강하다. • 환원 분위기에 약하다.
크로멜-알루멜 CA(K형)	1,000	−20~1,200	• 열기전력이 크다. • 항공기, 발동기 온도 측정용이다. • 열기전력이 직선적이다. • 환원분위기에 강하다.
철-콘스탄탄 IC(J형)	750	−20~800	• 산화 분위기에 약하다. • 열기전력이 가장 크다. • 환원성 분위기에 강하다.
구리-콘스탄탄 CC(T형)	300	−200~350	• 수분에 의한 부식에 강하다. • 특히 저온용으로 사용된다. • 300℃ 이상이면 산화되기 쉽다.

POINT

문 제벡효과를 이용한 온도계는?
▶ 열전대 온도계

문 가장 높은 접촉온도를 측정할 수 있는 온도계는?
▶ 백금-백금로듐

㉣ 열전대 온도계의 구성

- 열전대 : 열기전력을 발생시킬 목적으로 2종의 도체 한쪽 끝을 전기적으로 접속시킨 것이다.
- 열접점(측온접점) : 열전대의 소선을 접합한 점으로 온도를 측정할 위치에 놓는다.
- 냉접점(기준접점) : 열전대와 도선 또는 보상도선과 접합점을 일정한 온도(0℃)로 유지하도록 한 점이다
- 보호관 : 측정장소에 열전대를 기계적, 화학적으로 보호하기 위하여 열전대를 보호관에 넣어 사용한다. 보호관의 구조나 재질은 사용온도, 압력, 내식성, 진동에 따른 기계적 강도 설치 방법 등에 따라 선정한다.

■ **보호관의 종류와 특성**

구 분	종 류	사용온도 (℃)	최고사용 온도(℃)	특 성
금속 보호관	황동관	400	650	• 내식성이 좋다. • 증기 등 저온 측정에 적당하다.
	강관	650	800	• 기계적 강도가 크다. • 내산성이 강하다.
	내열강 (Ni-Cr강)	1,000	1,200	• 내열성, 내식성, 기계적 강도가 크다. • 산화염, 환원염에도 사용 가능하다.
비금속 보호관	석영관	1,000	1,050	• 알칼리, 기계적 충격에 약하다. • 환원성가스에 기밀 유지가 어렵다. • 급냉, 급열, 산에는 강하다.
	자기관	1,450	1,750	• 고알루미나로서 Al_2O_3는 99% 이상에서 급냉, 급열에 약하다. • 응용금속 연소가스에 강하나, 급열, 급냉, 알칼리 기계적 충격에 약하다
	카보런덤관	1,600	1,700	급열, 급냉에 강하다.

- 보상도선 : 열전쌍의 단자가 고온일 때 온도변화로 인하여 발생되는 오차를 보상하기 위하여 열전쌍의 머리로부터 지시계 안에 있는 기준접점으로 이어주는 도선을 보상도선 이라 한다.

POINT

- 열전대 온도계의 구성요소=열전대, 보상도선, 열접점, 측온접점, 보호관

🔲 급열, 급냉에 강한 비금속 보호관의 종류는?
▶ 카보런덤관

- 보상도선의 재료 : 동(Cu)

- 열전대 온도계의 사용에 따른 오차 분류
  - 기준접점에 의한 것
  - 보상도선에 의한 것
  - 열전대에 의한 것

ⓑ 저항 온도계 : 금속의 전기 저항을 온도에 따라 변하며 온도상승에 따라 증가하게 된다. 따라서 온도와 전기저항과의 관계를 이용하여 저항을 측정함으로써 온도를 측정할 수 있다. 이러한 원리를 이용한 온도계를 저항 온도계라하며, 온도 측정에 사용되는 금속선을 측온저항체라 한다.

   ㉠ 측온저항체의 종류
  - 백금 측온저항체 : −200~500℃
  - 니켈 측온저항체 : −50~150℃
  - 동 측온저항체 : 0~120℃

   ㉡ 측온저항체의 구비조건(백금, 니켈, 구리)
  - 온도 변화에 따른 저항 변화가 커야 한다.
  - 온도와 저항 관계가 규칙적이고 안정할 것
  - 동일 특성의 것을 얻기 쉬울 것
  - 내식성이 클 것

   ㉢ 저항 온도계의 특징
  - 원격 측정에 적합하고 자동제어 기록 조절이 가능하다.
  - 비교적 낮은 온도(500℃ 이하)의 정밀측정에 적합하다.
  - 검출에 시간지연이 있고 측온저항체가 가늘어 진동에 단선되기 쉽다.
  - 구조가 복잡하고 취급이 어려워 측정시 숙련이 필요하다
  - 검출시간 지연이 발생될 우려가 있다
  - 공업용 또는 실험용으로 정밀한 온도 측정에는 백금 저항온도계가 쓰인다.

ⓢ 서미스터 : 온도변화에 의해 저항치가 크게 변화하는 반도체로 Ni, Co, Fe, Cu, Mn 등의 금속산화물을 혼합 압축 소결하여 만든 것으로 저항온도계의 일종이다.

   ㉠ 측정범위 : −100~300℃

   ㉡ 특징
  - 소형이어서 좁은 장소의 측온에 적당하다.

POINT

- 저항온도계
  ① 온도가 상승하면 저항치가 증가한다.
  ② 측온저항체의 종류 : 백금, 니켈, 동

- 서미스터
  ① 온도가 상승하면 저항치가 감소한다.
  ② 측온저항체 : Ni, Co, Fe, Cu, Mn 등의 금속 산화물을 압축 소결하여 만든 반도체

- 흡습 등으로 열화가 되기 쉽다.
- 금속의 10배 정도의 온도 계수를 갖는다.
- 온도 상승에 따라 저항치가 감소하는 반도체이다.
- 외부 전원이 필요하다.
- 응답속도가 빠르다.
- 수분을 흡수하면 오차가 발생한다.

② 비접촉식 온도계 : 피측정체에 온도계를 직접 접촉시키지 않고 온도를 측정할 수 있는 온도계를 말하며, 비교적 고온 측정용으로써 이동 물체의 온도 측정에 사용된다.

㉮ 측정방법
  ㉠ 피측정체 전파장 이용
  ㉡ 피측정체 특정 파장 이용
  ㉢ 단색 파장 이용

㉯ 비접촉식 온도계의 특징
  ㉠ 응답속도가 빠르다.
  ㉡ 오차 범위가 크다.
  ㉢ 방사 온도계를 제외한 700℃ 이하는 측정하기 곤란하다.
  ㉣ 내구성이 크며 표면 온도 측정에 안정하다.
  ㉤ 피측정체 온도에 열의 흡수나 열적 교란이 적다.

㉰ 비접촉식 온도계의 종류
  ㉠ 방사온도계 : 스테판 볼츠만 법칙을 적용한 것이므로 측온물체에서 전방사를 렌즈 또는 반사경으로 모아 흡수체에 받는다. 이 흡수체의 상승 온도를 열전대로 읽고 측온물체의 반사경을 아는 것이다 (측정범위 : 50~3,000℃).

$$Q = 4.88\varepsilon\left(\frac{T}{100}\right)^4 \text{(kcal/m}^2\text{h℃)}$$

  - 장 점
    - 측정시간 지연이 적다.
    - 연속측정, 기록, 제어가 가능하다.
    - 고온 및 이동물체 측정이 용이하다.
    - 피측정물에 접촉하지 않으므로 측정조건을 혼란시키지 않는다.

POINT

- 비접촉식 온도계 : 고온측정

- 방사온도계
- 🔒 스테판 볼츠만 법칙을 이용한 온도계는?
  ▸ 방사 온도계

• 단 점
    − 측정거리에 제한을 받고, 오차가 발생되기 쉽다.
    − 광로에 먼지, 연기 등이 있으면 정확한 측정이 곤란하다.
    − 수증기, 탄산가스의 흡수에 유의하여야 한다.
    − 방사율에 의한 보정량이 크고 정확한 보정이 어렵다.

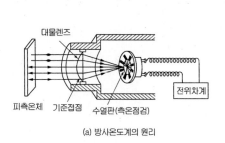
(a) 방사온도계의 원리

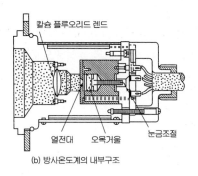
(b) 방사온도계의 내부구조

방사 온도계의 원리 및 내부구조

ⓒ 광고온도계 : 고온도의 물체로부터 방사되는 가시역 내의 특정파장 (0.65 μ 파장적외선)의 방사에너지를 온도계 속으로 통과시켜 방사에너지와 온도계 내의 전구의 휘도를 육안으로 비교하여 온도를 측정한다.

• 장점
    − 700~3,000℃의 고온도 측정에 적합하다(700℃ 이하는 측정이 곤란하다).
    − 구조가 간단하고 휴대에 편리하다.
    − 측온체의 온도를 변화시키지 않는다.
    − 움직이는 물체의 온도 측정이 가능하다.
    − 비접촉식 온도계에서 가장 정확한 온도 측정을 할 수 있다.

• 단 점
    − 700℃ 이하의 낮은 온도를 측정할 수 없다.
    − 직접 보이는 표면온도만 측정할 수 있다.
    − 빛의 흡수 산란 및 반사에 따라 오차가 생긴다.
    − 원거리 측정 경보 자동기록 또는 자동제어가 불가능하다.

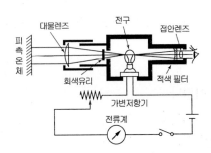

광고온도계의 측정원리 및 구조

ⓒ 광전관식 온도계 : 광고온도계가 수동이라는 단점을 보완시키고 온도계로 2개의 광전관을 배열시켜 여기에 측온물체로부터 빛과 평형용 전구의 필라멘트로부터의 빛을 넣어 양자의 휘도가 같도록 필라멘트에 흐르는 전류를 비교하여 증폭기가 가감하고, 이때 흐르는 전류로부터 온도지시를 얻는다.

- 온도의 자동제어 기록이 가능하다.
- 700℃ 이상의 측정에 용이하다(700~3,000℃).
- 응답시간이 빠르다.
- 구조가 복잡하다.

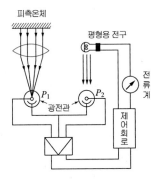

광전관 온도계의 구조

ⓓ 색온도계 : 물체가 600℃ 이상 가시광선(파장 $0.4 \sim 0.74\,\mu$)의 온도로 상승되면 발광하기 시작하여 온도가 상승함에 따라 색이 변한다는 것은 이용하여 기준색 필터에 의해 온도를 측정한다.

POINT

• 광전관식 온도계

문 광고온도계의 단점을 보완시킨 온도계는?
▶ 광전관식 온도계

※ 붉은색 필터와 푸른색 필터를 통하여 전기적으로 온도를 측정하는 것으로 자동평형색 온도계가 있다.

ⓐ 연속지시가 가능하다.

ⓑ 휴대 및 취급이 간편하나 측정이 어렵다.

ⓒ 다른 온도계보다 정확한 온도를 측정할 수 있다.

ⓓ 연기와 먼지 등에는 영향을 받지 않는다.

㉺ 기타 온도계

　㉠ 서모 컬러(thermo color) : 온도에 따라 화학변화를 일으켜 색이 변하는 성질을 가진 물질을 이용하여 측정하려는 물체의 표면에 칠하고 그 점의 온도 변화를 감지하여 온도를 측정한다.

　㉡ 제게르 콘(Seger cone) : 점토, 규석질 및 내열성의 금속산화물을 배합하여 만든 것으로 성분비율에 따라 연화, 변형하는 온도가 다른 점을 이용하여 온도를 측정한다.

　　• 측정범위 : 600~2,000℃

　　• 연화 ,변형에 영향을 주는 요소 : 가열속도, 노내 분위기, 가스유속, 가마벽의 온도

　　• 노내의 온도 측정이나 벽돌의 내화도 측정용으로 적당

POINT

• 제게르 콘

🔒 물질의 상태변화를 이용한 온도계로 주로 노내의 온도측정에 사용되는 온도계는?
▶ 제게르 콘

01 다음 온도계의 원리에 따른 연결로서 옳지 않은 것은?

㉮ 열팽창을 이용한 방법 : 바이메탈식 온도계
㉯ 전기저항 변화를 이용한 방법 : 백금·로듐온도계
㉰ 온도에 따른 체적변화를 이용한 방법 : 압력식 온도계
㉱ 물질상태 변화를 이용한 방법 : 제게르 콘 온도계

02 다음 온도계측기 중 비접촉식으로만 짝지어진 것은?

① 압력식 온도계   ② 방사 온도계
③ 전기저항 온도계   ④ 광전관식 온도계

㉮ ①, ③   ㉯ ②, ④
㉰ ①, ②   ㉱ ③, ④

03 다음 온도계와 사용가능온도 측정범위가 잘못된 것은?

㉮ 수은온도계 : −35~350℃
㉯ 바이메탈온도계 : −50~500℃
㉰ 방사온도계 : 50~3,000℃
㉱ 광고온도계 : 100~3,000℃

04 섭씨온도 25℃는 몇 R인가?

㉮ 77   ㉯ 298
㉰ 485   ㉱ 537

05 접촉법에 의해 온도를 측정하는 압력식 온도계에 대한 설명으로 틀린 것은?

㉮ 감온부, 도압부, 감압부로 구성되어 있다.
㉯ 증기압력식은 에틸에테르, 프레온 등을 사용한다.
㉰ 기체압력식은 수소, 헬륨 등 가벼운 가스를 사용한다.
㉱ 액체압력식은 수은, 아닐린, 알코올 등을 사용한다.

해 설

해설 01
저항온도계
전기저항 변화를 이용한 방법

해설 02
비접촉식 온도계
광고온도계, 방사온도계, 광전관
식온도계, 색온도계

해설 03
온도계의 사용온도 측정범위

온도계	사용온도 측정범위
수은 온도계	−35~350℃
바이메탈 온도계	−50~500℃
방사 온도계	50~3,000℃
광고 온도계	700~3,000℃

해설 04
화씨온도 $°F = \dfrac{9}{5}℃ + 32°F$
$= \dfrac{9}{5} \times 25 + 32 = 77°F$
랭킨온도
$R = 460 + 77 = 537R$

해설 05
기체압력식 온도계는 불활성 기체인 헬륨을 사용하며 모세관의 주위 온도에 영향을 받으며 감도가 나쁘다.

01. ㉯   02. ㉯   03. ㉱
04. ㉱   05. ㉰

정답

06 선팽창계수가 다른 2종의 금속을 결합시켜 온도변화에 따라 굽히는 정도가 다른 특성을 이용한 온도계는?

㉮ 유리제 온도계
㉯ 바이메탈 온도계
㉰ 압력식 온도계
㉱ 전기저항식 온도계

07 다음과 같은 사용온도범위 및 특징을 가진 저항온도계의 온도센서는?

사용범위	특 징
−200~850℃	• 사용범위가 넓다. • 안전성, 재현성이 뛰어나다. • 표준형으로 사용할 수 있을 만큼 안정되어 있다. • 고온에서 열화가 적다.

㉮ 서미스터　　　㉯ 백금
㉰ 니켈　　　㉱ 게르마늄

08 0℃에서 저항이 120Ω이고 저항온도 계수가 0.0025인 저항온도계로 어떤 로 안에 삽입하였을 때 저항이 180Ω이 되었다면 로 안의 온도는 약 몇 ℃인가?

㉮ 125　　　㉯ 200
㉰ 320　　　㉱ 534

09 서미스터(thermistor)저항체 온도계의 특징에 대한 설명으로 옳은 것은?

㉮ 온도계수가 적으며 균일성이 좋다.
㉯ 저항변화가 적으며 재현성이 좋다.
㉰ 온도상승에 따라 저항치가 감소한다.
㉱ 계량실의 시간당 최대 이론 손실유량

10 열전대온도계는 2종류의 금속선을 접속하여 하나의 회로를 만들어 2개의 접점에 온도차를 부여하면 회로에 접점의 온도에 거의 비례한 전류가 흐르는 것을 이용한 것이다. 이때 응용된 원리로서 옳은 것은?

㉮ 두 금속의 열전도도의 차이

㉯ 측온체의 발열현상

㉰ 제벡효과에 의한 열기전력

㉱ 키르히호프의 전류법칙에 의한 저항강하

11 다음 중 가장 저온에 대하여 연속 사용할 수 있는 열전대 온도계의 형식은?

㉮ T ㉯ R

㉰ S ㉱ L

[해설] 열전대 온도계의 사용온도범위

형식	열전대종류	온도범위
R	PR(백금−백금로듐)	0~1,600℃
K	CA(크로멜−알루멜)	−10~1,200℃
J	IC(철−콘스탄탄)	−20~800℃
T	CC(동−콘스탄탄)	−200~350℃

12 열기전력이 작으며, 산화 분위기에 강하나 환원 분위기에는 약하고, 고온 측정에 적당한 열전대 온도계의 단자 구성으로 옳은 것은?

㉮ 양극 : 철, 음극 : 콘스탄탄

㉯ 양극 : 구리, 음극 : 콘스탄탄

㉰ 양극 : 크로멜, 음극 : 알루멜

㉱ 양극 : 백금−로듐, 음극 : 백금

13 광고온계의 특징에 대한 설명으로 틀린 것은?

㉮ 접촉식으로는 가장 정확하다.

㉯ 약 3,000℃까지 측정이 가능하다.

㉰ 방사온도계에 비해 방사율에 의한 보정량이 적다.

㉱ 측정시 사람의 손이 필요하므로 개인오차가 발생한다.

해설

[해설] **12**

열전대온도계의 종류 및 특징

① 백금−백금로듐 : 산화성 분위기에는 침식되지 않으나 환원성에 약하며 고온측정에 적합하다(+극 : 백금로듐, −극 : 백금)

② 크로멜−알루멜 : 기전력이 크고, 특성이 안정되어 있다(+극 : 크로멜, −극 : 알루멜)

③ 철−콘스탄탄 : 환원성에 강하나 산화성에 강하며 기전력이 크다(+극 : 철, −극 : 콘스탄탄)

④ 동−콘스탄탄 : 저항 및 온도계수가 작아서 저온용에 적합하다.(+극 : 동, −극 : 콘스탄탄)

[해설] **13**

광고온도계는 방사에너지와 표준전구에서 나오는 필라멘트의 휘도를 같게 하여 표준전구의 전류 또는 저항을 측정하여 온도를 측정하는 것으로 비접촉식 온도계이다.

10. ㉰ 11. ㉮ 12. ㉱
13. ㉮

정답

02 압력계

(1) 고압장치에 쓰이는 압력계 분류

① 1차 압력계 : 액주관(마노미터) 압력계, 부유피스톤 압력계, 자유피스톤 압력계, 기준분동식 압력계

② 2차 압력계 : 부르동관 압력계, 다이어프램 압력계, 벨로우즈 압력계, 피에조 전기 압력계, 전기저항식 압력계

(2) 1차 압력계의 종류와 특징

① 액주식 압력계

㉮ 액주식 압력계에 사용되는 액체의 구비조건

㉠ 점성이 적을 것

㉡ 항상 액면은 수평으로 만들 것

㉢ 증기에 대한 밀도 변화가 적을 것

㉣ 화학적으로 안정할 것

㉤ 액주의 높이를 정확히 읽을 수 있을 것

㉥ 열팽창계수가 적을 것

㉦ 온도에 따라서 밀도 변화가 적을 것

㉧ 모세관 현상 및 표면장력이 적을 것

㉨ 휘발성 및 흡수성이 적을 것

㉯ 액주식 압력계의 종류와 특징

㉠ 단관식 압력계

- U자관 압력계의 변형용으로 상형 압력계라고도 한다.
- $\Delta P = P_1 - P_2 = rh$
- 기준압력계로서 각종압력계 및 차압계로 사용된다.

㉡ U자관 압력계

- 내부 액체는 보통 물을 사용하고 압력차가 큰 경우 수은을, 압력차가 작을 때는 기름 또는 알코올을 사용한다.

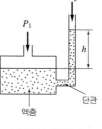

단관식 압력계

- 액주식 압력계

문 액주식 압력계는 화학적으로 안정하고 ( )적을 것. 괄호 안에 들어가는 것들은?

▶ 점성, 밀도변화, 열팽창 계수, 모세관 현상, 표면장력, 흡수성

- U자형 액면계

문 수은을 이용한 U자형 액면계의 P_2과 P_1의 압력차는?

▶ $\Delta P = rh = 13.6 \times 10^3 \times 0.2$
$= 2720 \text{kgf/m}^2$
$= 0.272 \text{kgf/cm}^2$

- $P_1 = rh + P_2$

    $\Delta P = P_1 - P_2 = rh$

- 액주의 높이차에 의한 압력 또는 차압측
    정에 사용된다.

ⓒ 경사관식 압력계

- 작은 압력을 정밀하게 측정할 수 있다.

- $\Delta P = P_1 - P_2 = rl \sin\theta$

ⓔ 액주 마노미터 : 압력계의 감도를 크게 하
    고 미소압력을 측정하기 위하여 U자관식
    압력계에 경계면이 명확한 2가지 액체를
    사용하여 차압을 측정 하는데 사용된다.

- 대기압 측정이나 저압을 측정에 많이 사용
    된다.

- 사용범위 : $0.5 \sim 30\text{mmH}_2\text{O}$

- 정도 : $\pm 0.5\%$

ⓜ 호루단형 압력계

- 유리관을 수직으로 세워 상부는 밀폐시키고 하부는 수은에 담근
    다. 그리고 관 내부는 완전진공이어야 한다.

- 수은에 압력을 작용시키면 가한 압력은 수은의 높이에 의해 압력
    이 측정된다.

- 기압계로 사용되는 기준 압력계이다.

② **침종식 압력계** : 부자의 이동거리로 압력을 측정하는 압력계로 단종 압력
    계와 복종형 압력계가 있으며 압력이 낮은 기체의 압력 측정에 적당하다.

ⓐ 복종식은 $5 \sim 30\text{mmH}_2\text{O}$, 단종식은 $100\text{mmH}_2\text{O}$ 정도의 낮은 차압측
    정이 가능하다.

ⓑ 사용액은 Hg(수은), H_2O(물) 기름 등이 사용된다.

ⓒ 아르키메데스의 원리를 이용한다.

ⓓ 진동충격의 영향이 적고 미소차압 측정이 가능하다.

ⓔ 저압가스 유량측정에 널리 사용된다.

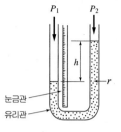

U자관식 압력계

눈금관
유리관
P_1 P_2
h
r

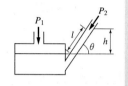

경사관식 압력계

P_1 P_2 l θ h

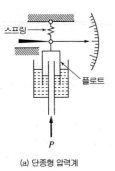

(a) 단종형 압력계

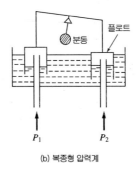

(b) 복종형 압력계

침종식 압력계의 종류

③ 환상 평형 압력계(링밸런스 압력계) : 원형의 측정실 내부에 액은 절반정도로 넣고 하부에 추를 붙여 평형 시킨다. 측정실상부에는 격벽으로 칸이 구획되어 있으며 그 격벽의 한쪽 또는 양쪽에 압력을 가하는데 따라 압력 또는 차압의 측정이 가능하다.

• 링밸런스 압력계의 압력측정 범위 25~3,000mmAg

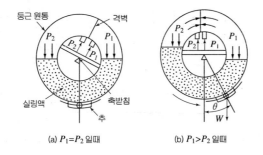

(a) $P_1=P_2$ 일때　　(b) $P_1>P_2$ 일때

링밸런스 압력계

④ 분동식 압력계 : 분동에 의해 압력을 측정하여 다른 압력계의 기준으로 사용된다.

　㉮ 분동식의 구조 : 실린더, 램, 오일탱크, 가압펌프 등으로 구성되어 있다.

　㉯ 용도 : 교정 또는 검정용 표준기로 사용된다.

　㉰ 관계식 $= \dfrac{\text{추와 피스톤의 무게}}{\text{실린더 단면적}}$

• 교정, 검정용 표준기로 사용되는 압력계
분동식 압력계

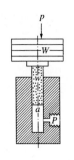

자유 피스톤형 압력계의 원리

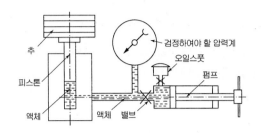

압력 시험기

(2) 2차 압력계의 종류와 특징

① 탄성식 압력계

㉮ 부르동관식 압력계

㉠ 부르동관의 재질

- 고압용 : 니켈강
- 저압용 : 황동, 인청동, 청동 등(단, 아세틸렌, 암모니아, 황화수소의 경우는 연강재를 사용한다)

㉡ 압력측정범위 : 0.2~100MPa

㉢ 정도 : ±1~2%

㉣ 부르동관 압력계의 특징

- 2차 압력계 중 가장 대표적인 것으로 부르동관에 압력이 가해지면 관의 내압이 대기압 보다 클 경우 관의 곡률반경이 커지면서 지침이 회전하여 압력을 지시한다.
- 주로 고압용으로 사용되고 정확도는 나쁘다.

㉤ 부르동관 압력계의 용도구분

- 증기보통형 : M
- 내열형 : H
- 내진형 : V
- 증기내진형 : MV
- 내열내진형 : HV

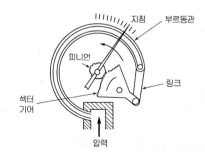

부르동관 압력계

ⓑ 사용상 주의사항

- 진동, 충격, 온도 변화가 적은 장소에 설치할 것
- 압력계의 가스를 넣거나 빼낼 때에는 조작을 서서히 할 것
- 안전장치를 설치하여 사용할 것
- 항상 검사를 받고, 지시의 정확성을 확인할 것

ⓐ 다이어프램 압력계(격막식)

ⓒ 다이어프램의 재질

- 금속막 : 베릴륨, 구리, 인청동, 스테인리스
- 비금속막 : 가죽, 특수고무, 천연고무

ⓛ 압력측정범위

- 금속막 : 0.1kPa~2MPa
- 비금속막 : 0.01~20kPa

ⓒ 다이어프램 압력계의 특징

- 부식성 유체의 측정이 가능하다.
- 점도가 큰 액체 및 고체 부유물을 포함한 유체측정, 저압측정용으로 적합하다.
- 과잉압력으로 파손되어도 위험은 적다.
- 감도가 높고 응답이 빠르다.
- 차압 측정 및 미소한 압력을 측정에 적합하다.
- 온도의 영향을 받는다.

ⓐ 벨로우즈 압력계 : 얇은 금속판으로 만들어진 원통에 파도 모양으로 주름이 만들어진 주름 등을 벨로우즈라 하며, 이 벨로우즈의 탄성을 이용하여 압력을 측정할 수 있다.

ⓒ 벨로우즈의 재질 : 인청동, 스테인리스 등

ⓛ 압력측정범위 : 0.1kPa~1MPa

ⓒ 정도 : ±1~2%

ⓐ 벨로우즈 압력계의 특징

- 압력변동에 적응성이 떨어진다.
- 유체 내의 먼지 등의 영향을 적게 받는다.
- 응답속도가 빠르고 간단한 측정범위의 변경이 가능하다.

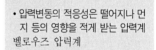

다이어프램 압력계

(그림 라벨: 피니언, 링, 섹터 기어, 격막, P)

POINT

- 점도가 큰 액체나 부식성유체 측정 및 고체부유물을 포함한 유체 측정에 사용되는 압력계 다이어프램 압력계

- 압력변동의 적응성은 떨어지나 먼지 등의 영향을 적게 받는 압력계 벨로우즈 압력계

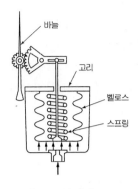

벨로스 압력계

② 전기 압력계

   ㉮ 전기 저항식 압력계 : 압력은 직접 측정하지 않고 자체 전기저항, 전압 등의 전기량으로 바꾸어 측정하는 압력계이다.

     ※ 용도 : 초고압측정에 사용된다.

   ㉯ 자기변형 압력계(스트레인 게이지) : 망가닌선을 이용한 것으로 인장이나 압축하중 등을 받을 때 전기를 흐르면 저항치값이 압력에 따라 직선적으로 변화한다(휘스톤브리시 회로를 이용). 이를 이용한 것으로 압력계 외에도 교량이나 철도레일, 구조물 등에 하중을 걸었을 때 얼마나 하중을 받는가 하는 것도 측정할 수 있으며 구조 역학 시험 등에 널리 쓰인다.

     ※ 용도 : 급격한 압력 변화를 측정하는데 사용된다.

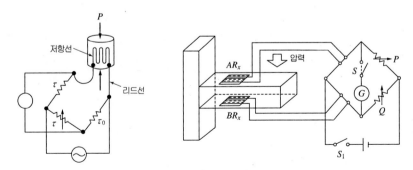

전지 저항 압력계   **스트레인 게이지**

㉰ 압전기식(피에조 압력계) : 수정이나 롯셀염 등은 외력을 받으면 전기
기전력이 발생한다. 이러한 현상을 압전 현상이라 하며 응답이 빨라
백만분의 일초 정도이며 급격한 압력 변화를 측정하는데 쓰인다.

※ 용도 : 가스폭발이나 급격한 압력 변화측정에 사용, 엔진의 지시계로
사용

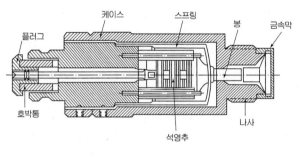

피에조 전기 압력계

핵 심 문 제

01 다음 압력이 높은 순서대로 바르게 표시된 것은? (단, 모두 절대압력이다)

㉮ $1bar < 1atm < 1kgf/cm^2$

㉯ $1atm > 1bar > 1kgf/cm^2$

㉰ $1kgf/cm^2 > 1bar > 1atm$

㉱ $1bar > 760torr > 1kgf/cm^2$

02 수은압력계를 사용하여 탱크 내의 압력을 측정한 결과 760mmHg이었다. 대기압이 750mmHg라면 절대압력은 약 몇 kPa인가?

㉮ 2.01　　　　　　㉯ 20.1

㉰ 201　　　　　　㉱ 20136

03 액주식 압력계의 구비조건 및 취급시 주의시 사항으로 가장 옳은 것은?

㉮ 온도에 따른 액체의 밀도변화를 크게 해야 한다.

㉯ 모세관현상에 의한 액주의 변화가 없도록 해야 한다.

㉰ 순수한 액체를 사용하지 않아도 된다.

㉱ 점도를 크게 하여 사용하는 것이 안전하다.

04 경사각(θ)이 30°인 경사관식 압력계의 눈금(x)을 읽었더니 60cm가 상승하였다. 이 때 양단의 차압은 약 몇 kgf/cm²인가? (단, 액체의 비중은 0.8인 기름이다.)

㉮ 0.001　　　　　　㉯ 0.014

㉰ 0.024　　　　　　㉱ 0.034

05 다음 침종식 압력계에 대한 설명 중 틀린 것은?

㉮ 진동, 충격의 영향을 적게 받는다.

㉯ 아르키메데스의 원리를 이용한 계기이다.

㉰ 복종식의 측정범위는 5~30mmH₂O 정도이다.

㉱ 압력이 높은 기체의 압력을 측정하는 데 쓰인다.

해 설

해설 **02**

① 대기압

　$P = 750 mmHg$

　$= \dfrac{750}{760} \times 101.3 = 99.97 kPa$

② 게이지 압력

　$P_g = 760 mmHg$

　$= 101.3 kPA$

③ 절대압력

　$P_a = 99.97 + 101.3$

　$= 201 kPa$

해설 **03**

액주식 압력계의 구비조건

① 모세관현상에 의한 액주의 변화가 없도록 해야 한다.

② 액면은 항상 수평으로 하여야 한다.

③ 점도와 팽창계수가 적어야 한다.

④ 화학적으로 안정되고 흡수성과 휘발성이 적어야 한다.

해설 **04**

압력 $P_1 - P_2 = \gamma x \sin\theta$

　$= 0.8 \times 1000 \times 0.6 \times \sin 30°$

　$= 240 kgf/m^2$

　$= 0.024 kgf/cm^2$

해설 **05**

침종식 압력계는 5~30mmH₂O 정도의 낮은 기체 압력을 측정하는데 사용한다.

정답

01. ㉯　02. ㉰　03. ㉯
04. ㉰　05. ㉱

06 부르동관 압력계로 측정한 압력이 5kgf/cm²이었다. 이때 부유 피스톤 압력계 추의 무게가 10kg이었고 펌프 실린더의 지름이 8cm 피스톤 지름이 4cm라면 피스톤의 무게는 몇 kg인가?

㉮ 52.8

㉯ 72.8

㉰ 241.2

㉱ 743.6

07 그림과 같이 원유 탱크에 원유가 차있고, 원유 위의 가스압력을 측정하기 위하여 수은 마노미터를 연결하였다. 주어진 조건하에서 Pg의 압력(절대압)은? (단, 수은, 원유의 밀도는 각각 13.6g/cm³, 0.86g/cm³, 중력가속도는 9.8m/s²)

㉮ 69.1kPa

㉯ 101.3kPa

㉰ 133.5kPa

㉱ 175.8kPa

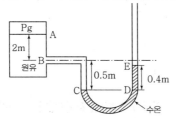

08 부르동(Bourdon)관 압력계에 대한 설명으로 틀린 것은?

㉮ 높은 압력은 측정할 수 있지만 정도는 좋지 않다.

㉯ 고압용 부르동관의 재질은 니켈강을 사용하는 것이 좋다.

㉰ 탄성을 이용하는 압력계로서 많이 사용되고 있다.

㉱ 부르동관의 선단은 압력이 상승하면 수축되고, 낮아지면 팽창한다.

09 부르동관 압력계를 용도로 구분할 때 사용하는 기호로 내진형에 해당하는 것은?

㉮ M

㉯ H

㉰ V

㉱ C

해설 06

$$게이지압력 = \frac{추와\ 피스톤\ 무게}{피스톤단면적}$$

∴추와 피스톤 무게

= 게이지 압력 × 피스톤 단면적

$$5kg/cm^3 \times \frac{\pi}{4} \times (4cm)^2$$

= 62.83kg

∴ 피스톤 무게

= 추와 피스톤의 무게 - 추의 무게

= 62.83 - 10 = 52.83kg

해설 07

압력 : Pc=Pd

① Pc=Pg+0.86×1,000

　　　×9.8×2.5

　　　=21,070Pa

　　　=21.07kPa

② Pd=13.6×1,000×9.8×0.4

　　　=53,312Pa

　　　=53.31kPa

③ Pg=Pc-Pd

　　　=53.31-21.07

　　　=32.24Pa·G

절대압력 Pg

=대기압+게이지압력

=101.3+32.24

=133.54kPa·abs

해설 08

부르동관 압력계의 부르동관의 선단은 압력이 상승하면 팽창되고, 낮아지면 수축한다.

해설 09

부르동관 압력계의 용도 구분

① 증기보통형 : M

② 내열형 : H

③ 내진형 : V

④ 증기내진형 : MV

⑤ 내열내진형 : HV

06. ㉮　07. ㉰　08. ㉱

09. ㉰

정답

10 다이어프램 압력계의 특징에 대한 다음 설명 중 옳은 것은?

㉮ 강도는 높으나 응답성이 좋지 않다.

㉯ 부식성 유체의 측정이 불가능하다.

㉰ 미소한 압력을 측정하기 위한 압력계이다.

㉱ 과잉압력으로 파손되면 그 위험성은 커진다.

11 피스톤형 게이지로서 다른 압력계의 교정 또는 검정용 표준기로 사용되는 압력계는?

㉮ 부르동관식 압력계

㉯ 벨로우즈식 압력계

㉰ 다이어프램식 압력계

㉱ 분동식 압력계

해 설

해설 **10**
다이어프램압력계 특징
① 미소압력측정
② 부식성유체측정가능
③ 온도의 영향을 받는다.
④ 측정의 응답속도가 빠르다.
⑤ 이상압력으로 파손되어도 위험성이 적다.
⑥ 점도가 큰 액체 측정

정답

10. ㉰   11. ㉱

03 유량계

POINT

유체의 흐르는 양을 측정하는 방법에는 중량으로 측정하는 방법, 적산유량을 측정하는 방법, 순간치 유량을 측정하는 방법 등으로 분류 할 수 있다.

• 차압식 유량계의 종류
오리피스, 플로노즐, 벤투리

측정방식	원 리	종 류
속도수두측정식	액체의 전압과의 차로부터 유속을 측정, 순간치 유량 측정	피토관(아늅바) 유량계
유속식	유체 속에 설치된 프로펠러나 터빈의 회전수 측정에 의해 유량측정, 적산유량	• 바람개비형 • Turbine 형
차압식	교측기구의 전후의 차압을 측정순간치 유량 측정	• 오리피스 • 벤투리 • 플로우-노즐
부피식 (용적식)	일정한 용적의 용기에 유체를 도입시켜 유량 측정	• 오벌(Oval) 유량계 • 가스미터, 로터리-팬, 로터리피스톤 • 루트(root)유량계,
면적식	차압을 일정하게 하고 교측기구의 면적을 변화시켜서 유량을 측정, 순간치 유량 측정	• 플로트형(로터미터) • 피스톤형 • 케이트형
와류식	인위적인 와류를 발생시켜 와류의 생성 속도 검출	• 칼만(Kalman)식 유량계 • 델타(delta) 유량계 • 스와르 유량계
전자식	도전성 유체에 자장을 형성시켜 기전력 측정에 의해 유량 측정	• 전자유량계
열선식	유체에 의해 가열선의 흡수 열량 측정	• 미풍계 • 토마스 메타 • Thermal 유량계
초음파식	초음파의 도플러 효과 이용	• 초음파 유량계

(1) 차압식 유량계

유체가 흐르고 있는 관로에 오리피스, 벤투리관, 플로노즐과 같은 조리개(교측관)를 설치하고 유체를 통과시키면 조리개 입구측 압력을 증가하며 출구측 압력은 감소하게 된다. 이 압력차를 측정함으로서 순간 유량을 측정한다.

• 조리개(교축)기구식 유량계
차압식 유량계

① **차압식 유량계의 특징**

　㉮ 압력손실이 크다.

　㉯ 고온 고압의 액체나 기체를 측정한다.

　㉰ 레이놀즈수가 10^5 이하는 유량계수가 무너진다.

　㉱ 유량계 전후의 지름은 동일한 직관이 필요하다.

　㉲ 측정정도가 높다.

② **차압식 유량계의 종류와 특징**

　㉮ 오리피스식 유량계

　　㉠ 제작이 용이하다.

　　㉡ 설치 장소가 적게 든다.

　　㉢ 값이 저렴하고 교환이 용이하다.

　　㉣ 유량계수의 신뢰도가 높다.

　　㉤ 구조가 간단하고 제작이 쉽다.

　　㉥ 압력손실이 가장 크다.

　　㉦ 내구성이 적다.

　　㉧ 침전물이 고이기 쉽다.

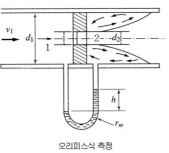

오리피스식 측정

　㉯ 플로노즐식 유량계

　　㉠ 기계적 강도가 크므로 고속 및 고압
　　　(5~30MPa) 유체의 유속을 측정
　　　하는데 적합하다.

　　㉡ 약간의 고체분을 함유한 유체도 힘
　　　들이지 않고 측정한다.

　　㉢ 압력 손실이 비교적 작다.

　　㉣ 내구성이 오리피스보다 좋다.

　　㉤ 레이놀드수가 클 때 사용된다.

　　㉥ 오리피스보다 제작비가 많이 든다.

플로어 노즐식 측정

　㉰ 벤투리식 유량계

　　㉠ 압력차가 크지 않아 압력 손실이 매
　　　우 적다.

　　㉡ 침전물이 관 벽에 부착하지 않아
　　　내구성이 크며, 정밀도가 높다.

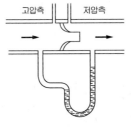
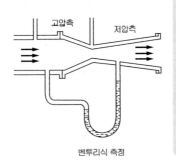

벤투리식 측정

POINT

• 압력손실이 크고 침전물이 고
이기 쉬우나 제작이 용이하고
설치장소가 적게 드는 차압식
유량계
오리피스

• 5~30(MPa)의 고압유체 유량
측정에 사용되는 교축기구식
유량계
플로노즐

• 오리피스, 노즐, 벤투리 유량계
의 공통점
압력 강하측정

ⓒ 구조가 복잡하여 제작이 힘들고 값이 비싸며 쉽게 교환할 수 없다.

ⓔ 확대 원추관의 테이퍼를 적게 하기 위해 배관 길이가 길어지고 장소를 차지하는 결점이 있다.

※ 압력손실정도 : 오리피스＞플로우-노즐＞벤투리 순이다.

③ 차압식 유량계의 탭(tap)의 종류 및 특징

㉮ 코너 탭(corner tap) : 교축기구 직전 전후의 정압 P_1, P_2를 뽑아내는 방식

㉯ 플랜지 탭(flange tap) : 교축기구로부터 차압 취출 위치가 각각 25mm 전후인 곳에서 차압을 취출하는 방식으로 비교적 작은 관(75mm 이하)에 이용되고 있다

㉰ 베나 탭(Vena tap) : 교축기구를 중심으로 유입측은 배관 내경만큼의 거리에서 유출축 위치는 가장 낮은 압력이 되는 위치(0.2~0.8D)에서 취출하는 방식으로 교축탭이라고도 부르며 주로 관경이 큰 배관에 사용된다.

④ 유량 산출식

㉮ 오리피스미터 유량산출식

$$Q = CA_o\sqrt{2\,\text{g}\left(\frac{p_1-p_2}{r}\right)}\,(\text{m}^3/\text{s})$$

$$= CA_o\sqrt{2\,\text{g}\,H\left(\frac{S_o}{S}-1\right)}\,(\text{m}^3/\text{sec})$$

여기서, C : 유량계수

A_0 : 오리피스의 단면적

㉯ 벤투리미터의 유량산출식

$$Q = \frac{\pi d^2}{4} \times \frac{C}{\sqrt{1-m^2}} \times \sqrt{2\,\text{g}\left(\frac{r_0-r}{r}\right)R}\,(\text{m}^3/\text{s})$$

여기서, Q : 벤투리미터로부터 측정된 실제유량(m^3/s)

m : 조리개비 $= \dfrac{A_2}{A_1} = \left(\dfrac{d_2}{d_1}\right)^2$

C : 벤투리미터의 수정계수 (0.97~0.99)

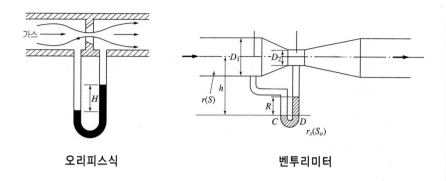

오리피스식 　　　　　　벤투리미터

(2) 면적식 유량계

테이퍼관의 입출구 차압을 일정하게 유지하고 유체가 흐르는 단면적을 변화시켜 유량을 측정하는 유량계이다(베르누이 정리).

① 면적식 유량계의 종류 : 플로트식(부자식), 로터미터식
② 면적식 유량계의 특징
　㉮ 압력손실이 적다.
　㉯ 고점도 유체 또는 슬러지 유체측정에 사용한다.
　㉰ 유량에 따라 균등하게 눈금을 읽는다.
　㉱ 유량계수는 레이놀드수가 낮은 범위까지 일정하다(레이놀즈수가 10^2 정도까지).
　㉲ 차압이 일정하면 오차의 발생이 적다.
　㉳ 수직배관만이 사용 가능하다.
　㉴ 정밀 측정용은 불가능하다.
　㉵ 용량범위 : $100{\sim}5{,}000\text{m}^3/\text{h}$

(3) 유속식 유량계

유속식 유량계의 종류는 피토관식과 열선식의 2종류가 있으며 측정방법으로는 관내에 흐르는 유체의 유속을 측정하고 그 값이 관내경의 면적을 곱하여 유량을 측정한다.

① 피토관식 유량계
유체의 이동속도는 수두를 이용하여 순간 유량을 측정하는 피토관으로 전압과 정압을 측정하여 동압을 구하고 동압으로부터 순간유량을 구한다.

POINT

• 관로에 있는 조리개의 전후의 차압이 일정하도록 조리개의 면적을 바꿔 그 면적으로부터 유량을 측정하는 유량계
면적식 유량계

• 고점도유체 또는 슬러지 유체나 부식성 액체도 측정이 가능한 유량계
면적식 유량계

• 전압과 정압의 차인 동압측정
피토관

• 5m/sec 이하의 기체에서는 적용할 수 없는 유량계
피토관

• 피토 정압관
동압측정

• 단순 피토관
전압측정

㉮ 특징

　㉠ 피토관을 유체의 흐름방향과 평행하게 설치한다.

　㉡ 슬러지, 분진 등 불순물이 많은 유체에는 측정이 불가능하다.

　㉢ 노즐부분의 마모에 의한 오차가 발생된다.

　㉣ 유속이 5m/sec 이상인 기체측정 및 시험용으로 사용한다.

　㉤ 피토관은 유체의 압력에 대한 충분한 강도를 가져야 한다.

　㉥ 비행기의 속도측정 수력발전소의 수량측정, 송풍기의 풍량 측정에
　　사용된다.

㉯ 유량 산출식

㉠ $\dfrac{V_1^2}{2g}+\dfrac{P_1}{r}+z_1=\dfrac{V_2^2}{2g}+\dfrac{P_2}{r}+z_2$

$z_1=z_2,\ V_2=$무시

$\dfrac{V_1^2}{2g}+\dfrac{P_1}{r}=\dfrac{P_2}{r}$

$V_1=\sqrt{2g\left(\dfrac{P_2-P_1}{r}\right)}=\sqrt{2gh}$

㉡ $V_1=\sqrt{2gh\left(\dfrac{r_s}{r}-1\right)}$

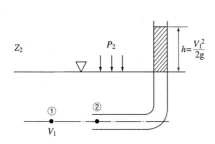

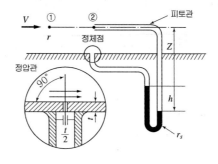

② 열선식 유량계

　유체 속에 열선을 삽입하여 이것을 가열할 때의 온도상승을 측정하여 유
량을 구하는 방식으로 종류는 열선풍속계 및 토마스식 유량계 등이 있다.

　※ 토마스식 유량계 : 유체가 요하는 열량이 유체의 양에 비례한다는 것을
　　이용한 유량계 이다(가스의 유량측정).

POINT

문 상온상압의 공기유속을 피토관으로 측정하였더니 그 동압(P)은 100mmAg이었다. 유속은 몇 m/sec인가? (단, 공기의 비중량은 1.3kgf/m³이고 피토계수는 1이다)

▸ $V=C\times\sqrt{2g\left(\dfrac{r_s}{r}-1\right)h}$

$=1\times\sqrt{2\times9.8\left(\dfrac{1000}{1.3}-1\right)\times0.1}$

$=38.8\text{m/sec}$

· 주로 가스의 유량측정에 사용되는 유속식 유량계
토마스식 유량계

③ 임펠러식 유량계

　유체가 흐르는 관로에 임펠러를 설치하여 유속 변화를 이용한 것으로 임펠러형 수도미터가 대표적이다, 임펠러에는 프로펠러형과 터빈형이 있고 정도는 0.5% 정도이다.

　　㉮ 형식에 의한 분류

　　　㉠ 접선식 : 임펠러의 축이 유체의 흐르는 방향과 직각으로 되어있다 (수도미터).

　　　㉡ 축류식 : 임펠러의 축이 유체의 흐르는 방향과 일치되어 있다(터빈미터).

　　㉯ 특 징

　　　㉠ 용적식과 비슷하나 감도가 나쁘다.

　　　㉡ 구조가 간단하고 내구력이 좋다.

　　　㉢ 점도가 낮은 유체는 임펠러식, 높은 것은 용적식이 적당하다.

(4) 용적식 유량계

　운동체와 용기 사이에 일정한 부피와 공간을 만들어 유량을 적산하는 방법으로 유입구와의 유체 압력차로 운동체의 회전 횟수를 측정하여 적산유량을 측정한다.

① 종 류

　로터리피스톤형, 로터리베인형, 오벌기어형, 루츠형, 건식가스미터, 습식가스미터, 디스크형, 피스톤형이 있다.

② 용적식 유량계의 특징

　　㉮ 정도가 높으며 적산식 유량측정에 적합하다.

　　㉯ 유량에 의한 맥동현상이 발생하지 않는다.

　　㉰ 입구측에 여과기(스트레이너)를 설치해야 한다.

　　㉱ 고점도 유체 측정에 사용된다.

(5) 전자 유량계

① 패러데이의 전자유도 법칙에 의하여 순간유량을 측정한다.

② 전도성 유체에만 적용 된다.

(6) 초음파 유량계

초음파가 유체 속을 진행할 때 유체가 정지할 때와 움직일 때 초음파의 진행 속도가 달라진다는 도플러효과를 이용하여 유량을 측정한다.

① 대유량의 측정 및 압력손실이 없다.

② 비전도성의 액체 유량 측정도 가능하다.

(7) 와류 유량계

① 델타미터 : 유체 중에 인위적인 와류를 생기게 하여 그 주파수의 특성이 유속과 비례관계에 있다는 사실을 응용한 것이다.

② 도시가스용으로 많이 쓰인다.

(8) 위어(Weir)

개수로의 유량측정

① 전폭위어 : 수로의 전폭을 하나도 줄이지 않은 형태(대유량 측정)

$$Q : KLH^{\frac{3}{2}} \, (\text{m}^3/\text{min})$$

Q : 실제유량, L : 위어의 폭, H : 위어의 수두

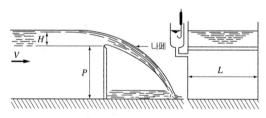

② 사각위어 : 수로폭 전면에 걸쳐 만들어져 있지 않고 폭의 일부에만 걸쳐져 있는 위어

$$Q : KLH^{\frac{3}{2}} \, (\text{m}^3/\text{min})$$

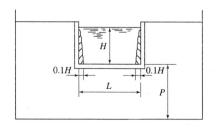

POINT

• 도플러 효과를 이용한 유량계
초음파 유량계

• 위어
개수로의 대유량 측정

• 직사각형 위어의 유량
$Q = KLH^{\frac{3}{2}}(\text{m}^3/\text{min})$

③ V놋치위어(삼각위어) : 적은 유량, 정확한 유량측정을 필요로 할 때 사용

$$Q = KH^{\frac{5}{2}}$$

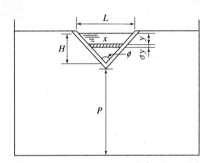

• 삼각 위어의 유량
$$Q = KH^{\frac{5}{2}}$$

01 다음 유량계 종류 중 옳지 않게 짝지어진 것은?

㉮ Roots 미터 – 용적식 유량계
㉯ 로터미터 – 용적식 유량계
㉰ 오리피스미터 – 차압식 유량계
㉱ 벤투리미터 – 차압식 유량계

02 벤투리관 유량계의 특징에 대한 설명으로 옳지 않은 것은?

㉮ 압력손실이 적다.
㉯ 구조가 복잡하고 대형이다.
㉰ 축류의 영향을 비교적 많이 받는다.
㉱ 내구성이 좋고 정확도가 높다.

03 다음 오리피스식 유량계에 대한 설명 중 틀린 것은?

㉮ 구조가 비교적 간단하다.
㉯ 압력손실이 크다.
㉰ 관의 곡선부에 설치하여도 정도가 높다.
㉱ 고압에 적당하다.

04 다음 유량계 중 압력손실이 큰 순서를 옳게 나타낸 것은?

㉮ 플로노즐 > 오리피스 > 벤투리
㉯ 오리피스 > 플로노즐 > 벤투리
㉰ 오리피스 > 벤투리 > 플로노즐
㉱ 벤투리 > 오리피스 > 플로노즐

05 유체의 운동방정식(베르누이의 원리)을 적용하는 유량계는?

㉮ 오벌기어식　　　　㉯ 로터리베인식
㉰ 터빈유량계　　　　㉱ 오리피스식

해설 **02**
차압식은 난류일 경우 영향을 받는다.

해설 **03**
유량계 전후에 동일한 지름의 직관이 필요하다.

해설 **04**
압력손실의 크기
오리피스 > 플로노즐 > 벤투리

해설 **05**
베르누이의 원리를 이용한 유량계는 간접법에 의해 측정되며 벤투리미터, 오리피스미터, 로터미터, 피토관 등이 있다.

01. ㉯	02. ㉰	03. ㉰
04. ㉯	05. ㉱	

정답

06 차압식 유량계로 유량을 측정하는 경우 교축(조임)기구 전후의 차압이 20.25Pa일 때 유량이 25m³/h이었다. 차압이 10.50Pa일 때 유량은 약 몇 m³/h인가?

㉮ 13
㉯ 18
㉰ 35
㉱ 48

07 차압식 유량계에서 교축상류 및 하류의 압력이 각각 P_1, P_2일 때 체적유량이 Q_1이라한다. 압력이 2배만큼 증가하면 유량 Q_2는 얼마나 되는가?

㉮ $2Q_1$
㉯ $\sqrt{2}\,Q_1$
㉰ $\dfrac{1}{2}Q_1$
㉱ $\dfrac{Q_1}{\sqrt{2}}$

08 피토관이 설치된 배관 내를 흐르는 유체의 압력에 대한 설명으로 가장 옳은 것은?

㉮ 정압은 흐름방향에 의존한다.
㉯ 정압과 동압의 차가 전압이다.
㉰ 동압은 흐름에너지에 무관하다.
㉱ 정압과 동압의 합이 전압이다.

09 피토관계수가 0.95인 피토관으로 어떤 기체의 속도를 측정하였더니 그 차압이 25kg/m²임을 알았다. 이때의 유속은 약 몇 m/s인가? (단, 유체의 비중량은 1.2kg/m³ 이다.)

㉮ 19.20
㉯ 25.56
㉰ 27.47
㉱ 30.09

10 용적식 유량계의 일반적인 용도로서 가장 옳게 짝지어진 것은?

㉮ 오벌 유량계–액체 측정, 습식 가스미터–공해 측정, 건식 가스미터–도시가스 측정
㉯ 오벌 유량계–공해 측정, 습식 가스미터–액체측정, 건식 가스미터–도시가스 측정
㉰ 오벌 유량계–도시가스 측정, 습식 가스미터–액체측정, 건식 가스미터–공해측정
㉱ 오벌 유량계–도시 가스측정, 습식 가스미터–액체측정, 건식 가스미터–액체측정

해 설

해설 06

유량 $Q \propto \sqrt{\triangle P}$ 이므로

$$Q = \frac{\sqrt{10.5}}{\sqrt{20.25}} \times 25 = 18\text{m}^3/\text{h}$$

해설 07

차압식 유량계의 유량계산

$$Q = \frac{CA}{\sqrt{1-m^2}} \times \sqrt{2g\left(\frac{P_1-P_2}{r}\right)}\ (\text{m}^3/\text{h})$$

여기서, C : 유량계수
　　　　A : 단면적(m²)
　　　　m : 교축비
　　　　P_1, P_2 : 교축상·하류압력 (kgf/m²)

따라서,
유량 $Q \propto \sqrt{\triangle P}$ 이므로
∴ $Q_2 = \sqrt{2}\,Q_1$

해설 08

피토관의 측정압력은 동압
∴ 전압−정압=동압

해설 09

유속 $V = C\sqrt{2gH}\,(\text{m/s})$

$$V = 0.95\sqrt{2 \times 9.8\text{m/s}^2 \times \frac{25\text{kg/m}^2}{1.2\text{kg/m}^3}}$$

$$= 19.2\text{m/s}$$

11 전자유량계의 특징에 대한설명 중 가장 거리가 먼 내용은?

㉮ 액체의 온도, 압력, 밀도, 점도의 영향을 거의 받지 않으며 체적유량의 측정이 가능하다.

㉯ 측정관 내에 장애물이 없으며 압력손실이 거의 없다.

㉰ 유량계의 출력이 유량에 비례한다.

㉱ 기체의 유량측정이 가능하다.

12 전자유량계는 어떤 원리를 이용한 것인가?

㉮ 옴의 법칙　　㉯ 패러데이 전자유도법칙

㉰ 제벡효과　　㉱ 아르키메데스 원리

13 대용량의 유량을 측정할 수 있는 초음파 유량계는 어떤 원리를 이용한 유량계인가?

㉮ 전자유도법칙　　㉯ 도플러 효과

㉰ 유체의 저항변화　　㉱ 열팽창계수 차이

14 와류 유량계(vortex flow meter)의 특성에 해당하지 않는 것은?

㉮ 계량기 내에서 와류를 발생시켜 초음파로 측정하여 계량하는 방식

㉯ 구조가 간단하여 설치, 관리가 쉬움

㉰ 유체의 압력이나 밀도에 관계없이 사용이 가능

㉱ 가격이 경제적이나, 압력손실이 큰 단점이 있음

15 임펠러식(Impeller type) 유량계의 특징에 대한 설명 중 옳지 않은 것은?

㉮ 구조가 간단하고 보수가 용이하다.

㉯ 직관 부분이 필요하다.

㉰ 부식성이 강한 액체에도 사용할 수 있다.

㉱ 측정 정도±0.05% 이다.

16 유체의 압력 및 온도 변화에 영향이 적도, 소유량이며 정확한 유량제어가 가능하여 혼합가스 제조 등에 유용한 유량계는?

㉮ mass flow controller　　㉯ roots meter

㉰ 벤투리 유량계　　㉱ 터빈식 유량계

해 설

해설 11
전자유량계의 특징
① 측정관 내에 장애물이 없으며 압력손실이 거의 없다.
② 액체의 온도, 압력, 밀도, 점도의 영향을 거의 받지 않으며 체적유량의 측정이 가능하다.
③ 고점도의 액체 측정이 가능하다.
④ 도전성액체에만 유효하고 기체의 유량측정은 불가능하다.
⑤ 응답이 빠른 반면 가격이 비싸다.

해설 12
전자유량계
패러데이의 전자유도법칙

해설 13
초음파유량계
초음파가 유체 속을 지날 때 유체가 정지할 때와 움직일 때 초음파의 진행속도가 달라진다는 도플러 효과를 이용하여 유체 속도에 따라 초음파의 전파속도 차로부터 유속을 측정하여 유량을 측정한다.

해설 14
Vortex flow meter는 압력손실이 적다.

해설 15
임펠러식 유량계
유체의 유속과 면적을 이용하여 정도는 ±0.5% 이다.

11. ㉱　12. ㉯　13. ㉯
14. ㉱　15. ㉱　16. ㉮

04 가스미터

(1) 가스미터의 사용 목적

가스미터는 소비자에게 공급하는 가스의 체적을 측정하기 위하여 사용되는 것이다. 따라서 가스미터는 다음의 것을 고려하지 않으면 안 된다.

① 가스의 사용 최대유량에 적합한 계량능력의 것일 것
② 사용 중에 기차 변화가 없고 정확하게 계량함이 가능한 것일 것
③ 내압, 내열성에 좋고 가스의 기밀이 양호하여 재구성이 좋으며 부착이 간단하여 유지관리가 용이할 것

(2) 가스미터의 종류

일반적인 가스미터에는 여러 가지가 있으나 LP가스에서는 「독립내기식」이 많이 사용되고 있다. 가스미터는 사용하는 가스질에 따라 계량법에 의하여 도시가스용, LP가스용, 양자병용으로 구별되어 시판되고 있다.
　※ 실측식 가스미터
　　• 건식 가스미터
　　　– 막식 가스미터 : 독립내기식, 그로바식
　　　– 회전자식 가스미터 : 루츠식, 로터리식, 오발식
　　• 습식가스미터
　※ 추측식 가스미터 : 오리피스식, 터빈식, 선근차식

① **막식 가스미터** : 가스를 일정용기에 넣어 충만 후 공급하여 이 회전수를 용적 단위로 환산하여 표시하는 미터로서 회전수가 느려 $100\,m^3/h$ 이하의 소량계량에 적합하다. 용도로는 대표적인 미터로서 일반적으로 가정용, 상업용 등의 저압용에 널리 쓰인다.

② 회전자식 가스미터
　㉮ 루츠미터 : 2개의 눈썹형 회전자와 이것을 포함한 케이스로 되어 회전자는 적당한 볼베어링 또는 롤러 베어링으로 지탱되어 회전자 마찰저항을 가능한 한 적게 하고 있다.

POINT

• 실측식 가스미터의 종류
　건식(막식, 회전자식) 습식

• 저속회전이고 가정용으로 사용되는 미터
　막식

• 고속회전이고 압력이 높아 대용량 계량에 사용되는 미터
　루츠미터

㉰ 용도 : 고속회전이 가능하므로 소형으로 대용량 계량이 가능하고 가스 압력이 높아도 사용이 가능하다.

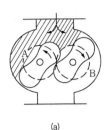

(a)

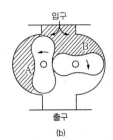

입구

출구

(b)

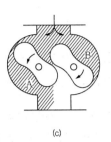

(c)

③ 습식 가스미터 : 고정된 원통 속에 4개로 구분된 철판제의 내원통(계량통)이 있고 가스통 입구에서 반응물에 잠겨 있는 방(계량통)으로 들어가 가스압력으로 이것을 밀어 올린다. 계량통이 1회전하는 사이에 흡입, 토출되는 가스는 일정하다. 용도로는 정확한 계량이 가능하므로 다른 가스미터의 기준으로 이용되며, 가스 발열량 측정에도 사용된다.

(3) 가스미터의 특징

종 류	장 점	단 점	용 도
막식 가스미터	• 설치 후 유지관리가 저렴 • 소량의 계량에 적합	• 설치공간이 크다.	일반수요가
루츠미터	• 설치 스페이스가 적다. • 중압가스의 계량이 가능 • 대유량 가스 측정에 적합	• 스트레이너 설치 후 유지관리 필요 • $0.5m^3/h$ 이하에서는 작동하지 않을 수 있다.	대량수용가
습식 가스미터	• 계량이 정확하다. • 사용 중에 기차의 변동이 거의 없다. • 기준기용, 실험실용으로 사용	• 설치면이 크다. • 사용 중에 수위조정 등의 관리가 필요	기준기, 실험실용

(4) 가스미터의 필요조건

① 계량이 정확할 것

② 내구력이 있을 것

③ 소형으로 용량이 클 것

POINT

• 정확한 계량이 가능하여 기준기로 많이 사용되는 미터
습식 가스 미터

문 회전드럼이 4실로 나누어진 습식가스미터에서 각 실의 체적이 2ℓ이다. 드럼이 12회전 하였다면 가스유량은 몇 ℓ인가?
▶ $2 \times 4 \times 12 = 96 ℓ$

• 가스미터의 설치높이
바닥에서 1.6m 2m 이내

④ 감도가 예민할 것

⑤ 사용가스량을 명확하게 지시할 수 있을 것

⑥ 수리가 용이할 것

⑦ 기차조정이 용이할 것

⑧ 구조가 간단할 것

⑨ 부착 및 철거가 용이할 것

⑩ 취급이 용이할 것

(5) 가스미터의 표시

① Meter : 형식 표시

② MAX 1.5m³/h : 사용 최대유량이 시간당 1.5m³

③ 0.5 ℓ /rev : 계량실 1주기 체적이 0.5 ℓ

(6) 가스미터의 고장

① 막스 가스미터의 고장

㉮ 부동(不動) : 가스가 통과하지만 미터의 지침이 움직이지 않는 고장

• 원인

– 계량막의 파손

– 밸브와 밸브시트의 이완으로 가스누설

– 지시장치 톱니바퀴 맞물림의 불량

㉯ 불통(不通) : 가스가 미터를 통과할 수 없는 고장을 말한다.

• 원인

– 연결쇠, 조정기 등의 납땜이 떨어지는 등 운동기구 고장

– 크랭크축이 녹슬거나 밸브와 밸브시트가 타르나 수분 등에 의해 유착 및 동결

㉰ 기차불량 : 사용 중의 가스미터는 계량하고 있는 가스의 영향을 받거나 부품의 마모 등에 의해서 기차가 변화하는 일이 있다.

※ 계량법에 규정된 사용공차 ±4% 이내를 벗어난 경우 기차불량이라 한다.

• 원인

– 계량막이 신축하여 계량실 체적이 변화한 경우

POINT

🔖 MAX[1.5m³/h], 0.5[ℓ /rer] 라 표시되어 있는 가스미터가 1시간당 40회전 된다면 가스유량은?

▶ 0.5×40=20[ℓ /h]

• 지침이 움직이는 않는 고장 부동

• 가스가 통과하지 않는 고장 불통

• 부품의 마모에 의한 고장 기차불량

－ 패킹부분에서의 누설

　　　　－ 밸브와 밸브시트의 간격에서 누설

　　㉣ 감도불량 : 미터에 감도유량을 통과시킬 때 미터의 지침 지시도에 변화가 나타나지 않는 고장이다

　　　　• 원인

　　　　　－ 밸브와 밸브시트 이완

　　　　　－ 패킹부에서 누설

　　㉤ 떨림 : 미터에 가스가 통과할 때 미터 출구측의 압력변동이 심하게 되어 가스의 연소상태를 불완전하게 하는 고장이다.

　　　　• 원인

　　　　　－ 크랭크축에 이물질 혼입

　　　　　－ 밸브시트 사이에 유분 등 점성물질 부착

　　　　　－ 운동기구의 변형

② 루츠미터의 고장

　　㉮ 부동 : 회전자는 회전하고 있으나 미터의 지침이 움직이지 않는 고장

　　　　• 원인

　　　　　－ 마그네트 카플링 장치가 불량할 때

　　　　　－ 감속 또는 지시장치의 기어가 불량할 때

　　㉯ 불통 : 회전자의 회전이 정지하여 가스가 통과하지 않는 고장

　　　　• 원인

　　　　　－ 회전자 베어링의 마모에 의한 접촉 불량할 때

　　　　　－ 먼지나 시일 등의 이물질이 들어 있을 때

　　㉰ 기차불량 : 회전차 베어링의 마모에 의한 간격 증대 등에 의하여 일어나는 고장

　　　　• 원인

　　　　　－ 회전자 축수의 마모로 간격이 증대

　　　　　－ 회전부분의 마찰저항의 증가

(7) 가스미터의 공차

① **사용공차** : 가스미터(막식)의 정도는 실제 사용되고 있는 상태에서 ±4%가 되어야 한다.

POINT

• 패킹부에서 누설 등에 의해 지침지시도에 변화가 나타나지 않는 고장
　감도불량

• 루츠미터의 고장에서 감속 또는 지시장치의 기어가 불량할 때 일어나는 고장
　부동

• 루츠미터의 고장에서 회전자 축수부의 마모로 간격이 증대되는 고장
　기차불량

② 검정공차 : 계량법에서 정해진 검정시의 오차의 한계(검정공차)는 사용 최대 유량의 20~80%의 범위에서 ±1.5% 이다.

③ 검정공차와 사용공차 : 계량기 자체가 갖는 오차를 기차라 하는데 다음 식으로 표시된다.

$$E = \frac{I-Q}{I} \times 100 (\%)$$

여기서, E : 기차[%]

I : 피시험 미터의 지시량

Q : 기준기의 지시량

이 기차의 범위를 법적으로 일정한도 내로 규정한 것이 공차이다. 검정을 받을 때의 허용기차를 검정공차라 하는데 최대 유량의 $\frac{2}{100}(\pm 2\%)$로부터 최대 유량까지의 유량에 있어서 다음 표와 같이 규정되어 있다.

유 량	검정공차
최대 유량의 1/5 미만	±2.5%
최대 유량의 1/5~4/5 미만	±1.5%
최대 유량의 4/5 이상	±2.5%

※ 감도유량 : 가스미터가 작동하는 최소유량을 말하며 계량법에서는 일반가정용의 LP가스미터는 15ℓ/h 이하로 되어 있고 일반 가스미터(막식)의 감도는 대체로 3ℓ/h 이하로 되어 있다.

(8) 가스미터의 검정

계량기는 계량법에 규정한 검정을 받아서 이에 합격한 것을 사용해야 한다.

① 검정대상 제외 항목

㉮ 구경이 25cm를 넘는 가스의 계량에 사용되는 회전자 가스미터(루츠미터)

㉯ 압력이 1mmH₂O를 넘는 가스의 계량에 사용되는 실측 건식 가스미터

㉰ 추량식의 것

② 검정검사에는 외관검사, 구조검사, 기차검사가 있다.

POINT

문 기차가 5%이고 루츠미터로 측정한 유량이 30.4[m³/h]였다면 기준기로 측정한 유량은?

▶ $5 = \frac{30.4 - Q}{30.4} \times 100$

$Q = 30.4 - \frac{5 \times 30.4}{100}$

$= 28.88[\text{m}^3/\text{h}]$

문 일반가정용의 LP가스미터의 감도유량은?

▶ 15 ℓ/h 이하

• 가스미터의 검정검사 외관, 구조, 기차검사

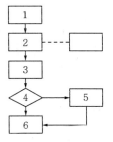

01 가스미터의 크기를 선정하는 단계에서 최대시 가스량을 산출하고자 다음과 같이 그림을 그렸다. 5번에 들어가야 할 사항은?

㉮ 미터 결정

㉯ 미터 설정을 할 때 가스량의 산출

㉰ 1등급 큰 미터를 선정

㉱ 최대시 가스량의 60%로 함

02 기준 가스미터의 기준기 검정 유효기간은 몇 년인가?

㉮ 1년　　　　　　㉯ 2년

㉰ 3년　　　　　　㉱ 4년

03 가스미터는 동시 사용률을 고려하여 시간당 최대사용량을 통과시킬 수 있도록 배관지름과 가스미터의 크기를 적절하게 선택해야 한다. 다음 중 최대통과량이 가장 큰 가스 미터기를 나타내는 것은?

㉮ N형 2호　　　　㉯ M형 3호

㉰ B형 5호　　　　㉱ T형 7호

04 가스미터의 형식인증기준에서 가스미터는 미터에 표기된 주기체적(Cyclic volume)의 공칭값과 실제값과의 차가 기준조건에서 얼마 이내이어야 하는가?

㉮ 3%　　　　　　㉯ 4%

㉰ 5%　　　　　　㉱ 10%

05 습식가스미터에 대한 다음 설명 중 틀린 것은?

㉮ 계량이 정확하다.

㉯ 설치공간이 크다.

㉰ 일반 가정용에 주로 사용한다.

㉱ 수위조정 등 관리가 필요하다.

해 설

[해설] **01**
① 최대시 가스량의 산출
② 미터 설정할 때 가스량 산출
③ 가스량 이상의 통과능력을 가진 미터 중 최소의 미터를 선정
④ 가스미터의 최대 통과량이 85%
⑤ 1등급 큰 가스미터를 선정
⑥ 미터결정

[해설] **04**
가스미터의 주기체적(Cyclic volume)의 공칭값과 실제값과의 차이 : 5% 이내

[해설] **05**
일반가정용에 사용
막식가스미터

0.1 ㉰　02. ㉯　03. ㉱
04. ㉰　05. ㉰

정답

06 기준 습식 가스계량기의 계량실 부피(ℓ)는 얼마 이상이어야 하는가?

㉮ 1
㉯ 2
㉰ 3
㉱ 5

07 4실로 나누어진 습식가스미터의 드럼이 10회전했을 때 통과유량이 100L이었다면 각 실의 용량은 얼마인가?

㉮ 1L
㉯ 2.5L
㉰ 10L
㉱ 25L

08 독립내기형 다이어프램식 가스 미터의 구조를 가장 옳게 설명한 것은?

㉮ 가스미터 몸체와 그 내부에 다이어프램을 내장한 계량실이 분리된 구조이다.
㉯ 가스미터 몸체와 그 내부에 다이어프램을 내장한 계량실이 일치된 구조이다.
㉰ 가스미터 몸체에 다이어프램을 내장한 구조이다.
㉱ 가스미터 몸체에 독립된 다이어프램을 내장한 계량실이 설치된 구조이다.

09 막식가스미터에서 가스는 통과하지만 미터의 지침이 작동하지 않는 고장이 일어났다. 예상되는 원인으로 볼 수 없는 것은?

㉮ 계량막의 파손
㉯ 밸브의 탈락
㉰ 지시장치 톱니바퀴의 불량
㉱ 회전장치 부분의 고장

10 MAX 1.5m³/h, 0.5L/rev라 표시되어 있는 가스미터가 1시간당 400회전하였다면 가스유량은?

㉮ 0.75m³/h
㉯ 200L/h
㉰ 1m³/h
㉱ 400L/h

해 설

[해설] **07**

각 실의 용량
$$= \frac{100}{4 \times 10} = 2.5L$$

[해설] **08**

독립내기식 가스미터(M)
막식가스미터에 해당되며 주로 LP가스에 사용

[해설] **09**

막식가스미터 부동 원인
① 계량막의 파손
② 밸브의 탈락
③ 밸브와 밸브 시트 사이에서의 누설
④ 지시장치의 기어불량

[해설] **10**

$0.5(L/rev) \times 400(rev/h)$
$= 200(L/h)$

정답
06. ㉰ 07. ㉯ 08. ㉮
09. ㉱ 10. ㉯

11 기준기로서 150m³/h로 측정된 유량은 기차가 4%인 가스미터를 사용하면 지시량은 몇 m³/h를 나타내는가?

㉮ 143.75 ㉯ 144.00

㉰ 145.00 ㉱ 156.25

12 다음 루트 가스미터에 대한 설명 중 틀린 것은?

㉮ 설치장소가 작아도 된다.

㉯ 대유량가스 측정에 적합하다.

㉰ 중압가스의 계량이 가능하다.

㉱ 계량이 정확하여 기준기로 사용된다.

13 회전수가 비교적 늦기 때문에 100m³/h 이하의 소용량에 적합하고, 도시가스를 저압으로 사용하는 일반가정에서 주로 사용하는 가스계량기의 형식은?

㉮ 막식 ㉯ 회전자식

㉰ 습식 ㉱ 추량식

14 다기능 가스 안전 계량기(마이콤 메타)의 기능이 아닌 것은?

㉮ 합계 유량 차단 기능

㉯ 연속 사용 시간 차단 기능

㉰ 압력 저하 차단 기능

㉱ 과열 방지 차단 기능

해 설

[해설] 11

기차 $E = \dfrac{I-Q}{I} \times 100\%$ 에서

지시량 $I = \dfrac{Q}{1-E}$

$= \dfrac{150}{1-0.04} = 156.25\,\mathrm{m^3/h}$

[해설] 12

루트가스미터의 특징

① 대유량가스 측정적합

② 중압가스의 계량가능

③ 설치장소가 적다.

④ 소유량에서는 부동의 우려

⑤ 스트레이너 설치 후 유지관리 필요

[해설] 13

막식 가스미터는 소용량 계량에 적합하므로 가정용 또는 상업용 등의 저압용에 사용된다.

[해설] 14

㉮, ㉯, ㉰항 외 증가유량 차단기능, 미소사용유량 등록기능, 미소누출 검지기능 등

---

11. ㉱ 12. ㉱ 13. ㉮
14. ㉱

정답

05 액면계

액면계란 액체의 액위가 분말 등의 보이지 않는 곳에서의 위치를 계측하는 기기를 말하며 대형 저장탱크 및 대형용기 등의 충전량을 측정함으로써 과충전을 미연에 방지할 수 있다. 또한 고압가스 안전관리법에는 LPG 등 가연성 액화가스의 경우 온도가 상승되면 열팽창이 크므로 저장탱크 용적의 90% 이상 충전을 금하고 있다.

(1) 액면계의 선정시 고려해야 할 사항

① 설치조건
② 측정범위와 정도
③ 변동상태
④ 측정장소와 제반조건
⑤ 안정성

(2) 액면계의 구비조건

① 고온고압에 견딜 것
② 내식성이 있을 것
③ 온도, 압력 등에 견딜 것
④ 구조가 간단하고 조작이 용이할 것
⑤ 지시, 기록의 원격측정이 용이할 것
⑥ 사용 및 보수가 용이할 것

📖 액면계는 (가) 측정이 가능하고 (나), (다) 또는 원격측정이 가능해야 한다.
 ▶⑦ : 연속
  ④ : 지시
  ⑤ : 기록

(3) 측정방법에 의한 분류

① **직접법** : 게이지글라스, 검척봉, 플로트(부자)식 액면계
② **간접법** : 압력검출형, 차압형, 다이어프램형, 에어퍼지형, 방사선식, 정전용량식, 초음파식, 전극식

• 액면계 중 직접법의 종류
게이지글라스, 검척봉, 부자식

(4) 액면계의 종류와 특징

① 직접식 액면계의 종류와 특징

㉮ 유리 액면계(gauge glass) : 용기 내의 액체와 그 액면을 외부에서 검사하여 측정하는 방법으로 주로 경질유리를 이용하며, 내부 액체의 변위를 직접 관찰하는 것으로 빛의 성질(직진, 반사, 굴절)을 이용한다.

㉠ 직진성 굴절률 이용 : 투시형 액면계, 유리관식 액면계, 평형투사식 액면계

㉡ 반사성 굴절률 이용 : 평형반사식

㉢ 굴절성을 이용 : 착색식 액면계(2색 수면계)

※ 크린카식 액면계(LPG 탱크에 사용) : 유리판과 금속판을 조합하여 사용하여 파손될 때 액체의 유출을 줄이기 위해 짧은 것을 서로 배열한다(액면계의 설치시 상하배관에 수동 및 자동밸브를 설치한다).

㉯ 검척식 액면계 : 액면의 높이 분립체의 높이를 직접 자로 측정하는 방법이다.

㉰ 부자식 액면계(플로트식)

㉠ 탱크 내부의 액면에 부자를 넣어 부자의 위치를 직접 측정하는 것이다.

㉡ 대형탱크, 개방형 탱크의 액면측정용, 소형에는 석유난로 및 LP가스 자동차 액면계 등에 사용

② 간접식 액면계의 종류와 특징

㉮ 압력식 액면계 : 탱크 외부에 압력계를 설치하여 액체의 높이에 따라 변화하는 압력을 측정하여 액면을 측정한다.

㉯ 저항 전극식 액면계

㉠ 액면 지시보다는 경보용이나 제어용에 이용하는 것으로 탱크나 액면의 변화에 의하여 전극간 저항이 탱크 내의 액으로부터 단락되어 급감하는 것을 이용한 것이다.

㉡ 급수, 배수 등의 자동운전을 행하기 위한 제어 장치용이다.

㉰ 초음파식 액면계 : 탱크 상부에 초음파 발신기를 두고 초음파의 왕복하는 시간을 측정하여 액면까지의 길이를 측정하는 방식과 액면 밑에 발신기를 부착하고 같은 방법으로 액면까지의 높이를 측정하는 것이다.

POINT

• LPG탱크에 사용되는 액면계
크린카식 액면계

• 기구가 간단하고 개방탱크에 사용할 수 있는 액면계
부자식 액면계

• 도전성 액일 경우에만 사용되며 액면지시용 보다는 경보용이나 제어용에 이용되는 액면계
저항 전극식 액면계

㈑ 정전용량식 액면계 : 2개의 절연된 도체가 있을 때 이 사이에 구성되는 정전용량은 2개의 도체크기, 상대적 위치관계, 매질의 유전율로 결정되는 것을 이용한 것이다.

㈒ 방사선 액면계

   ㉠ 탱크 외부에 방사선원과 방사선 검출기를 설치하여 액면을 측정하는 것이다.

   ㉡ 탱크가 고압, 고온 또는 저온 등으로 다른 방법에 의하여 액면을 측정할 수 없는 경우 등에 쓰인다.

   ㉢ 액체에 직접 접촉하지 않고 측정이 가능하며 탱크 외부에서 방사선원과 방사선검출기를 부착하면 공기 중 에는 영향이 없지만 액 중 에는 방사선이 흡수되기 때문에 액체의 액면과 검출기의 선량은 직선적으로 변화하는 점을 이용한다.

   ㉣ 종류 : 조사식, 가반식, 투과식

   ㉤ 용도 : 고압밀폐 탱크 및 부식성액 등의 액면측정기 사용된다.

㈓ 차압식 액면계(햄프슨식 액면계)

   ㉠ 일정한 액면을 유지하고 있는 기준기의 정압과 탱크내의 유체의 부압과의 압력차를 차압계로 보내어 액면을 측정하는 계기이다.

   ㉡ 액화산소 등과 같은 극저온의 저장조의 액면 측정에는 차압식 액면계가 널리 사용된다.

   ㉢ 밀폐식은 탱크내부의 압력을 압력계의 상부로 도입, 균압을 시킨 후 측정한다.

   ㉣ 종류 : U자관식, 힘평형식, 변위평형식

㈔ 다이어프램식 액면계 : 탱크 내의 일정 위치에 다이어프램을 설치하고 액면의 변위에 따른 다이어프램으로 유체의 압력이 작용될 때 그 압력을 공기압 신호로 바꾸어 압력계에서 측정하여 액면을 판단하게 된다

㈕ 편위식 액면계

   ㉠ 측정액 중에 잠겨 있는 플로트의 부력으로부터 측정한다.

   ㉡ 아르키메데스의 원리를 이용한다.

㈖ 기포식 액면계

   ㉠ 탱크 속에 파이프를 삽입하고 일정량의 공기를 보내어 공기압을 압력계로 측정하여 액의 높이를 구한다.

   ㉡ 개방형 탱크에 주로 사용한다.

POINT

- 밀폐 고압탱크나 부식성 탱크의 액면측정에 사용되는 액면계
  방사선 액면계

- 기준 수위의 측정 액면의 수압과의 차로서 액면을 측정
  차압식 액면계

- 액화산소 등과 같은 극저온의 액면측정에 사용되는 액면계
  햄프슨식 액면계

- 아르키메데스의 원리를 이용한 액면계
  편위식 액면계

㉚ 슬립튜브식 액면계 : 저장탱크 정상부에서 탱크 저면까지 가는 스테인 리스관을 부착하여 이관을 상하로 움직여 관내에서 분출하는 가스 상 태와 액체상태의 경계면을 찾아 액면을 측정하는 것으로 튜브식에는 고정튜브식, 회전튜브식, 슬립튜브식이 있다. 독성의 액체 액면 측정 에는 인체에 해를 끼치므로 부적당 하고 주로 대형 탱크에 사용된다.

핵 심 문 제

01 다음 중 액면 측정방법이 아닌 것은?

㉮ 압력식　　㉯ 정전용량식
㉰ 박막식　　㉱ 부자식

02 아르키메데스의 원리를 이용한 액면 측정계기는?

㉮ 플로트식 액면계　　㉯ 초음파식 액면계
㉰ 정전용량식 액면계　　㉱ 방사선식 액면계

03 액화산소와 같은 극저온 저장조의 상, 하부를 U자관에 연결하여 차압에 의하여 액면을 측정하는 방식은?

㉮ 크랭크식　　㉯ 회전튜브식
㉰ 햄프슨식　　㉱ 슬립튜브식

04 고온, 고압의 액체나 고점도의 부식성 액체 저장탱크에 적당한 간접식 액면계는?

㉮ 유리관식　　㉯ 방사선식
㉰ 플로트식　　㉱ 검척식

05 수은을 넣은 차압계를 이용한 액면계에서 수은의 높이가 40mm라면 상부의 압력 취출구에서 탱크 내 액면까지의 높이는 약 몇 mm인가? (단, 액의 비중량 998kgf/m^3, 수은의 비중 13.55이다.)

㉮ 5.4　　㉯ 54
㉰ 50.3　　㉱ 503

06 LPG 자동차 용기의 액면계로 가장 적당한 것은?

㉮ 기포식 액면계　　㉯ 변위평형식 액면계
㉰ 방사선식 액면계　　㉱ 부자식 액면계

해 설

[해설] **01**

액면 측정방법
① 직접식 : 직관식, 부자식, 투사식, 검척식
② 간접식 : 차압식, 퍼지식, 방사선식, 초음파식, 정전용량식, 전기저항식

[해설] **02**

플로트식 액면계는 액면상에 플로트를 띄우고 액의 높이가 변하면 플로트의 부력에 의해 액면을 측정하는 것으로 아르키메데스의 원리를 이용한 것이다.

[해설] **03**

햄프슨식 액면계는 차압식 액면계로서 일정한 액면을 유지하고 있는 기준기의 정압과 탱크 내 유체의 부압과의 압력차를 차압계로 보내어 액면을 측정한다.

[해설] **05**

압력평형

$r_{Hg} \times H_{Hg} = r(H + H_{Hg})$

높이 $H = \frac{r_{Hg} \times H_{Hg}}{r} - H_{Hg}$

$= \frac{13.55 \times 1000 \times 0.04}{998} - 0.04$

$= 0.503\text{m} = 503\text{mm}$

[해설] **06**

부자(플로트)식 액면계는 액면상에 플로트의 위치에 의해 액면을 측정하는 것으로 LPG 자동차 용기나 고압 밀폐형 탱크에 적합하다.

[정답]
01. ㉰　02. ㉮　03. ㉰
04. ㉯　05. ㉱　06. ㉱

06 열량계

(1) 수동 융커스 열량계

법적으로 정해져 있는 가스 열량계의 기준으로 사용되며, 총 발열량을 계산하는 것이다. 약 10ℓ의 시료 가스를 기준으로 이것과 같은 온도의 공기와 완전 연소시킨 후 연소 생성물을 처음 상태의 온도까지 냉각하고 생성된 수증기를 응축시켜 발생한 열의 총량을 물에 흡수시킨다. 이 열량을 구해 표준상태로 환산하여 건조가스 $1m^3$의 발열량을 산출하여 kcal로 표시한 것이다.

(2) 자동 융커스 열량계

수동식을 자동으로 개량한 것으로 수량과 가스량의 비를 일정하게 유지하도록 수량계와 습식 가스미터를 체인으로 연결한다. 가스의 유속, 가스 조성의 변화 등에 의한 영향의 변화는 곧바로 수량의 변화로 되므로 영향은 보정된다.

(3) 시그마 열량계

시료 가스 압력을 60~300mmAq로 공급하여 제1압력조절기(다이어프램식)로 약 40mmAq로 감압하고 다시 제2압력조절기(침종식벨형)로 1~2mmAq로 감압한 후 오리피스를 통해 유량 조정을 하고 버너로 보낸다. 감열부는 직접 연소열을 흡수하여 팽창을 일으킨 팽창관을 중심으로 하며 동심 4본의 금속관을 짝지운다. 팽창을 일으킨 관과 상온 상태로 있는 관 사이를 다른 관을 사용하여 열전도를 막고 일종의 바이메탈 동작에 의한 팽창관의 변화를 링 기구로 확대 기록한다.

구조가 간단하고 가격이 저렴하여 많이 사용되고 있으나 버너로 점화하여 기록이 될 때 까지 시간 지연이 크다.

(4) 속응형 가스 열량계

시료 가스는 감압변의 교축에 의해 일정유량으로 버너 유닛에 보내지며 일정압, 일정유량으로 분류기에는 조정된 공기는 1차, 2차, 3차 공기로 나뉘어 버너 유닛으로 들어간다. 시료 가스는 버너 유닛에서 1차 공기와 잘 혼합되고,

POINT

• 가스열량계의 기준으로 사용되는 열량계
수동 융커스 열량계

• 팽창관의 변화를 링기구로 확대 기록하는 열량계
시그마 열량계

• 2개의 열전대 기전력차를 검출하여 발열량을 측정하는 열량계
속응형 가스 열량계

2차공기와 연소하며, 3차 공기로 희석된 후 대기로 방출된다. 배기가스 온도와 버너 유닛입구 온도를 측정하기 위하여 열전대 온도계를 설치하여 2개의 열전대 기전력 차를 검출함으로써 발열량을 측정한다.

07 습도계

습도계란 습공기 중에 포함된 수분의 양을 측정하는 계기이다.

(1) 습도의 분류

① 절대습도

㉮ 습공기 중에서 건공기 1kg에 대한 수증기의 양과의 비율을 말한다.

㉯ 절대습도는 온도에 관계없이 일정하게 나타낸다.

$$G = G_a + G_w$$

$$\therefore \; 절대습도\,(x) = \frac{G_w}{G_a}$$

여기서, G : 습공기의 전중량

G_a : 마른공기 중량

G_w : 수증기의 중량

② 상대습도

일반적으로 습도라 하면 상대습도를 말하며, 현재 포함하고 있는 수증기 중량과 같은 온도의 포화습공기 중의 수증기의 중량의 비를 백분율(%)로 표시한 것이다.

$$\phi = \frac{P_w}{P_s} \times 100\,(\%) - \frac{r_w}{r_s} \times 100\,(\%)$$

여기서, P_w, r_w는 각각 습공기의 수증기의 압력과 증기의 비중량

P_s, r_s는 각각 공기온도에 대응하는 증기의 포화압력과 비중량

※ 건공기에서 $\phi = 0$, 포화습공기에서 $\phi = 1$이다.

③ 비교습도

비교습도 또는 포화도 ϕ_s는 습공기의 절대습도 x와 그 온도하의 포화공기의 절대습도 x_s와의 비이며, 다음 식으로 구한다.

$$\phi_s = \frac{x}{x_s} \times 100(\%)$$

④ 이슬점(노점)

상대습도가 100% 이상이 되면 수증기는 응축된다. 이때의 온도를 말하며, 공기를 냉각하면 수증기가 응축하여 물방울이 생기고 가열하면 물방울이 전부 증발하게 된다. 이 두 온도의 평균온도를 이슬점 또는 노점이라 한다. 즉, 일반적으로 대기 중의 수증기가 응축하기 시작하는 온도를 말한다.

(2) 습도계의 종류 및 특징

① 모발 습도계 : 실내습도 측정용으로 연속지시가 가능하다
　㉮ 장점
　　㉠ 구조가 간단하고 취급이 쉽다.
　　㉡ 추운 지역에서 편리하다.
　　㉢ 상대습도가 바로 나타난다.
　　㉣ 재현성이 좋다.
　㉯ 단점
　　㉠ 히스테리시스가 있다.
　　㉡ 정도가 좋지 않다.
　　㉢ 응답 시간이 늦다.
　　㉣ 모발의 유효작용 기간이 2년 정도이다.

② 건습구 습도계 : 2개의 수은 유리온도계를 사용하여 습도, 온도, 상대습도를 측정한다.
　㉮ 장점
　　㉠ 구조가 간단하고 취급이 쉽다.
　　㉡ 휴대하기 편리하다.
　　㉢ 경제적이다.

POINT

• 상대습도가 100% 일 때
  노점

• 가정의 실내 습도 조절용으로
  많이 쓰이는 습도계는?
  모발 습도계

• 건습구 온도계로 측정하는 것
  습도, 온도, 상대습도

     ⓝ 단점

          ㉠ 헝겊이 감긴 방향, 바람에 따라 오차가 생긴다.

          ㉡ 물이 항상 있어야 한다.

          ㉢ 상대습도를 바로 나타내지 않는다.

          ㉣ 3~5m/s의 바람이 필요하다.

③ 노점 습도계

     ㉮ 장점

          ㉠ 구조가 간단하다.

          ㉡ 휴대가 용이하다.

          ㉢ 저습도 측정이 가능하다.

     ⓝ 단점

          ㉠ 정도가 좋은 편이 아니다.

          ㉡ 냉각이 필요하다.

          ㉢ 육안에 의한 노점 판정에 숙련이 필요하다.

④ 전기저항식 습도계 : **염화리튬**, 교류전압을 사용

     ㉮ 장점

          ㉠ 감도가 크다.

          ㉡ 상대습도 측정이 가능하다.

          ㉢ 전기 저항의 변화가 쉽게 측정 된다.

          ㉣ 연속 기록, 원격 측정, 자동제어에 이용 된다.

          ㉤ 저온도의 측정이 가능하고 응답이 빠르다.

     ⓝ 단점

          ㉠ 고습도 중에 장시간 방치하면 감습막(感濕膜) 유동한다.

          ㉡ 다소의 경년 변화가 있어 온도계수가 비교적 크다.

⑤ 전기식 습도계

     ㉮ 장점

          ㉠ 연속 기록, 원격 측정, 자동제어에 이용된다.

          ㉡ 조절기와 접속이 용이하다.

          ㉢ 상대습도를 즉시 나타낸다.

     ⓝ 단점

          ㉠ 물이 필요하다.

POINT

• 육안에 의한 노점 판정에 숙련이 필요한 습도계
노점 습도계

• 염화리튬, 교류전압을 사용하는 습도계로 저온도의 측정이 가능한 습도계
전기 저항식 습도계

• 상대습도를 즉시 측정이 가능하나 저습도의 측정이 곤한 습도계
전기식 습도계

ⓛ 저습도의 측정이 곤란하다.

ⓒ 정도가 어느 정도 좋지 않다.

⑥ 광전관 노점 습도계 : 이슬량의 증감으로 인한 광전효과를 이용한다.

　㉮ 장점

　　㉠ 연속 기록, 원격 측정, 자동제어에 이용된다.

　　ⓛ 저습도의 측정이 가능하다.

　　ⓒ 상온 또는 저온에는 상점의 정도가 좋다.

　㉯ 단점

　　㉠ 냉각장치가 필요하다.

　　ⓛ 노점과 상점의 육안 판정이 필요하다.

　　ⓒ 기구가 복잡하다.

POINT

• 광전효과를 이용한 습도계로 냉각장치가 필요한 습도계 광전관 노점 습도계

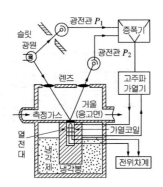

⑦ 듀셀(Dew-cell) 습도계 : 염화리튬, 교류전압을 사용

　㉮ 장점

　　㉠ 연속 기록, 원격 측정, 자동제어에 이용된다.

　　ⓛ 고압중이어도 사용이 가능하다.

　　ⓒ 상온 또는 저온에도 정도가 좋다.

　㉯ 단점

　　㉠ 저습도의 응답시간이 늦다.

　　ⓛ 가열이 필요하다.

　　ⓒ 다소의 경년 변화가 있다.

• 연속기록이 가능하고 고압 중에서도 사용이 가능하나 저습도의 응답시간이 늦은 습도계 듀셀 습도계

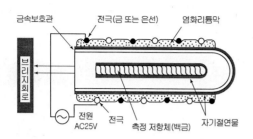

듀셀(Dew-cell) 노점계의 구조

(3) 수분 흡수법

① 흡수제 : 황산, 염화칼슘, 실리카겔, 오산화인 등이 있다
② 흡수법 : 습도를 측정하려 하는 일정량의 공기를 흡수제에 수분을 흡수시켜 정량하는 방법이다.

POINT

• 감습조작
 ① 냉각법
 ② 공기를 압축액화 시키는 법
 ③ 흡수 및 흡착법

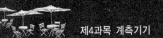
01 습한 공기 205kg 중 수증기가 35kg 포함되어 있다고 할 때 절대습도[kg/kg]는?

㉮ 0.206   ㉯ 0.171

㉰ 0.128   ㉱ 0.106

02 온도 25℃, 노점 19℃인 공기의 상대습도는 약 얼마인가? (단, 25℃ 및 19℃에서 포화 증기압은 각각 23.76mmHg 및 16.47mmHg로 한다.)

㉮ 48%   ㉯ 58%

㉰ 69%   ㉱ 79%

03 휴대용으로 사용되며 상온에서 비교적 정도가 좋으나 물이 필요한 습도계는?

㉮ 모발습도계

㉯ 광전관식 노점계

㉰ 통풍형 건습구 습도계

㉱ 저항온도계식 건습구 습도계

04 수분흡수법에 의한 습도측정에 사용되는 흡수제로서 가장 관계가 먼 것은?

㉮ 염화칼슘   ㉯ 황산

㉰ 오산화인   ㉱ 과망간산칼륨

해 설

[해설] 01

절대습도

$$H = \frac{수증기의\ kg}{건조공기의\ kg}$$

$$(kgH_2O/kg\ 건조공기)$$

$$= \frac{35kg}{(205-35)kg} = 0.206$$

$$(kgH_2O/kg\ 건조공기)$$

[해설] 02

상대습도(ψ)

$$\psi = \frac{P_w}{P_S} \times 100\%$$

여기서,

P_w: 수증기분압(mmHg)

P_s : 포화증기압(mmHg)

$$\psi = \frac{16.47}{23.76} \times 100\% = 69.3\%$$

[해설] 04

과망간산칼륨($KMnO_4$)은 산화제로 사용되나 흡수제로는 사용하지 않는다.

01. ㉮   02. ㉰   03. ㉰

04. ㉱

정답

01. 섭씨온도(℃)와 화씨온도(℉)의 관계식 중 맞는 것은?

㉮ $℃=\dfrac{9}{5}(℉-32)$

㉯ $℉=℃\times1.8+32$

㉰ $℉=\dfrac{9}{5}\times℃$

㉱ $℃=\dfrac{1}{1.8}(℉+32)$

해설 $℉=\dfrac{9}{5}℃+32, ℃=\dfrac{5}{9}(℉-32)$

02. 0℃는 몇 ℉, 몇 °K, 몇 °R인가?

㉮ 30℉, 273°K, 490°R

㉯ 32℉, 273°K, 492°R

㉰ 30℉, 270°K, 491°R

㉱ 32℉, 273°K, 493°R

해설 ① $℉=\dfrac{5}{9}℃+32=\dfrac{5}{9}\times0+32=32℉$

② $K=(℃+273)=(0+273)=273K$

③ $R=(℉+460)=(32+460)=492R$

03. -40℃는 몇 ℉인가?

㉮ -10℉ 　　　　㉯ -20℉

㉰ -32℉ 　　　　㉱ -40℉

해설 $℉=\dfrac{9}{5}℃+32=\dfrac{9}{5}(-40)+32=-40F$

04. 온도계의 눈금값의 기준이 되는 정점은?

㉮ 온도계에 나타난 지시가 정확히 눈금줄과 일치하는 것

㉯ 온도계에 나타난 지시값에서 오차를 뺀 참 값

㉰ 몇 가지 표준물질의 융해, 비등, 응고 등을 하는 점

㉱ 온도계에 있는 눈금 내에서 유효치를 갖는 범위

해설 온도점의 정점은 12개를 정하여 국제적으로 실시하고 측정계기의 눈금을 정하도록 한 것이다.

05. 온도계의 구성 요소로 적합하지 않은 것은?

㉮ 검지부 　　　　㉯ 감응부

㉰ 지시부 　　　　㉱ 연결부

해설 온도계의 구성 요소
감응부, 지시부, 연결부

06. 접촉방법으로 온도를 측정하려 한다. 다음 중 접촉식 방법이 아닌 것은?

㉮ 물질상태 변화법

㉯ 전기저항 변화법

㉰ 열팽창 이용법

㉱ 물체와의 색온도 비교법

해설 색온도계 : 비접촉식

07. 다음은 접촉식 온도계의 원리에 따른 종류이다. 연결이 맞지 않는 것은?

㉮ 열팽창을 이용한 방법 : 바이메탈식 온도계

㉯ 전기저항 변화를 이용한 방법 : 백금-로듐 온도계

㉰ 열전기력을 이용한 방법 : 크로멜-알루멜 온도계

㉱ 물질상태변화를 이용한 방법 : 제겔콘 온도계

해설 ① 저항온도계 : 백금(Pt), 구리(Cu), 니켈(Ni) 등을 사용하여 전기저항 변화를 이용하는 온도계
② 백금-로듐온도계 : 열기전력을 이용한 온도계

08. 접촉식 온도계에 대한 다음의 설명 중 틀린 것은?

㉮ 저항 온도계의 경우 측정회로로서 일반적으로 휘스톤 브리지가 채택되고 있다.

㉯ 열전대 온도계의 경우 열전대로 백금선을 사용하여 온도를 측정할 수 있다.

㉰ 봉상 온도계의 경우 측정오차를 최소화하려면 가급적 온도계 전체를 측정하는 물체에 접촉시키는 것이 좋다.

㉱ 압력온도계의 경우 구성은 감온부, 도압부, 감압부로 되어 있다.

[해설] 백금선을 사용하는 압력계 : 전기저항 압력계

09. 다음 온도 계측기에 대한 설명 중 옳지 않은 것은?

㉮ 접촉방식의 온도 계측에는 열팽창, 전기저항 변화 및 열기전력 등을 이용한다.

㉯ 접촉식 온도계는 유리온도계, 저항온도계, 열전대 온도계 등이 있다.

㉰ 비접촉식 온도계는 방사온도계, 광온도계, 바이메탈온도계 등이 있다.

㉱ 유리온도계는 수은을 봉입한 것과 유기성 액체를 봉입한 것으로 구분한다.

[해설] ① 비접촉식 온도계 : 광전관고온계, 광고온계, 방사온도계, 색온도계
② 접촉식 온도계 : 유리온도계, 바이메탈온도계, 압력식온도계, 열전대온도계, 저항온도계

10. 다음은 접촉식 온도계에 대한 설명이다. 옳지 않은 것은?

㉮ 압력식 온도계에서 증기 팽창식이 액체 팽창식에 비하여 감도가 좋아 눈금 측정이 쉽다.

㉯ 저항 온도계의 특징으로는 자동제어 및 작동기록이 가능하고 정밀측정용으로 사용된다.

㉰ 열전대 온도계는 접촉식 온도계 중에서 가장 고온의 측정용이다.

㉱ 서미스터(thermistor)는 금속산화물을 소결시켜 만든 반도체를 이용하여 온도 변화에 대한 저항변화를 온도 측정에 이용한다.

[해설] 증기압력(팽창)식은 액체 팽창식에 비해 감도가 나쁘다.

11. 유리온도계 중 저온(-100℃)용으로 적합한 것은?

㉮ 베크만 온도계

㉯ 알코올 온도계

㉰ 수은 온도계

㉱ 질소 봉입 수은온도계

[해설] 유리온도계의 종류별 측정범위
① 수은온도계 : -60~350℃, 정도 : 1/100
② 알코올 온도계 : -100~200℃, 정도 : ±0.5~1.0%
③ 베크만 온도계 :150℃ 정도, 정도 : 0.01~0.05%

12. 유리제 온도계의 검정유효기간은 몇 년인가?

㉮ 5년　　　　㉯ 3년

㉰ 2년　　　　㉱ 4년

13. 수은의 양을 가감하는 것에 의해 매우 좁은 온도 범위 측정이 가능한 온도계는?

㉮ 수은 온도계

㉯ 베크만 온도계

㉰ 바이메탈 온도계

㉱ 아네로이드 온도계

[해설] 베크만 온도계
매우 좁은 온도범위(0.01~0.005℃) 정도까지 미세한 온도 측정(초정밀온도계)

정답　08. ㉯　09. ㉰　10. ㉮　11. ㉯　12. ㉯　13. ㉯

14. 수은 유리온도계의 일반적인 온도 측정범위를 나타낸 것은?

㉮ 100~200℃ ㉯ 0~200℃

㉰ −60~350℃ ㉱ −100~200℃

해설 ① 수은 유리온도계 : −60~350℃
② 알콜 유리온도계 : −100~100℃

15. 다음은 접촉법에 의해 온도를 측정하는 압력식 온도계에 관한 설명이다. 내용이 맞지 않는 것은?

㉮ 압력식 온도계의 구성은 감온부, 금속모세관, 수압계로 되어 있다.

㉯ 액체 팽창식은 수은, 물, 부탄−프로판을 사용한다.

㉰ 증기압식은 에틸알콜, 에테르 등의 증기압을 사용한다.

㉱ 기체압력식은 공기를 사용한다.

해설 압력식온도계의 사용물질

종 류	사용 물질	측정온도
기체팽창식	질소, 헬륨, 아르곤	−130~430℃
증기팽창식	에틸알코올, 에테르, 프레온, 톨루엔, 염화에틸, 아닐린, 프로판	−45~315℃
액체팽창식	수은, 물, 에틸알코올, 부탄, 프로판	−185~315℃

16. 열팽창계수가 서로 다른 2종류의 발판을 밀착시켜 휘어지는 정도로 온도를 측정하는 온도계는 어는 것인가?

㉮ 열전대 온도계 ㉯ 압력식 온도계

㉰ 바이메탈 온도계 ㉱ 저항 온도계

해설 바이메탈 온도계의 특징
① 유리온도계보다 견고하다.
② 구조가 간단하고, 보수가 용이하다.
③ 사용기간이 오래되어도 변화가 적다.
④ 히스테리시스 오차가 발생되기 쉽다.
⑤ 보호관을 내압구조로 하면 150기압 압력용기 내의 온도를 측정할 수 있다.
⑥ 측정범위 : −50~500℃, 정도 : ±0.5~1% 이다.

17. 그림은 바이메탈 온도계이다. 자유단의 변위 X 값으로 맞는 것은?

㉮ X=K($\alpha_A-\alpha_B$)L²t/h

㉯ X=K($\alpha_A-\alpha_B$)L²t²/h

㉰ X=($\alpha_A-\alpha_B$)L²t/Kh

㉱ X=($\alpha_A-\alpha_B$)L²t²/Kh

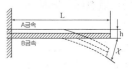

18. 열전대 온도계는 서로 다른 두 금속을 함께 연결하여 사용한다. 이 때 어떤 원리가 응용되는가?

㉮ 두 금속의 열전도도의 차이

㉯ 두 금속의 열팽창계수의 차이

㉰ 두 금속의 자유전자 밀도의 차이

㉱ 두 금속의 밀도 차이

해설 열전대 온도계
서로 다른 두 금속의 열전도도의 차이를 이용하여 온도를 측정

19. 다음 열전 온도계의 취급상 주의사항 중 맞지 않는 것은?

㉮ 지시계와 열전대를 알맞게 결합시킨 것을 사용한다.

㉯ 열전대의 삽입길이는 정확히 한다.

㉰ 단자(+) (−)와 보상도선의 (−) (+)를 일치시켜 부착한다.

㉱ 도선은 접촉하기 전 지시의 0점을 조정한다.

해설 열전대 온도계의 취급상 주의점
① 지시계와 열전대를 알맞게 결합시킨 것을 고려한다.
② 단자의 (+) (−)와 보상도선의 (+) (−)를 일치시켜 부착한다.
③ 열전대의 삽입길이는 보호관의 외경의 1.5배로 한다.
④ 표준계기로서 정기적으로 지시눈금을 교정한다.
⑤ 열전대는 측정할 위치에 정확히 삽입하며 사용온도 한계에 주의한다.
⑥ 도선은 접촉하기 전 0점을 조정한다.

20. 다음 중 제벡효과(seeback effect)를 이용한 온도계는?

㉮ 열전대온도계
㉯ 광고온도계
㉰ 서미스터온도계
㉱ 전기저항온도계

[해설] 열전대온도계
제벡효과(seeback effect) 이용

21. 다음 그림에서 접점(냉접점)을 바르게 나타낸 것은?

㉮ ④
㉯ ③
㉰ ②
㉱ ①

22. 열전대 온도계의 구성 요소에 해당하지 않는 것은?

㉮ 보호관
㉯ 열전대선
㉰ 보상도선
㉱ 저항체 소자

[해설] 열전대 온도계의 구성 요소
열전대, 보상도선, 열접점(측온접점), 냉접점(기준점), 보호관

23. 가장 높은 접촉온도를 측정할 수 있는 열전대 온도계의 형(type)은?

㉮ T형(구리−콘스탄탄)
㉯ J형(철−콘스탄탄)
㉰ K형(크로멜−알루멜)
㉱ R형(백금−백금로듐)

[해설] 열전대 온도계 측정 범위
P−R(백금−백금로듐) : R형(0~1600℃)
C−A(크로멜−알루멜) : K형(−20~1200℃)
I−C(철−콘스탄탄) : J형(−20~800℃)
C−C(동−콘스탄탄) : T형(−200~350℃)

24. 콘스탄탄의 성분으로 맞는 것은?

㉮ Cu(60%), Ni(40%)
㉯ Cu(50%), Ni(50%)
㉰ Ni(94%), Mn(%)
㉱ Cu(55%), Ni(45%)

25. 크로멜− 알루멜(CA) 열전대의 (+)극에 사용되는 금속은?

㉮ Ni−Al
㉯ Ni−Cr
㉰ Mn−Si
㉱ Ni−Pt

[해설] 열전대의 종류 및 조성, 측정온도

종 류	조 성		측정온도
	(+)측	(−)측	
백금−백금로듐 (PR)	Pt(백금) : 87%, Rh(로듐) : 13% (백금로듐)	(순 백금)	0~1,600℃
철−콘스탄탄 (IC)	(순철)	Cu : 55% Ni : 45% (콘스탄탄)	−20~800℃
크로멜−알루멜 (CA)	Ni(니켈) : 90% Cr(크롬) : 10% (크로멜)	Ni : 94% Al : 3% Mn : 2% Si : 1%(알로멜)	−20~1,200℃
구리−콘스탄탄 (CC)	(순 구리)	Cu : 55% Ni : 45% (콘스탄탄)	−200~350℃

26. 열전대에 대한 설명 중 틀린 것은?

㉮ R 열전대의 조성은 백금과 로듐이며 보통 R−13으로 표시한다.
㉯ K 열전대는 온도와 기전력의 관계가 거의 선형적이며 공업용으로 가장 널리 사용된다.
㉰ J 열전대는 철과 콘스탄탄으로 구성되며 산화에 강하다.
㉱ T 열전대는 극저온 계측에 사용된다.

[해설] 철−콘스탄탄(J형) : 환원성에는 강하나 산화성에는 약하다.

정답 20. ㉮ 21. ㉯ 22. ㉱ 23. ㉱ 24. ㉱ 25. ㉯ 26. ㉰

27. 보상도선을 사용하여야 하는 온도계는?

㉮ 압력 온도계

㉯ 광고 온도계

㉰ 열전대 온도계

㉱ 색 온도계

해설 열전대온도계

보상도선과 기준접점(냉접점)을 이용한 온도계

28. 열전대 비금속 보호관 중 석영관의 상용 사용온도는 대략 몇 ℃인가?

㉮ 1,000℃ ㉯ 1,200℃

㉰ 1,500℃ ㉱ 1,800℃

해설 열전대 비금속 보호관

종 류	상용온도(℃)	최고사용온도(℃)
석영관	1,000	1,050
자기관	1,450	1,750
카보런덤관	1,600	1,700

29. 급열·급냉에 강한 비금속 보호관의 종류는?

㉮ 석영관

㉯ 도기관

㉰ 카보런덤관

㉱ 자기관

30. 열전대 온도계의 보상도선의 재료로 사용되는 것은?

㉮ Cu ㉯ Fe

㉰ Pt ㉱ Cr

31. 다음은 전기저항 온도계에 관한 설명이다. 이 중 틀린 것은?

㉮ 비교적 낮은 온도를 정밀 측정하는데 적합하다.

㉯ 저항선의 재료는 철, 알루미늄, 니켈 등이 쓰인다.

㉰ 금속의 온도 상승에 대한 전기 저항치의 증가 원리를 이용하는 것이다.

㉱ 측온 저항체의 저항치로 제어온도를 측정한다.

해설 저항 온도계의 특징

① 원격 측정에 적합하고 작동제어, 기록, 조절이 가능하다.

② 비교적 낮은 온도(500℃ 이하)의 정밀측정에 적합하다.

③ 검출에 시간지연이 있고 측온저항체가 가늘어 (∅0.035) 진동에 단선되기 쉽다.

④ 구조가 복잡하고 취급이 어려워 측정시 숙련이 필요하다.

⑤ 검출시간 지연이 발생될 우려가 있다.

⑥ 공업용 또는 실험용으로 쓰이며, 정밀한 온도 측정에는 백금 저항온도계가 쓰인다.

32. 측온저항체의 종류에 해당되지 않는 것은?

㉮ Fe ㉯ Ni

㉰ Cu ㉱ Pt

33. 니켈 저항측온체의 측정온도 범위는 어느 것인가?

㉮ -200~500℃ ㉯ -100~300℃

㉰ 0~120℃ ㉱ -50~150℃

해설 저항온도계의 측정범위

저항체의 종류	백금(Pt) 측온저항체	니켈(Ni) 측온저항체	구리(Cu) 측온저항체
측정 온도(℃)	-200~500	-50~150	0~120

34. 전기저항 온도계의 측온저항계의 공칭 저항치라고 말하는 것은 온도 몇 도일 때의 저항 소자의 저항을 말하는가?

㉮ 0℃ ㉯ 10℃

㉰ 15℃ ㉱ 20℃

해설 0℃의 공칭저항(25Ω, 50Ω, 100Ω)

정답 27. ㉰ 28. ㉮ 29. ㉮ 30. ㉮ 31. ㉯ 32. ㉮ 33. ㉱ 34. ㉮

35. 명판에 Ni600이라고 쓰여 있는 측온저항체의 100℃점에서의 저항값은 몇 Ω인가? (단, Ni의 온도계수는 +0.0067이다.)

㉮ 840 　　　　　 ㉯ 950
㉰ 1,002 　　　　 ㉱ 1,500

[해설] $R = R_0(1+at) = 600(1+0.0067 \times 100) = 1,002\,\Omega$

36. 서미스터에 대한 설명으로 맞지 않는 것은?

㉮ 측정범위는 약 −100~300℃이다.
㉯ 반도체를 이용하여 온도 변화에 따른 저항 변화를 온도 측정에 이용한다.
㉰ 감도가 크지 못하며 온도 변화가 큰 곳의 측정에 이용된다.
㉱ 수분을 흡수하면 오차가 발생한다.

[해설] 서미스터(thermistor)
Ni, Co, Mn, Fe, Cu 등의 금속 산화물을 압축 소결시킨 합금으로 온도 변화에 따른 저항치 변화가 큰 반도체로 종류가 많으며, 극히 소형으로 만들 수 있고 응답성이 빠른 감열소자로 만들 수 있고 응답성이 빠른 감열소자로 이용할 수 있어 감도가 크다. 측정범위는 −100~300℃이다.

37. 서미스터에 대한 설명 중 틀린 것은?

㉮ 저항계수가 백금보다 10배 정도 크다.
㉯ Ni, Cu, Mn, Fe, Co 등을 압축소결로 만들어진다.
㉰ 온도상승에 따라 저항률이 감소하는 것을 이용하여 온도를 측정한다.
㉱ 응답이 느리다.

38. 감도가 좋으며 충격에 대한 강도가 떨어지고 좁은 장소에 온도 측정이 가능한 측온저항체는?

㉮ 서미스터 측온저항계
㉯ 구리 측온저항체
㉰ 니켈 측온저항체
㉱ 금속 측온저항체

39. 다음 비접촉식 온도계의 특징이 아닌 것은?

㉮ 이동물체 측정이 가능하다.
㉯ 고온 측정이 가능하다.
㉰ 측정온도의 오차가 적다.
㉱ 접촉에 의한 열손실이 없다.

[해설] 비접촉식 온도계의 특징
① 측정온도의 오차가 크다.
② 방사율의 보정이 필요하다.
③ 응답이 빠르고 내구성이 좋다.
④ 고온 측정이 가능하고 이동물체 측정에 알맞다.
⑤ 접촉에 의한 열손실이 없다.

40. 다음 온도계 중 비접촉식에 해당하는 것은?

㉮ 유리 온도계 　　　㉯ 바이메탈 온도계
㉰ 압력식 온도계 　　㉱ 광고 온도계

[해설] ① 접촉식 온도계
　㉮ 유리온도계 　　　㉯ 바이메탈 온도계
　㉰ 압력식 온도계 　　㉱ 저항 온도계
　㉲ 열전대 온도계
② 비접촉식 온도계
　㉮ 광고 온도계 　　　㉯ 광전관 온도계
　㉰ 방사 온도계 　　　㉱ 색 온도계

41. 다음 온도계 중 방사에너지와 스테판 볼츠만의 법칙과 관계가 깊은 온도계는?

㉮ 열전대 온도계
㉯ 광고 온도계
㉰ 방사 온도계
㉱ 광전관식 온도계

[해설] 방사온도계(복사온도계)
스테판 볼츠만의 법칙

정답 35. ㉰ 36. ㉰ 37. ㉱ 38. ㉮ 39. ㉰ 40. ㉱ 41. ㉰

42. 스테판 볼츠만의 법칙에서 복사전열은 절대온도 몇 승에 비례하는가?

㉮ 5승   ㉯ 2승

㉰ 3승   ㉱ 4승

[해설] 스테판 볼츠만의 법칙

$$Q = 4.88\varepsilon \left(\frac{T}{100}\right)^4 (\text{kcal/hr})$$

복사에너지는 절대온도 4승에 비례함

43. 표준전구의 필라멘트 휘도와 복사에너지의 휘도를 비교하여 온도를 측정하는 온도계는?

㉮ 광온도계   ㉯ 복사온도계

㉰ 색온도계   ㉱ 서미스터(thermistor)

[해설] 광온도계(광고온계)
표준전구의 필라멘트의 휘도와 복사에너지의 휘도를 비교하여 온도를 구하는 방법

44. 광고온도계의 사용시 틀린 것은?

㉮ 정밀한 측정을 위하여 시야의 중앙에 목표점을 두고 측정하는 위치 각도를 변형하여 여러 번 측정한다.

㉯ 온도 측정시 연기, 먼지가 유입되지 않도록 주의한다.

㉰ 광학계의 먼지, 상처 등을 수시로 점검한다.

㉱ 1,000℃ 이하에서 전류를 흘러 보내면 측정에 도움이 된다.

45. 광고온도계의 발신부 설치시 성립하는 식으로 옳은 것은? (단, l : 렌즈로부터 수열판끼지의 거리, d : 수열판의 지름, L : 렌즈로부터 물체까지의 거리, D : 물체의 지름)

㉮ L/1＜d/D   ㉯ L/D=l/d

㉰ L/D＜l/d   ㉱ L/D＞l/d

46. 다음 설명에 해당되는 온도계는?

[보기]
① 자동제어가 가능하다.
② 이동물체 온도 측정이 가능하다.
③ 증폭기가 있으며 연속 측정이 가능하다.

㉮ 복사 온도계   ㉯ 광전관식 온도계

㉰ 광고 온도계   ㉱ 전기저항 온도계

47. 다음 중 색온도계의 특징이 아닌 것은?

㉮ 고장률이 적다.

㉯ 휴대 취급이 간편하다.

㉰ 비접촉식 온도계이다.

㉱ 연기, 먼지 등에 영향을 받는다.

[해설] 색온도계의 특징
① 연속지시가 가능하다.
② 휴대 및 취급이 간편하나 측정이 어렵다.
③ 다른 온도계보다 정확한 온도를 측정할 수 있다.
④ 연기와 먼지 등에는 영향을 받지 않는다.

48. 도료의 일종으로 피측정물의 표면에 도포하여 그 점의 온도 변화를 감시하는 데 사용하는 온도계는?

㉮ 제게르 콘   ㉯ 서모컬러

㉰ 색온도계   ㉱ 광전관 고온계

49. 다음 온도계 중 노(盧) 내의 온도 측정이나 벽돌의 내화도 측정용으로 적당한 것은?

㉮ 서미스터   ㉯ 제게르 콘

㉰ 색온도계   ㉱ 광고온도계

[해설] 제게르 콘
점토 규석질 및 내열성의 금속산화물을 배합하여 만든 것으로 성분비율에 따라 연화, 변형하는 온도가 다른 점을 이용하여 온도를 측정

---

42. ㉱   43. ㉮   44. ㉮   45. ㉰   46. ㉯   47. ㉱   48. ㉯   49. ㉯   정답

50. 대기압이 750mmHg일 때 탱크내의 기체압력이 게이지압으로 1.96kgf/cm²이었다. 탱크내 기체의 절대압력은 몇 kgf/cm²인가? (단, 1기압=1.0332kgf/cm²이다.)

㉮ 1.0 ㉯ 2.0
㉰ 3.0 ㉱ 4.0

[해설] 절대압력=대기압+게이지압

$$= \left(\frac{750mmHg}{760mmHg} \times 1.0332 kgf/cm^2\right) + 1.96 kgf/cm^2$$
$$= 2.98 kgf/cm^2$$

51. 비중이 0.9인 액체 개방 탱크에 탱크 하부로부터 2m 위치에 압력계를 설치했더니 지침이 1.5kg/cm²을 가리켰다. 이때의 액위는 얼마인가?

㉮ 1.47m ㉯ 147cm
㉰ 18.7m ㉱ 187cm

[해설] $P[kg/m^2] = r[kg/m^3] \times h[m]$ 에서

$h = \frac{P}{r}$ 이므로 $h = \frac{1.5 \times 10,000 kg/m^2}{0.9 \times 1,000 kg/m^3} = 16.67m$

$\therefore 16.67 + 2 = 18.67m$

52. 다음 중 1차 압력계는?

㉮ 부르동관 압력계 ㉯ U자 마노미터
㉰ 전기저항 압력계 ㉱ 벨로우즈 압력계

[해설] ① 1차 압력계(직접법) : 액주식 압력계(U자 마노미터), 자유피스톤형 압력계, 기준 분동식압력계
② 2차 압력계 : 부르동관식, 다이어프램식, 벨로우즈식, 전기저항식, 피에조 전기 압력계 등

53. 액주압력계에 사용하는 액체가 갖추어야 할 조건과 거리가 먼 것은?

㉮ 순수한 액체일 것
㉯ 온도에 대한 액의 밀도 변화가 적을 것
㉰ 액체의 점도가 클 것
㉱ 유독한 증기를 내지 말 것

[해설] 액주식 압력계용 액체의 구비조건
① 점성이 적을 것
② 열팽창계수가 작을 것
③ 항상 액면은 수평을 만들 것
④ 온도에 따라서 밀도 변화가 적을 것
⑤ 증기에 대한 밀도 변화가 적을 것
⑥ 모세관 현상 및 표면장력이 적을 것
⑦ 화학적으로 안정할 것
⑧ 휘발성 및 흡수성이 적을 것
⑨ 액주의 높이를 정확히 읽을 수 있을 것

54. 다음 설명에서 액주식 압력계의 특징 중 틀린 것은?

㉮ 압력계 중 가장 편리한 압력계이다.
㉯ 경사관 압력계는 구조상 저압인 경우에만 한정된다.
㉰ U자관 크기는 통상 2m 정도이다.
㉱ 취급은 불편하나 읽기가 쉽다.

[해설] 읽기가 어렵다.

55. 액면높이 H를 나타내는 값으로 맞는 것은?

㉮ $H = \frac{P_1 - P_2}{\rho}$
㉯ $H = P_1 - P_2$
㉰ $H = \rho(P_1 - P_2)$
㉱ $H = P_2 - P_1$

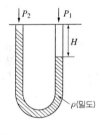

[해설] $P_1 - P_2 = \rho H$

$\therefore H = \frac{P_1 - P_2}{\rho}$

56. 수은(비중 13.6)을 이용한 U자형 액면계에서 P_1과 P_2의 압력 차이는?

㉮ 4.66kgf/cm²
㉯ 4660kgf/cm²
㉰ 0.54kgf/cm²
㉱ 5440kgf/cm²

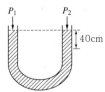

[해설] $\Delta P = r \cdot h = 13.6\text{gf/cm}^3 \times 40\text{cm}$
$= 544\text{gf/cm}^2 = 0.54\text{kgf/cm}^2$

57. 경사관식 압력계의 P_1 값으로 맞는 것은?

㉮ $P_1 = P_2 + s\cos\theta$

㉯ $P_1 = P_2 \times sx\sin\theta$

㉰ $P_1 = P_2 + sx\sin\theta$

㉱ $P_1 = P_2 \times s\cos\theta$

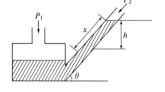

[해설] $\therefore h = x\sin\theta$
$\therefore P_1 = P_2 + Sh = P_2 + sx\sin\theta$

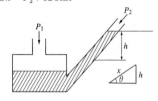

58. 미압측정용으로 가장 적합한 압력계는?

㉮ 부르동관 압력계

㉯ 경사관식 액주형 압력계

㉰ 전기식 압력계

㉱ 분동식 압력계

[해설] 경사관식 액주형 압력계
작은 압력을 정밀하게 측정(미압측정)

59. 다음 중 액체 속에 담긴 플로트의 편위로써 압력을 측정하는 것은?

㉮ 다이어프램 압력계

㉯ 환상 차압 천평 압력계

㉰ 침종식 압력계

㉱ 액주식 압력계

[해설] 액체(수은, 오일) 속에 띄운 플로트의 편위가 압력에 비례한다는 것을 이용, 정도는 ±1~2% 이다.

60. 다음 중 링 밸런스 압력계의 특징이 아닌 것은?

㉮ 환상천평식 압력계라고도 한다.

㉯ 원격전송이 가능하다.

㉰ 액체의 압력을 측정한다.

㉱ 수직 수평으로 설치한다.

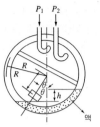

[해설] 기체의 압력 또는 차압의 측정이 가능하다.

61. 압력계 중 부르동관 압력계의 눈금교정 및 연구 실용으로 사용되는 압력계는?

㉮ 벨로우즈 압력계

㉯ 다이어프램 압력계

㉰ 자유 피스톤식 압력계

㉱ 전기저항 압력계

[해설] 자유 피스톤식 압력계
모든 압력계의 기준기로서 2차 압력의 교정장치로 적합하다.

62. 부유 피스톤형 압력계에 있어서 실린더 직경 2cm, 피스톤 무게 합계가 20kgf일 때 이 압력계에 접속된 부르동관과 압력계의 읽음이 7kgf/cm²를 나타내었다. 이 부르동관 압력계의 오차는 대략 얼마인가?

㉮ 0.5%　　　　㉯ 1.0%

㉰ 5.0%　　　　㉱ 9%

[해설] 압력 $P = \dfrac{\text{힘}}{\text{단면적}} = \dfrac{20\text{kg}_f}{\dfrac{\pi}{4}(2\text{cm}^2)} = 6.37\text{kgf/cm}^2$

$\therefore$ 압력계의 오차 $\dfrac{7\text{kg/cm}^2 - 6.37\text{kg/cm}^2}{7\text{kg/cm}^2} \times 100 = 9\%$

57. ㉰　58. ㉯　59. ㉰　60. ㉰　61. ㉰　62. ㉱　정답

63. 부르동관 압력계로 측정한 압력이 5kgf/cm^{2}이었다. 부유 피스톤 압력계 추의 무게가 10kgf이고 펌프 실린더의 지름이 8cm, 피스톤 지름이 4cm라면 피스톤의 무게는 몇 kgf인가?

㉮ 52.8 ㉯ 72.8

㉰ 241.2 ㉱ 743.6

[해설] 게이지 압력 = $\dfrac{\text{추와 피스톤 무게}}{\text{피스톤 단면적}}$

∴ 추와 피스톤 무게
= 게이지 압력×피스톤 단면적
= $5\text{kgf/cm}^2 \times \dfrac{\pi}{4} \times (4\text{cm})^2 = 62.83\text{kgf}$

∴ 피스톤 무게
= 추와 피스톤의 무게−추의 무게
= 62.83−10 = 52.83kgf

64. 2차 압력계의 대표적인 압력계로서 가장 많이 쓰이는 압력계는 다음 중 어느 것인가?

㉮ 벨로우즈 압력계
㉯ 전기저항 압력계
㉰ 다이어프램 압력계
㉱ 부르동관 압력계

[해설] 부르동관 압력계의 재질
① 고압용 : 니켈강, 스텐리스강
② 저압용 : 황동, 청동, 인청동

65. 부르동관(Bourdon tube) 압력계에 대한 설명 중 틀린 것은?

㉮ C자관보다 나선형관이 민감하게 작동한다.
㉯ 격막식 압력계보다 고압측정용이다.
㉰ 곡관에 압력이 가해지면 곡률반경이 증대되는 것을 이용하는 것이다.
㉱ 계기 하나로 두 공정의 압력차 측정이 가능하다.

[해설] 부르동관은 계기하나로 두 개 공정의 압력차측정이 불가능하다.

66. 벨로스식 압력계에서 벨로스 재질은 어느 것인가?

㉮ 인청동 및 스테인리스
㉯ 인바·엘린바
㉰ 부르동관 및 청동
㉱ 스프링강·니켈크롬강

[해설] 벨로스식 압력계
① 측정범위 : 0.01~10kgf/cm^2, 정도 ±1~2% 정도
② 압력 변동에 적응성이 떨어진다.
③ 유체 내 먼지 등의 영향을 적게 받는다.
④ 재질 : 인청동, 스테인리스

67. 다이어프램 압력계에 관한 설명으로 내용이 맞지 않는 것은?

㉮ 극히 미소한 압력을 측정할 수 있다.
㉯ 격막의 재질은 천연고무, 합성고무, 테플론 등을 사용한다.
㉰ 부식성 유체 압력 측정이 가능하다.
㉱ 특징은 응답이 빠르고 온도의 영향을 받지 않는다.

[해설] 다이어프램식 압력계
① 특징
  ㉮ 응답속도가 빠르나, 온도의 영향을 받는다.
  ㉯ 차압(+, −) 측정이 가능하다.
  ㉰ 극히 미세한 압력 측정에 적당하다.
  ㉱ 압력계가 파손되어도 위험이 적다.
② 측정범위 : 20~5000mmAq
③ 다이어프램의 재질 : 천연고무, 합성고무. 테플론, 가죽, 특수고무, 인청동, 구리, 스테인리스

68. 압력변화에 의한 탄성변위를 이용한 압력계가 아닌 것은?

㉮ 부르동관식 ㉯ 벨로우즈식
㉰ 다이어프램식 ㉱ 링밸런스식

[해설] 탄성압력계 : 부르동관식, 벨로우즈식, 다이이프램식 압력계

정답 63. ㉮ 64. ㉱ 65. ㉱ 66. ㉮ 67. ㉱ 68. ㉱

69. 스프링 정수가 10kg/cm인 스프링 질량 98kg의 물체를 달았을 때의 진동주기는 몇 초인가? (단, 중력 환산계수 g_c=980kg·cm/kgf·sec^2)

㉮ 0.6sec ㉯ 1.26sec
㉰ 6.30sec ㉱ 12.60sec

[해설] $T = 2\pi\sqrt{\frac{m}{kg}}$

$= 2\times 3.14\sqrt{\frac{98}{10\times 980}} = 0.628\text{sec}$

70. 수정이나 롯셀염 등의 결정체의 특정방향에 압력을 가하면 그 표면에 전기가 생겨 순간적인 압력을 측정하는 압력계는?

㉮ 전기압력 압력계
㉯ 링밸런스 압력계
㉰ 피에조전기 압력계
㉱ 자유피스톤 압력계

[해설] 피에조 전기압력계
수정이나 롯셀염 등의 결정체에 압력을 가할 때 표면에 전기적인 변화가 생겨 순간적인 압력을 측정하는 압력계

71. 가스폭발 등 급속한 압력변화를 측정하는 데 사용되는 압력계는?

㉮ 벨로우즈 압력계
㉯ 피에조 전기 압력계
㉰ 전기저항 압력계
㉱ 다이어프램 압력계

[해설] 피에조 전기 압력계
① 가스폭발 등 급속한 압력변화를 측정하는 데 유효하다.
② 수정, 전기석·롯셀염 등이 결정체의 특수방향에 압력을 가하여 발생되는 전기량으로 압력을 측정한다.

72. 초고압이나 미압측정에 사용되는 압력계는?

㉮ 부르동관식 ㉯ 벨로우즈식
㉰ 다이아프램식 ㉱ 전기저항식

[해설] 전기저항압력계
초고압이나 미압측정에 적합한 2차 표준압력계

73. 압력계와 진공계 두 가지 기능을 갖춘 압력 게이지를 무엇이라고 하는가?

㉮ 부르동관(bourdon tube) 압력계
㉯ 컴파운드 게이지(compound gage)
㉰ 초음파 압력계
㉱ 전자 압력계

74. 다음 중 진공계의 종류에 해당되지 않는 것은?

㉮ 음향식 진공계
㉯ 전리 진공계
㉰ 열전도형 진공계
㉱ 맥라우드(Mcloed) 진공계

75. 진공계는 어느 것인가?

㉮ 스트레인 게이지(Strain gauge)
㉯ 마노미터(Mano meter)
㉰ 바로미터(Baro meter)
㉱ 파라니 게이지(Piraini gauge)

76. 다음 유량계 종류 중 잘못 짝지어진 것은?

㉮ 루츠미터－용적식 유량계
㉯ 로터미터－용적식 유량계
㉰ 오리피스미터－차압식 유량계
㉱ 벤투리미터－차압식 유량계

[해설] 로터미터 : 간접 유량계(면적식 유량계)

69. ㉮ 70. ㉰ 71. ㉯ 72. ㉱ 73. ㉯ 74. ㉮ 75. ㉱ 76. ㉯ [정답]

77. 유량계의 교정방법에는 다음과 같은 4가지 종류가 있다. 이들 중에서 기체 유량계의 교정에 가장 적합한 것은?

㉮ 기준 체적관을 사용하는 방법

㉯ 기준 유량계를 사용하는 방법

㉰ 기준 탱크를 사용하는 방법

㉱ 저울을 사용하는 방법

해설 기준체적관 사용하여 기체유량계의 교정을 한다.

78. 오리피스 유량계의 특성이 아닌 것은?

㉮ 구조가 간단하다.

㉯ 좁은 장소에 설치할 수 있다.

㉰ 압력 손실이 작다.

㉱ 침전물의 생성 우려가 크다.

해설 오리피스미터의 특징
① 구조가 간단하고 제작비가 싸다.
② 압력손실이 크고 내구성이 나쁘다.
③ 침전물의 생성 우려가 크다.
④ 구조가 소형으로 좁은 장소에 설치할 수 있다.

79. 오리피스 유량계는 어느 원리를 응용한 것인가?

㉮ 보일의 원리

㉯ 보일샤를의 원리

㉰ 베르누이 원리

㉱ 아보가드로의 원리

해설 베르누이 원리 이용
피토우관, 오리피스미터, 벤투리미터, 면적식유량계

80. 설치하기 쉬우나 동력손실이 큰 유량계는?

㉮ 벤투리 유량계 ㉯ 피토관

㉰ 로터미터 ㉱ 오리피스 유량계

해설 오리피스 유량계
설치하기는 쉬우나 동력손실이 가장 큰 유량계(압력손실이 크기 때문)

81. 벤투리 유량계의 특성을 설명한 것 중 틀린 것은?

㉮ 좁은 장소에 설치할 수 있다.

㉯ 압력손실이 적다.

㉰ 침전물의 생성우려가 적다.

㉱ 체적비가 적다.

해설 벤투리유량계의 특성
① 압력손실이 적고 체적비가 적다.
② 구조가 대형으로 가격이 비싸다.
③ 침전물의 생성우려가 적다.
④ 교체가 곤란하며 넓은 장소에 설치한다.

82. 오리피스, 노즐, 벤투리 유량계의 공통점은?

㉮ 압력강하 측정

㉯ 직접 계량

㉰ 초음속 유체만의 유량 측정

㉱ 설계 간편

해설 오리피스, 플로노즐, 벤투리 유량계
차압식유량계(압력강하 측정)

83. 차압식 유량계의 압력손실의 크기가 바르게 표시된 것은?

㉮ 벤투리 > 오리피스 > 노즐

㉯ 노즐 > 벤투리 > 오리피스

㉰ 오리피스 > 노즐 > 벤투리

㉱ 노즐 > 오리피스 > 벤투리

84. 유량 측정에 있어 가장 많이 사용되는 탭(tap) 방식은?

㉮ 베나 탭(vena tap)

㉯ 플랜지 탭(flange tap)

㉰ 코너 탭(corner tap)

㉱ 프레셔 탭(pressure tap)

정답 77. ㉮ 78. ㉰ 79. ㉰ 80. ㉱ 81. ㉮ 82. ㉮ 83. ㉰ 84. ㉮

해설 탭(tap)은 차압식에서 정압 P_1, P_2를 빼내는 방식으로
① 베나 탭(vena tap) : 유입은 배관 안지름만큼의 거리를, 유출측은 가장 낮은 입력이 걸리는 부분거리(0.2~0.8D)
② 플랜지 탭(flange tap) : 교축기구 25mm 전 후 거리로 75mm 이하의 관에 사용
③ 코너 탭(corner tap) : 교축기구 직전, 직후에 설치

85. Orifice Meter에서 유속은 다음 식에 의하여 계산된다.

$$U_o = \frac{C_o}{\sqrt{1-m^4}} \sqrt{2g\left(\frac{\rho_m - \rho}{\rho}\right)H} \, (\text{m/s})$$

여기서, C_0는 오리피스 유출계수라고 하는 것으로서 Reynolds No. 가 얼마 이상일 때 그 값은 0.61로 일정하다고 한다. 한계의 Reynolds No.는 얼마인가?

㉮ 30,000 이상　　　　㉯ 20,000 이상
㉰ 3,000 이상　　　　　㉱ 2,000 이상

86. 벤투리미터를 이용하여 상온에서 물의 유량을 측정한다. 입구의 직경은 100mm, 벤투리 목의 직경은 50mm이며, 마노미터 내의 수은의 읽음이 80mm일 때의 유량은?(단, 유량계수는 0.98이다.)

㉮ 0.00883m³/sec　　㉯ 1.30m³/sec
㉰ 0.0162m³/sec　　　㉱ 0.0025m³/sec

해설 $Q = \dfrac{C_v A_2}{\sqrt{1-\left(\dfrac{D_2}{D_1}\right)^4}} \sqrt{\dfrac{2gH(\rho_A - \rho_B)}{\rho_B}} \, \text{m}^3/\text{sec}$

$= \dfrac{0.98 \times \dfrac{\pi}{4}(0.05\,\text{m})^2}{\sqrt{1-\left(\dfrac{50}{100}\right)^4}} \times \sqrt{\dfrac{2 \times 9.8\,\text{m/sec}^2 \times 0.08\,\text{m} \times (13.6-1)}{1}}$

$= 0.00883\,\text{m}^3/\text{sec}$

87. 차압식 유량계에 있어서 조리개 전후의 압력차가 처음보다 2배만큼 커졌을 때 유량은 어떻게 변하는가? (단, 다른 조건은 모두 같으며, Q_1, Q_2는 각각 처음과 나중의 유량을 나타낸다.)

㉮ $Q_2 = \sqrt{2}\,Q_1$　　　　㉯ $Q_2 = Q_1$
㉰ $Q_2 = 4Q_1$　　　　　㉱ $Q_2 = 2Q_1$

해설 $Q = A\sqrt{2g\dfrac{(P_1 - P_2)}{r}}$ 에서 압력차가 2배로 커졌으므로

$Q_1 = \sqrt{P_1 - P_2}$, $Q_2 = \sqrt{2(P_1 - P_2)}$ 이 된다.

$\therefore Q_1 : \sqrt{P_1 - P_2} = Q_2 : \sqrt{2(P_1 - P_2)}$

$\therefore Q_2 = \dfrac{\sqrt{2(P_1 - P_2)} \cdot Q_1}{\sqrt{P_1 - P_2}} = \sqrt{2}\,Q_1$

88. 차압식 유량계의 Re(레이놀즈)수는 얼마 정도인가?

㉮ Re=10^5　　　　㉯ Re=10^4
㉰ Re=10^3　　　　㉱ Re=10^2

해설 차압식 유량계수의 Re=10^5 이상에서 정도가 좋다.

89. 다음 피토관의 유량계에 대한 설명 중 틀린 것은?

㉮ 피토관의 두부는 유체의 흐름방향과 평행하게 부착해야 한다.
㉯ 유속이 5m/s 이상에는 적용할 수 없다.
㉰ 유속식 유량계에 속한다.
㉱ 간접식 유량계에 속한다.

해설 피토관유량계의 특징
① 유속식 유량계인 동시에 간접식 유량계
② $V = \sqrt{2gH}$ 이며 $H = \dfrac{\Delta P}{r}$ 이다(ΔP : 동압=전압-정압).
　　P_t : 전압, Ps : 정압
③ 유속이 5m/s 이하에는 적용할 수 없다.
④ 피토관의 두부는 유체의 흐름방향과 평행으로 부착한다.

90. 피토관(Pitot tube)은 어떤 압력 차이를 측정하여 유량을 측정하는가?

㉮ 정압과 동압차　　　㉯ 전압과 정압차
㉰ 대기압과 동압차　　㉱ 전압과 동압차

85. ㉮　86. ㉮　87. ㉮　88. ㉮　89. ㉯　90. ㉯　정답

91. 피토관에서 정압을 P_s, 전압을 P_t 유체 비중량을 r이라 할 때 액체의 V(m/sec)을 구하는 식은?

㉮ $V^2 = \dfrac{r(P_t - P_s)}{2g}$

㉯ $V^2 = \dfrac{2r - g}{g}$

㉰ $V^2 = \dfrac{2r(P_t - P_s)}{2g}$

㉱ $V^2 = \dfrac{2g(P_t - P_s)}{r}$

해설 $V = \sqrt{2g\left(\dfrac{P_t - P_s}{r}\right)}$ m/sec

92. 공기의 유속을 피토(pitot)관으로 측정하여 차압 15mmAq를 얻었다. 공기의 비중량이 1.2kg/m³이고, 피토계수가 1일 때 유속은?

㉮ 7.8m/sec ㉯ 15.7m/sec

㉰ 23.5m/sec ㉱ 31.3m/sec

해설 $V = C\sqrt{2gH\left(\dfrac{r_A - r_B}{r_B}\right)}$

$= 1\sqrt{2 \times 9.8\mathrm{m/sec^2} \times 0.015m \times \left(\dfrac{1,000 - 1.2}{1.2}\right)kg/m^3}$

$= 15.64\mathrm{m/sec}$

93. 수면 10m의 물탱크에서 9m 지점에 구멍이 뚫렸을 때 유속은?

㉮ 14.57m/s ㉯ 13.28m/s

㉰ 12m/s ㉱ 10m/s

해설 $V = \sqrt{2gh} = \sqrt{2 \times 9.8 \times 9} = 13.28\mathrm{m/s}$

94. 물 속에 피토관을 설치하였더니 총압이 12mAq, 정압이 6mAq이었다. 이때, 유속은 몇 m/s인가?

㉮ 12.4m/s ㉯ 9.8m/s

㉰ 0.6m/s ㉱ 10.8m/s

해설 $V = \sqrt{2 \times 9.8 \times (12 - 6)} = 10.84\mathrm{m/s}$

95. 토마스식 유량계는 어떤 유체의 유량을 측정하는 데 쓰이는가?

㉮ 용액의 유량 ㉯ 가스의 유량

㉰ 석유의 유량 ㉱ 물의 유량

해설 열선식 유량계로서 가스의 유량을 측정하며 종류는 토마스 유량계, thermal(서멀) 유량계, 미풍계 등이 있다.

96. 다음 종류의 유량계 중 정도(精度)가 높은 측정을 할 수 있고 적산치 측정에 적당한 것은?

㉮ 전자식 유량계

㉯ 용적식 유량계

㉰ 면적식 유량계

㉱ 날개바퀴식 유량계

97. 플로트형 면적 유량계에 대하여 설명한 것이다. 가장 관계없는 것은?

㉮ 면적 테이퍼로 관로에 뜨는 플로어암 뒤에 압력차를 측정하는 원리이다.

㉯ 고정된 눈금을 사용한다.

㉰ 일반적으로 조임유량 측정에 비하여 유량측정 범위가 넓다.

㉱ 기체 및 액체용에 적합하다.

해설 유량의 대소에 의해 교축면적을 바꾸고 차압을 일정하게 유지하면서 면적 변화에 의하여 유량을 측정하는 부자형(플루우트형) 면적식 유량계가 있다.

정답 91. ㉱ 92. ㉯ 93. ㉯ 94. ㉱ 95. ㉯ 96. ㉯ 97. ㉮

98. 로터미터의 특징에 대한 설명 중 잘못된 것은?

㉮ 유량에 따라 직선 눈금이 얻어진다.

㉯ 고점도 유체는 측정이 어렵다.

㉰ 차압이 일정하면 오차의 발생이 적다.

㉱ 차압식 유량계에 비하여 압력 손실이 적다.

[해설] 로터미터의 특징
① 유량에 따라 직선눈금이 얻어진다.
② 유량계수는 레이놀즈수가 낮은 범위까지 일정하다(레이놀즈수 10^2 정도까지).
③ 고점도 유체나 작은 유체에 대해서도 측정할 수 있다.
④ 차압이 일정하면 오차의 발생이 적다.
⑤ 압력 손실이 적다.
⑥ 정도는 ±1~2% 정도이다.
⑦ 용량범위 : 100~5,000m³/h

99. 전자 유량계의 원리는?

㉮ 옴(Ohm)의 법칙

㉯ 베르누이(Bernoulli)의 원리

㉰ 아르키메데스(Archimedes)의 원리

㉱ 패러데이(Faraday)의 전자 유도 법칙

[해설] 전자 유량계는 패러데이의 전자기 유도 법칙을 이용한 유량계이다.

100. 안지름 D, 계수 C인 전자유량계에서 관내에 도전성 유체가 평균속도 V(m/sec) 전기력의 세기가 H일 때 체적 유량 Q에 대한 식은? (단, E는 기전력임)

㉮ $Q = C \times D \times \dfrac{H}{E}$

㉯ $Q = C \times D \times \dfrac{E}{H}$

㉰ $Q = C \times D \times H$

㉱ $Q = C \times D \times H \times E$

101. 와류를 이용하여 유량을 측정하는 유량계의 종류는?

㉮ 로터미터

㉯ 로터리 피스턴 유량계

㉰ 델타 유량계

㉱ 오발 유량계

102. 날개에 부딪히는 유체의 운동량으로 회전체를 회전시켜 운동량과 회전량의 변화량으로 가스 흐름량을 측정하는 계량기로 측정범위가 넓고 압력손실이 적은 가스유량계는?

㉮ 막식 유량계　　㉯ 터빈 유량계

㉰ Roots 유량계　㉱ Vortex 유량계

[해설] 터빈유량계
① 유체의 운동량으로 회전체를 회전시켜 운동량과 회전량의 변화량으로 가스의 유량을 측정하는 계량기
② 측정범위가 넓고 압력손실이 적다.

103. 임펠러식 (impeller type) 유량계의 특징으로 옳지 않은 것은?

㉮ 구조가 간단하고 보수가 용이하다.

㉯ 직관길이가 필요하다.

㉰ 부식성이 강한 액체에도 사용할 수 있다.

㉱ 측정정도는 ±0.05% 정도이다.

[해설] 임펠러식 유량계
유체의 유속과 면적을 이용하며 정도는 ±0.5% 이다.

104. 다음 중 유량측정기에 대한 설명으로 틀린 것은?

㉮ 가스유량 측정에는 스트로보스 탑이 쓰인다.

㉯ 오리피스 미터는 배관에 붙여서 압력차를 측정한다.

㉰ 유체의 유량측정에는 벤투리미터가 쓰인다.

㉱ 가스유량 측정에는 가스미터가 쓰인다.

---

98. ㉯　99. ㉱　100. ㉯　101. ㉰　102. ㉯　103. ㉱　104. ㉮　**정답**

105. 다음 중 브이-노치위어를 통하여 흐르는 유량으로 맞는 것은? (단, H는 위어 상봉에서 수면까지 깊이이다.)

㉮ $H^{\frac{1}{2}}$에 비례

㉯ $H^{\frac{1}{2}}$에 반비례

㉰ $H^{\frac{5}{2}}$에 비례

㉱ $H^{\frac{5}{2}}$에 반비례

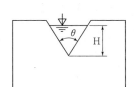

[해설] V-노치위어(삼각위어)
① 적은 유량의 경우에 사용
② $Q = KH^{\frac{5}{2}}$

106. 직사각형 위어에서 수두가 H일 때 유량은?

㉮ $H^{\frac{5}{2}}$에 비례   ㉯ $H^{\frac{3}{2}}$에 비례

㉰ H^1에 비례   ㉱ $H^{\frac{1}{2}}$에 비례

[해설] 직사각형위어(사각위어)

$Q = KLH^{\frac{3}{2}}$ (m³/min)

107. 가스미터 선정시 고려할 사항으로 틀린 것은?

㉮ 가스의 최대 사용 유량에 적합한 계량능력의 것을 선택한다.

㉯ 가스의 기밀성이 좋고 내구성이 큰 것을 선택한다.

㉰ 사용시의 기차가 커서 정확하게 계량할 수 있는 것을 선택한다.

㉱ 내열성, 내압성이 좋고 유지관리가 용이한 것을 선택한다.

[해설] 가스미터 선정시 고려사항
① 가스의 최대사용유량에 적합한 계량능력(최대유량의 1.2배 이상)의 것을 선택할 것
② 가스의 기밀성이 좋고 내구성이 클 것

③ 내열성, 내압성이 좋고 유지관리가 용이할 것.
④ 사용시 기차가 적고 정확하게 계량 할 수 있을 것

108. 가스미터의 설치에서 필수적인 고려사항이 아닌 것은?

㉮ 수평으로 설치할 것

㉯ 가스미터 또는 배관에 부당한 힘이 가해지지 않도록 주의할 것

㉰ 가스미터의 출구 배관에 드레인 부착할 것

㉱ 배관에 접속시킬 때 배관 중에 있는 오수 등의 이물질을 배제한 후 설치할 것

[해설] 가스미터 입구 배관에 드레인 부착

109. 어느 수요가에 설치되어 있는 가스미터의 기차를 측정하기 위하여 기준기로 지시량을 측정하였더니 120m³을 나타내었다. 그 결과 기차가 4%로 계산되었다면 이 가스미터의 지시량은 몇 m³을 나타내고 있었는가?

㉮ 125.0   ㉯ 124.8

㉰ 115.2   ㉱ 115.0

[해설] 기차 $= \dfrac{시험미터지시량 - 기준지시량}{시험미터지시량} \times 100$

$\therefore 0.04 = \dfrac{x - 120}{x}$ $\therefore x - 120 = 0.04x$

$\therefore x = \dfrac{120}{1 - 0.04} = 125\text{m}^3$

110. 다음은 가스 미터의 용어 설명이다. 맞는 것은?

㉮ 감도 유량은 가스미터가 작동하는 최대 유량을 말한다.

㉯ 공차는 검정 공차와 사용 공차가 있다.

㉰ 기기오차는 시험용 미터와 기준 미터의 차로 나타낸다.

㉱ 사용 공차의 허용치는 ±10% 범위이다.

[해설] ㉮항 : 최소유량

㉰항 : 기기오차(기차) $= \dfrac{I - Q}{Q} \times 100 (\%)$ ㉱항 : ±4%

111. 가정용 가스미터의 최소감도유량은 몇 L/h인가?

㉮ 3
㉯ 2.5
㉰ 2
㉱ 1.5

해설 최소감도유량 : 가스미터가 작동하는 최소유량
① 가정용 막식 가스미터 : 3L/h
② LPG용 : 15L/h

112. 가스미터의 검정검사 사항이 아닌 것은?

㉮ 외관 검사
㉯ 구조 검사
㉰ 기차 검사
㉱ 용접 검사

해설 가스미터의 검정사항
외관검사, 구조검사, 기차 검사

113 가스미터의 검정에 관한 설명 중 틀린 것은?

㉮ 구경이 25cm 넘는 회전자식 가스미터는 검정 대상 외로 취급하고 있다.
㉯ 검정검사에는 외관검사, 구조검사 및 기차검사가 있다.
㉰ 수요가에 설치되어 사용 중인 가스미터의 사용공차는 ±2.5%로 규정되어 있다.
㉱ 추량식의 가스미터는 검정을 받지 않아도 된다.

해설 ① 가스미터(계량기)의 검정 제외 대상
　㉮ 구경이 25cm를 초과하는 회전자식 가스미터(루츠미터)
　㉯ 압력이 1mmH$_2$O를 초과하는 가스의 계량에 이용되는 실측 건식가스미터
　㉰ 추량식의 것
② 가스미터의 사용공차 : ±4%로 규정

114. 가스미터의 검정시의 오차 한계로 올바른 것은?

㉮ 최대 사용유량의 20~80% 범위에서 ±1.5%
㉯ 최대 사용유량의 20~80% 범위에서 ±4.0%
㉰ 최대 사용유량의 40~90% 범위에서 ±4.0%
㉱ 최대 사용유량의 40~90% 범위에서 ±1.5%

해설 가스미터 검정공차
① 최대 유량의 1/5(20%) 미만 : ±2.5%
② 최대 유량의 1/5 이상 4/5 미만 (20%~80%) : ±1.5%
③ 최대 유량의 4/5 이상 (80% 이상) : ±2.5%

115. 가스미터의 크기를 선정할 때 옳은 것은?

㉮ 최대 가스량이 가스미터 용량의 80%가 되도록 한다.
㉯ 최대 가스량이 가스미터 용량의 60%가 되도록 한다.
㉰ 최대 가스량이 가스미터 용량의 78%가 되도록 한다.
㉱ 최대 가스량이 가스미터 용량의 65%가 되도록 한다.

해설 가스미터의 크기 선정
기구 1개의 최대 가스량이 가스미터 용량의 60%가 되도록 선정하여야 한다(단, 한 개의 가스기구가 위에서 결정된 가스미터의 최대 통과량의 80%를 초과하는 경우에는 1등급 더 큰 가스미터를 선정하여야 한다.).

116. LP가스용 가스미터에 기재되지 않는 것은?

㉮ 사용 최대유량
㉯ 계량실 1주기의 체적
㉰ 가스의 유입방향
㉱ 최저 사용압력

해설 가스미터 표시
① 미터(meter)의 형식　② max 1.5m^3/h
③ 0.5ℓ/rev　　　　　④ 형식승인번호
⑤ LP, 도시가스 공용　⑥ 가스유입방향
⑦ 검정표시　　　　　⑧ 검사합격표시

117. MAX 1.5m^3/h, 0.5ℓ/rev라 표시되어 있는 가스미터가 1시간당 40회전된다면 가스유량은?

㉮ 60m^3/hr
㉯ 20ℓ/hr
㉰ 30ℓ/hr
㉱ 60ℓ/hr

해설 Q=0.5×40=20ℓ/hr

---

111. ㉮　112. ㉱　113. ㉰　114. ㉮　115. ㉯　116. ㉱　117. ㉯　**정답**

118. 가스미터를 포함한 배관 전체의 허용 최대 압력 손실은?

㉮ 5mmH₂O ㉯ 30mmH₂O
㉰ 50mmH₂O ㉱ 100mmH₂O

119. 가스미터의 용량은 당해 도시가스 사용시설 최대 소비량의 몇 배 이상이어야 하는가?

㉮ 1.1 ㉯ 1.2
㉰ 1.3 ㉱ 1.4

[해설] 가스미터의 용량은 도시가스 사용최대 소비량의 1.2배 이상이어야 한다.

120. 시험대상인 가스미터의 유량이 350m³/h이고 기준 가스미터의 지시량이 330m³/h이면 가스미터의 오차율은?

㉮ 4.4% ㉯ 5.7%
㉰ 6.1% ㉱ 7.5%

[해설] $E = \dfrac{I-Q}{I} \times 100 = \dfrac{350-330}{350} \times 100 = 5.71\%$

121. 막식가스미터의 실제 사용 상태의 사용공차는 얼마로 해야 하는가?

㉮ 실제 사용 상태의 ±2%
㉯ 실제 사용 상태의 ±3%
㉰ 실제 사용 상태의 ±4%
㉱ 실제 사용 상태의 ±5%

[해설] 막식 가스미터의 사용공차 : 실제 사용 상태의 ±4%

122. 막식 가스미터의 사용상태에서의 공차는 검정 공차의 몇 배인가?

㉮ 1.2배 ㉯ 3배
㉰ 2배 ㉱ 1.5배

[해설] 사용공차는 검정공차의 1.5배

123. 다음은 가스미터 교정시 고려해야 할 사항들이다. 정밀도 및 정확도에 영향이 적기 때문에 보정절차를 생략할 수 있는 것은?

① 중력가속도에 대한 보정
② prover 내의 정확한 압력 및 온도 측정
③ 유량을 일정하게 조절
④ 압력계의 차압이 적을 경우 고압부분의 기체 밀도의 보정

㉮ ①, ② ㉯ ①, ③
㉰ ①, ④ ㉱ ②, ④

124. 막식 가스미터에 대한 설명으로 거리가 먼 것은?

㉮ 저가이다.
㉯ 일반수요가 널리 사용된다.
㉰ 정확한 계량이 가능하다.
㉱ 부착 후의 유지관리의 필요성이 없다.

[해설] 막식 가스미터의 특징
① 장점
  ㉮ 가격이 저렴하다.
  ㉯ 설치 후의 유지관리에 시간을 요하지 않는다.
② 단점 : 대용량의 것은 설치면적이 크다.
③ 용도 : 일반수용가
④ 적용범위 : 1.5~200m³/h

125. roots 가스미터의 장점으로 옳지 않은 것은?

㉮ 대유량의 가스 측정에 적합하다.
㉯ 중압가스의 계량이 가능하다.
㉰ 설치면적이 작다.
㉱ 설치 후의 유지관리에 시간을 요하지 않는다.

[해설] Roots형 가스미터의 특징
① 장점
  ㉮ 대유량의 가스 측정에 적합하다.
  ㉯ 중압가스의 계량이 가능하다.
  ㉰ 설치면적이 작다.

정답 118. ㉯ 119. ㉯ 120. ㉯ 121. ㉰ 122. ㉱ 123. ㉰ 124. ㉰ 125. ㉱

② 단점
㉮ 여과기의 설치 및 설치 후의 유지관리가 필요하다.
㉯ 적은 유량($0.5m^3/h$)의 것은 부동(不動)의 우려가 있다.
③ 용도 : 대량 수용가
④ 용량범위 : $100\sim5000m^3/h$

126. 습식 가스미터의 특징이 아닌 것은?

㉮ 사용 중에 수위 조정 등의 관리가 필요하다.
㉯ 설치면적이 크다.
㉰ 사용 중에 기차 변동이 크지 않다.
㉱ 대유량의 가스 측정에 적합하다.

[해설] 습식 가스미터의 특징
① 장점
㉮ 계량이 정확하다.
㉯ 사용 중에 오차의 변동이 적다.
② 단점
㉮ 사용 중에 수위 조정 등의 관리가 필요하다.
㉯ 설치면적이 크다.
③ 용도 : 기준, 실험실용
④ 용량범위 : $0.2\sim3,000m^3/h$

127. 빈틈없이 맞물려 돌아가는 두 개의 회전체가 강제 케이스 안에 들어 있어서 빈 공간 사이로 유체를 펴내는 형식의 유량계로 기계적 저항 토크를 최소화하기 위하여 윤활유를 보충하는 가스미터는 어느 것인가?

㉮ Roots meter(루츠미터)
㉯ Orifice(오리피스미터)
㉰ Turbine meter(터빈미터)
㉱ Venturi meter(벤투리미터)

128. 다음 그림은 어떤 가스미터인가?

㉮ 건식 가스미터
㉯ 습식 가스미터
㉰ 루츠미터
㉱ 오리피스미터

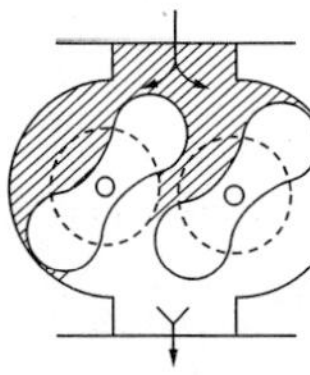

129. 습식가스미터의 원리를 설명한 것으로 틀린 것은?

㉮ 유체의 유속 측정
㉯ 회전드럼의 내측은 가스입구, 외측에는 출구가 있음
㉰ 드럼과 가스의 회전방향은 서로 반대
㉱ 일정시간 동안의 회전수로 유량측정

[해설] 습식가스미터 : 가스의 유량측정

130. 실측 가스미터 기능이 아닌 것은?

㉮ 대수용가에는 Root식이 적당하다.
㉯ 막식은 소용량에 적당하다.
㉰ 습식 가스미터는 가스발열량 측정도 가능하다.
㉱ 습식 가스미터는 사용 중 기압차 변동이 많다.

[해설] 습식가스 미터는 사용 중에 오차의 변동이 적기 때문에 기준, 실험실용으로 사용

131. 다음 중 도시가스 미터의 형태는 어느 것인가?

㉮ Diaphragm type flow meter
㉯ Piston type flow meter
㉰ Oval type flow meter
㉱ Drum type flow meter

[해설] Diaphragm type flow meter(드럼형 가스미터) : 습식가스미터

132. 가스미터 출구측의 배관을 입상배관을 피하여 설치하는 이유 중에서 가장 주된 것은?

㉮ 설치 변적을 줄일 수 있다.
㉯ 검침 및 수리 등의 작업이 편리하다.
㉰ 배관의 길이를 줄일 수 있다.
㉱ 가스미터 내 밸브의 동결을 방지할 수 있다.

126. ㉱ 127. ㉮ 128. ㉰ 129. ㉮ 130. ㉱ 131. ㉱ 132. ㉱ 정답

133. 기체의 측정에 사용하는 가스미터의 설명과 관계없는 것은?

㉮ 내용적이 일정한 드럼의 회전수에 의해 통과 유량을 체적으로 구하는 형식이다.

㉯ 습식 가스미터는 건식 가스미터에 비해 정도 (감도)가 좋고 대용량에 사용한다.

㉰ 건식 가스미터는 습식 가스미터에 비해 물을 사용하지 않으므로 정도(감도)가 나쁘다.

㉱ 막식 가스미터는 가정용 가스미터로 많이 사용한다.

134. LPG, 도시가스 사용시설에 설치되는 가스계량기 중 이상유량 차단, 가스누출차단 기능이 있는 가스계량의 명칭은 무엇인가?

㉮ 자동차단 계량기

㉯ 막식 가스계량기

㉰ 터빈형 가스계량기

㉱ 다기능 가스안전계량기

135. 가스미터의 기준미터가 200mℓ일 때 사용 중인 가스미터의 최대 허용오차는?

㉮ ±2mℓ   ㉯ ±4mℓ

㉰ ±5mℓ   ㉱ ±8mℓ

[해설] 최대 허용오차＝200mℓ×0.04＝8mℓ
사용 중인 가스미터의 최대허용오차 : ±4%

136. 막식 가스미터에 있어 크랭크축이 녹슬거나, 날개 등의 납땜이 떨어지는 등 회전장치 부분에 고장이 생겼을 때 일어나는 고장 형태는?

㉮ 부동   ㉯ 불통

㉰ 누출   ㉱ 기차불량

[해설] 막식 가스미터의 고장
① 부동(不動) : 계량막의 파손, 밸브의 탈락, 밸브의 밸브시트의 간격에서의 누설이 발생할 때 일어난다.

② 불통(不通) : 크랭크축이 녹슬거나 날개 등의 납땜이 떨어지는 등 회전장치 부분에 고장이 발생하였을 때 일어난다.

③ 누출 : 패킹 재료의 열화가 되었을 때(내부누설) 납땜 접합부의 파손 외부상자의 부식이 되었을 때

④ 기차불량 : 계량막 밸브의 누설, 밸브와 밸브시트 사이의 누설, 패킹부의 누설의 원인일 때 일어난다.

137. 막식가스미터에서 계량막 밸브와 밸브시트의 홈 사이 패킹부 등의 누설원인이 된 고장의 종류는?

㉮ 불통   ㉯ 부동

㉰ 기계오차불량   ㉱ 감도불량

[해설] ① 불통 : 가스미터에 통과하지 못한 고장.
② 감도불량 : 미터에 감도유량을 통과시킬 때 미터의 지침 지시도에 변화가 나타나지 않는 고장

138. 다음은 루츠가스미터의 고장에 대하여 설명한 것이다. 이 중에 적당하지 않는 것은?

㉮ 부동－회전자는 회전하고 있으나, 미터의 지침이 움직이지 않는 고장

㉯ 떨림－회전자 베어링의 마모에 의한 회전차 접촉 등에 의해 일어나는 고장

㉰ 기차불량－회전자 베어링의 마모에 의한 간격 증대 등에 의해 일어나는 고장

㉱ 감도불량이나 이상음의 발생 등이 일어나는 고장도 있다.

[해설] 불통(不通)
회전차 베어링의 마모에 의한 회전자 접촉 등에 의해 일어나는 고장

139. 가스미터의 주요 고장 원인으로 생각되지 않는 것은?

㉮ 역방향으로 유체를 흘린다.

㉯ 지정된 압력 이상의 유체를 흘린다.

㉰ 유체 종류에 따라 유량계의 재질 선정이 잘못된 경우

㉱ 점도 차이가 큰 기체를 사용했을 경우

---

140. 가스미터가 고장중 하나인 미터기 내부의 누출이 일어나는 주된 원인은?

㉮ 크랭크축의 녹슮

㉯ 케이스의 부식

㉰ 패킹재료의 열화

㉱ 납땜 접합부의 파손

해설 Packing 재료의 열화는 미터기 내부의 누출원이 된다.

141. 가스미터의 고장을 미연에 방지하기 위한 설치조건이다. 틀린 것은?

㉮ 습도가 낮을 것

㉯ 수직 평판으로 1.6~2.0m 이내로 설치할 것

㉰ 진동이 적은 곳에 설치 할 것

㉱ 전선 가까이에 설치한 것

해설 가스미터는 화기 및 전선과는 일정한 거리를 유지할 것 (15cm 이상)

142. 다음 중 액면계의 구비조건이 아닌 것은?

㉮ 투명성이 있을 것

㉯ 자동제어장치에 적용이 가능한 것

㉰ 구조가 간단할 것

㉱ 고온 고압에 견딜 것

해설 액면계의 구비조건
① 구조가 간단하고 경제적일 것
② 보수점검이 용이하고 내구·내식성이 있을 것
③ 고온·고압에 견딜 것
④ 연속 측정이 가능할 것
⑤ 원격 측정이 가능할 것
⑥ 자동제어장치에 적용 가능할 것

143. 액면계의 액면 조절을 위한 자동제어 구성으로 옳은 것은?

㉮ 액면계-밸브-조절기-전송기-조작기

㉯ 액면계-조작기-전송기-밸브-조절기

㉰ 액면계-조절기-밸브-전송기-조작기

㉱ 액면계-전송기-조절기-조작기-밸브

144. 다음 중 직접식 액면 측정기는?

㉮ 정전용량식 액면계

㉯ 벨로우즈식 액면계

㉰ 부자식 액면계

㉱ 전기저항식 액면계

해설 직접식 액면계
게이지글라스식, 투지식, 부자식, 검척식

145. 다음의 액면계 중에서 압력차를 이용한 액면을 측정하는 것이 아닌 것은?

㉮ 기포식 액면계

㉯ U자관식 액면계

㉰ 다이프램식 액면계

㉱ 변위평형식 액면계

해설 차압식 액면계
① 압력차를 이용하며 액면을 측정
② U자관식, 다이아프램식, 변위평형식 액면계

146. 극저온 저장탱크의 측정에 사용되는 차압식 액면계로 차압에 의해 액면을 측정하는 액면을 측정하는 액면계는?

㉮ 로터리식 액면계

㉯ 고정튜브식 액면계

㉰ 슬립튜브식 액면계

㉱ 햄프슨식 액면계

해설 햄프슨식 액면계
액화산소, 액화질소 등 극저온의 액면계로 사용

140. ㉰　141. ㉱　142. ㉮　143. ㉱　144. ㉰　145. ㉮　146. ㉱　정답

147. 다음 중에서 고압 밀폐형 탱크의 액면제어용으로 가장 많이 사용하는 액면측정 방식은?

㉮ 편위식　　　　　㉯ 기포식

㉰ 차압식　　　　　㉱ 부자식

[해설] 차압(플로트)식 액면계
고압밀폐형 탱크의 액면계

148. 지하 탱크에 파이프를 삽입하여 액면을 측정할 수 있는 액면계는?

㉮ 플로트식 액면계

㉯ 퍼지식 액면계

㉰ 디스플레이스먼트식 액면계

㉱ 정전용량식 액면계

[해설] 퍼지식(기포식) 액면계
지하탱크에 파이프를 삽입하여 액면을 측정하는 액면계

149. 기포를 이용한 액면계에서 기포를 넣는 압력이 수주압으로 10mH2O이다. 액면의 높이가 12.5m이면 이 액의 비중은?

㉮ 1.2　　　　　㉯ 1.0

㉰ 0.8　　　　　㉱ 0.6

[해설] $r_1 h_1 = r_2 h_2$

$r_2 = \dfrac{r_1 h_1}{h_2} = \dfrac{1\mathrm{g/cm^3} \times 10\,\mathrm{mH_2O}}{12.5\,\mathrm{mH_2O}} = 0.8\mathrm{g/cm^3} \rightarrow 0.8(비중)$

150. 액면계 중에서 직접적으로 자동제어가 어려운 것은?

㉮ 유리관식 액면계

㉯ 부력 검출식 액면계

㉰ 부자식 액면계

㉱ 압력 검출식 액면계

[해설] 유리관식 액면계
점도가 낮은 액체에 적합하고 직접적으로 자동제어가 어렵다.

151. 다음 중 인화 또는 중독의 우려가 없는 곳에 사용할 수 있는 액면계가 아닌 것은?

㉮ 크린카식 액면계

㉯ 회전튜브식 액면계

㉰ 슬립튜브식 액면계

㉱ 고정튜브식 액면계

[해설] ① 인화 또는 중독의 우려가 없는 곳에 사용되는 액면계로 고정튜브식, 슬립튜브식, 회전튜브식 등이 있다.
② 크린카식 액면계 : LPG탱크

152. 측정물의 전기장을 이용하여 정전용량의 변화로서 액면을 측정하는 액면계는?

㉮ 공기압식 액면계

㉯ 다이어프램식 액면계

㉰ 정전용량식 액면계

㉱ 전기저항식 액면계

[해설] 정전용량식 액면계
① 2개의 금속도체가 공간을 이루고 있을 때 양 도체 사이에는 정전용량이 존재하며, 그 크기는 두 도체 사이에 존재하는 물질에 따라 다르다는 원리를 이용한 것이다.
② 탱크 안에 전극을 넣고 액위 변화에 의한 전극과 탱크 사이의 정전용량 변화를 측정함으로써 액면을 알 수 있다.
③ 측정물의 유전율(전기선속밀도 : 전기장)을 이용하여 정전용량의 변화로 액면을 측정한다.

153. 아래 공식은 정전 용량식 액면계에서 정전용량을 구하는 공식이다. 여기서 ε_1, ε_2가 가지는 의미는 무엇인가?

$$C = \dfrac{2\pi(\varepsilon_1 H_1 + \varepsilon_2 H_2)}{\log(R/r)}$$

㉮ ε_1 : 액면상의 전극 길이, ε_2 : 액면하의 전극 길이

㉯ ε_1 : 기체의 열전도율, ε_2 : 액체의 열전도율

㉰ ε_1 : 액체의 유전율, ε_2 : 기체의 유전율

㉱ ε_1 : 내부전극의 유전율, ε_2 : 외부전극의 유전율

정답　147. ㉰　148. ㉯　149. ㉰　150. ㉮　151. ㉮　152. ㉰　153. ㉰

154. 다음은 방사선식 액면계를 설명한 것이다. 옳지 않은 것은?

㉮ 방사선원은 코발트 60(Co^{60})이 사용된다.

㉯ 방사선원을 액면에 띄운다.

㉰ 방사선원을 탱크 상부에 설치한다.

㉱ 검출기의 강도지시치가 크면 액면은 높다.

[해설] 방사선 액면계의 특징
① 가격이 비싸다.
② 방사선원을 탱크 상부에 설치한다.
③ 검출기의 강도지시치가 크면 액면이 높다.
④ 방사선원 : 코발트 60(Co^{60}), Cs(세슘)
⑤ 고압 밀폐탱크 및 부식성액 등의 액면 측정에 사용

155. 연료의 발열량 측정방법이 아닌 것은?

㉮ 공업분석으로 측정

㉯ 열량계로 측정

㉰ 점도를 이용하여 측정

㉱ 원소분석으로 측정

156. 다음 중 기체 연료의 발열량 측정방법에 속하는 것은?

㉮ 융커스식 열량계   ㉯ 시그마 열량계

㉰ 램프식 열량계   ㉱ 봄브 열량계

157. 열유량(heat flux)을 측정할 수 있는 기기는?

㉮ 융커스식 유수형 가스열량제

㉯ 가르동(gardon) 게이지

㉰ 부르동(bourdon)관 게이지

㉱ 볼트미터(volt meter)

[해설] 열량계의 종류
① 융커스 열량계
② 시그마 열량계
③ 속응형가스 열량계

158. 고체 및 액체의 발열량 측정에 이용되는 열량계는?

㉮ 유수형 열량계

㉯ 단열식 bomb 열량계

㉰ 냉온수 적산 열량계

㉱ 항온형 열량계

[해설] 고체 및 액체 연료의 발열량 측정에는 bomb 열량계가 사용되며, 외부로부터 열 영향을 제거한 단열식과 측정 중에 외부로부터의 열 영향을 추산하여 보정한 비단열식이 있다. 기체연료의 발열량 측정에는 융커스식 유수형 열량계와 시그마 열량계가 사용된다.

159. 건조공기 단위질량에 수반되는 수증기의 질량은 다음 중 어느 습도에 해당 되는가?

㉮ 상대습도   ㉯ 절대습도

㉰ 몰습도   ㉱ 비교습도

[해설] 절대습도
습공기 중에서 건공기 1kg에 대한수증기의 양과의 비율로 절대습도는 온도에 관계없이 일정하게 나타난다.

$$X = \frac{G_w}{G_a} \, [\text{kg/kg DA}]$$

160. 습한 공기 205kg 중에 수증기가 35kg 포함되어 있다고 할 때의 절대 습도는? (단, 공기와 수증기의 분자량은 각각 29.18로 한다.)

㉮ 0.206   ㉯ 0.171

㉰ 0.128   ㉱ 0.106

[해설] 절대습도 $H = \dfrac{\text{수증기의 kg수}}{\text{건조공기의 kg수}}$ (kgH_2O/kg 건조공기)

$$= \frac{35\text{kg}}{(205-170)\text{kg}} = 0.206 \,(\text{kg}H_2O/\text{kg 건조공기})$$

161. 어떤 공기온도에서 실제습도와 그 온도하에서의 포화습도와의 비를 무엇이라 하는가?

㉮ 절대습도   ㉯ 상대습도

㉰ 포화습도   ㉱ 비교습도

154. ㉯   155. ㉰   156. ㉮   157. ㉮   158. ㉯   159. ㉯   160. ㉮   161. ㉯   **정답**

해설 상대습도
현재포함하고 있는 수증기의 중량과 같은 온도의 포화습공기중의 수증기의 중량의 비를 백분율(%)로 표시할 것

162. 온도 25℃, 노점 19℃인 공기의 상대습도는 얼마인가? (단, 25℃ 및 19℃에서 포화증기압은 각각 23.76mmHg 및 16.47mmHg로 한다.)

㉮ 48%　　　　　㉯ 58%

㉰ 69%　　　　　㉱ 79%

해설 상대습도
현재의 온도상태에서 현재 포함하고 있는 수증기의 양과 비를 백분율(%)로 표시한 것으로 온도에 따라 변화한다.

$$\psi = \frac{P_w}{P_s} \times 100 = \frac{16.47}{23.76} \times 100 = 69.3\%$$

163. 다음 중 포화도의 식이 옳은 것은?

㉮ 절대습도를 말한다.

㉯ 건조공기 1Kg에 대한 수증기량

㉰ 수증기 1Kg에 대한 건조공기량

㉱ 포화증기압에 대한 수증기 분압

해설 포화도(비교습도)
습공기의 절대습도와 그 온도하의 포화공기의 절대습도와의 비

164. 습증기 1Kg 중에 증기가 xKg이라고 하면 액체는 (1-x)kg이다. 이때, 습도는 어떻게 표시되는가?

㉮ x/1-x　　　　㉯ x-1

㉰ 1-x　　　　　㉱ x

165 습도 측정에 사용되는 흡수제가 아닌 것은?

㉮ 염화칼슘　　　㉯ 실리카겔

㉰ 오산화인　　　㉱ 피로카를

해설 흡수제
실리카겔, 염화칼슘, 오산화인, 황산

166. 습도측정시 가열이 필요한 단점이 있지만 상온이나 고온에서 정도가 좋으며 자동제어에도 이용 가능한 습도계는 어느 것인가?

㉮ 모발 습도계　　　㉯ 듀셀 노점계

㉰ 통풍식 건습제　　㉱ 건습구 습도제

해설 듀셀(Dew-cell) 습도계의 특징
① 연속기록, 원격측정, 자동제어에 이용된다.
② 고압 중에도 사용이 가능하다.
③ 상온 또는 저온에도 정도가 좋다.
④ 저습도의 응답시간이 늦다.
⑤ 가열이 필요하다.
⑥ 다소경년 변화가 있다.

167. 다음 중 상대습도를 정확히 측정하기 위하여 실내공기습도를 측정하는 계기는?

㉮ 모발 습도계　　　㉯ 건습구 노점계

㉰ 통풍식 건습제　　㉱ 듀셀 노점계

168. 건습구 습도계에서 습도를 정확히 하려면 얼마의 통풍이 필요한가?

㉮ 3~5m/sec　　　㉯ 5~10m/sec

㉰ 10~15m/sec　　㉱ 30~50m/sec

해설 건습구습도계의 통풍
약 3~5m/sec의 바람이 필요하다.

169. 다음 중 감습 조작이 아닌 것은?

㉮ 공기를 가열 기화시키는 법

㉯ 냉각법

㉰ 공기를 압축액화시키는 법

㉱ 흡수 및 흡착법

해설 감습조작
① 냉각법
② 공기 압축액화법
③ 흡수 및 흡착법

정답　162. ㉰　163. ㉱　164. ㉰　165. ㉱　166. ㉯　167. ㉰　168. ㉮　169. ㉮

170. 분젠 실링법에 의한 가스의 비중 측정에 필요한 기구는?

㉮ balance ㉯ gage glass
㉰ manometer ㉱ stop watch

해설 분젠 실링식 비중계의 구성요소
비중계, 스톱워치, 온도계

171. 시료가스와 공기를 각각 작은 구멍으로 유출시키고 이들의 시간비로서 가스의 비중을 측정하는 방법은?

㉮ 분젠실링법 ㉯ 속도측정법
㉰ 압력측정법 ㉱ 비중병법

해설 분젠실링법의 비중 $S = \left(\dfrac{T_s}{T_a}\right)^2$

T_s : 시료가스 유출시간
T_a : 공기의 유출시간

172. 분젠시링법 비중계에서 가스의 유출시간 5sec 공기유출시간이 2.5sec일 때 비중은 얼마인가?

㉮ 1 ㉯ 2
㉰ 3 ㉱ 4

해설 $s = \left(\dfrac{T_s}{T_a}\right)^2 = \left(\dfrac{5}{2.5}\right)^2 = 4$

173. 어느 물체를 공기 속에서 무게를 달았더니 0.15kg이었다. 이 물체를 물 속에서 달 때 무게가 0.11kg이라면 비중이 얼마인가?

㉮ 2.15 ㉯ 4.20
㉰ 1.52 ㉱ 3.75

해설 밀도 $\rho = \dfrac{W}{V}$

$\rho = \dfrac{0.15\text{kg}}{4 \times 10^{-5}\text{m}^3} = 3{,}750\text{kg/m}^3 = 3.75\text{g/cm}^3 \rightarrow 3.75\,(비중)$

여기서, $V = \dfrac{0.15 - 0.11}{1{,}000} = 4 \times 10^{-5}\text{m}^3$

w : 공기 중에서의 무게

174. 납으로 된 추의 무게가 공기 중에서 4[N]이고 액체 중에서 2.9[N]이다. 만일 추에 의해 배제된 액체의 체적이 1.3×10^{-4}[m³]이면 액체의 비중은 얼마인가?

㉮ 0.81 ㉯ 0.83
㉰ 0.86 ㉱ 0.89

해설 공기 중 물체의 무게=F+액체속 물체의 무게
4N=F+2.9N, F=4−2.9=1.1N=r·v

$r = \dfrac{F}{V} = \dfrac{1.1\text{N}\,[\text{kg}\cdot\text{m/s}^2]}{1.3 \times 10^{-4}\,[\text{m}^3]} = 8{,}461.54\text{N/m}^3$

$\therefore \dfrac{8{,}461.54}{9.8}\,[\text{kgf/m}^3] = 863.42\,[\text{kgf/m}^3]$ 이므로

액비중 : 0.86

175. 빈 병의 질량이 414g인 비중병이 있다. 물을 채웠을 때의 질량이 999g, 어느 액체를 채웠을 때의 질량이 874g일 때 이 액체의 밀도는 얼마인가? (단, 물의 밀도는 0.998g/cm³, 공기밀도는 0.00129g/cm³이다.)

㉮ 0.786g/cm³ ㉯ 0.998g/cm³
㉰ 7.85g/cm³ ㉱ 9.98g/cm³

해설 비중병에 의한 측정

비중 $= \dfrac{W_2 - W_1}{W_3 - W_1}$

여기서, W_1 : 비중병의 무게
W_2: 비중병에 시료를 넣은 후 무게
W_3: 비중병에 물을 넣은 후 무게

$\therefore$비중 $= \dfrac{W_2 - W_1}{W_3 - W_1} = \dfrac{874\text{g} - 414\text{g}}{999\text{g} - 414\text{g}} = 0.786 \rightarrow 0.786\text{g/m}^3$

176. 연료의 비중을 측정하기 위해 비중계를 띄웠다. 이때 물보다 6cm 더 가라앉았을 때 이 액체의 비중은 얼마인가? (단, 비중계의 무게는 20g, 관의 지름은 6mm이다.)

㉮ 0.922
㉯ 0.822
㉰ 0.872
㉱ 0.882

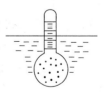

[해설] $V = \dfrac{\pi}{4} \times (0.6)^2 \times 6 = 1.6964 \mathrm{cm}^3$

비중계의 무게 20g 물에 잠긴 부피가 20cm³(물 1g=1cm³)

S×(20+1.6964)=20

$\therefore S = \dfrac{20}{20 + 1.6964} = 0.9218 = 0.922$

177. 석유류의 비중을 나타내는 데 사용되는 것은?

㉮ API도
㉯ Baume도
㉰ Twaddell도
㉱ 표준비중

[해설] API도(석유제품의 비중)

$API도 = \dfrac{141.5}{d} - 131.5$

178. 다음 중 절대점도를 측정하는 계산식은?

㉮ 시간/길이×질량
㉯ 시간/길이
㉰ 질량/길이×시간
㉱ 길이/질량×시간

[해설] 절대점성계수
① 절대단위계 : g/cm sec
② 중력단위계 : gf sec/cm²

179. 점도(점성계수)에 대한 설명이다. 그 중에서 제일 부적당한 것은?

㉮ 동점도의 측정은 일정량의 시료유가 일정길이에 세관(細管)을 일정온도하에 통과하는 초수(秒數)를 측정하여 산출한다.

㉯ 고점유는 수송이 곤란하며, 예열온도를 높여서 연소시켜야 한다.

㉰ 15.5℃에서의 물의 절대점도를 C.G.S 단위로 나타낸 것을 1센티포아즈라고 한다.

㉱ 동점도란 일정온도하에서, 절대점도를 밀도로 나눈 값이다.

[해설] Re(레이놀드수) $= \dfrac{\rho dv}{\mu}$ 에서

μ(점성계수) $= 1\mathrm{g/cm \cdot s} = 1P$(포아즈)

$1P$(포아즈) $= 100CP$(센티포아즈)

180. 낙구식 점도계는 어느 원리를 이용한 것인가?

㉮ 하겐-푸아죄유 유동
㉯ 스토크스 법칙
㉰ 에너지 법칙
㉱ 토리젤리의 원리

[해설] ① 낙구식 점도계 : 구를 유체 속에 낙하시켜 낙하 속도를 측정
② 세이볼트 점도계, 오스트발트점도계 : 하겐-푸아죄유 법칙
③ 스토머점도계, 맥미첼 점도계 : 뉴턴의 점성 법칙

CHAPTER 3

가스분석

학습방향 화학적 분석계와 물리적 분석계로 구분해서 각 분석계의 특징과 분석 방법을 배운다.

01 가스분석의 주의사항

POINT

(1) 누설방지

가스정량 분석조작에서 가스 누설방지를 위해 측정장치의 기밀에 특별히 주의를 하여야 한다.

(2) 분석 실패의 원인

① 그리스 과다 사용에 의한 탄화수소의 흡수 또는 방출
② 금속용기의 가스 흡수
③ 가스와 접촉하는 부분 재료에 의한 측정가스의 흡수

(3) 용액의 반응

시료의 채취에서부터 분석 조작까지 치환용, 압력조정용 등에 사용하는 용액이 가스를 흡수, 용해 또는 화학 반응하는 경우가 없는가를 고려하여야 한다.

(4) 보 정

가스 뷰렛 또는 피펫 등의 계기의 보정과 가스용적에 대한 온도 압력 및 봉액의 증기압 등의 보정이 필요하다.

02 화학적 분석계

(1) 흡수분석법

① 오르자트(Orsat)법

⑦ 특징

㉠ 구조가 간단하며 취급이 용이하다.

㉡ 선택성이 좋고 정도가 높다.

㉢ 수분은 분석할 수 없다.

㉣ 분석순서가 바뀌면 오차가 발생한다.

㉴ 분석 순서

$$CO_2 \rightarrow O_2 \rightarrow CO \rightarrow N_2$$

㉳ 흡수제의 종류

㉠ CO_2 : KOH 30% 수용액

㉡ O_2 : 알칼리성 피로카를 용액

㉢ CO : 암모니아성 염화제1구리용액

㉣ N_2 : 나머지의 양으로 계산

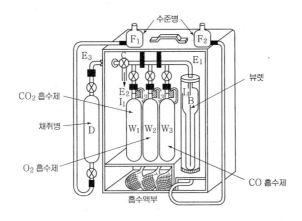

② 헴펠(Hempel)법

⑦ 분석순서

$$CO_2 \rightarrow C_mH_n \rightarrow O_2 \rightarrow CO$$

ⓝ 흡수제의 종류

ㄱ CO_2 : KOH 30% 수용액

ㄴ C_mH_n : 발연황산

ㄷ O_2 : 인 또는 알칼리성 피로카롤 용액

ㄹ CO : 염화암모니아, 염화 제1구리용액

ㅁ CH_4 : 연소후의 CO_2를 흡수하여 정량

③ 게겔(Gockel)법

㉮ 저급 탄화수소의 분석에 사용

㉯ 분석순서

$$CO_2 \rightarrow C_mH_n \rightarrow O_2 \rightarrow CO$$

㉰ 흡수제의 종류

ㄱ CO_2 : 33% KOH 용액

ㄴ 아세틸렌 : 요오드수은칼륨용액

ㄷ 프로필렌과 노르말-부틸렌($n-C_4H_8$) : 87% H_2SO_4

ㄹ 에틸렌 : 취하수소용액(HBr)

ㅁ O_2 : 알칼리성 피로카를용액

ㅂ CO : 암모니아성 염화 제1구리용액

(2) 연소분석법

① 폭발법

㉮ 일정량의 가연성 가스 시료를 뷰렛에 넣고 적당량의 산소 또는 공기를 혼합하여 폭발 피펫에 옮겨 전기 스파크에 의해 폭발 시킨다.

㉯ 가스를 다시 뷰렛에 되돌려 넣어 연소에 의한 용적의 감소에서 성분을 구한다.

㉰ 생성된 CO_2 및 O_2는 흡수법에 의해 구한다.

② 완만 연소법

㉮ 지름이 0.5mm 정도의 백금선을 3~4mm의 코일 적열부를 다진 완만 연소 피펫으로 시료 가스의 연소를 실시하는 법으로 적열 백금법 또는 우인클러법이라고도 한다.

㉯ 시료 가스와 산소를 피펫에 서서히 넣고 백금선으로 연소를 행하므로 폭발의 위험을 방지하고 질소가 섞여 있어도 질소 산화물의 생성을

방지할 수 있다.

이 방법은 흡수법과 조합하여 H_2와 CH_4를 산출하는 이외에 H_2와 CH_4와 C_2H_6 등을 용적의 수축과 CO_2의 생성량 및 소비 산소량에서 산출한다.

③ 분별 연소법 : 2종류 이상의 동족 탄화수소와 수소가 혼합된 시료는 폭발법 및 완만 연소법으로 분석 할 수 없다 따라서 탄화수소는 산화 시키지 않고 H_2 및 CO만을 분별적으로 완전 산화시키는 방법이다.

㉮ 팔라듐관 연소법 : 약 10% 팔라듐 석면 0.1~0.2g을 넣은 팔라듐관 (80℃ 정도 유지)에 시료가스와 적당량의 O_2를 통하여 연소시키면 연소 전후의 체적차 2/3가 H_2양이 된다. 이때 C_nH_{2n+2}는 변화하지 않으므로 H_2량이 산출 된다.

※ 촉매 : 팔라듐 석면, 팔라듐 흑연, 백금, 실리카겔 등이 사용된다.

㉯ 산화구리법 : 산화구리를 250℃로 가열하여 시료가스를 통하면 H_2 및 CO는 연소 되고 CH_4는 남는다. 800~900℃ 정도 가열된 산화구리에서는 CH_4도 연소한다. 따라서 H_2 및 CO를 제거한 가스에 대해서는 CH_4의 정량도 된다.

(3) 화학분석법

① 적정법

㉮ 요오드 적정법

㉠ 직접법 : 요오드 표준 용액을 사용하여 황화수소의 정량을 행하는 방법이다. 타트와 일러의 뷰렛에 의한 H_2S의 정량이 많이 사용된다.

㉡ 간접법 : 유리되는 요오드를 티오황산나트륨 용액으로 적정하여 O_2를 산출하는 방법이다

㉯ 중량법 : 연료 가스중의 암모니아를 황산에 흡수시켜 나머지의 황산 (H_2SO_4)을 수산화나트륨(NaOH) 용액으로 적정하는 방법이다. 전유황분의 정량에서 $SO_4 \rightarrow SO_2$를 수산화나트륨에 의한다.

㉰ 킬레이트 적정법 : EDTA(Ethylene Diamine Tetraacetic Acid) 용액에 의한다.

• 분별연소법의 종류
팔라듐관 연소법, 산화구리법

• 팔라듐관 연소법에서 사용되는 촉매
팔라듐 석면, 팔라듐 흑연, 백금, 실리카겔

• 황산을 NaOH 용액으로 적정하는 화학분석법
중량법

② **중량법**
㉮ 침전법 : 시료가스를 다른 물질과 반응시켜 침전을 만들고 이것을 정량하여 성분을 측정한다.
㉯ 황산바륨($BaSO_4$) 침전법 : SO_2 또는 유황분 측정

③ **흡광광도법**
시료가스를 반응시켜 발색을 광전 광도계 또는 광전 분광 광도계를 사용하여 흡광도의 측정으로 분석하는 법으로 미량 분석에 많이 사용한다.
※ 램버트-비어(Rambert-Beer)의 법칙을 이용

(4) 특수성분의 분석방법

① **전유황** : 과염소산바륨 침전적정법, 흡광광도법
② **황화수소** : 요오드적정법, 메틸렌블루 흡광광도법, 초산연 시험지법
③ **암모니아** : 중화적정법, 인도페놀(흡광광도법), 질소산은 질소산 망간 시험지법
④ **나프탈렌** : 가스크로마토 그래프
⑤ **수분** : 노점법, 흡수평량법

• Rambert-Beer의 법칙을 이용한 분석법
흡광 광도법

• 수분의 분석법
노점법

제4과목 계측기기

01 시료 가스 중의 각각의 성분을 규정된 흡수액에 의해 순차적이고 선택적으로 흡수시켜, 그 가스 부피의 감소량으로부터 성분을 정량한다. 흡수액에 흡수되지 않는 성분은 산소와 함께 연소시켜, 그 때 가스 부피의 감소량 및 이산화탄소의 생성량으로부터 계산에 의해 정량하는 가스분석 방법은?

㉮ 오르자트(Orsat)법　　　　㉯ 헴펠(Hempel)법
㉰ 게겔(Gockel)법　　　　　㉱ 적정(滴定)법

02 배기가스 중 이산화탄소를 정량 분석하고자 할 때 가장 적당한 방법은?

㉮ 적정법　　　　　　　　㉯ 완만연소법
㉰ 중량법　　　　　　　　㉱ 오르자트법

03 흡수법에 의해 수소와 탄산가스의 혼합가스 중 탄산가스의 용량을 측정하고자 할 때 흡수제로 적합한 것은?

㉮ 수산화칼륨 수용액
㉯ 무수황산 함유 발열황산
㉰ 알칼리성 피로갈롤용액
㉱ 염화암모늄 및 염화 제1구리 수용액

04 가스분석계 중 오르자트식의 측정방식으로 옳은 것은?

㉮ 체적감소에 의한 방식
㉯ 연소열 측정에 의한 방식
㉰ 연속적정에 의한 방식
㉱ 중량증가에 의한 방식

05 가스 보일러의 배기가스를 오르자트 분석기를 이용하여 시료 50mL를 채취하였더니 흡수 피펫을 통과한 후, 남은 시료 부피는 각각 CO_2 40mL, O_2, 20mL, CO 17mL이었다. 이 가스 중 N_2의 조성은?

㉮ 30%　　　　　　　　　㉯ 34%
㉰ 64%　　　　　　　　　㉱ 70%

해 설

해설 01
헴펠법은 헴펠의 흡수피펫을 사용하여 CO_2, CmHn, O_2 및 CO 의 순서에 따라 각각 규정된 흡수액에 흡수시켜 흡수가스량은 가스뷰렛으로 측정한다.

해설 02
오르자트법은 이산화탄소(CO_2), 산소(O_2), 일산화탄소(CO), 질소(N_2) 순으로 가스를 분석한다.

해설 03
가스성분 및 흡수액

가스성분	흡수액
이산화탄소	30% 수산화칼륨수용액
중탄화수소	발연황산 (무수황산 25%)
산소	알칼리성 피로갈롤용액
일산화탄소	암모니아성 염화 제1구리용액

해설 05
$N_2(\%) = \dfrac{17}{50} \times 100\% = 34$

01. ㉯　02. ㉱　03. ㉮
04. ㉮　05. ㉯

정답

06 가스 성분에 대하여 일반적으로 적용하는 화학분석법이 옳게 짝지어진 것은?

㉮ 황화수소−요오드적정법
㉯ 수분−중화적정법
㉰ 암모니아−가스크로마토그래피법
㉱ 나프탈렌−흡수평량법

07 다음 중 연소 분석법이 아닌 것은?

㉮ 완만 연소법 ㉯ 분별 연소법
㉰ 혼합 연소법 ㉱ 폭발법

08 연소분석법 중 탄화수소는 산화시키지 않고 H_2 및 CO만을 분별적으로 완전 산화시키는 방법은?

㉮ 폭발법 ㉯ 팔라듐관 연소법
㉰ 완만 연소법 ㉱ 헴펠법

03 물리적 가스분석계

(1) 가스크로마토 그래피법

열전도율의 차에 의해 정성, 정량 분석

① 특 징
  ㉮ 선택성이 좋고 고감도로 측정한다.
  ㉯ 여러 종류 가스분석이 가능하다.
  ㉰ 응답속도는 더디나 분리 능력이 좋다.
  ㉱ 미량성분의 분석이 가능하다.
  ㉲ 동일가스의 연속측정이 불가능하다.

② 운반 가스(캐리어가스)의 구비조건
  ㉮ 시료와 반응하지 않는 불활성이어야 한다.
  ㉯ 기체 확산을 최초로 할 수 있어야 한다.
  ㉰ 순도가 높고 구입이 용이해야 한다.
  ㉱ 가격이 싸야 한다.
  ㉲ 사용하는 검출기에 적합해야 한다.

③ 가스크로마토그래피의 특징
  ㉮ 검출기, 칼럼(분리관), 기록계로 구성
  ㉯ 시료는 극미량(보통 0.01cc)을 사용한다.
  ㉰ 정성, 정량 분석이 가능하다.

④ 고정상액체의 구비조건
  ㉮ 분석 대상 성분을 완전히 분리할 수 있는 것이어야 한다.
  ㉯ 사용 온도에서 증기압이 낮고, 점성이 작은 것이어야 한다.
  ㉰ 화학적으로 안정된 것이어야 한다.
  ㉱ 화학적 성분이 일정한 것이어야 한다.

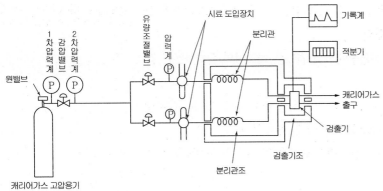

가스크로마토 그래피의 구조

⑤ 검출기의 종류 및 특징

㉮ 열전도형 검출기(TCD) : 캐리어 가스와 시료성분 가스의 열전도도차를 금속 필라멘트 또는 서미스터의 저항 변화로 검출한다.

㉠ 특징

• 가장 널리 사용되며 구조가 간단하고 취급이 용이하다.
• 유기화합물에 대해서는 감도가 FID에 비해 뒤진다.
• 농도 검출기이므로 운반가스의 유량이 변동하면 감도가 변한다.
• 운반가스 이외의 모든 성분의 검출이 가능하다.

㉡ 적용 : 일반적으로 가장 널리 사용한다.

㉯ 수소이온화 검출기(FID) : 불꽃으로 시료 성분이 이온화됨으로써 불꽃 중에 놓여진 전극간의 전기 전도도가 증대하는 것을 이용한다.

㉠ 특징

• 유기화합물 분석에 가장 널리 사용된다.
• 감도가 높고 정량 범위가 넓다.
• 정량 검출기이므로 운반가스 유량이 변동하여도 감도가 변하지 않는다.

㉡ 적용 : 탄화수소에서 감응이 최고이고 H_2, O_2, CO, CO_2, SO_2 등은 감도가 없다.

㉰ 전자포획 이온화 검출기(ECD) : 방사선으로 캐리어가스가 이온화되어 생긴 자유전자를 시료 성분이 포획하면 이온전류가 감소하는 것을 이용한다.

⊙ 특징 : 유기할로겐 화합물, 니트로 화합물 및 유기금속화합물을 선택적으로 검출할 수 있다.

⊙ 적용 : 할로겐 및 산소 화합물에서의 감도는 최고이며 탄화수소는 감도가 나쁘다.

㉣ 염광 광도형 검출기(FPD) : 인, 또는 유황화합물을 선택적으로 검출할 수 있으며 기체의 흐름 속도에 민감하게 반응한다.

㉤ 알칼리성 이온화 검출기(FTD) : 유기질소 화합물 및 유기인 화합물을 선택적으로 검출할 수 있다.

⑥ 분리의 평가

㉮ 분리의 평가는 분리관 효율과 분리능에 의한다.

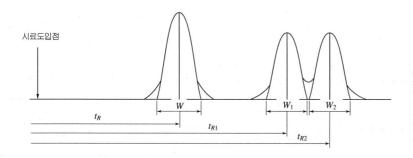

㉯ 분리관 효율 : 분리관 효율은 보통 이론단수(理論斷數) 또는 1이론단에 해당하는 분리관의 길이 HETP(Height Equivalent to a Theoretical)로 표시하며, 크로마토그램 피크로부터 다음 식에 의하여 구한다.

$$이론단수(n) = 16 \times \left(\frac{t_R}{W}\right)^2$$

여기서, t_R : 시료 도입점으로부터 피크 최고점까지의 길이(보유시간)

W : 피크의 좌우 변곡점에서 접선이 자르는 바탕선의 길이

HETP : $\frac{L}{n}$

L : 분리관의 길이(mm)

POINT

문 어떤 기체의 크로마토그램을 분석하여 보았더니 지속용량이 2[mℓ]이고, 지속시간은 5[min]이었다면 운반기체의 유속은?

▶ 유속 = $\frac{지속유량}{지속시간}$

$= \frac{2}{5} = 0.4\,[\text{mℓ/min}]$

문 이론 단수가 1600되는 분리관이 있다. 보유시간이 10분되는 피크의 밑부분 폭(피크 좌우 변곡점에서 접선이 자르는 바탕선의 길이)은 얼마나 되겠는가? (단, 기록지 이동속도는 10mm/min)

㉮ 1mm   ㉯ 2mm
㉰ 5mm   ㉱ 10mm

해설 이론단수(n)

$= 16 \times \left(\frac{t_R}{W}\right)^2$ 에서

$1600 = 16 \times \left(\frac{10 \times 10}{W}\right)^2$

$\therefore W = \frac{10 \times 10}{\left(\frac{1600}{16}\right)^{\frac{1}{2}}}$

$= 10\,\text{mm}$

(2) 열전도율형 CO_2계

CO_2는 공기보다 열전도율이 나쁜 점을 이용하여 분석한다. 측정실에 연소가스를 투입 시켜 CO_2에 의한 열전도 방해로 온도가 상승하며 브리지 회로와 저항선 변화로 인한 열팽창 전압으로부터 CO_2를 측정한다.

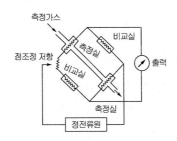

열전도율형 CO_2 분석계의 원리

(3) 밀도식 CO_2계

CO_2는 공기보다 약 1.5배 정도 무거운 점을 이용하여 분석 한다 측정실과 비교실에 동형 동속의 구형날개를 설치하고 연소가스와 공기를 흡입 서로 반대방향으로 유입시켜 풍압과 관성을 이용하는 것으로서 이 두 곳의 압력차를 차압계로 측정하여 CO_2를 분석한다.

(4) 자기식 O_2계

일반적으로 가스는 반자성체에 속하지만 O_2는 자장에 흡인되는 강력한 상자성체인 점을 이용하는 산소 분석계이다.

(5) 갈바니 전기식 O_2계

① 유전기를 이용한 O_2 분석계이다
② KOH수용액 중에 Ag(양극), Pb(음극)을 설치하고 분석기 내부에 시료가스를 통과시켜 시료 중의 산소가 전해액에 녹아 한쪽 전극에서는 환원반응, 다른 쪽 전극에서는 산화반응이 일어나 전류가 흐르게 된다.
③ 저농도의 O_2 분석에 사용된다.

POINT

• 강자성체인 점을 이용한 산소 분석계
자기식 O_2계

• 저농도의 O_2 분석에 사용되는 분석계
갈바니 전기식 O_2계

(6) 용액흡수 도전율식

① 분석가스를 흡수용액에 흡수시켜 그 용액의 도전율 변화를 액중에 투입된 전극으로서 전극간의 저항변화를 측정하여 농도를 측정한다.

② SO_2, CO_2, NH_3 등 미량분석에 사용된다.

(7) 세라믹식 O_2계

세라믹 파이프 내 외측에 백금 다공질 전극판을 부착하고 히터를 사용하여 세라믹의 온도를 850℃ 이상 유지시키면 산소이온 통과로 산소농담 전지가 만들어 지고 기전력이 얻어 진다 이 기전력을 측정하여 O_2 농도를 측정한다.

(8) 적외선 가스분석기

① 가스마다 적외선 흡수 스펙트럼의 차이를 이용하여 분석 한다 이 가스 분석계는 적외선 흡수를 하지 않는 N_2, O_2, H_2, Cl_2 등의 대칭성 2원자분자 및 He, Ar 등의 단원자 분자는 분석이 불가능하며 기타 가스는 분석할 수 있다.

② 대기오염 측정에 사용(CO_2, SO_2, CO 탄화수소분석)

POINT

• 기전력을 측정하여 O_2 농도를 측정
세라믹식 O_2계

• 단원자분자 He, Ar 등은 분석이 불가능한 분석기
적외선 가스 분석기

핵 심 문 제

01 가스크로마트 그래피에 관한 설명으로 가장 옳은 것은?

㉮ 운반가스로는 일반적으로 O_2, CO_2 등이 이용된다.

㉯ 각 성분의 보유시간(시료를 도입하고부터 피크에 이르기까지의 시간)은 분석조건이 일정하면 조성에 관계없이 거의 일정하다.

㉰ 분석시료는 반드시 LP가스의 기체 부분에서 채취해야 한다.

㉱ 분석 순서에서 가장 먼저 분석시료를 도입해 두고 운반가스를 흘러보낸다.

02 가스크로마토 그래피의 장치구성요소에 속하지 않는 것은?

㉮ 분리관(칼럼)   ㉯ 검출기

㉰ 광원   ㉱ 기록계

03 가스크로마토그래피의 조작과정이 다음과 같을 때 조작순서가 가장 올바르게 나열된 것은?

```
① 가스크로마토 그래피 조정
② 표준가스 도입
③ 성분 확인
④ 가스크로마토 그래피의 안정성 확인
⑤ 피크면적 계산
⑥ 시료가스도입
```

㉮ ① → ④ → ② → ⑥ → ③ → ⑤

㉯ ① → ② → ③ → ④ → ⑤ → ⑥

㉰ ④ → ① → ⑥ → ② → ③ → ⑤

㉱ ① → ② → ④ → ③ → ⑥ → ⑤

04 분배 크로마토 그래피에서 운반가스의 구비조건으로 틀린 것은?

㉮ 시료와 반응하지 않는 활성이어야 한다.

㉯ 기체 확산을 최초로 할 수 있어야 한다.

㉰ 순도가 높아야 한다.

㉱ 사용하는 검출기에 적합하여야 한다.

해 설

해설 01

가스크로마토 그래피
① 운반가스 : 질소, 헬륨
② 보유시간 : 조성에 관계없이 일정하다.
③ 분석시료 : 액체자체를 주입하면 기화되어 분리가 된다.
④ 분석순서 : 먼저 운반가스(Carrier gas)가 분리관내를 계속 흐르고 있는 상태에서 분석시료를 주입하여 분리시킨다.

해설 02

가스크로마토 그래피의 3대 구성요소
① 칼럼(분리관)
② 검출기
③ 기록계

해설 03

가스크로마토 그래피(GC)의 조작 과정
가스크로마토그래피 조정 → 가스크로마토그래피의 안정성 확인(GC가 안정이 안되면 Peak가 noise 발생) → 표준가스 도입(표준물질) → 시료가스도입(sample) → 성분 확인(RT로 확인) → 피크면적 계산 → 농도 결정

해설 04

분배 크로마토 그래피에서 운반가스의 구비조건
① 시료와 반응하지 않는 불활성이어야 할 것
② 기체 확산을 최초로 할 수 있을 것
③ 순도가 높고 구입이 쉬울 것
④ 사용하는 검출기에 적합할 것
⑤ 가격이 저렴할 것
⑥ 캐리어가스(운반가스)
: H_2, N_2, Ar, He

정답
01. ㉯   02. ㉰   03. ㉮
04. ㉮

해 설

05 가스크로마토 그래피의 분리관에 사용되는 충전 담체에 대한 설명 중 틀린 것은?

㉮ 큰 표면적을 가진 미세한 분말이 좋다.

㉯ 입자크기가 균등하면 분리작용이 좋다.

㉰ 충전하기 전에 비휘발성 액체로 피복해야 한다.

㉱ 화학적으로 활성을 띠는 물질이 좋다.

06 가스크로마토그램에서 A, B 두 성분의 보유시간은 각각 1분 50초와 2분 20초이고 피크 폭은 다같이 30초였다. 이 경우 분리도는 얼마인가?

㉮ 0.5 ㉯ 1.0

㉰ 1.5 ㉱ 2.0

07 길이 250cm인 관으로 벤젠의 가스크로마토그램을 재었더니 기록지에 머무른 부피가 72.2mm, 봉우리의 띠 너비가 8.0mm였다면 이론단높이(HETP)는 약 몇 cm인가?

㉮ 0.19 ㉯ 0.34

㉰ 1.79 ㉱ 1.92

08 가스크로마토그램의 분석 결과 노르말 헵탄의 피크높이가 12.0cm, 반높이선 나비가 0.48cm이고 벤젠의 피크높이가 9.0cm, 반높이선 나비가 0.62cm였다면 노르말헵탄의 농도는 얼마인가?

㉮ 49.20% ㉯ 50.79%

㉰ 56.47% ㉱ 77.42%

09 가스크로마토 그래피 분석기에서 인과 황합물에 대하여 선택적으로 검출하는데 주로 이용되는 검출기는?

㉮ TCD ㉯ FID

㉰ ECD ㉱ FPD

해설 검출기의 분석대상

종 류	분석대상
불꽃이온화검출기(FID)	탄화수소계 유기화합물
열전도도검출기(TCD)	헬륨 수소
전자포획검출기(ECD)	할로겐화합물 니트로화합물
불꽃광도검출기(FPD)	인, 유황화합물

해설 **06**

분리도

분리도 $R = \dfrac{T_{R2} - T_{R1}}{0.5(W_1 + W_2)}$

여기서, T_{R1} : 1분 50초

$\quad\quad\quad T_{R2}$: 2분 20초

$\quad\quad\quad W_1, W_2$: 30초

$\therefore R = \dfrac{(140 - 110)\sec}{0.5(30 + 30)\sec}$

$\quad = 1.0$

해설 **07**

$N = 16 \times \left(\dfrac{T_r}{W}\right)^2$

$\quad = 16 \times \left(\dfrac{72.2}{8}\right)^2 = 1303.21$

$\therefore$ 이론단높이(HETP)

$\dfrac{L}{N} = \dfrac{250}{1303.21} = 0.19\text{cm}$

해설 **08**

한 시료 안에 두 물질의 값이므로 노르말헵탄농도를 구하면

노르말헵탄의 농도

$= \dfrac{12.0 \times 0.48}{(12 \times 0.48) + (9.0 \times 0.62)}$

$\quad \times 100 = 50.79\%$

10 다음 중 가스크로마토 그래피의 주된 원리는?

㉮ 흡착 ㉯ 증류
㉰ 추출 ㉱ 결정화

11 다음은 가스크로마토 그래프의 크로마토그램이다. t, t₁, t₂는 무엇을 나타내는가?

㉮ 이론단수
㉯ 체류시간
㉰ 분리관의 효율
㉱ 피크의 좌우 변곡점 길이

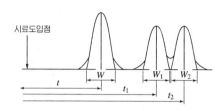

12 열전도식 가스 검지기의 특성이 아닌 것은?

㉮ 공기와의 열전도도가 차가 작을수록 감도가 좋다.
㉯ 가연성 가스 이외의 가스도 측정할 수 있다.
㉰ 고농도의 가스를 측정할 수 있다.
㉱ 자기가열된 서미스터에 가스를 접촉시키는 방식이다.

13 적외선분광분석법에 대한 설명을 틀린 것은?

㉮ 적외선을 흡수하기 위해서는 쌍극자모멘트의 알짜변화를 일으켜야 한다.
㉯ H_2, O_2, N_2, Cl_2 등의 2원자 분자는 적외선을 흡수하지 않으므로 분석이 불가능하다.
㉰ 미량성분의 분석에는 셀(cell)내에서 다중 반사되는 기체 셀을 시용한다.
㉱ 흡광계수는 셀 압력과는 무관하다.

14 산소(O_2)는 다른 가스에 비하여 강한 상자성체이므로 자장에 대하여 흡인되는 특성을 이용하여 분석하는 가스분석계는?

㉮ 세라믹식 O_2계 ㉯ 자기식 O_2계
㉰ 연소식 O_2계 ㉱ 밀도식 O_2계

해설

해설 10
가스크로마토 그래피(GC)의 원리
흡착

해설 12
열전도식 가스 검지기는 공기와의 열전도도 차가 클수록 감도가 좋다.

해설 13
셀의 압력에 의해 흡광계수가 변하므로 전압을 일정하게 유지해야 한다.

해설 14
자기식 가스분석계는 자기적 성질을 이용하여 가스를 분석한다.

정답 10. ㉮ 11. ㉯ 12. ㉮ 13. ㉱ 14. ㉯

15 용액에 시료가스를 흡수시키면 측정성분에 따라 도전율이 변하는 것을 이용한 용액도전율식 분석계에서 측정가스와 반응용액을 옳지 않게 짝지은 것은?

㉮ CO_2−NaPH 용액

㉯ SO_2−CH_3COOH 용액

㉰ Cl_2−$AgNO_3$ 용액

㉱ NH_3−H_2SO_4 용액

해 설

해설 **15**
용액도전도율 분석계
① 측정가스 : SO_2
② 반응용액 : CH_3COOH(초산) 용액

15. ㉯

정답

기출문제 및 예상문제

01. 가스분석계의 특징 중 맞지 않는 것은?

㉮ 계기의 교정에는 화학분석에 의해 검정된 표준시료가스를 이용한다.

㉯ 시료가스는 온도, 압력 등의 변화로 측정오차를 일으킬 우려가 있다.

㉰ 선택성에 대해서 고려할 필요가 없다.

㉱ 적절한 시료가스의 채취장치가 필요하다.

02. 다음은 정성 분석에 대한 설명이다. 틀린 것은?

㉮ 흡수법이나 연소법 등은 각각의 정성 분석을 실시하여야 한다.

㉯ 유독가스 취급시 흡수제를 사용해야 한다.

㉰ 유독가스 검지에는 시험액에 의한 착색으로 판별한다.

㉱ 색이나 냄새로 판별한다.

03. 다음 중 기기분석에 쓰이는 용어가 아닌 것은?

㉮ Flotation ㉯ Nitrogen Rule

㉰ Base Peak ㉱ Dead Time

해설 ㉮항 부유물
㉯항 표준 질소 값
㉰항 최고 목표 값
㉱항 지연시간

04. 다음 중 화학적 가스분석 장치에 속하는 것은?

㉮ 밀도식 CO_2계

㉯ 연소식 O_2계

㉰ GC분석계

㉱ 적외선 가스분석계

해설 ① 화학적 가스분석장치
  ㉮ 흡수분석법
  ㉯ 연소분석법
  ㉰ 화학분석법
② 물리적 가스분석장치
  ㉮ 밀도식 CO_2계
  ㉯ GC(가스크로마토 그래피)분석계
  ㉰ 적외선 가스분석계
  ㉱ 열전도율형 CO_2계

05. 가스 분석시 흡수분석법에 해당되지 않는 것은?

㉮ 헴펠법 ㉯ 게겔법

㉰ 흡광광도법 ㉱ 오르자트법

해설 가스흡수분석법
오르자트법, 헴펠법, 게겔법

06. 다음 오르자트 분석기의 특징이 아닌 것은?

㉮ 자동조작으로 성분을 분석한다.

㉯ 휴대가 간편하다.

㉰ 구조가 간단하고 취급이 용이하다.

㉱ 정도가 좋다.

해설 오르자트 가스 분석계의 특징
① 구조가 간단하고 취급이 용이하며 휴대가 간편하다.
② 분석 순서가 바뀌면 오차가 크다.
③ 수동조작에 의해 성분을 분석한다.
④ 정도가 매우 좋다.
⑤ 뷰렛, 피펫은 유리로 되어 있다.
⑥ 수분은 분석할 수 없고, 건배기 가스에 대한 각 성분 분석이다.
⑦ 연속 측정이 불가능하다.

07. 오르자트(Orsat) 가스분석기의 가스분석 순서에 해당되는 것은?

㉮ CO_2-O_2-CO ㉯ $O_2-CO-CO_2$

㉰ O_2-CO_2-CO ㉱ $CO-CO_2-O_2$

해설 Orsat 가스 흡수 순서 : CO_2-O_2-CO-나머지 N_2

정답 01. ㉰ 02. ㉮ 03. ㉯ 04. ㉯ 05. ㉰ 06. ㉮ 07. ㉮

08. 다음 중 오르자트(Orsat) 분석기와 관련 없는 흡수액은?

㉮ 염화 제1동　　　㉯ 과산화수소
㉰ 수산화칼륨　　　㉱ 피로카를

해설 ① CO_2 : KOH 30% 수용액
② O_2 : 알칼리성 피로카를 용액
③ CO : 암모니아성 염화제1구리용액

09. 다음 헴펠 분석법 중 분석가스와 흡수액이 알맞게 선택된 것은?

㉮ CO_2-수산화칼륨 용액
㉯ CmHn-알칼리성 피로카를 용액
㉰ O_2-염화암모늄 용액
㉱ CO-발연 황산

해설 헴펠분석법

가스성분	흡수액
CO_2	약 30% KOH용액
CmHn	발연황산(무수황산 약 25% 포함한 발연황산)
O_2	알칼리성 피로카를 용액
CO	암모니아성 염화제1구리용액

10. 다음 중 저급탄화수소분석에 적합한 방법은?

㉮ 헴펠법　　　㉯ 게겔법
㉰ 오르자트법　　　㉱ GC법

해설 게겔법 : 저급 탄화수소분석

11. 오르자트 가스 분석계로 가스 분석시 적당한 온도는?

㉮ 10~15℃　　　㉯ 15~25℃
㉰ 16~20℃　　　㉱ 20~28℃

12. 배기가스를 100cc 채취하여 KOH 30% 용액에 흡수된 양이 15cc이었고, 이것을 알칼리성 피로카를 용액을 통과 후 70cc가 남았으며 암모니아성 염화 제1구리에 흡수된 양은 1cc이었다. 이때 가스 중 CO_2, CO, O_2는 각각 몇 %인가?

㉮ CO_2 : 15%, CO : 5% O_2 : 1%
㉯ CO_2 : 5%, CO : 1% O_2 : 15%
㉰ CO_2 : 15%, CO : 1% O_2 : 15%
㉱ CO_2 : 5%, CO : 15% O_2 : 1%

해설 ① $CO_2 = \dfrac{15}{100} \times 100 = 15\%$
② $O_2 = \dfrac{85-70}{100} \times 100 = 15\%$
③ $CO = \dfrac{1}{100} \times 100 = 1\%$

13. 다음에 열거한 가스 중에서 헴펠식 분석장치를 사용하여 규정의 가스성분을 정량하고자 할 때 흡수법에 의하지 않고 연소법에 의해 측정하여야 하는 것은?

㉮ 일산화탄소　　　㉯ 산소
㉰ 이산화탄소　　　㉱ 수소

14. 다음 가스분석법 중 연소분석법에 해당하지 않는 것은?

㉮ 분별연소법　　　㉯ 완만연소법
㉰ 폭발법　　　㉱ 흡광광도법

해설 연소분석법의 종류
완만연소법, 분별연소법(팔라듐관연소법, 산화구리법), 폭발법

15. 분별 연소법을 사용하여 가스를 분석할 경우 분별적으로 완전히 연소되는 가스는?

㉮ 수소, 이산화탄소
㉯ 이산화탄소, 탄화수소
㉰ 일산화탄소, 탄화수소
㉱ 수소, 일산화탄소

해설 분별연소법 가스 분석
2종류 이상의 동족탄화수소와 수소가 혼합된 시료에는 폭발법 및 완만연소법으로는 분석할 수 없다. 따라서 탄화수소는 산화시키지 않고 H_2 및 CO만을 분별적으로 완전 산화시키는 방법이다.

16. C_2H_6 0.01mol과 C_3H_8 0.01mol이 혼합된 가연성 시료를 표준상태에서 과량의 공기와 혼합하여 폭발법에 의하여 전기스파크로 완전연소 시킬 때 표준상태에서 생성될 수 있는 최대 CO_2 가스 부피는?

㉮ 896CC
㉯ 1,568CC
㉰ 1,120CC
㉱ 1,344CC

해설 $C_2H_6 + 3.5O_2 \rightarrow 2CO_2 + 3H_2O$ (CO_2량 $= 2 \times 0.01 \times 22.4$)
$C_3H_8 + 5O_2 \rightarrow 3CO_2 + 4H_2O$ (CO_2량 $= 3 \times 0.01 \times 22.4$)
$\therefore \{2 \times 0.01 \times 22.4 + 3 \times 0.01 \times 22.4\} \times 10^3 = 1,120CC$

17. 연소가스 중 $CO+H_2$의 분석에 사용되는 것은?

㉮ 탄산가스계
㉯ 질소가스계
㉰ 미연소가스계
㉱ 수소가스계

해설 미연소가스계
연소의 반응열을 이용한 화학적 가스 분석계이며 연소가스 중의 미연소성분의 CO와 H를 측정한다.

18. 연소식 O_2계에서 촉매로 사용되는 물질은?

㉮ 구리용액
㉯ 갈바니
㉰ 팔라듐
㉱ 지르코니아

해설 촉매
팔라듐석면, 팔라듐흑연 등

19. 흡광광도법은 어느 분석법에 해당되는가?

㉮ 연소분석법
㉯ 화학분석법
㉰ 기기분석법
㉱ 흡수분석법

해설 화학분석법의 종류
① 적정법(요오드 적정법, 중량법, 컬레이트적정법)
② 중량법(침전법, 황산바륨 침전법)
③ 흡광광도법

20. 공기-아세틸렌을 사용하여 원자흡광법에 의해 측정이 곤란한 원소는 다음 중 어느 것인가?

㉮ 동
㉯ 아연
㉰ 카드뮴
㉱ 텅스텐

해설 ① 공기 : 아세틸렌의 flame의 온도는 2,200℃ 정도로서 텅스텐 측정이 곤란하다.
② 텅스텐 측정온도 : 3,000℃

21. 다음 가스성분과 분석방법에 대하여 짝지워진 것 중 옳은 것은?

㉮ 전유황-옥소적정법
㉯ 암모니아-가스 크로마토그래프법
㉰ 수분-노점법
㉱ 나프탈렌-중화적정법

해설 각 성분의 분석방법

가스성분	전유황	암모니아	수분	나프탈렌
분석방법	과염소산바륨 침전법	중화적정법	노점법	가스크로마토 그래프법

22. LPG의 성분분석에 이용되는 분석법인 저온 분류법에 의해 적용될 수 있는 사항은?

㉮ cis, trans의 검출
㉯ 방향족 이성체의 분리정량
㉰ 지방족 탄화수소의 분리정량
㉱ 관능기의 검출

해설 저온분류법 : 지방족 탄화수소의 분리정량

23. 가스성분의 분석방법인 가스크로마토그래피법에 많이 사용되는 캐리어가스로 다음 중 가장 적합한 것은?

㉮ 헬륨, 질소
㉯ 네온, 헬륨
㉰ 아르곤, 질소
㉱ 헬륨, 아르곤

해설 GC의 캐리어가스(운반가스) : 헬륨(He), 질소(N_2)

16. ㉰ 17. ㉰ 18. ㉰ 19. ㉯ 20. ㉱ 21. ㉰ 22. ㉰ 23. ㉮ 정답

24. 기체 크로마토그래피에 사용되는 분배형 충전물의 고정상 액체의 특성으로서 가장 적합한 것은?

㉮ 화학적 성분이 다양한 것이어야 한다.

㉯ 사용 온도에서 증기압이 높고 점성이 큰 것이어야 한다.

㉰ 분석대상 성분들을 완전히 분리할 수 있는 것이어야 한다.

㉱ 화학적으로 활성이 큰 것이어야 한다.

[해설] 고정상 액체의 특성
① 증기압이 낮고, 점성이 작은 것
② 화학적으로 안전하고 성분이 일정한 것
③ 분석 대상 성분을 완전히 분리할 수 있는 것

25. 가스 크로마토그래피 칼럼 재료로 사용되는 흡착제가 아닌 것은?

㉮ 실리카 겔

㉯ 몰러쿨러시브(Molecular Sieve)

㉰ 고상 가성소다

㉱ 활성알루미나

[해설] 흡착제의 종류
활성탄, 활성알루미나, 실리카겔, 몰러쿨러시브, Porpak Q

26. 가스 크로마토그래피 장치에 속하지 않는 것은?

㉮ 주사기　　　　㉯ Column, 검출기

㉰ 유량 측정기　　㉱ 직류 증폭장치

[해설] 가스크로마토그래피 장치
column(분리장치), 검출기, 유량측정기, 압력계, 압력조절밸브, 유량조절기, 기록계 등

27. 다음 중에서 가스 크로마토그래피를 이용하여 가스를 검출할 때 필요 없는 부품이나 성분은?

㉮ column　　　　㉯ gas sampler

㉰ carrier gas　　㉱ UV detector

[해설] 가스 검출시 필요한 부품 및 성분
① auto sampler(자동시료주입기)　② 칼럼
③ 운반가스(carrier gas)　　　　　④ 기록계

28. 가스 크로마토그래피 분석기는 시료 고유의 어떤 특성을 이용한 분석인가?

㉮ 점성　　　　　㉯ 비열

㉰ 반응속도　　　㉱ 확산속도

[해설] 가스크로마토 그래피법
시료를 분리관에서 확산속도에 의해 각 성분을 분리하는 분석기기

29. 가스 크로마토그래피 검출기에 대한 설명으로 옳지 않은 것은?

㉮ 열전도형 검출기(TCD)의 운반가스는 주로 순도 99.8% 이상의 질소나 아르곤 가스를 사용한다.

㉯ 열전도형 검출기(TCD)는 유기 및 무기 화학물 모두에 감응한다.

㉰ 수소이온화(FID)는 탄화수소에 대한 감응이 좋다.

㉱ 전자포획 이온화 검출기(ECD)는 할로겐 및 산소화합물에서의 감응이 좋다.

[해설] TCD : 순도 99.9% 이상의 수소 헬륨 사용

30. 가스 크래마토그래피의 검출기의 성능과 특성을 설명하였다. 틀린 것은 무엇인가?

㉮ 응답 : 시료에 의해 발생하는 신호의 그래프의 기울기

㉯ 선택성 : 특정 성분에 대하여 선택적으로 감응하는 정도

㉰ 감도 : 시료양의 변화에 따른 신호의 변화비

㉱ MDL : 최소검출수준

[해설] 응답 : 시료에 의해 발생하는 신호

정답　24. ㉰　25. ㉰　26. ㉮　27. ㉱　28. ㉱　29. ㉮　30. ㉮

31. 방사선으로 캐리어가스가 이온화되어 생긴 자유 전자를 시료 성분이 포획하면 이온전류가 연소하는 원리를 이용한 가스 검출기는?

㉮ TCD 　　　　　　㉯ FID
㉰ 검지관 　　　　　㉱ ECD

해설 ECD
전자포획 이온화 검출기(할로겐 및 산소화합물에서 감도가 최고이며 탄화수소는 감도가 나쁘다.)

32. PCB를 가스크로마토그래피법에 의해 측정하는 검출기로써 ECD가 사용되어지는 이유에 대한 설명이다. 바르게 설명된 것은?

㉮ 유기 할로겐화합물은 운반가스중의 자유전자를 포획하는 성질이 있기 때문

㉯ 유기 할로겐화합물은 잘 연소하는 성질이 있기 때문

㉰ 유기 할로겐화합물의 연소시 발광이 특이하기 때문

㉱ 유기 할로겐화합물의 열전도성이 크기 때문

해설 PCB(Poly Chlorinated Biphenyl) : 염소가 함유된 할로겐화합물은 운반가스 중 자유전자를 포획하는 성질이 있기 때문에 ECD(전자포획검출기)가 사용된다.

33. (ECD) 전자포획이온화 검출기에서 검출기가 유지하는 적정온도 범위는?

㉮ 50~100℃ 　　　　㉯ 100~150℃
㉰ 150~200℃ 　　　㉱ 250~300℃

34. 가스크로마토그래피 분석기 중 FID 검출기와 직접 연결되는 기체는?

㉮ N₂ 　　　　　　　㉯ CO
㉰ H₂ 　　　　　　　㉱ He

해설 FID(불꽃이온화)검출기
수소(H_2)와 공기를 혼합하여 연소시키는 검출

35. 다음 보기 중 가스크로마토그래피의 캐리어 가스 중 (FID)수소염이온화검출기에 주로 사용하는 종류는?

㉮ N₂, He 　　　　　㉯ H₂, He
㉰ Ar, H₂ 　　　　　㉱ N₂, Ne

해설 TCD 검출기에는 주로 N₂, He을 사용한다.

36. 다음 검출기 중 무기가스나 물에 대해 거의 응답하지 않는 것은?

㉮ 수소불꽃 이온검출기(FID)
㉯ 열전도도 검출기(TCD)
㉰ 전자포획 검출기(ECD)
㉱ 염광광도 검출기(FPD)

해설 수소이온화검출기(FID)
무기가스나 물에 대해서는 응답이 없고, 탄화수소에서 감응이 좋다.

37. 불꽃 광도식 검출기(FPD)에 관한 설명이다. 바르게 설명된 것은?

㉮ 가스크로마토그래피로 인화합물을 분석하는 데 사용한다.

㉯ 할로겐화합물의 분석에 사용되는 가스크로마토그래피의 검출기이다.

㉰ 대기 중의 방향족 탄화수소의 측정에 적합하다.

㉱ 대기 중의 옥시단트는 FPD로 측정할 수 있다.

해설 검출기에 의한 분석물질
① FPD : 인화합물, 황화합물
② ECD : 할로겐화합물, 니트로기
③ FID : 탄화수소

38. 가스크로마토그래피법에 대한 설명이다. 잘못 설명된 것은?

㉮ 이론단높이(HETP)가 클수록 칼럼의 효율이 높다.

㉯ 이론단수가 클수록 칼럼의 효율이 높다.

31. ㉱　32. ㉮　33. ㉱　34. ㉰　35. ㉮　36. ㉮　37. ㉮　38. ㉮　**정답**

㉠ 분리도가 클수록 또한 이론단수가 큰 칼럼이 좋다.

㉡ 분리도가 1이상이 되지 않으면 완전한 분리를 하지 않는다.

[해설] HETP가 적을수록 피크의 폭은 좁아져 칼럼의 성능이 좋다.

39. 비점 300℃ 이하의 액체를 측정하는 물리적 가스분석계로 선택성이 우수한 가스분석계는 어느 것인가?

㉮ 오르자트법

㉯ 세라믹법

㉰ 밀도법

㉱ 가스크로마토 그래프법

40. 기체 크로마토그래피에서 기기와 분리관에는 이상이 없으나 분리가 잘 안될 때 가장 먼저 검토해야 될 사항은?

㉮ 이동상의 유속을 조절하여 본다.

㉯ 시료의 양을 조절하여 본다.

㉰ 시료 주입구의 온도를 높여 본다.

㉱ 이동상을 교체해 본다.

[해설] 가스크로마토그래피법의 분리에 이상이 있을 때에는 시료주입구의 온도가 낮아 시료가 기화되지 않기 때문에 분리 또는 검출이 되지 않으므로 시료주입구의 온도를 높여본다.

41. 다음은 시료가스를 채취시 주의하여야 할 사항과 관계가 먼 것은?

㉮ 배관에 경사를 붙이고 하부에 드레인을 설치한다.

㉯ 배관은 수평으로 설치한다.

㉰ 가스 채취시 공기침입에 주의한다.

㉱ 가스성분과 화학반응을 일으키는 배관은 사용하지 않아야 한다.

[해설] 가스 채취시 배관을 10° 정도 경사지게 설치한다.

42. 기체 크로마토그래피(Gas chromatography)의 칼럼(column)은 종이크로마토그래피의 어떤 것과 비교한가?

㉮ 여과지   ㉯ 발색시약

㉰ 전기용매   ㉱ 실린더

[해설] 기체크로마토 그래피의칼럼=종이크로마토 그래피의 여과지

43. 가스 크로마토그래피의 피크의 폭에 영향을 주지 않는 항목은 다음 중 어느 것인가?

㉮ 담체입도

㉯ 분리관의 온도

㉰ 운반가스의 유량

㉱ 기록계의 Range 절환

[해설] ① 피크 폭의 영향
  ㉮ 분리관의 온도
  ㉯ 운반가스의 유량
  ㉰ 기록계의 Range 절환
② 담체입도 : 분리능력, 분석시간에 영향

44. 그림은 가스 크로마토그래피로 크로마토그램이다. 이 경우 이론단수는 얼마인가?

㉮ 160

㉯ 400

㉰ 1,000

㉱ 1,600

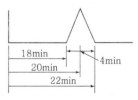

[해설] $n = 16 \cdot \left(\dfrac{t_R}{W}\right)^2 = 16 \cdot \left(\dfrac{20}{4}\right)^2 = 400$

45. 캐리어 가스의 유량이 50mℓ/min이고, 기록지의 속도가 3cm/min일 때 어떤 성분시료를 주입하였더니 주입점에서 성분 피크까지의 길이가 15cm이였다면 지속용량은?

㉮ 150mℓ ㉯ 250mℓ
㉰ 400mℓ ㉹ 750mℓ

해설 지속시간 $=\dfrac{15cm}{3cm/min}=5min$

지속용량 $=5min \times 50mℓ/min=250mℓ$

46. 어떤 관의 길이 250cm에서 벤젠의 기체 크로마토그램을 재었더니 머무른 부피가 82.2mm, 봉우리의 폭(띠 나비)이 9.2mm이였다. 이론단수는?

㉮ 1,277단 ㉯ 1,063단
㉰ 995단 ㉹ 812단

해설 이론단수(N)
$16 \times \left(\dfrac{체류부피}{띠나비}\right)^2 = 16 \times \left(\dfrac{82.2}{9.2}\right)^2 = 1,277.28$

47. 크로마토그래피의 피크가 다음 그림과 같이 기록되었을 때 피크의 넓이(A)를 계산하는 식으로 가장 적합한 것은?

㉮ Wh
㉯ 1/2Wh
㉰ 2Wh
㉹ 1/4Wh

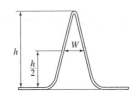

해설 대칭적 Peak의 면적 A=Wh

48. 어느 가스 크로마토그램에 있어 성분 A의 보유시간이 5분, 피크 폭이 5mm이였다. 이 경우 A에 관하여 이론단수 높이는 얼마인가? (단, 분리관 길이는 2m, 기록지의 속도는 매분 1cm)

㉮ 0.16mm ㉯ 0.25mm
㉰ 1.25mm ㉹ 2.56mm

해설 이론단수 $N=16\left(\dfrac{T_R}{W}\right)^2 = 16\left(\dfrac{보유시간 \times 속도}{바탕길이(폭)}\right)^2$

$16\left(\dfrac{5min \times 10mm/min}{5mm}\right)^2 = 1,600$단

$\therefore HETP = \dfrac{L}{N} = \dfrac{2,000mm}{1,600} = 1.25mm$

49. A, B 성분을 각각 0.435μg, 0.653μg을 FID 가스 크로마토그래피에 주입시켰더니 A, B성분의 Peak 면적은 각각 4.0cm², 6.5cm²이였다. A성분을 기준으로 하여 각 성분의 보정계수(correction factor)를 구하면 그 값은?

㉮ 1.00, 0.92 ㉯ 1.00, 1.08
㉰ 1.00, 1.63 ㉹ 1.00, 0.67

해설 $1 \times 4.0 : 0.435 = x \times 6.5 : 0.653$

$x = \dfrac{1 \times 4.0 \times 0.653}{6.5 \times 0.435} = 0.923$

50. 가스 크로마토그램에 있어 A, B 두 성분의 보유시간은 각각 2분 30초와 3분이다. 피크 폭은 다같이 25초였다. 이 경우 분리도는 얼마인가?

㉮ 0.6 ㉯ 1.2
㉰ 1.6 ㉹ 2.0

해설 분리도 $R = \dfrac{T_{R2} - T_{R1}}{0.5(W_1 + W_2)}$

여기서, T_{R1} : 2분 30초 T_{R2} : 3분
W_1, W_2 : 25초

$\therefore R = \dfrac{(180-150)sec}{0.5(25+25)sec} = 1.2$

51. 천연가스 중의 메탄가스 함량을 기체 크로마토그램에서 계산하려 한다. 표준가스의 피크 높이 50mm, 높이 25mm일 때 폭은 8mm이고, 시료가스의 피크는 높이 40mm, 높이 20mm에서의 폭은 6mm이였다. 표준가스로는 메탄 90%의 혼합가스를 사용하였다. 시료가스 중의 메탄함량은 얼마인가?

㉮ 43.2% ㉯ 54%
㉰ 72% ㉹ 80%

해설 먼저 메탄의 표준가스와 시료가스의 면적을 계산하면
① 표준가스(메탄 90%)의 면적

$$A = W \cdot L$$

여기서, W : 피크의 폭
L : 피크의 높이

$$\therefore A = W \cdot L = 8 \times 50 = 400mm^2$$

② 시료가스의 면적

$$A = W \cdot L = 6 \times 40 = 240mm^2$$

그러면 시료가스의 메탄 함량은

$$\therefore 400 : 90 = 240 : x$$
$$x = 54\%$$

52. 가스분석장치 중 수소가 혼입될 때 가장 큰 영향을 받는 것은?

㉮ 오르자트(orsat) 가스 분석장치
㉯ 열전도율식 CO_2계
㉰ 세라믹식 O_2계
㉱ 밀도식 CO_2계

해설 수소는 열전도도가 빠르므로 열전도율식 CO_2계에 수소혼입 시 오차가 발생한다.

53. 다음 중 간섭계형 정밀가연성가스 검출기는 어느 원리를 이용한 것인가?

㉮ 열전도도차   ㉯ 연소열
㉰ 굴절률   ㉱ 온도차

해설 간섭계형 가연성가스검출기 : 가스의 굴절률 이용

54. 다음 중 암모니아(NH_3) 합성원료 가스 중에서 수소(H_2)를 분석하는데 쓰이는 분석계는?

㉮ 밀도식   ㉯ 열전도율식
㉰ 적외선식   ㉱ 반응열식

해설 밀도식(비중식)
혼합가스의 성분 조성을 알 때 그 조성률의 변화는 가스밀도의 변화가 되는 것을 이용하여 가스밀도의 측정으로 조성률을 구하는 방법으로 암모니아 합성원료가스 중에서 수소(H_2)나 연소 가스 중의 SO_2 등을 분석한다.

55. 질소나 수소의 혼합가스 중에 수소를 연속적으로 기록·분석하는 경우의 시험법은?

㉮ 염화칼슘에 흡수시키는 중량 분석법
㉯ 노점측정법
㉰ 염화제1동용액에 의한 흡수법
㉱ 열전도법

56. 다음 중 공기분리장치 중에서 N_2를 측정하는 데 사용되는 가스 분석계는?

㉮ 밀도식
㉯ 적외선식
㉰ 반응열식
㉱ 열전도율식

해설 열전도율식
공기분리장치 중에서 N_2, O_2 중의 Ar 측정, N_2 중의 H_2 측정

57. 다음 중 적외선 가스분석계로 분석할 수 없는 가스는?

㉮ CO_2 ㉯ NO_2
㉰ O_2 ㉱ CO

해설 적외선 가스분석계는 대칭이원자 분자 및 단원자 분자는 분석이 불가능하다.

정답 52. ㉯   53. ㉰   54. ㉮   55. ㉱   56. ㉱   57. ㉰

4

가스 검지법

학습방향 누설된 가스량을 검지하는 시험지법, 가스 검지기, 가스누설 경보장치의 특징과 검지방법을 배운다.

화학공장에서 가스가 누설하거나 증기가 발생하고 있는 경우 그들이 현장에서 신속하게 검출, 정량되면 재해 방지상 극히 편리한 것은 말할 것도 없다. 가연성 가스 또는 증기가 연소 범위의 농도에 도달하기 이전에 검지되고 유독 가스가 허용 농도를 넘기 이전에 검지되기 위해서는 화학적 방법 또는 물리적 방법으로서 여러 가지 방법이 있다.

01 시험지법

검지 가스와 반응하여 변색하는 시약을 여지 등에 침투시킨 것을 이용한다.

검지가스	시험지	색 변
암모니아(NH_3)	적색리트머스지	청색
염소(Cl_2)	KI-전분지	청색
포스겐($COCl_2$)	헤리슨 시약	심등색
시안화수소(HCN)	질산구리벤젠지	청색
일산화탄소(CO)	염화팔라듐지	흑색
황화수소(H_2S)	연당지	흑색
아세틸렌(C_2H_2)	염화제1동착염지	적색

- 염소가스 누설 시 검지하는 시험지와 변색
KI전분지(요드화칼륨) - 청색

- HCN 누설 검지지와 색변
질산구리벤젠지 - 청색

02 검지관법

검지관은 내경 2~4mm의 글라스관 중에 발색시약을 흡착시킨 검지제를 충전하여 관의 양단을 액봉한 것이다. 사용에 있어서는 양단을 절단하여 가스 채취기로 시료가스를 넣은 후 착색층의 길이, 착색의 정도에서 성분의 농도를 측정한다.

(1) 조직과 보수가 간단하고 가볍다.

(2) 측정시간이 짧다.

(3) 유효기간이 길다.

(4) 진공방식으로 오일을 사용함으로서 내구성이 좋다.

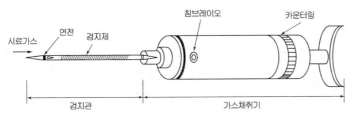

가스검지관

■ 검지관의 측정농도와 검지한계

검지가스	측정농도범위 (vol %)	검지한도 (ppm)	검지가스	측정농도범위 (vol %)	검지한도 (ppm)
아세틸렌	0~0.3	10	시안화수소	0~0.01	0.2
벤젠	0~0.04	0.1	암모니아	0~25	5
산소	0~30	1,000	염소	0~0.004	0.1
수소	0~1.5	250	포스겐	0~0.005	0.02

문 검지관은 안지름 (가)의 유리관에 발색시약을 흡수시킨 검지제를 충전하고 (나)인 가스누출 검지에 사용한다.
▶ ㉮ : 2~4mm
  ㉯ : 국지적

• 프로판의 측정농도 범위와 검지한도
① 측정농도 범위 : 0~5%
② 검지한도 : 100[ppm]

03 가스검지기

(1) 접촉연소식 가스 검지기

가연성 가스가 백금선(촉매) 등의 가열선상에서 접촉 연소하여 그의 연소열에 의한 온도상승에서 전기저항의 증가를 검출하여 가연성 가스의 양을 검출한다.

① 원리 : 백금선 등에 통전해서 필라멘트를 가열한다. 여기에 가연성 가스를 통해서 공기중의 산소와 반응시킨다. 이 때 재발생하는 반응열은 농도가 낮고 완전연소 되는 범위에서는 가스의 농도에 비례한 그 결과 백금선 필라멘트의 온도가 상승하여 전기저항이 크게 되고 이 저항변화에 의해서 혼합가스의 농도를 알 수 있다.

② 특징 : 가연성 가스가 모두 검지대상이 되고 특정한 한 성분만을 검지할 수 없다. 다만, 검지 필라멘트의 온도를 바꿈으로써 메탄에 대한 선택성을 갖게 할 수는 있다. 측정가스의 반응열을 이용하기 때문에 어느 정도의 가스농도(50~500ppm 이상)가 필요하고 LEL(%)계로서 사용되고 있다.

③ 검지대상가스 : 가연성 가스

POINT

• 특정한 한 성분만을 검지할 수 없고 검지대상가스가 가연성 가스인 검지기
접촉 연소식 검지기

(2) 열전도식 가스 검지기

가스체의 열전도도에 차이가 있는 것을 이용해서 전기적으로 자기 가열된 서미스터에 가스체를 접촉하면 기체의 종류에 따라서 소실되는 열량이 변화하여 서미스터 가스의 농도가 변화 한다. 이것을 전기저항의 변화로서 검지한다.

① 원리

서미스터에 일정 전류를 통해서 자기가열하고 여기에 기체를 흘리면 온도가 변화한다. 이때의 온도변화는 기체의 열전도도의 차이에 따라서 변화한다. 이 온도변화를 전기저항의 변화로서 측정한다.

② 특징

㉮ 가연성 가스 또는 가연성 가스 중의 특정 성분만을 선택 검출할 수는 없다.

• 자기 가열된 서미스터에 가스를 흘려 생기는 온도변화를 전기저항의 변화로서 가스의 농도를 측정
열전도식 가스검지기

ⓝ 감도는 공기와의 열전도도의 차이가 클수록 높다.

ⓓ 가연성 가스 이외의 가스도 측정할 수 있다.

ⓔ 가스농도의 측정범위는 0~100%이고 고농도가스 검지기로 사용하는 것이 적당하다.

③ 검지대상가스 : 공기와 열전도도가 다른 가스

(3) FID식 가스 검지기(수소염 이온화식 검지기)

수소 중에 탄화수소가 들어가면 불꽃의 전기전도가 증대하는 현상을 이용하는 것이다. 수소염은 거의 전기를 통하지 않으나 염 중에 미량이라도 탄화수소가 들어가면 그의 농도에 비례해서 전류가 흐른다. 이것을 증폭해서 측정 검출한다.

① 원리

수소를 연소시켜서 불꽃을 만들고 여기에 직류전압을 가한다. 이 수소염 중에 탄화수소가 들어가면 그의 농도에 비례해서 전류가 흐른다. 이 전류는 극히 미소하므로 증폭해서 지시계에 취출한다.

② 특징

ⓐ 극히 미량의 탄화수소를 검출할 수 있다(1ppm 정도).

ⓑ FID에 의한 탄화수소의 대상감도는 탄화수소에 거의 비례한다.

ⓒ 검지성분은 탄화수소에 국한되고 무기화합물에는 감지되지 않는다.

③ 검지대상가스 : 탄화수소

(4) 반도체식

① 원리

산화주석이나 산화철 등은 반도체의 성질을 갖고 있다 이들의 소결체를 350℃ 전후(300~400℃)로 온도를 높인다. 가연성가스(환원성가스)가 있으면 그의 표면에 화학 흡착되어 반도체의 전기전도도가 공기 중의 경우보다 상승한다. 이 성질을 이용해서 가스를 검지한다.

② 특징

 ㉮ 농도가 낮은 가스에 대해서 비교적 민감하고 가스농도가 상승하는 데 따라서 그의 출력을 완만하게 된다는 특성이 있다.

 ㉯ 수명이 길고 안정성이 우수하다.

 ㉰ 접촉 연소식에 비해서 CO_x, NO_x 등의 가스에 센서가 피독되지 않는다.

 ㉱ 가연성 가스 이외의 가스(H_2S, NO_2) 등에도 감응된다.

(5) 북천식 일산화탄소 검지기

① 원리

 화학반응을 이용해서 일산화탄소를 검지하는 것이다. 일정한 안지름의 유리관에 일정량의 검지계를 긴밀하게 충전하고 양단을 밀봉한 검지관에 일정용량의 시료가스를 통하여 검지제의 변색정도(비색법) 또는 그의 변색길이를 매체로 해서 황산 팔라듐 및 몰리브덴산 암모늄에 일산화탄소를 반응시키면 몰리브덴 청을 생성하여 일산화탄소의 양에 비례해서 황색에서 녹색 또는 청색의 반응을 나타낸다. 측정온도에 따라서 보정을 한다.

② 제1도 가스체취기

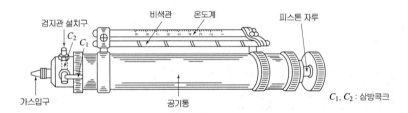

③ 제2도 검지관

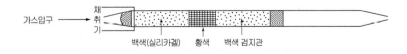

POINT

• 화학반응을 이용하여 일산화탄소를 검지
북천식 일산화탄소 검지기

🔲 북천식 일산화탄소 검지기에서 일산화탄소 양에 비례해서 (가)에서 녹색 또는 (나)으로 변색한다.
 ▶ ㉮ : 황색
  ㉯ : 청색

04 가연성 가스 검출기

공기와 혼합하여 폭발할 수 있는 가스는 모두 그 폭발 범위의 농도에 달하기 전에 검출되지 않으면 안된다.

따라서 이들의 검출에는 현장에서 시료를 채취하여 일반적인 가스 분석법으로도 좋으나 그것만으로는 안전상 불편하므로 현장에서 파이프로 시험실에 연결하여 신속하게 또 가능한 한 자동적으로 검출이 되고 경보가 작동하여야 한다.

(1) 안전등형

탄광 내에서 CH_4의 발생을 검출하는데 안전등형 가연성가스 검지기가 사용되고 있다.

이것은 2중의 철강에 둘러싸인 석유램프의 일종이고 인화점 50℃ 전 후의 등유를 사용하며 CH_4이 존재하면 불꽃 주변의 발열량이 증가하므로 불꽃의 형상이 커진다. 이것을 청염(푸른 불꽃)이라 하며 청염의 길이에서 CH_4의 농도를 대략적으로 알 수 있는 것이다.

■ 염 길이와 메탄농도의 관계

청염길이(mm)	7	8	9.5	11	13.5	17	24.5	47
메탄농도(%)	1	1.5	2	2.5	3	3.5	4	4.5

※ CH_4이 폭발범위로 근접하여 5.7%가 되면 불꽃이 흔들리기 시작하고 5.85 %가 되면 등내서 폭발하여 불꽃이 꺼지나 철강 때문에 등 외의 가스에 점화되지 않도록 되어 있다.

(2) 간섭계형

가스의 굴절률 차를 이용하여 농도를 측정하는 것이다.

POINT

• 안전등형 가스검출기에서 청색 불꽃의 길이로 농도를 알 수 있는 가스
메탄

• 간섭계형 정밀 가연성가스 검지기는 어느 원리를 이용한 것
가스의 굴절률차

① 성분의 가스 농도(%)

$$X = \frac{z}{(\eta_m - \eta_a)\, l} \times 100\,(\%)$$

여기서, x : 성분 가스의 농도(%)

z : 공기의 굴절률 차에 의한 간섭무늬의 이동

η_m : 성분가스의 굴절률

η_a : 공기의 굴절률

l : 가스실의 유효길이(빛의 통로길이)

② **열선형** : 측정원리에 의하여 열전도식과 연소식이 있다.

㉮ 열전도식 : 가스크로마토그래피의 열전도형 검출기와 같이 전기적으로 가열된 열선(필라멘트)으로 가스를 검지한다.

㉯ 연소식 : 열선(필라멘트)으로 검지 가스를 연소시켜 생기는 전기 저항의 변화가 연소에 의해 생기는 온도에 비례하는 것을 이용한 것이다.

※ 열선형의 연전도식과 연소식 어느 것이나 브리지회로의 편위 전류로써 가스 농도를 지시하거나 자동적으로 경보를 한다.

05 가스누설 검지경보장치

가스누설 검지경보장치는 가스의 누설시 검지하여 경보농도에서 자동적으로 경보하는 장치이다.

(1) 가스누설 검지경보장치의 종류

① 접촉연소 방식

② 격막갈바니 전지 방식

③ 반도체 방식

(2) 가스누설 검지경보장치의 경보농도

① **가연성가스** : 폭발하한계의 1/4 이하

② **독성가스** : 허용농도 이하(단, NH_3를 실내에서 사용하는 경우 : 50ppm)

• C_3H_8 가스의 경보농도
$2.1 \times \frac{1}{4} = 0.525\%$

• Cl_2 가스의 경보농도
1[ppm] 이하

(3) 가스누설 검지경보기의 정밀도

① 가연성 가스용 : ±25% 이하
② 독성 가스용 : ±30% 이하

(4) 가스누설 검지경보장치의 검지에서 발신까지 걸리는 시간

① 가스누설 검지경보장치의 경보농도의 1.6배 농도에서 보통 30초 이내일 것
② NH_3, CO 또는 이와 유사한 가스는 1분 이내

(5) 가스누설 검지경보장치 지시계의 눈금범위

① 가연성 가스 : 0~폭발하한계
② 독성 가스 : 0~허용농도의 3배 값

　　　　　　(단, NH_3를 실내에서 사용하는 경우에는 150ppm)

(6) 가스누설 검지경보장치의 설치장소

① 제조설비(특수반응설비, 도시가스, LP가스)가 건축물 내에 설치된 경우 :
　　바닥 면 둘레 10m에 대하여 1개 이상의 비율로 설치
② 제조설비(도시가스, LP가스)가 건축물 밖에 설치된 경우 :
　　바닥 면 둘레 20m에 대하여 1개 이상의 비율로 설치
③ 계기실 내부 : 1개 이상
④ 독성가스의 충전용 접속구의 주위 : 1개 이상

(7) 가스누설 검지경보기 검지부의 설치 높이

① LP가스(공기보다 무거운 가스)
　㉮ 바닥 면으로부터 검지부 상단까지의 높이가 30cm 이내
　　　(단, 가능한 바닥에 가까운 위치에 설치)
　㉯ 연소기 버너 중심부분으로부터 수평거리 4m 이내 1개 이상

POINT

🔲 NH_3 가스누설 검지경보장치의 검지에서 발신까지 걸리는 시간은 몇 초 이내이어야 하는가?
▶60초 이내

• Cl_2 가스누설 검지경보장치의 지시계 눈금범위
0~3ppm

• LP가스 제조설비가 건축물 내에 설치된 경우 가스누설 검지경보장치 설치 기준
바닥 면 둘레 10m에 대해 1개 이상 설치

② 도시가스 및 기타가스(공기보다 가벼운 가스)

   ㉮ 천장으로부터 검지부 상단까지의 높이가 30cm 이내

   ㉯ 연소기 버너 중심부분으로부터 수평거리 8m 이내 1개 이상

(8) 검지부 설치 제외 장소

① 출입구 부근 등으로서 외부의 기류가 통하는 곳

② 환기구 등 공기가 들어오는 곳으로부터 1.5m 이내

③ 연소기 폐가스가 접촉하기 쉬운 곳

(9) 가스누출 자동차단장치

① 설치장소

   ㉮ 식품접객업소로서 영업장의 면적이 100m² 이상인 가스 사용시설

   ㉯ 지하에 있는 가스 사용시설(가정용 가스 사용시설 제외)

② 설치 제외 장소

   ㉮ 월사용 예정량 2,000m³ 미만으로서 연소기가 연결된 각 배관에 퓨즈콕, 상자콕이 설치되어 있고 각 연소기에 소화 안전장치가 부착되어 있는 경우

   ㉯ 가스의 공급이 불시에 차단될 경우 재해 및 손실이 막대하게 발생될 우려가 있는 가스 사용시설

POINT

• 검지부 설치 · 장소
누설된 가스가 체류하기 쉬운 장소

• 가스 사용시설이 지하에 있거나 식품접객 업소의 영업장 면적이 100m² 이상인 가스사용 시설에 설치해야 하는 장치
가스누출 자동차단장치

핵 심 문 제

01 다음 중 염화팔라듐지로 검지가 가능한 가스는?

㉮ C_2H_2
㉯ CO
㉰ H_2O
㉱ NH_3

[해설] 염화팔라듐지는 $PdCl_2$ 0.2% 액에 침투 건조시킨 후 5% 초산에 침투시켜 CO가스를 검지한다.

검지가스	시험지	변색
산성가스	적색리트머스지	적색
염기성가스	적색리트머스지	청색
시안화수소(HCN)	초산벤젠지(질산구리벤젠지)	청색
아세틸렌(C_2H_2)	염화제일구리착염지	적색
일산화탄소(CO)	염화팔라듐지	흑색
염소(Cl_2)	KI 전분지(요오드 칼륨시험지)	청색
포스겐($COCl_2$)	하리슨 시험지	오렌지색
황화수소(H_2S)	연당지(초산납시험지)	흑색

02 초산납 10g을 물 90mL로 용해해서 만드는 시험지와 그 검지 가스가 바르게 연결된 것은?

㉮ 염화팔라듐지$-H_2O$
㉯ 염화팔리듐지$-CO$
㉰ 연당지$-H_2S$
㉱ 연당지$-CO$

03 주로 탄광 내 CH_4 가스의 농도를 측정하는데 사용되는 방법은?

㉮ 질량분석법
㉯ 안전등형
㉰ 시험지법
㉱ 검지관법

04 연소가스 중 CO와 H_2의 분석에 사용되는 가스분석계는?

㉮ 탄산가스계
㉯ 질소가스계
㉰ 미연소가스계
㉱ 수소가스계

[해설] **02**

초산납 10g을 물 90mL로 용해해서 만드는 시험지를 연당지라 하며 황화수소(H_2S) 가스를 검지한다.

[해설] **03**

안전등형은 석유램프의 일종으로 CH_4 존재시 불꽃의 발열량이 증가하여 불꽃이 커진다. 따라서 탄광 내의 CH_4 농도를 측정할 때 사용된다.

01. ㉯ 02. ㉰ 03. ㉯
04. ㉰

정답

05 반도체 가스누출 검지기의 특징에 대한 옳은 설명은?

㉮ 안정성은 떨어지지만 수명이 길다.

㉯ 가연성가스 이외의 가스는 검지할 수 없다.

㉰ 응답속도를 빠르게 하기 위해 가열해 준다.

㉱ 미량가스에 대한 출력이 작으므로 고감도로 검지할 수 있다.

06 수소염이온화식 가스검출기(FID)에 대한 설명 중 옳지 않은 것은?

㉮ FID는 수소 불꽃 속에 탄화수소가 들어가면 불꽃의 전기전도도가 증대하는 현상을 이용한 것이다.

㉯ 가스검지기로서의 검지감도는 가장 높고 원리적으로는 1ppm의 가스 농도의 검지가 가능하다.

㉰ FID에 의한 탄화수소의 상대감도는 탄소수에 거의 반비례한다.

㉱ 구성요소로는 시료가스, 노즐, 컬렉터 전극, 증폭부, 농도지시계 등이 있다.

07 가스누출검지경보장치에 대한 설명으로 옳지 않은 것은?

㉮ 가연성가스의 경보농도는 폭발 하한계의 1/4 이하이다.

㉯ 가연성가스의 경보장치의 정밀도는 ±25% 이하이다.

㉰ 가스 누출시 검지에서 발신까지 시간은 경보농도의 1.6배에서 30초 이내이다.

㉱ 가연성가스의 경보장치에는 정전위전해식, 전량식, 격막전극식, 검지관식이 있다.

해 설

[해설] **05**
반도체 가스누출 검지기의 특징
① 안정성이 우수하며 수명이 길다.
② 가연성가스 이외의 가스에도 감응한다(독성, 가연성 검지 기능).
③ 반도체 소결온도 전후(200~400℃)로 승온시켜 둔다.
④ 농도가 낮은 가스에 민감하게 반응하며 고감도로 검지할 수 있다.
⑤ 반도체의 재료 : 산화주석(SnO_2)

[해설] **06**
㉰항 FID에 의한 탄화수소의 상대감도는 탄소수에 거의 비례한다. 즉, 에탄이 메탄보다 2배의 감도가 있다.

[해설] **07**
누설경보기의 종류는 반도체식, 접촉연소식, 열전도율식이 있다.

05. ㉰ 06. ㉰ 07. ㉱   **정답**

01. 다음 중 검지가스와 누출 확인 시험지가 옳게 연결된 것은?

㉮ 초산벤젠지—할로겐

㉯ 염화팔라듐지—HCN

㉰ KI전분지—CO

㉱ 리트머스지—산성, 염기성 가스

해설 Cl_2 : KI전분지(청색)
CO : 염화팔라듐지(흑색)
HCN : 질산구리벤젠지(청색)

02. 냉동용 암모니아 탱크의 연결부위에서 암모니아 누출 여부를 확인하려 한다. 가장 적절한 방법은?

㉮ 청색 리트머스시험지를 대어 적색으로 변하는가 확인한다.

㉯ 적색 리트머스시험지를 대어 청색으로 변하는가 확인한다.

㉰ 초산용액을 발라 청색으로 변하는가 확인한다.

㉱ 염화팔라듐지를 대어 흑색으로 변하는가를 확인한다.

03. 가스누출 검지관법에 대한 설명으로 옳지 않은 것은?

㉮ 검지관은 안지름 2~4mm의 유리관에 발색시약을 흡착시킨 검지제를 충전한다.

㉯ 사용할 때 반드시 한쪽만 절단하여 측정한다.

㉰ 국지적인 가스 누출 검지에 사용한다.

㉱ 염소에 대한 측정농도 범위는 0~0.004% 정도이고, 검지한도는 0.1ppm이다.

해설 양쪽 끝을 절단하여 사용한다.

04. 발색시약을 흡착시킨 검지제를 사용하는 검지관법에 의한 아세틸렌의 검지한도는 얼마인가?

㉮ 5ppm

㉯ 10ppm

㉰ 20ppm

㉱ 100ppm

해설 아세틸렌가스의 검지한도 : 10ppm

05. 안전등형 가스검출기에서 청색 불꽃의 길이로 농도를 알아낼 수 있는 가스는?

㉮ 수소

㉯ 메탄

㉰ 프로판

㉱ 산소

해설 안전등형 가스검출기
탄광 내에서 메탄(CH_4)의 발생을 검지하는 데 사용되며, 청색 불꽃의 길이로 농도를 알아낼 수 있다.

06. 탄광 내에서 가연성 가스 검출기로 농도측정을 하는 가스는?

㉮ C_4H_{10}

㉯ C_3H_8

㉰ C_2H_6

㉱ CH_4

해설 안전등형
탄광 내에서 메탄(CH_4)의 발생을 검출하는 데 안전등형 가연성 가스 검지기가 이용되고 있다. 이 검정기는 2중의 철망에 싸인 석유—램프의 일종으로 인화점 50℃ 정도의 등유를 연료로 사용한다.

07. 간섭 굴절계에 의한 가스검출에서 균질계에 있어서의 간섭프린지(interference fringe)의 이동거리(Z)를 구하는 식은? (단, λ : 빛의 파장, l : 빛 통로의 길이, ηa : 공기의 굴절률, ηg : 가스의 굴절률, x : 공기 중의 가스농도, K : 상수)

㉮ $Z = K \times l(\eta g - \eta a)/100x$

㉯ $Z = K \times l(\eta a - \eta g)/100x$

㉰ $Z = K \times l(\eta a - \eta g)x/100$

㉱ $Z = K \times l(\eta g - \eta a)x/100$

정답 01. ㉱ 02. ㉯ 03. ㉯ 04. ㉯ 05. ㉯ 06. ㉱ 07. ㉱

[해설] 간섭계형

가스의 굴절률의 차이를 이용하여 농도를 측정하는 법이다. 다음은 성분 가스의 농도 $x(\%)$를 구하는 식이다.

$$x = \frac{Z}{(\eta_m - \eta_a)\ell} \times 100$$

여기서, x : 성분 가스의 농도
Z : 공기의 굴절률 차에 의한 간섭 무늬의 이동
η_m : 성분 가스의 굴절률
η_a : 공기의 굴절률
ℓ : 가스실의 유효 길이(빛의 통로)

08. 가스누출검지기의 검지부분의 금속으로 사용하지 않는 것은?

㉮ 바나듐　　　　㉯ 코발트
㉰ 리듐　　　　　㉱ 백금

[해설] 리듐은 누설가스가 접촉시 변색 정도가 적어 누설시 변색으로 인한 경보가 불량하다.

09. 반도체 가스 누출 검지기의 특징으로 맞는 것은?

㉮ 안정성은 떨어지지만 수명이 길다.
㉯ 가연성 가스 이외의 가스는 검지할 수 없다.
㉰ 응답속도를 빠르게 하기 위해 가열해 준다.
㉱ 미량가스에 대한 출력이 작으므로 고감도로 검지할 수 있다.

[해설] 반도체 가스 누출 검지기의 특징
① 안정성이 우수하며 수명이 길다.
② 가연성 가스 이외의 가스에도 감응한다(독성, 가연성 검지 기능).
③ 반도체 소결온도 전후(300~400℃)로 승온시켜 둔다.
④ 농도가 낮은 가스에 민감하게 반응하여 고감도로 검지할 수 있다.

10. 열전도식 가스검지기에 의한 가스의 농도측정에 대한 설명이 아닌 것은?

㉮ 가스검지 감도는 공기와의 열전도도의 차이가 클수록 높다.
㉯ 가연성 가스 또는 가연성 가스 중의 특정 성분만을 선택 검출할 수 있다.

㉰ 자기가열된 서미스터에 가스를 흘려 생기는 온도변화를 전기저항의 변화로서 가스의 농도를 측정한다.
㉱ 가스농도 측정범위는 원리적으로 0~100% 이고 고농도의 가스를 검지하는데 알맞다.

11. 북천식 일산화탄소 검지기에 대한 설명으로 틀린 것은?

㉮ 화학반응을 이용하여 일산화탄소를 검지한다.
㉯ 검지제의 변색 정도 및 변색 길이로 가스를 검출한다.
㉰ 황산팔라듐 및 몰리브덴산 암모늄이 검지제로 이용된다.
㉱ 일산화탄소의 양에 따라 황색에서 적색 또는 흑색으로 변색한다.

[해설] 일산화탄소의 변색 : 황색 → 청색 또는 녹색

12. 다음 보기 중 확산가스검지기에 대한 내용과 거리가 먼 것은?

㉮ 방진 방폭구조일 것
㉯ 가스누설시 신속히 검지될 것
㉰ 가스를 여과할 수 있을 것
㉱ 방폭구조 중 내압 방폭구조를 선택할 것

[해설] 방폭구조로 설치, 방진구조와 관계없음

13. 휴대용 가스검지기의 용도가 아닌 것은?

㉮ 가스설비 이상시의 누설장소 발견
㉯ 가스설비 내부작업의 누설점검
㉰ 가스기구와의 접속부에 대한 누설검사
㉱ 가스배관의 누설 연속 감시

[해설] 연속누설감시=고정식 가스검지기

14. 가스 누출경보기에서 검지방법이 아닌 것은?

㉮ 반도체식

㉯ 접촉연속식

㉰ 기체열전도도식

㉱ 확산분해식

[해설] 가스 누출경보기의 검지방법
① 반도체식
② 접촉연소식
③ 기체열도도식
④ 정전위전해방식

15. 다음 설명에 해당하는 가스검지 경보장치의 종류는?

> 금속산화물(Sn_2O, ZnO) 소결체에 2개의 전극을 밀봉가열한 것으로 되어 있으며 자유전자의 이용으로 전기 전도가 증대한다.

㉮ 접촉연소방식

㉯ 반도체방식

㉰ 격막갈바니전지방식

㉱ 격막전극방식

[해설] 반도체
금속산화물(산화주석, 산화철, 산화아연 등) 소결체에 2개의 전극을 밀봉가열 한 것

16. 다음 LP가스용 가스누출경보 차단장치에 대한 내용이다. 경보차단장치는 차단방식에 따라 분류시 해당 하지 않는 보기는?

㉮ 핸들작동식　　㉯ 밸브직결식

㉰ 플런저작동식　　㉱ 스핀들작동식

[해설] 차단방식에 따른 분류
① 핸들작동식
② 밸브직결식
③ 플런저작동식
④ 전자밸브식

CHAPTER 5

자동제어

학습방향 자동제어의 기본이 되는 블록선도와 목표치 및 제어량에 따른 제어장치의 종류와 특징 그리고 제어 동작을 배운다.

01 자동제어의 개념

(1) 자동제어의 정의

어떤 대상을 어떤 조건에 적합하도록 조작하는 것을 제어라 한다.

(2) 자동제어의 구분

① 수동제어 : 사람이 직접 행하는 제어
② 자동제어 : 기계장치가 자동적으로 행하는 제어

(3) 자동제어의 구비조건

① 안정하고 편차가 적을 것
② 평형상태에 도달할 수 있을 것
③ 질이 좋고 응답이 빠를 것

(4) 외란과 응답

① 외 란
제어량의 값이 목표값과 달라지게 하는 외부로부터의 영향(유출량, 목표치 변경 등)

② 응 답
자동제어계의 어떤 요소에 대하여 입력을 원인이라 하면 출력은 결과가 된다. 이때의 출력을 입력에 대한 응답이라 한다.

POINT

• 제어량의 값이 목표 값과 달라 지게 하는 외부로부터의 영향 외란

• 계측시간이 적은 에너지의 흐름 펄스

㉮ 과도응답 : 정상상태에 있는 요소의 입력측에 어떤 변화를 주었을 때 출력측에 생기는 변화의 시간적 경과를 과도응답이라 한다.

   ㉠ 최대편차량(over shoot) : 제어량이 목표값을 초과하여 최초로 나타낼 때의 최대값 즉, 최대편차량 $= \dfrac{\text{최대초과량}}{\text{최종목표값}} \times 100\%$

   ㉡ 지연시간 : 응답이 설정값의 50%까지 이르게 하는데 소요되는 시간

   ㉢ 제동비(감쇄비) : 과도응답의 소멸되는 정도를 나타내는 양

   제동비(감쇄비) $= \dfrac{\text{제2편차량}}{\text{최대편차량}}$

   ㉣ 상승시간 : 응답이 처음 설정값에 이르는 데 소요되는 시간 T_r로 나타낸다(응답이 설정값의 10%에서 90%까지 이르게 하는 데 소요되는 시간).

   ㉤ 정정시간 : 설정값의 ±5% 이내의 오차 범위 이내에 정착되는 시간을 사용한다.

㉯ 스텝응답(인디셜응답) : 입력을 단위량만큼 돌변시켜 평형상태를 상실했을 때의 과도 응답을 스텝응답이라 한다.

㉰ 정상응답 : 과도응답에 대하여 제어계 혹은 요소가 완전히 정상상태로 이루어졌을 때의 응답을 정상응답이라 한다.

㉱ 주파수응답 : 사인파상의 입력에 대한 자동제어계 또는 그 요소의 정상응답을 주파수의 함수로 나타낸 것이다.

(5) 편 차

설정값과 측정값의 차이

02 자동제어의 블록선도

(1) 피드백제어 : 폐회로

폐회로를 형성하여 제어량의 크기와 목표치의 비교를 피드백 신호에 의해 행하는 자동제어이다.

POINT

• 응답 중 입력과 출력사이의 최대 편차량
오버슈트

• 제어계가 불안정해서 제어량이 주기적으로 변화하는 상태
헌팅(난조)

• 목표 값의 10%에서 90%까지 도달하는데 요하는 시간
상승시간

---

① 자동제어에 있어서는 피드백 제어가 기본이다.

② 출력측의 신호를 입력측으로 되돌리는 것을 말한다.

③ 피드백에 의하여 제어량의 값을 목표치와 비교하여 그것들을 일치시키도록 정정 동작을 행하는 제어이다.

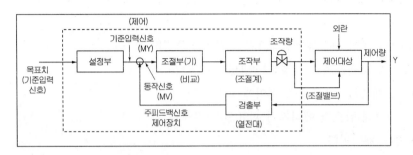

피드백제어의 기본회로

(2) 시퀀셜제어 : 개회로

전단계에 있어서 제어동작이 완료한 후 다음의 동작으로 진행되며 미리 정해진 순서에 따라서 제어의 각 단계가 순차적으로 진행되는 제어를 말한다.

전기세탁기, 자동세탁기, 자동판매기, 승강기, 교통신호, 전기 밥솥 등의 제어가 이에 속한다(기동 → 정지 → 개폐).

03 목표치에 따른 분류

(1) 정치제어

목표치가 일정한 제어

(2) 추치제어

목표치가 변화되는 자동제어로 목표치를 측정하면서 제어량을 목표치에 맞추어 제어하는 방식

POINT

• 블록선도
제어신호의 전달경로를 표시

• 제어계의 구성요소
설정부, 조절부, 조작부, 검출부

• 한 개의 폐회로를 형성하고 자동제어의 기본 회로를 형성하는 제어
피드백 제어

• 개회로를 형성하고 입력에서 출력까지 정해진 순서대로 제어가 되는 방식
시퀀셜 제어

• 목표치가 변화하지 않는 제어
정치 제어

① 추종제어 : 목표치가 시간적(임의적)으로 변화하는 제어로서 이것을 일명 자기조정제어 라고도 한다.

② 비율제어 : 목표치가 다른 양과 일정한 비율관계에서 변화되는 추치제어를 말한다.

③ 프로그램제어 : 목표치가 이미 정해진 계획에 따라서 시간적으로 변화하는 제어를 말한다.

④ 캐스케이드제어 : 2개의 제어계를 조합하여 제어량의 1차 조절계를 측정하고 그 조작출력으로 2차 조절계의 목표치를 설정하는 방법이고 출력측에 낭비 시간이나 시간 지연이 크게 있는 프로세스 제어에 이용한다.

⑤ 자력제어 : 조작부를 작용시키는데 필요한 에너지가 제어대상으로부터 검출부를 통하여 직접 주어지는 제어이다.

⑥ 타력제어 : 조작부를 작용시키는데 필요한 에너지가 보조 에너지원으로부터 주어지는 장치이다.

04 제어량의 종류에 따른 분류

(1) 서보기구

① 물체의 위치, 방위, 자세 등의 기계적 변위를 제어량으로 하는 제어계로서 아날로그 공작기계, 미사일 유도기구 등이 있다.

② 작은 입력에 대응해서 큰 출력을 발생시키는 장치를 말한다.

(2) 프로세스제어

온도, 유량, 압력, 액위 등 공업프로세스의 상태를 제어량으로 하며 프로세스에 가해지는 외란의 억제를 주목적으로 하고 있다.

(3) 자동조정

전압, 주파수, 전동기의 회전수, 전력 등을 제어량으로 하며 이것을 일정하게 유지하는 것을 목적으로 하는 제어이다.

(4) 다변수제어

연료의 공급량, 공기공급량, 탱크 내의 압력, 급수량 등을 각각 자동으로 제어하면 발생증기량을 부하변동에 따라 일정하게 유지시켜야 한다. 그러나 각 제어량 사이에는 매우 복잡한 자동제어를 일으키는 경우가 있다 이러한 제어를 다변수제어라 한다.

(5) 보일러제어의 제어량과 조작량

제어의 분류	제어량	조작량	비 교
증기온도 제어(STC)	증기온도	전열량	감온기를 사용하여 직접 주수 또는 간접 냉각에 의하여 과열기 출구를 증가시켜 온도를 제어한다.
급수제어 (FWC)	보일러수위	급수량	제어방식에 따라 1요소식, 2요소식, 3요소식 제어가 있다.
연소제어 (ACC)	증기압력	공기량, 연료량	• 제어방식에 따라 위치식과 측정식이 있다. • 증기압력을 제어하는 주조절계는 연료, 연소용 공기량을 조작한다.
	노내압	연소 가스량	

05 제어동작에 따른 분류

(1) 불연속 동작

① 2위치 동작(ON-OFF동작)

제어량이 설정치에 빗나갔을 때 조작부를 개(開) 또는 폐(閉)의 2가지 동작 중 하나로 동작 시키는 것이다.

   ⑦ 설정값 부근에서 제어량이 일정하지 않다.

   ⑭ 사이클링(Cycling) 현상을 일으킨다.

   ⑮ 목표값을 중심으로 진동현상이 일어난다.

   ⑯ 간단한 기구에 의하여 고감도의 동작을 실현 시킬 수 있다.

POINT

• 편차의 정(+), 부(−)에 의하여 조작신호가 최대, 최소가 되는 제어동작 ON−OFF동작

② 다위치 동작

제어량이 변화했을 때 제어장치의 조작위치가 3위치 이상이 있어 제어량 편차의 크기에 따라 그 중 하나의 위치를 취하는 것이다. 즉 편차의 크기에 따라 그 중간에 몇 개의 밸브의 개도를 취할 수 있도록 한 제어

③ 불연속속도 동작(부동제어)

제어량 편차의 과소에 의하여 조작단을 일정한 속도로 정작동, 역작동 방향으로 움직이게 하는 동작이다.

㉮ 정작동 : 제어량이 목표값보다 커짐에 따라서 조절계의 출력이 증가하는 방향으로 동작되는 경우를 말한다.

㉯ 역작동 : 제어량이 목표값보다 커짐에 따라서 조절계의 출력이 감소하는 방향으로 동작되는 경우를 말한다.

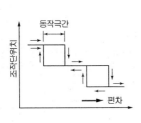

다위치 동작

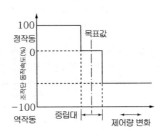

불연속속도 동작

(2) 연속동작

① 비례동작(P동작)

㉮ 입력인 편차에 대하여 조작량의 출력 변화가 일정한 비례 관계가 있는 동작이다. 즉, 제어량의 편차에 비례하는 동작이다.

㉯ 특징

　㉠ 부하가 변화하는 등 외란이 있으면 잔류편차(offset)가 생긴다.

　㉡ 프로세스의 반응속도가 소(小) 또는 중(中)이다.

　㉢ 부하 변화가 작은 프로세스에 적용된다.

㉰ 조작량의 출력변화$(y) = K_p Z$

　　　여기서, y : 출력변화

　　　　K_p : 비례정수

　　　　Z : 편차

P동작(비례동작)

※ 비례정수(K_p)의 역수를 %로 표시한 것을 비례대라 하고 비례대가 좁아지면 동작이 강해진다. 비례대가 0이면 on-off 동작이 된다.

② 적분동작(I 동작)

㉮ 제어량에 편차가 생겼을 때 편차의 적분차를 가감하여 조작단의 이동속도가 비례하는 동작으로 편차의 크기와 지속시간에 비례하며 잔류편차(offset)가 남지 않는다.

㉯ 특징

　㉠ 잔류편차가 제거된다.

　㉡ 제어의 안정성이 떨어진다.

　㉢ 일반적으로 진동하는 경향이 있다.

㉰ 조작량 $(y) = K_I \int z\,dt$

여기서, K_I : 비례상수

z : 편차　　　dt : 지속시간

I동작(적분동작)

• 잔류편차를 없애기 위한 제어 동작
I동작 제어

③ 미분동작(D동작)

㉮ 외란에 의한 제어량 편차가 생기기 시작한 초기에 편차의 미분치를 가감하여 큰 정정 동작을 일으켜서 다른 동작일 때보다 초기에 조작단을 크게 움직이며 외란이 일정할 때에는 미분동작은 소멸된다. 제어편차 변화속도에 비례한 조작량을 내는 제어동작이다.

㉯ 특징

　㉠ 진동이 제어된다.

　㉡ 안정성이 좋다.

• 진동이 발생하는 장치의 진동을 억세 시키는데 가장 효과적인 제어 동작
D동작 제어

ⓓ 조작량$(y) = K_D \dfrac{dv}{dt}$

여기서, K_D : 비례상수

dv : 변화속도

dt : 시간변화

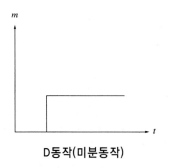

D동작(미분동작)

④ 복합동작

㉮ 비례적분동작(PI동작)

　㉠ 비례동작의 결점을 줄이기 위하여 비례 동작과 적분 동작을 합한 조절동작이다.

　㉡ 특징

　　• 부하변화가 커도 잔류편차가 남지 않는다.

　　• 급변할 때는 큰 진동이 생긴다.

　　• 전달느림이나 쓸모없는 시간이 크면 사이클링의 주기가 커진다.

　　• 반응속도가 빠른 프로세스나 느린 프로세스에 사용된다.

㉯ 비례미분동작(PD동작) : 미분시간이 크면 클수록 미분 동작이 강하며 실제의 기기에서는 다소 변형을 가한 미분 동작으로 비례 동작과 합친 동작이다.

㉰ 비례적분미분동작(PID동작)

　㉠ PID동작의 조절기는 다른 동작의 조절기에 비하여 가격이 저렴하고 조절효과도 좋으며, 조절속도가 빨라서 널리 이용된다.

　㉡ 반응속도가 느리고 빠름 쓸모없는 시간이나 전달 느림이 있는 경우에도 사이클링을 일으키지 않아 넓은 범위의 프로세스에도 적응할 수 있다.

　㉢ 제어계의 난이도가 큰 경우에 적합한 제어 동작이다.

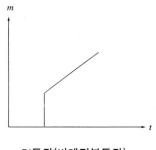

PI동작(비례적분동작)

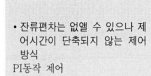

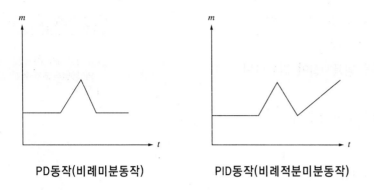

PD동작(비례미분동작)　　　　　PID동작(비례적분미분동작)

06 제어기 일반

(1) 조절기

작동원에 따라 공기식, 유압식, 전기식으로 구분되며 작동원의 장점만으로 구성된 복합식도 있다.

(2) 조작부

공기, 유압 ,전류를 받아 밸브나 댐퍼 등을 동작시켜 조작량을 제어하여 제어량을 설정치와 같도록 유지한다.

(3) 신호전송방법

① 공기압 신호전송

　㉮ 공기압 0.02~0.1MPa 정도이다.

　㉯ 공기압이 통일되어 있어 취급이 용이하다.

　㉰ 전송지연이 생긴다.

　㉱ 전송거리는 100~150m 정도이다.

　㉲ 공기원에서 제진 제습이 요구된다.

② 전류 신호전송

　㉮ 전류 4~20mA이다.

㉯ 전류량의 종류가 많고 통일되어 있지 않다.

㉰ 전송거리가 수 km까지 가능하다.

㉱ 방폭이 요구되는 지점은 방폭시설이 필요하다.

㉲ 전송지연이 적다.

㉳ 큰 조작력이 필요한 경우에 사용한다.

③ 유압식 신호전송

㉮ 사용유압 0.02~0.1MPa이다.

㉯ 전송거리는 300m 정도이다.

㉰ 부식염려가 없다.

㉱ 전송지연이 적고 조작력이 크다.

㉲ 조작속도와 응답속도가 빠르다.

㉳ 온도에 따른 점도변화에 유의해야 한다.

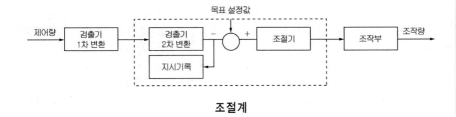

조절계

• 부식의 염려가 없고 조작속도와 응답속도가 빠른 신호방식 유압식

01 제어량의 값이 목표값과 달라지게 하는 외부로부터의 영향을 무엇이라 하는가?

㉮ 상승시간 ㉯ 외란

㉰ 설정점 ㉱ 제어점

02 제어계의 과도 응답에 대한 설명으로 가장 옳은 것은?

㉮ 입력 신호에 대한 출력 신호의 시간적 변화이다.

㉯ 입력 신호에 대한 출력 신호가 목표값보다 크게 나타나는 것이다.

㉰ 입력 신호에 대한 출력 신호가 목표값보다 작게 나타나는 것이다.

㉱ 입력 신호에 대한 출력 신호가 과도하게 지연되어 나타나는 것이다.

03 순간적으로 무한대의 입력에 대한 변동하는 출력은?

㉮ 단계응답 ㉯ 직선응답

㉰ 정현응답 ㉱ 충격응답

04 다음 그림은 자동 제어계의 특성에 대하여 나타낸 것이다. 그림 중 B는 입력 신호의 변화에 대하여 출력 신호의 변화가 즉시 따르지 않는 것을 나타내는 것으로 이를 무엇이라고 하는가?

㉮ 정오차

㉯ 히스테리시스 오차

㉰ 동오차

㉱ 지연(遲延)

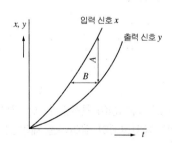

05 다음 보기에서 자동제어의 일반적인 동작 순서를 바르게 나열한 것은?

> **보기**
> ㉠ 목표값으로 이미 정한 물리량과 비교한다.
> ㉡ 조작량을 조작기에서 증감한다.
> ㉢ 결과에 따른 편차가 있으면 판단하여 조절한다.
> ㉣ 제어 대상을 계측기를 사용하여 검출한다.

㉮ ㉣ → ㉠ → ㉢ → ㉡
㉯ ㉣ → ㉡ → ㉠ → ㉢
㉰ ㉡ → ㉠ → ㉣ → ㉢
㉱ ㉡ → ㉠ → ㉢ → ㉣

06 1차 제어장치가 제어량을 측정하고 2차 조절계의 목표값을 설정하는 것으로서 외란의 영향이나 낭비시간 지연이 큰 프로세스에 적용되는 제어방식은?

㉮ 캐스케이드 제어
㉯ 정치제어
㉰ 추치제어
㉱ 비율제어

07 자동판매기에서는 정해진 금액을 넣으면 메뉴에서 원하는 물품을 살 수 있도록 되어있는데 이러한 기기는 어떤 제어에 해당하는가?

㉮ 시퀀스제어
㉯ 공정제어
㉰ 서보제어
㉱ 피드백제어

08 다음 중 프로세스제어에 해당하지 않는 것은?

㉮ 방위
㉯ 유량
㉰ 효율
㉱ 압력

09 제어시스템에서 불연속적인 제어이므로 제어량이 목표값을 중심으로 일정한 폭의 상하 진동을 하게 되는 현상 즉, 뱅뱅현상이 일어나는 제어는?

㉮ 비례제어
㉯ 비례미분제어
㉰ 비례적분제어
㉱ 온·오프제어

해 설

해설 05
피드백제어계의 동작순서
목표값 입력 → 조절부 → 조작부 → 제어대상 → 검출기 → 비교부 → 조절부 → 조작부 → 제어대상

해설 06
제어방식
① 정치제어 : 목표값이 시간적으로 변화되지 않고 일정한 제어
② 추치제어 : 목표값이 시간에 따라 임의로 변화하는 제어
③ 비율제어 : 목표값이 어떤 다른 양과 일정한 비율로 변화되는 제어

해설 07
시퀀스제어
미리 정해진 순서에 따라 순차적으로 제어하는 개루프제어

해설 08
서보기구
방위, 자세, 위치

해설 09
불연속제어
온·오프제어, 2위치제어

05. ㉮ 06. ㉮ 07. ㉮
08. ㉮ 09. ㉱
정답

10 다음 그림이 나타내는 제어 동작은?

㉮ 비례미분동작
㉯ 비례적분미분동작
㉰ 미분동작
㉱ 비례적분동작

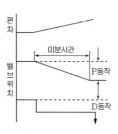

11 어떤 비례제어기가 80℃에서 100℃사이에 온도를 조절하는데 사용되고 있다. 이 제어기에서 측정된 온도가 81℃에서 89℃로 될 때 비례대(Proportional band)는 얼마인가?

㉮ 10% ㉯ 20%
㉰ 30% ㉱ 40%

12 증기식 가스보일러의 자동연소제어에서 제어량에 해당되는 것은?

㉮ 연료량 ㉯ 증기압력
㉰ 연소가스량 ㉱ 공기량

해설 보일러 자동제어

종류와 약칭	제어량	조작량	비고
증기온도제어 (STC)	증기온도	전열량	감온기를 사용하여 직접 주수 또는 간접 냉각에 의하여 과열기 출구의 증가 온도를 제어한다.
급수제어(FWC)	보일러 수위	급수량	제어방식에 따라 1요소식, 2요소식, 3요소식 제어가 있다.
연소제어(ACC)	증기압력	공기량, 연료량	• 제어방식에 따라 위치식과 측정식이 있다. • 증기압력을 제어하는 주조절계는 연료, 연소용 공기량을 조작한다.
	노내압	연소가스량	

13 다음 중 잔류편차가 허용될 때 주로 사용되는 제어는?

㉮ P제어 ㉯ PI제어
㉰ PD제어 ㉱ PID제어

14 잔류편차(off-set)가 없고 응답 상태가 좋은 조절 동작을 위하여 사용하는 제어 방식은?

㉮ 비례(P)동작 ㉯ 비례적분(PI)동작
㉰ 비례미분(PD)동작 ㉱ 비례적분미분(PID)동작

해설

해설 **10**
그림은 P(비례)동작과 D(미분)동작이 조합되어 있는 자동제어이다.

해설 **11**
비례대
$$\frac{89-81}{100-80}\times100\%=40\%$$

해설 **13**
① P(비례)제어 : 잔류편차가 발생
② PI(비례적분)제어 : 잔류편차 제거, 진동발생

해설 **14**
비례동작에서 발생한 잔류편차를 제거하기 위하여 적분동작을 도입하고 정상특성을 개선하고자 미분동작을 도입한 것이 비례적분미분동작이며 가장 안정된 제어방식이다.

10. ㉮ 11. ㉱ 12. ㉯
13. ㉮ 14. ㉱

01. 자동제어를 행하는 장점에 들지 않는 것은?

㉮ 신뢰성이 높아진다.
㉯ 생산성이 향상된다.
㉰ 운영에 기술력이 증대된다.
㉱ 정확도가 높아진다.

02. 자동제어계를 구성하기 위해 필요한 조건이 아닌 것은?

㉮ 동특성(動特性)이 우수하고, 호환성(互換性)일 것
㉯ 출력 신호가 취급하기 쉬운 양일 것
㉰ 최소 검출이 가능한 양과 사용한 양과 사용이 가능한 최대값의 비가 되도록 작을 것
㉱ 검출단의 신호변환계 및 영점이 안정되어 있을 것

03. 제어량의 값이 목표값과 달라지게 하는 외부로부터의 영향을 무엇이라 하는가?

㉮ 상승시간   ㉯ 외란
㉰ 설정점   ㉱ 제어점

해설 외란
제어량의 값이 목표값과 달라지게 하는 외부로부터 제어 대상의 상태를 흩트리는 작용(유출량, 목표치 변경 등)

04. 계측시간이 적은 에너지의 흐름을 무엇이라고 하는가?

㉮ 응답   ㉯ 펄스
㉰ 시정수   ㉱ 외란

해설 ① 외란 : 제어량이 목표값과 달라지게 하는 외적인 영향
② 시정수 : 1차 지연요소에서 출력이 0~0.63까지 도달시간이며 1까지 도달시간은 2차 지연요소이다.

05. 스텝(step)과 응답이 아래 그림처럼 표시되는 요소를 무엇이라고 하는가?

㉮ 2차 지연요소
㉯ 적분요소
㉰ 1차 지연요소
㉱ 낭비시간요소

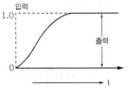

해설 ① 1차 지연요소 : 0~0.63
② 2차 지연요소 : 0.63~1

06. 제어계가 불안정해서 제어량이 주기적으로 변화하는 좋지 못한 상태를 무엇이라고 하는가?

㉮ 스텝응답   ㉯ 외란
㉰ 헌팅(난조)   ㉱ 오버슈트

해설 ① 오버슈트 : 응답 중 입력과 출력 사이의 최대 편차량
② 헌팅 : 제어계가 불안정하여 제어량이 주기적으로 변함

07. 출력이 일정한 값에 도달한 이후의 제어계의 특성을 무엇이라고 하는가?

㉮ 과도특성   ㉯ 정상특성
㉰ 주파수응답   ㉱ 스텝특성

해설 ① 특성 : 어떤 장치가 어떤 성질을 가지고 어떤 동작을 하는 행위
② 응답 : 어떤 계에 입력 신호를 가했을 때 출력신호가 어떻게 변화하는가를 나타내는 것

08. 다음 중 자동제어계의 응답특성에서 올바른 설명은?

㉮ 지연시간이란 최초 목표값이 60%가 되는데 요하는 시간이다.
㉯ 상승시간이란 목표값의 10%에서 90%까지 도달하는데 요하는 시간이다.

정답 01. ㉰   02. ㉰   03. ㉯   04. ㉯   05. ㉮   06. ㉰   07. ㉯   08. ㉯

㉲ 감쇄비 $= \dfrac{\text{최대오버슈트}}{\text{제2오버슈트}}$ 이다.

㉱ 오버슈트 $= \dfrac{\text{최종목표값}}{\text{최대오버슈트}} \times 100(\%)$

[해설] ㉮항 : 50%

㉲항 : 감쇄비 $= \dfrac{\text{제2오버슈트}}{\text{최대오버슈트}}$

㉱항 : 오버슈트 $= \dfrac{\text{최대오버슈트}}{\text{최종목표값}} \times 100(\%)$

09. 일차지연요소에서 시정수(time constant)는 최대출력의 몇 %에 이를 때까지의 시간을 말하는가?

㉮ 43% ㉯ 53%

㉲ 63% ㉱ 100%

10. 다음 그림과 같은 단위 피드백계의 입력을 R(s), 출력을 C(s)라 할 때 전달함수는?

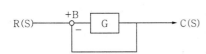

㉮ $\dfrac{G(s)}{1+R(s)}$ ㉯ $\dfrac{G(s)}{1+G(s)}$

㉲ $\dfrac{R(s)}{1+R(s)} C(s)$ ㉱ $\dfrac{C(s)}{1+G(s)}$

11. 블록선도는 무엇을 표시하는가?

㉮ 제어회로의 기준입력을 표시한다.

㉯ 제어편차의 증감 크기를 표시한다.

㉲ 제어대상과 변수 편차를 표시한다.

㉱ 제어신호의 전달경로를 표시한다.

[해설] 블록선도
자동제어계에 쓰이는 장치와 제어신호의 전달경로를 블록(block)과 화살표가 붙은 선으로 표시한 것이다.

12. 제어계의 구성요소와 관계가 먼 것은?

㉮ 조작부 ㉯ 검출부

㉲ 기록부 ㉱ 조절부

[해설] 제어계의 4대 요소
설정부, 조절부, 조작부, 검출부

13. 자동제어계의 동작 순서를 바르게 나열한 것은?

㉮ 검출 → 판단 → 비교 → 조작

㉯ 검출 → 비교 → 판단 → 조작

㉲ 조작 → 비교 → 검출 → 판단

㉱ 비교 → 판단 → 검출 → 조작

[해설] ① 검출 : 제어대상을 검출
② 비교 : 목표값으로 물리량과 비교
③ 판단 : 편차가 있는지 여부를 판단
④ 조작 : 판단된 값을 가감하여 조작

14. 다음 중 폐루프를 형성하여 출력측의 신호를 입력측으로 되돌리는 것은?

㉮ 오프셋 ㉯ 온-오프

㉲ 피드백 ㉱ 리셋

[해설] 피드백제어(폐회로)
폐회로를 형성하여 제어량의 크기와 목표치의 비교를 피드백 신호에 행하는 자동제어

15. 피드백(feedback) 제어계를 설명한 다음 사항 중 틀린 것은?

㉮ 다른 제어계보다 제어폭이 증가한다.

㉯ 다른 제어계보다 제어폭이 감소한다.

㉲ 입력과 출력을 비교하는 장치는 반드시 필요하다.

㉱ 다른 제어계보다 정확도가 증가한다.

16. 제어장치 중 기본입력과 검출부 출력의 차를 조작부에 신호를 전하는 부분은 어느 것인가?

㉮ 제어부
㉯ 비교부
㉰ 검출부
㉱ 조절부

[해설] 검출 → 조절 → 조작

17. 잔류편차(off-set)란 무엇인가?

㉮ 입력과 출력과의 차를 말한다.
㉯ 조절의 오차를 말한다.
㉰ 실제값과 측정값의 차를 말한다.
㉱ 설정값과 최종출력과의 차를 말한다.

18. 궤환제어계에서 제어요소란?

㉮ 조작부와 검출부
㉯ 조절부와 검출부
㉰ 목표값에 비례하는 신호발생
㉱ 동작신호를 조작량으로 변환

[해설] 궤환제어계에서 제어요소
동작신호를 조작량으로 변환

19. 다음 중 Process 제어량이 아닌 것은?

㉮ 압력
㉯ 유량
㉰ 밀도
㉱ 액면

[해설] Process의 제어량
온도, 유량, 압력, 액면 등 공업프로세스의 상태를 제어량으로 하며 프로세스에 가해지는 외란의 억제를 주목적으로 하고 있다.

20. 프로세서 제어의 난이정도를 표시하는 값으로 L(지연시간), T(시정수)의미 L/T가 클 경우 제어 정도는 어떠한가?

㉮ PID 동작 조절기를 쓴다.
㉯ P 동작 조절기를 쓴다.
㉰ 제어가 쉽다.
㉱ 제어가 어렵다.

[해설] L(낭비시간)이 클수록 제어가 어렵고, T(시정수)가 클수록 제어가 쉽다.

21. 서보 기구에 대한 예가 아닌 것은?

㉮ 레이더에 의한 목표 추적
㉯ 재료절삭을 위한 바이트의 위치 조정
㉰ 선박의 진로 자동 조정
㉱ 노내의 온도 일정유지

[해설] 노내의 온도 일정유지 : 정치제어

22. 다음 중 자동조정의 제어량은?

㉮ 온도
㉯ 전압
㉰ 방향
㉱ 위치

[해설] 자동조정
주파수, 전류, 전압 회전속도 등 전기·기계적 양을 제어하며 응답속도가 빨라야 함.

23. 자동제어는 목표치의 변화에 따라 구분된다. 다음 중 목표치가 일정한 경우 제어방식은?

㉮ 프로그램제어
㉯ 추종제어
㉰ 비율제어
㉱ 정치제어

[해설] ① 추종제어 : 목표치가 시간적으로 변화하는 제어
② 비율제어 : 목표치가 다른 양과 일정한 비율관계에서 변화되어 제어
③ 프로그램제어 : 목표치가 정해진 순서에 따라 시간적으로 변화는 제어

정답 16. ㉱ 17. ㉱ 18. ㉱ 19. ㉰ 20. ㉱ 21. ㉱ 22. ㉯ 23. ㉱

24. Process계 내에 시간 지연이 크거나 외란이 심할 경우 조절계를 이용하여 설정점을 작동시키게 하는 제어방식은 어느 것인가?

㉮ 시퀀스 제어
㉯ 피드백 제어
㉰ 캐스케이드 제어
㉱ 프로그램 제어

25. 1차 제어장치가 제어량을 측정하여 제어명령을 발하고 2차 제어장치가 이 명령을 바탕으로 제어량을 조절하는 측정제어와 가장 가까운 것은?

㉮ 캐스케이드 제어(Cascade control)
㉯ 정치 제어(Constant value control)
㉰ 프로그램 제어(Program control)
㉱ 비율 제어(Ratio control)

[해설] 캐스케이드 제어 : 2개의 제어계를 조합수행

26. 어떤 비례제어기가 60℃에서 100℃ 사이의 온도를 조절하는 데 사용되고 있다. 이 제어기가 측정된 온도가 81℃에서 89℃로 될 때의 비례대(Proporti-onal Band)는 얼마인가?

㉮ 40%
㉯ 30%
㉰ 20%
㉱ 10%

[해설] 비례대 = $\dfrac{측정온도차}{조절온도차} = \dfrac{89-81}{100-60} = 0.2 = 20\%$

27. 스팀을 사용하여 원료가스를 가열하기 위하여 다음 그림과 같이 제어계를 구성하였다. 이 중 온도를 제어하는 방식은?

㉮ Feedback
㉯ Forward
㉰ Cascade
㉱ 비례식

28. process controller의 난이도를 표시하는 값으로 dead time(L)과 time constant(T)의 비, 즉 L/T이 사용되는데 이 값이 클 경우에 제어계는 어떠한가?

㉮ P 동작 조절기를 사용한다.
㉯ PD 동작 조절기를 사용한다.
㉰ 제어하기가 쉽다.
㉱ 제어하기가 어렵다.

[해설] L : 낭비시간, T : 시상수
L/T이 클 경우에는 응답속도가 느려지기 때문에 편차의 수정 동작이 느려진다. 따라서 제어하기가 어렵다.

29. ON-OFF 동작의 특성이 아닌 것은?

㉮ 설정값 부근에서 제어량이 일정치 않다.
㉯ 사이클링(cycling) 현상을 일으킨다.
㉰ 목표값을 중심으로 진동현상이 나타난다.
㉱ 외란에 의해 잔류편차가 발생한다.

[해설] P동작 : 외란에 의해 잔류편차가 발생하는 것

30. 편차의 정(+), 부(-)에 의해서 조작신호가 최대, 최소가 되는 제어 동작은?

㉮ 온·오프 동작　　　㉯ 비례 동작
㉰ 적분 동작　　　㉱ 다위치 동작

31. 설정값에 대해 얼마의 차이(off-set)를 갖는 출력으로 제어되어 방식은?

㉮ 비례적분식　　　㉯ 비례미분식
㉰ 비례적분미분식　　　㉱ 비례식

[해설] 비례동작(P동작)은 잔류편찬(off-set)이 생긴다.

32. 연속동작에 의한 제어방식이 아닌 것은?

㉮ 다위치 동작제어　　　㉯ 비례 동작제어
㉰ 적분 동작제어　　　㉱ 복합 동작제어

24. ㉰　25. ㉮　26. ㉰　27. ㉰　28. ㉱　29. ㉱　30. ㉮　31. ㉱　32. ㉮　**정답**

[해설] 연속동작제어방식
① 기본 동작제어
  ㉮ 비례동작(P동작)   ㉰ 적분동작(I동작)
  ㉯ 미분동작(D동작)
② 복합동작제어
  ㉮ 비례+적분동작(PI동작)
  ㉯ 비례+미분동작(PD동작)
  ㉰ 비례+적분+미분동작(PID동작)

33. 다음 계측제어기 중에서 잔류편차가 허용될 때 사용되는 제어기는?

㉮ PID 제어기   ㉯ PD 제어기
㉰ PI 제어기   ㉱ P 제어기

[해설] P 제어기
부하 변화가 작은 곳에 적용, 외란이 있으며 잔류편차가 생긴다.

34. 편차의 크기에 비례하여 조절요소의 속도가 연속적으로 변하는 동작은?

㉮ 적분동작   ㉯ 비례동작
㉰ 미분동작   ㉱ 온오프동작

[해설] I동작(적분동작)
제어량에 편차가 생겼을 때 편차의 적분치를 가감하여 조작단의 이동 속도가 비례하는 동작으로 오프세트가 남지 않는다(출력이 편차의 시간적분에 비례).

35. 적분동작(I동작)에 가장 많이 쓰이는 제어는 다음 중 어느 것인가?

㉮ 유량속도 제어   ㉯ 증기속도 제어
㉰ 유량압력 제어   ㉱ 증기압력 제어

[해설] 적분동작(I동작)의 특징
① 제어의 안정성이 떨어진다.
② 잔류편차가 제어된다.
③ 진동하는 경향이 있다.

36. 자동제어에서 미분동작이라 함은?

㉮ 조절계의 출력변화는 편차의 변화속도에 비례하는 동작

㉯ 조절계의 출력변화의 속도가 편차에 비례하는 동작

㉰ 조절계의 출력변화가 편차에 비례하는 동작

㉱ 조작량이 어떤 동작 신호의 값을 경계로 하여 완전히 전계 또는 전폐되는 동작

[해설] 미분동작(D동작)
제어편차 변화속도에 비례한 조작량을 내는 제어동작

37. 진동이 발생하는 장치의 진동을 억제시키는 데 가장 효과적은 제어동작은 다음 중 어느 것인가?

㉮ D 동작   ㉯ P 동작
㉰ I 동작   ㉱ ON-OFF 동작

[해설] D동작(미분동작)
제어편차 변화속도에 비례한 조작량을 내는 제어동작(출력이 편차의 시간 변화에 비례)

38. 다음 중 오프세트(off set)는 없앨 수 있으나 제어시간이 단축되지 않는 제어에 해당되는 것은?

㉮ P 제어   ㉯ PI 제어
㉰ PD 제어   ㉱ PID 제어

[해설] PI제어
off set은 제거되나, Dead time이 큰 Process에서는 제어결과가 진동적으로 되기 쉽고 제어시간이 단축되지 않는다.

39. 제어계의 난이도가 큰 경우 적합한 제어동작은?

㉮ ID 동작   ㉯ PD 동작
㉰ PID 동작   ㉱ 헌팅 동작

40. 조건 변화가 심한 경우에 가장 적합한 온도조절 방식은?

㉮ 온-오프(ON-OFF)
㉯ 비례방식(P)

정답 33. ㉱ 34. ㉮ 35. ㉰ 36. ㉮ 37. ㉮ 38. ㉯ 39. ㉰ 40. ㉱

㉣ 비례적분방식(PI)

㉤ 비례적분미분방식(PID)

41. D동작(미분제어)의 제어식을 조작량 m, 편차 e, 시간 T로 나타낸 식은?

㉮ $m = \dfrac{100}{P}\left(e + \dfrac{1}{T}\int e\,dt\right)$

㉯ $m = Td\dfrac{de}{dt}$

㉰ $m = \dfrac{1}{\pi}\int e\,dt$

㉱ $m = \dfrac{100}{P}e + b$

[해설] 미분동작 : 조작량이 편차의 시간변화에 비례하여 제어
㉮항 비례적분 제어(PI)
㉰항 적분제어(I)
㉱항 비례제어(P)

42. 다음과 같은 조작량의 변화는 어떤 동작인가?

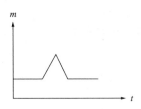

㉮ I동작   ㉯ PD동작
㉰ D동작   ㉱ PI동작

[해설] 각 동작별 상태도

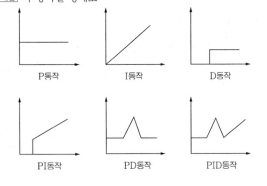

43. 계측제어장치의 연결(부착)방법으로 옳지 않은 것은?

㉮ 고온장소, 저온장소에 설치하지 말 것
㉯ 다습장소에 설치하지 말 것
㉰ 진동이 있는 장소에 설치하지 말 것
㉱ 낮은 곳에 설치하지 말 것

44. 다음 중 대표적인 조절동작의 종류로 맞는 것은?

㉮ 연소동작, 간헐적동작
㉯ Open-Loop동작, Closed-Loop동작
㉰ On-Off동작, P-동작, I-동작, D-동작
㉱ 공기식 조절동작, 전기식 조절동작

45. 자동제어계의 이득이 높을 때 일어나는 현상은?

㉮ 응답이 빠르고 불안정하다.
㉯ 응답이 빠르다.
㉰ 안정도가 증가한다.
㉱ 응답이 느리다.

46. 자동제어장치에서 조절계의 종류에 속하지 않는 것은?

㉮ 공기식   ㉯ 유압식
㉰ 수증기식   ㉱ 전기식

47. 다음의 설명 중 옳은 것은?

㉮ 제어장치의 조절계의 종류는 공기식, 수증기식, 전기식 등 3가지다.
㉯ 제어량에서 목표값을 뺀 값을 제어편차라고 한다.

41. ㉯   42. ㉯   43. ㉱   44. ㉰   45. ㉮   46. ㉰   47. ㉰   **정답**

㉲ 미리 정해진 순서에 따라 순차적으로 제어의 각 단계를 진행하는 자동제어방식으로 작동명령은 기동, 정지, 개폐 등과의 타이머, 릴레이 등을 이용하여 행하는 것을 시퀀스 제어라고 한다.

㉣ 1차 제어장치가 제어량을 측정하여 제어명을 발하고, 2차 제어장치가 이 명령을 바탕으로 제어량을 조절하는 측정제어는 프로그램 제어이다.

해설 ㉮항 공기, 유압, 전기
㉯항 제어편차 : 목표－제어량
㉣항 케스케이드 제어

48. 공기압식 조절계에 대하여 기술한 것이다. 타당하지 않은 것은?

㉮ 선형특성이 부족하다.

㉯ 장거리 전송이 좋다.

㉲ 간단하게 PID 동작이 된다.

㉣ 신호로 된 공기압은 대체로 $0.2 \sim 1.0 \text{kg/cm}^2$의 범위이다.

해설 조절계의 전송거리 순서
전기식(10,000m) > 유압식(300m) > 공기식(150m)
상기 항목 이외에 온도제어에 적합, 조작에 지연이 생김 등의 특징이 있음

49. 자동제어장치 중 공기식 계측기에서 Flapper－Nozzle 기구는 어떤 역할을 하는가?

㉮ 변위－전류 신호로 변환

㉯ 변위－공기압 신호로 변환

㉲ 전류－전압 신호로 변환

㉣ 공기압－전기신호로 변환

해설 자동제어의 변환 요소의 종류
압력 → 변위(다이어프램 벨로스)
변위 → 압력(노즐플래퍼, 유압분사관)
변위 → 전압(차동변압기)
변위 → 임피던스(가변저항기 가변저항 스프링)
온도 → 임피던스(측온저항, 열선 서미스트)
온도 → 전압(열전대)

50. 변환요소 중 변위를 압력으로 변환하는 요소에 해당하는 것은?

㉮ 다이어프램, 벨로스

㉯ 가변저항기, 가변 저항스프링

㉲ 노즐플래퍼, 유압분사관

㉣ 열선서미스트

51. 전기식 제어방식의 장점이 아닌 것은?

㉮ 조작력이 가장 약하다

㉯ 신호의 복잡한 취급이 쉽다.

㉲ 신호전달 지연이 없다.

㉣ 배선이 용이하다.

해설 조작력이 강한 순서 : 전기식 > 유압식 > 공기압식

52. 다음은 유압식 신호 전송 방법의 장점이 아닌 것은?

㉮ 조작속도가 크다.

㉯ 조작력이 강하다.

㉲ 녹이 발생하지 않는다.

㉣ 인화의 위험성이 있다.

해설 ① 유압식 : 유압을 이용하여 각 제어계에 신호로 사용되며 파일럿 밸브식과 분사관식이 있다.
② 전송거리 : 300m 정도
  ㉮ 장점
    • 조작 속도가 크다.
    • 조작력이 강하다.
    • 희망 특성의 것을 만들기 쉽다.
    • 녹이 발생하지 않는다.
  ㉯ 단점
    • 인화의 위험성이 따른다.
    • 주위온도의 영향을 받는다.
    • 유압원을 필요로 한다.
    • 기름의 유동 저항을 고려하여야 한다.

제 5 과목

유체역학

• 출제경향분석

암기문제와 계산문제의 비율은 약 55대 45 정도이고 계산문제는 공학 단위에서
점차 S1단위로 출제가 되는 추세이다. 계산문제는 각 장에서 균등하게 출제되고
있고, 암기문제는 유체의 운동학 및 이상유체의 압축성유동에서 출제되는 경향이
많다.

• 단원별 경향분석

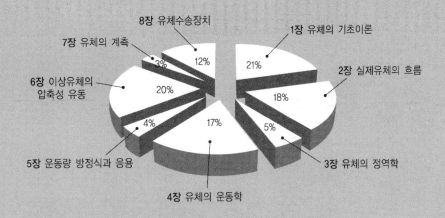

8장 유체수송장치 — 12%
7장 유체의 계측 — 3%
6장 이상유체의 압축성 유동 — 20%
5장 운동량 방정식과 응용 — 4%
4장 유체의 운동학 — 17%
3장 유체의 정역학 — 5%
2장 실제유체의 흐름 — 18%
1장 유체의 기초이론 — 21%

CHAPTER

1

유체의 기초이론

학습방향 유체역학의 기본이 되는 단위와 차원을 배움으로써 각 계산식에 따른 이해도를 높이고 실제유체의 점성법칙과 이상유체의 방정식을 배운다.

01 유체의 정의

(1) 유체의 특성

① 분자간의 응집력이 고체보다 작다(고체>액체>기체).
② 반드시 운동 상태에서만 전단응력과 평형을 이룰 수 있다. 즉, 작은 전단력이라도 작용하면 쉽게 연속적으로 유동하는 물질이다.
③ 분자간의 거리가 고체보다 크며 그 자체가 어떤 형태를 형성할 수 없고 용기에 따라 결정된다. 따라서 액체와 기체는 형태가 없고 쉽게 변형된다.

(2) 연속체

① 액체 : 분자간의 응집력이 커서 분자와 분자가 서로 연결되어 있어 연속물질로 취급된다.
② 기체가 연속체로 취급할 수 있는 조건
  ㉮ 분자의 평균자유행로가 물체의 대표길이(용기의 치수, 관의 지름)에 비해 매우 작은 경우(1% 미만)의 기체
    즉, $\ell \gg \lambda$
      여기서, ℓ : 물체의 특성길이
          λ : 분자의 평균 자유행로
  ㉯ 분자의 충돌과 충돌사이에 걸리는 시간이 아주 짧아야 한다.
  ㉰ 분자의 평균자유행로 : 1기압, 0℃에서의 공기의 평균자유행로의 길이 10^{-5}cm이다.

POINT

• 유체의 정의
작은 전단응력이라도 물질내부에 전단응력이 생기면 정지상태로 있을 수 없는 물질

• 유체를 연속체로 취급할 수 있는 경우
$\ell \gg \lambda$

(3) 유체의 분류

① 점성에 따른 분류

㉮ 실제유체(점성유체) : 유체의 운동에서 점성을 무시할 수 없는 유체

㉯ 이상유체(완전유체) : 유체의 운동에서 점성을 무시할 수 있는 유체

② 압축성에 따른 분류

㉮ 압축성 유체(기체) : 온도나 압력의 변화에 따라 밀도의 변화가 큰 유체

㉠ 음속보다 빠른 비행기 주위의 공기의 유동

㉡ 수압 철판속의 수격작용

㉢ 디젤 기관에 있어서 연료공급 파이프의 충격파

㉯ 비압축성 유체(액체)

㉠ 물체(건물, 굴뚝)의 주위를 흐르는 기류

㉡ 달리는 물체(자동차, 기차 등) 주위의 기류

㉢ 저속으로 비행하는 항공기 주위의 기류

㉣ 물속을 잠행하는 잠수함 주위의 수류

02 단위와 차원

(1) 단위(units)

① 기본단위 : 물리적인 양을 다루는데 필요한 기본량

㉮ 절대단위(MLT)계

㉠ C, G, S 단위계 : 질량(g), 길이(cm), 시간(S)

㉡ M, K, S 단위계 : 질량(kg), 길이(m), 시간(S)

㉯ 중력단위계(공학단위계) : 길이, 힘, 시간의 기본단위를 m, kgf, sec로 하여 물리량의 단위를 유도한다.

② 국제단위계(SI단위계)

㉮ 미터계의 기본단위 질량(kg), 길이(m), 시간(sec)을 사용한다.

㉯ SI단위계에서는 힘을 N으로 쓰고 공학단위계에서는 힘을 kgf으로 쓴다.

㉠ Newton의 운동 제2법칙 F=ma

여기서, F : 힘(N), m : 질량(kg), a : 가속도(m/s^2)

③ 유도단위 : 기본단위로부터 물리학의 법칙이나 약속을 적용하여 유도된 조합단위 m^2, m^3, m/s, m/s^2 등

■ SI단위 제도에서의 중요 유도단위

양	단위명칭	기 호	기본단위와의 관계
힘	Newton	N	$1N=1kg \cdot m/sec^2$
일, 에너지, 열량	Joule	J	$1J=1N \cdot m=1kg\, m^2/s^2$
동력 또는 공률	Watt	W	$1W=1J/S=1kg\, m^2/s^3$
압력	표준대기압	atm	$1atm=101,325N/m^2=1.01325bar$

■ 공학단위와 SI단위비교

물리량	공학 단위	SI단위
질량	$kgf\, sec^2/m$	kg
힘	kgf	N
길이	m	m
시간	sec	sec
밀도	$kgf\, sec^2/m^4$	kg/m^3
온도	k, ℃	k
에너지	kgf m, kcal	J
동력	kgf m/sec	W

(2) 차원(dimension)

① 절대단위계(MLT계) : 질량(M), 길이(L), 시간(T)
② 공학단위계(FLT계) : 힘(F), 길이(L), 시간(T)

01 이상유체에 대한 설명 중 옳은 것을 모두 나타낸 것은?

> ① 점성이 없다.
> ② 전단응력이 발생하지 않는다.
> ③ 압축이 되지 않는다.

㉮ ①, ②　　　　　　　　　㉯ ①, ③
㉰ ②, ③　　　　　　　　　㉱ ①, ②, ③

02 유체의 거동에서 이상유체(ideal fluid)에 더한 설명 중 틀린 것은?

㉮ 비압축성이고 점도가 0인 유체이다.
㉯ 비회전흐름(irrotational flow)이다.
㉰ 기계적 에너지가 열로 손실된다.
㉱ 퍼텐셜 흐름(potential flow)이다.

03 다음 중 실제유체와 이상유체에 항상 적용되는 것은?

㉮ 뉴턴의 점성법칙
㉯ 압축성
㉰ 비활조건(no slip condition)
㉱ 에너지 보존의 법칙

04 압축성 유체흐름에 대한 설명으로 가장 거리가 먼 것은?

㉮ Mach수는 유체의 속도와 음속의 비로 정의된다.
㉯ 단면이 일정한 도관에서 단열마찰흐름은 가역적이다.
㉰ 단면이 일정한 도관에서 등온마찰흐름은 비단열적이다.
㉱ 노즐은 등엔트로피 흐름에 맞는 도관이다.

05 압축성 유체의 기계적 에너지 수지식에서 고려하지 않는 것은?

㉮ 내부 에너지　　　　　　㉯ 위치 에너지
㉰ 엔트로피　　　　　　　　㉱ 엔탈피

해 설

해설 **01**
① 유체의 마찰은 무시한다(점성, 전단응력이 0이다).
② 정상류일 것
③ 비압축성 유동이다.

해설 **02**
이상유체는 점성이 없고 비압축성인 유체이다.

해설 **03**
에너지 보존의 법칙, 질량보존의 법칙 등은 실제유체와 이상유체에 모두 적용된다.

해설 **04**
압축성유체에서 단열마찰흐름은 마찰이 수반되므로 비가역과정이다.

정답
01. ㉱　02. ㉰　03. ㉱
04. ㉯　05. ㉰

06 비압축성 이상 유체에 작용하지 않는 힘은?

㉮ 마찰력 또는 전단 응력　　㉯ 중력에 의한 힘
㉱ 압력차에 의한 힘　　㉳ 관성력

07 다음 중 압력의 SI단위는?

㉮ kgf/m^3　　㉯ N/m^2
㉱ kg/m　　㉳ $kg \cdot m$

08 다음 단위환산 중 옳지 않은 것은?

㉮ $1kg(1kgf)=9.8N$　　㉯ $1N=1kg \cdot m/s^2$
㉱ $1bar=10^6 N/m^2$　　㉳ $1Pa=1N/m^2$

09 SI 단위계에서의 중력전환계수(conversion factor) g_c에 해당하는 것은?

㉮ $1N \cdot m/kg \cdot s^2$　　㉯ $9.8kg \cdot m/N \cdot s^2$
㉱ $1kg \cdot m/N \cdot s^2$　　㉳ $9.8N \cdot m/kg \cdot s^2$

10 질량 M, 길이 L, 시간 T로 압력의 차원을 나타낼 때 옳은 것은?

㉮ MLT^{-2}　　㉯ $ML^2 T^{-2}$
㉱ $ML^{-1}T^{-2}$　　㉳ $ML^2 T^{-3}$

해설

해설 07
압력 SI단위 : $N/m^2(Pa)$

해설 08
$1bar=10^5 Pa=10^5 N/m^2$

해설 09
중력전환계수
$$g_c = \frac{9.8N}{1kg_f}$$
$$= \frac{9.8kg \cdot m/\sec^2}{1kg_f}$$
$$= \frac{9.8kg \cdot m/\sec^2}{9.8N}$$
$$= 1kg \cdot m/N \cdot \sec^2$$

해설 10
압력
$$kgf/m^2 = \frac{kg \cdot m}{s^2} \times \frac{1}{m^2}$$
$$= kg/m \cdot s^2$$
$$= M^{-1}T^{-2}$$

정답
06. ㉮　07. ㉯　08. ㉱
09. ㉱　10. ㉱

03 유체의 성질

POINT

(1) 밀도$(\rho) = \dfrac{m}{V} = \dfrac{r}{g}$

1[atm], 4(℃)일 때 물의$=1,000(\text{kg/m}^3)$
$\qquad\qquad\qquad = 102(\text{kgf sec}^2/\text{m}^4)$

- 비중량(r)과 밀도(ρ)
$r = \rho \times g$

문 체적 4m^3인 기름의 무게가 28,000N이었다. 이 기름의 비중은?

▶ $r = \dfrac{W}{v}$

$\quad = \dfrac{28000}{4} = 7000\text{N/m}^3$

$\rho = \dfrac{r}{g}$

$\quad = \dfrac{7000}{9.8} = 714\text{N} \cdot \text{S}^2/\text{m}^4$

$\quad = 714\text{kgf/m}^3$

$s = \dfrac{\rho}{\rho_w} = \dfrac{714}{1000} = 0.714$

(2) 비중량$(r) = \dfrac{W}{V}\,(\text{N/m}^3,\ \text{kgf/m}^3)$

물의 비중량$(r_w) = 9,800\,(\text{N/m}^3) = 1,000\,(\text{kgf/m}^3)$

(3) 비체적$(V_s) = \dfrac{V}{m}$ 또는 $\dfrac{V}{W}(\text{m}^3/\text{kg},\ \text{m}^3/\text{kgf})$

(4) 비중$(S) = \dfrac{\rho}{\rho_w} = \dfrac{r}{r_w}$

04 완전가스(이상기체)

분자간의 인력과 가스 분자의 크기를 무시한 완전탄성체로 이루어진 가스

(1) $P = rRT,\ r = \dfrac{P}{RT}\,(\text{kgf/m}^3)$

(2) $P = \rho RT,\ \rho = \dfrac{P}{RT}(\text{kg/m}^3)$

- 완전가스

문 15℃인 공기의 밀도는 몇 kgf $\cdot \text{s}^2/\text{m}^4$인가? (단, 기체상수 R$= 29.27\text{kgf} \cdot \text{m/kg} \cdot \text{k}$이다.)

▶ $r = \dfrac{P}{RT}$

$\quad = \dfrac{1.0332 \times 10^4}{29.27 \times (273 + 15)}$

$\quad = 1.23\text{kg}_\text{f}/\text{m}^3$

$\rho = \dfrac{r}{g} = \dfrac{1.23}{9.8} = 0.125$

$\quad = 0.125\text{kg}_\text{f}\text{S}^2/\text{m}^4$

핵 심 문 제

01 유체의 물성 또는 힘에 대한 설명으로 옳지 않은 것은?

㉮ 밀도는 단위 체적당 유체의 질량이다.

㉯ 부력은 물체가 정지하고 있는 유체 속에 잠겨 있든가 또는 액면에 떠 있을 때 유체로부터 받는 힘이다.

㉰ 비중은 4℃에서 수은의 밀도와 측정하려는 유체의 밀도비이다.

㉱ 전단응력은 점성에 의한 속도구배에 기인한 단위 면적당의 마찰력이다.

02 무게가 2,500kgf인 액체의 체적이 5m³이다. 이 액체의 비중량(Kgf/m³)과 비체적(m³/kgf)은 각각 얼마인가?

㉮ 비중량 : 500, 비체적 : 0.002

㉯ 비중량 : 500, 비체적 : 0.02

㉰ 비중량 : 250, 비체적 : 50

㉱ 비중량 : 25, 비체적 : 500

03 내경이 52.9mm인 강철관에 공기가 흐를 때 한 단면에서 압력이 3atm, 온도가 20℃, 평균유속이 75m/s이며, 이 관의 하부에 내경 67.9mm의 강철관이 접속되어 있고 압력이 2atm, 온도가 30℃라면 이 점에서의 평균유속은 약 몇 m/s인가? (단, 공기는 이상기체로 가정한다.)

㉮ 45.6　　　　　　　　㉯ 50.6

㉰ 65.6　　　　　　　　㉱ 70.6

04 메탄가스 1kg을 일정한 체적하에서 5℃에서 25℃까지 가열하는데 필요한 열량이 10kcal라고 하면 정압비열은 약 몇 kcal/kg·℃인가? (단, 메탄의 기체상수는 1.987kcal/ kmol·℃이며 이상기체로 가정한다.)

㉮ 0.124　　　　　　　　㉯ 0.624

㉰ 1.363　　　　　　　　㉱ 2.487

[해설] 열량 $Q = GC_v\Delta t$

정적비열 $C_v = \dfrac{Q}{G\Delta t} = \dfrac{10}{1 \times (25-5)} = 0.5\,kcal/kg\cdot℃$

기체상수 $R = \dfrac{848}{M} = \dfrac{848}{16} \times \dfrac{1}{427} = 0.124\,kcal/kg\cdot℃$

정압비열 $C_p = R + C_v = 0.124 + 0.5 = 0.624\,kcal/kg\cdot℃$

해 설

[해설] **01**

$$비중(s) = \frac{r}{r_w} = \frac{\rho}{\rho_w}$$

[해설] **02**

비중량 $= \dfrac{W}{V} = \dfrac{2,500}{5}$

$\qquad = 500\,kgf/m^3$

비체적 $= \dfrac{1}{r} = \dfrac{1}{500}$

$\qquad = 0.002\,m^3/kgf$

[해설] **03**

① 3atm, 20℃ 밀도와 질량

밀도$(\rho) = \dfrac{P}{RT}$

$\qquad = \dfrac{3.0996 \times 10^4}{29.27 \times 293}$

$\qquad = 3.614\,kg/m^3$

질량$(m) = \rho A V$

$\qquad = 3.614 \times \dfrac{\pi}{4} \times 0.0529^2 \times 75$

$\qquad = 0.596\,kg/s$

② 2atm, 30℃ 밀도와 평균유속

밀도$(\rho) = \dfrac{2.0664 \times 10^4}{29.27 \times 303}$

$\qquad = 2.33\,kg/m^3$

$v = \dfrac{m}{\rho A}$

$\qquad = \dfrac{0.596}{2.33 \times \dfrac{\pi}{4} \times 0.0679^2}$

$\qquad = 70.64\,m/s$

정답　01. ㉰　02. ㉮　03. ㉱
04. ㉯

05 절대압력이 2kgf/cm²이고, 온도가 25℃인 산소의 비중량 N/m³은? (단, 산소의 기체상수는 260J/kg·K)

㉮ 12.8
㉯ 16.4
㉰ 21.4
㉱ 24.8

06 유체의 성질에 대한 설명 중 옳지 않은 것은?

㉮ 유체란 뒤틀림(distortion)에 대하여 영구적으로 저항하지 않는 물질이다.
㉯ 일정량의 유체를 변형시켜 보면 변형 중에 전단응력(shear stress)이 나타난다.
㉰ 전단응력의 크기는 유체의 점도와 미끄러짐 속도에 따라 달라진다.
㉱ 새로운 모양이 형성되어도 전단응력은 소멸되지 않는다.

07 뉴턴의 점성 법칙과 가장 관련 있는 것으로만 나열된 것은?

㉮ 점성 계수, 속도, 압력
㉯ 압력, 전단 응력, 점성 계수
㉰ 전단 응력, 점성계수, 속도 기울기
㉱ 점성 계수, 온도, 속도 기울기

08 두 평판 사이에 유체가 있을 때 이동평판을 일정한 속도 u로 운동시키는데 필요한 힘 F에 대한 설명으로 틀린 것은?

㉮ 평판의 면적이 클수록 크다.
㉯ 이동속도 u가 클수록 크다.
㉰ 두 평판의 간격 △y가 클수록 크다.
㉱ 평판 사이에 점도가 큰 유체가 존재할수록 크다.

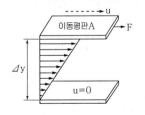

[해설] 05

비중량 $\rho(r) = \dfrac{P}{RT}$

$= \dfrac{\dfrac{2}{1.0332} \times 101325\text{N}/\text{m}^2}{260\text{N·m}/\text{kg·K} \times 298\text{K}}$

$= 2.53\text{kgf}/\text{m}^3$

∴ 단위를 환산하면
1kgf=9.8N이므로
$2.53 \times 9.8 = 24.8\text{N}/\text{m}^3$

[해설] 06

물질내부에 작은 전단응력이라도 생기면 정지상태에 있을 수 없다.

[해설] 07

$\tau = \mu \dfrac{du}{dy}$ 에서

여기서, τ : 전단 응력
(kgf/cm²)
μ : 점성 계수
(kgf·s/cm²)
$\dfrac{du}{dy}$: 속도 구배

[해설] 08

Newton의 점성법칙

힘 $F = \mu A \dfrac{\Delta u}{\Delta y}(N)$

평행한 두 평판사이의 힘 F는
① 위 평판의 면적 A에 비례
② 이동속도 Δu에 비례
③ 평판의 간격 Δy에 반비례
④ 점성계수 μ에 비례

05. ㉱ 06. ㉱ 07. ㉰
08. ㉰

정답

09 전단응력(shear stress)과 속도구배와의 관계를 나타낸 다음 그림에서 빙햄 플라스틱 유체(Bingham plastic fluid)를 나타내는 것은?

㉮ ①
㉯ ②
㉰ ③
㉱ ④

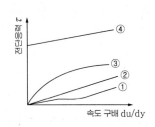

10 난류에서 전단응력(shear stress) τ_t를 다음 식으로 나타낼 때 η는 무엇을 나타낸 것인가? (단, $\left(\dfrac{du}{dy}\right)$는 속도구배를 나타낸다.)

$$\tau_t = \eta\left(\frac{du}{dy}\right)$$

㉮ 절대 점도
㉯ 비교 점도
㉰ 에디 점도
㉱ 중력 점도

11 간격이 5mm인 평행한 두 평판 사이에 점성계수 10P의 피마자 기름이 차있다. 한쪽 판이 다른 판에 대해서 6m/s의 속도로 미끄러질 때 면적 1m²당 받는 힘은 몇 kgf인가?

㉮ 61.23kgf
㉯ 122.45kgf
㉰ 183.67kgf
㉱ 244.9kgf

12 20℃ 건조공기의 점성계수는 1.848×10^{-6}kgf·s/m²이다. 동점성계수를 구하면 약 몇 stokes인가? (단, 공기의 비중량은 1.2kgf/m³이다.)

㉮ 0.015
㉯ 0.025
㉰ 0.15
㉱ 0.25

해 설

해설 09
① 다일레이턴트 유체
② 뉴턴 유체
③ 실제 플라스틱 유체
④ 빙햄 플라스틱 유체

해설 11
$\tau = \mu\dfrac{du}{dy}$
$= \dfrac{10}{98} \times \dfrac{6}{0.005}$
$= 122.448 \mathrm{kgf/cm^2}$

해설 12
동점성계수
$v = \dfrac{\mu}{\rho}(\mathrm{cm^2/s})$
밀도 $\rho = \dfrac{r}{g}$
$= \dfrac{1.2\mathrm{kgf/m^3}}{9.8\mathrm{m/s^2}}$
$= 0.12245\mathrm{kg_f \cdot s^2/m^4}$

점성계수
$\mu = 1.848 \times 10^{-6}\mathrm{kgf \cdot s/m^2}$
동점성계수
$v = \dfrac{1.848 \times 10^{-6}}{0.12245}$
$= 1.51 \times 10^{-5}\mathrm{m^2/s}$
$= 1.51 \times 10^{-1}\mathrm{cm^2/s}$
$= 0.151\mathrm{cm^2/s}$ (stokes)

정답
09. ㉱   10. ㉰   11. ㉯
12. ㉰

13 재질이 같은 정지하고 있는 두 평행 판사이로 유체가 흐른다. 전단응력이 최대가 되는 곳은?

㉮ 상판 벽　　　　　　　　㉯ 밑판 벽

㉰ 두 판의 중심　　　　　　㉱ 양쪽 벽

14 물의 점성계수(μ) 0.01P(poise)를 SI 단위로 표시하면 약 몇 kg/m·s가 되는가?

㉮ 0.1　　　　　　　　　　㉯ 0.01

㉰ 0.001　　　　　　　　　㉱ 0.0001

05 실제유체(점성유체)

(1) 실제유체의 특징

액체의 점성은 분자응집력이 지배하고 기체의 점성은 운동량수송이 지배한다.

① 액체의 점성계수 : 온도증가하면 감소
② 기체의 점성계수 : 온도증가하면 증가

※ 기체분자는 공간을 자유로이 운동하므로 분자응집력을 무시할 수 있고 액체분자는 분자서로가 응집된 상태에서 운동한다.

(2) 뉴턴의 점성법칙

① 뉴턴 유체(Newtonian fluid) : 뉴턴의 점성법칙을 만족하는 유체
② 비뉴턴 유체(Non-Newtonian fluid) : 뉴턴의 점성법칙을 만족시키지 않는 유체
③ 이상유체(ideal fluid) : 점성이 없고 비압축성인 유체

(3) 점성계수(coefficient of viscosity)

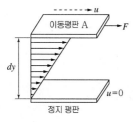

두 평판 사이의 유체 흐름

① 절대점성계수

$$\mu = \frac{\tau}{\dfrac{dv}{dy}}$$

절대단위계 : g/cm·s
중력단위계 : gf·s/cm²
SI 단위 : N·s/m², dyne·s/cm²

• 정상유체
마찰손실이 생기는 유체(전단응력 발생)

• 점성계수
문 10mm의 간격을 가진 평행한 두 평판 사이에 점성계수 $\mu=15$ poise인 기름이 차있다. 아래평판을 고정하고 위 평판을 5m/s의 속도로 이동시킬 때 평판에 발생하는 전단 응력은 몇 kgf/m² 인가?

▶ $\tau = \mu \cdot \dfrac{dv}{dy}$

$= 15 \times \dfrac{1}{98} \times \dfrac{5}{0.01}$

$= 76.53 \mathrm{kgf/m^2}$

1poise=1(g/cm·s)=1(dyne·s/cm^2)

20℃ 물의 점성계수 $(\mu) = 1.0\,cp$

② 동점성계수

$\nu = \dfrac{\mu}{\rho}$ 에서 (m^2/s, cm^2/s)

1stokes=1cm^2/s

20℃ 물의 동점성계수 $(\nu) = 1.0\,c\,st$

• 동점성계수

문 어떤 유체의 점성계수 μ= 0.245kgf·s/m^2 비중 S=1.2이다. 이 유체의 동점성계수는 몇 m^2/S인가?

▶ $\nu = \dfrac{\mu}{\rho} = \dfrac{0.245}{102 \times 1.2}$
$= 0.002$m^2/s

(4) 전단응력과 속도구배의 관계

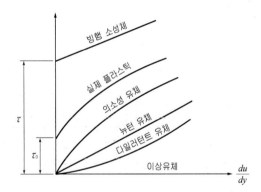

(5) 체적탄성계수와 압축률

① 체적탄성계수$(E) = -\dfrac{dP}{\dfrac{dV}{V}} = \dfrac{dP}{\dfrac{d\rho}{\rho}} = \dfrac{dP}{\dfrac{dr}{r}}$

㉮ 체적탄성계수는 압력의 차원을 갖는다.

㉯ 체적탄성계수가 클수록 그 유체는 압축하기가 더 어렵다.

㉰ 완전기체의 체적탄성계수

  ㉠ 등온변화 $E = P$

  ㉡ 단열변화 $E = kP$

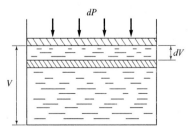

• 체적탄성계수

문 물의 체적탄성 계수가 0.25×10^{5}kgf/cm^{2}일 때, 물의 체적을 0.5% 감소시키기 위하여 가해 준 압력의 크기는 몇 kgf/cm^{2}인가?

▶ $dP = E \times \left(-\dfrac{dV}{V}\right)$
$= (-0.005) \times (-0.25 \times 10^5)$
$= 125$kg$_f$/cm^2

$$② \text{ 압축률}(\beta) = -\frac{\dfrac{dV}{V}}{dP} = \frac{1}{E}$$

(6) 표면장력

액체의 표면은 분자의 인력에 의하여 발생하는 응집력 때문에 항상 표면적이 작아지려는 장력이 작용한다. 이것을 표면장력이라 하고 단위길이당 힘의 세기(N/m)로 표시한다.

$$① \ \sigma = \frac{W}{\pi D}$$

$$② \ \sigma = \frac{PD}{4}$$

$$W = \pi D \sigma \quad \cdots\cdots\cdots\cdots\cdots ㉮$$

$$W = PA = P \times \frac{\pi}{4}D^2 \quad \cdots\cdots ㉯$$

㉮식과 ㉯에 의해

$$\pi D \sigma = P \times \frac{\pi}{4}D^2$$

$$\sigma = \frac{PD}{4}$$

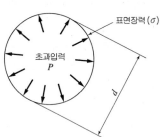

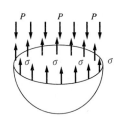

(7) 모세관 현상

물속에 지름 d인 세관을 연직으로 세우면 물이 관내로 올라오는데 이것은 물의 응집력이 부착력보다 작기 때문이다. 그러나 수은과 같이 응집력이 부착력보다 큰 액체는 다음 그림에서와 같이 반대로 액체의 표면보다 내려가게 된다. 이것을 모세관 현상이라 한다.

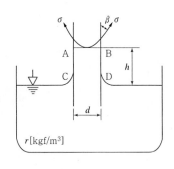

① 모세관에서의 올라간 액주의 무게

$$P = \frac{W}{A} = r\,h$$

$$W = r\,h\,A = r\,h\,\frac{\pi d^2}{4}$$

② 표면장력의 수직분력

$$W = \pi\,\sigma\,d\cos\beta$$

③ 모세관에서의 올라간 액주의 무게와 표면장력의 수직분력은 평형상태에 있다. 즉 ①식과 ②식에 의해

$$h = \frac{4\sigma\cos\beta}{rd}$$

POINT

핵 심 문 제

01 이상기체의 압축률 β와 체적 탄성계수 K에 대한 표현으로 옳지 않은 것은?

㉮ $K = -\dfrac{1}{V} \cdot \dfrac{dP}{dV}$

㉯ $K = kP$(단열변화)

㉰ $\beta = -\dfrac{1}{V} \cdot \dfrac{dV}{dP}$

㉱ $K = P$(등온변화)

해설 01
체적탄성계수
$$K = -\dfrac{dP}{dV/V} = \dfrac{1}{\beta}$$
$$= P(\text{등온변화})$$
$$= kP(\text{단열변화})$$

02 압축성 계수 β를 온도 T, 압력 P, 부피 V의 함수로 옳게 나타낸 것은?

㉮ $\beta = \dfrac{1}{V}\left(\dfrac{\delta V}{\delta P}\right)_T$

㉯ $\beta = \dfrac{1}{P}\left(\dfrac{\delta V}{\delta P}\right)_T$

㉰ $\beta = -\dfrac{1}{P}\left(\dfrac{\delta V}{\delta P}\right)_T$

㉱ $\beta = -\dfrac{1}{V}\left(\dfrac{\delta V}{\delta P}\right)_T$

해설 02
압축률(β)
$$\beta = \dfrac{1}{K} = \dfrac{1}{-V\left(\dfrac{\delta P}{\delta V}\right)_T}$$
$$= -\dfrac{1}{V}\left(\dfrac{\delta V}{\delta P}\right)_T$$
체적탄성계수
$$K = -\dfrac{\delta P}{\dfrac{\delta V}{V}} = -V\left(\dfrac{\delta P}{\delta V}\right)_T$$

03 이상기체를 등온 압축할 때 체적탄성계수는? (단 k는 비열비, P는 압력이다.)

㉮ K=k(비열비)

㉯ K=1/P

㉰ K=kP

㉱ K=P

해설 03
체적탄성계수
① 등온압축 K=P
② 단열압축 K=kP

04 지름이 25mm인 물방울의 내부 초과 압력이 50N/m²일 때 표면장력은 몇 N/m 인가?

㉮ 0.3125

㉯ 0.4125

㉰ 0.525

㉱ 0.625

해설 04
$$\sigma = \dfrac{PD}{4} = \dfrac{50 \times 0.025}{4}$$
$$= 0.3125 \text{N/m}$$

01. ㉮ 02. ㉱ 03. ㉱
04. ㉮

정답

05 모세관현상과 표면장력에 대한 설명으로 옳지 않은 것은?

㉮ 모세관현상은 액체의 부착력에 의해 발생한다.

㉯ 모세관현상에서 상승(또는 하강)하는 높이는 모세관의 지름에 비례한다.

㉰ 표면장력은 액체분자 상호 간의 응집력 때문에 발생한다.

㉱ 표면장력은 만곡면의 지름에 비례한다.

06 반지름 30cm인 원통 속에 물을 담아 20rpm으로 회전시킬 때 수면의 가장 높은 부분과 가장 낮은 부분의 높이의 차는 약 몇 m인가?

㉮ 0.002

㉯ 0.02

㉰ 0.2

㉱ 2

[해설] 05

모세관 현상으로 인한 상승높이 $h = \dfrac{4\sigma\cos\theta}{rd}$ 이므로 모세관의 상승, 하강 높이(h)는 모세관 지름에 반비례한다.

[해설] 06

$$h = \frac{R^2 w^2}{2g}$$

$$= \frac{(0.3)^2 \times \left(\dfrac{2\pi \times 20}{60}\right)^2}{2 \times 9.8}$$

$$= 0.02\text{m}$$

여기서,

원주속도 $w = \dfrac{2\pi n}{60}$ [rad/sec]

05. ㉯　06. ㉯

정답

기출문제 및 예상문제

01. 유체의 정의로서 가장 적당한 것은?

㉮ 아무리 작은 전단응력이라도 생기면 정지상태로 있을 수 없는 물질

㉯ 유동 중 전단응력이 생기지 않는 물질

㉰ 흐르는 유체 모두

㉱ 점성이 없는 유체

해설 아무리 작은 전단력이라도 작용하면 쉽게 연속적으로 유동하는 물질이다.

02. 유체역학에서 유체는 분자들 간의 응집력으로 인하여 하나로 연결되어 있는 연속물질로 취급하여 전체의 평균적 성질을 취급하는 경우가 많다. 이와 같이 유체를 연속체로 취급할 수 있는 조건은? (단, ℓ 는 유동을 특정 짓는 대표길이, λ 는 분자의 평균 자유행로이다.)

㉮ $\ell \ll \lambda$

㉯ $\ell \gg \lambda$

㉰ $\ell = \lambda$

㉱ ℓ 과 λ 는 무관하다.

해설 연속체(continuum)
물체의 대표길이(ℓ)가 분자의 평균자유행로 보다 훨씬 크다.

03. 비점성유체란?

㉮ 유체 유동시 마찰저항이 존재하는 유체이다.

㉯ 실제유체를 뜻한다.

㉰ 유체 유동시 마찰저항이 유발되지 않는 유체를 뜻한다.

㉱ 전단력이 존재하는 유체의 흐름을 뜻한다.

해설 유체 유동시 점성의 영향이 없어 마찰손실이 생기지 않는 유체

04. 다음을 설명하는 유체와 관계가 깊은 것은?

보기
유체가 유동시 마찰이 생기는 유체

㉮ 압축성유체

㉯ 비점성유체

㉰ 실제유체

㉱ 이상유체

해설 실제유체(점성유체)
유체의 유동에서 점성을 무시할 수 없는 유체 즉, 유체 유동시 마찰에 의한 압력손실이 생기는 유체

05. 다음 중 이상유체는?

㉮ 점성이 없는 모든 유체

㉯ 점성이 없는 비압축성 유체

㉰ 비압축성인 모든 유체

㉱ 점성이 없고 기체상태 방정식 $PV=nRT$ 에 만족하는 유체

해설 완전유체, 이상유체
유체의 운동에서 점성을 무시할 수 있는 유체

06. 실제 가스가 이상상태의 기체방정식을 만족시키기 위한 조건으로 합당한 것은?

㉮ 압력이 낮고, 온도가 높을 때

㉯ 압력이 높고, 온도가 낮을 때

㉰ 압력과 온도가 낮을 때

㉱ 압력과 온도가 낮을 때

해설 실제가스 → 이상기체(고온, 저압)

07. 온도와 압력이 변해도 밀도가 변하지 않는 유체는?

㉮ 압축성유체

㉯ 비압축성유체

㉰ 이상유체

㉱ 뉴턴유체

해설 ① 비압축성유체 : 온도나 압력의 변화에 따라 밀도가 별로 변하지 않는 유체
② 압축성유체 : 온도나 압력의 변화에 따라 밀도의 변화가 큰 유체

01. ㉮   02. ㉯   03. ㉰   04. ㉰   05. ㉯   06. ㉮   07. ㉯   정답

08. 비압축성 이상유체에 작용하지 않는 힘은? (단, 수평운동 하는 유체의 경우임.)

㉮ 마찰력 또는 전단응력

㉯ 중력에 의한 힘

㉰ 압력차에 의한 힘

㉱ 관성력

해설 이상유체는 마찰력 또는 전단응력이 작용하지 않는 점성을 무시할 수 있는 유체

09. 다음 중 비압축성 유체라 볼 수 없는 것은?

㉮ 달리는 기차 주위의 기류

㉯ 흐르는 강물

㉰ 대기 중 공기

㉱ 관 속의 수압

해설 ㉮, ㉯, ㉰항 외에 저속으로 비행하는 항공기 주위의 기류, 물속을 잠행하는 잠수함 주위의 수류 등이 있다.

10. 다음 중 압축성 유체의 표현으로 틀린 것은?

㉮ $\dfrac{d\rho}{dT} \neq 0$

㉯ $\dfrac{d\rho}{dP} \neq 0$

㉰ $\dfrac{dv}{dP} \neq 0$

㉱ $\dfrac{dv}{dP} = 0$

해설 압축성 유체
온도나 압력의 변화에 따라 밀도의 변화가 큰 유체

11. 국제단위(SI 단위)에서 기본단위간의 관계가 옳은 것은?

㉮ $1N = 9.8 kg \cdot m/s^2$

㉯ $1J = 9.8 kg \cdot m/s^2$

㉰ $1W = 1 kg \cdot m^2/s^3$

㉱ $1Pa = 10^5 kg \cdot m/s^2$

해설 ① $1N = 1 kg \cdot m/s^2$
② $1Pa = 1N/m^2 = 1 kg/m \cdot s^2$

③ $1J = 1N \cdot m = 1 kg \cdot m^2/s^2$
④ $1W = 1J/s = 1 kg \cdot m^2/s^3$

12. 다음 중 압력의 절대 단위는?

㉮ kgf/cm^2

㉯ $ML^{-1}T^{-2}$

㉰ FL^{-2}

㉱ N/m^2

해설 압력
① 절대단위 : N/m^2($1Pa = 1N/m^2$)
② 공학단위 : kgf/cm^2
③ 절대단위계차원 : $ML^{-1}T^{-2}$
④ 공학단위계차원 : FL^{-2}

13. 질량 20kg 물체를 저울로 달았을 때 무게가 19.6N일 때 중력가속도를 구하여라.

㉮ $0.98 m/s^2$

㉯ $9.8 m/s^2$

㉰ $98 m/s^2$

㉱ $980 m/s^2$

해설 $F = mg$에서 $g = \dfrac{F}{m} = \dfrac{19.6N}{20kg}$
$= \dfrac{19.6 kg \cdot m/s^2}{20 kg} = 0.98 m/s^2$

14. CGS 단위로 Re No가 1,600인 경우의 유체의 흐름 상태에서 SI 단위로 Re No를 구하면?

㉮ 800

㉯ 1,600

㉰ 2,400

㉱ 3,200

해설 레이놀즈수는 무차원수이므로 CGS단위나 SI단위의 값이 같다.

15. 다음 중에서 힘의 차원을 절대단위계로 바르게 표시한 것은?

㉮ M

㉯ MT^{-2}

㉰ $ML^{-1}T^{-2}$

㉱ MLT^{-2}

해설 $F = m \cdot a = MLT^{-2}$

정답 08. ㉮ 09. ㉱ 10. ㉱ 11. ㉰ 12. ㉱ 13. ㉮ 14. ㉯ 15. ㉱

16. 동력과 관계가 없는 것은?

㉮ $FL^{-1}T^{-1}$ ㉯ ML^2T^{-3}

㉰ Watt   ㉱ $kg \cdot m^2 /s^3$

해설 ① 동력 $P = kgf \cdot m/s = FLT^{-1} = ML^2T^{-3}$

② SI 단위 : Watt, $kg \cdot m^2/s^3$

17. 다음 중 운동량의 단위는?

㉮ $ML^{-1}T^{-1}$ ㉯ MLT^{-2}

㉰ MLT^{-1} ㉱ $ML^{-1}T$

해설 운동량의 단위 $= kg \cdot m/sec [MLT^{-1}]$

18. 유체의 밀도 ρ 중력가속도 g, 유체의 비중량 r과의 관계식은?

㉮ $r = \rho g$ ㉯ $\rho = rg$

㉰ $\rho = \dfrac{g}{r}$ ㉱ $r = \dfrac{\rho}{g}$

해설 $\rho = \dfrac{r[kgf/m^3]}{g[m/s^2]} = kgf \, s^2/m^4$

19. 표준 대기압 4℃의 순수한 물의 밀도는?

㉮ $102m^3/kg$ ㉯ $102kgf \cdot s^2/m^4$

㉰ $102kgf \cdot s^2/m^3$ ㉱ $102kg \cdot s^2/m^3$

해설 $\rho = \dfrac{r}{g} = \dfrac{1,000kgf/m^3}{9.8m/s^2} = 102kgf \cdot s^2/m^4$

20. 체적이 $5m^3$인 어떤 기름의 무게가 1,000kg일 때 이 기름의 비중량은 몇 kgf/m^3인가?

㉮ $5,000kgf/m^3$ ㉯ $200kgf/m^3$

㉰ $0.061kgf/m^3$ ㉱ $20kgf/m^3$

해설 $r = \dfrac{W}{V} = \dfrac{1,000}{5} = 200kgf/m^3$

21. 어떤 물체의 비체적이 $2 \times 10^{-5}[m^3/N]$일 때 이 물체의 밀도는 $[N \cdot S^2/m^4]$인가?

㉮ 3102   ㉯ 5102

㉰ 7102   ㉱ 8102

해설 $r = \dfrac{1}{V_s} = \rho g$ 식에서

$\rho = \dfrac{1}{V_s \cdot g} = \dfrac{1}{2 \times 10^{-5} \times 9.8} = 5,102NS^2/m^4$

22. 비중 0.88인 벤젠의 밀도($kgf \cdot s^2/m^4$)은 얼마인가?

㉮ 88.0   ㉯ 89.8

㉰ 102   ㉱ 898

해설 $\rho = \dfrac{r}{g} = \dfrac{0.88 \times 10^3}{9.8} = 89.8 kgf \cdot s^2/m^4$

23. 밀도가 $84.6kg/m^3$인 유체의 비중량은?

㉮ $8.64N/m^3$ ㉯ $86.4N/m^3$

㉰ $829N/m^3$ ㉱ $82.9N/m^3$

해설 $r = \rho \cdot g = 84.6kg/m^3 \times 9.8m/s^2$
$\qquad = 829.08kg \cdot m/s^2 \cdot m^3 = 829.08N/\cdot m^3$

24. 비중 0.92의 얼음이 비중 1.025의 해수면에 떠 있을 때 수면 위에 나온 빙산체적이 $150m^3$이면 빙산의 전 체적은 몇 m^3인가?

㉮ $1,463m^3$ ㉯ $1,363m^3$

㉰ $1,464m^3$ ㉱ $1,364m^3$

해설 빙산의 전 체적을 V라 하면 $W = r V_0$
(V_0은 해수면에 잠긴 체적 : $V - 150m^3$)
$\therefore 1,000 \times 0.92 \times V = 1,000 \times 1.025(V - 150)$
$920 V = 1,025 V - 153,750$
$105 V = 153,750$
$\therefore V = 1464.28m^3$

---

16. ㉮   17. ㉰   18. ㉮   19. ㉯   20. ㉯   21. ㉯   22. ㉯   23. ㉰   24. ㉰   정답

25. 비중에 1.03인 바닷물에 얼음의 체적의 10%가 해면 위로 나온다면 얼음의 평균 비중은?

㉮ 0.104
㉯ 0.896
㉰ 0.927
㉱ 1.025

해설 표면 위로 나온 부분(V_1)=10%이면
잠겨있는 부분(V_2)=90%
$1.03 \times 10^3 \times 0.9V = 1,000SV$
$\therefore S = \dfrac{1.03 \times 10^3 \times 0.9}{1,000} = 0.927$

26. 이상 기체의 성질을 틀리게 나타낸 그래프는?

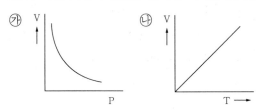

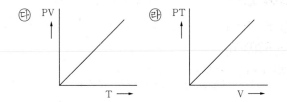

27. 완전기체의 대한 설명으로 옳은 것은?

㉮ 포화상태에 있는 포화 증기를 뜻한다.
㉯ 완전기체의 상태 방정식을 만족시키는 기체이다.
㉰ 체적탄성계수가 언제나 일정한 기체이다.
㉱ 높은 압력하의 기체를 뜻한다.

해설 완전기체
① 분자간의 인력과 가스분자크기를 무시한 완전탄성체로 이루어진 가스
② 이상기체 상태방정식(PV=nRT)을 만족하는 기체

28. 이상기체의 흐름을 설명한 것으로 맞는 것은?

㉮ 무마찰 등온흐름이면 압력과 온도의 곱은 일정하다.
㉯ 무마찰 단열흐름이면 압력과 온도의 곱은 일정하다.
㉰ 무마찰 단열흐름이면 엔트로피는 증가한다.
㉱ 음속은 유속의 함수이다.

29. 완전기체에서 정적비열(C_v)과 정압비열(C_p)과의 관계는? (단, R는 기체상수이다.)

㉮ $\dfrac{C_v}{C_p} = R$
㉯ $\dfrac{C_p}{C_v} = R$
㉰ $C_p - C_v = R$
㉱ $C_p + C_v = R$

해설 $K = \dfrac{C_p}{C_v}$ $\qquad C_p - C_v = R$
여기서, K=비열비

30. 다음 중에서 비열비의 관계식은?

㉮ $\dfrac{1}{1 - R/C_p}$
㉯ $1 + \dfrac{C_p}{R}$
㉰ $\dfrac{C_p}{C_v} + R$
㉱ $\dfrac{\dfrac{1}{1 - C_v}}{R}$

해설 $C_p = \dfrac{kR}{k-1}$ 식에서
$k = \dfrac{1}{1 - R/C_p}$, $C_v = \dfrac{R}{k-1}$ 식에서 $k = \dfrac{C_v + R}{C_v}$

31. 완전기체의 정적비열의 정의는?

㉮ kC_p
㉯ $\left(\dfrac{\delta U}{\delta T} \right)_p$
㉰ $\left(\dfrac{\delta T}{\delta U} \right)_v$
㉱ $\left(\dfrac{\delta U}{\delta T} \right)_v$

해설 완전기체의 비열

① 정적비열 $C_v = \left(\dfrac{\delta U}{\delta T}\right)_v$

② 정압비열 $C_p = \left(\dfrac{\delta h}{\delta T}\right)_p$

32. 온도 20℃, 압력 760mmHg의 공기의 밀도를 구하면? (단, 수은의 비중 13.6, 공기의 기체상수 R=29.27kg·m/kg·K이다.)

㉮ $0.102\text{kgf}\cdot\text{s}^2/\text{m}^4$
㉯ $0.123\text{kgf}\cdot\text{s}^2/\text{m}^4$
㉰ $1.21\text{kgf}\cdot\text{s}^2/\text{m}^4$
㉱ $1.310\text{kgf}\cdot\text{s}^2/\text{m}^4$

해설 $PV = GRT$에서

$r = \dfrac{P}{RT} = \dfrac{10332}{29.27\times(273+20)} = 1.21\text{kgf/m}^3$

$\delta = \dfrac{r}{g} = \dfrac{1.21}{9.8} = 0.123\text{kgf·s}^2/\text{m}^4$

33. 비점은 -161℃에서의 기체 CH_4은 20℃ 공기보다 몇 배 더 무거운지 맞는 것은? (단, 20℃에서 기체 CH_4의 밀도는 0.667g/ℓ, 같은 온도에서 건조공기의 밀도는 1.23g/ℓ로 한다.)

㉮ 1.2배
㉯ 1.3배
㉰ 1.4배
㉱ 1.5배

해설 -161℃의 CH_4 밀도

$= 0.667g/\ell \times \dfrac{(273+20)^\circ K}{273+(-161)^\circ K} = 1.74g/\ell$

$\therefore$ 비중 $= \dfrac{\text{메탄의 밀도}}{\text{공기의 밀도}} = \dfrac{1.74g/\ell}{1.23g/\ell} = 1.4$배

34. C_p=0.5kcal/kg°K, k=1.3인 기체의 기체상수는 몇 kcal/kg°K인가? (단, 이 기체는 R=C_p/C_v, R=기체상수)

㉮ 0.075
㉯ 0.099
㉰ 0.102
㉱ 0.115

해설 $R = C_P - C_v = kC_v - C_v = C_p - \dfrac{C_p}{k} = \dfrac{k-1}{k}C_p$

$\therefore R = C_P - C_v = 0.5 - \dfrac{1.3}{0.5} = 0.115\text{kcal/kgf}^\circ\text{K}$

35. 메탄가스 1kg을 일정한 체적하에서 5℃에서 25℃까지 가열하는데 필요한 열량이 10kcal이라고 하면 정압비열은 몇 kcal/kg℃인가? (단, 메탄의 기체상수 : 1.987kcal/kg-mole℃)

㉮ 약 0.124
㉯ 약 0.624
㉰ 약 1.363
㉱ 약 2.487

해설 $R = \dfrac{1.987}{16} = 0.124\text{kcal/kg}℃$

$Q = GC_v(t_2-t_1)$ 식에서

$C_v = \dfrac{Q}{G(t_2-t_1)} = \dfrac{10}{1\times(25-5)} = 0.5\text{kcal/kg}℃$

$C_p - C_v = R$에서

$C_p = R + C_v = 0.124 + 0.5 = 0.624\text{kcal/kg}℃$

36. 온도 10℃, 체적 200ℓ, 1kgf/cm²의 산소를 등엔트로피 과정으로 3배 압축 후 온도를 구하여라. (단, C_p=0.24kcal/kg°K, C_v=0.15kcal/kg°K)

㉮ 270℃
㉯ 271℃
㉰ 273℃
㉱ 274℃

해설 $k = \dfrac{C_p}{C_v} = \dfrac{0.24}{0.15} = 1.6$, $\dfrac{T_2}{T_1} = \left(\dfrac{P_2}{P_1}\right)^{\frac{k-1}{k}}$ 식에서

$\therefore T_2 = (273+10)\times\left(\dfrac{3}{1}\right)^{\frac{1.6-1}{1.6}} = 547^\circ K = 274℃$

37. 압력 1kgf/cm²abs, 온도 15℃인 공기의 체적이 1/10까지 단열압축될 때의 온도℃, 압력 kgf/cm²은?

㉮ 450.4, 25.12
㉯ 723.4, 10.0
㉰ 400.5, 10.0
㉱ 723.4, 25.12

해설 $\dfrac{P_2}{P_1} = \left(\dfrac{V_1}{V_2}\right)^k$ 식에서

$P_2 = P_1\left(\dfrac{V_1}{V_2}\right)^k = 1\times\left(\dfrac{1}{1/10}\right)^{1.4} = 25.12\text{kg/cm}^2$

$\dfrac{T_2}{T_1} = \left(\dfrac{P_2}{P_1}\right)^{\frac{k-1}{k}}$, $T_2 = T_1\times\left(\dfrac{P_2}{P_1}\right)^{\frac{k-1}{k}}$

$= 288\times\left(\dfrac{25.12}{1}\right)^{\frac{1.4-1}{1.4}} = 723.43^\circ K = 450.4℃$

38. 뉴턴유체란?

㉮ 유체 유동시 마찰 전단 응력이 일정하다.

㉯ 유체 유동시 마찰 전단 응력이 존재하지 않는다.

㉰ 유체 유동시 속도 기울기가 마찰 전단 응력에 직접 비례한다.

㉱ 유체 유동시 속도 기울기가 마찰 전단 응력에 반비례한다.

[해설] 뉴턴유체

뉴턴의 점성법칙($\tau = \mu \dfrac{dV}{dy}$)에 만족하는 유체

39. 점성유체에 대하여 옳게 설명한 것은?

㉮ 유체가 유동할 때 마찰로 전단응력이 생길 때

㉯ 뉴턴의 점성법칙과는 관계없을 때

㉰ 유체 유동시 관마찰손실이 생기지 않을 때

㉱ 유체의 유동시 속도구배가 생기지 않을 때

[해설] 마찰손실이 생기는 유체(전단응력 발생)

40. 다음 중 뉴턴의 점성법칙에 만족되는 유체는?

㉮ 층류   ㉯ 난류

㉰ 등류   ㉱ 비등류

41. 유체에 전단응력이 작용하지 않으면 어떤 상태로 되겠는가?

㉮ 유동이 빨라진다.

㉯ 유동이 느려진다.

㉰ 흐름이 정지된다.

㉱ 체적이 변화가 있다.

[해설] 유체에 전단응력이 작용하지 않으면 유동이 빨라진다.

42. 뉴턴의 점성법칙을 틀리게 설명한 것은 어느 것인가?

㉮ 점성계수는 압력과 관계가 없다.

㉯ 전단응력은 압력과 관계가 없다.

㉰ 벽면에 작용하는 전단응력은 이론상 0이다.

㉱ 전단응력은 속도 기울기에 반비례한다.

[해설] 뉴턴의 점성법칙 $\tau = \mu \dfrac{du}{dy}$ 식에서 전단 응력과 속도 기울기는 비례한다.

　　여기서, μ : 점성계수($kgf \cdot s/m^2$)

　　　　　　du/dy : 속도 기울기

43. 다음 중 Newton의 점성 법칙과 관계없는 항은?

㉮ 전단 응력   ㉯ 속도 구배

㉰ 점성 계수   ㉱ 압력

[해설] Newton의 점성 법칙

전단응력(τ) = $\mu \dfrac{du}{dy}$

∴ 전단응력(τ), 점성계수(μ), 속도구배$\left(\dfrac{du}{dy}\right)$와는 관련이 있다.

44. 전단응력(shear stress)과 속도구배와의 관계를 나타낸 그림에서 빙햄 플라스틱 유체(Bingham plastic fluid)에 관한 것은?

㉮ ①

㉯ ②

㉰ ③

㉱ ④

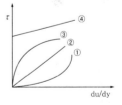

[해설] ① 다일레이턴트 유체

② 뉴턴 유체

③ 실제 플라스틱 유체(전단박하 유체)

④ 빙햄 플라스틱 유체

45. 전단속도가 증가함에 따라 점도가 감소하는 유체는?

㉮ 틱소트로픽(thixotropic) 유체

㉯ 레오펙틱(rheopectic) 유체

㉰ 빙햄 플라스틱(bingham plastic) 유체

㉱ 뉴턴 유체(newtonians)

[해설] 전단속도가 증가함에 따라

① 점도가 증가하는 유체 : 레오펙틱(rheopectic) 유체

② 점도가 감소하는 유체 : 틱소트로픽(thixotropic) 유체

46. 다음 그림 중 뉴턴 유체에 대하여 바르게 나타낸 것은? (단, μ : 점도, τ : 전단응력, $\dfrac{du}{dy}$: 속도구배)

㉮ A
㉯ B
㉰ C
㉱ D

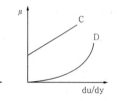

[해설] 뉴턴의 점성법칙

$\tau = \mu \dfrac{du}{dy}$ 에서 μ는 비례상수이므로 속도구배와 관계없이 일정하다.

47. 그림은 유체 흐름에 있어서 전단응력(shear stress) 대 속도구배의 관계를 나타낸 것이다. 이 관계가 그림과 같이 원점을 지나는 직선으로 표시된다면 이는 어떤 유체인가?

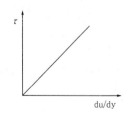

㉮ 뉴턴유체(Newtonian fluid)

㉯ 빙햄 소성유체(Bingham plastic fluid)

㉰ 의가소성 유체(pseudo plastic fluid)

㉱ 팽창유체(dilatant fluid)

48. 다음 그림들은 평행한 두 판 사이를 흐르는 뉴턴 유체의 변화모형을 나타내었다. 바르게 된 것은? (u : 유속, τ : 전단응력)

㉮ 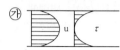 ㉯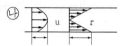

㉰  ㉱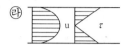

49. 두 개의 평행평판 사이에 유체가 층류로 흐를 때 전단응력은?

㉮ 중심에서 0이고 전단응력의 분포는 포물선 형태를 갖는다.

㉯ 단면 전체에 걸쳐 일정하다.

㉰ 평판의 벽에서 0이고 중심까지의 거리에 비례하여 증가한다.

㉱ 중심에서 0이고 중심에서 평판까지의 거리에 비례하여 증가한다.

[해설] 양쪽 벽에서 전단응력이 최대가 되고 중심에서 0이다.

50. 그림과 같이 평행한 두 평판 사이에 점성계수가 13.15P인 기름이 들어 있다. 아래 쪽 평판을 고정시키고 위쪽 평판을 4m/s로 움직일 때 속도 분포는 그림과 같이 직선이다. 이 때 두 평판 사이에 발생하는 전단응력은 몇 kgf/m²인가?

㉮ 92.36kgf/m²

㉯ 107.35kgf/m²

㉰ 113.64kgf/m²

㉱ 128.77kgf/m²

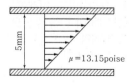

[해설] $\tau = \mu \dfrac{du}{dy}$

$= \dfrac{13.15}{98} \times \dfrac{4}{0.005} = 107.346 \text{kgf/m}^2$

51. 점성계수 $\mu=0.98[\text{N}\cdot\text{sec/m}^2]$인 유체가 수평 평면벽 위를 벽에 평행하게 흐른다. 벽면 근방에서의 속도분포가 $u=1.5-150(0.1-y)^2$이라고 할 때 벽면에서의 전단응력은 몇 N/m^2인가? (단, y(m)는 벽면에 수직한 방향의 좌표를, u는 벽면 근방에서의 접선속도 [m/sec] 이다.)

㉮ 3 ㉯ 29.4
㉰ 0 ㉱ 0.306

[해설] 전단응력$(\tau)=\mu(du/dy)$
$u=1.5-150(0.1-y)^2=1.5-150(0.1^2-0.2y-y^2)$
$=1.5-1.5+30y+150y^2$에서
$u'=30+300y \ (y=0$이므로$)$
$\therefore \tau=0.98\text{N}\cdot\text{S/m}^2\times30=29.4\ [\text{N/m}^2]$

52. 점도 $\mu=0.077\text{kg/m}\cdot\text{s}$인 기름이 평면 위를 $u=30y-120y^2[\text{m/s}]$의 속도분포를 가지고 흐른다. 경계면에 작용하는 전단응력은 kg/m^2으로 얼마인가?

㉮ 0.7287kgf/m^2 ㉯ 0.9424kgf/m^2
㉰ 0.4365kgf/m^2 ㉱ 0.2357kgf/m^2

[해설] 전단응력 $\tau=\mu\dfrac{du}{dy}$, $u=30y-120y^2$에서
$\left(\dfrac{du}{dy}\right)_{y=0}=30[l/s]\cdots$ (경계면의 y=0)
$\therefore \tau=0.077\text{kg/m}\cdot\text{s}\times30[l/s]$
$=2.31\text{kg/ms}^2$
$=0.2357\text{kgf/m}^2$

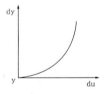

53. 그림과 같이 0.1m인 틈 속에 두께를 무시해도 좋을 정도의 얇은 판이 있다. 이 판 위에서 점성계수가 μ인 유체가 있고, 아래쪽에는 점성계수가 2μ인 유체가 있을 때 이 판을 수평으로 0.5m/s의 속도로 움직이는 데 40N의 힘이 필요하다면, 단위면적당 점성계수는 몇 $\text{N}\cdot\text{S/m}^2$인가?

㉮ 0.75
㉯ 0.94
㉰ 1.33
㉱ 1.31

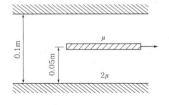

[해설] Newton의 점성법칙
$\tau=\dfrac{F}{A}=\mu\cdot\dfrac{du}{dy}$ 에서
$F=A\left(\dfrac{\mu\cdot du}{dy}+2\mu\cdot\dfrac{du}{dy}\right)=A\cdot3\mu\cdot\dfrac{du}{dy}$
$\therefore \mu=\dfrac{1}{3}\times\dfrac{F}{A}\times\dfrac{dy}{du}=\dfrac{1}{3}\times\dfrac{40}{1}\times\dfrac{0.05}{0.5}=1.33\text{N}\cdot\text{S/m}^2$

54. 다음 절대점도의 단위로 맞는 것은?

㉮ $\text{kg}\cdot\text{m/s}$ ㉯ $\text{kg/m}\cdot\text{s}^2$
㉰ $\text{kg/m}\cdot\text{s}$ ㉱ $\text{kg}\cdot\text{m/s}$

[해설] $\mu=1\text{N}\cdot\text{S/m}^2=1\text{kg/m}\cdot\text{s}=0.102\text{kgf}\cdot\text{s/m}^2=10\text{poise}$
$\nu=1\text{m}^2/\text{s}=10^4\text{stoker}$

55. 1 C.P를 바르게 나타낸 것은?

㉮ $10^{-2}\text{kg}\cdot\text{sec}^2/\text{m}^2$
㉯ $10^{-2}\text{dyne}\cdot\text{cm/sec}^2$
㉰ $10^{-2}\text{dyne}\cdot\text{sec/cm}^2$
㉱ $\text{N/cm}^2\cdot\text{sec}$

[해설] $1\text{CP}=0.01\text{poise}=0.01\text{g}\cdot\text{cm/sec}^2=0.01\text{dyne}\cdot\text{sec/cm}^2$

56. 980센티스토크스(centistokes)의 동점도는 몇 m^2/s인가?

㉮ $10^{-4}\text{m}^2/\text{s}$ ㉯ $9.8\times10^{-4}\text{m}^2/\text{s}$
㉰ $1\text{m}^2/\text{s}$ ㉱ $9.8\text{m}^2/\text{s}$

[해설] $980\text{c}\cdot\text{st}=9.8\text{stoke}=9.8\text{cm}^2/\text{s}=9.8\times10^{-4}\text{m}^2/\text{s}$

57. 점성계수가 $1\text{kgf}\cdot\text{s/m}^2$이고 비중이 0.96인 원유의 동점성계수는?

㉮ 0.104 ㉯ 1.04×10^{-3}
㉰ 1.02 ㉱ 1.02×10^{-2}

[해설] $\nu=\dfrac{\mu}{\rho}$에서 $\rho=\dfrac{\gamma}{g}$이므로
$\mu=\dfrac{g\mu}{\gamma}=\dfrac{9.8\times1}{0.96\times1,000}=1.02\times10^{-2}\text{m}^2/\text{s}$

정답 51. ㉯ 52. ㉱ 53. ㉰ 54. ㉰ 55. ㉰ 56. ㉯ 57. ㉱

58. 비중량이 1.22kgf/m^3이고 동점성 계수가 $0.1501\times 10^{-4}\text{m}^2/\text{s}$인 건조한 공기의 점성계수는 몇 poise인가?

㉮ 18×10^{-5} ㉯ 1.226×10^{-4}

㉰ 1.866×10^{-6} ㉱ 1.831×10^{-4}

해설 $\mu = \rho\times\nu = \dfrac{\gamma}{g}\times\nu$

$\quad = \dfrac{1.22}{9.8}\times 0.1501\times 10^{-4} = 1.869\times 10^{-6}\text{kgf}\cdot\text{s/m}^2$

$\therefore \mu = 1.869\times 10^{-6}\times 98 = 1.831\times 10^{-4}\text{poise}$

59. 동점성계수의 차원은 어느 것인가?

㉮ M/LT ㉯ L^2/T^2

㉰ L^2/T ㉱ F/L

해설 $\nu = \dfrac{\mu}{\rho} = \dfrac{\text{g/cm s}}{\text{g/cm}^3} = \text{cm}^2/\text{s} = L^2/T$

60. 압력이 P, 체적이 V인 유체에 압력을 ΔP 만큼 증가시 체적이 ΔV 만큼 감소되었다. 이 유체의 체적탄성계수(K)는?

㉮ $K = \dfrac{-\Delta V}{\Delta P/\Delta V}$

㉯ $K = \dfrac{-\Delta P}{\Delta V/V}$

㉰ $K = \dfrac{\Delta P}{\Delta V/V}$

㉱ $K = \dfrac{-V}{\Delta V/P}$

61. 체적탄성계수에 대한 설명 중 맞는 것은?

㉮ 온도와 무관하다.

㉯ 압력차원의 역수이다.

㉰ 압력에 따라 증가한다.

㉱ 압축성유체의 체적탄성계수가 크다.

해설 체적탄성계수 $\left(K = \dfrac{\Delta P}{-\Delta V/V_1}\right)$는 압력에 따라 증가한다.

62. 온도 $30℃$, 압력 $4\text{kgf/cm}^2\cdot\text{abs}$의 질소 10m^3를 등온압축하여 체적이 2m^3가 되었을 때 압축 후의 체적탄성계수는 얼마인가?

㉮ 0.58kgf/cm^2 ㉯ 5.96kgf/cm^2

㉰ 10kgf/cm^2 ㉱ 20kgf/cm^2

해설 $K = -\dfrac{\Delta P}{\dfrac{\Delta V}{V}} = \dfrac{-4}{-\dfrac{2}{10}} = 20\text{kgf/cm}^2$

63. 어떤 액체에 8kg/cm^2의 압력을 가했더니 체적이 0.04% 감소하였다. 이때의 탄성계수는?

㉮ $20{,}000\text{kg/cm}^2$ ㉯ $196{,}000\text{kg/cm}^2$

㉰ 200kg/cm^2 ㉱ $1{,}960\text{kg/cm}^2$

해설 체적탄성계수 $K = -\dfrac{\Delta P}{\Delta V/V_1}$

$\quad = -\dfrac{8\text{kg/cm}^2}{(-0.04/100)} = 2\times 10^4\text{kg/cm}^2$

64. 이상기체를 등온압축시킬 때 체적탄성계수는? (단, P : 절대압력, k : 비열비, V : 비체적)

㉮ P ㉯ V

㉰ kP ㉱ kV

해설 체적탄성계수 ① 단열압축 : K=kP(k : 비열비, P : 압력)
② 등온압축 : K=P

65. 모세관 현상으로 올라가는 액주의 높이 h는? (단, σ는 표면장력, γ는 비중량임)

㉮ $\dfrac{4\sigma\cos\theta}{\gamma d}$

㉯ $\dfrac{2\sigma\cos\theta}{\gamma d}$

㉰ $\dfrac{4d\cos\theta}{\gamma\sigma}$

㉱ $\dfrac{2d\cos\theta}{\gamma\sigma}$

해설 $W = rh\dfrac{\pi}{4}d^2 = \pi d\cos\theta,\ h = \dfrac{4\sigma\cos\theta}{rd}$

---

66. 공기와의 밀도차 $\Delta\sigma$, 표면장력 σ인 유체가 반경 R인 모세관에서 h만큼 상승하였을 때 옳은 상관식은?

㉮ $h \propto \dfrac{\sigma}{\rho \cdot g \cdot R^2}$

㉯ $h \propto \dfrac{\sigma}{\rho \cdot g \cdot R}$

㉰ $h \propto \dfrac{R}{\rho \cdot g \cdot \sigma}$

㉱ $h \propto \dfrac{\sigma \cdot g}{\rho \cdot R}$

해설 모세관의 높이 $h = \dfrac{4\sigma\cos\theta}{r \cdot d} = \dfrac{4\sigma\cos\theta}{\rho \cdot g \cdot d} = \dfrac{2\sigma\cos\theta}{\rho \cdot g \cdot R}$

67. 물의 표면장력이 0.0164N/m 접촉각 θ 10°일 때 직경 0.002m에서 모세관 상승높이는 몇 m인가?

㉮ 0.022m   ㉯ 0.032m

㉰ 0.042m   ㉱ 0.052m

해설 $h = \dfrac{4\sigma\cos\theta}{r \cdot d} = \dfrac{4 \times 0.0164\text{N/m} \times \cos 10°}{9,800\text{N/m}^3 \times 0.002\text{m}} = 0.032\text{m}$

68. 안지름 3mm의 물액주계로 압력을 측정한 결과 압력이 700mmH₂O이었다. 물의 표면장력을 보정하여 실제 압력을 구하면? (단, 접촉각은 9°이며, 물의 밀도 및 표면장력은 각각 1g/cm³, 0.0757g/cm이다.

㉮ 690mmH₂O   ㉯ 695mmH₂O

㉰ 712mmH₂O   ㉱ 710mmH₂O

해설 $h = \dfrac{4\sigma\cos\theta}{d} = \dfrac{4 \times 0.0757 \times \cos 9°}{0.3}$
$= 0.997\text{cmH}_2\text{O} = 9.97\text{mmH}_2\text{O}$
$\therefore 700 - 9.97 = 690.03\text{mmH}_2\text{O}$

69. 물의 표면장력이 7.4×10^{-3}kg/m일 때 지름 2mm인 물방울의 내부압력은 얼마인가?

㉮ 3.7kg/m²   ㉯ 7.4kg/m²

㉰ 11.84kg/m²   ㉱ 14.8kg/m²

해설 $\sigma = \dfrac{pd}{4}$

$\therefore P = \dfrac{4\sigma}{d} = \dfrac{4 \times 7.4 \times 10^{-3}}{0.002} = 14.8\text{kg/m}^2$

70. 모세관의 지름의 비가 1 : 2 : 3인 3개의 모세관 속을 올라가는 물의 상승높이의 비는 어느 것인가?

㉮ 1 : 2 : 3   ㉯ 3 : 2 : 1

㉰ 6 : 3 : 2   ㉱ 2 : 3 : 6

해설 $h = \dfrac{4\sigma\cos\theta}{r \cdot d}$
(모세관의 액면 상승높이 h는 모세관이 지름 d에 반비례한다.)
$\therefore 1 : \dfrac{1}{2} : \dfrac{1}{3} = 6 : 3 : 2$

71. 액체가 고체를 적시는 현상은?

㉮ 부착력이 응집력보다 클 때

㉯ 고체의 면이 아주 깨끗할 때

㉰ 언제나 적신다.

㉱ 액체의 표면장력이 클 때

해설 ① 모세관현상 : 부착력>응집력
② 표면장력 : 부착력<응집력

72. 다음 용어에 대한 정의가 잘못 짝지어진 것은?

㉮ 이상유체 : 점성이 없다고 가정한 비압축성 유체

㉯ 뉴턴유체 : 전단응력이 속도구배에 비례하는 유체

㉰ 표면장력 : 액체표면 상에서 작용하는 수축력 또는 장력

㉱ 동점성계수 : 절대점도와 유체압력의 비

해설 동점성계수$= \dfrac{\mu(점성계수)}{\rho(밀도)} = \text{cm}^2/\text{s}$

정답   66. ㉯   67. ㉯   68. ㉮   69. ㉱   70. ㉰   71. ㉮   72. ㉱

73. 다음에서 실제 또는 이상유체의 흐름에 의하여 충족되어야 할 사항은?

① 뉴턴의 점성법칙
② 뉴턴의 운동 제2법칙
③ 연속방정식
④ $t = (\mu + n)\dfrac{du}{dy}$
⑤ 속도는 경계벽에서 "0"이다.
⑥ 유체는 경계벽을 갖지 않는다.

㉮ ①, ②, ③, ④   ㉯ ①, ③, ⑥
㉰ ②, ③, ⑤   ㉱ ②, ③, ⑥

74. 다음 설명 중 틀린 것은?

㉮ 뉴턴의 점성 유체를 완전 유체라 한다.
㉯ 이상 유체란 점성이 없고 비압축성인 유체이다.
㉰ 연속 방정식은 실제 유체나 이상 유체에 적용된다.
㉱ 정상 유동이란 유동 특성이 시간에 따라 변하지 않는다.

해설 완전유체=이상유체
뉴턴의 점성유체=뉴턴유체=실제유체

2 실제유체의 흐름

학습방향 레이놀즈수에 의한 층류와 난류의 구분과 주손실 수두와 부차적손실 수두에 따른 계산 및 경계층의 두께와 포텐샬의 흐름을 배운다.

01 층류와 난류

(1) 층류(laminar flow)

Newton의 점성 법칙이 성립된다.

$$\tau = \mu \frac{dv}{dy}$$

(2) 난류(turbulent flow)

$$\tau = \eta \frac{dv}{dy}$$

여기서, η : 와점성계수(난류의 정도와 밀도에 의해 결정되는 계수이다.)

※ 실제유체의 유동은 층류와 난류의 혼합된 흐름

$$\tau = (\mu + \eta) \frac{dv}{dy}$$

- 완전 층류일 때 : $\eta = 0$　　　• 완전 난류일 때 : $\mu = 0$

02 레이놀즈수(Reynolds number) : Re

(1) $Re = \dfrac{\rho V d}{\mu} = \dfrac{Vd}{\nu} = \dfrac{관성력}{점성력} = 무차원수$

(2) 층류 : Re<2,100, 난류 : Re>4,000, 천이구역 : 2,100<Re<4,000

(3) 하임계 Re : 2,100(난류에서 층류로 천이하는 Re)

(4) 상임계 Re : 4,000(층류에서 난류로 천이하는 Re)

POINT

- 뉴턴의 점성법칙에 만족하는 유체
  층류

문 난류에서 전단응력과 속도구배의 비를 나타내는 점성계수 유동의 혼합길이와 평균속도 구배의 함수이다.
▸ $\eta = \rho \ell^{2} \dfrac{dv}{dy}$

- 레이놀즈수(Re)

문 비중이 0.9, 점성계수가 0.25 poise인 기름이 직경 50cm인 원관속을 흐르고 있다. 유량이 0.2 m^{3}/S 일 때 유동형태는?
▸ $Re = \dfrac{\rho Vd}{\mu} = \dfrac{4\rho QD}{\pi D^{2}\mu}$
$= \dfrac{4\rho Q}{\pi D \mu} = \dfrac{4 \times 1000 \times 0.9 \times 0.2}{\pi \times 0.5 \times 0.025}$
$= 18344$(난류)
여기서, $V = \dfrac{4Q}{\pi D^{2}}$
$\mu = 0.25 poise$
$= 0.025 kg/m \cdot s$

03 관로의 유동

(1) 수평원형관속의 손실수두

① $h_l = f \dfrac{l}{d} \cdot \dfrac{V^2}{2g}$

(달시-바이스바흐(Darcy-Weisbach)) 방정식

여기서, f : 관마찰계수(레이놀즈수와 상대조도의 함수이다.)

※ 상대조도=절대조도/관경

② 수평원관 속의 층류흐름(하겐-푸아죄유 방식)

㉮ 유량$(Q) = \dfrac{\Delta P \pi r^4}{8\mu l} = \dfrac{\Delta P \pi D^4}{128 \mu l}$ (m^3/s) (하겐-푸아죄유 방정식)

㉯ 평균속도$(V) = \dfrac{Q}{A} = \dfrac{\Delta P r^2}{8\mu l} = \dfrac{\Delta P D^2}{32 \mu l} = \dfrac{1}{2} V_{\max}$

여기서, $\triangle P$: 압력강하

l : 관의 길이

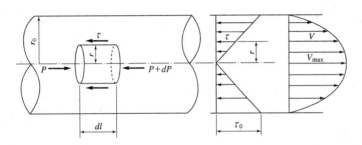

수평원관 사이의 층류 흐름

③ 관마찰계수

㉮ 관마찰계수의 층류구역

㉠ $f = \dfrac{64\mu}{\rho V d} = \dfrac{64}{Re}$

㉡ 층류구역에서 관마찰계수(f)는 레이놀즈수만의 함수이다

㉯ 관마찰의 천이구역 : 관마찰계수(f)는 상대조도와 레이놀즈수만의 함수이다.

POINT

🔲 원관속을 점성유체가 층류로 흐를 때 평균속도 V와 최대속도 $V_{\max}$는 어떤 관계인가?

▶ $V = \dfrac{1}{2} V_{\max}$

🔲 직경 300mm, 길이 3000m 인 관에 유량이 $0.05\text{m}^3/\text{s}$이면 층류 유동에서 손실수두는 몇 m 인가? (단, Re=1600)

▶ $V = \dfrac{4Q}{\pi d^2} = \dfrac{4 \times 0.05}{\pi \times 0.3^2}$

$= 0.707 \text{m/s}$

$f = \dfrac{64}{Re} = \dfrac{64}{1600} = 0.04$

$hl = f \dfrac{l}{d} \cdot \dfrac{V^2}{2g}$

$0.04 \times \dfrac{3000}{0.3} \times \dfrac{0.707^2}{2 \times 9.8} = 10.21\text{m}$

ⓣ 관마찰계수의 난류구역

ⓐ 블라시우스(Blasius)의 실험식 : 매끄러운 관

$$f = 0.3164Re^{-\frac{1}{4}}$$

※ 매끄러운 관에서는 레이놀즈수만의 함수이다.

ⓑ 니쿠레디스(Nikuradse)의 실험식 : 거친 관

$$\frac{1}{\sqrt{f}} = 1.14 - 0.86\ln\left(\frac{e}{d}\right)$$

※ 거친 관에서는 상대조도만의 함수이다.

(2) 비원형관로의 손실수두

① 비원형관로의 달시 방정식

$$h_l = f\frac{l}{4R_h}\frac{V^2}{2g}\,(m)$$

② 수력반경$(R_h) = \dfrac{유동단면적}{접수변길이} = \dfrac{A}{P}\,(m)$

ⓐ 원형단면의 수력반경$(R_h) = \dfrac{\dfrac{\pi d^2}{4}}{\pi d} = \dfrac{d}{4}$

ⓑ 2중원형관의 수력반경$(R_h) = \dfrac{\dfrac{\pi D^2 - \pi d^2}{4}}{\pi D + \pi d} = \dfrac{D-d}{4}$

③ 상당직경(수력지름)$=4\times\dfrac{단면적}{접수변의 길이}$

※ 2중 원관 수력지름$=(D-d)$

핵 심 문 제

01 원관 내 유체의 흐름에 대한 다음 설명 중 틀린 것은?

㉮ 일반적으로 층류는 레이놀즈수가 약 2,100 이하인 흐름이다.

㉯ 일반적으로 난류는 레이놀즈수가 약 4,000 이상인 흐름이다.

㉰ 일반적으로 관중심부의 유속은 평균 유속보다 크다.

㉱ 일반적으로 최대 유속에 대한 평균속도의 비는 난류가 층류보다 작다.

02 상임계 레이놀즈수란?

㉮ 층류에서 난류로 변하는 레이놀즈수

㉯ 난류에서 층류로 변하는 레이놀즈수

㉰ 등류에서 비등류로 변하는 레이놀즈수

㉱ 비등류에서 등류로 변하는 레이놀즈수

해설 02

① 상임계 레이놀즈수 : 층류에서 난류로 천이하는 레이놀즈수로 약 4,000 정도이다.

② 하임계 레이놀즈수 : 난류에서 층류로 변하는 레이놀즈수로 약 2100 정도이다.

03 30℃ 물이 내경이 10cm인 관속을 흐를 때 층류(laminar flow)로 흐르기 위한 임계속도는 몇 cm/s인가? (단, 30℃에서 물의 점도는 0.01g/cm·s이고 Re는 2,100이다.)

㉮ 0.21

㉯ 2.1

㉰ 4.2

㉱ 21

해설 03

$$Re = \frac{DV\rho}{\mu}$$

$$V = \frac{Re \cdot \mu}{D\rho} = \frac{2100 \times 0.01}{10 \times 1}$$

$$= 2.1$$

04 지름 1cm의 원통관의 0℃의 물이 흐르고 있다. 평균속도가 1.2m/s일 때 이 흐름에 해당하는 것은? (단, 0℃ 물의 동점성계수 v는 $1.788 \times 10^{-6}m^2/s$이다.)

㉮ 천이구간

㉯ 층류

㉰ 3차원 정상류

㉱ 난류

해설 04

레이놀즈수(Re)

$$Re = \frac{Vd}{\nu}$$

$$Re = \frac{1.2 \times 0.01}{1.788 \times 10^{-6}} = 6711$$

따라서, 레이놀즈수가 4,000 이상이므로 난류 흐름이다.

05 길이 5m, 내경 5cm인 강관 내를 물이 유속 3m/s로 흐를 때 마찰손실수두는? (단, 마찰손실계수는 0.030이다.)

㉮ 1.38m

㉯ 2.62m

㉰ 3.05m

㉱ 3.43m

해설 05

$$h_f = f \cdot \frac{l}{d} \cdot \frac{v^2}{2g}$$

$$= 0.03 \times \frac{5}{0.05} \times \frac{3^2}{2 \times 9.8}$$

$$= 1.377$$

정답

01. ㉱   02. ㉮   03. ㉯

04. ㉱   05. ㉮

06 관에서의 마찰계수 f에 대한 일반적인 설명으로 옳은 것은?

㉮ 레이놀즈수와 상대 조도의 함수이다.

㉯ 마하수와의 함수이다.

㉰ 점성력과는 관계가 없다.

㉱ 관성력만의 함수이다.

07 Hagen-Poiseuille 식이 유도될 때 설정된 가정과 가장 거리가 먼 것은?

㉮ 비압축성 유체의 층류흐름

㉯ 압축성 유체의 난류흐름

㉰ 밀도가 일정한 뉴턴성 유체의 흐름

㉱ 원형관 내에서의 정상상태흐름

08 원관 내를 물이 층류로 흐를 경우에 대한 설명 중 틀린 것은?

㉮ 평균 유속은 $\overline{V} = \frac{1}{2} \times$ 최대유속

㉯ 운동에너지 보정 계수 $a = 0.5$

㉰ 유량은 반지름의 사제곱에 비례함

㉱ 마찰 계수 $f = 16 \cdot N_{Re}$

09 층류 속도 분포를 Hagen-Poiseuille 유동이라고 한다. 이 흐름에서 일정한 유량의 물이 원관에서 흐를 때 지름을 2배로 하면 손실수두는 몇 배가 되는가?

㉮ 4

㉯ 16

㉰ $\frac{1}{4}$

㉱ $\frac{1}{16}$

10 뉴턴 유체(Newtonian fluid)가 원관 내를 층류 흐름으로 흐르고 있다. 관내의 최대 속도 U_{max}와 평균속도 $\overline{V}$ 와의 관계 $\frac{\overline{V}}{U_{max}}$ 는?

㉮ 2

㉯ 1

㉰ 0.5

㉱ 0.1

해 설

[해설] **07**

Hagen-Poiseuille 유동은 원관 내의 비압축성 정상 층류유동으로 가정한다.

$Q = \frac{\Delta P \pi d^4}{128 \mu L}$ (m³/sec)

여기서, Q : 유량

ΔP : 압력손실

d : 관경

L : 관 길이

μ : 점성계수

[해설] **08**

마찰계수 $f = \frac{64}{Re}$

[해설] **09**

하겐-푸아젤 방정식에서

$h_L = \frac{128 \mu L Q}{\pi D^4 r}$ 이므로 손실수두는 지름(D)의 4제곱에 반비례한다.

즉, $h_L = \frac{1}{2^4} = \frac{1}{16}$

[해설] **10**

$\overline{V} = \frac{1}{2} U_{max} = 0.5_{max}$

---

06. ㉮   07. ㉯   08. ㉱

09. ㉱   10. ㉰

정답

11 완전히 난류구역에 있는 거친 관에서의 손실수두는? (단, f는 마찰계수, V는 평균유속, Re는 레이놀즈수, P는 압력, μ는 점성계수, ρ는 밀도이다.)

㉮ 단지 Re에 좌우된다.

㉯ 주로 f, V에 좌우된다.

㉰ 주로 μ, ρ에 좌우된다.

㉱ 단지 P에 좌우된다.

해설 **11**
Darcy-Weisbach 방정식의 손실수두

$h_L = f\dfrac{L}{d} \times \dfrac{V^2}{2g}$ 로 나타낸다.

12 비중 0.8 점도 5cP의 유체를 1m/s의 속도로 안지름 10cm인 관을 사용하여 2km까지 수송한다. 이때의 수두손실은 약 몇 kgf·m/kg인가?

㉮ 2.25

㉯ 4.08

㉰ 22.5

㉱ 40.8

해설 $h_L = \dfrac{128\mu LQ}{\pi D^4 r}$

$$= \dfrac{128 \times \dfrac{5 \times 10^{-2}}{98} \times 2{,}000 \times \dfrac{\pi}{4} \times 0.1^2 \times 1}{\pi \times 0.1^4 \times 0.8 \times 1{,}000} = 4.08\,\mathrm{kgf \cdot m/kg}$$

11. ㉯   12. ㉯

04 부차적 손실

(1) 부차적 손실

관 속에 유체가 흐를 때 관 마찰손실 이외의 단면 변화, 곡관부 벤드(bend), 엘보(elbow), 연결부, 밸브, 기타 배관 부속품에서 생기는 총합을 부착적 손실이라 한다.

① 관 입구 및 출구에 있어서의 손실

② 단면적 변화에 의한 손실

③ 관의 만곡부, 분리관 등에 의한 손실

④ 밸브, 콕, 오리피스, 레듀셔 등에 의한 손실

(2) 단면적 변화에 의한 손실

① 돌연확대관에서의 손실

$$h_l = \frac{(V_1 - V_2)^2}{2\,g}$$

$$= \left(1 - \frac{A_1}{A_2}\right)^2 \frac{V_1^2}{2\,g} = k\frac{V_1^2}{2\,g}$$

여기서, k : 손실계수

$A_1 \ll A_2$인 경우 $k = 1$

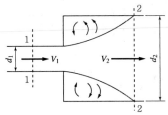

② 돌연축소관에서의 손실

$$h_l = \frac{(V_1 - V_2)^2}{2\,g}$$

연속의 방정식 $A_0 V_0 = A_2 V_2$에서

$$V_0 = \frac{A_2}{A_0} V_2 = \frac{1}{C_c} V_2$$

여기서, $C_c = \dfrac{A_0}{A_2}$: 단면적 축소계수

손실수두$(h_l) = \left(\dfrac{1}{C_c} - 1\right)^2 \dfrac{V_2^{\,2}}{2\,g} = k\dfrac{V_2^{\,2}}{2\,g}$

여기서, k : 돌연 축소관의 손실계수

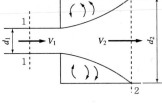

• 부차적 손실수두
속도의 제곱에 비례한다.

$$h\ell = k\frac{v^2}{2g}$$

(k : 부차적 손실계수)

• 갑자기 확대되는 관에서 손실수두

$$h\ell = \frac{(v_1 - v_2)^2}{2g}$$

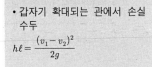

• 돌연 축소관에서 손실계수

$$k = \left(\frac{1}{c_c} - 1\right)^2$$

(C_c : 단면적 축소계수)

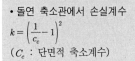

③ 점차확대관에서의 손실

$$h_l = k \frac{(V_1 - V_2)^2}{2\,g}$$

여기서, 최대손실은 확대각 θ가 62°인 근방에서, 최소손실은 확대각 Θ가 6~7°인 근방에서 생긴다.

POINT

• 점차확대관에서 최소손실계수를 갖는 원추각
6~7°

• 점차확대관에서 최대손실계수를 갖는 원추각
62°

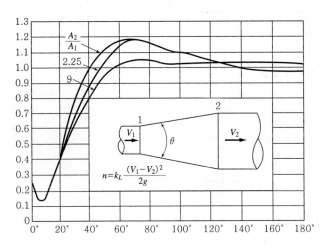

점차확대관에 대한 미소 손실계

④ 관로의 방향이 변화하는 관의 손실

㉮ 원형곡관에서의 손실

$$h_l = \left(k - f\frac{\ell}{d}\right)\frac{V^2}{2\,g}$$

Weisbach에 의하면 $k = \left[0.131 + 0.1632\left(\dfrac{d}{\rho}\right)^{3.5}\right]\dfrac{\theta}{90}$

$\theta = 90°$인 직각곡관의 경우 $\dfrac{d}{\rho} = 0.5 \sim 2.5$ 범위에서는

$$k + f\frac{l}{d} = 0.175$$

㉯ 엘보(elbow)에서의 손실

$$h_l = \left(k + f\frac{l}{d}\right)\frac{V^2}{2\,g}$$

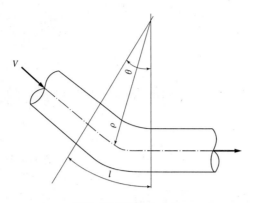

원형 곡관에서의 손실

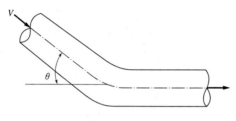

엘보에서의 손실

⑤ 관 부속품의 부차적 손실

슬루스 밸브, 글로브 밸브, 콕 등

$$h_l = k \frac{V^2}{2g}$$ 여기서, k : 밸브의 종류에 따른 계수

⑥ 등가길이(상당길이)

$$h_l = k \frac{V^2}{2g} = f \frac{L_e}{d} \frac{V^2}{2g}$$

여기서, 등가길이$(L_e) = \dfrac{kd}{f}$

※ 밸브의 부속품에 대한 손실계수(k)

표준 45° Elbow	0.35
표준 90° Elbow	0.75
긴반경 90° Elbow	0.45
커플링(Coupling)	0.04
유니언(Union)	0.04
게이트 밸브(Gate Valve)	open(0.20), 3/4(0.90). 1/2(4.55), 1/4(24)
글로브 밸브(Glove Valve)	open(6.4), 1/2 open(9.5)

커플링=유니언 < 게이트 밸브 <45° L < 90° 벤드 < 90° L < 글로브 밸브

• 관 부속품의 부차적 손실

문 곡률 반지름 10cm 안지름 5cm인 90° 엘보에 유속 3m/s로 물이 흐를 때 곡관에 의한 손실수 두는? (단, 저항계수 k=0.48)

▶ $h\ell = k \dfrac{V^2}{2g}$

$= 0.48 \times \dfrac{3^2}{2 \times 9.8} = 0.22$m

핵심문제

01 비압축성 유체가 흐르고 있는 유로가 갑자기 축소될 때 일어나는 현상이 아닌 것은?

㉮ 질량유량의 감소
㉯ 유로의 단면적 축소
㉰ 유속의 증가
㉱ 압력의 감소

02 도관 단면의 급격한 팽창에 따른 손실수두를 나타내는 식은? (단, V_a는 초기 단면에서의 평균 유속, V_b는 팽창단면에서의 평균유속, g는 중력 가속도이다.)

㉮ $(V_a - V_b)^3$
㉯ $(V_a - V_b)$
㉰ $\dfrac{(V_a - V_b)^2}{2g}$
㉱ $\dfrac{(V_a - V_b)}{2g}$

03 게이트 밸브의 일반적인 특징을 설명한 것으로 옳은 것은?

㉮ 섬세한 유량 조절이 힘들다.
㉯ 가정에서 사용하는 수도꼭지와 같다.
㉰ 대개 유체의 흐름과 평행한 방향으로 움직이는 문을 열고 닫는다.
㉱ 대개 완전히 열거나 닫을 수 없다.

04 다음 중 가정에서 사용하는 수도꼭지와 같은 것으로 다소 섬세한 유량조절이 필요할 때 가장 많이 사용되는 밸브는 어느 것인가?

㉮ 게이트 밸브
㉯ 글로브 밸브
㉰ 체크 밸브
㉱ 나비 밸브

05 역류를 방지하고 유체를 한 방향으로 수송시킬 때 사용하는 밸브는?

㉮ Check Valve
㉯ Stop Valve
㉰ Gate Valve
㉱ Glove Valve

해 설

[해설] 01
연속방정식에 의해 질량유량은 항상 일정하다.

[해설] 02
돌연확대관(팽창)

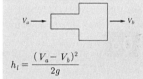

$$h_l = \frac{(V_a - V_b)^2}{2g}$$

[해설] 03
① 게이트 밸브(슬루스 밸브) : 유량 조절이 어렵고 유로의 개폐용에 사용
② 스톱 밸브(글로브 밸브) : 유량 조절이 쉬우나 압력 손실이 발생한다.

[해설] 04
① 글로브 밸브 : 유량조절용
② 게이트 밸브 : 유체흐름 개폐용
③ 체크 밸브 : 역류방지용

[해설] 05
Check Valve
역류 방지(유체를 한 방향으로만 수송)

01. ㉮ 02. ㉰ 03. ㉮
04. ㉯ 05. ㉮

정답

05 프란틀의 혼합거리(Prandtl's mixing length)

난류에서 유체입자가 수직방향으로 운동량의 변화 없이 난동(움직일 수)할 수 있는 것을 프란틀의 혼합거리라 한다.

※ 난류 정도가 심하면 난동하는 유체입자의 운동량이 크므로 운동량의 변화 없이 움직일 수 있는 거리는 커진다.

06 유체의 경계층

(1) 경계층(boundary layer)

고체표면이나 경계면에 접하고 있는 유체의 층은 레이놀즈수가 큰 경우 그 흐름은 2개의 층으로 나누어진다.

① 제1층 : 물체 표면이 근접해 있는 아주 얇은 영역을 말하며 점성의 영역이 현저하여 속도구배가 상당히 크고 마찰응력이 크게 작용한다.

② 제2층 : 얇은 제1층의 바깥쪽 전체의 영역으로 점성의 영향이 전혀 없는 이상유체와 같은 흐름의 형태를 갖는다.

　※ 프랜틀(Prandtl)이 실험하여 제1층, 즉 점성의 영향이 미치는 물체에 따른 얇은 층을 경계층이라 하였다.

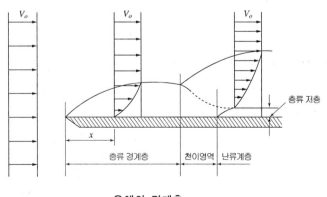

유체의 경계층

(2) 평판에서의 레이놀즈수

$$Re_x = \frac{V_0\, x}{\nu}$$

여기서, V_0 : 경계층 바깥의 유속

x : 평판선단으로부터의 거리

ν : 동점성계수

(3) 층류경계층에서 난류경계층으로 천이할 때의 레이놀즈수를 임계 레이놀즈수

※ 임계 $Re = 5 \times 10^5$

(4) 경계층의 두께(δ)

경계층 내부와 외부의 속도를 각각 u, U라고 할 때 $\dfrac{u}{U} = 0.99$가 되는 지점까지의 y좌표 값이 경계층의 두께 δ이다.

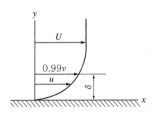

① 층류 경계층의 두께

$$\frac{\delta}{x} = \frac{4.65}{(Re_x)^{\frac{1}{2}}} = \frac{4.65}{\sqrt{Re_x}}$$

② 난류 경계층의 두께

$$\frac{\delta}{x} = \frac{0.376}{(Re_x)^{\frac{1}{5}}} = \frac{0.376}{\sqrt[5]{Re_x}}$$

제5과목 유체역학   827

POINT

• 평판에서의 레이놀즈수

문 500K인 공기가 매끈한 평판 위를 15m/s로 흐르고 있을 때 경계층이 층류에서 난류로 천이하는 위치는 선단에서 몇 m인가? (단, 동점성계수는 $3.8 \times 10^{-5} m^2/s$)

$$Re_x = \frac{V_0 x}{\nu}$$

$$x = \frac{\nu \times Re_x}{V_0}$$

$$= \frac{3.8 \times 10^{-5} \times 500000}{15} = 1.3m$$

• 경계층 두께

문 비중이 0.85 점도가 5C·P인 유체가 인입유속 10m/s 평판에 접근할 때 평판의 입구로부터 20cm인 지점에서 형성된 경계층의 두께는 몇 cm인가?

▶ $Re = \dfrac{\rho V x}{\mu}$

$$= \frac{0.85 \times 10 \times 20}{0.05} = 3400$$

$$\delta = \frac{5x}{\sqrt{Re}} = \frac{5 \times 20}{\sqrt{3400}}$$

$$= 1.71cm$$

07 박리와 후류

(1) 박리

흐름의 방향으로 속도가 감소하여 압력이 증가할 때는 경계층의 속도구배가 물체표면에서 심하게 커지고 드디어 경계층이 물체 표면에서 떨어진다.

이것을 경계층의 박리라 한다.

※ 박리 : 속도감소 → 압력증가 → 속도구배증가 → 경계층이 물체표면에서 떨어진다.

• 경계층에서 박리발생 역압력 구배 때문

(2) 후류

박리가 일어나는 경계로부터 하류구역을 후류라 한다.

• 후류
박리점 후방에서 생기는데 유체들을 혼합시키는 경우 발생

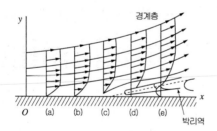

경계층의 박리와 후류

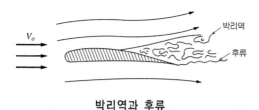

박리역과 후류

08 개수로의 흐름

(1) 개수로 흐름의 특성

① 유체의 자유표면이 대기와 접해있다.
② 수력구배선(HGL)은 유면와 일치한다.
③ 에너지선(EL)은 유면 위로 속도수두만큼 높다.
④ 손실수두는 수평선과 에너지선의 차이다.

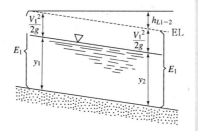

(2) 개수로 흐름의 형태

① 층류 : Re<500
② 천이구역 : 500<Re<2,000
③ 난류 : Re>2,000
④ 레이놀즈수 : $Re = \dfrac{V R_h}{\nu}$　　여기서, R_h : 수력반경

(3) 수력도약

개수로 유동에서 수로의 경사가 급경사에서 완만한 경사로 변할 때(초임계흐름 → 아임계흐름) 수심이 깊어진다. 이것은 운동에너지가 위치에너지로 변하기 때문이다. 이러한 현상을 수력도약(hydraulic jump)이라한다.

※ 수력도약에 의한 손실수두

$$h_l = \frac{(y_2 - y_1)^3}{4\, y_1 y_2}$$

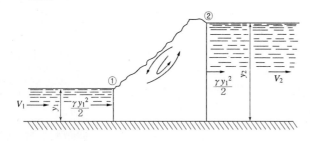

■ 수력도약이 발생하기 전에 수심은 3m, 발생 후의 수심이 5m이었다면 수력도약에 의한 손실수두는 몇 m인가?

▶ $h_l = \dfrac{(y_2 - y_1)^3}{4\, y_1 y_2}$
$= \dfrac{(5-3)^3}{4 \times 3 \times 5} = 0.133\,\text{m}$

핵 심 문 제

01 다음 경계층에 대한 설명 중 틀린 것은?

㉮ 경계층 바깥층의 흐름은 비점성 유동으로 가정할 수 있다.

㉯ 경계층의 형성은 압력 기울기, 표면조도, 열전달 등의 영향을 받는다.

㉰ 경계층 내에서는 점성의 영향이 작용한다.

㉱ 경계층 내에서는 속도 기울기가 크기 때문에 마찰응력이 감소하여 매우 작게 된다.

02 경계층에 대한 설명으로 옳은 것은?

㉮ 경계층 내의 속도구배는 경계층 밖에서의 속도구배보다 적다.

㉯ 층류층의 두께는 $Re^{\frac{1}{5}}$에 비례한다.

㉰ 경계층 밖에서는 비점성 유동이다.

㉱ 평판의 임계 레이놀즈수는 2,100과 4,000이다.

03 일반적으로 경계층은 유체속도가 자유흐름속도 V_{max}의 몇 % 이하가 되는 영역을 뜻하는가?

㉮ 50   ㉯ 80

㉰ 90   ㉱ 99

04 원형 관내를 유체가 흐르고 있을 때 경계층이 완전히 성장하여 일정한 속도분포를 유지하면서 흐르는 흐름을 무엇이라고 하는가?

㉮ 난류

㉯ 층류

㉰ 플러그(plug) 흐름

㉱ 완전히 발달된 흐름

05 평판에서 발생하는 층류 경계층의 두께는 평판 선단으로부터의 거리 x와 어떤 관계가 있는가?

㉮ x에 반비례한다.

㉯ $x^{\frac{1}{2}}$에 반비례한다.

㉰ $x^{\frac{1}{2}}$에 비례한다.

㉱ $x^{\frac{1}{3}}$에 비례한다.

06 비중이 0.85, 점도가 5cP인 유체가 인입유속 10cm/sec로 평판에 접근할 때 평판의 입구로부터 20cm인 지점에서 형성된 경계층의 두께는 몇 cm인가? (단, 층류흐름으로 가정하고 상수값은 5로 한다.)

㉮ 1.25cm

㉯ 1.71cm

㉰ 2.24cm

㉱ 2.78cm

07 개수로 유동(open channel flow)에 관한 설명으로 옳지 않은 것은?

㉮ 수력구배선은 자유표면과 일치한다.

㉯ 에너지 선은 수면 위로 속도 수두만큼 위에 있다.

㉰ 수평선과 에너지 선의 차이가 손실 수두이다.

㉱ 개수로에서 바닥면의 압력은 항상 일정하다.

해 설

해설 **05**

층류경계층의 두께

$$\delta = \frac{5x}{Re_x^{1/2}} = \frac{5x}{\left(\frac{u\propto x}{\nu}\right)^{1/2}}$$

$$= \frac{5x^{1/2}}{\left(\frac{u\propto}{\nu}\right)^{1/2}}$$

레이놀즈수 : Re

유속 : $U\propto$

동점성계수 : ν

해설 **06**

$$5cP = 0.05 \times \frac{1}{98}\, kgf\cdot s/m^2$$

$$\nu = \frac{\mu}{\rho} = \frac{0.05 \times \frac{1}{98}}{102 \times 0.85}$$

$$= 5.8847 \times 10^{-6} m^2/s$$

$$Re_x = \frac{V\cdot x}{\nu}$$

$$= \frac{0.1 \times 0.2}{5.8847 \times 10^{-6}}$$

$$= 3398.64 \fallingdotseq 3400$$

$$\delta = \frac{5x}{Re_x^{\frac{1}{2}}} = \frac{5 \times 0.2}{3400^{\frac{1}{2}}}$$

$$= 0.0171m = 1.71cm$$

해설 **07**

개수로 유동에서 바닥면의 압력은 물의 깊이에 따라 다르다.

05. ㉰   06. ㉯   07. ㉱

정답

01. 다음 중 레이놀즈수가 아닌 것은? (단, V : 속도, d : 지름, ρ : 밀도, γ : 비중량, μ : 점성계수, ν : 동점성계수, g : 중력 가속도이다.)

㉮ $Re = \dfrac{Vd}{\nu}$　　　　　㉯ $Re = \dfrac{\rho Vd}{\mu}$

㉰ $Re = \dfrac{\rho \mu d}{V}$　　　　　㉱ $Re = \dfrac{r Vd}{\mu g}$

[해설] $Re = \dfrac{\rho Vd}{\mu} = \dfrac{Vd}{\nu} = \dfrac{r Vd}{\mu g}$

여기서, $\mu = \rho \nu$, $\rho = \dfrac{r}{g}$

02. 임계 레이놀즈수라는 것은?

㉮ 1차 유동에서 2차 유동으로 바뀔 때의 레이놀즈수
㉯ 직선운동에서 회전운동으로 바뀔 대의 레이놀즈수
㉰ 저속에서 고속으로 바뀔 때의 레이놀즈수
㉱ 난류에서 층류유동으로 바뀔 때의 레이놀즈수

[해설] ① 임계 Re=난류 → 층류
② 하임계 Re : 2,100(난류 → 층류)
③ 상임계 Re : 4,000(층류 → 난류)

03. 레이놀즈의 물리적 개념에 해당하는 것은?

㉮ 관성력/점성력　　　㉯ 관성력/중력
㉰ 중력/관성력　　　　㉱ 탄성력/압력

[해설] 레이놀즈수 $Re = \dfrac{관성력}{점성력} = 무차원수$

04. 밀도가 $0.9g/cm^3$, 점성계수가 0.25P인 기름이 지름 50cm인 원관 속을 흐르고 있다. 유량이 $0.2m^3/s$일 때 유동형태는?

㉮ 층류　　　　　　　㉯ 난류
㉰ 천이구역　　　　　㉱ 정답 없다.

[해설] $Re = \dfrac{\rho d V}{\mu} = \dfrac{4\rho Q}{\pi D \mu} = \dfrac{4Q}{\pi D \nu}$

$= \dfrac{4 \times 1,000 \times 0.9 \times 0.2}{\pi \times 0.5 \times 0.025} = 18,344$

여기서, 0.25P=0.025kg/m·s

∴ 레이놀즈수가 상임계 레이놀즈수인 4,000보다 크므로 난류이다.

05. 지름 1cm의 원관에 유속 1.2m/s의 물이 흐르고 있다. 이때 물의 동점성계수 $\nu = 1.788 \times 10^{-6} m^2/s$라 하면 레이놀즈수는 얼마인가?

㉮ 2,320　　　　　　㉯ 3,451
㉰ 4,597　　　　　　㉱ 6,711

[해설] $Re = \dfrac{dV}{\nu}$

$= \dfrac{0.01m \times 1.2m/sec}{1.788 \times 10^{-6} m^2/sec} = 6711.4$

06. 동점도 $2.31cm^2/s$인 물이 50mm 원관을 지날 때 임계속도는? (단, Re=2,100)

㉮ 5.7　　　　　　　㉯ 9.7
㉰ 10.7　　　　　　　㉱ 15

[해설] $Re = \dfrac{Vd}{\nu}$ 에서

$V = \dfrac{Re \cdot \nu}{d} = \dfrac{2,100 \times 2.31}{5} = 970.2cm/s = 9.7m/s$

07. 관마찰계수는?

㉮ 마하수와 코시수의 함수이다.
㉯ 레이놀즈수와 상대조도의 함수이다.
㉰ 절대조도와 관 지름의 함수이다.
㉱ 상대조도와 프루드수의 함수이다.

[해설] ① 관마찰계수(f) : 레이놀즈수와 상대조도의 함수이다.
② 상대조도 : 절대조도/관경

정답 01. ㉰　02. ㉱　03. ㉮　04. ㉯　05. ㉱　06. ㉯　07. ㉯

08. 층류구역과 난류구역의 중간 천이구역에서의 관 마찰계수 f는?

㉮ 레이놀즈수 Re와 상대조도 $\frac{e}{d}$ 와의 함수이다.

㉯ 마하수와 코사수와의 함수가 된다.

㉰ 상대조도와 오일러수의 함수가 된다.

㉱ 언제나 레이놀즈수만의 함수가 된다.

[해설] 관마찰계수
① 층류구역 : 레이놀즈수만의 함수이다.
② 천이구역 : 상대조도와 레이놀즈수만의 함수
③ 난류구역 : 매끄러운 관=레이놀즈수만의 함수, 거친 관=상대조도만의 함수

09. 관수로에서 상대조도와 마찰손실과의 관계를 맞게 기술한 것은?

㉮ 상대조도가 크면 마찰손실이 작다.

㉯ 상대조도가 작으면 마찰손실이 크다.

㉰ 상대조도가 작으면 마찰손실이 작다.

㉱ 상대조도와 마찰손실과는 관계가 없다.

[해설] 상대조도 : $\frac{e}{d}$

여기서, e : 절대조도, d : 관경

10. 어떤 유체가 매끈한 관에서 난류 유동을 할 때 관 마찰계수와 관계없는 것은?

㉮ 유속   ㉯ 관의 지름

㉰ 점성계수   ㉱ 관의 조도

[해설] 매끈한 관 속의 난류에 대한 관 마찰계수는 레이놀즈수만의 함수이므로 점성계수, 유체의 밀도, 유속, 관의 지름에 관계된다.

11. 비압축성 유체가 원형관에서 난류로 흐를 때 마찰계수와 레이놀즈수의 관계는? (단, Re=3×10^3~10^5 이내일 때)

㉮ 마찰계수는 레이놀즈수에 비례한다.

㉯ 마찰계수는 레이놀즈수에 반비례한다.

㉰ 마찰계수는 레이놀즈수의 $\frac{1}{4}$ 제곱에 비례한다.

㉱ 마찰계수는 레이놀즈수의 $\frac{1}{4}$ 제곱에 반비례한다.

[해설] 관마찰계수의 난류구역
① 매끄러운 관 : $f = 0.3164 Re^{-\frac{1}{4}}$
② 거친 관 : $\frac{1}{\sqrt{f}} = 1.14 - 0.86 \times \ln\left(\frac{e}{d}\right)$

12. 유체의 흐름이 층류일 때 관마찰계수 f가 맞는 것은?

㉮ $f = \frac{10^5}{Re}$ ㉯ $f = \frac{64}{Re}$

㉰ $f = \frac{30}{Re}$ ㉱ $f = \frac{10^3}{Re}$

[해설] 관찰마찰계수의 층류 구역
① $f = \frac{64\mu}{\rho V d} = \frac{64}{Re}$
② 층류구역에서 관마찰계수(f)는 레이놀즈수만의 함수이다.

13. 레이놀즈수가 1,800인 유체가 매끈한 원관 속을 흐를 때 관마찰계수는?

㉮ 0.0134   ㉯ 0.0211

㉰ 0.0356   ㉱ 0.0423

[해설] 층류 이므로 $f = \frac{64}{Re} = \frac{64}{1800} ≒ 0.0356$

14. 동점도 v=$1\times10^{-4}$$m^2$/s인 어떤 유체가 관경 40mm관을 2m/s의 속도로 흐를 때 관마찰계수는 얼마인가?

㉮ 0.02   ㉯ 0.04

㉰ 0.06   ㉱ 0.08

[해설] $Re = \frac{Vd}{\nu} = \frac{2\times0.04}{1\times10^{-4}} = 800 \cdots$ 층류

$f = \frac{64}{Re}$ 이므로 $\frac{64}{800} = 0.08$

08. ㉮   09. ㉰   10. ㉱   11. ㉱   12. ㉯   13. ㉰   14. ㉱   정답

15. 원관속을 액체가 층류로 흐를 때 최대속도는 평균속도의 몇 배가 되는가?

㉮ 같다.　　　　　　　㉯ 2배

㉰ $\frac{2}{3}$ 배　　　　　　㉱ $\frac{1}{2}$ 배

해설 ① 층류 : 평균유속(V)$= \frac{1}{2} V_{max}$

② 난류 : 평균유속(V)$=0.8 V_{max}$

16. 30℃의 물(비중 1)이 안지름이 10cm인 관 속을 흐를 때 laminar flow로 흐르기 위한 최대유체속도는 얼마인가?

㉮ 0.21cm/s　　　　　㉯ 2.1cm/s

㉰ 4.2cm/s　　　　　　㉱ 21cm/s

해설 $Re = \frac{\rho d V}{\mu}$, 물의 점성계수$=1 CP=0.01 g/cm \cdot sec$

$\therefore V = \frac{Re \mu}{\rho d} = \frac{2,100 \times 0.01}{1 \times 10} = 2.1 cm/s$

$V = \frac{V_{max}}{2}$

$\therefore V_{max} = 2 \times V = 2.1 \times 2 = 4.2 cm/s$

17. 다음 용어의 해설 중 틀린 것은?

㉮ 난류란 유체의 흐름이 빠르며, 유체의 각 입자가 흐름의 방향과 수직하게 진행하는 것을 말한다.

㉯ 1센티포아즈(CP)는 3.6kg/m·h와 같은 양이다.

㉰ Reynolds수란, 유체가 직관을 흐를 때 난류인지, 층류인지를 추정하는 무차원수이다.

㉱ 층류란 유체의 흐름이 완만하며, 유체의 각 입자가 흐름이 방향과 평행하게 진행하는 것을 말한다.

해설 난류는 입자의 흐름방향이 일정하지 않음

18. 난류에서 전단 응력과 속도구배의 비를 나타내는 점성계수는?

㉮ 유동의 혼합 길이와 평균 속도구배의 함수이다.

㉯ 유체의 성질이므로 온도가 주어지면 일정한 상수이다.

㉰ 뉴턴의 점성법칙으로 구한다.

㉱ 임계 레이놀즈수를 이용하여 결정한다.

해설 ① 난류 : $\tau = \eta \frac{dv}{dy}$($\eta$: 와점성 계수, $\frac{dv}{dy}$: 속도구배)

② 층류 : $\tau = \mu \frac{dv}{dy}$(μ : 점성 계수)

19. 유체가 난류로 흐를 때 속도분포를 나타내는 다음 식이 되는 유체층은?

$$\frac{dU^+}{dy^+} = 1 \left(u^+ = u/u, \ y^+ = \frac{yzu}{u} \text{이고} \ \mu = \frac{\tau_{uge}}{\rho} \right)$$

㉮ Vuscous Sublayer

㉯ Buffer Layer

㉰ Turbulent Core

㉱ Eddy Zone

20. 달시(Darcy) 방정식은?

㉮ 돌연축소관에서의 손실수두를 계산하는데 이용한다.

㉯ 점차확대관에서의 손실수두를 계산하는데 이용한다.

㉰ 곧고 긴 관에서의 손실수두를 계산하는데 이용한다.

㉱ 베르누이 방정식의 일종이다.

해설 달시 방정식
길고 곧은 관에서 손실수두를 계산하는데 이용된다.
$hl = f \frac{l}{d} \cdot \frac{V^2}{2g}$

정답 15. ㉯　16. ㉰　17. ㉮　18. ㉰　19. ㉮　20. ㉰

21. 수평관 속에 유체가 정상적으로 흐를 때 마찰손실은?

㉮ 유속의 제곱에 비례해서 변한다.

㉯ 원관의 길이에 반비례해서 변한다.

㉰ 압력 변화에 반비례해서 변한다.

㉱ 원관 안지름의 제곱에 반비례해서 변한다.

해설 다르시-바이스바흐식

$h_f = f\dfrac{l}{d} \cdot \dfrac{V^2}{2g}$ 에서 마찰손실(h_f)은 관 길이, 유속의 제곱에 비례하고 관지름에 반비례한다.

22. 지름이 25cm인 원형관 속을 5.7m/s의 평균 속도로 물이 흐르고 있다. 40m에 걸친 실험 결과의 수두손실이 5m로 나타났다. 이때의 마찰계수는?

㉮ 0.0175

㉯ 0.0189

㉰ 0.0289

㉱ 0.0262

해설 $h_f = f\dfrac{l}{d} \cdot \dfrac{V^2}{2g}$ 에서

$f = \dfrac{h_f \cdot d \cdot 2g}{l \cdot V^2} = \dfrac{5 \times 0.25 \times 2 \times 9.8}{40 \times 5.7^2} = 0.0189$

23. 직경 300mm, 길이 3,000m인 관에 유량이 $50 \times 10^{-3} \text{m}^3/\text{s}$이면 층류 유동에서 손실수두는 몇 m인가? (단, Re=1,600)

㉮ 7.63

㉯ 10.21

㉰ 12

㉱ 12.23

해설 $h_\ell = f\dfrac{\ell}{d} \cdot \dfrac{v^2}{2g} = 0.04 \times \dfrac{3,000}{0.3} \times \dfrac{0.707^2}{2 \times 9.8} = 10.21\text{m}$

여기서, $f = \dfrac{64}{Re} = \dfrac{64}{1,600} = 0.04$

$V = \dfrac{50 \times 10^{-3}}{\dfrac{\pi}{4} \times (0.3\text{m})^2} = 0.707\text{m/s}$

24. 내경 10cm 원관에 물을 시간당 800m³ 수송시 1,000m 지점까지 수송될 수 있는 압력(Pa)을 구하여라. (단, f=0.03)

㉮ 1.2×10^7

㉯ 1.2×10^8

㉰ 2.5×10^7

㉱ 2.5×10^8

해설 $h_\ell = f\dfrac{\ell}{d} \cdot \dfrac{V^2}{2g}$ 에서

유속 $V = \dfrac{Q}{A} = \dfrac{800\text{m}^3/3,600\text{s}}{\dfrac{\pi}{4} \times (0.1\text{m})^2} = 28.29\text{m/s}$

$\therefore h_\ell = 0.03 \times \dfrac{1,000}{0.1} \times \dfrac{28.29^2}{2 \times 9.8} = 12,253.50\text{m}$

$P = rh = 1,000\text{kgf/m}^3 \times 12,253.50\text{m} \times 10^{-4} = 1,225.35\text{kgf/cm}^2$

$\therefore \dfrac{1,255.35}{1.0332} \times 101,325(\text{Pa}) = 1.2 \times 10^8 \text{Pa}$

25. 비중 0.95, 점성계수 0.1kgf·s/m²인 원유를 100ℓ/s로 안지름 100mm인 파이프를 통해 2km 떨어진 곳으로 수송할 때 압력손실은 (단, 관 마찰계수는 0.051750이다.)

㉮ 813kgf/cm²

㉯ 814kgf/cm²

㉰ 857kgf/cm²

㉱ 830.6kgf/cm²

해설 $H = \dfrac{\Delta P}{r} = \dfrac{f\ell V^2}{2gD}$ 식에서

여기서, $Q = VA$

$V = \dfrac{Q}{A} = \dfrac{0.1\text{m}^3/\text{sec}}{\dfrac{\pi}{4}(0.1\text{m})^2} = 12.73\text{m/sec}$

$\therefore \Delta P = \dfrac{f\ell V^2 \cdot r}{2gD}$

$= \dfrac{0.05175 \times 2,000\text{m} \times (12.73\text{m/sec})^2 \times 950\text{kg/m}^3}{2 \times 9.8\text{m/sec}^2 \times 0.1\text{m}}$

$= 8.13 \times 10^6 \text{kg/m}^2 = 813\text{kg/cm}^2$

26. 같은 지름의 원관을 직각으로 접속하고 관내 평균 속도 2m/s로 물을 보낸다. 관의 만곡에 의한 손실두두는? (단, 손실계수는 0.98)

㉮ 0.2m

㉯ 0.4m

㉰ 0.37m

㉱ 0.17

해설 $H = \dfrac{kV^2}{2g} = \dfrac{0.98 \times (2)^2}{2 \times 9.8} = 0.2\text{m}$

21. ㉮ 22. ㉯ 23. ㉯ 24. ㉯ 25. ㉮ 26. ㉮ 정답

27. 길이가 100m인 관로에서 손실이 1m가 발생시 동수경사(Hydrqulc Gade Line)는 얼마인가?

㉮ 1% ㉯ 2%

㉰ 3% ㉱ 4%

해설 동수경사$(I) = \dfrac{손실수두}{관길이} = \dfrac{1m}{100m} = 0.01 = 1\%$

28. 다음은 무엇을 설명하는 식인가?

보기

수평원관 속의 층류 흐름에서 관경, 점성계수, 길이, 압력강하에 대한 관계식

㉮ 하겐-푸아젤 식

㉯ 뉴턴의 운동량 방정식

㉰ 마찰손실에 관한 법칙

㉱ 베르누이 방정식

해설 Hagen Poiseuile 방정식

$(\Delta P) = \dfrac{128\mu LQ}{\pi d^4}$, $Q = \dfrac{\pi d^4 \Delta P}{128\mu L}$, $V = \dfrac{\Delta P r^2}{8\mu L}$

29. 점성계수가 $1.6 \times 10^{-3} kgf \cdot s/m^2$로 층류 흐름에서 반경 0.01m 압력손실 $h_f = 0.2 kgf/cm^2$의 300m 지점의 평균유속은 얼마인가?

㉮ 0.01m/s ㉯ 0.03m/s

㉰ 0.04m/s ㉱ 0.05m/s

해설 $V = \dfrac{\Delta P r^2}{8\mu L} = \dfrac{0.2 \times 10^4 \times (0.01)^2}{8 \times 1.6 \times 10^{-3} \times 300} = 0.052 m/s$

30. 점성 유체가 단면적이 일정한 수평원관 속을 정상류, 층류로 흐를 때 유량은?

㉮ 길이에 비례하고 지름의 제곱에 반비례한다.

㉯ 압력 강하에 반비례하고 관 길이의 제곱에 비례한다.

㉰ 점성계수에 반비례하고 관의 지름의 4제곱에 비례한다.

㉱ 압력 강하와 관의 지름에 비례한다.

해설 하겐-푸아죄유의 방정식

$Q = \dfrac{\pi D^4 \Delta P}{128\mu L}$

31. 다음 수두손실에 대한 설명 중 거리가 먼 것은?

㉮ 관수로 흐름에서 발생되는 수두손실에는 관내 마찰에 의한 수두손실과 밸브, 곡관 등에 의한 미소손실 등이 있다.

㉯ 수두손실의 계산시 통상 Darcy 공식이라 일컫는 Darcy-Weisbach 공식이 가장 많이 적용되고 있다.

㉰ Hazen-Williams 공식은 적당히 매끈한 관 (주철관 같은)에는 잘 맞으나, 거친 관, 작은 관 또는 층류에 대해서는 정확성이 떨어진다.

㉱ Manning 공식은 개수로에만 사용되며, 관수로 흐름에는 적용되지 못한다.

해설 만닝 공식은 주로 개수로 유동에 많이 적용되나, 관수로 유동에도 적용된다.

32. 일정한 유량의 물이 원관에 층류로 흐를 때 지름을 2배로 하면 손실수두는 몇 배가 되는가?

㉮ $\dfrac{1}{4}$ ㉯ $\dfrac{1}{8}$

㉰ $\dfrac{1}{16}$ ㉱ $\dfrac{1}{32}$

해설 하겐-푸아죄유의 방정식

$hl = \dfrac{128\pi LQ}{\pi D^4 r}$에서 손실수두는 지름의 4제곱에 반비례한다.

즉, $h_L = \dfrac{1}{2^4} = \dfrac{1}{16}$

정답 27. ㉮ 28. ㉮ 29. ㉱ 30. ㉰ 31. ㉱ 32. ㉰

33. 다음 중 유체유동에서 마찰로 인한 에너지 손실과 관련 있는 것은?

㉮ 운동에너지와 내부에너지의 힘의 증가이다.

㉯ 엔트로피 증가이다.

㉰ 엔탈피 증가이다.

㉱ 내부에너지와 외부에너지의 차이다.

34. 밀도가 892kg/m³인 원유를 그림과 같이 A관을 통하여 $1.388×10^{-3}$m³/s로서 들어가서 B관으로 분할되어 나간다. 관 B에서 유속을 구하면? (단, 관 A 단면적은 $2.165×10^{-3}$m²이고, 관 B 단면적은 $1.314×10^{-3}$m²이다.)

㉮ 0.641m/s

㉯ 1.036m/s

㉰ 0.619m/s

㉱ 0.528m/s

해설 $Q = A·V$

$$V = \frac{Q}{A} = \frac{1.388×10^{-3}×\frac{1}{2}}{1.314×10^{-3}} = 0.528\,\text{m/s}$$

35. 어떤 액의 흐름이 정상유동일 때 직경 1m 원통형 탱크 수면 하단부 800mm 지점에 20mm 노즐을 설치하였다. 10초 후 수면이 0.2m 하강하였을 때 노즐을 통한 유량은 몇 m³/min인가?

㉮ 0.94

㉯ 0.87

㉰ 0.51

㉱ 0.11

해설 $Q = \dfrac{\pi d^2}{4}·H = \dfrac{\pi×1^2}{4}×0.2×\dfrac{60}{10} = 0.94\,\text{m}^3/\min$

36. 6cm×12cm인 직사각형 단면의 수력반지름은 몇 cm인가?

㉮ $\dfrac{3}{2}$

㉯ 2

㉰ 3

㉱ 6

해설 수력반지름 = $\dfrac{\text{단면적}}{\text{접수길이}} = \dfrac{(6×12)\text{cm}^2}{(6\text{cm}×2)+(12\text{cm}×2)} = 2\text{cm}$

37. 관경 d인 관에 액체가 만수하여 흐를 때 수력반경으로 옳은 것은?

㉮ $\dfrac{1}{4}d$

㉯ $\dfrac{1}{2}d$

㉰ d

㉱ $2d$

해설 수력반경 = $\dfrac{\text{단면적}}{\text{접수길이}} = \dfrac{\frac{\pi d^2}{4}}{\pi d} = \dfrac{d}{4}$

38. 외경 D_1, 내경 D_2인 이중관에 액체가 가득 흐를 때 수력반경(R_h)은?

㉮ $\dfrac{1}{4}(D_1-D_2)$

㉯ $\dfrac{1}{6}(D_1-D_2)$

㉰ $\dfrac{1}{8}(D_1-D_2)$

㉱ $\dfrac{1}{10}(D_1-D_2)$

해설 $\dfrac{\frac{\pi}{4}D_1^2 - \frac{\pi}{4}D_2^2}{\pi D_1 + \pi D_2} = \dfrac{\frac{\pi}{4}(D_1^2-D_2^2)}{\pi(D_1+D_2)}$

$$= \dfrac{(D_1+D_2)(D_1-D_2)}{4(D_1+D_2)} = \dfrac{D_1-D_2}{4}$$

39. 유체가 지름 40mm의 관과 50mm관으로 구성된 이중관 사이로 흐를 때의 수력학적 상당직경(hydraulic mean diameter)은?

㉮ 10mm

㉯ 20mm

㉰ 25mm

㉱ 45mm

해설 $(D-d) = (50-40) = 10\text{mm}$

40. 조도계수 $\eta = 5×10^{-1}$일 때 단면적 $3×4\text{cm}^2$에 물이 흐를 때 상대조도는 얼마인가?

㉮ 0.15

㉯ 0.25

㉰ 0.35

㉱ 0.55

[해설] 상대조도 $= \dfrac{조도계수}{4\times수력반경} = \dfrac{0.5}{4\times0.857} = 0.145 = 0.15$

여기서, 수력반경 $= \dfrac{3\times4}{2\times(3+4)} = 0.857$

41. 관로(소화배관)의 다음과 같은 변화 중 부차적 손실에 해당되지 아니하는 것은?

㉮ 관 벽의 마찰 ㉯ 급격한 확대

㉰ 급격한 축소 ㉱ 부속품의 설치

[해설] 부차적 손실
① 급격한 확대
② 급격한 축소
③ 엘보, 밸브 등 관 부속품에 의한 손실
  여기서, 관 벽의 마찰은 주손실

42. 다음 부차적 손실수두에 대한 설명 중 옳은 것은 어느 것인가?

㉮ 점성계수에 반비례한다.

㉯ 관의 길이에 반비례한다.

㉰ 속도의 제곱에 비례한다.

㉱ 유량의 제곱에 비례한다.

[해설] 부차적 손실수두 : $K \cdot \dfrac{V^2}{2g}$

43. 곡률 반지름 10cm, 안지름이 5cm인 90° 엘보에 유속 3m/s로 물이 흐를 때 곡관에 의한 손실수두는? (단, 저항계수 K=0.48)

㉮ 0.12m ㉯ 0.22m

㉰ 0.29m ㉱ 0.34m

[해설] $h_\ell = k\dfrac{V^2}{2g} = 0.48 \times \dfrac{3^2}{2\times9.8} = 0.22\,\text{m}$

44. 그림과 같이 갑자기 확대하는 유로에서 생기는 수두손실은 다음 중 어느 것이 맞는가?

㉮ $\dfrac{V_2^2}{2g}$

㉯ $\dfrac{V_1^2 + V_2^2}{2g}$

㉰ $\dfrac{(V_1 - V_2)^2}{2g}$

㉱ $\dfrac{V_1^2}{2g}$

[해설] 확대 손실수두

$H = \dfrac{(V_1 - V_2)^2}{2g} = \left[1 - \left(\dfrac{d_1}{d_2}\right)^2\right]^2 \cdot \dfrac{V_1^2}{2g} = k\dfrac{V_1^2}{2g}$

45. 안지름이 100mm에서 200mm로 돌연 확대되는 관에 물이 0.04m³/s로 흐를 때, 돌연확대관에 의한 손실수두는 얼마인가?

㉮ 0.61m ㉯ 0.67m

㉰ 0.70m ㉱ 0.75m

[해설] $V_1 = \dfrac{Q}{A_1} = \dfrac{0.04}{(\pi/4)\times0.1^2} = 5.1\,\text{m}$

$V_2 = \dfrac{0.04}{(\pi/4)\times0.2^2} = 1.27\,\text{m/s}$ 이므로

$h_L = \dfrac{(V_1 - V_2)^2}{2g} = \dfrac{(5.1 - 1.27)^2}{2\times9.8} = 0.748\,\text{m}$

46. 직경 5cm 관내는 8m/s 흐르는 물이 직경 10cm 관속으로 흐를 때 확대 마찰손실계수 k는 얼마인가?

㉮ 0.754 ㉯ 0.563

㉰ 0.357 ㉱ 0.164

[해설] 돌연확대관 손실

$H_L = k\dfrac{u_1^2}{2g} = \left[1 - \left(\dfrac{d_1}{d_2}\right)^2\right]^2 \dfrac{u_1^2}{2g}$ 식에서

$k = \left[1 - \left(\dfrac{d_1}{d_2}\right)^2\right]^2 = \left[1 - \left(\dfrac{5}{10}\right)^2\right]^2 = 0.5625$

정답 41. ㉮ 42. ㉰ 43. ㉯ 44. ㉰ 45. ㉱ 46. ㉯

47. 그림과 같은 축소관에서 손실수두를 나타내는 식은 어느 것인가? (단, C_c는 축소계수, g는 중력가속도이다.)

⑦ $H=\left(\dfrac{1}{C_c}-1\right)^2\dfrac{V_2^2}{2g}$

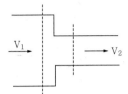

⑭ $H=\left(\dfrac{1}{C_c}-1\right)\dfrac{V_2^2}{2g}$

⑭ $H=\left(\dfrac{1}{C_c}-1\right)^2\dfrac{V_1^2}{2g}$

⑭ $H=\left(\dfrac{1}{C_c}-1\right)^3\dfrac{(V^{2}-V_1^2)}{2g}$

해설 축소관 손실수두

$$H=\left(\dfrac{1}{C_c}-1\right)^2\dfrac{V_2^2}{2g}=k\dfrac{V_2^2}{2g}$$

48. 유체가 흐르고 있는 유로가 갑자기 축소할 때 일어나는 현상 중 옳지 않은 것은?

⑦ 유량의 감소
⑭ 유로의 단면적 축소
⑭ 유속의 증가
⑭ 압력의 감소

해설 연속의 방정식에 의해 유량은 일정하다.

49. 다음은 원추확대관에서의 손실계수에 대한 설명이다. 맞는 것은?

⑦ 확대각 θ에 관계없이 일정하다.
⑭ 확대각 $\theta=7°$ 근방에서 최소이고, 확대각 $\theta=62°$ 근방에서 최대이다.
⑭ 확대각 $\theta=6°$ 정도에서 최소이고, 확대각 $\theta=20°$ 전후에서 최대이다.
⑭ 확대각 $\theta=60°$ 정도에서 최소이고, 확대각 $\theta=90°$에서 최대이다.

50. 부차적 손실계수(K)가 5인 밸브를 관마찰계수(λ)가 0.025이고 지름이 20mm인 관으로 환산하면 상당길이는?

⑦ 2.5m   ⑭ 3m
⑭ 3.5m   ⑭ 4m

해설 $K=\lambda\times\dfrac{Le}{D}$

$\therefore Le=\dfrac{KD}{\lambda}=\dfrac{0.02\times5}{0.025}=4\text{m}$

51. 길이가 5m인 철관 20개를 연결하기 위하여 90° elbow 5개(Le/D=32)사용했고 또한 45° ellbow 5개(Le/D=15) 사용했다면 전체 길이는 얼마인가?

⑦ 123.5m   ⑭ 100m
⑭ 147m   ⑭ 147.5m

해설 Le : $(5\times20)+(3.2\times5)+(1.5\times5)=123.5\text{m}$

52. 다음의 관 부품들 가운데 유체의 흐름을 차단할 때 쓰이는 부품은 어느 것인가?

⑦ 플러그   ⑭ 엘보
⑭ 유니온   ⑭ 레듀샤

해설 ① 관 끝을 막을 때(흐름 차단) : 플러그, 캡
② 지름이 다른 관을 직선으로 연결 : 부싱, 레듀샤
③ 분해 조립할 때 : 유니언, 플랜지
④ 분기할 때 : 티이, 크로스

53. 밸브의 역할에 가장 거리가 먼 것은?

⑦ 유체의 유량 조절
⑭ 유체의 방향 전환
⑭ 유체의 흐름 단속
⑭ 유체의 유속 조절

해설 밸브의 역할
① 유량조절   ② 방향전환
③ 흐름단속   ④ 역류방지
⑤ 압력조절

54. 게이트 밸브를 설명한 것 중 맞는 것은?

㉮ 섬세한 유량 조절이 힘들다.

㉯ 가정에서 사용하는 수도꼭지와 같다.

㉰ 유체가 밸브의 디스크 옆을 거쳐서 흐른다.

㉱ 대개 완전히 열거나 닫을 수 있다.

해설 게이트 밸브는 섬세한 유량조절은 어렵고 설비 중 주배관에 설치하여 제어 밸브기능을 한다.

55. 다음의 밸브 중 스톱밸브가 아닌 것은?

㉮ 글로브 밸브(glove valve)

㉯ 슬루스 밸브(sluice valve)

㉰ 체크 밸브(check valve)

㉱ 안전밸브(safety valve)

56. 다음은 valve류가 wide open 상태에서 일반적으로 본 압력손실을 크기별로 적은 것이다. 옳은 것은 어느 것인가? (단, check valve는 swing check valve 이다.)

㉮ Gate > Glove > Check > Angle

㉯ Check > Angle > Glove > Gate

㉰ Glove > Angle > Check > Gate

㉱ Glove > Gate > Check > Angle

해설 압력손실의 크기

부품명	K(손실계수)
Glove	10
Angle	5.0
Check	2.5
Gate	0.19
90° Elbow	0.9
45° Elbow	0.42

57. 직경이 동일한 파이프내의 여러 관부품 가운데 손실계수가 가장 큰 것은 어느 것인가?

㉮ 완전히 연 구형 밸브

㉯ 완전히 연 게이트 밸브

㉰ 90° 엘보

㉱ 45° 엘보

해설 관부품별 손실계수

부품	손실계수 K
glove valve(완전개방)	10
gate valve(완전개방)	0.19
swing check valve(완전개방)	2.5
angle valve(완전개방)	5.0
standard tee	1.8
90° elbow	0.9
45° elbow	0.42

58. 유체 수송에서 마찰손실에 대한 상당길이의 비교가 옳게 나타난 것은?

㉮ 디스크 유량계의 상당길이 < 게이트 밸브의 상당길이

㉯ 니들 밸브의 상당길이 < 엘보의 상당길이

㉰ 소켓의 상당길이 < 글로브 밸브의 상당길이

㉱ 리턴 밸브의 상당길이 < 유니언의 상당길이

해설 상당길이는 글로브 밸브가 소켓보다는 크다(상당길이가 크다는 것은 압력손실이 크다는 것이다.).

59. 프랜틀 혼합거리(prandtl mixing length)와 관계 없는 것은?

㉮ 난류유동에 관련된다.

㉯ 전단응력과 밀접한 관련이 있다.

㉰ 벽면에서는 0이다.

㉱ 항상 일정한 값을 가진다.

해설 $\ell = ky$

여기서, ℓ : 혼합거리

y : 벽으로부터 수직거리

k : 난동상수(원관 : 0.4)

프랜틀 혼합거리 : 불규칙한 난류유동을 정의하기 위하여 분자평균 자유경로 개념을 도입 유체입자가 운동량 변화없이 움직일 수 있는 거리

정답 54. ㉮ 55. ㉰ 56. ㉰ 57. ㉮ 58. ㉰ 59. ㉱

60. 경계층에 관한 설명과 관계없는 것은?

㉮ 물체가 받는 저항은 경계층과 관계가 있다.

㉯ 경계층 밖의 흐름은 퍼텐셜 흐름이다.

㉲ 경계층 내에서는 마찰저항이 감소한다.

㉴ 경계층 내에서는 점성의 영향이 크다.

[해설] 경계층 내에서는 점성의 영향이 크기 때문에 마찰저항이 크게 된다.

61. 다음 유체 경계층 내에서 일어나는 항목과 관계가 깊은 것은?

㉮ 전단응력의 값이 일정하다.

㉯ 속도분포가 일정하다.

㉲ 속도의 분포가 일정하지 않다.

㉴ 전단응력이 0이다.

[해설] 유체경계층
점성의 영향이 현저, 속도구배가 크다. 마찰응력이 크다.

62. 균일한 흐름이 물체 위를 흐를 때 물체의 선단으로부터 경계층내의 흐름을 올바르게 나타낸 것은?

㉮ 층류 → 천이 → 난류

㉯ 난류 → 천이 → 층류

㉲ 층류 → 난류 → 천이

㉴ 난류 → 층류 → 천이

[해설] ① 선단 : 난류 → 천이 → 층류
② 바닥 : 층류 → 천이 → 난류

63. 퍼텐셜 흐름(potential flow)에 관한 설명 중 옳지 않은 것은?

㉮ 전단응력이 없는 비압축성 유체의 흐름

㉯ 순환이나 와류현상이 없는 비회전류

㉲ 뉴턴성 유체가 경계층을 형성하는 흐름

㉴ Euler방정식이 적용되는 흐름

[해설] 퍼텐셜흐름
경계층 밖의 전체영역에서는 점성에 의한 영향 없이 이상유체와 같은 흐름을 하고 있다. 이러한 흐름을 퍼텐셜 흐름이라 한다.

64. ν(동점도)$=14.2\times10^{-6}$m^2/s인 어느 유체의 유속이 50cm/s일 때 선단 10cm 장소의 경계층 두께의 1.5배가 되는 경계층 두께를 가지고 장소는 선단에서 몇 m가 되는 곳인가?

㉮ 10.5cm   ㉯ 15cm

㉲ 30.5cm   ㉴ 35cm

[해설] $R_{ex} = \dfrac{u \cdot x}{\nu} = \dfrac{0.5\times0.1}{14.2\times10^{-6}} = 3,521.126$

평판의 임계 레이놀즈수(Re$=5\times10^5$) 이하이므로 층류이다. 경계층 두께는 층류일 때,

경계층 두께 $\delta = \dfrac{5x}{Re_x^{\frac{1}{2}}}$에서 $x = \dfrac{Re_x^{\frac{1}{2}}\cdot\delta}{5}$

$x' = \dfrac{Re_x^{\frac{1}{2}}\cdot1.5\delta}{5}$

$\therefore x' = x \times \left(\dfrac{1.5\delta}{\delta}\right) = 0.1\times1.5 = 0.15\text{m} = 15\text{cm}$

65. 비중이 0.85, 점도가 5C·P인 유체가 인입유속 10cm/s 평판에 접근할 때 평판의 입구로부터 20cm인 지점에서 형성된 경계층의 두께는 몇 cm인가?

㉮ 1.25   ㉯ 1.70

㉲ 2.24   ㉴ 2.78

[해설] $Re_x = \dfrac{\rho v \cdot x}{\mu} = \dfrac{0.85\times10\times20}{0.05} = 3,400$

$\dfrac{\delta}{x} = \dfrac{5}{Re_x^{\frac{1}{2}}}$ $\therefore \delta = 20\times\dfrac{5}{3,400^{\frac{1}{2}}} = 1.71$

66. 정지해 있는 평판에 층류가 흐를 때 박리가 판표면에서 일어나기 시작한 조건은? (단, p는 압력, u는 속도를 나타낸다.)

㉮ $[\partial u/\partial y]=0$

㉯ $u=0$

㉲ $[\partial u/\partial x]$

㉴ $\rho u[\partial u/\partial x]=[\partial p/\partial x]$

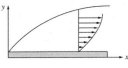

해설 박리
속도감소 → 압력증가 → 속도구배 증가 → 경계층이 물체표면에서 떨어진다.

67. 후류(wake)에 대한 다음 설명 중 맞는 것은?

㉮ 표면 마찰이 주원인이다.
㉯ 압력 구배가 양(+)인 포텐셜 흐름이다.
㉰ 항상 박리점 후방에 생긴다.
㉱ 항상 변형 항력이 지배적일 때 생긴다.

해설 후류(wake)
박리점 후방에서 생기고 유체들을 혼합시키는 경우에 발생

68. 경계층에서 separation이 일어나는 주요원인은?

㉮ 역압력구배 때문
㉯ 압력구배가 0으로 감소하기 때문
㉰ 경계층두께가 0으로 감소하기 때문
㉱ 압력이 증기압 이하로 떨어지기 때문

해설 경계층이 분리되는 지점을 박리점이라 한다. 이는 유속이 감소하고 압력이 증가 할 경우 경계층이 물체표면에서 떨어지는 현상이다.

69. 유체의 흐름에서 가능한한 소용돌이(Wake)를 많이 일으키려고 할 경우가 있다. 어느 경우일 때 그러한가?

㉮ 파이프로 유체를 수송할 경우
㉯ 유체들을 혼합시키는 경우
㉰ 유체 속에서 물체를 빨리 움직이게 할 경우
㉱ 개수로로 유체를 수송하는 경우

해설 후류(Wake)는 박리(separation)점 후방에서 생기는데 유체들을 혼합시키는 경우 발생한다.

70. 유체의 흐름에 대한 설명으로 다음 중 옳은 것은?

① 난류의 전단응력은 레이놀즈 응력만으로 표시할 수 있다.
② 후류는 박리가 일어나는 경계로부터 하류구역을 뜻한다.
③ 유체와 고체벽 사이에는 전단응력이 작용하지 않는다.

㉮ ①, ③   ㉯ ②
㉰ ①, ②   ㉱ ③

71. 다음 중 틀린 것은?

㉮ 수력구배선이란 압력수두와 속도수두의 합이다.
㉯ 개수로에서 수력 도약이 일어나는 것은 급경사에서 완만한 경사로 이어질 때이다.
㉰ 개수로 흐름에서 손실은 속도의 제곱에 비례한다.
㉱ 개수로 흐름에서 유속이 일정하게 유지되면 등류를 얻는다.

해설 수력구배선(HGL)
에너지선(EL) − 속도수두 $\left(\dfrac{V^2}{2g}\right)$

72. 다음 중 관수로의 흐름을 설명한 것 중 거리가 먼 것은?

㉮ 관수로 흐름은 관로 또는 밀폐된 수로에 유체가 가득 차서 중력에 의해 흐르는 흐름을 말한다.
㉯ 관수로흐름은 관로 또는 밀폐된 수로에 유체가 가득 차서 압력차로 인해 흐르는 흐름을 말한다.

㉰ 관수로 흐름은 압력 및 중력 등의 에너지에 의해서(고에너지 → 저에너지) 흐른다.
㉲ 관수로의 흐름에서는 저수위에서 고수위로 물을 보낼 수 있다.

73. 그림과 같이 수문이 수압을 받고 있다. 수문의 상단이 힌지되어 있을 때 수문을 열기 위하여 하단에 주어야 할 힘은 몇 kN인가? (단, 수문의 폭은 1m이다.)

㉮ 9.2kN
㉯ 19.2kN
㉰ 29.2kN
㉲ 39.2kN

해설 $F = rh_cA$
$= 9.8kN/m^3 \times (1+1)m \times (2 \times 1)m^2 = 39.2kN$

74. 그림과 같은 수문 AB가 수평방향으로 받는 전압력은?

㉮ 14,700N
㉯ 29,400N
㉰ 7,350N
㉲ 19,600N

해설 $Fx = \gamma HA$
$= 9,800N/m^3 \times 0.5m \times (1 \times 4)m^2 = 19,600N$
$\cdots$ A는 수평투영면적

75. 그림과 같은 저수지 유입 관로에 설치된 밸브가 닫혀 있을 때 밸브에 작용하는 힘은 몇 kgf인가? (단, 밸브의 직경은 0.2m이고, 밸브 중압의 수심은 10m이다.)

㉮ 100kgf
㉯ 150kgf
㉰ 200kgf
㉲ 314kgf

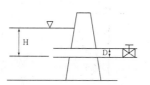

해설 $F = r \cdot A \cdot H$
$= 1,000 \times \dfrac{\pi}{4} \times (0.2m)^2 \times 10 = 314.6kgf$

76. 수력도약이 일어나는 원인 중 옳은 것은?

㉮ 개수로에서 유량이 갑작스런 감소로 일어나는 에너지 손실이다.
㉯ 개수로에 흐르는 액체의 운동에너지가 갑자기 위치에너지로 변화한다.
㉰ 개수로에서 유로단면이 갑자기 증가하면 액체가 팽창한다.
㉲ 비가역과정이므로 비가역량만큼 수면이 상승한다.

해설 수력도약은 액체의 운동에너지가 갑자기 위치에너지로 변화할 때 일어난다(초임계흐름 → 아임계흐름).

77. 다음 중 수력도약이 발생될 수 있는 조건은?

㉮ $Y_1 = Y_2$
㉯ $V_1^2/gY_1 = 0$
㉰ $\dfrac{V_1}{2Y_1} < 1$
㉲ $\dfrac{V_1^2}{gY_1} > 1$

해설 수력 도약 발생조건
$Fr > 1$, $Fr = \dfrac{V_1^2}{gy_1} > 1$
여기서, V_1 : 유체속도[m/s]
g : 중력가속도
y_1 : 수력도약전깊이[m]

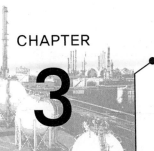

유체의 정역학

학습방향 정지유체 속에서 작용하는 압력의 성질과 시차 액주계 및 경사액주계 등의 압력 단위측정과 계산 등을 배운다.

01 정지유체 속에서 압력의 성질

정지유체 속에서는 유체입자 사이에 상대운동이 없기 때문에 점성에 의한 전단력은 나타나지 않는다.

(1) 정지유체 속에서의 압력은 모든 면에 수직으로 작용

(2) 정지유체 속에서의 임의의 한 점에 작용하는 압력은 모든 방향에서 그 크기가 같다.

(3) 밀폐된 용기 속에 있는 유체에 가한 압력은 모든 방향에 같은 크기로 전달된다.=파스칼의 원리

(4) 정지된 유체속의 동일 수평면에 있는 두 점의 압력은 크기가 같다.

POINT

- 파스칼의 원리

문 수압기에서 피스톤의 지름이 각각 25cm와 5cm이다. 작은 피스톤에 1kg의 하중을 가하면 큰 피스톤에 몇 kg의 하중을 올릴 수 있겠는가?

▶ $\dfrac{W_1}{A_1} = \dfrac{W_2}{A_2}$

$W_2 = \dfrac{A_2}{A_1} W_1 = \left(\dfrac{d_2}{d_1}\right)^2 W_1$

$= \left(\dfrac{25}{5}\right)^2 \times 1 = 25\text{kg}$

02 곡면에 작용하는 힘

AB곡면에 작용하는 전체 힘 F는 AB의 수평 및 수직방향으로 투명한 평면을 각각 AC 및 BC라고 하면 AC면에 작용하는 힘 F_y 와 BC면에 작용하는 힘 F_x를 구할 수 있다.

AB곡면에 작용하는 힘 F는 곡면 AB가 유체의 전체의 힘 F에 저항하는 항력 R과 크기가 같고 방향이 반대다. 이때 R의 x, y의 분력을 각각 R_x, R_y라 하면 곡선 AB에 작용하는 힘의 크기는 다음과 같다.

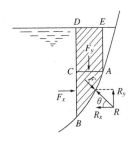

$$R_x = F_x$$

$$R_y = F_y + W_{AEDBA}$$

$$R = \sqrt{R_x^2 - R_y^2}$$

$$\theta = \tan^{-1}\left(\frac{R_y}{R_x}\right)$$

※ 액체 속에 잠겨있는 곡면에 작용하는 수직분력=곡면수직방향에 실려 있는 액체의 무게와 같다.

---

03 압력의 단위와 측정

(1) 압력의 단위

$$P = \frac{W}{A} = rh$$

① 평균대기압

1atm=1.0332kgf/cm²=760mmHg=10.332mH₂O

=1.01325bar=101,325N/m²=101,325Pa

=14.7Lb/cm²=14.7PSI

② 계기압력 : 국소대기압을 기준으로 측정한 압력

③ 절대압력 : 완전진공을 기준으로 한 압력

절대압력=국소대기압+계기압력=국소대기압−진공압력

(2) 압력측정

① 탄성식 압력계

㉮ 부르동(bardon)관 압력계 : 고압측정용으로 많이 사용(0.25~100 MPa)

㉯ 벨로스(bellows)압력계 : 0.2MPa 이하의 저압측정용으로 사용

㉰ 다이어프램(diaphragm)압력계 : 대기압과의 차이가 미소인 압력측정 용으로 사용

② **액주식 압력계** : 비교적 정밀한 압력을 측정할 수 있으나 높은 압력과 큰 압력차를 측정하기 곤란하다.

㉮ 수은 압력계(mercury barometer) : 대기측정용으로 사용(대기의 절대압력을 측정)

㉯ 피에조미터(piezo meter) : 액주계의 액체가 측정하려는 유체와 같은 경우에 사용

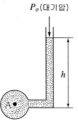

A점에서의 절대압력

$$P_A = rh + P_0$$

㉰ U자관 액주계(U-type manometer) : 측정할 액체와 다른 액체를 넣고 사용하는 경우

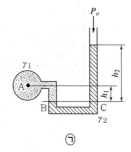

㉠

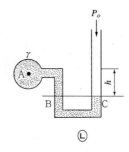

㉡

㉠의 경우

$$P_B = P_C$$
$$P_A + r_1 h_1 = r_2 h_2$$
$$\therefore P_A = r_2 h_2 - r_1 h_1$$

㉡의 경우

$$P_B = P_C$$
$$P_A + rh = 0$$
$$\therefore P_A = -rh$$

㉱ 시차액주계 : 두개의 탱크나 관속에 있는 유체의 압력차를 측정하는 계기이다.

㉠ U자관의 경우

$$P_C = P_D$$
$$P_C = P_A + r_1 h_1$$
$$P_D = P_B + r_2 h_2 + r_3 h_3$$

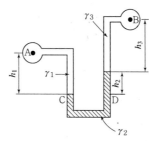

$$P_A + r_1 h_1 = P_B + r_2 h_2 + r_3 h_3$$

$$P_A - P_B = r_3 h_3 + r_2 h_2 - r_1 h_1$$

ⓛ 역 U자관의 경우

$$P_C = P_D$$

$$P_C = P_A - r_1 h_1$$

$$P_D = P_B - r_3 h_3 - r_2 h_2$$

$$P_A - r_1 h_1 = P_B - r_3 h_3 - r_2 h_2$$

$$P_A - P_B = r_1 h_1 - r_3 h_3 - r_2 h_2$$

ⓒ 축소관의 경우

$$P_C = P_D$$

$$P_A + r(k+h) = P_B + r_s h + rk$$

$$\therefore P_A - P_B = (r_s - r)h$$

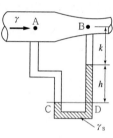

ⓜ 경사기압계

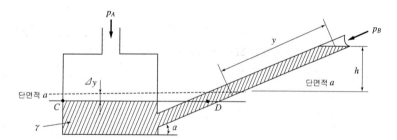

$$P_C = P_A$$

$$P_D = P_B + r\left(y\sin\alpha + \frac{a}{A} y\right) = P_B + ry\left(\sin\alpha + \frac{a}{A}\right)$$

$$P_C = P_D$$

$$P_A - P_B = ry\left(\sin\alpha + \frac{a}{A}\right)$$

만일 $A \gg a$이면 $\frac{a}{A}$ 항은 미소하므로 무시한다.

$$P_A - P_B = ry\sin\alpha$$

POINT

• U자관 액주계

문 물이 흐르고 있는 수평관에 연결관 U자관 manometer의 수은 액주차가 50cm라고 하면 U자관의 압력차는 몇 kgf/cm²인가?

$\Delta P = (r_0 - r)h$
$= (13.6 - 1) \times 10^{-3} \times 50$
$= 0.63 kg_f/cm^2$

• 경사관식 압력계

문 경사각이 30°인 경사식 압력계의 눈금차가 40cm이었다. 이때 양단의 차압($P_1 - P_2$)을 구하면 약 몇 kPA인가?(단, 비중이 0.8인 기름을 사용한다)

$P_1 - P_2 = ry\sin\alpha$
$= 0.8 \times 10^3 \times 0.4 \times \sin 30$
$\times 9.8 \times 10^{-3} = 1.568 kPa$

01 다음 그림은 동일한 물체 A, B, C를 물, 수은, 식용유 속에 넣었을 때 떠있는 모양을 나타낸 것이다. 부력은 어떻게 되는가?

㉮ A가 가장 크다.
㉯ B가 가장 크다.
㉰ C가 가장 크다.
㉱ 모두 같다.

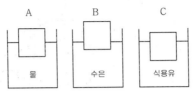

02 다음 중 파스칼의 원리를 가장 바르게 설명한 것은?

㉮ 밀폐 용기 내의 액체에 압력을 가하면 압력은 모든 부분에 동일하게 전달된다.
㉯ 밀폐 용기 내의 액체에 압력을 가하면 압력은 가한점에만 전달된다.
㉰ 밀폐 용기 내의 액체에 압력을 가하면 압력은 그 반대편에만 전달된다.
㉱ 밀폐 용기 내의 액체에 압력을 가하면 압력은 가한점으로부터 일정한 간격을 두고 차등적으로 전달된다.

03 수압기에서 피스톤의 지름이 각각 25cm와 5cm이다. 작은 피스톤에 1kgf의 하중을 가하면 큰 피스톤에는 몇 kgf의 하중이 가해지는가?

㉮ 1   ㉯ 5
㉰ 25   ㉱ 125

04 유체에 잠겨 있는 곡면에 작용하는 전압력의 수평분력에 대한 설명으로 가장 올바른 것은?

㉮ 전압력의 수평성분 방향에 수직인 연직면에 투영한 투영면의 압력 중심의 압력과 투영면을 곱한 값과 같다.
㉯ 전압력의 수평성분 방향에 수직인 연직면에 투영한 투영면의 도심의 압력과 면적을 곱한 값과 같다.
㉰ 수평면에 투영한 투영면에 작용하는 전압력과 같다.
㉱ 전압력의 수평성분 방향에 수직인 연직면에 투영한 투영면의 도심의 압력과 투영면의 면적을 곱한 값과 같다.

해 설

해설 **01**
물체의 무게와 액체의 부력은 같으므로 무게는 변하지 않는다. 즉 어느 유체에 넣어도 부력은 같다.

해설 **02**
파스칼의 원리
밀폐된 용기 중에 정지유체의 일부에 가해진 압력은 유체 중의 모든 부분에 일정하게 전달된다.

$$p = \frac{W_1}{A_1} = \frac{W_2}{A_2}$$

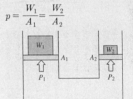

해설 **03**
파스칼의 원리
$$\frac{F_1}{A_1} = \frac{F_2}{A_2}$$

힘 $F_2 = F_1 \times \dfrac{A_2}{A_1}$

$$= 1 \times \left(\frac{\frac{\pi}{4} \times 0.25^2}{\frac{\pi}{4} \times 0.05^2} \right) = 25\,\text{kgf}$$

해설 **04**
유체에 잠겨 있는 곡면에 작용하는 전압력의 수평분력은 전압력의 수평성분 방향에 수직인 연직면에 투영한 투영면의 도심의 압력과 투영면의 면적을 곱한 값과 같다.

정답
01. ㉱   02. ㉮   03. ㉰
04. ㉱

05 다음 중 대기압을 측정하는 계기는 무엇인가?

㉮ 수은 기압계　　　　　㉯ 오리피스미터
㉰ 로터미터　　　　　　　㉱ 둑(weir)

06 대기압이 750mmHg일 때 수두 mmH$_2$O로는 약 얼마인가?

㉮ 102　　　　　　　　　㉯ 10,200
㉰ 1.033　　　　　　　　　㉱ 1033

07 비중이 0.8인 액체의 절대 압력이 2.0kgf/cm^{2}일 때 이것을 두(head)로 구하면 몇 m인가?

㉮ 1.6　　　　　　　　　㉯ 2.5
㉰ 16　　　　　　　　　　㉱ 25

08 경사각이 30°인 경사관식 압력계의 눈금 차이가 40cm이었다. 이 때 양단의 차압(P$_1$-P$_2$)을 구하면 약 몇 kPA인가? (단, 비중이 0.8인 기름을 사용한다)

㉮ 1.57　　　　　　　　　㉯ 1.96
㉰ 3.14　　　　　　　　　㉱ 3.92

해 설

[해설] **06**
수두로 환산하면
$$\frac{750mmHg}{760mmHg} \times 10,332mmH_2O$$
$$= 10196mmH_2O$$

[해설] **07**
$$h = \frac{P}{r} = \frac{2.0 \times 10^4}{0.8 \times 10^3} = 25m$$

[해설] **08**
$$P_1 - P_2 = \gamma \cdot L \cdot \sin a$$
$$= 0.8 \times 1,000 \times 0.4 \times \sin 30°$$
$$\times 9.8 \times 10^{-3}$$
$$= 1.568kPA$$

05. ㉮　06. ㉯　07. ㉱
08. ㉮

정답

01. 액체 속에 잠겨 있는 곡면에 작용하는 수직분력은?

㉮ 곡면 수직투영면에 작용하는 힘과 같다.
㉯ 곡면 수직방향에 실려 있는 액체의 무게와 같다.
㉰ 중심에서의 압력과 면적의 곱과 같다.
㉱ 곡면에 의해서 배제된 액체의 무게와 같다.

02. 액체 속에 잠겨있는 곡면상 수평분력의 설명으로 옳은 것은?

㉮ 곡면의 도심에서 체적과 압력의 합
㉯ 곡면의 수평방향으로 밀고 있는 우층의 힘
㉰ 곡면을 수직 평면에 투상한 평면에 작용하는 힘
㉱ 곡면을 받치고 있는 액체의 무게

해설 전압력의 수평 성분 방향에 수직인 연직면에 투영한 투영면의 도심의 압력과 투영면의 면적을 곱한 값과 같다.(즉, 수직평면에 투상한 평면에 작용하는 힘)

03. 유체 속에 잠겨진 경사 평면에 작용하는 힘의 작용점은?

㉮ 면의 도심에 있다.
㉯ 면의 도심보다 위에 있다.
㉰ 면의 중심 도심과 관계없다.
㉱ 면의 중심 도심보다 아래에 있다.

해설 $y_p = y_c + \dfrac{I_G}{A \cdot y_c}$

04. 유체 속에 잠겨진 물체에 작용되는 부력은?

㉮ 물체의 중력과 같다.
㉯ 물체의 중력보다 크다.
㉰ 그 물체에 의해서 배제된 액체의 무게와 같다.
㉱ 물체의 체적과 같은 양의 유체무게와 같다.

05. 다음 중 부력의 작용선은?

㉮ 유체에 잠겨진 물체의 중심을 통과한다.
㉯ 떠 있는 물체의 중심을 통과한다.
㉰ 잠겨진 물체에 의해 배제된 유체의 중심을 통과한다.
㉱ 잠겨진 물체의 상방에 있는 액체의 중심을 통과한다.

06. 경심(Metacenter)의 높이는?

㉮ 중심과 메타센터의 거리
㉯ 부심에서 부양축에 내린 수선
㉰ 중심과 부심 사이의 거리
㉱ 부심과 메터센터의 거리

해설 경심(Metacenter)의 높이
중심과 메타센터의 거리

07. 다음 부양체 안정과 관계없는 것은?

㉮ 경심과 중심간의 거리가 클수록 안정하다.
㉯ 경심이 중심보다 아래에 있으면 불안정하다
㉰ 경심이 중심보다 위에 있으면 안정하다
㉱ 경심과 중심이 일치할 때는 중립상태이다.

해설 ① 경심 : 부력방향과 배의 중심축이 만나는 점, 즉 위로 작용하는 힘
② 중심 : 아래로 작용하는 힘

08. 다음 중 부양체가 안정한 경우는?

㉮ 경심의 높이가 0일 때
㉯ $\dfrac{I}{V}$ 가 0일 때

정답 01. ㉯   02. ㉰   03. ㉱   04. ㉰   05. ㉰   06. ㉮   07. ㉮   08. ㉱

㉲ $\overline{CB} - \dfrac{1}{V}$ 가 0이고 C 가 B 위에 있을 때

㉱ 경심이 중심보다 위에 있을 때

해설 부양체는 $\overline{MC} > 0$ 일 때 안정하다(∴경심이 중심보다 위에 있을 때 안정).

09. 유체유동에 잠겨있는 물체에 작용하는 항력에 대한 설명 중 옳은 것은?

㉮ 동압에 비례하며 운동방향에 저항하는 힘이다.

㉯ 접근속도에 직각 방향으로 물체에 작용하는 힘이다.

㉰ 동압에 비례 직각 방향의 힘이다.

㉱ 항력은 양력의 수평 방향의 힘이다.

해설 양력은 항력에 대한 직각 방향의 힘이다.

항력 $R = C_R \dfrac{r A u^2}{2g}$

10. 수직축에 대하여 일정한 회전이 있을 때 등압면에서는 회전축에 대칭인 포물선들이 나타난다. 이 포물선의 형태들은 다음 중 어느 것에 의존하는가?

㉮ 각가속도

㉯ 각속도

㉰ 압력

㉱ 압력과 온도

해설 표면 하강부와 상승부의 높이차

$\Delta h = \dfrac{r^2 w^2}{2g} = \dfrac{r^2 (2\pi N/60)^2}{2g}$

여기서, r : 원통반경 [m]　　w : 각속도 [rad/s]
　　　　　　N : 회전수 [rpm]

11. 직경 200mm 원통에 400rpm으로 회전을 가하면 원통내 수면의 최고, 최저점의 수직 높이차는?

㉮ 0.895m　　　　㉯ 1.05m

㉰ 1.55m　　　　㉱ 2.05m

해설 $h = \dfrac{(rw)^2}{2g}$ 에서

등속회전운동에서 $w = \dfrac{2\pi N}{60} = \dfrac{2 \times \pi \times 400}{60} = 41.9[1/s]$

∴ $h = \dfrac{(0.1 \times 41.9)^2}{2 \times 9.8} = 0.895m$

12. 절대압력과 계기압력과의 관계에 대한 다음 설명 중 맞는 것은?

㉮ 절대압력은 계기압력보다 항상 크다

㉯ 절대압력은 계기압력보다 항상 작다

㉰ 절대압력은 계기압력보다 클 수도 있고 작을 수도 있다.

㉱ 절대압력과 계기압력은 항상 같다.

해설 절대압력 = 대기압력 + 계기압력
　　　　　 = 대기압력 − 진공계기압력

13. 다음 환산법에서 맞지 않는 것은?

㉮ 1bar = 1.02kgf/cm^2 = 750.5mmHg

㉯ 1atm = 1013.225mbar = 760mmHg

㉰ 1at = 10.0mAq = 735.5mmHg

㉱ 1pa = 0.102kgf/cm^2 = 75mmHg

해설 1pa = 0.102kgf/m^2 = 7.5×10^{-3} mmHg

14. 대기압이 750mmHg인 곳에서 게이지 압력이 0.2kgf/cm^{2}이라면 절대 압력은?

㉮ 0.46kgf/cm^2

㉯ 0.968kgf/cm^2

㉰ 1.22kgf/cm^2

㉱ 1.36kgf/cm^2

해설 $P_a = P_o + P_g$

$= \dfrac{750}{760} \times 1.0332 + 0.2 = 1.219 kgf/cm^2$

09. ㉮　10. ㉯　11. ㉮　12. ㉮　13. ㉱　14. ㉰ 정답

15. 부르동관 압력계가 대기압이 14.7[psia]일 때, 진공마노미터가 14.7[in] 수은주를 지시한다. 해당하는 절대압력을 계산하면?

㉮ 0[psia]

㉯ 7.48[psia]

㉰ 21.92[psia]

㉱ 29.4[psia]

[해설] 절대압력=대기-진공

$=14.7[\text{PSI}]-\dfrac{14.7[\text{PSI}]}{760/25.4[\text{inHg}]}\times14.7\text{inHg}$

$=7.49[\text{PSI}]$

16. 밑면의 지름이 10cm인 원통의 용기에 높이 20cm 가량 물이 들어 있다. 이 때 밑면에서 받는 힘은 몇 kgf인가?

㉮ 3.17

㉯ 3.57

㉰ 1.57

㉱ 4.31

[해설] $F=PA=P\times\dfrac{\pi}{4}d^2$

$=\dfrac{20\text{cm H}_2\text{O}}{1033.2\text{cm H}_2\text{O}}\times1.0332\text{kg/cm}^2\times\dfrac{\pi}{4}(10\text{cm})^2$

$=1.57\text{kgf}$

17. 비중이 x인 액체가 hm에 있는 지점의 압력을 수주로 환산시 몇 m가 되는가?

㉮ $\dfrac{hx}{2}$

㉯ $13.67x$

㉰ hx

㉱ $2hx$

[해설] $x\times h=1\times h'$

$\therefore\ h'=\dfrac{h\times x}{1}$

18. 밑면이 2m×2m인 탱크에 비중이 0.8인 기름과 물이 다음 그림과 같이 들어 있다. AB면에 작용하는 압력은 몇 kPA인가? (SI단위)

㉮ 34.3

㉯ 343

㉰ 31.36

㉱ 313.6

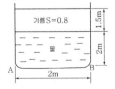

19. 70℃의 온수를 펌프로 끌어올릴 때 끌어올릴 수 있는 높이는 얼마인가? (단, 70℃에서 물의 증기압은 0.308기압이다. 이때, 대기압은 표준대기압으로 가정한다.)

㉮ 7.15m

㉯ 3.08m

㉰ 12.7m

㉱ 10.03m

[해설] $P=1-0.308=0.692\text{atm}$

$=0.692\text{atm}\times\dfrac{10.332\text{m}수두}{1\text{atm}}=7.149\text{m}$

20. 아래 그림과 같이 물 속 깊이 1.22m에서 가로 1m, 세로 2m의 직사각 평판이 수직으로 탱크 내에 위치하고 있을 때 이 평판이 받는 힘(N)은?

㉮ 23.963

㉯ 43.560

㉰ 21.825

㉱ 46.300

[해설] $F=rhA$ 에서

$F=9,800\text{N/m}^3\times(1.22+\dfrac{2}{2})\text{m}\times(1\times2)\text{m}^2=43512\text{N}$

21. 직경과 높이가 각각 2m, 0.7m인 용기에 물이 가득있을 때 밑면에 작용하는 전압력은 몇 kgf인가?

㉮ 4,150kgf

㉯ 3,111kgf

㉰ 2,199kgf

㉱ 1,100kgf

[해설] $F=rhA$

$=1,000\times0.7\times\dfrac{\pi}{4}\times2^2=2,199\text{kgf}$

[해설] $p=r\cdot h=(0.8\times1,000\times1.5)+(1,000\times2)$

$=3,200\text{kgf/m}^2$

$\therefore\ \dfrac{3,200}{10,332}\times101.325=31.38\text{kPa}$

정답 15. ㉯ 16. ㉰ 17. ㉰ 18. ㉰ 19. ㉮ 20. ㉯ 21. ㉰

22. 그림과 같이 물속에 수직으로 잠겨 있는 평판에 작용하는 힘과 작용점은 얼마인가?

㉮ 40,000kgf,
   수면아래 5.267m

㉯ 28,000kgf,
   수면아래 5.831m

㉰ 16,000kgf,
   수면아래 5.67m

㉱ 56,000kgf, 수면아래 5m

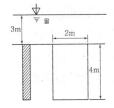

[해설] $F = r \cdot h_c \cdot A = 1,000 \times 5 \times 2 \times 4 = 40,000kgf$

$$y_p = y_c + \frac{I}{A \cdot y_c} = 5 + \frac{2 \times (4)^3 / 12}{2 \times 4 \times 5} = 5.267m$$

23. 그림에서 5m×8m인 평판이 수평면과 45° 기울어져 물에 잠겨 있다. 한쪽 면에 작용하는 전압력의 작용점 y_p를 구하면?

㉮ 10.10m

㉯ 10.53m

㉰ 10.96m

㉱ 11.50m

[해설] $y_p = y_c + \dfrac{I_G}{A \cdot y_c}$

$$= y_c + \frac{\frac{bh^3}{12}}{A \cdot y_c} = 10 + \frac{\frac{5 \times 8^3}{12}}{5 \times 8 \times 10} = 10.533m$$

24. 0.5m×3m의 판이 그림과 같이 30°로 기울어져 있을 때, 이 판에 작용하는 힘(N)은 얼마인가?

㉮ 7,350N

㉯ 7,750N

㉰ 7,230N

㉱ 11,025N

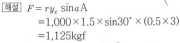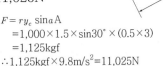

[해설] $F = ry_c \sin\alpha A$
$= 1,000 \times 1.5 \times \sin 30° \times (0.5 \times 3)$
$= 1,125kgf$
$\therefore 1,125kgf \times 9.8m/s^2 = 11,025N$

25. 파스톤 A_1의 반지름이 A_2의 반지름의 2배이며 A_1과 A_2에 작용하는 압력을 각각 P_1, P_2라 하면 P_1과 P_2 사이의 관계는?

㉮ $P_1 = 2P_2$

㉯ $P_2 = 4P_1$

㉰ $P_1 = P_2$

㉱ $P_2 = 2P_1$

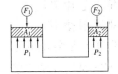

[해설] 파스칼의 원리 $\left(\dfrac{F_1}{A_1} = \dfrac{F_2}{A_2}\right)$에 의해 실린더내의 압력은 같다 $(P_1 = P_2)$.

26. 두 피스톤의 지름이 각각 20cm, 5cm일 때 5,000kgf의 힘이 지름 20cm인 피스톤에 걸리게 하려면 작은 피스톤에는 몇 tf의 힘을 가해야 하는가?

㉮ 0.1125tf

㉯ 0.2125tf

㉰ 0.3125tf

㉱ 0.4125tf

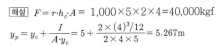

[해설] $P = \dfrac{F}{A}$에서 $\dfrac{F_1}{A_1} = \dfrac{F_2}{A_2}$이므로

$$F_1 = \frac{A_1}{A_2}F_2 = \left(\frac{d_1}{d_2}\right)^2 \times F_2 = \left(\frac{5}{20}\right)^2 \times 5,000$$
$$= 312.5kgf = 0.3125tf$$

27. 수압기는 다음 어느 정리를 응용한 것인가?

㉮ 토리첼리의 정리

㉯ 베르누이의 정리

㉰ 아르키메데스의 정리

㉱ 파스칼의 정리

[해설] 수압기
파스칼의 원리

---

28. 액에 점성측정을 위하여 수로에서 모세관을 연결관의 한 점으로 정압을 측정할 수 있게 액주계를 설치하였다. 액주계의 높이 H는 무엇을 나타내는가?

㉮ 액체의 동압이다.
㉯ 액체의 전압이다.
㉰ 액체의 수두손실이다.
㉱ 액체가 갖는 단위중량당 총에너지이다.

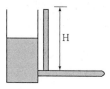

29. 경사각(θ)이 30°인 경사관식 압력계의 눈금(X)를 읽었더니 50cm가 상승하였다. 이때 양단의 차압은? (단, 비중이 0.8인 기름을 사용)

㉮ 0.02kg/cm²   ㉯ 0.03kg/cm²
㉰ 0.04kg/cm²   ㉱ 0.05kg/cm²

해설 $\Delta P = r H \sin\theta$
$\Delta P = r H \sin\theta = 0.8 g/cm^3 \times 50cm \times \sin 30°$
$= 20 g/cm^2 = 0.02 kg/cm^2$

30. 다음 그림과 같이 비중이 0.9인 글리세린이 담긴 용기에 경사 압력계를 30° 각도로 설치하였을 때 압력차는 얼마인가? (단, a/A=0.01이며, l=25cm이다.)

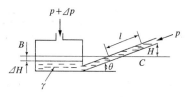

㉮ 0.0115kgf/cm²   ㉯ 0.115kgf/cm²
㉰ 1.15kgf/cm²   ㉱ 11.5kgf/cm²

해설 $\Delta P = rl\left(\sin a + \dfrac{a}{A}\right)$
$= 0.9 \times 10^3 \times 0.25 \times (\sin 30° + 0.01)$
$= 115 kgf/m^2 = 0.0115 kgf/cm^2$

31. 그림과 같은 manometer에서 시차압력 ΔP를 구하면? (S_1=1, S_2=13.6, S_3=0.9, h_1=500, h_2=500, h_3=8000이다.)

㉮ 0.563kgf/cm²
㉯ 0.645kgf/cm²
㉰ 0.702kgf/cm²
㉱ 0.825kgf/cm²

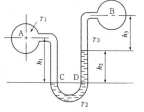

해설 $\Delta P = r_3 h_3 + r_2 h_2 - r_1 h_1$
$= (0.9 \times 1,000 \times 0.8) + (13.6 \times 1,000 \times 0.5) - (1,000 \times 0.5)$
$= 7,020 kgf/m^2 = 0.702 kgf/cm^2$

32. 물이 흐르고 있는 수평관에 연결관 U자관 manometer의 수은은 액주차가 50cm라고 하면, U자관의 압력차는 몇 kg/cm²인가?

㉮ 0.12kg/cm²   ㉯ 0.63kg/cm²
㉰ 1.26kg/cm²   ㉱ 2.26kg/cm²

해설 $\Delta P = (r_o - r)h$
$= (13.6 - 1) \times 10^{-3} kgf/cm^3 \times 50cm$
$= 0.63 kgf/cm^2$

33. 그림과 같이 수직관 속에 비중 0.9인 기름이 흐를 때 액주계를 설치하면 압력계 압력은?

㉮ 0.00196Pa
㉯ 0.196Pa
㉰ 1.96Pa
㉱ 196Pa

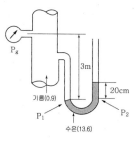

해설 $P_1 = P_2$
$P_g + r_1 h_1 = r_2 h_2$에서
$P_g = r_2 h_2 - r_1 h_1$
$= (13.6 \times 9,800) N/m^3 \times 0.2m - (0.9 \times 9,800) N/m^3 \times 3m$
$= 196 N/m^2 = 196 Pa$

정답   28. ㉱   29. ㉮   30. ㉮   31. ㉰   32. ㉯   33. ㉱

34. 그림과 같이 비중이 0.8인 기름이 흐르고 있는 관에 U자관을 설치했을 때 h는 얼마인가? (단, P_A=0.5 kgf/cm² · g이고, 대기압은 735.5mmHg이다.)

㉮ 0.426m

㉯ 0.368m

㉰ 1.103m

㉱ 1.16m

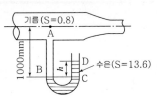

해설 $P_B = P_A + r_1 h_1$, $P_C = P_0 + r_2 h_2$에서
$P_B = P_C$이고, P_A는 게이지 압력이므로 P_0(대기압)은 생략한다.
$$\therefore \quad P_A + r_1 h_1 = r_2 h_2$$
$$h_2 = \frac{(P_A + r_1 h_1)}{r_2}$$
$$= \frac{(0.5 \times 10^4) + (0.8 \times 1,000 \times 1)}{13.6 \times 1,000} = 0.426m$$

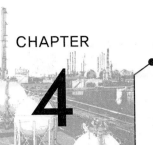

유체의 운동학

학습방향 유체흐름의 형태에 따른 정상류, 등속류가 되기 위한 조건 및 베르누이방정식을 이용한 피토관과 벤투리관의 유량산출식을 배운다.

01 유체흐름의 형태

POINT

(1) 정상류(Steady flow)

유체흐름의 모든 특성이 임의의 점에서 시간에 따라서 변화하지 않는 흐름 정상류가 되기 위한 조건

$$\frac{d\rho}{dt} = 0, \quad \frac{dP}{dt} = 0, \quad \frac{dT}{dt} = 0$$

- 정상류와 비정상류의 구분 유동특성의 시간에 대한 변화율

(2) 비정상류(unsteady flow)

시간에 따라 흐름 특성의 변화가 있다.

$$\frac{d\rho}{dt} \neq 0, \frac{dP}{dt} \neq 0, \quad \frac{dT}{dt} \neq 0$$

(3) 등속류(균속도유동)(uniform flow)

유체가 흐르고 있는 과정에서 임의의 순간에 모든 점에서 속도벡터(Vector)가 동일한 흐름이다. 즉 거리변화에 대한 속도 변화가 없는 흐름

$$\frac{dV}{dS} = 0$$

- 균속도 유동
$\frac{dV}{dS} = 0$

- 비균속도 유동
$\frac{dV}{dS} \neq 0$

(4) 비등속류(비균속도유동)(nonuniform flow)

임의의 순간에 한 점에서 다른 점으로 속도벡터가 변하는 흐름

$$\frac{dV}{dS} \neq 0$$

POINT

02 유선과 유관

(1) 유선(Stream line)

① 유체의 흐름에 있어서 모든 점에서 속도벡터의 방향을 갖는 연속적인 선

② 유선의 수직방향으로는 항상 속도성분이 0이 되며 유선을 가로지르는 흐름은 존재할 수 없게 된다.

③ 유선상에서는 흐름의 방향은 항상 그 순간의 유선의 접선방향과 일치한다.

(2) 유관(Stream tube)

① 유선으로 둘러싸인 유체의 관(가상적인 관)

② 모든 속도 벡터가 유선과 접선을 이루므로 유관에 직각방향의 유동 성분은 없다.

(3) 유적선(path line)

① 한 유체의 입자가 일정한 시간 내에 움직인 경로를 말한다.

② 정상류인 경우에는 유선과 유적선이 일치한다. 즉 유선은 시간이 경과하더라도 변하지 않는다.

• 유맥선(Streak line)
공간 내의 한점을 지나는 모든 유체의 순간궤적을 말한다.

• 정상류의 경우
유선, 유맥선, 유적선은 일치한다.

01 정상 유동이 일어나는 경우는?

㉮ 조건들이 임의의 점에서 시간에 따라 변화하지 않는 경우
㉯ 조건들이 임의의 순간에 가까운 점들에서 같은 경우
㉰ 조건들이 시간에 따라 천천히 변화하는 경우
㉱ 조건들이 시간에 따라 급격히 변화하는 경우

02 다음 중 정상유동과 관계있는 식은? (단, V=속도벡터, s=임의 방향좌표, t=시간 이다.)

㉮ $\dfrac{\partial V}{\partial t} = 0$ ㉯ $\dfrac{\partial V}{\partial s} \neq 0$

㉰ $\dfrac{\partial V}{\partial t} \neq 0$ ㉱ $\dfrac{\partial V}{\partial s} = 0$

03 유선(stream line)에 대한 설명 중 가장 거리가 먼 내용은?

㉮ 유체흐름에 있어서 모든 점에서 유체흐름의 속도벡터의 방향을 갖는 연속적인 가상곡선이다.
㉯ 유체흐름 중의 한 입자가 지나간 궤적을 말한다. 즉, 유선을 가로 지르는 흐름에 관한 것이다.
㉰ x, y, z에 대한 속도분포를 각각 u, v, w라고 할 때 유선의 미분 방정식은 $\dfrac{dx}{u} = \dfrac{dy}{v} = \dfrac{dz}{w}$ 이다.
㉱ 정상유동에서 유선과 유적선은 일치한다.

04 유적선에 대한 설명으로 가장 적합한 것은?

㉮ 유체입자가 일정한 기간 동안 움직인 경로
㉯ 임의의 순간에 모든 점의 속도가 동일한 유동선
㉰ 에너지가 같은 점을 연결한 선
㉱ 모든 유체 입자의 순간 궤적

해 설

해설 02
정상유동
임의의 한 점에서 속도, 온도, 압력, 밀도 등의 평균값이 시간에 따라 변하지 않는 흐름
$$\frac{\partial V}{\partial t} = \frac{\partial \rho}{\partial t} = \frac{\partial P}{\partial t} = 0$$

해설 03
① 유선이란 유체흐름에 있어서 모든 점에서 유체흐름의 속도벡터의 방향을 갖는 연속적인 가상의 곡선을 말한다.
② 유맥선이란 공간 내의 한 점을 지나는 모든 유체입자들의 순간 궤적이다.
③ 유적선이란 한 유체입자가 일정한 기간 내에 움직인 경로를 말한다.

해설 04
유적선(path line)
한 유체 입자가 일정한 기간 내에 움직인 경로(유체 입자가 지나간 자취)

01. ㉮   02. ㉮   03. ㉯
04. ㉮

정답

03 연속방정식(질량보존의 법칙을 유체의 흐름에 적용)

유관내의 유체(질량)는 도중에 생성하거나 소멸하는 경우가 없다.

(1) 체적유량

$$Q = A_1 V_1 = A_2 V_2 \,(\mathrm{m^3/sec})$$

(2) 질량유량

$$m = \rho_1 A_1 V_1 = \rho_2 A_2 V_2 \,(\mathrm{kg/sec})$$

(3) 중량유량

$$G = r_1 A_1 V_1 = r_2 A_2 V_2 \,(\mathrm{kgf/sec})$$

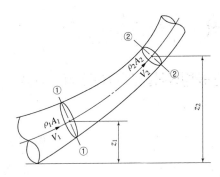

04 오일러 방정식(Euler equation) : 1차원유동

(1) 뉴턴의 운동 제2법칙을 유체입자의 운동에 적용시켜 만든 식이다.

$$\frac{dP}{\rho} + g\,dz + V dV = 0$$

$$\frac{dP}{r} + dz\frac{1}{g} + V dV = 0$$

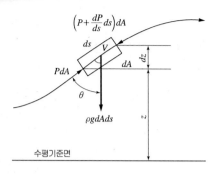

유선의 유체입자에 작용하는 힘

(2) 유체가 유선을 따라 마찰 없이 유동할 때 에너지의 변화가 없다는 것을 의미한다.

(3) 압축성, 비압축성, 완전유체에 대하여 적용한다.

05 베르누이(Bernoulli) 방정식

(1) 비압축성 1차원 유체에 대하여 오일러의 운동방정식을 그 유선에 따라 적분하여 얻는다.

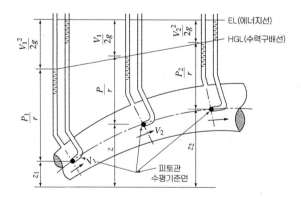

$$\frac{P}{r} + \frac{V^2}{2g} + z = const$$

전수두 : $\dfrac{P}{r} + \dfrac{V^2}{2g} + z = H$

• 베르누이 방정식 적용조건
비압축성, 비점성, 정상흐름

문 10m/sec로 흐르고 있는 유체의 속도수두는?

▶ $H = \dfrac{V^2}{2g} = \dfrac{10^2}{2 \times 9.8}$
$= 5.1\text{m}$

압력수두 : $\dfrac{P}{r}$

속도수두 : $\dfrac{V^2}{2g}$

위치수두 : z

$$\dfrac{P}{r} + z + \dfrac{V^2}{2g} = EL(\text{에너지선})$$

$$\dfrac{P}{r} + z = HGL(\text{수력구배선})$$

※ EL은 HGL보다 항상 속도수두만큼 위에 위치한다.

(2) 베르누이 방정식이 적용되는 조건

① 베르누이 방정식이 적용되는 임의의 두 점은 같은 유선상에 있다(1차원 흐름).

② 정상상태의 흐름이다.

③ 마찰 없는 흐름이다.

④ 비압축성 유체의 흐름이다.

(3) 점성이 있는 유체의 흐름에 있어서의 베르누이 방정식

$$\dfrac{P_1}{r} + \dfrac{V_1^2}{2g} + z_1 = \dfrac{P_2}{r} + \dfrac{V_2^2}{2g} + z_2 + h_l$$

※ 펌프와 터빈을 설치할 경우

- 손실동력$(L_l) = \dfrac{rQh_l}{75}(\text{PS}) = \dfrac{\Delta PQ}{75}(\text{PS})$

- 펌프동력$(L_P) = \dfrac{rQE_P}{75}(\text{ps}) = \dfrac{rQE_P}{102}(\text{kw})$

- 터빈동력$(L_T) = \dfrac{rQE_T}{75}(\text{ps}) = \dfrac{rQE_T}{102}(\text{kw})$

06 토리첼리(Torricelli)의 정리

$P_1 = P_2 = 대기압$

$A_1 \gg A_2$이면 $V_1 \ll V_2$이므로

$V_1 = 무시(0)$

$$\frac{P_1}{r} + z_1 + \frac{V_1^2}{2g} = \frac{P_2}{r} + z_2 + \frac{V_2^2}{2g}$$

$$\frac{V_2^2}{2g} = z_1 - z_2 = h$$

$V_2 = \sqrt{2gh}$ (m/sec)

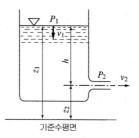

기준수평면

07 피토관(Pitot tube)

유체의 전압과 정압과의 차. 즉, 동압을 측정하여 유속을 구하여 그 값에 관로 면적을 곱하여 유량을 측정하는 것으로 피토관 또는 벤투리관을 삽입하여 측정한다.

(1) 유속 측정

$V_2 = 무시$, $z_1 = z_2$

$$\frac{P_1}{r} + \frac{V_1^2}{2g} + z_1 = \frac{P_2}{r} + \frac{V_2^2}{2g} + z_2$$

$$\frac{V_1^2}{2g} = \frac{P_2 - P_1}{r} = h$$

$$h = \frac{V_1^2}{2g}$$

$$\therefore V_1 = \sqrt{2gh}$$

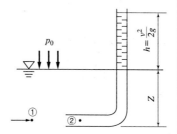

POINT

🔲 개방탱크가 수위 1m를 유지하도록 되어 있다. 이 탱크 바닥에 지름 9.8cm의 구멍이 났을 경우 이 구멍을 통하여 유출되는 유량은?

▶ $Q = AV$

$= \frac{\pi d^2}{4}\sqrt{2gh}$

$= \frac{\pi \times 0.098^2}{4}\sqrt{2 \times 9.8 \times 1}$

$= 0.033 \text{m}^3/\text{s}$

· 전압=정압+동압

🔲 물속에 피토관을 설치하였더니 전압이 1250cmH$_2$O이고 이때 유속이 4.9m/s이었다면 정압은 몇 cmH$_2$O인가?

▶ 동압= $\frac{V^2}{2g}$

$= \frac{4.9^2}{2 \times 9.8} = 1.23\text{m}$

$= 123\text{cm}$

정압=전압−동압

$= 1250 - 123$

$= 1127\text{cm H}_2\text{O}$

(2) 곧은관내의 교란되지 않는 유속측정

$$\frac{P_1}{r} + \frac{V_1^2}{2g} + z_1 = \frac{P_2}{r} + \frac{V_2^2}{2g} + z_2$$

여기서, $z_1 = z_2$, $V_2 = 0$

$$\frac{V_1^2}{2g} = \frac{P_2 - P_1}{r}$$

$$P_2 - P_1 = (r_0 - r)h$$

$$\therefore V_1 = \sqrt{2g h\left(\frac{r_0}{r} - 1\right)} \text{ (m/sec)}$$

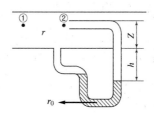

POINT

문 피토관을 이용 공기의 유속을 측정하였다. 액주계의 차압이 10mm이고, 비중이 1일 때 공기유속은? (단, 공기의 밀도는 $1.23kg/m^3$이며 액주계 속의 물질은 물이다.)

$$\blacktriangleright V = \sqrt{2gh\left(\frac{S_0}{S} - 1\right)}$$
$$= \sqrt{2 \times 9.8 \times 0.01 \times \left(\frac{1000}{1.23} - 1\right)}$$
$$= 12.6m/s$$

08 벤투리미터(Venturi meter)

(1) 축소 확대관에서 정압을 측정함으로써 유량을 구할 수 있도록 만든 관

(2) 축소각 $20°$ 의 매끈한 입구원추 짧은 원통부분 그리고 수두손실을 최소로 하기위해 확대부의 각 $5\sim7°$ 의 원추각의 디퓨져로 이루어져 있다.

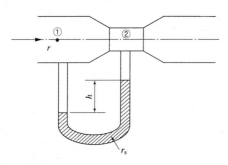

• 차압식 유량계의 압력손실
오리피스>플로노즐>벤투리미터

$$z_1 = z_2$$

$$\frac{P_1}{r} + \frac{V_1^2}{2g} + z_1 = \frac{P_2}{r} + \frac{V_2^2}{2g} + z_2$$

$$\frac{P_1 - P_2}{r} = \frac{V_2^2 - V_1^2}{2g}$$

$$= \frac{V_2^2 - \left(\frac{A_2}{A_1}\right)^2 V_2^2}{2g} = \frac{V_2^2\left[1 - \left(\frac{d_2}{d_1}\right)^4\right]}{2g}$$

$$V_2 = \sqrt{\dfrac{2g\dfrac{P_1 - P_2}{r}}{1 - \left(\dfrac{d_2}{d_1}\right)^4}} = \dfrac{1}{\sqrt{1 - \left(\dfrac{d_2}{d_1}\right)^4}}\sqrt{2gh\left(\dfrac{r_s}{r} - 1\right)}$$

여기서, $A_1 V_1 = A_2 V_2$, $\quad \dfrac{V_1 = \dfrac{A_2}{A_1} V_2 = d_2^2}{d_1^2} V_2$

$$\dfrac{P_1 - P_2}{r} = h\left(\dfrac{r_s}{r} - 1\right)$$

$$Q = A_2 V_2 = \dfrac{A_2}{\sqrt{1 - \left(\dfrac{d_2}{d_1}\right)^4}}\sqrt{2gh\left(\dfrac{r_s}{r} - 1\right)} \quad (\text{m}^3/\text{sec})$$

핵 심 문 제

01 질량보존의 법칙을 유체유동에 적용한 방정식은?

㉮ 오일러 방정식 ㉯ 달시 방정식

㉰ 운동량 방정식 ㉱ 연속 방정식

02 비압축성 유체에 적용되는 관계식을 가장 잘 나타낸 것은? (단, A : 단면적, u : 유속, ρ : 밀도, r : 비중량)

㉮ $r_1 A_1 u_1 = r_2 A_2 u_2$

㉯ $\rho_1 A_1 u_1 = \rho_2 A_2 u_2$

㉰ $\dfrac{du}{u} + \dfrac{dA}{A} + \dfrac{d\rho}{\rho} = 0$

㉱ $A_1 u_1 = A_2 u_2$

03 비압축성 유체의 유량을 일정하게 하고, 관지름을 2배로 하면 유속은 어떻게 되는가? (단, 기타 손실은 무시한다.)

㉮ $\dfrac{1}{2}$로 느려진다. ㉯ $\dfrac{1}{4}$로 느려진다.

㉰ 2배로 빨라진다. ㉱ 4배로 빨라진다.

04 안지름 5cm 파이프 내에서 비압축성 유체의 유속이 5m/s이면 안지름을 2.5cm 로 축소하였을 때의 유속은?

㉮ 5m/s ㉯ 10m/s

㉰ 20m/s ㉱ 50m/s

05 지름이 8cm인 파이프 안으로 비중이 0.8인 기름을 30kg/min의 질량유속으로 수송하면 파이프 안에서 기름이 흐르는 평균속도는 약 몇 m/min인가?

㉮ 7.46 ㉯ 17.46

㉰ 20.46 ㉱ 27.46

해 설

해설 01

연속의 방정식
질량보존의 법칙 적용

해설 03

연속방정식

$Q = AV = \dfrac{\pi}{4} \times d^2 \times V (\mathrm{m^3/s})$

유속 $V_1 = \dfrac{Q}{\dfrac{\pi}{4} \times d^2} = \dfrac{Q}{A}$

유속 $V_2 = \dfrac{Q}{\dfrac{\pi}{4} \times (2d)^2}$

$= \dfrac{Q}{4A} = \dfrac{1}{4}V_1$

해설 04

$Q = A \cdot V = \dfrac{\pi}{4} \times 0.05^2 \times 5$

$= 9.817 \times 10^{-3} \mathrm{m^3/s}$

$\therefore V_2 = \dfrac{Q}{A} = \dfrac{9.817 \times 10^{-3}}{\dfrac{\pi}{4} \times 0.25^2}$

$= 19.999 \fallingdotseq 20 \mathrm{m/s}$

해설 05

질량유량 $G = \rho AV (\mathrm{kg/min})$
여기서, $p (\mathrm{kg/m^3})$: 밀도
$A (\mathrm{m^2})$: 관의 면적
$V (\mathrm{m/min})$: 유속

유속 $V = \dfrac{G}{\rho A}$

$= \dfrac{30}{0.8 \times 1000 \times \dfrac{\pi}{4} \times 0.08^2}$

$= 7.46 \mathrm{m/min}$

정답

01. ㉱ 02. ㉱ 03. ㉯
04. ㉰ 05. ㉮

06 베르누이의 정리에 적용되는 조건이 아닌 것은?

㉮ 정상 상태의 흐름   ㉯ 마찰이 없는 흐름

㉰ 직선관에서의 흐름   ㉱ 같은 유선상에 있는 흐름

07 물이 23m/s의 속도로 노즐에서 수직상방으로 분사될 때 손실을 무시하면 약 몇 m까지 물이 상승하는가?

㉮ 13   ㉯ 20

㉰ 27   ㉱ 54

08 비리알 방정식(Virial equation)은 무엇에 관한 것인가?

㉮ 유체의 흐름   ㉯ 유체의 점성

㉰ 유체의 수송   ㉱ 유체의 상태

09 벤투리관에 대한 설명으로 옳지 않은 것은?

㉮ 유체는 벤투리관 입구부분에서 속도가 증가하며 압력 에너지의 일부를 속도 에너지로 바꾼다.

㉯ 실제유체에서는 점성 등에 의한 손실이 발생하므로 유량계수를 사용하여 보정해준다.

㉰ 유량계수는 벤투리관의 치수, 형태 및 관 내벽의 표면 상태에 따라 달라진다.

㉱ 벤투리 유량계는 확대부의 각도를 20~30°, 수축부의 각도를 6~13°로 하여 압력 손실이 적다.

10 오리피스와 노즐에 대한 설명으로 옳지 않은 것은?

㉮ 내벽을 따라서 흘러온 유체입자는 개구부에 도달했을 때 관성력 때문에 급격히 구부러지지 않고 반지름 방향의 속도성분을 가진다.

㉯ 반지름 방향의 속도성분은 개구부에서 유출에 따라 점점 작아져서 분류가 평행류가 된 지점에서는 0이 된다.

㉰ 유량계수는 축류계수와 속도계수의 합이며 유로의 기하학적 치수, 관성력 및 점성력과 관계가 있다.

㉱ 분류의 단면적이 개구부의 단면적보다 항상 작아지며 분류속도는 유체의 마찰에 의해 그 값이 작아진다.

해 설

[해설] 06

베르누이의 정리 적용 조건
① 임의의 두 점은 같은 유선상에 있어야 한다.
② 정상상태의 흐름이어야 한다.
③ 마찰이 없는 이상유체의 흐름이어야 한다.
④ 비압축성의 유체이어야 한다.
⑤ 외력은 중력만이 작용된다.

[해설] 07

베르누이방정식

$$\frac{P_1}{r} + \frac{V_1^2}{2g} + Z_1$$
$$= \frac{P_2}{r} + \frac{V_2^2}{2g} + Z_2$$
$$P_1 = P_2$$
$$V_1 = 23 \mathrm{m/s}$$
$$V_2 = 0$$

높이 $Z_2 - Z_1 = \dfrac{V_1^2}{2g}$

$$= \frac{23^2}{2 \times 9.8} = 27 \mathrm{m}$$

[해설] 08

비리알 방정식(Virial equation)
유체의 상태에 관한 방정식

$$PV = RT\left(1 + \frac{B}{v} + \frac{C}{v_2} + \cdots + \frac{N}{v_n}\right)$$

[해설] 09

① 확대부 : 5~7°
② 축소부 : 20°

[해설] 10

유량계수는 속도계수와 수축계수의 곱으로 나타낸다.

---

06. ㉰   07. ㉰   08. ㉱
09. ㉱   10. ㉰

정답

11 지름 D_1인 탱크의 수면 밑 h인 곳에 지름 D_2인 구멍을 뚫었을 때 물의 유출속도와 유량에 대한 설명을 옳지 않은 것은?

㉮ 물의 분출속도는 높이 h에 따라 변한다.

㉯ 물의 분출속도는 탱크지름 D_1과 무관하다.

㉰ 물의 분출유량은 D_2와 관계있다.

㉱ 물의 분출유량은 탱크지름 D_1과 관계있다.

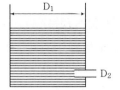

12 그림과 같이 물이 흐르는 관에 U자 수은관을 설치하고, A점과 B지점 사이의 수은높이차(h)를 측정하였더니 0.7m였다. 이 때 A지점과 B점 사이의 압력차는 약 몇 kPa인가?

㉮ 8.64

㉯ 9.33

㉰ 86.49

㉱ 93.3

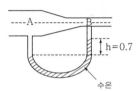

13 그림과 같이 하단의 물과 상단의 기름 경계면까지 높이가 5m이고, 이 경계면에서 대기와의 경계면까지 높이가 5m일 때 출구에서의 유속 V는 약 몇 m/s인가? (단, 기름의 비중 S는 0.90이다.)

㉮ 13.65

㉯ 14.65

㉰ 15.65

㉱ 16.65

$S=0.9$ 5m

5m

V

14 U자관 마노미터를 사용하여 오리피스 유량계에 걸리는 압력차를 측정하였다. 오리피스를 통하여 흐르는 유체는 비중이 1인 물이고 마노미터 속의 액체는 비중 13.6인 수은이다. 마노미터 읽음이 20cm일 때 오리피스에 걸리는 압력차는 약 몇 kgf/cm²인가?

㉮ 0.25   ㉯ 0.63

㉰ 2.7   ㉱ 12.6

해 설

[해설] **11**

① 분출속도

$$V = \sqrt{2gh} \quad (h : 높이)$$

② 유량

$$Q = VA = V \times \frac{\pi}{4}D_2^2$$

[해설] **12**

U자관 마노미터

$$\Delta P = \frac{g}{g_c}R(\rho_A - \rho_B)$$

여기서, R : 마노미터 읽음

ρ_A : 액체의 비중

ρ_B : 유체의 비중

$\Delta P = 0.7 \times (13.6-1) \times 10^3$

$\quad = 8,820\,\text{kgf/m}^2$

이것을 kPa로 환산하면

(1kgf=9.8N)

$\Delta P = 8,820 \times 9.8$

$\quad = 86,436\text{Pa} = 86.44\text{kPa}$

[해설] **13**

$h_e = \dfrac{0.9 \times 1000 \times 5}{1,000} = 4.5\text{m}$

$h = 4.5 + 5 = 9.5\text{m}$

$V = \sqrt{2gh} = \sqrt{2 \times 9.8 \times 9.5}$

$\quad = 13.645\text{m/s}$

[해설] **14**

압력차

$P_2 - P_1 = (s_2 - s_1)r \times h$

$= (13.6-1) \times 1,000 \times 0.2$

$= 2,520\,\text{kgf/m}^2$

$= 0.25\,\text{kgf/cm}^2$

11. ㉱ 12. ㉰ 13. ㉮
14. ㉮

정답

01. 다음 정상류에 관한 설명 중 맞는 것은?

㉮ 에너지손실이 없는 이상유체의 흐름이다.

㉯ 한 점에서의 흐름의 특성은 시간에 따라 변하지 않는다.

㉰ 흐름의 특성이 일정한 비율로 시간에 따라 변한다.

㉱ 위치변화에 따라 흐름에 특성이 변하지 않는다.

[해설] 정상류는 유동상태의 한 점에서 속도, 온도, 압력, 밀도 등 흐름의 특성이 시간에 따라 변화하지 않는 흐름.

02. 다음 정상유동에 관한 설명 중 옳은 것은?

㉮ $\frac{\partial \rho}{\partial T} \neq 0$, $\frac{\partial T}{\partial t} = 0$ 흐름

㉯ $\frac{\partial \rho}{\partial t} = 0$, $\frac{\partial T}{\partial t} = 0$인 흐름

㉰ $\frac{\partial \rho}{\partial t} \neq 0$, $\frac{\partial p}{\partial t} \neq 0$이나 $\frac{\partial T\rho}{\partial t} \neq 0$인 흐름

㉱ $\frac{\partial \rho}{\partial T} = 0$, $\frac{\partial T}{\partial t} \neq 0$인 흐름

[해설] ① 정상유동 $\frac{\partial \rho}{\partial t} = 0$, $\frac{\partial \rho}{\partial t} = 0$, $\frac{\partial T}{\partial t} = 0$

② 비정상유동 $\frac{\partial \rho}{\partial t} \neq 0$, $\frac{\partial \rho}{\partial t} \neq 0$, $\frac{\partial T}{\partial t} \neq 0$

03. 정상류와 비정상류를 구분하는 데 있어서 기준이 되는 것은?

㉮ 질량보존의 법칙

㉯ 뉴턴의 점성법칙

㉰ 압축성과 비압축성

㉱ 유동 특성의 시간에 대한 변화율

04. Uniform flow(등속류)란 무엇을 뜻하는가? (단, V는 속도벡터, S는 임의방향의 좌표, t는 시간)

㉮ 임의의 한번에서 속도벡터가 일정할 때만 일어난다.

㉯ 흐름이 정상이면 언제나 일어난다.

㉰ $\partial V/\partial S = 0$일 때 일어난다.

㉱ $\partial V/\partial t = 0$인 곳에서 일어난다.

[해설] ① 정상류 : 유동입자의 한 점에서 시간 변화에 따라 유동특성이 불변

$\frac{\partial V}{\partial t} = 0$, $\frac{\partial P}{\partial t} = 0$, $\frac{\partial \rho}{\partial t} = 0$, $\frac{\partial T}{\partial t} = 0$

② 등속류 : 일정영역 내에서 한순간 모든 점의 속도 일정

$\frac{\partial V}{\partial s} = 0$

05. 관내유체가 관경이 동일한 수평관을 등속으로 흐를 때 몇 차원 유동으로 취급하는가?

㉮ 1차원   ㉯ 2차원

㉰ 3차원   ㉱ 답없음

06. 정상류 균속도 흐름을 나타내는 것은?

㉮ $\frac{\partial V}{\partial S} = 0$, $\frac{\partial V}{\partial t} \neq 0$

㉯ $\frac{\partial V}{\partial S} \neq 0$, $\frac{\partial V}{\partial t} \neq 0$

㉰ $\frac{\partial V}{\partial S} = 0$, $\frac{\partial V}{\partial t} = 0$

㉱ $\frac{\partial V}{\partial S} \neq 0$, $\frac{\partial V}{\partial t} = 0$

[해설] ㉮항 : 비정상, 균속도 흐름
㉯항 : 비정상, 비균속도 흐름
㉱항 : 정상, 비균속도 흐름

정답 01. ㉯ 02. ㉯ 03. ㉱ 04. ㉰ 05. ㉮ 06. ㉰

07. 유체가 비회전 유동이라면 부합되는 것은?

㉮ $\dfrac{\partial u}{\partial x} = \dfrac{\partial u}{\partial y}$

㉯ $\dfrac{\partial u}{\partial y} + \dfrac{\partial u}{\partial x} = 0$

㉰ $\dfrac{\partial^2 u}{\partial x^2} + \dfrac{\partial^2 v}{\partial y^2} = 0$

㉱ $\dfrac{\partial u}{\partial y} = \dfrac{\partial v}{\partial x}$

08. 다음 중 유선이란?

㉮ 속도벡터에 대하여 항상 수직이다.

㉯ 유동단면의 중심만을 연결한 선이다.

㉰ 모든 점에서 속도벡터의 방향과 일치되는 연속적인 선이다.

㉱ 정상류에서만 보여주는 선이다.

해설 유선이란 유체의 한 입자가 지나간 자취를 표시하는 선으로 모든 점에서 속도벡터 방향 벡터를 갖는다.

유선 방정식 : $\dfrac{\partial x}{\partial x} = \dfrac{\partial y}{\partial y} = \dfrac{dz}{uz}$

09. 다음 사항 중 유관이란?

㉮ 한 개의 유선으로 이루어지는 관을 말한다.

㉯ 어떤 폐곡선을 통과하는 여러 개의 유선으로 이루어지는 유관을 말한다.

㉰ 개방된 곡선을 통과하는 유선으로 이루어지는 평면을 말한다.

㉱ 임의의 여러 유선으로 이루어지는 유동체를 말한다.

해설 폐곡선을 지나는 여러 개의 유선에 의해서 이루어지는 가상적인 관을 말한다.

10. 다음 사항 중 유적선(pathline)이란?

㉮ 한 유체입자가 공간을 운동할 때 그 입자의 운동궤적

㉯ 속도벡터 방향과 일치하도록 그려진 연속적인 선

㉰ 층류에서만 정의되는 선

㉱ 유체입자의 순간 궤적

해설 한 유체입자가 일정한 시간 내에 움직인 경로이다.

11. 다음 설명 중 잘못된 것은?

㉮ 정상유동은 유동 특성이 시간에 따라 변하지 않는 흐름이다.

㉯ 균일유동은 유동속도의 크기와 방향이 위치에 따라 변하지 않는 흐름이다.

㉰ 유선이란 모든 점에서 속도벡터의 방향을 갖는 연속적인 선으로서 정상류에서는 유적선과 일치한다.

㉱ 일차원 유동이란 직선을 따라 흐르는 유동이다.

해설 일차원 유동은 유동방향과 수직한 방향으로의 유동 특성 변화를 무시하는 유동이다.

12. 다음 설명 중 틀린 것은?

㉮ 여러 개의 유선 중 단 한 개의 유선만 따른 것을 1차원 흐름이라 한다.

㉯ 한 개의 유동면으로 정의되는 흐름을 2차원 흐름이라 한다.

㉰ 하나의 체적 요소공간으로 정의되는 것은 3차원 흐름이다.

㉱ 유선의 유동특성이 변하지 않는 흐름을 유적선이라 한다.

해설 유선의 유동특성이 변하지 않는 흐름을 정상류라 한다.

$\dfrac{\partial u}{\partial t} = 0,\ \dfrac{\partial P}{\partial t} = 0,\ \dfrac{\partial T}{\partial t} = 0,\ \cdots$

07. ㉰　08. ㉰　09. ㉯　10. ㉮　11. ㉱　12. ㉱ **정답**

13. 연속방정식이란?

㉮ 뉴턴의 제2법칙을 만족시키는 법칙

㉯ 에너지와 일의 관계를 주는 방정식

㉰ 유선상의 2점에 선의 단위체적당의 모멘트에 관한 방정식

㉱ 질량보존의 법칙을 만족시키는 방정식

해설 연속방정식
질량보존의 법칙을 만족시키는 방정식($A_1V_1 = A_2V_2$)

14. 질량보존의 법칙을 유체 유동에 적용한 방정식은?

㉮ 오일러 방정식

㉯ 달시 방정식

㉰ 운동량 방정식

㉱ 연속 방정식

해설 연속의 방정식 $A_1V_1 = A_2V_2$

15. 다음 중 연속방정식을 나타내는 것은? (단, 유동을 일차원이며 P : 압력, V : 속도, γ : 비중량, ρ : 밀도, A : 면적이다.)

㉮ $\rho_1 A_1 = \rho_2 A_2$

㉯ $Q = \rho A V$

㉰ $P_1 A_1 V_1 = P_2 A_2 V_2$

㉱ $\gamma_1 A_1 V_1 = \gamma_2 A_2 V_2$

해설 체적유량 $AV = C$, 질량유량 : ρAV, 중량유량 : $\gamma AV = C$

16. 안지름이 90mm인 파이프를 통하여 8m/s의 속도로 흐르는 물의 유량은?

㉮ $3.05 \text{m}^3/\text{min}$ ㉯ $4.83 \text{m}^3/\text{min}$

㉰ $5.15 \text{m}^3/\text{min}$ ㉱ $6.48 \text{m}^3/\text{min}$

해설 $Q = AV = \dfrac{\pi}{4} \times 0.09^2 \times 8 \times 60 = 3.05 \text{m}^3/\text{min}$

17. 300kgf/sec의 물이 그림과 같은 통로로 흐르고 있을 때 각 단에서의 평균속도는 몇 m/sec인가? (단, 물의 비중량은 1,000kgf/m³)

㉮ 4.24, 38.2

㉯ 4.02, 38.2

㉰ 4.24, 36.18

㉱ 1.06, 9.55

해설 중량유량$(G) = rAv$에서

$$V_1 = \frac{G}{rA_1} = \frac{300}{1,000 \times \frac{\pi}{4} \times 0.6^2} = 1.06 \text{m/sec}$$

$$V_2 = \frac{G}{rA_2} = \frac{300}{1,000 \times \frac{\pi}{4} \times 0.2^2} = 9.55 \text{m/sec}$$

18. 비중이 0.8인 기름이 안지름 10cm인 관에 평균속도 4m/s로 흐를 때 질량 유량(kgf·s²/m·s)은 얼마인가? (단, 물의 비중량은 1,000kgf/m³으로 한다.)

㉮ 2.74   ㉯ 3.27

㉰ 1.75   ㉱ 2.56

해설 $m = \rho \cdot A \cdot V$
$$= \frac{0.8 \times 1,000}{9.8} \times \frac{\pi}{4} \times 0.1^2 \times 4 = 2.567 \text{kgf·s}^2/\text{m·s}$$

19. 최고 5m/s의 속도로 공기 0.25kg/s(질량유량)를 흐르도록 하는데 필요한 최소 관지름은 몇 m인가? (단, 공기는 27℃로서 가스정수는 287N·m/kg·k)이며, 2.3bar의 절대압력 상태에 있다.

㉮ 0.15   ㉯ 1.4

㉰ 0.0156   ㉱ 0.156

해설 질량유량$(M) = \rho AV = \dfrac{P}{RT} \times \dfrac{\pi D^2}{4} \times V$에서
$$D^2 = \frac{4MRT}{\pi VP}$$
$$= \frac{4 \times 0.25 \text{kg/s} \times 287 \text{N·m/kg°K} \times 300°\text{K}}{\pi \times 5 \text{m/s} \times 2.3 \text{bar} \times \left(\frac{101.325 \text{N/m}^2}{1.01325 \text{bar}}\right)} = 0.0238 \text{m}^2$$

$\therefore D = 0.15\text{m}$

정답 13. ㉱ 14. ㉱ 15. ㉱ 16. ㉮ 17. ㉱ 18. ㉱ 19. ㉮

20. 다음 식 중에서 연속방정식이 아닌 것은?

㉮ $d(\rho A V) = 0$

㉯ $\dfrac{dA}{A} + \dfrac{d\rho}{\rho} + \dfrac{dV}{V} = 0$

㉰ $\dfrac{dx}{u} = \dfrac{dy}{v} = \dfrac{dz}{w}$

㉱ $\rho_1 A_1 V_1 = \rho_2 A_2 V_2$

해설 $\dfrac{dx}{u} = \dfrac{dy}{v} = \dfrac{dz}{w}$ 는 유선의 미분방정식이다.

21. 비압축성 유체의 유량을 일정하게 하고, 관지름을 2배로 하면 유속은?

㉮ 1/2배로 느려진다.

㉯ 1/4배로 느려진다.

㉰ 2배로 빨라진다.

㉱ 4배로 빨라진다.

해설 $Q = A_1 V_1 = A_2 V_2$ (연속의 방정식)

$V_2 = A_1 \dfrac{V_1}{A_2} = \dfrac{d_1^2 V_1}{(2d_1)^2} = \dfrac{1}{4} V_1$

22. 안지름이 0.2m인 실린더 속에 물이 가득 채워져 있고 바깥지름이 0.18m인 피스톤이 0.05m/s의 속도로 주입되고 있다. 이때 실린더와 피스톤 사이의 틈으로 역류하는 물의 속도는?

㉮ 0.113m/s ㉯ 0.213m/s

㉰ 0.313m/s ㉱ 0.413m/s

해설 $Q = A_1 V_1 = A_2 V_2$ 에서

$V_2 = \dfrac{A_1 V_1}{A_2} = \dfrac{\dfrac{\pi}{4} \times 0.18^2 \times 0.05}{\dfrac{\pi}{4} \times (0.2^2 - 0.18^2)} = 0.213\text{m/s}$

23. 밀도가 892kg/m³인 원유가 그림과 같이 A관을 통하여 1.388×10^{-3}m³/s로 들어가 서 B관으로 분할되어 나갈 때 관 B에서의 유속은? (단, 관 B의 단면적은 1.314×10^{-3}m²이다.)

㉮ 0.614m/s

㉯ 1.036m/s

㉰ 0.619m/s

㉱ 0.528m/s

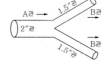

해설 A관에서 B관으로 관 크기가 동일하게 분할되므로 $Q = A V$ 에서

$V_B = \dfrac{Q_B}{A_B} = \dfrac{1.388 \times 10^{-3} \times \dfrac{1}{2}}{1.314 \times 10^{-3}} = 0.528\text{m/s}$

24. 오일러 연속 방정식 중 $\left(\dfrac{\partial u}{\partial x} + \dfrac{\partial v}{\partial y} + \dfrac{\partial w}{\partial z} \right) = 0$일 때 다음 중 맞는 것은? (단, u, v, w는 축방향 유속성분 x, y, z는 직각좌표이다.)

㉮ 비점성유체 ㉯ 비압축성유체

㉰ 압축성유체 ㉱ 점성유체

해설 압축성 유체의 연속방정식은

$\dfrac{\partial (\rho u)}{\partial x} + \dfrac{\partial (\rho v)}{\partial y} + \dfrac{\partial (\rho w)}{\partial z}$ 이다.

25. Euler의 운동방정식이 적용되는 조항과 관계없는 것은?

㉮ 점성 마찰이 없을 경우

㉯ 입자가 유선을 따라 운동할 경우

㉰ 정상유동일 경우

㉱ 입자가 유맥선을 따라 회전 운동할 경우

해설 오일러의 운동방정식 적용 조건
① 유체의 입자가 유선을 따라 운동할 때
② 점성 마찰력이 없을 때
③ 정상유동일 때

26. 다음에서 베르누이 방정식과 관계없는 것은?
(r : 비중량, V : 유속, h : 위치수두, A : 단면적, ρ : 밀도, P : 압력이다.)

㉮ $\dfrac{P}{r} + \dfrac{V^2}{2g} + h = 0$

㉯ $\dfrac{dP}{r}+d\left(\dfrac{V^2}{2g}\right)+dh=0$

㉰ $\dfrac{P_1}{r}+\dfrac{V_1^2}{2g}+h_1=\dfrac{P_2}{r}+\dfrac{V_2^2}{2g}+h_2$

㉱ $\dfrac{dA}{A}+\dfrac{d\rho}{\rho}+\dfrac{dV}{V}=0$

[해설] ㉱는 연속방정식이다.

27. 다음 설명에서 틀린 것은?

㉮ 위치수두와 압력수두의 합은 수력구배선이다.

㉯ 에너지선은 수력구배선보다 속도수두만큼 위에 있다.

㉰ 위치수두가 에너지선보다 높을 때는 부압이 일어난다.

㉱ 분류에서 물이 대기압 중에 분출된 수력구배선(HGL)은 압력수두와 속도수두의 합이다.

[해설] ① 수력구배선(HGL) $= z + \dfrac{P}{r}$

② 에너지선(EL) $= z + \dfrac{P}{r} + \dfrac{V^2}{2g} = HGL + \dfrac{V^2}{2g}$

③ 대기 중에서 압력수두 $\left(\dfrac{P}{r}\right) = 0, HEL = z\,(위치수두)$

28. 베르누이 방정식 $\left(\dfrac{P}{r}+\dfrac{V^2}{2g}+Z=H\right)$이 적용되는 조건으로 짝지어진 것은?

> ① 정상상태의 흐름
> ② 이상유체의 흐름
> ③ 압축성 유체의 흐름
> ④ 동일 유선 상의 흐름

㉮ ①, ②, ④ 　㉯ ②, ④

㉰ ①, ③ 　㉱ ②, ③, ④

[해설] ①, ②, ④ 외에 비압축성유체

29. 베르누이 방정식을 실제유체에 적용시키려면?

㉮ 실제유체에는 적용이 불가능하다.

㉯ 베르누이 방정식의 위치수두를 수정해야 한다.

㉰ 손실수두 값을 계산한다.

㉱ 베르누이 방정식은 이상유체와 실제유체에 같이 적용된다.

[해설] 실제유체에 적용되는 베르누이 방정식

$$\dfrac{V_1^2}{2g}+\dfrac{P_1}{r}+Z_1=\dfrac{V_2^2}{2g}+\dfrac{P_2}{r}+z_2+H_L$$

30. 베르누이 방정식을 적용할 수 있는 조건만으로 구성된 것은 어느 것인가?

㉮ 비정상 흐름, 비압축성 흐름, 점성 흐름

㉯ 정상 흐름, 비압축성 흐름, 점성 흐름

㉰ 비정상 흐름, 비압축성 흐름, 비점성 흐름

㉱ 정상 흐름, 비압축성 흐름, 비점성 흐름

[해설] 베르누이 방정식 적용
정상 흐름, 비압축성 흐름, 비점성 흐름

31. 관로내 유체의 흐름에서 모든 지점에서의 에너지는 일정하다는 것이 에너지 보존법칙이며, 이를 이용한 것이 Bernoulli의 에너지 방정식인데, 이에 해당되지 않는 에너지는 어떠한 것인가?

㉮ 운동에너지 　㉯ 압력에너지

㉰ 위치에너지 　㉱ 탄성에너지

32. 유체유동에서 마찰로 인하여 일어난 에너지손실은?

㉮ 유체의 내부에너지 증가와 계로부터 열전달에 의해 제거되는 양의 합이다.

㉯ 유체의 내부에너지와 운동에너지의 합의 증가로 한다.

㉰ 퍼텐셜 에너지와 압축일의 합이 된다.

㉱ 엔탈피의 증가가 된다.

33. 내경의 변화가 없는 곧은 수평 배관 속에서 정상류의 물의 흐름에 관계되는 다음의 설명 중 옳은 것은 어느 것인가? (단, 물은 비압축성 유체이다.)

㉮ 물의 속도수두는 배관의 모든 부분에서 같다.

㉯ 물의 압력수두는 배관의 모든 부분에서 같다.

㉰ 물의 속도수두와 압력수두의 총합은 배관의 모든 부분에서 같다.

㉱ 배관의 어느 부분에서도 물의 위치 에너지는 존재하지 않는다.

[해설] 베르누이 정리에서 속도수두와 압력수두의 합은 어느 지점에서나 같다(수평 배관인 경우)

$$H = \frac{V^2}{2g} + \frac{P}{r} = C$$

34. 관내의 물의 속도가 12m/sec, 압력이 1.05kg/cm²이다. 속도수두와 압력수두는? (단, 중력가속도는 9.8m/sec²)

㉮ 7.35m, 9.52m

㉯ 7.5m, 10m

㉰ 7.35m, 10.5m

㉱ 7.5m, 9.52m

[해설] ① 속도수두 $H = \frac{V^2}{2g} = \frac{(12\text{m/sec})^2}{2 \times 9.8\text{m/sec}^2} = 7.35\text{m}$

② 압력수두 $H = \frac{P}{r} = \frac{1.05\text{kg/cm}^2 \times 10^4\text{cm}^2/\text{m}^2}{1,000\text{kg/m}^3} = 10.5\text{m}$

35. 지표면 10m지점에서 위치한 관내 물의 속도가 10m/s, 압력이 1.03kgf/cm²일 때 수력구배선(동수경사선)값은 얼마인가?

㉮ 0.3m

㉯ 10.3m

㉰ 20.3m

㉱ 30.3m

[해설] 폐수로(배관내)의 수력구배선
=압력수두+위치수두의 합이므로

$$\frac{P}{r} + Z = \frac{1.03 \times 10^4}{10^3} + 10 = 20.3\text{m}$$

36. 다음 중 에너지보존의 법칙과 관련이 없는 것은?

㉮ 위치수두

㉯ 압력수두

㉰ 속도수두

㉱ 마찰손실수두

[해설] 전수두 $H = h + \frac{P}{r} + \frac{v^2}{2g}$, 마찰손실수두 $Hl = \lambda \frac{\ell}{D} \cdot \frac{V^2}{2g}$

37. 다음 그림과 같이 관 속으로 물이 흐르고 있다. A점과 B점에서의 유속은 몇 m/s인가? (단, U_A : A점에서의 유속, U_B : B점에서의 유속이다.)

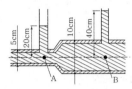

㉮ U_A : 2.045, U_B : 1.022

㉯ U_A : 2.045, U_B : 0.511

㉰ U_A : 7.919, U_B : 1.980

㉱ U_A : 3.960, U_B : 1.980

[해설] 연속 방정식에서 $A_A V_A = A_B V_B$이므로

$$U_A = \frac{A_B}{A_A} \times U_B = \frac{\frac{\pi}{4} \times 0.1^2}{\frac{\pi}{4} \times 0.05^2} \times U_B = 4 U_B$$

A지점과 B지점에 베르누이 방정식을 적용하면

$$\frac{P_A}{r} + \frac{U_A^2}{2g} + Z_A = \frac{P_B}{r} + \frac{U_B^2}{2g} + Z_B$$

여기서, $P = r \cdot h$이므로

$P_A = 1,000 \times 0.2 = 200\text{kgf/m}^2$

$P_B = 1,000 \times 0.4 = 400\text{kgf/m}^2$이 된다.

$Z_A = Z_B = 0$, $U_A = 4 U_B$이므로

$$\frac{200}{1,000} + \frac{16 U_B^2}{2g} = \frac{400}{1,000} + \frac{U_B^2}{2g}$$

$\therefore U_B = 0.511\text{m/s}$

$U_A = 4 U_B = 4 \times 0.511 = 2.044\text{m/s}$

38. 원관 속에 물이 v=3m/s p=0.50kg/cm²으로 0.8m³/s의 유량으로 흐를 때 동력은 몇 PS가 발생되는가?

㉮ 42.5

㉯ 50

㉰ 58.2

㉱ 60

해설 $L = \dfrac{rQH}{75}[\text{PS}] = \dfrac{1,000 \times 0.8 \times 5.46}{75} = 58.2\text{PS}$

여기서, $H = \dfrac{P}{r} + \dfrac{V^2}{2g} + Z = \dfrac{0.5 \times 10^4}{1,000} + \dfrac{3^2}{2 \times 9.8} + 0 = 5.46\text{m}$

39. 다음 그림과 같이 수평관 목부분 ①의 안지름 d_1=10cm, ②의 안지름 d_2=30cm으로서 유량 2.1m³/min일 때 ①에 연결되어 있는 유리관으로 올라가는 수주의 높이는 몇 m인가?

㉮ 1.6
㉯ 0.6
㉰ 1.5
㉱ 1

해설 $Q = \dfrac{2.1}{60} = 0.035\text{m}^3/\text{s}$

$\therefore V_1 = \dfrac{Q_1}{A_1} = \dfrac{0.035}{\dfrac{\pi}{4} \times 0.1^2} = 4.46\text{m/s}$

$V_2 = \dfrac{Q_2}{A_2} = \dfrac{0.035}{\dfrac{\pi}{4} \times 0.3^2} = 0.495\text{m/s}$

위의 값에 베르누이 방정식을 적용하면

$\dfrac{P_1}{r} + \dfrac{V_1^2}{2g} + Z_1 = \dfrac{P_2}{r} + \dfrac{V_2^2}{2g} + Z_2$　$Z_1 = Z_2$이므로

$\dfrac{P_2 - P_1}{r} = \dfrac{V_1^2 - V_2^2}{2g} = \dfrac{4.46^2 - 0.495^2}{2 \times 9.8} = 1\text{m}$

40. 그림과 같은 관로에 물이 흐르고 있다. 큰 관과 작은 관의 압력이 같을 때 작은 관의 유속은 얼마 정도인가?

㉮ 5.64m/s
㉯ 9.74m/s
㉰ 48.76m/s
㉱ 94.8m/s

해설 $\dfrac{P_1}{r} + \dfrac{V_1^2}{2g} + Z_1 = \dfrac{P_2}{r} + \dfrac{V_2^2}{2g} + Z_2$에서

$V_2 = \sqrt{\left(\dfrac{P_1 - P_2}{r} + \dfrac{V_1^2}{2g} + Z_1 - Z_2\right)2g}$

$= \sqrt{\left(\dfrac{6^2}{2 \times 9.8} + 3\right)2 \times 9.8} = 9.7636\text{m/s}$

41. 다음 그림과 같이 사이펀(siphon)에서 흐를 수 있는 유량은 약 몇 L/min인가? (단, 관로 손실은 무시한다.)

㉮ 15
㉯ 900
㉰ 60
㉱ 3,611

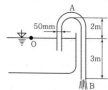

해설 $V_B = \sqrt{2g(Z_O - Z_B)} = \sqrt{2 \times 9.8 \times 3} = 7.668\text{m/s}$

$Q = AV = \dfrac{\pi}{4} \times 0.05^2 \times 7.668 \times 60 = 0.903\text{m}^3/\text{min} = 903\text{L/min}$

42. 물 제트가 수직 하방향으로 떨어지고 있다. 표고 12m 지점에서의 제트지름은 5cm, 속도는 24m/s였다. 표고 4.5m 지점에서의 물의 속도는 얼마인가?

㉮ 16.88m/s
㉯ 26.86m/s
㉰ 36.88m/s
㉱ 30.85m/s

해설 베르누이 방정식을 표고 12m 지점과 4.5m 지점에 대입하면 P_1과 P_2가 대기압이 되므로

$\dfrac{V_2^2}{2g} = \dfrac{V_1^2}{2g} + (Z_1 - Z_2)$

$\therefore V_2 = \sqrt{V_1^2 + 2g(Z_1 - Z_2)}$

$= \sqrt{24^2 + 2 \times 9.8 \times (12 - 4.5)} = 26.888\text{m/s}$

43. 200×100cm의 벤투리미터에 30℃의 물을 송출시키고 있다. 이 벤투리미터에 설치된 시차 마노미터의 읽음이 70mmHg일 때 유량은 얼마인가? (단, 유량계수는 0.98이다.)

㉮ 5.6m³/s
㉯ 6.6m³/s
㉰ 3.3m³/s
㉱ 2.5m³/s

해설 $Q = CA\sqrt{\dfrac{2gh}{1 - m^4} \times \dfrac{r_o - r}{r}}$

$= 0.98 \times \dfrac{\pi}{4} \times 1^2 \sqrt{\dfrac{2 \times 9.8 \times 0.07}{1 - \left(\dfrac{1}{2}\right)^4} \times \dfrac{13,600 - 1,000}{1,000}}$

$= 3.3\text{m}^3/\text{s}$

정답 39. ㉱　40. ㉯　41. ㉯　42. ㉯　43. ㉰

44. 차입식 유량계의 압력손실을 나타낸 것이다. 올바르게 배열한 것은?

㉮ 벤투리 < 오리피스 < 플로 노즐

㉯ 벤투리 < 플로 노즐 < 오리피스

㉰ 오리피스 < 플로 노즐 < 벤투리

㉱ 오리피스 < 벤투리 < 플로 노즐

해설 ① 압력손실 : 벤투리 < 플로 노즐 < 오리피스
② 정밀도 : 벤투리 > 플로 노즐 > 오리피스

45. 아래 그림과 같이 수직벽의 양쪽에 수위가 다른 물질이 있다. 벽면에 붙인 오리피스를 통하여 수위가 높은 쪽에서 낮은 쪽으로 물이 유출하고 있다. 이 속도 V_2는?

㉮ $\sqrt{2gh_1\rho}$

㉯ $\sqrt{\dfrac{2g}{\rho}(h_1-h_2)}$

㉰ $\sqrt{\dfrac{g}{\rho}(h_1-h_2)}$

㉱ $\sqrt{2g(h_1-h_2)}$

해설 $V=\sqrt{2gh}=\sqrt{2g(h_1-h_2)}$

46. 배관내에 유체가 흐를 때 유량을 측정하기 위한 것으로 관련이 없는 것은?

㉮ 오리피스미터   ㉯ 벤투리미터

㉰ 위어   ㉱ 로타미터

해설 위어
하천, 운하, 개울 등 개수로와 같은 대량의 유량 측정

47. 수면의 높이가 10m로 항상 일정한 수두의 tank의 5mm의 구멍이 바닥에 났을 경우 이 구멍을 통한 유체의 유속은 얼마인가?

㉮ 14m/sec   ㉯ 196m/sec

㉰ 98m³/sec   ㉱ 196m³/sec

해설 유체의 유속(V)

$V=\sqrt{2gh}$ 여기서, g : 중력가속도(9.8m/sec²)

h : 수두(10m)

$\therefore V=\sqrt{2gh}=\sqrt{2\times9.8\times10}=14\text{m/sec}$

48. 물이 노즐을 통해서 대기로 방출된다. 노즐입구에서의 압력이 계기 압력으로 Pkg/cm²라면 방출속도는 몇 m/sec인가? (단, 마찰손실이 전혀 없고 속도는 무시하며, 중력 가속도는 9.8m/sec²)

㉮ $19.6P$

㉯ $19.6\sqrt{P}$

㉰ $14\sqrt{P}$

㉱ $14P$

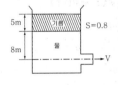

해설 $V=\sqrt{2gh}$

$=\sqrt{2\times9.8\text{m/sec}^2\times\left(\dfrac{P}{1.0332}\times10.332\right)\text{m}}=14\sqrt{P}$

49. 아래 그림에서 유속 V는 몇 m/sec인가?

㉮ 23.00m/sec

㉯ 15.34m/sec

㉰ 7.67m/sec

㉱ 5.75m/sec

해설 $V=\sqrt{2gh}=\sqrt{2\times9.8\times12}=15.34\text{m/sec}$

여기서, $h=(0.8\times1,000\times5)+(1,000\times8)=12,000\text{kgf/m}^2$

$=12,000\times10^{-4}\text{kg}_f/\text{cm}^2\times\dfrac{10.332\text{m H}_2\text{O}}{1.0332\text{kgf/cm}^2}=12\text{m H}_2\text{O}$

50. 피토관에 대한 설명으로 틀린 것은?

㉮ 관내의 평균유속을 1회의 측정으로 알 수 없다.

㉯ 측정원리는 베르누이 정리이다.

㉰ 측정된 유속은 차압에 대한 평방근과 거의 비례한다.

㉱ 동압과 정압의 차를 측정한다.

해설 피토관 유량계 : 전압과 정압을 측정하여 유체의 유속을 계산한 후 관로의 단면적을 곱하여 유량을 측정한다.

51. 피토 정압관(pitot static tube)에서 측정되어지는 것은?

㉮ 유동하고 있는 유체에 대한 정압과 동압의 차

㉯ 유동하고 있는 유체에 대한 정압

㉰ 유동하고 있는 유체에 대한 동압

㉱ 유동하고 있는 유체에 대한 전압

해설 피토트-정압관 : 유동하고 있는 유체에 대한 동압

52. 유체가 도관에 흐를 때 국부속도를 측정할 수 있는 측정장치는 어느 것인가?

㉮ 로터미터   ㉯ 오리피스 미터

㉰ 피토관   ㉱ 적산유량계

해설 $V = \sqrt{2gh\left(\dfrac{r_s}{r} - 1\right)}$

53. 다음 피토관에서 흐르는 유속으로 옳은 것은? (단, 유체는 물이다.)

㉮ $\sqrt{2gh}$

㉯ $\sqrt{2g(h + \Delta h)}$

㉰ $\sqrt{2g\Delta h}$

㉱ $\sqrt{2g(h - \Delta h)}$

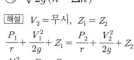

해설 $V_2 = $무시, $Z_1 = Z_2$

$\dfrac{P_1}{r} + \dfrac{V_1^2}{2g} + Z_1 = \dfrac{P_2}{r} + \dfrac{V_2^2}{2g} + Z_2$

$\dfrac{V_1^2}{2g} = \dfrac{P_1 - P_2}{r} = \Delta h$

$\therefore V_1 = \sqrt{2g\Delta h}$

54. 물속에 피토관(pitot tube)을 설치하였더니, 전압이 1250cmAq이고, 이때의 유속이 4.9m/sec이었다면, 정압은 몇 cmAq인가?

㉮ 112.5   ㉯ 1005.0

㉰ 1127.0   ㉱ 1225.0

해설 전압=정압+동압, 정압=전압-동압

여기서, 전압=1250cmAq

동압 $= \dfrac{V^2}{2g} = \dfrac{(4.9\text{m/sec})^2}{2 \times 9.8\text{m/sec}^2} \times 100\text{cm/m} = 123\text{cmAq}$

$\therefore$ 정압=전압-동압 $= 1250 - 123 = 1127\text{cmAq}$

55. 관속을 흐르는 물($\rho = 1$)의 속도를 측정하기 위하여 관의 중심부에 그림과 같이 계수 0.98인 피토튜브를 설치하였다. 이 때 정체정압두(stagnation pre-ssure static pressure head)는 4.72m이었다. 관 속을 흐르는 물의 유속(m/s)은?

㉮ 4.23

㉯ 4.32

㉰ 14.27

㉱ 15.25

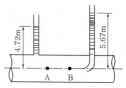

해설 $V = C\sqrt{2g\Delta h}$

$= 0.98 \times \sqrt{2 \times 9.8 \times 0.95} = 4.228\text{m/s}$

$\Delta h = 5.67 - 4.72 = 0.95$

56. 그림과 같은 피토 정압관의 액주계 눈금이 h=100mm이고 관속에 유속이 7m/s로 물이 흐르고 있다면 액주계 액체의 비중은 얼마인가?

㉮ 10

㉯ 15

㉰ 20

㉱ 25

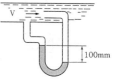

해설 $V = \sqrt{2gh\left(\dfrac{s_o}{s} - 1\right)}$

$\therefore S_o = S\left(\dfrac{V^2}{2gh} + 1\right) = 1 \times \left(\dfrac{7^2}{2 \times 9.8 \times 0.1} + 1\right) = 25.1$

57. 그림과 같은 원관 내의 공기 유속을 계산하여라. (단, 온도 : 30℃, 압력 2×10^4kg/m²이며 피토관의 수주차이는 20mm이다.)

㉮ 11.16m/s

㉯ 12.16m/s

㉰ 13.16m/s

㉱ 14.16m/s

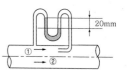

정답 51. ㉰   52. ㉰   53. ㉰   54. ㉰   55. ㉮   56. ㉱   57. ㉰

해설 $r = \dfrac{P}{RT} = \dfrac{2 \times 10^4}{29.27 \times 303} = 2.25$

$V = \sqrt{2gh\left(\dfrac{s_o}{s} - 1\right)} = \sqrt{2 \times 9.8 \times 0.02 \times \left(\dfrac{1,000}{2.25} - 1\right)} = 13.16 \text{m/s}$

58. 피토관을 이용 공기의 유속을 측정하였다. 액주계의 차압이 10mm이고 비중이 1일 때 공기유속은? (단, 공기밀도는 1.23kg/m^3이며 액주계 속의 물질은 물이다.)

㉮ 8.6m/s   ㉯ 9.6m/s

㉰ 10.6m/s   ㉱ 12.6m/s

해설 $V = \sqrt{2gh\left(\dfrac{s_o}{s} - 1\right)}$

$\qquad = \sqrt{2 \times 9.8 \times 0.01 \times \left(\dfrac{1,000}{1.23} - 1\right)} = 12.6 \text{m/s}$

운동량 방정식과 응용

학습방향 유체의 운동량 법칙과 운동량 방정식을 응용한 관 및 평판에 작용하는 힘과 항력과 양력을 배운다.

01 운동량 방정식

(1) 운동량(momentum)과 역적(impulse)

질량 m인 물체에 F의 힘이 작용하여 V의 속도로 물체가 운동할 때 뉴턴운동 제2법칙에 의하면, 힘=(질량)×(가속도)

$$F = ma = m\frac{dV}{dt} \qquad\qquad \therefore Fdt = mdV$$

$$\int_0^t Fdt = \int_{V_1}^{V_2} mdV \qquad\qquad Ft = m(V_2 - V_1)$$

여기서, Fdt : 역적 또는 충격력(kgf·s)

mdV : 운동량의 변화(kgm/s)

(2) 유체의 운동량 방정식(momentum equation)

그림과 같은 관 속에 비압축성 유체가 정상유동 상태로 흐를 때 x방향과 y방향에 대한 운동량 방정식은 다음과 같다.

$$F_x = \rho Q(V_{x2} - V_{x1})$$
$$F_y = \rho Q(V_{y2} - V_{y1})$$

(3) 운동량 수정(보정)계수와 운동에너지 수정계수

① 운동량 보정계수

$$\beta = \frac{1}{A}\int_A \left(\frac{v}{V}\right)^2 dA \rightarrow \frac{1}{AV^2}\int_A v^2 dA$$

$\beta =$ 층류 : $\dfrac{4}{3}$, 난류 : $1.01 \sim 1.10$

여기서, A : 유동단면적

v : 임의의 점에서 속도(실제속도)

V : 각 단면에서의 속도(평균속도)

② 운동에너지 수정(보정)계수

$\alpha = \dfrac{1}{A V^3} \displaystyle\int_A v^3 dA$

층류 : 2, 난류 : $1.01 \sim 1.10$

POINT

• 운동량 보정계수(β)

$\beta = \dfrac{1}{A} \displaystyle\int_A \left(\dfrac{v}{V}\right)^2 dA$

• 운동에너지 보정계수(α)

$\alpha = \dfrac{1}{A V^3} \displaystyle\int_A v^3 dA$

02 운동량 방정식의 응용

(1) 점차축소관에 작용하는 힘

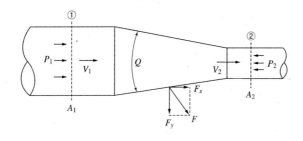

단면 ①과 ② 사이에 운동량 방정식과 압력차에 의한 x방향의 힘을 고려하면,

$P_1 A_1 - P_2 A_2 - F_x = \rho Q(V_2 - V_1)$

$F_x = P_1 A_1 - P_2 A_2 - \rho Q(V_2 - V_1)$

원추각을 θ라 하면 F는

$F = F_x \cos \dfrac{\theta}{2}$

또한 노즐이라면 P_2는 대기압이므로 $P_2 = 0$

$F_x = P_1 A_1 + \rho Q(V_1 - V_2)$

이 힘 F_x는 유체의 흐름에 반대방향으로 작용하므로 유체가 관에 작용하는 힘은 유체 흐름방향으로 작용하게 된다.

(2) 곡관에 작용하는 힘

다음 그림과 같은 관로의 단면적과 방향이 함께 변하는 곡관 속을 유동할 때 단면 ①과 ② 사이의 유체에 운동량 방정식을 적용하면,

$$P_1 A_1 - P_2 A_2 \cos\theta - F_x = \rho Q(V_2 \cos\theta - V_1)$$

$$F_y - P_2 A_2 \sin\theta = \rho Q(V_2 \sin\theta - 0)$$

$$\therefore F_x = P_1 A_1 - P_2 A_2 \cos\theta + \rho Q(V_1 \cos\theta - V_2)$$

$$F_y = (\rho Q V_2 - P_2 A_2)\sin\theta$$

따라서 합력의 크기는

$$F = \sqrt{F_x^{\,2} + F_y^{\,2}}$$

$$\theta = \tan^{-1}\frac{F_y}{F_x}$$

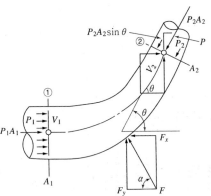

(3) 고정 및 가동날개

① 고정날개

다음 그림에서 제트기가 충격 없이 접선방향으로 유입하고 제트와 날개 사이의 마찰저항을 무시하여 등속으로 흐른다고 가정하면 유체가 날개에 미치는 힘의 x, y방향의 분력은 다음과 같다.

x방향의 분력 : $F_x = \rho Q V_0 (1 - \cos\theta)$

y방향의 분력 : $F_y = \rho Q V_0 \sin\theta$

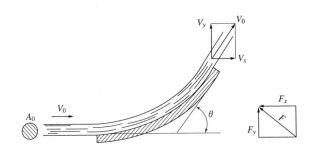

POINT

지름 5cm 분류속도 20m/s인 물이 단일이동 날개에 충돌할 때 단위시간당 운동량 변화를 일으키는 질량유량은 100kg/s이다. 이때 단일 이동날개의 이동 속도는 몇 m/s인가?

▶ $Qm = \rho A(V - \mu)$

$$\mu = V - \frac{Q}{\rho A}$$

$$= 20 - \frac{100}{1000 \times \frac{\pi \times 0.05^2}{4}}$$

$$= -31 \text{m/s}$$

즉, 분류와 반대방향으로 31m/s의 속도로 이동한다.

② 분류가 움직이는(가동날개) 날개에 작용하는 힘

$$F_y = -\rho Q(v-u)\sin\theta$$

$$= -\rho A(v-u)^2\sin\theta$$

깃 출구에서의 절대속도의 x방향(분류방향) 성분 V_x와 y방향(분류에 직각방향) 성분 V_y를 구하면 다음과 같다.

$$V_x = (v-u)\cos\theta + u$$

$$V_y = (v-u)\sin\theta$$

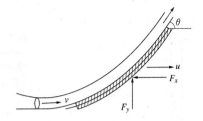

③ 분류가 평판에 작용하는 힘

㉮ 고정 평판에 수직으로 작용하는 힘

$$F = \rho Q V = \rho A V^2$$

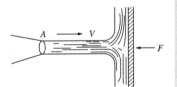

㉯ 경사진 고정 평판에 작용하는 힘

$$F = \rho Q V \sin\theta$$

$$F_x = F\sin\theta = \rho Q V(\sin\theta)^2$$

$$F_y = F\cos\theta = \rho Q V \sin\theta\cos\theta$$

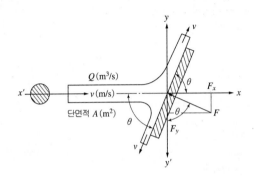

POINT

문 지름이 3cm인 분류가 속도 35m/s로 움직일 때 분류와 직각으로 놓인 고정판에 작용하는 힘은?

▶ $F = \rho A V^2$

$$= \frac{1000}{9.8} \times \frac{\pi}{4}(0.03)^2 \times 35^2$$

$$= 88.3\text{kg}_f = 866.2\text{N}$$

문 다음 그림과 같이 분류가 평판에 충돌할 때 평판을 지지하는 데 필요한 힘 F는 몇 kgf인가? (단, 유량은 100(ℓ/sec), 물의 비중량 1,000(kgf/m³), 분류속도 100(m/s))

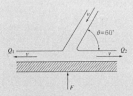

해설 $F = \rho Q V \sin\theta$

$$= 102 \times 100 \times 10^{-3} \times 100 \times \sin 60°$$

$$≒ 883(\text{kgf})$$

㉣ 움직이고 있는 평판에 수직으로 작용하는 힘 : 그림과 같이 분류방향으로 μ의 속도로 이동하는 평판에 분류가 충돌할 때 분류의 충돌속도는 $v-\mu$이고 충돌유량은 $A(v-\mu)$ 이므로 평판에 작용하는 힘 F는 다음과 같다.

$$F = \rho Q(v-\mu) = \rho A(v-\mu)^2$$

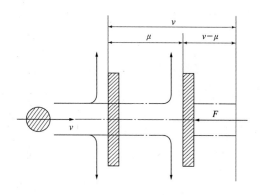

(4) 분사추진

① 탱크에 붙어있는 노즐에 의한 추진

분류속도$(V) = \sqrt{2gh}$

추력$(F) = \rho QV = \rho A V^2$

$\qquad = 2gh\rho A = 2rhA$

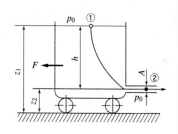

② 제트 추진

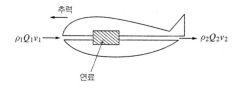

연료

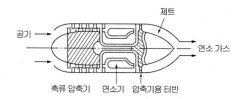

공기

제트

연소 가스

축류 압축기   연소기   압축기용 터빈

POINT

문 수평으로 5m/s 움직인 평판에 지름이 20mm인 노즐에서 물이 30m/s의 속도로 평판에 수직으로 충돌할 때 평판에 미치는 힘은?

▸ $F = \rho A(V-\mu)^2$

$\quad = 102 \times \dfrac{\pi}{4}(0.02)^2(30-5)^2$

$\quad = 20\text{kg}_f$

문 물탱크에 물의 깊이가 3m일 때 물탱크가 받게 되는 추력은 얼마인가? (단, 노즐의 지름은 20cm이고 노즐에서의 마찰은 무시된다.)

▸ $F = 2rhA$

$\quad = 2 \times 9800 \times 3 \times \dfrac{\pi}{4} \times 0.2^2$

$\quad = 1846.3\text{N}$

추력$(F) = \rho_2 Q_2 V_2 - \rho_1 Q_1 V_1$

연료에 의한 운동량의 변화 무시$(\rho_1 = \rho_2, \ Q_1 = Q_2)$

$F = \rho Q(V_2 - V_1)$

제트추진 동력

$(L) = FV_1 = \rho Q(V_2 - V_1)V_1$

③ 로켓추진

추진력 $F = \rho Q V = ma$

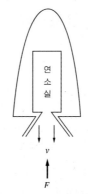

연소실

v

F

문 연료의 질량유량 5kg/s와 산소질량유량 80kg/s를 태워서 연소가스를 5km/s로 방출하는데 로켓의 추진력은 몇 kg인가?

▸ 질량유량(ρQ)
$= 5 + 80 = 85\,\text{kg/s}$
$F = \rho Q V = 85 \times 5000$
$= 425000\text{N} = 43367\text{kg}$

---

03 항력과 양력

(1) 항력(D)

$$C_D A \frac{1}{2} \rho V^2$$

여기서, C_D : 무차원으로 표시되는 항력계수

ρ : 유체의 밀도

A : 유체의 유동방향에 수직인 평면에 투영한 면적

V : 유체의 유동속도

문 유동에 수직하게 놓인 원판의 항력계수는 1.12이다. 직경 0.5m인 원판이 정지공기(r=1.275kgf/m³) 속에서 15m/s로 움직일 때 필요한 힘은 몇 kgf인가?

▸ $D = C_D A \dfrac{1}{2} \rho V^2$

$= 1.12 \times \dfrac{\pi \times 0.5^2}{4} \times \dfrac{1}{2}$

$\times \dfrac{1.275}{9.8} \times 15^2$

$= 3.22\,\text{kgf}$

(2) 양력(L)

$$C_L A \frac{1}{2} \rho V^2$$

여기서, C_L : 무차원으로 표시되는 양력계수

문 익현길이 1.5m 폭 8m인 날개를 가진 비행기가 110m/s의 속도로 날고 있다. 이때 양력계수는 0.32 공기의 비중량은 1.21kgf/m³이다. 양력은 몇 kgf인가?

▸ $L = C_L A \dfrac{1}{2} \rho V^2$

$= 0.32 \times 1.5 \times 8 \times \dfrac{1}{2} \times \dfrac{1.21}{9.8}$

$\times 110^2$

$= 2.868\,\text{kgf}$

핵 심 문 제

01 다음 중 운동량의 단위를 옳게 나타낸 것은?

㉮ m/s
㉯ kg·m/s
㉰ N
㉱ J

02 정지 공기 속을 비행기가 360km/h의 속도로 날아간다. 이 비행기에 있는 지름 2m인 프로펠러를 통해 공기 400m³/s가 배출된다고 할 때 이론 효율은 약 몇 %인가?

㉮ 39
㉯ 44
㉰ 79
㉱ 88

03 제트기가 720km/h의 속도로 비행하고 있다. 이 제트기는 초당 100kg의 공기를 흡입하여 240m/s의 속도로 배출을 시킨다. 이 제트기의 추진력은 N인가? (단, 연료의 무게는 무시한다.)

㉮ 1,000
㉯ 2,000
㉰ 3,000
㉱ 4,000

04 분류에 수직으로 놓여진 평판이 분류와 같은 방향으로 U의 속도로 움직일 때 분류가 V의 속도로 평판에 충돌한다면 평판에 작용하는 힘은 얼마인가? (단, ρ는 유체 밀도, A는 분류면적, V>U이다.)

㉮ $\rho A(V-U)^2$
㉯ $\rho A(V+U)^2$
㉰ $\rho A(V-U)$
㉱ $\rho A(V+U)$

해 설

해설 01

운동량 단위
kgf·s=kg·m/s

해설 02

$$\eta = \frac{\frac{\pi}{4} \times 2^2 \times 360 \times 1,000}{400 \times 3,600} \times 100$$
$$= 78.54\%$$

해설 03

추진력 $F = \rho Q V (N)$
여기서, 밀도 : $\rho \, (\text{kg/m}^3)$
유량 : $Q \, (\text{m}^3/\text{s})$
속도 : $V \, (\text{m/s})$
① 제트기 속도
$\quad V_1 = 720\text{km/h}$
$\quad = \frac{720 \times 10^3 \text{m}}{3600\text{s}} = 200\text{m/s}$
② 연료의 무게를 무시하면
$\quad \rho_1 Q_1 = \rho_2 Q_2 = 100\text{kg/s}$
$\quad$ 추진력 $F = \rho Q (V_2 - V_1)$
$\quad = 100 \times (240 - 200)$
$\quad = 4000\text{kg} \cdot \text{m/s}^2$
$\quad = 4,000\text{N}$

해설 04

X방향의 운동량방정식에서 평판에 작용하는 힘
$F_X = \rho Q(V-U)$에서
유량 $Q = AV$를 대입하면
$F_X = \rho A(V-U)^2$

정답
01. ㉯ 02. ㉰ 03. ㉱
04. ㉮

05 그림과 같이 유체가 속도 30m/s 직경 0.08m의 관을 통해 정지된 평판에 분사된다. 이 때 평판을 유지하기 위한 힘 F는 몇 N인가? (단, 유체의 비중은 0.85이다.)

㉮ 2,345

㉯ 2,845

㉰ 3,345

㉱ 3,845

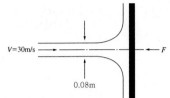

06 항력에 대한 설명 중 틀린 것은?

㉮ 유체가 흐를 때 접촉면에 작용하는 힘이다.

㉯ 총 항력=마찰항력+압력항력으로 나타낼 수 있다.

㉰ 원통관 내의 거칠기에만 의존하는 힘이다.

㉱ 압력 항력은 표면에 수직으로 작용하는 힘이다.

[해설] **05**

평판을 유지하기 위한 힘

① 유량

$-F = \rho Q(V_2 - V_1)(N)$

$Q = AV = \frac{\pi}{4} \times 0.08^2 \times 30$

$= 0.1508\text{m}^3/\text{s}$

② 밀도

$\rho = 0.85 \times 1,000$

$= 850\text{N·s}^2/\text{m}^4$

③ 속도

$V_1 = 30\text{m/s}, V_2 = 0$

④ 힘

$-F = 850 \times 0.1508 \times (0 - 30)$

$F = 3845.4\text{N}$

05. ㉱ 06. ㉰ 정답

기출문제 및 예상문제

01. 유체운동량의 법칙은 어떤 경우에 적용할 수 있는가?

㉮ 비점성 유체에만 적용된다.

㉯ 비압축성 유체에만 적용된다.

㉰ 이상유체에만 적용된다.

㉱ 모든 유체에 적용된다.

[해설] 운동량의 법칙은 모든 유체나 고체에 적용시킬 수 있는 자연법칙이다.

02. 운동량에 관한 설명 중 틀린 것은? (단, ρ : 밀도, Q : 유량, V : 속도, m : 질량)

㉮ 운동량이 일정할 때 외력은 시간과 반비례한다.

㉯ 압축성, 점성 유체에도 적용된다.

㉰ 뉴턴의 운동 제1법칙과 관계가 있다.

㉱ 운동량 유속 ρQV는 운동량 mV에도 유도된다.

[해설] 운동량 $F = m \cdot V = F \cdot t$ (뉴턴운동 제2법칙)

03. 다음 설명에서 틀린 것은?

㉮ 질량(m)과 속도(V)를 곱한 것을 역적이라 한다.

㉯ 운동량의 변화를 역적이라 한다.

㉰ 단위 시간당의 운동량 변화는 힘과 같다.

㉱ 질량(m)은 단위 시간당의 질량유량(ρQ)과 같다.

[해설] $F = dt = m dV$이므로 역적은 운동량의 변화와 같다.

04. 운동방정식 $\Sigma F = \rho_2 Q_2 V_2 - \rho_1 Q_1 V_1$의 다음 중 어떤 가정 하에서 유도할 수 있는가?

㉮ 각 단면에서의 속도 분포는 일정하다.

㉯ 흐름이 비정상류이다.

㉰ 비압축성 유체에서의 흐름에서만 가능하다.

㉱ 점성흐름에서만 가능하다.

[해설] $\Sigma F = \rho Q(V_2 - V_1)$에서 V_1와 V_2은 임의의 단면에서의 속도이므로 그 단면에서의 평균속도라고 가정된 값이다. 따라서 임의의 단면 분포는 일정해야 한다.

05. 다음 사항 중에서 잘못 설명된 것은?

㉮ 유체 운동량의 법칙은 모든 유체에 적용할 수 있다.

㉯ 운동량이 일정할 때 외력은 시간에 반비례한다.

㉰ 분류가 고정된 경사면에 충돌할 때 면에 평행인 운동량의 성분은 변화하지 않는다.

㉱ 유체에 작용하는 외력의 합은 압력과 중력의 곱이다.

[해설] 유체에 작용하는 외력의 합은 운동량의 시간에 대한 변화율과 같다.

06. 단면 A를 흐르는 유체속도는 변수 V라 하며, 이때 미소 단면적을 dA라고 할 경우 운동량 보정계수(β)를 나타내는 식은?

㉮ $\beta = \dfrac{1}{AV^3} \displaystyle\int_A U^3 dA$

㉯ $\beta = \dfrac{1}{A^3V^3} \displaystyle\int_A U^3 dA$

㉰ $\beta = \dfrac{1}{AV^2} \displaystyle\int_A U^2 dA$

㉱ $\beta = \dfrac{1}{A^2V^2} \displaystyle\int_A U^3 dA$

[해설] 운동량 보정계수 $\beta = \dfrac{1}{A} \displaystyle\int_A \left(\dfrac{u}{V}\right)^2 dA = \dfrac{1}{AV^2} \displaystyle\int_A U^2 dA$

운동에너지 보정계수 $\alpha = \dfrac{1}{AV^3} \displaystyle\int_A U^3 dA$

정답 01. ㉱ 02. ㉰ 03. ㉮ 04. ㉮ 05. ㉱ 06. ㉰

07. 다음 설명 중 틀린 것은?

㉮ 질량 m인 물체가 어떤 순간 곡률 반지름으로 회전운동 할 때를 회전력(torque)이라 한다.

㉯ 각 운동량은 운동량의 모멘트와 같다.

㉰ 관 벽이 유체에 작용하는 마찰력은 유체 유동 방향과 항상 같다.

㉱ 유체가 관 벽에 작용하는 마찰력은 압력차로 생기는 힘과 같다.

[해설] 유체속도 방향과 반대이다. 즉 마찰력은 운동방향과 반대이다.

08. 원추확대관의 손실계수를 최대로 하는 각은?

㉮ 손실계수는 확대각 θ에 무관하고 일정하다.

㉯ $\theta = 20°$ 전후에서 최대이다.

㉰ $\theta = 60°$ 전후에서 최대이다

㉱ $\theta = 90°$에서 최대이다.

[해설] 최대손실 : 60° 근방, 최소손실 : 6~7° 근방

09. 그림과 같은 고정날개에서 Fx, Fy를 옳게 나타낸 것은? (단, 유량 $Q(m^3/s)$, 밀도 $\rho(Ns^2/m^4)$, 유속 V(m/s)이다.)

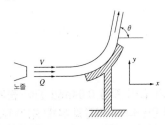

㉮ $\rho A V^2(1-\cos\theta),\ \rho A V^2 \sin\theta$

㉯ $\rho A V^2\cos\theta,\ \rho A V^2\sin\theta$

㉰ $QA(1-\cos\theta),\ \rho A V^2\sin\theta$

㉱ $A V^2(1-\cos\theta),\ \rho A V^2,\ \sin\theta$

10. 직경 5cm인 물의 분류가 15m/sec의 속도로 물받이에 충돌되어 그림과 같이 135° 굴곡되어 물받이를 나온다. 물받이가 분류의 방향으로 10m/sec의 속도로 움직일 때 분류가 물받이에 작용하는 x방향의 힘은 약 몇 kN인가?

㉮ 0.084

㉯ 0.095

㉰ 0.175

㉱ 0.195

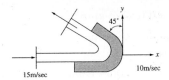

[해설] $F = \rho A (u_1 - u_2)^2 (1-\cos\theta)$

$= 1 \mathrm{kNs^2/m^4} \times \dfrac{\pi}{4} \times 0.05^2 \times (15-10)^2 \times (1-\cos 135°)$

$= 0.084 \mathrm{kN}$

11. 그림과 같은 180° 베인이 d=40mm, V=20m/s로 물분류를 받고 10m/s 속도로 분류방향으로 이동시 베인의 동력은 몇 ps인가?

㉮ 1.56

㉯ 2.47

㉰ 3.42

㉱ 4.85

[해설] $L = \dfrac{F \cdot V}{75} [PS] = \dfrac{25.61(20-10)}{75} = 3.42 [PS]$

$F = \rho A (V_1 - V_2)^2 (1-\cos\theta)$

$= 1,000 \times \dfrac{\pi}{4} \times 0.04^2 (20-10)^2 (1-\cos 180)$

$= 251 \mathrm{N} = \dfrac{251}{9.8} = 25.61 \mathrm{kgf}$

12. 이동날개에 이동방향으로 100kgf의 힘을 가했을 때 날개는 15m/s로 이동하였다. 이때 발생되는 동력은 kW인가?

㉮ 10

㉯ 20.5

㉰ 14.7

㉱ 16.5

[해설] $100 \mathrm{kgf} \times 15 \mathrm{m/s} = 1,500 \mathrm{kgf \cdot m/s}$

$\therefore \dfrac{1,500}{102} (kW) = 14.7 kW$

13. 다음 그림과 같이 고정된 터빈날개의 V(m/s)의 분류가 날개를 따라 유입할 때 중심선 방향으로 날개에 미치는 힘은?

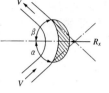

㉮ $\rho QV(\cos\alpha + \cos\beta)$

㉯ $\rho QV(\cos\alpha - \cos\beta)$

㉰ $\rho QV(\cos\alpha + \sin\beta)$

㉱ $\rho QV(\cos\alpha - \sin\beta)$

해설 $\sum F_x = -R_x$

$= \rho Q(0 - V\cos\alpha) + \rho Q(-V\cos\beta - 0)$

$\therefore R_x = \rho QV(\cos\alpha + \cos\beta)$

14. 분류가 움직이는 단일 평판에 수직으로 충돌할 경우의 유량은?

㉮ 분류의 절대속도와 분류의 단면적을 곱한 값이다.

㉯ 평판에 대한 분류의 상대속도와 분류의 단면적을 곱한 값이다.

㉰ 분류의 속도와 평판의 속도를 곱한 값에 분류의 단면적을 곱한 값이다.

㉱ 평판의 절대속도와 분류의 단면적을 곱한 값이다.

해설 $Q = A(V-u)$ 에서

여기서, A : 분류의 단면적

V : 분류의 절대속도

u : 평판의 절대속도

즉, 분류의 단면적과 평판에 대한 분류의 상대속도$(V-u)$를 곱한 값이 유량이 된다.

15. 다음과 같은 고정평판에 비중 0.9인 오일이 흐르고 있다. 이때 평판에 작용하는 힘은 몇 N인가? (단, V=5m/s)

㉮ 1,948

㉯ 2,613

㉰ 3,567

㉱ 4,418

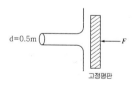

해설 $F = \rho QV = \rho AV^2$

$= (1,000 \times 0.9)[\text{N·S}^2/\text{m}^4] \times \dfrac{\pi}{4}0.5^2 \times 5^2 = 4417.88\text{N}$

16. 다음 그림과 같이 단면적이 0.002m²인 노즐에서 물이 30m/s의 속도로 분사되어 평판을 5m/s로 분류의 방향으로 움직이고 있을 때 분류가 평판에 미치는 충격력은 약 얼마인가? (단, 물의 비중은 1이다.)

㉮ 94.8kgf

㉯ 134.4kgf

㉰ 127.6kgf

㉱ 183.7kgf

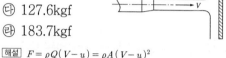

해설 $F = \rho Q(V-u) = \rho A(V-u)^2$

$= 102 \times 0.002 \times (30-5)^2 = 127.6\text{kgf}$

17. 그림과 같은 지름 3cm의 분류가 50m/s의 속도로 고정된 평판에 30° 각을 이루고 충돌시 힘 F는 몇 kgf인가?

㉮ 80.10kgf

㉯ 90.12kgf

㉰ 136.79kgf

㉱ 320.4kgf

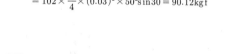

해설 $F = \rho AV^2\sin\theta$

$= 102 \times \dfrac{\pi}{4} \times (0.03)^2 \times 50^2\sin30 = 90.12\text{kgf}$

18. 그림과 같이 지름 0.04m인 관이 분기되었다가 C 지점에서 만난다. A 지점의 유체(물)가 60m/s의 속도로 움직여서 B 지점에서 30m/s 유입되는 분류와 C 지점에서 충돌했을 대 고정평판이 받는 힘은?

㉮ 56.7kg

㉯ 115.3kg

㉰ 156.6kg

㉱ 203.9kg

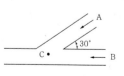

정답 13. ㉮   14. ㉯   15. ㉱   16. ㉰   17. ㉯   18. ㉯

해설 ① $F_A = \rho Q(V_A \sin\theta)$

$$= 102 \times \frac{\pi}{4} \times 0.04^2 \times 60 \times (60\sin 30°) = 230.72\,\text{kgf}$$

② $F_B = \rho Q(V_B \sin\theta)$

$$= 102 \times \frac{\pi}{4} \times 0.04^2 \times 30 \times 30 = 115.36\,\text{kgf}$$

$$\therefore F_C = F_A - F_B = 230.72 - 115.36 = 115.36\,\text{kgf}$$

19. 그림과 같이 유량이 Q인 분류가 작은 관에 수직으로 부딪혀 분류와 a(∠90°)인 각도로 유출할 때 유체가 작은 판에 미치는 힘 F는? (단, 분류의 밀도는 ρ 속도는 V로 한다.)

㉮ $F = \rho Q V \cos a$

㉯ $F = \rho Q V(\cos a - 1)$

㉰ $F = \rho Q V(1 - \cos a)$

㉱ $F = \rho Q(V - V\sin a)$

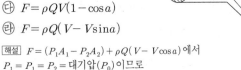

해설 $F = (P_1 A_1 - P_2 A_2) + \rho Q(V - V\cos a)$ 에서

$P_1 = P_1 = P_2 = $ 대기압(P_0)이므로

$F = \rho Q V(1 - \cos a)$ 이 된다.

20. 물탱크를 적재한 탱크로리에 40cm노즐을 이용하여 3m의 물을 분사하였다. 물의 분사로 인한 탱크로리의 추력은 몇 kN인가?

㉮ 5.3

㉯ 6.4

㉰ 7.4

㉱ 8.5

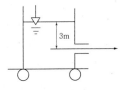

해설 $F = \rho Q V = \rho Q V^2 = \rho A(\sqrt{2gh})^2$

$= 1\text{KN}s^2/m^4 \times \frac{\pi}{4} \times (0.4)^2 m^2 \times (\sqrt{2 \times 9.8 \times 3})^2 m^2/s^2 = 7.39\text{KN}$

21. 상부가 개방된 탱크에 비중량 r인 액체가 있을 때, 이 액체가 자유표면 h위치의 단면적 A인 노즐을 통하여 대기 중으로 분출될 때 탱크 추력은?

㉮ rAh

㉯ rAh$\sqrt{2gh}$

㉰ $2r$Ah

㉱ rAh/2

해설 $F = \rho QV = \rho A V^2 = \rho A(\sqrt{2gh})^2 = 2rAh$

22. 수평노즐의 직경이 0.05m, 압력 15kg/cm²으로 분출시 노즐에 발생하는 힘은 몇 N인가?

㉮ 4,000

㉯ 5,660

㉰ 5,770

㉱ 5,800

해설 $F = \rho QV = \rho A V^2 = \rho A(2gH)$

$= \rho A\left(2g\frac{p}{r}\right)$

$= 1,000 \times \frac{\pi}{4} \times 0.05^2 \times \left(2 \times 9.8 \times \frac{\frac{15 \times 101,325}{1.0332}}{9,800}\right) = 5,776\text{N}$

23. 배가 물위를 10m/s로 지나간다. 프로펠러를 지난 후 후류속도가 6m/s, 프로펠러 직경을 0.4m라 하면 추력은 몇 kgf인가?

㉮ 1,000kgf

㉯ 1,300kgf

㉰ 1,533kgf

㉱ 1,666kgf

해설 프로펠러 추력

$F = \rho Q(V_4 - V_1) = 102 \times 1.63 \times (16 - 10) = 1,000\text{kgf}$

$V_4 = 10 + 6 = 16\text{m}, \quad V = \frac{V_1 + V_4}{2} = \frac{10 + 16}{2} = 13\text{m/s}$

$Q = \frac{\pi}{4}d^2 \cdot V = \frac{\pi}{4} \times 0.4^2 \times 13 = 1.63\text{m}^3/s$

24. 제트 추진에서 추력을 구하고자 한다. 다음 중 맞는 것은?

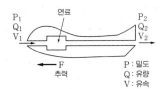

㉮ $F = \rho_2 Q_2 V_2 - \rho_1 Q_1 V_1$

㉯ $F = (\rho_2 Q_2 - \rho_1 Q_1)(V_2 - V_1)$

㉰ $F = (\rho_2 - \rho_1)(Q_2 V_2 - Q_1 V_1)$

㉱ $F = (\rho_2 V_2 - \rho_1 V_1)(Q_2 - Q_1)$

25. 제트기 1,000×10³m/h 속도로 비행하고 있다. 100kg/s의 공기를 흡입, 400m/s 속도로 배출시 추력 F는 몇 kgf인가?

㉮ 1,150　　㉯ 1,247
㉰ 1,340　　㉱ 1,500

[해설] 제트추력 $F=\rho Q(V_2-V_1)$
(여기서, ρQ는 질량유량이며 단위는 [kg/s]/또는 [kgf· s/m] 이다.)

$$F=100\text{kg/s}\left\{400-\frac{1,000\times 10^3}{3,600}\right\}\text{m/s}$$

$$=12,222\text{kg}\cdot\text{m/s}^2=\frac{12,222\times 1}{9.8}=1,247\text{kgf}$$

26. 어떤 수직평판에 제트날개가 분류방향으로 5m/s로 진행시 평판에 196N힘이 작용되고 있다. 이 때 발생한 열량을 계산하여라.

㉮ 700kcal/h　　㉯ 843kcal/h
㉰ 900kcal/h　　㉱ 1040kcal/h

[해설] 동력 $L=F\cdot u$

$$196\text{N}\times 5\text{m/s}\times\left(\frac{0.24\text{kcal/s}}{1,000\text{N}\cdot\text{m/s}}\right)\times 3,600\text{s/h}=846.7\text{kcal/h}$$

27. 흡입구 직경 10m 토출구 직경이 5m인 제트기가 공기 속을 400m/s로 전진시 동체에 대한 상대속도가 800m/s일 때 추진력은 몇 kgf 인가?(단, 기류온도는 20℃, 기류압력 6.2×10⁻¹kg/cm²이다. 연료의 변화량은 무시한다.)

㉮ 100,000　　㉯ 240,000
㉰ 370,000　　㉱ 460,000

[해설] $F=\rho_2 Q_2 V_2-\rho_1 Q_1 V_1$에서 연료변화량은 무시하므로
$\rho_2 Q_2=\rho_1 Q_1$이 되므로
$F=\frac{r}{g}Q(V_2-V_1)$이므로

$$r=\frac{6.2\times 10^{-1}\times 10^4}{29.27\times(273+20)}=0.72$$

$$\therefore F=\frac{0.72}{9.8}\times\frac{\pi}{4}\times(5)^2\times 800\times(800-400)=461,621.7\text{kgf}$$

28. 직경 1m 정지공기 r=1.5kg/m³ 속에서 10m/s로 움직일 때 항력계수가 1.2이다. 이때 필요한 힘은 몇 N인가?

㉮ 5.6kgf　　㉯ 6.3kgf
㉰ 7.2kgf　　㉱ 8.4kgf

[해설] $D=C_D\cdot\frac{rV^2}{2g}\cdot A=1.2\times\frac{1.5\times 10^2}{2\times 9.8}\times\frac{\pi}{4}\times 1^2=7.2\text{kgf}$

29. 직경 4cm 비중량 1.3N/m³ 항력계수가 0.3인 구가 10m/s로 공기 속을 날고 있다. 이때의 항력은 몇 N인가?

㉮ 1×10^{-3}　　㉯ 2.5×10^{-3}
㉰ 3×10^{-3}　　㉱ 5×10^{-3}

[해설] 항력$=C_D\cdot\frac{rv^2}{2g}A$에서

$$=0.3\times\frac{1.3\times 10^2}{2\times 9.8}\times\frac{\pi}{4}\times(0.04)^2=2.5\times 10^{-3}\text{N}$$

30. 중량 10,000kg의 비행기가 270km/hr의 속도로 수평 비행할 때 동력은? (단, 그 때의 양력과 항력의 비는 5이다.)

㉮ 1,400PS　　㉯ 2,000PS
㉰ 2,600PS　　㉱ 300PS

[해설] 10,000kg×270km/hr×10³m/km÷3,600sec/hr
=750,000kg · m/sec
1PS=75kg · m/sec 이므로
∴750,000kg · m/sec÷75÷5=2,000PS

31. 어떤 비행기가 1,500kgf의 추력으로 100m/s로 나르고 있다. 이 때 프로펠러가 출력된 동력이 2,500ps라고 했을 때 이 프로펠러가 가지고 효율은 몇 %인가?

㉮ 50%　　㉯ 60%
㉰ 70%　　㉱ 80%

[해설] $\eta=\frac{1,500\times 100\times\frac{1}{75}ps}{2,500ps}\times 100=80\%$

[정답] 25. ㉯ 26. ㉯ 27. ㉱ 28. ㉰ 29. ㉯ 30. ㉯ 31. ㉱

CHAPTER

6 • 이상유체의 압축성 유동

학습방향 축소 확대노즐에서 아음속과 초음속의 흐름조건 및 단열흐름인 등엔트로픽 흐름의 조건과 역학적 상사에 따른 무차원수를 배운다.

01 음 속

(1) 물 속에서의 음속(C)

$$C = \sqrt{\frac{E}{\rho}} \ \ (\text{m/s})$$

여기서, E : 물의 체적 탄성계수(kgf/m^2)
ρ : 밀도$(\text{kgf sec}^2/\text{m}^4)$

(2) 공기 중에서의 음속(C)

$$C = \sqrt{\frac{kP}{\rho}} = \sqrt{k \, g \, RT} \ \ (\text{m/s})$$

02 마하수와 마하각

(1) 마하수(M)=(Mach number)

$$M = \frac{\text{물체의 속도}(V)}{\text{음속}(C)} = \frac{V}{\sqrt{k \, g \, RT}}$$

$M < 1$: 아음속흐름(Subsonic flow)
$M > 1$: 초음속흐름(Supersonic flow)
$M \geqq 5$: 극초음속흐름(Hypersonic flow)

POINT

문 물 속에서의 음속은 몇 m/s인가? (단, 물의 체적 탄성계수 E=$2 \times 10^8 \text{kg/m}^2$이다.)

▸ $C = \sqrt{\dfrac{E}{\rho}}$
$= \sqrt{\dfrac{2 \times 10^8}{102}} = 1400 \text{m/s}$

문 20℃인 공기 중에서의 음속은?

▸ $C = \sqrt{kgRT}$
$= \sqrt{1.4 \times 9.8 \times 29.27 \times 293}$
$= 343 \text{m/s}$

(2) 마하각(α) (Mach angle)

$$\sin\alpha = \frac{C}{V} = \frac{1}{M}$$

$$\therefore \alpha = \sin^{-1}\frac{C}{V}$$

아음속($V<C$)이면 : $\alpha>90°$

음속($V=C$)이면 : $\alpha=90°$

초음속($V>C$)이면 : $\alpha<90°$

POINT

📘 음속 320m/s인 공기 속을 초음속으로 달리는 물체의 마하각이 45°일 때 물체의 속도는 몇 m/s인가?

▶ $V = \dfrac{C}{\sin\alpha}$

　　$= \dfrac{320}{\sin45°} = 453m/s$

03 축소-확대 노즐에서의 흐름

(1) 아음속 흐름

$$M<1, \quad \frac{dA}{dV}<0$$

$dV>0$이 되려면 $dA<0$이어야 한다. 즉, 속도가 증가하기 위해서는 단면적은 감속되어야 한다(축소 노즐).

📘 축소 확대 노즐에서 축소부분의 유속은?
▶ 아음속만 가능하다.

(2) 음속 흐름

$$M=1, \quad \frac{dA}{dV}=0$$

즉, 속도는 단면적의 변화가 없는 목(throat)까지 증가되고 목에서 음속을 얻을 수 있다.

📘 축소 확대 노즐에서 확대부분의 유속은?
▶ 초음속이 가능하다.

(3) 초음속 흐름

$$M>1, \quad \frac{dA}{dV}>0$$

즉, 속도가 증가하기 위해서는 단면적도 증가되어야 한다(확대 노즐).

※ 축소 노즐에서는 아음속 흐름을 음속 이상의 속도로 가속시킬 수 없다. 따라서 초음속을 얻으려면 반드시 축소 확대 노즐을 통과시켜야 한다.

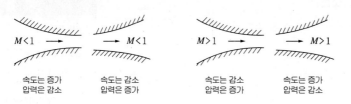

POINT

01 다음 중 Mach 수를 의미하는 것은?

㉮ $\dfrac{\text{실제유동속도}}{\text{음속}}$

㉯ $\dfrac{\text{초음속}}{\text{아음속}}$

㉰ $\dfrac{\text{음속}}{\text{실제유동속도}}$

㉱ $\dfrac{\text{아음속}}{\text{초음속}}$

02 등엔트로피 과정 하에서 완전기체 중의 음속을 옳게 나타낸 것은? (단, E는 체적 탄성계수, R은 기체상수, T는 기체의 절대온도, P는 압력, k는 비열비이다.)

㉮ $\sqrt{PE}$

㉯ $\sqrt{kRT}$

㉰ RT

㉱ PT

03 마하각 α를 옳게 표현한 것은? (단, V는 속도, C는 음속, M은 마하수이다.)

㉮ $a = \sin \dfrac{V}{C}$

㉯ $a = \sin \dfrac{C}{M}$

㉰ $a = \sin(M \cdot C)$

㉱ $a = \sin^{-1} \dfrac{C}{V}$

04 내경이 1m인 배관을 통해 부탄이 펌핑되고 있다. 25℃의 등온흐름 조건에서 음속은 몇 m/s인가? (단, 부탄의 비열비는 1이다.)

㉮ 329.7

㉯ 318.4

㉰ 277.2

㉱ 206.7

05 실험실의 풍동에서 20℃의 공기로 실험을 할 때 마하각이 30°이면 풍속은 몇 m/s가 되는가? (단, 공기의 비열비는 1.4이다.)

㉮ 278

㉯ 364

㉰ 512

㉱ 686

해 설

해설 01

Mach 수 $Ma = \dfrac{V}{C}$

여기서, V : 실제유동속도

$\quad\quad\quad C$: 음속

① 아음속 : $Ma < 1$

② 초음속 : $Ma > 1$

해설 02

음속(a) $a = \sqrt{kP/\rho}$

$= \sqrt{kRT}$ −기체상수

$\quad R = N \cdot m/kg \cdot k$

$= \sqrt{kgRT}$ −기체상수

$\quad R = kgf \cdot m/kg \cdot k$

해설 03

① 마하수 $M = \dfrac{C}{M}$

② 마하각 $a = \sin^{-1} \dfrac{C}{V}$

해설 04

$C = \sqrt{kgRT}$

$= \sqrt{\dfrac{1 \times 9.8 \times 848}{58} \times (273 + 25)}$

$= 206.6 \text{m/s}$

해설 05

① 음속 $C = \sqrt{kgRT}$

$C = \sqrt{1.4 \times 9.8 \times 29.27 \times (273 + 20)}$

$= 343.02 \text{m/s}$

② 마하각 $\sin \mu = \dfrac{C}{V}$ 에서

풍속 $V = \dfrac{343.02}{\sin 30°}$

$= 686.04 \text{m/s}$

정답

01. ㉮ 02. ㉯ 03. ㉱

04. ㉱ 05. ㉱

06 그림과 같은 관에서 유체가 등엔트로피 유동할 때 마하수 Ma<1이라 한다. 이때 압력과 속도의 변화를 바르게 나타낸 것은? (단 압력은 P, 속도는 V이다.)

㉮ V : 증가, P : 감소
㉯ V : 증가, P : 증가
㉰ V : 감소, P : 감소
㉱ V : 감소, P : 증가

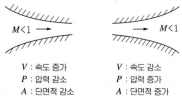

[해설] ① $Ma < 1$: 아음속 흐름

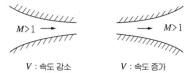

$M<1$ →   → $M<1$

V : 속도 증가   V : 속도 감소
P : 압력 감소   P : 압력 증가
A : 단면적 감소   A : 단면적 증가

② $Ma > 1$: 초음속 흐름

$M>1$ →   → $M>1$

V : 속도 감소   V : 속도 증가
P : 압력 증가   P : 압력 감소
A : 단면적 감소   A : 단면적 증가

07 초음속 흐름인 확대관에서 감소하지 않는 것은? (단, 등엔트로피 과정이다.)

㉮ 압력   ㉯ 온도
㉰ 속도   ㉱ 밀도

08 마찰이 없는 압축성 기체의 유동에 대한 다음 설명 중 옳은 것은?

㉮ 확대관(pipe)에서 속도는 항상 감소한다.
㉯ 속도는 수축–확대 노즐의 목에서 항상 음속이다.
㉰ 초음속 유동에서 속도가 증가하려면 단면적은 감소하여야 한다.
㉱ 수축–확대 노즐의 목에서 유체속도는 음속보다 클 수 없다.

[해설] **07**
확대관에서의 초음속흐름은 속도가 증가하고 압력이 감소한다.

[해설] **08**
① 확대관에서 속도는 아음속 흐름일 때 감소하고 초음속 흐름이면 증가한다.
② 축소–확대 노즐의 목에서 유속은 음속 또는 아음속이다.
③ 초음속 유동에서 속도가 증가하려면 단면적은 증가하여야 한다.

06. ㉮ 07. ㉰ 08. ㉱
정답

09 면적이 변하는 수축통로에서 등에너지-등엔트로피 유동에 대한 설명이다. 다음 중 옳은 것은?

> ① 아음속에서 밀도는 증가하고 초음속에서 밀도는 감소한다.
> ② 아음속에서 속도는 증가하고 초음속에서 속도는 감소한다.

㉮ ①만 옳다.　　　　　　　㉯ ②만 옳다.
㉰ ①, ② 모두 옳다.　　　　㉱ 모두 틀리다.

10 면적이 변하는 도관에서의 흐름에 관한 다음 그림에 대한 설명으로 옳지 않은 것은?

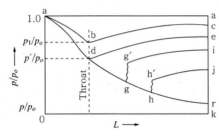

㉮ d점에서의 압력비를 임계압력비라 한다.
㉯ gg′ 및 hh′는 파동(wave motion)과 충격(shock)을 나타낸다.
㉰ 선 ade의 모든 점에서의 흐름은 아음속이다.
㉱ 초음속인 경우 노즐의 확산부의 단면적이 증가하면 속도는 감소한다.

해 설

해설 09
면적이 변하는 수축통로의 아음속에서 밀도는 감소하고, 초음속에서는 밀도는 증가한다.

해설 10
초음속인 경우 노즐의 확산부의 단면적이 증가할 경우 속도는 증가한다.

09. ㉯　 10. ㉱

정답

04 이상기체의 등엔트로픽 유동(단열흐름)

완전기체가 관속을 고속(음속 또는 음속 이상)으로 흐를 때 마찰이 없고 외부와의 열전달이 없는 흐름 즉 등엔트로픽 유동으로 취급한다.

• 등엔트로픽유동
마찰이 없는 단열유동

(1) 정체점

그림과 같이 외부와 열의 출입이 없는 단열 용기에 들어 있는 기체가 단면적이 변화하는 관을 통하여 흐른다고 가정하고 용기 안의 단면적은 매우 크다고 생각하면 유속은 0이다.

① 정체온도(T_0)

$$T_0 : T + \frac{k-1}{kR} \frac{V^2}{2g}$$

여기서, T_0 : 정체온도(stagnation temperature)

또는 전온도(total temperature)

T : 정온(static temperature)

$\frac{k-1}{kR} \frac{V^2}{2g}$: 등온(dynamic temperature)

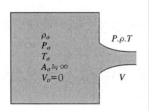

ρ_o
P_o
T_o
$A_o \fallingdotseq \infty$
$V_o = 0$

P, ρ, T

V

② 정체온도비, 정체압력비, 정체밀도비

㉮ 정체온도비 : $\dfrac{T_o}{T} = 1 + \dfrac{k-1}{2} M^2$

㉯ 정체압력비 : $\dfrac{P_o}{P} = \left(1 + \dfrac{k-1}{2} M^2\right)^{\frac{k}{k-1}}$

㉰ 정체밀도비 : $\dfrac{\rho_o}{\rho} = \left(1 + \dfrac{k-1}{2} M^2\right)^{\frac{1}{k-1}}$

문 압력 4kg/cm², 온도 50℃의 용기에서 공기가 축소노즐을 지나 20℃인 대기 중으로 분출할 때 노즐 출구에서 마하수는?

▶ 정체온도비$\left(\dfrac{T_0}{T}\right)$

$\dfrac{T_0}{T} = 1 + \dfrac{k-1}{2} M^2$

$\dfrac{323}{293} = 1 + \dfrac{1.4-1}{2} \times M^2$

$M = 0.715$

(2) 임계점

유체의 속도가 목에서 음속으로 도달할 때의 상태를 임계상태라 한다.

① 임계압력비 : $\dfrac{P_c}{P_o} = \left(\dfrac{2}{k+1}\right)^{\frac{k}{k-1}} = 0.5283$

② 임계온도비 : $\dfrac{T_c}{T_o} = \left(\dfrac{2}{k+1}\right) = 0.8333$

③ 임계밀도비 : $\dfrac{\rho_c}{\rho_o} = \left(\dfrac{2}{k+1}\right)^{\frac{1}{k-1}} = 0.6339$

05 충격파(Shock Wave)

초음속 흐름이 갑자기 아음속 흐름으로 변하게 되는 경우 압력, 온도, 밀도, 엔트로픽이 급격히 증가하는데 이 급격한 변화를 일으키는 파의 두께는 매우 얇으므로 단일 불연속선으로 취급하며 이불연속선을 충격파라고 한다.

※ 충격파 뒤의 속도$(V_2) = C_2\,M_2$

$$M_2^2 = \dfrac{2+(k-1)\,M_1^2}{2\,k\,M_1^2-(k-1)}$$

(1) 수직충격파(normal shock wave)

유동방향에 대하여 수직으로 생기는 충격파

(2) 경사충격파(oblique shock wave)

유동방향에 대하여 경사로 생기는 충격파

POINT

문 정압비열 C_p=0.32, 정적비열 C_v=0.24인 어떤 기체의 임계압력비는?

▶ $k = \dfrac{C_p}{C_v} = \dfrac{0.32}{0.24} = 1.33$

$\dfrac{P_c}{P_0} = \left(\dfrac{2}{k+1}\right)^{\frac{k}{k-1}}$

$\quad = \left(\dfrac{2}{1.33+1}\right)^{\frac{1.33}{1.33-1}}$

$\quad = 0.45$

문 공기유동에 있어서 수직충격파 직전의 마하수가 3.5라고 하면 충격파 후의 마하수는 얼마인가?

▶ $M_2^2 = \dfrac{2+(k-1)M_1^2}{2kM_1^2-(k-1)}$

$\quad = \dfrac{2+(1.4-1)\times 3.5^2}{2\times 1.4\times 3.5^2-(1.4-1)}$

$\quad = 0.2035$

06 역학적 상사=무차원수

(1) 웨버수(weber number)

$$\frac{관성력}{표면장력}=\frac{\rho V^2 L}{r}$$

※ 표면장력이 중요한 유동

(2) 마하수(Mach number)

$$\frac{관성력}{탄성력}=\frac{V}{a}$$

※ 압축성 유동

(3) 레이놀즈수(Reynolds number)

$$\frac{관성력}{점성력}=\frac{\rho V D}{\mu}$$

※ 모든 유체유동

(4) 프루드수(Froude number)

$$\frac{관성력}{중력}=\frac{V}{\sqrt{L\,g}}$$

※ 자유표면유동

(5) 압력계수(Pressure coefficient)

$$\frac{압축력}{관성력}=\frac{\Delta P}{\dfrac{\rho V^2}{2}}$$

※ 압력차에 의한 유동

(6) 오일러수(Euler number)

$$\frac{관성력}{중력}=\frac{\rho V^2}{P}$$

POINT

문 무차원함수에서 레이놀즈수는?
▸ $Re=\dfrac{\rho V D}{\mu}=\dfrac{V D}{\nu}$

문 압축계수는?
▸ $\dfrac{\Delta P}{\dfrac{\rho V^2}{2}}$

01 다음 압축성 흐름 중 정체온도가 변할 수 있는 것은?

㉮ 등엔트로피 팽창과정이다.
㉯ 단면이 일정한 도관에서 단일 마찰흐름이다.
㉰ 단면이 일정한 도관에서 등온 마찰흐름이다.
㉱ 모든 과정에서 정체온도는 변하지 않는다.

02 배관에 기체가 흐를 때 일어날 수 있는 과정이 아닌 것?

㉮ 등엔트로피 팽창(isentropic expansion)
㉯ 단열마찰 흐름(adiabatic friction flow)
㉰ 등압마찰 흐름(isobaric friction flow)
㉱ 등온마찰 흐름(isothermal friction flow)

03 가스의 임계압력($P°$)을 바르게 나타낸 것은? (단, 비열비는 k, 정체압력은 P_o 이다.)

㉮ $P° = P_o \left(\dfrac{2}{k+1} \right)$

㉯ $P° = P_o \left(\dfrac{2}{k+1} \right)^{\frac{k}{k-1}}$

㉰ $P° = P_o \left(\dfrac{2}{k+1} \right)^{\frac{1}{k-1}}$

㉱ $P° = P_o \left(\dfrac{2}{k+1} \right)^{\frac{1}{k}}$

04 공기가 물체 주위를 1000m/s로 흐르고 있다. 정체점에서의 공기의 온도는 주위 공기 온도보다 얼마나 높은가? (단, 공기의 기체상수값은 287J/kg·K이고 비열비는 1.40이다.)

㉮ 298K
㉯ 398K
㉰ 498K
㉱ 598K

[해설] 01

정체온도
유체의 고속유동시 단열상태에 있을 때의 온도를 나타내는 식으로 즉, 정체온도는 등온 마찰 흐름에서는 변할 수 있다.

[해설] 02

배관에서 일어날 수 있는 과정
① 등엔트로피 팽창
② 단열마찰 흐름
③ 등온마찰 흐름

[해설] 03

임계조건
① 임계압력

$$P° = P_o \left(\frac{2}{k+1} \right)^{\frac{k}{k-1}}$$

② 임계밀도

$$\rho° = \rho_o \left(\frac{2}{k+1} \right)^{\frac{1}{k-1}}$$

③ 임계온도

$$T° = T_o \left(\frac{2}{k+1} \right)$$

[해설] 04

$$M = \frac{V'}{C} = \frac{V}{\sqrt{kRT}}$$
$$= \frac{1,000}{\sqrt{1.4 \times 287 \times 273}} = 3.02$$
$$T_o = T_1 \left(1 + \frac{k-1}{2} M^2 \right)$$
$$= 273 \times \left(1 + \frac{1.4-1}{2} \times 3.02^2 \right)$$
$$= 770.97K - 273K$$
$$= 497.97K$$

01. ㉰   02. ㉰   03. ㉯
04. ㉰

정답

05 압축성 유체가 유동할 때에 대한 현상으로 옳지 않은 것은?

㉮ 압축성 유체가 축소 유로를 등엔트로피 유동할 때 얻을 수 있는 최대 유속은 음속이다.

㉯ 압축성 유체가 초음속을 얻으려면 유로에 수축부, 목부분 및 확대부를 가져야 한다.

㉰ 압축성 유체가 초음속으로 유동할 때의 특성을 임계특성(임계온도 T*, 임계압력 P* 등)이라 한다.

㉱ 유체가 갖는 엔탈피를 운동에너지로 효율적으로 바꿀 수 있도록 설계된 유로를 노즐이라 한다.

06 수직 충격파에 대한 설명으로 옳은 것은?

㉮ 등엔트로피 과정이다.

㉯ 등엔탈피 과정이다.

㉰ 가역 과정이다.

㉱ 비가역 과정이다.

07 수직충격파(normal shock wave)에 대한 설명 중 옳지 않은 것은?

㉮ 수직충격파는 아음속 유동에서 초음속 유동으로 바뀌어 갈 때 발생한다.

㉯ 비가역 단열과정에서 엔트로피가 항상 증가되기 때문에 일어난다.

㉰ 수직충격파 발생 직후 유동조건은 H-s 선도로 나타낼 수 있다.

㉱ 1차원 유동에서 일어날 수 있는 충격파는 오직 수직충격파 뿐이다.

08 어떤 기체가 충격파 전의 음속이 300m/s이었고 속도는 600m/s이었다. 충격파 뒤에 음속이 700m/s라 하면 충격파 뒤의 속도는 몇 m/s인가? (단, 이 기체의 비열비는 k=1.4이다.)

㉮ 132

㉯ 544

㉰ 232

㉱ 444

해 설

해설 06

수직충격파는 초음속($Ma > 1$)에서 아음속($Ma < 1$)으로 변할 때 발생하므로 압력, 온도, 밀도, 엔트로피가 증가한다. 따라서 비가역과정이다.

해설 08

충격파 전의 마하수

$$M_1 = \frac{V_1}{C_1} = \frac{600}{300} = 2$$

충격파 뒤의 마하수

$$M_2 = \frac{2 + (K-1)M_1^2}{2KM_1^2 - (K-1)}$$

$$= \frac{2 + (1.4-1) \times 2^2}{2 \times 1.4 \times 2^2 - (1.4-1)}$$

$$= 0.333$$

충격파 뒤의 속도

$$V_2 = C_2 M_2 = 700 \times 0.333$$

$$= 233.1 \,\text{m/s}$$

정답

05. ㉰   06. ㉱   07. ㉮

08. ㉰

09 무차원 파라미터를 물리적으로 해석한 것 중 옳지 않은 것은?

㉮ 마하수는 유속과 음속의 비이다.
㉯ 레이놀즈수는 관성력과 점성력의 비이다.
㉰ 압력계수는 압력과 표면장력의 비이다.
㉱ 프루드수는 관성력과 중력의 비이다.

해설 무차원군의 종류

명칭	무차원식	물리적 뜻
레이놀즈수	$Re = \dfrac{DV\rho}{\mu}$	$Re = \dfrac{관성력}{점성력}$
오일러수	$E_u = \dfrac{\rho V^2}{P}$	$E_u = \dfrac{관성력}{중력}$
웨버수	$W_e = \dfrac{\rho L V^2}{\sigma}$	$W_e = \dfrac{관성력}{표면장력}$
마하수	$M_a = \dfrac{V}{a}$	$M_a = \dfrac{관성력}{탄성력}$
코시수	$C_a = \dfrac{V^2}{K/\rho}$	$C_a = \dfrac{관성력}{탄성력}$
프루드수	$F_r = \dfrac{V}{\sqrt{gL}}$	$F_r = \dfrac{관성력}{중력}$

해 설

09. ㉰ 정답

01. 이상기체에서 음속은 다음 중 무엇에 비례하는가?

㉮ 절대압력　　　　㉯ 밀도
㉳ 절대온도　　　　㉰ 가스상수의 역수

해설 $C=\sqrt{kgRT}$ 이므로 음속은 절대온도의 평방근에 비례한다.

02. 다음 중에서 음속과 관계없는 것은?

㉮ 정수(R)　　　　㉯ 비열비(k)
㉳ 표면장력(σ)　　㉰ 절대온도(T)

해설 $C=\sqrt{k\cdot g\cdot RT}$

03. 음속을 C, 물체의 속도를 V라고 할 때, mach 수는?

㉮ V/C　　　　　　㉯ V/C^2
㉳ C/V　　　　　　㉰ C^2/V

해설 $M=\dfrac{V}{C}=\dfrac{V}{\sqrt{kgRT}}$

04. 등엔트로피 과정하에서의 완전 기체 중의 음속은?
(단, g : 1kg·m/N·sec^2, E : 체적탄성계수, R : 기체상수, T : 기체의 절대온도, P : 압력, k : C$_p$/C$_v$ 이다.)

㉮ $\sqrt{PK}$　　　　　㉯ $\sqrt{kgRT}$
㉳ $\sqrt{gRT}$　　　　　㉰ $\sqrt{gPT}$

해설 등엔트로피 과정하에서의 완전기체일 때 음속
$C=\sqrt{kgRT} \rightarrow R$: kg·m/kg·k
$C=\sqrt{kRT} \rightarrow R$: N·m/kg·k

05. 상온의 물속에서 압력파의 전파속도는 몇 m/s인가? (단, 물의 압축률은 5.1×10^{-5}cm^2/kg)

㉮ 1,211　　　　　㉯ 1,386
㉳ 1,451　　　　　㉰ 1,561

해설 $E=\dfrac{1}{\beta}=\dfrac{1}{5.1\times10^{-5}}=1.96\times10^4 \text{kgf/cm}^2$
$\qquad\qquad\qquad\qquad = 1.96\times10^8 \text{kgf/m}^2$
$\therefore C=\sqrt{\dfrac{E}{\rho}}=\sqrt{\dfrac{1.96\times10^8}{102}}\fallingdotseq 1386\text{m/s}$

06. 매초 270m로 제트기가 비행하고 있다. 이때의 Mach 수는 얼마인가? (단, 온도는 20℃, k=1.4, R= 287N·m/kg·°K)

㉮ 0.0787　　　　㉯ 0.787
㉳ 7.807　　　　　㉰ 78.70

해설 마하수 $M_a=\dfrac{V}{C}$
여기서, V(물체의 속도)=270m/sec
$\qquad C$(음속)$=\sqrt{kRT}=\sqrt{1.4\times287\times293}=343.11\text{m/sec}$
$\therefore M_a=\dfrac{V}{C}=\dfrac{270}{343.11}=0.787$

07. 15℃의 공기 속을 나는 물체의 마하각의 20°이면 물체의 속도는 몇 m/sec인가? (단, 공기의 비열비 k=1.4 기체상수 R : 29.27kg·m/kg·°K)

㉮ 340　　　　　　㉯ 680
㉳ 994　　　　　　㉰ 1260

해설 $\sin\theta=\dfrac{C}{V}$ 식에서
$V=\dfrac{C}{\sin\theta}=\dfrac{\sqrt{kgRT}}{\sin\theta}$
$\quad=\dfrac{\sqrt{1.4\times9.8\times29.27\times(273+15)}}{\sin20}=994\text{m/s}$

08. 30℃인 공기 속을 어떤 물체가 960m/s로 날 때 마하각은 얼마인가?

㉮ 30°　　　　　　㉯ 21.3°
㉳ 15.6°　　　　　㉰ 40.2°

01. ㉳　02. ㉳　03. ㉮　04. ㉯　05. ㉯　06. ㉯　07. ㉳　08. ㉯　정답

[해설] 음속 $C = \sqrt{kgRT}$
$$= \sqrt{1.4 \times 9.8 \times 29.27 \times (273+30)} = 349 \text{m/s}$$
마하각 $a = \sin^{-1}\dfrac{C}{V} = \sin^{-1}\dfrac{349}{960} = 21.3°$

09. 그림과 같은 닥트내의 유동에서 마하수 M>1일 때 속도와 압력의 변화를 바르게 나타낸 것은? (단, 압력 P, 속도 V, 단면적인 변화율 dA)

㉮ $dV > 0$, $dP > 0$

㉯ $dV < 0$, $dP < 0$

㉳ $dV > 0$, $dP < 0$

㉴ $dV < 0$, $dP > 0$

$dA > 0$
A : 단면적

[해설] 초음속흐름에서 단면적이 증가하면 : $dV > 0$, $dP < 0$

10. 그림과 같은 가스유로에 수렴·발산형 노즐이 설치되어 있다. 이 그림에서 음속이나 초음속에 도달되는 부분을 맞게 표시한 것은?

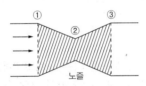

노즐

㉮ 음속 : ①, 초음속 : ③

㉯ 음속 : ②, 초음속 : ③

㉳ 음속 : ①, 초음속 : ②

㉴ 음속 : ②, 초음속 : ②

11. 아음속 흐름의 축소-확대 노즐에서 축소되는 부분에서 증가하는 것은?

㉮ 압력   ㉯ 온도

㉳ 밀도   ㉴ 마하수

[해설] 아음속 흐름의 축소-확대노즐
축소 부분에서는 마하수와 속도가 증가하고 압력, 온도, 밀도는 감소하며, 확대부분에서는 반대이다.

12. 축소-확대 노즐에서 축소부분의 유속은?

㉮ 초음속만 가능하다.

㉯ 아음속만 가능하다.

㉳ 음속과 초음속이 가능하다.

㉴ 아음속과 초음속이 가능하다.

[해설] 축소-확대 노즐
① 축소부분에서는 $Ma_r < 1$, $\dfrac{dA}{dV} < 0$ 이므로 아음속만 가능하다.
② 확대부분에서는 $Ma_r > 1$, $\dfrac{dA}{dV} > 0$ 이므로 초음속으로 진행된다.

13. 축소 확대 노즐의 목에서 유속은?

㉮ 초음속을 얻을 수 있다.

㉯ 언제나 아음속이다.

㉳ 초음속 또는 아음속이다.

㉴ 음속 또는 아음속이다.

[해설] ① 축소노즐 : 언제나 아음속이다.
② 목 : 아음속 또는 음속
③ 확대노즐 : 초음속이 가능

14. 축소확대 부분 노즐의 확대부분 유속은?

㉮ 언제나 초음속이다.

㉯ 언제나 아음속이다.

㉳ 초음속이 불가능하다.

㉴ 초음속이 가능하다.

15. 단면적이 증가하는 확대부분에서 유속이 음속보다 클 때 유속과 압력은 어떤 변화가 일어나는가?

㉮ 유속은 증가, 압력은 감소

㉯ 유속은 감소, 압력은 증가

㉳ 유속과 압력은 감소

㉴ 유속과 압력은 증가

[해설] 확대부분에서 유속이 음속보다 클 때는 유속은 증가, 압력은 감소한다.

정답 09. ㉳ 10. ㉯ 11. ㉴ 12. ㉯ 13. ㉴ 14. ㉴ 15. ㉮

16. 기체가 관내를 흘러갈 때의 최고속도는?

㉮ 음속 또는 아음속이다.

㉯ 초음속이다.

㉰ 음속을 얻을 수 없다.

㉱ 초음속이 불가능하다.

[해설] 기체가 관속을 흐를 때 최고 속도는 음속 또는 아음속이다.
(수평관=목)

17. 완전 발달 흐름(fully developed flow)이란?

㉮ 속도분포가 축을 따라 변하지 않는 흐름

㉯ 전이영역의 흐름

㉰ 완전 난류

㉱ 정상 상태의 유체흐름

[해설] 정상상태의 유체흐름
완전 발달 흐름

18. 배관 중에 기체가 흐를 때에 일어날 수 있는 과정이 아닌 것은?

㉮ 등엔트로피 팽창(isentropic expansion)

㉯ 단열마찰 흐름(adiabatic friction flow)

㉰ 등압마찰 흐름(isobaric friction flow)

㉱ 등온마찰 흐름(isothermal friction flow)

[해설] 배관 중에 기체가 흐를 때에는 등압마찰 흐름은 일어나지 않는다.

19. 경계층이 존재하는 유체흐름에서 일정한 국부속도(local velocity)를 유지하면서 흐르는 흐름을 무슨 흐름이라 하는가?

㉮ 플러그 흐름(plug flow)

㉯ 완전발달된 흐름(fully developed flow)

㉰ 층류(laminar flow)

㉱ 난류(turbulent flow)

20. 고속기체류에서 등온마찰흐름이란?

㉮ 단면이 일정하며 가역류인 것

㉯ 단면이 일정하며 단열로서 비가역적으로 기체 엔트로피가 증가하는 기체류

㉰ 단면이 팽창되어 있으나 기체가 단열적으로 팽창하는 흐름

㉱ 엔트로피가 항상 일정히 유지되는 기체류

21. 완전기체의 엔탈피는?

㉮ 온도만의 함수이다.

㉯ 마찰로 인해서 감소한다.

㉰ 압력만의 함수이다.

㉱ 내부에너지의 감소로 증가된다.

[해설] 완전기체의 엔탈피는 온도만의 함수이다.

22. 이상기체의 내부에너지에 대한 JOULE의 법칙에 맞는 것은?

㉮ 내부에너지는 위치만의 함수이다.

㉯ 내부에너지는 압력만의 함수이다.

㉰ 내부에너지는 엔탈피만의 함수이다.

㉱ 내부에너지는 온도만의 함수이다.

[해설] Joule은 이상기체의 내부에너지는 온도만의 함수임을 증명하였다.
Joule의 법칙=단열 팽창과정 → 온도강하

23. 가역단열 과정에서 엔트로피의 변화 ΔS는 어떻게 나타나는가?

㉮ $\Delta S > 1$ ㉯ $0 < \Delta S < 1$

㉰ $\Delta S = 1$ ㉱ $\Delta S = 0$

[해설] 엔트로피의 변화
① 가역단열과정 : $\Delta S = 0$
② 비가역 단열과정 : $\Delta S > 0$

16. ㉮ 17. ㉱ 18. ㉰ 19. ㉯ 20. ㉯ 21. ㉮ 22. ㉱ 23. ㉱ **정답**

24. 등엔트로피 과정이란 어떤 과정인가?

㉮ 비가역 등온과정이다.

㉯ 마찰이 있는 가역적 과정이다.

㉰ 수축과 확대과정이다.

㉱ 가역 단열과정이다.

[해설] $\Delta S = \dfrac{dQ}{dT}$ (단열 압축과정에서 엔트로피는 일정)

25. 노즐에서의 유동은 이론적으로 외부에 대하여 일과 열의 수수가 없는 것으로 본다. 입구의 속도를 무시할 때 출구속도[V_2]는? (단, h는 엔탈피로서 단위는 [J/kg]이다.)

㉮ $V_2 = \sqrt{2(h_2 - h_1)}$

㉯ $V_2 = \sqrt{2(h_1 + h_2)}$

㉰ $V_2 = \sqrt{2(h_1 - h_2)}$

㉱ $V_2 = \dfrac{\sqrt{2(h_2 - h_1)}}{2}$

[해설] $\dfrac{Q}{W} = 0$, $\dfrac{V_1^2}{2} = 0$

$h_1 + \dfrac{V_1^2}{2} + Z_1 = h_2 + \dfrac{V_2^2}{2} + Z_2$

$\therefore V_2 = \sqrt{2(h_1 - h_2)}$

26. 유체가 30m/sec의 속도로 노즐로 들어가 500m/sec로 나올 때 엔탈피 변화는 몇 kcal/kg인가? (단, 마찰과 열교환은 무시한다.)

㉮ −29.76　　　㉯ +29.76

㉰ −18.92　　　㉱ +18.92

[해설] $H = \dfrac{V_2^2 - V_1^2}{2g} \times \dfrac{1}{A}$

$= \dfrac{(500^2 - 30^2)\mathrm{m^2/sec^2}}{2 \times 9.8\mathrm{m/sec^2} \times 427\mathrm{kg \cdot m/kcal}} = 29.76\mathrm{kcal/kg}$

여기서, A : 일의 열당량 $= \dfrac{1}{427}$kcal/kg·m

27. 대기 중에서 실로 매단 매우 가벼운 두 개의 구체 A, B 사이에서 압축공기를 미세한 노즐로 분사시킬 때 일어나는 현상을 설명한 것으로 맞는 것은?

㉮ 아무 일도 일어나지 않는다.

㉯ 베르누이 정리에 의하여 두 구는 더 멀어진다.

㉰ 뉴턴의 운동법칙에 의하여 두 구 사이는 더 멀어진다.

㉱ 베르누이 정리에 의하여 두 구 사이는 더 가까워진다.

[해설] 베르누이 정리에 의하여 두 개의 공 사이에 속도는 증가하고 압력은 감소하므로 공 바깥쪽의 압력보다 두 개의 공 사이의 압력이 낮아지므로 두 개의 공은 더 가까워진다.

28. 압력 P=100kPa·abs, t=20℃의 공기 5kg이 등엔트로피로 변화하여 75kcal의 열량을 방출하여 160℃로 되었다. 이때, 최종압력은 몇 [kPa.abs]인가?(단, 공기의 k=1.4 이다.)

㉮ 121　　　㉯ 253

㉰ 392　　　㉱ 460

[해설] 등엔트로피의 관계식 $\dfrac{T_2}{T_1} = \left(\dfrac{V_1}{V_2}\right)^{k-1} = \left(\dfrac{P_2}{P_1}\right)^{\frac{k-1}{k}}$ 에서

$P_2 = \left(\dfrac{T_2}{T_1}\right)^{\frac{k}{k-1}} \times P_1 = \left(\dfrac{433}{293}\right)^{\frac{1.4}{1.4-1}} \times 100 = 392\mathrm{kPa}$

29. 1mol의 이상기체(C_v=3/2R)가 40℃, 35atm으로부터 1atm까지 단열가역적으로 팽창하였다. 최종 온도는 얼마인가?

㉮ 약 97°K　　　㉯ 약 88°K

㉰ 약 75°K　　　㉱ 약 60°K

[해설] $\dfrac{T_2}{T_1} = \left(\dfrac{P_2}{P_1}\right)^{\frac{k-1}{k}}$ 식에서

$T_2 = \left(\dfrac{P_2}{P_1}\right)^{\frac{k-1}{k}} T_1 = \left(\dfrac{1}{35}\right)^{\frac{1.67-1}{1.67}} \times (273 + 40) = 75.17\mathrm{K}$

여기서, $K = \dfrac{C_p}{C_v} = \dfrac{2.5R}{1.5R} = 1.67$

$C_p - C_v = R$, $C_p - \dfrac{3}{2}R = R$, $C_p = 2.5R$

정답　24. ㉱　25. ㉰　26. ㉯　27. ㉱　28. ㉰　29. ㉰

30. 가스의 임계온도 T^*, 비열비 k, 정체온도 T_0라 하면 다음 중 관계가 옳은 것은?

㉮ $\dfrac{T^*}{T_o} = \dfrac{2}{(k+1)}$

㉯ $\dfrac{T^*}{T_o} = \left(\dfrac{2}{k+1}\right)^{k-1}$

㉰ $\dfrac{T^*}{T_o} = \left(\dfrac{2}{k+1}\right)^{\frac{k}{k-1}}$

㉱ $\dfrac{T^*}{T_o} = \left(\dfrac{2}{k+1}\right)^{\frac{1}{4}}$

해설 ① 정체상태

㉮ 정체온도(T_o) : $\dfrac{T_o}{T} = \left(1 + \dfrac{k-1}{2}M^2\right)$

㉯ 정체밀도(ρ_o) : $\dfrac{\rho_o}{\rho} = \left(1 + \dfrac{k-1}{2}M^2\right)^{\frac{1}{k-1}}$

㉰ 정체압력(P_o) : $\dfrac{P_o}{P} = \left(1 + \dfrac{k-1}{2}M^2\right)^{\frac{k}{k-1}}$

② 임계상태

㉮ 임계온도(T_c) : $\dfrac{T_c}{T_o} = \left(\dfrac{2}{k+1}\right) = 0.833$

㉯ 임계밀도(ρ_c) : $\dfrac{\rho_c}{\rho_o} = \left(\dfrac{2}{k+1}\right)^{\frac{1}{k-1}} = 0.633$

㉰ 임계압력(P_c) : $\dfrac{p_c}{p_o} = \left(\dfrac{2}{k+1}\right)^{\frac{k}{k-1}} = 0.523$

31. C_P=0.32kcal/kg°K, C_v=0.24kcal/kg°K인 기체의 임계압력비는 얼마인가?

㉮ 0.15   ㉯ 0.25

㉰ 0.35   ㉱ 0.45

해설 $k = \dfrac{C_p}{C_v} = \dfrac{0.32}{0.24} = 1.33$

$\dfrac{P_c}{P_o} = \left(\dfrac{2}{k+1}\right)^{\frac{k}{k-1}} = \left(\dfrac{2}{1.33+1}\right)^{\frac{1.33}{1.33-1}} = 0.45$

32. 다음 중 정체압력을 나타내는 식으로 올바른 것은? (단, P_c는 임계압력, P_o는 정체압력이다.)

㉮ $\dfrac{P}{P_o} = \left(\dfrac{2}{k+1}\right)^{k-1}$

㉯ $\dfrac{P}{P_o} = \left(\dfrac{2}{k+1}\right)^{k}$

㉰ $\dfrac{P_o}{P} = \left(\dfrac{k+1}{2}\right)^{k-1}$

㉱ $\dfrac{P_o}{P} = \left(1 + \dfrac{k-1}{2}M^2\right)^{\frac{k}{k-1}}$

33. 유동하는 기체의 온도는 다음 중 어느 것을 측정하면 결정되는가?

㉮ 정압과 총압력   ㉯ 속도와 총압력

㉰ 속도와 동압   ㉱ 속도와 전온도

해설 정체온도 $T_o = T + \dfrac{k-1}{kR} \cdot \dfrac{V^2}{2}$ 식에서

∴ T_o(전온도)와 V(속도)를 측정하면 유동하는 기체의 온도를 결정할 수 있다.

34. 40m/sec의 속도로 상온의 공기 속을 나는 물체 표면의 이론적인 온도증가는 몇 ℃인가?(단, 공기의 기체상수 R=287N·m/kg·℃, k=1.40이다.)

㉮ 0.2   ㉯ 0.4

㉰ 0.6   ㉱ 0.08

해설 이론 온도 증가

$T_o - T = \dfrac{k-1}{kR} \cdot \dfrac{V^2}{2g}$

$= \dfrac{1.4-1}{1.4 \times 287} \times \dfrac{40^2}{2 \times 9.8} = 0.081℃$

35. 1kg/cm²a 20℃ 공기 속을 400m/s로 이동하는 총알의 압력은 얼마인가?

㉮ 2.33   ㉯ 3.33

㉰ 4.52   ㉱ 5.14

---

30. ㉮   31. ㉱   32. ㉱   33. ㉱   34. ㉱   35. ㉮   정답

해설 음속 $C = \sqrt{k.g.RT} = \sqrt{1.4 \times 9.8 \times 29.27 \times 293}$
$$= 343.022 \text{m/s}$$

$$M = \frac{V}{C} = \frac{400}{343.022} = 1.166$$

$$\therefore P_o = P\left(1 + \frac{k-1}{2}M^2\right)^{\frac{k}{k-1}}$$

$$= 1\left(1 + \frac{1.4-1}{2} \times 1.166^2\right)^{\frac{1.4}{1.4-1}} = 2.326 \text{kg/cm}^2$$

36. 압력 4kg/cm^2, 온도 50℃의 용기에서 공기가 축소노즐을 지나 20℃인 대기 중으로 분출할 때 노즐 출구에서 마하수는?

㉮ 0.715 ㉯ 0.842
㉰ 0.921 ㉱ 0.964

해설 정체온도(T_o), $\dfrac{T_o}{T} = 1 + \dfrac{k-1}{2}Ma^2$

여기서, T_o(정체온도) : 273+50=323°K
T(정온) : 273+20=293°K

$\therefore \dfrac{323}{293} = 1 + \dfrac{1.4-1}{2}Ma^2$ $\quad Ma = 0.715$

37. 27℃ 공기 속을 1,500m/s로 비행하는 정체온도는?

㉮ 1,147℃ ㉯ 1,247℃
㉰ 1,568℃ ㉱ 1,828℃

해설 정체온도 $T_o = T + \dfrac{k-1}{kR} \times \dfrac{V^2}{2g} = T\left(1 + \dfrac{k-1}{2}Ma^2\right)$

$Ma = \dfrac{V}{C} = \dfrac{1,500}{\sqrt{1.4 \times 9.8 \times 300 \times 29.27}} = 4.32$

$T_o = T\left(1 + \dfrac{k-1}{2}Ma^2\right) = 300\left(1 + \dfrac{1.4-1}{2} \times 4.32^2\right)$

$$= 1,420.56°K = 1,147.56℃$$

38. 충격강도란?

㉮ 비열비 k로부터 계산
㉯ 충격파로 인해서 떨어지는 속도로서 정의된다.
㉰ 압력의 변화와는 관계가 없다.
㉱ 충격파로 인한 압력의 상승으로부터 산출된다.

해설 수직충격파에서 충격강도는 압력 상승의 비로 산출한다.

39. 압축성 유체의 1차원 유동에서의 수직 충격파는?

㉮ 속도, 압력, 밀도가 증가한다.
㉯ 속도, 온도, 밀도가 증가한다.
㉰ 압력, 밀도, 온도가 증가한다.
㉱ 압력, 밀도, 단위시간당 운동량이 증가한다.

해설 수직충격파가 발생하면 압력, 밀도, 온도, 엔트로피는 증가하고 속도는 감소한다.

40. 다음 수직 충격파에 대한 설명 중 옳은 것은?

㉮ 온도하강 압력이 상승되는 비가역과정
㉯ 온도, 압력이 상승되는 비가역과정
㉰ 온도 압력이 하강되는 비가역과정
㉱ 가역과정이다.

해설 엔트로픽이 증가하는 비가역과정이다.

41. 다음 중 충격파의 특성을 설명한 것이 아닌 것은?

㉮ 압력이 불연속적으로 증대한다.
㉯ 후단의 액면이 선단의 파면보다 빨리 전파된다.
㉰ 가역 또는 비가역 과정이다.
㉱ 압력 온도의 상승이 동시에 일어난다.

해설 충격파는 비가역과정이다.

42. 수직 충격파와 유사한 것은?

㉮ 수력도약
㉯ F<1인 개수로 유동
㉰ 정지한 액체에 생기는 기본파
㉱ 팽창노즐에서 액체 유동

43. 공기의 수직충격파 직전의 마하수가 3이라면 충격파 직후의 마하수는?

㉮ 0.475 ㉯ 0.351

㉱ 0.226 ㉰ 0.125

해설 마하수 $Ma_2^2 = \dfrac{2 + (k-1)Ma_1^2}{2kMa_1^2 - (k-1)}$

$= \dfrac{2 + (1.4-1) \times (3)^2}{2 \times 1.4 \times (3)^2 - (1.4-1)} = 0.2258$

$\therefore Ma_2 = \sqrt{0.2258} = 0.475$

44. 충격파 전면에서 속도, 압력, 음속이 500m/s, 1.5kg/cm^2, 200m/s일 때 충격파가 발생한 다음의 마하수는 얼마인가?

㉮ 0.24 ㉯ 0.42

㉱ 0.64 ㉰ 0.51

해설 $Ma_1 = \dfrac{500}{200} = 2.5$ 충격파 후면의 Ma_2는

$Ma_2^2 = \dfrac{2 + (k-1) \times Ma_1^2}{2kMa_1^2 - (k-1)} = \dfrac{2 + (1.4-1) \times 2.5^2}{2 \times 1.4 \times 2.5^2 - (1.4-1)} = 0.2632$

$\therefore Ma_2 = 0.51$

45. 표면장력에 대한 관성력의 비를 나타내는 무차원의 수는?

㉮ Reynolds 수 ㉯ Froude 수

㉱ 모세관수 ㉰ Weber 수

해설 무차원 수

① $Re = \dfrac{\rho d V}{\mu}\left(\dfrac{관성력}{점성력}\right)$ ② $Fr = \dfrac{V}{\sqrt{gl}}\left(\dfrac{관성력}{중력}\right)$

③ $We = \dfrac{\rho l u^2}{\sigma}\left(\dfrac{관성력}{표면장력}\right)$ ④ $Ma = \dfrac{V}{C}\left(\dfrac{관성력}{탄성력}\right)$

46. 다음 중 마하수를 나타내는 것은?

㉮ $\dfrac{관성력}{탄성력}$ ㉯ $\dfrac{관성력}{점성력}$

㉱ $\dfrac{관성력}{표면장력}$ ㉰ $\dfrac{관성력}{중력}$

해설 ㉯항 : Re 수 ㉱항 : 웨버수 ㉰항 : 프루드수

47. 다음 중 무차원인 것은?

㉮ 체적탄성계수 ㉯ 비중량

㉱ 비중 ㉰ 비체적

해설 무차원
단위가 없는 것으로 비중, 레이놀즈수 등

48. 다음 조건의 무차원량의 개수를 계산하여라.(① 기본단위 4개, ② 측정량 7개)

㉮ 1개 ㉯ 2개

㉱ 3개 ㉰ 4개

해설 무차원수=물리량의 수-차원(단위)의 수
=7-4=3개

49. 다음 무차원 수 중 표면장력과 물방울이 형성하는 유동 등에 영향이 있는 것은?

㉮ Weber number

㉯ Mach number

㉱ Reynolds number

㉰ Froude number

해설 Weber number
관성력/표면장력(표면장력이 중요한 유동)

50. 배가 수면 위에 떠 있을 대 모형과 원형사이에 역학적 상사가 이루어진다고 가정할 때 중요한 요소는?

㉮ 레이놀즈수, 마하수

㉯ 웨버수, 오일러수

㉱ 프루드수, 레이놀즈수

㉰ 마하수, 웨버수

해설 프루드수=관성력/중력(자유표면유동),
레이놀즈수=관성력/점성력(모든 유체유동)

정답 43. ㉮ 44. ㉰ 45. ㉰ 46. ㉮ 47. ㉱ 48. ㉱ 49. ㉮ 50. ㉱

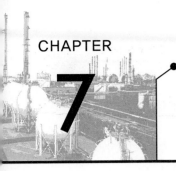

유체의 계측

학습방향 밀도 및 비중량 계산에 의한 비중측정 및 뉴턴의 점성법칙과 스토크스법칙 등을
이용한 점도계의 종류와 점성계수의 측정 및 방법을 배운다.

01 밀도 및 비중의 측정

POINT

(1) 밀도의 측정

① 용기를 이용하는 방법

$$\rho = \frac{m_2 - m_1}{V}$$

여기서, ρ : 온도 $t[℃]$의 액체의 밀도

V : 용기의 체적

m_1 : 용기의 질량

m_2 : 용기에 액체를 채운 후의 질량

② 추를 이용하는 방법

$$\rho = \frac{m_1 - m_2}{V}$$

여기서, ρ : 온도 t[℃]의 액체의 밀도

V : 추의 체적

m_1 : 공기 중에서 추의 질량

m_2 : 액체 속에 추를 담근 상태의 질량

(2) 비중량의 계측

① 유체의 무게를 측정할 때

$$r = \frac{W_1 - W_2}{V}$$

여기서, W_1 : 유체를 채웠을 때 무게

W_2 : 속이 빈 용기의 무게 V : 용기의 체적

문 무게가 20g인 용기 속에 20cc의 액체를 채운 후의 무게는 40g이었다. 이 액체의 비중은?

▶ $r = \dfrac{w_2 - w_1}{v}$

$= \dfrac{40 - 20}{20} = 1\,\mathrm{g/cc}$

$= 1000\,\mathrm{kg/m^3}$

$S = \dfrac{r}{rw} = \dfrac{1000}{1000} = 1$

문 어떤 추의 무게가 대기 중에서 400g, 어떤 액체 속에서 300g 추의 체적이 130cm³이면 이 액체의 비중은?

▶ $rv = G_1 - G_2$

$r = \dfrac{G_1 - G_2}{V}$

$= \dfrac{0.4 - 0.3}{1.3 \times 10^{-4}} = 769\,\mathrm{kg/m^3}$

$S = \dfrac{r}{rw} = \dfrac{769}{1000} = 0.769$

② 부력을 이용한 비중량

$$W_l = W_a - r\,V \qquad r = \frac{W_a - W_l}{V}$$

여기서, W_a : 공기 중에서 추의 무게

W_l : 액체 속에서 추의 무게

③ 비중계를 이용하는 방법

④ u자관을 이용하는 방법

(3) 비중의 측정방법

① 분젠–실링법(유출법)

㉮ 시료가스를 세공에서 유출시키고 같은 조작으로 공기를 유출시켜서, 각각의 유출시간의 비로부터 가스의 비중을 산출한다.

㉯ 비중 산출법

$$S = \frac{T_s^2}{T_a^2} + d$$

여기서, S : 건조공기에 대한 건조 시료가스의 비중

T_s : 시료가스의 유출시간(sec)

T_a : 공기의 유출시간(sec)

d : 건조가스 비중으로 환산하기 위한 보정값

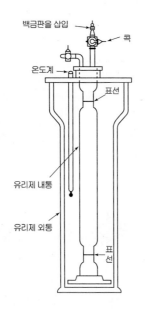

백금판을 삽입 / 콕 / 온도계 / 표선 / 유리제 내통 / 유리제 외통 / 표선

문 시료가스의 유출시간은 20sec 이고 공기의 유출시간은 40sec일 때 시료가스의 비중은?

$$\blacktriangleright S = \frac{T_s^2}{T_a^2}$$
$$= \frac{20^2}{40^2} = 0.25$$

② 비중병법(평량법)

㉮ 병이 비웠을 때와 증류수로 채웠을 때 시료를 채웠을 때의 각 질량으로부터 같은 부피의 시료 및 증류수의 질량을 구하여 그것과 증류수 및 공기의 비중으로부터 시료의 비중을 산출한다.

㉯ 장치 : 비중병, 항온수조, 진공펌프, 공기건조용 U자관, 수은 마노미터 등으로 구성된다.

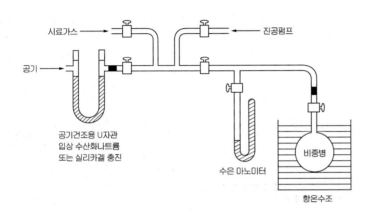

(4) 비중의 보조 계량단위

① 보메도

㉮ 중보메도(물보다 무거운 액체)

$$Be = 144.3 - \frac{144.3}{비중}$$

㉯ 경보메도(물보다 가벼운 액체)

$$Be = \frac{144.3}{비중} - 134.3$$

② 청주도 $= \frac{1.443}{비중} - 1.443$

③ API도 $= \frac{141.5}{비중} - 131.5$

④ 트와델도 $= (비중 - 1) \times 200$

⑤ 우유도 $= (비중 - 1) \times 1,000$

POINT

문 비중병에 액체를 채웠을 때의 무게가 1kg이었다. 비중병의 무게가 0.25kg이라면 이 액체의 비중은 얼마인가? (단, 비중병 속에 있는 액체의 체적은 0.5ℓ 이다)

▶ $r = \dfrac{W_2 - W_1}{V}$

$= \dfrac{1 - 0.25}{0.5 \times 10^{-3}}$

$= 1500 \text{kg/m}^3$

$S = \dfrac{r}{rw} = \dfrac{1500}{1000} = 1.5$

문 석유류의 비중이 0.8일 때 보메도는?

▶ $Be = \dfrac{144.3}{비중} - 134.3$

$= \dfrac{144.3}{0.8} - 134.3$

$= 46.07$

02 점성계수의 측정

(1) 낙구에 의한 방법(낙구식 점도계) : Stokes 법칙을 이용

$$\mu = \frac{d^2(r_s - r_l)}{18V}$$

여기서, d : 구의직경

r_s : 구의 비중량

r_l : 액체의 비중량

V : 낙하속도

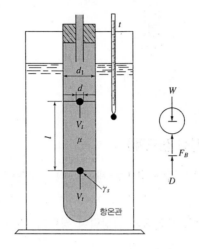

문 지름이 1.27cm 비중이 7.8인 강구가 비중이 0.9인 기름 속에서 6cm/s이 등속도로 낙하되고 있다. 기름탱크가 대단히 클 경우 기름의 점성계수는?

$$\mu = \frac{d^2(r_s - r_l)}{18V}$$
$$= \frac{0.0127^2(7.8 - 0.9) \times 1000}{18 \times 0.06}$$
$$= 1.03 \text{kg} \cdot \text{s/m}^2$$

(2) 오스트발트(Ostwald)법 = Hagen-Poiseuille법칙

A눈금까지 액체를 채운 다음 이 액체를 B눈금까지 밀어 올린 다음에 이 액체가 C눈금까지 내려오는데 요하는 시간으로 측정하는 방법이다.

기준 액체를 물로 하여 그 점도를 μ_w, 비중을 S_w, 소요 시간을 t_w, 또 측정하려는 액체의 것을 각각 u, S, t 라 하면 다음과 같다.

$$\mu = \mu_w \frac{St}{S_w t_w}$$

t_w와 t를 측정하여 위 식에서 μ를 계산한다.

문 오스트발트 점도계를 사용하여 액체의 점도를 측정하였더니 25초가 소요되었고 같은 온도에서 물은 5초였다면 시료액체의 점도 C·P는? (단, 물의 점도는 1C·P이고 시료액체의 비중은 2 이다.)

$$\mu = \mu_w \frac{St}{S_w t_w}$$
$$= 1 \times \frac{2 \times 25}{1 \times 5}$$
$$= 10 \text{C} \cdot \text{P}$$

(3) 세이볼트(Saybolt)

$$V = 0.0022t - \frac{1.8}{t} \text{ (Stokes)}$$

측정기 A의 아래 구멍을 막은 다음 액체를 A점까지 채우고 막은 구멍을

다시 열어 B점까지 채워지는데 걸리는 시간측정 B용기에 60cc가 채워질 때까지의 시간을 측정

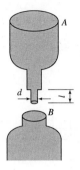

POINT

(4) 뉴턴의 점성계측법(회전식 점도계)

① 두 동심 원통 사이에 측정하려는 액체를 채우고 외부 원통이 일정한 속도로 회전하면 내부 원통은 점성 작용에 의하여 회전하게 되는데 내부 원통 상부에 달려 있는 스프링의 복원력과 점성력이 평형이 될 때 내부 원통이 정지하는 원리를 이용한 점도계이다.

② 점도계에 있어서 내외 원통의 바닥면 틈새 a가 작을 때는 이를 고려해야 한다.

$$T = \frac{\mu\pi^2 n r_1^{\,4}}{60a} + \frac{\mu\pi^2 r_1^{\,2} r_2 hn}{60a}$$

$$= \frac{\mu\pi^2 n r_1^{\,2}}{15}\left(\frac{r_1^{\,2}}{4a} + \frac{r_2 h}{b}\right)$$

$$= \mu Kn = k\theta$$

$$\therefore \quad \mu = \frac{k\theta}{Kn}$$

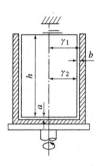

※ 점도계의 종류

- 스토크스법칙을 이용한 점도계 : 낙구식 점도계
- 하겐–푸아죄유의 법칙을 이용한 점도계 : 오스트발트점도계, 세이볼트점도계
- 뉴턴의 점성법칙을 이용한 점도계 : 스토머점도계, 맥미첼점도계

01 어떤 추의 무게가 대기 중에서는 700gf이고, 어떤 액체 속에서는 500gf이었다. 추의 체적이 210cm^{3}이면 이 액체의 비중은?

㉮ 0.769　　　　　　　　㉯ 0.826

㉱ 0.952　　　　　　　　㉰ 1.043

02 분젠-실링법에 의한 가스의 비중 측정시 반드시 필요한 기구는?

㉮ balance　　　　　　　㉯ gage glass

㉱ manometer　　　　　　㉰ stop watch

03 직경 : 10mm, 비중 : 9.5인 추가 동점성계수(kinematic viscosity) 0.0025 m^2/s, 비중 1.25인 액체 속으로 등속낙하하고 있을 때 낙하속도는 몇 m/s인가?

㉮ 0.144m/s　　　　　　㉯ 0.288m/s

㉱ 0.352m/s　　　　　　㉰ 0.567m/s

04 오스트발트점도계를 사용하여 어떤 액체의 점도를 측정하려고 시간을 측정했더니 15초가 소요되었고 같은 온도에서 물은 3초였다면 시료 액체의 점도 cP는? (단, 물의 점도는 1cP이다.)

㉮ 3　　　　　　　　　　㉯ 5

㉱ 10　　　　　　　　　　㉰ 20

해 설

해설 01

액체의 비중
$$= \frac{700 - 500}{210} = 0.9523$$

해설 02

분젠-실링법은 시료가스와 공기를 작은 구멍으로 유출시켜 시간 비로서 가스의 비중을 측정하는 방법으로서 시간을 측정할 수 있는 stop watch가 반드시 있어야 한다.

해설 03

$$V = \frac{d^2(r_s - r_l)}{18\mu}$$
$$= \frac{0.01^2 \times (9.5 - 1.25) \times 10^3}{18 \times 102 \times 1.25 \times 0.0025}$$
$$= 0.144 \, \text{m/sec}$$

해설 04

시간과 점도의 비례식으로 보면
3초 : 1cP=15초 : x
∴ x=5cP

정답

01. ㉱　02. ㉰　03. ㉮
04. ㉯

01. 한 변의 길이가 10cm인 입방체의 금속 무게를 공기 중에 달았더니 77N이었고, 어떤 액체 중에 달아보니 70N이었다. 이 액체의 비중량은 몇 N/m³인가? (SI단위)

㉮ 714.3 ㉯ 7,000

㉰ 785.7 ㉱ 7,700

[해설] $W_l = W_a - r V$에서 $70 = 77 - r(0.1)^3$

$\therefore r = 7,000 \, \text{N/m}^3$

02. 무게가 20g인 용기 속에 20cc의 액체를 채운 후의 무게는 40g이었다. 이 액체의 비중은?

㉮ 0.7 ㉯ 0.9

㉰ 1.0 ㉱ 1.2

[해설] $r = \dfrac{W_2 - W_1}{V} = \dfrac{40-20}{20} = 1 \text{g/cc}$

$= 1,000 \text{kg/m}^3$

$\therefore S = \dfrac{r}{r_w} = \dfrac{1,000}{1,000} = 1$

03. U자관에 물이 채워져 있다. 여기에 기름을 넣었더니 기름 25cm와 물기둥 15cm가 평형을 이루었다면 이 기름의 비중은 얼마인가?

㉮ 0.6 ㉯ 1.67

㉰ 0.06 ㉱ 0.167

[해설] 물의 비중은 1이다.

$\therefore S_o = S_w \times \dfrac{h_w}{h_0} = 1 \times \dfrac{15}{25} = 0.6$

04. 어떤 추의 무게가 대기 중에서 400g, 어떤 액체 속에서 300g, 추의 체적이 130cm³이면 이 액체의 비중은?

㉮ 0.769 ㉯ 0.981

㉰ 1.043 ㉱ 1.123

[해설] $0.3\text{kg} = 0.4\text{kg} - 1.3 \times 10^{-4} \times r$

$r = \dfrac{0.4 - 0.3}{1.3 \times 10^{-4}} \coloneqq 769 \text{kg/m}^3$

$\therefore S = \dfrac{r}{r_w} = \dfrac{769}{1,000} = 0.769$

05. 물이 들어 있는 U자관 속에 기름을 넣었더니 기름 25cm와 물 18cm의 액주가 평형을 이루었다면 이 기름의 비중은 얼마인가?

㉮ 0.52 ㉯ 0.82

㉰ 1.2 ㉱ 0.72

[해설] $S_o = S_w \times \dfrac{h_w}{h_0} = 1 \times \dfrac{18}{25} = 0.72$

06. Ostwald 점도계에 이용되는 법칙은?

㉮ Archimedes의 법칙

㉯ Hagen-Poiseuille 법칙

㉰ Newton의 점성법칙

㉱ Darcy and Weisbach의 법칙

[해설] ① saybolt, ostwald : 하겐-푸아죄유

② 낙구식 점도계 : stokes법칙

③ macmicha, stomer : 뉴턴의 점성법칙

④ ostwald 점도계 : 점도계 사이로 유체를 흘려 걸리는 시간을 측정

07. 지름이 1.27cm, 비중이 7.8인 강구가 비중이 0.90인 기름 속에서 6cm/s의 등속도로 낙하되고 있다. 기름 탱크가 대단히 클 경우 기름의 점성계수는?

㉮ $1.93 \text{kg} \cdot \text{s/m}^2 (15.97 \text{Ns/m}^2)$

㉯ $2.26 \text{kg} \cdot \text{s/m}^2 (22.15 \text{Ns/m}^2)$

㉰ $1.03 \text{kg} \cdot \text{s/m}^2 (10.094 \text{Ns/m}^2)$

㉱ $2.36 \text{kg} \cdot \text{s/m}^2 (23.13 \text{Ns/m}^2)$

정답 01. ㉯ 02. ㉰ 03. ㉮ 04. ㉮ 05. ㉱ 06. ㉯ 07. ㉰

[해설] 스토크스의 법칙에 따른다고 가정할 때

$$\mu = \frac{d^2(r_s - r_l)}{18V}$$

$$= \frac{(0.0127)^2(7.8 - 0.9) \times 1,000}{18 \times 0.06} = 1.03 \text{kg·s/m}^2$$

$$\mu = \frac{d^2(r_s - r_l)}{18V}$$

$$= \frac{(0.0127)^2(7.8 - 0.9)9,800}{18 \times 0.06} = 10.094 \text{N·s/m}^2 \text{[SI 단위]}$$

08. 직경 5mm, 비중 11.5인 추가 동점성계수 0.0025 m²/s, 비중 1.21인 액체 속으로 등속낙하하고 있을 때 이 추의 낙하속도는 몇 m/s인가?

㉮ 0.031 ㉯ 0.037
㉰ 0.046 ㉱ 0.049

[해설] $\mu = \rho v = \frac{1.21 \times 1,000 \times 0.0025}{9.8}$

$$V = d^2\left(\frac{r_s - r_l}{18\mu}\right)$$

$$= \frac{0.005^2 \times (11.5 - 1.21) \times 1,000 \times 9.8}{18 \times 1.21 \times 1,000 \times 0.0025} = 0.046 \text{m/s}$$

09. 20℃에서 어떤 액체의 밀도를 측정하였다. 측정 용기의 무게가 11.6125g, 증류수를 채웠을 때가 13.1682g, 시료용액을 채웠을 때가 12.8749g이라면 이 시료액체의 밀도는 몇 g/cm³인가? (단, 20℃에서 물의 밀도는 0.99823g/cm³이다.)

㉮ 0.791 ㉯ 0.801
㉰ 0.810 ㉱ 0.820

[해설] ① 증류수의 무게
$G_1 = 13.1682 - 11.6125 = 1.5557 \text{g}$
② 시료액체의 무게
$G_2 = 12.8749 - 11.6125 = 1.2624 \text{g}$
③ 증류수의 부피
$V = \frac{1.5557 \text{g}}{0.99823 \text{g/cm}^3} = 1.5584 \text{cm}^3$
④ 액체의 밀도
$\rho = \frac{1.2624 \text{g}}{1.5584 \text{cm}^3} = 0.81 \text{g/cm}^3$

10. 직경 1mm, 비중 9.5인 추가 동점성계수(kinem -atic viscosity) 0.0025m²/s, 비중 1.25인 액체 속으로 자유낙하하고 있을 때 낙하종속도(terminal velocity)는 몇 m/s인가?

㉮ 1.44×10^{-3} ㉯ 2.88×10^{-3}
㉰ 3.52×10^{-3} ㉱ 5.76×10^{-3}

[해설] $V = d^2 \frac{(r_s - r_\ell)}{18\rho v}$

$$= \frac{0.001^2(9.5 - 1.25) \times 1000 \times 9.8}{18 \times 1.25 \times 1000 \times 0.0025}$$

$$= 1.44 \times 10^{-3} \text{m/s}$$

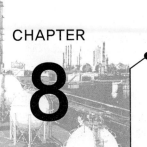

유체수송장치

학습방향   유체수송장치인 압축기 및 펌프의 종류와 특징 그리고 운전 시 발생되는 여러 가지 이상 현상과 유량 및 동력 산출계산 등을 배운다.

01 압축기

POINT

(1) 작동압력에 따른 분류

① 휀(fen) : 토출압력이 10MPa 미만

② 송풍기(blower) : 토출압력이 10MPa 이상 0.1MPa 이하

③ 압축기(compressor) : 토출압력이 0.1MPa 이상

(2) 왕복동 압축기

회전하는 크랭크축에 연결된 커넥팅로드에 의해 피스톤을 왕복운동시켜 압축한다.

- 왕복압축기의 동력전달 순서
모터 → 크랭크축 → 커넥팅로드 → 크로스헤드 → 피스톤

① 특징

㉮ 용적형으로 일정량의 가스가 압축된다.

㉯ 운전이 단속적으로 맥동이 있다.

㉰ 저속이며 단단으로 고압을 얻을 수 있다.

㉱ 흡입 및 토출밸브가 필요하고 작동부분이 많으므로 진동, 소음 및 밸브의 고장 우려가 있다.

㉲ 중량이 무겁고 설치 면적을 많이 차지하며 견고한 기초를 필요로 한다.

㉳ 전반적으로 효율이 높으며 용량 조절의 폭이 넓고(0~100%), 용량 조절이 용이하다.

㉴ 토출압력에 의한 용량변화가 적고 기체의 비중에 관계없이 쉽게 고압이 얻어진다.

㉵ 피스톤이 운동을 할 때 기밀과 마찰저항을 줄이기 위해 오일이 공급되므로 토출가스 중에 혼입될 우려가 있다.

- 단별 최대 압축비를 가질 수 있는 압축기
왕복동 압축기

② 압축비

㉮ 단단압축기의 경우

$$i = \frac{P_2}{P_1}$$

여기서, i : 압축비

P_1 : 흡입절대압력(MPa)

P_2 : 토출절대압력(MPa)

㉯ 다단압축기의 경우

$$i = \sqrt[z]{\frac{P_2}{P_1}}$$

여기서, Z : 단수

③ 압축비가 클 때 장치에 미치는 영향

㉮ 토출가스 온도 상승으로 인한 실린더 과열

㉯ 윤활유 열화 및 탄화

㉰ 체적 효율 감소

㉱ 소요동력 및 축수 하중 증대

㉲ 압축기 능력 감퇴

(3) 회전식 압축기

피스톤의 왕복운동 대신에 로터의 회전운동에 의해 압축하는 방식이며 로터리 압축기라고도 한다.

① 용적형(부피형) 압축기이다.
② 기름용량방식으로서 소용량이며 널리 쓰인다.
③ 왕복 압축기에 비해 부품수가 적고 구조가 간단하다.
④ 압축이 연속적이고 고진공을 얻을 수 있어 진공펌프로 널리 사용된다.
⑤ 진동 및 소음이 적고 체적효율이 양호하다
⑥ 활동부분의 정밀도와 내마모성이 요구된다.

POINT

문 흡입 압력이 대기압과 같으며 토출압력이 $26kg/cm^2$인 3단 압축기의 압축비는? (단, 대기압은 $1kg/cm^2$로 한다)

▶ $i = \sqrt[z]{\frac{P_2}{P_1}}$

$= \sqrt[3]{\frac{(26+1)}{1}} = 3$

• 회전식압축기
진공펌프

(4) 터보 압축기

① 원심식 압축기 또는 터보식 압축기라고 하며, 무급유식 압축기이다.

② 고속 회전하며 기초 설치면적이 좁다.

③ 경량이고 대용량에 적당하며 효율이 나쁘다.

④ 토출압력 변화에 의한 용량변화가 크다.

⑤ 서징현상의 우려가 있다.

⑥ 고속 터보 압축기에서는 축실부에 대한 고도의 기술을 요한다.

⑦ 기체의 맥동이 없고 연속적으로 토출한다.

⑧ 용량 조정은 가능하지만 비교적 어렵고 범위가 좁다(70~100%).

⑨ 무급유 압축기이기 때문에 기름의 혼입 우려가 없다.

⑩ 압력은 속도비의 제곱, 동력은 3제곱에 비례한다.

POINT

• 터보압축기
  대용량

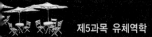
01 일반적으로 다음의 장치에 발생하는 압력차가 작은 것부터 큰 순서대로 옳게 나열한 것은?

㉮ 송풍기＜팬＜압축기 ㉯ 압축기＜팬＜송풍기

㉲ 팬＜송풍기＜압축기 ㉴ 송풍기＜압축기＜팬

02 터보압축기의 특징에 대한설명으로 가장 거리가 먼 것은?

㉮ 용량제어가 쉽고 범위가 넓다.

㉯ 무급유식이다.

㉲ 고속회전이 가능하다.

㉴ 설치면적이 적다.

03 압축 중에 가해지는 열량의 일부가 외부로 방출되는 압축 방식은?

㉮ 등온압축 ㉯ 단열압축

㉲ 폴리트로픽 압축 ㉴ 다단압축

04 다단압축기에서 압축비가 클 때 미치는 영향으로 가장 거리가 먼 것은?

㉮ 토출가스의 온도가 상승

㉯ 실린더의 과열로 오일의 탄화

㉲ 압축기의 과열로 체적효율 감소

㉴ 소요일량의 감소

해 설

해설 01

① 팬 : 0.1 kgf/cm² 이하
② 송풍기 : 0.1~1kgf/cm²
③ 압축기 :1kgf/cm² 이상

해설 02

터보압축기는 용량제어가 어렵고 범위가 비교적 70~100%로 좁다.

해설 03

폴리트로픽 압축
압축 중에 가해지는 열량의 일부가 외부로 방출되는 방식

해설 04

소요동력의 증가

01. ㉲ 02. ㉮ 03. ㉲
04. ㉴

정답

02 펌 프

(1) 터보형 펌프

① 종류와 특성

㉮ 원심 펌프(센트리퓨걸 펌프) : 복류펌프라고도 하며 임펠러에 흡입된 물은 축과 직각의 복류방향으로 토출된다. 이 물은 그 외주에 설치된 볼류트 케이싱에 유도하고 버어텍스 체임버에서 운동에너지를 압력 에너지로 가급적 수력 손실이 없도록 변환시켜 토출하는 형식의 펌프이다. 비교적 고양정에 적합하여 비속도 범위는 $100 \sim 600 \text{m}^3/\text{min} \cdot \text{m} \cdot \text{rpm}$에 해당 된다.

ⓐ 볼류트 펌프 : 임펠러에서 나온 물을 직접 볼류트 케이싱에 유도하는 형식

ⓑ 터빈(디퓨져) 펌프 : 안내 베인을 통한 다음 볼류트 케이싱에 유도하는 형식

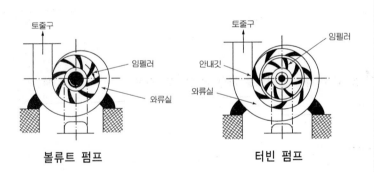

볼류트 펌프   **터빈 펌프**

※ 안내 베인(깃)을 설치하는 이유 : 고양정 펌프의 경우에 임펠러에서 나온 유속이 빠른 물을 안내 베인을 통한 다음 볼류우트 케이싱에 유도함으로서 효율적으로 압력 에너지로 변화시킬 수 있도록 한다.

㉯ 사류 펌프 : 임펠러에서 나온 물의 흐름이 축에 대하여 비스듬히 나온다. 임펠러에서 나온 물을 안내 베인에 유도하여 그 회전방향을 축방향으로 바꾸어 토출하는 형과 센트리퓨걸 펌프와 같이 벌류케이싱에 유도하는 형식이 있다.

※ 비속도 범위는 $500 \sim 1,300 \text{m}^3/\text{min} \cdot \text{m} \cdot \text{rpm}$ 이다.

ⓓ 축류 펌프 : 임펠러에서 나오는 유체의 흐름이 축방향으로 나온다. 사류펌프와 같이 임펠러에서 물을 안내베인에 유도하여 그 회전방향을 축방향으로 고쳐 이것으로 인한 수력손실을 적게 하여 축방향으로 토출한다.

※ 축류펌프의 특징

- 동일유량을 내는 다른형의 펌프에 비하여 형태가 작기 때문에 값이 싸고 설치 면적이 적게 들며, 그 기초공사가 용이하다.
- 비속도가 크기 때문에$(1,200 \sim 2,000\text{m}^3/\text{min} \cdot \text{m} \cdot \text{rpm})$ 저양정에 대해서도 회전속도를 크게 할 수 있어서 원동기와 직결이 가능하다.
- 양정의 변화에 대해서 유량의 변화가 적고 효율의 저하도 적다.
- 구조가 간단하고 유로가 짧으며 원심펌프에서와 같은 흐름의 굴곡이 적다.
- 가동날개로 하면 넓은 범위의 양정에서 넓은 효율을 얻을 수 있고, 양정여하에 관계없이 축동력을 일정하게 하여 원동기의 효율이 좋은 점에서 넓은 유량범위로 사용할 수 있다.
- 날개수가 증가하면 유량은 일정하고 양정은 증가한다.

② 원심 펌프의 특성곡선

$H \sim Q$: 양정곡선, $L \sim Q$: 축동력곡선, $\eta \sim Q$: 효율곡선

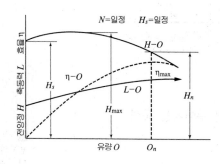

③ 원심 펌프의 운전

ⓐ 직렬운전 : 유량일정, 양정증가

ⓑ 병렬운전 : 유량증가, 양정일정

- 원심펌프를 병렬운전 했을 때 증가하는 것
  유량

④ 원심 펌프의 계산

㉮ 실양정(Ha)

$$Ha = Hs + Hd$$

여기서, Hs : 흡입실양정

Hd : 토출실양정

㉯ 전양정(H)

$$H = H_a + H_d + H_s + h_o$$

여기서, H_a : 실양정

H_d : 토출관계의 손실수두

H_s : 흡입관계의 손실수두

h_o(잔류속도 수두) : $\left(\dfrac{V^2}{2g}\right)$

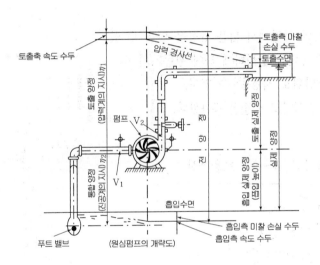

(원심펌프의 개략도)

㉰ 펌프의 수동력 : 펌프에 의해 유체에 주어지는 동력

$$L_w = \frac{\Upsilon HQ}{75 \times 60}(\text{ps}) = \frac{\Upsilon HQ}{102 \times 60}(\text{kW})$$

여기서, r : 액체의 비중량(kgf/m³)

H : 전양정(m)

Q : 유량(m³/min)

POINT

문 전양정 20m 유량 1.5m³/min 펌프의 효율이 85%인 경우 펌프의 축동력은 몇 ps인가? (단, r=1000kgf/m³)

▶ $L = \dfrac{rQH}{75 \times 60 \times \eta}$

$= \dfrac{1000 \times 1.5 \times 20}{75 \times 60 \times 0.85}$

$= 7.84\,\text{ps}$

㉯ 펌프의 축동력 : 원동기에 의해 펌프를 운전하는데 실제로 소요되는 동력

$$L = \frac{L_w}{\eta}$$

여기서, η : 펌프의 효율

따라서 펌프의 효율은 $\eta = \dfrac{L_w}{L}$ 가 된다.

㉰ 펌프의 회전수

$$N = n\left(1 - \frac{S}{100}\right) = \frac{120f}{P}\left(1 - \frac{S}{100}\right)$$

여기서, n : 등기속도(rpm)

S : 펌프를 운전할 때 부하(load) 때문에 생기는 미끄럼률(%)

※ 펌프의 회전수(n)

$$n = \frac{120f}{P} \text{(rpm)}$$

여기서, P : 전동기의 극수

f : 전원의 주파수

㉱ 펌프의 비례측(상사의 법칙)

㉠ 비속도 : 토출량 $1\text{m}^3/\text{min}$, 양정 1m가 발생하도록 설계한 경우의 임펠러 매분 회전수(rpm)

$$\text{비속도}(N_S) = \frac{N\sqrt{Q}}{\left(\dfrac{H}{Z}\right)^{\frac{3}{4}}}$$

여기서, N : 회전수(rpm)

Q : 토출량(m^3/min)

H : 양정(m)

Z = 단수

㉡ 회전속도에 의한 비례측 : 토출량(Q), 양정(H), 축동력(P)

$$\cdot Q_2 = Q_1\left(\frac{N_2}{N_1}\right)\left(\frac{D_2}{D_1}\right)^3$$

$$\cdot H_2 = H_1\left(\frac{N_2}{N_1}\right)^2\left(\frac{D_2}{D_1}\right)^2$$

POINT

🔲 전동기 직렬시 원심 펌프에서 모터극수가 4극이고 주파수가 60Hz일 때 모터의 분당 회전수는? (단, 미끄럼률은 10%이다.)

▸ $N = \dfrac{120f}{P}\left(1 - \dfrac{S}{100}\right)$

$= \dfrac{120 \times 60}{4}\left(1 - \dfrac{10}{100}\right)$

$= 1620 \text{rpm}$

🔲 전양정 16m 송출유량 0.3m^3/min 비속도 110인 2단 펌프의 회전수는?

▸ $N = \dfrac{N_S\left(\dfrac{H}{Z}\right)^{\frac{3}{4}}}{Q^{\frac{1}{2}}}$

$= \dfrac{110\left(\dfrac{16}{2}\right)^{\frac{3}{4}}}{0.3^{\frac{1}{2}}}$

$= 952 \text{rpm}$

$$\bullet\, L_2 = L_1 \left(\frac{N_2}{N_1}\right)^3 \left(\frac{D_2}{D_1}\right)^5$$

여기서, N_1 : 변화 전의 회전수 N_2 : 변화 후의 회전수
$\quad\quad Q_1$: 변화 전의 유량 Q_2 : 변화 후의 유량
$\quad\quad H_1$: 변화 전의 양정 H_2 : 변화 후의 양정
$\quad\quad L_1$: 변화 전의 동력 L_2 : 변화 후의 동력
$\quad\quad D_1$: 변화 전의 직경 D_2 : 변화 후의 직경

(2) 왕복펌프

① 고압, 고점도의 소유량에 적당하다.
② 토출량이 일정하므로 정량토출 할 수 있다.
③ 회전수가 변화하여도 토출압력 변화는 적다.
④ 송수량의 가감이 가능하며 흡입양정이 크다.
⑤ 밸브의 그랜드(gland)부가 고장나기 쉽다.
⑥ 단속적이므로 맥동이 일어나기 쉽다.
⑦ 고압으로 액의 성질이 변하는 수가 있다.
⑧ 진동이 있고 설치면적이 크다.

(3) 회전펌프

① 특 징
㉮ 흡입토출 밸브가 없고 연속회전 하므로 토출액의 맥동이 적다.
㉯ 점성이 있는 액체에 좋다.
㉰ 고압유압펌프를 사용

② 회전펌프의 종류
㉮ 기어펌프 : 2개의 같은 크기와 모양을 갖는 기어를 원통 속에서 물리게 하고 케이싱 속에서 회전시켜 이와 이 사이의 공간에 있는 액체를 송출하는 펌프이다.

$$Q = 2\pi Z M^2 B \frac{n}{60 \times 100} \eta_V$$

여기서, Q : 기어펌프송출량[cm³/s] Z : 잇수
$\quad\quad M$: 모듈 n : 매분회전수[rpm]
$\quad\quad B$: 이폭[cm] η_V : 체적효율(%)

㉯ 베인펌프(편심펌프) : 원통형 케이싱 안에 편심회전자가 있고 그 홈 속에 판상의 깃(베인)이 들어있다. 베인의 원심력 또는 스프링의 장력에 의하여 벽에 밀착되면서 회전하여 액을 압송하는 펌프이다.

$$Q\,[\mathrm{m^3/S}]=2\pi Die$$

여기서, Di : 실린더 안지름[m]

e : 편심량

㉰ 나사펌프

㉠ 고점도 액의 이송에 적합하다.

㉡ 고압에 적합하고 토출압력이 변하여도 토출량은 크게 변하지 않는다.

㉢ 구조가 간단하고 청소, 분해도 용이하다.

POINT
• 유독성 기체를 수송하는데 적합한 펌프
내쉬펌프(nash)

• 캐비테이션(공동) 현상
물에서 증기압 이하시 증발되는 현상

• 베이퍼록 현상
저비점인 액체가 끓는 현상

03 펌프에 발생되는 여러 가지 현상

(1) 캐비테이션(Cavitation)

유수 중에 어느 부분의 정압이 그때 물의 온도에 해당하는 증기압 이하로 되어 물이 증발을 일으키고 수중에 용입되어 있던 공기가 낮은 압력으로 인하여 기포가 발생하는 현상으로 공동현상이라고도 한다.

① 영향

㉮ 소음과 진동 발생

㉯ 깃에 대한 침식

㉰ 양정곡선과 효율곡선의 저하

② 발생조건

㉮ 흡입 양정이 지나치게 길 때

㉯ 과속으로 유량이 증대될 때

㉰ 흡입관 입구 등에서 마찰저항 증가 시

㉱ 관로 내의 온도가 상승될 때

③ 방지대책

㉮ 양 흡입 펌프를 사용한다.

㉯ 수직축 펌프를 사용하고 회전차를 수중에 잠기게 한다.

㉰ 펌프를 두 대 이상 설치한다.

㉱ 펌프의 회전수를 낮춘다.

㉲ 펌프의 설치위치를 낮추어 흡입양정을 짧게 한다.

㉳ 관경을 크게 하고 흡입측의 저항을 최소로 줄인다.

※ 유효흡입양정(NPSH : Net Positive Suction Head) : 캐비테이션을 일으키지 않을 한도의 최대흡입양정

- 정상운전 할 수 있는 NPSH : 펌프 그 자체의 흡입양정≧그 액의 증기압력

- 캐비테이션이 일어날 때 NPSH : 펌프 그 자체의 흡입양정≦그 액의 증기압력

- 유효흡입양정(NPSH) : 흡입부전체두−증기압두

(2) 수격작용(Water hammering)

펌프에서 물을 압송하고 있을 때 정전 등으로 급히 펌프가 멈추거나 수량조절 밸브를 급히 폐쇄할 때 관내 유속이 급속히 변화하면 물에 의한 심한 압력의 변화가 생겨 관 벽을 치는 현상을 수격작용이라고 한다.

※ 수격작용 방지책

① 완폐 체크 밸브를 토출구에 설치하고 밸브를 적당히 제어한다.

② 관경을 크게 하고 관내 유속을 느리게 한다.

③ 관로에 조압수조(surge tank)를 설치한다.

④ 플라이휠을 설치하여 펌프속도의 급변을 막는다.

(3) 서징(Surging)

펌프를 운전할 때 송출압력과 송출유량이 주기적으로 변동하여 펌프입구 및 출구에 설치된 진공계, 압력계의 지침이 흔들리는 현상을 말한다.

POINT

• 원심펌프의 공동현상
회전차 날개의 입구를 조금 지난 날개의 이면에서 발생

• 축류펌프의 공동현상
날개의 선단상면에서 발생

• 수격작용
급격한 유속변화에 의한 심한 압력 변화가 생기는 현상

• 서징 현상
압력계의 바늘이 흔들리는 동시에 유량이 감소되는 현상

① 서징 현상 발생원인

　㉮ 펌프의 양정곡선이 산형이고 이 곡선이 산고상승부에서 운전할 때

　㉯ 수량조절 밸브가 저장탱크 뒤쪽에 있을 때

　㉰ 배관 중에 공기탱크나 물탱크가 있을 때

② 서징 현상 방지책

　㉮ 방출 밸브 등을 사용하여 펌프속 양수량을 서징 할 때의 양수량 이상으로 증가시킨다.

　㉯ 임펠러나 가이드 베인의 형상과 치수를 바꾸어 그 특성을 변화시킨다.

　㉰ 관로에 불필요한 잔류공기를 제거하고 관로의 단면적 및 유속 등을 변화시킨다.

01 유체를 공동에 가두었다가 고압으로 밀어냄으로써 일을 하는 장치로 일반적으로 압력 상승이 크고 유량이 작은 장치는 무엇인가?

㉠ 왕복펌프   ㉯ 사류펌프
㉲ 축류펌프   ㉴ 터빈

02 다음 중 펌프작용이 단속적이므로 맥동이 일어나기 쉬워 이를 완화하기 위하여 공기실을 필요로 하는 펌프는?

㉠ 원심펌프   ㉯ 기어펌프
㉲ 수격펌프   ㉴ 왕복펌프

03 축류 펌프에서 양정을 만드는 힘은?

㉠ 원심력   ㉯ 항력
㉲ 양력   ㉴ 점성력

04 축류펌프의 날개수가 증가할 때 펌프성능에 영향은?

㉠ 유량이 일정하고, 양정이 증가
㉯ 양정이 일정하고, 유량이 증가
㉲ 양정이 감소하고, 유량이 증가
㉴ 유량과 양정 모두 증가

05 물이나 다른 액체를 넣은 타원형 용기를 회전하여 유독성 기체를 수송하는데 사용하는 수송장치는 무엇인가?

㉠ 터보 송풍기
㉯ 로브 펌프
㉲ 나쉬 펌프
㉴ 프로펠러 펌프

해 설

해설 01
왕복펌프에는 피스톤펌프와 플런저펌프가 있으며 플런저펌프는 유량이 작고 압력이 높은 경우에 사용된다.

해설 02
왕복펌프 특징
① 저속운전이 될 수밖에 없고, 같은 유량을 내는 원심펌프에 비해 대형이다.
② 소유량, 고압력에 적합하다.
③ 공기실은 피스톤 또는 플런저에서 송출되는 유량의 변동(맥동)을 일정하게 하기 위하여 실린더의 바로 뒤쪽에 설치한다.

해설 04
축류펌프의 날개수가 증가하면 유량이 일정하고, 양정이 증가한다.

01. ㉠   02. ㉴   03. ㉲
04. ㉠   05. ㉲

정답

06 원심 펌프가 높은 능력으로 운전되는 경우 임펠러 흡입부의 압력이 유체의 증기압보다 낮아지면 흡입부의 유체는 증발하게 되며 이 증기는 임펠러의 고압부로 이동하여 갑자기 응축하게 된다. 이러한 현상을 무엇이라 하는가?

   ㉮ 캐비테이션(cavitation)

   ㉯ 펌핑(pumping)

   ㉰ 디퓨전 링(diffusion ring)

   ㉱ 에어 바인딩(air binding)

07 유효흡입수두(NPSH, net positive suction head)를 옳게 나타낸 것은?

   ㉮ NPSH=임펠러의 고압부 전체수두

   ㉯ NPSH=펌프 흡입구에서의 전체수두

   ㉰ NPSH=임펠러의 고압부 전체수두-포화증기압 수두

   ㉱ NPSH=펌프 흡입구에서의 전체수두-포화증기압 수두

08 펌프의 캐비테이션을 방지할 수 있는 방법이 아닌 것은?

   ㉮ 펌프의 설치높이를 낮추어 흡입양정을 작게 한다.

   ㉯ 펌프의 회전수를 낮추어 흡입 비교회전도를 작게 한다.

   ㉰ 양흡입(兩吸入) 펌프 또는 두 대 이상의 펌프를 사용한다.

   ㉱ 흡입배관계는 관경과 굽힘을 가능한 작게 한다.

09 운동부분과 고정 부분이 밀착되어 있어서 배출공간에서부터 흡입공간으로의 역류가 최소화되며, 경질 윤활유와 같은 유체수송에 적합하고 배출압력을 200atm 이상 얻을 수 있는 펌프는?

   ㉮ 왕복펌프   ㉯ 회전펌프

   ㉰ 원심펌프   ㉱ 격막펌프

10 전양정 30m, 송출량 7.5m³/min, 펌프의 효율 0.8인 펌프의 수동력은 약 몇 kW인가? (단, 물의 밀도는 1,000kg/m³이다.)

   ㉮ 29.4   ㉯ 36.8

   ㉰ 42.8   ㉱ 46.8

해 설

[해설] 06

캐비테이션 현상

유체가 펌핑 중에 물의 정압보다 증기압이 낮아지게 되면 수증기가 발생되어 펌프의 양수 능력이 저하하는 현상

[해설] 08

캐비테이션(공동현상)을 방지하기 위하여 관경을 크게 하여야 한다.

[해설] 09

회전펌프는 점도가 큰 유체를 이송하는 정량 펌프로서 소유량, 고양정 펌프에 적합하여 기어펌프, 나사펌프, 회전펌프 등이 있다.

[해설] 10

펌프의 수동력

$$L = \frac{rHQ}{102 \times 60} \text{kW}$$

$$L = \frac{1,000 \times 30 \times 7.5}{102 \times 60}$$

$$= 36.76 \text{kW}$$

정답

06. ㉮   07. ㉱   08. ㉱

09. ㉯   10. ㉯

11 다단펌프에서 회전차의 수를 Z개라 하면 회전차 1개당의 비속도는 펌프전 비속도의 몇 배가 되는가?

㉮ $Z^{0.5}$

㉯ $Z^{0.75}$

㉰ $Z^{1.25}$

㉲ $Z^{1.33}$

12 펌프의 전효율 η를 구하는 식은? (단, η_m은 기계효율, η_v는 체적효율, η_h는 수력효율이다.)

㉮ $\eta = \eta_m \times \eta_v \times \eta_h$

㉯ $\eta = \dfrac{\eta_m \times \eta_v}{\eta_h}$

㉰ $\eta = \dfrac{\eta_h \times \eta_v}{\eta_h}$

㉲ $\eta = \dfrac{\eta_h \times \eta_m}{\eta_v}$

13 동일한 펌프로 동력을 변화시킬 때 상사조건이 되려면 동력은 회전수와 어떤 관계가 성립하여야 하는가?

㉮ 회전수의 $\dfrac{1}{2}$승에 비례

㉯ 회전수와 1대 1로 비례

㉰ 회전수의 2승에 비례

㉲ 회전수의 3승에 비례

해 설

해설 11

① 회전차가 1개인 경우 비속도

$$n_s = \frac{N\sqrt{Q}}{H^{\frac{3}{4}}}$$

② 회전차가 Z개인 경우 비속도

$$n_s = \frac{N\sqrt{Q}}{\left(\dfrac{H}{Z}\right)^{\frac{3}{4}}}$$

$$= \frac{1}{\left(\dfrac{1}{Z}\right)^{\frac{3}{4}}} \times n_s$$

$$= Z^{0.75} n_s$$

해설 13

펌프의 상사법칙(N : 회전수)

① 유량 $Q_2 = \left(\dfrac{N_2}{N_1}\right) Q_1$

② 양정 $H_2 = \left(\dfrac{N_2}{N_1}\right)^2 H_1$

③ 동력 $L_2 = \left(\dfrac{N_2}{N_1}\right)^3 L_1$

11. ㉯ 12. ㉮ 13. ㉲ **정답**

01. 원심식 압축기와 비교한 왕복식 압축기의 특징에 대한 설명으로 가장 거리가 먼 것은?

㉮ 압력비가 낮다.

㉯ 송출압력변화에 따라 풍량의 변화가 적다.

㉰ 회전속도가 늦다.

㉱ 송출량이 맥동적이므로 공기탱크를 필요로 한다.

해설 왕복동식 압축기와 원심식 압축기의 특징
① 왕복동식 압축기
  ㉮ 용적형이며 무급유식이다.
  ㉯ 압축효율이 높다.
  ㉰ 회전속도가 낮다.
  ㉱ 용량조절의 범위가 넓다.
  ㉲ 송출압력변화에 따라 풍량의 변화가 적다.
  ㉳ 송출량이 맥동적이므로 공기탱크가 필요하다.
② 원심식 압축기
  ㉮ 압축비가 적어 효율이 낮다.
  ㉯ 회전속도가 빠르다.
  ㉰ 용량조절 범위가 좁다.
  ㉱ 유량이 커서 설치면적이 작다.
  ㉲ 고속회전하기 위하여 증속장치가 필요로 한다.
  ㉳ 운전 중 맥동현상이 발생할 우려가 있다.

02. 다음 송풍기 중 원심 송풍기가 아닌 것은?

㉮ 프로펠러 송풍기

㉯ 다익 송풍기

㉰ 레이디얼 송풍기

㉱ 익형(airfoil) 송풍기

해설 축류송풍기 : 프로펠러 송풍기

03. 장치가 발생하는 압력차가 커지는 순서대로 바르게 나열한 것은?

㉮ 송풍기, 팬, 압축기

㉯ 압축기, 팬, 송풍기

㉰ 팬, 송풍기, 압축기

㉱ 송풍기, 압축기, 팬

해설 압축기 $1kg/cm^2$ 이상, 송풍기 $0.1 \sim 1$, 팬 $0.1kg/cm^2$ 미만

04. 성능이 동일한 n대의 펌프를 서로 병렬로 연결하고 원래와 같은 양정에서 작동시킬 때 유체의 토출량은?

㉮ $\frac{1}{n}$로 감소한다.

㉯ n배 만큼 증가한다.

㉰ 원래와 동일하다.

㉱ $\frac{1}{2n}$로 감소한다.

해설 병렬운전 시 송출량(토출량)=펌프 1대당의 송출량×펌프대수

05. 원심 펌프가 높은 능력으로 운전되는 경우 임펠러 흡입부의 압력이 유체의 증기압보다 낮아지면 흡입부의 유체는 증발하게 되며 이 증기가 임펠러의 고압부로 이동하여 갑자기 응축하게 된다. 이러한 현상을 무엇이라 하는가?

㉮ 캐비테이션(cavitation)

㉯ 펌핑(pumping)

㉰ 디퓨전 링(diffusion ring)

㉱ 에어 바인딩(air binding)

06. 펌프의 운전 중 공동현상(cavitation)이 발생하였을 때 나타나는 현상이 아닌 것은?

㉮ 효율의 감소

㉯ 펌프의 소음 및 진동

㉰ 펌프 깃의 마모

㉱ 양정의 증가

해설 캐비테이션 현상이 발생하면 소음과 진동이 발생하여 펌프의 성능이 저하되어 양정이 감소한다.

01. ㉮ 02. ㉮ 03. ㉰ 04. ㉯ 05. ㉮ 06. ㉱ **정답**

07. 다음 중 원심펌프의 유효양정두(N.P.S.H)를 나타낸 것은?

㉮ 배출구 전체두-흡입두 전체두

㉯ 흡입부 전체두-배출부 전체두

㉰ 흡입부 전체두-증기압두

㉱ 흡입부 전체두+배출부 전체두

[해설] 유효흡입수두(NPSH, Net positive suction head)
=흡입부 전체두-증기압두

08. 회전자 둘레에 고정 안내깃이 있는 펌프는?

㉮ 볼류트 펌프   ㉯ 프로펠러 펌프

㉰ 터빈 펌프   ㉱ 축류 펌프

[해설] 원심펌프의 종류
① 벌류트 펌프 : 회전차 주위에 안내깃이 없고, 양정이 낮고, 양수량이 많은 곳에 적합한 펌프
② 터빈 펌프 : 회전차 둘레에 안내깃이 있고, 양정이 높고 방출압력이 높은 곳에 적합한 펌프

09. 용적형 펌프 중 회전펌프의 특징으로 옳지 않은 것은?

㉮ 고점도액에 사용이 가능하다.

㉯ 토출압력이 높다.

㉰ 흡입양정이 크다.

㉱ 소음이 크다.

10. 운동 부분과 고정 부분이 밀착되어 있어서 배출 공간에서부터 흡입 공간으로의 역류가 최소화되며, 경질 윤활유와 같은 유체 수송에 적합하고 배출 압력을 200atm 이상 얻을 수 있는 펌프는?

㉮ 왕복펌프   ㉯ 회전펌프

㉰ 원심펌프   ㉱ 격막펌프

11. 펌프 중에서 단속적이고 송수량을 일정하게 하기 위하여 공기실을 장치할 필요가 있는 것은?

㉮ 원심펌프   ㉯ 기어펌프

㉰ 축류펌프   ㉱ 왕복펌프

[해설] 왕복펌프는 공기실이 필요하다.

12. 다음 중 맥동 현상의 발생원인으로 가장 거리가 먼 것은?

㉮ 펌프의 유량 변동이 있을 때

㉯ 배관 중에 수조나 공기조가 있을 때

㉰ 유량조절 밸브가 수조나 공기조 뒤에 있을 때

㉱ 안전판이 설치되어 있지 않을 때

[해설] 맥동현상(서징현상) 원인
펌프운전시 규칙적으로 운동 양정 토출량이 변화하는 현상
① 유량조절밸브가 탱크 뒤쪽에 있을 때
② 배관 중에 공기탱크나 물탱크가 있을 때
③ 펌프의 유량 변동이 있을 때

13. 원심펌프를 병렬로 연결시켜 운전하면 무엇이 증가하는가?

㉮ 양정   ㉯ 동력

㉰ 유량   ㉱ 효율

[해설] 펌프 2대 연결시
① 병렬연결 : 같은 양정에서 유량이 2배로 증가
② 직렬연결 : 같은 유량에서 양정이 2배로 증가

14. 펌프의 프라이밍(Priming)이란 무엇인가?

㉮ 펌프를 가동하는 것

㉯ 펌프 가동 전에 액을 넣을 것

㉰ 펌프에 가이드를 붙이는 조작

㉱ 펌프를 항상 가동상태에 두는 조작

[해설] Priming
펌프가동 전에 펌프 케이싱 부분에 물을 충만하는 것

정답 07. ㉰   08. ㉰   09. ㉰   10. ㉯   11. ㉱   12. ㉱   13. ㉰   14. ㉯

15. 축류펌프에 대한 설명 중 틀린 것은?

㉮ 유량변화가 많은 곳에 적합하다.

㉯ 양정의 변화에 대하여 효율의 저하가 적다.

㉰ 구조가 간단하나 유로가 긴 편이다.

㉱ 저양정에 대해 회전속도를 크게 할 수 있다.

해설 축류펌프의 특징
① 유량변화가 많은 곳에 적합하다.
② 양정의 변화에 대하여 효율의 저하가 적다.
③ 저양정에서도 회전수를 크게 할 수 있어 원동기와 직결 할 수 있다.
④ 구조가 간단하고 펌프내의 유로에 대한 단면 변화가 적으므로 유체손실이 적다.

16. 증기의 분류로 액체를 수송하는 장치는 다음 중 어느 펌프에 해당되는가?

㉮ 피스톤펌프   ㉯ 제트펌프

㉰ 기어펌프   ㉱ 수격펌프

해설 제트펌프는 물 또는 증기를 분사시켜 액체를 수송하는 펌프로서 분사펌프라고 한다.

17. 유체기계 중 주로 비압축성 유체에 쓰이는 기계는?

㉮ 압축기(Compressor)

㉯ 송풍기(Blower)

㉰ 팬(Fan)

㉱ 펌프(Pump)

해설 비압축성 유체수송 : Pump

18. 충격 터빈에서 얻어지는 동력은?

㉮ 고정 날개에서 얻는다.

㉯ 움직이는 날개와 속도에 비례한다.

㉰ 액체의 제트 속도와는 관계가 없다.

㉱ 움직이는 날개의 속도와는 관계가 없다.

해설 충격 터빈에서 얻어지는 동력은 날개의 속도와는 관계가 없다.

19. 사류펌프(diagonal flow pump)에 대한 설명으로 옳지 않은 것은?

㉮ 원심펌프보다 고속회전 할 수 있다.

㉯ 고양정에서 캐비테이션 현상이 크다.

㉰ 혼류형 원심펌프는 전면측벽(front shroud)을 가지고 있다.

㉱ 소형 경량으로 제작할 수 있고, 수명이 길다.

해설 축류펌프보다 고양정에서 사용하여도 공동현상(캐비테이션)에 대하여 무리가 생기지 않는다.

20. 수압관을 거쳐 노즐에서 분류된 물줄기가 회전자 둘레의 버킷에 충돌하여 회전력을 전달하는 수치는?

㉮ 펠톤 수차   ㉯ 프란시스 수차

㉰ 중력 수차   ㉱ 반동 수차

해설 펠톤(Pelton)
수차란 수압관을 거쳐 노즐에서 분류된 물줄기가 회전차(rummer) 둘레의 여러 버킷에 충돌하여 회전력을 전달하는 수차로서 주로 고낙차(200m 이상) 용으로 사용되지만 소유량인 경우에는 150m 이상의 중낙차에도 사용되며 물의 유동방향에 따라 접선 수차로 분류된다.

21. 유체 수송장치의 stuffing box 중 Lantern gland가 사용되는 경우로서 가장 올바른 것은?

㉮ 점성이 적은 유체의 경우

㉯ 유체에 분체가 수반되는 경우

㉰ 기름이 새어 나오는 경우

㉱ 독성 또는 부식성 유체의 취급시

22. 왕복펌프를 다른 형의 펌프와 비교할 때 가장 큰 특징이 되는 것은?

㉮ 펌프효율이 우수하다.

㉯ 고압을 얻을 수 있고 송수량 가감이 가능하다.

㉰ 동일유량에 대하여 펌프체적이 적다.

㉱ 저속운전이므로 공동현상이 다른 펌프에 비해 발생하지 않는다.

[해설] 왕복펌프는 송출유량이 적고 고압이 요구될 때 사용한다.

23. 기계효율을 η_m, 수력효율을 η_h, 체적효율을 η_v 라고 할 때 펌프의 총효율 η는?

㉮ $\eta = \eta_m \cdot \eta_h / \eta_v$

㉯ $\eta = \eta_m \cdot \eta_v / \eta_h$

㉱ $\eta = \eta_m \cdot \eta_h \cdot \eta_v$

㉴ $\eta = \eta_v \cdot \eta_h / \eta_m$

[해설] 총효율 $\eta = \eta_m \times \eta_h \times \eta_v$

24. 동일한 펌프로 동력을 변화시킬 때 상사조건이 되려면 회전수와는 어떤 관계가 성립해야 하는가?

㉮ 회전수와 1대 1로 비례

㉯ 회전수의 2승에 비례

㉱ 회전수의 3승에 비례

㉴ 회전수의 $\frac{1}{2}$승에 비례

[해설] $P_2 = P_1 \times \left(\dfrac{N_2}{N_1}\right)^3$

25. 유효낙차 H(m), 유량 Q(m³/min)인 수차의 이론 출력(kW)을 구하는 식은?

㉮ $\dfrac{1,000HQ}{102}$

㉯ $\dfrac{1000HQ}{102}$

㉱ $\dfrac{100HQ}{100}$

㉴ $\dfrac{1000HQ}{102 \times 60}$

[해설] 수차의 이론출력
① 물의 비중량=1,000kgf/m³
② 국제동력 1kW=102kgf·m/sec
③ 이론출력(kW)

$$L = \frac{rHQ}{102 \times 60} = \frac{1,000(\mathrm{kg_f/m^3})H(\mathrm{m})Q(\mathrm{m^3/min})}{102(\mathrm{kg_f \cdot m/sec}) \times 60(\mathrm{sec/min})}(\mathrm{kW})$$

26. 원심 펌프에서 발생하는 공동현상(Cavitation)에 대한 설명으로 옳은 것은?

㉮ 흡입 압력이 액체의 증기압보다 높을 때 발생한다.

㉯ 흡입 압력이 액체의 증기압보다 낮을 때 발생한다.

㉱ 흡입 압력이 액체의 증기압보다 같을 때 발생한다.

㉴ 흡입 압력이 대기압보다 낮을 때 발생한다.

[해설] 공동현상은 흡입압력이 물의 증기압보다 낮아져 물과 공기가 분리되면서 기포가 발생하고 소음과 진동을 수반하는 현상이다.

27. 왕복 펌프에 비해 소형이며 구조가 간단하고 맥동이 적으나 공기 바인딩 현상이 나타날 수 있는 펌프는?

㉮ 피스톤 펌프   ㉯ 원심 펌프

㉱ 제트 펌프   ㉴ 플랜지 펌프

[해설] 원심 펌프는 볼류트 펌프와 터빈펌프가 있으며 임펠러의 고속회전에 위해 액체를 이송시키는 펌프로서 소형, 경량 및 구조가 간단하며 맥동이 적고 효율이 높다.

28. 어느 저수지의 표고가 50m이고 양수발전을 위하여 표고 10m인 지점으로 초당 2m³의 물을 수송하고자 할 때 필요한 펌프의 동력은 몇 PS인가? (단, 펌프의 출구와 입구의 관 지름은 같고, 전손실 수두는 10m이다.)

㉮ 100   ㉯ 1,000

㉱ 1,300   ㉴ 1,600

[해설] 펌프의 동력(L)

$$L = \frac{rHQ}{75}(\mathrm{PS})$$

$$L = \frac{1,000 \times (10+50) \times 2}{75} = 1,600\mathrm{PS}$$

29. 축동력을 L, 기계의 손실 동력을 L_m이라고 할 때 기계효율 η_m을 옳게 나타낸 것은?

㉮ $\eta_m = \dfrac{L - L_m}{L_m}$

㉯ $\eta_m = \dfrac{L - L_m}{L}$

㉲ $\eta_m = \dfrac{L_m - L}{L_m}$

㉺ $\eta_m = \dfrac{L_m - L}{L}$

[해설] 기계 손실동력 $L_m = L(1 - \eta_m)$

기계효율 $\eta_m = \dfrac{L - L_m}{L}$

30. 펌프의 회전수를 n(rmp), 유량을 Q(m^3/min), 양정을 H(m)라 할 때 펌프의 비교회전도 n_s를 구하는 식은?

㉮ $n_s = n Q^{\frac{1}{2}} H^{-\frac{3}{4}}$

㉯ $n_s = n Q^{-\frac{1}{2}} H^{\frac{3}{4}}$

㉲ $n_s = n Q^{-\frac{1}{2}} H^{-\frac{3}{4}}$

㉺ $n_s = n Q^{\frac{1}{2}} H^{\frac{3}{4}}$

[해설] 비교회전도 $n_s = n \dfrac{\sqrt{Q}}{H^{3/4}} = n Q^{1/2} H^{-3/4}$

31. 흡입공기 온도가 15℃일 때 압력비 4인 원심 압축기를 운전할 경우 소용동력은 몇 kW인가? (단, 흡입공기 풍량은 1.4m^3/s, 전단열 효율은 0.92, 흡입압력은 1kg/cm^2이다.)

㉮ 173

㉯ 197

㉲ 254

㉺ 262

[해설] $L_{kw} = \dfrac{P \times Q}{102} = \dfrac{1 \times 10^4 \times 1.4}{102} = 137.25\text{kW}$

단열에 대한 동력계산 $= \dfrac{k}{k-1} \times L_{kw} \times \left\{ \left(\dfrac{P_2}{P_1} \right)^{\frac{k-1}{k}} - 1 \right\}$

$= \dfrac{1.4}{1.4-1} \times 137.25 \times \left\{ (4)^{\frac{1.4-1}{1.4}} - 1 \right\}$

$= 233.45\text{kW}$

$\eta(효율) = \dfrac{단열공기동력}{축동력}$ 식에서

$\therefore$ 축동력 $= \dfrac{단열공기동력}{효율} = \dfrac{233.45}{0.92} = 253.76\text{kW}$

memo

제 6 과목 부록

6개년 과년도출제문제

제1과목 **가스유체역학**

01. 성능이 동일한 n대의 펌프를 서로 병렬로 연결하고 원래와 같은 양정에서 작동시킬 때 유체의 토출량은?

① 1/n로 감소한다. 　② n배로 증가한다.

③ 원래와 동일하다. 　④ 1/2n로 감소한다.

해설 펌프의 유량과 양정
㉠ 직렬연결 : 유량일정, 양정증가
㉡ 병렬연결 : 유량증가, 양정일정

02. 안지름 250mm인 관이 안지름 400mm인 관으로 급 확대되어 있을 때 유량 230L/s가 흐르면 손실수두는?

① 0.117m 　② 0.217m

③ 0.317m 　④ 0.416m

해설 $Q = A_1 V_1 = A_2 V_2$

$V_1 = \dfrac{4Q}{\pi d_1^2} = \dfrac{4 \times 0.23}{\pi \times 0.25^2} = 4.69 \text{m/s}$

$V_2 = \dfrac{4Q}{\pi d_2^2} = \dfrac{4 \times 0.23}{\pi \times 0.4^2} = 1.83 \text{m/s}$

$h_l = \dfrac{(V_1 - V_2)^2}{2g} = \dfrac{(4.69 - 1.83)^2}{2 \times 9.8} = 0.416 \text{m}$

03. 안지름 D인 실린더 속에 물이 가득 채워져 있고, 바깥지름이 0.8D인 피스톤이 0.1m/s의 속도로 주입되고 있다. 이 때 실린더와 피스톤 사이의 틈으로 역류하는 물의 평균속도는 약 몇 m/s인가?

① 0.178 　② 0.213

③ 0.313 　④ 0.413

해설 $Q = A_1 V_1 = A_2 V_2$ 식에서

$V_2 = \dfrac{A_1 V_1}{A_2} = \dfrac{\dfrac{\pi}{4} \times (0.8D)^2 \times 0.1}{\dfrac{\pi}{4}[D^2 - (0.8D)^2]}$

$= \dfrac{D^2 \times 0.8^2 \times 0.1}{D^2(1 - 0.8^2)} = 0.178 \text{m/s}$

04. 지름 50mm, 길이 800m인 매끈한 수평 파이프를 통하여 매분 135L의 기름이 흐르고 있을 때, 파이프 양 끝단의 압력 차이는 몇 kgf/cm²인가? (단, 기름의 비중은 0.92이고 점성계수는 0.56poise 이다.)

① 0.19 　② 0.94

③ 6.7 　④ 58.49

해설 ㉠ $V = \dfrac{4Q}{\pi d^2} = \dfrac{4 \times 135 \times 10^3}{\pi \times 5^2 \times 60} = 114.65 \text{cm/s} = 1.1465 \text{m/s}$

㉡ $Re = \dfrac{\rho V d}{\mu} = \dfrac{0.92 \times 114.65 \times 5}{0.56} = 941.76$

$Re < 2,100$이므로 층류이고 $f = \dfrac{64}{Re}$ 식에서

$f = \dfrac{64}{941.76} = 0.068$

여기서, $s = 0.92 \rightarrow \rho = 920(\text{kg/m}^3) = 0.92(\text{g/cm}^3)$

$r = 920 \text{kgf/m}^3$

$d = 50 \text{mm} = 5 \text{cm} = 0.05 \text{m}$

$\mu = 0.56 \text{poise} = 0.56 \text{g/cm·s}$

$l = 800 \text{m}$

㉢ $h_l = f \dfrac{l}{d} \dfrac{V^2}{2g} \cdot r (\text{kgf/m}^2)$

$= 0.068 \times \dfrac{800}{0.05} \times \dfrac{1.1465^2}{2 \times 9.8} \times 920$

$= 67 \times 10^3 \text{kgf/m}^2 = 6.7 \text{kgf/cm}^2$

05. 압력 P_1에서 체적 V_1을 갖는 어떤 액체가 있다. 압력은 P_2로 변화시키고 체적이 V_2가 될 때, 압력 차이 $(P_2 - P_1)$를 구하면? (단, 액체의 체적탄성계수는 K이다.)

① $-K\left(1 - \dfrac{V_2}{V_1 - V_2}\right)$ 　② $K\left(1 - \dfrac{V_2}{V_1 - V_2}\right)$

③ $-K\left(1 - \dfrac{V_2}{V_1}\right)$ 　④ $K\left(1 - \dfrac{V_2}{V_1}\right)$

해설 $K = \dfrac{\Delta P}{-\dfrac{\Delta V}{V}} = \dfrac{P_2 - P_1}{-\left(\dfrac{V_2 - V_1}{V_1}\right)}$

$= \dfrac{P_2 - P_1}{\left(\dfrac{V_1 - V_2}{V_1}\right)} = \dfrac{P_2 - P_1}{\left(1 - \dfrac{V_2}{V_1}\right)}$ 　$\therefore P_2 - P_1 = K\left(1 - \dfrac{V_2}{V_1}\right)$

정답　01. ②　02. ④　03. ①　04. ③　05. ④

06. 정압비열 C$_P$=0.2kcal/kg·K, 비열비 k=1.33인 기체의 기체상수 R은 몇 kcal/kg·K인가?

① 0.04　　　　　　② 0.05

③ 0.06　　　　　　④ 0.07

[해설] $K = \dfrac{C_P}{C_V}$ 식에서

$C_V = \dfrac{C_P}{K} = \dfrac{0.2}{1.33} = 0.15\text{kcal/kg·k}$

$R = C_P - C_V = 0.2 - 0.15 = 0.05\text{kcal/kg·k}$

07. 980C·St의 동점도(kinematic viscosity)는 몇 m2/s인가?

① 10^{-4}　　　　　② 9.8×10^{-4}

③ 1　　　　　　④ 9.8

[해설] $980\text{C·St} = 9.8\text{stoke} = 9.8\text{cm}^2/\text{s} = 9.8 \times 10^{-4}\text{m}^2/\text{s}$

여기서, $1\text{stoke} = 1\text{cm}^2/\text{s}$

08. 유체를 연속체로 취급할 수 있는 조건은?

① 유체가 순전히 외력에 의하여 연속적으로 운동을 한다.

② 항상 일정한 전단력을 가진다.

③ 비압축성이며 탄성계수가 적다.

④ 물체의 특성길이가 분자간의 평균자유행로 보다 훨씬 크다.

[해설] 유체를 연속체로 취급할 수 있는 조건

㉠ 액체 : 분자간의 응집력이 커서 분자와 분자가 서로 연결되어 있어 연속물로 취급된다.

㉡ 기체가 연속체로 취급할 수 있는 조건 : 분자의 평균 자유행로가 물체의 특성 길이에 비해 매우 작은 경우(1% 미만)의 기체

09. 압력의 차원을 절대단위계로 옳게 나타낸 것은?

① MLT^{-2}

② $ML^{-1}T^2$

③ $ML^{-2}T^{-2}$

④ $ML^{-1}T^{-2}$

[해설] 압력의 차원

$P = \text{N/m}^2 = \text{kg·m/s}^2 \times 1/\text{m}^2$

$= \text{kg/ms}^2 = ML^{-1}T^{-2}$

10. 한 변의 길이가 a인 정삼각형 모양의 단면을 갖는 파이프 내로 유체가 흐른다. 이 파이프의 수력 반경은?

① $\dfrac{\sqrt{3}}{4}a$　　　　② $\dfrac{\sqrt{8}}{3}a$

③ $\dfrac{\sqrt{3}}{12}a$　　　　④ $\dfrac{\sqrt{3}}{16}a$

[해설] 수력반경$(R_h) = \dfrac{유동단면적}{접수변의 길이}$

$R_h = \dfrac{\dfrac{\sqrt{3}}{4}a^2}{3a} = \dfrac{\sqrt{3}}{12}a$

11. 부력에 대한 설명 중 틀린 것은?

① 부력은 유체에 잠겨있을 때 물체에 대하여 수직 위로 작용한다.

② 부력의 중심을 부심이라 하고 유체의 잠긴 체적의 중심이다.

③ 부력의 크기는 물체 유체 속에 잠긴 체적에 해당하는 유체의 무게와 같다.

④ 물체가 액체 위에 떠 있을 때는 부력이 수직 아래로 작용한다.

[해설] 유체에 물체가 완전히 잠기거나 혹은 일부분이 잠겨 정지하고 있으면 물체는 물체가 밀어낸 유체의 무게만큼 중력과 반대방향인 윗방향으로 힘을 유체로부터 받게 되는데 이 힘을 부력이라 한다. 그러므로 물체가 액체 위에 떠 있을 때는 부력이 수직 위로 작용한다.

12. 유선(stream line)에 대한 설명 중 가장 거리가 먼 내용은?

① 유체흐름 내 모든 점에서 유체흐름의 속도벡터의 방향을 갖는 연속적인 가상곡선이다.
② 유체흐름 중의 한 입자가 지나간 궤적을 말한다. 즉, 유선을 가로 지르는 흐름에 관한 것이다.
③ x, y, z 방향에 대한 속도 성분을 각각 u, v, w 라고 할 때 유선의 미분 방정식은 $\dfrac{dx}{u} = \dfrac{dy}{v} = \dfrac{dz}{w}$ 이다.
④ 정상유동에서 유선과 유적선은 일치한다.

[해설] 유선과 유맥선
㉠ 유선 : 유체 흐름에 있어서 모든 점에서 유체 흐름의 속도벡터의 방향을 갖는 연속적인 가상의 곡선을 말한다.
㉡ 유맥선 : 공간 내의 한 점을 지나는 모든 유체입자들의 순간 궤적이다.
㉢ 유적선 : 한 유체입자가 일정한 기간 내에 움직인 경로를 말한다.

13. 원관 중의 흐름이 층류일 경우 유량이 반경의 4제곱과 압력기울기 $(P_1-P_2)/L$에 비례하고 점도에 반비례한다는 법칙은?

① Hagen-Poiseuille 법칙
② Reynolds 법칙
③ Newton 법칙
④ Fourier 법칙

[해설] 수평원관 속의 층류흐름(Hagen-Poiseuille 법칙)
$Q = \dfrac{\Delta p \pi r^4}{8\mu l}$ 식에서
Q는 $\dfrac{\Delta p r^4}{l}$ 에 비례하고 μ에 반비례한다.

14. 다음 중 증기의 분류로 액체를 수송하는 펌프는?

① 피스톤펌프
② 제트펌프
③ 기어펌프
④ 수격펌프

[해설] 제트펌프
수중에 제트부를 설치하고 벤투리관의 원리를 이용하여 증기 또는 물을 노즐을 통해 고속으로 분사시켜 압력저하에 의한 흡입 작용으로 양수하는 펌프이다.

15. 다음 중 원심 송풍기가 아닌 것은?

① 프로펠러 송풍기
② 다익 송풍기
③ 레이디얼 송풍기
④ 익형(airfoil) 송풍기

[해설] 송풍기의 종류
㉠ 원심 송풍기 : 다익 송풍기, 레이디얼 송풍기, 익형 송풍기
㉡ 축류 송풍기 : 프로펠러 송풍기, 튜브축류 송풍기, 베인축류 송풍기

16. 유체역학에서 다음과 같은 베르누이 방정식이 적용되는 조건이 아닌 것은?

$$\frac{p}{r} + \frac{v^2}{2g} + z = \text{일정}$$

① 적용되는 임의의 두 점은 같은 유선상에 있다.
② 정상상태의 흐름이다.
③ 마찰이 없는 흐름이다.
④ 유체흐름 중 내부에너지 손실이 있는 흐름이다.

[해설] 베르누이 방정식이 적용되는 조건
㉠ 임의의 두 점은 같은 유선상에 있다(1차원 흐름).
㉡ 정상상태의 흐름이다.
㉢ 마찰 없는 흐름이다.
㉣ 비압축성 유체의 흐름이다.

17. 절대압력 2kgf/cm², 온도 25℃인 산소의 비중량은 몇 N/m³인가? (단, 산소의 기체상수는 260J/kg·K 이다.)

① 12.8
② 16.4
③ 24.8
④ 42.5

[정답] 12. ② 13. ① 14. ② 15. ① 16. ④ 17. ③

해설 $r = \dfrac{P}{RT}$

$r = \dfrac{2 \times 9.8 \times 10^4 \text{N/m}^2}{260(\text{N·m/kgf·k}) \times (273+25)\text{k}} = 2.529 \text{kgf/m}^3$

　　$= 2.529 \times 9.8 = 24.8 \text{N/m}^3$

18. 측정기기에 대한 설명으로 옳지 않은 것은?

① Piezometer : 탱크나 관 속의 작은 유압을 측정하는 액주계
② Micromanometer : 작은 압력차를 측정할 수 있는 압력계
③ Mercury Barometer : 물을 이용하여 대기 절대압력을 측정하는 장치
④ Inclined-tube manometer : 액주를 경사시켜 계측의 감도를 높인 압력계

해설 Mercury Barometer : 수은기압계
토리첼리의 진공에 대한 대기압을 수은주의 높이로부터 측정하는 기압계로 기압계의 표준기로 사용된다.

19. 10℃의 산소가 속도 50m/s로 분출되고 있다. 이 때의 마하(Mach)수는? (단, 산소의 기체상수 R은 260m²/s²·K이고 비열비 k는 1.4이다.)

① 0.16　　　　　　　② 0.50
③ 0.83　　　　　　　④ 1.00

해설 $M = \dfrac{V}{C} = \dfrac{V}{\sqrt{kRT}}$ 식에서

$M = \dfrac{50}{\sqrt{1.4 \times 260 \times (273+10)}} = 0.16$

참고 산소기체상수(R)

$R = \dfrac{848}{M} = \dfrac{848}{32} = 26.5 \text{kgf·m/kg·k}$

　　$= 260 \text{N·m/kg·k} = 260 \text{m}^2/\text{s}^2\text{·k}$

여기서, $1\text{kg} = 1\text{N·s}^2/\text{m}$

20. LPG 이송시 탱크로리 상부를 가압하여 액을 저장탱크로 이송시킬 때 사용되는 동력장치는 무엇인가?

① 원심펌프　　　　　② 압축기
③ 기어펌프　　　　　④ 송풍기

해설 LPG 이송방법
㉠ 압력차에 의한 방법 : 탱크로리와 저장탱크 간에 압력 차이가 발생하게 되면 이 압력차를 이용하여 별도의 이송설비를 사용하지 않고 이송하는 방법
㉡ 펌프에 의한 방법 : 탱크로리와 저장탱크 사이의 액체배관에 이송설비인 펌프를 설치하여 LPG 액체를 이송하는 방법이다.
㉢ 압축기에 의한 방법 : 탱크로리와 저장탱크 사이의 기체배관에 이송설비인 가스압축기를 설치하여 저장탱크를 가압, 액체 배관을 통하여 LPG를 이송하는 방법이다.

제2과목　　　　　**연소공학**

21. 몰리에(Mollier) 선도에 대한 설명으로 옳은 것은?

① 압력과 엔탈피와의 관계선도이다.
② 온도와 엔탈피와의 관계선도이다.
③ 온도와 엔트로피와의 관계선도이다.
④ 엔탈피와 엔트로피와의 관계선도이다.

해설 증기선도(몰리에 선도)
엔트로피(s)와 엔탈피(h)와의 관계선도를 나타낸 것으로 나타낸 것으로 등압, 등비용적, 등온, 등건조선을 그린 선도이다.

22. 다음 중 이론공기량(Nm³/kg)이 가장 적게 필요한 연료는?

① 역청탄　　　　　　② 코크스
③ 고로가스　　　　　④ LPG

해설 고로가스는 기체 연료이기 때문에 이론공기량이 적게 든다.

23. 이상기체의 엔탈피 불변과정은?

① 가역 단열과정　　② 비가역 단열과정
③ 교축과정　　　　④ 등압과정

해설 등엔탈피와 등엔트로피 과정
㉠ 등엔탈피 과정 : 팽창밸브(팽창과정=교축과정)
㉡ 등엔트로피 과정 : 압축기(압축과정)

24. 기체동력 사이클 중 2개의 단열과정과 2개의 등압과정으로 이루어진 가스터빈의 이상적인 사이클은?

① 카르노 사이클(Carnot cycle)
② 사바테 사이클(Sabathe cycle)
③ 오토 사이클(Otto cycle)
④ 브레이턴 사이클(Brayton cycle)

해설 브레이턴 사이클
2개의 단열과정과 2개의 등압과정으로 이루어진 가스터빈의 이상적인 사이클이다. 일명 정압연소 사이클이라고도 하며 주로 항공기, 발전용, 자동차용, 선박용 등에 적용되고 역브레이턴 사이클은 LNG, LPG 가스의 액화용 냉동기본 사이클로 사용된다.

25. 프로판 가스의 연소과정에서 발생한 열량은 50,232 MJ/kg이었다. 연소 시 발생한 수증기의 잠열이 8,372 MJ/kg이면 프로판 가스의 저발열량 기준 연소효율은 약 몇 % 인가? (단, 연소에 사용된 프로판 가스의 저발열량은 46,046MJ/kg이다.)

① 87　　　　　　② 91
③ 93　　　　　　④ 96

해설 연소효율(η)
$$\eta = \frac{(50,232-8,372)}{46,046} \times 100(\%) = 91\%$$

26. 202.65kPa, 25℃의 공기를 10.1325kPa으로 단열팽창 시키면 온도는 약 몇 K인가? (단, 공기의 비열비는 1.4로 한다.)

① 126　　　　　② 154
③ 168　　　　　④ 176

해설 $T_2 = \left(\dfrac{P_2}{P_1}\right)^{\frac{k-1}{k}} \times T_1$ 식에서

$$T_2 = \left(\frac{10.1325}{202.65}\right)^{\frac{1.4-1}{1.4}} \times (273+25) = 126k$$

27. 충격파가 반응매질 속으로 음속보다 느린 속도로 이동할 때를 무엇이라 하는가?

① 폭굉　　　　　② 폭연
③ 폭음　　　　　④ 정상연소

해설 폭굉과 폭연
폭발 중에 반응이 일어나는 면이 정지 매질에 대해 거기서의 음속보다 더 빠른 속도로 이동하는 것을 폭굉이라 하고 음속보다 느린 경우에는 폭굉에 대해 폭연이라 한다.

28. 프로판을 연소할 때 이론단열 불꽃온도가 가장 높을 때는?

① 20% 과잉공기로 연소하였을 때
② 50% 과잉공기로 연소하였을 때
③ 이론량의 공기로 연소하였을 때
④ 이론량의 순수산소로 연소하였을 때

해설 이론산소량으로 연소 하였을 때 가장 이론 단열 불꽃온도가 높을 때이다.

29. 1kg의 기체가 압력 50kPa, 체적 2.5m³의 상태에서 압력 1.2Mpa, 체적 0.2m³의 상태로 변화하였다. 이 과정에서 내부에너지가 일정하다고 할 때 엔탈피 변화량은 약 몇 kJ인가?

① 100　　　　　② 105
③ 110　　　　　④ 115

해설 엔탈피 변화량(Δh)
$$\Delta h = \Delta u + (P_2 V_2 - P_1 V_1)$$
$$= 0 + (1.2 \times 10^3 \times 0.2 - 50 \times 2.5) = 115kJ$$

정답　23. ③　24. ④　25. ②　26. ①　27. ②　28. ④　29. ④

30. 과잉공기계수가 1.3일 때 230Nm³의 공기로 탄소 (C) 약 몇 kg을 완전연소 시킬 수 있는가?

① 4.8kg ② 10.5kg
③ 19.9kg ④ 25.6kg

[해설] $C + O_2 \rightarrow CO_2$
$12g : 22.4l = xkg : 37.15m^3$
$x = \dfrac{12 \times 37.15}{22.4} = 19.9kg$

여기서, $A_o = \dfrac{A}{m} = \dfrac{230}{1.3} = 176.9m^3$

$O_o = 176.9 \times \dfrac{21}{100} = 37.15m^3$

31. 방폭성능을 가진 전기기기 중 정상 및 사고(단선, 단락, 지락 등)시에 발생하는 전기불꽃·아크 또는 고온부에 인하여 가연성가스가 점화되지 않는 것이 점화시험, 기타 방법에 의하여 확인된 구조를 무엇이라고 하는가?

① 안전증 방폭구조 ② 본질안전 방폭구조
③ 내압 방폭구조 ④ 압력 방폭구조

[해설] 본질안전 방폭구조(ia 또는 ib)
정상시 및 사고시에 발생하는 전기불꽃 및 고온부로부터 폭발성 가스에 점화되지 않는다는 공적기관에서 점화시험 및 기타 방법에 의해 확인된 구조

32. 다음 [보기]에서 설명하는 연소 형태로서 가장 적절한 것은?

보기
• 연소실 부하율을 높게 얻을 수 있다.
• 연소실의 체적이나 길이가 짧아도 된다.
• 화염면이 자력으로 전파되어 간다.
• 버너에서 상류의 혼합기로 역화를 일으킬 염려가 있다.

① 증발연소 ② 등심연소
③ 확산연소 ④ 예혼합연소

[해설] 예혼합 연소(Premixing burning)
연료와 공기를 미리 가연농도의 균일한 조성으로 혼합하며 버너로 분출시켜 연소하는 방법
㉠ 연소실 부하율을 높게 얻을 수 있다.
㉡ 역화의 위험성이 있다.
㉢ 화염온도가 높다.
㉣ 불꽃길이가 짧다.

33. 다음 중 단위 질량당 방출되는 화학적 에너지인 연소열(kJ/g)이 가장 낮은 것은?

① 메탄 ② 프로판
③ 일산화탄소 ④ 에탄올

[해설] 연소열은 탄소수가 많으면 연소열이 크다.
프로판(C_3H_8)>에탄올(C_2H_5OH)>메탄(CH_4)>일산화탄소(CO)

34. 다음 중 비등액체팽창증기폭발(BLEVE : Boiling Liquid Expansion Vapor Explosion)의 발생조건과 무관한 것은?

① 가연성 액체가 개방계 내에 존재하여야 한다.
② 주위에 화재 등이 발생하여 내용물이 비점 이상으로 가열되어야 한다.
③ 입열에 의해 탱크 내압이 설계압력 이상으로 상승하여야 한다.
④ 탱크의 파열이나 균열에 의해 내용물이 대기 중으로 급격히 방출하여야 한다.

[해설] BLEVE(비등액체 팽창 증기폭발)
가연성 액체 저장탱크 주변에서 화재가 발생하여 기상부의 탱크가 국부적으로 가열되면 그 부분이 강도가 약해져 탱크가 파열된다. 이때 내부의 액화가스가 급격히 유출 팽창되어 화구(fire ball)를 형성하여 폭발하는 형태

35. 메탄을 이론공기로 연소시켰을 때 생성물 중 질소의 분압은 약 몇 MPa인가? (단, 메탄과 공기는 0.1MPa, 25℃에서 공급되고 생성물의 압력은 0.1MPa이고 H_2O는 기체 상태로 존재한다.)

① 0.0315 ② 0.0493

③ 0.0603 ④ 0.0715

해설 $CH_4 + 2O_2 \rightarrow CO_2 + 2H_2O$

분압 $=$ 전압 $\times \dfrac{\text{성분몰수}}{\text{혼합몰수}}$

$\qquad = 0.1 \times \dfrac{7.52}{1+2+7.52} = 0.0715 \text{MPa}$

여기서, 질소몰수 $= 2 \times \dfrac{79}{21} = 7.52(\text{mol})$

36. 분진이 폭발하기 위하여 가져야 하는 특성으로 틀린 것은?

① 입자들은 일정 크기 이하이어야 한다.

② 부유된 입자의 농도가 어떤 한계 사이에 있어야 한다.

③ 부유된 분진은 반드시 금속이어야 한다.

④ 부유된 분진은 거의 균일하여야 한다.

해설 분진폭발을 일으키는 물질
㉠ 폭연성 분진 : 금속분(Mg, Al, Fe분 등)
㉡ 가연성 분진 : 소맥분, 전분, 합성수지류, 황, 코코아, 리그린, 석탄분, 고무분말 등

37. 이상기체와 실제기체에 대한 설명으로 틀린 것은?

① 이상기체는 기체 분자간 인력이나 반발력이 작용하지 않는다고 가정한 가상적인 기체이다.

② 실제기체는 실제로 존재하는 모든 기체로 이상기체 상태방정식이 그대로 적용되지 않는다.

③ 이상기체는 저장용기의 벽에 충돌하여도 탄성을 잃지 않는다.

④ 이상기체 상태방정식은 실제기체에서는 높은 온도, 높은 압력에서 잘 적용된다.

해설 이상기체 상태방정식은 실제기체에서는 높은 온도 낮은 압력에서 적용된다.

참고 실제기체 $\underset{\text{저온 고압}}{\overset{\text{고온 저압}}{\rightleftarrows}}$ 이상기체

38. 다음 [보기]에서 열역학에 대한 설명으로 옳은 것을 모두 나열한 것은?

보기

㉮ 기체에 기계적 일을 가하여 단열 압축시키면 일은 내부에너지로 기체 내에 축적되어 온도가 상승한다.
㉯ 엔트로피는 가역이면 항상 증가하고, 비가역이면 항상 감소한다.
㉰ 가스를 등온팽창시키면 내부에너지의 변화는 없다.

① ㉮ ② ㉯

③ ㉮, ㉰ ④ ㉯, ㉰

해설 비가역 과정
엔트로피의 총합은 항상 증가한다.

39. 다음 확산화염의 여러 가지 형태 중 대향분류(對向噴流) 확산화염에 해당하는 것은?

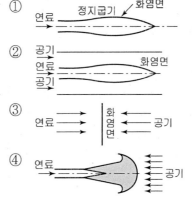

해설 ①항 : 자유분류 확산 화염
②항 : 동축류 확산 화염
③항 : 대향류 확산 화염
④항 : 대향분류 확산 화염

정답 35. ④ 36. ③ 37. ④ 38. ③ 39. ④

40. 가스버너의 연소 중 화염이 꺼지는 현상과 거리가 먼 것은?

① 공기량의 변동이 크다.
② 공기연료비가 정상범위를 벗어났다.
③ 연료 공급라인이 불안정하다.
④ 점화에너지가 부족하다.

[해설] 점화에너지는 농도조성이 폭발 범위 안에 있는 혼합기체를 발화시키는데 필요한 에너지로 화염이 꺼지는 현상과는 무관하다.

제3과목   가스설비

41. 공기 중 폭발하한계의 값이 가장 작은 것은?

① 수소   ② 암모니아
③ 에틸렌   ④ 프로판

[해설] 폭발범위
㉠ 수소 : 4~75%   ㉡ 암모니아 : 15~28%
㉢ 에틸렌 : 2.7~36%   ㉣ 프로판 : 2.1~9.5%

42. 수소가스를 용기에 의한 공급 방법으로 가장 적절한 것은?

① 수소용기 → 압력계 → 압력조정기 → 압력계 → 안전밸브 → 차단밸브
② 수소용기 → 체크밸브 → 차단밸브 → 압력계 → 압력조정기 → 압력계
③ 수소용기 → 압력조정기 → 압력계 → 차단밸브 → 압력계 → 안전밸브
④ 수소용기 → 안전밸브 → 압력계 → 압력조정기 → 체크밸브 → 압력계

[해설] 공급방법 : 수소용기 → 압력계(고압) → 압력조정기 → 압력계(저압) → 안전밸브 → 차단밸브

43. LNG 탱크 중 저온수축을 흡수하는 구조를 가진 금속박판을 사용한 탱크는?

① 금속제 멤브레인 탱크
② 프레스트래스트 콘크리트제 탱크
③ 동결식 반지하 탱크
④ 금속제 2중 구조 탱크

[해설] 멤브레인 탱크
액화천연가스(LNG)와 접하는 저장탱크 내부는 1.2~2mm 스테인레스 박판의 주름진 멤브레인으로 제작된 스테인레스 강제로 구성되어 있고 −162℃의 LNG가 외부로 누설되는 것을 차단하는 밀봉기능이 있고 열 변형이나 변동하중에 대하여 수축과 팽창기능을 원활하게 수행하여 내부 구조물의 안전성을 확보해주는 기능을 보유한 특수구조물이다.

44. 신규 용기에 대하여 팽창측정 시험을 하였더니 전증가량이 100mL이었다. 이 용기가 검사에 합격하려면 항구증가량은 몇 mL 이하이여야 하는가?

① 5   ② 10
③ 15   ④ 20

[해설] 팽창측정시험 합격기준 : 항구증가율 10% 이하

$$항구증가율 = \frac{항구증가량}{전증가량} \times 100(\%)$$

$$10\% = \frac{항구증가량(mL)}{100(mL)} \times 100\%$$

$$\therefore 항구증가량 = 10(mL)$$

45. 왕복식 압축기에서 체적효율에 영향을 주는 요소로서 가장 거리가 먼 것은?

① 압축비   ② 냉각
③ 토출밸브   ④ 가스누설

[해설] 체적효율이 작아지는 경우
㉠ 압축비가 클수록
㉡ 실린더가 과열된 경우
㉢ 윤활유가 열화 및 탄화 된 경우
㉣ 흡입 밸브가 누설된 경우
㉤ 실린더가 마모된 경우

---

40. ④   41. ④   42. ①   43. ①   44. ②   45. ③   정답

46. 가스조정기 중 2단 감압식 조정기의 장점이 아닌 것은?

① 조정기의 개수가 적어도 된다.

② 연소기구에 적합한 압력으로 공급할 수 있다.

③ 배관의 관경을 비교적 작게 할 수 있다.

④ 입상배관에 의한 압력강하를 보정할 수 있다.

[해설] 2단 감압방식의 장단점

(1) 장점

　㉠ 공급압력이 안정하다.

　㉡ 중간 배관이 가늘어도 된다.

　㉢ 배관 입상에 의한 압력 손실을 보정할 수 있다.

　㉣ 각 연소기구에 알맞은 압력으로 공급이 가능하다.

(2) 단점

　㉠ 설비가 복잡하다.　　㉡ 조정기가 많이 소요된다.

　㉢ 검사방법이 복잡하다.　㉣ 재액화의 문제가 있다.

47. LP 가스 소비 설비에서 용기 개수 결정 시 고려할 사항으로 가장 거리가 먼 것은?

① 피크(peck) 시의 기온

② 소비자 가구 수

③ 1가구당 1일의 평균 가스소비량

④ 감압 방식의 결정

[해설] 용기 개수 결정 시 고려사항

㉠ 피크(peck) 시의 기온

㉡ 소비자 가구 수(최대 소비수량)

㉢ 1가구당 1일의 평균 가스소비량

㉣ 용기의 종류(크기)

㉤ 용기로부터의 가스 증발량(가스발생 능력)

48. 중압식 공기분리장치에서 겔 또는 몰레큘러-시브(Moleculer Sieve)에 의하여 제거할 수 있는 가스는?

① 아세틸렌　　　　② 염소

③ 이산화탄소　　　④ 이산화황

[해설] 이산화탄소는 몰레큘러시브, 실리카겔, 가성소다 등에 의해 흡수 제거된다.

49. 합성천연가스(SNG) 제조 시 납사를 원료로 하는 메탄합성 공정과 관련이 적은 설비는?

① 탈황장치　　　　② 반응기

③ 수첨 분해탑　　　④ CO 변성로

[해설] 납사를 원료로 하는 메탄 합성 공정에 필요한 설비 가열기, 탈황기, 납사과열기, 반응기, 수첨분해탑, 메탄합성탑, 탈탄산탑

50. 액화프로판 500kg을 내용적 60L의 용기에 충전하려면 몇 개의 용기가 필요한가?

① 5개　　　　　　② 10개

③ 15개　　　　　　④ 20개

[해설] 충전량$(G) = \dfrac{V}{C}$ 식에서

$$G = \frac{60}{2.35} = 25.53 \text{kg/개}$$

$$용기수(Z) = \frac{500 \text{kg}}{25.53 \text{kg/개}} = 19.58개$$

$$\therefore 20개$$

51. 용기용 밸브는 가스 충전구의 형식에 따라 A형, B형, C형의 3종류가 있다. 가스충전구가 암나사로 되어 있는 것은?

① A형　　　　　　② B형

③ A, B형　　　　　④ C형

[해설] 가스충전구의 형식

㉠ A형 : 수나사

㉡ B형 : 암나사

㉢ C형 : 나사 형식이 없는 것

52. LPG 사용시설의 설계 시 유의사항으로 가장 적절하지 않은 것은?

① 사용 목적에 합당한 기능을 가지고 사용상 안전할 것

② 취급이 용이하고 사용에 편리할 것

③ 모양에 관계없이 관련 시설과의 조화가 되어 있을 것

④ 구조가 간단하고 시공이 용이할 것

정답　46. ①　47. ④　48. ③　49. ④　50. ④　51. ②　52. ③

[해설] 모양과 관련시설과의 조화가 되어 있을 것

53. 다음 중 저온장치용 재료로서 가장 부적당한 것은?

① 구리
② 니켈강
③ 알루미늄합금
④ 탄소강

[해설] 저온장치용 재료
구리, 알루미늄 합금, 9%니켈강, 18-8스테인리스강

54. 고압가스 제조 장치의 재료에 대한 설명으로 틀린 것은?

① 상온 건조 상태의 염소가스에 대하여는 보통강을 사용해도 된다.
② 암모니아, 아세틸렌의 배관 재료에는 구리재를 사용해도 된다.
③ 저온에서는 고탄소강보다 저탄소강이 사용된다.
④ 암모니아 합성탑 내부의 재료에는 18-8 스테인리스강을 사용한다.

[해설] 동 및 동합금 사용금지 가스
㉠ 암모니아   ㉡ 아세틸렌   ㉢ 황화수소

55. LP가스 고압장치가 상용압력이 25MPa일 경우 안전밸브의 최고작동압력은?

① 25MPa
② 30MPa
③ 37.5MPa
④ 50MPa

[해설] 안전밸브의 작동압력(P)=내압시험압력(TP)$\times\dfrac{8}{10}$

$P = TP \times \dfrac{8}{10} = 25 \times 1.5 \times \dfrac{8}{10} = 30\text{MPa}$

[참고] TP=상용압력$\times 1.5$

56. 액화가스의 기화기 중 액화가스와 해수 및 하천수 등을 열교환시켜 기화하는 형식은?

① Open Rack식

② 직화가열식
③ Air Fin식
④ Submerged Combustion식

[해설] 오픈래크 베이퍼라이저(open rack vaporizer) : 해수를 가열원으로 대량의 해수를 용이하게 입수할 수 있는 입지 조건, 즉 해상수송형의 수입기지에 적합하다.

57. 내용적 120L LP가스 용기에 50kg의 프로판을 충전하였다. 이용기 내부가 액으로 충만될 때의 온도를 그림에서 구한 것은?

① 37℃
② 47℃
③ 57℃
④ 67℃

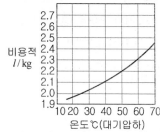

[해설] 비용적(l/kg)=$\dfrac{V}{G}$ 식에서

비용적=$\dfrac{120}{50}=2.4(l/kg)$

∴비용적 2.4와 교차하는 지점의 온도(℃)=67℃

58. 도시가스 지하매설에 사용되는 배관으로 가장 적합한 것은?

① 폴리에틸렌 피복강관
② 압력배관용 탄소강관
③ 연료가스 배관용 탄소강관
④ 배관용 아크용접 탄소강관

[해설] 지하 매몰 배관
㉠ 폴리에틸렌 피복강관
㉡ 분말용착식 폴리에틸렌 피복강관
㉢ 가스용 폴리에틸렌관

59. 액화천연가스(메탄기준)를 도시가스원료로 사용할 때 액화천연가스의 특징을 옳게 설명한 것은?

① 천연가스의 C/H 질량비가 3이고 기화설비가 필요하다.

② 천연가스의 C/H 질량비가 4이고 기화설비가 필요하다.

③ 천연가스의 C/H 질량비가 3이고 가스제조 및 정제설비가 필요하다.

④ 천연가스의 C/H 질량비가 4이고 개질설비가 필요하다.

[해설] 천연가스 주성분 CH_4

㉠ CH_4의 C/H 질량비 $= \dfrac{12}{1 \times 4} = 3$

㉡ H_2S 등의 불순물이 적기 때문에 탈황 등의 정제장치가 필요 없다.

60. 공기액화분리장치에서 복정류탑에 대한 설명으로 옳지 않은 것은?

① 정류판에서 정류되어 산소는 위로 올라가고 질소가 많은 액은 하부 증류드럼에 고인다.

② 상부에 상부 정류탑, 중앙부에 산소 응축기, 하부에 하부 정류탑과 증류드럼으로 구성된다.

③ 산소가 많은 액이나 질소가 많은 액 모두 팽창밸브를 통하여 상압으로 감압된 다음 상부 정류탑으로 이송한다.

④ 하부탑은 약 5기압, 상부탑은 약 0.5기압의 압력에서 정류된다.

[해설] 복정류탑

㉠ 하부탑에는 다수의 정류판이 있어 약 5기압의 압력하에서 공기가 정류되고 하부상부탑에서는 액체질소가, 하부에서는 산소에서 순도가 약 40%의 액체 공기가 분리된다.

㉡ 상부탑에서는 약 0.5 기압의 압력하에서 정제되고 상부탑 하부에 순도 99.6~99.8%의 액체산소가 분리되어 액체 산소 탱크에 저장된다.

제**4**과목   **가스안전관리**

61. 고압가스 충전용기의 운반에 관한 기준으로 틀린 것은?

① 경계표지는 붉은 글씨로 「위험고압가스」라 표시한다.

② 밸브가 돌출한 충전용기는 프로텍터 또는 캡을 부착하여 운반한다.

③ 염소와 아세틸렌, 암모니아 또는 수소를 동일차량에 적재 운반한다.

④ 충전용기는 항상 40℃ 이하를 유지하여 운반한다.

[해설] 혼합적재 금지

㉠ 염소와 아세틸렌, 암모니아 또는 수소를 동일 차량에 적재 운반하지 않는다.

㉡ 가연성 가스와 산소를 동일차량에 적재 운반시는 충전용기의 밸브가 서로 마주보지 않게 한다.

㉢ 충전용기와 소방법이 정하는 위험물과는 동일 차량에 적재 운반하지 않는다.

62. 액화석유가스용 강제용기 스커트의 재료를 KS D 2553 SG 295 이상의 재료로 제조하는 경우에는 내용적이 25L 이상, 50L 미만인 용기는 스커트의 두께를 얼마 이상으로 할 수 있는가?

① 2mm   ② 3mm

③ 3.6mm   ④ 5mm

[해설] LPG용 강제 용기 스커트의 재료(KSD2553, SG295 이상)의 스커트 두께

㉠ 내용적 25l 이상 50l 미만인 용기 → 3mm 이상

㉡ 내용적 50l 이상 125l 미만인 용기 → 4mm 이상

정답   59. ①   60. ①   61. ③   62. ②

63. 고압가스의 일반적인 성질에 대한 설명으로 틀린 것은?

① 산소는 가연물과 접촉하지 않으면 폭발하지 않는다.
② 철은 염소와 연속적으로 화합할 수 있다.
③ 아세틸렌은 공기 또는 산소가 혼합하지 않으면 폭발하지 않는다.
④ 수소는 고온 고압에서 강재의 탄소와 반응하여 수소취성을 일으킨다.

해설 아세틸렌은 흡열화합물이기 때문에 산소 또는 공기와 혼합하지 않아도 분해폭발을 한다.

64. 다음 중 용기 부속품의 표시로 틀린 것은?

① 질량 : W   ② 내압시험압력 : TP
③ 최고충전압력 : DP   ④ 내용적 : V

해설 최고 충전압력 : FP

65. 액화석유가스 저장탱크라 함은 액화석유가스를 저장하기 위하여 지상 및 지하에 고정설치된 탱크를 말한다. 탱크의 저장 능력이 얼마 이상인 탱크를 말하는가?

① 1톤   ② 2톤
③ 3톤   ④ 5톤

해설 저장탱크
㉠ LPG 저장탱크 : 저장능력 3톤 이상
㉡ 소형 저장탱크 : 저장능력 3톤 미만

66. 2단 감압식 1차용 조정기의 최대폐쇄 압력은 얼마인가?

① 3.5kPa 이하
② 50kPa 이하
③ 95kPa 이하
④ 조정압력의 1.25배 이하

해설 최대 폐쇄 압력 성능
㉠ 1단 감압식 저압조정기, 2단 감압식 2차용 저압소성기 및 자동절체식 일체형 저압조정기는 350kPa 이하로 한다.
㉡ 2단 감압식 1차용 조정기는 95.0kPa 이하로 한다.
㉢ 1단 감압식 준저압 조정기, 자동절체식 일체형 준저압조정기 및 그 밖의 압력조정기는 조정압력의 1.25배 이하로 한다.

67. 아세틸렌 용기의 내용적이 10L 이하이고, 다공성 물질의 다공도가 75% 이상, 80% 미만 일 때 디메틸포름아미드의 최대 충전량은?

① 36.3% 이하   ② 38.7% 이하
③ 41.1% 이하   ④ 43.5% 이하

해설 디메틸포름아미드 최대 충전량

용기구분\다공도	내용적 10l 이하	내용적 10l 초과
90 이상 92 미만	43.5% 이하	43.7% 이하
85 이상 90 미만	41.4% 이하	42.8% 이하
80 이상 85 미만	38.7% 이하	40.3% 이하
75 이상 80 미만	36.3% 이하	37.8% 이하

68. 염소, 포스겐 등 액화독성가스의 누출에 대비하여 응급조치로 휴대하여야 하는 제독제는?

① 소석회   ② 물
③ 암모니아수   ④ 아세톤

해설 흡수제
㉠ 염소, 염화수소, 포스겐, 아황산가스=소석회
㉡ 암모니아, 산화에틸렌, 염화메탄=물

69. 용기검사에 합격한 가연성가스 및 독성 가스의 도색표시가 잘못 짝지어진 것은?

① 수소 : 주황색   ② 액화염소 : 갈색
③ 아세틸렌 : 회색   ④ 액화암모니아 : 백색

해설 아세틸렌 : 황색

63. ③ 64. ③ 65. ③ 66. ③ 67. ① 68. ① 69. ③ 정답

70. 가스누출 경보차단장치의 성능시험 방법으로 틀린 것은?

① 경보차단장치는 가스를 검지한 상태에서 연속경보를 울린 후 30초 이내에 가스를 차단하는 것으로 한다.

② 교류전원을 사용하는 경보차단장치는 전압이 정격전압의 90% 이상, 110% 이하일 때 사용에 지장이 없는 것으로 한다.

③ 내한시험에서 제어부는 -25℃ 이하에서 1시간 이상 유지한 후 5분 이내에 작동시험을 실시하여 이상이 없어야 한다.

④ 전자밸브식 차단부는 35kPa 이상의 압력으로 기밀시험을 실시하여 외부누출이 없어야 한다.

해설 가스누출 경보차단장치의 내한시험
제어부는 -10℃ 이하(상대습도 90% 이상)에서 1시간 이상 유지한 후 10분 이내에 작동시험을 실시하여 이상이 없는 것으로 한다.

71. 특정고압가스 사용시설에서 사용되는 경보기의 정밀도는 설정치에 대하여 독성가스용은 얼마 이하이어야 하는가?

① ±1% ② ±5%
③ ±25% ④ ±30%

해설 경보기의 정밀도
㉠ 가연성가스 : ±25% 이하
㉡ 독성가스 : ±30% 이하

72. 반밀폐 연소형 기구의 급배기 시 배기통 톱과 가연물과는 얼마 이상의 거리를 유지 하여야 하는가? (단, 방열판이 설치되지 않았다.)

① 15cm ② 30cm
③ 50cm ④ 60cm

해설 방열판이 설치된 것은 30cm 이상

73. 하천 또는 수로를 횡단하여 배관을 매설할 경우 2중관으로 하여야 하는 가스는?

① 염소 ② 수소
③ 아세틸렌 ④ 산소

해설 하천 등 횡단설치의 방법
㉠ 이중관 대상 독성가스 : 염소, 포스겐, 불소, 아크릴알데히드, 아황산가스, 시안화수소, 황화수소
㉡ 방호구조물 내에 설치대상 가스 : 이중과 대상 외의 독성가스 또는 가연성가스

74. 가스용 폴리에틸렌 배관의 열융착 이음에 대한 설명으로 옳지 않은 것은?

① 비드(Bead)는 좌·우 대칭형으로 둥글고 균일하게 형성되어 있어야 한다.

② 비드의 표면은 매끄럽고 청결하여야 한다.

③ 접합면의 비드와 비드 사이의 경계부위는 배관의 외면보다 낮게 형성되어야 한다.

④ 이음부의 연결오차는 배관 두께의 10% 이하이어야 한다.

해설 열융착 이음
접합면의 비드와 비드사이의 경계부위는 배관의 외면보다 높게 형성되도록 한다.

75. 액화석유가스의 충전용기 보관실에 설치하는 자연환기 설비 중 외기에 면하여 설치하는 환기구 1개의 면적은 얼마 이하로 하여야 하는가?

① 1,800cm^2 ② 2,000cm^2
③ 2,400cm^2 ④ 3,000cm^2

해설 자연통풍장치
㉠ 가연성, 독성의 위험시설은 양호한 통풍구조(지하는 강제통풍시설)로 한다.
㉡ 통풍구의 크기 : 바닥면적의 3% 이상(바닥면적 1m^{2}당 300cm^2 이상)
㉢ 환기구는 2방향 이상으로 분산설치(1개소의 통풍구의 면적 : 2,400cm^2 이하)

76. 가연성가스 설비 내의 수리 시 설비 내의 산소 농도는 몇 %를 유지하여야 하는가?

① 15~18%   ② 13~21%

③ 18~22%   ④ 23% 이상

해설 가스설비의 수리시 허용농도
㉠ 가연성가스 : 폭발하한계의 1/4 이하(산소농도 18~22%)
㉡ 독성가스 : 허용농도 이하(산소농도 18~22%)
㉢ 산소가스 : 18~22% 이하(산소농도 18~22%)

77. 고압가스 제조설비의 기밀시험이나 시운전시 가압용 고압가스로 사용할 수 없는 것은?

① 질소   ② 아르곤
③ 공기   ④ 수소

해설 기밀시험 및 시운전시 가압용가스로 사용할 수 없는 것
독성가스, 가연성가스, 산소

78. 도시가스 사용시설에 대한 가스시설 설치방법으로 가장 적당한 것은?

① 개방형 연소기를 설치한 실에는 배기통을 설치한다.
② 반밀폐형 연소기는 환풍기 또는 환기구를 설치한다.
③ 가스보일러 전용보일러실에는 석유통을 보관할 수 있다.
④ 밀폐식 가스보일러는 전용보일러실에 설치하지 아니 할 수 있다.

해설 가스보일러 설치기준
(1) 개방형 연소기를 설치한 실에는 환풍기 또는 환기구를 설치할 것
(2) 반밀폐형 연소기는 급기구 및 배기통을 설치할 것
(3) 가스보일러는 전용보일러실에 설치할 것(다만, 다음 사항은 그러하지 아니하다.)
  ㉠ 밀폐식 보일러
  ㉡ 가스보일러를 옥외에 설치한 경우
  ㉢ 전용급기통을 부착하는 구조로 검사에 합격한 강제배기식 보일러

79. 액화석유가스 용기 저장소의 바닥면적이 $25m^2$라 할 때 적당한 강제환기설비의 통풍 능력은?

① $2.5m^3/min$ 이상

② $12.5m^3/min$ 이상

③ $25.0m^3/min$ 이상

④ $50.0m^3/min$ 이상

해설 강제환기설비의 통풍능력(바닥면적 $1m^2$ 당 $0.5m^3/$분 이상)
∴ $25m^2 \times 0.5m^3/분 \cdot m^2 = 12.5m^3/$분 이상

80. 차량에 고정된 탱크에서 저장탱크로 가스 이송작업 시의 기준에 대한 설명이 아닌 것은?

① 탱크의 설계압력 이상으로 가스를 충전하지 아니한다.
② 플로트식 액면계로 가스의 양을 측정 시에는 액면계 바로 위에 얼굴을 내밀고 조작하지 아니한다.
③ LPG 충전소 내에서는 동시에 2대 이상의 차량에 고정된 탱크에서 저장설비로 이송작업을 하지 아니한다.
④ 이송전후 밸브의 누출여부를 확인하고 개폐는 서서히 행한다.

해설 차량에 고정된 탱크의 이송작업 기준
㉠ 이송 전후에 밸브의 누출 유무를 점검하고 개폐는 서서히 행할 것
㉡ 탱크의 설계압력 이상의 압력으로 가스를 충전하지 않을 것
㉢ 저울, 액면계 또는 유량계를 사용하여 과충전에 주의할 것
㉣ 가스 속에 수분이 흡입되지 않도록 하고 슬립튜브식 액면계의 계량시에는 액면계의 바로 위에 얼굴이나 몸을 내밀고 조작하지 말 것
㉤ 액화석유가스 충전소 내에서는 동시에 2대 이상의 차량에 고정된 탱크에서 저장설비로 이송작업을 하지 않을 것

제5과목	가스계측

81. 다음 분석법 중 LPG의 성분 분석에 이용될 수 있는 것을 모두 나열한 것은?

> **보기**
>
> 1. 가스크로마토그래피법
> 2. 저온정밀 증류법
> 3. 적외선 분광분석법

① 1   ② 1, 2
③ 2, 3   ④ 1, 2, 3

해설 기체분석(Gas Analysis)
㉠ 가스크로마토그래피법 : 이동상의 기체를 사용하고 고정상의 액체를 채운 관에 시료 기체를 통과시켜 각 성분을 분리시키는 방법. 이 방법은 정성 정량 분석을 할 수 있으며 특히 유기가스(LPG 등)의 분석에 많이 쓰인다.
㉡ 저온정밀 증류법 : 시료 기체를 냉각시켜 액화한 다음 정밀 증류하는 방법으로 탄화수소 혼합기체의 분석에 쓰인다.
㉢ 적외선 분광분석법 : 적외선 흡수 스펙트럼을 이용한 분광 분석법으로 주로 유기물질을 분석하는데 쓰인다.

82. 일산화탄소가스를 검지하기 위한 염화팔라듐지는 $PdCl_2$ 0.2% 액에 다음 중 어떤 물질을 침투시켜 제조하는가?

① 전분   ② 초산
③ 암모니아   ④ 벤젠

해설 일산화탄소 검지 시험지법
일산화탄소–염화팔라듐지(0.2% $PdCl_2$+초산)–흑변

83. 수분흡수법에 의한 습도 측정에 사용되는 흡수제가 아닌 것은?

① 염화칼슘   ② 황산
③ 오산화인   ④ 과망간산칼륨

해설 수분흡수법
㉠ 흡수법 : 습도를 측정하려 하는 일정량의 공기를 흡수제에 수분을 흡수시켜 정량하는 방법
㉡ 흡수제 : 황산, 염화칼슘, 실리카겔, 오산화인 등

84. 계량관련법에서 정한 최대유량 $10m^3/h$ 이하인 가스미터의 검정유효 기간은?

① 1년   ② 2년
③ 3년   ④ 5년

해설 가스미터의 검정유효기간
㉠ 최대유량 $10m^3/h$ 이하인 가스미터 : 5년
㉡ 그 외의 가스미터 : 8년

85. 다음 가스분석 방법 중 흡수분석법이 아닌 것은?

① 헴펠법   ② 적정법
③ 오르자트법   ④ 게겔법

해설 흡수분석법의 종류
오르자트법, 헴펠법, 게겔법

86. 가스 정량분석을 통해 표준상태의 체적을 구하는 식은? (단, V_0 : 표준상태의 체적, V : 측정시의 가스의 체적, P_0 : 대기압, P_1 : t℃의 증기압이다.)

① $V_0 = \dfrac{760 \times (273+t)}{V(P_1 - P_0) \times 273}$

② $V_0 = \dfrac{V(273+t) \times 273}{760 \times (P_1 - P_0)}$

③ $V_0 = \dfrac{V(P_1 - P_0) \times 273}{760 \times (273+t)}$

④ $V_0 = \dfrac{V(P_1 - P_0) \times 760}{273 \times (273+t)}$

해설 보일 샤를의 법칙에 의해서
$\dfrac{P_0 V_0}{T_0} = \dfrac{PV}{T}$ 식에서 $V_0 = \dfrac{V(P_1 + P_0) \times 273}{760 \times (273+t)}$
여기서, 압력은 절대압력 온도는 절대온도로 계산한다.
$P = (P_1 + P_0)$mmHg $T = (273+t)$K
$P_0 = 760$mmHg (대기압) $T_0 = (273+0)$K

정답   81. ④   82. ②   83. ④   84. ④   85. ②   86. ③

87. 계량기의 검정기준에서 정하는 가스미터의 사용 공차의 범위는? (단, 최대유량이 1,000m³/h 이하이다.)

① 최대허용오차의 1배의 값으로 한다.

② 최대허용오차의 1.2배의 값으로 한다.

③ 최대허용오차의 1.5배의 값으로 한다.

④ 최대허용오차의 2배의 값으로 한다.

[해설] 가스미터의 사용공차 범위
㉠ 가스미터(최대유량이 1,000m³/h 이하) : 최대허용 오차의 2배 값으로 한다.
㉡ LPG미터(자동차 주유용으로서 호칭지름이 40mm 이하) : 최대허용 오차의 1.5배의 값으로 한다.

88. 전자유량계의 특징에 대한 설명 중 가장 거리가 먼 내용은?

① 액체의 온도, 압력, 밀도, 점도의 영향을 거의 받지 않으며 체적유량의 측정이 가능하다.

② 측정관 내에 장애물이 없으며, 압력손실이 거의 없다.

③ 유량계 출력이 유량에 비례한다.

④ 기체의 유량측정이 가능하다.

[해설] 전자유량계 : 패러데이의 전자유도 법칙에 의하여 순간 유량을 측정하는 것으로 전도성 유체에만 적용되는데 기체는 비전도성유체 이므로 측정이 불가능하다.

89. 피토관(Pi tot tube)의 주된 용도는?

① 압력을 측정하는 데 사용된다.

② 유속을 측정하는 데 사용된다.

③ 액체의 점도를 측정하는 데 사용된다.

④ 온도를 측정하는 데 사용된다.

[해설] 피토관 : 유속식 유량계로 전압과 정압을 측정하여 동압을 구하고 동압으로부터 순간 유량을 구한다.

90. 폐루프를 형성하여 출력 측의 신호를 입력 측에 되돌리는 것은?

① 조절부　　　　② 리셋

③ 온·오프동작　　④ 피드백

[해설] 피드백 제어 : 폐회로를 형성하여 제어량의 크기와 목표치의 비교를 피드백 신호에 의해 행하는 자동제어이다.

91. 가스분석법에 대한 설명으로 옳지 않은 것은?

① 비분산형 적외선분석계는 고순도 헬륨 등 불활성가스의 분석에 적합하다.

② 불꽃광도 검출기(FPD)는 열전도 검출기(TCD) 보다 미량분석에 적합하다.

③ 반도체용 특수재료 가스의 검지방법에는 정전위 전해법이 널리 사용된다.

④ 메탄(CH_4)과 같은 탄화수소 계통의 가스는 열전도 검출기 보다 불꽃이온화 검출기(FID)가 적합하다.

[해설] 비분산형 적외선 분석계 : 배기가스 분석 장치의 한 형식으로 일반적으로 다원자 분자는 어떤 특정파장 적외선을 흡수하는 성질을 갖고 있어 일산화탄소(CO), 이산화탄소(CO_2), 탄화수소(C_mH_n) 등의 2원 분자에서는 원자 간의 진동, 회전에 따라 적외선 에너지가 흡수된다. 비분산형 적외선 분석계는 이 원리를 이용한 것이다.

92. 가스검지기의 경보방식이 아닌 것은?

① 즉시 경보형　　② 경보 지연형

③ 중계 경보형　　④ 반시한 경보형

[해설] 가스검지기의 경보방식
㉠ 즉시 경보형 : 가스농도가 경보 설정값에 도달한 직후에 경보를 발한다.
㉡ 경보 지연형 : 가스농도가 경보 설정값에 도달한 후에 일정한 지연시간(20~60초) 동안 경보값 이상의 가스농도가 계속되는 경우에 경보를 발한다.
㉢ 반시한 경보형 : 경보지연형과 같은데 지연시간을 가스농도가 높을수록 단축되도록 되어 있다.

87. ④　88. ④　89. ②　90. ④　91. ①　92. ③ 정답

93. 4개의 실로 나누어진 습식가스미터의 드럼이 10회전 했을 때 통과 유량이 100L이었다면 각 실의 용량은 얼마인가?

① 1L
② 2.5L
③ 10L
④ 25L

[해설] 각 실의 용량 $= \dfrac{100l}{10회전 \times 4실/회전} = 2.5l/실$

94. 복사열을 이용하여 온도를 측정하는 것은?

① 열전대 온도계
② 저항 온도계
③ 광고 온도계
④ 바이메탈 온도계

[해설] 온도 측정방법
㉠ 열전대 온도계 : 열기전력을 이용
㉡ 저항온도계, 서미스터 : 저항변화 이용
㉢ 바이메탈 온도계 : 열팽창을 이용
㉣ 광고온도계, 광전관온도계, 방사온도계 : 복사열을 이용

95. 측정 전 상태의 영향으로 발생하는 히스테리시스(hysteresis) 오차의 원인이 아닌 것은?

① 기어 사이의 틈
② 주위 온도의 변화
③ 운동 부위의 마찰
④ 탄성변형

[해설] 히스테리시스 오차
측정의 전력에 의하여 생기는 동일 측정량에 대한 지시값의 오차로서 기어 사이의 틈. 운동 부위의 마찰, 탄성변형 등이 오차의 원인이 된다.

96. 열전대의 종류 중 K형은 어느 것인가?

① C.C(구리-콘스탄탄)
② I.C(철-콘스탄탄)
③ C.A(크로멜-알루멜)
④ P.R(백금-백금로듐)

[해설] 열전대의 종류
㉠ R형 → P.R(백금-백금로듐)
㉡ K형 → C.A(크로멜-알루멜)
㉢ K형 → I.C(철-콘스탄탄)
㉣ T형 → C.C(구리-콘스탄탄)

97. Parr bomb을 이용하여 열량을 축정할 때는 Parr bomb의 어떤 특성을 이용하는가?

① 일정 압력
② 일정 온도
③ 일정 부피
④ 일정 질량

[해설] Parr bomb열량계
일정부피를 갖는 봄베 속에 일정량의 물질과 고압의 산소를 넣고 용기의 구멍을 막은 다음 이것을 열량계의 물속에 넣고 전기불꽃 따위로 물질을 점화하여 태워서 수온이 올라가면서 생기는 열량을 잰다.

98. 습한 공기 205kg 중 수증기가 35kg 포함되어 있다고 할 때 절대습도는 약 얼마인가? (단, 공기와 수증기의 분자량은 각각 29, 18이다.)

① 0.106
② 0.128
③ 0.171
④ 0.206

[해설] 절대습도 $= \dfrac{수증기량}{습공기량 - 수증기량}$

$= \dfrac{35}{205 - 35} = 0.20588(kg/kg)$

99. 다음 그림이 나타내는 제어 동작은?

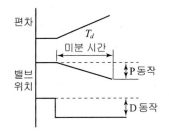

① 비례 미분 동작
② 비례 적분 미분 동작
③ 미분 동작
④ 비례 적분 동작

[해설] 비례미분동작=PD동작
미분시간이 클수록 미분동작이 강하며 실제의 기기에서는 다소 변형을 가한 미분동작으로 비례동작과 합친 동작이다.

정답 93. ② 94. ③ 95. ② 96. ③ 97. ③ 98. ④ 99. ①

100. 다음 중 최대 용량 범위가 가장 큰 가스미터는?

① 습식가스미터   ② 막식가스미터
③ 루트미터   ④ 오리피스미터

해설 가스미터의 용량 범위
㉠ 막식가스미터 : 1.5~200m³/h
㉡ 루트(roots)형 가스미터 : 100~5,000m³/h
㉢ 습식가스미터 : 0.2~3,000m³/h

제1과목 **가스유체역학**

01. 표면이 매끈한 원관인 경우 일반적으로 레이놀즈 수가 어떤 값일 때 층류가 되는가?

① 4,000보다 클 때

② 4,000일 때

③ 2,100보다 작을 때

④ 2,100일 때

[해설] 층류와 난류

㉠ 층류 : $Re < 2,100$

㉡ 천이구역 : $2,100 < Re < 4,000$

㉢ 난류 : $Re > 4,000$

02. 점도 6CP를 Pa·s로 환산하면 얼마인가?

① 0.0006 ② 0.006

③ 0.06 ④ 0.6

[해설] $60CP = 60 \times 10^{-2} \text{poise} = 60 \times 10^{-2} \text{dyne·s/cm}^2$
$= 60 \times 10^{-2} \times 10^{-5} \text{N·s}/10^{-4}\text{m}^2 = 60 \times 10^{-3} \text{N/m}^2\text{·s}$
$= 0.006 \text{Pa·s}$

여기서, $1\text{Pa} = 1\text{N/m}^2$, $1\text{dyne} = 10^{-5}\text{N}$

03. 다음 중 용적형 펌프가 아닌 것은?

① 기어 펌프 ② 베인 펌프

③ 플런저 펌프 ④ 벌류트 펌브

[해설] 벌류트 펌프, 터빈 펌프 → 원심 펌프

04. 다음 중 대기압을 측정하는 계기는?

① 수은기압계 ② 오리피스미터

③ 로타미터 ④ 둑(weir)

[해설] 수은기압계(mercury barometer)
수은주의 높이 변화로 대기압을 측정하는 계기이다.

05. 그림과 같이 물을 사용하여 기체압력을 측정하는 경사마노메타에서 입력차 (P_1-P_2)는 몇 cmH_2O인가? (단, $\theta = 30°$, R=30cm이고 면적 $A_1 \gg$ 면적 A_2이다.)

① 15

② 30

③ 45

④ 90

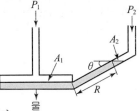

[해설] $\Delta P = rR\sin\theta$ 식에서
$\Delta P = 1,000 \times 0.3\sin30$
$= 150\text{kg/m}^2 = 0.15\text{mH}_2\text{O} = 15\text{cmH}_2\text{O}$

여기서, $1\text{kg/m}^2 = 10^{-3}\text{mH}_2\text{O}$

06. 이상기체 속에서의 음속을 옳게 나타낸 식은? (단, ρ=밀도, P=압력, k=비열비, $\overline{R}$=일반기체상수, M=분자량이다.)

① $\sqrt{\dfrac{k}{\rho}}$ ② $\sqrt{\dfrac{d\rho}{dP}}$

③ $\sqrt{\dfrac{\rho}{kP}}$ ④ $\sqrt{k\dfrac{\overline{R}\,T}{M}}$

[해설] 음속(a)

㉠ $a = \sqrt{k\overline{R}T} = \sqrt{k\dfrac{\overline{R}}{M}T}$ (R=kJ/kgk일 때)

㉡ $a = \sqrt{kg\overline{R}T} = \sqrt{kg\dfrac{\overline{R}}{M}T}$ (R=kg·m/kgk일 때)

여기서, R(특정기체상수) $= \dfrac{\overline{R}}{M}$

07. 압력 750mmHg는 물의 수두로는 약 몇 mmH_2O인가?

① 1.033 ② 102

③ 1,033 ④ 10,200

[해설] $P = 750\text{mmHg} \times \dfrac{10,332\text{mH}_2\text{O}}{760\text{mmHg}} = 10,200\text{mH}_2\text{O}$

여기서, $760\text{mmHg} = 10,332\text{mH}_2\text{O}$이다.

정답 01. ③ 02. ② 03. ④ 04. ① 05. ① 06. ④ 07. ④

08. 6cm×12cm인 직사각형 단면의 관에 물이 가득 차 흐를 때 수력 반지름은 몇 cm인가?

① $\dfrac{3}{2}$　　　　　　② 2

③ 3　　　　　　　　④ 6

[해설] 수력반경(R_h)

$$R_h = \dfrac{\text{유동단면적}}{\text{접수변의 길이}} = \dfrac{6 \times 12}{2 \times 6 + 2 \times 12} = 2\text{cm}$$

09. 노점(dew point)에 대한 설명으로 틀린 것은?

① 액체와 기체의 비체적이 같아지는 온도이다.
② 등압과정에서 응축이 시작되는 온도이다.
③ 대기 중의 수증기의 분압이 그 온도에서 포화수증 기압과 같아지는 온도이다.
④ 상대습도가 100%가 되는 온도이다.

[해설] 노점온도(dew point)
㉠ 상대습도가 100% 이상 되면 수증기가 응축된다. 이때의 온도를 말한다.
㉡ 대기 중의 수증기가 응축하기 시작하는 온도이다.
㉢ 대기 중의 수증기의 분압이 그 온도에서 포화수증기압과 같아지는 온도이다.

10. 물의 23m/s의 속도로 노즐에서 수직상방으로 분사될 때 손실을 무시하면 약 몇 m까지 물이 상승하는가?

① 13　　　　　　　② 20

③ 27　　　　　　　④ 54

[해설] $H = \dfrac{V^2}{2g}$ 식에서

$$H = \dfrac{23^2}{2 \times 9.8} = 27\text{m}$$

11. 수평 원관 내에서의 유체흐름을 설명하는 Hagen -Poiseuille 식을 얻기 위해 필요한 가정이 아닌 것은?

① 완전히 발달된 흐름
② 정상상태 흐름

③ 층류
④ 퍼텐셜 흐름

[해설] Hagen-Poiseuille 식은 실제유체에 대한 식이지만 포텐셜 흐름은 유체가 점도를 갖지 않는다고 가정할 수 있는 경계층 외부 영역의 흐름. 즉, 이상유체와 같은 흐름이기 때문에 Hagen-Poiseuille 식은 적용될 수 없다.

12. 아음속에서 초음속으로 속도를 변화시킬 수 있는 노즐은?

① 축소·확대노즐　　② 확대·축소노즐

③ 확대노즐　　　　　④ 축소노즐

[해설] 축소·확대노즐
㉠ 축소노즐 : $M < 1$ (아음속 흐름)
㉡ 목 : $M = 1$ (음속 흐름)
㉢ 확대노즐 : $M > 1$ (초음속 흐름)

13. 유량 1m³/min, 전양전 15m이며 효율이 0.78인 물을 사용하는 원심펌프를 설계하고자 한다. 펌프의 축동력은 몇 kW인가?

① 2.54　　　　　　② 3.14

③ 4.24　　　　　　④ 5.24

[해설] $L = \dfrac{rQH}{102 \times 60 \times \eta}$ 식에서

$$L = \dfrac{1,000 \times 1 \times 15}{102 \times 60 \times 0.78} = 3.14\text{kw}$$

14. 절대압력 4×10^4kgf/m² 이고, 온도가 15℃ 인 공기의 밀도는 약 몇 kg/m³인가? (단, 공기의 기체상수는 29.27kgf·m/kg·k이다.)

① 2.75　　　　　　② 3.75

③ 4.75　　　　　　④ 5.75

[해설] $PV = GRT$, $\rho = G/V$ 식에서

$$\rho = G/V = \dfrac{P}{RT} = \dfrac{4 \times 10^4}{29.27(273 + 15)} = 4.75\text{kg/m}^3$$

15. 안지름 100mm인 관속을 압력 5kgf/cm²이고, 온도가 15℃인 공기가 20kg/s의 비율로 흐를 때 평균유속은? (단, 공기의 기체상수는 29.27kgf·m/kg·K이다.)

① 42.8m/s ② 58.1m/s
③ 429m/s ④ 558m/s

해설 질량유량$(G_m) = \rho A V$

$$V = \frac{G_m}{\rho A} = \frac{20}{5.93 \times 7.85 \times 10^{-3}} = 429\text{m/s}$$

$$\rho = \frac{P}{RT} = \frac{5 \times 10^4}{29.27 \times (273 + 15)} = 5.93\text{kg/m}^3$$

$$A = \frac{\pi d^2}{4} = \frac{\pi \times 0.1^2}{4} = 7.85 \times 10^{-3}\text{m}^2$$

16. 왕복펌프에서 맥동을 방지하기 위해 설치하는 것은?

① 펌프구동용 원동기
② 공기실(에어챔버)
③ 펌프케이싱
④ 펌프회전차

해설 공기실과 프라이밍
㉠ 공기실 : 왕복펌프에서 맥동 현상 방지
㉡ 프라이밍 : 원심펌프에서 펌프가동 전에 펌프케이싱 부분에 물을 충만하는 것

17. 공동현상(Cavitation) 방지책으로 옳은 것은?

① 펌프의 설치위치를 될 수 있는 대로 낮춘다.
② 펌프 회전수를 높게 한다.
③ 양흡입을 단흡입으로 바꾼다.
④ 손실수두를 크게 한다.

해설 공동현상(cavitation)방지 대책
㉠ 양흡입 펌프를 사용한다.
㉡ 수직축 펌프를 사용하고 회전차를 수중에 잠기게 한다.
㉢ 펌프를 두 대 이상 설치한다.
㉣ 펌프의 회전수를 낮춘다.
㉤ 펌프의 설치 위치를 낮추어 흡입양정을 짧게 한다.
㉥ 관경을 크게 하고 흡입측의 저항을 최소로 줄인다.

18. 베르누이의 방정식의 쓰이지 않는 head(수두)는?

① 압력수두 ② 밀도수두
③ 위치수두 ④ 속도수두

해설 베르누이 방정식

$$H = \frac{P}{r} + \frac{V^2}{2g} + Z = C$$

H : 전수두 $\dfrac{P}{r}$: 압력수두

$\dfrac{V^2}{2g}$: 속도수두 Z : 위치수두

19. 공기가 79vol% N_2와 21vol% O_2로 이루어진 이상기체 혼합물이라 할 때 25℃, 750mmHg에서 밀도는 약 몇 kg/m³인가?

① 1.16 ② 1.42
③ 1.56 ④ 2.26

해설 $\rho = \dfrac{P}{RT} = \dfrac{10,196}{29.4 \times (273 + 25)} = 1.16\text{kg/m}^3$

여기서, $M = 0.79 \times 28 + 0.21 \times 32 = 28.84\text{g}$

$$R = \frac{848}{M} = \frac{848}{28.84} = 29.4\text{kg·m/kg kmol k}$$

$$P = 750\text{mmHg} \times \frac{1.0332\text{kg/cm}^2}{760\text{mmHg}} = 1.0196\text{kg/cm}^2$$

$$= 1.0196 \times 10^4 \text{kg/m}^2 = 10,196\text{kg/m}^2$$

20. 힘의 차원을 질량 M, 길이 L, 시간 T로 나타낼 때 옳은 것은?

① MLT^{-2} ② $ML^{-3}T^{-2}$
③ $ML^{-2}T^3$ ④ MLT^{-1}

해설 힘의 차원
힘의 단위 : Newton에서
$1\text{N} = 1\text{kg·m/s}^2 \rightarrow ML/T^2 = MLT^{-2}$

제2과목　연소공학

21. 랭킨사이클(Rankine cycle)에 대한 설명으로 옳지 않는 것은?

① 증기기관의 기본 사이클로 상의 변화를 가진다.
② 두 개의 단열변화와 두 개의 등압변화로 이루어져 있다.
③ 열효율을 높이려면 배압을 높게 하되 초온 및 초압을 낮춘다.
④ 단열압축 → 정압가열 → 단열팽창 → 정압냉각의 과정으로 되어 있다.

[해설] 랭킨사이클의 열효율
초온(터빈입구 온도), 초압(터빈입구 압력)이 높을수록 배압(보일러 입구압력)이 낮을수록 증가한다.

22. 다음 [그림]은 적화식 연소에 의한 가연성가스의 불꽃형태이다. 다음 중 불꽃온도가 가장 낮은 곳은?

① A
② B
③ C
④ D

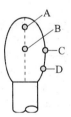

[해설] 적화염의 온도분포
A : 870℃, B : 200℃, C : 800℃, D : 500℃

23. 체적 3m³의 탱크 안에 20℃, 100kPa의 공기가 들어있다. 40kJ의 열량을 공급하면 공기의 온도가 약 몇 ℃가 되는가? (단, 공기의 정적비열(Cv)는 0.717kJ/kg·K이다.)

① 22
② 36
③ 44
④ 53

[해설] $Q = GC_v(t_2 - t_1)$ 식에서
$$t_2 = \frac{Q}{GC_v} + t_1 = \frac{40}{3.57 \times 0.717} + 20 = 36℃$$

여기서, $PV = GRT$ 식에서
$$G = \frac{PV}{RT} = \frac{100 \times \frac{10,332}{101.325} \times 3}{\frac{848}{29} \times (273 + 20)} = 3.57\text{kg}$$

24. 다음 [그림]은 프로판-산소, 수소-공기, 에틸렌-공기, 일산화탄소-공기의 층류연소속도를 나타낸 것이다. 이중 프로판-산소 혼합기의 층류연소속도를 나타낸 것은?

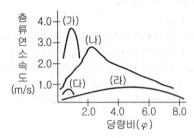

① (가)
② (나)
③ (다)
④ (라)

[해설] 각종혼합기의 층류연소 속도
㉠ (가) : 프로판-산소
㉡ (나) : 수소-공기
㉢ (다) : 에틸렌-공기
㉣ (라) : 일산화탄소-공기

25. 위험도는 폭발가능성을 표시한 수치로서 수치가 클수록 위험하며 폭발상한과 하한의 차이가 클수록 위험하다. 공기 중 수소(H₂)의 위험도는 얼마인가?

① 0.94
② 1.05
③ 17.75
④ 71

[해설] 위험도$(H) = \dfrac{\text{폭발상한} - \text{폭발하한}}{\text{폭발하한}}$ 식에서
수소의 폭발 범위 : 4~75%
수소의 위험도$(H) = \dfrac{75 - 4}{4} = 17.75$

21. ③　22. ②　23. ②　24. ①　25. ③　[정답]

26. Flah fire에 대한 설명으로 옳은 것은?

① 느린 폭연으로 중대한 과압이 발생하지 않는 가스운에서 발생한다.

② 고압의 증기압 물질을 가진 용기가 고장으로 인해 액체의 flashing에 의해 발생된다.

③ 누출된 물질이 연료하면 BLEVE는 매우 큰 화구가 뒤따른다.

④ Flash fire는 공정지역 또는 offshore 모듈에서는 발생할 수 없다.

[해설] Flash Fire
㉠ 넓게 퍼진 증기운의 지연발화에 의한 화재로서 근본적으로는 연소속도의 증가가 없는 경우이다.
㉡ UVCE와 같은 폭풍파에 의한 손상은 일어나지 않는다.
㉢ 화염속도는 UVCE의 경우만큼 크지는 않지만 증기운의 가연성 영역 전체에 걸쳐 빠르게 화재가 확산된다.

27. 다음 [보기]에서 비등액체팽창증기폭발(BLEVE) 발생의 단계를 순서에 맞게 나열한 것은?

> **보기**
>
> A. 탱크가 파열되고 그 내용물이 폭발적으로 증발한다.
> B. 액체가 들어있는 탱크의 주위에서 화재가 발생한다.
> C. 화재에 의한 열에 의하여 탱크의 벽이 가열된다.
> D. 화염이 열을 제거시킬 액이 없고 증기만 존재하는 탱크의 벽이나 천장(roof)에 도달하면, 화염과 접촉하는 부위의 금속의 온도는 상승하여 탱크의 구조적 강도를 잃게 된다.
> E. 액위 이하의 탱크 벽은 액에 의하여 냉각되나, 액의 온도는 올라가고, 탱크 내의 압력이 증가한다.

① E-D-C-A-B ② E-D-C-B-A
③ B-C-E-D-A ④ B-C-D-E-A

[해설] 비등액체 팽창 증기폭발(BLEVE)
가스 저장탱크 지역의 화재발생시 저장탱크가 가열되어 탱크 내 액체부분은 급격히 증발(비등)하고 가스 부분은 온도 상승과 비례하여 탱크 내 압력의 급격한 상승을 초래하게 되고 탱크가 계속 가열되면 용기 강도는 저하되고 내부 압력은 상승하여 어느 시점이 되면 저장탱크의 설계압력을 초래하게 되고 탱크가 파괴되어 급격한 폭발현상을 일으키는 형태이다.

28. 폭굉(detonation)에 대한 설명으로 옳지 않은 것은?

① 폭굉파는 음속 이하에서 발생한다.

② 압력 및 화염속도가 최고치를 나타낸 곳에서 일어난다.

③ 폭굉유도거리는 혼합기의 종류, 상태, 관의 길이 등에 따라 변화한다.

④ 폭굉은 폭약 및 화약류의 폭발, 배관 내에서의 폭발 사고 등에서 관찰된다.

[해설] 폭굉파는 음속 이상에서 발생한다(1,000~3,500m/s).

29. 공기나 증기 등의 기체를 분무매체로 하여 연료를 무화시키는 방식은?

① 유압 분무식 ② 이류체 무화식
③ 충돌 무화식 ④ 정전 무화식

[해설] 무화 방법
㉠ 유압무화식 : 연료 자체에 압력을 주어 무화
㉡ 이류체 무화식 : 증기, 공기를 이용하여 무화
㉢ 회전 이류체 무화 : 원심력 이용
㉣ 충돌 무화식 : 연료끼리 혹은 금속판에 충돌시켜 무화
㉤ 진동 무화식 : 음파에 의하여 무화
㉥ 정전기 무화식 : 고압 정전기 이용

30. 공기와 연료의 혼합기계의 표시에 대한 설명 중 옳은 것은?

① 공기비(excess air ratio)는 연공비의 역수와 같다.

② 연공비(fuel air ratio)라 함은 가연 혼합기 중의 공기와 연료의 질량비로 정의된다.

③ 공연비(air fuel ratio)라 함은 가연 혼합기 중의 연료와 공기의 질량비로 정의된다.

④ 당량비(equivalence ratio)는 실체의 연공비와 이론연공비의 비로 정의된다.

[해설] 공기와 연료의 혼합기체의 표시
㉠ 공기비 : 실제공기량과 이론공기량의 비로서 당량비의 역수이다.
㉡ 공연비 : 공기와 연료의 질량비이다.
㉢ 연공비 : 연료와 공기의 질량비이다.

31. 정상 및 사고(단선, 단락, 지락 등)시에 발생하는 전기 불꽃, 아크 또는 고온부에 의하여 가연성 가스가 점화되지 않는 것이 점화시험, 기타 방법에 의하여 확인된 방폭구조의 종류는?

① 내압 방폭구조   ② 본질안전 방폭구조
③ 안전증 방폭구조   ④ 압력 방폭구조

[해설] 본질안전 방폭구조(ia 또는 ib)
정상시 및 사고시에 발생하는 전기불꽃 및 고온부로부터 폭발성 가스에 점화되지 않는다는 공적기관에서 점화시험 및 기타 방법에 의해 확인된 구조

32. 불활성화에 대한 설명으로 틀린 것은?

① 가연성 혼합가스 중의 산소농도를 최소산소농도(MOC) 이하로 낮게 하여 폭발을 방지하는 것이다.
② 일반적으로 실시되는 산소농도의 제어점은 최소산소농도(MOC)보다 약 4% 낮은 농도이다.
③ 이너트 가스로는 질소, 이산화탄소, 수증기가 사용된다.
④ 일반적으로 가스의 MOC는 보통 10% 정도이고 분진인 경우에는 1% 정도로 낮다.

[해설] 최소 산소농도(MOC)
㉠ 이너팅 : 가연성 혼합가스에 불활성 가스를 주입하여 산소의 농도를 최소산소농도(MOC) 이하로 낮게 하는 공정
㉡ 산소 농도 제어점 MOC보다 4% 정도 낮은 농도
㉢ 일반적인 가스의 MOC는 보통 10% 정도이고 분진인 경우에는 8% 정도이다.

33. −190℃, 0.5MPa의 질소기체를 20MPa으로 단열압축했을 때의 온도는 약 몇 ℃인가?(단, 비열비(k)는 1.41이고 이상기체로 간주한다.)

① −15℃   ② −25℃
③ −30℃   ④ −35℃

[해설] $T_2 = \left(\dfrac{P_2}{P_1}\right)^{\frac{k-1}{k}} \times T_1$ 식에서

$T_2 = \left(\dfrac{20}{0.5}\right)^{\frac{1.41-1}{1.41}} \times (273-190) = 241.9k$

$t_2 = 241.9 - 273 = -31℃$

34. 층류의 연소화염 측정법 중 혼합기에 유속을 일정하게 하여 유속으로 연소속도를 측정하는 방법은?

① 평면화염 버너법   ② 분젠 버너법
③ 비누 방울법   ④ 슬롯노즐 연소법

[해설] 층류연소속도 측정법
㉠ 비누 방울법 : 비누 방울이 연소의 진행으로 팽창되어 연소속도를 측정할 수 있다.
㉡ 슬롯 버너법 : 미연소 혼합기의 유속 및 유선과 화염면이 이루는 각(α)를 측정하면 연소속도가 결정된다.
㉢ 평면화염 버너법 : 혼합기에 유속을 일정하게 하여 유속으로 연소속도를 측정한다.
㉣ 분젠 버너법 : 버너 내부의 시간당 화염이 소비되는 체적을 이용하여 연소속도를 측정한다.

35. 298.15k, 0.1MPa에서 메탄(CH₄)의 연소엔탈피는 약 몇 MJ/kg인가?(단, CH₄, CO₂, H₂O의 생성엔탈피는 각각 −74,875, −393,522, −241,827kJ/kmol이다.)

① −40   ② −50
③ −60   ④ −70

[해설] $CH_4 + 2O_2 \rightarrow CO_2 + 2H_2O$
H=74,875−393,522+2×241,827=−802,301kJ/kmol
= −802.301MJ/kmol=−802.301/16=−50MJ/kg

36. 기체연료를 미리 공기와 혼합시켜 놓고, 점화해서 연소하는 것으로 연소실부하율을 높게 얻을 수 있는 연소방식은?

① 확산연소   ② 예혼합연소
③ 증발연소   ④ 분해연소

[해설] 예혼합연소방식
기체연료와 공기를 버너에서 혼합시킨 후 열소실에 분사하는 방식으로 화염이 짧고 높은 화염온도를 얻을 수 있는 방식

37. B급 화재가 발생하였을 때 가장 적당한 소화약제는?

① 건조사, CO 가스
② 불연성기체, 유기소화액
③ CO_2, 포·분말 약제
④ 봉상주수, 산·알칼리액

해설 화재의 종류와 소화약제
㉠ A급 화재(일반화재) : 봉상주수, 포말, 산·알칼리액
㉡ B급 화재(유류화재) : 포말, 분말, CO_2 약제
㉢ C급 화재(전기화재) : 유기소화액, 불연성기체
㉣ D급 화재(금속화재) : 건조사, 건조규조토
㉤ E급 화재(가스화재) : 분말, CO_2, 할론 약제

38. 다음 중 임계압력을 가장 잘 표현한 것은?

① 액체가 증발하기 시작할 때의 압력을 말한다.
② 액체가 비등점에 도달했을 때의 압력을 말한다.
③ 액체, 기체, 고체가 공존할 수 있는 최소 압력을 말한다.
④ 임계온도에서 기체를 액화시키는데 필요한 최저의 압력을 말한다.

해설 임계압력과 임계온도
㉠ 임계압력 : 기체를 액화시키는데 필요한 최저의 압력
㉡ 임계온도 : 기체를 액화시키는데 필요한 최고의 온도

39. 디젤 사이클에서 압축비 10, 등압팽창비(체절비) 1.8일 때 열효율은 약 얼마인가? (단, 비열비는 k=CP/Cv =1.30이다.)

① 30.3%
② 38.2%
③ 42.5%
④ 44.7%

해설 $\eta = 1 - \left(\dfrac{1}{\epsilon}\right)^{k-1} \times \dfrac{(\sigma^k - 1)}{k(\sigma - 1)}$ 식에서

$\eta = 1 - \left(\dfrac{1}{10}\right)^{1.3-1} \times \dfrac{(1.8^{1.3} - 1)}{1.3(1.8-1)}$

$= 0.447 = 44.7\%$

40. 1kWh의 열당량은?

① 376kcal
② 427kcal
③ 632kcal
④ 860kcal

해설 동력
㉠ 1PSh=632.3kcal
㉡ 1kWh=860kcal

제3과목   **가스설비**

41. 저온장치용 금속재료에 있어서 일반적으로 온도가 낮을수록 감소하는 기계적 성질은?

① 항복점
② 경도
③ 인장강도
④ 충격값

해설 온도가 낮을수록 인장강도는 증가하나 연신율, 충격치는 감소한다.

42. 외경과 내경의 비가 1.2 이상인 산소가스 배관 두께를 구하는 식은 $t = \dfrac{D}{2}\left(\sqrt{\dfrac{\frac{f}{s}+P}{\frac{f}{s}-P}} - 1\right) + C$이다.

D는 무엇을 의미하는가?

① 배관의 내경
② 내경에서 부식여유에 상당하는 부분을 뺀 부분의 수치
③ 배관의 상용압력
④ 배관의 지름

해설 ㉠ t : 배관의 두께(mm)의 수치
㉡ P : 상용압력(MPa)의 수치
㉢ D : 내경에서 부식여유에 상당하는 부분을 뺀 부분(mm)의 수치
㉣ f : 재료의 인장강도(N/mm^2)규격 최소치이거나 항복점 (N/mm^2) 규격 최소치의 1.6배
㉤ C : 관내면의 부식여유의 수치(mm)
㉥ S : 안전율

정답   37. ③   38. ④   39. ④   40. ④   41. ④   42. ②

43. 나프타의 접촉개질 장치의 주요 구성이 아닌 것은?

① 증류탑　　　　　② 예열로
③ 기액분리기　　　④ 반응기

해설 나프타의 접촉개질 장치의 주요구성
반응기, 기액분리기, 반응기

44. 역카르노 사이클의 경로로서 옳은 것은?

① 등온팽창-단열압축-등온압축-단열팽창
② 등온팽창-단열압축-단열팽창-등온압축
③ 단열압축-등온팽창-등온압축-단열팽창
④ 단열압축-단열팽창-등온팽창-등온압축

해설 역카르노 사이클
등온팽창(증발기)-단열압축(압축기)-등온압축(응축기)-
단열팽창(팽창밸브)

45. 수소가스 집합장치의 설계 매니폴드 지관에서 감압밸브는 상용압력이 14MPa인 경우 내압시험 압력은 얼마인가?

① 14MPa　　　　　② 21MPa
③ 25MPa　　　　　④ 28MPa

해설 내압시험압력=상용압력×1.5배에서
내압시험압력=14×1.5=21MPa

46. 아세틸렌(C_2H_2) 가스의 분해폭발을 방지하기 위한 희석제의 종류가 아닌 것은?

① CO　　　　　　② C_2H_4
③ H_2S　　　　　④ N_2

해설 희석제의 종류
질소(N_2), 메탄(CH_4), 일산화탄소(CO), 에틸렌(C_2H_4)

47. LPG를 지상의 탱크로리에서 지상의 저장탱크로 이송하는 방법으로 가장 부적절한 것은?

① 위치에너지를 이용한 자연충전방법
② 차압에 의한 충전방법
③ 액펌프를 이용한 측정방법
④ 압축기를 이용한 충전방법

해설 LP가스 이충전 방법
㉠ 두 탱크의 압력차에 의한 방법
㉡ 펌프에 의한 방법
㉢ 압축기에 의한 방법

48. 펌프를 운전할 때 펌프 내에 액이 충만하지 않으면 공회전하여 펌핑이 이루어지지 않는다. 이러한 형상을 방지하기 위하여 펌프 내에 액을 충만시키는 것을 무엇이라 것은?

① 맥동　　　　　　② 프라이밍
③ 캐비테이션　　　④ 서징

해설 프라이밍과 공기실
㉠ 프라이밍 : 원심펌프에서 펌프를 운전하기 전에 케이싱 내부에 액을 채우는 작업
㉡ 공기실 : 왕복펌프에서 맥동현상을 방지

49. 에틸렌, 프로필렌, 부틸렌과 같은 탄화수소의 분류로 올바른 것은?

① 파라핀계　　　　② 방향족계
③ 나프틴계　　　　④ 올레핀계

해설 올레핀계 탄화수소
탄소끼리 2개의 결합수로써 결합된 이중결합(불포화결합)이 하나 들어 있는 것이 특징으로서 에틸렌, 프로필렌, 부틸렌과 같은 탄화수소로 분류된다.

50. 가스보일러의 물탱크의 수위를 다이어프램에 의해 압력변화로 검출하여 전기접점에 의해 가스회로를 차단하는 안전장치는?

① 헛불방지장치　　② 동결방지장치
③ 소화안전장치　　④ 과열방지장치

해설 헛불 방지 장치
㉠ 보일러 관내에 물이 흐르지 않을 때나 물이 없을 때 버너가 점화되면 연소기가 파손되거나 화재 및 폭발 등의 사고의 발생하게 된다. 따라서 물이 있을 때에만 가스 통로가 열리도록한 장치이다.
㉡ 보통 수압에 의하여 작동 되도록 하여 보일러의 물이 통로에 흐르면 다이어프램을 밀어 다이어프램에 연결된 가스밸브가 밀려서 열리고 물이 흐르지 않으면 다이어프램과 가스밸브가 원 위치로 돌아가 가스통로를 차단하는 수압자동가스밸브를 사용한다.

---

43. ①　44. ①　45. ②　46. ③　47. ①　48. ②　49. ④　50. ①　**정답**

51. LPG 용기 밸브 충전구의 일반적 나사 형식과 암모니아의 나사 형식이 바르게 연결된 것은?

① 숫나사–암나사

② 암나사–숫나사

③ 왼나사–오른나사

④ 오른나사–왼나사

해설 용기 밸브 충전구 나사 형식
모든 가연성 가스는 왼나사이다(단, NH_3, CH_3Br은 오른나사).

52. 가스 제조공정인 수증기 개질 공장에서 주로 사용되는 촉매는 어느 계통인가?

① 철   ② 니켈

③ 구리   ④ 비금속

해설 수증기 개질 공정
가스전에서 채취한 천연가스를 합성가스 제조공정에 사용하기 위해서는 황화수소(H_2S)를 제거하기 위한 단계가 필요하다. 정제된 가스는 수증기와 혼합되어 일차 반응기로 주입된다. 니켈 타입의 촉매하에 700~800℃, 30~50atm의 조건에서 개질반응을 한다.
㉠ $CH_4 + H_2O \rightarrow CO + 3H_2$
㉡ $CH_4 + 2H_2O \rightarrow CO_2 + 4H_2$

53. -160℃의 LNG(액비중 : 0.46, CH_4, 90% C_2H_6 : 10%)를 기화시켜 10℃의 가스로 만들면 체적은 몇 배가 되는가?

① 635   ② 614

③ 592   ④ 552

해설 $PV = GRT$ 식에서

$$V = \frac{G \times \frac{848}{M} \times T}{P}$$

$$= \frac{460 \times \frac{848}{17.4} \times (273 + 10)}{1.0332 \times 10^4} = 614 m^3$$

여기서, ㉠ 액비중 0.46은 $460 kg/m^3$
즉, -160℃ LNG $1m^3 \rightarrow 460 kg$
㉡ $M = 0.9 \times 16 + 0.1 \times 30 = 17.4$

54. 액화석유가스는 상온(15℃)에서 압력을 올렸을 때 쉽게 액화시킬 수 있으나 메탄은 상온(15℃)에서 액화할 수 없는 이유는?

① 비중 때문에   ② 임계압력 때문에

③ 비점 때문에   ④ 임계온도 때문에

해설 임계온도
㉠ LPG : C_3H_8(96.7℃), C_4H_{10}(152℃)
㉡ 메탄(CH_4) : -82℃
※임계온도 : 가스를 액화시킬 수 있는 최고의 온도.
즉, 임계온도 이상에서는 액화가 되지 않는다.

55. LPG에 대한 설명으로 틀린 것은?

① 액화석유가스를 뜻한다.

② 프로판, 부탄 등을 주성분으로 한다.

③ 상온, 상압 하에서 기체이나 가압, 냉각에 의해 쉽게 액체로 변한다.

④ 석유의 증류, 정제 과정에서는 생성되지 않는다.

해설 석유의 증류 정제과정에서 LPG(C_3H_8, C_4H_{10})를 얻는다.

56. 다음 가스장치의 사용재료 중 구리 및 구리합금이 사용 가능한 가스는?

① 산소   ② 황화수소

③ 암모니아   ④ 아세틸렌

해설 동 및 동합금 사용금지(단, 62% 미만의 동합금은 사용가능)
아세틸렌, 암모니아, 황화수소

57. 가스보일러에 설치되어 있지 않은 안전장치는?

① 과열 방지장치   ② 헛불 방지장치

③ 전도 안전장치   ④ 과압 방지장치

해설 가스보일러에 설치되는 안전장치
㉠ 과열 방지장치
㉡ 헛불 방지장치(저수위 차단)
㉢ 저온동결 안전장치
㉣ 과압 방지 안전장치

정답 51. ③   52. ②   53. ②   54. ④   55. ④   56. ①   57. ③

58. 가스렌지에 연결된 호스에 직경 1.0mm의 구멍이 뚫려 250mmH₂O 압력으로 LP가스가 3시간 동안 누출되었다면 LP가스의 분출량은 약 몇 L인가? (단, LP가스의 비중은 1.2이다.)

① 360

② 390

③ 420

④ 450

[해설] $Q = 0.009D^2\sqrt{\dfrac{P}{S}}$ (m³/h) 식에서

$Q = 0.009 \times 1^2 \sqrt{\dfrac{250}{1.2}}$ (m³/h) $\times$ 3h $\times$ 1,000l/m³ $= 390l$

59. 가스액화 원리인 주울-톰슨 효과에 대한 설명으로 옳은 것은?

① 압축가스를 등온팽창 시키면 온도나 압력이 증대

② 압축가스를 단열팽창 시키면 온도나 압력이 강하

③ 압축가스를 단열압축 시키면 온도나 압력이 증대

④ 압축가스를 등온압축 시키면 온도나 압력이 강하

[해설] 주울-톰슨의 효과
압축가스를 단열팽창(팽창밸브) 시키면 온도와 압력이 강하되고 엔탈피는 변화하지 않는다(등엔탈피과정).

60. 콕 및 호스에 대한 설명으로 옳은 것은?

① 고압고무호스 중 투원호스는 차압 0.1MPa 이하에서 정상적으로 작동하는 체크밸브를 부착하여 제작한다.

② 용기밸브 및 조정기에 연결하는 이음쇠의 나사는 오른나사로서 W22.5×14T, 나사부의 길이는 12mm 이상으로 한다.

③ 상자콕은 카플러 안전기구 및 과류차단 안전기구가 부착된 것으로서 배관과 카플러를 연결하는 구조이고, 주물황동을 사용할 수 있다.

④ 카플러 안전기구부 및 과류차단 안전기구부는 4.2kPa 이상의 압력에서 1시간당 누출량이 카플러 안전기구부는 1.0L/h 이하, 과류차단 안전기구부는 0.55L/h 이하가 되도록 제작한다.

[해설] 콕 및 호스
①항 : 차압 70kPa
②항 : 이음쇠의 나사는 왼나사
④항 : 커플러 안전기구부는 0.55l 이하
　　　 과류차단 안전기구부는 1.0l 이하

제**4**과목   **가스안전관리**

61. 공기액화분리기에 설치된 액화 산소통 내의 액화산소 5L 중 아세틸렌의 질량이 몇 mg을 넘을 때에는 그 공기액화분리기의 운전을 중지하고 액화산소를 방출하여야 하는가?

① 5

② 50

③ 100

④ 500

[해설] 공기액화 분리장치
액화 산소통 내의 액화산소 5l 중 아세틸렌 질량이 5mg 또는 탄화수소 중 탄소의 질량이 500mg을 초과할 때 운전을 중지하고 액화산소를 방출한다.

62. 대기차단식 가스보일러에 의무적으로 장착하여야 하는 부품이 아닌 것은?

① 저수위 안전장치

② 압력계

③ 압력팽창탱크

④ 과압 방지용 안전장치

[해설] 대기차단식 가스보일러의 장치
㉠ 압력계
㉡ 압력팽창탱크
㉢ 과압 방지용 안전장치
㉣ 헛불 방지장치
㉤ 공기 자동배기장치
[참고] 대기개방식 가스보일러의 장치 : 저수위 안전장치

---

58. ②   59. ②   60. ③   61. ①   62. ①   정답

63. 가스누출경보 및 자동차단장치의 기능에 대한 설명으로 틀린 것은?

① 독성가스의 경보농도는 TLV−TWA 기준 농도 이하로 한다.

② 경보농도 설정치는 독성가스용에서는 ±30% 이하로 한다.

③ 가연성가스경보기는 모든 가스에 감응하는 구조로 한다.

④ 검지에서 발신까지 걸리는 시간은 경보농도의 1.6배 농도에서 보통 30초 이내로 한다.

해설 가스누출검지경보장치는 가연성가스 또는 독성가스의 누출을 검지하여 그 농도를 지시함과 동시에 경보를 울리는 것으로서 그 기능은 가스의 종류에 따라 적절하여야 한다.

64. 운반하는 액화염소의 질량이 500kg인 경우 갖추지 않아도 되는 보호구는?

① 방독마스크   ② 공기호흡기

③ 보호의   ④ 보호장화

해설 독성가스 운반시 휴대할 보호구
㉠ 액화가스 1,000kg(압축 100m³) 미만 : 방독마스크, 보호의, 보호 장갑, 보호 장화
㉡ 액화가스 1,000kg(압축 100m³) 이상 : 방독마스크, 공기호흡기, 보호의, 보호 장갑, 보호장화

65. 염소와 동일 차량에 혼합 적재하여 운반이 가능한 가스는?

① 암모니아   ② 산화에틸렌

③ 시안화수소   ④ 포스겐

해설 염소는 독성, 조연성가스이고 포스겐은 독성가스 이므로 혼합적재 운반이 가능하다.

66. LPG를 사용할 때 안전관리상 용기는 옥외에 두는 것이 좋다. 그 이유로 가장 옳은 것은?

① 옥외 쪽이 가스가 누출되어도 확산이 빨라 사고가 발생하기 어렵기 때문에

② 옥내는 수분이 있어 용기의 부식이 빠르기 때문에

③ 옥외 쪽이 햇빛이 많아 가스방출이 쉽기 때문에

④ 관련법 상 용기는 옥외에 저장토록 되어있기 때문에

해설 LPG 용기 보관
옥내(환기불충분) 및 직사광선(온도상승)을 받지 않는 옥외에 보관한다.

67. 다음 [보기]의 가스 중 비중이 큰 것으로부터 옳게 나열한 것은?

> **보기**
>
> ㉮ 염소   ㉯ 공기
>
> ㉰ 일산화탄소   ㉱ 아세틸렌
>
> ㉲ 이산화질소   ㉳ 아황산가스

① ㉮−㉳−㉲−㉯−㉰−㉱

② ㉳−㉮−㉲−㉯−㉱−㉰

③ ㉮−㉲−㉳−㉰−㉯−㉱

④ ㉳−㉮−㉯−㉱−㉲−㉰

해설 분자량(M)
㉠ Cl_2(71g), 공기(29g), CO(28g), C_2H_2(26g), NO_2(46g), SO_2(64g)
㉡ 가스비중$= \dfrac{M}{29}$, 즉, 분자량이 클수록 비중이 크다.

68. 지상에 설치하는 저장탱크 주위에 방류둑을 설치하지 않아도 되는 경우는?

① 저장능력 5톤의 염소탱크

② 저장능력 2,000톤의 액화산소탱크

③ 저장능력 1,000톤의 부탄탱크

④ 저장능력 5,000톤의 액화질소탱크

해설 방류둑 설치 적용대상

구분\n종류	독성가스	가연성가스	산소
특정 제조시설	5톤 이상	500톤 이상	1,000톤 이상
일반 제조시설	5톤 이상	1,000톤 이상	1,000톤 이상

69. 가스제조시설 등에 설치하는 플레어스택에 대한 설명으로 옳지 않은 것은?

① 긴급이송설비에 의하여 이송되는 가스를 안전하게 연소시킬 수 있는 것으로 한다.

② 설치 위치 및 높이는 플레어스택 바로 밑의 지표면에 미치는 복사열이 4,000kcal/m·h 이하가 되도록 한다.

③ 방출된 가스가 지상에서 폭발한계에 도달하지 아니하도록 한다.

④ 파이로트 버너는 항상 점화하여 두어야 한다.

해설 플레어스택은 가연성 가스를 연소시켜 대기로 방출하는 장치이고 ③항은 벤트스택에 관한 기준이다.

70. 최고충전압력 2.0MPa, 동체의 내경 65cm인 산소용 강재용접용기의 동판 두께는 약 몇 mm인가? (단, 재료의 인장강도 : 500N/mm², 용접효율 : 100%, 부식여유 : 1mm이다.)

① 2.30   ② 6.25   ③ 8.30   ④ 10.25

해설 $t = \dfrac{PD}{2S\eta - 1.2P} + C$ 식에서

$t = \dfrac{2 \times 650}{2 \times 500 \times \frac{1}{4} \times 1 - 1.2 \times 2} + 1 = 6.25\text{mm}$

여기서, S(허용강도) : 인장강도 $\times \dfrac{1}{4}$

71. 자동차용기충전시설에서 충전기의 시설기준에 대한 설명으로 옳은 것은?

① 충전기 상부에는 캐노피를 설치하고 그 면적은 공지면적의 2분의 1 이하로 한다.

② 배관이 캐노피 내부를 통과하는 경우에는 2개 이상의 점검구를 설치한다.

③ 캐노피 내부의 배관으로서 점검이 곤란한 장소에 설치하는 배관은 안전상 필요한 강도를 가지는 플랜지접합으로 한다.

④ 충전기 주위에는 가스누출자동 차단장치를 설치한다.

해설 충전기의 시설기준

㉠ 충전기 상부에는 캐노피를 설치하고 그 면적은 공지면적의 2분의 1 이하로 한다.

㉡ 배관이 캐노피 내부를 통과하는 경우에는 1개 이상의 점검구를 설치한다.

㉢ 캐노피 내부의 배관으로서 점검이 곤란한 장소에 설치하는 배관은 용접이음으로 한다.

㉣ 충전기 주위에는 정전기 방지를 위한 충전 이외의 필요없는 장비의 시설을 금지한다.

72. 밀폐된 목욕탕에서 도시가스 순간온수기를 사용하던 중 쓰러져서 의식을 잃었다. 사고 원인으로 추정할 수 있는 것은?

① 가스누출에 의한 중독

② 부취제에 의한 중독

③ 산소결핍에 의한 질식

④ 질소과잉으로 인한 질식

해설 밀폐된 목욕탕에서 순간온수기 사용시 사고 원인

㉠ 산소 결핍에 의한 질식사고

㉡ 산소 부족에 따른 불완전 연소에 의한 일산화탄소 중독사고

73. 고압가스제조시설 사업소에서 안전관리자가 상주하는 사업소와 현장사무소와의 사이 또는 현장사무소 상호간에 설치하는 통신설비가 아닌 것은?

① 휴대용확성기   ② 구내전화

③ 구내방송설비   ④ 인터폰

해설 현장사무소 상호 간의 통신시설

㉠ 페이징 설비   ㉡ 구내 방송설비

㉢ 구내전화   ㉣ 인터폰

74. 가연성가스와 산소의 혼합가스에 불활성가스를 혼합하여 산소 농도를 감소해가면 어떤 산소농도 이하에서는 점화하여도 발화되지 않는다. 이때의 산소 농도를 한계산소농도라 한다. 아세틸렌과 같이 폭발범위가 넓은 가스의 경우 한계산소 농도는 약 몇 %인가?

① 2.56%   ② 6.25%

③ 32.4%   ④ 81%

---

69. ③   70. ②   71. ①   72. ③   73. ①   74. ② **정답**

해설 한계산소농도(최소산소농도)=MOC

$$MOC = 폭발하한 \times \frac{산소몰수}{연료몰수}$$

$$= 2.5 \times \frac{2.5}{1} = 6.25\%$$

$$C_2H_2 + 2.5O_2 \rightarrow 2CO_2 + H_2O$$

75. 액화가스의 저장탱크 압력이 이상 상승하였을 때 조치사항으로 옳지 않은 것은?

① 가스방출밸브를 열어 가스를 방출시킨다.
② 살수장치를 작동시켜 저장탱크를 냉각시킨다.
③ 액 이입 펌프를 긴급히 정지시킨다.
④ 출구 측의 긴급차단밸브를 작동시킨다.

해설 출구측의 긴급차단밸브를 작동시 탱크 내의 액화가스는 탱크 내에 머물러 있어 탱크 내의 압력은 계속 상승하게 된다.

76. 최고충전압력의 정의로서 틀린 것은?

① 압축가스충전용기(아세틸렌가스 제외)의 35℃에서 용기에 충전할 수 있는 가스의 압력 중 최고압력
② 초저온용기의 경우 상용압력 중 최고압력
③ 아세틸렌가스 충전용기의 경우 25℃에서 용기에 충전할 수 있는 가스의 압력 중 최고압력
④ 저온용기 외의 용기로서 액화가스를 충전하는 용기의 경우 내압시험 압력의 3/5배의 압력

해설 25℃가 아니라 15℃이다.

77. 방폭전기 기기의 구조별 표시방법이 아닌 것은?

① 내압(內壓) 방폭구조
② 내열(內熱) 방폭구조
③ 유입(油入) 방폭구조
④ 안전증(安全增) 방폭구조

해설 방폭전기 기기의 구조별 표시방법
㉠ 내압 방폭구조(d)
㉡ 압력 방폭구조(P)

㉢ 유입 방폭구조(O)
㉣ 안전증 방폭구조(e)
㉤ 본질 안전 방폭구조(ia 또는 ib)

78. 차량에 고정된 탱크의 설계기준으로 틀린 것은?

① 탱크의 길이이음 및 원주이음은 맞대기 양면 용접으로 한다.
② 용접하는 부분의 탄소강은 탄소함유량이 1.0% 미만이어야 한다.
③ 탱크에는 지름 375mm 이상의 원형 맨홀 또는 긴 지름 375mm 이상, 짧은 지름 275mm 이상의 타원형 맨홀 1개 이상 설치한다.
④ 초저온탱크의 원주이음에 있어서 맞대기 양면 용접이 곤란한 경우에는 맞대기 한면 용접을 할 수 있다.

해설 용접하는 부분의 탄소강은 탄소 함유량이 0.35% 미만이어야 한다.

79. 다음 중 재검사를 받아야 하는 용기가 아닌 것은?

① 법이 정하는 기간이 경과한 용기
② 최고 충전압력으로 사용했던 용기
③ 손상이 발생된 용기
④ 충전 가스의 종류를 변경한 용기

해설 재검사를 받아야 하는 용기
㉠ 재검사 기간의 경과   ㉡ 손상의 발생
㉢ 합격표시의 훼손   ㉣ 충전할 고압가스 종류 변경

80. 액화석유가스 용기의 안전점검기준 중 내용적 얼마 이하의 용기의 경우에 "실내보관 금지" 표시 여부를 확인하는가?

① 1L   ② 10L
③ 15L   ④ 20L

해설 내용적 15ℓ 이하의 LPG 용기
실내보관 금지

제5과목 가스계측

81. 습식 가스미터의 기본형은?

① 임펠러형 　　　　② 오벌형
③ 드럼형 　　　　　④ 루트형

[해설] 습식가스미터(드럼형)
정확한 계량이 가능하고 사용 중에 기차의 변동이 거의 없으며 기준기용, 실험실용으로 사용

82. 온도계에 이용되는 것으로 가장 거리가 먼 것은?

① 열기전력 　　　　② 탄성체의 탄력
③ 복사에너지 　　　④ 유체의 팽창

[해설] 측정방법에 따른 분류
㉠ 열기전력 이용 : 열전대 온도계
㉡ 유체의 팽창(열팽창)이용 : 유리제봉상 온도계, 압력식 온도계
㉢ 복사 에너지 이용 : 방사 온도계, 광고 온도계, 색 온도계 등
㉣ 저항 변화 이용 : 저항 온도계, 서미스터
㉤ 상태 변화 이용 : 제게르 콘

83. LPG 저장탱크 내 액화가스의 높이가 2.0m 일 때, 바닥에서 받는 압력은 약 몇 kPa인가? (단, 액화석유가스 밀도는 0.5g/cm³ 이다.)

① 1.96 　　　　　② 3.92
③ 4.90 　　　　　④ 9.80

[해설] $P=rh$ 식에서
$P=500kg/m^3 \times 2.0m = 1,000kg/m^2 = 1,000 \times 9.8N/m^3$
$=9,800Pa=9.8kPa$
여기서, 1kPa=1,000Pa, 1Pa=1N/m², 1kg=9.8N

84. 부유 피스톤 압력계로 측정한 압력이 20kg/cm² 이었다. 이 압력계의 피스톤지름이 2cm, 실린더지름이 4cm일 때 추와 피스톤의 무게는 약 몇 kg인가?

① 52.6 　　　　　② 62.8
③ 72.6 　　　　　④ 82.8

[해설] 압력$(P)=\dfrac{\text{추와 피스톤의 무게}(W)}{\text{피스톤의 단면적}(A)}$ 식에서

$W=PA=20 \times \dfrac{\pi \times 2^2}{4}=6.28kg$

85. 연소로의 드레프트용으로 주로 사용되며 공기식 자동제어의 압력 검출용으로도 이용 가능한 압력계는?

① 부르동관 압력계 　　② 벨로스 압력계
③ 분동식 압력계 　　　④ 다이어프램 압력계

[해설] 다이어프램 압력계의 특징
㉠ 공기압식 자동제어의 압력 검출용으로 사용
㉡ 먼지를 함유한 액체, 점도가 높은 액체에 적합
㉢ 저압측정에 적합

86. 누출된 가스의 검지법으로서 연결이 잘못된 것은?

① 시안화수소-질산구리벤젠지
② 포스겐-하리슨 시약
③ 암모니아-요오드화칼륨전분지
④ 아세틸렌-염화 제1구리 착염지

[해설] 암모니아-리트머스 시험지

87. 강(steel)으로 만들어진 자(rule)로 길이를 잴 때 자가온도의 영향을 받아 팽창, 수축함으로서 발생하는 오차로 측정 중 온도가 높으면 길이가 짧게 측정되며, 온도가 낮으면 길이가 길게 측정되는 오차를 무슨 오차라 하는가?

① 과오에 의한 오차
② 측정자의 부주의로 생기는 오차
③ 우연오차
④ 계통적 오차

[해설] 계통적 오차 중 측정기(계기)의 오차
계량기 자체 및 외부 요인에서 오는 오차

---

81. ③　82. ②　83. ④　84. ②　85. ④　86. ③　87. ④　**정답**

88. 온도 측정범위가 가장 넓은 온도계는?

① 알루멜-크로멜　　② 구리-콘스탄탄
③ 수은　　　　　　④ 철-콘스탄탄

해설 온도 측정범위
㉠ 알루멜-크로멜 : −20℃~1,200℃
㉡ 구리-콘스탄탄 : −200℃~350℃
㉢ 수은 : −60℃~350℃
㉣ 철-콘스탄탄 : −20℃~800℃

89. 50℃에서의 저항이 100Ω인 저항온도계를 어떤 노안에 삽입하였을 때 온도계의 저항이 200Ω을 가리키고 있었다. 노안의 온도는 약 몇 ℃인가? (단, 저항온도계의 저항온도계수는 0.0025이다.)

① 100℃　　　　　　② 250℃
③ 425℃　　　　　　④ 500℃

해설 $R = R_o(1 + \alpha t)$ 식에서
$$R_o = \frac{R}{1 + \alpha t} = \frac{100}{1 + 0.0025 \times 50} = 88.89\,\Omega$$
(여기서, R_o는 0℃에서 저항)
$$t = \frac{R - R_o}{R_o \alpha} = \frac{200 - 88.89}{88.89 \times 0.0025} = 500℃$$

90. 액주식 압력계의 구비조건과 취급 시 주의사항으로 가장 옳은 것은?

① 온도에 따른 액체의 밀도변화를 크게 해야 한다.
② 모세관 현상에 의한 액주의 변화가 없도록 해야 한다.
③ 순수한 액체를 사용하지 않아도 된다.
④ 점도를 크게 하여 사용하는 것이 안전하다.

해설 액주식 압력계의 구비조건
㉠ 점성이 적고 화학적으로 안정할 것
㉡ 온도에 따른 밀도 변화가 적을 것
㉢ 모세관 현상 및 표면장력이 적을 것
㉣ 증기에 대한 밀도 변화가 적고 열팽창 계수가 적을 것
㉤ 순수한 액체를 사용하고 휘발성 및 흡수성이 적을 것

91. 와류유량계(vortex flow meter)의 특성에 해당하지 않는 것은?

① 계량기내에서 와류를 발생시켜 초음파로 측정하여 계량하는 방식
② 구조가 간단하여 설치, 관리가 쉬움
③ 유체의 압력이나 밀도에 관계없이 사용이 가능
④ 가격이 경제적이나, 압력손실이 큰 단점이 있음

해설 와류 유량계는 압력손실이 작다.

92. 22℃의 1기압 공기(밀도 1.21kg/m³)가 닥트를 흐르고 있다. 피토관을 닥트 중심부에 설치하고 물을 봉액으로 한 U자관 마노미터의 눈금이 4.0cm 이었다. 이 닥트중심부의 풍속은 약 몇 m/s인가?

① 25.5　　　　　　② 30.8
③ 56.9　　　　　　④ 97.4

해설 $V = \sqrt{2gh\left(\dfrac{S}{S_o} - 1\right)}$ 식에서
$$V = \sqrt{2 \times 9.8 \times 0.04\left(\frac{1,000}{1.2} - 1\right)} = 25.5\,\text{m/s}$$

93. 가정용 가스계량기에 10kPa로 표시되어 있다면 이것은 무엇을 의미하는가?

① 최대순간유량　　② 기밀시험압력
③ 압력손실　　　　④ 계량실 체적

해설 가스미터의 표시
㉠ Meter : 형식 표시
㉡ MAX 1.5m³/h : 사용 최대유량이 시간당 1.5m³
㉢ 0.5 l/rev : 계량실 1주기 체적이 0.5 l
㉣ 10kPa : 기밀시험 압력 10kPa(1,000mmH₂O)

94. 구리-콘스탄탄 열전대의 (−)극에 주로 사용되는 금속은?

① Ni-A　　　　　　② Cu-Ni
③ Mn-Si　　　　　④ Ni-Pt

해설 구리-콘스탄탄(J형)
+극 : 구리
−극 : 콘스탄탄(Cu 55%, Ni 45%)

95. 헴펠식 가스분석법에서 흡수·분리되지 않는 성분은?

① 이산화탄소　　　　② 수소
③ 중탄화수소　　　　④ 산소

[해설] 헴펠식 가스분석법에서 분석 순서
$CO_2 \rightarrow C_mH_n \rightarrow O_2 \rightarrow CO$

96. 가스를 일정용적의 통속에 충만시킨 후 배출하여 그 횟수를 용적단위로 환산하는 방법의 가스미터는?

① 막식　　　　　　② 루트식
③ 로터리식　　　　④ 와류식

[해설] 막식가스미터
가스를 일정 용기에 넣어 충만 후 공급하여 이 회전수를 용적 단위로 환산하여 표시하는 미터로서 회전수가 느려 $100m^3/h$ 이하의 소량계량에 적합하다.

97. 습도에 대한 설명으로 틀린 것은?

① 절대습도는 비습도라고도 하며 %로 나타낸다.
② 상대습도는 현재의 온도 상태에서 포함할 수 있는 포화수증기량에 대한 현재 공기가 포함하고 있는 수증기의 량을 %로 표시한 것이다.
③ 이슬점은 상대습도가 100% 일 때의 온도이며 노점온도라고도 한다.
④ 포화공기는 더 이상 수분을 포함할 수 없는 상태의 공기이다.

[해설] 절대습도와 비교습도
㉠ 절대습도 : 습공기 중에서 건공기 1kg에 대한 수증기의 양과 비율
㉡ 비교습도(포화도) : 습공기의 절대습도와 그 온도하의 포화공기의 절대습도와의 비

98. 흡착형 가스크로마토그래피에 사용하는 충전물이 아닌 것은?

① 실리콘(SE-30)　　② 활성알루미나
③ 활성탄　　　　　　④ 몰레큘러 시브

[해설] 가스크로마토그래피의 충전물질
㉠ 흡착형 충전물질 : 실리카겔, 활성탄, 활성알루미나, 합성 제오라이트
㉡ 분배형 충전물질 : 담체(불활성규조토, 내화벽돌, 유리, 석영 등)에 고정상 액체를 합친 것을 충전물로 사용

99. 다음 가스분석 방법 중 성질이 다른 하나는?

① 자동화학식　　　② 열전도율법
③ 밀도법　　　　　④ 가스크로마토그래피법

[해설] 가스분석
㉠ 화학적 분석계 : 흡수분석법(오르자트법, 헴펠법, 게겔법), 자동화학식, 연소식, 미연소식 등
㉡ 물리적 분석계 : 가스크로마토그래피법, 열전도율법, 밀도법, 자긴식법, 적외선 가스분석기 등

100. 가스보일러의 배기가스를 오르자트 분석기를 이용하여 시료 50mL를 채취하였더니 흡수 피펫을 통과한 후 남은 시료 부피는 각각 CO_2 : 40mL, O_2 : 20mL, CO : 17mL이었다. 이 가스 중 N_2의 조성은?

① 30%　　　　　　② 34%
③ 64%　　　　　　④ 70%

[해설] N_2의 조성 : $\dfrac{17}{50} \times 100(\%) = 34\%$

[참고] 오르자트 분석기의 분석 순서
　　$CO_2 \rightarrow O_2 \rightarrow CO \rightarrow$ 나머지 N_2

01. 밀도 1.2kg/m³의 기체가 직경 10cm인 관속을 20m/s로 흐르고 있다. 관의 마찰계수가 0.02라면 1m당 압력손실은 약 몇 Pa인가?

① 24   ② 36
③ 48   ④ 54

[해설] $h_l = f\dfrac{l}{d}\dfrac{V^2}{2g} \times r$ 식에서

$h_l = 0.02 \times \dfrac{1}{0.1} \times \dfrac{20^2}{2 \times 9.8} \times 1.2 = 4.9 \text{kgf}/\text{m}^2$

$= 4.9 \times 9.8 = 48 \text{N}/\text{m}^2 = 48 \text{Pa}$

여기서, 밀도(ρ) $= 1.2 \text{kg}/\text{m}^3$ → 비중량 $= 1.2 \text{kg}/\text{m}^3$

02. 온도 20℃의 이상기체가 수평으로 놓인 관 내부를 흐르고 있다. 유동 중에 놓인 작은 물체의 코에서의 정체온도(stagnation temperature)가 T_2=40℃이면 관에서의 기체의 속도(m/s)는? (단, 기체의 정압비열 C_p=1,040J/(kg·K)이고, 등엔트로피 유동이라고 가정한다.)

① 204   ② 217
③ 237   ④ 257

[해설] $T_o = T + \dfrac{K-1}{KR} \cdot \dfrac{V^2}{2g}$ 식에서

$V = \sqrt{\dfrac{2g(T_o - T)KR}{K-1}}$

$= \sqrt{\dfrac{2 \times 9.8(40-20)1.38 \times 29.24}{1.38-1}} = 204 \text{m/s}$

여기서, $C_V = C_P - R = 1,040 - 286.552 = 753.44 \text{J}/(\text{kg·K})$

$K = \dfrac{C_P}{C_V} = \dfrac{1,040}{753.44} = 1.38$

$R = \dfrac{848}{M} = \dfrac{848}{29} = 29.24 \text{kg·m/kg·K} = 29.24 \times 9.8$

$= 286.552 \text{N·m/kg·K} = 286.552 \text{J/kg·K}$

03. 정압비열(C_p)을 옳게 나타낸 것은?

① $\dfrac{k}{C_v}$ ② $\left(\dfrac{\partial h}{\partial T}\right)_p$

③ $\dfrac{h_2 - h_1}{T_2 - T_1}$ ④ $\left(\dfrac{\partial T}{\partial h}\right)_v$

[해설] 정압비열(C_P)

$C_P = k\, C_V = \left(\dfrac{\partial h}{\partial T}\right)_P$

04. 동점성계수가 각각 1.1×10^{-6}m²/s, 1.5×10^{-5}m²/s인 물과 공기가 지름 10cm 인 원형관 속을 10cm/s의 속도로 각각 흐르고 있을 때, 물과 공기의 유동을 옳게 나타낸 것은?

① 물 : 층류, 공기 : 층류
② 물 : 층류, 공기 : 난류
③ 물 : 난류, 공기 : 층류
④ 물 : 난류, 공기 : 난류

[해설] $Re = \dfrac{\rho V d}{\mu} = \dfrac{V d}{\nu}$ 식에서

㉠ Re (물) $= \dfrac{0.1 \times 0.1}{1.1 \times 10^{-6}} = 9,090.9$ (난류)

㉡ Re (공기) $= \dfrac{0.1 \times 0.1}{1.5 \times 10^{-5}} = 666.67$ (층류)

[참고] ㉠ 층류= $Re < 2,100$
㉡ 난류= $Re > 4,000$
㉢ 천이구역= $2,100 < Re < 4,000$

05. 관내 유체의 급격한 압력 강하에 따라 수중으로부터 기포가 분리되는 현상은?

① 공기바인딩   ② 감압화
③ 에어리프트   ④ 캐비테이션

[해설] 캐비테이션(공동) 현상
수중에서 증기압 이하 시 증발되는 현상

정답 01. ③   02. ①   03. ②   04. ③   05. ④

06. 충격파의 유동특성을 나타내는 Fanno 선도에 대한 설명 중 옳지 않은 것은?

① Fanno 선도는 열역학 제1법칙, 연속방정식, 상태방정식으로부터 얻을 수 있다.

② 질량유량이 일정하고 정체 엔탈피가 일정한 경우에 적용된다.

③ Fanno 선도는 정상상태에서 일정단면유로를 압축성 유체가 외부와 열교환하면서 마찰없이 흐를 때 적용된다.

④ 일정질량유량에 대하여 Mach수를 Parameter로 하여 작도한다.

해설 Fanno 선도(단열마찰과정)
일정한 단면적의 유로를 흐르는 마찰손실이 존재하는 단열과정의 이상기체 유동을 나타내는 선도

07. 관속을 유체가 층류로 흐를 때 관에서의 평균유속은 관 중심에서의 최대 유속의 얼마가 되는가?

① 0.5   ② 0.75
③ 0.82   ④ 1.00

해설 평균유속(V)＝최대유속(V_{max})×$\dfrac{1}{2}$

08. 내경 60cm의 관을 사용하여 수평거리 50km 떨어진 곳에 2m/s의 속도로 송수하고자 한다. 관마찰로 인한 손실수두는 약 몇 m에 해당하는가? (단, 관의 마찰계수는 0.02이다.)

① 240   ② 340
③ 440   ④ 540

해설 $h_l = f\,\dfrac{l}{d}\,\dfrac{V^2}{2g}$ 식에서

$h_l = 0.02 \times \dfrac{50 \times 10^3}{0.6} \times \dfrac{2^2}{2 \times 9.8} = 340\text{m/s}$

09. 다음은 어떤 관내의 층류 흐름에서 관 벽으로부터의 거리에 따른 속도구배의 변화를 나타낸 그림이다. 그림에서 shear stress가 가장 큰 곳은? (단, y는 관 벽으로부터의 거리, u는 유속이다.)

① A
② B
③ C
④ D

해설 전단응력(shear stress)은 속도구배가 크고 관벽에 가까울수록 크게 작용한다.

10. 마하수가 1보다 클 때 유체를 가속시키려면 어떻게 하여야 하는가?

① 단면적을 감소시킨다.

② 단면적을 증가시킨다.

③ 단면적을 일정하게 유지시킨다.

④ 단면적과는 상관없으므로 유체의 점도를 증가시킨다.

해설 축소-확대노즐
㉠ 축소노즐 : $M<1$ (아음속 흐름)
㉡ 목 : $M=1$ (음속 흐름)
㉢ 확대노즐 : $M>1$ (초음속 흐름)

11. 베르누이 방정식을 유도할 때 필요한 가정 중 틀린 것은?

① 유선상의 두 점에 적용한다.

② 마찰이 없는 흐름이다.

③ 압축성유체의 흐름이다.

④ 정상상태의 흐름이다.

해설 베르누이 방정식이 적용되는 조건
㉠ 베르누이 방정식이 적용되는 임의의 두 점은 같은 유선상에 있다(1차원 흐름).
㉡ 정상상태의 흐름이다.
㉢ 마찰 없는 흐름이다.
㉣ 비압축성 유체의 흐름이다.

12. 그림과 같은 사이펀을 통하여 나오는 물의 질량 유량은 약 몇 kg/s인가? (단, 수면은 항상 일정하다.)

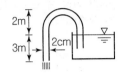

① 1.21
② 2.41
③ 3.61
④ 4.83

해설 $Q = \rho A V = \rho A \sqrt{2gh}$ 식에서

$$Q = 1,000 \times \frac{\pi \times 0.02^2}{4} \sqrt{2 \times 9.8(5-2)} = 2.41 \text{kg/s}$$

13. 유체의 흐름에서 유선이란 무엇인가?

① 유체흐름의 모든 점에서 접선 방향이 그 점의 속도 방향과 일치하는 연속적인 선
② 유체흐름의 모든 점에서 속도벡터에 평행하지 않는 선
③ 유체흐름의 모든 점에서 속도벡터에 수직한 선
④ 유체흐름의 모든 점에서 유동단면의 중심을 연결한 선

해설 유선(stream line)
㉠ 유체흐름에 있어서 모든 점에서 속도벡터의 방향을 갖는 연속적인 선
㉡ 유선의 수직 방향으로는 항상 속도 성분이 0이 되며 유선을 가로 지르는 흐름은 존재할 수 없게 된다.
㉢ 유선상에서는 흐름의 방향은 항상 그 순간의 유선의 접선 방향과 일치한다.

14. 충격파와 에너지선에 대한 설명으로 옳은 것은?

① 충격파는 아음속 흐름에서 갑자기 초음속 흐름으로 변할 때에만 발생한다.
② 충격파가 발생하면 압력, 온도, 밀도 등이 연속적으로 변한다.
③ 에너지선은 수력구배선보다 속도수두만큼 위에 있다.
④ 에너지선은 항상 상향 기울기를 갖는다.

해설 충격파와 에너지선
㉠ 충격파는 초음속흐름에서 아음속 흐름으로 변할 때 발생한다.
㉡ 충격파가 발생하면 압력, 온도, 밀도, 엔트로픽이 급격히 증가하는데 이 급격한 변화를 일으키는 파의 두께는 매우 얇으므로 단일 불연속선으로 취급하며 이 불연속선을 충격파라고 한다.
㉢ 에너지선(EL) = 수력구배선(HGL) + 속도수두 $\left(\dfrac{V^2}{2g}\right)$

15. 내경이 2.5×10^{-3}m인 원관에 0.3m/s의 평균속도로 유체가 흐를 때 유량은 약 몇 m^3/s인가?

① 1.06×10^{-6}
② 1.47×10^{-6}
③ 2.47×10^{-6}
④ 5.23×10^{-6}

해설 $Q = AV$ 식에서

$$Q = \frac{\pi \times (2.5 \times 10^{-3})^2}{4} \times 0.3 = 1.47 \times 10^{-6} \text{m}^3/\text{s}$$

16. 그림과 같이 유체의 흐름 방향을 따라서 단면적이 감소하는 영역(Ⅰ)과 증가하는 영역(Ⅱ)이 있다. 단면적의 변화에 따른 유속의 변화에 대한 설명으로 옳은 것을 모두 나타낸 것은? (단, 유동은 마찰이 없는 1차원 유동이라고 가정한다.)

> 보기
> A : 비압축성 유체인 경우, 영역(Ⅰ)에서는 유속이 증가하고 (Ⅱ)에서는 감소한다.
> B : 압축성 유체의 아음속 유동(subsonic flow)에서는 영역(Ⅰ)에서 유속이 증가한다.
> C : 압축성 유체의 초음속 유동(supersonic flow)에서는 영역(Ⅱ)에서 유속이 증가한다.

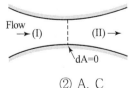

① A, B
② A, C
③ B, C
④ A, B, C

정답 12. ② 13. ① 14. ③ 15. ② 16. ④

[해설] 축소-확대노즐
㉠ 비압축성 유체의 유속은 영역(Ⅰ)에서 증가하고 (Ⅱ)에서 감소한다(아음속 흐름).
㉡ 압축성 유체의 아음속 유동에서 영역(Ⅰ)에서 증가하고 (Ⅱ)에서 감소한다.
㉢ 압축성 유체의 초음속 유동에서는 영역(Ⅰ)에서 감소하고 (Ⅱ)에서 증가한다.

17. 표면장력에 대한 관성력의 비를 나타내는 무차원의 수는?

① Reynolds수   ② Froude수
③ 모세관수   ④ Weber수

[해설] 무차원군의 종류
㉠ 레이놀즈수(Re) = 관성력/점성력
㉡ 프루드수(Fr) = 관성력/중력
㉢ 웨버수(We) = 관성력/표면장력
㉣ 코시수(Ca) = 관성력/탄성력
㉤ 오일러수(Eu) = 관성력/중력

18. 액체에서 마찰열에 의한 온도상승이 작은 이유를 옳게 설명한 것은?

① 단위질량당 마찰일이 일반적으로 크기 때문에
② 액체의 열용량이 일반적으로 고체의 열용량보다 크기 때문에
③ 액체의 밀도가 일반적으로 고체의 밀도보다 크기 때문에
④ 내부에너지가 일반적으로 크기 때문에

[해설] 마찰열에 의한 온도상승은 열용량(kcal/℃)이 작을수록 크다(고체 > 액체 > 기체).

19. 1차원 유동에서 수직충격파가 발생하게 되면 어떻게 되는가?

① 속도, 압력, 밀도가 증가한다.
② 압력, 밀도, 온도가 증가한다.
③ 속도, 온도, 밀도가 증가한다.
④ 압력은 감소하고 엔트로피가 일정하게 된다.

[해설] 수직충격파(초음속 흐름 → 아음속 흐름) 발생
압력, 온도, 밀도, 엔트로피가 급격히 증가한다.

20. 유동하는 물의 속도가 12m/s이고 압력이 1.1kgf/cm² 이다. 이 경우에 속도수두와 압력수두는 각각 약 몇 m인가? (단, 물의 밀도는 1,000kg/m³이다.)

① 10.6, 11.0   ② 7.35, 11.0
③ 7.35, 10.6   ④ 10.6, 10.36

[해설] 속도수두(H_1)와 압력수두(H_2)

$$H_1 = \frac{V^2}{2g} = \frac{12^2}{2 \times 9.8} = 7.35m$$

$$H_2 = \frac{P}{r} = \frac{1.1 \times 10^4}{1,000} = 11.0m$$

여기서, 물의 밀도 = 1,000kg/m³, 비중량 = 1,000kgf/m³

제2과목   연소공학

21. 용적 100L인 밀폐된 용기 속에 온도 0℃에서의 8mole의 산소와 12mole의 질소가 들어있다면 이 혼합기체의 압력(kPa)은 약 얼마인가?

① 454   ② 558
③ 658   ④ 754

[해설] $PV = nRT$ 식에서

$$P = \frac{nRT}{V} = \frac{(8+12) \times 0.082 \times (273+0)}{100}$$

$$= 4.4772atm = 4.4772atm \times \frac{101.325kPa}{1atm}$$

$$= 454kPa$$

22. 418.6kJ/kg의 내부에너지를 갖는 20℃의 공기 10kg이 탱크 안에 들어있다. 공기의 내부 에너지가 502.3kJ/kg 으로 증가할 때까지 가열하였을 경우 이때의 열량변화는 약 몇 kJ인가?

① 775   ② 793
③ 837   ④ 893

[해설] $\Delta Q = (502.3 - 418.6)kJ/kg \times 10kg = 837kJ$

17. ④   18. ②   19. ②   20. ②   21. ①   22. ③   정답

23. 연도가스의 몰 조성이 CO_2 : 25%, CO : 5%, N_2 : 65%이면 과잉공기 백분율(%)은?

① 14.46 ② 16.9
③ 18.8   ④ 82.2

해설 공기비(m)

$$m = \frac{N_2}{N_2 - \frac{79}{21}(O_2 - 0.5CO)}$$

$$= \frac{65}{65 - 3.76(5 - 0.5 \times 5)} = 1.169$$

과잉공기율 $= (m-1) \times 100 (\%)$
$$= (1.169 - 1) \times 100 = 16.9 (\%)$$

24. 발열량이 21MJ/kg인 무연탄이 7%의 습분을 포함한다면 무연탄의 발열량은 약 몇 MJ/kg인가?

① 16.43 ② 17.85
③ 19.53 ④ 21.12

해설 무연탄의 발열량 $= 21MJ/kg \times (1 - 0.07) = 19.53MJ/kg$

25. 공기비가 작을 때 연소에 미치는 영향이 아닌 것은?

① 불완전연소가 되어 일산화탄소(CO)가 많이 발생한다.
② 미연소에 의한 열손실이 증가한다.
③ 미연소에 의한 열효율이 증가한다.
④ 미연소가스로 인한 폭발사고가 일어나기 쉽다.

해설 공기비가 연소에 미치는 영향
(1) 공기비가 작을 경우
  ㉠ 불완전 연소에 의한 매연 발생이 심하다.
  ㉡ 미연소에 의한 열손실 증가
  ㉢ 미연소가스에 의한 폭발사고 발생위험
(2) 공기비가 클 경우
  ㉠ 연소의 온도저하
  ㉡ 통풍력이 강하여 배기가스에 의한 열손실 증대
  ㉢ 연소가스 중에 SO_3의 양이 증대되어 저온부식 촉진
  ㉣ 연소가스 중에 NO_2의 발생이 심하여 대기오염 유발

26. 다음 기체 연료 중 발열량(MJ/Nm³)이 가장 작은 것은?

① 천연가스   ② 석탄가스
③ 발생로가스   ④ 수성가스

해설 발열량
㉠ 천연가스 : 9,000kcal/Nm³
㉡ 석탄가스 : 5,000kcal/Nm³
㉢ 발생로가스 : 1,000~1,600kcal/Nm³
㉣ 수성가스 : 2,700kcal/Nm³

27. 연소속도에 관한 설명으로 옳은 것은?

① 단위는 kg/s으로 나타낸다.
② 미연소 혼합기류의 화염면에 대한 법선 방향의 속도이다.
③ 연료의 종류, 온도, 압력과는 무관하다.
④ 정지 관찰자에 대한 상대적인 화염의 이동속도이다.

해설 연소속도(m/sec)의 정의
㉠ 연료가 착화하여 연소하고 화염이 미연가스와 화학 반응을 일으키면서 차례로 퍼져나가는 속도를 말한다.
㉡ 혼합가스를 만드는 연료나 산화제의 종류, 혼합비 등에 의해 영향을 받고 일반적으로 미연가스의 열전도율이 크고 밀도와 비열이 작으며 혼합가스의 온도, 압력의 상승과 혼합기류가 증가됨에 따라 빨라진다.
㉢ 미연혼합기에 대해서 상대적으로 화염이 전파되는 속도

28. 등심연소의 화염 높이에 대하여 옳게 설명한 것은?

① 공기 유속이 낮을수록 화염의 높이는 커진다.
② 공기 온도가 낮을수록 화염의 높이는 커진다.
③ 공기 유속이 낮을수록 화염의 높이는 낮아진다.
④ 공기 유속이 높고 공기 온도가 높을수록 화염의 높이는 커진다.

해설 공기의 유속이 낮을수록 공기의 온도가 높을수록 가스의 유속이 높을수록 화염의 높이는 커진다.

29. 다음과 같은 조성을 갖는 혼합가스의 분자량은? (단, 혼합가스의 체적비는 CO_2(13.1%), O_2(7.7%), N_2(79.2%)이다.)

① 22.81 ② 24.94
③ 28.67 ④ 30.40

[해설] 혼합가스의 분자량(M)

$$M = \frac{13.1 \times 44 + 7.7 \times 32 + 79.2 \times 28}{100} = 30.40$$

30. 800℃의 고열원과 100℃의 저열원 사이에서 작동하는 열기관의 효율은 얼마인가?

① 88% ② 65%
③ 58% ④ 55%

[해설] 열기관 효율(η)

$$\eta = \frac{T_2 - T_1}{T_2} \times 100(\%)$$

$$= \frac{(273 + 800) - (273 + 100)}{(273 + 800)} \times 100(\%) = 65\%$$

31. 안전성평가 기법 중 시스템을 하위 시스템으로 점점 좁혀 가고 고장에 대해 그 영향을 기록하여 평가하는 방법으로, 서브시스템 위험분석이나 시스템 위험분석을 위하여 일반적으로 사용되는 전형적인 정성적, 귀납적 분석기법으로 시스템에 영향을 미치는 모든 요소의 고장을 형태별로 분석하여 그 영향을 검토하는 기법은?

① 고장형태 영향분석(FMEA)
② 원인결과 분석(CCA)
③ 위험 및 운전성 검토(HAZOP)
④ 결합수 분석(FTA)

[해설] 고장형태 영향분석(FMEA)
서브시스템 위험 분석이나 시스템 위험분석을 위하여 일반적으로 사용되는 전형적인 정성적, 귀납적 분석기법으로 시스템에 영향을 미치는 모든 요소의 고장을 형태별로 분석하여 그 영향을 검토하는 것이다.

32. 헬륨을 냉매로 하는 극저온용 가스냉동기의 기본 사이클 이름은?

① 역르누아 사이클 ② 역아트킨슨 사이클
③ 역에릭슨 사이클 ④ 역스털링 사이클

[해설] 역스털링 사이클
다른 냉동사이클과 달리 극저온 영역에서 탁월한 우수성을 나타내며 극저온 냉동기의 핵심 원리는 헬륨(He) 등의 저비점을 활용한 극저온용 가스 냉동기의 기본 사이클이다.

33. 기상폭발의 발화원에 해당되지 않는 것은?

① 성냥 ② 전기불꽃
③ 화염 ④ 충격파

[해설] 기상폭발과 발화원
㉠ 기상폭발 : 가스폭발(혼합가스폭발), 분무폭발, 분진폭발, 분해폭발
㉡ 발화원 : 전기불꽃, 정전기불꽃, 나화, 충격파, 화염, 단열압축, 열선 등

34. 과잉 공기비는 어떤 식에 의해 계산되는가?

① (실제공기량) ÷ (이론공기량)
② (실제공기량) ÷ (이론공기량) − 1
③ (이론공기량) ÷ (실제공기량)
④ (이론공기량) ÷ (실제공기량) − 1

[해설] 과잉공기비(i)

$$i = \frac{a}{A_o} = \frac{A - A_o}{A_o} = \left(\frac{A}{A_o} - 1\right) = (m - 1)$$

여기서, a : 과잉공기량, A_o : 이론공기량
A : 실제공기량, m : 공기비

35. 두께 4mm인 강의 평판에 고온 측면의 온도가 100℃이고, 저온 측면의 온도가 80℃일 때 m^2에 대해 30,000kJ/min의 전열을 한다고 하면 이 강판의 열전도율은 약 몇 W/m℃인가?

① 100 ② 120
③ 130 ④ 140

---

29. ④ 30. ② 31. ① 32. ④ 33. ① 34. ② 35. ① 정답

[해설] 열전도율(λ)

$$\lambda = \frac{30,000 \times 10^3 \times 0.004}{60 \times 20 \times 1} = 100J/sm℃ = 100W/m℃$$

36. 프로판(C_3H_8)의 연소반응식은 다음과 같다. 프로판(C_3H_8)의 화학양론계수는?

$$C_3H_8 + 5O_2 \rightarrow 3CO_2 + 4H_2O$$

① 1
② 1/5
③ 6/7
④ −1

[해설] $C_3H_8 + 5O_2 \rightarrow 3CO_2 + 4H_2O$
㉠ 프로판의 화학 양론 계수 : −1
  여기서, 생성물에 대하여 : 양(+)
  그리고 반응물은 : 음(−)
㉡ 산소의 양론계수 : 산소몰수/연료몰수

37. 증기운폭발(VCE)에 대한 설명 중 틀린 것은?

① 증기운의 크기가 증가하면 점화확률이 커진다.
② 증기운에 의한 재해는 폭발보다는 화재가 일반적이다.
③ 폭발효율이 커서 연소에너지의 전부가 폭풍파로 전환된다.
④ 방출점으로부터 먼 지점에서의 증기운의 점화는 폭발의 충격을 증가시킨다.

[해설] 증기운 폭발의 특징
㉠ 증기운의 크기가 클수록 점화확률이 증가된다.
㉡ 방출점과 점화원의 거리가 멀수록 폭발위력이 커진다.
㉢ 분자의 이동과 난류의 이동에 의해 전파속도가 지배한다.
㉣ 연소에너지의 약 20%만 폭풍파로 변한다.
㉤ 폭발보다 화재가 많다.

38. 다음 중 연소 3대 요소가 아닌 것은?

① 공기
② 가연물
③ 시간
④ 점화원

[해설] 연소의 3요소
㉠ 가연물(가연성 물질)
㉡ 산소공급원(공기, 산화제)
㉢ 점화원

39. 가연성 혼합기 중에서 화염이 형성되어 전파할 수 있는 가연성기체 농도의 한계를 의미하지 않는 것은?

① 연소한계
② 폭발한계
③ 가연한계
④ 소염한계

[해설] 가연성 기체농도 한계의 의미
폭발범위 : 연소한계, 폭발한계(농도), 가연한계

40. 과잉공기계수가 1일 때 $224Nm^3$의 공기로 탄소는 약 몇 kg을 완전연소 시킬 수 있는가?

① 20.1
② 23.4
③ 25.2
④ 27.3

[해설] $C + O_2 \rightarrow CO_2$에서

$$12 : 22.4 \times \frac{100}{21} = x : 224$$

$$x = \frac{224 \times 12 \times 21}{22.4 \times 100} = 25.2kg$$

제**3**과목　　가스설비

41. 도시가스사업법에서 정의하는 것으로 가스를 제조하여 배관을 통하여 공급하는 도시가스가 아닌 것은?

① 천연가스
② 나프타부생가스
③ 석탄가스
④ 바이오가스

[해설] 배관을 통하여 공급하는 가스
천연가스, 나프타부생가스, 바이오가스, 오프가스 등
[참고] 석탄 또는 코크스는 고체연료이기 때문에 배관을 통하여 공급할 수 없다.

정답　36. ④　37. ③　38. ③　39. ④　40. ③　41. ③

42. 역카르노 사이클로 작동되는 냉동기가 20kW의 일을 받아서 저온체에서 20kcal/s 의 열을 흡수한다면 고온체로 방출하는 열량은 약 몇 kcal/s인가?

① 14.8   ② 24.8

③ 34.8   ④ 44.8

해설 $Q_c = Q + AWH$ 식에서

$$Q_c = 20 + 20 \times \frac{860}{3,600} = 24.8 kcal/s$$

43. 다음 [조건]에 따라 연소기를 설치할 때 적정용기 설치 개수는? (단, 표준가스 발생능력은 1.5kg/h이다.)

> **조건**
> - 가스렌지 1대 : 0.15kg/h
> - 순간온수기 1대 : 0.65kg/h
> - 가스보일러 1대 : 2.50kg/h

① 20kg 용기 : 2개

② 20kg 용기 : 3개

③ 20kg 용기 : 4개

④ 20kg 용기 : 7개

해설 용기개수 $= \dfrac{(0.15 + 0.65 + 2.50) kg/h}{1.5 kg/h개} = 2.2개$

∴ 3개

44. 고압가스 탱크의 수리를 위하여 내부가스를 배출하고 불활성 가스로 치환하여 다시 공기로 치환하였다. 내부의 가스를 분석한 결과 탱크 안에서 용접작업을 해도 되는 경우는?

① 산소 20%   ② 질소 85%

③ 수소 2%   ④ 일산화탄소 100ppm

해설 각설비의 작업할 수 있는 허용농도
㉠ 가연성가스 : 폭발하한계의 1/4 이하(산소농도 18~22%)
㉡ 독성가스 : 허용농도 이하(산소농도 18~22%)
㉢ 산소가스 : 18~22% 이하(산소농도 18~22%)

45. 지하에 설치하는 지역정압기실(기지)의 조작을 안전하고 확실하게 하기 위하여 조명도는 최소 어느 정도로 유지하여야 하는가?

① 80Lux 이상   ② 100Lux 이상

③ 150Lux 이상   ④ 200Lux 이상

해설 지하에 설치하는 지역정압기의 조명도는 150Lux를 확보할 것

46. 다음 중 역류를 방지하기 위하여 사용되는 밸브는?

① 체크밸브(check valve)

② 글로브 밸브(glove valve)

③ 게이트 밸브(gate valve)

④ 버터플라이 밸브(butterfly valve)

해설 밸브의 용도
㉠ 체크밸브 : 역류방지용
㉡ 글로브 밸브 : 유량조절용
㉢ 게이트 밸브(슬루스 밸브) : 흐름의 단속용
㉣ 버터플라이 밸브(나비 밸브) : 저압의 유량 조절용

47. 액화석유가스 사용시설에 대한 설명으로 틀린 것은?

① 저장설비로부터 중간밸브까지의 배관은 강관·동관 또는 금속 플렉시블 호스로 한다.

② 건축물 안의 배관은 매설하여 시공한다.

③ 건축물의 벽을 통과하는 배관에는 보호관과 부식방지 피복을 한다.

④ 호스의 길이는 연소기까지 3m 이내로 한다.

해설 건물 안의 배관은 노출시켜 시공한다.

48. 고무호스가 노후되어 직경 1mm의 구멍이 뚫려 280mmH₂O의 압력으로 LP가스가 대기 중으로 2시간 유출되었을 때 분출된 가스의 양은 약 몇 L인가? (단, 가스의 비중은 1.6이다.)

① 140L   ② 238L
③ 348L   ④ 672L

[해설] $Q = 0.009 D^2 \sqrt{\dfrac{P}{S}}$ (m³/h) 식에서

$Q = 0.009 \times 1^2 \times \sqrt{\dfrac{280}{1.6}} = 0.119\,\text{m}^3/\text{h}$

$= 0.119 \times 2 \times 1,000 = 238l$

49. 지하에 매설하는 배관의 이음방법으로 가장 부적합한 것은?

① 링조인트 접합   ② 용접 접합
③ 전기융착 접합   ④ 열융착 접합

[해설] 링조인트 접합은 지상 배관의 이음방법이다.

50. 액화석유가스용 염화비닐호스의 안지름 치수가 12.7mm인 경우 제 몇 종으로 분류되는가?

① 1   ② 2
③ 3   ④ 4

[해설] 염화비닐호스의 분류
㉠ 1종 : 안지름 6.3mm
㉡ 2종 : 안지름 9.5mm
㉢ 3종 : 안지름 12.7mm

51. 다음 중 인장시험 방법에 해당하는 것은?

① 올센법   ② 샤르피법
③ 아이조드법   ④ 파우더법

[해설] ㉠ 인장시험 : 올센법
㉡ 충격시험 : 샤르피법, 아이조드법

52. 구리 및 구리합금을 고압장치의 재료로 사용하기에 가장 적당한 가스는?

① 아세틸렌   ② 황화수소
③ 암모니아   ④ 산소

[해설] 동 및 동합금 사용금지(단, 62% 미만의 동합금은 사용 가능)
아세틸렌, 암모니아, 황화수소

53. 고압가스용 스프링식 안전밸브의 구조에 대한 설명으로 틀린 것은?

① 밸브 시트는 이탈되지 않도록 밸브 몸통에 부착되어야 한다.
② 안전밸브는 압력을 마음대로 조정할 수 없도록 봉인된 구조로 한다.
③ 가연성가스 또는 독성가스용의 안전밸브는 개방형으로 한다.
④ 안전밸브는 그 일부가 파손되어도 충분한 분출량을 얻어야 한다.

[해설] 스프링식 안전밸브의 구조
㉠ 안전밸브는 그 일부가 파손되어도 충분한 분출량을 얻을 수 있어야 하며, 밸브 시트는 이탈되지 않도록 밸브 몸통에 부착되어 있을 것
㉡ 스프링의 조정나사는 자유로이 헐거워지지 않는 구조이고 스프링이 파손되어도 밸브 디스크 등이 외부로 빠져나가지 않는 구조일 것
㉢ 안전밸브는 압력을 마음대로 조정할 수 없도록 봉인할 수 있는 구조일 것
㉣ 가연성 또는 독성가스 용의 안전밸브는 개방형을 사용하지 않을 것
㉤ 밸브디스크와 밸브시트와의 접촉면이 밸브축과 이루는 기울기는 45도(원추시트) 또는 90도(평면시트)로 할 것

54. 동력 및 냉동시스템에서 사이클의 효율을 향상시키기 위한 방법이 아닌 것은?

① 재생기 사용   ② 다단 압축
③ 다단 팽창   ④ 압축비 감소

[해설] 압축비 감소는 사이클의 효율을 향상시키는 방법과는 무관하고, 토출가스온도 상승 방지 및 동력소비 절감 등이 된다.

정답 48. ② 49. ① 50. ③ 51. ① 52. ④ 53. ③ 54. ④

55. 다음 [그림]은 가정용 LP가스 소비시설이다. R_1에 사용되는 조정기의 종류는?

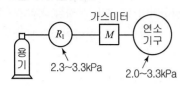

① 1단 감압식 저압조정기
② 1단 감압식 중압조정기
③ 1단 감압식 고압조정기
④ 2단 감압식 저압조정기

해설 조정기의 조정압력
㉠ 1단 감압식 저압조정기 : 2.3~3.3kPa
㉡ 1단 감압식 준저압조정기 : 5~30kPa

56. 배관의 전기방식 중 희생양극법에서 저전위 금속으로 주로 사용되는 것은?

① 철　　　　　　② 구리
③ 칼슘　　　　　④ 마그네슘

해설 희생양극법에서 저전위 금속에 주로 사용되는 금속
마그네슘(Mg), 아연(Zn), 알루미늄(Al)

57. 펌프의 유효 흡입수두(NPSH)를 가장 잘 표현한 것은?

① 펌프가 흡입할 수 있는 전흡입 수두로 펌프의 특성을 나타낸다.
② 펌프의 동력을 나타내는 척도이다.
③ 공동현상을 일으키지 않을 한도의 최대 흡입 양정을 말한다.
④ 공동현상 발생조건을 나타내는 척도이다.

해설 유효 흡입수두(NPSH)
㉠ 캐비테이션(공동현상)을 일으키지 않는 한도의 최대 흡입양정
㉡ NPSH : 흡입부전체두−증기압두

58. 압력에 따른 도시가스 공급방식의 일반적인 분류가 아닌 것은?

① 저압공급방식　　② 중압공급방식
③ 고압공급방식　　④ 초고압공급방식

해설 압력에 따른 도시가스 공급방식
㉠ 저압공급방식 : 0.1MPa 미만
㉡ 중압공급방식 : 0.1MPa 이상 1MPa 미만
　(중압 B : 0.1~0.3MPa 미만, 중압 A : 0.3~1MPa 미만)
㉢ 고압공급방식 : 1MPa 이상

59. LiBr-H_2O형 흡수식 냉·난방기에 대한 설명으로 옳지 않은 것은?

① 증발기 내부압력을 5~6mmHg로 할 경우 물은 약 5℃에서 증발한다.
② 증발기 내부의 압력은 진공상태이다.
③ 냉매는 LiBr이다.
④ LiBr은 수증기를 흡수할 때 흡수열이 발생한다.

해설 흡수식 냉동기

냉매	흡수제
물(H_2O)	리튬브로마이드(LiBr)
암모니아(NH_3)	물(H_2O)

60. 흡입구경이 100mm, 송출구경이 90mm인 원심펌프의 올바른 표시는?

① 100×90 원심펌프
② 90×100 원심펌프
③ 100−90 원심펌프
④ 90−100 원심펌프

해설 원심펌프의 표시
100×90 원심펌프(흡입구경 100mm, 송출구경 90mm)

제4과목 **가스안전관리**

61. 산업재해 발생 및 그 위험요인에 대하여 짝지어진 것 중 틀린 것은?

① 화재, 폭발－가연성, 폭발성 물질
② 중독－독성가스, 유독물질
③ 난청－누전, 배선불량
④ 화상, 동상－고온, 저온물질

해설 ㉠ 난청 : 소음, 작업환경
㉡ 감전 : 누전, 배선불량

62. 아세틸렌 용기의 15℃에서의 최고충전압력은 1.55MPa이다. 아세틸렌 용기의 내압시험압력 및 기밀시험압력은 각각 얼마인가?

① 4.65MPa, 1.71MPa
② 2.58MPa, 1.55MPa
③ 2.58MPa, 1.71MPa
④ 4.65MPa, 2.79MPa

해설 아세틸렌 용기의 내압시험압력과 기밀시험압력
㉠ 내압시험압력＝최고충전압력×3배＝1.55×3＝4.65MPa
㉡ 기밀시험압력＝최고충전압력×1.8배＝1.55×1.8＝2.79MPa

63. 고압가스를 충전하는 내용적 500L 미만의 용접용기가 제조 후 경과 년수가 15년 미만일 경우 재검사 주기는?

① 1년마다
② 2년마다
③ 3년마다
④ 5년마다

해설 용접용기의 재검사 기간

경과년수\내용적	15년 미만	15년 이상 20년 미만	20년 이상
500ℓ 이상	5년	2년	1년
500ℓ 미만	3년	2년	1년

64. 고압가스 저온저장탱크의 내부 압력이 외부압력보다 낮아져 저장탱크가 파괴되는 것을 방지하기 위한 조치로 설치하여야 할 설비로 가장 거리가 먼 것은?

① 압력계
② 압력경보설비
③ 진공안전밸브
④ 역류방지밸브

해설 저장탱크 파괴방지조치
가연성 가스 저온 저장탱크에는 그 저장탱크의 내부압력이 외부압력보다 낮아짐에 따라 그 저장탱크가 파괴되는 것을 방지하기 위한 조치로 압력계, 압력경보장치, 진동안전밸브 등의 설비를 설치하여야 한다.

65. 고압가스 운반차량에 대한 설명으로 틀린 것은?

① 액화가스를 충전하는 탱크에는 요동을 방지하기 위한 방파판 등을 설치한다.
② 허용농도가 200ppm 이하인 독성가스는 전용차량으로 운반한다.
③ 가스운반 중 누출 등 위해 우려가 있는 경우에는 소방서 및 경찰서에 신고한다.
④ 질소를 운반하는 차량에는 소화설비를 반드시 휴대하여야 한다.

해설 질소는 불활성가스이기 때문에 소화설비를 휴대하지 않아도 된다.
참고 ㉠ 산소 및 가연성 운반차량 : 소화설비
㉡ 독성가스 : 중화, 흡수설비

66. 아세틸렌을 용기에 충전하는 작업에 대한 내용으로 틀린 것은?

① 아세틸렌을 2.5MPa의 압력으로 압축하는 때에는 질소, 메탄, 일산화탄소 또는 에틸렌 등의 희석제를 첨가할 것
② 습식아세틸렌발생기의 표면은 70℃ 이하의 온도로 유지하여야 하며, 그 부근에서는 불꽃이 튀는 작업을 하지 아니할 것

③ 아세틸렌을 용기에 충전하는 때에는 미리 용기에 다공성물질을 고루 채워 다공도가 80% 이상 92% 미만이 되도록 한 후 아세톤 또는 디메틸 포름아미드를 고루 침윤시키고 충전할 것

④ 아세틸렌을 용기에 충전하는 때의 충전중의 압력은 2.5MPa 이하로 하고, 충전 후에는 압력이 15℃에서 1.5MPa 이하로 될 때까지 정치하여 둘 것

[해설] 아세틸렌 용기의 다공물질의 다공도
75% 이상 92% 미만

67. 고압가스 저장탱크에 설치하는 방류둑에 대한 설명으로 옳지 않은 것은?

① 흙으로 방류둑을 설치할 경우 경사를 45° 이하로 하고 성토 윗부분의 폭은 30cm 이상으로 한다.

② 방류둑에는 출입구를 둘레 50m 마다 1개 이상 설치하고 둘레가 50m 미만일 경우에는 2개 이상의 출입구를 분산하여 설치한다.

③ 방류둑의 배수조치는 방류둑 밖에서 배수 및 차단 조작을 할 수 있어야 하며 배수할 때 이외에는 반드시 닫혀 있도록 한다.

④ 독성가스 저장 탱크의 방류둑 높이는 가능한 한 낮게 하여 방류둑 내에 체류한 액의 표면적이 넓게 되도록 한다.

[해설] 방류둑의 높이는 저장능력 상당용적 이상의 용량이 될 수 있는 충분한 높이로 하고 방류둑 내에 체류한 액의 표면적을 작게 하기 위하여 방류둑의 기울기는 45° 이하로 할 것

68. 암모니아가스 누출 검지의 특징으로 틀린 것은?

① 냄새 → 악취
② 적색리트머스시험지 → 청색으로 변함
③ 진한 염산 접촉 → 흰 연기
④ 네슬러시약 투입 → 백색으로 변함

[해설] 네슬러시약 투입 → 적갈색으로 변함

69. 2개 이상의 탱크를 동일한 차량에 고정하여 운반하는 경우의 기준에 대한 설명으로 틀린 것은?

① 탱크마다 탱크의 주밸브를 설치한다.
② 탱크와 차량사이를 단단하게 부착하는 조치를 한다.
③ 충전관에는 안전밸브를 설치한다.
④ 충전관에는 유량계를 설치한다.

[해설] 2개 이상의 저장탱크 동일차량에 고정운반
㉠ 저장탱크마다 주밸브 설치
㉡ 저장탱크 상호간 또는 저장탱크 차량과는 견고하게 부착할 것
㉢ 충전관에는 안전밸브, 압력계 및 긴급탈압 밸브 설치

70. 아세틸렌의 화학적 성질에 대한 설명으로 틀린 것은?

① 산소-아세틸렌 불꽃은 약 3,000℃ 이다.
② 아세틸렌은 흡열화합물이다.
③ 암모니아성 질산은 용액에 아세틸렌을 통하면 백색의 아세틸라이드를 얻는다.
④ 백금촉매를 사용하여 수소화하면 메탄이 생성된다.

[해설] 백금촉매를 사용하여 수소화하면 에틸렌, 에탄이 된다.

71. 공기액화 분리기를 운전하는 과정에서 안전대책상 운전을 중지하고 액화산소를 방출해야 하는 경우는? (단, 액화산소통 내의 액화산소 5L 중의 기준이다.)

① 아세틸렌이 0.1mg을 넘을 때
② 아세틸렌이 5mg을 넘을 때
③ 탄화수소의 탄소의 질량이 5mg을 넘을 때
④ 탄화수소의 탄소의 질량이 50mg을 넘을 때

[해설] 공기액화 분리장치
액화산소 5l 중 아세틸렌 질량이 5mg 또는 탄화수소 중 탄소의 질량이 500mg을 초과할 때 운전을 중지하고 액화산소를 방출한다.

72. 용기 내장형 난방기용 용기의 넥크링 재료는 탄소 함유량이 얼마 이하이어야 하는가?

① 0.28% ② 0.30%

③ 0.35% ④ 0.40%

해설 넥크링 재료
KSD3752(기계구조용 탄소강재)의 규격에 적합한 것 또는 이와 동등 이상의 기계적 성질 또는 가공성을 가지는 것으로서 탄소함유량이 0.28% 이하인 것으로 한다.

73. 정압기 설치 시 주의사항에 대한 설명으로 가장 옳은 것은?

① 최고 1차 압력이 정압기의 설계 압력 이상이 되도록 선정한다.

② 대규모 지역의 정압기로서 사용하는 경우 동특성이 우수한 정압기를 선정한다.

③ 스프링제어식의 정압기를 사용할 때에는 필요한 1차 압력 설정범위에 적합한 스프링을 사용한다.

④ 사용조건에 따라 다르나, 일반적으로 최저 1차 압력의 정압기 최대용량의 60~80% 정도의 부하가 되도록 정압기 용량을 선정한다.

해설 정압기 설치시 주의사항
㉠ 최고 1차 압력이 정압기의 설계압력 이하로 되도록 선정한다.
㉡ 대규모 지역 정압기 → off set과 lock up이 적은 정특성이 우수한 것 사용
㉢ 소규모 지역 정압기 → 동특성이 우수한 정압기 사용
㉣ 전용 정압기 → 동특성이 우수한 정압기 사용
㉤ 2차 압력 범위 → 2차 압력에 따라 적합한 스프링 선정
㉥ 정압기의 용량 → 1차 압력의 최대 감압유량이 60~80% 정도 범위의 용량을 선정

74. 수소의 특성으로 인한 폭발, 화재 등의 재해 발생 원인으로 가장 거리가 먼 것은?

① 가벼운 기체이므로 가스가 확산하기 쉽다.

② 고온, 고압에서 강에 대해 탈탄 작용을 일으킨다.

③ 공기와 혼합된 경우 폭발범위가 약 4~75%이다.

④ 증발잠열로 인해 수분이 동결하여 밸브나 배관을 폐쇄시킨다.

해설 수소의 성질
수소의 비점은 −253℃로 압축가스로 취급되며 수소가스가 액체로 되어 증발잠열에 의한 수분이 동결하여 밸브나 배관을 폐쇄시키는 일은 없다.

75. 소형저장 탱크에 액화석유가스를 충전하는 때에는 액화가스의 용량이 상용온도에서 그 저장탱크 내용적의 몇 %를 넘지 않아야 하는가?

① 75% ② 80%

③ 85% ④ 90%

해설 액화가스 용량
㉠ 소형저장 탱크 : 내용적의 85% 이하
㉡ 일반저장 탱크 : 내용적의 90% 이하

76. 고압가스제조시설 사업소에서 안전관리자가 상주하는 사무소와 현장사무소와의 사이 또는 현장사무소 상호간 신속히 통보할 수 있도록 통신시설을 갖추어야 하는데 이에 해당되지 않는 것은?

① 구내방송설비 ② 메가폰

③ 인터폰 ④ 페이징설비

해설 사무소와 사무소 간의 통신시설
㉠ 페이징 설비 ㉡ 구내방송 설비
㉢ 구내전화 ㉣ 인터폰

77. 어느 가스용기에 구리관을 연결시켜 사용하던 도중 구리관에 충격을 가하였더니 폭발사고가 발생하였다. 이 용기에 충전된 가스로서 가장 가능성이 높은 것은?

① 황화수소 ② 아세틸렌

③ 암모니아 ④ 산소

해설 아세틸렌과 동(구리)관과 접촉시 동아세틸라이드(폭발성 물질) 생성시켜 폭발을 일으키는데 이를 치환폭발 또는 화합폭발이라 한다.

정답 72. ① 73. ④ 74. ④ 75. ③ 76. ② 77. ②

78. 액화석유가스용 차량에 고정된 탱크의 폭발을 방지하기 위하여 탱크 내벽에 설치하는 장치로서 가장 절절한 것은?

① 다공성 벌집형 알루미늄합금박판
② 다공성 벌집형 아연합금박판
③ 다공성 봉형 알루미늄합금박판
④ 다공성 봉형 아연합금박판

[해설] 폭발방지장치
탱크의 외벽이 화염에 의하여 국부적으로 가열될 경우 그 탱크 벽면의 열을 신속히 흡수, 분산시킴으로써 탱크 내벽에 국부적인 온도 상승에 의한 탱크의 파열을 방지하기 위하여 탱크 내벽에 설치하는 다공성 벌집형 알루미늄 합금판을 사용한다.

79. 도시가스 배관을 지하에 매설하는 경우 배관은 그 외면으로부터 지하의 다른 시설물과 얼마 이상을 유지하여야 하는가?

① 1.0m
② 0.7m
③ 0.5m
④ 0.3m

[해설] 도시가스 배관 지하 매설 기준
㉠ 배관 외면으로부터 다른 시설물과 0.3m 이상 이격
㉡ 도로 폭 8m 이상 : 1.2m 이상
㉢ 도로 폭 8m 미만 : 1m 이상
㉣ 공동주택 등의 부지 내 : 0.6m 이상

80. 콕 제조 기술기준에 대한 설명으로 틀린 것은?

① 1개의 핸들로 1개의 유로를 개폐하는 구조로 한다.
② 완전히 열었을 때 핸들의 방향은 유로의 방향과 직각인 것으로 한다.
③ 닫힌 상태에서 예비적 동작이 없이는 열리지 아니하는 구조로 한다.
④ 핸들의 회전각도를 90°나 180°로 규제하는 스토퍼를 갖추어야 한다.

[해설] 콕의 열림 방향은 시계 반대방향이고 유로방향과 직각인 것은 닫힘 상태이고 유로방향과 평행한 것은 완전 열림상태이다.

81. 가스공급용 저장탱크의 가스저장량을 일정하게 유지하기 위하여 탱크내부의 압력을 측정하고 측정된 압력과 설정압력(목표압력)을 비교하여 탱크에 유입되는 가스의 양을 조절하는 자동제어계가 있다. 탱크내부의 압력을 측정하는 동작은 다음 중 어디에 해당하는가?

① 비교
② 판단
③ 조작
④ 검출

[해설] 자동제어
㉠ 비교부 : 검출부에서 검출한 제어량과 목표치를 비교하는 부분
㉡ 조작부 : 조절부로부터 나오는 신호로서 어떤 조작을 기하기 위한 제어동작을 하는 부분
㉢ 검출부 : 제어량을 검출하고 이것을 기준압력과 비교할 수 있는 물리량을 만드는 부분

82. 선팽창계수가 다른 두 종류의 금속을 맞대어 온도변화를 주면 휘어지는 것을 이용한 온도계는?

① 저항 온도계
② 바이메탈 온도계
③ 열전대 온도계
④ 유리 온도계

[해설] 바이메탈 온도계
선팽창 계수가 다른 구 종류의 금속편을 맞붙여서 온도변화에 의한 금속편의 변형을 이용하여 측정한다.

83. 1kmol의 가스가 0℃, 1기압에서 22.4m³의 부피를 갖고 있을 때 기체상수는 얼마인가?

① 0.082kg·m/kmol·K
② 848kg·m/kmol·K
③ 1.98kg·m/kmol·K
④ 8.314kg·m/kmol·K

[해설] $PV = GRT$ 식에서
$$R = \frac{PV}{GT} = \frac{1.0332 \times 10^4 \times 22.4}{1 \times (273 + 0)}$$
$$= 848 (\text{kg·m/kmol·K})$$

84. 자동제어에서 희망하는 온도에 일치시키려는 물리량을 무엇이라 하는가?

① 목표값   ② 제어대상
③ 되먹임 양   ④ 편차량

[해설] 목표값
제어계에서 제어량의 목표가 되는 값으로 설정값을 말한다.

85. 다음 중 직접식 액면 측정기기는?

① 부자식 액면계
② 벨로우즈식 액면계
③ 정전용량식 액면계
④ 전기저항식 액면계

[해설] 액면 측정방법
㉠ 직접식 : 직관식, 부자식, 투사식, 검척식
㉡ 간접식 : 차압식, 퍼지식, 방사선식, 초음파식, 정전용량식, 전기저항식

86. 모발습도계에 대한 설명으로 틀린 것은?

① 히스테리시스가 없다.
② 재현성이 좋다.
③ 구조가 간단하고 취급이 용이하다.
④ 한랭지역에서 사용하기가 편리하다.

[해설] 모발습도계의 특징
㉠ 구조가 간단하고 취급이 쉽다.
㉡ 추운지역에서 편리하다.
㉢ 상대습도가 바로 나타난다.
㉣ 재현성이 좋다.
㉤ 히스테리시스가 있다.
㉥ 정도가 좋지 않다.
㉦ 응답시간이 늦다.

87. 머무른 시간이 407초, 길이 12.2m 칼럼에서의 띠 너비를 바닥에서 측정하였을 때 13초이었다. 이때 단 높이는 몇 mm인가?

① 0.58   ② 0.68
③ 0.78   ④ 0.88

[해설] 단 높이(HETP)
$$NETP = \frac{L}{N} = \frac{12,200}{15,683} = 0.78mm$$
$$N = 16 \times \left(\frac{t_R}{W}\right)^2 = 16 \times \left(\frac{407}{13}\right)^2 = 15,683$$

88. 루트식 유량계의 특징에 대한 설명 중 틀린 것은?

① 스트레이너의 설치가 필요하다.
② 맥동에 의한 영향이 대단히 크다.
③ 적은 유량에서는 동작되지 않을 수 있다.
④ 구조가 비교적 복잡하다.

[해설] 루트식 유량계의 특징
㉠ 설치스페이스가 적다.
㉡ 중압가스의 계량이 가능
㉢ 대유량 가스 측정에 적합
㉣ 스트레이너 설치 후 유지관리 필요
㉤ $0.5m^3/h$ 이하에서는 작동하지 않을 수 있다.

89. 오르자트(Orsat) 가스분석기에 의한 배기가스 각 성분의 계산식으로 틀린 것은?

① $N_2[\%] = 100 - (CO_2[\%] - O_2[\%] - CO[\%])$
② $CO[\%]$
$$= \frac{\text{암모니아성 염화제일구리용액 흡수량}}{\text{시료채취량}} \times 100$$
③ $O_2[\%]$
$$= \frac{\text{알칼리성 피로카롤용액 흡수량}}{\text{시료채취량}} \times 100$$
④ $CO_2[\%]$
$$= \frac{30\% \text{ KOH 용액 흡수량}}{\text{시료채취량}} \times 100$$

[해설] $N_2(\%) = 100 - [CO_2(\%) + O_2(\%) + CO(\%)]$

정답   84. ①   85. ①   86. ①   87. ③   88. ②   89. ①

90. 염화 팔라듐지로 일산화탄소의 누출유무를 확인할 경우 누출이 되었다면 이 시험지는 무슨 색으로 변하는가?

① 검은색　　　　② 청색
③ 적색　　　　　④ 오렌지색

[해설] 가스누출검지 시험지법
㉠ NH_3 : 적색리트머스지–청색
㉡ Cl_2 : KI전분지–청색
㉢ $COCl_2$: 헤리슨 시약–심등색
㉣ HCN : 질산구리벤젠지–청색
㉤ CO : 염화 팔라듐지–흑색
㉥ C_2H_2 : 염화 제1동 착염지–적색
㉦ H_2S : 연당지–흑색

91. 내경 30cm인 어떤 관속에 내경 15cm인 오리피스를 설치하여 물의 유량을 측정하려 한다. 압력강하는 0.1kgf/cm²이고, 유량계수는 0.72일 때 물의 유량은 약 몇 m³/s인가?

① 0.028m³/s　　　② 0.28m³/s
③ 0.056m³/s　　　④ 0.56m³/s

[해설] $Q = CA_o\sqrt{2g\left(\dfrac{\Delta P}{r}\right)}$ 식에서

$Q = 0.72 \times \dfrac{\pi \times 10.15^2}{4}\sqrt{2 \times 9.8\left(\dfrac{0.1 \times 10^4}{1,000}\right)} = 0.056\text{m}^3/\text{s}$

92. 대규모의 플랜트가 많은 화학공장에서 사용하는 제어방식이 아닌 것은?

① 비율제어(ratio control)
② 요소제어(element control)
③ 종속제어(cascade control)
④ 전치제어(feed forward control)

[해설] 대규모의 플랜트의 제어방식
비율제어, 종속제어, 전치제어

93. 캐리어가스의 유량이 60mL/min이고, 기록지의 속도가 3cm/min일 때 어떤 성분시료를 주입하였더니 주입점에서 성분피크까지의 길이가 15cm 이었다. 지속용량은 약 mL인가?

① 100　　　　　② 200
③ 300　　　　　④ 400

[해설] 지속용량 = $\dfrac{60\text{mL/min} \times 15\text{cm}}{3\text{cm/min}} = 300\text{mL}$

94. 부르동관(Bourdon tube)에 대한 설명 중 틀린 것은?

① 다이어프램압력계 보다 고압 측정이 가능하다.
② C형, 와권형, 나선형, 버튼형 등이 있다.
③ 계기 하나로 2공정의 압력차 측정이 가능하다.
④ 곡관에 압력이 가해지면 곡률 반경이 증대되는 것을 이용한 것이다.

[해설] 부르동관은 계기 하나로 2공정의 압력차 측정이 불가능하다.

95. 다음 [보기]에서 설명하는 가스미터는?

> **보기**
> • 계량이 정확하고 사용 중 기차(器差)의 변동이 거의 없다.
> • 설치공간이 크고 수위 조절 등의 관리가 필요하다.

① 막식가스미터　　② 습식가스미터
③ 루트(Roots)미터　④ 벤투리미터

[해설] 습식가스미터의 특징
㉠ 계량이 정확하다.
㉡ 사용 중에 기차의 변동이 거의 없다.
㉢ 기준기용, 실험실용으로 사용
㉣ 설치면적이 크다.
㉤ 사용 중에 수위조정 등의 관리가 필요하다.

90. ①　91. ③　92. ②　93. ③　94. ③　95. ②　정답

96. 가스크로마토그래피의 캐리어가스로 사용하지 않는 것은?

① He   ② N_2

③ Ar   ④ O_2

해설 캐리어가스(운반가스)
수소(H_2), 헬륨(He), 아르곤(Ar), 질소(N_2)

97. 스프링식 저울의 경우 측정하고자 하는 물체의 무게가 작용하여 스프링의 변위가 생기고 이에 따라 바늘의 변위가 생겨 지시하는 양으로 물체의 무게를 알 수 있다. 이와 같은 측정방법은?

① 편위법   ② 영위법

③ 치환법   ④ 보상법

해설 편위법 : 부르동관 압력계와 같이 측정량과 관계있는 다른 양으로 변화시켜 측정하는 방법으로 정도는 낮지만 측정이 간단하다.
(ex) 스프링 저울, 전류계, 부르동관 압력계

98. 자동조절계의 비례적분동작에서 적분시간에 대한 설명으로 가장 적당한 것은?

① P동작에 의한 조작신호의 변화가 I동작만으로 일어나는데 필요한 시간
② P동작에 의한 조작신호의 변화가 PI동작만으로 일어나는데 필요한 시간
③ I동작에 의한 조작신호의 변화가 PI동작만으로 일어나는데 필요한 시간
④ I동작에 의한 조작신호의 변화가 P동작만으로 일어나는데 필요한 시간

해설 비례적분동작(PI동작) : 비례동작의 결점을 줄이기 위하여 비례동작과 적분동작을 합한 조절 동작으로써 적분시간이란 비례동작(P동작)에 의한 조작신호의 변화가 적분동작(I동작)만으로 일어나는데 필요한 시간

99. 다음 중 화학적 가스 분석방법에 해당하는 것은?

① 밀도법   ② 열전도율법

③ 적외선 흡수법   ④ 연소열법

해설 가스 분석법
㉠ 화학적가스 분석법 : 자동오르쟈트법, 연소열법, 연소식 O_2계, 자동화학 CO_2계
㉡ 물리적 가스 분석법 : 열전도율법, 밀도법, 적외선흡수법, 가스크로마토 그래피법, 세라믹법, 도전율법

100. 진동이 일어나는 장치의 진동을 억제하는 데 가장 효과적인 제어동작은?

① 뱅뱅동작   ② 비례동작

③ 적분동작   ④ 미분동작

해설 미분동작(D동작) : 진동이 발생하는 장치의 진동을 억제시키는데 가장 효과적인 제어동작으로 진동이 제어되고, 안정성이 좋은 제어동작이다.

정답 96. ④   97. ①   98. ①   99. ④   100. ④

제1과목   가스유체역학

01. 37℃, 200kPa 상태의 N_2의 밀도는 약 몇 kg/m^3인가? (단, N의 원자량은 14이다.)

① 0.24   ② 0.45

③ 1.12   ④ 2.17

[해설] PV=GRT식에서 밀도(ρ)=G/V는

$\rho = \dfrac{P}{RT} = \dfrac{20,393.8}{30.29 \times (273+27)} = 2.17 kgf/m^3$

(비중량 $2.17 kgf/m^3$는 밀도 $2.17 kg/m^3$와 같다.)

여기서, $P = 200 kPa \times \dfrac{10,332 kgf/m^2}{101.325 kPa} = 20,393.8 kgf/m^2$

$\qquad R = \dfrac{848}{M} = \dfrac{848}{28} = 30.28(m/k)$

[참고] $10,332 kgf/m^2 = 101.325 kPa$

02. 직각좌표계에 적용되는 가장 일반적인 연속방정식은 $\dfrac{\alpha\rho}{\alpha t} + \dfrac{\alpha(\rho u)}{\alpha x} + \dfrac{\alpha(\rho w)}{\alpha z} = 0$으로 주어진다.

다음 중 정상상태(steady state)의 유동에 적용되는 연속방정식은?

① $\dfrac{\alpha\rho}{\alpha t} + \dfrac{\alpha(\rho u)}{\alpha x} + \dfrac{\alpha(\rho v)}{\alpha y} + \dfrac{\alpha(\rho w)}{\alpha z} = 0$

② $\dfrac{\alpha(\rho u)}{\alpha x} + \dfrac{\alpha(\rho v)}{\alpha y} + \dfrac{\alpha(\rho w)}{\alpha z} = 0$

③ $\dfrac{\alpha u}{\alpha x} + \dfrac{\alpha v}{\alpha y} + \dfrac{\alpha w}{\alpha z} = 0$

④ $\dfrac{\alpha\rho}{\alpha t} + \rho\dfrac{\alpha u}{\alpha x} + \rho\dfrac{\alpha v}{\alpha y} + \rho\dfrac{\alpha w}{\alpha z} = 0$

[해설] 일반적인 연속방정식

㉠ 원식 : $\dfrac{\alpha(\rho u)}{\alpha x} + \dfrac{\alpha(\rho v)}{\alpha y} + \dfrac{\alpha(\rho w)}{\alpha z} = -\dfrac{\alpha(\rho)}{\alpha t}$

    (ρu, ρv, ρw: x, y, z 방향의 질량유량)

㉡ 정상류의 경우 : $\dfrac{\alpha(\rho u)}{\alpha x} + \dfrac{\alpha(\rho v)}{\alpha y} + \dfrac{\alpha(\rho w)}{\alpha z} = 0$

    (시간에 따른 질량 변화가 없다)

㉢ 정상류이면서 비압축성인 경우 : $\dfrac{\alpha u}{\alpha x} + \dfrac{\alpha v}{\alpha y} + \dfrac{\alpha w}{\alpha z} = 0$

    (x, y, z 방향의 밀도가 일정하다)

03. 1차원 흐름에서 수직충격파가 발생하면 어떻게 되는가?

① 속도, 압력, 밀도가 증가

② 압력, 밀도, 온도가 증가

③ 속도, 온도, 밀도가 증가

④ 압력, 밀도, 속도가 감소

[해설] 수직충격파

수직충격파가 발생하면 압력, 밀도, 온도, 엔트로피는 증가하고 속도는 감소한다.

04. 안지름 20cm의 원관 속을 비중이 0.83인 유체가 층류(Laminar flow)로 흐를 때 관중심에서의 유속이 48cm/s 이라면 관벽에서 7cm 떨어진 지점에서의 유체의 속도(cm/s)는?

① 25.52   ② 34.68

③ 43.68   ④ 46.92

[해설] $V = V_{max}\left\{1 - (\dfrac{r}{r_o})^2\right\}$에서

$\qquad = 48\left\{1 - (\dfrac{3}{10})^2\right\} = 43.68 cm/s$

여기서, r_o = 관의 반경 = 10cm

$\qquad\qquad r$ = 관의 중심에서 떨어진 지점 = 10-7=3cm

05. 유체가 흐르는 배관 내에서 갑자기 밸브를 닫았더니 급격한 압력변화가 일어났다. 이때 발생할 수 있는 현상은?

① 공동현상   ② 서어징 현상

③ 워터해머 현상   ④ 숏피닝 현상

[해설] 수격작용(Water hammering)
유체가 흐르는 배관내에서 정전등으로 급히 펌프가 멈추거나 수량조절 밸브를 급히 폐쇄할 때 관내유속이 급속히 변화하면 물에 의한 심한 압력의 변화가 생겨 관벽을 치는 현상

06. 단단한 탱크 속에 2.94kPa, 5℃의 이상 기체가 들어있다. 이것을 110℃까지 가열하였을 때 압력은 몇 kPa 상승하는가?

① 4.05

② 3.05

③ 2.54

④ 1.11

[해설] $\dfrac{P_1}{T_1} = \dfrac{P_2}{T_2}$ 식에서

$$P_2 = P_1 \times \dfrac{T_2}{T_1} = 2.94 \times \dfrac{(273+110)}{(273+5)} = 4.05\,\text{kPa}$$

압력상승(ΔP) $= P_2 - P_1 = 4.05 - 2.94 = 1.11\,\text{kPa}$

07. 밀도 1g/cm³인 액체가 들어 있는 개방탱크의 수면에서 1m 아래의 절대 압력은 약 몇 kgf/cm²인가? (단, 이 때 대기압은 1.033kgf/cm² 이다.)

① 1.133

② 1.52

③ 2.033

④ 2.52

[해설] $P_G = rh = 1,000 \times 1 = 1,000\,\text{kgf/m}^2 = 0.1\,\text{kgf/cm}^2$

절대압력(P) = 게이지압력 + 대기압력
$$= 0.1 + 1.033 = 1.133\,\text{kgf/cm}^2$$

여기서, 밀도 1g/cm³ = 1,000kg/m³
(밀도 1,000kg/m³는 비중량 1,000kgf/m³와 같다)

08. 2차원 직각좌표계(x, y)상에서 속도 포텐셜(Φ, velocity potential)이 $\Phi = U_x$로 주어지는 유동장이 있다. 이 유동장의 흐름함수(Ψ, strem function)에 대한 표현식으로 옳은 것은? (단, U는 상수이다.)

① U(x+y)

② U(−x+y)

③ Uy

④ 2Ux

[해설] 2차원 직각 좌표계상 속도포텐셜(ϕ) $\phi = ux$의 유동장 흐름함수(ψ) $\psi = uy$이다.

09. 기준면으로부터 10m인 곳에 5m/s로 물이 흐르고 있다. 이 때 압력을 재어보니 0.6kgf/cm² 이었다. 전수두는 약 몇 m가 되는가?

① 6.28

② 10.46

③ 15.48

④ 17.28

[해설] 베르누이 방정식

$H = \dfrac{P}{r} + \dfrac{V^2}{2g} + Z$ 식에서

$$H = \dfrac{0.6 \times 10^4}{10^3} + \dfrac{5^2}{2 \times 9.8} + 10 = 17.28\,\text{m}$$

10. 베르누이 방정식을 실제 유체에 적용할 때 보정해주기 위해 도입하는 항이 아닌 것은?

① W_P(펌프일)

② H_f(마찰손실)

③ ΔP(압력차)

④ η(펌프효율)

[해설] 베르누이 방정식

㉠ 이상유체 : $\dfrac{P_1}{r} + \dfrac{V_1^2}{2g} + z_1 = \dfrac{P_2}{r} + \dfrac{V_2^2}{2g} + z_2$

㉡ 실제유체 : $\dfrac{P_1}{r} + \dfrac{V_1^2}{2g} + z_1 + E_P = \dfrac{P_2}{r} + \dfrac{V_2^2}{2g} + z_1 + E_T + H_f$

[참고] 실제유체에 적용할 때 보정 항목
펌프에너지(E_P), 터어빈에너지(E_T), 마찰손실(H_f),
펌프효율(η)

11. 기체수송에 사용되는 기계들이 줄 수 있는 압력차를 크기순서로 옳게 나타낸 것은?

① 팬(fan) 〈 압축기 〈 송풍기(blower)

② 송풍기(blower) 〈 팬(fan) 〈 압축기

③ 팬(fan) 〈 송풍기(blower) 〈 압축기

④ 송풍기(blower) 〈 압축기 〈 팬(fan)

[해설] 작동 압력에 따른 분류
㉠ 팬(fan) : 토출압력 1,000mmH₂O 미만
㉡ 송풍기(blower) : 토출압력 1,000mmH₂O 이상 1kgf/cm²g 미만
㉢ 압축기 : 토출압력 1kgf/cm²g 이상

정답 06. ④ 07. ① 08. ③ 09. ④ 10. ③ 11. ③

12. 뉴턴의 점성법칙을 옳게 나타낸 것은?
(단, 전단응력은 τ, 유체속도는 u, 점성계수는 μ, 벽면으로부터의 거리는 y로 나타낸다.)

① $\tau = \dfrac{1}{\mu}\dfrac{dy}{du}$　　　② $\tau = \mu\dfrac{du}{dy}$

③ $\tau = \dfrac{1}{\mu}\dfrac{du}{dy}$　　　④ $\tau = \mu\dfrac{dy}{du}$

해설 뉴턴(Newton) 유체

Newton의 점성법칙 $\tau = \mu\dfrac{du}{dy}$ 를 만족하는 유체

13. 내경이 5cm인 파이프 속에 유속이 3m/s 이고 동점성계수가 2stokes인 용액이 흐를 때 레이놀즈수는?

① 333　　　　　　② 750

③ 1000　　　　　　④ 3000

해설 $R_e = \dfrac{Vd}{v} = \dfrac{300 \times 5}{2} = 750$

여기서, 2stokes=2cm²/s

14. 펌프의 종류를 옳게 나타낸 것은?

① 원심펌프 : 벌류트펌프, 베인펌프
② 왕복펌프 : 피스톤펌프, 플런저펌프
③ 회전펌프 : 터빈펌프, 제트펌프
④ 특수펌프 : 벌류트펌프, 터빈펌프

해설 펌프의 종류
㉠ 원심펌프 : 벌류트펌프, 터빈펌프
㉡ 왕복펌프 : 피스톤펌프, 플런저펌프, 다이어프램 펌프
㉢ 회전펌프 : 기어펌프, 나사펌프, 베인펌프

15. 비점성 유체에 대한 설명으로 옳은 것은?

① 유체유동시 마찰저항이 존재하는 유체이다.
② 실제유체를 뜻한다.
③ 유체유동시 마찰저항이 유발되지 않는 유체를 뜻한다.
④ 전단응력이 존재하는 유체흐름을 뜻한다.

해설 비점성유체
유체유동시 점성의 영향이 없이 마찰저항이 유발되지 않는 유체로서 전단응력이 존재하지 않는 유체이다.

16. U자 Manometer에 수은(비중 13.6)과 물(비중 1)이 채워져 있고 압력계 읽음이 R=32.7cm 일 때 양쪽 단에서 같은 높이에 있는 물 내부 두 점에서의 압력차는? (단, 물의 밀도는 1000kg/m³이다.)

① 40,400kgf/cm²　　② 40.4kgf/cm²
③ 40.4N/m²　　　　④ 40,400N/m²

해설 $\Delta P = (r_2 - r_1)h$ 식에서
$\Delta P = (13.6 - 1) \times 10^3 \times 0.327 = 4,120.2 \mathrm{kgf/m^2}$
$\qquad = 4,120.2 \times 9.8 = 40,400 \mathrm{N/m^2}$

17. 물이 내경 2cm인 원형관을 평균 유속 5cm/s로 흐르고 있다. 같은 유량이 내경 1cm인 관을 흐르면 평균 유속은?

① 1/2 만큼 감소　　② 2배로 증가
③ 4배로 증가　　　④ 변함없다.

해설 연속의 방정식
$A_1 V_1 = A_2 V_2$ 식에서 $V_2 = x V_1$
$A_1 V_1 = A_2 x V_1$
$x = \dfrac{A_1 V_1}{A_2 V_1} = \dfrac{d_1{}^2}{d_2{}^2} = \dfrac{2^2}{1^2} = 4$배

18. 관속의 난류흐름에서 관 마찰계수 f는?

① 레이놀즈수에만 관계없고 상대조도만의 함수이다.
② 레이놀즈수만의 함수이다.
③ 레이놀즈수와 상대조도의 함수이다.
④ 프루우즈수와 마하수의 함수이다.

해설 관마찰계수(f)
㉠ 층류구역 : 레이놀즈수만의 함수이다.
㉡ 난류구역 : 레이놀즈수와 상대조도의 함수이다.

12. ②　13. ②　14. ②　15. ③　16. ④　17. ③　18. ③ 정답

19. 지름이 0.1m인 관에 유체가 흐르고 있다. 임계 레이놀즈수가 21100이고, 이에 대응하는 임계유속이 0.25m/s이다. 이 유체의 동점성 계수는 약 몇 cm² 인가?

① 0.095   ② 0.119

③ 0.354   ④ 0.454

[해설] 동점성 계수(ν)

$$\nu = \frac{Vd}{Re} = \frac{0.25 \times 0.1}{2100} \times 10^4 = 0.119 cm^2/s$$

20. 단면적 0.5m²의 원관 내를 유량 2m³/s, 압력 2kgf/cm²로 물이 흐르고 있다. 이 유체의 전수두는? (단, 위치수두는 무시하고 물의 비중량은 1,000kgf/m³ 이다.)

① 18.8m   ② 20.8m

③ 22.4m   ④ 24.4m

[해설] 전수두(H)

$$H = \frac{P}{r} + \frac{V^2}{2g} + Z = \frac{2 \times 10^4}{1,000} + \frac{4^2}{2 \times 9.8} + 0 = 20.8m$$

여기서, $Q = AV$식에서 $V = \frac{Q}{A} = \frac{2}{0.5} = 4m/s$

제2과목   연소공학

21. 최대안전틈새의 범위가 가장 적은 가연성가스의 폭발 등급은?

① A   ② B

③ C   ④ D

[해설] 최대 안전 틈새에 의한 가스등급
㉠ A : 최대안전틈새가 0.9mm 이상인 가스
㉡ B : 최대안전틈새가 0.5mm 초과 0.9mm 이하인 가스
㉢ C : 최대안전틈새가 0.5mm 이하인 가스

22. 벤젠(C_6H_6)에 대한 최소산소 농도(MOC, vol%)를 추산하면? (단, 벤젠의 LFL[연소하한계]는 1.3[vol%]이다.)

① 7.58   ② 8.55

③ 9.75   ④ 10.46

[해설] $C_6H_6 + 7.5O_2 \rightarrow 6CO_2 + 3H_2O$

최소 산소농도(Moc) $= LFL(폭발하한계) \times \dfrac{산소몰수}{연료몰수}$

$$= 1.3 \times \frac{7.5}{1} = 9.75\%$$

23. 층류연소속도에 대한 설명으로 가장 거리가 먼 것은?

① 층류연소속도는 혼합기체의 압력에 따라 결정된다.
② 층류연소속도는 표면적에 따라 결정된다.
③ 층류연소속도는 연료의 종류에 따라 결정된다.
④ 층류연소속도는 혼합기체의 조성에 따라 결정된다.

[해설] 층류 연소속도 결정요인
㉠ 혼합기체의 압력, 온도, 조성 등에 따라 결정된다.
㉡ 연료의 종류(열전도율, 분자량, 비중)에 따라 결정된다.

24. 산소의 성질, 취급 등에 대한 설명으로 틀린 것은?

① 임계압력이 25MPa이다.
② 산화력이 아주 크다.
③ 고압에서 유기물과 접촉시키면 위험하다.
④ 공기액화분리기 내에 아세틸렌이나 탄화수소가 축적되면 방출시켜야 한다.

[해설] 산소(O_2)
㉠ 비점 : -183℃
㉡ 임계온도 : -118℃
㉢ 임계압력 : 50.1atm(5MPa)

25. 내부에너지의 정의는 어느 것인가?

① (총에너지) − (위치에너지) − (운동에너지)

② (총에너지) − (열에너지) − (운동에너지)

③ (총에너지) − (열에너지) − (위치에너지) − (운동에너지)

④ (총에너지) − (열에너지) − (위치에너지)

해설 내부에너지

역학적으로 평형상태를 가진 물체내부에 모여 있는 에너지 외부의 힘에 의한 위치에너지나 전체로서의 운동에너지는 제외하고 물질을 구성하는 분자나 원자 따위의 위치에너지와 운동에너지를 이른다.

즉 내부에너지 = 총에너지−위치에너지−운동에너지

26. 디젤 사이클의 작동 순서로 옳은 것은?

① 단열압축 → 정압가열 → 단열팽창 → 정적방열

② 단열압축 → 정압가열 → 단열팽창 → 정압방열

③ 단열압축 → 정적가열 → 단열팽창 → 정적방열

④ 단열압축 → 정적가열 → 단열팽창 → 정압방열

해설 디젤 사이클

㉠ 2개의 단열과정과 1개의 정적과정. 1개의 정압과정으로 구성된 사이클로서 저속 디젤기관의 기본사이클이라 한다.

(단열압축 → 정압가열 → 단열팽창 → 정적방열)

㉡ 디젤 사이클의 이론 열효율은 압축비가 클수록 증가하고 차단비가 클수록 감소한다.

27. 화염의 안정범위가 넓고 조작이 용이하며 역화의 위험이 없으며 연소실의 부하가 적은 특징을 가지는 연소형태는?

① 분무연소   ② 확산연소

③ 분해연소   ④ 예혼합연소

해설 확산연소의 특징

㉠ 조작범위가 넓으며 역화의 위험성이 없다.

㉡ 탄화수소가 적은 연료에 적당하다.

㉢ 가스와 공기를 예열 할 수 있고 화염이 안정적이다.

㉣ 조작이 용이하고 화염이 길다.

28. 액체연료를 미세한 기름방울로 잘게 부수어 단위 질량당의 표면적을 증가시키고 기름방울을 분산, 주위 공기와의 혼합을 적당히 하는 것을 미립화라 한다. 다음 중 원판, 컵 등의 외주에서 원심력에 의해 액체를 분산시키는 방법에 의해 미립화 하는 분무기는?

① 회전체 분무기   ② 충돌식 분무기

③ 초음파 분무기   ④ 정전식 분무기

해설 무화방법

㉠ 유압무화식 : 연료자체에 압력을 주어 무화

㉡ 이류체무화식 : 증기, 공기를 이용하여 무화

㉢ 회전체무화식 : 원심력을 이용

㉣ 충돌무화식 : 연료끼리 혹은 금속판에 충돌시켜 무화

㉤ 진동무화식 : 음파에 의하여 무화

㉥ 정전기무화식 : 고압정전기 이용

29. 가연성 가스의 폭발범위에 대한 설명으로 옳지 않은 것은?

① 일반적으로 압력이 높을수록 폭발범위는 넓어진다.

② 가연성 혼합가스의 폭발범위는 고압에서는 상압에 비해 훨씬 넓어진다.

③ 프로판과 공기의 혼합가스에 불연성 가스를 첨가하는 경우 폭발범위는 넓어진다.

④ 수소와 공기의 혼합가스는 고온에 있어서는 폭발범위가 상온에 비해 훨씬 넓어진다.

해설 폭발범위

㉠ 일반적으로 압력을 상승시키면 폭발범위가 넓어진다. (단 CO는 좁아진다)

㉡ 온도를 상승시키면 연소속도가 빨라져 폭발범위가 넓어진다.

㉢ 불활성기체(불연성가스)를 공기와 혼합하여 산소농도를 줄여가면 폭발 범위는 좁아지는데 그 이유는 불활성기체가 지연성가스와 가연성가스의 반응을 방해하고 흡수하기 때문이다.

30. 연소온도를 높이는 방법으로 가장 거리가 먼 것은?

① 연료 또는 공기를 예열한다.
② 발열량이 높은 연료를 사용한다.
③ 연소용 공기의 산소농도를 높인다.
④ 복사전열을 줄이기 위해 연소속도를 늦춘다.

[해설] 연소온도를 높이는 방법
㉠ 발열량이 높은 연료사용
㉡ 완전 연소시킨다.
㉢ 연료 또는 공기를 예열시킨다.
㉣ 과잉공기량이 적게 한다.
㉤ 복사전열 등을 줄이기 위해 연소속도를 빨리할 것

31. 다음 중 액체 연료의 연소 형태가 아닌 것은?

① 등심연소(wick combustion)
② 증발연소(vaporizing combustion)
③ 분무연소(spray combustion)
④ 확산연소(diffusive combustion)

[해설] • 액체연료의 연소형태
　　　㉠ 액면연소　　　㉡ 등심연소
　　　㉢ 분무연소　　　㉣ 증발연소

　　• 기체연료의 연소형태
　　　㉠ 확산연소　　　㉡ 예혼합연소

32. 0.3g의 이상기체가 750mmHg, 25℃에서 차지하는 용적이 300mL이다. 이 기체 10g이 101.325kPa에서 1L가 되려면 온도는 약 몇 ℃가 되어야 하는가?

① −243℃　　　　　② −30℃
③ 30℃　　　　　　④ 298℃

[해설] $PV = GRT$ 식에서

$$\frac{PV}{GRT} = C, \qquad \frac{P_1 V_1}{G_1 T_1} = \frac{P_2 V_2}{G_2 T_2}$$

$$T_2 = \frac{G_1 P_2 V_2 T_1}{G_2 P_1 V_1} = \frac{0.3 \times 760 \times 1 \times (273 + 25)}{10 \times 750 \times 0.3} = 30.2\text{K}$$

$$t_2 = 30.2 - 273 = -242.8℃ \quad \therefore -243℃$$

33. 실내화재시 연소열에 의해 천정류(Ceiling Jet)의 온도가 상승하여 600℃ 정도가 되면 천정류에서 방출되는 복사열에 의하여 실내에 있는 모든 가연 물질이 분해되어 가연성 증기를 발생하게 됨으로써 실내 전체가 연소하게 되는 상태를 무엇이라 하는가?

① 발화(Ignition)
② 전실화재(Flash Over)
③ 화염분출(Flame gusing)
④ 역화(Back Draft)

[해설] 전실 화재(Flash Over)
화재의 성장이 지속되면 화재실 내부의 온도는 올라가게 되는데 특히 상부의 연기 및 고열 가스층에서 나오는 복사열로 인해서 화재실 내부에 존재하는 모든 가연물의 표면에 열을 가하게 된다. 천정 주위의 온도가 500~600℃ 정도가 되면서 바닥이 받는 복사열이 20~25kW/m² 정도로 되면 가연물의 모든 표면에 빠르게 열분해가 일어나 가연성 가스가 충만해지는데 이때 가스가 발화하게 되면 모든 가연물이 격렬하게 타기 시작하는 현상을 전실화재(Flash Over)라 한다.

34. 표준대기압에서 지름 10cm인 실린더의 피스톤 위에 686N의 추를 얹어 놓았을 때 평형상태에서 실린더 속의 가스가 받는 절대압력은 약 몇 kPa인가? (단, 피스톤의 중량은 무시한다.)

① 87　　　　　　　② 189
③ 207　　　　　　④ 309

[해설] $P_g = \dfrac{F}{A} = \dfrac{4F}{\pi d^2} = \dfrac{4 \times 686}{\pi \times 0.1^2} = 87,388.5\text{N/m}^2$

　　　　$= 87,388.5\text{Pa} = 87.3885\text{kPa}$

절대압력$(P) =$ 대기압력$(P_o) +$ 게이지압력(P_g)

$P = 101.325 + 87.3885 = 188.7\text{kPa} \quad \therefore 189\text{kPa}$

여기서, 표준대기압 $= 1\text{atm} = 1.0332\text{kgf/cm}^2 = 101.325\text{kPa}$

35. C : 86%, H₂ : 12%, S : 2%의 조성을 갖는 중유 100kg을 표준상태에서 완전 연소시킬 때 동일 압력, 온도 590K에서 연소가스의 체적은 약 몇 m³인가?

① 296m³　　　　　② 320m³
③ 426m³　　　　　④ 640m³

[해설] ㉠ 완전연소반응식 $CO+O_2 \rightarrow CO_2$

㉡ $H_2 + \frac{1}{2}O_2 \rightarrow H_2O$

㉢ $S+O_2 \rightarrow SO_2$

• 이론산소량으로 완전연소시 연소가스량

㉠ $CO_2 = \frac{86 \times 22.4}{12} = 160.5 m^3$

㉡ $H_2O = \frac{12 \times 22.4}{2} = 134.4 m^3$

㉢ $SO_2 = \frac{2 \times 22.4}{32} = 1.4 m^3$

• $\frac{V_1}{T_1} = \frac{V_2}{T_2}$ 식에서

$V_2 = \frac{V_1 T_2}{T_1} = \frac{(160.5 + 134.4 + 1.4) \times 590}{273} = 640 m^3$

[참고] 이론공기량으로 완전연소시 연소가스량은 질소가스량도 포함시켜야 한다.

36. 고발열량에 대한 설명 중 틀린 것은?

① 연료가 연소될 때 연소가스 중에 수증기의 응축 잠열을 포함한 열량이다.

② $H_h = H_l + H_s = H_l + 600(9H+W)$로 나타낼 수 있다.

③ 진발열량이라고도 한다.

④ 총발열량이다.

[해설] 진발열량(저위발열량) = H_l

실제연소에 있어서 연소가스 중의 수증기는 기체상태로 배출되기 때문에 수증기가 가지고 있는 응축잠열 및 응축수의 현열을 이용할 수 없으므로 이것을 뺀것을 말한다.

$H_l = H_h - 600(9H+W)$

37. 다음 반응 중 폭굉(detonation) 속도가 가장 빠른 것은?

① $2H_2 + O_2$　　② $CH_4 + 2O_2$

③ $C_3H_8 + 3O_2$　　④ $C_3H_8 + 6O_2$

[해설] 수소는 가장 가벼운 가스이므로 공기에서 연소될 경우 열에너지보다 물질의 확산이 3배정도 빨리 진행되므로 수소가 완전연소($2H_2+O_2 \rightarrow 2H_2O$) 될 때 CH_4이나 C_3H_8 보다 폭굉속도가 빠르다.

38. 액체 프로판이 298K, 0.1MPa에서 이론공기를 이용하여 연소하고 있을 때 고발열량은 약 몇 MJ/kg 인가? (단, 연료의 증발엔탈피는 370kJ/kg이고, 기체상태 C_3H_8의 생성엔탈피는 -103,909kJ/kmol, CO_2의 생성엔탈피는 -393,757kJ/kmol, 액체 및 기체상태 H_2O의 생성 엔탈피는 각각 -286,010kJ/kmol, -241,971kJ/kmol 이다.)

① 44　　② 46

③ 50　　④ 2,205

[해설] $C_3H_8 + 5O_2 \rightarrow 3CO_2 + 4H_2O$

$H = \frac{3 \times 393,757 + 4 \times 286,010 - 103,909}{44} + 370$

$= 50,856 kJ/kg = 50.856 MJ/kg$

여기서, 1MJ=1,000kJ 이다.

[참고] 고발열량(총발열량)

연료를 완전연소해서 연료중의 수분 및 연소로 생긴 수증기가 액체로 응축했을때 발열량을 말한다.

39. 메탄가스 $1Nm^3$를 10%의 과잉공기량으로 완전연소시켰을 때의 습연소 가스량은 약 몇 Nm^3인가?

① 5.2　　② 7.3

③ 9.4　　④ 11.6

[해설] $CH_4 + 2O_2 \rightarrow CO_2 + 2H_2O$

습연소가스량(V_o)

㉠ $CO_2 \rightarrow 1Nm^3$

㉡ $H_2O \rightarrow 2Nm^3$

㉢ $N_2 \rightarrow 2 \times \frac{79}{21} = 7.5238 Nm^3$

㉣ 과잉공기량 $\rightarrow 2 \times \frac{100}{21} \times 0.1 = 0.9524 Nm^3$

$V_o = 1 + 2 + 7.5238 + 0.9524 = 11.476 Nm^3$

40. 어떤 Carnot기관이 4186kJ의 열을 수취 하였다가 2512kJ의 열을 배출한다면 이 동력 기관의 효율은 약 얼마인가?

① 20%　　② 40%

③ 67%　　④ 80%

[해설] 효율(η) = $\frac{4,186 - 2,512}{4,186} \times 100(\%) = 40\%$

36. ③　37. ①　38. ③　39. ④　40. ② [정답]

제3과목	가스설비

41. 펌프의 실양정(m)을 h, 흡입실양정을 h_1, 송출실양정을 h_2라 할 때 펌프의 실양정 계산식을 옳게 표시한 것은?

① $h = h_2 - h_1$

② $h = \dfrac{h_2 - h_1}{2}$

③ $h = h_1 + h_2$

④ $h = \dfrac{h_1 + h_2}{2}$

[해설] 실양정(h)과 전양정(H)
h = 흡입실양정(h_1)+송출실양정(h_2)
H = h_1+h_2+손실수두(h_l)

42. 조정압력이 3.3kPa 이하인 조정기 안전장치의 작동표준 압력은?

① 3kPa

② 5kPa

③ 7kPa

④ 9kPa

[해설] 조정압력이 330mmH₂O 이하인 조정기의 안전장치의 작동압력
㉠ 작동표준압력 : 700mmH₂O
㉡ 작동개시압력 : 560mmH₂O~840mmH₂O
㉢ 작동정지압력 : 504mmH₂O~840mmH₂O

43. 액화천연가스(메탄기준)를 도시가스 원료로 사용할 때 액화천연가스의 특징을 바르게 설명한 것은?

① C/H 질량비가 3이고 기화설비가 필요하다.

② C/H 질량비가 4이고 기화설비가 필요하다.

③ C/H 질량비가 3이고 가스제조 및 정제설비가 필요하다.

④ C/H 질량비가 4이고 개질설비가 필요하다.

[해설] 액화천연가스(CH_4)의 특징
㉠ C/H 질량비 = $\dfrac{12}{4} = 3$
㉡ 액화전 제진, 탈유, 탈탄산, 탈수, 탈습등의 전처리를 행하여 탄산가스, 황화수소 등이 정제 되었기 때문에 기화한 LNG는 불순물이 없는 청정연료이다.

44. 초저온용기의 단열재의 구비조건으로 가장 거리가 먼 것은?

① 열전도율이 클 것

② 불연성일 것

③ 난연성일 것

④ 밀도가 작을 것

[해설] 초저온 용기 단열재의 구비조건
㉠ 밀도가 작고 시공이 쉬울 것
㉡ 열전도율이 작을 것
㉢ 불연성 또는 난연성일 것
㉣ 흡수, 흡습성이 작을 것
㉤ 화학적으로 안정하고 반응성이 작을 것

45. 가스액화분리장치를 구분할 경우 구성요소에 해당되지 않는 것은?

① 단열장치

② 냉각장치

③ 정류장치

④ 불순물 제거장치

[해설] 가스 액화 분리 장치의 구성
㉠ 불순물 제거장치
㉡ 한랭발생장치(냉각장치)
㉢ 정류장치

46. 자동절체식 조정기를 사용할 때의 장점에 해당하지 않는 것은?

① 잔류액이 거의 없어질 때까지 가스를 소비할 수 있다.

② 전체 용기의 갯수가 수동절체식보다 적게 소요된다.

③ 용기교환 주기를 길게 할 수 있다.

④ 일체형을 사용하면 다단 감압식보다 배관의 압력손실을 크게 해도 된다.

[해설] 자동절체식 조정기
자동절체식 분리형을 사용할 경우 1단 감압식의 경우에 비해 도관(배관)의 압력손실을 크게 해도 된다.

정답 41. ③ 42. ③ 43. ① 44. ① 45. ① 46. ④

47. 독성가스 제조설비의 기준에 대한 설명 중 틀린 것은?

① 독성가스 식별표시 및 위험표시를 할 것
② 배관은 용접이음을 원칙으로 할 것
③ 유지를 제거하는 여과기를 설치할 것
④ 가스의 종류에 따라 이중관으로 할 것

해설 독성가스 제조설비 기준
㉠ 식별표지 및 위험표지
  ⓐ 식별표지 : 문자의 크기 가로 및 세로가 각 10cm 이상으로 하고 30m 이상의 거리에서도 식별할 수 있을 것
  ⓑ 위험표지 : 문자의 크기 가로 및 세로가 각 5cm 이상으로 하고 10m 이상의 위치에서도 식별이 가능할 것
㉡ 용접을 원칙으로 해야 할 부분
  → 압력계, 액면계, 온도계, 기타 계기류를 부착하기 위한 지관과 시료가스 채취용 배관 (단, 호칭지름 25cm 이하의 것은 제외)

48. 나프타(Naphtha)에 대한 설명으로 틀린 것은?

① 비점 200℃ 이하의 유분이다.
② 파라핀계 탄화수소의 함량이 높은 것이 좋다.
③ 도시가스의 증열용으로 이용된다.
④ 헤비 나프타가 옥탄가가 높다.

해설 나프타의 특징
㉠ 원유를 증류할 때 35~220℃의 끓는 점 범위에서 유출되는 탄화수소의 혼합체이다.
㉡ PONA 값에서 분해가 쉽고 가스화 효율이 높은 파라핀계 탄화수소(P)의 함량이 많은 것이 좋다.
㉢ 도시가스의 증열용으로 사용된다.
㉣ 원료 나프타로는 주로 라이트나프타(끓는점 35~130℃)가 쓰이고 헤비나프타(끓는점 130~220℃)는 가스화 효율이 낮아 가스화 원료(도시가스)로 적당하지 않고 옥탄가가 낮다.

49. 피스톤의 지름 : 100mm, 행정거리 : 150mm, 회전수 : 1200rpm, 체적효율 : 75%인 왕복압축기의 압출량은?

① $0.95 \text{m}^3/\text{min}$ ② $1.06 \text{m}^3/\text{min}$
③ $2.23 \text{m}^3/\text{min}$ ④ $3.23 \text{m}^3/\text{min}$

해설 $Va = \dfrac{\pi D^2}{4} \times S \times n \times 60 \times \eta_V$ 식에서

$$Va = \dfrac{\pi \times 0.1^2}{4} \times 0.15 \times 1,200 \times 60 \times 0.75 = 63.585 \text{m}^3/\text{h}$$
$$= 1.06 \text{m}^3/\text{min}$$

50. 액화석유가스집단공급소의 저장탱크에 가스를 충전하는 경우에 저장탱크 내용적의 몇 %를 넘어서는 아니되는가?

① 60%   ② 70%
③ 80%   ④ 90%

해설 충전시 초과금지
㉠ 저장탱크 : 90%
㉡ 소형저장탱크 : 85%

51. 압력조정기를 설치하는 주된 목적은?

① 유량조절   ② 발열량조절
③ 가스의 유속조절   ④ 일정한 공급압력 유지

해설 압력조정기 설치목적
가스유출압력(공급압력)을 조정하여 연소기에서 연소하는 데 필요한 최적의 압력을 유지시킴으로서 안정된 연소를 도모하기 위해 사용된다.

52. LPG수송관의 이음부분에 사용할 수 있는 패킹재료로 가장 적합한 것은?

① 목재   ② 천연고무
③ 납   ④ 실리콘 고무

해설 LPG 배관 이음부에 사용되는 패킹재료 : 페로 실리콘

53. 아세틸렌에 대한 설명으로 틀린 것은?

① 반응성이 대단히 크고 분해 시 발열반응을 한다.
② 탄화칼슘에 물을 가하여 만든다.
③ 액체 아세틸렌보다 고체 아세틸렌이 안정하다.
④ 폭발범위가 넓은 가연성 기체이다.

47. ③ 48. ④ 49. ② 50. ④ 51. ④ 52. ④ 53. ① **정답**

[해설] 아세틸렌(C_2H_2)
아세틸렌은 흡열화합물이므로 압축하면 분해폭발을 일으킬 염려가 있다.

54. 산소용기의 내압시험 압력은 얼마인가?
(단, 최고충전압력은 15MPa이다.)

① 12MPa   ② 15MPa
③ 25MPa   ④ 27.5MPa

[해설] 산소(압축가스) 내압시험압력(TP)

$TP = $ 최고충전압력$(FP) \times \dfrac{5}{3}$

$\quad = 15 \times \dfrac{5}{3} = 25MPa$

55. 압력용기라 함은 그 내용물이 액화가스인 경우 35℃에서의 압력 또는 설계압력이 얼마 이상인 용기를 말하는가?

① 0.1MPa   ② 0.2MPa
③ 1MPa   ④ 2MPa

[해설] 압력용기
35℃에서의 압력 또는 설계압력의 그 내용물이 액화가스인 경우는 0.2MPa이상. 압축가스인 경우는 1MPa 이상인 용기

56. 가스와 공기의 열전도도가 다른 특성을 이용하는 가스검지기는?

① 서머스태트식   ② 적외선식
③ 수소염 이온화식   ④ 반도체식

[해설] 서머스태트식(열전도식) 가스검지기
가스체의 열전도도에 차이가 있는 것을 이용해서 전기적으로 자기가열된 서미스터에 가스체를 접촉하면 기체의 종류에 따라서 소실되는 열량이 변화하여 서미스터 가스의 농도가 변화한다. 이것을 전기저항의 변화로서 검지한다.

57. 터보형 압축기에 대한 설명으로 옳은 것은?

① 기체흐름이 축방향으로 흐를 때, 깃에 발생하는 양력으로 에너지를 부여하는 방식이다.
② 기체흐름이 축방향과 반지름방향의 중간적 흐름의 것을 말한다.
③ 기체흐름이 축방향에서 반지름방향으로 흐를 때, 원심력에 의하여 에너지를 부여하는 방식이다.
④ 한쌍의 특수한 형상의 회전체의 틈의 변화에 의하여 압력에너지를 부여하는 방식이다.

[해설] 터보형 압축기
기체흐름이 축방향에서 반지름방향으로 흐를 때 케이싱내에 모인 임펠러가 회전하면 원심력 작용에 의하여 압력과 속도 에너지를 부여하고 압력을 높이는 방식이다.

58. 가스배관 내의 압력손실을 작게하는 방법으로 틀린 것은?

① 유체의 양을 많게 한다.
② 배관 내면의 거칠기를 줄인다.
③ 배관 구경을 크게 한다.
④ 유속을 느리게 한다.

[해설] 가스배관내 압력손실을 적게 하는 방법

H(압력손실) $= \dfrac{Q^2 SL}{K^2 D^5}$ 식에서

㉠ 유량(Q)을 적게 한다.
㉡ 배관길이(L)를 짧게 한다.
㉢ 배관구경(D)을 크게 한다.
㉣ 유속(V)을 느리게 한다.
㉤ 배관내면의 거칠기를 줄인다.

59. CNG충전소에서 천연가스가 공급되지 않는 지역에 차량을 이용하여 충전설비에 충전하는 방법을 의미하는 것은?

① Combination Fill
② Fast/Quick Fill
③ Mother/Daughter Fill
④ Slow/Time Fill

정답 54. ③   55. ②   56. ①   57. ③   58. ①   59. ③

[해설] Mother/Doughter Fill
CNG가 공급되지 않는 지역에서 차량(Mother)을 이용 충전설비(Doughter)에 충전하는 방법으로 투자비가 높다.

60. 이음매 없는 용기와 용접용기의 비교 설명으로 틀린 것은?

① 이음매가 없으면 고압에서 견딜 수 있다.
② 용접용기는 용접으로 인하여 고가이다.
③ 만네스만법, 에르하르트식 등이 이음매 없는 용기의 제조법이다.
④ 용접용기는 두께공차가 적다.

[해설] 용접용기(계목용기)의 특징
㉠ 저렴한 강판을 사용하므로 경제적이다.
㉡ 재료가 판재이므로 용기의 형태 및 치수가 자유로이 선택된다.
㉢ 두께공차가 적다.

| 제4과목 | 가스안전관리 |

61. 차량에 고정된 탱크의 내용적에 대한 설명으로 틀린 것은?

① LPG 탱크의 내용적은 1만 8천L를 초과해서는 안된다.
② 산소 탱크의 내용적은 1만 8천L를 초과해서는 안된다.
③ 염소 탱크의 내용적은 1만 2천L를 초과해서는 안된다.
④ 액화천연가스 탱크의 내용적은 1만 8천L를 초과해서는 안된다.

[해설] 차량에 고정된 탱크의 내용적 초과금지
㉠ 산소 및 가연성가스 : 18,000ℓ(단 LPG는 제외)
㉡ 독성가스 : 12,000ℓ(단, NH_3는 제외)

62. 위험장소를 구분할 때 2종 장소가 아닌 것은?

① 밀폐된 용기 또는 설비 안에 밀봉된 가연성 가스가 그 용기 또는 설비의 사고로 인해 파손되거나 오조작의 경우에만 누출할 위험이 있는 장소
② 확실한 기계적 환기조치에 따라 가연성가스가 체류하지 않도록 되어 있으나 환기장치에 이상이나 사고가 발생한 경우에는 가연성가스가 체류하여 위험하게 될 우려가 있는 장소
③ 상용상태에서 가연성가스가 체류하여 위험하게 될 우려가 있는 장소
④ 1종장소의 주변 또는 인접한 실내에서 위험한 농도의 가연성가스가 종종 침입할 우려가 있는 장소

[해설] ③항은 1종 장소이다.

63. 용기보관장소에 대한 설명으로 틀린 것은?

① 용기보관장소의 주위 2m 이내에 화기 또는 인화성물질등을 치웠다.
② 수소용기 보관장소에는 겨울철 실내온도가 내려가므로 상부의 통풍구를 막았다.
③ 가연성가스의 충전용기 보관실은 불연재료를 사용하였다.
④ 가연성가스와 산소의 용기보관실은 각각 구분하여 설치하였다.

[해설] 용기보관장소의 통풍구조
㉠ 공기보다 가벼운 가연성가스 : 가스의 성질, 처리 또는 저장하는 가스의 양, 설비의 특성 및 실의 넓이 등을 고려하여 충분한 면적을 가진 2방향 이상의 개구부 또는 강제통풍장치를 하거나 이들을 병설하여 통풍을 양호하게한 구조일 것
㉡ 공기보다 무거운 가연성가스 : 가스의 성질, 처리 또는 저장하는 가스의 양, 설비의 특성 및 실의 넓이 등을 고려하여 충분한 면적을 갖고 또한 바닥면에 접하여 개구한 2방향 이상의 개구부 또는 바닥면 가까이에 흡입구를 갖춘 강제통풍장치를 하거나 이들을 병설하여 주로 바닥면에 접한 부분의 통풍을 양호하게 한 구조로 할 것

---

60. ②   61. ①   62. ③   63. ②   정답

64. 독성가스인 포스겐을 운반하고자 할 경우에 반드시 갖추어야 할 보호구 및 자재가 아닌 것은?

① 방독마스크　　② 보호장갑
③ 제독제 및 공구　④ 소화설비 및 공구

해설 소화설비는 가연성가스인 경우이다.

65. 아세틸렌을 용기에 충전할 때의 충전중의 압력은 얼마이하로 하여야 하는가?

① 1MPa 이하　　② 1.5MPa 이하
③ 2MPa 이하　　④ 2.5MPa 이하

해설 아세틸렌 충전용기

충전시 온도에 불구하고 2.5MPa 이하로 하며 이때 질소, 일산화탄소, 메탄 또는 에틸렌을 희석제로 첨가하고 충전 후 15℃에서 1.55MPa이 될 때까지 정치(24시간)시킨다.

66. 액화석유가스 취급에 대한 설명으로 옳은 것은?

① 자동차에 고정된 탱크는 저장탱크 외면으로부터 2m이상 떨어져 정지한다.
② 소형용접용기에 가스를 충전할 때에는 가스 압력이 40℃에서, 0.62MPa 이가 되도록 한다.
③ 충전용 주관의 모든 압력계는 매년 1회 이상 표준이 되는 압력계로 비교 검사한다.
④ 공기 중의 혼합비율이 0.1V% 상태에서 감지 할 수 있도록 냄새나는 물질(부취제)을 충전한다.

해설 액화석유가스 취급
①항 : 3m이상
②항 : 상용온도 또는 35℃에서
③항 : 소형용접용기란 카세트식 이동식 부탄연소기에 사용되는 내용적 1리터 미만의 용기로서 재충전하여 사용할 수 있는 것을 말하고 이 경우 충전하는 가스 압력은 40℃에서 0.52MPa 이하가 되도록 한다.
④항 : 공기중의 혼합비율이 용량으로 1,000분의 1상태(0.1V%)에서 감지할 수 있는 냄새나는 물질(부취제)을 충전한다.

67. 액화가스를 충전하는 차량의 탱크 내부에 액면 요동 방지를 위하여 설치하는 것은?

① 콕크　　② 긴급 탈압밸브
③ 방파판　④ 충전판

해설 방파판
㉠ 액화가스가 충전된 저장탱크는 액면요동 방지를 위해 설치
㉡ 방파판의 설치개수 : 탱크내용적 5m³ 이하마다 1개씩 설치

68. 상용압력이 40.0MPa의 고압가스설비에 설치된 안전밸브의 작동 압력은 얼마인가?

① 33MPa　　② 35MPa
③ 43MPa　　④ 48MPa

해설 안전밸브 작동압력(P)

$P = 내압시험압력 \times \dfrac{8}{10}$ 배

$= 상용압력 \times 1.5 \times \dfrac{8}{10} = 40.0 \times 1.5 \times \dfrac{8}{10} = 48MPa$

참고 내압시험압력=상용압력×1.5배

69. LPG 용기 보관실의 바닥면적이 40m² 이라면 환기구의 최소 통풍가능 면적은?

① 10,000cm²　　② 11,000cm²
③ 12,000cm²　　④ 13,000cm²

해설 자연통풍장치의 통풍구의 크기
: 바닥면적의 3%이상(바닥면적 1m²당 300cm²이상)
: 40m²×300cm²/m²=12,000cm²

70. 시안화수소의 안전성에 대한 설명으로 틀린 것은?

① 순도 98% 이상으로서 착색된 것은 60일을 경과할 수 있다.
② 안정제로는 아황산, 황산 등을 사용한다.
③ 맹독성가스이므로 흡수장치나 재해방지장치를 설치해야 한다.
④ 1일 1회 이상 질산구리벤젠지로 누출을 검지해야 한다.

[해설] 용기에 충전된 시안화수소는 중합폭발이 일어나는 것을 방지하기 위해 60일 경과되기 전에 다른용기에 충전한다(단, 순도 98% 이상으로 착색되지 않은 것은 제외한다)

71. 산소기체가 30L의 용기에 27℃, 150atm으로 압축 저장되어 있다. 이 용기에는 약 몇 kg의 산소가 충전되어 있는가?

① 5.9
② 7.9
③ 9.6
④ 10.6

[해설] $PV = \dfrac{W}{M}RT$ 식에서

$W = \dfrac{PVM}{RT} = \dfrac{150 \times 30 \times 32}{0.082(273+27)} = 5,892.94g$

$= 5.9kg$

72. 정전기를 억제하기 위한 방법이 아닌 것은?

① 접지(Grounding) 한다.
② 접촉 전위차가 큰 재료를 선택한다.
③ 정전기의 중화 및 전기가 잘 통하는 물질을 사용한다.
④ 습도를 높여준다.

[해설] 정전기 발생 방지법
㉠ 접지시킨다.
㉡ 상대습도를 높인다.(70% 이상)
㉢ 공기를 이온화시킨다.
㉣ 접촉 전위차가 작은 재료를 선택한다.

73. 고압가스 냉동제조시설에서 냉동능력 20ton 이상의 냉동설비에 설치하는 압력계의 설치기준으로 옳지 않은 것은?

① 압축기의 토출압력 및 흡입압력을 표시하는 압력계를 보기 쉬운곳에 설치한다.
② 강제윤활방식인 경우에는 윤활압력을 표시하는 압력계를 설치한다.

③ 강제윤활방식인 것은 윤활유 압력에 대한 보호장치가 설치되이 있는 경우 압력세를 설치한다.
④ 발생기에는 냉매가스의 압력을 표시하는 압력계를 설치한다.

[해설] 냉동능력 20ton 이상의 냉동설비의 압력계
압축기가 강제 윤활방식인 경우에는 윤활유 압력을 표시하는 압력계를 부착할 것. 다만, 윤활유 압력에 대한 보호장치가 있는 경우에는 그러하지 아니한다.

74. 고압가스 충전용기의 차량 운반 시 안전대책으로 옳지 않은 것은?

① 충격을 방지하기 위해 와이어로프 등으로 결속한다.
② 염소와 아세틸렌 충전용기는 동일차량에 적재, 운반하지 않는다.
③ 운반 중 충전용기는 항상 56℃ 이하를 유지한다.
④ 독성가스 중 가연성가스와 조연성가스는 동일차량에 적재하여 운반하지 않는다.

[해설] 운반 중 충전용기는 항상 40℃ 이하를 유지한다.

75. 폭발에 대한 설명으로 옳은 것은?

① 폭발은 급격한 압력의 발생 등으로 심한 음을 내며, 팽창하는 현상으로 화학적인 원인으로만 발생한다.
② 가스의 발화에는 전기불꽃, 마찰, 정전기 등의 외부발화원이 반드시 필요하다.
③ 최소 발화에너지가 큰 혼합가스는 안전간격이 작다.
④ 아세틸렌, 산화에틸렌, 수소는 산소 중에서 폭굉을 발생하기 쉽다.

[해설] ①항 : 폭굉
②항 : 분해열(분해폭발), 중합열(중합폭발), 자연발화등에 의해서도 가스 발화가 될 수 있다.
③항 : 최소 발화에너지가 작은 혼합가스가 안전간격이 작다.
④항 : 공기중에서보다 산소중에서 폭굉이 발생하기 쉽다.

76. 액화석유가스 충전시설의 안전유지기준에 대한 설명으로 틀린 것은?

① 저장탱크의 안전을 위하여 1년에 1회 이상 정기적으로 침하 상태를 측정한다.

② 소형저장탱크 주위에 있는 밸브류의 조작은 원칙적으로 자동조작으로 한다.

③ 소형저장탱크의 세이프티커플링의 주밸브는 액봉방지를 위하여 항상 열어둔다.

④ 가스누출검지기와 휴대용 손전등은 방폭형으로 한다.

해설 소형저장 탱크의 유지관리

㉠ 소형저장 탱크의 주위 5m이내에는 화기의 사용을 금지하고 인화성 또는 발화성의 물질을 많이 쌓아두지 아니한다.

㉡ 소형저장탱크 주위에 있는 밸브류의 조작은 원칙적으로 수동으로 조작한다.

㉢ 소형저장탱크의 세이프티카프링 주밸브는 액봉 방지를 위하여 항상 열어둔다. 다만, 그 카프링으로부터의 가스 누출 또는 긴급시의 대책을 위하여 필요한 경우에는 닫아둔다.

77. 내용적이 50L이상 125L 미만인 LPG용 용접용기의 스커트 통기면적은?

① 100mm^2 이상
② 300mm^2 이상
③ 500mm^2 이상
④ 1,000mm^2 이상

해설 LPG용접 용기의 스커트 통기구멍

용기의 종류	필요한 면적
내용적 20l이상 25l 미만의 용기	300mm^2 이상
내용적 25l이상 50l 미만의 용기	500mm^2 이상
내용적 50l이상 125l 미만의 용기	1000mm^2 이상

78. 충전된 가스를 전부 사용한 빈 용기의 밸브는 닫아두는 것이 좋다. 주된 이유로서 가장 거리가 먼 것은?

① 외기 공기에 의한 용기 내면의 부식

② 용기 내 공기의 유입으로 인해 재충전시 충전량 감소

③ 용기의 안전밸브 작동 방지

④ 용기 내 공기의 유입으로 인한 폭발성 가스의 형성

해설 안전밸브 작동은 용기내의 압력이 설정압력(내압시험 압력의 8/10배)이상에서 작동하는 것으로 빈용기의 닫아두는 것과 안전밸브 작동방지와는 관계없다.

79. 고압가스 특정제조시설에서 배관을 지하에 매설할 경우 지하도로 및 터널과 최소 몇 m이상의 수평거리를 유지하여야 하는가?

① 1.5m
② 5m
③ 8m
④ 10m

해설 가스배관 지하매설시 수평거리

고압가스의 종류	시설물	수평거리
독성가스	건축물(지하 건축물 제외)	1.5m
	지하가(지하도로) 및 터널	10m
	수도시설로서 독성가스 혼입 우려가 있는 것	300m
독성가스 외 고압가스	건축물(지하건축물 제외)	1.5m
	지하가(지하도로) 및 터널	10m

80. 저장탱크의 긴급차단장치에 대한 설명으로 옳은 것은?

① 저장탱크의 주밸브와 겸용하여 사용할 수 있다.

② 저장탱크의 부착된 액배관에는 긴급차단장치를 설치한다.

③ 저장탱크의 외면으로부터 2m 이상 떨어진 곳에서 조작할 수 있어야 한다.

④ 긴급차단장치는 방류둑 내측에 설치하여야 한다.

해설 저장탱크의 긴급차단장치

㉠ 저장탱크 주밸브 외측으로서 가능한 한 저장탱크에 가까운 위치 또는 저장탱크의 내부에 설치하되 저장탱크의 주밸브와 겸용하여서는 아니된다.

㉡ 5,000l이상의 가연성, 독성저장탱크의 가스이입, 이충전 배관에 설치한다.

㉢ 조작위치 : 5m이상에 조작, 배관 외면온도 110℃ 이상시 자동작동

정답 76. ② 77. ④ 78. ③ 79. ④ 80. ②

제5과목   가스계측

81. 기체 크로마토그래피에서 분리도(Resolution)와 컬럼 길이의 상관관계는?

① 분리도는 컬럼 길이의 제곱근에 비례한다.
② 분리도는 컬럼 길이에 비례한다.
③ 분리도는 컬럼 길이의 2승에 비례한다.
④ 분리도는 컬럼 길이의 3승에 비례한다.

해설 분리도(분해능)=R_S
두가지 피크의 상대적인 분리의 정도를 나타내는 척도

㉠ $R_S = \dfrac{T_{R2} - T_{R1}}{0.5(W_1 + W_2)}$

㉡ 분리계수=$\dfrac{T_{R2}}{T_{R1}}$

㉢ 분리도는 컬럼길이(분리관 길이)의 제곱근에 비례한다.

82. 반도체식 가스누출 검지기의 특징에 대한 설명이 옳은 것은?

① 안정성은 떨어지지만 수명이 길다.
② 가연성 가스 이외의 가스는 검지할 수 없다.
③ 소형·경량화가 가능하며 응답속도가 빠르다.
④ 미량가스에 대한 출력이 낮으므로 감도는 좋지 않다.

해설 반도체식 가스누출 검지기의 특징
㉠ 농도가 낮은 가스에 대해서 비교적 민감하고 가스농도가 상승하는데 따라서 그의 출력을 완만하게 되다는 특성이 있다.
㉡ 수명이 길고 안정성이 우수하다.
㉢ 접촉 연소식에 비해서 CO_x, NO_x 등의 가스에 센서가 피독되지 않는다.
㉣ 가연성 가스 이외의 가스(H_2S, NO_2) 등에도 감응된다.
㉤ 소형, 경량화가 가능하며 응답속도가 빠르다.

83. 루트미터와 습식가스미터 특징 중 루트미터의 특징에 해당되는 것은?

① 유량이 정확하다.
② 사용 중 수위조정 등의 관리가 필요하다.
③ 소형·경량화가 가능하며 응답속도가 빠르다.
④ 미량가스에 대한 출력이 낮으므로 감도는 좋지 않다.

해설 루트미터의 특징
㉠ 설치 스페이스가 적다.
㉡ 중압가스의 계량이 가능하다.
㉢ 대유량가스 측정에 적합하다.
㉣ 스트레이너 설치후 유지관리가 필요하다.
㉤ 0.5m³/h 이하에서는 작동하지 않을 수 있다.

84. 습한 공기 205kg 중 수증기가 35kg 포함되어 있다고 할 때 절대습도[kg/kg]는?
(단, 공기와 수증기의 분자량은 각각 29, 18로 한다.)

① 0.206   ② 0.171
③ 0.128   ④ 0.106

해설 절대습도(x)

$x = \dfrac{수증기의 중량}{건공기의 중량} = \dfrac{수증기의 중량}{습공기 전중량-수증기의 중량}$

$= \dfrac{35}{205-35} = 0.206$

85. 단위계의 종류가 아닌 것은?

① 절대단위계   ② 실제단위계
③ 중력단위계   ④ 공학단위계

해설 단위계의 종류
㉠ 절대 단위계 : 길이, 질량, 시간의 기본단위를 cm, g, sec(CGS단위계), m, kg, sec(MKS단위계)로 하여 물리량의 단위를 유도하는 단위계
㉡ 중력 단위계(공학단위계) : 길이, 힘, 시간의 기본단위를 m, kgf, sec로 하여 물리량의 단위를 유도하는 단위계
㉢ 국제단위계 (SI단위)

81. ①   82. ③   83. ④   84. ①   85. ②   정답

86. 스프링식 저울로 무게를 측정할 경우 다음 중 어떤 방법에 속하는가?

① 치환법   ② 보상법
③ 영위법   ④ 편위법

해설 편위법의 특징
㉠ 용수철의 변형을 이용하여 물체의 무게를 측정하는 방법
㉡ 압력을 브르동관의 변형상태를 이용하여 측정하는 방법
㉢ 정밀도는 낮지만 조작이 간단하다.

87. 헴펠(Hempel)법으로 가스분석을 할 경우 분석가스와 흡수액이 잘못 연결된 것은?

① CO_2 - 수산화칼륨 용액
② O_2 - 알칼리성 피로카롤 용액
③ $CmHn$ - 무수황산 25%를 포함한 발연 황산
④ CO - 염화암모늄 용액

해설 CO - 암모니아성 염화제1구리 용액

88. 깊이 3m의 탱크에 사염화탄소가 가득 채워져 있다. 밑바닥에서 받는 압력은 약 몇 kgf/m^2 인가? (단, CCl_4의 비중은 20℃ 일 때 1.59, 물의 비중량은 998.2 kgf/m^3[20℃]이고, 탱크 상부는 대기압과 같은 압력을 받는다.)

① 15,093   ② 14,761
③ 10,806   ④ 5,521

해설 $P = P_o + P_g = 10,332 + 4,761 = 15,093 kgf/m^2$
여기서, $P_o = $ 대기압 $= 10,332 kgf/m^2$
$P_g = rh = 1.59 \times 998.2 \times 3 = 4,761 kgf/m^2$

89. 대기압이 750mmHg 일 때 탱크 내의 기체압력이 게이지압력으로 1.96kg/cm²이었다. 탱크 내 이 기체의 절대압력은 약 얼마인가?

① $1kg/cm^2$ ② $2kg/cm^2$
③ $3kg/cm^2$ ④ $4kg/cm^2$

해설 $P = P_o + P_g = 1.0196 + 1.96 = 2.98 kgf/cm^2$
$\therefore 3 kgf/cm^2$
$P_o = 750 \times \dfrac{1.0332}{760} = 1.0196 kgf/cm^2$

90. 물리량은 몇 개의 독립된 기본단위(기본량)의 나누기와 곱하기의 형태로 표시 할 수 있다. 이를 각각 길이[L], 질량[M], 시간[T]의 관계로 표시할 때 다음의 관계가 맞는 것은?

① 압력 : $[ML^{-1} T^{-2}]$
② 에너지 : $[ML^2 T^{-1}]$
③ 동력 : $[ML^2 T^{-2}]$
④ 밀도 : $[ML^{-2}]$

해설 절대 단위계 차원
㉠ 압력 $= N/m^2 = kg \cdot m/s^2 \times 1/m^2 = kg/ms^2 = ML^{-1}T^{-2}$
㉡ 에너지(Joule) $= N \cdot m = kg \cdot m/s^2 \times m = kg m^2/s^2$
$= ML^2 T^{-2}$
㉢ 동력 $= J/S = N \cdot m/s = kg \cdot m/s^2 \times m/s = kg \ m^2/s^3$
$= ML^2 T^{-3}$
㉣ 밀도 $= kg/m^3 = ML^{-3}$

91. 점도의 차원은? (단, 차원기호는 M : 질량, L : 길이, T : 시간이다.)

① MLT^{-1} ② $ML^{-1} T^{-1}$
③ $M^{-3}LT^{-1}$ ④ $M^{-1}L^{-1}T$

해설 점도의 절대 단위계 차원
㉠ 점도의 단위 : $kg/m \cdot sec$
㉡ 점도의 차원 : $ML^{-1}T^{-1}$

92. 막식가스미터의 부동현상에 대한 설명으로 가장 옳은 것은?

① 가스가 미터를 통과하지만 지침이 움직이지 않는 고장
② 가스가 미터를 통과하지 못하는 고장
③ 가스가 누출되고 있는 고장
④ 가스가 통과될 때 미터가 이상음을 내는 고장

정답   86. ④   87. ④   88. ①   89. ③   90. ①   91. ②   92. ①

[해설] 막식 가스미터의 부동
㉠ 부동현상 : 가스가 통과하지만 미터의 지침이 움직이지 않는 고장
㉡ 원인 : 계량막의 파손, 밸브와 밸브시트의 이완으로 가스 누설, 지시장치 톱니바퀴 맞물림의 불량

93. 검지가스와 누출 확인 시험지가 잘못 연결된 것은?

① 일산화탄소(CO) – 염화칼륨지
② 포스겐(COCl₂) – 하리슨 시험지
③ 시안화수소(HCN) – 초산벤젠지
④ 황화수소(H₂S) – 연당지(초산납 시험지)

[해설] 일산화탄소(CO) – 염화파라듐지(흑색)

94. 실온 22℃, 습도 45%, 기압 765mmHg인 공기의 증기 분압(Pw)은 약 몇 mmHg인가?
(단, 공기의 가스 상수는 29.27 kg · m/kg·K, 22℃에서 포화 압력(Ps)은 18.66mmHg 이다.)

① 4.1   ② 8.4
③ 14.3   ④ 16.7

[해설] 상대습도(ϕ)

$\phi = \dfrac{P_w\,(수증기의\ 분압)}{P_s\,(포화\ 수증기의\ 분압)}$ 식에서

$P_w = \phi \times P_s = 0.45 \times 18.66 = 8.4 \text{mmHg}$

95. 유압식 조절계의 제어동작에 대한 설명으로 옳은 것은?

① P 동작이 기본이고, PI, PID 동작이 있다.
② I 동작이 기본이고 P, PI 동작이 있다.
③ P 동작이 기본이고 I, PID 동작이 있다.
④ I 동작이 기본이고 P, PID 동작이 있다.

[해설] 유압식 조절계
㉠ 항공기, 선박, 차량 등 고속도 제어에 사용된다.
㉡ 적분동작(I동작)이 기본이고 비례동작(P동작), 비례적분 동작(PI동작)이 있다.

96. 루트 가스미터에 대한 설명 중 틀린 것은?

① 설치장소가 작아도 된다.
② 대유량 가스 측정에 적합하다.
③ 중압가스의 계량이 가능하다.
④ 계량이 정확하여 기준기로 사용된다.

[해설] 계량이 정확하여 기준기로 사용되는 가스미터는 습식가스미터이다.

97. 제어기의 신호전송방법 중 유압식 신호 전송의 특징이 아닌 것은?

① 사용유압은 0.2~1kg/cm² 정도이다.
② 전송거리는 100~150m 정도이다.
③ 전송지연이 작고 조직력이 크다.
④ 조작속도와 응답속도가 빠르다.

[해설] 유압식 신호 전송의 특징
㉠ 사용유압 0.2~1kgf/cm²이다.
㉡ 전송거리는 300m 정도이다.
㉢ 부식 염려가 없다.
㉣ 전송지연이 적고 조작력이 크다.
㉤ 조작속도와 응답속도가 빠르다.
㉥ 온도에 따른 점도변화에 유의해야 한다.

98. 기체크라마토그래피의 열린관 컬럼 중 유연성이 있고, 화학적 비활성이 우수하여 널리 사용되고 있는 것은?

① 충전 컬럼
② 지지체도포 열린관 컬럼(SCOT)
③ 벽도포 열린관 컬럼(WCOT)
④ 용융실리카도포 열린관 컬럼(FSWC)

[해설] 용융실리카도포 열린관 컬럼(모세관 컬럼)
최근 많이 사용하는 것으로 컬럼에 걸리는 압력은 작고 시료 주입용량이 적지만 유연성이 있고 화학적 비활성이 우수하고 분리능이 좋다.

99. 계측기의 선정 시 고려사항으로 가장 거리가 먼 것은?

① 정확도와 정밀도　　② 감도
③ 견고성 및 내구성　　④ 지시방식

해설 계측기의 선정시 고려사항
㉠ 측정 범위
㉡ 정도와 감도
㉢ 측정대상 및 사용조건
㉣ 정확도와 정밀도
㉤ 견고성 및 내구성
㉥ 설치장소의 주위조건

100. 그림과 같이 원유 탱크에 원유가 채워져 있고, 원유 위의 가스 압력을 측정하기 위하여 수은 마노미터를 연결하였다. 주어진 조건하에서 Pg의 압력(절대압)은? (단, 수은, 원유의 밀도는 각각 13.6g/cm^3, 0.86 g/cm^3, 중력가속도는 9.8m/s^{2}이다.)

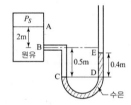

① 69.1kPa　　　　② 101.3kPa
③ 133.5kPa　　　　④ 175.8kPa

해설 $P_C = P_D$
$P_C = P_g + r_o h_o = P_g + 0.86 \times 10^3 \times (2 + 0.5)$
$P_D = r_H h_H = 13.6 \times 10^3 \times 0.4$
$P_g + 0.86 \times 10^3 \times 2.5 = 13.6 \times 10^3 \times 0.4$
$P_g = 13.6 \times 10^3 \times 0.4 - 0.86 \times 10^3 \times 2.5 = 3.29 \times 10^3 \text{kgf/m}^2$
　　$= 3.29 \times 10^3 \times 9.8 = 32.24 \times 10^3 \text{N/m}^2 \text{(Pa)}$
　　$= 32.24 \text{kPa}$

절대압력 = 대기압력 + 게이지압력
　　　　 = 101.325(kPa) + 32.24(kPa)
　　　　 = 133.5kPa

제1과목 **가스유체역학**

01. 그림과 같이 U자관에 세 액체가 평형상태에 있다 a=30cm, b=15cm, c=40cm 일 때, 비중 S는 얼마인가?

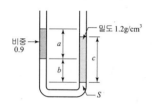

① 1.0

② 1.2

③ 1.4

④ 1.6

해설 $P_A = P_B$

$P_A = 0.9 \times 10^3 \times 0.3 + r \times 0.15$

$P_B = 1.2 \times 10^3 \times 0.4$

$0.9 \times 10^3 \times 0.3 + r \times 0.15 = 1.2 \times 10^3 \times 0.4$

$r = \dfrac{1.2 \times 10^3 \times 0.4 - 0.9 \times 10^3 \times 0.3}{0.15} = 1.4 \times 10^3$

비중(s) $= \dfrac{r}{10^3} = \dfrac{1.4 \times 10^3}{10^3} = 1.4$

02. 일반적으로 다음 장치에 발생하는 압력차가 작은 것부터 큰 순서대로 옳게 나열한 것은?

① 송풍기 < 팬 < 압축기

② 압축기 < 팬 < 송풍기

③ 팬 < 송풍기 < 압축기

④ 송풍기 < 압축기 < 팬

해설 작동압력에 따른 분류

종류	토출압력
팬(fen)	10kPa 미만
송풍기(blower)	10kPa~0.1MPa
압축기(compressor)	0.1MPa 이상

03. 25℃에서 비열비가 1.4인 공기가 이상기체라면, 이 공기의 실제속도가 458m/s일 때 마하수는 얼마인가?(단, 공기의 평균 분자량은 29로 한다.)

① 1.25

② 1.32

③ 1.42

④ 1.49

해설 마하수(M)

$M = \dfrac{V}{C} = \dfrac{V}{\sqrt{kgRT}}$

$M = \dfrac{458}{\sqrt{1.4 \times 9.8 \times \dfrac{848}{29}(273+25)}} = 1.32$

04. 다음 중 등엔트로피 과정은?

① 가역 단열 과정

② 비가역 등온 과정

③ 수축과 확대 과정

④ 마찰이 있는 가역적 과정

해설 등엔트로피(ΔS) 과정

$\Delta S = \dfrac{dQ}{dT} = 0$(가역단열과정에서 엔트로피는 일정)

05. 비열비가 1.20이고 기체상수가 200J/kg·K인 기체에서의 음속이 400m/s이다. 이 때 기체의 온도는 약 얼마인가?

① 253℃

② 394℃

③ 520℃

④ 667℃

해설 $C = \sqrt{KRT}$ 식에서

$T = \dfrac{C^2}{KR} = \dfrac{400^2}{1.2 \times 200} = 666.67k$

$t = 666.67 - 273 = 394℃$

참고 $C = \sqrt{kgRT} \rightarrow R : kg \cdot m/kg\,k$

$C = \sqrt{KRT} \rightarrow R : J/kgk(N \cdot m/kg\,k)$

06. 개방된 탱크에 물이 채워져 있다. 수면에서 2m 깊이의 지점에서 받는 절대압력은 몇 kgf/cm²인가?

① 0.03
② 1.033
③ 1.23
④ 1.92

[해설] $P = P_o + rh$ 식에서
$P = 1.0332 + 1,000 \times 2 \times 10^{-4} = 1.23 \text{kgf/cm}^2$

07. 유체에 잠겨 있는 곡면에 작용하는 전압력의 수평분력에 대한 설명으로 다음 중 가장 올바른 것은?

① 전압력의 수평성분 방향에 수직인 연직면에 투영한 투영면의 압력중심의 압력과 투영면을 곱한 값과 같다.
② 전압력의 수평성분 방향에 수직인 연직면에 투영한 투영면의 도심의 압력과 곡면의 면적을 곱한 값과 같다.
③ 수평면에 투영한 투영면에 작용하는 전압력과 같다.
④ 전압력의 수평성분 방향에 수직인 연직면에 투영한 투영면의 도심의 압력과 투영면의 면적을 곱한 값과 같다.

[해설] 수직분력과 수평분력
㉠ 수직분력
    곡면수직 방향에 실려있는 액체의 무게와 같다.
㉡ 수평분력
    곡면을 수직평면에 투상한 평면에 작용하는 힘

08. 공기 압축기의 입구 온도는 21℃이며 대기압 상태에서 공기를 흡입하고, 절대압력 359kPa, 38.6℃로 압축하여 송출구로 평균속도 30m/s, 질량유량 10kg/s로 배출한다. 압축기에 가해진 압력 동력이 450kW이고, 입구 측의 흡입속도를 무시하면 압축기에서의 열전달량은 몇 kW인가?(단, 정압비열 Cp=1,000J/kg·K이다)

① 270 kW로 열이 압축기로부터 방출된다.
② 450 kW로 열이 압축기로부터 방출된다.
③ 270 kW로 열이 압축기로부터 흡수된다.
④ 450 kW로 열이 압축기로부터 흡수된다.

[해설] $L = GC_V(T_2 - T_1)$
$= 10 \times 1,000(38.6 - 21) = 176,000 \text{J/S}$
$= 176,000 \text{W} = 176 \text{kW}$
$\therefore 450 - 176 = 274 \text{kW}$
(압축기로부터 방출된 열이 약 270kW이다.)

09. 다음 중 옳은 설명을 모두 나타낸 것은?

[보기]
㉮ 정상류는 모든 점에서의 흐름 특성이 시간에 따라 변하지 않는 흐름이다.
㉯ 유맥선은 한 개의 유체입자에 대한 순간궤적이다.

① ㉮
② ㉯
③ ㉮, ㉯
④ 모두 틀림

[해설] 유맥선
공간내의 한점을 지나는 모든 유체입자들의 순간 궤적이다.

10. 아음속 등엔트로피 흐름의 축소-확대 노즐에서 확대되는 부분에서의 변화로 옳은 것은?

① 속도는 증가하고, 밀도는 감소한다.
② 압력 및 밀도는 감소한다.
③ 속도 및 밀도는 증가한다.
④ 압력은 증가하고, 속도는 감소한다.

[해설] ㉠ 아음속 흐름
    축소노즐: 속도증가, 압력감소
    확대노즐: 속도감소, 압력증가
㉡ 초음속 흐름
    축소노즐: 속도감소, 압력증가
    확대노즐: 속도증가, 압력감소

11. 점성계수의 차원을 질량(M), 길이(L), 시간(T)으로 나타내면?

① $ML^{-1}T^{-1}$
② $ML^{-2}T$
③ $ML^{-1}T^2$
④ ML^{-2}

[해설] 점성계수
㉠ 절대단위계 : g/cm·s
㉡ 설대단위계 차원 : $ML^{-1}\ T^{-1}$

12. 초음속 흐름인 확대관에서 감소하지 않는 것은? (단, 등엔트로피 과정이다.)

① 압력　　　　　② 온도
③ 속도　　　　　④ 밀도

[해설] 초음속 흐름에서 확대노즐 : 속도증가, 압력감소

13. 질량 보존의 법칙을 유체유동에 적용한 방정식은?

① 오일러 방정식　　② 달시 방정식
③ 운동량 방정식　　④ 연속 방정식

[해설] 연속방정식
질량보존의 법칙을 유체의 흐름에 적용하여 유관내의 유체는 도중에 생성하거나 소멸하는 경우가 없다.
㉠ 질량유량 : $m = \rho_1 A_1 V_1 = \rho_2 A_2 V_2$
㉡ 중량유량 : $G = r_1 A_1 V_1 = r_2 A_2 V_2$

14. 관로의 유동에서 각각의 경우에 대한 손실수두를 나타낸 것이다. 이 중 틀린 것은? (단, f : 마찰계수, d : 관의 지름, $\dfrac{V^2}{2g}$: 속도수두, R_h : 수력반지름, K : 손실계수, L : 관의 길이, A관의 단면적 C_C : 단면적 축소계수이다.)

① 원형관 속의 손실수두
: $h_\ell = \dfrac{\Delta P}{r} = \dfrac{fL}{d}\dfrac{V^2}{2g}$

② 비원형관 속의 손실수두
: $h_\ell = \dfrac{f4R_h}{L}\dfrac{V^2}{2g}$

③ 돌연 확대관 손실수두
: $h_\ell = (1 - \dfrac{A_1}{A_2})^2 \dfrac{V_1^2}{2g}$

④ 돌연 축소관 손실수두
: $h_\ell = (\dfrac{1}{C_C} - 1)^2 \dfrac{V_2^2}{2g}$

[해설] 비원형관 속의 손실수두
$$h_\ell = f\frac{L}{4R_h}\frac{V^2}{2g}$$

15. 압축성 유체의 1차원 유동에서 수직충격파 구간을 지나는 기체의 성질의 변화로 옳은 것은?

① 속도, 압력, 밀도가 증가한다.
② 속도, 온도, 밀도가 증가한다.
③ 압력, 밀도, 온도가 증가한다.
④ 압력, 밀도, 단위시간당 운동량이 증가한다.

[해설] 수직 충격파
압력, 온도, 밀도, 엔트로피 등이 급격히 증가하여 하나의 압축파로 나타난다.

16. 원심펌프의 공동현상 발생의 원인으로 다음 중 가장 거리가 먼 것은?

① 과속으로 유량이 증대될 때
② 관로내의 온도가 상승할 때
③ 흡입양정이 길 때
④ 흡입의 마찰저항이 감소할 때

[해설] 공동현상(캐비테이션) 발생원인
㉠ 과속으로 유량이 증가할 때(회전수 증가)
㉡ 온도상승 할 때
㉢ 흡입 양정이 길 때
㉣ 펌프의 설치위치가 높을 때
㉤ 흡입관로가 막혔거나 이물질이 끼워서 마찰저항이 클 때
㉥ 흡입관경이 작을 때

17. 층류와 난류에 대한 설명으로 틀린 것은?

① 층류는 유체입자가 층을 형성하여 질서 정연하게 흐른다.
② 곧은 원관 속의 흐름이 층류일 때 전단응력은 원관의 중심에서 0이 된다.
③ 난류유동에서의 전단응력은 일반적으로 층류유동보다 작다.
④ 난류운동에서 마찰저항의 특징은 점성계수의 영향을 받는다.

해설 전단응력
난류유동 > 층류유동

18. 관에서의 마찰계수 f에 대한 일반적인 설명으로 옳은 것은?

① 레이놀즈수와 상대조도의 함수이다.

② 마하수의 함수이다.

③ 점성력과는 관계가 없다.

④ 관성력만의 함수이다.

해설 마찰계수(f)
레이놀드수와 상대조도의 함수이다.
이 식을 Darcy-Weisbach 방정식이라 한다.

19. 다음 중 유적선(path line)을 가장 옳게 설명한 것은?

① 곡선의 접선방향과 그 점의 속도 방향이 일치하는 선

② 속도벡터의 방향을 갖는 연속적인 가상의 선

③ 유체입자가 주어진 시간동안 통과한 경로

④ 모든 유체입자의 순간적인 궤적

해설 유선과 유적선
㉠ 유선 : 유체흐름에 있어서 모든점에서 유체흐름의 속도벡터의 방향을 갖는 연속적인 가상의 곡선을 말한다.
㉡ 유맥선 : 공간내의 한점을 지나는 모든 유체입자들의 순간 궤적이다.
㉢ 유적선 : 한유체가 일정한 기간내에 움직인 경로를 말한다.

20. 펌프의 흡입압력이 유체의 증기압보다 낮을 때 유체 내부에서 기포가 발생하는 현상을 무엇이라고 하는가?

① 캐비테이션   ② 수격현상

③ 서징현상   ④ 에어바인딩

해설 캐비테이션(Cavitation)
유수 중에 어느 부분의 정압이 그때 물의 온도에 해당하는 증기압이하로 되어 물이 증발을 일으키고 수중에 용입되어 있던 공기가 낮은 압력으로 인하여 기포가 발생하는 현상

제2과목   연소공학

21. 프로판과 부탄의 체적비가 40:60인 혼합가스 $10m^3$를 완전 연소하는데 필요한 이론 공기량은 몇 m^3인가? (단, 공기의 체적비는 산소 : 질소=21 : 79이다.)

① 59   ② 69

③ 181   ④ 281

해설 $C_3H_8 + 5O_2 \rightarrow 3CO_2 + 4H_2O$
$C_4H_{10} + 6.5O_2 \rightarrow 4CO_2 + 5H_2O$
이론공기량(A_o)

$A_o = (4 \times 5 + 6 \times 6.5) \times \dfrac{100}{21} = 281m^3$

22. 2.5kg의 이상기체를 0.15MPa, 15℃에서 체적이 $0.2m^3$가 될 때까지 등온 압축 할 때 압축 후의 압력은 약 몇 MPa인가? (단, 이상기체의 C_P=0.8kJ/kg·K, C_V=0.5kJ/kg·K이다.)

① 0.98   ② 1.08

③ 1.23   ④ 1.37

해설 $PV = GRT$ 식에서

$V_1 = \dfrac{GRT}{P_1} = \dfrac{2.5(0.8-0.5) \times (273+15)}{0.15 \times 10^3} = 1.44m^3$

여기서, $R = C_P - C_V = (0.8 - 0.5)kJ/kg \cdot k$

$P_1 V_1 = P_2 V_2$ 식에서

$P_2 = \dfrac{P_1 V_1}{V_2} = \dfrac{0.15 \times 1.44}{0.2} = 1.08MPa$

23. C(s)가 완전 연소하여 $CO_2(g)$가 될 때의 연소열(MJ/kmol)은 얼마인가?

보기

$C(s) + 1/2O_2 \rightarrow CO + 122MJ/kmol$

$CO + 1/2O_2 \rightarrow CO_2 + 285MJ/kmol$

① 407   ② 330

③ 223   ④ 141

해설 연소열(Q)
$Q = 122 + 285 = 407(MJ/kmol)$

정답 18. ①   19. ③   20. ①   21. ④   22. ②   23. ①

24. 기체연료의 연소형태에 해당하는 것은?

① 확산연소, 증발연소
② 예혼합연소, 증발연소
③ 예혼합연소, 확산연소
④ 예혼합연소, 분해연소

해설 연료의 연소형태
㉠ 고체연료의 연소
　ⓐ 표면연소　ⓑ 증발연소　ⓒ 분해연소
㉡ 액체연료의 연소
　ⓐ 액면연소　ⓑ 등심연소　ⓒ 분무연소　ⓓ 증발연소
㉢ 기체연료의 연소
　ⓐ 확산연소　ⓑ 예혼합연소

25. 액체연료가 증발하여 증기를 형성한 후 증기와 공기가 혼합하여 연소하는 과정에 대한 설명으로 옳은 것은?

① 주로 공업적으로 연소시킬 때 이용된다.
② 이 전체 과정을 확산(Diffusuion)연소라 한다.
③ 예혼합기연소에 비해 반응대가 넓고, 탄화수소 연료에서는 Soot를 생성한다.
④ 이 과정에서 연료의 증발속도가 연소의 속도보다 빠른 경우 불완전연소가 된다.

해설 액체연료의 증발연소 과정을 설명한 것이다.
㉠ 증발속도 > 연소속도 ⇒ 불완전연소
㉡ 증발속도 < 연소속도 ⇒ 완전연소 및 증발관내의 온도상승

26. 가스폭발 원인으로 작용하는 점화원이 아닌 것은?

① 정전기 불꽃　　　　② 압축열
③ 기화열　　　　　　④ 마찰열

해설 점화원의 종류
화기, 전기불꽃, 산화열, 고열물, 마찰 및 충격에 의한 불꽃, 단열압축

27. 소화안전장치(화염감시장치)의 종류가 아닌 것은?

① 열전대식　　　　　② 플레임 로드식
③ 자외선 광전관식　　④ 방사선식

해설 소화안전장치(화염감시장치)의 종류
㉠ 열전대식　　　　　㉡ 플레임로드식
㉢ 자외선 광전관식

28. 오토사이클(Otto cycle)의 선도에서 정적가열 과정은?

① 1 → 2
② 2 → 3
③ 3 → 4
④ 4 → 1

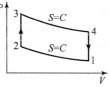

해설 오토사이클(Otto Cycle)
㉠ 1–2 : 압축과정　　㉡ 2–3 : 정적가열
㉢ 3–4 : 단열팽창　　㉣ 4–1 : 정적방열

29. 불완전 연소의 원인으로 틀린 것은?

① 배기가스의 배출이 불량할 때
② 공기와의 접촉 및 혼합이 불충분할 때
③ 과대한 가스량 혹은 필요량의 공기가 없을 때
④ 불꽃이 고온 물체에 접촉되어 온도가 올라갈 때

해설 불완전연소의 원인
㉠ 공기와의 접촉 혼합이 불충분 할 때
㉡ 가스량이 너무 많을 때
㉢ 공기 공급이 부족할 때
㉣ 폐기의 배출이 불량할 때
㉤ 불꽃이 낮은 온도의 물질에 접촉해서 온도가 낮아졌을 때

30. 착화온도가 낮아지는 조건으로 틀린 것은?

① 산소농도가 클수록
② 발열량이 높을수록
③ 반응활성도가 클수록
④ 분자구조가 간단할수록

해설 착화온도가 낮아지는 조건
㉠ 발열량이 높을수록
㉡ 반응활성도가 클수록
㉢ 분자구조가 복잡할수록
㉣ 산소농도가 클수록

24. ③　25. ④　26. ③　27. ④　28. ②　29. ④　30. ④　정답

31. 다음 중 열역학 제0법칙에 대하여 설명한 것은?

① 저온체에서 고온체로 아무 일도 없이 열을 전달할 수 없다.

② 절대온도 0에서 모든 완전 결정체의 절대 엔트로피의 값은 0이다.

③ 기계가 일을 하기 위해서는 반드시 다른 에너지를 소비해야 하고 어떤 에너지도 소비하지 않고 계속 일을 하는 기계는 존재하지 않는다.

④ 온도가 서로 다른 물체를 접촉시키면 높은 온도를 지닌 물체의 온도는 내려가고, 낮은 온도를 지닌 물체의 온도는 올라가서 두 물체의 온도 차이는 없어진다.

해설 열역학 제0법칙
온도가 서로 다른 물체를 접촉시키면 높은온도를 지닌 물체의 온도는 내려가고(열량방출), 낮은온도의 물체는 온도가 올라가서(열량흡수) 결국 두 물체 사이에는 온도차가 없어지며 같은 온도가 된다.(열평형상태)
이와같이 열평형이 된 상태를 열역학 0법칙 또는 열평형의 법칙이라 한다.

32. 압력을 고압으로 할수록 공기 중에서의 폭발범위가 좁아지는 가스는?

① 일산화탄소　　　　② 메탄
③ 에틸렌　　　　　　④ 프로판

해설 폭발범위
㉠ 압력이 상승하면 폭발범위가 넓어진다(단, CO는 좁아진다).
㉡ 수소는 10atm까지 좁아졌다가 그이상에서는 넓어진다.

33. 저발열량이 41,860kJ/kg인 연료를 3kg 연소시켰을 때 연소가스의 열용량이 62.8kJ/℃였다면 이 때의 이론연소 온도는 약 몇 ℃인가?

① 1,000℃　　　　　② 2,000℃
③ 3,000℃　　　　　④ 4,000℃

해설 이론 연소온도(t)
$$t = \frac{41,860(\text{kJ/kg}) \times 3(\text{kg})}{62.8(\text{kJ/℃})} = 2,000(\text{℃})$$

34. 가연성 기체의 연소에 대한 설명으로 가장 옳은 것은?

① 가연성가스는 CO_2와 혼합하면 연소가 잘 된다.

② 가연성가스는 혼합한 공기가 적을수록 연소가 잘 된다.

③ 가연성가스는 어떤 비율로 공기와 혼합해도 연소가 잘 된다.

④ 가연성가스는 혼합한 공기와의 비율이 연소범위일 때 연소가 잘 된다.

해설 가연성 기체의 연소
㉠ 가연성 가스는 CO_2, N_2 (불활성가스)와 혼합하면 연소범위가 좁아져 연소가 잘 안된다.
㉡ 공기가 부족하면 불완전 연소가 된다.
㉢ 공기와의 혼합비율이 연소범위일 때 연소가 된다.

35. 고발열량(高發熱量)과 저발열량(低發熱量)의 값이 가장 가까운 연료는?

① LPG　　　　　　② 가솔린
③ 목탄　　　　　　④ 유연탄

해설 고발열량과 저발열량의 값이 가까운 연료순서
　목탄 > 유연탄 > 가솔린 > LPG
참고 고발열량과 저발열량의 차이는 연료중의 수소와 수분 성분 때문이다.

36. 화격자 연소의 화염이동 속도에 대한 설명으로 옳은 것은?

① 발열량이 낮을수록 커진다.

② 석탄화도가 낮을수록 커진다.

③ 입자의 직경이 클수록 커진다.

④ 1차 공기온도가 낮을수록 커진다.

해설 화염이동속도가 빨라지는 경우
㉠ 발열량이 클수록
㉡ 석탄화도가 낮을수록
㉢ 입자의 직경이 작을수록
㉣ 1차공기의 온도가 높을수록

37. 실제 가스의 엔탈피에 대한 설명으로 틀린 것은?

① 엔트로피만의 함수이다.
② 온도와 비체적의 함수이다.
③ 압력과 비체적의 함수이다.
④ 온도, 질량, 압력의 함수이다.

[해설] 엔탈피와 엔트로피
㉠ 엔탈피 : 온도, 질량, 압력의 함수이다.
㉡ 엔트로피 : 비가역 과정으로 엔트로피의 총합은 항상 증가한다.

38. 다음 중 역화의 가능성이 가장 큰 연소 방식은?

① 전1차식　　　　② 분젠식
③ 세미분젠식　　　④ 적화식

[해설] 역화의 가능성이 큰 순서
전1차식 > 분젠식 > 세미분젠식 > 적화식

39. 다음 중 화학적 폭발과 가장 거리가 먼 것은?

① 분해　　　　　② 연소
③ 파열　　　　　④ 산화

[해설] 물리적 폭발과 화학적 폭발
㉠ 물리적 폭발 : 증기폭발, 금속선폭발, 고체상전이폭발, 압력폭발(파열)
㉡ 화학적폭발 : 분해폭발, 중합폭발, 산화폭발(연소)

40. 내압방폭구조의 폭발등급 분류 중 가연성 가스의 폭발 등급 A에 해당하는 최대안전 틈새의 범위(mm)는?

① 0.9 이하　　　　② 0.5 초과 0.9 미만
③ 0.5 이하　　　　④ 0.9 이상

[해설] 내압 방폭구조의 폭발등급 분류

가연성가스 폭발등급	A	B	C
최대안전 틈새범위(mm)	0.9이상	0.5 초과 0.9 미만	0.5 이하

| 제3과목 | 가스설비 |

41. 액화 사이클의 종류가 아닌 것은?

① 클라우드식 사이클　② 린데식 사이클
③ 필립스식 사이클　　④ 핸리식 사이클

[해설] 액화 사이클의 종류
㉠ 린데식 사이클
㉡ 클라우드식 사이클
㉢ 캐피자식 사이클
㉣ 필립스식 사이클
㉤ 캐스케이드 사이클

42. 압축기와 적합한 윤활유 종류가 잘못 짝지어진 것은?

① 산소가스 압축기 : 유지류
② 수소가스 압축기 : 순광물유
③ 메틸클로라이드 압축기 : 화이트유
④ 이산화황가스 압축기 : 정제된 용제터빈유

[해설] 산소가스 압축기의 윤활유
물 또는 10% 이하의 묽은 글리세린 수용액

43. 다음 그림은 어떤 종류의 압축기인가?

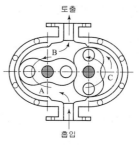

① 가동날개식　　　② 루트식
③ 플런저식　　　　④ 나사식

[해설] 루트식(회전식)
소형이며 대용량에 쓰인다.

---

44. 가스미터의 설치 시 주의사항으로 틀린 것은?

① 전기개폐기 및 전기계량기로부터 60cm 이격시켜 설치
② 절연조치를 하지 아니한 전선으로부터 가스미터 까지 15cm이상 이격시켜 설치
③ 가스계량기의 설치높이는 1.6~2m이내에 수평, 수직으로 설치
④ 당해 시설에 사용하는 자체 화기와 2m 이상 떨어지고 화기에 대해 차열판을 설치

[해설] 가스계량기와 화기(그 시설 안에서 사용하는 자체 화기를 제외한다)사이에 유지하여야 하는 거리는 우회거리 2m 이상으로 한다.

45. 다음 중 가스의 호환성을 판정할 때 사용되는 것은?

① Reynolds수
② Webbe지수
③ Nusselt수
④ Mach수

[해설] 웨버지수(WI)

㉠ $WI = \dfrac{H}{\sqrt{d}}$ [H : 총발열량(kcal/m^3), d : 비중]
㉡ 웨버지수가 표준웨버지수의 ±4.5% 이내를 유지
㉢ 가스의 호환성을 판정할 때 사용

46. 압력용기에 해당하는 것은?

① 설계압력(MPa)과 내용적(m^3)을 곱한 수치가 0.03인 용기
② 완충기 및 완충장치에 속하는 용기와 자동차 에어백용 가스충전용기
③ 압력에 관계없이 안지름, 폭, 길이 또는 단면의 지름이 100mm인 용기
④ 펌프, 압축장치 및 축압기의 본체와 그 본체와 분리되지 아니하는 일체형 용기

[해설] ㉠ 압력용기
35℃에서의 압력 또는 설계압력이 그 내용물이 액체가스인 경우는 0.2MPa이상 압축가스인 경우는 1MPa 이상인 용기

㉡ 압력용기에 제외된 용기
ⓐ 설계압력(MPa)과 내용적(m^3)을 곱한 수치가 0.04 이하인 용기
ⓑ 펌프, 압축장치(냉동용 압축기를 제외) 및 축압기의 본체와, 그 본체와 분리되지 아니하는 일체형 용기
ⓒ 완충기 및 완충장치에 속하는 용기와 자동차용 가스 충전용기
ⓓ 유량계, 액면계 그 밖의 계측기기

47. 이론적 압축일량이 큰 순서로 나열된 것은?

① 등온압축 > 단열압축 > 폴리트로픽압축
② 단열압축 > 폴리트로픽압축 > 등온압축
③ 폴리트로픽압축 > 등온압축 > 단열압축
④ 등온압축 > 폴리트로픽압축 > 단열압축

[해설] 압축일량(토출가스 온도)이 큰순서
단열압축 > 폴리트로픽 압축 > 등온 압축

48. 고압가스 기화장치의 형식이 아닌 것은?

① 온수식
② 코일식
③ 단관식
④ 캐비닛형

[해설] 고압가스 기화장치
㉠ 다관식 ㉡ 코일식 ㉢ 캐비닛식 ㉣ 온수식

49. 다음의 수치를 이용하여 고압가스용 용접용기의 동판 두께를 계산하면 얼마인가? (단, 아세틸렌용기 및 액화석유가스 용기는 아니며, 부식여유 두께는 고려하지 않는다.)

보기

– 최고충전압력 : 4.5MPa
– 동체의 내경 : 200mm
– 재료의 허용응력 : 200N/mm^2
– 용접효율 : 1.00

① 1.98mm
② 2.28mm
③ 2.84mm
④ 3.45mm

[해설] 동판두께(t)

$$t = \frac{PD}{2S\eta - 1.2P} + C$$

$$= \frac{4.5 \times 200}{2 \times 200 \times 1.0 - 1.2 \times 4.5} + 0 = 2.28mm$$

50. LPG 집단공급시설 및 사용시설에 설치하는 가스누출 자동차단기를 설치하지 않아도 되는 것은?

① 동일 건축물 안에 있는 전체 가스 사용시설의 주배관

② 체육관, 수영장, 농수산시장 등 상가와 유사한 가스사용시설

③ 동일 건축물 안으로서 구분 밀폐된 2개 이상의 층에서 가스를 사용하는 경우 층별 주배관

④ 동일 건축물의 동일 층 안에서 2 이상의 자가 가스를 사용하는 경우 사용자별 주배관

[해설] 가스 누출 자동차단기 설치
㉠ 동일 건축물 내에 있는 전체 가스 사용시설의 주배관
㉡ 동일 건축물 내로서 구분 밀폐된 2개 이상의 층에서 가스를 사용하는 경우 층별 주배관
㉢ 동일 건축물의 동일층내에서 2이상의 자가 가스를 사용하는 경우 사용자별 주배관. 다만 동일의 가스사용실에서 다수의 가스사용자가 가스를 사용하는 경우에는 그 실의 주배관으로 할 수 있다.

51. 관지름 50A인 SPPS가 최고 사용압력이 5MPa, 허용인장응력이 500N/mm² 일 때 SCH No.? (단, 안전율은 4이다.)

① 40
② 60
③ 80
④ 100

[해설] 스케줄 번호(SCH)

$$SCH = 10 \times \frac{P}{S}$$

$$= 10 \times \frac{500}{\frac{500}{4}} = 40$$

여기서 P=최고사용압력=5MPa=500N/mm²

S=허용응력=$\frac{인장강도}{안전율} = \frac{500}{4}$N/mm²

52. 다음 부취제 주입방식 중 액체식 주입 방식이 아닌 것은?

① 펌프주입식
② 적하주입식
③ 위크식
④ 미터연결 바이패스식

[해설] 부취제의 주입설비의 종류
㉠ 액체주입 : 펌프주입방식, 적하주입방식, 미터연결 바이패스방식
㉡ 증발식 부취설비 : 바이패스증발식, 위크식

53. 어떤 용기에 액체를 넣어 밀폐하고 에너지를 가하면 액체의 비등점은 어떻게 되는가?

① 상승한다.
② 저하한다.
③ 변하지 않는다.
④ 이 조건으로 알 수 없다.

[해설] 비등점(끓는점)
액체와 기체가 평형하게 공존하고 있을 때 일정압력하에서 일정온도를 유지하고 있을 때의 온도를 비등점이라하고 밀폐용기에 에너지를 가하면 압력이 높아지고 비등점이 상승한다.

54. 공기액화분리장치에서 반드시 제거해야 하는 물질이 아닌 것은?

① 탄산가스
② 아세틸렌
③ 수분
④ 질소

[해설] 공기액화분리장치
㉠ 액화질소, 액화산소, 액화아르곤을 얻기위한 장치이다.
㉡ 제거해야 할 불순물 : 아세틸렌, 탄화수소, 수분, 탄산가스, 질소산화물, 오존 등

55. LP가스 판매사업의 용기보관실의 면적은?

① 9m² 이상
② 10m² 이상
③ 12m² 이상
④ 19m² 이상

[해설] LPG 용기보관실
㉠ 영업소의 용기보관실 면적 : 19m² 이상
㉡ 판매사업의 용기 보관실 면적 : 12m² 이상

50. ②　51. ①　52. ③　53. ①　54. ④　55. ③　정답

56. 펌프의 이상 현상인 베이퍼록(Vapor-rock)을 방지하기 위한 방법으로 가장 거리가 먼 것은?

① 흡입배관을 단열처리 한다.
② 흡입관의 지름을 크게 한다.
③ 실린더 라이너의 외부를 냉각한다.
④ 저장탱크와 펌프의 액면차를 충분히 작게 한다.

해설 베이퍼록 방지법
㉠ 실린더 라이너의 외부를 냉각한다(자켓이용)
㉡ 흡입관 지름을 크게 하거나 되도록 펌프의 설치위치를 낮춘다.
㉢ 흡입배관을 단열한다.
㉣ 흡입관로를 청소한다.

57. 흡수식 냉동기에서 냉매로 사용되는 것은?

① 암모니아, 물
② 프레온 22, 물
③ 메틸클로라이드, 물
④ 암모니아, 프레온 22

해설 흡수식 냉동기의 냉매와 흡수제

냉매	흡수제
물(H_2O)	리듐브로마이드(LiBr)
암모니아(NH_3)	물(H_2O)

58. 고압가스 저장탱크와 유리제 게이지를 접속하는 상, 하 배관에 설치하는 밸브는?

① 역류방지 밸브
② 수동식 스톱밸브
③ 자동식 스톱밸브
④ 자동식 및 수동식의 스톱밸브

해설 액면계(유리제게이지)에 설치하는 상하스톱밸브는 수동식 및 자동식을 각각 설치하여야 한다. 다만, 자동식 및 수동식 기능을 함께 갖춘 경우에는 각각 설치한 것으로 볼 수 있다.

59. 탱크로리에서 저장탱크로 액화석유가스를 이송하는 방법이 아닌 것은?

① 액송펌프에 의한 방법
② 압축기를 이용하는 방법
③ 압축가스 용기에 의한 방법
④ 탱크의 자체 압력에 의한 방법

해설 LP가스 이충전 방법
㉠ 두 탱크의 압력차에 의한 방법
㉡ 액펌프에 의한 방법
㉢ 압축기를 이용하는 방법

60. 오토클레이브(Autoclave)의 종류가 아닌 것은?

① 교반형   ② 가스교반형
③ 피스톤형   ④ 진탕형

해설 오토클레이브의 종류
㉠ 교반형   ㉡ 진탕형
㉢ 회전형   ㉣ 가스교반형

제4과목   **가스안전관리**

61. 액화석유가스용 차량에 고정된 저장탱크 외벽이 화염에 의하여 국부적으로 가열될 경우를 대비하여 폭발방지장치를 설치한다. 이 때 재료로 사용되는 금속은?

① 아연   ② 알루미늄
③ 주철   ④ 스테인리스

해설 폭발방지 장치의 재료
다공성 벌집형 알루미늄 합금 박판

62. 최대지름이 8m인 2개의 가연성가스 저장탱크가 유지하여야 할 안전거리는?

① 1m   ② 2m
③ 3m   ④ 4m

정답   56. ④   57. ①   58. ④   59. ③   60. ③   61. ②   62. ④

[해설] 탱크 상호간의 안전거리
㉠ 지상설치 : 1m 이상 또는 두 탱크의 최대직경을 합산한 길이의 1/4 길이 중 큰 길이로 한다.
㉡ 지하설치 : 1m 이상

$$\therefore (8+8) \times \frac{1}{4} = 4m \text{ 이상}$$

63. 용기에 표시된 각인 기호의 연결이 잘못된 것은?

① V : 내용적
② TP : 검사일
③ TW : 질량
④ FP : 최고충전압력

[해설] TP : 내압시험 압력

64. 충전용기의 적재에 관한 기준으로 옳은 것은?

① 충전용기를 적재한 차량은 제1종 보호시설과 15m이상 떨어진 곳에 주차하여야 한다.
② 고정된 프로텍터가 있는 용기는 보호캡을 부착한다.
③ 용량 15kg의 액화석유가스 충전용기는 2단으로 적재하여 운반할 수 있다.
④ 운반차량 뒷면에는 두께 2mm 이상, 폭 50mm 이상의 범퍼를 설치한다.

[해설] 충전용기의 적재에 관한 기준
㉠ 충전용기등을 적재한 차량은 제1종 보호시설에서 15m 이상 떨어지고 제2종 보호시설이 밀집되어 있는 지역은 가능한한 피하며 주위의 교통장애, 화기등이 없는 안전한 장소에 주정차 할 것
㉡ 고정된 프로텍타가 없는 용기는 보호캡을 부착한 후 차량에 실을 것
㉢ 운반차량 뒷면에는 두께가 5mm이상, 폭 100mm 이상의 범퍼 또는 이와 동등이상의 효과를 갖는 완충장치를 설치할 것
㉣ 용량 10kg 미만의 액화석유가스 충전용기를 적재할 경우를 제외하고 모든 충전용기는 1단으로 쌓을 것

65. 다음 중 압축가스로만 되어 있는 것은?

① 산소, 수소
② LPG, 염소
③ 암모니아, 아세틸렌
④ 메탄, LPG

[해설] 압축가스
㉠ 비등점이 극히 낮거나 임계온도가 낮아 상온에서 압축하여도 용이하게 액화하지 않은 가스
㉡ 수소, 질소, 산소, 일산화탄소, 메탄, 아르곤 등

66. 독성가스 관련시설에서 가스누출의 우려가 있는 부분에는 안전사고 방지를 위하여 어떤 표지를 설치해야 하는가?

① 경계표지
② 누출표지
③ 위험표지
④ 식별표지

[해설] 위험표지
㉠ 가스의 누설우려 부분에 표시
㉡ 백색 바탕에 흑색글씨(주의는 적색)로 기재
㉢ 문자의 크기는 가로 및 세로가 각 5cm 이상으로 하고 10m 이상의 위치에서도 식별이 가능할 것

67. 다음 ( )에 들어갈 알맞은 수치는?

> **보기**
>
> "초저온 용기의 충격시험은 3개의 시험편 온도를 섭씨 ( )℃ 이하로 하여 그 충격치의 최저가 ( ) J/cm² 이상이고, 평균 ( )J/cm² 이상의 경우를 적합한 것으로 한다."

① 100, 30, 20
② −100, 20, 30
③ 150, 30, 20
④ −150, 20, 30

[해설] 초저온용기의 용접부 충격시험
㉠ 3개의 시험편으로 150℃ 이하에서 행한다.
㉡ 최저충격치 : 2kgf·m/cm²(20J/cm²) 이상
㉢ 평균충격치 : 3kgf·m/cm²(30J/cm²) 이상

68. 산소 및 독성가스의 운반 중 가스누출 부분의 수리가 불가능한 사고 발생시 응급조치사항으로 틀린 것은?

① 상황에 따라 안전한 장소로 운반한다.

② 부근에 있는 사람을 대피시키고, 동행인은 교통통제를 하여 출입을 금지시킨다.

③ 화재가 발생한 경우 소화하지 말고 즉시 대피한다.

④ 독성가스가 누출한 경우에는 가스를 제독한다.

[해설] 응급조치사항
산소 및 가연성 가스가 누출되어 화재 발생시 소화 등 응급조치를 하고 독성가스 누출시에는 제독조치 등의 응급조치를 한다.

69. 아세틸렌을 충전하기 위한 설비 중 충전용지관에는 탄소 함유량이 얼마 이하의 강을 사용하여야 하는가?

① 0.1%   ② 0.2%

③ 0.3%   ④ 0.4%

[해설] 아세틸렌 충전용지관에는 탄소함유량이 0.1% 이하의 강을 사용한다.

70. 차량에 고정된 탱크를 운행할 때의 주의사항으로 옳지 않은 것은?

① 차를 수리할 때에는 반드시 사람의 통행이 없고 밀폐된 장소에서 한다.

② 운행중은 물론 정차시에도 허용된 장소이외에서는 담배를 피우거나 화기를 사용하지 않는다.

③ 운행 시 도로교통법을 준수하고 번화가를 피하여 운행한다.

④ 화기를 사용하는 수리는 가스를 완전히 빼고 질소나 불활성가스로 치환한 후 실시한다.

[해설] 차를 수리할 때는 통풍이 양호한 장소에서 실시할 것

71. 프로판가스 폭발 시 폭발위력 및 격렬함 정도가 가장 크게 될 때 공기와의 혼합농도로 가장 옳은 것은?

① 2.2%   ② 4.0%

③ 0.3%   ④ 0.4%

[해설] 프로판가스의 폭발범위 : 2.1~9.5%

72. 다음의 고압가스를 차량에 적재하여 운반하는 때에 운반자 외에 운반책임자를 동승시키지 않아도 되는 것은?

① 수소 400m³

② 산소 400m³

③ 액화석유가스 3,500kg

④ 암모니아 3,500kg

[해설] 운반 책임자 동승 기준

고압가스의 종류	운반 기준
가연성 가스	300m³(3,000kg) 이상
조연성 가스	600m³(6,000kg) 이상
독성 가스	100m³(1,000kg) 이상 (1ppm 이상)
	10m³(100kg) 이상 (1ppm 미만)

※ 접합, 납붙임 용기 : 2,000kg 이상

73. 고압가스용 용접용기의 내압시험방법 중 팽창측정시험의 경우 용기가 완전히 팽창한 후 적어도 얼마 이상의 시간을 유지하여야 하는가?

① 30초   ② 45초

③ 1분   ④ 5분

[해설] 용접 용기의 내압시험
㉠ 완전히 팽창한 후 30초 유지한 후 측정
㉡ 합격기준 : 영구증가율이 10% 이하
㉢ 영구증가율 = $\dfrac{\text{영구증가량}}{\text{전증가량}} \times 100\%$

74. 특정설비의 재검사 주기의 기준으로 틀린 것은?

① 압력용기 − 5년마다
② 저장탱크 − 5년마다, 다만, 재검사에 불합격되어 수리한 것은 3년마다
③ 차량에 고정된 탱크 − 15년 미만인 경우 5년마다
④ 안전밸브 − 검사 후 2년을 경과하여 해당 안전밸브가 설치된 저장탱크의 재검사 시마다

[해설] 압력용기의 재검사 주기 : 4년마다

75. 용기의 용접에 대한 설명으로 틀린 것은?

① 이음매 없는 용기 제조 시 압궤시험을 실시한다.
② 용접용기의 측면 굽힘시험은 시편을 180도로 굽혀서 3mm 이상의 금이 생기지 아니하여야 한다.
③ 용접용기는 용접부에 대한 안내 굽힘시험을 실시한다.
④ 용접용기의 방사선 투과시험은 3급 이상을 합격으로 한다.

[해설] 용접용기의 방사선 투과시험은 2급이상을 합격으로 한다. 이에 합격한 경우에는 그 용기가 속한조의 다른 용기는 당해검사에 합격한 것으로 본다.

76. 후부취출식 탱크 외의 탱크에서 탱크 후면과 차량의 뒷범퍼와의 수평거리의 기준은?

① 50cm 이상
② 40cm 이상
③ 30cm 이상
④ 25cm 이상

[해설] 후밤바(뒷밤바)와의 수평거리
㉠ 후부취출식 탱크 : 주밸브와 후밤바는 40cm 이상
㉡ 후부취출식 탱크 외의 탱크 : 저장탱크 후면과 후밤바는 30cm 이상
㉢ 주밸브가 조작상자 내에 설치시는 조작상자와 후밤바는 20cm 이상

77. 운전 중 고압반응기의 플랜지부에서 가연성가스가 누출되기 시작했을 때 취해야 할 일반적인 대책으로 가장 부적당한 것은?

① 화기 사용 금지
② 일상점검 및 운전
③ 가스공급의 일시정지
④ 장치 내 불활성 가스로 치환

[해설] 일상점검과 운전은 가연성 가스가 누설되기 전의 점검이다.

78. 냉동제조시설의 안전장치에 대한 설명 중 틀린 것은?

① 압축기 최종단에 설치된 안전장치는 1년에 1회 이상 작동시험을 한다.
② 독성가스의 안전밸브에는 가스방출관을 설치한다.
③ 내압성능을 확보하여야 할 대상은 냉매설비로 한다.
④ 압력이 상용압력을 초과할 때 압축기의 운전을 정지시키는 고압차단장치는 자동복귀방식으로 한다.

[해설] 고압 차단장치
원칙적으로 수동복귀 방식으로 할 것. 다만 가연성가스와 독성가스 이외의 가스를 냉매로 하는 유닛식의 냉매설비(냉매가스에 관계되는 순환계통의 냉동능력이 10톤미만의 냉동설비에 한한다)로서 운전 및 정지가 자동적으로 되어도 위험이 생길 우려가 없는 구조의 것은 그러하지 아니하다.

79. 다음 중 방호벽으로 부적합한 것은?

① 두께 2.3mm인 강판에 앵글강을 용접 보강한 강판제
② 두께 6mm인 강판제
③ 두께 12cm인 철근콘크리트제
④ 두께 15cm인 콘크리트 블럭제

[해설] 방호벽
두께 3.2mm인 강판에 앵글강을 용접 보강한 강판제

---

74. ①   75. ④   76. ③   77. ②   78. ④   79. ①   정답

80. 아세틸렌 가스를 온도에 불구하고 희석제를 첨가하여 압축할 수 있는 최고 압력의 기준은?

① 1.5MPa 이하　　② 1.8MPa 이하
③ 2.5MPa 이하　　④ 3.0MPa 이하

해설 아세틸렌 가스를 온도에 불구하고 2.5MPa 이하로 충전시 질소, 일산화탄소, 메탄, 에틸렌 등의 희석제를 첨가한다.

제5과목　　가스계측

81. 오르자트(Orsat)법에서 가스 흡수의 순서를 바르게 나타낸 것은?

① $CO_2 \rightarrow O_2 \rightarrow CO$
② $CO_2 \rightarrow CO \rightarrow O_2$
③ $O_2 \rightarrow CO \rightarrow CO_2$
④ $O_2 \rightarrow CO_2 \rightarrow CO$

해설 오르자트(Orsat)법의 분석순서
$CO_2 \rightarrow O_2 \rightarrow CO \rightarrow N_2$

82. 물속에 피토관을 설치하였더니 전압이 20mH₂O, 정압이 10mH₂O 이었다. 이때의 유속은 약 몇 m/s인가?

① 9.8　　② 10.8
③ 12.4　　④ 14

해설 $V = \sqrt{2gh} = \sqrt{2 \times 9.8 \times (20-10)} = 14 m/s$

83. 고압 밀폐탱크의 액면 측정용으로 주로 사용되는 것은?

① 편위식 액면계　　② 차압식 액면계
③ 부자식 액면계　　④ 기포식 액면계

해설 액면계의 특징
㉠ 부자식 액면계
　대형 탱크는 개방형 탱크의 액면측정용, 소형에는 석유난로 및 LP가스 자동차 액면계 등에 사용

㉡ 차압식 액면계
　밀폐식은 탱크내부의 압력을 압력계의 상부로 도입, 균압시킨후 측정하는 것으로 고압 밀폐 탱크의 액면 측정용으로 사용한다.
㉢ 편위식 액면계
　측정액중에 잠겨 있는 플로트의 부력으로부터 측정한다.
㉣ 기포식 액면계
　개방형 탱크에 주로 사용한다.

84. 가스계량기의 설치 장소에 대한 설명으로 틀린 것은?

① 습도가 낮은 곳에 부착한다.
② 진동이 적은 장소에 설치한다.
③ 화기와 2m 이상 떨어진 곳에 설치한다.
④ 바닥으로부터 2.5m 이상에 수직 및 수평으로 설치한다.

해설 가스계량기의 설치 장소
바닥으로부터 1.6m~2m 이내에 수직·수평으로 설치

85. 가스압력식 온도계의 봉입액으로 사용되는 액체로 가장 부적당한 것은?

① 프레온　　② 에틸에테르
③ 벤젠　　④ 아닐린

해설 가스 압력식 온도계의 봉입액
프레온, 에틸에테르, 톨루엔, 아닐린

86. LPG의 정량분석에서 흡광도의 원리를 이용한 가스분석법은?

① 저온 분류법　　② 질량 분석법
③ 적외선 흡수법　　④ 가스크로마토그래피법

해설 적외선 흡수법
셀의 압력에 의해 흡광계수가 변하므로 전압을 일정하게 유지하면서 분석하는 것으로 흡광도의 원리를 이용한 분석계이다.

정답 80. ③　81. ①　82. ④　83. ②　84. ④　85. ③　86. ③

87. 산소(O_2)는 다른 가스에 비하여 강한 상자성체이므로 자장에 대하여 흡인되는 특성을 이용하여 분석하는 가스분석계는?

① 세라믹식 O_2 계
② 자기식 O_2 계
③ 연소식 O_2 계
④ 밀도식 O_2 계

해설 자기식 O_2계
일반적으로 가스는 반자성체에 속하지만 O_2는 자장에 흡입되는 강력한 상자성체인 점을 이용하는 산소분석계이다.

88. 가스미터의 특징에 대한 설명으로 옳은 것은?

① 막식 가스미터는 비교적 값이 싸고 용량에 비하여 설치면적이 적은 장점이 있다.
② 루트미터는 대유량의 가스측정에 적합하고 설치면적이 작고, 대수용가에 사용한다.
③ 습식가스미터는 사용 중에 기차의 변동이 큰 단점이 있다.
④ 습식가스미터는 계량이 정확하고 설치 면적이 작은 장점이 있다.

해설 가스미터의 특징
㉠ 막식가스미터 : 설치 후 유지관리가 저렴, 설치공간이 크다.
㉡ 루트미터 : 설치 스페이스가 적다. 대유량 가스측정이 적합. 스트레이너 설치후 유지관리 필요하다.
㉢ 습식가스미터 : 계량이 정확하고 사용중에 기차의 변동이 거의 없다. 설치 면적이 크고 사용중에 수위조정 등의 관리가 필요하다.

89. 관의 길이 250cm에서 벤젠의 가스크로마토그램을 재었더니 머무른 부피가 82.2mm, 봉우리의 폭(띠나비)이 9.2mm이었다. 이 때 이론단수는?

① 812
② 995
③ 1,063
④ 1,277

해설 이론단수(N)

$$N = 16 \times \left(\frac{T_r}{W}\right)^2$$
$$= 16 \times \left(\frac{82.2}{9.2}\right)^2 = 1,277$$

90. 기준기로서 150m^3/h로 측정된 유량은 기차가 4%인 가스미터를 사용하면 지시량은 몇 m^3/h를 나타내는가?

① 144.23
② 146.23
③ 150.25
④ 156.25

해설 $E = \dfrac{I-Q}{I} \times 100(\%)$ 식에서

$$I = \frac{Q}{1-E} = \frac{150}{1-0.04} = 156.25 m^3/h$$

91. 비례미적분 제어(PID control)를 사용하는 제어는?

① 피드백 제어
② 수동 제어
③ ON-OFF 제어
④ 불연속 동작 제어

해설 피드백제어
폐회로를 형성하여 제어량의 크기와 목표치의 비교를 피이드백 신호에 의해 행하는 자동제어로서 연속동작 제어에 사용된다.

92. 가열증기로부터 부르동관(Bourdon) 압력계를 보호하기 위한 방법으로 가장 적당한 것은?

① 밀폐액 충전
② 과부하 예방관 설치
③ 사이펀(siphon) 설치
④ 격막(diaphragm) 설치

해설 부르동관 압력계의 사이펀 설치
부르동관 내에 직접 증기가 들어가거나 해서 고온이 되면 부르동관 자체가 열손상을 받기 때문이며 이 트러블을 방지하기 위해 사이펀(Siphon)관을 보일러와 압력계 사이에 부착하여 그 속에 있는 물을 채워서 80℃ 이상의 온도가 되지 않도록 한다.

93. 가스크로마토그래피로 가스를 분석할 때 사용하는 캐리어 가스가 아닌 것은?

① H_2 ② CO_2
③ N_2 ④ Ar

[해설] 가스크로마토그래피의 캐리어가스(운반가스)
수소(H_2), 헬륨(He), 아르곤(Ar), 질소(N_2)

94. 최고사용압력이 0.1MPa 미만인 도시가스 공급관을 설치하고, 내용적을 계산하였더니 8m^3 이었다. 전기식다이어프램형 압력계로 기밀시험을 할 경우 최소 유지 시간은 얼마인가?

① 4분   ② 10분
③ 24분   ④ 40분

[해설] 전기식 다이어프램형 압력계의 기밀유지시간

최저사용압력	용적	기밀유지시간
저압 (0.1 MPa) 미만	1m^3 미만	4분
	1m^3 ~ 10m^3 미만	40분
	10m^3 ~ 300m^3 미만	4×V분(다만 240분을 초과하는 경우는 240분)

95. 탄성압력계의 오차유발요인으로 가장 거리가 먼 것은?

① 마찰에 의한 오차
② 히스테리시스 오차
③ 디지털식 탄성압력계의 측정오차
④ 탄성요소와 압력지시기의 비직진성

[해설] 탄성압력계의 오차유발 원인
㉠ 기계적 마찰에 의한 오차
㉡ 히스테리시스 오차
㉢ 탄성요소와 압력지시기의 비직진성

96. 다이어프램(diaphragm)식 압력계의 격막재료로서 적합하지 않은 것은?

① 인청동   ② 스테인리스
③ 고무   ④ 연강판

[해설] 다이어프램(격막)의 재질
㉠ 금속막 : 베릴륨, 구리, 인청동, 스테인리스
㉡ 비금속막 : 가죽, 특수고무, 천연고무

97. 국제표준규격에서 다루고 있는 파이프(pipe) 안에 삽입되는 차압 1차 장치(Primary device)에 속하지 않는 것은?

① nozzle(노즐)
② thermo well(써모 웰)
③ venturi nozzle(벤튜리 노즐)
④ orifice plate(오리피스 플레이트)

[해설] 차압 1차 장치 (Primary device)
㉠ 플로우 노즐(Flow-nozzle)
㉡ 벤튜리 노즐(Venturi-nozzle)
㉢ 오리피스 플레이트(Orifice-plate)
[참고] 압력손실 정도
오리피스 > 플로우 노즐 > 벤튜리

98. 도시가스 누출 검출기로 사용되는 수소 이온화 검출기(FID)가 검출할 수 없는 것은?

① CO   ② CH_4
③ C_3H_8 ④ C_4H_{10}

[해설] 수소 이온화 검출기(FID)
탄화수소에서 감응이 최고이고 H_2, O_2, CO, CO_2, SO_2 등은 감도가 없다.

99. 자동제어에서 미리 정해놓은 순서에 따라 제어의 각 단계가 순차적으로 진행되는 제어방식은?

① 피드백제어   ② 시퀀스제어
③ 서보제어   ④ 프로세스제어

[해설] 시퀀스제어
전단계에 있어서 제어동작이 완료한 후 다음의 동작으로 진행되며 미리 정해진 순서에 따라서 제어의 각 단계가 순차적으로 진행되는 제어를 말한다.

정답 93. ②   94. ④   95. ③   96. ④   97. ②   98. ①   99. ②

100. 입력(x)과 출력(y)의 관계식이 y=kx로 표현될 경우 제어요소는?

① 비례요소   ② 적분요소

③ 미분요소   ④ 비례적분요소

[해설] 비례요소

입력과 출력이 일정한 비례관계에 있는 것으로 입력 $x(t)$, 출력 $y(t)$, 비례 정수 k로 하면 $y(t) = kx(t)$로 주어진다.

제1과목 가스유체역학

01. 원심압축기의 폴리트로프 효율이 94%, 기계손실이 축동력의 3.0%라면 전 폴리트로프 효율은 약 몇 %인가?

① 88.9   ② 91.2
③ 93.1   ④ 94.7

[해설] 전효율(η)
η = 폴리트로프효율(η_1)×기계효율(η_2)
= $[0.94\times(1-0.03)]\times100(\%)$ = 91.2%

02. 내경 0.0526m인 철관 내를 점도가 0.01kg/m·s이고 밀도가 1200kg/m³인 액체가 1.16m/s의 평균속도로 흐를 때 Reynolds수는 약 얼마인가?

① 36.61   ② 3661
③ 732.2   ④ 7322

[해설] 레이놀드(Reynolds)수 (Re)
$\text{Re} = \dfrac{\rho vd}{\mu}$ 식에서 $\text{Re} = \dfrac{1,200\times1.16\times0.0526}{0.01} = 7,322$

03. 유체의 점성계수와 동점성계수에 관한 설명 중 옳은 것은?
(단, M, L, T는 각각 질량, 길이, 시간을 나타낸다.)

① 상온에서의 공기의 점성계수는 물의 점성계수보다 크다.
② 점성계수의 차원은 $ML^{-1}T^{-1}$ 이다.
③ 동점성계수의 차원은 L^2T^{-2} 이다.
④ 동점성계수의 단위에는 poise가 있다.

[해설] 점성계수와 동점성계수
㉠ 상온에서의 공기의 점성계수는 물의 점성계수보다 작다.
㉡ 점성계수의 차원 $ML^{-1}T^{-1}$ (단위 kg/ms)
㉢ 동점성계수의 차원 L^2T^{-1} (단위 m²/s)
㉣ 점성계수의 단위에는 poise가 있다.
㉤ 동점성계수의 단위에는 stoke가 있다.

04. 압력의 단위 환산값으로 옳지 않은 것은?

① 1atm = 101.3kPa
② 760mmHg = 1.013bar
③ 1torr = 1mmHg
④ 1.013bar = 0.98kPa

[해설] 1.013bar = 1.013bar × $\dfrac{101.325\text{kPa}}{1.01325\text{bar}}$ = 101.3kPa

[참고] 1.0332kgf/cm² = 1.01325bar = 101.325kPa

05. 프란틀의 혼합길이(Prandtl mixing length)에 대한 설명으로 옳지 않은 것은?

① 난류 유동에 관련된다.
② 전단응력과 밀접한 관련이 있다.
③ 벽면에서는 0 이다.
④ 항상 일정한 값을 갖는다.

[해설] 프란틀의 혼합거리
㉠ 난류에서 유체입자가 수직방향으로 운동량의 변화없이 난동 할 수 있는 것을 프란틀의 혼합거리라 한다.
㉡ 난류정도가 심하면 난동하는 유체 입자의 운동량이 크므로 운동량의 변화없이 움직일 수 있는 거리는 커진다.
㉢ $\ell=ky$ 식에서 ℓ : 혼합거리 k : 난동상수
        y : 벽으로 부터 수직거리

06. 일정한 온도와 압력 조건에서 하수 슬러리(slurry)와 같이 임계 전단응력 이상이 되어야만 흐르는 유체는?

① 뉴턴유체(Newtonian fluid)
② 팽창유체(dilatant fluid)
③ 빙햄가소성유체(Bingham plastics)
④ 의가소성유체(Pseudoplastic fluid)

[해설] 전단응력과 속도구배의 관계

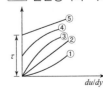

① 다일레이턴트 유체
② 뉴턴유체
③ 의소성 유체
④ 실제플라스틱 유체
⑤ 빙햄 가소성(플라스틱) 유체

07. 펌프에 관한 설명으로 옳은 것은?

① 벌류우트 펌프는 안내판이 있는 펌프이다.
② 베인펌프는 왕복펌프이다.
③ 원심펌프의 비속도는 아주 크다.
④ 축류펌프는 주로 대용량 저양정용으로 사용한다.

해설 펌프의 특성
㉠ 원심펌프
  ⓐ 터빈펌프 : 안내판이 있는 펌프
  ⓑ 벌류우트 펌프 : 안내판이 없는 펌프
㉡ 회전펌프의 종류 : 베인펌프, 나사펌프, 기어펌프
㉢ 비속도의 크기 : 원심펌프 < 사류펌프 < 축류펌프

08. 점성력에 대한 관성력의 상대적인 비를 나타내는 무차원의 수는?

① Reynolds수   ② Froude수
③ 모세관수   ④ Weber수

해설 무차원수
㉠ Re수 $= \dfrac{관성력}{점성력} = \dfrac{\rho v d}{\mu}$
㉡ Froude수 $= \dfrac{관성력}{중력} = \dfrac{v}{\sqrt{gL}}$
㉢ Weber수 $= \dfrac{관성력}{표면장력} = \dfrac{\rho v^2 L}{r}$
㉣ Mach수 $= \dfrac{관성력}{탄성력} = \dfrac{v}{a}$
㉤ Euler수 $= \dfrac{관성력}{중력} = \dfrac{\rho v^2}{P}$

09. 회전차(impeller)의 외경이 40cm인 원심펌프가 1500rpm으로 회전할 때 물의 유량은 1.6m³/min이다. 펌프의 전양정이 50m라고 할 때 수동력은 몇 마력(HP)인가?

① 15.5   ② 16.5
③ 17.5   ④ 18.5

해설 수동력(Lw)
$\text{Lw} = \dfrac{rQH}{76 \times 60}(\text{HP}) = \dfrac{1,000 \times 1.6 \times 50}{76 \times 60} = 17.5\text{HP}$

10. 2차원 평면 유동장에서 어떤 이상 유체의 유속이 다음과 같이 주어질 때, 이 유동장의 흐름함수(stream function, ψ)에 대한 식으로 옳은 것은?
(단, u, v는 각각 2차원 직각좌표계(x, y)상에서 x 방향과 y 방향의 속도를 나타내고, K는 상수이다.)

보기

$$u = \frac{-2Ky}{X^2 + y^2}, \quad V = \frac{2K_X}{X^2 + y^2}$$

① $\psi = -K\sqrt{X^2 + y^2}$ ② $\psi = -2K\sqrt{X^2 + y^2}$
③ $\psi = -K\ln\sqrt{X^2 + y^2}$ ④ $\psi = -2K\ln\sqrt{X^2 + y^2}$

11. 펌프의 캐비테이션을 방지할 수 있는 방법이 아닌 것은?

① 펌프의 설치높이를 낮추어 흡입양정을 작게 한다.
② 펌프의 회전수를 낮추어 흡입비교회전도를 작게 한다.
③ 양흡입 펌프 또는 2대 이상의 펌프를 사용한다.
④ 흡입 배관계는 관경과 굽힘을 가능한 작게 한다.

해설 흡입관경을 크게 하고 굽힘개수는 작게 굽힘반경은 크게 한다.

12. 축류펌프에서 양정을 만드는 힘은?

① 원심력   ② 항력
③ 양력   ④ 점성력

해설 양정을 만드는 힘
㉠ 원심펌프 : 원심력   ㉡ 축류펌프 : 양력

13. 비행기의 속도를 측정하고자 할 때 다음 중 가장 적합한 장치는?

① 피토정압관
② 벤튜리관
③ 부르동(Bourdon) 압력계
④ 오리피스

07. ④   08. ①   09. ③   10. ③   11. ④   12. ③   13. ① 정답

해설 피토우 정압관
압축성 유체의 흐름에 있어서 유체의 속도를 측정하려면 유체의 정압과 동압의 측정은 물론 유체의 압축효과까지 고려해서 측정해야 한다. 피토우 정압관은 정압과 동압을 측정하여 동압을 구하여 유체의 속도를 측정할 수 있다.

참고 피토우 정압관 : 초음속비행체에서의 충격파 등도 측정이 가능

14. 물속에 피토관(pitot tube)을 설치하였더니 정체압이 1250cmAq 이고, 이 때의 유속이 4.9m/s 이었다면 정압은 몇 cmAq 인가?

① 122.5　　　　　　② 1005.0
③ 1127.5　　　　　　④ 1225.0

해설 동압 $= \dfrac{V^2}{2g} = \dfrac{4.9^2}{2 \times 9.8} = 1.225\text{m} = 122.5\text{cmAq}$

정압 = 전압(정체압) − 동압
　　　= 1,250 − 122.5 = 1,127.5cmAq

15. 어떤 매끄러운 수평 원관에 유체가 흐를 때 완전난류유동(완전히 거친 난류유동)영역이었고 이 때 손실수두가 10m 이었다. 속도가 2배가 되면 손실수두는 얼마인가?

① 20m　　　　　　② 40m
③ 80m　　　　　　④ 160m

해설 난류 유동에서의 손실수두는 속도의 제곱에 비례한다.

$\dfrac{h_{l2}}{h_{l1}} \propto \left(\dfrac{V_2}{V_1}\right)^2$ 식에서

$h_{l2} = \left(\dfrac{2V_1}{V_1}\right)^2 h_{l1} = 2^2 \times 10 = 40\text{m}$

16. 그림에서 비중이 0.9인 액체가 분출되고 있다. 원형면 1을 통하는 속도가 15m/s 일 때 원형면 2를 통과하는 분출속도(m/s)는 얼마인가?
(단, 비압축성 유체이고 각 단면에서의 속도는 균일하다고 가정한다.)

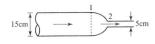

① 125　　　　　　② 130
③ 135　　　　　　④ 140

해설 연속의 방정식
$Q = A_1 V_1 = A_2 V_2$ 식에 의해

$V_2 = \dfrac{A_1 V_1}{A_2} = \dfrac{\frac{\pi}{4} d_1^2 V_1}{\frac{\pi}{4} d_2^2} = \dfrac{d_1^2 V_1}{d_2^2} = \dfrac{15^2 \times 15}{5^2} = 135(\text{m/s})$

17. 그림과 같이 수직벽의 양쪽에 수위가 다른 물이 있다. 벽면에 붙인 오리피스를 통하여 수위가 높은 쪽에서 낮은 쪽으로 물이 유출되고 있다. 이 속도 V_2는?
(단, 물의 밀도는 ρ, 중력가속도는 g라 한다.)

① $\sqrt{2gh_1/\rho}$　　　　② $\sqrt{\dfrac{2g}{\rho}(h_1 - h_1)}$

③ $\sqrt{\dfrac{g}{\rho}(h_1 - h_2)}$　　④ $\sqrt{2g(h_1 - h_2)}$

해설 $V = \sqrt{2g\Delta h} = \sqrt{2g(h_1 - h_2)}$

18. 다음은 면적이 변하는 도관에서의 흐름에 관한 그림이다. 그림에 대한 설명으로 옳지 않은 것은?

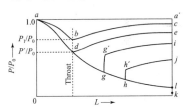

① d점에서의 압력비를 임계압력비라 한다.
② gg′ 및 hh′는 파동(wave motion)과 충격(shock)을 나타낸다.
③ 선 abc상의 다른 모든 점에서의 흐름은 아음속이다.
④ 초음속인 경우 노즐의 확산부의 단면적이 증가하면 속도는 감소한다.

해설 초음속인 경우 노즐의 확산부의 단면적이 증가하면 속도는 증가하고 압력은 감소한다.

19. 베르누이의 정리 식에서 $\dfrac{V^2}{2g}$ 는 무엇을 의미하는가?

① 압력수두　　　　② 위치수두
③ 속도수두　　　　④ 전수두

해설 베르누이의 정리식

$H = \dfrac{p}{r} + \dfrac{V^2}{2g} + Z$ 식에서

H=전수두, $\dfrac{p}{r}$=압력수두, $\dfrac{V^2}{2g}$=속도수두, Z=위치수두

20. 관중의 난류영역에서의 패닝마찰계수(Fanning friction factor)에 직접적으로 영향을 미치지 않는 것은?

① 유체의 동점도
② 유체의 흐름속도
③ 관의 길이
④ 관내부의 상대조도(relative Roughness)

해설 패닝 마찰계수에 직접적으로 영향을 미치는 것
㉠ 동점성계수
㉡ 점성계수
㉢ 유체의 유속
㉣ 상대조도
㉤ 레이놀드수

━━━━━━━━━━━━━━━━━━
제2과목　　　　연소공학
━━━━━━━━━━━━━━━━━━

21. 폭발범위에 대한 설명으로 틀린 것은?

① 일반적으로 폭발범위는 고압일수록 넓어진다.
② 일산화탄소는 공기와 혼합 시 고압이 되면 폭발범위가 좁아진다.
③ 혼합가스의 폭발범위는 그 가스의 폭굉범위보다 좁다.
④ 상온에 비해 온도가 높을수록 폭발범위가 넓어진다.

해설 혼합가스의 폭발범위는 그 가스의 폭굉 범위보다 넓다.

22. 폭발등급은 안전간격에 따라 구분할 수 있다. 다음 중 안전간격이 가장 넓은 것은?

① 이황화탄소　　　② 수성가스
③ 수소　　　　　　④ 프로판

해설 안전간격에 따른 폭발등급
㉠ 폭발 3등급 : 안전간격 0.4mm 미만 (수소, 수성가스, 아세틸렌, 이황화탄소)
㉡ 폭발 2등급 : 안전간격 0.6mm 미만 0.4mm 이상 (에틸렌, 석탄가스)
㉢ 폭발 1등급 : 안전간격 0.6mm 이상 (기타 가연성 가스)

23. 착화온도가 낮아지는 경우로 볼 수 없는 것은?

① 압력이 높을 경우
② 발열량이 높을 경우
③ 산소농도가 높을 경우
④ 분자구조가 간단할 경우

해설 분자구조가 복잡할수록 착화온도가 낮아진다.

24. 프로판과 부탄이 혼합된 경우로서 부탄의 함유량이 많아지면 발열량은?

① 커진다.　　　　　② 적어진다.
③ 일정하다.　　　　④ 커지다가 줄어든다.

해설 탄화수소 중 탄소의 양이 많을수록 발열량은 커진다. 즉 프로판(C_3H_8)과 부탄(C_4H_{10})인 경우 부탄의 함유량이 많아지면 발열량은 커진다.

25. 어떤 경우에는 실험 데이터가 없어 연소한계를 추산해야 할 필요가 있다. 존스(Johes)는 많은 탄화수소 증기의 연소하한계(LFL)와 연소상한계(UFL)는 연료의 양론농도(C_{st})의 함수라는 것을 발견하였다. 다음 중 존스(Johes) 연소하한계(LFL) 관계식을 옳게 나타낸 것은? (단, C_{st}는 연료와 공기로 된 완전연소가 일어날 수 있는 혼합기체에 대한 연료의 부피 % 이다.)

① LFL=0.55C_{st}　　② LFL=1.55C_{st}
③ LFL=2.50C_{st}　　④ LFL=3.50C_{st}

━━━━━━━━━━━━━━━━━━
19. ③　20. ③　21. ③　22. ④　23. ④　24. ①　25. ①　정답

해설 폭발하한치(LFL)

LFL = 0.55×C_st

참고) 화학양론농도(C_{st}) $= \dfrac{100}{1+\dfrac{Z}{0.21}}$

여기서, Z = 산소양론계수

26. 공기비에 대한 설명으로 옳은 것은?

① 연료 1kg당 완전연소에 필요한 공기량에 대한 실제 혼합된 공기량의 비로 정의된다.

② 연료 1kg당 불완전연소에 필요한 공기량에 대한 실제 혼합된 공기량의 비로 정의된다.

③ 기체 $1m^3$당 실제로 혼합된 공기량에 대한 완전연소에 필요한 공기량의 비로 정의된다.

④ 기체 $1m^3$당 실제로 혼합된 공기량에 대한 불완전연소에 필요한 공기량의 비로 정의된다.

해설 공기비(m)

㉠ 공기 1kg당 완전연소에 필요한 공기량(이론공기량)에 대한 실제 혼합된 공기량의 비

㉡ 공기비(m) $= \dfrac{실제공기량(A)}{이론공기량(A_0)}$

27. 에틸렌(Ethylene) $1m^3$을 완전히 연소시키는데 필요한 공기의 양은 약 몇 m^3 인가?
(단, 공기 중의 산소 및 질소는 각각 21vol%, 79vol%이다.)

① 9.5　　　　② 11.9

③ 14.3　　　　④ 19.0

해설 $C_2H_4+3O_2 \rightarrow 2CO_2+2H_2O$

$A_0 = O_0 \times \dfrac{100}{21} = 3 \times \dfrac{100}{21} = 14.3m^3$

28. 이상기체 10kg을 240K만큼 온도를 상승 시키는데 필요한 열량이 정압인 경우와 정적인 경우에 그 차이가 415KJ 이었다. 이 기체의 가스상수는 약 몇 kJ/kg·K 인가?

① 0.173　　　　② 0.287

③ 0.381　　　　④ 0.423

해설 $R = \dfrac{(C_p-C_v)}{GT} = \dfrac{415}{10\times240} = 0.173(kJ/kg\,k)$

29. 확산연소에 대한 설명으로 옳지 않은 것은?

① 조작이 용이하다.

② 연소 부하율이 크다.

③ 역화의 위험성이 적다.

④ 화염의 안정범위가 넓다.

해설 확산연소의 특징

㉠ 조작 범위가 넓으며 역화의 위험성이 없다.

㉡ 탄화수소가 적은 연료에 적당하다.

㉢ 가스와 공기를 예열 할 수 있고 화염이 안정적이다.

㉣ 조작이 용이하고 화염이 길다.

30. 상온, 상압의 공기 중에서 연소범위의 폭이 가장 넓은 가스는?

① 벤젠　　　　② 프로판

③ n-부탄　　　④ 메탄

해설 연소 범위

㉠ 벤젠(1.4~7.1%)　　　㉡ 프로판(2.1~9.5%)

㉢ n-부탄(1.8~8.4%)　　㉣ 메탄(5~15%)

31. 오토(otto)사이클에서 압축비가 7일 때의 열효율은 약 몇 % 인가?
(단, 비열비 k는 1.4이다.)

① 29.7　　　　② 44.0

③ 54.1　　　　④ 94.0

해설 오토사이클의 열효율(η_o)

$\eta_o = 1-\left(\dfrac{1}{\epsilon}\right)^{k-1} = 1-\left(\dfrac{1}{7}\right)^{1.4-1} = 0.541$　∴ 54.1%

32. 냉동 사이클의 이상적인 사이클은?

① 카르노 사이클　　② 역카르노 사이클

③ 스털링 사이클　　④ 브레이튼 사이클

해설 역카르노 사이클(이론 냉동사이클)
2개의 단열과정과 2개의 등온 과정으로 구성된 이상적인 냉동 사이클이다.

정답　26. ①　27. ③　28. ①　29. ②　30. ④　31. ③　32. ②

33. 미분탄 연소의 특징에 대한 설명으로 틀린 것은?

① 가스화 속도가 빠르고 연소실의 공간을 유효하게 이용할 수 있다.

② 화격자연소보다 낮은 공기비로써 높은 연소효율을 얻을 수 있다.

③ 명료한 화염이 형성되지 않고 화염이 연소실 전체에 퍼진다.

④ 연소완료시간은 표면연소속도에 의해 결정된다.

해설 미분탄 연소의 특징
㉠ 적은 공기비로 완전 연소한다.
㉡ 연소효율이 높고 점화, 소화가 용이하다.
㉢ 연소속도가 빠르고 고온을 얻기 쉽다.
㉣ 명료한 화염이 형성되지 않고 화염이 연소실 전체에 퍼진다.
㉤ 연소 완료 시간은 표면연소 속도에 의해 결정된다.
㉥ 집진장치가 필요하다.

34. 가스호환성이란 가스를 사용하고 있는 지역내에서 가스기기의 성능이 보장되는 대체가스의 허용 가능성을 말한다. 호환성을 만족하기 위한 조건이 아닌 것은?

① 초기 점화가 안정되게 이루어져야 한다.

② 황염(yellow tip)과 그을음이 없어야 한다.

③ 비화 및 역화(flash back)가 발생되지 않아야 한다.

④ 웨버(Wobbe) 지수가 ±15% 이내이어야 한다.

해설 웨버(Wobbe) 지수가 ±4.5% 이내이어야 한다.

35. 다음은 Carnot cycle의 압력-부피선도이다. 이 중 등온팽창 과정은?

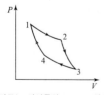

카르노 사이클의 $P-V$ 선도

① $1 \rightarrow 2$　　　② $2 \rightarrow 3$

③ $3 \rightarrow 4$　　　④ $4 \rightarrow 1$

해설 카르노사이클
㉠ 등온팽창과정($1 \rightarrow 2$)
㉡ 단열팽창과정($2 \rightarrow 3$)
㉢ 등온압축과정($3 \rightarrow 4$)
㉣ 단열압축과정($4 \rightarrow 1$)

36. 액체상태의 프로판이 이론 공기연료비로 연소하고 있을 때 저발열량은 약 몇 kJ/kg 인가?
(단, 이 때 온도는 25℃이고, 이 연료의 증발엔탈피는 360kJ/kg이다. 또한 기체상태의 C_3H_8의 형성엔탈피는 -103,909kJ/kmol, CO_2의 형성엔탈피는 -393,757kJ/kmol, 기체상태의 H_2O의 형성엔탈피는 -241,971kJ/kmol이다.)

① 23,501　　　② 46,017

③ 50,002　　　④ 2,149,155

해설 $C_3H_8 + 5O_2 \rightarrow 3CO_2 + 4H_2O + Q$
$$Q = \frac{(3 \times 393,757) + (4 \times 241,971) - 103,909}{44} - 360$$
$$= 46,122.8 \text{kJ/kg}$$

37. 연료가 완전 연소할 때 이론상 필요한 공기량을 $M_o(\text{m}^3)$, 실제로 사용한 공기량을 $M(\text{m}^3)$라 하면 과잉 공기 백분율을 바르게 표시한 식은?

① $\dfrac{M}{M_o} \times 100$　　　② $\dfrac{M_o}{M} \times 100$

③ $\dfrac{M - M_o}{M} \times 100$　　　④ $\dfrac{M - M_o}{M_o} \times 100$

해설 과잉공기백분율(%) $= \dfrac{a}{M_o} \times 100(\%) = \dfrac{M - M_o}{M_o} \times 100(\%)$
$= (m-1) \times 100(\%)$
여기서, a = 과잉공기량, m = 공기비

33. ①　34. ④　35. ①　36. ②　37. ④　정답

38. 에탄 5vol%, 프로판 65vol%, 부탄 30vol% 혼합 가스의 공기 중에서 폭발범위를 표를 참조하여 구하면?

공기중에서의 폭발한계

가스	폭발한계(vol%)	
	하한계	상한계
C_2H_6	3.0	12.4
C_3H_8	2.1	9.5
C_4H_{10}	1.8	8.4

① 1.95~8.93vol% ② 2.03~9.25vol%
③ 2.55~10.85vol% ④ 2.67~11.33vol%

해설 르샤틀리공식

$\dfrac{100}{L} = \dfrac{V_1}{L_1} + \dfrac{V_2}{L_2} + \dfrac{V_3}{L_3} + \cdots$ 식에 의해서

㉠ $\dfrac{100}{L_하} = \dfrac{5}{3.0} + \dfrac{65}{2.1} + \dfrac{30}{1.8} = 49.28$

  $L_하 = \dfrac{100}{49.28} = 2.03\%$

㉡ $\dfrac{100}{L_상} = \dfrac{5}{12.4} + \dfrac{65}{9.5} + \dfrac{30}{8.4} = 10.81$

  $L_상 = \dfrac{100}{10.81} = 9.25\%$

  ∴ $2.03 \sim 9.25$Vol%

39. 연료의 구비조건에 해당하는 것은?

① 발열량이 클 것
② 희소성이 있을 것
③ 저장 및 운반 효율이 낮을 것
④ 연소 후 유해물질 및 배출물이 많을 것

해설 연료의 구비조건
㉠ 공기중에 쉽게 연소할 수 있을 것
㉡ 인체에 유해하지 않을 것
㉢ 발열량이 클 것
㉣ 저장취급이 용이하고 안전성이 있을 것
㉤ 구입하기 쉽고 가격이 저렴할 것

40. 피열물의 가열에 사용된 유효열량이 7,000kcal/kg, 전입열량이 12,000kcal/kg일 때 열효율은 약 얼마인가?

① 49.2% ② 58.3%
③ 67.4% ④ 76.5%

해설 열효율(η)

$\eta = \dfrac{\text{유효열량}}{\text{전입열량}} \times 100(\%)$

$= \dfrac{7,000}{12,000} \times 100(\%) = 58.3\%$

제**3**과목   **가스설비**

41. 다음 반응으로 진행되는 접촉분해 반응 중 카본생성을 방지하는 방법으로 옳은 것은?

$$2CO \rightarrow CO_2 + C$$

① 반응온도 : 낮게, 반응압력 : 높게
② 반응온도 : 높게, 반응압력 : 낮게
③ 반응온도 : 낮게, 반응압력 : 낮게
④ 반응온도 : 높게, 반응압력 : 높게

해설 카본생성 방지방법
고온, 저압, 고수증기

42. 전구용 봉입가스, 금속의 정련 및 열처리 시 공기 외의 접촉 방지를 위한 보호가스로 주로 사용되는 가스의 방전관 발광색은?

① 보라색 ② 녹색
③ 황색 ④ 적색

해설 희가스를 충전한 방정관의 발광색
He : 황백색, Ne : 주황색, Ar : 적색

43. 겨울철 LPG 용기에 서릿발이 생겨 가스가 잘 나오지 않을 때 가스를 사용하기 위한 조치로 옳은 것은?

① 용기를 힘차게 흔든다.

② 연탄불로 쬐인다.

③ 40℃ 이하의 열습포로 녹인다.

④ 90℃ 정도의 물을 용기에 붓는다.

[해설] 충전용기

㉠ 용기 가열시 : 40℃ 이하의 열습포

㉡ 용기밸브 또는 충전용지관 가열시 : 열습포 또는 40℃ 이하의 물

44. 내용적이 50L의 용기에 다공도가 80%인 다공성 물질이 충전되어 있고 내용적의 40% 만큼 아세톤이 차지할 때 이 용기에 충전되어 있는 아세톤의 양(kg)은?

(단, 아세톤 비중은 0.79이다.)

① 25.3   ② 20.3

③ 15.8   ④ 12.6

[해설] 아세톤의 양(kg) $= 50 \times 40 \times 0.79 = 15.8$kg

45. 고압가스용 기화장치의 구성요소에 해당하지 않는 것은?

① 기화통   ② 열매온도 제어장치

③ 액유출 방지장치   ④ 긴급차단장치

[해설] 기화장치의 구성요소

㉠ 기화통

㉡ 열매온도 제어장치

㉢ 열매과열 방지장치

㉣ 액유출 방지장치

㉤ 안전변

46. 도시가스 배관에서 가스 공급이 불량하게 되는 원인으로 가장 거리가 먼 것은?

① 배관의 파손

② Terminal Box의 불량

③ 정압기의 고장 또는 능력부족

④ 배관 내의 물의 고임, 녹으로 인한 폐쇄

[해설] 터미널 박스(Teminal Box)는 일종의 단자함으로 가스 공급불량과는 관계가 없다.

47. 수소가스 공급 시 용기의 충전구에 사용하는 패킹 재료로서 가장 적당한 것은?

① 석면   ② 고무

③ 화이버   ④ 금속 평형 가스켓

[해설] 수소가스는 가볍고 확산속도가 빠르기 때문에 작은 틈새가 생겨도 누설 원인이 된다. 석면, 금속, 고무패킹 보다 화이버가 적당하다.

48. 일정한 용적의 실린더 내에 기체를 흡입한 다음 흡입구를 닫아 기체를 압축하면서 다른 토출구에 압축하는 형식의 압축기는?

① 용적형   ② 터보형

③ 원심식   ④ 축류식

[해설] 용적형 압축기

일정한 용적속에 흡입된 기체를 피스톤이나 회전자를 이용하여 압력을 높이는 압축기로써 종류에는 왕복동식, 회전식, 스크류식 등이 있다.

49. 흡입압력 105kPa, 토출압력 480kPa, 흡입공기량 3m³/min인 공기압축기의 등온압축일은 약 몇 kW인가?

① 2   ② 4

③ 6   ④ 8

[해설] 등온압축일(W)

$W = P_1 V_1 \ln\left(\dfrac{P_2}{P_1}\right)$ 식에서

$W = 105 \times \dfrac{10,332}{101.3}(\text{kg} \cdot \text{m}) \times 3/60(\text{m}^3/\text{s}) \ \ln\left(\dfrac{480}{105}\right)$

$= 813.9$kg $\cdot$ m/s $= 813.9/102 = 8$kW

여기서, ① 1.0332kg/cm² $= 10,332$kg/m² $= 101.3$kPa

② 1kW $= 102$kg $\cdot$ m/sec

43. ③   44. ③   45. ④   46. ②   47. ③   48. ①   49. ④   정답

50. 호칭지름이 동일한 외경의 강관에 있어서 스케줄 번호가 다음과 같을 때 두께가 가장 두꺼운 것은?

① XXS
② XS
③ Sch 20
④ Sch 40

[해설] 스케줄번호(Schadule No)
㉠ 크기순서 : Sch 10 < Sch 20 < Sch 40 < Sch 60 < XS < Sch 80 < Sch 100 < Sch 120 < Sch 140 < XXS < Sch 160
㉡ 스케줄번호가 클수록 파이프의 두께가 두꺼워진다.

51. 펌프를 운전할 때 펌프 내에 액이 충만되지 않으면 공회전하여 펌프작업이 이루어지지 않는 현상을 방지하기 위하여 펌프 내에 액을 충만시키는 것을 무엇이라 하는가?

① 서징(surging)
② 프라이밍(priming)
③ 베이퍼록(vaper lock)
④ 캐비테이션(cavitation)

[해설] 펌프의 필요한 장치
㉠ 원심펌프 : 프라이밍
㉡ 왕복펌프 : 공기실

52. 용기용 밸브가 B형이며, 가연성가스가 충전되어 있을 때 충전구의 형태는?

① 숫나사 - 오른나사
② 숫나사 - 왼나사
③ 암나사 - 오른나사
④ 암나사 - 왼나사

[해설] 용기용밸브의 형식과 충전구의 나사형태
㉠ 밸브의 형식 : A형(수나사), B형(암나사), C형(나사가 없는 형식)
㉡ 충전구 나사
　ⓐ 가연성 가스(NH_3, CH_3Br은 제외) → 왼나사
　ⓑ 기타가스 → 오른나사

53. 고온, 고압에서 수소가스 설비에 탄소강을 사용하면 수소취성을 일으키게 되므로 이것을 방지하기 위하여 첨가시키는 금속 원소로서 적당하지 않은 것은?

① 몰리브덴
② 크립톤
③ 텅스텐
④ 바나듐

[해설] 내수소성 원소(수소취성 방지원소)
텅스텐(W), 바나듐(V), 티탄(Ti), 크롬(Cr), 몰리브덴(Mo)

54. 터보 압축기의 특징에 대한 설명으로 틀린 것은?

① 원심형이다.
② 효율이 높다.
③ 용량조정이 어렵다.
④ 맥동이 없이 연속적으로 송출한다.

[해설] 왕복동 압축기에 비해 효율이 낮다.

55. LP가스 1단 감압식 저압조정기의 입구압력은?

① 0.025MPa ~ 1.56MPa
② 0.07MPa ~ 1.56MPa
③ 0.025MPa ~ 0.35MPa
④ 0.07MPa ~ 0.35MPa

[해설] 압력조정기의 입구압력
㉠ 1단 감압식 저압조정기 : 0.07~1.56MPa
㉡ 1단 감압식 준저압조정기 : 0.1~1.56MPa
㉢ 2단 감압식 1차용조정기 : 0.1~1.56MPa
㉣ 2단 감압식 2차용조정기 : 0.025~0.35MPa
㉤ 자동절체식 일체형조정기 : 0.1~1.56MPa
㉥ 자동절체식 분리형조정기 : 0.1~1.56MPa

56. 가스설비에 대한 전기방식(防蝕)의 방법이 아닌 것은?

① 희생양극법
② 외부전원법
③ 배류법
④ 압착전원법

[해설] 가스배관의 전기방식의 종류
㉠ 희생 양극법(유전 양극법)
㉡ 외부 전원법
㉢ 배류법(선택배류법, 강제배류법)

정답 50. ① 51. ② 52. ④ 53. ② 54. ② 55. ② 56. ④

57. 용기에 의한 액화석유가스 사용시설에서 가스계량기(30m³/h 미만) 설치장소로 옳지 않은 것은?

① 환기가 양호한 장소에 설치하였다.

② 전기접속기와 50cm 떨어진 위치에 설치하였다.

③ 전기계량기와 50cm 떨어진 위치에 설치하였다.

④ 바닥으로부터 160cm 이상 200cm 이내인 위치에 설치하였다.

[해설] 사용시설의 가스계량기(30m³/미만) 설치기준
㉠ 전기계량기, 전기개폐기 : 60cm 이상
㉡ 굴뚝(단열조치를 한 경우 제외), 전기점멸기, 전기접속기 : 30cm 이상
㉢ 절연조치를 하지 아니한 전선 : 15cm 이상
㉣ 바닥으로부터 1.6m 이상 2m 이내에 설치

58. 가스렌지의 열효율을 측정하기 위하여 주전자에 순수 1000g을 넣고 10분간 가열하였더니 처음 15℃인 물의 온도가 65℃가 되었다. 이 가스렌지의 열효율은 약 몇 % 인가?
(단, 물의 비열은 1kcal/kg·℃, 가스 사용량은 0.008m³, 가스 발열량은 13000kcal/m³이며, 온도 및 압력에 대한 보정치는 고려하지 않는다.)

① 42
② 45
③ 48
④ 52

[해설] 열효율(η)

$\eta = \dfrac{흡열량}{발열량} \times 100(\%) = \dfrac{1 \times 1(65-15)}{13,000 \times 0.008} \times 100(\%) = 48\%$

59. 공기를 액화시켜 산소와 질소를 분리하는 원리는?

① 액체산소와 액체질소의 비중 차이에 의해 분리

② 액체산소와 액체질소의 비등점의 차이에 의해 분리

③ 액체산소와 액체질소의 열용량 차이로 분리

④ 액체산소와 액체질소의 전기적 성질 차이에 의해 분리

[해설] 산소와 질소의 분리
비등점(끓는점) 차에 의해 질소(-196℃)가 산소(-183℃)보다 먼저 분리된다.

60. 공기액화분리 장치의 폭발 방지 대책으로 가장 적절한 것은?

① 공기 취입구로부터 아세틸렌 및 탄화수소 혼입이 없도록 관리한다.

② 산소 압축기 윤활제로 식물성 기름을 사용한다.

③ 내부장치는 년 1회 정도 세척하는 것이 좋고 세정제로 아세톤을 사용한다.

④ 액체산소 중에 오존(O_3)의 혼입은 산소농도를 증가시키므로 안전하다.

[해설] 공기액화 분리장치의 폭발원인
㉠ 공기취입구로부터 C_2H_2 혼입
㉡ 압축기용 윤활유 분해에 의한 탄화수소 발생
㉢ 공기중에 함유된 NO, NO_2 등 질소화합물 혼입
㉣ 액체공기중에 O_3 혼입

제4과목 **가스안전관리**

61. 고압가스용 이음매 없는 용기 재검사 기준에서 정한 용기의 상태에 따른 등급분류 중 3급에 해당하는 것은?

① 깊이가 0.1mm 미만이라고 판단되는 흠

② 깊이가 0.3mm 미만이라고 판단되는 흠

③ 깊이가 0.5mm 미만이라고 판단되는 흠

④ 깊이가 1mm 미만이라고 판단되는 흠

[해설] 이음매 없는 용기의 상태에 따른 등급 분류
㉠ 1급 : 사용상 지장이 없는 것으로 2급, 3급, 4급에 속하지 아니 하는 것
㉡ 2급 : 깊이 1mm 이하의 우그러짐이 있는 것 중 사용상 지장 여부를 판단하기 곤란한 것
㉢ 3급 : ㉮ 깊이가 0.3mm 미만이라고 판단되는 흠이 있는 것
㉯ 깊이가 0.5mm 미만이라고 판단되는 부식이 있는 것
㉣ 4급 : 원래의 금속표면을 알 수 없을 정도로 부식되어 부식깊이 측정이 곤란한 것

62. 프로판가스의 충전용 용기로 주로 사용되는 것은?

① 리벳용기 ② 주철용기
③ 이음새 없는 용기 ④ 용접용기

해설 충전용 용기
㉠ 이음새 없는 용기 : 압축가스(O_2, N_2, A_r, H_2 등)
㉡ 용접용기 : 액화가스 및 용해가스(LPG(C_3H_8), Cl_2, NH_3, C_2H_2 등)

63. 독성가스 중 다량의 가연성가스를 차량에 적재하여 운반하는 경우 휴대하여야 하는 소화기는?

① BC용, B-3 이상
② BC용, B-10 이상
③ ABC용, B-3 이상
④ ABC용, B-10 이상

해설 차량에 고정된 탱크 소화설비기준

가스 구분	소화기의 종류		비치 개수
	소화약제의 종류	소화기의 능력 단위	
가연성	분말 소화제	BC용, B-10이상 또는 ABC용, B-12이상	차량좌우에 각각 1개 이상
산소	분말 소화제	BC용, B-8이상 또는 ABC용, B-10이상	차량좌우에 각각 1개 이상

64. 냉동기의 냉매설비는 진동, 충격, 부식 등으로 냉매가스가 누출되지 않도록 조치하여야 한다. 다음 중 그 조치 방법이 아닌 것은?

① 주름관을 사용한 방진 조치
② 냉매설비 중 돌출부위에 대한 적절한 방호 조치
③ 냉매가스가 누출될 우려가 있는 부분에 대한 부식 방지 조치
④ 냉매설비 중 냉매가스가 누출될 우려가 있는 곳에 차단밸브 설치

해설 냉매설비의 누출방지
㉠ 냉매설비 중 진동에 의하여 냉매가스가 누출 우려가 있는 부분에 대하여 주름관을 사용하는 등의 방법으로 방진 조치를 할 것
㉡ 냉매설비의 돌출부 등 충격에 의하여 쉽게 파손되어 냉매가스가 누출될 우려가 있는 부분에 대하여는 적절한 방호 조치를 할 것
㉢ 냉매설비 외면의 부식에 의하여 냉매가스가 누출될 우려가 있는 부분에 대하여는 부식방지를 위한 조치를 할 것

65. 다음 중 특수고압가스가 아닌 것은?

① 압축모노실란 ② 액화알진
③ 게르만 ④ 포스겐

해설 특수 고압가스
압축모노실란, 압축디보레인, 액화알진, 포스핀, 세렌화수소 게르만, 디실란

66. 가연성가스 제조소에서 화재의 원인이 될 수 있는 착화원이 모두 나열된 것은?

보기
Ⓐ 정전기
Ⓑ 베릴륨 합금제 공구에 의한 타격
Ⓒ 안전증방폭구조의 전기기기 사용
Ⓓ 사용 촉매의 접촉작용
Ⓔ 밸브의 급격한 조작

① Ⓐ, Ⓓ, Ⓔ ② Ⓐ, Ⓑ, Ⓒ
③ Ⓐ, Ⓒ, Ⓓ ④ Ⓑ, Ⓒ, Ⓔ

해설 ㉠ 베릴륨 합금제 공구는 타격을 가해도 불꽃이 생기지 않아 착화원이 될 수 없다.
㉡ 안전증 방폭 구조의 전기기기에서는 전기불꽃, 아크 또는 고온부분 등의 발생을 방지한 방폭구조이기 때문에 착화원이 될 수 없다.

67. 고압가스 충전용기의 운반기준 중 용기운반 시 주의사항으로 옳은 것은?

① 염소와 아세틸렌은 동일 차량에 적재하여 운반하여도 된다.
② 운반 중의 충전용기는 항상 40℃ 이하를 유지하여야 한다.
③ 가연성가스 또는 산소를 운반하는 차량에는 방독면 및 고무장갑 등의 보호구를 휴대하여야 한다.
④ 밸브가 돌출한 충전용기는 캡을 부착시킬 필요가 없다.

해설 운반기준
㉠ 염소와 아세틸렌, 암모니아, 수소는 동일차량에 적재 운반하지 않는다.
㉡ 밸브가 돌출한 충전용기는 고정식 프로텍터 또는 캡을 부착시켜 밸브의 손상을 방지하는 조치를 하고 운반할 것
㉢ 가연성 가스 또는 산소를 운반하는 차량에는 소화설비 및 재해 발생방지를 위한 응급조치에 필요한 자재 및 공구 등을 휴대할 것
㉣ 운반 중의 충전용기는 항상 40℃ 이하를 유지 할 것

68. 재료의 허용응력(σ_a), 재료의 기준강도(σ_e) 및 안전율(S)의 관계를 옳게 나타낸 식은?

① $\sigma_a = \dfrac{S}{\sigma_e}$ ② $\sigma_a = \dfrac{\sigma_e}{S}$

③ $\sigma_a = 1 - \dfrac{S}{\sigma_e}$ ④ $\sigma_a = 1 - \dfrac{\sigma_e}{S}$

해설 안전율(s)
$$S = \frac{인장강도(기준강도)\ (\sigma_e)}{허용응력(\sigma_a)}$$
$$\sigma_a = \frac{\sigma_e}{S}$$

69. 물분무장치는 당해 저장탱크의 외면에서 몇 m 이상 떨어진 안전한 위치에서 조작할 수 있어야 하는가?

① 5 ② 10
③ 15 ④ 20

해설 조작 위치
㉠ 냉각 살수장치 : 5m 이상
㉡ 물 분무장치 : 15m 이상

70. 수소가스 용기가 통상적인 사용 상태에서 파열사고를 일으켰다. 그 사고의 원인으로 가장 거리가 먼 것은?

① 용기가 수소취성을 일으켰다.
② 과충전되었다.
③ 용기를 난폭하게 취급하였다.
④ 용기에 균열, 녹 등이 발생하였다.

해설 수소는 고온고압에서 탄소와 반응하여 탈탄작용에 의한 수소취성이 일어나는 것으로 통상적인 사용 상태에서는 수소취성이 일어나지 않는다.

71. 고압가스용기의 보관장소에 용기를 보관할 경우의 준수할 사항 중 틀린 것은?

① 충전용기와 잔가스용기는 각각 구분하여 용기보관장소에 놓는다.
② 용기보관장소에는 계량기 등 작업에 필요한 물건 외에는 두지 아니한다.
③ 용기보관장소의 주위 2m 이내에는 화기 또는 인화성물질이나 발화성물질을 두지 아니한다.
④ 가연성가스 용기보관장소에는 비방폭형 손전등을 사용한다.

해설 가연성가스 용기보관 장소에는 방폭형 휴대용 손전등 외의 등화를 휴대하고 들어가지 아니할 것

72. 가연성 가스의 제조설비 중 검지경보장치가 방폭성능 구조를 갖추지 아니하여도 되는 가연성 가스는?

① 암모니아 ② 아세틸렌
③ 염화에탄 ④ 아크릴알데히드

해설 가연성가스의 전기설비 및 검지 경보장치는 방폭성능 구조로 한다. (단, 암모니아와 브롬화메탄은 제외)

67. ② 68. ② 69. ③ 70. ① 71. ④ 72. ① 정답

73. 가정용 가스보일러에서 발생되는 질식사고 원인 중 가장 높은 비율은?

① 제품 불량
② 시설 미비
③ 공급자 부주의
④ 사용자 취급 부주의

해설 질식 및 중독사고의 원인 중 가장 높은 비율을 차지하는 것은 사용자 취급 부주의에 의한 사고이다.

74. 수소의 일반적 성질에 대한 설명으로 틀린 것은?

① 열에 대하여 안정하다.
② 가스 중 비중이 가장 적다.
③ 무색, 무미, 무취의 기체이다.
④ 기체 중 확산속도가 가장 느리다.

해설 수소는 기체 중 가장 가벼운 가스로 확산속도가 가장 빠르다.

75. 수소의 취성을 방지하는 원소가 아닌 것은?

① 텅스텐(W)   ② 바나듐(V)
③ 규소(Si)   ④ 크롬(Cr)

해설 내수소성 원소(수소취성을 방지하는 원소)
텅스텐(W), 바나듐(V), 몰리브덴(Mo), 크롬(Cr), 티탄(Ti)

76. 아세틸린 충전작업 시 아세틸렌을 몇 MPa 압력으로 압축하는 때에 질소, 메탄, 에틸렌 등의 희석제를 첨가하는가?

① 1   ② 1.5
③ 2   ④ 2.5

해설 아세틸렌
충전시 온도에 불구하고 2.5MPa 이하로 하며 이 때에는 질소, 일산화탄소, 메탄 또는 에틸렌을 희석제로 첨가한다.

77. 충전용기 등을 차량에 적재하여 운행할 때 운반책임자를 동승하는 차량의 운행에 있어서 현저하게 우회하는 도로란 이동거리가 몇 배 이상인 경우를 말하는가?

① 1   ② 1.5
③ 2   ④ 2.5

해설 운반책임자를 동승하는 차량의 운행기준
㉠ 현저하게 우회하는 도로란 이동거리가 2배이상이 되는 경우를 말한다.
㉡ 번화가란 도시의 중심부 또는 번화한 상점을 말하여 차량의 너비에 3.5m를 더한 너비이하인 통로의 주위를 말한다.
㉢ 200km 거리를 초과하여 차량을 운행하는 경우에는 중간에 충분한 휴식을 취하도록 하고 운행시킬 것
㉣ 200km 거리를 초과하여 차량을 운행하는 경우에는 중간에 충분한 휴식을 취하도록 하고 운행시킬 것

78. 산소제조시설 및 기술기준에 대한 설명으로 틀린 것은?

① 공기액화분리장치기에 설치된 액화산소통안의 액화산소 5L 중 아세틸렌의 질량이 50mg 이상이면 액화산소를 방출한다.
② 석유류 또는 글리세린은 산소압축기 내부 윤활유로 사용하지 아니한다.
③ 산소의 품질검사 시 순도가 99.5% 이상이어야 한다.
④ 산소를 수송하기 위한 배관과 이에 접속하는 압축기와의 사이에는 수취기를 설치한다.

해설 공기액화 분리장치
액화산소통속에 액화산소 5l 중 아세틸렌의 질량 5mg, 탄화수소 중 탄소의 질량이 500mg을 초과 할 때 운전을 중지하고 액화산소를 방출한다.

정답 73. ④   74. ④   75. ③   76. ④   77. ③   78. ①

79. 보일러의 파일럿(pilot)버너 또는 메인(main)버너의 불꽃이 접촉할 수 있는 부분에 부착하여 불이 꺼졌을 때 가스가 누출되는 것을 방지하는 안전장치의 방식이 아닌 것은?

① 바이메탈(bimetal)식
② 열전대(thermocouple)식
③ 플레임로드(flame rod)식
④ 퓨즈메탈(fuse metal)식

[해설] 가스누출방지 안전장치의 종류
㉠ 열전대   ㉡ 플레임로드   ㉢ 바이메탈

80. 저장능력이 4톤인 액화석유가스 저장탱크 1기와 산소탱크 1기의 최대지름이 각각 4m, 2m 일 때 상호간의 최소 이격 거리는?

① 1m   ② 1.5m
③ 2m   ④ 2.5m

[해설] 탱크상호간의 최소 이격거리(L)

$$L = (D_1 + D_2) \times \frac{1}{4} = (4+2) \times \frac{1}{4} = 1.5\text{m}$$

[참고] 탱크 상호간의 거리
㉠ 지상 : 1m 이상 또는 두 탱크의 최대 직경을 합산한 길이의 1/4 길이 중 큰 길이로 한다.
㉡ 지하 : 1m 이상

제5과목   **가스계측**

81. 적외선분광분석법에 대한 설명으로 틀린 것은?

① 적외선을 흡수하기 위해서는 쌍극자모멘트의 알짜변화를 일으켜야 한다.
② H₂, O₂, N₂, Cl₂, 등의 2원자 분자는 적외선을 흡수하지 않으므로 분석이 불가능하다.
③ 미량성분의 분석에는 셀(cell) 내에서 다중반사되는 기체 셀을 사용한다.
④ 흡광계수는 셀압력과는 무관하다.

[해설] 적외선 분광분석법
셀의 압력에 의해 흡광계수가 변하므로 전압을 일정하게 유지해야 한다.

82. 다음 그림은 자동 제어계의 특성에 대하여 나타낸 것이다. 그림 중 B는 입력신호의 변화에 대하여 출력신호의 변화가 즉시 따르지 않는 것을 나타내는 것으로 이를 무엇이라고 하는가?

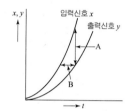

① 정오차   ② 히스테리시스 오차
③ 동오차   ④ 지연(遲延)

[해설] 지연
입력신호의 변화에 대하여 출력신호의 변화가 즉시 따르지 않는 것을 나타내는 것

83. 자동제어의 각 단계가 바르게 연결된 것은?

① 비교부 – 전자유량계
② 조작부 – 열전대온도계
③ 검출부 – 공기압식 자동밸브
④ 조절부 – 비례미적분제어(PID 제어)

[해설] 조작부 : 공기압식 자동밸브

84. 가스크로마토그래피의 분리관에 사용되는 충전담체에 대한 설명 중 틀린 것은?

① 화학적으로 활성을 띠는 물질이 좋다.
② 큰 표면적을 가진 미세한 분말이 좋다.
③ 입자크기가 균등하면 분리작용이 좋다.
④ 충전하기 전에 비휘발성 액체로 피복해야 한다.

[해설] 화학적으로 안정되고 비활성일 것

79. ④   80. ② | 81. ④   82. ④   83. ④   84. ① | 정답

85. 가스크로마토그래피법의 검출기에 대한 설명으로 옳은 것은?

① 불꽃이온화 검출기는 감도가 낮다.

② 전자포착 검출기는 직선성이 좋다.

③ 열전도도 검출기는 수소와 헬륨이 검출한계가 가장 낮다.

④ 불꽃광도 검출기는 모든 물질에 적용된다.

해설 가스크로마토그래피법의 검출기

㉠ 불꽃 이온화 검출기(FID) : 감도가 높고 정량범위가 넓다.

㉡ 전자포착 검출기(ECD) : 방사선으로 캐리어가스가 이온화되어 생긴 자유전자를 시료성분을 포획하면 이온전류가 감소하는 것을 이용하는 것으로 직선성이 나쁘다.

㉢ 열전도도 검출기(TCD) : 운반가스 이외의 모든 성분의 검출이 가능

㉣ 불꽃광도 검출기(FPD) : 인 또는 유황화합물을 선택적으로 검출 할 수 있다.

86. 액면계 선정 시 고려사항이 아닌 것은?

① 동특성
② 안전성
③ 측정범위와 정도
④ 변동상태

해설 액면계의 선정시 고려해야 할 사항

㉠ 설치조건

㉡ 측정범위와 정도

㉢ 변동상태

㉣ 측정장소와 제반조건

㉤ 안정성

87. 다음 중 일반적인 가스미터의 종류가 아닌 것은?

① 스크류식 가스미터

② 막식 가스미터

③ 습식 가스미터

④ 추량식 가스미터

해설 가스미터의 종류

㉠ 실측식 가스미터 : 막식, 회전자식(루츠식), 습식 가스미터

㉡ 추측식(추량식)가스미터 : 오리피스식, 터빈식, 선근차식

88. 태엽의 힘으로 통풍하는 통풍형 건습구 습도계로서 휴대가 편리하고 필요 풍속이 약 3m/s인 습도계는?

① 아스만 습도계
② 모발 습도계
③ 간이건습구 습도계
④ Dewcel식 노점계

해설 아스만 습도계

통풍형 건습구 습도계의 대표적인 습도계로 감온부에 강제로 3~5m/s의 바람을 보내 더 정확하게 습도를 측정 할 수 있다.

89. 다음 중 프로세스 제어량으로 보기 어려운 것은?

① 온도
② 유량
③ 밀도
④ 액면

해설 프로세스 제어

온도, 유량, 압력, 액위 등 공업 프로세스의 상태를 제어량으로 하며 프로세스에 가해지는 외란의 억제를 주목적으로 하고 있다.

90. 가스누출을 검지할 때 사용되는 시험지가 아닌 것은?

① KI 전분지
② 리트머스지
③ 파라핀지
④ 염화파라듐지

해설 가스누출검지 시험지

㉠ NH_3 - 적색리트머스지 - 청색

㉡ Cl_2 - KI 전분지 - 청색

㉢ $COCl_2$ - 헤리슨시약 - 심등색

㉣ HCN - 질산구리벤젠지 - 청색

㉤ CO - 염화파라듐지 - 흑색

㉥ H_2S - 연당지 - 흑색

㉦ C_2H_2 - 염화제1동 착염지 - 적색

91. 액체산소, 액체질소 등과 같이 초저온 저장탱크에 주로 사용되는 액면계는?

① 마그네틱 액면계
② 햄프슨식 액면계
③ 벨로우즈식 액면계
④ 슬립튜브식 액면계

해설 차압식 액면계(햄프슨식 액면계)

액화산소, 액체질소 등과 같은 극저온의 액면 측정에 사용되는 액면계

92. 가스미터의 검정에서 피시험미터의 지시량이 1m³이고 기준기의 지시량이 750L 일 때 기차(器差)는 약 몇 % 인가?

① 2.5   ② 3.3
③ 25.0   ④ 33.3

해설 기차(E)

$$E = \frac{I-Q}{I} \times 100(\%) = \frac{1000-750}{1000} \times 100(\%) = 25\%$$

93. 열전 온도계의 원리로 맞는 것은?

① 열복사를 측정한다.
② 두 물체의 열팽창량을 이용한다.
③ 두 물체의 열기전력을 이용한다.
④ 두 물체의 열전도율 차이를 이용한다.

해설 열전대 온도계
2종류의 금속선 양단을 고정시켜 양접점에 온도차를 주면 이 온도차에 따른 열기전력이 발생한다(제백효과) 이 열기전력을 직류 밀리볼트나 전위차계에 지시시켜 온도를 측정한다.

94. 레이더의 방향 및 선박과 항공기의 방향제어 등에 사용되는 제어는 제어량 성질에 따라 분류할 때 어떤 제어방식에 해당하는가?

① 정치제어   ② 추치제어
③ 자동조정   ④ 서보기구

해설 서보기구
물체의 위치, 방위, 자세 등의 기계적 변위를 제어량으로 하는 제어계로서 아날로그 공작기계, 미사일 유도기구 등이 있다.

95. 고속회전이 가능하여 소형으로 대용량을 계량할 수 있기 때문에 보일러의 공기조화 장치와 같은 대량가스 수요처에 적합한 가스미터는?

① 격막식 가스미터
② 루츠식 가스미터

③ 오리피스식 가스미터
④ 터빈식 가스미터

해설 루츠식 가스미터
고속회전이 가능하므로 소형으로 대용량 계량이 가능하고 가스 압력이 높아도 사용이 가능하기 때문에 보일러의 공기조화 장치와 같은 대량가스 수요처에 적합하다.

96. 방사온도계의 원리는 방사열(전방사에너지)과 절대온도의 관계인 스테판-볼츠만의 법칙을 응용한 것이다. 이 때 전방사에너지 Q는 절대온도 T의 몇 제곱에 비례하는가?

① 2   ② 3
③ 4   ④ 5

해설 방사온도계
㉠ 스테판 - 볼쯔만 법칙을 적용한 온도계이다.
㉡ $Q = 4.88\epsilon \left(\frac{T}{100}\right)^4 (\text{kcal/m}^2\text{h}℃)$
㉢ 전방사에너지(Q)는 절대온도(T)의 4제곱에 비례한다.

97. 다음 중 미량의 탄화수소를 검지하는데 가장 적당한 검출기는?

① TCD 검출기   ② ECD 검출기
③ FID 검출기   ④ NOD 검출기

해설 수소이온화 검출기(FID)
탄화수소에서 감응이 최고이고 H_2, O_2, CO, CO_2, SO_2 등은 감도가 없다.

98. 유량계를 교정하는 방법 중 기체 유량계의 교정에 가장 적합한 것은?

① 저울을 사용하는 방법
② 기준 탱크를 사용하는 방법
③ 기준 체적관을 사용하는 방법
④ 기준 유량계를 사용하는 방법

---

92. ③   93. ③   94. ④   95. ②   96. ③   97. ③   98. ③   정답

해설 유량계의 교정방법
㉠ 액체유량계 교정방법
　세적법(탱크에 의한 방법), 평량법(저울에 의한 방법),
　비교법(유량계에 의한 방법)
㉡ 기체용 유량계의 교정방법
　Gas meter에 의한 방법, 음속 nozzle에 의한 방법
　차압(Orifice Plate)유량계에 의한 방법, 기준체적관을
　사용하는 방법

99. 열전대 온도계의 특징에 대한 설명으로 틀린 것은?

① 접촉식 온도계 중 가장 낮은 온도에 사용된다.

② 원격 측정용으로 적합하다.

③ 보상 도선을 사용한다.

④ 냉접점이 있다.

해설 열전대 온도계의 특징
㉠ 높은온도, 원격측정, 연속기록, 경보 및 자동제어가 가능
　하다.
㉡ 정확한 온도 측정이 된다.
㉢ 전원이 필요없다.
㉣ 제백효과를 이용한 온도계이다.
㉤ 온접점, 냉접점이 있고 보상도선을 사용한다.

100. 물이 흐르는 수평관의 2개소에 압력차를 측정
하기 위하여 수은을 넣은 마노미터를 부착 시켰더니 수
은주의 높이차(h)가 600mm이었다. 이 때의 차압(P_1 −
P_2)은 약 몇 kgf/cm² 인가?
(단, Hg의 비중은 13.60이다.)

① 0.63　　　　　② 0.76

③ 0.86　　　　　④ 0.97

해설 $(P_1 - P_2) = h(r_s - r)$ 식에서
$\Delta P = 0.6(13,600 - 1,000) \times 10^{-4} \, \text{kgf/cm}^2 = 0.76 \, \text{kgf/cm}^2$

제1과목 가스유체역학

01. 단수가 Z인 다단펌프의 비속도는 다음 중 어느 것에 비례하는가?

① $Z^{0.5}$ ② $Z^{0.75}$

③ $Z^{1.25}$ ④ $Z^{1.33}$

[해설] 다단펌프의 비속도(n_s)

$$n_s = \frac{Q^{\frac{1}{2}}}{\left(\frac{H}{Z}\right)^{\frac{3}{4}}} = \frac{Q^{0.5} \times Z^{0.75}}{H^{0.75}}$$

02. 비압축성 유체의 유량을 일정하게 하고, 관지름을 2배로 하면 유속은 어떻게 되는가? (단, 기타 손실은 무시한다.)

① 1/2로 느려진다. ② 1/4로 느려진다.

③ 2배로 빨라진다. ④ 4배로 빨라진다.

[해설] 연속의 방정식

$Q = A_1 V_1 = A_2 V_2$ 식에서

$$V_2 = \frac{A_1 V_1}{A_2} = \frac{\frac{\pi d_1^2}{4} V_1}{\frac{\pi d_2^2}{4}} = \frac{d_1^2 V_1}{d_2^2}$$

여기서, $d_2 = 2d_1$

$$V_2 = \frac{d_1^2 V_1}{(2d_1)^2} = \frac{1}{4} V_1$$

03. 유체수송장치의 캐비테이션 방지대책으로 옳은 것은?

① 펌프의 설치위치를 높인다.

② 펌프의 회전수를 크게 한다.

③ 흡입관 지름을 크게 한다.

④ 양 흡입을 단 흡입으로 바꾼다.

[해설] 캐비테이션 방지

① 양흡입 펌프를 사용한다

② 수직축 펌프를 사용하고 회전차를 수중에 잠기게 한다.

③ 펌프를 두 대이상 설치한다.

④ 펌프의 회전수를 낮춘다.

⑤ 펌프의 설치 위치를 낮추어 흡입양정을 짧게 한다.

⑥ 관경을 크게하고 흡입측의 저항을 최소로 줄인다.

04. 등엔트로피 과정은 어떤과정이라 말 할 수 있나?

① 비가역 등온과정 ② 마찰이 있는 가역과정

③ 가역 단열 과정 ④ 비가역적 팽창과정

[해설] ① 가역단열과정 : 등엔트로피 과정

② 비가역단열과정 : 엔트로피 증가

③ 교축과정 : 등엔탈피과정

05. 모세관 현상에서 액체의 상승높이에 대한 설명으로 옳지 않은 것은?

① 액체의 밀도에 반비례한다.

② 모세관의 지름에 비례한다.

③ 표면장력에 비례한다.

④ 접촉각에 의존한다.

[해설] 모세관현상의 액체의 상승높이(h)

$$h = \frac{4\sigma \cos\beta}{rd}$$

∴ 액체의 상승높이(h)는 모세관지름(d)에 반비례한다

06. 원관에서의 레이놀즈 수(R_e)에 관련된 변수가 아닌 것은?

① 직경 ② 밀도

③ 점성계수 ④ 체적

[해설] 레이놀즈수(R_e)

$$Re = \frac{\rho V d}{\mu}$$

ρ : 밀도(g/cm³)   v : 유속(cm/s)

d : 직경(cm) μ : 점성계수(g/cms)

---

01. ② 02. ② 03. ③ 04. ③ 05. ② 06. ④ 정답

07. 다음 그림에서와 같이 관속으로 물이 흐르고 있다. A점과 B점에서의 유속은 몇 m/s인가?

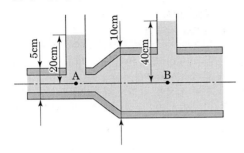

① $U_A = 2.045$, $U_B = 1.022$
② $U_A = 2.045$, $U_B = 0.511$
③ $U_A = 7.919$, $U_B = 1.980$
④ $U_A = 3.960$, $U_B = 1.980$

해설 ① 연속의 방정식 $A_A V_A = A_B V_B$에서

$$V_A = \frac{A_B}{A_A} V_B = \frac{\frac{\pi}{4} \times 0.1^2}{\frac{\pi}{4} \times 0.05^2} \times V_B = 4 V_B$$

② p=rh 식에서
$P_A = 1000 \times 0.2 = 200 \text{kg}_f/\text{m}^2$
$P_B = 1000 \times 0.4 = 400 \text{kg}_f/\text{m}^2$
③ A지점과 B지점에 베르누이 방정식을 적용하면

$$\frac{P_A}{r} + \frac{V_A^2}{2g} + Z_A = \frac{P_B}{r} + \frac{V_B^2}{2g} + Z_B \text{ 식에서}$$

$Z_A = Z_B$, $V_A = 4 V_B$이므로

$$\frac{200}{1000} + \frac{16 V_B^2}{2g} = \frac{400}{1000} + \frac{V_B^2}{2g}$$

$V_B = 0.511 \text{m/s}$
$V_A = 4 V_B = 4 \times 0.511 = 2.044 \text{m/s}$

08. 대기의 온도가 일정하다고 가정하고 공중에 높이 떠 있는 고무풍선이 차지하는 부피(a)와 그 풍선이 땅에 내렸을 때의 부피(b)를 옳게 비교한 것은?

① a는 b보다 크다.　② a와 b는 같다.
③ a는 b보다 작다.　④ 비교할 수 없다.

해설 온도가 일정할 때 고무풍선의 부피와 고무풍선을 떠받치는 부력과는 비례 한다
즉, 고무풍선의 부피가 클수록 부력도 커져서 공중에 떠 있게 된다.

09. 어떤 유체 흐름계를 Buckingham pi 정리에 의하여 차원 해석을 하고자 한다. 계를 구성하는 변수가 7개이고, 이들 변수에 포함된 기본차원이 3개일 때, 몇 개의 독립적인 무차원수가 얻어지는가?

① 2　　　　② 4
③ 6　　　　④ 10

해설 무차원수 = 물리량(측정량)의 수 − 차원(단위)의 수
∴ 무차원수 = 7−3 = 4

10. 내경이 10cm인 관속을 40cm/s의 평균속도로 흐르던 물이 그림과 같이 내경이 5cm인 가지관으로 갈라져 흐를 때, 이 가지관에서의 평균유속은 약 몇 cm/s인가?

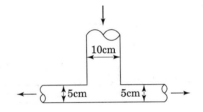

① 20　　　　② 40
③ 80　　　　④ 160

해설 연속의 방정식
$Q = A_1 V_1 = 2 A_2 V_2$

$$V_2 = \frac{A_1 V_1}{2 A_2} = \frac{d_1^2 V_1}{2 d_2^2} = \frac{10^2 \times 40}{2 \times 5^2} = 80 \text{cm/s}$$

11. 다음 중 옳은 것을 모두 고르면

보기

㉮ 가스의 비체적은 단위 질량당 체적을 뜻한다.
㉯ 가스의 밀도는 단위 체적당 질량이다.

① ㉮　　　　② ㉯
③ ㉮, ㉯　　　④ 모두 틀림

해설 비체적과 밀도
① 비체적 : 단위질량당 체적(m^3/kg)
② 밀도 : 단위체적당 질량(kg/m^3)
③ 비중량 : 단위체적당 중량(kg_f/m^3)

12. 미사일이 공기중에서 시속 1260km로 날고 있을 때의 마하수는 약 얼마인가? (단, 공기의 기체상수 R은 287J/kg · K, 비열비는 1.40이며, 공기의 온도는 25℃ 이다.)

① 0.83   ② 0.92

③ 1.01   ④ 1.25

해설 마하수(M)

$$M = \frac{V}{\sqrt{KRT}} = \frac{1260 \times 10^3/3600}{\sqrt{1.4 \times 287 \times (273+25)}}$$
$$= 1.01$$

13. 길이 500m, 내경 50cm인 파이프 속을 물이 흐를 경우 마찰손실 수두가 10m라면 유속은 얼마인가? (단, 마찰손실계수 λ=0.020이다.)

① 3.13m/s   ② 4.15m/s

③ 5.26m/s   ④ 6.21m/s

해설 $h_l = f \frac{l}{d} \frac{V^2}{2g}$ 식에서

$$V = \sqrt{\frac{2gdh_l}{f \cdot l}} = \sqrt{\frac{2 \times 9.8 \times 0.5 \times 10}{0.02 \times 500}} = 3.13\text{m/s}$$

14. 압력 P, 마하수 M, 엔트로피가 S일 때, 수직충격파가 발생한다면, P, M, S는 어떻게 변화하는가?

① M, P는 증가하고 S는 일정

② M은 감소하고 P, S는 증가

③ P, M, S 모두 증가

④ P, M, S 모두 감소

해설 수직충격파

초음속에서 아음속으로 변할 때 생기는 것으로 압력, 온도, 밀도, 엔트로피 등이 증가하고 마하수는 감소한다.

15. 물이 평균속도 4.5m/s로 안지름 100mm인 관을 흐르고 있다. 이 관의 길이 20m에서 손실된 헤드를 실험적으로 측정하였더니 4.8m이었다. 관 마찰계수는?

① 0.0116   ② 0.0232

③ 0.0464   ④ 0.2280

해설 $h_l = f \frac{l}{d} \frac{V^2}{2g}$ 식에서

$$f = \frac{2gdh_l}{lV^2} = \frac{2 \times 9.8 \times 0.1 \times 4.8}{20 \times 4.5^2} = 0.0232$$

16. 정체온도 T_s, 임계온도 T_c, 비열비를 k라 하면 이들의 관계를 옳게 나타낸 것은?

① $\frac{T_C}{T_S} = (\frac{2}{K-1})^{K-1}$ ② $\frac{T_C}{T_S} = (\frac{1}{K-1})^{K-1}$

③ $\frac{T_C}{T_S} = \frac{2}{K+1}$ ④ $\frac{T_C}{T_S} = \frac{1}{K-1}$

해설 임계점

① 임계 온도비$(\frac{T_c}{T_s}) = \frac{2}{k+1}$

② 임계 압력비$(\frac{P_c}{P_s}) = (\frac{2}{k+1})^{\frac{k}{k-1}}$

③ 임계 밀도비$(\frac{\rho_c}{\rho_s}) = (\frac{2}{k+1})^{\frac{1}{k-1}}$

17. 그림은 회전수가 일정할 경우의 펌프의 특정곡선이다. 효율곡선은 어느 것인가?

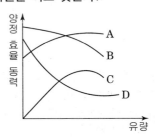

① A   ② B

③ C   ④ D

해설 펌프의 특성곡선

① A : 양정곡선

② B : 축동력곡선

③ C : 효율곡선

18. Hagen-poiseuille 식이 적용되는 관내층류 유동에서 최대속도 V_{max} = 6cm/s일 때 평균 V_{avg}는 몇 cm/s인가?

① 2 　　　　　　　 ② 3
③ 4 　　　　　　　 ④ 5

[해설] 평균속도$(V) = \dfrac{1}{2} V_{max}$

$V = \dfrac{1}{2} \times 6 = 3m/s$

19. 다음 중 비압축성 유체의 흐름에 가장 가까운 것은?

① 달리는 고속열차 주위의 기류
② 초음속으로 나는 비행기 주위의 기류
③ 압축기에서의 공기 유동
④ 물속을 주행하는 잠수함 주위의 수류

[해설] 압축성에 따른 분류
① 압축성유체
　㉠ 음속보다 빠른 비행기 주위의 공기의 유동
　㉡ 수압철판속의 수격작용
　㉢ 디젤기관에 있어서 연료공급 파이프의 충격파
② 비압축성유체
　㉠ 물체(건물, 굴뚝)의 주위를 흐르는 기류
　㉡ 달리는 물체(자동차, 기차 등) 주위의 기류
　㉢ 물속을 잠행하는 잠수함 주위의 수류

20. 실린더 안에는 500kgf/cm²의 압력으로 압축된 액체가 들어있다. 이 액체 0.2m³를 550kgf/cm²로 압축하니 그 부피가 0.1996m³로 되었다. 이 액체의 체적 탄성계수는 몇 kgf/cm²인가?

① 20,000 　　　　　② 22,500
③ 25,000 　　　　　④ 27,500

[해설] 체적탄성계수 (E)

$E = -\dfrac{\Delta p}{\dfrac{dV}{V}} = -\dfrac{\Delta p \times V}{dV}$

$= -\dfrac{(550-500) \times 0.2}{(0.1996-0.2)} = 25000 kg_f/cm^2$

제**2**과목　　　　　연소공학

21. 가스가 폭발하기 전 발화 또는 착화가 일어날 수 있는 요인으로 가장 거리가 먼 것은?

① 습도 　　　　　　 ② 조성
③ 압력 　　　　　　 ④ 온도

[해설] 발화가 생기는 원인
① 온도　　② 압력　　③ 조성　　④ 용기의 크기와 형태

22. 기류의 흐름에 소용돌이를 일으켜, 이때 중심부에 생기는 부압에 의해 순환류를 발생시켜 화염을 안정시키려는 수단으로 가장 적당한 것은?

① 보염기 　　　　　 ② 선회기
③ 대향분류기 　　　 ④ 저유속기

[해설] 화염의 안정화 수단
① 다공판이용법
② 대향분류이용법
③ 파일럿화염이용법
④ 순환류이용법(보염기)
⑤ 예연소실이용법(분사노즐과 선회기를 가진 대표적인 분사형 연소기)

23. 이상기체에서 "PV^k=일정"의 식이 적용되는 과정은? (단, k는 비열비이다.)

① 등온과정 　　　　 ② 등압과정
③ 등적과정 　　　　 ④ 단열과정

[해설] 비열비(k)
① 비열비(단열지수)는 항상 1보다 크다
② $k = \dfrac{C_p(정압비열)}{C_v(정적비열)}$
③ $PV^k = C$ (단열과정) (k : 단열지수)
　$PV = C$ (등온과정)
　$PV^n = C$ (폴리트로피 과정) (n = 폴리트로피 지수)

24. 폭굉유도거리가 짧아지는 이유가 아닌 것은?

① 관경이 클수록
② 압력이 높을수록
③ 점화원의 에너지가 클수록
④ 정상연소속도가 큰 혼합가스일수록

해설 폭굉유도거리가 짧아지는 이유
① 정상연소속도가 큰혼합가스일수록
② 관속에 방해물이 있거나 관지름이 가늘수록
③ 공급압력이 높을수록
④ 점화원의 에너지가 강할수록

25. 다음의 연소 반응식 중 틀린 것은?

① $C_3H_8 + 5O_2 \rightarrow 3CO_2 + 4H_2O$

② $C_3H_6 + \left(\dfrac{7}{2}\right)O_2 \rightarrow 3CO_2 + 3H_2O$

③ $C_4H_{10} + \left(\dfrac{13}{2}\right)O_2 \rightarrow 4CO_2 + 5H_2O$

④ $C_6H_6 + \left(\dfrac{15}{2}\right)O_2 \rightarrow 6CO_2 + 3H_2O$

해설 $C_3H_6 + \left(\dfrac{18}{2}\right)O_2 \rightarrow 3CO_2 + 3H_2O$

26. 가스의 폭발에 대한 설명으로 틀린 것은?

① 산소 중에서의 폭발하한계가 아주 낮아진다.
② 혼합가스의 폭발은 르샤트리에의 법칙에 따른다.
③ 압력이 상승하거나 온도가 높아지면 가스의 폭발범위는 일반적으로 넓어진다.
④ 가스의 화염전파속도가 음속보다 큰 경우에 일어나는 충격파를 폭굉이라고 한다.

해설 산소 중에서 폭발범위가 넓어지는데 하한계는 거의 변화가 없고 상한계쪽으로 넓어진다.

27. 2개의 단열과정과 2개의 정압과정으로 이루어진 가스 터빈의 이상 사이클은?

① 에릭슨 사이클　　② 브레이턴 사이클
③ 스털링 사이클　　④ 아트킨슨 사이클

해설 브레이턴 사이클(Brayton Cycle)
2개의 단열과정과 2개의 등압과정으로 이루어진 가스터빈의 이상적인 사이클로 주로 항공기, 발전용, 자동차용, 선박용 등에 적용되고 역브레이턴사이클은 LNG, LPG 가스의 액화용 냉동기의 기본사이클로 사용된다.

28. 어떤 연료의 성분이 다음과 같을 때 이론공기량 (Nm^3/kg)은 약 얼마인가? (단, 각 성분의 비는 C : 0.82, H : 0.16, O : 0.02 이다.)

① 8.7　　　　　　② 9.5
③ 10.2　　　　　④ 11.5

해설 이론공기량(A_0)

$A_0 = 8.89C + 26.67(H - \dfrac{O}{8}) + 3.33S$

$= 8.89 \times 0.82 + 26.27(0.16 - \dfrac{0.02}{8}) + 3.33 \times 0$

$= 11.5(Nm^3/kg)$

29. 연소기에서 발생할 수 있는 역화를 방지하는 방법에 대한 설명중 옳지 않은 것은?

① 연료분출구를 적게 한다.
② 버너의 온도를 높게 유지한다.
③ 연료의 분출속도를 크게 한다.
④ 1차공기를 착화범위보다 적게 한다.

해설 역화의 원인
① 염공이 크게 되었을 때
② 노즐의 구멍이 너무 크게 된 경우
③ 콕이 충분히 개방되지 않은 경우
④ 가스의 공급압력이 저하되었을 때
⑤ 연소기 위에 바닥이 넓은 그릇을 올려서 장시간 사용할 경우(버너가 과열된 경우)

30. 안쪽반지름 55cm, 바깥반지름 90cm인 구형고압 반응 용기(λ =41.87W/m · ℃)내외의 표면온도가 각각 551K, 543K일 때 열손실은 약 몇 kW인가?

① 6   ② 11

③ 18   ④ 29

[해설] 열손실(q)

$$q = \frac{4\pi\lambda(t_0 - t_i)}{\dfrac{1}{r_i} - \dfrac{1}{r_0}}(W)$$

$$q = \frac{4\pi \times 41.87(551 - 543)}{\dfrac{1}{0.55} - \dfrac{1}{0.9}} = 5953(W)$$

$$\therefore = 5.95(kW)$$

31. 가스 안전성평가 기법은 정성적 기법과 정량적 기법으로 구분한다. 정량적 기법이 아닌 것은?

① 결함수 분석(FTA)

② 사건수 분석(ETA)

③ 원인결과 분석(CCA)

④ 위험과운전분석(HAZOP)

[해설] 정성적 평가기법과 정량적 평가기법의 종류
(1) 정성적 평가기법
  ① 체크리스트(checklist)기법
  ② 사고예상질문분석(WHAT-IF)기법
  ③ 위험과운전분석(HAZOP)기법
(2) 정량적 평가기법
  ① 작업자 실수분석(HEA)기법
  ② 결함수 분석(FIA)기법
  ③ 사건수 분석(ETA)기법
  ④ 원인결과분석(CCA)기법

32. 폭굉현상에 대한 설명으로 틀린 것은?

① 폭굉한계의 농도는 폭발(연소)한계의 범위내에 있다.

② 폭굉현상은 혼합가스의 고유 현상이다.

③ 오존, NO_2, 고압하의 아세틸렌의 경우에도 폭굉을 일으킬 수 있다.

④ 폭굉현상은 가연성가스가 어느조성범위에 있을 때 나타나는데 여기에는 하한계와 상한계가 있다.

[해설] 폭굉현상
① 가스 중 음속보다 화염전파속도가 큰 경우로서 파면선단에 충격파라고 하는 강한 압력파가 발생하여 격렬한 파괴 작용을 일으키는 원인이 된다.
② 폭굉한계의 농도는 폭발한계의 범위내에 있다.(폭굉한계 <폭발한계)
③ 폭발한계 내에서도 특히 격렬한 폭굉을 생성하는 조성한계. 폭굉상한계농도는 폭발상한계 농도와 접근되어 있는 것이 많고 하한계는 많이 떨어져 있다.

33. 연소의 연쇄반응을 차단하는 방법으로 소화하는 소화의 종류는?

① 억제소화   ② 냉각소화

③ 제거소화   ④ 질식소화

[해설] 억제소화(부촉매효과)
연속적인 산화반응을 약하게 하여 계속적인 연소를 불가능하게 소화하는 방법(연쇄반응 억제)

34. 어느 온도에서 A(g) + B(g) ⇌ C(g) +D(g)와 같은 가역반응이 평형상태에 도달하여 D가 1/4mol 생성되었다. 이 반응의 평형상수는? (단, A와 B를 각각 1mol씩 반응 시켰다.)

① 16/9   ② 1/3

③ 1/9   ④ 1/16

[해설]   A(g) + B(g) ⇌ C(g) + D(g)

반응전   1(mol)   1(mol)   0   0

반응후 $(1-\frac{1}{4})$ $(1-\frac{1}{4})$ $\frac{1}{4}$ $\frac{1}{4}$

평형상수(k) $\dfrac{\frac{1}{4} \times \frac{1}{4}}{(1-\frac{1}{4}) \times (1-\frac{1}{4})} = \frac{1}{9}$

35. 다음 그림은 액체 연료의 연소시간(t)의 변화에 따른 유적 직경(d)의 거동을 나타낸 것이다. 착화 지연기간으로 유적의 온도가 상승하여 열팽창을 일으키므로 직경이 다소 증가하지만 증발이 시작되면 감소하는 것은?

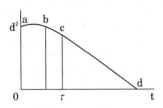

① a - b   ② b - c

③ c - d   ④ d

[해설] 분무유적의 착화, 연소중의 d^2의 변화
초기 착화지연시간에는 유적온도가 상승하여 직경이 다소 증가하지만 증발이 시작되면 곧바로 감소하기 시작한다. 그 후 비정상연소시간으로 잠시 동안 d^2의 감소율이 낮게 유지되다가 정상연소시간에 들어가면 d^2은 시간과 함께 직선적으로 감소되어 마지막에 유적이 소멸된다.

36. 예혼합연소의 특징에 대한 설명으로 옳은 것은?

① 역화의 위험이 없다.
② 로(爐)의 체적이 커야 한다.
③ 연소실부하율을 높게 얻을 수 있다.
④ 화염대에 해당하는 두께는 10~100mm정도로 두껍다.

[해설] 예혼합연소의 특징
① 연소실부하율을 높게 얻을 수 있다.
② 역화의 위험성이 높다.
③ 화염온도가 높다.
④ 불꽃길이가 짧다.

37. 고체연료의 연소과정중 화염이동속도에 대한 설명으로 옳은 것은?

① 발열량이 낮을수록 화염이동속도는 커진다.
② 석탄화도가 높을수록 화염이동속도는 커진다.
③ 입자직경이 작을수록 화염이동속도는 커진다.
④ 1차 공기온도가 높을수록 화염이동속도는 작아진다.

[해설] 고체연료의 화염이동속도
입자직경이 작을수록 화염이동속도는 커진다.

38. 20kW의 어떤 디젤 기관에서 마찰손실이 출력의 15%일 때 손실에 의해 발생되는 열량은 약 몇 kJ/s인가?

① 3   ② 4

③ 6   ④ 7

[해설] $1KW = 102kg \cdot m/s$
$= 102 \times 9.8 J/s = 1000 J/s$
$= 1kJ/s$, $Q = 20 \times 1 \times 0.15 = 3kJ/s$

39. 30kg 중유의 고위 발열량이 90000kcal일 때 저위발열량은 약 몇 kcal/kg인가?
(단, C : 30%, H : 10%, 수분 : 2%이다.)

① 1552   ② 2448

③ 3552   ④ 4944

[해설] $H_l = H_h - 600(9H + W)$ 식에서
$H_l = \dfrac{90000}{30} - 600(9 \times 0.1 + 0.02) = 2448 (kcal/kg)$

40. 에너지 방출속도(energy release rate)에 대한 설명으로 틀린 것은?

① 화제와 관련하여 가장 중요한 값이다.
② 다른 요소와 비교할 때 간접적으로 화재의 크기와 손상가능성을 나타낸다.
③ 화염높이와 밀접한 관계가 있다.
④ 화재 주위의 복사열유속과 직접관련된다.

[해설] 다른요소와 비교할 때 직접적으로 화재의 크기와 손상가능성을 나타낸다.

제3과목 가스설비

41. LPG집단 공급시설에서 액화석유가스 저장탱크의 저장능력 계산시 기준이 되는 것은?

① 0℃에서의 액비중을 기준으로 계산
② 20℃에서의 액비중을 기준으로 계산
③ 40℃에서의 액비중을 기준으로 계산
④ 상용온도에서의 액비중을 기준으로 계산

해설 LPG 저장탱크저장능력 계산식
W : 0.9dV
여기서 W : 저장능력(kg)
　　　 d : 40℃에서의 액비중
　　　 V : 저장탱크 내용적(ℓ)

42. 일정압력 이하로 내려가면 가스분출이 정지되는 구조의 안전밸브는?

① 스프링식　　　　　② 파열식
③ 가용전식　　　　　④ 박판식

해설 안전밸브
① 스프링식 안전밸브
　설비내의 압력이 스프링의 설정압력을 초과하는 경우에 밸브가 열리고 내부의 가스를 방출하는 구조 즉 밸브 본체에 걸리는 내압에 의하여 순간적으로 작동하는 기능을 가진 자동압력 방출장치로 밸브가 직접 스프링에 의하여 부하가 걸리는 장치이다.
② 파열판식 안전밸브
　압력용기, 배관계 및 회전기계 등의 밀폐된 장치가 이상 압력상승 또는 부압에 의하여 파손되는 것을 방지하기 위하여 설치하는 극히 얇은 금속판을 사용한 압력방출장치로서 기계적 장치가 전혀 없고 파열판과 홀더로 구성된 가장 간단한 구조로서 스프링식 안전밸브와 함께 설치하거나 단독으로 설치하여 사용한다.
③ 가용전식(가용합금)안전밸브
　용전(가용합금안전밸브)이란 일반적으로 200℃ 이하의 낮은 융점을 갖는 합금(비스무트, 카드륨, 납, 주석 등)을 가용합금이라 하는데 이 금속은 비교적 낮은 온도에서 유동하는 성질을 이용하여 용기가 화재 등으로 인하여 이상적으로 온도가 상승할 때 용기 내의 가스를 방출시켜 용기가 이상 승압되는 것을 방지하기 위해 설치하는 용기용 안전밸브이다.

43. 일반용 액화석유가스 압력조정기의 내압성능에 대한 설명으로 옳은 것은?

① 입구 쪽 시험압력은 2MPa 이상으로 한다.
② 출구 쪽 시험압력은 0.2MPa 이상으로 한다.
③ 2단 감압식 2차용 조정기의 경우에는 입구 쪽 시험압력을 0.8MPa 이상으로 한다.
④ 2단 감압식 2차용조정기 및 자동절체식 분리형 조정기의 경우에는 출구 쪽 시험압력을 0.8MPa 이상으로 한다.

해설 일반용 액화석유가스 압력조정기의 내압성능
① 입구쪽 내압시험은 3MPa 이상으로 1분간 실시한다. 다만 2단감압식 2차용조정기의 경우에는 0.8MPA 이상으로 한다.
② 출구쪽 내압시험은 0.3MPa 이상으로 1분간 실시한다. 다만 2단감압식 1차용조정기의 경우에는 0.8MPa 이상 또는 조정압력의 1.5배 이상 중 압력이 높은 것으로 한다.

44. 가스배관에 대한 설명 중 옳은 것은?

① SDR21 이하의 PE배관은 0.25MPa 이상 0.4MPa 미만의 압력에 사용할 수 있다.
② 배관의 규격 중 관의 두께는 스케줄 번호로 표시하는데 스케줄수 40은 살두께가 두꺼운 관을 말하고, 160 이상은 살두께가 가는 관을 나타낸다.
③ 강괴에 내재하는 수축공, 국부적으로 집합한 기포나 편식 등의 개재물이 압착되지 않고 층상의 균열로 남아 있어 강에 영향을 주는 현상을 라미네이션이라 한다.
④ 재료가 일정온도 이하의 저온에서 하중을 변화시키지 않아도 시간의 경과함에 따라 변형이 일어나고 끝내 파탄에 이르는 것을 크리프 현상이라 하고 한계온도는 −20℃ 이하이다.

[해설] ① 압력범위에 따른 PE배관의 두께

SPR	압력
11이하	0.4MPa 이하
17이하	0.25MPa 이하
21이하	0.2MPa 이하

② 스케줄 번호가 클수록 살두께가 두꺼워진다.
③ 크리프현상 : 재료가 어느 온도(보통 350℃) 이상에서 일정한 응력이 작용할 때 시간이 경과함에 따라 변형이 증대되고 때로는 파괴되는 현상을 말한다.

45. 고압식 액체산소 분리공정 순서로 옳은 것은?

┌─ 보기 ─────────────────────────┐
│ ㉠ 공기압축기(유분리기)   ㉡ 예냉기 │
│ ㉢ 탄산가스흡수기   ㉣ 열교환기 │
│ ㉤ 건조기   ㉥ 액체산소탱크 │
└────────────────────────────┘

① ㉠ → ㉡ → ㉢ → ㉣ → ㉤ → ㉥
② ㉢ → ㉠ → ㉡ → ㉤ → ㉣ → ㉥
③ ㉡ → ㉠ → ㉢ → ㉣ → ㉤ → ㉥
④ ㉠ → ㉢ → ㉡ → ㉤ → ㉣ → ㉥

[해설] 고압식 액체산소 분리공정순서
원료공기 → 탄산가스흡수기(CO_2제거) → 공기압축기(150~200at로 압축) → 예냉기(약간 냉각) → 건조기(수분 제거) → 열교환기(액체공기 중 액체산소와 액체질소 분리) → 액체산소탱크

46. 도시가스 강관 파이프의 길이가 5m이고, 선팽창계수(α)가 0.000015(1/℃)일 때 온도가 20℃에서 70℃로 올라갔다면 늘어날 길이는?

① 2.74mm
② 3.75mm
③ 4.78mm
④ 5.76mm

[해설] $\lambda = \alpha(t_2 - t_1)\ell$ 식에서
$\lambda = 0.000015(70-20) \times 5000 = 3.75mm$

47. 펌프 입구와 출구의 진공계 및 압력계의 바늘이 흔들리며 송출유량이 변하는 현상은?

① 공동현상
② 서징현상
③ 수격현상
④ 베이퍼록현상

[해설] 서어징 현상
펌프를 운전할 때 송출압력과 송출유량이 주기적으로 변동하여 펌프입구 및 출구에 설치된 진공계, 압력계의 지침이 흔들리는 현상

48. 유량이 0.5m³/min인 축류펌프에서 물을 흡수면보다 50m 높은 곳으로 양수하고자 한다. 축동력이 15PS소요되었다고 할 때 펌프의 효율은 약 몇 %인가?

① 32
② 37
③ 42
④ 47

[해설] 펌프의 효율(η)

$\eta = \dfrac{\text{수동력}(L_w)}{\text{축동력}(L)} \times 100(\%)$

$\eta = \dfrac{rQH}{75 \times 60 \times L} \times 100(\%)$

$= \dfrac{1000 \times 0.5 \times 50}{75 \times 60 \times 15} \times 100(\%) = 37\%$

49. 가스용기의 최고 충전압력이 14MPa이고 내용적이 50L인 수소용기의 저장능력은 약 얼마인가?

① 4m³
② 7m³
③ 10m³
④ 15m³

[해설] 저장능력(Q)
$Q = (10P_0 + 1)V$
$Q = (10 \times 14 + 1) \times 0.05 = 7m^3$

50. 입구압력이 0.07~1.56MPa이고, 조정압력이 2.3~3.3kPa인 액화석유가스 압력조정기의 종류는?

① 1단 감압식 저압조정기
② 1단 감압식 준저압조정기
③ 자동 절체식 분리형 조정기
④ 자동 절체식 일체형 저압조정기

해설 압력조정기의 종류에 따른 입구압력, 조정압력

종류	입구압력	조정압력
1단감압식저압조정기	0.07MPa~1.56MPa	2.3kpa~3.3kpa
1단감압식준저압조정가	0.1MPa~1.56MPa	5kpa~30kpa
자동절체식분리형조정기	0.1MPa~1.56MPa	0.032kpa~0.083kpa
자동절체식 일체형저압조정기	0.1MPa~1.56MPa	2.55kpa~3.3kpa

51. 가스화 프로세스에서 발생하는 일산화탄소의 함량을 줄이기 위한 CO변성반응을 옳게 나타낸 것은?

① $CO + 3H_2 \leftrightarrows CH_4 + H_2O$
② $CO + H_2O \leftrightarrows CO_2 + H_2$
③ $2CO \leftrightarrows CO_2 + C$
④ $2CO + 2H_2 \leftrightarrows CH_4 + CO_2$

해설 CO변성반응(CO함량 감소)
$CO + H_2O \leftrightarrows CO_2 + H_2$

52. 보통 탄소강에서 여러 가지 목적으로 합금원소를 첨가한다. 다음 중 적열메짐을 방지하기 위하여 첨가하는 원소는?

① 망간   ② 텅스텐
③ 규소   ④ 니켈

해설 망간(Mn)의 특징
① 점성이 크고 고온가공을 쉽게 한다.
② 고온도에서 결정이 거칠어지는 것을 막는다(적열메짐 방지).
③ 강도, 경도, 인성이 증가한다.

53. 고압가스 이음매 없는 용기의 밸브 부착부 나사의 칫수 측정방법은?

① 링게이지로 측정한다.
② 평형수준기로 측정한다.
③ 플러그게이지로 측정한다

④ 버니어 켈리퍼스로 측정한다

해설 플러그게이지
이음매 없는 용기의 밸브 부착부 나사의 칫수를 측정한다.

54. 나사 이음에 대한 설명으로 틀린 것은?

① 유니언 : 관과 관의 접합에 이용되며 분해가 쉽다.
② 부싱 : 관 지름이 다른 접속부에 사용된다.
③ 니플 : 관과 관의 접합에 사용되며 암나사로 되어 있다.
④ 밴드 : 관의 완만한 굴곡에 이용된다.

해설 니플
관과 관의 접합에 이용되며 수나사로 되어 있다.

55. 액화석유가스(LPG)를 용기 또는 소형저장탱크에 충전 시 기상부는 용기 내용적의 15%를 확보하도록 하고 있다. 다음 중 그 이유로서 가장 옳은 것은?

① 용기가 부식여유를 갖도록
② 액체상태의 유동성을 갖도록
③ 충전된 액체상태의 부피의 양을 줄이도록
④ 온도상승에 따른 부피팽창으로 인한 파열을 방지하기 위하여

해설 안전공간
온도상승에 따른 부피팽창으로 인한 파열을 방지하기 위하여 안전공간을 10% 이상을 둔다.

56. 부식방지 방법에 대한 설명으로 틀린 것은?

① 금속을 피복한다
② 선택배류기를 접속시킨다
③ 이종의 금속을 접촉시킨다
④ 금속표면의 불균일을 없앤다

해설 · 부식방지방법
① 부식환경의 처리에 의한 방식법
② 부식억제제(인히비터)에 의한 방식법
③ 피복에 의한 방식법

정답 51. ②   52. ①   53. ③   54. ③   55. ④   56. ③

④ 전기적인 방식법(유전양극법, 외부전원법, 선택배류법, 강제배류법)
• 부식의 원인
① 이종금속간의 접촉에 의한 부식
② 국부전지에 의한 부식
③ 농염전지 작용에 의한 부식
④ 미주전류에 의한 부식
⑤ 박테리아에 의한 부식

57. 다음 금속재료에 대한 설명으로 틀린 것은?

① 강에 P(인)의 함유량이 많으면 신율, 충격치는 저하된다.
② 18% Cr, 8% Ni을 함유한 강을 18-8스테인레스강이라 한다.
③ 금속가공 중에 생긴 잔유응력 제거에는 열처리를 한다.
④ 구리와 주석의 합금은 황동이고, 구리와 아연의 합금은 청동이다.

[해설] 동합금
① 황동 : 구리와 아연의 합금
② 청동 : 구리와 주석의 합금

58. 고압가스용 밸브에 대한 설명 중 틀린 것은?

① 고압밸브는 그 용도에 따라 스톱밸브, 감압밸브, 안전밸브, 체크밸브 등으로 구분된다.
② 가연성 가스인 브롬화메탄과 암모니아 용기밸브의 충전구는 오른나사이다.
③ 암모니아 용기밸브는 동 및 동합금의 재료를 사용한다.
④ 용기에는 용기 내 압력이 규정압력 이상으로 될 때 작동하는 안전밸브가 부착되어 있다.

[해설] 동 및 동합금 사용 금지가스
아세틸렌, 암모니아, 황화수소 등
(단, 62% 미만의 동합금은 사용 가능)

59. 과류차단 안전기구가 부착된 것으로 배관과 호스 또는 배관과 커플러를 연결하는 구조의 콕은?

① 호스콕   ② 퓨즈콕
③ 상자콕   ④ 노즐콕

[해설] 콕의 종류
① 퓨즈콕 : 가스유로를 볼로 개폐하고, 과류차단 안전기구가 부착된 것으로서 배관과 호스, 호스와 호스, 배관과 배관 또는 배관과 커플러를 연결하는 구조로 한다.
② 상자콕 : 가스유로를 핸들, 누름, 당김 등의 조작으로 개폐하고 과류차단 안전기구가 부착된 것으로서 밸브 핸들이 반개방상태에서도 가스가 차단되어야 하며, 배관과 커플러를 연결하는 구조로 한다.
③ 주물연소기용 노즐콕 : 주물연소기부품으로 사용하는 것으로서 볼로 개폐하는 구조로 한다.

60. 토양 중에 금속부식을 시험편을 이용하여 실험하였다. 이에 대한 설명으로 틀린 것은?

① 전기저항이 낮은 토양 중의 부식속도는 빠르다.
② 배수가 불량한 점토 중의 부식속도는 빠르다.
③ 염기성 세균이 번식하는 토양 중의 부식속도는 빠르다.
④ 통기성이 좋은 토양 중의 부식속도는 점차 빨라진다.

[해설] 통기성이 좋은 토양중의 부식속도는 느리다.

제4과목   **가스안전관리**

61. 가스보일러가 가동 중인 아파트 7층 다용도실에서 세탁 중이던 주부가 세탁 30분 후 머리가 아프다며 다용도실을 나온 후 실신하였다. 정밀조사 결과 상층으로 올라갈수록 CO의 농도가 높아짐을 알았다. 최우선 대책으로 옳은 것은?

① 다용도실의 환기 개선
② 공동배기구시설 개선
③ 도시가스의 누출 차단
④ 가스보일러 본체 및 가스배관 시설 개선

57.④   58.③   59.②   60.④   61.②   정답

해설 공동배기구의 배기불량 및 누설로 인한 CO의 중독사고로서 공동배기구시설 개선이 필요하다.

62. 차량에 고정된 탱크에 설치된 긴급차단장치는 차량에 고정된 저장탱크나 이에 접속하는 배관 외면의 온도가 얼마일 때 자동적으로 작동하도록 되어 있는가?

① 100℃   ② 105℃

③ 110℃   ④ 120℃

해설 긴급차단장치
① 5m 이상에서 조작, 배관외면온도 110℃이상시 자동 작동
② 동력원 : 유압식, 기압식, 전기식, 스프링식
③ 작동레버 : 3곳 이상(사무실, 충전소, 탱크로리충전장)

63. 저장탱크에 의한 액화석유가스저장소에서 지반조사 시 지반조사의 실시 기준은?

① 저장설비와 가스설비 외면으로부터 10m 내에서 2곳 이상 실시한다.
② 저장설비와 가스설비 외면으로부터 10m 내에서 3곳 이상 실시한다.
③ 저장설비와 가스설비 외면으로부터 20m 내에서 2곳 이상 실시한다.
④ 저장설비와 가스설비 외면으로부터 20m 내에서 3곳 이상 실시한다.

해설 지반조사
지반조사위치는 저장설비와 가스설비 외면으로부터 10m 내에서 2곳 이상 실시한다. 다만 부지의 성토 또는 절토로 기초위치가 변경되어 기존 지반조사서로서 지반확인이 되지 않은 경우에는 지반조사를 재실시한다.

64. 다음 중 특정설비의 범위에 해당되지 않는 것은?

① 조정기   ② 저장탱크
③ 안전밸브   ④ 긴급차단장치

해설 특정설비의 범위
저장탱크, 안전밸브, 긴급차단장치, 역화방지장치, 기화장치, 압력용기, 자동차용 가스자동주입기 등

65. 고압가스 용접용기 중 오목부에 내압을 받는 접지형 경판의 두께를 계산하고자 한다. 다음 계산식 중 어떤 계산식 이상의 두께로 하여야 하는가? (단, P는 최고충전압력의 수치(MPa), D는 중앙만곡부 내면의 반지름(mm), W는 접시형 경판의 형상에 다른 계수, S는 재료의 허용응력 수치(N/mm²), η는 경판 중앙부이음매의 용접효율, C는 부식여유두께(mm)이다.

① $t(mm) = \dfrac{PDW}{S\eta - P} + C$

② $t(mm) = \dfrac{PDW}{S\eta - 0.5P} + C$

③ $t(mm) = \dfrac{PDW}{2S\eta - 0.2P} + C$

④ $t(mm) = \dfrac{PDW}{2S\eta - 1.2P} + C$

해설 ① 동판$(t) = \dfrac{PD}{2S\eta - 1.2p} + C$

② 접시형경판$(t) = \dfrac{PDW}{2S\eta - 0.2P} + C$

③ 반타원체형경판$(t) = \dfrac{PDV}{2S\eta - 0.2P} + C$

66. 도시가스용 압력조정기의 정의로 맞는 것은?

① 도시가스 정압기 이외에 설치되는 압력조정기로서 입구 쪽 구경이 50A 이하이고 최대표시유량이 300Nm³/h 이하인 것을 말한다.
② 도시가스 정압기 이외에 설치되는 압력조정기로서 입구 쪽 구경이 50A 이하이고 최대표시유량이 500Nm³/h 이하인 것을 말한다.
③ 도시가스 정압기 이외에 설치되는 압력조정기로서 입구쪽 구경이 100A 이하이고 최대표시유량이 300Nm³/h 이하인 것을 말한다.
④ 도시가스 정압기 이외에 설치되는 압력조정기로서 입구 쪽 구경이 100A 이하이고 최대표시유량이 500Nm³/h 이하인 것을 말한다.

[해설] 도시가스 압력조정기
① 도시가스용 압력조정기 : 도시가스 정압기 이외에 설치되는 압력조정기로서 입구쪽 호칭지름이 50A 이하이고 최대표시유량이 300Nm³/h 이하인 것
② 정압기용 압력조정기 : 도시가스 정압기에 설치되는 압력조정기

67. 액화석유가스의 누출을 감지할수 있도록 냄새나는 물질을 섞어야 할 양으로 적당한 것은?

① 공기 중에 1백분의 1의 비율로 혼합되었을 때 그 사실을 알 수 있도록 섞는다.
② 공기 중에 1천분의 1의 비율로 혼합되었을 때 그 사실을 알 수 있도록 섞는다.
③ 공기 중에 5천분의 1의 비율로 혼합되었을 때 그 사실을 알 수 있도록 섞는다.
④ 공기 중에 1만분의 1의 비율로 혼합되었을 때 그 사실을 알 수 있도록 섞는다.

[해설] 냄새가 나는 물질(부취제)
액화석유가스, 도시가스가 누설한 경우 중독 및 폭발사고를 미연에 방지하기 위하여 위험농도 이하에서 충분한 냄새를 느끼게 하여 공기 중의 1/1000상태에서 감지할 수 있도록 공급가스에 부취하여야 한다.

68. 일반도시가스사업자 시설의 정압기에 설치되는 안전밸브 분출부 크기 기준으로 옳은 것은?

① 정압기 입구 압력이 0.5MPa 이상인 것은 50A 이상
② 정압기 입구 압력에 관계없이 80A 이상
③ 정압기 입구 압력이 0.5MPa 이상인 것으로서 설계유량이 1000m³ 이상인 것은 32A 이상
④ 정압기 입구 압력이 0.5MPa 이상인 것으로서 설계유량이 1000m³ 미만인 것은 32A 이상

[해설] 정압기에 설치되는 안전밸브 분출부의 크기
(1) 정압기 입구측 압력이 0.5Mpa 이상인 것은 50A 이상
(2) 정압기 입구측 압력이 0.5MPa 미만인 것
① 정압기 설계유량이 1000Nm³ /h 이상인 것은 50A 이상
② 정압기 설계유량이 1000Nm³ /h 미만인 것은 25A 이상

69. 산화에틸렌의 성질에 대한 설명으로 틀린 것은?

① 불연성이다
② 무색의 가스 또는 액체이다.
③ 분자량이 이산화탄소과 비슷하다.
④ 충격 등에 의해 분해 폭발할 수 있다.

[해설] 산화에틸렌(C_2H_4O)
독성(50ppm), 가연성(3.0~80%)가스이다

70. 다음 [보기]의 가스성질에 대한 설명 중 옳은 것을 모두 바르게 나열한 것은?

보기
㉠ 수소는 무색의 기체이다.
㉡ 아세틸렌은 가연성가스이다.
㉢ 이산화탄소는 불연성이다.
㉣ 암모니아는 물에 잘 용해된다.

① ㉠, ㉡ ② ㉡, ㉢
③ ㉠, ㉢ ④ ㉠, ㉡, ㉢, ㉣

[해설] 가스의 성질
① 수소는 무색, 무미, 무취의 가연성가스이다.
② 아세틸렌의 폭발범위가 2.5~81%인 가연성가스
③ 이산화탄소는 유기물의 연소 후 생성되는 불연성가스
④ 암모니아는 상온에서 물1cc에 대하여 기체 암모니아 800cc가 용해된다.

71. 고압가스 특정제조시설에 설치하는 일정규모 이상의 가연성가스의 저장탱크와 다른 가연성가스와의 사이가 두 저장탱크의 최대지름을 합산한 길이의 4분의 1이 0.5m인 경우 저장탱크와 다른 저장탱크와의 사이는 최소 몇 m 이상을 유지하여야 하는가?

① 0.5m ② 1m
③ 1.5m ④ 2m

[해설] 두 탱크 상호간의 거리(L)
1m이상 또는 $\frac{(D_1+D_2)}{4}$m이상 중 큰 길이로 한다.
그러므로 1m 이상의 거리를 유지한다.

67. ② 68. ① 69. ① 70. ④ 71. ②

72. 고압가스 용기를 취급 또는 보관하는때에는 위해요소가 발생하지 않도록 관리하여야 한다. 용기보관장소에 충전용기를 보관하는 방법으로 옳지 않은 것은?

① 충전용기와 잔가스용기는 각각 구분하여 용기보관장소에 놓는다.

② 용기보관장소에는 계량기 등 작업에 필요한 물건 외에는 두지 아니한다.

③ 용기보관장소 주위 2m 이내에는 화기 또는 인화성물질이나 발화성물질을 두지 아니한다.

④ 충전용기는 항상 60℃ 이하의 온도를 유지하고, 직사광선을 받지 않도록 조치한다.

[해설] 충전용기는 항상 40℃ 이하의 온도를 유지하고 직사광선을 받지 않도록 조치한다.

73. 독성가스에 대한 설명으로 틀린 것은?

① 암모니아 등의 독성가스 저장탱크에는 가스충전량이 그 저장탱크 내용적의 90%를 초과하는 것을 방지하는 장치를 설치한다.

② 독성가스의 제조시설에는 그 가스가 누출시 흡수 또는 중화할수 있는 장치를 설치한다.

③ 독성가스의 제조시설에는 풍향계를 설치한다.

④ 암모니아와 브롬화메탄 등의 독성가스의 제조시설의 전기설비는 방폭성능을 가지는 구조로 한다

[해설] 가연성가스의 제조시설의 전기설비는 방폭성능을 가지는 구조로 한다.(다만, 암모니아 브롬화메탄은 제외)

74. 일정 규모 이상의 고압가스 저장탱크 및 압력용기를 설치하는 경우 내진설계를 하여야 한다. 다음 중 내진설계를 하지않아도 되는 경우는?

① 저장능력 100톤인 산소저장탱크

② 저장능력 1000m³인 수소저장탱크

③ 저장능력 3톤인 암모니아저장탱크

④ 증류탑으로서의 높이 10m의 압력용기

[해설] 내진설계의 적용범위
① 가연성, 독성 : 압축가스 500m³, 액화가스 5ton(단, 비가연, 비독성가스는 1000m³, 10ton) 이상의 저장탱크
② 동체높이 5m 이상의 압력용기
③ 세로방향 동체길이 5m 이상 응축기, 5000ℓ 이상 수액기

75. 고압가스안전관리법상 전문교육의 교육대상자가 아닌 자는?

① 안전관리원

② 운반차량운전자

③ 검사기관의 기술인력

④ 특정고압가스사용신고시설의 안전책임자

[해설] 전문교육의 교육대상자
① 안전관리책임자, 안전관리원
② 특정고압가스사용 신고시설의 안전관리책임자
③ 운반책임자
④ 검사기관의 기술인력

76. 고압가스 운반기준에 대한 설명으로 틀린 것은?

① 운반중 충전용기는 항상 40℃ 이하를 유지한다

② 가연성가스와 산소는 동일차량에 적재해서는 안된다.

③ 충전용기와 휘발유는 동일차량에 적재해서는 안된다.

④ 납붙임용기에 고압가스를 충전하여 운반시에는 주의사항등을 기재한 포장상자에 넣어서 운반한다.

[해설] 가연성가스와 산소를 동일차량에 적재운반시 충전용기의 밸브가 서로 마주보지 않게 한다.

77. 독성고압가스의 배관 중 2중관의 외층관 내경은 내층관 외경의 몇 배 이상을 표준으로 하는가?

① 1.2배   ② 1.5배
③ 2.0배   ④ 2.5배

[해설] 2중배관
① 2중관의 규격 : 외층관내경은 내층관외경의 1.2배 이상
② 종류 : 아황산가스, 산화에틸렌, 암모니아, 염화메탄, 시안화수소, 염소, 포스겐, 황화수소

78. 액화가스의 정의에 대하여 바르게 설명한 것은?

① 일정한 압력으로 압축되어 있는 것이다.
② 대기압에서의 비점이 섭씨 0도 이하인 것이다.
③ 대기압에서의 비점이 상용의 온도 이상인 것이다.
④ 가압, 냉각 등의 방법으로 액체 상태로 되어 있는 것이다.

[해설] 액화가스
가압냉각 등의 방법에 의하여 액체상태로 되어 있는 것으로서 대기압에서의 끓는점이 섭씨 40도 이하 또는 상용온도 이하인 것을 말한다.

79. 가스안전사고의 원인을 정확하게 분석하여야 하는 이유로서 가장 타당한 것은?

① 산재보험금 처리
② 사고의 책임소재 명확화
③ 부당한 보상금 지급 방지
④ 사고에 대한 정확한 예방대책 수립

[해설] 가스 안전사고의 원인 분석, 이유
가스사고에 대한 정확한 예방대책 수립

80. 액화가스를 충전받기 위한 차량은 지상에 설치된 저장탱크 외면으로부터 몇 m 이상 떨어져 정지하여야 하는가?

① 2m   ② 3m
③ 5m   ④ 8m

[해설] 가스를 충전, 이송하는 차량은 지상저장탱크의 외면과 3m 이상 떨어져 정차할 것
(단, 차량과 탱크사이에 방지책 설치시는 제외)

제5과목 **가스계측**

81. 가스검지 시험지와 검지가스와의 연결이 바르게 된 것은?

① KI 전분지 : CO
② 리트머스지 : C_2H_2
③ 하리슨시약 : $COCl_2$
④ 염화제일동 착염지 : 알칼리성 가스

[해설] 검지가스와 가스검지시험지

검지가스	시험지	색변
NH_3	적색리트머스지	청색
Cl_2	KI-전분지	청색
$COCl_2$	헤리슨 시약	심등색
HCN	질산구리벤젠지	청색
CO	염화파라듐지	흑색
H_2S	연당지	흑색
C_2H_2	염화제1동착염지	적색

82. 열전대온도계는 2종류의 금속선을 접속하여 하나의회로를 만들어 2개의 접점에 온도차를 부여하면 회로에 접점의 온도에 거의 비례한 전류가 흐르는 것을 이용한 것이다. 이 때 응용된 원리로서 옳은 것은?

① 측온체의 발열현상
② 제백효과에 의한 열전기력
③ 두 금속의 열전도도의 차이
④ 카르히호프의 전류법칙에 의한 저항강하

[해설] 열전대 온도계
2종류의 금속선 양단을 고정시켜 양접점에 온도차를 주면 이온도차에 따른 열기전력이 발생한다(제백효과). 이 기전력을 직류밀리볼트계나 전위차계에 지시시켜 온도를 측정한다.

---

78. ④   79. ④   80. ②   81. ③   82. ②   정답

83. 막식 가스미터의 감도유량(㉠)과 일반 가정용 LP 가스미터의 감도유량(㉡)의 값이 바르게 나열된 것은?

① ㉠ 3L/h 이상,   ㉡ 15L/h 이상
② ㉠ 15L/h 이상,   ㉡ 3L/h 이상
③ ㉠ 3L/h 이하,   ㉡ 15L/h 이하
④ ㉠ 15L/h 이하,   ㉡ 3L/h 이하

[해설] 감도유량
가스미터가 작동하는 최소유량을 말하며 계량법에서는 일반 가정용의 LP가스미터는 15ℓ/h 이하로 되어있고 일반가스미터(막식)의 감도는 대체로 3ℓ/h 이하로 되어 있다.

84. 기체크로마토그래피(Gas Chromatography)에서 캐리어가스 유량이 5mL/s이고 기록지 속도가 3mm/s일 때 어떤 시료가스를 주입하니 지속용량이 250mL 이었다. 이 때 주입점에서 성분의 피크까지 거리는 약 몇 mm인가?

① 50   ② 100
③ 150   ④ 200

[해설] 주입점에서 성분의 피크까지 거리(t_R)

$$t_R = \frac{\text{지속용량} \times \text{기록지속도}}{\text{캐리어 가스유량}} = \frac{250(mL) \times 3(mm/s)}{5(mL)}$$

$$= 150mm$$

85. 가스분석을 위하여 햄펠법으로 분석할 경우 흡수액이 KOH30g/H_2O 100mL인 가스는?

① CO_2 ② C_mH_n
③ O_2 ④ CO

[해설] 가스분석에서 햄펠법의 흡수제의 종류
① CO_2 : KOH 30% 수용액
② C_mH_n : 발연황산
③ O_2 : 인 또는 알칼리성 피로카롤 용액
④ CO : 염화암모니아, 염화제1구리용액
⑤ CH_4 : 연소 후의 CO_2를 흡수하여 정량

86. 다음 중 액주시 압력계가 아닌 것은?

① 경사관식   ② 벨로우즈식
③ 환상천평식   ④ U자관식

[해설] 벨로우즈식 압력계는 탄성식 압력계이다.

87. 가스크로마토그래피에 의한 분석방법은 어떤 성질을 이용한 것인가?

① 비열의 차이   ② 비중의 차이
③ 연소성의 차이   ④ 이동 속도의 차이

[해설] 가스크로마토그래피는 이동속도 차이(확산속도)의 성질을 이용하여 분석한다.

88. 피스톤형 게이지로서 다른 압력계의 교정 또는 검정용 표준기로 사용되는 압력계는?

① 분동식 압력계
② 부루동관식 압력계
③ 벨로우즈식 압력계
④ 다이어프램식 압력계

[해설] 분동식 압력계
① 분동에 의해 압력을 측정하여 다른 압력계의 기준으로 사용된다.
② 분동식의 구조 : 실린더, 램, 오일탱크, 가압펌프 등으로 구성
③ 용도 : 교정 또는 검정용 표준기로 사용

89. 독성가스나 가연성가스 저장소에서 가스누출로 인한 폭발 및 가스중독을 방지하기 위하여 현장에서 누출여부를 확인하는 방법으로 가장 거리가 먼 것은?

① 검지관법
② 시험지법
③ 가연성가스검출기법
④ 가스크로마토그래피법

[해설] 가스크로마토그래피는 가스누출여부를 확인하는 방법이 아니라 가스분석장치이다.

정답 83. ③   84. ③   85. ①   86. ②   87. ④   88. ①   89. ④

90. 가스미터는 계산된 주기체적 값과 가스미터에 지시된 공칭 주기체적 값 간의 차이가 기준조건에서 공칭 주기체적 값의 얼마를 초과해서는 아니되는가?

① 1% 　　　　　② 2%

③ 3% 　　　　　④ 5%

[해설] 가스 미터

가스미터는 계산된 주기체적값과 가스미터에 지시된 공칭 주기체적값 간의 차이가 기준조건에서 공칭주기체적 값의 5%를 초과해서는 안된다.

[참고] ① 가스미터의 주기체적(cyclie volume) : 가스미터 내부의 움직이는 부분이 한차례 완전 1회전(작업 사이클)을 했을 때의 가스양

② 기준조건(reference conditions) : 측정결과값의 타당한 상호비교를 보증하기 위해 설정된 일련의 영향인자의 규정값

91. 고온, 고압의 액체나 고점도의 부식성액체 저장탱크에 가장 적합한 간접식 액면계는?

① 유리관식 　　　② 방사선식

③ 플로트식 　　　④ 검척식

[해설] 방사선식 액면계

① 탱크외부에 방사선원과 방사선 검출기를 설치하여 액면을 측정한다.

② 고압밀폐탱크 및 고온고압의 액체, 고점도의 부식성액체 등의 액면측정기에 사용된다.

92. 루트식 가스미터의 특징에 해당되는 것은?

① 계량이 정확하다.

② 설치공간이 커진다.

③ 사용 중 수위 조절이 필요하다.

④ 소유량에는 부동의 우려가 있다.

[해설] 루트식 가스미터의 특징

① 설치스페이스가 적다

② 중압가스의 계량이 가능

③ 대유량 가스 측정에 적합

④ 스트레이너 설치 후 유지관리 필요

⑤ 0.5m³/h 이하에서는 작동하지 않을수 있다.(부동우려)

93. 직각 3각 웨어(weir)를 사용하여 물의 유량을 측정하였다. 웨어를 통과하는 물의 높이를 H, 유량계수를 k라고 했을 때 부피유량 Q를 구하는 식은?

① $Q = kH$ 　　　② $Q = kH^{\frac{1}{2}}$

③ $Q = kH^{\frac{3}{2}}$ 　　④ $Q = kH^{\frac{5}{2}}$

[해설] 위어(weir)의 유량식

① 전폭위어 : $Q = KLH^{\frac{3}{2}}$ (m³/min)

② 사각위어 : $Q = KLH^{\frac{3}{2}}$ (m³/min)

③ V놋치위어(직각삼각위어) : $Q = KH^{\frac{5}{2}}$ (m³/min)

94. 압력 30atm, 온도 50℃ 부피 1m³의 질소를 -50℃로 냉각시켰더니 그 부피가 0.32m³가 되었다. 냉각 전후의 압축계수가 각각 1.001, 0.930 일 때 냉각 후의 압력은 약 몇 atm이 되는가?

① 60 　　　　　② 70

③ 80 　　　　　④ 90

[해설] $PV = ZGRT$ 식에서

$G = \dfrac{PV}{ZRT} = C$

$\dfrac{P_1 V_1}{Z_1 RT_1} = \dfrac{P_2 V_2}{Z_2 RT_2}$ 에서

$P_2 = \dfrac{Z_2 P_1 V_1 T_2}{Z_1 V_2 T_1} = \dfrac{0.930 \times 30 \times 1 \times (273 - 50)}{1.001 \times 0.32 \times (273 + 50)}$

　　$= 60\text{atm}$

95. 속도 변화에 의하여 생기는 압력차를 이용하는 유량계는?

① 벤투리미터 　　② 아누바 유량계

③ 로터미터 　　　④ 오벌 유량계

[해설] 속도변화에 의한 차압을 이용한 압력계(차압식 압력계)

① 오리피스미터

② 벤튜리미터

③ 플로우노즐

| 90. ④ | 91. ② | 92. ④ | 93. ④ | 94. ① | 95. ① | 정답 |

96. 서미스터(thermistor)에 대한 설명으로 옳지 않은 것은?

① 측정범위는 약 −100~300℃이다.
② 수분을 흡수하면 오차가 발생한다.
③ 반도체를 이용하여 온도변화에 따른 저항변화를 온도측정에 이용한다.
④ 감도가 낮고 온도변화가 큰 곳의 측정에 주로 이용된다.

해설 서미스터의 특징
① 측정범위는 약 −100~300℃이다.
② 소형이어서 좁은장소의 측온에 적당하다.
③ 흡습등으로 열화가 되기 쉽다.
④ 금속의 10배정도의 온도계수를 갖는다
⑤ 온도상승에 따라 저항치가 감소하는 반도체이다.
⑥ 외부전원이 필요하다.
⑦ 응답속도가 빠르다.
⑧ 수분을 흡수하면 오차가 발생한다.

97. 막식가스미터에서는 가스는 통과하지만 미터의 지침이 작동하지 않는 고장이 일어났다. 예상되는 원인으로 가장 거리가 먼 것은?

① 계량막의 파손
② 밸브의 탈락
③ 회전장치 부분의 고장
④ 지시장치 톱니바퀴의 불량

해설 막식가스미터의 고장
• 부동 : 가스가 통과하지만 미터리 지침이 움직이지 않는 고장
• 부동의 원인
 ① 계량막의 파손
 ② 밸브와 밸브시트의 이완으로 가스누설
 ③ 지시장치톱니바퀴 맞물림의 불량

98. 캐스케이드 제이에 대한 설명으로 옳은 것은?

① 비율제어라고도 한다.
② 단일 루프제어에 비해 내란의 영향이 없으나 계 전체의 지연이 크게 된다.
③ 2개의 제어계를 조합하여 제어량을 1차 조절계로 측정하고 그 조작 출력으로 2차 조절계의 목표치를 설정한다.
④ 물체의 위치, 방위, 자세 등의 기계적 변위를 제어량으로 하는 제어계이다.

해설 캐스케이드 제어
2개의 제어계를 조합하여 제어량의 1차조절계를 측정하고 그 조작출력으로 2차조절계의 목표치를 설정하는 방법이고 출력측에 낭비시간이나 시간지연이 크게 있는 프로세스 제어에 이용한다.

99. 공기의 유속을 피토관으로 측정하였을 때 차압이 60mmH₂O이었다. 이 때 유속(m/s)은? (단, 피토관 계수 1, 공기의 비중량 1.2kgf/m³이다.)

① 0.053   ② 31.3
③ 5.3   ④ 53

해설 $V = C\sqrt{2gh\left(\dfrac{\sqrt{r_s}}{r} - 1\right)}$ 식에서

$V = 1 \times \sqrt{2 \times 9.8 \times 0.06\left(\dfrac{1000}{1.2} - 1\right)} = 31.3\,m/s$

100. 통상적으로 사용하는 열전대의 종류가 아닌 것은?

① 크로멜 − 백금   ② 철 − 콘스탄탄
③ 구리 − 콘스탄탄   ④ 백금 − 백금·로듐

해설 열전대의 종류
① 백금−백금로듐(PR) → R형
② 크로멜−알루멜(CA) → K형
③ 철−콘스탄탄(IC) → J형
④ 구리−콘스탄탄(CC) → T형

정답 96. ④   97. ③   98. ③   99. ②   100. ①

제1과목   가스유체역학

01. 기계효율을 η_m, 수력효율을 η_h, 체적효율을 η_V라 할 때 펌프의 총효율은?

① $\dfrac{\eta_m \times \eta_h}{\eta_v}$

② $\dfrac{\eta_m \times \eta_v}{\eta_h}$

③ $\eta_m \times \eta_h \times \eta_v$

④ $\dfrac{\eta_v \times \eta_h}{\eta_m}$

[해설] η =기계효율$(\eta_m)\times$수력효율$(\eta_h)\times$체적효율(η_v)
$= \dfrac{수동력(L_W)}{축동력(L)}$

02. 비중이 0.9인 유체를 10ton/h의 속도로 20m 높이의 저장탱크에 수송한다. 지름이 일정한 관을 사용할 때 펌프가 유체에 가해준 열은 몇 kgf·m/kg인가? (단, 마찰손실은 무시한다.)

① 10
② 20
③ 30
④ 40

[해설] $Q = \dfrac{G}{r}(\text{m}^3/\text{h}) = \dfrac{1(\text{kg/h})}{0.9 \times 10^3 (\text{kg/m}^3)}$

동력$(\text{L}) = P \times Q = rH \times Q = rH \times \dfrac{G}{r}$

$= 0.9 \times 10^3 \times 20 \times \dfrac{1}{0.9 \times 10^3} = 20 \text{kg}_\text{f} \cdot \text{m/kg}$

(여기서, G는 1kg당 일량이기 때문에 1kg으로 한다.)

03. 액체를 수송할 때 흡입관 또는 펌프 속에 공동현상(cavitation)이 일어날 수 있는 조건과 가장 거리가 먼 것은?

① 흡입압력(suction pressure)이 대기압보다 낮을 때
② 흡입압력이 증기압보다 낮을 때
③ 흡입압력수두와 증기압수두의 차가 유효흡입수두(net positive suction head)보다 낮을 때
④ 흡입압력수두가 증기압수두와 유효흡입수두의 합보다 낮을 때

[해설] 공동현상(캐비테이션 현상)
물에서 증기압 이하시 증발되는 현상

04. 내경이 40cm, 길이가 500m 인 관에 평균속도가 1.5m/s로 물이 흐르고 있을 때 Darcy 식을 사용하여 마찰손실 수두를 구하면 약 몇 m인가? (단, Darcy 마찰계수 f는 0.0422이다.)

① 4.2
② 6.1
③ 12.3
④ 24.2

[해설] $h_\ell = f \dfrac{\ell}{d} \dfrac{V^2}{2g}$ 식에서

$h_\ell = 0.0422 \times \dfrac{500}{0.4} \times \dfrac{1.5^2}{2 \times 9.8} = 6.1\text{m}$

05. 다음 중 등엔트로피 과정에 대한 설명으로 옳은 것은?

① 가역 단열과정이다.
② 가역 등온과정이다.
③ 마찰이 있는 등온과정이다.
④ 마찰이 없는 비가역 과정이다.

[해설] ① 가역단열과정 : 등엔트로피 과정
② 비가역단열과정 : 엔트로피 증가
③ 교축과정 : 등엔탈피 과정

06. 질량 M, 길이 L, 시간 T로 압력의 차원을 나타낼 때 옳은 것은?

① MLT^{-2} ② ML^2T^{-2}

③ $ML^{-1}\ T^{-2}$ ④ ML^2T^{-3}

[해설] 단위 : $N/m^2 \rightarrow \dfrac{kg \cdot m/s^2}{m^2} = \dfrac{kg}{ms^2}$

차원 : $ML^{-1}\ T^{-2}$

07. 경험적으로 낙하거리 s는 물체의 질량 m, 낙하시간 t 및 중력가속도 g와 관계가 있다. 차원해석을 통해 이들에 관한 관계식을 옳게 나타낸 것은?(단, k는 무차원상수이다.)

① s = kgt ② s = kgt²

③ s = kmgt ④ s = kmgt²

[해설] 낙하거리(s) → (단위 m, 차원 L)

$s(m) = kg(m/sec^2)t^2(sec^2) = m(단위)$

08. 일반적으로 원관 내부 유동에서 층류만이 일어날 수 있는 레이놀즈수(Reynolds number)의 영역은?

① 2100 이상 ② 2100 이하

③ 21000이상 ④ 21000 이하

[해설] 레이놀즈수(Re)

① 층류 : Re < 2100

② 난류 : Re > 4000

③ 천이구역 : 2100 < Re < 4000

09. 상온의 물속에서 압력파가 전파되는 속도는 얼마인가? (단, 물의 체적 탄성계수는 $2 \times 10^8 kgf/m^2$이고, 비중량은 $1000kgf/m^3$이다.

① 340m/s ② 680m/s

③ 1400m/s ④ 1600m/s

[해설] · 물 속에서 음속(C)

$C = \sqrt{\dfrac{E}{\rho}}\ (m/s)$

$C = \sqrt{\dfrac{2 \times 10^8}{102}} = 1400m/s$

· 물의 밀도

$(\rho) = \dfrac{r}{g} = \dfrac{1000(kgf/m^3)}{9.8(m/s^2)} = 102kg_f s^2/m^4$

10. 공기의 비열비는 k이고, 기체상수는 R일 때 절대온도가 T인 공기에서의 음속은?

① $\dfrac{RT}{k}$ ② $\sqrt{kRT}$

③ $\dfrac{kR}{T}$ ④ kRT

[해설] 음속(C)

$C = \sqrt{kRT} \rightarrow$ 기체상수(R)=N · m/kg · k

$C = \sqrt{kgRT} \rightarrow$ 기체상수(R)=kg_f · m/kg · k

11. 그림과 같이 물 위에 비중이 0.7인 유체A가 5m의 두께로 차 있을 때 유출속도 V는 몇 m/s인가?

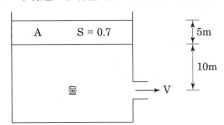

① 5.5 ② 11.2

③ 16.3 ④ 22.4

[해설] $h_1 = \dfrac{0.7 \times 1000 \times 5}{1000} = 3.5m$

$h_2 = 10m$

$h = h_1 + h_2 = 3.5 + 10 = 13.5m$

$V = \sqrt{2gh} = \sqrt{2 \times 9.8 \times 13.5} = 16.3m/s$

12. 어떤 유체의 밀도가 138.63[kgf · s²/m⁴]일 때 비중량은 몇 [kgf/m³]인가?

① 1.381 ② 13.55

③ 140.8 ④ 1359

[해설] $r = \rho \times g = 138.63(kg_f \cdot s^2/m^4) \times 9.8(m/s^2)$

$= 1359(kg_f/m^3)$

13. 동력(power)과 같은 차원을 갖는 것은?

① 힘×거리
② 힘×가속도
③ 압력×체적유량
④ 압력×질량유량

[해설] 동력$(kg_f \cdot m/s)$=L
L=힘(kg_f)×속도(m/s)=일량$(kg_f \cdot m)$/시간(s)
=압력(kg_f/m^2)×체적유량(m^3/s)

14. 밀도가 892kg/m³인 원유가 단면적이 $2.165 \times 10^{-3} m^2$인 관을 통하여 $1.388 \times 10^{-3} m^3$로 들어가서 단면적이 각각 $1.314 \times 10^{-3} m^2$로 동일한 2개의 관으로 분할되어 나갈 때 분할되는 관내에서의 유속은 약 몇 m/s인가?(단, 분할되는 2개 관에서의 평균유속은 같다.)

① 1.036
② 0.841
③ 0.619
④ 0.528

[해설] Q=A·V 식에서

$$V = \frac{Q}{A} = \frac{1.388 \times 10^{-3} \times \frac{1}{2}}{1.314 \times 10^{-3}} = 0.528 m/s$$

15. 수축노즐에서의 등엔트로피유동에서 기체의 임계압력(P^*)을 옳게 나타낸 것은?(단, 비열비는 k, 정체압력은 P_0이다.)

① $P^* = P_0(\frac{2}{k+1})$

② $P^* = P_0(\frac{2}{k+1})^{\frac{k}{k-1}}$

③ $P^* = P_0(\frac{2}{k+1})^{\frac{1}{k-1}}$

④ $P^* = P_0(\frac{2}{k+1})^{\frac{1}{k}}$

[해설] 임계조건

① 임계압력 : $P^\circ = P_0(\frac{2}{k+1})^{\frac{k}{k-1}}$

② 임계밀도 : $\rho^\circ = \rho_0(\frac{2}{k+1})^{\frac{1}{k-1}}$

③ 임계온도 : $T^\circ = T_0(\frac{2}{k+1})$

16. 레이놀즈수가 10^6이고 상대조도가 0.005인 원관의 마찰계수 f는 0.03이다. 이 원관에 부차손실계수가 6.6인 글로브 밸브를 설치하였을 때, 이 밸브의 등가길이(또는 상당길이)는 관 지름의 몇 배인가?

① 25
② 55
③ 220
④ 440

[해설] 등가길이$(Le) = \frac{kD}{f}$ 식에서

$$\frac{L_e}{D} = \frac{k}{f} = \frac{6.6}{0.03} = 220$$

17. 원심펌프가 높은 능력으로 운전되는 경우 임펠러 흡입부의 압력이 유체의 증기압보다 낮아지면 흡입부의 유체는 증발하게 되며 이 증기는 임펠러의 고압부로 이동하여 갑자기 응축하게 된다. 이러한 현상을 무엇이라 하는가?

① 캐비테이션(cavitation
② 펌핑(pumping)
③ 디퓨젼 링(diffusion ring)
④ 에어 바인딩(air binding)

[해설] 캐비테이션(공동)현상
유수중에 어느 부분의 정압이 그때 물의 온도에 해당하는 증기압 이하로 되어 물이 증발을 일으키고 수중에 용입되어 있던 공기가 낮은 압력으로 인하여 기포가 발생하는 현상

18. 수평 원관에서의 층류 유동을 Hagen-Poiseuille 유동이라고 한다. 이 흐름에서 일정한 유량의 물이 흐를 때 지름을 2배로 하면 손실 수두는 몇 배가 되는가?

① 4
② 16
③ $\frac{1}{4}$
④ $\frac{1}{16}$

[해설] $Q = \frac{\Delta P \pi D^4}{128 \mu \ell} (m^3/s)$ (하겐-푸아죄유 방정식)
$Q_1 = Q_2$ (일정), 여기서 $D_2 = 2D_1$
$\Delta P_1 D_1^4 = \Delta P_2 D_2^4$

$$\frac{\Delta P_2}{\Delta P_1} = \frac{D_1^4}{D_2^4} = \frac{D_1^4}{(2D_1)^4} = \frac{1}{2^4} = \frac{1}{16}$$

13. ③ 14. ④ 15. ② 16. ③ 17. ① 18. ④ 정답

19. 수차의 효율을 η, 수차의 실제 출력을 L[PS], 수량을 Q[m³/s]라 할 때 유효낙차 H[m]를 구하는 식은?

① $H = \dfrac{L}{13.3\eta Q}$[m] ② $H = \dfrac{QL}{13.3\eta}$[m]

③ $H = \dfrac{L\eta}{13.3Q}$[m] ④ $H = \dfrac{\eta}{L \times 13.3Q}$[m]

[해설] $L = \dfrac{rQH}{75\eta}(PS)$

$H = \dfrac{75L\eta}{rQ} = \dfrac{75L\eta}{1000Q} = \dfrac{L\eta}{13.3Q}$

20. 유체의 점성과 관련된 설명 중 잘못된 것은?

① poise는 점도의 단위이다.
② 점도란 흐름에 대한 저항력의 척도이다.
③ 동점성계수는 점도/밀도와 같다.
④ 20℃에서의 물의 점도는 1poise이다.

[해설] 20℃ 물의 점성계수(μ)=1.0 CP = 0.01 poise

제2과목　　연소공학

21. 다음 중 리프팅(lifting)의 원인과 거리가 먼 것은?

① 노즐구경이 너무 크게 된 경우
② 공기 조절기를 지나치게 열었을 경우
③ 가스의 공급압력이 지나치게 높은 경우
④ 버너의 염공에 먼지 등이 부착되어 염공이 작아져 있을 경우

[해설] 노즐구경이 너무 큰 경우는 역화의 원인

22. 연소계산에 사용되는 공기비 등에 대한 설명으로 옳지 않은 것은?

① 공기비란 실제로 공급한 공기량의 이론공기량에 대한 비율이다.

② 과잉공기란 연소 시 단위연료 당의 공급 공기량을 말한다.
③ 필요한 공기량의 최소량은 화학반응식으로부터 이론적으로 구할 수 있다.
④ 공연비는 공기와 연료의 공급 질량비를 말한다.

[해설] ① 과잉공기량(a)
　　a=실제공기량(A) － 이론공기량(A₀)
② 과잉공기율(%)

$\left(\dfrac{a}{A_0}\right) \times 100(\%) = \left(\dfrac{A - A_0}{A_0}\right) \times 100(\%)$

$= (m - 1) \times 100(\%)$

여기서, 공기비$(m) = \dfrac{A}{A_0}$

23. 가연성 물질이 되기 쉬운 조건이 아닌 것은?

① 열전도율이 적어야 한다.
② 활성화에너지가 커야 한다.
③ 산소와친화력이 커야 한다.
④ 가연물의 표면적이 커야 한다.

[해설] 활성화 에너지가 작아야 한다.

24. 열역학 제 2법칙에 어긋나는 것은?

① 열은 스스로 저온의 물체에서 고온의 물체로 이동할 수 없다.
② 열은 항상 고온에서 저온으로 흐른다.
③ 에너지 변환의 방향성을 표시한 법칙이다.
④ 제 2종 영구기관을 만드는 것은 쉽다.

[해설] 열역학 제2법칙(비가역)
제2종 영구기관 부정

25. 어떤 용기 속에 1kg의 기체가 들어 있다. 이 용기의 기체를 압축하는 데 2300kgf·m의 일을 하였으며, 이때 7kcal의 열량이 용기 밖으로 방출하였다면 이 기체의 내부 에너지 변화량은 약 얼마인가?

① 0.7kcal/kg ② 1.0kcl/kg

③ 1.6kcal/kg ④ 2.6kcal/kg

[해설] 열량 $H = \mu + APV$ 식에서

$\mu = H - APV = 7 - \dfrac{1}{427} \times 2300 = 1.6\,kcal/kg$

26. 폭굉유도거리(DID)가 짧아지는 경우는?

① 압력이 낮을 때
② 관지름이 굵을 때
③ 점화원의 에너지가 작을 때
④ 정상 연소속도가 큰 혼합가스일 때

[해설] 폭굉유도거리가 짧아지는 경우
① 정상연소온도가 큰 혼합가스일수록
② 관속에 방해물이 있거나 관지름이 가늘수록
③ 공급 압력이 높을수록
④ 점화원의 에너지가 강할수록

27. 메탄을 공기비 1.3에서 연소시킨 경우 단열연소온도는 약 몇 K인가? (단, 메탄의 저발열량은 50MJ/kg, 배기가스의 평균비열은 1.293kJ/kg · K이고 고온에서의 열분해는 무시하고 연소 전 온도는 25℃이다.)

① 1688
② 1820
③ 1961
④ 2234

[해설] $CH_4 + 2O_2 \rightarrow CO_2 + 2H_2O$
여기서, 실제연소가스량 : $CO_2 + H_2O + N_2 +$ 과잉공기량

① $CO_2 = \dfrac{44}{16} = 2.75\,kg/kg$

② $H_2O = \dfrac{2 \times 18}{16} = 2.25\,kg/kg$

③ $N_2 = \dfrac{2 \times 32}{16} \times \dfrac{76.8}{23.2} = 13.24\,kg/kg$

④ 과잉공기 $= \dfrac{2 \times 32}{16} \times \dfrac{100}{23.2} \times 0.3 = 5.17\,kg/kg$

실제연소가스량 $= 2.75 + 2.25 + 13.24 + 5.17$
$\qquad = 23.41\,kg/kg$

$t_2 = \dfrac{H_\ell}{G \times C} + t_1$ 식에서

$t_2 = \dfrac{50000\,kJ/kg}{23.41\,kg/kg \times 1.293\,kJ/kg \cdot k} + (273 + 25)k$
$\quad = 1950k$

28. 방폭 전기기기의 구조별 표시방법으로 틀린 것은?

① p – 압력(壓力) 방폭구조
② o – 안전증 방폭구조
③ d – 내압(耐壓) 방폭구조
④ s – 특수 방폭구조

[해설] 방폭전기기기의 구조별 표시방법
① 내압방폭구조 : d
② 유입방폭구조 : o
③ 압력방폭구조 : p
④ 안전증방폭구조 : e
⑤ 본질안전방폭구조 : ia 또는 ib
⑥ 특수 방폭구조 : S

29. 기체연료의 주된 연소형태는?

① 확산연소
② 액면연소
③ 증발연소
④ 분무연소

[해설] 연료의 연소 형태
① 고체연료의 연소 형태
　㉠ 분해연소　㉡ 증발연소　㉢ 표면연소　㉣ 자기연소
② 액체연료의 연소 형태
　㉠ 분무연소　㉡ 증발연소　㉢ 액면연소
③ 기체연료의 연소형태
　㉠ 확산연소　㉡ 예혼합연소

30. 압력 0.1MPa, 체적 3m³인 273.15K의 공기가 이상적으로 단열압축되어 그 체적이 1/3로 감소되었다. 엔탈피 변화량은 약 몇 kJ인가?
(단, 공기의 기체상수는 0.287kJ/kg · K, 비열비는 1.4이다.)

① 560
② 570
③ 580
④ 590

[해설] $G = \dfrac{PV}{RT} = \dfrac{0.1 \times 10^3 \times 3}{0.287 \times 273.15} = 3.83\,kg$

$T_2 = (\dfrac{V_1}{V_2})^{k-1} \times T_1 = (3)^{1.4-1} \times 273.15 = 423.88k$

$\triangle h = \dfrac{k}{k-1} GR(T_2 - T_1)$

$\quad = \dfrac{1.4}{1.4-1} \times 3.83 \times 0.287(423.88 - 273.15)$
$\quad = 580\,kJ$

31. 위험성 평가기법 중 사고를 일으키는 장치의 이상이나 운전자 실수의 조합을 연역적으로 분석하는 평가기법은?

① FTA(Fault Tree Analysis)

② ETA(Event Tree Analysis)

③ CCA(Cause Consequence Analysis)

④ HAZOP(Hazard and Operability Studies)

[해설] 위험성 평가 기법

① FTA : 사고를 일으키는 장치의 이상이나 운전자 실수의 조합을 연역적으로 분석

② ETA : 초기사건으로 알려진 특정한 장치의 이상이나 운전자의 실수로부터 발생되는 잠재적인 사고결과를 평가하는 것

③ CCA : 잠재된 사고의 결과와 이러한 사고의 근본적인 원인을 찾아내고 사고결과와 원인의 상호관계를 예측 평가하는 것

④ HAZOP : 공정에 존재하는 위험요소들과 공정의 효율을 떨어뜨릴 수 있는 운전상의 문제점을 찾아내어 그 원인을 제거하는 것

32. 연료에 고정 탄소가 많이 함유되어 있을 때 발생되는 현상으로 옳은 것은?

① 매연 발생이 많다.

② 발열량이 높아진다.

③ 연소 효과가 나쁘다.

④ 열손실을 초래한다.

[해설] 고정탄소가 증가할 때

① 발열량이 증가한다.

② 점화속도가 느리다.

③ 연료비 증가

④ 탄화도 증가

33. 1기압의 외압에서 1몰인 어떤 이상기체의 온도를 5℃ 높였다. 이 때 외계에 한 최대 일은 약 몇 cal 인가?

① 0.99

② 9.94

③ 99.4

④ 994

[해설] PV=nRT 식에서

일량(PV)=1(mol)×1.987(cal/mol℃)×5(℃)

＝9.94cal

여기서. R=0.082atm ℓ/mol·k

＝1.987cal/mol·k(온도차인 경우 1.987cal/mol·k,

절대온도(k)차는 섭씨온도(℃)차와 같다.)

34. 유독물질의 대기확산에 영향을 주게 되는 매개변수로서 가장 거리가 먼 것은?

① 토양의 종류

② 바람의 속도

③ 대기안정도

④ 누출지점의 높이

[해설] 유독물질 대기 확산에 영향을 주는 매개변수

① 바람의 속도 ② 대기안정도 ③ 누출지점의 높이

35. 공기가 산소 20v%, 질소 80v%의 혼합기체라고 가정할 때 표준상태(0℃, 101.325kPa)에서 공기의 기체상수는 약 몇 kJ/kg·K 인가?

① 0.269

② 0.279

③ 0.289

④ 0.299

[해설] 표준상태(0℃. 101.325kpa)

$R = \dfrac{848}{M}$(kg$_f$·m/kg·k)

$= \dfrac{848}{28.8} = 29.44kg_f$·m/kg·k

$= 9.8 \times 29.44$N·m/kg·k $= 288.56$N·m/kg·k

$= 288.56 \times 10^{-3}$kJ/kg·k $= 0.289$kJ/kg·k

여기서, 1N·m=1J, 1kg$_f$=9.8N

36. 어떤 열기관에서 온도 20℃의 엔탈피 변화가 단위중량당 200kcal일 때 엔트로피 변화량(kcal/kg·K)은?

① 0.34

② 0.68

③ 0.73

④ 10

[해설] $\triangle S = \dfrac{\triangle Q}{T}$ 식에서

$\triangle S = \dfrac{200(\text{kcal/kg})}{(273+20)(\text{k})} = 0.68(\text{kcal/kg·k})$

정답 | 31. ① 32. ② 33. ② 34. ① 35. ③ 36. ②

37. 유동층연소에 대한 설명으로 틀린 것은?

① 균일한 연소가 가능하다

② 높은 전열 성능을 가진다.

③ 소각로 내에서 탈황이 가능하다.

④ 부하변동에 대한 적응력이 우수하다.

[해설] 유동층 연소의 특징

① 증기내 균일한 온도를 유지할 수 있다.

② 고부하연소율과 높은열전달률을 얻을 수 있다.

③ 유동매체로 석회석 사용시 탈황효과가 있다.

④ 석탄입자 비산의 우려가 있다.

⑤ 공기 공급시 압력 손실이 크다.

38. 자연 상태의 물질을 어떤 과정(Process)을 통해 화학적으로 변형시킨 상태의 연료를 2차 연료라고 한다. 다음 중 2차 연료에 해당하는 것은?

① 석탄　　　　　② 원유

③ 천연가스　　　④ LPG

[해설] 연료

① 1차연료 : 자연에서 채취한 그대로 사용할 수 있는 것(목재, 무연탄, 역청탄, 석탄, 원유, 천연가스 등)

② 2차연료 : 1차연료를 가공한 것(목탄, 코크스, LPG 등)

39. 다음 중 연소 시 가장 높은 온도를 나타내는 색깔은?

① 적색　　　　　② 백적색

③ 휘백색　　　　④ 황적색

[해설] 연소에 의한 빛의 색깔 및 상태

① 적색 : 500℃　　② 황적색 : 1100℃

③ 백적색 : 1300℃　④ 휘백색 : 1500℃

40. 카르노사이클에서 열량을 받는 과정은?

① 등온팽창　　　② 등온압축

③ 단열팽창　　　④ 단열압축

[해설] 카르노사이클

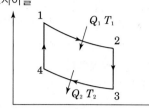

① 1 → 2 과정 : 등온팽창(열량Q_1을 받으면서 등온T_1 유지하면서 팽창하는 과정)

② 2 → 3 과정 : 단열팽창과정

③ 3 → 4 과정 : 등온압축(열량Q_2를 방출하면서 등온T_2를 유지하면서 압축하는 과정)

④ 4 → 1 과정 : 단열압축과정

| 제3과목 | 가스설비 |

41. LNG의 기화장치에 대한 설명으로 틀린 것은?

① Open rack vaporizer는 해수를 가열원으로 사용한다.

② Submerged conversion vaporizer는 연소가스가 수조에 설치된 열교환기의 하부에 고속으로 분출되는 구조이다.

③ Submerged conversion vaporizer는 물을 순환시키기 위하여 펌프 등의 다른 에너지원을 필요로 한다.

④ Intermediate fluid vaporizer는 프로판을 중간 매체로 사용할 수 있다.

[해설] LNG 기화장치의 종류

① Openrack Vaporizer(오픈래크 베이퍼라이저) 해수를 가열원으로 사용

② Submerged Conversion(서브머지드 베이퍼라이저) 피크시의 피크로드용이나 예비용으로 적합.

③ Intermediate fluid Vaporizer(중간 매체식 기화기) 중간매체 $C_{2\sim3}$의 탄화수소 또는 C_3H_8 사용)

---

37. ④　38. ④　39. ③　40. ①　41. ③　정답

42. 일반 도시가스 공급시설에서 최고 사용압력이 고압, 중압인 가스홀드에 대한 안전조치 사항이 아닌 것은?

① 가스방출 장치를 설치한다.
② 맨홀이나 검사구를 설치한다.
③ 응축액을 외부로 뽑을 수 있는 장치를 설치한다.
④ 관의 입구와 출구에는 온도나 압력의 변화에 따른 신축을 흡수하는 조치를 한다.

[해설] 가스방출장치 설치는 저압인 가스홀더에 대한 안전조치이다.

43. 내용적 120L LP가스 용기에 50kg의 프로판을 충전하였다. 이 용기 내부가 액으로 충만될 때의 온도를 그림에서 구한 것은?

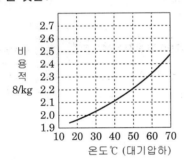

① 37℃
② 47℃
③ 57℃
④ 67℃

[해설] 비용적 $(V_s) = \dfrac{120}{50} = 2.4\ell/kg$

비용적 $2.4\ \ell/kg$과 곡선과 만나는 지점의 온도 67℃

44. 천연가스의 액화에 대한 설명으로 옳은 것은?

① 가스전에서 채취된 천연가스는 불순물이 거의 없어 별도의 전처리 과정이 필요하지 않다.
② 임계온도 이상, 임계압력 이하에서 천연가스를 액화한다.
③ 캐스케이드 사이클은 천연가스를 액화하는 대표적인 냉동사이클이다.
④ 천연가스의 효율적 액화를 위해서는 성능이 우수한 단일 조성이 냉매 사용이 권고된다.

[해설] 캐스케이드 액화 사이클
비점이 점차 낮은 냉매를 사용하여 저비점의 기체를 액화하는 사이클로 천연가스를 액화하는 대표적인 냉동 사이클이다.

45. 저온수증기 개질에 의한 SNG(대체천연가스)제조 프로세스의 순서로 옳은 것은?

① LPG → 수소화 탈황 → 저온수증기 개질 → 메탄화 → 탈탄산 → 탈습 → SNG
② LPG → 수소화 탈황 → 저온수증기 개질 → 탈습 → 탈탄산 → 메탄화 → SNG
③ LPG → 저온수증기 개질 → 수소화 탈황 → 탈습 → 탈탄산 → 메탄화 → SNG
④ LPG → 저온수증기 개질 → 탈습 → 수소화 탈황 → 탈탄산 → 메탄화 → SNG

[해설] 저온수증기 개질에 의한 SNG 제조공정
LPG → 수소화탈황 → 저온수증기개질 → 메탄화 → 탈탄산 → 탈습 → SNG

46. 저압배관에서 압력손실의 원인으로 가장 거리가 먼 것은?

① 마찰저항에 의한 손실
② 배관의 입상에 의한 손실
③ 밸브 및 엘보 등 배관 부속품에 의한 손실
④ 압력계, 유량계 등 계측기 불량에 의한 손실

[해설] 저압배관의 압력손실
① 배관수직상향(입상관)에 의한 압력손실
② 밸브 및 엘보 등 배관이음류(부속품)에 의한 압력손실
③ 마찰저항에 의한 압력손실

정답 42. ① 43. ④ 44. ③ 45. ① 46. ④

47. 다음 [보기]와 같은 성질을 갖는 가스는?

보기
- 공기보다 무겁다.
- 조연성가스이다.
- 염소산칼륨을 이산화망간 촉매하에서 가열하면 실험적으로 얻을 수 있다.

① 산소　　　　　　② 질소
③ 염소　　　　　　④ 수소

해설 산소의 성질
① 공기보다 무거운 조연성 가스이다.
② 염소산 칼륨을 이산화망간 촉매하에서 가열하면 실험적으로 얻을 수 있다.
③ 액체산소는 담청색을 나타낸다.
④ 산소 또는 공기 중에서 무성방전하면 오존(O_3)이 된다.

48. 가스배관의 굵기를 구할 수 있는 다음 식에서 "S"가 의미하는 것은?

$$Q = \sqrt{\frac{(P_1^2 - P_2^2)d^5}{SL}}$$

① 유량계수　　　　② 가스 비중
③ 배관 길이　　　　④ 관 내경

해설 중고압배관의 유량

$$Q = K\sqrt{\frac{(D^5(P_1^2 - P_2^2)}{SL}}$$ 식에서

Q : 가스유량 (m^3/h)
K : 유량계수(52.31)
D : 파이프의 내경(cm)
P_1 : 초압($kg_f/cm^2 a$)
P_2 : 종압($kg_f/cm^2 a$)
S : 가스비중
L : 파이프의 길이(m)

49. 아세틸렌(C_2H_2)에 대한 설명으로 옳지 않은 것은?

① 동과 직접 접촉하여 폭발성의 아세틸라이드를 만든다.
② 비점과 융점이 비슷하여 고체 아세틸렌은 융해한다.
③ 아세틸렌가스의 충전제로 규조토, 목탄 등의 다공성 물질을 사용한다.
④ 흡열 화합물이므로 압축하면 분해폭발 할 수 있다.

해설 아세틸렌(C_2H_2)
비점과 융점이 비슷하여 고체아세틸렌은 융해하지 않고 승화한다.(비점 : -84℃, 융점 : -81℃)

50. 액화가스 용기 및 차량에 고정된 탱크의 저장능력을 구하는 식은? (단, V : 내용적, P : 최고충전압력, C : 가스종류에 따른 정수, d : 상용온도에서의 액화가스의 비중이다.)

① 10PV　　　　　　② (10P+1)V
③ $\dfrac{V}{C}$　　　　　　④ 0.9dV

해설 저장능력
① 압축가스
　$Q = (10P+1)V$ (m^3)
② 액화가스
　㉠ 용기 및 차량에 고정된 탱크
　　$G = \dfrac{V}{C}(kg)$
　㉡ 저장탱크
　　$\overline{W} = 0.9dV(kg)$

51. 정압기의 특성 중 유량과 2차 압력과의 관계를 나타내는 것은?

① 정특성　　　　　　② 유량특성
③ 동특성　　　　　　④ 작동 최소차압

해설 정압기의 특성
① 정특성 : 정상상태에 있어서의 유량과 2차압력과의 관계
② 동특성 : 부하변회에 대한 응답의 신속성과 안전성
③ 유량특성 : 메인 밸브의 열림과 유량의 관계
④ 사용최대 차압과 작동최소차압

47. ①　48. ②　49. ②　50. ③　51. ① 정답

52. 외부전원법으로 전기방식 시공시 직류전원 장치의 +극 및 −극에는 각각 무엇을 연결해야 하는가?

① +극 : 불용성 양극, −극 : 가스배관
② +극 : 가스배관, −극 : 불용성 양극
③ +극 : 전철레일, −극 : 가스배관
④ +극 : 가스배관, −극 : 전철레일

해설 외부전원법
피방식체가 놓여있는 전해질(해수, 담수, 토양 등)에 양극을 설치하고 여기에 외부에서 별도로 공급된 직류전원의 (+)극을 피방식체(가스배관)에 (−)극을 연결하여 피방식체에 방식전류를 공급하는 방법.

53. 냄새가 나는 물질(부취제)의 주입방법이 아닌 것은?

① 적하식   ② 증기주입식
③ 고압분사식   ④ 회전식

해설 부취제 주입 방법
① 액체주입식 : 펌프주입(고압분사식)방식, 적하주입방식, 미터연결바이패스 방식
② 증발식 : 바이패스증발식(증기주입식), 위크증발식

54. 다음 중 양정이 높을 때 사용하기에 가장 적당한 펌프는?

① 1단펌프   ② 다단펌프
③ 단흡입펌프   ④ 양흡입 펌프

해설 원심펌프의 운전
① 직렬운전 : 유량일정, 양정증가
② 병렬운전 : 유량증가, 양정일정

55. 도시가스 제조설비 중 나프타의 접촉분해(수증기 개질)법에서 생성가스 중 메탄(CH_4)성분을 많게 하는 조건은?

① 반응온도 및 압력을 상승시킨다.
② 반응온도 및 압력을 감소시킨다.
③ 반응온도를 저하시키고 압력을 상승시킨다.
④ 반응온도를 상승시키고 압력을 감소시킨다.

해설 접촉분해(수증기 개질)법
① 저온일 때 : CH_4과 CO_2 증가
② 고압일 때 : CH_4과 CO_2 증가, H_2와 CO감소

56. 가스배관의 플랜지(flange) 이음에 사용되는 부품이 아닌 것은?

① 플랜지   ② 가스켓
③ 체결용 볼트   ④ 플러그

해설 플러그
수나사로 되어있으며 관의 말단부 차단에 이용된다.

57. 수소화염 또는 산소·아세틸렌 화염을 사용하는 시설 중 분기되는 각각의 배관에 반드시 설치해야 하는 장치는?

① 역류방지장치   ② 역화방지장치
③ 긴급이송장치   ④ 긴급차단장치

해설 역화방지장치의 설치
① 수소화염 또는 산소아세틸렌화염 사용시설
② 가연성 가스를 압축하는 압축기와 오토클레이브 사이
③ 아세틸렌의 고압건조기와 충전용 교체밸브 사이 배관
④ 아세틸렌 충전용 지관

58. 직경 150mm, 행정 100mm, 회전수 500rpm, 체적효율 75%인 왕복압축기의 송출량은 약 얼마인가?

① 0.54m^3/min   ② 0.66m^3/min
③ 0.79m^3/min   ④ 0.88m^3/min

해설 송출량(V)

$V = \dfrac{\pi D^2}{4} S\, N\, \eta_v$ 식에서

$V = \dfrac{\pi \times 0.15^2}{4} \times 0.1 \times 500 \times 0.75$

$= 0.66 \text{m}^3/\text{min}$

정답 52. ①   53. ④   54. ②   55. ③   56. ④   57. ②   58. ②

59. 나사식 압축기의 특징으로 틀린 것은?

① 용량조절이 어렵다.
② 기초, 설치면적 등이 적다.
③ 기체에는 맥동이 적고 연속적으로 압축한다.
④ 토출 압력의 변화에 의한 용량 변화가 크다.

해설 나사 압축기의 특징
① 용적형이다.
② 무급유식 또는 급유식이다.
③ 기체에는 맥동이 없고 연속적으로 압축한다.
④ 설치면적이 없다.
⑤ 흡입, 압축, 토출 3행정이며 대용량에 적합하다.
⑥ 용량조정이 곤란하고 용량조절 폭이 좁다.(70~100%)

60. 고압가스 용기의 재료에 사용되는 강의 성분 중 탄소, 인, 황의 함유량은 제한되어 있다. 이에 대한 설명으로 옳은 것은?

① 황은 적열취성의 원인이 된다.
② 인(P)은 될수록 많은 것이 좋다.
③ 탄소량은 증가하면 인장강도와 충격치가 감소한다.
④ 탄소량이 많으면 인장강도는 감소하고 충격치는 증가한다.

해설 탄소강의 불순물에 의한 영향
① 황 : 적열취성의 원인
② 탄소 : 인장강도는 증가하고 충격값은 감소
③ 인 : 인장강도증가, 연신율 감소, 상온취성 및 저온취성의 원인

제4과목 **가스안전관리**

61. 철근콘크리트제 방호벽의 설치기준에 대한 설명 중 틀린 것은?

① 일체로 된 철근콘크리트 기초로 한다.
② 기초의 높이는 350mm 이상, 되메우기 깊이는 300mm 이상으로 한다.
③ 기초의 두께는 방호벽 최하부 두께의 120% 이상으로 한다.
④ 직경 8mm 이상의 철근을 가로, 세로 300mm 이하의 간격으로 배근한다.

해설 방호벽
철근콘크리트제 방호벽 설치시 방호벽은 직경 9mm 이상의 철근을 가로 세로 400mm 이하의 간격으로 배근한다.

62. 고압가스 저장탱크는 가스가 누출하지 아니하는 구조로 하고 가스를 저장하는 것에는 가스방출장치를 설치하여야 한다. 이 때 가스저장능력이 몇 m³ 이상인 경우에 가스방출장치를 설치하여야 하는가?

① 5   ② 10
③ 50   ④ 500

해설 저장탱크는 가스가 누출하지 아니하는 구조로 하고 저장능력이 5m³ 이상인 경우에는 가스 방출 장치를 설치한다.

63. 가연성가스이면서 독성가스인 것은?

① 염소, 불소, 프로판
② 암모니아, 질소, 수소
③ 프로필렌, 오존, 아황산가스
④ 산화에틸렌, 염화메탄, 황화수소

해설 허용농도 및 폭발범위
① 산화에틸렌(50ppm, 3~80%)
② 염화메탄(50ppm, 8.1~17.4%)
③ 황화수소(10ppm, 4.3~45%)

---

59. ④   60. ①   61. ④   62. ①   63. ④   정답

64. 액화석유가스 사용시설에 설치되는 조정압력 3.3kPa 이하인 조정기의 안전장치 작동정지 압력의 기준은?

① 7kPa

② 5.6kPa ~ 8.4kPa

③ 5.04kPa ~ 8.4kPa

④ 9.9kPa

[해설] 조정압력이 3.3kPa 이하인 조정기의 안전장치의 작동 압력
① 작동표준압력 : 7kPa
② 작동개시압력 : 5.6kPa ~ 8.4kPa
③ 작동정지압력 : 5.04kPa ~ 8.4kPa

65. 고압가스 특정제조시설에서 안전구역 안의 고압가스 설비의 외면으로부터 다른 안전구역 안에 있는 고압가스 설비의 외면까지 유지하여야 할 거리의 기준은?

① 10m 이상　　② 20m 이상

③ 30m 이상　　④ 50m 이상

[해설] 특정제조시설에서 유지거리
① 안전구역 안의 고압가스 설비의 외면으로부터 다른 안전구역안에 있는 고압가스 설비의 외면까지 유지하여야 할 거리는 30m 이상으로 한다.
② 가연성 가스 저장탱크의 외면으로부터 처리능력이 20만 m³ 이상인 압축가스까지 유지하여야 하는 거리는 30m 이상으로 한다.
③ 제조설비 외면으로부터 그 제조소의 경계까지 유지하여야 하는 거리는 20m 이상으로 한다.

66. 지중에 설치하는 강재배관의 전위측정용터미널 (T/B)의 설치 기준으로 틀린 것은?

① 희생양극법은 300m 이내 간격으로 설치한다.

② 직류전철 황단부 주위에는 설치할 필요가 없다.

③ 지중에 매설되어있는 배관절연부 양측에 설치한다.

④ 타 금속구조물과 근접교차부분에 설치한다.

[해설] 전위 측정용 터미널(T/B)의 설치기준
① 희생양극법 또는 배류법에 의한 배관에는 300m 이내의 간격으로 설치할 것
② 외부전원법에 의한 배관에는 500m 이내의 간격으로 설치할 것
③ 직류전철 횡단부 주위
④ 지중에 매설되어 있는 배관절연부의 양측
⑤ 타금속 구조물과 근접교차 부분
⑥ 밸브스테이션

67. 시안화수소에 대한 설명으로 옳은 것은?

① 가연성, 독성가스이다.

② 가스의 색깔은 연한 황색이다.

③ 공기보다 아주 무거워 아래쪽에 체류하기 쉽다.

④ 냄새가 없고, 인체에 대한 강한 마취작용을 나타낸다.

[해설] 시안화수소의 특성
① 독성,가연성 가스이다(10ppm. 5.6~40%)
② 무색이고 아몬드냄새가 난다.
③ 공기보다 가벼운 가스이다.

68. 염소의 특징에 대한 설명으로 틀린 것은?

① 가연성이다.

② 독성가스이다.

③ 상온에서 액화시킬 수 있다.

④ 수분과 반응하고 철을 부식시킨다.

[해설] 염소가스는 독성, 조연성 가스이다.

69. 지하에 설치하는 액화석유가스 저장탱크실 재료의 규격으로 옳은 것은?

① 설계강도 : 25MPa 이상

② 물-시멘트비 : 25% 이하

③ 슬럼프(slump) : 50~150mm

④ 굵은 골재의 최대 치수 : 25mm

정답　64. ③　65. ③　66. ②　67. ①　68. ①　69. ④

[해설] LPG 지하 저장탱크실 재료
① 굵은 골재의 최대치수 : 25mm
② 설계강도 : 21MPa 이상
③ 슬럼프 : 120 ~ 150mm
④ 물-시멘트비 : 50% 이하

70. 공기보다 무거워 누출 시 체류하기 쉬운 가스가 아닌 것은?

① 산소　　　　　　　② 염소
③ 암모니아　　　　　④ 프로판

[해설] 비중(S) (공기의 비중 = 1)

$$S = \frac{M}{2P}$$

① 산소(S) = $\frac{32}{29}$ = 1.1

② 염소(S) = $\frac{71}{29}$ = 2.45

③ 암모니아(S) = $\frac{17}{29}$ = 0.59

④ 프로판(S) = $\frac{44}{29}$ = 1.52

71. 가스용품 중 배관용 밸브 제조 시 기술기준으로 옳지 않은 것은?

① 밸브의 O-링과 패킹은 마모 등 이상이 없는 것으로 한다.
② 볼밸브는 핸들 끝에서 294.2N 이하의 힘을 가해서 90° 회전할 때 완전히 개폐하는 구조로 한다.
③ 개폐용 핸들 휠의 열림 방향은 시계바늘 방향으로 한다.
④ 볼 밸브는 완전히 열렸을 때 핸들 방향과 유로 방향이 평행인 것으로 한다.

[해설] 개폐용 핸들휠의 열림방향은 시계바늘 반대방향이다.

72. 고압가스용기를 운반할 때 혼합적재를 금지하는 기준으로 틀린 것은?

① 염소와 아세틸렌은 동일차량에 적재하여 운반하지 않는다.
② 염소와 수소는 동일차량에 적재하여 운반하지 않는다.
③ 가연성가스와 산소를 동일차량에 적재하여 운반할 때에는 그 충전 용기의 밸브가 서로 마주보지 않도록 적재한다.
④ 충전용기와 석유류는 동일차량에 적재할 때에는 완충판 등으로 조치하여 운반한다.

[해설] 충전용기와 소방법이 정하는 위험물과는 동일차량에 적재운반하지 않는다.

73. 저장탱크에 의한 LPG 사용시설에서 로딩암을 건축물 내부에 설치한 경우 환기구 면적의 합계는 바닥면적의 얼마 이상으로 하여야 하는가?

① 3%　　　　　　　② 6%
③ 10%　　　　　　　④ 20%

[해설] 로딩암은 건축물 내부에 설치하지 않도록 한다. 다만 로딩암을 설치한 건축물의 바닥면에 접하여 2방향 이상의 환기구를 설치하고 환기구의 면적의 합계는 바닥면적의 6% 이상으로 한다.

74. 가스 안전사고를 조사할 때 유의할 사항으로 적합하지 않은 것은?

① 재해조사는 발생 후 되도록 빨리 현장이 변경되지 않은 가운데 실시하는 것이 좋다.
② 재해에 관계가 있다고 생각되는 것은 물적, 인적인 것을 모두 수립, 조사한다.
③ 시설의 불안전한 상태나 작업자의 불안전한 행동에 대하여 유의하여 조사한다.
④ 재해조사에 참가하는 자는 항상 주관적인 입장을 유지하여 조사한다.

해설 재해조사에 참가하는 자는 항상 객관적인 입장을 유지하여 조사한다.

75. 고압가스 충전설비 및 저장설비 중 전기설비를 방폭구조로 하지 않아도 되는 고압가스는?

① 암모니아　　　　② 수소
③ 아세틸렌　　　　④ 일산화탄소

해설 전기설비를 방폭구조로 하지 않아도 되는 가스
암모니아(NH_3), 브롬화메탄(CH_3Br)

76. 고압가스를 차량에 적재·운반할 때 몇 km이상의 거리를 운행하는 경우에는 중간에 충분한 휴식을 취한 후 운행하여야 하는가?

① 100km　　　　② 200km
③ 250km　　　　④ 400km

해설 200km 이상의 거리를 운행하는 경우에는 중간에 충분한 휴식을 취한 후 운행할 것

77. 용기보관실에 고압가스 용기를 취급 또는 보관하는 때의 관리기준에 대한 설명 중 틀린 것은?

① 충전용기와 잔가스 용기는 각각 구분하여 용기보관장소에 놓는다.
② 용기보관 장소의 주위 8m 이내에는 화기 또는 인화성 물질이나 발화성 물질을 두지 아니한다.
③ 충전용기는 항상 40℃ 이하의 온도를 유지하고 직사광선을 받지 않도록 조치한다.
④ 가연성가스 용기보관장소에는 방폭형 휴대용 손전등 외의 등화를 휴대하고 들어가지 아니한다.

해설 용기 보관장소의 주위 2m 이내에는 화기 또는 인화성 물질이나 발화성 물질을 두지 아니한다.

78. 물을 제독제로 사용하는 독성가스는?

① 염소, 포스겐, 황화수소
② 암모니아, 산화에틸렌, 염화메탄
③ 아황산가스, 시안화수소, 포스겐
④ 황화수소, 시안화수소, 염화메탄

해설 독성가스 제독제
① 염소 : 가성소다수용액, 탄산소다수용액, 소석회
② 포스겐 : 가성소다수용액, 소석회
③ 황화수소 : 가성소다수용액, 탄산소다수용액
④ 시안화수소 : 가성소다수용액
⑤ 아황산가스 : 가성소다수용액
⑥ 암모니아 산화에틸렌, 염화메탄 : 물

79. 고압가스설비에서 고압가스 배관의 상용압력이 0.6MPa 일 때 기밀시험의 압력의 기준은?

① 0.6MPa 이상　　　② 0.7MPa 이상
③ 0.75MPa 이상　　　④ 1.0MPa 이상

해설 고압가스 설비
① 기밀시험압력 : 상용압력이상
② 내압시험압력 : 상용압력×1.5배 이상

80. 저장설비 또는 가스설비의 수리 또는 청소 시 안전에 대한 설명으로 틀린 것은?

① 작업계획에 따라 해당 책임자의 감독 하에 실시한다
② 탱크 내부의 가스를 그 가스와 반응하지 아니하는 불활성가스 또는 불활성 액체로 치환한다.
③ 치환에 사용된 가스 또는 액체를 공기로 재치환하고 산소 농도가 22% 이상으로 된 것이 확인될 때까지 작업한다.
④ 가스의 성질에 따라 사업자가 확립한 작업절차서에 따라 가스를 치환하되 불연성가스 설비에 대하여는 치환작업을 생략할 수 있다.

해설 산소의 농도 : 18%~22% 이하

제5과목   가스계측

81. 열전도도검출기의 측정 시 주의사항으로 옳지 않은 것은?

① 운반기체 흐름속도에 민감하므로 흐름속도를 일정하게 유지한다.
② 필라멘트에 전류를 공급하기 전에 일정량의 운반기체를 먼저 흘려 보낸다.
③ 감도를 위해 필라멘트와 검출실 내벽온도를 적정하게 유지한다.
④ 운반기체의 흐름속도가 클수록 감도가 증가하므로, 높은 흐름속도를 유지한다.

[해설] 열전도도 검출기(TCD)의 측정 시 주의사항
① 분리관이나 주입부의 탄성격막을 교체할 때에도 TCD 내부로 공기가 유입될 수 있으므로 먼저 필라멘트의 전류를 꺼야 한다.
② TCD 조작 전에 Filament의 산화방지를 위하여 약 5분 동안 운반기체를 흘려보내 Air를 방출시킨다
③ 필요이상의 전류를 흘려보내면 필라멘트의 온도가 높아져 필라멘트의 수명이 짧아지고 Noise나 Drift의 원인이 된다.

82. 유체의 압력 및 온도 변화에 영향이 적고, 소유량이며 정확한 유량제어가 가능하여 혼합가스 제조 등에 유용한 유량계는?

① Roots Meter
② 벤투리유량계
③ 터빈식유량계
④ Mass Flow Controller

[해설] Mass Flow Controller(질량유량계)의 특징
① 유체의 압력 및 온도변화에 영향이 적다.
② 소유량, 정확한 유량제어가 가능하다.
③ 혼합가스 제조 등에 유용하다.

83. 계측기와 그 구성을 연결한 것으로 틀린 것은?

① 부르동관 : 압력계
② 플로트(浮子) : 온도계
③ 열선 소자 : 가스검지기
④ 운반가스(carrier gas) : 가스분석기

[해설] 플로트 : 액면계

84. 압력 5kgf/cm^2·abs, 온도 40℃인 산소의 밀도는 약 몇 kg/m^{3}인가?

① 2.03   ② 4.03
③ 6.03   ④ 8.03

[해설] PV=GRT 식에서
$$밀도(G/V) = \frac{P}{RT} = \frac{5 \times 10^4}{\frac{848}{32} \times (273 + 40)} = 6.03 kg/m^3$$

85. 가스미터의 구비조건으로 적당하지 않은 것은?

① 기차의 변동이 클 것
② 소형이고 계량용량이 클 것
③ 가격이 싸고 내구력이 있을 것
④ 구조가 간단하고 감도가 예민할 것

[해설] 기차의 변동이 작을 것

86. 게겔(Gockel)법을 이용하여 가스를 흡수 분리할 때 33%KOH로 분리되는 가스는?

① 이산화탄소   ② 에틸렌
③ 아세틸렌   ④ 일산화탄소

[해설] 게겔법의 흡수제
① CO_2 : 33% KOH용액
② 아세틸렌 : 요오드수은칼륨용액
③ 프로필렌과 노르말-부틸렌(n-C_4H_8) : 87% H_2SO_4
④ 에틸렌 : 취하수소용액(HBr)
⑤ O_2 : 알칼리성 피로카롤용액
⑥ CO : 암모니아성 염화제1구리용액

81. ④   82. ④   83. ②   84. ③   85. ①   86. ①   **정답**

87. 일반적인 액면 측정방법이 아닌 것은?

① 압력식　　　　　② 정전용량식
③ 박막식　　　　　④ 부자식

해설 박막식(다이어프램) : 압력 측정

88. 전력, 전류, 전압, 주파수 등을 제어량으로 하며, 이것을 일정하게 유지하는 것을 목적으로 하는 제어방식은?

① 자동조정　　　　② 서보기구
③ 추치제어　　　　④ 정치제어

해설 자동조정
전압, 주파수, 전동기의 회전수, 장력 등을 제어량으로 하며 이것을 일정하게 유지하는 것을 목적으로 하는 제어

89. 오르자트 가스분석 장치에서 사용되는 흡수제와 흡수가스의 연결이 바르게 된 것은?

① CO 흡수액 – 30% KOH 수용액
② O_2 흡수액 – 알칼리성 피로카롤 용액
③ CO 흡수액 – 알칼리성 피로카롤 용액
④ CO_2 흡수액 – 암모니아성 염화제일구리 용액

해설 오르자트법의 흡수제
① CO_2 : KOH 30% 수용액
② O_2 : 알칼리성 피로카롤용액
③ CO : 암모니아성 염화제1구리용액
④ N_2 : 나머지 양으로 계산

90. 방사선식 액면계의 종류가 아닌 것은?

① 조사식　　　　　② 전극식
③ 가반식　　　　　④ 투과식

해설 방사선 액면계
① 탱크외부에 방사선원과 방사선검출기를 설치하여 액면을 측정하는 것이다.
② 종류 : 조사식, 가반식, 투과식
③ 용도 : 고온고압의 액체나 고점도의 부식성 액체에 사용

91. NO_X 분석 시 약 590nm ~ 2500nm의 파장영역에서 발광하는 광량을 이용하는 가스분석방식은?

① 화학발광법
② 세라믹식 분석
③ 수소이온화 분석
④ 비분산 적외선 분석

해설 화학발광법
시료중의 일산화질소(NO)와 오존과의 반응에 의해 이산화질소(NO_2)가 생성될 때 활성화된 분자들이 바닥상태로 천이되면서 화학발광에 의한 빛(590nm~2500nm)을 방출하게 된다. 이때 이러한 화학발광도가 일산화질소 농도와의 비례관계가 있는 것을 이용해서 시료 중에 포함되어있는 일산화질소 농도를 측정한다.

92. 제벡(seebeck)효과의 원리를 이용한 온도계는?

① 열전대 온도계　　② 서미스터 온도계
③ 팽창식 온도계　　④ 광전관 온도계

해설 열전대 온도계
2종류의 금속선 양단을 고정시켜 양접점에 온도차를 주면 이 온도차에 따른 열기전력이 발생한다(제벡효과) 이 열기전력을 직류 밀리볼트계나 전위차계에 지시시켜 온도를 측정한다.

93. 경사각이 30°인 다음 그림과 같은 경사관식 압력계에서 차압은 약 얼마인가?

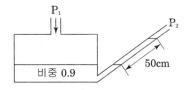

① $0.225kg/m^2$　　② $225kg/cm^2$
③ $2.21kPa$　　　　④ $221Pa$

해설 $\triangle p = r\ell\sin\theta$ 식에서
$\triangle p = 0.9 \times 10^3 \times 0.5\sin30 = 225_{kg_f/m^2}$
　　　$= 225 \times 9.8N/m^2 = 2205N/m^2 = 2.21kpa$

정답　87. ③　88. ①　89. ②　90. ②　91. ①　92. ①　93. ③

94. 습식가스미터기는 주로 표준계량에 이용된다. 이 계량계는 어떤 type의 계측기기인가?

① Drum type
② Orifice type
③ Oval type
④ Venturi type

해설 습식가스미터(Drum type)
① 계량이 정확하다
② 사용중에 기차의 변동이 거의 없다.
③ 기준기용. 실험용으로 사용
④ 설치면적이 크고 사용중에 수위조정 등의 관리가 필요하다.

95. 측정량이 시간에 따라 변동하고 있을 때 계기의 지시값은 그 변동에 따를 수 없는 것이 일반적이며 시간적으로 처짐과 오차가 생기는데 이 측정량의 변동에 대하여 계측기의 지시가 어떻게 변하는지 대응관계를 나타내는 계측기의 특성을 의미하는 것은?

① 정특성
② 동특성
③ 계기특성
④ 고유특성

해설 계측기의 특성
① 정특성 : 측정량의 시간적인 변화가 없을 때 측정량의 크기와 계측기의 지시와의 대응관계를 말한다.
② 동특성 : 측정량의 변동에 대하여 계측기의 지시가 어떻게 변하는지의 대응관계를 말한다.

96. KI-전분지의 검지가스와 변색반응 색깔이 바르게 연결된 것은?

① 할로겐 – [청~갈색]
② 아세틸렌 – [적갈색]
③ 일산화탄소 – [청~갈색]
④ 시안화수소 – [적갈색]

해설 검지가스와 시험지
① NH_3 – 적색리트머스지 – 청색
② Cl_2 – KI전분지 – 청색
③ $COCl_2$ – 헤리슨시약 – 심등색
④ HCN – 질산구리벤젠지 – 청색
⑤ CO – 염화파라듐지 – 흑색
⑥ H_2S – 연당지 – 흑색
⑦ C_2H_2 – 염화 제1동착염지 – 적색

97. 다음 가스미터 중 추량식(간접식)이 아닌 것은?

① 벤투리식
② 오리피스식
③ 막식
④ 터빈식

해설 실측식(직접식)가스미터
막식가스미터, 회전자식가스미터, 습식가스미터

98. 추 무게가 공기와 액체 중에서 각각 5N, 3N 이었다. 추가 밀어낸 액체의 체적이 1.3×10^{-4}[m³]일 때 액체의 비중은 약 얼마인가?

① 0.98
② 1.24
③ 1.57
④ 1.87

해설 비중량(r) $= \dfrac{5-3}{1.3 \times 10^{-4}}$(N/m³) $= \dfrac{2 \times 10^4}{9.8 \times 1.3}$(kg$_f$/m³)
$= 1569$kg$_f$/m³

비중(S) $= \dfrac{1569}{1000} = 1.57$

99. 온도 0℃에서 저항이 40[Ω]인 니켈저항체로서 100℃에서 측정하면 저항값은 얼마인가?(단, Ni의 온도계수는 0.0067deg^{-1} 이다.)

① 56.8Ω
② 66.8Ω
③ 78.0Ω
④ 83.5Ω

해설 $R = R_0(1+\alpha t)$[Ω] 식에서
$R = 40(1+0.0067 \times 100) = 66.8$Ω

100. 기체-크로마토그래피의 충전컬럼 내의 충전물 즉 고체지지체로서 일반적으로 사용되는 재질은?

① 실리카겔
② 활성탄
③ 알루미나
④ 규조토

해설 컬럼에 활성탄, 실리카겔, 활성알루미나를 삼투시킨 규조토 등을 충전시켜 사용한다.

제1과목 **가스유체역학**

01. 다음 단위 간의 관계가 옳은 것은?

① $1N = 9.8kg \cdot m/s^2$

② $1J = 9.8kg \cdot m^2/s^2$

③ $1W = 9.8kg \cdot m^2/s^3$

④ $1Pa = 10^5 g/m \cdot s^2$

해설 ① $1N = 9.8kg \cdot m/s^2$

② $1J = 1N \cdot m = 1kg \cdot m^2/s^2$

③ $1W = 1J/s = 1kg \cdot m^2 /s^3$

④ $1Pa = 1N/m^2 = 1kg/m \cdot s^2 = 10^3 g/m \cdot s^2$

02. 수면 차이가 20m인 매우 큰 두 저수지 사이에 분당 60m³으로 펌프가 물을 아래에서 위로 이송하고 있다. 이 때 전체 손실수두는 5m 이다. 펌프의 효율이 0.9일 때 펌프에 공급해 주어야 하는 동력은 얼마인가?

① 163.3kW

② 220.5kw

③ 245.0kW

④ 272.2kW

해설 $L = \dfrac{rQH}{102\eta} = \dfrac{1000 \times 60 \times (20+5)}{102 \times 60 \times 0.9} = 272.2kW$

03. 운동 부분과 고정 부분이 밀착되어 있어서 배출공간에서부터 흡입공간으로의 역류가 최소화되며, 경질 윤활유와 같은 유체수송에 적합하고 배출압력을 200 tm 이상 얻을 수 있는 펌프틀?

① 왕복펌프

② 회전펌프

③ 원심펌프

④ 격막펌프

해설 회전펌프의 특징

① 적은유량, 고압의 양정(배출압력 200atm 이상)을 요구하는 경우에 적합하다.

② 비교적 점도가 높은 액체(윤활유 등)에 대해서 좋은 성능을 발휘할 수 있다.

③ 원동기로서 역작용이 가능하고 사용목적에 따라서는 유압펌프로도 이용된다.

04. 이상기체에서 소리의 전파속도(음속) a는 다음 중 어느 값에 비례하는가?

① 절대온도의 제곱급

② 압력의 세제곱

③ 밀도의 제곱근

④ 부피의 세제곱

해설 음속$(a) = \sqrt{\dfrac{kp}{\rho}} = \sqrt{kgRT}$

① 압력의 제곱근에 비례한다.

② 밀도의 제곱근에 반비례한다.

③ 절대온도 제곱근에 비례한다.

05. 상부가 개방된 탱크의 수위가 4m를 유지하고 있다. 이 탱크 바닥에 지름 1cm이 구멍이 났을 경우 이 구멍을 통하여 유출되는 유속은?

① 7.85m/s

② 8.85m/s

③ 9.85m/s

④ 10.85m/s

해설 $V = \sqrt{2gh} = \sqrt{2 \times 9.8 \times 4} = 8.85m/s$

06. Newton 유체를 가장 옳게 설명한 것은?

① 비압축성 유체로써 속도구배가 항상 일정한 유체

② 전단응력이 속도구배에 비례하는 유체

③ 유체가 정지상태에서 항복응력을 갖는 유체

④ 전단응력이 속도구배에 관계없이 항상 일정한 유체

해설 뉴턴유체 : 뉴턴의 점성법칙을 만족하는 유체

① 뉴턴의 점성법칙 → $\tau = \mu \dfrac{d_v}{d_y}$

② 전단응력(τ)은 점성계수(μ)와 속구구배$\left(\dfrac{d_v}{d_y}\right)$에 비례한다.

정답 01. ③ 02. ④ 03. ② 04. ① 05. ② 06. ②

07. 비중이 0.887인 원유가 관의 단면적이 0.0022m²인 관에서 체적 유량이 10.0m³/h일 때 관의 단위 면적당 질량유량(kg/m²·s)은?

① 1,120   ② 1,220
③ 1,320   ④ 1,420

해설 질량유량(Q_m) = kg/s

$Q_m = \rho Q = 0.887 \times 10^3 \times 10.0/3600 = 2.46 \, \text{kg/s}$

단위면적당 질량유량($Q_m{}'$)

$Q_m{}' = \dfrac{2.46}{0.0022} = 1120 (\text{kg/m}^2\text{s})$

08. 밀도의 차원을 MLT 계로 옳게 표시한 것은?

① ML^{-3} ② ML^{-2}
③ MLT^{-2} ④ MLT^{-1}

해설 밀도의 차원
① 절대단위계(MLT계) : ML^{-3}
② 공학단위계(FLT계) : FT^2L^{-4}

09. 단면적이 변하는 관로를 비압축성 유체가 흐르고 있다. 지름이 15cm인 단면에서의 평균속도가 4m/s이면 지름이 20cm인 단면에서의 평균속도는 몇 m/s인가?

① 1.05   ② 1.25
③ 2.05   ④ 2.25

해설 연속의 방정식
$A_1 V_1 = A_2 V_2$ 식에서

$V_2 = \dfrac{A_1 V_1}{A_2} = \dfrac{d_1^2 V_1}{d_2^2} = \dfrac{15^2 \times 4}{20^2} = 2.25 \text{m/s}$

10. 압축성 이상기체(compressible ideal gas)의 운동을 지배하는 기본 방정식이 아닌 것은?

① 에너지방정식   ② 연속방정식
③ 차원방정식   ④ 운동량방정식

해설 압축성 이상기체의 운동을 지배하는 기본 방정식
① 에너지 방정식   ② 연속방정식
③ 운동량방정식   ④ 이상기체상태방정식

11. 펌프를 사용하여 지름이 일정한 관을 통하여 물을 이송하고 있다. 출구는 입구보다 3m위에 있고 입구압력은 1kgf/cm², 출구압력은 1.75kgf/cm²이다. 펌프수두가 15M 때 마찰에 의한 손실 수두는?

① 1.5m   ② 2.5m
③ 3.5m   ④ 4.5m

해설 베르누이 방정식

$H = \dfrac{P_1}{r} + \dfrac{V_1^2}{2g} + Z_1 = \dfrac{P_2}{r} + \dfrac{V_2^2}{2g} + Z_2 + h_\ell$

$h_\ell = H - \dfrac{(P_2 - P_1)}{r} + (Z_2 - Z_1) = 15 - \dfrac{(1.75-1) \times 10^4}{1000} + 3$

$= 4.5 \text{m}$

12. 비압축성 유체가 흐르는 유로가 축소될 때 일어나는 현상 중 틀린 것은?

① 압력이 감소한다.
② 유량이 감소한다.
③ 유속이 증가한다.
④ 질량 유량은 변화가 없다.

해설 연속의 방정식에 의해 유량은 일정하다.

13. 다음 중 점성(viscosity)와 관련성이 가장 먼 것은?

① 전단응력   ② 점성계수
③ 비중   ④ 속도구배

해설 뉴턴의 점성법칙

$\tau = \mu \dfrac{d_v}{d_y}$ (τ=전단응력, μ = 점성계수, $\dfrac{d_v}{d_y}$=속도구배)

14. 이상기체에서 정적비열의 정의로 옳은 것은?

① $(\partial u/\partial T)p$ ② KCp
③ $(\partial T/\partial u)v$ ④ $(\partial u/\partial T)v$

해설 이상기체의 정적비열 = $(\partial u/\partial T)v$

15. 비압축성 유체가 매끈한 원형관에서 난류로 흐르며 Blasius 실험식과 잘 일치한다면 마찰계수와 레이놀즈수의 관계는?

① 마찰계수는 레이놀즈수에 비례한다.
② 마찰계수는 레이놀즈수에 반비례한다.
③ 마찰계수는 레이놀즈수의 1/4승에 비례한다.
④ 마찰계수는 레이놀즈수의 1/4승에 반비례한다.

해설 관마찰계수의 난류구역
① 블라시우스(Blasius)의 실험식 : 매끄러운관

$$f = 0.3164 \mathrm{Re}^{-\frac{1}{4}} \; (f 는 \; \mathrm{Re} 의 \; 1/4 승에 \; 반비례한다.)$$

② 니쿠레디스(Nikuradse)의 실험식 : 거친관

$$\frac{1}{\sqrt{f}} = 1.14 - 0.86 \ln\left(\frac{e}{d}\right)$$

16. 20kgf의 저항력을 받는 평판을 2m/s로 이동할 때 필요한 동력은?

① 0.25PS ② 0.36PS
③ 0.53PS ④ 0.63PS

해설 동력(L) = 힘(kgf) × 속도(m/s)

$$L = \frac{20 \times 2}{75} = 0.53 \mathrm{PS}$$

17. 원심 송풍기에 속하지 않는 것은?

① 다익 송풍기 ② 레이디얼 송풍기
③ 터보 송풍기 ④ 프로펠러 송풍기

해설 원심 송풍기의 종류
① 터보형 : 임펠러의 출국각이 90°보다 작을 때
② 레이디얼형 : 임펠러의 출구각이 90°일 때
③ 다익형 : 임펠러의 출구각이 90°보다 클 때

18. 지름 8cm 인 원관 속을 동점성계수가 1.5×10^{-6} m^2/s 인 물이 $0.002 m^3$/s의 유량으로 흐르고 있다. 이때 레이놀드수는 약 얼마 인가?

① 20000 ② 21221
③ 21731 ④ 22333

해설 $\mathrm{Re} = \dfrac{\partial \mathrm{V d}}{u} = \dfrac{\mathrm{V d}}{v}$ 식에서

$$\mathrm{Re} = \frac{0.398 \times 0.08}{1.5 \times 10^{-6}} = 21221$$

여기서, $\mathrm{V} = \dfrac{Q}{A} = \dfrac{4Q}{\pi d^2} = \dfrac{4 \times 0.002}{\pi \times 0.08^2} = 0.398 \mathrm{m/s}$

19. 압축성 유체흐름에 대한 설명으로 가장 거리가 먼 것은?

① Mach 수는 유체의 속도와 음속의 비로 정의된다.
② 단면이 일정한 도관에서 단열마찰흐름은 가역적이다.
③ 단면이 일정한 도관에서 등온마찰흐름은 비단열적이다.
④ 초음속 유동일 때 확대 도관에서 속도는 점점 증가한다.

해설 단면이 일정한 도관에서 단열마찰 흐름은 비가역적이다.

20. 매끈한 직원관 속이 액체 흐름이 층류이고 관내에서 최대속도가 4.2m/s로 흐를 때 평균속도는 약 몇 m/s 인가?

① 4.2 ② 3.5
③ 2.1 ④ 1.75

해설 수평관 속의 층류흐름에서 평균속도(V)

$$V = \frac{1}{2} V_{max}$$

$$V = \frac{1}{2} \times 4.2 = 2.1 \mathrm{m/s}$$

정답 15. ④ 16. ③ 17. ④ 18. ② 19. ② 20. ③

제2과목 　 연소공학

21. 최소산소농도(MOC)와 이너팅(Inerting)에 대한 설명으로 틀린 것은?

① LFL(연소하한계)은 공기 중의 산소량을 기준으로 한다.

② 화염을 전파하기 위해서는 최소한의 산소농도가 요구된다.

③ 폭발 및 화재는 연료의 농도에 관계없이 산소의 농도를 감소시킴으로서 방지할 수 있다.

④ MOC값은 연소반응식 중 산소의 양론계수와 LFL(연소하한계)의 곱을 이용하여 추산할 수 있다.

해설 연소하한계(LFL)는 공기중이 연료를 기준으로 한다.

22. 가스터빈 장치의 이상사이클을 Brayton사이클이라고도 한다. 이 사이클의 효율을 증대시킬 수 있는 방법이 아닌 것은?

① 터빈에 다단팽창을 이용한다.

② 기관에 부딪치는 공기가 운동에너지를 갖게 하므로 압력을 확산기에서 증가시킨다.

③ 터빈을 나가는 연소 기체류와 압축기를 나가는 공기류 사이에 열교환기를 설치한다.

④ 공기를 압축하는데 필요한 일은 압축과정을 몇 단계로 나누고 각 단 사이에 중간 냉각기를 설치한다.

해설 압력을 증가시키면 압축비가 커져서 효율이 감소 할 수 있으므로 다단압축기를 사용해서 압력을 몇 단계로 나누어 압축시킨다.

23. 연소에 대한 설명 중 옳지 않은 것은?

① 연료가 한번 착화하면 고온으로 되어 빠른 속도로 연소한다.

② 환원반응이란 공기의 과잉 상태에서 생기는 것으로 이 때의 화염을 환원염이라 한다.

③ 고체, 액체 연료는 고온의 가스분위기 중에서 먼저 가스화가 일어난다.

④ 연소에 있어서는 산화 반응뿐만 아니라 열분해 반응도 일어난다.

해설 환원반응
공기(산소)가 부족한 상태에서 생기는 것으로 이 때의 화염을 환원염이라 한다.

24. 자연발화온도(AIT)는 외부에서 착화원을 부여하지 않고 증기가 주위의 에너지로부터 자발적으로 발화하는 최저온도이다. 다음 설명 중 틀린 것은?

① 부피가 클수록 AIT는 낮아진다.

② 산소농도가 클수록 AIT는 낮아진다.

③ 계의 압력이 높을수록 AIT는 낮아진다.

④ 포화탄화수소 중 iso-화합물이 n-화합물 보다 AIT가 낮다.

해설 자연발화온도(AIT)
iso 화합물 > n-화합물

25. 고압, 비반응성 기체가 들어 있는 용기의 파열에 의한 폭발은 다음 중 어떠한 폭발인가?

① 기계적 폭발　　　② 화학적 폭발

③ 분진폭발　　　　④ 개방계 폭발

해설 폭발
① 기계적 폭발 : 고압, 비반응성 기체가 들어 있는 용기의 파열에 의한 폭발
② 개방계 폭발 : 개방된 상태에서 일어나는 폭발
③ 밀폐계 폭발 : 용기나 빌딩내에서 일어나는 폭발
④ 화학적 폭발 : 화학반응에 의한 짧은 시간내에 급격한 압력 상승을 수반할 때 압력이 급격하게 방출되면서 폭발
⑤ 분진폭발 : 미분탄, 소맥분, 금속분, 플라스틱 분말 같은 가연성고체가 미분말상태로 부유하면서 공기와 혼합해서 가연성 혼합기를 형성하고 착화원에 의해서 폭발발생

21. ①　22. ②　23. ②　24. ④　25. ① 정답

26. Fireball에 의한 피해로 가장 거리가 먼 것은?

① 공기팽창에 의한 피해

② 탱크파열에 의한 피해

③ 폭풍압에 의한 피해

④ 복사열에 의한 피해

해설 화구(Fireball)의 피해
① 공기팽창에 의한 피해
② 폭풍압에 의한 피해
③ 복사열에 의한 피해
④ 화재에 의한 피해
참고 Fireball 형성에 영향을 미치는 요인
① 넓은 폭발범위 ② 낮은 공기밀도 ③ 높은연소열

27. 어떤 과학자가 대기압 하에서 물의 어는점과 끓는점 사이에서 운전할 때 열효율이 28.6%인 열기관을 만들었다고 발표하였다. 다음 설명 중 옳은 것은?

① 근거가 확실한 말이다.

② 경우에 따라 있을 수 있다.

③ 근거가 있다 없다 말할 수 없다.

④ 이론적으로 있을 수 없는 말이다.

해설 $\eta = 1 - \dfrac{T_2}{T_1} = 1 - 1\dfrac{(273+0)}{(273+100)} = 0.268$

∴ 26.8%

28. 등엔트로피 과정은 다음 중 어느 것인가?

① 가역 단열과정

② 비가역 단열과정

③ Polytropic 과정

④ Joule-Thomsom 과정

해설 ① 가역단열과정 : 등엔트로피 과정
② 비가역 단열과정 : 엔트로피 증가
③ 교축과정 : 등엔탈피 과정

29. C_3H_8을 공기와 혼합하여 완전연소시킬 때 혼합기체 중 C_3H_8의 최대농도는 약 얼마인가? (단, 공기중 산소는 20.9% 이다.)

① 3vol%　　　　② 4vol%

③ 5vol%　　　　④ 6vol%

해설 $C_3H_8 + 5O_2 \rightarrow 3CO_2 + 4H_2O$

공기량 = 산소량 $\times \dfrac{100}{20.9}$

$= 5 \times \dfrac{100}{20.9} = 23.9$

C_3H_8농도 $= \dfrac{1}{1+23.9} \times 100 = 4\%$

30. 불활성화(inerting)가스로 사용할 수 없는 가스는?

① 수소　　　　② 질소

③ 이산화탄소　　④ 수증기

해설 수소는 가연성 가스이다.

31. 125℃, 10atm에서 압축계수(Z)가 0.96일 때 $NH_3(g)$ 35kg의 부피는 약 몇 Nm^3인가? (단, N의 원자량 14, H의 원자량은 1이다.)

① 2.81　　　　② 4.28

③ 6.45　　　　④ 8.54

해설 $Pv = ZnRT$

$v = \dfrac{Z \times \dfrac{W}{M}RT}{\rho} = \dfrac{0.96 \times \dfrac{35}{17} \times 0.082(272+125)}{10}$

$= 6.45 m^3$

32. 1kg의 공기가 127℃에서 열량 300kcal를 얻어 등온팽창한다고 할 때 엔트로피의 변화량(kcal/kg·K)은?

① 0.493　　　　② 0.582

③ 0.651　　　　④ 0.750

해설 $\Delta S = \dfrac{\Delta Q}{T} = \dfrac{300(kcal/kg)}{(273+127)(k)} = 0.75(kcal/kg \cdot k)$

정답　26. ②　27. ④　28. ①　29. ②　30. ①　31. ③　32. ④

33. 발열량이 24000kcal/m³인 LPG 1m³에 공기 3m³을 혼합하여 희석하였을 때 혼합기체 1m³당 발열량은 몇 kcal 인가?

① 5000 　　　　② 6000
③ 8000 　　　　④ 16000

해설 $H = \dfrac{24000}{1+3} = 6000\,kcal$

34. 연료가 구비해야 될 조건에 해당하지 않는 것은?

① 발열량이 높을 것
② 조달이 용이하고 자원이 풍부할 것
③ 연소 시 유해가스를 발생하지 않을 것
④ 성분 중 이성질체가 많이 포함되어 있을 것

해설 연료의 구비조건
① 공기중에 쉽게 연소할 수 있을 것
② 인체에 유해하지 않을 것
③ 발열량이 클 것
④ 저장 취급이 용이할 것
⑤ 구입하기 쉽고 가격이 저렴할 것

35. 기체연료의 연소에서 화염전파의 속도에 영향을 가장 적게 주는 요인은?

① 압력
② 온도
③ 가스의 점도
④ 가연성 가스와 공기와의 혼합비

해설 기체 연료의 화염전파속도에 영향을 주는 인자
① 온도 　② 압력 　③ 연료와 산화제(공기)와의 혼합비

36. 온도에 따른 화학반응의 평형상수를 옳게 설명한 것은?

① 온도가 상승해도 일정하다.
② 온도가 하강하면 발열반응에서는 감소한다.
③ 온도가 상승하면 흡열방응에서는 감소한다.
④ 온도가 상승하면 발열반응에서는 감소한다.

해설 화학반응의 평형상수
① 온도상승 : 흡열반응증가, 발열반응증가
② 온도하강 : 흡열반응감소, 발열반응증가

37. 연소 시 발생하는 분진을 제거하는 장치가 아닌 것은?

① 백 필터 　　　② 사이클론
③ 스크린 　　　④ 스크러버

해설 분진제거 장치
① 백 필터 　② 사이클론 　③ 스크러버 　④ 루버형 　⑤ 침강식

38. 다음 중 폭발방호(Explosion Protection)의 대책이 아닌 것은?

① Venting
② Suppression
③ Containment
④ Adiabatic Compression

해설 폭발 방호 대책
① 폭발 방산(Explosion Vention)
② 폭발 봉쇄(Explosion Containment)
③ 폭발 억제(Explosion Suppression)

39. 수소(H_2)가 완전연소할 때의 고위발열량(Hh)과 저위발열량(HL)의 차이는 약 몇 kJ/kmol인가? (단, 물의 증발열은 273K, 포화상태에서 2501.6kJ/kg 이다)

① 40240 　　　　② 42410
③ 44320 　　　　④ 44320

해설 $h_2 + \dfrac{1}{2}O_2 \rightarrow H_2O$에서

$2501.6\,kJ/kg \times 18kg/kmol = 45028\,(kJ/kmol)$

---

33. ②　 34. ④　 35. ③　 36. ④　 37. ③　 38. ④　 39. ④　　정답

40. 공기 중에 압력을 증가시키면 일정 압력까지는 폭발범위가 좁아지다가 고압으로 올라가면 반대로 넓어지는 가스는?

① 수소　　　　　② 일산화탄소
② 메탄　　　　　④ 에틸렌

해설 압력이 증가하면 폭발범위가 넓어진다. (단, H_2 는 10atm까지는 좁아지다가 2 이상에서는 넓어진다.)

제3과목　　가스설비

41. 원유, 중유, 나프타 등 분자량이 큰 탄화수소를 원료로 하며 800~900℃의 고온에서 분해시켜 약 10000 kcal/Nm³ 정도의 가스를 제조하는 공정은?

① 열분해공정
② 접촉분해공정
③ 부분연소공정
④ 고압수증기개질공정

해설 열분해 공정
분자량이 큰 원료(나프타, 원유 등)를 800~900℃로 분해하여 고열량(10000kcal/Nm³)의 가스를 제조하는 공정

42. 신규 용기의 내압시험 시 전 증가량이 100cm³ 이었다. 이 용기가 검사에 합격 하려면 영구증가량은 몇 cm³ 이하이어야 하는가?

① 5　　　　　　　② 10
③ 15　　　　　　④ 20

해설 내압시험 합격기준 : 영구증가율 10% 이하

영구증가율 $= \dfrac{\text{영구증가량}}{\text{전 증가량}} \times 100(\%)$

영구증가량 = 전 증가량 × 영구증가율/100
　　　　　 = 100 × 10/100 = 10cm³

43. 가스의 종류와 용기표면의 도색이 틀린 것은?

① 의료용 산소 : 녹색
② 수소 : 주황색
③ 액화염소 : 갈색
④ 아세틸렌 : 황색

해설 의료용산소 : 백색

44. 압력조정기에 대한 설명으로 틀린 것은?

① 2단 감압식 2차용 조정기는 1단 감압식 저압조정기 대신으로 사용할 수 없다.
② 2단 감압식 1차 조정기는 2단 감압방식의 1차용으로 사용되는 것으로서 중압조정기라고도 한다.
③ 자동 절체식 분리형 조정기는 1단 감압방식이며 자동교체와 1차 감압기능이 따로 구성되어 있다.
④ 1단 감압식 준저압조정기는 일반소비자의 생활용 이외의 용도에 공급하는 경우에 사용되고 조정압력의 종류가 다양하다.

해설 자동절체식 분리형조정기
자동절체 기능과 2단 1차 감압기능을 겸한 1차용 조정기이다.

45. 가스배관이 콘크리트벽을 관통할 경우 배관과 벽사이에 절연을 하는 가증 주된 이유는?

① 누전을 방지하기 위하여
② 배관의 부식을 방지하기 위하여
③ 배관의 변형 여유를 주기 위하여
④ 벽에 의한 배관의 기계적 손상을 막기 위하여

해설 전기 방식효과를 유지하기 위한 절연이음매 등을 사용하여 절연조치를 할 장소
① 배관등과 철근콘크리트 구조물 사이
② 배관과 강재 보호관 사이
③ 타시설물과 접근교차지점
④ 배관과 배관 지지물 사이

정답 40. ①　41. ①　42. ②　43. ①　44. ③　45. ②

46. 터빈펌프에서 속도에너지를 압력에너지로 변환하는 역할을 하는 것은?

① 회전차(impeller)

② 안내깃(guide vane)

③ 와류실(volute casion)

④ 와실(whirl pool chamber)

[해설] 안내깃(guide Vane)
속도에너지를 효율적으로 압력에너지로 변화시키는 역할을 한다.

47. LPG 자동차에 설치되어 있는 베이터라이져(Vaporizer)의 주요 기능은?

① 압력승압 – 가스 기화

② 압력감압 – 가스 기화

③ 공기, 연료 혼합 – 타르 배출

④ 공기, 연료 혼합 – 가스 차단

[해설] 기화기(베어퍼라이저)의 역할
압력을 낮추어 가스를 기화(증발) 시키는 역할을 한다.

48. -160℃의 LNG(액비중 : 0.62, 메탄 : 90%, 에탄 : 10%)를 기화(10℃) 시키면 부피는 약 몇 m³가 되겠는가?

① 827.4   ② 82.74

③ 356.3   ④ 35.6

[해설] $V = \dfrac{620 \times 22.4}{17.4} \times \dfrac{(272+10)}{(272+0)} = 827.4 \text{m}^3$

여기서, $M = \dfrac{90 \times 16 + 10 \times 30}{100} = 17.4$

49. 원심펌프를 병렬로 연결시켜 운전하면 어떻게 되는가?

① 양정이 증가한다.   ② 양정이 감소한다.

③ 유량이 증가한다.   ④ 유량이 감소한다.

[해설] 원심펌프의 운전
① 직렬운전 : 유량일정, 양정증가
② 병렬운전 : 유량증가, 양정일정

50. 공동 주택에 압력 조정기를 설치할 경우 설치기준으로 맞는 것은?

① 공동주택 등에 공급되는 가스압력이 중압 이상으로서 전세대수가 200세대 미만인 경우 설치할 수 있다.

② 공동주택 등에 공급되는 가스압력이 저압으로서 전세대수가 250세대 미만인 경우 설치할 수 있다.

③ 공동주택 등에 공급되는 가스압력이 중압 이상으로서 전세대수가 300세대 미만인 경우 설치할 수 있다.

④ 공동주택 중에 공급되는 가스압력이 저압으로서 전세대수가 350세대 미만인 경우 설치할 수 있다.

[해설] 공동주택에 압력조정기의 설치기준
① 공동주택등에 공급되는 가스압력이 중압 이상으로서 전체세대수가 150세대 미만인 경우
② 공동주택 등에 공급되는 가스압력이 저압으로서 전체세대수가 250세대 미만인 경우

51. LP가스 소비시설에서 설치 용기의 개수 결정 시 고려할 사항으로 거리가 먼 것은?

① 최대소비수량   ② 용기의 종류(크기)

③ 가스발생능력   ④ 계량기의 최대용량

[해설] 용기설치 대수의 결정조건
① 최대 소비수량
② 용기의 종류(크기)
③ 용기로부터의 가스증발량(가스발생능력)

52. 다음 중 이상기체에 가장 가까운 기체는?

① 고온, 고압의 기체   ② 고온, 저압의 기체

③ 저온, 고압의 기체   ④ 저온, 저압의 기체

---

46. ②   47. ②   48. ①   49. ③   50. ②   51. ④   52. ②   정답

[해설] ① 이상기체에 가까운 기체 : 고온, 저압의 기체
② 실제기체에 가까운 기체 : 저온, 고압의 기체

53. 정전기 제거 또는 발생방지 조치에 대한 설명으로 틀린 것은?

① 상대습도를 낮춘다.
② 대상물을 접지시킨다.
③ 공기를 이온화시킨다.
④ 도전성 재료를 사용한다.

[해설] 정정기 제거 조치기준
① 상대습도를 높인다(70% 이상)
② 접지시킨다.
③ 공기를 이온화시킨다.
④ 도전성 재료를 사용한다.

54. 도시 가스배관의 접합시공방법 중 원칙적으로 규정된 접합시공방법은?

① 기계적 접합   ② 나사 접합
③ 플랜지 접합   ④ 용접 접합

[해설] 가스배관 접합시공 방법은 용접접합을 원칙으로 한다. 다만, 수시분해, 점검, 교환이 필요한 부분에는 플랜지 접합으로 한다.

55. LNG 냉열 이용에 대한 설명으로 틀린 것은?

① LNG를 기화시킬 때 발생하는 한냉을 이용하는 것이다.
② LNG냉열로 전기를 생산하는 발전에 이용할 수 있다.
③ LNG는 온도가 낮을수록 냉열이용량은 증가한다.
④ 국내에서는 LNG냉열을 이용하기 위한 타당성 조사가 활발하게 진행중이며 실제 적용한 실적은 아직 없다.

[해설] 국내도 LNG 냉열을 이용한 저온냉동, 냉장시스템의 핵심기술인 고효율 unit cooler, 고효율 열교환기등에 활용되고 있다.

56. 일반 도시가스사업소에 설치하는 매몰형 정압기의 설치에 대한 설명으로 옳은 것은?

① 정압기 본체는 두께 3mm 이상의 철판에 부식방지 도장을 한 격납상자 안에 넣어 매설한다.
② 철큰콘크리트 구조의 그 두께는 200mm 이상으로 한다.
③ 정압기의 기초는 바닥 전체가 일체로 된 철근콘크리트 구조로 한다.
④ 격납삿자 쪽의 도입관의 말단부에는 누출된 가스를 포집할 수 있는 직경 10cm 이상의 포집갓을 설치한다.

[해설] 매몰형 정압기의 설치기준
① 정압기의 기초는 바닥전체가 일체로 된 철근콘크리트로 하고 그 두께는 300mm 이상으로 한다.
② 정압기 본체는 두께 4mm 이상의 철판에 부식방지 도장을 한 격납상자 안에 넣어 매설하고 격납상자 안의 정압기 주위는 모래를 사용하여 되메움처리를 한다.
③ 격납상자 쪽의 도입관의 말단부에는 누출된 가스를 포집할 수 있는 직경 20cm 이상의 포집갓을 설치한다.

57. 대기압에서 1.5Mpa·g까지 2단 압축기로 압축하는 경우 압축동력의 최소로 하기 위해서는 중간압력을 얼마로 하는 것이 좋은가?

① 0.2Mpa·g   ② 0.3Mpa·g
③ 0.5Mpa·g   ④ 0.75Mpa·g

[해설] 중간압력(P_m)
$$P_m = \sqrt{P_1 \times P_2} = \sqrt{0.1 \times (1.5+0.1)} = 0.4 MPa(절대압)$$
$$\therefore \ 0.4 - 0.1 = 0.3 MPa$$

58. 압축기에 관한 용어레 대한 설명으로 틀린 것은?

① 간극용적 : 피스톤이 상사점과 하사점의 사이를 왕복할 때의 가스의 체적
② 행정 : 실린더 내에서 피스콘이 이동하는 거리
③ 상사점 : 실린더 체적이 최소가 되는 점
④ 압축비 : 실린더 체적과 간극 체적과의 비

[해설] 간극용적
피스톤이 상사점에 있을 때의 체적(실린더 최소제적)

정답 53. ①   54. ④   55. ④   56. ③   57. ②   58. ①

59. 제트펌프의 구성이 아닌 것은?

① 노즐   ② 슬로트
③ 베인   ④ 디퓨저

[해설] 제트 펌프
① 분류에 의하여 유체를 빨아올려 송출하는 펌프. 보통물 또는 증기를 분출해 양수를 행하지만 펌프의 효율이 낮은 것이 결점이다.
② 구성 : 노즐, 슬로트, 대퓨저

60. 수소에 대한 설명으로 틀린 것은?

① 암모니아 합성의 원료로 사용된다.
② 열전달률이 작고 열에 불안정하다.
③ 염소와이 혼합 기체에 일광을 쬐면 폭발한다.
④ 고온, 고압에서 강제 중의 탄소와 반응하여 수소취성을 일으킨다.

[해설] 수소는 열전도가 크고 열에 대하여 안정하다.

제4과목   **가스안전관리**

---

61. 독성가스설비를 수리할 때 독성가스의 농도를 얼마 이하로 하는가?

① 18% 이하
② 22% 이하
③ TLV-TWA 기준농도 이하
④ TLV-TWA 기준농도 1/4 이하

[해설] 독성가스 설비 수리할 때 농도
TLV-TWA 기준 농도 이하(허용농도 이하)

62. 고압가스 냉동시설에서 냉동능력의 합산기준으로 틀린 것은?

① 냉매가스가 배관에 의하여 공통으로 되어 있는 냉동 설비

② 냉매계통을 달리하는 2개 이상의 설비가 1개의 규격품으로 인정되는 설비 내에 조립되어 있는 것
③ 1원(元) 이상의 냉동방식에 의한 냉동설비
④ Brine을 공통으로 하고 있는 2 이상의 냉동설비

[해설] 냉동능력합산
① 냉매가스가 비관에 의하여 공통으로 되어 있는 냉동설비
② 냉매 계통을 달리하는 2개 이상의 설비가 1개의 규격품으로 인정되는 설비내에 조립되어 있는 것
③ 2원 이상의 냉동방식에 의한 냉동설비
④ 모터등 압축기의 동력설비를 공통으로 하고 있는 냉동설비
⑤ Brine을 공통으로 하고 있는 2이상의 냉동설비

63. 고압가스 충전용기의 운반 시 용기 사이에 용기출격을 최소한으로 방지하기 위해 설치하는 것은?

① 프로텍터   ② 갭
③ 완충판   ④ 방파판

[해설] 충전용기를 차량에 적재하여 운반하는 때에는 차량운행 중의 동요로 인하여 용기가 충돌하지 아니하도록 고무링(완충판)을 씌우거나 적재함에 넣어 세워서 운반할 것

64. 동절기 습도가 낮은 날 아세틸렌 용기밸브를 급히 개방할 경우 방생할 가능성이 가장 높은 것은?

① 아세톤 증발   ② 역화방지기 고장
③ 중합에 의한 폭발   ④ 정전기에 의한 착화

[해설] 아세틸렌용기 밸브를 급히 개발할 경우 정전기(점화원)에 의한 착화우려가 있다.

65. 산소 또는 천연메탄을 수송하기 위한 배관과 이에 접속하는 압축기와의 사이에 반드시 설치하여야 하는 것은?

① 수격방지방치   ② 긴급차단밸브
③ 압력계   ④ 수취기

[해설] 산소 또는 천연메탄을 수송하기 위한 비관과 이에 접속하는 압축기와의 사이에는 수취기(드레인세퍼레이터)를 설치한다.

---

59. ③   60. ②   61. ③   62. ③   63. ③   64. ④   65. ④   **정답**

66. 도시가스 정압기용 압력조정기를 출구 압력에 따라 구분할 경우의 기주능로 틀린 것은?

① 고압 : 1MPa 이상

② 중압 : 1~1MPa 미만

③ 준저압 : 4~100 미만

④ 1~4MPa 미만

해설 정압기용 압력조정기의 출구압력 구분
① 중압 : (0.1~1.0) MPa 미만
② 준저압 : (4~100) MPa 미만
③ 저압 : (1~4) MPa 미만

67. 도시가스공급시설에서 긴급용 벤트스택의 가스방출구의 위치는 작업원이 정상작업을 하는데 필요한 장소 및 작업원이 항히 통행하는 장소로부터 몇 m 이상 떨어진 곳에 설치하여야 하는가?

① 5m   ② 8m

③ 10m   ④ 12m

해설 벤트스택의 방출구 위치
긴급용 벤트스택 : 벤트스택 방출구의 위치는 작업원이 정상작업을 하는데 필요한 장소 및 작업원이 항시 통행하는 장소로부터 10m 이상 떨어진 곳에 설치할 것
(그 밖의 벤트스택은 5m 이상)

68. 저장탱크에 의한 액화석유가스 사용시설에서 배관이음부과 절연조치를 하지 아니한 전선과의 거리는 몇 cm 이상 유지하여야 하는가?

① 10   ② 15

③ 20   ④ 30

해설 사용시설의 배관 이음부와의 이격거리
① 전기계량기, 전기개폐기 : 60cm 이상
② 굴뚝, 전기점멸기, 전기접속기 : 30cm 이상
③ 절연조치를 하지 아니한 전선 : 15cm 이상

69. 용량 500L인 액체산소 저장탱크에 액체산소를 넣어 방출밸브를 개방하여 16시간 방치하였더니, 탱크 내의 액체 산소가 4.8kg이 방출되었다. 이 때 탱크에 침입하는 열량은 약 kcal/h인가? (단, 약채 산소의 증발잠열은 50kcal/h 이다.)

① 12   ② 15

③ 20   ④ 23

해설 $Q = \dfrac{50(\text{kcal/kg}) \times 4.8(\text{kg})}{16(\text{h})} = 15\text{kcal/h}$

70. 고압가스용 용접용기(내용적 500L 미만) 제조에 대한 가스종류별 내압시험 압력의 기준으로 옳은 것은?

① 액화프로판은 3.0MPa 이다.

② 액화후레온 22는 3.5MPa 이다.

③ 액화암모니아는 3.7MPa 이다.

④ 액화부탄은 0.9MPa 이다.

해설 내압시험 압력(내용적 500ℓ 미만인 용기)
① 액화프로판 : 2.5MPa   ② 액화후레온 13 : 20.6MPa
③ 액화 암모니아 : 2.9MPa ④ 액화부탄 : 0.9MPa

71. 다기능보일러(가스 스털링엔진 방식)의 재료에 대한 설명으로 옳은 것은?

① 카드뮴이 함유된 경 납땜을 사용한다.

② 가스가 통하는 모든 부분의 재료는 반드시 불연성재료를 사용한다.

③ 80℃ 이상의 온도에 노출된 가스통로에는 아연합금을 사용한다.

④ 석면 또는 폴리염화비페닐을 포함하는 재료는 사용되지 아니하도록 한다.

해설 다기능 보일러(가스 스털링엔진 방식)의 재료
① 카드뮴을 포함한 경납땜은 사용하지 않아야 한다.
② 석면 또는 폴리염화비페닐을 포함하는 재료는 사용되지 아니하도록 한다.
③ 80℃ 이상의 온도에 노출될 우려가 있는 가스통로에는 아연합금을 사용할 수 없다.
④ 가스가 통하는 부분의 재료는 불연성이나 난연성인 것으로 한다. 다만, 패킹류, 실(Seal)재 등의 기밀유지부는 불연성이나 난연성 재료로 하지 아니할 수 있다.

정답 66. ① 67. ③ 68. ② 69. ② 70. ④ 71. ④

72. 고압가스 제조설비에 사용하는 금속 재료의 부식에 대한 설명으로 틀린 것은?

① 18-8 스테인리스강은 저온취성에 강하므로 저온재료에 적당하다.
② 황화수소에는 탄소강은 내식성이 약하나 구리나 니켈합금은 내식성이 우수하다.
③ 일산화탄소에 의한 금속 카르보닐화의 억제를 위해 장치내면에 구리 등으로 라이닝 한다.
④ 수분이 함유된 산소를 용기에 충전할 때에는 용기의 부식방지를 위하여 산소 가스중의 수분을 제거한다.

해설 황화수소(H_2O)
① 수분을 함유하면 모든금속과 황화물을 만들어 심하게 부식시킨다.
② 황화물 방지원소 : 크롬(Gr), 알루미늄(Al), 규소(Si)
③ 고온고압이 아닌 때 일반적으로 사용이 될 수 있는 재질은 탄소강이다.
④ 구리등은 부식 되기 때문 사용 금지

73. 액화석유가스 용기의 기밀검사에 대한 설명으로 틀린 것은? (단, 내용적 125L 미만의 것에 한한다.)

① 내압검사에 적합한 용기를 샘플링하여 검사한다.
② 공기, 질소 등의 불활성 가스를 이용한다.
③ 누출 유무의 확인은 용기 1개에 1분(50L 미만의 용기는 30초)에 걸쳐서 실시한다.
④ 기밀시험 압력 이상으로 압력을 가하여 실시한다.

해설 기밀시험
액화석유가스를 충전하는 용기(내용적 125ℓ 미만의 것에 한함)의 기밀시험은 용기(내압시험에 합격한 것에 한함)의 전수에 대하여 공기 또는 질소 등의 불활성가스를 이용하여 실시한다.

74. 정전기 발생에 대한 설명으로 옳지 않은 것은?

① 물질의 표면상태가 원활하면 발생이 적어진다.
② 물질표면이 기름 등에 의해 오염되었을 때는 산화, 부식에 의해 정전기가 발생한다.
③ 정전기의 발생은 처음 접촉, 분리가 일어났을 때 최대가 된다.
④ 분리속도가 빠를수록 정정기의 발생량은 적어진다.

해설 분리속도가 빠를수록 정전기의 발생량은 많아진다.

75. 고압가스의 종류 및 범위에 포함되지 않는 것은?

① 상용의 온도에서 게이지압력 1MPa 이상이 되는 압축가스
② 섭씨 25℃의 온도에서 게이지압력이 0MPa을 초과하는 아세틸렌가스
③ 상용의 온도에서 게이지압력 0.2MPa 이상이 되는 액화가스
④ 섭씨 35℃의 온도에서 게이지압력이 0MPa을 초과하는 액화가그 중 액화시안화수소

해설 고압가스의 적용범위
① 압축가스 : 상용돈도 또는 35℃에서 1MPa(g) 이상인 것
② 아세틸렌 : 상용돈도에서 0MPa(g) 이상인 것
③ 액화가스 : 상용온도 또는 35℃에서 0.2MPa(g) 이상인 것
④ 액화가스 중 HCN, C_2H_4O, CH_3Br : 상용온도 또는 35℃에서 0MPa(g) 이상인 것

76. 안전관리 수준평가의 분야별 평가항목이 아닌 것은?

① 안전사고
② 비상사태 대비
③ 안전교육 훈련 및 홍보
④ 안전관리 리더십 및 조직

해설 안전관리 수준평가의 분야별 평가항목
① 안전관리리더십 및 조직
② 안전교육 훈련 및 통보
③ 가스 사고
④ 비상사태 대비
⑤ 운영 관리
⑥ 시설 관리

72. ② 　73. ① 　74. ④ 　75. ② 　76. ① 　정답

77. 독성가스 용기 운반차량의 적재함 재질은?

① SS200
② SPPS00
③ SS400
④ SPPS400

해설 적재함의 재질
SS400 또는 이와 동등 이상의 강도를 갖는 재질을 사용

78. 가스난방기는 상용압력의 1.5배 이상의 압력으로 실시하는 기밀시험에서 가스차단밸브를 통한 누출량이 얼마 이하로 되어야 하는가?

① 30mL/h
② 50mL/h
③ 70mL/h
④ 90mL/h

해설 가스 난방기로의 기밀 성능
가스난방기는 상용압력의 1.5배 이상의 압력으로 실시하는 기밀시험에서 가스차단밸브를 통한 누출량이 70mℓ/h 이하로 한다.

79. 고압가스용 저장탱크 및 압력용기(설계압력 20.6MPa 이하) 제조에 대한 내압시험 압력계산시 $P_t = \mu P(\frac{\sigma_t}{\sigma d})$에서 계수 μ의 값은?

① 설계압력의 1배 이상
② 설계압력의 1.3배 이상
③ 설계압력의 1.5배 이상
④ 설계압력의 2.0배 이상

해설 고압가스용 저장탱크 및 압력용기

$$P_t = \mu P(\frac{\sigma_t}{\sigma d})$$

여기서 P_t = 내압시험압력(MPa),
P = 설계압력(MPa)
σ_t = 설계온도에서의 재료의 허용응력(N/mm^2)
σd = 설계온도에서의 재료의 허용응력(N/mm^2)
μ = 계수의 값

압력용기 등의 설계압력 범위	μ
20.6MPa 이하	1.3
20.6MPa 초과 98MPa 이하	1.25
98MPa 초과	$1.1 \le \mu \le 1.25$의 범위

80. 폭발 상한값은 수소, 폭발 하한값은 암모니아와 유사한 가스는?

① 에탄
② 산화프로필렌
③ 일산화탄소
④ 메틸아민

해설 폭발범위
① 수소 : 4~75%
② 암모니아 : 15~28%
③ 일산화탄소 : 12.5~74%
④ 산화프로필렌 : 2~22%
⑤ 에탄 : 3~12.4%

제5과목 **가스계측**

81. 온도 25℃ 전압 760mmHg인 공기 중의 수증기 분압은 17.5mmHg 이었다. 이 공기의 습도를 건조공기 kg당 수증기의 kg수로 나타낸 것은? (단, 공기 및 물의 분자량은 각각 29.18 이다)

① 0.0014kg H_2O/kg 건조공기
② 0.0146kg H_2O/kg 건조공기
③ 0.0029kg H_2O/kg 건조공기
④ 0.0292kg H_2O/kg 건조공기

해설 분압 = 전압 × $\frac{성분몰수}{혼합몰수}$ 식에서

$$17.5 = 760 \times \frac{\frac{x}{18}}{(\frac{1}{29} + \frac{x}{18})}$$

$$x = 0.014kg$$

82. 적외선 가스분석기에서 분석 가능한 기체는?

① Cl_1
② SO_2
③ N_2
④ O_2

해설 적외선 가스분석기
적외선을 흡수하지 않는 N_2, O_2, H_2, Cl_2등의 대칭성 2원자 분자 및 He, Ar 등의 단원자 분자는 분석이 불가능하며 기타가스는 분석할 수 있다.

정답 77. ③ 78. ③ 79. ② 80. ③ 81. ② 82. ②

83. 다음 중 면적식 유량계는?

① 로터미터　　　　　② 오리피스미터

③ 피토관　　　　　　④ 벤투리미터

해설 ① 로터미터 : 면적식유량계
② 오리피스미터, 벤투리미터 : 차압식유량계
③ 피토관 : 속도수두측정식유량계

84. 부르동관(Bourdon Tube) 압력계의 종류가 아닌 것은?

① C자형

② 스파이럴형(Spiral type)

③ 헬리컬형(Helical type)

④ 케미컬형(Chemical type)

해설 부르동관 압력계의 종류
C자형, 스파이럴형, 헬리컬형, 버튼형

85. 되먹임제어의 특성에 대한 설명으로 틀린 것은?

① 목표값에 정확히 도달할 수 있다.

② 제어계의 특성을 향상시킬 수 있다.

③ 외부조건의 변화에 영향을 줄일 수 있다.

④ 제어기 부품들의 성능이 다소 나빠지면 큰 영향을 받는다.

해설 되먹임제어(피드백 제어)의 특성
① 자동제어에 있어서는 피드백 제어가 기본이다.
② 피드백에 의하여 제어량의 값을 목표치와 비교하여 그것을 일치시키도록 정정동작을 행하는 제어이다.
③ 목표값에 정확히 도달할 수 있다.
④ 제어계의 특성을 향상시킬 수 있다.
⑤ 외부조건의 변화에 영향을 줄일 수 있다.

86. Mi, Mn, Co 등의 금속산화물을 소결시켜 만든 반도체로써 미세한 온도 측정에 용이한 온도계는?

① 바이메탈온도계　　② 써모컬러온도계

③ 써모커플온도계　　④ 서미스터저항온도계

해설 서미스터 저항온도계
① 온도가 상승하면 저항치가 감소한다.
② 측온저항체 : Ni, Co, Fe, Cu, Mn 등의 금속산화물을 압축소결하여 만든 반도체

87. 0℃에서 저항이 120Ω이고 저항온도 계수가 0.0025인 저항온도계를 어떤 로안에 삽입하였을 때 저항이 180Ω이 되었다면 로안의 온도는 약 몇 ℃인가?

① 125　　　　　　　② 200

③ 320　　　　　　　④ 534

해설 t(℃)에서의 저항
$R = R_0(1 + \alpha t)(\Omega)$
여기서, R_0 : 0℃에서의 저항(Ω)
　　　　α : 온도계수
　　　　R : t℃에서의 저항(Ω)
　　　　t : 온도(℃)

$$t = \frac{\frac{R}{R_0} - 1}{a} = \frac{\frac{180}{120} - 1}{0.0025} = 200℃$$

88. 액면계는 액면의 측정방법에 따라 직접법과 간접법으로 구분한다. 간접법 액면계의 종류가 아닌 것은?

① 방사선식　　　　　② 플로트식

③ 압력검출식　　　　④ 퍼지식

해설 액면계
① 직접법 : 게이지글라스, 검척봉, 플로트(부자)식 액면계
② 간접법 : 입력검출형, 차압형, 다이어프램형, 에어퍼지형, 상사선식 정전용량식, 초음파식, 전극식

89. 측정온도가 가장 높은 온도계는?

① 수은온도계　　　　② 백금저항온도계

③ PR열전도온도계　　④ 바이메탈온도계

해설 측정온도
① 수은온도계 : -60~350℃
② 백금저항온도계 : -200~500℃
③ PR열전도온도계(백금-백금로듐) : 0~1600℃
④ 바이메탈온도계 : -50~500℃

83. ①　84. ④　85. ④　86. ④　87. ②　88. ②　89. ③　**정답**

90. 가스크로마토 그래피의 장치 구성요소가 아닌 것은?

① 분리관(칼럼)　　　② 검출기
③ 광원　　　　　　　④ 기록계

해설 굿크로마토그래피의 3대 구성요소
① 분리관(컬럼)　② 검출기　③ 기로계

91. 다음 중 가스 검지법에 해당하지 않는 것은?

① 분열연소법　　　② 시험지법
③ 검지관법　　　　④ 가연성가스 검출기법

해설 가스검지법
① 시험지법　　　　② 검지관법
③ 가스검지기　　　④ 가연성가스검출기
참고 분별연소법은 가스분석법중 연소분석법에 해당한다.

92. 다음 중 편위법에 의한 계측기가 아닌 것은?

① 스프링 저울　　　② 부르동관 압력계
③ 전류계　　　　　　④ 화학천칭

해설 편위법
① 부르동관 압력계와 같이 측정량과 관계 있는 다른양으로 변화시켜 측정하는 방법으로 정도는 낮지만 측정이 간단하다.
② 스프링저울, 전류계, 브르동관 압력계 등에 이용된다.

93. 대용량의 유량을 측정할 수 있는 초음파 유량계는 어떤 원리를 이용한 유량계인가?

① 전자유도법칙　　　② 도플러효과
③ 유체의 저항변화　　④ 열팽창계수 차이

해설 초음파유량계
초음파가 유체속을 진행할 때 유체가 정지할 때와 움직일 때 초음파의 진행속도가 달라진다는 도플러효과를 이용하여 유량을 측정한다.
① 대유량 측정 및 압력손실이 없다.
② 비전도성의 액체유량측정도 가능하다.

94. 막식가스미터에서 계량막 밸브의 누설, 밸브와 밸브시트 사이의 누설 등이 원인이 되는 고장은?

① 부동(不動)　　　② 불통(不通)
③ 누설(漏泄)　　　④ 기차(器差)불량

해설 기차불량
① 계량막이 신축하여 계량실 체적이 변화한 경우
② 패팅 부분에서의 누설
③ 밸브와 밸브시트의 간격에서의 누설

95. 가스크로마토그래피 분석법에서 자유전자포착성질을 이용하여 전자친화력이 있는 화합물에만 감응하는 원리를 적용하여 환경물질 분석에 널리 이용되는 검출기는?

① TCD　　　　　② FPD
③ ECD　　　　　④ FID

해설 전자포힉 이온화 검출기(ECD)
① 방사선으로 캐리어가스가 이온화되어 생긴 자유전자를 시료 성분이 포획하면 이온전류가 감소하는 것을 이용한다.
② 할로겐 및 사놋화합물에서의 감도는 최고이며 탄화수소는 감도가 나쁘다.

96. 감도(感度)에 대한 설명으로 옳은 것은?

① 감도가 좋으면 측정시간이 길어지고 측정범위는 좁아진다.
② 측정결과에 대한 신뢰도를 나타내는 척도이다.
③ 지시량 변화에 대한 측정량 변화의 비로 나타낸다.
④ 계측기가 지시량의 변화에 민감한 정도를 나타내는 값이다.

해설 감도
계측기가 측정량의 변화에 민감한 정도를 나타내는 값
① 감도가 좋으면 측정시간이 길어지고 측정범위는 좁아진다.
② 감도 = $\dfrac{지시량의\ 변화}{측정량의\ 변화}$

정답　90. ③　91. ①　92. ④　93. ②　94. ④　95. ③　96. ①

97. 다음 그림은 가스크로마토 그래프의 크로마토그램이다. t, t1, t2는 무엇을 나타내는가?

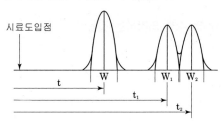

① 이론 단수
② 채류시간
③ 분리관의 효율
④ 피크의 좌우 변곡점 길이

해설 이론단수 $(n) = 16 \times \left(\dfrac{t}{W}\right)^2$

여기서 t : 보유시간(채류시간)
　　　W : 피크의 좌우 변곡점에서 접전이 자르는 바탕성
　　　　의 길이

HETP(분리관의 효율) $= \dfrac{L}{n}$

(여기서 L : 분리관의 길이(mm))

98. 게겔법에 의한 가스 분석에서 가스와 그 흡수제가 바르게 짝지어진 것은?

① O_2 - 취화수소
② CO_2 - 발연황산
③ C_2H_2 - 33% KOH 용액
④ CO - 암모니아성 염화 제1구리 용액

해설 게겔법이 흡수제의 종류
① CO_2 : 33% KOH 용액
② 아세틸렌 : 요오드수은 칼륨용액
③ 에틸렌 : 취하수소용액(HBr)
④ O_2 : 알칼리성 피로카롤용액
⑤ CO : 암모니아성 염화제1구리 용액

99. 임펠러식 유량계에 대한 설명으로 틀린 것은?

① 구조가 간단하다.
② 내구력이 우수하다.
③ 직관부분이 필요 없다.
④ 부식성 유체에도 사용이 가능하다.

해설 임펠러식 유량계
① 구조가 간단하고 보수가 용이
② 내구성이 좋고 부식성이 강한 액체에도 사용가능
③ 일정길이의 직관부가 필요하다.
④ 측정정도가 ±0.5% 정도이다.

100. 대류에 의한 열전달에 있어서 경막계수를 결정하기 위한 무차원 함수로 관성력과 점성력의 비로 표시되는 것은?

① Reynolds수
② Nusselt수
③ Prandtl수
④ Euler수

해설 무차원식

① 레이놀드수(Reynolds number) $= \dfrac{관성력}{점성력}$

② 웨버수(Weber number) $= \dfrac{관성력}{표면장력}$

③ 마하수(Mach number) $= \dfrac{관성력}{탄성력}$

④ 프루드수(Froude number) $= \dfrac{관성력}{중 력}$

⑤ 오일러수(Euler number) $= \dfrac{관성력}{중 력}$

⑥ 압력계수(Pressure coefficient) $= \dfrac{압축력}{관성력}$

제1과목 **가스유체역학**

01. 탱크 안의 액체의 비중량은 700kgf/m³이며 압력은 700kgf/m²이다. 압력을 수두로 나타내면 몇 m인가?

① 1.429m
② 4.286m
③ 42.86m
④ 428.6m

[해설] $h = \dfrac{P}{r}$ 식에서 $h = \dfrac{3 \times 10^4 (\text{kgf/m}^2)}{700 (\text{kgf/m}^3)} = 42.86\text{m}$

02. 2개의 무한 수평 평판 사이에서의 층류 유동의 속도 분포가 $\mu(y) = U\left[1 - \left(\dfrac{y}{H}\right)^2\right]$ 로 주어지는 유동장(Poiseuille flow)이 있다. 여기에서 U와 H는 각각 유동장의 특성속도와 특성길이를 나타내며, y는 수직 방향의 위치를 나타내는 좌표이다. 유동장에서는 속도 u(y)만 있고, 유체는 점성계수가 μ인 뉴튼유체일 때 $y = \dfrac{H}{2}$에서의 전단응력의 크기는?

① $\dfrac{\mu U}{H^2}$
② $\dfrac{\mu U}{2H^2}$
③ $\dfrac{\mu U}{H}$
④ $\dfrac{8\mu U}{2H}$

[해설] 뉴턴유체일 때 $y = \dfrac{H}{2}$에서 전단응력 크기(τ)

$\tau = \dfrac{\mu U}{H}$

03. 어떤 유체의 액면아래 10m인 지점의 계기압력이 2.16kgf/cm²일 때 이 액체의 비중량은 몇 kgf/m³인가?

① 2160
② 216
③ 21.6
④ 0.216

[해설] $r = \dfrac{P}{H} = \dfrac{2.16 \times 10^4 (\text{kgf/m}^2)}{10(\text{m})} = 2,160\text{kgf/m}^3$

04. Mach 수를 의미하는 것은?

① $\dfrac{\text{실제유동속도}}{\text{음속}}$
② $\dfrac{\text{초음속}}{\text{아음속}}$
③ $\dfrac{\text{음속}}{\text{실제유동속도}}$
④ $\dfrac{\text{아음속}}{\text{초음속}}$

[해설] 마하수(M)

$M = \dfrac{\text{실제유동속도}(V)}{\text{음속}(C)} = \dfrac{V}{\sqrt{kgRT}}$

05. 간격이 좁은 2개의 연직 평판을 물속에 세웠을 때 모세관현상의 관계식으로 맞는 것은? (단, 두 개의 연직 평판의 간격 : t, 표면장력 : σ, 접촉각 : β, 물의 비중량 : γ, 평판의 길이 : l, 액면의 상승높이 : h_c이다.)

① $h_c = \dfrac{4\sigma\cos\beta}{\gamma t}$
② $h_c = \dfrac{4\sigma\sin\beta}{\gamma t}$
③ $h_c = \dfrac{2\sigma\cos\beta}{\gamma t}$
④ $h_c = \dfrac{2\sigma\sin\beta}{\gamma t}$

[해설] 모세관 현상
㉠ 두 평판 사이(t)에서 액면상승 높이(h_c)

$h_c = \dfrac{2\sigma\cos\beta}{rt}$

㉡ 세관지름(d)에서 액면상승 높이(h)

$h = \dfrac{4\sigma\cos\beta}{rd}$

06. 지름이 25cm인 원형관 속을 5.7m/s의 평균속도로 물이 흐르고 있다. 40m에 걸친 수두 손실이 5m라면 이때의 Darcy 마찰계수는?

① 0.0189
② 0.1547
③ 0.2089
④ 0.2621

[해설] $h_l = f\dfrac{l}{d}\dfrac{V^2}{2g}$ 식에서

$f = \dfrac{2gdh_l}{V^2 l} = \dfrac{2 \times 9.8 \times 0.25 \times 5}{5.7^2 \times 40} = 0.0189$

정답 01. ③ 02. ③ 03. ① 04. ① 05. ③ 06. ①

07. 두 피스톤의 지름이 각각 25cm와 5cm이다. 직경이 큰 피스톤을 2cm 만큼 움직이면 작은 피스톤은 몇 cm 움직이는가? (단, 누설량과 압축은 무시한다.

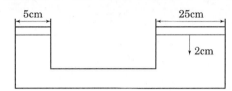

① 5   ② 10

③ 25   ④ 50

해설 파스칼의 원리에 의해

$A_1 l_1 = A_2 l_2$ 식에서

$$l_1 = \frac{A_2 l_2}{A_1} = \frac{d_2^2 l_2}{d_1^2} = \frac{25^2 \times 2}{5^2} = 50cm$$

08. 중력 단위계에서 1kgf와 같은 것은?

① $980kg \cdot m/s^2$ ② $980kg \cdot m^2/s^2$

③ $9.8kg \cdot m/s^2$ ④ $9.8kg \cdot m^2/s^2$

해설 $1kg = 9.8N = 9.8kg \cdot m/s^2$

09. 내경이 10cm인 원관 속을 비중 0.85인 액체가 10cm/s의 속도로 흐른다. 액체의 점도가 cP라면 이 유동의 레이놀즈수는?

① 1,400   ② 1,700

③ 2,100   ④ 2,300

해설 레이놀즈 수(Re)

$$Re = \frac{\rho V d}{\mu} = \frac{0.85 \times 10 \times 10}{0.05} = 1700$$

여기서, $5cp = 0.05poise = 0.05g/cm \cdot s$

비중$(s) = 0.85 \rightarrow$ 밀도$(\rho) \rightarrow 0.85g/cm^3$

10. 출구의 지름이 20cm인 송풍기의 배출유량이 $3m^3/min$일 때 평균유속은 약 몇 m/s인가?

① 1.2m/s   ② 1.6m/s

③ 3.2m/s   ④ 4.8m/s

해설 $Q = AV$ 식에서

$$V = \frac{Q}{A} = \frac{4Q}{\pi d^2} = \frac{4 \times 3}{\pi \times 0.2^2 \times 60} = 1.6m/s$$

11. 항력계수를 옳게 나타낸 것은? (단, C_D는 항력계수, D는 항력, ρ는 밀도, V는 유속, A는 면적을 나타낸다.)

① $C_D = \dfrac{D}{0.5\rho V^2 A}$ ② $C_D = \dfrac{D^2}{0.5\rho VA}$

③ $C_D = \dfrac{0.5\rho V^2 A}{D}$ ④ $C_D = \dfrac{0.5\rho V^2 A}{D^2}$

해설 항력(D)과 양력(L)

㉠ $D = C_D A \dfrac{1}{2} \rho V^2$ 에서 $C_D = \dfrac{D}{0.5\rho V^2 A}$

㉡ $L = C_L A \dfrac{1}{2} \rho V^2$ 에서 $C_L = \dfrac{D}{0.5\rho V^2 A}$

12. 구형입자가 유체 속으로 자유 낙하할 때의 현상으로 틀린 것은? (단, μ는 점성계수, d는 구의 지름, U는 속도이다.)

① 속도가 매우 느릴 때 항력(drag force)은 $3\pi\mu dU$이다.

② 입자에 작용하는 힘을 중력, 항력, 부력으로 구분할 수 있다.

③ 항력계수(C_D)는 레이놀즈수가 증가할수록 커진다.

④ 종말속도는 가속도가 감소되어 일정한 속도에 도달한 것이다.

해설 항력계수(C_D)는 레이놀즈수가 증가할수록 작아진다.

13. 안지름이 150mm인 관 속에 20℃의 물이 4m/s로 흐른다. 안지름이 75mm인 관 속에 40℃의 암모니아가 흐르는 경우 역학적 상사를 이루려면 암모니아의 유속은 얼마가 되어야 하는가? (단, 물의 동점성계수는 $1.006 \times 10^{-6} m^2/s$이고 암모니아의 동점성계수는 $0.34 \times 10^{-6} m^2/s$이다.)

① 0.27m/s   ② 2.7m/s

③ 3m/s   ④ 5.68m/s

[해설] $Re = \dfrac{\rho Vd}{\mu} = \dfrac{Vd}{\nu}$ 식에서

$\dfrac{V_1 d_1}{\nu_1} = \dfrac{V_2 d_2}{\nu_2}$

$V_2 = \dfrac{V_1 d_1 \nu_2}{d_2 \nu_1} = \dfrac{4 \times 150 \times 0.34 \times 10^{-6}}{75 \times 1.006 \times 10^{-6}} = 2.7 \text{m/s}$

14. 2차원 직각좌표계 (x, y)상에서 x방향의 속도를 u, y방향의 속도를 v라고 한다. 어떤 이상유체의 2차원 정상 유동에서 $v = -Ay$일 때 다음 중 x방향의 속도 u가 될 수 있는 것은? (단, A는 상수이고 $A > 0$이다.)

① Ax ② $-Ax$

③ Ay ④ $-2Ax$

15. 압축성 유체가 축소-확대 노즐의 확대부에서 초음속으로 흐를 때, 다음 중 확대부에서 감소하는 것을 옳게 나타낸 것은? (단, 이상기체의 등엔트로피 흐름이라고 가정한다.)

① 속도, 온도   ② 속도, 밀도

③ 압력, 속도   ④ 압력, 밀도

[해설] 축소-확대 노즐

압축성 유체의 흐름	축소 노즐	확대 노즐
아음속 흐름	속도 증가, 압력 감소	속도 감소, 압력 증가
초음속 흐름	속도 감소, 압력 증가	속도 증가, 압력 감소

16. 상온의 공기 속을 260m/s의 속도로 비행하고 있는 비행체의 선단에서의 온도증가는 약 얼마인가? (단, 기체의 흐름을 등엔트로피 흐름으로 간주하고 공기의 기체상수는 287J/kg · K이고 비열비는 1.4이다.)

① 24.5℃   ② 33.6℃

③ 44.6℃   ④ 45.1℃

[해설] $T_o - T = \dfrac{k-1}{k} \times \dfrac{V^2}{2R}$

$= \dfrac{1.4 - 1}{1.4} \times \dfrac{260^2}{2 \times 287} = 33.6℃$

17. 수은-물 마노메타로 압력차를 측정하였더니 50cmHg였다. 이 압력차를 mH₂O로 표시하면 약 얼마인가?

① 0.5   ② 5.0

③ 6.8   ④ 7.3

[해설] $h = 50 \text{cmHg} \times \dfrac{10.332 \text{mH}_2\text{O}}{76 \text{cmHg}} = 6.8 \text{mH}_2\text{O}$

여기서, $76 \text{cmHg} = 10.332 \text{mH}_2\text{O}$

18. 그림은 수축노즐을 갖는 고압용기에서 기체가 분출될 때 질량유량($\dot{m}$)과 배압(Pb)과 용기 내부 압력(Pr)의 비의 관계를 도시한 것이다. 다음 중 질식된 (choking) 상태만 모은 것은?

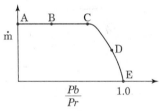

① A, E   ② B, D

③ D, E   ④ A, B

[해설] $\dfrac{P_b}{P_r} < 1$일 때 질량유량($\dot{m}$)은 변화없이 일정하다(A, B, C).

19. 유체에 관한 다음 설명 중 옳은 내용을 모두 선택한 것은?

> ㄱ. 정지 상태의 이상유체(ideal fluid)에서는 전단 응력이 존재한다.
> ㄴ. 정지 상태의 실제유체(real fluid)에서는 전단 응력이 존재하지 않는다.
> ㄷ. 전단 응력을 유체에 가하면 연속적인 변형이 일어난다.

① ㄱ, ㄴ   ② ㄱ, ㄷ

③ ㄴ, ㄷ   ④ ㄱ, ㄴ, ㄷ

[해설] 유체의 정의
반드시 운동상태에서만 전단응력과 평형을 이룰 수 있다. 즉, 작은 전단력이라도 작용하면 쉽게 연속적으로 유동하는 물질이다.

20. 웨버(Weber) 수의 물리적 의미는?

① 압축력/관성력
② 관성력/점성력
③ 관성력/탄성력
④ 관성력/표면장력

[해설] 무차원수
㉠ 압력계수 $=\dfrac{압축력}{관성력}$
㉡ 레이놀즈수 $=\dfrac{관성력}{점성력}$
㉢ 마하수 $=\dfrac{관성력}{탄성력}$
㉣ 웨버수 $=\dfrac{관성력}{표면장력}$

제2과목 연소공학

21. 연소범위에 대한 일반적인 설명으로 틀린 것은?

① 압력이 높아지면 연소범위는 넓어진다.
② 온도가 올라가면 연소범위는 넓어진다.
③ 산소농도가 증가하면 연소범위는 넓어진다.
④ 불활성가스의 양이 증가하면 연소범위는 넓어진다.

[해설] 불활성기체의 영향
불활성기체(이산화탄소, 질소 등)를 공기와 혼합하여 산소농도를 줄여가면 폭발범위는 점차 좁아지는데 그 이유는 불활성기체가 지연성가스와 가연성가스의 반응을 방해하고 흡수하기 때문이다.

22. 아세틸렌(C_2H_2)에 대한 설명 중 틀린 것은?

① 산소와 혼합하여 3,300℃까지의 고온을 얻을 수 있으므로 용접에 사용된다.
② 가연성 가스 중 폭발한계가 가장 적은 가스이다.
③ 열이나 충격에 의해 분해폭발이 일어날 수 있다.
④ 용기에 충전할 때에 단독으로 가압 충전할 수 없으며 용해 충전한다.

[해설] 아세틸렌의 폭발범위 2.5~81%로 폭발범위가 넓다.

23. 미분탄 연소의 특징으로 틀린 것은?

① 가스화 속도가 낮다.
② 2상류 상태에서 연소한다.
③ 완전연소에 시간과 거리가 필요하다.
④ 화염이 연소실 전체에 퍼지지 않는다.

[해설] 미분탄 연소
화염이 연소실 전체에 퍼지고 연소속도가 빠르다.

24. 방폭에 대한 설명으로 틀린 것은?

① 분진 처리시설에서 호흡을 하는 경우 분진을 제거하는 장치가 필요하다.
② 분해 폭발을 일으키는 가스에 비활성기체를 혼합하는 이유는 화염온도를 낮추고 화염전파능력을 소멸시키기 위함이다.
③ 방폭 대책은 크게 예방, 긴급대책 등 2가지로 나누어진다.
④ 분진을 다루는 압력을 대기압보다 낮게 하는 것도 분진 대책 중 하나이다.

[해설] 방폭 대책의 기본 사항
㉠ 위험분위기 생성 방지
• 폭발성 가스의 누설 및 방출 방지
• 폭발성 가스의 체류 방지
• 폭발성 가스의 생성 방지
㉡ 전기기기의 방폭
• 점화원의 방폭적 격리 : 압력 방폭구조, 유입 방폭구조, 내압 방폭구조
• 전기기기의 안전도 증강 : 안전증 방폭구조
• 점화능력의 본질적 억제 : 본질 안전 방폭구조

25. 열역학적 상태량이 아닌 것은?

① 정압비열
② 압력
③ 기체상수
③ 엔트로피

20. ④ 21. ④ 22. ② 23. ④ 24. ③ 25. ③ 정답

해설 상태(state)
㉠ 종량성 상태량 : 무게, 체적, 질량, 엔트로피, 엔탈피, 내부에너지, 비열 등
㉡ 강도성 상태량 : 절대온도, 압력, 비체적 등

26. 800℃의 고열원과 300℃의 저열원 사이에서 작동하는 카르노사이클 열기관의 열효율은?

① 31.3%
② 46.6%
③ 68.8%
④ 87.3%

해설 열기관의 열효율(η)

$$\eta = \frac{T_1 - T_2}{T_1} \times 100 (\%)$$

$$= \frac{(273.15 + 800) - (273.15 + 300)}{(273.15 + 800)} \times 100 (\%) = 46.6\%$$

27. 폭발억제 장치의 구성이 아닌 것은?

① 폭발검출기구
② 활성제
③ 살포기구
④ 제어기구

해설 활성제는 폭발촉진제이다.

28. 다음 가스와 그 폭발한계가 틀린 것은?

① 수소 : 4%~75%
② 암모니아 : 15%~28%
③ 메탄 : 5%~15.4%
④ 프로판 : 2.5%~40%

해설 프로판의 폭발범위는 2.1%~9.5%이다.

29. 배기가스의 온도가 120℃인 굴뚝에서 통풍력 12mmH₂O를 얻기 위하여 필요한 굴뚝의 높이는 약 몇 m인가? (단, 대기의 온도는 20℃이다.)

① 24
② 32
③ 39
④ 47

해설 $P = 355 H \left(\dfrac{1}{273 + t_1} - \dfrac{1}{273 + t_2} \right)$ (mmH₂O) 식에서

$$H = \frac{P}{355 \left(\dfrac{1}{273 + t_1} - \dfrac{1}{273 + t_2} \right)}$$

$$= \frac{12}{355 \left(\dfrac{1}{273 + 20} - \dfrac{1}{273 + 120} \right)} = 39m$$

30. 가연성 혼합가스에 불활성 가스를 주입하여 산소의 농도를 최소산소농도(MOC) 이하로 낮게 하는 공정은?

① 릴리프(relief)
② 벤트(vent)
③ 이너팅(inerting)
④ 리프팅(lifting)

해설 이너팅(inerting)–비활성화(퍼지법)
가연성 혼합가스에 불활성가스(아르곤, 질소등) 등을 주입하여 산소의 농도를 최소산소농도(MOC) 이하로 낮추는 작업으로 진공퍼지, 압력퍼지, 스위프퍼지, 사이펀퍼지 등이 있다.

31. 공기비가 클 경우 연소에 미치는 영향에 대한 설명으로 틀린 것은?

① 통풍력이 강하여 배기가스에 의한 열손실이 많아진다.
② 연소가스 중 NOₓ의 양이 많아져 저온부식이 된다.
③ 연소실 내의 연소온도가 저하된다.
④ 불완전연소가 되어 매연이 많이 발생한다.

해설 공기비가 클 경우
㉠ 연소의 온도저하
㉡ 통풍력이 강하여 배기가스에 의한 열손실 증대
㉢ 연소 가스 중에 SO_3의 양이 증대되어 저온부식 촉진
㉣ 연소 가스 중에 NO_2의 발생이 심하여 대기오염 유발

정답 26. ② 27. ② 28. ④ 29. ③ 30. ③ 31. ④

32. 다음은 간단한 수증기사이클을 나타낸 그림이다. 여기서 랭킨(Rankine) 사이클의 경로를 옳게 나타낸 것은?

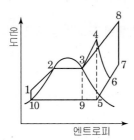

① $1 \to 2 \to 3 \to 9 \to 10 \to 1$
② $1 \to 2 \to 3 \to 4 \to 5 \to 9 \to 10 \to 1$
③ $1 \to 2 \to 3 \to 4 \to 6 \to 5 \to 9 \to 10 \to 1$
④ $1 \to 2 \to 3 \to 8 \to 7 \to 5 \to 9 \to 10 \to 1$

해설 ㉠ $1 \to 2$: 보일러   ㉡ $4 \to 5$: 터빈
　　㉢ $9 \to 10$: 복수기   ㉣ $10 \to 1$: 펌프

33. 연소의 열역학에서 몰엔탈피를 H_j, 몰엔트로피를 S_j라 할 때 Gobbs 자유에너지 F_j와의 관계를 올바르게 나타낸 것은?

① $F_j = H_j - TS_j$　　② $F_j = H_j + TS_j$
③ $F_j = S_j - TH_j$　　④ $F_j = S_j - TH_j$

해설 $F_i(kcal/kg) = H_i(kcal/kg) - T(k) \times S_i(kcal/kg)$

34. 천연가스의 비중측정 방법은?

① 분젤실링법
② Soap bubble법
③ 라이트법
④ 분젠버너법

해설 분젤실링법
작은 구멍에서 분출하는 가스의 유속이 그레이엄 법칙에 따라 밀도의 제곱근에 반비례하는 것을 이용하는 것으로 천연가스 등의 비중측정 등에 이용된다.

35. 공기 중의 산소 농도가 높아질 때 연소의 변화에 대한 설명으로 틀린 것은?

① 연소속도가 빨라진다.
② 화염온도가 높아진다.
③ 발화온도가 높아진다.
④ 폭발이 더 잘 일어난다.

해설 산소 농도가 증가 할 때
㉠ 연소속도가 빨라진다.
㉡ 화염온도가 높아진다.
㉢ 발화온도가 낮아진다.
㉣ 폭발범위가 넓어진다.

36. 증기운 폭발의 특징에 대한 설명으로 틀린 것은?

① 폭발보다 화재가 많다.
② 점화위치가 방출점에 가까울수록 폭발위력이 크다.
③ 증기운의 크기가 클수록 점화될 가능성이 커진다.
④ 연소에너지의 약 20%만 폭풍파로 변한다.

해설 증기운 폭발의 특징
㉠ 증기운의 크기가 클수록 점화확률이 커진다.
㉡ 방출점과 점화원의 거리가 멀수록 폭발위력이 커진다.
㉢ 분자의 이동과 난류의 이동에 의해 전파속도가 지배한다.
㉣ 연소에너지의 약 20%만 폭풍파로 변한다.

37. 연소 반응이 완료되지 않아 연소가스 중에 반응의 중간 생성물이 들어있는 현상을 무엇이라 하는가?

① 열해리　　　　　② 순반응
③ 역화반응　　　　④ 연쇄분자반응

해설 열해리
복잡한 원소나 화합물이 가열되어 간단한 원소나 화합물로 분해되는 현상으로 연소반응이 완료되지 않아 연소가스 중에 반응의 중간생성물이 들어 있는 현상과 같은 것을 열해리라 한다.

32. ②　33. ①　34. ①　35. ③　36. ②　37. ① 정답

38. 화격자 연소방식 중 하입식 연소에 대한 설명으로 옳은 것은?

① 산화층에서는 코크스화한 석탄입자표면에 충분한 산소가 공급되어 표면연소에 의한 탄산가스가 발생한다.

② 코크스화한 석탄은 환원층에서 아래 산화층에서 발생한 탄산가스를 일산화탄소로 환원한다.

③ 석탄층은 연소가스에 직접 접하지 않고 상부의 고온 산화층으로부터 전도와 복사에 의해 가열된다.

④ 휘발분과 일산화탄소는 석탄층 위쪽에서 2차 공기와 혼합하여 기상연소한다.

[해설] 하입식 연소(역류형 연소)
급탄의 공급방향이 1차 공기의 공급방향과 같은 방식으로 가열은 고온의 산화층으로부터 전도와 복사에 의해 이루어진다.

39. 일정한 체적 하에서 포화증기의 압력을 높이면 무엇이 되는가?

① 포화액 ② 과열증기
③ 압축액 ④ 습증기

[해설] 체적이 일정한 상태에서 포화증기의 압력을 높이거나 온도를 높일 경우 과열증기가 된다.

40. 프로판을 완전연소 시키는데 필요한 이론공기량은 메탄의 몇 배인가? (단, 공기 중 산소의 비율은 21v%이다.)

① 1.5 ② 2.0
③ 2.5 ④ 3.0

[해설] ㉠ $C_3H_8 + 5O_2 \rightarrow 3CO_2 + 4H_2O$

이론공기량(A_{O1}) $= 5 \times \dfrac{100}{21} = 23.8\%$

㉡ $CH_4 + 2O_2 \rightarrow CO_2 + 2H_2O$

이론공기량(A_{O2}) $= 2 \times \dfrac{100}{21} = 9.52\%$

$\therefore \dfrac{A_{O1}}{A_{O2}} = \dfrac{23.8}{9.52} = 2.5$

제3과목 **가스설비**

41. 습식 아세틸렌 제조법 중 투입식의 특징이 아닌 것은?

① 온도상승이 느리다.

② 불순가스 발생이 적다.

③ 대량 생산이 용이하다.

④ 주수량의 가감으로 양을 조정할 수 있다.

[해설] 투입식의 특징
㉠ 대량생산에 적당하며 공업용으로 널리 쓰인다.
㉡ 카바이드가 물에 잠겨 있으므로 온도상승이 작다.
㉢ 카바이드 투입량을 조절함에 따라 발생량도 조절이 가능하다.
㉣ 불순가스 발생이 적다.

42. 다음 배관 중 반드시 역류방지 밸브를 설치할 필요가 없는 곳은?

① 가연성 가스를 압축하는 압축기와 오토클레이브와의 사이

② 암모니아의 합성탑과 압축기 사이

③ 가연성 가스를 압축하는 압축기와 충전용 주관과의 사이

④ 아세틸렌을 압축하는 압축기의 유분리기와 고압건조기와의 사이

[해설] 가연성가스를 압축하는 압축기와 오토클레이브와의 사이에 설치할 것은 역화방지 장치이다.

43. 역카르노 사이클로 작동되는 냉동기가 20kW의 일을 받아서 저온체에서 20kcal/s의 열을 흡수한다면 고온체로 방출하는 열량은 약 몇 kcal/s인가?

① 14.8 ② 24.8
③ 34.8 ④ 44.8

[해설] 방출열량(Q)
$Q = 20 \times 560/3,600 + 20 = 24.8 \text{kcal/s}$

정답 38. ③ 39. ② 40. ③ 41. ④ 42. ① 43. ②

44. 고압가스설비는 상용압력의 몇 배 이상의 압력에서 항복을 일으키지 않는 두께를 갖도록 설계해야 하는가?

① 2배　　　　　② 10배
③ 20배　　　　　④ 100배

[해설] 항복을 일으키지 않는 두께
상용압력의 2배 이상

45. 정상운전 중에 가연성가스의 점화원이 될 전기불꽃, 아크 또는 고온부분 등의 발생을 방지하기 위하여 기계적·전기적 구조상 또는 온도상승에 대하여 안전도를 증가시킨 방폭구조는?

① 내압 방폭구조　　② 압력 방폭구조
③ 유입 방폭구조　　④ 안전증 방폭구조

[해설] 방폭구조의 표시방법
㉠ 내압 방폭구조 : d
㉡ 유입 방폭구조 : O
㉢ 압력 방폭구조 : P
㉣ 안전증 방폭구조 : e
㉤ 본질 안전 방폭구조 : ia 또는 ib
㉥ 특수 방폭구조 : S

46. 다음 중 동관(Copper pipe)의 용도로서 가장 거리가 먼 것은?

① 열교환기용 튜브　② 압력계 도입관
③ 냉매가스용　　　④ 배수관용

[해설] 동관의 용도
열교환기, 급수가열기, 냉매가스용, 압력계 도입관, 화학공업용관으로 사용된다.

47. 공업용 수소의 가장 일반적인 제조방법은?

① 소금물 분해
② 물의 전기분해
③ 황산과 아연 반응
④ 천연가스, 석유, 석탄 등의 열분해

[해설] 공업용 수소의 제조 방법
수소는 공업적으로는 보통 전연가스를 비롯한 탄화수소의 열분해에 의해서 제조된다.

48. 1,000rpm으로 회전하고 있는 펌프의 회전수를 2,000rpm으로 하면 펌프의 양정과 소요동력은 각각 몇 배가 되는가?

① 4배, 16배　　　② 2배, 4배
③ 4배, 2배　　　④ 4배, 8배

[해설] $H_2 = \left(\dfrac{N_2}{N_1}\right)^2 H_1 = \left(\dfrac{2,000}{1,000}\right)^2 H_1 = 4H_1$

$L_2 = \left(\dfrac{N_2}{N_1}\right)^3 L_1 = \left(\dfrac{2,000}{1,000}\right)^3 L_1 = 8L_1$

49. 다음 [보기]의 안전밸브의 선정절차에서 가장 먼저 검토하여야 하는 것은?

> **보기**
> • 통과유체 확인
> • 밸브 용량계수값 확인
> • 해당 메이커의 자료 확인
> • 기타 밸브구동기 선정

① 기타 밸브구동기 선정
② 해당 메이커의 자료 확인
③ 밸브 용량계수값 확인
④ 통과유체 확인

[해설] 안전밸브의 선정절차에서 가장 먼저 검토해야 하는 것은 통과유체의 종류를 확인한다.

50. 일반용 LPG 2단 감압식 1차용 압력조정기의 최대 폐쇄 압력으로 옳은 것은?

① 3.3kPa 이하　　② 3.5kPa 이하
③ 95kPa 이하　　④ 조정압력의 1.25배 이하

---

44. ①　45. ④　46. ④　47. ④　48. ④　49. ④　50. ③　**정답**

해설 최대 폐쇄 압력 성능
㉠ 1단 감압식 저압 조정기, 2단 감압식 2차용 저압 조정기 및 자동절체식 일체형 저압 조정기 : 3.50kPa 이하
㉡ 2단 감압식 1차용 조정기 : 95.0kPa 이하
㉢ 1단 감압식 준저압 조정기, 자동절체식 일체형 준저압 조정기 및 그 밖의 압력 조정기 : 조정압력의 1.25배 이하

51. 화염에서 백-파이어(Back-fire)가 생기는 주된 원인은?

① 버너의 과열
② 가스의 과량공급
③ 가스압력의 상승
④ 1차 공기량의 감소

해설 가스의 과량공급, 가스압력 상승, 1차 공기량의 감소는 리프팅(선화)의 원인이다.

52. 고압가스 탱크의 수리를 위하여 내부가스를 배출하고 불활성가스로 치환하여 다시 공기로 치환하였다. 내부의 가스를 분석한 결과 탱크 안에서 용접작업을 해도 되는 경우는?

① 산소 20%
② 질소 85%
③ 수소 5%
④ 일산화탄소 4,000ppm

해설 탱크안에서 용접작업을 해도 되는 경우
산소의 농도 : 18%~22%

53. 4극 3상 전동기를 펌프와 직결하여 운전할 때 전원주파수가 60Hz이면 펌프의 회전수는 몇 rpm인가? (단, 미끄럼률은 2%이다.)

① 1,562
② 1,663
③ 1,764
④ 1,865

해설 $n = \dfrac{120f}{P}\left(1 - \dfrac{S}{100}\right)$

$n = \dfrac{120 \times 60}{4}\left(1 - \dfrac{2}{100}\right) = 1,764$

54. 수소 가스를 충전하는데 가장 적합한 용기의 재료는?

① Cr강
② Cu
③ Mo강
④ Al

해설 수소 충전 용기의 재료 : Cr강

55. 정압기를 평가, 선정할 경우 정특성에 해당되는 것은?

① 유량과 2차 압력과의 관계
② 1차 압력과 2차 압력과의 관계
③ 유량과 작동 차압과의 관계
④ 메인밸브의 열림과 유량과의 관계

해설 정압기의 특성
㉠ 정특성 : 정상상태에 있어서의 유량과 2차 압력과의 관계
㉡ 동특성 : 부하변화가 큰 곳에 사용되는 정압기에 대하여 중요한 특성으로 부하 변화에 대한 응답의 신속성과 안정성이 요구된다.
㉢ 유량특성 : 메인 밸브의 열림과 유량의 관계를 말한다.
㉣ 사용최대 차압과 작동 최소 차압

56. 인장시험 방법에 해당하는 것은?

① 올센법
② 샤르피법
③ 아이조드법
④ 파우더법

해설 ㉠ 인장시험 방법 : 올센법
㉡ 충격시험 방법 : 샤르피법, 아이조드법

57. 도시가스의 원료 중 탈황 등의 정제 장치를 필요로 하는 것은?

① NG
② SNG
③ LPG
④ LNG

해설 NG와 SNG
㉠ NG : 미정제된 천연가스로 정제과정이 필요한 탈황정제 장치가 필요로 한다.
㉡ SNG : 탈황 등의 과정이 전단계에서 완료된 정제후의 합성천연가스로 탈황 등의 정제장치가 필요하지 않다.

정답 **51.** ① **52.** ① **53.** ③ **54.** ① **55.** ① **56.** ① **57.** ①

58. 용기내장형 가스난방기에 대한 설명으로 옳지 않은 것은?

① 난방기는 용기와 직결되는 구조로 한다.

② 난방기의 콕은 항상 열림 상태를 유지하는 구조로 한다.

③ 난방기는 버너 후면에 용기를 내장할 수 있는 공간이 있는 것으로 한다.

④ 난방기 통기구의 면적은 용기 내장실 바닥면적에 대하여 하부는 5%, 상부는 1% 이상으로 한다.

해설 용기내장형 가스난방기
난방기는 용기와 직결되지 아니하는 구조로 한다.

59. 염소가스(Cl_2) 고압용기의 지름을 4배, 재료의 강도를 2배로 하면 용기의 두께는 얼마가 되는가?

① 0.5   ② 1배

③ 2배   ③ 4배

해설 염소 용기의 두께(t)

$t = \dfrac{PD}{200S}$ 식에서

$\dfrac{t_2}{t_1} = \dfrac{S_1 D_2}{S_2 D_1} = \dfrac{S_1 \times 4D_1}{2S_1 \times D_1} = 2$배

60. 천연가스에 첨가하는 부취제의 성분으로 적합하지 않은 것은?

① THT(Tetra Hydro Thiophene)

② TBM(Tertiary Butyl Mercaptan)

③ DMS(Dimethyl Sulfide)

④ DMDS(Dimethyl Disulfide)

해설 부취제의 종류
㉠ THT : 석탄가스 냄새
㉡ TBM : 양파썩는 냄새
㉢ DMS : 마늘 냄새

제4과목   가스안전관리

61. 지상에 일반도시가스 배관을 설치(공업지역 제외)한 도시가스사업자가 유지하여야 할 상용압력에 따른 공지의 폭으로 적합하지 않은 것은?

① 5.0Mpa−19m   ② 2.0Mpa−16m

③ 0.5Mpa−8m   ④ 0.1Mpa−6m

해설 가스배관 지상 설치시 공지의 폭

상용압력	공지의 폭
0.1MPa 미만	5m
0.2MPa~1MPa 미만	9m
1MPa 이상	15m

참고 공업전용지역＝공지의 폭 $\times \dfrac{1}{3}$

62. 가연성가스가 폭발할 위험이 있는 농도에 도달할 우려가 있는 장소로서 "2종 장소"에 해당되지 않는 것은?

① 상용의 상태에서 가연성가스의 농도가 연속해서 폭발 하한계 이상으로 되는 장소

② 밀폐된 용기가 그 용기의 사고로 인해 파손될 경우에만 가스가 누출할 위험이 있는 장소

③ 환기장치에 이상이나 사고가 발생한 경우에는 가연성가스가 체류하여 위험하게 될 우려가 있는 장소

④ 1종 장소의 주변에서 위험한 농도의 가연성가스가 종종 침입할 우려가 있는 장소

해설 ①항은 O종 장소

63. 탱크 주밸브가 돌출된 저장탱크는 조작상자 내에 설치하여야 한다. 이 경우 조작상자와 차량의 뒷범퍼와의 수평거리는 얼마 이상 이격하여야 하는가?

① 20cm   ② 30cm

③ 40cm   ④ 50cm

[해설] 후범퍼(뒷범퍼)와의 수평거리
㉠ 후부 취출식 : 주밸브와 후범퍼는 40cm 이상
㉡ 측부 취출식 : 저장탱크 후면과 후범퍼는 30cm 이상
㉢ 주밸브가 조작상자내에 설치시는 조작상자와 후범퍼는 20cm 이상

64. 도시가스 배관을 지하에 매설할 때 배관에 작용하는 하중을 수직방향 및 횡방향에서 지지하고 하중을 기초 아래로 분산시키기 위한 침상재료는 배관 하단에서 배관 상단 몇 cm까지 포설하여야 하는가?

① 10
② 20
③ 30
④ 50

[해설] 되메움 구조
㉠ 배관에 작용하는 하중을 수직방향 및 횡방향에서 지지하고 하중을 기초아래로 분산시키기 위하여 배관하단에서 배관상단 30cm까지에는 모래 또는 흙(침상재료라 한다)을 포설한다.
㉡ 배관에 작용하는 하중을 분산시켜주고 도로의 침하 등을 방지하기 위하여 침상재료 상단에서 도로 노면까지에는 암편이나 굵은 돌이 포함되지 않은 양질의 흙(되메움 재료라 한다)을 포설한다.

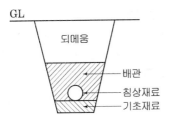

65. 불화수소(HF) 가스를 물에 흡수시킨 물질을 저장하는 용기로 사용하기에 가장 부적절한 것은?

① 납용기
② 강철용기
③ 유리용기
④ 스테인리스용기

[해설] 불화수소
수분을 함유한 불화수소는 유리나 규소화합물을 침해하기 때문에 합성수지제(폴리에틸렌)용기, 납용기, 강철용기, 스테인리스용기 등을 사용한다.

66. 용기에 의한 고압가스의 운반기준으로 틀린 것은?

① 운반 중 도난당하거나 분실한 때에는 즉시 그 내용을 경찰에 신고한다.
② 충전용기 등을 적재한 차량은 제1종 보호시설에서 15m 이상 떨어진 안전한 장소에 주·정차한다.
③ 액화가스 충전용기를 차량에 적재하는 때에는 적재함에 세워서 적재한다.
④ 충전용기를 운반하는 모든 운반전용 차량의 적재함에는 리프트를 설치한다.

[해설] 리프트
충전용기를 운반하는 가스운반 전용차량의 적재함에는 리프트를 설치한다. 다만, 다음에 해당하는 차량의 경우에는 적재함에 리프트를 설치하지 아니할 수 있다.
㉠ 가스를 공급 받는 업소의 용기보관실 바닥이 운반차량 적재함 최저높이로 설치되어 있거나 컨베이어벨트 등 상하차 설비가 설치된 업소에 가스를 공급하는 차량
㉡ 적재능력 1톤 이하의 차량

67. 도시가스의 누출 시 그 누출을 조기에 발견하기 위해 첨가하는 부취제의 구비조건이 아닌 것은?

① 배관 내의 상용의 온도에서 응축하지 않을 것
② 물에 잘 녹고 토양에 대한 흡수가 잘 될 것
③ 완전히 연소하고 연소 후에 유해한 설질이나 냄새가 남지 않을 것
④ 독성이 없고 가스관이나 가스미터에 흡착되지 않을 것

[해설] 부취제
물에 용해되지 않고 토양에 대한 투과성이 클 것

68. 안전성 평가기법 중 공정 및 설비의 고정형태 및 영향, 고장형태별 위험도 순위 등을 결정하는 기법은?

① 위험과 운전분석(HAZOP)
② 이상위험도분석(FMECA)
③ 상대위험순위결정분석(Dow And Mond Indices)
④ 원인결과분석(CCA)

정답 64. ③ 65. ③ 66. ④ 67. ② 68. ②

해설 **안전성 평가기법**
㉠ HAZOP : 공정에 존재하는 위험요소들과 공정의 효율을 떨어 뜨릴 수 있는 운전상의 문제점을 찾아내어 그 원인을 제거하는 것이다.
㉡ FMECA : 공정 및 설비의 고장의 형태 및 영향, 고장형태별 위험도 순위를 결정하는 것이다.
㉢ DMI : 설비에 존재하는 위험에 대하여 수치적으로 상대 위험 순위를 지표화하여 그 피해정도를 나타내는 상대적 위험 순위를 정하는 것이다.
㉣ CCA : 잠재된 사고의 결과와 이러한 사고의 근본적인 원인을 찾아내고 사고결과와 원인의 상호관계를 예측, 평가하는 것이다.

69. 염소와 동일 차량에 적재하여 운반하여도 무방한 것은?

① 산소 　　　　　　② 아세틸렌
③ 암모니아 　　　　④ 수소

해설 **혼합적제 금지**
㉠ 염소와 아세틸렌, 암모니아, 수소는 동일차량에 적재운반하지 않는다.
㉡ 가연성가스와 산소를 동일차량에 적재운반시는 충전용기의 밸브가 서로 마주보지 않게한다.
㉢ 충전용기와 소방법이 정하는 위험률과는 동일차량에 적재운반하지 않는다.

70. 가연성가스 충전용기의 보관실에 등화용으로 휴대할 수 있는 것은?

① 휴대용 손전등(방폭형)
② 석유등
③ 촛불
④ 가스등

해설 가연성가스 용기보관 장소에는 휴대용 손전등 이외의 등화 휴대금지

71. 고압가스 특정설비 제조자의 수리범위에 해당하지 않는 것은?

① 단열재 교체
② 특정설비 몸체의 용접
③ 특정설비의 부속품 가공

④ 아세틸렌용기 내의 다공물질 교체

해설 아세틸텐용기 내의 다공질물 교체는 용기제조자의 수리 범위에 해당된다.

72. 다음 각 가스의 특징에 대한 설명 중 옳은 것은?

① 암모니아 가스는 갈색을 띤다.
② 일산화탄소는 산화성이 강하다.
③ 황화수소는 갈색의 무취 기체이다.
④ 염소 자체는 폭발성이나 인화성이 없다.

해설 **가스의 특징**
㉠ 암모니아는 강한 자극성 냄새가 나는 무색의 기체이다.
㉡ 일산화탄소는 환원성이 강한가스이며 금속의 산화물을 환원시킨다.
㉢ 황화수소는 무색이며 특유의 계란 썩는 냄새가 난다.

73. 일반도시가스사업 정압기 시설에서 지하 정압기실의 바닥면 둘레가 35m일 때 가스누출 경보기 검지부의 설치 개수는?

① 1개 　　　　　　② 2개
③ 3개 　　　　　　④ 4개

해설 **가스누출 경보기(지하 정압기 시설)**
㉠ 경보기의 설치 개수 : 검지부는 바닥면 둘레 20개에 대하여 1개 이상
㉡ 작동상황 점검 : 1주일에 1회 이상 작동상황 점검

74. 공기액화 장치에 아세틸렌 가스가 혼입되면 안 되는 주된 이유는?

① 배관에서 동결되어 배관을 막아 버리므로
② 질소와 산소의 분리를 어렵게 하므로
③ 분리된 산소가 순도를 나빠지게 하므로
④ 분리기내 액체산소 탱크에 들어가 폭발하기 때문에

해설 **공기 액화 분리장치의 폭발원인**
㉠ 공기취입구로부터 아세틸렌 혼입
㉡ 압축기용 윤활유 분해에 의한 탄화수소 발생
㉢ 공기중에 함유된 NO, NO_2 등 질소화합물 혼입
㉣ 액체공기 중에 O_3 혼입

75. 고압가스용 냉동기 제조시설에서 냉동기의 설비에 실시하는 기밀시험과 내압시험(시험유체 : 물)의 압력기준은 각각 얼마인가?

① 설계압력 이상, 설계압력의 1.3배 이상
② 설계압력의 1.5배 이상, 설계압력 이상
③ 설계압력의 1.1배 이상, 설계압력의 1.1배 이상
④ 설계압력의 1.5배 이상, 설계압력의 1.3배 이상

[해설] 냉동기 제조 시설
㉠ 기밀시험 : 설계압력 이상
㉡ 내압시험 : 설계압력의 1.3배(공기, 질소 등의 기체를 사용하는 경우에는 1.1배) 이상의 압력으로 한다.

76. 아세틸렌 용기에 충전하는 다공질물의 다공도는?

① 25% 이상 50% 미만
② 35% 이상 62% 미만
③ 54% 이상 79% 미만
④ 75% 이상 92% 미만

[해설] 아세틸렌 용기의 다공질물
㉠ 다공도 : 75% 이상 92% 미만
㉡ 다공질물의 종류 : 규조토, 목탄, 석회석, 탄산마그네슘, 다공성플라스틱 등
㉢ 다공도(%) $= \dfrac{V-E}{V} \times 100(\%)$

77. 고압가스 특정제조의 시설기준 중 배관의 도로 및 매설 기준으로 틀린 것은?

① 배관의 외면으로부터 도로의 경계까지 1m 이상의 수평거리를 유지한다.
② 배관은 그 외면으로부터 도로 밑의 다른 시설물과 0.3m 이상의 거리를 유지한다.
③ 시가지의 도로 노면 밑에 매설하는 배관의 노면과의 거리는 1.2m 이상으로 한다.
④ 포장되어 있는 차도에 매설하는 경우에는 그 포장 부분의 노반 밑에 매설하고 배관의 외면과 노반의 최하부와의 거리는 0.5m 이상으로 한다.

[해설] 시가지의 도로노면 밑에 매설하는 경우에는 노면으로부터 배관의 외면까지의 깊이를 1.5m 이상으로 할 것. 다만, 방호구조물 안에 설치하는 경우에는 노면으로부터 그 방호구조물의 외면까지의 깊이를 1.2m 이상으로 할 수 있다.

78. 차량에 고정된 탱크의 안전운행기준으로 운행을 완료하고 점검하여야 할 사항이 아닌 것은?

① 밸브의 이완상태
② 부속품 등의 볼트 연결상태
③ 자동차 운행등록허가증 확인
④ 경계표지 및 휴대품 등의 손상유무

[해설] 자동차 운행등록허가증 확인은 운전 전에 점검해야 할 사항이다.

79. 다음 특정설비 중 재검사 대상에 해당하는 것은?

① 평저형 저온저장탱크
② 초저온용 대기식 기화장치
③ 저장탱크에 부착된 안전밸브
④ 특정고압가스용 실린더캐비넷

[해설] 특정설비 중 재검사 대상
㉠ 저장탱크(초저온 탱크 제외)
㉡ 차량에 고정된 탱크(저온, 초저온 탱크 포함)
㉢ 기화기(저장탱크와 연결된 기화기로 대기식 및 자체승압용은 제외)
㉣ 저장탱크 부속설비(안전밸브, 긴급차단장치 등)

80. 니켈(Ni) 금속을 포함하고 있는 촉매를 사용하는 공정에서 주로 발생할 수 있는 맹독성 가스는?

① 산화니켈(NiO)
② 니켈카르보닐[Ni(CI)₄]
③ 니켈클로라이드(NiCl₂)
④ 니켈염

[해설] 고온에서 일산화탄소와 반응하여 맹독성가스가 발생한다.
$Ni + 4CO \xrightarrow{100℃} Ni(CO)_4$

가스계측

81. 가스미터가 규정된 사용공차를 초과할 때의 고장을 무엇이라고 하는가?

① 부동
② 불통
③ 기차불량
④ 감도불량

해설 가스미터의 고장
㉠ 부동 : 가스가 통과하지만 미터의 지침이 움직이지 않는 고장
㉡ 불통 : 가스가 미터를 통과할 수 없는 고장
㉢ 감도불량 : 미터에 감도 유량을 통과시킬 때 미터의 지침 지시도에 변화가 나타나지 않는 고장

82. 제어 오차가 변화하는 속도에 비례하는 제어동작으로, 오차의 변화를 감소시켜 제어 시스템이 빨리 안정될 수 있게 하는 동작은?

① 비례 동작
② 미분 동작
③ 적분 동작
④ 뱅뱅 동작

해설 미분 동작
제어편차 변화속도에 비례한 조작량을 내는 제어 동작으로 진동이 발생하는 장치의 진동을 억제시키는데 가장 효과적인 제어동작이다.

83. 가스 분석계 중 O_2(산소)를 분석하기에 적합하지 않은 것은?

① 자기식 가스 분석계
② 적외선 가스 분석계
③ 세라믹식 가스 분석계
④ 갈바니 전기식 가스 분석계

해설 적외선 흡수를 하지 않는 N_2, O_2, H_2, Cl_2 등의 대칭성 2원자 분자 및 He, Ar 등의 단원자분자는 분석이 불가능하며 기타 가스는 분석할 수 있다.

84. 변화되는 목표치를 측정하면서 제어량을 목표치에 맞추는 자동제어 방식이 아닌 것은?

① 추종 제어
② 비율 제어
③ 프로그램 제어
④ 정치 제어

해설 정치제어는 목표치가 일정한 제어이다.

85. 어떤 가스의 유량을 막식가스미터로 측정하였더니 65L이었다. 표준가스미터로 측정하였더니 71L이었다면 이 가스미터의 기차는 약 몇 %인가?

① −8.4%
② −9.2%
③ −10.9%
④ −12.5%

해설 기차(%) $= \dfrac{65-71}{65} \times 100 = -9.2\%$

86. 가스크로마토그래피의 캐리어가스로 사용하지 않는 것은?

① He
② N_2
③ Ar
④ O_2

해설 캐리어가스(운반가스)
H_2, He, Ar, N_2

87. 미리 정해 놓은 순서에 따라서 단계별로 진행시키는 제어방식에 해당하는 것은?

① 수동 제어(Manual control)
② 프로그램 제어(Program control)
③ 시퀀스 제어(Sequence control)
④ 피드백 제어(Feedback control)

해설 시퀀스 제어
전단계에 있어서 제어동작이 완료한 후 다음의 동작으로 진행되며 미리 정해진 순서에 따라서 제어의 각 단계가 순차적으로 진행되는 제어를 말한다.

88. 유리관 등을 이용하여 액위를 직접 판독할 수 있는 액위계는?

① 직관식 액위계 ② 검척식 액위계

③ 퍼지식 액위계 ④ 플로트식 액위계

해설 직접식 액면계

㉠ 직관식 액면계 : 유리관 등을 이용하여 육안으로 액면의 높이를 액면계에 표시된 눈금을 읽음으로 액면을 측정

㉡ 검척식 액면계 : 측정하고자 하는 액면을 직접 자로 측정

㉢ 플로우트(부자)식 액면계 : 탱크 내부의 액면에 부자를 넣어 부자의 위치를 직접 측정

89. 기체크로마토그래피에서 사용되는 캐리어가스에 대한 설명으로 틀린 것은?

① 헬륨, 질소가 주로 사용된다.

② 기체 확산이 가능한 큰 것이어야 한다.

③ 시료에 대하여 불활성이어야 한다.

④ 사용하는 검출기에 적합하여야 한다.

해설 운반가스(캐리어가스)의 구비조건

㉠ 시료와 반응하지 않는 불활성이어야 한다.

㉡ 기체 확산을 최초로 할 수 있어야 한다.

㉢ 순도가 높고 구입이 용이해야 한다.

㉣ 사용하는 검출기에 적합해야 한다.

90. 물탱크의 크기가 높이 3m, 폭 2.5m일 때, 물탱크 한 쪽 벽면에 작용하는 전압력은 약 몇 kgf인가?

① 2,813 ② 5,625

③ 11,250 ④ 22,500

해설 $F = rAh$식에서

$F = 1,000 \times 3 \times 2.5 \times 3 \times \dfrac{1}{2} = 11,250 \mathrm{kgf}$

91. 관에 흐르는 유체흐름의 전압과 정압의 차이를 측정하고 유속을 구하는 장치는?

① 로터미터 ② 피토관

③ 벤투리미터 ④ 오리피스미터

해설 피토관 유량계

유체의 이동속도는 수두를 이용하여 순간 유량을 측정하는 피토관으로 전압과 정압을 측정하여 동압을 구하고 동압으로부터 순간유량을 구한다.

92. 캐리어가스와 시료성분가스의 열전도도의 차이를 금속필라멘트 또는 서미스터의 저항변화로 검출하는 가스크로마토그래피 검출기는?

① TCD ② FID

③ ECD ④ FPD

해설 열전도형 검출기(TCD)

캐리어 가스와 시료 성분가스의 열전도 오차를 금속 필라멘트 또는 서미스터의 저항 변화로 검출하는 것으로 일반적으로 가장 널리 사용된다.

93. 경사각(θ)이 30°인 경사관식 압력계의 눈금(χ)을 읽었더니 60cm가 상승하였다. 이때 양단의 차압($P_1 - P_2$)은 약 몇 kgf/cm²인가? (단 액체의 비중은 0.8인 기름이다.)

① 0.001 ② 0.014

③ 0.024 ④ 0.034

해설 $\Delta P = P_1 - P_2 = rl\sin\theta$식에서

$\Delta P = 0.8 \times 1,000 \times 0.6 \ \sin 30 = 240 \mathrm{kgf/m^2}$
$= 240 \times 10^{-4} \mathrm{kgf/cm^2} = 0.024 \mathrm{kgf/cm^2}$

94. 계량기의 검정기준에서 정하는 가스미터의 사용오차의 값은?

① 최대허용오차의 1배의 값으로 한다.

② 최대허용오차의 1.2배의 값으로 한다.

③ 최대허용오차의 1.5배의 값으로 한다.

④ 최대허용오차의 2배의 값으로 한다.

해설 계량기의 사용오차범위

㉠ LPG 미터(자동차 주유용으로서 호칭 지름이 40mm 이하인 것에 한정한다) : 최대허용오차의 1.5배의 값

㉡ 가스미터(최대유량이 1,000m³/h 이하인 것에 한정한다) : 최대허용 오차의 2배의 값

정답 88. ① 89. ② 90. ③ 91. ② 92. ① 93. ③ 94. ④

95. 밸브를 완전히 닫힌 상태로부터 완전히 열린 상태로 움직이는데 필요한 오차의 크기를 의미하는 것은?

① 잔류편차　　　　② 비례대
③ 보정　　　　　　④ 조작량

해설 비례대
비례동작에 있어서 조작량을 최대로 할 때의 조작신호의 값과 최소로 할 때의 조작신호의 값과의 차이

96. 염화파라듐지로 일산화탄소 누출유무를 확인할 경우 누출이 되었다면 이 시험지는 무슨 색으로 변하는가?

① 검은색　　　　　② 청색
③ 적색　　　　　　④ 오렌지색

해설 일산화탄소-염화파라듐지-흑색

97. 시험지에 의한 가스 검지법 중 시험지별 검지가스가 바르지 않게 연결된 것은?

① KI전분지-NO_2
② 염화제일동 착염지-C_2H_2
③ 염화파라듐지-CO
④ 연당지-HCN

해설 시험지별 검지가스
㉠ 암모니아-적색리트머스지-청색
㉡ 염소-KI전분지-청색
㉢ 포스겐-헤리슨시약-심등색
㉣ 시안화수소-질산구리벤젠지-청색
㉤ 일산화탄소-염화파라듐지-흑색
㉥ 황화수소-연당지-흑색
㉦ 아세틸렌-염화제1동 착염지-적색

98. 2종의 금속선 양끝에 접점을 만들어 주어 온도차를 주면 기전력이 발생하는데 이 기전력을 이용하여 온도를 표시하는 온도계는?

① 열전대온도계　　② 방사온도계
③ 색온도계　　　　④ 제겔콘온도계

해설 열전대온도계
2종류의 금속선 양단을 고정시켜 양접점에 온도차를 주면 이 온도차에 따른 열기전력이 발생한다(제백효과). 이열기전력을 직류볼트계나 전위차계에 지시시켜 온도를 측정하는 온도계

99. 절대습도(絶對濕度)에 대하여 가장 바르게 나타낸 것은?

① 건공기 1kg에 대한 수증기의 중량
② 건공기 1m^3에 대한 수증기의 중량
③ 건공기 1kg에 대한 수증기의 체적
④ 습공기 1m^3에 대한 수증기의 체적

해설 습도의 분류
㉠ 절대습도 : 습공기중에서 건공기 1kg에 대한 수증기의 양과의 비율
㉡ 상대습도 : 현재 포함하고 있는 수증기중량과 같은 온도의 포화습공기 중의 수증기의 중량의 비를 백분율(%)로 표시한 것

100. 임펠러식(Impeller type) 유량계의 특징에 대한 설명으로 틀린 것은?

① 구조가 간단하다.
② 직관 부분이 필요 없다.
③ 측정 정도는 약 ±0.5%이다.
④ 부식성이 강한 액체에도 사용할 수 있다.

해설 임펠러식 유량계
㉠ 구조가 간단하고 보수가 용이하다.
㉡ 직관부분이 필요하다.
㉢ 부식성이 강한 액체에도 사용할 수 있다.
㉣ 유체의 유속과 면적을 이용하여 정도는 ±0.5%이다.

---

95. ② 　96. ① 　97. ④ 　98. ① 　99. ① 　100. ② 　정답

제1과목 **가스유체역학**

01. 다음 보기 중 Newton의 점성법칙에서 전단응력과 관련 있는 항으로만 되어 있는 것은?

보기
a. 온도기울기	b. 점성계수
c. 속도기울기	d. 압력기울기

① a, b　　　　　　② a, d
③ b, c　　　　　　④ c, d

해설 뉴턴의 점성법칙 $\tau = \mu \dfrac{dv}{dy}$

(τ : 전단응력, μ : 점성계수, $\dfrac{dv}{dy}$: 속도기울기(속도구배))

02. 어떤 유체의 운동문제에 8개의 변수가 관계되고 있다. 이 8개의 변수에 포함되는 기본 차원이 질량 M, 길이 L, 시간 T일 때 π정리로서 차원해석을 한다면 몇 개의 독립적인 무차원량 π를 얻을 수 있는가?

① 3개　　　　　　② 5개
③ 8개　　　　　　④ 11개

해설 독립적인 무차원량(π) = 측정량(m) - 차원의 기본단위(n)
π = m - n = 8 - 3 = 5개

03. 절대압력이 $4 \times 10^4 kgf/m^2$이고, 온도가 15℃인 공기의 밀도가 약 몇 kg/m^3인가? (단, 공기의 기체상수는 29.27$kgf \cdot m/kg \cdot K$이다.)

① 2.75　　　　　　② 3.75
③ 4.75　　　　　　④ 5.75

해설 $\rho = \dfrac{P}{RT}$ 식에서

$\rho = \dfrac{4 \times 10^4}{29.27 \times (273 + 15)} = 4.75 kgf/m^3$

04. 충격파(shock wave)에 대한 설명 중 옳지 않은 것은?

① 열역학 제2법칙에 따라 엔트로피가 감소한다.
② 초음속 노즐에서는 충격파가 생겨날 수 있다.
③ 충격파 생성시, 초음속에서 아음속으로 급변한다.
④ 열역학적으로 비가역적인 현상이다.

해설 충격파(shock wave)
초음속 흐름이 갑자기 아음속 흐름으로 변하게 되는 경우 압력, 온도, 밀도, 엔트로픽이 급격히 증가하는데 이 급격한 변화를 일으키는 파의 두께는 매우 얇으므로 단일 불연속선으로 취급하며 이불연속선을 충격파라고 한다.

05. 송풍기의 공기 유량이 $3m^3/s$일 때, 흡입 쪽의 전압이 110kPa, 출구 쪽의 정압이 115kPa이고 속도가 30m/s이다. 송풍기에 공급하여야 하는 축동력은 얼마인가? (단, 공기의 밀도는 $1.2kg/m^3$이고, 송풍기의 전효율은 0.80이다.)

① 10.45kW　　　　② 13.99kW
③ 16.62kW　　　　④ 20.78kW

해설 $\Delta P = 115 - 110 = 5kPa$

$= 5 \times \dfrac{10,332}{101.325} = 424.9 kgf/m^2$

$H = \dfrac{\Delta P}{r} + \dfrac{V^2}{2g} = \dfrac{424.9}{1.2} + \dfrac{30^2}{2 \times 9.8} = 471m$

$L = \dfrac{rQH}{1,02\eta} = \dfrac{1.2 \times 3 \times 471}{102 \times 0.8} = 20.78kW$

06. 펌프에서 전체 양정 10m, 유량 $15m^3/min$, 회전수 700rpm을 기준으로 한 비속도는?

① 271　　　　　　② 482
③ 858　　　　　　④ 1050

해설 비속도(N_S)
$\dfrac{N\sqrt{Q}}{H^{3/4}} = \dfrac{700\sqrt{15}}{10^{3/4}} = 482$

정답　01. ③　02. ②　03. ③　04. ①　05. ④　06. ②

07. 비중 0.9인 액체가 지름 10cm인 원관 속을 매분 50kg의 질량유량으로 흐를 때, 평균속도는 얼마인가?

① 0.118m/s   ② 0.145m/s

③ 7.08m/s   ④ 8.70m/s

해설 $Q_m = \rho A V$ 식에서

$$V = \frac{Q_m}{\rho A} = \frac{50}{0.9 \times 1,000 \times \frac{\pi \times 0.1^2}{4}} = 0.118\text{m/s}$$

08. 중량 10,000kgf의 비행기가 270km/h의 속도로 수평 비행할 때 동력은? (단, 양력(L)과 항력(D)의 비 L/D = 5이다.)

① 1,400PS   ② 2,000PS

③ 2,600PS   ④ 3,000PS

해설 동력$(L) = \dfrac{F \cdot V}{75 \cdot K}$(PS) 식에서

$$L = \frac{10,000 \times 270 \times 10^3}{75 \times 3,600 \times 5} = 2,000\text{PS}$$

09. 유체역학에서 다음과 같은 베르누이 방정식이 적용되는 조건이 아닌 것은?

$$\frac{P}{r} + \frac{V^2}{2g} + Z = \text{일정}$$

① 적용되는 임의의 두 점은 같은 유선상에 있다.

② 정상상태의 흐름이다.

③ 마찰이 없는 흐름이다.

④ 유체흐름 중 내부에너지 손실이 있는 흐름이다.

해설 베르누이 방정식이 적용되는 조건
㉠ 베르누이 방정식이 적용되는 임의의 두 점은 같은 유선상에 있다(1차원 흐름).
㉡ 정상상태의 흐름이다.
㉢ 마찰없는 흐름이다.
㉣ 비압축성 유체의 흐름이다.

10. 정상유동에 대한 설명 중 잘못된 것은?

① 주어진 한 점에서의 압력은 항상 일정하다.

② 주어진 한 점에서의 속도는 항상 일정하다.

③ 유체입자의 가속도는 항상 0이다.

④ 유선, 유적선 및 유맥선은 모두 같다.

해설 정상유동
유체가 흐르고 있는 과정에서 임의의 한 점에서 유체의 모든 특성이 시간이 경과하여도 조금도 변화하지 않는 흐름의 상태를 말한다.

$$\frac{\partial \rho}{\partial t} = 0, \quad \frac{\partial P}{\partial t} = 0, \quad \frac{\partial T}{\partial t} = 0, \quad \frac{\partial V}{\partial t} = 0, \cdots$$

11. 원심펌프 중 회전차 바깥둘레에 안내깃이 없는 펌프는?

① 벌류트 펌프   ② 터빈 펌프

③ 베인 펌프   ④ 사류 펌프

해설 원심 펌프
㉠ 벌류트 펌프 : 안내깃이 없다.
㉡ 터빈 펌프 : 안내깃이 있다.

12. 지름 20cm인 원관이 한 변의 길이가 20cm인 정사각형 단면을 가지는 덕트와 연결되어 있다. 원관에서 물의 평균속도가 2m/s일 때, 덕트에서 물의 평균속도는 얼마인가?

① 0.78m/s   ② 1m/s

③ 1.57m/s   ④ 2m/s

해설 연속의 방정식 $A_1 V_1 = A_2 V_2$ 식에서

$$V_2 = \frac{A_1 V_1}{A_2} = \frac{\frac{\pi}{4} \times 0.2^2 \times 2}{0.2 \times 0.2} = 1.57\text{m/s}$$

13. 지름이 3m 원형 기름 탱크의 지붕이 평평하고 수평이다. 대기압이 1atm 일 때 대기가 지붕에 미치는 힘은 몇 kgf인가?

① 7.3×10^2 ② 7.3×10^3

③ 7.3×10^4 ④ 7.3×10^5

해설 $P = \dfrac{W}{A}$ 식에서

$$W = P \times \frac{\pi d^2}{4} = 1.0332 \times 10^4 \times \frac{\pi \times 3^2}{4} = 7.3 \times 10^4 \, \text{kgf}$$

$(1\text{atm} = 1.0332\text{kgf/cm}^2 = 1.0332 \times 10^4 \text{kgf/m}^2 \text{이다.})$

14. 밀도가 1000kg/m³인 액체가 수평으로 놓인 축소관을 마찰 없이 흐르고 있다. 단면 1에서의 면적과 유속은 각각 40cm², 2m/s이고 단면2의 면적은 10cm² 일 때 두 지점의 압력차이($P_1 - P_2$)는 몇 kPa인가?

① 10　　　　　　② 20
③ 30　　　　　　④ 40

해설 ㉠ 연속의 방정식 $A_1 V_1 = A_2 V_2$ 식에서

$$V_2 = \frac{A_1 V_1}{A_2} = \frac{40 \times 2}{10} = 8\text{m/s}$$

㉡ 베르누이 방정식

$$\frac{P_1}{r} + \frac{V_1^2}{2g} + z_1 = \frac{P_2}{r} + \frac{V_2^2}{2g} + z_2$$

$z_2 = z_1$ 이므로

$$P_1 - P_2 = r \left(\frac{V_2^2 - V_1^2}{2g} \right) = 1,000 \times \left(\frac{8^2 - 2^2}{2 \times 9.8} \right) = 3,061 \text{kgf/m}^2$$

$$= 3,061 \times 9.8 = 30,000 \text{N/m}^2 = 30,000 \text{Pa} = 30 \text{kPa}$$

15. 정적비열이 1000J/kg·K이고, 정압비열이 1200 J/kg·K인 이상기체가 압력 200kPa에서 등엔트로피 과정으로 압력이 400kPa로 바뀐다면, 바뀐 후의 밀도는 원래 밀도의 몇 배가 되는가?

① 1.41　　　　　② 1.64
③ 1.78　　　　　④ 2

해설 $\dfrac{\rho_2}{\rho_1} = \left(\dfrac{P_2}{P_1} \right)^{\frac{1}{k}}$ 식에서

$$= \left(\frac{400}{200} \right)^{\frac{1}{1.2}} = 1.78$$

$$k = \left(\frac{C_P}{C_V} \right) = \frac{1,200}{1,000} = 1.2$$

16. Stokes 법칙이 적용되는 범위에서 항력계수(drag coefficient) C_D를 옳게 나타낸 것은?

① $C_D = \dfrac{16}{Re}$　　　② $C_D = \dfrac{24}{Re}$

③ $C_D = \dfrac{64}{Re}$　　　④ $C_D = 0.44$

해설 층류에서 Stokes 법칙에 적용되는 항력계수(C_D)

$$C_D = \frac{24}{Re}$$

17. 기체 수송 장치 중 일반적으로 압력이 가장 높은 것은?

① 팬　　　　　　② 송풍기
③ 압축기　　　　④ 진공펌프

해설 작동압력에 따른 분류
㉠ 팬(fen) : 토출압력이 1,000mmAq 미만
㉡ 송풍기(blower) : 토출압력이 1,000mmAq 이상 1kgf/cm² 미만
㉢ 압축기(compressor) : 토출압력이 1kgf/cm² 이상

18. 그림과 같이 비중이 0.85인 기름과 물이 층을 이루며 뚜껑이 열린 용기에 채워져 있다. 물의 가장 낮은 밑바닥에서 받는 게이지 압력은 얼마인가? (단, 물의 밀도는 1,000kg/m³이다.)

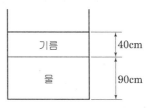

① 3.33kPa　　　　② 7.45kPa
③ 10.8kPa　　　　④ 12.2kPa

해설 $P = P_1 + P_2$
$= 9.8(850 \times 0.4 + 1,000 \times 0.9)$
$= 12,152\text{Pa} = 12.152\text{kPa}$

19. 온도가 일정할 때 압력이 10kgf/cm² abs인 이상 기체의 압축률은 몇 cm²/kgf인가?

① 0.1   ② 0.5

③ 1   ④ 5

해설 체적탄성계수(E)와 압축률(β)

㉠ $E = \dfrac{1}{\beta}$

㉡ 등온변화 → $E = P$

㉢ 단열변화 → $E = kP$

∴ 등온변화 이므로

$\beta = \dfrac{1}{E} = \dfrac{1}{P} = \dfrac{1}{10} = 0.1 \text{cm}^2/\text{kgf}$

20. 공기 중의 소리속도 C는 $C^2 = \left(\dfrac{\partial P}{\partial \rho}\right)_S$로 주어진다. 이 때 소리의 속도와 온도의 관계는? (단, T는 주위 공기의 절대온도이다.)

① $C \propto \sqrt{T}$ ② $C \propto T^2$

③ $C \propto T^3$ ④ $C \propto \dfrac{1}{T}$

해설 음속(C)

$C = \sqrt{kgRT}$ 식에서

$C \propto \sqrt{T}$ 즉, 음속은 절대온도 제곱근에 비례한다.

제2과목   연소공학

21. 가스의 폭발등급은 안전간격에 따라 분류한다. 다음 가스 중 안전간격이 넓은 것부터 옳게 나열된 것은?

① 수소>에틸렌>프로판

② 에틸렌>수소>프로판

③ 수소>프로판>에틸렌

④ 프로판>에틸렌>수소

해설 안전간격

㉠ 프로판(1등급) : 0.6mm 이상

㉡ 에틸렌(2등급) : 0.6mm 미만 0.4mm 이상

㉢ 수소(3등급) : 0.4mm 미만

22. 발생로 가스의 가스분석 결과 CO_2 3.2%, CO 26.2%, CH_4 4%, H_2 12.8%, N_2 53.8% 이었다. 또한 가스 1Nm³ 중에 수분이 50g이 포함되어 있다면 이 발생로 가스 1Nm³을 완전연소 시키는데 필요한 공기량은 약 몇 Nm³인가?

① 1.023   ② 1.228

③ 1.324   ④ 1.423

해설 ㉠ 수분 50g의 가스량(Nm³)

$V = \dfrac{w}{M} \times 22.4 = \dfrac{50}{18} \times 22.4 = 62.22 l = 0.0622 \text{Nm}^3$

㉡ 가스 1Nm³ 중 가스량

$CO = \dfrac{0.262}{1 + 0.0622} = 0.2466$

$CH_4 = \dfrac{0.04}{1 + 0.0622} = 0.0376$

$H_2 = \dfrac{0.128}{1 + 0.0622} = 0.1205$

㉢ 완전연소시 이론산소량(O_o)

$CO + \dfrac{1}{2}O_2 \rightarrow CO_2 \left(O_o = \dfrac{1}{2} \times 0.2466 = 0.123\right)$

$CH_4 + 2O_2 \rightarrow CO_2 + 2H_2O \left(O_o = 2 \times 0.0376 = 0.075\right)$

$H_2 + \dfrac{1}{2}O_2 \rightarrow H_2O \left(O_o = \dfrac{1}{2} \times 0.1205 = 0.06\right)$

㉣ 완전연소시 이론공기량(A_o)

$A_o + O_o \times \dfrac{100}{21} = (0.123 + 0.075 + 0.06) \times \dfrac{100}{21} = 1.228 \text{Nm}^3$

23. 프로판가스 10kg을 완전 연소시키는데 필요한 공기의 양은 약 얼마인가?

① 12.1m³   ② 121m³

③ 44.8m³   ④ 448m³

해설 $C_3H_8 + 5O_2 \rightarrow 3CO_2 + 4H_2O$

이론산소량(O_2) $= \dfrac{5 \times 22.4 \times 10}{44} = 25.45 \text{m}^3$

이론공기량(A_o) $= O_o \times \dfrac{100}{21} = 25.45 \times \dfrac{100}{21} = 121 \text{m}^3$

24. 연소범위는 다음 중 무엇에 의해 주로 결정되는가?

① 온도, 압력   ② 온도, 부피

③ 부피, 비중   ④ 압력, 비중

---

19. ①   20. ①   21. ④   22. ②   23. ②   24. ①   정답

해설 연소범위의 결정
㉠ 압력   ㉡ 온도   ㉢ 산소의 농도

25. 수소를 함유한 연료가 연소할 경우 발열량의 관계식 중 올바른 것은?

① 총발열량=진발열량

② 총발열량=진발열량/생성된 물의 증발잠열

③ 총발열량=진발열량+생성된 물의 증발잠열

④ 총발열량=진발열량−생성된 물의 증발잠열

해설 ㉠ 총발열량(고위발열량, H_h) : 연료를 완전연소해서 연료중의 수분 및 연소로 생긴 수증기가 액체로 응축했을 때 발열량을 말한다.
㉡ 진발열량(저위발열량, H_l) : 실제연소에 있어서 연소가스 중의 수증기는 기체상태로 배출되기 때문에 수증기가 가지고 있는 응축잠열 및 응축수의 현열을 이용할 수 없으므로 이것을 뺀 것을 말한다.
㉢ $H_h = H_l +$ 생성된 물의 증발잠열(또는 응축잠열)

26. 무연탄이나 코크스와 같이 탄소를 함유한 물질을 가열하여 수증기를 통과시켜 얻는 H_2와 CO를 주성분으로 하는 기체 연료는?

① 발생로가스   ② 수성가스

③ 도시가스   ④ 합성가스

해설 수성가스
고온의 코크스에 수증기를 작용시켜 발생하는 가스로 H_2와 CO가 대부분이다.

27. 가스버너의 연소 중 화염이 꺼지는 현상과 거리가 먼 것은?

① 공기량의 변동이 크다.

② 점화에너지가 부족하다.

③ 연료 공급라인이 불안정하다.

④ 공기연료비가 정상범위를 벗어났다.

해설 점화에너지
폭발한계범위 안에 있는 혼합기체를 발화시키는데 필요한 에너지로서 연소 중 화염이 꺼지는 현상과는 거리가 멀다.

28. 다음 중 비엔트로피의 단위는?

① kJ/kg·m   ② kg/kJ·K

③ kJ/kPa   ④ kJ/kg·K

해설 비엔트로피와 비엔탈피의 단위
㉠ 비엔트로피 : kJ/kg·K
㉡ 비엔탈피 : kJ/kg

29. 다음 중 내연기관의 화염으로 가장 적당한 것은?

① 층류, 정상 확산 화염이다.

② 층류, 비정상 확산 화염이다.

③ 난류, 정상 예혼합 화염이다.

④ 난류, 비정상 예혼합 화염이다.

해설 내연기관의 화염
난류, 비정상 예혼합 화염이다.

30. 오토사이클에서 압축비(η_o)가 8일 때 열효율은 약 몇 %인가? (단, 비열비[k]는 1.40이다.)

① 56.5   ② 58.2

③ 60.5   ④ 62.2

해설 오토사이클의 열효율(η_o)
$$\eta_o = 1 - \left(\frac{1}{\varepsilon}\right)^{k-1} = 1 - \left(\frac{1}{8}\right)^{1.4-1} = 0.565 \qquad \therefore 56.5\%$$

31. 15℃의 공기 2L를 2kg/cm^{2}에서 10kg/cm^{2}로 단열압축시킨다면 1단 압축의 경우 압축 후의 배출가스의 온도는 약 몇 ℃인가? (단, 공기의 단열지수는 1.40이다.)

① 154   ② 183

③ 215   ④ 246

해설 $\dfrac{T_2}{T_1} = \left(\dfrac{P_2}{P_1}\right)^{\frac{k-1}{k}}$ 식에서

$$T_2 = \left(\frac{P_2}{P_1}\right)^{\frac{k-1}{k}} \times T_1 = \left(\frac{10}{2}\right)^{\frac{1.4-1}{1.4}} \times (273+15) = 456k$$

$T_2 = 456 - 273 = 183℃$

정답 25. ③   26. ②   27. ②   28. ④   29. ④   30. ①   31. ②

32. 다음과 같은 반응에서 A의 농도는 그대로 하고 B의 농도를 처음의 2배로 해주면 반응속도는 처음의 몇 배가 되겠는가?

$$2A + 3B → 3C + 4D$$

① 2배 ② 4배

③ 8배 ④ 16배

해설 $2A+3B → 3C+4D$(B의 농도 2배 증가) → 3차 반응

반응속도 : $2^3 = 8$배

33. 포화증기를 일정 체적하에서 압력을 상승시키면 어떻게 되는가?

① 포화액이 된다.   ② 압축액이 된다.

③ 과열증기가 된다.   ④ 습증기가 된다.

해설 일정체적에서 압력 증가

㉠ 습증기 → 포화증기

㉡ 포화증기 → 과열증기

34. 가스폭발의 방지대책으로 가장 거리가 먼 것은?

① 내부폭발을 유발하는 연소성 혼합물을 피한다.

② 반응성 화합물에 대해 폭굉으로의 전이를 고려한다.

③ 안전밸브나 파열판을 설계에 반영한다.

④ 용기의 내압을 아주 약하게 설계한다.

해설 용기내압을 용기의 최고 충전 압력의 5/3배 이상으로 한다(아세틸렌용기는 최고충전압력의 3배 이상).

35. 다음 확산화염의 여러 가지 형태 중 대향분류(對向噴流) 확산화염에 해당하는 것은?

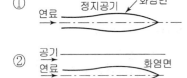

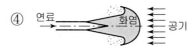

해설 ①항 : 자유분류 확산화염

②항 : 동축류 확산화염

③항 : 대향류 확산화염

④항 : 대향분류 확산화염

36. 층류예혼합화염과 비교한 난류예혼합화염의 특징에 대한 설명으로 옳은 것은?

① 화염의 두께가 얇다.

② 화염의 밝기가 어둡다.

③ 연소 속도가 현저하게 늦다.

④ 화염의 배후에 다량의 미연소분이 존재한다.

해설 난류예혼합 연소의 특징

㉠ 화염의 휘도가 높다.

㉡ 화염면의 두께가 두꺼워진다.

㉢ 연소속도가 층류화염의 수십배이다.

㉣ 연소시 다량의 미연소분이 잔존한다.

37. 가스압이 이상 저하한다든지 노즐과 콕크 등이 막혀 가스량이 극히 적게 될 경우 발생하는 현상은?

① 불완전 연소   ② 리프팅

③ 역화   ④ 황염

해설 역화의 원인

㉠ 가스압력이 이상으로 낮아졌을 때(노즐, 가스콕 막힘)

㉡ 1차 공기의 댐퍼가 너무 많이 개폐되었을 때(연소속도 증가)

㉢ 버너부분이 고온이 되어 이곳을 통과하는 가스의 온도가 높아 연소속도가 빨라졌을 때

㉣ 버너가 오래되어 부식에 의해서 염공이 크게 되었을 때

32. ③   33. ③   34. ④   35. ④   36. ④   37. ③   정답

38. 방폭전기 기기의 구조별 표시방법 중 틀린 것은?

① 내압 방폭구조(d)
② 안전증 방폭구조(s)
③ 유입 방폭구조(o)
④ 본질안전 방폭구조(ia 또는 ib)

[해설] 방폭전기 기기의 구조별 표시방법
㉠ 내압 방폭구조(d)
㉡ 유입 방폭구조(o)
㉢ 안전증 방폭구조(e)
㉣ 압력 방폭구조(P)
㉤ 본질안전 방폭구조(ia 또는 ib)
㉥ 특수 방폭구조(s)

39. 파라핀계 탄화수소의 탄소수 증가에 따른 일반적인 성질변화로 옳지 않은 것은?

① 인화점이 높아진다.
② 착화점이 높아진다.
③ 연소범위가 좁아진다.
④ 발열량($kcal/m^3$)이 커진다.

[해설] 탄화수소의 탄소수가 증가하면 착화점이 낮아진다.

40. 프로판(C_3H_8)의 연소반응식은 다음과 같다. 프로판(C_3H_8)의 화학양론계수는?

$$C_3H_8 + 5O_2 \rightarrow 3CO_2 + 4H_2O$$

① 1
② 1/5
③ 6/7
④ −1

[해설] $C_3H_8 + 5O_2 \rightarrow 3CO_2 + 4H_2O$
반응물 : 1+5=6
생성물 : (−3)+(−4)=−7
화학양론계수 : 6−7=−1

제3과목 가스설비

41. LP 가스 탱크로리의 하역종료 후 처리할 작업순서로 가장 옳은 것은?

> Ⓐ 호스를 제거한다.
> Ⓑ 밸브에 캡을 부착한다.
> Ⓒ 어스선(접지선)을 제거한다.
> Ⓓ 차량 및 설비의 각 밸브를 잠근다.

① Ⓓ → Ⓐ → Ⓑ → Ⓒ
② Ⓓ → Ⓐ → Ⓒ → Ⓑ
③ Ⓐ → Ⓑ → Ⓒ → Ⓓ
④ Ⓒ → Ⓐ → Ⓑ → Ⓓ

[해설] 어스선은 정전기 등에 의해 LP가스의 폭발 방지를 위해 가장 나중에 제거한다.

42. LP가스 사용 시의 특징에 대한 설명으로 틀린 것은?

① 연소기는 LP가스에 맞는 구조이어야 한다.
② 발열량이 커서 단시간에 온도상승이 가능하다.
③ 배관이 거의 필요 없어 입지적 제약을 받지 않는다.
④ 예비용기는 필요 없지만 특별한 가압장치가 필요하다.

[해설] LPG사용 시 특징
가스공급을 중단시키지 않기 위해 예비용기 확보가 필요하고 LP가스 특유의 증기압을 이용하므로 특별한 가압장치가 필요없다.

43. 압력조정기의 구성이 아닌 것은?

① 캡
② 로드
③ 슬릿
④ 다이어프램

[정답] 38. ② 39. ② 40. ④ 41. ① 42. ④ 43. ③

해설 압력조정기의 구성
㉠ 캡   ㉡ 로드
㉢ 다이어프램   ㉣ 압력조절나사

44. LPG배관에 직경 0.5mm의 구멍이 뚫려 LP가스가 5시간 유출되었다. LP가스의 비중이 1.55라고 하고 압력은 280mmH₂O 공급되었다고 가정하면 LPG의 유출량은 약 몇 L인가?

① 131   ② 151
③ 171   ④ 191

해설 $Q = 0.009 D^2 \sqrt{\dfrac{P}{d}}$ (m^3/h)

$Q = 0.009 \times 0.5^2 \sqrt{\dfrac{280}{1.55}} \times 5 = 0.151 m^3 = 151 l$

45. 다음 중 산소가스의 용도가 아닌 것은?

① 의료용
② 가스용접 및 절단
③ 고압가스 장치의 퍼지용
④ 폭약제조 및 로켓 추진용

해설 산소가스의 용도
㉠ 제철용
㉡ 용접 및 절단용(산소-아세틸렌염, 산소-프로판염, 산소-수소염)
㉢ 의료용
㉣ 로켓추진용 또는 액체산소 폭약 등

46. 탄화수소에서 아세틸렌가스를 제조할 경우의 반응에 대한 설명으로 옳은 것은?

① 통상 메탄 또는 나프타를 열분해함으로써 얻을 수 있다.
② 탄화수소 분해반응 온도는 보통 500~1000℃ 이고 고온일수록 아세틸렌이 적게 생성된다.
③ 반응압력은 저압일수록 아세틸렌이 적게 생성된다.
④ 중축합반응을 촉진시켜 아세틸렌 수율을 높인다.

해설 아세틸렌 제조법
㉠ 탈화칼슘을 이용한 제조법
CaC₂+2H₂O → C₂H₂+Ca(OH)₂+33kcal/mole
㉡ 탄화수소 분해를 이용한 제조법 : 메탄 또는 나프타를 열분해하여 얻을 수 있다.
2CH₄ → C₂H₂+3H₂-95.5kcal/mole

47. 원유, 등유, 나프타 등 분자량이 큰 탄화수소 원료를 고온(800~900℃)으로 분해하여 10000kcal/m³ 정도의 고열량 가스를 제조하는 방법은?

① 열분해공정   ② 접촉분해공정
③ 부분연소공정   ④ 대체천연가스공정

해설 열분해공정
분자량이 큰 원료(나프타, 원유 등)를 800~900℃로 분해하여 고열량(10,000kcal/Nm³)의 가스를 제조하는 방법

48. 금속재료에 대한 일반적인 설명으로 옳지 않은 것은?

① 황동은 구리와 아연의 합금이다.
② 뜨임의 목적은 담금질 후 경화된 재료에 인성을 증대시키는 등 기계적 성질의 개선을 꾀하는 것이다.
③ 철에 크롬과 니켈을 첨가한 것은 스테인리스강이다.
④ 청동은 강도는 크나 주조성과 내식성은 좋지 않다.

해설 청동의 성질
㉠ 청동 : Cu(구리)+Sn(주석)
㉡ 주조성, 강도, 내마멸성이 우수
㉢ 내식성, 내해수성 우수

49. 산소제조 장치에서 수분제거용 건조제가 아닌 것은?

① SiO₂   ② Al₂O₃
③ NaOH   ④ Na₂CO₃

해설 산소제조 장치의 건조제
㉠ NaOH(가성소다)   ㉡ SiO₂(실리카겔)
㉢ Al₂O₃(산화알루미늄)   ㉣ 소바비이드

정답 44. ②   45. ③   46. ①   47. ①   48. ④   49. ④

50. 다음 각 가스의 폭발에 대한 설명으로 틀린 것은?

① 아세틸렌은 조연성 가스와 공존하지 않아도 폭발할 수 있다.

② 일산화탄소는 가연성이므로 공기와 공존하면 폭발할 수 있다.

③ 가연성 고체 가루가 공기 중에서 산소분자와 접촉하면 폭발할 수 있다.

④ 이산화황은 산소가 없어도 자기분해 폭발을 일으킬 수 있다.

[해설] 분해폭발
㉠ C_2H_2　　　㉡ C_2H_4O　　　㉢ N_2H_4(히드라진)

51. 냉동장치에서 냉매가 갖추어야할 성질로서 가장 거리가 먼 것은?

① 증발열이 적은 것

② 응고점이 낮은 것

③ 가스의 비체적이 적은 것

④ 단위냉동량당 소요동력이 적은 것

[해설] 냉매의 구비조건 → 증발열이 클 것

52. 고압가스 제조 장치의 재료에 대한 설명으로 틀린 것은?

① 상온 건조 상태의 염소가스에 대하여는 보통강을 사용해도 된다.

② 암모니아, 아세틸렌의 배관 재료에는 구리를 사용해도 된다.

③ 저온에서는 고탄소강보다 저탄소강이 사용된다.

④ 암모니아 합성탑 내부의 재료에는 18-8 스테인리스강을 사용한다.

[해설] 동 및 동합금 사용금지
㉠ 암모니아 : 금속이온(동(Cu), 아연(Zn), 은(Ag), 코발트(Co))과 반응하여 착이온을 만든다.
㉡ 아세틸렌 : 동(Cu), 은(Ag), 수은(Hg) 등의 금속과 접촉반응하여 폭발성의 아세틸라이드를 만들기 때문에 동함유량이 62% 미만인 것을 사용하여야 한다.

53. 외경과 내경의 비가 1.2 이상인 산소가스 배관두께를 구하는 식은 $t = \dfrac{D}{2}\left(\sqrt{\dfrac{\frac{f}{s}+P}{\frac{f}{s}-P}} - 1\right) + C$ 이다. D는 무엇을 의미하는가?

① 배관의 내경

② 배관의 외경

③ 배관의 상용압력

④ 내경에서 부식여유에 상당하는 부분을 뺀 부분의 수치

[해설] t : 배관의 두께　　　P : 사용압력
f : 재료의 인장강도　　　s : 안전율
D : 내경에서 부식여유에 상당하는 부분을 뺀 부분의 수치
C : 관 내면의 부식여유의 수치

54. 전양정 20m, 유량 1.8m³/min, 펌프의 효율이 70%인 경우 펌프의 축동력(L)은 약 몇 마력(PS)인가?

① 11.4　　　　　② 13.4

③ 15.5　　　　　④ 17.5

[해설] $L = \dfrac{rQH}{75\times60\times\eta} = \dfrac{1,000\times1.8\times20}{75\times60\times0.7} = 11.4\text{PS}$

55. 프로판의 탄소와 수소의 중량비(C/H)는 얼마인가?

① 0.375　　　　② 2.67

③ 4.50　　　　　④ 6.40

[해설] $C_3H_8\left(\dfrac{C}{H}\right) = \dfrac{12\times3}{1\times8} = 4.5$

56. 정압기 특성 중 정상상태에서 유량과 2차 압력과의 관계를 나타내는 특성을 무엇이라 하는가?

① 정특성　　　　② 동특성

③ 유량특성　　　④ 작동최소차압

정답　50. ④　51. ①　52. ②　53. ④　54. ①　55. ③　56. ①

[해설] 정압기의 특성
㉠ 정특성 : 유량과 2차 압력과의 관계
㉡ 동특성 : 부하변화가 큰 곳에 사용되는 정압기의 특성으로 부하변동에 대한 응답의 신속성과 안전성
㉢ 유량특성 : 메인 밸브의 열림과 유량과의 관계

57. LP가스사용시설에 강제기화기를 사용할 때의 장점이 아닌 것은?

① 기화량의 증감이 쉽다.
② 가스 조성이 일정하다.
③ 한냉 시 가스공급이 순조롭다.
④ 비교적 소량 소비 시에 적당하다.

[해설] 기화기 사용시 잇점
㉠ LP가스의 종류에 관계없이 한냉시에도 충분히 기화시킬 수 있다.
㉡ 공급가스의 조성이 일정하다.
㉢ 설치면적이 적어도 되고 기화량을 가감할 수 있다.
㉣ 설비비 및 인건비가 절감된다.
㉤ 비교적 대량 소비시에 적당(자연기화 방식은 소량 소비시에 적당)

58. 왕복식 압축기의 연속적인 용량제어 방법으로 가장 거리가 먼 것은?

① 바이패스 밸브에 의한 조정
② 회전수를 변경하는 방법
③ 흡입 밸브를 폐쇄하는 방법
④ 베인 컨트롤에 의한 방법

[해설] 왕복식 압축기의 용량제어 방법
㉠ 연속적으로 조절하는 방법
　• 흡입주밸브를 폐쇄시키는 방법
　• 바이패스 밸브에 의해 압축가스를 흡입측으로 되돌려주는 방법
　• 타임드 밸브에 의한 방법
　• 회전수를 가감하는 방법
㉡ 단계별로 조절하는 방법
　• 언로드 장치에 의해 흡입 밸브를 개방하는 방법
　• 클리어런스 포켓을 설치하여 클리어 런스를 증대시키는 방법

59. 다음 그림은 가정용 LP가스 사용시설이다. R₁에 사용되는 조정기의 종류는?

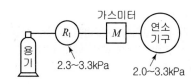

① 1단 감압식 저압조정기
② 1단 감압식 중압조정기
③ 1단 감압식 고압조정기
④ 2단 감압식 저압조정기

[해설] 압력조정기의 조정압력
㉠ 1단 감압식 저압조정기 : 2.3~3.3kPa
㉡ 1단 감압식 준저압 조정기 : 5~30kPa

60. 고압가스시설에 설치한 전기방식 시설의 유지관리 방법으로 옳은 것은?

① 관대지 전위 등은 2년에 1회 이상 점검하였다.
② 외부전원법에 의한 전기방식시설은 외부전원점 관대지전위, 정류기의 출력, 전압, 전류, 배선의 접속은 3개월에 1회 이상 점검하였다.
③ 배류법에 의한 전기방식시설은 배류점관대지전위, 배류기출력, 전압, 전류, 배선 등은 6개월에 1회 이상 점검하였다.
④ 절연부속품, 역전류방지장치, 결선 등은 1년에 1회 이상 점검하였다.

[해설] 전기방식 시설의 관대지전위 점검시기
㉠ 전기 방식 시설 : 1년에 1회 이상
㉡ 외부전원법 : 3개월에 1회 이상
㉢ 배류법 : 3개월에 1회 이상
㉣ 절연부속품, 역류방지장치, 결선(bond) 및 보호절연체의 효과 : 6개월에 1회 이상

57. ④　58. ④　59. ①　60. ② 정답

제4과목 | 가스안전관리

61. 온수기나 보일러를 겨울철에 장시간 사용하지 않거나 실온에 설치하였을 때 물이 얼어 연소기구가 파손될 우려가 있으므로 이를 방지하기 위하여 설치하는 것은?

① 휴즈 메탈(fuse metal) 장치

② 드레인(drain) 장치

③ 후레임 로드(flame rod) 장치

④ 물 거버너(water governor)

[해설] 드레인(drain) 장치
겨울철 장시간 사용하지 않을 때 물을 드레인시켜 물이 얼어 연소기구가 파손되는 것을 방지하기 위해 설치한다.

62. 암모니아를 사용하는 A공장에서 저장능력 25톤의 저장탱크를 지상에 설치하고자 할 때 저장설비 외면으로부터 사업소 외의 주택까지 안전거리는 얼마 이상을 유지하여야 하는가? (단, A공장의 지역은 전용공업지역 아님)

① 20m   ② 18m

③ 16m   ④ 14m

[해설] 암모니아(독성)의 안전거리

지장능력(kg)	1종 보호시설	2종 보호시설(주택)
2만 초과 3만 이하	24m	16m

63. -162℃의 LNG(메탄 : 90%, 에탄 : 10%, 액비중 : 0.46)를 1atm, 30℃로 기화시켰을 때 부피의 배수(倍數)로 맞는 것은? (단, 기화된 천연가스는 이상기체로 간주한다.)

① 457배   ② 557배

③ 657배   ④ 757배

[해설] LNG 액비중 0.46은 460kg/m³, 즉 액 1m³는 460kg

$PV = \dfrac{w}{M}RT$ 식에서

$V = \dfrac{\dfrac{w}{M}RT}{P} = \dfrac{\dfrac{460}{17.4} \times 0.082 \times (273+30)}{1} = 657\text{m}^3$

여기서, 평균분자량$(M) = \dfrac{90 \times 16 + 10 \times 30}{100} = 17.4\text{g}$

64. 독성가스를 용기에 충전하여 운반하게 할 때 운반책임자의 동승기준으로 적절하지 않은 것은?

① 압축가스 허용농도가 100만분의 200 초과 100만분의 5,000 이하 : 가스량 1,000m³ 이상

② 압축가스 허용농도가 100만분의 200 이하 : 가스량 10m³ 이상

③ 액화가스 허용농도가 100만분의 200 초과 100만분의 5,000 이하 : 가스량 1,000kg 이상

④ 액화가스 허용농도가 100만분의 200 이하 : 가스량 100kg 이상

[해설] 독성가스 운반 책임자 동승

가스의 종류		기준
압축 가스	허용농도 200ppm 초과 5,000ppm 이하	100m³ 이상
	허용농도 200ppm 이하	10m³ 이상
액화 가스	허용농도 200ppm 초과 5,000ppm 이하	1,000kg 이상
	허용농도 200ppm 이하	100kg 이상

65. 고압가스 운반 시에 준수하여야 할 사항으로 옳지 않은 것은?

① 밸브가 돌출한 충전용기는 캡을 씌운다.

② 운반 중 충전용기의 온도는 40℃ 이하로 유지한다.

③ 오토바이에 20kg LPG 용기 3개까지는 적재할 수 있다.

④ 염소와 수소는 동일 차량에 적재 운반을 금한다.

[해설] 오토바이에 20kg LPG 용기 2개까지 적재운반 할 수 있다.

정답 61. ② 62. ③ 63. ③ 64. ① 65. ③

66. 고압가스안전관리법에 의한 산업통상자원부령이 정하는 고압가스 관련설비에 해당되지 않는 것은?

① 정압기　　　　　② 안전밸브
③ 기화장치　　　　④ 독성가스배관용 밸브

[해설] 고압가스 관련설비
㉠ 안전밸브, 긴급차단장치, 역화방지장치
㉡ 기화장치
㉢ 압력용기
㉣ 자동차용 가스자동 주입기
㉤ 독성가스 배관용 밸브
㉥ 특정고압가스용 실린더 캐비넷

67. 독성가스 저장탱크에 부착된 배관에는 그 외면으로부터 일정거리 이상 떨어진 곳에서 조작할 수 있는 긴급차단 장치를 설치하여야 한다. 그러나 액상의 독성가스를 이입하기 위해 설치된 배관에는 어느 것으로 갈음할 수 있는가?

① 역화방지장치　　　② 독성가스배관용밸브
③ 역류방지밸브　　　④ 인터록기구

[해설] 긴급차단장치
5,000l 이상의 가연성, 독성가스 저장탱크의 가스 이입, 이충전배관에 설치(단, 액성의 가스를 이입하기 위한 배관에는 역류방지 밸브로 갈음할 수 있다.)

68. 가스 폭발의 위험도를 옳게 나타낸 식은?

① 위험도 $= \dfrac{\text{폭발상한값}(\%)}{\text{폭발하한값}(\%)}$

② 위험도 $= \dfrac{\text{폭발상한값}(\%) - \text{폭발하한값}(\%)}{\text{폭발하한값}(\%)}$

③ 위험도 $= \dfrac{\text{폭발하한값}(\%)}{\text{폭발상한값}(\%)}$

④ 위험도 $= 1 - \dfrac{\text{폭발하한값}(\%)}{\text{폭발상한값}(\%)}$

[해설] 위험도(H)
폭발범위를 폭발하한계로 나눈값으로 폭발성혼합가스(가연성가스 또는 증기)의 위험성을 나타내는 척도이다. H가 클수록 위험성이 높다.

$$H = \dfrac{\text{폭발상한} - \text{복발하한}}{\text{폭발하한}}$$

69. 다음 연소기의 분류 중 전가스소비량의 범위가 업무용 대형연소기에 속하는 것은?

① 전가스소비량이 6,000kcal/h인 그릴
② 전가스소비량이 7,000kcal/h인 밥솥
③ 전가스소비량이 5,000kcal/h인 오븐
④ 전가스소비량이 14,400kcal/h인 가스렌지

[해설] 업무용 대형연소기

종류	전가스소비량
레인지	16.7kW(14,400kcal/h) 초과 232.6kW(20만 kcal/h) 이하
오븐	5.8kW(5,000kcal/h) 초과 232.6kW(20만 kcal/h) 이하
그릴	7.0kW(6,000kcal/h) 초과 232.6kW(20만 kcal/h) 이하
밥솥	5.6kW(4,800kcal/h) 초과 232.6kW(20만 kcal/h) 이하

70. 용기에 의한 액화석유가스 저장소의 자연환기설비에서 1개소 환기구의 면적은 몇 cm^2 이하로 하여야 하는가?

① 2000cm^2　　　　② 2200cm^2
③ 2400cm^2　　　　④ 2600cm^2

[해설] 자연환기설비
㉠ 통풍구의 크기 : 바닥면적의 3% 이상으로 한다.
㉡ 환기구는 2방향 이상으로 분산설치(1개소의 통풍구의 면적 : 2,400cm^2 이하)

71. 산소를 취급할 때 주의사항으로 틀린 것은?

① 산소가스 용기는 가연성가스나 독성가스 용기와 분리 저장한다.
② 각종 기기의 기밀시험에 사용할 수 없다.
③ 산소용기 기구류에는 기름, 그리스를 사용하지 않는다.
④ 공기 액화 분리기 안에 설치된 액화산소통 안의 액화산소는 1개월에 1회 이상 분석한다.

[해설] 공기 액화 분리기 안에 설치된 액화산소통 안의 액화산소는 1일 1회 이상 분석한다.

72. 다음 중 독성가스가 아닌 것은?

① 아크릴로니트릴   ② 아크릴알데히드
③ 아황산가스   ④ 아세트알데히드

[해설] 아세트알데히드
에탄알이라고도 하며 화학식 CH_3CHO, 분자량 44.05, 녹는점 $-123℃$ 끓는점 21℃이고 휘발성이 강한 무색액체로 자극성 냄새가 난다.

73. 최소 발화에너지에 영향을 주는 요인으로 가장 거리가 먼 것은?

① 온도   ② 압력
③ 열량   ④ 농도

[해설] 최소 발화 에너지에 영향을 주는 요인
㉠ 압력   ㉡ 온도   ㉢ 조성

74. 액화석유가스 충전소의 용기 보관 장소에 충전용기를 보관하는 때의 기준으로 옳지 않은 것은?

① 용기 보관 장소의 주위 8m 이내에는 석유, 휘발유를 보관하여서는 아니 된다.
② 충전 용기는 항상 40℃ 이하를 유지하여야 한다.
③ 용기가 너무 냉각되지 않도록 겨울철에는 직사광선을 받도록 조치하여야 한다.
④ 충전용기와 잔가스용기는 각각 구분하여 놓아야 한다.

[해설] 충전용기는 직사광선을 받지 않도록 한다.

75. 암모니아 가스의 장치에 주로 사용될 수 있는 재료는?

① 탄소강   ② 동
③ 동합금   ④ 알루미늄합금

[해설] 암모니아 가스의 장치 재료
㉠ 사용할 수 있는 재료 : 철(탄소강) 및 철합금
㉡ 사용할 수 없는 재료 : 동 및 동합금, 알루미늄합금

76. 다음 가스 중 압력을 가하거나 온도를 낮추면 가장 쉽게 액화하는 것은?

① 산소   ② 헬륨
③ 질소   ④ 프로판

[해설] 프로판은 비점이 높기 때문에 상온에서 6~7기압에서 쉽게 액화한다.
㉠ 산소비점 : $-183℃$ ㉡ 헬륨비점 : $-268.93℃$
㉢ 질소 : $-196℃$ ㉣ 프로판 : $-42℃$

77. 독성가스인 염소 500kg을 운반할 때 보호구를 차량의 승무원수에 상당한 수량을 휴대하여야 한다. 다음 중 휴대하지 않아도 되는 보호구는?

① 방독마스크   ② 공기호흡기
③ 보호의   ④ 보호장갑

[해설] 독성가스 운반시 보호구
㉠ 액화가스 1,000kg(압축 100m³) 미만 : 방독마스크, 보호의, 보호장갑, 보호장화
㉡ 액화가스 1,000kg(압축 100m³) 이상 : 방독마스크, 공기호흡기, 보호의, 보호장갑, 보호장화

78. 액화석유가스 자동차에 고정된 탱크충전시설에서 자동차에 고정된 탱크는 저장탱크의 외면으로부터 얼마 이상 떨어져서 정지하여야 하는가?

① 1m   ② 2m
③ 3m   ④ 5m

[해설] 가스를 충전 이송하는 차량은 지상저장탱크의 외면과 3m 이상 떨어져 정차할 것(단, 차량과 탱크사이에 방지책 설치시 제외)

정답   72. ④   73. ③   74. ③   75. ①   76. ④   77. ②   78. ③

79. 정전기 제거설비를 정상상태로 유지하기 위한 검사항목이 아닌 것은?

① 지상에서 접지저항치
② 지상에서의 접속부의 접속상태
③ 지상에서의 접지접속선의 절연여부
④ 지상에서의 절선 그밖에 손상부분의 유무

해설 정전기 제거 기능검사
㉠ 지상에서 접지저항치의 값
㉡ 지상에서의 접속부의 접속사항
㉢ 지상에서의 단선 기타 손상부분의 유무

80. 염소의 제독제로 적당하지 않은 것은?

① 물
② 소석회
③ 가성소다 수용액
④ 탄산소다 수용액

해설 염소가스
㉠ 제독제 : 소석회, 가성소다 수용액, 탄산소다 수용액
㉡ 건조제 : 소석회, 가성소다 수용액, 탄산소다 수용액
※ 염소가스는 제독제와 건조제가 같다.

제5과목 가스계측

81. 가스미터의 설치장소로 적당하지 않은 것은?

① 수직, 수평으로 설치한다.
② 환기가 양호한 곳에 설치한다.
③ 검침, 교체가 용이한 곳에 설치한다.
④ 높이가 200cm 이상인 위치에 설치한다.

해설 가스미터의 설치 높이
160cm 이상 200cm 이내

82. 오르자트 분석기에 의한 배기가스 각 성분 계산법 중 CO의 성분 % 계산법은?

① $100 - (CO_2\% + N_2\% + O_2\%)$

② $\dfrac{KOH\,30\%\,용액흡수량}{시료채취량} \times 100$

③ $\dfrac{알칼리성피로갈롤용액흡수량}{시료채취량} \times 100$

④ $\dfrac{암모니아성염화제일구리용액흡수량}{시료채취량} \times 100$

해설 오르자트 분서기의 분석법
①항 : N_2(%) 분석 ②항 : CO_2(%) 분석
③항 : O_2(%) 분석 ④항 : CO(%) 분석

83. 에탄올, 헵탄, 벤젠, 에틸아세테이트로 된 4성분 혼합물을 TCD를 이용하여 정량분석하려고 한다. 다음 데이터를 이용하여 각 성분(에탄올 : 헵탄 : 벤젠 : 에틸아세테이트)의 중량분율(wt%)을 구하면?

성분	면적(cm²)	중량인자
에탄올	5.0	0.64
헵탄	9.0	0.70
벤젠	4.0	0.78
에틸아세테이트	7.0	0.79

① 20 : 36 : 16 : 28
② 22.5 : 37.1 : 14.8 : 25.6
③ 22.0 : 24.1 : 26.8 : 27.1
④ 17.6 : 34.7 : 17.2 : 30.5

해설 총성분 : $5.0 \times 0.64 + 9.0 \times 0.70 + 4.0 \times 0.78 + 7.0 \times 0.79$
$= 18.15$

㉠ 에탄올(wt%) $= \dfrac{5.0 \times 0.64}{18.15} \times 100(\%) = 17.6$

㉡ 헵탄(wt%) $= \dfrac{9.0 \times 0.70}{18.15} \times 100(\%) = 34.7$

㉢ 벤젠(wt%) $= \dfrac{4.0 \times 0.78}{18.15} \times 100(\%) = 17.2$

㉣ 에틸아세테이트(wt%) $= \dfrac{7.0 \times 0.79}{18.15} \times 100(\%) = 30.5$

84. 실내공기의 온도는 15℃이고, 이 공기의 노점은 5℃로 측정되었다. 이 공기의 상대습도는 약 몇 %인가? (단, 5℃, 10℃ 및 15℃의 포화수증기압은 각각 6.54 mmHg, 9.21mmHg 및 12.79mmHg이다.)

① 46.6 ② 51.1

③ 71.0 ④ 72.0

해설 상대습도 $= \dfrac{5℃일\ 때\ 포화수증기압}{15℃일\ 때\ 포화수증기압} \times 100(\%)$

$= \dfrac{6.54}{12.79} \times 100 = 51.1(\%)$

85. 배관의 모든 조건이 같을 때 지름을 2배로 하면 체적유량은 약 몇 배가 되는가?

① 2배 ② 4배

③ 6배 ④ 8배

해설 $Q = AV = \dfrac{\pi d^2}{4} V$ 식에서 $(d_2 = 2d_1)$

$\dfrac{Q_1}{d_1^2} = \dfrac{Q_2}{d_2^2}$, $Q_2 = \dfrac{d_2^2 Q_1}{d_1^2} = \dfrac{(2d_1)^2 Q_1}{d_1^2} = 4Q_1$

86. 유독가스인 시안화수소의 누출탐지에 사용되는 시험지는?

① 연당지 ② 초산벤젠지

③ 하리슨씨 시험지 ④ 염화 제1구리 착염지

해설 누출탐지 시험지

㉠ 황화수소 – 흑색 – 연당지(초산납시험지)

㉡ 시안화수소 – 청색 – 초산벤젠지(질산구리벤젠지)

㉢ 포스겐 – 심등색 – 하리슨 시험지

㉣ 아세틸렌 – 적색 – 염화 제1구리 착염지

87. 유도단위는 어느 단위에서 유도되는가?

① 절대단위 ② 중력단위

③ 특수단위 ④ 기본단위

해설 유도단위

기본단위를 기준으로 하여 물리적 법칙 정의에 의해서 파생된 유도된 단위를 말한다.

88. 로터리 피스톤형 유량계에서 중량유량을 구하는 식은? (단, C : 유량계수, A : 유출구의 단면적, W : 유체 중의 피스톤 중량, a : 피스톤의 단면적이다.)

① $G = CA\sqrt{\dfrac{a}{2g\gamma W}}$ ② $G = CA\sqrt{\dfrac{\gamma a}{2g W}}$

③ $G = CA\sqrt{\dfrac{2g\gamma W}{a}}$ ④ $G = CA\sqrt{\dfrac{2g W}{\gamma a}}$

해설 로터리 피스톤형 유량계의 중량 유량

$G = CA\sqrt{\dfrac{2grw}{a}}$ (kgf/s)

89. 가스크로마토그래피 분석기에서 FID(Flame Ionization Detector)검출기의 특성에 대한 설명으로 옳은 것은?

① 시료를 파괴하지 않는다.

② 대상 감도는 탄소수에 반비례한다.

③ 미량의 탄화수소를 검출할 수 있다.

④ 연소성 기체에 대하여 감응하지 않는다.

해설 FID식 가스검지기(수소염 이온화식 검지기)의 특징

㉠ 극히 미량의 탄화수소를 검출할 수 있다(1ppm 정도).

㉡ FID에 의한 탄화수소의 대상감도는 탄화수소에 거의 비례한다.

㉢ 검지성분은 탄화수소의 국한되고 무기화합물에는 감지되지 않는다.

90. 액주식 압력계에 봉입되는 액체로서 가장 부적당한 것은?

① 윤활유 ② 수은

③ 물 ④ 석유

해설 액주식 압력계에 봉입되는 액체

수은, 알코올, 물, 석유

91. 접촉식 온도계의 측정방법이 아닌 것은?

① 열팽창 이용법

② 전기저항 변화법

③ 물질상태 변화법

④ 열복사의 에너지 및 강도 측정

정답 84. ② 85. ② 86. ② 87. ④ 88. ③ 89. ③ 90. ① 91. ④

해설 접촉식 온도계의 측정방법
㉠ 열팽창을 이용 : 유리제 봉상온도계, 바이메탈 온도계, 압력식 온도계
㉡ 열기전력을 이용 : 열전대 온도계
㉢ 저항변화 이용 : 저항온도계, 서미스터
㉣ 상태변화 이용 : 제게르콘, 서모컬러

92. 연소 분석법에 대한 설명으로 틀린 것은?

① 폭발법은 대체로 가스 조성이 일정할 때 사용하는 것이 안전하다.
② 완만 연소법은 질소 산화물 생성을 방지할 수 있다.
③ 분별 연소법에서 사용되는 촉매는 파라듐, 백금 등이 있다.
④ 완만 연소법은 지름 0.5mm 정도의 백금선을 사용한다.

해설 폭발법
시료가스와 산소를 뷰렛에 넣고 혼합하여 폭발피펫에 옮겨 전기스파크로 폭발시킨 후 용적감소에 의하여 가스성분을 측정

93. 고속회전이 가능하므로 소형으로 대용량 계량이 가능하고 주로 대수용가의 가스측정에 적당한 계기는?

① 루트미터　　② 막식가스미터
③ 습식가스미터　④ 오리피스미터

해설 루트미터
고속회전이 가능하므로 소형으로 대용량 계량이 가능하고 가스압력이 높아도 사용이 가능하다.

94. 제어의 최종신호 값이 이 신호의 원인이 되었던 전달 요소로 되돌려지는 제어방식은?

① open-loop 제어계　② closed-loop 제어계
③ forward 제어계　　④ feedforward 제어계

해설 closed-loop 제어계(폐회로 제어계)
제어량을 검출하여 그 값을 제어장치의 입력측으로 피드백함으로써 정정동작을 하여 제어량을 언제나 목표값에 일치시키도록 하는 제어계

95. 목표값이 미리 정해진 변화를 하거나 제어순서 등을 지정하는 제어로서 금속이나 유리 등의 열처리에 응용하면 좋은 제어방식은?

① 프로그램제어　② 비율제어
③ 캐스케이드제어　④ 타력제어

해설 프로그램제어
목표치가 미리 정해진 계획에 따라서 시간적으로 변화하는 제어를 말한다.

96. 기준가스미터 교정주기는 얼마인가?

① 1년　　② 2년
③ 3년　　④ 5년

해설 기준가스미터 : 2년

97. 물체의 탄성 변위량을 이용한 압력계가 아닌 것은?

① 부르동관 압력계　② 벨로우즈 압력계
③ 다이어프램 압력계　④ 링밸런스식 압력계

해설 탄성식 압력계
㉠ 부르동관 압력계
㉡ 다이어프램식 압력계(격막식)
㉢ 벨로우즈식 압력계

98. 광전관식 노점계에 대한 설명으로 틀린 것은?

① 기구가 복잡하다.
② 냉각장치가 필요 없다.
③ 저습도의 측정이 가능하다.
④ 상온 또는 저온에서 상점의 정도가 우수하다.

92. ① 93. ① 94. ② 95. ① 96. ② 97. ④ 98. ② 정답

해설 광전관식 노점계의 특징
㉠ 저습도 측정이 가능
㉡ 상온 또는 저온에는 상점의 정도가 좋다.
㉢ 연속기록, 원격측정 자동제어에 이용된다.
㉣ 기구가 복잡하다.
㉤ 냉각장치가 필요하다.

99. 속도분포식 $U = 4y^{2/3}$일 때 경계면에서 0.3m 지점의 속도구배(s^{-1})는? (단, U와 y의 단위는 각각 m/s, m 이다.)

① 2.76   ② 3.38
③ 3.98   ④ 4.56

해설 속도구배$(s^{-1}) = 4 - \dfrac{2}{3} \times 0.03 = 3.98$

100. Stokes의 법칙을 이용한 점도계는?

① Ostwald 점도계
② Falling ball type 점도계
③ Saybolt 점도계
④ Rotation type 점도계

해설 점도계
㉠ 스토크스(stokes) 법칙을 이용한 점도계 : 낙구식 점도계(Falling ball type 점도계)
㉡ 하겐-푸아죄유법칙을 이용한 점도계 : 오스트발트 점도계, 세이볼트 점도계
㉢ 뉴턴의 점성법칙을 이용한 점도계 : 스토머 점도계, 맥미첼 점도계

정답 99. ③   100. ②

제1과목   가스유체역학

01. 표면이 매끈한 원관인 경우 일반적으로 레이놀즈 수가 어떤 값일 때 층류가 되는가?

① 4,000 보다 클 때

② $4,000^2$ 일 때

③ 2,100 보다 작을 때

④ $2,100^2$ 일 때

해설 레이놀즈 수(Re)
㉠ 층류 : Re<2,100
㉡ 난류 : Re>4,000
㉢ 천이구역 : 2,100<Re<4,000

02. 한 변의 길이가 a인 정삼각형 모양의 단면을 갖는 파이프 내로 유체가 흐른다. 이 파이프의 수력반경 (hydraulic radius)은?

① $\dfrac{\sqrt{3}}{4}a$ ② $\dfrac{\sqrt{3}}{8}a$

③ $\dfrac{\sqrt{3}}{12}a$ ④ $\dfrac{\sqrt{3}}{16}a$

해설 수력반경(R_h)
단면의 접수둘레 길이에 대한 유선의 단면적 비로 정의
㉠ 정사각형(R_h)$=\dfrac{1}{4}a$ ㉡ 정삼각형(R_h)$=\dfrac{\sqrt{3}}{12}a$
㉢ 원형관(R_h)$=\dfrac{D}{4}$ ㉣ 2중원형관(R_h)$=\dfrac{D-d}{4}$

03. 다음 중 정상유동과 관계있는 식은? (단, V=속도 벡터, s=임의방향좌표, t=시간이다.)

① $\dfrac{\partial V}{\partial t}=0$ ② $\dfrac{\partial V}{\partial s}\neq 0$

③ $\dfrac{\partial V}{\partial t}\neq 0$ ④ $\dfrac{\partial V}{\partial s}=0$

해설 ①항 : 정상유동 ②항 : 비균속도 유동
③항 : 비정상 유동 ④항 : 균속도 유동

04. 터보팬의 전압이 250mmAq, 축 동력이 0.5PS, 전압효율이 45%라면 유량은 몇 m^3/min인가?

① 7.1   ② 6.1

③ 5.1   ④ 4.1

해설 $L=\dfrac{rQH}{75\times 60\times \eta}$ 식에서

$Q=\dfrac{75\times 60\times \eta\times L}{rH}=\dfrac{75\times 60\times 0.45\times 0.5}{1,000\times 0.25}=4.1m^3/min$

05. 유체의 흐름에 대한 설명으로 다음 중 옳은 것을 모두 나타내면?

> ㉮ 난류전단응력은 레이놀즈응력으로 표시할 수 있다.
> ㉯ 후류는 박리가 일어나는 경계로부터 하류구역을 뜻한다.
> ㉰ 유체와 고체벽 사이에는 전단응력이 작용하지 않는다.

① ㉮   ② ㉮, ㉰

③ ㉮, ㉯   ④ ㉮, ㉯, ㉰

해설 유체와 고체벽 사이에는 전단응력이 작용한다.

06. 측정기기에 대한 설명으로 옳지 않은 것은?

① Piezometer : 탱크나 관 속의 작은 유압을 측정하는 액주계

② Micromanometer : 작은 압력차를 측정할 수 있는 압력계

③ Mercury Barometer : 물을 이용하여 대기절대압력을 측정하는 장치

④ Inclined-tube manometer : 액주를 경사시켜 계측의 감도를 높인 압력계

해설 Mercury Baromete(수은기압계)
수은주의 높이 변화로 기압을 측정하는 계기

07. 5.165mH₂O는 다음 중 어느 것과 같은가?

① 760mmHg   ② 0.5atm

③ 0.7bar   ④ 1,013mmHg

해설 $5.165mH_2O = 5.165 \times \dfrac{760}{10.332} = 379.9mmHg$

$= 5.165 \times \dfrac{1}{10.332} = 0.5atm$

$= 5.165 \times \dfrac{101,325}{10.332} = 5,0652.7^-$

08. Hagen-Poiseuille 식은 $-\dfrac{dP}{dx} = \dfrac{32\mu V_{avg}}{D^2}$ 로 표현한다. 이 식을 유체에 적용시키기 위한 가정이 아닌 것은?

① 뉴턴유체   ② 압축성

③ 층류   ④ 정상상태

해설 비압축성 점성유체

09. 구가 유체 속을 자유낙하 할 때 받는 항력 F가 점성계수 μ지름 D, 속도 V의 함수로 주어진다. 이 물리량들 사이의 관계식을 무차원으로 나타내고자 할 때 차원해석에 의하면 몇 개의 무차원수로 나타낼 수 있는가?

① 1   ② 2

③ 3   ④ 4

해설 독립적인 무차원수(z)

$z = m - n = 4 - 3 = 1$개

m(측정량) $= F, \mu, D, V \rightarrow$ 4개

n(차원의 기본단위) $= F$(항력) $= N = kg \cdot m/s^2 = MLT = 3$개

10. 다음 중 차원 표시가 틀린 것은? (단, M : 질량, L : 길이, T : 시간, F : 힘 이다.)

① 절대점성계수 : $\mu = [FL^{-1}T]$

② 동점성계수 : $v = [L^2T^{-1}]$

③ 압력 : $P = [FL^{-2}]$

④ 힘 : $F = [MLT^{-2}]$

해설 절대점성계수

㉠ 절대단위계 : $g/cm \cdot s = M\ L^{-1}\ T^{-1}$

㉡ 중력단위계 : $gf \cdot s/cm^2 = F\ T\ L^{-2}$

11. 압력 100kPa abs, 온도 20℃의 공기 5kg이 등엔트로피가 변화하여 온도 160℃로 되었다면 최종압력은 몇 kPa abs인가? (단, 공기의 비열비 k = 1.40이다.)

① 392   ② 265

③ 112   ④ 462

해설 $\dfrac{T_2}{T_1} = \left(\dfrac{P_2}{P_1}\right)^{\frac{k-1}{k}}$ 식에서 $\dfrac{P_2}{P_1} = \left(\dfrac{T_2}{T_1}\right)^{\frac{k}{k-1}}$

$P_2 = P_1 \times \left(\dfrac{T_2}{T_1}\right)^{\frac{k}{k-1}} = 100 \times \left(\dfrac{(273+160)}{(273+20)}\right)^{\frac{1.4}{1.4-1}} = 392kPa.abs$

12. 내경 0.1m인 수평 원관으로 물이 흐르고 있다. A단면에 미치는 압력이 100Pa, B단면에 미치는 압력이 50Pa라고 하면 A, B 두 단면 사이의 관벽에 미치는 마찰력은 몇 N인가?

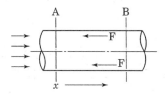

① 0.393   ② 1.57

③ 3.93   ④ 15.7

해설 마찰력(F)

$F = (100-50) \times \dfrac{\pi \times 0.1^2}{4} = 0.393(N)$

13. 부력에 대한 설명 중 틀린 것은?

① 부력은 유체에 잠겨있을 때 물체에 대하여 수직 위로 작용한다.

② 부력의 중심을 부심이라 하고 유체의 잠긴 체적의 중심이다.

③ 부력의 크기는 물체가 유체 속에 잠긴 체적에 해당하는 유체의 무게와 같다.

④ 물체가 액체 위에 떠 있을 때는 부력이 수직 아래로 작용한다.

해설 부력은 물체가 액체 위에 떠 있을 때는 부력이 수직 위로 작용한다.

14. 그림에서 수은주의 높이 차이 h가 80cm를 가리킬 때 B 지점의 압력이 1.25kgf/cm²이라면 A 지점의 압력은 약 몇 kgf/cm²인가? (단, 수은의 비중은 13.60이다.)

① 1.08
② 1.19
③ 2.26
④ 3.19

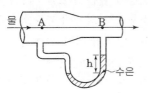

해설 $P_A - P_B = (r_A - r_B)R$ 식에서
$$P_A = (r_A - r_B)R + P_B$$
$$= (13.6-1) \times 10^3 \times 0.8 \times 10^{-4} \text{kgf/cm}^2 + 1.25 \text{kgf/cm}^2$$
$$= 2.26 \text{kgf/cm}^2$$

15. 다음의 압축성 유체의 흐름 과정 중 등엔트로피 과정인 것은?

① 가역단열 과정
② 가역등온 과정
③ 마찰이 있는 단열 과정
④ 마찰이 없는 비가역 과정

해설 등엔트로피 과정
마찰이 없는 단열유동(가역단열 과정)

16. 베르누이의 방정식에 쓰이지 않는 head(수두)는?

① 압력수두
② 밀도수두
③ 위치수두
④ 속도수두

해설 베르누이의 방정식
$$H = \frac{P}{r} + \frac{V^2}{2g} + z$$

㉠ 압력수두 : $\frac{P}{r}$　　㉡ 속도수두 : $\frac{V^2}{2g}$

㉢ 위치수두 : z

17. 다음 중 의소성 유체(pseudo plastics)에 속하는 것은?

① 고분자 용액
② 점토 현탁액
③ 치약
④ 공업용수

해설 의소성 유체 : 고분자 용액

18. 평판을 지나는 경계층 유동에 관한 설명으로 옳은 것은? (단, x는 평판 앞쪽 끝으로부터의 거리를 나타낸다.)

① 평판 유동에서 층류 경계층의 두께는 $x^{\frac{1}{2}}$에 비례한다.
② 경계층에서 두께는 물체의 표면부터 측정한 속도가 경계층의 외부 속도의 80%가 되는 점까지의 거리이다.
③ 평판에 형성되는 난류 경계층의 두께는 x에 비례한다.
④ 평판 위의 층류 경계층의 두께는 거리의 제곱에 비례한다.

해설 유체의 경계층
㉠ 평판에서의 레이놀즈 수(Re)
$$\text{Re} = \frac{V_o \, x}{v}$$
　　V_0 : 경계층 바깥의 유속
　　x : 평판선단으로부터의 거리
　　v : 동점성 계수
㉡ 경계층의 두께(δ) : 경계층 내부와 외부의 속도를 각각 μ, u라고 할 때 $\frac{\mu}{u} = 0.99$가 되는 지점까지의 y좌표값이 경계층의 두께 δ이다.
㉢ 층류경계층의 두께
$$\frac{\delta}{x} = \frac{4.65}{(\text{Re})^{\frac{1}{2}}}$$ 즉, 평판유동에서 경계층의 두께는 $x^{\frac{1}{2}}$에 비례한다.

19. 축류펌프의 특징에 대해 잘못 설명한 것은?

① 가동익(가동날개)의 설치각도를 크게 하면 유량을 감소시킬 수 있다.
② 비속도가 높은 영역에서는 원심펌프보다 효율이 높다.
③ 깃의 수를 많이 하면 양정이 증가한다.
④ 체절상태로 운전은 불가능하다.

14. ③　15. ①　16. ②　17. ①　18. ①　19. ①　정답

[해설] 축류펌프의 특징
㉠ 비속도가 크기 때문에 저양정에 대해서도 회전속도를 크게 할 수 있어서 원동기와 직결이 가능하다.
㉡ 가동날개로 하면 넓은 범위 양정에서 넓은 효율을 얻을 수 있고 양정여하에 관계없이 넓은 유량 범위로 사용할 수 있다.
㉢ 날개수를 증가하면 유량은 일정하고 양정은 증가한다.

20. 표준기압, 25℃인 공기 속에서 어떤 물체가 910m/s의 속도로 움직인다. 이때 음속과 물체의 마하수는 각각 얼마인가? (단, 공기의 비열비는 1.4, 기체상수는 287J/kg·K이다.)

① 326m/s, 2.79 　② 346m/s, 2.63

③ 359m/s, 2.53 　④ 367m/s, 2.48

[해설] ㉠ 음속(C)

$$C = \sqrt{kPT} = \sqrt{1.4 \times 287 \times (273+25)} = 346\text{m/s}$$

㉡ 마차수(M)

$$M = \frac{V}{C} = \frac{910}{346} = 2.63$$

제2과목　　**연소공학**

21. 분자량이 30인 어떤 가스의 정압비열이 0.516J/kg·K이라고 가정할 때 이 가스의 비열비 k는 약 얼마인가?

① 1.0 　　② 1.4

③ 1.8 　　④ 2.2

[해설] $C_p - C_v = R$

$C_v - C_p - R = 0.516\text{J/kg·k} - \dfrac{8.3}{30}\text{J/kg·k} = 0.239\text{J/kg·k}$

$k = \dfrac{C_p}{C_v} = \dfrac{0.516}{0.239} = 2.16$

여기서, $R = 848\text{kg·m/kmol·k} = 9.8 \times 848\text{J/kmol·k}$
$= 8,310.4\text{J/kmol·k} = 8.3\text{J/mol·k}$

---

22. 연소온도를 높이는 방법으로 가장 거리가 먼 것은?

① 연료 또는 공기를 예열한다.

② 발열량이 높은 연료를 사용한다.

③ 연소용 공기의 산소농도를 높인다.

④ 복사전열을 줄이기 위해 연소속도를 늦춘다.

[해설] 연소온도를 높이는 방법
복사전열 등을 줄이기 위해 연소속도를 빨리 할 것

23. 공기흐름이 난류일 때 가스연료의 연소현상에 대한 설명으로 옳은 것은?

① 화염이 뚜렷하게 나타난다.

② 연소가 양호하여 화염이 짧아진다.

③ 불완전연소에 의해 열효율이 감소한다.

④ 화염이 길어지면서 완전연소가 일어난다.

[해설] 난류염
㉠ 연소속도 증가
㉡ 화염길이가 짧다.
㉢ 화염면이 두껍다.

24. 액체연료를 미세한 기름방울로 잘게 부수어 단위 질량당의 표면적을 증가시키고 기름방울을 분산, 주위 공기와의 혼합을 적당히 하는 것을 미립화라고 한다. 다음 중 원판, 컵 등의 외주에서 원심력에 의해 액체를 분산시키는 방법에 의해 미립화하는 분무기는?

① 회전체 분무기

② 충돌식 분무기

③ 초음파 분무기

④ 정전식 분무기

[해설] 무화방법
㉠ 유압 무화식 : 연료 자체에 압력을 주어 무화
㉡ 이류체 무화식 : 증기, 공기를 이용하여 무화
㉢ 회전체 무화식 : 원심력을 이용하여 무화
㉣ 충돌 무화식 : 연료끼리 혹은 금속판에 충돌시켜 무화
㉤ 초음파(진동) 무화식 : 음파의 의하여 무화
㉥ 정전기 무화식 : 고압정전기 이용하여 무화

정답　20. ②　21. ④　22. ④　23. ②　24. ①

25. 공기비에 관한 설명으로 틀린 것은?

① 이론공기량에 대한 실제공기량의 비이다.

② 무연탄보다 중유 연소 시 이론공기량이 더 적다.

③ 부하율이 변동될 때의 공기비를 턴다운(turn down)비라고 한다.

④ 공기비를 낮추면 불완전 연소 성분이 증가한다.

해설 공기비(m)

㉠ 이론공기량(A_o)에 대한 실제공기량(A)의 비이다.

$$m = \frac{A}{A_o}$$

㉡ 부하율이 변동될 때의 공기비를 턴다운(turn down)비라고 한다.

㉢ 공기비를 낮추면 불완전에 의한 매연 발생이 심하다.

26. 메탄의 탄화수소(C/H) 비는 얼마인가?

① 0.25

② 1

③ 3

④ 4

해설 메탄(CH_4)의 탄화수소(C/H)비

$$CH_4 = \frac{12}{1 \times 4} = 3$$

27. 다음과 같은 조성을 갖는 혼합가스의 분자량은? (단, 혼합가스의 체적비는 CO_2(13.1%), O_2(7.7%), N_2(79.2%) 이다.)

① 22.81

② 24.94

③ 28.67

④ 30.40

해설 혼합가스 분자량(M)

$$M = \frac{44 \times 13.1 + 32 \times 7.7 + 28 \times 79.2}{100} = 30.40$$

28. 메탄가스 1m³를 완전 연소시키는 데 필요한 공기량은 몇 m³인가? (단, 공기 중 산소는 20% 함유되어 있다.)

① 5

② 10

③ 15

④ 20

해설 $CH_4 + 2O_2 \rightarrow CO_2 + 2H_2O$

$$공기량 = 산소량 \times \frac{100}{20} = 2 \times \frac{100}{20} = 10m^3$$

29. 폭발형태 중 가스 용기나 저장탱크가 직화에 노출되어 가열되고 용기 또는 저장탱크의 강도를 상실한 부분을 통한 급격한 파단에 의해 내부비등액체가 일시에 유출되어 화구(fire ball) 현상을 동반하며 폭발하는 현상은?

① BLEVE

② VCE

③ Jet fire

④ Flash over

해설 BLEVE(비등액체 팽창 증기폭발)

가연성 액체 저장탱크 주변에서 화재가 발생하여 기상부의 탱크가 국부적으로 가열되면 그 부분이 강도가 약해져 탱크가 파열된다. 이때 내부의 액화가스가 급격히 유출팽창되어 화구(fire ball)를 형성하여 폭발하는 형태

30. 수증기 1mol이 100℃, 1atm에서 물로 가역적으로 응축될 때 엔트로피의 변화는 약 몇 cal/mol·K인가? (단, 물의 증발열은 539cal/g, 수증기는 이상기체라고 가정한다.)

① 26

② 540

③ 1,700

④ 2,200

해설 $\Delta S = \frac{539 \times 18}{(273 + 100)} = 26 cal/mol \cdot k$

31. 고발열량에 대한 설명 중 틀린 것은?

① 총발열량이다.

② 진발열량이라고도 한다.

③ 연료가 연소될 때 연소가스 중에 수증기의 응축 잠열을 포함한 열량이다.

④ $H_h = H_L + H_S = H_L + 600(9H + W)$로 나타낼 수 있다.

해설 진발열량 = 저발열량

---

25. ②   26. ③   27. ④   28. ②   29. ①   30. ①   31. ②   정답

32. 내압(耐壓) 방폭구조로 방폭전기 기기를 설계할 때 가장 중요하게 고려할 사항은?

① 가연성 가스의 연소열
② 가연성 가스의 안전간극
③ 가연성 가스의 발화점(발화도)
④ 가연성 가스의 최소점화에너지

[해설] 내압 방폭구조
가연성 가스의 안전간극을 고려해서 설계해야 한다.

33. 폭굉유도거리에 대한 설명 중 옳은 것은?

① 압력이 높을수록 짧아진다.
② 관속에 방해물이 있으면 길어진다.
③ 층류연소속도가 작을수록 짧아진다.
④ 점화원의 에너지가 강할수록 길어진다.

[해설] 폭굉유도거리가 짧아지는 요인
㉠ 압력이 높을수록
㉡ 관속에 방해물이 있거나 관경이 가늘수록
㉢ 정상연소속도가 큰 혼합가스일수록
㉣ 점화원의 에너지가 강할수록

34. 프로판가스의 연소과정에서 발생한 열량이 13,000 kcal/kg, 연소할 때 발생된 수증기의 잠열이 2,000 kcal/kg일 경우, 프로판 가스의 연소효율은 얼마인가? (단, 프로판가스의 진발열량은 11,000kcal/kg이다.)

① 50%
② 100%
③ 150%
④ 200%

[해설] $\eta = \dfrac{13,000 - 2,000}{11,000} \times 100(\%) = 100(\%)$

35. 연소의 3요소가 아닌 것은?

① 가연성 물질
② 산소공급원
③ 발화점
④ 점화원

[해설] ㉠ 연소의 3요소 : 가연물(가연성 물질), 산소공급원, 점화원
㉡ 연소의 4요소 : 연소의 3요소 + 연쇄반응

36. 착화온도에 대한 설명 중 틀린 것은?

① 압력이 높을수록 낮아진다.
② 발열량이 클수록 낮아진다.
③ 반응활성도가 클수록 높아진다.
④ 산소량이 증가할수록 낮아진다.

[해설] 반응활성도가 클수록 착화온도는 낮아진다.

37. 1kWh의 열당량은?

① 376kcal
② 427kcal
③ 632kcal
④ 860kcal

[해설] 동력
㉠ 1kWh = 860kcal
㉡ 1Psh = 632kcal

38. 프로판가스 1Sm³을 완전연소시켰을 때의 건조연소가스량은 약 몇 Sm³인가? (단, 공기 중의 산소는 21v%이다.)

① 10
② 16
③ 22
④ 30

[해설] $C_3H_8 + 5O_2 \rightarrow 3CO_2 + 4H_2O$
건조연소 가스량 → $N_2 + CO_2 = 3 + 18.8 = 21.8 m^3 ≒ 22m^3$
㉠ $CO_2 \rightarrow 3m^3$
㉡ $N_2 \rightarrow$ 산소량 $\times \dfrac{79}{21} = 5 \times \dfrac{79}{21} = 18.8 m^3$

39. 옥탄(g)의 연소 엔탈피는 반응물 중의 수증기가 응축되어 물이 되었을 때 25℃에서 − 48,220kJ/kg이다. 이 상태에서 옥탄(g)의 저위발열량은 약 몇 kJ/kg인가? (단, 25℃ 물의 증발엔탈피[h_{fg}]는 2,441.8kJ/kg이다.)

① 40,750
② 42,320
③ 44,750
④ 45,778

[해설] $C_8H_{18} + 12.5O_2 \rightarrow 8CO_2 + 9H_2O$
저위발열량(H_l) = 총발열량 − 물의 증발잠열
$= 48,220 - 2,441.8 \times 9 \times \dfrac{18}{114}$
$= 44,750 kJ/kg$

정답 32. ② 33. ① 34. ② 35. ③ 36. ③ 37. ④ 38. ③ 39. ③

40. 밀폐된 용기 또는 설비 안에 밀봉된 가스가 그 용기 또는 설비의 사고로 인하여 파손되거나 오조작의 경우에만 누출될 위험이 있는 장소는 위험장소의 등급 중 어디에 해당하는가?

① 0종   ② 1종

③ 2종   ④ 3종

해설 제2종 위험 장소
㉠ 이상적인 상태하에서 위험상태가 생성할 우려가 있는 장소
㉡ 밀폐용기 또는 설비 내에 봉입되어 있어서 사고시에만 누출하여 위험하게 된 장소
㉢ 위험한 가스가 정체되지 않도록 환기설비에 있어서 사고 시에만 위험하게 된 장소

제3과목   **가스설비**

41. 다음 중 압력배관용 탄소강관을 나타내는 것은?

① SPHT   ② SPPH

③ SPP   ④ SPPS

해설 재질에 의한 분류
㉠ 배관용 탄소강관(SPP)
㉡ 압력배관용 탄소강관(SPPS)
㉢ 고압배관용 탄소강관(SPPH)
㉣ 고온배관용 탄소강관(SPHT)
㉤ 저온배관용 탄소강관(SPLT)

42. 펌프의 효율에 대한 설명으로 옳은 것으로만 짝지어진 것은?

> ㉠ 축동력에 대한 수동력의 비를 뜻한다.
> ㉡ 펌프의 효율은 펌프의 구조, 크기 등에 따라 다르다.
> ㉢ 펌프의 효율이 좋다는 것은 각종 손실동력이 적고 축동력이 적은 동력으로 구동한다는 뜻이다.

① ㉠   ② ㉠, ㉡

③ ㉠, ㉢   ④ ㉠, ㉡, ㉢

해설 펌프의 효율(η)
㉠ $\eta = \dfrac{\text{수동력}(L_w)}{\text{축동력}(L)} = \dfrac{rQH}{102L}$ (kW)

㉡ $\eta = $ 기계효율$(\eta_m) \times$ 체적효율$(\eta_v) \times$ 수력효율(η_h)

㉢ 효율이 크면 : 소요동력(축동력)이 적고, 손실동력이 작아진다.

43. 수소가스 집합장치의 설계 매니폴드 지관에서 감압밸브는 상용압력이 14MPa인 경우 내압시험 압력은 얼마 이상인가?

① 14MPa   ② 21MPa

③ 25MPa   ④ 28MPa

해설 내압시험압력
= 상용압력×1.5배 이상
= 14MPa×1.5 = 21MPa 이상

44. 왕복형 압축기의 특징에 대한 설명으로 옳은 것은?

① 압축효율이 낮다.
② 쉽게 고압이 얻어진다.
③ 기초 설치 면적이 작다.
④ 접촉부가 적어 보수가 쉽다.

해설 왕복형 압축기의 특징
㉠ 용적형으로 고압이 쉽게 형성된다.
㉡ 용량조정 범위가 넓고(0~100%) 압축효율이 높다.
㉢ 형태가 크고, 설치면적이 크다.
㉣ 접촉부가 많아서 고장시 수리가 어렵다.

45. 가연성가스의 위험도가 가장 높은 가스는?

① 일산화탄소   ② 메탄
③ 산화에틸렌   ④ 수소

해설 가연성가스의 위험도(H)

$H = \dfrac{폭발상한 - 폭발하한}{폭발하한}$ 식에서

㉠ 일산화탄소(12.5~74%) → $H = \dfrac{74 - 12.5}{12.5} = 4.92$

㉡ 메탄(5~15%) → $H = \dfrac{15 - 5}{5} = 2$

㉢ 산화에틸렌(3~80%) → $H = \dfrac{80 - 3}{3} = 25.67$

㉣ 수소(4~75%) → $H = \dfrac{75 - 4}{4} = 17.75$

46. 압력 2MPa 이하의 고압가스 배관설비로서 곡관을 사용하기가 곤란한 경우 가장 적정한 신축이음매는?

① 벨로우즈형 신축이음매

② 루프형 신축이음매

③ 슬리브형 신축이음매

④ 스위블형 신축이음매

해설 벨로우즈형 신축이음매

온도변화에 따른 관의 신축을 벨로우즈 변형에 의해 흡수시킨 구조로서 펙레스(packless) 신축이음쇠라고도 하며 압력이 2MPa 이하의 고압가스 배관설비로서 곡관을 사용하기 곤란한 경우에 사용되며 응력이 생기지 않고 누설이 없다.

47. 도시가스의 발열량이 10400kcal/m³이고 비중이 0.5일 때 웨버지수(WI)는 얼마인가?

① 14,142　　　② 14,708

③ 18,257　　　④ 27,386

해설 웨버지수(WI)

$WI = \dfrac{H}{\sqrt{d}} = \dfrac{10,400}{\sqrt{0.5}} = 14,708$

48. 아세틸렌은 금속과 접촉 반응하여 폭발성 물질을 생성한다. 다음 금속 중 이에 해당하지 않는 것은?

① 금　　　② 은

③ 동　　　④ 수은

해설 C_2H_2 화합폭발(치환폭발)

구리, 은, 수은과 접촉시 폭발성 물질인 금속 아세틸라이드를 생성하여 폭발한다.

49. 가스 연소기에서 발생할 수 있는 역화(Flash back)현상의 발생 원인으로 가장 거리가 먼 것은?

① 분출속도가 연소속도보다 빠른 경우

② 노즐, 기구밸브 등이 막혀 가스량이 극히 적게 된 경우

③ 연소속도가 일정하고 분출속도가 느린 경우

④ 버너가 오래되어 부식에 의해 염공이 크게 된 경우

해설 ㉠ 역화 → 분출속도 < 연소속도
㉡ 선화 → 분출속도 > 연소속도

50. 콕 및 호스에 대한 설명으로 옳은 것은?

① 고압고무호스 중 투윈호스는 차압 100kPa 이하에서 정상적으로 작동하는 체크밸브를 부착하여 제작한다.

② 용기밸브 및 조정기에 연결하는 이음쇠의 나사는 오른나사로서 W22.5×14T, 나사부의 길이는 20mm 이상으로 한다.

③ 상자콕은 과류차단안전기구가 부착된 것으로서 배관과 카플러를 연결하는 구조이고, 주물황동을 사용할 수 있다.

④ 콕은 70kPa 이상의 공기압을 10분간 가했을 때 누출이 없는 것으로 한다.

해설 콕 및 호스

㉠ 투윈호스는 차압 0.07MPa 이하에서 정상적으로 작동하는 체크밸브를 부착할 것

㉡ 용기밸브 및 조정기에 연결하는 이음쇠의 나사는 왼나사로서 W22.5×14T 나사부의 길이는 12mm 이상으로 하고 용기밸브에 연결하는 헨들의 지름은 50mm 이상일 것

㉢ 상자콕은 카플러 안전기구 및 과류차단안전 안전기구가 부착된 것으로서 배관과 커플러를 연결하는 구조이고 주물연소기용 노즐콕은 주물연소기 부품으로 사용하는 것으로서 볼로 개폐하는 구조일 것

㉣ 콕은 0.035MPa 이상의 공기압을 1분간 가했을 때 누출이 없을 것

정답　46. ①　47. ②　48. ①　49. ①　50. ③

51. 액화천연가스(메탄기준)를 도시가스 원료로 사용할 때 액화천연가스의 특징을 옳게 설명한 것은?

① 천연가스의 C/H 질량비가 3이고 기화설비가 필요하다.
② 천연가스의 C/H 질량비가 4이고 기화설비가 필요없다.
③ 천연가스의 C/H 질량비가 3이고 가스제조 및 정제설비가 필요하다.
④ 천연가스의 C/H 질량비가 4이고 개질설비가 필요하다.

[해설] 액화천연가스(LNG) → CH_4
㉠ CH_4의 질량비 = $\dfrac{12}{1 \times 4} = 3$
㉡ LNG를 제조하기 전에 CO_2, H_2S 등의 불순물이 제거된 상태이기 때문에 탈황 등의 정제장치는 필요없다.

52. 내용적 50L의 LPG 용기에 상온에서 액화프로판 15kg를 충전하면 이 용기내 안전공간은 약 몇 % 정도인가? (단, LPG의 비중은 0.50이다.)

① 10%
② 20%
③ 30%
④ 40%

[해설] 액부피(l) = $\dfrac{무게(kg)}{액비중(kg/l)} = \dfrac{15}{0.5} = 30l$

안전공간 = $\dfrac{전체부피 - 액부피}{전체부피} \times 100(\%)$
$= \dfrac{50-30}{50} \times 100 = 40\%$

53. 고압가스 제조 장치의 재료에 대한 설명으로 옳지 않은 것은?

① 상온 건조 상태의 염소가스에 대하여는 보통강을 사용할 수 있다.
② 암모니아, 아세틸렌의 배관 재료에는 구리 및 구리합금이 적당하다.
③ 고압의 이산화탄소 세정장치 등에는 내산강을 사용하는 것이 좋다.
④ 암모니아 합성탑 내통의 재료에는 18-8 스테인리스강을 사용한다.

[해설] 동 및 동합금 사용금지 가스
아세틸렌, 암모니아, 황화수소

54. 어떤 냉동기에서 0℃의 물로 0℃의 얼음 3톤을 만드는데 100kW/h의 일이 소요되었다면 이 냉동기의 성능계수는? (단, 물의 응고열은 80kcal/kg이다.)

① 1.72
② 2.79
③ 3.72
④ 4.73

[해설] 성적계수(COP)
$COP = \dfrac{Q}{AwH} = \dfrac{80 \times 3,000}{100 \times 860} = 2.79$

55. 용기용 밸브는 가스 충전구의 형식에 따라 A형, B형, C형의 3종류가 있다. 가스 충전구가 암나사로 되어 있는 것은?

① A형
② B형
③ A, B형
④ C형

[해설] 가스충전구의 형식에 따른 분류
㉠ A형 : 수나사
㉡ B형 : 암나사
㉢ C형 : 나사형식이 없는 것

56. 안전밸브에 대한 설명으로 틀린 것은?

① 가용전식은 Cl_2, C_2H_2 등에 사용된다.
② 파열판식은 구조가 간단하며, 취급이 용이하다.
③ 파열판식은 부식성, 괴상물질을 함유한 유체에 적합하다.
④ 피스톤식이 가장 일반적으로 널리 사용된다.

[해설] 스프링식이 가장 일반적으로 널리 사용된다.

57. 가스 누출을 조기에 발견하기 위하여 사용되는 냄새가 나는 물질(부취제)이 아닌 것은?

① T.H.T
② T.B.M
③ D.M.S
④ T.E.A

[해설] 부취제(냄새가 나는 물질)의 종류
㉠ T.H.T(Tetra Hydro Thiophen) : 석탄가스 냄새
㉡ T.B.M(Tertiary Butyl Mercaptan) : 양파썩는 냄새
㉢ D.M.S(Di Methyl Sulfide) : 마늘 냄새

58. 발열량 5000kcal/m³, 비중 0.61, 공급표준압력 100mmH₂O인 가스에서 발열량 11000kcal/m³, 비중 0.66, 공급표준압력이 200mmH₂O인 천연가스로 변경할 경우 노즐변경률은 얼마인가?

① 0.49
② 0.58
③ 0.71
④ 0.82

[해설] 노즐변경률 $\left(\dfrac{P_2}{P_1}\right)$

$$\frac{D_2}{D_1} = \frac{\sqrt{WI_1}\sqrt{P_1}}{\sqrt{WI_2}\sqrt{P_2}} = \frac{\sqrt{6.4}\sqrt{100}}{\sqrt{13.54}\sqrt{200}} = 0.58$$

$$WI_1 = \frac{H_1}{\sqrt{d_1}} = \frac{5,000}{\sqrt{0.61}} = 6.4 \qquad WI_2 = \frac{H_2}{\sqrt{d_2}} = \frac{11,000}{\sqrt{0.66}} = 13.54$$

59. 공기액화 분리장치의 폭발원인이 아닌 것은?

① 액체 공기 중 산소(O_2)의 혼입
② 공기 취입구로부터 아세틸렌 혼입
③ 공기 중 질소화합물(NO, NO_2)의 혼입
④ 압축기용 윤활유 분해에 따른 탄화수소의 생성

[해설] 공기액화 분리장치의 폭발원인
㉠ 공기 취입구로부터 C_2H_2 혼입
㉡ 압축기용 윤활유 분해에 의한 탄화수소 발생
㉢ 공기중에 함유된 NO, NO_2 등 질소화합물 혼입
㉣ 액체공기중에 O_3 혼입

60. 다음 보기의 비파괴 검사방법은?

> [보기]
> • 내부결함 또는 불균일 층의 검사를 할 수 있다.
> • 용입부족 및 용입부의 검사를 할 수 있다.
> • 검사비용이 비교적 저렴하다.
> • 탐지되는 결함의 형태가 명확하지 않다.

① 방사선투과 검사
② 침투탐상 검사
③ 초음파탐상 검사
④ 자분탐상 검사

[해설] 초음파탐상 검사
초음파(보통 0.5~15MC)를 피검사율의 내부에 침입시켜 반사파를 이용하여 내부의 결함과 불균일층의 존재여부를 검사하는 방법
㉠ 용입부족 및 용입부의 결함을 검출할 수 있으며 내부결함과 불균일층의 검사를 할 수 있다.
㉡ 검사비용이 싸다.
㉢ 결함의 형태가 명확하지 않고 결과의 보존성이 없다.

제4과목 가스안전관리

61. 내부 용적이 35,000L인 액화산소 저장탱크의 저장능력은 얼마인가? (단, 비중은 1.20이다.)

① 24,780kg
② 26,460kg
③ 27,520kg
④ 37,800kg

[해설] $W = 0.9dV = 0.9 \times 1.2 \times 35,000 = 37,800kg$

62. 밀폐된 목욕탕에서 도시가스 순간온수기를 사용하던 중 쓰러져서 의식을 잃었다. 사고 원인으로 추정할 수 있는 것은?

① 가스누출에 의한 중독
② 부취제에 의한 중독
③ 산소결핍에 의한 질식
④ 질소과잉으로 인한 중독

정답 57. ④ 58. ② 59. ① 60. ③ 61. ④ 62. ③

[해설] 산소결핍에 의한 질식과 불완전연소에 의한 일산화탄소 중독

63. 2단 감압식 1차용 조정기의 최대폐쇄 압력은 얼마인가?

① 3.5kPa 이하

② 50kPa 이하

③ 95kPa 이하

④ 조정압력의 1.25배 이하

[해설] 최대폐쇄 압력
㉠ 1단 감압식 저압조정기, 2단 감압식 2차용 조정기 및 자동절체식 일체형 조정기는 3.5kPa 이하일 것
㉡ 2단 감압식 1차용 조정기 및 자동절체식 분리형 조정기는 0.095MPa(95kPa) 이하일 것
㉢ 1단 감압식 준저압 조정기, 자동절체식 일체형 준저압 조정기 및 기타 압력 조정기는 조정압력의 1.25배 이하

64. 고압가스 특정제조시설에서 배관을 지하에 매설할 경우 지하도로 및 터널과 최소 몇 m 이상의 수평거리를 유지하여야 하는가?

① 1.5m　　　　② 5m
③ 8m　　　　④ 10m

[해설] 가스배관 지하매설시 수평거리

고압가스 종류	시설물	수평거리
독성가스	건축물(지하건축물 제외)	1.5m
	지하가 및 터널	10m
	수도시설로서 독성가스가 혼입 우려가 있는 것	300m
독성가스 외 고압가스	건축물(지하건축물 제외)	1.5m
	지하가 및 터널	10m

65. 공기나 산소가 섞이지 않더라도 분해폭발을 일으킬 수 있는 가스는?

① CO　　　　② CO_2
③ H_2　　　　④ C_2H_2

[해설] 분해폭발을 일으키는 가스
아세틸렌(C_2H_2), 산화에틸렌(C_2H_4O), 히드라인(N_2H_4)

66. 유해물질이 인체에 나쁜 영향을 주지 않는다고 판단하고 일정한 기준 이하로 정한 농도를 무엇이라고 하는가?

① 한계농도　　　　② 안전농도
③ 위험농도　　　　④ 허용농도

[해설] 독성가스의 허용농도
$\dfrac{5,000}{100만}$ 이하

67. 다음 중 독성가스는?

① 수소　　　　② 염소
③ 아세틸렌　　　　④ 메탄

[해설] 염소(Cl_2)
독성(허용농도 1ppm), 지연성가스이다.

68. 고압가스용 차량에 고정된 탱크의 설계기준으로 틀린 것은?

① 탱크의 길이이음 및 원주이음은 맞대기 양면용접으로 한다.

② 용접하는 부분의 탄소강은 탄소함유량이 1.0% 미만으로 한다.

③ 탱크에는 지름 375mm 이상의 원형 맨홀 또는 긴 지름 375mm 이상, 짧은 지름 275mm 이상의 타원형 맨홀을 1개 이상 설치한다.

④ 탱크의 내부에는 차량의 진행방향과 직각이 되도록 방파판을 설치한다.

[해설] 용접하는 부분의 탄소강은 탄소함유량이 0.35% 미만인 것으로 한다.

69. 고압가스특정제조허가의 대상 시설로서 옳은 것은?

① 석유정제업자의 석유정제시설 또는 그 부대시설에서 고압가스를 제조하는 것으로서 그 저장능력이 10톤 이상인 것
② 석유화학공업자의 석유화학공업시설 또는 그 부대시설에서 고압가스를 제조하는 것으로서 그 저장능력이 10톤 이상인 것
③ 석유화학공업자의 석유화학공업시설 또는 그 부대시설에서 고압가스를 제조하는 것으로서 그 처리능력이 1천세제곱미터 이상인 것
④ 철강공업자의 철강공업시설 또는 그 부대시설에서 고압가스를 제조하는 것으로서 그 처리능력이 10만세제곱미터 이상인 것

[해설] 고압가스 특정제조 허가 대상
㉠ 석유정제업자의 석유정제시설 또는 그 부대시설에서 고압가스를 제조하는 것으로서 그 저장 능력이 100톤 이상인 것
㉡ 석유화학공업자의 석유화학공업시설 또는 그 부대시설에서 고압가스를 제조하는 것으로서 그 저장능력이 100톤 이상이거나 처리능력이 1만 m^3 이상인 것
㉢ 철강공업자의 철강공업시설 또는 그 부대시설에서 고압가스를 제조하는 그 처리능력이 10만 m^3 이상인 것
㉣ 비료생산업자의 비료제조시설 또는 그 부대시설에서 고압가스를 제조하는 것으로서 그 저장능력이 100톤 이상이거나 10만 m^3 이상인 것

70. 액화염소가스를 5톤 운반차량으로 운반하려고 할 때 응급조치에 필요한 제독제 및 수량은?

① 소석회 - 20kg 이상
② 소석회 - 40kg 이상
③ 가성소다 - 20kg 이상
④ 가성소다 - 40kg 이상

[해설] 독성가스 운반시 제독제

품명	운반하는 독성가스의 양		비고
	액화가스 질량 1,000kg		
	미만의 경우	이상인 경우	
소석회	20kg 이상	40kg 이상	염소, 염화수소, 포스겐, 아황산가스 등

71. 실제 사용하는 도시가스의 열량이 9500kcal/m³ 이고 가스 사용시설의 법적 사용량은 5200m³ 일 때 도시가스 사용량은 약 몇 m³ 인가? (단, 도시가스의 월사용예정량을 구할 때의 열량을 기준으로 한다.)

① 4,490
② 6,020
③ 7,020
④ 8,020

[해설] 도시가스 사용량(m³)

$$= \frac{5,200 \times 9,500}{11,000} = 4,490 m^3$$

72. 구조 · 재료 · 용량 및 성능 등에서 구별되는 제품의 단위를 무엇이라고 하는가?

① 공정
② 형식
③ 로트
④ 셀

[해설] 구조, 재료, 용량 및 성능 등의 제품의 단위 → 형식

73. 산화에틸렌의 충전에 대한 설명으로 옳은 것은?

① 산화에틸렌의 저장탱크에는 45℃에서 그 내부 가스의 압력이 0.3MPa 이상이 되도록 질소가스를 충전한다.
② 산화에틸렌의 저장탱크에는 45℃에서 그 내부 가스의 압력이 0.4MPa 이상이 되도록 질소가스를 충전한다.
③ 산화에틸렌의 저장탱크에는 60℃에서 그 내부 가스의 압력이 0.3MPa 이상이 되도록 질소가스를 충전한다.
④ 산화에틸렌의 저장탱크에는 60℃에서 그 내부 가스의 압력이 0.4MPa 이상이 되도록 질소가스를 충전한다.

[해설] 산화에틸렌
㉠ 질소, 탄산가스를 치환하고 항상 5℃ 이하로 유지
㉡ 저장탱크에는 45℃에서 0.4MPa(4kgf/cm²) 이상 되도록 질소, 탄산가스를 충전
㉢ 산화에틸렌의 폭발 : 분해, 중합폭발(안정제 : CO_2, N_2)

74. 고압가스 일반제조시설에서 몇 m^3 이상의 가스를 저장하는 것에 가스방출장치를 설치하여야 하는가?

① 5   ② 10
③ 20   ④ 50

[해설] 저장탱크는 가스가 누출하지 아니하는 구조로 하고 저장능력이 $5m^3$ 이상인 경우에는 가스방출장치를 설치한다.

75. 도시가스 공급시설 또는 그 시설에 속하는 계기를 장치하는 회로에 설치하는 것으로서 온도 및 압력과 그 시설의 상황에 따라 안전확보를 위한 주요부분에 설비가 잘못조작되거나 이상이 발생하는 경우에 자동으로 가스의 발생을 차단시키는 장치를 무엇이라 하는가?

① 벤트스택
② 안전밸브
③ 인터록기구
④ 가스누출검지통보설비

[해설] 인터록기구
가연성 또는 독성가스의 제조설비가 오조작 되거나 정상적인 제조를 할 수 없을 경우에 자동적으로 원재료의 공급을 차단시켜 주는 장치

76. 고압가스 저온저장탱크의 내부 압력이 외부압력보다 낮아져 저장탱크가 파괴되는 것을 방지하기 위해 설치하여야 할 설비로 가장 거리가 먼 것은?

① 압력계
② 압력경보설비
③ 진공안전밸브
④ 역류방지밸브

[해설] 저온저장탱크의 내부압력이 외부압력보다 낮아져 저장탱크가 파괴되는 것을 방지하기 위한 설비
㉠ 압력계
㉡ 진공안전밸브
㉢ 압력경보설비

77. 독성가스는 허용농도 얼마 이하인 가스를 뜻하는가? (단, 해당가스를 성숙한 흰 쥐 집단에게 대기중에서 1시간 동안 계속하여 노출시킨 경우 14일 이내에 그 흰 쥐의 1/2 이상이 죽게 되는 가스의 농도를 말한다.)

① $\dfrac{100}{1,000,000}$ ② $\dfrac{200}{1,000,000}$
③ $\dfrac{500}{1,000,000}$ ④ $\dfrac{5,000}{1,000,000}$

[해설] 독성가스의 정의
공기중에 일정량 이상 존재하는 경우 인체에 유해한 독성을 가진 가스로서 허용농도(해당가스를 성숙한 흰 쥐 집단에게 대기중에서 1시간 동안 계속하여 노출시킨 경우 14일 이내에 그 흰 쥐의 2분의 1 이상이 죽게되는 가스의 농도를 말한다.)가 100만분의 5,000 이하의 것을 말한다.

78. 액화석유가스 저장소의 저장탱크는 항상 얼마 이하의 온도를 유지하여야 하는가?

① 30℃   ② 40℃
③ 50℃   ④ 60℃

[해설] 용기보관소 및 저장소의 저장탱크
40℃ 이하의 온도를 유지할 것

79. 고압가스를 운반하기 위하여 동일한 차량에 혼합적재 가능한 것은?

① 염소－아세틸렌
② 염소－암모니아
③ 염소－LPG
④ 염소－수소

[해설] 혼합적재 금지
염소와 아세틸렌, 암모니아, 수소는 동일차량에 적재운반하지 않는다.

80. "액화석유가스 충전사업"의 용어 정의에 대하여 가장 바르게 설명한 것은?

① 저장시설에 저장된 액화석유가스를 용기 또는 차량에 고정된 탱크에 충전하여 공급하는 사업
② 액화석유가스를 일반의 수요에 따라 배관을 통하여 연료로 공급하는 사업
③ 대량수요자에게 액화한 천연가스를 공급하는 사업
④ 수요자에게 연료용 가스를 공급하는 사업

[해설] 액화석유가스 충전사업
㉠ 용기 충전사업 : 액화석유가스를 용기에 충전하여 공급하는 사업
㉡ 자동차에 고정된 용기 충전사업 : 액화석유가스를 연료로 사용하는 자동차에 고정된 용기 충전하여 공급하는 사업
㉢ 소형용기 충전사업 : 액화석유가스를 1리터 미만의 용기에 충전하여 공급하는 사업
㉣ 자동차에 고정된 탱크 충전사업 : 액화석유가스를 자동차에 고정된 탱크에 충전하여 공급하는 사업
㉤ 배관을 통한 저장탱크 충전사업 : 액화석유가스를 배관을 통하여 산업통상자원부령으로 정하는 저장탱크에 이송하여 공급하는 사업

제5과목 가스계측

81. 방사고온계는 다음 중 어느 이론을 이용한 것인가?

① 제백 효과
② 펠티에 효과
③ 윈-플랑크의 법칙
④ 스테판-볼츠만 법칙

[해설] 방사고온계
스테판 볼츠만 법칙을 이용한 온도계로서 고온 및 이동물체 측정이 용이하다.

82. 가연성 가스 검출기의 형식이 아닌 것은?

① 안전등형 ② 간섭계형
③ 열선형 ④ 서포트형

[해설] 가연성 가스 검출기의 형식
㉠ 안전등형 : 탄광내에서 CH_4의 발생을 검출하는데 주로 사용
㉡ 간섭계형 : 가스의 굴절률차를 이용하여 농도를 측정
㉢ 열선형 : 측정원리에 의하여 열전도식과 연소식이 있다.

83. 습식가스미터에 대한 설명으로 틀린 것은?

① 추량식이다.
② 설치공간이 크다.
③ 정확한 계량이 가능하다.
④ 일정 시간 동안의 회전수로 유량을 측정한다.

[해설] 습식가스미터는 실측식 가스미터이다.

84. 가스조정기(regulator)의 주된 역할에 대한 설명으로 옳은 것은?

① 가스의 불순물을 정제한다.
② 용기 내로의 역화를 방지한다.
③ 공기의 혼입량을 일정하게 유지해 준다.
④ 가스의 공급압력을 일정하게 유지해 준다.

[해설] 가스조정기의 역할
㉠ 용기로부터 유출되는 공급가스의 압력을 연소기구에 알맞은 압력까지 감압시킨다.
㉡ 용기 내 가스를 소비하는 동안 공급가스 압력을 일정하게 유지하고 소비가 중단 되었을 때는 가스를 차단시킨다.

85. 안지름이 14cm 인 관에 물이 가득 차서 흐를 때 피토관으로 측정한 유속이 7m/sec 이었다면 이 때의 유량은 약 몇 kg/sec인가?

① 39 ② 108
③ 433 ④ 1,077.2

[해설] $Q_m = \rho A V = 1,000 \times \frac{\pi \times 0.14^2}{4} \times 7 = 108 \text{kg/sec}$

86. 염화 제1구리 착염지를 이용하여 어떤 가스의 누출 여부를 검지한 결과 착염지가 적색으로 변하였다. 이 때 누출된 가스는?

① 아세틸렌　　　　　② 수소

③ 염소　　　　　　　④ 황화수소

[해설] 가스검지지 및 색변
㉠ 아스틸렌-염화 제1동 착염지-적색
㉡ 암모니아-적색리트머스지-청색
㉢ 염소-KI전분지-청색
㉣ 포스겐-헤리슨시약-심등색
㉤ 시안화수소-질산구리벤젠지-청색
㉥ 일산화탄소-염화파라듐지-흑색
㉦ 황화수소-연당지-흑색

87. 보일러에서 여러 대의 버너를 사용하여 연소실의 부하를 조절하는 경우 버너의 특성 변화에 따라 버너의 대수를 수시로 바꾸는데, 이 때 사용하는 제어방식으로 가장 적당한 것은?

① 다변수제어　　　　② 병렬제어

③ 캐스케이드제어　　④ 비율제어

[해설] 캐스케이드제어
2개의 제어계를 조합하여 제어량의 1차 조절계를 측정하고 그 조작 출력으로 2차 조절계의 목표치를 설정하는 방법으로 버너의 특성 변화에 따라 버너의 대수를 수시로 바꾸는데 사용이 가능하고 출력측에 낭비시간이나 시간지연이 크게 있는 프로세스제어에 사용된다.

88. 피토관(Pitot tube)의 주된 용도는?

① 압력을 측정하는데 사용된다.
② 유속을 측정하는데 사용된다.
③ 온도를 측정하는데 사용된다.
④ 액체의 점도를 측정하는데 사용된다.

[해설] 피토관
유속식 유량계로 유속을 측정하는데 사용된다.

89. 열기전력이 작으며, 산화분위기에 강하나 환원분위기에는 약하고, 고온 측정에는 적당한 열전대온도계의 단자 구성으로 옳은 것은?

① 양극 : 철, 음극 : 콘스탄탄
② 양극 : 구리, 음극 : 콘스탄탄
③ 양극 : 크로멜, 음극 : 알루멜
④ 양극 : 백금-로듐, 음극 : 백금

[해설] 백금(-) 백금로듐(+)의 특징
㉠ 고온 측정에 적합하다.　　㉡ 내열도가 높다.
㉢ 열기전력이 적다.　　　　㉣ 산화 분위기에 강하다.
㉤ 환원 분위기에 약하다.

90. 흡수법에 의한 가스분석법 중 각 성분과 가스흡수액을 옳지 않게 짝지은 것은?

① 중탄화수소흡수액-발연황산
② 이산화탄소흡수액-염화나트륨 수용액
③ 산소흡수액-(수산화칼륨+피로카롤) 수용액
④ 일산화탄소흡수액-(염화암모늄+염화제1구리)의 분해용액에 암모니아수를 가한 용액

[해설] 이산화탄소흡수액-KOH 30% 수용액

91. 오리피스 유량계의 적용 원리는?

① 부력의 법칙　　　② 토리첼리의 법칙
③ 베르누이 법칙　　④ Gibbs의 법칙

[해설] 베르누이 원리를 이용한 유량계
㉠ 벤투리미터　　　㉡ 플로노즐
㉢ 오리피스미터　　㉣ 로타미터
㉤ 피토우관

92. 가스미터 선정 시 주의사항으로 가장 거리가 먼 것은?

① 내구성　　　　　② 내관검사
③ 오차의 유무　　　④ 사용 가스의 적정성

---

86. ①　87. ③　88. ②　89. ④　90. ②　91. ③　92. ② **정답**

[해설] 가스미터 선정시 주의사항
㉠ 내구성, 내압, 내열성
㉡ 오차의 유무
㉢ 사용가스의 적정성

93. 고압 밀폐탱크의 액면 측정용으로 주로 사용되는 것은?

① 편위식 액면계
② 차압식 액면계
③ 부자식 액면계
④ 기포식 액면계

[해설] 차압식 액면계
㉠ 액체 산소 등과 같은 극저온의 저장조의 액면 측정에 사용
㉡ 고압 밀폐 탱크의 액면 측정에 사용
㉢ 밀폐식은 탱크 내부의 압력을 압력계의 상부로 도입, 균압을 시킨 후 측정

94. 직접식 액면계에 속하지 않는 것은?

① 직관식
② 차압식
③ 플로트식
④ 검척식

[해설] 액면계의 분류
㉠ 직접식 액면계 : 직관식 액면계, 검척식 액면계, 부자식 (플로트식) 액면계
㉡ 간접식 액면계 : 압력식 액면계, 저항전극식 액면계, 초음파식 액면계, 정전용량식 액면계, 방사선 액면계, 차압식 액면계, 기포식 액면계 등

95. 차압식 유량계로 유량을 측정하였더니 오리피스 전·후의 차압이 1936mmH$_2$O 일 때 유량은 22m^3/h 이었다. 차압이 1024mmH$_2$O 이면 유량은 얼마가 되는가?

① 12m^3/h
② 14m^3/h
③ 16m^3/h
④ 18m^3/h

[해설] 차압식 유량계

$$Q = \propto \sqrt{\frac{P_1 - P_2}{r}}$$

$$\frac{Q_1}{\sqrt{\Delta P_1}} = \frac{Q_2}{\sqrt{\Delta P_2}} \text{ 식에서}$$

$$Q_2 = \frac{\sqrt{\Delta P_2}}{\sqrt{\Delta P_1}} \times Q_1 = \frac{\sqrt{1,024}}{\sqrt{1,936}} \times 22 = 16m^3/h$$

96. 적외선 가스분석계로 분석하기가 어려운 가스는?

① Ne
② N$_2$
③ CO$_2$
④ SO$_2$

[해설] 적외선 가스분석기
N$_2$, O$_2$, H$_2$, Cl$_2$ 등의 대칭성 2원자 분자 및 He, Ar 등의 단원자 분자는 분석이 불가능하며 기타 가스는 분석할 수 있다.

97. 가스크로마토그래피의 구성이 아닌 것은?

① 캐리어 가스
② 검출기
③ 분광기
④ 컬럼

[해설] 가스크로마토그래피의 구성요소
검출기, 분리기(컬럼), 기록계, 캐리어 가스

98. 1kmol의 가스가 0℃, 1기압에서 22.4m^{3}의 부피를 갖고 있을 때 기체상수는 얼마인가?

① 1.98kg·m/kmol·K
② 848kg·m/kmol·K
③ 8.314kg·m/kmol·K
④ 0.082kg·m/kmol·K

[해설] $PV = RT$식에서

$$R = \frac{PV}{T} = \frac{1.0332 \times 10^4 \times 22.4}{(273+0)} = 848(\text{kg} \cdot \text{m/kmol} \cdot \text{K})$$

99. 열전도형 검출기(TCD)의 특성에 대한 설명으로 틀린 것은?

① 고농도의 가스를 측정할 수 있다.
② 가열된 서미스터에 가스를 접촉시키는 방식이다.
③ 공기와의 열전도도 차가 작을수록 감도가 좋다.
④ 가연성 가스 이외의 가스도 측정할 수 있다.

[해설] 열전도형 검출기의 특징
㉠ 가연성 가스 또는 가연성 가스 중의 특정성분만을 선택검출 할 수는 없다.
㉡ 감도는 공기와의 열전도도의 차이가 클수록 높다.
㉢ 가연성 가스 이외의 가스도 측정할 수 있다.
㉣ 가스농도의 측정범위는 0~100%이고 고농도 가스 검지기로 사용하는 것이 적당하다.

정답 **93.** ② **94.** ② **95.** ③ **96.** ② **97.** ③ **98.** ② **99.** ③

100. 불연속적인 제어이므로 제어량이 목표값을 중심으로 일정한 폭의 상하 진동을 하게 되는 현상, 즉 뱅뱅현상이 일어나는 제어는?

① 비례제어　　　　② 비례미분제어

③ 비례적분제어　　④ 온·오프제어

해설 2위치 동작(ON-OFF 동작)의 특징

㉠ 설정값 부근에서 제어량이 일정하지 않다.

㉡ 사이클링(cycling) 현상을 일으킨다.

㉢ 목표값을 중심으로 진동현상(뱅뱅현상)이 일어난다.

㉣ 간단한 기구에 의하여 고감도의 동작을 실현시킬 수 있다.

100. ④ 정답

제1과목 가스유체역학

01. 일반적으로 다음 장치에서 발생하는 압력차가 작은 것부터 큰 순서대로 옳게 나열한 것은?

① 블로어 < 팬 < 압축기
② 압축기 < 팬 < 블로어
③ 팬 < 블로어 < 압축기
④ 블로어 < 압축기 < 팬

[해설] 작동압력에 따른 분류
㉠ 팬(fen) : 토출압력이 1000mmAq 미만
㉡ 송풍기(blower) : 토출압력이 1000mmAq 이상, 1kgf/cm² 미만
㉢ 압축기(compressor) : 토출압력이 1kgf/cm² 이상

02. 노점(dew point)에 대한 설명으로 틀린 것은?

① 액체와 기체의 비체적이 같아지는 온도이다.
② 등압과정에서 응축이 시작되는 온도이다.
③ 대기 중 수증기의 분압이 그 온도에서 포화수증기압과 같아지는 온도이다.
④ 상대습도가 100%가 되는 온도이다.

[해설] 이슬점(노점)
㉠ 상대습도가 100%일 때
㉡ 대기 중의 수증기가 응축하기 시작하는 온도
㉢ 공기를 냉각하면 수증기가 응축하여 물방울이 생기고 가열하면 물방울이 전부 증발하게 된다. 이 두 온도의 평균온도를 이슬점(노점)이라 한다.

03. 덕트 내 압축성 유동에 대한 에너지 방정식과 직접적으로 관련되지 않는 변수는?

① 위치에너지   ② 운동에너지
③ 엔트로피   ④ 엔탈피

[해설] 에너지 방정식
어떤 물체에 외부에서 일정량의 열을 가했을 때 그 물체에 관한 일과 열 사이의 관계식이다. 물체는 열의 일부분을 소화하여 일을 하고 나머지 열은 모두 내부에너지로 저장되며 그 과정에서 에너지의 소멸 또는 발생은 없으므로 열역학 제1법칙에 해당한다. 엔트로피는 비가역과정이므로 열역학 제2법칙에 해당한다. 그러므로 에너지 방정식과 직접적으로 관련되지 않는 변수이다.

04. 뉴턴의 점성법칙을 옳게 나타낸 것은? (단, 전단응력은 τ, 유체속도는 u, 점성계수는 μ, 벽면으로부터의 거리는 y 로 나타낸다.)

① $\tau = \dfrac{1}{\mu}\dfrac{dy}{du}$ ② $\tau = \mu\dfrac{du}{dy}$

③ $\tau = \dfrac{1}{\mu}\dfrac{du}{dy}$ ④ $\tau = \mu\dfrac{dy}{du}$

[해설] 뉴턴의 점성법칙
$$\tau = \mu\dfrac{du}{dy}$$
전단응력은 점성계수(μ)와 속도구배$\left(\dfrac{du}{dy}\right)$에 비례한다.

05. 그림과 같은 단열 덕트 내의 유동에서 마하수 $M > 1$일 때 압축성 유체의 속도와 압력의 변화를 옳게 나타낸 것은?

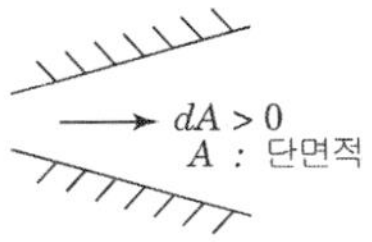

① 속도증가, 압력증가
② 속도감소, 압력감소
③ 속도증가, 압력감소
④ 속도감소, 압력증가

$dA > 0$
A : 단면적

[해설] 초음속흐름(M>1)에서 단면적이 증가하면
$dV > 0,\ dP < 0$

06. 서징(surging) 현상의 발생 원인으로 거리가 가장 먼 것은?

① 펌프의 유량－양정곡선이 우향상승 구배 곡선일 때
② 배관 중에 수조나 공기조가 있을 때
③ 유량조절밸브가 수조나 공기조의 뒤쪽에 있을 때
④ 관속을 흐르는 유체의 유속이 급격히 변화될 때

해설 ④는 수격작용의 원인

07. 100kPa, 25℃에 있는 이상기체를 등엔트로피 과정으로 135kPa까지 압축하였다. 압축 후의 온도는 약 몇 ℃인가? (단, 이 기체의 정압비열 C_p는 1.213kJ/kg·K이고, 정적비열 C_v는 0.821kJ/kg·K이다.)

① 45.5 ② 55.5
③ 65.5 ④ 75.5

해설 $T_2 = \left(\dfrac{p_2}{p_1}\right)^{\frac{K-1}{K}} \times T_1 = \left(\dfrac{135}{100}\right)^{\frac{1.48-1}{1.48}} \times (273+25)$

$= 328.43K = (328.43-273) = 55.5\,℃$

08. 유체 속 한 점에서의 압력이 방향에 관계없이 동일한 값을 갖는 경우로 틀린 것은?

① 유체가 정지한 경우
② 비점성유체가 유동하는 경우
③ 유체층 사이에 상대운동이 없이 유동하는 경우
④ 유체가 층류로 유동하는 경우

해설 유체가 층류로 유동하는 경우 유체의 마찰로 인한 압력 변화가 생긴다.

09. 급격확대관에서 확대에 따른 손실수두를 나타내는 식은? (단, V_a는 확대 전 평균유속, V_b는 확대 후 평균유속, g는 중력가속도이다.)

① $(V_a - V_b)^3$ ② $(V_a - V_b)$
③ $\dfrac{(V_a - V_b)^2}{2g}$ ④ $\dfrac{(V_a - V_b)}{2g}$

해설 급격 확대관에서의 손실

$h_l = \dfrac{(V_a - V_b)^2}{2g} = \left(1 - \dfrac{A_a}{A_b}\right)^2 \cdot \dfrac{V_a^{\,2}}{2g} = K\dfrac{V_a^{\,2}}{2g}$

(여기서, K : 손실계수)

10. 관 속 흐름에서 임계 레이놀즈수를 2100으로 할 때 지름이 10cm인 관에 16℃의 물이 흐르는 경우의 임계속도는? (단, 16℃ 물의 동점성계수는 1.12×10^{-6}m²/s이다.)

① 0.024m/s ② 0.42m/s
③ 2.1m/s ④ 21.1m/s

해설 $Re = \dfrac{\rho Vd}{\mu} - \dfrac{Vd}{\nu}$ 식에서

$V = \dfrac{Re\,\nu}{d} = \dfrac{2100 \times 1.12 \times 10^{-6}}{0.1} = 0.024$m/s

11. 난류에서 전단응력(Shear Stress) τ_t를 다음 식으로 나타낼 때 η는 무엇을 나타낸 것인가? (단, $\dfrac{du}{dy}$는 속도구배를 나타낸다.)

$$\tau_t = \eta\left(\dfrac{du}{dy}\right)$$

① 절대점도 ② 비교점도
③ 에디점도 ④ 중력점도

해설 난류
$\tau_t = \eta \cdot \left(\dfrac{dv}{dy}\right)$에서 η는 와점성계수(에디점도)이며 난류의 점도와 밀도에 의해 결정되는 계수이다.

12. 비열비가 1.2이고 기체상수가 200J/kg·K인 기체에서의 음속이 400m/s이다. 이 때, 기체의 온도는 약 얼마인가?

① 253℃ ② 394℃
③ 520℃ ④ 667℃

해설 $C = \sqrt{KRT}$

$T = \dfrac{C^2}{KR} = \dfrac{400^2}{1.2 \times 200} = 666.67K$

$t = 666.67 - 273 = 394\,℃$

---

06. ④ 07. ② 08. ④ 09. ③ 10. ① 11. ③ 12. ② 정답

13. 다음 중 증기의 분류로 액체를 수송하는 펌프는?

① 피스톤펌프 ② 제트펌프

③ 기어펌프 ④ 수격펌프

해설 제트펌프(jet pump)

분류에 의하여 유체를 빨아올려 송출하는 펌프. 보통 물 또는 증기를 분출해 양수를 행하지만 펌프의 효율이 낮은 것이 단점이다.

14. 분류에 수직으로 놓여진 평판이 분류와 같은 방향으로 U의 속도로 움직일 때 분류가 V의 속도로 평판에 충돌한다면 평판에 작용하는 힘은 얼마인가? (단, ρ는 유체 밀도, A는 분류의 면적이고 $V > U$이다.)

① $\rho A(V-U)^2$ ② $\rho A(V+U)^2$

③ $\rho A(V-U)$ ④ $\rho A(V+U)$

해설 분류가 평판에 작용하는 힘

㉠ 고정평판에 수직으로 작용하는 힘 $F = \rho AV^2$

㉡ 경사진 고정평판에 작용하는 힘 $F = \rho QV\sin\theta$

㉢ 움직이고 있는 평판에 수직으로 작용하는 힘
$F = \rho A(V-U)^2$

15. 도플러효과(Doppler Effect)를 이용한 유량계는?

① 에뉴바 유량계 ② 초음파 유량계

③ 오벌 유량계 ④ 열선 유량계

해설 초음파 유량계

초음파가 유체 속을 진행할 때 유체가 정지할 때와 움직일 때 초음파의 진행 속도가 달라진다는 도플러효과를 이용하여 유량을 측정한다.

16. 수평 원관 내에서의 유체흐름을 설명하는 Hagen-Poiseuille 식을 얻기 위해 필요한 가정이 아닌 것은?

① 완전히 발달된 흐름

② 정상상태 흐름

③ 층류

④ 포텐셜 흐름

해설 Hagen-Poiseuille 공식은 실제 유체에 적용되는 식이고 포텐셜 흐름은 점성효과 없는 이상화된 유체의 흐름을 일컫는데 즉 완전유체의 흐름이다.

17. 다음 유체에 관한 설명 중 옳은 것을 모두 나타낸 것은?

보기

㉮ 유체는 물질 내부에 전단응력이 생기면 정지 상태로 있을 수 없다.

㉯ 유동장에서 속도벡터에 접하는 선을 유선이라 한다.

① ㉮ ② ㉯

③ ㉮, ㉯ ④ 모두 틀림

해설 유체와 유선

㉠ 유체 : 반드시 운동상태에서만 전단응력과 평형을 이룰 수 있다. 즉 작은 전단력이라도 작용하면 쉽게 연속적으로 유동하는 물질이다.

㉡ 유선 : 유체의 흐름에 있어서 모든 점에서 속도 벡터의 방향을 갖는 연속적인 선

18. 성능이 동일한 n대의 펌프를 서로 병렬로 연결하고 원래와 같은 양정에서 작동시킬 때 유체의 토출량은?

① $\dfrac{1}{n}$로 감소한다.

② n배로 증가한다.

③ 원래와 동일하다.

④ $\dfrac{1}{2n}$로 감소한다.

해설 펌프의 직렬과 병렬연결

㉠ 직렬연결 : 유량 일정, 양정 증가

㉡ 병렬연결 : 유량 증가, 양정 일정

참고 펌프를 n대 병렬연결하면 유량(토출량)도 n배로 증가한다.

정답 13. ② 14. ① 15. ② 16. ④ 17. ③ 18. ②

19. 피토관을 이용하여 유속을 측정하는 것과 관련된 설명으로 틀린 것은?

① 피토관의 입구에는 동압과 정압의 합인 정체압이 작용한다.
② 측정원리는 베르누이 정리이다.
③ 측정된 유속은 정체압과 정압 차이의 제곱근에 비례한다.
④ 동압과 정압의 차를 측정한다.

해설 피토관
유체의 이동속도는 수두를 이용하여 순간유량을 측정하는 피토관으로 전압과 정압을 측정하여 동압을 구하고 동압으로부터 순간유량을 구한다.

20. 반지름 40cm인 원통 속에 물을 담아 30rpm으로 회전시킬 때 수면의 가장 높은 부분과 가장 낮은 부분의 높이 차는 약 몇 m인가?

① 0.002   ② 0.02
③ 0.04   ④ 0.08

해설 각속도$(\omega) = \dfrac{2\pi N}{60} = \dfrac{2 \times \pi \times 30}{2 \times 9.8} = 3.14$

$h = \dfrac{r^2 \omega^2}{2g} = \dfrac{0.4^2 \times 3.14^2}{2 \times 9.8} = 0.08m$

제2과목   **연소공학**

21. 폭굉(detonation)에서 유도거리가 짧아질 수 있는 경우가 아닌 것은?

① 압력이 높을수록
② 관경이 굵을수록
③ 점화원의 에너지가 클수록
④ 관 속에 방해물이 많을수록

해설 폭굉유도거리가 짧아지는 조건
㉠ 정상연소속도가 큰 혼합가스일수록
㉡ 관 속에 방해물이 있거나 관 지름이 가늘수록
㉢ 공급압력이 높을수록
㉣ 점화원의 에너지가 강할수록

22. 전기기기의 불꽃, 아크가 발생하는 부분을 절연유에 격납하여 폭발가스에 점화되지 않도록 한 방폭구조는?

① 유입방폭구조   ② 내압방폭구조
③ 안전증방폭구조   ④ 본질안전방폭구조

해설 유입방폭구조
전기기기의 불꽃 또는 아크를 발생하는 부분을 기름 속에 넣어 유면상에 존재하는 폭발성가스에 인화될 우려가 없도록 한 구조

23. 다음 그림은 오토사이클 선도이다. 계로부터 열이 방출되는 과정은?

① 1 → 2 과정
② 2 → 3 과정
③ 3 → 4 과정
④ 4 → 1 과정

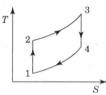

해설 오토사이클 과정
① 1 → 2 과정 : 압축과정(단열압축)
② 2 → 3 과정 : 등적가열과정
③ 3 → 4 과정 : 단열팽창과정
④ 4 → 1 과정 : 등적방열과정

24. 다음 그림은 프로판 – 산소, 수소 – 공기, 에틸렌 – 공기, 일산화탄소 – 공기의 층류연소속도를 나타낸 것이다. 이 중 프로판 – 산소 혼합기의 층류 연소속도를 나타낸 것은?

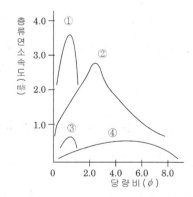

① ①   ② ②
③ ③   ④ ④

해설 각종 연소기의 층류연소속도
① 프로판-산소
② 수소-공기
③ 에틸렌-공기
④ 일산화탄소-공기

25. 비열에 대한 설명으로 옳지 않은 것은?

① 정압비열은 정적비열보다 항상 크다.
② 물질의 비열은 물질의 종류와 온도에 따라 달라진다.
③ 비열비가 큰 물질일수록 압축 후의 온도가 더 높다.
④ 물은 비열이 적어 공기보다 온도를 증가시키기 어렵고 열용량도 적다.

해설 물은 비열이 크고 온도 변화를 적게 일으킨다.

26. 과잉공기가 너무 많은 경우의 현상이 아닌 것은?

① 열효율을 감소시킨다.
② 연소온도가 증가한다.
③ 배기가스의 열손실을 증대시킨다.
④ 연소가스량이 증가하여 통풍을 저해한다.

해설 과잉공기가 많을 경우(공기비가 클 경우)
㉠ 연소의 온도 저하
㉡ 통풍력이 강하여 배기가스에 의한 열손실 증대
㉢ 열효율 감소
㉣ 연소가스 중에 SO_3의 양이 증가하여 저온부식 촉진
㉤ 연소가스 중에 NO_2의 발생이 심하여 대기오염 유발

27. 산소의 성질, 취급 등에 대한 설명으로 틀린 것은?

① 산화력이 아주 크다.
② 임계압력이 25MPa이다.
③ 공기액화분리기 내에 아세틸렌이나 탄화수소가 축적되면 방출시켜야 한다.
④ 고압에서 유기물과 접촉시키면 위험하다.

해설 산소의 임계압력과 임계온도
㉠ 임계압력 : 49.7atm(4.97MPa)
㉡ 임계온도 : −118.3℃

28. 안전성평가 기법 중 시스템을 하위 시스템으로 점점 좁혀가고 고장에 대해 그 영향을 기록하여 평가하는 방법으로, 서브시스템 위험분석이나 시스템 위험분석을 위하여 일반적으로 사용되는 전형적인 정성적, 귀납적 분석기법으로 시스템에 영향을 미치는 모든 요소의 고장을 형태별로 분석하여 그 영향을 검토하는 기법은?

① 결함수분석(FTA)
② 원인결과분석(CCA)
③ 고장형태 영향분석(FMEA)
④ 위험 및 운전성 검토(HAZOP)

해설 고장형태 영향분석(FMEA)
설계의 불완전이나 잠재적 결함을 알아내기 위하여 구성요소의 고장형태와 그 상위 아이템에 대한 영향을 분석하는 기법 특히 영향의 치명도를 중시하는 경우는 FMECA라 한다.

29. 이상기체에 대한 단열온도 상승은 열역학 단열압축식으로 계산될 수 있다. 다음 중 열역학 단열압축식이 바르게 표현된 것은? (단, T_f는 최종 절대온도, T_i는 처음 절대온도, P_f는 최종 절대압력, P_i는 처음 절대압력, r은 비열비이다.)

① $T_i = T_f \left(\dfrac{P_f}{P_i} \right)^{\frac{(r-1)}{r}}$

② $T_i = T_f \left(\dfrac{P_f}{P_i} \right)^{\frac{r}{(1-r)}}$

③ $T_f = T_i \left(\dfrac{P_f}{P_i} \right)^{\frac{r}{(r-1)}}$

④ $T_f = T_i \left(\dfrac{P_f}{P_i} \right)^{\frac{(r-1)}{r}}$

해설 $T_f = T_i \left(\dfrac{P_f}{P_i} \right)^{\frac{r-1}{r}} = T_i \left(\dfrac{V_i}{V_f} \right)^{r-1}$

정답 25. ④ 26. ② 27. ② 28. ③ 29. ④

30. 과잉공기계수가 1일 때 224Nm³의 공기로 탄소는 약 몇 kg을 완전 연소시킬 수 있는가?

① 20.1 　　　　② 23.4

③ 25.2 　　　　④ 27.3

해설 ㉠ 산소량(O_2) = 공기량 $\times \dfrac{21}{100}$ = $224 \times \dfrac{21}{100}$ = 47.04Nm^3

㉡ $C + O_2 \rightarrow CO_2$ 식에서

$12 : 22.4 = x : 47.04$

$x = \dfrac{12 \times 47.04}{22.4} = 25.2 \text{kg}$

31. 다음 중 단위 질량당 방출되는 화학적 에너지인 연소열(kJ/g)이 가장 낮은 것은?

① 메탄 　　　　② 프로판

③ 일산화탄소 　④ 에탄올

해설 연소열(kJ/g)은 탄소 수가 많을수록, 탄소 수가 같은 경우는 수소 수가 많을수록 크다.

즉, $CO < CH_4 < C_2H_5OH < C_3H_8$

32. 조성이 $C_6H_{10}O_5$인 어떤 물질 1.0kmol을 완전 연소시킬 때 연소가스 중의 질소의 양은 약 몇 kg인가? (단, 공기 중의 산소는 23w%, 질소는 77w%이다.)

① 543 　　　　② 643

③ 57.35 　　　④ 67.35

해설 $C_6H_{10}O_5 + 6O_2 \rightarrow 6O_2 + 5H_2O$

질소의 양(kg) = 산소량(kg) $\times \dfrac{77}{23}$ = $6 \times 32 \times \dfrac{77}{23}$ = 643 (kg)

33. 헬륨을 냉매로 하는 극저온용 가스냉동기의 기본사이클은?

① 역르누아사이클 　② 역아트킨슨사이클

③ 역에릭슨사이클 　④ 역스털링사이클

해설 역스털링사이클
헬륨을 냉매로 하는 극저온용 가스냉동기의 기본사이클

34. "어떠한 방법으로든 물체의 온도를 절대영도로 내릴 수는 없다"라고 표현한 사람은?

① Kelvin 　　　② Planck

③ Nernst 　　　④ Carnot

해설 네른스트(Nernst)
독일의 물리화학자 네른스트 효과를 발견하고 전지의 기전력 발생의 이론을 세웠으며 1906년 열역할 제3법칙을 발표하고 "물질을 절대영도로 하는 열량계를 만들어내는 일은 불가능하다"라고 주장하였다.

35. 이상기체의 성질에 대한 설명으로 틀린 것은?

① 보일·샤를의 법칙을 만족한다.

② 아보가드로의 법칙을 따른다.

③ 비열비는 온도에 관계없이 일정하다.

④ 내부에너지는 온도와 무관하며 압력에 의해서만 결정된다.

해설 이상기체의 성질
㉠ 보일-샤를의 법칙을 만족한다.
㉡ 아보가드로의 법칙에 따른다.
㉢ 내부에너지는 체적에 무관하며 온도에 의해서만 결정된다.
㉣ 비열비는 온도에 관계없이 일정하다.
㉤ 기체의 분자력과 크기도 무시되며 분자간의 충돌은 완전탄성체로 이루어진다.

36. 202.65kPa 25℃의 공기를 10.1325kPa으로 단열팽창시키면 온도는 약 몇 K인가? (단, 공기의 비열비는 1.4로 한다.)

① 126 　　　　② 154

③ 168 　　　　④ 176

해설 $T_2 = \left(\dfrac{P_2}{P_1}\right)^{\frac{K-1}{k}} \times T_1 = \left(\dfrac{10.1325}{202.65}\right)^{\frac{1.4-1}{1.4}} \times (273+25)$

$= 126K$

---

30. ③　31. ③　32. ②　33. ④　34. ③　35. ④　36. ① 정답

37. 다음과 같은 용적조성을 가지는 혼합기체 91.2g이 27℃, 1atm에서 차지하는 부피는 약 몇 L인가?

> **보기**
>
> CO_2 : 13.1%, O_2 : 7.7%, N_2 : 79.2%

① 49.2　　　　　② 54.2

③ 64.8　　　　　④ 73.8

해설 $PV = \dfrac{w}{M}RT$ 식에서

$$V = \dfrac{\frac{w}{M}RT}{P} = \dfrac{\frac{91.2}{30.4} \times 0.082 \times (273+27)}{1} = 73.8\text{L}$$

평균분자량$(M) = \dfrac{13.1 \times 44 + 7.7 \times 32 + 79.2 \times 28}{100} = 30.4$

38. 다음은 Air-standard otto cycle의 P-V diagram이다. 이 cycle의 효율(η)을 옳게 나타낸 것은? (단, 정적열용량은 일정하다.)

① $\eta = 1 - \left(\dfrac{T_B - T_C}{T_A - T_D} \right)$

② $\eta = 1 - \left(\dfrac{T_D - T_C}{T_A - T_B} \right)$

③ $\eta = 1 - \left(\dfrac{T_A - T_D}{T_B - T_C} \right)$

④ $\eta = 1 - \left(\dfrac{T_A - T_B}{T_D - T_C} \right)$

해설 오토사이클의 열효율(η_0)

$$\eta_0 = 1 - \left(\dfrac{T_B - T_C}{T_A - T_D} \right) = 1 - \left(\dfrac{1}{\epsilon} \right)^{K-1}$$

여기서, ϵ : 압축비, K : 비열비

39. 액체 프로판이 298K, 0.1MPa에서 이론공기를 이용하여 연소하고 있을 때 고발열량은 약 몇 MJ/kg인가? (단, 연료의 증발엔탈피는 370kJ/kg이고, 기체상태 C_3H_8의 생성엔탈피는 −103909kJ/kmol, CO_2의 생성엔탈피는 −393757kJ/kmol, 액체 및 기체상태 H_2O의 생성엔탈피는 각각 −286010kJ/kmol, −241971kJ/kmol이다.)

① 44　　　　　② 46

③ 50　　　　　④ 2205

해설 $C_3H_8 + 5O_2 \rightarrow 3CO_2 + 4H_2O$

$$H_h = \dfrac{3 \times 393757 + 4 \times 286010 - 103909}{44} + 370 = 50856\text{kJ/kg}$$
$$= 50.856\text{MJ/kg}$$

40. Carnot 기관이 12.6kJ의 열을 공급받고 5.2kJ의 열을 배출한다면 동력기관의 효율은 약 몇 %인가?

① 33.2　　　　　② 43.2

③ 58.7　　　　　④ 68.4

해설 $\eta = \dfrac{12.6 - 5.2}{12.6} \times 100(\%) = 58.7\%$

제**3**과목　　　가스설비

41 가연성가스 용기의 도색 표시가 잘못된 것은? (단, 용기는 공업용이다.)

① 액화염소 : 갈색

② 아세틸렌 : 황색

③ 액화탄산가스 : 청색

④ 액화암모니아 : 회색

해설 액화암모니아는 백색이다.

42. 공기액화 분리장치에 아세틸렌가스가 혼입되면 안 되는 이유로 가장 옳은 것은?

① 산소의 순도가 저하

② 파이프 내부가 동결되어 막힘

③ 질소와 산소의 분리작용에 방해

④ 응고되어 있다가 구리와 접촉하여 산소 중에서 폭발

해설 동과 접촉하여 폭발성 물질인 동아세틸라이드를 생성하여 산소 중에서 폭발을 일으킨다.

정답 37. ④　38. ①　39. ③　40. ③　41. ④　42. ④

43. 가스보일러에 설치되어 있지 않은 안전장치는?

① 전도안전장치　　　② 과열방지장치
③ 헛불방지장치　　　④ 과압방지장치

해설 가스보일러 안전장치의 종류
㉠ 과열방지장치　　　㉡ 소화안전장치
㉢ 과압방지장치　　　㉣ 헛불방지장치
㉤ 동결방지장치

44. 펌프를 운전할 때 펌프 내에 액이 충만하지 않으면 공회전하여 펌핑이 이루어지지 않는다. 이러한 현상을 방지하기 위하여 펌프 내에 액을 충만시키는 것을 무엇이라 하는가?

① 맥동　　　　　　　② 캐비테이션
③ 서징　　　　　　　④ 프라이밍

해설 프라이밍
펌프 속 및 펌프의 흡입배관 속에 물이 없으면 펌프가 회전을 시작해도 양수가 되지 않는 경우가 많다. 이것을 방지하기 위하여 미리 펌프 속이나 흡입배관 속에 물을 주입함과 동시에 내부의 공기를 배출하는 조작을 말한다.

45. LPG(액체) 1kg이 기화했을 때 표준상태에서의 체적은 약 몇 L가 되는가? (단, LPG의 조성은 프로판 80wt%, 부탄 20wt%이다.)

① 387　　　　　　　② 485
③ 584　　　　　　　④ 783

해설 $V = \dfrac{800}{44} \times 22.4 + \dfrac{200}{58} \times 22.4 = 485L$

46. LNG에 대한 설명으로 틀린 것은?

① 대량의 천연가스를 액화하려면 3원 캐스케이드 액화 사이클을 채택한다.
② LNG 저장탱크는 일반적으로 2중 탱크로 구성된다.
③ 액화 전의 전처리로 제진, 탈수, 탈탄산 가스 등의 공정은 필요하지 않다.
④ 주성분인 메탄은 비점이 약 −163℃이다.

해설 LNG는 천연가스를 액화하기 전에 제진, 탈황, 탈탄소, 탈수, 탈습 등의 전처리를 한다.

47. 고압가스저장설비에서 수소와 산소가 동일한 조건에서 대기 중에 누출되었다면 확산속도는 어떻게 되겠는가?

① 수소가 산소보다 2배 빠르다.
② 수소가 산소보다 4배 빠르다.
③ 수소가 산소보다 8배 빠르다.
④ 수소가 산소보다 16배 빠르다.

해설 확산속도비 $\left(\dfrac{V_2}{V_1} \right)$

$\dfrac{V_2}{V_1} = \sqrt{\dfrac{M_1}{M_2}}$ 식에서

$V_2 = \sqrt{\dfrac{M_1}{M_2}} \times V_1 = \sqrt{\dfrac{32}{2}} \times V_1 = 4V_1$

즉, 수소의 확산속도는 산소의 확산속도보다 4배 빠르다.

48. 검사에 합격한 가스용품에는 국가표준기본법에 따른 국가통합인증마크를 부착하여야 한다. 다음 중 국가통합인증마크를 의미하는 것은?

① KA　　　　　　　② KE
③ KS　　　　　　　④ KC

해설 국가통합인증마크(Korea Certification Mart)＝KC
안전, 보건, 환경, 품질 등 분야별 인증마크를 국가적으로 단일화한 인증마크

49. 공기액화 분리장치에서 내부 세정제로 사용되는 것은?

① CCl_4　　　　　　② H_2SO_4
③ $NaOH$　　　　　　④ KOH

해설 고압산소를 사용하는 경우 유기물(유지류)이 부착되어 있으면 사염화탄소(CCl_4)로 세정해야 한다.

50. 오토클레이브(Autoclave)의 종류가 아닌 것은?

① 교반형 ② 가스교반형
③ 피스톤형 ④ 진탕형

해설 오토클레이브의 종류
㉠ 교반형 ㉡ 진탕형
㉢ 회전형 ㉣ 가스교반형

51. 다음 중 특수 고압가스가 아닌 것은?

① 포스겐 ② 액화알진
③ 디실란 ④ 세렌화수소

해설 특수고압가스
포스핀, 압축모노실란, 디실란, 압축디보레인, 액화알진, 셀렌화수소, 게르만 등

52. 도시가스의 누출시 감지할 수 있도록 첨가하는 것으로서 냄새가 나는 물질(부취제)에 대한 설명으로 옳은 것은?

① THT는 경구투여시에는 독성이 강하다.
② THT는 TMB에 비해 취기 강도가 크다.
③ THT는 TBM에 비해 토양 투과성이 좋다.
④ THT는 TBM에 비해 화학적으로 안정하다.

해설 부취제 종류별 특징

물질명	냄새	취기	화학적 안정성	토양 투과성
THT	석탄가스냄새	보통	안정화합물	보통
TBM	양파 썩는 냄새	강함	내산화성	좋다
DMS	마늘 냄새	약간 약함	안정화합물	좋다

53. 고압가스용 스프링식 안전밸브의 구조에 대한 설명으로 틀린 것은?

① 밸브 시트는 이탈되지 않도록 밸브 몸통에 부착되어야 한다.
② 안전밸브는 압력을 마음대로 조정할 수 없도록 봉인된 구조로 한다.
③ 가연성가스 또는 독성가스용의 안전밸브는 개방형으로 한다.
④ 안전밸브는 그 일부가 파손되어도 충분한 분출량을 얻어야 한다.

해설 스프링식 안전밸브
㉠ 개방형
• 구조가 비교적 간단하고 밸브 시트와 밸브 스템 사이에서 누설을 확인하기 쉽다.
• 가연성가스나 독성가스용으로는 사용할 수 있다.
㉡ 밀폐형
• 가연성가스나 독성가스에 사용할 수 없다.
• 스프링, 밸브 봉 등이 외기의 영향을 받지 않는다.
• 구조가 복잡하고 밸브 시트에서의 누설 확인이 어렵다.

54. 액화염소 사용시설 중 저장설비는 저장능력이 몇 kg 이상일 때 안전거리를 유지하여야 하는가?

① 300kg ② 500kg
③ 1000kg ④ 5000kg

해설 액화염소 사용시설 중 저장설비의 안전거리
저장능력 500kg 이상

55. 전양정이 20m, 송출량이 1.5m³/min 효율이 72%인 펌프의 축동력은 약 몇 kW인가?

① 5.8kW ② 6.8kW
③ 7.8kW ④ 8.8kW

해설 $L = \dfrac{r\,Q\,H}{102 \times 60 \times \eta} = \dfrac{1000 \times 1.5 \times 20}{102 \times 60 \times 0.72} = 6.8\text{kW}$

56. 액화석유가스를 이송할 때 펌프를 이용하는 방법에 비하여 압축기를 이용할 때의 장점에 해당하지 않는 것은?

① 베이퍼록 현상이 없다.

② 잔 가스 회수가 가능하다.

③ 서징(Surging)현상이 없다.

④ 충전작업 시간이 단축된다.

[해설] 압축기를 이용했을 때의 장점과 단점

㉠ 장점
- 펌프를 이용했을 때에 비해 충전시간이 짧다.
- 잔류가스 회수가 가능하다.
- 베이퍼록 현상 우려가 없다.

㉡ 단점
- 부탄의 경우 낮은 온도에서 재액화 현상이 일어난다.
- 압축기 오일로 인한 드레인 현상 우려가 있다.

57. 액화천연가스 중 가장 많이 함유되어 있는 것은?

① 메탄 ② 에탄

③ 프로판 ④ 일산화탄소

[해설] 액화천연가스(LNG)의 주성분은 메탄(CH_4)이다.

58. 0.1Mpa·abs, 20℃의 공기를 1.5Mpa·abs까지 2단 압축할 경우 중간 압력 P_m는 약 몇 MPa·abs인가?

① 0.29 ② 0.39

③ 0.49 ④ 0.59

[해설] 중간압력(P_m)

$P_m = \sqrt{P_1 \times P_2} = \sqrt{0.1 \times 1.5} = 0.39 \text{ MPa} \cdot \text{abs}$

59. 나프타(Naphtha)에 대한 설명으로 틀린 것은?

① 비점 200℃ 이하의 유분이다.

② 헤비 나프타가 옥탄가가 높다.

③ 도시가스의 증열용으로 이용된다.

④ 파라핀계 탄화수소의 함량이 높은 것이 좋다.

[해설] 나프타(Naphtha)

㉠ 원유의 상압증류에 의하여 얻어지는 비점(끓는 점) 200℃ 이하의 유분이다.

㉡ 나프타는 라이트 나프타, 헤비 나프타로 나뉘어진다.

㉢ 라이트 나프타 : 비점이 130℃ 이하의 경질 유분으로써 도시가스나 암모니아 제조용으로 사용한다.

㉣ 헤비 나프타 : 비점이 130℃ 이상의 중질 유분으로써 에틸렌, 프로필렌 제조용으로 사용한다. 중질납사(헤비 나프타)는 옥탄가가 낮기 때문에 개질시설을 통해 옥탄가를 높여 휘발유 제조에 사용한다.

60. 저압배관의 관지름 설계 시에는 Pole식을 주로 이용한다. 배관의 내경이 2배가 되면 유량은 약 몇 배로 되는가?

① 2.00 ② 4.00

③ 5.66 ④ 6.28

[해설] $Q = K\sqrt{\dfrac{D^5 h}{SL}}$ 식에서

$Q_2 = \sqrt{\dfrac{D_2^{\,5}}{D_1^{\,5}}} \times Q_1 = \sqrt{\dfrac{(2D_1)^5}{D_1^{\,5}}} \times Q_1 = \sqrt{2^5} \times Q_1 = 5.66 Q_1$

제4과목 **가스안전관리**

61. 다음 중 독성가스가 아닌 것은?

① 아황산가스 ② 염소가스

③ 질소가스 ④ 시안화수소

[해설] 허용농도

㉠ 아황산가스 : 5ppm

㉡ 염소가스 : 1ppm

㉢ 시안화수소 : 10ppm

[참고] 질소는 불활성가스이다.

62. 용기 각인 시 내압시험압력의 기호와 단위를 옳게 표시한 것은?

① 기호 : FP, 단위 : Kg

② 기호 : TP, 단위 : Kg

③ 기호 : FP, 단위 : MPa

④ 기호 : TP, 단위 : MPa

---

56. ③ 57. ① 58. ② 59. ② 60. ③ 61. ③ 62. ④ 정답

[해설] 기호와 단위
ⓐ 내압시험 압력 : 기호(TP), 단위(MPa)
ⓑ 최고충전 압력 : 기호(FP), 단위(MPa)

63. 부탄가스용 연소기의 구조에 대한 설명으로 틀린 것은?

① 연소기는 용기와 직결한다.
② 회전식 밸브의 핸들의 열림 방향은 시계 반대방향으로 한다.
③ 용기 장착부 이외에는 용기가 들어가지 아니하는 구조로 한다.
④ 파일럿버너가 있는 연소기는 파일럿버너가 점화되지 아니하면 메인버너의 가스통로가 열리지 아니하는 것으로 한다.

[해설] 연소기는 용기와 직결되지 아니하는 구조로 한다. 다만 야외용 이동식 연소기로서 가스 최대 충전량이 3kg 이하의 용기를 사용하는 것은 그러하지 아니하다.

64. 용기보관장소에 대한 설명으로 틀린 것은?

① 용기보관장소의 주위 2m 이내에 화기 또는 인화성물질 등을 치웠다.
② 수소용기 보관장소에는 겨울철 실내온도가 내려가므로 상부의 통풍구를 막았다.
③ 가연성가스의 충전용기 보관실은 불연재료를 사용하였다.
④ 가연성가스와 산소의 용기보관실은 각각 구분하여 설치하였다.

[해설] 수소가스는 가연성가스이므로 용기보관실 상부에 통풍구를 설치하고 통풍구를 항상 개방시켜 놓는다.

65. 아세틸렌을 충전하기 위한 기술기준으로 옳은 것은?

① 아세틸렌 용기에 다공물질을 고루 채워 다공도가 70% 이상 95% 미만이 되도록 한다.

② 습식아세틸렌발생기의 표면의 부근에 용접작업을 할 때에는 70℃ 이하의 온도로 유지하여야 한다.
③ 아세틸렌을 2.5MPa의 압력으로 압축할 때에는 질소·메탄·일산화탄소 또는 에틸렌 등의 희석제를 첨가한다.
④ 아세틸렌을 용기에 충전할 때 충전 중의 압력은 3.5MPa 이하로 하고, 충전 후에는 압력이 15℃에서 2.5MPa 이하로 될 때까지 정치하여 둔다.

[해설] 아세틸렌
ⓐ 다공질물의 다공도 75% 이상 92% 미만이다.
ⓑ 습식 아세틸렌 발생기의 표면유지온도는 70℃ 이하로 유지하고 부근에서 용접작업 등 불꽃이 튀는 작업을 하지 않는다.
ⓒ 충전시 온도에 불구하고 2.5MPa 이하로 하며 이때에는 질소, 일산화탄소, 메탄 또는 에틸렌을 희석제로 첨가한다.
ⓓ 충전 후 15℃에서 1.55MPa 이하가 될 때까지 정치하여 둔다.

66. 고정식 압축도시가스자동차 충전시설에 설치하는 긴급분리장치에 대한 설명 중 틀린 것은?

① 유연성을 확보하기 위하여 고정설치하지 아니한다.
② 각 충전설비마다 설치한다.
③ 수평방향으로 당길 때 666.4N 미만의 힘에 의하여 분리되어야 한다.
④ 긴급분리장치와 충전설비 사이에는 충전자가 접근하기 쉬운 위치에 90° 회전의 수동밸브를 설치한다.

[해설] 긴급분리장치 설치
ⓐ 자동차가 충전호스와 연결된 상태로 출발할 경우 가스의 흐름이 차단될 수 있도록 긴급분리장치를 지면 또는 지지대에 고정설치한다.
ⓑ 긴급분리장치는 각 충전설비마다 설치한다.
ⓒ 수평 방향으로 당길 때 666.4N(68kgf) 미만의 힘으로 분리되는 것으로 한다.
ⓓ 긴급분리장치와 충전설비 사이에는 충전자가 접근하기 쉬운 위치에 90° 회전의 수동밸브를 설치한다.
ⓔ 충전설비 주위에는 자동차의 충돌로부터 충전기를 보호하기 위하여 높이 30cm 이상 두께 12cm 이상의 철근콘크리트 또는 이와 동등 이상의 강도를 가진 구조물을 설치한다.

정답 63. ①   64. ②   65. ③   66. ①

67. LPG 사용시설 중 배관의 설치 방법으로 옳지 않은 것은?

① 건축물 내의 배관은 단독 피트 내에 설치하거나 노출하여 설치한다.
② 건축물의 기초 밑 또는 환기가 잘 되는 곳에 설치한다.
③ 지하매몰 배관은 붉은색 또는 노란색으로 표시한다.
④ 배관이음부와 전기계량기와의 거리는 60cm 이상 거리를 유지한다.

[해설] 배관은 건축물 내부 또는 기초의 밑에 설치하지 아니한다.

68. 가스의 설질에 대한 설명으로 틀린 것은?

① 메탄, 아세틸렌 등의 가연성가스의 농도는 천정 부근이 가장 높다.
② 벤젠, 가솔린 등의 인화성 액체의 증기농도는 바닥의 오목한 곳이 가장 높다.
③ 가연성가스의 농도측정은 사람이 앉은 자세의 높이에서 한다.
④ 액체산소의 증발에 의해 발생한 산소가스는 증발 직후 낮은 곳에 정체하기 쉽다.

[해설] 가연성가스의 농도측정은 가스가 체류하기 쉬운 장소에서 한다.

69. 2개 이상의 탱크를 동일한 차량에 고정하여 운반하는 경우의 기준에 대한 설명으로 틀린 것은?

① 충전관에는 유량계를 설치한다.
② 충전관에는 안전밸브를 설치한다.
③ 탱크마다 탱크의 주밸브를 설치한다.
④ 탱크와 차량과의 사이를 단단하게 부착하는 조치를 한다.

[해설] 충전관에는 안전밸브, 압력계 및 긴급탈압밸브 설치

70. 기계가 복잡하게 연결되어 있는 경우 및 배관 등으로 연속되어 있는 경우에 이용되는 정전기 제거조치용 본딩용 접속선 및 접지접속선의 단면적은 몇 mm² 이상이어야 하는가? (단, 단선은 제외한다.)

① 3.5mm² ② 4.5mm²
③ 5.5mm² ④ 6.5mm²

[해설] 정전기 제거 기준
㉠ 각 설비는 단독 접지할 것(탑, 저장탱크, 회전기계, 열교환기, 밴트 스택 등)
㉡ 접지선의 단면적 : 5.5mm² 이상(단선은 제외)일 것
㉢ 접지저항값은 총합 100Ω(피뢰설비 설치히 10Ω) 이하일 것

71. 가스위험성 평가기법 중 정량적 안전성 평가기법에 해당하는 것은?

① 작업자 실수분석(HEA)기법
② 체크리스트(Checklist)기법
③ 위험과 운전분석(HAZOP)기법
④ 사고예상 질문분석(WHAT-IF)기법

[해설] 위험성 평가기법
㉠ 정성적 평가기법 : 체크리스트기법, 사고예상 질문분석기법, 위험과 운진분석
㉡ 정량적 평가기법 : 작업자 실수분석기법, 결함수분석기법, 사건수분석기법, 원인결과분석기법

72. 어떤 용기의 체적이 0.5m³이고, 이 때 온도가 25℃이다. 용기 내에 분자량 24인 이상기체 10Kg이 들어있을 때 이 용기의 압력은 약 몇 Kg/cm²인가?(단, 대기압은 1.033kg/cm²로 한다.)

① 10.5 ② 15.5
③ 20.5 ④ 25.5

[해설] $PV=GRT$ 식에서

$$P = \frac{GRT}{V} = \frac{10 \times \frac{848}{24} \times (273+25)}{0.5} = 210587 \text{kg/m}^2 a$$
$$= 21.0587 \text{kg/cm}^2 a$$
$$\therefore 21.0587 - 1.033 = 20.0257 \text{kg/cm}^2 a$$

73. 액화가스 저장탱크의 저장능력 산정 기준식으로 옳은 것은? (단, Q 및 W는 저장능력, P는 최고충전압력, V_1, V_2는 내용적, d는 비중, C는 상수이다.)

① $Q=(10P+1)V_1$ ② $W=0.9dV_2$

③ $W=\dfrac{V_2}{C}$ ④ $W=\dfrac{C}{V_2}$

해설 저장능력 산정능력
㉠ 압축가스
  $Q=(10P+1)V_1$
㉡ 액화가스
  • $W=0.9dV_2$ (저장탱크)
  • $W=\dfrac{V_2}{C}$ (용기 및 차량에 고정된 탱크)

74. 액화석유가스 집단공급시설에 설치하는 가스누출 자동차단장치의 검지부에 대한 설명으로 틀린 것은?

① 연소기의 폐가스에 접촉하기 쉬운 장소에 설치한다.
② 출입구 부근 등 외부의 기류가 유동하는 장소에는 설치하지 아니한다.
③ 연소기 버너의 중심부분으로 수평거리 4m 이내에 검지부 1개 이상 설치한다.
④ 공기가 들어오는 곳으로부터 1.5m 이내의 장소에는 설치하지 아니한다.

해설 검지부 설치제외 장소
㉠ 출입구 부근 등으로 외부 기류가 통하는 곳
㉡ 환기구 등 공기가 들어오는 곳으로부터 1.5m 이내
㉢ 연소기 폐가스가 접촉하기 쉬운 곳

75. 저장탱크에 의한 액화석유가스사용시설에서 지반조사의 기준에 대한 설명으로 틀린 것은?

① 저장 및 가스설비에 대하여 제1차 지반조사를 한다.
② 제1차 지반조사 방법은 드릴링을 실시하는 것을 원칙으로 한다.

③ 지반조사 위치는 저장설비 외면으로부터 10m 이내에서 2곳 이상 실시한다.
④ 표준 관입시험은 표준 관입시험 방법에 따라 N 값을 구한다.

해설 제1차 지반조사 방법은 보링을 실시하는 것을 원칙으로 한다.

76. 차량에 고정된 탱크 운반차량의 기준으로 옳지 않은 것은?

① 이입작업 시 차바퀴 전후를 차바퀴 고정목 등으로 확실하게 고정시킨다.
② 저온 및 초저온 가스의 경우에는 면장갑을 끼고 작업한다.
③ 탱크운전자는 이입작업이 종료될 때까지 탱크로리 차량의 긴급차단장치 부근에 위치한다.
④ 이입작업은 그 사업소의 안전관리자 책임하에 차량의 운전자가 한다.

해설 저온 및 초저온가스의 경우에는 가죽장갑 등을 끼고 작업을 할 것

77. 용기저장실에서 가스로 인한 폭발사고가 발생되었을 때 그 원인으로 가장 거리가 먼 것은?

① 누출경보기의 미작동
② 드레인 밸브의 작동
③ 통풍구의 환기능력 부족
④ 배관 이음매 부분의 결함

해설 드레인밸브
탱크 아래쪽에 설치하여 내부의 응축수 또는 오일을 빼내기 위한 밸브로써 드레인밸브가 작동한 것과 폭발사고와는 연관성이 적다.

78. 시안화수소 충전 작업에 대한 설명으로 틀린 것은?

① 1일 1회 이상 질산구리벤젠 등의 시험지로 가스누출을 검사한다.

② 시안화수소 저장은 용기에 충전한 후 90일을 경과하지 않아야 한다.

③ 순도가 98% 이상으로서 착색되지 않은 것은 다른 용기에 옮겨 충전하지 않을 수 있다.

④ 폭발을 일으킬 우려가 있으므로 안정제를 첨가한다.

해설 시안화수소(HCN)
용기에 충전된 시안화수소는 60일이 경과하기 전에 다른 용기에 충전한다. (단, 순도가 98% 이상으로 착색되지 않는 것은 제외)

79. LP가스 집단공급 시설의 안전밸브 중 압축기의 최종단에 설치한 것은 1년에 몇 회 이상 작동조정을 해야 하는가?

① 1회   ② 2회

③ 3회   ④ 4회

해설 안전밸브검사기준
㉠ 압축기 최종단 설치한 것 : 1년에 1회 이상 작동 조정
㉡ 그밖의 안전밸브 : 2년에 1회 이상

80. 액화석유가스 충전사업자는 거래상황 기록부를 작성하여 한국가스안전공사에게 보고하여야 한다. 보고기한의 기준으로 옳은 것은?

① 매달 다음달 10일

② 매분기 다음달 15일

③ 매반기 다음달 15일

④ 매년 1월 15일

해설 거래상황기록부 보고기한은 매분기 다음달 15일이다.

제5과목   가스계측

81. 기체 크로마토그래피에서 분리도(Resolution)와 컬럼 길이의 상관관계는?

① 분리도는 컬럼 길이에 비례한다.

② 분리도의 컬럼 길이의 2승에 비례한다.

③ 분리도는 컬럼 길이의 3승에 비례한다.

④ 분리도는 컬럼 길이의 제곱근에 비례한다.

해설 기체 크로마토그래피

㉠ 이론단수$(n) = 16 \times \left(\dfrac{t_R}{W}\right)^2$

㉡ 분리계수$(d) = \dfrac{t_{R_2}}{t_{R_1}}$

㉢ 분리도$(R) = \dfrac{2(t_{R_2} - t_{R_1})}{W_1 + W_2}$

㉣ 분리도$(R) = \dfrac{\sqrt{N}}{4}\left(\dfrac{\alpha - 1}{\alpha}\right)\left(\dfrac{1 + + K'_B}{K'_B}\right)$

여기서, α : 선택 성인수, K' : 머무름 인수

82. 가스 크로마토그래피에 대한 설명으로 가장 옳은 것은?

① 운반가스로는 일반적으로 O_2, CO_2가 이용된다.

② 각 성분의 머무름 시간은 분석조건이 일정하면 조성에 관계없이 거의 일정하다.

③ 분석시료는 반드시 LP가스의 기체 부분에서 채취해야 한다.

④ 분석 순서는 가장 먼저 분석시료를 도입하고 그 다음에 운반가스를 흘려보낸다.

해설 가스 크로마토그래피
㉠ 운반가스 : 충전물이나 시료에 대하여 불활성일 것(H_2, He, Ar, N_2)
㉡ 각 성분의 머무름 시간은 분석조건이 일정하면 조성에 관계없이 거의 일정하다.
㉢ 주입된 시료는 일반적으로 시료의 기화가 가능한 높은 온도를 유지하는 시료주입부에서 기화되어 분리관을 통과하면서 성분별로 분리된다.

---

78. ②   79. ①   80. ②   81. ④   82. ②   정답

83. 다음 중 건식 가스미터(Gas meter)는?

① Venturi식　　　　② Roots식
③ Orifice식　　　　④ turbine식

[해설] 가스미터
㉠ 실측식 가스미터
• 건식 가스미터
– 막식 가스미터 : 독립내기식, 크로바식
– 회전자식 가스미터 : 루츠식, 로터리식, 오발식
• 습식 가스미터
㉡ 추측식 가스미터
　오리피스식, 터빈식, 선근차식

84. 연속 제어동작의 비례(P)동작에 대한 설명 중 틀린 것은?

① 사이클링을 제거할 수 있다.
② 부하변화가 적은 프로세스의 제어에 이용된다.
③ 외란이 큰 자동제어에는 부적당하다.
④ 잔류편차(off-set)가 생기지 않는다.

[해설] 비례동작(P동작)
㉠ 부하가 변화하는 등 외란이 있으면 잔류편차가 생긴다.
㉡ 프로세스의 반응속도가 소(小) 또는 중(中)이다.
㉢ 부하변화가 작은 프로세스에 적용된다.

85. 압력계측기기 중 직접 압력을 측정하는 1차 압력계에 해당하는 것은?

① 액주계 압력계　　　② 부르동관 압력계
③ 벨로우즈 압력계　　④ 전기저항 압력계

[해설] 압력계의 분류
㉠ 1차 압력계
　액주계 압력계, 부유피스톤 압력계, 자유피스톤 압력계, 기준분동식 압력계
㉡ 2차 압력계
　부르동관 압력계, 다이어프램 압력계, 벨로우즈 압력계, 피에조 전기 압력계, 전기저항식 압력계

86. 빈병의 질량이 414g인 비중병이 있다. 물을 채웠을 때 질량이 999g, 어느 액체를 채웠을 때의 질량이 874g일 때 이 액체의 밀도는 얼마인가? (단, 물의 밀도 : 0.998g/cm³, 공기의 밀도 : 0.00120g/cm³ 이다.)

① 0.785g/cm³　　　② 0.998g/cm³
③ 7.85g/cm³　　　④ 9.98g/cm³

[해설] ㉠ 물의 무게 : $999 - 414 = 585\,(g)$
㉡ 액체의 무게 : $874 - 414 = 460\,(g)$
㉢ 물의 부피 : $\dfrac{585\,(g)}{0.998\,(g/cm^3)} = 586\,(cm^3)$
㉣ 액체의 밀도 : $\dfrac{460\,(g)}{586\,(cm^3)} = 0.785\,(g/cm^3)$

87. 가스 크로마토그래피에서 사용되는 검출기가 아닌 것은?

① FID(Flame Ionization Detector)
② ECD(Electron Capture Detector)
③ NDIR(Non-Dispersive Infra-Red)
④ TCD(Thermal Conductivity Detector)

[해설] 가스 크로마토그래피 검출기의 종류
㉠ 열전도형 검출기(TCD)
㉡ 수소이온화 검출기(FID)
㉢ 전자포획 이온화 검출기(ECD)
㉣ 염광광도형 검출기(FPD)
㉤ 알칼리성 이온화 검출기(FTD)

88. 차압식 유량계에서 유량과 압력차와의 관계는?

① 차압에 비례한다.
② 차압의 제곱에 비례한다.
③ 차압의 5승에 비례한다.
④ 차압의 제곱근에 비례한다.

[해설] 차압식 유량계의 유량 계산
$Q = \dfrac{CA}{\sqrt{1-m^2}} \times \sqrt{2g\left(\dfrac{P_1 - P_{2)}}{r}\right)}$ 식에서
$Q \propto \sqrt{P_1 - P_2}$, 즉 차압의 제곱근에 비례한다.

정답　83. ②　84. ④　85. ①　86. ①　87. ③　88. ④

89. 국제단위계(SI 단위계)(The International System of Unit)의 기본단위가 아닌 것은?

① 길이[m] ② 압력[Pa]
③ 시간[s] ④ 광도[cd]

해설 국제단위계의 기본단위
길이(m), 질량(kg), 시간(sec), 전류(A), 물질량(mol), 온도(K), 광도(cd)

90. 열전대를 사용하는 온도계 중 가장 고온을 측정할 수 있는 것은?

① R형 ② K형
③ E형 ④ J형

해설 열전대 온도계의 온도 범위
㉠ 백금-백금로듐(R형)=0~1600℃
㉡ 크로멜-알루멜(K형)=-20~1200℃
㉢ 철-콘스탄탄(J)형=-20~800℃
㉣ 동-콘스탄탄(T)형=-200~350℃

91. 온도가 21℃에서 상대습도 60%의 공기를 압력은 변화하지 않고 온도를 22.5℃로 할 때, 공기의 상대습도는 약 얼마인가?

온도(℃)	물의 포화증기압(mmHg)
20	16.54
21	17.83
22	19.12
23	20.41

① 52.41% ② 53.63%
③ 54.13% ④ 55.95%

해설 22.5℃일 때 포화증기압을 P라 할 때
$(23-22):(20.41-19.12)=(23-22.5):(20.41-P)$

$P=20.41-\dfrac{(20.41-19.12)(23-22.5)}{23-22}=19.765$

22.5℃일 때 상대습도 $=\dfrac{17.83}{19.765}\times 60=54.13\%$

92. 게겔법에 의한 아세틸렌(C_2H_2)의 흡수액으로 옳은 것은?

① 87% H_2SO_4 용액
② 요오드수은칼륨 용액
③ 알칼리성 피로갈롤 용액
④ 암모니아성 염화제일구리 용액

해설 흡수액의 종류
㉠ CO_2 : 33% KOH 용액
㉡ 아세틸렌 : 요오드수은칼륨 용액
㉢ 프로필렌과 노르말-부틸렌($n-C_4H_8$) : 87% H_2SO_4
㉣ 에틸렌 : 취하수소용액(HBr)
㉤ O_2 : 알칼리성 피로카롤용액
㉥ CO : 암모니아성 염화제1구리용액

93. 가스미터에 의한 압력손실이 적어 사용 중 기압차의 변동이 거의 없고, 유량이 정확하게 계량되는 계측기는?

① 루츠미터 ② 습식가스미터
③ 막식가스미터 ④ 로터리피스톤식미터

해설 습식가스미터의 특징
㉠ 계량이 정확하다.
㉡ 사용 중에 기차의 변동이 거의 없다.
㉢ 기준기용, 실험실용으로 사용한다.
㉣ 실치면적이 크다.
㉤ 사용 중에 수위 조정 등의 관리가 필요하다.

94. 가스를 일정용적의 통속에 넣어 충만시킨 후 배출하여 그 횟수를 용적단위로 환산하는 방법의 가스미터는?

① 막식 ② 루트식
③ 로터리식 ④ 와류식

해설 막식가스미터
가스를 일정용기에 넣어 충만 후 공급하여 이 회전수를 용적단위로 환산하여 표기하는 미터로서 회전수가 느려 100m³/h 이하의 소량계량에 적합하다.

95. 검지관에 의한 프로판의 측정농도 범위와 검지한도를 각각 바르게 나타낸 것은?

① 0~0.3%, 10ppm ② 0~1.5%, 250ppm
③ 0~5%, 100ppm ④ 0~30%, 1000ppm

해설 검지관의 측정농도와 검지한계
㉠ 아세틸렌 : 0~0.3%, 10ppm
㉡ 수소 : 0~1.5%, 250ppm
㉢ 프로판 : 0~5%, 100ppm
㉣ 산소 : 0~30%, 1000ppm

96. 광학분광법은 여러 가지 현상에 바탕을 두고 있다. 이에 해당하지 않는 것은?

① 흡수 ② 형광
③ 방출 ④ 분배

해설 광학분광법
㉠ 시료에 들어있는 원소들은 원자화과정에 의해 기체 상태의 원자나 이온으로 변환
㉡ 기체원자 화학종에 대해 자외선, 가시광선 흡수, 방출 또는 형광을 측정

97. 유수형 열량계로 5L 기체 연료를 연소시킬 때 냉각수량이 2500g이었다. 기체연료의 온도가 20℃, 전체압이 750mmHg, 발열량이 5437.6kcal/Nm³일 때 유수 상승온도는 약 몇 ℃인가?

① 8℃ ② 10℃
③ 12℃ ④ 14℃

해설 $H = \dfrac{(5437.6 \times 0.005) \times 750 \times (273+0)}{760 \times (273+20)} = 25\text{kcal}$

$H = GC\Delta t$ 식에서

$\Delta t = \dfrac{H}{G \times C} = \dfrac{25}{2.5 \times 1} = 10\,℃$

98. 계측기기 구비조건으로 가장 거리가 먼 것은?

① 정확도가 있고, 견고하고 신뢰할 수 있어야 한다.
② 구조가 단순하고, 취급이 용이하여야 한다.
③ 연속적이고 원격지시, 기록이 가능하여야 한다.
④ 구성은 전자화되고, 기능은 자동화 되어야 한다.

해설 계측기기 구비조건
㉠ 설치장소의 주위조건에 대하여 내구성을 가질 것
㉡ 견고하고 신뢰성이 높을 것
㉢ 구조가 간단하고 보수가 용이할 것
㉣ 연속측정 및 원격지시가 가능할 것
㉤ 경제적일 것

99. 다음 [보기]의 온도계에 대한 설명으로 옳은 것을 모두 나열한 것은?

보기

㉠ 온도계의 검출단은 열용량이 작은 것이 좋다.
㉡ 일반적으로 열전대는 수온 온도계보다 온도변화에 대한 응답속도가 늦다.
㉢ 방사온도계는 고온의 화연온도 측정에 적합하다.

① ㉠ ② ㉡, ㉢
③ ㉠, ㉢ ④ ㉠, ㉡, ㉢

해설 열전대는 수은온도계보다 온도변화에 대한 응답속도가 빠르다.

100. 계측기기의 감도에 대한 설명 중 틀린 것은?

① 감도가 좋으면 측정시간이 길어지고 측정범위는 좁아진다.
② 계측기기가 측적량의 변화에 민감한 정도를 말한다.
③ 측정량의 변화에 대한 지시량의 변화 비용을 말한다.
④ 측정결과에 대한 신뢰도를 나타내는 척도이다.

해설 정도와 감도
㉠ 정도 : 계측기의 측정결과에 대한 신뢰도를 수량적으로 표시한 척도
㉡ 감도 : 계측기가 측정량의 변화에 민감한 정도를 나타내는 값
 • 감도가 좋으면 측정시간이 길어지고 측정범위는 좁아진다.
 • 감도 = $\dfrac{\text{지시량의 변화}}{\text{측정량의 변화}}$
즉, 측정량의 변화에 대한 계측기가 받는 지시량의 변화

정답 95. ③ 96. ④ 97. ② 98. ④ 99. ③ 100. ④

제1과목 가스유체역학

01. 동점성계수가 각각 1.1×10^{-6} m²/s, 1.5×10^{-5} m²/s 인 물과 공기가 지름 10cm인 원형관 속을 10cm/s의 속도로 각각 흐르고 있을 때, 물과 공기의 유동을 옳게 나타낸 것은?

① 물 : 층류, 공기 : 층류

② 물 : 층류, 공기 : 난류

③ 물 : 난류, 공기 : 층류

④ 물 : 난류, 공기 : 난류

해설 레이놀즈수(Re)

㉠ 물(Re_1) = $\dfrac{Vd}{\nu_1} = \dfrac{0.1 \times 0.1}{1.1 \times 10^{-6}} = 9091$ (난류)

㉡ 공기(Re_2) = $\dfrac{Vd}{\nu_2} = \dfrac{0.1 \times 0.1}{1.5 \times 10^{-5}} = 666.67$ (층류)

참고 층류 : $Re < 2100$, 난류 : $Re > 4000$,

　　천이구역 : $2100 < Re < 4000$

02. 내경이 50mm인 강철관에 공기가 흐르고 있다. 한 단면에서의 압력은 5atm, 온도는 20℃, 평균유속은 50m/s이었다. 이 관의 하류에서 내경이 75mm인 강철 관이 접속되어 있고 여기에서의 압력은 3atm, 온도는 40℃이다. 이때 평균 유속을 구하면 약 얼마인가? (단, 공기는 이상기체라고 가정한다.)

① 40m/s　　　　　② 50m/s

③ 60m/s　　　　　④ 70m/s

해설 ㉠ 5atm, 20℃에서의 밀도(ρ_1)와 질량유량(Q_m)

$\rho_1 = \dfrac{P}{RT} = \dfrac{5 \times 1.0332 \times 10^4}{29.27 \times (273 + 20)} = 6.02 \, \text{kg/m}^3$

$Q_m = \rho A V = 6.02 \times \dfrac{\pi}{4} \times 0.05^3 \times 50 = 0.59 \, \text{kg/s}$

㉡ 33atm, 40℃에서의 밀도(ρ_2)

$\rho_2 = \dfrac{3 \times 1.0332 \times 10^4}{29.27 \times (273 + 40)} = 3.38 \, \text{kg/m}^3$

㉢ $Q_m = \rho_1 A_1 V_1 = \rho_2 A_2 V_2$ (연속의 방정식)

$Q_m = \rho_2 A_2 V_2$ 에서

$V_2 = \dfrac{Q_m}{\rho_2 A_2} = \dfrac{0.59}{3.38 \times \dfrac{\pi}{4} \times 0.075^2} = 40 \, \text{m/s}$

03. 다음 중 동점성계수와 가장관련이 없는 것은? (단, μ는 점성계수, ρ는 밀도, F는 힘의 차원, T는 시간의 차원, L은 길이의 차원을 나타낸다.)

① $\dfrac{\mu}{\rho}$　　　　　② stokes

③ cm²/s　　　　　④ FTL^{-2}

해설 동점성계수의 차원 : $L^2 T^{-1}$

04. 제트엔진 비행기가 400m/s로 비행하는데 30kg/s 의 공기를 소비한다. 4900N의 추진력을 만들 때 배출되 는 가스의 비행기에 대한 상대속도는 약 몇 m/s인가? (단, 연료의 소비량은 무시한다.)

① 563　　　　　② 583

③ 603　　　　　④ 623

해설 $F = \rho Q(V_2 - V_1)$ 식에서

$V_2 = \dfrac{F}{\rho Q} + V_1 = \dfrac{4900}{30} + 400 = 563 \, \text{m/s}$

05. 지름이 2m인 관속을 7200m³/h로 흐르는 유체의 평균유속은 약 몇 m/s인가?

① 0.64　　　　　② 2.47

③ 4.78　　　　　④ 5.36

해설 $Q = AV$

$V = \dfrac{Q}{A} = \dfrac{4Q}{\pi d^2} = \dfrac{4 \times 7200}{\pi \times 2^2 \times 3600} = 0.64 \, \text{m/s}$

01. ③　02. ①　03. ④　04. ①　05. ① 정답

06. 다음 중 마하수(mach number)를 옳게 나타낸 것은?

① 유속을 음속으로 나눈 값
② 유속을 광속으로 나눈 값
③ 유속을 기체분자의 절대속도 값으로 나눈 값
④ 유속을 전자속도로 나눈 값

해설 마하수(M)

$$M = \frac{물체의\ 속도(V)}{음속(C)} = \frac{V}{\sqrt{kgRT}}$$

07. 어떤 액체의 점도가 20g/cm·s라면 이것은 Pa·s에 해당하는가?

① 0.02 ② 0.2
③ 2 ④ 20

해설 20g/cm·s=0.02kg/0.01m·s=2kg/m·s=2Pa·s
참고 1Pa·s=1N/m² ×s=1kg/m·s

08. 동일한 펌프로 동력을 변화시킬 때 상사조건이 되려면 동력은 회전수와 어떤 관계가 성립하여야 하는가?

① 회전수의 $\frac{1}{2}$승에 비례
② 회전수와 1대 1로 비례
③ 회전수의 2승에 비례
④ 회전수의 3승에 비례

해설 $\dfrac{L_2}{L_1} = \left(\dfrac{N_2}{N_1}\right)^3$
즉, 동력(L)은 회전수(N)의 3승에 비례한다.

09. 충격파의 유동특성을 나타내는 Fanno 선도에 대한 설명 중 옳지 않은 것은?

① Fanno 선도는 에너지방정식, 연속방정식, 운동량방정식, 상태방정식으로부터 얻을 수 있다.
② 질량유량이 일정하고 정체 엔탈피가 일정한 경우에 적용된다.

③ Fanno 선도는 정상상태에서 일정단면유로를 압축성 유체가 외부와 열교환하면서 마찰없이 흐를 때 적용된다.
④ 일정질량유량에 대하여 Mach수를 Parameter로 하여 작도한다.

해설 Fanno 선도는 마찰은 있지만 단열이기 때문에 에너지가 보존되므로 에너지 방정식을 사용한다.

10. 비압축성 유체가 수평 원형관에서 층류로 흐를 때 평균유속과 마찰계수 또는 마찰로 인한 압력차의 관계를 옳게 설명한 것은?

① 마찰계수는 평균유속에 비례한다.
② 마찰계수는 평균유속에 반비례한다.
③ 압력차는 평균유속의 제곱에 비례한다.
④ 압력차는 평균유속의 제곱에 반비례한다.

해설 비압축성유체의 층류 흐름
㉠ 마찰계수는 평균 유속에 반비례한다. $\left(f = \dfrac{64}{Re} = \dfrac{64\mu}{\rho Vd}\right)$
㉡ 압력차는 평균 유속에 비례한다. $\left(V = \dfrac{\Delta P D^2}{32\mu l}\right)$

11. 축류펌프의 특성이 아닌 것은?

① 체절상태로 운전하면 양정이 일정해진다.
② 비속도가 크기 때문에 회전속도를 크게 할 수 있다.
③ 유량이 크고 양정이 낮은 경우에 적합하다.
④ 유체는 임펠러를 지나서 축방향으로 유출된다.

해설 체절운전, 양정의 정의
㉠ 체절운전 : 펌프의 토출측 개폐밸브를 닫은 상태에서 운전하는 것
㉡ 체절양정 : 펌프의 토출측 개폐밸브를 닫은 상태(유량=0)에서의 양정
참고 축류펌프에서 체절운전이 불가능하고 흡입성능이 낮고 효율폭이 좁다.

정답 06. ① 07. ③ 08. ④ 09. ③ 10. ② 11. ①

12. 파이프 내 점성흐름에서 길이방향으로 속도분포가 변하지 않는 흐름을 가리키는 것은?

① 플러그흐름 (plug flow)
② 완전발달된 흐름 (fully developed flow)
③ 층류 (laminar flow)
④ 난류 (turbulent flow)

해설 완전발달흐름
경계층의 형성으로 관 속의 속도분포가 완전하게 형성된 흐름을 의미하며 더 이상 관 속의 속도분포변화가 일어나지 않는다.

13. 유체 유동에서 마찰로 일어난 에너지 손실은?

① 유체의 내부에너지 증가와 계로부터 열전달에 의해 제거되는 열량의 합이다.
② 유체의 내부에너지와 운동에너지의 합의 증가로 된다.
③ 포텐셜 에너지와 압축일의 합이 된다.
④ 엔탈피의 증가가 된다.

해설 에너지 손실
유체의 내부에너지 증가+계로부터 열전달에 의해 손실된 열량

14. 항력(drag force)에 대한 설명 중 틀린 것은?

① 물체가 유체 내에서 운동할 때 받는 저항력을 말한다.
② 항력은 물체의 형상에 영향을 받는다.
③ 항력은 유동에 수직방향으로 작용한다.
④ 압력항력을 형상항력이라 부르기도 한다.

해설 항력
어떤 물체가 유체 속을 운동할 때 그 물체의 운동방향과 반대 방향으로 작용하는 힘

15. 관 내부에서 유체가 흐를 때 흐름이 완전난류라면 수두손실은 어떻게 되겠는가?

① 대략적으로 속도의 제곱에 반비례한다.
② 대략적으로 직경의 제곱에 반비례하고 속도에 정비례한다.
③ 대략적으로 속도의 제곱에 비례한다.
④ 대략적으로 속도에 정비례 한다.

해설 Darcy-Weisbach 방정식에서
$$h_l = f \cdot \frac{l}{d} \cdot \frac{V^2}{2g}$$
$$\therefore \ h_l \propto V^2$$

16. 축류펌프의 날개 수가 증가할 때 펌프성능은?

① 양정이 일정하고 유량이 증가
② 유량과 양정이 모두 증가
③ 양정이 감소하고 유량이 증가
④ 유량이 일정하고 양정이 증가

해설 축류펌프
날개 수가 증가하면 유량은 일정하고 양정은 증가한다.

17. 그림과 같은 관에서 유체가 등엔트로피 유동할 때 마하수 Ma < 1이라 한다. 이때 유동방향에 따른 속도와 압력의 변화를 옳게 나타낸 것은?

① 속도 – 증가, 압력 – 감소
② 속도 – 증가, 압력 – 증가
③ 속도 – 감소, 압력 – 감소
④ 속도 – 감소, 압력 – 증가

해설 축소노즐
㉠ M < 1 : 속도 증가, 압력 감소
㉡ M > 1 : 속도 감소, 압력 증가

---

18. 그림과 같은 사이펀을 통하여 나오는 물의 질량 유량은 약 몇 kg/s인가? (단, 수면은 항상 일정하다.)

① 1.21
② 2.41
③ 3.61
④ 4.83

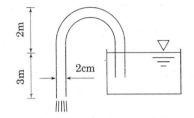

[해설] $Q_m = \rho AV = \rho A \sqrt{2gh}$

$Q_m = 1000 \times \dfrac{\pi \times 0.02^2}{4} \times \sqrt{2 \times 9.8 \times 3} = 2.41 \text{ kg/s}$

19. 등엔트로피 과정하에서 완전기체 주의 음속을 옳게 나타낸 것은? (단, E는 체적탄성계수, R은 기체상수, T는 기체의 절대온도, P는 압력, k는 비열비이다.)

① $\sqrt{PE}$
② $\sqrt{kRT}$
③ RT
④ PT

[해설] 음속과 마하수
㉠ 음속$(C) = \sqrt{kRT}$ $(R = \text{N} \cdot \text{m/kg} \cdot \text{k})$
   $= \sqrt{kgRT}$ $(R = \text{kg}_f \cdot \text{m/kg} \cdot \text{k})$
㉡ 마하수$(M) = \dfrac{V}{C} = \dfrac{V}{\sqrt{kRT}}$

20. 원관 내 유체의 흐름에 대한 설명 중 틀린 것은?

① 일반적으로 층류는 레이놀즈수가 약 2100 이하 인 흐름이다.
② 일반적으로 난류는 레이놀즈수가 약 4000 이상 인 흐름이다.
③ 일반적으로 관 중심부의 유속은 평균유속보다 빠르다.
④ 일반적으로 최대속도에 대한 평균속도의 비는 난류가 층류보다 작다.

[해설] 최대속도에 대한 평균속도의 비는 난류가 층류보다 크다.

제2과목   **연소공학**

21. 이상 오토사이클의 열효율이 56.6%이라면 압축비 는 약 얼마인가? (단, 유체의 비열비는 1.4로 일정하다.)

① 2
② 4
③ 6
④ 8

[해설] 오토사이클의 열효율(η_0)

$\eta_0 = 1 - \left(\dfrac{1}{\epsilon}\right)^{k-1}$ 식에서

$\epsilon = \dfrac{1}{(1-\eta_0)^{\frac{1}{k-1}}} = \dfrac{1}{(1-0.566)^{\frac{1}{1.4-1}}} = 8$

22. 정상 및 사고(단선, 단락, 지락 등) 시에 발생하는 전기불꽃, 아크 또는 고온부에 의하여 가연성가스가 점화되지 않는 것이 점화시험, 기타 방법에 의하여 확인된 방폭구조의 종류는?

① 본질안전방폭구조
② 내압방폭구조
③ 압력방폭구조
④ 안전증방폭구조

[해설] 본질안전 방폭구조(ia 또는 ib)
정상시 및 사고시에 발생하는 전기불꽃 및 고온부로부터 폭 발성가스에 점화되지 않는다는 공적기관에서 점화시험 및 기타 방법에 의해 확인된 구조

23. 부탄(C_4H_{10}) 2Nm³를 완전 연소시키기 위하여 약 몇 Nm³의 산소가 필요한가?

① 5.8
② 8.9
③ 10.8
④ 13.0

[해설] $C_4H_{10} + 6.5O_2 \rightarrow 4CO_2 + 5H_2O$
산소$(O_0) = 2 \times 6.5 = 13\text{Nm}^3$

---

24. 탄화수소(C_mH_n) 1mol이 완전연소될 때 발생하는 이산화탄소의 몰(mol) 수는 얼마인가?

① $\frac{1}{2}m$
② m
③ $m+\frac{1}{4}n$
④ $\frac{1}{4}m$

해설 탄화수소의 완전연소식

$$C_mH_n + \left(m+\frac{n}{4}\right)O_2 \rightarrow mCO_2 + \frac{n}{2}H_2O$$

즉, 탄화수소 1mol이 완전연소시 발생하는 몰수
㉠ $CO_2 \rightarrow m$ (mol)
㉡ $H_2O \rightarrow \frac{n}{2}$ (mol)

25. 연소범위에 대한 설명으로 틀린 것은?

① LFL(연소하한계)은 온도가 $100℃$ 증가할 때마다 8% 정도 감소한다.
② UFL(연소상한계)은 온도가 증가하여도 거의 변화가 없다.
③ 대단히 낮은 압력 ($<50mmHg$)을 제외하고 압력은 LFL(연소하한계)에 거의 영향을 주지 않는다.
④ UFL(연소상한계)은 압력이 증가할 때 현격히 증가된다.

해설 UFL(연소상한계)
온도 또는 압력이 증가하면 연소상한계는 증가한다.

26. 내압방폭구조로 전기기기를 설계할 때 가장 중요하게 고려해야 할 사항은?

① 가연성가스의 연소열
② 가연성가스의 발화열
③ 가연성가스의 안전간극
④ 가연성가스의 최소점화에너지

해설 내압방폭구조(d)
안전간극을 고려해서 설계해야 한다.

27. 1mol의 이상기체 $\left(C_v=\frac{3}{2}R\right)$가 40℃, 35atm으로부터 1atm까지 단열가역적으로 팽창하였다. 최종 온도는 약 몇 ℃인가?

① $-100℃$
② $-185℃$
③ $-200℃$
④ $-285℃$

해설 $C_v=\frac{3}{2}R$, $C_p=C_v+R$

$$k=\frac{C_p}{C_v}=\frac{C_v+R}{C_v}=\frac{\frac{3}{2}R+R}{\frac{3}{2}R}=\frac{\left(\frac{3}{2}+1\right)}{\frac{3}{2}}=\frac{\frac{5}{2}}{\frac{3}{2}}=\frac{5}{3}=1.666$$

$$T_2=\left(\frac{P_2}{P_1}\right)^{\frac{k-1}{k}}\times T_1=\left(\frac{1}{35}\right)^{\frac{1.667-1}{1.667}}\times(273+40)=75.4k$$

$\therefore t_2 = 75.49-273 ≒ -200℃$

28. 고발열량(HHV)와 저발열량(LHV)를 바르게 나타낸 것은? (단, n는 H_2O의 생성몰수, ΔH_v는 물의 증발잠열이다.)

① LHV = HHV + ΔH_v
② LHV = HHV + $n\Delta H_v$
③ HHV = LHV + ΔH_v
④ HHV = LHV + $n\Delta H_v$

해설 고발열량(HHV)=저발열량(LHV)+응축(증발)잠열

29. 기체동력 사이클 중 2개의 단열과정과 2개의 등압과정으로 이루어진 가스터빈의 이상적인 사이클은?

① 오토 사이클(Otto cycle)
② 카르노 사이클(Carnot cycle)
③ 사바테 사이클 (Sabathe cycle)
④ 브레이턴 사이클(Brayton cycle)

해설 브레이턴 사이클(Brayton cycle)
2개의 단열과정과 2개의 등압과정으로 이루어진 가스터빈의 이상적인 사이클이다. 일명 정압연소 사이클이라고도 하며 주로 항공기, 발전용, 자동차용, 선박용 등에 적용한다.

---

30. 가스가 노즐로부터 일정한 압력으로 분출하는 힘을 이용하여 연소에 필요한 공기를 흡인하고, 혼합관에서 혼합한 후 화염공에서 분출시켜 예혼합연소시키는 버너는?

① 분젠식   ② 전 1차 공기식

③ 블라스트식   ④ 적화식

[해설] 분젠식

가스 노즐에서 일정한 압력으로 분출하고 그때의 운동에너지에 의해 공기구멍에서 연소에 필요한 공기의 일부분(1차 공기)을 흡입하여 혼합관 속에서 혼합되어 염공에서 나오면서 연소시킨다.

31. 분진 폭발의 발생 조건으로 가장 거리가 먼 것은?

① 분진이 가연성이어야 한다.

② 분진 농도가 폭발범위 내에서는 폭발하지 않는다.

③ 분진이 화염을 전파할 수 있는 크기 분포를 가져야 한다.

④ 착화원, 가연물, 산소가 있어야 발생한다.

[해설] 분진농도가 폭발범위 내에서 폭발한다.

32. 공기비가 작을 때 연소에 미치는 영향이 아닌 것은?

① 연소실내의 연소온도가 저하한다.

② 미연소에 의한 열손실이 증가한다.

③ 불완전연소가 되어 매연발생이 심해진다.

④ 미연소 가스로 인한 폭발사고가 일어나기 쉽다.

[해설] 연소실내의 연소온도가 저하하는 원인은 공기비가 클 때이다.

33. 이상기체에서 등온과정의 설명으로 옳은 것은?

① 열의 출입이 없다.

② 부피의 변화가 없다.

③ 엔트로피 변화가 없다.

④ 내부에너지의 변화가 없다.

[해설] 등온과정

내부에너지의 변화, 엔탈피의 변화가 없다.

34. 산소(O_2)의 기본특성에 대한 설명 중 틀린 것은?

① 오일과 혼합하면 산화력의 증가로 강력히 연소한다.

② 자신은 스스로 연소하는 가연성이다.

③ 순산소 중에서는 철, 알루미늄 등도 연소되며 금속산화물을 만든다.

④ 가연성 물질과 반응하여 폭발할 수 있다.

[해설] 산소

자기 자신은 연소하지 않고 다른 물질(가연성)이 연소되는 것을 도와주는 조연성가스이다.

35. 압력이 287kPa일 때 체적 1m³의 기체질량이 2kg이었다. 이때 기체의 온도는 약 몇 ℃가 되는가? (단, 기체상수는 287J/kg·K이다.)

① 127   ② 227

③ 447   ④ 547

[해설] $PV = GRT$ 식에서

$$T = \frac{PV}{GR} = \frac{287 \times 10^3 \times 1}{2 \times 287} = 500 K$$

$t = 500 - 273 = 227 ℃$

36. 다음 중 기체 연료의 연소 형태는?

① 표면연소   ② 분해연소

③ 등심연소   ④ 확산연소

[해설] 연료의 연소 형태

㉠ 고체 연료의 연소

 • 표면연소 • 증발연소 • 분해연소

㉡ 액체 연료의 연소

 • 액면연소 • 등심연소

 • 분무연소 • 증발연소

㉢ 기체 연료의 연소

 • 확산연소 • 예혼 합연소

정답   30. ①   31. ②   32. ①   33. ④   34. ②   35. ②   36. ④

37. 다음 [보기]는 액체 연료를 미립화시키는 방법을 설명한 것이다. 옳은 것을 모두 고른 것은?

보기

Ⓐ 연료를 노즐에서 고압으로 분출시키는 방법
Ⓑ 고압의 정전기에 의해 액체를 분열시키는 방법
Ⓒ 초음파에 의해 액체 연료를 촉진시키는 방법

① Ⓐ   ② Ⓐ, Ⓑ
③ Ⓑ, Ⓒ   ④ Ⓐ, Ⓑ, Ⓒ

[해설] 액체 연료를 미립화(무화)시키는 방법
㉠ 유압무화식   ㉡ 이유체무화식
㉢ 회전체무화식   ㉣ 충돌무화식
㉤ 진동무화식   ㉥ 초음파무화식

38. 열역학 제1법칙에 대하여 옳게 설명한 것은?

① 열평형에 관한 법칙이다.
② 이상기체에만 적용되는 법칙이다.
③ 클라시우스의 표현으로 정의되는 법칙이다.
④ 에너지 보존법칙 중 열과 일의 관계를 설명한 것이다.

[해설] 열역학법칙
㉠ 0법칙 : 열평형의 법칙
㉡ 1법칙 : 에너지보존의 법칙
㉢ 2법칙 : 클라시우스의 표현으로 정의되는 법칙
㉣ 3법칙 : 절대온도의 법칙

39. 오토사이클(Otto cycle)의 선도에서 정적가열 과정은?

① 1 → 2
② 2 → 3
③ 3 → 4
④ 4 → 1

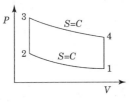

[해설] 오토사이클
① 1 → 2 : 압축과정
② 2 → 3 : 정적가열과정
③ 3 → 4 : 단열팽창과정
④ 4 → 1 : 정적방열과정

40. 고체연료에서 탄화도가 높은 경우에 대한 설명으로 틀린 것은?

① 수분이 감소한다.
② 발열량이 증가한다.
③ 착화온도가 낮아진다.
④ 연소속도가 느려진다.

[해설] 탄화도가 커짐에 따라 수분, 휘발분이 감소하고 고정탄소의 양이 증가, 발열량 증가, 착화온도가 높아지고 연소속도가 느려진다.

제3과목   가스설비

41. 가스용기 저장소의 충전용기는 항상 몇 ℃ 이하를 유지하여야 하는가?

① -10℃   ② 0℃
③ 40℃   ④ 60℃

[해설] 저장소의 충전용기는 40℃ 이하로 유지한다.

42. 다음 [보기]에서 설명하는 암모니아 합성탑의 종류는?

보기

• 합성탑에는 철계통의 촉매를 사용한다.
• 촉매층 온도는 약 500~600℃이다.
• 합성 압력은 약 300~400atm이다.

① 파우서법   ② 하버-보시법
③ 클라우드법   ④ 우데법

37. ④   38. ④   39. ②   40. ③   41. ③   42. ③   정답

해설 클라우드법
㉠ 합성압력 : 약 300~400atm
㉡ 촉매층 온도 : 약 500~600℃

43. 고압가스 제조 장치 재료에 대한 설명으로 틀린 것은?

① 상온 상압에서 건조 상태의 염소가스에 탄소강을 사용한다.
② 아세틸렌은 철, 니켈 등의 철족의 금속과 반응하여 금속 카르보닐을 생성한다.
③ 9% 니켈강은 액화 천연가스에 대하여 저온취성에 강하다.
④ 상온 상압에서 수증기가 포함된 탄산가스 배관에 18-8 스테인리스강을 사용한다.

해설 ㉠ 아세틸렌 : 구리, 은, 수은과 접촉시 폭발성 물질인 금속아세틸라이드를 생성하여 폭발한다.(화합폭발)
㉡ 일산화탄소 : 고온고압에서 철족의 금속과 반응하여 금속 카아보닐을 생성한다.

44. 부취제의 구비조건으로 틀린 것은?

① 배관을 부식하지 않을 것
② 토양에 대한 투과성이 클 것
③ 연소 후에도 냄새가 있을 것
④ 낮은 농도에서도 알 수 있을 것

해설 부취제
연소 후에는 냄새가 나지 않을 것

45. 가스미터의 성능에 대한 설명으로 옳은 것은?

① 사용공차의 허용치는 ±10% 범위이다.
② 막식 가스미터에서는 유량에 맥동성이 있으므로 선편(先偏)이 발생하기 쉽다.
③ 감도유량은 가스미터가 작동하는 최대유량을 말한다.
④ 공차는 기기공차와 사용공차가 있으며 클수록 좋다.

해설 가스미터의 성능
㉠ 사용공차의 허용치는 ±4% 이내이다.
㉡ 감도유량은 가스미터가 작동하는 최소 유량
㉢ 공차는 검정공차와 사용공차가 있으며 작을수록 좋다.

46. 용기용 밸브는 가스 충전구의 형식에 따라 A형, B형, C형의 3종류가 있다. 가스 충전구가 암나사로 되어 있는 것은?

① A형
② B형
③ A형, B형
④ C형

해설 충전구 형식
㉠ A형 : 충전구 나사가 수나사
㉡ B형 : 충전구 나사가 암나사
㉢ C형 : 충전구가 나사 형식이 아닌 것

47. 유량계의 입구에 고정된 터빈형태의 가이드바디 (guide body)가 와류현상을 일으켜 발생한 고유의 주파수가 piezo sensor에 의해 검출되어 유량을 적산하는 방법으로서 고점도 유량 측정에 적합한 가스미터는?

① Vortex 가스미터
② Turbine 가스미터
③ Roots 가스미터
④ Swirl 가스미터

해설 Vortex 가스미터
유량계 입구에 고정된 터빈 형태의 가이드 바디가 와류현상을 일으켜 발생한 고유의 주파수가 piezo sensor에 의해 검출되어 유량을 적산한다.

48. 저압식 액화산소 분리장치에 대한 설명이 아닌 것은?

① 충동식 팽창 터빈을 채택하고 있다.
② 일정 주기가 되면 1조의 축냉기에서의 원료공기와 불순 질소류는 교체된다.
③ 순수한 산소는 축냉기 내부에 있는 사관에서 상온이 되어 채취된다.
④ 공기 중 탄산가스로 가성소다 용액(약 8%)에 흡수하여 제거된다.

해설 고압식 액화산소분리장치
공기 중의 탄산가스는 탄산가스 흡수기에서 약 8%의 가성소다 수용액에 의해 제거된다.

정답 43. ② 44. ③ 45. ② 46. ② 47. ① 48. ④

49. 가스조정기(Regulator)의 역할에 해당되는 것은?

① 용기 내 노의 역화를 방지한다.
② 가스를 정제하고 유량을 조절한다.
③ 공급되는 가스의 조성을 일정하게 한다.
④ 용기 내의 가스 압력과 관계없이 연소기에서 완전연소에 필요한 최적의 압력으로 감압한다.

[해설] 가스조정기
용기 내의 가스유출압력(공급압력)을 조정하여 연소기에서 연소시키는데 필요한 최적의 압력을 유지시킴으로써 안정된 연소를 도모하기 위해 사용된다.

50. 어느 가스탱크에 10℃, 0.5MPa의 공기 10kg이 채워져 있다. 온도가 37℃로 상승한 경우 탱크의 체적변화가 없다면 공기의 압력증가는 약 몇 kPa인가?

① 48   ② 148
③ 448   ④ 548

[해설] $\dfrac{P_1}{T_1} = \dfrac{P_2}{T_2}$ 식에서

$P_2 = \dfrac{P_1}{T_1} \times T_2 = \dfrac{0.5}{273+10} \times (273+37) = 0.5477\text{MPa}$

압력 증가$(\Delta P) = P_2 - P_1 = 0.5477 - 0.5 = 0.0477\text{MPa}$
$\qquad\qquad = 0.0477 \times 10^3 = 47.7\text{kPa} ≒ 48\text{kPa}$

51. 양정 20m, 송수량 3m³/min일 때 축동력 15PS를 필요로 하는 원심펌프의 효율은 약 몇 %인가?

① 59%   ② 75%
③ 89%   ④ 92%

[해설] 원심펌프의 효율(η)

$\eta = \dfrac{rQH}{75 \times 60 \times L} \times 100(\%)$

$\quad = \dfrac{1000 \times 3 \times 20}{75 \times 60 \times 15} \times 100(\%) = 89\%$

52. 아세틸렌(C_2H_2)에 대한 설명으로 틀린 것은?

① 아세틸렌은 아세톤을 함유한 다공물질에 용해시켜 저장한다.
② 아세틸렌 제조방법으로는 크게 주수식과 흡수식 2가지 방법이 있다.
③ 순수한 아세틸렌은 에테르 향기가 나지만 불순물이 섞여 있으면 악취발생의 원인이 된다.
④ 아세틸렌의 고압건조기와 충전용 교체밸브 사이의 배관, 충전용 지관에는 역화방지기를 설치한다.

[해설] 아세틸렌 제조방법
㉠ 투입식
㉡ 주수식
㉢ 침지식

53. 액화천연가스(LNG)의 유출시 발생되는 현상으로 가장 옳은 것은?

① 메탄가스의 비중은 상온에서는 공기보다 작지만 온도가 낮으면 공기보다 크게 되어 땅 위에 체류한다.
② 메탄가스의 비중은 공기보다 크므로 증발된 가스는 항상 땅위에 체류한다.
③ 메탄가스의 비중은 상온에서는 공기보다 크지만 온도가 낮게 되면 공기보다 가볍게 되어 땅 위에 체류하는 일이 없다.
④ 메탄가스의 비중은 공기보다 작으므로 증발된 가스는 위쪽으로 확산되어 땅위에 체류하는 일이 없다.

[해설] 메탄가스의 비중(0.55)은 상온에서 공기보다 작지만 LNG유출시 주위 온도가 낮아지면서 비중이 공기보다 크게 되어 땅 위에 체류한다.

49. ④   50. ①   51. ③   52. ②   53. ①   정답

54. 합성천연가스(SNG) 제조 시 나프타를 원료로 하는 메탄합성공정과 관련이 적은 설비는?

① 탈황장치
② 반응기
③ 수첨분해탑
④ CO 변성로

해설 메탄합성공정설비
㉠ 탈황장치 ㉡ 반응기
㉢ 수첨분해탑 ㉣ 탈탄산장치

55. 고압가스 기화장치의 검사에 대한 설명 중 옳지 않은 것은?

① 온수가열 방식의 과열방지 성능은 그 온수의 온도가 80℃이다.
② 안전장치는 최고 허용압력 이하의 압력에서 작동하는 것으로 한다.
③ 기밀시험은 설계압력 이상의 압력으로 행하여 누출이 없어야 한다.
④ 내압시험은 물을 사용하여 상용압력의 2배 이상으로 행한다.

해설 내압시험압력은 상용압력의 1.5배 이상이다.

56. 가스의 공업적 제조법에 대한 설명으로 옳은 것은?

① 메탄올은 일산화탄소와 수증기로부터 고압하에서 제조한다.
② 프레온 가스는 불화수소와 아세톤으로 제조한다.
③ 암모니아는 질소와 수소로부터 전기로에서 구리촉매를 사용하여 저압에서 제조한다.
④ 포스겐은 일산화탄소와 염소로부터 제조한다.

해설 $CO + Cl_2 \rightarrow COCl_2$

57. 구리 및 구리합금을 고압장치의 재료로 사용하기에 가장 적당한 가스는?

① 아세틸렌
② 황화수소
③ 암모니아
④ 산소

해설 동 및 동합금 사용금지 가스
아세틸렌, 황화수소, 암모니아(단 62% 미만의 동합금은 사용 가능)

58. 가스의 호환성 측정을 위하여 사용되는 웨베지수의 계산식을 옳게 나타낸 것은? (단, WI는 웨베지수, H_g는 가스의 발열량[kcal/m³], d는 가스의 비중이다.)

① $WI = \dfrac{H_g}{d}$
② $WI = \dfrac{H_g}{\sqrt{d}}$
③ $WI = \dfrac{d}{H_g}$
④ $WI = \sqrt{\dfrac{d}{H_g}}$

해설 웨버지수(WI)

$$WI = \frac{H_g}{\sqrt{d}}$$ (웨버지수가 표준웨버지수의 ±4.5% 이내를 유지)

59. 접촉분해 공정으로 도시가스를 제조하는 공정에서 발열반응을 일으키는 온도로서 가장 적당한 것은? (단, 반응압력은 10기압이다.)

① 350℃ 이하
② 500℃ 이하
③ 750℃ 이하
④ 850℃ 이하

해설 접촉분해공정
반응압력이 10기압일 때 발열반응온도는 500℃이다.

60. 흡입밸브 압력이 6MPa인 3단 압축기가 있다. 각 단의 토출압력은? (단, 각 단의 압축비는 3이다.)

① 18, 54, 162MPa
② 12, 36, 108MPa
③ 4, 16, 64MPa
④ 3, 15, 63MPa

해설 각 단 토출압력
1단 : 6MPa×3=18MPa
2단 : 18MPa×3=54MPa
3단 : 54MPa×3=162MPa

정답 54. ④ 55. ④ 56. ④ 57. ④ 58. ② 59. ② 60. ①

제4과목   가스안전관리

61. 산업통상자원부령으로 정하는 고압가스 관련 설비가 아닌 것은?

① 안전밸브
② 세척설비
③ 기화장치
④ 독성가스배관용 밸브

[해설] 고압가스 관련 설비
㉠ 안전밸브, 긴급차단장치, 역화방지장치
㉡ 기화장치
㉢ 압력용기
㉣ 자동차용 가스 자동주입기
㉤ 독성가스 배관용 밸브

62. 차량에 고정된 탱크에서 저장탱크로 가스 이송작업 시의 기준에 대한 설명이 아닌 것은?

① 탱크의 설계압력 이상으로 가스를 충전하지 아니한다.
② LPG충전소 내에서는 동시에 2대 이상의 차량에 고정된 탱크에서 저장설비로 이송작업을 하지 아니한다.
③ 플로트식 액면계로 가스의 양을 측정 시에는 액면계 바로 위에 얼굴을 내밀고 조작하지 아니한다.
④ 이송 전후에 밸브의 누출여부를 점검하고 개폐는 서서히 행한다.

[해설] 가스 속에 수분이 혼입되지 않도록 하고 슬립튜브식 액면계의 계량시에는 액면계의 바로 위에 얼굴이나 몸을 내밀고 조작하지 말 것

63. LPG 용기 저장에 대한 설명으로 옳지 않은 것은?

① 용기보관실은 사무실과 구분하여 동일한 부지에 설치한다.
② 충전용기는 항상 40℃ 이하를 유지하여야 한다.
③ 용기보관실의 저장설비는 용기집합식으로 한다.
④ 내용적 30L 미만의 용기는 2단으로 쌓을 수 있다.

[해설] LPG용기 저장 기준
㉠ 용기보관실 및 사무실은 동일한 부지에 구분하여 설치한다.
㉡ 용기보관장소에는 용기가 넘어지는 것을 방지하기 위한 시설을 갖춘다.
㉢ 용기보관실에는 온도계를 설치하고 실내의 온도는 40℃ 이하로 유지하며 용기에 직사광선을 받지 않도록 한다.
㉣ 용기는 2단 이상으로 쌓지 아니한다. 다만, 내용적 30L 미만의 용접용기는 2단으로 쌓을 수 있다.

64. 액화석유가스 집단공급 시설에서 배관을 차량이 통행하는 폭 10m의 도로 밑에 매설할 경우 몇 m 이상의 깊이를 유지하여야 하는가?

① 0.6m
② 1m
③ 1.2m
④ 1.5m

[해설] 배관 매몰 설치
㉠ 차량이 통행하는 폭 8m 이상의 도로에서는 1.2m 이상으로 한다.
㉡ 차량이 통행하는 폭 4m 이상 9m 미만인 도로에서는 1m 이상으로 한다. 다만, 다음 어느 하나에 해당하는 경우에는 0.8m 이상으로 할 수 있다.

65. 저장탱크에 의한 액화석유가스 저장장소의 이·충전 설비 정전기 제거 조치에 대한 설명으로 틀린 것은?

① 접지저항 총합이 100Ω 이하의 것은 정전기제거 조치를 하지 않아도 된다.
② 피뢰설비가 설치된 것의 접지 저항값이 50Ω 이하의 것은 정전기 제거조치를 하지 않아도 된다.
③ 접지접속선 단면적은 5.5mm² 이상의 것을 사용한다.
④ 충전용으로 사용하는 저장탱크 및 충전설비는 반드시 접지한다.

[해설] 피뢰설비가 설치된 것의 접지저항값이 10Ω 이하의 것은 정전기 제거조치를 하지 않아도 된다.

61. ②   62. ③   63. ③   64. ③   65. ②   정답

66. 가스관련 사고의 원인으로 가장 많이 발생한 경우는? (단, 2017년 사고통계 기준이다.)

① 타공사
② 제품 노후, 고장
③ 사용자 취급부주의
④ 공급자 취급부주의

해설 가스관련 사고가 가장 많이 발생하는 원인은 사용자 취급부주의이다.

67. 가스 안전성평가기법에 대한 설명으로 틀린 것은?

① 체크리스트기법은 설비의 오류, 결함상태, 위험 상황 등을 목록화한 형태로 작성하여 경험적으로 비교함으로써 위험성을 정성적으로 파악하는 기법이다.
② 작업자실수 분석기법은 사고를 일으키는 장치의 이상이나 운전자 실수의 조합을 연역적으로 분석하는 정량적 기법이다.
③ 사건수 분석기법은 초기사건으로 알려진 특정한 장치의 이상이나 운전자의 실수로부터 발생되는 잠재적인 사고결과를 평가하는 정량적 기법이다.
④ 위험과 운전분석기법은 공정에 존재하는 위험요소들과 공정의 효율을 떨어뜨릴 수 있는 운전상의 문제점을 찾아내어 그 원인을 제거하는 정성적 기법이다.

해설 ㉠ 작업자 실수 분석(HEA)기법
  설비의 운전원, 정비보수원, 기술자 등의 작업에 영향을 미칠 만한 요소를 평가하여 그 실수의 원인을 파악하고 추적하여 실수의 상대적 순위를 결정하는 것
㉡ 결함수 분석(FTA)기법
  사고를 일으키는 장치의 이상이나 운전자 실수의 조합을 연역적으로 분석하는 것

68. 가연성가스이면서 독성가스인 것은?

① 산화에틸렌
② 염소
③ 불소
④ 프로판

해설 ㉠ 산화에틸렌(독성, 가연성)
㉡ 염소(독성, 조연성)
㉢ 불소(독성)
㉣ 프로판(가연성)

69. 고압가스 충전용기(비독성)의 차량운반시 "운반책임자"가 동승해야 하는 기준으로 틀린 것은?

① 압축 가연성가스 – 용적 300m³ 이상
② 압축 조연성가스 – 용적 600m³ 이상
③ 액화 가연성가스 – 질량 3000kg 이상
④ 액화 조연성가스 – 질량 5000kg 이상

해설 액화조연성가스는 질량 6000kg 이상

70. 저장탱크에 의한 액화석유가스 사용시설에서 저장설비, 감압설비의 외면으로부터 화기를 취급하는 장소와의 사이에는 몇 m 이상을 유지해야 하는가?

① 2m
② 3m
③ 5m
④ 8m

해설 이격거리
화기와 저장설비, 감압설비는 8m 이상

71. 내용적이 50L 이상 125L 미만인 LPG용 용접용기의 스커트 통기 면적의 기준은?

① 100mm² 이상
② 300mm² 이상
③ 500mm² 이상
④ 1000mm² 이상

해설 용기의 종류에 따라 통기를 위해 필요한 면적

용기의 종류	필요한 면적
내용적 20L 이상 25L 미만인 용기	300mm² 이상
내용적 25L 이상 50L 미만인 용기	500mm² 이상
내용적 50L 이상 125L 미만인 용기	1000mm² 이상

정답 66. ③   67. ②   68. ①   69. ④   70. ④   71. ④

72. 액화석유가스 저장탱크라 함은 액화석유가스를 저장하기 위하여 지상 및 지하에 고정 설치된 탱크를 말한다. 탱크의 저장능력은 얼마 이상인가?

① 1톤   ② 2톤
③ 3톤   ④ 5톤

[해설] 저장설비
㉠ 저장탱크 : 액화석유가스를 저장하기 위하여 지상 또는 지하에 고정설치된 탱크로써 그 저장능력이 3톤 이상인 탱크를 말한다.
㉡ 소형저장탱크 ; 액화석유가스를 저장하기 위하여 지상 또는 지하에 고정설치된 탱크로써 그 저장능력이 3톤 미만인 탱크를 말한다.

73. 신규검사 후 17년이 경과한 차량에 고정된 탱크의 법정 재검사 주기는?

① 1년마다   ② 2년마다
③ 3년마다   ④ 5년마다

[해설] 차량에 고정된 탱크의 재검사 주기

신규검사 후 경과 연수		
15년 미만	15년 이상 20년 미만	20년 이상
5년마다	2년마다	1년마다

74. 품질유지 대상인 고압가스의 종류가 아닌 것은?

① 메탄
② 프로판
③ 프레온 22
④ 연료전지용으로 사용되는 수소가스

[해설] 품질유지 대상인 고압가스
㉠ 냉매로 사용되는 가스
• 프레온 22
• 프로판
• 이소부탄
㉡ 연료전지용으로 사용되는 수소가스

75. 공기액화분리기에 설치된 액화 산소통 내의 액화 산소 5L 중 아세틸렌의 질량이 몇 mg을 넘을 때에는 그 공기액화 분리기의 운전을 중지하고 액화산소를 방출하여야 하는가?

① 5mg   ② 50mg
③ 100mg   ④ 500mg

[해설] 공기액화 분리장치 운전정지
㉠ 탄화수소의 탄소 질량 : 500mg
㉡ 아세틸렌 질량 : 5mg

76. 포스겐의 제독제로 가장 적당한 것은?

① 물, 가성소다 수용액
② 물, 탄산소다 수용액
③ 가성소다 수용액, 소석회
④ 가성소다 수용액, 탄산소다 수용액

[해설] 제독제
㉠ 염소 : 가성소다 수용액, 탄산소다 수용액, 소석회
㉡ 포스겐 : 가성소다 수용액, 소석회
㉢ 황화수소 : 가성소다 수용액, 탄산소다 수용액
㉣ 시안화수소 : 가성소다 수용액

77. 도시가스 사용시설에 대한 설명으로 틀린 것은?

① 배관이 움직이지 않도록 고정 부착하는 조치로 관경이 13mm 미만의 것은 1m마다, 13mm 이상 33mm 미만의 것은 2m마다, 33mm 이상은 3m마다 고정장치를 설치한다.
② 최고사용압력이 중압 이상인 노출배관은 원칙적으로 용접시공방법으로 접합한다.
③ 지상에 설치하는 배관은 배관의 부식방지와 검사 및 보수를 위하여 지면으로부터 30cm 이상의 거리를 유지한다.
④ 철도의 횡단부 지하에는 지면으로부터 1m 이상인 깊이에 매설하고 또한 강제의 케이싱을 사용하여 보호한다.

[해설] 철도의 횡단부 지하에는 지면으로부터 1.2m 이상인 깊이에 매설한다.

72. ③   73. ②   74. ①   75. ①   76. ③   77. ④   정답

78. 액화석유가스 저장시설을 지하에 설치하는 경우에 대한 설명으로 틀린 것은?

① 저장 탱크실의 벽면 두께는 30cm 이상의 철근 콘크리트로 한다.

② 저장탱크 주위에는 손으로 만졌을 때 물이 손에서 흘러내리지 않는 상태의 모래를 채운다.

③ 저장탱크를 2개 이상 인접하여 설치하는 경우에는 상호간에 0.5m 이상의 거리를 유지한다.

④ 저장탱크실 상부 윗면으로부터 저장탱크 상부까지의 깊이는 60cm 이상으로 한다.

해설 탱크 상호간의 거리(지하)는 1m 이상으로 한다.

79. 아세틸렌의 충전 작업에 대한 설명으로 옳은 것은?

① 충전 후 24시간 정치한다.

② 충전 중의 압력은 2.5MPa 이하로 한다.

③ 충전은 누출이 되기 전에 빠르게 하고, 2~3회 걸쳐서 한다.

④ 충전 후의 압력은 15℃에서 2.05MPa 이하로 한다.

해설 아세틸렌 충전
㉠ 충전시 온도에 불구하고 2.5MPa 이하로 하며 이때에는 질소, 일산화탄소, 메탄 또는 에틸렌을 희석제로 첨가한다.
㉡ 충전 후 15℃에서 1.55MPa가 될 때까지 정지시킨다.

80. 액화석유가스 자동차에 고정된 용기충전시설에서 충전기의 시설기준에 대한 설명으로 옳은 것은?

① 배관이 캐노피 내부를 통과하는 경우에는 2개 이상의 점검구를 설치한다.

② 캐노피 내부의 배관으로서 점검이 곤란한 장소에 설치하는 배관은 플랜지접합으로 한다.

③ 충전기 주위에는 가스누출자동차단장치를 설치한다.

④ 충전기 상부에는 캐노피를 설치하고 그 면적은 공지면적의 2분의 1 이하로 한다.

해설 충전기의 시설 기준
㉠ 충전기 상부에는 캐노피를 설치하고 그 면적은 공지면적의 2분의 1 이하로 한다.
㉡ 배관이 캐노피 내부를 통과하는 경우에는 1개 이상의 점검구를 설치한다.
㉢ 캐노피 내부의 배관으로써 점검이 곤란한 장소에 설치하는 배관은 용접이음으로 한다.
㉣ 충전기 주위에는 정전기를 방지하기 위하여 충전 이외의 필요 없는 장비는 시설을 금지한다.
㉤ 저장탱크실 상부에는 충전기를 설치하지 않는다.

제5과목 **가스계측**

81. 액주형 압력계의 일반적인 특징에 대한 설명으로 옳은 것은?

① 고장이 많다.

② 온도에 민감하다.

③ 구조가 복잡하다.

④ 액체와 유리관의 오염으로 인한 오차가 발생하지 않는다.

해설 액주형 압력계의 특징
㉠ 구조가 간단하고 고장이 적다.
㉡ 온도에 민감하다.
㉢ 액체와 유리관의 오염으로 인한 오차가 발생한다.

82. 4개의 실로 나누어진 습식가스미터의 드럼이 10회전했을 때 통과유량이 100L였다면 각 실의 용량은 얼마인가?

① 1L
② 2.5L
③ 10L
④ 25L

해설 각 실의 용량(Q)
$$Q = \frac{100}{10 \times 4} = 2.5\,L$$

83. 편차의 크기에 단순 비례하여 조절 요소에 보내는 신호의 주기가 변하는 제어 동작은?

① on-off동작　　　　② P동작

③ PI동작　　　　　　④ PID동작

해설 비례동작(P동작)

입력인 편차에 대하여 조작량의 출력 변화가 일정한 비례관계가 있는 동작이다. 즉, 제어량의 편차에 비례하는 동작이다.

84. LPG의 정량분석에서 흡광도의 원리를 이용한 가스 분석법은?

① 저온 분류법　　　② 질량 분석법

③ 적외선 흡수법　　④ 가스크로마토그래피법

해설 적외선 흡수법

일반적으로 분자는 적외선을 받으면 그 분자 고유의 진동 및 회전 스펙톨에 상당하는 파장의 빛에 의해 힘을 받는 것 때문에 그에 대응하는 스펙톨선을 흡수한다. 이 흡수를 화학분석에 이용하는 방법을 적외선 흡수법이라 한다.

85. 제어회로에 사용되는 기본논리가 아닌 것은?

① OR　　　　　　　② NOT

③ AND　　　　　　④ FOR

해설 기본논리

논리게이트 종류는 3대 논리게이트로 볼 수 있는 AND, OR, NOT과 이를 응용한 NAND, NOR, XOR 등이 있다.

86. 냉동용 암모니아 탱크의 연결 부위에서 암모니아의 누출 여부를 확인하려 한다. 가장 적절한 방법은?

① 리트머스시험지로 청색으로 변하는가 확인한다.

② 초산용액을 발라 청색으로 변하는가 확인한다.

③ KI-전분지로 청갈색으로 변하는가 확인한다.

④ 염화팔라듐지로 흑색으로 변하는가 확인한다.

해설 암모니아(NH_3) 누설 검지

누설시 적색 리트머스시험지가 청색으로 변한다.

87. 강(steel)으로 만들어진 자(rule)로 길이를 잴 때 자가 온도의 영향을 받아 팽창, 수축함으로써 발생하는 오차를 무슨 오차라 하는가?

① 우연오차

② 계통적 오차

③ 과오에 의한 오차

④ 측정자의 부주의로 생기는 오차

해설 계통적 오차

㉠ 측정기(계기)의 오차 : 계량기 자체 및 외부요인에서 오는 오차

㉡ 환경오차 : 온도, 압력, 습도 등에 의한 오차

㉢ 개인오차 : 개인의 버릇으로 오는 오차

㉣ 이론 오차 : 사용하는 공식, 계산 등으로 생기는 오차

88. 열전대 사용상의 주의사항 중 오차의 종류는 열적 오차와 전기적인 오차로 구분할 수 있다. 다음 중 열적 오차에 해당되지 않는 것은?

① 삽입 전이의 영향

② 열 복사의 영향

③ 전자 유도의 영향

④ 열 저항 증가에 의한 영향

해설 전자유도의 영향은 전기적인 오차이다.

89. 오르자트(Orsat) 가스 분석기의 가스 분석 순서를 옳게 나타낸 것은?

① $CO_2 \rightarrow O_2 \rightarrow CO$

② $O_2 \rightarrow CO \rightarrow CO_2$

③ $O_2 \rightarrow CO_2 \rightarrow CO$

④ $CO \rightarrow CO_2 \rightarrow O_2$

해설 오르자트 가스 분석기의 분석 순서

$CO_2 \rightarrow O_2 \rightarrow CO \rightarrow N_2$

83. ②　84. ③　85. ④　86. ①　87. ②　88. ③　89. ① 정답

90. 수분흡수법에 의한 습도 측정에 사용되는 흡수제가 아닌 것은?

① 염화칼슘　　　② 황산
③ 오산화인　　　④ 과망간산칼륨

해설 수분흡수법에서 흡수제
염화칼슘, 황산, 오산화인

91. 가스미터에 다음과 같이 표시되어 있다. 이 표시가 의미하는 내용으로 옳은 것은?

보기

$$0.5[L/rev], \text{ MAX } 2.5[m^3/h]$$

① 계량실 1주기 체적이 $0.5m^3$이고, 시간당 사용 최대 유량이 $2.5m^3$이다.
② 계량실 1주기 체적이 $0.5L$이고, 시간당 사용 최대 유량이 $2.5m^3$이다.
③ 계량실 전체 체적이 $0.5m^3$이고, 시간당 사용 최소 유량이 $2.5m^3$이다.
④ 계량실 전체 체적이 $0.5L$이고, 시간당 사용 최소 유량이 $2.5m^3$이다.

해설 ㉠ 0.5[L/rev]=계량실 1주기 체적이 0.5L
㉡ MAX 2.5[m³/h]=시간당 사용 최대용량이 2.5m³

92. 가스미터를 통과하는 동일량의 프로판 가스의 온도를 겨울에 0℃, 여름에 32℃로 유지한다고 했을 때 여름철 프로판 가스의 체적은 겨울철의 얼마 정도인가? (단, 여름철 프로판 가스의 체적 : V_1, 겨울철 프로판 가스의 체적 : V_2이다.)

① $V_1 = 0.80 V_2$　　② $V_1 = 0.90 V_2$
③ $V_1 = 1.12 V_2$　　④ $V_1 = 1.22 V_2$

해설 $\dfrac{V_1}{T_1} = \dfrac{V_2}{T_2}$

$$V_1 = \frac{T_1 V_2}{T_2} = \frac{(273+32)V_2}{273+0} = 1.12 V_2$$

93. 온도에 대한 설명으로 틀린 것은?

① 물의 삼중점(0.01℃)은 273.16K로 정의하였다.
② 온도는 일반적으로 온도변화에 따른 물질의 물리적 변화를 가지고 측정한다.
③ 기체온도계는 대표적인 2차 온도계이다.
④ 온도란 열 즉 에너지와는 다른 개념이다.

해설 기체온도계
기체의 상태량의 온도변화를 이용하는 온도계로써 이상기체를 사용하면 열역학적 온도눈금에 완전히 일치하는 온도가 얻어지는 온도계이며 대표적인 1차 온도계이다.

94. 오르자트(Orsat) 가스 분석기의 특징으로 틀린 것은?

① 연속측정이 불가능하다.
② 구조가 간단하고 취급이 용이하다.
③ 수분을 포함한 습식배기 가스의 성분 분석이 용이하다.
④ 가스의 흡수에 따른 흡수제가 정해져 있다.

해설 오르자트 가스 분석기의 특징
㉠ 구조가 간단하고 취급이 용이하며 휴대가 간편하다.
㉡ 분석 순서가 바뀌면 오차가 크다.
㉢ 수동조작에 의해 성분을 분석한다.
㉣ 정도가 매우 좋다.
㉤ 수분은 분석할 수 없고 건배기 가스에 대한 각 성분분석이다.
㉥ 연속 측정이 불가능하다.

95. 서미스터 등을 사용하고, 응답이 빠르고 저온도에서 중온도 범위 계측에 정도가 우수한 온도계는?

① 열전대 온도계
② 전기저항식 온도계
③ 바이메탈 온도계
④ 압력식 온도계

해설 전기저항온도계(서미스터)
㉠ 응답속도가 빠르다.
㉡ 저온도에서 중온도 범위 계측에 정도가 우수하다.

정답 90. ④　91. ②　92. ③　93. ③　94. ③　95. ②

96. 주로 탄광 내 CH_4 가스의 농도를 측정하는데 사용되는 방법은?

① 질량분석법 ② 안전등형
③ 시험지법 ④ 검지관법

[해설] 안전등형
탄광 내에서 CH_4의 발생을 검출하는 데 안전등형 가연성가스 검지기가 사용되고 있다.

97. 가스성분 중 탄화수소에 대하여 감응이 가장 좋은 검출기는?

① TCD ② ECD
③ TGA ④ FID

[해설] 수소이온화 검출기(FID)
탄화수소에서 감응이 최고이고 H_2, O_2, CO, CO_2, SO_2 등은 감도가 없다.

98. 계측기의 기차(Instrument Error)에 대하여 가장 바르게 나타낸 것은?

① 계측기가 가지고 있는 고유의 오차
② 계측기의 측정값과 참값과의 차이
③ 계측기 검정 시 계량점에서 허용하는 최소 오차 한도
④ 계측기 사용 시 계량점에서 허용하는 최대 오차 한도

[해설] 기차와 공차
㉠ 기차 : 계측기가 가지고 있는 고유의 오차이며 제작 당시에 어쩔 수 없이 가지고 있는 계통적 오차를 기차라 한다.
㉡ 공차 : 계량기가 가지고 있는 기차의 최대허용한도를 관습 또는 규정에 의하여 정한 것을 공차라 한다.

99. 모발습도계에 대한 설명으로 틀린 것은?

① 재현성이 좋다.
② 히스테리시스가 없다.
③ 구조가 간단하고 취급이 용이하다.
④ 한냉지역에서 사용하기가 편리하다.

[해설] 모발습도계의 장단점
㉠ 장점
• 구조가 간단하고 취급이 쉽다.
• 추운 지역에서 편리하다.
• 상대습도가 바로 나타난다.
• 재현성이 좋다.
㉡ 단점
• 히스테리시스가 있다.
• 정도가 좋지 않다.
• 응답시간이 늦다.

100. 응답이 빠르고 일반 기체에 부식되지 않는 장점을 가지며 급격한 압력변화를 측정하는데 가장 적절한 압력계는?

① 피에조 전기압력계
② 아네로이드 압력계
③ 벨로우즈 압력계
④ 격막식 압력계

[해설] 피에조 전기압력계
수정이나 롯셀염 등의 결정체를 이용한 압력계로 가스폭발 등의 급격한 압력변화를 측정하는데 적절하다.

96. ② 97. ④ 98. ① 99. ② 100. ① **정답**

가스유체역학

01. 매끄러운 원관에서 유량 Q, 관의 길이 L, 직경 D, 동점계수 ν가 주어졌을 때 손실수두 h_f를 구하는 순서로 옳은 것은? (단, f는 마찰계수, Re는 Reynolds 수, V는 속도이다.)

① Moody 선도에서 f를 가정한 후 Re를 계산하고 h_f를 구한다.
② h_f를 가정하고 f를 구해 확인한 후 Moody 선도에서 Re로 검증한다.
③ Re를 계산하고 Moody 선도에서 f를 구한 후 h_f를 구한다.
④ Re를 가정하고 V를 계산하고 Moody 선도에서 f를 구한 후 h_f를 계산한다.

[해설] 먼저 Re 수를 구하고 Re 수에 의한 마찰계수(f)를 구한 다음 손실수두(h_l)를 구한다.

02. 베르누이 방정식에 관한 일반적인 설명으로 옳은 것은?

① 같은 유선상이 아니더라도 언제나 임의의 점에 대하여 적응된다.
② 주로 비정상류 상태에서 흐름에 대하여 적용된다.
③ 유체의 마찰 효과를 고려한 식이다.
④ 압력수두, 속도수두, 위치수두의 합은 일정하다.

[해설] 베르누이 방정식이 적용되는 조건
㉠ 베르누이 방정식이 적용되는 임의의 두 점은 같은 유선상에 있다.
㉡ 정상상태의 흐름이다.
㉢ 마찰없는 흐름이다.
㉣ 비압축성 유체의 흐름이다.
㉤ 압력수두, 속도수두, 위치수두의 합은 일정하다.

03. 수직 충격파가 발생될 때 나타나는 현상은?

① 압력, 마하수, 엔트로피가 증가한다.
② 압력은 증가하고 엔트로피와 마하수는 감소한다.
③ 압력과 엔트로피가 증가하고 마하수는 감소한다.
④ 압력과 마하수는 증가하고 엔트로피는 감소한다.

[해설] 수직충격파
초음속($M_a > 1$)에서 아음속($M_a < 1$)으로 변할 때 발생하므로 압력, 온도, 밀도, 엔트로픽이 증가하는 비가역과정이다.

04. 어떤 비행체의 마하각을 측정하였더니 45°를 얻었다. 이 비행체가 날고 있는 대기 중에서 음파의 전파속도가 310m/s일 때 비행체의 속도는 얼마인가?

① 340.2m/s   ② 438.4m/s
③ 568.4m/s   ④ 338.9m/s

[해설] 마하각(α)
$\alpha = \sin^{-1}\dfrac{C}{V}$ 식에서
$$V = \frac{C}{\sin\alpha} = \frac{310}{\sin 45} = 438.4 \text{ m/s}$$

05. 음속을 C, 물체의 속도를 V라 할 때, Mach 수는?

① $\dfrac{V}{C}$ ② $\dfrac{V}{C^2}$
③ $\dfrac{C}{V}$ ④ $\dfrac{C^2}{V}$

[해설] 마하수(M)
$$M = \frac{\text{물체의 속도}(V)}{\text{음속}(C)} = \frac{V}{\sqrt{kRT}}$$

정답 01. ③   02. ④   03. ③   04. ②   05. ①

06. 펌프작용이 단속적이라서 맥동이 일어나기 쉬우므로 이를 완화하기 위하여 공기실을 필요로 하는 펌프는?

① 원심펌프　　　　　② 기어펌프
③ 수격펌프　　　　　④ 왕복펌프

[해설] 왕복펌프
펌프작용이 단속적이고 맥동이 일어나기 쉬워 이를 완화하기 위해 공기실을 설치한다. 공기실은 피스톤 또는 플런저에서 송출되는 유량의 변동(맥동)을 일정하게 하기 위하여 실린더의 바로 뒤쪽에 설치한다.

07. 충격파와 에너지선에 대한 설명으로 옳은 것은?

① 충격파는 아음속 흐름에서 갑자기 초음속 흐름으로 변할 때에만 발생한다.
② 충격파가 발생하면 압력, 온도, 밀도 등이 연속적으로 변한다.
③ 에너지선은 수력구배선보다 속도수두만큼 위에 있다.
④ 에너지선은 항상 상향 기울기를 갖는다.

[해설] 에너지선(EL)

$$EL = \text{수력구배선(HGL)} + \text{속도수두}\left(\frac{V^2}{2g}\right)$$

$$HGL = \text{압력수두}\left(\frac{P}{r}\right) + \text{위치수두}(Z)$$

08. 유체가 흐르는 배관 내에서 갑자기 밸브를 닫았더니 급격한 압력변화가 일어났다. 이때 발생할 수 있는 현상은?

① 공동 현상　　　　　② 서어징 현상
③ 워터해머 현상　　　④ 숏피닝 현상

[해설] 수격작용(Water hammering)
펌프에서 물을 압송하고 있을 때 정전 등으로 급히 펌프가 멈추거나 수량조절밸브를 급히 폐쇄할 때 관내 유속이 급속히 변화하면 물에 의한 심한 압력의 변화가 생겨 관벽을 치는 현상

09. 내경 25mm인 원관 속을 평균유속 29.4m/min로 물이 흐르고 있다면 원관의 길이 20m에 대한 손실 수두는 약 몇 m가 되겠는가? (단, 관 마찰계수는 0.0125이다.)

① 0.123　　　　　② 0.250
③ 0.500　　　　　④ 1.225

[해설] 손실수두(H)

$$H = f\,\frac{l}{d}\,\frac{V^2}{2g}$$

$$H = 0.0125 \times \frac{20}{0.025} \times \frac{\left(\frac{29.4}{60}\right)^2}{2 \times 9.8} = 0.123\,\mathrm{m}$$

10. 그림과 같은 물 딱총 피스톤을 미는 단위 면적당 힘의 세기가 $P\,[\mathrm{N/m^2}]$일 때 물이 분출되는 속도 V는 몇 m/s인가? (단, 물의 밀도는 $\rho\,[\mathrm{kg/m^3}]$이고, 피스톤의 속도와 손실은 무시한다.)

① $\sqrt{2P}$

② $\sqrt{\dfrac{2g}{\rho}}$

③ $\sqrt{\dfrac{2P}{g\rho}}$

④ $\sqrt{\dfrac{2P}{\rho}}$

[해설] $H = \dfrac{V^2}{2g}, \quad \left(H = \dfrac{P}{r} = \dfrac{P}{\rho g}, \quad r = \rho g\right)$

$$\frac{P}{r} = \frac{V^2}{2g}$$

$$V^2 = \frac{2gP}{r} = \frac{2gP}{\rho g} = \frac{2P}{\rho}$$

$$\therefore\ V = \sqrt{\frac{2P}{\rho}}$$

11. 점도 6cP를 Pa·s로 환산하면 얼마인가?

① 0.0006　　　　　② 0.006
③ 0.06　　　　　　④ 0.6

[해설] $6\mathrm{cP} = 0.06\mathrm{poise} = 0.06\mathrm{dyne \cdot s/cm^2}$
$\qquad = 0.06 \times 10^{-5}\,\mathrm{N} \times \mathrm{s}/10^{-4}\mathrm{m^2}$
$\qquad = 0.06 \times 10^{-1}\,\mathrm{N/m^2 \cdot s} = 0.006\mathrm{Pa \cdot s}$
(여기서, $1\mathrm{poise} = 1\mathrm{dyne \cdot s/cm^2}$, $1\mathrm{dyne} = 10^{-5}\mathrm{N}$, $1\mathrm{cm^2} = 10^{-4}\mathrm{m^2}$, $1\mathrm{pa} = 1\mathrm{N/m^2}$)

06. ④　07. ③　08. ③　09. ①　10. ④　11. ② [정답]

12. 유선(stream line)에 대한 설명 중 잘못된 내용은?

① 유체흐름내 모든 점에서 유체흐름의 속도벡터의 방향을 갖는 연속적인 가상곡선이다.

② 유체흐름 중의 한 입자가 지나간 궤적을 말한다.

③ x, y, z 방향에 대한 속도성분을 각각 u, v, w 라고 할 때 유선의 미분방정식은 $\dfrac{dx}{u} = \dfrac{dy}{v} = \dfrac{dz}{w}$ 이다.

④ 정상유동에서 유선과 유적선은 일치한다.

[해설] 유선과 유맥선
㉠ 유선이란 유체흐름에 있어서 모든 점에서 유체흐름의 속도벡터의 방향을 갖는 연속적인 가상의 곡선을 말한다.
㉡ 유맥선이란 공간 내이 한 점을 지나는 모든 유체입자들의 순간궤적이다.
㉢ 유적선이란 한 유체입자가 일정한 기간 내에 움직인 경로를 말한다.

13. U자관 마노미터를 사용하여 오리피스 유량계에 걸리는 압력차를 측정하였다. 오리피스를 통하여 흐르는 유체는 비중이 1인 물이고, 마노미터 속의 액체는 비중이 13.6인 수은이다. 마노미터 읽음이 4cm일 때 오리피스에 걸리는 압력차는 약 몇 Pa인가?

① 2470 　　　　② 4940

③ 7410 　　　　④ 9880

[해설] $\Delta P = (r_0 - r)h$ 식에서
$\Delta P = (13.6 - 1) \times 10^3 \times 0.04 = 504 \text{kgf/m}^2$
$\quad\quad = 504 \times 9.8 = 4940 \text{N/m}^2 = 4940 \text{Ps}$

14. 2차원 직각좌표계 (x, y)상에서 속도 포텐셜(ϕ, velocity potential)이 $\phi = Ux$ 로 주어지는 유동장이 있다. 이 유동장의 흐름함수(ψ, stream function)에 대한 표현식으로 옳은 것은? (단, U는 상수이다.)

① $U(x + y)$ 　　　① $U(-x + y)$

③ Uy 　　　　④ $2Ux$

[해설] 2차원 직각좌표계상 속도 포텐셜(ϕ)
$\phi = Ux$의 유동장흐름함수(ψ)는 Uy이다.

15. 큰 탱크에 정지하고 있던 압축성 유체가 등 엔트로피 과정으로 수축-확대 노즐을 지나면서 노즐의 출구에서 초음속으로 흐른다. 다음 중 옳은 것을 모두 고른 것은?

[보기]
㉮ 노즐의 수축 부분에서의 속도는 초음속이다.
㉯ 노즐의 목에서의 속도는 초음속이다.
㉰ 노즐의 확대 부분에서의 속도는 초음속이다.

① ㉮ 　　　　　② ㉯

③ ㉰ 　　　　　④ ㉯, ㉰

[해설] 수축-확대 노즐
㉠ 노즐의 수축 부분에서의 속도는 아음속만 가능하다.
㉡ 노즐의 목에서의 속도는 음속이다.
㉢ 노즐의 확대 부분에서의 속도는 초음속이 가능하다.

16. 온도 20℃, 압력 5kgf/cm²인 이상기체 10cm³를 등온 조건에서 5cm³까지 압축시키면 압력은 약 몇 kgf/cm²인가?

① 2.5 　　　　② 5

③ 10 　　　　④ 20

[해설] $P_1 V_1 = P_2 V_2$ 식에서
$P_2 = \dfrac{P_1 V_1}{V_2} = \dfrac{5 \times 10}{5} = 10 \text{kgf/cm}^2$

17. 압축성 계수 β를 온도 T, 압력 P, 부피 V의 함수로 옳게 나타낸 것은?

① $\beta = \dfrac{1}{V}\left(\dfrac{\partial V}{\partial P}\right)_T$ 　　② $\beta = \dfrac{1}{P}\left(\dfrac{\partial P}{\partial V}\right)_T$

③ $\beta = -\dfrac{1}{P}\left(\dfrac{\partial P}{\partial V}\right)_T$ 　　④ $\beta = -\dfrac{1}{V}\left(\dfrac{\partial V}{\partial P}\right)_T$

[해설] 압축성 계수(β)
$\beta = -\dfrac{1}{V}\left(\dfrac{\partial V}{\partial P}\right)_T$

정답 12. ② 　 13. ② 　 14. ③ 　 15. ③ 　 16. ③ 　 17. ④

18. 다음 무차원수의 물리적인 의미로 옳은 것은?

① Weber No. : $\dfrac{관성력}{표면장력의\ 힘}$

② Euler No. : $\dfrac{관성력}{압력^2}$

③ Reynolds No. : $\dfrac{점성력}{관성력}$

④ Mach No. : $\dfrac{점성력}{관성력}$

[해설] 무차원수

① 웨버 수 $= \dfrac{관성력}{표면장력}$

② 오일러 수 $= \dfrac{관성력}{중력}$

③ 레이놀즈 수 $= \dfrac{관성력}{점성력}$

④ 마하 수 $= \dfrac{관성력}{탄성력}$

19. 지름이 10cm인 파이프 안으로 비중이 0.8인 기름을 40kg/min의 질량유속으로 수송하면 파이프 안에서 기름이 흐르는 평균속도는 약 몇 m/min인가?

① 6.37 ② 17.46
③ 20.46 ④ 27.46

[해설] 질량유량(Q_m)

$Q_m = \rho AV$ 식에서

$V = \dfrac{Q_m}{\rho A} = \dfrac{40}{0.8 \times 1000 \times \dfrac{\pi \times 0.1^2}{4}} = 6.37\,\text{m/min}$

20. 지름이 0.1m인 관에 유체가 흐르고 있다. 임계 레이놀즈수가 2100이고, 이에 대응하는 임계유속이 0.25 m/s이다. 이 유체의 동점성 계수는 약 몇 cm²/s인가?

① 0.095 ② 0.119
③ 0.354 ④ 0.454

[해설] $Re = \dfrac{Vd}{\nu}$ 식에서

$\nu = \dfrac{Vd}{Re} = \dfrac{25 \times 10}{2100} = 0.119\,\text{cm}^2/\text{s}$

제2과목 **연소공학**

21. 기체상태의 평행이동에 영향을 미치는 변수와 가장 거리가 먼 것은?

① 온도 ② 압력
③ pH ④ 농도

[해설] pH는 수소이온농도를 지수로 나타낸 것으로 기체 상태에서 평행이동에 영향을 미치는 변수와 거리가 멀다.

22. 다음 [보기]에서 비등액체팽창증기폭발(BLEVE) 발생의 단계를 순서에 맞게 나열한 것은?

> 보기
>
> A. 탱크가 파열되고 그 내용물이 폭발적으로 증발한다.
> B. 액체가 들어있는 탱크의 주위에서 화재가 발생한다.
> C. 화재로 인한 열에 의하여 탱크의 벽이 가열된다.
> D. 화염이 열을 제거시킬 액은 없고 증기만 존재하는 탱크의 벽이나 천장(roof)에 도달하면, 화염과 접촉하는 부위의 금속의 온도는 상승하여 탱크는 구조적 강도를 잃게 된다.
> E. 액위 이하의 탱크 벽은 액에 의하여 냉각되나, 액의 온도는 올라가고, 탱크내의 압력이 증가한다.

① E － D － C － A － B
② E － D － C － B － A
③ B － C － E － D － A
④ B － C － D － E － A

18. ① 19. ① 20. ② 21. ③ 22. ③ 정답

해설 BLEVE(비등 액체팽창 증기폭발)

가연성 액체 저장탱크 주변에서 화재가 발생하여 기상부의 탱크가 국부적으로 가열되면 그 부분의 강도가 약해져 탱크가 파열된다. 이때 내부의 액화가스가 급격히 유출팽창되어 화구(fire ball)를 형성하여 폭발하는 형태를 말한다.

예) 화재 → 탱크벽 가열 → 탱크 내 압력 증가 → 국부가열된 탱크강도 저하 → 탱크 파열 → 내용물 폭발적 증발

23. 이상기체에 대한 설명으로 틀린 것은?

① 압축인자 $Z=1$이 된다.
② 상태 방정식 $PV=nRT$를 만족한다.
③ 비리얼 방정식에서 V가 무한대가 되는 것이다.
④ 내부에너지는 압력에 무관하고 단지 부피와 온도만의 함수이다.

해설 이상기체

내부에너지는 체적에 무관하며 온도에 의해서만 결정된다.

24. 엔탈피에 대한 설명 중 옳지 않은 것은?

① 열량을 일정한 온도로 나눈 값이다.
② 경로에 따라 변화하지 않는 상태함수이다.
③ 엔탈피의 측정에는 흐름열량계를 사용한다.
④ 내부에너지와 유동일(흐름일)의 합으로 나타낸다.

해설 엔트로픽(S)

열량을 일정한 온도로 나눈 값(kcal/kg·K)

$$S = \frac{Q(\text{kcal/kg})}{T(\text{K})}$$

25. 압력 0.2MPa, 온도 333K의 공기 2kg이 이상적인 폴리트로픽 과정으로 압축되어 압력 2MPa, 온도 523K로 변화하였을 때 그 과정에서의 일량은 약 몇 kJ인가?

① −447 ② −547
③ −647 ④ −667

해설 폴리트로픽 과정

㉠ 온도와 압력과의 관계

$$\frac{T_2}{T_1} = \left(\frac{P_2}{P_1}\right)^{\frac{n-1}{n}}$$

$$\frac{523}{333} = \left(\frac{2}{0.2}\right)^{\frac{n-1}{n}} \text{ 에서}$$

$$1 - \frac{1}{n} = \frac{\ln\left(\frac{523}{333}\right)}{\ln\left(\frac{2}{0.2}\right)} = 0.196$$

$$\therefore n = 1.244$$

㉡ 일량(W)

$$W = \frac{mR}{1-n}(T_2 - T_1) = \frac{2 \times 0.287}{1 - 1.244}(523 - 333) = -446.97\text{kJ}$$

26. 기체연료의 연소속도에 대한 설명으로 틀린 것은?

① 보통의 탄화수소와 공기의 혼합기체 연소속도는 약 400~500cm/s 정도로 매우 빠른 편이다.
② 연소속도는 가연한계 내에서 혼합기체의 농도에 영향을 크게 받는다.
③ 연소속도는 메탄의 경우 당량비 농도 근처에서 최고가 된다.
④ 혼합기체의 초기온도가 올라갈수록 연소속도도 빨라진다.

해설 정상연소속도

0.1~10m/s(10~1000cm/s)

27. 불활성화에 대한 설명으로 틀린 것은?

① 가연성 혼합가스 중의 산소농도를 최소산소농도(MOC) 이하로 낮게 하여 폭발을 방지하는 것이다.
② 일반적으로 실시되는 산소농도의 제어점은 최소산소농도(MOC)보다 약 4% 낮은 농도이다.
③ 이너트 가스로는 질소, 이산화탄소, 수증기가 사용된다.
④ 일반적으로 가스의 최소산소농도(MOC)는 보통 10% 정도이고 분진인 경우에는 1% 정도로 낮다.

해설 일반적인 가스의 MOC는 보통 10% 정도이고 분진인 경우에는 8% 정도이다.

28. 열기관의 효율을 길이의 비로 나타낼 수 있는 선도는?

① P-T선도   ② T-S선도

③ H-S선도   ④ P-V선도

[해설] H-S선도(몰리에르 선도)
열기관의 효율을 길이의 비로 나타낼 수 있는 선도이다.

29. 공기비가 클 경우 연소에 미치는 현상으로 가장 거리가 먼 것은?

① 연소실 내의 연소온도가 내려간다.

② 연소가스 중에 CO_2가 많아져 대기오염을 유발한다.

③ 연소가스 중에 SO_x가 많아져 저온 부식이 촉진된다.

④ 통풍력이 강하여 배기가스에 의한 열손실이 많아진다.

[해설] 공기비가 클 경우
㉠ 연소실 내의 연소온도 저하
㉡ 통풍력이 강하여 배기가스에 의한 열손실 증대
㉢ 연소가스 중에 SO_3의 양이 증가해 저온 부식 촉진
㉣ 연소가스 중에 NO_2의 발생이 심하여 대기오염 유발

30. 층류연소속도의 측정법이 아닌 것은?

① 분젠버너법   ② 슬로트버너법

③ 다공버너법   ④ 비누방울법

[해설] 층류연소속도 측정법
㉠ 비누방울법   ㉡ 슬롯버너법
㉢ 평면화염버너법   ㉣ 분젠버너법

31. 오토사이클에 대한 일반적인 설명으로 틀린 것은?

① 열효율은 압축비에 대한 함수이다.

② 압축비가 커지면 열효율은 작아진다.

③ 열효율은 공기표준 사이클보다 낮다.

④ 이상연소에 의해 열효율은 크게 제한을 받는다.

[해설] 오토사이클의 열효율(η_0)

㉠ $\eta_0 = 1 - \left(\dfrac{1}{\epsilon}\right)^{k-1}$

㉡ 오토사이클의 열효율은 작동유체의 종류가 결정되고 비열비(k)가 일정하면 압축비의 값에 의해 결정된다. (압축비가 커지면 열효율이 커진다.)

32. 집진효율이 가장 우수한 집진장치는?

① 여과 집진장치   ② 세정 집진장치

③ 전기 집진장치   ④ 원심력 집진장치

[해설] 집진장치의 집진율
전기 집진장치>여과 집진장치>세정 집진장치>원심력 집진장치

33. 밀폐된 용기 내에 1atm, 37℃로 프로판과 산소의 비율이 2:8로 혼합되어 있으며 그것이 연소하여 아래와 같은 반응을 하고 화염온도는 3000K가 되었다면 이 용기 내에 발생하는 압력은 약 몇 atm인가?

$$2C_3H_8 + 8O_2 \rightarrow 6H_2O + 4CO_2 + 2CO + 2H_2$$

① 13.5   ② 15.5

③ 16.5   ④ 19.5

[해설] $PV = nRT$ 식에서

$$\frac{PV}{nRT} = C$$

$$\frac{P_1}{n_1 T_1} = \frac{P_2}{n_2 T_2}$$

$$P_2 = P_1 \times \frac{n_2 T_2}{n_1 T_1} = 1 \times \frac{(6+4+2+2) \times 3000}{(2+8) \times (273+37)} = 13.5\text{atm}$$

34. 어떤 물질이 0MPa(게이지압)에서 UFL(연소상한계)이 12.0(vol%)일 경우 7.0MPa(게이지압)에서는 UFL(vol%)이 약 얼마인가?

① 31   ② 41

③ 50   ④ 60

[해설] 시스템압력(P) $= 7 + 0.101 = 7.101\text{MPa}$
$UFL_P = UFL_0 + 20.6(\log P + 1)$
$\qquad = 12 + 20.6(\log 7.101 + 1) = 50\%$

35. 열역학 제2법칙에 대한 설명이 아닌 것은?

① 엔트로피는 열의 흐름을 수반한다.
② 계의 엔트로피는 계가 열을 흡수하거나 방출해야만 변화한다.
③ 자발적인 과정이 일어날 때는 전체(계와 주의)의 엔트로피는 감소하지 않는다.
④ 계의 엔트로피는 증가할 수도 있고 감소할 수도 있다.

[해설] 엔트로피(열역학 제2법칙)
계가 열을 방출해서 변화(일)하지만 다시 흡수해서 변화(일)할 수 없다.

36. 내압방폭구조의 폭발등급 분류 중 가연성가스의 폭발 등급 A에 해당하는 최대안전 틈새의 범위(mm)는?

① 0.9 이하
② 0.5 초과 0.9 미만
③ 0.5 이하
④ 0.9 이상

[해설] 내압방폭구조의 폭발등급

폭발등급	최대안전 틈새범위
A	0.9mm 이상
B	0.5~0.9mm 미만
C	0.5mm 미만

37. 과잉공기계수가 1.3일 때 230Nm³의 공기로 탄소(C) 약 몇 kg을 완전 연소시킬 수 있는가?

① 4.8kg
② 10.5kg
③ 19.9kg
④ 25.6kg

[해설] $C + O_2 \rightarrow CO_2$에서
$$12 : 22.4 \times \frac{100}{21} \times 1.3 = x : 230$$
$$x = \frac{12 \times 230 \times 21}{22.4 \times 100 \times 1.3} = 19.9 kg$$

38. 연료와 공기를 미리 혼합시킨 후 연소시키는 것으로 고온의 화염면(반응면)이 형성되어 자력으로 전파되어 일어나는 연소형태는?

① 확산연소
② 분무연소
③ 예혼합연소
④ 증발연소

[해설] 예혼합연소
기체연료와 공기를 미리 혼합시킨 후 연소실에 분사하는 방식으로 화염이 짧고 높은 화염 온도를 얻을 수 있는 방식

39. 체적이 0.8m³인 용기 내에 분자량이 20인 이상기체 10kg이 들어 있다. 용기 내의 온도가 30℃라면 압력은 약 몇 MPa인가?

① 1.57
② 2.45
③ 3.37
④ 4.35

[해설] $PV = GRT$
$$P = \frac{GRT}{V} = \frac{10 \times \frac{848}{20} \times (273 + 30)}{0.8} = 160590 kgf/m^2$$
$$= 160590 \times 9.8 \times 10^{-6} = 1.57 MPa$$

40. 상온, 상압 하에서 가연성가스의 폭발에 대한 일반적인 설명으로 틀린 것은?

① 폭발범위가 클수록 위험하다.
② 인화점이 높을수록 위험하다.
③ 연소속도가 클수록 위험하다.
④ 착화점이 높을수록 안전하다.

[해설] 인화점이 높을수록 안전하다.

정답 35. ② 36. ④ 37. ③ 38. ③ 39. ① 40. ②

제3과목	가스설비

41. 용기 속의 잔류가스를 배출시키려 할 때 다음 중 가장 적정한 방법은?

① 큰 통에 넣어 보관한다.

② 주위에 화기가 없으면 소화기를 준비할 필요가 없다.

③ 잔가스는 내압이 없으므로 밸브를 신속히 연다.

④ 통풍이 있는 옥외에서 실시하고, 조금씩 배출한다.

[해설] 용기 속 잔류가스를 배출시키는 방법

통풍이 잘 되는 옥외에서 소화기를 갖추고 밸브를 서서히 열어 조금씩 배출시킨다.

42. 토출량 5m³/min, 전양정 30m, 비교회전수 90rpm·m³/min·m인 3단 원심펌프의 회전수는 약 몇 rpm인가?

① 226   ② 255

③ 326   ④ 343

[해설] $N_s = \dfrac{N\sqrt{Q}}{\left(\dfrac{H}{Z}\right)^{\frac{3}{4}}} = \dfrac{90 \times \left(\dfrac{30}{3}\right)^{\frac{3}{4}}}{\sqrt{5}} = 226\text{rpm}$

43. 헬륨가스의 기체상수는 약 몇 kJ/kg·K인가?

① 0.287   ② 2

③ 28   ④ 212

[해설] 헬륨 기체상수

$R = \dfrac{848}{M}(\text{kgf}\cdot\text{m/kg}\cdot\text{K}) = \dfrac{848}{4} = 212\,(\text{kgf}\cdot\text{m/kg}\cdot\text{K})$

$= 212 \times 9.8 = 2077\text{J/kg}\cdot\text{K} = 2.077\text{kJ/kg}\cdot\text{K}$

44. 하버-보시법에 의한 암모니아 합성 시 사용되는 촉매는 주 촉매로 산화철(Fe_3O_4)에 보조촉매를 사용한다. 보조촉매의 종류가 아닌 것은?

① K_2O ② MgO

③ Al_2O_3 ④ MnO

[해설] 암모니아 합성시 촉매

㉠ 정촉매 : Fe_3O_4

㉡ 부촉매 : Al_2O_3, MgO, CaO, K_2O

45. 부취제 주입방식 중 액체 주입식이 아닌 것은?

① 펌프 주입방식

② 적하 주입방식

③ 바이패스 증발식

④ 미터 연결 바이패스 방식

[해설] ㉡ 액체주입설비

• 펌프주입방식 : 대규모 부취 설비

• 적하주입방식 : 소규모 부취 설비

• 미터연결 바이패스 방식 : 소규모 부취 설비

㉡ 증발식 부취 설비

• 바이패스 증발식

• 위zm 증발식

46. 정압기의 운전 특성 중 정상상태에서의 유량과 2차 압력과의 관계를 나타내는 것은?

① 정특성   ② 동특성

③ 사용최대차압   ④ 작동최소차압

[해설] 정압기의 특성

㉠ 정특성 : 정상상태에 있어서의 유량과 2차 압력과의 관계를 말한다.

㉡ 동특성 : 부하변화에 대한 응답의 신속성과 안전성이 요구되는 부하변동이 큰 곳에 사용되는 정압기에 대하여 중요한 특성

㉢ 유량특성 : 메인밸브의 열림과 유량과의 관계를 말한다.

㉣ 사용최대차압 : 1차 압력과 2차 압력의 차압이 최대로 되었을 때의 차압

㉤ 작동최소차압 : 정압기가 작동할 수 있는 최소차압

---

41. ④   42. ①   43. ②   44. ④   45. ③   46. ①   정답

47. 펌프의 특성 곡선상 체절운전(체절양정)이란 무엇인가?

① 유량이 0일 때의 양정
② 유량이 최대일 때의 양정
③ 유량이 이론값일 때의 양정
④ 유량이 평균값일 때의 양정

해설 체절운전
펌프의 토출측 밸브를 잠근 상태에서 운전하여 유량이 0일 때의 양정을 체절운전 또는 체절양정이라 한다.

48. 배관의 전기방식 중 희생양극법에서 저전위 금속으로 주로 사용되는 것은?

① 철   ② 구리
③ 칼슘   ④ 마그네슘

해설 희생양극법에서 주로 사용되는 금속
Mg, Zn, Al 등

49. 석유화학 공장 등에 설치되는 플레어 스택에서 역화 및 공기 등과의 혼합폭발을 방지하기 위하여 가스 종류 및 시설 구조에 따라 갖추어야 하는 것에 포함되지 않는 것은?

① Vacuum Breaker   ② Flame Arrestor
③ Vapor Seal   ④ Molecular Seal

해설 플레어 스택의 구조(혼합폭발방지)
㉠ Liquid Seal의 설치
㉡ Flame Arrestor의 설치
㉢ Vapor Seal의 설치
㉣ Purge Gas(N_2, off Gas 등)의 지속적인 주입 등
㉤ Molecular Seal의 설치

50. 가스화의 용이함을 나타내는 지수로서 C/H 비가 이용된다. 다음 중 C/H 비가 가장 낮은 것은?

① Propane   ② Naphtha
③ Methane   ④ LPG

해설 C/H 비
㉠ Propane(C_3H_8)=4.5
㉡ Naphtha(나프타)=5~6
㉢ Methane(CH_4)=3
㉣ LPG
 • C_3H_8=4.5
 • C_4H_{10}=4.8

51. LP가스 충전설비 중 압축기를 이용하는 방법의 특징이 아닌 것은?

① 잔류가스 회수가 가능하다.
② 베이퍼록 현상 우려가 있다.
③ 펌프에 비해 충전시간이 짧다.
④ 압축기 오일이 탱크에 들어가 드레인의 원인이 된다.

해설 베이퍼록 현상이 있는 것은 액펌프에 의한 방법의 특징이다.

52. 도시가스 원료로서 나프타(Naphtha)가 갖추어야 할 조건으로 틀린 것은?

① 황분이 적을 것
② 카본 석출이 적을 것
③ 탄화물성 경향이 클 것
④ 파라핀계 탄화수소가 많을 것

해설 나프타가 갖추어야 할 조건
㉠ 파라핀 탄화수소가 많을 것
㉡ 유황분이 적을 것
㉢ Carbon의 석출이 적을 것
㉣ 촉매의 활성에 영향이 없을 것

53. 원심압축기의 특징이 아닌 것은?

① 설치면적이 적다.
② 압축이 단속적이다.
③ 용량조정이 어렵다.
④ 윤활유가 불필요하다.

해설 기체의 맥동이 없고 연속적으로 토출한다.

정답 47. ① 48. ④ 49. ① 50. ③ 51. ② 52. ③ 53. ②

54. 펌프의 이상현상에 대한 설명 중 틀린 것은?

① 수격작용이란 유속이 급변하여 심한 압력변화를 갖게 되는 작용이다.

② 서징(surging)의 방지법으로 유량조정밸브를 펌프 송출측 직후에 배치시킨다.

③ 캐비테이션 방지법으로 관경과 유속을 모두 크게 한다.

④ 베이퍼록은 저비점 액체를 이송시킬 때 입구 쪽에서 발생되는 액체비등 현상이다.

해설 캐비테이션 방지법으로 관경을 크게 하고 유속을 낮춘다.

55. 압축기의 실린더를 냉각하는 이유로서 가장 거리가 먼 것은?

① 체적효율 증대　　② 압축효율 증대

③ 윤활기능 향상　　④ 토출량 감소

해설 실린더 냉각 목적

㉠ 체적효율 증대　　㉡ 압축효율 증대

㉢ 윤활기능 향상　　㉣ 압축일량 감소

56. 2단 감압방식의 장점에 대한 설명이 아닌 것은?

① 공급압력이 안정적이다.

② 재액화에 대한 문제가 없다.

③ 배관입상에 의한 압력손실을 보정할 수 있다.

④ 연소기구에 맞는 압력으로 공급이 가능하다.

해설 2단 감압방식의 장단점

㉠ 장점

• 공급압력이 안정하다.

• 중간배관이 가늘어도 된다.

• 배관입상에 의한 압력손실을 보정할 수 있다.

• 각 연소기구에 알맞은 압력으로 공급이 가능하다.

㉡ 단점

• 설비가 복잡하다.

• 조정기가 많이 소요된다.

• 검사방법이 복잡하다.

• 재액화 문제가 있다.

57. 용기밸브의 충전구가 왼나사 구조인 것은?

① 브롬화메탄　　② 암모니아

③ 산소　　④ 에틸렌

해설 가연성가스용기 밸브의 충전구 나사는 왼나사이다.(단, 암모니아, 브롬화메탄은 제외)

58. LP가스의 일반적인 성질에 대한 설명 중 옳은 것은?

① 증발잠열이 작다.

② LP가스는 공기보다 가볍다.

③ 가압하거나 상압에서 냉각하면 쉽게 액화한다.

④ 주성분은 고급탄화수소의 화합물이다.

해설 LP가스의 일반적인 성질

㉠ 증발잠열이 크다.

㉡ 공기보다 무겁다.

㉢ 주성분은 저급탄화수소이다.

㉣ 가압하거나 상압에서 냉각하면 쉽게 액화한다.

59. 스테인리스강을 조직학적으로 구분하였을 때 이에 속하지 않는 것은?

① 오스테나이트계　　② 보크사이트계

③ 페라이트계　　④ 마텐자이트계

해설 스테인리스강 조직

조직에 따라 마르텐사이트계, 페라이트계, 오스테나이트계, 석출경화계의 5종으로 분류한다.

60. 고압가스 장치 재료에 대한 설명으로 틀린 것은?

① 고압가스 장치에는 스테인리스강 또는 크롬강이 적당하다.

② 초저온 장치에는 구리, 알루미늄이 사용된다.

③ LPG 및 아세틸렌 용기 재료로는 Mn강을 주로 사용한다.

④ 산소, 수소 용기에는 Cr강이 적당하다.

해설 LPG 및 아세틸렌용기 재료로는 탄소강을 주로 사용한다.

---

54. ③　55. ④　56. ②　57. ④　58. ③　59. ②　60. ③　정답

제4과목 **가스안전관리**

61. 가연성가스의 검지경보장치 중 방폭구조로 하지 않아도 되는 가연성가스는?

① 아세틸렌   ② 프로판

③ 브롬화메탄   ④ 에틸에테르

해설 가연성가스의 검지경보장치는 방폭구조로 해야 한다. (단, 암모니아, 브롬화메탄은 제외)

62. 역화방지장치를 설치하지 않아도 되는 곳은?

① 아세틸렌 충전용 지관

② 가연성가스를 압축하는 압축기와 오토클레이브 사이의 배관

③ 가연성가스를 압축하는 압축기와 충전용 주관과의 사이

④ 아세틸렌 고압건조기와 충전용 교체밸브 사이 배관

해설 액화방지장치
㉠ 수소화염 또는 산소, 아세틸렌화염 사용시설
㉡ 가연성가스를 압축하는 압축기와 오토클레이브 사이
㉢ 아세틸렌의 고압건조기와 충전용 교체밸브 사이 배관
㉣ 아세틸렌 충전용 지관

63. 공기액화 분리기의 액화공기 탱크와 액화산소 증발기와의 사이에는 석유류, 유지류 그 밖의 탄화수소를 여과, 분리하기 위한 여과기를 설치해야 한다. 이때 1시간의 공기 압축량이 몇 m³ 이하의 것은 제외하는가?

① 100m³   ② 1000m³

③ 5000m³   ④ 10000m³

해설 여과기
공기액화분리기(1시간의 공기압축량이 1000m³ 이하인 것은 제외)의 액화공기탱크와 액화산소증발기와의 사이에는 석유류, 유지류, 그 밖의 탄화수소를 여과, 분리하기 위한 여과기를 설치해야 한다.

64. 시안화수소(HCN) 가스의 취급 시 주의사항으로 가장 거리가 먼 것은?

① 금속부식주의   ② 노출주의

③ 독성주의   ④ 중합폭발주의

해설 시안화수소(HCN) 취급시 주의사항
독성, 가연성, 중합폭발을 일으키는 가스이다.
㉠ 노출주의(폭발, 중독사고)
㉡ 독성주의
㉢ 중합폭발주의

65. 가스용기의 도색으로 옳지 않은 것은?(단, 의료용 가스 용기는 제외한다.)

① O_2 : 녹색   ② H_2 : 주황색

③ C_2H_2 : 황색   ④ 액화암모니아 : 회색

해설 액화암모니아는 백색으로 도색한다.

66. 공기압축기의 내부 윤활유로 사용할 수 있는 것은?

① 잔류탄소의 질량이 전질량의 1% 이하이며 인화점이 200℃ 이상으로서 170℃에서 8시간 이상 교반하여 분해되지 않는 것

② 잔류탄소의 질량이 전질량의 1% 이하이며 인화점이 270℃ 이상으로서 170℃에서 12시간 이상 교반하여 분해되지 않는 것

③ 잔류탄소의 질량이 1% 초과 1.5% 이하이며 인화점이 200℃ 이상으로서 170℃에서 8시간 이상 교반하여 분해되지 않는 것

④ 잔류탄소의 질량이 1% 초과 1.5% 이하이며 인화점이 270℃ 이상으로서 170℃에서 12시간 이상 교반하여 분해되지 않는 것

해설 공기압축기 : 양질의 광유

잔류탄소량	인화점	교반온도	교반시간	
1% 이하	200℃ 이상	170℃	8시간	분해되지 않을 것
1~1.5% 이하	230℃ 이상	170℃	12시간	

정답   61. ③   62. ③   63. ②   64. ①   65. ④   66. ①

67. 다음 중 고유의 색깔을 가지는 가스는?

① 염소   ② 황화수소
③ 암모니아   ④ 산화에틸렌

해설 염소는 황록색이다.

68. 염소가스 운반 차량에 반드시 비치하지 않아도 되는 것은?

① 방독마스크   ② 안전장갑
③ 제독제   ④ 소화기

해설 염소
독성, 조연성가스이므로 소화기는 비치하지 않아도 된다.

69. 암모니아를 실내에서 사용할 경우 가스누출 검지 경보장치의 경보농도는?

① 25ppm   ② 50ppm
③ 1000ppm   ④ 2000ppm

해설 가스누출검지 경보장치의 경보농도
㉠ 가연성가스 : 폭발하한계의 1/4 이하
㉡ 독성가스 : 허용농도 이하
㉢ 암모니아를 실내에서 사용하는 경우 50ppm

70. 이동식 부탄연소기(카세트식)의 구조에 대한 설명으로 옳은 것은?

① 용기장착부 이외에 용기가 들어가는 구조이어야 한다.
② 연소기는 50% 이상 충전된 용기가 연결된 상태에서 어느 방향으로 기울여도 20° 이내에서는 넘어가지 아니 하여야 한다.
③ 연소기는 2가지 용도로 동시에 사용할 수 없는 구조로 한다.
④ 연소기에 용기를 연결할 때 용기 아랫부분을 스프링의 힘으로 직접 밀어서 연결하는 방법 또는 자석에 의하여 연결하는 방법이어야 한다.

해설 이동식 부탄연소기(카세트식)의 구조
㉠ 용기장착부 이외에는 용기가 들어가지 않는 구조로 한다. 다만, 그릴의 경우 상시 내부공간이 용이하게 확인되는 구조로 할 수 있다.
㉡ 연소기는 50% 이상 충전된 용기가 연결된 상태에서 어느 방향으로 기울여도 15° 이내에서는 넘어지지 않고 부속품의 위치가 변하지 않는 것으로 한다.
㉢ 연소기는 2가지 용도로 동시에 사용할 수 없는 구조로 한다.
㉣ 연소기에 용기를 연결할 때 용기 아랫부분을 스프링의 힘으로 직접 밀어서 연결하는 방법이 아닌 구조로 한다. 다만, 자석으로 연결하는 연소기는 비자성 용기를 사용할 수 없음을 표시해야 한다.

71. 액화석유가스 외의 액화가스를 충전하는 용기의 부속품을 표시하는 기호는?

① AG   ② PG
③ LG   ④ LPG

해설 용기종류별 부속품의 기호
㉠ PG : 압축가스를 충전하는 용기의 부속품
㉡ AG : 아세틸렌가스를 충전하는 용기의 부속품
㉢ LG : 액화석유가스 외의 액화가스를 충전하는 용기의 부속품
㉣ LPG : 액화석유가스를 충전하는 용기의 부속품
㉤ LT : 초저온용기 및 저온용기의 부속품

72. 고압가스의 운반기준에 대한 설명 중 틀린 것은?

① 차량 앞뒤에 경계표지를 할 것
② 충전탱크의 온도는 40℃ 이하를 유지할 것
③ 액화가스를 충전하는 탱크에는 그 내부에 방파판 등을 설치할 것
④ 2개 이상 탱크를 동일차량에 고정하여 운반하지 말 것

해설 2개 이상의 저장탱크를 동일차량에 고정운반하는 기준
㉠ 저장탱크마다 주밸브 설치
㉡ 저장탱크 상호간 또는 저장탱크차량과는 견고하게 부착할 것
㉢ 충전관에는 안전밸브, 압력계 및 긴급탈압밸브 설치

73. 다음 중 가연성가스이지만 독성이 없는 가스는?

① NH_3
② CO
③ HCN
④ C_3H_6

[해설] 독성, 가연성가스
① NH_3 : 25ppm, 15~28%
② CO : 50ppm, 12.5~74%
③ HCN : 10ppm, 6~41%

74. 공급자의 안전점검 기준 및 방법과 관련하여 틀린 것은?

① 충전용기의 설치 위치
② 역류방지장치의 설치 여부
③ 가스 공급 시 마다 점검 실시
④ 독성가스의 경우 흡수장치·제해장치 및 보호구 등에 대한 적합 여부

[해설] 안전점검기준
역류방지밸브의 누설 및 작동여부 점검

75. 용기에 의한 액화석유가스 사용시설에 설치하는 기화장치에 대한 설명으로 틀린 것은?

① 최대 가스소비량 이상의 용량이 되는 기화장치를 설치한다.
② 기화장치의 출구배관에는 고무호스를 직접 연결하여 열차단이 되게 하는 조치를 한다.
③ 기화장치의 출구측 압력은 1MPa 미만이 되도록 하는 기능을 갖거나, 1MPa 미만에서 사용한다.
④ 용기는 그 외면으로부터 기화장치까지 3m 이상의 우회거리를 유지한다.

[해설] 기화장치의 출구 배관에는 고무호스를 직접 연결하지 않는다.

76. 고압가스 충전용기 등의 적재, 취급, 하역 운반요령에 대한 설명으로 가장 옳은 것은?

① 교통량이 많은 장소에서는 엔진을 켜고 용기 하역작업을 한다.
② 경사진 곳에서는 주차 브레이크를 걸어놓고 하역작업을 한다.
③ 충전 용기를 적재한 차량은 제1종 보호시설과 10m 이상의 거리를 유지한다.
④ 차량의 고장 등으로 인하여 정차하는 경우는 적색표지판 등을 설치하여 다른 차와의 충돌을 피하기 위한 조치를 한다.

[해설] 적재, 취급, 하역운반 요령
㉠ 충전용기 등을 적재한 차량의 주정차시는 가능한 한 언덕길 등 경사진 곳을 피해야 하며 엔진을 정지시킨 다음 주차 브레이크를 걸어 놓고 반드시 차바퀴를 고정목으로 고정시킬 것
㉡ 충전용기 등을 적재한 차량의 주정차 차량의 주정차장소 선정은 지형을 충분히 고려하여 가능한 한 평탄하고 교통량이 적은 안전한 장소를 택할 것
㉢ 충전용기 등을 적재한 차량은 제1종 보호시설에서 15m 이상 떨어지고 제2종 보호시설이 밀집되어 있는 지역은 가능한 한 피할 것
㉣ 차량의 고장 등으로 인하여 정차하는 경우는 적색 표지판 등을 설치하여 다른 차와의 충돌을 피하기 위한 조치를 할 것

77. 고압가스 저장탱크에 아황산가스를 충전할 때 그 가스의 용량이 그 저장탱크 내용적의 몇 %를 초과하는 것을 방지하기 위한 과충전 방지 조치를 강구하여야 하는가?

① 80%
② 85%
③ 90%
④ 95%

[해설] 과충전 방지 조치
독성가스를 저장탱크에 충전할 때 독성가스가 저장탱크 내용적의 90%를 초과하면 자동으로 이를 검지할 수 있도록 조치할 것

78. 액화석유가스 고압설비를 기밀시험하려고 할 때 가장 부적당한 가스는?

① 산소　　　　　② 공기
③ 이산화탄소　　④ 질소

해설 기밀시험을 할 때 사용하면 안 되는 가스
독성, 가연성가스, 산소

79. 내용적이 3000L인 차량에 고정된 탱크에 최고 충전압력 2.1MPa로 액화가스를 충전하고자 할 때 탱크의 저장능력은 얼마나 되는가? (단, 가스의 충전정수는 2.1MPa에서 2.35MPa이다.)

① 1277kg　　　② 142kg
③ 705kg　　　　④ 630kg

해설 $G = \dfrac{V}{C} = \dfrac{3000}{2.35} = 1277kg$

80. 가스사고를 사용처별로 구분했을 때 가장 빈도가 높은 곳은?

① 공장　　　　　② 주택
③ 공급시설　　　④ 식품접객업소

해설 주택에서 가스 사용자의 취급 부주의로 인한 가스사고 빈도가 높다.

제5과목　　　가스계측

81. 산소(O_2)는 다른 가스에 비하여 강한 상자성체이므로 자장에 대하여 흡인되는 특성을 이용하여 분석하는 가스분석계는?

① 세라믹식 O_2계　　② 자기식 O_2계
③ 연소식 O_2계　　　④ 밀도식 O_2계

해설 자기식 O_2 계
일반적으로 가스는 반자성체에 속하지만 O_2는 자장에 흡입되는 강력한 상자성체인 점을 이용하는 산소분석계이다.

82. 다음 중 연당지로 검지할 수 있는 가스는?

① $COCl_2$　　　　② CO
③ H_2S　　　　　④ HCN

해설 시험지법
① $COCl_2$ → 해리슨 시약 → 심등색
② CO → 염화파라듐지 → 흑색
③ H_2S → 연당지 → 흑색
④ HCN → 질산구리벤젠지 → 청색

83. 불꽃이온화검출기(FID)에 대한 설명 중 옳지 않은 것은?

① 감도가 아주 우수하다.
② FID에 의한 탄화수소의 상대 감도는 탄소 수에 거의 반비례한다.
③ 구성요소로는 시료가스, 노즐, 컬렉터 전극, 증폭부, 농도 지시계 등이 있다.
④ 수소 불꽃 속에 탄화수소가 들어가면 불꽃의 전기전도도가 증대하는 현상을 이용한 것이다.

해설 불꽃이온화 검출기(FID)
FID에 의한 탄화수소의 상대 감도는 탄소 수에 거의 비례한다.

84. 경사관 압력계에서 P_1의 압력을 구하는 식은?(단 γ : 액체의 비중량, P_2 : 가는 관의 압력, θ : 경사각, χ : 경사관 압력계의 눈금이다.)

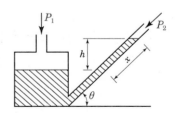

① $P_1 = \dfrac{P_2}{\sin\theta}$　　　② $P_1 = P_2\gamma\cos\theta$

③ $P_1 = P_2 + \gamma\chi\cos\theta$　　④ $P_1 = P_2 + \gamma\chi\sin\theta$

해설 경사관식 압력계
$\Delta P = P_1 - P_2 = \gamma\chi\sin\theta$ 식에서
$P_1 = P_2 + \gamma\chi\sin\theta$

---

85. 부르동관 재질 중 일반적인 저압에서 사용하지 않는 것은?

① 황동　　　　　② 청동
③ 인청동　　　　④ 니켈강

해설 부르동관 재질
㉠ 고압용 : 니켈강
㉡ 저압용 : 황동, 인청동, 청동 등

86. 구리-콘스탄탄 열전대의 (-)극에 주로 사용되는 금속은?

① Ni – Al　　　　② Cu – Ni
③ Mn – Si　　　　④ Ni – Pt

해설 구리-콘스탄탄 열전대
㉠ (+)극 : 순구리
㉡ (-)극 : Cu(55%), Ni(45%)

87. 압력계측 장치가 아닌 것은?

① 마노미터(manometer)
② 벤투리미터(Venturi meter)
③ 부르동 게이지(Bourdon gauge)
④ 격막식 게이지(diaphragm gauge)

해설 벤투리미터는 차압식 유량계이다.

88. 루트 가스미터의 고장에 대한 설명으로 틀린 것은?

① 부동 : 회전자는 회전하고 있으나, 미터의 지침이 움직이지 않는 고장
② 떨림 : 회전자 베어링의 마모에 의한 회전자 접촉 등에 의해 일어나는 고장
③ 기차불량 : 회전자 베어링의 마모에 의한 간격 증대 등에 의해 일어나는 고장
④ 불통 : 회전자의 회전이 정지하여 가스가 통과하지 못하는 고장

해설 루츠 가스미터의 고장
① 부동 : 회전자는 회전하고 있으나 미터의 지침이 움직이지 않는 고장
• 마그네트 커플링 장치가 불량할 때
• 감속 또는 지시장치의 기어가 불량할 때
② 불통 : 회전자의 회전이 정지하여 가스가 통과하지 않는 고장
• 회전자 베어링의 마모에 의한 접촉불량일 때
• 먼지나 시일 등의 이물질이 들어 있을 때
③ 기차불량 : 회전자 베어링의 마모에 의한 간격 증대 등에 의하여 일어나는 고장
• 회전자 축수의 마모로 간격이 증대할 때
• 회전 부분의 마찰저항이 있을 때

89. 제어계 오차가 검출될 때 오차가 변화하는 속도에 비례하여 조작량을 가·감산하도록 하는 동작은?

① 미분동작
② 적분동작
③ 온 – 오프동작
④ 비례동작

해설 미분동작
제어편차 변화속도에 비례한 조작량을 내는 제어동작으로 진동이 발생하는 장치의 진동을 억제시키는 데 가장 효과적인 제어동작이다.

90. 가스계량기의 설치장소에 대한 설명으로 틀린 것은?

① 화기와 습기에서 멀리 떨어지고 통풍이 양호한 위치
② 가능한 배관의 길이가 길고 꺾인 위치
③ 바닥으로부터 1.6m 이상 2.0m 이내에 수직, 수평으로 설치
④ 전기 공작물과 일정 거리 이상 떨어진 위치

해설 가스계량기는 가능한 배관의 길이가 짧고 직선인 위치에 설치한다.

91. 다이어프램 압력계의 특징에 대한 설명 중 옳은 것은?

① 감도는 높으나 응답성이 좋지 않다.
② 부식성 유체의 측정이 불가능하다.
③ 미소한 압력을 측정하기 위한 압력계이다.
④ 과잉압력으로 파손되면 그 위험성은 커진다.

해설 다이어프램 압력계의 특징
㉠ 감도가 높고 응답이 빠르다.
㉡ 부식성 유체의 측정이 가능하다.
㉢ 차압측정 및 미소한 압력을 측정하는 데 적합하다.
㉣ 과잉 압력으로 파손되어도 위험은 적다.

92. 교통 신호등은 어떤 제어를 기본으로 하는가?

① 피드백 제어
② 시퀀스 제어
③ 캐스케이드 제어
④ 추종 제어

해설 시퀀스 제어
미리 정해진 순서에 따라서 제어가 각 단계가 순차적으로 진행되는 제어로, 전기세탁기, 자동판매기, 승강기, 교통신호, 전기밥솥 등의 제어가 이에 속한다.

93. 다음 가스분석 방법 중 흡수분석법이 아닌 것은?

① 헴펠법
② 적정법
③ 오르자트법
④ 게겔법

해설 흡수분석법
㉠ 오르자트법
㉡ 헴펠법
㉢ 게겔법

94. 가스크로마토그래피에서 운반가스의 구비조건으로 옳지 않은 것은?

① 사용하는 검출기에 적합해야 한다.
② 순도가 높고 구입이 용이해야 한다.
③ 기체 확산이 가능한 큰 것이어야 한다.
④ 시료와 반응성이 낮은 불활성 기체이어야 한다.

해설 기체 확산을 최초로 할 수 있어야 한다.

95. 안전등형 가스검출기에서 청색 불꽃의 길이로 농도를 알 수 있는 가스는?

① 수소
② 메탄
③ 프로판
④ 산소

해설 안전등형
탄광 내에서 CH_4의 발생을 검출하는 데 사용되고 청염의 길이로서 CH_4의 농도를 알 수 있다.

96. 습한 공기 205kg 중 수증기가 35kg 포함되어 있다고 할 때 절대습도(kg/kg)는? (단, 공기와 수증기의 분자량은 각각 29, 18로 한다.)

① 0.106
② 0.128
③ 0.171
④ 0.206

해설 절대습도(H)

$$H = \frac{\text{수증기의 kg}}{\text{건조공기의 kg}} = \frac{35\,kg}{(205-35)kg} = 0.206\,(\text{kg } H_2O/\text{kg 건조공기})$$

97. 계측기의 감도에 대하여 바르게 나타낸 것은?

① $\dfrac{\text{지시량의 변화}}{\text{측정량의 변화}}$

② $\dfrac{\text{측정량의 변화}}{\text{지시량의 변화}}$

③ 지시량의 변화 - 측정량의 변화

④ 측정량의 변화 - 지시량의 변화

해설 감도
㉠ 계측기가 측정량의 변화에 민감한 정도를 나타내는 값
㉡ 감도 = $\dfrac{\text{지시량의 변화}}{\text{측정량의 변화}}$
   즉, 측정량의 변화에 대해 계측기가 받는 지시량의 변화
㉢ 감도가 좋으면 측정시간이 길어지고 측정범위는 좁아진다.

---

91. ③　92. ②　93. ②　94. ③　95. ②　96. ④　97. ① 정답

98. 회전수가 비교적 적기 때문에 일반적으로 100 m³/h 이하의 소용량 가스계량에 적합하며 독립내기식과 그로바식으로 구분되는 가스미터는?

① 막식   ② 루트미터

③ 로터리피스톤식   ④ 습식

해설 막식 가스미터
저속회전(100m³/h)이고 가정용으로 주로 사용되며 독립내기식과 그로바식으로 구분된다.

99. 열전대 온도계의 특징에 대한 설명으로 틀린 것은?

① 냉접점이 있다.

② 보상 도선을 사용한다.

③ 원격 측정용으로 적합하다.

④ 접촉식 온도계 중 가장 낮은 온도에 사용된다.

해설 열전대 온도계
접촉식 온도계 중 가장 높은 온도에 사용된다.

100. 점도의 차원은? (단, 차원기호는 M : 질량, L : 길이, T : 시간이다.)

① MLT^{-1} ② $ML^{-1}T^{-1}$

③ $M^{-1}LT^{-1}$ ④ $M^{-1}L^{-1}T$

해설 점도의 단위와 차원
㉠ 단위 : kg/m·s
㉡ 차원 : $\dfrac{M}{LT} = ML^{-1}T^{-1}$

정답 98. ①   99. ④   100. ②

가스유체역학

01. 수면의 높이가 10m로 일정한 탱크의 바닥에 5mm의 구멍이 났을 경우 이 구멍을 통한 유체의 유속은 얼마인가?

① 14m/s ② 19.6m/s
③ 98m/s ④ 196m/s

해설 $V = \sqrt{2gh} = \sqrt{2 \times 9.8 \times 10} = 14$m/s

02. 레이놀즈수를 옳게 나타낸 것은?

① 점성력에 대한 관성력의 비
② 점성력에 대한 중력의 비
③ 탄성력에 대한 압력의 비
④ 표면장력에 대한 관성력의 비

해설 레이놀즈수(Re)

$Re = \dfrac{\rho V d}{\mu} = \dfrac{관성력}{점성력} = 무차원수$

03. 유체의 흐름에 관한 다음 설명 중 옳은 것을 모두 나타낸 것은?

⑦ 유관은 어떤 폐곡선을 통과하는 여러 개의 유선으로 이루어지는 것을 뜻한다.
④ 유적선은 한 유체입자가 공간을 운동할 때 그 입자의 운동궤적이다.

① ⑦
② ④
③ ⑦, ④
④ 모두 틀림

해설 유체의 흐름
① 유선 : 유체흐름에 있어서 모든 점에서 유체흐름의 속도벡터의 방향을 갖는 연속적인 가상의 곡선을 말한다.
② 유맥선 : 공산내의 한점을 지나는 모든 유체 입자들의 순간궤적이다.
③ 유적선 : 하유체 입자가 일정한 기간내에 움직인 경로(유체 입자가 지나간 자취)

04. 이상기체 속에서의 음속을 옳게 나타낸 식은? (단, ρ=밀도, P=압력, k=비열비, $\overline{R}$=일반기체상수, M=분자량이다.)

① $\sqrt{\dfrac{k}{\rho}}$ ② $\sqrt{\dfrac{d\rho}{dP}}$

③ $\sqrt{\dfrac{\rho}{kP}}$ ④ $\sqrt{\dfrac{k\overline{R}T}{M}}$

해설 음속
① 물속에서의 음속(C_1)

$C_1 = \sqrt{\dfrac{E}{\rho}}$ 여기서, E : 물의체적탄성계수(kg_f/m^2)

② 이상기체속에서의 음속(C_2)

$C_2 = \sqrt{KRT} = \sqrt{\dfrac{K\overline{R}T}{M}}$

여기서, $R = \dfrac{\overline{R}}{M}$, R : 특정기체 상수

05. 절대압이 2kg_f/cm^2이고, 40℃인 이상기체 2kg이 가역과정으로 단열압축 되어 절대압 4kg_f/cm^2이 되었다. 최종온도는 약 몇 ℃인가? (단, 비열비 k는 1.40이다.)

① 43 ② 64
③ 85 ④ 109

해설 $T_2 = \left(\dfrac{P_2}{P_1}\right)^{\frac{K-1}{K}} \times T_1$

$= \left(\dfrac{4}{2}\right)^{\frac{1.4-1}{1.4}} \times (273 + 40) = 381.55$K

$t_2 = 381.55 - 273 = 109$℃

---

01. ① 02. ① 03. ③ 04. ④ 05. ④ 정답

06. 그림과 같은 확대 유로를 통하여 a지점에서 b지점으로 비압축성 유체가 흐른다. 정상상태에서 일어나는 현상에 대한 설명으로 옳은 것은?

① a지점에서의 평균속도가 b지점에서의 평균속도보다 느리다.

② a지점에서의 밀도가 b지점에서의 밀도보다 크다.

③ a지점에서의 질량플럭스(mass flux)가 b지점에서의 질량플럭스보다 크다.

④ a지점에서의 질량유량이 b지점에서의 질량유량보다 크다.

[해설] 정상상태에서의 비압축성유체
① 평균속도 : a지점 > b지점
② 밀도 : a지점 < b지점
③ 질량유량 : a지점 = b지점

07. 깊이 1000m인 해저의 수압은 계기압력으로 몇 kg_f/cm^2인가? (단, 해수의 비중량은 $1025kg_f/m^3$이다.)

① 100
② 102.5
③ 1000
④ 1025

[해설] $P = rh$ 식에서
$P = 1025 \times 1000 \times 10^{-4} = 102.5 kg_f/cm^2$

08. 유체를 연속체로 가정할 수 있는 경우는?

① 유동 시스템의 특성길이가 분자평균자유행로에 비해 충분히 크고, 분자들 사이의 충돌시간은 충분히 짧은 경우

② 유동 시스템의 특성길이가 분자평균자유행로에 비해 충분히 작고, 분자들 사이의 충돌시간은 충분히 짧은 경우

③ 유동 시스템의 특성길이가 분자평균자유행로에

비해 충분히 크고, 분자들 사이의 충돌시간은 충분히 긴 경우

④ 유동 시스템의 특성길이가 분자평균자유행로에 비해 충분히 작고, 분자들 사이의 충돌시간은 충분히 긴 경우

[해설] 연속체로 취급될 수 있는 조건
① 분자의 평균자유 행로가 물체의 대표길이(용의 치수, 관의 지름)에 비해 매우 작은 경우(1% 미만)의 기체
② 분자의 충돌과 충돌사이에 걸리는 시간이 아주 짧아야 한다.

09. 100PS는 약 몇 kW인가?

① 7.36
② 7.46
③ 73.6
④ 74.6

[해설] $L_{kW} = \dfrac{100 \times 632.3}{860} = 73.6kW$
여기서, $1PS = 632.3 kcal/h$
$1kW = 860 kcal/h$

10. 중력에 대한 관성력의 상대적인 크기와 관련된 무차원의 수는 무엇인가?

① Reynolds수
② Froude수
③ 모세관수
④ Weber수

[해설] 무차원수
① Feynolds수 $= \dfrac{관성력}{점성력}$
② Froude 수 $= \dfrac{관성력}{중력}$
③ Weber 수 $= \dfrac{관성력}{표면장력}$
④ Mach 수 $= \dfrac{관성력}{탄성력}$
⑤ Euler 수 $= \dfrac{관성력}{중력}$

정답 06. ③ 07. ② 08. ① 09. ③ 10. ②

11. 이상기체가 초음속으로 단면적이 줄어드는 노즐로 유입되어 흐를 때 감소하는 것은? (단, 유동은 등엔트로피 유동이다.)

① 온도   ② 속도
③ 밀도   ④ 압력

해설 초음속 흐름(M > 1)
① 확대노즐 : 속도증가, 압력감소
② 축소노즐 : 속도감소, 압력증가

12. 비중이 0.9인 액체가 나타내는 압력이 1.8kg_f/cm²일 때 이것은 수두로 몇 m 높이에 해당하는가?

① 10   ② 20
③ 30   ④ 40

해설 $H = \dfrac{P}{r} = \dfrac{1.8 \times 10^4 (\mathrm{kg_f/m^2})}{0.9 \times 10^3 (\mathrm{m^3})} = 20\mathrm{m}$

13. 수직으로 세워진 노즐에서 물이 10m/s의 속도로 뿜어 올려진다. 마찰손실을 포함한 모든 손실이 무시된다면 물은 약 몇 m 높이까지 올라갈 수 있는가?

① 5.1m   ② 10.4m
③ 15.6m   ④ 19.2m

해설 $H = \dfrac{V^2}{2g} = \dfrac{10^2}{2 \times 9.8} = 5.1\mathrm{m}$

14. 그림과 같이 60° 기울어진 4m×8m의 수문이 A 지점에서 힌지(hinge)로 연결되어 있을 때, 이 수문에 작용하는 물에 의한 정수력의 크기는 약 몇 kN인가?

① 2.7
② 1568
③ 2716
④ 3136

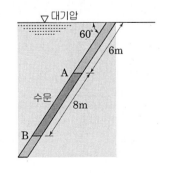

해설 $F = rhA$에서

$F = 9800 \times (6 + 8\frac{1}{2}) \sin 60 \times (4 \times 8) \times 10^{-3} = 2716\mathrm{KN}$

15. 다음의 펌프 종류 중에서 터보형이 아닌 것은?

① 원심식   ② 축류식
③ 왕복식   ④ 경사류식

해설 터보형 펌프
① 원심식(센트리퓨우걸) 펌프
② 경사류식(사류) 펌프
③ 축류식 펌프

16. 압력 1.4kg_f/cm²abc, 온도 96℃의 공기가 속도 90m/s로 흐를 때, 정체온도(K)는 얼마인가? (단, 공기의 C_p = 0.24kcal/kg·K이다.)

① 397   ② 382
③ 373   ④ 369

해설 $T_0 = T + \dfrac{K-1}{KR} \times \dfrac{V^2}{2g}$ 식에서

$T_0 = (273 + 96) + \dfrac{1.4 - 1}{1.4 \times \dfrac{848}{29}} \times \dfrac{90^2}{2 \times 9.8} = 373\mathrm{K}$

17. 두 개의 무한히 큰 수평 평판 사이에 유체가 채워져 있다. 아래 평판을 고정하고 위평판을 V의 일정한 속도로 움직일 때 평판에는 τ의 전단응력이 발생한다. 평판 사이의 간격은 H이고, 평판사이의 속도분포는 선형(Couette 유동)이라고 가정하여 유체의 점성계수 μ를 구하면?

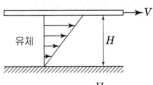

① $\dfrac{\tau V}{H}$ ② $\dfrac{\tau H}{V}$

③ $\dfrac{VH}{\tau}$ ④ $\dfrac{\tau V}{H^2}$

해설 전단응력(τ)

$$\tau = \mu \cdot \frac{dV}{dy}$$

$$\mu = \frac{\pi dy}{dV}, \quad \mu = \frac{\tau \cdot H}{V}$$

여기서, $dy = H$

18. 온도 27℃의 이산화탄소 3kg이 체적 0.30m³ 의 용기에 가득 차 있을 때 용기 내의 압력(kg$_f$/cm²)은? (단, 일반기체상수는 848kg$_f$·m/kmol·K이고, 이산화탄소의 분자량은 44이다.)

① 5.79
② 24.3
③ 100
④ 270

해설 $PV = GRT$식에서

$$P = \frac{GRT}{V} = \frac{3 \times \dfrac{848}{44} \times (273 + 27)}{0.3}$$

$$= 57818 \text{kg}_f/\text{m}^2 = 57818 \times 10^{-4} \text{kg}_f/\text{cm}^2$$

$$= 5.79 \text{kg}_f/\text{cm}^2$$

19. 다음 유량계 중 용적형 유량계가 아닌 것은?

① 가스 미터(gas meter)
② 오벌 유량계
③ 선회 피스톤형 유량계
④ 로우터 미터

해설 로우터미터 = 회전식유량계

20. 내경이 0.0526m인 철관에 비압축성 유체가 9.085m³/h로 흐를 때의 평균유속은 약 몇 m/s인가? (단, 유체의 밀도는 1200kg/m³이다.)

① 1.16
② 3.26
③ 4.68
④ 11.6

해설 $Q = AV$에서

$$V = \frac{Q}{A} = \frac{4Q}{\pi d^2} = \frac{4 \times 9.085}{\pi \times 0.0526^2 \times 3600} = 1.16 \text{m/s}$$

제2과목   연소공학

21. 어느 온도에서 A(g) + B(g) ⇌ C(g) + D(g)와 같은 가역반응이 평형상태에 도달하여 D가 1/4mol 생성되었다. 이 반응의 평형상수는? (단, A와 B를 각각 1mol씩 반응시켰다.)

① $\dfrac{16}{9}$
② $\dfrac{1}{3}$
③ $\dfrac{1}{9}$
④ $\dfrac{1}{16}$

해설

	A(g)	+	B(g)	⇌	C(g)	+	D(g)
반응전	1(mol)		1(mol)		O		O
반응후	$(1-\frac{1}{4})$		$(1-\frac{1}{4})$		$\frac{1}{4}$		$\frac{1}{4}$

$$\text{평형상수}(K) = \frac{\dfrac{1}{4} \times \dfrac{1}{4}}{(1-\dfrac{1}{4}) \times (1-\dfrac{1}{4})} = \frac{1}{9}$$

22. 다음 중 폭발범위의 하한 값이 가장 낮은 것은?

① 메탄
② 아세틸렌
③ 부탄
④ 일산화탄소

해설 폭발범위
① 메탄(5~15%)   ② 아세틸렌(2.5~81%)
③ 부탄(1.8~8.4%)   ⑤ 일산화탄소(12.5~74%)

23. 가연성가스와 공기를 혼합하였을 때 폭굉범위는 일반적으로 어떻게 되는가?

① 폭발범위와 동일한 값을 가진다.
② 가연성가스의 폭발상한계값보다 큰 값을 가진다.
③ 가연성가스의 폭발하한계값보다 작은 값을 가진다.
④ 가연성가스의 폭발하한계와 상한계값 사이에 존재한다.

해설 폭굉범위
폭발한계내에서도 특히 격렬한 폭굉을 생성하는 조성한계로 폭발하한계와 상한계값 사이에 존재한다.
즉, 폭발한계내에 폭굉한계가 존재한다.

24. 발열량이 24000kcal/m³인 LPG 1m³에 공기 3m³를 혼합하여 희석하였을 때 혼합기체 1m³당 발열량은 몇 kcal인가?

① 5000
② 6000
③ 8000
④ 16000

해설 혼합깊체의 발열량(H)

$$H = \frac{24000kcal}{1m^3 + 3m^3} = 6000kcal/m^3$$

25. 연소 속도에 영향을 주는 요인으로서 가장 거리가 먼 것은?

① 산소와의 혼합비
② 반응계의 온도
③ 발열량
④ 촉매

해설 연소속도에 영향을 주는 요인
① 기체의 확산 및 산소와의 혼합
② 연소용 공기중 산소의 농도(농도가 클수록 반응속도가 빨라진다)
③ 연소반응 물질 주위의 압력(압력이 높을수록 반응속도가 빠르다)
④ 반응계의 온도가 높으면 속도정수가 커지므로 반응속도는 증가한다.
⑤ 촉매

26. 다음은 정압연소 사이클의 대표적인 브레이톤 사이클(Brayton cycle)의 T-S선도이다. 이 그림에 대한 설명으로 옳지 않은 것은?

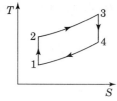

① 1-2의 과정은 가역단열압축 과정이다.
② 2-3의 과정은 가역정압가열 과정이다.
③ 3-4의 과정은 가역정압팽창 과정이다.

④ 4-1의 과정은 가역정압배기 과정이다.
해설 3-4과정은 가역단열 팽창과정이다.

27. 폭발범위에 대한 설명으로 틀린 것은?

① 일반적으로 폭발범위는 고압일수록 넓다.
② 일산화탄소는 공기와 혼합 시 고압이 되면 폭발범위가 좁아진다.
③ 혼합가스의 폭발범위는 그 가스의 폭굉범위보다 좁다.
④ 상온에 비해 온도가 높을수록 폭발범위가 넓다.
해설 폭발범위는 폭굉범위보다 넓다.

28. 열역학 제2법칙을 잘못 설명한 것은?

① 열은 고온에서 저온으로 흐른다.
② 전체 우주의 엔트로피는 감소하는 법이 없다.
③ 일과 열은 전량 상호 변환할 수 있다.
④ 외부로부터 일을 받으면 저온에서 고온으로 열을 이동시킬 수 있다.
해설 일과 열은 전량 상호 변환할 수 있다. = 열역학제1법칙

29. 운전과 위험분석(HAZOP) 기법에서 변수의 양이나 질을 표현하는 간단한 용어는?

① Parameter
② Cause
③ Consequence
④ Guide Words

해설 위험과 운전분석(HAZOP)기법
공정에 존재하는 위험요소들과 공정의 효율을 떨어뜨릴수 있는 운전상의 문제점을 찾아내어 그 원인을 제거하는 것으로 변수의 양이나 질을 표현하는 용어로는 Guide Words가 있다.

30. 연료에 고정 탄소가 많이 함유되어 있을 때 발생되는 현상으로 옳은 것은?

① 매연 발생이 많다.

② 발열량이 높아진다.

③ 연소 효과가 나쁘다.

④ 열손실을 초래한다.

[해설] 고정탄소가 함유된 연료
① 발열량이 증가한다.
② 점화속도가 느리다.

31. 실제기체가 완전기체(ideal gas)에 가깝게 될 조건은?

① 압력이 높고, 온도가 낮을 때

② 압력, 온도 모두 낮을 때

③ 압력이 낮고, 온도가 높을 때

④ 압력, 온도 모두 높을 때

[해설] ① 실제기체의 조건 : 저온, 고압
② 이상기체의 조건 : 고온, 저압

32. 다음 중 연소의 3요소로만 옳게 나열된 것은?

① 공기비, 산소농도, 점화원

② 가연성 물질, 산소공급원, 점화원

③ 연료의 저열발열량, 공기비, 산소농도

④ 인화점, 활성화에너지, 산소농도

[해설] 연소의 3요소
가연물(가연성물질), 산소공급원, 점화원

33. 1atm, 15℃ 공기를 0.5atm까지 단열팽창 시키면 그 때 온도는 몇 ℃인가? (단, 공기의 Cp/Cv = 1.4이다.)

① −18.7℃   ② −20.5℃

③ −28.5℃   ④ −36.7℃

[해설] $T_2 = \left(\dfrac{P_2}{P_1}\right)^{\frac{k-1}{k}} \times T_1$

$T_2 = \left(\dfrac{0.5}{1}\right)^{\frac{1.4-1}{1.4}} \times (273+15) = 236.3K$

$t_2 = (236.3-273) = -36.7℃$

34. 소화안전장치(화염감시장치)의 종류가 아닌 것은?

① 열전대식

② 플래임 로드식

③ 자외선 광전관식

④ 방사선식

[해설] 소화안전장치의 종류
① 열전대식 ② 플레임로드식 ③ 자외선광전관식

35. 어떤 과정이 가역적으로 되기 위한 조건은?

① 마찰로 인한 에너지 변화가 있다.

② 외계로부터 열을 흡수 또는 방출한다.

③ 작용 물체는 전 과정을 통하여 항상 평형이 이루어지지 않는다.

④ 외부조건에 미소한 변화가 생기면 어느 지점에서라도 역전시킬 수 있다.

[해설] ①, ②, ③항은 비가역과정

36. 프로판 20v%, 부탄 80v%인 혼합가스 1L가 완전연소하는데 필요한 산소는 약 몇 L인가?

① 3.0L   ② 4.2L

③ 5.0L   ④ 6.2L

[해설] $C_3H_8 + 5O_2 \rightarrow 3CO_2 + 4H_2O$
$C_4H_{10} + 6.5O_2 \rightarrow 4CO_2 + 5H_2O$
산소량 $= 0.2 \times 5 + 0.8 \times 6.5 = 6.2L$

정답   30. ②   31. ③   32. ②   33. ④   34. ④   35. ④   36. ④

37. 공기의 확산에 의하여 반응하는 연소가 아닌 것은?

① 표면연소　　　　② 분해연소
③ 증발연소　　　　④ 확산연소

[해설] 표면연소
휘발분이 없는 연료의 연소이기 때문에 확산에 의해 반응하는 연소가 될수 없다.

38. 프로판 가스 44kg을 완전연소시키는데 필요한 이론공기량은 약 몇 Nm^3인가?

① 460　　　　② 530
③ 570　　　　④ 610

[해설] $C_3H_8 + 5O_2 \rightarrow 3CO_2 + 4H_2O$
$44(g) : 5 \times 22.4(\ell) = 44(kg) : O_2(m^3)$
$O_2 = \dfrac{44(kg) \times 5 \times 22.4(\ell)}{44(g)} = 112m^3$

이론공기량$(A_1) = O_2 \times \dfrac{100}{21} = 112 \times \dfrac{100}{21} = 530Nm^3$

39. 298.15K, 0.1MPa 상태의 일산화탄소(CO)를 같은 온도의 이론 공기량으로 정상유동 과정으로 연소시킬 때 생성물의 단열화염 온도를 주어진 표를 이용하여 구하면 약 몇 K인가?
(단, 이 조건에서 CO 및 CO_2의 생성엔탈피는 각각 -110529kJ/kmol, -393522kJ/kmol 이다.)
[표]
CO_2의 기준상태에서 각각의 온도까지 엔탈피 차

온도(K)	엔탈피 차(kJ/kmol)
4800	266500
5000	279295
5200	292123

① 4835　　　　② 5058
③ 5194　　　　④ 5293

[해설] CO_2의 엔탈피차 $= -110529 - (-393522)$
$= 282993$에서의 온도(T)는
$(5000-4800) : (279295 - 266500)$
$= (5200-T) : (292123 - 282993)$에서
$T = 5200 - \dfrac{(5000-4800)(292123-282993)}{(279295-266500)} = 5058K$

40. 발열량에 대한 설명으로 틀린 것은?

① 연료의 발열량은 연료단위량이 완전 연소했을 때 발생한 열량이다.
② 발열량에는 고위발열량과 저위발열량이 있다.
③ 저위발열량은 고위발열량에서 수증기의 잠열을 뺀 발열량이다.
④ 발열량은 열량계로는 측정할 수 없어 계산식을 이용한다.

[해설] 연료의 발열량 측정
① 공업분석으로 측정
② 열량계로 측정
③ 원소 분석으로 측정

제3과목　　　　가스설비

41. 접촉분해(수증기 개질)에서 카본생성을 방지하는 방법으로 알맞은 것은?

① 고온, 고압, 고수증기
② 고온, 저압, 고수증기
③ 고온, 고압, 저수증기
④ 저온, 저압, 저수증기

[해설] 접촉분해(수증기 개질) 공정에서 카본생성방지 방법 : 고온, 저압, 고수증기

42. 금속의 표면 결함을 탐지하는데 주로 사용되는 비파괴검사법은?

① 초음파 탐상법　　② 방사선 투과시험법
③ 중성자 투과시험법　④ 침투 탐상법

[해설] 침투탐상법
금속의 표면에 개구된 미세한 균열, 작은구멍, 슬러그 등을 검출하는 방법이다.

43. 부탄가스 공급 또는 이송 시 가스 재액화 현상에 대한 대비가 필요한 방법(식)은?

① 공기 혼합 공급 방식
② 액송 펌프를 이용한 이송법
③ 압축기를 이용한 이송법
④ 변성 가스 공급방식

[해설] 압축기를 이용한 이송법
부탄의 경우 낮은 온도에서 재액화 현상이 일어난다.

44. 탄소강에 자경성을 주며 이 성분을 다량으로 첨가한 강은 공기 중에서 냉각하여도 쉽게 오스테나이트 조직으로 된다. 이 성분은?

① Ni
② Mn
③ Cr
④ Si

[해설] 망간(Mn)
공기중에 서냉시켜도 쉽게 오스테나이트 조직으로 되고 점성이 크고 고온가공을 쉽게 한다.

45. 배관이 열팽창할 경우에 응력이 경감되도록 미리 늘어날 여유를 두는 것을 무엇이라 하는가?

① 루핑
② 핫 멜팅
③ 콜드 스프링
④ 팩레싱

[해설] 콜드스프링(상온스프링)
열의 팽창을 받아 배관이 자유팽창하게끔 미리 계산해 놓고 시공하기전 미리 배관의 길이를 짧게 한다.
절단길이는 계산에서 얻은 자유팽창량의 $\frac{1}{2}$ 정도이다.

46. 기어 펌프는 어느 형식의 펌프에 해당하는가?

① 축류펌프
② 원심펌프
③ 왕복식펌프
④ 회전펌프

[해설] 회전식펌프의 종류
① 기어펌프
② 나사펌프
③ 베인펌프

47. 냉동 능력에서 1RT를 kcal/h로 환산하면?

① 1660kcal/h
② 3320kcal/h
③ 39840kcal/h
④ 79680kcal/h

[해설] 1냉동톤(RT)
0℃물 1ton을 하루(24시간) 동안에 0℃ 얼음으로 만드는데 제거해야할 열량

$$1RT = \frac{1000kg \times 79.68kcal/kg}{24h} = 3320kcal/h$$

48. LPG 압력조정기 중 1단 감압식 준저압 조정기의 조정압력은?

① 2.3~3.3kPa
② 2.55~3.3kPa
③ 57.0~83kPa
④ 5.0~30.0kPa 이내에서 제조자가 설정한 기준 압력의 ±20%

[해설] 1단 감압식 준저압조정기
① 입구압력 : 0.1 ~1.56MPa
② 출구압력(조정압력) : 5.0 ~ 30.0kPa 이내에서 제조자가 설정한 기준압력의 ±20%

49. 가스 중에 포화수분이 있거나 가스배관의 부식구멍 등에서 지하수가 침입 또는 공사 중에 물이 침입하는 경우를 대비해 관로의 저부에 설치하는 것은?

① 에어밸브
② 수취기
③ 콕
④ 체크밸브

정답 43. ③   44. ②   45. ③   46. ④   47. ②   48. ④   49. ②

해설 수취기
수분이 침입하는 경우를 대비해 관로 저부에 수취기를 설치한다.

50. 도시가스설비에 대한 전기방식(防蝕)의 방법이 아닌 것은?

① 희생양극법   ② 외부전원법
③ 배류법   ④ 압착전원법

해설 전기방식법
① 희생양극법(유전양극법)
② 외부전원법
③ 선택배류법
④ 강제배류법

51. 압력조정기를 설치하는 주된 목적은?

① 유량조절
② 발열량조절
③ 가스의 유속조절
④ 일정한 공급압력 유지

해설 조정기의 주된목적
용기내 가스를 소비하는 동안 공급가스 압력을 일정하게 유지하고 소비가 중단되었을 때는 가스를 차단시킨다.

52. 고무호스가 노후되어 직경 1mm의 구멍이 뚫려 280mmH₂O의 압력으로 LP가스가 대기 중으로 2시간 유출되었을 때 분출된 가스의 양은 약 몇 L인가? (단, 가스의 비중은 1.6이다.)

① 140L   ② 238L
③ 348L   ④ 672L

해설 $Q = 0.009D^2\sqrt{\dfrac{P}{S}}$ [m³/h]

$Q = 0.009 \times 1^2 \sqrt{\dfrac{280}{1.6}} \times 2 = 0.238\text{m}^3$
$= 238\text{L}$

53. 공기액화사이클 중 압축기에서 압축된 가스가 열교환기로 들어가 팽창기에서 일을 하면서 단열팽창하여 가스를 액화시키는 사이클은?

① 필립스의 액화사이클
② 캐스케이드 액화사이클
③ 클라우드의 액화사이클
④ 린데의 액화사이클

해설 가스액화사이클의 종류와 특징
① 린데식 : 주울 톰슨의 효과
② 클라우드식 : 피스톤 팽창기
③ 캐피자식 : 측랭기
④ 필립스식 : 수소, 헬륨 냉매
⑤ 케스케이드식 : 저비점의 기체

54. 터보 압축기에서 누출이 주로 생기는 부분에 해당되지 않는 것은?

① 임펠러 출구
② 다이어프램 부위
③ 밸런스 피스톤 부분
④ 축이 케이싱을 관통하는 부분

해설 터어보 압축기에서 누출이 주로 생기는 부분
① 임펠러 입구
② 다이어프램부위
③ 밸런스피스톤부분
④ 축이 케이싱을 관통하는 부분

55. PE배관의 매설 위치를 지상에서 탐지할 수 있는 로케팅와이어 전선의 굵기(mm²)로 맞는 것은?

① 3   ② 4
③ 5   ④ 6

해설 PE배관 탐지형전선 : 로케이팅와이어(6mm² 이상의 동선 사용)

---

50. ④   51. ④   52. ③   53. ③   54. ①   55. ④   정답

56. 분자량이 큰 탄화수소를 원료로 10000kcal/Nm³ 정도의 고열량 가스를 제조하는 방법은?

① 부분연소 프로세스
② 사이클링식 접촉분해 프로세스
③ 수소화분해 프로세스
④ 열분해 프로세스

[해설] 열분해공정
분자량이 큰 원료(나프타, 원유등)을 800~900℃로 분해하여 고열량(10000kcal/Nm³)의 가스를 제조하는 방법

57. 전기방식시설의 유지관리를 위해 배관을 따라 전위측정용 터미널을 설치할 때 얼마 이내의 간격으로 하는가?

① 50m 이내
② 100m 이내
③ 200m 이내
④ 300m 이내

[해설] 강재 배관의 전위측정용 터미널(T/B)설치 기준
① 희생양극법, 배류법에 의한 배관에는 300m 이내의 간격으로 설치
② 직류전철 횡단부 주위에 설치
③ 지중에 매설되어 있는 배관연결부의 양측에 설치
④ 타구조물과 근접교차부분에 설치
⑤ 밸브스테이션에 설치

58. 고압가스 용접용기에 대한 내압검사 시 전증가량이 250mL일 때 이 용기가 내압시험에 합격하려면 영구증가량은 얼마 이하가 되어야 하는가?

① 12.5mL
② 25.0mL
③ 37.5mL
④ 50.0mL

[해설] 영구증가율 = $\dfrac{영구증가량}{전증가량}$

영구증가량 = 전증가량 × 영구증가율
　　　　　　 250 × 0.1 = 25.0mL
[참고] 합격기준 : 영구증가율 10% 이하

59. 용접결함 중 접합부의 일부분이 녹지 않아 간극이 생긴 현상은?

① 용입불량
② 융합불량
③ 언더컷
④ 슬러그

[해설] 용접부의 결합
① 용입불량 : 접합부의 일부분이 녹지 않아 간극이 생긴 현상
② 언더컷 : 용접선 끝에 생기는 작은 홈
③ 슬러그섞임 : 녹은 피복제가 용착금속표면에 떠 있거나 용착금속 속에 남아 있는 현상
④ 오버랩 : 용융금속이 모재와 융합되어 모재위에 겹쳐지는 상패

60. 저압배관의 관경 결정(Pole式) 시 고려할 조건이 아닌 것은?

① 유량
② 배관길이
③ 중력가속도
④ 압력손실

[해설] • 저압배관유량 산출식(Pole식)

$$Q = K\sqrt{\dfrac{D^5 h}{SL}}$$

• 저압배관설계 4요소
① 배관내의 압력손실(h)
② 가스소비량(유량)의 결정(Q)
③ 배관길이의 결정(L)
④ 관경의 결정(D)

제4과목	가스안전관리

61. 액화석유가스의 충전용기는 항상 몇 ℃ 이하로 유지하여야 하는가?

① 15℃
② 25℃
③ 30℃
④ 40℃

[해설] LPG용기보관소 및 충전용기는 항상 40℃ 이하로 유지

---

62. 차량에 고정된 탱크 운반차량의 운반기준 중 다음 ( )에 옳은 것은?

> 가연성가스(액화석유가스를 제외한다) 및 산소탱크의 내용적은 (Ⓐ)L, 독성가스(액화암모니아를 제외한다)의 탱크의 내용적은 (Ⓑ)L를 초과하지 않을 것

① Ⓐ20000, Ⓑ15000
② Ⓐ20000, Ⓑ10000
③ Ⓐ18000, Ⓑ12000
④ Ⓐ16000, Ⓑ14000

[해설] 차량에 고정된 탱크운반차량의 내용적 초과금지
① 가연성, 산소탱크 : 18000ℓ 초과금지(LPG 제외)
② 독성카스 탱크 : 12000ℓ 초과금지(암모니아 제외)

63. 고압가스 용기에 대한 설명으로 틀린 것은?

① 아세틸렌용기는 황색으로 도색하여야 한다.
② 압축가스를 충전하는 용기의 최고 충전압력은 TP로 표시한다.
③ 신규검사 후 경과연수가 20년 이상인 용접용기는 1년 마다 재검사를 하여야 한다.
④ 독성가스 용기의 그림문자는 흰색바탕에 검정색 해골모양으로 한다.

[해설] 최고충전압력 : FP
내압시험압력 : TP

64. 아세틸렌을 용기에 충전할 때에는 미리 용기에 다공질물을 고루 채워야 하는데 이때 다공도는 몇 % 이상이어야 하는가?

① 62% 이상
② 75% 이상
③ 92% 이상
④ 95% 이상

[해설] 다공물질의 다공도 : 75% 이상 92% 미만

65. 용기에 의한 액화석유가스 사용시설에서 용기집합설비의 설치기준으로 틀린 것은?

① 용기집합설비의 양단 마감 조치 시에는 캡 또는 플랜지로 마감한다.
② 용기를 3개 이상 집합하여 사용하는 경우에 용기집합장치로 설치한다.
③ 내용적 30L 미만인 용기로 LPG를 사용하는 경우 용기집합설비를 설치하지 않을 수 있다.
④ 용기와 소형저장탱크를 혼용 설치하는 경우에는 트윈호스로 마감한다.

[해설] 용기보관실 및 용기집합설비 설치
① 내용적 30L 미만의 용기로 LPG를 사용하는 경우 용기집합설비를 설치하지 않을 수 있다.
② 용기집합설비의 양단 마감조치시에는 캡(Round cap 또는 Socket cap) 또는 플랜지로 마감한다.
③ 용기를 3개 이상 접합하여 사용하는 경우에는 용기집합장치로 설치한다.
④ 용기와 연결된 트윈호스의 조정기 연결부는 조정기 외의 다른 저장설비나 가스설비에 연결하지 아니한다.
⑤ 용기와 소형저장탱크는 혼용설치 할 수 없다.

66. 아세틸렌을 2.5MPa의 압력으로 압축할 때에는 희석제를 첨가하여야 한다. 희석제로 적당하지 않는 것은?

① 일산화탄소
② 산소
③ 메탄
④ 질소

[해설] 희석제 : 질소, 일산화탄소, 메탄, 에틸렌

67. 도시가스 배관용 볼밸브 제조의 시설 및 기술 기준으로 틀린 것은?

① 밸브의 오링과 패킹은 마모 등 이상이 없는 것으로 한다.
② 개폐용 핸들의 열림 방향은 시계 방향으로 한다.
③ 볼밸브는 핸들 끝에서 294.2N 이하의 힘을 가해서 90° 회전할 때 완전히 개폐하는 구조로 한다.

④ 나사식밸브 양끝의 나사축선에 대한 어긋남은 양끝면의 나사 중심을 연결하는 직선에 대하여 끝 면으로부터 300mm 거리에서 2.0mm를 초과하지 아니하는 것으로 한다.

[해설] 개폐용 핸들 휠
열림방향이 시계바늘 반대방향

68. 액화석유가스의 적절한 품질을 확보하기 위하여 정해진 품질기준에 맞도록 품질을 유지하여야 하는 자에 해당하지 않는 것은?

① 액화석유가스충전사업자
② 액화석유가스특정사용자
③ 액화석유가스판매사업자
④ 액화석유가스집단공급사업자

[해설] 품질기준에 맞도록 품질 유지해야 하는자
① 액화석유가스 충전사업자
② 액화석유가스 판매사업자
③ 액화석유가스 집단공급사업자

69. 지름이 각각 5m와 7m인 LPG 지상저장탱크 사이에 유지해야 하는 최소 거리는 얼마인가? (단, 탱크사이에는 물분무 장치를 하지 않고 있다.)

① 1m   ② 2m
③ 3m   ④ 4m

[해설] $L = (D_1 \times D_2) \times \frac{1}{4} = (5+7) \times \frac{1}{4} = 3m$

[참고] 1m 미만인 경우는 1m 이상으로 한다.

70. 20kg(내용적:47L) 용기에 프로판이 2kg 들어 있을 때, 액체프로판의 중량은 약 얼마인가? (단, 프로판의 온도는 15℃이며, 15℃에서 포화액체 프로판 및 포화가스 프로판의 비용적은 각각 1.976cm³/g, 62cm³/g이다.)

① 1.08kg   ② 1.28kg
③ 1.48kg   ④ 1.68kg

[해설] $1.976(\ell/kg) \times (2-x)kg + 62(\ell/kg) \times x(kg) = 47(\ell)$
$1.976 \times 2 - 1.976x + 62x = 47(\ell)$
$x = \dfrac{47 - (1.976 \times 2)}{62 - 1.976} = 0.717kg$
∴ 액체프로판의 중량 = $2 - 0.717 = 1.28kg$

71. 저장시설로부터 차량에 고정된 탱크에 가스를 주입하는 작업을 할 경우 차량운전자는 작업기준을 준수하여 작업하여야 한다. 다음 중 틀린 것은?

① 차량이 앞뒤로 움직이지 않도록 차바퀴의 전후를 차바퀴 고정목 등으로 확실하게 고정시킨다.
② 『이입작업중(충전중) 화기엄금』의 표시판이 눈에 잘 띄는 곳에 세워져 있는가를 확인한다.
③ 정전기제거용의 접지코드를 기지(基地)의 접지탭에 접속하여야 한다.
④ 운전자는 이입작업이 종료될 때까지 운전석에 위치하여 만일의 사태가 발생하였을 때 즉시 엔진을 정지할 수 있도록 대비하여야 한다.

[해설] 차량에 고정된 탱크에 가스주입작업의 기준
① 차를 소정의 위치에 정차시키고 주차브레이크를 확실히 건 다음 엔진을 끄고 메인스위치 그 밖의 전기장치를 완전히 차단하여 스파크가 발생하지 아니하도록 하고 커플링을 분리하지 아니한 상태에서는 엔진을 사용할 수 없도록 적절한 조치를 강구할 것
② 차량에 고정된 탱크의 운전자는 이입작업이 종료될때까지 탱크로리차량의 긴급차단장치 부근에 위치하여야 하며 가스누출 등 긴급사태 발생시 안전관리 지시에 따라 신속하게 차량의 긴급차단장치를 작동하거나 차량이동 등의 조치를 취하여야 한다.

72. 가스용 염화비닐 호스의 안지름 치수 규격이 옳은 것은?

① 1종 : 6.3±0.7mm
② 2종 : 9.5±0.9mm
③ 3종 : 12.7±1.2mm
④ 4종 : 25.4±1.27mm

정답   68. ②   69. ③   70. ②   71. ④   72. ①

해설 가스용 염화비닐호스의 안지름 치수

구 분	안지름(mm)	허용차(mm)
1종	6.3	
2종	9.5	±0.7
3종	12.7	

73. 가연성가스 제조소에서 화재의 원인이 될 수 있는 착화원이 모두 바르게 나열된 것은?

> Ⓐ 정전기
> Ⓑ 베릴륨 합금제 공구에 의한 충격
> Ⓒ 안전증 방폭구조의 전기기기
> Ⓓ 촉매의 접촉작용
> Ⓔ 밸브의 급격한 조작

① Ⓐ, Ⓓ, Ⓔ   ② Ⓐ, Ⓑ, Ⓒ
③ Ⓐ, Ⓒ, Ⓓ   ④ Ⓑ, Ⓒ, Ⓔ

해설 착화원(점화원)
정전기, 촉매의 접촉작용, 밸브의 급격한 조작, 마찰 등

74. 산소, 아세틸렌, 수소 제조 시 품질검사의 실시 횟수로 옳은 것은?

① 매시간 마다   ② 6시간에 1회 이상
③ 1일 1회 이상   ④ 가스 제조 시 마다

해설 품질검사
① 대상 : 산소, 수소, 아세틸렌
② 매일 1회 이상 가스제조장에서 실시
③ 안전관리 책임자가 실시
④ 검사결과는 안전관리 총괄자와 안전관리책임자가 함께 확인하고 서명날인 할 것

75. 고압가스 냉동제조시설에서 냉동능력 20ton 이상의 냉동설비에 설치하는 압력계의 설치기준으로 틀린 것은?

① 압축기의 토출압력 및 흡입압력을 표시하는 압력계를 보기 쉬운 곳에 설치한다.

② 강제윤활방식인 경우에는 윤활압력을 표시하는 압력계를 설치한다.

③ 강제윤활방식인 것은 윤활유 압력에 대한 보호장치가 설치되어 있는 경우 압력계를 설치한다.

④ 발생기에는 냉매가스의 압력을 표시하는 압력계를 설치한다.

해설 압축기가 강제윤활방식인 경우에는 윤활유 압력을 표시하는 압력계를 부착할 것 다만, 윤활유 압력에 대한 보호장치가 있는 경우에는 그러하지 아니하다.

76. 고압가스일반제조의 시설에서 사업소 밖의 배관 매몰 설치 시 다른 매설물과의 최소 이격거리를 바르게 나타낸 것은?

① 배관은 그 외면으로부터 지하의 다른 시설물과 0.5m 이상

② 독성가스의 배관은 수도시설로부터 100m 이상

③ 터널과는 5m 이상

④ 건축물과는 1.5m 이상

해설 배관 매몰설치시 기준
① 배관외면으로부터 다른시설물과 0.3m 이상 이격
② 수도시설로서 독성가스가 혼입할 우려가 있는 것 300m 이상 이격
③ 지하가 및 터널 10m 이상 이격
④ 건축물 1.5m 이상 이격

77. 1일간 저장능력이 35000m³인 일산화탄소 저장설비의 외면과 학교와는 몇 m 이상의 안전거리를 유지하여야 하는가?

① 17m   ② 18m
③ 24m   ④ 27m

해설 일산화탄소(독성가스)
35000m³(4만m³ 이하) → 학교(1종 보호시설)27m 이상 안전거리

78. 이동식 프로판 연소기용 용접용기에 액화석유가스를 충전하기 위한 압력 및 가스성분의 기준은? (단, 충전하는 가스의 압력은 40℃ 기준이다.)

① 1.52MPa 이하, 프로판 90mol% 이상

② 1.53MPa 이하, 프로판 90mol% 이상

③ 1.52MPa 이하, 프로판+프로필렌 90mol% 이상

④ 1.53MPa 이하, 프로판+프로필렌 90mol% 이상

해설 충전가스 압력과 성분
- 이동식 프로판 연소기용 용접용기
  ① 가스압력 : 40℃에서 1.53MPa 이하
  ② 가스성분 : 프로판+프로필렌 90mol% 이상
- 접합 또는 납붙임용기와 이동식 부탄연소기용 용접용기
  ① 가스압력 : 40℃에서 0.52MPa 이하
  ② 가스성분 : 프로판+프로필렌 10mol% 이상
    부탄+부틸렌은 90mol% 이상

79. 가연성 가스의 폭발범위가 적절하게 표기된 것은?

① 아세틸렌 : 2.5~81%

② 암모니아 : 16~35%

③ 메탄 : 1.8~8.4%

④ 프로판 : 2.1~11.0%

해설 폭발범위
① 아세틸렌 : 2.5~81%   ② 암모니아 : 15~28%
③ 메탄 : 5~15%   ④ 프로판 : 2.1~9.5%

80. 충전질량 1000kg 이상인 LPG소형저장탱크 부근에 설치하여야 하는 분말소화기의 능력단위로 옳은 것은?

① BC용 B-10 이상

② BC용 B-12 이상

③ ABC용 B-10 이상

④ ABC용 B-12 이상

해설 분말소화기
① 충전질량 1000kg 이상 : 분말소화기 ABC용 B-12 이상
② 충전질량 1000kg 미만 : 분말소화기 ABC용 B-10 이상

제5과목   가스계측

81. 스프링식 저울의 경우 측정하고자 하는 물체의 무게가 작용하여 스프링의 변위가 생기고 이에 따라 바늘의 변위가 생겨 지시하는 양으로 물체의 무게를 알 수 있다. 이와 같은 측정방법은?

① 편위법   ② 영위법

③ 치환법   ④ 보상법

해설 편위법의 특징
① 용수철의 변형을 이용하여 물체의 무게를 측정하는 방법
② 압력을 부르동관의 변형상태를 이용하여 측정하는 방법
③ 정밀도는 낮지만 조작(측정)이 간단하다.

82. 경사각이 30°인 경사관식 압력계의 눈금을 읽었더니 50cm이었다. 이때 양단의 압력 차이는 약 몇 kgf/cm²인가? (단, 비중이 0.8인 기름을 사용하였다.)

① 0.02   ② 0.2

③ 20   ④ 200

해설 $\Delta P = r\ell\sin\theta$
$= 0.8 \times 1000 \times 0.5\sin30 = 200 kg_f/m^2$
$= 200 \times 10^{-4} kg_f/cm^2 = 0.02 kg_f/cm^2$

83. 유체의 운동방정식(베르누이의 원리)을 적용하는 유량계는?

① 오벌기어식

② 로터리베인식

③ 터빈유량계

④ 오리피스식

해설 베르누이 원리를 이용한 유량계는 간접법에 의해 측정되며, 벤투리미터, 오리피스미터, 로타미터, 피토우관 등이 있다.

정답   78. ④   79. ①   80. ④   81. ①   82. ①   83. ④

84. 천연가스의 성분이 메탄(CH_4) 85%, 에탄(C_2H_6) 13%, 프로판(C_3H_8) 2%일 때 이 천연가스의 총발열량은 약 몇 kcal/m³ 인가? (단, 조성은 용량 백분율이며, 각 성분에 대한 총발열량은 다음과 같다.)

성분	메탄	에탄	프로판
총발열량(kcal/m³)	9520	16850	24160

① 10766
② 12741
③ 13215
④ 14621

해설 H=0.85×9520+0.13×16850+0.02×24160
=10766kcal/m³

85. 검지가스와 누출 확인 시험지가 옳게 연결된 것은?

① 포스겐 – 하리슨씨시약
② 할로겐 – 염화제일구리착염지
③ CO – KI 전분지
④ H_2S – 질산구리벤젠지

해설 검지가스와 시험지
① 할로겐(염소) : KI–전분지
② CO : 염화파라듐지
③ H_2S : 연당지

86. 가스미터 설치장소 선정 시 유의사항으로 틀린 것은?

① 진동을 받지 않는 곳이어야 한다.
② 부착 및 교환 작업이 용이하여야 한다.
③ 직사일광에 노출되지 않는 곳이어야 한다.
④ 가능한 한 통풍이 잘되지 않는 곳이어야 한다.

해설 통풍이 잘되고 구조가 간단할 것

87. 탄광 내에서 CH_4 가스의 발생을 검출하는데 가장 적당한 방법은?

① 시험지법
② 검지관법
③ 질량분석법
④ 안전등형 가연성가스 검출법

해설 안전등형
① 탄광내에서 CH_4의 발생을 검출하는데 안전등형 가연성 가스 검지기가 사용되고 있다.
② 청색불꽃길이로 메탄가스의 농도를 알수 있다.

88. 습도에 대한 설명으로 틀린 것은?

① 절대습도는 비습도라고도 하며 %로 나타낸다.
② 상대습도는 현재의 온도 상태에서 포함할 수 있는 포화 수증기 최대량에 대한 현재 공기가 포함하고 있는 수증기의 량을 %로 표시한 것이다.
③ 이슬점은 상대습도가 100%일 때의 온도이며 노점온도라고도 한다.
④ 포화공기는 더 이상 수분을 포함할 수 없는 상태의 공기이다.

해설 습도
① 절대습도 : 습공기중에서 건공기 1kg에 대한 수증기의 양과의 비율이다.
② 비습도 : 습공기의 절대습도와 그 온도하의 포화공기의 절대습도와의 비이다.

89. 크로마토그래피에서 분리도를 2배로 증가시키기 위한 컬럼의 단수(N)은?

① 단수(N)를 $\sqrt{2}$ 배 증가시킨다.
② 단수(N)를 2배 증가시킨다.
③ 단수(N)를 4배 증가시킨다.
④ 단수(N)를 8배 증가시킨다.

해설 이론단수(N)

$N = 16 \times \left(\dfrac{t_R}{W} \right)^2$ 식에서

$N = (2)^2 = 4$배 증가

90. 2차 지연형 계측기에서 제동비를 ξ로 나타낼 때 대수감쇄율을 구하는 식은?

① $\dfrac{2\pi\xi}{\sqrt{1+\xi^2}}$　　　② $\dfrac{2\pi\xi}{\sqrt{1-\xi^2}}$

③ $\dfrac{2\pi\xi}{\sqrt{1+\xi}}$　　　④ $\dfrac{2\pi\xi}{\sqrt{1-\xi}}$

[해설] 대수감쇄율 $=\dfrac{2\pi\xi}{\sqrt{1-\xi^2}}$

91. 가스크로마토그래피의 구성 장치가 아닌 것은?

① 분광부　　　　② 유속조절기
③ 컬럼　　　　　④ 시료주입기

[해설] 가스크로마토그래피의 구성장치
유속조절기, 컬럼, 시료주입기, 검출기, 기록계

92. 선팽창계수가 다른 2종의 금속을 결합시켜 온도 변화에 따라 굽히는 정도가 다른 특성을 이용한 온도계는?

① 유리제 온도계　　② 바이메탈 온도계
③ 압력식 온도계　　④ 전기저항식 온도계

[해설] 바이메탈 온도계
선팽창계수가 다른 2종류의 금속편을 맞붙여서 온도변화에 의한 금속편의 변형을 이용하여 측정한다.

93. 다음 중 파라듐관 연소법과 관련이 없는 것은?

① 가스뷰렛　　　② 봉액
③ 촉매　　　　　④ 과염소산

[해설] 파라듐관 연소법
가스뷰렛(파라듐관), 봉액, 촉매(파라듐석면, 파라듐흑연, 백금, 실리카겔)

94. 탄화수소 성분에 대하여 감도가 좋고, 노이즈가 적고 사용이 편리한 장점이 있는 가스 검출기는?

① 접촉연소식　　　② 반도체식
③ 불꽃이온화식　　④ 검지관식

[해설] 수소이온화검출기(불꽃이온화검출기)
불꽃으로 시료성분이 이온화됨으로써 불꽃중에 놓여진 전극 간의 전기전도도가 증대하는 것을 이용한다.
※ 탄화수소에서 감응이 최고이고 H_2, O_2, CO, CO_2, SO_2 등은 감도가 없다.

95. 유리제 온도계 중 모세관 상부에 보조 구부를 설치하고 사용온도에 따라 수은량을 조절하여 미세한 온도차의 측정이 가능한 것은?

① 수은 온도계
② 알코올 온도계
③ 벡크만 온도계
④ 유점 온도계

[해설] 벡크만 온도계
작은 범위의 온도차를 정밀하게 측정하는 온도계로 통상 한 눈금의 간격은 0.01℃~0.05℃정도로 초정밀 측정용으로 사용한다.

96. 적분동작이 좋은 결과를 얻을 수 있는 경우가 아닌 것은?

① 측정지연 및 조절지연이 작은 경우
② 제어대상이 자기평형성을 가진 경우
③ 제어대상의 속응도(速應度)가 작은 경우
④ 전달지연과 불감시간(不感時間)이 작은 경우

[해설] 적분동작의 특징
① 측정지연 및 조절지연이 작은 경우에 사용
② 제어대상이 자기평형성을 가진 경우에 사용
③ 전달지연과 불감시간이 작은 경우에 사용
④ 잔류편차가 제거된다.
⑤ 제어의 안정성이 떨어진다.
⑥ 일반적으로 진동하는 경향이 있다.

정답　90. ②　91. ①　92. ②　93. ④　94. ③　95. ③　96. ③

97. 초저온 영역에서 사용될 수 있는 온도계로 가장 적당한 것은?

① 광전관식 온도계

② 백금 측온 저항체 온도계

③ 크로멜 – 알루멜 열전대 온도계

④ 백금 – 백금 · 로듐 열전대 온도계

해설 백금측온 저항체온도계 : 초저온영역에 사용될수 있는 온도계로 낮은온도의 정밀측정에 적합하다.

98. 막식 가스미터에서 가스가 미터를 통과하지 않는 고장은?

① 부동 ② 불통

③ 기차불량 ④ 감도불량

해설 막식가스미터의 고장

① 부동 : 가스가 통과하지만 미터의 지침이 움직이지 않는 고장

② 불통 : 가스가 미터를 통과할 수 없는 고장

③ 기차불량 : 사용중의 가스미터는 계량하고 있는 가스의 영향을 받거나 부품의 마모등에 의해서 기차가 변화하는 고장

④ 감도불량 : 미터에 감도유량을 통과시킬 때 미터의 지침 지시도에 변화가 나타나지 않는 고장

99. 가스미터의 크기 선정 시 1개의 가스기구가 가스미터의 최대 통과량의 80%를 초과한 경우의 조치로서 가장 옳은 것은?

① 1등급 큰 미터를 선정한다.

② 1등급 적은 미터를 선정한다.

③ 상기 시 가스량 이상의 통과 능력을 가진 미터 중 최대의 미터를 선정한다.

④ 상기 시 가스량 이상의 통과 능력을 가진 미터 중 최소의 미터를 선정한다.

해설 가스미터의 크기선정

기구 1개의 최대가스량이 가스미터용량의 60%가 되도록 선정하여야 한다(단, 한 개의 가스기구가 위에서 결정된 가스미터의 최대통과량의 80%를 초과하는 경우에는 1등급 더 큰 가스미터를 선정하여야 한다)

100. 제어량이 목표값을 중심으로 일정한 폭의 상하 진동을 하게 되는 현상을 무엇이라고 하는가?

① 오프셋

② 오버슈트

③ 오버잇

④ 뱅뱅

해설 뱅뱅현상(온·오프제어)

① 설정값 부근에서 제어량이 일정하지 않다.

② 사이클링(Cycling) 현상을 일으킨다.

③ 목표값을 중심으로 진동현상(뱅뱅현상)이 일어난다.

01. 기체수송에 사용되는 기계들이 줄 수 있는 압력차를 크기 순서대로 옳게 나타낸 것은?

① 팬(fan) < 압축기 < 송풍기(blower)

② 송풍기(blower) < 팬(fan) < 압축기

③ 팬(fan) < 송풍기(blower) < 압축기

④ 송풍기(blower) < 압축기 < 팬(fan)

[해설] 토출압력에 따른 분류
① 팬(Fan) : 10kPa 미만
② 송풍기(blower) : 10kPa 이상 0.1MPa 미만
③ 압축기(Compressor) : 0.1MPa 이상

02. 진공압력이 $0.10kg_f/cm^2$이고, 온도가 20℃인 기체가 계기압력 $7kg_f/cm^2$로 등온압축되었다. 이때 압축 전 체적(V_1)에 대한 압축 후의 체적(V_2)의 비는 얼마인가? (단, 대기압은 720mmHg 이다.)

① 0.11

② 0.14

③ 0.98

④ 1.41

[해설] 대기압$=720mmHg=\dfrac{720}{760}\times1.0332=0.9788kg_f/cm^2$

$P_1V_1=P_2V_2$ 식에서

$\dfrac{V_2}{V_1}=\dfrac{P_1}{P_2}=\dfrac{(0.9788-0.1)}{(0.9788+7)}=0.11$

03. 압력 P_1에서 체적 V_1을 갖는 어떤 액체가 있다. 압력을 P_2로 변화시키고 체적이 V_2가 될 때, 압력 차이 (P_2-P_1)를 구하면? (단, 액체의 체적탄성계수는 K로 일정하고, 체적변화는 아주 작다.)

① $-K(1-\dfrac{V_2}{V_1-V_2})$

② $K(1-\dfrac{V_2}{V_1-V_2})$

③ $-K(1-\dfrac{V_2}{V_1})$

④ $K(1-\dfrac{V_2}{V_1})$

[해설] $K=\dfrac{\Delta P}{\dfrac{\Delta V}{V}}=\dfrac{(P_2-P_1)}{\dfrac{(V_2-V_1)}{V_1}}$

$(P_2-P_1)=K\left(\dfrac{V_2-V_1}{V_1}\right)=K\left(1-\dfrac{V_2}{V_1}\right)$

04. 그림과 같이 비중량이 $\gamma_1,\ \gamma_2,\ \gamma_3$인 세 가지의 유체로 채워진 마노미터에서 A위치와 B 위치의 압력 차이 (P_B-P_A)는?

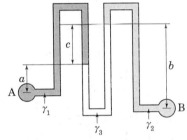

① $-a\gamma_1-b\gamma_2+c\gamma_3$

② $-a\gamma_1+b\gamma_2-c\gamma_3$

③ $a\gamma_1-b\gamma_2-c\gamma_3$

④ $a\gamma_1-b\gamma_2+c\gamma_3$

[해설] $P_A-a\gamma_1-c\gamma_1+c\gamma_1+\gamma_3(b-c)=P_B-b\gamma_2+b\gamma_3$

$P_B-P_A=-a\gamma_1-c\gamma_1+c\gamma_1+\gamma_3(b-c)+b\gamma_2-b\gamma_3$

$\quad=-a\gamma_1-c\gamma_1+c\gamma_1+b\gamma_3-c\gamma_3+b\gamma_2-b\gamma_3$

$\quad=-a\gamma_1-c\gamma_3+b\gamma_2$

05. 왕복펌프의 특징으로 옳지 않은 것은?

① 저속운전에 적합하다.

② 같은 유량을 내는 원심펌프에 비하면 일반적으로 대형이다.

③ 유량은 적어도 되지만 양정이 원심펌프로 미칠 수 없을 만큼 고압을 요구하는 경우는 왕복펌프가 적합하지 않다.

④ 왕복펌프는 양수작용에 따라 분류하면 단동식과 복동식 및 차동식으로 구분된다.

[해설] 왕복펌프
운전이 단속적이고 저유량 고압용으로 사용

06. 비중량이 30kN/m³인 물체가 물속에서 줄(rope)에 매달려 있다. 줄의 장력이 4kN이라고 할 때 물속에 있는 이 물체의 체적은 얼마인가?

① 0.198m³   ② 0.218m³
③ 0.225m³   ④ 0.246m³

해설 $V = \dfrac{W}{r-r_w} = \dfrac{4000}{30000-9800} \times \dfrac{N}{N/m^3} = 0.198m^3$

07. 내경 0.05m인 강관 속으로 공기가 흐르고 있다. 한쪽 단면에서의 온도는 293K, 압력은 4atm, 평균유속은 75m/s 였다. 이 관의 하부에는 내경 0.08m의 강관이 접속되어 있는데 이곳의 온도는 303K, 압력은 2atm이라고 하면 이곳에서의 평균유속은 몇 m/s 인가? (단, 공기는 이상기체이고 정상유동이라 간주한다.)

① 14.2   ② 60.6
③ 92.8   ④ 397.4

해설 ① 4atm, 293K 일 때 밀도(ρ_1)

$\rho_1 = \dfrac{P_1}{RT_1} = \dfrac{4 \times 1.0332 \times 10^4}{29.27 \times 293} = 4.82\,kg/m^3$

$Q_m = \rho_1 A_1 V_1 = 4.82 \times \dfrac{\pi \times 0.05^2}{4} \times 75 = 0.709\,m^3/s$

② 2atm, 303K 일 때 밀도(ρ_2)

$\rho_2 = \dfrac{P_2}{RT_2} = \dfrac{2 \times 1.0332 \times 10^4}{29.27 \times 303} = 2.33\,kg/m^3$

③ $Q_m = \rho_1 A_1 V_1 = \rho_2 A_2 V_2$ (연속의 방정식)

$V_2 = \dfrac{Q_m}{\rho_2 A_2} = \dfrac{0.709}{2.33 \times \dfrac{\pi \times 0.08^2}{4}} = 60.6\,m/s$

08. 그림과 같은 덕트에서의 유동이 아음속 유동일 때 속도 및 압력의 유동방향 변화를 옳게 나타낸 것은?

① 속도감소, 압력감소   ② 속도증가, 압력증가
③ 속도증가, 압력감소   ④ 속도감소, 압력증가

해설 확대노즐
① 아음속흐름 : 속도감소, 압력증가
② 초음속흐름 : 속도증가, 압력감소

09. 관 내 유체의 급격한 압력 강하에 따라 수중에서 기포가 분리되는 현상은?

① 공기바인딩   ② 감압화
③ 에어리프트   ④ 캐비테이션

해설 캐비테이션 현상
물에서 증기압 이하시 증발되면서 기포가 분리되는 현상

10. 비중 0.9인 유체를 10ton/h의 속도로 20m 높이의 저장탱크에 수송한다. 지름이 일정한 관을 사용할 때 펌프가 유체에 가해 준 일은 몇 kgf·m/kg인가? (단, 마찰손실은 무시한다.)

① 10   ② 20
③ 30   ④ 40

해설 베르누이 방정식에 의해

$\dfrac{P_1}{r} + \dfrac{V_1^2}{2g} + Z_1 + W_P = \dfrac{P_2}{r} + \dfrac{V_1^2}{2g} + Z_2 + h\ell$

$W_P = \dfrac{P_2 - P_1}{r} + \dfrac{V_2^2 - V_1^2}{2g} + (Z_2 - Z_1) + h\ell$

$W_P = 0 + 0 + (20-0) + 0 = 20m = 20kg_f \cdot m/kg$

여기서, $P_1 = P_2$ 연속의 방정식에 의해 지름이 같을 때
$V_1 = V_2$, 마찰손실($h\ell$) 무시 = 0

11. 공기 속을 초음속으로 날아가는 물체의 마하각(Mach angle)이 35° 일 때, 그 물체의 속도는 약 몇 m/s 인가? (단, 음속은 340m/s 이다.)

① 581   ② 593
③ 696   ④ 900

해설 $\sin\alpha = \dfrac{C}{V}$

$V = \dfrac{C}{\sin\alpha} = \dfrac{340}{\sin 35} = 593\,m/s$

12. 다음은 면적이 변하는 도관에서의 흐름에 관한 그림이다. 그림에 대한 설명으로 옳지 않은 것은?

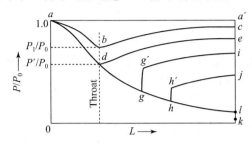

① d점에서의 압력비를 임계압력비라고 한다.
② gg′ 및 hh′는 충격파를 나타낸다.
③ 선 abc상의 다른 모든 점에서의 흐름은 아음속이다.
④ 초음속인 경우 노즐의 확산부의 단면적이 증가하면 속도는 감소한다.

[해설] 초음속인 경우 노즐의 확산부의 단면적이 증가하면 속도는 증가하고 압력은 감소한다.

13. 지름 5cm의 관 속을 15cm/s로 흐르던 물이 지름 10cm로 급격히 확대되는 관 속으로 흐른다. 이때 확대에 의한 마찰손실 계수는 얼마인가?

① 0.25 ② 0.56
③ 0.65 ④ 0.75

[해설] 돌연확대관에서 손실계수(K)

$$K = \left(1 - \frac{A_1}{A_2}\right)^2 = \left(1 - \frac{d_1^2}{d_2^2}\right)^2 = \left(1 - \frac{5^2}{10^2}\right) = 0.56$$

14. 지름이 400mm인 공업용 강관에 20℃의 공기를 264m³/min로 수송할 때, 길이 200m에 대한 손실수두는 약 몇 cm인가? (단, Darcy-Weisbaeh 식의 관마찰계수는 0.1×10^{-3} 이다.)

① 22 ② 37
③ 51 ④ 313

[해설] $h\ell = f\frac{\ell}{d}\frac{V^2}{2g} = 0.1 \times 10^{-3} \times \frac{200}{0.4} \times \frac{35^2}{2 \times 9.8} = 3.13\text{m}$

$$= 313\text{cm}$$

$$Q = A V$$

$$V = \frac{Q}{A} = \frac{4Q}{\pi d^2} = \frac{4 \times 264}{\pi \times 0.4^2} = 2102\text{m/min} = 35\text{m/s}$$

15. 다음 중 등엔트로피 과정은?

① 가역 단열 과정
② 비가역 등온 과정
③ 수축과 확대 과정
④ 마찰이 있는 가역적 과정

[해설] 가열단열과정에서는 등엔트로피과정이다.

$$\Delta S = \frac{\Delta Q}{T} = C$$

16. 유체의 점성과 관련된 설명 중 잘못된 것은?

① poise는 점도의 단위이다.
② 점도란 흐름에 대한 저항력의 척도이다.
③ 동점성 계수는 점도/밀도와 같다
④ 20℃에서 물의 점도는 1poise 이다.

[해설] ① 20℃ 물의 점성계수(μ) = 1.0CP
② 20℃ 물의 동점성계수(ν) = 1.0C·ST

17. 단면적이 변화하는 수평 관로에 밀도가 ρ인 이상유체가 흐르고 있다. 단면적이 A_1인 곳에서의 압력은 P_1, 단면적이 A_2인 곳에서의 압력은 P_2이다. $A_2 = \frac{A_1}{2}$ 이면 단면적이 A_2인 곳에서의 평균 유속은?

① $\sqrt{\dfrac{4(P_1 - P_2)}{3\rho}}$　② $\sqrt{\dfrac{4(P_1 - P_2)}{15\rho}}$
③ $\sqrt{\dfrac{8(P_1 - P_2)}{3\rho}}$　④ $\sqrt{\dfrac{8(P_1 - P_2)}{15\rho}}$

정답　12. ④　13. ②　14. ④　15. ①　16. ④　17. ③

[해설] 연속방정식 : $A_1 V_1 = A_2 V_2$

$V_1 = \dfrac{A_2 V_2}{A_1}$, $\dfrac{A_2}{A_1} = \dfrac{1}{2}$

$V_1 = \dfrac{1}{2} V_2$

$\dfrac{P_1}{\rho g} + \dfrac{V_1^2}{2g} = \dfrac{P_2}{\rho g} + \dfrac{V_2^2}{2g}$, $Z_1 = Z_2$

$\dfrac{P_1}{\rho g} + \dfrac{(\frac{1}{2}V_2)^2}{2g} = \dfrac{P_2}{\rho g} + \dfrac{V_2^2}{2g}$

$\dfrac{v_2^2 - (\frac{1}{2})^2 V_2^2}{2g} = \dfrac{P_1 - P_2}{\rho g}$

$V_2 = \sqrt{\dfrac{2(P_1 - P_2)}{\rho(1 - \frac{1}{4})}} = \sqrt{\dfrac{2(P_1 - P_2)}{\frac{3}{4}\rho}} = \sqrt{\dfrac{8(P_1 - P_2)}{3\rho}}$

18. 전단응력(shear stress)과 속도구배와의 관계를 나타낸 다음 그림에서 빙햄플라스틱유체(Bingham plastic fluid)를 나타내는 것은?

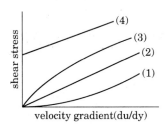

① (1) ② (2)
③ (3) ④ (4)

[해설] ① 다일레이턴트 유체
② 뉴턴유체
③ 실제플라스틱 유체(전단박하유체)
④ 빙햄플라스틱 유체

19. 완전발달흐름(fully developed flow)에 대한 내용으로 옳은 것은?

① 속도분포가 축을 따라 변하지 않는 흐름
② 천이영역의 흐름
③ 완전난류의 흐름
④ 정상상태의 유체흐름

[해설] 완전발달흐름(fully developed flow)
경계층이 존재하는 유체흐름에서 일정한 국부속도를 유지하면서 흐르는 흐름. 즉, 속도분포가 축을 따라 변하지 않는 흐름

20. 유체를 연속제로 취급할 수 있는 조건은?

① 유체가 순전히 외력에 의하여 연속적으로 운동을 한다.
② 항상 일정한 전단력을 가진다.
③ 비압축성이며 탄성계수가 적다.
④ 물체의 특성길이가 분자 간의 평균자유행로보다 훨씬 크다.

[해설] 기체가 연속체로 취급할 수 있는 조건
① 분자의 평균자유 행로가 물체의 대표(특성) 길이에 비해 매우 작은 경우(1% 미만)의 기체
② 분자의 충돌과 충돌 사이에 걸리는 시간이 아주 짧아야 한다.

제**2**과목 **연소공학**

21. 다음 그림은 카르노 사이클(Carnot cycle)의 과정을 도식으로 나타낸 것이다. 열효율 η 를 나타내는 식은?

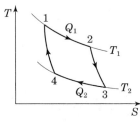

① $\eta = \dfrac{Q_1 - Q_2}{Q_1}$ ② $\eta = \dfrac{Q_2 - Q_1}{Q_1}$

③ $\eta = \dfrac{T_1}{T_1 - T_2}$ ④ $\eta = \dfrac{T_2 - T_1}{T_1}$

[해설] $\eta = \dfrac{Q_1 - Q_2}{Q_1} = \dfrac{T_1 - T_2}{T_1}$

22. 발열량이 21MJ/kg인 무연탄이 7%의 습분을 포함한다면 무연탄의 발열량은 약 몇 MJ/kg인가?

① 16.43　　　　② 17.85

③ 19.53　　　　④ 21.12

해설 무연탄의 발열량(H)

$H = 21(\text{MJ/kg}) \times (1 - 0.07) = 19.53(\text{MJ/kg})$

23. 최소 점화에너지에 대한 설명으로 옳은 것은?

① 최소 점화에너지는 유속이 증가할수록 작아진다.

② 최소 점화에너지는 혼합기 온도가 상승함에 따라 작아진다.

③ 최소 점화에너지의 상승은 혼합기 온도 및 유속과는 무관하다

④ 최소 점화에너지는 유속 20m/s 까지는 점화에너지가 증가하지 않는다.

해설 최소점화에너지
산소의 농도가 증가할수록, 연소속도가 클수록, 열전도도가 작을수록, 혼합기온도가 높을수록 최소점화에너지는 작아진다.

24. 압력 엔탈피 선도에서 등엔트로피 선의 기울기는?

① 부피　　　　② 온도

③ 밀도　　　　④ 압력

해설 부피에 따라 등엔트로피 기울기가 형성되며 가역 단열변화에서 등엔트로피과정이 된다.

25. 줄·톰슨 효과를 참조하여 교축과정(throttling process)에서 생기는 현상과 관계없는 것은?

① 엔탈피 불변　　② 압력 강하

③ 온도 강하　　　④ 엔트로피 불변

해설 ① 등엔탈피과정 : 교축과정에서 온도강하(주울톰슨의 효과)
② 등엔트로피과정 : 가역단열과정

26. 비중이 0.75인 휘발유(C_8H_{18}) 1L를 완전 연소시키는데 필요한 이론산소량은 약 몇 L 인가?

① 1510　　　　② 1842

③ 2486　　　　④ 2814

해설 비중 0.75kg/L → 750g/L

표준상태에서 (V) $= \dfrac{W}{M} \times 22.4 = \dfrac{750}{114} \times 22.4$

$= 147.4\text{L}$

$C_8H_{18} + 12.5O_2 \rightarrow 8CO_2 + 9H_2O$

이론산소량 $= 147.4 \times 12.5 = 1842\text{L}$

27. 1kmol의 일산화탄소와 2kmol의 산소로 충전된 용기가 있다. 연소 전 온도는 298K, 압력은 0.IMPa 이고 연소 후 생성물은 냉각되어 I300K로 되었다. 정상상태에서 완전 연소가 일어났다고 가정했을 때 열전달량은 약 몇 kJ인가? (단, 반응물 및 생성물의 총엔탈피는 각각 -1I0529kJ, -293338kJ 이다.)

① −202397　　　② −230323

③ −340238　　　④ −403867

해설 $CO + 2O_2 \rightarrow 3\text{kmol}$

$H = -293338 + 110529 = -182809\text{kJ}$

$\therefore\ -182809 + \left(\dfrac{-182809}{28} \times 3 \right) = -202396\text{kJ}$

28. 기체가 168kJ의 열을 흡수하변서 동시에 외부로부터 20kJ의 일을 받으면 내부에너지의 변화는 약 몇 kJ인가?

① 20　　　　② 148

③ 168　　　　④ 188

해설 내부에너지 변화=흡수한열에너지+외부에서 받은에너지
$= 168 + 20 = 188\text{kJ}$

29. 열화학반응 시 온도변화의 열전도 범위에 비해 속도변화의 전도 범위가 크다는 것을 나타내는 무차원수는?

① 루이스 수(Lewis number)
② 러셀 수(Nesselt number)
③ 프란틀 수(PrandtI number)
④ 그라쇼프 수(Grashof number)

해설 프란틀수
운동점성도와 열확산율과의 비로 나타내는 무차원수이다.

30. 산소의 기체상수(R) 값은 약 얼마인가?

① 260J/kg·K
② 650J/kg·K
③ 910J/kg·K
④ 1074J/kg·K

해설 산소(R)

$$R = \frac{848}{M}(kg \cdot m/kg \cdot k) = \frac{848 \times 9.8}{32} = 260J/kg \cdot k$$

31. 가연성 가스의 폭발범위에 대한 설명으로 옳지 않은 것은?

① 일반적으로 압력이 높을수록 폭발범위가 넓어진다.
② 가연성 혼합가스의 폭발범위는 고압에서는 상압에 비해 훨씬 넓어진다.
③ 프로판과 공기의 혼합가스에 불연성가스들 첨가하는 경우 폭발범위는 넓어진다.
④ 수소와 공기의 혼합가스는 고온에 있어서는 폭발범위가 상온에 비해 훨씬 넓어진다.

해설 불연성 가스 혼합시 산소의 농도가 작아져 폭발범위는 좁아진다.

32. 압력이 1기압이고 과열도가 10℃인 수증기의 엔탈피는 약 몇 kcal/kg인가? (단, 100℃의 물의 증발 잠열이 539kcal/kg이고, 물의 비열은 1kcal/kg·℃, 수증기의 비열은 0.45kcal/kg·℃, 기준상태는 0℃와 1atm으로 한다.)

① 539
② 639
③ 643.5
④ 653.5

해설 $H = 1 \times (100-0) + 539 + 0.45 \times (110-100)$
$= 643.5 kcal/kg$

33. 가스의 비열비(k = Cp/Cv)의 값은?

① 항상 1보다 크다.
② 항상 0보다 작다.
③ 항상 0이다.
④ 항상 1보다 작다.

해설 비열비(K)
① $K = \dfrac{C_P}{C_V}$
② $C_P > C_V$ ∴ $K > 1$
③ $C_P - C_V = R$

34. 어떤 고체연료의 조성은 탄소 71%, 산소 10%, 수소 3.8%, 황 3%, 수분 3%, 기타 성분 9.2%로 되어 있다. 이 연료의 고위발열량(kcal/kg)은 얼마인가?

① 6698
② 6782
③ 7103
④ 7398

해설 고위발열량(H_h)

$$H_h = 8100C + 34000\left(H - \frac{0}{8}\right) + 2500S$$

$$= 8100 \times 0.71 + 34000\left(0.038 - \frac{0.1}{8}\right) + 2500 \times 0.03$$

$$= 6693(kcal/kg)$$

35. 다음 중 대기오염 방지기기로 이용되는 것은?

① 링겔만
② 플레임로드
③ 레드우드
④ 스크러버

---

29. ③ 30. ① 31. ③ 32. ③ 33. ① 34. ① 35. ④ 정답

해설 스크러버
대기오염방지를 위해 공정상 발생되는 폐가스를 처리하기 위한 장치이며 발생되는 폐가스의 종류 및 특성에 따라 다양한 종류가 있다.

36. 가스 혼합물을 분석한 결과 N_2 70%, CO_2 15%, O_2 11%, CO 4%의 체적비를 얻었다. 혼합물은 10kPa, 20℃, $0.2m^3$인 초기상태로부터 $0.1m^3$으로 실린더 내에서 가역단열 압축할 때 최종 상태의 온도는 약 몇 K인가? (단, 이 혼합가스의 정적비열은 0.7157kJ/kg·K이다.)

① 300   ② 380
③ 460   ④ 540

해설 ① $T_2 = \left(\dfrac{V_1}{V_2}\right)^{k-1} \times T_1 = \left(\dfrac{0.2}{0.1}\right)^{1.38-1} \times (273+20)$

$\quad = 380K$

② $C_P = C_V + R = C_V + \dfrac{848}{M}$

$\quad = 0.7157 + \dfrac{848 \times 9.8 \times 10^{-3}}{30.84} = 0.985 kJ/kg \cdot k$

$\quad K = \dfrac{C_P}{C_V} = \dfrac{0.985}{0.7157} = 1.38$

③ 평균분자량$(M) = 0.7 \times 28 + 0.15 \times 44 + 0.11 \times 32 + 0.04 \times 28$
$\quad = 30.84$

37. 종합적 안전관리 대상자가 실시하는 가스 안전성 평가의 기준에서 정량적 위험성 평가기법에 해당하지 않는 것은?

① FTA(Fault Tree Analysis)
② ETA(Event Tree Analysis)
③ CCA(Cause Consequence Analysis)
④ HAZOP(Hazard and Operability Studies)

해설 위험성 평가기법
1) 정량적 평가기법
  ① HEA기법   ② FTA기법
  ③ ETA 기법   ④ CCA기법
2) 정성적 평가기법
  ① 체크리스트기법
  ② 사고예상질문분석기법
  ③ 위험과 운전분석(HAZOP) 기법

38. 수소(H_2)의 기본특성에 대한 설명 중 틀린 것은?

① 가벼워서 확산하기 쉬우며 작은 틈새로 잘 발산한다.
② 고온, 고압에서 강재 등의 금속을 투과한다.
③ 산소 또는 공기와 혼합하여 격렬하게 폭발한다.
④ 생물체의 호흡에 필수적이며 연료의 연소에 필요하다.

해설 수소(H_2)의 기본특성
① 상온에서 기체이며 기체중에서 가장 가볍다.
② 기체중에서 가장 확산속도가 크고 최소밀도를 가진다.
③ 고온에서 쉽게 금속재료를 투과한다.
④ 산소 또는 공기와 혼합하여 격렬한 폭발을 한다.
  수소의 폭명기($2H_2 + O_2 \rightarrow 2H_2O$)

39. 다음 [보기]에서 설명하는 연소 형태로 가장 적절한 것은?

> 보기
> - 연소실부하율을 높게 얻을 수 있다.
> - 연소실의 체적이나 길이가 짧아도 된다.
> - 화염면이 자력으로 전파되어 간다.
> - 버너에서 상류의 혼합기로 역화를 일으킬 염려가 있다.

① 증발연소   ② 등심연소
③ 확산연소   ④ 예혼합연소

해설 예혼합연소의 특징
① 연소실 부하율을 높게 얻을 수 있다.
② 역화의 위험성이 있다.
③ 화염온도가 높다.
④ 불꽃길이가 짧다.

40. 탄소 1kg을 이론공기량으로 완전 연소시켰을 때 발생되는 연소가스양은 약 몇 Nm^3 인가?

① 8.9   ② 10.8
③ 11.2   ④ 22.4

정답   36. ②   37. ④   38. ④   39. ④   40. ①

[해설] $C+O_2 \rightarrow CO_2$

① 탄소(C) $1kg \rightarrow 1.867m^3$

$$V = \frac{W}{M} \times 22.4 = \frac{1}{12} \times 22.4 = 1.867m^3$$

② CO_2 양 $= 1.867m^3$

③ N_2 양 $= O_0 \times \frac{79}{21} = 1.867 \times \frac{79}{21} = 7.023m^3$

④ 연소가스양 $= CO_2$양 $+ N_2$ 양
$$= 1.867 + 7.023 = 8.9m^3$$

제3과목　　가스설비

41. 냉동용 특정설비제조시설에서 발생기란 흡수식 냉동설비에 사용하는 발생기에 관계되는 설계온도가 몇 ℃를 넘는 열교환기 및 이들과 유사한 것을 말하는가?

① 105℃　　　　　② 150℃

③ 200℃　　　　　④ 250℃

[해설] 발생기란 흡수식 냉동설비에 사용하는 발생기에 관계되는 설계온도가 200℃를 넘는 열교환기 및 이들과 유사한 것을 말한다.

42. 아세틸렌에 대한 설명으로 틀린 것은?

① 반응성이 대단히 크고 분해 시 발열반응을 한다.

② 탄화칼슘에 물을 가하여 만든다.

③ 액체 아세틸렌보다 고체 아세틸렌이 안정하다.

④ 폭발범위가 넓은 가연성 기체이다.

[해설] 아세틸렌은 흡열화합물이므로 압축하면 분해폭발을 일으킬 염려가 있다.

43. 스프링 직동식과 비교한 파일럿식 정압기에 대한 설명으로 틀린 것은?

① 오프셋이 적다.

② 1차 압력변화의 영향이 적다.

③ 로크업을 적게 할 수 있다.

④ 구조 및 신호계통이 단순하다.

[해설] 파일럿식 정압기

① 오프셋이 적다.

② 대용량이다.

③ 유량제어 범위가 넓은 경우에 적합

④ 높은 압력제어 정도가 요구되는 경우에 적합

⑤ 구조가 복잡하다.

44. 이음매 없는 용기의 제조법 중 이음매 없는 강관을 재료로 사용하는 제조방식은?

① 웰딩식　　　　　② 만네스만식

③ 에르하르트식　　④ 딥드로잉식

[해설] 이음매 없는 용기

① 만네스만식 : 이음새 없는 강관을 재료로 하는 방식

② 에르하르트식 : 각 강편을 재료로 하는 방법

③ 딥드로우잉식 : 각 강관을 재료로 하는 방법

45. 신규 용기의 내압시험 시 전증가량이 $100cm^3$이었다. 이 용기가 검사에 합격하려면 영구 증가량은 몇 cm^3 이하이어야 하는가?

① 5　　　　　　　② 10

③ 15　　　　　　　④ 20

[해설] 영구증가율 $= \dfrac{영구증가량}{전증가량}$

영구증가량 $=$ 전증가량 $\times$ 영구증가율 $= 100 \times 0.1 = 10cm^3$ 이하

합격기준 $=$ 영구증가율이 10% 이하

46. 다음 금속재료에 대한 설명으로 틀린 것은?

① 강에 P(인)의 함유량이 많으면 신율, 충격치는 저하된다.

② 18% Cr, 8% Ni을 함유한 강을 18−8스테인리스강이라 한다.

③ 금속가공 중에 생긴 잔류응력을 제거할 때에는 열처리를 한다.

④ 구리와 주석의 합금은 황동이고, 구리와 아연의 합금은 청동이다.

[해설] 황동 : 구리(Cu) + 아연(Zn)

청동 : 구리(Cu) + 주석(Sn)

47. 대체천연가스(SNG) 공정에 대한 설명으로 틀린 것은?

① 원료는 각종 탄화수소이다.

② 저온수증기 개질방식을 채택한다.

③ 천연가스를 대체할 수 있는 제조가스이다

④ 메탄을 원료로 하여 공기 중에서 부분연소로 수소 및 일산화탄소의 주성분을 만드는 공정이다.

[해설] 대체천연가스
나프타, 원유, 중질유, LPG, 석탄 등으로 제조되며 합성천연가스라고도 한다.

48. 부식방지 방법에 대한 설명으로 틀린 것은?

① 금속을 피복한다.

② 선택배류기를 접속시킨다.

③ 이종의 금속을 접촉시킨다.

④ 금속표변의 불균일을 없앤다.

[해설] 1) 부식방지방법
　① 부식환경처리에 의한 방식법
　② 부식억제제(인히비터)에 의한 방법
　③ 피복에 의한 방식법
　④ 전기적인 방식법(유전양극법, 외부전원법, 배류법)
2) 부식의 원인
　① 이종금속간의 접촉에 의한 부식
　② 국부전지에 의한 부식
　③ 농염전지 작용에 의한 부식
　④ 미주전류에 의한 부식
　⑤ 박테리아에 의한 부식

49. 압력용기라 함은 그 내용물이 액화가스인 경우 35℃에서의 압력 또는 설계압력이 얼마 이상인 용기를 말하는가?

① 0.1MPa

② 0.2MPa

③ 1MPa

④ 2MPa

[해설] 압력용기
35℃에서의 압력 또는 설계압력이 그 내용물이 액화가스인 경우는 0.2MPa 이상. 압축가스인 경우는 1MPa 이상인 용기를 말한다.

50. 냄새가 나는 물질(부취제)에 대한 설명으로 틀린 것은?

① D.M.S는 토양투과성이 아주 우수하다.

② T.B.M은 충격(impact)에 가장 약하다

③ T.B.M은 메르캅탄류 중에서 내산화성이 우수하다.

④ T.H.T의 LD_{50}은 6400mg/kg 정도로 거의 무해하다.

[해설] 부취제 impact(충격)의 순서
THT > TBM > DMS

51. 펌프에서 송출압력과 송출유량 사이에 주기적인 변동이 일어나는 현상을 무엇이라 하는가?

① 공동 현상

② 수격 현상

③ 서징 현상

④ 캐비테이션 현상

[해설] 서어징 현상
펌프를 운전할 때 송출압력과 송출유량이 주기적으로 변동하여 펌프입구 및 출구에 설치된 진공계, 압력계의 지침이 흔들이는 현상

52. 다음 중 가스 액화사이클이 아닌 것은?

① 린데 사이클

② 클라우드 사이클

③ 필립스 사이클

④ 오토 사이클

[해설] 가스액화사이클
① 린데사이클
② 클라우드 사이클
③ 캐피자사이클
④ 필립스사이클
⑤ 캐스케이드사이클

53. 35℃에서 최고 충전압력이 15MPa로 충전된 산소용기의 안전밸브가 작동하기 시작하였다면 이때 산소용기 내의 온도는 약 몇 ℃ 인가?

① 137℃

② 142℃

③ 150℃

④ 165℃

해설 $\dfrac{P_1}{T_1}=\dfrac{P_2}{T_2}$ 식에서

$T_2=\dfrac{P_2}{P_1}\times T_1=\dfrac{20}{15}\times(273+35)=410K$

$\therefore\ t_2=410-273=137℃$

안전밸브작동압력(P_2)

$P_2=$ 내압시험압력(TP) $\times\dfrac{8}{10}=25\times\dfrac{8}{10}=20MPa$

$TP=$ 최고충전압력(FP) $\times\dfrac{5}{3}=15\times\dfrac{5}{3}=25MPa$

54. 중간매체 방식의 LNG 기화장치에서 중간 열매체로 사용되는 것은?

① 폐수　　　　　② 프로판
③ 해수　　　　　④ 온수

해설 중간매체식 기화기
해수와 LNG의 사이에 열매체를 개입해 열교환 하도록 하는 것으로 중간매체로서 $C_{2~3}$의 탄화수소가 쓰이지만 프로판을 중간매체로 이용하는 것도 있다.

55. 고압가스 설비의 두께는 상용압력의 몇 배 이상의 압력에서 항복을 일으키지 않아야 하는가?

① 1.5배　　　　② 2배
③ 2.5배　　　　④ 3배

해설 고압가스 설비는 상용압력의 2배 이상에서 항복을 일으키지 않는 두께이어야 한다.

56. 다음 [보기]에서 설명하는 안전밸브의 종류는?

보기
－ 구조가 간단하고, 취급이 용이하다.
－ 토출용량이 높아 압력상승이 급격하게 변하는 곳에 적당하다.
－ 벨브시트의 누출이 없다.
－ 슬러지 함유, 부식성 유체에도 사용이 가능하다.

① 가용전식　　　② 중추식
③ 스프링식　　　④ 파열판식

해설 파열파식 안전밸브의 특징
① 구조간단, 취급점검이 간단하다.
② 부식성, 괴상물질을 함유한 유체에 적합하다.
③ 한번 작동시 새로운 박판과 교체해야 한다.
④ 스프링식 안전밸브와 같이 밸브시트누설이 없다.

57. 고온 고압애서 수소가스 설비에 탄소강을 사용하면 수소취성을 일으키게 되므로 이것을 방지하기 위하여 첨가하는 금속 원소로 적당하지 않은 것은?

① 몰리브덴　　　② 크립톤
③ 텅스텐　　　　④ 바나듐

해설 수소취성을 방지하기 위한 원소(내수소성 원소)
크롬(Cr), 몰리브덴(Mo), 텅스텐(W), 티탄(Ti), 바나듐(V)

58. 고압식 액화산소 분리장치의 제조과정에 대한 설명으로 옳은 것은?

① 원료공기는 1.5~2.0MPa로 압축된다.
② 공기 중의 탄산가스는 실리카겔 등의 흡착제로 제거한다.
③ 공기압축기 내부윤활유를 광유로 하고 광유는 건조로에서 제거한다.
④ 액체질소와 액화공기는 상부 탑에 이송되나 이때 아세틸렌 흡착기에서 액체공기 중 아세틸렌과 탄화수소가 제거된다.

해설 고압식액화 산소 분리장치
① 원료공기는 15~20MPa로 압축된다.
② 공기중의 탄산가스는 약8%의 가송소다수용액에 의해 제거된다.
③ 건조기에서 수분이 고형가성소다 또는 실리카겔 등의 건조제에 의해 제거된다.
④ 액체질소와 액체공기는 상부탑에 이송되나 이때 아세틸렌 흡착기에서 액체공기중의 아세틸렌과 기타 탄화수소가 흡착제거 된다.

54. ②　55. ②　56. ④　57. ②　58. ④　정답

59. 펌프의 양수량이 $2m^3/min$ 이고 배관에서의 전손실수두가 5m인 펌프로 20m 위로 양수하고자 할 때 펌프의 축동력은 약 몇 kW 인가? (단, 펌프의 효율은 0.87이다.)

① 7.4 ② 9.4

③ 11.4 ④ 13.4

해설 $L = \dfrac{rQH}{102 \times 60 \times \eta} = \dfrac{1000 \times 2 \times (20+5)}{102 \times 60 \times 0.87} = 9.4 kW$

60. 고압가스저장시설에서 가연성 가스설비를 수리할 때 가스설비 내를 대기압 이하까지 가스치환을 생략하여도 무방한 경우는?

① 가스설비의 내용적이 $3m^3$일 때

② 사람이 그 설비의 안에서 작업할 때

③ 화기를 사용하는 작업일 때

④ 가스켓의 교환 등 경미한 작업을 할 때

해설 가스설비내의 대기압 이하의 가스치환을 생략할 경우

① 당해 가스설비의 내용적이 $1m^3$ 이하인 것

② 사람이 그 설비밖에서 작업하는 것

③ 화기를 사용하지 아니하는 작업인 것

④ 출입구 밸브가 확실히 폐지되어 있으며 또한 내용적이 $5m^3$ 이상의 가스설비에 이르는 사이에 2개 이상의 밸브를 설치한 것

⑤ 설비의 간단한 청소 또는 가스켓의 교환, 기타 이들에 준하는 경미한 작업인것

제4과목 **가스안전관리**

61. 저장탱크에 의한 액화석유가스사용시설에서 배관설비 신축흡수조치 기준에 대한 설명으로 틀린 것은?

① 건축물에 노출하여 설치하는 배관의 분기관의 길이는 30cm 이상으로 한다.

② 분기관에는 90° 엘보 1개 이상을 포함하는 굴곡부를 설치한다.

③ 분기관이 창문을 관통하는 부분에 사용하는 보호관의 내경은 분기관 외경의 1.2배 이상으로 한다.

④ 11층 이상 20층 이하 건축물의 배관에는 1개소 이상의 곡관을 설치한다.

해설 건축물에 노출하여 설치하는 배관의 분기관 길이는 50cm 이상으로 한다.

62. 부취제 혼합설비의 이입작업 안전기준에 대한 설명으로 틀린 것은?

① 운반차량으로부터 저장탱크에 이입 시 보호의 및 보안경 등의 보호장비를 착용한 후 작업한다.

② 부취제가 누출될 수 있는 주변에는 방류둑을 설치한다.

③ 운반차량은 저장탱크의 외면과 3m 이상 이격거리를 유지한다.

④ 이엽 작업 시에는 안전관리자가 상주하여 이를 확인한다.

해설 부취제 누출될 수 있는 주변에 중화제 및 소화기 등을 구비해 부취제 누출시 곧바로 중화 및 소화작업을 한다.

63. 고압가스 특정제조시설에서 플레어스택의 설치위치 및 높이는 플레어스택 바로 밑의 지표면에 미치는 복사열이 몇 $kcal/m^2 \cdot h$ 이하로 되도록 하여야 하는가?

① 2000 ② 4000

③ 6000 ④ 8000

해설 플레어스택
설치위치 및 높이는 플레어스택 바로 밑의 지표면에 미치는 복사열 $4000kcal/m^2 \cdot h$ 이하가 되도록 할 것

64. 저장탱크에 액화석유가스를 충전하려면 정전기를 제거한 후 저장탱크 내용적의 몇 %를 넘지 않도록 충전하여야 하는가?

① 80% ② 85%

③ 90% ④ 95%

해설 저장탱크 충전량은 내용적의 90%를 넘지 않아야 한다.

정답 59. ② 60. ④ 61. ① 62. ② 63. ② 64. ③

65. 2개 이상의 탱크를 동일 차량에 고정할 때의 기준으로 틀린 것은?

① 탱크의 주밸브는 1개만 설치한다.
② 충전관에는 긴급 탈압밸브를 설치한다.
③ 충전관에는 안전밸브, 압력계를 설치한다.
④ 탱크와 차량과의 사이를 단단하게 부착하는 조치를 한다.

[해설] 탱크마다 주밸브를 설치한다.

66. 지하에 설치하는 액화석유가스 저장탱크실 재료의 규격으로 옳은 것은?

① 설계강도 : 25MPa 이상
② 물−결합재비 : 25% 이하
③ 슬럼프(slump) : 50~150mm
④ 굵은 골재의 최대 치수 : 25mm

[해설] 저장탱크실의 재료(레디믹스콘크리트 규격)
① 굵은골재의 최대치수 : 25mm
② 설계강도 : 21MPa 이상
③ 슬럼프(Slump) : 120~150mm
④ 공기량 : 4% 이하
⑤ 물−시멘트비 : 50% 이하

67. 독성가스 배관을 2중관으로 하여야 하는 독성가스가 아닌 것은?

① 포스겐   ② 염소
③ 브롬화메탄   ④ 산화에틸렌

[해설] 2중관 대상가스(독성가스)
아황산가스, 산화에틸렌, 암모니아, 염화메탄, 시안화수소, 염소, 포스겐, 황화수소

68. 고압가스용기의 보관장소에 용기를 보관할 경우의 준수할 사항 중 틀린 것은?

① 충전용기와 잔가스용기는 각각 구분하여 용기보관장소에 놓는다.

② 용기보관장소에는 계량기 등 작업에 필요한 물건 외에는 두지 아니한다.
③ 용기보관장소의 주위 2m 이내에는 화기 또는 인화성물질이나 발화성물질을 두지 아니한다.
④ 가연성가스 용기보관장소에는 비방폭형 손전등을 사용한다.

[해설] 용기보관실에서 사용하는 휴대용 손전등은 방폭형일 것

69. 다음 중 특정설비가 아닌 것은?

① 조정기   ② 저장탱크
③ 안전밸브   ④ 긴급차단장치

[해설] 특정설비
저장탱크, 안전밸브, 긴급차단장치, 역화방지장치, 기화장치, 자동차용 가스자동주입기 등

70. 압축가스의 저장탱크 및 용기 저장능력의 산정식을 옳게 나타낸 것은?
(단, Q : 설비의 저장능력[m³],
P : 35℃에서의 최고충전압력[MPa],
V_1 : 설비의 내용적[m³]이다.)

① $Q = \dfrac{(10P-1)}{V_1}$ ② $Q = 1.5PV_1$

③ $Q = (1-P)V_1$ ④ $Q = (10P+1)V_1$

[해설] 저장능력
① 압축가스
  $Q : (10P+1)V_1$ (m³)
② 액화가스
  $W : 0.9dV$ (kg)

71. 액화석유가스에 첨가하는 냄새가 나는 물질의 측정방법이 아닌 것은?

① 오더미터법   ② 엣지법
③ 주사기법   ④ 냄새주머니법

[해설] 냄새측정 방법
① 오더(odor) 미터법   ② 주사기법
③ 냄새주머니법   ④ 무취실법

72. 산소, 아세틸렌 및 수소가스를 제조할 경우의 품질검사 방법으로 옳지 않은 것은?

① 검사는 1일 1회 이상 가스제조장에서 실시한다.
② 검사는 안전관리부총괄자가 실시한다.
③ 액체산소를 기화시켜 용기에 충전하는 경우에는 품질검사를 아니할 수 있다.
④ 검사 결과는 안전관리부총괄자와 안전관리책임자가 함께 확인하고 서명 날인한다.

해설 품질검사
안전관리책임자가 실시하고 검사결과는 안전관리총괄자와 안전관리책임자가 함께 확인하고 서명날인한다.

73. 고압가스 운반차량에 대한 설명으로 틀린 것은?

① 액화가스를 충전하는 탱크에는 요동을 방지하기 위한 방파판 등을 설치한다.
② 허용농도가 200ppm 이하인 독성가스는 전용차량으로 운반한다.
③ 가스운반 중 누출 등 위해 우려가 있는 경우에는 소방서 및 경찰서에 신고한다.
④ 질소를 운반하는 차량에는 소화설비를 반드시 휴대하여야 한다.

해설 질소는 불연성가스이기 때문에 소화설비를 휴대하지 않아도 된다.

74. 동절기에 습도가 낮은 날 아세틸렌 용기밸브를 급히 개방할 경우 발생할 가능성이 가장 높은 것은?

① 아세톤 증발
② 역화방지기 고장
③ 중합에 의한 폭발
④ 정전기에 의한 착화 위험

해설 정전기 방지 : 상대습도는 70% 이상 유지한다.

75. 일반도시가스사업자 시설의 정압기에 설치되는 안전밸브 분출부의 크기 기준으로 옳은 것은?

① 정압기 입구측 압력이 0.5MPa 이상인 것은 50A 이상
② 정압기 입구 압력에 관계없이 80A 이상
③ 정압기 입구측 압력이 0.5MPa 미만인 것으로서 설계유량이 1,000Nm³/h 이상인 것은 32A 이상
④ 정압기 입구측 압력이 0.5MPa 미만인 것으로서 설계유량이 1,000Nm³/h 미만인 것은 32A 이상

해설 정압기에 설치되는 안전밸브 분출부의 크기
① 정압기 입구측 압력이 0.5MPa 이상인 것은 50A 이상
② 정압기 입구측 압력이 0.5MPa 미만인 경우
 ㉠ 정압기 설계유량이 1000Nm³/h 이상인 것은 50A 이상
 ㉡ 정압기 설계유량이 1000Nm³/h 미만인 것은 25A 이상

76. 가연성 가스를 운반하는 차량의 고정된 탱크에 적재하여 운반하는 경우 비치하여야 하는 분말 소화제는?

① BC용, B-3 이상　② BC용, B-10 이상
③ ABC용, B-3 이상　④ ABC용, B-10 이상

해설 소화설비

가스 구분	소화기의 종류		비치개수
	소화약제의 종류	소화기의 능력단위	
가연성	분말소화제	BC용. B-10 이상 또는 ABC용. B-12 이상	차량좌우에 각각 1개 이상
산소	분말소화제	BC용. B-8 이상 또는 ABC용. B-10 이상	차량 좌우에 각각 1개 이상

77. 장치 운전 중 고압반응기의 플랜지부에서 가연성 가스가 누출되기 시작했을 때 취해야 할 일반적인 대책으로 가장 적절하지 않은 것은?

① 화기 사용 금지
② 일상 점검 및 운전
③ 가스 공급의 즉시 정지
④ 장치 내를 불활성 가스로 치환

해설 일상점검 및 운전은 누출되기 전 정기점검이다.

정답 72. ②　73. ④　74. ④　75. ①　76. ②　77. ②

78. 다음 중 1종 보호시설이 아닌 것은?

① 주택
② 수용능력 300인 이상의 극장
③ 국보 제1호인 남대문
④ 호텔

[해설] 주택은 2종 보호시설이다.

79. 폭발에 대한 설명으로 옳은 것은?

① 폭발은 급격한 압력의 발생 등으로 심한 음을 내며, 팽창하는 현상으로 화학적인 원인으로만 발생한다.
② 발화에는 전기불꽃, 마찰, 정전기 등의 외부 발화원이 반드시 필요하다.
③ 최소 발화에너지가 큰 혼합가스는 안전간격이 작다.
④ 아세틸렌, 산화에틸렌, 수소는 산소 중에서 폭굉을 발생하기 쉽다.

[해설] 폭발
① 폭발에는 물리적폭발, 화학직폭발이 있다.
② 자연발화인 경우에는 점화원없이 스스로 발화한다.
③ 최소발화에너지가 큰 혼합가스는 안전간격이 크다.

80. 내용적 40L의 고압용기에 0℃, 100기압의 산소가 충전되어 있다. 이 가스 4kg을 사용하였다면 전압력은 약 몇 기압(atm)이 되겠는가?

① 20
② 30
③ 40
④ 50

[해설] $PV = \dfrac{W}{M}RT$

$W = \dfrac{PVM}{RT} = \dfrac{100 \times 40 \times 32}{0.082 \times (273+0)} = 5718g$

4kg사용후 전압력(P_0)

$P_0 = \dfrac{\frac{W}{M}RT}{V} = \dfrac{(5718-4000) \times 0.082 \times (273+0)}{40 \times 32}$

$= 30기압$

제5과목　　　　가스계측

81. 가스크로마토그램 분석결과 노르말헵탄의 피크높이가 12.0cm, 반높이선 나비가 0.48cm 이고 벤젠의 피크높이가 9.0cm, 반높이선 나비가 0.62cm였다면 노르말헵탄의 농도는 얼마인가?

① 49.20%
② 50.79%
③ 56.47%
④ 77.42%

[해설] 노르말헵탄의 농도

$\dfrac{12.0 \times 0.48}{(12 \times 0.48) + (9.0 \times 0.62)} \times 100(\%) = 50.79\%$

82. 온도 25℃ 습공기의 노점온도가 19℃일 때 공기의 상대습도는? (단, 포화 증기압 및 수증기 분압은 각각 23.76mmHg, 16.47mmHg 이다.)

① 69%
② 79%
③ 83%
④ 89%

[해설] 상대습도 $= \dfrac{P_W}{P_S} \times 100(\%)$

$= \dfrac{16.47}{23.76} \times 100(\%) = 69\%$

83. 헴펠식 분석법에서 흡수, 분리되는 성분이 아닌 것은?

① CO_2
② H_2
③ C_mH_n
④ O_2

[해설] 헴펠식 분석법의 분석순서
$CO_2 \rightarrow C_mH_n \rightarrow O_2 \rightarrow CO$

84. 가스미터의 필요 구비조건이 아닌 것은?

① 감도가 예민할 것
② 구조가 간단할 것
③ 소형이고 용량이 작을 것
④ 정확하게 계량할 수 있을 것

[해설] 소형이고 용량이 클 것

78. ① 　 79. ④ 　 80. ② 　 81. ② 　 82. ① 　 83. ② 　 84. ③ 　정답

85. 피스톤형 압력계 중 분동식 압력계에 사용되는 다음 액체 중 약 3,000kg/cm² 이상의 고압측정에 사용되는 것은?

① 모빌유　　　　　② 스핀들유

③ 피마자유　　　　④ 경유

해설 피스톤형 압력계에 사용되는 액체(오일)
① 모빌유 : 3000kg/cm²
② 피마자유 : 100~1000kg/cm²
③ 경유 : 40~100kg/cm²

86. 연소식 O_2계에서 산소측정용 촉매로 주로 사용되는 것은?

① 팔라듐　　　　　② 탄소

③ 구리　　　　　　④ 니켈

해설 연소계 O_2계
가연성가스와 산소를 촉매와 연소시켜 반응열이 O_2 농도에 비례하는 것을 이용(촉매 : 파라듐계)

87. 가스미터의 종류별 특징을 연결한 것 중 옳지 않은 것은?

① 습식 가스미터 – 유량 측정이 정확하다.
② 막식 가스미터 – 소용량의 계량에 적합하고 가격이 저렴하다.
③ 루트미터 – 대용량의 가스측정에 쓰인다.
④ 오리피스 미터 – 유량 측정이 정확하고 압력 손실도 거의 없고 내구성이 좋다.

해설 오리피스 미터는 압력손실이 크다.

88. 가스의 폭발 등 급속한 압력변화를 측정하거나 엔진의 지시계로 사용하는 압력계는?

① 피에조 전기압력계　② 경사관식 압력계
③ 침종식 압력계　　　④ 벨로우즈식 압력계

해설 피에조 전기압력계
수정이나 롯셀염을 이용한 압력계로 가스폭발이나 급격한 압력변화측정에 사용. 엔진의 지시계로 사용

89. 다음 중 기본단위는?

① 에너지　　　　　② 물질량

③ 압력　　　　　　④ 주파수

해설 기본단위

길이	질량	시간	전류	물질량	온도	광도
m	kg	sec	A	mol	k	cd

90. 가스의 화학반응을 이용한 분석계는?

① 세라믹 O_2계
② 가스크로마토그래피
③ 오르자트 가스분석계
④ 용액전도율식 분석계

해설 화학적분석계
① 흡수분석법 : 오르자트법, 헴펠법, 게겔법
② 연소분석법 : 폭발법, 완만연소법, 분별연소법
③ 화학분석법 : 적정법, 중량법, 흡광광도법

91. 가스크로마토그램에서 A, B 두 성분의 보유시간은 각각 1분 50초와 2분 20초이고 피이크 폭은 다 같이 30초였다. 이 경우 분리도는 얼마인가?

① 0.5　　　　　　② 1.0

③ 1.5　　　　　　④ 2.0

해설 분리도(R) $= \dfrac{T_{R2} - T_{R1}}{0.5(W_1 + W_2)}$

$T_{R2} = 2분20초 = 140초$
$T_{R1} = 1분50초 = 110초$
$R = \dfrac{140 - 110}{0.5(30 + 30)} = 1.0$

정답　85. ①　86. ①　87. ④　88. ①　89. ②　90. ③　91. ②

92. 막식 가스미터의 선정 시 고려해야 할 사항으로 가장 거리가 먼 것은?

① 사용 최대유량
② 감도유량
③ 사용가스의 종류
④ 설치 높이

[해설] 막식가스미터의 선정시 고려사항
① 사용최대유량
② 감도유량
③ 사용가스의 종류

93. 오프셋(잔류편차)이 있는 제어는?

① I제어
② P제어
③ D제어
④ PID제어

[해설] 비례동작(P동작)
① 부하가 변화하는 등 외란이 있으면 잔류편차(off set)가 생긴다.
② 부하변화가 작은 프로세스에 적용된다.

94. 고온, 고압의 액체나 고점도의 부식성액체 저장탱크에 가장 적합한 간접식 액면계는?

① 유리관식
② 방사선식
③ 플로트식
④ 검척식

[해설] 방사선 액면계
고온고압의 액체나 고점도의 부식성액체 등의 액면측정기에 사용된다.

95. 실온 22℃, 습도 45%, 기압 765mmHg인 공기의 증기 분압(P_W)은 약 몇 mmHg인가?
(단, 공기의 가스 상수는 29.27kg·m/kg·K, 22℃에서 포화 압력(P_S)은 18.66mmHg이다.)

① 4.1
② 8.4
③ 14.3
④ 16.7

[해설] 상대습도$(\phi) = \dfrac{P_W}{P_S} \times 100(\%)$ 식에서

$P_W = P_S \times \phi = 18.66 \times 0.45 = 8.4\text{mmHg}$

96. 응답이 목표값에 처음으로 도달하는데 걸리는 시간을 나타내는 것은?

① 상승시간
② 응답시간
③ 시간지연
④ 오버슈트

[해설] 자동제어계의 시간 응답 특성
① 상승시간 : 응답이 처음 설정(목표) 값에 이르는데 소요되는 시간(응답이 목표값의 10%에서 90%까지 이르게 하는데 소요되는 시간)
② 오버슈트(over shoot) : 제어량이 목표값을 초과하여 최초로 나타낼때의 최대값. 즉 최대편차량
③ 응답시간 : 응답이 요구하는 오차 이내로 되는데 요하는 시간
④ 지연시간 : 응답이 목표값의 50%까지 이르게 하는데 소요되는 시간

97. 일반적인 열전대 온도계의 종류가 아닌 것은?

① 백금 – 백금·로듐
② 크로멜 – 알루멜
③ 철 - 콘스탄탄
④ 백금 – 알루멜

[해설] 열전대온도계의 종류
① 백금–백금로듐
② 크로멜–알루멜
③ 철- 콘스탄탄
④ 동–콘스탄탄

98. 열전대 온도계의 작동 원리는?

① 열기전력
② 전기저항
③ 방사에너지
④ 압력팽창

[해설] 열전대온도계
2종류의 금속선 양단을 고정시켜 양접점에 온도차를 주면 이온도차에 따른 열기전력이 발생한다.(제백효과) 이기전력을 전위차에 지시시켜 온도를 측정

---

92. ④   93. ②   94. ②   95. ②   96. ①   97. ④   98. ① 정답

99. 제어계의 과도응답에 대한 설명으로 가장 옳은 것은?

① 입력신호에 대한 출력신호의 시간적 변화이다.

② 입력신호에 대한 출력신호가 목표치보다 크게 나타나는 것이다.

③ 입력신호에 대한 출력신호가 목표치보다 작게 나타나는 것이다.

④ 입력신호에 대한 출력신호가 과도하게 지연되어 나타나는 것이다.

[해설] 과도응답
정상상태에 있는 요소의 입력측에 어떤 변화를 주었을 때 출력측에 생기는 변화의 시간적 경과를 과도응답이라 한다.

100. 적외선 가스분석기의 특정에 대한 설명으로 틀린 것은?

① 선택성이 우수하다.

② 연속분석이 가능하다.

③ 측정농도 범위가 넓다.

④ 대칭 2원자 분자의 분석에 적합하다.

[해설] 적외선가스분석기
적외선흡수를 차지 않는 N_2, O_2, H_2, Cl_2 등의 대칭성 2원자 분자 및 He, Ar 등의 단원자 분자는 분석이 불가능하다.

제1과목 **가스유체역학**

01. 이상기체에 대한 설명으로 옳은 것은?

① 포화상태에 있는 포화 증기를 뜻한다.
② 이상기체의 상태 방정식을 만족시키는 기체이다.
③ 체적 탄성계수가 100인 기체이다.
④ 높은 압력하의 기체를 뜻한다.

[해설] 이상기체(완전가스)의 성질
① 이상기체의 상태방정식을 만족시키는 기체이다.
② 보일-샤를의 법칙을 만족한다.
③ 아보가드로의 법칙에 따른다.
④ 비열비는 온도에 관계없이 일정하다.
⑤ 기체의 분자력과 크기도 무시되며 분자간의 충돌은 완전 탄성체로 이루어진다.

02. 유체에 잠겨 있는 곡면에 작용하는 정수력의 수평분력에 대한 설명으로 옳은 것은?

① 연직면에 투영한 투영면의 압력중심의 압력과 투영면을 곱한 값과 같다.
② 연직면에 투영한 투영면의 도심의 압력과 곡면의 면적을 곱한 값과 같다.
③ 수평면에 투영한 투영면에 작용하는 정수력과 같다.
④ 연직면에 투영한 투영면에 도심의 압력과 투영면의 면적을 곱한 값과 같다.

[해설] 유체에 잠겨 있는 곡면에 작용하는 전압력(정수력)
① 수평분력 : 전압력의 수평성분방향에 수직인 연직면에 투영한 투영면의 도심의 압력과 투영면의 면적을 곱한값과 같다.
② 수직분력 : 곡면수직방향에 실려있는 액체의 무게와 같다.

03. 어떤 매끄러운 수평 원관에 유체가 흐를 때 완전난류유동(완전히 거친 난류유동) 영역이었고, 이 때 손실수두가 10 m이었다. 속도가 2배가 되면 손실수두는?

① 20 m   ② 40 m
③ 80 m   ④ 160 m

[해설] $h_4 \propto V^2$, $V_2 = 2V_1$

$$h_{L2} = \frac{V_2^2}{V_1^2} \times h_{L1} = \frac{(2V_1)^2}{V_1^2} \times h_{L1} = 4h_{L1} = 4 \times 10 = 40\text{m}$$

04. 안지름이 10 cm인 원관을 통해 1시간에 10 m^3의 물을 수송하려고 한다. 이 때 물의 평균유속은 약 몇 m/s 이어야 하는가?

① 0.0027   ② 0.0354
③ 0.277   ④ 0.354

[해설] $Q = AV$에서

$$V = \frac{Q}{A} = \frac{4Q}{\pi d^2} = \frac{4 \times 10}{\pi \times 0.1^2 \times 3600} = 0.354\text{m/s}$$

05. 압축성유체에 대한 설명 중 가장 올바른 것은?

① 가역과정동안 마찰로 인한 손실이 일어난다.
② 이상기체의 음속은 온도의 함수이다.
③ 유체의 유속이 아음속(subsonic)일 때, Mach 수는 1보다 크다.
④ 온도가 일정할 때 이상기체의 압력은 밀도에 반비례한다.

[해설] 압축성유체
① 가역과정동안 마찰이 없는 단열유동이다.
② 이음속일때 M < 1이고 초음속일 때 M > 1이다.
③ 온도가 일정할때 이상기체의 압력은 밀도에 비례하고 체적에 반비례한다.

정답   01. ②   02. ④   03. ②   04. ④   05. ②

06. 매끈한 직원관 속의 액체 흐름이 층류이고 관내에서 최대속도가 4.2 m/s로 흐를 때 평균속도는 약 몇 m/s인가?

① 4.2 　　　　② 3.5

③ 2.1 　　　　④ 1.75

[해설] $V_m = V_{\max} \times \frac{1}{2} = 4.2 \times \frac{1}{2} = 2.1 \text{m/s}$

07. 캐비테이션 발생에 따른 현상으로 가장 거리가 먼 것은?

① 소음과 진동 발생

② 양정곡선의 상승

③ 효율곡선의 저하

④ 깃의 침식

[해설] 캐비테이션 발생에 따른 현상

① 소음과 진동 발생

② 깃에 대한 침식

③ 양정곡선과 효율곡선의 저하

08. 온도 20℃, 절대압력이 5 kgf/cm² 인 산소의 비체적은 몇 m³/kg인가?(단, 산소의 분자량은 32이고, 일반 기체상수는 848 kgf · m/kmol · K 이다)

① 0.551 　　　② 0.155

③ 0.515 　　　④ 0.605

[해설] $PV = GRT$식에서

비체적 $(V/G) = \dfrac{RT}{P} = \dfrac{\frac{848}{32}(273+20)}{5 \times 10^4} = 0.155 \text{m}^3/\text{kg}$

09. 유체의 점성계수와 동점성계수에 관한 설명 중 옳은 것은?(단, M, L, T는 각각 질량, 길이, 시간을 나타낸다.)

① 상온에서의 공기의 점성계수는 물의 점성계수보다 크다.

② 점성계수의 차원은 $ML^{-1}T^{-1}$ 이다.

③ 동점성계수의 차원은 L^2T^{-2}이다.

④ 동점성계수의 단위에는 poise가 있다.

[해설] 점성계수와 동점성계수

① 상온에서의 공기의 점성계수는 물의 점성계수보다 작다.

② 점성계수의 차원 $ML^{-1}T^{-1}$(단위 poise)

③ 동점성계수의 차원 L^2T^{-1}(단위 stoke)

10. 이상기체의 등온, 정압, 정적과정과 무관한 것은?

① $P_1V_1 = P_2V_2$

② $P_1/V_1 = P_2/V_2$

③ $V_1/T_1 = V_2/T_2$

④ $P_1V_1/T_1 = P_2(V_1+V_2)/T_1$

[해설] 이상기체

① 등온과정 : $P_1V_1 = P_2V_2 (P_1/V_1 = P_2/V_2)$

② 정압과정 : $\dfrac{V_1}{T_1} = \dfrac{V_2}{T_2}$

③ 정적과정 : $\dfrac{P_1}{T_1} = \dfrac{P_2}{T_2}$

11. 유체가 반지름 150 mm, 길이가 500 m인 주철관을 통하여 유속 2.5 m/s로 흐를 때 마찰에 의한 손실 수두는 몇 m인가?(단, 관마찰 계수 f = 0.030이다.)

① 5.47 　　　② 13.6

③ 15.9 　　　④ 31.9

[해설] $h_L = f \dfrac{\ell}{d} \dfrac{V^2}{2g}$ 식에서

$f_L = 0.03 \times \dfrac{500}{0.3} \times \dfrac{2.5^2}{2 \times 9.8} = 15.9 \text{m}$

여기서, $d = 2R = 2 \times 150 = 300 \text{mm} = 0.3 \text{m}$

정답 06. ③ 07. ② 08. ② 09. ② 10. ④ 11. ③

12. 양정 25 m, 송출량 0.15 m³/min로 물을 송출하는 펌프가 있다. 효율 65%일 때, 펌프의 축 동력은 몇 kW 인가?

① 0.94 　　　　　　② 0.83

③ 0.74 　　　　　　④ 0.68

해설 $L = \dfrac{rQH}{102 \times 60 \times \eta} = \dfrac{1000 \times 0.15 \times 25}{102 \times 60 \times 0.65} = 0.94 \text{kW}$

13. 일반적인 원관내 유동에서 하임계 레이놀즈수에 가장 가까운 값은?

① 2100 　　　　　　② 4000

③ 21000 　　　　　　④ 40000

해설 레미놀즈수(Re)
① 하임계 Re : 2100(난류에서 층류로 천이하는 Re)
② 상임계 Re : 4000(층류에서 난류로 천이하는 Re)

14. 유체의 흐름상태에서 표면장력에 대한 관성력의 상대적인 크기를 나타내는 무차원의 수는?

① Reynolds수 　　　　② Froude수

③ Euler수 　　　　　④ Weber수

해설 무차원군의 종류

① 레이놀즈수(Reynolds number) $= \dfrac{관성력}{점성력}$

② 웨버수(Weber number) $= \dfrac{관성력}{표면장력}$

③ 프루드수(Froude number) $= \dfrac{관성력}{중력}$

④ 오일러수(Euler number) $= \dfrac{관성력}{중력}$

15. 20℃ 공기속을 1000 m/s로 비행하는 비행기의 주위 유동에서 정체 온도는 몇 ℃인가?(단, K=1.4, R=287 N · m/kg · K이며 등엔트로피 유동이다.)

① 518 　　　　　　② 545

③ 574 　　　　　　④ 598

해설 정체온도(T_0)

$$T_0 = T + \frac{K-1}{KR} \cdot \frac{V^2}{2}$$

$$= (273+20) + \frac{1.4-1}{1.4 \times 287} \cdot \frac{1000^2}{2} = 790.76 \text{kW}$$

$$= 791 - 273 = 518℃$$

참고

$$T_0 = T + \frac{K-1}{KR} \cdot \frac{V^2}{2} \rightarrow (R: \text{N·m/kg·K})$$

$$T_0 = T + \frac{K-1}{KR} \cdot \frac{V^2}{2g} \rightarrow (R: \text{kg}_\text{f}\text{·m/kg·K})$$

16. 그림과 같이 물을 사용하여 기체압력을 측정하는 경사마노메타에서 압력차($P_1 - P_2$)는 몇 cmH₂O인가? (단, θ = 30°, 면적 A_1 ≫ 면적 A_2이고, R = 30 cm이다.)

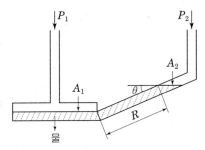

① 15 　　　　　　② 30

③ 45 　　　　　　④ 90

해설 $(P_1 - P_2) = rR\sin\alpha$

$= 1000 \times 0.3 \sin 30 = 150 \text{kg}_\text{f}/\text{m}^2$

$= 150(\text{kg}_\text{f}/\text{m}^2) \times \dfrac{1033.2(\text{cmH}_2\text{O})}{10332(\text{kg}_\text{f}/\text{m}^2)} = 15(\text{cmH}_2\text{O})$

17. 개수로 유동(open channel flow)에 관한 설명으로 옳지 않은 것은?

① 수력구배선은 자유표면과 일치한다.

② 에너지 선은 수면 위로 속도 수두만큼 위에 있다.

③ 에너지선의 높이가 유동방향으로 하강하는 것은 손실 때문이다.

④ 개수로에서 바닥면의 압력은 항상 일정하다.

[해설] 개수로 흐름의 특성
① 유체의 자유표면이 대기와 접해있다.
② 수력구배선은 유면과 일치한다.
③ 에너지선은 유면위로 속도수두 만큼 높다.
④ 손실수두는 수평선과 에너지선의 차이다.
⑤ 개수로 유동에서 바닥면의 압력은 물의 깊이에 따라 다르다.

18. 물체 주위의 유동과 관련하여 다음 중 옳은 내용을 모두 나타낸 것은?

> ㉮ 속도가 빠를수록 경계층 두께는 얇아진다.
> ㉯ 경계층 내부유동은 비점성유동으로 취급할 수 있다.
> ㉰ 동점성계수가 커질수록 경계층 두께는 두꺼워진다.

① ㉮   ② ㉮, ㉯
③ ㉮, ㉰   ④ ㉯, ㉰

[해설] ① 경계층 내부유동은 점성유동이다.
② 경계층 밖의 전체영역에서는 점성에 의한 영향이 없는 이상유체와 같은 흐름(퍼텐셜흐름)으로 비점성유동으로 취급할 수 있다.

19. 원심펌프에 대한 설명으로 옳지 않은 것은?

① 액체를 비교적 균일한 압력으로 수송할 수 있다.
② 토출 유동의 맥동이 적다.
③ 원심펌프 중 볼류트 펌프는 안내깃을 갖지 않는다.
④ 양정거리가 크고 수송량이 적을 때 사용된다.

[해설] 원심펌프는 동일용량에 대해 형상이 작아 설치면적이 작고 대용량에 접합

20. 30℃인 공기 중에서의 음속은 몇 m/s인가?(단, 비열비는 1.4이고 기체상수는 287 J/kg · K이다.)

① 216   ② 241
③ 307   ④ 349

[해설] $C = \sqrt{K \cdot R \cdot T} = \sqrt{1.4 \times 287 \times (273+30)} = 349 \text{m/s}$

> **제2과목**   **연소공학**

21. 다음 중 등엔트로피 과정은?

① 가역 단열과정
② 비가역 단열과정
③ Polytropic 과정
④ Joule-Thomson과정

[해설] 가역단열과정 : 등엔트로픽과정($\triangle S = \dfrac{\triangle Q}{T} = C$)

22. 50℃, 30℃, 15℃인 3종류의 액체 A, B, C가 있다. A와 B를 같은 질량으로 혼합하였더니 40℃가 되었고, A와 C를 같은 질량으로 혼합하였더니 20℃가 되었다고 하면 B와 C를 같은 질량으로 혼합하면 온도는 약 몇 ℃가 되겠는가?

① 17.1   ② 19.5
③ 20.5   ④ 21.1

[해설] ① $A + B = 40$
$50A + 30B = 40(A+B)$에서
$B = \dfrac{(50-40) \cdot A}{(40-30)} = A$

② $A + C = 20$
$50A + 15C = 20(A+C)$에서
$C = \dfrac{(50-20) \cdot A}{(20-15)} = 6A$

③ $B + C = 15$
$30B + 15C = x(B+C)$에서
$x = \dfrac{(30+15 \times 6)A}{(1+6)A} = 17.1℃$

23. 전실화재(Flashover)와 역화(Back Draft)에 대한 설명으로 틀린 것은?

① Flashover는 급격한 가연성가스의 착화로서 폭풍과 충격파를 동반한다.
② Flashover는 화재성장기(제1단계)에서 발생한다.
③ Back Draft는 최성기(제2단계)에서 발생한다.
④ Flashover는 열의 공급이 요인이다.

해설 플래시 오버(Flash over)
건축물 화재시 성장기에서 최성기로 진행될 때 실내온도가 급격히 상승하기 시작하면서 화염이 실내전체로 급격히 확대되는 연소현상

24. 유독물질의 대기확산에 영향을 주게 되는 매개변수로서 가장 거리가 먼 것은?

① 토양의 종류   ② 바람의 속도
③ 대기안정도   ④ 누출지점의 높이

해설 유독물질 대기 확산에 영향을 주는 매개변수
① 바람의 속도
② 대기안정도
③ 누출지점의 높이

25. 어떤 계에 42 kJ을 공급했다. 만약 이 계가 외부에 대하여 17000 N · m의 일을 하였다면 내부에너지의 증가량은 약 몇 kJ인가?

① 25   ② 50
③ 100   ④ 200

해설 공급에너지 = 내부에너지 + 외부에너지
내부에너지 = 42 kJ − 17 kJ = 25 kJ

26. 폭발범위의 하한 값이 가장 큰 가스는?

① C_2H_4 ② C_2H_2
③ C_2H_4O ④ H_2

해설 폭발범위
① C_2H_4 (2.7 ~ 36%)
② C_2H_2 (2.5 ~ 81%)
③ C_2H_4O (3 ~ 80%)
④ H_2 (4 ~ 75%)

27. 액체 연료의 연소 형태가 아닌 것은?

① 등심연소(wick combustion)
② 증발연소(vaporizing combustion)
③ 분무연소(spray combustion)
④ 확산연소(diffusive combustion)

해설 액체연료의 연소 형태
① 액면연소
② 등심연소
③ 분무연소
④ 증발연소

28. 가스 화재 시 밸브 및 콕크를 잠그는 경우 어떤 소화효과를 기대할 수 있는가?

① 질식소화   ② 제거소화
③ 냉각소화   ④ 억제소화

해설 제거소화
연소중인 가연물질과 그 주위의 가연물질을 제거시킴으로서 연소를 중지시켜 소화하는 방법

29. 저발열량이 41860 kJ/kg인 연료를 3 kg 연소시켰을 때 연소가스의 열용량이 62.8 kJ/℃였다면 이 때의 이론연소 온도는 약 몇 ℃인가?

① 1000℃   ② 2000℃
③ 3000℃   ④ 4000℃

해설 $\triangle t = \dfrac{41860 \times 3}{62.8} = 2000℃$

23. ①　24. ①　25. ①　26. ④　27. ④　28. ②　29. ②　정답

30. CH_4, CO_2, H_2O의 생성열이 각각 75 kJ/kmol, 394 kJ/kmol, 242 kJ/kmol일 때 CH_4의 완전 연소 발열량은 약 몇 kJ인가?

① 803 ② 786
③ 711 ④ 636

해설 $CH_4 + 2O_2 \rightarrow CO_2 + 2H_2O$
$H = 394 + (2 \times 242) - 75 = 803 kJ$

31. 연료가 완전연소할 때 이론상 필요한 공기량을 $M_o(m^3)$,실제로 사용한 공기량을 $M(m^3)$라 하면 과잉공기 백분율로 바르게 표시한 식은?

① $\dfrac{M}{M_o} \times 100$ ② $\dfrac{M_o}{M} \times 100$
③ $\dfrac{M - M_o}{M} \times 100$ ④ $\dfrac{M - M_o}{M_o} \times 100$

해설 과잉공기율(%)
$$\frac{a}{M_o} \times 100(\%) = \left(\frac{M - M_o}{M_o}\right) \times 100(\%) = (m-1) \times 100(\%)$$
여기서, a : 과잉공기량$(M - M_o)$, $m =$ 공기비 $\left(\dfrac{M}{M_o}\right)$

32. 연소 반응 시 불꽃의 상태가 환원염으로 나타났다. 이 때 환원염은 어떤 상태인가?

① 수소가 파란불꽃을 내며 연소하는 화염
② 공기가 충분하여 완전 연소상태의 화염
③ 과잉의 산소를 내포하여 연소가스 중 산소를 포함한 상태의 화염
④ 산소의 부족으로 일산화탄소와 같은 미연분을 포함한 상태의 화염

해설 산화염과 환원염
① 산화염 : 산소가 충분히 공급되어 연소하여 청색빛을 내는 염을 말하며, 산소, 이산화탄소, 수증기를 포함하며 산화성을 나타낸다.
② 환원염 : 산소가 충분히 공급되지 않아 불완전하게 연소하는 염을 말하며 미연소가스, 일산화탄소, 탄소등을 포함한 환원성을 나타낸다.

33. 연료의 발화점(착화점)이 낮아지는 경우가 아닌 것은?

① 산소 농도가 높을수록
② 발열량이 높을수록
③ 분자구조가 단순할수록
④ 압력이 높을수록

해설 착화온도가 낮아지는 경우
① 발열량이 높을수록
② 반응활성도가 클수록
③ 분자구조가 복잡할수록
④ 산소농도가 클수록
⑤ 압력이 높을수록

34. 엔트로피의 증가에 대한 설명으로 옳은 것은?

① 비가역 과정의 경우 계와 외계의 에너지의 총합은 일정하고, 엔트로피의 총합은 증가한다.
② 비가역 과정의 경우 계와 외계의 에너지의 총합과 엔트로피의 총합이 함께 증가한다.
③ 비가역 과정의 경우 물체의 엔트로피와 열원의 엔트로피의 합은 불변이다.
④ 비가역 과정의 역우 계와 외계의 에너지의 총합과 엔트로피의 총합은 불변이다.

해설 비가역 과정
고립계에서의 모든자발적과정을 엔트로피가 증가하는 방향으로 진행된다.

35. 도시가스의 조성을 조사해보니 부피조성으로 H_2 30%, CO 14%, CH_4 49%, CO_2 5%, O_2 2%를 얻었다. 이 도시가스를 연소시키기 위한 이론산소량(Nm^3)은?

① 1.18
② 2.18
③ 3.18
④ 4.18

정답 30. ① 31. ④ 32. ④ 33. ③ 34. ① 35. ①

[해설] 각성분가스의 이론산소량(O_0)

① $H_2 + \frac{1}{2}O_2 \rightarrow H_2O \quad (0.3 \times \frac{1}{2})$

② $CO + \frac{1}{2}O_2 \rightarrow CO_2 \quad (0.14 \times \frac{1}{2})$

③ $CH_4 + 2O_2 \rightarrow CO_2 + 2H_2O \quad (0.49 \times 2)$

④ $O_2 = 0.02$

$$O_0 = 0.3 \times \frac{1}{2} + 0.14 \times \frac{1}{2} + 0.49 \times 2 - 0.02 = 1.18(Nm^3)$$

36. 오토(otto)사이클의 효율을 η_1, 디젤(diesel)사이클의 효율을 η_2, 사바테(Sabathe)사이클의 효율을 η_3이라 할 때 공급열량과 압축비가 같을 경우 효율의 크기는?

① $\eta_1 > \eta_2 > \eta_3$

② $\eta_1 > \eta_3 > \eta_2$

③ $\eta_2 > \eta_1 > \eta_3$

④ $\eta_2 > \eta_3 > \eta_1$

[해설] 사이클의 비교
① 압축비와 가열량이 일정할 때 열효율의 크기
　오토사이클 > 사바테사이클 > 디젤사이클
② 최고압력과 가열량이 일정할 때 열효율의 크기
　디이젤사이클 > 사바테사이클 > 오토사이클

37. 파열물의 가열에 사용된 유효열량이 7000 kcal/kg, 전입열량이 12000 kcal/kg일 때 열효율은 약 얼마인가?

① 49.2%　　　　② 58.3%

③ 67.4%　　　　④ 76.5%

[해설] 열효율 $= \dfrac{\text{유효열량}}{\text{전입열량}} \times 100(\%)$

$$= \frac{7000}{12000} \times 100(\%) = 58.3\%$$

38. 열역학 제 0법칙에 대하여 설명한 것은?

① 저온체에서 고온체로 아무 일도 없이 열을 전달할 수 없다.

② 절대온도 0에서 모든 완전 결정체의 절대 엔트로피의 값은 0이다.

③ 기계가 일을 하기 위해서는 반드시 다른 에너지를 소비해야 하고 어떤 에너지도 소비하지 않고 계속 일을 하는 기계는 존재하지 않는다.

④ 온도가 서로 다른 물체를 접촉시키면 높은 온도를 지닌 물체의 온도는 내려가고, 낮은 온도를 지닌 물체의 온도는 올라가서 두 물체의 온도 차이는 없어진다.

[해설] 열열학 제0법칙(열평형의 법칙)
고온물체 + 저온물체 = 같은온도(열평형 상태)

39. 체적 2 m^3의 용기 내에서 압력 0.4 MPa, 온도 50℃인 혼합기체의 체적분율이 메탄(CH_4) 35%, 수소(H_2) 40%, 질소(N_2) 25%이다. 이 혼합기체의 질량은 약 몇 kg인가?

① 2　　　　② 3

③ 4　　　　④ 5

[해설] ① 평균분자량(M)
　　$M : 0.35 \times 16 + 0.4 \times 2 + 0.25 \times 28 = 13.4$

② $P = 0.4MPa = 40000kg_f/m^3$

③ $PV = GRT$

$$G = \frac{PV}{RT} = \frac{PV}{\dfrac{848}{M} \cdot T} = \frac{40000 \times 2}{\dfrac{848}{13.4}(273+50)} = 4kg$$

40. 수증기와 CO의 물 혼합물을 반응시켰을 때 1000℃, 1기압에서의 평형조성이 CO, H_2O가 각각 28 mol%, H_2 CO_2가 각각 22 mol%라 하면, 정압 평형정수K_P)는 약 얼마인가?

① 0.2　　　　② 0.6

③ 0.9　　　　④ 1.3

해설 $CO + H_2O \rightarrow CO_2 + H_2$

$K_p = \dfrac{\text{생성몰(mol)}}{\text{반응몰(mol)}} = \dfrac{22 \times 22}{28 \times 28} = 0.6$

제3과목   가스설비

41. 차단성능이 좋고 유량조정이 용이하나 압력손실이 커서 고압의 대구경 밸브에는 부적당한 밸브는?

① 글로우브 밸브   ② 플러그 밸브
③ 게이트 밸브   ④ 버터플라이 밸브

해설 글로우브 밸브
① 유체의 저항이 크다(압력손실이 크다)
② 관지름이 작은 유량 조절용으로 사용된다.
③ 유체의 흐름방향과 평행하게 밸브가 개폐된다.

42. 배관에서 지름이 다른 강관을 연결하는 목적으로 주로 사용하는 것은?

① 티   ② 플랜지
③ 엘보   ④ 리듀서

해설 나사 이음쇠
① 지름이 다른관을 직선으로 연결할 때 : 부싱, 리듀서
② 관끝을 막을 때 : 캡, 플러그
③ 분해, 조립할 때 : 유니언, 플랜지

43. 석유정제공정의 상압증류 및 가솔린 생산을 위한 접촉개질 처리 등에서와 석유화학의 나프타 분해공정 중 에틸렌, 벤젠 등을 제조하는 공정에서 주로 생산되는 가스는?

① OFF   ② Cracking 가스
③ Reforming 가스   ④ Topping 가스

해설 정유가스(offgas)
① 석유정제 오프가스 : 상압증류, 감압증류 및 가솔린 생산을 위한 접촉재질공정 등에서 발생하는 가스이다.
② 석유화학 오프가스 : 나프타 분해에 의한 에틸렌 제조공정에서 발생하는 가스이다.

44. LNG 저장탱크에서 사용되는 잠액식 펌프의 윤활 및 냉각을 위해 주로 사용되는 것은?

① 물   ② LNG
③ 그리스   ④ 황산

해설 LNG 잠액식 펌프의 윤활 및 냉각
LNG(비점 −162℃)의 기화열를 이용한 냉각제로 사용

45. 도시가스 공급시설에 설치하는 공기보다 무거운 가스를 사용하는 지역정압기실 개구부와 RTU(Remote Terminal Unit)박스는 얼마 이상의 거리를 유지하여야 하는가?

① 2 m   ② 3 m
③ 4.5 m   ④ 5.5 m

해설 지역정압기실 개구부와 RTU박스 유지거리
① 공기보다 무거운 가스 : 4.5m 이상
② 공기보다 가벼운 가스 : 1m 이상

46. 회전펌프에 해당하는 것은?

① 플랜지 펌프
② 피스톤 펌프
③ 기어 펌프
④ 다이어프램 펌프

해설 회전펌프의 종류
① 나사펌프
② 기어펌프
③ 베인펌프

47. 실린더 안지름 20 cm, 피스톤행정 15 cm, 매분회전수 300, 효율이 90%인 수평 1단 단동압축기가 있다. 지시평균 유효 압력을 0.2 MPa로 하면 압축기에 필요한 전동기의 마력은 약 몇 PS인가? (단, 1 MPa은 10 kgf/cm²로 한다.)

① 6   ② 7
③ 8   ④ 9

$\boxed{\text{해설}}$ $L = \dfrac{P \cdot V}{75\eta}$ (ps)

$P = 0.2\text{MPa} = 2\text{kg}_f/\text{cm}^2 = 2 \times 10^4 \text{kg}_f/\text{m}^2$

$V = \dfrac{\pi d^2}{4} S \cdot N = \dfrac{\pi \times 0.2^2}{4} \times 0.15 \times 300 = 1413\text{m}^3/\text{min}$

$\qquad = 1413 \times \dfrac{1}{60} = 0.02355\text{m}^3/\text{sec}$

$L = \dfrac{2 \times 10^4 \times 0.02355}{75 \times 0.9} = 7\text{ps}$

48. 연소 시 발생할 수 있는 여러 문제 중 리프팅 (lifting) 현상의 주된 원인은?

① 노즐의 축소　　　② 가스 압력의 감소

③ 1차 공기의 과소　④ 배기 불충분

$\boxed{\text{해설}}$ 리프팅(선화) 현상의 원인
① 버너내의 가스압력이 너무 높을 때
② 1차공기의 댐퍼를 너무 열어서 1차공기가 과다 흡입했을 때
③ 연소기구 내의 급배기 불량으로 2차공기가 감소했을 때
④ 염공(노즐)이 막혀 버너 내압이 높아져서 분출속도가 증가했을 때

49. 가스보일러 물탱크의 수위를 다이어프램에 의해 압력 변화로 검출하여 전기접점에 의해 가스회로를 차단하는 안전장치는?

① 헛불방지장치　　② 동결방지장치

③ 소화안전장치　　④ 과열방지장치

$\boxed{\text{해설}}$ 헛불방지 장치
수압에 의하여 작동되도록 하여 보일러의 물이 통로에 물이 흐르면 다이어프램을 밀어 다이어프램에 연결된 가스밸브가 밀려서 열리고 물이 흐르지 않으면 다이어프램과 가스밸브가 원위치로 돌아가 가스통로를 차단하는 안전장치이다.(수압자동가스밸브)

50. 발열량이 13000 kcal/m³이고, 비중이 1.3, 공급 압력이 200 mmH₂O인 가스의 웨베지수는?

① 10000　　　　　② 11402

③ 13000　　　　　④ 16900

$\boxed{\text{해설}}$ 웨베지수(WI)

$WI = \dfrac{H}{\sqrt{d}} = \dfrac{13000}{\sqrt{1.3}} = 11402$

51. 가스온수기에 반드시 부착하여야 할 안전장치가 아닌 것은?

① 소화안전장치　　② 역풍방지장치

③ 전도안전장치　　④ 정전안전장치

$\boxed{\text{해설}}$ 가스온수기의 안전장치
① 정전안전장치
② 역풍방지장치
③ 소화안전장치
④ 과열방지장치
⑤ 동결방지장치

52. 정압기에 관한 특성 중 변동에 대한 응답속도 및 안정성의 관계를 나타내는 것은?

① 동특성　　　　　② 정특성

③ 작동 최대차압　　④ 사용 최대차압

$\boxed{\text{해설}}$ 동특성
부하변화가 큰 곳에 사용되는 정압기에 대하여 중요한 특성인데 부하변화에 대한 응답의 신속성과 안전성의 관계를 나타낸다.

53. 찜질방의 가열로실의 구조에 대한 설명으로 틀린 것은?

① 가열로의 배기통은 금속 이외의 불연성재료로 단열조치를 한다.

② 가열로실과 찜질실 사이의 출입문은 유리재로 설치한다.

③ 가열로의 배기통 재료는 스테인리스를 사용한다.

④ 가열로의 배기통에는 댐퍼를 설치하지 아니한다.

$\boxed{\text{해설}}$ 가열실과 찜질실 사이의 출입문은 금속재로 설치한다.

48. ①　49. ①　50. ②　51. ③　52. ①　53. ②　$\boxed{\text{정답}}$

54. 산소가 없어도 자기분해 폭발을 일으킬 수 있는 가스가 아닌 것은?

① C_2H_2 ② N_2H_4
③ H_2 ④ C_2H_4O

해설 가스의 폭발
① 분해폭발
　아세틸렌(C_2H_2), 산화에틸렌(C_2H_4O), 히드라진(N_2H_4)
② 중합폭발
　시안화수소(HCN), 산화에틸렌(C_2H_4O)

55. 다기능 가스안전계량기(마이콤 메타)의 작동성능이 아닌 것은?

① 유량 차단성능
② 과열방지 차단성능
③ 압력저하 차단성능
④ 연속사용시간 차단성능

해설 다기능 가스안전계량기의 작동성능
① 유량차단성능
② 미소사용유량등록성능
③ 미소누출검지성능
④ 압력저하차단성능
⑤ 옵션단자성능
⑥ 연속사용시간차단성능

56. 나프타를 접촉분해법에서 개질온도를 705℃로 유지하고 개질압력을 1기압에서 10기압으로 점진적으로 가압할 때 가스의 조성변화는?

① H_2 와 CO_2 가 감소하고 CH_4 와 CO 가 증가한다.
② H_2 와 CO_2 가 증가하고 CH_4 와 CO 가 감소한다.
③ H_2 와 CO 가 감소하고 CH_4 와 CO_2 가 증가한다.
④ H_2 와 CO 가 증가하고 CH_4 와 CO_2 가 감소한다.

해설 접촉분해법의 압력에 따른 조선변화

구 분	H_2, CO	CH_4, CO_2
700℃ 이상	증가	감소
고압	감소	증가

57. 도시가스 원료 중에 함유되어 있는 황을 제거하기 위한 건식탈황법의 탈황제로서 일반적으로 사용되는 것은?

① 탄산나트륨   ② 산화철
③ 암모니아 수용액   ④ 염화암모늄

해설 탈황법
① 건식탈황법
　산화철($Fe_2O_3 \cdot 3H_2O$)을 사용하여 H_2S를 제거
② 습식탈황법
　산성인 H_2S를 알칼리성흡수액(암모니아수, 탄산나트륨)을 사용하여 흡수제거

58. 도시가스 저압 배관의 설계 시 관경을 결정하고자 할 때 사용되는 식은?

① Fan 식   ② Oliphant식
③ Coxe식   ④ Pole식

해설 저압배관 유량(pole 식)
$$Q = K\sqrt{\frac{D^5 H}{SL}}$$
저압배관의 관경(D)의 결정
① 가스유량(Q)
② 허용압력손실(H)
③ 파이프의 길이(L)
④ 가스비중(S)

59. LPG를 사용하는 식당에서 연소기의 최대가스소비량이 3.56 kg/h이었다. 자동절체식 조정기를 사용하는 경우 20 kg 용기를 최소 몇 개를 설치하여야 자연기화 방식으로 원활하게 사용할 수 있겠는가?(단, 20 kg 용기 1개의 가스발생능력은 1.8 kg/h이다.)

① 2개   ② 4개
③ 6개   ④ 8개

해설 용기의 수 $= \dfrac{\text{최대가스 소비량}}{\text{가스발생능력}} \times 2 = \dfrac{3.56}{1.8} \times 2 = 4$ 개

∴ 자동절체식 조정기를 사용하는 경우 사용측과 예비측용기가 필요하다.

정답 54. ③   55. ②   56. ③   57. ②   58. ④   59. ②

60. 1000 rpm으로 회전하는 펌프를 2000 rpm으로 변경하였다. 이 경우 펌프의 양정과 소요동력은 각각 얼마씩 변화하는가?

① 양정 : 2배, 소요동력 : 2배

② 양정 : 4배, 소요동력 : 2배

③ 양정 : 8배, 소요동력 : 4배

④ 양정 : 4배, 소요동력 : 8배

해설 상사의 법칙

① $\dfrac{H_2}{H_1} = \left(\dfrac{N_2}{N_1}\right)^2 = \left(\dfrac{2000}{1000}\right)^2 = 4$

② $\dfrac{L_2}{L_1} = \left(\dfrac{N_2}{N_1}\right)^3 = \left(\dfrac{2000}{1000}\right)^3 = 8$

제4과목　　가스안전관리

61. 아세틸렌의 임계압력으로 가장 가까운 것은?

① 3.5 MPa ② 5.0 MPa

③ 6.2 MPa ④ 7.3 MPa

해설 아세틸렌(C_2H_2)
① 임계압력 : 6.2MPa
② 임계온도 : 36.5℃

---

62. 가스 폭발에 대한 설명으로 틀린 것은?

① 폭발한계는 일반적으로 폭발성 분위기 중 폭발성가스의 용적비로 표시된다.

② 발화온도는 폭발성가스와 공기 중 혼합가스의 온도를 높였을 때에 폭발을 일으킬 수 있는 최고의 온도이다.

③ 폭발한계는 가스의 종류에 따라 달라진다.

④ 폭발성 분위기란 폭발성 가스가 공기와 혼합하여 폭발한계 내에 있는 상태의 분위기를 뜻한다.

해설 발화온도
가연혼합기의 온도를 차츰 높여가면 외부로 부터 불꽃이나 화염등을 가까이 접근하지 않더라도 발화하기에 이른다. 그 최저온도를 발화온도라 한다.

---

63. 초저온가스용 용기제조 기술기준에 대한 설명으로 틀린 것은?

① 용기동판의 최대두께와 최소두께와의 차이는 평균두께의 10% 이하로 한다.

② "최고충전압력"은 상용압력 중 최고압력을 말한다.

③ 용기의 외조에 외조를 보호할 수 있는 플러그 또는 파열판 등의 압력방출장치를 설치한다.

④ 초저온용기는 오스테나이트계 스테인리스강 또는 티타늄함금으로 제조한다.

해설 초저온용기의 재료
오스테나이트계스테인리스강 또는 알루미늄 합금으로 한다.

---

64. 아세틸렌가스를 2.5 MPa의 압력으로 압축할 때 첨가하는 희석제가 아닌 것은?

① 질소 ② 메탄

③ 일산화탄소 ④ 아세톤

해설 아세틸렌충전시 온도에 불구하고 2.5MPa 이하로 하며 이때에는 질소, 일산화탄소, 메탄 또는 에틸렌을 희석제로 첨가한다(분해폭발 방지).

---

65. 가스난로를 사용하다가 부주의로 점화되지 않은 상태에서 콕을 전부 열었다. 이 때 노즐로부터 분출되는 생 가스의 양은 약 몇 m³/h 인가?(단, 유량계수: 0.8, 노즐지름: 2.5 mm, 가스압력: 200 mmH$_2$O, 가스비중: 0.5로 한다.)

① 0.5 m³/h ② 1.1 m³/h

③ 1.5 m³/h ④ 2.1 m³/h

해설 $Q = 0.011 D^2 K \sqrt{\dfrac{P}{d}}$

$q = 0.011 \times 2.5^2 \times 0.8 \sqrt{\dfrac{200}{0.5}} = 1.1 \text{m}^3/\text{h}$

---

66. 증기가 전기스파크나 화염에 의해 분해폭발을 일으키는 가스는?

① 수소　　　　　　② 프로판
③ LNG　　　　　　④ 산화에틸렌

해설 분해폭발을 일으키는 가스
산화에틸렌, 아세틸렌, 히드라진

67. 초저온용기에 대한 정의를 가장 바르게 나타낸 것은?

① 섭씨 영하 50℃ 이하의 액화가스를 충전하기 위한 용기로서 단열재를 씌우거나 냉동설비로 냉각시키는 등의 방법으로 용기 내의 가스온도가 상용온도를 초과하지 않도록 한 용기

② 액화가스를 충전하기 위한 용기로서 단열재로 피복하여 용기 내의 가스온도가 상용온도를 초과하지 않도록 한 용기

③ 대기압에서 비점이 0℃ 이하인 가스를 상용압력이 0.1 MPa 이하의 액체 상태로 저장하기 위한 용기로서 단열재로 피복하여 가스온도가 상용온도를 초과하지 않도록 한 용기

④ 액화가스를 냉동설비로 냉각하여 용기 내의 가스의 온도가 섭씨 영하 70℃ 이하로 유지하도록 한 용기

해설 초저온용기와 저온용기
① 초저온용기
　섭씨 영하 50도 이하의 액화가스를 충전하기 위한 용기로써 단열재를 씌우거나 냉동설비로 냉각시키는 등의 방법으로 용기내의 가스온도가 상용온도를 초과하지 아니하도록 한 용기
② 저온용기
　액화가스를 충전하기 위한 용기로서 단열재로 씌우거나 냉동설비로 냉각시키는 등의 방법으로 용기내의 가스온도가 상용의 온도를 초과하지 아니하도록 한 것 중 초저온용기외의 용기

68. 고압가스 저장시설에서 가연성가스 용기보관실과 독성가스의 용기보관실은 어떻게 설치하여야 하는가?

① 기준이 없다.
② 각각 구분하여 설치한다.
③ 하나의 저장실에 혼합 저장한다.
④ 저장실은 하나로 하되 용기는 구분 저장한다.

해설 용기보관실
가연성가스용기와 독성가스용기는 각각 구분하여 설치

69. 아세틸렌용 용접용기를 제조하고자 하는 자가 갖추어야 할 시설기준의 설비가 아닌 것은?

① 성형설비
② 세척설비
③ 필라멘트와인딩설비
④ 자동부식방지도장설비

해설 아세틸렌용기 제조하는 자의 제조설비
① 단조 또는 성형설비
② 아랫부분 접합설비
③ 세척설비
④ 쇼트브라스팅 및 도장설비
⑤ 자동부식방지 도장설비
⑥ 아세톤 또는 디메틸포름아미드 충전설비

70. 고압가스용 납붙임 또는 접합용기의 두께는 그 용기의 안전성을 확보하기 위하여 몇 mm 이상으로 하여야 하는가?

① 0.115　　　　　　② 0.125
③ 0.215　　　　　　④ 0.225

해설 납 붙임 또는 저합용기
용기의 두께는 그 용기의 안전성을 확보하기 위하여 0.125mm 이상으로 한다. 다만 이동식 부탄연소기용 용기의 두께는 0.20mm 이상으로 한다.

정답 66. ④　67. ①　68. ②　69. ③　70. ②

71. 차량에 고정된 탱크로 가연성가스를 적재하여 운반할 때 휴대하여야 할 소화설비의 기준으로 옳은 것은?

① BC용, B-10 이상 분말소화제를 2개 이상 비치
② BC용, B-8 이상 분말소화제를 2개 이상 비치
③ ABC용, B-10 이상 포말소화제를 1개 이상 비치
④ ABC용, B-8 이상 포말소화제를 1개 이상 비치

해설 차량에 고정된 탱크의 소화설비
BC용 B-10 이상 분말소화제를 2개 이상 비치

72. 냉동설비와 1일 냉동능력 1톤의 산정기준에 대한 연결이 바르게 된 것은?

① 원심식압축기 사용 냉동설비-압축기의 원동기 정격출력 1.2 kW
② 원심식압축기 사용 냉동설비-발생기를 가열하는 1시간의 입열량 3320 kcal
③ 흡수식냉동설비-압축기의 원동기 정격출력 2.4 kW
④ 흡수식냉동설비-발생기를 가열하는 1시간의 입열량 7740 kcal

해설 1일 냉동능력 1톤(1RT)
① 원심식 냉동기 : 원동기 정격출력 1.2kW
② 흡수식 냉동설비 : 발생기의 가열하는 1시간의 입열량 6640kcal
③ 증기압축식 냉동기 : 증발기에서 흡수하는 열량 3320kcal/h

73. 액화석유가스를 차량에 고정된 내용적 V(L)인 탱크에 충전할 때 충전량 산정식은? (단, W : 저장능력 (kg), P : 최고충전압력(MPa) d : 비중(kg/L), C : 가스의 종류에 따른 정수이다.)

① $W = \dfrac{V}{C}$ ② $W = C(V+1)$
③ $W = 0.9dV$ ④ $W = (10P+1)V$

해설 충전 및 저장능력
① 액화가스
• 용기 및 차량에 고정된 탱크 : $G = \dfrac{V}{C}$
• 저장탱크 : $W = 0.9dV$
② 압축가스
$Q = (10P+1)V$

74. 용기의 제조등록을 한 자가 수리할 수 있는 용기의 수리범위에 해당되는 것으로만 모두 짝지어진 것은?

ㄱ 용기몸체의 용접
ㄴ 용기부속품의 부품 교체
ㄷ 초저온 용기의 단열재 교체

① ㄱ   ② ㄱ, ㄴ
③ ㄴ, ㄷ   ④ ㄱ, ㄴ, ㄷ

해설 용기제조자의 수리범위
① 용기몸체의 용접가공
② 아세틸렌 용기내의 다공질물 교체
③ 용기의 스커트 프로텍터 및 넥크링의 가공
④ 용기부속품의 부품교체 및 가공
⑤ 저온 또는 초저온용기의 단열재 교체

75. 가연성가스 설비 내부에서 수리 또는 청소작업을 할 때에는 설비내부의 가스농도가 폭발 하한계의 몇 % 이하가 될 때까지 치환하여야 하는가?

① 1   ② 5
③ 10   ④ 25

해설 가스치환농도
① 독성가스 : 허용농도이하
② 가연성가스 : 폭발하한의 1/4 이하(25% 이하)

76. 고압가스용 용접용기의 내압시험방법 중 팽창측정시험의 경우 용기가 완전히 팽창한 후 적어도 얼마 이상의 시간을 유지하여야 하는가?

① 30초 　　　　 ② 1분
③ 3분 　　　　 ④ 5분

해설 팽창측정시험시 유지시간 : 30초

77. LPG 용기 보관실의 바닥 면적이 40m² 이라면 환기구의 최소 통풍가능 면적은?

① 10000cm² 　　　　 ② 11000cm²
③ 12000cm² 　　　　 ④ 13000cm²

해설 통풍구의 면적
바닥면적의 3% 이상 = 바닥면적 1m²당 300cm² 이상
∴ $40 \times 300 = 12000cm^2$ 이상

78. 고압가스 제조장치 내부에 작업원이 들어가 수리를 하고자 한다. 이 때 가스치환 작업으로 가장 부적합한 경우는?

① 질소 제조장치에서 공기로 치환한 후 즉시 작업을 하였다.
② 아황산가스인 경우 불활성가스로 치환한 후 다시 공기로 치환하여 작업을 하였다.
③ 수소제조 장치에서 불활성가스로 치환한 후 즉시 작업을 하였다.
④ 암모니아인 경우 불활성가스로 치환하고 다시 공기로 치환한 후 작업을 하였다.

해설 불활성가스치환(폭발하한의 1/4)후 공기로 재치환(산소농도 : 18~22%)한다.

79. 의료용 산소용기의 도색 및 표시가 바르게 된 것은?

① 백색으로 도색 후 흑색 글씨로 산소라고 표시한다.
② 녹색으로 도색 후 백색 글씨로 산소라고 표시한다.
③ 백색으로 도색 후 녹색 글씨로 산소라고 표시한다.
④ 녹색으로 도색 후 흑색 글씨로 산소라고 표시한다.

해설 의료용 용기
① 용기의 상단부에 폭 2cm의 백색(산소는 녹색)의 띠를 두 줄로 표시해야 한다.
② 글자마다 백색(산소는 녹색)으로 가로·세로 5cm로 띠와 가스명칭사이에 "의료용" 이라고 표시하여야 한다.

80. 이동식 부탄연소기(220g 납붙임용기 삽입형)를 사용하는 음식점에서 부탄연소기의 본체보다 큰 주물불판을 사용하여 오랜 시간 조리를 하다가 폭발 사고가 일어났다. 사고의 원인으로 추정되는 것은?

① 가스누출
② 납붙임 용기의 불량
③ 납붙임 용기의 오장착
④ 용기 내부의 압력 급상승

해설 폭발사고의 원인
과열로 인한 용기내부의 압력 급상승으로 폭발사고

> **제5과목** 　　　 **가스계측**

81. 22℃의 1기압 공기(밀도 1.21kg/m³)가 덕트를 흐르고 있다. 피토관을 덕트 중심부에 설치하고 물을 봉액으로 한 U 자관 마노미터의 눈금이 4.0 cm이었다. 이 덕트 중심부의 유속은 약 몇 m/s인가?

① 25.5 　　　　 ② 30.8
③ 56.9 　　　　 ④ 97.4

해설 $V = \sqrt{2g(\frac{r_w}{r_a}-1)h}$

$= \sqrt{2 \times 9.8(\frac{1000}{1.2}-1) \times 0.04} = 25.5m/s$

82. 가스크로마토그래피에서 일반적으로 사용되지 않는 검출기(detector)는?

① TCD ② FID

③ ECD ④ RID

[해설] 검출기의 종류
① 열전도형검출기(TCD)
② 수소이온화검출기(FID)
③ 전자포획이온화검출기(ECD)
④ 염광광도형검출기(FPD)
⑤ 알칼리성 이온화검출기(FTD)

83. 가스크로마토그래피(Gas Chromatography)에서 캐리어가스 유량이 5 mL/s이고 기록지 속도가 3 mm/s일 때 어떤 시료가스를 주입하니 지속용량이 250 mL이었다. 이 때 주입점에서 성분의 피크까지 거리는 약 몇 mm인가?

① 50 ② 100

③ 150 ④ 200

[해설] $t_R = \dfrac{250(\mathrm{mL})}{5(\mathrm{mL/s})} \times 3(\mathrm{mm/s}) = 150\mathrm{mm}$

84. 측정제어라고도 하며, 2개의 제어계를 조합하여 1차 제어장치가 제어량을 측정하여 제어 명령을 내리고, 2차 제어장치가 이 명령을 바탕으로 제어량을 조절하는 제어를 무엇이라 하는가?

① 정치(正値) 제어

② 추종(追從) 제어

③ 비율(比率) 제어

④ 캐스케이드(Cascade) 제어

[해설] 캐스케이드제어
2개의 제어계를 조합하여 제어량의 1차조절계를 측정하고 그 조작출력으로 2차조절계의 목표치를 설정하는 방법이고 출력측에 낭비시간이나 시간지연이 크게 있는 프로세스제어에 이용한다.

85. 전력, 전류, 전압, 주파수 등을 제어량으로 하며 이것을 일정하게 유지하는 것을 목적으로 하는 제어방식은?

① 자동조정 ② 서보기구

③ 추치제어 ④ 정치제어

[해설] 자동조정
전압, 주파수, 전동기의 회전수, 전력등을 제어량으로 하며 이것을 일정하게 유지하는것을 목적으로 하는 제어이다.

86. 고속, 고압 및 레이놀즈수가 높은 경우에 사용하기 가장 적정한 유량계는?

① 벤투리미터 ② 플로노즐

③ 오리피스미터 ④ 피토관

[해설] 플로노즐 유량계
① 기계적 강도가 크므로 고속 및 고압(5~30MPa) 유체의 유속을 측정하는데 적합하다.
② 약간의 고체분을 함유한 유체도 힘들이지 않고 측정한다.
③ 레이놀즈수가 클 때 사용된다.

87. 배기가스 중 이산화탄소를 정량분석하고자 할 때 가장 적합한 방법은?

① 적정법 ② 완만연소법

③ 중량법 ④ 오르자트법

[해설] 오르자트법
이산화탄소(CO_2) → 산소(O_2) → 일산화탄소(CO) → 질소(N_2)순으로 가스를 분석한다.

88. 연소기기에 대한 배기가스 분석의 목적으로 가장 거리가 먼 것은?

① 연소상태를 파악하기 위하여

② 배기가스 조성을 알기 위해서

③ 열정산의 자료를 얻기 위하여

④ 시료가스 채취장치의 작동상태를 파악하기 위해

해설 배기가스분석의 목적
① 연소상태파악하기 위하여
② 배기가스조성을 알기 위하여
③ 열정산의 자료를 얻기 위하여

89. 습식가스미터는 어떤 형태에 해당하는가?

① 오벌형
② 드럼형
③ 다이어프램형
④ 로터리 피스톤형

해설 습식가스미터
① 회전드럼이 4개실로 나누어져 있는 드럼형 가스미터이다.
② 계량이 정확하고 다른 가스미터의 기준기용으로 사용된다.

90. 액면측정 장치가 아닌 것은?

① 유리관식 액면계
② 임펠러식 액면계
③ 부자식 액면계
④ 퍼지식 액면계

해설 임펠러식은 가정용 수도미터에 사용되는 유량계이다.

91. 가스크로마토그래피로 가스를 분석할 때 사용하는 캐리어 가스로서 가장 부적당한 것은?

① H_2
② CO_2
③ N_2
④ Ar

해설 캐리어가스(운반가스)
H_2, N_2, Ar, He

92. 열전대 온도계에서 열전대의 구비 조건이 아닌 것은?

① 재생도가 높고 가공이 용이할 것
② 열기전력이 크고 온도상승에 따라 연속적으로 상승 할 것
③ 내열성이 크고 고온가스에 대한 내식성이 좋을 것
④ 전기저항 및 온도계수, 열전도율이 클 것

해설 열전대의 구비조건
① 열기전력 특성이 안정되고 장시간 사용해도 변화가 적을 것
② 재생도가 높고 가공이 쉬어야 한다.
③ 내열성이 크고 고온가스에 대한 내식성이 있을 것
④ 열기전력이 크고 온도상승에 따라 연속적으로 상승할 것
⑤ 전기저항 및 온도계수, 열전도율이 작을 것

93. 습식가스미터의 수면이 너무 낮을 때 발생하는 현상은?

① 가스가 그냥 지나친다.
② 밸브의 마모가 심해진다.
③ 가스가 유입되지 않는다.
④ 드럼의 회전이 원활하지 못하다.

해설 습식가스미터의 수면이 낮을 때
가스가 그냥 지나치기 때문에 사용중에 수위조정 등의 관리가 필요하다.

94. 우연오차에 대한 설명으로 옳은 것은?

① 원인 규명이 명확하다.
② 완전한 제거가 가능하다.
③ 산포에 의해 일어나는 오차를 말한다.
④ 정, 부의 오차가 다른 분포상태를 가진다.

해설 우연오차
불가피한 어떤 원인에 따른 불규칙한 측정으로 나타나는 오차로 원인을 알수 없는 산포에 의해 일어나는 오차이다.

95. 내경 10 cm인 관속으로 유체가 흐를 때 피토관의 마노미터 수주가 40 cm이었다면 이때의 유량은 약 몇 m^3/s인가?

① 2.2×10^{-3}
② 2.2×10^{-2}
③ 0.22
④ 2.2

해설 $Q = AV = A\sqrt{2gh}$

$Q = \dfrac{\pi d^2}{4}\sqrt{2gh} = \dfrac{\pi \times 0.1^2}{4}\sqrt{2 \times 9.8 \times 0.4}$

$= 2.2 \times 10^{-2} m^3/s$

정답 89. ② 　 90. ② 　 91. ② 　 92. ④ 　 93. ① 　 94. ③ 　 95. ②

96. 램버트–비어의 법칙을 이용한 것으로 미량 분석에 유용한 화학 분석법은?

① 중화적정법　　　　② 중량법
③ 분광광도법　　　　④ 요오드적정법

[해설] 흡광광도법(분광광도법)
램버트–비어(Rambert–Beer)의 법칙을 이용한 분석법으로 시료가스를 반응시켜 발색을 광전광도계 또는 광전분광광도계를 사용하여 흡광도의 측정으로 분석하는 것으로 미량분석에 많이 사용한다.

97. 10^{-12}은 계량단위의 접두어로 무엇인가?

① 아토(atto)　　　　② 젭토(zepto)
③ 펨토(femto)　　　　④ 피코(pico)

[해설] 계량단위의 접두어
① 나노(10^{-9})　　② 피코(10^{-12})
② 펨토(10^{-15})　　④ 아토(10^{-18})
⑤ 젭토(10^{-21})

98. 전자유량계는 어떤 유체의 측정에 유용한가?

① 순수한 물　　　　② 과열된 증기
③ 도전성 유체　　　　④ 비전도성 유체

[해설] 전자유량계
① 페러데이의 전자유도법칙에 의하여 순간유량을 측정한다.
② 전도성(도전성) 유체에만 적용된다.

99. 다음의 특징을 가지는 액면계는?

- 설치, 보수가 용이하다.
- 온도, 압력 등의 사용범위가 넓다.
- 액체 및 분체에 사용이 가능하다.
- 대상 물질의 유전율 변화에 따라 오차가 발생한다.

① 압력식　　　　② 플로트식
③ 정전용량식　　　　④ 부력식

[해설] 정전용량식 액면계
2개의 절연된 도체가 있을 때 이 사이에 구성되는 정전용량은 2개의 도체크기, 상대적위치관계 매질의 유전율로 결정되는 것을 이용한 것이다.

100. 가스미터의 구비 조건으로 가장 거리가 먼 것은?

① 기계오차의 조정이 쉬울 것
② 소형이며 계량 용량이 클 것
③ 감도는 적으나 정밀성이 높을 것
④ 사용가스량을 정확하게 지시할 수 있을 것

[해설] 감도가 예민하고 정밀성이 높을 것

2020 개정판
가스기사 필기 (D-30일 단기완성)

定價 39,000원

저 자 이 철 윤
발행인 이 종 권

2013年 2月 12日 초 판 발 행
2014年 1月 29日 2차개정1쇄 발행
2015年 1月 28日 3차개정1쇄 발행
2016年 1月 27日 4차개정1쇄 발행
2017年 1月 29日 5차개정1쇄 발행
2018年 2月 12日 6차개정1쇄 발행
2019年 3月 5日 7차개정1쇄 발행
2020年 1月 21日 8차개정1쇄 발행

發行處 (주)한솔아카데미

(우)06775 서울시 서초구 마방로10길 25 트윈타워 A동 2002호
TEL : (02)575-6144/5   FAX : (02)529-1130
〈1998. 2. 19 登錄 第16-1608號〉

ISBN 979-11-5656-814-8 13570

이 도서의 국립중앙도서관 출판시도서목록(CIP)은 서지정보유통지원시스템 홈페이지
(http://seoji.nl.go.kr)와 국가자료공동목록시스템(http://www.nl.go.kr/kolisnet)에서
이용하실 수 있습니다. (CIP제어번호 : CIP2019035156)

한솔아카데미 발행도서

건축기사 시리즈
①건축계획
이종석, 이병억 공저
536쪽 | 23,000원

건축기사 시리즈
②건축시공
김형중, 한규대, 이명철, 홍태화
공저
678쪽 | 23,000원

건축기사 시리즈
③건축구조
안광호, 홍태화, 고길용 공저
796쪽 | 24,000원

건축기사 시리즈
④건축설비
오병칠, 권영철, 오호영 공저
564쪽 | 23,000원

건축기사 시리즈
⑤건축법규
현정기, 조영호, 김광수, 한웅규
공저
622쪽 | 24,000원

10개년 핵심 건축기사
과년도문제해설
안광호 저
996쪽 | 40,000원

건축기사 4주완성
남재호, 송우용 공저
1,222쪽 | 42,000원

건축산업기사 4주완성
남재호, 송우용 공저
1,136쪽 | 39,000원

8개년핵심 건축산업기사
과년도문제해설
한솔아카데미 수험연구회
968쪽 | 35,000원

7개년핵심 실내건축기사
과년도문제해설
남재호 저
1,264쪽 | 37,000원

10개년핵심 실내건축
산업기사 과년도문제해설
남재호 저
1,020쪽 | 33,000원

건축설비기사 4주완성
남재호 저
1,144쪽 | 39,000원

10개년 핵심
건축설비기사 과년도
남재호 저
1,086쪽 | 32,000원

10개년 핵심 건축설비
산업기사 과년도
남재호 저
866쪽 | 30,000원

건축기사 실기
한규대, 김형중, 염창열, 안광호
공저
1,592쪽 | 49,000원

건축기사 실기
(The Bible)
안광호 저
600쪽 | 30,000원

건축산업기사 실기
김영주, 민윤기, 김용기, 강연구
공저
304쪽 | 38,000원

시공실무
실내건축기사 실기
안동훈 저
368쪽 | 28,000원

시공실무
실내건축산업기사 실기
안동훈 저
344쪽 | 26,000원

건축사예비시험
①건축계획
송성길, 조성재, 권영철, 조영호,
오호영, 이병억 공저
914쪽 | 38,000원

건축사예비시험
②건축시공
한규대, 이명철, 홍태화 공저
700쪽 | 38,000원

건축사예비시험
③건축구조
염창열, 안광호, 민윤기, 김창원,
송우용 공저
504쪽 | 38,000원

건축사예비시험
④건축법규
현정기, 조영호, 이병억 공저
752쪽 | 38,000원

건축사예비시험
핵심정리 및 종합문제
한솔아카데미 건축사수험연구회
1,388쪽 | 73,000원

건축사 과년도 출제문제
1교시 대지계획
한솔아카데미 건축사수험연구회
262쪽 | 28,000원

건축사 과년도 출제문제
2교시 건축설계 1
한솔아카데미 건축사수험연구회
130쪽 | 28,000원

건축사 과년도 출제문제
3교시 건축설계 2
한솔아카데미 건축사수험연구회
284쪽 | 28,000원

건축물에너지평가사
①건물 에너지 관계법규
건축물에너지평가사 수험연구회
762쪽 | 27,000원

건축물에너지평가사
②건축환경계획
건축물에너지평가사 수험연구회
378쪽 | 23,000원

건축물에너지평가사
③건축설비시스템
건축물에너지평가사 수험연구회
634쪽 | 26,000원

건축물에너지평가사
④건물 에너지효율설계 · 평가
건축물에너지평가사 수험연구회
642쪽 | 27,000원

건축물에너지평가사
핵심 · 문제풀이 상권
건축물에너지평가사 수험연구회
888쪽 | 35,000원

건축물에너지평가사
핵심 · 문제풀이 하권
건축물에너지평가사 수험연구회
874쪽 | 35,000원

건축물에너지평가사
2차실기(상)
건축물에너지평가사 수험연구회
812쪽 | 35,000원

건축물에너지평가사
2차실기(하)
건축물에너지평가사 수험연구회
592쪽 | 35,000원

토목기사시리즈
①응용역학
염창열, 김창원, 안광호, 정용욱,
이지훈 공저
610쪽 | 22,000원

토목기사시리즈
②측량학
남수영, 정경동, 고길용 공저
500쪽 | 22,000원

토목기사시리즈
③수리학 및 수문학
심기오, 노재식, 한웅규 공저
424쪽 | 22,000원

토목기사시리즈
④철근콘크리트 및 강구조
정경동, 정용욱, 고길용, 김지우
공저
470쪽 | 22,000원

토목기사시리즈
⑤토질 및 기초
안성중, 박광진, 김창원, 홍성협
공저
632쪽 | 22,000원

토목기사 시 리즈
⑥ 상하수도공학

노재식, 이상도, 한웅규, 정용욱
공저
534쪽 | 22,000원

10개년 핵심 토목기사
과년도 문제 해설

김창원 외 5인 공저
1,028쪽 | 43,000원

토목기사 4주 완성 핵심
및 과년도 문제 해설

이상도, 정경동, 고길용, 안광호,
한웅규, 홍성협 공저
990쪽 | 36,000원

토목산업 기사 4 주 완성
8개년 과년도 문제 해설

이상도, 정경동, 고길용, 안광호,
한웅규, 홍성협 공저
842쪽 | 34,000원

토목기사 실 기

김태선, 박광진, 홍성협, 김창원,
김상욱, 이상도 공저
1,472쪽 | 45,000원

토목기사실기
12개년 과년도

김태선, 이상도, 한웅규, 홍성협,
김상욱, 김지우 공저
696쪽 | 30,000원

콘크리트 기사 · 산업 기사
4 주 완성 (필 기)

정용욱, 송준민, 고길용 공저
874쪽 | 34,000원

콘크리트 기사 · 산업 기사
3 주 완성 (실 기)

송준민, 정용욱, 고태형, 이승철
공저
652쪽 | 26,000원

건 설 재 료 시 험 기 사
4 주 완성 (필 기)

고길용, 정용욱, 홍성협, 전지현
공저
700쪽 | 33,000원

건 설 재 료 시 험 기 사
3 주 완성 (실 기)

고길용, 홍성협, 전지현, 김지우
공저
704쪽 | 25,000원

콘크리트 기사 13개년
과년도 (필 기)

정용욱, 송준민, 고길용, 김지우
공저
508쪽 | 25,000원

건 설 재 료 시 험 기 사
11개년 과년도 (필 기)

고길용, 정용욱, 홍성협, 전지현
공저
542쪽 | 26,000원

지 적 기 능 사 (필 기 + 실 기)
3 주 완 성

엄창열, 정병노 공저
432쪽 | 24,000원

건 설 안 전 기 사 필 기

김동철, 이재익, 지준석 공저
900쪽 | 36,000원

건 설 안 전 기 사 · 산 업 기 사
필 답 형 실 기

김동철, 이재익, 지준석 공저
836쪽 | 35,000원

산 업 안 전 기 사 필 기

김동철, 지준석 공저
946쪽 | 32,000원

산 업 안 전 기 사 · 산 업 기 사
필 답 형 실 기

김동철, 지준석, 정길순 공저
886쪽 | 35,000원

10개년 건 설 안 전 기 사
과년도 문제 해설

김동철, 이재익, 지준석 공저
960쪽 | 30,000원

10개년 기출문제
공조냉동기계 기사

한영동, 조성안 공저
1,246쪽 | 32,000원

10개년 기출문제
공조냉동기계 산업기사

한영동, 조성안 공저
1,046쪽 | 30,000원

HANSOL

**조경기사 · 산업 기사
필기**
이윤진 저
1,610쪽 | 47,000원

**조경기사 · 산업 기사
실기**
이윤진 저
986쪽 | 42,000원

조경기능사 필기
이윤진 저
732쪽 | 28,000원

조경기능사 실기
이윤진 저
264쪽 | 24,000원

조경기능사 필기
한상엽 저
688쪽 | 26,000원

조경기능사 실기
한상엽 저
570쪽 | 27,000원

**전산응용건축제도기능사
필기 3주완성**
안재완, 구만호, 이병억 공저
458쪽 | 20,000원

공무원 건축구조
안광호 저
582쪽 | 40,000원

공무원 건축계획
이병억 저
816쪽 | 35,000원

**7 · 9급 토목직
응용역학**
정경동 저
1,192쪽 | 42,000원

9급 토목직 토목설계
정경동 저
1,114쪽 | 42,000원

응용역학개론 기출문제
정경동 저
638쪽 | 35,000원

**측량학(9급 기술직 /
서울시 · 지방직)**
정병노, 염창열, 정경동 공저
722쪽 | 25,000원

**응용역학(9급 기술직 /
서울시 · 지방직)**
이국형 저
628쪽 | 23,000원

**물리(고졸 경력경쟁
/ 서울시 · 지방직)**
신용찬 저
386쪽 | 18,000원

**7급 공무원
스마트 물리학개론**
신용찬 저
614쪽 | 38,000원

**스마트 물리(기출문제
및 핵심요약정리)**
신용찬 저
446쪽 | 27,000원

1종 운전면허
도로교통공단 저
110쪽 | 11,500원

2종 운전면허
도로교통공단 저
110쪽 | 11,500원

지게차 운전기능사
건설기계수험연구회 편
216쪽 | 13,000원

굴삭기 운전기능사
건설기계수험연구회 편
224쪽 | 13,000원

지게차 운전기능사 3주 완성
건설기계수험연구회 편
338쪽 | 10,000원

굴삭기 운전기능사 3주 완성
건설기계수험연구회 편
356쪽 | 10,000원

초경량 비행장치 무인멀티콥터
권희준, 이임걸 공저
250쪽 | 17,500원

시각디자인 산업기사 4주 완성
김영애, 서정술, 이원범 공저
1,102쪽 | 33,000원

시각디자인 기사·산업기사 실기
김영애, 이원범, 신초록 공저
368쪽 | 32,000원

가스기사 필기
이철윤 저
1,246쪽 | 39,000원

가스산업기사 필기
이철윤 저
1,016쪽 | 35,000원

BIM 기본편
(주)알피종합건축사사무소
402쪽 | 30,000원

전통가옥에서 BIM을 보며
김요한, 함남혁, 유기찬 공저
548쪽 | 32,000원

BIM 주택설계편
(주)알피종합건축사사무소,
박기백, 서창석, 함남혁, 유기찬 공저
514쪽 | 32,000원

BIM을 향한 첫 걸음
유기찬 저
400쪽 | 25,000원

BIM 구조편
(주)알피종합건축사사무소
(주)동양구조안전기술 공저
536쪽 | 32,000원

BIM 활용편 2탄
(주)알피종합건축사사무소
380쪽 | 30,000원

BIM 기본편 2탄
(주)알피종합건축사사무소
380쪽 | 28,000원

BIM 토목편
송현혜, 김동욱, 임성순, 유자영,
심창수 공저
278쪽 | 25,000원

디지털모델링 방법론
이나래, 박기백, 함남혁, 유기찬
공저
380쪽 | 28,000원

건축디자인을 위한 BIM 실무 지침서
(주)알피종합건축사사무소,
박기백, 오정우, 함남혁, 유기찬 공저
516쪽 | 30,000원

BIM건축운용전문가 2급 자격
(주)페이스, 문유리, 함남혁 공저
506쪽 | 30,000원

BIM토목운용전문가 2급 자격
채재현 외 6인 공저
614쪽 | 35,000원

BIM 입문편

(주) GRAPHISOFT KOREA 저
588쪽 | 32,000원

BIM 중급편

(주) GRAPHISOFT KOREA,
최철호 외 6명 공저
624쪽 | 32,000원

**BE Architect
스케치업**

유기찬, 김재준, 차성민, 신수진,
홍유찬 공저
282쪽 | 20,000원

**BE Architect
라이노&그래스호퍼**

유기찬, 김재준, 조준상, 오주연
공저
288쪽 | 22,000원

건축관계법규(전3권)

최한석, 김수영 공저
3,544쪽 | 100,000원

건축법해설

김수영, 이종석, 김동화, 김용환,
조영호, 오호영 공저
918쪽 | 30,000원

건축설비관계법규

김수영, 이종석, 박호준, 조영호,
오호영 공저
790쪽 | 30,000원

건축계획

이순희, 오호영 공저
422쪽 | 23,000원

건축시공학

이찬식, 김선국, 김예상, 고성석,
손보식, 유정호 공저
717쪽 | 27,000원

토목시공학

남기천, 김유성, 김치환, 유광호,
김상환, 강보순, 김종민, 최준성
공저
1,212쪽 | 54,000원

건설시공학

남기천, 강인성, 류명찬, 유광호,
이광렬, 김문모, 최준성, 윤영철
공저
818쪽 | 28,000원

AutoCAD 건축 CAD

김수영, 정기범 공저
348쪽 | 20,000원

친환경 업무매뉴얼

정보현 저
336쪽 | 27,000원

**건축시공기술사
텍스트북**

배용환 저
1,298쪽 | 75,000원

**건축시공기술사
기출문제**

배용환, 서갑성 공저
1,146쪽 | 60,000원

**건축시공기술사
용어해설**

배용환 저
1,448쪽 | 75,000원

**합격의 정석
건축시공기술사**

조민수 저
904쪽 | 60,000원

**건축전기설비기술사
(상권)**

서학범 저
772쪽 | 55,000원

**건축전기설비기술사
(하권)**

서학범 저
700쪽 | 55,000원

**마법기본서 PE
건축시공기술사**

백종엽 저
730쪽 | 55,000원

토목시공 기술사 텍스트북
배용환 저
962쪽 | 75,000원

토목시공 기술사 기출문제
배용환, 서갑성 공저
1,186쪽 | 65,000원

토목시공기술사 용어해설
배용환 저
1,506쪽 | 75,000원

합격의 정석 토목시공 기술사
김무섭, 조민수 공저
804쪽 | 50,000원

소방기술사 上
윤정득, 박건용 공저
656쪽 | 45,000원

소방기술사 下
윤정득, 박건용 공저
730쪽 | 45,000원

산업위생관리기술사 기출문제
서창호, 송영신, 김종삼, 연정택,
손석철, 김지호, 신광선, 류주영 공저
1,072쪽 | 70,000원

상하수도 기술사 6개년 기출문제 완벽해설
조성안 저
1,116쪽 | 60,000원

소방시설 관리사 1차
김흥준 저
1,630쪽 | 55,000원

문화재 수리 기술자(보수)
윤용진 저
728쪽 | 55,000원

산업안전지도사 (산업안전보건법령)
김세영 저
959쪽 | 40,000원

산업안전지도사 (산업안전일반)
김세영 저
352쪽 | 25,000원

전기기능사 3주완성
전기수험연구회
517쪽 | 18,000원

전기기사 시리즈(전6권)
대산전기수험연구회
2,240쪽 | 90,000원

전기기사 5주완성(2권)
전기기사수험연구회
1,424쪽 | 38,000원

전기산업기사 5주완성(2권)
전기산업기사수험연구회
1,314쪽 | 37,000원

전기공사기사 5주완성(2권)
전기공사기사수험연구회
1,350쪽 | 37,000원

전기공사산업기사 5주완성(2권)
전기공사산업기사수험연구회
1,228쪽 | 36,000원

전기(산업)기사 실기
대산전기수험연구회
1,094쪽 | 37,000원

전기기사 실기 14개년 과년도문제해설
대산전기수험연구회
730쪽 | 32,000원

전기기사실기 16개년 과년도 문제 해설
김대호 저
1,828쪽 | 38,000원

건축에너지관계법해설
조영호 저
614쪽 | 27,000원

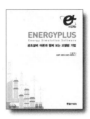

ENERGY PLUS
이광호 저
236쪽 | 25,000원

수학의 마술(2권)
아서 벤저민 저, 이경희, 윤미선, 김은현, 성지현 옮김
206쪽 | 24,000원

스트레스, 과학으로 풀다
그리고리 L. 프리키온, 애너 이브코비치, 앨버트 S.융 저
176쪽 | 20,000원

숫자의 비밀
마리안 프라이베르거, 레이첼 토머스 지음, 이경희, 김영은, 윤미선, 김은현 옮김
376쪽 | 16,000원

지치지 않는 뇌 휴식법
이시카와 요시키 저
188쪽 | 12,800원

행복충전 50Lists
에드워드 호프만 저
272쪽 | 16,000원

4차 산업혁명 건설산업의 변화와 미래
김선근 저
280쪽 | 18,500원

e-Test 엑셀 2010
성대근 저
186쪽 | 13,000원

e-Test 파워포인트 2010
성대근 저
208쪽 | 13,000원

e-Test 한글 2010
성대근 저
186쪽 | 12,000원

e-Test 엑셀 2010(영문판)
Daegeun-Seong
188쪽 | 25,000원

e-Test 한글+엑셀+파워포인트
성대근, 유재휘, 강현권 공저
412쪽 | 28,000원

NCS 직업기초능력활용 (공사+공단)
박진희 저
374쪽 | 18,000원

NCS 직업기초능력활용 (특성화고+청년인턴)
박진희 저
328쪽 | 18,000원

NCS 직업기초능력활용 (자소서+면접)
박진희 저
352쪽 | 18,000원

NCS 직업기초능력활용 (한국전력공사)
박진희 저
340쪽 | 18,000원

NCS 직업기초능력활용 (코레일 한국철도공사)
박진희 저
240쪽 | 18,000원